2026
개정31판 총53쇄

▶ ISO 9001:2015 인증
▶ 안전연구소 인정

CBT 백과사
NCS적용 문제해설

CBT 실전 연습
AI 기출문제 학습앱

https://machuda.kr

세계유일무이
365일 저자상담직통전화
010-7209-6627

2025년 전회차 CBT 복기문제 수록

건설안전기사필기

2016~2018년 과년도 **1**

안전공학박사/명예교육학박사
대한민국산업현장교수/기술지도사   **정재수** 지음

"산업안전 우수 숙련기술자" 선정

안전분야 베스트셀러
35년 독보적 1위
최신 기출문제 수록

건설안전, 산업안전 기사·지도사·기능장·기술사 등 관련 자격 및 의문사항에 대하여
365일 성심 성의껏 답변해 드리고 있습니다. 저자와 상담 후 교재를 구입하세요.
www.sehwapub.co.kr

대한민국 최초, 최다, 최고, 최상, 최적 적중률의 안전관리 완벽합격!

● 특허 제10-2687805호 ●
명칭 : 국가직무능력표준에 따른 자격사 교육 콘텐츠 생성 자동화 방법, 장치 및 시스템

도서출판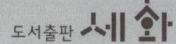

National Competency Standards

2026년도 NCS 자격검정 활용

가. 자격종목

1) 개념

자격종목은 국가기술자격의 등급을 직종별로 구분한 것으로 국가기술자격 취득의 기본단위를 말함(국가기술자격별 2조). 자격종목 개편은 국가기술자격종목 신설의 필요성, 기존 자격종목의 직무내용, 범위 및 난이도, 산업현장 적합도 등을 고려하여 새로운 국가기술자격을 신설하거나 기존의 국가기술자격을 통합, 폐지하는 것을 의미함

2) 구성요소

자격종목 개편은 ① 자격종목, ② 직무내용, ③ 검토대상 능력군, ④ 검정필요여부, ⑤ 출제기준과 비교, ⑥ 검토의견, ⑦ 추가·삭제가 포함되어야 함

구성요소	세부 내용
자격종목	검토대상 국가기술자격종목 제시
직무내용	자격종목의 직무내용 제시
검토대상 능력군	검토대상 능력군의 능력단위, 능력단위요소, 수행준거 제시
검정필요여부	수행준거 중 자격검정에 필요한 부분 제시
출제기준과 비교	검정이 필요한 수행준거와 출제기준을 비교
검토의견	비교를 통해 현행 국가기술자격의 출제기준 검토
추가·삭제	출제기준 검토를 통해 추가나 삭제가 필요한 부분 제시

나. 출제기준

1) 개념

출제기준은 자격검정의 대상이 되는 종목의 과목별 출제의 대상범위를 나타낸 것으로 출제문제 작성방법과 시험내용범위의 기준을 의미함(국가기술자격법 시행규칙 제38조)

2) 구성요소

출제기준은
① 직무분야, ② 자격종목, ③ 적용기간, ④ 직무내용, ⑤ 필기검정방법, ⑥ 문제수, ⑦ 시험기간, ⑧ 필기과목명, ⑨ 필기과목 출제 문제수, ⑩ 실기검정방법, ⑪ 시험기간, ⑫ 실기과목명, ⑬ 필기, 실기과목별 주요항목, ⑭ 세부항목, ⑮ 세세항목이 포함되어야 함

구성요소		세부내용
직무분야		해당 자격이 활용되는 직무분야
자격종목		국가기술자격의 등급을 직종별로 구분한 것, 국가기술자격 취득의 기본단위
적용기간		작성된 출제기준이 개정되기 전까지 실제 자격검정에 적용되는 기간
직무내용		자격을 부여하기 위하여 개인의 능력의 정도를 평가해야 할 내용
필기과목	필기검정방법	필기시험의 검정방법, 현행 국가기술자격에서는 객관식, 단답형 또는 주관식 논문형이 있음
	문제수	필기시험의 전체 문제수 제시
	시험기간	필기시험 시간
	필기과목명	기술자격의 종목별 필기시험과목
	출제 문제수	필기시험의 문제수

머리말

2026년 국내외 상황이 급변하고 무제한 국가 경쟁력 시대, 구미 불산(불화수소산) 누출사고, 2014년 세월호 참사 이후 모든 안전인의 자성과 새로운 각오, 안전업계와 관련된 관, 민, 산, 학, 연 모두의 변화가 절실히 요구되는 절박한 때에 건설안전기사를 목표로 공부하고자 하는 수험생들에게 그 결단과 노력에 먼저 감사를 드린다.

특히 2018년 4월 27일 남북정상회담 및 시장개방으로 인한 국내외 무제한 경쟁력에 부딪치고 우리의 목표인 최상의 품질 달성 등 우리의 당면한 문제를 우리 스스로 해결하기 위해서는 우리 모든 안전인들이 끝없이 연구하는 노력이 계속 이어져야 하고 이러기 위한 뚜렷한 동기 부여를 위해서는 안전관리자에 대한 활용 영역 확대, 안전기사에 대한 Incentive 부여 등이 시급히 마련되어야 한다고 본다.

안전 관리자 모두에게 정부에서도 특별한 혜택을 주기 위하여 2014년 국민안전처가 출범하여 새로운 정책을 마련하고 있는 것으로 안다. 대한민국헌법 제34조 및 안전관리헌장에서도 국민의 안전을 강조하고 있다.

본서는 연구용도 참고용도 아니며 오로지 건설안전기사 합격을 위하여 2026년 개정법 적용, NCS(특허 제10-2687805호) 기준을 적용, 시험에 필요한 내용으로만 구성하였다.

본서는 특징은 건설안전기사 자격 취득을 대비해 이렇게 만들었다.

❶ 본서는 1, 2, 3권으로 편집 제작하여 정직, 재수, 수석합격을 목표로 구성했다.
❷ 제1회의 해설에서 이해하지 못했다면 제2회, 제4회 문제해설에서 반드시 이해할 수 있도록 하였다.
❸ 한 문제(1항목)를 이해하면 열 문제(10항목)를 해결할 수 있게 구성하였다.
❹ 건설안전기사 자격증 취득의 결론은 본서의 상세 해설과 최신정보가 합격을 보장할 수 있도록 엮었다.
❺ 최초부터 최근까지 출제된 과년도 출제 문제를 상세하게 해설 수록하여 수험준비에 만전을 기하였다.
❻ 2026년 부터 적용되는 개정된 법과 NCS 출제기준에 의해서 해설하였다.

본 건설안전기사가 세상에 출간되기까지 불철주야 인고의 고통을 함께 한 세화출판사의 박 용 사장님을 비롯한 임직원께도 고맙게 생각하며 오늘이 있기까지 변함없이 은혜와 사랑을 주시는 나의 하나님께 진정으로 감사드립니다.

저자 씀

건설안전기사 접수부터 자격증 수령까지

필기시험

1. 응시자격 조건
2. 필기원서 접수
3. 필기시험

자격증 신청 및 수령

1. 자격증 신청
 - 방법1 방문신청
 - 방법2 인터넷 신청

2. 자격증 수령
 - 방문수령
 - 등기우편으로 수령

SAFETY ENGINEER

Information

4. 합격여부 확인 → 실기시험

1. 실기원서 접수

최종합격

3. 합격여부 확인

건설안전기사 접수부터 자격증 수령까지 | **5**

2026년도 원서 접수방법 및 유의사항

건설안전기사시험은 인터넷을 통해서만 접수가 가능합니다.

❶ 한국산업인력공단 인터넷 원서 접수 사이트로 접속합니다.(www.Q-net.or.kr)
❷ 회원가입을 해야만 접수할 수 있습니다. 오른쪽 상단에 있는 (회원가입)아이콘을 클릭하면 회원가입 동의를 묻는 회원가입 약관 창이 나옵니다.
❸ 회원가입 약관 창에서 (동의)를 클릭하시고 인적사항 입력 창에서 성명, 주민등록번호, 우편번호, 주소 등을 입력하고 원서와 자격증에 부착할 사진을 지정하여 올립니다. 입력항목 중에서 *표시가 있는 항목은 반드시 입력합니다.

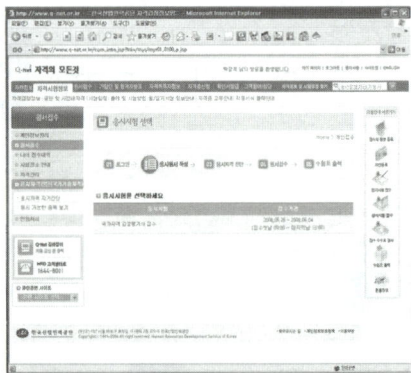

※ 알림서비스를 (예)로 선택하시면 응시한 시험의 합격 여부 및 과목별 득점 내역을 핸드폰 메시지로 무료 전송해 주므로 편리합니다.

❹ 회원가입 화면에서 필수 항목을 모두 입력하고 (확인)을 클릭하면 가입이 완료됩니다.
❺ 접수를 하려면 먼저 로그인을 하셔야 합니다. 주민등록번호와 비밀번호를 입력하고 로그인하면 원서 접수 창이 열립니다.
❻ 왼쪽 상단에 있는 '원서 접수'를 클릭하면 현재 접수할 수 있는 자격시험이 정기와 상시로 구분되어 나타납니다. 기사와 산업기사는 정기시험만 있습니다.
❼ 응시 시험을 선택하면 응시 시험에서 선택할 수 있는 응시 종목이 나타납니다. 원하는 종목을 클릭하면 이제까지 입력한 정보에 맞게 수검원서가 나타납니다. (다음)을 클릭하면 시험장을 선택할 수 있는 화면이 나타납니다.
❽ 시험장을 선택하면 시험일자와 시간을 선택하는 화면이 나타납니다.
❾ 응시할 시험 장소를 클릭하세요. 수검 비용을 결제하는 화면이 나타납니다. (카드결제)와 (계좌이체) 중에서 선택하세요.
❿ 결제를 성공적으로 마친 후 (결제성공)을 클릭하면 수험표가 나타납니다. 이 수험표는 시험 볼 때 꼭 필요하므로 반드시 인쇄하여 보관해야 합니다. 아울러 정확한 시험 날짜 및 장소를 확인하세요.

※ 자세한 사항은 www.Q-net.or.kr에 접속하여 Q-Net 길라잡이를 이용하세요.

건설안전기사 응시자격

다음 각 호의 어느 하나에 해당하는 사람
1. 산업기사 등급 이상의 자격을 취득한 후 응시하려는 종목이 속하는 동일 및 유사 직무분야에서 1년 이상 실무에 종사한 사람
2. 기능사 자격을 취득한 후 응시하려는 종목이 속하는 동일 및 유사 직무 분야에서 3년 이상 실무에 종사한 사람
3. 응시하려는 종목과 응시하려는 종목이 속하는 동일 및 유사 직무분야의 다른 종목의 기사 등급 이상의 자격을 취득한 사람
4. 관련학과의 대학졸업자 등 또는 그 졸업예정자
5. 3년제 전문대학 관련학과 졸업자 등으로서 졸업 후 응시하려는 종목이 속하는 동일 및 유사 직무분야에서 1년 이상 실무에 종사한 사람
6. 2년제 전문대학 관련학과 졸업자 등으로서 졸업 후 응시하려는 종목이 속하는 동일 및 유사 직무분야에서 2년 이상 실무에 종사한 사람
7. 동일 및 유사 직무분야의 기사 수준 기술훈련과정 이수자 또는 그 이수 예정자

8. 동일 및 유사 직무분야의 산업기사 수준 기술훈련과정 이수자로서 이수 후 응시하려는 종목이 속하는 동일 및 유사 직무분야에서 2년 이상 실무에 종사한 사람
9. 응시하려는 종목이 속하는 동일 및 유사 직무분야에서 4년 이상 실무에 종사한 사람
10. 외국에서 동일한 종목에 해당하는 자격을 취득한 사람

건설안전산업기사 응시자격

다음 각 호의 어느 하나에 해당하는 사람
1. 기능사 등급 이상의 자격을 취득한 후 응시하려는 종목이 속하는 동일 및 유사 직무분야에 1년 이상 실무에 종사한 사람
2. 응시하려는 종목이 속하는 동일 및 유사 직무분야의 다른 종목의 산업기사 등급 이상의 자격을 취득한 사람
3. 관련학과의 2년제 또는 3년제 전문대학졸업자 등 또는 그 졸업예정자
4. 관련학과의 대학졸업자 등 또는 그 졸업예정자
5. 동일 및 유사 직무분야의 산업기사 수준 기술훈련과정 이수자 또는 그 이수 예정자
6. 응시하려는 종목이 속하는 동일 및 유사 직무분야에서 2년 이상 실무에 종사한 사람
7. 고용노동부령으로 정하는 기능경기대회 입상자
8. 외국에서 동일한 종목에 해당하는 자격을 취득한 사람

전국 한국산업인력공단 전화번호

지사명	주소	검정안내 전화번호
한국산업인력공단	44538 울산광역시 중구 종가로 345	1644-8000
서울지역본부	02512 서울 동대문구 장안벚꽃로 279	02-2137-0590
서울서부지사	03302 서울 은평구 진관3로 36	02-2024-1700
서울남부지사	07225 서울 영등포구 버드나루로 110	02-876-8322
강원지사	24408 강원도 춘천시 동내면 원창고개길 135	033-248-8500
강원동부지사	25440 강원도 강릉시 사천면 방동길 60	033-650-5700
부산지역본부	46519 부산시 북구 금곡대로 441번길 26	051-330-1910
부산남부지사	48518 부산시 남구 신선로 454-18	051-620-1910
경남지사	51519 경남 창원시 성산구 두대로 239	055-212-7200
경남서부지사	52733 경남 진주시 남강로 1689	055-791-0700
울산지사	44538 울산광역시 중구 종가로 347	052-220-3224
대구지역본부	42704 대구 달서구 성서공단로 213	053-580-2300
경북지사	36616 경북 안동시 서후면 학가산 온천길 42	054-840-3000
경북동부지사	37580 경북 포항시 북구 법원로 140번길 9	054-230-3200
경북서부지사	39371 경북 구미시 신호대로 253	054-713-3005
인천지역본부	21634 인천 남동구 남동서로 209	032-820-8600
경기지사	16626 경기도 수원시 권선구 호매실로 46-68	031-249-1201
경기북부지사	11780 경기도 의정부시 추동로 140	031-850-9100
경기동부지사	13313 경기도 성남시 수정구 성남대로 1217	031-750-6200
경기서부지사	14488 경기도 부천시 길주로 463번길 69	032-719-0800
경기남부지사	17561 경기도 안성시 공도읍 공도로 51-23	031-615-9000
광주지역본부	61008 광주광역시 북구 첨단벤처로 82	062-970-1700
전북지사	54852 전북 전주시 덕진구 유상로 69	063-210-9200
전남지사	57948 전남 순천시 순광로 35-2	061-720-8500
전남서부지사	58604 전남 목포시 영산로 820	061-288-3300
제주지사	63220 제주 제주시 복지로 19	064-729-0701
대전지역본부	35000 대전광역시 중구 서문로 25번길 1	042-580-9100
충북지사	28456 충북 청주시 흥덕구 1순환로 394번길 81	043-279-9000
충남지사	31081 충남 천안시 서북구 천일고1길 27	041-620-7600
세종지사	30128 세종특별자치시 한누리대로 296	044-410-8000

※ 청사이전이나 조직 변동시 주소 및 전화번호가 변경될 수 있음

2026년 건설안전기사 출제기준

직무분야 : 안전관리	중직무분야 : 안전관리	자격종목 : 건설안전기사	적용 기간 : 2026. 1. 1. ~ 2030. 12. 31.	출제비중
직무내용 : 건설현장의 생산성 향상과 인적-물적 손실을 최소화하기 위한 안전보건 관련 예산 및 안전계획을 수립하고, 그에 따른 작업환경의 점검 및 개선, 현장 근로자의 교육계획 수립 및 실시, 작업환경 순회감독, 유해요인 파악 및 위험성 평가 등 안전관리 업무를 통해 인명과 재산을 보호하고, 사고 발생시 효과적이며 신속한 처리 및 재발 방지를 위한 대책 안을 수립, 이행하는 등 안전에 관한 기술적인 관리 업무를 수행하는 직무이다.				세화 저자 분석
필기검정방법 : 객관식(100문제)			시험시간 : 2시간30분	100%적중

필기과목명	문제수	주요항목	세부항목	세세항목
1과목 산업재해 예방 및 안전보건 교육	20	1. 산업재해예방 계획 수립	1. 안전관리	1. 안전과 위험의 개념 2. 안전보건관리 제이론 3. 생산성과 경제적 안전도 4. 재해예방활동기법 5. KOSHA GUIDE 6. 안전보건예산 편성 및 계상
			2. 안전보건관리 체제 및 운용	1. 안전보건관리조직 구성 2. 산업안전보건위원회 운영 3. 안전보건경영시스템 4. 안전보건관리규정
		2. 안전보호구 관리	1. 보호구 및 안전장구 관리	1. 보호구의 개요 2. 보호구의 종류별 특성 3. 보호구의 성능기준 및 시험방법 4. 안전보건표지의 종류·용도 및 적용 5. 안전보건표지의 색채 및 색도기준
		3. 산업안전심리	1. 산업심리와 심리검사	1. 심리검사의 종류 2. 심리학적 요인 3. 지각과 정서 4. 동기·좌절·갈등 5. 불안과 스트레스
			2. 직업적성과 배치	1. 직업적성의 분류 2. 적성검사의 종류 3. 직무분석 및 직무평가 4. 선발 및 배치 5. 인사관리의 기초
			3. 인간의 특성과 안전과의 관계	1. 안전사고 요인 2. 산업안전심리의 요소 3. 착상심리 4. 착오 5. 착시 6. 착각현상
		4. 인간의 행동 과학	1. 조직과 인간행동	1. 인간관계 2. 사회행동의 기초 3. 인간관계 메커니즘 4. 집단행동 5. 인간의 일반적인 행동특성

필기과목명	문제수	주요항목	세부항목	세세항목
1과목 산업재해 예방 및 안전보건 교육	20	4. 인간의 행동 과학	2. 재해 빈발성 및 행동 과학	1. 사고경향 2. 성격의 유형 3. 재해 빈발성 4. 동기부여 5. 주의와 부주의
			3. 집단관리와 리더십	1. 리더십의 유형 2. 리더십과 헤드십 3. 사기와 집단역학
			4. 생체리듬과 피로	1. 피로의 증상 및 대책 2. 피로의 측정법 3. 작업강도와 피로 4. 생체리듬 5. 위험일
		5. 안전보건교육의 내용 및 방법	1. 교육의 필요성과 목적	1. 교육목적 2. 교육의 개념 3. 학습지도 이론 4. 교육심리학의 이해
			2. 교육방법	1. 교육훈련기법 2. 안전보건교육방법(TWI, O.J.T, OFF.J.T 등) 3. 학습목적의 3요소 4. 교육법의 4단계 5. 교육훈련의 평가방법
			3. 교육실시 방법	1. 강의법 2. 토의법 3. 실연법 4. 프로그램학습법 5. 모의법 6. 시청각교육법 등
			4. 안전보건교육계획 수립 및 실시	1. 안전보건교육의 기본방향 2. 안전보건교육의 단계별 교육과정 3. 안전보건교육 계획
			5. 교육내용	1. 근로자 정기안전보건 교육내용 2. 관리감독자 정기안전보건 교육내용 3. 신규채용시와 작업내용변경시 안전보건 교육내용 4. 특별교육대상 작업별 교육내용
		6. 산업안전관계법규	1. 산업안전보건법령	1. 산업안전보건법 2. 산업안전보건법 시행령 3. 산업안전보건법 시행규칙 4. 산업안전보건기준 관한 규칙 5. 관련 고시 및 지침에 관한 사항
2과목 인간공학 및 위험성 평가·관리	20	1. 안전과 인간 공학	1. 인간공학의 정의	1. 정의 및 목적 2. 배경 및 필요성 3. 작업관리와 인간공학 4. 사업장에서의 인간공학 적용분야
			2. 인간-기계체계	1. 인간-기계 시스템의 정의 및 유형 2. 시스템의 특성
			3. 체계설계와 인간요소	1. 목표 및 성능명세의 결정 2. 기본설계 3. 계면설계 4. 촉진물 설계 5. 시험 및 평가 6. 감성공학

Information

필기과목명	문제수	주요항목	세부항목	세세항목
2과목 인간공학 및 위험성 평가·관리	20	1. 안전과 인간 공학	4. 인간요소와 휴먼에러	1. 인간실수의 분류 2. 형태적 특성 3. 인간실수 확률에 대한 추정기법 4. 인간실수 예방기법
		2. 위험성 파악·결정	1. 위험성 평가	1. 위험성 평가의 정의 및 개요 2. 평가대상 선정 3. 평가항목 4. 관련법에 관한 사항
			2. 시스템 위험성 추정 및 결정	1. 시스템 위험성 분석 및 관리 2. 위험분석 기법 3. 결함수 분석 4. 정성적, 정량적 분석 5. 신뢰도 계산
		3. 위험성 감소대책 수립·실행	1. 위험성 감소대책 수립 및 실행	1. 위험성 개선대책(공학적·관리적)의 종류 2. 허용가능한 위험수준 분석 3. 감소대책에 따른 효과 분석 능력
		4. 근골격계질환 예방관리	1. 근골격계 유해요인	1. 근골격계 질환의 정의 및 유형 2. 근골격계 부담작업의 범위
			2. 인간공학적 유해요인 평가	1. OWAS 2. RULA 3. REBA 등
			3. 근골격계 유해요인 관리	1. 작업관리의 목적 2. 방법연구 및 작업측정 3. 문제해결절차 4. 작업개선안의 원리 및 도출방법
		5. 유해요인 관리	1. 물리적 유해요인 관리	1. 물리적 유해요인 파악 2. 물리적 유해요인 노출기준 3. 물리적 유해요인 관리대책 수립
			2. 화학적 유해요인 관리	1. 화학적 유해요인 파악 2. 화학적 유해요인 노출기준 3. 화학적 유해요인 관리대책 수립
			3. 생물학적 유해요인 관리	1. 생물학적 유해요인 파악 2. 생물학적 유해요인 노출기준 3. 생물학적 유해요인 관리대책 수립
		6. 작업환경 관리	1. 인체계측 및 체계제어	1. 인체계측 및 응용원칙 2. 신체반응의 측정 3. 표시장치 및 제어장치 4. 통제표시비 5. 양립성 6. 수공구
			2. 신체활동의 생리학적 측정법	1. 신체반응의 측정 2. 신체역학 3. 신체활동의 에너지 소비 4. 동작의 속도와 정확성
			3. 작업 공간 및 작업자세	1. 부품배치의 원칙 2. 활동분석 3. 개별 작업 공간 설계지침
			4. 작업측정	1. 표준시간 및 연구 2. work sampling의 원리 및 절차 3. 표준자료 (MTM, Work factor 등)

필기과목명	문제수	주요항목	세부항목	세세항목
2과목 인간공학 및 위험성 평가·관리	20	6. 작업환경 관리	5. 작업환경과 인간공학	1. 빛과 소음의 특성 2. 열교환과정과 열압박 3. 진동과 가속도 4. 실효온도와 Oxford 지수 5. 이상환경(고열, 한랭, 기압, 고도 등) 및 노출에 따른 사고와 부상 6. 사무/VDT 작업 설계 및 관리
			6. 중량물 취급 작업	1. 중량물 취급 방법 2. NIOSH Lifting Equation
3과목 건설재료	20	1. 건설재료 일반	1. 건설재료의 발달	1. 구조물과 건설재료 2. 건설재료의 생산과 발달과정
			2. 건설재료의 분류 및 특성	1. 건설재료의 분류 2. 건설재료의 특성 3. 새로운 재료 및 특성
			3. 불연성재료의 분류 및 성능	1. 불연·준불연·난연재료의 종류 2. 불연·준불연·난연재료의 성능
			4. 건설현장 유해·위험물질관리	1. 건설현장 유해·위험물질 파악 2. 건설현장 유해·위험물질 관련 정보제공 3. 건설현장 유해·위험물질 관리 4. 건설현장 유해·위험물질 사고 대응 5. 유해·위험물질 종류 및 성능
		2. 각종 건설재료의 특성, 용도, 규격에 관한 사항	1. 목재	1. 목재일반 2. 목재제품
			2. 점토재	1. 일반적인 사항 2. 점토제품
			3. 시멘트 및 콘크리트	1. 시멘트의 종류 및 특성 2. 시멘트의 배합 등 사용법 3. 시멘트 제품 4. 콘크리트 일반사항 5. 골재
			4. 강재	1. 강재의 종류 및 특성 2. 철근의 종류 및 특성
			5. 미장재	1. 미장재의 종류 및 특성 2. 제조법 및 사용법
			6. 합성수지	1. 합성수지의 종류 및 특성 2. 합성수지 제품
			7. 도료 및 접착제	1. 도료 및 접착제의 종류 및 특성 2. 도료 및 접착제의 용도
			8. 석재	1. 석재의 종류 및 특성 2. 석재제품
			9. 단열재 및 흡음재	1. 단열재의 종류 및 특성 2. 흡음재의 종류 및 특성
			10. 방수	1. 방수재료의 종류 및 특성 2. 방수 재료별 용도
			11. 기타재료	1. 유리 2. 벽지 3. 금속재료 4. 기타 건설재료

필기과목명	문제수	주요항목	세부항목	세세항목
4과목 건설시공	20	1. 시공일반	1. 공사시공방식	1. 직영공사 2. 도급의 종류 3. 도급방식 4. 도급업자의 선정 5. 입찰집행 6. 공사계약 7. 시방서
			2. 공사계획	1. 제반확인절차 2. 공사기간의 결정 3. 공사계획 4. 재료계획 5. 노무계획
			3. 공사현장관리	1. 공사 및 공정관리 2. 품질관리 3. 안전 및 환경관리
			4. 건설공사 특성분석	1. 건설공사 특수성 분석 2. 안전관리 고려사항 확인 3. 관련 공사자료 활용
			5. 건설공사 전기작업 안전관리	1. 건설공사 전기작업 위험성 파악 2. 건설공사 정전작업 수행 지원 3. 건설공사 활선작업 수행 지원 4. 건설공사 충전전로 근접작업 안전 확보 5. 건설공사 감전 시 응급조치
			6. 건설기계·운송장비 안전 관리	1. 건설기계·운송장비 위험요인 파악 2. 건설기계·운송장비 안전대책 제시 3. 건설현장 보행자 안전 확보
		2. 가설공사	1. 가설공사	1. 가설공사의 종류 2. 가설공사의 설치기준
		3. 토공사	1. 흙막이 가시설	1. 공법의 종류 및 특징 2. 흙막이 지보공
			2. 토공 및 기계	1. 토공기계의 종류 및 선정 2. 토공기계의 운용계획
			3. 흙파기	1. 기초 터파기 2. 배수 3. 되메우기 및 잔토처리
			4. 계측관리	1. 계측기의 종류 2. 계측기의 용도
			5. 기타 토공사	1. 흙깍기, 흙쌓기, 운반 등 기타 토공사
		4. 기초공사	1. 지정 및 기초	1. 지정 2. 기초
		5. 철근콘크리트공사	1. 콘크리트공사	1. 시멘트 2. 골재 3. 물 4. 혼화재료
			2. 철근공사	1. 재료시험 2. 가공도 3. 철근가공 4. 철근의 이음, 정착길이 및 배근 간격, 피복두께 5. 철근의 조립 6. 철근 이음 방법

필기과목명	문제수	주요항목	세부항목	세세항목
4과목 건설시공	20	5. 철근콘크리트공사	3. 거푸집공사	1. 거푸집, 동바리 2. 긴결재, 격리재, 박리제, 전용회수 3. 거푸집의 종류 4. 거푸집의 설치 5. 거푸집의 해체
		6. 철골공사	1. 철골작업공작	1. 공장작업 2. 원척도, 본뜨기 등 3. 절단 및 가공 4. 공장조립법 5. 접합방법 6. 녹막이칠 7. 운반
			2. 철골세우기	1. 현장세우기 준비 2. 세우기용 기계설비 3. 세우기 4. 접합방법 5. 현장 도장
		7. 해체공사	1. 해체공사	1. 해체작업용 기계·기구 2. 해체공법
5과목 건설공사 안전 관리	20	1. 건설공사 특성분석	1. 건설공사 특수성 분석	1. 안전관리 계획 수립 2. 공사장 작업환경 특수성 3. 계약조건의 특수성
			2. 안전관리 고려사항 확인	1. 설계도서 검토 2. 안전관리 조직 3. 시공 및 재해사례검토
		2. 건설공사 위험성	1. 건설공사 유해·위험 요인파악	1. 유해·위험요인 선정 2. 안전보건자료 3. 유해위험방지계획서
			2. 건설공사 위험성 추정·결정	1. 위험성 추정 및 평가 방법 2. 위험성 결정 관련 지침 활용
		3. 건설업	1. 건설업 산업안전보건 관리비 규정	1. 건설업산업안전보건관리비의 계상 및 사용 기준 2. 건설업산업안전보건관리비 대상액 작성 요령 3. 건설업산업안전보건관리비의 항목별 사용 내역
		4. 건설현장 안전시설 관리	1. 안전시설 설치 및 관리	1. 추락 방지용 안전시설 2. 붕괴 방지용 안전시설 3. 낙하, 비래방지용 안전시설
			2. 건설공구 및 장비 안전수칙	1. 건설공구의 종류 및 안전수칙 2. 건설장비의 종류 및 안전수칙
		5. 비계·거푸집 가시설 위험 방지	1. 건설 가시설물 설치 및 관리	1. 비계 2. 작업통로 및 발판 3. 거푸집 및 동바리 4. 흙막이
		6. 공사 및 작업종류별 안전	1. 양중 및 해체 공사	1. 양중공사 시 안전수칙 2. 해체공사 시 안전수칙
			2. 콘크리트 및 PC 공사	1. 콘크리트공사 시 안전수칙 2. PC공사 시 안전수칙
			3. 운반 및 하역작업	1. 운반작업 시 안전수칙 2. 하역작업 시 안전수칙

건설안전기사 출제문제 분석표

2026년 합격대비 분석표(2026년부터는 5과목으로 변경되었습니다.)

시험과목			단원	시험년월일											계 (기사)	빈도 (%)
현행 26년 적용	이전 기준			2022 3.5	2022 4.24	2023 3.1	2023 5.13	2023 9.2	2024 2.15	2024 5.9	2024 7.5	2025 2.7	2025 5.10	2025 8.9		
제1과목 산업재해 예방 및 안전보건교육	제1편 산업안전 관리론		1. 안전보건관리개요	6	4	3	3	4	6	4	5	3	4	4	46	21.0
			2. 안전보건관리 체제 및 운영	1	3	3	3	4	4	6	4	3	3	1	35	16.0
			3. 재해조사 및 분석	7	5	7	7	5	4	5	2	7	5	5	59	26.9
			4. 안전점검 및 검사	2	4	2	2	2	1	2	3	2	3	3	26	11.9
			5. 보호구 및 안전·보건표지	2	3	3	3	3	3	2	3	3	4	4	33	15.1
			6. 안전관계법규	3	1	2	2	2	2	1	3	2	1	1	20	9.1
			계	21	20	20	20	20	20	20	20	20	20	18	219	100
	제2편 산업심리 및 교육	1부 산업 심리	1. 작업적성과 인사심리	2	2	2	2	6	6	4	4	2	6	2	38	17.4
			2. 인간의 특성 및 안전과의 관계	3	2	5	5	3	2	6	3	5	1	2	37	17.0
			3. 인간행동 성향 및 행동과학	5	3	3	3	1	2	2	2	3	2	2	28	12.8
			4. 집단관리와 리더십	1	2	2	2	3	2	1	1	2	2	1	19	8.7
			5. 노동과 피로	4	·	2	2	2	2	3	2	2	2	1	22	10.1
		2부 안전 교육	1. 교육의 개념 및 안전교육 개요	4	2	2	2	3	3	3	3	2	2	3	29	13.3
			2. 교육심리학	1	2	1	1	·	1	·	1	1	·	2	10	4.6
			3. 교육의 종류 및 내용	2	2	·	·	1	1	·	2	·	1	1	10	4.6
			4. 교육방법	2	1	3	3	1	1	1	2	3	5	3	25	11.5
			계	24	16	20	20	20	20	20	20	20	21	17	218	100
제2과목 인간공학 및 위험성 평가관리	1부 인간공학		1. 안전과 인간공학	2	1	1	1	2	1	2	2	1	1	3	17	7.7
			2. 정보입력표시	·	1	1	1	·	2	1	1	1	·	1	9	4.1
			3. 인간계측 및 작업공간	3	2	3	3	2	3	5	1	3	2	4	31	14.1
			4. 작업환경관리	4	2	3	3	2	1	1	2	3	2	2	25	11.4
			5. 인간과 환경	4	5	1	1	3	3	2	2	1	6	4	32	14.5
			6. 인체계측과 작업공간 및 배치	1	2	3	3	5	2	2	2	3	2	·	25	11.4
	2부 시스템공학		1. 시스템 안전관리기법	1	2	·	·	1	·	1	1	·	1	·	7	3.2
			2. 결함수 분석법(FTA)	4	4	6	6	4	6	5	7	6	6	6	60	27.3
			3. 위험관리 및 안전성 평가	1	1	2	2	1	2	1	2	2	·	·	14	6.4
			계	20	20	20	20	20	20	20	20	20	20	20	220	100

시험과목		단원	시험년월일											계 (기사)	빈도 (%)
현행 26년 적용	이전 기준		2022 3.5	2022 4.24	2023 3.1	2023 5.13	2023 9.2	2024 2.15	2024 5.9	2024 7.5	2025 2.7	2025 5.10	2025 8.9		
제4과목 건설시공	제4편 건설 시공학	1. 총론	2	5	3	3	3	4	3	3	2	2	4	34	13.9
		2. 가설공사	2	·	1	1	1	·	·	1	·	1	·	7	2.9
		3. 토공사	5	5	4	4	4	4	2	4	4	5	4	45	18.4
		4. 지정 및 기초공사	1	4	5	5	5	4	4	5	3	1	4	41	16.7
		5. 철근 콘크리트공사	4	5	4	4	4	4	4	4	5	5	5	48	19.6
		6. 철골공사	3	1	3	3	3	4	3	3	4	4	5	36	14.7
		7. 벽돌, 블록, 돌공사	2	3	3	3	3	2	3	3	3	4	4	33	13.5
		8. 기타공사	·	·	·	·	·	·	·	·	1	·	·	1	0.4
		계	19	23	23	23	23	23	20	23	21	23	24	245	100
제3과목 건설재료	제5편 건설 재료학	1. 목재	2	3	4	4	4	2	2	4	4	3	4	36	16.4
		2. 석재	4	2	3	3	3	2	3	3	3	3	2	31	14.1
		3. 점토	·	2	1	1	1	2	·	1	·	·	2	10	4.5
		4. 시멘트	3	3	1	1	1	2	·	1	2	1	·	15	6.8
		5. 콘크리트	4	2	4	4	4	5	5	4	3	4	4	43	19.5
		6. 금속재	3	3	2	2	2	2	4	2	5	3	3	31	14.1
		7. 미장 및 도장재료	1	2	·	·	·	·	·	·	·	1	·	4	1.8
		8. 합성수지 및 역청재료	3	3	5	5	5	4	6	5	4	4	4	48	21.8
		9. 접착제	·	·	·	·	·	·	·	·	·	1	1	2	0.9
		계	20	20	20	20	20	20	20	20	20	20	20	220	100
제5과목 건설공사 안전 관리	제6편 건설 안전 기술	1. 건설공사 및 안전개요	5	3	2	2	2	6	4	2	8	3	4	41	18.9
		2. 건설공구 및 장비	5	3	2	2	2	6	4	2	2	5	5	38	17.5
		3. 건설안전시설 및 설비	·	4	2	2	2	1	·	2	1	1	3	18	8.3
		4. 건설작업의 안전	10	10	11	11	11	6	12	11	8	10	4	104	47.9
		5. 운반, 하역 및 가설작업의 안전	·	·	3	3	3	1	·	3	1	1	1	16	7.4
		계	20	20	20	20	20	20	20	20	20	20	17	217	100

미국 버클리대학 공부 지침서

나도 이렇게 공부하면 **건설안전기사자격증(건강·장수·부자)**을 취득할 수 있다.

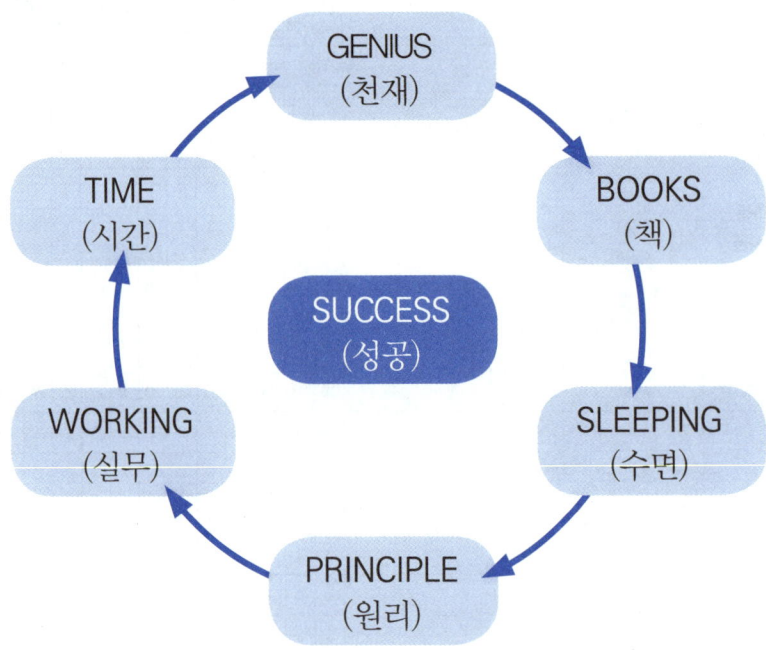

1 ST. 나는 천재라는 自負心(自信感)을 가지고 공부 — 天才
2 ND. 책은 항상 소지하고 1PAGE라도 읽어라 — 册
3 RD. 잠은 충분히 잔다 — 睡眠
4 TH. 원리에 충실 — 원리를 확실하게 파악 — 原理
5 TH. 실무에 접하는 기회 — 實務
6 TH. 시간은 자신이 만들어라 — 時間

안전관리헌장

개정:안전행정부고시 제2014-7호

재난 및 안전관리기본법 제7조에 의하여 안전관리헌장을 다음과 같이 개정 고시합니다.

2014년 1월 29일
안전행정부장관

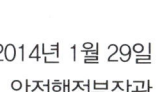

안전은 재난, 안전사고, 범죄 등의 각종 위험에서 국민의 생명과 건강 그리고 재산을 지키는 가장 중요한 근본이다.

모든 국민은 안전할 권리가 있으며, 안전문화를 정착시키는 일은 국민의 행복과 국가의 미래를 위해 반드시 필요하다.

이에 우리는 다음과 같이 다짐한다.

Ⅰ. 모든 국민은 가정, 마을, 학교, 직장 등 사회 각 분야에서 안전수칙을 준수하고 안전 생활을 적극 실천한다.

Ⅰ. 국가와 지방자치단체는 국민의 안전기본권을 보장하는 안전종합대책을 수립하고, 안전을 위한 투자에 최우선의 노력을 하며, 어린이, 장애인, 노약자는 특별히 배려한다.

Ⅰ. 자원봉사기관, 시민단체, 전문가들은 사고 예방 및 구조 활동, 안전 관련 연구 등에 적극 참여하고 협력한다.

Ⅰ. 유치원, 학교 등 교육 기관은 국민이 바른 안전 의식을 갖도록 교육하고, 특히 어릴 때부터 안전 습관을 들이도록 지도한다.

Ⅰ. 기업은 안전제일 경영을 실천하고, 위험 요인을 없애 사고가 발생하지 않도록 적극 노력한다.

차례

1992~2002년도 기사 미공개문제 11개년도/QR코드
2003~2015년도 기사 공개문제 13개년도/QR코드
네이버카페 "정재수의 안전스쿨"에서 출력가능

2016년도 기사 정기검정 과년도 문제해설

2016년도 기사 정기검정 제1회 (2016년 03월 06일 시행)	4
2016년도 기사 정기검정 제2회 (2016년 05월 08일 시행)	36
2016년도 기사 정기검정 제4회 (2016년 10월 01일 시행)	63

2017년도 기사 정기검정 과년도 문제해설

2017년도 기사 정기검정 제1회 (2017년 03월 05일 시행)	92
2017년도 기사 정기검정 제2회 (2017년 05월 07일 시행)	120
2017년도 기사 정기검정 제4회 (2017년 09월 23일 시행)	151

2018년도 기사 정기검정 과년도 문제해설

2018년도 기사 정기검정 제1회 (2018년 03월 04일 시행)	182
2018년도 기사 정기검정 제2회 (2018년 04월 28일 시행)	211
2018년도 기사 정기검정 제4회 (2018년 09월 15일 시행)	241

과년도 출제문제(기사)

합격의 포인트

- 수험생 여러분! 과년도 문제는 뒷부분부터 보세요.(합격의 기쁨이 빨리 옵니다.)
- 과년도 문제에서 많이 출제됨을 기억하세요.(60%출제+해설40%=100%)
- 상세한 해설이 합격을 보장합니다.
- 건설안전기사의 필기, 실기(필답형+작업형)의 전교재를 갖춘 출판사는 대한민국에 세화뿐입니다.

참고

- 한국산업인력공단이 공개한 문제 PBT와 CBT(2022년 4회 부터)를 출판사와 저자가 재작성 및 재편집·해설하여 이번 시험의 100% 적중을 위하여 구성하였습니다.(참고 및 합격키를 확인하는 것이 합격의 비결입니다.)
- 현명한 세화 독자는 뒷부분(최근 기출문제)부터 공부하세요.(최근 문제가 이번 시험에 적중합니다.)
- 본서의 문제 중 오답, 오타가 있을 수 있습니다. 발견되면 저자에게 연락주십시오.
- 저자실명제·공식저자, 안전공학박사(365일 상담): 010-7209-6627
- 요점정리 및 별도 계산문제(QR 수록)도 꼭 보셔야 만점 합격할 수 있습니다.
- 2026년 시행법과 NCS 출제기준에 맞추어 해설했습니다.

- NCS기준과 2026년 합격기준을 정확하게 적용하였습니다.
- "특허"받은 책과 "맞추다" CBT기법으로 AI기출을 적용했습니다.

건설안전기사 필기

2016년 03월 06일 시행 **제1회**

2016년 05월 08일 시행 **제2회**

2016년 10월 01일 시행 **제4회**

2016년도 기사 정기검정 제1회 (2016년 3월 6일 시행)

자격종목 및 등급(선택분야)
건설안전기사

종목코드	시험시간	수험번호	성명
1440	3시간	20160306	도서출판세화

1 산업안전 관리론

01 산업안전보건법령상 안전인증대상 방호장치에 해당하는 것은?

① 교류 아크용접기용 자동전격방지기
② 동력식 수동대패용 칼날접촉방지장치
③ 절연용 방호구 및 활선작업용 기구
④ 아세틸렌 용접장치용 또는 가스집합 용접장치용 안전기

【해설】
안전인증대상 방호장치의 종류
① 프레스 및 전단기 방호장치
② 양중기용 과부하방지장치
③ 보일러 압력방출용 안전밸브
④ 압력용기 압력방출용 안전밸브
⑤ 압력용기 압력방출용 파열판
⑥ 절연용 방호구 및 활선작업용 기구
⑦ 방폭구조 전기기계·기구 및 부품
⑧ 추락·낙하 및 붕괴 등의 위험방호에 필요한 가설기자재로서 고용노동부장관이 정하여 고시하는 것
⑨ 충돌·협착 등의 위험방지에 필요한 산업용 로봇 방호장치로서 고용노동부장관이 정하여 고시하는 것

【보충학습】
자율안전확인 방호장치
① 아세틸렌 용접장치용 또는 가스집합 용접장치용 안전기
② 교류 아크용접기용 자동전격방지기
③ 롤러기 급정지장치
④ 연삭기(研削機) 덮개
⑤ 목재 가공용 둥근톱 반발예방장치와 날접촉예방장치
⑥ 동력식 수동대패용 칼날접촉방지장치
⑦ 추락·낙하 및 붕괴 등의 위험 방지 및 보호에 필요한 가설기자재로서 고용노동부장관이 정하여 고시하는 것

【정보제공】
산업안전보건법 시행령 제74조(안전인증대상기계 등)

02 산업안전보건법상 조립·해체 작업장 입구에 설치하여야 할 출입금지 표지의 색채로 가장 적당한 것은?

① 바탕 : 노란색   기본모형 : 검은색
   관련부호 : 검은색   그림 : 검은색
② 바탕 : 흰색   기본모형 : 빨간색
   관련부호 : 검은색   그림 : 검은색
③ 바탕 : 흰색   기본모형 : 녹색
   관련부호 : 녹색   그림 : 검은색
④ 바탕 : 파란색   기본모형 : 빨간색
   관련부호 : 흰색   그림 : 검은색

【해설】
산업안전보건표지의 구분
① 금지표지 : 바탕은 흰색, 기본모형은 빨간색, 관련부호 및 그림은 검은색
② 경고표지 : 바탕은 노란색, 기본모형·관련부호 및 그림은 검은색 다만, 인화성물질 경고, 산화성물질 경고, 폭발성물질 경고, 급성독성물질 경고, 부식성물질 경고 및 발암성·변이원성·생식독성·전신독성·호흡기과민성 물질 경고의 경우 바탕은 무색, 기본모형은 빨간색(검은색도 가능)
③ 지시표지 : 바탕은 파랑, 관련 그림은 흰색
④ 안내표지 : 바탕은 흰색, 기본모형 및 관련부호는 녹색 또는 바탕은 녹색, 관련부호 및 그림은 흰색

【정보제공】
산업안전보건법 시행규칙 [별표 9] 안전보건표지의 기본모형

03 산업안전보건법령상 중대재해에 해당되지 않는 것은?

① 사망자가 2명 발생한 재해
② 부상자가 동시에 7명 발생한 재해
③ 직업성질병자가 동시에 11명 발생한 재해
④ 3개월 이상의 요양이 필요한 부상자가 동시에 3명 발생한 재해

[정답] 01 ③   02 ②   03 ②

> [해설]

중대재해의 종류
① 사망자가 1명 이상 발생한 재해
② 3개월 이상의 요양이 필요한 부상자가 동시에 2명 이상 발생한 재해
③ 부상자 또는 직업성질병자가 동시에 10명 이상 발생한 재해

> [정보제공]

산업안전보건법 시행규칙 제3조(중대재해의 범위)

04 산업안전보건법령상 건설업의 경우 공사금액이 얼마 이상인 사업장에 산업안전보건 위원회를 설치·운영하여야 하는가?

① 80억원
② 120억원
③ 150억원
④ 700억원

> [해설]

산업안전보건위원회를 설치·운영해야 할 사업의 종류 및 규모

사업의 종류	규모
1. 토사석 광업 2. 목재 및 나무제품 제조업 : 가구 제외 3. 화학물질 및 화학제품 제조업 : 의약품 제외(세제, 화장품 및 광택제 제조업과 화학섬유 제조업은 제외한다) 4. 비금속 광물제품 제조업 5. 1차 금속 제조업 6. 금속가공제품 제조업 : 기계 및 가구 제외 7. 자동차 및 트레일러 제조업 8. 기타 기계 및 장비 제조업(사무용 기계 및 장비 제조업은 제외한다) 9. 기타 운송장비 제조업(전투용 차량 제조업은 제외한다)	상시 근로자 50명 이상
10. 농업 11. 어업 12. 소프트웨어 개발 및 공급업 13. 컴퓨터 프로그래밍, 시스템 통합 및 관리업 13의 2. 영상 · 오디오물 제공 서비스업 14. 정보서비스업 15. 금융 및 보험업 16. 임대업 : 부동산 제외 17. 전문, 과학 및 기술 서비스업(연구개발업은 제외한다) 18. 사업지원 서비스업 19. 사회복지 서비스업	상시 근로자 300명 이상
20. 건설업	공사금액 120억원 이상(「건설산업기본법 시행령」 별표 1에 따른 토목공사업에 해당하는 공사의 경우에는 150억원 이상)
21. 제1호부터 제13호까지, 제13의 2 및 제14호부터 제20호까지의 사업을 제외한 사업	상시 근로자 100명 이상

> [정보제공]

산업안전보건법 시행령 [별표 9]

05 재해의 간접원인 중 기초 원인에 해당하는 것은?

① 불안전한 상태
② 관리적 원인
③ 신체적 원인
④ 불안전한 행동

> [해설]

간접 원인(재해의 가장 깊은 곳에 존재하는 재해원인)
① 기초 원인 : 학교 교육적 원인, 관리적인 원인
② 2차 원인 : 신체적 원인, 정신적 원인, 안전 교육적 원인, 기술적인 원인

> [보충학습]

직접 원인(1차 원인) : 시간적으로 사고발생에 가까운 원인
① 물적 원인 : 불안전한 상태(설비 및 환경)
② 인적 원인 : 불안전한 행동

06 방독마스크의 선정 방법으로 적합하지 않은 것은?

① 전면형은 되도록 시야가 좁을 것
② 착용자 자신이 스스로 안면과 방독마스크 안면부와의 밀착성 여부를 수시로 확인할 수 있을 것
③ 머리끈은 적당한 길이 및 탄력성을 갖고 길이를 쉽게 조절할 수 있을 것
④ 정화통 내부의 흡착제는 견고하게 충진되고 충격에 의해 외부로 노출되지 않을 것

> [해설]

방독마스크의 일반구조
① 착용시 이상한 압박감이나 고통을 주지 않을 것
② 착용자의 얼굴과 방독마스크의 내면사이의 공간이 너무 크지 않을 것
③ 전면형은 호흡시에 투시부가 흐려지지 않을 것
④ 격리식 및 직결식 방독마스크에 있어서는 정화통·흡기밸브·배기밸브 및 머리끈을 쉽게 교환할 수 있고, 착용자 자신이 스스로 안면과 방독마스크 안면부와의 밀착성 여부를 수시로 확인할 수 있을 것

[정답] 04 ② 05 ② 06 ①

> **보충학습**
>
> **방독마스크 각부의 구조**
> ① 방독마스크는 쉽게 착용할 수 있고, 착용하였을 때 안면부가 안면에 밀착되어 공기가 새지 않을 것
> ② 정화통 내부의 흡착제는 견고하게 충진되고 충격에 의해 외부로 노출되지 않을 것
> ③ 흡기밸브는 미약한 호흡에 대하여 확실하고 예민하게 작동할 것
> ④ 배기밸브는 방독마스크의 내부와 외부의 압력이 같을 경우 항상 닫혀 있어야 하고 미약한 호흡에 대하여 확실하고 예민하게 작동하여야 하며 외부의 힘에 의하여 손상되지 않도록 덮개 등으로 보호되어 있을 것
> ⑤ 연결관은 신축성이 좋아야 하고 여러 모양의 구부러진 상태에서도 통기에 지장이 없어야 하고 턱이나 팔의 압박이 있는 경우에도 통기에 지장이 없어야 하며 목의 운동에 지장을 주지 않을 정도의 길이를 가질 것
> ⑥ 머리끈은 적당한 길이 및 탄력성을 갖고 길이를 쉽게 조절할 수 있을 것

07 직계식 안전조직의 특징이 아닌 것은?

① 명령과 보고가 간단 명료하다.
② 안전정보의 수집이 빠르고 전문적이다.
③ 각종 지시 및 조치사항이 신속하게 이루어진다.
④ 안전업무가 생산현장 라인을 통하여 시행된다.

> **해설**
>
> **직계식 안전조직의 특징(장·단점)**
>
> | 장 점 | 단 점 |
> |---|---|
> | ① 안전에 관한 명령과 지시는 생산 라인을 통해 신속·정확하게 전달 실시된다.
② 중소 규모 기업에 활용된다. | ① 안전 전문 입안이 되어 있지 않아 내용이 빈약하다.
② 안전의 정보가 불충분하다. |

08 재해조사 발생시 정확한 사고원인 파악을 위해 재해조사를 직접 실시하는 자가 아닌 것은?

① 사업주
② 현장관리감독자
③ 안전관리자
④ 노동조합 간부

> **해설**
>
> **사업주의 의무**
> (1) 근로자의 안전과 건강 유지·증진
>   ① 산업재해예방 기준 준수
>   ② 근로자의 신체적 피로와 정신적 스트레스 등을 줄일 수 있는 쾌적한 작업환경 조성 및 근로조건 개선
>   ③ 근로자에게 안전보건정보 제공
> (2) 국가의 산업재해예방 시책에 따라야 함

> **보충학습**
>
> 재해발생시 사고원인 파악을 위해 사고조사를 직접 실시하는 자로는 안전보건관리책임자, 안전관리자, 보건관리자, 현장관리감독자, 노동조합 간부 등이 있다.

> **정보제공**
>
> 산업안전보건법 제5조(사업주 등의 의무)

09 근로자수가 400명, 주당 45시간씩 연간 50주를 근무하였고, 연간재해건수는 210건으로 근로손실일수가 800일이었다. 이 사업장의 강도율은 약 얼마인가?(단, 근로자의 출근율은 95[%]로 계산한다.)

① 0.42
② 0.52
③ 0.88
④ 0.94

> **해설**
>
> $$강도율 = \frac{총요양근로손실일수}{연근로시간수} \times 1,000$$
> $$= \frac{800}{400 \times 45 \times 50 \times 0.95} \times 1,000$$
> $$= 0.935$$
> $$= 0.94$$

10 무재해운동 추진기법으로 볼 수 없는 것은?

① 위험예지훈련
② 지적확인
③ 터치 앤 콜
④ 직무위급도분석

> **해설**
>
> **무재해 추진기법의 종류**
> ① 위험예지훈련
> ② Touch and Call
> ③ 지적확인
> ④ T.B.M(Tool Box Meeting)
> ⑤ STOP기법
> ⑥ 안전확인 오지운동

[정답] 07 ② 08 ① 09 ④ 10 ④

보충학습

(1) 기타 위험예지훈련의 종류

종류	실시기법
원포인트 위험예지	위험예지훈련 4라운드 중에서 1R을 제외한 2R, 3R, 4R을 원포인트로 요약하여 실시하는 기법으로 2~3분 내에 실시하는 현장활동용
삼각위험 예지	쓰는 것이나 말하는 것이 미숙한 작업자를 대상으로 실시하는 기법으로 현상파악과 위험의 포인트를 △형으로 표시하여 팀의 합의를 이끌어내는 기법
자문자답 카드기법	카드에 있는 체크 리스트를 큰 소리로 자문자답하면서 위험요인을 발견·파악하여 행동목표를 정하는 기법
아차사고 사례발굴 훈련	은폐하거나 무심코 지나치기 쉬운 아차사고의 체험을 BS방식으로 제출케하여 위험예지 4R진행법에 의해 문제를 해결해 나가는 기법
TBM역할 연기 훈련	한 팀이 TBM 위험예지활동을 역할 연기하고 다른 팀이 관찰한 후 함께 토론하여 잠재위험요인을 찾아내어 해결해 나가는 방법으로 팀별로 교대하면서 역할 연기를 한다.
BGM위험 예지훈련	방송시설을 이용하여 작업 시작전에 음악을 들려 줌으로써 마음을 안정시키고 작업표준과 안전수칙 등에 관한 사항을 정리할 수 있는 시간적 여유를 제공해 주는 훈련
5C운동	작업현장에서 반드시 지켜야 할 다섯 가지 항목 ① 복장단정(Correctness) ② 정리정돈(Clearance) ③ 청소청결(Cleaning) ④ 점검확인(Checking) ⑤ 전심전력(Concentration)
5S운동	기본적인 안전의식을 높이고 실천 행동을 습관화, 생활화하는 데 효과적인 운동 ① 정리 ② 정돈 ③ 청소 ④ 청결(4S) ⑤ 수칙준수

(2) 직무분석
  ① 직무에 관한 정보를 수집, 분석하여 직무의 내용과 직무를 담당하는 자의 자격요건을 체계화하는 활동
  ② 직무를 구성하는 요소
    ㉮ 과업(task)
    ㉯ 의무(duty)
    ㉰ 책임(responsibility)
(3) 직무위급도분석(pickrel, et al의 실수효과 심각성의 4등급)
  ① 안전 ② 경미
  ③ 중대 ④ 파국적

11 하인리히(H.W. Heinrich)의 재해발생과 관련한 도미노 이론에 포함되지 않는 단계는?

① 사고
② 개인적 결함
③ 제어의 부족
④ 사회적 환경 및 유전적 요소

해설

하인리히(H.W. Heinrich)의 산업재해 도미노 이론
① 제1단계 : 사회적 환경과 유전적 요소(가정 및 사회적 환경의 결함)
② 제2단계 : 개인적 결함
③ 제3단계 : 불안전 상태 및 불안전 행동
④ 제4단계 : 사고
⑤ 제5단계 : 상해(재해)

12 건설업 산업안전보건관리비 계상에 관한 관련 규정은 산업재해보상보험법의 적용을 받는 공사 중 총공사금액이 얼마 이상인 공사에 적용하는가?

① 2,000만원   ② 1억원
③ 120억원   ④ 150억원

해설

산업재해보상보험법의 적용을 받는 공사금액 : 2,000만원 이상

정보제공
건설업 산업안전보건관리비 계상 및 사용기준 제3조(적용범위)

13 안전보건개선계획서의 수립·시행명령을 받은 사업주는 그 명령을 받은 날부터 안전보건개선 계획서를 작성하여 며칠 이내에 관할 지방고용노동관서의 장에게 제출해야 하는가?

① 15일   ② 30일
③ 60일   ④ 90일

해설

안전보건개선계획 시행명령일
안전보건개선계획의 수립·시행명령을 받은 사업주는 고용노동부장관이 정하는 바에 따라 안전보건개선계획서를 작성하여 그 명령을 받은 날부터 60일 이내에 관할 지방고용노동관서의 장에게 제출

정보제공
산업안전보건법 시행규칙 제61조(안전보건개선계획 제출 등)

[정답] 11 ③ 12 ① 13 ③

14 사업장의 안전보건관리계획 수립시 기본적인 고려요소로 가장 적절한 것은?

① 대기업의 경우 표준계획서를 작성하여 모든 사업장에 동일하게 적용시킨다.
② 계획의 실시 중에는 변동이 없어야 한다.
③ 계획의 목표는 점진적인 높은 수준으로 한다.
④ 사고발생 후의 수습대책에 중점을 둔다.

해설

안전보건관리계획 수립시 고려사항 3가지
① 사업장의 실태에 맞도록 독자적으로 작성하되 실현 가능성이 있도록 하여야 한다.
② 계획의 목표는 점진적으로 하여 높은 수준으로 한다.
③ 직장 단위로 구체적으로 작성한다.

15 재해손실비의 평가방식 중 시몬즈방식에서 비보험 코스트에 반영되는 항목에 해당하지 않는 것은?

① 휴업상해 건수
② 통원상해 건수
③ 응급조치 건수
④ 무손실사고 건수

해설

시몬즈방식에서 비보험 코스트 종류

분류	내용
휴업상해(A)	영구 부분노동불능, 일시 전노동불능
통원상해(B)	일시 부분노동불능, 의사의 조치를 요하는 통원상해
응급처치(C)	20달러 미만의 손실 또는 8시간 미만의 휴업손실 상해
무상해사고(D)	의료조치를 필요로 하지 않는 경미한 상해, 사고 및 무상해사고(20달러 이상의 재산손실 또는 8시간 이상의 손실사고

16 사업장 무재해운동 추진 및 운영에 관한 규칙에 있어 특정 목표배수를 달성하여 그 다음 배수달성을 위한 새로운 목표를 재설정하는 경우 무재해 목표 설정기준으로 틀린 것은?

① 업종은 무재해 목표를 달성한 시점에서의 업종을 적용한다.
② 무재해 목표를 달성한 시점 이후부터 즉시 다음 배수를 기산하며 업종과 규모에 따라 새로운 무재해 목표시간을 재설정한다.
③ 건설업의 규모는 재개시 시점에 해당하는 총공사금액을 적용한다.
④ 규모는 재개시 시점에 해당하는 달로부터 최근 6개월간의 평균 상시 근로자수를 적용한다.

해설

무재해 목표시간 재설정기준
① 무재해 목표를 달성한 시점 이후부터 즉시 다음 배수를 기산하며 업종과 규모에 따라 새로운 무재해 목표시간을 재설정한다.
② 업종은 무재해 목표를 달성한 시점에서의 업종을 적용한다.
③ 규모는 재개시 시점에 해당하는 달로부터 최근 일년간의 평균 상시 근로자수를 적용한다. 다만, 사업장의 요청이 있거나 산정이 곤란한 경우는 직전 사업년도 연평균 상시 근로자수를 적용할 수 있다.
④ 창업하거나 통합·분리한지 12개월 미만인 사업장은 창업일이나 통합·분리일부터 산정일까지의 매월 말일의 상시 근로자수를 합하여 해당 월수로 나눈 값을 적용한다.
⑤ 건설업의 규모는 재개시 시점에 해당하는 총공사금액을 적용한다. 다만, 건설현장 관급공사(장기계속공사 및 계속비 공사를 포함한다)의 경우는 연차별 공사계약금액 누계금액 또는 연차별 공사기성금액의 누계금액에 따라 무재해의 목표시간을 선정한다.

17 안전점검의 종류 중 주기적으로 일정한 기간을 정하여 일정한 시설이나 물건, 기계 등에 대하여 점검하는 방법을 무엇이라 하는가?

① 정기점검 ② 일상점검
③ 특별점검 ④ 임시점검

해설

정기점검(계획점검)
일정 시간마다 정기적으로 실시하는 점검으로 법적 기준 또는 사내 안전규정에 따라 해당 책임자가 실시하는 점검

[정답] 14 ③ 15 ④ 16 ④ 17 ①

18 재해사례연구법(Accident Analysis and Control Method)에서 활용하는 안전관리 열쇠 중 작업에 관계되는 것이 아닌 것은?

① 적성배치
② 작업순서
③ 이상시 조치
④ 작업방법 개선

해설

안전관리 열쇠
① 작업순서
② 작업방법 개선
③ 이상시 조치

19 산업안전보건법상 산업재해가 발생한 때에 사업주가 기록·보존하여야 하는 사항이 아닌 것은?

① 사업장의 개요 및 근로자의 인적사항
② 재해발생의 일시 및 장소
③ 재해발생의 원인 및 과정
④ 재해원인 수사요청 기록 및 근무상황 일지

해설

산업재해 발생시 사업주 기록보존 사항
① 사업장의 개요 및 근로자의 인적사항
② 재해발생의 일시 및 장소
③ 재해발생의 원인 및 과정
④ 재해재발방지계획

정보제공
산업안전보건법 시행규칙 제72조(산업재해 기록 등)

20 안전관리는 PDCA 사이클의 4단계를 거쳐 지속적인 관리를 수행하여야 하는데 다음 중 PDCA 사이클의 4단계를 잘못 나타낸 것은?

① P : Plan
② D : Do
③ C : Check
④ A : Analysis

해설

PDCA사이클
계획(plan) → 실시(do) → 검토(check) → 조치(action)

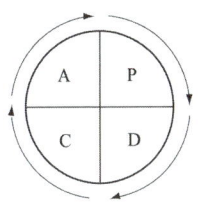

[그림] 안전관리 4-cycle

2 산업심리 및 교육

21 다음 중 카운슬링(counseling)의 순서로 가장 올바른 것은?

① 장면 구성 → 내담자와의 대화 → 감정 표출 → 감정의 명확화 → 의견 재분석
② 장면 구성 → 내담자와의 대화 → 의견 재분석 → 감정 표출 → 감정의 명확화
③ 내담자와의 대화 → 장면 구성 → 감정 표출 → 감정의 명확화 → 의견 재분석
④ 내담자와의 대화 → 장면 구성 → 의견 재분석 → 감정 표출 → 감정의 명확화

해설

카운슬링의 순서
장면 구성 → 내담자와의 대화 → 의견 재분석 → 감정 표출 → 감정의 명확화

22 에빙하우스(Ebbinghaus)의 연구결과 망각률이 50[%]를 초과하게 되는 최초의 경과시간은?

① 30분
② 1시간
③ 1일
④ 2일

[정답] 18 ① 19 ④ 20 ④ 21 ② 22 ②

해설

에빙하우스의 망각률
① 1시간 경과 : 50[%] 이상 망각
② 48시간 경과 : 70[%] 이상 망각
③ 31일 경과 : 80[%] 이상 망각

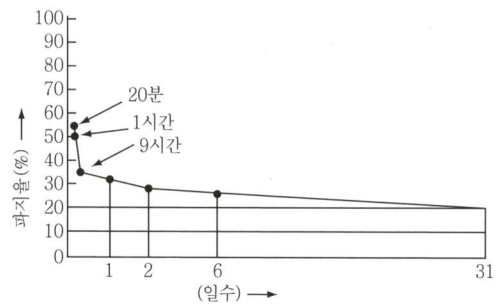

[그림] 에빙하우스 망각 곡선

보충학습

Hermann Ebbinghaus
① 독일의 심리학자, 실험심리학의 선구자. G.T.페히너의 정신물리학에 자극을 받았다.
② 감각영역에 행하여진 일을 고등정신작용에 적용시키려고 한 기억실험의 결과인 "기억에 관하여"를 발표하였다.(1850년 1월 24일 ~ 1909년 2월 26일)

23 다음 중 산업안전보건법 시행규칙상 사업내 안전보건교육에 있어 건설업 일용근로자의 작업 내용 변경시의 최소 교육시간으로 옳은 것은?

① 1시간 이상
② 2시간 이상
③ 3시간 이상
④ 4시간 이상

해설

산업안전보건관련 교육과정별 교육시간

교육과정	교육대상		교육시간
정기교육	사무직 종사 근로자		매반기 6시간 이상
	사무직 종사 근로자 외의 근로자	판매업무에 직접 종사하는 근로자	매반기 6시간 이상
		판매업무에 직접 종사하는 근로자 외의 근로자	매반기 12시간 이상
	관리감독자의 지위에 있는 사람		연간 16시간 이상
채용시의 교육	일용근로자		1시간 이상
	일용근로자를 제외한 근로자		8시간 이상
작업내용 변경시의 교육	일용근로자		1시간 이상
	일용근로자를 제외한 근로자		2시간 이상

※ 상시 근로자 50인 미만의 도매업과 숙박 및 음식점업은 위 표의 규정에도 불구하고 해당 교육과정별 교육시간의 2분의 1 이상을 실시하여야 한다.

정보제공

산업안전보건법 시행규칙 [별표 4] 안전보건교육 교육과정별 교육시간

24 창의력이란 '문제를 해결하기 위하여 정보나 지식을 독특한 방법으로 조합하여 참신하고 유용한 아이디어를 생성해 내는 능력'이다. 창의력을 발휘하려면 3가지 요소가 필요한데 다음 중 이와 관련된 요소가 아닌 것은?

① 전문지식
② 상상력
③ 업무몰입도
④ 내적동기

해설

창의력 발휘 3가지 요소
① 전문지식 ② 상상력 ③ 내적동기

보충학습

업무 몰입도 : 업무상의 활동 능력

25 다음 중 심포지엄(symposium)에 관한 설명으로 가장 적절한 것은?

① 먼저 사례를 발표하고 문제적 사실들과 그의 상호 관계에 대하여 검토하고 대책을 토의하는 방법
② 몇 사람의 전문가에 의하여 과제에 관한 견해를 발표하게 한 뒤에 참가자로 하여금 의견이나 질문을 하게 하여 토의하는 방법
③ 새로운 교재를 제시하고 거기에서의 문제점을 피교육자로 하여금 제기하게 하거나, 의견을 여러 가지 방법으로 발표하게 하고 다시 깊이 파고들어서 토의하는 방법
④ 패널 멤버가 피교육자 앞에서 자유로이 토의하고, 뒤에 피교육자 전원이 참가하여 사회자의 사회에 따라 토의하는 방법

해설

토의식 교육방법
① 사례 연구법
② 심포지엄
③ 포럼
④ 패널디스커션

[정답] 23 ① 24 ③ 25 ②

26 다음 중 부주의가 발생하는 경우에 있어 자동차를 운전할 때 신호가 바뀌기 전에 신호가 바뀔 것을 예상하고 자동차를 출발시키는 행동과 관련된 것은?

① 억측판단
② 근도반응
③ 착시현상
④ 의식의 우회

해설

억측판단
부주의가 발생하는 경우에 있어 자동차를 운전할 때 신호가 바뀌기 전에 신호가 바뀔 것을 예상하고 자동차를 출발시키는 행동

27 다음 중 작업장에서의 사고예방을 위한 조치로 틀린 것은?

① 모든 사고는 사고 자료가 연구될 수 있도록 철저히 조사되고 자세히 보고되어야 한다.
② 안전의식고취 운동에서의 포스터는 처참한 장면과 함께 부정적인 문구의 사용이 효과적이다.
③ 안전장치는 생산을 방해해서는 안 되고, 그것이 제 위치에 있지 않으면 기계가 작동되지 않도록 설계되어야 한다.
④ 감독자와 근로자는 특수한 기술뿐만 아니라 안전에 대한 태도교육을 받아야 한다.

해설

작업장 사고예방조치
① 모든 사고는 사고 자료가 연구될 수 있도록 철저히 조사되고 자세히 보고되어야 한다.
② 안전장치는 생산을 방해해서는 안 되고, 그것이 제 위치에 있지 않으면 기계가 작동되지 않도록 설계되어야 한다.
③ 감독자와 근로자는 특수한 기술뿐만 아니라 안전에 대한 태도교육을 받아야 한다.
④ 모든 문구는 긍정적인 내용을 사용한다.

28 다음 중 심리검사의 특징 중 측정하고자 하는 것을 실제로 잘 측정하는지의 여부를 판별하는 것을 무엇이라 하는가?

① 표준화
② 신뢰성
③ 객관성
④ 타당성

해설

심리검사의 구비조건 5가지
① 표준화 : 검사절차의 일관성과 통일성의 표준화
② 객관성 : 채점자의 편견, 주관성 배제
③ 규준 : 검사결과를 해석하기 위한 비교의 틀
④ 신뢰성 : 검사응답의 일관성(반복성)
⑤ 타당성 : 측정하고자 하는 것을 실제로 측정하는 것

29 다음 중 안전태도교육 과정을 올바른 순서대로 나열한 것은?

① 청취 → 모범 → 이해 → 평가 → 장려 · 처벌
② 청취 → 평가 → 이해 → 모범 → 장려 · 처벌
③ 청취 → 이해 → 모범 → 평가 → 장려 · 처벌
④ 청취 → 평가 → 모범 → 이해 → 장려 · 처벌

해설

안전태도 교육과정 순서
(1) 목표 : 생활지도, 작업 동작 지도 등을 통한 안전의 습관화
(2) 순서
　① 청취한다.
　② 이해, 납득시킨다.
　③ 모범(시범)을 보인다.
　④ 권장(평가)한다.
　⑤ 칭찬한다.
　⑥ 벌을 준다.

[정답] 26 ① 27 ② 28 ④ 29 ③

30 다음 중 합리화의 유형에 있어 자기의 실패나 결함을 다른 대상에서 책임을 전가시키는 유형으로 자신의 잘못에 대해 조상 탓을 하거나 축구 선수가 공을 잘못 찬 후 신발 탓을 하는 등에 해당하는 것은?

① 신포도형
② 투사형
③ 망상형
④ 달콤한 레몬형

> **해설**
>
> **투사(projection : 투출)형**
> ① 자기 속의 억압된 것을 다른 사람의 것으로 생각하는 것
> ② 책임전가형
>   예 ① 안되면 조상 탓
>   ② 서투른 무당이 장구 탓

31 다음 중 피로의 검사방법에 있어 인지역치를 이용한 생리적 방법은?

① 광전비색계
② 뇌전도(EEG)
③ 근전도(EMG)
④ 점멸융합주파수(Flicker fusion frequency)

> **해설**
>
> **점멸융합주파수(flicker-fusion frequency)**
> ① 깜박이는 불빛이 계속 켜진 것처럼 보일 때의 주파수(약 30[Hz])
> ② 검사방법 : 인지역치 이용
> ③ 생리적 방법
> ④ 단속과 융합의 경계에서 빛의 단속 주기를 Flicker치라고 하는데 이 것을 피로도 검사에 이용한다.
>
> **KEY** 2016년 3월 6일(문제 44번)

32 다음 중 직무분석 방법으로 가장 적합하지 않은 것은?

① 면접법
② 관찰법
③ 실험법
④ 설문지법

> **해설**
>
> **직무분석 방법**
> ① 결정적 사건기법(critical incident technique : 행동 상태 면담법)
>   ㉮ 목적 : 평균 수준의 수행자와 우수한 수행자의 능력을 확인
>   ㉯ 방법 : 특수한 환경에서 일하는 사람들이 사건의 원인이거나 원인이 될 수도 있었던 장비, 행위(practice) 및 다른 사람에 관한 사항을 서면이나 구두로 보고
> ② 직접적인 안전 측정, 관찰(관찰법) : 많은 방법 중에서 가장 보편적이면서도 가장 효과적인 방법으로 직접 안전을 진단하고, 참여하여 관찰하는 방법(실제 작업환경에서 종사자들을 관찰)
> ③ 그 밖의 주요 직무분석의 방법 : 절차 검토법, 면접법, 조사법, 설문지법, 작업일지법 등
>
> **보충학습**
>
> **실험법**
> 실험 그룹(group)과 통제 그룹(control group)으로 나누고, 정황, 자극을 주어 태도변화 여부를 조사하는 방법

33 다음 중 강의법에서 도입단계의 내용으로 적절하지 않은 것은?

① 동기를 유발한다.
② 주제의 단원을 알려준다.
③ 수강생의 주의를 집중시킨다.
④ 핵심이 되는 점을 가르쳐 준다.

> **해설**
>
> **교육진행 4단계 순서 및 방법**
>
> | 단 계 | 교 육 방 법 |
> |---|---|
> | 제1단계 : 도입
(학습할 준비를 시킨다) | • 마음을 안정시킨다.
• 무슨 작업을 할 것인가를 말해준다.
• 그 작업에 대해 알고 있는 정도를 확인한다.
• 작업을 배우고 싶은 의욕을 갖게 한다.
• 정확한 위치에 자리잡게 한다. |
> | 제2단계 : 제시
(작업을 설명한다) | • 주요 단계를 하나씩 설명해주고, 시범해보이고, 그려보인다.
• 급소를 강조한다.
• 확실하게, 빠짐없이, 끈기있게 지도한다.
• 이해할 수 있는 능력 이상으로 강요하지 않는다. |
> | 제3단계 : 적용
(작업을 시켜본다) | • 작업을 지켜보고 잘못을 고쳐준다.
• 작업을 시키면서 설명하게 한다.
• 다시 한 번 시키면서 급소를 말하게 한다.
• 확실히 알았다고 할 때까지 확인한다. |
> | 제4단계 : 확인
(가르친 뒤 살펴본다) | • 일에 임하도록 한다.
• 모르는 것이 있을 때는 물어 볼 사람을 정해둔다.
• 질문을 하도록 분위기를 조성한다.
• 점차 지도 횟수를 줄여간다. |

[정답] 30 ② 31 ④ 32 ③ 33 ④

34 다음 중 허즈버그(Herzberg)가 직무확충의 원리로서 제시한 내용과 거리가 가장 먼 것은?

① 책임을 지고 일하는 동안에는 통제를 추가한다.
② 자신의 일에 대해서 책임을 더 지도록 한다.
③ 직무에서 자유를 제공하기 위하여 부가적 권위를 부여한다.
④ 전문가가 될 수 있도록 전문화된 과제들을 부과한다.

해설

허즈버그의 직무확충원리
① 책임을 지고 일하는 동안에는 통제를 가하지 않는다.
② 자신의 일에 대해서 책임을 더 지도록 한다.
③ 직무에서 자유를 제공하기 위하여 부가적 권위를 부여한다.
④ 전문가가 될 수 있도록 전문화된 과제들을 부과한다.

35 다음 중 학습목적의 3요소가 아닌 것은?

① 목표(goal)
② 주제(subject)
③ 학습정도(level of learning)
④ 학습방법(method of learning)

해설

학습목적 3요소
① 목표(goal)
② 주제(subject)
③ 학습정도(level of learning)

36 다음 중 비공식 집단에 관한 설명으로 가장 거리가 먼 것은?

① 비공식 집단은 조직구성원의 태도, 행동 및 생산성에 지대한 영향력을 행사한다.
② 가장 응집력이 강하고 우세한 비공식 집단은 수직적 동료집단이다.
③ 혼합적 혹은 우선적 동료집단은 각기 상이한 부서에 근무하는 직위가 다른 성원들로 구성된다.
④ 비공식 집단은 관리영역 밖에 존재하고 조직도상에 나타나지 않는다.

해설

비공식 집단의 특성
① 경영통제권이나 관리 영역 밖에 존재한다.
② 규모가 과히 크지 않기 때문에 개인적 접촉기회가 많다.
③ 동료애의 욕구가 있다.
④ 응집력이 크다.

37 다음 중 교육지도의 원칙과 가장 거리가 먼 것은?

① 한 번에 한 가지씩 교육을 실시한다.
② 쉬운 것부터 어려운 것으로 실시한다.
③ 과거부터 현재, 미래의 순서로 실시한다.
④ 적게 사용하는 것에서 많이 사용하는 순서로 실시한다.

해설

교육지도 원칙
① 한 번에 한 가지씩 교육을 실시한다.
② 쉬운 것부터 어려운 것으로 실시한다.
③ 과거부터 현재, 미래의 순서로 실시한다.
④ 많이 사용하는 것에서 적게 사용하는 순서로 한다.

38 다음 중 리더로서의 일반적인 구비요건과 가장 거리가 먼 것은?

① 화합성
② 통찰력
③ 개인의 이익 추구성
④ 정서적 안전성 및 활발성

해설

리더의 일반적 구비요건
① 화합성
② 통찰력
③ 판단력
④ 정서적 안전성 및 활발성

[정답] 34 ① 35 ④ 36 ② 37 ④ 38 ③

과년도 출제문제

39 다음 중 부주의에 의한 사고 방지에 있어서 정신적 측면의 대책 사항과 가장 거리가 먼 것은?

① 적응력 향상
② 스트레스 해소
③ 작업의욕 고취
④ 주의력 집중 훈련

해설
부주의에 대한 정신적 측면의 대책
① 주의력의 집중 훈련
② 스트레스의 해소
③ 안전의식의 고취
④ 작업의욕의 고취

40 다음 중 ATT(American Telephone & Telegram) 교육훈련기법의 내용으로 적절하지 않은 것은?

① 인사관계
② 고객관계
③ 회의의 주관
④ 종업원의 향상

해설
ATT 교육내용
① 계획적인 감독
② 인원배치 및 작업의 계획
③ 작업의 감독
④ 공구와 자료의 보고 및 기록
⑤ 개인작업의 개선
⑥ 인사관계
⑦ 종업원의 기술향상
⑧ 훈련
⑨ 안전 등

3 인간공학 및 시스템 안전공학

41 안전보건표지에서 경고표지는 삼각형, 안내 표지는 사각형, 지시표지는 원형 등으로 부호가 고안되어 있다. 이처럼 부호가 이미 고안되어 이를 사용자가 배워야 하는 부호를 무엇이라 하는가?

① 묘사적 부호
② 추상적 부호
③ 임의적 부호
④ 사실적 부호

해설
임의적 부호
부호가 이미 고안되어 있으므로 이를 배워야 하는 부호(예 교통표지판의 삼각형 – 주의, 원형 – 규제, 사각형 – 안내표시)

KEY ① 2006년 5월 14일(문제 56번)
② 2010년 5월 9일(문제 51번)

42 다음 중 욕조곡선에서의 고장 형태에서 일정한 형태의 고장률이 나타나는 구간은?

① 초기고장률 구간
② 마모고장 구간
③ 피로고장 구간
④ 우발고장 구간

해설
우발고장의 특징
(1) 정의
  ① 예측할 수 없을 때에 생기는 고장으로 시운전이나 점검작업으로는 방지할 수 없다.
  ② 각 요소의 우발고장에 있어서는 평균고장시간과 비율을 알고 있으면 제어계 전체 고장을 일으키지 않는 신뢰도를 구할 수 있다.(일정형 고장)
(2) 우발고장의 고장발생원인
  ① 안전계수가 낮기 때문에
  ② stress가 strength보다 크기 때문에
  ③ 사용자의 과오 때문에
  ④ 최선의 검사방법으로도 탐지되지 않은 결함 때문에
  ⑤ 디버깅 중에도 발견되지 않는 고장 때문에
  ⑥ 예방보전에 의해서도 예방될 수 없는 고장 때문에
  ⑦ 천재지변에 의한 고장 때문에

[정답] 39 ① 40 ③ 41 ③ 42 ④

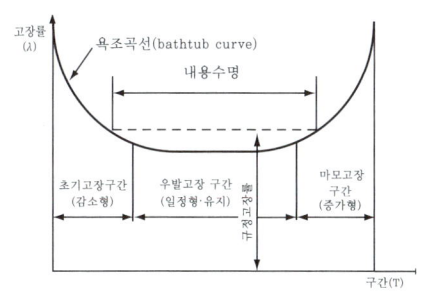

[그림] 욕조곡선

KEY ▶ 2009년 5월 10일(문제 48번)

43 다음 중 소음에 대한 대책으로 가장 적합하지 않은 것은?

① 소음원의 통제 ② 소음의 격리
③ 소음의 분배   ④ 적절한 배치

해설

소음대책
① 소음원 통제 : 기계의 적절한 설계, 적절한 정비 및 주유, 기계에 고무 받침대(mounting) 부착, 차량에 소음기(muffler) 등을 사용
② 소음의 격리 : 씌우개(enclosure), 방, 장벽 등을 사용하며, 집의 창문을 닫을 경우 약 10[dB] 감음된다.
③ 차폐장치 및 흡음재 사용
④ 음향처리재 사용
⑤ 적절한 배치(layout)
⑥ 배경음악(BGM : Back Ground Music) : 60± 3[dB]
⑦ 방음보호구 사용 : 귀마개, 귀덮개

44 인간의 생리적 부담 척도 중 국소적 근육활동의 척도로 가장 적합한 것은?

① 혈압   ② 맥박수
③ 근전도   ④ 점멸융합주파수

해설

근전도(EMG : electromyogram)
① 근육활동의 전위차(척도)를 기록한 것
② 심장근의 근전도를 특히 심전도(ECG : electrocardiogram)라 하며, 신경활동 전위차의 기록은 ENG (electroneurogram)라 한다.

KEY ▶ ① 2008년 3월 2일(문제 42번)
② 2015년 9월 19일(문제 41번)
③ 2016년 3월 6일(문제 31번)

45 다음 중 화학설비에 대한 안전성 평가에 있어 정량적 평가항목에 해당되지 않는 것은?

① 공정   ② 취급물질
③ 압력   ④ 화학설비용량

해설

정량적 평가항목
① 해당 화학설비의 취급물질
② 해당 화학설비의 용량
③ 온도
④ 압력
⑤ 조작

KEY ▶ ① 2014년 3월 2일(문제 41번)
② 2011년 10월 2일(문제 42번)

46 어떤 결함수를 분석하여 minimal cut set을 구한 결과 다음과 같았다. 각 기본사상의 발생확률을 $q_i = 1, 2, 3$이라 할 때 정상사상의 발생확률함수로 옳은 것은?

$$k_1 = \{1, 2\}, \ k_2 = \{1, 3\}, \ k_3 = \{2, 3\}$$

① $q_1 q_2 + q_1 q_2 - q_2 q_3$
② $q_1 q_2 + q_1 q_3 - q_2 q_3$
③ $q_1 q_2 + q_1 q_3 + q_2 q_3 - q_1 q_2 q_3$
④ $q_1 q_2 + q_1 q_3 + q_2 q_3 - 2 q_1 q_2 q_3$

해설

정상사상의 발생확률 함수

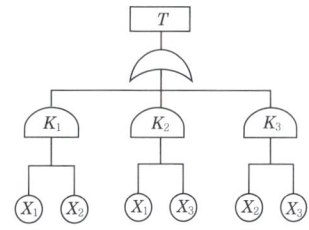

① $T = 1 - (1 - X_1 X_2)(1 - X_1 X_3)(1 - X_2 X_3)$
[밑줄 전개 후 간소화]
$= (1 - X_1 X_2 - X_1 X_3 + X_1 X_1 X_2 X_3)$
$[A \cdot A = A \ \rightarrow \ X_1 X_1 = X_1]$
$= (1 - X_1 X_2 - X_1 X_3 + X_1 X_2 X_3)$

【 정답 】 43 ③ 44 ③ 45 ① 46 ④

② $T = 1-(1-X_1X_2-X_1X_3+X_1X_2X_3)(1-X_2X_3)$
[밑줄 전개 후 간소화]
$= (1-X_1X_2-X_1X_3+X_1X_2X_3-X_2X_3$
$\quad +X_1X_2X_2X_3+X_1X_2X_3X_3-X_1X_2X_2X_3X_3)$
$[A \cdot A = A]$
$= (1-X_1X_2-X_1X_3+X_1X_2X_3-X_2X_3$
$\quad +X_1X_2X_3-X_1X_2X_3-X_1X_2X_3)$
$= (1-X_1X_2-X_1X_3-X_2X_3+2X_1X_2X_3)$

③ $T = 1-(1-X_1X_2-X_1X_3-X_2X_3+2X_1X_2X_3)$
$= 1-1+X_1X_2+X_1X_3+X_2X_3-X_1X_2X_3$
$= X_1X_2+X_1X_3+X_2X_3-2X_1X_2X_3$

④ $T_q = q_1q_2 + q_1q_3 + q_2q_3 - 2q_1q_2q_3$

KEY ① 2003년 8월 30일 출제
② 2012년 5월 20일(문제 49번)

---

47 다음 중 진동의 영향을 가장 많이 받는 인간의 성능은?

① 추적(tracking) 능력
② 감시(monitoring) 작업
③ 반응시간(reaction time)
④ 형태식별(pattern recognition)

해설
전신진동이 인간성능에 끼치는 영향
① 진동은 진폭에 비례하여 시력을 손상하며 10~25[Hz]의 경우 가장 심하다.
② 진동은 진폭에 비례하여 추적능력을 손상하여 5[Hz] 이하의 낮은 진동수에서 가장 심하다.
③ 안정되고 정확한 근육조절을 요하는 작업은 진동에 의해서 저하된다.
④ 반응시간, 감시, 형태식별 등 주로 중앙신경처리에 달린 임무는 진동의 영향을 덜 받으며, 시력 및 추적능력 등은 진동의 영향을 많이 받는다.

KEY 2008년 3월 2일(문제 41번)

---

48 한 대의 기계를 10시간 가동하는 동안 4회의 고장이 발생하였고, 이때의 고장수리시간이 다음 표와 같을 때 MTTR(Mean Time To Repair)은 얼마인가?

가동시간(hour)	수리시간(hour)
$T_1 = 2.7$	$T_a = 0.1$
$T_2 = 1.8$	$T_b = 0.2$
$T_3 = 1.5$	$T_c = 0.3$
$T_4 = 2.3$	$T_d = 0.3$

① 0.225시간/회
② 0.325시간/회
③ 0.425시간/회
④ 0.525시간/회

해설
MTTR(mean time to repair)
총수리시간을 수리횟수로 나눈 값
① 수리시간 : 0.1+0.2+0.3+0.3 = 0.9
② 수리횟수 : 4

③ $\text{MTTR} = \dfrac{\text{고장수리시간(hr)}}{\text{고장횟수}} = \dfrac{T_a+T_b+T_c+T_d}{4회}$

$= \dfrac{0.1+0.2+0.3+0.3}{4}$

$= 0.225[\text{시간/회}]$

보충학습
MTTR(평균수리시간)
① $\text{MTTR} = \dfrac{1}{u(\text{평균 수리율})}$

② $\text{MDT} = (\text{평균정지시간}) = \dfrac{\text{총보전 작업시간}}{\text{총보전 작업건수}}$

---

49 다음 중 청각적 표시장치보다 시각적 표시장치를 이용하는 경우가 더 유리한 경우는?

① 메시지가 간단한 경우
② 메시지가 추후에 재참조되지 않는 경우
③ 직무상 수신자가 자주 움직이는 경우
④ 메시지가 즉각적인 행동을 요구하지 않는 경우

해설
청각장치와 시각장치의 사용 경위

청각장치 사용(예)	시각장치 사용(예)
① 전언이 간단할 경우	① 전언이 복잡할 경우
② 전언이 짧을 경우	② 전언이 길 경우
③ 전언이 후에 재참조되지 않을 경우	③ 전언이 후에 재참조될 경우
④ 전언이 시간적인 사상(event)을 다룰 경우	④ 전언이 공간적인 위치를 다룰 경우
⑤ 전언이 즉각적인 행동을 요구할 경우	⑤ 전언이 즉각적인 행동을 요구하지 않을 경우
⑥ 수신자의 시각 계통이 과부하 상태일 경우	⑥ 수신자의 청각 계통이 과부하 상태일 경우
⑦ 수신 장소가 너무 밝거나 암조응(暗調應) 유지가 필요할 경우	⑦ 수신 장소가 너무 시끄러울 경우
⑧ 직무상 수신자가 자주 움직이는 경우	⑧ 직무상 수신자가 한 곳에 머무르는 경우

KEY ① 2012년 9월 15일(문제 48번)
② 2015년 3월 8일(문제 46번)

[정답] 47 ① 48 ① 49 ④

50 매직넘버라고도 하며, 인간이 절대식별시 작업기억 중에 유지할 수 있는 항목의 최대수를 나타낸 것은?

① 3±1 ② 7±2
③ 10±1 ④ 20±2

해설

Miller의 인간의 절대식별 능력 이론인
"Magical Number 7±2"
① 절대식별 실험을 통한 정보이론의 근거된 전달된 정보량 계산
② 전달된 정보량과 입력정보량을 통한 경로용량 확인
③ 실험을 통한 밀러의 Magical Number 7±2 확인(5~9 사이)
④ 한계가 많은 절대식별이 미치는 요인 분석 정보전달의 신뢰성 향상 방안을 찾고자 함

51 인간-기계 시스템에서 시스템의 설계를 다음과 같이 구분할 때 제3단계인 기본설계에 해당되지 않는 것은?

1단계 : 시스템의 목표와 성능 명세 결정
2단계 : 시스템의 정의
3단계 : 기본설계
4단계 : 인터페이스설계
5단계 : 보조물설계
6단계 : 시험 및 평가

① 화면설계 ② 작업설계
③ 직무분석 ④ 기능할당

해설

기본설계 내용
① 작업설계
② 직무분석
③ 기능할당

KEY ▶ 2012년 3월 4일(문제 49번)

52 다음 중 FTA(Fault Tree Analysis)에 관한 설명으로 가장 적절한 것은?

① 복잡하고, 대형화된 시스템의 신뢰성 분석에는 적절하지 않다.
② 시스템 각 구성요소의 기능을 정상인가 또는 고장인가로 점진적으로 구분짓는다.
③ "그것이 발생하기 위해서는 무엇이 필요한가?"라는 것은 연역적이다.
④ 사건들을 일련의 이분(binary) 의사 결정분기들로 모형화한다.

해설

FTA의 특징
① 정상사상인 재해현상으로부터 기본사상인 재해원인을 향해 연역적 분석을 행하는 것이 특징이다.
② FTA 창안자는 1962년 미국 벨전화연구소의 Waston에 의해 군용으로 고안되었다.

53 다음 중 인간 신뢰도(Human Reliability)의 평가 방법으로 가장 적합하지 않은 것은?

① HCR
② THERP
③ SLIM
④ FMECA

해설

인간의 신뢰도 평가방법
사고 전개과정에서 발생 가능한 모든 인간 오류를 파악해 내고, 이를 모델링하고 정량화하는 방법
① HCR
② THERP
③ SLIM

보충학습

FMECA(고장의 형과 영향 및 치명도분석)
① FMECA와 CA를 병용한 안전해석 기법
② 정량적 해석이 가능

[정답] 50 ② 51 ① 52 ③ 53 ④

54 다음 중 Fitts의 법칙에 관한 설명으로 옳은 것은?

① 표적이 크고 이동거리가 길수록 이동시간이 증가한다.
② 표적이 작고 이동거리가 길수록 이동시간이 증가한다.
③ 표적이 크고 이동거리가 짧을수록 이동시간이 증가한다.
④ 표적이 작고 이동거리가 짧을수록 이동시간이 증가한다.

[해설]

Fitt's law의 변수 법칙

인간의 제어 및 조정능력을 나타내는 법칙

$$MT = a + b\log_2 \frac{2D}{W}$$

① MT : 동작시간
② a, b : 작업 난이도에 대한 실험상수
③ D : 동작 시발점에서 표적 중심까지의 거리
④ W : 표적의 폭(너비)

[KEY] ① 2011년 3월 20일(문제 58번)
② 2015년 3월 8일(문제 60번)

[보충학습]

Fitts 법칙
① 동작 거리와 동작 대상인 과녁의 크기에 따라 요구되는 정밀도가 동작시간에 영향을 미칠 것임을 직관적으로 알 수 있다.
② 거리가 멀고 과녁이 작을수록 동작에 걸리는 시간이 길어진다.
③ Fitts의 법칙에 따르면 동작 시간은 과녁이 일정할 때 거리의 로그 함수이고, 거리가 일정할 때는 동작거리의 로그 함수이다.

55 다음 중 인간공학을 기업에 적용할 때의 기대효과로 볼 수 없는 것은?

① 노사 간의 신뢰 저하
② 제품과 작업의 질 향상
③ 작업자의 건강 및 안전 향상
④ 이직률 및 작업손실시간의 감소

[해설]

사업장에서의 인간공학 적용분야 및 기대효과
① 작업관련성 유해·위험 작업 분석(작업환경개선)
② 제품설계에 있어 인간에 대한 안전성평가(장비 및 공구설계)
③ 작업공간의 설계
④ 인간 – 기계 인터페이스 디자인
⑤ 재해 및 질병 예방

56 FMEA에서 고장의 발생확률 β가 다음 값의 범위일 경우 고장의 영향으로 옳은 것은?

$$[0.10 \leq \beta < 1.00]$$

① 손실의 영향이 없음
② 실제 손실이 예상됨
③ 실제 손실이 발생됨
④ 손실 발생의 가능성이 있음

[해설]

[표] FMEA 고장영향과 발생확률

고장의 영향	발생확률(β의 값)	비고
실제의 손실	$\beta = 1.00$	자주
예상되는 손실	$0.10 \leq \beta < 1.00$	보통
가능한 손실	$0 < \beta \leq 0.10$	드물게
영향 없음	$\beta = 0$	무

[KEY] 2009년 5월 10일(문제 42번)

57 다음 중 산업안전보건법 시행규칙상 유해·위험방지계획서의 제출 기관으로 옳은 것은?

① 대한산업안전협회
② 안전관리대행기관
③ 한국건설기술인협회
④ 한국산업안전보건공단

[해설]

유해·위험방지계획서 제출기관 : 한국산업안전보건공단

[KEY] 2012년 9월 15일(문제 52번)

[정보제공]

산업안전보건법 시행규칙 제42조(제출서류 등)

[정답] 54 ② 55 ① 56 ② 57 ④

58 자동차 엔진의 수명은 지수분포로 따르는 경우 신뢰도를 95[%]를 유지시키면서 8,000시간을 사용하기 위한 적합한 고장률은 약 얼마인가?

① 3.4×10^{-6}/시간 ② 6.4×10^{-6}/시간
③ 8.2×10^{-6}/시간 ④ 9.5×10^{-6}/시간

해설

신뢰도 : 고장나지 않을 확률
① $R(t) = e^{-\lambda \times t}$
② $\ln R = -\lambda \times t$
$\lambda = \dfrac{\ln R}{-t} = \dfrac{\ln 0.95}{-8,000} = 6.4 \times 10^{-6}$

보충학습

신뢰도 $R(t) = e^{-\frac{t}{t_0}} = e^{-\lambda \times t}$
(t_0 : 평균고장시간 or 평균수명, t : 앞으로 고장 없이 사용할 시간, λ : 고장율)

59 다음 중 중(重)작업의 경우 작업대의 높이로 가장 적절한 것은?

① 허리 높이보다 0~10[cm] 정도 낮게
② 팔꿈치 높이보다 10~20[cm] 정도 높게
③ 팔꿈치 높이보다 15~20[cm] 정도 낮게
④ 어깨 높이보다 30~40[cm] 정도 높게

해설

팔꿈치 높이 : 작업대 높이기준
① 경조립 작업은 팔꿈치 높이보다 5~10[cm] 정도 낮게
② 중조립작업은 팔꿈치 높이보다 10~20[cm] 정도 낮게
③ 정밀 작업은 팔꿈치 높이보다 5~20[cm] 정도 높게

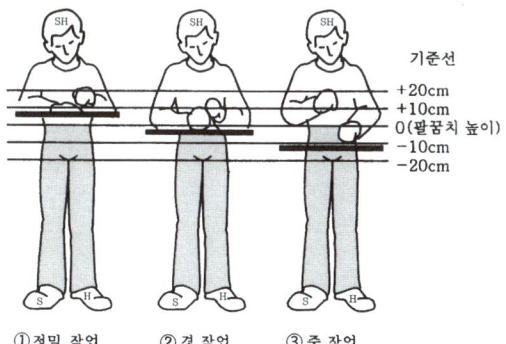

[그림] 팔꿈치 높이와 작업대 높이의 관계

60 재해예방 측면에서 시스템의 FT에서 상부측 정상사상의 가장 가까운 쪽에 OR 게이트를 인터록이나 안전장치 등을 활용하여 AND 게이트로 바꿔주면 이 시스템의 재해율에는 어떠한 현상이 나타나겠는가?

① 재해율에는 변화가 없다.
② 재해율의 급격한 증가가 발생한다.
③ 재해율의 급격한 감소가 발생한다.
④ 재해율의 점진적인 증가가 발생한다.

해설

OR → AND
① AND 게이트는 출력 사상이 일어나기 위해서는 모든 입력의 사상이 일어나지 않으면 안된다는 논리 조작을 나타낸다.
② 모든 입력 사상이 공존할 때만이 출력사상이 발생한다.
③ 따라서 재해율의 급격한 감소가 발생한다.

4 건설시공학

61 불량품, 결점, 고장 등의 발생건수를 현상과 원인별로 분류하고, 여러 가지 데이터를 항목별로 분류해서 문제의 크기 순서로 나열하여, 그 크기를 막대그래프로 표기한 품질관리 도구는?

① 파레토그램 ② 특성요인도
③ 히스토그램 ④ 체크시트

해설

전사적 품질관리(TQC)의 7가지 도구

구분	특징
히스토그램	데이터가 어떤 분포를 하고 있는지를 알아보기 위해 작성(분포도)
파레토그램	불량 등의 발생건수를 분류항목별로 나누어 크게 순서대로 나열(영향도, 하자도)
특성요인도	결과에 원인이 어떻게 관계하고 있는가를 한눈에 알 수 있도록 작성(원인결과도)
체크시트	계수치의 데이터가 분류항목의 어디에 집중되어 있는가를 알아보기 쉽게 나타냄(집중도)
점도	대응되는 두 개의 짝으로 된 데이터를 그래프 용지위에 점으로 나타냄(상관도, 산포도)
층별	집단을 구성하고 있는 데이터를 특징에 따라 몇 개의 부분집단으로 나누는 것(부분집단도)
그래프	한눈에 파악되도록 막대나 꺾은선그래프를 이용하여 표시

[정답] 58 ② 59 ③ 60 ③ 61 ①

> **KEY** ① 2013년 3월 10일(문제 61번)
> ② 2014년 9월 20일(문제 63번)

62 석축쌓기 공법에 해당하지 않는 것은?

① 건쌓기　　② 메쌓기
③ 찰쌓기　　④ 막쌓기

해설

석축쌓기의 종류
① 건쌓기
② 사춤쌓기
③ 찰쌓기
④ 메쌓기

보충학습

구분	방법
찰쌓기	석축을 쌓을 때 돌과 돌 사이에 콘크리트나 모르타르를 사용하여 쌓는 방식
메쌓기(건쌓기)	모르타르나 콘크리트를 사용하지 않고 서로 물리도록 다듬어 쌓는 방식

63 철근콘크리트 공사 중 거푸집 해체를 위한 검사가 아닌 것은?

① 각종 배관슬리브, 매설물, 인서트, 단열재 등 부착 여부
② 수직, 수평부재의 존치기간 준수 여부
③ 소요의 강도 확보 이전에 지주의 교환 여부
④ 거푸집 해체용 압축강도 확인시험 실시 여부

해설

거푸집 해체 위한 검사
① 수직, 수평부재의 존치기간 준수 여부
② 소요의 강도 확보 이전에 지주의 교환 여부
③ 거푸집 해체용 압축강도 확인시험 실시 여부

> **KEY** 2011년 3월 20일(문제 75번)

64 지하실 방수공법 중 바깥방수의 단점으로 옳지 않은 것은?

① 하자보수가 용이하다.
② 바탕처리를 따로 만들어야 한다.
③ 안방수에 비해 비용이 고가이다.
④ 시공방법이 복잡하여 공기가 많이 소요된다.

해설

[표] 안방수와 바깥방수의 비교

내용	안방수	바깥방수
① 경제성(공사비)	비교적 싸다.	비교적 고가이다.
② 공사순서	간단하다.	상당한 절차가 필요하다.
③ 공사시기	자유로이 선택할 수 있다.	본공사에 선행하여야 한다.
④ 공사용이성	간단하다.	상당한 난점이 있다.
⑤ 수압처리	압력에 견디도록 하기 곤란하다.	수압을 감당한다.
⑥ 바탕만들기	따로 만들 필요가 없다.	따로 만들어야 한다.
⑦ 보호누름	필요하다.	없어도 무방하다.
⑧ 본공사 추진	방수공사에 관계없이 본공사를 추진할 수 있다.	방수공사 완료 전에는 본공사 추진이 잘 안된다.
⑨ 사용환경	비교적 수압이 낮은 지하실에 적당하다.	수압에 상관없이 할 수 있다.

65 현대 건축시공의 변화에 따른 특징과 거리가 먼 것은?

① 인공지능 빌딩의 출현
② 건설 시공법의 습식화
③ 도심지 지하 심층화에 따른 신기술 발달
④ 건축 구성재 및 부품의 PC화·규격화

해설

건축시공의 현대화 방안
① 새로운 경영기법의 도입 및 활용
② 작업의 표준화, 단순화, 전문화(3S)
③ 재료의 건식화, 건식 공법화
④ 기계화 시공, 시공기법의 연구개발
⑤ 건축생산의 공업화, 양산화, Pre-Fab화
⑥ 도급기술의 근대화
⑦ 가설재료의 강재화
⑧ 신기술 및 과학적 품질관리기법의 도입

[정답] 62 ④　63 ①　64 ①　65 ②

66. 토공사에 사용되는 각종 건설기계에 관한 설명으로 옳은 것은?

① 클램쉘은 협소한 장소의 흙을 퍼 올리는 장비로서, 연한 지반에 적합하다.
② 파워셔블은 위치한 지면보다 낮은 곳의 굴착에 적합하다.
③ 드래그셔블은 버킷으로 토사를 굴삭하며 적재하는 기계로서 로더(loader)라고 불린다.
④ 드래그라인은 좁은 범위의 경질지반 굴착에 적합하다.

해설

[표] 토공기계의 종류 및 특징

종류	특징
파워셔블 (Power shovel : 디퍼셔블)	① 기계가 서 있는 위치보다 높은 곳의 굴착에 적당하다. ② 굴삭높이는 1.5~3[m]에 적당하다. ③ 버킷용량은 0.6~1.0[m³] 정도이다. ④ 굴삭깊이는 지반 밑으로 2[m] 정도이다. ⑤ 선회각은 90[°]이다.
드래그라인 (Drag line : 롤러형)	① 기계가 서 있는 위치보다 낮은 곳의 굴착에 좋다. ② 넓은 면적을 팔 수 있으나 파는 힘은 강력하지 못하다. ③ 굴삭깊이 : 8[m] 정도이다. ④ 선회각 : 110[°]까지 선회할 수 있다.
백호 (Backhoe : 드래그셔블)	① 기계가 서 있는 지반보다 낮은 곳의 굴착에 좋다. ② 굴착력도 크다. ③ 굴삭깊이 : 5~8[m] 정도이다. ④ 굴삭폭 : 8~12[m] 정도이다. ⑤ 버킷용량 : 0.3~1.9[m³] 정도이다. ⑥ boom의 길이 : 4.3~7.7[m] 정도이다.
클램쉘 (Clamshell)	① 사질지반의 굴삭에 적당하다. ② 좁은 곳의 수직굴착에 좋다. ③ 굴삭깊이 : 최대 18[m], 보통 8[m] 정도이다. ④ 버킷용량 : 2.45[m³] 정도이다.

KEY 2012년 3월 4일(문제 61번)

67. 철골 부재가공시 절단면의 상태가 가장 양호하게 되는 절단 방법은?

① 전단절단
② 가스절단
③ 전기아크절단
④ 톱절단

해설

정밀도가 우수한 순서

구분	특징
전단절단	전단력을 이용하여 절단, 판두께 13[mm] 이하일 때 적용
톱절단	두꺼운판이나 정밀을 요할 때 사용, 판두께 13[m] 이상일 때 적용
가스절단	① 개스의 화염으로 강재를 녹여서 절단 ② 가스절단시 주위 3[mm] 정도 변질되므로 여유있게 절단

결론 정밀도 순서 : 톱절단>전단절단>가스절단

KEY ① 2006년 9월 10일(문제 61번)
② 2011년 6월 12일(문제 78번)
③ 2013년 9월 28일(문제 64번)

68. 철골 내화피복공법의 종류와 사용되는 재료가 올바르게 연결되지 않은 것은?

① 타설공법 - 경량콘크리트
② 뿜칠공법 - 암면 흡음판
③ 조적공법 - 경량콘크리트 블록
④ 성형판붙임공법 - ALC판

해설

철골 내화피복공법

구분	종류	특징
습식 내화 피복공법	타설공법	철골구조체 주위에 거푸집을 설치하고 보통 Con'c 경량 Con'c를 타설하는 공법
	뿜칠공법	철골표면에 내화재를 도포하는 공법(뿜칠암면, 습식뿜칠암면, 뿜칠 Mortar, 뿜칠 Plaster)
	미장공법	철골에 용접철망을 부착하여 모르타르로 미장하는 방법(철망 Mortar, 철망펄라이트 모르타르)
	조적공법	Con'c 블록, 경량 Con'c 블록, 돌, 벽돌
건식 내화 피복공법 (성형판 붙임공법)		내화단열이 우수한 성형판의 접착제나 연결철물을 이용하여 부착하는 공법(P.C판, A.L.C판, 석면시멘트판, 석면규산칼슘판, 석면성형판)
합성 내화 피복공법		이종재료를 적층하거나, 이질재료의 접합으로 일체화하여 내화성능을 발휘하는 공법 ① 이종재료 적층공법 ② 이질재료 접합공법
복합 내화 피복공법		하나의 제품으로 2개의 기능을 충족시키는 공법

[정답] 66 ① 67 ④ 68 ②

보충학습

① 습식공법 : 타설공법, 조적공법, 미장공법, 뿜칠공법
② 뿜칠공법 : 양면과 시멘트 등을 혼합하여 뿜칠 방식으로 큰 면적의 내화피복을 단시간에 시공
③ 건식공법 : 성형판붙임공법, 멤브레인공법
④ 합성공법 : 천장판, PC판 등 마감재와 동시에 피복공사를 함
⑤ 복합공법 : 하나의 제품으로 2개의 기능을 충족시키는 내화피복 공법으로 내화피복과 커튼월, 천장판 등의 복합기능을 추구하는 공법

KEY ① 2015년 3월 8일(문제 63번)
② 2008년 9월 7일(문제 63번)

69 건설현장의 두께가 두꺼운 철골구조물 용접 결함확인을 위한 비파괴검사 중 모재의 결함 및 두께측정이 가능한 것은?

① 방사선투과검사(Radiographic Test)
② 초음파탐상검사(Ultrasonic Test)
③ 자기탐상검사(Magnetic Particle Test)
④ 액체침투탐상검사(Liquid Penetration Test)

해설

철골내부결함을 검사하는 방법

종류	특징
방사선 투과시험	X선, r선을 용접부에 투과하고 그 상태를 필름에 촬영하여 내부결함 검출 (필름의 밀착성이 좋지 않은 건축물에서는 검출이 어렵다.)
초음파 탐상시험	① 인간이 들을 수 없는 주파수가 20[kHz]를 넘는 진동수를 갖는 초음파(超音波)를 사용하여 결함을 탐지 ② 5[mm] 이상의 두꺼운 판에는 부적당 ③ 초음파 5~10[kHz] 범위의 주파수 사용 ④ 경제적이며 빠르다. ⑤ 모재의 두께 및 결함파악 가능
자기분말 탐상시험	용접부위에 자력선을 통과하여 결함에서 생기는 자장에 의해 표면결함 검출
침투탐상 시험	용접부위에 침투액을 도포하고 표면을 닦은 후 검사약을 도포하여 표면결함 검출(모세관현상이용)

KEY 2011년 6월 12일(문제 68번)

70 다음 네트워크 공정표에서 결합점 ②에서의 가장 늦은 완료 시각은?

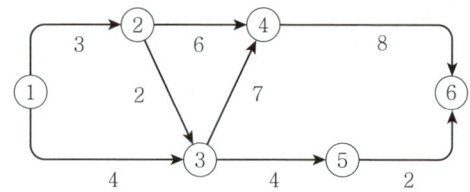

① 2   ② 3
③ 4   ④ 5

해설

일정계산법(결합점 ②에서 가장 늦은 완료시간)
① 주공정선 : ①→②→③→④→⑥
② 주공정 일수 : 3+2+7+8=20
③ 결합점 ②의 가장 늦은 완료시간은 종료시점에서부터 거꾸로 ⑥→④→③→② 순서로 작업일수를 뺀다.
④ 20-8-7-2=3일

보충학습

EST, EFT, ET(전진)	LST, LFT, LT(후진)
① 작업의 진행방향으로 진행	① 작업의 역진방향으로 진행
② 최초 작업=0	② 최종 LFT=최종 LST
③ EST+소요일수=EFT	③ LFT-소요일수=LST
④ 복수의 작업이 만날 때는 최댓값	④ 복수의 작업이 만날 때는 최솟값

71 강재 널말뚝(steel sheet pile)공법에 대한 설명으로 옳지 않은 것은?

① 무소음 설치가 어렵다.
② 타입시에 지반의 체적변형이 작아 항타가 쉽다.
③ 강재 널말뚝에는 U형, Z형, H형 등이 있다.
④ 관입, 철거시 주변 지반침하가 일어나지 않는다.

[정답] 69 ② 70 ② 71 ④

해설

강재 널말뚝공법의 특징
① 무소음 설치가 어렵다.(타입시 소음크다)
② 타입시에 지반의 체적변형이 작아 항타가 쉽다.
③ 강재 널말뚝에는 U형, Z형, H형 등이 있다.
④ 관입·철거시 주변침하가 일어나기 쉽다.

KEY ▶ 2016년 3월 6일(문제 73번)

---

72 벽돌공사에 관한 일반적인 주의사항으로 옳지 않은 것은?

① 벽돌은 품질, 등급별로 정리하여 사용하는 순서별로 쌓아둔다.
② 규준틀에 의하여 벽돌나누기를 정확히 하고 토막벽돌이 생기지 않게 한다.
③ 내력벽쌓기에는 세워쌓기나 옆쌓기로 쌓는 것이 좋다.
④ 벽돌벽은 균일한 높이로 쌓아 올라간다.

해설

벽돌공사시 주의사항
① 벽돌은 품질, 등급별로 정리하여 사용하는 순서별로 쌓아둔다.
② 규준틀에 의하여 벽돌나누기를 정확히 하고 토막벽돌이 생기지 않게 한다.
③ 벽돌벽은 균일한 높이로 쌓아 올라간다.
④ 내력벽 쌓기는 영식쌓기나 화란식 쌓기를 한다.

---

73 말뚝지정 중 강재말뚝에 관한 설명으로 옳지 않은 것은?

① 자재의 이음 부위가 안전하여 소요길이의 조정이 자유롭다.
② 기성콘크리트말뚝에 비해 중량으로 운반이 쉽지 않다.
③ 지중에서의 부식 우려가 높다.
④ 상부구조물과의 결합이 용이하다.

해설

강재말뚝의 특징
① 중량이 가볍고, 휨저항이 크고, 타입이 용이하다.
② 지지층에 깊이 관입 가능, 지지력이 크다.
③ 경질층 관통이 가능하다.
④ 강관말뚝과 H형강 말뚝, 주로 강관말뚝에 사용된다.
⑤ 말뚝의 현장접합이 용이하고 길이조절이 가능하다.
⑥ 부식에 의한 내구성 저하(열화(劣化) 현상 우려)가 있다.
⑦ 부식(0.05~0.1[mm/ year]로 예측)은 외부 2[mm], 내부 5[mm] 단면공체이다.

KEY ▶ ① 2016년 3월 6일(문제 71번)
② 2015년 9월 19일(문제 70번)

---

74 가스압접에 관한 설명 중 옳지 않은 것은?

① 접합온도는 대략 1,200~1,300[℃]이다.
② 압접 작업은 철근을 완전히 조립하기 전에 행한다.
③ 철근의 지름이나 종류가 다른 것을 압접하는 것이 좋다.
④ 기둥, 보 등의 압접 위치는 한 곳에 집중되지 않게 한다.

해설

가스압점의 특징
① 접합온도는 대략 1,200~1,300[℃]이다.
② 압접 작업은 철근을 완전히 조립하기 전에 행한다.
③ 기둥, 보 등의 압접 위치는 한 곳에 집중되지 않게 한다.
④ 철근의 지름 및 종류가 가능한 같은 것을 압접해야 한다.

KEY ▶ 2011년 6월 12일(문제 65번)

---

75 보강 콘크리트 블록조공사에서 원칙적으로 기초 및 테두리보에서 위층의 테두리보까지 잇지 않고 배근하는 것은?

① 세로근   ② 가로근
③ 철선   ④ 수평횡근

[정답] 72 ③ 73 ② 74 ③ 75 ①

해설
보강콘크리트 블록조

구분	특징
세로근	① 세로근은 원칙적으로 기초 및 테두리보에서 위층의 테두리보까지 잇지 않고 정착길이는 40[d] 이상 정착한다. ② 상단부는 180[°] 갈고리 내어 벽 상부 보강근에 걸친다. ③ 그라우트 및 모르타르 세로 피복두께 : 2[cm] 이상
가로근	① 가로근 단부는 180[°] 갈고리 내어 세로근에 연결한다. ② 모서리에 가로근의 단부는 수평방향으로 구부려서 세로근의 바깥쪽으로 두르고 정착길이는 40[d] 이상 정착 ③ 피복두께는 2[cm] 이상으로 하며, 세로근과의 교차부는 모두결속선으로 결속한다. ④ 가로근의 설치간격은 60~80[cm] 마다 단부는 갈고리 만들어 배근 ⑤ 가로근은 그와 동등 이상의 유효단면적을 가진 블록보강용 철망으로 대신 사용할 수 있다.
사춤	이어붓기는 블록 윗면에서 5[cm] 하부에 둔다.
줄눈	보강블록조는 원칙적으로 통줄눈 쌓기로 한다.

KEY 2011년 10월 2일(문제 62번)

💬 **합격자의 증언**
안전한 합격은 은행문제를 정독해야 합니다.

---

76 지반의 누수방지 또는 지반개량을 위하여 지반 내부의 틈 또는 굵은 알 사이의 공극에 시멘트 페이스트 또는 교질규산염이 생기는 약액 등을 주입하여 흙의 투수성을 제하하는 공법은?

① 샌드드레인공법　② 동결공법
③ 그라우팅공법　　④ 웰포인트공법

해설
그라우팅공법(Grouting Methode : 주입법)
(1) 개요
그라우팅은 암반층의 기초처리공법으로 암반의 절리, 단층 등을 검사하고 누수 및 지지력 부족 등이 예상될 때에는 보강을 시행하여 댐의 안전성을 도모하는 공법이다.
(2) 그라우팅의 목적
　① 기초지반의 개량
　② 기초지반의 차수성 증진
　③ 기초지반의 균질화
　④ 기초지반의 지지력 증대
(3) 종류
　① 시멘트주입공법
　② 약액주입공법 등

---

77 현장타설 콘크리트말뚝 중 외관과 내관의 2중관을 소정의 위치까지 박은 다음, 내관은 빼내고 관내에 콘크리트를 부어 넣고 내관을 넣어 다지며 외관을 서서히 빼 올리면서 콘크리트 구근을 만드는 말뚝은?

① 페디스털 파일　② 시트 파일
③ P.I.P 파일　　④ C.I.P 파일

해설
페디스털 파일의 특징
① 심플렉스 파일을 개량한 것으로 지내력을 증대하기 위하여 말뚝선단에 구근을 형성하는 점이 특징이다.
② 말뚝 1본당 지지력은 20~30[t] 정도이다.
③ 시공순서
　㉮ 외관과 내관을 소정의 깊이까지 박는다.
　㉯ 내관을 빼고 콘크리트를 넣는다.
　㉰ 다시 내관을 넣어 다진다.
　㉱ 여러번 내관을 반복하여 구조를 만든다.
　㉲ 구근이 완성되면 외관을 빼낸다.(외관 뺀 후 완성)
　㉳ 구근지름은 70~80[cm] 정도이다.
　㉴ 샤프트 부분지름은 45[cm] 정도이다.

KEY 2008년 3월 2일(문제 72번)

---

78 갱폼(Gang Form)의 특징으로 옳지 않은 것은?

① 조립, 분해없이 설치와 탈형만 함에 따라 인력절감이 가능하다.
② 콘크리트 이음부위(joint) 감소로 마감이 단순해지고 비용이 절감된다.
③ 경량으로 취급이 용이하다.
④ 제작장소 및 해체 후 보관장소가 필요하다.

해설
Gang Form의 특징
① 사용할 때마다 작은 부재의 조립, 분해를 반복하지 않고 대형화, 단순화하여 한번에 설치하고 해체하는 거푸집 시스템으로 주로 외벽의 두꺼운 벽체나 옹벽, 피어 기초 등에 이용된다.
② 거푸집+철재서포트+작업틀의 일체화 거푸집이다.
③ 전용횟수는 80~100회, 공기단축, 높은 안전성이 있다.
④ 중량이 크고, 초기투자비 증가, 세부가공의 어려움이 있다.

KEY ① 2010년 5월 9일(문제 79번)
　　　② 2007년 9월 2일(문제 65번)

[**정답**] 76 ③　77 ①　78 ③

79 철근콘크리트공사의 염해방지대책으로 옳지 않은 것은?

① 철근 피복두께를 충분히 확보한다.
② 콘크리트 중의 염소이온을 적게 한다.
③ 수밀콘크리트를 만들고 콜드조인트가 없게 시공한다.
④ 물시멘트비(W/C)가 높은 콘크리트를 타설한다.

해설

철근콘크리트공사 염해 방지대책
① 철근 피복두께를 충분히 확보한다.
② 콘크리트 중의 염소이온을 적게 한다.
③ 수밀콘크리트를 만들고 콜드조인트가 없게 시공한다.
④ 물시멘트비를 낮게 타설한다.

KEY 2006년 5월 14일(문제 79번)

80 콘크리트 타설시 일반적인 주의사항으로 옳지 않은 것은?

① 운반거리가 가까운 곳으로부터 타설을 시작한다.
② 자유낙하 높이를 작게 한다.
③ 콘크리트를 수직으로 낙하한다.
④ 거푸집, 철근에 콘크리트를 충돌시키지 않는다.

해설

콘트리트 부어넣기(치기=타설하기)
① 콘크리트는 기둥과 같이 깊이가 깊어질수록 묽게 하고 상부에 갈수록 된비빔으로 하여 기포가 생기지 않게 한다.
② 주입높이는 될 수 있는 대로 낮은 곳에서 주입한다.(보통 1.5[m], 최대 2[m], 2[m] 이상 높은 곳은 홈통, 깔때기 등을 사용한다.)
③ 콘크리트 부어넣기는 낮은 곳에서부터 기둥, 벽, 계단, 보, 바닥판의 순서로 부어나간다.
④ 일단 계획한 작업구획은 완료될 때까지 계속해서 부어넣는다. 콘크리트는 비비는 곳에서 먼 곳으로부터 부어넣기 시작한다.
⑤ 한 구획에 있어서의 콘크리트 부어넣기는 표면이 거의 수평이 되도록 부어간다.

KEY 2014년 5월 25일(문제 65번)

5 건설 재료학

81 녹방지용 안료와 관계 없는 것은?

① 연단
② 징크 크로메이트
③ 크롬산아연
④ 탄산칼슘

해설

녹막이 페인트(방청도료)
① 광명단(연단)도료 : 광명단과 보일드유를 혼합
② 알루미늄도료 : 알루미늄 분말 사용, 방청효과, 열반사효과
③ 역청질도료 : 아스팔트, 타르에 건성유, 수지류를 첨가한 것
④ 징크로메이트도료 : 알키드수지를 전색제로 하고 크로만 아연을 안료로 한 것
⑤ 워시프라이머 : 합성수지를 전색제로 안료와 인산을 첨가한 도료
⑥ 방청 산화철도료
⑦ 규산염도료 : 규산염, 방청안료 등을 혼합한 것

82 비닐벽지에 관한 설명으로 옳지 않은 것은?

① 시공이 용이하다.
② 오염이 되더라도 청소가 용이하다.
③ 통기성 부족으로 결로의 우려가 있다.
④ 타 벽지에 비해 경제적으로 가격이 비싸다.

해설

비닐벽지의 장단점

장점	단점
① 탄력성 보온성 흡음성이 있다.	① 종이벽지 대비 고가이다.
② 가공성이 뛰어나다.	② 테두리만 시공하므로 시공시 기술력이 필요하다.
③ 오염이 되어도 청소가 용이하다.	③ 통기성 흡수성이 부족하다.

가격은 합지보다는 비싸지만, 천연벽지, 특수벽지보다는 가격이 싸다.

[정답] 79 ④ 80 ① 81 ④ 82 ④

83 화강암의 색상에 관한 설명으로 옳지 않은 것은?

① 전반적인 색상은 밝은 회백색이다.
② 흑운모, 각섬석, 휘석 등은 검은색을 띤다.
③ 산화철을 포함하면 미홍색을 띤다.
④ 화강암의 색은 주로 석영에 좌우된다.

해설

화강암(쑥돌 : Granite)
① 압축강도 1,500[kg/cm²]이고 석질이 견고하고 풍화작용이나 마멸에 강하다.
② 주성분 : 석영, 장석, 운모 등
③ 건축, 토목재의 구조재, 내외장재로 사용된다.
④ 흑운모, 각섬석, 휘석이 포함되면 검은색을 나타내고 Fe_2O_3가 포함되면 미홍색이 된다.

84 콘크리트 구조물의 강도 보강용 섬유소재로 적당하지 않은 것은?

① 석면섬유
② 유리섬유
③ 탄소섬유
④ 아라미드섬유

해설

콘크리트 구조물 강도보강용 섬유소재
① 유리섬유
② 탄소섬유
③ 아라미드섬유
④ 나일론섬유

85 다음 유리 중 결로현상의 발생이 가장 적은 것은?

① 보통유리
② 후판유리
③ 복층유리
④ 형판유리

해설

결로현상
① 재료의 내·외부의 온도차이에 의한 이슬맺힘 현상
② 결로현상을 방지하려면 재료의 내·외부의 온도차이를 작게 한다.
③ 단열층을 만들면 결로현상을 줄일 수 있다.
④ 복층유리는 유리와 유리사이에 진공층이 있어 열전달을 차단하므로 내외부의 온도차이를 줄이는 역할을 한다.
　예) 스테인리스 이중 그릇 : 내외의 온도차를 줄일 수 있는 구조

86 수성페인트에 합성수지와 유화제를 섞은 페인트는?

① 에멀션 페인트
② 조합 페인트
③ 견련 페인트
④ 방청 페인트

해설

에멀션 페인트(emulsion paint)
① 수성페인트에 합성수지와 유화제를 섞은 것으로서 수성페인트와 유성페인트의 특징을 겸비한 유화액상의 페인트이다.
② 최근에 매우 광범위하게 사용되는 수성페인트의 일종이다.
③ 바른 후 물은 발산되어 고화되고 표면은 거의 광택이 없는 도막을 만든다.
④ 실내·실외 어느 곳에도 사용되며 피막이 먼지 등으로 오염된 것을 비눗물로 쉽게 제거할 수 있다.

87 블론 아스팔트(blown asphalt)를 휘발성 용제에 녹이고 광물분말 등을 가하여 만든 것으로 방수, 접합부 충전 등에 쓰이는 아스팔트 제품은?

① 아스팔트 코팅(asphalt coating)
② 아스팔트 그라우트(asphalt grout)
③ 아스팔트 시멘트(asphalt cement)
④ 아스팔트 콘크리트(asphalt concrete)

해설

아스팔트 코팅의 용도 : 방수, 접합부 충전

[정답] 83 ④　84 ①　85 ③　86 ①　87 ①

88 고로 시멘트의 특징에 대한 설명으로 옳지 않은 것은?

① 해수에 대한 내식성이 작다.
② 초기강도는 작으나 장기강도는 크다.
③ 잠재수경성의 성질을 가지고 있다.
④ 수화열량이 적어 매스콘크리트용으로 사용이 가능하다.

해설
고로 시멘트의 특징
① 시멘트의 클링커와 슬래그의 혼합물인데 단기강도가 부족하다.
② 콘크리트는 발열량이 적고 염분에 대한 저항이 크므로 해안공사나 대형 단면부공사에 이용한다.
③ 해수에 대한 내식성이 크다.

KEY
① 2006년 9월 10일(문제 88번)
② 2010년 5월 9일(문제 92번)
③ 2011년 10월 2일(문제 100번)
④ 2013년 6월 2일(문제 93번)

89 목재의 방부 처리법 중 압력용기 속에 목재를 넣어서 처리하는 방법으로 가장 신속하고 효과적인 것은?

① 침지법
② 표면탄화법
③ 가압주입법
④ 생리적 주입법

해설
가압주입법의 특징
① 압력용기 속에 목재를 넣어서 처리한다.
② 신속하고 효과적이다.
   예 압력밥솥과 동일한 원리

KEY
① 2010년 5월 9일(문제 81번)
② 2014년 5월 25일(문제 99번)

보충학습
목재의 방부법

종류	특징
도포법	목재표면에 방부제 칠을 하는 것(유성페인트, 니스, 아스팔트, 콜타르칠)
침지법	크레오소트 등의 방부액이나 물에 담가 산소공급을 차단
표면탄화법	나무의 표면을 태워서 탄화시키는 법
가압주입법	압력용기속에 목재를 넣어 압력을 가하여 방부제를 주입하는 것으로 효과가 좋다.

90 마루판 재료 중 파키트리 보드를 3~5장씩 상호 접합하여 각판으로 만들어 방습처리한 것으로 모르타르나 철물을 사용하여 콘크리트 마루 바닥용으로 사용되는 것은?

① 카키트리 패널
② 파키트리 블록
③ 플로링 보드
④ 플로링 블록

해설
파키트리 블록(Parquetry block)
① 두께 15[mm]의 파키트리 보드를 4매씩 조합하여 240×240[mm] 각판으로 접착제나 파정으로 붙인 것이다.
② 판은 목재 무늬를 잘 이용하여 의장적으로 미화하고 견목재의 목질부의 견고성과 아울러 충분히 건조된 작은 판의 조합재이므로 건조변형이 적고 마모성도 적어서 마루판으로는 우수한 재료이다.
③ 목조 마루틀 위에 2중판으로 깔든지 콘크리트 슬래브 위에 아스팔트 피치 등으로 방습 정착 시공할 수가 있다.

보충학습
마루판(flooring)의 종류

구분	특징
플로어링 보드	참나무, 미송 등 무늬가 아름다운 목재를 판재로 만들어 표면은 대패로 곱게 마감하고 양측면을 제혀쪽매로 마감한 것
파키트리 보드	두께 9~15[mm], 너비 60[mm] 길이는 너비의 3~5배 한 것, 표면은 상대패 마감
파키트리블록	파키트리 보드를 3장~5장씩 붙여 각판으로 만들어 방습처리한 것
파키트리 판넬	두께 15[mm] 파키트리보드를 4매식 조합하여 24[cm] 각판으로 만들어 방습처리한 것

91 건축물의 창호나 조인트의 충전재로서 사용되는 실(seal)재에 대한 설명 중 옳지 않은 것은?

① 퍼티 : 탄산칼슘, 연백, 아연화 등의 충전재를 각종 건성유로 반죽한 것을 말한다.
② 유성 코킹재 : 석면, 탄산칼슘 등의 충전재와 천연유지 등을 혼합한 것을 말하며 접착성, 가소성이 풍부하다.
③ 2액형 실링재 : 휘발성분이 거의 없어 충전 후의 체적변화가 적고 온도변화에 따른 안정성도 우수하다.
④ 아스팔트성 코킹재 : 전색재로서 유지나 수지 대신에 블로운 아스팔트를 사용한 것으로 고온에 강하다.

[정답] 88 ① 89 ③ 90 ② 91 ④

해설
아스팔트 코킹(asphalt calking)
① 아스팔트에 광물 분말이나 합성 고무 등을 가하여 만들어진 코킹재
② 아스팔트 방수층을 형성한 마구리 단부(端部) 등에 사용
③ 고온에서 녹고 자외선에 약하다.

KEY ▶ 2015년 9월 19일(문제 96번)

---

92 킨즈시멘트 제조시 무수석고의 경화를 촉진시키기 위해 사용하는 혼화재료는?

① 규산백토
② 플라이애시
③ 화산회
④ 백반

해설
경석고 플라스터(킨즈시멘트)의 특징
① 경화촉진제로 사용되는 백반은 산성(酸性)이므로 금속을 녹슬게 하는 결점이 있다.
② 강도가 크다.
③ 경화가 빠르다.
④ 경화시 팽창한다.
⑤ 무수석고를 화학처리하여 만든 것으로 경화한 후 매우 단단하다.
⑥ 수축이 매우 작다.
⑦ 표면강도가 크고 광택이 있다.

---

93 목재 제품 중 합판에 관한 설명으로 옳지 않은 것은?

① 방향에 따른 강도차가 적다.
② 곡면가공을 하여도 균열이 생기지 않는다.
③ 여러 가지 아름다운 무늬를 얻을 수 있다.
④ 함수율 변화에 의한 신축변형이 크다.

해설
합판의 특성
① 판재에 비하여 균질이며 우수한 품질좋은 재료를 많이 얻을 수 있다.
② 단판을 서로 직교시켜 붙인 것이므로 잘 갈라지지 않으며 방향에 따른 강도의 차이가 적다.
③ 함수율 변화에 따라 신축변형이 작다.
④ 단판은 얇아서 건조가 빠르고 뒤틀림이 없으므로 팽창, 수축을 방지할 수 있다.
⑤ 아름다운 무늬가 되도록 얇게 벗긴 단판을 합판 양 표면에 사용하면 값싸게 무늬가 좋은 판을 얻을 수 있다.
⑥ 나비가 큰 판을 얻을 수 있고 쉽게 곡면판으로 만들 수 있다.

KEY ▶ 2006년 5월 14일(문제 98번)

---

94 미장재료의 경화에 대한 설명 중 옳지 않은 것은?

① 회반죽은 공기 중의 탄산가스와의 화학반응으로 경화한다.
② 이수석고($CaSO_4 \cdot 2H_2O$)는 물을 첨가해도 경과하지 않는다.
③ 돌로마이트 플라스터는 물과의 화학반응으로 경화한다.
④ 시멘트 모르타르는 물과의 화학반응으로 경화한다.

해설
미장재료의 경화
① 회반죽은 공기 중의 탄산가스와의 화학반응으로 경화한다.
② 이수석고($CaSO_4 \cdot 2H_2O$)는 물을 첨가해도 경과하지 않는다.
③ 시멘트 모르타르는 물과의 화학반응으로 경화한다.
④ 돌로마이트 플라스터는 기경성이다.

KEY ▶ ① 2006년 3월 5일(문제 100번)
　　　② 2015년 5월 31일(문제 88번)

보충학습
경화방식에 따른 미장재료의 분류

구분	특징
수경성	① 물과 화학반응하여 경화하는 재료 ② 시멘트 모르타르, 석고 플라스터, 킨즈시멘트, 마그네시아 시멘트, 인조석 및 테라조 바름재 등
기경성	① 공기 중의 탄산가스와 결합하여 경화하는 재료 ② 돌로마이트 플라스터, 소석회, 회사벽 등

---

95 경량형강에 대한 설명으로 옳지 않은 것은?

① 단면이 작은 얇은 강판을 냉간성형하여 만든 것이다.
② 조립 또는 도장 및 가공 등의 목적으로 측판에 구멍을 뚫어서는 안 된다.
③ 가설구조물 등에 많이 사용된다.
④ 휨내력은 우수하나 판 두께가 얇아 국부좌굴이나 녹막이 등에 주의할 필요가 있다.

[정답] 92 ④　93 ④　94 ③　95 ②

해설
경량형강의 특징
① 열간압연에 의한 보통의 형강과는 달리 얇은 강판을 냉간성형하여 여러 가지 단면형상으로 만든 형강이다.
② 판두께는 1.6~4.5[mm](일부 6[mm]도 있다)이다.
③ 휨내력은 우수하나 휘거나 구부러지기 쉽고 녹이슬 위험성이 있다.
④ 조립 또는 도장 가공 등의 목적으로 측판에 구멍을 뚫을 수도 있다.

96
자갈 시료의 표면수를 포함한 질량이 2,100 [g]이고 표면건조내부포화상태의 질량이 2,090[g]이며 절대건조상태의 질량이 2,070[g]이라면 흡수율과 표면수율은 약 몇 [%]인가?

① 흡수율 : 0.48[%], 표면수율 : 0.48[%]
② 흡수율 : 0.48[%], 표면수율 : 1.45[%]
③ 흡수율 : 0.97[%], 표면수율 : 0.48[%]
④ 흡수율 : 0.97[%], 표면수율 : 1.45[%]

해설
① 흡수율 $= \dfrac{\text{표면건조내부포수상태} - \text{절대건조상태}}{\text{절대건조상태}} \times 100$

$= \dfrac{2,090 - 2,070}{2,070} \times 100$

$= 0.97[\%]$

② 표면수율 $= \dfrac{2,100 - 2,090}{2,090} \times 100$

$= 0.48[\%]$

KEY ① 2008년 5월 11일(문제 83번)
② 2010년 3월 7일(문제 89번)

97
콘크리트용 골재의 요구성능에 관한 설명으로 옳지 않은 것은?

① 골재의 강도는 경화한 시멘트페이스트 강도보다 클 것
② 골재의 표면은 매끄러울 것
③ 골재의 입형이 둥글고 입도가 고를 것
④ 먼지 또는 유기불순물을 포함하지 않을 것

해설
골재의 요구성능
① 골재의 성질은 시멘트 혼합물의 강도보다 굳어야 하므로 석회석, 사암 등의 연질수성암은 부적당하다.
② 골재는 불순물이 포함되지 않아야 한다.
③ 점토분, 유기물질, 염분, 지방질 등이 유해량(3[%]) 이상 포함되면 안 된다.
④ 골재의 입형은 구형이 가장 좋으며 약간 거친 것이 좋다.
⑤ 골재의 입도는 조립에서 세립까지 골고루 섞여야 한다.
⑥ 골재의 최대, 최소치수범위 내의 골재를 선택한다.
⑦ 골재는 경석에 속하는 것으로 대략 비중 2.6 이상의 것을 쓴다.

KEY 2010년 9월 5일(문제 84번)

98
스테인리스 강재의 종류 중에서 건축재로 가장 많이 사용되고 내외장과 설비 등 모든 용도에 적합한 것은?

① STS 304
② STS 316
③ STS 430
④ STS 410

해설
STS : 304, 316, 430, 410은 스테인레스와 니켈, 크롬의 함유량에 따른 KS표기

종류	Cr-Ni	용도
STS-304	Cr함유량 18-20[%] Ni함유량 8-10.5[%]	건축자재, 가정용품, 설비배관, 주방용품 등
STS-316	Cr함유량 16-18[%] Ni함유량 12-15[%]	염분이나 유독가스 등에 부식이 될 우려가 있는 곳
STS-410	Cr함유량 13[%]	가위, 칼, 기계구조용, 의료용기, 수술용구
STS-430	Cr함유량 18[%] Ni함유량 8[%]	전자부품, 가스렌지 상판, 석유정제설비, 볼트, 너트

KEY 2007년 3월 4일(문제 92번)

[정답] 96 ③ 97 ② 98 ①

99 금속재료의 일반적 성질에 대한 설명으로 옳지 않은 것은?

① 강도와 탄성계수가 크다.
② 경도 및 내마모성이 크다.
③ 열전도율이 작고 부식성이 크다.
④ 비중이 큰 편이다.

해설

금속재료의 장·단점(특징)
(1) 장점
　① 열과 전기의 양도체이다.(열전도율이 크다.)
　② 경도, 강도, 내마멸성이 크다.
　③ 소성변형을 할 수 있으며 전연성이 풍부하다.
　④ 금속 특유의 광택을 나타낸다.
(2) 단점
　① 비중이 크다.(대부분 7.0 이상이며 4.5 이상은 중금속이다.)
　② 녹슬기 쉽다.(산화가 된다.)
　③ 색채가 단조롭다.
　④ 가공시 가공비가 많이 든다.

KEY 2011년 10월 2일(문제 97번)

100 경량기포콘크리트(Autoclaved Lightweight Concrete)에 관한 설명 중 옳지 않은 것은?

① 단열성이 낮아 결로가 발생한다.
② 강도가 낮아 주로 비내력용으로 사용된다.
③ 내화성능을 일부 보유하고 있다.
④ 다공질이기 때문에 흡수성이 높다.

해설

경량기포콘크리트의 특징
① 강도가 낮아 주로 비내력용으로 사용된다.
② 내화성능을 일부 보유하고 있다.
③ 다공질이기 때문에 흡수성이 높다.
④ 단열성이 좋고 결로를 방지할 수 있다.

KEY ① 2006년 9월 10일(문제 91번)
　　　② 2012년 3월 4일(문제 100번)
　　　③ 2015년 3월 8일(문제 81번)

6 건설안전 기술

101 구축물에 안전진단 등 안전성 평가를 실시하여 근로자에게 미칠 위험성을 미리 제거하여야 하는 경우가 아닌 것은?

① 구축물 또는 이와 유사한 시설물의 인근에서 굴착·항타작업 등으로 침하·균열 등이 발생하여 붕괴의 위험이 예상될 경우
② 구조물, 건축물, 그 밖의 시설물이 그 자체의 무게·적설·풍압 또는 그 밖에 부가되는 하중 등으로 붕괴 등의 위험이 있을 경우
③ 화재 등으로 구축물 또는 이와 유사한 시설물의 내력(耐力)이 심하게 저하되었을 경우
④ 구축물의 구조체가 과도한 안전측으로 설계가 되었을 경우

해설

구축물 또는 이와 유사한 시설물의 안전성 평가
① 구축물 또는 이와 유사한 시설물의 인근에서 굴착·항타작업 등으로 침하·균열 등이 발생하여 붕괴의 위험이 예상될 경우
② 구축물 또는 이와 유사한 시설물에 지진, 동해(凍害), 부동침하(不同沈下) 등으로 균열·비틀림 등이 발생하였을 경우
③ 구조물, 건축물, 그 밖의 시설물이 그 자체의 무게·적설·풍압 또는 그 밖에 부가되는 하중 등으로 붕괴 등의 위험이 있을 경우
④ 화재 등으로 구축물 또는 이와 유사한 시설물의 내력(耐力)이 심하게 저하되었을 경우
⑤ 오랜기간 사용하지 아니하던 구축물 또는 이와 유사한 시설물을 재사용하게 되어 안전성을 검토하여야 하는 경우
⑥ 그 밖의 잠재위험이 예상될 경우

KEY 2013년 9월 28일(문제 104번)

102 가설구조물에서 많이 발생하는 중대 재해의 유형으로 가장 거리가 먼 것은?

① 무너짐재해
② 낙하물에 의한 재해
③ 굴착기계와의 접촉에 의한 재해
④ 추락재해

[정답] 99 ③　100 ①　101 ④　102 ③

[해설]
가설구조물의 중대 재해 유형
① 무너짐재해
② 낙하물에 의한 재해
③ 추락재해

103 철골작업을 중지하여야 하는 조건에 해당되지 않는 것은?

① 풍속이 초당 10[m] 이상인 경우
② 지진이 진도 4 이상의 경우
③ 강우량이 시간당 1[mm] 이상의 경우
④ 강설량이 시간당 1[cm] 이상의 경우

[해설]
철골작업시 작업중지기준
① 풍속이 초당 10[m] 이상인 경우
② 강우량이 시간당 1[mm] 이상인 경우
③ 강설량이 시간당 1[cm] 이상인 경우

 ① 2014년 5월 25일(문제 101번)
② 2014년 9월 20일(문제 113번)
③ 2015년 5월 31일(문제 116번)

[정보제공]
산업안전보건기준에 관한 규칙 제383조(작업의 제한)

104 터널작업에 있어서 자동경보장치가 설치된 경우에 이 자동경보장치에 대하여 당일의 작업시작 전 점검하여야 할 사항이 아닌 것은?

① 계기의 이상유무
② 검지부의 이상유무
③ 경보장치의 작동상태
④ 환기 또는 조명시설의 이상유무

[해설]
자동경보장치 작업시작전 점검사항
① 계기의 이상유무
② 검지부의 이상유무
③ 경보장치의 작동상태

[정보제공]
산업안전보건기준에 관한 규칙 제350조(인화성가스의 농도측정 등)

105 토석붕괴 방지방법에 대한 설명으로 옳지 않은 것은?

① 말뚝(강관, H형강, 철근콘크리트)을 박아 지반을 강화시킨다.
② 활동의 가능성이 있는 토석은 제거한다.
③ 지표수가 침투되지 않도록 배수시키고 지하수위 저하를 위해 수평보링을 하여 배수시킨다.
④ 활동에 의한 붕괴를 방지하기 위해 비탈면, 법면의 상단을 다진다.

[해설]
토석붕괴방지공법
① 활동할 가능성이 있는 토사는 제거하여야 한다.
② 비탈면 또는 법면의 하단을 다져서 활동이 안 되도록 저항을 만들어야 한다.
③ 지표수가 침투되지 않도록 배수를 시키고 지하수위를 낮추기 위하여 수평 보링(boring)을 하여 배수시켜야 한다.
④ 말뚝(강관, H형강, 철근콘크리트)을 박아 지반을 강화시킨다.

 ① 2013년 3월 10일(문제 117번)
② 2014년 9월 20일(문제 117번)

106 점토질 지반의 침하 및 압밀 재해를 막기 위하여 실시하는 지반개량 탈수공법으로 적당하지 않은 것은?

① 샌드드레인공법   ② 생석회공법
③ 진동공법   ④ 페이퍼드레인공법

[해설]
진동다짐공법(vibro floatation)
수평방향으로 진동하는 vibro float를 이용 살수와 진동을 동시에 일으켜 느슨한 모래지반 개량

KEY ① 2013년 6월 2일(문제 116번)
② 2015년 3월 8일(문제 118번)

[보충학습]
지반개량공법
① 점토질 지반개량공법 : 탈수공법(센드드레인, 페이퍼드레인, 프리로딩, 침투압, 생석회 말뚝)과 치환공법
② 사질토 지반개량공법 : 다짐공법(다짐말뚝, 컴포우저, 바이브로플로테이션, 전기충격, 폭파다짐), 배수공법(웰 포인트), 고결공법(약액주입)
③ 일시적 개량공법 : 웰 포인트, 동결, 소결공법이 있다.

[정답] 103 ② 104 ④ 105 ④ 106 ③

과년도 출제문제

107 다음 설명에서 제시된 산업안전보건법에서 말하는 고용노동부령으로 정하는 공사에 해당하지 않는 것은?

> 건설업 중 고용노동부령으로 정하는 공사를 착공하려는 사업주는 고용노동부령으로 정하는 자격을 갖춘 자의 의견을 들은 후 유해·위험방지계획서를 작성하여 고용노동부령으로 정하는 바에 따라 고용노동부장관에게 제출하여야 한다.

① 지상높이가 31[m]인 건축물의 건설·개조 또는 해체
② 최대 지간길이가 50[m]인 다리건설 등의 공사
③ 깊이가 8[m]인 굴착공사
④ 터널 건설공사

해설

유해위험방지계획서 제출대상 건설공사
(1) 건축물 또는 시설 등의 건설·개조 또는 해체공사
  가. 지상높이가 31미터 이상인 건축물 또는 인공구조물
  나. 연면적 3만제곱미터 이상인 건축물
  다. 연면적 5천제곱미터 이상인 시설
    ① 문화 및 집회시설(전시장 및 동물원·식물원은 제외한다)
    ② 판매시설, 운수시설(고속철도의 역사 및 집배송시설은 제외한다)
    ③ 종교시설
    ④ 의료시설 중 종합병원
    ⑤ 숙박시설 중 관광숙박시설
  ⑥ 지하도상가
    ⑦ 냉동·냉장 창고시설
(2) 연면적 5천제곱미터 이상인 냉동·냉장 창고시설의 설비공사 및 단열공사
(3) 최대지간길이가 50[m] 이상인 다리건설 등 공사
(4) 터널건설 등의 공사
(5) 다목적댐, 발전용댐 및 저수용량 2천만톤 이상의 용수전용댐, 지방상수도 전용댐 건설 등의 공사
(6) 깊이 10[m] 이상인 굴착공사

KEY 2014년 9월 20일(문제 112번)

정보제공
산업안전보건법 시행령 제42조(대상사업장의 종류 등)

108 건물외부에 낙하물방지망을 설치할 경우 수평면과의 가장 적절한 각도는?

① 5[°] 이상, 10[°] 이하
② 10[°] 이상, 15[°] 이하
③ 15[°] 이상, 20[°] 이하
④ 20[°] 이상, 30[°] 이하

해설

낙하물방지망 또는 방호선반 설치기준
① 높이 10[m] 이내마다 설치하고, 내민 길이는 벽면으로부터 2[m] 이상으로 할 것
② 수평면과의 각도는 20[°] 이상 30[°] 이하를 유지할 것

KEY 2014년 3월 2일(문제 119번)

정보제공
산업안전보건기준에 관한 규칙 제14조(낙하물에 의한 위험의 방지)

109 굴착기계의 운행시 안전대책으로 옳지 않은 것은?

① 버킷에 사람의 탑승을 허용해서는 안 된다.
② 운전반경 내에 사람이 있을 때 회전은 10[rpm] 이하의 느린 속도로 하여야 한다.
③ 장비의 주차시 경사지나 굴착작업장으로부터 충분히 이격시켜 주차한다.
④ 전선이나 구조물 등에 인접하여 붐을 선회해야 될 작업에는 사전에 회전반경, 높이제한 등 방호조치를 강구한다.

해설

굴착기계 안전 대책
① 사람이 있을 시 회전 및 운행하면 안 된다.
② 운전반경(작업반경) 내에는 작업자의 출입을 금지시킨다.

110 사급자재비가 30억, 직접노무비가 35억, 관급자재비가 20억인 빌딩신축공사를 할 경우 계상해야 할 산업안전보건관리비는 얼마인가?(단, 공사종류는 건축공사임)

① 122,000,000원
② 201,450,000원
③ 153,850,000원
④ 159,800,000원

해설

산업안전보건관리비
(관급자재비＋사급자재비＋직접노무비)×요율
＝(20억＋30억＋35억)×0.0237＝201,450,000원

KEY 2010년 3월 7일(문제 104번)

정보제공
건설안전기사 필기 p.6-10(3. 건설업 산업안전관리비 계상 및 사용기준)

[정답] 107 ③ 108 ④ 109 ② 110 ②

111 차량계 하역운반기계를 사용하는 작업에 있어 고려되어야 할 사항과 가장 거리가 먼 것은?

① 작업지휘자의 배치
② 유도자의 배치
③ 갓길 붕괴방지 조치
④ 안전관리자의 선임

해설

차량계 하역운반기계 작업시 안전기준

(1) 전도 등의 방지
사업주는 차량계 하역운반기계 등을 사용하는 작업을 할 때에 그 기계가 넘어지거나 굴러떨어짐으로써 근로자에게 위험을 미칠 우려가 있는 경우에는 그 기계를 유도하는 사람(이하 "유도자"라 한다)을 배치하고 지반 부동침하 방지 및 갓길 붕괴를 방지하기 위한 조치를 하여야 한다.
(2) 접촉의 방지
  ① 사업주는 차량계 하역운반기계 등을 사용하여 작업을 하는 경우에 하역 또는 운반 중인 화물이나 그 차량계 하역운반기계 등에 접촉되어 근로자가 위험해질 우려가 있는 장소에는 근로자를 출입시켜서는 아니 된다. 다만, 작업지휘자 또는 유도자를 배치하고 그 차량계 하역운반기계 등을 유도하는 경우에는 그러하지 아니하다.
  ② 차량계 하역운반기계 등의 운전자는 제1항 단서의 작업지휘자 또는 유도자가 유도하는 대로 따라야 한다.

112 흙막이벽의 근입깊이를 깊게 하고, 전면의 굴착부분을 남겨두어 흙의 중량으로 대항하게 하거나, 굴착예정부분의 일부를 미리 굴착하여 기초콘크리트를 타설하는 등의 대책과 가장 관계 깊은 것은?

① 히빙현상이 있을 때
② 파이핑현상이 있을 때
③ 지하수위가 높을 때
④ 굴착깊이가 깊을 때

해설

히빙

(1) 히빙(Heaving)의 정의
연약성 점토지반 굴착시 굴착외측 흙의 중량에 의해 굴착저면의 흙이 활동전단 파괴되어 굴착내측으로 부풀어 오르는 현상
(2) 방지대책
  ① 흙막이 근입깊이를 깊게
  ② 표토제거 하중감소
  ③ 지반개량
  ④ 굴착면 하중증가
  ⑤ 어스앵커설치 등

 ① 2014년 5월 25일(문제 110번)
② 2015년 3월 8일(문제 105번)

113 유해위험방지계획서 제출시 첨부서류에 해당하지 않는 것은?

① 교통처리계획
② 안전관리 조직표
③ 공사개요서
④ 공사현장의 주변 현황 및 주변과의 관계를 나타내는 도면

해설

유해위험방지계획서 첨부서류(공사 개요 및 안전보건관리계획)

① 공사 개요서
② 공사현장의 주변 현황 및 주변과의 관계를 나타내는 도면(매설물 현황을 포함한다)
③ 건설물, 사용 기계설비 등의 배치를 나타내는 도면
④ 전체 공정표
⑤ 산업안전보건관리비 사용계획
⑥ 안전관리 조직표
⑦ 재해 발생 위험시 연락 및 대피방법

KEY ① 2013년 9월 28일(문제 102번)
② 2015년 5월 31일(문제 118번)

정보제공
산업안전보건법 시행규칙 [별표 10] 유해위험방지계획서 첨부서류

114 다음 중 건설재해대책의 사면보호공법에 해당하지 않는 것은?

① 쉴드공
③ 뿜어붙이기공
② 식생공
④ 블록공

해설

사(비탈)면 보호공법의 구분

분류	구분
식생 공법	떼붙임공, 식생공, 식수공, 파종공
구조물보호 공법	블록(돌)붙임공, 블록(돌)쌓기공 콘크리트블록 격자공, 뿜어붙이기공
응급대책방법	배수공, 배토공, 압성토공
항구대책방법	옹벽공, soil nailing 공법, earth anchor 공법

KEY 2013년 9월 28일(문제 120번)

보충학습
쉴드공 : 연약지반이나 대수지반(帶水地盤)에 터널을 만들 때 사용되는 굴착공법

[정답] 111 ④ 112 ① 113 ① 114 ①

과년도 출제문제

115 근로자의 추락 등의 위험을 방지하기 위한 안전난간의 설치기준으로 옳지 않은 것은?

① 상부난간대와 중간난간대는 난간 길이 전체에 걸쳐 바닥면 등과 평행을 유지할 것
② 발끝막이판은 바닥면 등으로부터 20[cm] 이하의 높이를 유지할 것
③ 난간대는 지름 2.7[cm] 이상의 금속제 파이프나 그 이상의 강도가 있는 재료일 것
④ 안전난간은 구조적으로 가장 취약한 지점에서 가장 취약한 방향으로 작용하는 100[kg] 이상의 하중에 견딜 수 있는 튼튼한 구조일 것

해설
안전난간 설치기준
① 상부난간대, 중간난간대, 발끝막이판 및 난간기둥으로 구성할 것. 다만, 중간난간대, 발끝막이판 및 난간기둥은 이와 비슷한 구조와 성능을 가진 것으로 대체할 수 있다.
② 상부난간대는 바닥면·발판 또는 경사로의 표면(이하 "바닥면 등"이라 한다)으로부터 90[cm] 이상 지점에 설치하고, 상부난간대를 120[cm] 이하에 설치하는 경우에는 중간난간대는 상부난간대와 바닥면 등의 중간에 설치하여야 하며, 120[cm] 이상 지점에 설치하는 경우에는 중간난간대를 2[단] 이상으로 균등하게 설치하고 난간의 상하 간격은 60[cm] 이하가 되도록 할 것
③ 발끝막이판은 바닥면 등으로부터 10[cm] 이상의 높이를 유지할 것. 다만, 물체가 떨어지거나 날아올 위험이 없거나 그 위험을 방지할 수 있는 망을 설치하는 등 필요한 예방조치를 한 장소는 제외한다.
④ 난간기둥은 상부난간대와 중간난간대를 견고하게 떠받칠 수 있도록 적정한 간격을 유지할 것
⑤ 상부난간대와 중간난간대는 난간 길이 전체에 걸쳐 바닥면 등과 평행을 유지할 것
⑥ 난간대는 지름 2.7[cm] 이상의 금속제 파이프나 그 이상의 강도가 있는 재료일 것
⑦ 안전난간은 구조적으로 가장 취약한 지점에서 가장 취약한 방향으로 작용하는 100[kg] 이상의 하중에 견딜 수 있는 튼튼한 구조일 것

KEY 2015년 3월 8일(문제 120번)

정보제공
산업안전보건기준에 관한 규칙 제13조(안전난간의 구조 및 설치요건)

116 콘크리트 타설작업의 안전대책으로 옳지 않은 것은?

① 작업시작 전 거푸집동바리 등의 변형, 변위 및 지반침하 유무를 점검한다.
② 작업 중 감시자를 배치하여 거푸집동바리 등의 변형, 변위 유무를 확인한다.
③ 슬래브콘크리트 타설은 한쪽부터 순차적으로 타설하여 붕괴 재해를 방지해야 한다.
④ 설계도서상 콘크리트 양생기간을 준수하여 거푸집동바리 등을 해체한다.

해설
콘크리트 타설작업시 안전기준
① 당일의 작업을 시작하기 전에 해당 작업에 관한 거푸집동바리 등의 변형·변위 및 지반의 침하 유무 등을 점검하고 이상이 있으면 보수할 것
② 작업 중에는 거푸집동바리 등의 변형·변위 및 침하 유무 등을 감시할 수 있는 감시자를 배치하여 이상이 있으면 작업을 중지하고 근로자를 대피시킬 것
③ 콘크리트 타설작업시 거푸집 붕괴의 위험이 발생할 우려가 있으면 충분한 보강조치를 할 것
④ 설계도서상의 콘크리트 양생기간을 준수하여 거푸집동바리 등을 해체할 것
⑤ 콘크리트를 타설하는 경우에는 편심이 발생하지 않도록 골고루 분산하여 타설할 것

KEY ① 2014년 3월 2일(문제 105번)
② 2014년 9월 20일(문제 118번)

정보제공
산업안전보건기준에 관한 규칙 제334조(콘크리트의 타설작업)

117 크레인을 사용하여 작업을 하는 때 작업시작 전 점검사항이 아닌 것은?

① 권과방지장치·브레이크·클러치 및 운전장치의 기능
② 방호장치의 이상유무
③ 와이어로프가 통하고 있는 곳의 상태
④ 주행로의 상측 및 트롤리가 횡행하는 레일의 상태

[정답] 115 ② 116 ③ 117 ②

해설

크레인을 사용하여 작업할 때
① 권과방지장치·브레이크·클러치 및 운전장치의 기능
② 주행로의 상측 및 트롤리가 횡행(橫行)하는 레일의 상태
③ 와이어로프가 통하고 있는 곳의 상태

정보제공

산업안전보건기준에 관한 규칙 [별표 3] 작업시작 전 점검사항

118 외줄비계·쌍줄비계 또는 돌출비계는 벽이음 및 버팀을 설치하여야 하는데 강관비계 중 단관비계로 설치할 때의 조립간격으로 옳은 것은?(단, 수직방향, 수평방향의 순서임)

① 4[m], 4[m]　　② 5[m], 5[m]
③ 5.5[m], 7.5[m]　④ 6[m], 8[m]

해설

비계 조립 간격

강관비계의 종류	조립 간격(단위 : [m])	
	수직 방향	수평 방향
단관비계	5	5
틀비계(높이 5[m] 미만인 것은 제외)	6	8

KEY ① 2013년 6월 2일(문제 105번)
② 2013년 9월 28일(문제 106번)
③ 2015년 5월 31일(문제 110번)

정보제공

산업안전보건기준에 관한 규칙 [별표 5] 강관비계의 조립간격

119 달비계(곤돌라의 달비계는 제외)의 최대적재하중을 정할 때 사용하는 안전계수의 기준으로 옳은 것은?

① 달기체인의 안전계수는 10 이상
② 달기강대와 달비계의 하부 및 상부 지점의 안전계수는 목재의 경우 2.5 이상
③ 달기와이어로프의 안전계수는 5 이상
④ 달기강선의 안전계수는 10 이상

해설

달비계의 안전계수
① 달기와이어로프 및 달기강선의 안전계수 : 10 이상
② 달기체인 및 달기훅의 안전계수 : 5 이상
③ 달기강대와 달비계의 하부 및 상부 지점의 안전계수 : 강재(鋼材)의 경우 2.5 이상, 목재의 경우 5 이상

KEY 2015년 3월 8일(문제 112번)

정보제공

① 산업안전보건기준에 관한 규칙 제55조(작업발판의 최대적재하중)
② 2024. 7. 1. 법개정으로 안전계수는 삭제되었습니다.

120 다음 토공기계 중 굴착기계와 가장 관계있는 것은?

① Clamshell　　② Road roller
③ Shovel loader　④ Belt conveyer

해설

클램쉘(Clamshell)
① 연약지반이나 수중굴착 및 자갈 등을 싣는 데 적합하다.
② 깊은 땅파기 공사와 흙막이 버팀대를 설치하는 데 사용한다.
③ 수중굴착 및 수조물의 기초바닥 등과 같은 협소하고 상당히 깊은 범위의 굴착과 호퍼(hopper)에 적당하다.

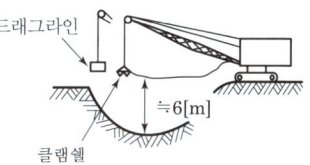

[그림] 드래그라인과 클램쉘의 작업

KEY 2014년 9월 20일(문제 101번)

보충학습

① Road Roller : 다짐용
② Shovel loader : 상차 및 운반
③ Belt conveyer : 운반

녹색직업 녹색자격증코너

가장 위대한 업적은
'왜'라는 아이같은 호기심에서 탄생한다.
마음속 어린아이를 포기해서는 안 된다.
　　　　　　　　　　-스티븐 스필버그

나이가 들어감에 따라 점차 호기심이 줄어듭니다.
호기심이 줄어드는 만큼 세상이 지루해지고
그 만큼 발전이 지체됩니다.
신나게 세상을 살고 싶다면 호기심부터
살려야 합니다.
사무엘 존슨은 말합니다.
"호기심은 활기찬 지식인의 영원하고 확실한 특징이다."
(한근태, '일생에 한번은 고수를 만나라'에서 일부 인용)

[정답] 118 ② 119 ④ 120 ①

2016년도 기사 정기검정 제2회 (2016년 5월 8일 시행)

자격종목 및 등급(선택분야): 건설안전기사
- 종목코드: 1440
- 시험시간: 3시간
- 수험번호: 20160508
- 성명: 도서출판세화

1 산업안전 관리론

01 무재해운동 추진의 3대 기둥으로 볼 수 없는 것은?

① 최고 경영자의 경영자세
② 노동조합의 협의체 구성
③ 직장소집단 자주 활동의 활발화
④ 관리감독자에 의한 안전보건의 추진

[해설]
무재해운동 3요소의 정의
① 최고 경영자의 안전경영자세 – 사업주
② 관리감독자에 의한 안전보건의 추진 – 관리감독자(안전관리 라인화)
③ 직장소집단의 자주안전 활동의 활성화 – 근로자

[그림] 무재해운동의 3요소

02 한 사람, 한 사람이 스스로 위험요인을 발견, 파악하여 단시간에 행동목표를 정하여 지적확인을 하며, 특히 비정상적인 작업의 안전을 확보하기 위한 위험예지훈련은?

① 삼각 위험예지훈련
② 1인 위험예지훈련
③ 원 포인트 위험예지훈련
④ 자문자답카드 위험예지훈련

[해설]
자문자답카드 위험예지훈련
① 한 사람이 스스로 위험요인을 발견, 파악하여 단시간에 행동목표를 정하여 지적확인
② 비정상적인 작업의 안전을 확보하기 위한 위험예지훈련

03 산업안전보건법상 안전검사를 받아야 하는 자는 안전검사 신청서를 검사 주기 만료일 며칠 전에 안전검사기관에 제출해야 하는가?(단, 전자문서에 의한 제출을 포함한다.)

① 15일 ② 30일
③ 45일 ④ 60일

[해설]
안전검사 신청서 주기 : 검사 주기 만료일 30일 전

[정보제공]
산업안전보건법 시행규칙 제124조(안전검사의 신청 등)

04 500명의 상시 근로자가 있는 사업장에서 1년간 발생한 근로손실일수가 1,200일이고, 이 사업장의 도수율이 9일 때, 종합재해지수(FSI)는 얼마인가?(단, 근로자는 1일 8시간씩 연간 300일을 근무하였다.)

① 2.0 ② 2.5
③ 2.7 ④ 3.0

[해설]
종합재해지수(FSI) = $\sqrt{FR \times SR} = \sqrt{9 \times 1} = 3$
① 도수율 : 9
② 강도율 = $\dfrac{\text{총요양근로손실일수}}{\text{연근로시간수}} \times 1,000$
    = $\dfrac{1,200}{500 \times 8 \times 300} \times 1,000 = 1$

[정답] 01 ② 02 ④ 03 ② 04 ④

05 하비(Harvey)가 제창한 3E 대책은 하인리히(Heinrich)의 사고예방대책의 기본원리 5단계 중 어느 단계와 연관되는가?

① 조직
② 사실의 발견
③ 분석 및 평가
④ 시정책의 적용

해설

제5단계(시정책의 적용) : 3E 대책 3가지
① 교육
② 기술
③ 독려(규제)

06 버드(Bird)에 의한 재해발생비율 1 : 10 : 30 : 600 중 10에 해당되는 내용은?

① 중상 또는 폐질
② 물적만의 사고
③ 인적만의 사고
④ 물적, 인적 사고

해설

버드의 (1 : 10 : 30 : 600)법칙

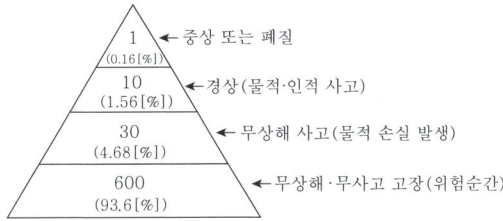

07 점검시기에 의한 구분에 있어 안전점검의 종류가 아닌 것은?

① 집중점검
② 수시점검
③ 특별점검
④ 계획점검

해설

점검시기에 의한 안전점검 4가지
① 정기점검
② 수시점검
③ 특별점검
④ 임시점검

08 재해사례연구법 중 사실의 확인 단계에서 사용하기 가장 적절한 분석기법은?

① 클로즈분석도
② 특성요인도
③ 관리도
④ 파레토도

해설

특성요인도
① 특성과 요인관계를 어골상(魚骨象)으로 세분하여 연쇄관계를 나타내는 방법
② 원인요소와의 관계를 상호의 인과관계만으로 결부
③ 재해사례연구시 사실의 확인 단계에 적합

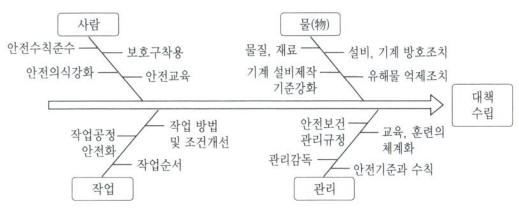

[그림] 특성요인도

09 산업안전보건법상 고용노동부장관이 사업장의 산업재해 발생건수, 재해율 또는 그 순위 등을 공표할 수 있는 사업장이 아닌 것은?

① 중대산업사고가 발생한 사업장
② 산업재해의 발생에 관한 보고를 최근 2년 이내 1회 이상 하지 않은 사업장
③ 산업재해 발생을 은폐한 사업장
④ 산업재해로 연간 사망재해자가 2명 이상 발생한 사업장

해설

산업재해 발생건수·재해율·순위 공표대상 사업장
① 산업재해로 인한 사망자(이하 "사망재해자"라 한다)가 연간 2명 이상 발생한 사업장
② 사망만인율(사망재해자 수를 연간 상시근로자 1만명당 발생하는 사망재해자 수로 환산한 것을 말한다)이 규모별 같은 업종의 평균 사망만인율 이상인 사업장
③ 산업재해 발생 사실을 은폐한 사업장
④ 산업재해의 발생에 관한 보고를 최근 3년 이내 2회 이상 하지 않은 사업장
⑤ 중대산업사고가 발생한 사업장

[정답] 05 ④ 06 ④ 07 ① 08 ② 09 ②

> 정보제공
> 산업안전보건법 시행령 제10조(공표대상 사업장)
> 개정 : 2022년 8월 18일

10 시설물의 안전관리에 관한 특별법상 안전점검의 구분에 해당하지 않는 것은?

① 특별점검 ② 정기점검
③ 정밀점검 ④ 긴급점검

> **해설**
> 시설물의 안전관리에 관한 특별법상 안전점검 종류 3가지
> ① 정기점검
> ② 긴급점검
> ③ 정밀점검

11 재해예방의 4원칙과 거리가 먼 것은?

① 예방가능의 원칙 ② 필연발생의 원칙
③ 손실우연의 원칙 ④ 대책선정의 원칙

> **해설**
> 재해예방 4원칙
> ① 예방가능의 원칙
> ② 손실우연의 원칙
> ③ 원인연계의 원칙
> ④ 대책선정의 원칙

12 근로자가 벽돌을 손수레에 운반 중 벽돌이 떨어져 발을 다쳤다. 이때 ⊙ 기인물과 ⓒ 가해물로 옳은 것은?

① ⊙ 손수레, ⓒ 손수레
② ⊙ 손수레, ⓒ 벽돌
③ ⊙ 벽돌,   ⓒ 벽돌
④ ⊙ 벽돌,   ⓒ 손수레

> **해설**
> 기인물과 가해물
> ① 기인물 : 재해발생의 주원인이며 재해를 가져오게 한 근원이 되는 기계, 장치, 물(物) 또는 환경 등(불안전상태) – 벽돌
> ② 가해물 : 직접 사람에게 접촉하여 피해를 주는 기계, 장치, 물(物) 또는 환경 등 – 벽돌

13 산업안전보건법상 안전보건개선계획의 수립·시행명령을 받은 사업주는 고용노동부장관이 정하는 바에 따라 안전계획서를 작성하여 그 명령을 받은 날부터 며칠 이내에 관할 지방고용노동관서의 장에게 제출해야 하는가?

① 15일 ② 30일
③ 45일 ④ 60일

> **해설**
> 안전보건개선계획서 시행명령 후 보고기간 : 60일 이내
>
> 정보제공
> 산업안전보건법 시행규칙 제61조(안전보건개선계획제출 등)

14 안전관리조직의 형태 중 참모형 안전조직의 특징으로 가장 거리가 먼 것은?

① 안전을 전담하는 부서가 있다.
② 100명 이하의 기업에 적합하다.
③ 생산 부분은 안전에 대한 책임과 권한이 없다.
④ 생산라인과의 견해 차이로 안전지시가 용이하지 않으며, 안전과 생산을 별개로 취급하기 쉽다.

> **해설**
> 안전보건관리조직의 형태 3가지
> ① Line형(직계식) : 100명 미만의 소규모 사업장
> ② Staff형(참모식) : 100~1,000명의 중규모 사업장
> ③ Line-staff형(복합식) : 1,000명 이상의 대규모 사업장

15 재해 손실비의 평가방식 중 시몬즈(Simonds)방식에서 재해의 종류에 관한 설명으로 틀린 것은?

① 무상해사고는 의료조치를 필요로 하지 않은 상해사고를 말한다.
② 휴업상해는 영구 일부노동불능 및 일시 전노동 불능 상해를 말한다.
③ 응급조치상해는 응급조치 또는 8시간 이상의 휴업의료 조치 상해를 말한다.
④ 통원상해는 일시 일부노동불능 및 의사의 통원 조치를 요하는 상해를 말한다.

[정답] 10 ① 11 ② 12 ③ 13 ④ 14 ② 15 ③

해설

시몬즈의 재해사고 Category

분류	내용
휴업상해(A)	영구 부분노동불능, 일시 전노동불능
통원상해(B)	일시 부분노동불능, 의사의 조치를 요하는 통원상해
응급처치(C)	20달러 미만의 손실 또는 8시간 미만의 휴업손실 상해
무상해사고(D)	의료조치를 필요로 하지 않는 경미한 상해, 사고 및 무상해 사고(20달러 이상의 재산손실 또는 8시간 이상의 손실사고)

16 연간 안전보건관리계획의 초안 작성자로 가장 적합한 사람은?

① 경영자 ② 관리감독자
③ 안전스태프 ④ 근로자대표

해설

안전보건관리계획 초안작성 적격자 : 안전스태프

17 호흡용 보호구와 각각의 사용환경에 대한 연결이 옳지 않은 것은?

① 송기마스크 – 산소결핍장소의 분진 및 유독가스
② 공기호흡기 – 산소결핍장소의 분진 및 유독가스
③ 방독마스크 – 산소결핍장소의 유독가스
④ 방진마스크 – 산소비결핍장소의 분진

해설

방독마스크 : 산소농도 18[%] 이상인 장소 사용

18 사고예방대책의 기본원리 5단계 중 3단계의 분석 평가 내용에 해당하는 것은?

① 위험 확인
② 현장조사
③ 사고 및 활동 기록 검토
④ 기술의 개선 및 인사조정

해설

제3단계 : 분석평가 내용
① 사고 보고서 현장 조사 분석
② 사고 기록 및 관계 자료 분석
③ 인적, 물적 환경 조건 분석
④ 작업 공정 분석
⑤ 교육 및 훈련 분석
⑥ 배치 사항 분석
⑦ 안전수칙 및 작업 표준 분석
⑧ 보호 장비의 적부

19 안전보건표지의 색채 중 파란색을 사용해야 하는 경우는?

① 주의표지 ② 정지신호
③ 특정행위의 지시 ④ 차량 통행표지

해설

산업안전색채의 종류에 따른 사용예
① 빨간색 : 정지신호, 소화설비 및 그 장소, 유해행위의 금지(금지표지)
② 노란색 : 위험경고, 주의표지, 기계방호물(경고표지)
③ 파란색 : 특정 행위의 지시 및 사실의 고지(지시표지)
④ 녹색 : 비상구 및 피난소, 사람 및 차량의 통행표시
⑤ 흰색 : 파란색, 녹색에 대한 보조색
⑥ 검은색 : 문자 및 빨간색, 노란색에 대한 보조색

20 작업으로 인하여 물체가 떨어지거나 날아올 위험이 있는 경우에 사업주의 일반적인 조치사항이 아닌 것은?

① 격벽 설치
② 출입금지구역의 설정
③ 방호선반의 설치
④ 낙하물 방지망 설치

해설

낙하비래 조치사항
① 낙하물방지망 설치
② 수직보호망 설치
③ 방호선반의 설치
④ 출입금지구역의 설정
⑤ 보호구의 착용

[정답] 16 ③ 17 ③ 18 ② 19 ③ 20 ①

보충학습

낙하물방지망 또는 방호선반을 설치하는 경우 준수사항
① 높이 10[m] 이내마다 설치하고, 내민 길이는 벽면으로부터 2[m] 이상으로 할 것
② 수평면과의 각도는 20[°] 이상 30[°] 이하를 유지할 것

정보제공

산업안전보건기준에 관한 규칙 제14조(낙하물에 의한 위험의 방지)

2 산업심리 및 교육

21 리더십을 결정하는 주요한 3가지 요소와 가장 거리가 먼 것은?

① 부하의 특성과 행동
② 리더의 특성과 행동
③ 집단과 집단간의 관계
④ 리더십이 발생하는 상황의 특성

해설

리더십을 결정하는 3가지 요소
① 부하의 특성과 행동
② 리더의 특성과 행동
③ 리더십이 발생하는 상황의 특성

22 사고 경향성 이론에 관한 설명으로 틀린 것은?

① 어떤 특정한 환경에서 훨씬 더 사고를 일으키기 쉽다.
② 어떠한 사람이 다른 사람보다 사고를 더 잘 일으킨다는 이론이다.
③ 사고를 많이 내는 여러 명의 특성을 측정하여 사고를 예방하는 것이다.
④ 검증하기 위한 효과적인 방법은 다른 두 시기 동안에 같은 사람의 사고기록을 비교하는 것이다.

해설

사고 경향성 이론
① 어떠한 사람이 다른 사람보다 사고를 더 잘 일으킨다는 이론이다.
② 사고를 많이 내는 여러 명의 특성을 측정하여 사고를 예방하는 것이다.
③ 검증하기 위한 효과적인 방법은 다른 두 시기 동안에 같은 사람의 사고기록을 비교하는 것이다.

23 피로의 측정 방법 중 생리학적 측정에 해당하는 것은?

① 혈액농도 ② 동작분석
③ 대뇌활동 ④ 연속반응시간

해설

생리학적 검사항목
① 근력
② 근활동(筋活動)
③ 반사 역치(反射 閾値)
④ 대뇌피질 활동
⑤ 호흡 순환 기능
⑥ 인지 역치(認知 閾値) : 플리커법

24 강의법의 장점으로 볼 수 없는 것은?

① 강의 시간에 대한 조정이 용이하다.
② 학습자의 개성과 능력을 최대화 할 수 있다.
③ 난해한 문제에 대하여 평이하게 설명이 가능하다.
④ 다수의 인원에서 동시에 많은 지식과 정보의 전달이 가능하다.

해설

강의식(lecture method)의 장·단점
(1) 장점
  ① 가장 오래된 전통 교수방법으로 안전지식의 전달방법으로 유용하다.
  ② 집단적 지도법으로 많은 인원(최적인원 40~50명)을 단시간에 교육할 수 있으며, 교육내용이 많을 경우에 효율적인 방법이다.
  ③ 교육 준비가 간단하며 언제 어디서나 가능하다.
  ④ 적절한 학습기자재의 활용은 동기유발 및 교과과정의 이해력을 높일 수 있다.
  ⑤ 수업의 도입이나 초기단계에 적용하는 것이 효과적이다.
  ⑥ 새로운 지식에 대한 체계적인 교육과 개념정리에 유리하다.
(2) 단점
  ① 교육대상자가 어느 정도 지식을 갖고 있는 경우 효과를 기대하기 힘들다.
  ② 교사 중심으로 진행되어 수강자는 완전히 수동적인 입장이며 참여가 제약된다.
  ③ 수강자의 학습 진척 상황이나 성취정도를 점검하기 곤란하다.
  ④ 교재위주의 교육으로 현실과 무관한 지식의 암기에 그치기 쉽다.

[**정답**] 21 ③ 22 ① 23 ③ 24 ②

25 안전교육의 목적으로 볼 수 없는 것은?

① 생산성 및 품질향상 기여
② 직·간접적 경제적 손실방지
③ 작업자를 산업재해로부터 미연 방지
④ 안전한 태도 습관화를 위한 반복 교육

해설

안전교육의 목적

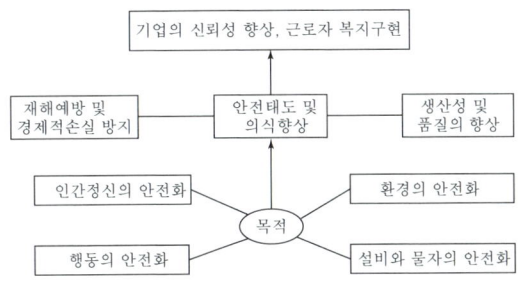

[그림] 안전교육의 목적

26 인간의 동작에 영향을 주는 요인을 외적 조건과 내적 조건으로 분류할 때 외적 조건에 해당하지 않는 것은?

① 높이, 폭, 길이, 크기 등의 조건
② 근무경력, 적성, 개성 등의 조건
③ 대상물의 동적 성질에 따른 조건
④ 기온, 습도, 조명, 소음 등의 조건

해설

인간동작의 외적 조건
① 동적 조건 : 대상물의 동적 성질을 나타내는 것으로 가장 최대요인
② 정적 조건 : 높이, 크기, 깊이 등에 좌우
③ 환경 조건 : 온도, 습도, 소음 수준에 의해 좌우

보충학습

인간동작의 내적 조건
① 피로, 긴장 등에 의한 생리적 조건
② 근무경력에 의한 경험 시간
③ 개인차 : 적성, 성격, 개성

27 교육방법 중 O.J.T(On the Job Training)에 속하지 않는 것은?

① 코칭　　　　② 강의법
③ 직무순환　　④ 멘토링

해설

OJT(On the Job Traning)교육
① 관리감독자 등 직속상사가 부하직원에 대해서 일상 업무를 통하여 지식, 기능, 문제해결 능력 및 태도 등을 교육훈련하는 방법
② 개별교육 및 추가지도에 적합
　　예 코칭, 직무순환, 멘토링 등

28 산업안전심리의 5대 요소가 아닌 것은?

① 동기(Motive)
② 기질(Temper)
③ 감정(Emotion)
④ 지능(Intelligence)

해설

안전심리 5대 요소
① 동기
② 기질
③ 감정
④ 습성
⑤ 습관

29 동기이론과 관련 학자의 연결이 잘못된 것은?

① ERG이론 : 알더퍼(Alderfer)
② 욕구위계이론 : 매슬로우(Maslow)
③ 위생-동기이론 : 맥그리거(McGregor)
④ 성취동기이론 : 맥클레랜드(McClelland)

해설

맥그리거 : X·Y이론

[정답] 25 ④　26 ②　27 ②　28 ④　29 ③

30 인간의 적응기제(adjustment mechanism) 중 방어적 기제에 해당하는 것은?

① 보상
② 고립
③ 퇴행
④ 억압

해설

적응기제의 분류
(1) 방어적 기제
 ① 보상
 ② 합리화
 ③ 동일시
 ④ 승화
(2) 도피적 기제
 ① 고립
 ② 퇴행
 ③ 억압
 ④ 백일몽
(3) 공격적 기제
 ① 직접적
 ② 간접적

31 다음 용어의 설명 중 맞는 것은?

① 리스크테이킹이란 한 지점에 주의를 집중할 때 다른 곳의 주의가 약해져 발생한 위험을 말한다.
② 부주의란 목적수행을 위한 행동전개과정 중 목적에서 벗어나는 심리적, 신체적 변화의 현상을 말한다.
③ 역할갈등이란 개인에게 여러 개의 역할기대가 있을 경우 그 중의 어떤 역할기대는 불응, 거부하는 것을 말한다.
④ 투사란 다른 사람으로부터의 판단이나 행동에 대하여 무비판적으로 논리적, 사실적 근거없이 수용하는 것을 말한다.

해설

용어정의
① 리스크 테이킹(Risk Taking)
 객관적인 위험을 자기 편리한 대로 판단하여 의지결정을 하고 행동에 옮기는 현상
② 역할갈등(Role Conflict) : 작업 중 서로 상반된 역할이 기대될 경우 갈등
③ 투사 : 받아들일 수 없는 충동이나 욕망, 자신의 실패 등을 타인의 탓으로 돌리는 것(안되면 조상 탓, 서투른 무당의 장구 탓)

32 수퍼(Super, D.E)의 역할이론 중 작업에 대하여 상반된 역할이 기대되는 경우에 해당하는 것은?

① 역할갈등(Role conflict)
② 역할연기(Role playing)
③ 역할조성(Role shaping)
④ 역할기대(Role expectation)

해설

Super,D.E의 적응과 역할이론 4가지

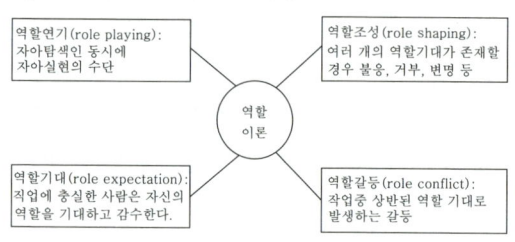

33 "예측변인이 준거와 얼마나 관련되어 있느냐"를 나타낸 타당도를 무엇이라 하는가?

① 내용타당도
② 준거관련타당도
③ 수렴타당도
④ 구성개념타당도

해설

준거관련타당도 : 예측변인이 준거와 관련되어 있는 정도

34 프로그램 학습법(programmed self- instruction method)의 단점에 해당하는 것은?

① 보충학습이 어렵다.
② 수강생의 시간적 활용이 어렵다.
③ 수강생의 사회성이 결여되기 쉽다.
④ 수강생의 개인적인 차이를 조절할 수 없다.

해설

프로그램 학습의 단점
① 한번 개발한 프로그램 자료를 개조하기가 어렵다.
② 학생들의 사회성이 결여되기 쉽다.
③ 개발비가 높다.

[정답] 30 ① 31 ② 32 ① 33 ② 34 ③

35 과거의 학습경험을 통해서 학습된 행동이 현재와 미래에 지속되는 것을 무엇이라 하는가?

① 파지
② 기명
③ 재생
④ 재인

해설

용어정의
① 기억 : 과거의 경험이 어떠한 형태로 미래의 행동에 영향을 주는 작용이라 할 수 있다.
② 기명 : 사물의 인상을 마음에 간직하는 것을 말한다.
③ 파지 : 간직, 인상이 보존되는 것을 말한다.
④ 재생 : 보존된 인상이 다시 의식으로 떠오르는 것을 말한다.
⑤ 재인 : 과거에 경험했던 것과 같은 비슷한 상태에 부딪혔을 때 떠오르는 것을 말한다.

36 주의의 특성으로 볼 수 없는 것은?

① 타당성
② 변동성
③ 선택성
④ 방향성

해설

주의의 특성 3가지
① 선택성
② 방향성
③ 변동성

37 인간관계를 효과적으로 맺기 위한 원칙과 가장 거리가 먼 것은?

① 상대방을 있는 그대로 인정한다.
② 상대방에게 지속적인 관심을 보인다.
③ 취미나 오락 등 같거나 유사한 활동에 참여한다.
④ 상대방으로 하여금 당신이 그를 좋아한다는 것을 숨긴다.

해설

인간관계 원칙
① 상대방을 있는 그대로 인정한다.
② 상대방에게 지속적인 관심을 보인다.
③ 취미나 오락 등 같거나 유사한 활동에 참여한다.
④ 상대방으로 하여금 당신이 그를 좋아한다는 것을 알린다.

38 인간의 착오를 일으키는 원인 중 하나인 인지과정의 착오 원인이 아닌 것은?

① 정서적 불안정
② 감각차단현상
③ 정보량 저장의 한계
④ 작업조건의 잘못 판단

해설

인지과정 착오의 요인
① 생리, 심리적 능력의 한계(정보 수용능력의 한계)
② 정보량 저장의 한계
③ 감각차단현상
④ 정서불안정

39 교육훈련 및 안전교육의 기본원리와 방향을 설명한 것 중 거리가 먼 것은?

① 동기를 부여할 것
② 반복적으로 교육할 것
③ 교육자 중심으로 할 것
④ 쉬운 곳에서 시작하여 어려운 곳으로 유도할 것

해설

교육지도(학습지도)의 8원칙
① 피교육자 중심교육(상대방 입장에서 교육) : 자발창조의 원칙, 흥미의 원칙, 개성화의 원칙
② 동기부여(Motivation)
③ 쉬운 부분에서 어려운 부분으로 진행
④ 반복(Repeat)
⑤ 한 번에 하나씩 교육
⑥ 인상의 강화(오래 기억)
⑦ 5관의 활용
⑧ 기능적 이해

[정답] 35 ① 36 ① 37 ④ 38 ④ 39 ③

40 비공식 집단의 활동 및 특성을 가장 잘 설명하고 있는 것은?

① 대체로 규모가 크다.
② 관리자에 의해 주도된다.
③ 항상 태업이나 생산저하를 조장시킨다.
④ 직접적이고 빈번한 개인 간의 접촉을 필요로 한다.

해설
비공식 집단의 특성
① 경영통제권이나 관리 영역 밖에 존재한다.
② 규모가 과히 크지 않기 때문에 개인적 접촉기회가 많다.
③ 동료애의 욕구가 있다.
④ 응집력이 크다.

3 인간공학 및 시스템안전공학

41 인지 및 인식의 오류를 예방하기 위해 목표와 관련하여 작동을 계획해야 하는데 특수하고 친숙하지 않은 상황에서 발생하며, 부적절한 분석이나 의사결정을 잘못하여 발생하는 오류는?

① 기능에 기초한 행동(Skill-based Behavior)
② 규칙에 기초한 행동(Rule-based Behavior)
③ 사고에 기초한 행동(Accident-based Behavior)
④ 지식에 기초한 행동(Knowledge-based Behavior)

해설
라스무센의 행위모델 3가지
(1) 지식베이스(Knowledge-based or Analytical Behavior)
  ① 초보자의 작업 및 행동단계
  ② 분석적인 행위 : 인지→해석→사고 및 결정→행동
  ③ 상황이나 자극에 대해서 적절한 규칙이나 정보가 없기 때문에 '0'에서 시작한다.
    ◉ 라면을 끓여먹으려고 하는데, 여태까지 물조차 끓여본 적이 없는 초등학생이라고 가정해보자. 라면 한 그릇(목적)을 위해서는 물의 양(목표 1)을 맞추고, 가스레인지를 켜서(목표 2) 끓여내는 시간 지키기(목표 3) 등. 아는 게 전혀 없어서 각 과정마다 설명문을 읽고 시행착오를 거친 후에 라면을 먹을 수 있다.
(2) 규칙베이스(Rule-based or Intuitive Behavior)
  ① 중급자의 작업 및 행동단계
  ② 직관적인 행위 : 인지→이전경험에서 유추→행동
  ③ 상황이나 자극에 대해서 형성된 자신만의 규칙을 사용한다. 조건-반사 조합(If-Then Association)으로 이루어진다.

(3) 기능베이스(Skill-based or Automatic Behavior)
  ① 숙련자(달인)의 작업 및 행동단계
  ② 자동적인 행위 : 인지→행동
  ③ 상황이나 자극에 대해서 자동적으로 반응한다. 무의식에 가까운 단축화로 '습관'이라 할 수 있다. 그 만큼 속도와 효율성이 높아지나 특정자극과 비슷한 경우에도 숙달된 동작을 할 수도 있다.
    ◉ 태권도 등의 대련에서 방어하는 '막기' 자세를 지겹도록 연습하고 또 연습하면, 나중에 누군가가 장난으로 때리는 시늉을 해도 당사자는 방어자세를 취하게 된다.

KEY 2015년 5월 31일(문제 60번)

42 실험실 환경에서 수행하는 인간공학 연구의 장·단점에 대한 설명으로 맞는 것은?

① 변수의 통제가 용이하다.
② 주위 환경의 간섭에 영향 받기 쉽다.
③ 실험 참가자의 안전을 확보하기가 어렵다.
④ 피실험자의 자연스러운 반응을 기대할 수 있다.

해설
실험실과 현장비교

구분	실험실	현장
변수형태	쉽다(용이)	어렵다
현실성	낮다	높다
동기부여	높다	낮다
안전성	높다	낮다

43 산업안전보건법에 따라 유해·위험방지계획서의 제출대상 사업은 해당 사업으로서 전기계약용량이 얼마 이상인 사업을 말하는가?

① 150[kW] ② 200[kW]
③ 300[kW] ④ 500[kW]

해설
유해·위험방지계획서 제출대상 사업 전기계약용량 : 300[kW] 이상인 사업

정보제공
산업안전보건법 시행령 제42조(유해·위험방지계획서 제출 등)

[정답] 40 ④ 41 ④ 42 ① 43 ③

44 시스템 안전분석 방법 중 예비위험분석(PHA)단계에서 식별하는 4가지 범주에 속하지 않는 것은?

① 위기상태   ② 무시가능상태
③ 파국적상태 ④ 예비조치상태

해설

PHA의 식별된 사고를 4가지 범주로 분류
① 파국적
② 중대(위기적)
③ 한계적
④ 무시

45 다음 그림과 같이 FTA로 분석된 시스템에서 현재 모든 기본사상에 대한 부품이 고장난 상태이다. 부품 X_1부터 부품 X_5까지 순서대로 복구한다면 어느 부품을 수리 완료하는 순간부터 시스템은 정상 가동이 되겠는가?

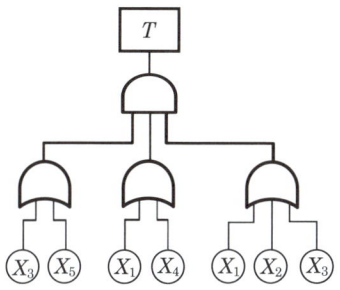

① X_1 ② X_2
③ X_3 ④ X_4

해설

AND→OR
정상 가동되려면 AND게이트이므로 3개의 OR게이트에서 신호가 나와야 한다.
① (수리) 신호가 2곳에서 나와 가동 안됨

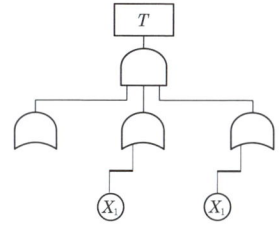

② (수리) 신호가 2곳에서 나와 가동 안됨

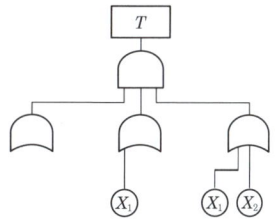

③ (수리) 신호가 3곳에서 나와 정상 가동

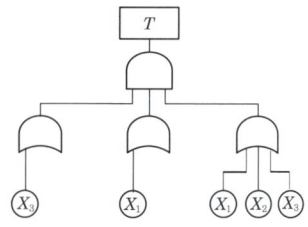

KEY 2008년 3월 2일(문제 57번)

보충학습
X_3는 시작과 끝에 있기 때문에 And gate 조건과 일치함

46 다음 중 성격이 다른 정보의 제어 유형은?

① action
② selection
③ setting
④ data entry

해설

세팅(setting) : 시스템의 초기에 설정한 값(시간, 장소)

보충학습
설정된 목표에 달성하기 위한 편차를 제거하는 과정
① action
② selection
③ data entry

[정답] 44 ④ 45 ③ 46 ③

47 기계설비가 설계 사양대로 성능을 발휘하기 위한 적정 윤활의 원칙이 아닌 것은?

① 적량의 규정
② 주유방법의 통일화
③ 올바른 윤활법의 채용
④ 윤활기간의 올바른 준수

해설

윤활의 원칙
① 적량의 규정
② 올바른 윤활법의 채용
③ 윤활기간의 올바른 준수

48 인간공학의 궁극적인 목적과 가장 관계가 깊은 것은?

① 경제성 향상
② 인간 능력의 극대화
③ 설비의 가동률 향상
④ 안전성 및 효율성 향상

해설

인간공학의 연구목적(Chapanis, A.)
① 첫째 : 안전성의 향상과 사고방지
② 둘째 : 기계 조작의 능률성과 생산성 향상
③ 셋째 : 쾌적성
④ 3가지의 궁극적인 목적은 안전과 능률(안전성 및 효율성 향상)

49 특정한 목적을 위해 시각적 암호, 부호 및 기호를 의도적으로 사용할 때에 반드시 고려하여야 할 사항과 가장 거리가 먼 것은?

① 검출성
② 판별성
③ 양립성
④ 심각성

해설

암호체계 사용상 일반적 지침
① 암호의 검출성(감지장치로 검출)
② 암호의 변별성(인접자극의 상이도 영향)
③ 부호의 양립성(인간의 기대와 모순되지 않을 것)
④ 부호의 의미
⑤ 암호의 표준화
⑥ 다차원 암호의 사용

50 다음 그림과 같이 7개의 기기로 구성된 시스템의 신뢰도는 약 얼마인가?

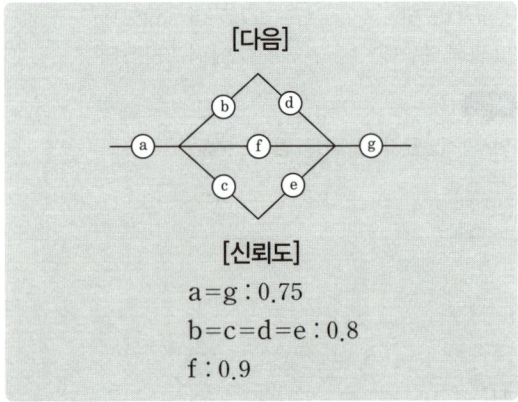

[다음]

[신뢰도]
$a = g : 0.75$
$b = c = d = e : 0.8$
$f : 0.9$

① 0.5427
② 0.6234
③ 0.5552
④ 0.9740

해설

시스템 신뢰도(R_s)
$= a \times [1 - (1 - b \times d)(1 - f)(1 - c \times e)] \times g$
$= 0.75 \times [1 - (1 - 0.8 \times 0.8)(1 - 0.9)(1 - 0.8 \times 0.8)] \times 0.75$
$= 0.75 \times [1 - (1 - 0.8^2)^2(1 - 0.9)] \times 0.75$
$= 0.5552$

KEY 2007년 5월 13일(문제 54번)

51 여러 사람이 사용하는 의자 좌면 높이는 어떤 기준으로 설계하는 것이 가장 적절한가?

① 5[%] 오금 높이
② 50[%] 오금 높이
③ 75[%] 오금 높이
④ 95[%] 오금 높이

해설

의자좌면 높이 설계기준 : 5[%] 오금 높이
Why : 작은사람 기준

[정답] 47 ② 48 ④ 49 ④ 50 ③ 51 ①

52
FTA에서 특정 조합의 기본사상들이 동시에 결함이 발생하였을 때 정상사상을 일으키는 기본사상의 집합을 무엇이라 하는가?

① cut set
② error set
③ path set
④ success set

해설

컷셋과 패스셋
① 컷셋(cut set) : 정상사상을 발생시키는 기본사상의 집합으로 그 안에 포함되는 모든 기본사상이 발생할 때 정상사상을 발생시킬 수 있는 기본사상의 집합
② 패스셋(path set) : 일정조합 안에 포함되는 모든 기본사상이 일어나지 않을 때 처음으로 정상사상이 일어나지 않는 기본사상의 집합

KEY 2013년 3월 10일(문제 30번)

53
정보의 촉각적 암호화 방법으로만 구성된 것은?

① 점자, 진동, 온도
② 초인종, 점멸등, 점자
③ 신호등, 경보음, 점멸등
④ 연기, 온도, 모스(Morse) 부호

해설

촉각(감)적 표시장치
① 2점 문턱값이란 손으로 두 점을 눌렀을 때 느끼는 감각이 서로 다르게 느끼는 점 사이의 최소거리
② 손바닥→손가락→손가락 끝
③ 촉각적 암호구성 3가지
   ㉮ 점자
   ㉯ 진동
   ㉰ 온도

54
전신육체적 작업에 대한 개략적 휴식시간의 산출공식으로 맞는 것은?[단, R은 휴식시간(분), E는 작업의 에너지소비율(kcal/분)이다.]

① $R = E \times \dfrac{60-4}{E-2}$
② $R = 60 \times \dfrac{E-4}{E-1.5}$
③ $R = 60 \times (E-4) \times (E-2)$
④ $R = E \times (60-4) \times (E-1.5)$

해설

휴식시간 공식
휴식시간(R) = $\dfrac{60(E-4)}{E-1.5}$ [분]

여기서, R : 휴식시간(분)
E : 작업 시 평균 에너지 소비량[kcal/분]
60분 : 총작업 시간
1.5[kcal/분] : 휴식시간 중 에너지 소비량

55
FT도에 사용하는 기호에서 3개의 입력현상 중 임의의 시간에 2개가 발생하면 출력이 생기는 기호의 명칭은?

① 억제 게이트
② 조합 AND 게이트
③ 배타적 OR 게이트
④ 우선적 AND 게이트

해설

FTA기호

기호	명칭	발생현상
Ai, Aj, Ak 순으로 / Ai Aj Ak	우선적 AND 게이트	입력사상 중에 어떤 현상이 다른 현상보다 먼저 일어날 때에 출력현상이 생긴다.
2개의 출력 / Ai Aj Ak	조합 AND 게이트	3개 이상의 입력현상 중에 언젠가 2개가 일어나면 출력이 생긴다.
동시발생	배타적 OR 게이트	OR Gate로 2개 이상의 입력이 동시에 존재할 때에는 출력사상이 생기지 않는다. 예를 들면 '동시에 발생하지 않는다'라고 기입한다.

56
첨단 경보시스템의 고장률은 0이다. 경계의 효과로 조작자 오류율은 0.01[t/hr]이며, 인간의 실수율은 균질(homogeneous)한 것으로 가정한다. 또한 이 시스템의 스위치 조작자는 1시간마다 스위치를 작동해야 하는데 인간오류확률(HEP : Human Error Probability)이 0.001인 경우에 2시간에서 6시간 사이에 인간-기계 시스템의 신뢰도는 약 얼마인가?

① 0.938
② 0.948
③ 0.957
④ 0.967

[정답] 52 ① 53 ① 54 ② 55 ② 56 ③

> **해설**
>
> 인간 – 기계시스템 신뢰도
> ① $(1-0.01)^4 = 0.961$
> ② $(1-0.001)^4 = 0.996$
> ③ $0.961 \times 0.996 = 0.957$

> **보충학습**
>
> 인간신뢰도
> ① $1 - HEP = 1 - (0.01 + 0.001) = 0.959$
> ② $R(n) = (1 - HEP)^n = (0.989)^4 = 0.9567$

57 실내에서 사용하는 습구 흑구 온도(WBGT : Wet Bulb Globe Temperature) 지수는?(단, NWB는 자연습구, GT는 흑구온도, DB는 건구온도이다.)

① $WBGT = 0.6NWB + 0.4GT$
② $WBGT = 0.7NWB + 0.3GT$
③ $WBGT = 0.6NWB + 0.3GT + 0.1DB$
④ $WBGT = 0.7NWB + 0.2GT + 0.1DB$

> **해설**
>
> 습구 흑구 온도지수(WBGT)
> ① 옥외(태양광선이 내리 쬐는 장소)
> $WBGT = 0.7 \times$ 자연습구온도(NWB) $+ 0.2 \times$ 흑구온도(GT) $+ 0.1 \times$ 건구온도(DB)
> ② 옥내 또는 옥외(태양광선이 내리쬐지 않는 장소)
> $WBGT(\degree C) = 0.7 \times$ 자연습구온도(NWB) $+ 0.3 \times$ 흑구온도(GT)

58 화학설비에 대한 안전성 평가방법 중 공장의 입지조건이나 공장 내 배치에 관한 사항은 어느 단계에서 하는가?

① 제1단계 : 관계자료의 작성 준비
② 제2단계 : 정성적 평가
③ 제3단계 : 정량적 평가
④ 제4단계 : 안전대책

> **해설**
>
> 정성적 평가내용에 포함사항
> ① 입지조건
> ② 공장 내의 배치
> ③ 소방설비
> ④ 공정기기
> ⑤ 수송 · 저장
> ⑥ 원재료, 중간체, 제품

59 국내 규정상 1일 노출횟수가 100일 때 최대 음압수준이 몇 [dB(A)]를 초과하는 충격소음에 노출되어서는 아니 되는가?

① 110 ② 120
③ 130 ④ 140

> **해설**
>
> 충격소음의 노출기준
>
> | 충격소음의 강도[dB(A)] 초과 | 140 | 130 | 120 |
> | --- | --- | --- | --- |
> | 1일 노출 횟수 이상 | 100 | 1,000 | 10,000 |

> **보충학습**
>
> 충격소음이란 최대 음압수준에 120[dB(A)] 이상인 소음이 1[초] 이상 간격으로 발생하는 것

60 위험 및 운전성 검토(HAZOP)에서 사용되는 가이드 워드 중에서 성질상의 감소를 의미하는 것은?

① Part of
② More less
③ No/Not
④ Other than

> **해설**
>
> 유인어(guide words)
> ① NO 또는 NOT : 설계 의도의 완전한 부정을 의미
> ② AS Well AS : 성질상의 증가를 나타내는 것으로 설계의도와 운전조건 등 부가적인 행위와 함께 일어나는 것을 의미
> ③ PART OF : 성질상의 감소, 성취나 성취되지 않음을 나타냄
> ④ MORE LESS : 양의 증가 또는 양의 감소로 양과 성질을 함께 나타냄
> ⑤ OTHER THAN : 완전한 대체를 의미
> ⑥ REVERSE : 설계의도와 논리적인 역을 의미

[정답] 57 ② 58 ② 59 ④ 60 ①

4 건설 시공학

61 콘크리트의 시공성과 관계 없는 것은?
① 반발경도 ② 슬럼프
③ 슬럼프 플로 ④ 공기량

해설

Workability에 영향을 미치는 요인
① 분말도가 높은 시멘트일수록 워커빌리티가 좋다.
② 공기량을 증가시키면 워커빌리티가 좋아진다.
③ 비빔온도가 높을수록 워커빌리티가 저하한다.
④ 시멘트 분말도가 높을수록 수화작용이 빠르다.
⑤ 단위수량을 과도하게 증가시키면 재료분리가 쉬워 워커빌리티가 좋아진다고 볼 수 없다.
⑥ 비빔시간이 길수록 수화작용을 촉진시켜 워커빌리티가 저하한다.
⑦ 쇄석을 사용하면 워커빌리티가 저하한다.
⑧ 빈배합이 워커빌리티가 좋다.

62 정지 및 배토기계에 해당하지 않는 것은?
① 불도저 ② 파워셔블
③ 모터그레이더 ④ 스크레이퍼

해설

파워셔블(Power shovel : 디퍼셔블)의 특징
① 기계가 서 있는 위치보다 높은 곳의 굴착에 적당
② 굴삭높이 : 1.5~3[m]에 적당
③ 버킷용량 : 0.6~1.0[m³]
④ 굴삭깊이 : 지반 밑으로 2[m] 정도
⑤ 선회각 : 90[°C]

[그림] 파워셔블(크롤러형 기계 로프식)

63 철골공사에서 용접작업 종료 후 용접부의 안전성을 확인하기 위해 실시하는 비파괴검사의 종류에 해당되지 않는 것은?
① 방사선검사
② 침투탐상검사
③ 반발경도검사
④ 초음파탐상검사

해설

용접부의 검사

구분	검사의 종류
용접 착수 전	• 구속법 • 트임새 모양 • 모아대기법 • 자세의 적부
용접 작업 중	• 용접봉 • 운봉 • 전류
용접 완료 후	• 육안검사 • 절단검사 • 비파괴검사(방사선 투과법, 초음파탐상법, 자기분말 탐상법, 침투탐상법)

64 경량형강과 합판으로 구성되며 표준형태의 거푸집을 변형시키지 않고 조립함으로써 현장제작에 소요되는 인력을 줄여 생산성을 향상시키고 자재의 전용횟수를 증대시키는 목적으로 사용되는 거푸집은?
① 목재패널 ② 합판패널
③ 워플폼 ④ 유로폼

해설

유로폼(Euro Form)의 특징
① 공장에서 경량형강과 코팅합판으로 거푸집을 제작한 것
② 현장에서 못을 쓰지 않고 웨지핀을 사용하여 간단히 조립할 수 있는 거푸집
③ 가장 초보적인 단계의 시스템거푸집
④ 거푸집의 현장제작에 소요되는 인력을 줄여 생산성을 향상시키고 자재의 전용횟수를 증대시키는 목적으로 사용
⑤ 하나의 판으로 벽, 기둥, 슬래브 조립

💬 **합격자의 조언**
실기작업형 출제

[정답] 61 ① 62 ② 63 ③ 64 ④

65. 보강콘크리트 블록조에 관한 설명으로 옳지 않은 것은?

① 블록은 살두께가 두꺼운 쪽을 위로 하여 쌓는다.
② 보강블록은 모르타르, 콘크리트 사춤이 용이하도록 원칙적으로 막힌줄눈쌓기로 한다.
③ 블록 1일 쌓기 높이는 6~7켜 이하로 한다.
④ 2층 건축물인 경우 세로근은 원칙으로 기초, 테두리보에서 위층의 테두리보까지 잇지 않고 배근한다.

해설

보강블록의 줄눈 : 통줄눈

66. 철골기둥의 이음부분 면을 절삭가공기를 사용하여 마감하고 충분히 밀착시킨 이음에 해당하는 용어는?

① 밀 스케일(mill scale)
② 스캘럽(scallop)
③ 스패터(spatter)
④ 메탈터치(metal touch)

해설

메탈터치(metal touch)
철골기둥의 이음부분 면을 절삭가공기를 사용하여 마감하고 충분히 밀착시킨 이음

67. 철근콘크리트 구조의 철근 선 조립 공법 순서로 옳은 것은?

① 시공도 → 공장절단 → 가공 → 이음·조립 → 운반 → 현장부재양중 → 이음·설치
② 공잘절단 → 시공도 → 가공 → 이음·조립 → 이음·설치 → 운반 → 현장부재양중
③ 시공도 → 가공 → 공장절단 → 운반 → 이음·조립 → 현장부재양중 → 이음·설치
④ 공장절단 → 시공도 → 운반 → 가공 → 이음·조립 → 현장부재양중 → 이음·설치

해설

철근 선조립 공법 순서
시공도→공장절단(삭)→가공→이음·조립→운반→현장부재양중→이음·설치

68. 시공의 품질관리를 위하여 사용하는 통계적 도구가 아닌 것은?

① 작업표준   ② 파레토도
③ 관리도   ④ 산점도

해설

품질관리 도구의 종류
① 파레토도(Pareto Diagram)
② 특성 요인도(Causes Effects Diagram)
③ 관리도(Control Chart)
④ 히스토그램
⑤ 체크시트
⑥ 산점도
⑦ 층별

69. 공사계획방식에서 공사실시 방식에 의한 계약제도가 아닌 것은?

① 일식도급
② 분할도급
③ 실비정산보수가산도급
④ 공동도급

해설

실비정산보수가산도급
① 특징 : 공사의 실비를 건축주와 도급자가 확인 정산하고 시공주는 미리 정한 보수율에 따라 도급자에게 보수액을 지불하는 방법(도급금액 결정방식에 의한 도급)
② 장점 : 양심적인 공사기능
③ 단점 : 시공업자는 공사비 절감의 노력이 없어지고 공기지연

70. 말뚝기초 재하시험의 종류가 아닌 것은?

① 표준관입재하시험   ② 동재하시험
③ 수직재하시험   ④ 수평재하시험

해설

표준관입시험(Standard penetration test)
① 주로 사질토지반에서 불교란 시료를 채취하기 곤란하므로 밀실도를 측정하기 위해 사용되는 방법
② 표준 샘플러를 관입량 30[cm]에 박는 데 요하는 타격횟수 N을 구함
③ 추는 63.5[kg], 낙고는 76[cm]

【정답】 65 ② 66 ④ 67 ① 68 ① 69 ③ 70 ①

71 기초공사 중 말뚝지정에 관한 설명으로 옳지 않은 것은?

① 나무말뚝은 소나무, 낙엽송 등 부패에 강한 생나무를 주로 사용한다.
② 기성 콘크리트 말뚝으로는 심플렉스파일, 컴프레솔파일, 페디스털파일 등이 있다.
③ 강재말뚝은 중량이 가볍고, 휨저항이 크며 길이조절이 가능하다.
④ 무리말뚝의 말뚝 한 개가 받는 지지력은 단일말뚝의 지지력보다 감소되는 것이 보통이다.

해설
제자리콘크리트 말뚝의 종류
① 심플렉스파일
② 컴프레솔파일
③ 페디스털파일
④ 레이몬드파일
⑤ 프랭키파일
⑥ 이코스파일
⑦ 프리팩트파일

72 사질지반일 경우 지반 저부에서 상부를 향하여 흐르는 물의 압력이 모래의 자중 이상으로 되면 모래입자가 심하게 교란되는 현상은?

① 파이핑(piping)
② 보링(boring)
③ 보일링(boiling)
④ 히빙(heaving)

해설
보일링(Boiling, Quick Sand)
① 흙파기 하부지반에 투수성이 좋은 사질지반에 지하수가 얕게 있을 때, 또는 하부지반 부근에 피압수(被壓水)가 있을 때는 하부지반에서 상승하는 유수(流水)로 인하여 모래입자가 부력을 받아 지반의 지지력이 급격히 없어지는 현상
② 투수계수가 좋은 사질지반에서만 일어난다.

73 네트워크 공정표의 주공정(Critical Path)에 관한 설명으로 옳지 않은 것은?

① TF가 0(Zero)인 작업을 주공정작업이라 하고, 이들을 연결한 공정을 주공정이라 한다.
② 총 공기는 공사착수에서부터 공사완공까지의 소요시간의 합계이며, 최장시간이 소요되는 경로이다.
③ 주공정은 고정적이거나 절대적인 것이 아니고 공사 진행상황에 따라 가변적이다.
④ 주공정에 대한 공기단축은 불가능하다.

해설
Critical Path(C.P 주공정선)
① 주어진 project(network로 표현)에서 소요시간이 가장 긴 일련의 작업들의 경로이다.
② Network가 작성되면 각 activity의 float(여유)가 계산되며, 그 결과 total float zero의 activity가 발견된다.
③ 하나의 경로로 형성하는데 이 경로를 Critical Path라 한다.

74 콘크리트 타설 시 이음부에 관한 설명으로 옳지 않은 것은?

① 보, 바닥슬래브 및 지붕슬래브의 수직타설이음부는 스팬의 중앙 부근에 주근과 수평방향으로 설치한다.
② 기둥 및 벽의 수평 타설이음부는 바닥슬래브, 보의 하단에 설치하거나 바닥슬래브, 보, 기초보의 상단에 설치한다.
③ 콘크리트의 타설이음면은 레이턴스나 취약한 콘크리트 등을 제거하여 새로 타설하는 콘크리트와 일체가 되도록 처리한다.
④ 타설이음부의 콘크리트는 살수 등에 의해 습윤시킨다. 다만, 타설이음면의 물은 콘크리트 타설 전에 고압공기 등에 의해 제거한다.

해설
타설이음부는 스팬의 중앙 부근에 주근과 수직방향으로 설치한다.

[정답] 71 ② 72 ③ 73 ④ 74 ①

75 거푸집 조립 시 긴결재로 사용하지 않는 것은?

① 폼타이(Form tie)
② 플랫타이(Flat tie)
③ 철재 동바리(Steel support)
④ 컬럼밴드(Column band)

해설

거푸집의 구성재료
① 거푸집 널
② 장선
③ 멍에
④ 동바리

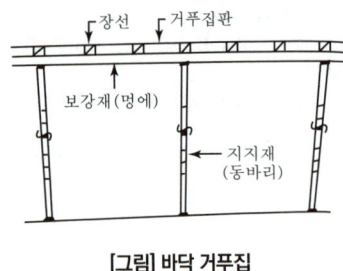

[그림] 바닥 거푸집

76 거푸집 측압에 영향을 주는 요인에 관한 설명으로 옳지 않은 것은?

① 콘크리트 타설 속도가 빠를수록 측압이 크다.
② 단면이 클수록 측압이 크다.
③ 슬럼프가 클수록 측압이 크다.
④ 철근량이 많을수록 측압이 크다.

해설

거푸집 측압
① 슬럼프가 클수록, 배합이 좋을수록, 벽두께가 두꺼울수록 측압은 커진다.
② 부어넣기 속도가 빠를수록 커진다.
③ 온도가 낮을수록 측압은 커진다.
④ 다지기가 충분할수록 커진다.(진동기를 사용할 때 30[%] 증가)
⑤ 철골 또는 철근량이 많을수록 측압은 작게 된다.

77 수직응력 $\sigma=0.2$[MPa], 점착력 C=0.05[MPa], 내부마찰각 $\phi=20$[°]의 흙으로 구성된 사면의 전단강도는?

① 0.08[MPa]
② 0.12[MPa]
③ 0.16[MPa]
④ 0.2[MPa]

해설

흙의 전단강도(coulomb식)
$S = C + \sigma\tan\phi = 0.05 + 0.2\tan20[°] = 0.12$[MPa]
여기서, S : 흙의 전단강도[kg/cm²]
C : 점착력[kg/cm²]
σ : 전단면(파괴면)에 작용하는 수직응력[kg/cm²]
ϕ : 내부마찰각

78 한 켜는 길이로 쌓고 다음 켜는 마구리쌓기로 하는 것으로 통줄눈이 생기지 않고 모서리벽 끝에 이오토막을 사용하는 가장 튼튼한 쌓기 방식은?

① 영식쌓기   ② 화란식쌓기
③ 불식쌓기   ④ 미식쌓기

해설

벽돌쌓기법
① 미식쌓기
   치장벽돌로 벽체의 앞면 5켜는 길이쌓기로 하고 그 위 한 켜는 마구리쌓기로 하여 본 벽돌에 물려쌓고 뒷면은 영식쌓기를 한다.
② 영식쌓기
   한 켜는 길이쌓기, 다음 켜는 마구리쌓기로 하면서 벽의 모서리나 끝을 쌓을 때 이오토막을 사용한다.(벽돌쌓기 중 가장 튼튼하다.)
③ 네덜란드식 쌓기(화란식)
   영식쌓기와 거의 같으나 모서리 끝에는 칠오토막을 사용한다.
④ 불식쌓기
   매 켜에 길이와 마구리가 번갈아 나오는 쌓기법이다.
⑤ 마구리쌓기
   마구리가 보이도록 쌓는 법으로 원형굴뚝, 사일로(Silo) 등에 쓰이고 벽두께 1.0B 이상 쌓기에 쓰인다.
⑥ 길이쌓기
   길이방향으로 쌓는 법, 0.5B 두께의 칸막이 벽에 쓰인다.(가장 얇은 벽돌쌓기)

[정답] 75 ③ 76 ④ 77 ② 78 ①

79 철골부재 용접 시 주의사항 중 옳지 않은 것은?

① 용접할 모재의 표면에 있는 녹, 페인트, 유분 등은 제거하고 작업한다.
② 기온이 0[℃] 이하로 될 때에는 용접하지 않도록 한다.
③ 용접 시 발생하는 가스 등으로 질식 또는 중독되지 않도록 환기 또는 기타 필요한 조치를 해야 한다.
④ 용접할 소재는 정확한 시공과 정밀도를 위하여 치수에 여분을 두지 말아야 한다.

해설
용접은 가열 시 팽창 냉각 시 수축되므로 반드시 치수 여분을 두어야 한다.

80 석공사 앵커긴결공법에 관한 설명으로 옳지 않은 것은?

① 연결철물의 장착을 위한 세트 앵커용 구멍을 45[mm] 정도 천공하고 캡이 구조체보다 5[mm] 정도 깊게 삽입하여 외부의 충격에 대처한다.
② 연결철물용 앵커와 석재는 접착용 에폭시를 사용하여 고정한다.
③ 연결철물은 석재의 상하 및 양단에 설치하여 하부의 것은 지지용으로, 상부의 것은 고정용으로 사용한다.
④ 판석재와 철재가 직접 접촉하는 부분에는 적절한 완충제를 사용한다.

해설
돌붙임 시 앵커긴결공법에서 사용하는 철물
① 앵커
② 볼트
③ 촉
④ 연결철물(fastener)

5 건설 재료학

81 목재의 절대건조비중이 0.45일 때 목재 내부의 공극률은 대략 얼마인가?

① 10[%] ② 30[%]
③ 50[%] ④ 70[%]

해설
공극률 계산

$$공극률(V) = \left(1 - \frac{W}{1.54}\right) \times 100$$
$$= \left(1 - \frac{0.45}{1.54}\right) \times 100 = 70[\%]$$

82 페놀수지 접착제에 관한 설명으로 옳지 않은 것은?

① 유리나 금속의 접착에 적합하다.
② 내열·내수성이 우수한 편이다.
③ 기온 20[℃] 이하에서는 충분한 접착력을 발휘하기 어렵다.
④ 완전히 경화하면 적등색을 띤다.

해설
페놀수지(베이클라이트)
① 매우 견고하며 전기절연성 및 내후성이 우수하다.
② 접착성, 내열성, 내약품성, 내수성 우수하다.
③ 내알칼리성이 약하다.
④ 금속 및 유리 접착은 부적합하다.
⑤ 내수합판의 접착제, 전기배전판, 도료 등에 사용된다.

83 미장재료 중 비교적 강도가 크고, 응결시간이 길며 부착은 양호하나, 강재를 녹슬게 하는 성분도 포함하는 것은?

① 돌로마이트 플라스터
② 스탁코
③ 회반죽
④ 경석고 플라스터

[정답] 79 ④ 80 ② 81 ④ 82 ① 83 ④

해설
경석고 플라스터(킨즈시멘트)
① 무수석고를 화학처리하며 만든 것으로 경화한 후 매우 단단하다.
② 강도가 크다.
③ 경화가 빠르다.
④ 경화시 팽창한다.
⑤ 산성으로 철류를 녹슬게 한다.
⑥ 수축이 매우 작다.
⑦ 표면강도가 크고 광택이 있다.

84 건축용 접착제에 관한 설명으로 옳지 않은 것은?
① 아교는 내수성이 부족한 편이다.
② 카세인은 우유를 주원료로 하여 만든 접착제이다.
③ 초산비닐수지 에멀션은 목공용으로 사용된다.
④ 에폭시 수지는 금속접착제로 적합하지 않다.

해설
에폭시수지
① 접착성이 아주 강하다.
② 방수성, 내약품성, 전기절연성, 내열성, 내용제성이 우수하다.
③ 경화시 부피의 수축이 없다.
④ 접착제, 도료, 금속, 유리, 목재나 콘크리트 등의 접착, 콘크리트 균열 보수제, 방수제 등에 사용된다.

85 플라스틱 재료에 관한 설명으로 옳지 않은 것은?
① 아크릴수지의 성형품은 색조가 선명하고 광택이 있어 아름다우나 내용제성이 약하므로 상처나기 쉽다.
② 폴리에틸렌수지는 상온에서 유백색의 탄성이 있는 수지로서 얇은 시트로 이용된다.
③ 실리콘수지는 발포제로서 보드상으로 성형하여 단열재로 널리 사용된다.
④ 염화비닐수지는 P.V.C라고 칭하며 내산·내알칼리성 및 내후성이 우수하다.

해설
실리콘수지의 특징
① 무색, 무취이다.
② 내수성, 내후성, 내화학성, 전기절연성이 우수하다.
③ 내열성, 내한성이 우수하여 $-60 \sim 260[°C]$의 범위에서 안정하고 탄성을 가진다.
④ 발수성이 있어 건축물 등의 방수제로 쓰인다.
⑤ 방수제, 접착제, 도료, 실링재, 가스켓, 패킹재로 사용된다.

86 콘크리트의 수밀성에 미치는 요인에 대한 설명 중 옳은 것은?
① 물시멘트비 : 물시벤트비를 크게 할수록 수밀성이 커진다.
② 굵은골재 최대치수 : 굵은골재의 최대치수가 클수록 수밀성은 커진다.
③ 양생방법 : 초기 재령에서 급격히 건조하면 수밀성은 작아진다.
④ 혼화재료 : AE제를 사용하면 수밀성이 작아진다.

해설
① 물시멘트비 : 물시멘트비를 크게 할수록 수밀성이 작다.
② 굵은골재 최대치수 : 굵은골재의 최대치수가 클수록 수밀성은 작아진다.
③ 혼화재료 : AE제를 사용하면 수밀성이 커진다.

87 목재 섬유포화점의 함수율은 대략 얼마정도인가?
① $10[\%]$ ② $20[\%]$
③ $30[\%]$ ④ $40[\%]$

해설
포화점, 기건재, 전건재의 함수율

분류	함수율[%]
섬유포화점	30
기건재	15
전건재	0

88 다음 중 외벽용 타일 붙임재료로 가장 적합한 것은?
① 시멘트 모르타르
② 아크릴 에멀션
③ 합성고무 라텍스
④ 에폭시 합성고무 라텍스

해설
외벽용 타일 붙임재료 : 시멘트 모르타르

[정답] 84 ④ 85 ③ 86 ③ 87 ③ 88 ①

89 목재의 물리적인 성질에 관한 설명으로 옳지 않은 것은?

① 목재의 섬유 방향의 강도는 인장 > 압축 > 전단 순이다.
② 목재의 기건 상태에서의 함수율은 13~17[%] 정도이다.
③ 보통 사용상태에서는 목재의 흡습팽창은 열팽창에 비해 영향이 작다.
④ 목재의 화재 연화온도는 260[℃] 정도이다.

해설
목재의 흡습팽창은 열팽창에 비해 영향이 크다.

90 콘크리트 혼화재 중 하나인 플라이애시가 콘크리트에 미치는 작용에 관한 설명으로 옳지 않은 것은?

① 콘크리트 내부의 알칼리성을 감소시키기 때문에 중성화를 촉진시킬 염려가 있다.
② 콘크리트 수화초기시의 발열량을 감소시키고 장기적으로 시멘트의 석회와 결합하여 장기강도를 증진시키는 효과가 있다.
③ 입자가 구형이므로 유동성이 증가되어 단위수량을 감소시키므로 콘크리트의 워커빌리티의 개선, 펌핑성을 향상시킨다.
④ 알칼리 골재반응에 의한 팽창을 증가시키고 콘크리트의 수밀성을 약화시킨다.

해설
플라이애시
① 화력발전소 연소보일러의 미분탄을 집진기로 포집한 것
② 워커빌리티 개선, 블리딩 감소
③ 초기강도는 낮지만 장기강도는 증가
④ 수화열의 감소, 단위수량의 감소
⑤ 해수에 대한 화학저항성의 증가
⑥ 수밀성의 향상

91 적외선을 반사하는 도막을 코팅하여 방사율을 낮춘 고단열 유리로 일반적으로 복층유리로 제조되는 것은?

① 로이(Low-E)유리
② 망입유리
③ 강화유리
④ 배강도유리

해설
Low-E(로이)유리
① 적외선을 반사하는 도막을 코팅하여 방사율을 낮춘 고단열 유리
② 복층유리로 제조

92 미장재료로서 내수성 및 강도가 큰 수경성 재료는?

① 소석회
② 시멘트 모르타르
③ 진흙
④ 돌로마이트 플라스터

해설
보통시멘트 모르타르(수경성)
① 시멘트+모래+물을 혼합한 것이다.
② 1회 바름 두께의 표준은 6[mm] 이다.
③ 천장, 차양은 15[mm], 내벽 18[mm], 외벽과 바닥 24[mm]로 한다.
④ 초벌바름 후 2주일 이상 방치하여 충분히 균열이 발생 후 고름질하고 재벌바름을 한다.

93 콘크리트 슬럼프시험에 관한 설명 중 옳지 않은 것은?

① 슬럼프 콘의 치수는 윗지름 10[cm], 밑지름 30[cm], 높이가 20[cm]이다.
② 수밀한 철판을 수평으로 놓고 슬럼프 콘을 놓는다.
③ 혼합한 콘크리트를 1/3씩 3층으로 나누어 채운다.
④ 매 회마다 표준철봉으로 25회 다진다.

[정답] 89 ③ 90 ④ 91 ① 92 ② 93 ①

> **해설**
>
> 슬럼프 콘의 규격[cm]
> ① 윗지름 : 10 ② 아랫지름 : 20 ③ 높이 : 30

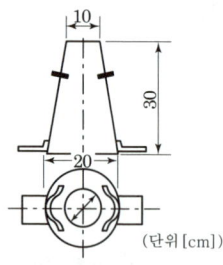

[그림] 슬럼프통(콘)

94 초고층 인텔리전트 빌딩이나, 핵융합로 등과 같이 강력한 자기장이 발생할 가능성이 있는 철골 구조물의 강재나, 철근 콘크리트용 봉강으로 사용되는 것은?

① 초고장력강
② 비정질(Amorphous)금속
③ 구조용 비자성강
④ 고크롬강

> **해설**
>
> 핵융합로의 재료 : 구조용 비자성강

95 다음 미장재료 중 건조 시 무수축성의 성질을 가진 재료는?

① 시멘트 모르타르   ② 돌로마이트 플라스터
③ 회반죽   ④ 석고 플라스터

> **해설**
>
> 석고 플라스터(수경성)
> (1) 제법 : 석고+혼화재+접착제+응결시간 조절제
> (2) 특징
>   ① 경화가 매우 빠르다.
>   ② 내화성이 크다.
>   ③ 무수축이며, 여물을 사용할 필요가 없다.
>   ④ 경화·건조 시 치수 안정성이 우수하다.
>   ⑤ 점성이 크다.
>   ⑥ 목재의 부식을 막으며 유성페인트를 즉시 칠할 수 있다.

96 보통 콘크리트와 비교한 AE콘크리트의 성질에 관한 설명으로 옳지 않은 것은?

① 콘크리트의 워커빌리티가 양호하다.
② 동일 물시멘트인 경우 압축강도가 높다.
③ 동결융해에 대한 저항성이 크다.
④ 블리딩 등의 재료분리가 적다.

> **해설**
>
> AE콘크리트
> (1) 정의
> 콘크리트 속에 AE제를 혼합하여 시공연도를 좋게 한 콘크리트이다.
> (2) AE콘크리트의 특징
>   ① 단위수량이 적게 든다.
>   ② 워커빌리티가 향상되고 골재로서 깬자갈의 사용도 유리하게 된다.
>   ③ 내구성이 향상된다.
>   ④ 콘크리트 경화에 따른 발열이 작아진다.
>   ⑤ 동결융해에 대한 저항이 크게 된다.
>   ⑥ 블리딩 감소, 재료분리가 감소된다.
>   ⑦ 철근과 부착강도는 다소 작아진다.
>   ⑧ 적정한 AE(콘크리트 용적의 4~7[%])는 내구성을 증대시키나 지나친 공기량은(6[%] 이상)은 강도와 내구성을 저하시킨다.
> (3) 공기량의 성질
>   ① AE제를 넣을수록 공기량은 증가한다.
>   ② 기계비빔이 손비빔보다 증가한다.
>   ③ 비빔시간은 3~5분까지는 공기량이 증가하고 그 이상은 감소한다.
>   ④ 온도가 높아질수록 감소한다.
>   ⑤ 진동기를 사용하면 감소한다.
>   ⑥ 공기량 1[%] 증가에 대하여 압축강도 4~5[%] 저하한다.

97 강재의 열처리 방법이 아닌 것은?

① 단조   ② 불림
③ 담금질   ④ 뜨임질

> **해설**
>
> 강재 열처리 종류
> ① 불림(소준, Normalizing)
> ② 풀림(소둔, Annealing)
> ③ 담금질(소입, Quenching)
> ④ 뜨임질(소려, Tempering)
>
> **보충학습**
>
> 단조가공(forging)
> ① 금속재료를 소성 유동하기 쉬운 상태에서 압축력 또는 충격력을 가하여 단련하는 가공
> ② 일반적으로 결정입자를 미세화하고, 조직을 균등하게 하여 강도나 인성을 좋게 하는 가공

[정답] 94 ③ 95 ④ 96 ② 97 ①

98 장부가 구멍에 들어끼어 돌게 만든 철물로서 회전창에 사용되는 것은?

① 크레센트 ② 스프링힌지
③ 지도리   ④ 도어체크

해설

지도리
① 장부가 구멍에 들어끼어 돌게 만든 철물
② 용도 : 회전창에 사용

99 다음 중 시멘트 풍화의 척도로 사용되는 것은?

① 불용해 잔분 ② 강열감량
③ 수경률   ④ 규산율

해설

풍화
(1) 원인
시멘트가 공기중의 수분과 결합하여 미세한 수화반응으로 생긴 수산화칼슘과 공기중의 탄산가스(이산화탄소)가 결합하여 탄산칼슘이 생기는 것
(2) 풍화시멘트의 특징
① 강도저하   ② 응결지연
③ 비중감소   ④ 내구성 저하
⑤ 강열감량 증가

100 콘크리트에 관한 설명으로 옳지 않은 것은?

① 콘크리트의 강도는 대체로 물시멘트비에 의해 결정된다.
② 콘크리트는 장기간 화재를 당해도 결정수를 방출할 뿐이므로 강도상 영향은 없다.
③ 콘크리트는 알칼리성이므로 철근콘크리트의 경우 철근을 방청하는 큰 장점이 있다.
④ 콘크리트는 온도가 내려가면 경화가 늦으므로 동절기에 타설할 경우에는 충분히 양생하여야 한다.

해설

화재시 강도가 취약하다.

6 건설안전 기술

101 단관비계를 조립하는 경우 벽이음 및 버팀을 설치할 때의 수평방향 조립간격 기준으로 옳은 것은?

① 3[m]   ② 5[m]
③ 6[m]   ④ 8[m]

해설

강관비계의 조립간격

강관비계의 종류	조립 간격(단위 : [m])	
	수직방향	수평방향
단관비계	5	5
틀비계(높이 5[m] 미만인 것은 제외)	6	8

정보제공

산업안전보건기준에 관한 규칙 [별표 5] 강관비계의 조립간격

102 항타기 또는 항발기에 사용되는 권상용 와이어로프의 안전계수는 최소 얼마 이상이어야 하는가?

① 3   ② 4
③ 5   ④ 6

해설

권상용 와이어로프 안전계수 : 5 이상

정보제공

산업안전보건기준에 관한 규칙 제211조(권상용 와이어로프의 안전계수)

103 산업안전보건기준에 관한 규칙에 따른 암반 중 풍화암 굴착 시 굴착면의 기울기 기준으로 옳은 것은?

① 1 : 1.5   ② 1 : 1.1
③ 1 : 1.0   ④ 1 : 0.5

해설

굴착면의 기울기 기준

지반의 종류	굴착면의 기울기
모래	1 : 1.8
연암 및 풍화암	1 : 1.0
경암	1 : 0.5
그 밖의 흙	1 : 1.2

[정답] 98 ③ 99 ② 100 ② 101 ② 102 ③ 103 ③

정보제공
산업안전보건기준에 관한 규칙 [별표 11] 굴착면의 기울기 기준

104 다음 기계 중 양중기에 포함되지 않는 것은?
① 리프트　② 곤돌라
③ 크레인　④ 트롤리 컨베이어

해설
양중기의 종류
① 크레인[호이스트(hoist)를 포함한다.]
② 이동식크레인
③ 리프트(이삿짐운반용 리프트의 경우에는 적재하중이 0.1[t] 이상인 것으로 한정한다.)
④ 곤돌라
⑤ 승강기

정보제공
산업안전보건기준에 관한 규칙 제132조(양중기)

105 철골작업 시 철골부재에서 근로자가 수직방향으로 이동하는 경우에 설치하여야 하는 고정된 승강로의 최소 답단 간격은 얼마 이내인가?
① 20[cm]　② 25[cm]
③ 30[cm]　④ 40[cm]

해설
고정된 승강로 안전기준
① 철근 : 16[mm] 이상
② Trap(답단)간격 : 30[cm] 이내
③ 폭 : 30[cm] 이상

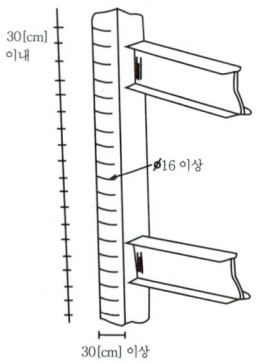
[그림] 고정된 승강로

106 토질시험 중 액체 상태의 흙이 건조되어 가면서 액성, 소성, 반고체, 고체 상태의 경계선과 관련된 시험의 명칭은?
① 아터버그한계시험
② 압밀시험
③ 삼축압축시험
④ 투수시험

해설
Atterberg limit
① 아터버그한계는 원래 7개 결지성 한계를 총칭하는 것이었으나 현재 중요하게 다루어지는 것은 액성한계(Liquid Limit, LL) 소성한계(Plastic Limit, PL)와 소성지수(Plasticity Number, Plasticity index, PI)이다.
② 토양이 소성을 나타내는 최소 및 최대의 수분함량(%)을 각각 소성한계, 액성한계라 하고 그 차이를 소성지수라 한다.

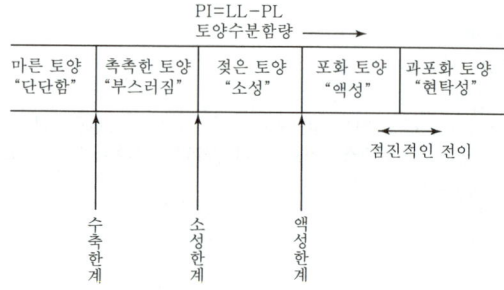
[그림] 토양의 아터버그한계

107 시스템 동바리를 조립하는 경우 수직재와 받침철물 연결부의 겹침길이 기준으로 옳은 것은?
① 받침철물 전체길이의 1/2 이상
② 받침철물 전체길이의 1/3 이상
③ 받침철물 전체길이의 1/4 이상
④ 받침철물 전체길이의 1/5 이상

【 정답 】 104 ④　105 ③　106 ①　107 ②

해설

시스템 비계의 구조
① 수직재·수평재·가새재를 견고하게 연결하는 구조가 되도록 할 것
② 비계 밑단의 수직재의 받침철물은 밀착되도록 설치하고, 수직재와 받침철물의 연결부의 겹침길이는 받침철물 전체길이의 3분의 1 이상이 되도록 할 것
③ 수평재는 수직재와 직각으로 설치하여야 하며, 체결 후 흔들림이 없도록 견고하게 설치할 것
④ 수직재와 수직재의 연결철물은 이탈되지 않도록 견고한 구조로 할 것
⑤ 벽연결재의 설치간격은 제조사가 정한 기준에 따라 설치할 것

정보제공
산업안전보건기준에 관한 규칙 제69조(시스템비계의 구조)

---

108 흙막이 가시설 공사 시 사용되는 각 계측기 설치 목적으로 옳지 않은 것은?

① 지표침하계 – 지표면 침하량 측정
② 수위계 – 지반 내 지하수위의 변화 측정
③ 하중계 – 상부 적재하중 변화 측정
④ 지중경사계 – 지중의 수평 변위량 측정

해설

계측장치의 종류 및 특성

종류	계측기 설치목적
건물 경사계 (tilt meter)	지상 인접구조물의 기울기를 측정하는 기기
지표면 침하계 (level and staff)	주위 지반에 대한 지표면의 침하량을 측정하는 기기
지중 경사계 (inclinometer)	지중수평변위를 측정하여 흙막이의 기울어진 정도를 파악하는 기기
지중 침하계 (extension meter)	지중수직변위를 측정하여 지반의 침하정도를 파악하는 기기
변형계 (strain gauge)	흙막이 버팀대의 변형 정도를 파악하는 기기
하중계 (load cell)	흙막이 버팀대에 작용하는 토압, 어스앵커의 인장력 등을 측정하는 기기
토압계 (earth pressure meter)	흙막이에 작용하는 토압의 변화를 파악하는 기기
간극수압계 (piezo meter)	굴착으로 인한 지하의 간극수압을 측정하는 기기
지하수위계 (water level meter)	지하수의 수위변화를 측정하는 기기

---

109 지표면에서 소정의 위치까지 파내려간 후 구조물을 축조하고 되메운 후 지표면을 원상태로 복구시키는 공법은?

① NATM공법
② 개착식 터널공법
③ TBM공법
④ 침매공법

해설

터널공법의 구분
① 재래 공법(ASSM)
② 최신 공법
  ㉮ NATM : 산악터널
  ㉯ TBM : 암반터널
  ㉰ Shield : 토사구간
③ 기타 공법
  ㉮ 개착식 공법 : 도심지 터널
  ㉯ 침매공법 : 하저 터널
  ㉰ 잠함침하공법 : 하저 터널
  ㉱ Pipe Roof 공법 : 보조 공법

---

110 신품의 추락방지망 중 그물코의 크기 10[cm]인 매듭방망의 인장강도 기준으로 옳은 것은?

① 110[kg] 이상
② 200[kg] 이상
③ 360[kg] 이상
④ 400[kg] 이상

해설

신품 방망사의 인장강도

그물코의 크기 (단위 : [cm])	방망의 종류(단위 : [kg])	
	매듭없는 방망	매듭 방망
10	240	200
5		110

---

111 차량계 건설기계를 사용하여 작업하고자 할 때 작업계획서에 포함되어야 할 사항에 해당되지 않는 것은?

① 사용하는 차량계 건설기계의 종류 및 성능
② 차량계 건설기계의 운행경로
③ 차량계 건설기계에 의한 작업방법
④ 차량계 건설기계의 유지보수방법

[정답] 108 ③ 109 ② 110 ② 111 ④

해설

차량계 건설기계 작업계획 내용 3가지
① 사용하는 차량계 건설기계의 종류 및 성능
② 차량계 건설기계의 운행경로
③ 차량계 건설기계에 의한 작업방법

정보제공
산업안전보건기준에 관한 규칙 [별표 4] 사전조사 및 작업계획서 내용

---

112 산업안전보건관리비의 효율적인 집행을 위하여 고용노동부장관이 정할 수 있는 기준에 해당되지 않는 것은?

① 안전보건에 관한 협의체 구성 및 운영
② 공사의 진척 정도에 따른 사용기준
③ 사업의 규모별 사용방법 및 구체적인 내용
④ 사업의 종류별 사용방법 및 구체적인 내용

해설
안전관리비의 효율적 집행을 위한 고용노동부장관이 정하는 기준
① 공사의 진척 정도에 따른 사용기준
② 사업의 규모별 사용방법 및 구체적인 내용
③ 사업의 종류별 사용방법 및 구체적인 내용

---

113 건립 중 강풍에 의한 풍압 등 외압에 대한 내력이 설계에 고려되었는지 확인하여야 하는 철골구조물의 기준으로 옳지 않은 것은?

① 높이 20[m] 이상의 구조물
② 구조물의 폭과 높이의 비가 1 : 4 이상인 구조물
③ 이음부가 공장 제작인 구조물
④ 연면적당 철골량이 50[kg/m^2] 이하인 구조물

해설
강풍여부 설계자 확인사항 6가지
① 연면적당 철골량이 50[kg/m^2] 이하인 구조물
② 기둥이 타이플레이트(tie plate)형인 구조물
③ 이음부가 현장용접인 구조물
④ 높이가 20[m] 이상인 구조물
⑤ 구조물의 폭과 높이의 비가 1 : 4 이상인 구조물
⑥ 고층건물, 호텔 등에서 단면구조가 현저한 차이가 있는 것

---

114 기계가 위치한 지면보다 높은 장소의 땅을 굴착하는 데 적합하며 산지에서의 토공사 및 암반으로부터의 점토질까지 굴착할 수 있는 건설장비의 명칭은?

① 파워셔블   ② 불도저
③ 파일드라이버   ④ 크레인

해설
파워셔블
① 굳은 점토 등 지반면보다 높은 곳의 땅파기에 적합하다.
② 앞으로 흙을 긁어서 굴착하는 방식이다.
③ 셔블계 굴착기 중에서 가장 기본적인 것으로서 기계가 서 있는 지면보다 높은 곳을 파는 데 가장 좋으므로 산의 절삭 등에도 적합하고, 붐(boom)이 단단하여 굳은 지반의 굴착에도 사용된다.

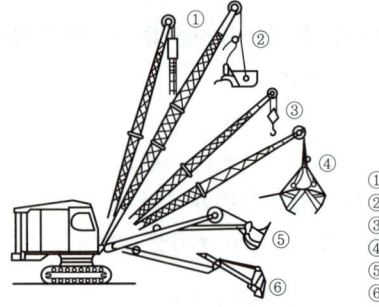

① 파일드라이버
② 드래그라인
③ 크레인
④ 클램셸
⑤ 파워셔블
⑥ 드래그 셔블

[그림] 굴착기의 앞부속장치

---

115 구조물 해체작업으로 사용되는 공법이 아닌 것은?

① 압쇄공법   ② 잭공법
③ 절단공법   ④ 진공공법

해설
해체 공법의 종류
① 압쇄공법
② 대형 브레이커공법
③ 전도공법
④ 철해머에 의한 공법
⑤ 화약발파공법
⑥ 핸드 브레이커공법
⑦ 팽창압공법
⑧ 절단공법
⑨ 잭공법
⑩ 쐐기타입공법
⑪ 화염공법

【 정답 】 112 ① 113 ③ 114 ① 115 ④

116 유해위험방지계획서를 제출해야 할 대상 공사의 조건으로 옳지 않은 것은?

① 터널건설 등의 공사
② 최대지간길이가 50[m] 이상인 교량건설 등 공사
③ 다목적댐 · 발전용댐 및 저수용량 2천만[t] 이상의 용수전용댐, 지방상수도 전용댐 건설 등의 공사
④ 깊이가 5[m] 이상인 굴착공사

해설

유해위험방지계획서 제출대상 건설공사
(1) 건축물 또는 시설 등의 건설·개조 또는 해체공사
　가. 지상높이가 31미터 이상인 건축물 또는 인공구조물
　나. 연면적 3만제곱미터 이상인 건축물
　다. 연면적 5천제곱미터 이상인 시설
　　① 문화 및 집회시설(전시장 및 동물원·식물원은 제외한다)
　　② 판매시설, 운수시설(고속철도의 역사 및 집배송시설은 제외한다)
　　③ 종교시설
　　④ 의료시설 중 종합병원
　　⑤ 숙박시설 중 관광숙박시설
　　⑥ 지하도상가
　　⑦ 냉동·냉장 창고시설
(2) 연면적 5천제곱미터 이상인 냉동·냉장 창고시설의 설비공사 및 단열공사
(3) 최대지간길이가 50[m] 이상인 교량건설 등 공사
(4) 터널건설 등의 공사
(5) 다목적댐, 발전용댐 및 저수용량 2천만톤 이상의 용수전용댐, 지방상수도 전용댐 건설 등의 공사
(6) 깊이 10[m] 이상인 굴착공사

정보제공
산업안전보건법 시행령 제42조(대상사업장의 종류 등)

117 콘크리트 타설작업을 하는 경우에 준수해야 할 사항으로 옳지 않은 것은?

① 당일의 작업을 시작하기 전에 해당 작업에 관한 거푸집동바리 등의 변형 · 변위 및 지반의 침하 유무 등을 점검하고 이상이 있으면 보수할 것
② 작업 중에는 거푸집동바리 등의 변형 · 변위 및 침하 유무 등을 감시할 수 있는 감시자를 배치하여 이상이 있으면 작업을 빠른 시간 내 우선 완료하고 근로자를 대피시킬 것
③ 콘크리트 타설작업 시 거푸집 붕괴의 위험이 발생할 우려가 있으면 충분한 보강조치를 할 것
④ 콘크리트를 타설하는 경우에는 편심이 발생하지 않도록 골고루 분산하여 타설할 것

해설

콘크리트 타설 시 준수사항
① 당일의 작업을 시작하기 전에 해당 작업에 관한 거푸집동바리 등의 변형 · 변위 및 지반의 침하 유무 등을 점검하고 이상이 있으면 보수할 것
② 작업 중에는 거푸집동바리 등의 변형 · 변위 및 침하유무 등을 감시할 수 있는 감시자를 배치하여 이상이 있으면 작업을 중지하고 근로자를 대피시킬 것
③ 콘크리트 타설작업 시 거푸집 붕괴의 위험이 발생할 우려가 있으면 충분한 보강조치를 할 것
④ 설계도서상의 콘크리트 양생기간을 준수하여 거푸집동바리 등을 해체할 것
⑤ 콘크리트를 타설하는 경우에는 편심이 발생하지 않도록 골고루 분산하여 타설할 것

정보제공
산업안전보건기준에 관한 규칙 제334조(콘크리트의 타설작업)

118 재해사고를 방지하기 위하여 크레인에 설치된 방호장치와 거리가 먼 것은?

① 공기정화장치
② 비상정지장치
③ 제동장치
④ 권과방지장치

해설

양중기(크레인 등) 방호장치의 종류
① 과부하방지장치
② 권과방지장치(捲過防止裝置)
③ 비상정지장치
④ 제동장치
⑤ 그 밖의 방호장치[승강기의 파이널 리미트 스위치(final limit switch), 속도조절기, 출입문 인터 록(inter lock) 등을 말한다.]

KEY ▶ 2016년 5월 8일(문제 54번) 출제

정보제공
산업안전보건기준에 관한 규칙 제134조(방호장치의 조정)

119 콘크리트 타설 시 거푸집 측압에 대한 설명으로 옳지 않은 것은?

① 기온이 높을수록 측압은 크다.
② 타설속도가 빠를수록 측압은 크다.
③ 슬럼프가 클수록 측압은 크다.
④ 다짐이 과할수록 측압은 크다.

[정답] 116 ④ 117 ② 118 ① 119 ①

해설

측압에 영향을 주는 요인(측압이 큰 경우)
① 거푸집 부재 단면이 클수록
② 거푸집 수밀성이 클수록
③ 거푸집 강성이 클수록
④ 거푸집 표면이 평활할수록
⑤ 시공연도(workability)가 좋을수록
⑥ 철골 또는 철근량이 적을수록
⑦ 외기온도가 낮을수록
⑧ 타설속도가 빠를수록
⑨ 다짐이 좋을수록
⑩ 슬럼프가 클수록
⑪ 콘크리트 비중이 클수록
⑫ 조강시멘트 등 응결시간이 빠른 것을 사용할수록
⑬ 습도가 낮을수록

120 철골보 인양 시 준수해야 할 사항으로 옳지 않은 것은?

① 인양 와이어로프의 매달기 각도는 양변 60[°]를 기준으로 한다.
② 클램프로 부재를 체결할 때는 클램프의 정격용량 이상 매달지 않아야 한다.
③ 클램프는 부재를 수평으로 하는 한 곳의 위치에만 사용하여야 한다.
④ 인양 와이어로프는 후크의 중심에 걸어야 한다.

해설

인양 부재 체결 부속으로 클램프를 사용할 경우
① 클램프는 수평으로 체결하고 두 군데 이상 설치한다.
② 클램프의 정격용량 이상은 인양하지 않는다.
③ 부득이 한 군데를 매어 사용할 경우는 위험이 적은 장소와 간단한 이동이 가능한 경우에 한하고 작업 순서에 맞게 작업한다.
④ 체결 작업중 클램프 본체가 장애물에 부딪치지 않게 한다.
⑤ 인양 부재가 지상에서 떨어진 순간 잠시 인양을 멈추고 톱니가 완전히 물렸는지, 중심 상태는 정확한지를 점검하고 들어 올린다.

녹색직업 녹색자격증코너

'나는 부족하다'고 생각하는가? 좋은 징조다.

당신은 '나는 부족하다'라고,
'다른 사람들만큼 재능이 없다'라고 느끼는가? 좋은 징조다.
부족하다고 느끼는 감정은 더 잘하고자 하는 추진력으로 작용한다.
자기만족적인 사람들은 큰일을 해내지 못한다.
그들은 의기양양하게 자만에 빠져 편안히 앉아 있기만 한다.
– 로드 주드킨스, '대체 불가능한 존재가 돼라.'에서

"아침에 일어나 촬영장에 가기 전이면 이런 생각에 휩싸이곤 한다.
'난 이 역할을 할 수가 없어. 난 가짜야, 저들이 날 해고할지도 몰라, 너무 살이 쪘어. 못생겼어.…'"
최연소로 아카데미상 6개 부문 후보에 오르고
아카데미 여우주연상을 수상한 케이트 윈슬렛의 고백입니다.
높은 기준을 가진 사람들의 자기회의는
성공을 향한 핵심동인이 됩니다.

[정답] 120 ③

2016년도 기사 정기검정 제4회 (2016년 10월 1일 시행)

자격종목 및 등급(선택분야)
건설안전기사

종목코드	시험시간	수험번호	성명
1440	3시간	20161001	도서출판세화

1 산업안전관리론

01 산업안전보건법상 사업주의 의무에 해당하지 않는 것은?

① 산업재해 예방을 위한 기준 준수
② 사업장의 안전보건에 관한 정보를 근로자에게 제공
③ 유해하거나 위험한 기계·기구·설비 및 방호장치·보호구 등의 안전성 평가 및 개선
④ 근로자의 신체적 피로와 정신적 스트레스 등을 줄일 수 있는 쾌적한 작업환경을 조성하고 근로조건을 개선

[해설]
사업주의 의무 3가지
① 이 법과 이 법에 따른 명령으로 정하는 산업재해 예방을 위한 기준
② 근로자의 신체적 피로와 정신적 스트레스 등을 줄일 수 있는 쾌적한 작업환경을 조성하고 근로조건으로 개선
③ 해당 사업장의 안전·보건에 관한 정보를 근로자에게 제공

KEY 2016년 3월 6일 출제

[정보제공]
① 산업안전보건법 제5조(사업주 등의 의무)
② 2025년 7월 22일 개정법 적용

02 산업안전보건법상 고용노동부장관이 안전보건진단을 명할 수 있는 사업장이 아닌 것은?

① 2년간 사업장의 연간 산업재해율이 같은 업종의 규모별 평균 산업재해율보다 낮은 사업장
② 사업주가 안전보건조치의무를 이행하지 아니하여 발생한 중대재해 발생 사업장
③ 직업성 질병자가 연간 2명 이상(상시근로자 1천명 이상 사업장의 경우 3명 이상) 발생한 사업장
④ 작업환경 불량, 화재·폭발 또는 누출사고 등으로 사회적 물의를 일으킨 사업장

[해설]
안전보건진단을 명할 수 있는 사업장
① 산업재해율이 같은 업종 평균 산업재해율의 2배 이상인 사업장
② 사업주가 필요한 안전조치 또는 보건조치를 이행하지 아니하여 중대재해가 발생한 사업장
③ 직업성 질병자가 연간 2명 이상(상시근로자 1천명 이상 사업장의 경우 3명 이상) 발생한 사업장
④ 작업환경 불량, 화재·폭발 또는 누출사고 등으로 사회적 물의를 일으킨 사업장

[정보제공]
산업안전보건법 시행령 제49조(안전보건진단을 받아 안전보건개선계획 수립·시행명령을 할 수 있는 사업장)

03 안전모의 성능시험에 해당하지 않는 것은?

① 내수성 시험   ② 내전압성시험
③ 난연성 시험   ④ 압박시험

[해설]
안전모의 시험 성능기준 6가지
① 내관통성
② 충격흡수성
③ 내전압성
④ 내수성
⑤ 난연성
⑥ 턱끈풀림

04 산업안전보건법상 안전보건총괄책임자의 직무에 해당되지 않는 것은?

① 중대재해 발생 시 작업의 중지
② 도급사업 시의 안전보건 조치
③ 해당 사업장 안전교육계획의 수립 및 실시
④ 수급인의 산업안전보건관리비의 집행 감독 및 그 사용에 관한 수급인 간의 협의·조정

[정답] 01 ③ 02 ① 03 ④ 04 ③

> **해설**
>
> **안전보건총괄책임자의 직무**
> ① 작업의 중지 및 재개
> ② 도급사업 시의 안전보건 조치
> ③ 수급인의 산업안전보건관리비의 집행 감독 및 그 사용에 관한 수급인 간의 협의 · 조정
> ④ 안전인증대상 기계 등과 자율안전확인대상 기계 등의 사용 여부 확인
> ⑤ 위험성평가의 실시에 관한 사항
>
> **정보제공**
> 산업안전보건법 시행령 제53조(안전보건총괄책임자의 직무 등)

05 1,000명 이상의 대규모 사업장에서 가장 적합한 안전관리조직의 형태는?

① 경영형 ② 라인형
③ 스텝형 ④ 라인 · 스탭형

> **해설**
>
> **안전보건관리조직의 형태 3가지**
> ① Line형(직계식) : 100명 미만의 소규모 사업장
> ② Staff형(참모식) : 100~ 1,000명의 중규모 사업장
> ③ Line-staff형(복합식) : 1,000명 이상의 대규모 사업장
>
> **KEY** ▶ 2016년 5월 8일 출제

06 1년간 연 근로시간이 240,000시간의 공장에서 3건의 휴업재해가 발생하여 219일의 휴업일수를 기록한 경우의 강도율은?(단, 연간 근로일수는 300일이다.)

① 750 ② 75
③ 0.75 ④ 0.075

> **해설**
>
> **강도율 계산**
>
> 강도율 $= \dfrac{\text{총요양근로손실일수}}{\text{연근로시간수}} \times 1{,}000$
>
> $= \dfrac{219 \times \dfrac{300}{365}}{240{,}000} \times 1{,}000$
>
> $= 0.75$
>
> **KEY** ▶ 2016년 3월 6일 기사 · 산업기사 동시 출제

07 다음에서 설명하는 법칙은 무엇인가?

> 어떤 공장에서 330회의 전도 사고가 일어났을 때, 그 가운데 300회는 무상해 사고, 29회는 경상, 중상 또는 사망 1회의 비율로 사고가 발생한다.

① 버드 법칙 ② 하인리히 법칙
③ 더글라스 법칙 ④ 자베타키스 법칙

> **해설**
>
> **하인리히 법칙[단위 : %]**

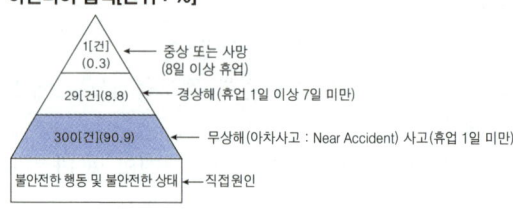

08 산업안전보건법상 안전보건표지중 지시표지의 보조색은?

① 파란색 ② 흰색
③ 녹색 ④ 노란색

> **해설**
>
> **안전보건표지의 색채, 색도기준 및 용도**
>
> | 색채 | 색도기준 | 용도 | 사용(예) |
> |---|---|---|---|
> | 빨간색 | 7.5R 4/14 | 금지 | 정지신호, 소화설비 및 그 장소, 유해행위의 금지 |
> | | | 경고 | 화학물질 취급장소에서의 유해 · 위험 경고 |
> | 노란색 | 5Y 8.5/12 | 경고 | 화학물질 취급장소에서의 유해 · 위험 경고, 이외 위험 경고, 주의표지 또는 기계방호물 |
> | 파란색 | 2.5PB 4/10 | 지시 | 특정 행위의 지시 및 사실의 고지 |
> | 녹색 | 2.5G 4/10 | 안내 | 비상구 및 피난소, 사람 또는 차량의 통행표지 |
> | 흰색 | N9.5 | | 파란색 또는 녹색에 대한 보조색 |
> | 검은색 | N0.5 | | 문자 및 빨간색 또는 노란색에 대한 보조색 |

[정답] 05 ④ 06 ③ 07 ② 08 ②

09 무재해 운동의 3원칙 중 잠재적인 위험요인을 발견·해결하기 위하여 전원이 협력하여 각자의 위치에서 의욕적으로 문제해결을 실천하는 것을 의미하는 것은?

① 무의 원칙
② 선취의 원칙
③ 실천의 원칙
④ 참가의 원칙

해설

참가의 원칙
근로자 전원이 참석하여 문제해결 등을 실천하는 원칙

보충학습
① 무의원칙 : 근원적으로 산업재해를 없애는 것이며 '0'의 원칙이다.
② 선취의 원칙 : 무재해를 실현하기 위해 일체의 위험요인을 사전에 발견, 파악, 해결하여 재해를 예방하거나 방지하기 위한 원칙

10 재해사례연구의 진행단계로 옳은 것은?

① 재해 상황의 파악→사실의 확인→문제점 발견→근본적 문제점 결정→대책수립
② 사실의 확인→재해 상황의 파악→근본적 문제점 결정→문제점 발견→대책수립
③ 문제점 발견→사실의 확인→재해 상황의 파악→근본적 문제점 결정→대책수립
④ 재해 상황의 파악→문제점 발견→근본적 문제점 결정→대책수립→사실의 확인

해설

재해사례 연구순서

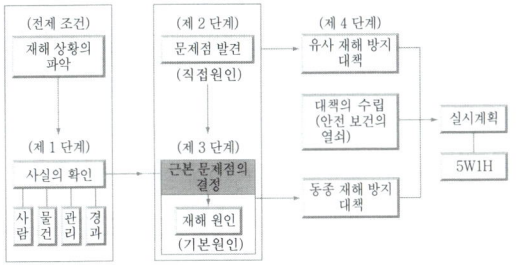

11 산업안전보건법상 지방고용노동관서의 장이 사업주에게 안전관리자나 보건관리자를 정수 이상으로 증원하게 하거나 교체하여 임명할 것을 명령할 수 있는 사유에 해당되는 것은?

① 사망재해가 연간 1건 발생한 경우
② 중대재해가 연간 1건 발생한 경우
③ 관리자가 질병의 사유로 3개월 이상 해당 직무를 수행할 수 없게 된 경우
④ 해당 사업장의 연간재해율이 같은 업종의 평균재해율의 1.5배 이상인 경우

해설

안전관리자 증원·교체임명 명령 내용 4가지
① 해당 사업장의 연간재해율이 같은 업종의 평균재해율의 2배 이상인 경우
② 중대재해가 연간 2건 이상 발생한 경우
③ 관리자가 질병이나 그 밖의 사유로 3개월 이상 직무를 수행할 수 없게 된 경우
④ 별표 33 제1호에 따른 화학적 인자로 인한 직업성질병자가 연간 3명 이상 발생한 경우. 이 경우 직업성질병자 발생일은 「산업재해보상보험법 시행규칙」 제21조제1항에 따른 요양급여의 결정일로 한다.

12 다음과 같은 재해사례의 분석 내용으로 옳은 것은?

> 작업자가 벽돌을 손으로 운반하던 중 떨어뜨려 벽돌이 발등에 부딪쳐 발을 다쳤다.

① 사고유형:낙하, 기인물:벽돌, 가해물:벽돌
② 사고유형:충돌, 기인물:손, 가해물:벽돌
③ 사고유형:비래, 기인물:사람, 가해물:벽돌
④ 사고유형:추락, 기인물:손, 가해물:벽돌

해설

기인물과 가해물
① 기인물 : 재해발생의 주원인이며 재해를 가져오게 한 근원이 되는 기계, 장치, 물(物) 또는 환경 등(불안전상태)
② 가해물 : 직접 사람에게 접촉하여 피해를 주는 기계, 장치, 물(物) 또는 환경 등

13 에너지 접촉형태로 분류한 사고유형 중 에너지가 폭주하여 일어나는 유형에 해당하는 것은?

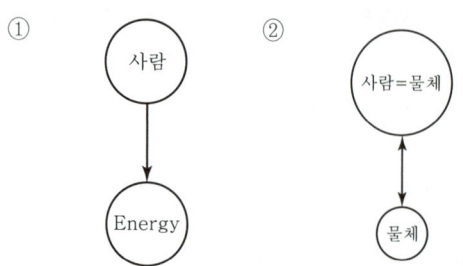

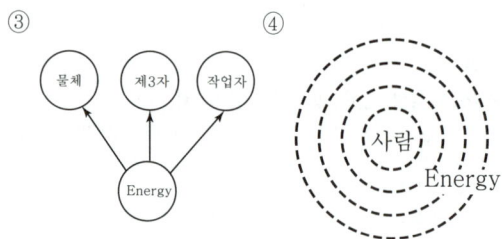

해설
산업재해의 사람과 에너지의 관계 4가지 사고유형
① 에너지 활동구역에 사람이 침입
② 인체가 에너지에 충돌
③ 에너지 폭주형
④ 대기중 유해 유독물 사고

14 산업안전보건법상 공기압축기를 가동하는 때의 작업시작 전 점검사항의 점검내용에 해당하지 않는 것은?
① 윤활유의 상태
② 압력방출장치의 기능
③ 회전부의 덮개 또는 울
④ 비상정지장치 기능의 이상 유무

해설
공기압축기를 가동할 때 작업시작전 점검사항
① 공기저장 압력용기의 외관상태
② 드레인밸브의 조작 및 배수
③ 압력방출장치의 기능
④ 언로드밸브의 기능
⑤ 윤활유의 상태
⑥ 회전부의 덮개 또는 울
⑦ 그 밖의 연결부위의 이상유무

KEY 2016년 3월 6일 산업기사 출제

보충학습
산업안전보건기준에 관한 규칙 [별표3] 작업시작전 점검사항

15 무재해운동 추진기법 중 다음에서 설명하는 것은?

작업현장에서 그때 그 장소의 상황에서 즉응하여 실시하는 위험예지활동으로서 즉시즉응법이라고도 한다.

① TBM(Tool Box Meeting)
② 원 포인트 위험예지훈련
③ 삼각위험 예지훈련
④ 터치 앤드 콜(Touch and Call)

해설
TBM(즉시즉응법) 훈련의 정의
① 작업 시작전 5~15분
② 작업 후 3~5분 정도의 시간으로 팀장 주축
③ 인원은 5~6명 정도가 회사의 현장 주변에서 짧은 시간의 화합을 갖는 훈련

KEY 2016년 3월 6일 출제

16 재해 발생 시 조치순서로 가장 적절한 것은?
① 산업재해발생→재해조사→긴급처리→대책수립→원인강구→대책실시계획→실시→평가
② 산업재해발생→긴급처리→재해조사→원인강구→대책수립→대책실시계획→실시→평가
③ 산업재해발생→재해조사→긴급처리→원인강구→대책수립→대책실시계획→실시→평가
④ 산업재해발생→긴급처리→재해조사→대책수립→원인강구→대책실시계획→실시→평가

[정답] 13 ③ 14 ④ 15 ① 16 ②

해설

재해발생시 조치순서

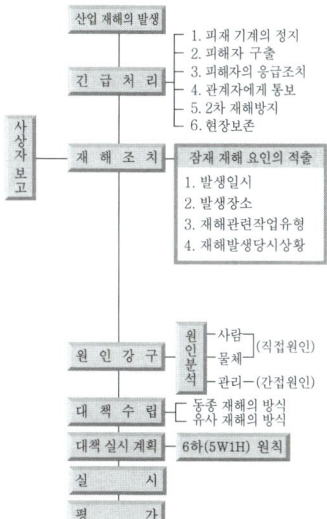

17
건설기술 진흥법상 안전관리계획을 수립해야 하는 건설공사에 해당하지 않는 것은?

① 높이가 21[m]인 비계를 사용하는 건설공사
② 지하 15[m]를 굴착하는 건설공사
③ 15층 건축물의 리모델링
④ 항타 및 항발기가 사용되는 건설공사

해설

건설기술진흥법상 안전관리계획수립 건설공사
① 「시설물의 안전관리에 관한 특별법」에 따른 1종시설물 및 2종시설물의 건설공사
② 지하 10미터 이상을 굴착하는 건설공사. 이 경우 굴착 깊이 산정 시 집수정(集水井), 엘리베이터 피트 및 정화조 등의 굴착 부분은 제외하며, 토지에 높낮이 차가 있는 경우 굴착 깊이의 산정방법은 「건축법 시행령」을 따른다.
③ 폭발물을 사용하는 건설공사로서 20미터 안에 시설물이 있거나 100미터 안에 사육하는 가축이 있어 해당 건설공사로 인한 영향을 받을 것이 예상되는 건설공사
④ 10층 이상 16층 미만인 건축물의 건설공사
⑤ 다음 각 목의 리모델링 또는 해체공사
  ㉮ 10층 이상인 건축물의 리모델링 또는 해체공사
  ㉯ 「주택법」에 따른 수직증축형 리모델링
⑥ 「건설기계관리법」에 따라 등록된 다음 각 목의 어느 하나에 해당하는 건설기계가 사용되는 건설공사
  ㉮ 천공기(높이가 10미터 이상인 것만 해당한다)
  ㉯ 항타 및 항발기
  ㉰ 타워크레인

⑦ 가설구조물을 사용하는 건설공사
⑧ 제①호부터 제④호까지, 제⑤호, 제⑥호 및 제⑦호의 건설공사 외의 건설공사로서 다음 각 목의 어느 하나에 해당하는 공사
  ㉮ 발주자가 안전관리가 특히 필요하다고 인정하는 건설공사
  ㉯ 해당 지방자치단체의 조례로 정하는 건설공사 중에서 인·허가기관의 장이 안전관리가 특히 필요하다고 인정하는 건설공사

18
시몬즈(Simonds)의 총재해 코스트 계산방식 중 비보험 코스트 항목에 해당하지 않는 것은?

① 사망재해 건수 ② 통원상해 건수
③ 응급조치 건수 ④ 무상해 사고 건수

해설

시몬즈의 비보험코스트
① 비보험 코스트=(휴업상해건수)×(A)+(통원상해건수)×(B)+(응급조치건수)×(C)+(무상해 건수)×(D)
② A, B, C, D는 장해 정도에 따른 비보험 코스트의 평균치

KEY ▶ 2016년 5월 8일 기사출제

19
재해 예방의 4원칙에 해당하지 않는 것은?

① 예방가능의 원칙 ② 원인계기의 원칙
③ 손실필연의 원칙 ④ 대책선정의 원칙

해설

재해예방 4원칙
① 예방가능의 원칙
② 원인계기(연계)의 원칙
③ 손실우연의 원칙
④ 대책선정의 원칙

KEY ▶ 2016년 5월 8일 산업기사 출제

20
산업안전보건법상 안전보건관리규정을 작성해야 할 사업의 사업주는 안전보건 관리규정을 작성하여야 할 사유가 발생한 날부터 며칠 이내에 작성해야 하는가?

① 15 ② 30
③ 60 ④ 90

해설

안전보건관리규정 작성기간 : 30일 이내

[정답] 17 ① 18 ① 19 ③ 20 ②

보충학습
산업안전보건법 시행규칙 제25조(안전보건관리 규정의 작성 등)

2 산업심리 및 교육

21 운동의 시지각이 아닌 것은?

① 자동 운동(自動 運動)
② 유도 운동(誘導 運動)
③ 항상 운동(恒常 運動)
④ 가현 운동(假現 運動)

해설
운동의 시지각 현상 3가지
① 자동운동
② 유도운동
③ 가현운동

22 관리 그리드(Managerial Grid) 이론에 따른 리더십의 유형 중 과업에는 높은 관심을 보이고 인간관계 유지에는 낮은 관심을 보이는 리더십의 유형은?

① 과업형　② 무기력형
③ 이상형　④ 무관심형

해설
관리 그리드 이론 5가지 유형

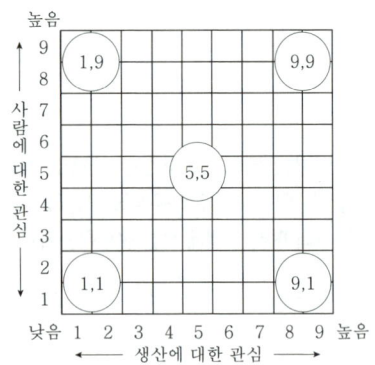

23 Taylor의 과학적 관리와 거리가 먼 것은?

① 시간-동작 연구를 적용하였다.
② 생산의 효율성을 상당히 향상시켰다.
③ 인간중심의 관점으로 일을 재설계한다.
④ 인센티브를 도입함으로써 작업자들을 동기화시킬 수 있다.

해설
Taylor의 과학적 관리특징 및 효과

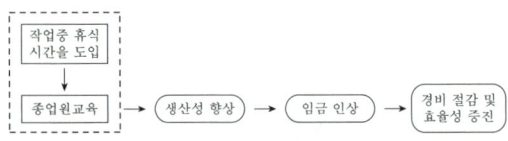

24 레빈(Lewin)은 인간의 행동관계를 B=f(P·E)라는 공식으로 설명하였다. 여기서 B가 나타내는 뜻으로 맞는 것은?

① 인간의 개념　② 안전 동기부여
③ 인간의 행동　④ 인간 주변의 환경

해설
레빈의 법칙
B = f(P·E)
① B : Behavior(인간의 행동)
② f : function(함수관계)
③ P : Person(개체 : 연령, 경험, 심신상태, 성격, 지능, 소질 등)
④ E : Environment(심리적 환경 : 인간관계, 작업환경 등)

25 산업안전보건법령상 사업 내 안전보건교육에 있어 특별안전보건교육 대상 작업에 해당하지 않는 것은?

① 굴착면의 높이가 5[m] 되는 암석의 굴착작업
② 5[m]인 구축물을 대상으로 콘크리트 파쇄기를 사용하는 하는 파쇄작업
③ 흙막이 지보공의 보강 또는 동바리를 설치하거나 해체하는 작업
④ 휴대용 목재가공기계를 3대 보유한 사업장에서 해당 기계로 하는 작업

[**정답**] 21 ③　22 ①　23 ③　24 ③　25 ④

해설

목재가공용 기계(둥근톱기계, 띠톱기계, 대패기계, 모떼기기계 및 라우터만 해당하며, 휴대용은 제외한다)를 5대 이상 보유한 사업장에서 해당기계로 하는 작업 시 특별안전·보건교육내용
① 목재가공용 기계의 특성과 위험성에 관한 사항
② 방호장치의 종류와 구조 및 취급에 관한 사항
③ 안전기준에 관한 사항
④ 안전작업방법 및 목재 취급에 관한 사항
⑤ 그 밖의 안전보건관리에 필요한 사항

보충학습

산업안전보건법 시행규칙 [별표5] 교육대상별 교육내용

26 다음과 같은 학습의 원칙을 지니고 있는 훈련기법은?

[다음]
관찰에 의한 학습, 실행에 의한 학습, 피드백에 의한 학습 분석과 개념화를 통한 학습

① 역할연기법
② 사례연구법
③ 유사실험법
④ 프로그램 학습법

해설

role playing(역할연기법)
어떤 역할을 규정하여 이것을 실제로 시켜봄으로 이것을 훈련이나 평가에 사용하는 학습

27 재해 빈발자 중 기능의 부족이나 환경에 익숙하지 못하기 때문에 재해가 자주 발생되는 사람을 의미하는 것은?

① 상황성 누발자
② 습관성 누발자
③ 소질성 누발자
④ 미숙성 누발자

해설

미숙성 누발자의 특징
① 기능 미숙자
② 환경에 익숙하지 못한 자

28 Off.J.T의 특징이 아닌 것은?

① 우수한 강사를 확보할 수 있다.
② 교재, 시설 등을 효과적으로 이용할 수 있다.
③ 개개인의 능력 및 적성에 적합한 세부교육이 가능하다.
④ 다수의 대상자를 일괄적, 체계적으로 교육을 시킬 수 있다.

해설

OJT와 OFF.J.T
① O.J.T(On the Job Training) : 현장중심 교육으로 직속상사가 현장에서 업무상의 개별교육이나 지도훈련을 하는 교육형태이다.
② OFF.J.T(OFF the Job Training) : 계층별 또는 직능별 등과 같이 공통된 교육대상자를 현장외의 한 장소에 모아 집체 교육훈련을 실시하는 교육형태이다.

29 교육훈련의 4단계 기법을 맞게 나열한 것은?

① 도입-적용-실연-제시
② 도입-확인-제시-실습
③ 적용-실연-도입-확인
④ 도입-제시-적용-확인

해설

교육훈련의 4단계 순서(기법)
도입(준비) - 제시 - 적용 - 확인(평가)

KEY 2016년 3월 6일 출제

30 학습전이가 일어나기 가장 쉽고, 좋은 상황은?

① 정보가 많은 대단위로 제시될 때
② 훈련 상황이 실제 작업장면과 유사할 때
③ 한 가지가 아닌 다양한 훈련기법이 사용될 때
④ "사람-직무-조직"을 분리시키기 위한 조치들을 시행할 때

해설

전이(transference)
① 어떤 내용을 학습한 결과가 다른 학습이나 반응에 영향을 주는 현상
② 훈련상황이 실제장면과 유사할 때 효과가 크다.

[정답] 26 ① 27 ④ 28 ③ 29 ④ 30 ②

과년도 출제문제

31 시각 시간 정보 등을 받아들일 때 주의를 기울이면 시선이 집중되는 곳의 정보는 잘 받아들이나 주변부의 정보는 놓치기 쉬운 것은 주의력의 어떤 특성과 관련이 있는가?

① 주의의 선택성   ② 주의의 변동성
③ 주의의 방향성   ④ 주의의 시분할성

해설

선택성
① 사람은 한번에 여러 종류의 자극을 자각하거나 수용하지 못하며 소수의 특정한 것으로 한정해서 선택하는 기능을 말한다.
② 중복집중 불가

KEY 2016년 5월 8일 출제

32 작업에 대한 평균 에너지소비량을 분당 5[kcal]로 할 경우 휴식시간 R의 산출 공식으로 맞는 것은?(단, E는 작업 시 평균 에너지소비량[kcal/min], 1시간의 휴식시간 중 에너지소비량은 1.5[kcal/min], 총작업 시간은 60분이다.)

① $R=\dfrac{60(E-5)}{E-1.5}$ ② $R=\dfrac{50(E-5)}{E-15}$

③ $R=\dfrac{60(E-4)}{E-5}$ ④ $R=\dfrac{50(E-15)}{E-4}$

해설

휴식시간
① 작업에 대한 평균에너지가 5[kcal/분]인 경우 작업에 소요되는 에너지 E[kcal/분]일 때 작업시간 60분당 휴식시간 R[분]
② 휴식시간 (R)=$\dfrac{60(E-5)}{E-1.5}$[분]
　여기서, R : 휴식시간(분)
　　　　　E : 작업시 평균 에너지 소비량[kcal/분]
　　　　　60분 : 총작업 시간
　　　　　1.5[kcal/분] : 휴식시간 중의 에너지 소비량

KEY 2016년 5월 8일 기사·산업기사 동시출제

33 교육훈련 평가의 목적과 관계가 가장 먼 것은?

① 문제해결을 위하여
② 작업자의 적정배치를 위하여
③ 지도 방법을 개선하기 위하여
④ 학습지도를 효과적으로 하기 위하여

해설

교육훈련 평가목적
① 작업자의 적정배치를 위하여
② 지도 방법을 개선하기 위하여
③ 학습지도를 효과적으로 하기 위하여

34 작업장의 정리정돈 태만 등 생략행위를 유발하는 심리적 요인에 해당하는 것은?

① 폐합의 요인   ② 간결성의 원리
③ Risk taking의 원리   ④ 주의의 일점집중 현상

해설

간결성의 원리
① 물적 세계에 서투름이나 생략행위가 존재하고 있는 것처럼 심리활동에 있어서도 최소 에너지에 의해 어느 목적에 달성하도록 하려는 경향
② 정리정돈 태만 등 생략행위

35 Maslow의 욕구위계와 Alderfer의 욕구위계에 대한 설명으로 틀린 것은?

① Maslow의 욕구위계 중 가장 상위에 있는 욕구는 자아실현의 욕구이다.
② Maslow는 욕구의 위계성을 강조하여 하위의 욕구가 충족된 후에 상위욕구가 생긴다고 주장하였다.
③ Alderfer는 Maslow와 달리 여러 개의 욕구가 동시에 활성화될 수 있다고 주장하였다.
④ Alderfer의 생존욕구는 Maslow의 생리적 욕구, 물리적 안전, 그리고 대인관계에서의 안전의 개념과 유사하다.

해설

Maslow의 이론과 Alderfer 이론과의 관계

이론＼욕구	저차원적 이론 ←――――――→ 고차원적 이론		
Maslow	생리적 욕구, 물리적 측면의 안전 욕구	대인관계 측면의 안전 욕구, 사회적 욕구, 존경 욕구	자아실현의 욕구
Aldefer (ERG 이론)	존재 욕구(E)	관계 욕구(R)	성장 욕구(G)

[정답] 31 ① 32 ① 33 ① 34 ② 35 ④

KEY 2016년 5월 8일 산업기사 출제

36 교육방법 중 하나인 사례연구법의 장점으로 볼 수 없는 것은?

① 의사소통 기술이 향상된다.
② 무의식적인 내용의 표현 기회를 준다.
③ 문제를 다양한 관점에서 바라보게 된다.
④ 강의법에 비해 현실적인 문제에 대한 학습이 가능하다.

해설

case method(사례연구법)의 장점
① 흥미가 있어 학습동기유발
② 사물에 대한 관찰력 및 분석력 향상
③ 판단력과 응용력 향상

보충학습

사례연구법의 단점
① 발표를 할 때나 발표하지 않을 때 원칙과 규칙의 체계적인 습득 필요
② 적극적인 참여와 의견의 교환을 위한 리더의 역할 필요
③ 적절한 사례의 확보곤란 및 진행방법에 대한 철저한 연구필요

37 태도교육을 통한 안전태도교육의 특징으로 적절하지 않은 것은?

① 청취한다.
② 모범을 보인다.
③ 권장, 평가한다.
④ 벌은 주지 않고 칭찬만 한다.

해설

제3단계(태도교육)
생활지도, 작업 동작 지도 등을 통한 안전의 습관화
① 청취한다.
② 이해, 납득시킨다.
③ 모범(시범)을 보인다.
④ 권장(평가)한다.
⑤ 칭찬한다.
⑥ 벌을 준다.

38 인간이 충족시키고자 추구하는 욕구에 있어 가장 강력한 욕구는?

① 안전의 욕구
② 생리적 욕구
③ 자아실현의 욕구
④ 애정 및 귀속의 욕구

해설

매슬로우(Maslow, A. H.)의 욕구단계 이론
① 제1단계(생리적 욕구 : 생명유지의 기본적 욕구) : 기아, 갈증, 호흡, 배설, 성욕 등 인간의 가장 기본적인 욕구(종족보존)
② 제2단계(안전욕구) : 자기보존욕구
③ 제3단계(사회적 욕구) : 소속감과 애정욕구
④ 제4단계(존경욕구) : 인정받으려는 욕구
⑤ 제5단계(자아실현의 욕구) : 잠재적인 능력을 실현하고자 하는 욕구(성취욕구)

KEY ① 2016년 3월 6일 산업기사 출제
② 2016년 5월 8일 기사 · 산업기사 출제
③ 2016년 10월 1일 산업기사 출제

39 조직에서 의사소통망은 조직 내의 구성원들 간에 정보를 교환하는 경로구조를 의미하는데, 이 의사소통망의 유형이 아닌 것은?

① 원형
② X자형
③ 사슬형
④ 수레바퀴형

해설

의사소통망유형
① 바퀴형(수레바퀴형)
② 원형
③ 개방형
④ 선형
⑤ Y형

[정답] 36 ② 37 ④ 38 ② 39 ②

40 헤드십에 관한 설명 중 맞는 것은?

① 권위주의적이기보다는 민주주의적 지휘형태를 따른다.
② 리더십 중 최고의 통솔력을 발휘하는 리더십이다.
③ 공식적인 규정에 의거하여 권한의 귀속범위가 결정된다.
④ 전문적 지식을 발휘해 조직 구성원들을 결집시키는 리더십이다.

해설

leadership과 headship의 비교

개인과 상황 변수	leadership	headship
권한 행사	선출된 리더	임명적 헤드
권한 부여	밑으로부터 동의	위에서 위임
권한 귀속	집단 목표에 기여한 공로 인정	공식화된 규정에 의함
상사와 부하와의 관계	개인적인 영향	지배적

KEY ① 2016년 3월 6일 출제
② 2016년 5월 8일 출제

3 인간공학 및 시스템안전공학

41 제조업의 유해·위험방지계획서 제출 대상 사업장에서 제출하여야 하는 유해·위험방지계획서의 첨부서류와 가장 거리가 먼 것은?

① 공사개요서
② 기계·설비의 배치도면
③ 건축물 각 층의 평면도
④ 원재료 및 제품의 취급, 제조 등의 작업방법의 개요

해설

제조업 유해·위험 방지 계획서 제출대상기간 및 사업장
(1) 기간 : 작업시작 15일전 까지
(2) 제출서류 5가지
　① 건축물 각 층의 평면도
　② 기계·설비의 개요를 나타내는 서류
　③ 기계·설비의 배치도면
　④ 원재료 및 제품의 취급, 제조 등의 작업방법의 개요
　⑤ 그 밖에 고용노동부장관이 정하는 도면 및 서류

정보제공
산업안전보건법 시행규칙 제42조(제출서류 등)

42 착석식 작업대의 높이 설계를 할 경우에 고려해야 할 사항과 관계가 먼 것은?

① 대퇴여유
② 작업대의 두께
③ 의자의 높이
④ 작업대의 형태

해설

착석식 작업대 높이 설계시 고려사항 3가지
① 의자의 높이
② 작업대의 두께
③ 대퇴여유

43 결함수분석(FTA)에 의한 재해사례의 연구 순서가 다음과 같을 때 올바른 순서대로 나열한 것은?

[다음]
㉠ FT(Fault Tree)도 작성
㉡ 개선안 실시계획
㉢ 톱 사상의 선정
㉣ 사상마다 재해원인 및 요인 규명
㉤ 개선계획 작성

① ㉣→㉤→㉢→㉠→㉡
② ㉡→㉢→㉣→㉤→㉠
③ ㉢→㉣→㉠→㉤→㉡
④ ㉤→㉢→㉡→㉠→㉣

해설

FTA에 의한 재해사례연구순서
① 제1단계 : 톱사상의 선정
② 제2단계 : 사상의 재해원인의 규명
③ 제3단계 : FT도의 작성
④ 제4단계 : 개선계획의 작성
⑤ 제5단계 : 개선안 실시계획

[정답] 40 ③ 41 ① 42 ④ 43 ③

44 인간의 눈의 부위 중에서 실제로 빛을 수용하여 두뇌로 전달하는 역할을 하는 부분은?

① 망막 ② 각막
③ 눈동자 ④ 수정체

해설

눈의 구조 · 기능 · 모양

구분	기 능
각막	최초로 빛이 통과하는 곳, 눈을 보호
홍채	동공의 크기를 조절해 빛의 양 조절
모양체	수정체의 두께를 변화시켜 원근 조절
수정체	렌즈의 역할, 빛을 굴절시킴
망막	상이 맺히는 곳, 시세포 존재, 두뇌전달
맥락막	망막을 둘러싼 검은 막, 어둠 상자 역할

45 체계 설계 과정의 주요 단계가 다음과 같을 때 인간·하드웨어·소프트웨어의 기능 할당, 인간성능 요건 명세, 직무분석, 작업설계 등의 활동을 하는 단계는?

[다음]
- 목표 및 성능 명세 결정
- 체계의 정의
- 기본 설계
- 계면 설계
- 촉진물 설계
- 시험 및 평가

① 계면 설계 ② 체계의 정의
③ 기본 설계 ④ 촉진물 설계

해설

제3단계 : 기본설계 내용
① 인간 · 하드웨어 · 소프트웨어의 기능 할당
② 인간성능 요건 명세
③ 직무분석
④ 작업설계

KEY 2016년 3월 6일 출제

46 다음 중 FT의 작성방법에 관한 설명으로 틀린 것은?

① 정성 · 정량적으로 해석 · 평가하기 전에는 FT를 간소화해야 한다.
② 정상(Top)사상과 기본사상과의 관계는 논리게이트를 이용해 도해한다.
③ FT를 작성하려면, 먼저 분석대상 시스템을 완전히 이해하여야 한다.
④ FT 작성을 쉽게 하기 위해서는 정상(Top)사상을 최대한 광범위하게 정의한다.

해설

Top사상 선정시 고려사항
① 사상이 명확히 정의되어야 하고 또한 평가될 수 있어야 함
② 가능한 한 다수의 하위 레벨 사상을 포함하는 사상이어야 함
③ 설계상 또는 기술상 대처 가능한 사상이어야 함

47 실내 면(面)의 추천 반사율이 가장 높은 것은?

① 벽 ② 가구
③ 바닥 ④ 천장

해설

실내 면(面)의 추천 반사율
① 천장 : 80~90[%]
② 벽 : 40~60[%]
③ 가구 : 25~45[%]
④ 바닥 : 20~40[%]

48 다음 설명에 해당하는 인간의 오류모형은?

[다음]
상황이나 목표의 해석은 정확하나 의도와는 다른 행동을 한 경우

① 실수(Slip) ② 착오(Mistake)
③ 위반(Violation) ④ 건망증(Lapse)

[정답] 44 ① 45 ③ 46 ④ 47 ④ 48 ①

해설
인간의 오류(error) 유형
① Mistake : 상황 해석을 잘못하거나 목표를 잘못 이해하고 착각하여 행하는 경우
② Slip : 상황이나 목표의 해석은 제대로 하였으나 의도와 다른 행동을 하는 경우
③ Lapse : 여러 과정이 연계적으로 일어나는 행동에서 일부를 잊어버리고 안 하는 경우
④ Violation : 정해져 있는 규칙을 알고 있으면서 고의로 따르지 않거나 무시하는 경우

49 FTA에서 사용하는 수정게이트의 종류에서 3개의 입력현상 중 2개가 발생할 경우 출력이 생기는 것은?

① 위험지속기호
② 조합 AND 게이트
③ 배타적 OR 게이트
④ 우선적 AND 게이트

해설
FTA기호

기 호	명 칭	입·출력현상
Ai, Aj, Ak 순으로	우선적 AND 게이트	입력사상 중에 어떤 현상이 다른 현상보다 먼저 일어날 때에 출력현상이 생긴다.
2개의 출력	조 합 AND 게이트	3개 이상의 입력현상 중에 언젠가 2개가 일어나면 출력이 생긴다.
동시발생 없음	배타적 OR 게이트	OR Gate로 2개 이상의 입력이 동시에 존재할 때에는 출력사상이 생기지 않는다. 예를 들면 '동시에 발생하지 않는다'라고 기입한다.
위험지속시간	위험 지속 AND 게이트	입력현상이 생겨서 어떤 일정한 기간이 지속될 때에 출력이 생긴다. 만약 그 시간이 지속되지 않으면 출력은 생기지 않는다.

50 단순반복 작업으로 인하여 발생되는 건강장애 즉, CTDs의 발생요인이 아닌 것은?

① 긴 작업주기
② 과도한 힘의 요구
③ 장시간의 진동
④ 부적합한 작업자세

해설
CTDs
(1) CTDs (누적외상병)의 원인
 ① 부적절한 자세
 ② 무리한 힘의 사용
 ③ 과도한 반복작업
 ④ 연속작업(비휴식)
 ⑤ 낮은 온도 등
(2) CTDs의 예방대책

관리적인 면	짧은 간격의 작업전환(짧게 자주 휴식), 준비운동, 수공구의 적절한 사용 등
공학적인 면	자동화 작업, 직무 재설계, 작업장 재설계, 수공구의 재설계, 작업의 순환배치 등
치료적인 면	충분한 휴식, 영양분 섭취, 초음파 적용, 보호구 사용, 적절한 투약, 외과 수술 등

KEY 2016년 10월 1일 산업기사 출제

51 그림과 같이 여러 구성요소가 직렬과 병렬로 혼합 연결되어 있을 때, 시스템의 신뢰도는 약 얼마인가?(단, 숫자는 각 구성요소의 신뢰도이다.)

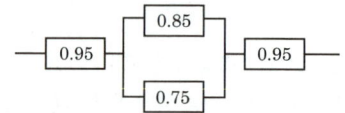

① 0.741
② 0.812
③ 0.869
④ 0.904

해설
시스템 신뢰도 계산
$R_s = 0.95 \times [1-(1-0.85)(1-0.75)] \times 0.95 = 0.869$

52 화학설비의 안전성 평가단계 중 "관계 자료의 작성 준비"에 있어 관계 자료의 조사항목과 가장 관계가 먼 것은?

① 온도, 압력
② 화학설비 배치도
③ 공정기기목록
④ 입지에 관한 도표

[정답] 49 ② 50 ① 51 ③ 52 ①

해설

제1단계 : 관계 자료의 정비 검토(작성 준비)항목
① 입지조건
② 화학설비 배치도
③ 건조물의 평면도, 단면도 및 입면도
④ 제조공정의 개요
⑤ 기계실 및 전기실의 평면도, 단면도 및 입면도
⑥ 공정계통도
⑦ 운전요령
⑧ 요원배치 계획
⑨ 배관이나 계장 등의 계통도
⑩ 제조공정상 일어나는 화학반응
⑪ 원재료, 중간체, 제품 등의 물리화학적인 성질 및 인체에 미치는 영향

KEY 2016년 3월 6일(출제)

53 인간공학 연구방법 중 실제의 제품이나 시스템이 추구하는 특성 및 수준이 달성 되는지를 비교하고 분석하는 것은 어떤 연구에 속하는가?

① 조사연구
② 실험연구
③ 분석연구
④ 평가연구

해설

인간공학의 연구방법
① 묘사적 연구(descriptive study) : 현장 연구로 인간기준이 사용
② 실험적 연구(experimental research) : 작업 성능에 대한 모의 실험
③ 평가적 연구(evaluation research) : 체계 성능에 대한 man-machine system이나 제품 등을 평가

54 정신작업의 생리적 척도가 아닌 것은?

① EEG
② EMG
③ 심박수
④ 부정맥

해설

동적 근력작업(動的 筋力作業)
① 에너지대사량, 즉 에너지대사율(RMR)
② 산소섭취량
③ CO_2 배출량 등과 호흡량
④ 심박수
⑤ 근전도(EMG : 국소적 근육활동의 척도)

55 기업에서 보전효과 측정을 위해 일반적으로 사용되는 평가요소를 잘못 나타낸 것은?

① 제품단위당보전비 $= \dfrac{총보전비}{제품수량}$

② 설비고장도수율 $= \dfrac{설비가동시간}{설비고장건수}$

③ 계획공사율 $= \dfrac{계획공사공수(工數)}{전공수(全工數)}$

④ 운전1시간당보전비 $= \dfrac{총보전비}{설비운전시간}$

해설

설비고장도수율 $= \dfrac{설비고장건수}{설비가동시간}$

56 은행창구나 슈퍼마켓의 계산대를 설계하는 데 가장 적합한 인체측정 자료의 응용원칙은?

① 가변적(조절식) 설계원칙
② 평균치를 이용한 설계원칙
③ 최소 집단치를 이용한 설계원칙
④ 최대 집단치를 이용한 설계원칙

해설

평균치를 이용한 설계원칙
① 최대치수, 최소치수, 조절식으로 하기 곤란한 경우
② 은행창구, 슈퍼마켓 계산대 등 적용

57 경보사이렌으로부터 10[m] 떨어진 곳에서 음압수준이 140[dB] 이면 100[m] 떨어진 곳에서 음의 강도는 얼마인가?

① 100[dB]
② 110[dB]
③ 120[dB]
④ 140[dB]

해설

거리에 따른 음의 강도 변화
음의 강도$(dB_2) = dB_1 - 20\log\left(\dfrac{d_2}{d_1}\right) = 140 - 20\log\left(\dfrac{100}{10}\right) = 120[dB]$

KEY 2016년 10월 1일 산업기사 문제

[정답] 53 ④ 54 ② 55 ② 56 ② 57 ③

58. 그림과 같은 FT도에 대한 최소 컷셋(minimal cut sets)으로 맞는 것은?(단, Fussell의 알고리즘을 따른다.)

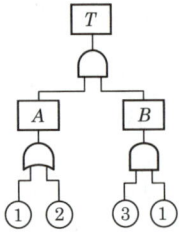

① {1, 2} ② {1, 3}
③ {2, 3} ④ {1, 2, 3}

해설

T=A · B={1,3,1} {2,3,1}={1, 3}

59. 소음에 의한 청력손실이 가장 크게 나타나는 주파수 대는?

① 2,000[Hz] ② 10,000[Hz]
③ 4,000[Hz] ④ 20,000[Hz]

해설

청력손실 최대주파수 : 4,000[Hz]

KEY 2016년 3월 6일 산업기사 출제

60. 운용위험분석(OHA)의 내용으로 틀린 것은?

① 위험 혹은 안전장치의 제공, 안전방호구를 제거하기 위한 설계변경이 준비되어야 한다.
② 운용위험분석(OHA)은 일반적으로 결함위험분석(FHA)이나 예비위험분석(PHA)보다 일반적으로 복잡하다.
③ 운용위험분석(OHA)은 시스템이 저장되고 실행됨에 따라 발생하는 작동시스템의 기능 등의 위험에 초점을 맞춘다.
④ 안전의 기본적 관련사항으로 시스템의 서비스, 훈련, 취급, 저장, 수송하기 위한 특수한 절차가 준비되어야 한다.

해설

OHA의 특징
① 위험 혹은 안전장치의 제공, 안전방호구를 제거하기 위한 설계변경이 준비되어야 한다.
② 운용위험분석(OHA)은 시스템이 저장되고 실행됨에 따라 발생하는 작동시스템의 기능 등의 위험에 초점을 맞춘다.
③ 안전의 기본적 관련사항으로 시스템의 서비스, 훈련, 취급, 저장, 수송하기 위한 특수한 절차가 준비되어야 한다.

4 건설시공학

61. 슬래브에서 4변 고정인 경우 철근배근을 가장 많이 하여야 하는 부분은?

① 단변 방향의 주간대
② 단변 방향의 주열대
③ 장변 방향의 주간대
④ 장변 방향의 주열대

해설

슬래브 철근 배근을 많이 하는 순서
단변 주열대 > 단변 주간대 > 장변 주열대 > 장변 주간대

KEY 2012년 5월 20일(문제 67번) 출제

62. 철골 내화피복 공법 중 습식공법이 아닌 것은?

① 타설공법 ② 미장공법
③ 뿜칠공법 ④ 성형판 붙임공법

해설

철골 내화피복 공법
(1) 습식공법
① 타설공법 : 거푸집을 설치하고 콘크리트 또는 경량콘크리트를 타설하고 임의 형상, 치수 제작가능
② 조적공법 : 벽돌 또는 (경량)콘크리트블록을 시공
③ 미장공법 : 철골부재에 메탈라스를 부착하고 단열 모르타르 시공
④ 도장공법 : 내화페인트를 피복
⑤ 뿜칠공법 : 양면과 시멘트 등을 혼합하여 뿜칠 방식으로 큰 면적으로 내화피복을 단시간에 시공
(2) 건식공법
① 성형판 붙임공법 : PC판, ALC판, 무기섬유강화 석고보드 등을 철골부재의 기둥과 보에 부착
② 멤브레인 공법 : 암판흡음판을 철골에 붙여 시공

[정답] 58 ② 59 ③ 60 ② 61 ② 62 ④

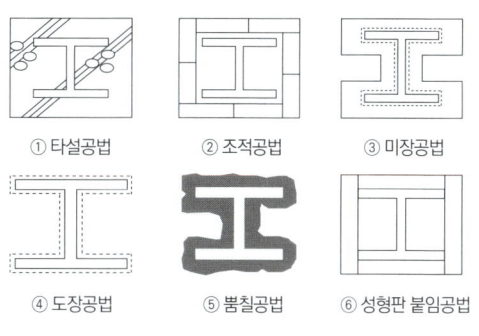

① 타설공법　② 조적공법　③ 미장공법
④ 도장공법　⑤ 뿜칠공법　⑥ 성형판 붙임공법

[그림] 내화피복공법

 ① 2008년 9월 7일(문제 63번) 출제
② 2014년 3월 2일(문제 64번) 출제
③ 2015년 3월 8일(문제 63번) 출제
④ 2016년 3월 6일(문제 68번) 출제

63 순환수와 함께 지반을 굴착하고 배출시키면서 공 내에 철근망을 삽입, 콘크리트를 타설하여 말뚝기초를 형성하는 현장타설 말뚝공법은?

① S.I.P(Soil cement Injected Pile)
② D.R.A(Double Rod Auger)
③ R.C.D(Reverse Circulation Drill)
④ S.I.G(Super Injection Grouting)

해설

리버스 서큘레이션 공법(Reverse circulation drill : 역순환 공법)
① 점토, 실트층에 적용된다.
② 굴착심도 30~70[m], 직경 0.9~3[m] 정도
③ 지하수위보다 2[m] 이상 물을 채워 정수압(2[t/m²])으로 공벽유지

64 석공사 건식공법의 종류가 아닌 것은?

① 앵커긴결공법
② 개량압착공법
③ 강제트러스 지지공법
④ GPC공법

해설

건식돌 붙임공법의 종류·특징
① 건식공법의 종류 : 앵글지지공법, 앵글과 Plate 지지공법, Truss System공법 등이 있으며 PC공법으로서 GPC공법 등이 있다.
　↳ GPC공법 : Granite Veneer Precast Concrete 공법

② 뒷 사춤을 하지 않고 긴결철물을 사용하여 고정하는 방법이다.
③ 앵커철물 혹은 합성수지 접착제(Epoxy 수지)를 이용하여 접착시킨다.
　↳ 습식공법 접착제는 시멘트, 아교, 고무풀, 합성수지 등을 사용
④ 구조체의 변형이나 균열의 영향을 받지 않는 곳에 사용된다.
⑤ 동시시공이 가능하며, 시공정밀도가 우수하고, 작업능률이 개선되어 공기단축이 가능하다.

KEY ① 2004년 5월 23일(문제 74번)
② 2014년 3월 2일(문제 76번) 해설

65 벽돌벽 두께 1.0[B], 벽높이 2.5[m], 길이 8[m]인 벽면에 소요되는 점토벽돌의 매수는 얼마인가?(단, 규격은 190×90×57[mm], 할증은 3[%]로 하며, 소수점 이하 결과는 올림하여 정수매로 표기)

① 2980매　② 3070매
③ 3278매　④ 3542매

해설

점토벽돌 매수 계산
① $2.5 \times 8 = 20[m^2]$
② $20 \times 149[매] \times 1.03 = 3,069[매]$
∴ 시멘트 벽돌 쌓기 : [m²/수량]
　㉠ 0.5[B] = 75[매]
　㉡ 1.0[B] = 149매

보충학습

벽돌쌓기 품셈표(1,000매당)

벽 두께	구분	모르타르 [m³]	시멘트 [kg]	모래 [m³]	조적공 (인)	보통인부 (인)
표준형	0.5B	0.25	127.5	0.275	1.8	1
	1.0B	0.33	168.3	0.363	1.6	0.9
	1.5B	0.35	178.5	0.385	1.4	0.8
	2.0B	0.36	183.6	0.396	1.2	0.7
	2.5B	0.37	188.7	0.407	1	0.6
	3.0B	0.38	193.8	0.418	0.8	0.5
기존형	0.5B	0.3	153	0.33	2	1
	1.0B	0.37	188.7	0.407	1.8	0.9
	1.5B	0.4	204	0.44	1.6	0.8
	2.0B	0.42	214.2	0.462	1.4	0.7
	2.5B	0.44	224.4	0.484	1.2	0.6
	3.0B	0.45	229.5	0.495	1	0.5

KEY 2015년 9월 19일(문제 79번)

[정답] 63 ③　64 ②　65 ②

66 경량철골공사에서 녹막이도장에 관한 설명으로 옳지 않은 것은?

① 경량 철골구조물에 이용되는 강재는 판두께가 얇아서 녹막이 조치가 불필요하다.
② 강재는 물의 고임에 의해 부식될 수 있기 때문에 부재배치에 충분히 주의하고, 필요에 따라 물구멍을 설치하는 등 부재를 건조상태로 유지한다.
③ 녹막이도장의 도막은 노화, 타격 등에 의한 화학적, 기계적 열화에 따라 재도장을 할 수 있다.
④ 재도장이 곤란한 건축물 및 녹이 발생하기 쉬운 환경에 있는 건축물의 녹막이는 녹막이용융아연도금을 활용한다.

해설
강재는 판두께 관계없이 반드시 녹막이 도장을 해야한다.

67 소규모 건축물의 구조기준에 따라 조적조로 담을 쌓을 경우 최대 높이 기준으로 옳은 것은?

① 2[m] 이하
② 2.5[m] 이하
③ 3[m] 이하
④ 3.5[m] 이하

해설
조적조 담장 최대높이 기준 : 3[m] 이하

68 네트워크공정표의 용어에 관한 설명으로 옳지 않은 것은?

① Event : 작업의 결합점, 개시점 또는 종료점
② Activity : 네트워크 중 둘 이상의 작업을 잇는 경로
③ Slack : 결합점이 가지는 여유시간
④ Float : 작업의 여유시간

해설
Activity(→) : 작업 · 프로젝트를 구성하는 작업단위

69 모재표면위에 플럭스를 살포하여, 플럭스 속에 용접봉을 꽂아 넣는 자동 아크용접은?

① 일렉트로 슬래그(Electro slag)용접
② 서브머지드 아크(Submerged arc)용접
③ 피복 아크 용접
④ CO_2 아크용접

해설

용접 방법
① 손용접(피복금속아크용접법)
② 반자동용접(탄산가스 시일드아크용접)
③ 자동용접
  ㉮ 서브머지드아크용접법
  ㉯ 엘렉트로슬라그용접법(소모노즐방법)

70 AE제의 사용목적과 가장 거리가 먼 것은?

① 초기강도 및 경화속도의 증진
② 동결융해 저항성의 증대
③ 워커빌리티 개선으로 시공이 용이
④ 내구성 및 수밀성의 증대

해설

AE제 사용목적
① 콘크리트 속에 미세한 기포를 발생시켜 시공연도를 향상시키고 단위수량을 감소
② 워커빌리티 향상
③ 동결융해에 대한 저항성 증대
④ 내구성, 수밀성이 증대
⑤ 재료분리, 블리딩이 감소되며, 골재로서 깬자갈의 사용도 유리
⑥ 건조수축 감소
⑦ 철근과의 부착강도는 감소
⑧ 철근콘크리트의 압축강도, 휨강도가 감소
⑨ 콘크리트 경화에 따른 발열량 감소

[정답] 66 ① 67 ③ 68 ② 69 ② 70 ①

71 콘크리트 타설 후 블리딩 현상으로 콘크리트 표면에 물과 함께 떠오르는 미세한 물질은 무엇인가?

① 피이닝(Peening)
② 블로우 홀(Blow hole)
③ 레이턴스(Laitance)
④ 버블쉬트(Bubble sheet)

해설

레이턴스(Laitance)
콘크리트의 부어넣기 후 블리딩에 따라 그 표면에 나오는 미세한 물질

72 대규모공사에서 지역별로 공사를 분리하여 발주하는 방식이며 공사기일단축, 시공기술향상 및 공사의 높은 성과를 기대할 수 있어 유리한 도급방법은?

① 전문공종별 분할도급
② 공정별 분할도급
③ 공구별 분할도급
④ 직종별 공종별 분할도급

해설

분할도급의 종류 및 특징
① 전문공사별 분할도급 : 설비공사를 주체공사에서 분리하여 전문업자와 직접 계약하는 방식
② 공정별 분할도급 : 정지, 기초, 구체, 마무리공사 등의 과정별로 나누어 도급주는 방식
④ 공구별 분할도급 : 대규모 공사에서 지역별로 공사를 구분하여 발주하는 방식

KEY
① 2007년 9월 2일(문제 77번) 출제
② 2008년 5월 11일(문제 61번) 출제
③ 2009년 8월 30일(문제 61번) 출제
④ 2011년 6월 12일(문제 67번) 출제
⑤ 2012년 3월 4일(문제 67번) 출제
⑥ 2014년 9월 20일(문제 75번) 출제
⑦ 2015년 9월 19일(문제 62번) 출제

73 착공단계에서의 공사계획을 수립할 때 우선 고려하지 않아도 되는 것은?

① 현장 직원의 조직편성
② 예정 공정표의 작성
③ 시공상세도의 작성
④ 실행예산편성

해설

공사준비순서
① 현장원 편성(공사계획수립시 최우선)
② 공정표 작성
③ 실행예산 편성
④ 시공순서 및 시공방법계획
⑤ 하도급자의 선정(외주발주계획)
⑥ 가설 준비물 및 기계·장비계획
⑦ 자재계획
⑧ 재해방지계획

KEY ① 2013년 6월 2일(문제 76번) 출제
② 2015년 5월 31일(문제 69번) 출제

74 지정 및 기초공사 용어에 관한 설명으로 옳지 않은 것은?

① 드레인 재료:지반개량을 목적으로 간극수 유출을 촉진하는 수로로서의 역할을 하는 재료
② 슬라임:지반을 천공할 때 천공벽 또는 공저에 모인 침전물
③ 히빙:굴착면 저면이 부풀어 오르는 현상
④ 원위치 시험:현지의 지반과 유사한 지반에서 행하는 시험

해설

원위치 시험
(1) 개요
① 원위치시험이란 흙의 물리적 역학적 성질을 sampling하지 않고 현장 지반 내에서 직접 측정하는 시험이다.
② 원위치 시험은 현장지반의 성질을 실내시험에서 정확히 파악하기에 한계가 있어 실시한다.
(2) 원위치시험의 종류
① 원위치시험은 사운딩(Sounding)과 특성시험으로 구분할 수 있다.
② 사운딩은 로드(rod) 하단에 부착된 저항체를 지반 중에 관입, 회전, 인발할 때의 저항에 의하여 지반토층의 성상을 조사하는 것으로서, 그 결과를 이용한 경험공식에 의하여 상태 밀도나 전단강도 및 여러 가지 토질 정수를 추정하는 데 사용하고 있다.
② 특성시험은 각각 측정하고자 하는 특정토질정수가 있다는 점과 그것을 역학적으로 합리적이고 직접적인 방법으로 측정한다는 점에서 사운딩과 구별된다.

[정답] 71 ③ 72 ③ 73 ③ 74 ④

75 폼타이, 컬럼밴드 등을 의미하며, 거푸집을 고정하여 작업 중의 콘크리트 측압을 최종적으로 부담하는 것은?

① 박리재　　② 간격재
③ 격리재　　④ 긴결재

> **해설**
>
> **용어정의**
> ① 긴장(결)재(Form tie) : 콘크리트를 부어 넣을 때 거푸집이 벌어지거나 변형되지 않게 연결 고정하는 것이며, 조임용 철선은 달구어 누그린 철선을 두겹으로 탕개를 틀어 조여맨 것
> ② 간격재(spacer) : 철근과 거푸집의 간격 유지(피복간격 유지)를 위한 것
> ③ 박리제(formoil) : 중유, 석유, 동식물유, 아마인유, 파라핀, 합성수지 등을 사용, 콘크리트와 거푸집의 박리를 용이하게 하는 것
> ④ 격리재(separator) : 거푸집의 상호간 간격을 유지시켜 주는 것
> ⑤ 캠버(camber) : 처짐을 고려하여 보나 슬래브 중앙부를 l/300~l/500 정도 미리 치켜올림, 높이 조절용 쐐기
>
> **KEY** 2013년 9월 28일(문제 68번) 출제

76 다음 중 시스템 거푸집이 아닌 것은?

① 터널폼　　② 슬립폼
③ 유로폼　　④ 슬라이딩폼

> **해설**
>
> **유로폼**
> 가장 초보적인 단계의 시스템 거푸집으로서 건물의 평면 형상이 규격화되어 표준형태의 거푸집을 변형시키지 않고 조립함으로써 현장제작에 소요되는 인력을 줄여 생산성을 향상시키고 자재의 전용횟수를 증대시키는 목적으로 사용되는 거푸집
>
> **KEY** 2011년 3월 20일(문제 64번)

77 흙막이 공법 중 슬러리월(slurry wall) 공법에 관한 설명으로 옳지 않은 것은?

① 진동, 소음이 적다.
② 인접건물의 경계선까지 시공이 가능하다.
③ 차수효과가 양호하다.
④ 기계, 부대설비가 소형이어서 소규모 현장의 시공에 적당하다.

> **해설**
>
> **지하연속벽(체)의 특징**
> ① 저소음, 저진동 공법으로 인접건물의 근접시공이 가능하며 안정적 공법이다.
> ② 차수성이 우수하며 물막이 벽체로도 가능하다.
> ③ 벽체 강성이 커서 본구조체로 이용이 가능하며, 수평변위에 대해서 안정적이며 영구 지하 벽체나 깊은 기초 적용이 가능하다.
> ④ 임의형상 치수가 가능하며 지반조건에 좌우되지 않는다.
> ⑤ 타공법에 비해 시공비가 고가이며, 수평연속성이 부족하고, 장비가 크고 이동이 느리다.

78 특수콘크리트에 관한 설명 중 옳지 않은 것은?

① 한중콘크리트는 동해를 받지 않도록 시멘트를 가열하여 사용한다.
② 경량콘크리트는 자중이 적고, 단열효과가 우수하다.
③ 중량콘크리트는 방사선 차폐용으로 사용된다.
④ 매스콘크리트는 수화열이 적은 시멘트를 사용한다.

> **해설**
>
> 어떠한 경우라도 시멘트를 가열하면 안된다.

79 지반보다 높은 곳의 굴착에 적합하며, 굴착은 디퍼(dipper)가 행하는 토공사용 기계로 적합한 것은?

① 불도저(bulldozer)
② 클램쉘(clamshell)
③ 스크레이퍼(scraper)
④ 파워셔블(power shovel)

> **해설**
>
> **파워셔블(Power shovel : 디퍼셔블)의 특징**
> ① 기계가 서 있는 위치보다 높은 곳의 굴착에 적당하다.
> ② 굴삭높이는 1.5~3[m]에 적당하다.
> ③ 버킷용량은 0.6~1.0[m³] 정도이다.
> ④ 굴삭깊이는 지반 밑으로 2[m] 정도이다.
> ⑤ 선회각은 90[°]이다.

【 정답 】 75 ④　76 ③　77 ④　78 ①　79 ④

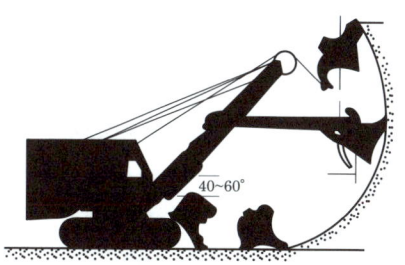

[그림] 파워셔블(크롤러형 기계 로프식)

KEY
① 2003년 5월 25일(문제 103번) 출제
② 2010년 5월 9일(문제 72번) 출제
③ 2014년 3월 2일(문제 61번) 출제
④ 2016년 5월 8일(문제 62번, 114번) 출제

80
일반적으로 사질지반의 지하수위를 낮추기 위해 이용하는 것으로 펌프를 통해 강제로 지하수를 뽑아내는 공법은?

① 웰포인트 공법
② 샌드드레인 공법
③ 치환 공법
④ 주입 공법

해설

웰포인트(well point)공법
모래질 지반에 유효한 배수공법으로 웰포인트라는 양수관을 다수 박아 넣고 지하수위를 일시적으로 저하시켜야 할 때 사용

KEY
① 2010년 3월 7일(문제 65번) 출제
② 2014년 3월 2일(문제 79번) 출제

보충학습

샌드드레인(sand drain)공법
① 점토가 함수량의 감소에 의하여 전단강도가 커지고 지반이 강화되는 성질을 이용한 공법
② 점토지반에 모래를 깔고 그 위에 성토에 의해 하중을 가하면 장기간에 걸쳐 점토 중의 물이 샌드파일을 통해 지상에 배수되어 지반이 압밀 강화됨

5 건설재료학

81
점토제품 시공 후 발생하는 백화에 관한 설명으로 옳지 않은 것은?

① 타일 등의 시유소성한 제품은 시멘트 중의 경화제가 백화의 주된 요인이 된다.
② 작업성이 나쁠수록 모르타르의 수밀성이 저하되어 투수성이 커지게 되고, 투수성이 커지면 백화 발생이 커지게 된다.
③ 점토제품의 흡수율이 크면 모르타르 중의 함유수를 흡수하여 백화발생을 억제한다.
④ 물시멘트비가 크게 되면 잉여수가 증대되고, 이 잉여수가 증발할 때 가용 성분의 용출을 발생시켜 백화 발생의 원인이 된다.

해설

백화현상
(1) 백화발생의 개요
① 백화는 시멘트 벽돌, 타일, 석재, 콘크리트 등의 표면에 생기는 흰색 수산화칼슘 결정체를 말한다.
② 백화현상은 시멘트 중의 수산화칼슘이 공기 중의 탄산가스와 반응하여 생성되며, 마감면을 훼손하는 하자이다.
③ 화학식 : $CaO + H_2O \rightarrow Ca(OH)_2 + CO_2 \rightarrow CaCO_3 + H_2O$
(2) 백화현상의 방지대책
① 잘 구워진 벽돌(소성이 잘된 벽돌)을 사용한다.
② 줄눈의 방수처리 철저, 예방이 중요하다.
③ 조립률이 큰 모래, 분말도가 큰 시멘트를 사용한다.
④ 차양, 루버, 돌림띠 등 비막이를 설치한다.
⑤ 표면에 파라핀 도료나 실리콘 뿜칠하여 수산화 칼슘 유출을 방지한다.
⑥ 우중시공을 철저히 금지시킨다.

82
콘크리트의 방수성, 내약품성, 변형성능의 향상을 목적으로 다량의 고분자재료를 혼입시킨 시멘트는?

① 내황산염포틀랜드시멘트
② 초속경시멘트
③ 폴리머시멘트
④ 알루미나시멘트

[정답] 80 ① 81 ③ 82 ③

> **해설**
>
> **폴리머시멘트**
> ① 고분자 재료를 다량혼입
> ② 목적 : 방수성, 내약품성, 변형성능향상

83 상온에서 인장강도가 3,600[kg/cm²]인 강재가 500[℃]로 가열되었을 때 강재의 인장강도는 얼마정도인가?

① 약 1,200[kg/cm²] ② 약 1,800[kg/cm²]
③ 약 2,400[kg/cm²] ④ 약 3,600[kg/cm²]

> **해설**
>
> $3,600 \times \dfrac{1}{2} = 1,800[kg/cm^2]$

> **보충학습**
>
> [표] 강의 인장강도와 온도에 따른 변화
>
> | 온도 | 인장강도 |
> |---|---|
> | 상온에서 100℃ 이내 | 강도의 변화가 없다. |
> | 200~300℃(250℃) | 최대로 된다. |
> | 500℃ 정도 | 상온 강도의 1/2로 감소 |
> | 600℃ 정도 | 상온 강도의 1/3로 감소 |
> | 1,000℃ | 강도가 소멸된다. |

84 각 창호철물에 대한 설명 중 옳지 않은 것은?

① 피벗 힌지(pivot hinge):경첩대신 촉을 사용하여 여닫이문을 회전시킨다.
② 나이트 래치(night latch):외부에서는 열쇠, 내부에서는 작은 손잡이를 틀어 열 수 있는 실린더 장치로 된 것이다.
③ 크레센트(crescent):여닫이문의 상하단에 붙여 경첩과 같은 역할을 한다.
④ 레버터리 힌지(lavatory hinge):스프링힌지의 일종으로 공중용 화장실 등에 사용된다.

> **해설**
>
> **크레센트(crescent)**
> ① 올리고 내리는 창이나 미서기창의 잠금장치
> ② 자물쇠

[그림] 크레센트

85 건물의 외장용 도료로 가장 적합하지 않은 것은?

① 유성페인트 ② 수성페인트
③ 페놀수지 도료 ④ 유성바니시

> **해설**
>
> **유성니스(Vanish)의 특징**
> ① 수지와 건성유의 양(혼합)의 비율에 따라 단유성니스(골드 사이즈), 중유성니스(코펄니스), 장유성니스(보디니스 또는 스파니스)로 구분한다.
> ② 건조가 더디고 광택이 있고 투명 단단하나 내화학성이 나쁘고 시간이 지나면 누렇게 변한다.
> ③ 내구, 내수성이 크다.
> ④ 외장용에는 부적합하다.
>
> **KEY** ① 2014년 9월 20일(문제 85번) 출제
> ② 2015년 9월 19일(문제 81번) 출제

86 골재의 함수상태에 관한 설명으로 옳지 않은 것은?

① 유효흡수량이란 절건상태와 기건상태의 골재내에 함유된 수량의 차를 말한다.
② 함수량이란 습윤상태의 골재의 내외에 함유하는 전체수량을 말한다.
③ 흡수량이란 표면건조 내부포수상태의 골재중에 포함하는 수량을 말한다.
④ 표면수량이란 함수량과 흡수량의 차를 말한다.

> **해설**
>
> **골재의 함수량**
>
> | 구분 | 특징 |
> |---|---|
> | 흡수량 | 절건상태에서 표면건조내부포수상태에 포함되는 물의 량 |
> | 흡수율 | 절건상태의 골재중량에 대한 흡수량의 백분율 |
> | 유효 흡수량 | 표면건조내부포수상태 − 기건상태 |
> | 함수량 | 습윤상태의 골재의 내외에 함유하는 전수량 |
> | 표면수량 | 함수량과 흡수량과의 차 |

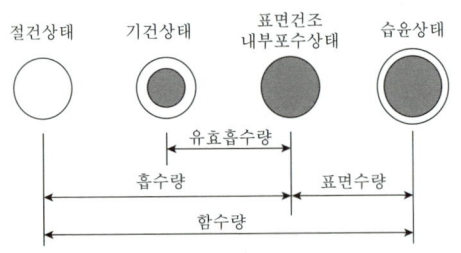

[그림] 골재의 함수상태

[**정답**] 83 ② 84 ③ 85 ④ 86 ①

87 프리즘(prism)판 유리는 어느 용도에 가장 적합한가?

① 지하실 채광용   ② 방도용
③ 흡음용   ④ 방화용

해설
프리즘 유리용도 : 지하실 채광용

88 리녹신에 수지, 고무물질, 코르크분말 등을 섞어 마포(hemp cloth) 등에 발라 두꺼운 종이모양으로 압연·성형한 제품은?

① 스펀지 시트
② 리놀륨
③ 비닐 시트
④ 아스팔트 타일

해설
리놀륨(Linoleum)
(1) 정의
   리놀륨은 리녹신에 고무와 코르크가루를 넣어 만든 타일형 바닥재이다.
(2) 특징
   ① 흡수신장(염화비닐의 3~10배)과 내구성이 크다.
   ② 내알칼리성이 작고, 고온에서 연화되지 않고 변질된다.
   ③ 국부압력에 흔적이 남는다.
   ④ 장기간 존치할 경우 산화유가 분해되어 탄력성이 줄고 부서지기 쉬워서, 옥외사용은 불가하다.

89 목재의 섬유방향 강도에 대한 일반적인 대소관계를 옳게 표기한 것은?

① 압축강도〉휨강도〉인장강도〉전단강도
② 전단강도〉인장강도〉압축강도〉휨강도
③ 인장강도〉휨강도〉압축강도〉전단강도
④ 휨강도〉압축강도〉인장강도〉전단강도

해설
강도크기의 순서
인장(200) > 휨(150) > 압축(100) > 전단(18)(섬유에 평행한 압축강도를 100으로 보았을 때 수치임)

90 소석회에 모래, 해초풀, 여물 등을 혼합하여 바르는 미장재료로서 목조바탕, 콘크리트 블록 및 벽돌 바탕 등에 사용되는 것은?

① 회반죽
② 돌로마이트 플라스터
③ 시멘트 모르타르
④ 석고 플라스터

해설
회반죽
① 수축을 분산시켜 균열을 방지하기 위하여 여물을 넣는다.
② 회반죽에 소석회, 여물, 해초가 필요하다.

91 미장용 혼화재료 중 착색을 목적으로 하는 착색재에 속하지 않는 것은?

① 염화칼슘   ② 합성산화철
③ 카본블랙   ④ 이산화망간

해설
미장용 착색재의 종류
① 카본블랙
② 이산화망간
③ 합성산화철

92 목재의 결점에 해당되지 않는 것은?

① 옹이   ② 수심
③ 껍질박이   ④ 지선

해설
목재의 결점

[그림] 수목의 횡단면

[정답] 87 ① 88 ② 89 ③ 90 ① 91 ① 92 ②

93 경량콘크리트의 골재로서 슬래그(slag)를 사용하기 전 물축임하는 이유로 가장 적당한 것은?

① 시멘트 모르타르와의 접착력을 좋게 하기 위해
② 유기 불순물이나 진흙을 씻어 내기 위해
③ 콘크리트의 자체 무게를 줄이기 위해
④ 시멘트가 수화하는데 필요한 수량을 확보하기 위해

해설
물축임 이유 : 시멘트가 수회하는데 필요한 수량확보

보충학습
고로 slag의 잠재수경성
그 자체는 경화하지 않으나 석회나 알칼리염 등과 혼합하면 이들의 화학작용에 의하여 경화되는 성질

94 다음 도료 중 광택이 없는 것은?

① 수성페인트   ② 유성페인트
③ 래커   ④ 에나멜페인트

해설
수성페인트
① 광물성(탄산칼슘, 규산알루미늄) 가루에 티탄백 안료를 첨가하고 수용성 호질물(카세인, 녹말 등)을 혼합한 것으로 내외장 모두에 사용할 수 있다.
② 시멘트질 수성페인트와 건성유 또는 아세트산비닐, 아크릴산 등을 에멀션화하여 물에 분산시킨 에멀션형 수성페인트는 시멘트 모르타르나 콘크리트 바탕에 도장하기 쉽다.
③ 광택이 없다.

95 소지의 질에 의한 타일의 구분에서 흡수율이 가장 낮은 것은?

① 토기질 타일   ② 석기질 타일
③ 자기질 타일   ④ 도기질 타일

해설
점토 제품의 흡수율 크기 순서
자기(1[%] 이하) < 석기(3~10[%]) < 도기(10~20[%]) < 토기(20[%] 이상)

KEY ▶ 2014년 9월 20일(문제 94번) 출제

96 콘크리트의 건조수축에 관한 설명으로 옳지 않은 것은?

① 시멘트의 제조성분에 따라 수축량이 다르다.
② 골재의 성질에 따라 수축량이 다르다.
③ 시멘트량의 다소에 따라 수축량이 다르다.
④ 된비빔일수록 수축량이 많다.

해설
콘크리트의 건조수축에 영향을 미치는 요소
① 시멘트의 종류, 분말도, 골재에 영향을 받는다.
② 단위수량과 단위시멘트량이 많을수록 수축량이 크다.
③ 골재에 함유된 미립분, 점토, 실트는 건조수축을 증대시킨다.
④ W/C 비가 같은 경우 사용 단위시멘트량이 클수록 크다.
⑤ 건조개시 재령은 건조수축에 큰 영향이 없다.
⑥ 골재가 단단하고 탄성계수가 클수록 적게 된다.

97 다음 중 목재의 건조 목적이 아닌 것은?

① 전기절연성의 감소
② 목재수축에 의한 손상 방지
③ 목재강도의 증가
④ 균류에 의한 부식 방지

해설
목재의 건조 목적
① 도장성 개선 및, 약제주입 용이
② 목재 수축에 의한 균열 및 변형 방지
③ 목재의 강도 및 전기절연성의 증진
④ 단열성 및 강도 증진
⑤ 균류에 의한 부식방지

98 목재의 절대건조비중이 0.8일 때 이 목재의 공극율은?

① 약 42[%]   ② 약 48[%]
③ 약 52[%]   ④ 약 58[%]

해설
$$공극률(V) = \left(1 - \frac{W}{1.54}\right) \times 100 = \left(1 - \frac{0.8}{1.54}\right) \times 100 = 48.06[\%]$$

[정답] 93 ④ 94 ① 95 ③ 96 ④ 97 ① 98 ②

KEY ① 2011년 6월 12일(문제 83번) 출제
② 2016년 5월 8일(문제 81번) 출제

99 에폭시수지에 관한 설명으로 옳지 않은 것은?

① 에폭시수지 접착제는 급경성으로 내알칼리성 등의 내화학성이나 접착력이 크다.
② 에폭시수지 접착제는 금속, 석재, 도자기, 글라스, 콘크리트, 플라스틱재 등의 접착에 모두 사용된다.
③ 에폭시수지 도료는 충격 및 마모에 약해 내부 방청용으로 사용된다.
④ 경화시 휘발성이 없으므로 용적의 감소가 극히 적다.

해설

에폭시수지
① 접착성이 아주 강하다.
② 방수성, 내약품성, 전기절연성, 내열성, 내용제성이 우수하다.
③ 경화시 휘발성 물질의 발생 및 부피의 수축이 없다.
④ 접착제, 도료, 금속, 유리, 목재나 콘크리트 등의 접착, 콘크리트 균열보수제, 방수제 등에 사용된다.

100 서중콘크리트 타설시 슬럼프 저하나 수분의 급격한 증발 등의 우려가 있다. 이러한 문제점을 해결하기 위한 재료상 대책으로 옳은 것은?

① 단위수량을 증가시킨다.
② 고온의 시멘트를 사용한다.
③ 콘크리트의 운반 및 부어넣는 시간을 되도록 길게 한다.
④ 혼화재료는 AE감수제 지연형을 사용한다.

해설

서중콘크리트
(1) 정의
 높은 외부기온으로 콘크리트의 슬럼프 저하나 수분의 급격한 증발 등의 염려가 있을 경우에 시공되는 콘크리트로서, 하루 평균기온이 25℃를 초과하는 경우 서중 콘크리트로서 시공
(2) 재료상 대책
 ① 물 및 골재는 되도록 낮은 온도의 것을 사용한다.
 ② 혼화제는 AE감수제, 지연형 또는 감수제 지연형을 사용한다.
 ③ 배합은 소요의 강도 및 워커빌리티를 얻을 수 있는 범위내에서 단위수량 및 단위시멘트량을 적게 되도록 한다.

6 건설안전 기술

101 관리감독자의 유해·위험방지 업무에서 달비계 또는 높이 5[m] 이상의 비계를 조립·해체하거나 변경하는 작업과 관련된 직무수행 내용과 가장 거리가 먼 것은?

① 재료의 결함 유무를 점검하고 불량품을 제거하는 일
② 기구·공구·안전대 및 안전모 등의 기능을 점검하고 불량품을 제거하는 일
③ 작업방법 및 근로자 배치를 결정하고 작업진행상태를 감시하는 일
④ 작업에 종사하는 근로자의 보안경 및 안전장갑의 착용 상황을 감시하는 일

해설

달비계 또는 높이 5미터 이상의 비계(飛階)를 조립·해체하거나 변경하는 작업시(관리감독자의 직무)
① 재료의 결함 유무를 점검하고 불량품을 제거하는 일
② 기구·공구·안전대 및 안전모 등의 기능을 점검하고 불량품을 제거하는 일
③ 작업방법 및 근로자 배치를 결정하고 작업 진행 상태를 감시하는 일
④ 안전대와 안전모 등의 착용 상황을 감시하는 일

102 콘크리트의 측압에 관한 설명으로 옳은 것은?

① 거푸집 수밀성이 크면 측압은 작다.
② 철근의 양이 적으면 측압은 작다.
③ 외기의 온도가 낮을수록 측압은 크다.
④ 부어넣기 속도가 빠르면 측압은 작아진다.

해설

콘크리트 타설시 거푸집 측압에 영향을 미치는 인자
① 슬럼프가 클수록 크다.
② 단면이 클수록 크다.
③ 배합이 좋을수록 크다.
④ 붓는(타설) 속도가 클수록 크다.
⑤ 콘크리트 단위중량(밀도)이 클수록 크다.
⑥ 대기의 온도, 습도가 낮을수록 크다.

KEY ① 2015년 5월 31일(문제 103번) 출제
② 2016년 5월 8일(문제 119번) 출제

[정답] 99 ③ 100 ④ 101 ④ 102 ③

103 물이 결빙되는 위치로 지속적으로 유입되는 조건에서 온도가 하강함에 따라 토중수가 얼어 생성된 결빙크기가 계속 커져 지표면이 부풀어 오르는 현상은?

① 압밀침하(consolidation settlement)
② 연화(frost boil)
③ 동상(frost heave)
④ 지반경화(hardening)

해설

동상현상
① 물이 결빙되는 위치로 지속적으로 유입되는 조건에서 온도가 하강함에 따라 토중수가 얼어 생성
② 결빙크기가 계속 커져 지표면이 부풀어오르는 현상

104 산업안전보건관리비사용과 관련하여 산업안전보건법령에 따른 재해예방 전문지도기관의 지도를 받아야 하는 경우는?(단, 재해예방 전문지도기관의 지도를 필요로 하는 산업안전보건법령 상 공사금액기준을 만족한 것으로 가정)

① 공사기간이 3개월 이상인 공사
② 육지와 연결되지 아니한 섬지역(제주특별자치도 제외)에서 이루어지는 공사
③ 안전관리자의 자격을 가진 사람을 선임하여 안전관리자의 업무만을 전담하도록 하는 공사
④ 유해·위험방지계획서를 제출하여야 하는 공사

해설

재해예방전문기관의 지도를 받아 안전관리비를 사용해야 하는 사업
(1) 지도 내용
① 안전관리비의 사용방법
② 재해예방조치 등
(2) 대상 사업
① 공사금액 1억원 이상 120억원(토목공사는 150억원) 미만인 공사
② 제외되는 공사
㉠ 공사기간이 1개월 미만인 공사
㉡ 육지와 연결되지 아니한 섬지역(제주특별자치도는 제외)에서 이루어지는 공사
㉢ 사업주가 안전관리자의 자격을 가진 사람을 선임하여 안전관리자의 직무만을 전담하도록 하는 공사
㉣ 유해·위험방지계획서를 제출하여야 하는 공사

정보제공
산업안전보건법 시행령 제60조(건설재해예방 지도대상 건설공사 도급인)

105 연약지반에서 발생하는 히빙(Heaving)현상에 관한 설명 중 옳지 않은 것은?

① 저면에 액상화 현상이 나타난다.
② 배면의 토사가 붕괴된다.
③ 지보공이 파괴된다.
④ 굴착저면이 솟아오른다.

해설

히빙(Heaving) 현상
연약성 점토지반 굴착시 굴착외측 흙의 중량에 의해 굴착저면의 흙이 활동 전단 파괴되어 굴착내측으로 부풀어 오르는 현상

KEY ▶ 2016년 3월 6일(문제 112번) 출제

106 최고 51[m] 높이의 강관비계를 세우려고 한다. 지상에서 몇 미터까지의 비계기둥을 2개로 묶어 세워야 하는가?

① 10[m] ② 20[m]
③ 31[m] ④ 51[m]

해설

강관비계 기준
① 비계기둥의 높이기준 : 31[m]
② 기준=51-31 = 20[m]

보충학습
산업안전보건기준에 관한 규칙 제60조(강관비계의 구조)
① 비계기둥의 제일 윗부분으로부터 31미터되는 지점 밑부분의 비계기둥은 2개의 강관으로 묶어 세울것
② 브라켓(bracket) 등으로 보강하여 2개의 강관으로 묶을 경우 이상의 강도가 유지되는 경우에는 그러하지 아니하다.

107 대상액 50억원 이상의 공사종류에 따른 산업안전보건관리비 계상기준으로 옳지 않은 것은?

① 건축공사 : 2.37[%]
② 토목공사 : 2.60[%]
③ 중건설공사 : 3.11[%]
④ 특수건설공사 : 2.24[%]

【 정답 】 103 ③ 104 ① 105 ① 106 ② 107 ④

> **해설**

공사종류 및 규모별 안전관리비 계상기준표

| 구분
공사종류 | 대상액
5억원
미만 | 대상액
5억원 이상 50억원 미만 | | 대상액
50억원
이상 | 영 별표5에 따른
보건관리자 선임
대상 건설공사 |
		비율(X)	기초액(C)		
건축공사	3.11[%]	2.28[%]	4,325,000원	2.37[%]	2.64[%]
토목공사	3.15[%]	2.53[%]	3,300,000원	2.60[%]	2.73[%]
중건설공사	3.64[%]	3.05[%]	2,975,000원	3.11[%]	3.39[%]
특수건설공사	2.07[%]	1.59[%]	2,450,000원	1.64[%]	1.78[%]

> **합격정보**

건설업 산업안전보건관리비 계상 및 사용기준 : 고용노동부 고시 제2024-53호(2024. 9. 19. 개정)

108 동바리로 사용하는 파이프서포트에서 높이 2[m] 이내마다 수평연결재를 2개 방향으로 연결해야 하는 경우에 해당하는 파이프서포트 설치높이 기준은?

① 높이 2[m] 초과시   ② 높이 2.5[m] 초과시
③ 높이 3[m] 초과시   ④ 높이 3.5[m] 초과시

> **해설**

동바리로 사용하는 파이프서포트에 대하여는 다음 각 목의 정하는 바에 의할 것
① 파이프서포트를 3개 이상 이어서 사용하지 아니하도록 할 것
② 파이프서포트를 이어서 사용할 경우에는 4개 이상의 볼트 또는 전용 철물을 사용하여 이을 것
③ 높이가 3.5[m]를 초과할 경우에는 높이 2[m] 이내마다 수평연결재를 2개 방향으로 만들고 수평연결재의 변위를 방지할 것

> **정보제공**

산업안전기준에 관한 규칙 제332조의2(동바리 유형에 따른 동바리 조립 시의 안전조치)

109 산업안전보건법령에서 규정하고 있는 차량계 건설기계에 해당되지 않는 것은?

① 불도저   ② 어스드릴
③ 타워크레인   ④ 콘크리트 펌프카

> **해설**

차량계 건설기계의 종류
① 도저형 건설기계(불도저, 스트레이트도저, 틸트도저, 앵글도저, 버킷도저 등)
② 모터그레이더
③ 로더(포크 등 부착물 종류에 따른 용도 변경 형식을 포함한다)
④ 스크레이퍼
⑤ 크레인형 굴착기계(클램쉘, 드래그라인 등)
⑥ 굴삭기(브레이커, 크러셔, 드릴 등 부착물 종류에 따른 용도 변경 형식을 포함한다)
⑦ 항타기 및 항발기
⑧ 천공용 건설기계(어스드릴, 어스오거, 크롤러드릴, 점보드릴 등)
⑨ 지반 압밀침하용 건설기계(샌드드레인머신, 페이퍼드레인머신, 팩드레인머신 등)
⑩ 지반 다짐용 건설기계(타이어롤러, 매커덤롤러, 탠덤롤러 등)
⑪ 준설용 건설기계(버킷준설선, 그래브준설선, 펌프준설선 등)
⑫ 콘크리트 펌프카
⑬ 덤프트럭
⑭ 콘크리트 믹서 트럭
⑮ 도로포장용 건설기계(아스팔트 살포기, 콘크리트 살포기, 아스팔트 피니셔, 콘크리트 피니셔 등)
⑯ 골재 채취 및 살포용 건설기계(쇄석기, 자갈채취기, 골재살포기 등)
⑰ 제①호부터 제⑯호까지와 유사한 구조 또는 기능을 갖는 건설기계로서 건설작업에 사용하는 것

> **KEY** 2016년 10월 1일 산업기사 출제

110 본 터널(main tunnel)을 시공하기 전에 터널에서 약간 떨어진 곳에 지질조사, 환기, 배수, 운반 등의 상태를 알아보기 위하여 설치하는 터널은?

① 파일럿(pilot) 터널
② 프리패브(prefab) 터널
③ 사이드(side) 터널
④ 쉴드(shield) 터널

> **해설**

터널 굴착 공법

종류	방법
NATM 공법	터널 굴착시 재래의 지보공 대신 rock bolt, shotcrete, wire mesh 등의 지보재를 사용, 암반자체의 강도를 이용하여 이완방지, 지반과 지보재가 평형을 이루도록 하는 공법
TBM 공법	종래의 발파공법과 달리 자동화 된 TBM으로 전단면을 동시에 굴착하고 뒤따라 가면서 shotcrete를 하여 원지반의 변형을 최소화하는 기계굴착방식
Shield 공법	터널 외형보다 약간 큰 Shield라는 강재통을 추진시켜 선단부 지반의 붕괴를 막으면서 굴착하고 후방에서 조립된 아치를 1차 라이닝으로 하는 터널굴진 방법
Pilot 공법	본 터널 굴착전에 여러가지 조사를 목적으로 Pilot터널을 선시공(선진도갱공법)

[정답] 108 ④   109 ③   110 ①

111 구축물이 풍압·지진 등에 의하여 붕괴 또는 전도하는 위험을 예방하기 위한 조치와 가장 거리가 먼 것은?

① 설계도서에 따라 시공했는지 확인
② 건설공사 시방서에 따라 시공했는지 확인
③ 「건축물의 구조기준 등에 관한 규칙」에 따른 구조기준을 준수했는지 확인
④ 보호구 및 방호장치의 성능검정 합격품을 사용했는지 확인

> 해설

구축물 또는 이와 유사한 시설물 등의 안전 유지
(1) 자중, 적재하중, 적설, 풍압, 지진이나 진동 및 충격 등에 의하여 붕괴·전도·도괴·폭발 등의 위험 예방
(2) 조치사항
   ① 설계도서에 따라 시공했는지 확인
   ② 건설공사 시방서(示方書)에 따라 시공했는지 확인
   ③ 「건축물의 구조기준 등에 관한 규칙」에 따른 구조기준을 준수했는지 확인

> 정보제공

산업안전보건기준에 관한 규칙 제51조(구축물 또는 이와 유사한 시설물 등의 안전유지)

112 차량계 하역운반기계를 사용하여 작업을 할 때에 그 기계의 전도 또는 전락 등에 의한 근로자의 위험을 방지하기 위해 취해야 할 조치와 거리가 먼 것은?

① 갓길의 붕괴방지
② 지반의 침하방지
③ 유도자 배치
④ 브레이크 및 클러치 등의 기능 점검

> 해설

전도 전락 방지대책
사업주는 차량계 하역운반기계 등을 사용하는 작업을 할 때에 그 기계가 넘어지거나 굴러 떨어짐으로써 근로자에게 위험을 미칠 우려가 있는 경우 조치사항
① 유도하는 사람(이하 "유도자"라 한다)을 배치
② 지반의 부동침하(不同沈下)방지
③ 갓길 붕괴 방지

> 정보제공

산업안전보건기준에 관한 규칙 제171조(전도 등의 방지)

113 위험성평가에 활용하는 안전보건정보에 해당되지 않는 것은?

① 사업장 근로자수와 금년 퇴직자수
② 작업표준, 작업절차 등에 관한 정보
③ 기계·기구, 설비 등의 사양서
④ 물질안전보건자료(MSDS)

> 해설

위험성평가에 활용되는 안전정보
① 작업표준, 작업절차 등에 관한 정보
② 기계·기구, 설비 등의 사양서, 물질안전보건자료(MSDS) 등의 유해·위험요인에 관한 정보
③ 기계·기구, 설비 등의 공정 흐름과 작업 주변의 환경에 관한 정보
④ 같은 장소에서 사업의 일부 또는 전부를 도급을 주어 행하는 작업이 있는 경우 혼재 작업의 위험성 및 작업 상황 등에 관한 정보
⑤ 재해사례, 재해통계 등에 관한 정보
⑥ 작업환경측정결과, 근로자 건강진단결과에 관한 정보
⑦ 그 밖에 위험성평가에 참고가 되는 자료 등

114 토류벽의 붕괴예방에 관한 조치 중 옳지 않은 것은?

① 웰포인트(well point)공법 등에 의해 수위를 저하시킨다.
② 근입깊이를 가급적 짧게 한다.
③ 어스앵커(earth anchor)시공을 한다.
④ 토류벽 인접지반에 중량물 적치를 피한다.

> 해설

토류벽 붕괴예방대책
① 웰포인트(well point)공법 등에 의해 수위를 저하시킨다.
② 어스앵커(earth anchor)시공을 한다.
③ 토류벽 인접지반에 중량물 적치를 피한다.

【정답】 111 ④ 112 ④ 113 ① 114 ②

115 사업주는 리프트를 조립 또는 해체작업을 하는 경우 작업을 지휘하는 자를 선임하여야 한다. 이때 작업을 지휘하는 자가 이행하여야 할 사항으로 가장 거리가 먼 것은?

① 작업방법과 근로자의 배치를 결정하고 해당작업을 지휘하는 일
② 재료의 결함유무 또는 기구 및 공구의 기능을 점검하고 불량품을 제거하는 일
③ 운전방법 또는 고장 났을 때의 처치방법 등을 근로자에게 주지시키는 일
④ 작업 중 안전대 등 보호구의 착용상황을 감시하는 일

[해설]

리프트 조립·해체 작업시 작업지휘자의 업무
① 작업방법과 근로자의 배치를 결정하고 해당 작업을 지휘하는 일
② 재료의 결함유무 또는 기구 및 공구의 기능을 점검하고 불량품을 제거하는 일
③ 작업중 안전대 등 보호구의 착용상황을 감시하는 일

[정보제공]
산업안전보건기준에 관한 규칙 제156조(조립 등의 작업)

---

116 가설계단 및 계단참을 설치하는 경우 매 [m²]당 몇 [kg] 이상의 하중에 견딜 수 있는 강도를 가진 구조로 설치하여야 하는가?

① 200[kg]   ② 300[kg]
③ 400[kg]   ④ 500[kg]

[해설]

계단의 안전기준
① 계단의 강도 : 계단 및 계단참은 500[kg/m²] 이상
② 계단의 폭 : 1[m] 이상
③ 계단참 설치 : 높이 3[m]마다 1.2[m] 이상의 계단참 설치
④ 계단 기둥 간격 : 2[m] 이하
⑤ 계단의 난간 : 100[kg] 이상의 하중에 견딜 것
⑥ 계단의 단수가 4단 이상 : 난간 설치

[정보제공]
산업안전보건기준에 관한 규칙 제26조(계단의 강도)

---

117 항타기 또는 항발기의 사용 시 준수사항으로 옳지 않은 것은?

① 해머의 운동에 의하여 증기호스 또는 공기호스와 해머의 접속부가 파손되거나 벗겨지는 것을 방지하기 위하여 그 접속부가 아닌 부위를 선정하여 증기호스 또는 공기호스를 해머에 고정시킬 것
② 증기나 공기를 차단하는 장치를 작업지휘자가 쉽게 조작할 수 있는 위치에 설치할 것
③ 항타기나 항발기의 권상장치의 드럼에 권상용 와이어로프가 꼬인 경우에는 와이어로프에 하중을 걸어서는 아니 된다.
④ 항타기나 항발기의 권상장치에 하중을 건 상태로 정지하여 두는 경우에는 쐐기장치 또는 역회전방지용 브레이크를 사용하여 제동하는 등 확실하게 정지시켜 두어야 한다.

[해설]

항타기·항발기 안전기준
① 해머의 운동에 의하여 증기호스 또는 공기호스와 해머의 접속부가 파손되거나 벗겨지는 것을 방지하기 위하여 그 접속부가 아닌 부위를 선정하여 증기호스 또는 공기호스를 해머에 고정시킬 것
② 증기나 공기를 차단하는 장치를 해머의 운전자가 쉽게 조작할 수 있는 위치에 설치할 것
③ 사업주는 항타기나 항발기의 권상장치의 드럼에 권상용 와이어로프가 꼬인 경우에는 와이어로프에 하중을 걸어서는 아니 된다.
④ 사업주는 항타기나 항발기의 권상장치에 하중을 건 상태로 정지하여 두는 경우에는 쐐기장치 또는 역회전방지용 브레이크를 사용하여 제동하는 등 확실하게 정지시켜 두어야 한다.

[정보제공]
산업안전보건기준에 관한 규칙 제217조(사용시의 조치 등)

[정답] 115 ③ 116 ④ 117 ②

118 흙속의 전단응력을 증대시키는 원인이 아닌 것은?

① 굴착에 의한 흙의 일부 제거
② 지진, 폭파에 의한 진동
③ 함수비의 감소에 따른 흙의 단위체적 중량의 감소
④ 외력의 작용

해설

흙속의 전단응력을 증가시키는 원인
① 굴착에 의한 흙의 일부 제거
② 지진, 폭파에 의한 진동
③ 외력의 작용

119 안전대의 종류는 사용구분에 따라 벨트식과 안전그네식으로 구분되는데 이 중 안전그네식에만 적용하는 것은?

① 추락방지대, 안전블록
② 1개 걸이용, U자 걸이용
③ 1개 걸이용, 추락방지대
④ U자 걸이용, 안전블록

해설

안전대의 종류 4가지

종류	사용구분	비고
벨트식 안전그네식	1개 걸이용	공용
	U자 걸이용	
안전그네식	추락방지대	
	안전블록	

120 달비계용 달기 체인의 사용금지기준으로 옳지 않은 것은?

① 달기 체인의 길이가 달기 체인이 제조된 때의 길이의 3[%]를 초과한 것
② 링의 단면지름이 달기 체인이 제조된 때의 해당 링의 지름의 10[%]를 초과하여 감소한 것
③ 균열이 있는 것
④ 심하게 변형된 것

해설

달기체인의 사용금지 기준3가지
① 달기체인의 길이가 달기 체인이 제조된 때의 길이의 5[%]를 초과한 것
② 링의 단면 지름이 달기 체인이 제조된 때의 해당 링의 지름의 10[%]를 초과하여 감소한 것
③ 균열이 있거나 심하게 변형된 것

정보제공
산업안전보건기준에 관한 규칙 제167조(늘어난 달기체인의 사용금지)

녹색직업 녹색자격증코너

불편함을 즐기는 사람이 미래의 주인공이 된다.
오늘의 나를 완전히 죽여야 내일의 내가 태어나는 것이다.
새로운 나로 변신하려면 기존의 나를 완전히 버려야 한다.
너는 너의 불길로 스스로를 태워버릴 각오를 해야 하리라.
먼저 재가 되지 않고서 어떻게 거듭나길 바랄 수 있겠는가?
— 니체

'대부분의 사람들은 미지의 행복보다는 익숙한 불행을 선택한다'고 심리학자들은 말합니다.
니코스 카잔차키스의 '천상의 두 나라'에는
'그에게 두려웠던 것은 낯선 것이 아니라 익숙한 것이다'라는
표현이 나옵니다. 익숙한 것을 두려워하고
불편함을 즐기는 사람들이 미래의 주인공이 됩니다.

[정답] 118 ③ 119 ① 120 ①

건설안전기사필기

2017년 03월 05일 시행 **제1회**

2017년 05월 07일 시행 **제2회**

2017년 09월 23일 시행 **제4회**

2017년도 기사 정기검정 제1회 (2017년 3월 5일 시행)

자격종목 및 등급(선택분야): 건설안전기사
종목코드: 1440 | 시험시간: 3시간 | 수험번호: 20170305 | 성명: 도서출판세화

1 산업안전관리론

01 재해발생의 주요 원인 중 불안전한 행동에 해당하지 않는 것은?

① 불안전한 속도 조작
② 안전장치 기능 제거
③ 보호구 미착용 후 작업
④ 결함 있는 기계설비 및 장비

[해설]
인적 원인(불안전한 행동)
① 위험장소 접근
② 안전 장치의 기능 제거
③ 복장·보호구의 잘못 사용
④ 기계·기구의 잘못 사용
⑤ 운전중인 기계 장치의 손실
⑥ 불안전한 속도 조작
⑦ 위험물 취급 부주의
⑧ 불안전한 상태 방치
⑨ 불안전한 자세 동작

KEY 2016년 3월 6일 출제

[보충학습]
결함있는 기계설비 및 장비 : 물적원인(불안전한 상태)

02 산업안전보건법령상 안전보건표지 중 색채와 색도 기준의 연결이 옳은 것은?

① 흰색 : N0.5
② 녹색 : 5G 5.5/6
③ 빨간색 : 5R 4/12
④ 파란색 : 2.5PB 4/10

[해설]
안전보건표지의 색채, 색도기준 및 용도

색채	색도기준	용도	사용(예)
빨간색	7.5R 4/14	금지	정지신호, 소화설비 및 그 장소, 유해행위의 금지
		경고	화학물질 취급장소에서의 유해·위험 경고
노란색	5Y 8.5/12	경고	화학물질 취급장소에서의 유해·위험 경고, 이외 위험 경고, 주의표지 또는 기계방호물
파란색	2.5PB 4/10	지시	특정 행위의 지시 및 사실의 고지
녹색	2.5G 4/10	안내	비상구 및 피난소, 사람 또는 차량의 통행표지
흰색	N9.5		파란색 또는 녹색에 대한 보조색
검은색	N0.5		문자 및 빨간색 또는 노란색에 대한 보조색

KEY 2016년 10월 1일 기사, 산업기사 동시 출제

[정보제공]
산업안전보건법 시행규칙 [별표 8] 안전보건표지의 색채, 색도기준 및 용도

03 산업재해의 발생형태에 따른 분류 중 단순연쇄형에 해당하는 것은?(단, ○는 재해발생의 각종 요소를 나타낸다.)

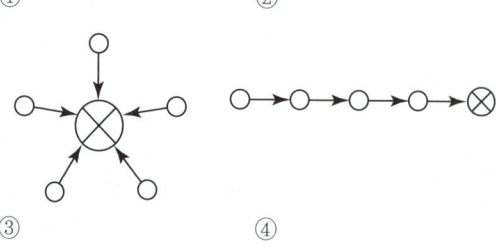

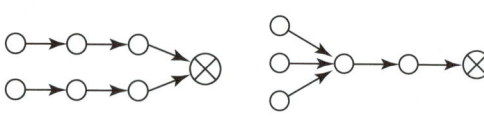

[정답] 01 ④ 02 ④ 03 ②

해설

산업재해 발생형태

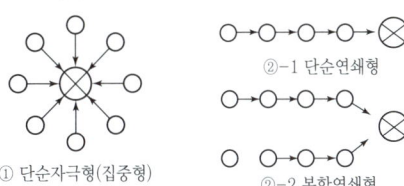

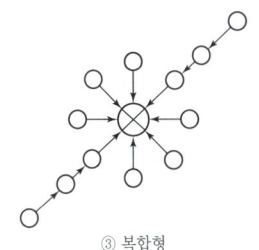

[그림] 재해(⊗)의 발생 형태 3가지

04 버드(Frank Bird)의 새로운 도미노 이론으로 연결이 옳은 것은?

① 제어의 부족→기본 원인→직접 원인→사고→상해
② 관리구조→작전적 에러→전술적 에러→사고→상해
③ 유전과 환경→인간의 결함→불안전한 행동 및 상태→재해→상해
④ 유전적 요인 및 사회적 환경→개인적 결함→불안전한 행동 및 상태→사고→상해

해설

버드(Bird)의 최신 연쇄성(Domino) 이론
① 제1단계 : 전문적 관리 부족(제어 부족)
② 제2단계 : 기본원인(기원)
③ 제3단계 : 직접원인(징후) : 인적 원인+물적 원인
④ 제4단계 : 사고(접촉)
⑤ 제5단계 : 상해

05 방독마스크 정화통의 종류와 외부 측면 색상의 연결이 옳은 것은?

① 유기화합물용-노란색 ② 할로겐용-회색
③ 아황산용-녹색 ④ 암모니아용-갈색

해설

방독마스크 흡수관(정화통)의 종류

종 류	시험가스	정화통 외부측면 표시색
유기화합물용	시클로헥산(C_6H_{12}) 디메틸에테르(CH_3OCH_3), 이소부탄(C_4H_{10})	갈색
할로겐용	염소가스 또는 증기(Cl_2)	회색
황화수소용	황화수소가스(H_2S)	회색
시안화수소용	시안화수소가스(HCN)	회색
아황산용	아황산가스(SO_2)	노란색
암모니아용	암모니아가스(NH_3)	녹색

※복합용 및 겸용의 정화통 : ① 복합용[해당가스 모두 표시(2층 분리)]
　　　　　　　　　　　　② 겸용[백색과 해당가스 모두 표시(2층 분리)]

KEY ▶ 2016년 3월 6일 산업기사 출제

06 위험예지훈련 4R 방식 중 위험포인트를 결정하여 지적 확인하는 단계로 옳은 것은?

① 1단계(현상파악) ② 2단계(본질추구)
③ 3단계(대책수립) ④ 4단계(목표설정)

해설

위험예지훈련 4R
(1) 제1단계(현상파악)
　① 어떤 위험이 잠재하고 있는가?
　② 전원이 토론으로 도해(圖解)의 상황 속에 잠재한 위험 요인을 발견한다.
(2) 제2단계(요인 조사 : 본질추구)
　① 이것이 위험 요점이다!(위험의 포인트 결정 및 지적 확인)
　② 발견된 위험 요인 가운데 중요하다고 생각되는 위험을 파악하고 ○표나 ◎표를 붙인다.
(3) 제3단계(대책수립)
　① 당신이라면 어떻게 할 것인가?
　② ◎표를 한 중요 위험을 해결하기 위해서는 어떻게 하면 좋은가를 생각하여 구체적인 대책을 세운다.
(4) 제4단계(행동계획설정 : 행동목표설정)
　① 우리는 이렇게 한다.
　② 대책 중 중점적인 실시 사항에 ※표를 붙여 그것을 실천하기 위한 팀의 행동 목표를 설정한다.

[정답] 04 ① 05 ② 06 ②

KEY ① 2016년 3월 6일 출제
② 2016년 5월 8일 기사, 산업기사 동시 출제
③ 2017년 3월 5일 기사, 산업기사 동시 출제

07 매슬로우의 욕구 5단계 이론 중 2단계에 해당하는 것은?

① 생리적 욕구
② 사회적(애정적) 욕구
③ 안전에 대한 욕구
④ 존경과 긍지에 대한 욕구

해설

매슬로우(Maslow, A. H.)의 욕구 5단계 이론
① 제1단계(생리적 욕구 : 생명유지의 기본적 욕구) : 기아, 갈증, 호흡, 배설, 성욕 등 인간의 가장 기본적인 욕구(종족보존)
② 제2단계(안전욕구) : 자기보존욕구
③ 제3단계(사회적 욕구) : 소속감과 애정욕구
④ 제4단계(존경욕구) : 인정받으려는 욕구
⑤ 제5단계(자아실현의 욕구) : 잠재적인 능력을 실현하고자 하는 욕구(성취욕구)

KEY ① 2016년 3월 6일 산업기사 출제
② 2016년 5월 8일 출제
③ 2016년 8월 21일 건설안전기사 출제
④ 2016년 8월 21일 산업안전산업기사 출제
⑤ 2016년 10월 1일 기사, 산업기사 동시 출제

08 산업재해의 발생빈도를 나타내는 것으로 연간 총 근로시간 합계 100만 시간당 재해발생 건수에 해당되는 것은?

① 도수율
② 강도율
③ 연천인율
④ 종합재해지수

해설

빈도율(도수율)(F.R : Frequency Rate of Injury)
① 연 100만 근로시간당 몇 건의 재해가 발생했는가를 나타낸다.
② 계산공식

$$빈도율 = \frac{재해건수}{연근로시간수} \times 1,000,000$$

KEY 2016년 10월 1일 산업기사 출제

09 재해손실비 중 직접비가 아닌 것은?

① 휴업 보상비
② 요양 보상비
③ 장의비
④ 영업손실비

해설

직접비와 간접비

직접비(법적으로 지급되는 산재보상비)		간접비 (직접비 제외한 모든 비용)
구분	적용	
요양급여	요양비 전액(진찰, 약제, 처치·수술기타치료, 의료시설수용, 간병, 이송 등)	인적손실 물적손실 생산손실 임금손실 시간손실 기타손실 등
휴업급여	1일당 지급액은 평균임금의 100분의 70에 상당하는 금액	
장해급여	장해등급에 따라 장해보상연금 또는 장해보상일시금으로 지급	
간병급여	요양급여 받은 자가 치유후 간병이 필요하여 실제로 간병을 받는 자에게 지급	
유족급여	근로자가 업무상사유로 사망한 경우 유족에게 지급(유족보상연금 또는 유족보상일시금)	
상병보상연금	요양개시후 2년 경과된 날 이후에 다음의 상태가 계속되는 경우 지급 ① 부상 또는 질병이 치유되지 아니한 상태 ② 부상 또는 질병에 의한 폐질의 정도가 폐질등급기준에 해당	
장의비	평균임금의 120일분에 상당하는 금액	
기타 비용	상해특별급여, 유족특별급여(민법에 의한 손해배상 청구)	

KEY 2016년 5월 8일 산업기사 출제

10 연평균 근로자수가 500명인 사업장에 1년간 3명의 사상자가 발생한 경우 이 작업장의 연천인율은?

① 4
② 5
③ 6
④ 7

해설

연천인율

$$연천인율 = \frac{연간 재해지수}{연평균 근로자수} \times 1,000 = \frac{3}{500} \times 1,000 = 6$$

KEY 2016년 3월 6일 출제

[정답] 07 ③ 08 ① 09 ④ 10 ③

11 안전관리조직의 형태 중 라인·스탭형에 대한 설명으로 옳은 것은?

① 1,000명 이상의 대규모 사업장에 적합하다.
② 명령과 보고가 상하관계로 간단명료하다.
③ 안전에 대한 전문적인 지식이나 정보가 불충분하다.
④ 생산부분은 안전에 대한 책임과 권한이 없다.

> **해설**
>
> **안전보건관리조직의 형태 3가지**
> ① Line형(직계식) : 100명 미만의 소규모 사업장
> ② Staff형(참모식) : 100~1,000명의 중규모 사업장
> ③ Line-staff형(복합식) : 1,000명 이상의 대규모 사업장
>
> **KEY** ① 2016년 3월 6일 기사, 산업기사 동시 출제
> ② 2016년 5월 8일 출제
> ③ 2016년 10월 1일 기사, 산업기사 동시 출제

12 중대재해 발생사실을 알게 된 경우 지체없이 관할 지방고용노동관서의 장에게 보고해야 하는 사항이 아닌 것은?(단, 천재지변 등 부득이한 사유가 발생한 경우는 제외한다.)

① 발생개요   ② 피해상황
③ 조치 및 전망   ④ 재해손실비용

> **해설**
>
> **중대재해 발생 시 보고사항**
> ① 발생개요 및 피해 상황
> ② 조치 및 전망
> ③ 그 밖의 중요한 사항
>
> **KEY** 2016년 3월 6일 산업기사 출제
>
> **정보제공**
> 산업안전보건법 시행규칙 제67조(중대재해발생시보고)

13 무재해 운동 기본이념의 3원칙이 아닌 것은?

① 무의 원칙   ② 상황의 원칙
③ 참가의 원칙   ④ 선취의 원칙

> **해설**
>
> **무재해운동 기본이념 3원칙**
> ① 무의 원칙('0'의 원칙)
> ② 선취의 원칙(안전제일의 원칙)
> ③ 참가의 원칙

> **KEY** ① 2016년 5월 8일 출제
> ② 2016년 10월 1일 산업기사 출제

14 산업안전보건법령상 안전인증대상 기계 등에 해당하지 않는 것은?

① 크레인   ② 곤돌라
③ 컨베이어   ④ 사출성형기

> **해설**
>
> **안전인증대상 기계의 종류**
> ① 프레스 ② 전단기 및 절곡기 ③ 크레인 ④ 리프트
> ⑤ 압력용기 ⑥ 롤러기 ⑦ 사출성형기 ⑧ 고소 작업대
> ⑨ 곤돌라
>
> **KEY** 2017년 3월 5일 산업기사 출제
>
> **정보제공**
> 산업안전보건법 시행령 제74조(안전인증 대상 기계 등)

15 산업안전보건기준에 관한 규칙에 따른 고소작업대를 사용하여 작업을 할 때 작업 시작 전 점검사항에 해당하지 않는 것은?

① 작업면의 기울기 또는 요철 유무
② 아웃트리거 또는 바퀴의 이상 유무
③ 충전장치를 포함한 홀더 등의 결합상태의 이상 유무
④ 비상정지장치 및 비상하강 방지장치 기능의 이상 유무

> **해설**
>
> **고소작업대를 사용하여 작업을 할 때 작업시작 전 점검사항**
> ① 비상정지장치 및 비상하강방지장치 기능의 이상 유무
> ② 과부하방지장치의 작동유무(와이어로프 또는 체인구동 방식의 경우)
> ③ 아웃트리거 또는 바퀴의 이상유무
> ④ 작업면의 기울기 또는 요철유무
>
> **정보제공**
> 산업안전보건기준에 관한 규칙 [별표 3] 작업시작 전 점검사항

[정답] 11 ① 12 ④ 13 ② 14 ③ 15 ③

과년도 출제문제

16 산업안전보건기준에 관한 규칙에 따른 근로자가 상시 작업하는 장소의 작업면의 최소 조도기준으로 옳은 것은? (단, 갱내 작업장과 감광재료를 취급하는 작업장은 제외한다.)

① 초정밀작업 : 1,000럭스 이상
② 정밀작업 : 500럭스 이상
③ 보통작업 : 150럭스 이상
④ 그 밖의 작업 : 50럭스 이상

[해설]

조명(조도)수준
① 초정밀작업 : 750[Lux] 이상
② 정밀작업 : 300[Lux] 이상
③ 보통작업 : 150[Lux] 이상
④ 그 밖의 작업 : 75[Lux] 이상

[정보제공]
산업안전보건기준에 관한 규칙 제8조(조도)

17 사고예방대책의 기본원리 5단계 중 제2단계는?

① 안전조직   ② 사실의 발견
③ 분석 평가   ④ 시정책 적용

[해설]

제2단계(사실의 발견)
사업장의 특성에 적합한 조직을 통해 ① 사고 및 활동 기록의 검토 ② 작업 분석 ③ 점검 및 검사 ④ 사고조사 ⑤ 각종 안전회의 및 토의 ⑥ 작업 공정 분석 ⑦ 관찰 및 보고서의 연구 등을 통하여 불안전 요소를 발견한다.

[KEY] 2016년 10월 1일 산업기사 출제

18 산업안전보건법령상 해당 사업장의 연간 재해율이 같은 업종의 평균재해율의 2배 이상인 경우 사업주에게 관리자를 정수 이상으로 증원하게 하거나 교체하여 임명할 것을 명할 수 있는 자는?

① 시·도지사
② 고용노동부장관
③ 국토교통부장관
④ 지방고용노동관서의 장

[해설]

안전관리자 등의 증원·교체임명 명령
지방고용노동관서의 장은 다음 각 호의 어느 하나에 해당하는 사유가 발생한 경우에는 사업주에게 안전관리자·보건관리자 또는 안전보건관리담당자(이하 이 조에서 "관리자"라 한다.)를 정수 이상으로 증원하게 하거나 교체하여 임명할 것을 명할 수 있다.

[정보제공]
산업안전보건법 시행규칙 제12조(안전관리자 등의 증원·교체임명 명령)

19 산업안전보건법령상 안전보건관리규정을 작성해야 하는 사업의 사업주는 안전보건관리규정을 작성해야 할 사유가 발생한 날부터 며칠 이내에 작성해야 하는가?

① 15일   ② 30일
③ 60일   ④ 90일

[해설]

안전보건관리규정의 작성
① 안전보건관리규정을 작성하여야 할 사업은 별표 4와 같다.
② 제①항에 따른 사업의 사업주는 안전보건관리규정을 작성하여야 할 사유가 발생한 날부터 30일 이내에 안전보건관리규정을 작성하여야 한다. 이를 변경할 사유가 발생한 경우에도 또한 같다.
③ 사업주가 제②항에 따른 안전보건관리규정을 작성하는 경우에는 소방·가스·전기·교통 분야 등의 다른 법령에서 정하는 안전관리에 관한 규정과 통합하여 작성할 수 있다.

[정보제공]
산업안전보건법 시행규칙 제25조(안전보건관리규정의 작성 등)

20 산업안전보건법령상 시스템 통합 및 관리업의 경우 안전보건관리규정을 작성해야 할 사업의 규모로 옳은 것은?

① 상시 근로자 10명 이상을 사용하는 사업장
② 상시 근로자 50명 이상을 사용하는 사업장
③ 상시 근로자 100명 이상을 사용하는 사업장
④ 상시 근로자 300명 이상을 사용하는 사업장

[정답] 16 ③ 17 ② 18 ④ 19 ② 20 ④

해설

안전보건관리규정을 작성하여야 할 사업의 종류 및 상시 근로자 수

사업의 종류	상시 근로자 수
1. 농업 2. 어업 3. 소프트웨어 개발 및 공급업 4. 컴퓨터 프로그래밍, 시스템 통합 및 관리업 4의2. 영상·오디오물 제공 서비스업 5. 정보서비스업 6. 금융 및 보험업 7. 임대업;부동산 제외 8. 전문, 과학 및 기술 서비스업(연구개발업 제외) 9. 사업지원 서비스업 10. 사회복지 서비스업	상시 근로자 300명 이상을 사용하는 사업장
11. 제1호부터 제4호까지, 제4의 2 및 제5호부터 제10호까지의 사업을 제외한 사업	상시 근로자 100명 이상을 사용하는 사업장

KEY 2016년 5월 8일 출제

[정보제공]
산업안전보건법 시행규칙[별표 2] 안전보건관리규정을 작성하여야 할 사업의 종류 및 규모

2 산업심리 및 교육

21 집중발상법(brain storming)의 기본 규칙들 중 틀린 것은?

① 아이디어는 많을수록 좋다.
② 떠오르는 아이디어는 어떤 것이든 관계없이 표현토록 한다.
③ 아이디어 산출과정에서, 모든 아이디어는 어떤 방식으로든 평가해야 한다.
④ 구성원들은 가능한 한 다른 사람의 아이디어를 수정하고 확장하려고 노력해야 한다.

해설
집중발상법(BS : Brain Storming)의 4원칙
① 비판금지(criticism is ruled out) : 좋다, 나쁘다 비판은 하지 않는다.
② 자유분방(free wheeling) : 마음대로 자유로이 발언한다.
③ 대량발언(quantity is wanted) : 무엇이든 좋으니 많이 발언한다.
④ 수정발언(combination and improvement of thought) : 타인의 생각에 동참하거나 보충 발언해도 좋다.

22 교육에 있어서 학습평가의 기본 기준에 해당되지 않는 것은?

① 타당도 ② 신뢰도
③ 주관도 ④ 실용도

해설
학습평가도구의 기본적인 기준 4가지
① 타당도 : 측정하고자 하는 본래 목적과 일치하느냐의 정도를 나타내는 기준이다.(정확히 측정)
② 신뢰도 : 신용도로서 측정의 오차가 얼마나 적으냐를 나타내는 것이다.
③ 객관도 : 측정의 결과에 대해 누가 보아도 일치된 의견이 나올 수 있는 성질이다.
④ 실용도 : 사용에 편리하고 쉽게 적용시킬 수 있는 기준이 실용도가 높은 것이다.

23 동기유발(motivation)방법이 아닌 것은?

① 결과의 지식을 알려 준다.
② 안전의 참 가치를 인식시킨다.
③ 상벌제도를 효과적으로 활용한다.
④ 동기유발의 수준을 최대로 높인다.

해설
안전동기의 유발방법
① 안전의 근본이념(참 가치)을 인식시킬 것
② 안전목표를 명확히 설정할 것
③ 결과를 알려줄 것(K.R법 : Knowledge Results)
④ 상과 벌을 줄 것(상벌제도를 합리적으로 시행할 것)
⑤ 경쟁과 협동을 유도할 것
⑥ 동기유발의 최적수준을 유지할 것

24 강의법에 관한 설명으로 맞는 것은?

① 학생들의 참여가 제약된다.
② 일부의 교과에만 적용이 가능하다.
③ 학급 인원수의 크기에 제약을 받는다.
④ 수업의 중간이나 마지막 단계에 적용한다.

[정답] 21 ③ 22 ③ 23 ④ 24 ①

해설

강의법의 장단점
(1) 장점
 ① 새로운 기술, 지식, 정보를 체계적으로 전달할 수 있다.
 ② 많은 양의 정보를 전달할 수 있다.
 ③ 한 사람의 강사가 많은 학생을 지도할 수 있다.
 ④ 교육의 경제성이 높다.
 ⑤ 구체적인 사실적 정보의 제공과 요점을 파악하기에 효율적이다.
(2) 단점
 ① 학습자의 이해수준을 알 수가 없다.
 ② 학습자의 성향을 고려할 수 없다.
 ③ 학습자의 능동적 참여를 기대할 수 없다.
 ④ 강사의 지식 수준에서 모든 것이 이루어지기 때문에 학습자에게 끼치는 영향이 크다.

25 산업안전보건법상 일용직 근로자를 제외한 근로자 신규 채용 시 실시해야 하는 안전보건교육 시간으로 맞는 것은?

① 8시간 이상
② 매분기 3시간
③ 16시간 이상
④ 매분기 6시간

해설

근로자 채용 시 교육시간

대상자	시간
일용근로자	1시간 이상
일용근로자를 제외한 근로자	8시간 이상

KEY 2016년 5월 8일 산업기사 출제

정보제공
산업안전보건법 시행규칙[별표 4] 산업안전보건관련 교육과정별 교육시간

26 이상적인 상황 하에서 방어적인 행동 특징을 보이는 집단행동은?

① 군중   ② 패닉
③ 모브   ④ 심리적 전염

해설

비통제적 집단행동
① 군중(Crowd) : 공통된 규범이나 조직성 없이 우연히 조직된 인간의 일시적 집합
② 모브(Mob) : 비통제의 집단 행동 중 폭동과 같은 것을 의미하며 군중보다 합의성이 없고 감정에 의해서만 행동하는 특성을 가진다.
③ 패닉(Panic) : 위험을 회피하기 위해서 일어나는 집합적인 도주현상(방어적 행동)
④ 심리적 전염

KEY 2016년 5월 8일 출제

27 인간의 행동에 대하여 심리학자 레윈(K.Lewin)은 다음과 같은 식으로 표현했다. 이 때 각 요소에 대한 내용으로 틀린 것은?

$$B = f(P \cdot E)$$

① B : Behavior(행동)
② f : Function(함수관계)
③ P : Person(개체)
④ E : Engineering(기술)

해설

K.Lewin의 법칙
$B = f(P \cdot E)$
① B : Behavior(인간의 행동)
② f : function(함수관계)
③ P : Person(개체 : 연령, 경험, 심신상태, 성격, 지능, 소질 등)
④ E : Environment(심리적 환경 : 인간관계, 작업환경 등)

KEY ① 2016년 10월 1일 출제
② 2017년 3월 5일 기사, 산업기사 동시 출제

28 피로 단계 중 이상발한, 구갈, 두통, 탈력감이 있고, 특히 관절이나 근육통이 수반되어 신체를 움직이기 귀찮아지는 단계는?

① 잠재기   ② 현재기
③ 진행기   ④ 축적피로기

[**정답**] 25 ① 26 ② 27 ④ 28 ②

해설
피로의 현재기 : 피로 단계 중 이상발한, 구갈, 두통, 탈력감이 있고, 특히 관절이나 근육통이 수반되어 신체를 움직이기 귀찮아지는 단계

29 판단과정에서의 착오 원인이 아닌 것은?

① 능력부족 ② 정보부족
③ 감각차단 ④ 자기합리화

해설
판단과정 착오요인
① 자기합리화
② 능력부족
③ 정보부족
④ 과신(자신 과잉)
⑤ 작업조건 불량

KEY▶ 2016년 5월 8일 출제

30 안전교육 지도방법 중 O.J.T(On the Job Training)의 장점이 아닌 것은?

① 동기부여가 쉽다.
② 교육효과가 업무에 신속히 반영된다.
③ 다수의 대상자를 일괄적이고 조직적으로 교육할 수 있다.
④ 직장의 실태에 맞춘 구체적이고 실제적인 교육이 가능하다.

해설
OJT의 특징
① 개개인에게 적절한 지도훈련이 가능하다.
② 직장의 실정에 맞게 실제적 훈련이 가능하다.
③ 즉시 업무에 연결되는 관계로 몸과 관련이 있다.
④ 훈련에 필요한 업무의 계속성이 끊어지지 않는다.
⑤ 효과가 곧 업무에 나타나며 훈련의 좋고 나쁨에 따라 개선이 쉽다.
⑥ 훈련효과를 보고 상호 신뢰, 이해도가 높아지는 것이 가능하다.

KEY▶ 2016년 10월 1일 출제

31 성공적인 리더가 가지는 중요한 관리기술이 아닌 것은?

① 매 순간 신속하게 의사결정을 한다.
② 집단의 목표를 구성원과 함께 정한다.
③ 구성원이 집단과 어울리도록 협조한다.
④ 자신이 아니라 집단에 대해 많은 관심을 가진다.

해설
성공적인 리더의 관리기술
① 결정은 늘 신중하게 한다.
② 집단의 목표를 구성원과 함께 정한다.
③ 구성원이 집단과 어울리도록 협조한다.
④ 자신이 아니라 집단에 대해 많은 관심을 가진다.

32 프로그램 학습법(Programmed self-instruction method)의 장점이 아닌 것은?

① 학습자의 사회성을 높이는 데 유리하다.
② 한 강사가 많은 수의 학습자를 지도할 수 있다.
③ 지능, 학습적성, 학습속도 등 개인차를 충분히 고려할 수 있다.
④ 매 반응마다 피드백이 주어지기 때문에 학습자가 흥미를 갖는다.

해설
프로그램 학습법의 장단점
(1) 장점
① 기본 개념학습이나 논리적인 학습에 유리하다.
② 지능, 학습속도 등 개인차를 고려할 수 있다.
③ 수업의 모든 단계에 적용이 가능하다.
④ 수강자들이 학습이 가능한 시간대의 폭이 넓다.
⑤ 매 학습마다 피드백을 할 수 있다.
⑥ 학습자의 학습과정을 쉽게 알 수 있다.
(2) 단점
① 한 번 개발된 프로그램 자료는 변경이 어렵다.
② 개발비가 많이 들고 제작 과정이 어렵다.
③ 교육 내용이 고정되어 있다.
④ 학습에 많은 시간이 걸린다.
⑤ 집단 사고의 기회가 없다.

KEY▶ 2017년 3월 5일 기사, 산업기사 동시 출제

[정답] 29 ③ 30 ③ 31 ① 32 ①

33 생체리듬에 관한 설명으로 틀린 것은?

① 각각의 리듬이 (-)로 최대인 점이 위험일이다.
② 육체적 리듬은 "P"로 나타내며, 23일을 주기로 반복된다.
③ 감성적 리듬은 "S"로 나타내며, 28일을 주기로 반복된다.
④ 지성적 리듬은 "I"로 나타내며, 33일을 주기로 반복된다.

해설
위험일(critical day)
① P, S, I 3개의 서로 다른 리듬은 안정기[positive phase(+)]와 불안정기[negative phase(-)]를 교대하면서 반복하여 사인(sine) 곡선을 그려 나가는데 (+) 리듬에서 (-) 리듬으로 또는 (-) 리듬에서 (+) 리듬으로 변화하는 점을 영(zero) 또는 위험일이라 한다.
② 위험일은 한 달에 6일 정도 일어난다.

34 부주의 발생의 외적 조건에 해당되지 않는 것은?

① 의식의 우회
② 높은 작업강도
③ 작업순서의 부적당
④ 주위 환경조건의 불량

해설
의식의 우회
① 의식의 흐름이 샛길로 빗나가는 경우
② 작업도중 걱정, 고뇌, 욕구불만 등에 의해 발생

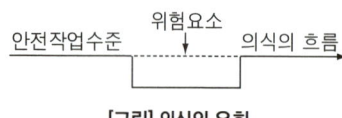

[그림] 의식의 우회

35 스트레스의 개인적 원인 중 한 직무의 역할 수행이 다른 역할과 모순되는 현상을 무엇이라고 하는가?

① 역할연기
② 역할기대
③ 역할조성
④ 역할갈등

해설
적응과 역할(Super, D. E.의 역할이론)
① 역할연기(Role playing) : 자아 탐색인 동시에 자아실현의 수단이다.(체험학습)
② 역할기대(Role expection) : 자기 자신의 역할을 기대하고 감수하는 자는 자기 직업에 충실하다고 본다.
③ 역할조성(Role shaping) : 여러 가지 역할이 발생시 그 중 어떤 역할에는 불응 또는 거부감을 나타내거나 또 다른 역할에는 적응하여 실현하기 위해 일을 구할 때 발생한다.
④ 역할갈등(Role Conflict) : 작업 중 서로 상반(모순)된 역할이 기대될 경우 갈등이 발생한다.

KEY ▶ 2016년 5월 8일 출제

36 인간은 지각 과정에서 자극의 정보를 조직화하는 과정을 거치게 된다. 시각 정보의 조직화를 의미하는 용어는?

① 유추(analogy)
② 게스탈트(gestalt)
③ 인지(cognition)
④ 근접성(proximity)

해설
군화(게스탈트)의 법칙
① 게스탈트는 '모양, 형태'라는 뜻으로 독일의 심리학자 M. 베르트하이머가 처음으로 제기한 원리
② 사물을 볼 때 무리를 지어서 보려는 시각적 심리를 뜻하며 관련이 있는 요소끼리 통합된 것으로 지각된다는 점에서 '군화의 법칙'이라고도 한다.

37 교육의 본질적 면에서 본 교육의 기능과 관련이 없는 것은?

① 사회적 기능
② 보수적 기능
③ 개인 완성으로서의 기능
④ 문화전달과 창조적 기능

해설
교육의 본질적 기능 4가지
① 인간형성(개인 완성) 작용으로서의 기능
② 가치형성 작용으로서의 기능
③ 문화전달 및 문화형성 작용으로서의 기능
④ 사회화 과정으로서의 기능

[정답] 33 ① 34 ① 35 ④ 36 ② 37 ②

38 산업안전보건법령상 대상자별 안전보건교육에 있어 건설 일용근로자의 건설업 기초안전보건교육의 교육시간으로 맞는 것은?

① 1시간 이상
② 2시간 이상
③ 4시간 이상
④ 8시간 이상

해설

건설 일용근로자 대상 건설업 기초안전보건교육시간 : 4시간 이상

KEY 2016년 5월 8일 산업기사 출제

정보제공

산업안전보건법 시행규칙[별표 4] 안전보건관련 교육과정별 교육시간

---

39 시행착오설에 의한 학습법칙에 해당하는 것은?

① 시간의 법칙
② 계속성의 법칙
③ 일관성의 법칙
④ 준비성의 법칙

해설

Thorndike의 시행착오설
① 연습 또는 반복의 법칙(the law of exercise or repetition)
② 효과의 법칙(the law of effect)
③ 준비성의 법칙(the law of readiness)

---

40 직무에 적합한 근로자를 위한 심리검사는 합리적 타당성을 갖추어야 한다. 이러한 합리적 타당성을 얻는 방법으로만 나열된 것은?

① 구인 타당도, 공인 타당도
② 구인 타당도, 내용 타당도
③ 예언적 타당도, 공인 타당도
④ 예언적 타당도, 안면 타당도

해설

타당도가 높은 검사
(1) 구성(인)타당도
  ① 수렴타당도 ② 변별타당도
(2) 준거 관련 타당도
  ① 동시타당도 ② 예측타당도
(3) 내용타당도
(4) 안면타당도

참고 건설안전기사 필기 p.2-6(합격날개 : 합격예측)

---

3 인간공학 및 시스템안전공학

41 설비보전에서 평균수리시간의 의미로 맞는 것은?

① MTTR
② MTBF
③ MTTF
④ MTBP

해설

MTTR(평균수리시간 : Mean Time To Repair)
① 체계의 고장발생 순간부터 수리가 완료되어 정상적으로 작동을 시작하기까지의 평균고장시간이며 지수분포를 따른다.
② $MTTR = \dfrac{1}{U(평균수리율)} = \dfrac{수리시간 합계}{수리횟수}$ (시간)
③ $MDT(평균정지시간) = \dfrac{총보전 작업시간}{총보전 작업건수}$

---

42 시스템이 저장되어 이동되고 실행됨에 따라 발생하는 작동시스템의 기능이나 과업, 활동으로부터 발생되는 위험에 초점을 맞춘 위험분석 차트는?

① 결함수분석(FTA : Fault Tree Analysis)
② 사상수분석(ETA : Event Tree Analysis)
③ 결함위험분석(FHA : Fault Hazard Analysis)
④ 운용위험분석(OHA : Operating Hazard Analysis)

해설

OHA(운용위험분석)
① 시스템의 모든 사용 단계에서 생산, 보전, 시험, 운반, 저장, 운전, 비상 탈출, 구조, 훈련 및 폐기 등에 사용되는 인원, 순서, 설비에 관하여 위험을 동정하고 제어한다.
② 안전 요건을 결정하기 위하여 실시하는 해석이며 위험에 초점을 맞춘 위험분석차트이다.

[표] 운용 해저드 해석의 서식

프로젝트		운용해저드해석	일시	
시스템			작성	
업무 No.	업무	해저드	안전성요구사항	비고
20	xx시험 작업/기능의 간단한 기술	1 2	1 2-(1)	

[정답] 38 ③ 39 ④ 40 ② 41 ① 42 ④

43 의자 설계에 대한 조건 중 틀린 것은?

① 좌판의 깊이는 작업자의 등이 등받이에 닿을 수 있도록 설계한다.
② 좌판은 엉덩이가 앞으로 미끄러지지 않는 재질과 구조로 설계한다.
③ 좌판의 넓이는 작은 사람에게 적합하도록, 깊이는 큰 사람에게 적합하도록 설계한다.
④ 등받이는 충분한 넓이를 가지고 요추 부위부터 어깨 부위까지 편안하게 지지하도록 설계한다.

해설

의자 좌판(면)의 깊이와 폭(넓이)
① 좌판의 바람직한 깊이와 폭은 (다용도, 타자용, 휴게실용 등) 의자 종류에 따라 다르지만 일반적으로 폭은 큰 사람에게 맞도록 하고, 깊이는 장딴지 여유를 주고 대퇴를 압박하지 않도록 작은 사람에게 맞도록 해야 한다.
② 의자가 길거나 옆으로 붙어 있는 경우 팔꿈치 폭을 고려한다.(95[%] 치 사용 : 콩나물 효과)

44 산업안전보건법령상 유해위험방지계획서 제출 대상 사업은 기계 및 가구를 제외한 금속가공제품 제조업으로서 전기 계약용량이 얼마 이상인 사업을 말하는가?

① 50[kW] ② 100[kW]
③ 200[kW] ④ 300[kW]

해설

전기계약용량이 300[kW] 이상인 사업의 종류
① 금속가공제품(기계 및 가구는 제외) 제조업
② 비금속 광물제품 제조업
③ 기타 기계 및 장비 제조업
④ 자동차 및 트레일러 제조업
⑤ 식료품 제조업
⑥ 고무제품 및 플라스틱제품 제조업
⑦ 목재 및 나무제품 제조업
⑧ 기타 제품 제조업
⑨ 1차 금속 제조업
⑩ 가구 제조업
⑪ 화학물질 및 화학제품 제조업
⑫ 반도체 제조업
⑬ 전자부품 제조업

정보제공
산업안전보건법 시행령 제42조(유해위험방지 계획서 제출대상)

45 통화이해도를 측정하는 지표로서, 각 옥타브(octave) 대의 음성과 잡음의 데시벨(dB)값에 가중치를 곱하여 합계를 구하는 것을 무엇이라 하는가?

① 명료도 지수 ② 통화 간섭 수준
③ 이해도 점수 ④ 소음 기준 곡선

해설

명료도 지수[articulation index : 明瞭度指數]
① 음성을 미소 주파수 대역폭의 성분으로 나눈 다음 그들 각 성분이 음절 명료도 s에 기여하는 정보를 밝히고 여러 가지 경우의 음절 명료도를 계산할 수 있도록 하기 위해 고안된 것이다.
② 명료도 지수 A_0는 s를 다음 식에 따라 환산한 것이다.
$$A_0 = -(Q/p) \cdot \log_{10}(1-s)$$

46 반사형 없이 모든 방향으로 빛을 발하는 점광원에서 5[m] 떨어진 곳의 조도가 120[lux]라면 2[m] 떨어진 곳의 조도는?

① 150[lux] ② 192.2[lux]
③ 750[lux] ④ 3,000[lux]

해설

조도
① 조도 = $\dfrac{광도}{(거리)^2}$

② 5[m] 지점 광도 : $120 = \dfrac{x}{(5)^2}$, $x = 120 \times 25 = 3,000$

③ 2[m] 지점 조도 : $x = \dfrac{3,000}{(2)^2} = 750[lux]$

47 조종 장치의 우발작동을 방지하는 방법 중 틀린 것은?

① 오목한 곳에 둔다.
② 조종 장치를 덮거나 방호해서는 안 된다.
③ 작동을 위해서 힘이 요구되는 조종 장치에는 저항을 제공한다.
④ 순서적 작동이 요구되는 작업일 때 순서를 지나치지 않도록 잠김 장치를 설치한다.

[정답] 43 ③ 44 ④ 45 ① 46 ③ 47 ②

해설

조종 장치의 우발작동 방지 대책
① 오목한 곳에 둔다.
② 조종 장치는 덮개 등으로 방호한다.
③ 작동을 위해서 힘이 요구되는 조종 장치에는 저항을 제공한다.
④ 순서적 작동이 요구되는 작업일 때 순서를 지나치지 않도록 잠김 장치를 설치한다.

48 건구온도 30[℃], 습구온도 35[℃]일 때의 옥스포드(Oxford) 지수는 얼마인가?

① 20.75[℃] ② 24.58[℃]
③ 32.78[℃] ④ 34.25[℃]

해설

옥스포드(Oxford) 지수
WD=0.85W(습구온도)+0.15d(건구온도)
=(0.85×35)+(0.15×30)=34.25[℃]

49 프레스에 설치된 안전장치의 수명은 지수분포를 따르며 평균수명은 100시간이다. 새로 구입한 안전장치가 50시간동안 고장없이 작동할 확률(A)과 이미 100시간을 사용한 안전장치가 앞으로 100시간 이상 견딜 확률(B)은 약 얼마인가?

① A : 0.368, B : 0.368
② A : 0.607, B : 0.368
③ A : 0.368, B : 0.607
④ A : 0.607, B : 0.607

해설

안전장치 수명(A,B)
① 고장없이 작동할 확률=신뢰도
  50시간 동안 고장없이 작동할 확률(A)
  $=e^{-\frac{50}{100}}=e^{-0.5}=0.607$
② 앞으로 100시간 이상 견딜 확률(B)
  $=e^{-\frac{100}{100}}=e^{-1}=0.368$

보충학습
신뢰도 $R(t)=e^{-\frac{t}{t_o}}=e^{-\lambda \times t}$
여기서, t_o : 평균고장시간 or 평균수명
       t : 앞으로 고장없이 사용할 시간
       λ : 고장율

50 다음 중 FT도에서 최소 컷셋을 올바르게 구한 것은?

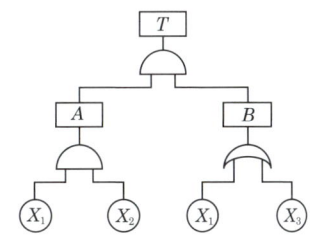

① (X_1, X_2) ② (X_1, X_3)
③ (X_2, X_3) ④ (X_1, X_2, X_3)

해설

$T = A \cdot B = \dfrac{X_1}{X_2} \cdot B = \dfrac{X_1 X_2 X_1}{X_1 X_2 X_3}$

① 컷셋 : $(X_1 X_2)(X_1 X_2 X_3)$
② 미니멀 컷셋 : $(X_1 X_2)$

51 육체작업의 생리학적 부하측정 척도가 아닌 것은?

① 맥박수 ② 산소소비량
③ 근전도 ④ 점멸융합주파수

해설

점멸-융합주파수(flicker-fusion frequency)
① 인치역치방법
② 깜박이는 불빛이 계속 커진 것처럼 보일 때의 주파수(약 30[Hz])

52 화학설비의 안전성 평가의 5단계중 제2단계에 속하는 것은?

① 작성준비 ② 정량적평가
③ 안전대책 ④ 정성적평가

해설

안전성 평가의 6단계
① 1단계 : 관계자료의 정비검토
② 2단계 : 정성적평가
③ 3단계 : 정량적평가
④ 4단계 : 안전대책
⑤ 5단계 : 재해정보에 의한 재평가
⑥ 6단계 : FTA에 의한 재평가

[정답] 48 ④ 49 ② 50 ① 51 ④ 52 ④

KEY
① 2016년 3월 6일 출제
② 2016년 5월 8일 출제
③ 2016년 10월 1일 출제

53 작업자가 용이하게 기계·기구를 식별하도록 암호화(Coding)를 한다. 암호화 방법이 아닌 것은?

① 강도
② 형상
③ 크기
④ 색채

해설
암호화 방법
① 형상
② 크기
③ 색채

54 시스템 분석 및 설계에 있어서 인간공학의 가치와 가장 거리가 먼 것은?

① 훈련비용의 절감
② 인력 이용률의 향상
③ 생산 및 보전의 경제성 감소
④ 사고 및 오용으로부터의 손실 감소

해설
인간공학의 가치 및 효과
① 성능의 향상
② 훈련비용의 절감
③ 인력이용률의 향상
④ 사고 및 오용에 의한 손실 감소
⑤ 생산 및 정비유지의 경제성 증대
⑥ 사용자의 수용도 향상

55 FT도에 사용되는 다음 기호의 명칭으로 옳은 것은?

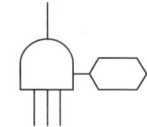

① 억제게이트
② 조합AND게이트
③ 부정게이트
④ 배타적OR게이트

해설
조합AND게이트
3개 이상의 입력현상 중에 언젠가 2개가 일어나면 출력이 생긴다.

KEY
① 2016년 5월 8일 출제
② 2016년 5월 8일 산업기사 출제
③ 2016년 10월 1일 출제

56 일반적으로 위험(Risk)은 3가지 기본요소로 표현되며 3요소(Triplets)로 정의된다. 3요소에 해당되지 않는 것은?

① 사고 시나리오(S_i)
② 사고 발생 확률(P_i)
③ 시스템 불이용도(Q_i)
④ 파급효과 또는 손실(X_i)

해설
Risk 3가지 기본요소
① 사고 시나리오(S_i)
② 사고 발생 확률(P_i)
③ 파급효과 또는 손실(X_i)

57 그림과 같이 FTA로 분석된 시스템에서 현재 모든 기본사상에 대한 부품이 고장난 상태이다. 부품 X_1부터 부품 X_5까지 순서대로 복구한다면 어느 부품을 수리 완료하는 순간부터 시스템은 정상가동이 되겠는가?

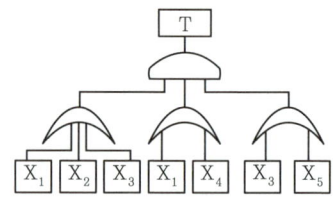

① 부품 X_2
② 부품 X_3
③ 부품 X_4
④ 부품 X_5

해설
AND와 OR
① AND게이트는 모든 입력사상이 공존할 때만 출력사상 발생
② OR게이트는 입력사상 중 어느 것이나 존재할 때 출력사상 발생

[정답] 53 ① 54 ③ 55 ② 56 ③ 57 ②

58 자동화시스템에서 인간의 기능으로 적절하지 않은 것은?

① 설비보전
② 작업계획 수립
③ 조정 장치로 기계를 통제
④ 모니터로 작업 상황 감시

해설

자동화시스템에서 인간의 기능
① 설비 보전
② 작업계획 수립
③ 모니터로 작업상황 감시

59 일반적으로 보통 작업자의 정상적인 시선으로 가장 적합한 것은?

① 수평선을 기준으로 위쪽 5[℃] 정도
② 수평선을 기준으로 위쪽 15[℃] 정도
③ 수평선을 기준으로 아래쪽 5[℃] 정도
④ 수평선을 기준으로 아래쪽 15[℃] 정도

해설

display가 형성하는 목시각(目視角)

수평작업조건	수직작업조건
① 최적조건 : 15[°] 좌우 및 아래쪽	① 최적조건 : 0~30[°] 하한
② 제한조건 : 95[°] 좌우	② 제한조건 : 75[°] 상한, 85[°] 하한

60 손이나 특정 신체부위에 발생하는 누적손상장애(CTDs)의 발생인자와 가장 거리가 먼 것은?

① 무리한 힘
② 다습한 환경
③ 장시간의 진동
④ 반복도가 높은 작업

해설

CTDs(누적외상병)의 원인
① 부적절한 자세
② 무리한 힘의 사용
③ 과도한 반복작업
④ 연속작업(비휴식)
⑤ 낮은 온도 등

[표] CTDs의 예방대책

구분	방법
관리적인 면	짧은 간격의 작업전환(짧게 자주 휴식), 준비운동, 수공구의 적절한 사용 등
공학적인 면	자동화 작업, 직무 재설계, 작업장 재설계, 수공구의 재설계, 작업의 순환배치 등
치료적인 면	충분한 휴식, 영양분 섭취, 초음파 적용, 보호구 사용, 적절한 투약, 외과 수술 등

KEY ▶ 2016년 10월 1일 출제

4 건설시공학

61 다음 조건에 따른 백호의 단위시간당 추정 굴삭량으로 옳은 것은?

버켓용량 0.5[m³], 사이클타임 20초,
작업효율 0.9, 굴삭계수 0.7,
굴삭토의 용적변화계수 1.25

① 94.5[m³]   ② 80.5[m³]
③ 76.3[m³]   ④ 70.9[m³]

해설

셔블계 굴삭기계의 단위시간당 굴삭토 시공량(m³/hr)

굴삭토량

$Q = q \times \dfrac{3600}{C_m} E \times K \times f = \dfrac{0.5 \times 3600 \times 0.9 \times 0.7 \times 1.25}{20} = 70.875$

$= 70.9[m^3]$

여기서, q : 버킷 용량(m³) C_m : 사이클 타임(sec)
E : 작업효율 K : 굴삭계수
f : 굴삭토의 용적변화계수

62 철근을 피복하는 이유와 가장 거리가 먼 것은?

① 철근의 순간격 유지
② 철근의 좌굴방지
③ 철근과 콘크리트의 부착응력 확보
④ 화재, 중성화 등으로부터 철근 보호

[정답] 58 ③ 59 ④ 60 ② 61 ④ 62 ①

> **해설**

철근피복 목적
① 내화성 유지
② 내구성(철근의 방청) 유지
③ 시공상 콘크리트 치기의 유동성 유지(굵은 골재의 유동성 유지)
④ 부착력 증대

63 철근콘크리트 공사에 있어서 철근이 D19, 굵은골재의 최대치수는 25[mm]일 때 철근과 철근의 순간격으로 옳은 것은?

① 37.5[mm] 이상   ② 33.3[mm] 이상
③ 29.5[mm] 이상   ④ 27.8[mm] 이상

> **해설**

철근의 순간격
① 19×1.5=28.5[mm]
② 25×1.25=31.25[mm]

> **보충학습**

철근의 간격 결정 방법
① 철근공칭지름의 1.5배 이상
② 2.5[cm] 이상
③ 굵은 골재지름의 $\frac{4}{3}$(1.33)배 이상
④ ①, ②, ③ 중 가장 큰 값 선택
⑤ 기둥의 축방향 철근의 순간격 : 40[mm] 이상

64 석재 사용상 주의사항으로 옳지 않은 것은?

① 압축 및 인장응력을 크게 받는 곳에 사용한다.
② 석재는 중량이 크고 운반에 제한이 따르므로 최대치수를 정한다.
③ 되도록 흡수율이 낮은 석재를 사용한다.
④ 가공 시 예각은 피한다.

> **해설**

석재의 시공상 주의사항
① 석재는 균일제품을 사용하므로 공급계획, 물량계획을 잘 세운다.
② 석재는 중량이 크므로 최대치수는 운반상 문제를 고려하여 정한다.
③ 휨, 인장강도가 약하므로 압축응력을 받는 곳에만 사용한다.
④ 1[m³]이상 석재는 높은 곳에 사용하지 않는다.
⑤ 내화가 필요한 경우는 열에 강한 석재를 사용한다.
⑥ 일반적으로 석재는 열을 가하면 균열이 발생하며, 일반적으로 강도가 크면 열에 약하므로 열영향을 받는 부위는 석재시공을 피한다.
⑦ 외장, 바닥사용 시에는 내수성과 산에 강한 것을 사용한다.
⑧ 대리석은 비중이 크고 강도가 크지만, 산, 알칼리에 취약하므로 외장재료의 사용을 피한다.
⑨ 석재는 예각을 피하고 재질에 따른 가공을 한다.

65 콘크리트공사용 재료의 취급 및 저장에 관한 설명으로 옳지 않은 것은?

① 시멘트는 종류별로 구분하여 풍화되지 않도록 저장한다.
② 골재는 잔골재, 굵은골재 및 각 종류별로 저장하고, 먼지, 흙 등의 유해물의 혼입을 막도록 한다.
③ 골재는 잔·굵은 입자가 잘 분리되도록 취급하고, 물빠짐이 좋은 장소에 저장한다.
④ 혼화재료는 품질의 변화가 일어나지 않도록 저장하고 또한 종류별로 저장한다.

> **해설**

골재는 종류별로 취급 저장한다.

66 철골부재 절단 방법 중 가장 정밀한 절단방법으로 앵글커터(angle cutter) 등으로 작업하는 것은?

① 가스절단
② 전단절단
③ 톱절단
④ 전기절단

> **해설**

정밀도가 우수한 순서
① 톱절단 > ② 전단절단 > ③ 가스절단 순

[정답] 63 ② 64 ① 65 ③ 66 ③

67 다음 모살용접(Fillet Welding)의 단면상 이론 목두께에 해당하는 것은?

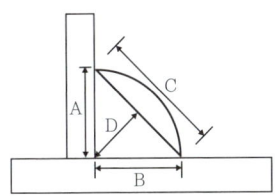

① A
② B
③ C
④ D

해설

모살용접

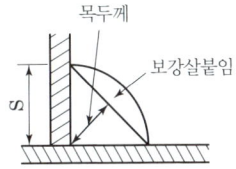

① 목두께 : 0.7S 정도
② 보강살붙임 : 3[mm] 이하 혹은 0.1S+1[mm] 이하

68 일반적인 공사의 시공속도에 관한 설명으로 옳지 않은 것은?

① 시공속도를 느리게 할수록 직접비는 증가된다.
② 급속공사를 강행할수록 품질은 나빠진다.
③ 시공속도는 간접비와 직접비의 합이 최소가 되도록 함이 가장 적절하다.
④ 시공속도를 빠르게 할수록 간접비는 감소된다.

해설

직접비는 시공속도에 거의 영향을 주지 않는다.

69 철골공사에서 베이스 플레이트 설치 기준에 관한 설명으로 옳지 않은 것은?

① 이동식 공법에 사용하는 모르타르는 무수축 모르타르로 한다.
② 앵커볼트 설치 시 베이스플레이트 위치의 콘크리트는 설계도면 레벨보다 30[mm]~50[mm] 낮게 타설한다.
③ 베이스플레이트 설치 후 그라우팅 처리한다.
④ 베이스 모르타르의 양생은 철골 설치 전 1일 정도면 충분하다.

해설

베이스 플레이트(철골공사 시방서 기준)
① 베이스 플레이트 하부에 채워 넣는 베이스 모르타르는 무수축 모르타르로 한다.
② 모르타르의 두께는 30[mm] 이상 50[mm] 이내로 한다.
③ 모르타르의 크기는 200[mm] 각 또는 직경 200[mm] 이상으로 한다.
④ 베이스 모르타르는 철골 설치 전 3일 이상 양생하여야 한다.

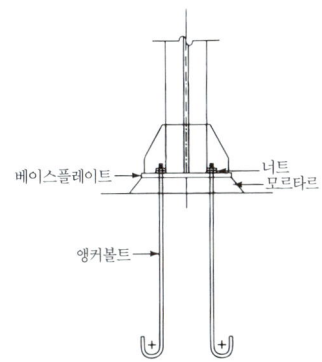

[그림] 베이스 플레이트

70 특수 거푸집 가운데 무량판구조 또는 평판구조와 가장 관계가 깊은 거푸집은?

① 워플폼
② 슬라이딩폼
③ 메탈폼
④ 갱폼

[정답] 67 ④ 68 ① 69 ④ 70 ①

해설
워플폼(Waffle form)
① 무량판 구조 또는 평판 구조에서 특수상자 모양의 기성재 거푸집(돔 팬 : dome pan)이다.
② 크기는 60~90[cm], 각 높이는 9~18[cm]이고 모서리는 둥그스름하게 되어 있어 2방향 장선 바닥판 구조를 만들 수 있는 거푸집이다.

---

71 네트워크공정표에서 후속작업의 가장 빠른 개시시간(EST)에 영향을 주지 않는 범위 내에서 한 작업이 가질 수 있는 여유시간을 의미하는 것은?

① 전체여유(TF)   ② 자유여유(FF)
③ 간섭여유(IF)   ④ 종속여유(DF)

해설
Free Float(자유여유, FF)
① 최초 개시일에 작업을 시작하여 후속작업을 최초 개시일에 시작할 때 생기는 여유일
② 후속작업의 EST - 그 작업의 EFT

---

72 ALC 블록공사에 관한 내용으로 옳지 않은 것은?

① 쌓기 모르타르는 교반기를 사용하여 배합하며, 1시간 이내에 사용해야 한다.
② 줄눈의 두께는 3~5[mm] 정도로 한다.
③ 하루 쌓기 높이는 1.8[m]를 표준으로 하며, 최대 2.4[m] 이내로 한다.
④ 연속되는 벽면의 일부를 트이게 하여 나중쌓기로 할 경우 그 부분을 층단 떼어쌓기로 한다.

해설
A.L.C블록공사
① A.L.C는 석회질, 규산질 원료와 기포제 및 혼화제를 물과 혼합하여 고온고압증기양생하여 만든 경량콘크리트의 일종이다.
② 쌓기 모르타르는 교반기를 사용하여 배합하며 1시간 이내에 사용해야 한다.
③ 줄눈의 두께는 1~3[mm] 정도로 한다.
④ 블록 상단의 겹침길이는 블록길이의 1/3~1/2을 원칙으로 하고 최소 100[mm] 이상으로 한다.
⑤ 하루 쌓기높이는 1.8[m]를 표준으로 하고 최대 2.4[m] 이내로 한다.
⑥ 연속되는 벽면의 일부를 트이게 하여 나중쌓기로 할 때에는 그 부분을 층단 떼어쌓기로 한다.
⑦ 공간쌓기의 경우 바깥쪽을 주벽체로 하고 내부공간은 50~90[mm] 정도로 하고, 수평거리 900[mm], 수직거리 600[mm]마다 철물연결재로 긴결한다.

---

73 탑다운공법(top-down)에 관한 설명으로 옳지 않은 것은?

① 역타공법이라고도 한다.
② 굴토작업이 슬래브 하부에서 진행되므로 작업능률 및 작업환경 조건이 개선되며, 공사비가 절감된다.
③ 건물의 지하구조체에 시공이음이 많아 건물방수에 대한 우려가 크다.
④ 지상과 지하를 동시에 시공할 수 있으므로 공기를 절감할 수 있다.

해설
Top-Down 공법(역타공법)
흙막이벽으로 설치한 지하연속벽(Slurry Wall)을 본 구조체의 벽체로 이용하고 기둥과 기초를 시공한 후 지하층과 지상층을 동시에 작업하는 공법

[표] Top-Down 공법의 장단점

장점	단점
· 지하와 지상을 동시에 작업함으로 공기를 단축할 수 있다. · 인접건물 및 도로 침하방지 억제에 효과적이다. · 주변 지반에 영향이 적다. · 1층 바닥은 작업장으로 활용함으로 부지의 여유가 없을 때도 좋다. · 지하공사중 소음발생우려가 적다. · 가설자재를 절약할 수 있다.	· 기둥, 벽 등의 수직부재 역 조인트 발생으로 이음부 처리가 곤란하다. · 작업능률 및 작업환경 조건이 떨어진다. · 소형의 고성능 장비가 필요하다. · 시공정밀도, 품질관리에 유의해야 한다. · 시공비가 비싸다.

KEY ▶ 2017년 3월 5일 기사, 산업기사 동시 출제

---

74 건설공사 현장의 철근재료 실험항목에 속하지 않는 것은?

① 압축강도시험
② 인장강도시험
③ 휨시험
④ 연신율시험

해설
압축강도시험 : 콘크리트 시험

[정답] 71 ② 72 ② 73 ② 74 ①

75 직영공사에 관한 설명으로 옳은 것은?

① 직영으로 운영하므로 공사비가 감소된다.
② 의사소통이 원활하므로 공사기간이 단축된다.
③ 특수한 상황에 비교적 신속하게 대처할 수 있다.
④ 입찰이나 계약 등 복잡한 수속이 필요하다.

해설

직영공사의 특징

장점	단점
· 영리를 도외시한 확실성 있는 공사 가능 · 계약에 구속됨 없이 임기응변 처리가능 · 발주계약 등의 수속 절감	· 공사비 증대 · 재료의 낭비 또는 잉여 · 시공관리 능력부족

76 지하 흙막이벽을 시공할 때 말뚝구멍을 하나 걸러 뚫고 콘크리트를 부어넣은 후 다시 그 사이를 뚫어 콘크리트를 부어넣어 말뚝을 만드는 공법은?

① 배노토 공법
② 어스드릴 공법
③ 칼웰드 공법
④ 이코스파일 공법

해설

ICOS공법(주열식 흙막이 공법 중의 한 종류)
말뚝구멍을 하나 걸러 뚫고 콘크리트를 타설하고 말뚝과 말뚝 사이에 다음 구멍을 뚫고 콘크리트를 타설하여 연결해 가는 주열식 공법

[표] ICOS공법의 장·단점

장점	단점
· 저소음, 저진동 공법이다. · 차수성이 높다. · 주변 지반에 대한 영향이 적다.(도심지 근접시공유리) · 흙막이 효과가 좋고 인접건물의 침하우려 시 유효하다.	· 공사기간이 길다. · 공사비가 증대된다. · 굴착 시 안정액 사용에 따른 벤토나이트 폐액 처리 문제가 발생한다.

77 지정공사 시 사용되는 모래의 장기허용 압축강도의 범위로 옳은 것은?

① 장기 허용압축강도 $10 \sim 20 [t/m^2]$
② 장기 허용압축강도 $20 \sim 40 [t/m^2]$
③ 장기 허용압축강도 $40 \sim 60 [t/m^2]$
④ 장기 허용압축강도 $60 \sim 80 [t/m^2]$

해설

모래 장기허용압축강도(단위 : $[t/m^2]$) : 20~40

78 조적공사 시 점토벽돌 외부에 발생하는 백화현상을 방지하기 위한 대책이 아닌 것은?

① 10[%] 이하의 흡수율을 가진 양질의 벽돌을 사용한다.
② 벽돌면 상부에 빗물막이를 설치한다.
③ 쌓기 후 전용발수제를 발라 벽면에 수분흡수를 방지한다.
④ 염분을 함유한 모래나 석회질이 섞인 모래를 사용한다.

해설

백화현상의 방지대책
① 잘 구워진 벽돌(소성이 잘 된 벽돌)을 사용한다.
② 줄눈의 방수처리를 철저히 한다.
③ 조립률이 큰 모래, 분말도가 큰 시멘트를 사용한다.
④ 차양, 루버, 돌림띠 등 비막이를 설치한다.
⑤ 표면에 파라핀 도료나 실리콘 뿜칠하여 수산화칼슘 유출을 방지한다.
⑥ 우중시공을 철저히 금지시킨다.

KEY ▶ 2017년 3월 5일 산업기사(문제 79번)

79 기초의 종류에 관한 설명으로 옳은 것은?

① 온통기초-기둥 하나에 기초판이 하나인 기초
② 복합기초-2개 이상의 기둥을 1개의 기초판으로 받치게 한 기초
③ 독립기초-조적조의 벽기초, 철근콘크리트의 연결기초
④ 연속기초-건물 하부 전체 또는 지하실 전체를 기초판으로 구성한 기초

해설

기초의 분류(Slab 형식에 의한 분류 : 얕은 기초)

구분	특징
독립기초	(Independent footing) : 단일기둥을 기초판이 받친다.
복합기초	(Combination footing) : 2개 이상 기둥을 한 기초판에 지지
연속기초	(줄기초 : Strip footing) : 연속된 기초판이 벽, 기둥을 지지
온통기초	(Mat foundation) : 건물하부 전체를 기초판으로 한 것

[정답] 75 ③ 76 ④ 77 ② 78 ④ 79 ②

80 지하 합벽거푸집에서 측압에 대비하여 버팀대를 삼각형으로 일체화한 공법은?

① 1회용 리브라스 거푸집
② 와플 거푸집(Waffle form)
③ 무폼타이 거푸집(tie-less formwork)
④ 단열 거푸집

> **해설**
>
> **tie-less formwork**
> (1) 개요
>   ① 벽체 거푸집의 설치 시 벽체 양면에 거푸집의 설치가 곤란한 경우가 발생하는데, 이때 한 면에만 거푸집을 설치하여, 폼타이 없이 거푸집에 작용하는 콘크리트의 측압을 지지하도록 한 거푸집 공법을 무폼타이 거푸집이라 한다.
>   ② 무폼타이 거푸집 공법은 폼타이 설치작업의 번거로움을 없애고, 거푸집을 지지하기 위한 브레이스 프레임(brace frame)을 사용하므로, 브레이스 프레임 공법이라고도 한다.

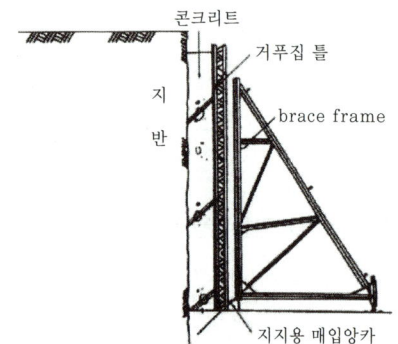

[그림] 무폼타이 거푸집

> (2) 특징
>   ① 폼타이를 설치하기 위한 용접작업 등의 번거로움이 없어진다.
>   ② 폼타이용 철물에 의한 누수가 방지된다.
>   ③ 흙막이벽 공사 시 주로 사용된다.
>   ④ 공법이 단순하고 거푸집 설치·해체 품이 절약된다.
>   ⑤ 사용 횟수에 대한 전용률이 아주 높다.
>   ⑥ 하부 앙카 매입을 위한 지지층이 필요하다.
> (3) 시공 시 주의사항
>   ① 앙카 매입 시 콘크리트 측압에 대한 구조 계산이 필요하다.
>   ② 앙카 매입 후 지지력 시험을 실시한다.(인발시험)
>   ③ 앙카 매입 길이는 콘크리트 또는 경질지반에 260~430[mm] 정도 매입한다.

5 건설재료학

81 목재의 성질에 관한 설명으로 옳지 않은 것은?

① 물속에 담가 둔 목재, 땅속 깊이 묻은 목재 등은 산소부족으로 균의 생육이 정지되고 썩지 않는다.
② 목재의 함유수분 중 자유수는 목재의 물리적 또는 기계적 성질에 많은 영향을 끼친다.
③ 목재는 열전도도가 아주 낮아 여러 가지 보온재료로 사용된다.
④ 목재는 섬유포화점 이상의 함수상태에서는 함수율의 증감에도 불구하고 신축을 일으키지 않는다.

> **해설**
>
> **자유수**
> ① 목재의 중량에 영향을 준다.
> ② 기계적, 물리적 성질과는 관계가 없다.

82 점토의 공학적 특성에 관한 설명으로 옳지 않은 것은?

① 인장강도는 점토의 조직에 관계하며 입자의 크기가 큰 영향을 준다.
② 점토제품의 색상은 철산화물 또는 석회질물질에 의해 나타난다.
③ 점토를 가공 소성하여 냉각하면 금속성의 강성을 나타낸다.
④ 사질점토는 적갈색으로 내화성이 높은 특성이 있다.

> **해설**
>
> **사질 점토(sandy clay, 砂質粘土)**
> ① 세립분이 50[%] 이상으로 모래 성분이 두드러지게 포함되는 찰흙, 또는 3각 좌표로 분류되는 사질 점토의 범위에 해당하는 흙을 말한다.
> ② 적갈색이며 용해되기 쉽다.(내화성이 낮다.)
>
> **KEY** 2017년 3월 5일 기사, 산업기사 동시 출제

[정답] 80 ③ 81 ② 82 ④

83 주제와 경화제로 이루어진 2성분형이 대부분으로 금속, 플라스틱, 도자기, 콘크리트의 접합에 이용되고 내구력, 내수성, 내약품성이 매우 우수하여 만능형 접착제로 불리는 것은?

① 에폭시수지 접착제
② 페놀수지 접착제
③ 아크릴수지 접착제
④ 폴리에스테르수지 접착제

해설

에폭시수지 접착제(Epoxy resin paste)
① 내수성, 내습성, 내약품성, 전기절연성이 우수, 접착력이 강하다.
② 피막이 단단하고 유연성 부족, 값이 비싸다.
③ 금속, 항공기 접착에도 쓰인다.
④ 현재까지의 접착제 중 가장 우수하다.

KEY 2016년 5월 8일 출제

84 건축용 뿜칠마감재의 조성에 관한 설명 중 옳지 않은 것은?

① 안료 : 내알칼리성, 내후성, 착색력, 색조의 안정
② 유동화제 : 재료를 유동화시키는 재료(물이나 유기용제 등)
③ 골재 : 치수안정성을 향상시키고 흡음성, 단열성 등의 성능개선(모래, 석분, 펄프입자, 질석 등)
④ 결합재 : 바탕재의 강도를 유지하기 위한 재료(골재, 시멘트 등)

해설

미장재료의 분류
① 고결재 : 미장 바름의 주체가 되는 재료(소석회, 점토, 돌로마이트 석회, 석고, 마그네시아 시멘트 등)
② 결합재 : 고결재의 결점 보완, 응결경화시간을 조절(여물, 풀, 수염 등)
③ 골재 : 중량 또는 치장을 목적으로 사용(모래)

85 어떤 재료의 초기 탄성변형량이 2.0[cm]이고 크리프(creep) 변형량이 4.0[cm]라면 이 재료의 크리프 계수는 얼마인가?

① 0.5
② 1.0
③ 2.0
④ 4.0

해설

크리프계수$(\Phi t) = \dfrac{(\varepsilon c) \text{크리프 변형량}}{(\varepsilon e) \text{탄성 변형량}} = \dfrac{4}{2} = 2$

보충학습

크리프 증가요인
① 부재의 건조정도가 높을수록
② 물시멘트비가 클수록
③ 재하시기가 빠를수록
④ 하중이 클수록
⑤ 시멘트량, 단위수량이 많을수록
⑥ 온도가 높을수록
⑦ 습도가 낮을수록
⑧ 부재 치수가 작을수록

86 재료의 기계적 성질 중 작은 변형에도 파괴되는 성질을 무엇이라 하는가?

① 강성
② 소성
③ 탄성
④ 취성

해설

취성(brittleness)
① 재료가 외력을 받아도 변형되지 않거나 극히 미미한 변형을 수반하고 파괴되는 성질을 취성이라 한다.
② 주철 등 취성을 가진 금속재료는 충격강도와 밀접한 관계가 있어 갑자기 파괴될 위험성이 크다.
③ 유리와 콘크리트 등도 취성이 큰 재료이다.

87 서중콘크리트에 대한 설명으로 옳지 않은 것은?

① 시멘트는 고온의 것을 사용하지 않아야 하고 골재 및 물은 가능한 한 낮은 온도의 것을 사용한다.
② 표면활성제는 공사시방서에 정한 바가 없을 때에는 AE감수제 지연형 등을 사용한다.
③ 콘크리트를 부어 넣은 후 수분의 급격한 증발이나 직사광선에 의한 온도 상승을 막고 습윤 상태가 유지되도록 양생한다.
④ 거푸집 해체시기 검토를 위하여 적산온도를 활용한다.

[정답] 83 ① 84 ④ 85 ③ 86 ④ 87 ④

> **해설**

서중 콘크리트
① 고온의 시멘트는 사용하지 않는다.
② 골재와 물은 저온의 것을 사용한다.
③ 거푸집은 사용하기 전에 충분히 적신다.
④ 콘크리트 타설 시의 온도는 30[℃] 이하라야 한다.
⑤ 혼합과 타설의 모든 작업은 1시간 이내에 완료하여야 한다.
⑥ 콘크리트를 타설한 후 표면이 습윤 상태로 유지되도록 보양에 유의한다.

88 유성 목재방부제로서 악취가 나고, 흑갈색으로 외관이 미려하지 않아 토대, 기둥 등에 이용되는 것은?

① 크레오소트 오일
② 황산동 1[%] 용액
③ 염화아연 4[%] 용액
④ 불화소다 2[%] 용액

> **해설**

크레오소트 오일(creosote oil)
① 방부성은 좋으나 목재가 흑갈색으로 착색되고 악취가 있고 흡수성이 있다.
② 외관이 아름답지 않으므로 보이지 않는 곳의 토대, 기둥, 도리 등에 사용한다.
③ 값도 싸고 침투성도 크고 시공도 편리하다.

89 포틀랜드시멘트 클링커에 철용광로에서 나온 슬래그를 급랭하여 혼합하고 이에 응결시간 조절용 석고를 첨가하여 분쇄한 것으로, 수화열량이 적어 매스콘크리트용으로도 사용할 수 있는 시멘트는?

① 알루미나시멘트
② 보통포틀랜드시멘트
③ 조강시멘트
④ 고로시멘트

> **해설**

고로(슬래그)시멘트
① 시멘트의 클링커와 슬래그의 혼합물인데 단기강도가 부족하다.
② 콘크리트는 발열량이 적고 염분에 대한 저항이 크므로 해안공사나 대형 단면부재공사에 이용한다.(해수에 내식성이 크다.)

90 다음 미장재료 중 여물(hair)이 필요 없는 것은?

① 돌로마이트 플라스터
② 경석고 플라스터
③ 회반죽
④ 회사벽

> **해설**

경석고 플라스터(킨즈시멘트)
① 무수석고를 화학처리하여 만든 것으로 경화 후 매우 단단하다.
② 강도가 크다.
③ 경화가 빠르다.
④ 경화 시 팽창한다.
⑤ 산성으로 철류를 녹슬게 한다.
⑥ 수축이 매우 작다.
⑦ 표면강도가 크고 광택이 있다.

> **보충학습**

(1) 돌로마이트플라스터 : 돌로마이트석회(마그네시아 석회)에 모래, 여물 등을 혼합한 것
  ① 점토가 크고, 응결시간이 길다.
  ② 회반죽보다 강도가 크다.
  ③ 건조강화시에 균열이 생기기 쉽고 물에 약하다.
(2) 회반죽 : 소석회, 해초풀, 여물, 모래 등을 혼합한 것
(3) 회사벽 : 석회죽(lime cream)에 모래를 넣어 반죽한 것

91 시멘트의 성질에 관한 설명 중 옳지 않은 것은?

① 포틀랜드시멘트의 3가지 주요 성분은 실리카(SiO_2), 알루미나(Al_2O_3), 석회(CaO)이다.
② 시멘트는 응결경화 시 수축성 균열이 생겨 변형이 일어난다.
③ 슬래그의 함유량이 많은 고로시멘트는 수화열의 발생량이 많다.
④ 시멘트의 응결 및 강도증진은 분말도가 클수록 빨라진다.

> **해설**

고로(슬래그)시멘트
① 철용광로에서 나오는 고로슬래그를 물로 급냉시켜 잘게 부순 광재를 포틀랜드시멘트와 혼합하여 만든다.
② 비중이 작다(2.9)
③ 바닷물, 해수에 대한 화학저항성이 우수하다.
④ 내열성이 크고 수밀성이 양호하다.
⑤ 수화열이 적다.
⑥ 초기강도는 작으나 장기강도는 크다.
⑦ 동결융해 저항성이 크고, 알칼리 골재반응 방지효과가 있다.
⑧ 해안공사, 지중공사, 매스콘크리트 등에 사용한다.

[정답] 88 ① 89 ④ 90 ② 91 ③

92. 미장공사의 바탕조건으로 옳지 않은 것은?

① 미장층보다 강도는 크지만 강성은 작을 것
② 미장층과 유해한 화학반응을 하지 않을 것
③ 미장층의 경화, 건조에 지장을 주지 않을 것
④ 미장층의 시공에 적합한 흡수성을 가질 것

해설

미장공사의 바탕조건
① 미장층과 유해한 화학반응을 하지 않을 것
② 미장층의 경화, 건조에 지장을 주지 않을 것
③ 미장층의 시공에 적합한 흡수성을 가질 것

93. 목재의 역학적 성질에서 가력방향이 섬유와 평행할 경우, 목재의 강도 중 크기가 가장 작은 것은?

① 압축강도   ② 휨강도
③ 인장강도   ④ 전단강도

해설

섬유에 평행할 때의 강도의 관계
인장강도(200) > 휨강도(150) > 압축강도(100) > 전단강도(16)

94. 석재의 일반적인 성질에 관한 설명으로 옳지 않은 것은?

① 화강암의 내구연한은 75~200년 정도로서 다른 석재에 비하여 비교적 수명이 길다.
② 흡수율은 동결과 융해에 대한 내구성의 지표가 된다.
③ 인장강도는 압축강도의 1/10~1/30 정도이다.
④ 비중이 클수록 강도가 크며, 공극률이 클수록 내화성이 작다.

해설

석재의 압축강도
① 중량이 클수록 크다.
② 공극과 입자는 작을수록 크다.
③ 결합상태가 좋을수록 크다.

95. 합성수지계 접착제 중 내수성이 가장 좋지 않은 접착제는?

① 에폭시수지 접착제   ② 초산비닐수지 접착제
③ 멜라민수지 접착제   ④ 요소수지 접착제

해설

초산비닐수지 접착제(Vinyl resin paste)
① 값이 싸고 작업성이 좋고, 다양한 종류의 접착에 알맞다.
② 일반적으로 많이 사용한다.
③ 목재가구 및 창호, 종이도배, 천도배, 논슬립 등의 접착에 사용한다.
④ 내수성이 좋지 않다.

96. 발포제로서 보드상으로 성형하여 단열재로 널리 사용되며 건축물의 천장재, 블라인드 등에 널리 쓰이는 열가소성 수지는?

① 알키드 수지   ② 요소 수지
③ 폴리스티렌 수지   ④ 실리콘 수지

해설

폴리스티렌(Polystyrene) 수지
① 무색투명하고 착색하기 쉬우며 내화학성, 전기절연성, 가공성이 우수하다.
② 단단하나 부서지기 쉬운 결점이 있다.
③ 용도 : 건축물 천장재, 블라인드

KEY 2017년 3월 5일 기사, 산업기사 동시 출제

97. 각종 혼화 재료에 관한 설명으로 옳지 않은 것은?

① 플라이애시는 콘크리트의 장기강도를 증진하는 효과는 있으나 수밀성은 감소된다.
② 감수제를 이용하여 시멘트의 분산작용의 효과를 얻을 수 있다.
③ 염화칼슘은 경화촉진을 목적으로 이용되는 혼화제이다.
④ 발포제는 시멘트에 혼입시켜 화학반응에 의해 발생하는 가스를 이용하여 기포를 발생시키는 혼화제이다.

[정답] 92 ① 93 ④ 94 ④ 95 ② 96 ③ 97 ①

해설
플라이애시
① 화력발전소 연소보일러의 미분탄을 집진기로 포집한 것
② 워커빌리티 개선, 블리딩 감소
③ 초기강도는 낮지만 장기강도는 증가
④ 수화열의 감소, 단위수량의 감소
⑤ 해수에 대한 화학저항성의 증가
⑥ 수밀성의 향상

보충학습
플라이애시 시멘트
① 포틀랜드 시멘트에 플라이애시를 혼합하여 만든 시멘트이다.
② 초기강도가 작고, 장기강도 증진이 크다.
③ 화학저항성이 크다.
④ 수밀성이 크다.
⑤ 워커빌리티가 좋아진다.
⑥ 수화열과 건조수축이 적다.
⑦ 매스콘크리트 등에 사용한다.

98 은백색의 굳은 금속원소로서 불순물이 포함되면 강해지는 경향이 있으며, 스테인리스강보다 우수한 내식성을 갖는 합금은?

① 티타늄과 그 합금
② 연과 그 합금
③ 주석과 그 합금
④ 니켈과 그 합금

해설
티타늄과 그 합금
① 불순물이 조금이라도 있으면 강해지는 경향이 있다.
② 가볍고, 융점이 높다.
③ 열팽창계수와 열전도율이 적다.
④ 내식성이 크다.

99 비철금속의 성질 또는 용도에 관한 설명 중 옳지 않은 것은?

① 동은 전연성이 풍부하므로 가공하기 쉽다.
② 납은 산이나 알칼리에 강하므로 콘크리트에 침식되지 않는다.
③ 아연은 이온화경향이 크고 철에 의해 침식된다.
④ 대부분의 구조용 특수강은 니켈을 함유한다.

해설
납(Pb)
① 비중이 크고 연하다.
② 주조 가공성 및 단조성이 풍부하다.
③ 열전도율은 작으나 온도의 변화에 따른 신축이 크다.
④ 알칼리에는 침식된다.
⑤ 송수관, 가스관, X선실 안벽붙임 등에 쓰인다.

100 한중콘크리트에 관한 설명으로 옳지 않은 것은?(단, 콘크리트표준시방서 기준)

① 한중콘크리트에는 공기연행 콘크리트를 사용하는 것을 원칙으로 한다.
② 단위수량은 초기동해를 적게 하기 위하여 소요의 워커빌리티를 유지할 수 있는 범위 내에서 되도록 적게 정하여야 한다.
③ 물-결합재비는 원칙적으로 50[%] 이하로 하여야 한다.
④ 배합강도 및 물-결합재비는 적산온도 방식에 의해 결정할 수 있다.

해설
한중 콘크리트
① 4[℃] 이하의 기온에서는 합당한 시공을 해야 한다.
② 콘크리트를 칠 때의 온도는 10[℃] 이상으로 한다.
③ 시멘트 중량의 1[%] 정도의 염화칼슘을 가하거나 AE제를 사용하는 것이 좋다.
④ 사용 수량은 가능한 한 적게 한다.(물시멘트비 60[%] 이하)
⑤ 물과 골재는 가열하여도 되나 시멘트는 가열하여 사용할 수 없다.
⑥ 동결해가 있거나 빙설이 섞여 있는 골재는 그대로 사용할 수 없다.

[정답] 98 ① 99 ② 100 ③

6 건설안전기술

101
산업안전보건관리비 계상 및 사용기준에 따른 공사 종류별 계상기준으로 옳은 것은?(단, 특수건설공사이고, 대상액이 5억원 미만인 경우)

① 1.85[%]   ② 2.07[%]
③ 3.09[%]   ④ 3.43[%]

해설

공사종류 및 규모별 안전관리비 계상기준표

공사종류	대상액 5억원 미만	대상액 5억원 이상 50억원 미만		대상액 50억원 이상	영 별표5에 따른 보건관리자 선임 대상 건설공사
		비율(X)	기초액(C)		
건축공사	3.11[%]	2.28[%]	4,325,000원	2.37[%]	2.64[%]
토목공사	3.15[%]	2.53[%]	3,300,000원	2.60[%]	2.73[%]
중건설공사	3.64[%]	3.05[%]	2,975,000원	3.11[%]	3.39[%]
특수건설공사	2.07[%]	1.59[%]	2,450,000원	1.64[%]	1.78[%]

KEY
① 2016년 3월 6일 산업기사 출제
② 2016년 10월 1일 출제

정보제공
2024년 9월 19일 고시 2024-53호 적용

102
지반조사의 목적에 해당되지 않는 것은?

① 토질의 성질 파악
② 지층의 분포 파악
③ 지하수위 및 피압수 파악
④ 구조물의 편심에 의한 적절한 침하 유도

해설

지반조사의 필요성 및 목적
① 구조물에 적합한 기초 형식 및 근입 깊이 결정
② 기초 지반의 조건과 특성에 적합한 시공방법의 결정
③ 토질의 공학적인 특성 파악
④ 잠재적인 지반의 문제점에 대한 평가 및 대책수립
⑤ 지하수위 및 피압수 여부 파악

103
크레인의 운전실 또는 운전대를 통하는 통로의 끝과 건설물 등의 벽체의 간격은 최대 얼마 이하로 하여야 하는가?

① 0.2[m]   ② 0.3[m]
③ 0.4[m]   ④ 0.5[m]

해설
건설물 등의 벽체와 통로와의 간격 : 0.3[m] 이하

정보제공
산업안전보건기준에 관한 규칙 제145조(건설물 등의 벽체와 통로와의 간격 등)
사업주는 다음 각 호에 규정된 간격을 0.3[m] 이하로 하여야 한다. 다만, 근로자가 추락할 위험이 없는 경우에는 그러하지 아니하다.
1. 크레인의 운전실 또는 운전대를 통하는 통로의 끝과 건설물 등의 벽체의 간격
2. 크레인거더의 통로의 끝과 크레인거더와의 간격
3. 크레인거더의 통로로 통하는 통로의 끝과 건설물 등의 벽체의 간격

104
그물코의 크기가 10[cm]인 매듭없는 방망사 신품의 인장강도는 최소 얼마 이상이어야 하는가?

① 240kg   ② 320kg
③ 400kg   ④ 500kg

해설

방망사의 신품에 대한 인장강도

그물코의 크기 (단위 : [cm])	방망의 종류(단위 : [kg])	
	매듭 없는 방망	매듭 방망
10	240	200
5		110

KEY
① 2016년 5월 8일(문제 110번) 출제
② 2016년 10월 1일 산업기사 출제

105
유해위험방지 계획서를 제출하려고 할 때 그 첨부서류와 가장 거리가 먼 것은?

① 공사개요서
② 산업안전보건관리비 작성요령
③ 전체공정표
④ 재해 발생 위험 시 연락 및 대피방법

[정답] 101 ②　102 ④　103 ②　104 ①　105 ②

해설

건설업 유해위험방지계획서 첨부서류
① 공사개요서
② 공사현장의 주변 현황 및 주변과의 관계를 나타내는 도면(매설물 현황을 포함한다)
③ 건설물, 사용 기계설비 등의 배치를 나타내는 도면
④ 전체 공정표
⑤ 산업안전보건관리비 사용계획
⑥ 안전관리 조직표
⑦ 재해 발생 위험 시 연락 및 대피방법

KEY 2016년 3월 6일(문제113번) 출제

정보제공
산업안전보건법 시행규칙 [별표 10] 유해위험방지계획서 첨부서류

---

106 흙막이 공법을 흙막이 지지방식에 의한 분류와 구조방식에 의한 분류에 나눌 때 다음 중 지지방식에 의한 분류에 해당하는 것은?

① 수평 버팀대식 흙막이 공법
② H-Pile 공법
③ 지하연속벽 공법
④ Top down method 공법

해설

흙막이 공법
(1) 지지방식에 의한 분류
　① 자립식 공법
　　㉠ 줄기초 흙막이
　　㉡ 어미말뚝식 흙막이
　　㉢ 연결재당겨매기식 흙막이
　② 버팀대식 공법
　　㉠ 수평버팀대식
　　㉡ 경사버팀대식
　　㉢ 어스앵커 공법
(2) 구조방식에 의한 분류
　① 널말뚝식 공법
　　㉠ 목재널말뚝공법
　　㉡ 기성콘크리트말뚝공법
　　㉢ 철재널말뚝공법
　② 지하연속벽 공법
　　㉠ 주열식공법, ICOS공법
　　㉡ 프리팩트공법, SCW공법
　　㉢ 벽식공법
　③ 구체흙막이 공법
　　㉠ 우물통공법
　　㉡ 개방잠함
　　㉢ 용기잠함

---

107 다음 중 차량계 건설기계에 속하지 않는 것은?

① 불도저
② 스크레이퍼
③ 타워크레인
④ 항타기

해설

차량계 건설기계의 종류
① 도저형 건설기계(불도저, 스트레이트도저, 틸트도저, 앵글도저, 버킷도저 등)
② 모터그레이더
③ 로더(포크 등 부착물 종류에 따른 용도 변경 형식을 포함한다)
④ 스크레이퍼
⑤ 크레인형 굴착기계(클램쉘, 드래그라인 등)
⑥ 굴삭기(브레이커, 크러셔, 드릴 등 부착물 종류에 따른 용도 변경 형식을 포함한다)
⑦ 항타기 및 항발기
⑧ 천공용 건설기계(어스드릴, 어스오거, 크롤러드릴, 점보드릴 등)
⑨ 지반 압밀침하용 건설기계(샌드드레인머신, 페이퍼드레인머신, 팩드레인머신 등)
⑩ 지반 다짐용 건설기계(타이어롤러, 매커덤롤러, 탠덤롤러 등)
⑪ 준설용 건설기계(버킷준설선, 그래브준설선, 펌프준설선 등)
⑫ 콘크리트 펌프카
⑬ 덤프트럭
⑭ 콘크리트 믹서 트럭
⑮ 도로포장용 건설기계(아스팔트 살포기, 콘크리트 살포기, 아스팔트 피니셔, 콘크리트 피니셔 등)
⑯ 골재 채취 및 살포용 건설기계(쇄석기, 자갈채취기, 골재살포기 등)
⑰ 제1호부터 제16호까지와 유사한 구조 또는 기능을 갖는 건설기계로서 건설작업에 사용하는 것

KEY 2016년 10월 1일(문제 109번) 출제

정보제공
산업안전보건기준에 관한 규칙 [별표 6] 차량계 건설기계

---

108 달비계를 설치할 때 작업발판의 폭은 최소 얼마 이상으로 하여야 하는가?

① 30[cm]
② 40[cm]
③ 50[cm]
④ 60[cm]

해설

달비계 작업발판 폭 : 40[cm] 이상

정보제공
산업안전보건기준에 관한 규칙 제63조(달비계의 구조)

[정답] 106 ① 107 ③ 108 ②

109 흙막이 지보공을 설치하였을 때 정기적으로 점검하여 이상 발견 시 즉시 보수하여야 할 사항이 아닌 것은?

① 굴착 깊이의 정도
② 버팀대의 긴압의 정도
③ 부재의 접속부·부착부 및 교차부의 상태
④ 부재의 손상·변형·부식·변위 및 탈락의 유무와 상태

해설

흙막이 지보공 정기 점검사항
① 부재의 손상·변형·부식·변위 및 탈락의 유무와 상태
② 버팀대의 긴압의 정도
③ 부재의 접속부·부착부 및 교차부의 상태
④ 침하의 정도

정보제공

산업안전보건기준에 관한 규칙 제347조(붕괴 등의 위험방지)

---

110 다음은 강관을 사용하여 비계를 구성하는 경우에 대한 내용이다. 다음 ( ) 안에 들어갈 내용으로 옳은 것은?

> 비계기둥의 간격은 띠장 방향에서는 ( ), 장선 방향에서는 1.5[m] 이하로 할 것

① 1.2[m] 이상 1.5[m] 이하
② 1.2[m] 이상 2.0[m] 이하
③ 1.85[m] 이하
④ 1.5[m] 이상 2.0[m] 이하

해설

비계기둥의 간격은 띠장 방향에서는 1.85[m] 이하, 장선 방향에서는 1.5[m] 이하로 할 것

정보제공

산업안전보건기준에 관한 규칙 제60조(강관비계의 구조)

---

111 산소결핍이라 함은 공기 중 산소농도가 몇 퍼센트[%] 미만일 때를 의미하는가?

① 20[%] ② 18[%]
③ 15[%] ④ 10[%]

해설

산소결핍
① 산소결핍 : 공기중의 산소농도가 18퍼센트 미만인 상태
② 산소결핍증 : 산소가 결핍된 공기를 들이마심으로써 생기는 증상

정보제공

산업안전보건기준에 관한 규칙 제618조(정의)

---

112 크레인 등 건설장비의 가공전선로 접근 시 안전대책으로 거리가 먼 것은?

① 안전 이격거리를 유지하고 작업한다.
② 장비의 조립, 준비 시부터 가공전선로에 대한 감전 방지 수단을 강구한다.
③ 장비 사용 현장의 장애물, 위험물 등을 점검 후 작업계획을 수립한다.
④ 장비를 가공전선로 밑에 보관한다.

해설

크레인 등 건설장비의 가공전선로 접근 시 안전대책
① 장비사용현장의 장애물, 위험물 등을 점검하고, 현장의 작업자에게 업무분담을 하여 작업을 위한 계획을 수립한다.
② 장비사용을 위한 신호수를 선정한다. 신호수는 시야가 가리지 않는 곳에 위치하여, 무전기로서 장비운전사와 긴밀히 연락할 수 있도록 해야 한다.
③ 크레인 등 장비의 조립·준비 시부터 가공전선로에 대한 감전방지수단을 강구해야 한다. 확실한 감전방지수단은 가공전선로를 정전시킨 후 단락접지하는 것이나, 정전작업이 곤란할 경우 가공전선로에 절연방호구를 설치해야 한다.
④ 안전이격거리를 유지하여 작업해야 한다.

[표] 안전이격거리(NSC)

전압[kV]	안전이격거리[m]
50 이하	3
154	4.3
345	6.8

[정답] 109 ① 110 ③ 111 ② 112 ④

113 크레인을 사용하여 작업을 할 때 작업시작 전에 점검하여야 하는 사항에 해당하지 않는 것은?

① 권과방지장치·브레이크·클러치 및 운전장치의 기능
② 주행로의 상측 및 트롤리가 횡행하는 레일의 상태
③ 와이어로프가 통하고 있는 곳의 상태
④ 압력방출장치의 기능

해설

크레인을 사용하여 작업할 때 작업시작 전 점검사항
① 권과방지장치·브레이크·클러치 및 운전장치의 기능
② 주행로의 상측 및 트롤리가 횡행(橫行)하는 레일의 상태
③ 와이어로프가 통하고 있는 곳의 상태

KEY 2016년 3월 6일 출제

정보제공
산업안전보건기준에 관한 규칙 [별표 3] 작업시작 전 점검사항

114 굴착과 싣기를 동시에 할 수 있는 토공기계가 아닌 것은?

① Power shovel
② Tractor shovel
③ Back hoe
④ Motor grader

해설

Motor grader(자주식 그레이더)
① 끝마무리 작업, 정지작업에 유효 : 전륜을 기울게 할 수 있어 비탈면 고르기 작업도 가능
② 상하작동, 좌우회전 및 경사, 수평선회가 가능

115 콘크리트 타설 시 거푸집의 측압에 영향을 미치는 인자들에 관한 설명으로 옳지 않은 것은?

① 슬럼프가 클수록 작다.
② 타설속도가 빠를수록 크다.
③ 거푸집 속의 콘크리트 온도가 낮을수록 크다.
④ 콘크리트의 타설높이가 높을수록 크다.

해설

콘크리트 타설 시 거푸집 측압에 영향을 미치는 인자
① 슬럼프가 클수록 크다.
② 단면이 클수록 크다.
③ 배합이 좋을수록 크다.
④ 붓는(타설) 속도가 클수록 크다.
⑤ 콘크리트 단위중량(밀도)이 클수록 크다.
⑥ 대기의 온도, 습도가 낮을수록 크다.

KEY ① 2016년 5월 8일(문제 119번) 출제
② 2016년 10월 1일(문제 102번) 출제

116 작업발판 및 통로의 끝이나 개구부로서 근로자가 추락할 위험이 있는 장소에서 난간 등의 설치가 매우 곤란하거나 작업의 필요상 임시로 난간 등을 해체하여야 하는 경우에 설치하여야 하는 것은?

① 구명구   ② 수직보호망
③ 추락방호망   ④ 석면포

해설

추락의 방지 : 추락방호망
① 사업주는 근로자가 추락하거나 넘어질 위험이 있는 장소[작업발판의 끝·개구부(開口部) 등을 제외한다] 또는 기계·설비·선박블록 등에서 작업을 할 때에 근로자가 위험해질 우려가 있는 경우 비계(飛階)를 조립하는 등의 방법으로 작업발판을 설치하여야 한다.
② 사업주는 제1항에 따른 작업발판을 설치하기 곤란한 경우 다음 각 호의 기준에 맞는 추락방호망을 설치하여야 한다. 다만, 추락방호망을 설치하기 곤란한 경우에는 근로자에게 안전대를 착용하도록 하는 등 추락위험을 방지하기 위하여 필요한 조치를 하여야 한다.

정보제공
산업안전보건기준에 관한 규칙 제42조(추락의 방지)

[정답] 113 ④ 114 ④ 115 ① 116 ③

117 건설공사 시공단계에 있어서 안전관리의 문제점에 해당되는 것은?

① 발주자의 조사, 설계 발주능력 미흡
② 용역자의 조사, 설계능력 부실
③ 발주자의 감독 소홀
④ 사용자의 시설 운영관리 능력 부족

해설

건설공사 단계별 점검사항

단계	구분	점검사항
제1단계	조사설계 단계	① 기술용역 심의 사항 ② 기술용역 평가 강화 ③ 설계 심의 내실화 ④ 사후 관리 평가 강화
제2단계	공사시공 단계	① 발주자, 공사 감독 및 감리 강화 ② 시공 계획의 적정성 검토 ③ 검사 시험 및 준공검사 철저 ④ 기성 및 준공검사 철저
제3단계	운영관리 단계	① 우수 공사 우대 ② 부실 시공 제재 ③ 설계 및 시공의 객관적 평가 관리

118 흙의 투수계수에 영향을 주는 인자에 관한 설명으로 옳지 않은 것은?

① 공극비 : 공극비가 클수록 투수계수는 작다.
② 포화도 : 포화도가 클수록 투수계수도 크다.
③ 유체의 점성계수 : 점성계수가 클수록 투수계수는 작다.
④ 유체의 밀도 : 유체의 밀도가 클수록 투수계수는 크다.

해설

공(간)극비
① 흙 속에서 공기와 물에 의해 차지되고 있는 입자 간의 간격(흙 입자의 체적에 대한 간극의 체적의 비)
② 공극비가 클수록 투수계수는 크다.
③ $e = \dfrac{V_v}{V_s}$ (V_v : 공극의 체적, V_s : 흙입자의 체적)

119 항타기 및 항발기에 관한 설명으로 옳지 않은 것은?

① 도괴방지를 위해 시설 또는 가설물 등에 설치하는 때에는 그 내력을 확인하고 내력이 부족하면 그 내력을 보강해야 한다.
② 와이어로프의 한 꼬임에서 끊어진 소선(필러선을 제외한다)의 수가 10[%] 이상인 것은 권상용 와이어로프로 사용을 금한다.
③ 지름 감소가 공칭지름의 7[%]를 초과하는 것은 권상용 와이어로프로 사용을 금한다.
④ 권상용 와이어로프의 안전계수가 4 이상이 아니면 이를 사용하여서는 아니 된다.

해설

권상용 와이어로프 안전계수 : 5 이상

KEY ① 2016년 5월 8일(문제 102번) 출제
② 2016년 10월 1일 산업기사 출제

정보제공

산업안전보건기준에 관한 규칙 제211조(권상용 와이어로프 안전계수)

120 풍화암의 굴착면 붕괴에 따른 재해를 예방하기 위한 굴착면의 적정한 기울기 기준은?

① 1 : 1.5
② 1 : 1.0
③ 1 : 0.5
④ 1 : 0.3

해설

굴착면의 기울기 기준

지반의 종류	굴착면의 기울기
모래	1 : 1.8
연암 및 풍화암	1 : 1.0
경암	1 : 0.5
그 밖의 흙	1 : 1.2

KEY ① 2016년 5월 8일 기사, 산업기사 동시 출제
② 2016년 10월 1일 산업기사 출제

정보제공

산업안전보건기준에 관한 규칙 [별표 11] 굴착면의 기울기 기준

[정답] 117 ③ 118 ① 119 ④ 120 ②

2017년도 기사 정기검정 제2회 (2017년 5월 7일 시행)

자격종목 및 등급(선택분야)
건설안전기사

종목코드	시험시간	수험번호	성명
1440	3시간	20170507	도서출판세화

1 산업안전관리론

01 산업안전보건법령상 사업주가 산업재해가 발생하였을 때에 기록·보존하여야 하는 사항이 아닌 것은?

① 피해상황
② 재해발생의 일시 및 장소
③ 재해발생의 원인 및 과정
④ 재해 재발방지 계획

[해설]
산업재해발생 시 기록·보존(3년간 보관)해야 할 사항
① 사업장의 개요 및 근로자의 인적사항
② 재해발생의 일시 및 장소
③ 재해발생의 원인 및 과정
④ 재해 재발방지 계획

[KEY] 2016년 3월 6일 출제

[정보제공]
산업안전보건법 시행규칙 제72조(산업재해 기록 등)

02 테일러(F.W.Taylor)가 제창한 기능형 조직(functional organization)에서 발전된 조직의 형태로 중규모(100인~500인) 사업장에 적합한 안전관리 조직의 유형은?

① 라인형
② 스태프형
③ 라인-스태프 혼합형
④ 프로젝트형

[해설]
안전보건관리 조직의 형태 3가지
① Line형(직계식) : 100명 미만의 소규모 사업장
② Staff형(참모식) : 100~1,000명의 중규모 사업장
③ Line-staff형(복합식) : 1,000명 이상의 대규모 사업장

[KEY] ① 2016년 3월 6일 기사, 산업기사 동시 출제
② 2016년 5월 8일 출제
③ 2016년 10월 1일 산업기사 출제
④ 2017년 3월 6일 출제

03 추락 및 감전 위험방지용 안전모의 성능기준 중 일반구조 기준으로 틀린 것은?

① 턱끈의 폭은 10[mm] 이상일 것
② 안전모의 수평간격은 1[mm] 이내일 것
③ 안전모는 모체, 착장체 및 턱끈을 가질 것
④ 안전모의 착용높이는 85[mm] 이상이고 외부 수직거리는 80[mm] 미만일 것

[해설]
안전모의 수평간격 : 5[mm] 이상

[보충학습]
수평간격 : 모체 내면과 머리모형 전면 또는 측면 간의 거리

04 산업안전보건법령상 안전보건표지의 종류 중 금지표지에 해당하지 않는 것은?

① 탑승금지
② 금연
③ 사용금지
④ 접촉금지

[해설]
금지표지의 종류

101 출입금지	102 보행금지	103 차량통행금지	104 사용금지
105 탑승금지	106 금 연	107 화기금지	108 물체이동금지

[정답] 01 ① 02 ② 03 ② 04 ④

KEY ① 2016년 3월 6일 출제
② 2016년 5월 8일 출제

정보제공
산업안전보건법 시행규칙 [별표 6] 안전보건표지의 종류와 형태

05 재해 손실비 평가방식 중 하인리히 방식에 있어 간접비에 해당되지 않는 것은?

① 시설복구비용 ② 교육훈련비용
③ 장의비용   ④ 생산손실비용

해설
하인리히 간접비 종류
① 인적손실
② 물적손실
③ 생산손실
④ 임금손실
⑤ 시간손실
⑥ 기타손실 등

KEY ① 2016년 5월 8일 산업기사 출제
② 2017년 3월 5일 출제

06 연평균 근로자수가 1100명인 사업장에서 한 해 동안에 17명의 사상자가 발생하였을 경우 연천인율은 약 얼마인가?(단, 근로자는 1일 8시간, 연간 250일을 근무하였다.)

① 7.73   ② 13.24
③ 15.45   ④ 18.55

해설
연천인율 = $\dfrac{\text{연간 사상자수}}{\text{연평균 근로자수}} \times 1000 = \dfrac{17}{1100} \times 1000 = 15.45$

KEY ① 2016년 3월 6일 출제
② 2017년 3월 5일 출제

07 산업안전보건법상 사업주의 의무에 해당하는 것은?

① 산업안전보건정책의 수립·집행·조정 및 통제
② 사업장에 대한 재해 예방 지원 및 지도
③ 산업재해에 관한 조사 및 통계의 유지·관리
④ 해당 사업장의 안전보건에 관한 정보를 근로자에게 제공

해설
사업주의 의무
① 사업주는 다음 각 호의 사항을 이행함으로써 근로자의 안전과 건강을 유지·증진시키는 한편, 국가의 산업재해 예방시책에 따라야 한다.
  ㉮ 이 법과 이 법에 따른 명령으로 정하는 산업재해예방을 위한 기준을 지킬 것
  ㉯ 근로자의 신체적 피로와 정신적 스트레스 등을 줄일 수 있는 쾌적한 작업환경을 조성하고 근로조건을 개선할 것
  ㉰ 해당 사업장의 안전보건에 관한 정보를 근로자에게 제공할 것
② 다음 각 호의 어느 하나에 해당하는 자는 설계·제조·수입 또는 건설을 할 때 이법과 이 법에 따른 명령으로 정하는 기준을 지켜야 하고, 그 물건을 사용함으로 인하여 발생하는 산업재해를 방지하기 위하여 필요한 조치를 하여야 한다.
  ㉮ 기계·기구와 그 밖의 설비를 설계·제조 또는 수입하는 자
  ㉯ 원재료 등을 제조·수입하는 자
  ㉰ 건설물을 설계·건설하는 자

KEY ① 2016년 5월 8일 출제
② 2016년 10월 1일 출제

정보제공
산업안전보건법 제5조(사업주 등의 의무)

08 산업안전보건법령상 산업안전보건위원회 사용자위원의 구성기준으로 틀린 것은?

① 안전관리자 1명
② 명예산업안전감독관 1명
③ 해당 사업의 대표자
④ 해당 사업의 대표자가 지명하는 9명 이내의 해당 사업장 부서의 장

해설
사용자 위원
① 해당 사업의 대표자
② 안전관리자
③ 보건관리자
④ 산업보건의

KEY 2015년 9월 19일 (문제 2번) 출제

정보제공
산업안전보건법 시행령 제35조(산업안전보건위원회의 구성)

[정답] 05 ③ 06 ③ 07 ④ 08 ②

과년도 출제문제

09 재해발생의 원인 중 간접 원인에 해당되지 않는 것은?

① 기술적 원인 ② 불안전한 상태
③ 관리적 원인 ④ 교육적 원인

해설

재해의 간접 원인
① 기술적 원인
② 교육적 원인
③ 신체적 원인
④ 정신적 원인
⑤ 관리적 원인

KEY 2016년 5월 8일 출제

10 산업안전보건법상 산업안전보건위원회의 심의·의결 사항이 아닌 것은?

① 산업재해 예방계획의 수립에 관한 사항
② 근로자의 건강진단 등 건강관리에 관한 사항
③ 재해자에 관한 치료 및 재해보상에 관한 사항
④ 안전보건관리규정의 작성 및 변경에 관한 사항

해설

산업안전보건위원회 심의·의결사항
① 산업재해 예방계획의 수립에 관한 사항
② 안전보건관리규정의 작성 및 변경에 관한 사항
③ 근로자의 안전보건교육에 관한 사항
④ 작업환경의 측정 등 작업환경의 점검 및 개선에 관한 사항
⑤ 근로자의 건강진단 등 건강 관리에 관한 사항
⑥ 중대재해에 관한 사항
⑦ 산업재해에 관한 통계의 기록 및 유지에 관한 사항
⑧ 유해하거나 위험한 기계·기구와 그 밖의 설비를 도입한 경우 안전보건조치에 관한 사항

정보제공
산업안전보건법 제24조(산업안전보건위원회)

합격자의 조언
산업안전보건위원회 심의·의결사항과 안전보건관리책임자의 업무는 ①~⑤까지 동일합니다.

11 객관적인 위험을 작업자 나름대로 판정하여 위험을 수용하고 행동에 옮기는 것은?

① Risk Assessment ② Risk taking
③ Risk control ④ Risk playing

해설

리스크 테이킹(risk taking)
① 객관적인 위험을 자기 편리한 대로 판단하여 의사결정을 하고 행동에 옮기는 현상
② 안전태도가 양호한 자는 risk taking 정도가 작다.
③ 안전태도 수준이 같은 경우 작업의 달성 동기, 성격, 일의 능률, 적성배치, 심리상태 등 각종 요인의 영향으로 risk taking의 정도는 변한다.

12 위험예지훈련 4라운드 기법 진행방법 중 본질추구는 몇 라운드에 해당되는가?

① 제1라운드 ② 제2라운드
③ 제3라운드 ④ 제4라운드

해설

위험예지훈련의 4단계(4 Round)
① 1R-현상파악 ② 2R-본질추구
③ 3R-대책수립 ④ 4R-행동목표설정

KEY
① 2016년 3월 6일 출제
② 2016년 5월 8일 기사·산업기사 동시 출제
③ 2017년 3월 5일 기사·산업기사 동시 출제

13 A사업장에서 무상해, 무사고 위험순간이 300건 발생하였다면 버드(Frank Bird)의 재해구성비율에 따르면 경상은 몇 건이 발생하겠는가?

① 5 ② 10
③ 15 ④ 20

해설

경상 건수
10÷2=5[건]

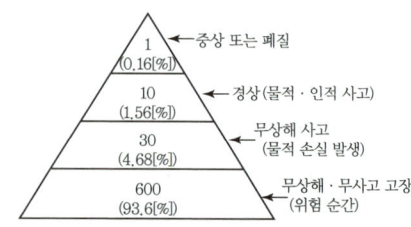

[그림] 버드의 1 : 10 : 30 : 600의 법칙

KEY
① 2016년 5월 8일 출제
② 2017년 5월 7일 기사·산업기사 동시 출제

[정답] 09 ② 10 ③ 11 ② 12 ② 13 ①

14 산업안전보건법령상 안전검사 대상 기계 등의 기준 중 틀린 것은?

① 롤러기(밀폐형 구조는 제외)
② 국소 배기장치(이동식은 제외)
③ 사출성형기(형 체결력 294[kN] 미만은 제외)
④ 크레인(정격하중이 2[t] 이상인 것은 제외)

해설

안전검사대상 기계의 종류
① 프레스
② 전단기
③ 크레인(이동식 크레인과 정격하중 2[t] 미만인 호이스트는 제외)
④ 리프트
⑤ 압력용기
⑥ 곤돌라
⑦ 국소배기장치(이동식 제외)
⑧ 원심기(산업용에 한정)
⑨ 롤러기(밀폐형 구조제외)
⑩ 사출성형기[형체결력 294[KN](킬로뉴톤) 미만 제외]
⑪ 고소작업대(「자동차관리법」에 따른 화물자동차 또는 특수자동차에 탑재한 고소작업대로 한정)
⑫ 컨베이어
⑬ 산업용 로봇
⑭ 혼합기
⑮ 파쇄기 또는 분쇄기

KEY ① 2015년 9월 19일 출제(문제 5번)
② 2017년 5월 7일 기사·산업기사 동시 출제

정보제공
산업안전보건법 시행령 제78조(안전검사 대상 기계 등)

15 재해의 통계적 원인분석 방법 중 다음에서 설명하는 것은?

> 2개 이상의 문제 관계를 분석하는 데 사용하는 것으로 데이터를 집계하고, 표로 표시하여 요인별 결과 내역을 교차한 그림을 작성, 분석하는 방법

① 파레토도(pareto diagram)
② 특성 요인도(cause and effect diagram)
③ 관리도(control diagram)
④ 크로스도(cross diagram)

해설

크로스도 : 2개 이상의 문제 관계 분석

KEY 2014년 9월 20일(문제 11번) 출제

16 무재해운동을 추진하기 위한 중요한 세 개의 기둥에 해당하지 않는 것은?

① 본질추구
② 소집단 자주활동의 활성화
③ 최고경영자의 경영자세
④ 관리감독자(Line)의 적극적 추진

해설

무재해운동의 3요소(3기둥)
① 최고 경영자의 안전경영자세 – 사업주
② 관리감독자에 의한 안전보건의 추진 – 관리감독자(안전관리 라인화)
③ 직장소집단의 자주안전 활동의 활성화 – 근로자

[그림] 무재해운동의 3요소

KEY ① 2016년 3월 6일 출제
② 2016년 5월 8일 출제
③ 2017년 3월 5일 출제

17 보행 중 작업자가 바닥에 미끄러지면서 주변의 상자와 머리를 부딪침으로서 머리에 상처를 입은 경우 이 사고의 기인물은?

① 바닥   ② 상자
③ 머리   ④ 바닥과 상자

[정답] 14 ④ 15 ④ 16 ① 17 ①

해설

기인물과 가해물
① 기인물 : 재해발생의 주원인이며 재해를 가져오게 한 근원이 되는 기계, 장치, 물(物) 또는 환경 등(불안전상태)
② 가해물 : 직접 사람에게 접촉하여 피해를 주는 기계, 장치, 물(物) 또는 환경 등

[그림] 기인물과 가해물 예

KEY 2016년 5월 8일 출제

---

18 산업안전보건법령상 안전관리자의 업무가 아닌 것은?

① 해당 사업장 안전교육계획의 수립 및 안전교육 실시에 관한 보좌 및 지도·조언
② 사업장 순회점검·지도 및 조치의 건의
③ 법 또는 법에 따른 명령으로 정한 안전에 관한 사항의 이행에 관한 보좌 및 지도·조언
④ 작업장 내에서 사용되는 전체 환기장치 및 국소배기장치 등에 관한 설비의 점검과 작업방법의 공학적 개선에 관한 보좌 및 지도·조언

해설

안전관리자의 업무
① 산업안전보건위원회 또는 안전보건에 관한 노사협의체에서 심의·의결한 업무와 해당 사업장의 안전보건관리규정 및 취업규칙에서 정한 업무
② 위험성평가에 관한 보좌 및 지도·조언
③ 안전인증대상 기계 등과 자율안전확인대상 기계 등 구입 시 적격품의 선정에 관한 보좌 및 지도·조언
④ 해당 사업장 안전교육계획의 수립 및 안전교육 실시에 관한 보좌 및 지도·조언
⑤ 사업장 순회점검·지도 및 조치의 건의
⑥ 산업재해 발생의 원인 조사·분석 및 재발 방지를 위한 기술적 보좌 및 지도·조언
⑦ 산업재해에 관한 통계의 유지·관리·분석을 위한 보좌 및 지도·조언
⑧ 법 또는 법에 따른 명령으로 정한 안전에 관한 사항의 이행에 관한 보좌 및 지도·조언
⑨ 업무수행 내용의 기록·유지
⑩ 그 밖에 안전에 관한 사항으로서 고용노동부장관이 정하는 사항

KEY 2017년 3월 5일 출제

정보제공
산업안전보건법 시행령 제18조(안전관리자의 업무 등)

---

19 산업안전보건법령상 안전보건표지 속에 그림 또는 부호의 크기는 안전보건표지의 크기와 비례하여야 하며, 안전보건표지 전체 규격의 최소 몇 [%] 이상이 되어야 하는가?

① 10 ② 20
③ 30 ④ 40

해설

안전보건표지의 규격
산업안전보건표지 속의 그림 또는 부호의 크기는 안전보건표지의 크기와 비례하여야 하며, 안전보건표지 전체규격의 30[%] 이상

KEY 2017년 3월 5일 산업기사 출제

정보제공
산업안전보건법 시행규칙 제40조(안전보건표지의 제작)

---

20 시설물의 안전관리에 관한 특별법상 안전점검 실시의 구분에 해당하지 않는 것은?

① 정기점검 ② 정밀점검
③ 긴급점검 ④ 임시점검

해설

시설물안전관리 특별법상 안전점검의 종류
① 정기점검 : A, B, C 등급은 반기에 1회 이상
② 긴급점검 : 관리주체가 필요하다고 판단할 때 또는 관계 행정기관의 장이 필요하다고 판단하여 관리주체에게 긴급점검을 요청한 때
③ 정밀점검

KEY ① 2014년 3월 2일(문제 20번) 출제
② 2015년 5월 31일(문제 19번) 출제

[정답] 18 ④ 19 ③ 20 ④

2 산업심리 및 교육

21 강의법에 대한 장점으로 볼 수 없는 것은?

① 피교육자의 참여도가 높다.
② 전체적인 교육내용을 제시하는 데 적합하다.
③ 짧은 시간 내에 많은 양의 교육이 가능하다.
④ 새로운 과업 및 작업단위의 도입단계에 유효하다.

해설

강의식 교육(강의법)의 특징
① 교육의 주역은 강사이다.
② 수강자가 의타적, 소극적이 되기 쉽다.
③ 일방통행적, 개인개발적이다.
④ 교육내용을 철저하게 주의시키기 어렵다.
⑤ 생각이나 원리, 법규 등을 단시간에 체계적, 이론적으로 다수인에게 전달할 수 있다.
⑥ 참가자 개개인에 동기부여가 어렵다.
⑦ 기능적·태도적인 것의 교육이 어렵다.
⑧ 발언, 질문이 어렵고 참여의식이 낮다.
⑨ 참가자의 납득, 협조를 얻기 어렵고 목표 달성 의욕도 환기시키기 어렵다.
⑩ 강사의 결론, 요청을 타인의 일로 받아들이기 쉽다.
⑪ 수강자 1인당 경비는 적으나 교육효과를 올리기 어려운 경우도 있다.

KEY 2014년 3월 2일(문제 32번) 출제

22 의식수준이 정상적 상태이지만 생리적 상태가 안정을 취하거나 휴식할 때에 해당하는 것은?

① phase Ⅰ ② phase Ⅱ
③ phase Ⅲ ④ phase Ⅳ

해설

의식 레벨의 단계적 분류

phase	의식 상태	주의의 작용	생리상태	신뢰성
0	무신경, 실신	0	수면, 뇌발작	0
Ⅰ	이상, 의식불명	부주의	피로, 단조로움, 졸음, 주취	0.9 이하
Ⅱ	정상	수동적, 심적내향	안정 기거, 휴식, 정상 작업 시	0.99~0.99999
Ⅲ	정상, 명쾌	적극적, 심적외향	적극적 활동 시	0.999999 이상
Ⅳ	과긴장	일점에 고집	감정 흥분(공포 상태)	0.9 이하

KEY 2016년 10월 1일 산업기사 출제

23 집단구성원에 의해 선출된 지도자의 지위·임무는?

① 헤드십(headship)
② 리더십(leadership)
③ 멤버십(membership)
④ 매니저십(managership)

해설

선출방식에 따른 리더 분류
① leadership : 선출된 자의 권한 대행(예 대통령)
② headship : 임명된 자의 권한 행사(예 장관)

KEY ① 2016년 3월 6일 출제
② 2016년 8월 21일 산업기사 출제
③ 2016년 10월 1일 출제

24 교육의 3요소 중에서 "교육의 매개체"에 해당하는 것은?

① 강사 ② 선배
③ 교재 ④ 수강생

해설

안전교육의 3요소

분류 \ 요소	주체	객체	매개체
형식적 교육	교도자(강사)	학생(수강자)	교재(내용)
비형식적 교육	부모, 형, 선배, 사회인사	자녀, 미성숙자	교육적 환경, 인간관계

KEY 2017년 3월 5일 출제

[정답] 21 ① 22 ② 23 ② 24 ③

25
라스무센의 정보처리모형은 원인 차원의 휴먼에러 분류에 적용되고 있다. 이 모형에서 정의하고 있는 인간의 행동단계 중 다음의 특징을 갖는 것은?

[다음]
① 생소하거나 특수한 상황에서 발생하는 행동이다.
② 부적절한 추론이나 의사결정에 의해 오류가 발생한다.

① 규칙기반행동
② 인지기반행동
③ 지식기반행동
④ 숙련기반행동

해설

지식기반행동 2가지
① 규칙기반행동
② 인지기반행동

보충학습

Rasmussen의 행동 3가지 분류
① 숙련기반행동(skill-based behavior)
② 지식기반행동(knowledge-based behavior)
③ 규칙기반행동(rule-based behavior)

26
생리적 피로와 심리적 피로에 대한 설명으로 틀린 것은?

① 심리적 피로와 생리적 피로는 항상 동반해서 발생한다.
② 심리적 피로는 계속되는 작업에서 수행감소를 주관적으로 지각하는 것을 의미한다.
③ 생리적 피로는 근육조직의 산소고갈로 발생하는 신체능력 감소 및 생리적 손상이다.
④ 작업 수행이 감소하더라도 피로를 느끼지 않을 수 있고, 수행이 잘 되더라도 피로를 느낄 수 있다.

해설

신체적 증상(생리적 현상)
① 작업에 대한 몸자세가 흐트러지고 지치게 된다.
② 작업에 대한 무감각, 무표정, 경련 등이 일어난다.
③ 작업 효과나 작업량이 감퇴 및 저하된다.

보충학습

정신적 증상(심리적 현상)
① 주의력이 감소 또는 경감된다.
② 불쾌감이 증가된다.
③ 긴장감이 해지 또는 해소된다.
④ 권태, 태만해지고 관심 및 흥미감이 상실된다.
⑤ 졸음, 두통, 싫증, 짜증이 일어난다.

27
강의법 교육과 비교하여 모의법(Simulation Method) 교육의 특징으로 맞는 것은?

① 시간의 소비가 거의 없다.
② 시설의 유지비가 저렴하다.
③ 학생 대비 교사의 비율이 적다.
④ 단위시간당 교육비가 많이 든다.

해설

모의법(Simulation Method)교육의 특징
실제의 장면이나 상태와 유사한 장면을 인위적으로 만들어 학습하는 방법
(1) 적용하는 학습
 ① 수업의 모든 단계
 ② 학교수업, 직업교육
 ③ 실제 상태로 위험성이 다를 경우
 ④ 작업조작을 중요시하는 경우
(2) 제약조건
 ① 단위교육비가 비싸고 시간의 소비가 많다.
 ② 시설의 유지비가 비싸다(높다).
 ③ 다른 교육방법에 비하여 학생 대 교사비가 높다.

28
직업의 적성 가운데 사무적 적성에 해당하는 것은?

① 기계적 이해
② 공간의 시각화
③ 손과 팔의 솜씨
④ 지각의 정확도

해설

기계적 적성
① 손과 팔의 솜씨
② 공간의 시각화
③ 기계적 이해

[정답] 25 ③ 26 ① 27 ④ 28 ④

29 정신상태 불량으로 일어나는 안전사고요인 중 개성적 결함요소에 해당하는 것은?

① 극도의 피로
② 과도한 자존심
③ 근육운동의 부적합
④ 육체적 능력의 초과

해설

개성적 결함 요인(요소)
① 과도한 자존심 및 자만심
② 다혈질 및 인내력 부족
③ 약한 마음
④ 도전적 성격
⑤ 감정의 장기 지속성
⑥ 경솔성
⑦ 과도한 집착성
⑧ 배타성
⑨ 게으름

30 허츠버그(Herzberg)의 욕구이론 중 위생요인이 아닌 것은?

① 임금   ② 승진
③ 존경   ④ 지위

해설

위생요인과 동기요인

위생요인(직무환경)	동기요인(직무내용)
회사 정책과 관리, 개인 상호간의 관계, 감독, 임금, 보수, 작업 조건, 지위, 안전	성취감, 책임감, 안정감, 성장과 발전, 도전감, 일 그 자체(일의 내용)

KEY 2017년 3월 5일 산업기사 출제

31 안전교육의 형태와 방법 중 OFF.J.T(Off the Job Training)의 특징이 아닌 것은?

① 외부의 전문가를 강사로 초청할 수 있다.
② 다수의 근로자에게 조직적 훈련이 가능하다.
③ 공통된 대상자를 대상으로 일괄적으로 교육할 수 있다.
④ 업무 및 사내의 특성에 맞춘 구체적이고 실제적인 지도교육이 가능하다.

해설

OFF JT의 특징
① 다수의 근로자에게 조직적 훈련을 행하는 것이 가능하다.
② 훈련에만 전념하게 된다.
③ 각자 전문가를 강사로 초청하는 것이 가능하다.
④ 특별 설비기구를 이용하는 것이 가능하다.
⑤ 각 직장의 근로자가 많은 지식이나 경험을 교류할 수 있다.
⑥ 교육 훈련 목표에 대하여 집단적 노력이 흐트러질 수 있다.

KEY ① 2016년 10월 1일 출제
② 2017년 3월 5일 출제

32 부주의에 의한 사고방지대책에 있어 기능 및 작업측면의 대책에 해당하는 것은?

① 적성배치
② 안전의식의 제고
③ 주의력 집중 훈련
④ 작업환경과 설비의 안전화

해설

기능 및 작업적 측면에 대한 대책
① 적성 배치
② 안전작업 방법 습득
③ 표준작업 동작의 습관화

KEY 2017년 5월 7일 기사·산업기사 동시 출제

보충학습

(1) 정신적 측면에 대한 대책
① 주의력의 집중 훈련
② 스트레스의 해소
③ 안전의식의 고취
④ 작업의욕의 고취

(2) 설비 및 환경적 측면에 대한 대책
① 설비 및 작업환경의 안전화
② 표준작업제도의 도입
③ 긴급 시의 안전대책

[정답] 29 ② 30 ③ 31 ④ 32 ①

과년도 출제문제

33 리더십의 권한에 있어 조직이 리더에게 부여하는 권한이 아닌 것은?

① 위임된 권한 ② 강압적 권한
③ 보상적 권한 ④ 합법적 권한

해설

조직이 지도자에게 부여하는 권한
① 보상적 권한
② 강압적 권한
③ 합법적 권한

보충학습

지도자 자신이 자신에게 부여하는 권한(부하직원들의 존경심)
① 위임된 권한
② 전문성의 권한

KEY ① 2014년 3월 2일(문제 30번) 출제
② 2017년 3월 5일 산업기사 출제
③ 2017년 5월 7일 기사·산업기사 동시 출제

34 통제적 집단행동과 관련성이 없는 것은?

① 관습 ② 유행
③ 패닉 ④ 제도적 행동

해설

통제있는 집단행동
(규칙, 규율과 같은 룰(rule)이 존재)
① 관습
② 제도적 행동
③ 유행

KEY 2016년 5월 8일 출제

보충학습

비통제의 집단행동(구성원의 감정, 정서에 의해 좌우되고 연속성 희박)
① 군중
② 모브
③ 패닉
④ 심리적 전염

35 교육지도의 5단계가 다음과 같을 때 맞게 나열한 것은?

[다음]
㉠ 가설의 설정   ㉡ 결론
㉢ 원리의 제시   ㉣ 관련된 개념의 분석
㉤ 자료의 평가

① ㉢→㉣→㉠→㉤→㉡
② ㉠→㉢→㉣→㉤→㉡
③ ㉢→㉠→㉤→㉣→㉡
④ ㉠→㉢→㉤→㉣→㉡

해설

교육지도 5단계
① 제1단계 : 원리의 제시
② 제2단계 : 관련 개념의 분석
③ 제3단계 : 가설의 설정
④ 제4단계 : 자료의 평가
⑤ 제5단계 : 결론

KEY 2014년 9월 20일(문제 29번) 출제

36 안전교육의 내용을 지식교육, 기능교육 및 태도교육 순서로 구분하여 맞게 나열한 것은?

① 시청각 교육-안전작업 동작지도-현장실습 교육
② 현장실습 교육-안전작업 동작지도-시청각 교육
③ 안전작업 동작지도-시청각 교육-현장실습 교육
④ 시청각 교육-현장실습 교육-안전작업 동작지도

해설

기본교육 훈련방식
① 지식형성(knowledge building) : 제시방식-시청각 교육
② 기능숙련(skill training) : 실습방식-현장실습
③ 태도개발(attitude development) : 참가방식-안전작업 동작지도

KEY 2016년 10월 1일 기사·산업기사 동시 출제

[정답] 33 ① 34 ③ 35 ① 36 ④

37 안전보건교육의 목적이 아닌 것은?

① 행동의 안전화
② 작업환경의 안전화
③ 의식의 안전화
④ 노무관리의 적정화

해설

안전보건교육의 목적
① 인간의 정신(의식)의 안전화
② 행동(동작)의 안전화
③ 작업환경의 안전화
④ 설비와 물자의 안전화

38 의사소통 과정의 4가지 구성요소에 해당하지 않는 것은?

① 채널   ② 효과
③ 메시지   ④ 수신자

해설

의사소통 과정 4가지 구성요소
① 채널
② 메시지
③ 발신자
④ 수신자

39 교육지도의 효율성을 높이는 원리인 훈련전이(transfer of training)에 관한 설명으로 틀린 것은?

① 훈련 상황이 가급적 실제 상황과 유사할수록 전이효과는 높아진다.
② 훈련 전이란 훈련 기간에 학습된 내용이 실무 상황으로 옮겨져서 사용되는 정도이다.
③ 실제 직무수행에서 훈련된 행동이 나타날 때 보상이 따르면 전이효과는 더 높아진다.
④ 훈련생은 훈련 과정에 대해서 사전정보가 없을수록 왜곡된 반응을 보이지 않는다.

해설

전이(transference)의 의미
전이란 어떤 내용을 학습한 결과가 다른 학습이나 반응에 영향을 주는 현상을 의미하는 것으로 학습효과를 전이라고도 한다.
① 적극적 전이효과 : 선행학습이 다음의 학습에 촉진적, 진취적 효과를 주는 것을 말한다.
② 소극적 전이효과 : 선행학습이 제2의 학습에 방해가 된다든지 학습능률을 감퇴시키는 것을 말한다.

KEY 2015년 9월 19일(문제 27번) 출제

40 인간의 생리적 욕구에 대한 의식적 통제가 어려운 것부터 차례대로 나열한 것 중 맞는 것은?

① 안전의 욕구 → 해갈의 욕구 → 배설의 욕구 → 호흡의 욕구
② 호흡의 욕구 → 안전의 욕구 → 해갈의 욕구 → 배설의 욕구
③ 배설의 욕구 → 호흡의 욕구 → 안전의 욕구 → 해갈의 욕구
④ 해갈의 욕구 → 배설의 욕구 → 호흡의 욕구 → 안전의 욕구

해설

매슬로우(Maslow, A. H.)의 욕구단계 이론
① 제1단계(생리적 욕구 : 생명유지의 기본적 욕구) : 기아, 갈증, 호흡, 배설, 성욕 등 인간의 가장 기본적인 욕구(종족보존)
② 제2단계(안전욕구) : 자기보존욕구
③ 제3단계(사회적 욕구) : 소속감과 애정욕구
④ 제4단계(존경욕구) : 인정받으려는 욕구
⑤ 제5단계(자아실현의 욕구) : 잠재적인 능력을 실현하고자 하는 욕구(성취욕구)

KEY
① 2016년 3월 6일 산업기사 출제
② 2016년 5월 8일 출제
③ 2016년 10월 1일 기사·산업기사 동시 출제
④ 2017년 3월 5일 출제

보충학습

생리적 욕구 순서
호흡의 욕구 → 안전의 욕구 → 해갈의 욕구 → 배설의 욕구

[정답] 37 ④ 38 ② 39 ④ 40 ②

3 인간공학 및 시스템안전공학

41 2017년 A제지회사의 유아용 화장지 생산 공정에서 작업자의 불안전한 행동을 유발하는 상황이 자주 발생하고 있다. 이를 해결하기 위한 개선의 ECRS에 해당하지 않는 것은?

① Combine
② Standard
③ Eliminate
④ Rearrange

해설

작업분석(새로운 작업방법의 개발원칙 : ECRS)
① 제거(Eliminate)
② 결합(Combine)
③ 재조정(Rearrange)
④ 단순화(Simplify)

42 결함수분석법에서 path set에 관한 설명으로 맞는 것은?

① 시스템의 약점을 표현한 것이다.
② Top 사상을 발생시키는 조합이다.
③ 시스템이 고장 나지 않도록 하는 사상의 조합이다.
④ 시스템고장을 유발시키는 필요불가결한 기본사상들의 집합이다.

해설

패스셋(path set)
① 기본사상이 일어나지 않을 때 처음으로 정상사상이 일어나지 않는 기본사상의 집합
② 고장나지 않도록 하는 사상의 조합

보충학습

컷셋(cut set)
① 정상사상을 발생시키는 기본사상의 집합
② 기본사상이 발생할 때 정상사상을 발생시킬 수 있는 기본사상의 집합

43 고령자의 정보처리 과업을 설계할 경우 지켜야 할 지침으로 틀린 것은?

① 표시 신호를 더 크게 하거나 밝게 한다.
② 개념, 공간, 운동 양립성을 높은 수준으로 유지한다.
③ 정보처리 능력에 한계가 있으므로 시분할 요구량을 늘린다.
④ 제어표시장치를 설계할 때 불필요한 세부내용을 줄인다.

해설

고령자의 정보처리 과업 설계원칙
① 표시 신호를 더 크게 하거나 밝게 한다.
② 개념, 공간, 운동 양립성을 높은 수준으로 유지한다.
③ 고령자는 정보처리능력 한계가 있으므로 시분할 요구량을 줄인다.
④ 제어표시장치를 설계할 때 불필요한 세부내용을 줄인다.

44 자극과 반응의 실험에서 자극 A가 나타날 경우 1로 반응하고 자극 B가 나타날 경우 2로 반응하는 것으로 하고, 100회 반복하여 표와 같은 결과를 얻었다. 제대로 전달된 정보량을 계산하면 약 얼마인가?

자극\반응	1	2
A	50	–
B	10	40

① 0.610
② 0.871
③ 1.000
④ 1.361

해설

정보량 계산

자극\반응	1	2	계
A	50		50
B	10	40	50
계	60	40	100

① 전달된 정보량
 = 자극정보량 H(A) + 반응정보량 H(B) − 결합정보량 H(A, B)
② 자극정보량 H(A)
 $= 0.5 \times \log_2\left(\dfrac{1}{0.5}\right) + 0.5 \times \log_2\left(\dfrac{1}{0.5}\right) = 1$

[정답] 41 ② 42 ③ 43 ③ 44 ①

③ 반응정보량 H(B)
$= 0.6 \times \log_2\left(\frac{1}{0.6}\right) + 0.4 \times \log_2\left(\frac{1}{0.4}\right) = 0.9710$

④ 결합정보량 H(A, B) : 자극정보량과 반응정보량의 합집합
결합정보량 H(A, B)
$= 0.5 \times \log_2\left(\frac{1}{0.5}\right) + 0.1 \times \log_2\left(\frac{1}{0.1}\right) + 0.4 \times \log_2\left(\frac{1}{0.4}\right)$
$= -1.3610$

⑤ 전달된 정보량 $= 1 + 0.9710 - 1.3610 = 0.610$

KEY 2004년 8월 8일(문제 26번 출제)

45. 결함수분석법(FTA)에서의 미니멀 컷셋과 미니멀 패스셋에 관한 설명으로 맞는 것은?

① 미니멀 컷셋은 시스템의 신뢰성을 표시하는 것이다.
② 미니멀 패스셋은 시스템의 위험성을 표시하는 것이다.
③ 미니멀 패스셋은 시스템의 고장을 발생시키는 최소의 패스셋이다.
④ 미니멀 컷셋은 정상사상(top event)을 일으키기 위한 최소한의 컷셋이다.

해설

미니멀컷셋과 미니멀패스셋
① 최소컷셋(minimal cut set) : 어떤 고장이나 실수를 일으키면 재해가 일어날까 하는 식으로 결국은 시스템의 위험성(반대로 말하면 안전성)을 표시하는 것
② 최소패스셋(minimal path set) : 어떤 고장이나 실수를 일으키지 않으면 재해는 일어나지 않는다고 하는 것. 즉 시스템의 신뢰성을 나타낸다.

KEY
① 2007년 5월 13일(문제 30번) 출제
② 2008년 7월 27일(문제 37번) 출제
③ 2010년 5월 9일(문제 29번) 출제
④ 2014년 3월 2일(문제 26번) 출제

46. 자극-반응 조합의 관계에서 인간의 기대와 모순되지 않는 성질을 무엇이라 하는가?

① 양립성   ② 적응성
③ 변별성   ④ 신뢰성

해설

양립성(compatibility)
정보입력 및 처리와 관련한 양립성은 인간의 기대와 모순되지 않는 자극 반응조합의 관계를 말하는 것

보충학습

양립성의 종류

종류	특징
공간(spatial)	표시장치나 조종장치에서 물리적 형태 및 공간적 배치
운동(movement)	표시장치의 움직이는 방향과 조종장치의 방향이 사용자의 기대와 일치
개념(conceptual)	이미 사람들이 학습을 통해 알고있는 개념적 연상
양식(modality)	직무에 맞는 응답양식 존재

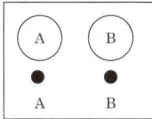 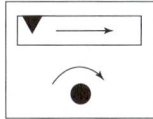 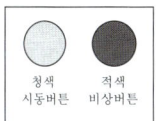

[그림 1] 공간적 양립성 [그림 2] 운동 양립성 [그림 3] 개념적 양립성

47. 인간-기계시스템에 관한 내용으로 틀린 것은?

① 인간 성능의 고려는 개발의 첫 단계에서부터 시작되어야 한다.
② 기능 할당 시에 인간 기능에 대한 초기의 주의가 필요하다.
③ 평가 초점은 인간 성능의 수용가능한 수준이 되도록 시스템을 개선하는 것이다.
④ 인간-컴퓨터 인터페이스 설계는 인간보다 기계의 효율이 우선적으로 고려되어야 한다.

해설

인간-기계시스템
① 인간 성능의 고려는 개발의 첫 단계에서부터 시작되어야 한다.
② 기능 할당 시에 인간 기능에 대한 초기의 주의가 필요하다.
③ 평가 초점은 인간 성능의 수용가능한 수준이 되도록 시스템을 개선하는 것이다.
④ 인간-컴퓨터 인터페이스 설계는 인간의 효율을 우선적으로 고려한다.

[정답] 45 ④ 46 ① 47 ④

과년도 출제문제

48 반사율이 85[%], 글자의 밝기가 400[cd/m²]인 VDT 화면에 350[lx]의 조명이 있다면 대비는 약 얼마인가?

① -2.8 ② -4.2
③ -5.0 ④ -6.0

해설

대비

(1) 화면의 밝기 계산
① 반사율 = $\dfrac{광속발산도(fL)}{조명(fc)} \times 100$

② 광속발산도 = $\dfrac{반사율 \times 조명}{100} = \dfrac{85 \times 350}{100} = 297.5$

③ 광속발산도 = $\pi \times$ 휘도

④ 조명의 휘도(화면의 밝기) = $\dfrac{광속발산도}{\pi}$
   = $\dfrac{297.5}{\pi} = 94.7[cd/m^2]$

(2) 글자의 총 밝기 = 글자의 밝기 + 조명의 휘도
   = $400 + 94.7 = 494.7[cd/m^2]$

(3) 대비 = $\dfrac{배경의 밝기 - 표적물체의 밝기}{배경의 밝기}$
   = $\dfrac{94.7 - 494.7}{94.7} = -4.22$

KEY ① 2008년 5월 11일(문제 29번) 출제
② 2014년 3월 2일 산업기사 출제

보충학습

휘도(L)

① 일정한 범위를 가진 광원(光源)의 광도(光度)를, 그 광원의 면적으로 나눈 양, 그 자체가 발광하고 있는 광원뿐만 아니라, 조명되어 빛나는 2차적인 광원에 대해서도 밝기를 나타내는 양
② 휘도의 단위는[nit=cd/m²]를 사용
③ 1[nit]는 1[cd]의 빛이 1[m] 떨어진 곳에서 완벽하게 반사된 빛의 밝기

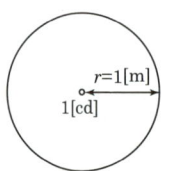

㉮ 1[cd]는 촛불하나의 광량
㉯ 1[m] 떨어진 곳 어느 부분이나 빛의 밝기는 일정

④ 휘도 = $\dfrac{반사율 \times 조도}{면적}[cd/m^2] = \dfrac{반사율 \times 조도}{\pi \times r^2}$
   = $\dfrac{반사율 \times 조도}{\pi \times 1^2} = \dfrac{반사율 \times 조도}{\pi}$

⑤ 휘도(L_b) = $\dfrac{0.85 \times 350}{\pi} = 94.697 ≒ 94.7[cd/m^2]$

⑥ 전체휘도(L_t) = $400 + 94.7 = 494.7[cd/m^2]$

---

49 신호검출이론에 대한 설명으로 틀린 것은?

① 신호와 소음을 쉽게 식별할 수 없는 상황에 적용된다.
② 일반적인 상황에서 신호 검출을 간섭하는 소음이 있다.
③ 통제된 실험실에서 얻은 결과를 현장에 그대로 적용 가능하다.
④ 긍정(hit), 허위(false alarm), 누락(miss), 부정(correct rejection)의 네 가지 결과로 나눌 수 있다.

해설

신호검출이론
① 신호와 소음을 쉽게 식별할 수 없는 상황에 적용된다.
② 일반적인 상황에서 신호 검출을 간섭하는 소음이 있다.
③ 긍정(hit), 허위(false alarm), 누락(miss), 부정(correct rejection)의 네 가지 결과로 나눌 수 있다.

---

50 근섬유의 직경이 작아서 큰 힘을 발휘하지 못하지만 장시간 지속시키고 피로가 쉽게 발생하지 않는 골격근의 근섬유는 무엇인가?

① Type S 근섬유 ② Type Ⅱ 근섬유
③ Type F 근섬유 ④ Type Ⅲ 근섬유

해설

근섬유(muscle fibers)

긴 원주형 세포로 대부분 근원섬유(myofibrils)라 불리는 수축성 요소들로 구성

① 근육섬유(fiber)에는 패스트 트위치(백근 fast twitch;FT)와 슬로 트위치(적근 : slow twitch;ST)의 2가지 섬유가 있다.
② 패스트 트위치는 미오글로빈이 적어서 백색으로 보이며(백근), 슬로 트위치는 반대로 많아서 암적색으로 보인다(적근).
③ FT 섬유는 무산소성 운동에 동원되며, 단거리 달리기와 같이 단시간 운동에 많이 사용된다.
④ ST섬유는 유산소성 운동에 동원되며, 장시간 지속되는 운동에 사용된다.
⑤ FT는 ST보다 근육섬유가 거의 2배 빨리 최대 장력에 도달하고, 빨리 완화된다.
⑥ FT섬유(백근)는 ST섬유(적근)보다 지름도 더 크며, 고농축 마이오신 ATP아제(myosin-ATPase)로 되어 있다.
⑦ 이러한 차이 때문에 FT섬유가 보다 높은 장력을 나타내지만, 피로도 빨리 오게 된다.

[정답] 48 ② 49 ③ 50 ①

51 의자 설계의 인간공학적 원리로 틀린 것은?

① 쉽게 조절할 수 있도록 한다.
② 추간판의 압력을 줄일 수 있도록 한다.
③ 등근육의 정적 부하를 줄일 수 있도록 한다.
④ 고정된 자세로 장시간 유지할 수 있도록 한다.

해설

의자설계의 인간공학적 원리
① 쉽게 조절할 수 있도록 한다.
② 추간판의 압력을 줄일 수 있도록 한다.
③ 등근육의 정적 부하를 줄일 수 있도록 한다.

KEY ① 2013년 6월 2일(문제 25번) 출제
② 2016년 5월 8일 산업기사 출제

52 그림과 같은 시스템의 전체 신뢰도는 약 얼마인가?(단, 네모 안의 수치는 각 구성요소의 신뢰도이다.)

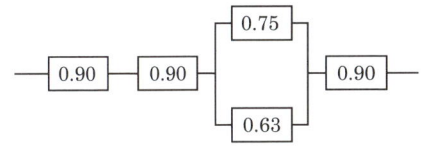

① 0.5275
② 0.6616
③ 0.7575
④ 0.8516

해설

$R_s = 0.9 \times 0.9 \times [1-(1-0.75)(1-0.63)] \times 0.9 = 0.66156 = 0.6616$

53 시각적 부호의 유형과 내용으로 틀린 것은?

① 임의적 부호 – 주의를 나타내는 삼각형
② 명시적 부호 – 위험표지판의 해골과 뼈
③ 묘사적 부호 – 보호 표지판의 걷는 사람
④ 추상적 부호 – 별자리를 나타내는 12궁도

해설

시각적 부호 3가지
① 묘사적 부호 : 사물의 행동을 단순하고 정확하게 묘사한 것 (예) 위험표지판의 해골과 뼈, 도보표지판의 걷는 사람)
② 추상적 부호 : 전언의 기본요소를 도식적으로 압축한 부호로 원 개념과는 약간의 유사성이 있을 뿐이다. (예) 별자리를 나타내는 12궁도)
③ 임의적 부호 : 부호가 이미 고안되어 있으므로 이를 배워야 하는 부호 (예) 교통표지판의 삼각형 – 주의, 원형 – 규제, 사각형 – 안내표시)

54 병렬 시스템에 대한 특성이 아닌 것은?

① 요소의 수가 많을수록 고장의 기회는 줄어든다.
② 요소의 중복도가 늘어날수록 시스템의 수명은 길어진다.
③ 요소의 어느 하나라도 정상이면 시스템은 정상이다.
④ 시스템의 수명은 요소 중에서 수명이 가장 짧은 것으로 정해진다.

해설

병렬시스템의 특성
① 요소의 수가 많을수록 고장의 기회는 줄어든다.
② 요소의 중복도가 늘어날수록 시스템의 수명은 길어진다.
③ 요소의 어느 하나라도 정상이면 시스템은 정상이다.
④ 시스템 수명은 요소 중에서 가장 긴 것으로 정해진다.

KEY 2016년 5월 8일 산업기사 출제

55 적절한 온도의 작업환경에서 추운 환경으로 변할 때, 우리의 신체가 수행하는 조절작용이 아닌 것은?

① 발한(發汗)이 시작된다.
② 피부의 온도가 내려간다.
③ 직장온도가 약간 올라간다.
④ 혈액의 많은 양이 몸의 중심부를 순환한다.

해설

적온에서 추운 환경으로 바뀔 때(저온스트레스)
① 피부온도가 내려간다.
② 피부를 경유하는 혈액순환량이 감소하고, 많은 양의 혈액이 몸의 중심부를 순환하다.
③ 직장(直腸)온도가 약간 올라간다.
④ 소름이 돋고 몸이 떨린다.

KEY 2016년 3월 5일 산업기사 출제

[정답] 51 ④ 52 ② 53 ② 54 ④ 55 ①

56 부품에 고장이 있더라도 플레이너 공작기계를 가장 안전하게 운전할 수 있는 방법은?

① Fail-soft
② Fail-active
③ Fail-passive
④ Fail-operational

해설

Fail operational
① 병렬 또는 대기 여분계의 부품을 구성한 경우이며, 부품의 고장이 있어도 다음 정기점검까지 운전이 가능한 구조
② 운전상 제일 선호하는 안전한 운전방법

보충학습

Fail soft
기계설비 또는 장치의 일부가 고장났을 때, 기능의 저하가 되더라도 전체로서는 기능을 정지시키지 않는 기법

57 산업안전보건법상 유해·위험방지계획서를 제출한 사업주는 건설공사 중 얼마 이내마다 관련법에 따라 유해·위험방지계획서의 내용과 실제공사 내용이 부합하는지의 여부 등을 확인받아야 하는가?

① 1개월
② 3개월
③ 6개월
④ 12개월

해설

유해·위험방지계획서 확인
제46조(확인) ① 법 제42조제1항 및 제2항에 따라 유해·위험방지계획서를 제출한 사업주는 해당 건설물·기계·기구 및 설비의 시운전단계에서, 법 제42조제3항에 따른 사업주는 건설공사 중 6개월 이내마다 법 제43조제1항에 따라 다음 각 호의 사항에 관하여 공단의 확인을 받아야 한다.
  1. 유해·위험방지계획서의 내용과 실제공사 내용이 부합하는지 여부
  2. 제42조제6항에 따른 유해·위험방지계획서 변경내용의 적정성
  3. 추가적인 유해·위험요인의 존재 여부

정보제공
산업안전보건법 시행규칙 제46조(확인)

58 다음 설명에 해당하는 설비보전방식의 유형은?

설비보전 정보와 신기술을 기초로 신뢰성, 조작성, 보전성, 안전성, 경제성 등이 우수한 설비의 선정, 조달 또는 설계를 통하여 궁극적으로 설비의 설계, 제작 단계에서 보전활동이 불필요한 체제를 목표로 한 설비보전 방법을 말한다.

① 개량보전
② 보전예방
③ 사후보전
④ 일상보전

해설

보전방식의 유형
① 계량보전 : 쌀을 패트병으로 보전할 경우에 활용하는 깔대기
② 사후보전(Corrective Maintenance) : 컴퓨터를 사용할 때 고장이 발생할 경우에 행해지는 장애장치분리 및 재구성, 원래 상태로 복구하는 절차
③ 예방보전(Preventive conservation) : 손상된 유물의 종합적인 관리 및 연구, 치료는 물론 오랫동안 유물의 건강상태를 유지하기 위한 것

KEY ▶ 2014년 9월 20일(문제 59번) 출제

59 다음 설명 중 ( )안에 알맞은 용어가 올바르게 짝지어진 것은?

(㉠) : FTA와 동일의 논리적 방법을 사용하여 관리, 설계, 생산, 보전 등에 대한 넓은 범위에 걸쳐 안전성을 확보하려는 시스템안전 프로그램
(㉡) : 사고 시나리오에서 연속된 사건들의 발생경로를 파악하고 평가하기 위한 귀납적이고 정량적인 시스템안전 프로그램

① ㉠ : PHA, ㉡ : ETA
② ㉠ : ETA, ㉡ : MORT
③ ㉠ : MORT, ㉡ : ETA
④ ㉠ : MORT, ㉡ : PHA

해설

MORT와 ETA
① MORT : FTA와 같은 논리기법을 이용하여 관리, 설계, 생산, 보전 등의 광범위한 안전을 도모하는 원자력산업 외에 일반 산업안전에도 적용

[정답] 56 ④ 57 ③ 58 ② 59 ③

② ETA(Event Tree Analysis) : 사상의 안전도를 사용하여 시스템의 안전도를 나타내는 시스템 모델의 하나로서 귀납적이기는 하나, 정량적인 분석수법이다. 종래의 지나치게 쉬웠던 재해확대 요인의 분석 등에 적합하다.

60 FTA에서 사용하는 다음 사상기호에 대한 설명으로 맞는 것은?

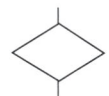

① 시스템 분석에서 좀 더 발전시켜야 하는 사상
② 시스템의 정상적인 가동상태에서 일어날 것이 기대되는 사상
③ 불충분한 자료로 결론을 내릴 수 없어 더 이상 전개 할 수 없는 사상
④ 주어진 시스템의 기본사상으로 고장원인이 분석되었기 때문에 더 이상 분석할 필요가 없는 사상

해설
생략사상

기호	명칭	현상
◇	생략사상	① 정보부족, 해석기술의 불충분으로 더 이상 전개할 수 없는 사상 ② 작업진행에 따라 해석이 가능할 때는 다시 속행한다.

4 건설시공학

61 콘크리트 충전강관구조(CFT)에 관한 설명으로 옳지 않은 것은?

① 일반형강에 비하여 국부좌굴에 불리하다.
② 콘크리트 충전 시 내부의 콘크리트와 외부 강관의 역학적 거동에서 합성구조라 볼 수 있다.
③ 콘크리트 충전 시 별도의 거푸집이 필요하지 않다.
④ 접합부 용접기술이 발달한 일본 등에서 활성화되어 있다.

해설
콘크리트 충전강관 구조(CFT)
(1) 개요
  ① 콘크리트 충전 강관 구조는 원형 또는 각형 강관의 내부에 고강도 콘크리트를 충전한 구조이다.
  ② 강관이 콘크리트를 구속하는 특성에 의해 강성, 내력, 변형, 내화시공 등 여러 면에서 뛰어난 공법이다.
(2) 장점
  ① 강재나 철근콘크리트 기둥에 비해 세장비가 작아 단면적 축소가능
  ② 강관과 콘크리트의 효율적인 합성작용에 의해 횡력 저항성능 우수
  ③ 연성과 에너지 흡수능력이 뛰어나 초고층 구조물의 내진성 유리
  ④ 강관이 거푸집의 역할을 하므로 거푸집 불필요
  ⑤ 콘크리트 충전작업이 공정에 영향을 미치지 않아 공기단축
(3) 단점
  ① 내화성능이 우수하나 별도의 내화피복 필요
  ② 콘크리트 충전성 확인 곤란
  ③ 보와 기둥의 연속접합 시공 곤란
  ④ 강관내부 습기에 의한 동결 및 화재에 의해 파열 가능성

62 ALC의 특징에 관한 설명으로 옳지 않은 것은?

① 흡수율이 낮은 편이며, 동해에 대해 방수·방습 처리가 불필요하다.
② 열전도율은 보통콘크리트의 약 1/10 정도로 단열성이 우수하다.
③ 건조수축률이 작으므로 균열 발생이 적다.
④ 경량으로 인력에 의한 취급이 가능하고, 필요에 따라 현장에서 절단 및 가공이 용이하다.

해설
ALC(경량기포콘크리트)
① 가볍다(경량성).
② 단열성능이 우수하다.
③ 내화성, 흡음, 방음성이 우수하다.
④ 치수 정밀도가 우수하다.
⑤ 가공성이 우수하다.
⑥ 중성화가 빠르다.
⑦ 흡수성이 크다.
⑧ ALC는 중량이 보통 콘크리트의 1/4 정도이며, 보통 콘크리트의 10배 정도의 단열성능을 갖는다.

[정답] 60 ③ 61 ① 62 ①

과년도 출제문제

63 돌붙임 앵커 긴결공법 중 파스너 설치방식이 아닌 것은?

① 논 그라우팅 싱글 파스너 방식
② 논 그라우팅 더블 파스너 방식
③ 그라우팅 더블 파스너 방식
④ 그라우팅 트리플 파스너 방식

해설

돌붙임 앵커 긴결공법의 파스너 설치방식
① 논 그라우팅 싱글 파스너 방식
② 논 그라우팅 더블 파스너 방식
③ 그라우팅 더블 파스너 방식

64 지반조사의 방법에 해당되지 않는 것은?

① 보링(Boring)
② 사운딩(Sounding)
③ 언더피닝(Under pinning)
④ 샘플링(Sampling)

해설

언더피닝(Underpinning) 공법
인접한 건물 또는 구조물의 침하방지를 목적으로 하는 지반 보강 방법의 총칭

65 건설공사의 입찰 및 계약의 순서로 옳은 것은?

① 입찰통지→입찰→개찰→낙찰→현장설명→계약
② 입찰통지→현장설명→입찰→개찰→낙찰→계약
③ 입찰통지→입찰→현장설명→개찰→낙찰→계약
④ 현장설명→입찰통지→입찰→개찰→낙찰→계약

해설

건설공사 입찰 및 계약순서

66 철골공사에서 용접 결함을 뜻하지 않는 용어는?

① 피트(Pit)
② 블로우 홀(Blow hole)
③ 오버 랩(Over lap)
④ 가우징(Gouging)

해설

가스가우징(Gouging)
① 홈을 파기 위한 목적
② 산소 아세틸렌 불꽃으로 용접부의 뒷면을 깨끗이 깎는 작업

KEY 2017년 5월 7일 기사, 산업기사 동시 출제

67 지정에 관한 설명으로 옳지 않은 것은?

① 잡석지정-기초 콘크리트 타설 시 흙의 혼입을 방지하기 위해 사용한다.
② 모래지정-지반이 단단하며 건물이 경량일 때 사용한다.
③ 자갈지정-굳은 지반에 사용되는 지정이다.
④ 밑창 콘크리트 지정-잡석이나 자갈 위 기초부분의 먹매김을 위해 사용한다.

해설

모래지정
① 지반이 연약하고 2[m] 이내에 굳은 지층이 있을 때 연약층을 걷어내고 모래를 넣어 물다짐하는 지정
② 물다짐 : 30[cm] 마다

KEY 2017년 3월 5일 출제

68 토공사용 장비에 해당되지 않는 것은?

① 로더(loader)
② 파워셔블(power shovel)
③ 가이데릭(guy derrick)
④ 클램쉘(clamshell)

[정답] 63 ④ 64 ③ 65 ② 66 ④ 67 ② 68 ③

해설

가이데릭(Guy derrick)

① 가장 일반적으로 사용되는 세우기용 기중기이다.
② 붐(Boom)의 회전범위 : 360[°](bull wheel이 있어 회전가능)
③ 붐의 길이는 주축으로 mast보다 3~5[m] 짧게 한다.
④ 당김줄은 지면과 45[°] 이하가 되도록 한다.

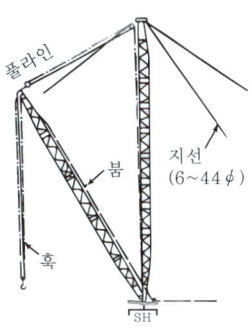

[그림] 가이데릭

69 거푸집의 강도 및 강성에 대한 구조계산 시 고려할 사항과 가장 거리가 먼 것은?

① 동바리 자중
② 작업 하중
③ 콘크리트 측압
④ 콘크리트 자중

해설

거푸집 설계 시 고려하중

위치	설계 시 고려하여야 하는 하중
보밑, 바닥판	① 생콘크리트 중량 ② 작업하중 ③ 충격하중
벽, 기둥, 보옆	① 생콘크리트 중량 ② 생콘크리트 측압

70 흙에 접하거나 옥외공기에 직접 노출되는 현장치기 콘크리트로서 D16 이하 철근의 최소피복두께는?

① 20[mm]
② 40[mm]
③ 60[mm]
④ 80[mm]

해설

최소 피복두께

콘크리트 구분	용도	철근 종류	최소피복두께
옥외의 공기나 흙에 직접 접하지 않는 콘크리트	셀, 철판부재		2[cm]
	슬래브, 벽체, 장선	D35 이하 철근	2[cm]
		D35 초과 철근	4[cm]
	보, 기둥		4[cm]
흙에 접하거나 옥외의 공기에 직접 노출되는 콘크리트		D16 이하 철근·철선	4[cm]
		D25 이하 철근	5[cm]
		D29 이상 철근	6[cm]
흙에 접하고, 영구히 흙에 있는 콘크리트			8[cm]
수중에서 타설하는 콘크리트			10[cm]

KEY 2013년 6월 2일 (문제 99번) 출제

💬 **합격자의 조언**

단위를 확인해야 합니다.

71 토류구조물의 각 부재와 인근 구조물의 각 지점 등의 응력변화를 측정하여 이상변형을 파악하는 계측기는?

① 경사계(inclino meter)
② 변형률계(strain gauge)
③ 간극수압계(piezometer)
④ 진동측정계(vibro meter)

해설

계측장치의 종류 및 설치목적

종류	설치목적
건물 경사계(tilt meter)	지상 인접구조물의 기울기 측정
지표면 침하계(level and staff)	주위 지반에 대한 지표면의 침하량 측정
지중 경사계(inclinometer)	지중수평변위를 측정하여 흙막이의 기울어진 정도 파악
지중 침하계(extension meter)	지중수직변위를 측정하여 지반의 침하 정도 파악
변형률계(strain gauge)	흙막이 버팀대의 변형 정도(응력변화측정) 파악
하중계(load cell)	흙막이 버팀대에 작용하는 토압, 어스앵커의 인장력 등 측정
토압계(earth pressure meter)	흙막이에 작용하는 토압의 변화 파악
간극수압계(piezo meter)	굴착으로 인한 지하의 간극수압 측정
지하수위계(water level meter)	지하수의 수위변화 측정

[정답] 69 ① 70 ② 71 ②

KEY
① 2016년 3월 6일 산업기사 출제
② 2016년 10월 1일 산업기사 출제
③ 2017년 5월 7일 기사·산업기사 동시 출제

보충학습

1일 쌓기 높이
① 표준 : 1.2[m]
② 최대 : 1.5[m]

72 다음 중 철골구조의 내화피복공법이 아닌 것은?

① 락울(rockwool)뿜칠 공법
② 성형판붙임공법
③ 콘크리트 타설공법
④ 메탈라스(metal lath)공법

해설

내화피복공법의 종류
① 뿜칠공법
   암면, 석고, 질석 등을 철골부재의 표면에 뿜칠하여 습식 시공
② 타설공법
   경량콘크리트, 기포모르타르 등을 타설하는 습식 공법
③ 미장공법
   강재의 주위에 메탈라스 등을 시공설치하고 경량 콘크리트 또는 플라스터 등을 발라 내화 피복하는 습식 공법
④ 성형판 붙임공법
   내화단열성능이 우수한 경량이 석면규산 칼슘관, 경량석고판, 석면, rock wool관, ALC판 등 각종 성형판을 철골 주위에 붙여 시공
⑤ 멤브레인공법(Membrane)
   얇은 피막의 총칭으로 마감재와 피막이 일체화되어 시공되는 공법
⑥ 복합공법
   내화피복공법 중 2가지 이상의 공법을 함께 사용하는 공법

KEY 2017년 3월 5일 산업기사 출제

73 벽돌공사에 관한 설명으로 옳은 것은?

① 연속되는 벽면의 일부를 트이게 하여 나중쌓기로 할 때에는 그 부분을 층단 들여쌓기로 한다.
② 모르타르는 벽돌강도 이하의 것을 사용한다.
③ 1일 쌓기 높이는 1.5~3.0[m]를 표준으로 한다.
④ 세로줄눈은 통줄눈이 구조적으로 우수하다.

해설

벽돌쌓기 일반사항
① 줄눈 모르타르의 강도는 벽돌강도보다 크게 한다.
② 하루의 쌓기 높이는 1.2[m](18켜 정도)를 표준으로 하고, 최대 1.5[m] (22켜) 이하로 한다.
③ 벽돌쌓기는 모서리, 구석, 중간요소에 먼저 기준쌓기를 하고 통줄눈이 생기지 않도록 한다.(막힌줄눈으로 한다.)

74 철골용접 부위의 비파괴검사에 관한 설명으로 옳지 않은 것은?

① 방사선검사는 필름의 밀착성이 좋지 않은 건축물에서도 검출이 우수하다.
② 침투탐상검사는 액체의 모세관현상을 이용한다.
③ 초음파탐상검사는 인간의 귀로 들을 수 없는 주파수를 갖는 초음파를 사용하여 결함을 검출하는 방법이다.
④ 외관검사는 용접을 한 용접공이나 용접관리 기술자가 하는 것이 원칙이다.

해설

방사선투과시험
① X선·r선을 용접부에 투과하고 그 상태를 필름에 촬영하여 내부결함 검출
② 필름의 밀착성이 좋지 않은 건축물에서는 검출이 어려움

KEY
① 2016년 3월 6일 출제
② 2016년 5월 8일 출제

75 시공의 품질관리를 위한 7가지 도구에 해당되지 않는 것은?

① 파레토그램   ② LOB기법
③ 특성요인도   ④ 체크시트

해설

T.Q.C(Total Quality Control)의 7가지 도구
① 히스토그램 ② 특성요인도
③ 파레토도   ④ 체크시트
⑤ 각종 그래프 ⑥ 산점도
⑦ 층별

KEY
① 2016년 3월 6일 출제
② 2016년 5월 8일 출제

[정답] 72 ④ 73 ① 74 ① 75 ②

76 주문받은 건설업자가 대상 계획의 기업, 금융, 토지조달, 설계, 시공 등을 포괄하는 도급계약방식을 무엇이라 하는가?

① 실비청산 보수가산도급
② 정액도급
③ 공동도급
④ 턴키도급

해설

턴키도급(Turn-key base contract)
① 도급자가 공사의 계획, 금융, 토지확보, 설계, 시공, 기계 가구 설치, 시운전, 조업지도, 유지관리까지 모든 것을 제공한 후 발주자에게 완전한 시설물을 인계하는 방식
② 유래 : 건축주는 열쇠(key)를 돌리기만 하면 된다.

77 아래 부재를 대상으로 콘크리트 압축강도를 시험할 경우 거푸집널의 해체가 가능한 콘크리트 압축강도의 기준으로 옳은 것은?(단, 콘크리트표준시방서 단층구조 기준)

슬래브 및 보의 밑면

① 설계기준압축강도의 3/4배 이상, 또한 최소 5[MPa] 이상
② 설계기준압축강도의 2/3배 이상, 또한 최소 5[MPa] 이상
③ 설계기준압축강도의 3/4배 이상, 또한 최소 14[MPa] 이상
④ 설계기준압축강도의 2/3배 이상, 또한 최소 14[MPa] 이상

해설

압축강도를 시험할 경우(건축공사 표준시방서 기준)

부재		콘크리트 압축강도(f_{cu})
확대기초, 보, 기둥 등의 측면		50[MPa] 이상
슬래브 및 보의 밑면, 아치 내면	단층구조의 경우	설계기준압축강도의 2/3배 이상 또한, 최소 14[MPa] 이상
	다층구조의 경우	설계기준압축강도 이상 (필러 동바리 구조를 이용할 경우는 구조계산에 의해 기간을 단축할 수 있음. 단, 이 경우라도 최소 강도는 14[MPa] 이상으로 함)

KEY ① 2016년 3월 6일 산업기사 출제
② 2016년 5월 8일 산업기사 출제

78 리버스 서큘레이션 드릴(RCD)공법의 특징으로 옳지 않은 것은?

① 드릴 로드 끝에서 물을 빨아올리면서 말뚝구멍을 굴착하는 공법이다.
② 지름 0.8~3.0[m], 심도 60[m] 이상의 말뚝을 형성한다.
③ 시공 시 소량의 물로 가능하며, 해상작업이 불가능하다.
④ 세사층 굴착이 가능하나 드릴파이프 직경보다 큰 호박돌이 존재할 경우 굴착이 곤란하다.

해설

리버스 서큘레이션 공법(Reverse circulation drill : 역순환 공법)
① 점토, 실트층에 적용된다.
② 굴착심도 30~70[m], 직경 0.9~3[m] 정도
③ 지하수위보다 2[m] 이상 물을 채워 정수압(2[t/m²])으로 공벽유지

79 다음 [보기]의 블록쌓기 시공순서로 옳은 것은?

[보기]
A. 접착면 청소   B. 세로규준틀 설치
C. 규준쌓기   D. 중간부쌓기
E. 줄눈누르기 및 파기   F. 치장줄눈

① A-D-B-C-F-E
② A-B-D-C-F-E
③ A-C-B-D-E-F
④ A-B-C-D-E-F

해설

벽돌쌓기 순서
청소→물축이기→건비빔→세로규준틀설치→벽돌나누기→규준쌓기→수평실치기→중간부쌓기→줄눈누름→줄눈파기→치장줄눈→보양

[정답] 76 ④ 77 ④ 78 ③ 79 ④

80 갱폼(Gang Form)에 관한 설명으로 옳지 않은 것은?

① 타워크레인, 이동식 크레인같은 양중장비가 필요하다.
② 벽과 바닥의 콘크리트 타설을 한 번에 가능하게 하기 위하여 벽체 및 슬래브거푸집을 일체로 제작한다.
③ 공사초기 제작기간이 길고 투자비가 큰 편이다.
④ 경제적인 전용횟수는 30~40회 정도이다.

해설

Gang Form의 특징
① 사용할 때마다 작은 부재의 조립, 분해를 반복하지 않고 대형화, 단순화하여 한 번에 설치하고 해체하는 거푸집 시스템으로 주로 외벽의 두꺼운 벽체나 옹벽, 피어 기초 등에 이용된다.
② 거푸집+철제서포트+작업대의 일체화 거푸집이다.
③ 전용횟수는 80~100회, 경제적인 횟수 30~40회, 공기단축, 높은 안전성이 있다.
④ 중량이 크고, 초기투자비 증가, 세부가공의 어려움이 있다.

KEY 2016년 3월 6일 출제

보충학습
바닥판+벽체용거푸집=터널 폼

5 건설재료학

81 KS L 4201에 따른 점토벽돌 1종의 압축강도는 최소 얼마 이상인가?

① 15.62[MPa]   ② 18.55[MPa]
③ 20.59[MPa]   ④ 24.50[MPa]

해설

점토벽돌의 품질(KSL4201)

품질 \ 종류	1종	2종	3종
흡수율[%]	10 이하	13 이하	15 이하
압축강도[N/mm²]	24.50 이상	20.59 이상	10.78 이상

※ [N/mm²]=[MPa]

82 다음 벽지에 관한 설명으로 옳은 것은?

① 종이벽지는 자연적 감각 및 방음효과가 우수하다.
② 비닐벽지는 물청소가 가능하고 시공이 용이하며, 색상과 디자인이 다양하다.
③ 직물벽지는 벽지 표면을 코팅 처리함으로서 내오염, 내수, 내마찰성이 우수하다.
④ 초경벽지는 먼지를 많이 흡수하고 퇴색하기 쉽지만 단열 효과 및 통기성이 우수하다.

해설

벽지의 종류
(1) 합지 벽지(종이벽지)
  ① 단순히 종이 두 장을 합하여 배면지와 인쇄 디자인면으로 나누어진 종이벽지
  ② 벽지 사이즈 넓이에 따라 광폭합지와 소폭합지로 구분
(2) 실크 벽지(PVC벽지)
  ① 표면이 종이 대신 PVC 염화비닐 재료에 가소제와 금속안정제 희석제 등을 사용하여 부드러운 실크처럼 만든 비닐 벽지
  ② 오염 등에 강하고 내구성이 좋아 모든 아파트에 기본적으로 시공되어온 벽지
(3) 갈포벽지
  ① 삶은 칡덩굴의 껍질로 만든 벽지
  ② 수공품으로, 자연미가 있는 것이 특징
  ③ 다른 벽지에 비하여 질감이 거친 편
  ④ 비교적 값이 싸며 사용하기 용이할 뿐 아니라, 그 위에 칠도 가능
(4) 천연벽지
  ① 벽지 표면을 편백나무, 커피, 녹차, 옥수수 전분 수지, 기능성 광물질 등 천연재료를 입혀서 만드는 벽지
  ② 제조비용에 따른 높은 가격이 다소 부담이지만 유해성분이 없는 제품과 화학 VOCs 유해성분 분해가 되는 기능성 벽지도 있어 환경성 질환으로부터 안전한 벽지

83 목재를 작은 조각으로 하여 충분히 건조시킨 후 합성수지와 같은 유기질의 접착제를 첨가하여 열압 제판한 목재가공품은?

① 섬유판(Fiber board)
② 파티클 보드(Particle board)
③ 코르크판(Cork board)
④ 집성목재(Glulam)

[정답] 80 ② 81 ④ 82 ② 83 ②

해설

파티클 보드
① 칩보드라고도 부른다.
② 목재를 두께 0.1~0.5[mm], 나비 2~10[mm], 길이 1~5[cm]로 깎은 나뭇조각에 합성수지계 접착제를 섞어서 고열고압으로 성형제판한 비중 0.4 이상의 판이다.

84 풀 또는 여물을 사용하지 않고 물로 연화하여 사용하는 것으로 공기 중의 탄산가스와 결합하여 경화하는 미장재료는?

① 회반죽
② 돌로마이트 플라스터
③ 혼합 석고플라스터
④ 보드용 석고플라스터

해설

돌로마이트 석회
① 백운석을 원료로 하며 제조는 소석회와 같다.
② 탄산마그네슘을 상당량 함유하고 있으며 15~20[%]의 수산화마그네슘[$Mg(OH)_2$]도 함유하고 있어 마그네슘석회라고도 한다.
③ 돌로마이트 플라스터의 원료가 된다.(기경성:CO_2와 결합해서 경화)

KEY
① 2016년 3월 6일 출제
② 2016년 5월 8일 산업기사 출제
③ 2017년 5월 7일 기사, 산업기사 동시 출제

85 다음 중 내열성이 좋아서 내열식기에 사용하기에 가장 적합한 유리는?

① 소다석회유리
② 칼륨연 유리
③ 붕규산 유리
④ 물유리

해설

붕규산 유리
① 내열성이 우수하다.
② 내열식기에 사용한다.

86 철재의 표면 부식방지 처리법으로 옳지 않은 것은?

① 유성페인트, 광명단을 도포
② 시멘트 모르타르로 피복
③ 마그네시아 시멘트 모르타르 피복
④ 아스팔트, 콜타르를 도포

해설

철의 방식(부식방지)법
① 서로 다른 금속은 인접 또는 접촉시키지 않는다.
② 균질한 것을 선택하고 사용할 때 큰 변형을 주지 않도록 주의한다.
③ 표면을 평활, 청결하게 하고 건조상태를 유지한다.
④ 부분적인 녹은 빨리 제거한다.
⑤ 큰 변형을 받은 것은 풀림하여 사용한다.
⑥ 철의 표면을 아연, 주석 등 내식성이 있는 금속으로 도금한다.
⑦ 철의 표면에 피막을 만든다.
⑧ 철의 표면을 방청도료, 아스팔트, 콜타르로 칠한다.
⑨ 철의 표면을 모르타르, 콘크리트로 피복한다.

87 시멘트의 분말도에 관한 설명으로 옳지 않은 것은?

① 시멘트 분말도의 측정은 블레인시험으로 행한다.
② 비표면적이 클수록 초기강도의 발현이 빠르다.
③ 분말도가 지나치게 크면 풍화되기 쉽다.
④ 분말도가 큰 시멘트일수록 수화열이 낮다.

해설

시멘트 분말도
① 분말도가 크면 수화작용이 빠르므로 초기강도가 크다.
② 시공연도, 공기량, 수밀성, 내구성 등이 높아지며 풍화작용도 크게 된다.
③ 표준체 공경 0.088[mm]로 쳐서 발량이 10[%] 이내여야 한다.
④ 분말도 측정 : 블레인시험

[정답] 84 ② 85 ③ 86 ③ 87 ④

과년도 출제문제

88 매스콘크리트의 균열을 방지 또는 감소시키기 위한 대책으로 옳은 것은?

① 중용열 포틀랜드시멘트를 사용한다.
② 수밀하게 타설하기 위해 슬럼프값은 될 수 있는 한 크게 한다.
③ 혼화제로서 조기 강도발현을 위해 응결경화촉진제를 사용한다.
④ 골재치수를 작게 함으로써 시멘트량을 증가시켜 고강도화를 꾀한다.

[해설]

중용열 포틀랜드시멘트
① 수화열량이 적어 수축·균열 발생이 적다.
② 조기강도는 낮으나 장기강도는 크다.
③ 방사선 차단용이나 댐과 같이 단면이 큰 매스 콘크리트에 사용한다.

KEY ▶ 2017년 3월 5일 산업기사 출제

[보충학습]

Mass 콘크리트
단면이 80[cm] 이상이고 내·외부온도차이가 25[℃] 이상일 때의 콘크리트

89 강의 가공과 처리에 관한 설명으로 옳지 않은 것은?

① 소정의 성질을 얻기 위해 가열과 냉각을 조합반복하여 행한 조작을 열처리라고 한다.
② 열처리에는 단조, 불림, 풀림 등의 처리방식이 있다.
③ 압연은 구조용 강재의 가공에 주로 쓰인다.
④ 압출가공은 재료의 움직이는 방향에 따라 전방압출과 후방압출로 분류할 수 있다.

[해설]

강의 열처리 종류 4가지
① 풀림(소둔) : 결정의 미세화, 조직의 연질화
② 불림(소준) : 결정의 미세화, 조직의 균질화
③ 뜨임질(소려) : 충격강도 증가, 연성, 인성 개선
④ 담금질(소입) : 경도 및 강도 증가

KEY ▶ 2016년 5월 8일 출제

90 구조용 집성재의 품질기준에 따른 구조용 집성재의 접착강도 시험에 해당되지 않는 것은?

① 침지 박리 시험
② 블록 전단 시험
③ 삶음 박리 시험
④ 할렬 인장 시험

[해설]

할렬 인장 시험
① 콘크리트 인장강도시험을 할렬인장강도 시험이라 한다.
② 인장강도(할렬 인장강도) T=2P/πℓd
  T : 인장강도[kgf/cm²], P : 시험기에 나타난 최대 하중[kgf],
  ℓ : 공시체 길이[cm], d : 공시체 지름[cm]

91 목재의 심재와 변재를 비교한 설명 중 옳지 않은 것은?

① 심재가 변재보다 다량의 수액을 포함하고 있어 비중이 작다.
② 심재가 변재보다 신축이 적다.
③ 심재가 변재보다 내후성, 내구성이 크다.
④ 일반적으로 심재가 변재보다 강도가 크다.

[해설]

심재의 특징
① 변재보다 다량의 수액을 포함하고 있으며 비중이 크다.
② 변재보다 신축이 작다.
③ 변재보다 내후성, 내구성이 크다.
④ 일반적으로 변재보다 강도가 크다.

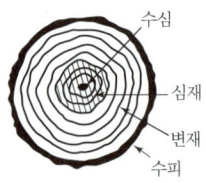

[그림] 수목의 횡단면

[정답] 88 ① 89 ② 90 ④ 91 ①

92 콘크리트의 워커빌리티에 영향을 주는 인자에 관한 설명으로 옳지 않은 것은?

① 골재의 입도가 적당하면 워커빌리티가 좋다.
② 시멘트의 성질에 따라 워커빌리티가 달라진다.
③ 단위수량이 증가할수록 재료분리를 예방할 수 있다.
④ AE제를 혼입하면 워커빌리티가 좋게 된다.

해설

Workability에 영향을 미치는 요인
① 분말도가 높은 시멘트일수록 워커빌리티가 좋다.
② 공기량을 증가시키면 워커빌리티가 좋아진다.
③ 비빔온도가 높을수록 워커빌리티가 저하한다.
④ 시멘트 분말도가 높을수록 수화작용이 빠르다.
⑤ 단위수량을 과도하게 증가시키면 재료분리가 쉬워 워커빌리티가 좋아진다고 볼 수 없다.
⑥ 비빔시간이 길수록 수화작용을 촉진시켜 워커빌리티가 저하한다.
⑦ 쇄석을 사용하면 워커빌리티가 저하한다.
⑧ 빈배합이 워커빌리티가 좋다.

93 내화벽돌의 내화도의 범위로 가장 적절한 것은?

① 500~1000℃
② 1500~2000℃
③ 2500~3000℃
④ 3500~4000℃

해설

내화벽돌
① 용광로, 시멘트 소성가마, 유리소성가마, 굴뚝 등 높은 온도를 요하는 장소에 쓰이는 벽돌이다.(산성내화, 염기성내화, 중성내화 벽돌로 구분)
② 내화도는 SK26(1,580[℃]) 이상이며 온도는 1,500~2,000[℃]이다.

94 자갈의 절대건조상태 질량이 400[g], 습윤상태 질량이 413[g], 표면건조내부포수상태 질량이 410[g]일 때, 흡수율은 몇 [%]인가?

① 2.5[%]   ② 1.5[%]
③ 1.25[%]   ④ 0.75[%]

해설

흡수율
① 정의 : 절건상태의 골재중량에 대한 흡수량의 백분율

흡수율[%] = $\frac{B-A}{A} \times 100$

A : 절건중량
B : 표면건조포화상태의 중량
A = 400[g], B = 410[g]

② 흡수율 = $\frac{410-400}{400} \times 100 = 2.5[\%]$

95 목재의 일반적 성질에 관한 설명으로 틀린 것은?

① 섬유포화점 이상의 함수상태에서는 함수율의 증감에도 신축을 일으키지 않는다.
② 섬유포화점 이상의 함수상태에서는 함수율이 증가할수록 강도는 감소한다.
③ 기건상태란 통상 대기의 온도습도와 평형한 목재의 수분 함유 상태를 말한다.
④ 섬유방향에 따라서 전기전도율은 다르다.

해설

섬유포화점 이상에서 함수율 변화가 거의 없다.

96 건축재료의 요구성능 중 마감재료에서 필요성이 가장 적은 항목은?

① 화학적 성능
② 역학적 성능
③ 내구성능
④ 방화·내화성능

해설

마감재료의 필요성
① 화학적 성능
② 내구성능
③ 방화·내화성능

[정답] 92 ③ 93 ② 94 ① 95 ② 96 ②

과년도 출제문제

97 굳지 않은 콘크리트의 성질을 표시한 용어가 아닌 것은?

① 워커빌리티(workability)
② 펌퍼빌리티(pumpability)
③ 플라스티시티(plasticity)
④ 크리프(creep)

해설

크리프(creep)
콘크리트에 일정한 하중이 지속적으로 작용할 때 하중의 증가가 없어도 시간이 경과함에 따라 콘크리트의 변형이 증가하는 현상

KEY 2017년 3월 5일 출제

98 급경성으로 내알칼리성 등의 내화학성이나 접착력이 크고 내수성이 우수한 합성수지 접착제로 금속, 석재, 도자기, 유리, 콘크리트, 플라스틱재 등의 접착에 사용되는 것은?

① 에폭시수지 접착제
② 멜라민수지 접착제
③ 요소수지 접착제
④ 폴리에스테르수지 접착제

해설

에폭시수지 접착제
① 내수성, 내산성, 내알칼리성, 내약품성, 전기절연성이 우수한 접착제
② 급결성으로 피막이 단단하고 유연성이 부족하고 값이 비싸다.
③ 접착력이 크고 내구력이 크다.
④ 경화할 때 휘발물의 발생이 없고, 부피의 수축이 없다.
⑤ 금속, 도자기, 플라스틱류, 유리, 콘크리트, 석재, 목재 등 거의 모든 물질의 접착에 사용할 수 있다.

KEY 2016년 5월 8일 출제

99 골재의 단위용적질량을 계산할 때 골재는 어느 상태를 기준으로 하는가?(단, 굵은골재가 아닌 경우)

① 습윤상태
② 기건상태
③ 절대건조상태
④ 표면건조내부포수상태

해설

골재의 함수상태

구분	상태
절건상태	110[℃] 정도의 온도에서 24시간 이상 골재를 건조시킨 상태, 단위 용적 질량 계산 시 적용
기건상태	실내에 방치한 경우 골재입자의 표면과 내부의 일부가 건조한 상태
표건상태	골재입자의 표면에 물은 없으나 내부의 공극에는 물이 꽉 차 있는 상태
습윤상태	골재입자의 내부에 물이 채워져 있고 표면에도 물이 부착되어 있는 상태

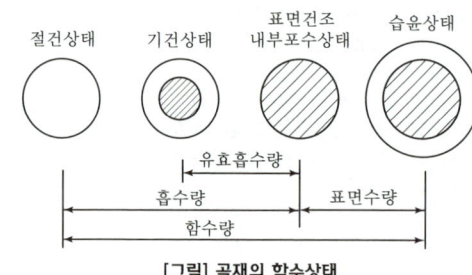

[그림] 골재의 함수상태

100 다음 각 접착제에 관한 설명으로 옳지 않은 것은?

① 페놀수지 접착제는 용제형과 에멀견형이 있고 멜라민, 초산비닐 등과 중합시킨 것도 있다.
② 요소수지 접착제는 내열성이 200[℃]이고 내수성이 매우 크며 전기절연성도 우수하다.
③ 멜라민수지 접착제는 열경화성수지 접착제로 내수성이 우수하여 내수합판용으로 사용된다.
④ 비닐수지 접착제는 값이 저렴하고 작업성이 좋으며, 에멀전형은 카세인의 대용품으로 사용된다.

해설

요소수지 접착제
① 무색투명하다.
② 내수성, 내알칼리성, 내산성, 내열성, 내후성이 약하다.
③ 내수성이 비닐계 접착제보다는 크고 멜라민 수지나 페놀수지 접착제보다는 적다.
④ 목재접합, 합판접합에 사용한다.

[정답] 97 ④ 98 ① 99 ③ 100 ②

6 건설안전기술

101 공정율이 65[%]인 건설현장의 경우 공사 진척에 따른 산업안전보건관리비의 최소 사용 기준으로 옳은 것은?

① 40[%] 이상
② 50[%] 이상
③ 60[%] 이상
④ 70[%] 이상

해설

공사진척에 따른 안전관리비 사용기준

공정률	50[%] 이상 70[%] 미만	70[%] 이상 90[%] 미만	90[%] 이상
사용기준	50[%] 이상	70[%] 이상	90[%] 이상

정보제공
① 건설업산업안전보건관리비 계상 및 사용기준 [별표 3] 공사진척에 따른 안전관리비 사용기준
② 고시개정 : 2024년 9월 19일(고시 고용노동부 제2024-53호)

102 화물취급작업과 관련한 위험방지를 위해 조치하여야 할 사항으로 옳지 않은 것은?

① 작업장 및 통로의 위험한 부분에는 안전하게 작업할 수 있는 조명을 유지할 것
② 차량 등에서 화물을 내리는 작업을 하는 경우에 해당 작업에 종사하는 근로자에게 쌓여 있는 화물 중간에서 화물을 빼내도록 하지 말 것
③ 육상에서의 통로 및 작업장소로서 다리 또는 선거 갑문을 넘는 보도 등의 위험한 부분에는 안전난간 또는 울타리 등을 설치할 것
④ 부두 또는 안벽의 선을 따라 통로를 설치하는 경우에는 폭을 50[cm] 이상으로 할 것

해설

부두·안벽 통로의 폭 : 90[cm] 이상

정보제공
산업안전보건기준에 관한 규칙 제 390조(하역작업장의 조치기준)

103 타워크레인을 자립고(自立高) 이상의 높이로 설치할 때 지지벽체가 없어 와이어로프로 지지하는 경우의 준수사항으로 옳지 않은 것은?

① 와이어로프를 고정하기 위한 전용 지지프레임을 사용할 것
② 와이어로프 설치각도는 수평면에서 60[°] 이내로 하되, 지지점은 4개소 이상으로 하고, 같은 각도로 설치할 것
③ 와이어로프와 그 고정부위는 충분한 강도와 장력을 갖도록 설치하되, 와이어로프를 클립·샤클(shackle) 등의 기구를 사용하여 고정하지 않도록 유의할 것
④ 와이어로프가 가공전선(架空電線)에 근접하지 않도록 할 것

해설

타워크레인 강도·장력유지
① 와이어로프와 그 고정부위는 충분한 강도와 장력을 갖도록 설치한다.
② 와이어로프를 클립·샤클(shackle) 등의 고정기구를 사용하여 견고하게 고정시켜 풀리지 아니하도록 하며, 사용 중에는 충분한 강도와 장력을 유지하도록 할 것

정보제공
산업안전보건기준에 관한 규칙 제142조(타워크레인의 지지)

104 말비계를 조립하여 사용할 때의 준수사항으로 옳지 않은 것은?

① 지주부재의 하단에는 미끄럼 방지장치를 한다.
② 지주부재와 수평면과의 기울기는 75[°] 이하로 한다.
③ 말비계의 높이가 2[m]를 초과할 경우에는 작업발판의 폭을 30[cm] 이상으로 한다.
④ 지주부재와 지주부재 사이를 고정시키는 보조부재를 설치한다.

해설

말비계 작업발판폭 : 40[cm] 이상

KEY ① 2016년 5월 8일 산업기사 출제
② 2017년 3월 5일 산업기사 출제

[정답] 101 ② 102 ④ 103 ③ 104 ③

> [정보제공]
> 산업안전보건기준에 관한 규칙 제67조(말비계)

105 흙막이 지보공의 안전조치로 옳지 않은 것은?

① 굴착배면에 배수로 미설치
② 지하매설물에 대한 조사 실시
③ 조립도의 작성 및 작업순서 준수
④ 흙막이 지보공에 대한 조사 및 점검 철저

> [해설]
> **흙막이 지보공의 안전조치 사항**
> ① 굴착배면의 배수로 설치
> ② 지하매설물에 대한 조사 실시
> ③ 조립도의 작성 및 작업순서 준수
> ④ 흙막이 지보공에 대한 조사 및 점검 철저

> [정보제공]
> 산업안전보건기준에 관한 규칙 제346조(조립도)

106 거푸집 및 동바리를 조립 또는 해체하는 작업을 하는 경우의 준수사항으로 옳지 않은 것은?

① 재료, 기구 또는 공구 등을 올리거나 내리는 경우에는 근로자로 하여금 달줄·달포대 등의 사용을 금하도록 할 것
② 낙하·충격에 의한 돌발적 재해를 방지하기 위하여 버팀목을 설치하고 거푸집, 동바리 등을 인양장비에 매단 후에 작업을 하도록 하는 등 필요한 조치를 할 것
③ 비, 눈, 그 밖의 기상상태의 불안정으로 날씨가 몹시 나쁜 경우에는 그 작업을 중지할 것
④ 해당 작업을 하는 구역에는 관계 근로자가 아닌 사람의 출입을 금지할 것

> [해설]
> 재료·기구·공구 등을 올리거나 내리는 경우 : 달줄, 달포대 사용

> [정보제공]
> 산업안전보건기준에 관한 규칙 제333조(조립·해체 등 작업시의 준수사항)

107 로드(rod)·유압잭(jack) 등을 이용하여 거푸집을 연속적으로 이동시키면서 콘크리트를 타설할 때 사용되는 것으로 silo 공사 등에 적합한 거푸집은?

① 메탈폼
② 슬라이딩폼
③ 워플폼
④ 페코빔

> [해설]
> **슬라이딩폼(Sliding form) : 활동거푸집**
> ① 높이 1~1.2[m] 정도의 하부가 약간 벌어진 철판거푸집을 요크(York)로 서서히 끌어올리는 공법
> ② 콘크리트를 연속하여 타설하므로 일체성이 확보되고 공기가 단축
> ③ 돌출물이 없는 굴뚝(silo)공사에 적당

> [보충학습]
> (1) 메탈폼(Metal form)
>   ① 철판(Steel pannel), 앵글 등을 써서 제작된 거푸집
>   ② 조립이 간단하며, 거푸집의 변형이 적다.
>   ③ 콘크리트면이 평활하여 제치장에 사용된다.
> (2) 무지주공법
>   ① 강재의 인장력을 이용하여 만든 조립보로 지주(받침기둥)를 쓰지 않고 보를 걸어서 거푸집널을 지지하는 것
>   ② 보우빔(Bow beam) : 수평지지보를 걸어서 거푸집을 지지하는 공법으로 철근의 장력을 이용
>   ③ 페코빔(Pecco beam)
>   ㉮ 철골트러스 신축식 강재보로서 6.4[m]까지 신축조절 가능
>   ㉯ 천장이 높은 곳에 사용되며 100회 정도 사용 가능
> (3) 워플폼(Waffle form) : 무량판(보가 없는)공법
>   ① 무량판구조 또는 평판구조로서 특수상자 모양의 기성재 거푸집
>   ② 크기는 60~90[cm] 각 높이는 9~18[cm]이고 모서리는 둥근형
>   ③ 2방향 장전 바닥판구조를 만들 수 있는 거푸집이다.

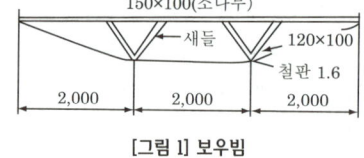

[그림 1] 보우빔

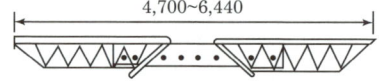

[그림 2] 페코빔

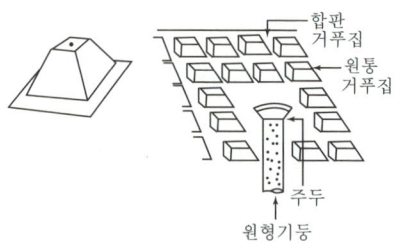

[그림 3] 워플폼

[정답] 105 ① 106 ① 107 ②

108 양중기에 사용하는 와이어로프에서 화물의 하중을 직접 지지하는 달기와이어로프 또는 달기체인의 안전계수 기준은?

① 3 이상
② 4 이상
③ 5 이상
④ 10 이상

해설

와이어로프의 안전계수
① 근로자가 탑승하는 운반구를 지지하는 달기와이어로프 또는 달기체인의 경우 : 10 이상
② 화물의 하중을 직접 지지하는 달기와이어로프 또는 달기체인의 경우 : 5 이상
③ 훅, 샤클, 클램프, 리프팅 빔의 경우 : 3 이상
④ 그 밖의 경우 : 4 이상

정보제공
산업안전보건기준에 관한 규칙 제163조(와이어로프등 달기구의 안전계수)

109 건설업의 산업안전보건관리비 사용항목에 해당되지 않는 것은?

① 안전시설비
② 근로자 건강관리비
③ 운반기계 수리비
④ 안전진단비

해설

건설업 산업안전보건관리비 사용 가능항목 9가지
① 안전관리자·보건관리자의 임금 등
② 안전시설비 등
③ 보호구 등
④ 안전보건진단비 등
⑤ 안전보건교육비 등
⑥ 근로자 건강장해예방비 등
⑦ 건설재해예방전문지도기관의 지도에 대한 대가로 지급하는 비용
⑧ 본사 전담조직에 소속된 근로자의 임금 및 업무수행 출장비 전액
⑨ 유해·위험요인 개선을 위해 필요하다고 판단하여 노사협의체에서 사용하기로 결정ᄒ란 사항을 이행하기 위한 비용

정보제공
① 건설업산업안전보건관리비 계상 및 사용기준[별표 2] 안전관리비의 항목별 사용 불가내역
② 고시개정 : 2024년 9월 19일(고시 제2024-53호)

110 설치·이전하는 경우 안전인증을 받아야 하는 기계에 해당되지 않는 것은?

① 크레인
② 리프트
③ 곤돌라
④ 고소작업대

해설

안전인증대상 기계
(1) 설치·이전하는 경우 안전인증을 받아야 하는 기계
  ① 크레인 ② 리프트 ③ 곤돌라
(2) 주요 구조 부분을 변경하는 경우 안전인증을 받아야 하는 기계
  ① 프레스   ② 전단기 및 절곡기(折曲機)
  ③ 크레인   ④ 리프트
  ⑤ 압력용기   ⑥ 롤러기
  ⑦ 사출성형기(射出成形機) ⑧ 고소 작업대
  ⑨ 곤돌라

KEY ① 2017년 3월 5일 기사, 산업기사 동시 출제
② 2017년 5월 7일 기사, 산업기사 동시 출제

정보제공
① 산업안전보건법 시행령 제74조(안전인증대상기계 등)
② 산업안전보건법시행규칙 제107조(안전인증대상기계 등)

합격자의 조언
제1과목 : 안전관리론 및 실기필답형 출제

111 유해위험방지계획서 첨부서류에 해당되지 않는 것은?

① 안전관리를 위한 교육 자료
② 안전관리 조직표
③ 건설물, 사용 기계설비 등의 배치를 나타내는 도면
④ 재해 발생 시 연락 및 대피방법

해설

건설업 유해위험방지계획서 첨부서류
① 공사 개요서
② 공사현장의 주변 현황 및 주변과의 관계를 나타내는 도면(매설물 현황을 포함한다.)
③ 건설물, 사용 기계설비 등의 배치를 나타내는 도면
④ 전체 공정표
⑤ 산업안전보건관리비 사용 계획
⑥ 안전관리 조직표
⑦ 재해 발생 위험 시 연락 및 대피방법

KEY 2017년 3월 5일 출제

정보제공
산업안전보건법시행규칙 [별표 10] 유해위험방지계획서 첨부서류

[정답] 108 ③ 109 ③ 110 ④ 111 ①

112 항타기 또는 항발기의 권상용 와이어로프의 사용 금지기준에 해당되지 않는 것은?

① 이음매가 없는 것
② 지름의 감소가 공칭지름의 7[%]를 초과하는 것
③ 꼬인 것
④ 열과 전기충격에 의해 손상된 것

해설

와이어로프의 사용제한 조건
① 이음매가 있는 것
② 와이어로프의 한 꼬임에서 끊어진 소선의 수가 10[%] 이상인 것
③ 지름의 감소가 공칭지름의 7[%]를 초과하는 것
④ 꼬인 것
⑤ 심하게 변형 또는 부식된 것
⑥ 열과 전기 충격에 의해 손상된 것

KEY 2017년 5월 7일 기사, 산업기사 동시 출제

정보제공
산업안전보건기준에 관한 규칙 제63조(달비계의 구조)

113 철골 작업 시 기상조건에 따라 안전상 작업을 중지하여야 하는 경우에 해당되는 기준으로 옳은 것은?

① 강우량이 시간당 5[mm] 이상인 경우
② 강우량이 시간당 10[mm] 이상인 경우
③ 풍속이 초당 10[m] 이상인 경우
④ 강설량이 시간당 20[mm] 이상인 경우

해설

철골공사 작업중지 기준
① 풍속이 초당 10[m/sec] 이상인 경우
② 1시간당 강우량이 1[mm] 이상인 경우
③ 1시간당 강설량이 1[cm] 이상인 경우

KEY ① 2016년 5월 8일 출제 기사, 산업기사 동시 출제
② 2016년 10월 1일 산업기사 출제

정보제공
산업안전보건기준에 관한 규칙 제383조(작업의 제한)

114 가설통로의 구조에 관한 기준으로 옳지 않은 것은?

① 경사가 15[°]를 초과하는 경우에는 미끄러지지 아니하는 구조로 할 것
② 경사는 20[°] 이하로 할 것
③ 추락의 위험이 있는 장소에는 안전난간을 설치할 것
④ 수직갱에 가설된 통로의 길이가 15[m] 이상인 경우에는 10[m] 이내마다 계단참을 설치할 것

해설

가설통로 경사 : 30[°] 이하

KEY ① 2016년 3월 6일 산업기사 출제
② 2017년 5월 7일 기사, 산업기사 동시 출제

정보제공
산업안전보건기준에 관한 규칙 제23조 가설통로의 구조

115 동바리로 사용하는 파이프 서포트는 최대 몇 개 이상 이어서 사용하지 않아야 하는가?

① 2개   ② 3개
③ 4개   ④ 5개

해설

동바리로 사용하는 파이프 서포트 최대개수 : 3개

정보제공
산업안전보건기준에 관한 규칙 제332조의2(동바리 유형에 따른 동바리 조립 시의 안전조치)

116 건설현장에 설치하는 사다리식 통로의 설치기준으로 옳지 않은 것은?

① 발판과 벽과의 사이는 15[cm] 이상의 간격을 유지할 것
② 발판의 간격을 일정하게 할 것
③ 사다리의 상단은 걸쳐놓은 지점으로부터 60[cm] 이상 올라가도록 할 것
④ 사다리식 통로의 길이가 10[m] 이상인 경우에는 3[m] 이내마다 계단참을 설치할 것

[정답] 112 ① 113 ③ 114 ② 115 ② 116 ④

해설

계단참 기준 : 10[m] 이상인 경우 5[m] 마다 설치

KEY
① 2016년 10월 1일 산업기사 출제
② 2017년 5월 7일 기사, 산업기사 동시 출제

정보제공
산업안전보건기준에 관한 규칙 제24조(사다리식 통로 등의 구조)

117 흙막이 계측기의 종류 중 주변 지반의 변형을 측정하는 기계는?

① Tilt meter
② Inclino meter
③ Strain gauge
④ Load cell

해설
계측장치의 종류 및 설치목적

종류	설치목적
건물 경사계(tilt meter)	지상 인접구조물의 기울기를 측정
지표면 침하계 (level and staff)	주위 지반에 대한 지표면의 침하량을 측정
지중 경사계 (inclinometer)	지중수평변위를 측정하여 흙막이의 기울어진 정도(주변 지반의 변형측정)
지중 침하계 (extension meter)	지중수직변위를 측정하여 지반의 침하정도 파악
변형계(strain gauge)	흙막이 버팀대의 변형 정도 파악
하중계 (load cell)	흙막이 버팀대에 작용하는 토압, 토류벽 측정
토압계 (earth pressure meter)	흙막이에 작용하는 토압의 변화 파악
간극수압계(piezo meter)	굴착으로 인한 지하의 간극수압 측정
지하수위계 (water level meter)	지하수의 수위변화 측정

KEY
① 2016년 3월 6일 산업기사 출제
② 2016년 10월 1일 산업기사 출제
③ 2017년 5월 7일 기사, 산업기사 동시 출제

118 차량계 하역운반기계등에 화물을 적재하는 경우에 준수해야 할 사항으로 옳지 않은 것은?

① 하중이 한쪽으로 치우치도록 하여 공간상 효율적으로 적재할 것
② 구내운반차 또는 화물자동차의 경우 화물의 붕괴 또는 낙하에 의한 위험을 방지하기 위하여 화물에 로프를 거는 등 필요한 조치를 할 것
③ 운전자의 시야를 가리지 않도록 화물을 적재할 것
④ 화물을 적재하는 경우 최대적재량을 초과하지 않을 것

해설
차량계 하역운반기계 화물적재시 준수사항
① 하중이 한쪽으로 치우치지 않도록 적재할 것
② 구내운반차 또는 화물자동차의 경우 화물의 붕괴 또는 낙하에 의한 위험을 방지하기 위하여 화물에 로프를 거는 등 필요한 조치를 할 것
③ 운전자의 시야를 가리지 않도록 화물을 적재할 것

정보제공
산업안전보건기준에 관한 규칙 제173조(화물적재시의 조치)

119 다음 설명에 해당하는 안전대와 관련된 용어로 옳은 것은?(단, 보호구 안전인증 고시 기준)

> 신체지지의 목적으로 전신에 착용하는 띠 모양의 것으로서 상체 등 신체 일부분만 지지하는 것은 제외한다.

① 안전그네
② 벨트
③ 죔줄
④ 버클

해설
안전대의 종류

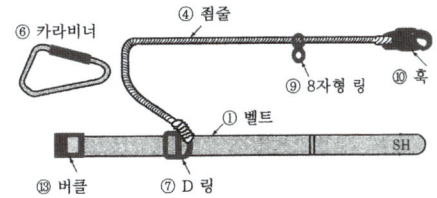

[그림 1] 1개 걸이용 안전대

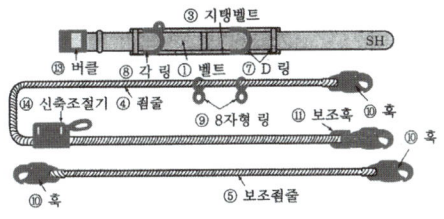

[그림 2] U자 걸이용 안전대

[정답] 117 ② 118 ① 119 ①

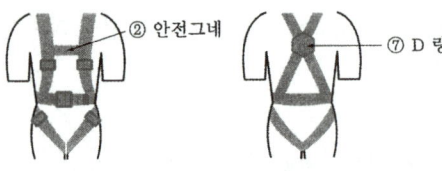

[그림 3] 안전그네

[그림 4] 안전블록   [그림 5] 충격흡수장치

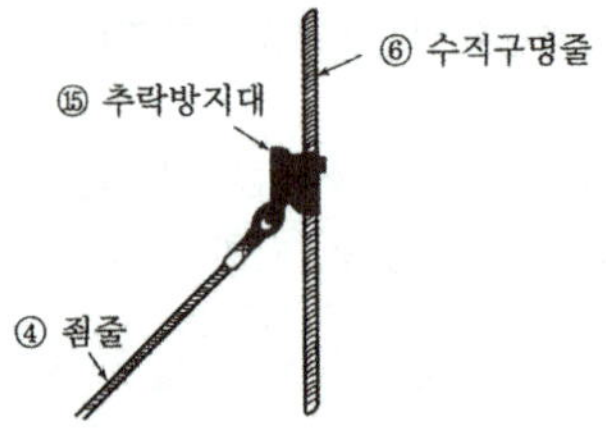

[그림 6] 추락방지대

💬 합격자의 조언

실기 작업형 출제문제

120 터널공사의 전기발파작업에 관한 설명으로 옳지 않은 것은?

① 전선은 점화하기 전에 화약류를 충진한 장소로부터 30[m] 이상 떨어진 안전한 장소에서 도통시험 및 저항시험을 하여야 한다.
② 점화는 충분한 허용량을 갖는 발파기를 사용하고 규정된 스위치를 반드시 사용하여야 한다.
③ 발파 후 발파기와 발파모선의 연결을 유지한 채 그 단부를 절연시킨다.
④ 점화는 선임된 발파책임자가 행하고 발파기의 핸들을 점화할 때 이외는 시건장치를 하거나 모선을 분리하여야 하며 발파책임자의 엄중한 관리하에 두어야 한다.

해설

발파작업 안전기준

① 미지전류의 유무에 대하여 확인하고 미지전류가 0.01[A] 이상일 때에는 전기발파하지 않아야 한다.
② 전기발파기는 충분한 기동이 있는지의 여부를 사전에 점검하여야 한다.
③ 도통시험기는 소정의 저항치가 나타나는가에 대해 사전에 점검하여야 한다.
④ 약포에 뇌관을 장치할 때에는 반드시 전기뇌관의 저항을 측정하여 소정의 저항에 대하여 오차가 ±0.1[Ω] 아내에 있는가를 확인하여야 한다.
⑤ 발파모선의 배선에 있어서는 점화장소를 발파현장에서 충분히 떨어져 있는 장소로 하고 물기나 철관, 궤도 등이 없는 장소를 택하여야 한다.
⑥ 점화장소는 발파현장이 잘 보이는 곳이어야 하며 충분히 떨어져 있는 안전한 장소를 택하여야 한다.
⑦ 전선은 점화하기 전에 화약류를 충진한 장소로부터 30[m] 이상 떨어진 안전한 장소에서 도통시험 및 저항시험을 하여야 한다.
⑧ 점화는 충분한 허용량을 갖는 발파기를 사용하고 규정된 스위치를 반드시 사용하여야 한다.
⑨ 점화는 선임된 발파책임자가 행하고 발파기의 핸들을 점화할 때 이외는 시건장치를 하거나 모선을 분리하여야 하며 발파책임자의 엄중한 관리하에 두어야 한다.
⑩ 발파 후 즉시 발파모선을 발파기로부터 분리하고 그 단부를 절연시킨 후 재점화가 되지 않도록 하여야 한다.
⑪ 발파 후 30분 이상 경과한 후가 아니면 발파장소에 접근하지 않아야 한다.

녹색직업 녹색자격증코너

'언젠가'를 '오늘, 지금 당장'으로 바꿔라

인생은 나에게 어떤 것도 미루지 말라고 몇 번이나 가르쳐 주었다.
하지만 나는 늘 바쁘고 시간에 쫓긴다는 이유로
중요한 일을 뒤로 미루기 일쑤였다.
당시 다급했던 일들은
지금 생각하면 더 없이 하찮을 뿐이다.
반면 그로 인해 잃어버렸던 기회는
너무도 아쉽고 또한 되돌릴 수가 없다.
– 다닐 알렉사드로비치 그라닌

'언젠가'라는 말은 당신의 꿈을 무덤까지 가지고 가서
당신과 함께 묻어버리는 질병입니다.(티모시 테리스)
오늘 해야 할 일을 내일로 미루는 것은
목표달성을 방해하는 가장 큰 요인입니다.
'언젠가'를 '오늘, 지금 당장'으로 바꿔야 합니다.

[정답] 120 ③

2017년도 기사 정기검정 제4회 (2017년 9월 23일 시행)

자격종목 및 등급(선택분야): 건설안전기사
종목코드: 1440 | 시험시간: 3시간 | 수험번호: 20170923 | 성명: 도서출판세화

1 산업안전관리론

01 100인 이하의 소규모 사업장에 적합한 안전보건관리조직의 형태는?

① 라인(line)형
② 스태프(staff)형
③ 관리(manage)형
④ 라인-스태프(line-staff)형

[해설]
안전보건관리조직의 형태 3가지
① Line형(직계식) : 100인 이하의 소규모 사업장
② Staff형(참모식) : 100 ~ 1,000인의 중규모 사업장
③ Line-staff형(복합식) : 1,000인 이상의 대규모 사업장

KEY ① 2016년 5월 8일, 10월 1일 출제
② 2017년 3월 5일, 5월 7일 출제

02 물체의 낙하 또는 비래에 의한 위험을 방지 또는 경감하고, 머리부위 감전에 의한 위험을 방지하기 위한 안전모의 종류(기호)로 옳은 것은?

① A
② AE
③ AB
④ ABE

[해설]
안전모의 종류 및 용도

종류 기호	사용구분	모체의 재질	내전압성
AB	물체의 낙하, 날아옴, 추락에 의한 위험을 방지, 경감시키는 것	합성수지	비내전압성
AE	물체의 낙하, 날아옴에 의한 위험을 방지 또는 경감하고 머리부위 감전에 의한 위험을 방지하기 위한 것	합성수지 (FRP)	내전압성 (주)
ABE	물체의 낙하 또는 날아옴 및 추락에 의한 위험을 방지하기 위한 것 및 감전 방지용	합성수지 (FRP)	내전압성

(주) ① 내전압성이란 7,000[V] 이하의 전압에 견디는 것을 말한다.
② FRP : Fiber Glass Reinforced Plastic(유리섬유 강화 플라스틱)

KEY 2016년 5월 8일 산업기사 출제

03 산업안전보건법령상 안전보건관리규정의 작성 대상 사업의 사업주는 안전보건관리규정을 작성하여야 할 사유가 발생한 날부터 며칠 이내에 안전보건관리규정의 세부 내용을 포함한 안전보건관리규정을 작성하여야 하는가?

① 10
② 15
③ 20
④ 30

[해설]
안전보건관리규정의 작성 및 배경
① 안전보건관리규정을 작성하여야 할 사업은 별표 4와 같다.
② 제1항에 따른 사업의 사업주는 안전보건관리규정을 작성하여야 할 사유가 발생한 날부터 30일 이내에 별표 5의 내용을 포함한 안전보건관리규정을 작성하여야 한다. 이를 변경할 사유가 발생한 경우에도 또한 같다.
③ 사업주가 제2항에 따른 안전보건관리규정을 작성하는 경우에는 소방·가스·전기·교통 분야 등의 다른 법령에서 정하는 안전관리에 관한 규정과 통합하여 작성할 수 있다.

KEY 2017년 3월 5일 출제

[정보제공]
산업안전보건법 시행규칙 제25조(안전보건관리규정의 작성 등)

04 다음 중 재해사례연구의 진행단계로 옳은 것은?

① 재해 상황의 파악→사실의 확인→문제점의 발견→근본적 문제점의 결정→대책수립
② 재해 상황의 파악→문제점의 발견→근본적 문제점의 결정→사실의 확인→대책수립
③ 문제점의 발견→재해 상황의 파악→근본적 문제점의 결정→사실의 확인→대책수립
④ 문제점의 발견→재해 상황의 파악→사실의 확인→근본적 문제점의 결정→대책수립

[정답] 01 ① 02 ② 03 ④ 04 ①

> [해설]
>
> **재해사례연구의 진행단계**
>
>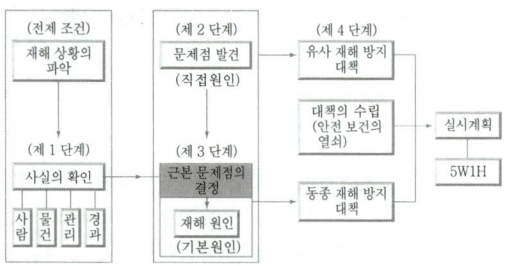
>
> KEY ▶ 2016년 10월 1일 출제

05 재해예방의 4원칙에 대한 설명으로 틀린 것은?

① 재해발생에는 반드시 손실을 수반한다.
② 재해의 발생은 반드시 그 원인이 존재한다.
③ 재해예방을 위한 가능한 안전대책은 반드시 존재한다.
④ 재해는 원칙적으로 원인만 제거되면 예방이 가능하다.

> [해설]
>
> **산업재해예방의 4원칙**
> ① 예방가능의 원칙
> 천재지변을 제외한 모든 인재는 예방이 가능하다.
> ② 손실우연의 원칙
> 사고의 결과 손실의 유무 또는 대소는 사고 당시의 조건에 따라 우연적으로 발생한다.
> ③ 원인연계(계기)의 원칙
> 사고에는 반드시 원인이 있고 원인은 대부분 복합적 연계 원인이다.
> ④ 대책선정의 원칙
> ㉮ 사고의 원인이나 불안전 요소가 발견되면 반드시 대책은 선정 실시되어야 하며 대책선정이 가능하다.
> ㉯ 대책은 재해방지의 세 기둥이라고 할 수 있다.
>
> KEY ▶ ① 2016년 5월 8일 산업기사 출제
> ② 2016년 10월 1일 출제
> ③ 2017년 5월 7일 산업기사 출제

06 산업안전보건법령상 산업안전보건위원회의 심의·의결 사항이 아닌 것은?

① 안전보건관리규정의 작성 및 변경에 관한 사항
② 작업환경측정 등 작업환경의 점검 및 개선에 관한 사항
③ 사업장 경영체제 구성 및 운영에 관한 사항
④ 유해하거나 위험한 기계·기구와 그 밖의 설비를 도입한 경우 안전보건조치에 관한 사항

> [해설]
>
> **산업안전보건위원회 심의·의결 사항**
> ① 산업재해 예방계획의 수립에 관한 사항
> ② 안전보건관리규정의 작성 및 변경에 관한 사항
> ③ 근로자의 안전보건교육에 관한 사항
> ④ 작업환경측정 등 작업환경의 점검 및 개선에 관한 사항
> ⑤ 근로자의 건강진단 등 건강관리에 관한 사항
> ⑥ 산업재해의 원인 조사 및 재발 방지대책 수립에 관한 사항 중 중대재해에 관한 사항
> ⑦ 산업재해에 관한 통계의 기록 및 유지에 관한 사항
> ⑧ 유해하거나 위험한 기계·기구와 그 밖의 설비를 도입할 경우 안전보건조치에 관한 사항
>
> [정보제공]
> 산업안전보건법 제15조(안전보건관리책임자)
> 산업안전보건법 제24조(산업안전보건위원회)
>
> 💬 **합격자의 조언**
> 모든 문제해설은 2022년 8월 18일 법·영·규칙 적용으로 2026년 시험에 맞게(맞춤형) 해설을 했습니다.

07 산업안전보건법령상 고용노동부장관이 사업주에게 안전보건진단을 받아 안전보건개선계획을 수립·제출하도록 명할 수 있는 사업장의 기준 중 틀린 것은?

① 작업환경 불량, 화재·폭발 또는 누출사고 등으로 사회적 물의를 일으킨 사업장
② 산업재해율이 같은 업종 평균 산업재해율의 2배 이상인 사업장
③ 사업주가 안전·보건조치의무를 이행하지 아니하여 발생한 중대재해가 발생한 사업장
④ 상시 근로자 1천명 이상 사업장의 경우 직업병에 걸린 사람이 연간 2명 이상 발생한 사업장

[정답] 05 ① 06 ③ 07 ④

해설

안전보건개선계획 수립대상 사업장
① 산업재해율이 같은 업종 평균 산업재해율의 2배 이상인 사업장
② 사업주가 필요한 안전조치 또는 보건조치를 이행하지 아니하여 중대재해가 발생한 사업장
③ 직업성 질병자가 연간 2명 이상(상시근로자 1천명 이상 사업장의 경우 3명 이상) 발생한 사업장
④ 작업환경 불량, 화재·폭발 또는 누출사고 등으로 사회적 물의를 일으킨 사업장

KEY 2017년 3월 5일 산업기사 출제

정보제공
산업안전보건법 시행령 제49조(안전보건진단을 받아 개선계획 수립·시행 명령을 할 수 있는 사업장 등)

---

08 산업안전보건법령상 안전검사 대상 기계 등이 아닌 것은?

① 압력용기
② 원심기(산업용)
③ 국소배기장치(이동식)
④ 크레인(정격하중이 2[t] 이상인 것)

해설

안전검사 대상 기계의 종류
① 프레스
② 전단기
③ 크레인(정격하중 2[t] 미만인 것은 제외)
④ 리프트
⑤ 압력용기
⑥ 곤돌라
⑦ 국소배기장치(이동식 제외)
⑧ 원심기(산업용에만 해당)
⑨ 롤러기(밀폐형 구조 제외)
⑩ 사출성형기[형체결력 294[KN](킬로뉴튼) 미만 제외]
⑪ 고소작업대[「자동차관리법」에 따른 화물자동차 또는 특수자동차에 탑재한 고소작업대(高所作業臺)로 한정]
⑫ 컨베이어
⑬ 산업용 로봇
⑭ 분쇄기
⑮ 혼합기 및 파쇄기

KEY 2017년 5월 7일 기사, 산업기사 동시 출제

정보제공
산업안전보건법 시행령 제78조(안전검사 대상 기계 등)

---

09 산업안전보건법령상 다음 그림에 해당하는 안전보건표지의 명칭으로 옳은 것은?

① 접근금지　② 이동금지
③ 보행금지　④ 출입금지

해설

금지표지 8종

① 출입금지	② 보행금지	③ 차량통행금지	④ 사용금지
⑤ 탑승금지	⑥ 금연	⑦ 화기금지	⑧ 물체이동금지

KEY ① 2016년 3월 6일 출제
　　　② 2016년 5월 8일 출제
　　　③ 2017년 5월 7일 출제

정보제공
산업안전보건법 시행규칙 [별표6] 안전보건표지의 종류와 형태

---

10 점검시기에 따른 안전점검의 종류가 아닌 것은?

① 정기점검　② 수시점검
③ 임시점검　④ 특수점검

해설

안전점검의 종류 4가지
① 정기점검
② 수시점검
③ 임시점검
④ 특별점검

KEY ① 2016년 3월 6일 출제
　　　② 2016년 5월 8일 출제

[정답] 08 ③　09 ③　10 ④

과년도 출제문제

11 버드의 재해구성 비율 이론에 따라 중상이 5건 발생한 경우 경상이 발생할 건수는?

① 150 ② 145
③ 100 ④ 50

해설

경상발생 건수 = 5 × 10 = 50[건]

KEY ▶ 2017년 5월 7일(문제 13번) 출제

12 연평균 200명의 근로자가 작업하는 사업장에서 연간 3건의 재해가 발생하여 사망이 1명, 50일의 요양이 필요한 인원이 1명 있었다면 이때의 강도율은?(단, 1인당 연간근로시간은 2,400시간으로 한다.)

① 13.61 ② 15.71
③ 17.61 ④ 19.71

해설

$$강도율 = \frac{총요양근로손실일수}{연근로시간수} \times 1,000$$

$$= \frac{7,500 + (50 \times \frac{300}{365})}{200 \times 2,400} \times 1,000 = 15.71$$

KEY ▶ ① 2016년 3월 6일 기사·산업기사 동시 출제
② 2016년 10월 1일 출제
③ 2017년 9월 23일 기사·산업기사 동시 출제

13 하인리히의 재해손실비의 평가방식에 있어서 간접비에 해당하지 않는 것은?

① 사망 시 장의 비용
② 신규직원 섭외비용
③ 재해로 인한 본인의 시간손실비용
④ 시설복구로 소비된 재산손실비용

해설

하인리히 직·간접비

(1) 직접비의 종류
  ① 요양급여 ② 휴업급여
  ③ 장해급여 ④ 간병급여
  ⑤ 유족급여 ⑥ 상병보상연금
  ⑦ 장의비

(2) 간접비의 종류
  ① 인적 손실 ② 물적 손실
  ③ 생산손실 ④ 임금손실
  ⑤ 시간손실

KEY ▶ ① 2016년 5월 8일 산업기사 출제
② 2017년 3월 5일 출제
③ 2017년 5월 7일 출제

14 산업안전보건법령상 안전관리자가 수행하여야 할 업무가 아닌 것은?

① 안전보건에 관한 노사협의체에서 심의·의결한 업무
② 해당 사업장 안전교육계획의 수립 및 안전교육 실시에 관한 보좌 및 지도·조언
③ 산업재해에 관한 통계의 유지·관리·분석을 위한 보좌 및 지도·조언
④ 지휘·감독하는 작업과 관련된 기계·기구 또는 설비의 안전보건 점검 및 이상 유무의 확인

해설

안전관리자의 업무 10가지

① 산업안전보건위원회 또는 안전보건에 관한 노사협의체에서 심의·의결한 업무와 해당 사업장의 안전보건관리규정 및 취업규칙에서 정한 업무
② 위험성평가에 관한 보좌 및 지도·조언
③ 안전인증대상 기계 등과 자율안전확인대상 기계 등 구입 시 적격품의 선정에 관한 보좌 및 지도·조언
④ 해당 사업장 안전교육계획의 수립 및 안전교육 실시에 관한 보좌 및 지도·조언
⑤ 사업장 순회점검·지도 및 조치의 건의
⑥ 산업재해 발생의 원인 조사·분석 및 재발 방지를 위한 기술적 보좌 및 지도·조언
⑦ 산업재해에 관한 통계의 유지·관리·분석을 위한 보좌 및 지도·조언
⑧ 법 또는 법에 따른 명령으로 정한 안전에 관한 사항의 이행에 관한 보좌 및 지도·조언
⑨ 업무수행 내용의 기록·유지
⑩ 그 밖의 안전에 관한 사항으로서 고용노동부장관이 정하는 사항

KEY ▶ 2017년 5월 7일 출제

정보제공
산업안전보건법 시행령 제18조(안전관리자의 업무 등)

[정답] 11 ④ 12 ② 13 ① 14 ④

15 위험예지훈련의 4라운드 기법에서 문제점을 발견하고 중요 문제를 결정하는 단계는?

① 현상파악 ② 본질추구
③ 목표설정 ④ 대책수립

> **해설**

제2단계(요인 조사 : 본질추구)
① 이것이 위험 요점이다!(위험의 포인트 결정 및 지적 확인)
② 발견된 위험 요인 가운데 중요하다고 생각되는 위험을 파악하고 ○표나 ◎표를 붙인다.
③ 문제점 발견 및 중요 문제 결정

> **KEY** ① 2017년 3월 5일 산업기사 출제
> ② 2017년 5월 7일 출제

16 산업안전보건법령상 사업장의 산업재해 발생건수, 재해율 또는 그 순위를 공표할 수 있는 공표대상 사업장의 기준 중 틀린 것은?(단, 고용노동부장관이 산업재해를 예방하기 위하여 필요하다고 인정할 때이다.)

① 중대산업사고가 발생한 사업장
② 산업재해의 발생에 관한 보고를 최근 3년 이내 2회 이상 하지 않은 사업장
③ 중대재해가 발생한 사업장으로서 해당 중대재해 발생연도의 연간 산업재해율이 규모별 같은 업종의 평균 재해율 이상인 사업장 중 상위 20[%] 이내에 해당되는 사업장
④ 사망만인율이 규모별 같은 업종의 평균 사망만인율 이상인 사업장

> **해설**

산업재해 발생건수·재해율·순위 공표대상 사업장
① 산업재해로 인한 사망자(이하 "사망재해자"라 한다)가 연간 2명 이상 발생한 사업장
② 사망만인율(사망재해자 수를 연간 상시근로자 1만명당 발생하는 사망재해자 수로 환산한 것을 말한다)이 규모별 같은 업종의 평균 사망만인율 이상인 사업장
③ 산업재해 발생 사실을 은폐한 사업장
④ 산업재해의 발생에 관한 보고를 최근 3년 이내 2회 이상 하지 않은 사업장
⑤ 중대산업사고가 발생한 사업장

> **정보제공**

산업안전보건법 시행령 제10조(공표대상 사업장)
개정일 : 2022년 8월 18일

17 재해사례연구의 주된 목적 중 틀린 것은?

① 재해요인을 체계적으로 규명하여 이에 대한 대책을 세우기 위함
② 재해요인을 조사하여 책임 소재를 명확히 하기 위함
③ 재해방지의 원칙을 습득해서 이것을 일상 안전 보건활동에 실천하기 위함
④ 참가자의 안전보건활동에 관한 견해나 생각을 깊게 하고, 태도를 바꾸게 하기 위함

> **해설**

재해사례연구의 주된 목적
① 재해요인을 체계적으로 규명하여 이에 대한 대책을 세우기 위함
③ 재해방지의 원칙을 습득해서 이것을 일상 안전보건활동에 실천하기 위함
④ 참가자의 안전보건활동에 관한 견해나 생각을 깊게 하고, 태도를 바꾸게 하기 위함

18 사고의 용어 중 Near Accident에 대한 설명으로 옳은 것은?

① 사고가 일어나더라도 손실을 수반하지 않는 경우
② 사고가 일어날 경우 인적 재해가 발생하는 경우
③ 사고가 일어날 경우 물적 재해가 발생하는 경우
④ 사고가 일어나더라도 일정 비용 이하의 손실만 수반하는 경우

> **해설**

용어정의
① 상해 : 인명피해만을 초래하였을 경우
② 사고 또는 손실 : 물적 피해만을 초래하였을 경우
③ Near Accident : 인명이나 물적 등 일체의 피해가 없는 사고

[정답] 15 ② 16 ③ 17 ② 18 ①

19. 작업자가 불안전한 작업대에서 작업 중 추락하여 지면에 머리가 부딪혀 다친 경우의 기인물과 가해물로 옳은 것은?

① 기인물-지면, 가해물-작업대
② 기인물-지면, 가해물-지면
③ 기인물-작업대, 가해물-작업대
④ 기인물-작업대, 가해물-지면

해설

기인물과 가해물
① 기인물 : 재해발생의 주원인이며 재해를 가져오게 한 근원이 되는 기계, 장치, 물(物) 또는 환경 등(불안전 상태)
② 가해물 : 직접 사람에게 접촉하여 피해를 주는 기계, 장치, 물(物) 또는 환경 등

[그림] 기인물과 가해물

KEY ① 2016년 5월 8일 출제
② 2017년 5월 7일 출제

20. 무재해 운동의 기본이념 3원칙이 아닌 것은?

① 무의 원칙
② 관리의 원칙
③ 참가의 원칙
④ 선취의 원칙

해설

무재해 운동의 기본이념 3원칙
① 무의 원칙
② 안전제일(선취)의 원칙
③ 참가의 원칙

KEY ① 2016년 5월 8일 출제
② 2016년 10월 1일 산업기사 출제
③ 2017년 8월 26일 산업기사 출제

2 산업심리 및 교육

21. 생체리듬과 피로에 관한 설명 중 틀린 것은?

① 생체상의 변화는 하루 중에 일정한 시간간격을 두고 교환된다.
② 인간의 생체리듬은 낮에는 체온, 혈압, 맥박수 등이 상승하고 밤에는 저하된다.
③ 생체리듬에서 중요한 점은 낮에는 신체활동이 유리하며, 밤에는 휴식이 더욱 효율적이라는 것이다.
④ 몸이 흥분한 상태일 때는 부교감신경이 우세하고 수면을 취하거나 휴식을 할 때는 교감신경이 우세하다.

해설

생체리듬과 피로관계
① 생체상의 변화는 하루 중에 일정한 시간간격을 두고 교환된다.
② 인간의 생체리듬은 낮에는 체온, 혈압, 맥박수 등이 상승하고 밤에는 저하된다.
③ 생체리듬에서 중요한 점은 낮에는 신체활동이 유리하며, 밤에는 휴식이 더욱 효율적이라는 것이다.
④ 몸이 흥분한 상태에는 교감신경이 우세하다.

KEY 2017년 8월 26일 산업안전기사 출제

22. 맥그리거(Douglas McGregor)의 X·Y이론에서 Y이론에 관한 설명으로 틀린 것은?

① 인간은 서로 신뢰하는 관계를 가지고 있다.
② 인간은 문제해결에 많은 상상력과 재능이 있다.
③ 인간은 스스로의 일을 책임하에 자주적으로 행한다.
④ 인간은 원래부터 강제 통제하고 방향을 제시할 때 적절한 노력을 한다.

[정답] 19 ④ 20 ② 21 ④ 22 ④

해설
맥그리거의 X·Y 이론

X 이론의 특징	Y 이론의 특징
인간 불신감	상호 신뢰감
성악설	성선설
인간은 원래 게으르고 태만하여 남의 지배를 받기를 즐긴다.	인간은 부지런하고 근면 적극적이며 자주적이다.
물질 욕구(저차원 욕구)	정신욕구(고차원 욕구)
명령 통제에 의한 관리	목표 통합과 자기통제에 의한 자율 관리
저개발국형	선진국형

KEY 2016년 5월 8일 출제

---

23 다음 설명에 해당하는 안전교육방법은?

> ATP라고도 하며, 당초 일부 회사의 톱매니지먼트(top management)에 대하여만 행하여졌으나, 그 후 널리 보급되었으며, 정책의 수립, 조직, 통제 및 운영 등의 교육내용을 다룬다.

① TWI(Training Within Industry)
② CCS(Civil Communication Section)
③ MTP(Management Training Program)
④ ATT(American Telephone & Telegram Co.)

해설
CCS(Civil Communication Section)
① ATP(Administration Training Program)라고도 하며, 당초에는 일부 회사의 톱매니지먼트에 대해서만 행하여졌던 것이 널리 보급된 것이라고 한다.
② 교육내용 : 정책의 수립, 조직(경영부분, 조직형태, 구조 등), 통제(조직통제의 적용, 품질관리, 원가통제의 적용 등) 및 운영(운영조직, 협조에 의한 회사 운영) 등

---

24 참가자 앞에서 소수의 전문가들이 과제에 관한 견해를 발표하고 토론한 뒤 참가자 전원이 참가하여 사회자의 사회에 따라 토의하는 방법은?

① 포럼
② 심포지엄
③ 패널 디스커션
④ 버즈 세션

해설
패널 디스커션

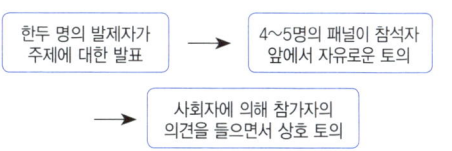

KEY ① 2016년 3월 6일 출제
② 2017년 5월 7일 산업기사 출제

---

25 시간 연구를 통해서 근로자들에게 차별성과급제를 적용하면 효율적이라고 주장한 과학적 관리법의 창시자는?

① 게젤(A.I.Gesell)
② 테일러(F.Taylor)
③ 웨슬러(D.Wechsler)
④ 샤인(Edgar H.Schein)

해설
테일러(F. Taylor) 연구성과
① 과학적 관리법 창시자
② 차별성과급제 적용

---

26 상황성 누발자의 재해유발원인으로 가장 적절한 것은?

① 소심한 성격
② 주의력의 산만
③ 기계설비의 결함
④ 침착성 및 도덕성의 결여

[정답] 23 ② 24 ③ 25 ② 26 ③

> **[해설]**
>
> **상황성 누발자 재해유발원인**
> ① 작업에 어려움이 많은 자
> ② 기계설비의 결함
> ③ 심신에 근심이 있는 자
> ④ 환경상 주의력의 집중이 혼란되기 때문에 발생되는 자
>
> **KEY** 2017년 8월 26일 산업안전산업기사 출제

27 직무 동기 이론 중 기대이론에서 성과를 나타냈을 때 보상이 있을 것이라는 수단성을 높이려면 유의해야 할 점이 있는데, 이에 해당되지 않는 것은?

① 보상의 약속을 철저히 지킨다.
② 신뢰할만한 성과의 측정방법을 사용한다.
③ 보상에 대한 객관적인 기준을 사전에 명확히 제시한다.
④ 직무수행을 위한 충분한 정보와 자원을 공급받는다.

> **[해설]**
>
> **기대이론 성과의 특징**
> ① 보상의 약속을 철저히 지킨다.
> ② 신뢰할만한 성과의 측정방법을 사용한다.
> ③ 보상에 대한 객관적인 기준을 사전에 명확히 제시한다.

28 지도자(leader)의 권한 중 지도자 자신에 의해 생성되는 권한은?

① 보상적 권한
② 합법적 권한
③ 강압적 권한
④ 전문성의 권한

> **[해설]**
>
> **지도자 권한**
> (1) 조직이 지도자에게 부여하는 권한
>   ① 보상적 권한
>   ② 강압적 권한
>   ③ 합법적 권한
> (2) 지도자 자신이 자신에게 부여하는 권한(부하직원들의 존경심)
>   ① 위임된 권한
>   ② 전문성의 권한
>
> **KEY** 2017년 5월 7일 출제

29 안전보건교육을 향상시키기 위한 학습지도의 원리에 해당되지 않는 것은?

① 통합의 원리
② 동기유발의 원리
③ 개별화의 원리
④ 자기활동의 원리

> **[해설]**
>
> **교육(학습)지도 원리**
> ① 자발성의 원리
> ② 개별화의 원리
> ③ 사회화의 원리
> ④ 통합의 원리
> ⑤ 직관의 원리
> ⑥ 목적의 원리
> ⑦ 생활화의 원리
> ⑧ 과학화의 원리
> ⑨ 자연화의 원리 등
>
> **[보충학습]**
>
> **학습경험 선정의 원리**
> ① 동기유발의 원리
> ② 기회의 원리
> ③ 가능성의 원리
> ④ 다목적 달성의 원리
> ⑤ 전이가능성의 원리

30 다음 중 교육훈련지도방법의 4단계의 순서로 맞는 것은?

① 도입→제시→적용→확인
② 제시→도입→적용→확인
③ 적용→제시→도입→확인
④ 도입→적용→확인→제시

> **[해설]**
>
> **교육훈련지도방법 4단계**
> ① 제1단계 : 도입(준비)
> ② 제2단계 : 제시
> ③ 제3단계 : 적용
> ④ 제4단계 : 확인(평가)
>
> **KEY** ① 2016년 3월 6일 출제
>   ② 2016년 10월 1일 출제
>   ③ 2017년 3월 5일 출제
>   ④ 2017년 5월 7일 출제

[정답] 27 ④ 28 ④ 29 ② 30 ①

31 새로운 자료나 교재를 제시하고 문제점을 피교육자로 하여금 제기하게 하거나 그것에 관한 피교육자의 의견을 여러 가지 방법으로 발표하게 하고, 청중과 토론자 간에 활발한 의견개진과 충돌로 바람직한 합의를 도출해내는 교육 실시방법은?

① 포럼(Forum)
② 심포지엄(Symposium)
③ 패널 디스커션(Panel Discussion)
④ 자유토의법(Free Discussion Method)

해설

포럼(Forum : 공개토론회)
새로운 자료나 교재를 제시하고 거기서의 문제점을 피교육자로 하여금 제기하게 하거나 의견을 여러 가지 방법으로 발표하게 하고 다시 깊이 파고들어 토의를 행하는 방법

KEY 2016년 3월 6일 출제

32 조직에 있어 구성원들의 역할에 대한 기대와 행동은 항상 일치하지는 않는다. 역할기대와 실제 역할행동 간에 차이가 생기면 역할갈등이 발생하는데, 역할갈등의 원인으로 가장 거리가 먼 것은?

① 역할마찰 ② 역할민첩성
③ 역할부적합 ④ 역할모호성

해설

역할갈등(role conflict)의 원인
① 역할마찰
② 역할부적합
③ 역할모호성

33 허즈버그(Herzberg)의 2 요인 이론 중 동기요인(motivator)에 해당하지 않는 것은?

① 성취 ② 작업 조건
③ 인정 ④ 작업 자체

해설

위생요인과 동기요인

위생요인(직무환경)	동기요인(직무내용)
회사 정책과 관리, 개인 상호간의 관계, 감독, 임금, 보수, 작업 조건, 지위, 안전	성취감, 책임감, 안정감, 성장과 발전, 도전감, 일 그 자체(일의 내용)

KEY ① 2017년 3월 5일 산업기사 출제
② 2017년 5월 7일 출제

34 O.J.T(On the Job Training)의 장점이 아닌 것은?

① 직장의 실정에 맞게 실제적 훈련이 가능하다.
② 대상자의 개인별 능력에 따라 훈련의 진도를 조정하기가 쉽다.
③ 교육훈련 대상자가 교육훈련에만 몰두할 수 있어 학습효과가 높다.
④ 교육을 통한 훈련효과에 의해 상호 신뢰, 이해도가 높아진다.

해설

OJT의 특징
① 개개인에게 적절한 지도훈련이 가능하다.
② 직장의 실정에 맞게 실제적 훈련이 가능하다.
③ 즉시 업무에 연결되는 관계로 몸과 관련이 있다.
④ 훈련에 필요한 업무의 계속성이 끊어지지 않는다.
⑤ 효과가 곧 업무에 나타나며 훈련의 좋고 나쁨에 따라 개선이 쉽다.
⑥ 훈련효과를 보고 상호 신뢰, 이해도가 높아지는 것이 가능하다.

KEY ① 2016년 10월 1일 출제
② 2017년 3월 5일 출제
③ 2017년 5월 7일 출제
④ 2017년 9월 23일 기사, 산업기사 동시 출제

35 교육 전용 시설 또는 그 밖의 교육을 실시하기에 적합한 시설에서 실시하는 교육방법은?

① 집합교육 ② 통신교육
③ 현장교육 ④ on-line 교육

해설

집합교육의 특징
① 전용 교육시설에서 실시
② 적합한 시설 구비

[정답] 31 ① 32 ② 33 ② 34 ③ 35 ①

과년도 출제문제

36 인간의 심리 중에는 안전수단이 생략되어 불안전 행위를 나타내는 경우가 있다. 안전수단이 생략되는 경우가 아닌 것은?

① 작업규율이 엄할 때
② 의식과잉이 있을 때
③ 주변의 영향이 있을 때
④ 피로하거나 과로했을 때

[해설]
안전수단을 생략(단락)하는 경우
① 의식과잉
② 피로, 과로
③ 주변 영향

37 인간이 환경을 지각(perception)할 때 가장 먼저 일어나는 요인은?

① 해석　　　② 기대
③ 선택　　　④ 조직화

[해설]
인간이 환경을 지각할 때 가장 먼저 일어나는 요인 : 선택

38 부주의에 의한 사고방지대책 중 정신적 대책과 가장 거리가 먼 것은?

① 안전의식 고취　　② 주의력 집중 훈련
③ 표준작업의 습관화　④ 스트레스 해소 대책

[해설]
정신적 측면에 대한 대책
① 주의력의 집중 훈련
② 스트레스의 해소 대책
③ 안전의식의 고취
④ 작업의욕의 고취

[KEY] 2016년 3월 6일 출제

[보충학습]
기능 및 작업적 측면에 대한 대책
① 적성 배치
② 안전작업 방법 습득
③ 표준작업 동작의 습관화

39 Skinner의 학습이론은 강화이론이라고 한다. 강화에 대한 설명으로 틀린 것은?

① 처벌은 더 강한 처벌에 의해서만 그 효과가 지속되는 부작용이 있다.
② 부분강화에 의하면 학습은 서서히 진행되지만, 빠른 속도로 학습효과가 사라진다.
③ 부적 강화란 반응 후 처벌이나 비난 등의 해로운 자극이 주어져서 반응발생률이 감소하는 것이다.
④ 정적 강화란 반응 후 음식이나 칭찬 등의 이로운 자극을 주었을 때 반응발생률이 높아지는 것이다.

[해설]
부분강화이론
① 학습은 빨리 진행
② 학습효과는 사라진다.

40 착오의 원인에 있어 인지과정의 착오에 속하는 것은?

① 합리화의 부족
② 환경조건 불비
③ 작업자의 기능 미숙
④ 생리적·심리적 능력의 부족

[해설]
인지과정착오
① 생리·심리적 능력의 한계
② 정보수용능력의 한계
③ 감각차단현상
④ 정서불안정 등 심리적 요인

[KEY] 2016년 5월 8일 산업기사 출제

[정답] 36 ①　37 ③　38 ③　39 ②　40 ④

3 인간공학 및 시스템안전공학

41 컷셋과 패스셋에 관한 설명으로 맞는 것은?

① 동일한 시스템에서 패스셋의 개수와 컷셋의 개수는 같다.
② 패스셋은 동시에 발생했을 때 정상사상을 유발하는 사상들의 집합이다.
③ 일반적으로 시스템에서 최소 컷셋의 개수가 늘어나면 위험 수준이 높아진다.
④ 최소 컷셋은 어떤 고장이나 실수를 일으키지 않으면 재해는 일어나지 않는다고 하는 것이다.

해설
용어정의
① 컷셋(cut set) : 정상사상을 발생시키는 기본사상의 집합으로 그 안에 포함되는 모든 기본사상이 발생할 때 정상사상을 발생시킬 수 있는 기본사상의 집합
② 최소 컷셋(minimal cut set) : 어떤 고장이나 실수를 일으키면 재해가 일어날까 하는 식으로 결국은 시스템의 위험성(반대로 말하면 안전성)을 표시하는 것
③ 패스셋(path set) : 모든 기본사상이 일어나지 않을 때 처음으로 정상사상이 일어나지 않는 기본사상의 집합(고장나지 않도록하는 사상의 조합)
④ 최소 패스셋(minimal path set) : 어떤 고장이나 실수를 일으키지 않으면 재해는 일어나지 않는다고 하는 것. 즉 시스템의 신뢰성을 나타낸다.

KEY ① 2017년 5월 7일 출제
② 2017년 9월 23일(문제 52번)

42 그림과 같은 압력탱크 용기에 연결된 두 개의 안전밸브의 신뢰도를 구하고자 한다. 2개의 밸브 중 하나만 작동되어도 안전하다고 하고, 안전밸브 하나의 신뢰도를 r이라할 때 안전밸브 전체의 신뢰도는?

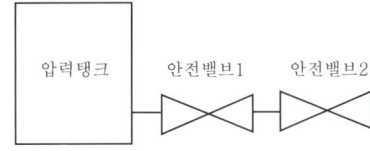

① r^2
② $2r-r^2$
③ $r(1-r)$
④ $(1-r)^2$

해설
$R_s = 1-(1-r)(1-r) = 1-(1-r)^2$
$\quad = 2r-r^2$

KEY 2017년 5월 7일 출제

43 위험관리 단계에서 발생빈도보다는 손실에 중점을 두며, 기업 간 의존도, 한 가지 사고가 여러 가지 손실을 수반하는 것에 대해 유의하여 안전에 미치는 영향의 강도를 평가하는 단계는?

① 위험의 파악 단계
② 위험의 처리 단계
③ 위험의 분석 및 평가 단계
④ 위험의 발견, 확인, 측정방법 단계

해설
위험의 분석 및 평가 단계
① 발생빈도보다 손실에 중점
② 기업 간 의존도가 여러 가지 손실 수반
③ 안전에 미치는 영향의 강도 평가

44 위험상황을 해결하기 위한 위험처리기술에 해당하는 것은?

① Combine(결합)
② Reduction(위험감축)
③ Simplify(작업의 단순화)
④ Rearrange(작성순서의 변경 및 재배열)

해설
Risk 처리(위험조정)기술 4가지
① 위험회피(Avoidance)
② 위험제거(경감, 감축 : Reduction)
③ 위험보유(Retention)
④ 위험전가(Transfer) : 보험으로 위험조정

KEY 2017년 9월 23일 기사·산업기사 동시 출제

[정답] 41 ③　42 ②　43 ③　44 ②

과년도 출제문제

45 PCB 납땜작업을 하는 작업자가 8시간 근무시간을 기준으로 수행하고 있고, 대사량을 측정한 결과 분당 산소소비량이 1.3[L/min]으로 측정되었다. Murrell방식을 적용하여 이 작업자의 노동활동에 대한 설명으로 틀린 것은?

① 납땜 작업의 분당 에너지소비량은 6.5[kcal/min]이다.
② 작업자는 NIOSH가 권장하는 평균 에너지소비량을 따른다.
③ 작업자는 8시간의 작업시간 중 이론적으로 144분의 휴식시간이 필요하다.
④ 납땜작업을 시작할 때 발생한 작업자의 산소결핍은 작업이 끝나야 해소된다.

[해설]

작업에 대한 평균 에너지값 산출
① 보통사람의 1[일] 소비에너지 : 약 4,300[kcal/day]
② 기초대사와 여기에 필요한 에너지 : 2,300[kcal/day]
③ 작업 시 소비에너지 : (4,300 − 2,300) = 2,000[kcal/day]
④ 1[일] 작업시간 8[시간](480[분])
⑤ 작업에 대한 평균 에너지값 : 2,000[kcal/day] ÷ 480[분]
  = 약 4[kcal/분](기초대사 포함 상한 값은 약 5[kcal/분])
⑥ 1[l]당 O_2 소비량은 5[kcal]이다.
  따라서, 작업 중에 분당 산소 공급량이
  1.3[l/min]이라면 1.3[l/min] × 5[kcal]
  = 6.5[kcal]가 된다.
⑦ 휴식시간$(R) = \dfrac{(60 \times h) \times (E-5)}{E-1.5}$ [분]

  $= \dfrac{(60 \times 8) \times (6.5-5)}{6.5-1.5} = 144$ [분]

  여기서, E : 작업의 평균에너지[kcal/min],
  에너지 값의 상한 : 5[kcal/min]

[KEY] 2010년 3월 7일 산업기사 출제

[보충학습]

NIOSH(National Institute of Occupational Safety & Health)
NIOSH는 미국 국립산업안전보건연구원을 나타내는 것으로서 이는 미국의 산업안전보건법에 의하여 1972년에 설립되어 1974년 보건복지부 산하의 질병관리·예방센터로 편입되었으며 행정규제력이 없는 순수 연구기관이다. NIOSH의 주요 업무는 다음과 같다.
① 근로자 또는 사업주 요청에 의한 작업장 유해요인 조사
② 작업관련 안전보건 연구 및 권고안 제출
③ 작업장 내 화학물질, 기계 등의 유해위험성 평가
④ 산업안전보건청(OSHA) 또는 광산안전보건청(MSHA)에 적절한 기준 제안
⑤ 산업안전보건 인력양성 실시

46 인체측정에 대한 설명으로 맞는 것은?
① 신체측정은 동적측정과 정적측정이 있다.
② 인체측정학은 신체의 생화학적 특징을 다룬다.
③ 자세에 따른 신체치수의 변화는 없다고 가정한다.
④ 측정항목에는 주로 무게, 직경, 두께, 길이 등이 포함된다.

[해설]

인체측정학
① 신체 치수를 기본으로 신체 각 부위의 무게, 무게중심, 부피, 운동범위, 관성 등의 물리적 특성을 측정
② 일상생활에 적용하는 분야 측정
③ 인간공학적 설계 위한 자료 목적

47 A자동차에서 근무하는 K씨는 지게차로 철강판을 하역하는 업무를 한다. 지게차 운전으로 K씨에게 노출된 직업성 질환의 위험요인과 동일한 위험 진동에 노출된 작업자는?

① 연마기 작업자
② 착암기 작업자
③ 진동 수공구 작업자
④ 대형운송차량 운전자

[해설]

차량계 하역운반기계
지게차 운전자 = 대형운송차량 운전자

[보충학습]

진동작업
① 착암기(鑿岩機)
② 동력을 이용한 해머
③ 체인톱
④ 엔진커터(engine cutter)
⑤ 동력을 이용한 연삭기
⑥ 임팩트 렌치(inpact wrench)
⑦ 그 밖에 진동으로 인하여 건강장해를 유발할 수 있는 기계·기구

[정보제공]
① 산업안전보건기준에 관한 규칙 제10절(차량계 하역운반기계 등)
② 산업안전보건기준에 관한 규칙 제512조(정의)

[정답] 45 ② 46 ① 47 ④

48
건습구온도계에서 건구온도가 24[℃]이고, 습구온도가 20[℃]일 때, Oxford 지수는 얼마인가?

① 20.6[℃] ② 21.0[℃]
③ 23.0[℃] ④ 23.4[℃]

해설

Oxford(WD)지수 = $0.85W + 0.15d$
= $(0.85 \times 20)+(0.15 \times 24)$
= 20.6[℃]

KEY ① 2012년 5월 20일(문제 56번) 출제
② 2017년 3월 5일 출제

49
사무실 의자나 책상에 적용할 인체 측정 자료의 설계 원칙으로 가장 적합한 것은?

① 평균치 설계 ② 조절식 설계
③ 최대치 설계 ④ 최소치 설계

해설

조절범위(조정범위) 설계
① 사무실 의자의 높낮이 조절, 자동차 좌석의 전후조절 등
② 통상 5[%]치에서 95[%]치까지에서 90[%] 범위를 수용대상으로 설계
③ 가장 우선적으로 고려하는 순서 : 조절식 → 극단치 → 평균치

50
인간공학의 정의로 가장 적합한 것은?

① 인간의 과오가 시스템에 미치는 영향을 최대화하기 위한 학문분야
② 인간, 기계, 물자, 환경으로 구성된 복잡한 체계의 효율을 최대로 활용하기 위하여 인간의 한계 능력을 최대화하는 학문분야
③ 인간의 특성과 한계 능력을 분석, 평가하여 이를 복잡한 체계의 설계에 응용하여 효율을 최대로 활용할 수 있도록 하는 학문분야
④ 인간, 기계, 물자, 환경으로 구성된 복잡한 체계의 효율을 최대로 활용하기 위하여 인간의 생리적, 심리적 조건을 시스템에 맞추는 학문분야

해설

인간공학
① 기계, 기구, 환경 등의 물적 조건을 인간의 특성과 능력에 잘 조화하도록 설계하기 위한 수단을 연구하는 학문
② 안전과 능률

51
기계를 10,000시간 작동시키는 동안 부품에서 3번의 고장이 발생하였다. 3번의 수리를 하는 동안 6시간의 시간이 소요되었다면 가용도는 약 얼마인가?

① 0.9994 ② 0.995
③ 0.9996 ④ 0.9997

해설

가용도 = $\dfrac{작동가능시간}{작동가능시간+작동불능시간}$
= $\dfrac{9,994}{9,994+6}$ = 0.9994

52
중복사상이 있는 FT(Fault Tree)에서 모든 컷셋(cut set)을 구한 경우에 최소 컷셋(minimal cut set)의 설명으로 맞는 것은?

① 모든 컷셋이 바로 최소 컷셋이다.
② 모든 컷셋에서 중복되는 컷셋만이 최소 컷셋이다.
③ 최소 컷셋은 시스템의 고장을 방지하는 기본 고장들의 집합이다.
④ 중복되는 사상의 컷셋 중 다른 컷셋에 고정되는 것을 제거한 컷셋과 중복되지 않는 사상의 컷셋을 합한 것이 최소 컷셋이다.

해설

최소컷셋(minimal cut set)
어떤 고장이나 실수를 일으키면 재해가 일어날까 하는 식으로 결국은 시스템의 위험성(반대로 말하면 안전성)을 표시하는 것

KEY ① 2017년 5월 7일 출제
② 2017년 9월 23일(문제 41번) 출제

[정답] 48 ①　49 ②　50 ③　51 ①　52 ④

53 위험도분석(CA : Criticality Analysis)에서 설비고장에 따른 위험도를 4가지로 분류하고 있다. 이 중 생명의 상실로 이어질 염려가 있는 고장의 분류에 해당하는 것은?

① category Ⅰ
② category Ⅱ
③ category Ⅲ
④ category Ⅳ

해설

MIL-STD-882B DOD 분류

분류	범주	해당 재난
파국(catastrophic)	Ⅰ	사망 또는 시스템 상실
중대재해(critical)	Ⅱ	중상, 직업병 또는 중요 시스템 손상
경미재해(marginal)	Ⅲ	경상, 경미한 직업병 또는 시스템의 가벼운 손상
무시재해(negligible)	Ⅳ	사소한 상처, 직업병 또는 시스템 손상

54 "원래의 신호 정보를 새로운 형태로 변화시켜 표시하는 것"은 어떤 것의 정의인가?

① 차원
② 표시양식
③ 코딩
④ 묘사정보

해설

신호암호(Coding) 방법
① 형상
② 크기
③ 색채

KEY 2017년 9월 23일(문제 59번)

55 인간-기계 시스템을 3가지로 분류한 설명으로 틀린 것은?

① 자동 시스템에서는 인간요소를 고려하여야 한다.
② 기계 시스템에서는 동력기계화 체계와 고도로 통합된 부품으로 구성된다.
③ 자동 시스템에서 인간은 감시, 정비유지, 프로그램 등의 작업을 담당한다.
④ 수동 시스템에서 기계는 동력원을 제공하고 인간의 통제하에서 제품을 생산한다.

해설

수동 시스템 동력원 : 자기신체 동력원
예 장인과 공구·가수와 앰프

KEY 2017년 5월 7일 산업기사 출제

56 인간의 과오를 정량적으로 평가하기 위한 기법으로서 인간의 과오율 추정법 등 5개의 스텝으로 되어 있는 기법은?

① FTA
② FMEA
③ THERP
④ MORT

해설

THERP(인간과오율 예측기법)
① 시스템에 있어서 인간의 과오(human error)를 정량적으로 평가하기 위하여 1963년 Swain 등에 의해 개발된 기법
② 인간의 과오율 추정법 등 5개의 스텝으로 구성

KEY ① 2017년 3월 5일 산업기사 출제
② 2017년 5월 7일 산업기사 출제

57 산업안전보건법령상 유해·위험방지계획서를 제출할 때에는 사업장 별로 관련 서류를 첨부하여 해당 작업 시작 며칠 전까지 해당 기관에 제출하여야 하는가?

① 7일
② 15일
③ 30일
④ 60일

해설

유해·위험방지계획서 제출기간
① 건설업 : 공사착공 전날까지
② 제조업 : 해당작업 시작 15일 전까지
③ 제출처 : 한국산업안전보건공단

KEY ① 2012년 5월 20일(문제 57번) 출제
② 2016년 3월 6일 출제

정보제공
산업안전보건법 시행규칙 제42조(제출서류 등)

[정답] 53 ① 54 ③ 55 ④ 56 ③ 57 ②

58 FTA에 사용되는 논리 게이트 중 여러 개의 입력 사상이 정해진 순서에 따라 순차적으로 발생해야만 결과가 출력되는 것은?

① 억제 게이트
② 조합 AND 게이트
③ 배타적 OR 게이트
④ 우선적 AND 게이트

해설

FTA 기호

기호	명칭	입·출력현상
Ai, Aj, Ak 순으로	우선적 AND 게이트	입력사상 중에 어떤 현상이 다른 현상보다 먼저 일어날 때에 출력현상 (순차적 발생)
2개의 출력	조합 AND 게이트	3개 이상의 입력현상 중에 언젠가 2개가 일어나면 출력이 생긴다.
동시발생 없음	배타적 OR 게이트	OR Gate로 2개 이상의 입력이 동시에 존재할 때에는 출력사상이 생기지 않는다. 예를 들면 '동시에 발생하지 않는다'라고 기입한다.
위험지속시간	위험 지속 AND 게이트	입력현상이 생겨서 어떤 일정한 기간이 지속될 때에 출력이 생긴다. 만약 그 시간이 지속되지 않으면 출력은 생기지 않는다.

KEY
① 2009년 3월 1일(문제 41번) 출제
② 2017년 3월 5일 산업기사 출제
③ 2017년 9월 23일 기사, 산업기사 동시 출제

59 좋은 코딩 시스템의 요건에 해당하지 않는 것은?

① 코드의 검출성
② 코드의 식별성
③ 코드의 표준화
④ 단순차원 코드의 사용

해설

좋은 코딩(Coding : 암호화) 시스템 요인
① 코드의 검출성
② 코드의 식별성
③ 코드의 표준화

60 화학물 취급회사의 안전담당자 최○○는 화재 발생 시 대피안내방송을 음성 합성기로 전달하고자 한다. 최○○가 활용할 수 있는 음성 합성 체계유형에 대한 설명으로 맞는 것은?

① 최○○는 경고안내문을 낭독하는 본인의 실제 음성 파형을 모형화하는 음성 정수화 방법을 활용할 수 있다.
② 최○○는 경고안내문을 낭독할 때, 본인음성의 질을 가장 우수하게 합성할 수 있는 불규칙에 의한 합성법을 활용할 수 있다.
③ 최○○는 발음모형의 적절한 모수들을 경고안내문을 낭독 시 본인이 실제 발음할 때에 결정하는 분석 합성에 의한 합성법을 적용할 수 있다.
④ 최○○는 규칙에 의한 합성법을 사용하여 경고안내문을 낭독하는 본인의 실제 음성으로부터 발음 모형 모수들의 변화를 암호화할 수 있다.

해설

음성 합성 체계유형
① 본인의 실제 음성 파형을 모형화
② 음성 정수화 방법
③ 음성 합성기 사용

4 건설시공학

61 철골공사의 모살용접에 관한 설명으로 옳지 않은 것은?

① 모살용접의 유효면적은 유효길이에 유효목두께를 곱한 것으로 한다.
② 모살용접의 유효길이는 모살용접의 총길이에서 2배의 모살사이즈를 공제한 값으로 해야 한다.
③ 모살용접의 유효목두께는 모살사이즈의 0.3배로 한다.
④ 구멍모살과 슬롯 모살용접의 유효길이는 목두께의 중심을 잇는 용접 중심선의 길이로 한다.

[정답] 58 ④ 59 ④ 60 ① 61 ③

해설

모살용접(Fillet)
① 형강 또는 판 등의 겹친이음, T자이음, 각이음 등에 쓰이는 용접으로 부재와 부재가 겹치든가 맞닿는 부분이 각을 이루는 면에 용접하는 방식
② 유효목두께 : $0.7S$
③ 보강살 붙임 : $3[mm]$ 이하 혹은 $0.1S+1[mm]$ 이하
④ 유효단면적 : 용접의 유효길이 × 유효목두께
⑤ 유효길이 : 모살용접의 총 길이에서 2배의 모살치수를 공제한 값

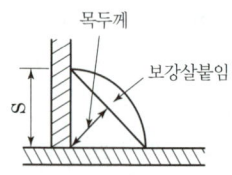

목두께 : $0.7S$ 정도
보강살붙임 : $3[mm]$ 이하 혹은
$0.1S+1[mm]$ 이하

[그림] 모살용접

KEY 2017년 3월 5일(문제 67번) 출제

---

62 네트워크 공정표에 사용되는 용어에 관한 설명으로 옳지 않은 것은?

① 크리티컬 패스(critical path) : 개시 결합점에서 종료 결합점에 이르는 가장 긴 경로
② 더미(dummy) : 결합점이 가지는 여유시간
③ 플로트(float) : 작업의 여유시간
④ 디펜던트 플로트(dependent float) : 후속작업의 토탈 프로트에 영향을 주는 플로트

해설

용어와 기호

용어	기호	내용 및 설명
Event	○	작업의 결합점, 개시점 또는 종료점
Activity	→	프로젝트를 구성하는 작업단위
Dummy	⋯→	가상적 작업(시간이나 작업량 없음)

보충학습
slack : 결합점이 가지는 여유시간

---

63 철골공사에서 강재의 기계적 성질, 화학성분 외관 및 치수공차 중 제원과 제조회사 확인으로 제품의 품질확보를 위해 공인된 시험기관에서 발행하는 검사증명서는?

① Mill sheet
② Full size drawing
③ 표준 시방서
④ Shop drawing

해설

밀시트(mill sheet)
강재 제조업체가 발행하는 품질보증서
① 제품의 제원(길이, 두께, 중량 등)
② 제품의 역학적 성능(인장, 항복강도, 연신율 등)
③ 제품의 화학적 성능(탄소, 철, 기타 금속의 함유량 등)
④ 시험종류와 기준(시험방법, 시험기관, 시험기준 등)
⑤ 제품의 제조사항(제조사, 제조연월일, 공장, 제품번호 등)

---

64 철근이음에 관한 설명으로 옳지 않은 것은?

① 철근의 이음부는 구조내력상 취약점이 되는 곳이다.
② 이음위치는 되도록 응력이 큰 곳을 피하도록 한다.
③ 이음이 한곳에 집중되지 않도록 엇갈리게 교대로 분산시켜야 한다.
④ 응력 전달이 원활하도록 한곳에서 철근 수의 반 이상을 이어야 한다.

해설

철근이음 위치
① 큰 응력을 받는 곳은 피하고 엇갈려 잇게 함이 원칙이다.
② 한곳에 철근수의 반 이상을 이어서는 안 된다.
③ D35 이상의 철근은 겹침이음으로 하지 않는다.
④ 보 철근은 이음 시 인장력이 작은 곳에서 잇는다.
⑤ 기둥, 벽 철근 이음은 층높이의 2/3 이하에서 엇갈리게 한다.
⑥ 갈고리 길이는 이음길이에 포함하지 않는다.

KEY 2017년 9월 23일 기사, 산업기사 동시 출제

[정답] 62 ② 63 ① 64 ④

65 벽돌치장면의 청소방법 중 옳지 않은 것은?

① 벽돌치장면에 부착된 모르타르 등의 오염은 물과 산을 사용하여 제거하며 필요에 따라 온수를 사용하는 것이 좋다.
② 세제세척은 물 또는 온수에 중성세제를 사용하여 세정한다.
③ 산세척은 다른 방법으로 오염물을 제거하기 곤란한 장소에 적용하고 그 행위는 가능한 작게 한다.
④ 산세척은 오염물을 제거한 후 물세척을 하지 않는 것이 좋다.

[해설]

치장면 청소방법
① 오염된 곳은 즉시 씻어내고 염산 5[%] 이하로 닦는다.(대리석은 염산 사용금지 : 산에 약하다.)
② 염산사용 후 다시 물씻기를 행하여야 한다.
③ 보양 및 오염방지 필요시는 돌면은 벽지, 창호지 등으로 하고, 모서리 돌출부는 널판을 대어 보양하며 헝겊으로 닦고 왁스칠을 한다.
④ 석축쌓기 등 돌쌓기의 전체길이가 길 때에는 10~20[m]마다 구획하여 신축줄눈을 설치해야 한다.

[KEY] 2013년 9월 28일(문제 67번) 출제

66 공동도급 방식의 장점에 해당하지 않는 것은?

① 위험의 분산
② 시공의 확실성
③ 기술 자본의 증대
④ 이윤 증대

[해설]

공동도급의 장점
① 융자력 증대
② 기술의 확충
③ 위험의 분산
④ 공사시공의 확실성
⑤ 신용도의 증대
⑥ 공사도급 경쟁완화

[KEY] 2017년 3월 5일 산업기사 출제

[보충학습]
공동도급의 단점 : 한 회사의 도급공사보다 경비 증대

67 지내력시험을 한 결과 침하곡선이 그림과 같이 항복 상황을 나타내었을 때 이 지반의 단기하중에 대한 허용지내력은 얼마인가?(단, 허용지내력은 m^2 당 하중의 단위를 기준으로 함)

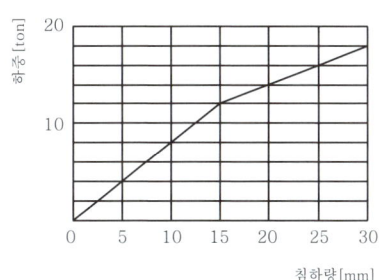

① $6[ton/m^2]$
② $7[ton/m^2]$
③ $12[ton/m^2]$
④ $14[ton/m^2]$

[해설]

허용지내력
① 단기하중 : $12[ton/m^2]$
② 장기하중 : 단기하중 $\times \frac{1}{2}$ = $12 \times \frac{1}{2}$ = $6[ton/m^2]$
③ 허용지내력 : $12[ton/m^2]$

[KEY] 2017년 8월 26일 산업안전산업기사 출제

[보충학습]

단기 하중에 대한 허용지내력
① 총침하량이 2[cm]에 도달하였을 때
② 침하량이 2[cm] 이하라도 침하곡선이 항복상태를 보일 때의 값 중 작은 것을 선택한다.
③ 따라서, 보기의 침하곡선에서는 침하량이 항복상태로 보이는 15[mm]의 값 $12[ton/m^2]$이 단기 하중에 대한 허용지내력이다.

68 CIP(Cast In Place Prepacked pile)공법에 관한 설명으로 옳지 않은 것은?

① 주열식 강성체로서 토류벽 역할을 한다.
② 소음 및 진동이 적다.
③ 협소한 장소에는 시공이 불가능하다.
④ 굴착을 깊게 하면 수직도가 떨어진다.

[정답] 65 ④ 66 ④ 67 ③ 68 ③

해설
C.I.P(Cast-In-Place Pile)
① 어스오거(Earth auger)로 지중에 구멍을 뚫고, 철근망(H-형강)을 삽입한 다음 모르타르 주입관을 설치하고, 먼저 자갈을 채운 후 주입관을 통하여 모르타르를 주입하여 제자리 말뚝을 형성하는 공법
② 지하수가 없는 곳에 적용
③ 지중에 연속하여 시공하여 주열식 흙막이 벽체를 구성
④ 협소한 장소 시공 가능

69 기성콘크리트 말뚝에 표기된 PHC-A·450-12의 각 기호에 대한 설명으로 옳지 않은 것은?

① PHC-원심력 고강도 프리스트레스트 콘크리트 말뚝
② A-A종
③ 450-말뚝바깥지름
④ 12-말뚝삽입간격

해설
PHC-A·450-12 규격
① PHC : 원심력 고강도 프리스트레스트 콘크리트말뚝
② A : A종
③ 450 : 말뚝바깥지름[mm]
④ 12 : 말뚝의 길이[m]

KEY 2013년 6월 2일(문제 67번) 출제

70 기계를 설치한 지반보다 낮은 장소, 넓은 범위의 굴착이 가능하며 주로 수로, 골재채취용으로 많이 사용되는 토공사용 굴착기계는?

① 모터 그레이더 ② 파워셔블
③ 클램쉘   ④ 드래그라인

해설
드래그라인(Drag line : 롤러형)
① 기계가 서 있는 위치보다 낮은 곳의 굴착에 좋다.
② 넓은 면적을 팔 수 있으나 파는 힘은 강력하지 못하다.
③ 굴삭깊이 : 8[m] 정도이다.
④ 선회각 : 110[°]까지 선회할 수 있다.

71 거푸집 구조설계 시 고려해야 하는 연직하중에서 무시해도 되는 요소는?

① 작업하중
② 거푸집 중량
③ 콘크리트 하중
④ 충격하중

해설
거푸집 설계 시 고려하중
(1) 바닥판, 보 밑 등 수평부재(연직방향하중)
　① 작업하중
　② 충격하중
　③ 생 콘크리트의 자중
(2) 벽, 기둥, 보 옆 등 수직부재
　① 생 콘크리트의 자중
　② 생 콘크리트의 측압

KEY 2017년 5월 7일 출제

72 건식 석재공사에 관한 설명으로 옳지 않은 것은?

① 촉구멍 깊이는 기준보다 3[mm] 이상 더 깊이 천공한다.
② 석재는 두께 30[mm] 이상을 사용한다.
③ 석재의 하부는 고정용으로, 석재의 상부는 지지용으로 설치한다.
④ 모든 구조재 또는 트러스 철물은 반드시 녹막이 처리한다.

해설
① 석재 하부 : 지지용
② 석재 상부 : 고정용

[정답] 69 ④ 70 ④ 71 ② 72 ③

73 슬라이딩 폼(Sliding form)에 관한 설명으로 옳지 않은 것은?

① 1일 5~10[m] 정도 수직시공이 가능하므로 시공 속도가 빠르다.
② 타설작업과 마감작업을 병행할 수 없어 공정이 복잡하다.
③ 구조물 형태에 따른 사용 제약이 있다.
④ 형상 및 치수가 정확하며 시공오차가 작다.

해설

슬라이딩 폼(Sliding Form : 슬립폼)
① 수평, 수직적으로 반복된 구조물을 시공이음없이 균일한 형상으로 시공하기 위하여 거푸집을 연속적으로 이동시키면서 콘크리트를 타설하여 시공하는 시스템거푸집
② 사일로(Silo), 코어, 굴뚝, 교각 등 단면변화가 없이 수직으로 연속된 구조물에 사용
③ 공기 단축
④ 연속적인 타설로 일체성 확보
⑤ 자재 및 노무비의 절약
⑥ 형상 및 치수가 정확
⑦ 1일 5~10[m] 수직시공 가능
⑧ 돌출이 없는 곳에 사용 가능
⑨ 슬립폼 : 단면변화 있는 곳에 사용

74 콘크리트 배합 설계 시 구조물의 종류가 무근콘크리트인 경우 굵은골재의 최대치수로 옳은 것은?

① 30[mm] 부재 최소 치수의 1/4을 초과해서는 안 됨
② 35[mm] 부재 최소 치수의 1/4을 초과해서는 안 됨
③ 40[mm] 부재 최소 치수의 1/4을 초과해서는 안 됨
④ 50[mm] 부재 최소 치수의 1/4을 초과해서는 안 됨

해설

골재의 크기

구분	크기기준
철근콘크리트용	10~25[mm](쇄석 : 20[mm] 이하)
무근콘크리트	40[mm](단면의 1/4 이하)

75 철근의 이음 방법에 해당되지 않는 것은?

① 겹침이음
② 병렬이음
③ 기계식 이음
④ 용접이음

해설

철근이음의 종류
① 겹침이음
② 용접이음
③ 가스압접
④ 기계식 이음

KEY 2016년 5월 8일 산업기사 출제

76 콘크리트 블록에서 A종 블록의 압축강도 기준은?

① 2[N/mm²] 이상
② 4[N/mm²] 이상
③ 6[N/mm²] 이상
④ 8[N/mm²] 이상

해설

블록의 등급

구분	기건비중	전단면에 대한 압축강도 [N/mm²]	흡수율[%]
A종 블록	1.7 미만	4.0 이상	–
B종 블록	1.9 미만	6.0 이상	–
C종 블록	–	8.0 이상	10 이하

77 철골작업 중 녹막이칠을 피해야 할 부위에 해당되지 않는 것은?

① 콘크리트에 매립되는 부분
② 현장에서 깎기 마무리가 필요한 부분
③ 현장용접 예정부위에 인접하는 양측 50[cm] 이내
④ 고력볼트 마찰접합부의 마찰면

해설

양측 : 50[mm] 이내

[정답] 73 ② 74 ③ 75 ② 76 ② 77 ③

78 다음 각 도급공사에 관한 설명으로 옳지 않은 것은?

① 분할도급은 전문공종별, 공정별, 공구별 분할도급으로 나눌 수 있으며 이 경우 재료는 건축주가 직접 조달하여 지급하고 노무만을 도급하는 것이다.
② 공동도급이란 대규모 공사에 대하여 여러 개의 건설회사가 공동출자 기업체를 조직하여 도급하는 방식이다.
③ 공구별 분할도급은 대규모 공사에서 지역별로 분리하여 발주하는 방식이다.
④ 일식도급은 한 공사 전부를 도급자에게 맡겨 재료, 노무, 현장시공업무 일체를 일괄하여 시행시키는 방법이다.

해설

분할도급의 종류 및 특징
① 전문공사별 분할도급 : 설비공사를 주체공사에서 분리하여 전문업자와 직접 계약하는 방식
② 공정별 분할도급 : 정지, 기초, 구체, 마무리 공사 등의 과정별로 나누어 도급주는 방식
③ 공구별 분할도급 : 대규모 공사에서 지역별로 공사를 구분하여 발주하는 방식

79 레디믹스트 콘크리트 운반 차량에 특수보온시설을 하여야 할 외기온도 기준으로 옳은 것은?

① 30[℃] 이상 또는 0[℃] 이하
② 30[℃] 이상 또는 −2[℃] 이하
③ 25[℃] 이상 또는 0[℃] 이하
④ 25[℃] 이상 또는 −2[℃] 이하

해설

외기온도 기준 : 30[℃] 이상 또는 0[℃] 이하

80 다음 기초의 종류 중 기초슬래브의 형식에 따른 분류가 아닌 것은?

① 직접기초
② 복합기초
③ 독립기초
④ 줄기초

해설

기초의 분류(Slab 형식에 의한 분류 : 얕은 기초)

구분	특징
독립기초(Independent footing)	단일기둥을 기초판이 받치는 것
복합기초(Combination footing)	2개 이상 기둥을 한 기초판에 지지
연속기초(줄기초 : Strip footing)	연속된 기초판이 벽, 기둥을 지지
온통기초(Mat foundation)	건물하부 전체를 기초판으로 한 것

KEY ▶ 2017년 3월 5일 출제

5 건설재료학

81 콘크리트의 열적성질 및 내구성에 관한 설명으로 옳지 않은 것은?

① 콘크리트의 열팽창 계수는 상온의 범위에서 1×10^{-5}/[℃]전후이며 500[℃]에 이르면 가열 전에 비하여 약 40[%]의 강도발현을 나타낸다.
② 콘크리트의 내동해성을 확보하기 위해서는 흡수율이 적은 골재를 이용하는 것이 좋다.
③ 콘크리트에 염화물이온이 일정량 이상 존재하면 철근 표면의 부동태피막이 파괴되어 철근부식을 유발하기 쉽다.
④ 공기량이 동일한 경우 경화콘크리트의 기포간극계수가 작을수록 내동해성은 저하된다.

해설

기포간극계수가 작을수록 내동해성은 강화된다.

82 콘크리트의 유동성 증대를 목적으로 사용하는 유동화제의 주성분이 아닌 것은?

① 나프탈렌설폰산염계 축합물
② 폴리알킬아릴설폰산계 축합물
③ 멜라민설폰산염계 축합물
④ 변성 리그닌설폰산계 축합물

[정답] 78 ① 79 ① 80 ① 81 ④ 82 ②

> **해설**

콘크리트 유동화제의 주성분
① 나프탈렌설폰산염계 축합물
③ 멜라민설폰산염계 축합물
④ 변성 리그닌설폰산계 축합물

83 콘크리트의 중성화에 관한 설명으로 옳지 않은 것은?

① 콘크리트 중의 수산화석회가 탄산가스에 의해서 중화되는 현상이다.
② 물시멘트비가 크면 클수록 중성화의 진행속도는 빠르다.
③ 중성화되면 콘크리트는 알칼리성이 된다.
④ 중성화되면 콘크리트 내 철근은 녹이 슬기 쉽다.

> **해설**

시멘트의 풍화현상
$Ca(OH)_2 \rightarrow CaCO_3 + H_2O$ (중성화, 백화현상)

84 열가소성수지 제품으로 전기절연성, 가공성이 우수하며 발포제품은 저온 단열재로서 널리 쓰이는 것은?

① 폴리스티렌수지
② 폴리프로필렌수지
③ 폴리에틸렌수지
④ ABS수지

> **해설**

폴리스티렌수지의 특징
① 무색투명하고, 착색하기 쉽다.
② 내수성, 내약품성, 가공성, 전기절연성, 단열성이 우수하다.
③ 부서지기 쉽고, 충격에 약하고, 내열성이 작다.
④ 발포제를 이용하여 보드형태로 만들어 단열재로 이용된다.
⑤ 블라인드, 전기용품, 냉장고의 내부상자, 절연재, 방음재 등으로 사용된다.

KEY ▶ 2017년 3월 5일 기사·산업기사 동시 출제

85 플라스틱 제품 중 비닐 레더(vinyl leather)에 관한 설명으로 옳지 않은 것은?

① 색채, 모양, 무늬 등을 자유롭게 할 수 있다.
② 면포로 된 것은 찢어지지 않고 튼튼하다.
③ 두께는 0.5~1[mm]이고, 길이는 10[m] 두루마리로 만든다.
④ 커튼, 테이블크로스, 방수막으로 사용된다.

> **해설**

비닐 레더
① 색채, 모양, 무늬 등을 자유롭게 할 수 있다.
② 면포로 된 것은 찢어지지 않고 튼튼하다.
③ 두께는 0.5~1[mm]이고, 길이는 10[m] 두루마리로 만든다.

86 목재용 유성 방부제의 대표적인 것으로 방부성이 우수하나, 악취가 나고 흑갈색으로 외관이 불미하여 눈에 보이지 않는 토대, 기둥, 도리 등에 이용되는 것은?

① 유성페인트
② 크레오소트 오일
③ 염화아연 4[%] 용액
④ 불화소다 2[%] 용액

> **해설**

크레오소트 오일(creosote oil)
① 방부성은 좋으나 목재가 흑갈색으로 착색되고 악취가 있고 흡수성이 있다.
② 외관이 아름답지 않으므로 보이지 않는 곳의 토대, 기둥, 도리 등에 사용한다.
③ 값도 싸고 침투성도 크고 시공도 편리하다.

KEY ▶ 2017년 3월 5일(문제 88번) 출제

[정답] 83 ③ 84 ① 85 ④ 86 ②

87 미장공사에서 사용되는 바름 재료 중 여물에 관한 설명으로 옳지 않은 것은?

① 바름에 있어서 재료에 끈기를 주어 흘러내림을 방지한다.
② 흙손질을 용이하게 하는 효과가 있다.
③ 바름 중에는 보수성을 향상시키고, 바름 후에는 건조에 따라 생기는 균열을 방지한다.
④ 여물의 섬유는 질기고 굵으며 색이 짙고 빳빳한 것일수록 양질의 제품이다.

해설

여물
① 짚 여물, 삼 여물, 종이 여물, 털 여물 등이 있다.
② 여물은 끈기를 부여하고, 처짐을 방지한다.
③ 흙손질이 쉽게 되도록 하는 작용을 한다.
④ 바름 중 보수성 향상, 바름 후에는 균열을 방지한다.
⑤ 섬유가 질기고, 가늘고, 부드럽고 흰색일수록 상품이다.
⑥ 섬유 올이 굵고 색깔이 진하고 빳빳한 것은 하품이다.

88 도장공사에 사용되는 유성도료에 관한 설명으로 옳지 않은 것은?

① 아마인유 등의 건조성 지방유를 가열인화시켜 건조제를 첨가한 것을 보일유라 한다.
② 보일유와 안료를 혼합한 것이 유성페인트이다.
③ 유성페인트는 내알칼리성이 우수하다.
④ 유성페인트는 내후성이 우수하다.

해설

유성페인트
① 안료와 보일드유를 주원료로 하고 희석제, 건조제를 첨가한 것이다.
② 붓바름 작업성과 내후성이 좋고, 두꺼운 도막을 만들 수 있다.
③ 건조시간이 길다.
④ 내수성 및 내마모성이 좋다.
⑤ 내알칼리성이 약하다.
⑥ 미경화 콘크리트, 모르타르에 도색하면 변질된다.

89 목재의 강도에 관한 설명으로 옳지 않은 것은?

① 목재의 건조는 중량을 경감시키지만 강도에는 영향을 끼치지 않는다.
② 벌목의 계절은 목재의 강도에 영향을 끼친다.
③ 일반적으로 응력의 방향이 섬유방향에 평행인 경우 압축강도가 인장강도보다 작다.
④ 섬유포화점 이하에서는 함수율 감소에 따라 강도가 증대한다.

해설

건조는 강도를 좋게 하고 가공도 용이하다.

90 목재의 치수표시로 제재치수(Dreased size)와 마무리 치수(Finishing size)에 관한 설명으로 옳은 것은?

① 창호재와 가구재 치수는 제재치수로 한다.
② 구조재는 단면을 표시한 지정치수에 특기가 없으면 마무리치수로 한다.
③ 제재치수는 제재된 목재의 실제 치수를 말한다.
④ 수장재는 단면을 표시한 지정치수에 특기가 없으면 마무리치수로 한다.

해설

① 제재치수 : 제재된 목재의 실제 치수(예 구조재, 수장재의 치수)
② 마무리치수 : 가공이나 조립이 완료된 상태의 치수(예 창호재, 가구재의 치수)

91 재료배합 시 간수($MgCl_2$)를 사용하여 백화현상이 많이 발생되는 재료는?

① 돌로마이트 플라스터 ② 무수석고
③ 마그네시아 시멘트 ④ 실리카 시멘트

해설

마그네시아 시멘트 모르타르
① 산화마그네슘(MgO : 마그네시아)에 염화마그네슘($MgCl_2$: 간수) 수용액을 가하면 경화된다.
② 마그네시아 시멘트 또는 소렐 시멘트(Sorel's cement)라 한다.

[정답] 87 ④ 88 ③ 89 ① 90 ③ 91 ③

92 중용열 포틀랜드시멘트에 관한 설명으로 옳지 않은 것은?

① C_3S나 C_3A가 적고, 장기강도를 지배하는 C_2S를 많이 함유한 시멘트이다.
② 내황산열성이 적기 때문에 댐공사에는 사용이 불가능하다.
③ 수화속도를 지연시켜 수화열을 작게 한 시멘트이다.
④ 건조수축이 작고 건축용 매스콘크리트에 사용된다.

해설

중용열 포틀랜드시멘트(저열시멘트)
① 초기강도 발현은 늦으나 장기강도는 보통시멘트보다 같거나 크다.
② 시멘트의 발열량이 작다.(수화열이 작다.)
③ 건조수축이 작고 화학저항성이 크다.
④ 큰 단면 공사에 유리하다.
⑤ 안정성이 높다.
⑥ 방사선차폐용 콘크리트, 건축용 매스콘트리트, 댐공사, 대형단면 등에 사용된다.

KEY ▶ 2017년 3월 5일 산업기사 출제

93 다음 중 도장공사에 사용되는 투명도료는?

① 오일바니시
② 에나멜페인트
③ 래커에나멜
④ 합성수지페인트

해설

유성니스(오일바니시)
① 유용성 수지를 건조성 오일에 가열·용해하여 휘발성 용제로 희석한 것이다.
② 무색, 담갈색의 투명도료로 광택이 있고 강인하다.
③ 내수성, 내마모성이 크다.
④ 내후성이 작아 실내 목재의 투명도장에 사용한다.
⑤ 건물 외장에는 사용하지 않는다.

94 알루미늄 창호의 특징으로 가장 거리가 먼 것은?

① 공작이 자유롭고 기밀성이 우수하다.
② 도장 등 색상의 자유도가 있다.
③ 이종금속과 접촉하면 부식되고 알칼리에 약하다.
④ 내화성이 높아 방화문으로 주로 사용된다.

해설

알루미늄(Al)은 내화성이 부족한 것이 단점이다.

95 굵은골재의 단위용적중량이 1.7[kg/L], 절건밀도가 2.65[g/cm³]일 때, 이 골재의 공극률은?

① 25[%]
② 28[%]
③ 36[%]
④ 42[%]

해설

공극률
① 일정한 크기의 용기 내에서 공극의 비율을 백분율로 나타낸 것
② 공극률이 작으면 시멘트풀의 양이 적게 들고 수밀성, 내구성 및 마모저항 등이 증가되며 건조수축에 의한 균열발생의 위험이 감소된다.
③ 공극률$(v) = (1 - \dfrac{단위용적중량(\omega)}{비중(\rho)}) \times 100(\%)$

$= \left(1 - \dfrac{1.7}{2.65}\right) \times 100$

$= 36[\%]$

96 금속재의 방식 방법으로 옳지 않은 것은?

① 상이한 금속은 두 금속을 인접 또는 접촉시켜 사용한다.
② 균질의 것을 선택하고 사용할 때 큰 변형을 주지 않는다.
③ 표면을 평활, 청결하게 하고 가능한 한 건조상태로 유지한다.
④ 큰 변형을 준 것은 가능한 한 풀림하여 사용한다.

해설

서로 다른 금속은 인접 또는 접촉시키지 않는다.

97 미장재료 중 고온소성의 무수석고를 특별한 화학처리를 한 것으로 킨즈시멘트라고도 불리는 것은?

① 경석고 플라스터
② 혼합석고 플라스터
③ 보드용 플라스터
④ 돌로마이트 플라스터

[**정답**] 92 ② 93 ① 94 ④ 95 ③ 96 ① 97 ①

해설

keen's(킨즈)시멘트
① 무수석고를 화학처리하여 만든 것으로 경화한 후 매우 단단하다.
② 강도가 크다.
③ 경화가 빠르다.
④ 경화 시 팽창한다.
⑤ 산성으로 철류를 녹슬게 한다.
⑥ 수축이 매우 작다.
⑦ 표면강도가 크고 광택이 있다.

KEY ① 2016년 5월 8일 출제
② 2017년 3월 5일 출제
③ 2017년 9월 23일 기사·산업기사 동시 출제

98 합성수지에 관한 설명으로 옳지 않은 것은?

① 투광률이 비교적 큰 것이 있어 유리대용의 효과를 가진 것이 있다.
② 착색이 자유로우며 형태와 표면이 매끈하고 미관이 좋다.
③ 흡수율, 투수율이 작으므로 방수효과가 좋다.
④ 강도가 높아서 파열되기 쉬운 곳에 사용하면 효과적이다.

해설
합성수지는 내마모성과 표면강도가 약하다.

KEY 2017년 9월 23일 기사·산업기사 동시 출제

99 목재의 용적변화, 팽창수축에 관한 설명으로 옳지 않은 것은?

① 변재는 일반적으로 심재보다 용적변화가 크다.
② 비중이 큰 목재일수록 팽창·수축이 작다.
③ 연륜에 접선 방향(널결)이 연륜에 직각 방향(곧은결)보다 수축이 크다.
④ 급속하게 건조된 목재는 완만히 건조된 목재보다 수축이 크다.

해설
목재는 비중이 크며 팽창, 수축도 크다.

100 다음 미장재료 중 시공 후 강재의 초기 부식을 유발하는 재료와 가장 거리가 먼 것은?

① 마그네시아 시멘트
② 시멘트 모르타르
③ 경석고 플라스터
④ 보드용석고 플라스터

해설
일반 시멘트 모르타르
① 시멘트＋모래＋물을 혼합한 것으로 사용장소에 따라 배합비를 달리한다.
② 접착성, 보수성, 방수성이 우수하다.
③ 균열 방지를 위해 석면가루, 플라이애시, 규산백토, 돌로마이트 석회, 소석회 등의 무기질 혼합재 또는 합성수지 혼합재를 섞어 넣기도 하는데 이때 종류 선정, 사용법 등이 부적당하여 오히려 나쁜 결과가 없도록 주의한다.

6 건설안전기술

101 강관비계 조립 시 준수사항으로 옳지 않은 것은?

① 비계기둥에는 미끄러지거나 침하하는 것을 방지하기 위하여 밑받침철물을 사용하거나 깔판·깔목 등을 사용하여 밑둥잡이를 설치하는 등의 조치를 할 것
② 강관의 접속부 또는 교차부(交叉部)는 적합한 부속철물을 사용하여 접속하거나 단단히 묶을 것
③ 교차 가새의 설치를 금하고 한방향 가새로 설치할 것
④ 가공전로(架空電路)에 근접하여 비계를 설치하는 경우에는 가공전로를 이설(移設)하거나 가공전로에 절연용 방호구를 장착하는 등 가공전로와의 접촉을 방지하기 위한 조치를 할 것

해설
교차 가새로 보강할 것

정보제공
산업안전보건기준에 관한 규칙 제59조(강관비계 조립 시의 준수사항)

[정답] 98 ④ 99 ② 100 ② 101 ③

102
철골공사 시 구조물의 건립 후에 가설부재나 부품을 부착하는 것은 고소 작업 등 위험한 작업이 수반됨에 따라 사전 안전성 확보를 위해 미리 공작도에 반영하여야 하는 항목이 있는데 이에 해당되지 않는 것은?

① 주변 고압전주
② 외부비계받이
③ 기둥 승강용 트랩
④ 방망 설치용 부재

해설

철골공사 공작도에 반영사항
① 외부비계 및 화물승강 장치
② 기둥 승강용 트랩
③ 구명줄 설치용 고리
④ 건립 때 필요한 와이어 걸이용 고리
⑤ 난간 설치용 부재
⑥ 기둥 및 보 중앙의 안전대 설치용 고리
⑦ 방망 설치용 부재
⑧ 비계 연결용 부재
⑨ 방호 선반 설치용 부재
⑩ 인양기 설치용 보강재

KEY ① 2009년 3월 1일(문제 117번) 출제
② 2012년 5월 20일(문제 107번) 출제

103
유해위험방지계획서 제출 시 첨부서류가 아닌 것은?

① 공사현장의 주변 현황 및 주변과의 관계를 나타내는 도면
② 공사개요서
③ 전체 공정표
④ 작업인부의 배치를 나타내는 도면 및 서류

해설

유해위험방지계획서 첨부서류 : 제42조 제3항 관련(공사 개요 및 안전보건관리 계획)
① 공사개요서(별지 제101호 서식)
② 공사현장의 주변 현황 및 주변과의 관계를 나타내는 도면(매설물 현황을 포함한다.)
③ 건설물, 사용 기계설비 등의 배치를 나타내는 도면
④ 전체 공정표
⑤ 산업안전보건관리비 사용계획(별지 제102호 서식)
⑥ 안전관리 조직표
⑦ 재해 발생 위험 시 연락 및 대피방법

104
표준안전난간의 설치 장소가 아닌 것은?

① 흙막이 지보공의 상부
② 중량물 취급 개구부
③ 작업대
④ 리프트 입구

해설

표준안전난간(standard safety handrail, 標準安全欄干)
① 개구부, 작업발판, 가설계단의 통로 등에서의 추락사고를 방지하기 위해 설치하는 가시설물을 말하는 것
② 난간기둥, 상부난간대, 중간대, 그리고 폭목으로 구성되어 있다.
③ 안전난간의 각 부분 접합부는 쉽게 변형, 변위를 일으키지 않는 구조를 가져야 한다.

KEY 2010년 5월 9일(문제 102번) 출제

105
토공작업 시 굴착과 싣기를 동시에 할 수 있는 토공장비가 아닌 것은?

① 모터 그레이더(Motor grader)
② 파워셔블(Power shovel)
③ 백호(Back hoe)
④ 트랙터 셔블(Tractor shovel)

해설

Motor grader(자주식 그레이더)
① 끝마무리 작업, 정지작업에 유효 : 전륜을 기울게 할 수 있어 비탈면 고르기 작업도 가능
② 상하작동, 좌우회전 및 경사, 수평선회가 가능

KEY 2017년 3월 5일(문제 114번) 출제

【 정답 】 102 ① 103 ④ 104 ④ 105 ①

106 건설현장에서 사용되는 작업발판 일체형 거푸집의 종류에 해당되지 않는 것은?

① 갱폼(gang form)
② 슬립폼(slip form)
③ 클라이밍폼(climbing form)
④ 테이블폼(table form)

해설

작업발판 일체형 거푸집의 종류
① 갱폼(gang form)
② 슬립폼(slip form)
③ 클라이밍폼(climbing form)
④ 터널라이닝폼(tunnel lining form)
⑤ 그 밖에 거푸집과 작업발판이 일체로 제작된 거푸집 등

정보제공

산업안전보건기준에 관한 규칙 제337조(작업발판 일체형 거푸집의 안전조치)

107 차량계 하역운반기계, 차량계 건설기계의 안전조치사항 중 옳지 않은 것은?

① 최대제한속도가 시속 10[km]를 초과하는 차량계 건설기계를 사용하여 작업을 하는 경우 미리 작업장소의 지형 및 지반상태 등에 적합한 제한속도를 정하고, 운전자로 하여금 준수하도록 할 것
② 차량계 건설기계의 운전자가 운전위치를 이탈하는 경우 해당 운전자로 하여금 포크 및 버킷 등의 하역장치를 가장 높은 위치에 두도록 할 것
③ 차량계 하역운반기계 등에 화물을 적재하는 경우 하중이 한쪽으로 치우치지 않도록 적재할 것
④ 차량계 건설기계를 사용하여 작업을 하는 경우 승차석이 아닌 위치에 근로자를 탑승시키지 말 것

해설

운전위치 이탈 시 준수사항
① 포크, 버킷, 디퍼 등의 장치를 가장 낮은 위치 또는 지면에 내려 둘 것
② 원동기를 정지시키고 브레이크를 확실히 거는 등 갑작스러운 주행이나 이탈을 방지하기 위한 조치를 할 것
③ 운전석을 이탈하는 경우에는 시동키를 운전대에서 분리시킬 것, 다만, 운전석에 잠금장치를 하는 등 운전자가 아닌 사람이 운전하지 못하도록 조치한 경우에는 그러하지 아니하다.

정보제공

산업안전보건기준에 관한 규칙 제99조(운전위치 이탈 시의 조치)

108 항만하역작업에서의 선박승강설비 설치기준으로 옳지 않은 것은?

① 200[t]급 이상의 선박에서 하역작업을 하는 경우에 근로자들이 안전하게 오르내릴 수 있는 현문(舷門) 사다리를 설치하여야 하며, 이 사다리 밑에 안전망을 설치하여야 한다.
② 현문 사다리는 견고한 재료로 제작된 것으로 너비는 55[cm] 이상이어야 한다.
③ 현문 사다리의 양측에는 82[cm] 이상의 높이로 방책을 설치하여야 한다.
④ 현문 사다리는 근로자의 통행에만 사용하여야 하며, 화물용 발판 또는 화물용 보관으로 사용하도록 해서는 아니 된다.

해설

현문 사다리 설치기준 선박 : 300[t] 이상

KEY ▶ 2017년 5월 7일 기사, 산업기사 동시 출제

정보제공

산업안전보건기준에 관한 규칙 제397조(선박승강설비의 설치)

109 흙막이 지보공을 설치하였을 때에 정기적으로 점검하고 이상을 발견하면 즉시 보수하여야 하는 사항과 거리가 먼 것은?

① 부재의 손상·변형·부식·변위 및 탈락의 유무와 상태
② 부재의 접속부·부착부 및 교차부의 상태
③ 침하의 정도
④ 설계상 부재의 경제성 검토

해설

흙막이 지보공의 정기 점검사항
① 부재의 손상·변형·부식·변위 및 탈락의 유무와 상태
② 버팀대의 긴압의 정도
③ 부재의 접속부·부착부 및 교차부의 상태
④ 침하의 정도

KEY ▶ ① 2009년 3월 1일(문제 118번) 출제
② 2017년 3월 5일(문제 109번) 출제

정보제공

산업안전보건기준에 관한 규칙 제347조(붕괴 등의 위험방지)

[정답] 106 ④ 107 ② 108 ① 109 ④

110
공사진척에 따른 공정률이 다음과 같을 때 안전관리비 사용기준으로 옳은 것은?(단, 공정률은 기성공정률을 기준으로 함)

> 공정률 : 70[%] 이상, 90[%] 미만

① 50[%] 이상
② 60[%] 이상
③ 70[%] 이상
④ 80[%] 이상

해설

공사진척에 따른 안전관리비 사용기준

공정률	50[%] 이상 70[%] 미만	70[%] 이상 90[%] 미만	90[%] 이상
사용 기준	50[%] 이상	70[%] 이상	90[%] 이상

(주) 공정률은 기성공정률을 기준으로 한다.

KEY ① 2013년 3월 10일(문제 110번) 출제
② 2017년 5월 7일 출제

111
부두·안벽 등 하역작업을 하는 장소에서 부두 또는 안벽의 선을 따라 통로를 설치하는 경우에 그 폭을 최소 얼마 이상으로 하여야 하는가?

① 90[cm]
② 100[cm]
③ 120[cm]
④ 150[cm]

해설

부두·안벽 하역작업 시 통로 폭 : 90[cm] 이상

KEY 2017년 5월 7일 기사·산업기사 동시 출제

정보제공
산업안전보건기준에 관한 규칙 제390조(하역작업장의 조치기준)

112
토사붕괴의 외적 원인으로 볼 수 없는 것은?

① 사면, 법면의 경사 증가
② 절토 및 성토 높이의 증가
③ 토사의 강도저하
④ 공사에 의한 진동 및 반복하중의 증가

해설

토사붕괴의 외적 요인
① 사면, 법면의 경사 및 기울기의 증가
② 절토 및 성토 높이의 증가
③ 공사에 의한 진동 및 반복하중의 증가
④ 지표수 및 지하수의 침투에 의한 토사 중량의 증가
⑤ 지진, 차량·구조물의 중량

KEY ① 2016년 5월 8일 산업기사 출제
② 2017년 9월 23일 기사·산업기사 동시 출제

113
다음은 말비계를 조립하여 사용하는 경우에 관한 준수사항이다. ( )안에 들어갈 내용으로 옳은 것은?

> -지주부재와 수평면의 기울기를 (A)[°] 이하로 하고 지주부재와 지주부재 사이를 고정시키는 보조부재를 설치할 것
> -말비계의 높이가 2[m]를 초과하는 경우에는 작업발판의 폭을 (B)[cm] 이상으로 할 것

① A : 75, B : 30
② A : 75, B : 40
③ A : 85, B : 30
④ A : 85, B : 40

해설

말비계의 안전기준
① 기울기 : 75[°] 이하
② 작업발판 폭 : 40[cm] 이상

[그림] 말비계

KEY ① 2016년 5월 8일 산업기사 출제
② 2017년 3월 5일 산업기사 출제
③ 2017년 5월 7일(문제 104번) 출제

정보제공
산업안전보건기준에 관한 규칙 제67조(말비계)

[정답] 110 ③ 111 ① 112 ③ 113 ②

114 지반의 종류가 다음과 같을 때 굴착면의 기울기 기준으로 옳은 것은?

연암

① 1 : 0.5
② 1 : 1.0
③ 1 : 0.8
④ 1 : 0.5

해설

굴착면의 기울기 기준

지반의 종류	굴착면의 기울기
모래	1 : 1.8
연암 및 풍화암	1 : 1.0
경암	1 : 0.5
그 밖의 흙	1 : 1.2

KEY
① 2016년 5월 8일 기사, 산업기사 동시 출제
② 2017년 3월 5일 출제

정보제공
산업안전보건기준에 관한 규칙 [별표 11] 굴착면의 기울기 기준

115 시스템비계를 사용하여 비계를 구성하는 경우의 준수사항으로 옳지 않은 것은?

① 수직재·수평재·가새재를 견고하게 연결하는 구조가 되도록 할 것
② 비계 밑단의 수직재와 받침철물은 밀착되도록 설치하고, 수직재와 받침철물의 연결부의 겹침길이는 받침철물 전체길이의 4분의 1 이상이 되도록 할 것
③ 수평재는 수직재와 직각으로 설치하여야 하며, 체결 후 흔들림이 없도록 견고하게 설치할 것
④ 수직재와 수직재의 연결철물은 이탈되지 않도록 견고한 구조로 할 것

해설

비계 밑단의 수직재와 받침철물은 밀착되도록 설치하고, 수직재와 받침철물의 연결부의 겹침길이는 받침철물 전체길이의 3분의 1 이상이 되도록 할 것

KEY 2016년 5월 8일(문제 107번) 출제

정보제공
산업안전보건기준에 관한 규칙 제69조(시스템비계의 구조)

116 발파작업 시 폭발, 붕괴재해예방을 위해 준수하여야 할 사항으로 옳지 않은 것은?

① 발파공의 장전구는 마찰, 충격에 강한 강봉을 사용한다.
② 화약이나 폭약을 장전하는 경우에는 화기를 사용하거나 흡연을 하지 않도록 한다.
③ 발파공의 충진재료는 점토, 모래 등 발화성 또는 인화성의 위험이 없는 재료를 사용한다.
④ 얼어붙은 다이나마이트를 화기에 접근시키지 않는다.

해설

장전구(裝塡具)조건
장전구는 마찰·충격·정전기 등에 폭발의 위험이 없는 재료 사용

KEY 2017년 9월 23일 기사·산업기사 동시 출제

정보제공
산업안전보건기준에 관한 규칙 제348조(발파의 작업기준)

117 가설통로를 설치하는 경우 준수해야 할 기준으로 옳지 않은 것은?

① 경사는 30[°] 이하로 할 것
② 경사가 25[°]를 초과하는 경우에는 미끄러지지 아니하는 구조로 할 것
③ 건설공사에 사용하는 높이 8[m] 이상인 비계다리에는 7[m] 이내마다 계단참을 설치할 것
④ 수직갱에 가설된 통로의 길이가 15[m] 이상인 때에는 10[m] 이내마다 계단참을 설치할 것

해설

미끄러지지 아니하는 구조 경사각 : 15[°] 초과

KEY 2016년 3월 6일 산업기사 출제

정보제공
산업안전보건기준에 관한 규칙 제23조(가설통로의 구조)

[정답] 114 ② 115 ② 116 ① 117 ②

118 구축하고자 하는 지하구조물이 인접구조물보다 깊은 위치에 근접하여 건설할 경우에 주변지반과 인접건축물 기초의 침하에 대한 우려 때문에 실시하는 기초보강공법은?

① H말뚝 토류판공법 ② S.C.W공법
③ 지하연속벽공법   ④ 언더피닝공법

해설

언더피닝공법
① 인접된 기존 건물의 기초부분을 신설, 개축, 보강하는 공법이다.
② 인접된 구조물의 기초부분을 영구적으로 하며, 기존 구조물은 기능을 유지하는 방법
③ 지지공(shoring) : 일시적 지지이며 언더피닝이 완성되면 제거한다.
④ 언더피닝은 영구 지지이며 실시 이유는 다음과 같다.
　㉮ 불충분한 기초 침하 방지(기존 기초의 지지력 부족)
　㉯ 인접건설공사의 지지 설비를 위하여(기존 기초, 기초 저면 이하 굴착)
　㉰ 기존 구조물 아래 다른 구조물 신설 시
　㉱ 증가한 하중을 부담할 수 있는 기초를 만들기 위하여(지지력 부족)

KEY 2016년 10월 1일 산업기사 출제

119 화물의 하중을 직접 지지하는 경우 양중기의 와이어로프에 대한 최대허용하중은?(단, 1줄걸이 기준)

① 최대허용하중 = $\dfrac{절단하중}{2}$

② 최대허용하중 = $\dfrac{절단하중}{3}$

③ 최대허용하중 = $\dfrac{절단하중}{4}$

④ 최대허용하중 = $\dfrac{절단하중}{5}$

해설

최대허용하중

① 안전율(계수) = $\dfrac{절단하중}{최대허용하중}$

② 최대허용하중 = $\dfrac{절단하중}{안전계수}$

③ 화물의 하중을 직접 지지하는 달기와이어로프, 체인의 안전계수 : 5

KEY 2017년 5월 7일(문제 108번) 출제

정보제공
산업안전보건기준에 관한 규칙 제163조(와이어로프 등 달기구의 안전계수)

120 건립 중 강풍에 의한 풍압 등 외압에 대한 내력이 설계에 고려되었는지 확인하여야 할 철골구조물이 아닌 것은?

① 구조물의 폭과 높이의 비가 1 : 4 이상인 구조물
② 이음부가 현장 용접인 구조물
③ 높이 10[m] 이상의 구조물
④ 단면 구조에 현저한 차이가 있는 구조물

해설

강풍·풍압·외압 등을 고려한 설계 시 확인사항 철골구조물
① 높이 20[m] 이상인 구조물
② 구조물의 폭과 높이의 비가 1 : 4 이상인 구조물
③ 건물, 호텔 등에서 단면 구조에 현저한 차이가 있는 구조물
④ 연면적당 철골량이 50[kg/m^2] 이하인 구조물
⑤ 기둥이 타이 플레이트(tie plate)형인 구조물
⑥ 이음부가 현장 용접인 구조물

KEY 2009년 7월 26일 산업안전기사 출제

녹색직업 녹색자격증코너

아내

아내의 근면은 남편에게 재물을 가져다 줍니다.
아내의 절약은 남편에게
안정된 생활을 보장해 줍니다.
또, 아내의 입술은
남편의 충실한 조언자입니다.
아내의 가슴은 남편이 걱정을 잊고
편히 쉴 수 있는 곳입니다.
아내의 기도는
남편에게 하늘의 축복을 내려달라고 부탁하는
가장 확실한 후원입니다.

뭇사람을 공경하며 형제를 사랑하며
하나님을 두려워하며 왕을 공경하라(벧전 2:17)

[정답] 118 ④ 119 ④ 120 ③

건설안전기사필기

2018년 03월 04일 시행 **제1회**

2018년 04월 28일 시행 **제2회**

2018년 09월 15일 시행 **제4회**

2018년도 기사 정기검정 제1회 (2018년 3월 4일 시행)

자격종목 및 등급(선택분야): 건설안전기사

종목코드	시험시간	수험번호	성명
1440	3시간	20180304	도서출판세화

1 산업안전관리론

01 재해예방의 4원칙이 아닌 것은?
① 손실필연의 원칙   ② 원인계기의 원칙
③ 예방가능의 원칙   ④ 대책선정의 원칙

해설

재해예방 4원칙
① 예방가능의 원칙   ② 손실우연의 원칙
③ 원인계기(연계)의 원칙   ④ 대책선정의 원칙

KEY
① 2016년 5월 8일 산업기사 출제
② 2016년 10월 1일 기사 출제
③ 2017년 3월 5일 기사 출제
④ 2017년 5월 7일 산업기사 출제
⑤ 2017년 9월 23일 기사 출제

02 안전대의 완성품 및 각 부품의 동하중 시험 성능기준 중 충격흡수장치의 최대전달 충격력은 몇 [kN] 이어야 하는가?

① 6   ② 7.84
③ 11.28   ④ 15

해설

안전대 완성품 및 부품의 동하중 성능

명칭	성능기준
벨트식 -1개 걸이용 -U자 걸이용	① 시험몸통으로부터 빠지지 말 것 ② 최대전달충격력은 6.0[kN] 이하이어야 함 ③ U자 걸이용 감속거리는 1,000[mm] 이하이어야 함
안전그네식 -1개걸이용 -U자걸이용 -추락방지대 -안전블록	① 시험몸통으로부터 빠지지 말 것 ② 최대전달충격력은 6.0[kN] 이하이어야 함 ③ U자 걸이용, 안전블록, 추락방지대의 감속거리는 1,000[mm] 이하이어야 함 ④ 시험 후 좌품과 모형몸통간의 수직각이 50[°] 미만이어야 함
안전블록 (부품)	① 파손되지 않을 것 ② 최대전달충격력은 6.0[kN] 이하이어야 함 ③ 억제거리는 2,000[mm] 이하이어야 함
충격흡수 장치	① 최대전달 충격력은 6.0[kN] 이하이어야 함 ② 감속거리는 1,000[mm] 이하이어야 함

03 재해발생의 주요원인 중 불안전한 행동이 아닌 것은?
① 권한 없이 행한 조작   ② 보호구 미착용
③ 안전장치의 기능제거   ④ 숙련도 부족

해설

인적원인(불안전한 행동)
① 위험 장소 접근
② 안전 장치의 기능 제거
③ 복장·보호구의 잘못 사용
④ 기계·기구의 잘못 사용
⑤ 운전중인 기계 장치의 손실
⑥ 불안전한 속도 조작
⑦ 위험물 취급 부주의
⑧ 불안전한 상태 방치
⑨ 불안전한 자세 동작

KEY
① 2016년 5월 8일 산업기사 출제
② 2017년 3월 5일 기사 출제
③ 2017년 9월 23일 산업기사 출제

04 산업안전보건법령상 안전보건표지의 종류 중 지시표지의 종류가 아닌 것은?
① 보안경 착용   ② 안전장갑 착용
③ 방진마스크 착용   ④ 방열복 착용

해설

지시표지의 종류

보안경 착용	방독마스크 착용	방진마스크 착용	보안면 착용	안전모 착용
귀마개 착용	안전화 착용	안전장갑 착용	안전복 착용	

KEY 2017년 5월 7일 기사 출제

[정답] 01 ①   02 ①   03 ④   04 ④

05 산업안전보건법령상 안전인증대상 기계 등에 해당하지 않는 것은?

① 곤돌라
② 고소작업대
③ 활선작업용 기구
④ 교류 아크용접기용 자동전격방지기

해설

안전인증대상 기계의 종류
① 프레스
② 전단기 및 절곡기
③ 크레인
④ 리프트
⑤ 압력용기
⑥ 롤러기
⑦ 사출성형기
⑧ 고소 작업대
⑨ 곤돌라

KEY ① 2017년 3월 5일 기사·산업기사 출제
② 2017년 5월 7일 기사 출제

정보제공
산업안전보건법 시행령 제74조(안전인증대상 기계 등)

06 안전보건관리조직 중 라인·스탭(Line·Staff)의 복합형 조직의 특징으로 옳은 것은?

① 명령계통과 조언 권고적 참여가 혼동되기 쉽다.
② 생산부분은 안전에 대한 책임과 권한이 없다.
③ 안전에 대한 정보가 불충분하다.
④ 안전과 생산을 별도로 취급하기 쉽다.

해설

라인·스탭(복합형)조직의 단점
① 명령계통과 조언, 권고적 참여가 혼동되기 쉽다.
② 스태프의 월권 행위가 있을 수 있다.

KEY ① 2016년 5월 8일 기사 출제
② 2017년 3월 5일 기사 출제
③ 2017년 5월 7일 산업기사 출제

07 산업안전보건법령상 건설현장에서 사용하는 크레인의 안전검사의 주기로 옳은 것은?

① 최초로 설치한 날부터 1개월마다 실시
② 최초로 설치한 날부터 3개월마다 실시
③ 최초로 설치한 날부터 6개월마다 실시
④ 최초로 설치한 날부터 1년마다 실시

해설

안전검사의 주기

구 분	검 사 주 기
크레인(이동식 크레인은 제외한다) 리프트(이삿짐운반용 리프트는 제외한다) 및 곤돌라	사업장에 설치가 끝난 날부터 3년 이내에 최초 안전검사를 실시하되, 그 이후부터 매 2년(건설현장에서 사용하는 것은 최초로 설치한 날부터 매 6개월 마다)
이동식 크레인, 이삿짐 운반용 리프트 및 고소작업대	'자동차관리법' 제8조에 따른 신규등록 이후 3년 이내에 최초 안전검사를 실시하되, 그 이후부터 2년마다
프레스, 전단기, 압력용기, 국소배기장치, 원심기, 롤러기, 사출성형기, 컨베이어 및 산업용 로봇, 분쇄기, 혼합기 및 파쇄기	사업장에 설치가 끝난 날부터 3년 이내에 최초 안전검사를 실시하되, 그 이후부터 2년마다(공정안전보고서를 제출하여 확인을 받은 압력용기는 4년마다)

KEY ① 2016년 8월 21일 기사 출제
② 2017년 3월 5일 산업기사 출제
③ 2018년 3월 4일 기사·산업기사 동시 출제

정보제공
산업안전보건법 시행규칙 제126조(안전검사의 주기 및 합격표시·표시방법)

08 재해손실비의 평가방식 중 시몬즈(Simonds)방식에서 비보험 코스트의 산정 항목에 해당하지 않는 것은?

① 사망 사고 건수 ② 무상해 사고 건수
③ 통원 상해 건수 ④ 응급 조치 건수

해설

시몬즈(R.H. Simonds)의 재해코스트 산출방식
① 총재해 코스트 = 보험 코스트 + 비보험 코스트
② 보험 코스트 : 산재보험료(반드시 사업장에서 지출)
③ 비보험 코스트 = (휴업상해건수×A)+(통원상해건수×B)+(응급조치건수×C)+(무상해 건수×D)
  주 A, B, C, D는 장해 정도에 따른 비보험 코스트의 평균치

KEY ① 2016년 5월 8일 기사 출제
② 2016년 10월 1일 기사 출제
③ 2017년 5월 7일 기사·산업기사 동시 출제

[정답] 05 ④ 06 ① 07 ③ 08 ①

과년도 출제문제

09 아담스(Adams)의 재해 발생과정 이론의 단계별 순서로 옳은 것은?

① 관리구조 결함→전술적 에러→작전적 에러→사고→재해
② 관리구조 결함→작전적 에러→전술적 에러→사고→재해
③ 전술적 에러→관리구조 결함→작전적 에러→사고→재해
④ 작전적 에러→관리구조 결함→전술적 에러→사고→재해

해설

아담스(Adams)의 연쇄 이론
① 1단계 : 관리구조
② 2단계 : 작전적 에러(경영자 감독자 행동)
③ 3단계 : 전술적 에러(불안전한 행동 or 조작)
④ 4단계 : 사고(물적 사고)
⑤ 5단계 : 상해 또는 손실

KEY 2017년 5월 7일 기사 출제

10 사고예방대책의 기본 원리 5단계 중 2단계의 조치사항이 아닌 것은?

① 자료수집
② 제도적인 개선안
③ 점검, 검사 및 조사 실시
④ 작업분석, 위험확인

해설

제2단계(사실의 발견 : Fact finding)
사업장의 특성에 적합한 조직을 통해
① 사고 및 활동 기록의 검토
② 작업 분석
③ 점검 및 검사
④ 사고조사
⑤ 각종 안전회의 및 토의
⑥ 작업 공정 분석
⑦ 관찰 및 보고서의 연구 등을 통하여 불안전 요소 발견

KEY ① 2016년 10월 1일 산업기사 출제
② 2017년 3월 5일 기사 출제

11 산업안전보건법령상 건설업 중 고용노동부령으로 정하는 자격을 갖춘 자의 의견을 들은 후 유해·위험방지계획서를 작성하여 고용노동부장관에게 제출하여야 하는 대상 사업장의 기준 중 다음 ( )안에 알맞은 것은?

> 연면적 ( )[m²] 이상의 냉동·냉장창고 시설의 설비공사 및 단열공사

① 3,000
② 5,000
③ 7,000
④ 10,000

해설

유해위험방지계획서 제출대상 건설공사
(1) 건축물 또는 시설 등의 건설·개조 또는 해체공사
　가. 지상높이가 31미터 이상인 건축물 또는 인공구조물
　나. 연면적 3만제곱미터 이상인 건축물
　다. 연면적 5천제곱미터 이상인 시설
　　① 문화 및 집회시설(전시장 및 동물원·식물원은 제외한다)
　　② 판매시설, 운수시설(고속철도의 역사 및 집배송시설은 제외한다)
　　③ 종교시설
　　④ 의료시설 중 종합병원
　　⑤ 숙박시설 중 관광숙박시설
　　⑥ 지하도상가
　　⑦ 냉동·냉장 창고시설
(2) 연면적 5천제곱미터 이상인 냉동·냉장 창고시설의 설비공사 및 단열공사
(3) 최대지간길이가 50[m] 이상인 다리건설 등 공사
(4) 터널건설 등의 공사
(5) 다목적댐, 발전용댐 및 저수용량 2천만톤 이상의 용수전용댐, 지방상수도 전용댐 건설 등의 공사
(6) 깊이 10[m] 이상인 굴착공사

정보제공
산업안전보건법시행령 제42조(유해위험방지계획서 제출대상)

12 시설물의 안전관리에 관한 특별법상 국토교통부장관은 시설물이 안전하게 유지관리 될 수 있도록 하기 위하여 몇 년마다 시설물의 안전 및 유지관리에 관한 기본계획을 수립·시행하여야 하는가?

① 1년
② 2년
③ 3년
④ 5년

[정답] 09 ② 10 ② 11 ② 12 ④

> [해설]

시설물의 안전 및 유지관리 기본계획의 수립
① 국토교통부장관은 시설물이 안전하게 유지관리될 수 있도록 하기 위하여 5년마다 시설물의 안전과 유지관리에 관한 기본계획을 수립·시행하고, 이를 관보에 고시하여야 한다.
② 기본계획을 변경하는 경우에도 또한 같다.

> [정보제공]
시설물안전 및 유지관리에 관한 특별법 제5조(시설물의 안전 및 유지 기본계획의 수립·시행) 20. 6. 7 [개]

13 산업안전보건법상 산업안전보건위원회의 심의·의결 사항이 아닌 것은?

① 산업재해 예방계획의 수립에 관한 사항
② 근로자의 건강진단 등 건강관리에 관한 사항
③ 중대재해로 분류되는 산업재해의 원인 조사 및 재발 방지대책의 수립에 관한 사항
④ 안전장치 및 보호구 구입 시의 적격품 여부 확인에 관한 사항

> [해설]

산업안전보건위원회
① 사업주는 산업안전보건에 관한 중요 사항을 심의·의결하기 위하여 근로자와 사용자가 같은 수로 구성되는 산업안전보건위원회를 설치·운영하여야 한다.
② 사업주는 다음 각 호의 사항에 대하여는 산업안전보건위원회의 심의·의결을 거쳐야 한다.
㉮ 제13조 제1항 제1호부터 제5호까지 및 제7에 관한 사항
㉯ 제13조 제1항 제6호의 규정 중 중대재해에 관한 사항
㉰ 유해하거나 위험한 기계·기구와 그 밖의 설비를 도입한 경우 안전보건조치에 관한 사항

> [정보제공]
산업안전보건법 제24조(산업안전보건위원회)

💬 확인 또 확인
2018년 3월 4일(문제 20번)

14 재해의 원인분석방법 중 통계적 원인분석 방법으로 사고의 유형, 기인물 등 분류 항목을 큰 순서대로 도표화하는 것은?

① 특성요인도   ② 크로스도
③ 파레토도   ④ 관리도

> [해설]

파레토도(Pareto diagram)
① 관리 대상이 많은 경우 최소의 노력으로 최대의 효과를 얻을 수 있는 방법
② 분류항목을 큰 값에서 작은 값의 순서로 도표화하는 데 편리

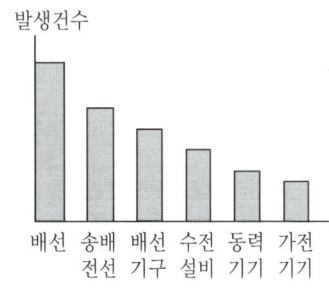

[그림] 전기설비별 감전사고 분포(파레토도)

KEY ▶ 2017년 8월 26일 산업기사 출제

15 재해발생의 간접 원인 중 2차 원인이 아닌 것은?

① 안전 교육적 원인
② 신체적 원인
③ 학교 교육적 원인
④ 정신적 원인

> [해설]

간접원인 중 2차 원인
① 안전교육적 원인
② 신체적 원인
③ 정신적 원인

KEY ▶ ① 2016년 5월 8일 기사 출제
② 2017년 5월 7일 기사 출제

> [보충학습]
학교 교육적 원인 : 기초원인

16 안전관리에 있어 5C 운동(안전행동실천운동)이 아닌 것은?

① 정리정돈   ② 통제관리
③ 청소청결   ④ 전심전력

[정답] 13 ④ 14 ③ 15 ③ 16 ②

해설

5C 운동
① Correctness(복장단정)
② Cleaning(청소청결)
③ Clearance(정리정돈)
④ Checking(점검확인)
⑤ Concentration(전심전력)

17 산업안전보건법령상 안전보건관리규정을 작성하여야 할 사업의 사업주는 안전보건관리 규정을 작성하여야 할 사유가 발생한 날부터 며칠 이내에 안전보건관리규정의 세부 내용을 포함한 안전보건관리규정을 작성하여야 하는가?

① 7일   ② 14일
③ 30일 ④ 60일

해설

안전보건관리규정 작성일 : 30일 이내

KEY ① 2017년 3월 5일 기사 출제
② 2017년 9월 23일 기사 출제

정보제공

산업안전보건법 시행 규칙 제25조(안전보건관리규정의 작성 등)

18 강도율 1.25, 도수율 10인 사업장의 평균 강도율은?

① 8   ② 10
③ 12.5 ④ 125

해설

평균강도율 = $\dfrac{강도율}{도수율} \times 1,000 = \dfrac{1.25}{10} \times 1,000 = 125$

19 산업안전보건법상 안전보건표지의 종류와 형태 기준 중 안내표지의 종류가 아닌 것은?

① 금연   ② 들것
③ 비상용기구 ④ 세안장치

해설

안내표지

녹십자표지	응급구호 표지	들것	세안장치
비상용기구	비상구	좌측비상구	우측비상구

KEY 2017년 8월 26일 기사 출제

20 산업안전보건법령상 안전관리자가 수행하여야 할 업무가 아닌 것은?(단, 그 밖에 안전에 관한 사항으로서 고용노동부장관이 정하는 사항은 제외한다.)

① 사업장 순회점검 · 지도 및 조치의 건의
② 해당 사업장 안전교육계획의 수립 및 안전교육 실시에 관한 보좌 및 지도 · 조언
③ 산업재해 발생의 원인 조사 · 분석 및 재발방지를 위한 기술적 보좌 및 지도 · 조언
④ 해당 작업의 작업장의 정리 · 정돈 및 통로확보에 대한 확인 · 감독

해설

안전관리자의 업무
① 산업안전보건위원회 또는 안전보건에 관한 노사협의체에서 심의·의결한 업무와 해당 사업장의 안전보건관리규정 및 취업규칙에서 정한 업무
② 위험성평가에 관한 보좌 및 지도·조언
③ 안전인증대상 기계 등과 자율안전확인대상 기계 등 구입 시 적격품의 선정에 관한 보좌 및 지도·조언
④ 해당 사업장 안전교육계획의 수립 및 안전교육 실시에 관한 보좌 및 지도·조언
⑤ 사업장 순회점검·지도 및 조치의 건의
⑥ 산업재해 발생의 원인 조사·분석 및 재발 방지를 위한 기술적 보좌 및 지도·조언
⑦ 산업재해에 관한 통계의 유지·관리·분석을 위한 보좌 및 지도·조언
⑧ 법 또는 법에 따른 명령으로 정한 안전에 관한 사항의 이행에 관한 보좌 및 지도·조언
⑨ 업무수행 내용의 기록·유지
⑩ 그 밖에 안전에 관한 사항으로서 고용노동부장관이 정하는 사항

[정답] 17 ③   18 ④   19 ①   20 ④

KEY
① 2017년 3월 5일 기사 출제
② 2017년 5월 7일 기사 출제
③ 2017년 9월 23일 기사 출제

정보제공
산업보건법 시행령 제18조(안전관리자의 업무등)

2 산업심리 및 교육

21 맥그리거(McGregor)의 XY이론 중 X이론에 해당하는 것은?

① 성선설
② 상호 신뢰감
③ 고차원적 요구
④ 명령 통제에 의한 관리

해설

맥그리거 X · Y이론 특징

X 이론의 특징	Y 이론의 특징
인간 불신감	상호 신뢰감
성악설	성선설
인간은 원래 게으르고 태만하여 남의 지배를 받기를 즐긴다.	인간은 부지런하고 근면 적극적이며 자주적이다.
물질 욕구(저차원 욕구)	정신욕구(고차원 욕구)
명령 통제에 의한 관리	목표 통합과 자기통제에 의한 자율관리
저개발국형	선진국형

KEY
① 2016년 3월 6일 기사 출제
② 2016년 5월 8일 기사 출제
③ 2017년 9월 23일 기사 출제

22 교육훈련 평가의 4단계를 맞게 나열한 것은?

① 반응단계→학습단계→행동단계→결과단계
② 반응단계→행동단계→학습단계→결과단계
③ 학습단계→반응단계→행동단계→결과단계
④ 학습단계→행동단계→반응단계→결과단계

해설

교육훈련평가의 4단계
① 1단계 : 반응단계
② 2단계 : 학습단계
③ 3단계 : 행동단계
④ 4단계 : 결과단계

23 호손 실험(Hawthorne experiment)의 결과 작업자의 작업능률에 영향을 미치는 주요원인으로 밝혀진 것은?

① 인간관계
② 작업조건
③ 작업환경
④ 생산기술

해설

호손(Hawthorne)의 공장 실험
① 인간관계 관리의 개선을 위한 연구로 미국의 메이요(E. Mayo) 교수가 주축이 되어 호손 공장에서 실시
② 작업능률을 좌우하는 것은 단지 임금, 노동시간 등의 노동조건과 조명, 환기, 그 밖에 작업환경으로서의 물적 조건보다 종업원의 태도, 즉 심리적, 내적 양심과 감정이 중요
③ 물적 조건도 그 개선에 의하여 효과를 가져올 수 있으나 종업원의 심리적 요소가 더욱 중요(인간관계가 작업 및 작업설계에 영향을 줌)

24 인간의 오류 모형에서 착오(mistake)의 발생원인 및 특성에 해당하는 것은?

① 목표와 결과의 불일치로 쉽게 발견된다.
② 주의 산만이나 주의 결핍에 의해 발생할 수 있다.
③ 상황을 잘못 해석하거나 목표에 대한 이해가 부족한 경우 발생한다.
④ 목표 해석은 제대로 하였으나 의도와 다른 행동을 하는 경우 발생한다.

해설

오류(Mistakes)
① 판단이나 추론의 과정에서 실패 또는 결함이 있는 경우
② 부적당한 계획으로 원래 목적 수행 실패
예 운전자의 작업진단 실패 및 잘못된 절차 선택

KEY 2016년 10월 1일 기사 출제

25 안전교육의 방법 중 전개단계에서 가장 효과적인 수업방법은?

① 토의법
② 시범
③ 강의법
④ 자율학습법

[정답] 21 ④ 22 ① 23 ① 24 ③ 25 ①

해설
안전지도교육 방법의 최적수업 방법
① 도입 : 강의법, 시범법, 반복법(단시간 많은 내용 교육)
② 정리 : 자율학습법
③ 전개, 정리 : 반복법, 토의법, 실연법
④ 도입, 전개, 정리 : 프로그램학습법, 모의학습법, 학생상호학습법

26 부주의의 현상 중 의식의 우회에 대한 원인으로 가장 적절한 것은?

① 특수한 질병
② 단조로운 작업
③ 작업도중의 걱정, 고뇌, 욕구불만
④ 자극이 너무 약하거나 너무 강할 때

해설
의식의 우회
① 의식의 흐름이 샛길로 빗나가는 경우
② 작업도중 걱정, 고뇌, 욕구불만 등에 의해 발생
③ 내적조건

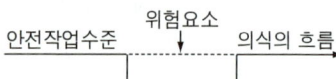

[그림] 의식의 우회

KEY ① 2017년 3월 5일 기사 출제
② 2017년 9월 23일 산업기사 출제

27 학습지도의 형태 중 토의법의 유형에 해당되지 않는 것은?

① 포럼(forum)
② 구안법(project method)
③ 버즈 세션(buzz session)
④ 패널 디스커션(panel discussion)

해설
구안법(project method)의 특징
① 학생이 마음속에 생각하고 있는 것을 외부에 구체적으로 실현하고 형상화하기 위해서 자기 스스로가 계획을 세워 수행하는 학습 활동으로 이루어지는 형태
② Collings는 구안법을 ㉮ 탐험(exploration) ㉯ 구성(construction) ㉰ 의사소통(communication) ㉱ 유희(play) ㉲ 기술(skill)의 5가지로 지적했고 산업시찰, 견학, 현장실습 등도 이에 해당
③ 구안법의 4단계 : 목적, 계획, 활동(수행), 평가의 4단계를 거침

KEY ① 2016년 5월 8일 기사 출제
② 2017년 8월 26일 기사 출제
③ 2017년 9월 23일 기사 출제
④ 2018년 3월 4일 기사·산업기사 동시 출제

28 이용 가능한 정보나 기술에 관한 정보원으로서의 역할을 수행하는 리더의 유형에 해당하는 것은?

① 집행자로서의 리더
② 전문가로서의 리더
③ 집단대표로서의 리더
④ 개개인의 책임대행자로서의 리더

해설
전문가로서의 리더 : 정보와 기술에 관한 정보원으로서 역할 수행

29 학습목적의 3요소가 아닌 것은?

① 목표   ② 학습성과
③ 주제   ④ 학습정도

해설
학습의 목적에 포함 사항(학습목적의 3요소)
① 목표(goal)
② 주제(subject)
③ 정도(level of learning)

KEY ① 2016년 3월 6일 기사 출제
② 2017년 5월 7일 산업기사 출제

30 산업안전보건법상 사업 내 산업안전보건 관련교육에 있어 건설 일용근로자의 건설업 기초안전보건교육시간으로 맞는 것은?

① 1시간 이상   ② 2시간 이상
③ 3시간 이상   ④ 4시간 이상

해설
건설업 기초안전보건교육시간 : 4시간 이상

정보제공
산업안전보건법시행규칙 [별표 4] 산업안전보건관련 교육과정별 교육시간

[정답] 26 ③   27 ②   28 ②   29 ②   30 ④

31. 안전사고와 관련하여 소질적 사고 요인이 아닌 것은?

① 지능
② 작업자세
③ 성격
④ 시각기능

해설

소질적 사고요인
① 지능
② 성격
③ 시각(감각) 기능

32. 안전교육방법 중 Off-J.T(Off the Job Training) 교육의 특징이 아닌 것은?

① 훈련에만 전념하게 된다.
② 전문가를 강사로 활용할 수 있다.
③ 개개인에게 적절한 지도훈련이 가능하다.
④ 다수의 근로자에게 조직적 훈련이 가능하다.

해설

Off-J.T의 특징
① 다수의 근로자에게 조직적 훈련을 행하는 것이 가능하다.
② 훈련에만 전념하게 된다.
③ 각자 전문가를 강사로 초청하는 것이 가능하다.
④ 특별 설비기구를 이용하는 것이 가능하다.
⑤ 각 직장의 근로자가 많은 지식이나 경험을 교류할 수 있다.
⑥ 교육 훈련 목표에 대하여 집단적 노력이 흐트러질 수 있다.

KEY
① 2016년 10월 1일 기사 출제
② 2017년 3월 5일 기사 출제
③ 2017년 5월 7일 기사 출제
④ 2017년 9월 23일 기사 · 산업기사 동시 출제

33. 다른 사람의 행동 양식이나 태도를 자기에게 투입하거나 그와 반대로 다른 사람 가운데서 자기의 행동 양식이나 태도와 비슷한 것을 발견하는 것을 무엇이라 하는가?

① 모방(Imitation)
② 투사(Projection)
③ 암시(Suggestion)
④ 동일시(Identification)

해설

동일화(동일시 : identification)
① 다른 사람의 행동 양식이나 태도를 투입시키거나 다른 사람 가운데서 자기와 비슷한 점을 발견하는 것
② 부모나 형 등의 중요한 인물들의 태도나 행동을 따라 하는 것

34. 시행착오설에 의한 학습법칙에 해당하지 않는 것은?

① 효과의 법칙
② 일관성의 법칙
③ 연습의 법칙
④ 준비성의 법칙

해설

Thorndike의 시행착오설
① 연습 또는 반복의 법칙(the law of exercise or repetition)
② 효과의 법칙(the law of effect)
③ 준비성의 법칙(the law of readiness)

KEY
① 2017년 3월 5일 기사 출제
② 2018년 3월 4일 기사 · 산업기사 동시 출제

35. 적성검사의 종류 중 시각적 판단검사의 세부검사 내용에 해당하지 않는 것은?

① 회전검사
② 형태 비교검사
③ 공구 판단검사
④ 명칭 판단검사

해설

시각적 판단검사 종류
① 형태비교검사
② 입체도 판단검사
③ 언어식별검사
④ 평면도판단검사
⑤ 명칭판단검사
⑥ 공구판단검사

[정답] 31 ② 32 ③ 33 ④ 34 ② 35 ①

36 피로의 증상과 가장 거리가 먼 것은?

① 식욕의 증대
② 불쾌감의 증가
③ 흥미의 상실
④ 작업능률의 감퇴

해설

피로의 증상
① 신체적 증상(생리적 현상)
　㉮ 작업에 대한 몸자세가 흐트러지고 지치게 된다.
　㉯ 작업에 대한 무감각, 무표정, 경련 등이 일어난다.
　㉰ 작업 효과나 작업량이 감퇴 및 저하된다.
② 정신적 증상(심리적 현상)
　㉮ 주의력이 감소 또는 경감된다.
　㉯ 불쾌감이 증가된다.
　㉰ 긴장감이 해지 또는 해소된다.
　㉱ 권태, 태만해지고 관심 및 흥미감이 상실된다.
　㉲ 졸음, 두통, 싫증, 짜증이 일어난다.

KEY 2017년 5월 7일 기사 출제

37 직업 적성검사에 대한 설명으로 틀린 것은?

① 적성검사는 작업행동을 예언하는 것을 목적으로 사용한다.
② 직업 적성검사는 직무 수행에 필요한 잠재적인 특수능력을 측정하는 도구이다.
③ 직업 적성검사를 이용하여 훈련 및 승진대상자를 평가하는데 사용할 수 있다.
④ 직업 적성은 단기적 집중 직업훈련을 통해서 개발이 가능하므로 신중하게 사용해야 한다.

해설

직업적성
① 장기적 집중 직업훈련 필요
② 신중이 필요

38 인간의 행동은 내적요인과 외적요인이 있다. 지각선택에 영향을 미치는 외적요인이 아닌 것은?

① 대비(Contrast)
② 재현(Repetition)
③ 강조(Intensity)
④ 개성(Personality)

해설

인간동작의 내적 조건
① 피로, 긴장 등에 의한 생리적 조건
② 근무 경력에 의한 경험 시간
③ 개인차 : 적성, 성격, 개성

KEY 2016년 5월 8일 기사 출제

39 헤드십의 특성에 관한 설명 중 맞는 것은?

① 민주적 리더십을 발휘하기 쉽다.
② 책임귀속이 상사와 부하 모두에게 있다.
③ 권한 근거가 공식적인 법과 규정에 의한 것이다.
④ 구성원의 동의를 통하여 발휘하는 리더십이다.

해설

leadership과 headship의 비교

개인과 상황 변수	leadership	headship
권한 행사	선출된 리더	임명적 헤드
권한 부여	밑으로부터 동의	위에서 위임
권한 귀속	집단 목표에 기여한 공로 인정	공식화된 규정에 의함
상사와 부하와의 관계	개인적인 영향	지배적
부하와의 사회적 관계 (간격)	좁음	넓음
지휘 형태	민주주의적	권위주의적
책임 귀속	상사와 부하	상사
권한 근거	개인적	법적 또는 공식적

KEY ① 2016년 3월 6일 기사 출제
② 2016년 8월 21일 기사 출제
③ 2016년 10월 1일 기사 출제
④ 2017년 5월 7일 기사 출제
⑤ 2017년 9월 23일 기사 출제

[정답] 36 ① 37 ④ 38 ④ 39 ③

40 집단 안전교육과 개별 안전교육 및 안전교육을 위한 카운슬링 등 3가지 안전교육 방법 중 개별안전 교육방법에 해당되는 것이 아닌 것은?

① 일을 통한 안전교육
② 상급자에 의한 안전교육
③ 문답방식에 의한 안전교육
④ 안전기능 교육의 추가지도

해설

개별안전 교육과 집단안전교육
(1) 개별안전교육
　① 일을 통한 안전교육
　② 상급자에 의한 안전교육
　③ 안전기능교육의 추가지도
(2) 집단안전교육 : 문답방식에 의한 안전교육

3 인간공학 및 시스템안전공학

41 에너지 대사율(RMR)에 대한 설명으로 틀린 것은?

① $RMR = \dfrac{운동대사량}{기초대사량}$
② 보통 작업시 RMR은 4~7임
③ 가벼운 작업시 RMR은 0~2임
④ $RMR = \dfrac{운동시\ 산소소모량 - 안정시\ 산소소모량}{기초대사량(산소소비량)}$

해설

작업강도 구분
① 1~2RMR(가벼운 작업)
② 2~4RMR(보통작업)
③ 4~7RMR(중작업)
④ 7RMR 이상(초중작업)

KEY 2016년 10월 1일 산업기사 출제

42 FMEA의 특징에 대한 설명으로 틀린 것은?

① 서브시스템 분석 시 FTA보다 효과적이다.
② 시스템 해석기법은 정성적·귀납적 분석법 등에 사용된다.
③ 각 요소간 영향 해석이 어려워 2가지 이상 동시 고장은 해석이 곤란하다.
④ 양식이 비교적 간단하고 적은 노력으로 특별한 훈련 없이 해석이 가능하다.

해설

FMEA의 장·단점
① 장점 : 서식이 간단하고 비교적 적은 노력으로 특별한 훈련없이 분석을 할 수 있다.
② 단점 : 논리성이 부족하고 특히 각 요소 간의 영향을 분석하기 어렵기 때문에 동시에 두 가지 이상의 요소가 고장날 경우 분석이 곤란하다.
③ 요소가 물체로 한정되어 있기 때문에 인적원인을 분석하는 데는 곤란이 있다.

보충학습
FTA : 서브시스템 분석시 효과적

43 A사의 안전관리자는 자사 화학 설비의 안전성 평가를 위해 제2단계인 정성적 평가를 진행하기 위하여 평가 항목 대상을 분류하였다. 주요 평가 항목 중에서 설계관계항목이 아닌 것은?

① 건조물
② 공장 내 배치
③ 입지조건
④ 원재료, 중간제품

해설

정성적 평가항목
① 입지조건
② 공장내의 배치
③ 소방설비
④ 공정기기
⑤ 수송·저장
⑥ 원재료
⑦ 중간체
⑧ 제품

[정답] 40 ③　41 ②　42 ①　43 ④

KEY
① 2014년 8월 17일 기사 출제
② 2016년 5월 8일 기사 출제
③ 2016년 10월 1일 산업기사 출제
④ 2017년 3월 5일 기사 출제
⑤ 2017년 8월 26일 기사 출제

보충학습
(1) 설계관계 평가요소
　① 건조물
　② 입지조건
　③ 공장내 배치
(2) 운전관계 평가요소
　① 원재료
　② 중간제품
　③ 공정 및 공정기기
　④ 수송 및 저장

44 기계설비 고장 유형 중 기계의 초기결함을 찾아내 고장률을 안정시키는 기간은?

① 마모고장 구간
② 우발고장 구간
③ 에이징(aging) 구간
④ 디버깅(debugging) 구간

해설
초기고장
① 디버깅(Debugging)구간 : 기계의 초기 결함을 찾아내 고장률을 안정시키는 구간
② 번인(Burn-in)구간 : 물품을 실제로 장시간 가동하여 그 동안에 고장난 것을 제거하는 구간
③ 비행기 : 에이징(Aging)이라 하여 3년 이상 시운전
④ 욕조곡선(Bath-tub) : 예방보전을 하지 않을 때의 곡선은 서양식 욕조 모양과 비슷하게 나타나는 현상

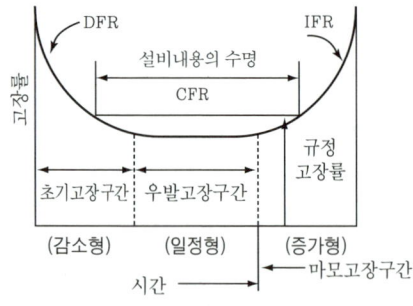
[그림] 기계설비 고장유형

45 들기 작업 시 요통재해예방을 위하여 고려할 요소와 가장 거리가 먼 것은?

① 들기 빈도
② 작업자 신장
③ 손잡이 형상
④ 허리 비대칭 각도

해설
들기 작업시 요통재해 예방 고려요소(들기작업 변수)
① 무게 : 작업물의 무게(kg)
② 수평위치 : 두 발 뒤꿈치 뼈의 중점에서 손까지의 거리(cm)
③ 수직거리 : 바닥에서 손까지의 거리(cm)
④ 수직이동거리 : 들기작업에서 수직으로 이동한 거리(cm)
⑤ 비대칭 각도 : 정면에서 비틀린 정도를 나타내는 각도
⑥ 들기 빈도 : 15분 동안의 평균적인 분당 들어 올리는 횟수
⑦ 커플링 분류 : 물체를 들 때 미끄러지거나 떨어뜨리지 않도록 하는 손잡이 등의 상태

46 일반적으로 작업장에서 구성요소를 배치할 때, 공간의 배치 원칙에 속하지 않는 것은?

① 사용빈도의 원칙　② 중요도의 원칙
③ 공정개선의 원칙　④ 기능성의 원칙

해설
부품(공간)배치의 원칙
① 중요성(도)의 원칙(일반적 위치결정)
② 사용빈도의 원칙(일반적 위치결정)
③ 기능별(성) 배치의 원칙(배치결정)
④ 사용순서의 원칙(배치결정)

KEY 2017년 9월 23일 산업기사 출제

47 반사율이 60[%]인 작업 대상물에 대하여 근로자가 검사작업을 수행할 때 휘도(luminance)가 90[fL]이라면 이 작업에서의 소요조명(fc)은 얼마인가?

① 75　　　　　　② 150
③ 200　　　　　④ 300

[정답] 44 ④　45 ②　46 ③　47 ②

해설
소요조명(fc)

① 반사율 = $\dfrac{\text{광속발산도(fL)}}{\text{조명(fc)}} \times 100$

② 소요조명(fc) = $\dfrac{\text{광속발산도(fL)}}{\text{반사율}} \times 100 = \dfrac{90}{60} \times 100 = 150[\text{fc}]$

KEY ① 2011년 6월 12일 기사 출제
② 2017년 5월 7일 산업기사 출제

---

48 산업안전보건법령상 유해하거나 위험한 장소에서 사용하는 기계·기구 및 설비를 설치·이전하는 경우 유해·위험방지계획서를 작성, 제출하여야 하는 대상이 아닌 것은?

① 화학설비
② 금속 용해로
③ 건조설비
④ 전기용접장치

해설
유해위험방지계획서의 제출대상 기계·설비
① 금속이나 그 밖의 광물의 용해로
② 화학설비
③ 건조설비
④ 가스집합용접장치
⑤ 제조금지물질 또는 허가대상물질 관련설비
⑥ 분진작업관련설비

정보제공
산업안전보건법 시행령(제42조) 유해위험방지계획서 제출대상 사업장

---

49 동작경제의 원칙에 해당하지 않는 것은?

① 공구의 기능을 각각 분리하여 사용하도록 한다.
② 두 팔의 동작은 동시에 서로 반대방향으로 대칭적으로 움직이도록 한다.
③ 공구나 재료는 작업동작이 원활하게 수행되도록 그 위치를 정해준다.
④ 가능하다면 쉽고도 자연스러운 리듬이 작업동작에 생기도록 작업을 배치한다.

해설
공구 및 설비 디자인에 관한 원칙
(Design of tools and equipment)
① 치구나 발로 작동시키는 기기를 사용할 수 있는 작업에서는 이러한 기기를 활용하여 양손이 다른 일을 할 수 있도록 한다.
② 공구의 기능은 결합하여서 사용하도록 한다.
③ 공구와 자재는 가능한 한 사용하기 쉽도록 미리 위치를 잡아준다.
④ 각 손가락이 서로 다른 작업을 할 때에는 작업량을 각 손가락의 능력에 맞도록 분배해야 한다.
⑤ 레버, 핸들 및 통제기기는 작업자가 몸의 자세를 크게 바꾸지 않더라도 조작하기 쉽도록 배열한다.

---

50 휴먼 에러 예방 대책 중 인적 요인에 대한 대책이 아닌 것은?

① 설비 및 환경 개선
② 소집단 활동의 활성화
③ 작업에 대한 교육 및 훈련
④ 전문인력의 적재적소 배치

해설
휴먼에러 예방대책
① 물적대책 : 설비 및 환경 개선
② 인적대책
  ㉮ 소집단 활동의 활성화
  ㉯ 작업에 대한 교육 및 훈련
  ㉰ 전문인력의 적재적소 배치

---

51 다음 시스템에 대하여 톱사상(top event)에 도달할 수 있는 최소 컷셋(minimal cut sets)을 구할 때 올바른 집합은?(단, X_1, X_2, X_3, X_4는 각 부품의 고장확률을 의미하며 집합 $\{X_1, X_2\}$는 X_1 부품과 X_2 부품이 동시에 고장나는 경우를 의미한다.)

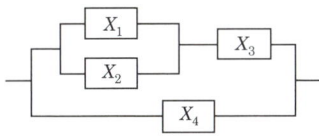

① $\{X_1, X_2\}, \{X_3, X_4\}$
② $\{X_1, X_3\}, \{X_2, X_4\}$
③ $\{X_1, X_2, X_4\}, \{X_3, X_4\}$
④ $\{X_1, X_3, X_4\}, \{X_2, X_3, X_4\}$

[정답] 48 ④ 49 ① 50 ① 51 ③

해설

최소 컷셋(Minimal Cut set)

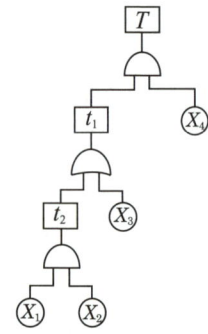

(1) 그림에서 X_1과 X_2를 t_2로 표시하고
t_2와 X_3을 t_1로 표시하여 FT도를 작성(FT도 작성시 병렬연결은 AND, 직렬연결은 OR 기호로 표시)

(2) FT도에서 최소컷셋을 구하면,
$$\therefore T \to t_1 \; X_4 \to \begin{matrix} t_2 & X_4 \\ X_3 & X_4 \end{matrix} \to \begin{matrix} (X_1, X_2, X_4) \\ (X_3, X_4) \end{matrix}$$

KEY ① 2001년 6월 3일 출제
② 2006년 5월 14일 출제
③ 2010년 5월 9일 기사 출제

---

52 운동관계의 양립성을 고려하여 동목(moving scale)형 표시장치를 바람직하게 설계한 것은?

① 눈금과 손잡이가 같은 방향으로 회전하도록 설계한다.
② 눈금의 숫자는 우측으로 감소하도록 설계한다.
③ 꼭지의 시계 방향 회전이 지시치를 감소시키도록 설계한다.
④ 위의 세 가지 요건을 동시에 만족시키도록 설계한다.

해설

정침동목형
① 지침이 고정되어 있고 눈금이 움직이는 형으로서, 정목동침형의 단점에 비해서 개창형(開窓型)이나 수직, 수평형의 정침동목형이 계기반 또한 눈금이 긴 경우에는 이동 테이프를 사용하여 계기반 후면에 말아 놓고 필요한 부분만을 노출시켜 볼 수 있다.
② 장점 : 아날로그표시장치(면적 최소가능)

KEY ① 2016년 1월 1일 산업기사 출제
② 2016년 5월 8일 산업기사 출제

---

53 신뢰성과 보전성 개선을 목적으로 한 효과적인 보전기록자료에 해당하는 것은?

① 자재관리표
② 주유지시서
③ 재고관리표
④ MTBF분석표

해설

MTBF(평균고장간격 : Mean Time Between Failures)
① 고장이 발생되어도 다시 수리를 해서 쓸 수 있는 제품을 의미 : 무고장 시간의 평균
② 고장에서 고장까지의 정상 상태에 머무르는 무고장 동작 시간의 평균치
③ 평균고장 발생의 시간 길이로 수리하면서 사용하는 제품의 신뢰도 척도
④ 고장 사이의 작동시간 평균치 : 보전성개선목적(보전기록자료)

KEY 2016년 3월 6일 산업기사 출제

---

54 보기의 실내면에서 빛의 반사율이 낮은 곳에서부터 높은 순서대로 나열한 것은?

[보기]			
A:바닥	B:천정	C:가구	D:벽

① A<B<C<D
② A<C<B<D
③ A<C<D<B
④ A<D<C<B

해설

옥내 최적반사율
① 천정 : 80~90[%]
② 벽 : 40~60[%]
③ 가구 : 25~45[%]
④ 바닥 : 20~40[%]

KEY ① 2016년 3월 6일 산업기사 출제
② 2016년 10월 1일 기사 출제
③ 2017년 8월 26일 산업기사 출제
④ 2017년 9월 23일 산업기사 출제

[정답] 52 ① 53 ④ 54 ③

55
다음 시스템의 신뢰도는 얼마인가?(단, 각 요소의 신뢰도는 a, b가 각 0.8, c, d가 각 0.6이다.)

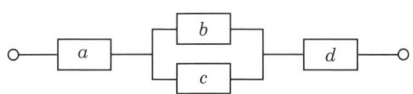

① 0.2245 ② 0.3754
③ 0.4416 ④ 0.5756

해설

$R_s = a \times [1-(1-b)(1-c)] \times d = 0.8 \times [1-(1-0.8)(1-0.6)] \times 0.6 = 0.4416$

KEY 2017년 5월 7일 기사 출제

56
FTA(Fault Tree Analysis)에 사용되는 논리기호와 명칭이 올바르게 연결된 것은?

① ◇ : 전이기호
② ▭ : 기본사상
③ ⬠ : 통상사상
④ ○ : 결함사상

해설

FTA의 기호

기호	명칭	입·출력현상
▭	결함사상	개별적인 결함사상(비정상적 사건)
○	기본사상	더 이상 전개되지 않는 기본적인 사상
⬠	통상사상	통상발생이 예상되는 사상(예상되는 원인)
◇	생략사상	정보부족, 해석기술의 불충분으로 더 이상 전개할 수 없는 사상. 작업진행에 따라 해석이 가능할 때는 다시 속행한다.

KEY ① 2016년 10월 1일 산업기사 출제
② 2017년 8월 26일 기사·산업기사 동시 출제

57
HAZOP 기법에서 사용하는 가이드워드와 그 의미가 잘못 연결된 것은?

① Other than : 기타 환경적인 요인
② No/Not : 디자인 의도의 완전한 부정
③ Reverse : 디자인 의도의 논리적 반대
④ More/Less : 정량적인 증가 또는 감소

해설

유인어(guide words)
① NO 또는 NOT : 설계 의도의 완전한 부정을 의미
② AS Well AS : 성질상의 증가를 나타내는 것으로 설계의도와 운전조건 등 부가적인 행위와 함께 일어나는 것을 의미
③ PART OF : 성질상의 감소, 성취나 성취되지 않음을 나타냄
④ MORE LESS : 양의 증가 또는 양의 감소로 양과 성질을 함께 나타냄
⑤ OTHER THAN : 완전한 대체를 의미
⑥ REVERSE : 설계의도와 논리적인 역을 의미

KEY 2016년 5월 8일 기사 출제

58
경계 및 경보신호의 설계지침으로 틀린 것은?

① 주의를 환기시키기 위하여 변조된 신호를 사용한다.
② 배경소음의 진동수와 다른 진동수의 신호를 사용한다.
③ 귀는 중음역에 민감하므로 500~3,000[Hz]의 진동수를 사용한다.
④ 300[m] 이상의 장거리용으로는 1,000[Hz]를 초과하는 진동수를 사용한다.

해설

경계 및 경보신호(청각적 표시장치) 선택시 지침
① 귀는 중음역에 가장 민감하므로 500~3,000[Hz]의 진동수를 사용
② 고음은 멀리가지 못하므로 300[m] 이상 장거리용으로는 1,000[Hz] 이하의 진동수 사용

KEY ① 2016년 3월 6일 산업기사 출제
② 2017년 3월 5일 산업기사 출제
③ 2017년 9월 23일 산업기사 출제

[정답] 55 ③ 56 ③ 57 ① 58 ④

59. 동작의 합리화를 위한 물리적 조건으로 적절하지 않은 것은?

① 고유 진동을 이용한다.
② 접촉 면적을 크게 한다.
③ 대체로 마찰력을 감소시킨다.
④ 인체표면에 가해지는 힘을 적게 한다.

해설

동작의 합리화를 위한 물리적 조건
① 고유 진동을 이용한다.
② 접촉면적을 작게 한다.
③ 대체로 마찰력을 감소시킨다.
④ 인체표면에 가해지는 힘을 적게 한다.

60. 정량적 표시장치에 관한 설명으로 맞는 것은?

① 정확한 값을 읽어야 하는 경우 일반적으로 디지털보다 아날로그 표시장치가 유리하다.
② 동목(moving scale)형 아날로그 표시장치는 표시장치의 면적을 최소화할 수 있는 장점이 있다.
③ 연속적으로 변화하는 양을 나타내는 데에는 일반적으로 아날로그보다 디지털 표시장치가 유리하다.
④ 동침(moving pointer)형 아날로그 표시장치는 바늘의 진행 방향과 증감속도에 대한 인식적인 암시 신호를 얻는 것이 불가능한 단점이 있다.

해설

정량적 표시장치
① 정확한 값 : 디지털 표시장치
② 연속적으로 변하는 양 : 아날로그 표시장치
③ 동침형 표시장치 : 인식적인 암시신호를 얻는 것이 장점

KEY 2016년 8월 31일 산업기사 출제

💬 **확인 또 확인**
2018년 3월 4일(문제 52번)

4 건설시공학

61. 건설공사의 시공계획 수립 시 작성할 필요가 없는 것은?

① 현치도
② 공정표
③ 실행예산의 편성 및 조정
④ 재해방지계획

해설

시공계획의 내용 및 순서
① 현장원 편성　　② 공정표 작성
③ 실행예산 편성　　④ 하도급자의 선정
⑤ 가설준비물 결정　　⑥ 재료선정 및 결정
⑦ 재해방지대책 및 의료대책

보충학습
현치도 : 시공도 작성시 필요

62. 콘크리트 구조물의 품질관리에서 활용되는 비파괴검사 방법과 가장 거리가 먼 것은?

① 슈미트해머법　　② 방사선 투과법
③ 초음파법　　④ 자기분말 탐상법

해설

Con'c 강도 추정을 위한 비파괴시험
① 타격법(표면경도법) : 슈미트해머법을 주로 사용한다.
② 초음파법(음속법) : 초음파의 전달속도로 강도를 추정한다.
③ 공진법 : 고유진동주기를 이용하여 강도를 추정한다.
④ 복합법 : 슈미트해머법과 초음파법을 병행하여 사용한다.
⑤ 인발법 : 콘크리트에 묻힌 볼트를 인발하여 강도 추정한다.

KEY 2017년 3월 5일 산업기사 출제

63. 시트 파일(steel sheet pile)공법의 주된 이점이 아닌 것은?

① 타입시 지반의 체적 변형이 커서 항타가 어렵다.
② 용접접합 등에 의해 파일의 길이연장이 가능하다.
③ 몇 회씩 재사용이 가능하다.
④ 적당한 보호처리를 하면 물 위나 아래에서 수명이 길다.

[정답] 59 ②　60 ②　61 ①　62 ④　63 ①

해설

강널말뚝(steel sheet pile)
① 토목·건축공사에서 물막이·흙막이 등을 위해 박는 강판으로 된 말뚝으로 시트파일이라 한다.
② 단면의 형태는 여러 가지가 있으나, 양단이 구멍형 또는 요철(凹凸)로 되어 있어 서로 끼워 맞출 수 있게 되어 있다.
③ 구조물의 일부로서 강널말뚝을 사용하는 예 : 강널말뚝식 안벽(岸壁)이 있다.
④ 장점
　㉮ 시공이 빠르고 간단하다.
　㉯ 공사비용도 적게 든다.
　㉰ 약한 지반에도 적용할 수 있다.
　㉱ 내진구조(耐震構造)로 할 수도 있다는 점 등이다.
⑤ 단점
　㉮ 외부로부터의 충격에 약하다.
　㉯ 내수성이 약하므로 방식처리(防蝕處理)를 해야 한다.

[그림] 강널말뚝

64 흙의 함수율을 구하기 위한 식으로 옳은 것은?

① $\dfrac{\text{물의 용적}}{\text{토립자의 용적}} \times 100[\%]$

② $\dfrac{\text{물의 중량}}{\text{토립자의 중량}} \times 100[\%]$

③ $\dfrac{\text{물의 용적}}{\text{토립자}+\text{물의 용적}} \times 100[\%]$

④ $\dfrac{\text{물의 중량}}{\text{토립자}+\text{물의 중량}} \times 100[\%]$

해설

간극비, 함수비, 포화도, 함수율
① 간극비 = $\dfrac{\text{간극의 용적}}{\text{토립자의 용적}}$
② 함수비 = $\dfrac{\text{물의 중량}}{\text{토립자의 중량}} \times 100[\%]$
③ 포화도 = $\dfrac{\text{물의 용적}}{\text{간극의 용적}} \times 100[\%]$
④ 함수율 = $\dfrac{\text{물의 중량}}{\text{토립자}+\text{물의 중량}} \times 100[\%]$

KEY ▶ 2009년 5월 10일(문제 69번) 출제

65 블록의 하루 쌓기 높이는 최대 얼마를 표준으로 하는가?

① 1.5[m] 이내
② 1.7[m] 이내
③ 1.9[m] 이내
④ 2.1[m] 이내

해설

블록 하루 쌓기 기준
① 표준높이 : 1.2[m](6켜)
② 최고높이 : 1.5[m](7켜)

66 경량형강공사에 사용되는 부재 중 지붕에서 지붕내력을 받는 경사진 구조부재로서 트러스와 달리 하현재가 없는 것은?

① 스터드
② 윈드 칼럼
③ 아웃리거
④ 래프터

해설

래프터벤트(서까래벤트)
① 지붕합판과 단열재 사이에 공간을 두어 설치하는 벤트로 소핏벤트에서 들어오는 공기를 래프터벤트의 공간을 통하여 리지벤트로 순환시켜주는 역할을 한다.
② 래프터벤트는 서까래 벤트라고도 불리며 일반 천장이 없는 곳, 예를 들어 다락방이나 오픈천장을 구성할 때 지붕과 천장 사이에 공간이 없으므로 서까래를 통한 환기를 시켜준다.
③ 레프터벤트의 공기순환 원리는 공기가 벤트를 통해 지나가게 되면 제트기류가 형성되는데 지붕의 열과 실내의 열을 분리시켜 겨울철에는 막아주고 따뜻한 실내열의 손실을 막아주며 여름철에는 외부의 뜨거운 열이 실내로 유입되는 것을 방지하여 주는 역할을 한다.

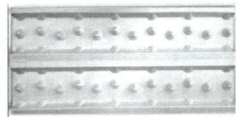

[그림] 래프트 벤트

[정답] 64 ④　65 ①　66 ④

67 벽돌쌓기 시 일반사항에 관한 설명으로 옳지 않은 것은?

① 가로 및 세로줄눈의 너비는 도면 또는 공사시방서에서 정한 바가 없을 때에는 10[mm]를 표준으로 한다.
② 벽돌쌓기는 도면 또는 공사시방서에서 정한 바가 없을 때에는 영식 쌓기 또는 화란식 쌓기로 한다.
③ 세로줄눈은 통줄눈이 되도록 유도하여, 미관을 향상시키도록 한다.
④ 벽돌벽이 블록벽과 서로 직각으로 만날때에는 연결철물을 만들어 블록 3단마다 보강하여 쌓는다.

해설

통줄눈은 피하며 특별한 때 이외에는 영국식 쌓기 및 화란식 쌓기로 한다.

KEY 2017년 5월 7일 기사 출제

보충학습
① 영식쌓기 : 한 켜는 마구리쌓기 다음 켜는 길이쌓기로 하고, 모서리나 벽끝에는 이오토막을 쓴다. 벽돌쌓기 중 가장 튼튼한 방법이다.(도면 및 시방서에 쌓기법 없을 때도 적용)
② 네델란드식(화란식)쌓기 : 영식쌓기와 같고 모서리 끝에는 칠오토막을 쓴다.

68 비산먼지 발생사업 신고 적용대상 규모기준으로 옳은 것은?

① 건축물 축조공사로 연면적 1,000[m²] 이상
② 굴정공사로 총 연장 300[m] 이상 또는 굴착 토사량 300[m³] 이상
③ 토공사/정지공사로 공사면적 합계 1,500[m²] 이상
④ 토목공사로 구조물 용적합계 2,000[m³] 이상

해설

건설업 비산먼지 신고대상 사업
① 건축물축조공사 : 건축물의 증·개축 및 재축을 포함하며, 연면적 1,000제곱미터 이상인 공사만 해당한다. 다만, 굴정공사는 총연장 200미터 이상 또는 굴착토사량 200세제곱미터 이상인 공사
② 토목공사 : 구조물의 용적 합계가 1,000세제곱미터 이상이거나 공사면적이 1,000제곱미터 이상 또는 총연장이 200미터 이상인 공사
③ 조경공사 : 면적의 합계가 5,000제곱미터 이상인 공사만 해당한다.
④ 지반조성공사 중 건축물해체공사(연면적이 3,000제곱미터 이상인 공사), 토공사 및 정지공사(공사면적의 합계가 1,000제곱미터 이상인 공사만 해당하되, 농지정리를 위한 공사는 제외한다.)
⑤ 그 밖에 공사 ①목부터 ④목까지의 공사에 준하는 공사로서 해당 ①목부터 ④목까지의 공사 규모 이상인 공사

69 말뚝박기 기계 중 디젤해머(Diesel hammer)에 관한 설명으로 옳지 않은 것은?

① 타격 정밀도가 높다.
② 타격 시의 압축·폭발 타격력을 이용하는 공법이다.
③ 타격 시 소음이 작아 도심지 공사에 적용된다.
④ 램의 낙하 높이 조정이 곤란하다.

해설

Diesel hammer 용도
① 대규모 말뚝과 널말뚝타입시 사용한다.
② 연약지반에서는 능률이 떨어지고 규모가 크고 딱딱한 지반에 적용된다.
③ 단위시간당 타격횟수가 많고 능률적, 타격음이 크다.
④ 말뚝부두 파손우려 있으므로 대책수립이 요망된다.
⑤ Diesel연료의 폭발로 피스톤의 연속운동으로 말뚝을 타입한다.

70 상하기복형으로 협소한 공간에서 작업이 용이하고 장애물이 있을 때 효과적인 장비로서 초고층건축물 공사에 많이 사용되는 장비는?

① 호이스트카 ② 타워크레인
③ 러핑크레인 ④ 데릭

해설

L형(Luffing) 크레인의 주요구조

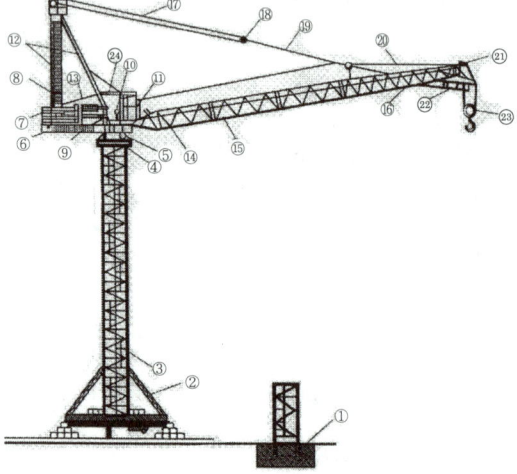

[정답] 67 ③ 68 ① 69 ③ 70 ③

[표] 주요부 명칭

번호	명칭	번호	명칭
①	기초 앵커	⑬	압력봉
②	언더캐리지	⑭	지브 피벗 섹션
③	타워 섹션	⑮	중간 지브 섹션
④	조립 슬립 링과 슬루잉 링 서포트	⑯	지브 헤드 섹션
⑤	볼 슬루잉 링	⑰	Luffing 로프
⑥	기계 플랫폼	⑱	도르래 블록
⑦	카운터 발라스트	⑲	지브 가이(guy)로프
⑧	Luffing 기어	⑳	호이스팅 로프
⑨	호이스팅 기어	㉑	과부하 방지를 위한 측정 축
⑩	슬루잉 기어	㉒	로프 꼬임방지장치
⑪	운전실	㉓	훅 블록
⑫	지브(Jib)리테이닝 프레임과 지지봉	㉔	Fail-back 가드 스트랏

보충학습
① T형 : 타워크레인
② L형 : 러핑크레인

71 해체 및 이동에 편리하도록 제작된 수평활동 시스템 거푸집으로서 터널, 교량, 지하철 등에 주로 적용되는 거푸집은?

① 유로 폼(Euro Form)
② 트래블링 폼(Traveling Form)
③ 워플 폼(Waffle Form)
④ 갱 폼(Gang Form)

해설

트래블링 폼(travelling form)
① 트래블러(traveler)라고 불리는 비계틀 또는 가동골조(movable frame)에 지지된 이동거푸집공법으로서, 한 구간의 콘크리트를 타설한 후 거푸집을 낮추고 다음에 콘크리트를 타설하는 구간까지 구조물을 따라 거푸집을 이동시키면서 콘크리트를 계속적으로 타설하며, 수평적으로 연속된 구조물에 적용한다.
② 이동 방식은 레일 방식, 무궤도 방식, 활동(滑動)방식이 있으며 그 적용에 있어서는 건축분야에서는 비교적 채용빈도가 낮은 편이나 아치(arch)·돔(dome)과 같은 지붕구조에서 적용되고 있다.

72 외관 검사 결과 불합격된 철근 가스압접 이음부의 조치 내용으로 옳지 않은 것은?

① 심하게 구부러졌을 때는 재가열하여 수정한다.
② 압접면의 엇갈림이 규정값을 초과했을 때는 재가열하여 수정한다.
③ 형태가 심하게 불량하거나 또는 압접부에 유해하다고 인정되는 결함이 생긴 경우는 압접부를 잘라내고 재압접한다.
④ 철근중심축의 편심량이 규정값을 초과했을 때는 압접부를 떼어내고 재압접한다.

해설

외관검사로 불합격이된 압접부의 수정방법
① 압접부의 부풀음(돌출부)의 직경과 길이가 규정치에 미달할 경우에는 다시 가열하고 압력을 주어 소정의 부풀음으로 한다.
② 압접면의 어긋남이 규정치를 초과했을 경우에는 압접부를 잘라내고 다시 압접한다.
③ 압접부에 있어서 철근 서로의 편심량이 규정치를 초과할 경우에는 압접부를 잘라내고 다시 압접한다.
④ 압접부에 명백하게 꺾여 구부러짐이 생겼을 경우에는 재가열해서 수정한다.
⑤ 압접부의 부풀음이 심하거나, 심한 균열이 생겼을 경우, 기타 압접부에 해롭다고 인정되는 결함이 생겼을 경우에는 압접부를 잘라내고 다시 압접한다.

73 보링방법 중 연속적으로 시료를 채취할 수 있어 지층의 변화를 비교적 정확히 알 수 있는 것은?

① 수세식 보링
② 충격식 보링
③ 회전식 보링
④ 압입식 보링

해설

회전식 보링
① 날을 회전시켜 천공하는 방법
② 불교란 시료의 채취가 가능
③ 가장 정확한 방식

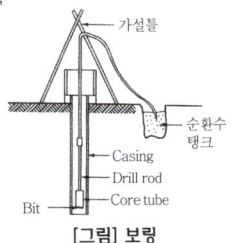

[그림] 보링

[정답] 71 ② 72 ② 73 ③

74
철골보와 콘크리트 슬래브를 연결하는 전단연결재(shear connector)의 역할을 하는 부재의 명칭은?

① 리인포싱 바(reinforcing bar)
② 턴버클(turn buckle)
③ 메탈 서포트(metal support)
④ 스터드(stud)

해설

시어 커넥터(Shear connector)
① 콘크리트와의 합성구조에서 양재간에 발생하는 전단력의 전달, 보강 및 일체성 확보를 위해 설치하는 연결재를 말한다.
② 부재명칭 : stud(스터드)

75
다음은 표준시방서에 따른 철근의 이음에 관한 내용이다. 빈 칸에 공통으로 들어갈 내용으로 옳은 것은?

( )를 초과하는 철근은 겹침이음을 할 수 없다. 다만, 서로 다른 크기의 철근을 압축부에서 겹침이음하는 경우 ( ) 이하의 철근과 ( )를 초과하는 철근은 겹침이음을 할 수 있다.

① D25 ② D29
③ D32 ④ D35

해설

겹침이음할 수 없는 철근지름 : D35초과

KEY 2017년 9월 23일(문제 64번)

보충학습

철근의 이음(건축공사표준시방서기준)
① 철근배근도에 표시되어 있지 않은 곳에 철근의 이음을 둘 경우에는 그 이음의 위치와 방법은 건축구조설계기준에 따라 정하여야 한다.
② D35를 초과하는 철근은 겹침이음을 할 수 없다. 다만, 서로 다른 크기의 철근을 압축부에서 겹침이음하는 경우 D35 이하의 철근과 D35를 초과하는 철근은 겹침이음을 할 수 있다.
③ 철근이음에 용접이음, 가스압접이음, 기계적 이음 등을 적용할 경우에는 각각 사전에 준비된 이음지침에 따라야 한다. 그러나 이와 같은 것이 구비되지 않은 경우에는 이 시방서에 따르고 그 성능을 사전에 시험 등에 의한 방법으로 확인한 다음 철근의 종류, 지름 및 시공장소에 따라 가장 적절한 이음방법을 선택하여야 한다.
④ 장래의 이음에 대비하여 구조물로부터 노출시켜 놓은 철근은 손상이나 부식을 받지 않도록 보호하여야 한다.
⑤ 철근의 이음 및 정착길이는 건축구조설계기준 및 철근배근도에 따른다.
⑥ 정착 및 이음길이는 건축구조설계기준 및 철근배근도에 제시된 길이보다 짧을 수 없으며, 건축구조설계기준 및 철근배근도의 길이를 초과할 경우의 허용차는 소정길이의 10% 이내로 한다.
⑦ 철근의 이음의 위치, 정착방법은 철근배근도에 따른다.

76
건축주가 시공회사의 신용, 자산, 공사경력, 보유 기술 등을 고려하여 그 공사에 가장 적격한 단일 업체에게 입찰시키는 방법은?

① 일반공개입찰 ② 특명입찰
③ 지명경쟁입찰 ④ 대안입찰

해설

특명입찰방식
특정의 시공업자를 선정하여 도급계약체결하는 방식
① 장점 : 공사기밀유지, 입찰수속이 간단, 우량공사기대
② 단점 : 공사비가 높아짐, 공사금액 결정이 불명확

77
프리팩트말뚝공사 중 CIP(Cast in place pile)말뚝의 강성을 확보하기 위한 방법이 아닌 것은?

① 구멍에 삽입하는 철근의 조립은 원형철근조립으로 당초 설계치수보다 작게 하여 콘크리트 타설을 쉽게 하여야 한다.
② 공벽붕괴방지를 위한 케이싱을 설치하고 구멍을 뚫어야 하며, 콘크리트 타설 후에 양생되기 전에 인발한다.
③ 구멍깊이는 풍화암 이하까지 뚫어 말뚝선단이 충분한 지지력이 나오도록 시공한다.
④ 콘크리트 타설 시 재료분리가 발생하지 않도록 한다.

해설

CIP말뚝
천공기로 구멍을 뚫은 후 트레미관과 골재를 미리 채워놓고 일정한 압력으로 모르타르를 주입하여 파일을 만드는 공법

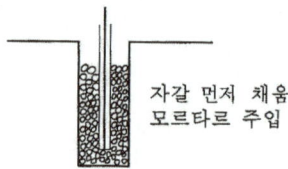

[그림] CIP pile

KEY 2017년 9월 23일 기사 출제

[정답] 74 ④ 75 ④ 76 ② 77 ①

78 수평이동이 가능하여 건물의 층수가 적은 긴 평면에 사용되며 회전범위가 270[°]인 특징을 갖고 있는 철골 세우기용 장비는?

① 가이데릭(Guy derrick)
② 스티프레그 데릭(Stiff-leg derrick)
③ 트럭 크레인(Truck crane)
④ 플레이트 스트레이닝 롤(Plate straining roll)

해설

스티프레그데릭(Stiffleg derrick)
① 3각형 토대 위에 철골재 3각을 놓고 이것으로 봄을 조작한다.
② 가이데릭에 비해 수평이동이 가능하므로 층수가 낮은 긴 평면에 유리하다.
③ 회전범위 : 270[°](작업범위 180[°])

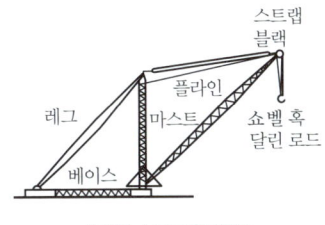

[그림] 스티프레그데릭

KEY 2017년 5월 7일 기사 출제

79 콘크리트의 재료로 사용되는 골재에 관한 설명으로 옳지 않은 것은?

① 골재는 밀도가 크고, 내구성이 커서 풍화가 잘 되지 않아야 한다.
② 콘크리트나 모르타르를 만들 때 물, 시멘트와 함께 혼합하는 모래, 자갈 및 부순돌 기타 유사한 재료를 골재라고 한다.
③ 콘크리트 중 골재가 차지하는 용적은 절대용적으로 50[%]를 넘지 않도록 한다.
④ 일반적으로 골재의 강도는 시멘트 페이스트 강도 이상이 되어야 한다.

해설

콘크리트에서 골재가 차지하는 용적 : 70~80[%]

80 석재붙임을 위한 앵커긴결공법에서 일반적으로 사용하지 않는 재료는?

① 앵커　　　② 볼트
③ 연결철물　　④ 모르타르

해설

돌붙임시 앵커긴결공법에서 사용하는 철물
① 앵커
② 볼트
③ 촉
④ 연결철물(fastener)

KEY 2016년 5월 8일 (문제 80번) 출제

5 건설재료학

81 다음과 같은 특성을 가진 플라스틱의 종류는?

- 가열하면 연화 또는 융해하여 가소성이 되고, 냉각하면 경화하는 재료이다.
- 분자구조가 쇄상구조로 이루어져 있다.

① 멜라민수지　　② 아크릴수지
③ 요소수지　　　④ 페놀수지

해설

아크릴수지
① 유기유리라 하여 일찍이 비행기의 방풍유리로 사용해 왔다.
② 무색투영판은 광선 및 자외선의 투과성이 크고 내약품성, 전기절연성이 크며 내충격강도는 무기재료보다 8~10배 정도이다.
③ 스크린, 칸막이판, 창유리, 건물 내·외장용 스프레이 코팅재료로 쓰이나 누렇게 변하는 결점이 있다.

82 경질이며 흡습성이 적은 특성이 있으며 도로나 마룻바닥에 까는 두꺼운 벽돌로서 원료로 연와토 등을 쓰고 식염유로 시유소성한 벽돌은?

① 검정벽돌　　② 광재벽돌
③ 날벽돌　　　④ 포도벽돌

[정답] 78 ② 79 ③ 80 ④ 81 ② 82 ④

해설

포도벽돌
① 경질이며 흡습성이 작다.
② 도로나 마루바닥에 까는 두꺼운 벽돌이다.
③ 원료는 연와토를 사용한다.
④ 식염유로 시유소성한다.

83 건물 바닥용 제품에 해당되지 않는 것은?

① 염화비닐 타일
② 아스팔트 타일
③ 시멘트 사이딩 보드
④ 리놀륨

해설

시멘트 사이딩 보드 : 건물외벽용 마감재

84 ALC(Autoclaved Lightweight Concrete)에 관한 설명으로 옳지 않은 것은?

① 규산질, 석회질 원료를 주원료로 하여 기포제와 발포제를 첨가하여 만든다.
② 경량이며 내화성이 상대적으로 우수하다.
③ 별도의 마감 없이도 수분이 차단되어 주로 외벽에 사용된다.
④ 동일용도의 건축자재 중 상대적으로 우수한 단열성능을 가지고 있다.

해설

ALC(Autoclaved Lightweight Concrete) : 경량기포 콘크리트
① 규사, 생석회, 시멘트 등에 발포제인 알루미늄분말과 기포안정제 등을 넣어 고온, 고압증기양생(Autoclave 양생)을 거쳐 건물의 내외벽체, 지붕 및 바닥재 등에 사용된다.
② 건축물의 대형화, 고층화, 경량화, 공업화 추세에 따라 그 사용이 점점 늘어나고 있다.

85 도막방수재 및 실링재로써 이용이 증가하고 있는 합성수지로서 기포성 보온재로도 사용되는 것은?

① 실리콘수지
② 폴리우레탄수지
③ 폴리에틸렌수지
④ 멜라민수지

해설

폴리우레탄수지
① 발포시킨 것은 강하고 내노화성(耐老化性), 내약품성이 좋다.
② 내열성, 열전도율이 작다.
③ 탄력성과 내마모성이 우수하다.
④ 용도 : 보온단열재, 방음재, 접착제, 바닥재

86 건설용 강재(철근 등)의 재료시험 항목에서 일반적으로 제외되는 것은?

① 압축강도 시험   ② 인장강도 시험
③ 굽힘 시험   ④ 연신율 시험

해설

압축강도시험

① 압축강도(MPa) = $\dfrac{\text{최대파괴하중(N)}}{\text{시험체의 단면적[mm}^2\text{]}}$

② 콘크리트 시험에 적용(KS F 2405 : 2010)

87 알루미늄의 특성으로 옳지 않은 것은?

① 순도가 높을수록 내식성이 좋지 않다.
② 알칼리나 해수에 침식되기 쉽다.
③ 콘크리트에 접하거나 흙 중에 매몰된 경우에 부식되기 쉽다.
④ 내화성이 부족하다.

해설

알루미늄판
① 순도가 높은 것은 내식성이 크고 빛이나 열의 반사성이 커서 지붕잇기 재료로 적당하다.
② 가공품은 흡음판, 새시 등으로 쓰인다.

[정답] 83 ③ 84 ③ 85 ② 86 ① 87 ①

88 콘크리트용 골재의 요구품질에 관한 조건으로 옳지 않은 것은?

① 시멘트 페이스트 이상의 강도를 가진 단단하고 강한 것
② 운모가 함유된 것
③ 연속적인 입도분포를 가진 것
④ 표면이 거칠고 구형에 가까운 것

해설

골재의 요구 성능
① 골재의 성질은 시멘트 혼합물의 강도보다 굳어야 하므로 석회석, 사암 등의 연질수성암은 부적당하다.
② 골재는 불순물이 포함되지 않아야 한다.
③ 점토분, 유기물질, 염분, 지방질 등 유해량이 3[%] 이상 포함되면 안 된다.
④ 골재의 입형은 구형이 가장 좋으며 약간 거친 것이 좋다.
⑤ 골재의 입도는 조립에서 세립까지 골고루 섞여야 한다.
⑥ 골재의 최대, 최소치수범위 내의 골재를 선택한다.
⑦ 골재는 경석에 속하는 것으로 대략 비중 2.6 이상의 것을 쓴다.

KEY ▶ 2016년 3월 6일 기사 출제

89 아스팔트 루핑의 생산에 사용되는 아스팔트는?

① 록 아스팔트
② 유제 아스팔트
③ 컷백 아스팔트
④ 블론 아스팔트

해설

블론 아스팔트(Blown asphalt)
① 건축공사에 많이 사용되며, 중질원유를 가열하면서 공기를 넣어 연화점을 높여 연도를 조절한 것이다.
② 아스팔트 루핑의 생산에 사용한다.

90 1종 점토벽돌의 흡수율 기준으로 옳은 것은?

① 5[%] 이하
② 10[%] 이하
③ 12[%] 이하
④ 15[%] 이하

해설

1종 점토벽돌
① 외관 및 치수가 정확하고 적갈색이다.
② 두드리면 쇳소리가 나며 압축강도가 24.50[N/mm²] 이상이다.
③ 흡수율이 10[%] 이하인 양질 벽돌이다.(구조재, 수장재로 사용)

KEY ▶ 2017년 9월 23일 산업기사 출제

보충학습

점토벽돌의 품질(KSL4201)

품질 \ 종류	1종	2종	3종
흡수율[%]	10 이하	13 이하	15 이하
압축강도 [N/mm²]	24.50[N/mm²] 이상	20.59[N/mm²] 이상	10.78[N/mm²] 이상

91 골재의 함수상태에서 유효흡수량의 정의로 옳은 것은?

① 습윤상태와 절대건조상태의 수량의 차이
② 표면건조포화상태와 기건상태의 수량의 차이
③ 기건상태와 절대건조상태의 수량의 차이
④ 습윤상태와 표면건조포화상태의 수량의 차이

해설

유효 흡수량(Effective Absorption) = 표면 건조 내부포수수량(W_m) - 기건 상태수량(W_1)

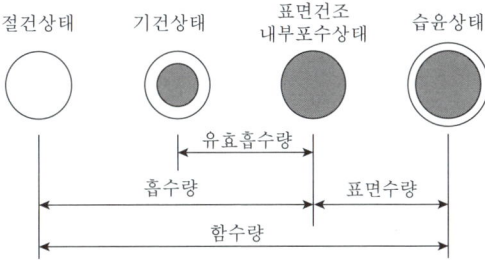

[그림] 골재의 함수상태

92 콘크리트의 블리딩 현상에 의한 성능저하와 가장 거리가 먼 것은?

① 골재와 시멘트 페이스트의 부착력 저하
② 철근과 시멘트 페이스트의 부착력 저하
③ 콘크리트의 수밀성 저하
④ 콘크리트의 응결성 저하

[정답] 88 ② 89 ④ 90 ② 91 ② 92 ④

> **해설**

Bleeding
(1) 현상
콘크리트를 타설한 후 무거운 골재나 시멘트는 침하하고 가벼운 물이 상승하는 현상
(2) 블리딩 방지대책
 ① 단위수량을 적게
 ② 골재입도를 적당하게
 ③ AE제, 분산감수제, 플라이애시, 혼화제 사용

KEY ▶ 2017년 3월 5일 산업기사 출제

---

93 목재 및 기타 식물의 섬유질소편에 합성수지접착제를 도포하여 가열압착 성형한 판상제품은?

① 합판
② 시멘트목질판
③ 집성목재
④ 파티클보드

> **해설**

파티클 보드
① 칩보드라고도 부른다.
② 목재를 두께 0.1~0.5[mm], 나비 2~10[mm], 길이 1~5[cm]로 깎은 나뭇조각에 합성수지계 접착제를 섞어서 고열고압으로 성형제판한 비중 0.4 이상의 판이다.

KEY ▶ 2017년 5월 7일 기사출제

---

94 강재 탄소의 함유량이 0[%]에서 0.8[%]로 증가함에 따른 제반물성 변화에 대한 설명으로 옳지 않은 것은?

① 인장강도는 증가한다.
② 항복점은 커진다.
③ 신율은 증가한다.
④ 경도는 증가한다.

> **해설**

강의 물리적 성질
① 탄소강의 물리적 성질은 탄소량에 따라 직선적으로 변한다.
② 탄소량이 증가하면 열팽창계수, 열전도율, 신율, 내식성, 비중은 떨어진다.
③ 탄소량이 증가하면 비열, 인장강도, 경도, 전기저항은 증가한다.
④ 탄소함유량 0.9[%]까지는 인장강도, 경도가 증가하지만 0.9[%] 이상 증가하면 강도가 감소한다.
⑤ 탄소함유량 0.85[%] 정도일 때 인장강도가 최대가 된다.

---

95 에너지절약, 유해물질 저감, 자원의 절약 등을 유도하기 위한 목적으로 건설자재의 환경성에 대한 일정기준을 정하여 제품에 부여하는 인증제도로 옳은 것은?

① 환경표지
② NEP인증
③ GD마크
④ KS마크

> **해설**

환경표지 인증마크(환경마크)
제품 생산의 전과정을 평가(Life Cycle Assessment)하여 환경성이 우수한 제품임을 인증한 마크이다.

KEY ▶ 2017년 5월 7일 산업기사 출제

> **보충학습**

① NEP인증 : New Excellent Product(신제품인증)
② GD마크 : 디자인분야 정부인증 마크
③ KS마크 : 한국산업표준 마크

---

96 석재 시공 시 유의하여야 할 사항으로 옳지 않은 것은?

① 외벽 특히 콘크리트 표면 첨부용 석재는 연석을 사용하여야 한다.
② 동일건축물에는 동일석재로 시공하도록 한다.
③ 석재를 구조재로 사용할 경우 직압력재로 사용하여야 한다.
④ 중량이 큰 것은 높은 곳에 사용하지 않도록 한다.

> **해설**

외벽첨부용 석재 : 경석사용

---

97 수직면으로 도장하였을 경우 도장직후에 도막이 흘러 내리는 현상의 발생 원인과 가장 거리가 먼 것은?

① 얇게 도장하였을 때
② 지나친 희석으로 점도가 낮을 때
③ 저온으로 건조시간이 길 때
④ airless 도장시 팁이 크거나 2차압이 낮아 분무가 잘 안되었을 때

[정답] 93 ④ 94 ③ 95 ① 96 ① 97 ①

> **해설**

도막이 흘러내리는 원인
① 지나친 희석으로 점도가 낮을 때
② 저온으로 건조시간이 길 때
③ airless 도장시 팁이 크거나 2차압이 낮아 분무가 잘 안되었을 때

98 콘크리트의 워커빌리티(workability)에 관한 설명으로 옳지 않은 것은?

① 과도하게 비빔시간이 길면 시멘트의 수화를 촉진하여 워커빌리티가 나빠진다.
② 단위수량을 너무 증가시키면 재료분리가 생기기 쉽기 때문에 워커빌리티가 좋아진다고 볼 수 없다.
③ AE제를 혼입하면 워커빌리티가 좋아진다.
④ 깬자갈이나 깬모래를 사용할 경우, 잔골재율을 작게 하고 단위수량을 감소시키면 워커빌리티가 좋아진다.

> **해설**

워커빌리티
① 쇄석을 사용하면 워커빌리티가 저하한다.
② 빈배합이 워커빌리티가 좋다.

KEY ▶ 2017년 5월 7일 기사 출제

99 에폭시수지 접착제에 관한 설명으로 옳지 않은 것은?

① 비스페놀과 에피클로로하이드린의 반응에 의해 얻을 수 있다.
② 내수성, 내습성, 전기절연성이 우수하다.
③ 접착제의 성능을 지배하는 것은 경화제라고 할 수 있다.
④ 피막이 단단하지 못하나 유연성이 매우 우수하다.

> **해설**

에폭시수지 접착제(Epoxy resin paste)
① 내수성, 내습성, 내약품성, 전기절연성이 우수, 접착력이 강하다.
② 피막이 단단하고 유연성 부족, 값이 비싸다.
③ 금속, 항공기 접착에도 쓰인다.
④ 현재까지의 접착제 중 가장 우수하다.

KEY ▶ ① 2016년 3월 8일 기사 출제
② 2017년 3월 5일 기사 출제

100 목재에서 흡착수만이 최대한도로 잔재하고 있는 상태인 섬유포화점의 함수율은 중량비로 몇 [%] 정도인가?

① 15[%] 정도   ② 20[%] 정도
③ 30[%] 정도   ④ 40[%] 정도

> **해설**

섬유포화점
① 세포 내의 빈 부분 또는 세포 사이의 공간 부분이 증발하고 세포막에 흡수되어 있는 수분의 상태
② 생나무를 건조하여 함수율이 30[%]가 된 상태

KEY ▶ ① 2016년 5월 8일 기사 출제
② 2017년 3월 5일 산업기사 출제

6 건설안전기술

101 경암을 다음 그림과 같이 굴착하고자 한다. 굴착면의 기울기를 1:0.5로 하고자 할 경우 L의 길이로 옳은 것은?

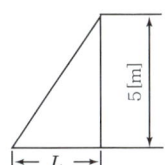

① 2[m]   ② 2.5[m]
③ 5[m]   ④ 10[m]

> **해설**

굴착면의 기울기 예
① 1 : 0.5   ② 1 : 1

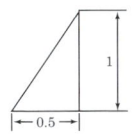 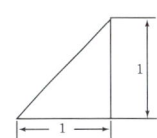

③ 1 : 1.8

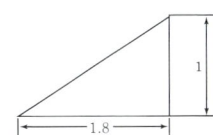

[정답] 98 ④   99 ④   100 ③   101 ②

과년도 출제문제

KEY ① 2016년 5월 8일 기사·산업기사 동시출제
② 2017년 3월 5일(문제 120번) 출제
③ 2017년 9월 23일(문제 114번) 출제

정보제공
산업안전보건기준에 관한 규칙 [별표 11] 굴착면의 기울기 기준

102 흙막이 지보공을 조립하는 경우 미리 조립도를 작성하여야 하는데 이 조립도에 명시되어야 할 사항과 가장 거리가 먼 것은?

① 부재의 배치
② 부재의 치수
③ 부재의 긴압정도
④ 설치방법과 순서

해설
흙막이 조립도 명시사항
① 부재의 배치
② 부재의 치수
③ 부재의 재질
④ 설치방법과 순서

KEY 2017년 8월 26일 기사 출제

정보제공
산업안전보건기준에 관한 규칙 제346조(조립도)

103 미리 작업장소의 지형 및 지반상태 등에 적합한 제한속도를 정하지 않아도 되는 차량계 건설기계의 속도 기준은?

① 최대 제한 속도가 10[km/h] 이하
② 최대 제한 속도가 20[km/h] 이하
③ 최대 제한 속도가 30[km/h] 이하
④ 최대 제한 속도가 40[km/h] 이하

해설
차량계건설기계 제한속도를 정하지 않는 속도기준 : 10[km/h] 이하

정보제공
산업안전보건기준에 관한 규칙 제98조(제한속도 지정 등)

104 터널공사에서 발파작업 시 안전대책으로 옳지 않은 것은?

① 발파전 도화선 연결상태, 저항치 조사 등의 목적으로 도통시험 실시 및 발파기의 작동상태에 대한 사전점검 실시
② 모든 동력선은 발원점으로부터 최소한 15[m] 이상 후방으로 옮길 것
③ 지질, 암의 절리 등에 따라 화약량에 대한 검토 및 시방기준과 대비하여 안전조치를 실시
④ 발파용 점화회선은 타동력선 및 조명회선과 한곳으로 통합하여 관리

해설
발파용 점화회선과 타동력선·조명회선은 각각 독립하여 관리한다.

105 달비계의 최대 적재하중을 정함에 있어서 활용하는 안전계수의 기준으로 옳은 것은?(단, 곤돌라의 달비계를 제외한다.)

① 달기 와이어로프 : 5 이상
② 달기 강선 : 5 이상
③ 달기 체인 : 3 이상
④ 달기 훅 : 5 이상

해설
달비계의 안전계수
① 달기와이어로프 및 달기 강선의 안전계수는 10 이상
② 달기체인 및 달기훅의 안전계수는 5 이상
③ 달기강대와 달비계의 하부 및 상부지점의 안전계수는 강재의 경우 2.5 이상, 목재의 경우 5 이상

KEY 2016년 10월 1일 산업기사 출제

정보제공
① 산업안전보건기준에 관한 규칙 제55조(작업발판의 최대적재하중)
② 2024. 7. 1. 법개정으로 안전계수는 삭제되었습니다.

[정답] 102 ③ 103 ① 104 ④ 105 ④

106 다음 보기의 ( )안에 알맞은 내용은?

동바리로 사용하는 파이프 서포트의 높이가 ( )[m]를 초과하는 경우에는 높이 2[m] 이내마다 수평연결재를 2개 방향으로 만들고 수평연결재의 변위를 방지할 것

① 3
② 3.5
③ 4
④ 4.5

해설

동바리로 사용하는 파이프서포트 기준
① 파이프서포트를 3개 이상 이어서 사용하지 아니하도록 할 것
② 파이프서포트를 이어서 사용할 경우에는 4개 이상의 볼트 또는 전용 철물을 사용하여 이을 것
③ 높이가 3.5[m]를 초과할 경우에는 높이 2[m] 이내마다 수평연결재를 2개 방향으로 만들고 수평연결재의 변위를 방지하는 것

KEY ① 2016년 10월 1일 기사 출제
② 2017년 5월 7일(문제 108번) 출제
③ 2017년 8월 26일 산업기사 출제

정보제공
산업안전보건기준에 관한 규칙 제332조의2(동바리 유형에 따른 동바리 조립 시의 안전조치)

107 건립 중 강풍에 의한 풍압 등 외압에 대한 내력이 설계에 고려되었는지 확인하여야 하는 철골 구조물이 아닌 것은?

① 단면이 일정한 구조물
② 기둥이 타이플레이트형인 구조물
③ 이음부가 현장용접인 구조물
④ 구조물의 폭과 높이의 비가 1:4인 구조물

해설

내력설계확인 구조물
① 높이 20[m] 이상인 구조물
② 구조물의 폭과 높이의 비가 1 : 4 이상인 구조물
③ 건물, 호텔 등에서 단면 구조에 현저한 차이가 있는 것
④ 연면적당 철골량이 50[kg/m²] 이하인 구조물
⑤ 기둥이 타이 플레이트(tie plate)형인 구조물
⑥ 이음부가 현장 용접인 경우

KEY 2017년 9월 23일(문제 120번) 출제

108 건설업 산업안전보건관리비 중 안전시설비로 사용할 수 없는 것은?

① 안전통로
② 비계에 추가 설치하는 추락방지용 안전난간
③ 사다리 전도방지장치
④ 통로의 낙하물 방호선반

해설

안전시설비 사용기준
(1) 안전관리자·보건관리자의 임금 등
① 법 제17조제3항 및 법 제18조제3항에 따라 안전관리 또는 보건관리 업무만을 전담하는 안전관리자 또는 보건관리자의 임금과 출장비 전액
② 안전관리 또는 보건관리 업무를 전담하지 않는 안전관리자 또는 보건관리자의 임금과 출장비의 각각 2분의 1에 해당하는 비용
③ 안전관리자를 선임한 건설공사 현장에서 산업재해 예방 업무만을 수행하는 작업지휘자, 유도자, 신호자 등의 임금 전액
④ 별표 1의2에 해당하는 작업을 직접 지휘·감독하는 직·조·반장 등 관리감독자의 직위에 있는 자가 영 제15조제1항에서 정하는 업무를 수행하는 경우에 지급하는 업무수당(임금의 10분의 1 이내)

(2) 안전시설비 등
① 산업재해 예방을 위한 안전난간, 추락방호망, 안전대 부착설비, 방호장치(기계·기구와 방호장치가 일체로 제작된 경우, 방호장치 부분의 가액에 한함) 등 안전시설의 구입·임대 및 설치를 위해 소요되는 비용
② 「산업재해예방시설자금 융자금 지원사업 및 보조금 지급사업 운영규정」(고용노동부고시) 제2조제12호에 따른 "스마트안전장비 지원사업" 및 「건설기술진흥법」 제62조의3에 따른 스마트 안전장비 구입·임대 비용. 다만, 제4조에 따라 계상된 산업안전보건관리비 총액의 10분의 1을 초과할 수 없다.
③ 용접 작업 등 화재 위험작업 시 사용하는 소화기의 구입·임대비용

KEY 2017년 5월 7일 기사 출제

합격정보
2024년 9월 19일 개정고시 적용

합격자의 증언
※ 반드시 확인

[정답] 106 ② 107 ① 108 ①

109 터널 등의 건설작업을 하는 경우에 낙반 등에 의하여 근로자가 위험해질 우려가 있는 경우에 필요한 조치와 가장 거리가 먼 것은?

① 터널 지보공을 설치한다.
② 록볼트를 설치한다.
③ 환기, 조명시설을 설치한다.
④ 부석을 제거한다.

해설

터널등의 건설작업시 낙반등의 조치기준
① 터널지보공 설치
② 록볼트 설치
③ 부석제거

KEY 2016년 5월 8일 산업기사 출제

정보제공
산업안전보건기준에 관한 규칙 제351조(낙반등에 의한 위험의 방지)

110 강관을 사용하여 비계를 구성하는 경우 준수해야 할 사항으로 옳지 않은 것은?

① 비계기둥의 간격은 띠장 방향에서는 1.85[m] 이하, 장선(長線) 방향에서는 1.5[m] 이하로 할 것
② 띠장 간격은 2.0[m] 이하로 설치하되, 첫 번째 띠장은 지상으로부터 2[m] 이하의 위치에 설치할 것
③ 비계기둥의 제일 윗부분으로부터 31[m]되는 지점 밑부분의 비계기둥은 3개의 강관으로 묶어 세울 것
④ 비계기둥 간의 적재하중은 400[kg]을 초과하지 않도록 할 것

해설

비계구성시 준수사항
비계기둥의 제일 윗부분으로부터 31[m]되는 지점 밑부분의 비계기둥은 2개의 강관으로 묶어 세울 것. 다만, 브래킷(bracket) 등으로 보강하여 2개의 강관으로 묶을 경우 이상의 강도가 유지되는 경우에는 그러하지 아니하다.

KEY ① 2017년 3월 5일 기사 출제
② 2017년 5월 7일 산업기사 출제
③ 2017년 8월 26일 기사 · 산업기사 동시출제

정보제공
산업안전보건기준에 관한 규칙 제60조(강관비계의 구조)

111 이동식비계 조립 및 사용 시 준수사항으로 옳지 않은 것은?

① 비계의 최상부에서 작업을 하는 경우에는 안전난간을 설치할 것
② 승강용사다리는 견고하게 설치할 것
③ 작업발판은 항상 수평을 유지하고 작업발판 위에서 작업을 위한 거리가 부족할 경우에는 받침대 또는 사다리를 사용할 것
④ 작업발판의 최대적재하중은 250[kg]을 초과하지 않도록 할 것

해설

이동식비계 조립시 기준
① 작업발판 수평유지
② 받침대 또는 사다리는 사용하지 않는다.

KEY 2017년 8월 26일 기사 출제

정보제공
산업안전보건기준에 관한 규칙 제68조(이동식 비계)

112 유해·위험 방지를 위한 방호조치를 하지 아니하고는 양도, 대여, 설치 또는 사용에 제공하거나, 양도·대여를 목적으로 진열해서는 아니 되는 기계·기구에 해당하지 않는 것은?

① 지게차   ② 공기압축기
③ 원심기   ④ 덤프트럭

해설

유해위험기계 방호 장치
① 예초기에는 날접촉 예방장치
② 원심기에는 회전체 접촉 예방장치
③ 공기압축기에는 압력방출장치
④ 금속절단기에는 날접촉 예방장치
⑤ 지게차에는 헤드 가드, 백레스트(backrest), 전조등, 후미등, 안전벨트
⑥ 포장기계에는 구동부 방호 연동장치

정보제공
산업안전보건시행규칙 제98조(방호조치)

[정답] 109 ③   110 ③   111 ③   112 ④

113 화물운반하역 작업 중 걸이작업에 관한 설명으로 옳지 않은 것은?

① 와이어로프 등은 크레인의 후크 중심에 걸어야 한다.
② 인양 물체의 안정을 위하여 2줄 걸이 이상을 사용하여야 한다.
③ 매다는 각도는 60[°] 이상으로 하여야 한다.
④ 근로자를 매달린 물체위에 탑승시키지 않아야 한다.

해설

매다는 각도 : 60[°] 이하

KEY ① 2016년 5월 8일 기사 출제
② 2016년 8월 21일 산업기사 출제

114 동바리 등을 조립하는 경우에 준수하여야 할 사항으로 옳지 않은 것은?

① 깔목의 사용, 콘크리트 타설, 말뚝박기 등 동바리의 침하를 방지하기 위한 조치를 할 것
② 개구부 상부에 동바리를 설치하는 경우에는 상부 하중을 견딜 수 있는 견고한 받침대를 설치할 것
③ 거푸집이 곡면인 경우에는 버팀대의 부착 등 그 거푸집의 부상(浮上)을 방지하기 위한 조치를 할 것
④ 동바리의 이음은 맞댄이음이나 장부이음을 피할 것

해설

동바리 이음 방법 : 같은 품질 재료 사용

정보제공
산업안전보건기준에 관한 규칙 제332조(동바리 조립 시의 안전조치)

115 사업의 종류가 건설업이고, 공사금액이 850억원일 경우 산업안전보건법령에 따른 안전관리자를 최소 몇 명 이상 두어야 하는가?

① 1명 이상   ② 2명 이상
③ 3명 이상   ④ 4명 이상

해설

건설업의 안전관리자 선임기준
(1) 기본선임 기준 : 공사금액 1,500억원 미만 - 2명
(2) 추가 선임기준 : 공사금액 1,500억원 이상~2,200억원 미만 - 3명

정보제공
산업안전보건법 시행령 [별표 3]

116 선박에서 하역작업 시 근로자들이 안전하게 오르내릴 수 있는 현문 사다리 및 안전망을 설치하여야 하는 것은 선박이 최소 몇 톤급 이상일 경우인가?

① 500톤급   ② 300톤급
③ 200톤급   ④ 100톤급

해설

현문사다리 선박설치기준
① 선박 : 300[t]급 이상
② 너비 : 55[cm] 이상
③ 방책높이 : 82[cm] 이상

KEY 2017년 9월 23일 기사 출제

정보제공
산업안전보건기준에 관한 규칙 제397조(선박승강설비의 설치)

117 타워크레인을 와이어로프로 지지하는 경우에 준수해야 할 사항으로 옳지 않은 것은?

① 와이어로프를 고정하기 위한 전용 지지프레임을 사용할 것
② 와이어로프 설치각도는 수평면에서 60[°] 이상으로 하되, 지지점은 4개소 미만으로 할 것
③ 와이어로프와 그 고정부위는 충분한 강도와 장력을 갖도록 설치할 것
④ 와이어로프가 가공전선에 근접하지 않도록 할 것

해설

와이어로프 설치각도 : 수평면에서 60[°] 이내

정보제공
산업안전보건기준에 관한 규칙 제142조(타워크레인의 지지)

[정답] 113 ③   114 ④   115 ②   116 ②   117 ②

118 터널붕괴를 방지하기 위한 지보공에 대한 점검사항과 가장 거리가 먼 것은?

① 부재의 긴압 정도
② 부재의 손상·변형·부식·변위 탈락의 유무 및 상태
③ 기둥침하의 유무 및 상태
④ 경보장치의 작동상태

해설
터널지보공의 수시 점검사항
① 부재의 손상·변형·부식·변위 탈락의 유무 및 상태
② 부재의 긴압의 정도
③ 부재의 접속부 및 교차부의 상태
④ 기둥침하의 유무 및 상태

KEY 2017년 3월 5일 산업기사 출제

정보제공
산업안전보건기준에 관한 규칙 제366조(붕괴 등의 방지)

119 작업중이던 미장공이 상부에서 떨어지는 공구에 의해 상해를 입었다면 어느 부분에 대한 결함이 있었겠는가?

① 작업대 설치
② 작업방법
③ 낙하물 방지시설 설치
④ 비계설치

해설
추락과 낙하
① 추락 : 사람이 떨어지는 것(대책 : 추락방호망)
② 낙하 : 물건이나 물체가 떨어지는 것(대책 : 낙하물 방지망)

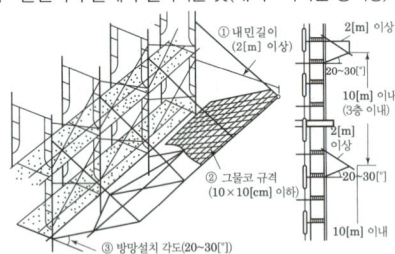

[그림] 낙하물방지망(방호선반)

KEY ① 2016년 3월 6일 기사 출제
② 2016년 10월 1일 기사 출제
③ 2017년 3월 5일 산업기사 출제
④ 2017년 9월 23일 산업기사 출제

120 이동식 크레인을 사용하여 작업을 할 때 작업시작 전 점검 사항이 아닌 것은?

① 주행로의 상측 및 트롤리(trolley)가 횡행하는 레일의 상태
② 권과방지장치 그 밖의 경보장치의 기능
③ 브레이크·클러치 및 조정장치의 기능
④ 와이어로프가 통하고 있는 곳 및 작업장소의 지반 상태

해설
이동식크레인 작업시작전 점검사항
① 권과방지장치 그 밖의 경보장치의 기능
② 브레이크·클러치 및 조정장치의 기능
③ 와이어로프가 통하고 있는 곳 및 작업장소의 지반상태

정보제공
산업안전보건기준에 관한 규칙 [별표 3]

녹색직업 녹색자격증코너
최고가 아니라고 말해야 최고가 될 수 있다.
나는 최고가 아니다.
스스로 최고라고 인정하는 순간,
더 이상의 발전은 없다.
나는 늘 부족함을 느낀다.
그래서 최고가 될 수 있는 거다.
　　　　　　　　－세계 최고 일식 요리사 초밥왕, 마쓰히사 노부유키

"세상은 당신을 최고의 요리사로 평한다. 자신도 그걸 인정하나?"라는 질문에 대한 마쓰히나 노부유키의 답입니다.
"충분히 성공을 거두었고 또 포커에 대해
이제 알만큼 많이 알았다고 생각하는 선수는
곧바로 내리막길을 걷게 됩니다."
최고의 포커 선수 톰 드완의 말입니다.
겸손은 사람을 진보하게 하고, 오만은 사람을 뒤떨어지게 합니다.

[정답] 118 ④　119 ③　120 ①

2018년도 기사 정기검정 제2회 (2018년 4월 28일 시행)

자격종목 및 등급(선택분야): 건설안전기사
종목코드: 1440 | 시험시간: 3시간 | 수험번호: 20180428 | 성명: 도서출판세화

1 산업안전관리론

01 산업안전보건법령상 재해발생 원인 중 설비적 요인이 아닌 것은?

① 기계 · 설비의 설계상 결함
② 방호장치의 불량
③ 작업표준화의 부족
④ 작업환경 조건의 불량

[해설]
물체 및 설비자체의 결함
① 설계불량
② 정비불량
③ 조립결함 및 노후화
④ 사용기계설비의 오작동
⑤ 고장요인에 대한 수리가 안된 상태로 사용 등

[보충학습]
작업환경등의 결함
① 환기불량
② 부적당한 조명
③ 부적당한 온 · 습도
④ 유해한 광선
⑤ 강렬한 소음 · 진동
⑥ 유해물질의 누출
⑦ 기타 불량한 환경요인 등

02 위험예지훈련에 대한 설명으로 틀린 것은?

① 직장이나 작업의 상황 속 잠재 위험요인을 도출한다.
② 직장 내에서 최대 인원의 단위로 토의하고 생각하며 이해한다.
③ 행동하기에 앞서 해결하는 것을 습관화하는 훈련이다.
④ 위험의 포인트나 중점실시 사항을 지적 확인한다.

[해설]
위험예지훈련(전원 참가의 기법)

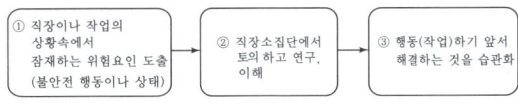

03 재해발생의 간접원인 중 교육적 원인이 아닌 것은?

① 안전수칙의 오해
② 경험훈련의 미숙
③ 안전지식의 부족
④ 작업지시 부적당

[해설]
교육적 원인
① 안전지식 및 경험부족
② 작업방법의 교육 불충분
③ 경험 훈련의 미숙
④ 안전수칙의 오해
⑤ 유해위험 작업의 교육 불충분

KEY ① 2016년 5월 8일 출제
② 2017년 5월 7일 출제
③ 2018년 3월 4일 출제

[보충학습]
관리적 원인
① 책임감의 부족
② 부적절한 인사 배치
③ 작업 기준의 불명확
④ 점검 · 보건제도의 결함
⑤ 근로 의욕 침체
⑥ 작업지시 부적절(당)

[정답] 01 ④ 02 ② 03 ④

과년도 출제문제

04 산업안전보건법령상 산업안전보건관리비 사용명세서의 공사종료 후 보존기간은?

① 6개월간 ② 1년간
③ 2년간   ④ 3년간

해설
산업안전보건관리비 사용 명세서 공사종료후 보존기간 : 1년간

정보제공
산업안전보건법시행규칙 제91조(산업안전보건관리비 사용)

05 재해예방의 4원칙이 아닌 것은?

① 손실우연의 법칙   ② 예방교육의 원칙
③ 원인계기의 원칙   ④ 예방가능의 원칙

해설
산업재해 예방의 4원칙
① 예방가능의 원칙
② 손실우연의 원칙
③ 원인계기의 원칙
④ 대책선정의 원칙

KEY
① 2016년 5월 8일 산업기사
② 2016년 10월 1일 출제
③ 2017년 3월 5일 출제
④ 2018년 3월 4일 기사 · 산업기사

06 안전보건표지의 종류 중 응급구호 표지의 분류로 옳은 것은?

① 경고표지   ② 지시표지
③ 금지표지   ④ 안내표지

해설
안내표지의 종류

녹십자 표지	응급구호 표지	들것	세안장치
비상용기구	비상구	좌측비상구	우측비상구

KEY 2018년 5월 4일 출제

07 산업안전보건법령상 안전보건진단을 받아 안전보건개선계획을 수립·제출하도록 명할 수 있는 사업장이 아닌 것은?

① 근로자가 안전수칙을 준수하지 않아 중대재해가 발생한 사업장
② 산업재해율이 같은 업종 평균 산업재해율의 2배 이상인 사업장
③ 작업환경 불량, 화재 · 폭발 또는 누출사고 등으로 사회적 물의를 일으킨 사업장
④ 직업성 질병자가 연간 2명 이상(상시 근로자 1천명 이상 사업장의 경우 3명 이상) 발생한 사업장

해설
안전보건개선계획 수립대상 사업장
① 산업재해율이 같은 업종 평균 산업재해율의 2배 이상인 사업장
② 사업주가 필요한 안전조치 또는 보건조치를 이행하지 아니하여 중대재해가 발생한 사업장
③ 직업성 질병자가 연간 2명 이상(상시근로자 1천명 이상 사업장의 경우 3명 이상) 발생한 사업장
④ 작업환경 불량, 화재·폭발 또는 누출사고 등으로 사회적 물의를 일으킨 사업장

KEY 2016년 3월 6일 출제

정보제공
산업안전보건법 시행령 제49조(안전보건진단을 받아 안전보건개선계획 수립·시행명령을 할 수 있는 사업장)

08 산업안전보건기준에 관한 기준에 따른 크레인, 이동식 크레인, 리프트(간이리프트 포함)를 사용하여 작업을 할 때 작업시작 전에 공통적으로 점검해야 하는 사항은?

① 바퀴의 이상 유무
② 전선 및 접속부 상태
③ 브레이크 및 클러치의 기능
④ 작업면의 기울기 또는 요철 유무

[정답] 04 ② 05 ② 06 ④ 07 ① 08 ③

해설

작업시작전 점검항목(내용)

작업의 종류	점검내용
크레인을 사용하여 작업을 하는 때	① 권과방지장치·브레이크·클러치 및 운전장치의 기능 ② 주행로의 상측 및 트롤리(trolley)가 횡행하는 레일의 상태 ③ 와이어로프가 통하고 있는 곳의 상태
이동식 크레인을 사용하여 작업을 할 때	① 권과방지장치나 그 밖의 경보장치의 기능 ② 브레이크·클러치 및 조정장치의 기능 ③ 와이어로프가 통하고 있는 곳의 상태
리프트(간이리프트를 포함한다)를 사용하여 작업을 할 때	① 방호장치·브레이크 및 클러치의 기능 ② 와이어로프 통하고 있는 곳의 상태

KEY
① 2016년 3월 6일 출제
② 2017년 3월 5일 출제
③ 2017년 9월 23일 산업기사
④ 2018년 3월 4일 출제

정보제공
산업안전보건기준에 관한 규칙 [별표 3] 작업시작전 점검사항

보충학습

산업안전보건법 시행령 제35조(산업안전보건위원회의 구성)
(1) 사용자위원은 다음 각 호의 사람으로 구성한다. 다만, 상시 근로자 50명 이상 100명 미만을 사용하는 사업장에서는 제5호에 해당하는 사람을 제외하고 구성할 수 있다.
① 해당 사업의 대표자(같은 사업으로서 다른 지역에 사업장이 있는 경우에는 그 사업장의 최고 책임자를 말한다. 이하 같다)
② 안전관리자(제15조제1항에 따라 안전관리자를 두어야 하는 사업장으로 한정하되, 안전관리자의 업무를 안전관리전문기관에 위탁한 사업장의 경우에는 그 전문기관의 해당 사업장 담당자를 말한다)1명
③ 보건관리자(제19조제1항에 따라 보건관리자를 두어야 하는 사업장으로 한정하되, 보건관리자의 업무를 보건관리전문기관에 위탁한 경우에는 그 전문기관의 해당 사업장 담당자를 말한다)1명
④ 산업보건의(해당 사업장에 선임되어 있는 경우로 한정한다)
⑤ 해당 사업의 대표자가 지명하는 9명 이내의 해당 사업장 부서의 장
(2) 건설업의 사업주가 사업의 일부를 도급으로 하는 경우로서 안전보건에 관한 협의체를 구성한 경우에는 해당 협의체에 다음 각 호의 사람을 포함한 산업안전보건위원회를 구성할 수 있다.
① 사용자위원인 안전관리자
② 근로자위원으로서 도급 또는 하도급 사업을 포함한 전체 사업의 근로자대표, 명예감독관 및 근로자대표가 지명하는 해당 사업장의 근로자

---

09 산업안전보건법령상 안전보건에 관한 노사협의체 구성의 근로자위원으로 구성기준 중 틀린 것은?

① 근로자대표가 지명하는 안전관리자 1명
② 근로자대표가 지명하는 명예감독관 1명
③ 도급 또는 하도급 사업을 포함한 전체 사업의 근로자 대표
④ 공사금액이 20억원 이상인 도급 또는 하도급 사업의 근로자 대표

해설

노사협의체 구성
(1) 근로자 위원
① 도급 또는 하도급 사업을 포함한 전체 사업의 근로자대표
② 근로자대표가 지명하는 명예감독관 1명. 다만, 명예감독관이 위촉되어 있지 아니한 경우에는 근로자대표가 지명하는 해당 사업장 근로자 1명
③ 공사금액이 20억원 이상인 도급 또는 하도급 사업의 근로자대표
(2) 사용자위원
① 해당 사업의 대표자
② 안전관리자 1명
③ 보건관리자 1명(별표 5 제40호에 따른 보건관리자 선임대상 건설업으로 한정한다)
④ 공사금액이 20억원 이상 공사의 관계수급인

KEY 2017년 9월 23일 출제

정보제공
산업안전보건법 시행령 제65조(노사협의체 구성)

---

10 산업안전보건법령상 안전검사 대상 기계등이 아닌 것은?

① 리프트   ② 전단기
③ 압력용기   ④ 밀폐형 구조 롤러기

해설

안전검사 대상 기계의 종류
① 프레스
② 전단기
③ 크레인(정격 하중이 2톤 미만인 것은 제외한다)
④ 리프트
⑤ 압력용기
⑥ 곤돌라
⑦ 국소 배기장치(이동식은 제외한다)
⑧ 원심기(산업용만 해당한다)
⑨ 롤러기(밀폐형 구조는 제외한다)
⑩ 사출성형기[형 체결력(型 締結力) 294킬로뉴턴(KN) 미만은 제외한다]
⑪ 고소작업대[「자동차관리법」 제3조제3호 또는 제4호에 따른 화물자동차 또는 특수자동차에 탑재한 고소작업대(高所作業臺)로 한정한다]
⑫ 컨베이어
⑬ 산업용 로봇
⑭ 분쇄기
⑮ 파쇄기 및 혼합기

[정답] 09 ① 10 ④

KEY ① 2015년 5월 7일 기사·산업기사 동시출제
② 2017년 8월 26일 산업기사
③ 2017년 9월 23일 기사

정보제공
산업안전보건법 시행령 78조(안전검사 대상 기계 등)

11 강도율의 근로손실일수 산정기준에 대한 설명으로 옳은 것은?

① 사망, 영구 전노동 불능의 근로손실일수는 7,500일이다.
② 사망, 영구 전노동 불능상태 신체장해등급은 1~2등급이다.
③ 영구 일부 노동불능 신체장해등급은 3~14등급이다.
④ 일시 전노동 불능은 휴업일수에 $\frac{280}{365}$을 곱한다.

해설
강도율계산시 근로손실일수
① 사망, 영구전노동 불능의 신체 장해등급 : 1~3 등급
② 영구 일부노동불능 신체장해등급 : 4~14등급
③ 일시전노동불능 : 휴업일수 × $\frac{300}{365}$(분자는 근로일수에 따라 변경)

KEY 2018년 3월 4일 기사·산업기사 동시출제

12 맥그리거의 X, Y 이론 중 X이론의 관리처방에 해당되는 것은?

① 자체평가제도의 활성화
② 분권화와 권한의 위임
③ 권위주의적 리더십의 확립
④ 조직구조의 평면화

해설
X·Y이론의 관리처방

X이론	Y이론
경제적 보상 체제의 강화	민주적 리더십의 확립
권위주의적 리더십의 확립	분권화의 권한과 위임
면밀한 감독과 엄격한 통제	목표에 의한 관리
상부책임제도의 강화	직무확장
조직구조의 고충성	비공식적 조직의 활용
	자체평가제도의 활성화

KEY ① 2017년 3월 5일 기사 출제
② 2017년 5월 7일 산업기사 출제
③ 2017년 9월 23일 산업기사 출제

13 산업안전보건법령상 안전인증대상 방호장치에 해당하는 것은?

① 교류 아크용접기용 자동전격방지기
② 동력식 수동대패용 칼날 접촉 방지장치
③ 절연용 방호구 및 활선작업용 기구
④ 아세틸렌 용접장치용 또는 가스집합 용접장치용 안전기

해설
안전인증대상기계 방호장치
① 프레스 및 전단기 방호장치
② 양중기용(揚重機用) 과부하방지장치
③ 보일러 압력방출용 안전밸브
④ 압력용기 압력방출용 안전밸브
⑤ 압력용기 압력방출용 파열판
⑥ 절연용 방호구 및 활선작업용(活線作業用) 기구
⑦ 방폭구조(防爆構造) 전기기계·기구 및 부품
⑧ 추락·낙하 및 붕괴 등의 위험 방지 및 보호에 필요한 가설기자재로서 고용노동부장관이 정하여 고시하는 것
⑨ 충돌·협착 등의 위험방지에 필요한 산업용 로봇방호장치로의 고용노동부장관이 정하여 고시하는 것

KEY 2016년 3월 6일 출제

정보제공
산업안전보건법 시행령 제74조(안전인증대상 기계 등)

보충학습
자율안전확인대상기계 방호장치
① 아세틸렌 용접장치용 또는 가스집합 용접장치용 안전기
② 교류 아크용접기용 자동전격방지기
③ 롤러기 급정지장치
④ 연삭기(研削機) 덮개
⑤ 목재 가공용 둥근톱 반발 예방장치와 날 접촉 예방장치
⑥ 동력식 수동대패용 칼날 접촉 방지장치
⑦ 추락·낙하 및 붕괴 등의 위험 방지 및 보호에 필요한 가설기자재로서 고용노동부장관이 정하여 고시하는 것

[정답] 11 ① 12 ③ 13 ③

14 재해손실비의 산정방식 중 버드(Frank Bird) 방식의 구성비율로 옳은 것은?(단, 구성은 보험비 : 비보험 재산비용 : 기타 재산비용이다.)

① 1 : 5~50 : 1~3
② 1 : 1~3 : 7~15
③ 1 : 1~10 : 1~5
④ 1 : 2~10 : 5~50

해설
버드(Frank Bird)의 재해손실비 산정방식

직접비(1)	간접비(5)	
보험비	비보험재산손실비용	비보험기타손실비용
상해사고와 관련되는 의료비 또는 보상비	쉽게 측정(보험미가입) ① 건물 손실 ② 기구 및 장비손실 ③ 제품 및 재료손실 ④ 조업중단 및 지연	양 측정 곤란(보험 미가입) ① 시간조사 ② 교육 ③ 임대등
1	5~50	1~3

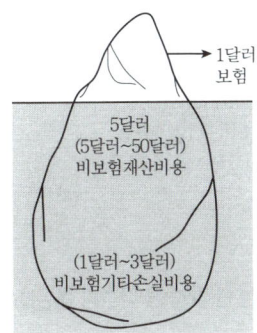

[그림] 버드의 빙산원리

15 산업안전보건법령상 안전보건총괄책임자의 직무가 아닌 것은?

① 위험성평가의 실시에 관한 사항
② 수급인의 산업안전보건관리비의 집행 감독
③ 자율안전확인대상 기계 등의 사용여부 확인
④ 해당 사업장 안전교육계획의 수립

해설
안전보건총괄 책임자 직무
① 작업의 중지
② 도급사업 시 산업재해 예방 조치
③ 수급인의 산업안전보건관리비의 집행 감독 및 그 사용에 관한 수급인 간의 협의·조정
④ 안전인증대상 기계 등과 자율안전확인대상 기계 등의 사용 여부 확인
⑤ 위험성평가의 실시에 관한 사항

KEY 2016년 10월 1일 출제

정보제공
산업안전보건법 시행령 제53조(안전보건총괄책임자 직무 등)

16 산소가 결핍되어 있는 장소에서 사용하는 마스크는?

① 방진 마스크
② 송기 마스크
③ 방독 마스크
④ 특급 방진 마스크

해설
방진, 특급방진 마스크 : 분진, 미스트, 흄의 방지

17 재해조사 시 유의사항으로 틀린 것은?

① 조사는 현장이 변경되기 전에 실시한다.
② 목격자 증언 이외의 추측의 말은 참고로만 한다.
③ 사람과 설비 양면의 재해요인을 모두 도출한다.
④ 조사는 혼란을 방지하기 위하여 단독으로 실시한다.

해설
어떠한 경우라도 재해조사는 단독(혼자)불가

KEY 2016년 3월 6일 출제

18 안전보건관리조직에 있어 100명 미만의 조직에 적합하며, 안전에 관한 지시나 조치가 철저하고 빠르게 전달되나 전문적인 지식과 기술이 부족한 조직의 형태는?

① 라인·스탭형
② 스탭형
③ 라인형
④ 관리형

해설
안전보건관리조직의 형태 3가지
① Line형(직계식) : 100명 미만의 소규모 사업장
② Staff형(참모식) : 100~1,000명의 중규모 사업장
③ Line-staff형(복합식) : 1,000명 이상의 대규모 사업장

KEY ① 2016년 3월 6일 기사·산업기사 동시출제
② 2017년 8월 26일 기사·산업기사 동시출제

[정답] 14 ① 15 ④ 16 ② 17 ④ 18 ③

과년도 출제문제

19 건설기술 진흥법령상 건설사고조사위원회는 위원장 1명을 포함한 몇 명 이내의 위원으로 구성하는가?

① 12명 ② 11명
③ 10명 ④ 9명

해설
건설사고조사위원회 위원수 : 12명 이내

정보제공
건설기술진흥법 시행령 제106조(건설사고 조사 위원회의 구성·운영 등)

20 버드(Bird)의 신연쇄성 이론의 재해발생과정 중 직접원인의 징후로 불안전한 행동과 불안전한 상태는 몇 단계인가?

① 1단계 ② 2단계
③ 3단계 ④ 4단계

해설
버드(Frank Bird)의 최신(새로운) 연쇄성(domino) 이론
① 제1단계 : 전문적 관리 부족(제어 부족 : 관리, 경영)
② 제2단계 : 기본원인(기원 : 제거시 큰사고 예방가능)
③ 제3단계 : 직접원인(징후) : 인적 원인+물적 원인
④ 제4단계 : 사고(접촉)
⑤ 제5단계 : 상해(손해, 손실)

KEY 2017년 3월 5일 기사출제

---

2 산업심리 및 교육

21 하버드 학파의 학습지도법에 해당하지 않는 것은?

① 지시(Order)
② 준비(Preparation)
③ 교시(Presentation)
④ 총괄(Generalization)

해설
하버드 학파의 5단계 교수법
① 제1단계 : 준비시킨다.
② 제2단계 : 교시시킨다.
③ 제3단계 : 연합한다.
④ 제4단계 : 총괄한다.
⑤ 제5단계 : 응용시킨다.

22 인간의 주의력은 다양한 특성을 가지고 있는 것으로 알려져 있다. 주의력의 특성과 그에 대한 설명으로 맞는 것은?

① 지속성 : 인간의 주의력은 2시간 이상 지속된다.
② 변동성 : 인간의 주의 집중은 내향과 외향의 변동이 반복된다.
③ 방향성 : 인간이 주의력을 집중하는 방향은 상하좌우에 따라 영향을 받는다.
④ 선택성 : 인간의 주의력은 한계가 있어 여러 작업에 대해 선택적으로 배분된다.

해설
주의의 특성 3가지
① 선택성 : 사람은 한 번에 여러 종류의 자극을 자각하거나 수용하지 못하며 소수의 특정한 것으로 한정해서 선택하는 기능을 말한다.
② 방향성 : 공간적으로 보면 시선의 초점에 맞았을 때는 쉽게 인지되지만 시선에서 벗어난 부분은 무시되기 쉽다.
③ 변동(단속)성 : 주의는 리듬이 있어 언제나 일정한 수순을 지키지는 못한다.

KEY
① 2016년 5월 8일 출제
② 2016년 10월 1일 출제
③ 2017년 3월 4일 산업기사 출제

23 교육 및 훈련 방법 중 다음의 특징을 갖는 방법은?

[다음]
- 다른 방법에 비해 경제적이다.
- 교육 대상 집단 내 수준차로 인해 교육의 효과가 감소할 가능성이 있다.
- 상대적으로 피드백이 부족하다.

① 강의법 ② 사례연구법
③ 세미나법 ④ 감수성 훈련

해설
강의법 특징
① 다른 방법에 비해 경제적이다.
② 교육 대상 집단 내 수준차로 인해 교육의 효과가 감소할 가능성이 있다.
③ 상대적으로 피드백이 부족하다.

KEY
① 2017년 3월 5일 출제
② 2017년 5월 7일 출제

[정답] 19 ① 20 ③ 21 ① 22 ④ 23 ①

24 심리검사의 구비 요건이 아닌 것은?

① 표준화 ② 신뢰성
③ 규격화 ④ 타당성

해설

심리검사의 구비요건
① 표준화
② 객관성
③ 규준(norm)
④ 신뢰성
⑤ 타당성

KEY
① 2014년 9월 2일(문제 30번) 출제
② 2016년 3월 6일 출제
③ 2047년 5월 7일 출제

25 스트레스(stress)에 영향을 주는 요인 중 환경이나 외적 요인에 해당하는 것은?

① 자존심의 손상
② 현실에의 부적응
③ 도전의 좌절과 자만심의 상충
④ 직장에서의 대인관계 갈등과 대립

해설

스트레스의 자극 요인
① 자존심의 손상(내적요인)
② 업무상의 죄책감(내적요인)
③ 현실에서의 부적응(내적요인)
④ 직장에서의 대인 관계상의 갈등과 대립(외적요인)

KEY 2015년 9월 19일(문제 35번) 출제

26 어떤 과업을 성취할 수 있는 자신의 능력에 대한 스스로의 믿음을 무엇이라 하는가?

① 자기통제(self-control)
② 자아존중감(self-esteem)
③ 자기효능감(self-efficacy)
④ 통제소재(locus of control)

해설

Self-efficacy(자기효능감)
① 과업을 성취할 수 있는 자신의 능력
② 스스로의 믿음

보충학습
자기효능감은 캐나다의 심리학자 알버트 반두라(Albert Bandura)에 의해 소개된 개념으로, 그는 행동주의적 관점이 학습의 원리에 대해 잘 설명해주지만 제한적이며 환경과의 상호작용을 간과하고 있다고 보았다. 그리고 이러한 맥락에서 개인의 인지와 사회적 영향의 중요성을 강조한 자기효능감과 사회인지이론 등을 정립하였다.

27 생체리듬(Biorhythm)에 대한 설명으로 맞는 것은?

① 각각의 리듬이 (−)에서의 최저점에 이르렀을 때를 위험일이라 한다.
② 감성적 리듬은 영문으로 S라 표시하며, 23일을 주기로 반복된다.
③ 육체적 리듬은 영문으로 P라 표시하며, 28일을 주기로 반복된다.
④ 지성적 리듬은 영문으로 I라 표시하며, 33일을 주기로 반복된다.

해설

PSI학설

리듬\방법	색으로 표시	주기
육체적(P)	청색	23일
감성적(S)	적색	28일
지성적(I)	녹색	33일
위험일(O)	점(·), 하트형, 크로바형 등	

KEY 2017년 3월 5일(문제 33번) 출제

28 강의식 교육에 있어 일반적으로 가장 많은 시간이 소요되는 단계는?

① 도입 ② 제시
③ 적용 ④ 확인

[정답] 24 ③ 25 ④ 26 ③ 27 ④ 28 ②

해설
단계별 교육시간

교육법의 4단계	강의식	토의식
1단계 : 도입	5분	5분
2단계 : 제시	40분	10분
3단계 : 적용	10분	40분
4단계 : 확인	5분	5분

KEY ▶ 2016년 5월 8일 산업기사 출제

---

29 리더십에 대한 연구 방법 중 통솔력이 리더 개인의 특별한 성격과 자질에 의존한다고 설명하는 이론은?

① 특질접근법 ② 상황접근법
③ 행동접근법 ④ 제한된 특질접근법

해설
특질(특성) 접근법
① 통솔력이 리더의 특별한 성격과 자질에 의존
② 양극적차원(bipolar)
③ 가산적, 독립적

보충학습
① 상황접근법 : 리더십이 발휘되는 순간의 주변상황 즉, 부하의 특성, 업무의 본질, 조직의 분위기, 외부환경 등에 초점을 둔 접근법
② 행동접근법 : 리더의 내부 특성보다는 리더가 부하들 앞에서 어떻게 그들을 대하고 리드하는지가 보다 중요하다고 보는 접근법

---

30 안전태도교육의 기본과정으로 볼 수 없는 것은?

① 강요한다.
② 모범을 보인다.
③ 평가를 한다.
④ 이해 · 납득시킨다.

해설
제3단계 태도교육의 기본과정
생활지도, 작업 동작 지도 등을 통한 안전의 습관화
① 청취한다.
② 이해, 납득시킨다.
③ 모범(시범)을 보인다.
④ 권장(평가)한다.
⑤ 칭찬한다.
⑥ 벌을 준다.

KEY ▶ 2016년 10월 1일 출제

---

31 조직이 리더에게 부여하는 권한으로 볼 수 없는 것은?

① 합법적 권한 ② 강압적 권한
③ 보상적 권한 ④ 전문성의 권한

해설
조직이 지도자에게 부여하는 권한
① 보상적 권한
② 강압적 권한
③ 합법적 권한

KEY ▶ ① 2017년 3월 5일 산업기사 출제
② 2017년 5월 7일(문제 33번) 출제

보충학습
지도자 자신이 자신에게 부여하는 권한(부하직원들의 존경심)
① 위임된 권한
② 전문성의 권한

---

32 대상물에 대해 지름길을 사용하여 판단할 때 발생하는 지각의 오류가 아닌 것은?

① 후광효과 ② 최근효과
③ 결론효과 ④ 초두효과

해설
지각의 오류(Perceptual Error)
① Halo effects(후광효과 : 해석 과정서 발생)
　지각 대상의 어느 한 특성을 중심으로 그 대상 전체를 평가하는 것으로 본질적 측면을 여러 측면에서 파악하지 못하는 것을 말한다.
② Leniency effects(관대화 경향 : 관찰단계서 발생)
　인간의 행복추구 본능 때문에 타인을 다소 긍정적으로 평가하는 경향을 말한다.
③ Central effects = Central tendency(중심화 경향 : 관찰단계서 발생)
　타인을 평가할 때 어느 극단에 치우쳐 오류를 발생시키는 대신 적당히 평가하여 오류를 줄이려는 성향을 말한다.
④ Contrast effects(대조효과 : 관찰단계서 발생)
　각 대상을 독립적으로 자각하지 않고 최근 상호작용한 대상과 비교하여 대조 평가하는 오류를 말한다.
⑤ Recency effects(최근 효과 : 관찰단계서 발생)
　과거의 정보는 쉽게 잊어버리고 기억하기 쉬운 최근의 정보만으로 대상을 지각하는 오류이다.
⑥ Primacy effects(초두 효과 : 첫머리 효과)
　먼저 제시된 정보가 나중에 들어온 정보보다 전반적인 인상 현상에 더욱 강력한 영향을 미치는 것
⑦ Projection(주관적 투사)
　타인에게 자신의 감정이나 경향을 전가하거나 자신의 감정, 성격, 동기가 타인에게도 존재한다고 간주하는 오류이다.

[정답] 29 ①　30 ①　31 ④　32 ③

⑧ Perceptual Defense(지각적 방어 : 방어적 지각)
  지각자가 사물을 보는 습관 또는 그의 고정관념에 어긋나는 정보를 회피하거나 그것을 자기의 고정관념에 부합되도록 왜곡시키기 때문에 범하게 되는 지각상의 오류

33 엔드라고지 모델에 기초한 학습자로서의 성인의 특징과 가장 거리가 먼 것은?

① 성인들은 타인 주도적 학습을 선호한다.
② 성인들은 과제 중심적으로 학습하고자 한다.
③ 성인들은 다양한 경험을 가지고 학습에 참여한다.
④ 성인들은 왜 배워야 하는지에 대해 알고자하는 욕구를 가지고 있다.

해설

Andragogy(엔드라고지) 모델의 성인의 특징
① 성인들은 자기 주도적으로 학습하고자 한다.
② 성인들은 많은 다양한 경험을 가지고 학습에 참여한다.
③ 성인들은 왜 배워야 하는지에 대해 알고자 하는 욕구를 가지고 있다.
④ 성인들은 과제 중심적(문제 중심적)으로 학습하고자 한다.
⑤ 성인들은 학습을 하려는 강한 내·외적 동기를 가지고 있다.

KEY ① 2011년 10월 2일(문제 30번) 출제
      ② 2014년 5월 25일(문제 24번) 출제

보충학습

Andragogy(엔드라고지)의 어원
Pedagogy는 그리스어인 paid(아동)와 agogos(지도하다)에서 나온 용어로 '아동을 가르치는 기술과 과학'의 의미를 가지며 Andragogy는 andros(성인)를 핵심으로 하는 '성인을 돕는 기술과 과학'이라는 의미를 갖고 있다.

34 안전교육의 목적과 가장 거리가 먼 것은?

① 환경의 안전화
② 경험의 안전화
③ 인간정신의 안전화
④ 설비와 물자의 안전화

해설

안전보건교육의 목적
① 인간의 정신(의식)의 안전화
② 행동(동작)의 안전화
③ 작업환경의 안전화
④ 설비와 물자의 안전화

KEY 2017년 5월 7일 출제

35 피로의 측정법이 아닌 것은?

① 생리적 방법
② 심리학적 방법
③ 물리학적 방법
④ 생화학적 방법

해설

피로의 측정법
① 생리적 방법
② 심리학적 방법
③ 생화학적 방법

KEY 2016년 5월 8일 기사·산업기사 동시출제

36 스트레스에 대한 설명으로 틀린 것은?

① 사람이 스트레스를 받게 되면 감각기관과 신경이 예민해진다.
② 스트레스 수준이 증가할수록 수행성과는 일정하게 감소한다.
③ 스트레스는 환경의 요구가 지나쳐 개인의 능력한계를 벗어날 때 발생한다.
④ 스트레스 요인에는 소음, 진동, 열 등과 같은 환경 영향뿐만 아니라 개인적인 심리적 요인들도 포함된다.

해설

스트레스 수준이 증가할수록 수행성과는 급격하게 감소한다.

보충학습

스트레스의 생리적/심리적/행동반응

생리적 반응		심리적 반응		행동 반응
동통	불면증	분노	무기력감	혀를 깨문다
변비	근육경련	불안	적개심	발을 동동 구른다
설사	욕지기	무관심	초조	이갈이
입 마름	식욕부진	싫증	주의집중 곤란	충동적 행동
과다한 발한	심장박동	우울증	안절부절	긴장성 경련
과도한 배고픔	가쁜 숨	피로	거부	과잉반응
극도의 피로	손 떨림	죽음에 대한 공포	안정감 상실	머리, 귀, 코를 쥐어 뜯기
졸도	위장장애	욕구 좌절		
두통	가슴앓이	죄의식		

[정답] 33 ① 34 ② 35 ③ 36 ②

37. 인간본성을 파악하여 동기유발로 산업재해를 방지하기 위한 맥그리거의 XY이론에서 Y이론의 가정으로 틀린 것은?

① 목적에 투신하는 것은 성취와 관련된 보상과 함수관계에 있다.
② 근로에 육체적, 정신적 노력을 쏟는 것은 놀이나 휴식만큼 자연스럽다.
③ 대부분 사람들은 조건만 적당하면 책임뿐만 아니라 그것을 추구할 능력이 있다.
④ 현대 산업사회에서 인간은 게으르고 태만하며, 수동적이고 남의 지배받기를 즐긴다.

해설
X이론과 Y이론 비교

구분	X이론(Theory X)	Y이론(Theory Y)
개인	① 원래 인간은 일을 싫어하기 때문에 가능하다면 피하려고 한다. ② 인간은 책임감이 결핍되어 있고 야망이 없으며 무엇보다도 안전을 추구한다. ③ 일을 시키기 위해서는 지시, 강압, 위협 등의 수단을 사용하여야 한다.	① 일은 놀이나 휴식처럼 자연스런 것이다. ② 인간은 적절한 조건만 갖추어지면 책임을 받아들일 뿐만 아니라 적극적으로 책임을 수용하려고 한다. ③ 인간은 자신의 목표를 달성하기 위하여 스스로 통제하고 관리한다. ④ 인간은 잠재력을 가지고 있다. 적절한 조건하에서는 상상력과 창의력을 작업에 적용하고자 한다.
경영자 임무	조직구성원을 강제하고 통제하는 것이다.	조직구성원의 잠재력을 개발하고 공통의 목적을 위하여 잠재력을 발휘하도록 돕는 것이다.

KEY 2014년 9월 20일(문제 35번) 출제

38. 교육심리학에 있어 일반적으로 기억 과정의 순서를 나열한 것으로 맞는 것은?

① 파지→재생→재인→기명
② 파지→재생→기명→재인
③ 기명→파지→재생→재인
④ 기명→파지→재인→재생

해설
기억의 과정단계
기명 → 파지 → 재생 → 재인

39. 안전교육 중 지식교육의 교육내용이 아닌 것은?

① 안전규정 숙지를 위한 교육
② 안전장치(방호장치) 관리기능에 관한 교육
③ 기능·태도교육에 필요한 기초지식 주입을 위한 교육
④ 안전의식의 향상 및 안전에 대한 책임감 주입을 위한 교육

해설
지식교육의 교육내용
① 안전의식을 향상
② 안전의 책임감을 주입
③ 기능, 태도 교육에 필요한 기초지식을 주입
④ 안전규정 숙지

40. NIOSH의 직무 스트레스 모형에서 각 요인의 세부항목으로 연결이 틀린 것은?

① 작업요인－작업속도
② 조직요인－교대근무
③ 환경요인－조명, 소음
④ 완충작용요인－대응능력

해설
NIOSH의 직무 스트레스 모형

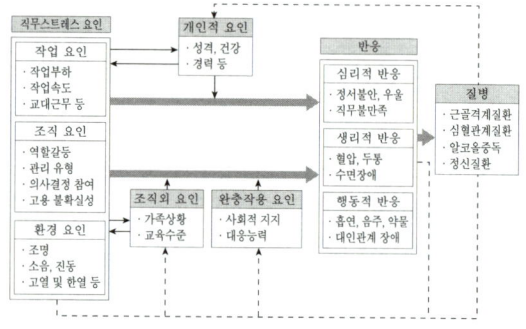

※ NIOSH : 미국국립산업안전보건연구원

보충학습
중재요인: 개인적 요인(성격, 연령, 경력), 조직 외 요인(가족상황, 교육상태, 결혼상태), 완충작용요인(사회적 지지, 업무숙달정도, 대응능력)

[정답] 37 ④ 38 ③ 39 ② 40 ②

3 인간공학 및 시스템안전공학

41 스트레스에 반응하는 신체의 변화로 맞는 것은?

① 혈소판이나 혈액응고 인자가 증가한다.
② 더 많은 산소를 얻기 위해 호흡이 느려진다.
③ 중요한 장기인 뇌·심장·근육으로 가는 혈류가 감소한다.
④ 상황 판단과 빠른 행동 대응을 위해 감각기관은 매우 둔감해진다.

해설

스트레스 반응에 대한 신체의 변화
① 더 많은 산소를 얻기 위해 호흡이 빨라진다.
② 뇌, 심장, 근육으로 가는 혈류는 증가한다.
③ 모든 감각기관이 빨라진다.
④ 혈소판·혈액응고 인자가 증가한다.

42 결함수분석법(FTA)의 특징으로 볼 수 없는 것은?

① Top Down 형식
② 특정사상에 대한 해석
③ 정량적 해석의 불가능
④ 논리기호를 사용한 해석

해설

FTA특징
① Top down형식(연역적)
② 정량적 해석기법(컴퓨터 처리가 가능)
③ 논리기호를 사용한 특정사상에 대한 해석
④ 서식이 간단해서 비전문가도 짧은 훈련으로 사용할 수 있다.
⑤ Human Error의 검출이 어렵다.

KEY ① 2017년 5월 7일 출제
② 2017년 8월 26일 출제

43 시스템의 수명 및 신뢰성에 관한 설명으로 틀린 것은?

① 병렬설계 및 디레이팅 기술로 시스템의 신뢰성을 증가시킬 수 있다.
② 직렬시스템에서는 부품들 중 최소 수명을 갖는 부품에 의해 시스템 수명이 정해진다.
③ 수리가 가능한 시스템의 평균 수명(MTBF)은 평균 고장율(λ)과 정비례 관계가 성립한다.
④ 수리가 불가능한 구성요소로 병렬구조를 갖는 설비는 중복도가 늘어날수록 시스템 수명이 길어진다.

해설

평균수명(MTBF)과 신뢰도와의 관계
① 평균수명은 평균고장율 λ와 역수 관계

$$\lambda = \frac{1}{MTBF}$$

$$고장율(\lambda) = \frac{기간중의\ 총고장수(r)}{총동작시간(T)}$$

② 고장확률밀도 함수가 지수분포인 부품을 평균수명만큼 사용한다면
신뢰도 $R(t=MTBF) = e^{-\lambda t} = e^{-\frac{MTBF}{MTBF}} = e^{-1}$
③ 고장율(λ)은 MTBF와 역수(반비례)관계이다.

KEY ① 2016년 3월 6일 산업기사 출제
② 2018년 3월 4일 기사 출제

44 음향기기 부품 생산공장에서 안전업무를 담당하는 ○○○대리는 공장 내부에 경보등을 설치하는 과정에서 도움이 될만한 몇 가지 지식을 적용하고자 한다. 적용 지식 중 맞는 것은?

① 신호 대 배경의 휘도대비가 작을 때는 백색신호가 효과적이다.
② 광원의 노출시간이 1초보다 작으면 광속발산도는 작아야 한다.
③ 표적의 크기가 커짐에 따라 광도의 역치가 안정되는 노출시간은 증가한다.
④ 배경광 중 점멸 잡음광의 비율이 10[%] 이상이면 점멸등은 사용하지 않는 것이 좋다.

[정답] 41 ① 42 ③ 43 ③ 44 ④

> **해설**

배경광
① 배경 불빛이 신호등과 비슷하면 신호광의 식별이 힘들어진다.
② 만약 점멸 잡음광의 비율이 $\frac{1}{10}$(10[%])이상이면 상점등을 신호로 사용하는 것이 더 효과적이다.(점멸등은 비효율적)

45 제한된 실내 공간에서 소음문제의 음원에 관한 대책이 아닌 것은?

① 저소음 기계로 대체한다.
② 소음 발생원을 밀폐한다.
③ 방음 보호구를 착용한다.
④ 소음 발생원을 제거한다.

> **해설**

방음보호용구(인체에 적용)
① 귀마개
② 귀덮개
③ 솜으로 임시변동가능

KEY ① 2016년 3월 6일 출제
② 2016년 8월 21일 출제
③ 2018년 3월 4일 산업기사 출제

> **보충학습**

① 감음 효율이 가장 높은 보호 용구 : 글리세린 같은 액체를 채운 귀덮개
② 소음 평가 방법 : 사람의 청각과 비슷한 3가지 보정회로(A, B, C)를 사용하였으나 최근에는 A회로가 가장 간편하고 알맞은 것으로 확인

46 인간이 기계와 비교하여 정보처리 및 결정의 측면에서 상대적으로 우수한 것은?(단, 인공지능은 제외한다.)

① 연역적 추리
② 정량적 정보처리
③ 관찰을 통한 일반화
④ 정보의 신속한 보관

> **해설**

인간과 기계의 기능 비교

구분	인간이 기계보다 우수한 기능	기계가 인간보다 우수한 기능
감지기능	· 저에너지 자극 감지 · 복잡 다양한 자극 형태 식별 · 예기치 못한 사건의 감지	· 인간의 정상적 감지 범위 밖의 자극 감지 · 인간 및 기계에 대한 모니터 기능
정보처리 및 결정	· 많은 양의 정보를 장시간 보관 · 관찰을 통한 일반화 · 귀납적 추리 · 원칙 적용 · 다양한 문제 해결(정서적)	· 암호화된 정보를 신속하게 대량 보관 · 연역적 추리 · 정량적 정보처리
행동 기능	· 과부하 상태에서는 중요한 일에만 전념	· 과부하 상태에서도 효율적 작동 · 장시간 중량작업 · 반복작업, 동시에 여러 가지 작업 가능

KEY 2016년 5월 8일 산업기사 출제

47 사업장에서 인간공학의 적용분야로 가장 거리가 먼 것은?

① 제품설계
② 설비의 고장률
③ 재해 · 질병 예방
④ 장비 · 공구 · 설비의 배치

> **해설**

사업장에서의 인간공학 적용분야 및 기대효과
① 작업관련성 유해·위험 작업 분석(작업환경개선)
② 제품설계에 있어 인간에 대한 안전성평가(장비 및 공구설계)
③ 작업공간의 설계
④ 인간-기계 인터페이스 디자인
⑤ 재해 및 질병 예방

KEY ① 2016년 3월 6일 기사(문제 55번) 출제
② 2017년 8월 26일 산업기사 출제
③ 2018년 4월 28일 기사·산업기사 동시출제

48 작업공간의 포락면(包絡面)에 대한 설명으로 맞는 것은?

① 개인이 그 안에서 일하는 일차원 공간이다.
② 작업복 등은 포락면에 영향을 미치지 않는다.
③ 가장 작은 포락면은 몸통을 움직이는 공간이다.
④ 작업의 성질에 따라 포락면의 경계가 달라진다.

> **해설**

작업공간포락면(包絡面, envelope)
① 한 장소에 앉아서 수행하는 작업활동에서 사람이 작업하는 데 사용하는 공간을 말한다.
② 작업의 성질에 따라 포락면의 경계가 달라진다.

[정답] 45 ③ 46 ③ 47 ② 48 ④

49 다음 그림과 같은 직·병렬 시스템의 신뢰도는?(단, 병렬 각 구성요소의 신뢰도는 R이고, 직렬 구성요소의 신뢰도는 M이다.)

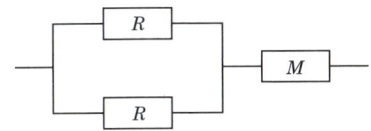

① MR^3
② $R^2(1-MR)$
③ $M(R^2+R)-1$
④ $M(2R-R^2)$

해설
$R_s=[1-(1-R)(1-R)]\times M = M(2R-R^2)$

50 다음의 FT도에서 사상 A의 발생 확률 값은?

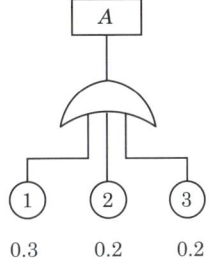

① 게이트 기호가 OR이므로 0.012
② 게이트 기호가 AND이므로 0.012
③ 게이트 기호가 OR이므로 0.552
④ 게이트 기호가 AND이므로 0.552

해설
$A=1-(1-0.3)(1-0.2)(1-0.2)=0.552$

51 입력 B_1과 B_2의 어느 한쪽이 일어나면 출력 A가 생기는 경우를 논리합의 관계라 한다. 이때 입력과 출력 사이에는 무슨 게이트로 연결되는가?

① OR게이트
② 억제 게이트
③ AND게이트
④ 부정 게이트

해설

논리게이트(logic gate)
① OR 게이트 : 입력사상 발생확률의 합
② AND 게이트 : 입력사상과 발생확률의 곱
③ 제약 게이트 : 입력사상과 조건사상 발생확률의 곱으로 계산된다.

KEY 2017년 5월 7일 산업기사 출제

보충학습
디지털회로의 기본적인 요소 부문. 대부분 2개의 입력과 하나의 출력으로 되어 있으며, 회로가 처리하는 데이터에 따라 각 단자는 2진수 0 혹은 1 상태가 되며, 0은 0볼트, 1은 +5볼트 정도 전압이 유지된다. 기본적인 논리 게이트에는 논리곱(AND), 논리합(OR), 배타적 논리합(XOR), NOT, 부정 논리곱(NAND), 부정 논리합(NOR), XNOR 등 7가지가 있다.

52 음성통신에 있어 소음환경과 관련하여 성격이 다른 지수는?

① AI(Articulation Index) : 명료도지수
② MAA(Minimum Audible Angle) : 최소 가청 각도
③ PSIL(Preferred-Octave Speech Interference Level) : 음성간섭수준
④ PNC(Preferred Noise Criteria Curves) : 신호소음판단 기준 곡선

해설
최소가청운동각도(MAMA=MAA : Minimum Audible Movement Angle)는 청각신호의 위치를 식별할 때 사용하는 척도

KEY 2014년 3월 2일 (문제 53번)출제

보충학습
소음환경과 관련된 음성통신 지수
① AI(Articulation Index) : 잡음 대 잡음비를 기반으로 명료도 지수로 음성의 명료도를 측정하는 척도
② PNC(Preferred Noise Criteria Curves) : 실내소음 평가지수로 소음에 대한 실태조사, 작업자에 대한 앙케이트 조사, 청감 실험 등을 통해 정리한 값
③ PSIL(Perferred-Octave Speech Interference Level) : 우선 회화 방해레벨의 개념으로 소음에 대한 상호대화를 방해하는 기준을 정리한 값

[정답] 49 ④　50 ③　51 ①　52 ②

과년도 출제문제

53 안전교육을 받지 못한 신입직원이 작업 중 전극을 반대로 끼우려고 시도했으나, 플러그의 모양이 반대로는 끼울 수 없도록 설계되어 있어서 사고를 예방할 수 있었다. 작업자가 범한 오류와 이와 같은 사고 예방을 위해 적용된 안전설계 원칙으로 가장 적합한 것은?

① 누락(omission) 오류, fail safe설계원칙
② 누락(omission) 오류, fool proof설계원칙
③ 작위(commission) 오류, fail safe설계원칙
④ 작위(commission) 오류, fool proof설계원칙

해설
누락오류, 작위오류
① 생략에러(Omission Errors : 부작위 실수) : 직무 또는 어떤 단계를 수행치 않음(누락오류)
② 실행에러(Commission error : 작위 실수) : 직무의 불확실한 수행 (선택, 순서, 시간, 정성적 착오)

KEY 2017년 8월 26일 출제

54 인간실수확률에 대한 추정기법으로 가장 적절하지 않은 것은?

① CIT(Critical Incident Technique) : 위급사건 기법
② FMEA(Failure Mode and Effect Analysis) : 고장형태 영향분석
③ TCRAM(Task Criticality Rating Analysis Method) : 직무위급도 분석법
④ THERP(Technique for Human Error Rate Prediction) : 인간 실수율 예측기법

해설
인간의 신뢰도 평가방법
사고 전개과정에서 발생 가능한 모든 인간 오류를 파악해 내고, 이를 모델링하고 정량화하는 방법
① HCR
② THERP
③ SLIM
④ CIT
⑤ TCRAM

KEY 2016년 3월 6일 (문제 53번)출제

정보제공
FMECA(고장의 형과 영향 및 치명도분석)
① FMEA와 CA를 병용한 안전해석 기법
② 정량적 해석이 가능

55 어떤 소리가 1,000[Hz], 60[dB]인 음과 같은 높이임에도 4배 더 크게 들린다면, 이 소리의 음압수준은 얼마인가?

① 70[dB] ② 80[dB]
③ 90[dB] ④ 100[dB]

해설
음압수준
① 10[dB] 증가 시 소음은 2배 증가
② 20[dB] 증가 시 소음은 4배 증가
③ $4\text{sone} = 2^{\frac{L_1-60}{10}}$
$10 \times \log 4 = (L_1 - 60)\log 2$
$L_1 = \frac{10 \times \log 4}{\log 2} + 60 = 80$

KEY ① 2002년, 2003년 연속 출제
② 2009년 8월 30일(문제 53번) 출제

보충학습

[표] phon과 sone의 관계

sone	1	2	4	8	16	32	64	128	256	512	1024
phon	40	50	60	70	80	90	100	110	120	130	140

예 10[phon]이 증가하면 2배의 소리 크기가 되며, 20[phon]이 증가하면 4배의 소리 크기가 된다.

56 산업안전보건법령에 따라 제조업 등 유해·위험 방지계획서를 작성하고자 할 때 관련 규정에 따라 1명 이상 포함시켜야 하는 사람의 자격으로 적합하지 않은 것은?

① 한국산업안전보건공단이 실시하는 관련 교육을 8시간 이수한 사람
② 기계, 재료, 화학, 전기, 전자, 안전관리 또는 환경분야 기술사 자격을 취득한 사람
③ 관련분야 기사 자격을 취득한 사람으로서 해당 분야에서 5년 이상 근무한 경력이 있는 사람
④ 기계안전, 전기안전, 화공안전분야의 산업안전지도사 또는 산업보건지도사 자격을 취득한 사람

[정답] 53 ④ 54 ② 55 ② 56 ①

해설

제조업 등 유해위험방지계획서 작성 자격

(1) 사업주는 계획서를 작성할 때에 다음 각 호의 자격을 갖춘 사람 또는 공단이 실시하는 관련 교육을 20시간 이상 이수한 사람 1명 이상을 포함시켜야 한다.
   ① 기계, 금속, 화공, 전기, 안전관리, 산업보건관리, 산업위생 또는 환경분야 기술사 자격을 취득한 사람
   ② 기계, 전기, 화공안전 등 산업안전지도사 또는 산업보건관리, 산업위생 또는 환경분야 기술사 자격을 취득한 사람
   ③ 제①호 관련분야 기사 자격을 취득한 사람으로서 해당 분야에서 5년 이상 근무한 경력이 있는 사람
   ④ 제①호 관련분야 산업기사 자격을 취득한 사람으로서 해당 분야에서 7년 이상 근무한 경력이 있는 사람
   ⑤ 「고등교육법」에 따른 대학 및 산업대학(이공계 학과에 한정한다)을 졸업한 후 해당 분야에서 7년 이상 근무한 경력이 있는 사람 또는 「고등교육법」에 따른 전문대학(이공계 학과에 한정한다)을 졸업한 후 해당 분야에서 9년 이상 근무한 경력이 있는 사람

(2) 공단에서 실시하는 관련교육은 다음 각 호와 같다.
   ① 제조업 유해, 위험방지계획서 작성과 관련된 교육과정
   ② 공정안전보고서 작성과 관련된 교육과정

KEY 2014년 5월 25일 기사·산업기사 동시출제

정보제공
산업안전보건법 시행규칙 제42조(제출서류 등)

57
A회사에서는 새로운 기계를 설계하면서 레버를 위로 올리면 압력이 올라가도록 하고, 오른쪽 스위치를 눌렀을 때 오른쪽 전등이 켜지도록 하였다면, 이것은 각각 어떤 유형의 양립성을 고려한 것인가?

① 레버-공간양립성, 스위치-개념양립성
② 레버-운동양립성, 스위치-개념양립성
③ 레버-개념양립성, 스위치-운동양립성
④ 레버-운동양립성, 스위치-공간양립성

해설

양립성(compatibility)
정보입력 및 처리와 관련한 양립성은 인간의 기대와 모순되지 않는 자극반응조합의 관계를 말하는 것

KEY ① 2018년 3월 4일 산업기사 출제
② 2018년 4월 28일 기사·산업기사 동시 출제

보충학습

양립성의 종류

종류	특징
공간(spatial)	표시장치나 조종장치에서 물리적 형태 및 공간적 배치
운동(movement)	표시장치의 움직이는 방향과 조종장치의 방향이 사용자의 기대와 일치
개념(conceptual)	이미 사람들이 학습을 통해 알고있는 개념적 연상
양식(modality)	직무에 맞는 응답양식 존재

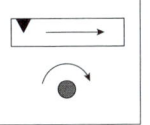 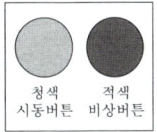

[그림1] 공간 양립성   [그림2] 운동 양립성   [그림3] 개념 양립성

58
FMEA에서 고장 평점을 결정하는 5가지 평가요소에 해당하지 않는 것은?

① 생산능력의 범위
② 고장발생의 빈도
③ 고장방지의 가능성
④ 영향을 미치는 시스템의 범위

해설

FMEA 고장등급 평가요소
① C_1 : 기능적 고장의 영향의 중요도
② C_2 : 영향을 미치는 시스템의 범위
③ C_3 : 고장 발생의 빈도
④ C_4 : 고장방지의 가능성
⑤ C_5 : 신규 설계의 정도
평가요소 전부를 사용하는 경우 고장 평점 C_s는
$$C_s = (C_1 \cdot C_2 \cdot C_3 \cdot C_4 \cdot C_5)^{\frac{1}{5}}$$

참고 건설안전기사 필기 p.3-79(5. FMEA고장등급 평가요소)

59
작업장 배치 시 유의사항으로 적정하지 않은 것은?

① 작업의 흐름에 따라 기계를 배치한다.
② 생산효율 증대를 위해 기계설비 주위에 재료나 반제품을 충분히 놓아둔다.
③ 공장내외는 안전한 통로를 두어야 하며, 통로는 선을 그어 작업장과 명확히 구별하도록 한다.
④ 비상시에 쉽게 대비할 수 있는 통로를 마련하고 사고 진압을 위한 활동통로가 반드시 마련되어야 한다.

[정답] 57 ④ 58 ① 59 ②

해설

기계설비(작업장)의 layout시의 검토사항
① 작업의 흐름에 따라 기계를 배치할 것
② 기계설비의 주위에는 충분한 공간을 둘 것
③ 공장 내외에는 안전한 통로를 설치하고 항상 이것을 유효하게 확보할 것
④ 원재료나 제품을 두는 장소를 충분히 넓게 할 것
⑤ 기계설비의 설치에 있어서는 사용 과정에서의 보수, 점검이 용이하도록 배려할 것
⑥ 압력용기, 고속회전체, 고압전기설비, 폭발성 물품을 취급하는 기계, 설비 등의 설치에 있어서는 작업자의 관계위치, 원격거리 등을 고려할 것
⑦ 장래의 확장을 고려하여 설치할 것

60 현재 시험문제와 같이 4지 택일형 문제의 정보량은 얼마인가?

① 2[bit] ② 4[bit]
③ 2[byte] ④ 4[byte]

해설

4가지 중 한개를 선택할 확률
① A확률 = $\frac{1}{4}$ = 0.25
② B확률 = $\frac{1}{4}$ = 0.25
③ C확률 = $\frac{1}{4}$ = 0.25
④ D확률 = $\frac{1}{4}$ = 0.25

결론 ① 4가지 중 한개를 선택할 확률은 각각 $\frac{1}{4}$
$N = 4$이므로
② $H = \log_2 N = \log_2 4 = 2[bit]$

KEY ① 2017년 5월 7일 기사, 산업기사 동시 출제
② 2017년 9월 23일 산업기사 출제

4 건설시공학

61 LOB(Line of Balance) 기법을 옳게 설명한 것은?

① 세로축에 작업명을 순서에 따라 배열하고 가로축에 날짜를 표기한 다음, 각 작업의 시작과 끝을 연결한 횡선의 길이로 작업길이를 표시한 기법
② 종래의 건축공사에 있어서 낭비요인을 배제하고, 작업의 고밀도화와 인원, 기계, 자재의 효율화를 꾀함으로써 공기의 간축과 원가절감을 이루는 기법
③ 반복작업에서 각 작업조의 생산성을 유지시키면서 그 생산성을 기울기로 하는 직선으로 각 반복작업의 진행을 표시하여 전체공사를 도식화하는 기법
④ 공구별로 직렬 연결된 작업을 다수 반복하여 사용하는 기법

해설

LOB (Line of Balance) 공정표
① 일정통제 균형선 기법이라고도 한다.
② 2차 세계대전 중 미 해군이 전동기 제작, 비행기 조립공정과 같이 공기가 비교적 길고 여러 단계의 조립과정에서 다양한 부품을 사용하여, 제작이 진행된 만큼씩 납품해야 하는 조립라인의 일정통제를 위하여 개발된 그래픽 형태의 기법이다.
③ 최근에는 조립공정에 의한 표준제품의 대량생산뿐 아니라 다품종 소량의 수주품의 경우에도 계속해서 생산하여 납품하는 경우는, 기능식 공정에 의한 생산형태에서도 일정통제용으로 널리 쓰이고 있다.
④ 컴퓨터가 발전함에 따라 공정전체를 최종 완성품의 수량만으로 통제하던 기존의 일정통제 기법과 비교해서 더욱 각광을 받게 되었다.
⑤ LOB의 특징은 완성품의 납기 지연의 원인을, 조립공정을 구성하는 세부공정 또는 어느 작업장에서 일어났는가를 구체적으로 지적하여 중점관리를 가능케 하는데 있다.
⑥ 책임의 소재가 밝혀진 작업공정을 위하여 일정계획상 차질이 생길 경우에 대비하여 그에 대한 대비책을 강구할 수 있도록 하는 데 있다.

[정답] 60 ① 61 ③

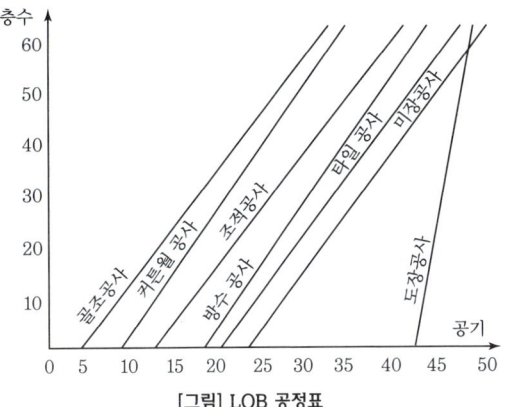
[그림] LOB 공정표

62 거푸집 해체 시 확인해야 할 사항이 아닌 것은?
① 거푸집의 내공 치수
② 수직, 수평부재의 존치기간 준수여부
③ 소요강도 확보 이전에 지주의 교환 여부
④ 거푸집해체용 압축강도 확인시험 실시 여부

해설

거푸집 해체시 확인사항
① 수직, 수평부재의 존치기간 준수여부
② 소요강도 확보 이전에 지주의 교환 여부
③ 거푸집해체용 압축강도 확인시험 실시 여부

63 공동도급방식의 장점에 관한 설명으로 옳지 않은 것은?
① 각 회사의 상호신뢰와 협조로써 긍정적인 효과를 거둘 수 있다.
② 공사의 진행이 수월하며 위험부담이 분산된다.
③ 기술의 확충, 강화 및 경험의 증대 효과를 얻을 수 있다.
④ 시공이 우수하고 공사비를 절약할 수 있다.

해설

한 회사의 도급공사보다 경비(공사비)가 증가된다.(단점)

KEY ① 2017년 3월 5일 산업기사 출제
② 2017년 9월 23일 기사 출제

64 벽돌쌓기에 관한 설명으로 옳지 않은 것은?
① 붉은 벽돌은 쌓기 전 벽돌을 완전히 건조시켜야 한다.
② 하루 벽돌의 쌓는 높이는 1.2[m]를 표준으로 하고 최대 1.5[m] 이내로 한다.
③ 벽돌벽이 블록벽과 서로 직각으로 만날때는 연결철물을 만들어 블록 3단마다 보강하며 쌓는다.
④ 연속되는 벽면의 일부를 트이게 하여 나중쌓기로 할 때에는 그 부분을 층단들여쌓기로 한다.

해설

벽돌쌓기
① 붉은벽돌은 쌓기 전에 충분한 물축임을 한다.
② 시멘트벽돌은 쌓으면서 뿌리거나 쌓는 벽 옆에서 뿌린다.

KEY 2017년 5월 7일 출제

65 철근의 피복두께 확보 목적과 가장 거리가 먼 것은?
① 내화성 확보
② 내구성 확보
③ 구조내력의 확보
④ 블리딩 현상 방지

해설

철근 피복두께의 유지목적
① 내화성능 유지
② 내구성능 유지
③ 소요의 구조내력확보. 즉 콘크리트의 유동성, 부착력, 강도확보 등

66 수평, 수직적으로 반복된 구조물을 시공 이음없이 균일한 형상으로 시공하기 위하여 요크(yoke), 로드(rod), 유압잭(jack)을 이용하여 거푸집을 연속적으로 이동시키면서 콘크리트를 타설할 수 있는 시스템거푸집은?
① 슬라이딩 폼
② 갱폼
③ 터널폼
④ 트레블링 폼

[정답] 62 ① 63 ④ 64 ① 65 ④ 66 ①

> **해설**
>
> **슬라이딩 폼(Sliding form)**
> ① 거푸집 높이는 약 1[m]이고 하부가 약간 벌어진 원형 철판 거푸집을 요크(Yoke)로 서서히 끌어올리는 공법으로 Silo 공사 등에 적당하다.
> ② 공기가 약 1/3 단축된다.
> ③ 소요 경비가 절감된다.
> ④ 연속적으로 부어넣으므로 일체성을 확보할 수 있다.
>
> **KEY** ▶ 2017년 9월 23일 출제

67 보통콘크리트와 비교한 경량콘크리트의 특징이 아닌 것은?

① 자중이 작고 건물중량이 경감된다.
② 강도가 작은 편이다.
③ 건조수축이 작다.
④ 내화성이 크고 열전도율이 작으며 방음효과가 크다.

> **해설**
>
> **경량 콘크리트 특징**
>
> | 구분 | 특징 |
> |---|---|
> | 장점 | ① 자중이 작다. 콘크리트 운반, 부어넣기 노력 절감
② 내화성이 크고 열전도율이 적으며 방음효과가 크다. |
> | 단점 | ① 시공이 번거롭고 재료처리가 필요하다.
② 강도가 작고, 건조수축이 크고 다공질이다. |
>
> **KEY** ▶ 2017년 5월 7일 출제

68 KS L 5201에 정의된 포틀랜드 시멘트의 종류가 아닌 것은?

① 고로 포틀랜드 시멘트
② 조강 포틀랜드 시멘트
③ 저열 포틀랜드 시멘트
④ 중용열 포틀랜드 시멘트

> **해설**
>
> **KSL5201 보통 포틀랜드 시멘트 5종**
> ① 1종 : 보통 포틀랜드 시멘트
> ② 2종 : 중용열 포틀랜드 시멘트
> ③ 3종 : 조강 포틀랜드 시멘트
> ④ 4종 : 저열 포틀랜드 시멘트
> ⑤ 5종 : 내황산염 포틀랜드 시멘트
>
> **KEY** ▶ 2017년 9월 23일 출제

69 조적조의 벽체 상부에 철근 콘크리트 테두리보를 설치하는 가장 중요한 이유는?

① 벽체에 개구부를 설치하기 위하여
② 조적조의 벽체와 일체가 되어 건물의 강도를 높이고 하중을 균등하게 전달하기 위하여
③ 조적조의 벽체의 수직하중을 특정부위에 집중시키고 벽돌 수량을 절감하기 위하여
④ 상층부 조적조 시공을 편리하게 하기 위하여

> **해설**
>
> **Wall girder(거더 : 테두리보)의 사용목적**
> ① 목조트러스 구조를 쓰기 위해서
> ② 벽에 개구부를 설치하기 위해서
> ③ 지붕하중을 균등하게 전달하기 위해서
> ④ 내력벽과 일체가 되어 건축물의 강도를 증가시키기 위해서

70 주변 건물이나 옹벽, 철탑 등 터파기 주위의 주요 구조물에 설치하여 구조물의 경사 변형상태를 측정하는 장비는?

① Piezo meter   ② Tilt meter
③ Load cell   ④ Strain gauge

> **해설**
>
> **계측장치의 종류 및 설치목적**
>
> | 종류 | 설치목적 |
> |---|---|
> | 건물 경사계 (tilt meter) | 지상 인접구조물의 기울기 측정 |
> | 지표면 침하계 (level and staff) | 주위 지반에 대한 지표면의 침하량 측정 |
> | 지중 경사계 (inclinometer) | 지중수평변위를 측정하여 흙막이의 기울어진 정도 파악 |
> | 지중 침하계 (extension meter) | 지중수직변위를 측정하여 지반의 침하정도 파악 |
> | 변형률계 (strain gauge) | 흙막이 버팀대의 변형 정도 파악 |
> | 하중계 (load cell) | 흙막이 버팀대에 작용하는 토압, 토류벽 어스앵커의 인장력 등을 측정 |
> | 토압계 (earth pressure meter) | 흙막이에 작용하는 토압의 변화 파악 |
> | 간극수압계 (piezo meter) | 굴착으로 인한 지하의 간극수압 측정 |
> | 지하수위계 (water level meter) | 지하수의 수위변화 측정 |

[정답] 67 ③ 68 ① 69 ② 70 ②

KEY ① 2016년 3월 6일 산업기사 출제
② 2016년 10월 1일 산업기사 출제
③ 2017년 3월 5일 산업기사 출제
④ 2017년 5월 7일 기사(문제 117번) 산업기사 동시 출제

71 지반개량 지정공사 중 응결공법이 아닌 것은?

① 플라스틱 드레인공법
② 시멘트 처리공법
③ 석회 처리공법
④ 심층혼합 처리공법

해설
플라스틱 드레인 공법 : 지반 보강공사 공법

72 다음 중 공기량 측정기에 해당하는 것은?

① 리바운드 기록지(Rebound check sheet)
② 디스펜서(Dispenser)
③ 워싱턴 미터(Washington meter)
④ 이넌데이터(Inundator)

해설
측정기 용도
① 디스펜서(Dispenser) : AE제 계량장치
② 워싱턴 미터(Washington meter) : 공기량 측정기
③ 배칭 플랜트(Batching plant) : 콘크리트 배합시 각 재료의 자동중량 계량 장치
④ 이넌데이터(Inundator) : 모래계량장치
⑤ 워세크리터(Wacecretor) : 물시멘트비를 일정하게 유지시키면서 골재를 계량하는 장치

73 건축시공계획수립에 있어 우선순위에 따른 고려사항으로 가장 거리가 먼 것은?

① 공종별 재료량 품셈
② 재해방지대책
③ 공정표 작성
④ 원척도(原尺圖)의 제작

해설
시공계획의 내용 및 순서
① 현장원 편성
② 공정표 작성
③ 실행예산 편성
④ 하도급자의 선정
⑤ 가설준비물 결정
⑥ 재료선정 및 결정
⑦ 재해방지대책 및 의료대책

KEY 2018년 3월 4일 출제

보충학습
현치도(現-圖)=원척도(原尺圖) : 구조설계도 등으로부터 실제의 길이로 그림을 그리는 것

74 대규모 공사 시 한 현장 안에서 여러 지역별로 공사를 분리하여 공사를 발주하는 방식은?

① 공정별 분할도급
② 공구별 분할도급
③ 전문공정별 분할도급
④ 직종별, 공정별 분할도급

해설
분할도급
① 전문공사별 분할도급 : 설비공사를 주체공사에서 분리하여 전문업자와 직접 계약하는 방식
② 공정별 분할도급 : 정지, 기초, 구체, 마무리 공사 등의 과정별로 나누어 도급주는 방식
③ 공구별 분할도급 : 대규모 공사에서 지역별로 공사를 구분하여 발주하는 방식

KEY 2017년 9월 23일 출제

75 다음 중 철골세우기용 기계가 아닌 것은?

① Stiff leg derrick
② Guy derrick
③ Penumatic hammer
④ Truck crane

[정답] 71 ① 72 ③ 73 ④ 74 ② 75 ③

> 해설

공기 착암기(penumatic hammer)
압축 공기를 동력으로 하여 충격을 가하는 도구. 피스톤의 도움을 받아 바위나 콘크리트 등 매우 단단한 물질을 깨뜨리는 공구

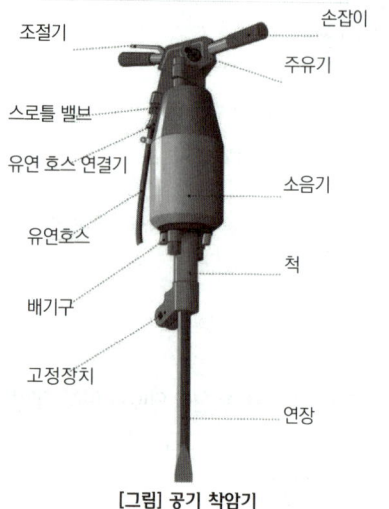

[그림] 공기 착암기

KEY ▶ 2017년 5월 7일 출제

76 기존에 구축된 건축물 가까이에서 건축공사를 실시할 경우 기존 건축물의 지반과 기초를 보강하는 공법은?

① 리버스 서큘레이션 공법
② 슬러리 월 공법
③ 언더피닝 공법
④ 탑다운 공법

> 해설

언더피닝(Underpinning)공법
인접한 건물 또는 구조물의 침하방지를 목적으로 하는 지반보강 방법의 총칭

KEY ▶ ① 2017년 5월 7일 출제
② 2017년 9월 23일 (문제 118번) 출제

77 철골구조의 녹막이 칠 작업을 실시하는 곳은?

① 콘크리트에 매입되지 않는 부분
② 고력볼트 마찰 접합부의 마찰면
③ 폐쇄형 단면을 한 부재의 밀폐된 면
④ 조립상 표면접합이 되는 면

> 해설

녹막이칠을 하지 않는 부분
① 콘크리트에 매립되는 부분
② 조립에 의하여 맞닿는 면
③ 현장용접을 하는 부위 및 그곳에 인접하는 양측 100[mm] 이내(용접부에서 50[mm] 이내)
④ 고장력 볼트마찰 접합부의 마찰면
⑤ 폐쇄형 단면을 한 부재의 밀폐된 면
⑥ 기계깎기 마무리면

KEY ▶ ① 2017년 9월 23일 출제
② 2018년 3월 4일 산업기사 출제

78 콘크리트의 수화작용 및 워커빌리티에 영향을 미치는 요소에 관한 설명으로 옳지 않은 것은?

① 시멘트의 분말도가 클수록 수화작용이 빠르다.
② 단위수량을 증가시킬수록 재료분리가 감소하여 워커빌리티가 좋아진다.
③ 비빔시간이 길어질수록 수화작용을 촉진시켜 워커빌리티가 저하된다.
④ 쇄석의 사용은 워커빌리티를 저하시킨다.

> 해설

단위수량을 과도하게 증가시키면 재료 분리가 쉬워 워크빌리터가 좋아진다고 볼 수 없다.

79 피어기초공사에 관한 설명으로 옳지 않은 것은?

① 중량구조물을 설치하는데 있어서 지반이 연약하거나 말뚝으로도 수직지지력이 부족하고 그 시공이 불가능한 경우와 기초지반의 교란을 최소화해야 할 경우에 채용한다.
② 굴착된 흙을 직접 탐사할 수 있고 지지층의 상태를 확인할 수 있다.
③ 무진동, 무소음공법이며, 여타 기초형식에 비하여 공기 및 비용이 적게 소요된다.
④ 피어기초를 채용한 국내의 초고층 건축물에는 63빌딩이 있다.

[정답] 76 ③   77 ①   78 ②   79 ③

해설

Pier(피어) 기초
① 피어기초란 지름이 큰 말뚝을 말한다.
② 지름이 큰 구멍을 굴착하여 굴착 구멍 속에 콘크리트를 타설하여 만들어진 기둥형태의 기초이다. (예 63빌딩)

80 지수 흙막이 벽으로 말뚝구멍을 하나 걸름으로 뚫고 콘크리트를 타설하여 만든 후, 말뚝과 말뚝 사이에 다음 말뚝구멍을 뚫어 흙막이 벽을 완성하는 공법은?

① 어스 드릴공법(Earth drill method)
② CIP말뚝공법(Cast-in-place pile method)
③ 콤프레솔 파일공법(compressol pile method)
④ 이코스 파일공법(Icos pile method)

해설

이코스 파일(ICOS pile) : 관입공법
① 지수벽을 만드는 공법이다.
② 보링비트나 해머그래브로 구멍을 뚫고 벤토나이트용액을 펌프로 순환시켜 스크린으로 분리 제거하며 사용한다.
③ 흙막이로 효과가 좋다.
④ 도시 소음방지에 좋다.
⑤ 인접건물의 침하 우려가 있을 때 유효하다.

5 건설재료학

81 미장바탕이 갖추어야 할 조건에 관한 설명으로 옳지 않은 것은?

① 미장층보다 강도, 강성이 작을 것
② 미장층과 유효한 접착강도를 얻을 수 있을 것
③ 미장층의 경화, 건조에 지장을 주지 않을 것
④ 미장층과 유해한 화학반응을 하지 않을 것

해설

미장바탕이 갖추어야 할 조건
① 미장층과 유효한 접착강도를 얻을 수 있을 것
② 미장층의 경화, 건조에 지장을 주지 않을 것
③ 미장층과 유해한 화학반응을 하지 않을 것
④ 미장층 시공에 적합한 평면상태, 흡수성을 가질 것

KEY 2017년 3월 5일 출제

82 양질의 도토 또는 장석분을 원료로 하며, 흡수율이 1[%] 이하로 거의 없고 소성온도가 약 1,230~1,460[℃]인 점토 제품은?

① 토기   ② 석기
③ 자기   ④ 도기

해설

점토 제품의 분류

종류	소성온도[℃]	흡수율[%]	건축재료	비 고
토기	790~1,000	20 이상	기와, 적벽돌, 토관	저급점토 사용
도기	1,100~1,230	10	내장타일, 테라코타	
석기	1,160~1,350	3~10	마루 타일, 클링커 타일	시유약을 사용하지 않고 식염유를 쓴다.
자기	1,230~1,460	1 이하	내장타일, 외장타일, 바닥타일, 위생도기, 모자이크 타일	양질의 도토 또는 장석분을 원료로 하며 두드리면 청음이 난다.

KEY ① 2017년 5월 7일 산업기사 출제
② 2018년 3월 4일 산업기사 출제

83 다음 중 도료의 건조제로 사용되지 않는 것은?

① 리사지   ② 나프타
③ 연단   ④ 이산화망간

해설

나프타(naphtha)
① 원유를 증류할 때, 35~220℃의 끓는점 범위에서 유출(溜出)되는 탄화수소의 혼합체이다.
② 중질(重質) 가솔린이라고도 한다.
③ 끓는점의 범위 및 성분 탄화수소의 구성으로 보아 가솔린 유분(溜分)과 실질적으로 동일하며, 이 유분을 내연기관의 연료 이외의 용도로, 특히 석유화학 원료 등으로 사용할 경우에 나프타라고 한다.
④ 넓은 뜻으로는 원유를 증류할 때와 혈암유(頁岩油)·석탄 등을 건류할 때 생기는 광물성 휘발유를 일괄해서 나프타라고 한다.

[정답] 80 ④ 81 ① 82 ③ 83 ②

과년도 출제문제

84 방수공사에서 쓰이는 아스팔트의 양부(良否)를 판별하는 주요 성질과 거리가 먼 것은?

① 마모도 ② 침입도
③ 신도(伸度) ④ 연화점

해설

아스팔트 양부 판별 주요 성질
① 침입도
② 연화점
③ 신도
④ 감온비

85 비중이 크고 연성이 크며, 방사선실의 방사성 차폐용으로 사용되는 금속재료는?

① 주석 ② 납
③ 철 ④ 크롬

해설

납(Pb)
① 비중(11.34)이 크고 연하다.
② 주조 가공성 및 단조성이 풍부하다.
③ 열전도율은 작으나 온도의 변화에 따른 신축이 크다.
④ 알칼리에는 침식된다.
⑤ 송수관, 가스관, X선실, 방사선 차단 안벽붙임 등에 쓰인다.

KEY
① 2017년 3월 5일 출제
② 2017년 5월 7일 산업기사 출제

86 다음 중 콘크리트의 비파괴 시험에 해당되지 않는 것은?

① 방사선 투과 시험
② 초음파 시험
③ 침투탐상 시험
④ 표면경도 시험

해설

강도추정을 위한 비파괴 시험법
① 강도법(반발경도법, 슈미트해머법)
② 초음파법(음속법)
③ 복합법(반발경도법+초음파법)
④ 자기법(철근탐사법)
⑤ 코어채취법
⑥ 인발법

KEY
① 2017년 3월 5일 산업기사 출제
② 2018년 3월 4일 기사 출제

87 아스팔트 접착제에 관한 설명으로 옳지 않은 것은?

① 아스팔트 접착제는 아스팔트를 주체로 하여 이에 용제를 가하고 광물질 분말을 첨가한 풀 모양의 접착제이다.
② 아스팔트 타일, 시트, 루핑 등의 접착용으로 사용한다.
③ 화학약품에 대한 내성이 크다.
④ 접착성은 양호하지만 습기를 방지하지 못한다.

해설

아스팔트 접착제
① 아스팔트(Asphalt)를 용제에 녹여 광물질을 첨가한 것으로서, 아스팔트 시멘트라고도 한다.
② 아스팔트 타일, 시트, 루핑(Roofing), 펠트 등의 접착제로 사용한다.
③ 접착성이 우수하고, 접착면이 부드러우며, 습기를 막고 내화학적이며 값이 싸다.
④ 건조속도에 따라 속경성, 중경성, 지경성으로 분류된다.

88 고로슬래그 분말을 혼화재로 사용한 콘크리트의 성질에 관한 설명으로 옳지 않은 것은?

① 초기강도는 낮지만 슬래그의 잠재 수경성 때문에 장기강도는 크다.
② 해수, 하수 등의 화학적 침식에 대한 저항성이 크다.
③ 슬래그 수화에 의한 포졸란반응으로 공극 충전효과 및 알칼리 골재반응 억제효과가 크다.
④ 슬래그를 함유하고 있어 건조수축에 대한 저항성이 크다.

해설

고로슬래그
① 장기강도 향상
② 수화열 감소
③ 화학저항성 향상
④ 알카리골재 반응 억제
⑤ 초기강도가 낮고 건조수축이 크다

[정답] 84 ① 85 ② 86 ③ 87 ④ 88 ④

89 다음 각 비철금속에 관한 설명으로 옳지 않은 것은?

① 알루미늄-융점이 낮기 때문에 용해주조도는 좋으나 내화성이 부족하다.
② 납-비중이 11.4로 아주 크고 연질이며 전·연성이 크다.
③ 구리-건조한 공기 중에서는 산화하지 않으나, 습기가 있거나 탄산가스가 있으면 녹이 발생한다.
④ 주석-주조성·단조성은 좋지 않으나 인장강도가 커서 선재(線材)로 주로 사용된다.

해설
주석(Sn)
① 청백색의 광택이 있다.(주조성, 단조성 우수)
② 전성과 연성이 풍부하다.
③ 내식성이 크고 산소나 이산화탄소의 작용을 받지 않는다.
④ 유기산에 거의 침식되지 않는다.
⑤ 공기중이나 수중에서 녹지 않으나 알칼리에는 천천히 침식된다.
⑥ 식료품이나 음료수용 금속재료의 방식피복재료로 사용된다.

90 다음 중 특수유리와 사용장소의 조합이 적절하지 않은 것은?

① 진열용 창-무늬유리
② 병원의 일광욕실-자외선투과유리
③ 채광용 지붕-프리즘유리
④ 형틀 없는 문-강화유리

해설
무늬유리(embossed glass)
① 판유리의 한쪽 표면에 무늬를 새겨넣은 유리로 엠보싱유리·형판유리라고도 한다.
② 밋밋한 판유리에 장식효과를 주기 위해 만들어진 반투명유리로, 롤아웃(roll-out) 공법으로 제조된다.
③ 빛이 유리에 새겨진 무늬에 따라 확산되므로 은은하고 부드러운 분위기를 연출한다. 또 반대편으로부터의 시선을 차단해주는 효과도 있다.
④ 일반주택의 창문이나 현관·욕실의 문, 건축의 내·외장재, 실내 칸막이, 가구를 비롯하여 호텔, 사무실, 매장, 식당 같은 곳의 간이벽에 많이 사용한다.

91 건축용 코킹재의 일반적인 특징에 관한 설명으로 옳지 않은 것은?

① 수축률이 크다.
② 내부의 점성이 지속된다.
③ 내산·내알칼리성이 있다.
④ 각종 재료에 접착이 잘 된다.

해설
수축률이 작아야 한다.

92 콘크리트의 종류 중 방사선 차폐용으로 주로 사용되는 것은?

① 경량콘크리트
② 한중콘크리트
③ 매스콘크리트
④ 중량콘크리트

해설
중량콘크리트(차폐용 콘크리트)
① 중량골재를 사용하여 만든 콘크리트로서 주로 방사선의 차폐를 목적으로 사용한다.
② 사용골재 : 중정석, 자철광, 갈철광, 사철 등

93 목재 조직에 관한 설명으로 옳지 않은 것은?

① 추재의 세포막은 춘재의 세포막보다 두껍고 조직이 치밀하다.
② 변재는 심재보다 수축이 크다.
③ 변재는 수심의 주위에 둘러져 있는, 생활기능이 줄어든 세포의 집합이다.
④ 침엽수의 수지구는 수지의 분비, 이동, 저장의 역할을 한다.

해설
변재의 특징
① 목재의 겉껍질에 가까이 위치하며 담색부분이다.
② 변재부분의 세포는 수액의 유통과 저장 역할을 한다.
③ 변재는 심재에 비하여 건조됨에 따라 수축변형이 심하고, 내구성이 부족하여 충해를 받기 쉽다.

[정답] 89 ④ 90 ① 91 ① 92 ④ 93 ③

94 자갈 시료의 표면수를 포함한 중량이 2,100[g]이고 표면건조내부포화상태의 중량이 2,090[g]이며 절대건조상태의 중량이 2,070[g]이라면 흡수율과 표면수율은 약 몇 [%]인가?

① 흡수율 : 0.48[%], 표면수율 : 0.49[%]
② 흡수율 : 0.48[%], 표면수율 : 1.45[%]
③ 흡수율 : 0.97[%], 표면수율 : 0.48[%]
④ 흡수율 : 0.97[%], 표면수율 : 1.4[%]

해설

① 흡수율 $= \dfrac{\text{표면건조 내부 포수상태중량} - \text{절건상태 중량}}{\text{절건상태중량}} \times 100$

$= \dfrac{2,090 - 2,070}{2,070} \times 100$

$= 0.97[\%]$

② 표면수율 $= \dfrac{\text{습윤중량} - \text{표면건조포화상태의 중량}}{\text{표면건조 포화상태의 중량}} \times 100$

$= \dfrac{2,100 - 2,090}{2,090} \times 100$

$= 0.48[\%]$

95 다음 각 미장재료에 관한 설명으로 옳지 않은 것은?

① 생석회에 물을 첨가하면 소석회가 된다.
② 돌로마이트 플라스터는 응결시간이 짧으므로 지연제를 첨가한다.
③ 회반죽은 소석회에 모래, 해초풀, 여물 등을 혼합한 것이다.
④ 반수석고는 가수 후 20~30분에 급속 경화한다.

해설

돌로마이트 플라스터(기경성) 특징
① 원료는 돌로마이트에 석회암, 모래, 여물 등을 혼합하여 만든다.
② 기경성으로 지하실 등의 마감에는 좋지 않다.
③ 점성이 높고 작업성이 좋다.
④ 소석회보다 점성이 커서 풀이 필요 없으며 변색, 냄새, 곰팡이가 없다.
⑤ 석회보다 보수성, 시공성이 우수하다.
⑥ 해초풀을 사용하지 않는다.
⑦ 여물을 혼합하여도 건조수축이 커서 수축 균열이 발생하기 쉽다.

96 다음 중 점토로 만든 제품이 아닌 것은?

① 경량벽돌   ② 테라코타
③ 위생도기   ④ 파키트리 패널

해설

파키트리 패널 : 목재 제품

97 지붕 및 일반바닥에 가장 일반적으로 사용되는 것으로 주제와 경화제를 일정 비율 혼합하여 사용하는 2성분형과 주제와 경화제가 이미 혼합된 1성분형으로 나누어지는 도막방수제는?

① 우레탄고무계 도막재
② FRP 도막재
③ 고무아스팔트계 도막재
④ 클로로프렌고무계 도막재

해설

우레탄 고무계 도막재
① 1964년에 2성분 반응형 우레탄고무가 출현하면서 도막방수 시작
② 지붕 및 일반 바닥에 가장 많이 사용

98 목재의 방부 처리법 중 압력용기 속에 목재를 넣어서 처리하는 방법으로 가장 신속하고 효과적인 것은?

① 침지법   ② 표면탄화법
③ 가압주입법   ④ 생리적 주입법

해설

목재의 방부법

종류	특징
도포법	목재표면에 방부제 칠을 하는 것 (유성페인트, 니스, 아스팔트, 콜타르칠)
침지법	크레오소트 등의 방부액이나 물에 담가 산소공급을 차단
표면탄화법	나무의 표면을 태워서 탄화시키는 법
가압주입법	압력용기속에 목재를 넣어 압력을 가하여 방부제를 주입하는 것으로 효과가 좋다.

KEY 2016년 3월 6일 산업기사 출제

[정답] 94 ③ 95 ② 96 ④ 97 ① 98 ③

99 목재의 화재 시 온도별 대략적인 상태변화에 관한 설명으로 옳지 않은 것은?

① 100[℃] 이상 : 분자 수준에서 분해
② 100~150[℃] 이상 : 열 발생률이 커지고 불이 잘 꺼지지 않게 됨
③ 200[℃] 이상 : 빠른 열분해
④ 260~350[℃] : 열분해 가속화

해설

목재의 연소온도
① 목재의 수분증발은 100[℃]에서 발생한다.
② 가소성 가스증발은 180[℃]에서 발생한다.
③ 목재의 착화점은 260~270[℃](화재위험온도) 정도이다.
④ 자연발화점은 400~450[℃]이다.
⑤ 발화 후 10~20분의 단시간에 1,000~1,200[℃]의 최고온도를 나타내고 그 후 급격히 온도가 떨어져 500[℃] 정도가 되며 서서히 저하된다.

100 플라이애쉬 시멘트에 관한 설명으로 옳은 것은?

① 수화할 때 불용성 규산칼슘 수화물을 생성한다.
② 화력발전소 등에서 완전연소한 미분탄의 회분과 포틀랜드시멘트를 혼합한 것이다.
③ 재령 1~2시간 안에 콘크리트 압축강도가 20[MPa]에 도달할 수 있다.
④ 용광로의 선철제작 부산물을 급랭시키고 파쇄하여 시멘트와 혼합한 것이다.

해설

플라이애쉬 시멘트 특징
① 포틀랜드 시멘트에 플라이애시를 혼합하여 만든 시멘트
② 초기강도가 작고, 장기 강도 증진이 크다.
③ 화학저항성이 크다.
④ 수밀성이 크다.
⑤ 워커빌리티가 좋아진다.
⑥ 수화열과 건조수축이 적다.
⑦ 매스콘크리트용 등에 사용한다.

KEY ▶ 2017년 3월 5일 출제

6 건설안전기술

101 추락의 위험이 있는 개구부에 대한 방호조치와 거리가 먼 것은?

① 안전난간, 울타리, 수직형 추락방호망 등으로 방호조치를 한다.
② 충분한 강도를 가진 구조의 덮개를 뒤집히거나 떨어지지 않도록 설치한다.
③ 어두운 장소에서도 식별이 가능한 개구부 주의표지를 부착한다.
④ 폭 30[cm] 이상의 발판을 설치한다.

해설

작업발판폭 : 40[cm] 이상

KEY ▶ 2017년 8월 26일 출제

정보제공
산업안전보건기준에 관한 규칙 제56조(작업발판의 구조)

102 로프길이 2[m]의 안전대를 착용한 근로자가 추락으로 인한 부상을 당하지 않기 위한 지면으로부터 안전대 고정점까지의 높이(H)의 기준으로 옳은 것은?(단, 로프의 신율 30[%], 근로자의 신장 180[cm])

① $H > 1.5[m]$ ② $H > 2.5[m]$
③ $H > 3.5[m]$ ④ $H > 4.5[m]$

해설

h = 로프의 길이 + 로프의 늘어난 길이 + $\dfrac{신장}{2}$
$= 200 \times (200 \times 0.3) + \dfrac{180}{2}$
$= 350[cm] = 3.5[m]$

보충학습
로프길이에 따른 결과
① $H > h$: 안전
② $H = h$: 위험
③ $H < h$: 중상 또는 사망

[정답] 99 ② 100 ② 101 ④ 102 ③

103 압쇄기를 사용하여 건물해체 시 그 순서로 가장 타당한 것은?

[보기]
A : 보, B : 기둥, C : 슬래브, D : 벽체

① A→B→C→D
② A→C→B→D
③ C→A→D→B
④ D→C→B→A

해설

압쇄기사용 건물해체순서
슬래브 → 보 → 벽체 → 기둥

KEY 2017년 9월 23일 산업기사 출제

104 차량계 건설기계를 사용하여 작업할 때에 그 기계가 넘어지거나 굴러떨어짐으로써 근로자가 위험해질 우려가 있는 경우에 조치하여야 할 사항과 거리가 먼 것은?

① 갓길의 붕괴 방지
② 작업반경 유지
③ 지반의 부동침하 방지
④ 도로 폭의 유지

해설

차량계 건설기계 전도전락방지대책
① 유도하는 사람 배치
② 지반의 부동 침하 방지
③ 갓길의 붕괴방지
④ 도로의 폭의 유지

KEY ① 2015년 3월 8일 출제(문제 108번) 출제
② 2015년 9월 19일(문제 113번) 출제

정보제공
산업안전보건기준에 관한 규칙 제199조(전도등의 방지)

105 취급·운반의 원칙으로 옳지 않은 것은?

① 곡선 운반을 할 것
② 운반 작업을 집중하여 시킬 것
③ 생산을 최고로 하는 운반을 생각할 것
④ 연속 운반을 할 것

해설

취급, 운반의 5원칙
① 직선운반을 할 것
② 연속운반을 할 것
③ 운반작업을 집중화시킬 것
④ 생산을 최고로 하는 운반을 생각할 것
⑤ 최대한 시간과 경비를 절약할 수 있는 운반방법을 고려할 것

KEY 2017년 8월 26일 출제

106 부두·안벽 등 하역작업을 하는 장소에서 부두 또는 안벽의 선을 따라 통로를 설치하는 경우에는 그 폭을 최소 얼마 이상으로 하여야 하는가?

① 80[cm]
② 90[cm]
③ 100[cm]
④ 120[cm]

해설

부두·안벽선 통로의 최소 폭 : 90[cm] 이상

KEY ① 2017년 5월 7일 기사·산업기사 동시출제
② 2017년 9월 23일(문제 111번) 출제

정보제공
산업안전보건기준에 관한 규칙 제390조(하역작업장의 조치기준)

107 가설통로의 설치 기준으로 옳지 않은 것은?

① 추락할 위험이 있는 장소에는 안전난간을 설치할 것
② 경사가 10[°]를 초과하는 경우에는 미끄러지지 아니하는 구조로 할 것
③ 경사는 30[°] 이하로 할 것
④ 건설공사에 사용하는 높이 8[m] 이상인 비계다리에는 7[m] 이내마다 계단참을 설치할 것

[정답] 103 ③ 104 ② 105 ① 106 ② 107 ②

해설
미끄러지지 않는 구조경사 기준 : 15[°] 초과

KEY ① 2017년 3월 5일 산업기사 출제
② 2017년 5월 7일 산업기사 출제
③ 2017년 9월 23일 기사 출제

정보제공
산업안전보건기준에 관한 규칙 제23조(가설통로의 구조)

108 개착식 흙막이벽의 계측 내용에 해당되지 않는 것은?

① 경사측정
② 지하수위 측정
③ 변형률 측정
④ 내공변위 측정

해설
가시설(토류벽, 흙막이벽) 계측

① 지반을 개착식으로 굴착할 때에 작업장의 안전성 확보와 주변구조물의 피해를 방지하기 위하여 설치하는 가설 흙막이 구조물이며, 벽체 형식과 지지구조는 지형과 지반조건, 지하수위와 투수성, 주변구조물과 매설물 현황, 교통조건, 공사비, 공기, 시공성 및 환경영향 등을 고려하여 선정하여야 한다.
② 설계시에는 굴착공사 단계별로 벽체 자체의 안정성을 검토하고 지하 매설물과 인접구조물에 미치는 영향을 검토하여 대책을 세우며, 계측 및 분석계획을 수립하여 시공 중 안전성을 확보할 수 있는 방안을 강구하여야 한다.
③ 계측(측정) 내용 : 경사측정, 지하수위 측정, 변형률 측정 등

KEY 2018년 4월 28일(문제 70번)

109 강관틀 비계를 조립하여 사용하는 경우 준수해야 하는 사항으로 옳지 않은 것은?

① 길이가 띠장 방향으로 4[m] 이하이고 높이가 10[m]를 초과하는 경우에는 10[m] 이내마다 띠장 방향으로 버팀기둥을 설치할 것
② 높이가 20[m]를 초과하거나 중량물의 적재를 수반하는 작업을 할 경우에는 주틀 간의 간격을 1.8[m] 이하로 할 것
③ 주틀 간에 교차가새를 설치하고 최상층 및 10층 이내마다 수평재를 설치할 것
④ 수직방향으로 6[m], 수평방향으로 8[m] 이내마다 벽이음을 할 것

해설
주틀간에 교차가새를 설치하고 최상층 및 5층 이내마다 수평연결재 설치

정보제공
산업안전보건기준에 관한 규칙 제62조(강관틀비계)

110 말비계를 조립하여 사용하는 경우에 지주부재와 수평면의 기울기는 최대 몇 도 이하로 하여야 하는가?

① 30[°]
② 45[°]
③ 60[°]
④ 75[°]

해설
말비계의 안전기준
① 기울기 : 75[°] 이하
② 작업발판 폭 : 40[cm] 이상

KEY ① 2016년 5월 8일 산업기사 출제
② 2017년 3월 5일 산업기사 출제
③ 2017년 5월 7일 출제
④ 2017년 9월 23일 (문제 113번) 출제

정보제공
산업안전보건기준에 관한 규칙 제67조(말비계)

111 사면 보호 공법 중 구조물에 의한 보호공법에 해당되지 않는 것은?

① 식생구멍공
② 블럭공
③ 돌쌓기공
④ 현장타설 콘크리트 격자공

해설
구조물보호공법의 종류

구분	방법
블록(돌)붙임공	법면의 풍화, 침식방지를 목적으로 완구배의 점착력이 없는 토사 및 비탈면
블록(돌)쌓기공	비교적 급구배의 높은 비탈면 보호에 사용(메쌓기, 찰쌓기)
콘크리트블록 격자공	점착력이 없고 용수가 있는 붕괴하기 쉬운 비탈면에 채택하는 공법
뿜어붙이기공	비탈면에 용수가 없고 큰 위험은 없으나 풍화되기 쉬운 암 토사 등에서 식생이 곤란할 때 사용

[정답] 108 ④ 109 ③ 110 ④ 111 ①

과년도 출제문제

> **KEY** 2015년 5월 31일 (문제 105번) 출제

보충학습

식생공법의 종류 : 침식, 세굴방지

구분	방법
떼붙임공	떼를 일정한 간격으로 심어서 비탈면을 보호하는 공법(평떼, 줄떼)
식생공	법면에 식물을 번식시켜 법면의 침식과 표면활동 방지
식수공	떼붙임공, 식생공으로 부족할 경우 나무를 심어서 사면보호
파종공	종자, 비료, 안정제, 흙 등을 혼합하여 압력으로 비탈면에 뿜어붙이는 공법

112 흙의 간극비를 나타낸 식으로 옳은 것은?

① $\dfrac{\text{공기}+\text{물의체적}}{\text{흙}+\text{물의체적}}$ ② $\dfrac{\text{공기}+\text{물의체적}}{\text{흙의체적}}$

③ $\dfrac{\text{물의체적}}{\text{물}+\text{흙의체적}}$ ④ $\dfrac{\text{공기}+\text{물의체적}}{\text{공기}+\text{흙}+\text{물의체적}}$

해설

간(공)극비 = $\dfrac{\text{간극의 용적}}{\text{흙입자의 용적}} = \dfrac{V_v}{V_s}$

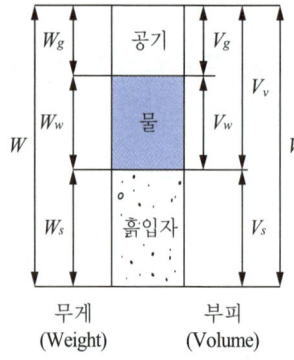

[그림] 흙의 구성

보충학습

① 간(공)극률 = $\dfrac{\text{간극의 용적}}{\text{흙 전체의 용적}} \times 100[\%] = \dfrac{V_v}{V_s} \times 100[\%]$

② 포화도 = $\dfrac{\text{물의 중량}}{\text{간극의 용적}} \times 100[\%] = \dfrac{V_w}{V_v} \times 100[\%]$

③ 함수비 = $\dfrac{\text{물의 중량}}{\text{흙입자의 용적}} \times 100[\%] = \dfrac{W_w}{W_s} \times 100[\%]$

113 건설업 산업안전보건관리비 계상 및 사용기준에 따른 안전관리비의 개인보호구 구입비 항목에서 안전관리비로 사용이 가능한 경우는?

① 안전보건관리자가 선임되지 않은 현장에서 안전보건업무를 담당하는 현장관계자용 무전기, 카메라, 컴퓨터, 프린터 등 업무용 기기
② 보호구의 구입·수리·관리 등에 소요되는 비용
③ 근로자에게 일률적으로 지급하는 보냉·보온장구
④ 감리원이나 외부에서 방문하는 인사에게 지급하는 보호구

해설

보호구 등

가. 영 제74조제1항제3호 및 제77조제1항제3호에 따른 보호구의 구입·수리·관리 등에 소요되는 비용
나. 근로자가 가목에 따른 보호구를 직접 구매·사용하여 합리적인 범위 내에서 보전하는 비용
다. 제1호가목부터 다목까지의 규정에 따른 안전관리자 등의 업무용 피복, 기기 등을 구입하기 위한 비용
라. 제1호가목에 따른 안전관리자 및 보건관리자가 안전보건 점검 등을 목적으로 건설공사 현장에서 사용하는 차량의 유류비·수리비·보험료

정보제공

① 건설업의 산업안전보건관리비 계상 및 사용기준 제7조(사용기준)
② 2025. 2. 12 개정고시 적용

114 철골기둥, 빔 및 트러스 등의 철골구조물을 일체화 또는 지상에서 조립하는 이유로 가장 타당한 것은?

① 고소작업의 감소
② 화기사용의 감소
③ 구조체 강성 증가
④ 운반물량의 감소

해설

철골기둥, 빔, 트러스 등의 철골구조물을 지상에서 조립하는 이유 : 고소작업의 감소

> **KEY** 2008년 7월 27일(문제 109번) 출제

[정답] 112 ② 113 ② 114 ①

115
다음은 산업안전보건법령에 따른 달비계를 설치하는 경우에 준수해야 할 사항이다. ( )에 들어갈 내용으로 옳은 것은?

> 작업발판은 폭을 ( )이상으로 하고 틈새가 없도록 할 것

① 15[cm] ② 20[cm]
③ 40[cm] ④ 60[cm]

해설

달비계 작업 발판폭
① 작업발판 폭 : 40[cm] 이상
② 단 5[m] 이상 경우 : 20[cm] 이상

KEY 2015년 9월 19일(문제 115번) 출제

정보제공
① 산업안전보건기준에 관한 규칙 제63조(달비계의 구조)
② 산업안전보건기준에 관한 규칙 제57조(비계 등의 조정·해체 및 변경)

116
강풍이 불어올 때 타워크레인의 운전작업을 중지하여야 하는 순간풍속의 기준으로 옳은 것은?

① 순간풍속이 초당 10[m] 초과
② 순간풍속이 초당 15[m] 초과
③ 순간풍속이 초당 25[m] 초과
④ 순간풍속이 초당 30[m] 초과

해설

타워크레인 운전작업중지
순간풍속 : 초당 15[m] 초과

KEY 2015년 3월 8일 (문제 113번) 출제

정보제공
산업안전보건기준에 관한규칙 제37조(악천후 및 강풍 시 작업중지)

보충학습

풍속에 따른 안전기준
① 순간풍속이 10[m/s] 초과 : 타워크레인 등 설치, 조립, 해체, 점검 작업 중지
② 순간풍속이 15[m/s] 초과 : 타워크레인 등 운전 작업 중지
③ 순간풍속이 30[m/s] 초과 : 옥외주행크레인 이탈방지 조치
④ 순간풍속이 30[m/s] 초과하거나 중진 이상 진도의 지진이 있은 후 : 옥외 양중기의 이상유무 점검
⑤ 순간풍속이 35[m/s] 초과 : 옥외 승강기 및 건설 작업용 리프트의 붕괴방지 조치

117
터널 지보공을 조립하거나 변경하는 경우에 조치하여야 하는 사항으로 옳지 않은 것은?

① 목재의 터널 지보공은 그 터널 지보공의 각 부재에 작용하는 긴압정도를 체크하여 그 정도가 최대한 차이나도록 한다.
② 강(鋼)아치 지보공의 조립은 연결볼트 및 띠장 등을 사용하여 주재 상호간을 튼튼하게 연결할 것
③ 기둥에는 침하를 방지하기 위하여 받침목을 사용하는 등의 조치를 할 것
④ 주재(主材)를 구성하는 1세트의 부재는 동일평면 내에 배치할 것

해설

목재의 터널지보공은 그 터널지보공의 각부의 긴압정도가 균등하게 되도록 할 것

정보제공
산업안전보건기준에 관한 규칙 제364조(조립 또는 변경 시의 조치)

118
콘크리트 타설작업 시 안전에 대한 유의사항으로 옳지 않은 것은?

① 콘크리트를 치는 도중에는 지보공·거푸집 등의 이상유무를 확인한다.
② 높은 곳으로부터 콘크리트를 타설할 때는 호퍼로 받아 거푸집내에 꽂아 넣는 슈트를 통해서 부어 넣어야 한다.
③ 진동기를 가능한 한 많이 사용할수록 거푸집에 작용하는 측압상 안전하다.
④ 콘크리트를 한 곳에만 치우쳐서 타설하지 않도록 주의한다.

해설

진동다짐
① 콘크리트를 거푸집 구석구석까지 충전시키고 밀실하게 콘크리트를 넣기 위함이 목적이다.
② 콘크리트 진동다짐기계(Vibrator)의 사용원칙 : Slump 15[cm] 이하의 된비빔 콘크리트에 사용함을 원칙으로 한다.
③ 배합 : 가급적 모래의 양을 적게 한다.
④ 콘크리트 붓기(진동 다짐 1회) 높이는 30~60[cm]를 표준으로 한다.
⑤ 진동기의 수 : 막대진동기는 1일 콘크리트 작업량 20[m³]마다 1대로 잡는 것을 표준으로 한다.(3대 사용할 때 예비진동기 1대)

[정답] 115 ③   116 ②   117 ①   118 ③

[정보제공]
산업안전보건기준에 관한 규칙 제334조(콘크리트 타설작업)

119 지반에서 나타나는 보일링(boiling) 현상의 직접적인 원인으로 볼 수 있는 것은?

① 굴착부와 배면부의 지하수위의 수두차
② 굴착부와 배면부의 흙의 중량차
③ 굴착부와 배면부의 흙의 함수비차
④ 굴착부와 배면부의 흙의 토압차

[해설]
보일링(Boiling)현상
① 투수성이 좋은 사질지반의 흙막이 지면에서 수두차로 인한 상향의 침투압이 발생
② 유효응력이 감소하여 전단강도가 상실되는 현상으로 지하수가 모래와 같이 솟아오르는 현상

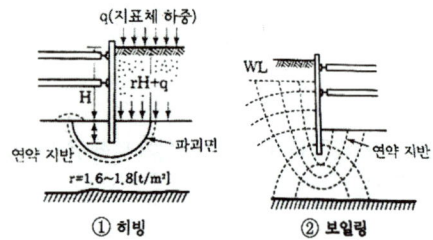

[그림] 히빙과 보일링

KEY 2015년 3월 8일(문제 106번) 출제

120 유해위험방지계획서 제출 대상 공사로 볼 수 없는 것은?

① 지상 높이가 31[m] 이상인 건축물의 건설공사
② 터널건설공사
③ 깊이 10[m] 이상인 굴착공사
④ 다리의 전체길이가 40[m] 이상인 다리공사

[해설]
유해위험방지계획서 제출대상 공사
(1) 건축물 또는 시설 등의 건설·개조 또는 해체공사
  가. 지상높이가 31미터 이상 건축물 또는 인공구조물
  나. 연면적 3만제곱미터 이상인 건축물
  다. 연면적 5천제곱미터 이상인 시설
    ① 문화 및 집회시설(전시장 및 동물원·식물원은 제외한다)
    ② 판매시설, 운수시설(고속철도의 역사 및 집배송시설은 제외한다)
    ③ 종교시설
    ④ 의료시설 중 종합병원
    ⑤ 숙박시설 중 관광숙박시설
    ⑥ 지하도상가
    ⑦ 냉동·냉장 창고시설
(2) 연면적 5천제곱미터 이상인 냉동·냉장 창고시설의 설비공사 및 단열공사
(3) 최대지간길이가 50[m] 이상인 다리건설 등 공사
(4) 터널건설 등의 공사
(5) 다목적댐, 발전용댐 및 저수용량 2천만톤 이상의 용수전용댐, 지방상수도 전용댐 건설 등의 공사
(6) 깊이 10[m] 이상인 굴착공사

KEY ① 2016년 5월 8일 출제
② 2017년 8월 26일 기사·산업기사 동시 출제
③ 2017년 8월 26일 (문제 119번) 출제

[정보제공]
산업안전보건법시행령 제42조(유해위험방지계획서 제출대상)

[정답] 119 ① 120 ④

2018년도 기사 정기검정 제4회 (2018년 9월 15일 시행)

자격종목 및 등급(선택분야): 건설안전기사
- 종목코드: 1440
- 시험시간: 3시간
- 수험번호: 20180915
- 성명: 도서출판세화

1 산업안전관리론

01 재해 발생 건수 등의 추이를 파악하여 목표관리를 행하는데 필요한 월별 재해 발생건수를 그래프화 하여 관리선을 설정 관리하는 통계분석방법은?

① 파레토도 ② 특성요인도
③ 크로스도 ④ 관리도

해설
관리도(Control chart)
재해발생건수 등의 추이파악 → 목표관리 행하는 데 필요한 월별재해발생 건수의 그래프화 → 관리 구역 설정 → 관리하는 통계분석방법

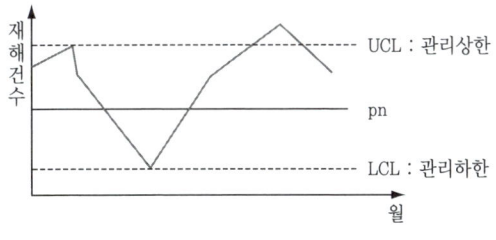
[그림] 관리도

KEY 2017년 3월 5일 기사 출제

💬 **합격자의 조언**
문제 속에 답이 보여요. "관리선"

02 산업안전보건법령에 따른 안전보건표지의 종류별 해당 색채기준 중 틀린 것은?

① 금연 : 바탕은 흰색, 기본모형은 검은색, 관련부호 및 그림은 빨간색
② 인화성물질경고 : 바탕은 무색, 기본모형은 빨간색(검은색도 가능)
③ 보안경착용 : 바탕은 파란색, 관련 그림은 흰색
④ 고압전기경고 : 바탕은 노란색, 기본모형 관련부호 및 그림은 검은색

해설
산업안전보건표지의 구분
① 금지표지 : 바탕은 흰색, 기본모형은 빨간색, 관련부호 및 그림은 검은색 – 7.5R4/14
② 경고표지 : 바탕은 노란색, 기본모형·관련부호 및 그림은 검은색 다만, 인화성물질 경고, 산화성물질 경고, 폭발성물질 경고, 급성독성물질 경고, 부식성 물질 경고 및 발암성·변이원성·생식독성·전신독성·호흡기과민성 물질 경고의 경우 바탕은 무색, 기본모형은 빨간색(검은색도 가능) – 5Y8.5/12
③ 지시표지 : 바탕은 파란색, 관련 그림은 흰색 – 2.5PB4/10
④ 안내표지 : 바탕은 흰색, 기본모형 및 관련부호는 녹색 또는 바탕은 녹색, 관련부호 및 그림은 흰색 – 2.5G4/10

① 금연 ② 인화성 물질경고 ③ 보안경 착용 ④ 고압전기 경고

KEY 2016년 3월 6일 기사·산업기사 동시출제

정보제공
산업안전보건법 시행규칙 [별표7] (안전보건표지의 종류별 용도, 사용장소, 형태 및 색채)

03 A 사업장에서는 산업재해로 인한 인적·물적손실을 줄이기 위하여 안전행동 실천운동(5C운동)을 실시하고자 한다. 5C 운동에 해당하지 않는 것은?

① Control ② Correctness
③ Cleaning ④ Checking

해설
5C(안전행동실천) 운동
① Correctness(복장단정)
② Cleaning(청소청결)
③ Clearance(정리정돈)
④ Checking(점검확인)
⑤ Concentration(전심전력)

KEY 2018년 3월 4일 기사 출제

[정답] 01 ④ 02 ① 03 ①

04 산업안전보건법령에 따른 안전보건표지 중 금지표지의 종류에 해당하지 않는 것은?

① 접근금지 ② 차량통행금지
③ 사용금지 ④ 탑승금지

해설

금지표지의 종류

101 출입금지	102 보행금지	103 차량통행금지	104 사용금지
105 탑승금지	106 금연	107 화기금지	108 물체이동금지

 ① 2018년 4월 28일 기사 출제
② 2018년 9월 15일 기사 · 산업기사 동시출제

정보제공
산업안전보건법 시행규칙 [별표6] (안전보건표지의 종류와 형태)

05 건설기술 진흥법령에 따른 건설사고조사위원회의 구성 기준 중 다음 ( )안에 알맞은 것은?

> 건설사고조사위원회는 위원장 1명을 포함한 ( )명 이내의 위원으로 구성한다.

① 12 ② 11
③ 10 ④ 9

해설

건설사고조사위원회의 구성·운영 등
① 건설사고조사위원회는 위원장 1명을 포함한 12명 이내의 위원으로 구성한다.
② 건설사고조사위원회의 위원은 다음 각 호의 어느 하나에 해당하는 사람 중에서 해당 건설사고조사위원회를 구성·운영하는 국토교통부장관 또는 발주청 등이 임명하거나 위촉한다.
  ㉮ 건설공사 업무와 관련된 공무원
  ㉯ 건설공사 업무와 관련된 단체 및 연구기관 등의 임직원
  ㉰ 건설공사 업무에 관한 학식과 경험이 풍부한 사람

06 산업안전보건법령에 따른 건설업 중 유해·위험방지계획서를 작성하여 고용노동부장관에게 제출하여야 하는 공사의 기준 중 틀린 것은?

① 연면적 5,000[m²] 이상의 냉동·냉장창고 시설의 설비공사 및 단열공사
② 깊이 10[m] 이상인 굴착공사
③ 저수용량 2,000만[톤] 이상의 용수 전용 댐 공사
④ 최대 지간길이가 31[m] 이상인 다리 건설 공사

해설

유해위험방지계획서 제출대상 공사
(1) 건축물 또는 시설 등의 건설·개조 또는 해체공사
  가. 지상높이가 31미터 이상인 건축물 또는 인공구조물
  나. 연면적 3만제곱미터 이상인 건축물
  다. 연면적 5천제곱미터 이상인 시설
    ① 문화 및 집회시설(전시장 및 동물원·식물원은 제외한다)
    ② 판매시설, 운수시설(고속철도의 역사 및 집배송시설은 제외한다)
    ③ 종교시설
    ④ 의료시설 중 종합병원
    ⑤ 숙박시설 중 관광숙박시설
    ⑥ 지하도상가
    ⑦ 냉동·냉장 창고시설
(2) 연면적 5천제곱미터 이상인 냉동·냉장 창고시설의 설비공사 및 단열공사
(3) 최대지간길이가 50[m] 이상인 다리건설 등 공사
(4) 터널건설 등의 공사
(5) 다목적댐, 발전용댐 및 저수용량 2천만톤 이상의 용수전용댐, 지방상수도 전용댐 건설 등의 공사
(6) 깊이 10[m] 이상인 굴착공사

 ① 2016년 5월 8일 기사 출제
② 2017년 3월 5일 산업기사 출제
③ 2018년 4월 28일 기사 출제
④ 2018년 8월 19일 기사·산업기사 출제
⑤ 2018년 9월 15일 기사(문제 112번) 출제

[정답] 04 ① 05 ① 06 ④

07 재해의 간접원인 중 기초원인에 해당하는 것은?

① 불안전한 상태
② 관리적 원인
③ 신체적 원인
④ 불안전한 행동

해설

사고발생 메커니즘(mechanism)

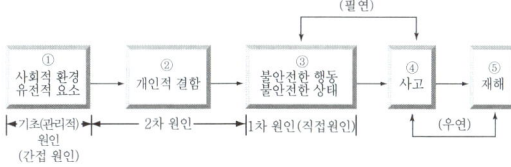

08 T.B.M 활동의 5단계 추진법의 진행순서로 옳은 것은?

① 도입 → 위험예지훈련 → 작업지시 → 점검정비 → 확인
② 도입 → 점검정비 → 작업지시 → 위험예지훈련 → 확인
③ 도입 → 확인 → 위험예지훈련 → 작업지시 → 점검정비
④ 도입 → 작업지시 → 위험예지훈련 → 점검정비 → 확인

해설

TBM 진행 5단계 추진법

1단계	도입	직장체조, 상호인사, 목표제창
2단계	점검정비	건강, 복장, 공구, 보호구, 안전장치, 사용기기 등 점검정비
3단계	작업지시	당일 작업에 대한 설명 및 지시를 받고 복창하여 확인
4단계	위험예측	당일 작업의 위험을 예측하고 대책 토의, 원포인트 위험예지훈련
5단계	확인	대책을 수립하고 팀의 목표 확인, 원포인트 지적확인, 터치 앤 콜

09 산업안전보건법령에 따른 안전보건총괄책임지정 대상사업 기준 중 다음 ( )안에 알맞은 것은? (단, 선박 및 보트 건조업, 1차 금속 제조업 및 토사석 광업의 경우이다.)

수급인에게 고용된 근로자를 포함한 상시 근로자가 (㉠)명 이상인 사업 및 수급인의 공사금액을 포함한 해당 공사의 총공사금액이 (㉡)억원 이상인 건설업

① ㉠ 50, ㉡ 10
② ㉠ 50, ㉡ 20
③ ㉠ 100, ㉡ 10
④ ㉠ 100, ㉡ 20

해설

안전보건총괄책임자 지정대상사업
법 제62조 제3항 "대통령령으로 정하는 사업"이란 수급인과 하수급인에게 고용된 근로자를 포함한 상시 근로자가 100명(선박 및 보트 건조업, 1차 금속 제조업 및 토사석 광업의 경우에는 50명) 이상인 사업 및 수급인과 하수급인의 공사금액을 포함한 해당 공사의 총공사금액이 20억원 이상인 건설업을 말한다.

정보제공
산업안전보건법 시행령 제52조(안전보건총괄책임자 지정대상사업)

10 연평균 상시근로자 수가 500명인 사업장에서 36건의 재해가 발생한 경우 근로자 한 사람이 사업장에서 평생 근무할 경우 근로자에게 발생할 수 있는 재해는 몇 건으로 추정되는가? (단, 근로자는 평생 40년을 근무하며, 평생잔업시간은 4,000시간이고, 1일 8시간 씩 연간 300일을 근무한다.

① 2건
② 3건
③ 4건
④ 5건

해설

환산도수율 계산

① 빈도(도수)율 = $\dfrac{재해건수}{연근로시간수} \times 10^6$

= $\dfrac{36}{500 \times 8 \times 300} \times 10^6 = 30$

② 환산도수율 = 도수율 × 0.1 = 30 × 0.1 = 3[건]

KEY ① 2016년 5월 8일 산업기사 출제
② 2017년 5월 7일 기사·산업기사 동시출제
③ 2017년 3월 25일 기사 출제

[정답] 07 ② 08 ② 09 ② 10 ②

과년도 출제문제

11 산업안전보건법령에 따른 안전보건에 관한 노사협의체의 사용자위원 구성기준 중 틀린 것은?

① 해당 사업의 대표자
② 안전관리자 1명
③ 공사금액이 20억원 이상인 도급 또는 하도급 사업의 사업주
④ 근로자대표가 지명하는 명예감독관 1명

해설

근로자위원
① 도급 또는 하도급 사업을 포함한 전체 사업의 근로자대표
② 근로자대표가 지명하는 명예감독관 1명. 다만, 명예감독관이 위촉되어 있지 아니한 경우에는 근로자대표가 지명하는 해당 사업장 근로자 1명
③ 공사금액이 20억원 이상인 도급 또는 하도급 사업의 근로자대표

보충학습
(1) 사용자위원
  ① 해당 사업의 대표자
  ② 안전관리자 1명
  ③ 보건관리자 1명(별표 5 제40호에 따른 보건관리자 선임대상 건설업으로 한정한다)
  ④ 공사금액이 20억원 이상인 공사의 관계수급인
(2) 노사협의체의 근로자위원과 사용자위원은 합의를 통해 노사협의체에 공사금액 20억원 미만인 공사의 관계수급인 및 근로자대표를 위원으로 위촉할 수 있다.

KEY 2017년 9월 23일 기사 출제

정보제공 산업안전보건법 시행령 제64조(노사협의체의 구성)

---

12 산업안전보건법령에 따른 안전보건표지의 기본모형 중 다음 기본모형의 표시사항으로 옳은 것은 ? (단, 색도기준은 2.5PB 4/10 이다.)

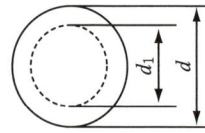

① 금지   ② 경고
③ 지시   ④ 안내

해설

안전보건표지의 기본 모형

기본모형	규격비율	표시사항
(45°, d, d₁, d₂)	$d \geq 0.025L$ $d_1 = 0.8d$ $0.7d < d_2 < 0.8d$ $d_3 = 0.1d$	금지표지 (7.5R4/14)
(45°, a, a₁, a₂)	$a \geq 0.025L$ $a_1 = 0.8a$ $0.7a < a_2 < 0.8a$	경고표지 (7.5R4/14)
(d, d₁)	$d \geq 0.025L$ $d_1 = 0.8d$	지시표지 (2.5PB4/10)
(b, b₂)	$b \geq 0.0224L$ $b_2 = 0.8b$	안내표지 (2.5G4/10)

KEY ① 2017년 5월 7일 산업기사 출제
② 2018년 9월 15일 기사(문제2번) 출제

정보제공 산업안전보건법 시행규칙 [별표9] 안전보건표지의 기본모형

---

13 보호구 안전인증 고시에 따른 안전블록이 부착된 안전대의 구조기준 중 안전블록의 줄은 와이어로프인 경우 최소지름은 몇 [mm]이상이어야 하는가?

① 2   ② 4
③ 8   ④ 10

해설

안전블록 와이어로프 최소지름 : 4[mm]이상

보충학습
안전블록 : 안전그네와 연결하여 추락발생시 추락을 억제할 수 있는 자동잠김장치가 갖추어져 있고 죔줄이 자동적으로 수축되는 장치

KEY 2014년 3월 2일 (문제16번) 출제

정보제공 보호구안전인증고시 제2017-64호 (2017.11.14)

[정답] 11 ④   12 ③   13 ②

14 아담스(Edward Adams)의 사고 연쇄이론의 단계로 옳은 것은?

① 사회적 환경 및 유전적 요소 → 개인적 결함 → 불안전 행동 및 상태 → 사고 → 상해
② 통제의 부족 → 기본 원인 → 직접 원인 → 사고 → 상해
③ 관리구조 결함 → 작전적 에러 → 전술적 에러 → 사고 → 상해
④ 안전정책과 결정 → 불안전 행동 및 상태 → 물질 에너지 기준이탈 → 사고 → 상해

해설

아담스(Adams)의 연쇄이론
① 1단계 : 관리구조 결함
② 2단계 : 작전적 에러 (경영자 감독자 행동)
③ 3단계 : 전술적 에러 (불안전한 행동 or 조작)
④ 4단계 : 사고(물적 사고)
⑤ 5단계 : 상해 또는 손실

KEY ① 2017년 5월 7일 기사 출제
② 2018년 3월 4일 기사 출제

15 산업안전보건기준에 관한 규칙에 따른 이동식 크레인을 사용하여 작업을 할 때 작업시작 전 점검사항이 아닌 것은?

① 권과방지장치와 그 밖의 경보장치의 기능
② 브레이크·클러치 및 조정장치의 기능
③ 주행로의 상측 및 트롤리가 횡행하는 레일의 상태
④ 와이어로프가 통하고 있는 곳 및 작업 장소의 지반상태

해설

이동식 크레인 작업시작전 점검사항
① 권과방지장치와 그 밖의 경보장치의 기능
② 브레이크·클러치 및 조정장치의 기능
③ 와이어로프가 통하고 있는 곳 및 작업장소의 지반상태

KEY 2018년 3월 4일 기사 출제

정보제공
산업안전보건기준에 관한 규칙 [별표3] (작업시작 전 점검사항)

16 산업안전보건법령에 따른 안전보건관리규정을 작성하여야 할 사업의 사업주는 안전보건관리 규정을 작성하여야 할 사유가 발생한 날부터 며칠 이내에 작성하여야 하는가?

① 15일   ② 30일
③ 50일   ④ 60일

해설

안전보건관리규정의 작성일 : 사유발생한 날부터 30일 이내

KEY ① 2017년 3월 5일 기사 출제
② 2017년 9월 23일 기사 출제
③ 2018년 3월 4일 기사 출제

정보제공
산업안전보건법시행규칙 제25조 (안전보건관리규정의 작성 등)

17 시설물의 안전 및 유지관리에 관한 특별법령에 따른 안전등급별 정기안전점검 및 정밀안전진단의 실시시기 기준 중 다음 ( ) 안에 알맞은 것은?

안전등급	정기안전점검	정밀안전진단
A등급	(㉠) 이상	(㉡) 년에 1회 이상

① ㉠ 반기에 1회, ㉡ 6
② ㉠ 반기에 1회, ㉡ 4
③ ㉠ 1년에 3회, ㉡ 6
④ ㉠ 1년에 3회, ㉡ 4

해설

시설물안전관리 특별법상 안전점검 및 정밀안전단의 실시 시기
① 정기점검
  ㉮ A, B, C 등급 : 반기에 1회 이상
  ㉯ D, E 등급 : 해빙기, 우기, 동절기 등 1년에 3회 이상
② 긴급점검 : 관리주체가 필요하다고 판단할 때 또는 관계 행정기관의 장이 필요하다고 판단하여 관리주체에게 긴급점검을 요청한 때
③ 정밀점검

[표] 정밀점검 및 정밀안전진단의 실시 주기

안전등급	정밀점검		정밀안전진단
	건축물	그 외 시설물	
A등급	4년에 1회 이상	3년에 1회 이상	6년에 1회 이상
B·C등급	3년에 1회 이상	2년에 1회 이상	5년에 1회 이상
D·E등급	2년에 1회 이상	1년에 1회 이상	4년에 1회 이상

KEY 2011년 10월 2일 기사 출제

[정답] 14 ③ 15 ③ 16 ② 17 ①

18 재해사례연구의 진행단계로 옳은 것은?

① 사실의 확인 → 재해 상황의 파악 → 문제점의 발견 → 문제점의 결정 → 대책의 수립
② 문제점의 발견 → 재해 상황의 파악 → 사실의 확인 → 문제점의 결정 → 대책의 수립
③ 재해 상황의 파악 → 사실의 확인 → 문제점의 발견 → 문제점의 결정 → 대책의 수립
④ 문제점의 발견 → 문제점의 결정 → 재해 상황의 파악 → 사실의 확인 → 대책의 수립

해설

재해사례 진행단계

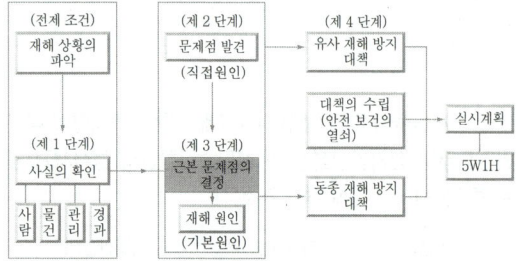

KEY
① 2016년 10월 1일 기사 출제
② 2017년 9월 23일 기사 출제
③ 2018년 3월 4일 기사·산업기사 동시출제
④ 2018년 8월 19일 기사 출제

19 산업안전보건법령에 따른 지방고용노동관서의 장이 사업주에게 안전관리자·보건관리자 또는 안전보건관리담당자를 정수 이상으로 증원하게 하거나 교체하여 임명할 것을 명할 수 있는 기준 중 다음 (   )안에 알맞은 것은?

○ 해당 사업장의 연간재해율이 같은 업종의 평균재해율의 (㉠)배 이상인 경우
○ 중대재해가 연간 (㉡)건 이상 발생한 경우
○ 관리자가 질병이나 그 밖의 사유로 (㉢)개월 이상 직무를 수행할 수 없게 된 경우

① ㉠ 3, ㉡ 3, ㉢ 2
② ㉠ 3, ㉡ 3, ㉢ 3
③ ㉠ 2, ㉡ 3, ㉢ 2
④ ㉠ 2, ㉡ 2, ㉢ 3

해설

안전관리자 등의 증원·교체임명 기준
① 해당 사업장의 연간재해율이 같은 업종의 평균재해율의 2배 이상인 경우
② 중대재해가 연간 2건 이상 발생한 경우
③ 관리자가 질병이나 그 밖의 사유로 3개월 이상 직무를 수행할 수 없게 된 경우
④ 별표 22의 제1호에 따른 화학적 인자로 인한 직업성질병자가 연간 3명 이상 발생한 경우. 이 경우 직업성질병자 발생일은 「산업재해보상보험법 시행규칙」 제21조제1항에 따른 요양급여의 결정일로 한다.

KEY
① 2017년 3월 5일 기사 출제
② 2018년 3월 4일 기사 출제

정보제공
산업안전보건법 시행규칙 제12조 (안전관리자등의 증원·교체임명 명령)

20 산업안전보건법령에 따른 안전인증기준에 적합한지를 확인하기 위하여 안전인증기관이 하는 심사의 종류가 아닌 것은?

① 서면심사   ② 예비심사
③ 제품심사   ④ 완성심사

해설

안전인증심사의 종류
① 예비심사
② 서면심사
③ 기술능력 및 생산체계 심사
④ 제품심사

정보제공
산업안전보건법 시행규칙 제110조(안전인증심사의 종류 및 방법)

[정답] 18 ③   19 ④   20 ④

2 산업심리 및 교육

21 학습의 전이란 학습한 결과가 다른 학습이나 반응에 영향을 주는 것을 의미한다. 이 전이의 이론에 해당되지 않는 것은?

① 일반화설 ② 동일요소설
③ 형태이조설 ④ 태도요인설

[해설]

전이이론 3가지
① 동일요소설 : 선행학습경험과 새로운 학습경험 사이에 같은 요소가 있을 때에는 서로의 사이에 연합 또는 연결의 현상이 일어난다는 설이다. (E.L.Thorndike)
② 일반화설 : 학습자가 하나의 경험을 하면 그것으로 그치는 것이 아니고 다른 비슷한 상황에서 같은 방법이나 태도로 대하려는 경향이 있어서 이것이 효과를 가져와 전이가 이루어진다는 설이다. (C.H.Judd)
③ 형태이조설(移調說) : 형태심리학자들이 입증한 학설로 이것은 경험할 때의 심리학적 사태가 대체로 비슷한 경우라면 먼저 학습할 때에 머릿속에 형성되었던 구조가 그대로 옮겨가기 때문에 전이가 이루어진다는 설이다.

22 Off Job Training의 특징으로 맞는 것은?

① 개개인에게 적절한 지도훈련이 가능하다.
② 전문가를 강사로 초빙하는 것이 가능하다.
③ 직장의 실정에 맞게 실제적 훈련이 가능하다.
④ 훈련에 필요한 업무의 계속성이 끊어지지 않는다.

[해설]

OFF JT(OFF Job Training)의 특징
공통된 교육목적을 가진 근로자를 일정한 장소에 집합시켜 외부강사를 초청하여 실시하는 방법으로 집합교육에 적합

KEY ① 2016년 10월 1일 기사 출제
② 2017년 3월 5일 기사 출제
③ 2017년 5월 7일 기사 출제
④ 2017년 9월 23일 기사·산업기사 동시출제
⑤ 2018년 3월 4일 기사 출제
⑥ 2018년 8월 19일 기사·산업기사 동시출제

23 단조로운 업무가 장시간 지속될 때 작업자의 감각기능 및 판단능력이 둔화 또는 마비되는 현상은?

① 착각현상 ② 망각현상
③ 피로현상 ④ 감각차단현상

[해설]

감각차단 현상
단조로운 업무가 장시간 지속될 때 작업자의 감각기능 및 판단능력이 둔화 또는 마비되는 현상

24 개인적 차원에서의 스트레스 관리 대책으로 관계가 먼 것은?

① 긴장 이완법 ② 직무 재설계
③ 적절한 운동 ④ 적절한 시간관리

[해설]

스트레스 해소법
① 자기 자신을 돌아보는 반성의 기회를 가끔씩 가진다.
② 주변사람과의 대화를 통해서 해결책을 모색한다.
③ 스트레스는 가급적 빨리 푼다.
④ 출세에 조급한 마음을 가지지 않는다.

[정보제공]
직무재설계 : 기업에서 단체적으로 실시

25 운동에 대한 착각현상이 아닌 것은?

① 자동운동(自動運動)
② 항상운동(恒常運動)
③ 유도운동(誘導運動)
④ 가현운동(假現運動)

[해설]

인간의 착각현상 3가지
① 가현운동(β운동)
② 유도운동
③ 자동운동

KEY ① 2016년 10월 1일 기사 출제
② 2017년 5월 7일 기사 출제

[정답] 21 ④ 22 ② 23 ④ 24 ② 25 ②

과년도 출제문제

26 산업심리의 5대 요소에 해당하지 않는 것은?

① 습관　　　② 규범
③ 기질　　　④ 동기

해설

안전심리의 5요소
① 동기　② 기질　③ 감정　④ 습성　⑤ 습관

KEY ① 2016년 5월 8일 기사 출제
② 2018년 3월 4일 산업기사 출제
③ 2018년 8월 19일 산업기사 출제

27 교육방법 중 토의법이 효과적으로 활용되는 경우가 아닌 것은?

① 피교육생들의 태도를 변화시키고자 할 때
② 인원이 토의를 할 수 있는 적정 수준일 때
③ 피교육생들 간에 학습능력의 차이가 클 때
④ 피교육생들이 토의 주제를 어느 정도 인지하고 있을 때

해설

시청각 교육을 활용하는 경우
교육 대상자수가 많고, 교육 대상자의 학습능력의 차이가 큰 경우 집단안전교육방법

KEY 2016년 3월 6일 산업기사 출제

28 산업안전보건법령상 사업 내 안전보건교육 중 건설업 일용근로자에 대한 건설업 기초안전보건교육의 교육시간으로 맞는 것은?

① 1시간 이상　　② 2시간 이상
③ 3시간 이상　　④ 4시간 이상

해설

건설업 기초안전보건교육에 대한 내용

교육내용	시간
건설공사의 종류(건축 · 토목 등) 및 시공 절차	1시간
산업재해 유형별 위험요인 및 안전보건조치	2시간
안전보건관리체제 현황 및 산업안전보건 관련 근로자 권리 · 의무	1시간

주) 교육시간 중 1시간 이상은 시청각 또는 체험 · 가상실습을 포함한다.

KEY 2018년 9월 15일 기사·산업기사 동시출제

정보제공

산업안전보건법 시행규칙 [별표 4] 산업안전보건관련 교육과정별 교육시간

29 일반적인 교육지도의 원칙 중 가장 거리가 먼 것은?

① 반복적으로 교육할 것
② 학습자 중심으로 교육할 것
③ 어려운 것에서 시작하여 쉬운 것으로 유도할 것
④ 강조하고 싶은 사항에 대해 강한 인상을 심어줄 것

해설

쉬운 것에서부터 어려운 것으로 한다
① 지도교육을 행할 때, 상대방이 이해할 수 있는 것
② 행동화할 수 있는 것부터 나가는 것이 필요하며, 그에 따라서 피교육자는 습득의 기쁨, 달성의 기쁨을 얻어 더욱 공부하려는 의욕을 일으킬 것이다.
③ 성공감의 부여도 되고 자신과 만족을 획득하여 자기개발의 길도 개척해 나간다.

KEY 2016년 5월 8일 기사 출제

30 새로운 자료나 교재를 제시하고, 거기에서의 문제점을 피교육자로 하여금 제기하게 하거나, 의견을 여러 가지 방법으로 발표하게 하고, 다시 깊게 파고들어서 토의 하는 방법은?

① 포럼(Forum)
② 심포지엄(Symposium)
③ 버즈세션(Buzz Session)
④ 패널 디스커션(Panel Discussion)

해설

포럼(Forum : 공개토론회)
새로운 자료나 교재를 제시하고 거기서의 문제점을 피교육자로 하여금 제기하게 하거나 의견을 여러 가지 방법으로 발표하게 하고 다시 깊이 파고들어 토의를 행하는 방법

KEY ① 2016년 3월 6일 기사 출제
② 2017년 5월 7일 기사 출제
③ 2017년 9월 23일 기사 출제

[정답] 26 ②　27 ③　28 ④　29 ③　30 ①

31. 레윈(Lewin)의 행동법칙 $B=f(P \cdot E)$에서 E가 의미하는 것은? (단, B는 인간의 행동, P는 개체를 의미한다.)

① Energy
② Education
③ Environment
④ Engineering

해설

K.Lewin의 법칙
① B : Behavior(인간의 행동)
② f : fuction(함수관계)
③ P : Person(개체 : 연령, 경험, 심신상태, 성격, 지능, 소질 등)
④ E : Environment(심리적환경 : 인간관계, 작업환경 등)

KEY
① 2016년 10월 1일 기사 출제
② 2017년 5월 7일 기사 출제
③ 2017년 8월 26일 기사 출제
④ 2017년 9월 23일 기사 출제

32. 직무평가의 방법에 해당되지 않는 것은?

① 서열법   ② 분류법
③ 투시법   ④ 요소비교법

해설

직무평가 방법
① 서열법
② 분류법
③ 요소비교법

보충학습
투시법(Projective Technoques)은 특정 주제에 대해 직접적으로 질문하지 않고 단어, 문장, 이야기, 그림 등 간접적인 자극을 제공해 응답자가 자신의 신념과 감정을 이러한 자극에 자유롭게 투사하게 함으로써 진솔한 반응을 표현하게 하는 방법

33. 현장의 관리감독자 교육을 위하여 가장 바람직한 교육방식은?

① 강의식(lecture method)
② 토의식(discussion method)
③ 시범(demonstration method)
④ 자율식(self-instruction method)

해설

안전지도 교육방법의 최적수업 방법
① 도입 : 강의법, 시범법, 반복법(단시간 많은 내용 교육)
② 정리 : 자율학습법
③ 전개, 정리 : 반복법, 토의법, 실연법
④ 도입, 전개, 정리 : 프로그램학습법, 모의학습법, 학생상호학습법

KEY 2018년 3월 4일 기사 출제

34. 호손(Hawthorne) 실험에서 작업자의 작업능률에 영향을 미치는 주요한 요인은 무엇인가?

① 작업 조건   ② 생산 기술
③ 임금 수준   ④ 인간 관계

해설

호손(Hawthorne)의 공장 실험
① 작업능률을 좌우하는 것은 단지 임금, 노동시간 등의 노동조건과 조명, 환기, 그 밖에 작업환경으로서의 물적 조건보다 종업원의 태도, 즉 심리적, 내적 양심과 감정이 중요하다.
② 물적 조건도 그 개선에 의하여 효과를 가져올 수 있으나 종업원의 심리적 요소가 더욱 중요하다.(인간관계가 작업 및 작업설계에 영향을 줌)

KEY 2018년 3월 4일 기사 출제

35. 기술교육의 진행방법 중 듀이(John Dewey) 5단계 사고 과정에 속하지 않는 것은?

① 응용시킨다.(Application)
② 시사를 받는다.(Suggestion)
③ 가설을 설정한다.(Hypothesis)
④ 머리로 생각한다.(Intellectualization)

해설

듀이의 사고과정의 5단계
① 1단계 : 시사를 받는다. (suggestion)
② 2단계 : 머리로 생각한다. (intellectualization)
③ 3단계 : 가설을 설정한다. (hypothesis)
④ 4단계 : 추론한다. (reasoning)
⑤ 5단계 : 행동에 의하여 가설을 검토한다.

[정답] 31 ③ 32 ③ 33 ② 34 ④ 35 ①

과년도 출제문제

36 작업시의 정보 회로를 나열한 것으로 맞는 것은?

① 표시 → 감각 → 지각 → 판단 → 응답 → 출력 → 조작
② 응답 → 판단 → 표시 → 감각 → 지각 → 출력 → 조작
③ 감각 → 지각 → 판단 → 응답 → 표시 → 조작 → 출력
④ 지각 → 표시 → 감각 → 판단 → 조작 → 응답 → 출력

해설

작업시 정보 회로 순서

표시 → 감각 → 지각 → 판단 → 응답 → 출력 → 조작

37 스트레스에 대하여 반응하는데 있어서 개인 차이의 이유로 적합하지 않은 것은?

① 성(性)의 차이
② 강인성의 차이
③ 작업시간의 차이
④ 자기 존중감의 차이

해설

스트레스 반응의 개인 차이
① 성의 차이
② 강인성의 차이
③ 자기존중감의 차이

보충학습

작업시간의 차이 : 집단(조직)의 문제

38 리더십의 유형을 지휘 형태에 따라 구분할 때 이에 해당하지 않는 것은?

① 권위적 리더십
② 민주적 리더십
③ 방임적 리더십
④ 경쟁적 리더십

해설

리더십의 3가지 유형
① 권위형 : 지도자가 모든 정책을 단독적으로 결정하기 때문에 부하직원들은 오로지 따르기만 하면 된다.
② 민주형 : 혼자 정책을 결정하려 하지 않고 집단토론이나 집단 결정을 통해서 정책을 결정한다.
③ 자유방임형 : 지도자가 집단구성원에게 완전히 자유를 주는 경우로서 그는 전혀 리더십을 행사하지 않고 단지 명목적인 리더의 자리만 지킨다.

KEY
① 2016년 5월 8일 기사 출제
② 2017년 8월 26일 기사 출제

39 맥그리거(McGregor)의 XY 이론에 있어 X 이론의 관리 처방으로 적절하지 않은 것은?

① 자체평가제도의 활성화
② 경제적 보상체제의 강화
③ 권위주의적 리더십의 확립
④ 면밀한 감독과 엄격한 통제

해설

X·Y 이론의 관리처방

X이론	Y이론
경제적 보상 체제의 강화	민주적 리더십의 확립
권위주의적 리더십의 확립	분권화의 권한과 위임
면밀한 감독과 엄격한 통제	목표에 의한 관리
상부책임제도의 강화	직무확장
조직구조의 고층성	비공식적 조직의 활용
	자체평가제도의 활성화

KEY
① 2017년 3월 5일 기사 출제
② 2017년 5월 7일 산업기사 출제
③ 2017년 9월 23일 산업기사 출제
④ 2018년 4월 18일 기사 출제

40 파악하고자 하는 연구과제에 대해 언어를 매개로 구조화된 질의응답을 통하여 교육하는 기법은?

① 면접(interview)
② 카운슬링(counseling)
③ CCS(Civil Communication Section)
④ ATP(American Telephone & Telegram Co.)

해설

면접(interview)
① 언어를 매개로 구조화한 질의 응답을 통한 교육기법
② 파악하고자 하는 연구과제에 적용

[정답] 36 ① 37 ③ 38 ④ 39 ① 40 ①

3 인간공학 및 시스템안전공학

41 인체의 관절 중 경첩관절에 해당하는 것은?

① 손목관절 ② 엉덩관절
③ 어깨관절 ④ 팔꿈관절

해설

경첩관절(hinge joint)
① 하나의 축을 따라 구부리고 펼 수 있는 관절 예) 팔꿈치
② 위팔뼈의 둥근 끝부분이 자뼈의 구멍속에서 돈다.

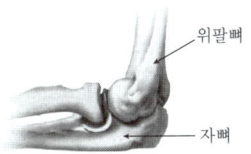

[그림] 경첩관절

42 시스템 수명주기에 있어서 예비위험분석(PHA)이 이루어지는 단계에 해당하는 것은?

① 구상단계 ② 점검단계
③ 운전단계 ④ 생산단계

해설

PHA · OSHA · FHA · HAZOP

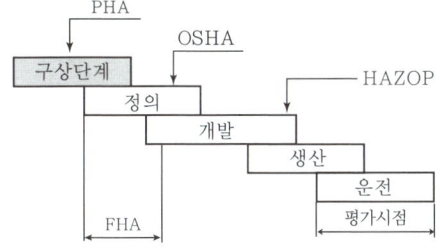

KEY ① 2016년 5월 8일 산업기사 출제
② 2018년 8월 19일 기사 출제

정보제공
2018년 9월 15일 (문제44번) 확인

43 100분 동안 8[kcal/min]으로 수행되는 삽질 작업을 해야하는 40세의 남성 노동자에게 제공되어야 할 적합한 휴식시간은 얼마인가?(단, Murrel의 공식 적용)

① 10.00분 ② 46.15분
③ 51.77분 ④ 85.71분

해설

휴식시간(R) = $\dfrac{60(E-5)}{E-1.5}$ = $\dfrac{100(8-5)}{8-1.5}$ = 46.15[분]

여기서, R : 휴식시간[분] E : 작업시 평균 에너지 소비량[kcal/분]
100분 : 총작업 시간 1.5[kcal/분] : 휴식시간 중의 에너지 소비량
5[kcal/분] : 기초대사량을 포함한 보통작업에 대한 평균 에너지
(기초대사량을 포함하지 않을 경우 : 4[kcal/분])

KEY ① 2016년 5월 8일 기사 출제
② 2016년 10월 1일 기사 출제

44 결함위험분석(FHA, Fault Hazard Analysis)의 적용단계로 가장 적절한 것은?

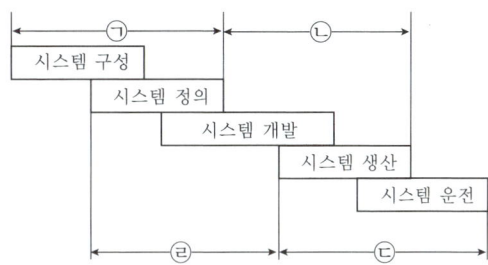

① ㉠ ② ㉡
③ ㉢ ④ ㉣

해설

FHA
① 분업에 의하여 여럿이 분담 설계한 subsystem간의 interface를 조정
② 각각의 subsystem 및 전 시스템의 안전성에 악영향을 끼치지 않기 위한 분석기법

정보제공
2018년 9월 15일 (문제 42번) 확인

[정답] 41 ④ 42 ① 43 ② 44 ④

45 FTA에 의한 재해사례 연구 순서에서 가장 먼저 실시하여야 하는 상황은?

① FT도의 작성
② 개선 계획의 작성
③ 톱(TOP)사상의 선정
④ 사상의 재해 원인의 규명

해설

D. R. Cheriton의 FTA에 의한 재해사례 연구순서
① 제1단계 : 톱(top)사상의 선정
② 제2단계 : 사상마다 재해원인 및 요인규명
③ 제3단계 : FT(Fault Tree)도의 작성
④ 제4단계 : 개선계획 작성
⑤ 제5단계 : 개선안 실시계획

KEY
① 2016년 10월 1일 기사 출제
② 2017년 3월 5일 기사 출제

46 FTA에서 활용하는 최소 컷셋(Minimal cut sets)에 관한 설명으로 맞는 것은?

① 해당 시스템에 대한 신뢰도를 나타낸다.
② 컷셋 중에 타 컷셋을 포함하고 있는 것을 배제하고 남은 컷셋들을 의미한다.
③ 어느 고장이나 에러를 일으키지 않으면 재해가 일어나지 않는 시스템의 신뢰성이다.
④ 기본사상이 일어나지 않을 때 정상사상(Top event)이 일어나지 않는 기본사상의 집합이다.

해설

최소컷셋(minimal cut set)
① 어떤 고장이나 실수를 일으키면 재해가 일어날까 하는 식으로 결국은 시스템의 위험성(반대로 말하면 안전성)을 표시하는 것
② 컷셋 중 타 컷셋을 배제하고 남은 컷셋

KEY
① 2017년 5월 7일 기사 출제
② 2017년 9월 23일 기사 출제
③ 2018년 3월 4일 산업기사 출제
④ 2018년 4월 28일 산업기사 출제

보충학습
최소패스셋(minimal path set) : 어떤 고장이나 실수를 일으키지 않으면 재해는 일어나지 않는다고 하는 것. 즉 시스템의 신뢰성을 나타낸다.

47 조도에 관련된 척도 및 용어 정의로 틀린 것은?

① 조도는 거리가 증가할 때 거리의 제곱에 반비례한다.
② candela는 단위 시간당 한 발광점으로부터 투광되는 빛의 에너지 양이다.
③ lux는 1cd의 점광원으로부터 1[m] 떨어진 구면에 비추는 광의 밀도이다.
④ lambert는 완전 발산 및 반사하는 표면에 표준 촛불로 1[m] 거리에서 조명될 때 조도와 같은 광도 이다.

해설

L (Lambert)
완전발산 또는 반사하는 표면이 1 [cm] 거리에서 표준 촛불로 조명될 때의 조도와 같은 광도

48 예비위험분석(PHA)에서 식별된 사고의 범주로 부적절한 것은?

① 중대(critical)
② 한계적(marginal)
③ 파국적(catastrophic)
④ 수용가능(acceptable)

해설

식별된 사고의 4가지 PHA범주
① 파국적
② 중대(위기적)
③ 한계적
④ 무시

KEY 2016년 5월 8일 기사 출제

49 다음 중 불 대수 관계식으로 틀린 것은?

① $A(A+B) = A$
② $\overline{A \cdot B} = \overline{A} + \overline{B}$
③ $A + \overline{A} \cdot B = A + B$
④ $A + B = \overline{A} \cdot \overline{B}$

[정답] 45 ③ 46 ② 47 ④ 48 ④ 49 ④

> [해설]

교환법칙
① A + B = B + A
② A × B = B × A

50
산업안전보건법령에 따라 유해·위험 방지 계획서 제출 대상 사업장에 해당하는 1차 금속 제조업의 유해·위험방지계획서에 첨부되어야 하는 서류에 해당하지 않는 것은? (단, 그 밖에 고용노동부장관이 정하는 도면 및 서류는 제외한다.)

① 기계·설비의 배치도면
② 건축물 각 층의 평면도
③ 위생시설물 설치 및 관리 대책
④ 기계·설비의 개요를 나타내는 서류

> [해설]

유해·위험방지계획서 제출서류(단, 1차금속 제조업)
① 건축물 각 층의 평면도
② 기계·설비의 개요를 나타내는 서류
③ 기계·설비의 배치도면
④ 원재료 및 제품의 취급, 제조 등의 작업방법의 개요
⑤ 그 밖에 고용노동부장관이 정하는 도면 및 서류

> [정보제공]

산업안전보건법 시행규칙 제42조(제출서류 등)

> [보충학습]

서류제출기간 : 해당작업 시작 15일전

51
부품성능이 시스템 목표달성의 긴요도에 따라 우선순위를 결정하는 부품배치 원칙에 해당하는 것은?

① 중요성의 원칙
② 사용 빈도의 원칙
③ 사용 순서의 원칙
④ 기능별 배치의 원칙

> [해설]

부품(공간)배치의 4원칙
① 중요성(도)의 원칙(일반적 위치결정) : 부품을 작동하는 성능이 체계의 목표 달성에 긴요한 정도에 따라 우선순위를 결정한다.
② 사용빈도의 원칙(일반적 위치결정) : 부품을 사용하는 빈도에 따라 우선순위를 결정한다.
③ 기능별 배치의 원칙(배치결정) : 기능적으로 관련된 부품들(표시장치, 조정장치 등)을 모아서 배치한다.
④ 사용순서의 원칙(배치결정) : 사용순서에 따라 장치들을 가까이에 배치한다.

KEY 2017년 9월 23일 산업기사 출제

52
일반적인 화학설비에 대한 안전성 평가(safety assessment) 절차에 있어 안전대책 단계에 해당되지 않는 것은?

① 위험도 평가
② 보전
③ 관리적 대책
④ 설비 대책

> [해설]

4단계 : 안전대책수립
① 설비 등에 관한 대책(위험등급 1·2등급의 물적 안전조치사항)
  ㉮ 소화용수 및 살수설비설치
  ㉯ 특수한 계장 또는 설비
  ㉰ 폐기설비 및 급랭설비
  ㉱ 용기 내 폭발방지설비설치
  ㉲ 원격조작
  ㉳ 경보장치설치
  ㉴ 가스검지기설치
  ㉵ 배기설비설치
  ㉶ 비상용 전원장치설치
  ㉷ 폭풍으로부터 보호대책(1급 : 30[m] 이상 격리, 2급 : 15[m] 이상 격리)
② 위험등급 3등급시 설비 등에 관한 대책
  ㉮ 소화용수 및 살수설비설치 ㉯ 정전기 방지대책강구
  ㉰ 배기설비설치
③ 관리적 대책
  ㉮ 적정한 인원배치
  ㉯ 보전
  ㉰ 안전교육훈련

53
수공구 설계의 기본 원리로 틀린 것은?

① 양손잡이를 모두 고려하여 설계한다.
② 손바닥 부위에 압박을 주는 손잡이 형태로 설계한다.
③ 손잡이의 길이는 95[%] 남성의 손 폭을 기준으로 한다.
④ 동력공구 손잡이는 최소 두 손가락 이상으로 작동하도록 설계한다.

[정답] 50 ③ 51 ① 52 ① 53 ②

> **해설**
>
> **수공구 설계원칙**
> ① 손목을 곧게 펼 수 있도록 : 손목이 팔과 일직선일 때 가장 이상적
> ② 손가락으로 지나친 반복동작을 하지 않도록 : 검지의 지나친 사용은 「방아쇠 손가락」증세 유발
> ③ 손바닥면에 압력이 가해지지 않도록(접촉면적을 크게) : 신경과 혈관에 장애(무감각증, 떨림현상)
> ④ 그 밖에 설계원칙
> ㉮ 안전측면을 고려한 디자인
> ㉯ 적절한 장갑의 사용
> ㉰ 왼손잡이 및 장애인을 위한 배려
> ㉱ 공구의 무게를 줄이고 균형유지 등
>
> **KEY** ▶ 2016년 5월 8일 산업기사 출제

54 습구온도가 23[℃]이며, 건구온도가 31[℃]일 때의 Oxford 지수(건습지수)는 얼마인가?

① 2.42[℃] ② 2.98[℃]
③ 24.2[℃] ④ 29.8[℃]

> **해설**
>
> **건습지수**
> WD = 0.85W + 0.15d = (0.85×23)+(0.15×31)=24.2[℃]
>
> **KEY** ▶ ① 2017년 3월 5일 기사 출제
> ② 2017년 9월 23일 기사 출제
> ③ 2018년 4월 28일 산업기사 출제

55 인간이 현존하는 기계를 능가하는 기능이 아닌 것은? (단, 인공지능은 제외한다.)

① 원칙을 적용하여 다양한 문제를 해결한다.
② 관찰을 통해서 특수화하고 연역적으로 추리한다.
③ 주위의 이상하거나 예기치 못한 사건들을 감지한다.
④ 어떤 운용방법이 실패할 경우 새로운 다른 방법을 선택할 수 있다.

> **해설**
>
> **인간이 현존하는 기계를 능가하는 기능**
> ① 저에너지의 자극을 감지하는 기능
> ② 복잡 다양한 자극의 형태를 식별하는 기능
> ③ 예기치 못한 사건들을 감지하는 기능(예감, 느낌)
> ④ 다량의 정보를 장시간 기억하고 필요시 내용을 회상하는 기능
> ⑤ 관찰을 일반화하여 귀납적으로 추리하는 기능
> ⑥ 원칙을 적용하여 다양한 문제를 해결하는 기능
> ⑦ 어떤 운용 방법이 실패할 경우 다른 방법을 선택(융통성)
> ⑧ 다양한 경험을 토대로 의사 결정, 상황적인 요구에 따라 적응적인 결정, 비상사태시 임기응변
> ⑨ 주관적으로 추산하고 평가하는 기능
> ⑩ 문제 해결에 있어서 독창력을 발휘하는 기능
> ⑪ 과부하(overload) 상태에서는 중요한 일에만 전념하는 기능
>
> **KEY** ▶ ① 2018년 4월 28일 기사 출제
> ② 2018년 8월 19일 기사 출제

56 작업설계(job design) 시 철학적으로 고려해야 할 사항 중 작업만족도(job satisfaction)를 얻기 위한 수단으로 볼 수 없는 것은?

① 작업감소(job reduce)
② 작업순환(job rotation)
③ 작업확대(job enlargement)
④ 작업윤택화(job enrichment)

> **해설**
>
> **작업만족도를 얻기 위한 수단**
> ① 작업순환
> ② 작업확대
> ③ 작업윤택화

57 중이소골(ossicle)이 고막의 진동을 내이의 난원창(oval window)에 전달하는 과정에서 음파의 압력은 어느 정도 증폭되는가?

① 2배   ② 12배
③ 22배 ④ 220배

> **해설**
>
> **중이소골**
> 고막의 진동을 내이 난원창에 전달하는 과정의 음파압력은 22배로 증폭된다.
>
> **KEY** ▶ 2015년 5월 31일 산업기사 (문제 37번)

58 양립성의 종류에 해당하지 않는 것은?

① 기능 양립성   ② 운동 양립성
③ 공간 양립성   ④ 개념 양립성

[정답] 54 ③ 55 ② 56 ① 57 ③ 58 ①

해설

양립성의 종류
① 개념 양립성
② 공간 양립성
③ 운동 양립성
④ 양식(modality) 양립성

KEY ① 2018년 3월 4일 기사 출제
② 2018년 4월 28일 기사·산업기사 동시출제
③ 2018년 8월 19일 기사 출제

59 원자력 발전소 운전에서 발생 가능한 응급조치 중 성격이 다른 것은?

① 조작자가 표지(label)를 잘못 읽어 틀린 스위치를 선택하였다.
② 조작자가 극도로 높은 압력 발생이후 처음 60초 이내에 올바르게 행동하지 못하였다.
③ 조작자는 절차서 단계 중 마지막 점검목록인 수동 점검 밸브를 적절한 형태로 복귀시키지 않았다.
④ 조작자가 하나의 절차적 단계에서 2개의 긴밀하게 결부된 밸브 중에서 하나를 올바르게 조작하지 못하였다.

해설

심리학적 분류(Swain)의 인적오류(불확정, 시간지연, 순서착오)
① 생략에러(Omission Errors : 부작위 실수) : 직무 또는 어떤 단계를 수행치 않음 (누락오류) : ③
② 실행에러(Commission error : 작위 실수) : 직무의 불확실한 수행
(예 선택, 순서, 시간, 정성적 착오) : ①, ②, ④

60 형광등과 물체의 거리가 50[cm]이고 광도가 30[fL]일때, 반사율은 얼마인가?

① 12[%]   ② 25[%]
③ 35[%]   ④ 42[%]

해설

반사율(reflectance)
① 표면에 도달하는 조명과 광속발산도의 관계
① 반사율 = $\dfrac{광도}{조도} \times 100 = \dfrac{30}{30 \div 0.5^2} \times 100 = \dfrac{30}{120} \times 100 = 25[\%]$

4 건설시공학

61 콘크리트 타설 후 진동다짐에 관한 설명으로 옳지 않은 것은?

① 진동기는 하층 콘크리트에 10[cm]정도 삽입하여 상하층 콘크리트를 일체화 시킨다.
② 진동기는 가능한 연직방향으로 찔러 넣는다.
③ 진동기를 빼낼 때는 서서히 뽑아 구멍이 남지 않도록 한다.
④ 된비빔 콘크리트의 경우 구조체의 철근에 진동을 주어 진동효과를 좋게 한다.

해설

진동기 사용요령
① 된비빔 콘크리트는 상부에 적용한다.
② 철근이나 거푸집에 직접 진동을 주어서는 안된다.

KEY ① 2017년 3월 5일 산업기사 출제
② 2018년 4월 28일 기사 출제
③ 2018년 9월 15일 기사·산업기사 동시출제

62 속빈 콘크리트블록의 규격 중 기본블록치수가 아닌 것은? (단, 단위 : mm)

① 390×190×190   ② 390×190×150
③ 390×190×100   ④ 390×190×80

해설

속빈 콘크리트 블록 치수

형상	치수[mm]		
	길이	높이	두께
기본블록	390	190	190 150 100
이형블록	길이, 높이, 두께의 최소 치수를 90[mm] 이상으로 한다.		

[그림] 속빈 콘크리트 블록

[정답] 59 ③　60 ②　61 ④　62 ④

63 철골공사의 용접접합에서 플럭스(flux)를 옳게 설명한 것은?

① 용접 시 용접봉의 피복제 역할을 하는 분말상의 재료
② 압연강판의 층 사이에 균열이 생기는 현상
③ 용접작업의 종단부에 임시로 붙이는 보조판
④ 용접부에 생기는 미세한 구멍

해설

플럭스(Flux)
① 철골가공 및 용접에 있어 자동용접의 경우 용접봉의 피복재 역할
② 분말상의 재료

64 콘크리트 측압에 관한 설명으로 옳지 않은 것은?

① 콘크리트의 비중이 클수록 측압이 크다.
② 외기의 온도가 낮을수록 측압은 크다.
③ 거푸집의 강성이 작을수록 측압이 크다.
④ 진동다짐의 정도가 클수록 측압이 크다.

해설

측압에 영향을 주는 요인

요소별 항목	콘크리트 측압에 미치는 영향
① 치어붓기의 속도	속도가 빠를수록 측압이 크다.
② 컨시스턴시	묽은 콘크리트일수록 측압이 크다.
③ 콘크리트의 비중	비중이 클수록 측압이 크다.
④ 시멘트의 종류	조강시멘트 등 응결시간이 빠른 것을 사용할수록 측압은 작게 된다.
⑤ 거푸집의 강성	거푸집의 강성이 클수록 측압은 크다.
⑥ 철골 또는 철근량	철골 또는 철근량이 많을수록 측압은 작게 된다.
⑦ 골재의 입경	입경의 크기가 어떠한 영향을 주는가는 아직 해명되어 있지 않다.
⑧ 콘크리트의 온도 및 기온	온도가 높을수록 측압은 적게 된다.
⑨ 거푸집 표면의 평활도	표면이 평활하면 마찰계수가 적게 되어 측압이 크다.
⑩ 거푸집의 투수성 및 누수성	투수성 및 누수성이 클수록 측압이 작다.
⑪ 거푸집의 수평단면	단면이 클수록 측압이 크다.
⑫ 바이브레이터의 사용	바이브레이터를 사용하여 다질수록 측압이 크다.
⑬ 치어붓기 방법	높은 곳에 낙하시켜 충격을 주면 측압이 커진다.

합격자의 조언
2018년 9월 15일 건설안전기술(문제115번)에서도 출제

65 철근 콘크리트 보강 블록공사에 관한 설명으로 옳지 않은 것은?

① 보강 블록조 쌓기에서 세로줄눈은 막힌줄눈으로 하는 것이 좋다.
② 블록을 쌓을 때 지나치게 물축이기하면 팽창수축으로 벽체에 균열이 생기기 쉬우므로, 접착면에 적당히 물축여 모르타르 경화강도에 지장이 없도록 한다.
③ 보강블록공사 시 철근은 굵은 것보다 가는 철근을 많이 넣는 것이 좋다.
④ 벽체를 일체화시키기 위한 철근콘크리트조의 테두리 보의 춤은 내력벽 두께의 1.5배 이상으로 한다.

해설

보강 블록조 쌓기 : 통줄눈 원칙

66 공사관리계약 (Construction Management Contract) 방식의 장점이 아닌 것은?

① 시공 시 단계별 시공법을 적용할 수 있어 설계 및 시공기간을 단축시킬 수 있다.
② 설계과정에서 설계가 시공에 미치는 영향을 예측할 수 있어 설계도서의 현실성을 향상시킬 수 있다.
③ 기획 및 설계과정에서 발주자와 설계자간의 의견 대립 없이 설계대안 및 특수공법의 적용이 가능하다.
④ 대리인형 CM(CM for fee)방식은 공사비와 품질에 직접적인 책임을 지는 공사관리계약 방식이다.

해설

CM(건설관리)
① 설계, 시공을 통합관리
② 주문자를 위해 서비스하는 전문가 집단의 관리기법

[정답] 63 ① 64 ③ 65 ① 66 ④

67 다음 중 깊은 기초지정에 해당되는 것은?

① 잡석지정　　② 피어기초지정
③ 밑창콘크리트지정　　④ 간주춧돌지정

해설
피어기초지정
① 지름이 큰 말뚝을 일반적으로 Pier라 하고, 말뚝과 구별하고 있으며, 우물기초나 깊은 기초 공법은 Pier기초에 속한다.
② 주로 기계로 굴착하여 대구경의 Pile을 구축한다.

68 당해 공사의 특수한 조건에 따라 표준시방서에 대하여 추가, 변경, 삭제를 규정한 시방서는?

① 안내시방서　　② 특기시방서
③ 자료시방서　　④ 공사시방서

해설
시방서 종류
① 표준시방서 : 모든 공사의 공통적인 사항을 규정한 시방서
② 특기시방서 : 당해공사에서만 적용되는 특수한 조건에 따라 표준시방서의 내용에서 변경, 추가, 삭제를 규정한 시방서
KEY 2016년 3월 6일 산업기사 출제

69 흙막이공사의 공법에 관한 설명으로 옳은 것은?

① 지하연속벽(Slurry wall)공법은 인접건물의 근접시공은 어려우나 수평방향의 연속성이 확보된다.
② 어스앵커공법은 지하 매설물 등으로 시공이 어려울 수 있으나 넓은 작업장 확보가 가능하다.
③ 버팀대(Strut)공법은 가설구조물을 설치하지만 토량제거 작업의 능률이 향상된다.
④ 강재 널말뚝(Steel sheet pile)공법은 철재판재를 사용하므로 수밀성이 부족하다.

해설
흙막이 공사
① 지하연속벽(slurry wall)공법 : 저소음 저진동 공법으로 인접건물의 근접시공이 가능하며 안정적 공법이다.
② 빗버팀대(경사버팀대 : raker) : 흙막이벽에 경사된 각도로 설치되어 띠장을 직접 지지해 주는 압축부재
③ Earth anchor 공법(Tie-rod 공법) : 흙막이 배면을 earth drill로 천공 후 인장재 삽입, 모르타르 주입, 경화 후 긴장 장착하는 공법

70 콘크리트 골재의 비중에 따른 분류로써 초경량골재에 해당하는 것은?

① 중정석　　② 펄라이트
③ 강모래　　④ 부순자갈

해설
펄라이트(perlite)
① 진주석, 흑요석을 분쇄한 가루
② 가열, 팽창시키면 백색 또는 회백색의 초경량골재

71 자연상태로서의 흙의 강도가 1[Mpa]이고, 이긴상태로의 강도는 0.2[Mpa]라면 이 흙의 예민비는?

① 0.2　　② 2
③ 5　　④ 10

해설
예민비 = $\dfrac{\text{흐트러지지 않은 천연(자연)시료의 강도}}{\text{흐트러진(이긴) 시료의 강도}} = \dfrac{1}{0.2} = 5$

KEY 2017년 5월 7일 산업기사 출제

72 철근 용접이음 방식 중 Cad Welding 이음의 장점이 아닌 것은?

① 실시간 육안검사가 가능하다.
② 기후의 영향이 적고 화재위험이 감소된다.
③ 각종 이형철근에 대한 적용범위가 넓다.
④ 예열 및 냉각이 불필요하고 용접시간이 짧다.

해설
Cad Welding 장단점
① 장점
　㉮ 기후의 영향이 적고, 화재위험 감소
　㉯ 예열 및 냉각이 필요 없고, 용접시간이 짧음
　㉰ 인장 및 압축에 대한 전달내력 확보 용이
　㉱ 각종 이형철근에 적용범위가 넓음
　㉲ 철근량(이음길이 감소) 감소 및 콘크리트 타설 용이
② 단점
　㉮ 육안검사가 불가능
　㉯ 철근의 규격이 다른 경우 사용불가
　㉰ X-ray·방사선투과법 등의 특수검사 필요

[정답] 67 ②　68 ②　69 ②　70 ②　71 ③　72 ①

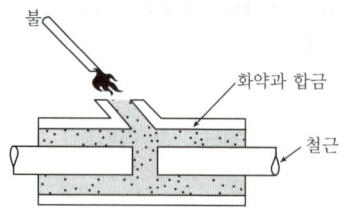

[그림] Cad welding

73 공사계약 중 재계약 조건이 아닌 것은?

① 설계도면 및 시방서(specification)의 중대결함 및 오류에 기인한 경우
② 계약상 현장조건 및 시공조건이 상이(difference)한 경우
③ 계약사항에 중대한 변경이 있는 경우
④ 정당한 이유 없이 공사를 착수하지 않은 경우

해설

공사계약 중 재계약 조건
① 설계서의 내용이 불분명하거나 누락, 오류 또는 상호 모순되는 점이 있을 경우
② 지질, 용수 등 공사현장의 상태가 설계서와 다를 경우
③ 새로운 기술, 공법사용으로 공사비의 절감과 시공기간의 단축 등의 효과가 현저할 경우
④ 기타 발주기관이 설계서를 변경할 필요가 있다고 인정할 경우 등
⑤ 설계도면 및 시방서(Specification)의 중대결함 및 오류에 기인한 경우
② 계약상 현장조건 및 시공조건이 상이(Difference)한 경우
③ 계약사항에 중대한 변경이 있는 경우

74 발주자가 수급자에게 위탁하지 않고 직영공사로 공사를 수행하기에 가장 부적합한 공사는?

① 공사 중 설계변경이 빈번한 공사
② 아주 중요한 시설물공사
③ 군비밀상 부득이 한 공사
④ 공사현장 관리가 비교적 복잡한 공사

해설

직영공사 적용
① 발주자가 어느 정도 현장 관리능력이 있을 때 유리
② 자재, 노무 종류가 다종 다양하여 현장 관리가 복잡할 때는 불리

75 강재 중 SN 355 B에서 각 기호의 의미를 잘못 나타낸 것은?

① S : Steel
② N : 일반 구조용 압연강재
③ 355 : 최저 항복강도 355 [N/mm^2]
④ B : 용접성에 있어 중간 정도의 품질

해설

N : 내진용 강재

정보제공
국토교통부 고시 제2016-317호 (2016. 5. 31)

76 지반개량 공법 중 동다짐(Dynamic Compaction) 공법의 특징으로 옳지 않은 것은?

① 시공 시 지반진동에 의한 공해문제가 발생하기도 한다.
② 지반 내에 암괴 등의 장애물이 있으면 적용이 불가능하다.
③ 특별한 약품이나 자재를 필요로 하지 않는다.
④ 깊은 심도의 지반개량에 대해서는 초대형 장비가 필요하다.

해설

동압밀 공법(동다짐 공법 : Dynamic compaction 공법)
① 시공 시 지반진동에 의한 공해문제가 발생하기도 한다.
② 특별한 약품이나 자재를 필요로 하지 않는다.
③ 깊은 심도의 지반개량에 대해서는 초대형 장비가 필요하다.

[정답] 73 ④ 74 ④ 75 ② 76 ②

77
철근콘크리트 구조물(5~6층)을 대상으로 한 벽, 지하외벽의 철근 고임대 및 간격재의 배치표준으로 옳은 것은?

① 상단은 보 밑에서 0.5[m]
② 중단은 상단에서 2.0[m] 이내
③ 횡간격은 0.5[m] 정도
④ 단부는 2.0[m] 이내

해설

간격재(Spacer)
철근과 거푸집의 간격을 유지하기 위한 것

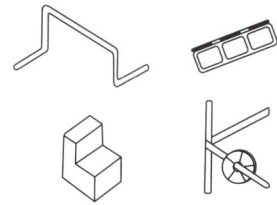

[그림] 간격재(Spacer)

[표] 철근공사 시공기술표준

부위	철근고임대 및 간격재의 수량 배치 간격	비고
슬래브	① 상/하단근 각각 가로, 세로 1[m]이내 ② 각 단부는 첫번째 철근에 설치	
보	간격 : 1.5[m] 내외, 단부는 0.9[m] 이내	
기둥	① 상단 : 제1단 띠철근에 설치 ② 중단 : 상단에서 1.5[m] 이내 ③ 기둥폭 1[m]까지 2개, 1[m] 이상시 3개 설치	
기초	8개/4[m²] 또는 1.2[m] 이내	
지중보	간격 : 1.5[m] 내외	
벽체	① 상단 : 보 밑에서 0.5[m] 내외 ② 중단 : 상단에서 1.5[m] 내외 ③ 횡간격 : 1.5[m] 내외, 개구부 주위는 각 변에 2개소 설치	(단, 변의 길이가 1.5[m] 이상일 경우는 3개소 설치)

78
철골부재 공장제작에서 강재의 절단 방법으로 옳지 않은 것은?

① 기계 절단법
② 가스 절단법
③ 로터리 베니어 절단법
④ 프라즈마 절단법

해설

로터리 베니어 절단
① 원목을 회전하여 넓은 대팻날로 두루마리처럼 벗기는 방식
② 합판 제조 방법

79
벽돌쌓기법 중에서 마구리를 세워쌓는 방식으로 옳은 것은?

① 옆세워 쌓기
② 허튼 쌓기
③ 영롱 쌓기
④ 길이 쌓기

해설

옆세워쌓기
마구리면이 내보이도록 벽돌 벽면을 수직으로 쌓는 방식

보충학습
마구리쌓기 : 원형굴뚝, 사일로(Silo) 등 벽두께 1.0B 이상 쌓기에 쓰인다.

80
연약한 점토지반에서 지반의 강도가 굴착규모에 비해 부족할 경우에 흙이 돌아오거나 굴착바닥면이 융기하는 현상은?

① 히빙
② 보일링
③ 파이핑
④ 틱소트로피

해설

히빙(Heaving)현상
① 정의 : 지면, 특히 기초파기한 바닥면이 부풀어오르는 현상
② 대책
  ㉮ 강성이 높은 강력한 흙막이벽의 밑 끝을 양질의 지반속까지 깊게 박는다.(가장 안전한 대책)
  ㉯ 굴착주변 지표면의 상재하중을 제거한다.
  ㉰ 흙막이벽 재료를 강도가 높은 것을 사용하고 버팀대의 수를 증가시킨다.
  ㉱ 아일랜드 공법을 적용한다.

KEY ① 2013년 3월 4일 산업기사 출제
② 2018년 4월 28일 산업기사 출제
③ 2018년 9월 15일 산업기사 (건설안전기술) 출제

[정답] 77 ① 78 ③ 79 ① 80 ①

5 건설재료학

81 평판성형되어 유리대체재로서 사용되는 것으로 유기질 유리라고 불리우는 것은?

① 아크릴수지 ② 페놀수지
③ 폴리에틸렌수지 ④ 요소수지

해설
아크릴수지
① 유기질유리라 하여 일찍이 비행기의 방풍유리로 사용해 왔다.
② 무색투영판은 광선 및 자외선의 투과성이 크고 내약품성, 전기절연성이 크며 내충격강도는 무기재료보다 8~10배 정도이다.

KEY 2018년 3월 4일 기사 출제

82 콘크리트에 사용되는 신축이음(Expansion Joint) 재료에 요구되는 성능 조건이 아닌 것은?

① 콘크리트의 수축에 순응할 수 있는 탄성
② 콘크리트의 팽창에 대한 저항성
③ 우수한 내구성 및 내부식성
④ 콘크리트 이음사이의 충분한 수밀성

해설
신축 이음
기초의 부동침하와 온도, 습도 등의 변화에 따라 신축팽창을 흡수시킬 목적으로 설치하는 줄눈

83 다음 제품의 품질시험으로 옳지 않은 것은?

① 기와 : 흡수율과 인장강도
② 타일 : 흡수율
③ 벽돌 : 흡수율과 압축강도
④ 내화벽돌 : 내화도

해설
점토기와(KS F 3510)의 품질시험종목(건설공사 품질관리 업무지침)
① 겉모양 및 치수
② 흡수율
③ 휨 파괴 하중
④ 내동해성

84 점토에 관한 설명으로 옳지 않은 것은?

① 가소성은 점토입자가 클수록 좋다.
② 소성된 점토제품의 색상은 철화합물, 망간화합물, 소성온도 등에 의해 나타난다.
③ 저온으로 소성된 제품은 화학변화를 일으키기 쉽다.
④ Fe_2O_3 등의 성분이 많으면 건조수축이 커서 고급 도자기 원료로 부적합하다.

해설
점토의 가소성
① 알루미나가 많은 점토는 가소성이 우수하며, 가소성이 너무 큰 경우는 모래 또는 구운점토 분말인 Schamotte로 조절한다.
② 제품의 성형에 가장 중요한 성질이 가소성이다.

참고 건설안전기사 필기 p.5-69 (합격날개 : 합격예측)

KEY 2016년 5월 8일 산업기사 출제

85 다음 중 이온화 경향이 가장 큰 금속은?

① Mg ② Al
③ Fe ④ Cu

해설
금속의 이온화 경향
① 금속이 전해질 용액 중에 들어가면 양이온으로 되려고 하는 경향이 있다. 이러한 대소를 금속의 이온화 경향이라고 한다.
② 큰 순서 ; K>Na>Ca>Mg>Al>Zn>Fe>Ni>Sn>Pb>Cu

86 내화벽돌의 주원료 광물에 해당되는 것은?

① 형석 ② 방해석
③ 활석 ④ 납석

해설
내화벽돌 주원료 : 납석

KEY 2017년 5월 7일 기사 출제

[정답] 81 ① 82 ② 83 ① 84 ① 85 ① 86 ④

87 바닥용으로 사용되는 모자이크 타일의 재질로서 가장 적당한 것은?

① 도기질 ② 자기질
③ 석기질 ④ 토기질

해설

모자이크 타일
① 모자이크 타일은 1.8[cm]각, 4[cm]각이 많은데 바닥용이 주이므로 자기질이고 색은 여러 가지이다.
② 내외벽용으로도 쓰인다.
③ 모자이크 타일 중에서 11[mm]의 정도의 것을 아크모자이크 또는 라스모자이크라고도 한다.
④ 모양이나 그림을 표현할 수도 있다.

88 콘크리트 공기량에 관한 설명으로 옳지 않은 것은?

① AE 콘크리트의 공기량은 보통 3~6[%]를 표준으로 한다.
② 콘크리트를 진동시키면 공기량이 감소한다.
③ 콘크리트의 온도가 높으면 공기량이 줄어든다.
④ 비빔시간이 길면 길수록 공기량은 증가한다.

해설

비빔시간이 길수록 공기량은 감소한다.

정보제공
2018년 9월 15일 산업기사 (문제 58번)

89 목재의 심재와 변재에 관한 설명으로 옳지 않은 것은?

① 변재는 심재 외측과 수피 내측 사이에 있는 생활세포의 집합이다.
② 심재는 수액의 통로이며 양분의 저장소이다.
③ 심재는 변재보다 단단하여 강도가 크고 신축 등 변형이 적다.
④ 심재의 색깔은 짙으며 변재의 색깔은 비교적 엷다.

해설

수액의 유통과 저장 : 변재의 세포

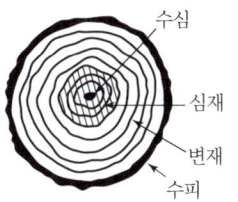

[그림] 수목의 횡단면

KEY 2018년 4월 28일 기사 출제

90 금속재료의 녹막이를 위하여 사용하는 바탕칠 도료는?

① 알루미늄페인트
② 광명단
③ 에나멜페인트
④ 실리콘페인트

해설

방청도료(녹막이칠)의 종류
① 연단(광명단)칠 : 보일유를 유성 Paint에 녹인 것. 철재에 사용
② 방청·산화철 도료 : 오일스테인이나 합성수지+산화철, 아연분말 등이 원료이고 널리 사용, 내구성 우수, 정벌칠에도 사용
③ 알루미늄 도료 : 방청 효과, 열반사 효과, 알루미늄 분말이 안료
④ 역청질 도료 : 역청질 원료+건성유, 수지유 첨가, 일시적 방청효과 기대
⑤ 징크로메이트 칠 : 크롬산아연+알키드수지, 알루미늄, 아연철판 녹막이칠
⑥ 규산염 도료 : 규산염+아마인유. 내화도료로 사용
⑦ 연시아나이드 도료 : 녹막이 효과, 주철제품의 녹막이칠에 사용
⑧ 이온교환수지 : 전자제품, 철재면 녹막이 도료
⑨ 그라파이트 칠 : 녹막이칠의 정벌칠에 사용

91 콘크리트의 성질을 개선하기 위해 사용하는 각종 혼화재의 작용에 포함되지 않은 것은?

① 기포작용 ② 분산작용
③ 건조작용 ④ 습윤작용

해설

혼화제의 작용
① 기포작용
② 분산작용
③ 습윤작용

KEY 2017년 9월 23일 산업기사 출제

[정답] 87 ② 88 ④ 89 ② 90 ② 91 ③

> [보충학습]
> ① 혼화재(混和材)
>   콘크리트의 물성을 개선하기 위하여 다량(시멘트량의 5% 이상)으로 사용(포졸란, 플라이애시, 고로슬래그)
> ② 혼화제(混和劑)
>   콘크리의 성질을 개선하기 위하여 소량(시멘트량의 5% 미만)으로 사용(AE제, 분산제, 경화촉진제, 방동제)

92 돌로마이트 플라스터에 관한 설명으로 옳지 않은 것은?

① 건조수축에 대한 저항성이 크다.
② 소석회에 비해 점성이 높고 작업성이 좋다.
③ 변색, 냄새, 곰팡이가 없으며 보수성이 크다.
④ 회반죽에 비해 조기강도 및 최종강도가 크다.

> [해설]
> 돌로마이트 플라스터의 특징
> ① 경화가 느리다.
> ② 수축성이 커서 균열발생이 쉽다.
> ③ 시공이 용이하고 값이 싸다.
> ④ 알칼리성이다.
> ⑤ 페인트칠이 불가능하다.
> ⑥ 기경성이다.
>
> **KEY** ▶ 2018년 4월 28일 기사 출제

93 자연에서 용제가 증발해서 표면에 피막이 형성되어 굳는 도료는?

① 유성조합페인트 ② 에폭시수지도료
③ 알키드수지   ④ 염화비닐수지에나멜

> [해설]
> 염화비닐수지에나멜
> ① 자연에서 용제가 증발
> ② 표면에 피막이 형성

94 절대건조밀도가 $2.6[g/cm^3]$이고, 단위용적질량이 $1,750 [kg/m^3]$인 굵은 골재의 공극률은?

① 30.5[%]   ② 32.7[%]
③ 34.7[%]   ④ 36.2[%]

> [해설]
> 공극률
> ① 일정한 크기의 용기내에서 공극의 비율을 백분율로 나타낸 것
> ② 공극률이 작으면 시멘트풀의 양이 적게 들고 수밀성, 내구성 및 마모저항 등이 증가되며 건조수축에 의한 균열발생의 위험이 감소된다.
>
> 실적률 = $\dfrac{단위용적중량(\omega)}{비중(\rho)} \times 100[\%] = \dfrac{1.75}{2.6} \times 100 = 67.3\,[\%]$
>
> 공극률 = $100 - 67.3 = 32.7[\%]$
>
> [보충학습]
> ① $1\,[m^3] = 1,000[L]$
> ② $1,750[kg/m^3] = 1.75[t/m^3]$
> ③ $2.6[g/cm^3] = 2.6[t/m^3]$

95 시멘트의 분말도가 높을수록 나타나는 성질변화에 관한 설명으로 옳은 것은?

① 시멘트 입자 표면적의 증대로 수화반응이 늦다.
② 풍화작용에 대하여 내구적이다.
③ 건조수축이 적다.
④ 초기강도 발현이 빠르다.

> [해설]
> 분말도가 클 때 나타나는 현상
> ① 표면적이 크다.
> ② 수화작용이 빠르다.(물과의 접촉면이 커지므로)
> ③ 발열량이 커지고, 초기강도가 크다.
> ④ 시공연도가 좋고, 수밀한 Conerete가 가능하다.
> ⑤ 균열발생이 크고 풍화되기 쉽다.
> ⑥ 장기강도는 저하된다.

96 아스팔트 방수시공을 할 때 바탕재와의 밀착용으로 사용하는 것은?

① 아스팔트 컴파운드   ② 아스팔트 모르타르
③ 아스팔트 프라이머   ④ 아스팔트 루핑

> [해설]
> 아스팔트 프라이머(Asphalt primer)
> ① 아스팔트에 휘발성 용제를 넣어 묽게 하여 방수층의 바탕에 침투시켜 아스팔트가 잘 부착되도록 한 밀착용
> ② 바탕이 충분히 건조된 후 청소하고 솔칠 또는 뿜칠로 바탕면에 균등하게 침투시켜 도포한다.

[정답] 92 ①   93 ④   94 ②   95 ④   96 ③

97 유리섬유를 폴리에스테르수지에 혼입하여 가압·성형한 판으로 내구성이 좋아 내·외수장재로 사용하는 것은?

① 아크릴평판
② 멜라민치장판
③ 폴리스티렌투명판
④ 폴리에스테르강화판

해설

폴리에스테르 강화판 [유리섬유 보강플라스틱 : FRP(Fiberglass Reinforced Plastics)]
① 가는 유리섬유에 불포화폴리에스테르수지를 넣어 상온·가압하여 성형한 것으로서 건축재료로는 섬유를 불규칙하게 넣어 사용한다.
② FRP는 강철과 유사한 강도를 가지며, 비중은 철의 1/3 정도이다.

KEY 2017년 5월 7일 산업기사 출제

98 석재에 관한 설명으로 옳지 않은 것은?

① 석회암은 석질이 치밀하나 내화성이 부족하다.
② 현무암은 석질이 치밀하여 토대석, 석축에 쓰인다.
③ 테라조는 대리석을 종석으로 한 인조석의 일종이다.
④ 화강암은 석회, 시멘트의 원료로 사용된다.

해설

화강암(쑥돌, Granite)
① 압축강도 1,500[kg/cm²]이고 석질이 견고하고 풍화작용이나 마멸에 강하다.
② 건축, 토목재의 구조재, 내외장재로 사용된다.(주성분 : 석영, 장석, 운모)
③ 흑운모, 각섬석, 휘석 등이 있으며 검은색을 나타내고, Fe_2O_3를 포함하면 미홍색이 된다.

KEY 2016년 3월 6일 기사 출제

99 목재의 강도 중에서 가장 작은 것은?

① 섬유방향의 인장강도
② 섬유방향의 압축강도
③ 섬유 직각방향의 인장강도
④ 섬유방향의 휨강도

해설

가력방향과 강도
① 목재에 힘을 가하는 방향에 따라 강도가 다르다.
② 일반적으로 섬유방향에 평행하게 가한 힘에 대해서는 가장 강하다.
③ 직각으로 가한 힘에 대해서는 가장 약하다.
④ 중간의 각도(10~70[°])에서는 각도의 변화에 비례하여 약해진다.

100 강재의 인장강도가 최대로 될 경우의 탄소 함유량의 범위로 가장 가까운 것은?

① 0.04~0.2[%]
② 0.2~0.5[%]
③ 0.8~1.0[%]
④ 1.2~1.5[%]

해설

탄소함유량과 인장강도
① 탄소함유량 0.9[%]까지는 인장강도, 경도는 증가한다.
② 0.85[%]에서 최대가 된다.

KEY 2018년 3월 4일 산업기사 출제

6 건설안전기술

101 가설통로를 설치하는 경우 준수해야 할 기준으로 옳지 않은 것은?

① 견고한 구조로 할 것
② 경사는 30[°] 이하로 할 것
③ 추락할 위험이 있는 장소에는 안전난간을 설치할 것
④ 건설공사에 사용하는 높이 8[m] 이상인 비계다리에는 4[m] 이내마다 계단참을 설치할 것

해설

건설공사에 사용하는 높이 8[m] 이상인 비계다리에는 7[m] 이내마다 계단참을 설치할 것

KEY ① 2017년 3월 5일 산업기사 출제
② 2017년 5월 7일 산업기사 출제
③ 2017년 9월 23일 기사 출제
④ 2018년 4월 28일 기사·산업기사 동시 출제
⑤ 2018년 8월 19일 산업기사 출제

정보제공
산업안전보건기준에 관한 규칙 제23조(가설통로의 구조)

[정답] 97 ④ 98 ④ 99 ③ 100 ③ 101 ④

102 버팀보, 앵커 등의 축하중 변화상태를 측정하여 이들 부재의 지지효과 및 그 변화 추이를 파악하는데 사용되는 계측기기는?

① water level meter
② load cell
③ piezo meter
④ strain guage

해설

계측장치의 종류 및 설치목적

종류	설치목적
변형률계 (strain gauge)	흙막이 버팀대의 변형 정도 파악
하중계 (load cell)	흙막이 버팀대에 작용하는 토압, 토류벽 어스앵커의 인장력 등을 측정
간극수압계 (piezo meter)	굴착으로 인한 지하의 간극수압 측정
지하수위계 (water level meter)	지하수의 수위변화 측정

KEY
① 2016년 3월 6일 산업기사 출제
② 2016년 10월 1일 산업기사 출제
③ 2017년 3월 5일 산업기사 출제
④ 2017년 5월 7일 기사·산업기사 동시 출제
⑤ 2018년 4월 28일(문제 108번) 출제

103 건설업 산업안전보건관리비 계상에 관한 설명으로 옳지 않은 것은?

① 재료비와 직접노무비의 합계액을 계상대상으로 한다.
② 안전관리비 계상기준은 산업재해보상보험법의 적용을 받는 공사 중 총 공사금액 2천만원 이상인 공사에 적용한다.
③ 발주자 또는 자기공사자는 설계변경 등으로 대상액의 변동이 있는 경우라도 특별한 경우를 제외하고는 안전관리비를 조정계상하지 않는다.
④ 「전기공사업법」 제2조에 따른 전기공사로서 저압·고압 또는 특별고압작업으로 이루어지는 공사로서 단가계약에 의하여 행하는 공사에 대하여는 총계약금액을 기준으로 적용한다.

해설

건설업 산업안전보건관리비 계상의무 및 기준
발주자 또는 자기공사자는 설계변경 등으로 대상액의 변동이 있는 경우에 지체없이 안전관리비를 조정 계상하여야 한다.

정보제공
건설업 산업안전보건관리비 계상 및 사용기준 고시 제2025-11호 (제4조) 계상의무 및 기준

104 거푸집 동바리의 침하를 방지하기 위한 직접적인 조치와 가장 거리가 먼 것은?

① 깔판의 사용
② 수평연결재 사용
③ 콘크리트의 타설
④ 말뚝박기

해설

거푸집 동바리 침하방지 조치사항
① 받침목의 사용
② 깔판의 사용
③ 콘크리트 타설
④ 말뚝박기

KEY 2018년 3월 4일 기사·산업기사 출제

정보제공
산업안전보건기준에 관한 규칙 제332조(동바리 조립 시의 안전조치)

105 강관비계를 사용하여 비계를 구성하는 경우 준수해야할 기준으로 옳지 않은 것은?

① 비계기둥의 간격은 띠장 방향에서는 1.85[m] 이하, 장선(長線) 방향에서는 1.5[m] 이하로 할 것
② 띠장 간격은 2.0[m] 이하로 설치하되 첫 번째 띠장은 지상으로부터 2[m] 이하의 위치에 설치할 것
③ 비계기둥의 제일 윗부분으로부터 31[m]되는 지점 밑부분의 비계기둥은 2개의 강관으로 묶어 세울 것
④ 비계기둥 간의 적재하중은 600[kg]을 초과하지 않도록 할 것

[정답] 102 ② 103 ③ 104 ② 105 ④

해설
비계기둥 간의 적재하중 : 400[kg] 초과 금지

KEY ① 2017년 5월 7일 산업기사 출제
② 2017년 9월 23일(문제 101번) 출제

정보제공
산업안전보건기준에 관한 규칙 제60조 (강관비계의 구조)

---

106 굴착공사에서 경사면의 안전성을 확인하기 위한 검토사항에 해당되지 않는 것은?

① 지질조사
② 토질시험
③ 풍화의 정도
④ 경보장치 작동상태

해설
굴착공사에서 경사면의 안전성을 확인하기 위한 검토사항
① 지질조사
② 토질시험
③ 풍화의 정도

---

107 차량계 하역운반기계를 사용하여 작업을 할 때 기계의 전도, 전락에 의해 근로자에게 위험을 미칠 우려가 있는 경우에 사업주가 조치하여야 할 사항 중 옳지 않은 것은?

① 운전자의 시야를 살짝 가리는 정도로 화물을 적재
② 하역운반기계를 유도하는 사람을 배치
③ 지반의 부동침하방지 조치
④ 갓길의 붕괴를 방지하기 위한 조치

해설
차량계 하역운반기계 전도방지 대책
① 유도하는 사람 배치
② 지반의 부동침하방지
③ 갓길의 붕괴 방지

KEY 2016년 10월 1일 기사 출제

정보제공
산업안전보건기준에 관한 규칙 제171조 (전도 등의 방지)

---

108 옥외에 설치되어 있는 주행크레인에 대하여 이탈방지장치를 작동시키는 등 그 이탈을 방지하기 위한 조치를 하여야 하는 순간풍속에 대한 기준으로 옳은 것은?

① 순간풍속이 초당 10[m]를 초과하는 바람이 불어올 우려가 있는 경우
② 순간풍속이 초당 20[m]를 초과하는 바람이 불어올 우려가 있는 경우
③ 순간풍속이 초당 30[m]를 초과하는 바람이 불어올 우려가 있는 경우
④ 순간풍속이 초당 40[m]를 초과하는 바람이 불어올 우려가 있는 경우

해설
옥외 주행크레인 이탈방지조치 풍속기준 : 30 [m/sec]

정보제공
산업안전보건기준에 관한 규칙 제140조(폭풍에 의한 이탈 방지)

---

109 동력을 사용하는 항타기 또는 항발기의 도괴를 방지하기 위하여 준수하여야 할 기준으로 옳지 않은 것은?

① 연약한 지반에 설치할 경우에는 각부나 가대의 침하를 방지하기 위하여 깔판·깔목 등을 사용한다.
② 평형추를 사용하여 안정시키는 경우에는 평형추의 이동을 방지하기 위하여 가대에 견고하게 부착시킨다.
③ 버팀대만으로 상단부분을 안정시키는 경우에는 버팀대는 3개 이상으로 한다.
④ 버팀줄만으로 상단부분을 안정시키는 경우에는 버팀줄을 2개 이상으로 한다.

해설
버팀줄 : 3개 이상

KEY 2018년 9월 15일 기사·산업기사 동시출제

정보제공
산업안전보건기준에 관한 규칙 제209조(무너짐의 방지)

[정답] 106 ④ 107 ① 108 ③ 109 ④

과년도 출제문제

110 철골작업 시 철골부재에서 근로자가 수직방향으로 이동하는 경우에 설치하여야 하는 고정된 승강로의 최대 답단 간격은 얼마 이내인가?

① 20[cm] ② 25[cm]
③ 30[cm] ④ 40[cm]

해설

승강로 답단 간격 : 30[cm]

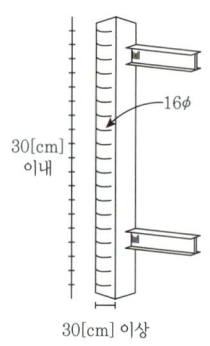

[그림] 고정된 승강로 Trap(답단)

KEY ① 2018년 8월 19일 기사 출제
② 2018년 7월 7일 기사 작업형 출제

정보제공

산업안전보건기준에 관한 규칙 제381조(승강로의 설치)

사업주는 근로자가 수직방향으로 이동하는 철골부재(鐵骨部材)에는 답단(踏段) 간격이 30센티미터 이내인 고정된 승강로를 설치하여야 하며, 수평방향 철골과 수직방향 철골이 연결되는 부분에는 연결작업을 위하여 작업발판 등을 설치하여야 한다.

111 터널굴착작업 작업계획서에 포함해야 할 사항으로 가장 거리가 먼 것은?

① 암석의 분할방법
② 터널지보공 및 복공(覆工)의 시공방법
③ 용수(湧水)의 처리방법
④ 환기 또는 조명시설을 설치할 때에는 그 방법

해설

터널굴착작업시 작업계획서 내용
① 굴착의 방법
② 터널지보공 및 복공(覆工)의 시공방법과 용수(湧水)의 처리방법
③ 환기 또는 조명시설을 설치할 때에는 그 방법

정보제공

산업안전보건기준에 관한 규칙 [별표4] 사전조사 및 작업계획서 내용

112 유해위험방지계획서를 제출해야 할 대상 공사의 조건으로 옳지 않은 것은?

① 터널 건설 등의 공사
② 최대지간 길이가 50[m] 이상인 다리건설 등의 공사
③ 다목적댐, 발전용댐 및 저수용량 2천만톤 이상의 용수전용댐, 지방상수도 전용 댐 건설 등의 공사
④ 깊이가 5[m] 이상인 굴착공사

해설

유해위험방지계획서 제출 건설공사
깊이가 10[m]이상인 굴착공사

정보제공

2018년 9월 15일 기사(문제6번) 출제

113 철골보 인양 시 준수해야 할 사항으로 옳지 않은 것은?

① 인양 와이어로프의 매달기 각도는 양변 60[°]를 기준으로 한다.
② 클램프로 부재를 체결할 때는 클램프의 정격용량 이상 매달지 않아야 한다.
③ 클램프는 부재를 수평으로 하는 한 곳의 위치에만 사용하여야 한다.
④ 인양 와이어로프는 후크의 중심에 걸여야 한다.

해설

인양 부재 체결 부속으로 클램프를 사용할 경우
① 클램프는 수평으로 체결하고 두 군데 이상 설치한다.
② 클램프의 정격 용량 이상은 인양하지 않는다.
③ 부득이 한 군데를 매어 사용할 경우는 위험이 적은 장소와 간단한 이동이 가능한 경우에 한하고 작업 순서에 맞게 작업한다.
④ 체결 작업중 클램프 본체가 장애물에 부딪지 않게 한다.
⑤ 인양 부재가 지상에서 떨어진 순간 잠시 인양을 멈추고 톱니가 완전히 물렸는지 중심 상태는 정확한지를 점검하고 들어 올린다.

KEY ① 2016년 5월 8일 기사 출제
② 2016년 8월 21일 산업기사 출제
③ 2017년 9월 23일 산업기사 출제

[**정답**] 110 ③ 111 ① 112 ④ 113 ③

114 구조물의 해체작업 시 해체 작업계획서에 포함하여야 할 사항으로 옳지 않은 것은?

① 해체의 방법 및 해체순서 도면
② 해체물의 처분계획
③ 주변 민원 처리계획
④ 사업장 내 연락방법

해설

건물등의 해체 작업시 해체작업계획서 내용
① 해체의 방법 및 해체 순서도면
② 가설설비·방호설비·환기설비 및 살수·방화설비 등의 방법
③ 사업장 내 연락방법
④ 해체물의 처분계획
⑤ 해체작업용 기계·기구 등의 작업계획서
⑥ 해체작업용 화약류 등의 사용계획서
⑦ 그 밖에 안전보건에 관련된 사항

정보제공
산업안전보건기준에 관한 규칙 [별표4] 사전조사 및 작업계획서 내용

115 콘크리트 타설시 거푸집이 받는 측압에 관한 설명으로 옳지 않은 것은?

① 대기의 온도가 높을수록 크다.
② 슬럼프(slunp)가 클수록 크다.
③ 타설속도가 빠를수록 크다.
④ 거푸집의 강성이 클수록 크다.

해설

측압에 영향을 주는 요인(측압이 큰 경우)
① 거푸집 부재 단면이 클수록
② 거푸집 수밀성이 클수록
③ 거푸집 강성이 클수록
④ 거푸집 표면이 평활할수록
⑤ 시공연도(workability)가 좋을수록
⑥ 철골 또는 철근량이 적을수록
⑦ 외기온도가 낮을수록
⑧ 타설속도가 빠를수록
⑨ 다짐이 좋을수록
⑩ 슬럼프가 클수록
⑪ 콘크리트 비중이 클수록
⑫ 조강시멘트 등 응결시간이 빠른 것을 사용할수록

KEY ① 2016년 5월 8일(문제 119번) 출제
② 2016년 10월 1일(문제 102번) 출제
③ 2017년 5월 7일 산업기사 출제
④ 2018년 8월 19일 기사·산업기사 동시 출제

정보제공
2018년 9월 15일 건설시공학(문제 64번)에서도 출제

116 근로자의 위험방지를 위해 철골작업을 중지하여야 하는 기준으로 옳은 것은?

① 풍속이 초당 1[m] 이상인 경우
② 강우량이 시간당 1[cm] 이상인 경우
③ 강설량이 시간당 1[cm] 이상인 경우
④ 10[분]간 평균풍속이 초당 5[m] 이상인 경우

해설

철골작업 시 기후에 의한 작업중지사항 3가지
① 풍속 : 10[m/sec] 이상
② 강우량 : 1[mm/hr] 이상
③ 강설량 : 1[cm/hr] 이상

KEY ① 2017년 9월 23일 산업기사 출제
② 2018년 8월 19일 산업기사 출제

정보제공
산업안전보건기준에 관한 규칙 제383조(작업의 제한)

117 깊이 10[m] 이내에 있는 연약점토의 전단강도를 구하기 위한 가장 적당한 시험은?

① 베인 시험
② 표준관입시험
③ 평판재하시험
④ 블레인 시험

해설

베인테스트(vane test)
① 보링의 구멍을 이용하여 십자 날개형의 베인 테스터를 지반에 박고 이것을 회전시켜 그 회전력에 의하여 점토(진흙)의 점착력을 판별
② 깊이 10[m]이내 적합

[정답] 114 ③ 115 ① 116 ③ 117 ①

118 건설현장 토사붕괴의 원인으로 옳지 않은 것은?

① 지하수위의 증가
② 지반 내부마찰각의 증가
③ 지반 점착력의 감소
④ 차량에 의한 진동하중 증가

해설

토석(사)붕괴 재해의 원인
① 외적 요인
　㉮ 사면, 법면의 경사 및 기울기의 증가
　㉯ 절토 및 성토 높이의 증가
　㉰ 공사에 의한 진동 및 반복하중의 증가
　㉱ 지표수 및 지하수의 침투에 의한 토사 중량의 증가
　㉲ 지진, 차량, 구조물의 중량
② 내적 요인
　㉮ 절토 사면의 토질, 암질
　㉯ 성토 사면의 토질
　㉰ 토석의 강도 저하

KEY ① 2017년 9월 23일 기사·산업기사 출제
　　　② 2018년 3월 4일 산업기사 출제

119 사다리식 통로 설치 시 사다리식 통로의 길이가 10[m] 이상인 경우에는 몇 [m] 이내마다 계단참을 설치해야 하는가?

① 5[m]　　② 7[m]
③ 9[m]　　④ 10[m]

해설

사다리식 통로의 길이가 10[m] 이상인 경우에는 5[m] 이내마다 계단참을 설치할 것

KEY ① 2016년 10월 1일 산업기사 출제
　　　② 2017년 5월 7일 기사·산업기사 출제
　　　③ 2018년 4월 28일 산업기사 출제

정보제공
산업안전보건기준에 관한 규칙 제24조(사다리식 통로 등의 구조)

120 추락재해 방지를 위한 방망의 그물코 규격 기준으로 옳은 것은?

① 사각 또는 마름모로서 크기가 5[cm] 이하
② 사각 또는 마름모로서 크기가 10[cm] 이하
③ 사각 또는 마름모로서 크기가 15[cm] 이하
④ 사각 또는 마름모로서 크기가 20[cm] 이하

해설

그물코 규격
① 그물코는 가로, 세로가 10 [cm]이하
② 모양 : 사각 또는 마름모

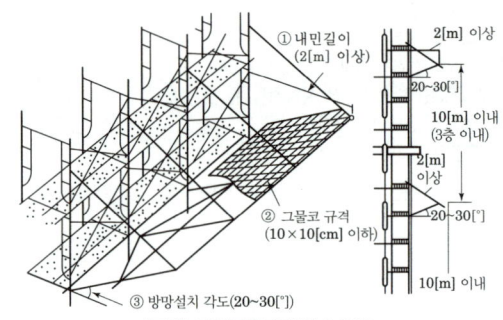

[그림] 낙하물방지망(방호선반)

KEY 2024년 10월 19일 실기 작업형 출제

[정답] 118 ② 119 ① 120 ②

저자약력

정재수(靑波:鄭再琇)

인하대학교 공학박사/GTCC 교육학명예박사/한양대학교 공학석사/공학사/문학사/각종국가고시 출제, 검토, 채점, 감독, 면접위원역임/매경TV/EBS/KBS라디오 출연 및 강사/중소기업진흥공단 강사/대한산업안전협회 강사/호원대학교, 신성대학교, 대림대학교, 수원대학교 외래교수/울산대학교, 군산대학교, 한경대학교 등 특강/한국폴리텍Ⅱ대학 산학협력단장, 평생교육원장, 산학기술연구소장, 디자인센터장/한국폴리텍 대학 교수/한국폴리텍대학남인천캠퍼스 학장/대한민국산업현장 교수/(사)대한민국에너지상생포럼 집행위원장/(사)한국안전돌봄서비스협회 회장/(사)대한민국 청렴코리아 공동대표/협성대학교 IPP추진기획단 특별위원/인천광역시 새마을문고 회장/한국요양신문 논설위원/생명살림운동 강사/GTCC 대학교 겸임교수/ISO국제선임심사원/한국열린사이버대학교 특임교수/**한국방송통신대학교 및 한국 폴리텍 대학 공동 선정 동영상 강의**

[저서]
- 산업안전공학(도서출판 세화)
- 기계안전기술사(도서출판 세화)
- 건설안전기술사(도서출판 세화)
- 산업안전기사(필기, 실기 필답형, 작업형)(도서출판 세화)
- 건설안전기사(필기, 실기 필답형, 작업형)(도서출판 세화)
- 산업안전지도사 시리즈(도서출판 세화)
- 산업보건지도사 시리즈(도서출판 세화)
- 산업안전보건(한국산업인력공단)
- 공업고등학교안전교재(서울교과서)
- 산업안전보건동영상(한국산업인력공단) 등 60여권 저술
- 한국방송통신대학과 한국폴리텍대학 선정 동영상 촬영

[상훈]
대한민국 근정 포장(대통령)/국무총리 표창/행정자치부 장관표창/300만 인천광역시민상 수상과 효행표창 등 8회 수상/인천광역시 교육감 상 수상/Vision2010교육혁신대상수상/2018년 대한민국청렴대상수상/30년이상봉사 새마을기념장 수상/몽골 옵스 주지사 표창 수상

[출강기업(무순)]
삼성(전자, 건설, 중공업, 조선, 물산)/현대(건설, 자동차, 중공업, 제철)/대우(건설, 자동차, 조선), SK(정유, 건설)/GS건설/에스원(S1)/두산(건설, 중공업), 동부(반도체), POSCO건설, 멀티캠퍼스, e-mart, CJ, 한국수자원공사 등 100여기업/이상 안전자격증특강

국가기술자격 필기시험 집중 대비서(녹색자격증, 녹색직업)

건설안전기사 필기 [과년도] - 1권 (2016년~2018년)

31판 53쇄 발행	2026. 01. 22. (25. 9. 22.인쇄)	19판 40쇄 발행	2016. 1. 1.	11판 26쇄 발행	2008. 1. 1.	5판 12쇄 발행	2002. 6. 10.
30판 52쇄 발행	2025. 1. 25.	18판 39쇄 발행	2015. 1. 1.	10판 25쇄 발행	2007. 7. 10.	5판 11쇄 발행	2002. 1. 10.
29판 51쇄 발행	2024. 2. 11.	17판 38쇄 발행	2014. 1. 1.	10판 24쇄 발행	2007. 3. 30.	4판 10쇄 발행	2001. 7. 10.
28판 50쇄 발행	2023. 1. 18.	16판 37쇄 발행	2013. 8. 30.	10판 23쇄 발행	2007. 1. 10.	4판 9쇄 발행	2001. 1. 10.
27판 49쇄 발행	2022. 1. 23.	16판 36쇄 발행	2013. 1. 1.	9판 22쇄 발행	2006. 6. 10.	3판 8쇄 발행	2000. 9. 10.
26판 48쇄 발행	2021. 2. 10.	15판 35쇄 발행	2012. 5. 10.	9판 21쇄 발행	2006. 3. 20.	3판 7쇄 발행	2000. 6. 10.
25판 47쇄 발행	2020. 2. 10.	15판 34쇄 발행	2012. 1. 1.	9판 20쇄 발행	2006. 1. 10.	3판 6쇄 발행	2000. 1. 10.
24판 46쇄 발행	2019. 1. 10.	14판 33쇄 발행	2011. 8. 10.	8판 19쇄 발행	2005. 6. 10.	2판 5쇄 발행	1999. 9. 30.
23판 45쇄 발행	2018. 7. 30.	14판 32쇄 발행	2011. 1. 1.	8판 18쇄 발행	2005. 3. 20.	2판 4쇄 발행	1999. 6. 10.
22판 44쇄 발행	2018. 4. 10.	13판 31쇄 발행	2010. 1. 1.	8판 17쇄 발행	2005. 1. 11.	2판 3쇄 발행	1999. 1. 10.
21판 43쇄 발행	2018. 1. 10.	12판 30쇄 발행	2009. 4. 10.	7판 16쇄 발행	2004. 4. 10.	1판 2쇄 발행	1998. 7. 10.
20판 42쇄 발행	2017. 1. 1.	12판 29쇄 발행	2009. 1. 1.	7판 15쇄 발행	2004. 1. 10.	1판 1쇄 발행	1998. 1. 5.
19판 41쇄 발행	2016. 4. 10.	11판 28쇄 발행	2008. 6. 10.	6판 14쇄 발행	2003. 6. 10.		
		11판 27쇄 발행	2008. 3. 20.	6판 13쇄 발행	2003. 1. 10.		

지은이 정재수
펴낸이 박 용
펴낸곳 도서출판 세화   **주소** 경기도 파주시 회동길 325-22(서패동 469-2)
영업부 (031)955-9331~2   **편집부** (031)955-9333   **FAX** (031)955-9334
등록 1978. 12. 26 (제 1-338호)

정가 43,000원 (1권/2권/3권)
ISBN 978-89-317-1345-9 13530
※ 파손된 책은 교환하여 드립니다.

본 도서의 내용 문의 및 궁금한 점은 더 정확한 정보를 위하여 저자분에게 문의하시고, 저희 홈페이지 수험서 자료실이나 저자 이메일에 문의바랍니다.
저자명 정재수(jjs90681@naver.com) TEL 010-7209-6627

개정때마다 새롭게 태어납니다.
타 교재와 비교하십시오
탁월한 선택의 즐거움이 커집니다.

건설안전기사 필기 과년도 1

- 제1회의 해설에서 이해하지 못했다면 제3, 제4의 문제해설을 통하여 반드시 이해할 수 있도록 하였다.
- 한 문제(1항목)를 이해하면 열 문제(10항목)를 해결할 수 있도록 구성하였다.
- 건설안전기사 자격취득의 결론은 본서의 문제와 해설의 합격작전으로 합격을 보장할 수 있도록 엮었다.
- 최근까지 출제된 과년도 출제 문제를 수록하여 수험준비에 만전을 기하였다.

본서의 구성
- **제 1 권** 2016~2018년 기출문제 수록
- **제 2 권** 2019~2021년 기출문제 수록
- **제 3 권** 2022~2025년 기출문제 수록

특별부록 QR자료 다운로드
- 1주일에 끝나는 계산문제 총정리
- 미공개문제 11개년(92년~02년)
- 공개문제 13개년(03~15년)

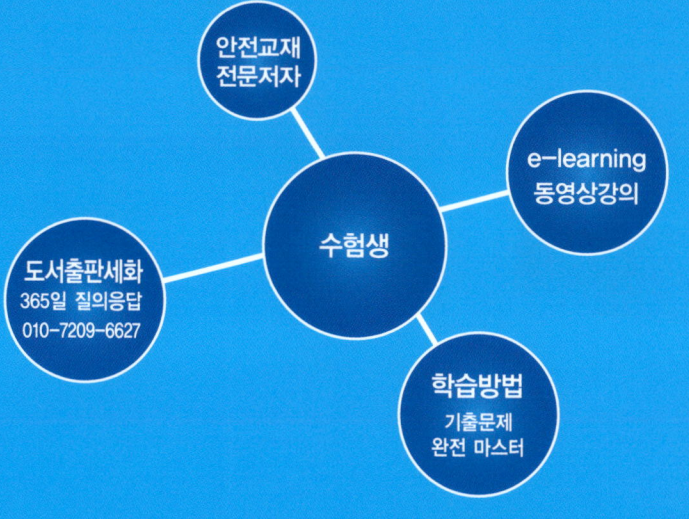

평생 줄지 않는
녹색 저축통장!

지은이 정재수 **펴낸이** 박용 **펴낸곳** 도서출판 세화
등록번호 1978.12.26 (제1-338 호) **주소** 경기도 파주시 회동길 325-22(서패동469-2)
구입문의 (031)955-9331~2 **편집부** (031)955-9333 **fax** (031)955-9334

이 책에 실린 모든 글과 일러스트 및 편집 형태에 대한 저작권은 도서출판 세화에 있으므로 무단 복사, 복제는 법에 저촉받습니다.
잘못 제작된 책은 교환해 드립니다.
Copyright ⓒ Sehwa Publishing Co.,Ltd.

보행금지   인화성물질경고   고압전기경고   안전모착용   응급구호표시   녹십자 표시

2026
개정31판 총53쇄

- ISO 9001:2015 인증
- 안전연구소 인정

CBT 백과사전식
NCS적용 문제해설

녹색자격증
녹색직업

CBT 실전 연습
AI 기출문제 학습앱
맞추다 MACHUDA
https://machuda.kr

세계유일무이
365일 저자상담직통전화
010-7209-6627

2025년 전회차 CBT 복기문제 수록

건설안전기사 필기

2019~2021년 과년도 **2**

안전공학박사/명예교육학박사
대한민국산업현장교수/기술지도사

정재수 지음

네이버 검색창에 검색해 보세요.
"정재수의 안전스쿨"
http://cafe.naver.com/anjeonschool
카페에 가입하시면
정재수의 안전스쿨 **무료 동영상**

QR코드를 스캔하여 특별부록을 다운로드 하세요. 홈페이지에서도 다운 받으실 수 있습니다.

도서출판 세화

 동영상 강의

에듀피디	정재수의 안전닷컴
에어클래스	온캠퍼스
이패스코리아	한솔아카데미

"산업안전 우수 숙련기술자" 선정

안전분야 베스트셀러
35년 독보적 1위
최신 기출문제 수록

건설안전기사, 산업안전기사·지도사·기능장·기술사 등 관련자격 및 의문사항에 대하여 365일 성심 성의껏 답변해 드리고 있습니다. 저자와 상담 후 교재를 구입하세요.

www.sehwapub.co.kr

대한민국 최초, 최다, 최고, 최상, 최적 적중률의 안전관리 완벽합격!

● 특허 제 10-2687805 호

명칭 : 국가직무능력표준에 따른 자격사 교육 콘텐츠 생성 자동화 방법, 장치 및 시스템

도서출판 세화

2026
개정31판 총53쇄

▶ISO 9001:2015 인증
▶안전연구소 인정

CBT 백과사전식
NCS적용 문제해설

**녹색자격증
녹색직업**

**CBT 실전 연습
AI 기출문제 학습앱**
https://machuda.kr

**세계유일무이
365일 저자상담직통전화**
010-7209-6627

2025년 전회차 CBT 복기문제 수록

건설안전기사 필기

2019~2021년 과년도 **2**

안전공학박사/명예교육학박사
대한민국산업현장교수/기술지도사   정재수 지음

"산업안전 우수 숙련기술자" 선정

안전분야 베스트셀러
35년 독보적 1위
최신 기출문제 수록

건설안전, 산업안전 기사·지도사·기능장·기술사 등 관련 자격 및 의문사항에 대하여
365일 성심 성의껏 답변해 드리고 있습니다. 저자와 상담 후 교재를 구입하세요.
www.sehwapub.co.kr

대한민국 최초, 최다, 최고, 최상, 최적 적중률의 안전관리 완벽합격!

● 특허 제10-2687805호 ●
명칭 : 국가직무능력표준에 따른 자격사 교육 콘텐츠 생성 자동화 방법, 장치 및 시스템

도서출판 세화

차례

1992~2002년도 기사 미공개문제 11개년도/QR코드
2003~2015년도 기사 공개문제 13개년도/QR코드
네이버카페 "정재수의 안전스쿨"에서 출력가능

2019년도 기사 정기검정 과년도 문제해설

2019년도 기사 정기검정 제1회 (2019년 03월 03일 시행)	4
2019년도 기사 정기검정 제2회 (2019년 04월 27일 시행)	33
2019년도 기사 정기검정 제4회 (2019년 09월 21일 시행)	64

2020년도 기사 정기검정 과년도 문제해설

2020년도 기사 정기검정 제1·2회 (2020년 06월 07일 시행)	96
2020년도 기사 정기검정 제3회 (2020년 08월 22일 시행)	125
2020년도 기사 정기검정 제4회 (2020년 09월 27일 시행)	156

2021년도 기사 정기검정 과년도 문제해설

2021년도 기사 정기검정 제1회 (2021년 03월 07일 시행)	188
2021년도 기사 정기검정 제2회 (2021년 05월 15일 시행)	218
2021년도 기사 정기검정 제4회 (2021년 09월 12일 시행)	249

과년도 출제문제(기사)

합격의 포인트

- 수험생 여러분! 과년도 문제는 뒷부분부터 보세요.(합격의 기쁨이 빨리 옵니다.)
- 과년도 문제에서 많이 출제됨을 기억하세요.(60%출제+해설40%=100%)
- 상세한 해설이 합격을 보장합니다.
- 건설안전기사의 필기, 실기(필답형+작업형)의 전교재를 갖춘 출판사는 대한민국에 세화뿐입니다.

참고

- 한국산업인력공단이 공개한 문제 PBT와 CBT(2022년 4회 부터)를 출판사와 저자가 재작성 및 재편집·해설하여 이번시험의 100% 적중을 위하여 구성하였습니다.(참고 및 합격키를 확인하는 것이 합격의 비결입니다.)
- 현명한 세화 독자는 뒷부분(최근 기출문제)부터 공부하세요.(최근 문제가 이번 시험에 적중합니다.)
- 본서의 문제 중 오답, 오타가 있을 수 있습니다. 발견되면 저자에게 연락주십시오.
- 저자실명제·공식저자, 안전공학박사(365일 상담 : 010-7209-6627)
- 요점정리 및 별도 계산문제(QR 수록)도 꼭 보셔야 만점 합격할 수 있습니다.
- 2026년 시행법과 NCS 출제기준에 맞추어 해설했습니다.

- NCS기준과 2026년 합격기준을 정확하게 적용하였습니다.
- "특허"받은 책과 "맞추다" CBT기법으로 AI기출을 적용했습니다.

건설안전기사필기

2019년 03월 03일 시행 **제1회**

2019년 04월 27일 시행 **제2회**

2019년 09월 21일 시행 **제4회**

2019년도 기사 정기검정 제1회 (2019년 3월 3일 시행)

자격종목 및 등급(선택분야)
건설안전기사

종목코드	시험시간	수험번호	성명
1440	3시간	20190303	도서출판세화

1 산업안전관리론

01 건설기술 진흥법상 안전관리계획을 수립해야 하는 건설공사에 해당하지 않는 것은?

① 15층 건축물의 리모델링
② 지하15[m]를 굴착하는 건설공사
③ 항타 및 항발기가 사용되는 건설공사
④ 높이가 21[m]인 비계를 사용하는 건설공사

해설

건설기술진흥법상 안전관리계획 수립대상 건설공사
안전관리계획을 수립하여야 하는 건설공사는 다음 각 호와 같다. 다만, 원자력시설공사는 제외한다.
① 「시설물의 안전관리에 관한 특별법」 1종 시설물 및 2종 시설물의 건설공사(유지관리를 위한 건설공사는 제외한다.)
② 지하 10[m] 이상을 굴착하는 건설공사
③ 폭발물을 사용하는 건설공사로서 20[m] 안에 시설물이 있거나 100[m] 안에 사육하는 가축이 있어 해당 건설공사로 인한 영향을 받을 것이 예상되는 건설공사
④ 10층 이상 16층 미만인 건축물의 건설공사
④의2 다음 각 목의 리모델링 또는 해체공사
　㉠ 10층 이상인 건축물의 리모델링 또는 해체공사
　㉡ 「주택법」에 따른 수직증축형 리모델링
⑤ 「건설기계관리법」에 건설기계가 사용되는 건설공사
　㉠ 천공기(높이가 10미터 이상인 것만 해당된다)
　㉡ 항타 및 항발기
　㉢ 타워크레인
⑤의2 가설구조물을 사용하는 건설공사
⑥ 제①호부터 제④호까지, 제④호의2, 제⑤호 및 제⑤호의2 건설공사 외의 건설공사로서 다음 각 목의 어느하나에 해당하는 공사
　㉠ 발주자가 안전관리가 특히 필요하다고 인정하는 건설공사
　㉡ 해당 지방자치단체의 조례로 정하는 건설공사 중에서 인·허가기관의 장이 안전관리가 특히 필요하다고 인정하는 건설공사

KEY 2016년 10월 1일 문제 17번 출제

합격정보
건설기술진흥법 시행령 제98조(안전관리계획의 수립) 2021년 9월 14일 적용

02 무재해운동 추진의 3대 기둥으로 볼 수 없는 것은?

① 최고경영자의 경영자세
② 노동조합의 협의체 구성
③ 직장 소집단 자주 활동의 활성화
④ 관리감독자에 의한 안전보건의 추진

해설

무재해운동의 추진 3기둥(요소)
① 최고경영자의 안전경영자세
② 관리감독자에 의한 안전보건의 추진
③ 직장소집단 자주안전 활동의 활성화

KEY ① 2016년 3월 6일 기사 출제
② 2016년 5월 8일 기사 출제
③ 2017년 3월 5일 기사 출제
④ 2017년 5월 7일 기사 출제

03 산업안전보건법상 지방 고용노동관서의 장이 사업주에게 안전관리자나 보건관리자를 정수 이상으로 증원하게 하거나 교체하여 임명할 것을 명령할 수 있는 경우는?

① 사망재해가 연간 1건 발생한 경우
② 중대재해가 연간 1건 발생한 경우
③ 관리자가 질병의 사유로 3개월 이상 해당 직무를 수행할 수 없게 된 경우
④ 해당 사업장의 연간재해율이 같은 업종의 평균재해율의 1.5배 이상인 경우

해설

안전관리자나 보건관리자를 정수 이상으로 증원 내용
① 해당 사업장의 연간재해율이 같은 업종 평균재해율의 2배 이상인 경우
② 중대재해가 연간 2건 이상 발생한 경우
③ 관리자가 질병 그 밖의 사유로 3개월 이상 직무를 수행할 수 없게 된 경우
④ 화학적 인자로 인해 직업성질병자가 연간 3명 이상 발생한 경우. 이 경우 직업성질병자 발생일은 「산업재해보상보험법 시행규칙」에 따

[정답] 01 ④　02 ②　03 ③

른 요양급여의 결정일로 한다.

KEY 2016년 10월 1일 기사 출제

[정보제공]
산업안전보건법 시행규칙 제12조(안전관리자 등의 증원·교체임명 명령)

04 안전표지 종류 중 금지표지에 대한 설명으로 옳은 것은?

① 바탕은 노랑색, 기본모양은 흰색, 관련부호 및 그림은 파랑색
② 바탕은 노랑색, 기본모양은 흰색, 관련부호 및 그림은 검정색
③ 바탕은 흰색, 기본모양은 빨간색, 관련부호 및 그림은 파랑색
④ 바탕은 흰색, 기본모양은 빨간색, 관련부호 및 그림은 검정색

[해설]
산업안전보건표지의 구분
① 금지표지 : 바탕은 흰색, 기본모형은 빨간색, 관련부호 및 그림은 검은색
② 경고표지 : 바탕은 노란색, 기본모형·관련부호 및 그림은 검은색 다만, 인화성물질 경고, 산화성물질 경고, 폭발성물질 경고, 급성독성물질 경고, 부식성 물질 경고 및 발암성·변이원성·생식독성·전신독성·호흡기과민성 물질 경고의 경우 바탕은 무색, 기본모형은 빨간색(검은색도 가능)
③ 지시표지 : 바탕은 파란색, 관련 그림은 흰색
④ 안내표지 : 바탕은 흰색, 기본모형 및 관련부호는 녹색 또는 바탕은 녹색, 관련부호 및 그림은 흰색

KEY 2016년 3월 6일 기사·산업기사 동시 출제

05 하베이(Harvey)가 제시한 '안전의 3E'에 해당하지 않는 것은?

① Education
② Enforcement
③ Economy
④ Engineering

[해설]
3E·3S

3E	3S
safety education(안전교육)	단순화(simplification)
safety engineering(안전기술)	표준화(standardization)
safety enforcement(안전독려)	전문화(specification)

KEY 2012년 3월 4일 문제 10번 출제

06 사고예방대책의 기본원리 5단계 중 3단계의 분석평가에 대한 내용으로 옳은 것은?

① 위험 확인
② 현장 조사
③ 사고 및 활동 기록 검토
④ 기술의 개선 및 인사조정

[해설]
제3단계(분석평가 : Analysis) 내용
① 사고 보고서 및 현장 조사 분석
② 사고 기록 및 관계 자료 분석
③ 인적, 물적 환경 조건 분석
④ 작업 공정 분석
⑤ 교육 및 훈련 분석
⑥ 배치 사항 분석
⑦ 안전수칙 및 작업 표준 분석
⑧ 보호 장비의 적부 등의 분석

KEY 2016년 5월 8일 기사 출제

07 재해사례연구를 할 때 유의해야 될 사항으로 틀린 것은?

① 과학적이어야 한다.
② 논리적인 분석이 가능해야 한다.
③ 주관적이고 정확성이 있어야 한다.
④ 신뢰성이 있는 자료수집이 있어야 한다.

[해설]
어떠한 경우라도 주관성이 있어서는 안된다.

KEY 2014년 3월 2일 문제13번 출제

[정답] 04 ④ 05 ③ 06 ② 07 ③

과년도 출제문제

08 천재지변 발생 직후 기계설비의 수리 등을 할 경우 또는 중대재해 발생 직후 등에 행하는 안전점검을 무엇이라 하는가?

① 임시점검   ② 자체점검
③ 수시점검   ④ 특별점검

해설

특별점검
① 기계·기구 또는 설비의 신설·변경 또는 고장 수리
② 비정기적인 특정 점검을 말하며 기술 책임자가 실시
③ 산업안전 보건강조기간에도 실시
④ 중대재해 발생직후 실시

KEY ▶ 2018년 4월 28일 기사 출제

---

09 아담스(Adams)의 재해연쇄이론에서 작전적 에러(Operational Error)로 정의한 것은?

① 선천적 결함
② 불안전한 상태
③ 불안전한 행동
④ 경영자나 감독자의 행동

해설

아담스(Adams)의 연쇄 이론
① 1단계 : 관리구조
② 2단계 : 작전적 에러(경영자 감독자 행동)
③ 3단계 : 전술적 에러(불안전한 행동 or 조작)
④ 4단계 : 사고(물적 사고)
⑤ 5단계 : 상해 또는 손실

KEY ▶ ① 2017년 5월 7일 기사 출제
        ② 2018년 3월 4일 기사 출제

---

10 다음과 같은 재해가 발생하였을 경우 재해의 원인분석으로 옳은 것은?

> 건설현장에서 근로자가 비계에서 마감작업을 하던 중 바닥으로 떨어져 머리가 바닥에 부딪혀 사망하였다.

① 기인물 : 비계, 가해물 : 마감작업, 사고유형 : 낙하
② 기인물 : 바닥, 가해물 : 비계, 사고유형 : 추락
③ 기인물 : 비계, 가해물 : 바닥, 사고유형 : 낙하
④ 기인물 : 비계, 가해물 : 바닥, 사고유형 : 추락

해설

재해발생의 분석시 3가지
① 기인물 : 불안전한 상태에 있는 물체(환경포함) : 비계
② 가해물 : 직접 사람에게 접촉되어 위해를 가한 물체 : 바닥
③ 사고의 형태(재해형태) : 물체(가해물)와 사람과의 접촉현상

KEY ▶ 2018년 4월 28일 기사 출제

---

11 안전보건관리계획의 개요에 관한 설명으로 틀린 것은?

① 타 관리계획과 균형이 되어야 한다.
② 안전보건의 저해요인을 확실히 파악해야 한다.
③ 계획의 목표는 점진적으로 낮은 수준의 것으로 한다.
④ 경영층의 기본 방침을 명확하게 근로자에게 나타내야 한다.

해설

계획 작성시 고려사항
① 사업장의 실태에 맞도록 독자적으로 작성하되 실현 가능성이 있도록 하여야 한다.
② 계획의 목표는 점진적으로 하여 높은 수준으로 한다.
③ 직장 단위로 구체적으로 작성한다.
④ 현재의 문제점을 검토하기 위해 자료를 조사 수집한다.
⑤ 계획에서 실시까지의 미비점, 잘못된 점을 피드백(feed back) 할 수 있는 조정기능을 갖고 있을 것
⑥ 적극적인 선취안전을 취하여 새로운 생각과 정보를 활용한다.
⑦ 계획안이 효과적으로 실시되도록 Line-staff 관계자에게 충분히 납득시킨다.

KEY ▶ 2016년 3월 6일 기사 출제

---

12 재해손실비용에 있어 직접손실비용이 아닌 것은?

① 요양급여   ② 장해급여
③ 상병보상연금   ④ 생산중단손실비용

해설

재해손실비용 구분
(1) 직접비(법적으로 지급되는 산재보상비)
  ① 요양급여 ② 휴업급여 ③ 장해급여
  ④ 간병급여 ⑤ 유족급여 ⑥ 상병보상연금
  ⑦ 장의비
(2) 간접비(직접비 제외한 모든 비용)
  ① 인적손실 ② 물적손실 ③ 생산손실
  ④ 임금손실 ⑤ 시간손실

[정답] 08 ④   09 ④   10 ④   11 ③   12 ④

KEY
① 2016년 5월 8일 기사 출제
② 2017년 3월 5일 기사 출제
③ 2017년 5월 7일 기사 출제
④ 2017년 9월 23일 기사 출제
⑤ 2018년 8월 19일 산업기사 출제

13 재해의 발생원인을 관리적인 면에서 분류한 것과 가장 관계가 먼 것은?

① 인적 원인
② 기술적 원인
③ 교육적 원인
④ 작업관리상 원인

해설

재해원인

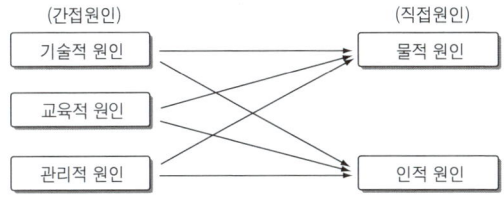

[그림] 직·간접재해원인 비교

KEY
① 2016년 5월 8일 산업기사 출제
② 2017년 3월 5일 기사 출제
③ 2017년 9월 23일 산업기사 출제
④ 2018년 3월 4일 기사 출제

14 위험예지훈련 4라운드(Round) 중 목표설정 단계의 내용으로 가장 적절한 것은?

① 위험 요인을 찾아내고, 가장 위험한 것을 합의 하여 결정한다.
② 가장 우수한 대책에 대하여 합의하고, 행동계획을 결정한다.
③ 브레인스토밍을 실시하여 어떤 위험이 존재하는가를 파악한다.
④ 가장 위험한 요인에 대하여 브레인스토밍 등을 통하여 대책을 세운다.

해설

제4단계(행동계획설정 : 행동목표설정)
① 우리는 이렇게 한다. (우수한 대책 합의)
② 대책 중 중점적인 실시 사항에 ※표를 붙여 그것을 실천하기 위한 팀의 행동 목표를 설정한다.(행동계획 결정)

KEY
① 2016년 3월 6일 기사 출제
② 2016년 5월 8일 기사 · 산업기사 동시 출제
③ 2017년 3월 5일 기사 · 산업기사 동시 출제
④ 2017년 5월 7일 기사 출제
⑤ 2017년 8월 26일 기사 출제
⑥ 2017년 9월 23일 기사 출제
⑦ 2018년 3월 4일 산업기사 출제

15 다음 중 소규모 사업장에 가장 적합한 안전관리조직의 형태는?

① 라인형 조직
② 스탭형 조직
③ 라인-스탭 혼합형 조직
④ 복합형 조직

해설

안전보건관리조직의 형태 3가지
① Line형(직계식) : 100명 미만의 소규모 사업장
② Staff형(참모식) : 100~1,000명의 중규모 사업장
③ Line-staff형(복합식) : 1,000명 이상의 대규모 사업장

KEY
① 2016년 5월 8일 기사 출제
② 2016년 10월 1일 기사 출제
③ 2017년 9월 23일 기사 출제

16 크레인(이동식은 제외한다)은 사업장에 설치한 날로부터 몇 년 이내에 최초 안전검사를 실시하여야 하는가?

① 1년
② 2년
③ 3년
④ 5년

해설

크레인(이동식크레인은 제외한다), 리프트(이삿짐운반용 리프트는 제외한다) 안전검사 주기
① 사업장에서 설치가 끝난 날부터 3년 이내에 최초 안전검사를 실시
② 그 이후부터 매 2년
③ 건설현장에서 사용하는 것은 최초로 설치한 날부터 매 6개월 마다

KEY
① 2016년 8월 21일 기사 출제
② 2017년 3월 5일 기사 출제
③ 2018년 3월 4일 기사 · 산업기사 동시 출제
④ 2018년 8월 19일 기사 · 산업기사 동시 출제

[정답] 13 ① 14 ② 15 ① 16 ③

> 정보제공

산업안전보건법 시행 규칙 제126조(안전검사의 주기 및 합격표시·표시방법)

17 상시 근로자수가 100명인 사업장에서 1년간 6건의 재해로 인하여 10명의 부상자가 발생하였고, 이로 인한 근로손실일수는 120일, 휴업일수는 68일이었다. 이 사업장의 강도율은 약 얼마인가?(단, 1일 9시간씩 연간 290일 근무하였다.)

① 0.58 ② 0.67
③ 22.99 ④ 100

> 해설

$$강도율 = \frac{총요양근로손실일수}{연근로시간수} \times 1,000 = \frac{120+\left(68 \times \frac{290}{365}\right)}{100 \times 9 \times 290} \times 1,000$$
$$= 0.67$$

KEY
① 2016년 3월 6일 기사·산업기사 동시 출제
② 2016년 10월 1일 기사 출제
③ 2017년 3월 5일 기사 출제
④ 2017년 9월 23일 기사·산업기사 동시 출제
⑤ 2017년 8월 26일 산업기사 출제
⑥ 2018년 3월 4일 산업기사 출제
⑦ 2018년 4월 28일 기사 출제

> 합격정보

산업재해통계업무처리규정 제3조(산업재해통계의 산출방법 및 정의)

18 보호구 안전인증 고시에 따른 안전화 종류에 해당하지 않는 것은?

① 경화안전화 ② 발등안전화
③ 정전기안전화 ④ 고무제안전화

> 해설

안전화의 종류
① 가죽제 안전화 : 낙하·충격, 찔림 방지
② 고무제 안전화 : 낙하·충격, 찔림, 방수
③ 정전기 안전화 : 낙하·충격, 찔림, 정전기 방지
④ 발등 안전화 : 낙하·충격, 찔림으로부터 발 및 발등 보호
⑤ 절연화 : 낙하·충격, 찔림, 저압전기에 의한 감전 방지
⑥ 절연장화 : 고압에 의한 감전 방지 및 방수
⑦ 화학물질용 안전화 : 물체의 낙하, 충격 또는 날카로운 물체에 의한 찔림 위험으로부터 발을 보호하고 화학물질로부터 유해위험을 방지

KEY 2015년 9월 19일 문제18번 출제

> 정보제공

보호구안전인증고시 제2014-46호(2014.11.20))

19 산업안전보건법령에 따른 산업안전보건위원회의 구성에 있어 사용자 위원에 해당하지 않는 자는?

① 안전관리자
② 명예산업안전감독관
③ 해당 사업의 대표자가 지명한 9인 이내 해당 사업장 부서의 장
④ 보건관리자의 업무를 위탁한 경우 대행기관의 해당 사업장 담당자

> 해설

명예산업안전감독관 : 근로자위원

KEY 2015년 9월 19일(문제 2번) 출제

> 정보제공

산업안전보건법 시행령 제35조(산업안전보건위원회의 구성)

20 산업안전보건법령상 안전관리자를 2인 이상 선임하여야 하는 사업에 해당하지 않는 것은?

① 공사금액이 1,000억인 건설업
② 상시 근로자가 500명인 통신업
③ 상시 근로자가 1,500명인 운수업
④ 상시 근로자가 600명인 식료품 제조업

> 해설

우편 및 통신업 안전관리자 수
① 규모 : 상시 근로자 50명 이상 1,000명 미만
② 안전 관리자수 : 1명 이상

KEY 2014년 9월 20일(문제16번) 출제

> 정보제공

산업안전보건법 시행령 [별표3] 안전관리자를 두어야 할 사업의 종류·규모, 안전관리자의 수 및 선임방법

[정답] 17 ②　18 ①　19 ②　20 ②

2 산업심리 및 교육

21 주의(attention)에 대한 특성으로 가장 거리가 먼 것은?

① 고도의 주의는 장시간 지속할 수 없다.
② 주의와 반응의 목적은 대부분의 경우 서로 독립적이다.
③ 동시에 두 가지 일에 중복하여 집중하기 어렵다.
④ 여러 종류의 자극을 지각할 때 소수의 특정한 것을 선택하여 집중한다.

해설

주의의 특성
① 주의력의 단속(변동)성(고도의 주의는 장시간 지속 불능)
② 주의력의 중복집중의 곤란(주의는 동시에 두 개 이상의 방향을 잡지 못함)
③ 주의를 집중한다는 것은 좋은 태도라 할 수 있으나 반드시 최상이라 할 수는 없다.
④ 한 지점에 주의를 집중하면 다른 곳의 주의는 약해진다.

KEY ▶ 2017년 5월 7일 기사 출제

22 O.J.T(On the Job training)의 특징에 관한 설명으로 틀린 것은?

① 다수의 근로자에게 조직적 훈련이 가능하다.
② 상호 신뢰 및 이해도가 높아진다.
③ 개개인에게 적절한 지도훈련이 가능하다.
④ 직장의 실정에 맞게 실제적 훈련이 가능하다.

해설

OJT의 특징
① 개개인에게 적절한 지도훈련이 가능하다.
② 직장의 실정에 맞게 구체적이고 실제적 훈련이 가능하다.
③ 즉시 업무에 연결되는 관계로 몸과 관련이 있다.
④ 훈련에 필요한 업무의 계속성이 끊어지지 않는다.
⑤ 효과가 곧 업무에 나타나며 훈련의 좋고 나쁨에 따라 개선이 쉽다.
⑥ 훈련효과를 보고 상호 신뢰, 이해도가 높아지는 것이 가능하다.

KEY ▶ ① 2016년 10월 1일 기사 출제
② 2017년 3월 5일 기사 출제
③ 2017년 5월 7일 기사 출제
④ 2017년 9월 23일 기사·산업기사 동시 출제
⑤ 2018년 3월 4일 기사·산업기사 동시 출제
⑥ 2018년 8월 19일 기사·산업기사 동시 출제

23 목표를 설정하고 그에 따르는 보상을 약속함으로써 부하를 동기화하려는 리더십은?

① 교환적 리더십   ② 변혁적 리더십
③ 참여적 리더십   ④ 지시적 리더십

해설

교환(거래)적 리더십 : 목표 설정하고 보상 약속하고 부하에게 동기

24 적응기제(adjustment mechanism) 중 도피기제에 해당하는 것은?

① 투사   ② 보상
③ 승화   ④ 고립

해설

도피기제(Excape Mechanism) : 갈등을 해결하지 않고 도망감

구분	특징
억압	무의식으로 쑤셔 넣기
퇴행	유아 시절로 돌아가 유치해짐
백일몽	공상의 나래를 펼침
고립(거부)	외부와의 접촉을 끊음

KEY ▶ 2018년 3월 4일 기사 출제

25 현대 조직이론에서 작업자의 수직적 직무 권한을 확대하는 방안에 해당하는 것은?

① 직무순환(job rotation)
② 직무분석(job analysis)
③ 직무확충(job enrichment)
④ 직무평가(job avaluation)

해설

직무확충
① 작업자의 수직적 직무권한을 확대하는 방안
② 직무설계기법의 하나로 관리기능의 일부에 해당하는 계획(Planning)과 통제(Controlling) 기능의 일부를 종업원에게 위임하는 방법
③ 종업원들에게 직무에 부가되는 자유와 권위를 부여
④ 완전하고 자연스러운 작업 단위를 제공
⑤ 여러 가지 규제를 제거하여 개인적 책임감을 증대

[정답] 21 ②   22 ①   23 ①   24 ④   25 ③

26 다음은 각기 다른 조직 형태의 특성을 설명한 것이다. 각 특징에 해당하는 조직형태를 연결한 것으로 맞는 것은?

> 다음
> a. 중규모 형태의 기업에서 시장 상황에 따라 인적 자원을 효과적으로 활용하기 위한 형태이다.
> b. 목적 지향적이고 목적 달성을 위해 기존의 조직에 비해 효율적이며 유연하게 운영될 수 있다.

① a : 위원회 조직, b : 프로젝트 조직
② a : 사업부제 조직, b : 위원회 조직
③ a : 매트릭스형 조직, b : 사업부제 조직
④ a : 매트릭스형 조직, b : 프로젝트 조직

해설
조직의 형태
① 매트릭스형 조직 : 인적 자원 효율적 운영, 중규모 형태 기업
② 프로젝트 조직 : 목표지향적·목적달성이 목적

보충학습
조직의 종류 및 특징

구분	특징
프로젝트 조직	① 특정 프로젝트를 수행하기 위해서 일시적으로 구성되는 조직 ② 목적지향적이고 목적달성을 위해 기존의 조직보다 효율적이고 유연하게 운영가능 ③ 태스크포스(Task forces)라고도 한다.
사업부제 조직	① 제품이나 시장, 지역을 기초로 만들어진 조직 ② 다국적 기업들이 보편적으로 채택하여 운영하는 조직형태 ③ 사업부마다 중복된 부서가 있어 자원의 낭비가 심하고 지나친 경쟁이 유발되어 전체적인 목표달성을 방해할 가능성이 있다.
팀 조직	① 의사결정과정을 단순화하여 빠른 대응이 가능하도록 만든 조직 ② 상호보완적인 기술이나 지식을 갖는 구성원이 자율권을 갖고 업무를 수행하도록 한 조직 ③ 신속한 의사결정조직으로 동기부여가 쉬우나 유능한 구성원이 필요
매트릭스형 조직	① 중규모 형태의 기업에서 시장상황에 따라 인적 자원을 효율적으로 활용하는 조직형태 ② 사업부 조직의 단점을 해결하기 위해 기능별, 목적별 부문화를 혼합한 형태이다. ③ 팀 중심 활동 및 구성원 간의 협동심에 증가하나 역할갈등의 소지를 가지고 있음
위원회 조직	① 집단토의방식을 도입한 조직의 형태 ② 광범위한 정보를 필요로 하거나 참가자의 충분한 사전이해가 있어야 하는 경우에 사용 ③ 시간낭비 및 기동성이 떨어지고 책임소재가 불분명한 단점이 있다.

27 토의식 교육지도에서 시간이 가장 많이 소요되는 단계는?

① 도입   ② 제시
③ 적용   ④ 확인

해설
단계별 교육시간

교육법의 4단계	강의식	토의식
1단계 : 도입	5분	5분
2단계 : 제시	40분	10분
3단계 : 적용	10분	40분
4단계 : 확인	5분	5분

KEY ▶ 2016년 5월 8일 산업기사 출제

28 맥그리거(Douglas McGregor)의 Y이론에 해당되는 것은?

① 인간은 게으르다.
② 인간은 남을 잘 속인다.
③ 인간은 남에게 지배받기를 즐긴다.
④ 인간은 부지런하고 근면하며, 적극적이고 자주적이다.

해설
Y 이론의 특징
① 상호 신뢰감
② 성선설
③ 인간은 부지런하고 근면 적극적이며 자주적이다.
④ 정신욕구(고차원 욕구)
⑤ 목표 통합과 자기통제에 의한 자율관리
⑥ 선진국형

KEY ▶ ① 2016년 3월 6일 기사 출제
② 2016년 5월 8일 기사 출제
③ 2017년 9월 23일 기사 출제
④ 2018년 3월 4일 기사 출제

[정답] 26 ④   27 ③   28 ④

29. 학습경험 조직의 원리와 가장 거리가 먼 것은?

① 가능성의 원리
② 계속성의 원리
③ 계열성의 원리
④ 통합성의 원리

해설

테일러의 학습경험 조직의 원리
① 계속성의 원리 : 경험 요소가 계속적으로 반복되도록 조직화해야 한다.
② 계열성의 원리 : 경험의 수준을 갈수록 높여 깊이있고 폭넓은 경험이 되도록 하여야 한다.
③ 통합성의 원리 : 학습경험을 횡적으로 연결지어 조화롭게 통합해야 한다.

KEY 2015년 5월 31일(문제 40번) 출제

30. 사고 경향성 이론에 관한 설명으로 틀린 것은?

① 개인의 성격보다는 특정 환경에 의해 훨씬 더 사고가 일어나기 쉽다.
② 어떠한 사람이 다른 사람보다 사고를 더 잘 일으킨다는 이론이다.
③ 사고를 많이 내는 여러 명의 특성을 측정하여 사고를 예방하는 것이다.
④ 검증하기 위한 효과적인 방법은 다른 두 시기 동안에 같은 사람의 사고기록을 비교하는 것이다.

해설
사고는 환경보다는 소질적(성격) 결함자가 많다.

31. 반복적인 재해발생자를 상황성누발자와 소질성누발자로 나눌 때, 상황성누발자의 재해유발 원인에 해당하는 것은?

① 저지능인 경우
② 소심한 성격인 경우
③ 도덕성이 결여된 경우
④ 심신에 근심이 있는 경우

해설

상황성 누발자
① 작업에 어려움이 많은 자
② 기계 설비의 결함
③ 심신에 근심이 있는 자
④ 환경상 주의력의 집중이 혼란되기 때문에 발생되는 자

KEY ① 2017년 8월 26일 산업기사 출제
② 2017년 9월 23일 기사 출제

32. 사회행동의 기본형태와 내용이 잘못 연결된 것은?

① 대립 – 공격, 경쟁
② 조직 – 경쟁, 통합
③ 협력 – 조력, 분업
④ 도피 – 정신병, 자살

해설

사회행동의 기본형태
① 협력 – 조력, 분업
② 대립 – 공격, 경쟁
③ 도피 – 정신병, 자살
④ 융합 – 강제, 타협, 통합

KEY 2011년 6월 12일 문제 27번 출제

33. 관리감독자 훈련(TWI)에 관한 내용이 아닌 것은?

① Job Relation
② Job Method
③ Job Synergy
④ Job Instruction

해설

관리감독자 훈련 4가지
① 작업 방법 훈련(Job Method Training : JMT) : 작업개선
② 작업 지도 훈련(Job Instruction Training : JIT) : 작업지도·지시
③ 인간 관계 훈련(Job Relations Training : JRT) : 부하 통솔
④ 작업 안전 훈련(Job Safety Training : JST) : 작업안전

KEY ① 2016년 3월 6일 기사·산업기사 동시 출제
② 2016년 8월 21일 산업기사 출제
③ 2017년 5월 7일 산업기사 출제
④ 2017년 8월 26일 산업기사 출제
⑤ 2018년 3월 4일 기사·산업기사 동시 출제
⑥ 2018년 4월 26일 기사·출제

[정답] 29 ① 30 ① 31 ④ 32 ② 33 ③

34
어느 철강회사의 고로작업라인에 근무하는 A씨의 작업강도가 힘든 중작업으로 평가되었다면 해당되는 에너지 대사율(RMR)의 범위로 가장 적절한 것은?

① 0 ~ 1
② 2 ~ 4
③ 4 ~ 7
④ 7 ~ 10

해설

작업강도구분
① 0~2 : 경작업
② 2~4 : 中(중)작업
③ 4~7 : 重(중)작업
④ 7 이상 : 超重(초중) 작업

KEY 2011년 6월 12일(문제 29번) 출제

보충학습

RMR의 특징
① RMR은 특정 작업을 수행하는 데 있어 작업자의 생리적 부하를 계측하는 지표
② 주로 동적 근력작업이나 정적 근력작업의 강도를 측정하여 연속작업이 가능한 시간을 예측하기 위해 사용
③ $RMR = \dfrac{운동대사량}{기초대사량} = \dfrac{운동시의 산소소모량 - 안정시산소소모량}{기초대사량(산소소비량)}$
④ RMR이 커지는 데 따라 작업 지속시간이 짧아진다.

35
수업의 중간이나 마지막 단계에 행하는 것으로써 언어학습이나 문제해결 학습에 효과적인 학습법은?

① 강의법
② 실연법
③ 토의법
④ 프로그램법

해설

안전지도 교육방법의 최적수업 방법
① 도입 : 강의법, 시범법, 반복법(단시간 많은 내용 교육)
② 정리 : 자율학습법
③ 전개(수업중간), 정리(마지막 단계) : 반복법, 토의법, 실연법
④ 도입, 전개, 정리 : 프로그램학습법, 모의학습법, 학생상호학습법

KEY 2018년 3월 4일 기사 출제

36
안전보건교육의 종류별 교육요점으로 틀린 것은?

① 태도교육은 의욕을 갖게 하고 가치관 형성교육을 한다.
② 기능교육은 표준작업 방법대로 시범으로 보이고 실습을 시킨다.
③ 추후지도교육은 재해발생원리 및 잠재위험을 이해시킨다.
④ 지식교육은 작업에 관련된 취약점과 이에 대응되는 작업방법을 알도록 한다.

해설

추후지도교육의 특징
① 지식 – 기능 – 태도 교육을 반복
② 정기적인 OJT 실시
③ 태도교육훈련기본방식 : 참가방식

KEY 2013년 6월 2일(문제 39번) 출제

37
매슬로우(Maslow)의 욕구위계를 바르게 나열한 것은?

① 안전의 욕구 – 생리적 욕구 – 사회적 욕구 – 자아실현의 욕구 – 인정받으려는 욕구
② 안전의 욕구 – 생리적 욕구 – 사회적 욕구 – 인정받으려는 욕구 – 자아실현의 욕구
③ 생리적 욕구 – 사회적 욕구 – 안전의 욕구 – 인정받으려는 욕구 – 자아실현의 욕구
④ 생리적 욕구 – 안전의 욕구 – 사회적 욕구 – 인정받으려는 욕구 – 자아실현의 욕구

해설

매슬로우(Maslow, A. H.)의 욕구 5단계 이론
① 제1단계(생리적 욕구 : 생명유지의 기본적 욕구) : 기아, 갈증, 호흡, 배설, 성욕 등 인간의 가장 기본적인 욕구(종족보존)
② 제2단계(안전욕구) : 자기보존욕구(기술적 능력)
③ 제3단계(사회적 욕구) : 소속감과 애정욕구
④ 제4단계(존경욕구) : 인정받으려는 욕구(포괄적 능력)
⑤ 제5단계(자아실현의 욕구) : 잠재적인 능력을 실현하고자 하는 욕구(성취욕구, 종합적 능력)

KEY ① 2016년 3월 6일 산업기사 출제
② 2016년 5월 8일 기사 출제
③ 2016년 8월 21일 기사·산업기사 동시 출제
④ 2016년 10월 1일 기사·산업기사 동시 출제

[정답] 34 ③ 35 ② 36 ③ 37 ④

⑤ 2017년 3월 5일 기사 출제
⑥ 2017년 5월 7일 기사 출제
⑦ 2018년 3월 4일 산업기사 출제
⑧ 2018년 4월 28일 기사·산업기사 동시 출제
⑨ 2018년 8월 19일 산업기사 출제

38 부주의가 발생하는 경우에 있어 자동차를 운전할 때 신호가 바뀌기 전에 신호가 바뀔 것을 예상하고 자동차를 출발시키는 행동과 관련된 것은?

① 억측판단 ② 근도반응
③ 착시현상 ④ 의식의 우회

해설

억측판단
① 작업공정 중 규정대로 수행하지 않고 '괜찮다'고 생각하여 자기주관대로 행하는 행동
② 객관적인 위험을 행동에 옮김
㉠ 신호등의 신호가 녹색에서 황색으로 바뀌었으나 괜찮다고 판단하고 지나감

KEY 2017년 7월 23일 기사 출제

보충학습
① 근도반응 : 가까운 길에 대한 유혹으로 지름길 반응
② 착시현상 : 실제로는 그렇지 않지만 인간이 보고 싶은 내용으로 오해하여 나타나는 현상
③ 의식의 우회 : 작업도중 걱정, 고뇌, 욕구불만 등에 의해서 발생되는 부주의 현상

39 평가도구의 기본적인 기준이 아닌 것은?

① 실용도(實用度) ② 타당도(妥當度)
③ 신뢰도(信賴度) ④ 습숙도(習熟度)

해설

평가도구의 기본 기준
① 타당성(도)
② 신뢰성(도)
③ 실용성(도)
④ 표준화
⑤ 규준
⑥ 객관성

KEY 2004년 4회 출제

40 어느 부서의 직원 6명의 선호 관계를 분석한 결과 다음과 같은 소시오그램이 작성되었다. 이 부서의 집단응집성 지수는 얼마인가?(단, 그림에서 실선은 선호관계, 점선은 거부관계를 나타낸다.)

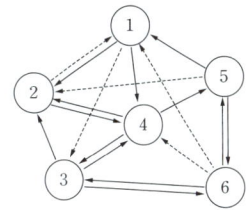

① 0.13 ② 0.27
③ 0.33 ④ 0.47

해설

집단응집성지수

① 응집성지수 = $\dfrac{\text{실제 상호 선호관계의 수}}{\text{가능한 선호관계의 총 수}(n/C_2)}$

$= \dfrac{4}{6C_2} = \dfrac{4}{\dfrac{6 \times 5}{2}} = \dfrac{4}{15} = 0.27$

② 관계의 수 : 4개 (②-④, ③-④, ③-⑥, ⑤-⑥)
※ 실제 상호 선호관계의 수=쌍방향 화살표의 수

KEY 2019년 9월 21일(문제24번) 출제

보충학습
① 소시오메트리 : 사회 측정법으로 집단에 있어 각 구성원 사이의 견인과 배척관계를 조사하여 어떤 개인의 집단 내에서의 관계나 위치를 발견하고 평가하는 방법[집단의 인간관계(선호도)를 조사하는 방법]
② 소시오그램(교우도식) : 소시오메트리를 복잡한 도면(상호간의 관계를 선으로 연결)으로 나타내는 것

[정답] 38 ① 39 ④ 40 ②

3 인간공학 및 시스템안전공학

41 의도는 올바른 것이었지만 행동이 의도한 것과는 다르게 나타나는 오류를 무엇이라 하는가?

① Slip ② Mistake
③ Lapse ④ Violation

해설

인간의 오류 5가지 모형

구분	특징
착각(Illusion)	감각적으로 물리현상을 왜곡하는 지각 오류
착오(Mistake)	상황해석을 잘못하거나 목표를 잘못 이해하고 착각하여 행하는 인간의 실수로 위치, 순서, 패턴, 형상, 기억 오류 등 외부적 요인에 의해 나타나는 오류
실수(Slip)	의도는 올바른 것이었지만, 행동이 의도한 것과는 다르게 나타나는 오류
건망증(Lapse)	일련의 과정에서 일부를 빠뜨리거나 기억의 실패에 의해 발생하는 오류
위반(Violation)	정해진 규칙을 알고 있음에도 의도적으로 따르지 않거나 무시한 경우에 발생하는 오류

KEY ① 2009년 5월 10일 기사(문제 35번) 출제
② 2017년 8월 26일 기사 출제

42 시스템 수명주기 단계 중 마지막 단계인 것은?

① 구상단계 ② 개발단계
③ 운전단계 ④ 생산단계

해설

시스템 수명주기 단계

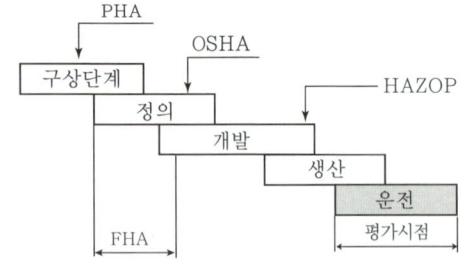

KEY 2018년 8월 19일 기사 출제

43 FT도에 사용되는 다음 게이트의 명칭은?

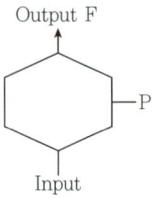

① 부정 게이트 ② 억제 게이트
③ 배타적 OR 게이트 ④ 우선적 AND 게이트

해설

억제 Gate(논리기호)
수정 Gate의 일종으로 억제 모디파이어(Inhibit Modifier)라고도 하며 입력현상이 일어나 조건을 만족하면 출력이 생기고, 조건이 만족되지 않으면 출력이 생기지 않는다.

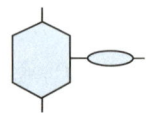

[그림] 억제 Gate

KEY ① 2015년 5월 31일 기사(문제 26번) 출제
② 2015년 9월 19일 기사(문제 56번) 출제

44 FTA에서 시스템의 기능을 살리는데 필요한 최소 요인의 집합을 무엇이라 하는가?

① critical set
② minimal gate
③ minimal path
④ Boolean indicated cut set

해설

최소패스셋(minimal path set)
① 어떤 고장이나 실수를 일으키지 않으면 재해는 일어나지 않는다고 하는 것.
② 시스템의 신뢰도를 나타낸다.
③ FT도에서 최소 패스 셋 구하는 법 : 최소 패스 셋은 FT도의 결합 게이트들을 반대로 (AND↔OR) 변환한 후 최소 컷 셋을 구하면 된다.

KEY ① 2017년 5월 7일 기사 출제
② 2017년 9월 23일 기사 출제
③ 2018년 3월 4일 산업기사 출제
④ 2018년 4월 28일 산업기사 출제

[정답] 41 ① 42 ③ 43 ② 44 ③

45 쾌적환경에서 추운환경으로 변화 시 신체의 조절작용이 아닌 것은?

① 피부온도가 내려간다.
② 직장온도가 약간 내려간다.
③ 몸이 떨리고 소름이 돋는다.
④ 피부를 경유하는 혈액 순환량이 감소한다.

해설

적온에서 추운 환경으로 바뀔 때(저온스트레스)
① 피부온도가 내려간다.
② 피부를 경유하는 혈액순환량이 감소하고, 많은 양의 혈액이 몸의 중심부를 순환한다.
③ 직장(直腸)온도가 약간 올라간다.
④ 소름이 돋고 몸이 떨린다.

KEY 2017년 5월 7일 기사 출제

46 염산을 취급하는 A업체에서는 신설 설비에 관한 안전성 평가를 실시해야 한다. 정성적 평가단계의 주요 진단 항목에 해당하는 것은?

① 공장 내의 배치
② 제조공정의 개요
③ 재평가 방법 및 계획
④ 안전보건교육 훈련계획

해설

정성적 평가내용에 포함사항
① 입지조건
② 공장 내의 배치
③ 소방설비
④ 공정기기
⑤ 수송·저장
⑥ 원재료, 중간체, 제품

KEY
① 2016년 5월 8일 기사 출제
② 2016년 10월 1일 산업기사 출제
③ 2017년 3월 5일 기사 출제
④ 2017년 8월 26일 기사 출제
⑤ 2018년 3월 4일 기사 출제

47 인간-기계시스템의 설계를 6단계로 구분할 때, 첫번째 단계에서 시행하는 것은?

① 기본 설계
② 시스템의 정의
③ 인터페이스 설계
④ 시스템의 목표와 성능명세 결정

해설

인간-기계 설계시스템 6단계
① 1단계 : 시스템의 목표와 성능 명세 결정
② 2단계 : 시스템의 정의
③ 3단계 : 기본설계
④ 4단계 : 인터페이스설계
⑤ 5단계 : 보조물설계
⑥ 6단계 : 시험 및 평가

KEY
① 2016년 3월 6일 기사 출제
② 2016년 10월 1일 기사 출제

48 점광원으로부터 0.3[m] 떨어진 구면에 비추는 광량이 5[Lumen]일 때, 조도는 약 몇 [럭스]인가?

① 0.06
② 16.7
③ 55.6
④ 83.4

해설

$$조도 = \frac{광도[cd]}{(거리)^2} = \frac{5}{0.3^2} = 55.6[Lux]$$

KEY 2017년 3월 5일 기사 출제

[정답] 45 ② 46 ① 47 ④ 48 ③

과년도 출제문제

49 음량 수준을 측정할 수 있는 3가지 척도에 해당되지 않는 것은?

① sone
② 럭스
③ phon
④ 인식소음 수준

해설

음의 크기의 수준 3가지 척도
① Phon : 1,000[Hz] 순음의 음압수준(dB)을 나타낸다.
② sone : 1,000[Hz], 40[dB]의 음압수준을 가진 순음의 크기 (=40[Phon])를 1[sone]이라 한다.

> sone과 Phon의 관계식
> ∴ sone치 = $2^{(phon-40)/10}$

③ 인식소음 수준
㉮ PNdb(perceived noise level)의 척도는 910~1,090[Hz]대의 소음 음압수준
㉯ PLdb(perceived level of noise)의 척도는 3,150[Hz]에 중심을 둔 1/3 옥타브대 음을 기준으로 사용

KEY 2016년 3월 6일 산업기사 출제

---

50 실린더 블록에 사용하는 가스켓의 수명은 평균 10,000[시간]이며, 표준편차는 200[시간]으로 정규분포를 따른다. 사용시간이 9,600[시간]일 경우에 신뢰도는 약 얼마인가?(단, 표준정규분포표에서 $v_{0.8413}=1$, $v_{0.9772}=2$ 이다.)

① 84.13[%]
② 88.73[%]
③ 92.72[%]
④ 97.72[%]

해설

신뢰도
① 확률변수 X는 정규분포 N(10,000, 200^2)을 따른다.
② 9,600시간은 $\frac{9,600-10,000}{200} = -2$
③ 표준정규분포상 $-Z_2$보다 큰 값을 신뢰도로 한다.
④ 전체에서 $-Z_2$보다 작은 값을 빼면 된다.
⑤ 정규분포의 특성상 이는 Z_2보다 큰 값과 동일한 값이다.
⑥ Z_2의 값이 0.9772이므로 1−0.9772=0.0228이 된다.
⑦ 신뢰도 = 1−0.0228=0.9772×100=97.72[%]

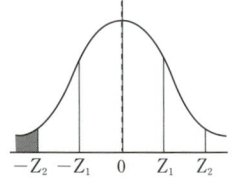 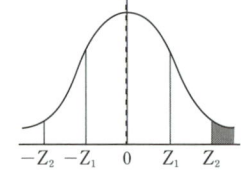

[그림] 정규분포

보충학습
정규분포
① 확률변수 X는 정규분포 N(평균, 표준편차^2)을 따른다.
② 구하고자 하는 값을 정규분포상의 값으로 변환하려면 $\frac{대상값-평균}{표준편차}$ 를 이용한다.

KEY ① 2014년 8월 17일 산업기사 출제
② 2015년 5월 31일(문제35번)산업기사 출제

---

51 음압수준이 70[dB]인 경우, 1,000[Hz]에서 순음의 [phon]치는?

① 50[phon]
② 70[phon]
③ 90[phon]
④ 100[phon]

해설

phon
① 1,000[Hz]의 순음의 음압수준 [dB]
② 70[dB]=70[phon]

합격자의 조언
정독이 필요한 문제입니다.

---

52 인체계측자료의 응용원칙 중 조절 범위에서 수용하는 통상의 범위는 얼마인가?

① 5~95[%tile]
② 20~80[%tile]
③ 30~70[%tile]
④ 40~60[%tile]

해설

조절범위(조정범위) 설계
① 사무실 의자의 높낮이 조절, 자동차 좌석의 전후조절 등
② 통상 5[%]치에서 95[%]치까지에서 90[%] 범위를 수용대상으로 설계
③ 가장 우선적으로 설계적용 고려순서 : 조절식 → 극단치 → 평균치

KEY ① 2016년 8월 21일 산업기사 출제
② 2017년 9월 23일 기사 출제

보충학습
인체계측에서 [%tile]
① 개요
  ㉠ [%tile] = 평균값 ± (표준편차 ×[%tile]계수)로 구한다.
  ㉡ 조절범위에서 수용하는 통상의 범위는 5~95[%tile]이다.
② [%tile] 구하는 방법
  ㉠ 5[%tile] = 평균 − 1.645 × 표준편차로 구한다.
  ㉡ 95[%tile] = 평균 + 1.645 × 표준편차로 구한다.

[정답] 49 ② 50 ④ 51 ② 52 ①

53 동작 경제 원칙에 해당되지 않는 것은?

① 신체사용에 관한 원칙
② 작업장 배치에 관한 원칙
③ 사용자 요구 조건에 관한 원칙
④ 공구 및 설비 디자인에 관한 원칙

해설

동작 경제의 3원칙
① 신체의 사용에 관한 원칙(Use of The human body)
② 작업장의 배치에 관한 원칙(Arrangement of the workplace)
③ 공구 및 설비 디자인에 관한 원칙(Design of tools and equipment)

KEY 2018년 3월 4일 기사 출제

54 정신적 작업 부하에 관한 생리적 척도에 해당하지 않는 것은?

① 부정맥 지수
② 근전도
③ 점멸융합주파수
④ 뇌파도

해설

근전도(EMG : electro-myogram)
① 근육활동의 전위차를 기록한 것
② 심장근의 근전도를 특히 심전도(ECG : electro-cardiogram)
③ 신경활동 전위차의 기록은 ENG(electroneurogram)

KEY ① 2016년 3월 6일 기사(문제 24번) 출제
② 2016년 10월 1일 기사 출제

55 FMEA의 장점이라 할 수 있는 것은?

① 분석방법에 대한 논리적 배경이 강하다.
② 물적, 인적요소 모두가 분석대상이 된다.
③ 서식이 간단하고 비교적 적은 노력으로 분석이 가능하다.
④ 두 가지 이상의 요소가 동시에 고장 나는 경우에도 분석이 용이하다.

해설

FMEA의 장·단점
① 장점 : 서식이 간단하고 비교적 적은 노력으로 특별한 훈련없이 분석을 할 수 있다.
② 단점 : 논리성이 부족하고 특히 각 요소 간의 영향을 분석하기 어렵기 때문에 동시에 두 가지 이상의 요소가 고장날 경우 분석이 곤란하며, 또한 요소가 물체로 한정되어 있기 때문에 인적원인을 분석하는 데는 곤란이 있다.

KEY ① 2015년 9월 19일 기사(문제 46번) 출제
② 2018년 3월 4일 산업기사 출제

56 수리가 가능한 어떤 기계의 가용도(availability)는 0.9이고, 평균수리시간(MTTR)이 2시간일 때, 이 기계의 평균수명(MTBF)은?

① 15시간
② 16시간
③ 17시간
④ 18시간

해설

평균수명
① MTBF(평균고장간격 : Mean Time Between Failures) : 고장이 발생되어도 다시 수리를 해서 쓸 수 있는 제품을 의미(무고장 시간의 평균)
② MTTR(평균수리시간 : Mean Time To Repair) : 체계의 고장발생 순간부터 수리가 완료되어 정상적으로 작동을 시작하기까지의 평균 고장시간이며 지수분포를 따른다.

KEY ① 2016년 3월 6일 산업기사 출제
② 2018년 3월 4일 기사 출제
③ 2018년 4월 28일 기사 출제

보충학습
① 평균수명(MTBF)은 가용도를 통해서 구할 수 있다.
② 총 운용시간은 (평균 수리시간 +평균수명(MTBF))이므로 가용도 측면에서 볼 때 총 운용시간은 1이고, 평균 수리시간은(1-가용도)이므로 0.1에 해당한다. 평균 수리시간이 2시간이라고 했으므로 총 운용시간은 20시간이고, 평균수명은 18시간이 된다.
② 설비의 가동성(Availability)
  ㉠ 가동률, 가용도라고도 하며, 특정 설비가 정상적으로 작동하여 그 설치목적을 수행하는 비율을 말한다.
  ㉡ $\dfrac{MTBF}{MTBF+MTTR} = \dfrac{평균고장간격}{평균고장간격+평균수리시간} = \dfrac{실질가동시간}{총운용시간}$ 으로 구한다.
  ㉢ $0.9 = \dfrac{MTBF}{MTBF+2}$
   ∴ $MTBF = 18$[시간]

[정답] 53 ③ 54 ② 55 ③ 56 ④

57 산업안전보건법령에 따라 제조업 중 유해위험방지계획서 제출대상 사업의 사업주가 유해 위험방지계획서를 제출하고자 할 때 첨부하여야 하는 서류에 해당하지 않는 것은?

① 공사개요서
② 기계·설비의 배치도면
③ 기계·설비의 개요를 나타내는 서류
④ 원재료 및 제품의 취급, 제조 등의 작업방법의 개요

해설
유해·위험방지계획서 제출서류(제조업)
① 건축물 각 층의 평면도
② 기계·설비의 개요를 나타내는 서류
③ 기계·설비의 배치도면
④ 원재료 및 제품의 취급, 제조 등의 작업방법의 개요
⑤ 그 밖에 고용노동부장관이 정하는 도면 및 서류

KEY ① 2015년 3월 8일 기사(문제 33번) 출제
② 2015년 9월 19일 기사(문제 43번) 출제

정보제공
산업안전보건법 시행규칙 제42조 (제출서류 등)

58 생명유지에 필요한 단위시간당 에너지량을 무엇이라 하는가?

① 기초 대사량
② 산소 소비율
③ 작업 대사량
④ 에너지 소비율

해설
기초대사량(BMR)
① 생명유지에 필요한 단위 시간당 에너지량
② $A = H^{0.725} \times W^{0.425} \times 72.46$
여기서, A : 몸의 표면적[cm²], H : 신장[cm], W : 체중[kg]

KEY ① 2016년 3월 6일 산업기사 출제
② 2017년 3월 5일 산업기사 출제
③ 2017년 9월 23일 산업기사 출제

59 다음의 각 단계를 결함수분석법(FTA)에 의한 재해사례의 연구 순서대로 나열한 것은?

다음
㉠ 정상사상의 선정
㉡ FT도 작성 및 분석
㉢ 개선 계획의 작성
㉣ 각 사상의 재해원인 규명

① ㉠ → ㉡ → ㉢ → ㉣
② ㉠ → ㉣ → ㉢ → ㉡
③ ㉠ → ㉢ → ㉡ → ㉣
④ ㉠ → ㉣ → ㉡ → ㉢

해설
FTA에 의한 재해사례연구순서
① 제1단계 : 톱사상의 선정
② 제2단계 : 사상마다의 재해원인및 요인 규명
③ 제3단계 : FT도 작성
④ 제4단계 : 개선계획 작성
⑤ 제5단계 : 개선안 실시계획

KEY 2016년 10월 1일 기사 출제

60 인간 기계시스템의 연구 목적으로 가장 적절한 것은?

① 정보 저장의 극대화
② 운전시 피로의 평준화
③ 시스템의 신뢰성 극대화
④ 안전의 극대화 및 생산능률의 향상

해설
인간 기계 시스템의 연구목적 :
안전의 극대화 및 생산 능률의 향상

KEY ① 2015년 9월 19일 기사(문제 54번) 출제
② 2017년 8월 26일 산업기사 출제

[정답] 57 ① 58 ① 59 ④ 60 ④

4 건설시공학

61 개방잠함공법(Open cassion method)에 관한 설명으로 옳은 것은?

① 건물외부 작업이므로 기후의 영향을 많이 받는다.
② 지하수가 많은 지반에서는 침하가 잘 되지 않는다.
③ 소음발생이 크다.
④ 실의 내부 갓 둘레부분을 중앙 부분보다 먼저 판다.

해설

잠함기초공법의 특징
① 지상에서 구축한 철근 콘크리트 구조체나 지하 구조물(기초 구축물, 하부 구조물)로서 지반 밑을 굴착하여 소정의 위치까지 침하시키는 공법을 말한다.
② 잠함을 이용하여 실시하는 공법을 말한다.
③ 수중에서의 교각구축이나 고층건물의 기초, 지하실 건축에 쓰이는 공법을 말한다.
④ 종류 : 오픈 케이슨 공법, 뉴매틱 케이슨 공법
⑤ 장점
  ㉮ 소음, 진동이 작다.
  ㉯ 출수가 많은 곳에 유리하다.
⑥ 단점
  ㉮ 침하량 판단 및 경사각의 측정,조정이 어렵다.
  ㉯ 정확한 시공을 요하며 공사비가 많이 든다.

KEY ① 2010년 5월 9일(문제 69번) 출제
② 2013년 9월 28일(문제 70번) 출제

62 석공사에서 건식공법에 관한 설명으로 옳지 않은 것은?

① 하지 철물의 부식문제와 내부단열재 설치문제 등이 나타날 수 있다.
② 긴결 철물과 채움 모르타르로 붙여 대는 것으로 외벽공사 시 빗물이 스며들어 들뜸, 백화현상 등이 발생하지 않도록 한다.
③ 실런트(Sealant) 유성분에 의한 석재면의 오염 문제는 비오염성 실런트로 대체하거나, Open Joint 공법으로 대체하기도 한다.
④ 강재트러스, 트러스지지공법 등 건식공법은 시공 정밀도가 우수하고, 작업능률이 개선되며, 공기단축이 가능하다.

해설

백화현상 : 습식공사에서 발생

KEY 2014년 3월 2일(문제 76번) 출제

63 철근콘크리트에서 염해로 인한 철근부식방지대책으로 옳지 않은 것은?

① 콘크리트중의 염소 이온량을 적게 한다.
② 에폭시 수지 도장 철근을 사용한다.
③ 방청제 투입을 고려한다.
④ 물-시멘트비를 크게 한다.

해설

염해에 대한 철근 부식 방지 대책
① 콘크리트중의 염소 이온량을 적게 한다.
② 에폭시 수지 도장 철근을 사용한다.
③ 방청제 투입이나 전기제어 방식을 취한다.
④ 철근 피복 두께를 충분히 확보한다.
⑤ 수밀콘크리트를 만들고 콜드조인트가 없게 시공한다.
⑥ 물-시멘트비를 최소로 하고 광물질 혼화재를 사용한다.
⑦ pH11 이상의 강알칼리 환경에서는 철근 표면에 부동태막이 생겨 부식을 방지한다.

KEY 2006년 5월 14일(문제 79번) 출제

64 분할도급 발주 방식 중 지하철공사, 고속도로공사 및 대규모 아파트단지 등의 공사에 채용하면 가장 효과적인 것은?

① 직종별 공종별 분할도급
② 공정별 분할도급
③ 공구별 분할도급
④ 전문공종별 분할도급

해설

공구별 분할도급의 특징
① 대규모 공사에서 지역별로 발주
② 중소업자에게 균등기회 부여 가능
③ 경쟁으로 공기단축, 시공기술향상
④ 등록사무, 감독사무가 복잡

KEY ① 2012년 3월 4일 기사(문제 67번) 출제
② 2017년 9월 23일 기사 출제
③ 2018년 4월 28일 기사 출제

[정답] 61 ② 62 ② 63 ④ 64 ③

과년도 출제문제

65 철골공사의 기초상부 고름질 방법에 해당되지 않는 것은?

① 전면바름 마무리법
② 나중 채워넣기 중심바름법
③ 나중 매입공법
④ 나중 채워넣기법

해설

기초상부 고름질 방법
① 전면바름 마무리법
② 나중채워넣기 중심바름법
③ 나중채워넣기 십자(+)바름법
④ 완전나중채워넣기법

KEY ① 2012년 3월 4일(문제 62번) 출제
② 2014년 9월 20일(문제 73번) 출제

보충학습

나중매입공법 : 기초볼트 매입공법

66 말뚝재하시험의 주요목적과 거리가 먼 것은?

① 말뚝길이의 결정 ② 말뚝 관입량 결정
③ 지하수위 추정   ④ 지지력 추정

해설

말뚝재하시험의 주요목적
① 말뚝 길이의 결정
② 말뚝 관입량 결정
③ 지지력 추정

67 건축시공의 현대화 방안 중 3S system과 거리가 먼 것은?

① 작업의 표준화 ② 작업의 단순화
③ 작업의 전문화 ④ 작업의 기계화

해설

건축시공의 3S system
① 단순화(simplification)
② 표준화(standardization)
③ 전문화(specification)

KEY ① 2012년 5월 20일(문제 62번) 출제
② 2019년 3월 3일(문제 5번) 해설

68 보강 콘크리트 블록조 공사에서 원칙적으로 기초 및 테두리보에서 위층의 테두리보까지 잇지 않고 배근하는 것은?

① 세로근   ② 가로근
③ 철선   ④ 수평횡근

해설

세로근
① 기초 및 테두리보에서 위층의 테두리보까지 이음없이 배근
② 정착길이를 철근 직경의 40배 이상

참고 건설안전기사 필기 p.4-106(합격날개 : 은행문제 보기③)

KEY ① 2016년 3월 6일(문제 75번) 출제
② 2018년 9월 15일 기사 출제

69 프리플레이스트 콘크리트의 서중 시공 시 유의 사항으로 옳지 않은 것은?

① 애지데이터 안의 모르타르 저류시간을 짧게 한다.
② 수송관 주변의 온도를 높여 준다.
③ 응결을 지연시키며 유동성을 크게 한다.
④ 비빈 후 즉시 주입한다.

해설

서중시공시 유의사항
① 애지데이터 안의 모르타르 저류시간을 짧게 한다.
② 비빈 후 즉시 주입한다.
③ 수송관 주변의 온도를 낮추어 준다.
④ 응결을 지연시키며 유동성을 크게 한다.
⑤ 유동성과 유동경사의 관리를 엄격히 하며 주입의 중단을 막는다.
⑥ 유동성을 유지시킬 수 있는 혼화제를 추가 혼입한다. 다만 책임기술자가 품질확인 후 시행하여야 한다.

70 잡석지정의 다짐량이 5[m^3]일 때 틈막이로 넣는 자갈의 양으로 가장 적당한 것은?

① 0.5[m^3]   ② 1.5[m^3]
③ 3.0[m^3]   ④ 5.0[m^3]

해설

사춤자갈량 = 잡석량 × 30[%] = 5 × 0.3 = 1.5[m^3]

[정답] 65 ③ 66 ③ 67 ④ 68 ① 69 ② 70 ②

71. 철근콘크리트부재의 피복두께를 확보하는 목적과 거리가 먼 것은?

① 철근이음시 편의성
② 내화성 확보
③ 철근의 방청
④ 콘크리트의 유동성 확보

해설

철근 피복두께의 유지목적
① 내화성능 유지
② 내구성능 유지
③ 소요의 구조내력확보. 즉, 콘크리트의 유동성, 부착력, 강도확보 등

보충학습
철근 피복 두께 : 철근 표면에서 이를 감싸고 있는 콘크리트 표면까지의 두께

72. 지반개량공법 중 강제압밀 또는 강제압밀탈수공법에 해당하지 않는 것은?

① 프리로딩공법   ② 페이퍼드레인공법
③ 고결공법   ④ 샌드드레인공법

해설

지반개량공법의 종류
① 샌드드레인공법
② 페이퍼드레인공법
③ 생석회공법
④ 그라우팅공법
⑤ 동결공법

KEY 2015년 5월 31일(문제 78번) 출제

보충학습

사질토 개량공법
(1) 다짐공법
  ① 다짐말뚝공법
  ② Compozer 공법
  ③ Vibroflotation 공법
  ④ 전기충격식 공법
  ⑤ 폭파다짐공법
(2) 배수공법 : Well point 공법
  ① 고결(응결)공법
  ② 약액주입공법으로 시멘트 처리공법
  ③ 석회 처리공법
  ④ 심층혼합 처리공법

73. 연질의 점토지반에서 흙막이 바깥에 있는 흙의 중량과 지표위에 적재하중의 중량에 못견디어 저면 흙이 붕괴되고 흙막이 바깥에 있는 흙이 안으로 밀려 불룩하게 되는 현상을 무엇이라고 하는가?

① 보일링 파괴   ② 히빙 파괴
③ 파이핑 파괴   ④ 언더 피닝

해설

히빙파괴현상
① 흙막이나 흙파기를 할 때 하부지반이 연약하면 흙파기 저면선에 대하여 흙막이 바깥에 있는 흙의 중량과 지표 재하중의 중량에 못 견디어 저면 흙이 붕괴되고, 바깥에 있는 흙이 안으로 밀려 불룩하게 되는 현상
② 연질지반에서 발생

KEY
① 2017년 9월 23일 산업기사 출제
② 2018년 3월 4일 산업기사 출제
③ 2018년 4월 28일 산업기사 출제
④ 2018년 9월 15일 기사 출제

74. 콘크리트 타설 시 거푸집에 작용하는 측압에 관한 설명으로 옳지 않은 것은?

① 기온이 낮을수록 측압은 작아진다.
② 거푸집의 강성이 클수록 측압은 커진다.
③ 진동기를 사용하여 다질수록 측압은 커진다.
④ 조강시멘트 등을 활용하면 측압은 작아진다.

해설

거푸집 측압
① 슬럼프가 클수록, 배합이 좋을수록, 벽두께가 두꺼울수록 측압은 커진다.
② 부어넣기 속도가 빠를수록 커진다.
③ 온도가 낮을수록 측압은 커진다.
④ 다지기가 충분할수록 커진다.(진동기 사용할 때 30[%] 증가)

KEY
① 2016년 5월 8일 기사 출제
② 2017년 5월 7일 산업기사 출제
③ 2017년 9월 23일 산업기사 출제

[정답] 71 ① 72 ③ 73 ② 74 ①

75 내화피복의 공법과 재료와의 연결이 옳지 않은 것은?

① 타설공법 – 콘크리트, 경량콘크리트
② 조적공법 – 콘크리트, 경량콘크리트 블록, 돌, 벽돌
③ 미장공법 – 뿜칠 플라스틱, 알루미나 계열 모르타르
④ 뿜칠공법 – 뿜칠 암면, 습식 뿜칠 암면, 뿜칠 모르타르

해설

미장공법
철골에 용접철망을 부착하여 모르타르로 미장하는 방법(예 철망Mortar, 철망펄라이트 Mortar)

KEY ① 2017년 3월 5일 산업기사 출제
② 2017년 5월 7일 기사 출제
③ 2018년 4월 28일 산업기사 출제

보충학습

건식공법
① 성형판 붙임공법 : ALC석고보드
② 멤브레인 공법 : 석면 흡음판

76 PERT/CPM의 장점이 아닌 것은?

① 변화에 대한 신속한 대책수립이 가능하다.
② 비용과 관련된 최적안 선택이 가능하다.
③ 작업선후 관계가 명확하고 책임소재 파악이 용이하다.
④ 주공정(Critical path)에 의해서만 공기관리가 가능하다.

해설

PERT/CPM이란?
(1) 특징
① PERT(Program Evaluation & Review Technique) : 결합점(Event) 중심으로 일정을 계산하는 공정표로 프로젝트의 시간 및 비용관리에 사용된다.
② CPM(Critical Path Method) : 활동(Activity) 중심으로 일정을 계산하는 공정표로 PDM과 ADM으로 나눈다.
(2) PERT/CPM의 장점
① 상세한 계획수립이 가능하고, 변화에 대한 신속한 대책수립이 가능하다.
② 비용과 관련된 최적안 선택이 가능하다.
③ 작업선후 관계가 명확하고 책임소재 파악이 용이하다.
(3) PERT/CPM의 단점
① 주공정(Critical path)에 의해서만 공기관리가 가능하다.
② 고도의 훈련을 쌓아야 적용이 가능하다.

77 공사 중 시방서 및 설계도서가 서로 상이할 때의 우선순위에 관한 설명으로 옳지 않은 것은?

① 설계도면과 공사시방서가 상이할 때는 설계도면을 우선한다.
② 설계도면과 내역서가 상이할 때는 설계도면을 우선한다.
③ 일반시방서와 전문시방서가 상이할 때는 전문시방서를 우선한다.
④ 설계도면과 상세도면이 상이할 때는 상세도면을 우선한다.

해설

시방서
(1) 시방서의 설계도면의 우선순위
시방서와 설계도면에 표시된 사항이 다를 때 또는 시공상 부적당하다고 인정되는 때 현장책임자는 공사감리자와 협의한다.
(2) 시방서의 종류
① 특기시방서 ② 표준시방서 ③ 설계도면

KEY 2011년 6월 12일(문제 69번) 출제

78 거푸집이 콘크리트 구조체의 품질에 미치는 영향과 역할이 아닌 것은?

① 콘크리트가 응결하기까지의 형상, 치수의 확보
② 콘크리트 수화반응의 원활한 진행을 보조
③ 철근의 피복두께 확보
④ 건설 폐기물의 감소

해설

거푸집의 시공목적
① Concrete 형상과 치수 유지
② Concrete 경화에 필요한 수분과 시멘트풀의 누출방지
③ 양생을 위한 외기 영향 방지

KEY 2016년 3월 6일 산업기사 출제

[정답] 75 ③   76 ④   77 ①   78 ④

79 철골공사에서 철골 세우기 순서가 옳게 연결된 것은?

A : 기초 볼트위치 재점검
B : 기둥 중심선 먹매김
C : 기둥세우기
D : 주각부 모르타르 채움
E : Base plate의 높이 조정용 plate 고정

① A → B → C → D → E
② B → A → E → C → D
③ B → A → C → D → E
④ E → D → B → A → C

해설

현장철골 기둥세우기 순서

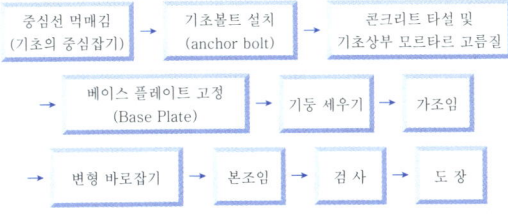

80 다음 중 철근공사의 배근순서로 옳은 것은?

① 벽 → 기둥 → 슬래브 → 보
② 슬래브 → 보 → 벽 → 기둥
③ 벽 → 기둥 → 보 → 슬래브
④ 기둥 → 벽 → 보 → 슬래브

해설

철근의 조립(배근)순서
① 철근 콘크리트 : 거푸집 조립순서에 맞추어 조립

　　기둥 - 벽 - 보 - 슬래브

② 철골 철근 콘크리트 : 철골의 조립 및 리벳치기가 완료된 부분부터 철근조립

　　기둥 - 보 - 벽 - 슬래브

KEY 2010년 5월 9일(문제 77번) 출제

---

5 건설재료학

81 목재의 신축에 관한 설명으로 옳은 것은?

① 동일 나뭇결에서 심재는 변재보다 신축이 크다.
② 섬유포화점 이상에서는 함수율의 변화에 따른 신축 변동이 크다.
③ 일반적으로 곧은결폭보다 널결폭이 신축의 정도가 크다.
④ 신축의 정도는 수종과는 상관없이 일정하다.

해설

목재의 신축
① 동일 나뭇결에서 심재는 변재보다 신축이 작다.
② 팽창과 신축은 섬유포화점 이상에는 생기지 않으나 섬유포화점 이하에서는 거의 함수율에 비례하여 신축한다.

KEY 2008년 5월 11일(문제 84번) 출제

82 오토클레이브(auto clave)에 포화증기 양생한 경량기포콘크리트의 특징으로 옳은 것은?

① 열전도율은 보통 콘크리트와 비슷하여 단열성은 약한 편이다.
② 경량이고 다공질이어서 가공 시 톱을 사용할 수 있다.
③ 불연성 재료로 내화성이 매우 우수하다.
④ 흡음성과 차음성은 비교적 약한 편이다.

해설

ALC(Autoclaved Lightweight Concrete) : 경량기포 콘크리트
① 규사, 생석회, 시멘트 등에 발포제인 알루미늄 분말과 기포안정제 등을 넣어 고온, 고압 증기 양생(Autoclave)을 거쳐 건물의 내외벽체, 지붕 및 바닥재 등에 사용된다.
② 건축물의 대형화, 고층화, 경량화, 공업화 추세에 따라 그 사용이 늘어나고 있다.
③ 가공시 톱을 사용할 수 있다.

KEY ① 2017년 5월 7일 기사 출제
　　　② 2017년 9월 23일 기사 출제
　　　③ 2018년 3월 4일 기사 출제

[정답] 79 ② 80 ④ 81 ③ 82 ②

과년도 출제문제

83 유리가 불화수소에 부식하는 성질을 이용하여 5[mm] 이상 판유리면에 그림, 문자등을 새긴 유리는?

① 스테인드 유리 ② 망입유리
③ 에칭유리 ④ 내열유리

해설

에칭유리
① 유리면에 부식액의 방호막을 붙이고 이 막을 모양에 맞게 오려내고 그 부분에 유리부식액을 발라 소요 모양으로 만들어 장식용으로 사용하는 유리
② 5[mm] 이상의 판유리에 그림·문자 등을 새긴다.

84 다음 미장재료 중 기경성(氣硬性)이 아닌 것은?

① 회반죽
② 경석고 플라스터
③ 회사벽
④ 돌로마이트플라스터

해설

킨즈시멘트(keen's cement)
① 경석고 플라스터라고도 하며 경석고에 명반 등의 촉진재를 배합한 것으로 약간 붉은 빛을 띤 백색을 나타내는 플라스터이다.
② 수경성이다.

KEY ① 2016년 5월 8일 기사 출제
② 2017년 3월 5일 기사 출제
③ 2017년 9월 23일 기사·산업기사 동시 출제

보충학습

수경성과 기경성
(1) 수경성
① 물을 필요로 하는 미장재료로 지하실과 같이 공기의 유통이 나쁜 장소에서도 사용가능
② 시멘트 모르타르, 석고 플라스터, 인조석바름 등
③ 장점 : 경화가 빠르고 강도가 크다.
④ 단점 : 시공이 복잡하고 수축 및 균열이 발생
(2) 기경성
① 이산화탄소와 반응하여 경화되는 미장재료
② 회반죽, 흙질, 석회 플라스터, 돌로마이트 플라스터 등
③ 장점 : 시공이 용이
④ 단점 : 경화가 느리고 강도가 적다.

85 다음 중 원유에서 인위적으로 만든 아스팔트에 해당하는 것은?

① 블론 아스팔트 ② 로크 아스팔트
③ 레이크 아스팔트 ④ 아스팔타이트

해설

석유 아스팔트의 종류
① 스트레이트 아스팔트
② 블론 아스팔트
③ 아스팔트 콤파운드
④ 컷백 아스팔트

KEY 2018년 3월 4일 산업기사 출제

86 기성 배합 모르타르 바름에 관한 설명으로 옳지 않은 것은?

① 현장에서의 시공이 간편하다.
② 공장에서 미리 배합하므로 재료가 균질하다.
③ 접착력 강화제가 혼입되기도 한다.
④ 주로 바름 두께가 두꺼운 경우에 많이 쓰인다.

해설

기성 배합 모르타르
① 현장에서의 시공이 간편하다.
② 공장에서 미리 배합하므로 재료가 균질하다.
③ 접착력 강화제가 혼입되기도 한다.
④ 바름 두께가 얇은 경우에 많이 사용한다.

KEY 2013년 9월 28일(문제 97번) 출제

87 합성수지 재료에 관한 설명으로 옳지 않은 것은?

① 에폭시수지는 접착성은 우수하나 경화시 휘발성이 있어 용적의 감소가 매우 크다.
② 요소수지는 무색이어서 착색이 자유롭고 내수성이 크며 내수합판의 접착제로 사용된다.
③ 폴리에스테르수지는 전기절연성, 내열성이 우수하고 특히 내약품성이 뛰어나다.
④ 실리콘수지는 내약품성, 내후성이 좋으며 방수피막 등에 사용된다.

[정답] 83 ③ 84 ② 85 ① 86 ④ 87 ①

에폭시 수지 접착제
① 내용제성과 내약품성이 뛰어나고, 경화할 때 휘발성이 없다.
② 금속유리, 목재나 알루미늄과 같은 경금속의 접착제에 사용된다.

KEY ① 2016년 5월 8일 기사 출제
② 2017년 3월 5일 기사 출제
③ 2018년 3월 4일 기사 출제

88 회반죽에 여물을 넣는 가장 주된 이유는?

① 균열을 방지하기 위하여
② 점성을 높이기 위하여
③ 경화를 촉진하기 위하여
④ 내수성을 높이기 위하여

해설

여물
① 털여물은 가성소다로 세척하여 사용한다.
② 여물은 건조수축에 의한 균열을 방지할 목적으로 첨가한다.

KEY 2009년 5월 10일(문제 85번) 출제

89 부재 혹은 구조물의 치수가 커서 시멘트의 수화열에 의한 온도상승 및 강하를 고려하여 설계·시공해야 하는 콘크리트를 무엇이라 하는가?

① 매스콘크리트
② 한중콘크리트
③ 고강도콘크리트
④ 수밀콘크리트

해설

매스 콘크리트(Mass concrete)
부재의 단면 최소치수가 넓은 슬래브에서는 80[cm] 이상이고, 하단이 구속된 벽에서는 50[cm] 이상이며 중앙부와 콘크리트 표면의 온도 차이가 25[℃] 이상일 때의 콘크리트

KEY ① 2017년 5월 7일 기사 출제
② 2018년 4월 28일 산업기사 출제

90 창호용 철물 중 경첩으로 유지할 수 없는 무거운 자재여닫이문에 쓰이는 철물은?

① 도어 스톱
② 래버터리 힌지
③ 도어 체크
④ 플로어 힌지

해설

플로어 힌지
경첩으로 유지 할 수 없는 무거운 자재여닫이문에 사용

보충학습

창호철물의 종류 및 특징

구분	특징
피벗 힌지 (Pivot hinge)	경첩대신 축을 사용하여 여닫이문을 회전시키는 것으로 방화문 등 중량문에 주로 사용
플로어 힌지 (Floor hinge)	문이 자동적으로 닫히게 하는 철물로 경첩으로 유지하기 어려운 무거운 자재 여닫이문에 사용
레버터리 힌지 (Lavatory hinge)	스프링힌지의 일종. 문이 저절로 닫히게 하는 것으로 공중용 화장실 및 공중전화 부스 등에 사용
나이트 래치 (Night latch)	외부에서는 열쇠, 내부에서는 작은 손잡이를 풀어 열 수 있는 실린더장치
크레센트 (Crescent)	오르내리창이나 미서기창을 잠그는데 사용하는 철물
지도리	징부가 구멍에 들어 끼어 돌게 만든 철물로서 회전창, 현관문, 방화문에 사용
도어 스톱	여닫이 문이 열릴 때 문을 고정해주는 철물
도어 체크 (도어 스토퍼)	아파트 현관문 등에서 주로 사용하는 철물로 일정한 간격만 문이 열리고 문이 닫힐 때 천천히 닫히게 하는데 사용

91 골재의 입도분포를 측정하기 위한 시험으로 옳은 것은?

① 플로우 시험
② 블레인 시험
③ 체가름 시험
④ 비카트침 시험

체분석(가름)시험 목적
① 골재가 콘크리트 공사용으로 적당한 것인가 아닌가를 입도의 측면에서 검토하기 위한 시험이다.
② 건축공사 표준시방서에 표시된 표준배합표는 골재의 크기별로 건축공사용 콘크리트의 조합을 표시하고 있다.
③ 배합을 구하기 위해서는 체분석시험을 하지 않으면 안 된다.

[정답] 88 ① 89 ① 90 ④ 91 ③

보충학습
① 플로우 시험 : 콘크리트의 반죽질기(Consistency)를 시험하는 방법이다.
② 블레인 시험 : 시멘트의 분말도를 측정할 때 사용하는 시험
③ 비카트침 시험 : 시멘트의 표준 주도의 결정과 시멘트의 응결시간을 측정하는 시험

92 강재 시편의 인장시험 시 나타나는 응력-변형률 곡선에 관한 설명으로 옳지 않은 것은?

① 하위항복점까지 가력한 후 외력을 제거하면 변형은 원상으로 회복된다.
② 인장강도 점에서 응력값이 가장 크게 나타난다.
③ 냉간성형한 강재는 항복점이 명확하지 않다.
④ 상위항복점 이후에 하위항복점이 나타난다.

해설

응력-변형율 곡선
비례한도에서 외력을 제거하여 원상으로 회복된다.

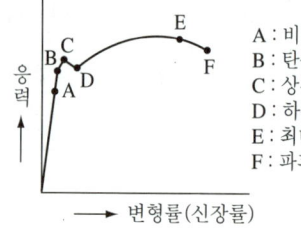

A : 비례한도
B : 탄성한도
C : 상위항복점
D : 하위항복점
E : 최대응력
F : 파괴점

[그림] 응력변형률 곡선

KEY 2008년 5월 7일(문제 92번) 출제

93 투명도가 높으므로 유기유리라고도 불리며 무색 투명하여 착색이 자유롭고 상온에서도 절단·가공이 용이한 합성수지는?

① 폴리에틸렌 수지　② 스티롤 수지
③ 멜라민 수지　　　④ 아크릴 수지

해설

아크릴수지의 특징
① 유기질유리라 하여 일찍이 비행기의 방풍유리로 사용해 왔다.
② 무색투명판은 광선 및 자외선의 투과성이 크고 내약품성, 전기절연성이 크며 내충격강도는 무기재료보다 8~10배 정도이다.

KEY ① 2018년 3월 4일 기사 출제
② 2018년 9월 15일 기사 출제

94 점토제품에서 SK번호가 의미하는 바로 옳은 것은?

① 점토원료를 표시
② 소성온도를 표시
③ 점토제품의 종류를 표시
④ 점토제품 제법 순서를 표시

해설

SK번호
① 소성온도 측정법에는 1886년 제게르(Seger)가 고안
② 1908년 시모니스(Simonis)가 개량한 제게르콘(Seger cone)법이 있으며 제게르-케게르(Seger - Keger)의 소성온도를 표시한다.

KEY 2018년 3월 4일 산업기사 출제

95 표면을 연마하여 고광택을 유지하도록 만든 시유타일로 대형 타일에 많이 사용되며, 천연화강석의 색깔과 무늬가 표면에 나타나게 만들 수 있는 것은?

① 모자이크 타일
② 징크 판넬
③ 논슬립타일
④ 폴리싱타일

해설

폴리싱타일
① 표면을 연마하여 고광택을 유지하도록 만든 시유타일
② 대형 타일에 많이 사용

KEY 2019년 3월 3일 산업기사(문제 70번)

[정답] 92 ①　93 ④　94 ②　95 ④

96 다음 중 역청재료의 침입도 값과 비례하는 것은?

① 역청재의 중량
② 역청재의 온도
③ 대기압
④ 역청재의 비중

해설

감온비는 침입도(온도)에 비례한다.

97 목재의 내연성 및 방화에 관한 설명으로 옳지 않은 것은?

① 목재의 방화는 목재 표면에 불연소성 피막을 도포 또는 형성시켜 화염의 접근을 방지하는 조치를 한다.
② 방화제로는 방화페인트, 규산나트륨 등이 있다.
③ 목재가 열에 닿으면 먼저 수분이 증발하고 160[℃] 이상이 되면 소량의 가연성가스가 유출된다.
④ 목재는 450[℃]에서 장시간 가열하면 자연발화하게 되는데, 이 온도를 화재위험온도라고 한다.

해설

목재의 인화점, 착화점, 발화점

구분	온도[℃]
수분소실, 열분해 시작, 가스방출	100 내외
탄화점	160
인화점	평균 240
착화점(화재 위험온도)	평균 250
발화점	평균 450

98 강화유리의 검사항목과 거리가 먼 것은?

① 파쇄시험
② 쇼트백시험
③ 내충격성시험
④ 촉진노출시험

해설

강화유리 검사항목
① 파쇄시험
② 쇼트백시험
③ 내충격성시험

보충학습
촉진노출시험 : 합성수지검사

99 도료 중 주로 목재면의 투명도장에 쓰이고 오일 니스에 비하여 도막이 얇으나 견고하며, 담색으로서 우아한 광택이 있고 내부용으로 쓰이는 것은?

① 클리어 래커(clear lacquer)
② 에나멜 래커(enamel lacquer)
③ 에나멜 페인트(enamel paint)
④ 하이 솔리드 래커(high solid lacquer)

해설

투명래커의 특징
① 내수성이 작다.
② 용도는 보통 내부(목재면)에 주로 사용한다.

KEY ▶ 2018년 4월 28일 산업기사 출제

100 목재의 건조특성에 관한 설명으로 옳지 않은 것은?

① 온도가 높을수록 건조속도는 빠르다.
② 풍속이 빠를수록 건조속도는 빠르다.
③ 목재의 비중이 클수록 건조속도는 빠르다.
④ 목재의 두께가 두꺼울수록 건조시간이 길어진다.

해설

비중이 작을수록 건조속도가 빠르다.

[정답] 96 ② 97 ④ 98 ④ 99 ① 100 ③

6 건설안전기술

101 산업안전보건법령에 따른 거푸집동바리를 조립하는 경우의 준수사항으로 옳지 않은 것은?

① 개구부 상부에 동바리를 설치하는 경우에는 상부 하중을 견딜 수 있는 견고한 받침대를 설치할 것
② 동바리의 이음은 맞댄이음이나 장부이음으로 하고 같은 품질의 제품을 사용할 것
③ 강재와 강재의 접속부 및 교차부는 철선을 사용하여 단단히 연결할 것
④ 거푸집이 곡면인 경우에는 버팀대의 부착 등 그 거푸집의 부상(浮上)을 방지하기 위한 조치를 할 것

해설
강재와 강재의 접속부 및 교차부 : 볼트·클램프 등 전용철물을 사용하여 단단히 연결할 것

KEY 2018년 3월 4일 기사·산업기사 동시 출제

정보제공
산업안전보건기준에 관한 규칙 제332조(동바리 조립 시의 안전조치)

102 타워 크레인(Tower Crane)을 선정하기 위한 사전 검토사항으로서 가장 거리가 먼 것은?

① 붐의 모양   ② 인양능력
③ 작업반경   ④ 붐의 높이

해설
타워크레인을 선정하기 위한 사전 검토사항
① 작업반경   ② 입지조건
③ 건립기계의 소음영향   ④ 건물형태
⑤ 인양능력   ⑥ 붐의 높이

KEY 2003년 2회 출제

103 건설현장에서 근로자의 추락재해를 예방하기 위한 안전난간을 설치하는 경우 그 구성요소와 거리가 먼 것은?

① 상부난간대   ② 중간난간대
③ 사다리   ④ 발끝막이판

해설
안전난간의 구성요소
① 상부난간대   ② 중간난간대
③ 발끝막이판   ④ 난간기둥

KEY ① 2017년 9월 23일 산업기사 출제
② 2018년 3월 4일 산업기사 출제
③ 2018년 8월 19일 산업기사 출제

정보제공
산업안전보건기준에 관한 규칙 제13조(안전난간의 구조 및 설치요건)

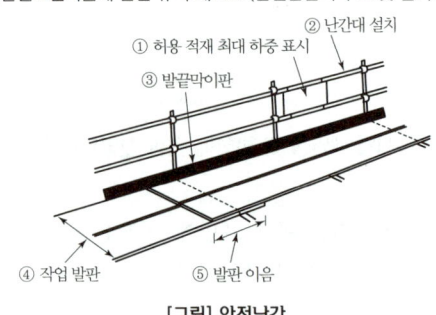

[그림] 안전난간

104 달비계(곤돌라의 달비계는 제외)의 최대적재하중을 정하는 경우에 사용하는 안전계수의 기준으로 옳은 것은?

① 달기체인의 안전계수 : 10 이상
② 달기강대와 달비계의 하부 및 상부지점의 안전계수(목재의 경우) : 2.5 이상
③ 달기와이어로프의 안전계수 : 5 이상
④ 달기강선의 안전계수 : 10 이상

해설
달비계의 안전계수 기준
① 달기와이어로프 및 달기강선의 안전계수는 10 이상
② 달기체인 및 달기훅의 안전계수는 5 이상
③ 달기강대와 달비계의 하부 및 상부지점의 안전계수는 강재의 경우 2.5 이상, 목재의 경우 5 이상

KEY ① 2016년 10월 1일 산업기사 출제
② 2018년 3월 4일 산업기사 출제
③ 2018년 8월 19일 산업기사 출제
④ 2019년 3월 3일 산업기사 출제

정보제공
① 산업안전보건기준에 관한 규칙 제55조(작업발판의 최대 적재하중)
② 2024. 7. 1. 법개정으로 안전계수는 삭제되었습니다.

[정답] 101 ③   102 ①   103 ③   104 ④

105 달비계의 구조에서 달비계 작업발판의 폭은 최소 얼마 이상 이어야 하는가?

① 30[cm]　　② 40[cm]
③ 50[cm]　　④ 60[cm]

해설

달비계 작업 발판 기준
① 폭 : 40[cm] 이상　② 틈새 : 없도록 할 것

KEY ① 2017년 8월 26일 기사·산업기사 동시 출제
② 2018년 4월 28일 기사 출제

정보제공
산업안전보건기준에 관한 규칙 제63조(달비계의 구조)

106 건설업 중 교량건설 공사의 경우 유해 위험방지계획서를 제출하여야 하는 기준으로 옳은 것은?

① 최대 지간길이가 40[m] 이상인 다리건설 등 공사
② 최대 지간길이가 50[m] 이상인 다리건설 등 공사
③ 최대 지간길이가 60[m] 이상인 다리건설 등 공사
④ 최대 지간길이가 70[m] 이상인 다리건설 등 공사

해설

유해위험방지계획서 제출대상 건설공사
(1) 건축물 또는 시설 등의 건설·개조 또는 해체공사
　가. 지상높이가 31미터 이상인 건축물 또는 인공구조물
　나. 연면적 3만제곱미터 이상인 건축물
　다. 연면적 5천제곱미터 이상인 시설
　　① 문화 및 집회시설(전시장 및 동물원·식물원은 제외한다)
　　② 판매시설, 운수시설(고속철도의 역사 및 집배송시설은 제외한다)
　　③ 종교시설
　　④ 의료시설 중 종합병원
　　⑤ 숙박시설 중 관광숙박시설
　　⑥ 지하도상가
　　⑦ 냉동·냉장 창고시설
(2) 연면적 5천제곱미터 이상인 냉동·냉장 창고시설의 설비공사 및 단열공사
(3) 최대지간길이가 50[m] 이상인 다리건설 등 공사
(4) 터널건설 등의 공사
(5) 다목적댐, 발전용댐 및 저수용량 2천만톤 이상의 용수전용댐, 지방상수도 전용댐 건설 등의 공사
(6) 깊이 10[m] 이상인 굴착공사

KEY ① 2016년 5월 8일 기사 출제
② 2017년 3월 5일 산업기사 출제
③ 2018년 4월 28일 기사 출제
⑤ 2018년 8월 19일 기사·산업기사 동시 출제

정보제공
산업안전보건법 시행령 제42조(유해위험방지계획서 제출대상)

107 구축물이 풍압·지진등에 의하여 붕괴 또는 전도하는 위험을 예방하기 위한 조치와 가장 거리가 먼 것은?

① 설계도서에 따라 시공했는지 확인
② 건설공사 시방서에 따라 시공했는지 확인
③ 「건축물의 구조기준 등에 관한 규칙」에 따른 구조기준을 준수했는지 확인
④ 보호구 및 방호장치의 성능검정 합격품을 사용했는지 확인

해설

구축물 풍압·지진 등의 예방조치사항
① 설계도서에 따라 시공했는지 확인
② 건설공사 시방서(示方書)에 따라 시공했는지 확인
③ 「건축물의 구조기준 등에 관한 규칙」에 따른 구조기준을 준수했는지 확인

KEY 2016년 10월 1일(문제 111번) 출제

정보제공
산업안전보건기준에 관한 규칙 제51조(구축물 또는 이와 유사한 시설물 등의 안전 유지) 2020.1.16 법개정

108 철골건립준비를 할 때 준수하여야 할 사항과 가장 거리가 먼 것은?

① 지상 작업장에서 건립준비 및 기계기구를 배치할 경우에는 낙하물의 위험이 없는 평탄한 장소를 선정하여 정비하고 경사지에는 작업대나 임시발판 등을 설치하는 등 안전조치를 한 후 작업하여야 한다.
② 건립작업에 다소 지장이 있다하더라도 수목은 제거하여서는 안된다.
③ 사용전에 기계기구에 대한 정비 및 보수를 철저히 실시하여야 한다.
④ 기계에 부착된 앵커 등 고정장치와 기초구조 등을 확인하여야 한다.

해설

장해물의 제거
건립 작업장에 지장이 되는 수목이나 전주 등은 제거하거나 이설하여 작업능률을 저하시키지 않도록 하여야 한다.

KEY 2015년 3월 8일(문제 116번) 출제

[정답] 105 ②　106 ②　107 ④　108 ②

과년도 출제문제

109 건설현장에서 높이 5[m] 이상인 콘크리트 교량의 설치작업을 하는 경우 재해예방을 위해 준수해야 하는 사항으로 옳지 않은 것은?

① 작업을 하는 구역에는 관계 근로자가 아닌 사람의 출입을 금지할 것
② 재료, 기구 또는 공구 등을 올리거나 내릴 경우에는 근로자로 하여금 크레인을 이용하도록 하고 달줄, 달포대 등의 사용을 금하도록 할 것
③ 중량물 부재를 크레인 등으로 인양하는 경우에는 부재에 인양용 고리를 견고하게 설치하고, 인양용 로프는 부재에 두 군데 이상 결속하여 인양하여야 하며, 중량물이 안전하게 거치되기 전까지는 걸이로프를 해제시키지 아니할 것
④ 자재나 부재의 낙하·전도 또는 붕괴 등에 의하여 근로자에게 위험을 미칠 우려가 있을 경우에는 출입금지구역의 설정, 자재 또는 가설시설의 좌굴(挫屈)또는 변형 방지를 위한 보강재 부착 등의 조치를 할 것

해설
재료·기구 또는 공구 등을 올리거나 내리는 경우 근로자는 달줄 또는 달포대를 사용하게 할 것

정보제공
산업안전보건기준에 관한 규칙 제57조(비계 등의 조립·해체 및 변경)

110 건축공사로서 대상액이 5억원 이상 50억원 미만인 경우에 산업안전보건관리비의 비율(가) 및 기초액(나)으로 옳은 것은?

① (가) 2.28[%] (나) 4,325,000원
② (가) 1.99[%] (나) 5,499,000원
③ (가) 2.35[%] (나) 5,400,000원
④ (가) 1.57[%] (나) 4,411,000원

해설
공사종류 및 규모별 안전관리비 계상기준표

구 분 공사종류	대상액 5억원 미만	대상액 5억원 이상 50억원 미만		대상액 50억원 이상	영 별표5에 따른 보건관리자 선임 대상 건설공사
		비율(X)	기초액(C)		
건축공사	3.11[%]	2.28[%]	4,325,000원	2.37[%]	2.64[%]
토목공사	3.15[%]	2.53[%]	3,300,000원	2.60[%]	2.73[%]
중건설공사	3.64[%]	3.05[%]	2,975,000원	3.11[%]	3.39[%]
특수건설공사	2.07[%]	1.59[%]	2,450,000원	1.64[%]	1.78[%]

KEY
① 2016년 3월 6일 산업기사 출제
② 2016년 10월 1일 산업기사 출제
③ 2017년 3월 5일 기사 출제
④ 2017년 8월 26일 기사 출제

정보제공
건설업 산업안전보건관리비 계상 및 사용기준 : 고용노동부 고시 제2024-53호(2024. 9. 19. 일부개정)

111 중량물을 운반할 때의 바른 자세로 옳은 것은?

① 허리를 구부리고 양손으로 들어올린다.
② 중량은 보통 체중의 60[%]가 적당하다.
③ 물건은 최대한 몸에서 멀리 떼어서 들어올린다.
④ 길이가 긴 물건은 앞쪽을 높게 하여 운반한다.

해설
인력운반 안전기준
① 1인당 무게는 25[kg] 정도가 적절하며, 무리한 운반 금지
② 2인 이상 1조가 되어 어깨메기로 하여 운반하는 등 안전을 도모
③ 긴 철근을 1인이 운반시 앞쪽을 높게하여 어깨에 메고 뒤쪽 끝을 끌면서 운반
④ 운반시 양끝을 묶어 운반
⑤ 내려놓을 때는 던지지 말고 천천히 내려놓을 것
⑥ 공동 작업시 신호에 따라 작업(신호 준수)

KEY 2017년 5월 7일 산업기사 출제

112 추락방지용 방망의 그물코의 크기가 10[cm]인 신품 매듭방망사의 인장강도는 몇 킬로그램 이상이어야 하는가?

① 80   ② 110
③ 150   ④ 200

[정답] 109 ② 110 ① 111 ④ 112 ④

해설
방망사의 신품에 대한 인장강도

그물코의 크기(단위 :[cm])	방망의 종류(단위 : [kg])	
	매듭없는 방망	매듭 방망
10	240	200
5		110

KEY
① 2016년 5월 8일(문제 110번) 출제
② 2017년 3월 5일(문제 104번) 출제
③ 2017년 8월 26일 기사 출제
④ 2018년 4월 28일 산업기사 출제
⑤ 2018년 8월 19일 기사 출제

113 다음 중 방망에 표시해야할 사항이 아닌 것은?
① 방망의 신축성 ② 제조자명
③ 제조년월 ④ 재봉치수

해설
방망의 표시사항
① 제조자명
② 제조연월
③ 재봉치수
④ 그물코
⑤ 신품인 때의 방망의 강도

KEY
① 2016년 5월 8일 기사 출제
② 2016년 8월 21일 산업기사 출제

114 강관비계 조립시의 준수사항으로 옳지 않은 것은?
① 비계기둥에는 미끄러지거나 침하하는 것을 방지하기 위하여 밑받침철물을 사용한다.
② 지상높이 4층 이하 또는 12[m] 이하인 건축물의 해체 및 조립등의 작업에서만 사용한다.
③ 교차 가새로 보강한다.
④ 외줄비계·쌍줄비계 또는 돌출비계에 대해서는 벽이음 및 버팀을 설치한다.

해설
통나무 비계 적용기준
지상높이 ; 4층 이하 또는 12[m] 이하

KEY 2017년 9월 23일 기사 출제

정보제공
산업안전보건기준에 관한 규칙 제59조(강관비계 조립 시의 준수사항)

115 사다리식 통로 등을 설치하는 경우 고정식 사다리식 통로의 기울기는 최대 몇 도 이하로 하여야 하는가?
① 60도 ② 75도
③ 80도 ④ 90도

해설
사다리식 통로등의 기울기 각도
① 일반적인 각도 : 75[°] 이하
② 고정식 : 90[°] 이하

KEY
① 2016년 10월 1일 산업기사 출제
② 2017년 5월 7일 기사 · 산업기사 동시 출제
③ 2018년 4월 28일 산업기사 출제

정보제공
산업안전보건기준에 관한 규칙 제24조(사다리식 통로 등의 구조)

116 부두·안벽 등 하역작업을 하는 장소에서 부두 또는 안벽의 선을 따라 통로를 설치하는 경우에는 폭을 최소 얼마 이상으로 해야 하는가?
① 70[cm] ② 80[cm]
③ 90[cm] ④ 100[cm]

해설
부두 또는 안벽의 통로 최소 폭
90[cm] 이상

KEY
① 2017년 5월 7일 기사 · 산업기사 동시 출제
② 2017년 9월 23일(문제 111번) 출제
③ 2018년 4월 28일(문제 106번) 출제

정보제공
산업안전보건기준에 관한 규칙 제390조(하역작업장의 조치기준)

117 건설작업장에서 근로자가 상시 작업하는 장소의 작업면 조도기준으로 옳지 않은 것은?(단, 갱내 작업장과 감광재료를 취급하는 작업장의 경우는 제외)
① 초정밀 작업 : 600럭스[lux] 이상
② 정밀 작업 : 300럭스[lux] 이상
③ 보통 작업 : 150럭스[lux] 이상
④ 초정밀, 정밀, 보통 작업을 제외한 기타 작업 : 75럭스[lux] 이상

[정답] 113 ① 114 ② 115 ④ 116 ③ 117 ①

> **해설**

조명(조도)수준
① 초정밀작업 : 750[Lux] 이상
② 정밀작업 : 300[Lux] 이상
③ 보통작업 : 150[Lux] 이상
④ 그 밖의 작업 : 75[Lux] 이상

KEY ① 2017년 3월 5일 기사 출제
② 2017년 8월 26일 기사 출제

> **정보제공**

산업안전보건기준에 관한 규칙 제2조(조도)

---

118 승강기 강선의 과다감기를 방지하는 장치는?
① 비상정지장치 ② 권과방지장치
③ 해지장치 ④ 과부하방지방치

> **해설**

크레인의 방호장치

종류	용도
권과방지 장치	양중기의 권상용 와이어로프 또는 지브등의 붐 권상용 와이어로프의 권과 방지 ㉠ 나사형 제동개폐기 ㉡ 롤러형 제동개폐기 ㉢ 캠형 제동개폐기
과부하 방지 장치	정격하중 이상의 하중 부하시 자동으로 상승정지되면서 경보음이나 경보등 발생
비상 정지장치	돌발사태 발생시 안전유지 위한 전원차단 및 크레인 급정지시키는 장치
제동 장치	운동체와 정지체의 기계적접촉에 의해 운동체를 감속하거나 정지 상태로 유지하는 기능을 하는 장치
기타 방호 장치	① 해지장치 ② 스토퍼(Stopper) ③ 이탈방지장치 ④ 안전밸브 등

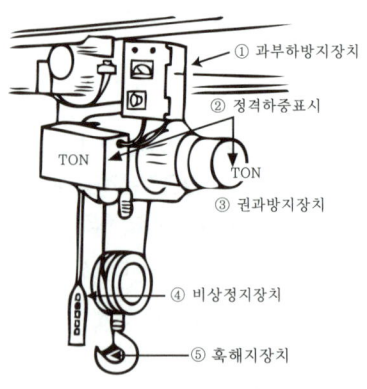

[그림] 크레인의 방호장치

KEY 2018년 8월 19일 기사 출제

---

119 흙막이 지보공을 설치하였을 때 정기적으로 점검하여야 할 사항과 거리가 먼 것은?
① 경보장치의 작동상태
② 부재의 손상·변형·부식·변위 및 탈락의 유무와 상태
③ 버팀대의 긴압(緊壓)의 정도
④ 부재의 접속부·부착부 및 교차부의 상태

> **해설**

흙막이 지보공의 정기 점검사항
① 부재의 손상·변형·부식·변위 및 탈락의 유무와 상태
② 버팀대의 긴압의 정도
③ 부재의 접속부·부착부 및 교차부의 상태
④ 침하의 정도

KEY ① 2017년 3월 5일(문제 109번) 출제
② 2017년 9월 23일(문제 109번) 출제

> **정보제공**

산업안전보건기준에 관한 규칙 제347조(붕괴등의 위험방지)

---

120 사질지반 굴착 시, 굴착부와 지하수위차가 있을 때 수두차에 의하여 삼투압이 생겨 흙막이벽 근입부분을 침식하는 동시에 모래가 액상화되어 솟아오르는 현상은?
① 동상현상 ② 연화현상
③ 보일링현상 ④ 히빙현상

> **해설**

보일링(Boiling)현상
투수성이 좋은 사질지반의 흙막이 지면에서 수두차로 인한 상향의 침투압이 발생 유효응력이 감소하여 전단강도가 상실되는 현상으로 지하수가 모래와 같이 솟아오르는 (모래의 액상화)현상

> **보충학습**

① 동상 : 온도가 하강함에 따라 토중수가 얼어 부피가 약 9[%] 정도 증대하게 됨으로써 지표면이 부풀어 오르는 현상
② 연화 : 동결된 지반이 기온 상승으로 녹기 시작하여 녹은 물이 적절하게 배수되지 않을 때, 녹은 흙의 함수비가 얼기 전보다 훨씬 증가하여 지반이 연약해지고 강도가 떨어지는 현상
③ 히빙현상 : 흙막이 벽체 내·외의 토사의 중량 차에 의해 점토지반의 토공사에서 흙막이 밖에 있는 흙이 안으로 밀려 들어와 내측 흙이 부풀어 오르는 현상

[정답] 118 ② 119 ① 120 ③

2019년도 기사 정기검정 제2회 (2019년 4월 27일 시행)

자격종목 및 등급(선택분야)
건설안전기사

종목코드	시험시간	수험번호	성명
1440	3시간	20190427	도서출판세화

1 산업안전관리론

01 산업안전보건법령상 담배를 피워서는 안 될 장소에 사용되는 금연표지에 해당하는 것은?

① 지시표지　② 경고표지
③ 금지표지　④ 안내표지

[해설]
금지표지 8종

출입금지	보행금지	차량통행금지	사용금지
탑승금지	금연	화기금지	물체이동금지

KEY ① 2016년 3월 6일 출제
② 2016년 5월 8일 출제
③ 2017년 5월 7일 출제
④ 2017년 9월 23일 출제
⑤ 2019년 3월 3일 산업기사 출제

[정보제공]
산업안전보건법 시행규칙 [별표 6] 안전보건표지의 종류와 형태

02 시설물의 안전관리에 관한 특별법령에 제시된 등급별 정기안전점검의 실시 시기로 옳지 않은 것은?

① A등급인 경우 반기에 1회 이상이다.
② B등급인 경우 반기에 1회 이상이다.
③ C등급인 경우 1년에 3회 이상이다.
④ D등급인 경우 1년에 3회 이상이다.

[해설]
정기점검
① A · B · C 등급의 경우 : 반기에 1회 이상
② D · E 등급의 경우 : 해빙기 · 우기 · 동절기 등 1년에 3회 이상

KEY ① 2017년 5월 7일 출제
② 2018년 9월 15일 출제

03 산업안전보건법령상 내전압용절연장갑의 성능기준에 있어 절연장갑의 등급과 최대사용전압이 옳게 연결된 것은?(단, 전압은 교류로 실효값을 의미한다.)

① 00등급 : 500[V]
② 0등급 : 1,500[V]
③ 1등급 : 11,250[V]
④ 2등급 : 25,500[V]

[해설]
절연장갑의 등급과 최대사용전압

등급	최대사용전압		등급별 색상
	교류 (V, 실효값)	직류(V)	
00	500	750	갈색
0	1,000	1,500	빨간색
1	7,500	11,250	흰색
2	17,000	25,500	노란색
3	26,500	39,750	녹색
4	36,000	54,000	등색

㈜ 직류값은 교류에 1.5를 곱하면 된다. **예)** 500 × 1.5 = 750[V]

KEY ① 2018년 4월 28일 산업기사 출제
② 2018년 8월 19일 출제

[정보제공]
보호구 안전인증고시 제2017-64호

[정답] 01 ③　02 ③　03 ①

과년도 출제문제

04 다음 중 안전관리의 근본이념에 있어 그 목적으로 볼 수 없는 것은?

① 사용자의 수용도 향상
② 기업의 경제적 손실 예방
③ 생산성 향상 및 품질 향상
④ 사회복지의 증진

해설

안전관리의 목적(안전의 가치, 이념)
① 인명의 존중(인도주의 실현)
② 사회 복지의 증진
③ 생산성의 향상(품질향상)
④ 경제성의 향상
⑤ 인적·물적 손실예방

KEY 2016년 5월 8일 출제

---

05 다음 설명에 가장 적합한 조직의 형태는?

- 과제중심의 조직
- 특정과제를 수행하기 위해 필요한 자원과 재능을 여러 부서로부터 임시로 집중시켜 문제를 해결하고, 완료 후 다시 본래의 부서로 복귀하는 형태
- 시간적 유한성을 가진 일시적이고 잠정적인 조직

① 스태프(Staff)형 조직
② 라인(Line)식 조직
③ 기능(Functional)식 조직
④ 프로젝트(Project) 조직

해설

조직의 종류 및 특징

구분	특징
프로젝트 조직	① 특정 프로젝트를 수행하기 위해서 일시적으로 구성되는 조직 ② 목적지향적이고 목적달성을 위해 기존의 조직보다 효율적이고 유연하게 운영가능 ③ 태스크포스(Task forces)라고도 함
사업부제 조직	① 제품이나 시작, 지역을 기초로 만들어진 조직 ② 다국적 기업들이 보편적으로 채택하여 운영하는 조직형태 ③ 사업부마다 중복된 부서가 있어 자원의 낭비가 심하고 지나친 경쟁이 유발되어 전체적인 목표달성을 방해할 가능성이 있음
팀 조직	① 의사결정과정을 단순화하여 빠른 대응이 가능하도록 만든 조직 ② 상호보완적인 기술이나 지식을 갖는 구성원이 자율권을 갖고 업무를 수행하도록 한 조직 ③ 신속한 의사결정조직으로 동기부여가 쉬우나 유능한 구성원이 필요
매트릭스형 조직	① 중규모 형태의 기업에서 시장상황에 따라 인적 자원을 효율적으로 활용하는 조직형태 ② 사업부 조직의 단점을 해결하기 위해 기능별, 목적별 부문화를 혼합한 형태 ③ 팀 중심 활동 및 구성원 간의 협동심에 증가하나 역할갈등의 소지를 가지고 있음
위원회 조직	① 집단토의방식을 도입한 조직의 형태 ② 광범위한 정보를 필요로 하거나 참가자의 충분한 사전이해가 있어야 하는 경우에 사용 ③ 시간낭비 및 기동성이 떨어지고 책임소재가 불분명한 단점이 있음

KEY ① 2013년 9월 28일(문제 15번) 출제
② 2019년 3월 3일(문제 26번) 출제

---

06 통계적 재해원인분석방법 중 특성과 요인관계를 도표로 하여 어골상으로 세분화한 것으로 옳은 것은?

① 관리도
② cross도
③ 특성요인도
④ 파레토(Pareto)도

해설

특성요인도
① 특성과 요인관계를 어골상(魚骨象)으로 세분하여 연쇄관계를 나타내는 방법
② 원인요소와의 관계를 상호의 인과관계만으로 결부(재해사례연구시 사실확인에 적합)

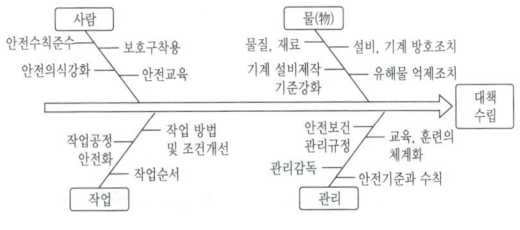

[그림] 특성요인도

KEY ① 2016년 5월 8일 출제
② 2017년 3월 5일 산업기사 출제

[정답] 04 ① 05 ④ 06 ③

07 근로자수가 400명, 주당 45시간씩 연간 50주를 근무하였고, 연간재해건수는 210건으로 근로손실일수가 800일이었다. 이 사업장의 강도율은 약 얼마인가?(단, 근로자의 출근율은 95[%]로 계산한다.)

① 0.42　　② 0.52
③ 0.88　　④ 0.94

해설

$$강도율 = \frac{총요양근로손실일수}{연근로시간수} \times 1,000$$
$$= \frac{800}{400 \times 45 \times 50 \times 0.95} \times 1,000$$
$$= 0.936 = 0.94$$

KEY
① 2016년 3월 6일 기사·산업기사 동시출제
② 2016년 10월 1일 출제
③ 2017년 3월 5일 출제
④ 2017년 8월 26일 산업기사 출제
⑤ 2017년 9월 23일 기사·산업기사 동시출제
⑥ 2018년 3월 4일 산업기사 출제
⑦ 2018년 4월 28일 출제
⑧ 2019년 3월 3일 출제

08 다음 중 재해조사를 할 때의 유의사항으로 가장 적절한 것은?

① 재발방지 목적보다 책임 소재 파악을 우선으로 하는 기본적 태도를 갖는다.
② 목격자 등이 증언하는 사실 이외의 추측하는 말도 신뢰성있게 받아들인다.
③ 2차 재해예방과 위험성에 대한 보호구를 착용한다.
④ 조사자의 전문성을 고려하여 단독으로 조사하며, 사고 정황을 주관적으로 추정한다.

해설

재해(사고)조사시의 유의사항
① 사실 수집에 치중한다.
② 목격자의 단정적 표현이나 추측은 사실과 구별하여 참고 자료로 기록해 둘 것이며 진술은 가급적 사고 직후에 기록하는 것이 좋다.
③ 책임을 추궁하는 태도를 보이면 사실을 은폐하게 되므로 주의한다.
④ 조사는 신속히 행하고 2차 재해의 방지를 도모한다.
⑤ 사람, 설비, 환경의 측면에서 재해요인을 도출한다.
⑥ 제3자의 입장에서 공정하게 조사하며, 반드시 조사는 2인 이상이 한다.

KEY
① 2016년 3월 6일 출제
② 2018년 4월 28일 출제

09 산업안전보건법령상 사업주가 안전관리자를 선임한 경우, 선임한 날부터 며칠 이내에 고용노동부장관에게 증명할 수 있는 서류를 제출하여야 하는가?

① 7일　　② 14일
③ 30일　　④ 60일

해설

안전관리자 선임신고일 : 선임날부터 14일 이내

KEY 2011년 6월 12일(문제 13번) 출제

정보제공
산업안전보건법 시행령 제16조(안전관리자의 선임 등)

10 재해손실비 평가방식 중 시몬즈(Simonds) 방식에서 재해의 종류에 관한 설명으로 옳지 않은 것은?

① 무상해사고는 의료조치를 필요로 하지 않은 상해사고를 말한다.
② 휴업상해는 영구 일부노동불능 및 일시 전노동 불능 상해를 말한다.
③ 응급조치상해는 응급조치 또는 8시간 이상의 휴업의료 조치 상해를 말한다.
④ 통원상해는 일시 일부노동불능 및 의사의 통원 조치를 요하는 상해를 말한다.

해설

시몬즈 재해사고 분류(Category)

분류	내용
휴업상해(A)	영구 부분노동불능, 일시 전노동불능
통원상해(B)	일시 부분노동불능, 의사의 조치를 요하는 통원상해
응급처(조)치(C)	20달러 미만의 손실 또는 8시간 미만의 휴업손실 상해
무상해사고(D)	의료조치를 필요로 하지 않는 경미한 상해, 사고 및 무상해 사고

KEY
① 2017년 5월 7일 기사·산업기사 동시출제
② 2018년 3월 4일 출제

[정답] 07 ④　08 ③　09 ②　10 ③

11 위험예지훈련에 대한 설명으로 옳지 않은 것은?

① 직장이나 작업의 상황 속 잠재 위험요인을 도출한다.
② 행동하기에 앞서 위험요소를 예측하는 것을 습관화하는 훈련이다.
③ 위험의 포인트나 중점실시 사항을 지적 확인한다.
④ 직장 내에서 최대 인원의 단위로 토의하고 생각하며 이해한다.

해설

위험예지훈련
① 안전을 선취하고 전원 일치의 마음가짐을 길러주는 훈련으로 4단계를 활용한다.
② 직장내에서의 소수인원으로 토의하고 생각하며 이해한다.

KEY
① 2016년 3월 6일 출제
② 2016년 5월 8일 기사·산업기사 동시출제
③ 2017년 3월 5일 기사·산업기사 동시출제
④ 2017년 5월 7일 출제
⑤ 2017년 8월 26일 출제
⑥ 2017년 9월 23일 출제
⑦ 2018년 3월 4일 산업기사 출제
⑧ 2019년 4월 27일 출제

12 산업안전보건법령상 건설업의 도급인 사업주가 작업장을 순회점검하여야 하는 주기로 올바른 것은?

① 1일에 1회 이상
② 2일에 1회 이상
③ 3일에 1회 이상
④ 7일에 1회 이상

해설

순회점검 주기
(1) 순회점검 : 2일에 1회 이상
　① 건설업
　② 제조업
　③ 토사석 광업
　④ 서적, 잡지 및 기타 인쇄물 출판업
　⑤ 음악 및 기타 오디오물 출판업
　⑥ 금속 및 비금속 원료 재생업
(2) (1)의 사업을 제외한 사업의 경우 : 1주일에 1회 이상

정보제공
산업안전보건법 시행규칙 제80조(도급사업 시의 안전보건조치 등)

13 산업안전보건법령상 안전보건관리규정에 포함해야 할 내용이 아닌 것은?

① 안전보건교육에 관한 사항
② 사고조사 및 대책수립에 관한 사항
③ 안전보건관리 조직과 그 직무에 관한 사항
④ 산업재해보상보험에 관한 사항

해설

안전보건관리규정에 포함되어야 할 내용
① 안전 및 보건에 관한 관리 조직과 그 직무에 관한 사항
② 안전보건교육에 관한 사항
③ 작업장의 안전 및 보건관리에 관한 사항
④ 사고조사 및 대책수립에 관한 사항
⑤ 그 밖에 안전보건에 관한 사항

KEY 2018년 8월 19일 기사 출제

정보제공
산업안전보건법 제25조(안전보건관리규정의 작성)

14 다음에서 설명하는 무재해운동 추진기법으로 옳은 것은?

> 작업현장에서 그때 그 장소의 상황에 즉응하여 실시하는 위험예지활동으로서 즉시즉응법이라고도 한다.

① TBM(Tool Box Meeting)
② 삼각 위험예지훈련
③ 자문자답카드 위험예지훈련
④ 터치 앤드 콜(Touch and Call)

해설

단시간 미팅(TBM : 즉시즉응훈련) 진행과정
단시간에 활기에 넘친 충실한 위험예지활동을 포함한 TBM을 그 때 그 장소에 즉응하여 전원이 역할 연습하여 체험 학습하는 것이며 TBM의 내용은 다음과 같다.
① TBM은 통상 작업 시작 전에 5분~15분 정도의 시간을 들여 행하여 진다. 또한 작업 종업시의 극히 짧은 3분~5분으로 행하는 미팅도 TBM의 하나이다.
② TBM은 직장, 현장, 공구 상자 등의 근처에서 될 수 있는 한 작은 원을 만들어 이루어진다.(인원 5~7명 정도 : 소규모)
③ TBM은 직장이나 작업의 상황에 잠재된 위험을 모두가 말을 하는 가운데 스스로 생각하고 납득하고 합의하는 것이다.

[정답] 11 ④   12 ②   13 ④   14 ①

KEY ① 2011년 10월 2일(문제 1번) 출제
② 2016년 10월 1일(문제 15번) 출제

15 재해의 원인 중 물적 원인(불안전한 상태)에 해당하지 않는 것은?

① 보호구 미착용
② 방호장치의 결함
③ 조명 및 환기불량
④ 불량한 정리 정돈

해설

① 인적 원인 : ①
② 물적 원인 : ②, ③, ④

KEY ① 2017년 5월 7일 산업기사 출제
② 2018년 4월 28일 출제

16 산업안전보건법령상 양중기의 종류에 포함되지 않는 것은?

① 곤돌라
② 호이스트
③ 컨베이어
④ 이동식크레인

해설

양중기의 종류
① 크레인(호이스트를 포함한다)
② 이동식크레인
③ 리프트(이삿짐운반용 리프트의 경우에는 적재하중이 0.1[t] 이상인 것으로 한정한다.)
④ 곤돌라
⑤ 승강기

KEY 2015년 5월 31일(문제 12번) 출제

정보제공
산업안전보건기준에 관한 규칙 제132조(양중기)

17 산업안전보건법령상 공사 금액이 얼마 이상인 건설업 사업장에서 산업안전보건위원회를 설치·운영하여야 하는가?

① 80억원   ② 120억원
③ 250억원   ④ 700억원

해설

건설업 산업안전보건위원회 설치 운영 공사금액
① 공사금액 120억원 이상
② 「건설산업기본법 시행령」별표1에 따른 토목공사업에 해당하는 공사의 경우에는 150억원 이상

KEY ① 2016년 3월 6일(문제 4번) 출제
② 2018년 8월 19일 산업기사 출제

정보제공
산업안전보건법 시행령 [별표 9] 산업안전보건위원회를 설치·운영해야 할 사업의 종류 및 규모

18 산업안전보건법령상 자율안전확인대상 기계 등에 포함되지 않는 것은?

① 곤돌라
② 연삭기
③ 컨베이어
④ 자동차정비용 리프트

해설

자율안전확인대상 기계의 종류
① 연삭기 또는 연마기(휴대형은 제외한다)
② 산업용 로봇
③ 혼합기
④ 파쇄기 또는 분쇄기
⑤ 식품가공용기계(파쇄·절단·혼합·제면기만 해당한다)
⑥ 컨베이어
⑦ 자동차정비용 리프트
⑧ 공작기계(선반, 드릴기, 평삭·형삭기, 밀링만 해당한다.)
⑨ 고정형 목재가공용기계(둥근톱, 대패, 루타기, 띠톱, 모떼기 기계만 해당한다)
⑩ 인쇄기

KEY 2014년 5월 25일(문제 9번) 출제

정보제공
산업안전보건법 시행령 제77조(자율안전확인대상 기계 등)

[정답] 15 ① 16 ③ 17 ② 18 ①

19 사고예방대책의 기본원리 5단계 중 제2단계인 사실의 발견에 관한 사항으로 옳지 않은 것은?

① 사고조사
② 안전회의 및 토의
③ 교육과 훈련의 분석
④ 사고 및 안전활동기록의 검토

해설

제2단계[사실의 발견 : Fact finding(현상파악)]
① 사고 및 활동 기록의 검토
② 작업 분석
③ 점검 및 검사
④ 사고조사
⑤ 각종 안전회의 및 토의
⑥ 작업 공정 분석
⑦ 관찰 및 보고서의 연구

KEY ① 2016년 10월 1일 산업기사 출제
② 2017년 3월 5일 출제
③ 2018년 3월 4일 출제
④ 2018년 8월 19일 산업기사 출제

보충학습

제3단계(분석평가) : 교육과 훈련의 분석

20 산업안전보건법령에 따른 안전검사대상 기계 등에 포함되지 않는 것은?

① 리프트　　② 전단기
③ 압력용기　④ 밀폐형 구조 롤러기

해설

안전검사대상 기계의 종류
① 프레스
② 전단기
③ 크레인(정격하중 2[t] 미만인 것은 제외한다)
④ 리프트
⑤ 압력용기
⑥ 곤돌라
⑦ 국소배기장치(이동식은 제외한다.)
⑧ 원심기(산업용만 해당한다.)
⑨ 롤러기(밀폐형 구조는 제외한다.)
⑩ 사출성형기[형체결력 294[KN](킬로뉴튼) 미만은 제외한다.]
⑪ 고소작업대[「자동차관리법」에 따른 화물자동차 또는 특수자동차에 탑재한 고소작업대(高所作業臺)로 한정한다.]
⑫ 컨베이어
⑬ 산업용 로봇
⑭ 분쇄기
⑮ 파쇄기 및 혼합기

KEY ① 2017년 5월 7일 기사·산업기사 동시출제
② 2017년 8월 26일 산업기사 출제
③ 2017년 9월 23일 출제
④ 2018년 4월 28일 출제
⑤ 2018년 8월 19일 출제

정보제공

산업안전보건법 시행령 78조(안전검사대상 기계 등)

2 산업심리 및 교육

21 리더의 기능수행과 리더로서의 지위 획득 및 유지가 리더 개인의 성격이나 자질에 의존한다는 리더십 이론은?

① 행동이론　　② 상황이론
③ 관리이론　　④ 특성이론

해설

특성이론
① 리더의 기능 수행과 리더로서의 지위 획득 및 유지가 리더 개인의 성격이나 자질에 의존한다고 주장
② 리더의 성격 특성을 분석·연구

KEY ① 2016년 5월 8일 출제
② 2019년 9월 19일(문제 33번) 출제

22 직무분석을 위한 자료수집 방법에 관한 설명으로 맞는 것은?

① 관찰법은 직무의 시작에서 종료까지 많은 시간이 소요되는 직무에 적용하기 쉽다.
② 면접법은 자료의 수집에 많은 시간과 노력이 들고, 수량화된 정보를 얻기가 힘들다.
③ 중요사건법은 일상적인 수행에 관한 정보를 수집하므로 해당 직무에 대한 포괄적인 정보를 얻을 수 있다.
④ 설문지법은 많은 사람들로부터 짧은 시간내에 정보를 얻을 수있으며, 양적인 자료보다 질적인 자료를 얻을 수 있다.

[정답] 19 ③　20 ④　21 ④　22 ②

해설

면접법(面接法, interview method)
연구자와 연구대상자가 직접 만나서 내적인 감정, 사고, 가치관, 심리상태 등을 파악하는 방법

[표] 면접법의 장단점

구분	특징
장점	① 불확실한 응답에 대한 확인이 가능 ② 연구대상자의 심리상태까지 조사가 가능 ③ 문자 해독이 불가능한 대상자에게 적용 가능 ④ 질문 항목 이외의 폭넓은 범위까지 조사가능
단점	① 비용과 시간의 소모가 과다 ② 단시간에 많은 정보를 얻기가 곤란 ③ 대상자의 응답에 대한 신뢰성이 저하될 가능성 ④ 상황에 따라 반응의 정도가 달라질 가능성

KEY 2011년 10월 2일(문제 35번) 출제

보충학습
① 설문지법 : 양적인 정보
② 관찰법 : 짧은 시간 소요 직무 관찰
③ 중요사건법 : 성공자와 실패자 구별

23 생활하고 있는 현실적인 장면에서 당면하는 여러 문제들에 대한 해결방안을 찾아내는 것으로 지식, 기능, 태도, 기술 등을 종합적으로 획득하도록 하는 학습방법으로 옳은 것은?

① 롤 플레잉(Role Playing)
② 문제법(Problem Method)
③ 버즈 세션(Buzz Session)
④ 케이스 메소드(Case Method)

해설

문제법(Problem Method : 문제해결법)
① 문제의 인식
② 해결방법의 연구계획
③ 자료의 수집
④ 해결방법의 실시
⑤ 정리와 결과의 검토 단계
　예) 지식, 기능, 태도, 기술 종합교육 등

KEY 2012년 5월 20일(문제 30번) 출제

24 교재의 선택기준으로 옳지 않은 것은?

① 정적이며 보수적이어야 한다.
② 사회성과 시대성에 걸맞은 것이어야 한다.
③ 설정된 교육목적을 달성할 수 있는 것이어야 한다.
④ 교육대상에 따라 흥미, 필요, 능력 등에 적합해야 한다.

해설

교재의 선택기준
① 사회성과 시대성에 걸맞은 것이어야 한다
② 설정된 교육목적을 달성할 수 있는 것이어야 한다.
③ 교육대상에 따라 흥미, 필요, 능력 등에 적합해야 한다.
④ 동적이면서 새로운 내용이어야 한다.

KEY 2014년 3월 2일(문제 39번) 출제

25 안전교육방법 중 수업의 도입이나 초기단계에 적용하며, 많은 인원에 대하여 단시간에 많은 내용을 동시 교육하는 경우에 사용되는 방법으로 가장 적절한 것은?

① 시범
② 반복법
③ 토의법
④ 강의법

해설

강의법
① 적용 : 수업의 도입이나 초기단계
② 특징 : 많은 인원 단시간 동시 교육가능

KEY 2015년 3월 8일(문제 33번) 출제

26 인간 부주의의 발생원인 중 외적 조건에 해당하지 않는 것은?

① 작업조건 불량
② 작업순서 부적당
③ 경험 부족 및 미숙련
④ 환경조건 불량

[정답] 23 ②　24 ①　25 ④　26 ③

해설

부주의의 원인 및 대책

구 분	발생원인	대 책
외적 원인	① 작업, 환경조건 불량	환경정비
	② 작업순서 부적당	작업순서 조절
	③ 작업 강도	작업량, 시간, 속도 등의 조절
	④ 기상 조건	온도, 습도 등의 조절
내적 원인	① 소질적 요인	적성배치
	② 의식의 우회	상담
	③ 경험 부족 및 미숙련	교육
	④ 피로도	충분한 휴식
	⑤ 정서 불안정 등	심리적 안정 및 치료

KEY ① 2017년 5월 7일 산업기사 출제
② 2018년 4월 28일 산업기사 출제

보충학습
① 주의 : 행동하고자 하는 목적에 의식수준이 집중하는 심리상태(안전)
② 부주의 : 목적 수행을 위한 행동전개 과정 중 목적에서 벗어나는 심리적·육체적인 변화의 현상으로 바람직하지 못한 정신상태를 총칭(불안전)

---

27 합리화의 유형 중 자기의 실패나 결함을 다른 대상에게 책임을 전가시키는 유형으로 자신의 잘못에 대해 조상 탓을 하거나 축구 선수가 공을 잘못 찬 후 신발 탓을 하는 등에 해당하는 것은?

① 망상형
② 신포도형
③ 투사형
④ 달콤한 레몬형

해설

투사(projection : 투출)형
자기 속의 억압된 것을 다른 사람의 것으로 생각하는 것
예 ① 안되면 조상 탓 ② 서투른 무당이 장구 탓

KEY ① 2016년 3월 6일 출제
② 2016년 10월 1일 산업기사 출제

---

28 인간의 경계(vigilance)현상에 영향을 미치는 조건의 설명으로 가장 거리가 먼 것은?

① 작업시간 직후의 검출률이 가장 낮다.
② 오래 지속되는 신호는 검출률이 높다.
③ 발생빈도가 높은 신호는 검출률이 높다
④ 불규칙적인 신호에 대한 검출률이 낮다.

해설

인간의 경계현상
(1) 인간의 vigilance(주의하는 상태, 긴장상태, 경계상태) 현상에 영향을 끼치는 조건
  ① 검출 능력은 작업 시작 후 빠른 속도로 저하된다.
  ② 발생빈도가 높은 신호일수록 검출률이 높다.
  ③ 규칙적인 신호에 대한 검출률이 높다.
  ④ 신호강도가 높고 오래 지속되는 신호는 검출하기 쉽다.
(2) 검출(detection) : 신호의 존재여부 결정
(3) 신호에 따른 3가지 기능
  ① 검출 ② 상대식별 ③ 절대식별

KEY 2014년 5월 25일(문제 32번) 출제

---

29 아담스(Adams)의 형평이론(공평성)에 대한 설명으로 틀린 것은?

① 성과(outcome)란 급여, 지위, 인정 및 기타 부가 보상 등을 의미한다.
② 투입(input)이란 일반적인 자격, 교육수준, 노력 등을 의미한다.
③ 작업동기는 자신의 투입대비 성과결과만으로 비교한다.
④ 지각에 기초한 이론이므로 자기 자신을 지각하고 있는 사람을 개인(person)이라 한다.

해설

아담스의 공평성 이론
① 직무에 있어서 투입에 대한 산출의 비율이 타 종업원과 일치할 때 공정성이 존재하고 불일치할 때 불공정성이 존재
② 불공정성이 지각될 때 공정성 회복을 위해 긴장이 유발되며 불공정성이 클수록 긴장이 커진다.

KEY 2009년 8월 30일(문제 24번) 출제

[정답] 27 ③ 28 ① 29 ③

30 교육훈련을 통하여 기업의 차원에서 기대할 수 있는 효과로 옳지 않은 것은?

① 리더십과 의사소통기술이 향상된다.
② 작업시간이 단축되어 노동비용이 감소된다.
③ 인적자원의 관리비용이 증대되는 경향이 있다.
④ 직무만족과 직무충실화로 인하여 직무태도가 개선된다.

해설

교육훈련을 통한 기업의 효과
① 리더십과 의사소통기술이 향상된다.
② 작업시간이 단축되어 노동비용이 감소된다.
③ 직무만족과 직무충실화로 인하여 직무태도가 개선된다.
④ 직무수행 개선으로 생산성이 향상된다.

31 집단 간의 갈등 요인으로 옳지 않은 것은?

① 욕구 좌절
② 제한된 자원
③ 집단 간의 목표 차이
④ 동일한 사안을 바라보는 집단 간의 인식

해설

집단 갈등 요인
(1) 갈등 요인
　① 상호의존성
　② 제한된 자원
　③ 역할 갈등
　④ 집단 간의 목표 차이
　⑤ 동일한 사안을 바라보는 집단 간의 인식 차이
(2) 해소 방안
　① 공동의 문제 설정
　② 상위 목표의 설정
　③ 집단 간 접촉 기회의 증대
　④ 사회적 범주화 편향의 최소화

KEY 2014년 5월 25일(문제 36번) 출제

32 스텝 테스트, 슈나이더 테스트는 어떠한 방법의 피로 판정 검사인가?

① 타액검사　② 반사검사
③ 전신적 관찰　④ 심폐검사

해설

스텝 테스트(step test)
간단한 체력검사의 하나로, 일정한 높이의 발판을, 일정한 페이스로 오르내리고, 일정시간이 경과한 후 승강을 중지하고 바로 맥박을 측정하는 것

보충학습

슈나이더 테스트(Schneider's test)
① 슈나이더(E.C.Schneider)에 의하여 창안된 대표적인 순환기능 검사이다.
② 포인트 테스트라고 부르며, 득점을 심폐계수라 하여 체력측정의 자료로 한다. 이 방법을 간이화하여 구하는 것이 간이 심폐계수이다.

33 안전 교육 시 강의안의 작성 원칙에 해당되지 않는 것은?

① 구체적　② 논리적
③ 실용적　④ 추상적

해설

강의안 작성 원칙
① 구체적　② 논리적　③ 실용적　④ 쉽게 작성

KEY 2014년 5월 25일(문제 35번) 출제

34 S-R 이론 중에서 긍정적 강화, 부정적 강화, 처벌 등이 이론의 원리에 속하며, 사람들이 바람직한 경과를 이끌어 내기 위해 단지 어떤 자극에 대해 수동적으로 반응하는 것이 아니라 환경상의 어떤 능동적인 행위를 한다는 이론으로 옳은 것은?

① 파블로프(Pavlov)의 조건반사설
② 손다이크(Thorndike)의 시행착오설
③ 스키너(Skinner)의 조작적 조건화설
④ 구쓰리에(Guthrie)의 접근적 조건화설

[정답] 30 ③　31 ①　32 ④　33 ④　34 ③

해설

스키너의 조작적 조건화설
① 내용 : 어떤 반응에 대해 체계적이고 선택적으로 강화를 주어 그 반응이 반복해서 일어날 확률을 증가시키는 것이다.
② 실험 : 스키너 상자 속에 쥐를 넣어 쥐의 행동에 따라 음식물이 떨어지게 한다.

KEY ▶ 2016년 5월 8일 출제

---

35 산업안전보건법령상 산업안전보건 관련 교육과정별 교육시간 중 교육대상별 교육시간이 맞게 연결된 것은?

① 일용근로자의 채용 시 교육 : 2시간 이상
② 일용근로자의 작업내용 변경시 교육 : 1시간 이상
③ 사무직 종사 근로자의 정기교육 : 매분기 2시간 이상
④ 관리감독자의 지위에 있는 사람의 정기교육 : 연간 6시간 이상

해설

산업안전보건관련 교육과정별 교육시간

교육과정	교육대상		교육시간
정기교육	사무직 종사 근로자		매분기 6시간 이상
	사무직 종사 근로자 외의 근로자	판매업무에 직접 종사하는 근로자	매분기 6시간 이상
		판매업무에 직접 종사하는 근로자 외의 근로자	매분기 12시간 이상
	관리감독자의 지위에 있는 사람		연간 16시간 이상
채용시의 교육	일용근로자		1시간 이상
	일용근로자를 제외한 근로자		8시간 이상
작업내용 변경시의 교육	일용근로자		1시간 이상
	일용근로자를 제외한 근로자		2시간 이상

KEY ▶ ① 2016년 5월 8일 산업기사 출제
② 2017년 3월 5일 기사·산업기사 동시출제
③ 2018년 3월 4일 산업기사 출제
④ 2017년 5월 7일 기사·산업기사 동시출제

정보제공 산업안전보건법 시행규칙 [별표 4] 안전보건교육 교육과정별 교육시간

---

36 안전교육의 3단계 중, 현장실습을 통한 경험체득과 이해를 목적으로 하는 단계는?

① 안전지식교육   ② 안전기능교육
③ 안전태도교육   ④ 안전의식교육

해설

제2단계(기능교육)
① 교육대상자가 그것을 스스로 행함으로 얻어진다.
② 개인의 반복적 시행착오에 의해서만 얻어진다.
③ 시범, 견학, 실습, 현장실습 교육을 통한 경험체득과 이해를 목적으로 한다.

KEY ▶ 2017년 8월 26일 기사 출제

---

37 실제로는 움직임이 없으나 시각적으로 움직임이 있는 것처럼 느끼는 심리적 현상으로 옳은 것은?

① 잔상 효과   ② 가현 운동
③ 후광 효과   ④ 기하학적 착시

해설

가현운동(β운동)
① 객관적으로 정지하고 있는 대상물이 급속히 나타나든가 소멸하는 것으로 인하여 일어나는 운동으로 마치 대상물이 운동하는 것처럼 인식되는 현상을 말한다.
② 영화의 영상은 가현운동(β운동)을 활용한 것이다.

KEY ▶ ① 2016년 10월 1일 출제
② 2017년 5월 7일 산업기사 출제
③ 2018년 9월 15일 출제

---

38 조직 구성원의 태도는 조직성과와 밀접한 관계가 있다. 태도(attitude)의 3가지 구성 요소에 포함되지 않는 것은?

① 인지적 요소   ② 정서적 요소
③ 행동경향 요소   ④ 성격적 요소

해설

태도의 3가지 구성요소
① 인지적 요소
② 정서적 요소
③ 행동경향 요소

[정답] 35 ② 36 ② 37 ② 38 ④

보충학습

태도형성
① 태도의 기능에는 작업적응, 자아방어, 자기표현, 지식기능 등이 있다.
② 한 번 태도가 결정되면 오랫동안 유지되므로 신중한 태도 교육이 진행되어야 한다.
③ 행동결정을 판단하고 지시하는 것은 내적 행동체계에 해당한다.
④ 개인의 심적 태도교정보다 집단의 심적 태도교정이 용이하다.

39 작업 환경에서 물리적인 작업조건보다는 근로자의 심리적인 태도 및 감정이 직무수행에 큰 영향을 미친다는 결과를 밝혀낸 대표적인 연구로 옳은 것은?

① 호손 연구
② 플래시보 연구
③ 스키너 연구
④ 시간-동작 연구

해설

호손(Hawthorne)의 공장실험
① 작업능률을 좌우하는 것은 단지 임금, 노동시간 등의 노동조건과 조명, 환기, 그 밖에 작업환경으로서의 물적 조건보다 종업원의 태도, 즉 심리적, 내적 양심과 감정이 중요하다.
② 물적 조건도 그 개선에 의하여 효과를 가져올 수 있으나 종업원의 심리적 요소가 더욱 중요하다.(인간관계가 작업 및 작업설계에 영향을 줌)

KEY ① 2018년 3월 4일 출제
② 2018년 9월 15일 출제

40 심리검사 종류에 관한 설명으로 맞는 것은?

① 성격검사 : 인지능력이 직무수행을 얼마나 예측하는지 측정한다.
② 신체능력검사 : 근력, 순발력, 전반적인 신체 조정능력, 체력 등을 측정한다.
③ 기계적성검사 : 기계를 다루는데 있어 예민성, 색채 시각, 청각적 예민성을 측정한다.
④ 지능검사 : 제시된 진술문에 대하여 어느 정도 동의하는지에 관해 응답하고, 이를 척도점수로 측정한다.

해설

심리검사의 종류 및 특징
① 지능검사 : 인지능력이 직무수행을 얼마나 예측하는지 측정
② 기계적성검사 : 기계적 원리들을 얼마나 이해하고 있는지와 제조 및 생산 직무에 적합한지를 측정
③ 성격검사 : 제시된 진술문에 대하여 어느 정도 동의하는지에 관해 응답하고, 이를 척도점수로 측정
④ 정직성검사 : 피검사자들의 정직성이나 진실성을 나타내는 지필검사
⑤ 신체능력검사 : 근력, 순발력, 전반적인 신체 조정능력, 체력 등을 측정
⑥ 상황판단검사 : 피검자사자들에게 문제의 상황을 제시하고 이에 대한 여러 가지 가능한 해결책의 실현가능성이나 적용가능성을 평정하도록 하는 검사

KEY 2015년 9월 19일(문제 37번) 출제

3 인간공학 및 시스템안전공학

41 FT도에 사용하는 기호에서 3개의 입력현상 중 임의의 시간에 2개가 발생하면 출력이 생기는 기호의 명칭은?

① 억제 게이트
② 조합 AND 게이트
③ 배타적 OR 게이트
④ 우선적 AND 게이트

해설

조합 AND 게이트
3개 이상의 입력현상 중에 언젠가 2개가 일어나면 출력이 생기는 현상

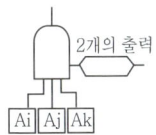

[그림] 조합 AND 게이트 기호

KEY ① 2016년 5월 8일 기사·산업기사 동시 출제
② 2017년 3월 5일 출제
③ 2017년 9월 23일 산업기사 출제

[정답] 39 ① 40 ② 41 ②

42 고장형태와 영향분석(FMEA)에서 평가요소로 틀린 것은?

① 고장발생의 빈도
② 고장 영향의 크기
③ 고장방지의 가능성
④ 기능적 고장 영향의 중요도

해설

FMEA 고장등급 평가요소 5가지
① C_1 : 기능적 고장의 영향의 중요도
② C_2 : 영향을 미치는 시스템의 범위
③ C_3 : 고장 발생의 빈도
④ C_4 : 고장방지의 가능성
⑤ C_5 : 신규 설계의 정도

KEY
① 2009년 3월 1일(문제 30번) 출제
② 2015년 8월 16일(문제 27번) 출제
③ 2018년 4월 28일 출제

43 소음방지 대책에 있어 가장 효과적인 방법은?

① 음원에 대한 대책
② 수음자에 대한 대책
③ 전파경로에 대한 대책
④ 거리감쇠와 지향성에 대한 대책

해설

소음원에서 소음을 줄이는 방법 : 가장 효과적인 대책
(1) 음향적 설계
  ① 진동시스템의 에너지를 줄인다.
  ② 에너지와 소음발산 시스템과의 조합을 줄인다.
  ③ 구조를 바꿔서 적은 소음이 노출되게 한다.
(2) 저소음 기계로 교체
(3) 작업방법의 변경

KEY
① 2016년 3월 6일 출제
② 2016년 8월 21일 출제
③ 2018년 3월 4일 산업기사 출제
④ 2018년 4월 28일 출제
⑤ 2018년 8월 19일 출제

보충학습

작업자 보호구 착용 : 소극적 대책
① 개인적인 소음대책 ② 소극적인 수용자 대책

44 그림과 같이 7개의 부품으로 구성된 시스템의 신뢰도는 약 얼마인가?(단, 네모안의 숫자는 각 부품의 신뢰도이다.)

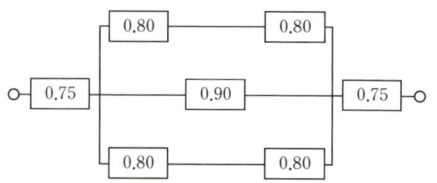

① 0.5552
② 0.5427
③ 0.6234
④ 0.9740

해설

$R_s = 0.75^2 \times [1-(1-0.64)^2 \times (1-0.90)] = 0.55521$

KEY
① 2001년 9월 1일(문제 32번) 출제
② 2007년 5월 13일(문제 34번) 출제
③ 2016년 5월 8일(문제 30번) 출제

45 산업안전보건법령에 따라 유해위험방지 계획서의 제출대상 사업은 해당 사업으로서 전기 계약용량이 얼마 이상인 사업인가?

① 150[kW]
② 200[kW]
③ 300[kW]
④ 500[kW]

해설

제조업 유해위험방지 계획서 제출대상 사업 : 전기계약용량 300[kW] 이상 사업

KEY
① 2012년 8월 26일(문제 27번) 출제
② 2016년 5월 2일(문제 23번) 출제
③ 2017년 3월 5일 출제

정보제공
산업안전보건법 시행령 제42조(유해위험방지 계획서 제출대상)

[정답] 42 ② 43 ① 44 ① 45 ③

46 화학설비에 대한 안전성 평가(safety assessment)에서 정량적 평가항목이 아닌 것은?

① 습도
② 온도
③ 압력
④ 용량

해설

3단계 : 정량적 평가항목
① 해당 화학설비의 취급물질
② 해당 화학설비의 용량
③ 온도
④ 압력
⑤ 조작

KEY ① 2016년 3월 6일 기사 출제
② 2019년 3월 3일 산업기사 출제

47 인간의 오류 모형에서 "알고 있음에도 의도적으로 따르지 않거나 무시한 경우"를 무엇이라 하는가?

① 실수(Slip)
② 착오(Mistake)
③ 건망증(Lapse)
④ 위반(Violation)

해설

인간의 오류 5가지 모형

구분	특징
착각(Illusion)	감각적으로 물리현상을 왜곡하는 지각 오류
착오(Mistake)	상황해석을 잘못하거나 목표를 잘못 이해하고 착각하여 행하는 인간의 실수로 위치, 순서, 패턴, 형상, 기억오류 등 외부적 요인에 의해 나타나는 오류
실수(Slip)	의도는 올바른 것이었지만, 행동이 의도한 것과는 다르게 나타나는 오류
건망증(Lapse)	일련의 과정에서 일부를 빠뜨리거나 기억의 실패에 의해 발생하는 오류
위반(Violation)	정해진 규칙을 알고 있음에도 의도적으로 따르지 않거나 무시한 경우에 발생하는 오류

KEY ① 2009년 5월 10일(문제 35번) 출제
② 2017년 8월 26일 출제
③ 2019년 3월 3일(문제 21번) 출제

48 아령을 사용하여 30분간 훈련한 후, 이두근의 근육 수축작용에 대한 전기적인 신호 데이터를 모았다. 이 데이터들을 이용하여 분석할 수 있는 것은 무엇인가?

① 근육의 질량과 밀도
② 근육의 활성도와 밀도
③ 근육의 피로도와 크기
④ 근육의 피로도와 활성도

해설

근육의 피로도와 활성도
① 이두근의 근육수축작용에 대한 전기적인 데이터 모음
② 데이터를 이용한 분석가능

보충학습
EMG : 근전도 검사

KEY 2014년 3월 2일(문제 53번) 출제

49 신체 부위의 운동에 대한 설명으로 틀린 것은?

① 굴곡(flexion)은 부위간의 각도가 감소하는 신체의 움직임을 의미한다.
② 외전(abduction)은 신체 중심선으로부터 이동하는 신체의 움직임을 의미한다.
③ 내전(adduction)은 신체의 내부에서 중심선으로 이동하는 신체의 움직임을 의미한다.
④ 외선(lateral rotation)은 신체의 중심선으로부터 회전하는 신체의 움직임을 의미한다.

해설

신체부위 기본운동
① 굴곡(flexion : 굽히기) – 부위간의 각도가 감소
　신전(extension : 펴기) – 부위간의 각도가 증가 ─ 팔꿈치 운동
② 내전(adduction : 모으기) – 몸의 중심선으로 향하는 이동
　외전(abduction : 벌리기) – 몸의 중심선으로부터 멀어지는 이동 ─ 팔·다리 운동
③ 내선(medial rotation) – 몸의 중심선으로 향하는 회전
　외선(lateral rotation) – 몸의 중심선으로부터의 회전 ─ 발운동
④ 하향(pronation) – 손바닥을 아래로
　상향(supination) – 손바닥을 위로 ─ 손운동

KEY 2005년 3회 출제

[정답] 46 ① 47 ④ 48 ④ 49 ③

50 공정안전관리(process safety management : PSM)의 적용대상 사업장이 아닌 것은?

① 복합비료 제조업
② 농약 원제 제조업
③ 차량 등의 운송설비업
④ 합성수지 및 그 밖에 플라스틱 물질 제조업

해설
공정안전보고서 제출대상 사업장
① 원유 정제처리업
② 기타 석유정제물 재처리업
③ 석유화학계 기초화학물질 제조업 또는 합성수지 및 그 밖에 플라스틱 물질 제조업. 다만, 합성수지 및 기타 플라스틱물질 제조업은 별표 11의 제1호 또는 제2호에 해당하는 경우로 한정한다.
④ 질소 화합물, 질소·인산 및 칼리질 화학비료 제조업 중 질소질 화학비료 제조업
⑤ 복합비료 및 기타 화학비료 제조업 중 복합비료 제조업(단순혼합 또는 배합에 의한 경우는 제외한다)
⑥ 화학 살균·살충제 및 농업용 약제 제조업(농약 원제 제조만 해당한다)
⑦ 화약 및 불꽃제품 제조업

정보제공
산업안전보건법 시행령 43조(공정안전보고서의 제출대상)

51 어떤 결함수를 분석하여 minimal cut set을 구한 결과 다음과 같았다. 각 기본사상의 발생확률을 q_i = 1, 2, 3이라 할 때 정상사상의 발생확률함수로 옳은 것은?

다음
$k_1 = [1, 2], k_2 = [1, 3], k_3 = [2, 3]$

① $q_1q_2 + q_1q_2 - q_2q_3$
② $q_1q_2 + q_1q_3 - q_2q_3$
③ $q_1q_2 + q_1q_3 + q_2q_3 - q_1q_2q_3$
④ $q_1q_2 + q_1q_3 + q_2q_3 - 2q_1q_2q_3$

해설
정상사상의 발생확률 함수

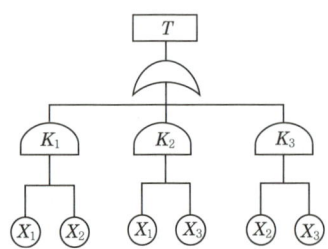

① $T = 1 - (1 - X_1X_2)(1 - X_1X_3)(1 - X_2X_3)$
$= X_1X_2 + X_1X_3 + X_2X_3 - 2X_1X_2X_3$
② $T_q = q_1q_2 + q_1q_3 + q_2q_3 - 2q_1q_2q_3$

KEY ① 2012년 5월 20일(문제 29번) 출제
② 2016년 3월 6일(문제 26번) 출제

52 n개의 요소를 가진 병렬 시스템에 있어 요소의 수명(MTTF)이 지수분포를 따를 경우 이 시스템의 수명을 구하는 식으로 맞는 것은?

① $\text{MTTF} \times n$
② $\text{MTTF} \times \dfrac{1}{n}$
③ $\text{MTTF}\left(1 + \dfrac{1}{2} + \cdots + \dfrac{1}{n}\right)$
④ $\text{MTTF}\left(1 \times \dfrac{1}{2} \times \cdots \times \dfrac{1}{n}\right)$

해설
계의 직·병렬계
① 직렬계
$$\text{MTTF}_s = \frac{\text{MTTF}}{n}$$
② 병렬계
$$\text{MTTF}_s = \text{MTTF}\left(1 + \frac{1}{2} + \frac{1}{3} + \cdots + \frac{1}{n}\right)$$

KEY 2014년 3월 2일 (문제 53번)출제

53 결함수분석의 기대효과와 가장 관계가 먼 것은?

① 시스템의 결함 진단
② 시간에 따른 원인 분석
③ 사고원인 규명의 간편화
④ 사고원인 분석의 정량화

해설
FTA의 활용 및 기대 효과
① 사고원인 규명의 간편화
② 사고원인 분석의 일반화
③ 사고원인 분석의 정량화
④ 노력, 시간의 절감
⑤ 시스템의 결함진단
⑥ 안전점검 체크리스트 작성

KEY 2018년 3월 4일 산업기사 출제

[정답] 50 ③ 51 ④ 52 ③ 53 ②

54 인간 전달 함수(Human Transfer Function)의 결점이 아닌 것은?

① 입력의 협소성
② 시점적 제약성
③ 정신운동의 묘사성
④ 불충분한 직무 묘사

해설

인간 전달 함수의 결점
① 입력의 협소성
② 시점의 제약성
③ 불충분한 직무 묘사

KEY ① 2006년 5월 14일(문제 25번) 출제
② 2010년 3월 7일(문제 22번) 출제

55 다음과 같은 실내 표면에서 일반적으로 추천반사율의 크기를 맞게 나열한 것은?

다음

㉠ 바닥   ㉡ 천장   ㉢ 가구   ㉣ 벽

① ㉠<㉣<㉢<㉡
② ㉣<㉠<㉡<㉢
③ ㉠<㉢<㉣<㉡
④ ㉣<㉡<㉠<㉢

해설

IES추천 조명반사율 권고
① 바닥 : 20~40[%]
② 가구, 사용기기, 책상 : 25~40[%]
③ 창문발(blind), 벽 : 40~60[%]
④ 천장 : 80~90[%]

KEY ① 2016년 3월 6일 산업기사 출제
② 2016년 10월 1일 기사 출제
③ 2017년 8월 26일 산업기사 출제
④ 2017년 9월 23일 산업기사 출제
⑤ 2018년 3월 4일 출제

56 인간공학에 대한 설명으로 틀린 것은?

① 인간이 사용하는 물건, 설비 환경의 설계에 적용된다.
② 인간을 작업과 기계에 맞추는 설계 철학이 바탕이 된다.
③ 인간 – 기계 시스템의 안전성과 편리성, 효율성을 높인다.
④ 인간의 생리적, 심리적인 면에서의 특성이나 한계점을 고려한다.

해설

인간공학
기계, 기구, 환경 등의 물적 조건을 인간의 특성과 능력에 잘 조화하도록 설계하기 위한 수단을 연구하는 학문이다.

KEY ① 2015년 5월 31일(문제 34번) 출제
② 2015년 8월 16일(문제 38번) 출제
③ 2017년 9월 23일 출제

57 정성적 표시장치의 설명으로 틀린 것은?

① 정성적 표시장치의 근본 자료 자체는 정량적인 것이다.
② 전력계에서와 같이 기계적 혹은 전자적으로 숫자가 표시된다.
③ 색채 부호가 부적합한 경우에는 계기판 표시 구간을 형상 부호화하여 나타낸다.
④ 연속적으로 변하는 변수의 대략적인 값이나 변화 추세, 변화율 등을 알고자 할 때 사용된다.

해설

시각적 표시 장치

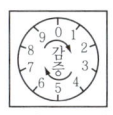 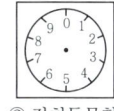 
① 정목동침형   ② 정침동목형   ③ 계수형

KEY ① 2015년 3월 8일(문제 34번) 출제
② 2017년 8월 26일 산업기사 출제

[정답] 54 ③ 55 ③ 56 ② 57 ②

보충학습

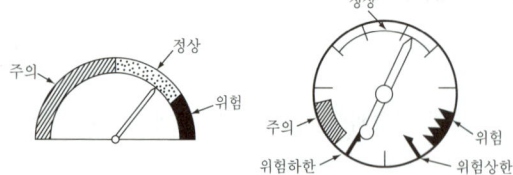

[그림] 정성적 표시장치의 색채 및 형상 암호화

58 착석식 작업대의 높이 설계를 할 경우 고려해야 할 사항과 가장 관계가 먼 것은?

① 의자의 높이 ② 대퇴 여유
③ 작업의 성격 ④ 작업대의 형태

해설

착석식 작업대 높이 설계시 고려사항
① 의자의 높이
② 작업대 두께
③ 대퇴 여유
④ 작업의 성격

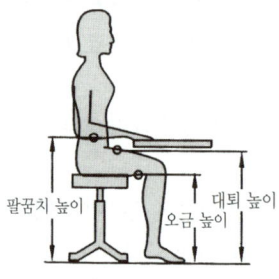

[그림] 신체 치수와 작업대 및 의자 높이의 관계

KEY 2004년 8월 8일(문제 40번) 출제

보충학습

입식 작업대 높이 설계시 고려사항
① 근전도(EMG)
② 인체계측(신장 등)
③ 무게중심 결정(물체의 무게 및 크기 등)

59 음량수준을 평가하는 척도와 관계없는 것은?

① HSI ② phon
③ dB   ④ sone

해설

음의 크기의 수준 3가지 척도
① Phon : 1,000[Hz] 순음의 음압수준(dB)을 나타낸다.
② sone : 1,000[Hz], 40[dB]의 음압수준을 가진 순음의 크기 (=40[Phon])를 1[sone]이라 한다.

> sone과 Phon의 관계식
> $\therefore$ sone치 $= 2^{(phon-40)/10}$

③ 인식소음 수준
  ㉮ PNdb(perceived noise level)의 척도는 910~1,090[Hz]대의 소음 음압수준
  ㉯ PLdb(perceived level of noise)의 척도는 3,150[Hz]에 중심을 둔 1/3 옥타브대 음을 기준으로 사용

KEY ① 2015년 8월 16일(문제 22번) 출제
② 2016년 3월 6일 기사, 산업기사 동시 출제
③ 2019년 3월 3일(문제 29번) 출제

보충학습

① HSI(human-system interface) : 인간-시스템 인터페이스
② HSI(Heat stress Index) : 열압박지수

60 빨강, 노랑, 파랑의 3가지 색으로 구성된 교통 신호등이 있다. 신호등은 항상 3가지 색 중 하나가 켜지도록 되어 있다. 1시간 동안 조사한 결과, 파란등은 총 30분 동안, 빨간등과 노란등은 각각 총 15분 동안 켜진 것으로 나타났다. 이 신호등의 총 정보량은 몇 [bit]인가?

① 0.5   ② 0.75
③ 1.0   ④ 1.5

해설

정보량

① A(파란등) 확률 $= \dfrac{30분}{60분} = 0.5$
  B(빨간등) 확률 $= \dfrac{15분}{60분} = 0.25$
  C(노란등) 확률 $= \dfrac{15분}{60분} = 0.25$

② $A = \dfrac{\log\left(\dfrac{1}{0.5}\right)}{\log 2} = 1$ $B = \dfrac{\log\left(\dfrac{1}{0.25}\right)}{\log 2} = 2$
  $C = \dfrac{\log\left(\dfrac{1}{0.25}\right)}{\log 2} = 2$

③ 정보량 $= (0.5 \times A) + (0.25 \times B) + (0.25 \times C)$
  $= (0.5 \times 1) + (0.25 \times 2) + (0.25 \times 2) = 1.5$

[정답] 58 ④   59 ①   60 ④

KEY
① 2011년 8월 21일(문제 24번) 출제
② 2017년 5월 7일 기사·산업기사 동시 출제
③ 2017년 9월 23일 산업기사 출제
④ 2018년 4월 28일 출제
⑤ 2019년 3월 3일 산업기사 출제

4 건설시공학

61 강말뚝의 특징에 관한 설명으로 옳지 않은 것은?

① 휨강성이 크고 자중이 철근콘크리트말뚝보다 가벼워 운반취급이 용이하다.
② 강재이기 때문에 균질한 재료로서 대량생산이 가능하고 재질에 대한 신뢰성이 크다.
③ 표준관입시험 N 값 50 정도의 경질 지반에도 사용이 가능하다.
④ 지중에서 부식되지 않으며 타 말뚝에 비하여 재료비가 저렴한 편이다.

해설

강재말뚝 지정의 특징

장점	단점
• 깊은 지지층까지 박을 수 있다. • 길이조정이 용이하며 경량이므로 운반취급이 편리하다. • 휨모멘트 저항이 크다. • 말뚝의 절단·가공 및 현장 용접이 가능하다. • 중량이 가볍고, 단면적이 작다. • 강한타격에도 견디며 다져진 중간기층의 관통도 가능하다. • 지지력이 크고 이음이 안전하고 강하여 장척이 가능하다.	• 재료비가 비싸다. • 부식되기 쉽다.

62 바닥판 거푸집의 구조계산 시 고려해야 하는 연직하중에 해당하지 않는 것은?

① 굳지 않은 콘크리트의 중량
② 작업하중
③ 충격하중
④ 굳지 않은 콘크리트의 측압

해설

거푸집 설계 시 고려하중
(1) 바닥판, 보 밑 등 수평부재(연직방향하중)
　① 작업하중
　② 충격하중
　③ 생 콘크리트의 자중(중량)
(2) 벽, 기둥, 보 옆 등 수직부재
　① 생 콘크리트의 자중
　② 생 콘크리트의 측압

KEY
① 2017년 5월 7일 출제
② 2017년 9월 23일 출제
③ 2018년 9월 15일 산업기사(문제 52번) 출제

63 원가절감에 이용되는 기법 중 VE(Value Engineering)에서 가치를 정의하는 공식은?

① 품질/비용
② 비용/기능
③ 기능/비용
④ 비용/품질

해설

VE(Value Enginnering)
① 건설현장에서 필요한 기능을 품질저하 없이 유지하며 가장 적은 비용으로 공사를 관리하는 원가절감기법(가치공학)
② 원가절감 가능성이 큰 단계 : 기획설계
③ 가치 = $\dfrac{기능}{비용}$

KEY
① 2016년 5월 8일 출제
② 2017년 5월 7일 산업기사 출제
③ 2018년 4월 28일 산업기사(문제 45번) 출제

64 실비에 제한을 붙이고 시공자에게 제한된 금액이내에 공사를 완성할 책임을 주는 공사방식은?

① 실비 비율 보수가산식
② 실비 정액 보수가산식
③ 실비 한정비율 보수가산식
④ 실비 준동률 보수가산식

해설

실비 한정비율 보수가산식
① 실비에 제한을 붙임
② 시공자에게 제한된 금액이내에 공사를 완성할 책임을 주는 공사방식

[정답] 61 ④   62 ④   63 ③   64 ③

보충학습

종류	방식
실비 비율 보수가산식	실비와 비율을 가산한 공사비를 지급하는 방식
실비 한정비율 보수가산식	실비를 한정하고 그에 가산된 공사비를 지급하는 방식
실비 정액 보수가산식	실비와 정해진 보수를 가산하여 공사비를 지급하는 방식
실비 준동률 보수가산식	실비를 단계별로 나누어 구간에 따른 보수비율을 지급하는 방식

65 그림과 같이 H-400×400×30×50인 형강재의 길이가 10[m]일 때 이 형강의 개산 중량으로 가장 가까운 값은(단, 철의 비중은 7.85[ton/m³]임)?

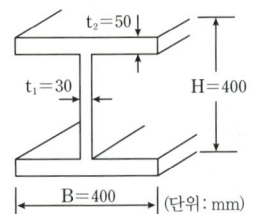

① 1[ton] ② 4[ton]
③ 8[ton] ④ 12[ton]

해설
형강의 중량
(1) 단위변환
　① $t_1=30[mm]=0.03[m]$
　② $t_2=50[mm]=0.05[m]$
　③ $B=400[mm]=0.4[m]$
　④ $H=400[mm]=0.4[m]$
　⑤ 길이(L)=10[m]
　⑥ 철의 비중 : 7.85[ton/m³]
　⑦ 0.3=높이(0.4)-두께(0.1)=0.3
(2) 철골체적(부피)으로 환산
　$(0.05×0.4×10×2[EA])+(0.03×0.3×10)$
　$=0.49[m^3]×7.85[ton]$
　$=3.8465[ton]≒4[ton]$

66 다음 보기에서 일반적인 철근의 조립순서로 옳은 것은?

　A. 계단철근　　B. 기둥철근
　C. 벽철근　　　D. 보철근
　E. 바닥철근

① A-B-C-D-E
② B-C-D-E-A
③ A-B-C-E-D
④ B-C-A-D-E

해설
철근의 조립(배근)순서
① 철근 콘크리트 : 거푸집 조립순서에 맞추어 조립

　　기둥 - 벽 - 보 - 슬래브(바닥) - 계단

② 철골 철근 콘크리트 : 철골의 조립 및 리벳치기가 완료된 부분부터 철근조립

　　기둥 - 보 - 벽 - 슬래브 - 계단

KEY ① 2010년 5월 9일(문제 77번) 출제
　　　② 2019년 3월 3일(문제 80번) 출제

67 깊이 7[m] 정도의 우물을 파고 이곳에 수중모터펌프를 설치하여 지하수를 양수하는 배수공법으로 지하용수량이 많고 투수성이 큰 사질지반에 적합한 것은?

① 집수정(sump pit)공법
② 깊은 우물(deep well)공법
③ 웰 포인트(well point)공법
④ 샌드 드레인(sand drain)공법

해설
깊은 우물(deep well)공법
① 지름 30[cm] 정도의 케이싱을 박아 깊은 우물을 만들어 펌프로 배수하는 공법
② 1970년경 유럽에서 발달, 현재는 별로 사용하지 않음

KEY 2017년 5월 7일 출제

[정답] 65 ②　66 ②　67 ②

68 벽돌, 블록 등 조적공사에서 일반적으로 가장 많이 이용되는 치장줄눈 형태는?

① 평줄눈
② 볼록줄눈
③ 오목줄눈
④ 민줄눈

해설

조적공사 시 가장 많이 이용되는 치장줄눈 형태 : 평줄눈

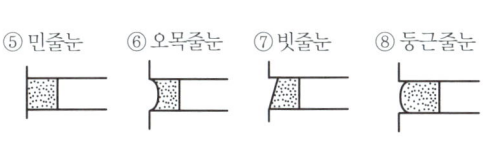

[그림] 벽돌의 줄눈

KEY 2017년 9월 23일 출제

69 철골작업용 장비 중 절단용 장비로 옳은 것은?

① 프릭션 프레스(friction press)
② 플레이트 스트레이닝 롤(plate straining roll)
③ 파워 프레스(power press)
④ 핵 소우(hack saw)

해설

hack saw(쇠톱, 활톱)
① 금속의 공작물을 자를 때 사용되며, 일반적으로 손작업용 쇠톱이 쓰인다.
② 톱날을 고정하는 프레임은 톱날 길이에 따라 몇 단계로 조절이 가능하다.
③ 톱날을 수직·수평 어느 방향으로도 끼울 수 있다.

[그림] hack saw

KEY 2017년 3월 5일 출제

70 어스앵커 공법에 관한 설명으로 옳지 않은 것은?

① 인근구조물이나 지중매설물에 관계없이 시공이 가능하다.
② 앵커체가 각각의 구조체이므로 적용성이 좋다.
③ 앵커에 프리스트레스를 주기 때문에 흙막이벽의 변형을 방지하고 주변 지반의 침하를 최소한으로 억제할 수 있다.
④ 본 구조물의 바닥과 기둥의 위치에 관계없이 앵커를 설치할 수도 있다.

해설

어스앵커 공법의 정의 및 장단점
(1) 정의
버팀대 대신 흙막이벽을 어스드릴(Earth Drill)로 구멍 뚫은 뒤 그 속에 철근이나 PC강선 등의 인장재를 넣고, 그 주위를 모르타르로 그라우팅하여 굳힌 다음 외부에서 PC강선이나 철근 등에 인장력을 가해 정착시키는 흙막이공법
(2) 장점
 ① 버팀대(strut)가 불필요하다.
 ② 토공사 범위를 한번에 시공할수 있다.
 ③ 작업 지장물이 없어 작업능률이 좋다.
 ④ Anchor체가 각각의 구조체이므로 적용성이 좋다.
 ⑤ 기계화 시공이 가능하므로 공기가 빠르다.
(3) 단점
 ① 비교적 고가이다.
 ② 인근 구조물이나 지중 매설물에 따라 시공이 곤란한 경우가 있다.
 ③ 유효한 지층이 깊을 경우 비경제적인 설계가 된다.
 ④ 인근 건축주 및 도로 관리자에 대해 동의를 얻어야 하다.

KEY 2012년 5월 20일(문제 65번) 출제

💬 **합격자의 조언**

실기작업형 단골 출제

71 건설현장에서 시멘트 벽돌쌓기 시공 중에 붕괴사고가 가장 많이 일어날 것으로 예상할 수 있는 경우는?

① 0.5B쌓기를 1.0B쌓기로 변경하여 쌓을 경우
② 1일 벽돌쌓기 기준높이를 초과하여 높게 쌓을 경우
③ 습기가 있는 시멘트벽돌을 사용할 경우
④ 신축줄눈을 설치하지 않고 시공할 경우

해설

시멘트 벽돌쌓기 중 붕괴사고 대표적 원인 : 벽돌쌓기 기준 높이 초과

[정답] 68 ① 69 ④ 70 ① 71 ②

> 참고 건설안전기사 필기 p.4-101(4. 벽돌쌓기 시공에 대한 주의사항)
>
> KEY ① 2017년 5월 7일 출제
> ② 2018년 3월 4일 출제
> ③ 2018년 4월 28일 출제

72 시간이 경과함에 따라 콘크리트에 발생되는 크리프(Creep)의 증가원인으로 옳지 않은 것은?

① 단위 시멘트량이 적을 경우
② 단면의 치수가 작을 경우
③ 재하시기가 빠를 경우
④ 재령이 짧을 경우

해설

Creep가 증가되는 현상
① 초기재령 시
② 하중이 클수록
③ W/C가 클수록
④ 부재의 단면치수가 작을수록
⑤ 부재의 건조정도가 높을수록
⑥ 온도가 높을수록
⑦ 양생, 보양이 나쁠수록
⑧ 단위 시멘트량이 많을수록

73 콘크리트 타설과 관련하여 거푸집 붕괴사고 방지를 위하여 우선적으로 검토·확인하여야 할 사항 중 거리가 먼 것은?

① 콘크리트 측압 확인
② 조임철물 배치간격 검토
③ 콘크리트의 단기 집중타설 여부 검토
④ 콘크리트의 강도 측정

해설

거푸집의 구비조건
① 수밀성(조립의 밀실성)
② 외력, 측압에 대한 안전성
③ 충분한 강성과 치수 정확성
④ 조립해체의 간편성
⑤ 이동간편성, 우수한 전용성(이동용이, 반복사용 가능)

KEY 2014년 3월 2일(문제 77번) 출제

보충학습
콘크리트 강도측정 : 응결 완료 후

74 네트워크 공정표의 주공정(Critical Path)에 관한 설명으로 옳지 않은 것은?

① TF가 0(Zero)인 작업을 주공정작업이라 한다.
② 총 공기는 공사착수에서부터 공사완공까지 소요시간의 합계이며, 최장시간이 소요되는 경로이다.
③ 주공정은 고정적이거나 절대적인 것이 아니고 가변적이다.
④ 주공정에 대한 공기단축은 불가능하다.

해설

Critical Path(CP)
① 작업의 시작점에서 종료점에 이르는 가장 긴 패스
② 주공정에 대한 공기단축이 가능(가변적)

KEY 2016년 5월 8일(문제 73번) 출제

75 다음 설명에 해당하는 공사 낙찰자 선정방식은?

> 예정가격 대비 85[%] 이상 입찰자 중 가장 낮은 금액으로 입찰한 자를 선정하는 방식으로, 최저가 낙찰자를 통한 덤핑의 우려를 방지할 목적을 지니고 있다.

① 부찰제
② 최저가 낙찰제
③ 제한적 최저가 낙찰제
④ 최적격 낙찰제

해설

제한적 최저가 낙찰제
① Dumping에 의한 부실공사의 방지 목적
② 예정가격의 90[%] 이상자 중 가장 최저가로 입찰한 자 선정

KEY 2013년 9월 28일(문제 76번) 출제

[정답] 72 ① 73 ④ 74 ④ 75 ③

76 건설기계 중 기계의 작업면보다 상부의 흙을 굴삭하는데 적합한 것은?

① 불도저(Bull dozer)
② 모터 그레이더(Motor grader)
③ 클램쉘(clam shell)
④ 파워셔블(Power shovel)

해설

파워셔블(Power shovel : 디퍼셔블)의 특징
① 기계가 서 있는 위치보다 높은 곳의 굴착에 적당
② 굴삭높이 : 1.5~3[m]에 적당
③ 버킷용량 : 0.6~1.0[m³]
④ 굴삭깊이 : 지반 밑으로 2[m] 정도
⑤ 선회각 : 90[℃]

[그림] 파워셔블(크롤러형 기계 로프식)

KEY 2016년 5월 8일(문제 62번) 출제

77 기초공사중 언더피닝(Under pinning) 공법에 해당하지 않는 것은?

① 2중 널말뚝 공법
② 전기침투 공법
③ 강재말뚝 공법
④ 약액주입법

해설

언더피닝(Under pinning)공법
(1) 인접한 건물 또는 구조물의 침하방지를 목적으로 하는 지반보강 방법의 총칭
(2) 언더피닝공법 종류
  ① 2중 널말뚝 공법 : 흙막이 널말뚝의 외측에 2중으로 말뚝을 박는 공법
  ② 현장타설 콘크리트말뚝 공법 : 인접 건물의 기초에 현장타설 콘크리트말뚝 설치
  ③ 강재말뚝 공법 : 인접건물의 벽, 기둥에 따라 강재말뚝을 설치
  ④ 모르타르 및 약액주입 공법
     사질지반에서 모르타르 등을 주입해서 지반을 고결시키는 공법

KEY
① 2017년 5월 7일 출제
② 2017년 9월 23일(문제 118번) 출제
③ 2018년 4월 28일(문제 76번) 출제

78 다음 중 콘크리트에 AE제를 넣어주는 가장 큰 목적은?

① 압축강도 증진
② 부착강도 증진
③ 워커빌리티 증진
④ 내화성 증진

해설

AE제 넣는 주목적 : 워커빌리티(시공년도) 증진

KEY 2016년 5월 8일 출제

79 철근콘크리트 구조의 철근 선 조립 공법 순서로 옳은 것은?

① 시공도 → 공장절단 → 가공 → 이음·조립 → 운반 → 현장부재양중 → 이음·설치
② 공장절단 → 시공도 → 가공 → 이음·조립 → 이음·설치 → 운반 → 현장부재양중
③ 시공도 → 가공 → 공장절단 → 운반 → 이음·조립 → 현장부재양중 → 이음·설치
④ 공장절단 → 시공도 → 운반 → 가공 → 이음·조립 → 현장부재양중 → 이음·설치

해설

철근 선 조립 공법 순서
시공도→공장절단(삭)→가공→이음·조립→운반→현장부재양중→이음·설치

KEY 2016년 5월 8일(문제 67번) 출제

80 용접불량의 일종으로 용접의 끝부분에서 용착금속이 채워지지 않고 홈처럼 우묵하게 남아있는 부분을 무엇이라 하는가?

① 언더컷
② 오버랩
③ 크레이터
④ 크랙

[정답] 76 ④ 77 ② 78 ③ 79 ① 80 ①

> **해설**

용접 결함
① 슬래그 감싸돌기 : 용접봉의 피복재 심선과 모재가 변하여 생긴 회분이 용착 금속 내에 혼입되는 현상을 말한다.
② 언더컷(Under-cut) : 모재가 녹아 용착 금속이 채워지지 않고 홈으로 남게 된 부분. 원인은 전류의 과대 또는 용접봉의 부적당에 기인된다.
③ 오버랩(Over-lap) : 용접 금속과 모재가 융합되지 않고 겹쳐지는 것이다.
④ 공기구멍(Blow hole) : 금속이 녹아들 때 생기는 기포나 작은 틈을 말한다.
⑤ 크랙(Crack) : 용접 후 냉각시에 생기는 갈라짐을 말한다.
⑥ 피트(Pit) : 용접부에 생기는 미세한 홈을 말한다.
⑦ 크레이터(Crater) : Arc용접시 끝부분이 항아리모양으로 패인 것을 말한다.

KEY 2003년 제1회 출제

---

5 건설재료학

81 금속 중 연(Pb)에 관한 설명으로 옳지 않은 것은?

① X선 차단효과가 큰 금속이다.
② 산, 알칼리에 침식되지 않는다.
③ 공기중에서는 탄산연($PbCO_3$) 등이 표면에 생겨 내부를 보호한다.
④ 인장강도가 극히 작은 금속이다.

> **해설**

납(Pb : 연)
① 비중(11.34)이 크고 연하다.
② 주조 가공성 및 단조성이 풍부하다.
③ 열전도율은 작으나 온도의 변화에 따른 신축이 크다.
④ 알칼리에는 침식된다.
⑤ 송수관, 가스관, X선실, 방사선 차단 안벽붙임 등에 쓰인다.

KEY ① 2017년 3월 5일 출제
② 2017년 5월 7일 산업기사 출제
③ 2018년 3월 4일 (문제85번) 출제

82 AE콘크리트에 관한 설명으로 옳지 않은 것은?

① 시공연도가 좋고 재료분리가 적다.
② 단위수량을 줄일 수 있다.
③ 제물치장 콘크리트 시공에 적당하다.
④ 철근에 대한 부착강도가 증가한다.

> **해설**

AE콘크리트
(1) 정의
콘크리트 속에 AE제를 혼합하여 시공연도를 좋게 한 콘크리트이다.
(2) AE콘크리트의 특징
① 단위수량이 적게 든다.
② 워커빌리티가 향상되고 골재로서 깬자갈의 사용도 유리하게 된다.
③ 내구성이 향상된다.
④ 콘크리트 경화에 따른 발열이 작아진다.
⑤ 동결융해에 대한 저항이 크게 된다.
⑥ 블리딩 감소, 재료분리가 감소된다.
⑦ 철근과 부착강도는 다소 작아진다.
⑧ 적정한 AE(콘크리트 용적의 4~7[%])는 내구성을 증대시키나 지나친 공기량은(6[%] 이상)은 강도와 내구성을 저하시킨다.
(3) 공기량의 성질
① AE제를 넣을수록 공기량은 증가한다.
② 기계비빔이 손비빔보다 증가한다.
③ 비빔시간은 3~5분까지는 공기량이 증가하고 그 이상은 감소한다.
④ 온도가 높아질수록 감소한다.
⑤ 진동기를 사용하면 감소한다.
⑥ 공기량 1[%] 증가에 대하여 압축강도 4~5[%] 저하한다.

KEY 2016년 5월 8일(문제 96번) 출제

83 특수 도료의 목적상 방청 도료에 속하지 않는 것은?

① 알루미늄 도료
② 징크로메이트 도료
③ 형광 도료
④ 에칭프라이머

> **해설**

방청 도료
① 금속 표면을 물리적·화학적으로 녹슬지 않도록 방청성을 개선해주는 도료를 말한다.
② 방청 도료의 종류에는 광명단(연단), 방청산화철, 알루미늄, 역청질, 워시프라이머, 징크로메이트, 크롬산아연, 규산염도료, 에칭프라이머 등이 있다.

KEY 2019년 3월 3일 산업기사(문제 61번) 출제

[정답] 81 ② 82 ④ 83 ③

보충학습
(1) 연단(광명단)칠
 ① 보일드유를 유성페인트에 녹인 것이다.
 ② 용도는 주로 철재에 사용한다.
(2) 형광 도료는 빛이 닿을 경우 빛을 흡수하여 고유의 색상과 광택을 외부로 방출시켜 선명하고 명확한 색상을 보여주는 도료이다.

84 내열성이 크고 발수성을 나타내어 방수제로 쓰이며 저온에서도 탄성이 있어 Gasket, Packing의 원료로 쓰이는 합성수지는?

① 페놀수지
② 폴리에스테르수지
③ 실리콘수지
④ 멜라민수지

해설

실리콘수지의 특징
① 무색, 무취이다.
② 내수성, 내후성, 내화학성, 전기절연성이 우수하다.
③ 내열성, 내한성이 우수하여 −60~260[℃]의 범위에서 안정하고 탄성을 가진다.
④ 발수성이 있어 건축물 등의 방수제로 쓰인다.
⑤ 방수제, 접착제, 도료, 실링재, 가스켓, 패킹재로 사용된다.

KEY ① 2016년 3월 6일 산업기사 출제
 ② 2016년 5월 8일(문제 85번) 출제

85 콘크리트의 강도 및 내구성 증가에 가장 큰 영향을 주는 것은?

① 물과 시멘트의 배합비
② 모래와 자갈의 배합비
③ 시멘트와 자갈의 배합비
④ 시멘트와 모래의 배합비

해설

물시멘트비(W/C)
① 충분히 혼합될 수 있는 범위 내에서 W/C가 작을수록 강도는 크다.
② W/C의 적용범위는 50~70[%]이다.
③ 콘크리트 강도 및 내구성 증가에 가장 큰 영향을 준다.

KEY ① 2013년 6월 2일(문제 81번) 출제
 ② 2017년 3월 5일 산업기사 출제
 ③ 2019년 4월 27일 산업기사 출제

86 건축용으로 판재 지붕에 많이 사용되는 금속재는?

① 철
② 동
③ 주석
④ 니켈

해설

동(Cu)의 용도
① Cu는 암모니아, 알칼리성 용액에 침식이 잘된다.
② 건축재료로서 지붕잇기, 홈통, 철사, 못, 철망, 온돌용 파이프 등의 제조에 사용된다.

KEY ① 2017년 3월 5일 출제
 ② 2019년 3월 3일 산업기사 출제

87 시멘트의 경화시간을 지연시키는 용도로 일반적으로 사용하고 있는 지연제와 거리가 먼 것은?

① 리그닌설폰산염
② 옥시카르본산
③ 알루민산소다
④ 인산염

해설

지연제(setting retarder, 遲延劑)
① 시멘트나 콘크리트의 응결을 늦추기 위한 혼합제. 콘크리트의 운반시간이 길 때 서중(暑中) 콘크리트 등에 사용한다.
② 당분, 알코올류, 표면 활성제, 무기산 외 리그닌설폰산염, 옥시카르본산, 인산염 등이 있다.

KEY ① 2019년 5월 10일(문제 93번) 출제
 ② 2012년 3월 4일(문제 84번) 출제

88 비닐수지 접착제에 관한 설명으로 옳지 않은 것은?

① 용제형과 에멀션(Emulsion)형이 있다.
② 작업성이 좋다.
③ 내열성 및 내수성이 우수하다.
④ 목재 접착에 사용가능하다.

해설

비닐수지 접착제
① 종류는 용제형, 에멀션형이 있다.
② 비닐계 합성수지 제품 등의 접착에 좋고, 금속, 유리, 천 등의 접착에 사용한다.
③ 내열성, 내수성이 좋지 않아 외부용으로는 부적당하다.

KEY 2009년 8월 30일(문제 83번) 출제

[정답] 84 ③ 85 ① 86 ② 87 ③ 88 ③

89 진주석 등을 800~1,200[℃]로 가열 팽창시킨 구상 입자 제품으로 단열, 흡음, 보온목적으로 사용되는 것은?

① 암면 보온판
② 유리면 보온판
③ 카세인
④ 펄라이트 보온재

해설

펄라이트판
① 펄라이트 입자를 압축성형하여 만든다.(진주석을 800~1,200[℃]로 가열 팽창)
② 내열성이 높아 배관단열재 등에 사용한다.(용도 : 단열, 보온, 흡음)

KEY ▶ 2019년 4월 27일 산업기사 출제

90 콘크리트의 건조수축에 관한 설명으로 옳지 않은 것은?

① 시멘트의 주성분에 따라 수축량이 다르다.
② 시멘트량의 다소에 따라 일반적으로 수축량이 다르다.
③ 된 비빔 일수록 수축량이 크다.
④ 물체의 탄성계수가 크고 경질인 만큼 작아진다.

해설

콘크리트의 건조수축
① 시멘트의 화학성분이나 분말도에 따라 건조수축량이 변화한다.
② 경화한 콘크리트의 건조수축은 초기에 급격히 진행하고 시간이 경과함에 따라 완만히 진행된다.
③ 콘크리트는 물을 흡수하면 팽창하고 건조하면 수축한다.
④ 건조수축은 단위 시멘트량이나 단위수량이 많은 만큼 커진다.
⑤ 건조수축은 골재의 탄성계수가 크고 경질인 만큼 작아진다.
⑥ 부재치수가 큰 만큼 건조가 진행하지 않아 수축은 작아진다.
⑦ 단위수량이 동일한 경우 단위 시멘트량을 증가시켜도 수축량은 크게 변하지 않는다.(감소된다)
⑧ 물시멘트비가 크면 건조수축이 크게 발생된다.
⑨ 시멘트의 분말도가 크고 C_3A 성분이 많은 시멘트는 수축량이 증가된다.
⑩ 철근을 많이 사용한 콘크리트는 건조수축이 작아진다.

KEY ▶ 2016년 10월 1일(문제 96번) 출제

91 부순 굵은 골재에 대한 품질규정치가 KS에 정해져 있지 않은 항목은?

① 압축강도   ② 절대건조밀도
③ 흡수율   ④ 안정성

해설

골재(부순 골재 포함).KS시험 규정항목
① 체가름
② 0.08[mm]체 통과량
③ 비중 및 흡수율
④ 모래의 유기 불순물
⑤ 마모
⑥ 안정성
⑦ 단위중량
⑧ 염화물함유량
⑨ 골재의 알칼리 잠재반응 시험
⑩ 표면수량

KEY ▶ 2010년 9월 5일(문제 91번) 출제

정보제공
건설기술관리법 시행규칙 [별표 10] 건설공사품질시험기준

92 대규모 지하구조물, 댐 등 매스콘크리트의 수화열에 의한 균열발생을 억제하기 위해 펄라이트의 비율을 높인 시멘트는?

① 보통포틀랜드시멘트
② 저열포틀랜드시멘트
③ 실리카퓸시멘트
④ 팽창시멘트

해설

중용열(저열) 포틀랜드시멘트(제2종 포틀랜드시멘트)
① 시멘트의 성분 중에 CaO, Al_2O_3, MgO 등을 적게 하고 SiO_2, Fe_2O_3 등을 많게 한 것이다.
② 경화시에 발열량이 적고 내식성이 있고 안정도가 높다.
③ 내구성이 크고 수축률이 작아서 대형 단면부재에 쓸 수 있다.
④ 방사선 차단효과가 있다.

KEY ▶ ① 2017년 3월 5일 산업기사 출제
② 2017년 9월 23일 출제
③ 2018년 4월 28일 산업기사 출제

[정답] 89 ④ 90 ③ 91 ① 92 ②

93 플라스틱 건설재료의 현장적용 시 고려사항에 관한 설명으로 옳지 않은 것은?

① 열가소성 플라스틱 재료들은 열팽창계수가 작으므로 경질판의 정착에 있어서 열에 의한 팽창 및 수축 여유를 고려하지 않아도 좋다.
② 마감부분에 사용하는 경우 표면의 홈, 얼룩변형이 생기지 않도록 하고 필요에 따라 종이, 천 등으로 보호하여 양생한다.
③ 열경화성 접착제에 경화제 및 촉진제 등을 혼입하여 사용할 경우, 심한 발열이 생기지 않도록 적정량의 배합을 한다.
④ 두께 2[mm] 이상의 열경화성 평판을 현장에서 가공할 경우, 가열가공하지 않도록 한다.

해설

플라스틱 재료는 열에 의한 팽창과 수축을 반드시 고려해야 한다.

KEY 2006년 9월 10일(문제 83번) 출제

94 어떤 석재의 질량이 다음과 같을 때 이 석재의 표면건조 포화상태의 비중은?

- 공시체의 건조 질량 : 100[g]
- 공시체의 물속 질량 : 60[g]
- 공시체의 침수 후 표면건조 포화상태의 공시체 질량 : 110[g]

① 1.33
② 2
③ 2.67
④ 4.51

해설

표면건조 포화상태비중

$= \dfrac{A}{B-C} = \dfrac{100}{110-60} = 2$

여기서,
① A : 공시체의 건조무게(g)
② B : 공시체의 침수 후 표면건조 포화상태의 공시체의 무게(g)
③ C : 공시체의 수중무게(g)

KEY 2016년 5월 8일 기사·산업기사 동시출제

95 아스팔트 제품에 관한 설명으로 옳지 않은 것은?

① 아스팔트 프라이머 – 블로운 아스팔트를 용제에 녹인 것으로 아스팔트 방수, 아스팔트 타일의 바탕처리재로 사용된다.
② 아스팔트 유제 – 블로운 아스팔트를 용제에 녹여 석면, 광물질 분말, 안정제를 가하여 혼합한 것으로 점도가 높다.
③ 아스팔트 블록 – 아스팔트 모르타르를 벽돌형으로 만든 것으로 화학공장의 내약품 바닥 마감재로 이용된다.
④ 아스팔트 펠트 – 유기천연섬유 또는 석면섬유를 결합한 원지에 연질의 스트레이트 아스팔트를 침투시킨 것이다.

해설

아스팔트 유제
① 유화제를 넣은 수용액에 아스팔트분말을 많이 넣은 것으로, 도포하면 수분이 증발하여 아스팔트막을 형성한다.
② 바탕에 침투가 쉽게 되며, 수용성이나 프라이머보다 접착력이 약하다.

96 코너비드(Corner Bead)의 설치 위치로 옳은 것은?

① 벽의 모서리
② 천장 달대
③ 거푸집
④ 계단 손잡이

해설

코너비드
① 미장공사에서 기둥이나 벽의 모서리 부분을 보호하기 위하여 쓰는 철물이다.
② 재질은 아연철판, 황동판 제품 등이 쓰인다.

[그림] 코너비드

KEY ① 2016년 3월 6일 출제
② 2016년 5월 8일 출제
③ 2018년 3월 4일 출제
④ 2019년 3월 3일 산업기사 출제

[정답] 93 ① 94 ② 95 ② 96 ①

과년도 출제문제

97 목재의 강도에 관한 설명으로 옳지 않은 것은?

① 함수율이 섬유포화점 이상에서는 함수율이 증가하더라도 강도는 일정하다.
② 함수율이 섬유포화점 이하에서는 함수율이 감소할수록 강도가 증가한다.
③ 목재의 비중과 강도는 대체로 비례한다.
④ 전단강도의 크기가 인장강도 등 다른 강도에 비하여 크다.

해설

목재의 강도
① 목재의 강도 순서 : 인장강도>휨강도>압축강도>전단강도
② 목재의 비강도값은 강재보다 크다.

KEY 2009년 5월 10일(문제 89번) 출제

98 ALC 제품에 관한 설명으로 옳지 않은 것은?

① 보통콘크리트에 비하여 중성화의 우려가 높다.
② 열전도율은 보통콘크리트의 1/10 정도이다.
③ 압축강도에 비해서 휨강도나 인장강도는 상당히 약하다.
④ 흡수율이 낮고 동해에 대한 저항성이 높다.

해설

ALC제품
① ALC(Autoclaved Lightweight Concrete)란 벽돌에 기포를 넣어 경량화한 제품을 말한다.
② 경량이므로 단열성이나 시공성이 매우 우수하다.
③ 내화성이 크고 차음성이 있어 매우 경제적이다.
④ 사용 후 변형이나 균열이 비교적 적다.
⑤ 강도가 40[kg/cm^2] 정도로, 구조재로서는 적합하지 못하다.

KEY ① 2017년 5월 7일 출제
② 2017년 9월 23일 출제
③ 2018년 9월 15일 산업기사 출제

99 기건상태에서의 목재의 함수율은 약 얼마인가?

① 5[%] 정도   ② 15[%] 정도
③ 30[%] 정도   ④ 45[%] 정도

해설

기건재 : 대기 중의 습도와 균형상태로 함수율이 15[%]가 된 상태

KEY ① 2016년 5월 8일 기사 출제
② 2017년 3월 5일 산업기사 출제
③ 2018년 3월 4일 기사·산업기사 동시 출제

보충학습
전건재 : 기건재가 더욱 건조하여 함수율이 0[%]가 된 상태

100 다음 목재가공품 중 주요 용도가 나머지 셋과 다른 것은?

① 플로어링블록(flooring block)
② 연질섬유판(soft fiber insulation board)
③ 코르크판(cork board)
④ 코펜하겐 리브판(copenhagen rib board)

해설

플로어링 블록 : 마루판

KEY 2003년 제1회 출제

보충학습
벽천장재 : 연질섬유판, 코르크판(cork board), 코펜하겐 리브판(copenhagen rib board)

6 건설안전기술

101 그물코의 크기가 5[cm]인 매듭 방망사의 폐기 시 인장강도 기준으로 옳은 것은?

① 200[kg]   ② 100[kg]
③ 60[kg]   ④ 30[kg]

해설

방망사의 폐기 시 인장강도

그물코의 크기 (단위 : [cm])	방망의 종류(단위 : [kg])	
	매듭 없는 방망	매듭 방망
10	150	135
5		60

KEY ① 2009년 7월 26일(문제 118번) 출제
② 2012년 5월 20일(문제 111번) 출제

[정답] 97 ④ 98 ④ 99 ② 100 ① 101 ③

102 거푸집 해체작업 시 유의사항으로 옳지 않은 것은?

① 일반적으로 수평부재의 거푸집은 연직부재의 거푸집보다 빨리 떼어낸다.
② 해체된 거푸집이나 각목 등에 박혀있는 못 또는 날카로운 돌출물은 즉시 제거하여야 한다.
③ 상하 동시 작업은 원칙적으로 금지하며 부득이한 경우에는 긴밀히 연락을 취하며 작업을 하여야 한다.
④ 거푸집 해체작업장 주위에는 관계자를 제외하고는 출입을 금지시켜야 한다.

해설

거푸집 해체 순서
① 거푸집은 일반적으로 연직부재를 먼저 떼어낸다.
② 이유 : 하중을 받지 않기 때문

KEY ① 2017년 5월 7일 산업기사 출제
② 2017년 8월 26일 산업기사 출제

합격정보
콘크리트 공사 표준안전 작업지침 제9조(해체)

103 흙막이 가시설 공사 시 사용되는 각 계측기 설치 목적으로 옳지 않은 것은?

① 지표침하계 – 지표면 침하량 측정
② 수위계 – 지반 내 지하수위의 변화 측정
③ 하중계 – 상부 적재하중 변화 측정
④ 지중경사계 – 지중의 수평 변위량 측정

해설

계측장치의 종류 및 설치목적

종류	설치목적
건물 경사계 (tilt meter)	지상 인접구조물의 기울기 측정
지표면 침하계 (level and staff)	주위 지반에 대한 지표면의 침하량 측정
지중 경사계 (inclinometer)	지중수평변위를 측정하여 흙막이의 기울어진 정도 파악
지중 침하계 (extension meter)	지중수직변위를 측정하여 지반의 침하정도 파악
변형률계 (strain gauge)	흙막이 버팀대의 변형 정도 파악
하중계 (load cell)	흙막이 버팀대에 작용하는 토압, 토류벽 어스앵커의 인장력 등을 측정
토압계 (earth pressure meter)	흙막이에 작용하는 토압의 변화 파악
간극수압계 (piezo meter)	굴착으로 인한 지하의 간극수압 측정
지하수위계 (water level meter)	지하수의 수위변화 측정

KEY ① 2016년 3월 6일 산업기사 출제
② 2016년 10월 1일 산업기사 출제
③ 2017년 3월 5일 산업기사 출제
④ 2017년 5월 7일 기사·산업기사 동시 출제
⑤ 2018년 4월 28일 기사 출제
⑥ 2019년 3월 3일 산업기사 출제

104 다음은 가설통로를 설치하는 경우의 준수사항이다. (   )안에 알맞은 숫자를 고르면?

> 건설공사에 사용하는 높이 8[m] 이상인 비계다리에는 (   )[m] 이내마다 계단참을 설치할 것

① 7 ② 6
③ 5 ④ 4

해설

높이 8[m] 이상인 비계다리 : 7[m] 이내마다 계단참 설치

KEY ① 2017년 3월 5일 산업기사 출제
② 2017년 5월 7일 산업기사 출제
③ 2017년 9월 23일 기사 출제
④ 2018년 4월 28일 기사·산업기사 동시 출제
⑤ 2018년 8월 19일 산업기사 출제
⑥ 2019년 3월 3일 산업기사 출제

정보제공
산업안전보건기준에 관한 규칙 제23조(가설통로의 구조)

105 건설업 산업안전보건관리비의 사용내역에 대하여 수급인 또는 자기공사자는 공사 시작 후 몇 개월 마다 1회 이상 발주자 또는 감리원의 확인을 받아야 하는가?

① 3개월 ② 4개월
③ 5개월 ④ 6개월

[정답] 102 ①   103 ③   104 ①   105 ④

해설

제9조(확인) ① 수급인 또는 자기공사자는 안전관리비 사용내역에 대하여 공사 시작 후 6개월마다 1회 이상 발주자 또는 감리원의 확인을 받아야 한다. 다만, 6개월 이내에 공사가 종료되는 경우에는 종료시 확인을 받아야 한다.

정보제공
건설업 산업안전보건관리비 계상 및 사용기준 제9조(확인)

---

106 차량계 하역운반기계 등에 화물을 적재하는 경우에 준수하여야 할 사항으로 옳지 않은 것은?

① 하중이 한쪽으로 치우쳐도 효율적으로 적재되도록 할 것
② 구내운반차 또는 화물자동차의 경우 화물의 붕괴 또는 낙하에 의한 위험을 방지하기 위하여 화물에 로프를 거는 등 필요한 조치를 할 것
③ 운전자의 시야를 가리지 않도록 화물을 적재할 것
④ 최대적재량을 초과하지 않도록 할 것

해설
하중이 한쪽으로 치우치지 않도록 쌓을 것

KEY
① 2017년 8월 26일 산업기사 출제
② 2018년 3월 4일 산업기사 출제
③ 2019년 3월 3일 산업기사 출제

정보제공
산업안전보건기준에 관한 규칙 제173조(화물의 적재시의 조치)

---

107 다음 중 유해위험방지계획서를 작성 및 제출하여야 하는 공사에 해당되지 않는 것은?

① 지상높이가 31[m]인 건축물의 건설·개조 또는 해체
② 최대지간길이가 50[m]인 다리건설 등 공사
③ 깊이가 9[m]인 굴착공사
④ 터널 건설 등의 공사

해설

유해위험방지계획서 제출대상 건설공사
(1) 건축물 또는 시설 등의 건설·개조 또는 해체공사
 가. 지상높이가 31미터 이상인 건축물 또는 인공구조물
 나. 연면적 3만제곱미터 이상인 건축물
 다. 연면적 5천제곱미터 이상인 시설
  ① 문화 및 집회시설(전시장 및 동물원·식물원은 제외한다)
  ② 판매시설, 운수시설(고속철도의 역사 및 집배송시설은 제외한다)
  ③ 종교시설
  ④ 의료시설 중 종합병원
  ⑤ 숙박시설 중 관광숙박시설
  ⑥ 지하도상가
  ⑦ 냉동·냉장 창고시설
(2) 연면적 5천제곱미터 이상인 냉동·냉장 창고시설의 설비공사 및 단열공사
(3) 최대지간길이가 50[m] 이상인 다리건설 등 공사
(4) 터널건설 등의 공사
(5) 다목적댐, 발전용댐 및 저수용량 2천만톤 이상의 용수전용댐, 지방상수도 전용댐 건설 등의 공사
(6) 깊이 10[m] 이상인 굴착공사

KEY
① 2016년 5월 8일 출제
② 2017년 3월 5일 산업기사 출제
③ 2018년 4월 28일 출제
④ 2018년 8월 19일 기사·산업기사 동시 출제
⑤ 2019년 3월 3일 기사·산업기사 동시 출제

합격정보
산업안전보건법 시행령 제42조(유해위험방지계획서 제출대상)

---

108 차량계 하역운반기계를 사용하는 작업을 할 때 그 기계가 넘어지거나 굴러떨어짐으로써 근로자에게 위험을 미칠 우려가 있는 경우에 우선적으로 조치하여야 할 사항과 가장 거리가 먼 것은?

① 해당 기계에 대한 유도자 배치
② 지반의 부동침하방지 조치
③ 갓길 붕괴방지 조치
④ 경보장치 설치

해설

제171조(전도 등의 방지) 사업주는 차량계 하역운반기계 등을 사용하는 작업을 할 때에 그 기계가 넘어지거나 굴러 떨어짐으로써 근로자에게 위험을 미칠 우려가 있는 경우에는 그 기계를 유도하는 사람(이하 "유도자"라 한다)을 배치하고 지반의 부동침하(不同沈下)방지 및 갓길 붕괴를 방지하기 위한 조치를 하여야 한다.

KEY 2016년 10월 1일(문제 112번) 출제

[정답] 106 ① 107 ③ 108 ④

109 안전대의 종류는 사용구분에 따라 벨트식과 안전그네식으로 구분되는데 이 중 안전그네식에만 적용하는 것은?

① 추락방지대, 안전블록
② 1개 걸이용, U자 걸이용
③ 1개 걸이용, 추락방지대
④ U자 걸이용, 안전블록

해설

안전대의 종류

종류	사용 구분	비고
벨트식(B식) 안전그네식(H식)	U자걸이 전용	
	1개걸이 전용	
안전그네식(H식)	안전블록(H식 적용)	와이어로프지름 : 4[mm] 이상
	추락방지대(H식 적용)	

KEY 2009년 3월 1일(문제 108번) 출제

110 건설현장의 가설계단 및 계단참을 설치하는 경우 얼마 이상의 하중에 견딜 수 있는 강도를 가진 구조로 설치하여야 하는가?

① 200[kg/m²] ② 300[kg/m²]
③ 400[kg/m²] ④ 500[kg/m²]

해설

가설계단 및 계단참의 계단강도
500[kg/m²] 이상

정보제공
산업안전보건기준에 관한 규칙 제26조(계단의 강도)

KEY ① 2009년 3월 1일(문제 115번) 출제
② 2011년 6월 12일(문제 119번) 출제
③ 2014년 5월 25일(문제 105번) 출제

111 다음은 달비계 또는 높이 5[m] 이상의 비계를 조립·해체하거나 변경하는 작업을 하는 경우에 대한 내용이다. ( )에 알맞은 숫자는?

비계재료의 연결·해체작업을 하는 경우에는 폭 ( )[cm] 이상의 발판을 설치하고 근로자로 하여금 안전대를 사용하도록하는 등 추락을 방지하기 위한 조치를 할 것

① 15 ② 20
③ 25 ④ 30

해설

5[m] 이상 달비계 및 비계 작업 발판 기준
① 폭 : 20[cm] 이상
② 근로자 : 안전대 착용

KEY ① 2017년 8월 26일 기사·산업기사 동시 출제
② 2019년 3월 3일 출제

정보제공
산업안전보건기준에 관한 규칙 제57조(비계 등의 조립·해체 및 변경)

112 다음은 사다리식 통로 등을 설치하는 경우의 준수사항이다. ( )안에 들어갈 숫자로 옳은 것은?

사다리의 상단은 걸쳐놓은 지점으로부터 ( )[cm] 이상 올라가도록 할 것

① 30 ② 40
③ 50 ④ 60

해설

사다리 설치기준

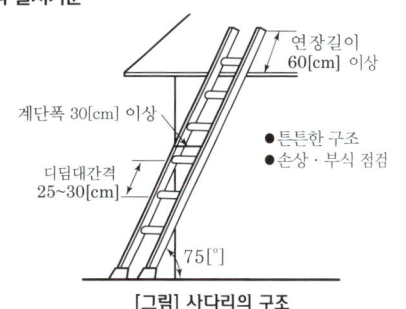

[그림] 사다리의 구조

[정답] 109 ① 110 ④ 111 ② 112 ④

과년도 출제문제

① 2016년 10월 1일 산업기사 출제
② 2017년 5월 7일 기사·산업기사 동시 출제
③ 2018년 4월 28일 산업기사 출제

정보제공
산업안전보건기준에 관한 규칙 제24조(사다리식 통로 등의 구조)

113 경암을 흙막이지보공 없이 굴착하려 할 때 적합한 굴착면의 기울기 기준으로 옳은 것은?

① 1 : 1.0
② 1 : 0.5
③ 1 : 1.8
④ 1 : 2

해설
굴착면의 기울기 기준

지반의 종류	굴착면의 기울기
모래	1 : 1.8
연암 및 풍화암	1 : 1.0
경암	1 : 0.5
그 밖의 흙	1 : 1.2

① 2016년 5월 8일 기사·산업기사 동시 출제
② 2017년 3월 5일(문제 120번) 출제
③ 2017년 9월 23일(문제 114번) 출제
④ 2018년 8월 19일 산업기사 출제

정보제공
산업안전보건기준에 관한 규칙 [별표 11] 굴착면의 기울기 기준

114 터널 지보공을 설치한 경우에 수시로 점검하여 이상을 발견시 즉시 보강하거나 보수해야 할 사항이 아닌 것은?

① 부재의 손상·변형·부식·변위·탈락의 유무 및 상태
② 부재의 긴압의 정도
③ 부재의 접속부 및 교차부의 상태
④ 계측기 설치상태

해설
터널 지보공 수시점검사항 4가지
① 부재의 손상·변형·부식·변위 탈락의 유무 및 상태
② 부재의 긴압의 정도
③ 부재의 접속부 및 교차부의 상태
④ 기둥침하의 유무 및 상태

KEY
① 2017년 3월 5일 산업기사 출제
② 2018년 3월 4일(문제 118번) 출제

정보제공
산업안전보건기준에 관한 규칙 제366조(붕괴 등의 위험방지)

115 크레인 또는 데릭에서 붐각도 및 작업반경별로 작용시킬 수 있는 최대하중에서 후크(Hook), 와이어로프 등 달기구의 중량을 공제한 하중은?

① 작업하중
② 정격하중
③ 이동하중
④ 적재하중

해설
정격(규정)하중
크레인 또는 데릭에서 붐각도 및 작업반경별로 작용시킬 수 있는 최대하중에서 후크, 와이어로프 등의 달기구의 중량을 공제한 하중

KEY
① 2009년 3월 1일(문제 111번) 출제
② 2016년 8월 21일(문제 118번) 출제

116 근로자에게 작업중 또는 통행 시 전락(轉落)으로 인하여 근로자가 화상·질식 등의 위험에 처할 우려가 있는 케틀(kettle), 호퍼(hopper), 피트(pit) 등이 있는 경우에 그 위험을 방지하기 위하여 최소 높이 얼마 이상의 울타리를 설치하여야 하는가?

① 80[cm] 이상
② 85[cm] 이상
③ 90[cm] 이상
④ 95[cm] 이상

해설
울타리 높이 : 최소 90[cm] 이상

[정답] 113 ②   114 ④   115 ②   116 ③

117 강관비계의 설치 기준으로 옳은 것은?

① 비계기둥의 간격은 띠장방향에서는 1.5[m] 이상 1.8[m] 이하로 하고, 장선방향에서는 2.0[m] 이하로 한다.
② 띠장 간격은 1.8[m] 이하로 설치하되, 첫 번째 띠장은 지상으로부터 2[m] 이하의 위치에 설치한다.
③ 비계기둥 간의 적재하중은 400[kg]을 초과하지 않도록 한다.
④ 비계기둥의 제일 윗부분으로부터 21[m] 되는 지점 밑부분의 비계기둥은 2개의 강관으로 묶어 세운다.

해설

강관비계 설치 기준
① 비계기둥의 간격은 띠장 방향에서는 1.85[m] 이하, 장선(長線) 방향에서는 1.5[m] 이하로 할 것
② 띠장 간격은 2[m] 이하로 설치하되, 첫 번째 띠장은 지상으로부터 2[m] 이하의 위치에 설치할 것. 다만, 작업의 성질상 이를 준수하기가 곤란하여 쌍기둥틀 등에 의하여 해당 부분을 보강한 경우에는 그러하지 아니하다.
③ 비계기둥의 제일 윗부분으로부터 31[m]되는 지점 밑부분의 비계기둥은 2개의 강관으로 묶어 세울 것. 다만, 브라켓(bracket) 등으로 보강하여 2개의 강관으로 묶을 경우 이상의 강도가 유지되는 경우에는 그러하지 아니하다.
④ 비계기둥 간의 적재하중은 400[kg]을 초과하지 않도록 할 것

KEY ① 2017년 3월 5일(문제 110번) 출제
② 2017년 8월 26일 기사·산업기사 동시 출제
③ 2018년 3월 4일(문제 110번) 출제

정보제공
산업안전보건기준에 관한 규칙 제60조(강관비계의 구조)

118 터널굴착작업을 하는 때 미리 작성하여야 하는 작업계획서에 포함되어야 할 사항이 아닌 것은?

① 굴착의 방법
② 암석의 분할방법
③ 환기 또는 조명시설을 설치할 때에는 그 방법
④ 터널지보공 및 복공의 시공방법과 용수의 처리방법

해설

터널굴착작업 작업계획서의 내용
① 굴착의 방법
② 터널지보공 및 복공(覆工)의 시공방법과 용수(湧水)의 처리방법
③ 환기 또는 조명시설을 설치할 때에는 그 방법

정보제공
산업안전보건기준에 관한 규칙 [별표4] 사전조사 및 작업계획서 내용

119 비계(달비계, 달대비계 및 말비계는 제외한다)의 높이가 2[m] 이상인 작업장소에 설치하여야 하는 작업발판의 기준으로 옳지 않은 것은?

① 작업발판의 폭은 40[cm] 이상으로 하고, 발판재료 간의 틈은 3[cm] 이하로 할 것
② 추락의 위험이 있는 장소에는 안전난간을 설치할 것
③ 작업발판의 지지물은 하중에 의하여 파괴될 우려가 없는 것을 사용할 것
④ 작업발판재료는 뒤집히거나 떨어지지 않도록 1개 이상의 지지물에 연결하거나 고정시킬 것

해설

지지물 개수 : 둘 이상

KEY ① 2017년 8월 26일 기사·산업기사 동시 출제
② 2018년 4월 28일(문제 101번) 출제

정보제공
산업안전보건기준에 관한 규칙 제56조(작업발판의 구조)

120 건립 중 강풍에 의한 풍압 등 외압에 대한 내력이 설계에 고려되었는지 확인하여야 하는 철골구조물의 기준으로 옳지 않은 것은?

① 높이 20[m] 이상의 구조물
② 구조물의 폭과 높이의 비가 1:4 이상인 구조물
③ 이음부가 공장 제작인 구조물
④ 연면적당 철골량이 50[kg/m²] 이하 인 구조물

해설

내력설계 확인기준
① 높이 20[m] 이상인 구조물
② 구조물의 폭과 높이의 비가 1 : 4 이상인 구조물
③ 건물, 호텔 등에서 단면 구조에 현저한 차이가 있는 것
④ 연면적당 철골량이 50[kg/m²] 이하인 구조물
⑤ 기둥이 타이 플레이트(tie plate)형인 구조물
⑥ 이음부가 현장 용접인 경우

KEY ① 2017년 9월 23일(문제 120번) 출제
② 2018년 3월 4일(문제 107번) 출제

[정답] 117 ③ 118 ② 119 ④ 120 ③

2019년도 기사 정기검정 제4회 (2019년 9월 21일 시행)

자격종목 및 등급(선택분야)
건설안전기사

종목코드	시험시간	수험번호	성명
1440	3시간	20190921	도서출판세화

1 산업안전관리론

01 산업안전보건법령상 안전보건개선계획서에 포함되어야 하는 사항이 아닌 것은?

① 시설의 개선을 위하여 필요한 사항
② 작업환경의 개선을 위하여 필요한 사항
③ 작업절차의 개선을 위하여 필요한 사항
④ 안전보건교육의 개선을 위하여 필요한 사항

[해설]

안전보건개선계획서 포함사항
① 법 제50조제1항에 따른 안전보건개선계획서를 제출하여야 하는 사업주는 법 제49조제1항에 따른 안전보건개선계획서 수립·시행 명령을 받은 날부터 60일 이내에 관할 지방고용노동관서의 장에게 제출(전자문서에 의한 제출을 포함한다)하여야 한다.
② 제1항에 따른 안전보건개선계획서에는 **시설, 안전보건관리체제, 안전보건교육, 산업재해 예방 및 작업환경의 개선**을 위하여 필요한 사항이 포함되어야 한다.

[정보제공]
① 산업안전보건법 시행규칙 제61조(안전보건개선계획 제출 등)
② 2026. 1. 1 개정법 적용

02 상해의 종류 중, 스치거나 긁히는 등의 마찰력에 의하여 피부 표면이 벗겨진 상해는?

① 자상   ② 타박상
③ 창상   ④ 찰과상

[해설]

상해종류

분류 항목	세부 항목
골절	뼈가 부러진 상태
동상	저온물 접촉으로 생긴 상해
부종	국부의 혈액순환의 이상으로 몸이 퉁퉁 부어 오르는 상해
찔림(자상)	칼날 등 날카로운 물건에 찔린 상해
타박상(뺌, 좌상)	타박, 충돌, 추락 등으로 피부표면보다는 피하조직 또는 근육부를 다친 상해
절단	신체 부위가 절단된 상해
중독 · 질식	음식 · 약물 · 가스 등에 의한 중독이나 질식된 상해
찰과상	스치거나 문질러서 벗겨진 상해
베임(창상)	창, 칼 등에 베인 상해

KEY ▶ 2018년 9월 15일 산업기사 출제

03 다음 재해사례의 분석 내용으로 옳은 것은?

> 작업자가 벽돌을 손으로 운반하던 중, 벽돌을 떨어뜨려 발등을 다쳤다.

① 사고유형 : 낙하, 기인물 : 벽돌, 가해물 : 벽돌
② 사고유형 : 충돌, 기인물 : 손, 가해물 : 벽돌
③ 사고유형 : 비래, 기인물 : 사람, 가해물 : 손
④ 사고유형 : 추락, 기인물 : 손, 가해물 : 벽돌

[해설]

재해발생분석시 3가지
① 기인물 : 재해발생의 주원인이며 재해를 가져오게 한 근원이 되는 기계, 장치, 물(物) 또는 환경 등(불안전상태)
② 가해물 : 직접 사람에게 접촉하여 피해를 주는 기계, 장치, 물(物) 또는 환경 등
③ 사고의 형태(재해형태) : 물체(가해물)와 사람과의 접촉현상

KEY ▶ ① 2016년 5월 8일 기사 출제
② 2017년 5월 7일 기사 출제
③ 2017년 9월 23일 기사 출제
④ 2018년 4월 28일 기사 출제
⑤ 2018년 8월 19일 기사 출제

04 근로자가 150명이 작업하는 공장에서 50건의 요양재해가 발생했고, 총 근로손실일수가 120일일 때의 도수율은 약 얼마인가?

① 0.01   ② 0.3
③ 138.9   ④ 333.3

[정답] 01 ③ 02 ④ 03 ① 04 ③

> **해설**

$$\text{도수(빈도)율} = \frac{\text{재해건수}}{\text{연근로시간수}} \times 10^6$$

$$= \frac{50}{150 \times 8 \times 300} \times 10^6$$

$$= 138.88 \fallingdotseq 138.9$$

> **KEY** ① 2016년 10월 1일 산업기사 출제
> ② 2017년 3월 5일 기사·산업기사 동시출제

05 산업안전보건법령상 안전관리자의 업무와 거리가 먼 것은?

① 물질안전보건자료의 게시 또는 비치에 관한 보좌 및 지도·조언
② 해당 사업장 안전교육계획의 수립 및 안전교육 실시에 관한 보좌 및 지도·조언
③ 사업장 순회점검·지도 및 조치의 건의
④ 산업재해 발생의 원인 조사·분석 및 재발 방지를 위한 기술적 보좌 및 지도·조언

> **해설**
>
> **안전관리자의 업무**
> ① 산업안전보건위원회 또는 안전보건에 관한 노사협의체에서 심의·의결한 업무와 해당 사업장의 안전보건관리규정 및 취업규칙에서 정한 업무
> ② 위험성평가에 관한 보좌 및 지도·조언
> ③ 안전인증대상 기계 등과 자율안전확인대상 기계 등 구입시 적격품의 선정에 관한 보좌 및 지도·조언
> ④ 해당 사업장 안전교육계획의 수립 및 안전교육 실시에 관한 보좌 및 지도·조언
> ⑤ 사업장 순회점검·지도 및 조치의 건의
> ⑥ 산업재해 발생의 원인조사·분석 및 재발방지를 위한 기술적 보좌 및 지도·조언
> ⑦ 산업재해에 관한 통계의 유지·관리·분석을 위한 보좌 및 지도·조언
> ⑧ 법 또는 법에 따른 명령으로 정한 안전에 관한 사항의 이행에 관한 보좌 및 지도·조언
> ⑨ 업무수행 내용의 기록·유지
> ⑩ 그 밖에 안전에 관한 사항으로서 고용노동부장관이 정하는 사항

> **KEY** ① 산업안전보건법 시행령 제18조(안전관리자의 업무 등)
> ② 2020년 1월 16일 시행 개정법 적용

06 시몬즈 방식으로 재해코스트를 산정할 때, 재해의 분류와 설명의 연결로 옳은 것은?

① 무상해사고 – 20달러 미만의 재산손실이 발생한 사고
② 휴업상해 – 영구 전노동 불능
③ 응급조치상해 – 일시 전노동 불능
④ 통원상해 – 일시 일부노동 불능

> **해설**
>
> **시몬즈 방식 Category(재해코스트)**
>
> | 분류 | 내용 |
> |---|---|
> | 휴업상해(A) | 영구 부분노동 불능, 일시전노동 불능 |
> | 통원상해(B) | 일시 일부노동 불능, 의사의 조치를 요하는 통원상해 |
> | 응급처치(C) | 20달러 미만의 손실 또는 8시간 미만의 휴업손실 상해 |
> | 무상해사고(D) | 의료조치를 필요로 하지 않는 경미한 상해, 사고 및 무상해 사고 |

> **KEY** ① 2016년 5월 8일 기사 출제
> ② 2016년 10월 1일 기사 출제
> ③ 2017년 5월 7일 기사·산업기사 동시출제
> ④ 2018년 3월 4일 기사 출제

07 안전보건에 관한 노사협의체의 구성 운영에 대한 설명으로 틀린 것은?

① 노사협의체는 근로자와 사용자가 같은 수로 구성되어야 한다.
② 노사협의체의 회의 결과는 회의록으로 작성하여 보존하여야 한다.
③ 노사협의체의 회의는 정기회의와 임시회의로 구분하되, 정기회의는 3개월마다 소집한다.
④ 노사협의체는 산업재해 예방 및 산업재해가 발생한 경우의 대피방법 등에 대하여 협의 하여야 한다.

> **해설**
>
> **노사협의체 회의**
> ① 구분 : 정기회의, 임시회의
> ② 정기회의 : 2개월마다 노사협의체 위원장이 소집
> ③ 임시회의 : 위원장이 필요하다고 인정할 때 소집

[정답] 05 ① 06 ④ 07 ③

[정보제공]
산업안전보건법 시행령 제64조(노사협의체의 구성)

08 시설물안전법령에 명시된 안전점검의 종류에 해당하는 것은?

① 일반안전점검 ② 특별안전점검
③ 정밀안전점검 ④ 임시안전점검

[해설]
시설물안전법령상 안전점검의 종류 3가지
① 정기안전점검
② 긴급안전점검
③ 정밀안전점검

KEY ① 2011년 10월 2일 출제
② 2018년 9월 15일 출제

09 산업안전보건법령상 사업주의 책무와 가장 거리가 먼 것은?

① 쾌적한 작업환경을 조성하고 근로조건을 개선할 것
② 해당 사업장의 안전보건에 관한 정보를 근로자에게 제공할 것
③ 안전보건의식을 북돋우기 위한 홍보·교육 및 무재해운동 등 안전문화를 추진할 것
④ 관련 법과 법에 따른 명령에서 정하는 산업재해 예방을 위한 기준을 지킬 것

[해설]
사업주의 의무
① 관련법과 법에 따른 명령으로 정하는 산업재해예방을 위한 기준
② 근로자의 신체적 피로와 정신적스트레스 등을 줄일 수 있는 쾌적한 작업환경의 조성 및 근로조건의 개선
③ 해당 사업장의 안전 및 보건에 관한 정보를 근로자에게 제공

[정보제공]
① 산업안전보건법 제5조(사업주 등의 의무)
② 2022년 8월 18일(법률 제18426호) 적용

10 각 계층의 관리감독자들이 숙련된 안전관찰을 행할 수 있도록 훈련을 실시함으로써 사고의 발생을 미연에 방지하여 안전을 확보하는 안전관찰훈련기법은?

① THP 기법 ② TBM 기법
③ STOP 기법 ④ TD-BU 기법

[해설]
안전감독 실시 방법(STOP : Safety Training Observation Program)
① 숙련된 관찰자(안전관리자)는 불안전한 행위를 관찰하기 위하여 관찰 사이클(observation cycle)을 이용한다.(관리감독자 안전관찰 훈련 : 현장에서 실시)
② stop의 목적은 각 계층의 감독자들이 숙련된 안전관찰을 행하여 사고를 미연에 방지하고자 함이다. (미국 Du Pont 회사 개발)

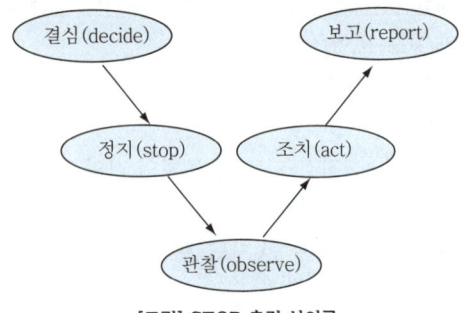

[그림] STOP 훈련 사이클

11 산업안전보건법령상 AB형 안전모에 관한 설명으로 옳은 것은?

① 물체의 낙하 또는 비래에 의한 위험을 방지 또는 경감하기 위한 것
② 물체의 낙하 또는 비래 및 추락에 의한 위험을 방지 또는 경감시키기 위한 것
③ 물체의 낙하 또는 비래에 의한 위험을 방지 또는 경감하고, 머리부위 감전에 의한 위험을 방지하기 위한 것
④ 물체의 낙하 또는 비래 및 추락에 의한 위험을 방지 또는 경감하고, 머리부위 감전에 의한 위험을 방지하기 위한 것

[정답] 08 ③ 09 ③ 10 ③ 11 ②

해설
안전모의 종류 및 용도

종류 기호	사용구분	모체의 재질	내전압성
AB	물체낙하, 날아옴, 추락에 의한 위험을 방지, 경감시키는 것	합성수지	비내전압성
AE	물체낙하, 날아옴에 의한 위험을 방지 또는 경감하고 머리부위 감전에 의한 위험을 방지하기 위한 것	합성수지 (FRP)	내전압성 (주)
ABE	물체의 낙하 또는 날아옴 및 추락에 의한 위험을 방지하기 위한 것 및 감전 방지용	합성수지 (FRP)	내전압성

(주) 내전압성이란 7,000[V] 이하의 전압에 견디는 것을 말한다.
FRP : Fiber Glass Reinforced Plastic(유리섬유 강화 플라스틱)

KEY
① 2016년 5월 8일 산업기사 출제
② 2017년 9월 23일 출제
③ 2018년 4월 28일 출제

---

12 재해예방의 4원칙이 아닌 것은?

① 손실 우연의 원칙
② 예방 가능의 원칙
③ 사고 연쇄의 원칙
④ 원인 계기의 원칙

해설
하인리히의 산업재해 예방4원칙
① 예방가능의 원칙
② 손실우연의 원칙
③ 원인계기의 원칙
④ 대책선정의 원칙

KEY
① 2016년 5월 8일 산업기사 출제
② 2016년 10월 1일 기사 출제
③ 2017년 3월 5일 기사 출제
④ 2017년 5월 7일 기사 출제
⑤ 2017년 9월 23일 기사 출제
⑥ 2018년 3월 4일 기사·산업기사 동시출제
⑦ 2018년 8월 19일 산업기사 출제

---

13 산업안전보건법령상 안전보건표지의 색채와 사용사례의 연결이 틀린 것은?

① 빨간색(7.5R 4/14) – 탑승금지
② 파란색(2.5PB 4/10) – 방진마스크 착용
③ 녹색(2.5G 4/10) – 비상구
④ 노란색(5Y 6.5/12) – 인화성물질 경고

해설
산업안전색채의 종류, 색도기준 및 표시사항

종류	기 준	표시사항	사용 예
빨간색	7.5R 4/14	금지	정지신호, 소화설비 및 그 장소
노란색	5Y 8.5/12	경고	위험경고, 주의표지, 기계방호물
파란색	2.5PB 4/10	지시	특정행위의 지시 및 사실의 고지
녹색	2.5G 4/10	안내	비상구, 피난소, 사람·차량통행표지

KEY
① 2016년 10월 1일 기사 출제
② 2017년 3월 5일 기사 출제
③ 2017년 8월 26일 산업기사 출제
④ 2018년 3월 4일 기사 출제
⑤ 2018년 4월 28일 기사·산업기사 동시출제
⑥ 2018년 8월 19일 기사·산업기사 동시출제

정보제공
산업안전보건법 시행규칙 [별표7] 안전보건표지의 색채·색도기준 및 용도

---

14 일상점검 내용을 작업 전, 작업 중 작업 종료로 구분할 때, 작업 중 점검 내용으로 거리가 먼 것은?

① 품질의 이상 유무
② 안전수칙 준수 여부
③ 이상소음 발생 유무
④ 방호장치의 작동 여부

해설
작업중 점검내용
① 품질의 이상 유무
② 안전수칙 준수 여부
③ 이상소음 발생 유무

보충학습
작업전 점검 : 방호장치 작동여부

---

15 참모식 안전조직의 특징으로 옳은 것은?

① 100명 미만의 소규모 사업장에 적합하다.
② 생산부분은 안전에 대한 책임과 권한이 없다.
③ 명령과 보고가 상하관계 뿐이므로 간단명료하다.
④ 조직원 전원을 자율적으로 안전 활동에 참여시킬 수 있다.

[정답] 12 ③ 13 ④ 14 ④ 15 ②

해설

안전조직의 특징
① 라인식 안전조직 : ①, ③
② 스탭식 안전조직 : ②
③ 라인 및 스탭식 혼합 조직 : ④

 ① 2016년 3월 6일 기사·산업기사 동시출제
② 2016년 10월 1일 산업기사 출제
③ 2017년 3월 5일 기사 출제
④ 2017년 5월 7일 기사 출제
⑤ 2017년 8월 26일 기사·산업기사 동시출제

16 무재해 운동 기본 이념의 3대 원칙이 아닌 것은?

① 무의 원칙   ② 선취의 원칙
③ 합의의 원칙   ④ 참가의 원칙

해설

무재해운동기본이념 3대원칙
① 무의 원칙('0'의 원칙)
② 선취의 원칙(안전제일의 원칙)
③ 참가의 원칙

 ① 2016년 5월 8일 기사 출제
② 2016년 10월 1일 산업기사 출제
③ 2017년 3월 5일 기사 출제
④ 2017년 8월 26일 산업기사 출제
⑤ 2017년 9월 23일 기사 출제

17 다음 설명에 해당하는 법칙은?

> 어떤 공장에서 330회의 전도 사고가 일어났을 때, 그 가운데 300회는 무상해 사고, 29회는 경상, 중상 또는 사망은 1회의 비율로 사고가 발생한다.

① 버드 법칙   ② 하인리히 법칙
③ 더글라스 법칙   ④ 자베타키스 법칙

해설

하인리히 1:29:300의 법칙
① 재해의 발생 = 물적 불안전 상태 + 인적 불안전 행동 + α = 설비적 결함 + 관리적 결함 + α

$$\alpha = \frac{1}{1+29+300} = \frac{1}{330}$$

② 숨은 위험한 요인(잠재된 위험의 상태)
③ 재해건수 = 1 + 29 + 300 = 330[건]

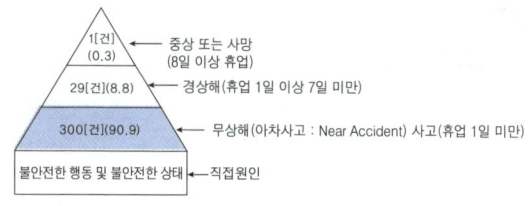

[그림] 하인리히 법칙[단위 : %]

 ① 2016년 10월 1일 기사 출제
② 2017년 8월 26일 기사 출제
③ 2017년 9월 23일 산업기사 출제
④ 2018년 3월 4일 기사 출제

18 재해원인분석에 사용되는 통계적 원인분석 기법의 하나로, 사고의 유형이나 기인물 등의 분류항목을 큰 순서대로 도표화하는 기법은?

① 관리도   ② 파레토도
③ 특정요인도   ④ 크로즈분석도

해설

파레토도(Pareto diagram)
① 관리 대상이 많은 경우 최소의 노력으로 최대의 효과를 얻을 수 있는 방법
② 분류항목을 큰 값에서 작은 값의 순서로 도표화하는 데 편리

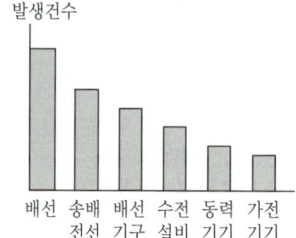

[그림] 예 전기설비별 감전사고 분포(파레토도)

 ① 2017년 8월 26일 기사 출제
② 2018년 3월 4일 기사 출제
③ 2018년 9월 15일 기사 출제

[정답] 16 ③   17 ②   18 ②

19 신규 채용 시의 근로자 안전보건교육은 몇 시간 이상 실시해야 하는가?(단, 일용근로자를 제외한 근로자인 경우이다.)

① 3시간 ② 8시간
③ 16시간 ④ 24시간

해설

신규채용근로자 안전교육시간
① 일용근로자 : 1시간 이상
② 일용근로자를 제외한 근로자 : 8시간 이상

정보제공
산업안전보건법 시행규칙 [별표 4] 안전보건교육 교육과정별 교육시간

20 산업안전보건법상 산업안전보건위원회 정기회의 개최 주기로 올바른 것은?

① 1개월 마다 ② 분기마다
③ 반년마다 ④ 1년 마다

해설

산업안전보건위원회 회의
① 정기회의 ; 분기마다 위원장이 소집
② 임시회의 ; 위원장이 필요하다고 인정할 때 소집

정보제공
① 산업안전보건법 시행령 제37조(산업안전보건위원회 회의 등)
② 2020년 1월 16일 개정법 적용

2 산업심리 및 교육

21 굴착면의 높이가 2[m] 이상인 암석의 굴착작업에 대한 특별안전보건교육 내용에 포함되지 않는 것은?(단, 그 밖에 안전보건관리에 필요한 사항은 제외한다.)

① 지반의 붕괴 재해 예방에 관한 사항
② 보호구 및 신호방법 등에 관한 사항
③ 안전거리 및 안전기준에 관한 사항
④ 폭발물 취급 요령과 대피 요령에 관한 사항

해설

특별안전보건교육내용

작업명	교육내용
굴착면의 높이가 2미터 이상이 되는 지반굴착(터널 및 수직갱 외의 갱굴착은 제외한다)작업	① 지반의 형태·구조 및 굴착 요령에 관한 사항 ② 지반의 붕괴재해예방에 관한 사항 ③ 붕괴 방지용 구조물 설치 및 작업방법에 관한 사항 ④ 보호구의 종류 및 사용에 관한 사항 ⑤ 그 밖에 안전보건관리에 필요한 사항
굴착면의 높이가 2미터 이상이 되는 암석의 굴착 작업	① 폭발물 취급 요령과 대피 요령에 관한 사항 ② 안전거리 및 안전기준에 관한 사항 ③ 방호물의 설치 및 기준에 관한 사항 ④ 보호구 및 작업신호 등에 관한 사항

정보제공
산업안전보건법 시행규칙 [별표 5] 안전보건교육 교육대상별 교육내용

22 인간의 착각현상 중 실제로 움직이지 않지만 어느 기분의 이동에 의하여 움직이는 것처럼 느껴지는 착각현상의 명칭으로 적합한 것은?

① 자동운동 ② 잔상현상
③ 유도운동 ④ 착시현상

해설

유도운동·자동운동
① 유도운동 : 움직이지 않는 것이 움직이는 것처럼 느껴지는 현상
② 자동운동 : 암실에서 정지된 소광점을 응시하면 광점이 움직이는 것 같이 보이는 현상

KEY ① 2016년 10월 1일 기사 출제
② 2017년 5월 7일 기사 출제
③ 2018년 9월 15일 기사 출제

23 피로의 측정분류 시 감각·기능검사(정신·신경기능검사)의 측정대상 항목으로 가장 적합한 것은?

① 혈압 ② 심박수
③ 에너지대사율 ④ 플리커

해설

점멸 – 융합주파수(flicker-fusion frequency) : 인치역치방법
① 깜박이는 불빛이 계속 켜진 것처럼 보일 때의 주파수(약 30[Hz])
② 목적 : 피로의 정도측정

KEY 2017년 3월 5일 출제

[정답] 19 ② 20 ② 21 ① 22 ③ 23 ④

24 동일 부서 직원 6명의 선호 관계를 분석한 결과 다음과 같은 소시오그램이 작성되었다. 이 소시오그램에서 실선은 선호관계, 점선은 거부관계를 나타낼 때, 4번 직원의 선호신분 지수는 얼마인가?

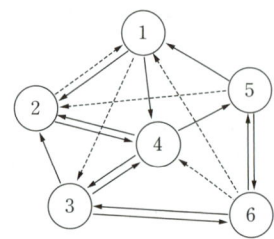

① 0.2
② 0.33
③ 0.4
④ 0.6

> **해설**
>
> **선호신분지수**
> ① 선호신분지수 = $\dfrac{\text{선호총계}}{\text{총구성원수}-1} = \dfrac{3-1}{6-1} = 0.4$
> ② 선호(실선) : 1점, 거부(점선) : -1
> ③ 4번 직원의 선호총계 : 선호(실선) 3점, 거부(점선) -1
>
> **KEY** 2019년 3월 3일(문제 40번) 출제

25 강의식 교육에 대한 설명으로 틀린 것은?

① 기능적, 태도적인 내용의 교육이 어렵다.
② 사례를 제시하고 그 문제점에 대해서 검토하고 대책을 토의한다.
③ 수강자의 주의집중도나 흥미의 정도가 낮다.
④ 짧은 시간동안 많은 내용을 전달해야 하는 경우에 적합하다.

> **해설**
>
> **강의식과 토의식**
> ① 강의식 교육 : ①, ③, ④
> ② 토의식 교육 : ② (사례연구법 : case study)
>
> **KEY** ① 2017년 3월 5일 기사 출제
> ② 2017년 5월 7일 기사 출제
> ③ 2018년 4월 28일 기사 출제

26 상호신뢰 및 성선설에 기초하여 인간을 긍정적 측면으로 보는 이론에 해당하는 것은?

① T-이론
② X-이론
③ Y-이론
④ Z-이론

> **해설**
>
> **Y이론의 특징**
> ① 상호신뢰감
> ② 성선설
> ③ 인간은 부지런하고 근면 적극적이며 자주적이다.
> ④ 정신욕구(고차원 욕구)
> ⑤ 목표 통합과 자기통제에 의한 자율관리
> ⑥ 선진국형
>
> **KEY** ① 2016년 3월 6일 기사 출제
> ② 2016년 5월 8일 기사 출제
> ③ 2017년 9월 23일 기사 출제
> ④ 2018년 3월 4일 기사 출제

27 직장규율, 안전규율 등을 몸에 익히기에 적합한 교육의 종류에 해당하는 것은?

① 지능 교육
② 기능 교육
③ 태도 교육
④ 문제해결 교육

> **해설**
>
> **제3단계(태도교육)**
> 생활지도, 작업 동작 지도 등을 통한 안전의 습관화
> ① 청취한다.
> ② 이해, 납득시킨다.
> ③ 모범(시범)을 보인다.
> ④ 권장(평가)한다.
> ⑤ 칭찬한다.
> ⑥ 벌을 준다.
>
> **KEY** ① 2016년 10월 1일 기사 출제
> ② 2018년 4월 28일 기사 출제

[정답] 24 ③   25 ②   26 ③   27 ③

28 MTP(Management Training Program) 안전교육 방법의 총 교육시간으로 가장 적합한 것은?

① 10시간 ② 40시간
③ 80시간 ④ 120시간

해설

MTP(Management Training Program) 교육시간
① 한 클래스 : 10~15명
② 2시간씩 20회에 걸쳐 40시간 훈련

29 레윈(Lewin)의 행동방정식 $B = f(P \cdot E)$에서 P의 의미로 맞는 것은?

① 주어진 환경 ② 인간의 행동
③ 주어진 직무 ④ 개인적 특성

해설

레빈의 인간행동 방정식

$B = f(P \cdot E)$
- B : 인간의 행동 (behavior)
- ● P : 인간 (person)
- ● E : 환경 (environment)
- F : 함수 (function)

KEY
① 2016년 10월 1일 기사 출제
② 2017년 5월 7일 기사 출제
③ 2017년 8월 26일 기사 출제
④ 2017년 9월 23일 기사 출제
⑤ 2018년 9월 15일 기사 출제

30 리더십의 권한 역할 중 "부하를 처벌할 수 있는 권한"에 해당하는 것은?

① 위임된 권한 ② 합법적 권한
③ 강압적 권한 ④ 보상적 권한

해설

강압적 권한
① 지도자들이 부여받은 권한 중에서 보상적 권한만큼 중요한 것
② 권한으로 부하들을 처벌

KEY 2017년 5월 7일 산업기사 출제

31 그림과 같이 수직 평행인 세로의 선들이 평행하지 않은 것으로 보이는 착시현상에 해당하는 것은?

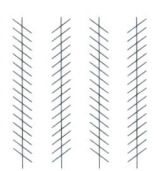

① 쵤러(Zöller)의 착시
② 쾰러(Köhler)의 착시
③ 헤링(Hering)의 착시
④ 포겐도르프(Poggendorf)의 착시

해설

착시현상

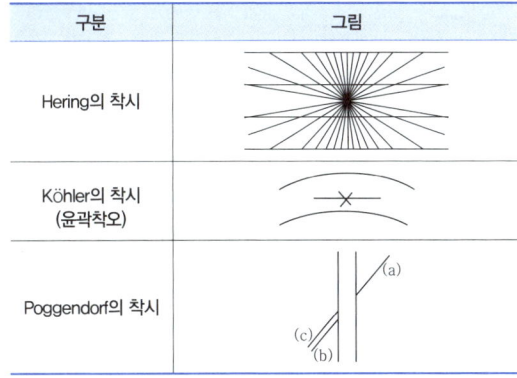

KEY 2017년 8월 26일 산업기사 출제

32 과업과 직무를 수행하는 데 요구되는 인적 자질에 의해 직무의 내용을 정의하는 절차에 해당하는 것은?

① 직무분석(job analysis)
② 직무평가(job evaluation)
③ 직무확충(job enrichment)
④ 직무만족(job satisfaction)

[정답] 28 ② 29 ④ 30 ③ 31 ① 32 ①

해설
직무분석
인적자질에 의해 직무의 내용을 정의하는 절차

---

33 동기부여에 관한 이론 중 동기부여 요인을 중요시하는 내용이론에 해당하지 않는 것은?

① 브룸의 기대이론
② 알더퍼의 ERG 이론
③ 매슬로우의 욕구위계설
④ 허츠버그의 2 요인 이론(이원론)

해설
Vroom의 기대 이론
① 의사결정을 하는 인지적 요소와 사람이 의사결정을 위해 이 요소들을 처리해가는 방법들을 나타내주는 것
② 동기적인 힘(motivational force) = 유인가 × 기대

---

34 남의 행동이나 판단을 표본으로 하여 그것과 같거나 혹은 그것에 가까운 행동 또는 판단을 취하려는 인간관계 메커니즘으로 맞는 것은?

① Projection   ② Imitation
③ Suggestion   ④ Identification

해설
모방(imitation)
남의 행동이나 판단을 표본으로 하여 그것과 같거나 또는 그것에 가까운 행동 또는 판단을 취하려는 것

KEY ① 2018년 3월 4일 출제
② 2018년 4월 28일 기사·산업기사 동시출제

보충학습
① 투사(projection : 투출)
자기 속의 억압된 것을 다른 사람의 것으로 생각하는 것
예 ㉮ 안되면 조상 탓
㉯ 서투른 무당이 장구 탓
② 암시(suggestion)
다른 사람으로부터의 판단이나 행동을 무비판적으로 논리적, 사실적 근거 없이 받아들이는 것
③ 동일화(identification)
㉮ 다른 사람의 행동 양식이나 태도를 투입시키거나 다른 사람 가운데서 자기와 비슷한 점을 발견하는 것
㉯ 부모나 형 등의 중요한 인물들의 태도나 행동을 따라하는 것

---

35 집단 심리요법의 하나로 자기 해방과 타인 체험을 목적으로 하는 체험활동을 통해 대인관계에서의 태도 변용이나 통찰력, 자기이해를 목표로 개발된 교육 기법에 해당하는 것은?

① 롤 플레잉(Role Playing)
② OJT(On the Job Training)
③ ST(Sensitivity Training) 훈련
④ TA(Transactional Analysis) 훈련

해설
역할연기(Role playing)
자아 탐색인 동시에 자아실현의 수단(예) 체험학습)

KEY ① 2016년 5월 8일 출제
② 2017년 3월 5일 출제

---

36 비통제의 집단행동에 해당하는 것은?

① 관습
② 유행
③ 모브
④ 제도적 행동

해설
비통제의 집단행동
성원의 감정, 정서에 의해 좌우되고 연속성이 희박하다.
① 군중(Crowd) : 공통된 규범이나 조직성 없이 우연히 조직된 인간의 일시적 집합
② 모브(Mob) : 비통제의 집단 행동 중 폭동과 같은 것을 의미하며 군중보다 합의성이 없고 감정에 의해서만 행동하는 특성
③ 패닉(Panic) : 위험을 회피하기 위해서 일어나는 집합적인 도주현상 (방어적 행동)
④ 심리적 전염(Mental Eqidemic)

KEY ① 2016년 5월 8일 출제
② 2017년 5월 7일 출제

[정답] 33 ① 34 ② 35 ① 36 ③

37 작업지도 기법의 4단계 중 그 작업을 배우고 싶은 의욕을 갖도록 하는 단계로 맞는 것은?

① 제1단계 : 학습할 준비를 시킨다.
② 제2단계 : 작업을 설명한다.
③ 제3단계 : 작업을 시켜본다.
④ 제4단계 : 작업에 대해 가르친 뒤 살펴본다.

해설

교시법의 4단계
① 1단계 : 준비단계(도입 : preparation) – 동기부여
② 2단계 : 일을 해 보이는 단계(실연 : presentation)
③ 3단계 : 일을 시켜보는 단계(실습 : performance)
④ 4단계 : 보습 지도의 단계(확인 : follow-up)

KEY
① 2016년 3월 6일 기사 출제
② 2016년 10월 1일 기사 출제
③ 2017년 3월 5일 기사 출제
④ 2017년 5월 7일 기사 출제
⑤ 2017년 9월 23일 기사 출제
⑥ 2018년 8월 19일 기사 출제

38 동작실패의 원인이 되는 조건 중 작업강도와 관련이 가장 적은 것은?

① 작업량   ② 작업속도
③ 작업시간 ④ 작업환경

해설

작업강도에 영향을 주는 요인
① 에너지소비
② 작업대상의 복잡성
③ 작업대상의 종류
④ 작업대상의 변화
⑤ 작업의 정밀도
⑥ 작업의 밀도
⑦ 작업자세
⑧ 작업범위
⑨ 대인관계
⑩ 위험성의 정도
⑪ 작업시간의 길이 등

39 작업장에서의 사고예방을 위한 조치로 틀린 것은?

① 감독자와 근로자는 특수한 기술뿐 아니라 안전에 대한 태도도 교육을 받아야 한다.
② 모든 사고는 사고 자료가 연구될 수 있도록 철저히 조사되고 자세히 보고되어야 한다.
③ 안전의식고취 운동에서 포스터는 긍정적인 문구보다 부정적인 문구를 사용하는 것이 더 효과적이다.
④ 안전장치는 생산을 방해해서는 안 되고, 그것이 제 위치에 있지 않으면 기계가 작동하지 않도록 설치되어야 한다.

해설

안전의식 고취운동
포스터 문구는 긍정과 부정을 조화롭게 사용한다.

40 에빙하우스(Ebbinghaus)의 연구결과에 따른 망각률이 50[%]를 초과하게 되는 최초의 경과시간은 얼마인가?

① 30분   ② 1시간
③ 1일   ④ 2일

해설

에빙하우스(H. Ebbinghaus)의 망각곡선
① 1시간 경과 : 50[%] 이상 망각
② 48시간 경과 : 70[%] 이상 망각
③ 31일 경과 : 80[%] 이상 망각

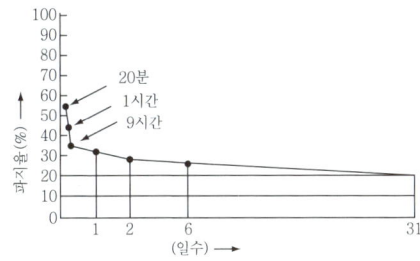

[그림] 에빙하우스 망각곡선(curve of orgetting)

KEY 2016년 3월 6일 출제

[정답] 37 ① 38 ④ 39 ③ 40 ②

3 인간공학 및 시스템안전공학

41 다음 FT도에서 각 요소의 발생확률이 요소 ①과 요소 ②는 0.2, 요소 ③은 0.25, 요소 ④는 0.3일 때, A사상의 발생확률은?

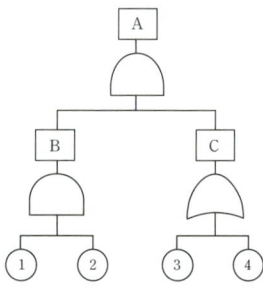

① 0.007
② 0.014
③ 0.019
④ 0.071

해설

발생확률계산
① A＝B×C＝0.04×0.475＝0.019
② B＝①×②＝0.2×0.2＝0.04
③ C＝1－[(1－③)(1－④)]＝1－[(1－0.25)(1－0.3)]＝0.475

KEY 2007년 3월 4일(문제 36번) 출제

42 정성적 시각 표시장치에 관한 사항 중 다음에서 설명하는 특성은?

> **다음**
> 복잡한 구조 그 자체를 완전한 실체로 지각하는 경향이 있기 때문에, 이 구조와 어긋나는 특성은 즉시 눈에 띈다

① 양립성
② 암호화
③ 형태성
④ 코드화

해설

정성적 시각 표시장치에서 형태성의 예
① 실체와 어긋나는 특성을 이용
② 즉시 눈에(시각) 띄게 하기 위함

43 산업안전보건법령에 따라 기계 및 설비의 설치·이전 등으로 인해 유해·위험방지계획서를 제출하여야 하는 대상에 해당하지 않는 것은?

① 건조설비
② 공기압축기
③ 화학설비
④ 가스집합 용접장치

해설

유해위험방지계획서의 제출대상 기계·기구 및 설비
① 금속이나 그 밖의 광물의 용해로
② 화학설비
③ 건조설비
④ 가스집합용접장치
⑤ 제조금지 물질 또는 허가대상물질관련 설비
⑥ 분진작업관련 설비

KEY 2018년 3월 4일 출제

정보제공
① 산업안전보건법 시행령 제42조(유해위험방지계획서 제출대상)
② 2021년 4월 1일 개정법 적용

44 인체측정자료에서 극단치를 적용하여야 하는 설계에 해당하지 않는 것은?

① 계산대
② 문 높이
③ 통로 폭
④ 조종장치까지의 거리

해설

평균치를 기준으로 한 설계
① 최대치수나 최소치수 조절식으로 하기가 곤란할 때
② 평균치를 기준으로 하여 설계 예 은행창구, 슈퍼마켓 계산대

KEY 2016년 10월 1일 출제

45 작위실수(commission error)의 유형이 아닌 것은?

① 선택착오
② 순서착오
③ 시간착오
④ 직무누락착오

[정답] 41 ③ 42 ③ 43 ② 44 ① 45 ④

[해설]

실행에러(Commission error : 작위 실수) : 직무의 불확실한 수행
① 선택
② 순서
③ 시간
④ 정성적 착오

[보충학습]

생략에러(Omission Errors : 부작위 실수) : 직무 또는 어떤 단계를 수행치 않음 (누락오류)

46 인간-기계 통합체계의 유형에서 수동체계에 해당하는 것은?

① 자동차
② 공작기계
③ 컴퓨터
④ 장인과 공구

[해설]

인간-기계 시스템
① 수동체계의 경우 : 장인과 공구, 가수와 앰프
② 기계화 체계의 경우 : 운전하는 사람과 자동차 엔진
③ 자동화 체계 : 인간은 주로 감시, 프로그램 입력, 정비유지

KEY 2019년 3월 3일 산업기사 출제

47 각 기본사상의 발생확률이 증감하는 경우 정상사상의 발생확률에 어느 정도 영향을 미치는가를 반영하는 지표로서 수리적으로는 편미분수계와 같은 의미를 갖는 FTA의 중요도 지수는?

① 확률 중요도
② 구조 중요도
③ 치명 중요도
④ 비구조 중요도

[해설]

확률 중요도
① 각 기본사상의 발생확률이 증감하는 경우 정상사상의 발생확률에 어느 정도 영향을 미치는가를 반영하는 지표
② 수리적으로는 편미분수계와 같은 의미

48 동작경제의 원칙 중 신체사용에 관한 원칙에 해당하지 않는 것은?

① 손의 동작은 유연하고 연속적인 동작이어야 한다.
② 두 손의 동작은 같이 시작해서 동시에 끝나도록 한다.
③ 동작이 급작스럽게 크게 바뀌는 직선 동작은 피해야 한다.
④ 공구, 재료 및 제어장치는 사용하기 용이하도록 가까운 곳에 배치한다.

[해설]

작업장의 배치에 관한 원칙(Arrangement of the workplace)
① 모든 공구나 재료는 제 위치에 있도록 한다.
② 공구재료 및 제어기기는 사용위치에 가까이 두도록 한다.

KEY 2018년 3월 4일 출제

49 일반적으로 재해 발생 간격은 지수분포를 따르며, 일정기간 내에 발생하는 재해발생건수는 푸아송분포를 따른다고 알려져 있다. 이러한 확률변수들의 발생과정을 무엇이라 하는가?

① Poisson 과정
② Bernoulli 과정
③ Wiener 과정
④ Binomial 과정

[해설]

푸아송 분포(Poisson distributtion)
① 단위 시간안에 어떤 사건이 몇 번 발생할 것인지를 표현하는 이산 확률분포
② 푸아송 분포는 18세기에 시메옹 드니 푸아송의 1838년 "민사사건과 형사사건 재판의 확률에 관한 연구"라는 논문을 통해 알려졌다.

KEY ① 2012년 5월 20일(문제 54번)출제
② 2014년 1회 출제

[정답] 46 ④ 47 ① 48 ④ 49 ①

50 한 화학공장에는 24[개]의 공정제어회로가 있다. 4,000[시간]의 공정 가동 중 이 회로에서 14[건]의 고장이 발생하였고, 고장이 발생하였을 때마다 회로는 즉시 교체되었다. 이 회로의 평균고장시간은 약 얼마인가?

① 6,857[시간]   ② 7,571[시간]
③ 8,240[시간]   ④ 9,800[시간]

해설
MTTF(고장까지의 평균시간 : Mean Time To Failure)
① 기계의 평균수명으로 모든 기계가 t_0를 갖지 않기 때문에 확률분포로 파악
② 고장이 발생하면 그것으로 수명이 없어지는 제품
③ 한번 고장이 발생하면 수명이 다하는 것으로 생각하여 수리하지 않고 폐기 또는 교환하는 제품의 고장까지의 평균시간
④ $MTTF = (1 + \frac{1}{2} + \cdots + \frac{1}{n}) = \frac{24 \times 4,000}{14} = 6,857$[시간]

KEY ① 2011년 3월 20일(문제 55번) 출제
② 2013년 6월 2일(문제 52번) 출제

---

51 압박이나 긴장에 대한 척도 중 생리적긴장의 화학적 척도에 해당하는 것은?

① 혈압   ② 호흡수
③ 혈액 성분   ④ 심전도

해설
혈액 성분
① 압박이나 긴장에 대한 척도
② 생리적 긴장의 화학적 척도

KEY 2018년 3월 4일 산업기사(문제 24번) 출제

---

52 사용조건을 정상사용조건보다 강화하여 사용함으로써 고장발생시간을 단축하고, 검사비용의 절감효과를 얻고자 하는 수명시험은?

① 중도중단시험   ② 가속수명시험
③ 감속수명시험   ④ 정시중단시험

해설
가속수명시험
① 사용조건을 정상사용조건보다 강화하여 사용함으로써 고장발생시간을 단축
② 검사비용의 절감효과를 얻고자 하는 수명시험

---

53 다음 중 안전성 평가 단계가 순서대로 올바르게 나열된 것으로 옳은 것은?

① 정성적 평가 → 정량적 평가 → FTA에 의한 재평가 → 재해정보로부터의 재평가 → 안전대책
② 정량적 평가 → 재해정보로부터의 재평가 → 관계자료의 작성준비 → 안전대책 → FTA에 의한 재평가
③ 관계 자료의 작성준비 → 정성적 평가 → 정량적 평가 → 안전대책 → 재해정보로부터의 재평가 → FTA에 의한 재평가
④ 정량적 평가 → 재해정보로부터의 재평가 → FTA에 의한 재평가 → 관계 자료의 작성준비 → 안전대책

해설
안전성 평가의 6단계
① 1단계 : 관계자료의 정비검토
② 2단계 : 정성적 평가
③ 3단계 : 정량적 평가
④ 4단계 : 안전대책
⑤ 5단계 : 재해정보에 의한 재평가
⑥ 6단계 : FTA에 의한 재평가

KEY ① 2016년 3월 6일 산업기사 출제
② 2018년 4월 28일 산업기사 출제
③ 2017년 8월 19일 기사·산업기사 동시출제

---

54 A작업장에서 1시간 동안에 480[Btu]의 일을 하는 근로자의 대사량은 900[Btu]이고, 증발열손실이 2,250[Btu], 복사 및 대류로부터 열이득이 각각 1,900[Btu] 및 80[Btu]라 할 때, 열축적은 얼마인가?

① 100   ② 150
③ 200   ④ 250

해설
열축적(열교환과정)
$S = (900 - 480) + 1900 + 80 - 2250 = 150$

[정답] 50 ①   51 ③   52 ②   53 ③   54 ②

보충학습

신체와 환경간의 열교환 과정

$S = (M-W) \pm R \pm C - E$

단 S는 열축적, M은 대사, W는 일, R은 복사, C는 대류, E는 증발을 의미한다.

> KEY ① 2012년 5월 20일(문제 53번) 출제
> ② 2013년 8월 18일(문제 54번) 출제

---

55 국제표준화기구(ISO)의 수직진동에 대한 피로-저감숙달경계(fatigue-decreased proficiency boundary) 표준 중 내구수준이 가장 낮은 범위로 옳은 것은?

① 1~3[Hz]   ② 4~8[Hz]
③ 9~13[Hz] ④ 14~18[Hz]

해설

ISO(international organization for standardization : 국제표준화기구) 소음기준

① 소음평가지수(noise rating number : NRN) : 85[dB] 기준
② 500, 1,000, 2,000[Hz]를 중심주파수로 하며 최대치의 평균으로 산출
③ 가장 낮은 범위 : 4~8[Hz]

---

56 산업 현장에서는 생산설비에 부착된 안전장치를 생산성을 위해 제거하고 사용하는 경우가 있다. 이와 같이 고의로 안전장치를 제거하는 경우에 대비한 예방 설계 개념으로 옳은 것은?

① Fail safe
② Fool proof
③ Look out
④ Tamper proof

해설

Tamper proof
고의로 안전장치를 제거하는 경우에 대비한 예방설계 개념

> KEY ① 2016년 8월 16일(문제 36번) 출제
> ② 2018년 3월 4일(문제 29번) 출제

---

57 FT도에 사용되는 다음 게이트의 명칭은?

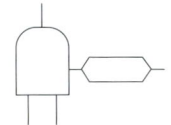

① 부정 게이트
② 수정기호
③ 위험지속기호
④ 배타적 OR 게이트

해설

FTA기호

기호	명칭	기호	명칭
동시발생 없음	배타적 OR 게이트	입력 출력 조건	수정 게이트
위험지속시간	위험 지속 AND 게이트		부정 게이트

> KEY 2007년 3월 4일(문제 25번) 출제

---

58 음의 은폐(masking)에 대한 설명으로 옳지 않은 것은?

① 은폐음 때문에 피은폐음의 가청역치가 높아진다.
② 배경음악에 실내소음이 묻히는 것은 은폐효과의 예이다.
③ 음의 한 성분이 다른 성분에 대한 귀의 감수성을 감소시키는 작용이다.
④ 순음에서 은폐효과가 가장 큰 것은 은폐음과 배음(harmonic overtone)의 주파수가 멀 때이다.

해설

음의 은폐효과
순음에서 은폐효과가 가장 큰 것은 은폐음과 배음의 주파수가 가까울 때

> KEY 2007년 3월 4일(문제 25번) 출제

[정답] 55 ② 56 ④ 57 ③ 58 ④

과년도 출제문제

59 기계 시스템은 영구적으로 사용하며, 조작자는 한 시간마다 스위치를 작동해야 되는데 인간오류확률(HEP)은 0.001이다. 2시간에서 4시간 까지 인간-기계 시스템의 신뢰도로 옳은 것은?

① 91.5[%] ② 96.6[%]
③ 98.7[%] ④ 99.8[%]

해설

신뢰도계산

① HEP(인간신뢰도의 기본단위) = $\dfrac{실제 발생 과오의 수}{과오발생 가능 수}$

② 과오의 수 = $0.001 \times 2 = 0.002$

③ 신뢰도 $R_S = 1 - 0.002 = 0.998 \times 100 = 99.8[\%]$

KEY
① 2015년 9월 19일(문제 42번) 출제
② 2017년 9월 23일 산업기사 출제
② 2018년 8월 19일 산업기사 출제

60 예비위험분석(PHA)은 어느 단계에서 수행되는가?

① 구상 및 개발단계
② 운용단계
③ 발주서 작성단계
④ 설치 또는 제조 및 시험단계

해설

PHA(예비위험분석)
① 최초 단계 분석
② 구상 및 개발 단계 적용
③ 정성적 평가

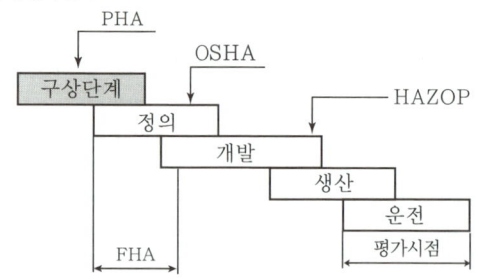

[그림] PHA · OSHA · FHA · HAZOP

KEY
① 2016년 5월 8일 산업기사 출제
② 2017년 3월 5일 산업기사 출제
③ 2018년 8월 19일 출제

4 건설시공학

61 벽돌을 내쌓기 할 때 일반적으로 이용되는 벽돌쌓기 방법은?

① 마구리 쌓기
② 길이 쌓기
③ 옆세워 쌓기
④ 길이세워 쌓기

해설

벽돌내쌓기
① 내쌓기 정도는 켜당 1/8B 또는 두 켜당 1/4B로 하고, 내미는 정도는 2B로 한다.
② 내쌓기는 마구리쌓기로 하는 것이 강도상 유리하며, 맨 위켜는 두 켜 내쌓기로 한다.

62 조적공사의 백화현상을 방지하기 위한 대책으로 옳지 않은 것은?

① 석회를 혼합한 줄눈 모르타르를 활용하여 바른다.
② 흡수율이 낮은 벽돌을 사용한다.
③ 쌓기용 모르타르에 파라핀 도료와 같은 혼화제를 사용한다.
④ 돌림대, 차양 등을 설치하여 빗물이 벽체에 직접 흘러내리지 않게 한다.

해설

백화현상의 방지대책
① 잘 구워진 벽돌(소성이 잘 된 벽돌)을 사용한다.
② 줄눈의 방수처리 철저, 예방이 중요하다.
③ 조립률이 큰 모래, 분말도가 큰 시멘트를 사용한다.
④ 차양, 루버, 돌림띠 등 비막이를 설치한다.
⑤ 표면에 파라핀 도료나 실리콘 뿜칠하여 수산화칼슘 유출을 방지한다.
⑥ 우중시공을 철저히 금지시킨다.

KEY 2017년 3월 5일 출제

[정답] 59 ④　60 ①　61 ①　62 ①

63. 강관말뚝지정의 특징에 해당되지 않는 것은?

① 강한 타격에도 견디며 다져진 중간지층의 관통도 가능하다.
② 지지력이 크고 이음이 안전하고 강하므로 장척말뚝에 적당하다.
③ 상부구조와의 결합이 용이하다.
④ 길이조절이 어려우나 재료비가 저렴한 장점이 있다.

해설

강관말뚝 지정의 특징

장점	단점
• 깊은지지층까지 박을 수 있다. • 길이조정이 용이하며 경량이므로 운반취급이 편리하다. • 휨모멘트 저항이 크다. • 말뚝의 절단·가공 및 현장 용접이 가능하다. • 중량이 가볍고, 단면적이 작다. • 강한 타격에도 견디며 다져진 중간지층의 관통도 가능하다. • 지지력이 크고 이음이 안전하고 강하여 장척이 가능하다.	• 재료비가 비싸다. • 부식되기 쉽다.

KEY ▶ 2019년 9월 21일 기사·산업기사 동시출제

64. 지하수위 저하공법 중 강제배수공법이 아닌 것은?

① 전기침투 공법
② 웰포인트 공법
③ 표면배수 공법
④ 진공 Deep well 공법

해설

표면배수공법
① 표면배수 : 지표면에 내린 빗물과 인접지역에서 흘러드는 지표수를 대상으로 실시하는 배수
② 지하배수 : 함유한 물을 줄이고 또 지하수위를 낮추는 동시에 사면의 안정 등을 확보하기 위해 시행하는 배수
③ 사면배수 : 흙 속의 물에 의한 사면의 침식 붕괴를 막기 위하여 사면을 따라 흐르는 빗물이나 배어나오는 지하수를 빼내는 것

65. 콘크리트의 압축강도를 시험하지 않을 경우 거푸집널의 해체시기로 옳은 것은?

• 평균기온 : 20[℃] 이상
• 보통포틀랜드 시멘트 사용
• 대상 : 기초, 보, 기둥 및 벽의 측면

① 2일   ② 3일
③ 4일   ④ 6일

해설

콘크리트의 압축강도를 시험하지 않을 경우 거푸집널의 해체 시기 (기초, 보, 기둥 및 벽의 측면)

시멘트의 종류 평균기온	조강 포틀랜드 시멘트	보통포틀랜드시멘트 고로슬래그시멘트(1종) 포틀랜드포졸란시멘트 (1종) 플라이애쉬시멘트(1종)	고로슬래그시멘트(2종) 포틀랜드포졸란시멘트 (2종) 플라이애쉬시멘트(2종)
20[℃] 이상	2일	4일	5일
20[℃] 미만 10[℃] 이상	3일	6일	8일

KEY ▶ ① 2013년 6월 2일 (문제 74번) 출제
② 2018년 4월 28일 산업기사 출제

66. 거푸집 공사에 적용되는 슬라이딩폼 공법에 관한 설명으로 옳지 않은 것은?

① 형상 및 치수가 정확하며 시공오차가 작다.
② 마감작업이 동시에 진행되므로 공정이 단순화된다.
③ 1일 5~10[m] 수직시공이 가능하다.
④ 일반적으로 돌출물이 있는 건축물에 많이 적용된다.

해설

슬라이딩폼(Sliding form) 공법
거푸집 높이는 약 1[m]이고 하부가 약간 벌어진 원형 철판 거푸집을 요크(Yoke)로 서서히 끌어올리는 공법으로 Silo 공사 등에 적당
① 공기가 약 1/3 단축된다.
② 소요 경비가 절감된다.
③ 연속적으로 부어넣으므로 일체성을 확보할 수 있다.

KEY ▶ ① 2017년 9월 23일 기사 출제
② 2018년 4월 28일 기사 출제

[정답] 63 ④ 64 ③ 65 ③ 66 ④

67 강구조용 강재의 절단 및 가공에 관한 사항으로 옳지 않은 것은?

① 주요 부재의 강관 절단은 주된 응력의 방향과 압연방향을 직각으로 교차하여 절단함을 원칙으로 한다.
② 절단할 강재의 표면에 녹, 기름, 도료가 부착되어 있는 경우에는 제거 후 절단해야 한다.
③ 용접선의 교차부분 또는 한 부재를 다른 부재에 접합시킬 때 불필요한 접촉을 피하기 위하여 모퉁이따기를 할 경우에는 10[mm]이상 둥글게 해야 한다.
④ 스캘럽 가공은 절삭 가공기 또는 부속장치가 달린 수동가스 절단기를 사용한다.

[해설]

강구조용 강재의 절단 방법
① 절단할 강재의 표면에 녹, 기름, 도료가 부착되어 있는 경우에는 제거 후 절단해야 한다.
② 용접선의 교차부분 또는 한 부재를 다른 부재에 접합시킬 때 불필요한 접촉을 피하기 위하여 모퉁이따기를 할 경우에는 10[mm]이상 둥글게 해야 한다.
③ 스캘럽 가공은 절삭 가공기 또는 부속장치가 달린 수동가스 절단기를 사용한다.

[보충학습]

scallop
① 용접부재에 노치를 만들어 주는 것
② 용접교차에 의한 응력집중 방지

68 콘크리트 타설에 관한 설명으로 옳은 것은?

① 콘크리트 타설은 바닥판→보→계단→벽체→기둥의 순서로 한다.
② 콘크리트 타설은 운반거리가 먼 곳부터 시작한다.
③ 콘크리트를 타설할 때에는 다짐이 잘 되도록 타설 높이를 최대한 높게 한다.
④ 콘크리트 타설 준비 시 콘크리트가 닿았을 때 흡수할 우려가 있는 곳은 미리 건조시켜두어야 한다.

[해설]

콘크리트 부어넣기(치기 : 타설하기)
① 콘크리트는 기둥과 같이 깊이가 깊을수록 묽게 하고 상부에 갈수록 된비빔으로 하여 기포가 생기지 않게 한다.
② 주입높이는 될 수 있는 대로 낮은 곳에서 주입한다.(보통 1.5[m], 최대 2[m], 2[m] 이상 높은 곳은 홈통, 깔때기 등을 사용한다.)
③ 콘크리트 부어넣기는 낮은 곳에서부터 기둥, 벽, 계단, 보, 바닥판의 순서로 부어나간다.(초고층타설 : 피스톤으로 압송)
④ 일단 계획한 작업구획은 완료될 때까지 계속해서 부어넣는다. 콘크리트는 비비는 곳에서 먼 곳으로부터 부어넣기 시작한다.
⑤ 한 구획에 있어서의 콘크리트 부어넣기는 표면이 거의 수평이 되도록 부어간다.

KEY ① 2016년 3월 6일 기사 출제
② 2016년 5월 8일 기사 출제
③ 2018년 4월 28일 기사 출제

69 기성콘크리트 말뚝의 특징에 관한 설명으로 옳지 않은 것은?

① 말뚝이음 부위에 대한 신뢰성이 떨어진다.
② 재료의 균질성이 부족하다.
③ 자재하중이 크므로 운반과 시공에 각별한 주의가 필요하다.
④ 시공과정상의 항타로 인하여 자재균열의 우려가 높다.

[해설]

기성콘크리트는 재료가 균일하다
KEY 2016년 5월 8일 출제

70 설계도와 시방서가 명확하지 않거나 설계는 명확하지만 공사비 총액을 산출하기 곤란하고 발주자가 양질의 공사를 기대할 때 채택될 수 있는 가장 타당한 방식은?

① 실비정산 보수가산식 도급
② 단가 도급
③ 정액 도급
④ 턴키 도급

[정답] 67 ① 68 ② 69 ② 70 ①

해설

실비정산 보수가산식 도급
① 특징 : 공사의 실비를 건축주와 도급자가 확인 정산하고 시공주는 미리 정한 보수율에 따라 도급자에게 보수액을 지불하는 방법
② 장점 : 양심적인 공사가능
③ 단점 : 시공업자는 공사비 절감의 노력이 없어지고 공기지연

71 철골공사에서 용접접합의 장점과 거리가 먼 것은?

① 강재량을 절약할 수 있다.
② 소음을 방지할 수 있다.
③ 일체성 및 수밀성을 확보할 수 있다.
④ 접합부의 품질검사가 매우 간단하다.

해설

용접접합의 단점
① 강재의 재질적인 영향이 크다.
② 용접 내부의 결함을 육안으로 알 수 없다.
③ 용접열에 의한 변형이나 왜곡이 생긴다.
④ 검사가 어렵고 비용과 시간이 걸린다.
⑤ 일체 구조가 되므로 응력집중이 민감하다.
⑥ 용접공 개인의 기능에 의존도가 크다.

KEY 2019년 9월 21일 기사출제

72 웰포인트 공법에 관한 설명으로 옳지 않은 것은?

① 지하수위를 낮추는 공법이다.
② 1~3[m]의 간격으로 파이프를 지중에 박는다.
③ 주로 사질지반에 이용하면 유효하다.
④ 기초파기에 히빙현상을 방지하기 위해 사용한다.

해설

웰 포인트 공법(Well point method)
① 사질지반에서 1~2[m] 간격으로 파이프를 박아 진공펌프로 지하수를 강제 배수하는 공법
② 사질지반의 대표적 강제 배수공법

73 프리스트레스 하지 않는 부재의 현장치기 콘크리트의 최소 피복 두께 기준 중 가장 큰 것은?

① 수중에서 치는 콘크리트
② 흙에 접하여 콘크리트를 친 후 영구히 흙에 묻혀 있는 콘크리트
③ 옥외의 공기나 흙에 직접 접하지 않는 콘크리트 중 슬래브
④ 옥외의 공기나 흙에 직접 접하지 않는 콘크리트 중 벽체

해설

피복두께[단위 : mm]
① 수중에서 치는 콘크리트 : 100
② 흙에 접하여 콘크리트를 친 후 영구히 흙에 묻혀있는 콘크리트 : 75
③ 흙에 접하거나 옥외의 공기에 직접 노출되는 콘크리트
  ㉮ D19 이상의 철근 : 50
  ㉯ D16 이상의 철근, 지름 16mm 이하의 철선 : 40
④ 옥외의 공기나 흙에 직접 접하지 않는 콘크리트
  ㉮ 슬래브, 벽체, 장선
    ㉠ D35 초과하는 철근 : 40
    ㉡ D35 이하인 철근 : 20
  ㉯ 보, 기둥 : 40
    콘크리트의 설계기준압축강도 f_{ck}가 40[MPa] 이상인 경우 규정된 값에서 저감시킬 수 있다. : 10
  ㉰ 쉘, 절판부재 : 20

정보제공
콘크리트 구조 철근상세 설계기준(2022년)

보충학습

프리스트레스트 콘크리트(Prestressted concrete)
(1) 개요 : PC 강현재를 이용하여 콘크리트에 미리 압축력을 가하여 인장강도를 증가시킨 콘크리트
(2) 특징
  ① 장 span 구조가 가능하고 균열발생이 없다.
  ② 부재단면을 줄일 수 있으며, 구조물의 자중이 경감된다.
  ③ 공기단축이 가능하며, 내구성·복원성이 크다.
  ④ 진동 및 충격에 약하고, 내화성이 적다.
  ⑤ 공정이 복잡하고, 고도의 기술이 요구된다.

KEY 2019년 9월 21일(문제 98번)

[정답] 71 ④ 72 ④ 73 ①

74. 품질관리(TQC)를 위한 7가지 도구 중에서 불량수, 결점수 등 셀 수 있는 데이타가 분류항목별로 어디에 집중되어 있는가를 알기 쉽도록 나타낸 그림은?

① 히스토그램
② 파레토도
③ 체크 시트
④ 산포도

[해설]

체크시트
① 계수치의 데이터가 분류항목의 어디에 집중되어 있는가를 알아보기 쉽게 나타냄
② 일명 : 집중도

KEY ① 2016년 3월 6일 기사 출제
② 2016년 5월 8일 기사 출제
③ 2017년 5월 7일 기사 출제

75. 시방서의 작성원칙으로 옳지 않은 것은?

① 지정고시된 신재료 또는 신기술을 적극 활용한다.
② 공사 전반에 대한 지침을 세밀하고 간단명료하게 서술한다.
③ 공종을 세밀하게 나누고, 단위 시방의 수를 최대한 늘려 상세히 서술한다.
④ 시공자가 정확하게 시공하도록 설계자의 의도를 상세히 기술한다.

[해설]

시방서 기재시 주의사항
① 시공순서에 맞게 기재할 것
② 간결할 것
③ 누락된 것이 없을 것
④ 중복되지 않을 것

76. 슬래브에서 4변 고정인 경우 철근배근을 가장 많이 하여야 하는 부분은?

① 단변 방향의 주간대
② 단변 방향의 주열대
③ 장변 방향의 주간대
④ 장변 방향의 주열대

[해설]

슬래브 철근 배근을 많이 하는 순서
단변 주열대 > 단변 주간대 > 장변 주열대 > 장변 주간대

KEY ① 2012년 5월 20일(문제 67번) 출제
② 2016년 10월 1일(문제 61번) 출제

77. Top Down 공법의 특징으로 옳지 않은 것은?

① 1층 바닥 기준으로 상방향, 하방향 중 한 쪽 방향으로만 공사가 가능하다.
② 공기단축이 가능하다.
③ 타 공법 대비 주변지반 및 인접건물에 미치는 영향이 작다.
④ 소음 및 진동이 적어 도심지 공사로 적합하다.

[해설]

Top Down(역타)공법의 특징
① 인접건물 및 도로에 침하가 거의 없으므로 대도심지 공사에 적합하다.
② 지하와 지상의 공사가 동시에 병행되므로 공기단축이 용이하다.
③ 소음 및 진동이 적다.
④ 기상조건의 영향과 무관하게 지하공사가 가능하다.

78. 철제 거푸집에서 사용되는 철물로 지주를 제거하지 않고 슬래브 거푸집만 제거할 수 있도록 한 철물은?

① 와이어클리퍼(Wire Clipper)
② 캠버(Camber)
③ 드롭헤드(Drop Head)
④ 베이스플레이트(Base Plate)

[해설]

드롭헤드(Drop Head)
① 철제 거푸집에 사용되는 철물
② 지주를 제거하지 않고 슬래브 거푸집만 제거할 수 있는 철물
③ 기타 **예** 개폐식 포장지붕 자동차, Convertible (타자기나 재봉틀의 판을 집어넣으면 테이블이 되는 장치)

[정답] 74 ③ 75 ③ 76 ② 77 ① 78 ③

79 콘크리트 다짐 시 진동기의 사용에 관한 설명으로 옳지 않은 것은?

① 진동다지기를 할 때에는 내부진동기를 하층의 콘크리트 속으로 0.1[m] 정도 찔러 넣는다.
② 1개조당 진동시간은 다짐할 때 시멘트풀이 표면 상부로 약간 부상하기까지가 적절하다.
③ 내부진동기는 콘크리트로부터 천천히 떼내어 구멍이 남지 않도록 한다.
④ 내부진동기는 콘크리트를 횡방향으로 이동시킬 목적으로 사용한다.

[해설]

진동기의 종류
① 내부 진동기 : 막대식(=꽂이식) 진동기로 가장 많이 사용된다.
② 거푸집 진동기 : 거푸집의 외부로 진동을 가하는 형틀 진동기
③ 표면진동기 : 슬래브 콘크리트 표면에 직접 진동시키는 것(예 도로공사 등에 사용)

KEY ① 2017년 3월 5일 산업기사 출제
② 2018년 4월 28일 기사 출제
③ 2018년 9월 15일 기사·산업기사 동시출제

[보충학습]

진동기의 종류
① 내부 진동기 : 막대식(봉상) 진동기
② 외부 진동기 : 거푸집 진동기, 표면진동기

80 다음과 같이 정상 및 특급공기와 공비가 주어질 경우 비용구배(cost slope)는?

정상		특급	
공기	공비	공기	공비
20[일]	120,000[원]	15[일]	180,000[원]

① 9,000[원/일] ② 12,000[원/일]
③ 15,000[원/일] ④ 18,000[원/일]

[해설]

비용구배(비용경사)
비용구배는 작업을 1일 단축할 때 추가되는 직접비용을 말한다.

$$\text{비용구배} = \frac{\text{특급비용} - \text{표준비용}}{\text{표준시간} - \text{특급시간}}$$
$$= \frac{180,000 - 120,000}{20 - 15} = 12,000[원/일]$$

① 특급비용 : 공기를 최대한 단축할 때 비용
② 특급시간 ; 공기를 최대한 단축할 수 있는 가능한 시간
③ 표준비용 : 정상적인 소요일수에 대한 공비
④ 표준시간 : 정상적인 소요시간

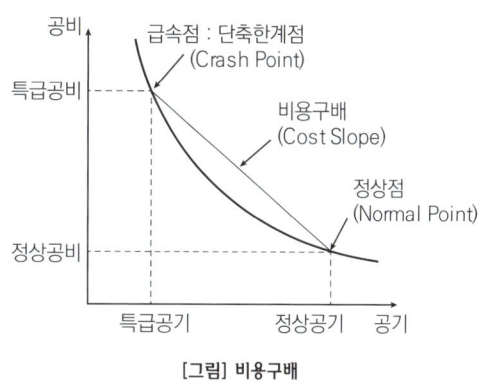

[그림] 비용구배

5 건설재료학

81 목재의 수축팽창에 관한 설명으로 옳지 않은 것은?

① 변재는 심재보다 수축률 및 팽창률이 일반적으로 크다.
② 섬유포화점 이상의 함수상태에서는 함수율이 클수록 수축률 및 팽창률이 커진다.
③ 수종에 따라 수축률 및 팽창률에 상당한 차이가 있다.
④ 수축이 과도하거나 고르지 못하면 할열, 비틀림 등이 생긴다.

[해설]

팽창과 수축
① 목재의 팽창, 수축은 함수율이 섬유포화점 이상에서는 생기지 않는다.
② 섬유포화점 이하가 되면 거의 함수율에 비례하여 신축한다.

KEY ① 2017년 5월 7일 출제
② 2018년 9월 15일 산업기사 출제

[정답] 79 ④ 80 ② 81 ②

과년도 출제문제

82 경질섬유판(hard fiber board)에 관한 설명으로 옳은 것은?

① 밀도가 0.3[g/cm³] 정도이다.
② 소프트 텍스라고도 불리며 수장판으로 사용된다.
③ 소판이나 소각재의 부산물 등을 이용하여 접착, 접합에 의해 소요 형상의 인공목재를 제조할 수 있다.
④ 펄프를 접착제로 재판하여 양면을 열압 건조시킨 것이다.

해설

경질섬유판
① 원목에서 2[cm] 정도의 칩(Chip)을 만들어 정선 → 섬유화 → 방수제 등의 첨가 → 교반가열성형 → 양생 → 재단 → 끝마감 등의 순서를 거쳐 완성된다.
② 양면 열압건조하고, 비중 0.8 이상
③ 용도 : 수장판

83 다음 중 열경화성 수지에 속하지 않는 것은?

① 멜라민 수지   ② 요소 수지
③ 폴리에틸렌 수지   ④ 에폭시 수지

해설

열경화성수지의 종류
① 페놀수지   ② 요소수지
③ 멜라민수지   ④ 알키드수지
⑤ 폴리에스테르수지   ⑥ 우레탄수지
⑦ 에폭시수지   ⑧ 실리콘수지
⑨ 푸란수지

 ① 2018년 4월 28일 산업기사 출제
② 2018년 9월 15일 산업기사 출제
③ 2019년 9월 21일 기사 출제

84 콘크리트에 사용되는 혼화재인 플라이애쉬에 관한 설명으로 옳지 않은 것은?

① 단위 수량이 커져 블리딩 현상이 증가한다.
② 초기 재령에서 콘크리트 강도를 저하시킨다.
③ 수화 초기의 발열량을 감소시킨다.
④ 콘크리트의 수밀성을 향상시킨다.

해설

플라이애쉬(Fly ash)
① 인공제품으로 가장 널리 쓰이는 포졸란의 일종이다.
② 주로 시공연도조절 등으로 사용된다.(주성분 : 석탄재)
③ 블리딩이 적어진다.

KEY ① 2017년 3월 5일기사 출제
② 2018년 4월 28일 기사 출제

85 점토에 관한 설명으로 옳지 않은 것은?

① 습윤상태에서 가소성이 좋다.
② 압축강도는 인장강도의 약 5배 정도이다.
③ 점토를 소성하면 용적, 비중 등의 변화가 일어나며 강도가 현저히 증대된다.
④ 점토의 소성온도는 점토의 성분이나 제품의 종류에 상관없이 같다.

해설

점토제품의 분류

종류	소성온도[℃]	흡수율[%]
토기	790~1,000	20 이상
도기	1,100~1,230	10
석기	1,160~1,350	3~10
자기	1,230~1,460	0~1

KEY 2017년 5월 7일 산업기사 출제

86 도막방수에 사용되지 않는 재료는?

① 염화비닐 도막제
② 아크릴고무 도막재
③ 고무아스팔트 도막제
④ 우레탄고무 도막재

해설

도막방수에 사용되는 재료
① 우레탄 도막제
② 아크릴고무 도막제
③ 고무아스팔트 도막제

KEY 2018년 3월 4일 산업기사 출제

[정답] 82 ④ 83 ③ 84 ① 85 ④ 86 ①

87 각 창호철물에 관한 설명으로 옳지 않은 것은?

① 피벗 힌지(pivot hinge) : 경첩대신 축을 사용하여 여닫이문을 회전시킨다.
② 나이트 래치(night latch) : 외부에서는 열쇠, 내부에서는 작은 손잡이를 틀어 열 수 있는 실린더장치로 된 것이다.
③ 크레센트(crescent) : 여닫이문의 상하단에 붙여 경첩과 같은 역할을 한다.
④ 레버터리 힌지(lavatory hinge) : 스프링힌지의 일종으로 공중용 화장실 등에 사용된다.

해설

크레센트(crescent)
① 올리고 내리는 창이나 미서기창의 잠금장치
② 자물쇠

[그림] 크레센트

KEY 2016년 10월 1일(문제 84번) 출제

88 집성목재의 사용에 관한 설명으로 옳지 않은 것은?

① 판재와 각재를 접착제로 결합시켜 대재(大材)를 얻을 수 있다.
② 보, 기둥 등의 구조재료로 사용할 수 없다.
③ 옹이, 균열 등의 결점을 제거하거나 분산시켜 균질의 인공목재로 사용할 수 있다.
④ 임의의 단면 형상을 갖도록 제작할 수 있어 목재 활용 면에서 경제적이다.

해설

집성 목재의 특징
① 두께 1.5~3[cm]의 단판을 몇 장 또는 몇 겹으로 접착한 것
② 합판과 다른 점은 판의 섬유방향을 평행으로 붙인 점, 홀수가 아니라도 되는 점
③ 합판과 같은 박판이 아니고 보나 기둥에 사용할 수 있는 단면을 가진 점

KEY 2018년 9월 15일 산업기사 출제

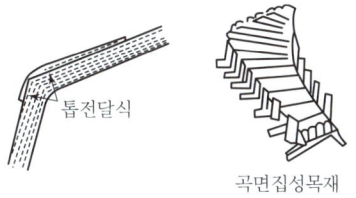

[그림] 곡면집성목재

89 다음 도료 중 방청도료에 해당하지 않는 것은?

① 광명단 도료
② 다채무늬 도료
③ 알루미늄 도료
④ 징크로메이트 도료

해설

방청 도료의 종류
① 광명단(연단) 도료
② 알루미늄 도료
③ 역청질 도료
④ 징크로메이트 도료
⑤ 워시프라이머
⑥ 방청산화철 도료
⑦ 규산염 도료

KEY 2018년 9월 15일 기사 출제

90 강화유리에 관한 설명으로 옳지 않은 것은?

① 유리 표면에 강한 압축응력층을 만들어 파괴강도를 증가시킨 것이다.
② 강도는 플로드 판유리에 비해 3~5배 정도이다.
③ 주로 출입문이나 계단 난간, 안전성이 요구되는 칸막이 등에 사용된다.
④ 깨어질 때는 판유리 전체가 파편으로 잘게 부서지지 않는다.

해설

강화유리
① 내충격, 하중강도가 보통 판유리의 3~5배 정도
② 휨강도는 6배 정도이다.
③ 현장에서 절단이 불가능하다.
④ 깨어질 때는 파편이 되므로 안전관리가 필요하다.

KEY ① 2018년 9월 15일 산업기사 출제
② 2019년 9월 21일 기사·산업기사 동시출제

[정답] 87 ③ 88 ② 89 ② 90 ④

과년도 출제문제

91 수밀성, 기밀성 확보를 위하여 유리와 새시의 접합부, 패널의 접합부 등에 사용되는 재료로서 내후성이 우수하고 부착이 용이한 특징이 있으며, 형상이 H형, Y형, ㄷ형으로 나누어지는 것은?

① 유리퍼티(glass putty)
② 2액형 실링재(two-part liquid sealing compound)
③ 개스킷(gasket)
④ 아스팔트코킹(asphalt caulking materials)

해설

개스킷(gasket)
① 부재의 접합부에 끼워 물이나 가스, 공기가 누설하는 것을 방지하는 패킹
② 수밀성·기밀성을 확보하기 위해 프리캐스트 철근 콘크리트의 접합부나 유리를 끼운 부분에 사용하는 합성 고무제의 재료

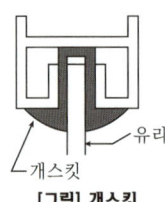

[그림] 개스킷

92 콘크리트의 탄산화에 관한 설명으로 옳지 않은 것은?

① 탄산가스의 농도, 온도, 습도 등 외부 환경조건도 탄산화 속도에 영향을 준다.
② 물-시멘트비가 클수록 탄산화의 진행속도가 빠르다.
③ 탄산화된 부분은 페놀프탈레인액을 분무해도 착색되지 않는다.
④ 일반적으로 보통 콘크리트가 경량골재 콘크리트보다 탄산화 속도가 빠르다.

해설

중성(탄산)화 방지대책
① 초기에 탄산가스 접촉금지
② 피복두께와 부재단면 증가
③ 습도는 높고, 온도 낮게 유지
④ AE 감수제, 유동화제 사용
⑤ W/C비를 낮출 것, 다짐양생철저
⑥ 경량골재, 혼합시멘트 사용금지

KEY 2019년 9월 21일 기사·산업기사 동시출제

93 골재의 실적률에 관한 설명으로 옳지 않은 것은?

① 실적률은 골재 입형의 양부를 평가하는 지표이다.
② 부순 자갈의 실적률은 그 입형 때문에 강자갈의 실적률 보다 적다.
③ 실적률 산정시 골재의 밀도는 절대건조상태의 밀도를 말한다.
④ 골재의 단위용적질량이 동일하면 골재의 밀도가 클수록 실적률도 크다.

해설

실적률(ratio of absolute volume, 實積率)
① 분체(粉體)나 입체(立體)를 넣었을 때의 용기의 용적에 대한 분체나 입체의 체적 비율
② 실적률$(d) = \dfrac{W}{P} \times 100 [\%]$

여기서, P : 골재의 비중
W : 단위용적당 중량[kg/l]

94 다음 중 강(鋼)의 열처리와 관계없는 용어는?

① 불림   ② 담금질
③ 단조   ④ 뜨임

해설

강의 일반 열처리

종류 \ 구분	열처리 방법
불림(소준)(Normalizing)	강을 800~1,000[℃]로 가열한 후 공기 중에서 천천히 냉각
풀림(소둔)(Annealing)	강을 800~1,000[℃]로 가열한 후 노 속에서 천천히 냉각
담금질(소입)(Quenching)	강을 800~1,000[℃]로 가열한 후 물 또는 기름 속에서 급히 냉각
뜨임질(소려)(Tempering)	담금질한 후 다시 200~600[℃]로 가열한 다음 공기 중에서 천천히 냉각

KEY ① 2016년 5월 8일 기사 출제
② 2017년 5월 7일 기사 출제

[정답] 91 ③ 92 ④ 93 ④ 94 ③

95 석고보드의 특성에 관한 설명으로 옳지 않은 것은?

① 흡수로 인해 강도가 현저하게 저하된다.
② 신축변형이 커서 균열의 위험이 크다.
③ 부식이 안 되고 충해를 받지 않는다.
④ 단열성이 높다.

해설

석고보드
① 천장, 내벽마감재의 보드 중 내습성은 좋지 않다.
② 방화성과 차음성이 우수하다.

KEY 2017년 5월 7일 산업기사 출제

96 보통포틀랜드시멘트에 관한 설명으로 옳지 않은 것은?

① 시멘트의 응결시간은 분말도가 작을수록, 또 수량이 많고 온도가 낮을수록 짧아진다.
② 시멘트의 안정성 측정법으로 오토클레이브 팽창도 시험방법이 있다.
③ 시멘트의 비중은 소성온도나 성분에 따라 다르며, 동일 시멘트인 경우에 풍화한 것일수록 작아진다.
④ 시멘트의 비표면적이 너무 크면 풍화하기 쉽고 수화열에 의한 축열량이 커진다.

해설

응결
① 사용 수량이 많을수록 응결이 늦다
② 온도가 높고 분말도가 클수록 응결이 빠르다.
③ 석고를 첨가하면 응결조절이 가능하다.

KEY ① 2016년 5월 8일 산업기사 출제
② 2018년 9월 15일 일 기사·산업기사 동시출제

97 안료를 적은 양의 물로 용해하여 수용성 교착제와 혼합한 분말상태의 도료는?

① 수성 페인트   ② 바니시
③ 래커   ④ 에나멜페인트

해설

수성페인트
① 광물성(탄산칼슘, 규산알루미늄) 가루에 티탄백 안료를 첨가하고 수용성 호질물(카세인, 녹말 등)을 혼합한 것
② 내외장 모두에 사용 가능

KEY 2016년 3월 6일 출제

98 프리플레이스트 콘크리트에 사용되는 골재에 관한 설명으로 옳지 않은 것은?

① 굵은 골재의 최소 치수는 15[mm] 이상, 굵은 골재의 최대 치수는 부재단면 최소 치수의 1/4 이하, 철근 콘크리트의 경우 철근 순간격의 2/3 이하로 하여야 한다.
② 굵은 골재의 최대 치수와 최소 치수와의 차이를 작게 하면 굵은 골재의 실적률이 커지고 주입모르타르의 소요량이 적어진다.
③ 대규모 프리플레이스트 콘크리트를 대상으로 할 경우, 굵은 골재의 최소 치수를 크게 하는 것이 효과적이다.
④ 골재의 적절한 입도 분포를 위해 일반적으로 굵은 골재의 최대 치수는 최소 치수의 2~4배 정도로 한다.

해설

프리플레이스트 콘크리트(preplaced concrete)
① 굵은 골재를 거푸집 속에 미리 넣어두고 후에 파이프를 통해서 모르타르를 압입하여 타설한다.
② 중량 골재나 굵은 골재를 쓰는 콘크리트의 시공에 사용하는 공법으로, 골재간에 압입하는 모르타르의 유동성을 좋게 하기 위해 모르타르 속에 특수한 혼합재를 사용한다.
③ 수중 콘크리트의 타설에 널리 쓰인다.

KEY ① 2018년 4월 28일 산업기사 출제
② 2019년 9월 21일 기사 출제

99 콘크리트 구조물의 강도 보강용 섬유소재로 적당하지 않은 것은?

① PCP   ② 유리섬유
③ 탄소섬유   ④ 아라미드섬유

[정답] 95 ②   96 ①   97 ①   98 ②   99 ①

해설

섬유보강콘크리트(Fiber Reinforced Concrete : F.R.C)
(1) 특징
① 콘크리트의 인장강도와 균열에 대한 저항성을 높이기 위한 콘크리트
② 섬유보강재(유리, 폴리머, 탄소 등)를 넣어서 시공하는 콘크리트
(2) 종류
① 강섬유보강 Concrete(SFRC)
② 유리섬유보강 Concrete(GFRC)
③ 탄소섬유보강 Concrete(CFRC)
④ 비닐섬유보강 Concrete(VFRC)

보충학습
PCP(phencyclidine) : 화낙 알칼로이드로 합성하는 향정신성의약품의 일종

100 내약품성, 내마모성이 우수하여 화학공장의 방수층을 겸한 바닥 마무리로 가장 적합한 것은?

① 에폭시 도막방수   ② 아스팔트 방수
③ 무기질 침투방수   ④ 합성고분자 방수

해설

에폭시 도막방수
① 에폭시 수지를 수 회 칠하여 0.1~0.2[mm]의 얇은 도막을 형성
② 내약품성, 마모성이 우수하여 화학공장의 바닥마무리재로 사용
③ 고가이고 신축성이 없으며 내구성이 약함

6 건설안전기술

101 거푸집동바리등을 조립하는 경우에 준수하여야 할 사항으로 옳지 않은 것은?

① 거푸집이 곡면인 경우에는 버팀대의 부착 등 그 거푸집의 부상(浮上)을 방지하기 위한 조치를 할 것
② 동바리의 이음은 맞댄이음이나 장부이음으로 하고 같은 품질의 재료를 사용할 것
③ 동바리로 사용하는 강관(파이프 서포트는 제외)은 높이 2[m] 이내마다 수평연결재를 4개 방향으로 만들고 수평연결재의 변위를 방지할 것
④ 동바리로 사용하는 파이프 서포트는 3개 이상 이어서 사용하지 않도록 할 것

해설

거푸집 조립
① 거푸집을 조립하는 경우에는 거푸집이 콘크리트 하중이나 그 밖의 외력에 견딜 수 있거나, 넘어지지 않도록 견고한 구조의 긴결재(콘크리트를 타설할 때 거푸집이 변형되지 않게 연결하여 고정하는 재료를 말한다), 버팀대 또는 지지대를 설치하는 등 필요한 조치를 할 것
② 거푸집이 곡면인 경우에는 버팀대의 부착 등 그 거푸집의 부상(浮上)을 방지하기 위한 조치를 할 것

KEY ① 2018년 3월 4일 기사·산업기사 동시출제
② 2018년 9월 15일 출제

합격정보
산업안전보건기준에 관한 규칙 제331조의2(거푸집 조립 시의 안전조치)

102 공사용 가설도로를 설치하는 경우 준수해야 할 사항으로 옳지 않은 것은?

① 도로는 장비와 차량이 안전하게 운행할 수 있도록 견고하게 설치한다.
② 도로는 배수에 관계없이 평탄하게 설치한다.
③ 도로와 작업장이 접하여 있을 경우에는 방책 등을 설치한다.
④ 차량의 속도제한 표지를 부착한다.

해설

배수시설 설치
① 도로는 배수를 위하여 경사지게 설치
② 배수시설을 설치할 것

KEY 2010년 3월 7일(문제103번) 출제

103 단관비계를 조립하는 경우 벽이음 및 버팀을 설치할 때의 수평방향 조립간격 기준으로 옳은 것은?

① 3[m]   ② 5[m]
③ 6[m]   ④ 8[m]

[정답] 100 ①   101 ③   102 ②   103 ②

해설

강관비계의 조립 간격

강관비계의 종류	조립 간격(단위 : [m])	
	수직 방향	수평 방향
단관비계	5	5
틀비계(높이 5[m] 미만인 것은 제외)	6	8

KEY
① 2016년 5월 8일(문제 101번) 출제
② 2017년 9월 23일 산업기사 출제
③ 2018년 8월 19일 기사 출제
④ 2019년 9월 21일(문제 117번) 출제

합격정보
산업안전보건기준에 관한 규칙(별표 5) 강관비계의 조립간격

104 유해위험방지 계획서를 제출해야 될 대상 공사의 기준으로 옳은 것은?

① 최대 지간길이가 50[m] 이상인 다리 건설 등 공사
② 다목적댐·발전용댐 및 저수용량 1천만톤 이상의 용수전용댐·지방상수도 전용댐 건설 등의 공사
③ 깊이 8[m] 이상인 굴착공사
④ 연면적 3,000[m²] 이상의 냉동·냉장창고시설의 설비공사 및 단열공사

해설

유해위험방지계획서 제출대상 공사
(1) 건축물 또는 시설 등의 건설·개조 또는 해체공사
  가. 지상높이가 31미터 이상인 건축물 또는 인공구조물
  나. 연면적 3만제곱미터 이상인 건축물
  다. 연면적 5천제곱미터 이상인 시설
    ① 문화 및 집회시설(전시장 및 동물원·식물원은 제외한다)
    ② 판매시설, 운수시설(고속철도의 역사 및 집배송시설은 제외한다)
    ③ 종교시설
    ④ 의료시설 중 종합병원
    ⑤ 숙박시설 중 관광숙박시설
    ⑥ 지하도상가
    ⑦ 냉동·냉장 창고시설
(2) 연면적 5천제곱미터 이상인 냉동·냉장 창고시설의 설비공사 및 단열공사
(3) 최대지간길이가 50[m] 이상인 다리건설 등 공사
(4) 터널건설 등의 공사
(5) 다목적댐, 발전용댐 및 저수용량 2천만톤 이상의 용수전용댐, 지방상수도 전용댐 건설 등의 공사
(6) 깊이 10[m] 이상인 굴착공사

KEY
① 2016년 5월 8일 기사 출제
② 2017년 3월 5일 산업기사 출제
③ 2018년 4월 28일, 9월 15일 기사 출제
④ 2018년 8월 19일 기사·산업기사 동시 출제

정보제공
① 산업안전보건법 시행령 42조(유해위험방지계획서 제출대상)
② 2024년 7월 1일 개정법 적용

105 토질시험 중 액체 상태의 흙이 건조되어가면서 액성, 소성, 반고체, 고체 상태의 경계선과 관련된 시험의 명칭은?

① 아터버그 한계시험
② 압밀시험
③ 삼축압축시험
④ 투수시험

해설

아터버그한계 (―限界, Atterberg limit)
① 토양의 수분함량이 달라지면 외력에 의한 유동·변형에 대한 저항성 즉 결지성이 달라진다.
② 수분상태에 의한 결지성 형태의 전이점은 수분함량으로 결정한다.
③ 이를 연구한 Albert Atterberg의 이름을 따서 아터버그한계 혹은 결지성한계(consistence limit)라고 한다.

[그림] 토양의 아터버그 한계

KEY
① 2016년 6월 8일 출제
② 2017년 3월 5일 산업기사 출제
③ 2018년 3월 4일 산업기사 출제

106 인력운반 작업에 대한 안전 준수사항으로 옳지 않은 것은?

① 보조기구를 효과적으로 사용한다.
② 긴 물건은 뒤쪽으로 높이고 원통인 물건은 굴려서 운반한다.
③ 물건을 들어올릴 때에는 팔과 무릎을 이용하며 척추는 곧게 한다.
④ 무거운 물건은 공동작업으로 실시한다.

해설

인력운반 안전기준
① 1인당 무게는 25[kg] 정도가 적절하며, 무리한 운반 금지
② 2인 이상 1조가 되어 어깨메기로 하여 운반하는 등 안전을 도모
③ 긴 철근을 1인이 운반시 한쪽을 어깨에 메고 한쪽 끝을 끌면서 운반

[정답] 104 ① 105 ① 106 ②

과년도 출제문제

KEY ① 2017년 5월 7일 산업기사 출제
② 2019년 9월 21일 기사·산업기사 동시 출제

107 철골작업을 할 때 악천후에는 작업을 중지하도록 하여야 하는데 그 기준으로 옳은 것은?

① 강설량이 분당 1[cm] 이상인 경우
② 강우량이 시간당 11[cm] 이상인 경우
③ 풍속이 초당 10[m] 이상인 경우
④ 기온이 28[℃] 이상인 경우

해설

철골작업 시 기후에 의한 작업중지사항 3가지
① 풍속 : 10[m/sec] 이상
② 강우량 : 1[mm/hr] 이상
③ 강설량 : 1[cm/hr] 이상

KEY ① 2017년 9월 23일 산업기사 출제
② 2018년 8월 19일 기사 출제
③ 2018년 9월 15일(문제 116번) 출제
④ 2019년 9월 21일 기사·산업기사 동시 출제

합격정보
산업안전보건기준에 관한 규칙 제383조(작업의 제한)

108 굴착작업을 하는 경우 근로자의 위험을 방지하기 위하여 작업장의 지형·지반 및 지층상태 등에 대하여 실시하여야 하는 사전조사의 내용으로 옳지 않은 것은?

① 형상·지질 및 지층의 상태
② 균열·함수(含水)·용수 및 동결의 유무 또는 상태
③ 지상의 배수 상태
④ 매설물 등의 유무 또는 상태

해설

굴착작업시 사전조사 내용
① 형상·지질 및 지층의 상태
② 균열·함수(含水)·용수 및 동결의 유무 또는 상태
③ 매설물 등의 유무 또는 상태
④ 지반의 지하수위 상태

KEY 2018년 3월 4일 산업기사 출제

합격정보
산업안전보건기준에 관한 규칙 [별표 4] 사전조사 및 작업계획서 내용

109 건설업 산업안전보건관리비 중 안전시설비로 사용할 수 있는 항목에 해당하는 것은?

① 각종 비계, 작업발판, 가설계단·통로, 사다리 등
② 비계·통로·계단에 추가 설치하는 추락방지용 안전난간
③ 절토부 및 성토부 등의 토사유실 방지를 위한 설비
④ 작업장 간 상호 연락, 작업 상황 파악 등 통신수단으로 활용되는 통신시설 설비

해설

안전시설비 사용가능항목
① 산업재해 예방을 위한 안전난간, 추락방호망, 안전대 부착설비, 방호장치(기계·기구와 방호장치가 일체로 제작된 경우, 방호장치 부분의 가액에 한함) 등 안전시설의 구입·임대 및 설치를 위해 소요되는 비용
② 「산업재해예방시설자금 융자금 지원사업 및 보조금 지급사업 운영규정」(고용노동부고시) 제2조제12호에 따른 "스마트안전장비 지원사업" 및 「건설기술진흥법」 제62조의3에 따른 스마트 안전장비 구입·임대 비용의 5분의 2에 해당하는 비용. 다만, 제4조에 따라 계상된 산업안전보건관리비 총액의 10분의 1을 초과할 수 없다.
③ 용접 작업 등 화재 위험작업 시 사용하는 소화기의 구입·임대비용

KEY ① 2017년 5월 7일 산업기사 출제
② 2018년 3월 4일 출제

합격정보
① 건설업 산업안전보건관리비 계상 및 사용기준
② 고용노동부 고시 제2024-53호(2024. 9. 19) 개정고시 적용

110 작업으로 인하여 물체가 떨어지거나 날아올 위험이 있는 경우 그 위험을 방지하기 위하여 필요한 조치사항으로 거리가 먼 것은?

① 낙하물방지망의 설치
② 출입금지구역의 설정
③ 보호구의 착용
④ 작업지휘자 선정

해설

낙하물에 의한 위험방지 안전기준
① 낙하물 방지망
② 수직보호망
③ 방호 선반의 설치
④ 출입금지 구역의 설정
⑤ 보호구 착용

[정답] 107 ③ 108 ③ 109 ② 110 ④

KEY ▶ 2017년 8월 26일 출제

합격정보
산업안전보건기준에 관한 규칙 제14조(낙하물에 의한 위험의 방지)

111
구축물 또는 이와 유사한 시설물에 대하여 자중(自重), 적재하중, 적설, 풍압(風壓), 지진이나 진동 및 충격 등에 의하여 붕괴·전도·무너짐·폭발하는 등의 위험을 예방하기 위하여 필요한 조치로 거리가 먼 것은?

① 설계도서에 따라 시공했는지 확인
② 건설공사 시방서(示方書)에 따라 시공했는지 확인
③ 소방시설법령에 의해 소방시설을 설치했는지 확인
④ 「건축물의 구조기준 등에 관한 규칙」에 따른 구조기준을 준수했는지 확인

해설
구축물 등의 안전대책
① 설계도서에 따라 시공했는지 확인
② 건설공사 시방서(示方書)에 따라 시공했는지 확인
③ 「건축물의 구조기준 등에 관한 규칙」에 따른 구조기준을 준수했는지 확인

KEY ▶ 2016년 10월 1일(문제 111번) 출제

합격정보
산업안전보건기준에 관한 규칙 제51조(구축물 또는 이와 유사한 시설물 등의 안전유지)

112
건설작업장에서 재해예방을 위해 작업조건에 따라 근로자에게 지급하고 착용하도록 하여야 할 보호구로 옳지 않은 것은?

① 물체가 떨어지거나 날아올 위험 또는 근로자가 추락할 위험이 있는 작업 : 안전모
② 높이 또는 깊이 2미터 이상의 추락할 위험이 있는 장소에서 하는 작업 : 안전대
③ 용접 시 불꽃이나 물체가 흩날릴 위험이 있는 작업 : 보안경
④ 물체의 낙하·충격, 물체에의 끼임, 감전 또는 정전기의 대전(帶電)에 의한 위험이 있는 작업 : 안전화

해설
보호구 지급기준
① 물체가 떨어지거나 날아올 위험 또는 근로자가 추락할 위험이 있는 작업 : 안전모
② 높이 또는 깊이 2미터 이상의 추락할 위험이 있는 장소에서 하는 작업 : 안전대(安全帶)
③ 물체의 낙하·충격, 물체에의 끼임, 감전 또는 정전기의 대전(帶電)에 의한 위험이 있는 작업 : 안전화
④ 물체가 흩날릴 위험이 있는 작업 : 보안경
⑤ 용접 시 불꽃이나 물체가 흩날릴 위험이 있는 작업 : 보안면
⑥ 감전의 위험이 있는 작업 : 절연용 보호구
⑦ 고열에 의한 화상 등의 위험이 있는 작업 : 방열복
⑧ 선창 등에서 분진(粉塵)이 심하게 발생하는 하역작업 : 방진마스크
⑨ 섭씨 영하 18도 이하인 급냉동어창에서 하는 하역작업 : 방한모·방한복·방한화·방한장갑
⑩ 물건을 운반하거나 수거·배달하기 위하여 「도로교통법」 제2조제18호가목5)에 따른 이륜자동차 또는 같은 법 제2조제19호에 따른 원동기장치자전거를 운행하는 작업 : 「도로교통법 시행규칙」 제32조제1항 각 호의 기준에 적합한 승차용 안전모
⑪ 물건을 운반하거나 수거·배달하기 위해 「도로교통법」 제2조제21호의2에 따른 자전거등을 운행하는 작업 : 「도로교통법 시행규칙」 제32조제2항의 기준에 적합한 안전모

KEY ▶ 2008년 5월 11일 산업기사 출제

합격정보
① 산업안전보건기준에 관한 규칙 제32조(보호구의 지급 등)
② 2025. 7. 17. 개정법 적용

113
차량계 건설기계 작업 시 그 기계가 넘어지거나 굴러떨어짐으로써 근로자가 위험해질 우려가 있는 경우에 필요한 조치사항으로 거리가 먼 것은?

① 변속기능의 유지
② 갓길의 붕괴방지
③ 도로 폭의 유지
④ 지반의 부동침하방지

해설
차량계 건설기계 전도·전락방지대책
① 유도하는 사람 배치
② 지반의 부동침하방지
③ 갓길의 붕괴방지
④ 도로 폭의 유지

KEY ▶ ① 2011년 3월 20일(문제 110번) 출제
② 2018년 4월 28일(문제 104번) 출제

합격정보
산업안전보건기준에 관한 규칙 제199조(전도등의 방지)

[정답] 111 ③　112 ③　113 ①

과년도 출제문제

114 갱내에 설치한 사다리식 통로에 권상장치가 설치된 경우 권상장치와 근로자의 접촉에 의한 위험이 있는 장소에 설치해야 하는 것은?

① 판자벽   ② 울
③ 건널다리   ④ 덮개

해설

제25조(갱내통로 등의 위험 방지) 사업주는 갱내에 설치한 통로 또는 사다리식 통로에 권상장치(卷上裝置)가 설치된 경우 권상장치와 근로자의 접촉에 의한 위험이 있는 장소에 판자벽이나 그 밖에 위험 방지를 위한 격벽(隔壁)을 설치하여야 한다.

합격정보

산업안전보건기준에 관한 규칙 제25조(갱내통로 등의 위험 방지)

115 52[m] 높이로 강관비계를 세우려면 지상에서 몇 미터까지 2개의 강관으로 묶어 세워야 하는가?

① 11[m]   ② 16[m]
③ 21[m]   ④ 26[m]

해설

강관비계 높이기준
52 − 31 = 21[m]

KEY 2006년 5월 14일(문제 107번) 출제

정보제공

산업안전보건기준에 관한 규칙 제60조(강관비계의 구조)

116 보호구 자율안전확인 고시에 따른 안전모의 시험항목에 해당되지 않는 것은?

① 전처리   ② 착용높이 측정
③ 충격흡수성시험   ④ 절연시험

해설

안전모의 자율안전확인의 시험방법
① 전처리
② 착용높이
③ 내관통성시험
④ 충격흡수성시험
⑤ 난연성시험
⑥ 턱끈풀림시험
⑦ 측면변형시험

117 강관틀비계를 조립하여 사용하는 경우 준수해야 할 기준으로 옳은 것은?

① 비계기둥의 밑둥에는 밑받침 철물을 사용하여야 하며 밑받침에 고저차(高低差)가 있는 경우에는 조절형 밑받침철물을 사용하여 각각의 강관틀비계가 항상 수평 및 수직을 유지하도록 할 것
② 높이가 20[m]를 초과하거나 중량물의 적재를 수반하는 작업을 할 경우에는 주틀 간의 간격을 1.5[m] 이하로 할것
③ 주틀 간의 교차 가새를 설치하고 최상층 및 10층 이내마다 수평재를 설치할 것
④ 수직방향으로 5[m] 수평방향으로 5[m] 이내마다 벽이음을 할 것

해설

강관비계의 조립 간격

강관비계의 종류	조립 간격(단위 : [m])	
	수직 방향	수평 방향
단관비계	5	5
틀비계(높이 5[m] 미만인 것은 제외)	6	8

KEY
① 2016년 5월 8일(문제 101번) 출제
② 2017년 9월 23일 산업기사 출제
③ 2018년 8월 19일 기사 출제
④ 2019년 9월 21일(문제 103번) 출제

합격정보
① 산업안전보건기준에 관한 규칙(별표 5) 강관비계의 조립간격
② 산업안전보건기준에 관한 규칙 제62조(강관틀비계)

118 체인(Chain)의 폐기 대상이 아닌 것은?

① 균열, 흠이 있는 것
② 뒤틀림 등 변형이 현저한 것
③ 전장이 원래 길이의 5[%]를 초과하여 늘어난 것
④ 링(Ring)의 단면 지름의 감소가 원래 지름의 5[%] 정도 마모된 것

[정답] 114 ①   115 ③   116 ④   117 ①   118 ④

해설

달기 체인의 사용금지 기준
① 달기 체인의 길이가 달기 체인이 제조된 때의 길이의 5[%]를 초과한 것
② 링의 단면지름이 달기 체인이 제조된 때의 해당 링의 지름의 10[%]를 초과하여 감소한 것
③ 균열이 있거나 심하게 변형된 것

합격정보
산업안전보건기준에 관한 규칙 제63조(달비계의 구조)

---

119 물체가 떨어지거나 날아올 위험을 방지하기 위한 낙하물 방지망 또는 방호선반을 설치할 때 수평면과의 적정한 각도는?

① 10[°]~20[°]
② 20[°]~30[°]
③ 30[°]~40[°]
④ 40[°]~45[°]

해설

낙하물 방지망 또는 방호선반 설치기준
① 높이 10미터 이내마다 설치하고, 내민 길이는 벽면으로부터 2미터 이상으로 할 것
② 수평면과의 각도는 20[°]이상 30[°] 이하를 유지할 것

KEY 2024년 10월 19일 기사·산업기사 실기 작업형 동시 출제

합격정보
산업안전보건기준에 관한 규칙 제14조(낙하물에 의한 위험의 방지)

---

120 콘크리트 타설작업을 하는 경우 안전대책으로 옳지 않은 것은?

① 당일의 직업을 시작하기 전에 해당 작업에 관한 거푸집동바리 등의 변형·변위 및 지반의 침하 유무등을 점검하고 이상이 있으면 보수할 것
② 작업 중에는 거푸집동바리 등의 변형·변위 및 침하 유무 등을 감시할 수 있는 감시자를 배치하여 이상이 있으면 작업을 중지하고 근로자를 대피시킬 것
③ 설계도서상의 콘크리트 양생기간을 준수하여 거푸집 동바리 등을 해체할 것
④ 슬래브의 경우 한쪽부터 순차적으로 콘크리트를 타설하는 등 편심을 유발하여 빠른 시간 내 타설이 완료되도록 할 것

해설

콘크리트를 타설하는 경우에는 편심이 발생하지 않도록 골고루 분산하여 타설할 것

합격정보
산업안전보건기준에 관한 규칙 제334조(콘크리트 타설작업)

녹색직업 녹색자격증코너

우환에 살고 안락에 죽는다.

사람은 항상 잘못을 저지른 다음에 고칠 수 있고,
마음이 괴롭고 자꾸 생각에 걸려야 분발하며,
남의 안색에서 확인하고
남의 목소리에서 드러나야만 깨닫는다.
안으로는 법도 있는 대신과 보필하는 선비가 없고,
밖으로 적국과 외환이 없으면
이런 나라는 항상 망하게 되어있다.
사람은 우환에 살고 안락에서 죽는다.

-맹자

변화에 능한 자만이 살아남는다고
역사는 우리에게 가르칩니다.
그러나 혁신은 이대로 가다가는 생존이 불가능하다는
절대적 위기의식 속에서만 시작될 수 있습니다.
변화로 인해 잃는 것은 실제보다 크게 느끼고
변화로 인해 얻을 수 있는 것은 불확실하기 때문입니다.

[정답] 119 ② 120 ④

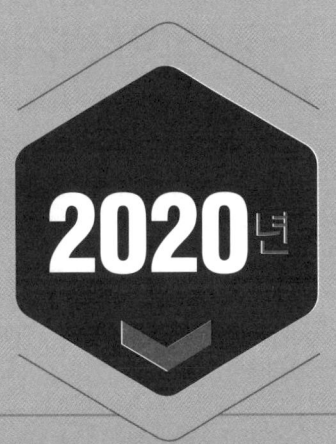

건설안전기사필기

2020년 06월 07일 시행 제1·2회

2020년 08월 22일 시행 제3회

2020년 09월 27일 시행 제4회

2020년도 기사 정기검정 제1·2회 통합 (2020년 6월 7일 시행)

자격종목 및 등급(선택분야)
건설안전기사

종목코드	시험시간	수험번호	성명
1440	3시간	20200607	도서출판세화

1 산업안전관리론

01 다음은 산업안전보건법령상 공정안전보고서의 제출 시기에 관한 기준 내용이다. ( ) 안에 들어갈 내용을 올바르게 나열한 것은?

> 사업주는 산업안전보건법 시행령에 따라 유해하거나 위험한 설비의 설치·이전 또는 주요 구조부분의 변경공사의 착공일 (㉠) 전까지 공정안전보고서를 (㉡) 작성하여 공단에 제출해야 한다.

① ㉠ 1일,   ㉡ 2부
② ㉠ 15일, ㉡ 1부
③ ㉠ 15일, ㉡ 2부
④ ㉠ 30일, ㉡ 2부

[해설]
공정안전보고서 제출시기
① 제출시기 : 변경공사 착공일 30[일] 전까지
② 제출기관 및 부수 : 한국산업안전보건공단, 2부

[정보제공]
산업안전보건법 시행규칙 제51조(공정안전보고서의 제출시기)

---

02 안전보건관리조직 중 스텝(Staff)형 조직에 관한 설명으로 옳지 않은 것은?

① 안전정보수집이 신속하다.
② 안전과 생산을 별개로 취급하기 쉽다.
③ 권한 다툼이나 조정이 용이하여 통제수속이 간단하다.
④ 스텝 스스로 생산라인의 안전업무를 행하는 것은 아니다.

[해설]
스텝형조직의 특징
① 100~1,000명 정도의 중규모 사업장 적용
② 권한다툼이나 조정이 어렵다.

[KEY]
① 2016년 3월 6일 기사·산업기사 동시 출제
② 2016년 10월 1일 산업기사 출제
③ 2017년 3월 5일 기사 출제
④ 2017년 5월 7일 기사 출제
⑤ 2018년 8월 26일 기사·산업기사 동시 출제
⑥ 2019년 3월 3일 기사 출제
⑦ 2019년 8월 4일 기사·산업기사 동시 출제
⑧ 2019년 9월 21일 산업기사 출제

---

03 다음 중 시설물의 안전 및 유지관리에 관한 특별법상 시설물 정기안전점검의 실시 시기로 옳은 것은?

① 반기에 1회 이상
② 1년에 1회 이상
③ 2년에 1회 이상
④ 3년에 1회 이상

[해설]
시설물안전관리 특별법상 안전점검 및 정밀안전단의 실시 시기
① 정기점검 : A, B, C 등급은 반기에 1회 이상
② 긴급점검 : 관리주체가 필요하다고 판단할 때 또는 관계 행정기관의 장이 필요하다고 판단하여 관리주체에게 긴급점검을 요청한 때
③ 정밀점검

[KEY]
① 2011년 10월 2일 기사 출제
② 2018년 9월 15일 기사 출제
③ 2019년 4월 27일 기사 출제

---

04 정보서비스업의 경우, 상시 근로자의 수가 최소 몇 명 이상일 때 안전보건관리규정을 작성하여야 하는가?

① 50명 이상   ② 100명 이상
③ 200명 이상   ④ 300명 이상

[정답] 01 ④ 02 ③ 03 ① 04 ④

해설

안전보건관리규정을 작성하여야 할 사업의 종류 및 상시 근로자수

사업의 종류	상시 근로자수
1. 농업 2. 어업 3. 소프트웨어 개발 및 공급업 4. 컴퓨터 프로그래밍, 시스템 통합 및 관리업 4의2. 영상·오디오물 제공 서비스업 5. 정보서비스업 6. 금융 및 보험업 7. 임대업;부동산 제외 8. 전문, 과학 및 기술 서비스업(연구개발업은 제외한다) 9. 사업지원 서비스업 10. 사회복지 서비스업	상시 근로자 300명 이상을 사용하는 사업장
11. 제1호부터 제4호까지, 제4의 2 및 제5호부터 제10호까지의 사업을 제외한 사업	상시 근로자 100명 이상을 사용하는 사업장

정보제공

산업안전보건법 시행규칙 [별표2]

05
100명의 근로자가 근무하는 A기업체에서 1주일에 48시간, 연간 50주를 근무하는데 1년에 50건의 재해로 총 2,400일의 근로손실일수가 발생하였다. A기업체의 강도율은?

① 10 ② 24
③ 100 ④ 240

해설

$$강도율 = \frac{총요양근로손실일수}{연근로시간수} \times 1,000$$
$$= \frac{2400}{100 \times 48 \times 50} \times 1,000 = 10$$

KEY
① 2016년 3월 6일 기사·산업기사 동시 출제
② 2016년 10월 1일 기사 출제
③ 2017년 3월 5일 기사 출제
④ 2017년 8월 26일 산업기사 출제
⑤ 2017년 9월 23일 기사·산업기사 동시 출제
⑥ 2018년 3월 4일 산업기사 출제
⑦ 2018년 4월 28일 기사 출제
⑧ 2019년 3월 3일 기사 출제
⑨ 2019년 4월 27일 기사 출제
⑩ 2019년 8월 4일 기사 출제
⑪ 2019년 9월 21일 산업기사 출제

06
아파트 신축 건설현장에 산업안전보건법령에 따른 안전보건표지를 설치하려고 한다. 용도에 따른 표지의 종류를 올바르게 연결한 것은?

① 금연 – 지시표지
② 비상구 – 안내표지
③ 고압전기 – 금지표지
④ 안전모 착용 – 경고표지

해설

안전보건표지
① 금연 : 금지표지
② 고압전기 : 경고표지
③ 안전모 착용 : 지시표지

KEY
① 2016년 3월 6일 기사 출제
② 2016년 5월 8일 기사 출제
③ 2017년 5월 7일 기사 출제
④ 2017년 9월 23일 기사 출제
⑤ 2019년 3월 3일 기사 출제
⑥ 2019년 4월 27일 기사 출제

정보제공

산업안전보건법 시행규칙 [별표 6] 안전보건표지의 종류와 형태

07
기계설비의 안전에 있어서 중요 부분의 피로, 마모, 손상, 부식 등에 대한 장치의 변화 유무 등을 일정 기간마다 점검하는 안전점검의 종류는?

① 일상점검 ② 특별점검
③ 정기점검 ④ 임시점검

해설

정기점검(계획점검)
① 일정 기간마다 정기적으로 실시하는 점검
② 법적 기준 또는 사내 안전 규정에 따라 해당 책임자가 실시하는 점검

KEY
① 2016년 3월 6일 기사 출제
② 2016년 5월 8일 기사 출제
③ 2017년 9월 23일 기사 출제
④ 2018년 4월 28일 기사 출제

[정답] 05 ① 06 ② 07 ③

과년도 출제문제

08 하인리히 사고예방대책 5단계의 각 단계와 기본 원리가 잘못 연결된 것은?

① 제1단계 – 안전조직
② 제2단계 – 사실의 발견
③ 제3단계 – 점검 및 검사
④ 제4단계 – 시정 방법의 선정

해설

하인리히 사고예방대책 5단계
① 제1단계 – 안전조직
② 제2단계 – 사실의 발견
③ 제3단계 – 분석평가
④ 제4단계 – 시정 방법의 선정
⑤ 제5단계 – 시정책의 적용

KEY
① 2016년 10월 1일 산업기사 출제
② 2017년 3월 5일 기사 출제
③ 2018년 3월 4일 기사 출제
④ 2018년 8월 19일 산업기사 출제
⑤ 2019년 4월 27일 기사 출제

09 산업안전보건법령상 사업주의 의무에 해당하지 않는 것은?

① 산업재해 예방을 위한 기준 준수
② 사업장의 안전 및 보건에 관한 정보를 근로자에게 제공
③ 산업 안전 및 보건 관련 단체 등에 대한 지원 및 지도·감독
④ 근로자의 신체적 피로와 정신적 스트레스 등을 줄일 수 있는 쾌적한 작업환경의 조성 및 근로조건 개선

해설

사업주의 의무
① 산업재해 예방을 위한 기준 준수
② 사업장의 안전 및 보건에 관한 정보를 근로자에게 제공
③ 근로자의 신체적 피로와 정신적 스트레스 등을 줄일 수 있는 쾌적한 작업환경의 조성 및 근로조건 개선

정보제공
산업안전보건법 제5조(사업주등의 의무)

10 시몬즈(Simonds)의 총재해 코스트 계산방식 중 비보험 코스트 항목에 해당하지 않는 것은?

① 사망재해 건수
② 통원상해 건수
③ 응급조치 건수
④ 무상해 사고 건수

해설

재해사고(Category)

분류	내용
휴업상해(A)	영구 부분노동불능, 일시 전노동불능
통원상해(B)	일시 부분노동불능, 의사의 조치를 요하는 통원상해
응급처(조)치(C)	20달러 미만의 손실 또는 8시간 미만의 휴업손실 상해
무상해사고(D)	의료조치를 필요로 하지 않는 경미한 상해, 사고 및 무상해 사고

KEY
① 2019년 4월 27일 기사 출제
② 2019년 9월 21일 기사 출제

11 위험예지훈련의 4라운드 기법에서 문제점을 발견하고 중요 문제를 결정하는 단계는?

① 현상파악
② 본질추구
③ 목표설정
④ 대책수립

해설

제2단계(요인 조사 : 본질추구)
① 이것이 위험 요점이다!(위험의 포인트 결정 및 지적 확인)
② 발견된 위험 요인 가운데 중요하다고 생각되는 위험을 파악하고 ○표나 ◎표를 붙인다.(문제점 발견 및 중요문제 결정)

KEY 10번 이상 출제 문제

12 재해조사와 주된 목적으로 옳은 것은?

① 재해의 책임소재를 명확히 하기 위함이다.
② 동일 업종의 산업재해 통계를 조사하기 위함이다.
③ 동종 또는 유사재해의 재발을 방지하기 위함이다.
④ 해당 사업장의 안전관리 계획을 수립하기 위함이다.

[정답] 08 ③ 09 ③ 10 ① 11 ② 12 ③

해설

재해조사 주목적

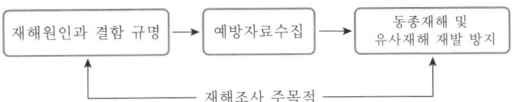

해설

버드(Frank Bird)의 최신(새로운) 연쇄성(domino) 이론
① 제1단계 : 전문적 관리 부족(제어 부족 : 관리 경영) : 근원적 원인
② 제2단계 : 기본원인(기원) – 제거시 큰 사고 예방 가능
③ 제3단계 : 직접원인(징후) : 인적 원인+물적 원인
④ 제4단계 : 사고(접촉)
⑤ 제5단계 : 상해(손해, 손실)

KEY 2017년 3월 5일 기사 출제

13 위험예지훈련의 기법으로 활용하는 브레인 스토밍(Brain Storming)에 관한 설명으로 옳지 않은 것은?

① 발언은 누구나 자유분방하게 하도록 한다.
② 가능한 한 무엇이든 많이 발언하도록 한다.
③ 타인의 아이디어를 수정하여 발언할 수 없다.
④ 발표된 의견에 대하여는 서로 비판을 하지 않도록 한다.

해설

BS의 4원칙
① 비판금지(criticism is ruled out) : 좋다, 나쁘다 비판은 하지 않는다.
② 자유분방(free wheeling) : 마음대로 자유로이 발언한다.
③ 대량발언(quantity is wanted) : 무엇이든 좋으니 많이 발언한다.
④ 수정발언(combination and improvement of thought) : 타인의 생각에 동참하거나 보충 발언해도 좋다.

KEY ① 2017년 8월 26일 기사 출제
② 2017년 9월 23일 산업기사 출제
③ 2018년 8월 19일 기사 출제
④ 2019년 4월 27일 기사 출제

14 버드(Frank Bird)의 도미노 이론에서 재해 발생 과정에 있어 가장 먼저 수반되는 것은?

① 관리의 부족
② 전술 및 전략적 에러
③ 불안전한 행동 및 상태
④ 사회적 환경과 유전적 요소

15 재해사례연구의 진행순서로 옳은 것은?

① 재해 상황의 파악 → 사실의 확인 → 문제점 발견 → 근본적 문제점 결정 → 대책 수립
② 사실의 확인 → 재해 상황의 파악 → 근본적 문제점 결정 → 문제점 발견 → 대책 수립
③ 문제점 발견 → 사실의 확인 → 재해 상황의 파악 → 근본적 문제점 결정 → 대책 수립
④ 재해 상황의 파악 → 문제점 발견 → 근본적 문제점 결정 → 대책 수립 → 사실의 확인

해설

재해사례연구의 진행순서
① 전제조건 : 재해 상황의 파악
② 1단계 : 사실의 확인
③ 2단계 : 문제점의 발견
④ 3단계 : 근본적 문제점 결정
⑤ 4단계 : 대책 수립

KEY ① 2016년 10월 1일 기사 출제
② 2017년 9월 23일 기사 출제
③ 2018년 3월 4일 기사·산업기사 동시 출제
④ 2018년 8월 19일 기사 출제
⑤ 2018년 9월 15일 기사 출제

16 사고예방대책의 기본원리 5단계 시정책의 적용 중 3E에 해당하지 않는 것은?

① 교육(Education)
② 관리(Enforcement)
③ 기술(Engineering)
④ 환경(Environment)

[정답] 13 ③ 14 ① 15 ① 16 ④

해설

3E · 3S

3E	3S
safety education(안전교육) safety engineering(안전기술) safety enforcement(안전독려)	① 단순화(simplification) ② 표준화(standardization) ③ 전문화(specification)

KEY 2019년 3월 3일 기사 출제

---

17 다음 중 산업재해발생의 기본 원인 4M에 해당하지 않는 것은?

① Media ② Material
③ Machine ④ Management

해설

인간과오의 배후요인 4요소(안전)
① Man
② Machine
③ Media
④ Management

---

18 산업안전보건법령상 안전보건총괄책임자의 직무에 해당하지 않는 것은?

① 도급 시 산업재해 예방조치
② 위험성평가의 실시에 관한 사항
③ 해당 사업장 안전교육계획의 수립에 관한 보좌 및 지도 · 조언
④ 산업안전보건관리비의 관계수급인 간의 사용에 관한 협의 · 조정 및 그 집행의 감독

해설

안전보건총괄책임자의 직무
① 위험성평가의 실시에 관한 사항
② 작업의 중지
③ 도급 시 산업재해 예방조치
④ 산업안전보건관리비의 관계수급인 간의 사용에 관한 협의·조정 및 그 집행의 감독
⑤ 안전인증대상기계등과 자율안전확인대상기계등의 사용 여부 확인

정보제공
산업안전보건법 시행령 제53조 (안전보건총괄책임자의 직무 등)

---

19 보호구 안전인증제품에 표시할 사항으로 옳지 않은 것은?

① 규격 또는 등급
② 형식 또는 모델명
③ 제조번호 및 제조연월
④ 성능기준 및 시험방법

해설

안전인증 제품 표시방법
① 형식 또는 모델명
② 규격 또는 등급 등
③ 제조자명
④ 제조번호 및 제조연월
⑤ 안전인증 번호

KEY 2015년 9월 19일 문제 2번 출제

---

20 산업안전보건법령상 자율안전확인대상 기계등에 해당하지 않는 것은?

① 연삭기 ② 곤돌라
③ 컨베이어 ④ 산업용 로봇

해설

자율안전확인대상 기계의 종류
① 연삭기 또는 연마기(휴대형은 제외한다)
② 산업용 로봇
③ 혼합기
④ 파쇄기 또는 분쇄기
⑤ 식품가공용기계(파쇄·절단·혼합·제면기만 해당한다)
⑥ 컨베이어
⑦ 자동차정비용 리프트
⑧ 공작기계(선반, 드릴기, 평삭·형삭기, 밀링만 해당한다.)
⑨ 고정형 목재가공용기계(둥근톱, 대패, 루타기, 띠톱, 모떼기 기계만 해당한다)
⑩ 인쇄기

KEY 2019년 4월 27일 출제

정보제공
산업안전보건법 시행령 제77조 (자율안전확인대상기계 등)

【 정답 】 17 ② 18 ③ 19 ④ 20 ②

2 산업심리 및 교육

21 집단간 갈등의 해소방안으로 틀린 것은?

① 공동의 문제 설정
② 상위 목표의 설정
③ 집단 간 접촉 기회의 증대
④ 사회적 범주화 편향의 최대화

해설

집단간 갈등의 해소 방안
① 공동의 문제 설정
② 상위 목표의 설정
③ 집단 간 접촉 기회의 증대
④ 사회적 범주화 편향의 최소화

22 의사소통의 심리구조를 4영역으로 나누어 설명한 조하리의 창(Johari's Windows)에서 "나는 모르지만 다른 사람은 알고 있는 영역"을 무엇이라 하는가?

① Blind area   ② Hidden area
③ Open area   ④ Unknown area

해설

조하리의 창(Johari's window)에서 "나는 모르지만 다른 사람은 알고 있는 영역" : Blind area

23 Project method의 장점으로 볼 수 없는 것은?

① 창조력이 생긴다.
② 동기부여가 충분하다.
③ 현실적인 학습방법이다.
④ 시간과 에너지가 적게 소비된다.

해설

Project method의 단점 : 시간과 에너지가 많이 소비된다.

KEY
① 2016년 5월 8일 기사 출제
② 2017년 8월 26일 기사 출제
③ 2017년 9월 23일 기사 출제
④ 2018년 3월 4일 기사 · 산업기사 동시 출제

24 존 듀이(John Dewey)의 5단계 사고 과정을 순서대로 나열한 것은?

㉠ 행동에 의하여 가설을 검토한다.
㉡ 가설을 설정한다.(hypothesis)
㉢ 머리로 생각한다.(intellectualization)
㉣ 시사를 받는다.(suggestion)
㉤ 추론한다.(reasoning)

① ㉤ → ㉡ → ㉣ → ㉠ → ㉢
② ㉣ → ㉢ → ㉡ → ㉤ → ㉠
③ ㉠ → ㉢ → ㉡ → ㉣ → ㉤
④ ㉣ → ㉠ → ㉡ → ㉢ → ㉤

해설

듀이의 사고과정의 5단계
① 1단계 : 시사를 받는다.(suggestion)
② 2단계 : 머리로 생각한다.(intellectualization)
③ 3단계 : 가설을 설정한다.(hypothesis)
④ 4단계 : 추론한다.(reasoning)
⑤ 5단계 : 행동에 의하여 가설을 검토한다.

KEY
① 2018년 9월 15일 기사 출제
② 2019년 4월 27일 기사 출제

25 주의(attention)에 대한 설명으로 틀린 것은?

① 주의력의 특성은 선택성, 변동성, 방향성으로 표현된다.
② 한 자극에 주의를 집중하여도 다른 자극에 대한 주의력은 약해지지 않는다.
③ 여러 종류의 자극을 지각할 때 소수의 특정한 것을 선택하여 집중한다.
④ 의식작용이 있는 일에 집중하거나 행동의 목적에 맞추어 의식수준이 집중되는 심리상태를 말한다.

[정답] 21 ④ 22 ① 23 ④ 24 ② 25 ②

해설

주의의 특성
① 주의력의 단속(변동)성(고도의 주의는 장시간 지속 불능)
② 주의력의 중복집중의 곤란(주의는 동시에 두 개 이상의 방향을 잡지 못함)
③ 주의를 집중한다는 것은 좋은 태도라 할 수 있으나 반드시 최상이라 할 수는 없다.
④ 한 지점에 주의를 집중하면 다른 곳의 주의는 약해진다.

KEY ① 2017년 5월 7일 기사 출제
② 2019년 3월 3일 기사 출제

---

26 안전교육 계획수립 및 추진에 있어 진행순서를 나열한 것으로 맞는 것은?

① 교육의 필요점 발견 → 교육 대상 결정 → 교육 준비 → 교육 실시 → 교육의 성과를 평가
② 교육 대상 결정 → 교육의 필요점 발견 → 교육 준비 → 교육 실시 → 교육의 성과를 평가
③ 교육의 필요점 발견 → 교육 준비 → 교육 대상 결정 → 교육 실시 → 교육의 성과를 평가
④ 교육 대상 결정 → 교육 준비 → 교육의 필요점 발견 → 교육 실시 → 교육의 성과를 평가

해설

교육계획의 수립 및 추진순서
① 교육의 필요점을 발견한다.
② 교육대상을 결정하고 그것에 따라 교육내용 및 교육방법을 결정한다.
③ 교육의 준비를 한다.
④ 교육을 실시한다.
⑤ 교육의 성과를 평가한다.

KEY 2012년 9월 15일 (문제 39번) 출제

---

27 인간의 동작 특성을 외적조건과 내적조건으로 구분할 때 내적조건에 해당하는 것은?

① 경력
② 대상물의 크기
③ 기온
④ 대상물의 동적성질

해설

내적 원인과 대책
① 소질적 문제 : 적성 배치
② 의식의 우회 : 카운슬링(상담)
③ 경험, 미경험자 : 안전교육훈련
④ 작업순서부자연성 : 인간공학적 접근

KEY ① 2017년 5월 7일 산업기사 출제
② 2018년 4월 28일 산업기사 출제

---

28 산업안전보건법령상 대상자별 안전보건교육 중 관리감독자의 지위에 있는 사람을 대상으로 실시하여야 할 정기교육과 교육시간으로 맞는 것은?

① 연간 1시간 이상
② 매반기 3시간 이상
③ 연간 16시간 이상
④ 매반기 6시간 이상

해설

정기교육 교육대상과 시간

교육대상		교육시간
사무직 종사 근로자		매반기 6시간 이상
사무직 종사 근로자 외의 근로자	판매업무에 직접 종사하는 근로자	매반기 6시간 이상
	판매업무에 직접 종사하는 근로자 외의 근로자	매반기 12시간 이상
관리감독자의 지위에 있는 사람		연간 16시간 이상

KEY ① 2016년 5월 8일 산업기사 출제
② 2017년 3월 5일 기사·산업기사 동시 출제
③ 2017년 5월 7일 기사·산업기사 동시 출제
④ 2018년 3월 4일 산업기사 출제

정보제공
산업안전보건법 시행규칙 [별표 4] 안전보건 교육과정별 교육시간

---

29 교육방법에 있어 강의방식의 단점으로 볼 수 있는 것이 아닌 것은?

① 학습내용에 대한 집중이 어렵다.
② 학습자의 참여가 제한적일 수 있다.
③ 안전대비 교육에 필요한 비용이 많이 든다.
④ 학습자 개개인의 이해도를 파악하기 어렵다.

해설

강의식 교육의 특징
① 수강자 1인당 경비는 적으나 교육효과를 올리기 어려운 경우도 있다.
② 교육의 주체(주역)는 강사이다.

[정답] 26 ① 27 ① 28 ③ 29 ③

KEY
① 2017년 3월 5일 기사 출제
② 2017년 5월 7일 기사 출제
③ 2018년 4월 28일 기사 출제
④ 2019년 8월 4일 기사 출제
⑤ 2019년 9월 21일 기사 출제

30 리더십의 행동이론 중 관리 그리드(Managerial Grid)에서 인간에 대한 관심보다 업무에 대한 관심이 매우 높은 유형은?

① (1, 1)형
② (1, 9)형
③ (5, 5)형
④ (9, 1)형

해설

과업(9, 1)형
① 생산에 대한 관심은 매우 높지만 인간에 대한 관심은 매우 낮은 유형
② 인간적인 요소보다도 과업수행에 대한 능력을 중요시하는 리더유형

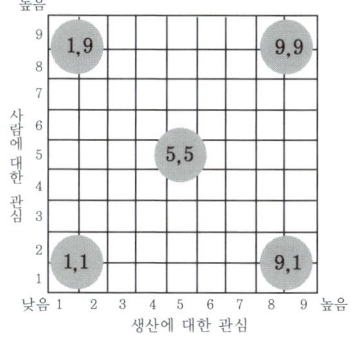

[그림] 관리그리드 이론

KEY
① 2016년 10월 1일 기사 출제
② 2018년 8월 19일 기사 출제

31 교육의 3요소로만 나열된 것은?

① 강사, 교육생, 사회인사
② 강사, 교육생, 교육자료
③ 교육자료, 지식인, 정보
④ 교육생, 교육자료, 교육장소

해설

안전교육의 3요소

요소 분류	교육의 주체	교육의 객체	교육의 매개체
형식적 교육	교도자 (강사)	교육생 (수강자 : 대상)	교육자료 (교재 및 내용)
비형식적 교육	부모, 형, 선배, 사회인사	자녀와 미성숙자	교육적 환경, 인간관계

KEY
① 2017년 3월 5일 기사 출제
② 2017년 5월 7일 기사 출제
③ 2017년 8월 26일 산업기사 출제
④ 2018년 8월 19일 산업기사 출제
⑤ 2019년 8월 4일 기사 출제
⑥ 2020년 6월 14일 산업기사 출제

32 판단과정 착오의 요인이 아닌 것은?

① 자기 합리화
② 능력 부족
③ 작업경험 부족
④ 정보 부족

해설

판단과정 착오요인
① 자기합리화
② 능력부족
③ 정보부족
④ 과신(자신 과잉)
⑤ 작업조건불량

KEY
① 2016년 5월 8일 기사 출제
② 2017년 3월 5일 기사 출제

33 직업적성검사 중 시각적 판단 검사에 해당하지 않는 것은?

① 조립검사
② 명칭판단검사
③ 형태비교검사
④ 공구판단검사

해설

시각적 판단검사의 종류
① 언어판단검사
② 형태비교검사
③ 평면도 판단검사
④ 입체도 판단검사
⑤ 공구판단검사
⑥ 명칭판단검사

KEY 2018년 3월 4일 산업기사 출제

[정답] 30 ④ 31 ② 32 ③ 33 ①

34 조직에 의한 스트레스 요인으로, 역할 수행자에 대한 요구가 개인의 능력을 초과하거나, 주어진 시간과 능력이 허용하는 것 이상을 달성하도록 요구받고 있다고 느끼는 상황을 무엇이라 하는가?

① 역할 갈등　　② 역할 과부하
③ 업무수행 평가　④ 역할 모호성

해설
역할갈등(role conflict)의 원인
① 역할마찰
② 역할부적합
③ 역할모호성

35 매슬로우(Abraham Maslow)의 욕구위계설에서 제시된 5단계의 인간의 욕구 중 허츠버그(Herzberg)가 주장한 2요인 인자이론의 동기요인에 해당하지 않는 것은?

① 성취 욕구
② 안전의 욕구
③ 자아실현의 욕구
④ 존경의 욕구

해설
Herzberg의 동기·위생이론
① 위생요인(유지욕구) : 인간의 동물적 욕구를 반영하는 것으로 Maslow의 욕구 단계에서 생리적, 안전, 사회적 욕구와 비슷하다.
② 동기요인(만족욕구) : 자아실현을 하려는 인간의 독특한 경향을 반영한 것으로 Maslow의 자아실현 욕구와 비슷하다.

KEY 2017년 3월 5일 산업기사 출제

36 인간의 행동특성에 있어 태도에 관한 설명으로 맞는 것은?

① 인간의 행동은 태도에 따라 달라진다.
② 태도가 결정되면 단시간 동안만 유지된다.
③ 집단의 심적 태도교정보다 개인의 심적 태도교정이 용이하다.
④ 행동결정을 판단하고, 지시하는 외적 행동체계라고 할 수 있다.

해설
태도교육
① 작업 동작의 정확화
② 공구, 보호구 취급태도의 안전화
③ 점검태도의 정확화
④ 언어태도의 안전화

결론 안전한 마음가짐을 몸에 익히는 심리적 교육방법

37 손다이크(Thorndike)의 시행착오설에 의한 학습법칙과 관계가 가장 먼 것은?

① 효과의 법칙　　② 연습의 법칙
③ 동일성의 법칙　④ 준비성의 법칙

해설
Thorndike의 시행착오설
① 연습 또는 반복의 법칙(the law of exercise or repetition)
② 효과의 법칙(the law of effect)
③ 준비성의 법칙(the law of readiness)

KEY ① 2017년 3월 5일 기사 출제
② 2018년 3월 4일 기사·산업기사 동시 출제

38 산업안전보건법령상 근로자 정기안전보건교육의 교육내용이 아닌 것은?

① 산업안전 및 산업재해 예방에 관한 사항
② 건강증진 및 질병 예방에 관한 사항
③ 산업보건 및 건강장해 예방에 관한 사항
④ 작업공정의 유해·위험과 재해 예방대책에 관한 사항

해설
근로자의 정기안전보건교육
① 산업안전 및 산업재해 예방에 관한 사항(화재·폭발 사고 발생 시 대피에 관한 사항을 포함한다)
② 산업보건 및 건강장해 예방에 관한 사항(폭염·한파작업으로 인한 건강장해 발생 시 응급조치에 관한 사항을 포함한다)
③ 건강증진 및 질병예방에 관한 사항
④ 유해·위험 작업환경 관리에 관한 사항
⑤ 산업안전보건법령 및 산업재해보상보험 제도에 관한 사항
⑥ 직무스트레스 예방 및 관리에 관한 사항
⑦ 직장 내 괴롭힘, 고객의 폭언 등으로 인한 건강장해 예방 및 관리에 관한 사항

[정답] 34 ②　35 ②　36 ①　37 ③　38 ④

KEY
① 2017년 8월 26일 산업기사 출제
② 2018년 8월 19일 기사 출제
③ 2018년 9월 15일 산업기사 출제

정보제공
산업안전보건법 시행규칙 [별표 5] 안전보건교육 교육대상별 교육내용

39 에너지소비량(RMR)의 산출방법으로 맞는 것은?

① $\dfrac{\text{작업시의 소비에너지} - \text{기초대사량}}{\text{안정시 소비에너지}}$

② $\dfrac{\text{전체 소비에너지} - \text{작업시의 소비에너지}}{\text{기초대사량}}$

③ $\dfrac{\text{작업시의 소비에너지} - \text{안정시의 소비에너지}}{\text{기초대사량}}$

④ $\dfrac{\text{작업시의 소비에너지} - \text{안정시의 소비에너지}}{\text{안정시의 소비에너지}}$

해설
RMR(Relative Metabolic Rate)

$\text{RMR} = \dfrac{\text{노동대사량}}{\text{기초대사량}}$

$= \dfrac{\text{작업시의 소비 energy} - \text{안정시 소비 energy}}{\text{기초대사량}}$

KEY 2016년 3월 6일 산업기사 출제

40 레윈의 3단계 조직변화모델에 해당되지 않는 것은?
① 해빙단계
② 체험단계
③ 변화단계
④ 재동결단계

해설
레빈(K. Lewin)의 장이론(Field Theory)에 포함된 3단계 변화모델 (The Three-step Model)
① 1단계 : 해빙(Unfreezing) - 변화의 방향성을 지정하는 단계
② 2단계 : 이동(Moving) - 제도, 기술, 구조 등이 변화하는 단계
③ 3단계 : 재결빙(Freezing) - 변화된 제도, 기술, 구조 등이 정착되어 강화되는 재동결 단계

3 인간공학 및 시스템안전공학

41 인간공학 연구조사에 사용되는 기준의 구비조건과 가장 거리가 먼 것은?
① 다양성
② 적절성
③ 무오염성
④ 기준 척도의 신뢰성

해설
인간공학 연구조사에 사용되는 기준 3가지
① 적절성
② 무오염성
③ 기준 척도의 신뢰성

KEY 2010년 7월 25일(문제 23번) 출제

42 산업안전보건법령상 사업주가 유해위험방지계획서를 제출할 때에는 사업장 별로 관련 서류를 첨부하여 해당 작업 시작 며칠 전까지 해당 기관에 제출하여야 하는가?
① 7일
② 15일
③ 30일
④ 60일

해설
유해위험방지 계획서 제출시기 및 부수
① 제조업 : 해당 작업시작 15일 전까지 공단에 2부 제출
② 건설업 : 공사 착공전날까지 공단에 2부 제출

참고 공단 : 한국산업안전보건공단

정보제공
① 산업안전보건법 시행규칙 제42조(제출서류등)
② 2022. 8. 18 개정법 적용

43 손이나 특정 신체부위에 발생하는 누적손상장애(CTD)의 발생인자와 가장 거리가 먼 것은?
① 무리한 힘
② 다습한 환경
③ 장시간의 진동
④ 반복도가 높은 작업

[정답] 39 ③ 40 ② 41 ① 42 ② 43 ②

해설

누적손상장애(CTD)

(1) CTDs(누적외상병)의 원인
  ① 부적절한 자세
  ② 무리한 힘의 사용
  ③ 과도한 반복작업
  ④ 연속작업(비휴식)
  ⑤ 낮은 온도 등

(2) CTDs의 예방대책

구분	특징
관리적인 면	짧은 간격의 작업전환(짧게 자주 휴식), 준비운동, 수공구의 적절한 사용 등
공학적인 면	자동화 작업, 직무 재설계, 작업장 재설계, 수공구의 재설계, 작업의 순환배치 등
치료적인 면	충분한 휴식, 영양분 섭취, 초음파 적용, 보호구 사용, 적절한 투약, 외과 수술 등

KEY
① 2016년 10월 1일 기사 출제
② 2017년 3월 5일 기사 출제
③ 2019년 9월 21일 산업기사 출제

---

44 화학설비에 대한 안전성 평가 중 정량적 평가항목에 해당되지 않는 것은?

① 공정
② 취급물질
③ 압력
④ 화학설비용량

해설

3단계 : 정량적 평가항목
① 해당 화학설비의 취급물질
② 해당 화학설비의 용량
③ 온도
④ 압력
⑤ 조작

KEY
① 2016년 3월 6일 기사 출제
② 2019년 3월 3일 산업기사 출제
③ 2019년 4월 27일 기사 출제

---

45 휴먼 에러(Human Error)의 요인을 심리적 요인과 물리적 요인으로 구분할 때, 심리적 요인에 해당하는 것은?

① 일이 너무 복잡한 경우
② 일의 생산성이 너무 강조될 경우
③ 동일 형상의 것이 나란히 있을 경우
④ 서두르거나 절박한 상황에 놓여있을 경우

해설

내적 요인(심리적 요인)
① 지식 부족
② 의욕이나 사기 결여
③ 서두르거나 절박한 상황
④ 체험적 습관
⑤ 선입관
⑥ 주의 소홀
⑦ 과다자극, 과소자극
⑧ 피로

---

46 모든 시스템 안전분석에서 제일 첫번째 단계의 분석으로, 실행되고 있는 시스템을 포함한 모든 것의 상태를 인식하고 시스템의 개발단계에서 시스템 고유의 위험상태를 식별하여 예상되고 있는 재해의 위험수준을 결정하는 것을 목적으로 하는 위험분석기법은?

① 결함위험분석(FHA : Fault Hazards Analysis)
② 시스템위험분석(SHA : System Hazards Analysis)
③ 예비위험분석(PHA : Preliminary Hazard Analysis)
④ 운용위험분석(OHA : Operating Hazard Analysis)

해설

PHA의 목적
① 시스템 개발 단계에서 시스템 고유의 위험 영역을 식별하고 예상되는 재해의 위험 수준을 구상단계에서 적용하고 평가하는 데 있다.
② 정성적 평가기법

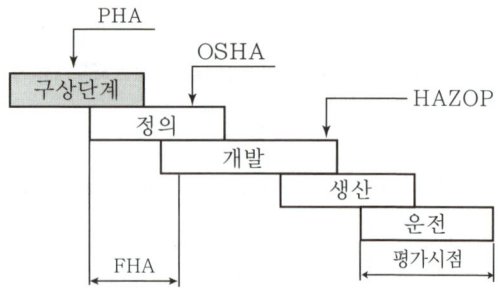

[그림] PHA · OSHA · FHA · HAZOP

[정답] 44 ① 45 ④ 46 ③

KEY
① 2012년 3월 4일 기사 출제
② 2018년 8월 19일 기사 출제
③ 2019년 3월 3일 기사 출제
④ 2019년 9월 21일 기사 출제
⑤ 2020년 6월 14일 산업기사 출제

47 FT도에서 사용하는 기호 중 다음 그림과 같이 OR 게이트이지만 2개 또는 그 이상의 입력이 동시에 존재할 때 출력이 생기지 않는 경우 사용하는 것은?

① 부정 OR 게이트
② 배타적 OR 게이트
③ 억제 게이트
④ 조합 OR 게이트

해설

FTA기호

기호	명칭	기호	명칭
Ai, Aj, Ak 순으로	우선적 AND 게이트	동시발생 없음	배타적 OR 게이트
2개의 출력	조합 AND 게이트	위험지속시간	위험 지속 AND 게이트

참고 건설안전기사 필기 p.3-91(표 : FTA기호)

KEY
① 2017년 3월 5일 산업기사 출제
② 2017년 9월 23일 기사 출제
③ 2019년 3월 3일 산업기사 출제
④ 2019년 4월 27일 산업기사 출제
⑤ 2019년 9월 21일 기사 출제

48 의자 설계 시 고려해야할 일반적인 원리와 가장 거리가 먼 것은?

① 자세고정을 줄인다.
② 조정이 용이해야 한다.
③ 디스크가 받는 압력을 줄인다.
④ 요추 부위의 후만곡선을 유지한다.

해설

의자설계시 인간공학적 원칙 4가지
① 등받이의 굴곡은 요추의 굴곡(전만곡)과 일치해야 한다.
② 좌면의 높이는 사람의 신장에 따라 조절 가능해야 한다.
③ 정적인 부하와 고정된 작업자세를 피해야 한다.
④ 의자의 높이는 오금의 높이보다 같거나 낮아야 한다.

KEY 2017년 3월 5일 기사 출제

49 각 부품의 신뢰도가 다음과 같을 때 시스템의 전체 신뢰도는 약 얼마인가?

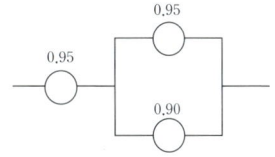

① 0.8123
② 0.9453
③ 0.9553
④ 0.9953

해설

신뢰도 계산
$R_s = 0.95 \times [1-(1-0.95) \times (1-0.90)] = 0.9453$

KEY
① 2017년 5월 7일 기사 출제
② 2018년 3월 4일 기사 출제
③ 2018년 4월 28일 산업기사 출제
④ 2019년 4월 27일 산업기사 출제

50 다음 FT도에서 시스템에 고장이 발생할 확률은 약 얼마인가? (단, X_1과 X_2의 발생확률은 각각 0.05, 0.03 이다.)

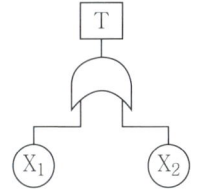

① 0.0015
② 0.0785
③ 0.9215
④ 0.9985

[정답] 47 ② 48 ④ 49 ② 50 ②

[해설]

고장발생확률계산
$R_s = 1 - (1-X_1) \times (1-X_2)$
$= 1 - (1-0.05) \times (1-0.03)$
$= 0.0785$

51 조종장치를 촉각적으로 식별하기 위하여 사용되는 촉각적 코드화의 방법으로 옳지 않은 것은?

① 색감을 활용한 코드화
② 크기를 이용한 코드화
③ 조종장치의 형상 코드화
④ 표면 촉감을 이용한 코드화

[해설]

촉각적 표시장치
① 기계적진동(mechanical vibraion)이나 전기적 임펄스(electric impulse)이다.
② 암호화를 위하여 고려할 특성 : 형상, 크기, 표면촉감

KEY ▶ 2017년 9월 23일 산업기사 출제

52 인체 계측 자료의 응용 원칙이 아닌 것은?

① 기존 동일 제품을 기준으로 한 설계
② 최대치수와 최소치수를 기준으로 한 설계
③ 조정범위를 기준으로 한 설계
④ 평균치를 기준으로 한 설계

[해설]

인체계측자료의 응용원칙
① 최대치수와 최소치수(극단치기준) : 최대치수 또는 최소치수를 기준으로 하여 설계한다.
② 조절범위(조절식) : 체격이 다른 여러 사람에 맞도록 만든 것이다.
③ 평균치를 기준으로 한 설계 : 최대치수나 최소치수, 조절식으로 하기에 곤란할 때 평균치를 기준으로 하여 설계한다.

KEY ▶ ① 2018년 3월 4일 산업기사 출제
② 2018년 9월 15일 산업기사 출제

53 반사율이 85[%], 글자의 밝기가 400[cd/m²]인 VDT화면에 350[lux]의 조명이 있다면 대비는 약 얼마인가?

① -6.0
② -5.0
③ -4.2
④ -2.8

[해설]

대비
(1) 화면의 밝기 계산
① 반사율 $= \dfrac{광속발산도(fL)}{조명(fc)} \times 100$
② 광속발산도 $= \dfrac{반사율 \times 조명}{100} = \dfrac{85 \times 350}{100} = 297.5$
③ 광속발산도 $= \pi \times 휘도$
④ 조명의 휘도(화면의 밝기) $= \dfrac{광속발산도}{\pi}$
$= \dfrac{297.5}{\pi} = 94.7 [cd/m^2]$
(2) 글자의 총 밝기 = 글자의 밝기 + 조명의 휘도
$= 400 + 94.7 = 494.7 [cd/m^2]$
(3) 대비 $= \dfrac{배경의 밝기 - 표적물체의 밝기}{배경의 밝기}$
$= \dfrac{94.7 - 494.7}{94.7} = -4.22$

KEY ▶ ① 2008년 5월 11일(문제 29번) 출제
② 2014년 3월 2일 산업기사 출제
③ 2017년 5월 7일(문제 28번) 출제

54 적절한 온도의 작업환경에서 추운 환경으로 온도가 변할 때 잘못된 것은?

① 발한(發汗)이 시작된다.
② 피부의 온도가 내려간다.
③ 직장(直腸)온도가 약간 올라간다.
④ 혈액의 많은 양이 몸의 중심부를 위주로 순환한다.

[해설]

적온에서 추운 환경으로 바뀔 때(저온스트레스)
① 피부온도가 내려간다.
② 피부를 경유하는 혈액순환량이 감소하고, 많은 양의 혈액이 몸의 중심부를 순환한다.
③ 직장(直腸)온도가 약간 올라간다.
④ 소름이 돋고 몸이 떨린다.

KEY ▶ ① 2017년 5월 7일 기사 출제
② 2019년 3월 3일 기사 출제
③ 2019년 8월 4일 산업기사 출제

[정답] 51 ① 52 ① 53 ③ 54 ①

55 인체에서 뼈의 주요 기능이 아닌 것은?

① 인체의 지주
② 장기의 보호
③ 골수의 조혈
④ 근육의 대사

해설

뼈의 역할 및 기능
(1) 뼈의 역할
　① 신체 중요부분 보호
　② 신체의 지지 및 형상 유지
　③ 신체 활동 수행
(2) 뼈의 기능
　① 골수에서 혈구세포를 만드는 조혈 기능
　② 칼슘, 인 등의 무기질 저장 및 공급 기능

KEY ▶ 2018년 4월 28일 산업기사 출제

56 시스템안전 MIL-STD-882B 분류기준의 위험성 평가 매트릭스에 발생빈도에 속하지 않는 것은?

① 거의 발생하지 않는(Remote)
② 전혀 발생하지 않는(impossible)
③ 보통 발생하는(reasonably probable)
④ 극히 발생하지 않을 것 같은(extremely im-probable)

해설

MIL-STD-882B의 위험성평가 매트릭스(Matrix) 분류
① 자주 발생(Frequent)
② 보통 발생(Probable)
③ 가끔 발생(Occasional)
④ 거의 발생하지 않음(Remote)
⑤ 극히 발생하지 않음(Improbable)

보충학습

MIL-STD-882B의 시스템 안전 필요사항에 대한 우선권 순서
최소리스크를 위한 설계 → 안전장치 설치 → 경보장치 설치 → 절차 및 교육훈련 개발

57 인간-기계 시스템을 설계할 때에는 특정기능을 기계에 할당하거나 인간에게 할당하게 된다. 이러한 기능할당과 관련된 사항으로 옳지 않은 것은? (단, 인공지능과 관련된 사항은 제외한다.)

① 인간은 원칙을 적용하여 다양한 문제를 해결하는 능력이 기계에 비해 우월하다.
② 일반적으로 기계는 장시간 일관성이 있는 작업을 수행하는 능력이 인간에 비해 우월하다.
③ 인간은 소음, 이상온도 등의 환경에서 작업을 수행하는 능력이 기계에 비해 우월하다.
④ 일반적으로 인간은 주위가 이상하거나 예기치 못한 사건을 감지하여 대처하는 능력이 기계에 비해 우월하다.

해설

기계는 소음·이상온도 등의 환경에서 작업을 수행하는 능력이 인간에 비해 우월하다.

KEY ▶ ① 2010년 7월 22일(문제 30번) 출제
　② 2016년 5월 8일 산업기사 출제
　③ 2018년 9월 15일 기사 출제

58 시각 장치와 비교하여 청각 장치 사용이 유리한 경우는?

① 메시지가 길 때
② 메시지가 복잡할 때
③ 정보 전달 장소가 너무 소란할 때
④ 메시지에 대한 즉각적인 반응이 필요할 때

해설

시각적 장치 사용시 유리한 경우
① 전언이 복잡하고 길 때
② 전언이 후에 재참조될 경우
③ 전언이 공간적 위치를 다룰 때
④ 수신자의 청각 계통이 과부화 상태일 경우
⑤ 수신 장소가 너무 시끄러울 경우
⑥ 즉각적인 행동을 요구하지 않을 때
⑦ 직무상 한 곳에 머무르는 경우

KEY ▶ ① 2017년 5월 7일 산업기사 출제
　② 2018년 산업기사 전회차 출제
　③ 2019년 4월 27일, 9월 21일 산업기사 출제
　④ 2019년 8월 4일 기사 출제

[정답] 55 ④　56 ②　57 ③　58 ④

59 컷셋(cut set)과 패스셋(path set)에 관한 설명으로 옳은 것은?

① 동일한 시스템에서 패스셋의 개수와 컷셋의 개수는 같다.
② 패스셋은 동시에 발생했을 때 정상사상을 유발하는 사상들의 집합이다.
③ 일반적으로 시스템에서 최소 컷셋의 개수가 늘어나면 위험 수준이 높아진다.
④ 최소 컷셋은 어떤 고장이나 실수를 일으키지 않으면 재해는 일어나지 않는다고 하는 것이다.

해설

컷셋과 패스셋
① 컷셋(cut set) : 정상사상을 발생시키는 기본사상의 집합으로 그 안에 포함되는 모든 기본사상이 발생할 때 정상사상을 발생시킬 수 있는 기본사상의 집합
② 패스셋(path set) : 모든 기본사상이 일어나지 않을 때 처음으로 정상사상이 일어나지 않는 기본사상의 집합(고장나지 않도록 하는 사상의 조합)

KEY
① 2017년 5월 7일 기사 출제
② 2018년 3월 4일 산업기사 출제
③ 2018년 4월 28일 산업기사 출제
④ 2019년 4월 27일 산업기사 출제
⑤ 2020년 6월 14일 산업기사 출제

60 FTA에 의한 재해사례 연구순서 중 2단계에 해당하는 것은?

① FT도의 작성
② 톱사상의 선정
③ 개선계획의 작성
④ 사상의 재해원인을 규명

해설

D. R. Cheriton의 FTA에 의한 재해사례 연구순서
① 제1단계 : 톱(top)사상의 선정
② 제2단계 : 사상마다 재해원인 및 요인규명
③ 제3단계 : FT(Fault Tree)도의 작성
④ 제4단계 : 개선계획 작성
⑤ 제5단계 : 개선안 실시계획

KEY
① 2016년 10월 1일 기사 출제
② 2017년 3월 5일 기사 출제
③ 2018년 9월 15일 기사 출제
④ 2019년 9월 21일 산업기사 출제

4 건설시공학

61 흙을 이김에 의해서 약해지는 정도를 나타내는 흙의 성질은?

① 간극비   ② 함수비
③ 예민비   ④ 항복비

해설

예민비
① 흙의 이김에 의해 약해지는 정도

$$예민비 = \frac{흐트러지지\ 않은\ 천연(자연)시료의\ 강도}{흐트러진(이긴)\ 시료의\ 강도}$$

② 예민비가 모래는 1에 가깝고 점토는 크다.
③ 예민비가 4이상이며 높다고 함

KEY
① 2017년 5월 7일 산업기사 출제
② 2018년 9월 15일 기사 출제

62 콘크리트 타설 중 응결이 어느 정도 진행된 콘크리트에 새로운 콘크리트를 이어치면 시공불량이음부가 발생하여 경화 후 누수의 원인 및 철근의 녹 발생 등 내구성에 손상을 일으키는 것은?

① Expansion joint   ② Construction joint
③ Cold joint   ④ Stiding joint

해설

콜드 조인트(Cold joint)
① 계획되지 않은 줄눈
② 일체화시공에 가장 주의를 기울여야 한다.
③ 시공불량이 생기지 않도록 주의하여야 한다.

KEY 2013년 3월 10일 (문제 63번) 출제

보충학습
① 컨스트럭션 조인트(construction joint : 시공줄눈) : 시공에 있어서 콘크리트를 한 번에 계속하여 타설하지 못하는 경우에 생기는 줄눈
② 컨트롤 조인트(control joint : 조절줄눈) : 바닥판의 수축에 의한 표면균열방지를 목적으로 설치하는 줄눈
③ 익스팬드 조인트(expand joint : 신축줄눈) : 기초의 부동침하와 온도, 습도 등의 변화에 따라 신축팽창을 흡수시킬 목적으로 설치하는 줄눈

[정답] 59 ③   60 ④   61 ③   62 ③

63 표준관입시험의 N치에서 추정이 곤란한 사항은?

① 사질토의 상대밀도와 내부 마찰각
② 전단지지층이 사질토지반일 때
③ 점성토의 전단강도
④ 점성토 지반의 투수 계수와 예민비

해설

표준관입시험(Penetration test)
① 주로 사질토지반에서 불교란 시료를 채취하기 곤란하므로 밀실도를 측정하기 위해 사용되는 방법
② 표준샘플러를 관입량 30[cm]에 박는 데 요하는 타격횟수 N을 구한다.
③ 이때 추는 63.5[kg], 낙고는 76[cm]로 한다.

[표] 표준관입시험 N값에 의한 밀도측정

모래질지반	N값	점토지반	N값
밀실한 모래	30~50	매우 단단한 점토	30~50
중정도 모래	10~50	단단한 점토	8~15
느슨한 모래	5~50	중정도 점토	4~9
아주 느슨한 모래	5 이하	무른 점토	2~4
		아주 무른 점토	0~2

② 2020년 6월 7일 (문제 61번)

64 공동도급(Joint Venture Contract)의 장점이 아닌 것은?

① 융자력의 증대   ② 위험의 분산
③ 이윤의 증대   ④ 시공의 확실성

해설

공동도급의 장·단점
(1) 장점
　① 융자력 증대
　② 기술의 확충
　③ 위험의 분산
　④ 공사시공의 확실성
　⑤ 신용도의 증대
　⑥ 공사도급 경쟁완화
(2) 단점 : 한 회사의 도급공사보다 경비 증대

KEY
① 2017년 3월 5일 산업기사 출제
② 2017년 9월 23일 기사 출제
③ 2018년 4월 28일 기사 출제
④ 2018년 9월 15일 산업기사 출제

65 철골 내화피복공법의 종류에 따른 사용재료의 연결이 옳지 않은 것은?

① 타설공법 – 경량콘크리트
② 뿜칠공법 – 압면 흡음판
③ 조적공법 – 경량콘크리트 블록
④ 성형판붙임공법 – ALC판

해설

뿜칠공법
① 철골표면에 접착제를 도포한 후 내화재를 도포하는 공법
② 뿜칠암면, 습식뿜칠암면, 뿜칠Mortar, 뿜칠Plaster

KEY
① 2017년 3월 5일 산업기사 출제
② 2017년 5월 7일 기사 출제
③ 2018년 4월 28일 산업기사 출제
④ 2020년 6월 14일 산업기사 출제

보충학습

맴브레인공법 : 암면흡음판

66 기초공사 시 활용되는 현장타설 콘크리트 말뚝공법에 해당되지 않는 것은?

① 어스드릴(earth drill)공법
② 베노토 말뚝(benoto pile)공법
③ 리버스서큘레이션(reverse circulation pile) 공법
④ 프리보링(preboring)공법

해설

프리보링공법(preboring)
① 미리 구멍을 뚫고 그 구멍에 말뚝박기를 하는 것
② 무소음, 무진동 공법

67 벽돌벽 두께 1.0[B], 벽높이 2.5[m], 길이 8[m]인 벽면에 소요되는 점토벽돌의 매수는 얼마인가?(단, 규격은 190×90×57[mm], 할증은 3[%]로 하며, 소수점 이하 결과는 올림하여 정수매로 표기)

① 2980매   ② 3070매
③ 3278매   ④ 3542매

[정답] 63 ④ 64 ③ 65 ② 66 ④ 67 ②

해설
점토벽돌 매수 계산
① 2.5×8=20[m²]
② 20×149[매]×1.03=3,069[매]
∴ 시멘트 벽돌 쌓기 : [m²/수량]
　㉠ 0.5[B]=75[매]
　㉡ 1.0[B]=149매

KEY ① 2015년 9월 19일(문제 79번) 출제
② 2016년 10월 1일(문제 65번) 출제

---

68 금속제 천장틀 공사 시 반자틀의 적정한 간격으로 옳은 것은?(단, 공사시방서가 없는 경우)

① 450[mm] 정도　② 600[mm] 정도
③ 900[mm] 정도　④ 1200[mm] 정도

해설
금속제 천장틀 공사
반자틀의 간격 : 900[mm] 정도

보충학습
반자틀(ceiling frames)
① 천정재를 부착하기 위한 바탕이 되는 기다란 재
② 천장을 막기 위하여 짜만든 틀의 총칭

---

69 철근이음에 관한 설명으로 옳지 않은 것은?

① 철근의 이음부는 구조내력상 취약점이 되는 곳이다.
② 이음위치는 되도록 응력이 큰 곳을 피하도록 한다.
③ 이음이 한 곳에 집중되지 않도록 엇갈리게 교대로 분산시켜야 한다.
④ 응력 전달이 원활하도록 한 곳에서 철근 수의 반 이상을 이어야 한다.

해설
철근이음 위치
① 큰 응력을 받는 곳은 피하고 엇갈려 잇게 함이 원칙이다.
② 한곳에 철근수의 반 이상을 이어서는 안 된다.
③ D35 이상의 철근은 겹침이음으로 하지 않는다.

KEY 2017년 9월 23일 기사·산업기사 동시 출제

---

70 철골용접이음 후 용접부의 내부결함 검출을 위하여 실시하는 검사로써 빠르고 경제적이어서 현장에서 주로 사용하는 초음파를 이용한 비파괴 검사법은?

① MT(Magnetic particle Testing)
② UT(Ultrasonic Testing)
③ RT(Radiography Testing)
④ PT(Liquid Penetrant Testing)

해설
초음파 탐상법(Ultrasonic Test)의 특징
① 기록성이 없다.
② 50[mm] 이상 불가능
③ 검사 속도는 빠르다
④ 복잡한 부위는 불가능
⑤ 모재의 결함과 두께측정 가능

KEY ① 2016년 3월 6일 기사·산업기사 동시 출제
② 2016년 5월 8일 기사 출제
③ 2017년 5월 7일 기사 출제
④ 2018년 9월 15일 산업기사 출제

---

71 건설의 전 과정에 걸쳐 프로젝트를 보다 효율적으로 경제적으로 수행하기 위하여 각 부문의 전문가들로 구성된 통합관리기술을 발주자에게 서비스하는 것을 무엇이라고 하는가?

① Cost Management
② Cost Manpower
③ Construction Manpower
④ Construction Management

해설
사업관리 계약제도(Construction management contract)
① CM for fee방식(대리인형 CM방식)
② CM at risk 방식(시공자형 CM방식)

KEY 2018년 9월 15일(문제 66번)

[정답] 68 ③　69 ④　70 ② 71 ④

72
네트워크공정표에서 후속작업의 가장 빠른 개시시간(EST)에 영향을 주지 않는 범위내에서 한 작업이 가질 수 있는 여유시간을 의미하는 것은?

① 전체여유(TF)
② 자유여유(FF)
③ 간섭여유(IF)
④ 종속여유(DF)

해설

FF(Free Float)
① 초 개시일에 작업을 시작하여 후속작업을 최초 개시일에 시작할 때 생기는 여유일
② 후속작업의 EST – 그 작업의 EFT

KEY ▶ 2017년 3월 5일 출제

73
강구조물 제작 시 절단 및 개선(그루브) 가공에 관한 일반사항으로 옳지 않은 것은?

① 주요 부재의 강판 절단은 주된 응력의 방향과 압연방향을 직각으로 교차시켜 절단함을 원칙으로 하며, 절단작업 착수 전 재단도를 작성해야 한다.
② 강재의 절단은 강재의 형상, 치수를 고려하여 기계절단, 가스절단, 플라즈마 절단 등을 적용한다.
③ 절단할 강재의 표면에 녹, 기름, 도료가 부착되어 있는 경우에는 제거 후 절단해야 한다.
④ 용접선의 교차부분 또는 한 부재를 다른 부재에 접합시킬 때 불필요한 접촉을 피하기 위하여 모퉁이따기를 할 경우에는 10[mm] 이상 둥글게 해야 한다.

해설

주요 부재의 강판 절단
① 강판 절단은 주된 응력의 방향과 압연 방향을 일치시켜 절단한다.
② 절단작업 착수 전 재단도를 작성해야 한다.

74
공사계약방식 중 직영공사방식에 관한 설명으로 옳은 것은?

① 사회간접자본(SOC : Social Overhead Capital)의 민간투자유치에 많이 이용되고 있다.
② 영리목적의 도급공사에 비해 저렴하고 재료선정이 자유로운 장점이 있으나 고용기술자 등에 의한 시공관리능력이 부족하면 공사비 증대, 시공성의 결함 및 공기가 연장되기 쉬운 단점이 있다.
③ 도급자가 자금을 조달하고 설계, 엔지니어링, 시공의 전부를 도급받아 시설물을 완성하고 그 시설을 일정기간 운영하는 것으로, 운영수입으로부터 투자자금을 회수한 후 발주자에게 그 시설을 인도하는 방식이다.
④ 수입을 수반한 공공 혹은 공익 프로젝트(유료도로, 도시철도, 발전소 등)에 많이 이용되고 있다.

해설

직영공사의 특징

장점	단점
① 영리를 도외시한 확실성 있는 공사 가능	① 공사비 증대
② 계약에 구속됨이 없이 임기응변 처리가 가능	② 재료의 낭비 또는 잉여
③ 발주계약 등의 수속 절감	③ 시공관리 능력부족

KEY ▶ 2018년 4월 28일 산업기사 출제

75
보강 블록공사시 벽 가로근의 시공에 관한 설명으로 옳지 않은 것은?

① 가로근은 배근 상세도에 따라 가공하되 그 단부는 90[°]의 갈구리로 구부려 배근한다.
② 모서리에 가로근의 단부는 수평방향으로 구부려서 세로근의 바깥쪽으로 두르고 정착길이는 공사시방서에 정한 바가 없는 한 40[d]이상으로 한다.
③ 창 및 출입구 등의 모서리 부분에 가로근의 단부를 수평방향으로 정착할 여유가 없을 때에는 갈구리로 하여 단부 세로근에 걸고 결속선으로 결속한다.
④ 개구부 상하부의 가로근을 양측 벽부에 묻을 때의 정착길이는 40[d] 이상으로 한다.

[정답] 72 ② 73 ① 74 ② 75 ①

해설
보강블록공사
① 가로근은 배근 상세도에 따라 가공한다.
② 단부는 180[°]의 갈구리로 구부려 배근한다.
KEY ▶ 2018년 9월 15일 기사 출제

76 철근배근 시 콘크리트의 피복두께를 유지해야 되는 가장 큰 이유는?

① 콘크리트의 인장강도 증진을 위하여
② 콘크리트의 내구성, 내화성 확보를 위하여
③ 구조물의 미관을 좋게 하기 위하여
④ 콘크리트 타설을 쉽게 하기 위하여

해설
철근 피복두께의 유지목적
① 내화성능 유지
② 내구성능 유지
③ 소요의 구조내력확보. 즉, 콘크리트의 유동성, 부착력, 강도확보 등
KEY ▶ 2013년 3월 10일(문제 65번) 출제

77 흙막이 지지공법 중 수평버팀대 공법의 특징에 관한 설명으로 옳지 않은 것은?

① 가설구조물이 적어 중장비작업이나 토량제거작업의 능률이 좋다.
② 토질에 대해 영향을 적게 받는다.
③ 인근 대지로 공사범위가 넘어가지 않는다.
④ 고저차가 크거나 상이한 구조인 경우 균형을 잡기 어렵다.

해설
수평버팀대식 흙막이
① 흙막이벽을 설치하고 버팀대를 수평으로 설치하는 공법
② 좁은 면적에서 깊은 기초파기를 할 경우에 적용
③ 가설구조물이 많아 중장비가 들어가기가 곤란하여 작업능률이 좋지 않다.
④ 건물평면이 복잡할 때 적용이 어렵다.

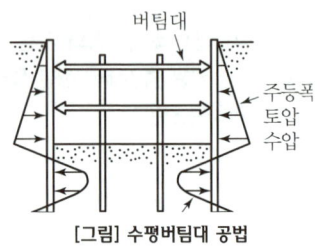

[그림] 수평버팀대 공법

78 터널 폼에 관한 설명으로 옳지 않은 것은?

① 거푸집의 전용횟수는 약 10회 정도로 매우 적다.
② 노무 절감, 공기단축이 가능하다.
③ 벽체 및 슬래브거푸집을 일체로 제작한 거푸집이다.
④ 이 폼의 종류에는 트윈 쉘(twin shell)과 모노 쉘(mono shell)이 있다.

해설
터널 폼(Tunnel Form)
① 벽과 바닥의 콘크리트 타설을 한 번에 할 수 있게 하기 위하여 벽체용 거푸집과 바닥 거푸집을 일체로 제작하여 한 번에 설치하고 해체할 수 있도록 한 (바닥판+벽체용) 시스템거푸집
② 한 구획 전체 벽과 바닥판을 ㄱ자형 ㄷ자형으로 만들어 이동시키는 거푸집

79 철근콘크리트 공사에서 거푸집의 간격을 일정하게 유지시키는데 사용되는 것은?

① 클램프 ② 쉐어 커넥터
③ 세퍼레이터 ④ 인서트

해설
격리재(Separator)
① 거푸집 상호간의 간격을 유지
② 측벽 두께를 유지하기 위한 것
KEY ▶ 2018년 3월 4일 산업기사 출제

[정답] 76 ② 77 ① 78 ① 79 ③

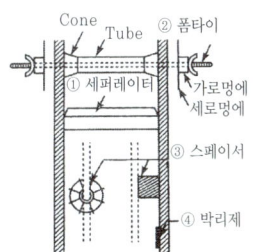

[그림] 거푸집 부속재료

80 지정에 관한 설명으로 옳지 않은 것은?

① 잡석지정 : 기초콘크리트 타설시 흙의 혼입을 방지하기 위해 사용한다.
② 모래지정 : 지반이 단단하며 건물이 중량일 때 사용한다.
③ 자갈지정 : 굳은 지반에 사용되는 지정이다.
④ 밑창 콘크리트 지정 : 잡석이나 자갈 위 기초부분의 먹매김을 위해 사용한다.

해설

모래지정의 특징
① 기초밑 지반이 연약하고 그 하부 2[m] 이내에 굳은 층이 있을 때 전부를 파내고 모래를 넣어 물다짐한다.
② 모래장기허용 압축강도 : 20~40[t/m²]

KEY ① 2017년 3월 5일 기사 출제
② 2017년 5월 7일 기사 출제

5 건설재료학

81 도료의 저장 중 또는 용기 내 방치시 도료의 표면에 피막이 형성되는 현상의 발생원인과 가장 관계가 먼 것은?

① 피막방지제의 부족이나 건조제가 과잉일 경우
② 용기 내의 공간이 커서 산소의 양이 많을 경우
③ 부적당한 시너로 희석하였을 경우
④ 사용잔량을 뚜껑을 열어둔 채 방치하였을 경우

해설

피막(skinning)
(1) 현상 : 도료의 저장 중 또는 용기 내에 방치시 도료의 표면에 피막이 형성
(2) 발생원인
① 피막방지제의 부족 또는 건조제의 과잉
② 용기 내의 공간이 커서 산소의 양이 많을 때
③ 사용잔량을 뚜껑을 열어둔 채 방치하였을 경우
(3) 방지대책
① 피막방지제와 건조제의 균형을 맞출 것
② 양에 알맞은 용기사용, 질소 치환
③ 밀봉 또는 새 용기에 보관, 짧은 시간이면 용제를 부어놓을 것
(4) 발생시 조치사항
• 피막 제거, 피막이 적을 경우 제거하여 사용, 많으면 폐기

KEY 2014년 3월 2일 (문제 87번) 출제

82 다음 중 무기질 단열재에 해당하는 것은?

① 발포폴리스티렌 보온재
② 셀룰로스 보온재
③ 규산칼슘판
④ 경질폴리우레탄폼

해설

무기질 단열재의 종류
① 유리면
② 암면
③ 펄라이트판
④ 세라믹 파이버
⑤ 규산칼슘판
⑥ 경량 기포콘크리트

KEY 2018년 3월 4일 산업기사 출제

83 통풍이 잘 되지 않는 지하실의 미장재료로서 가장 적합하지 않은 것은?

① 시멘트 모르타르
② 석고 플라스터
③ 킨즈 시멘트
④ 돌로마이터 플라스터

[정답] 80 ② 81 ③ 82 ③ 83 ④

해설

돌로마이터 플라스터 특징
① 기경성으로 지하실 등의 마감에는 좋지 않다.
② 점성이 높고 작업성이 좋다.
③ 소석회보다 점성이 커서 풀이 필요없으며 변색, 냄새, 곰팡이가 없다.
④ 석회보다 보수성, 시공성이 우수하다.
⑤ 해초풀을 사용하지 않는다.
⑥ 여물을 혼합하여도 건조수축이 커서 수축 균열이 발생하기 쉽다.

84 지붕공사에 사용되는 아스팔트 싱글제품 중 단위 중량이 10.3[kg/m²] 이상 12.5[kg/m²] 미만인 것은?

① 경량 아스팔트 싱글
② 일반 아스팔트 싱글
③ 중량 아스팔트 싱글
④ 초중량 아스팔트 싱글

해설

아스팔트 싱글 제품
① 일반 아스팔트 싱글 : 단위중량이 10.3[kg/m²] 이상 12.5[kg/m²] 미만인 아스팔트 싱글 제품
② 중량 아스팔트 싱글 : 단위중량이 12.5[kg/m²] 이상 14.2[kg/m²] 미만인 아스팔트 싱글 제품
③ 초중량 아스팔트 싱글 : 단위중량이 14.2[kg/m²] 이상인 아스팔트 싱글 제품
④ 무기질섬유 제품 싱글 : 밑면에 접착제가 도포된 제품으로, 설계도면이나 공사시방서에서 별도로 명시되지 않은 경우에는 4[kg/m²] 이상의 무게를 가진 제품
⑤ 유리섬유 제품의 아스팔트 싱글
  가. 풍압에 대한 고려가 필요하지 않은 일반적인 경우에는 9.27[kg/m²] 이상인 제품을 사용
  나. 풍압에 대한 고려가 필요한 경우에는 12.5[kg/m²] 이상의 제품을 사용

보충학습

아스팔트 싱글 공사
① 아스팔트 싱글을 목조지붕에 방수층으로 사용할 경우에는 지붕의 경사가 1/3에서 3/4 이내인 지붕에 한하여 적용한다.
② 풍압이 강한 지역에서는 고정 못을 사용하여 고정하고 추가로 제조업체가 추천하는 플라스틱 아스팔트 시멘트를 사용하여 아스팔트 싱글 하단부의 아랫면을 접착한다.
③ 두루마리 형태의 제품은 반드시 수직으로 세워서 보관한다.

85 점토벽돌 1종의 압축강도는 최소 얼마 이상인가?

① 17.85[Mpa]   ② 19.53[Mpa]
③ 20.59[Mpa]   ④ 24.50[Mpa]

해설

점토벽돌의 품질(KSL 4201)

품질 \ 종류	1종	2종	3종
흡수율[%]	10 이하	13 이하	15 이하
압축강도[Mpa]	24.50 이상	20.59 이상	10.78 이상

KEY ① 2017년 9월 23일 산업기사 출제
② 2018년 3월 4일 출제

86 골재의 함수상태에 따른 질량이 다음과 같을 경우 표면수율은?

- 절대건조상태 : 490[g]
- 표면건조상태 : 500[g]
- 습윤상태 : 550[g]

① 2[%]   ② 3[%]
③ 10[%]   ④ 15[%]

해설

표면수율

$$표면수율 = \frac{습윤중량 - 표면건조포화상태의 중량}{표면건조 포화상태의 중량} \times 100[\%]$$

$$= \frac{550-500}{500} \times 100 = 10[\%]$$

KEY 2013년 9월 28일 문제 97번 출제

87 콘크리트의 건조수축에 관한 설명으로 옳지 않은 것은?

① 시멘트의 제조성분에 따라 수축량이 다르다.
② 골재의 성질에 따라 수축량이 다르다.
③ 시멘트량의 다소에 따라 수축량이 다르다.
④ 된비빔일수록 수축량이 많다.

[정답] 84 ② 85 ④ 86 ③ 87 ④

해설
콘크리트의 건조수축
① 시멘트의 종류, 분말도, 골재에 영향을 받는다.
② 단위수량과 단위시멘트량이 많을수록 수축량이 크다.
③ 골재에 함유된 미립분, 점토, 실트는 건조수축을 증대시킨다.
④ W/C 비가 같은 경우 사용 단위시멘트량이 클수록 크다.
⑤ 건조개시 재령은 건조수축에 큰 영향이 없다.
⑥ 골재가 단단하고 탄성계수가 클수록 적게 된다.
⑦ 된비빔일수록 수축량이 적다.

88 목재의 나뭇결 중 아래의 설명에 해당하는 것은?

> 나이테에 직각방향으로 켠 목재면에 나타나는 나뭇결로, 일반적으로 외관이 아름답고 수축변형이 적으며 마모율도 낮다.

① 무닛결 ② 곧은결
③ 널결   ④ 엇결

해설
목재 나뭇결

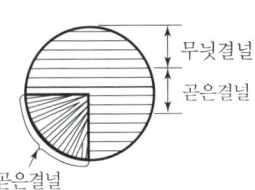

89 조이너(joiner)의 설치목적으로 옳은 것은?

① 벽, 기둥 등의 모서리에 미장 바름의 보호
② 인조석깔기에서의 신축균열방지나 의장효과
③ 천장에 보드를 붙인 후 그 이음새를 감추기 위한 목적
④ 환기구멍이나 라디에이터의 덮개역할

해설
금속철물
(1) 조이너(Joiner)
  ① 벽, 천장, 바닥에 판재를 붙일 때 이음부분을 감추거나 이질재와의 접합부 등에 사용
  ② 재료는 아연도금철판재, 황동재 등으로 만든다.
(2) 코너비드(Corner bead)
  벽, 기둥 등의 모서리에 대어 미장바름을 보호하는 철물

90 각 석재별 주용도를 표기한 것으로 옳지 않은 것은?

① 화강암 : 외장재
② 석회암 : 구조재
③ 대리석 : 내장재
④ 점판암 : 지붕재

해설
석회암
① 주성분 : 탄화석회
② 단점 : 내화성, 내산성 부족
③ 주용도 : 시멘트의 주원료

91 암석의 구조를 나타내는 용어에 관한 설명으로 옳지 않은 것은?

① 절리란 암석 특유의 천연적으로 갈라진 금을 말하며, 규칙적인 것과 불규칙적인 것이 있다.
② 층리란 퇴적암 및 변성암에 나타나는 퇴적할 당시의 지표면과 방향이 거의 평행한 절리를 말한다.
③ 석리란 암석이 가장 쪼개지기 쉬운 면을 말하며, 절리보다 불분명하지만 방향이 대체로 일치되어 있다.
④ 편리란 변성암에 생기는 절리로서 방향이 불규칙하고 얇은 판자모양으로 갈라지는 성질을 말한다.

해설
석리(石理, Texture)
① 암석을 구성하고 있는 조암광물의 조성에 따라 생기는 암석
② 조직상의 갈라진 눈

[정답] 88 ② 89 ③ 90 ② 91 ③

과년도 출제문제

92 강은 탄소 함유량의 증가에 따라 인장강도가 증가하지만 어느 이상이 되면 다시 감소한다. 이때 인장강도가 가장 큰 시험의 탄소 함유량은?

① 약 0.9[%] ② 약 1.8[%]
③ 약 2.7[%] ④ 약 3.6[%]

해설

강의 인장강도
① 탄소함유량 0.9[%]까지는 인장강도, 경도는 증가한다.
② 0.85[%]에서 최대가 된다.

KEY ① 2018년 3월 4일 산업기사 출제
② 2018년 9월 15일 기사 출제

---

93 아스팔트의 물리적 성질에 관한 설명으로 옳은 것은?

① 감온성은 블로운 아스팔트가 스트레이트 아스팔트보다 크다.
② 연화점은 블로운 아스팔트가 스트레이트 아스팔트보다 낮다.
③ 신장성은 스트레이트 아스팔트가 블로운 아스팔트보다 크다.
④ 점착성은 블로운 아스팔트가 스트레이트 아스팔트보다 크다.

해설

스트레이트 아스팔트와 블로운 아스팔트
(1) 스트레이트 아스팔트(straight asphalt)
 ① 신장성이 우수하고 접착력과 방수성이 좋다.
 ② 연화점이 낮으며 온도에 의한 감온성이 좋다.
 ③ 용도는 지하실방수에 주로 쓰이고, 아스팔트루핑, 아스팔트펠트의 삼투용으로 사용
(2) 블로운 아스팔트(blown asphalt)
 ① 스트레이트 아스팔트에 비해 신축성, 침입도, 방수성은 적다.
 ② 연화점이 높고 온도에 의한 신도가 적다.
 ③ 내구력, 탄성이 크다.
 ④ 감온비가 적다.
 ⑤ 용도는 아스팔트콤파운드, 아스팔트프라이머 제조

KEY 2018년 3월 4일 기사 출제

---

94 킨즈시멘트 제조 시 무수 석고의 경화를 촉진시키기 위해 사용하는 혼화재료는?

① 규산백토 ② 플라이애쉬
③ 화산회   ④ 백반

해설

킨즈시멘트(keen's cement : 경석고 플라스터)
경석고에 백반 등의 촉진재를 배합한 것으로 약간 붉은 빛을 띤 백색을 나타내는 플라스터이다.

KEY ① 2016년 5월 8일 기사 출제
② 2017년 3월 5일 기사 출제
③ 2017년 9월 23일 기사·산업기사 동시 출제
④ 2019년 9월 21일 산업기사 출제

---

95 초기강도가 아주 크고 초기 수화발열이 커서 긴급공사나 동절기 공사에 가장 적합한 시멘트는?

① 알루미나시멘트
② 보통포틀랜드시멘트
③ 고로시멘트
④ 실리카시멘트

해설

알루미나 시멘트
① 성분 중에는 Al_2O_3가 많으므로 조기강도가 높고 염분이나 화학적 저항이 크다.
② 수화열량이 높아서 대형 단면부재에는 부적당하나 긴급공사나 동기공사에 좋다.

KEY ① 2016년 5월 8일 산업기사 출제
② 2019년 9월 21일 산업기사 출제

---

96 일반적으로 단열재에 습기나 물기가 침투하면 어떤 현상이 발생하는가?

① 열전도율이 높아져 단열성능이 좋아진다.
② 열전도율이 높아져 단열성능이 나빠진다.
③ 열전도율이 낮아져 단열성능이 좋아진다.
④ 열전도율이 낮아져 단열성능이 나빠진다.

[정답] 92 ① 93 ③ 94 ④ 95 ① 96 ②

해설

단열재의 선정조건
① 열전도율, 흡수율이 작을 것
② 비중, 투기성이 작을 것
③ 내화성이 크고 내부식성이 좋을 것
④ 시공성이 좋고 기계적인 강도가 있을 것
⑤ 재질의 변질이 없고 균일한 품질일 것
⑥ 가격이 저렴하고 연소 시 유독가스 발생이 없을 것

KEY
① 2011년 10월 2일 (문제 87번) 출제
② 2013년 6월 2일 (문제 94번) 출제
③ 2015년 9월 19일 (문제 88번) 출제

97 도장재료 중 래커(lacquer)에 관한 설명으로 옳지 않은 것은?

① 내구성은 크나 도막이 느리게 건조된다.
② 클리어래커는 투명래커로 도막은 얇으나 견고하고광택이 우수하다.
③ 클리어래커는 내후성이 좋지 않아 내부용으로 주로 쓰인다.
④ 래커에나멜은 불투명 도료로서 클리어래커에 안료를 첨가한 것을 말한다.

해설

래커(lacquer)의 특징
① 건조가 빠르고 도막이 견고하다.
② 광택이 좋고 연마가 용이하다.
③ 내수성, 내유성, 내후성 등이 좋다.

98 도료의 건조제 중 상온에서 기름에 용해되지 않는 것은?

① 붕산망간   ② 이산화망간
③ 초산염   ④ 코발트의 수지산

해설

건조제
(1) 상온에서 기름에 용해되는 건조제
① 일산화연 ② 연단 ③ 이산화망간
④ 붕산   ⑤ 망간
(2) 가열하여 기름에 용해되는 건조제
① 연   ② 망간
③ 코발트의 수지산 ④ 지방산의 염류

99 시멘트의 분말도에 관한 설명으로 옳지 않은 것은?

① 분말도가 클수록 수화반응이 촉진된다.
② 분말도가 클수록 초기강도는 작으나 장기강도는 크다.
③ 분말도가 클수록 시멘트 분말이 미세하다.
④ 분말도가 너무 크면 풍화되기 쉽다.

해설

분말도
① 분말도가 크면 수화작용이 빠르므로 초기강도가 크다.
② 시공연도, 공기량, 수밀성, 내구성 등이 높아지며 풍화작용도 크게 된다.
③ 표준체 공경 0.088[mm]로 쳐서 벌량이 10[%] 이내여야 한다.
④ 분말도 측정 : 블레인 시험

KEY
① 2014년 3월 2일 (문제 93번) 출제
② 2017년 5월 7일 기사 출제
③ 2018년 3월 4일 산업기사 출제

100 목재의 방부 처리법 중 압력용기 속에 목재를 넣어 처리하는 방법으로 가장 신속하고 효과적인 방법은?

① 가압주입법
② 생리적 주입법
③ 표면탄화법
④ 침지법

해설

가압주입법
① 압력용기속에 목재를 넣어 압력을 가하여 방부제를 주입하는 것
② 효과가 가장 좋다.

[정답] 97 ① 98 ④ 99 ② 100 ①

6 건설안전기술

101 작업장에 계단 및 계단참을 설치하는 경우 매 제곱미터 당 최소 몇 킬로그램 이상의 하중에 견딜 수 있는 강도를 가진 구조로 설치하여야 하는가?

① 300[kg] ② 400[kg]
③ 500[kg] ④ 600[kg]

해설
가설계단 및 계단참의 강도 : 500[kg/m²] 이상

정보제공
산업안전보건기준에 관한 규칙 제26조 (계단의 강도)

102 작업으로 인하여 물체가 떨어지거나 날아올 위험이 있는 경우 필요한 조치와 가장 거리가 먼 것은?

① 투하설비 설치
② 낙하물 방지망 설치
③ 수직보호망 설치
④ 출입금지구역 설정

해설
낙하, 비래에 의한 위험방지 안전대책
① 낙하물 방지망 설치
② 수직보호망 설치
③ 방호 선반의 설치
② 출입금지 구역의 설정
③ 보호구 착용

KEY
① 2017년 8월 26일 기사 출제
② 2019년 9월 21일 기사 출제

정보제공
산업안전보건기준에 관한 규칙 제14조 (낙하물에 의한 위험의 방지)

103 공정율이 65[%]인 건설현장의 경우 공사 진척에 따른 산업안전보건관리비의 최소 사용기준으로 옳은 것은? (단, 공정율은 기성공정율을 기준으로 함)

① 40[%] 이상 ② 50[%] 이상
③ 60[%] 이상 ④ 70[%] 이상

해설
공사진척에 따른 안전관리비 사용기준

공정률	50[%] 이상 70[%] 미만	70[%] 이상 90[%] 미만	90[%] 이상
사용 기준	50[%] 이상	70[%] 이상	90[%] 이상

KEY
① 2017년 5월 7일 기사 출제
② 2017년 9월 23일 기사 출제
③ 2019년 8월 4일 산업기사 출제

정보제공
건설업 산업안전보건관리비계상기준 고시 2024-53호(2024. 9. 19.)

104 사업주가 유해위험방지 계획서 제출 후 건설공사 중 6개월 이내마다 안전보건공단의 확인을 받아야 할 내용이 아닌 것은?

① 유해위험방지 계획서의 내용과 실제공사 내용이 부합하는지 여부
② 유해위험방지 계획서 변경 내용의 적정성
③ 자율안전관리 업체 유해위험방지 계획서 제출·심사 면제
④ 추가적인 유해·위험요인의 존재 여부

해설
유해위험방지계획서 공단 확인 내용
① 유해위험방지 계획서의 내용과 실제공사 내용이 부합하는지 여부
② 유해위험방지 계획서 변경 내용의 적정성
③ 추가적인 유해·위험요인의 존재 여부

정보제공
산업안전보건법 시행규칙 제46조(확인)

105 다음 중 방망사의 폐기 시 인장강도에 해당하는 것은? (단, 그물코의 크기는 10[cm]이며 매듭없는 방망의 경우임)

① 50[kg] ② 100[kg]
③ 150[kg] ④ 200[kg]

【 정답 】 101 ③ 102 ① 103 ② 104 ③ 105 ③

해설

방망사의 폐기시 인장강도

그물코의 크기 (단위 : [cm])	방망의 종류(단위 : [kg])	
	매듭 없는 방망	매듭 방망
10	150	135
5		60

106 굴착공사에서 비탈면 또는 비탈면 하단을 성토하여 붕괴를 방지하는 공법은?

① 배수공
② 배토공
③ 공작물에 의한 방지공
④ 압성토공

해설

압성토 공법(sur charge)
① 토사의 측방에 압성토를 하거나 법면 구배를 작게 하여 활동에 저항하는 모멘트 증가
② 점성토 연약지반 개량공법

107 지면보다 낮은 땅을 파는데 적합하고 수중굴착도 가능한 굴착기계는?

① 백호
② 파워셔블
③ 가이데릭
④ 파일드라이버

해설

백호(back hoe)[드래그셔블(drag shovel)]
① 토목공사나 수중굴착에 많이 사용된다.
② 지하층이나 기초의 굴착에 사용된다.

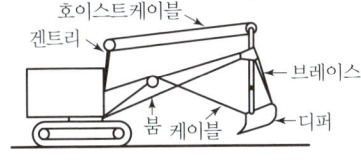

[그림] 백 호

108 다음은 안전대와 관련된 설명이다. 아래 내용에 해당되는 용어로 옳은 것은?

> 로프 또는 레일 등과 같은 유연하거나 단단한 고정줄로서 추락발생시 추락을 저지시키는 추락방지대를 지탱해 주는 줄모양의 부품

① 안전블록
② 수직구명줄
③ 죔줄
④ 보조죔줄

해설

안전대 부속품
① "안전블록"이란 안전그네와 연결하여 추락발생시 추락을 억제할 수 있는 자동잠김장치가 갖추어져 있고 죔줄이 자동적으로 수축되는 장치
② "보조죔줄"이란 안전대를 U자걸이를 위해 훅 또는 카라비너를 지탱벨트의 D링에 걸거나 떼어낼 때 잘못하여 추락하는 것을 방지하기 위한 링과 걸이설비연결에 사용하는 훅 또는 카라비너를 갖춘 줄모양의 부품
③ "수직구명줄"이란 로프 또는 레일 등과 같은 유연하거나 단단한 고정줄로서 추락발생시 추락을 저지시키는 추락방지대를 지탱해 주는 줄모양의 부품
④ "충격흡수장치"란 추락 시 신체에 가해지는 충격하중을 완화시키는 기능을 갖는 죔줄에 연결되는 부품

109 굴착과 싣기를 동시에 할 수 있는 토공기계가 아닌 것은?

① Power shovel
② Tractor shovel
③ Back hoe
④ Motor grader

해설

모터그레이더(motor grader)
① 끝마무리 작업, 정지작업에 유효 : 전륜을 기울게 할 수 있어 비탈면 고르기 작업도 가능(예) 땅 고르기 작업)
② 상하작동, 좌우회전 및 경사, 수평선회가 가능

KEY ① 2017년 3월 5일 기사 출제
② 2017년 9월 23일 기사 출제

[정답] 106 ④ 107 ① 108 ② 109 ④

110 구축물에 안전진단 등 안전성 평가를 실시하여 근로자에게 미칠 위험성을 미리 제거하여야 하는 경우가 아닌 것은?

① 구축물 또는 이와 유사한 시설물의 인근에서 굴착·항타작업 등으로 침하·균열 등이 발생하여 붕괴의 위험이 예상될 경우
② 구조물, 건축물, 그 밖의 시설물이 그 자체의 무게·적설·풍압 또는 그 밖에 부가되는 하중 등으로 붕괴 등의 위험이 있을 경우
③ 화재 등으로 구축물 또는 이와 유사한 시설물의 내력(耐力)이 심하게 저하되었을 경우
④ 구축물의 구조체가 안전측으로 과도하게 설계가 되었을 경우

해설
구축물 안전성 평가내용
① 구축물등의 인근에서 굴착·항타작업 등으로 침하·균열 등이 발생하여 붕괴의 위험이 예상될 경우
② 구축물등에 지진, 동해(凍害), 부동침하(不同沈下) 등으로 균열·비틀림 등이 발생했을 경우
③ 구축물등이 그 자체의 무게·적설·풍압 또는 그 밖에 부가되는 하중 등으로 붕괴 등의 위험이 있을 경우
④ 화재 등으로 구축물등의 내력(耐力)이 심하게 저하됐을 경우
⑤ 오랜 기간 사용하지 않던 구축물등을 재사용하게 되어 안전성을 검토해야 하는 경우
⑥ 구축물등의 주요구조부(「건축법」 제2조제1항제7호에 따른 주요구조부를 말한다. 이하 같다)에 대한 설계 및 시공 방법의 전부 또는 일부를 변경하는 경우
⑦ 그 밖의 잠재위험이 예상될 경우

정보제공
산업안전보건기준에 관한 규칙 제52조(구축물등의 안전성 평가)

111 산업안전보건법령에 따른 지반의 종류별 굴착면의 기울기 기준으로 옳지 않은 것은?

① 모래 - 1 : 1.8
② 그 밖의 흙 - 1 : 0.3
③ 풍화암 - 1 : 1.0
④ 연암 - 1 : 1.0

해설
굴착면의 기울기 기준

지반의 종류	굴착면의 기울기
모래	1 : 1.8
연암 및 풍화암	1 : 1.0
경암	1 : 0.5
그 밖의 흙	1 : 1.2

KEY
① 2016년 5월 8일 기사·산업기사 동시 출제
② 2017년 3월 5일(문제 120번) 출제
③ 2017년 9월 23일(문제 114번) 출제
④ 2018년 8월 19일 산업기사 출제
⑤ 2019년 4월 27일 기사·산업기사 동시 출제

정보제공
산업안전보건기준에 관한 규칙 [별표 11] 굴착면의 기울기 기준

112 달비계의 사용이 불가한 와이어로프의 기준으로 옳지 않은 것은?

① 이음매가 있는 것
② 와이어로프의 한 꼬임에서 끊어진 소선의 수가 7[%] 이상인 것
③ 지름의 감소가 공칭지름의 7[%]를 초과하는 것
④ 심하게 변형되거나 부식된 것

해설
와이어로프 사용금지기준
① 이음매가 있는 것
② 와이어로프의 한 꼬임에서 끊어진 소선(필러선을 제외한다)의 수가 10[%] 이상인 것
③ 지름의 감소가 공칭지름의 7[%]를 초과하는 것
④ 심하게 변형되거나 부식된 것
⑤ 꼬인 것
⑥ 열과 전기충격에 의해 손상된 것

정보제공
산업안전보건기준에 관한 규칙 제210조(이음매가 있는 권상용 와이어로프 등의 사용금지)

[정답] 110 ④   111 ②   112 ②

113 가설통로 설치에 관한 기준으로 옳지 않은 것은?

① 경사는 30[°] 이하로 한다.
② 건설공사에 사용하는 높이 8[m] 이상인 비계다리에는 7[m] 이내마다 계단참을 설치한다.
③ 작업상 부득이한 경우에는 필요한 부분에 한하여 안전난간을 임시로 해체할 수 있다.
④ 수직갱에 가설된 통로의 길이가 10[m] 이상인 경우에는 5[m] 이내마다 계단참을 설치한다.

해설
수직갱 15[m] 이상인 경우 : 10[m] 이내마다 계단참 설치

KEY
① 2017년 3월 5일 산업기사 출제
② 2017년 5월 7일 산업기사 출제
③ 2017년 9월 23일 기사 출제
④ 2018년 4월 28일 기사·산업기사 동시 출제
⑤ 2018년 8월 19일 산업기사 출제
⑥ 2018년 8월 19일 산업기사 출제
⑦ 2018년 9월 15일 산업기사 출제
⑧ 2019년 3월 3일 산업기사 출제
⑨ 2019년 4월 27일 기사·산업기사 동시 출제
⑩ 2019년 8월 4일 기사 출제
⑪ 2020년 6월 14일 산업기사 출제

정보제공
산업안전보건기준에 관한 규칙 제23조(가설통로의 구조)

114 강관비계의 수직방향 벽이음 조립간격(m)으로 옳은 것은? (단, 틀비계이며 높이가 5[m] 이상일 경우)

① 2[m]   ② 4[m]
③ 6[m]   ④ 9[m]

해설
강관비계 조립 간격

강관비계의 종류	조립 간격(단위 : [m])	
	수직 방향	수평 방향
단관비계	5	5
틀비계(높이 5[m] 미만인 것은 제외)	6	8

정보제공
산업안전보건기준에 관한 규칙 [별표 5] 강관비계의 조립 간격

115 크레인의 운전실 또는 운전대를 통하는 통로의 끝과 건설물 등의 벽체의 간격은 최대 얼마 이하로 하여야 하는가?

① 0.2[m]   ② 0.3[m]
③ 0.4[m]   ④ 0.5[m]

해설
벽체의 간격 : 0.3[m] 이하

KEY
① 2017년 3월 5일(문제 103번) 출제
② 2020년 6월 14일 산업기사 출제

정보제공
산업안전보건기준에 관한 규칙 제145조(건설물 등의 벽체와 통로와의 간격등)

116 흙막이 지보공을 설치하였을 때 정기적으로 점검하여 이상 발견 시 즉시 보수하여야 할 사항이 아닌 것은?

① 굴착 깊이의 정도
② 버팀대의 긴압의 정도
③ 부재의 접속부·부착부 및 교차부의 상태
④ 부재의 손상·변형·부식·변위 및 탈락의 유무와 상태

해설
흙막이지보공 정기점검사항
① 부재의 손상·변형·부식·변위 및 탈락의 유무와 상태
② 버팀대의 긴압의 정도
③ 부재의 접속부·부착부 및 교차부의 상태
④ 침하의 정도

KEY
① 2017년 3월 5일(문제 109번) 출제
② 2017년 9월 23일(문제 109번) 출제
③ 2019년 3월 3일 기사·산업기사 동시 출제

정보제공
산업안전보건기준에 관한 규칙 제347조(붕괴 등의 위험방지)

[정답] 113 ④   114 ③   115 ②   116 ①

117 달비계의 최대 적재하중을 정하는 경우 그 안전계수 기준으로 옳지 않은 것은?

① 달기와이어로프 및 달기강선의 안전계수 : 10 이상
② 달기체인 및 달기훅의 안전계수 : 5 이상
③ 달기강대와 달비계의 하부 및 상부지점의 안전계수 : 강재의 경우 3 이상
④ 달기강대와 달비계의 하부 및 상부지점의 안전계수 : 목재의 경우 5 이상

해설

달비계의 안전계수
① 달기와이어로프 및 달기강선의 안전계수는 10 이상
② 달기체인 및 달기훅의 안전계수는 5 이상
③ 달기강대와 달비계의 하부 및 상부지점의 안전계수는 강재의 경우 2.5 이상, 목재의 경우 5 이상

KEY
① 2016년10월 1일 산업기사 출제
② 2018년 3월 4일 기사·산업기사 동시 출제
③ 2018년 8월 19일 산업기사 출제
④ 2019년 3월 3일(문제 104번) 출제

정보제공
산업안전보건기준에 관한 규칙 제55조(작업발판의 최대적재하중)

118 철골공사 시 안전작업방법 및 준수사항으로 옳지 않은 것은?

① 강풍, 폭우 등과 같은 악천우시에는 작업을 중지하여야 하며 특히 강풍시에는 높은 곳에 있는 부재나 공구류가 낙하비래하지 않도록 조치하여야 한다.
② 철골부재 반입 시 시공순서가 빠른 부재는 상단부에 위치하도록 한다.
③ 구명줄 설치 시 마닐라 로프 직경 10[mm]를 기준하여 설치하고 작업방법을 충분히 검토하여야 한다.
④ 철골보의 두 곳을 매어 인양시킬 때 와이어로프의 내각은 60[°] 이하이어야 한다.

해설

구명줄 설치기준
① 1가닥에 여러명 동시사용 금지
② 마닐라 로프 직경 16[mm]를 기준

119 해체공사 시 작업용 기계기구의 취급안전기준에 관한 설명으로 옳지 않은 것은?

① 철제햄머와 와이어로프의 결속은 경험이 많은 사람으로서 선임된 자에 한하여 실시하도록 하여야 한다.
② 팽창제 천공간격은 콘크리트 강도에 의하여 결정되나 70~120[cm] 정도를 유지하도록 한다.
③ 쐐기타입으로 해체 시 천공구멍은 타입기삽입부분의 직경과 거의 같아야 한다.
④ 화염방사기로 해체작업 시 용기 내 압력은 온도에 의해 상승하기 때문에 항상 40[℃] 이하로 보존해야 한다.

해설

팽창제 안전
① 천공재 직경 : 30~50[mm] 정도
② 천공 간격 : 30~70[cm] 정도

120 콘크리트 타설 시 거푸집 측압에 관한 설명으로 옳지 않은 것은?

① 기온이 높을수록 측압은 크다.
② 타설속도가 클수록 측압은 크다.
③ 슬럼프가 클수록 측압은 크다.
④ 다짐이 과할수록 측압은 크다.

해설

기온이 낮을수록 측압이 크다.

참고 건설안전기사 필기 p.6-133(3. 측압에 영향을 주는 요인)

KEY
① 2016년 5월 8일 산업기사 출제
② 2016년 10월 1일(문제 102번) 출제
③ 2017년 5월 7일 산업기사 출제
④ 2018년 8월 19일 기사·산업기사 동시 출제
⑤ 2018년 9월 15일(문제 115번) 출제
⑥ 2019년 8월 4일 기사 출제

[정답] 117 ③ 118 ③ 119 ② 120 ①

2020년도 기사 정기검정 제3회 (2020년 8월 22일 시행)

건설안전기사

종목코드	시험시간	수험번호	성명
1440	3시간	20200822	도서출판세화

1 산업안전관리론

01 재해손실비의 평가방식 중 시몬즈 방식에서 비보험 코스트에 반영되는 항목에 속하지 않는 것은?

① 휴업상해 건수
② 통원상해 건수
③ 응급조치 건수
④ 무손실사고 건수

[해설]
시몬즈의 비보험코스트
① 비보험 코스트=(휴업상해건수)×(A)+(통원상해건수)×(B)+(응급조치건수)×(C)+(무상해 건수)×(D)
② A, B, C, D는 장해 정도에 따른 비보험 코스트의 평균치

KEY ① 2016년 5월 8일 기사출제
② 2016년 10월 1일 (문제 18번)출제

02 산업안전보건법령상 중대재해에 속하지 않는 것은?

① 사망자가 2명이상 발생한 재해
② 부상자가 동시에 7명 발생한 재해
③ 직업성 질병자가 동시에 11명 발생한 재해
④ 3개월 이상 요양이 필요한 부상자가 동시에 3명 발생한 재해

[해설]
중대재해의 종류 3가지
① 사망자가 1명 이상 발생한 재해
② 3개월 이상의 요양이 필요한 부상자가 동시에 2명 이상 발생한 재해
③ 부상자 또는 직업성 질병자가 동시에 10명 이상 발생한 재해

KEY ① 2016년 3월 6일 기사·산업기사 동시출제
② 2016년 5월 8일 (문제 15번) 출제

[정보제공]
산업안전보건법 시행규칙 제3조(중대재해의 범위)

03 산업안전보건법령상 공정안전보고서에 포함되어야 하는 내용 중 공정안전자료의 세부내용에 해당하는 것은?

① 안전운전지침서
② 공정위험성평가서
③ 도급업체 안전관리계획
④ 각종 건물·설비의 배치도

[해설]
공정안전자료 세부내용
① 취급·저장하고 있거나 취급·저장하려는 유해·위험물질의 종류 및 수량
② 유해·위험물질에 대한 물질안전보건자료
③ 유해하거나 위험한 설비의 목록 및 사양
④ 유해하거나 위험한 설비의 운전방법을 알 수 있는 공정도면
⑤ 각종 건물·설비의 배치도
⑥ 폭발위험장소 구분도 및 전기단선도
⑦ 위험설비의 안전설계·제작 및 설치 관련 지침서

[정보제공]
산업안전보건법 시행규칙 제50조 (공정안전보고서의 세부내용등)

04 산업안전보건법령상 금지표지에 속하는 것은?

①  ②

③  ④

[해설]
안전보건표지
① 산화성물질 경고
② 방독마스크 착용
③ 급성독성물질 경고
④ 탑승금지

[정답] 01 ④ 02 ② 03 ④ 04 ④

> **KEY** ① 2016년 3월 6일 기사 출제
> ② 2020년 6월 7일 출제

정보제공
산업안전보건법 시행규칙 [별표 6] 안전보건표지의 종류와 형태

05 도수율이 25인 사업장의 연간 재해발생 건수는 몇 건인가?(단, 이 사업장의 당해 연도 총근로시간은 80,000시간이다.)

① 1건　　② 2건
③ 3건　　④ 4건

해설
환산도수율 = 도수율 × 0.08 = 25 × 0.08 = 2[건]

> **KEY** ① 2017년 5월 7일 기사·산업기사 동시출제
> ② 2018년 9월 15일 출제

06 산업안전보건법령상 건설공사도급인은 산업안전보건관리비의 사용명세서를 건설공사 종류 후 몇 년간 보존해야 하는가?

① 1년　　② 2년
③ 3년　　④ 5년

해설
산업안전보건관리비의 서류보존기간
① 건설공사도급인은 법 제72조제1항에 따라 도급금액 또는 사업비에 계상(計上)된 산업안전보건관리비의 범위에서 그의 관계수급인에게 해당 사업의 위험도를 고려하여 적정하게 산업안전보건관리비를 지급하여 사용하게 할 수 있다.
② 법 제72조제3항에 따라 건설공사도급인은 고용노동부장관이 정하는 바에 따라 해당 건설공사를 위하여 계상된 산업안전보건관리비를 그가 사용하는 근로자와 그의 관계수급인이 사용하는 근로자의 산업재해 및 건강장해 예방에 사용하고, 그 사용명세서를 매월(공사가 1개월 이내에 종료되는 사업의 경우에는 해당 공사 종료 시를 말한다) 작성하고 건설공사 종료 후 1년간 보존해야 한다.

정보제공
산업안전보건법 시행규칙 제89조(산업안전보건관리비의 사용)

07 산업안전보건법령에 따른 안전보건총괄책임자의 직무에 속하지 않는 것은?

① 도급 시 산업재해 예방조치
② 위험성평가의 실시에 관한 사항
③ 안전인증대상기계와 자율안전확인대상기계 구입 시 적격품의 선정에 관한 지도
④ 산업안전보건관리비의 관계수급인간의 사용에 관한 협의·조정 및 그 집행의 감독

해설
안전보건총괄책임자의 직무
① 위험성평가의 실시에 관한 사항
② 작업의 중지
③ 도급 시 산업재해 예방조치
④ 산업안전보건관리비의 관계수급인 간의 사용에 관한 협의·조정 및 그 집행의 감독
⑤ 안전인증대상기계등과 자율안전확인대상기계등의 사용 여부 확인

> **KEY** 2020년 6월 7일(문제 18번) 출제

정보제공
산업안전보건법 시행령 제53조(안전보건총괄책임자의 직무 등)

08 다음 중 재해 발생 시 긴급조치사항을 올바른 순서로 배열한 것은?

> ㉠ 현장보존
> ㉡ 2차 재해방지
> ㉢ 피재기계의 정지
> ㉣ 관계자에게 통보
> ㉤ 피해자의 응급처리

① ㉤ → ㉢ → ㉡ → ㉠ → ㉣
② ㉢ → ㉤ → ㉣ → ㉡ → ㉠
③ ㉢ → ㉤ → ㉣ → ㉠ → ㉡
④ ㉢ → ㉤ → ㉠ → ㉣ → ㉡

[정답] 05 ② 06 ① 07 ③ 08 ②

해설
재해발생시 조치순서

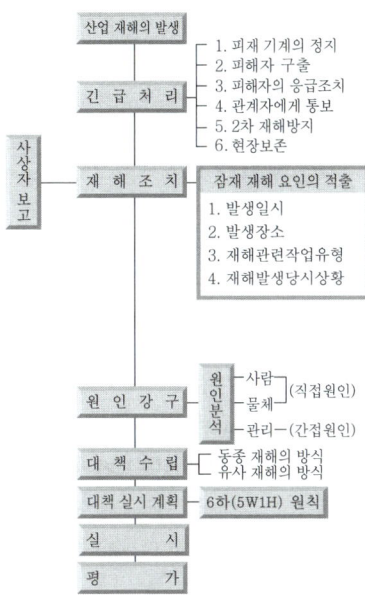

KEY
① 2016년 10월 1일 (문제 16번) 출제
② 2017년 8월 26일 출제

---

09 직계(Line)형 안전조직에 관한 설명으로 옳지 않은 것은?

① 명령과 보고가 간단명료하다.
② 안전정보의 수집이 빠르고 전문적이다.
③ 안전업무가 생산현장 라인을 통하여 시행된다.
④ 각종 지시 및 조치사항이 신속하게 이루어진다.

해설
라인형 안전조직의 장·단점

장 점	단 점
① 안전에 관한 명령과 지시는 생산 라인을 통해 신속·정확히 전달 실시된다. ② 중소 규모 기업에 활용된다.	① 안전 전문 입안이 되어 있지 않아 내용이 빈약하다. ② 안전의 정보가 불충분하다.

KEY
① 2016년 3월 6일 기사·산업기사 동시출제
② 2016년 10월 1일 산업기사 출제
③ 2017년 3월 5일 기사 출제
④ 2017년 5월 7일 기사 출제
⑤ 2017년 8월 26일 기사·산업기사 동시출제
⑥ 2019년 3월 3일 기사 출제
⑦ 2019년 8월 4일 기사·산업기사 동시출제
⑧ 2019년 9월 21일 산업기사 출제

---

10 보호구 안전인증 고시에 따른 가죽제안전화의 성능시험방법에 해당되지 않는 것은?

① 내답발성시험
② 박리저항시험
③ 내충격성시험
④ 내전압성시험

해설
안전화 성능 시험 종류

종류	성능 시험 종류
가죽제 안전화	은면결렬시험, 인열강도시험, 6가크롬함량, 내부식성시험, 인장강도시험, 내유성시험, 내압박성시험, 내충격성시험, 박리저항시험, 내답발성시험 등
고무제 안전화	인장강도 및 노화후 인장강도시험, 내유성시험, 내화학성시험, 완성품의 내화학성시험, 파열강도시험, 선심 및 내답판의 내부식성시험, 누출방지시험 등

---

11 위험예지훈련 4R(라운드) 중 2R(라운드)에 해당하는 것은?

① 목표설정
② 현상파악
③ 대책수립
④ 본질추구

해설
문제해결의 4단계(4 Round)
① 1R – 현상파악
② 2R – 본질추구
③ 3R – 대책수립
④ 4R – 행동목표설정

KEY
① 2016년 3월 6일 출제
② 2016년 5월 8일 기사·산업기사 동시출제
③ 2017년 3월 5일 기사·산업기사 동시출제
④ 2017년 5월 7일 출제
⑤ 2017년 8월 26일 출제
⑥ 2017년 9월 23일 출제
⑦ 2018년 3월 4일 산업기사 출제
⑧ 2019년 4월 27일 기사·산업기사 동시출제
⑨ 2019년 8월 4일 출제
⑩ 2020년 6월 7일 출제

---

12 기계·기구 또는 설비를 신설하거나 변경 또는 고장 수리 시 실시하는 안전점검의 종류는?

① 정기점검
② 수시점검
③ 특별점검
④ 임시점검

[정답] 09 ② 10 ④ 11 ④ 12 ③

해설
특별점검
① 기계·기구 또는 설비의 신설·변경 또는 중대재해 발생 직후 등 고장 수리 등으로 비정기적인 특정 점검을 말하며 기술 책임자가 실시
② 산업안전 보건강조기간에도 실시

KEY
① 2018년 4월 28일 기사 출제
② 2019년 3월 3일 기사 출제
③ 2019년 8월 4일 기사 출제
④ 2020년 6월 14일 산업기사 출제

---

13 산업안전보건법령상 안전인증대상 기계 또는 설비에 속하지 않는 것은?

① 리프트 ② 압력용기
③ 곤돌라 ④ 파쇄기

해설
안전인증대상기계의 종류
(1) 설치·이전하는 경우 안전인증을 받아야 하는 기계
　① 크레인　② 리프트　③ 곤돌라
(2) 주요 구조 부분을 변경하는 경우 안전인증을 받아야 하는 기계 및 설비
　① 프레스　　　　　② 전단기 및 절곡기(折曲機)
　③ 크레인　　　　　④ 리프트
　⑤ 압력용기　　　　⑥ 롤러기
　⑦ 사출성형기(射出成形機)　⑧ 고소(告訴)작업대
　⑨ 곤돌라

KEY
① 2011년 3월 7일 기사 출제
② 2017년 3월 5일 기사·산업기사 동시출제
③ 2017년 5월 7일 기사 출제
④ 2018년 3월 4일 기사 출제
⑤ 2019년 3월 3일 기사 출제

정보제공
산업안전보건법 시행령 제74조(안전인증대상기계 등)

---

14 브레인 스토밍의 4가지 원칙 내용으로 옳지 않은 것은?

① 비판하지 않는다.
② 자유롭게 발언한다.
③ 가능한 정리된 의견만 발언한다.
④ 타인의 생각에 동참하거나 보충발언 해도 좋다.

해설
BS의 4원칙
① 비판금지(criticism is ruled out) : 좋다, 나쁘다 비판은 하지 않는다.
② 자유분방(free wheeling) : 마음대로 자유로이 발언한다.
③ 대량발언(quantity is wanted) : 무엇이든 좋으니 많이 발언한다.
④ 수정발언(combination and improvement of thought) : 타인의 생각에 동참하거나 보충 발언해도 좋다.

KEY
① 2017년 8월 28일 기사 출제
② 2017년 9월 23일 산업기사 출제
③ 2018년 8월 19일 기사 출제
④ 2019년 4월 27일 기사 출제
⑤ 2020년 6월 7일 기사 출제

---

15 안전관리는 PDCA 사이클의 4단계를 거쳐 지속적인 관리를 수행하여야 한다. 다음 중 PDCA 사이클의 4단계를 잘못 나타낸 것은?

① P : Plan　　② D : Do
③ C : Check　④ A : Analysis

해설
PDCA의 사이클 4단계
계획(plan) → 실시(do) → 검토(check) → 조치(action)

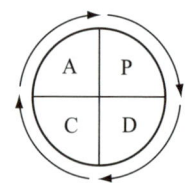

[그림] 안전관리 4-cycle

KEY 2016년 3월 6일 기사 출제

---

16 재해의 발생형태 중 재해가 일어난 장소나 그 시점에 일시적으로 요인이 집중되어 사고가 발생하는 유형은?

① 연쇄형
② 복합형
③ 결합형
④ 단순 자극형

[정답] 13 ④　14 ③　15 ④　16 ④

> 해설

재해발생의 메커니즘 3가지의 구조적 요소
① 단순자극형(집중형) : 상호자극에 의하여 순간(일시)적으로 재해가 발생하는 유형
② 연쇄형 : 하나의 사고요인이 또 다른 요인을 발생시키면서 재해를 발생하는 유형
③ 복합형 : 연쇄형과 단순자극형의 복접적인 발생유형

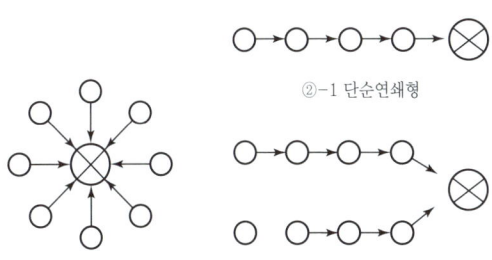

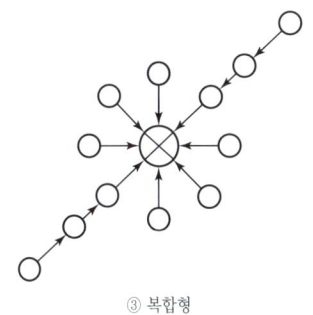

[그림] 재해(⊗)의 발생 형태 3가지

KEY 2018년 9월 15일 기사 출제

---

17 안전보건관리계획 수립시 고려할 사항으로 옳지 않는 것은?

① 타 관리계획과 균형이 맞도록 한다.
② 안전보건을 저해하는 요인을 확실히 파악해야 한다.
③ 수립된 계획은 안전보건관리활동의 근거로 활용된다.
④ 과거실적을 중요한 것으로 생각하고, 현재 상태에 만족해야 한다.

> 해설

안전보건관리계획 수립 시 고려사항
① 사업장의 실태에 맞도록 독자적으로 작성하되 실현 가능성이 있도록 하여야 한다.
② 계획의 목표는 점진적으로 하여 높은 수준으로 한다.
③ 직장 단위로 구체적으로 작성한다.
④ 현재의 문제점을 검토하기 위해 자료를 조사 수집한다.
⑤ 계획에서 실시까지의 미비점, 잘못된 점을 피드백(feed back) 할 수 있는 조정기능을 갖고 있을 것
⑥ 적극적인 선취안전을 취하여 새로운 생각과 정보를 활용한다.
⑦ 계획안이 효과적으로 실시되도록 Line-staff 관계자에게 충분히 납득시킨다.

KEY ① 2016년 3월 6일 기사 출제
② 2019년 3월 3일 기사 출제
③ 2020년 6월 14일 산업기사 출제

---

18 다음은 안전보건개선계획의 제출에 관한 기준 내용이다. ( )안에 알맞은 것은?

> 안전보건개선계획서를 제출해야 하는 사업주는 안전보건개선계획서 수립·시행명령을 받은 날부터 ( )일 이내에 관할 지방고용노동관서의 장에게 해당 계획서를 제출(전자문서로 제출하는 것을 포함한다)해야 한다.

① 15 ② 30
③ 45 ④ 60

> 해설

안전보건개선계획서 시행명령 후 보고기간 : 60일 이내

KEY 2016년 5월 8일 (문제 13번) 출제

정보제공
산업안전보건법 시행규칙 제61조(안전보건개선계획제출 등)

---

19 재해의 간접적 원인과 관계가 가정 먼 것은?
① 스트레스
② 안전수칙의 오해
③ 작업준비 불충분
④ 안전방호장치 결함

[정답] 17 ④ 18 ④ 19 ④

> **해설**

재해의 직·간접원인
㉮ 직접원인 : ④ 물적원인 (안전방호장치 결함)
㉯ 간접원인 : ①, ②, ③

KEY ① 2016년 5월 8일 기사 출제
② 2018년 4월 18일 기사 출제

20 재해예방의 4원칙에 해당하지 않는 것은?

① 예방가능의 원칙
② 원인계기의 원칙
③ 손실필연의 원칙
④ 대책선정의 원칙

> **해설**

재해예방의 4원칙
① 예방가능의 원칙
② 손실우연의 원칙
③ 원인연계(계기)의 원칙
④ 대책선정의 원칙

KEY ① 2016년 5월 8일 (문제 11번) 출제
② 2020년 6월 14일 산업기사 출제

2 산업심리 및 교육

21 다음 중 학습전이의 조건으로 가장 거리가 먼 것은?

① 학습 정도
② 시간적 간격
③ 학습 분위기
④ 학습자의 지능

> **해설**

전이(transfer)의 조건
① 선행학습의 정도
② 학습자료의 유사성
③ 선행학습과 학습 후의 시간적 간격
④ 학습자의 태도
⑤ 학습자의 지능

22 인간의 동기에 대한 이론 중 자극, 반응, 보상의 3가지 핵심변인을 가지고 있으며, 표출된 행동에 따라 보상을 주는 방식에 기초한 동기이론은?

① 강화이론
② 형평이론
③ 기대이론
④ 목표설정이론

> **해설**

강화이론
① 표출된 행동에 따라 보상을 주는 방식에 기초한 이론
② 자극, 반응, 보상의 핵심변인

23 다음 중 산업안전 심리의 5대요소가 아닌 것은?

① 동기
② 감정
③ 기질
④ 지능

> **해설**

산업안전심리 5대요소
① 동기 ② 기질 ③ 감정 ④ 습성 ⑤ 습관

KEY ① 2016년 5월 8일 기사 출제
② 2019년 8월 4일 기사 출제

24 다음 중 사고에 관한 표현으로 틀린 것은?

① 사고는 비변형된 사상(unstrained event)이다.
② 사고는 비계획적인 사상(unplaned event)이다.
③ 사고는 원하지 않는 사상(undesired event)이다.
④ 사고는 비효율적인 사상(inefficient event)이다.

> **해설**

사고(事故, accident) : 재해를 야기시키는 원인(행동범위)
① 원하지 않는 사상(Undesired event)
② 비능률적 사상(Uninefficient event) : 뉴욕대학 Cutter박사
③ 변형된 사상(Strained event) : 물체가 변형되는 것처럼 심리적으로 인간이 견딜 수 있는 스트레스의 한계를 넘어선 사상

KEY 2014년 3월 2일(문제 39번) 출제

[정답] 20 ③ 21 ③ 22 ① 23 ④ 24 ①

25. 집단이 가지는 효과로 두 개 이상의 서로 다른 개체가 힘을 합쳐 둘이 지닌 힘 이상의 효과를 내는 현상은?

① 시너지 효과 ② 동조 효과
③ 응집성 효과 ④ 자생적 효과

해설

synergy 효과 : 상승효과
① 집단효과
② 두 개 이상의 서로 다른 개체가 힘을 합쳐 둘 보다 더 큰 힘을 내는 효과

26. 교육방법 중 하나인 사례연구법의 장점으로 볼 수 없는 것은?

① 의사소통 기술이 향상된다.
② 무의식적인 내용의 표현 기회를 준다.
③ 문제를 다양한 관점에서 바라보게 된다.
④ 강의법에 비해 현실적인 문제에 대한 학습이 가능하다.

해설

사례연구법
(1) 먼저 사례를 제시, 문제적 사실들과 그의 상호관계에 대해서 검토하고 대책을 토의하는 학습법이다.(하버드대학에서 개발)
(2) 고도의 판단력을 교육할 수 있다.
(3) 사례연구법의 장점
  ① 학습에 흥미가 있고, 학습동기를 유발할 수 있다.
  ② 현실적인 문제의 학습이 가능하다.
  ③ 관찰력과 분석력을 높일 수 있다.
  ④ 의사소통 기술이 향상된다.

27. 직무와 관련한 정보를 직무명세서(Job specification)와 직무기술서(Job Description)로 구분할 경우 직무기술서에 포함되어야 하는 내용과 가장 거리가 먼 것은?

① 직무의 직종
② 수행되는 과업
③ 직무수행 방법
④ 작업자의 요구되는 능력

해설

직무기술서 포함사항
① 직무의 직종
② 수행되는 과업
③ 직무수행 방법

보충학습

직무분석
(1) 직무에 관한 정보를 수집, 분석하여 직무의 내용과 직무를 담당하는 자의 자격요건을 체계화하는 활동
(2) 직무를 구성하는 3요소
  ① 과업(task)
  ② 의무(duty)
  ③ 책임(responsibility)

28. 판단과정에서의 착오원인이 아닌 것은?

① 능력부족 ② 정보부족
③ 감각차단 ④ 자기합리화

해설

판단과정 착오요인
① 자기합리화
② 능력부족
③ 정보부족
④ 과신(자신 과잉)
⑤ 작업조건불량

KEY 2014년 5월 25일(문제 32번) 출제

KEY ① 2016년 5월 8일 기사 출제
② 2017년 3월 5일 기사 출제
③ 2020년 6월 7일 기사 출제

29. 다음 중 ATT(American Telephone & Telegram) 교육훈련기법의 내용이 아닌 것은?

① 인사관계 ② 고객관계
③ 회의의 주관 ④ 종업원의 기술 향상

해설

ATT 교육내용
① 계획적인 감독   ② 인원배치 및 작업의 계획
③ 작업의 감독   ④ 공구와 자료의 보고 및 기록
⑤ 개인작업의 개선 ⑥ 인사관계
⑦ 종업원의 기술향상 ⑧ 훈련
⑨ 안전 등

KEY ① 2016년 3월 6일 기사 출제
② 2018년 3월 4일 산업기사 출제

[정답] 25 ① 26 ② 27 ④ 28 ③ 29 ③

과년도 출제문제

30 미국 국립산업안전보건연구원(NIOSH)이 제시한 직무스트레스 모형에서 직무스트레스 요인을 작업요인, 조직요인, 환경요인으로 구분할 때 조직요인에 해당하는 것은?

① 관리유형 ② 작업속도
③ 교대근무 ④ 조명 및 소음

해설

직무스트레스 모형

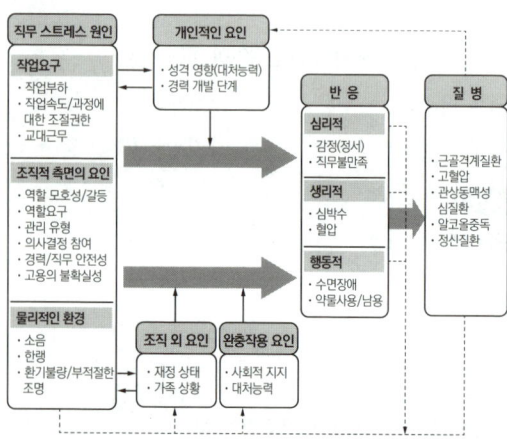

[그림] NIOSH의 직무 스트레스 관리모형(Hurrell)

KEY 2014년 9월 20일 (문제 27번) 출제

31 다음 중 안전교육의 목적과 가장 거리가 먼 것은?

① 생산성이나 품질의 향상에 기여한다.
② 작업자를 산업재해로 부터 미연에 방지한다.
③ 재해의 발생으로 인한 직접적 및 간접적 경제적 손실을 방지한다.
④ 작업자에게 작업의 안전에 대한 자신감을 부여하고 기업에 대한 충성도를 증가시킨다.

해설

교육훈련의 목적
① 단순히 근로자를 산업재해로부터 미연에 방지할 뿐만 아니라
② 재해의 발생으로 파생되는 직접 및 간접적인 경제적 손실을 방지하고
③ 안전보건 확보를 위한 지식·기능 및 태도의 향상을 기하여 생산을 위한 방법의 개선·향상을 목표로 하고
④ 근로자에게 작업의 안전보건에 대한 안전감을 주어 기업에 대한 신뢰감을 높여
⑤ 생산성이나 품질의 향상에 기여하는 데 있다.

KEY 2016년 5월 8일 기사 출제

32 안전교육에서 안전기술과 방호장치관리를 몸으로 습득시키는 교육방법으로 가장 적절한 것은?

① 지식교육 ② 기능교육
③ 해결교육 ④ 태도교육

해설

제2단계(기능교육)
① 교육대상자가 그것을 스스로 행함으로 얻어진다.
② 개인의 반복적 시행착오에 의해서만 얻어진다.
③ 시범, 견학, 실습, 현장실습 교육을 통한 경험체득과 이해

KEY ① 2017년 8월 26일 기사 출제
② 2019년 4월 27일 기사 출제

33 안전교육의 형태와 방법 중 Off.J.T.(Off the Job Training)의 특징이 아닌 것은?

① 공통된 대상자를 대상으로 일관적으로 교육할 수 있다.
② 업무 및 사내의 특성에 맞춘 구체적이고 실제적인 지도교육이 가능하다.
③ 외부의 전문가를 강사로 초청할 수 있다.
④ 다수의 근로자에게 조직적 훈련이 가능하다.

해설

OFF JT 교육의 특징
① 다수의 근로자에게 조직적 훈련을 행하는 것이 가능하다.
② 훈련에만 전념하게 된다.
③ 각자 전문가를 강사로 초청하는 것이 가능하다.
④ 특별 설비기구를 이용하는 것이 가능하다.
⑤ 각 직장의 근로자가 많은 지식이나 경험을 교류할 수 있다.
⑥ 교육 훈련 목표에 대하여 집단적 노력이 흐트러질 수 있다.

KEY ① 2016년 10월 1일 기사 출제
② 2017년 3월 5일 기사 출제
③ 2017년 5월 7일 기사 출제
④ 2017년 9월 23일 기사·산업기사 동시출제
⑤ 2018년 3월 4일 기사 출제
⑥ 2018년 8월 19일 기사·산업기사 동시출제
⑦ 2018년 9월 15일 기사·산업기사 동시출제
⑧ 2019년 3월 3일 기사·산업기사 동시출제
⑨ 2019년 4월 27일 기사 출제
⑩ 2020년 6월 14일 산업기사 출제

[정답] 30 ① 31 ④ 32 ② 33 ②

34 레윈(Lewin)이 제시한 인간의 행동특성에 관한 법칙에서 인간의 행동(B)은 개체(P)와 환경(E)의 함수관계를 가진다고 하였다. 다음 중 개체(P)에 해당하는 요소가 아닌 것은?

① 연령
② 지능
③ 경험
④ 인간관계

해설

K.Lewin의 법칙

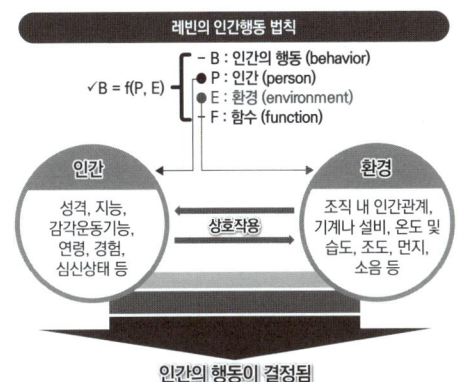

KEY
① 2016년 10월 1일 기사 출제
② 2017년 5월 7일 기사 출제
③ 2017년 8월 26일 기사 출제
④ 2017년 9월 23일 기사 출제
⑤ 2018년 9월 15일 기사 출제
⑥ 2019년 4월 27일 기사 출제
⑦ 2019년 8월 4일 산업기사 출제
⑧ 2019년 9월 21일 기사 출제

35 다음 중 피들러(Fiedler)의 상황 연계성 리더십 이론에서 중요시 하는 상황적 요인에 해당하지 않는 것은?

① 과제의 구조화
② 부하의 성숙도
③ 리더의 직위상 권한
④ 리더와 부하간의 관계

해설

리더의 상황적 합성이론(F.Fredler)

(1) 리더의 행동 스타일 분류
　① LPC(The Least Pre-ferred Co-woker)점수 사용
　② LPC점수 : 리더에게 "함께 일하기 가장 싫은 동료에 대하여 어떻게 평가하느냐" 질문

(2) 리더십의 상황 분류
　① 과업구조 : 과업의 복잡성과 단순성
　② 리더와 부하와의 관계 : 친밀감, 신뢰성, 존경 등
　③ 리더의 지휘권력 : 합법적, 공식적, 강압적 등

36 조직에 있어 구성원들의 역할에 대한 기대와 행동은 항상 일치하지는 않는다. 역할 기대와 실제 역할 행동 간에 차이가 생기면 역할 갈등이 발생하는데, 역할 갈등의 원인으로 가장 거리가 먼 것은?

① 역할 마찰
② 역할 민첩성
③ 역할 부적합
④ 역할 모호성

해설

역할갈등(role conflict)의 원인
① 역할마찰
② 역할부적합
③ 역할모호성

KEY 2017년 9월 23일 기사 출제

37 다음 중 안전교육방법에 있어 도입단계에서 가장 적합한 방법은?

① 강의법
② 실연법
③ 반복법
④ 자율학습법

해설

안전지도 교육방법의 최적수업 방법
① 도입 : 강의법, 시범법, 반복법(단시간에 많은 내용 교육)
② 정리 : 자율학습법
③ 전개(중간), 정리(마지막) : 반복법, 토의법, 실연법
④ 도입, 전개, 정리 : 프로그램학습법, 모의학습법, 학생상호학습법

KEY
① 2018년 3월 4일 기사 출제
② 2018년 9월 15일 기사 출제

[정답] 34 ④　35 ②　36 ②　37 ①

과년도 출제문제

38 부주의의 발생방지 방법은 발생 원인별로 대책을 강구해야 하는데 다음 중 발생 원인의 외적요인에 속하는 것은?

① 의식의 우회   ② 소질적 문제
③ 경험·미경험   ④ 작업순서의 부자연성

해설

외적 원인과 대책
① 작업환경조건 불량 : 환경 정비
② 작업순서의 부적당 : 작업순서 정비

KEY ▶ 2019년 4월 27일 기사 출제

39 다음 중 역할연기(role playing)에 의한 교육의 장점으로 틀린 것은?

① 관찰능력을 높이고 감수성이 향상된다.
② 자기의 태도에 반성과 창조성이 생긴다.
③ 정도가 높은 의사결정의 훈련으로서 적합하다.
④ 의견 발표에 자신이 생기고 관찰력이 풍부해진다.

해설

역할연기의 장·단점

장점	단점
① 의견발표에 자신이 생긴다. ② 자기반성과 창조성이 개발된다. ③ 하나의 문제에 대해 관찰능력을 높인다. ④ 문제에 적극적으로 참여하며, 타인의 장점과 단점이 잘 나타난다.	① 높은 의지결정의 훈련으로는 기대할 수 없다. ② 목적이 명확하지 않고 다른 방법과 병행하지 않으면 의미가 없다. ③ 훈련장소의 확보가 어렵다.

40 상황성 누발자의 재해유발원인으로 가장 적절한 것은?

① 소심한 성격
② 주의력의 산만
③ 기계설비의 결함
④ 침착성 및 도덕성의 결여

해설

상황성 누발자 재해유발 원인
① 작업에 어려움이 많은 자
② 기계 설비의 결함
③ 심신에 근심이 있는 자
④ 환경상 주의력의 집중이 혼란되기 때문에 발생되는 자

KEY ▶ ① 2017년 8월 26일 산업기사 출제
② 2017년 9월 23일 기사 출제
③ 2019년 3월 3일 기사 출제
④ 2019년 4월 27일 기사 출제
⑤ 2019년 8월 4일 기사 출제

3 인간공학 및 시스템안전공학

41 후각적 표시장치(olfactory display)와 관련된 내용으로 옳지 않은 것은?

① 냄새의 확산을 제어할 수 없다.
② 시각적 표시장치에 비해 널리 사용되지 않는다.
③ 냄새에 대한 민감도의 개별적 차이가 존재한다.
④ 경보 장치로서 실용성이 없기 때문에 사용되지 않는다.

해설

후각적 표시장치 특징
① 표시장치로서의 활용은 저조
  ㉮ 심한 개인차
  ㉯ 코막힘 등으로 민감도 저하
  ㉰ 가장 피로해 지기 쉬운 기관
  ㉱ 냄새의 확산 통제가 곤란
② 경보장치로 활용
  ㉮ gas 회사의 gas 누출 탐지(부취제)
  ㉯ 광산의 탈출 신호용

42 HAZOP 기법에서 사용하는 가이드 워드와 의미가 잘못 연결된 것은?

① No/Not – 설계 의도의 완전한 부정
② More/Less – 정량적인 증가또는 감소
③ Part of – 성질상의 감소
④ Other than – 기타 환경적인 요인

해설

OTHER THAN : 완전한 대체를 의미

KEY ▶ ① 2016년 5월 8일 기사 출제
② 2018년 3월 4일(문제 57번) 출제

[정답] 38 ④   39 ③   40 ③   41 ④   42 ④

43 그림과 같은 FT도에서 $F_1=0.015$, $F_2=0.02$, $F_3=0.05$ 이면, 정상사상 T가 발생할 확률은 약 얼마인가?

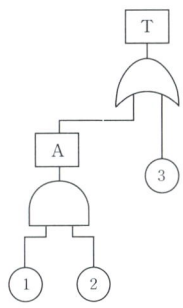

① 0.0002
② 0.0283
③ 0.0503
④ 0.9500

해설

발생확률
$T = 1-(1-A)(1-③) = 1-(1-0.0003)(1-0.05)$
$\quad = 0.050285 = 0.0503$
$A = ① \times ② = 0.015 \times 0.02 = 0.0003$

KEY 2019년 9월 21일 (문제 41번) 출제

---

44 다음은 유해위험방지계획서의 제출에 관한 설명이다. ( ) 안의 들어갈 내용으로 옳은 것은?

[다음]
산업안전보건법령상 "대통령령으로 정하는 사업의 종류 및 규모에 해당하는 사업으로서 해당 제품의 생산 공정과 직접적으로 관련된 건설물·기계·기구 및 설비 등 일체를 설치·이전하거나 그 주요 구조부분을 변경하려는 경우"에 해당하는 사업주는 유해위험방지계획서에 관련 서류를 첨부하여 해당작업 시작 (㉠) 까지 공단에 (㉡) 부를 제출하여야 한다.

① ㉠ : 7일 전, ㉡ : 2
② ㉠ : 7일 전, ㉡ : 4
③ ㉠ : 15일 전, ㉡ : 2
④ ㉠ : 15일 전, ㉡ : 4

해설

유해위험방지계획서 제출기간
① 제조업 : 해당작업시작 15일 전 까지
② 건설업 : 해당공사착공 전날 까지
③ 제출기관 및 부수 : 한국산업안전보건공단, 2부

KEY 2015년 5월 31일(문제 48번) 출제

정보제공
산업안전보건법 시행규칙 제42조(제출서류등)

---

45 차폐효과에 대한 설명으로 옳지 않은 것은?

① 차폐음과 배음의 주파수가 가까울 때 차폐효과가 크다.
② 헤어드라이어 소음 때문에 전화 음을 듣지 못한 것과 관련이 있다.
③ 유의적 신호와 배경 소음의 차이를 신호/소음 (S/N) 비로 나타낸다.
④ 차폐효과는 어느 한 음 때문에 다른 음에 대한 감도가 증가되는 현상이다.

해설

masking(은폐 : 차폐)현상
dB이 높은 음과 낮은 음이 공존할 때 낮은 음이 강한 음에 가로막혀 숨겨져 들리지 않게 되는 현상

KEY ① 2017년 5월 7일 산업기사 출제
② 2019년 9월 21일(문제 58번) 출제

---

46 그림과 같이 FTA로 분석된 시스템에서 현재 모든 기본사상에 대한 부품이 고장난 상태이다. 부품 X_1부터 부품 X_5까지 순서대로 복구한다면 어느 부품을 수리 완료하는 시점에서 시스템이 정상가동 되는가?

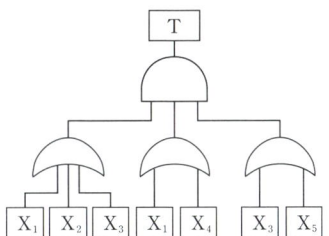

① 부품 X_2
② 부품 X_3
③ 부품 X_4
④ 부품 X_5

[정답] 43 ③ 44 ③ 45 ④ 46 ②

> **해설**
>
> **시스템 복구**
> ① 부품 X_3를 수리하며 3개의 OR 게이트가 모두 정상으로 바뀐다.(이유 : OR 게이트는 요소 중하나가 정상이면 전체 시스템이 정상이 된다.)
> ② 3개의 OR 게이트가 AND 게이트로 연결되어 있으므로 OR 게이트 3개가 모두 정상이면 전체 시스템은 정상이 된다.
> ③ 부품 X_3를 수리하는 순간부터 전체 시스템이 정상이 된다.
>
> **KEY** ▶ 2017년 3월 5일(문제 57번) 출제

47 인간이 기계보다 우수한 기능으로 옳지 않은 것은? (단, 인공지능은 제외한다.)

① 암호화된 정보를 신속하게 대량으로 보관할 수 있다.
② 관찰을 통해서 일반화하여 귀납적으로 추리한다.
③ 항공사진의 피사체나 말소리처럼 상황에 따라 변화하는 복잡한 자극의 형태를 식별할 수 있다.
④ 수신 상태가 나쁜 음극선관에 나타나는 영상과 같이 배경 잡음이 심한 경우에도 신호를 인지할 수 있다.

> **해설**
>
> **인간이 현존하는 기계를 능가하는 기능**
> ① 저에너지의 자극을 감지하는 기능
> ② 복잡 다양한 자극의 형태를 식별하는 기능
> ③ 예기치 못한 사건들을 감지하는 기능(예감, 느낌)
> ④ 다량의 정보를 장시간 기억하고 필요시 내용을 회상하는 기능
> ⑤ 관찰을 일반화하여 귀납적으로 추리하는 기능
> ⑥ 원칙을 적용하여 다양한 문제를 해결하는 기능
> ⑦ 어떤 운용 방법이 실패할 경우 다른 방법을 선택(융통성)
> ⑧ 다양한 경험을 토대로 의사 결정, 상황적인 요구에 따라 적응적인 결정, 비상사태시 임기응변
> ⑨ 주관적으로 추산하고 평가하는 기능
> ⑩ 문제 해결에 있어서 독창력을 발휘하는 기능
> ⑪ 과부하(overload) 상태에서는 중요한 일에만 전념하는 기능
>
> **KEY** ▶ ① 2018년 4월 28일 기사 출제
> ② 2018년 8월 19일 기사 출제
> ③ 2018년 9월 15일 (문제 55번) 출제

48 THERP(Technique for human error rate prediction)의 특징에 대한 설명으로 옳은 것을 모두 고른 것은?

[다음]
㉠ 인간-기계 계(system)에서 여러가지의 인간의 에러와 이에 의해 발생할 수 있는 위험성의 예측과 개선을 위한 기법
㉡ 인간의 과오를 정성적으로 평가하기 위하여 개발된 기법
㉢ 가지처럼 갈라지는 형태의 논리구조와 나무 형태의 그래프를 이용

① ㉠, ㉡   ② ㉠, ㉢
③ ㉡, ㉢   ④ ㉠, ㉡, ㉢

> **해설**
>
> **THERP** : 정량적 평가
>
> **KEY** ▶ ① 2017년 3월 5일 산업기사 출제
> ② 2017년 9월 23일 기사 출제

49 설비의 고장과 같이 발생확률이 낮은 사건의 특정시간 또는 구간에서의 발생횟수를 측정하는데 가장 적합한 확률분포는?

① 이항분포(Binomial distribution)
② 푸아송분포(Poisson distribution)
③ 와이블분포(Weibull distribution)
④ 지수분포(Exponential distribution)

> **해설**
>
> **푸아송 분포(Poisson distributtion)**
> ① 단위 시간안에 어떤 사건이 몇 번 발생할 것인지를 표현하는 이산 확률분포
> ② 푸아송 분포는 18세기에 시메옹 드니 푸아송의 1838년 "민사사건과 형사사건 재판의 확률에 관한 연구"라는 논문을 통해 알려졌다.
>
> **KEY** ▶ ① 2012년 5월 20일(문제 54번)출제
> ② 2014년 1회 출제
> ③ 2019년 9월 21일 (문제 49번) 출제

[정답] 47 ① 48 ② 49 ②

50 인간공학을 기업에 적용할 때의 기대효과로 볼 수 없는 것은?

① 노사 간의 신뢰 저하
② 작업손실시간의 감소
③ 제품과 작업의 질 향상
④ 작업자의 건강 및 안전 향상

해설

인간공학의 기업적용에 따른 기대 효과
① 생산성의 향상
② 작업자의 건강 및 안전 향상
③ 직무 만족도의 향상
④ 제품과 작업의 질 향상
⑤ 이직률 및 작업손실시간의 감소
⑥ 산재손실비용의 감소
⑦ 기업 이미지와 상품선호도 향상
⑧ 노사간의 신뢰 구축
⑨ 선진 수준의 작업환경과 작업조건을 마련함으로써 국제적 경제력의 확보

KEY 2017년 3월 5일 (문제 54번) 출제

---

51 인간 에러(human error)에 관한 설명으로 틀린 것은?

① omission errors : 필요한 작업 또는 절차를 수행하지 않는데 기인한 에러
② commission errors : 필요한 작업 또는 절차의 수행지연으로 인한 에러
③ extrneous errors : 불필요한 작업 또는 절차를 수행함으로써 기인한 에러
④ sequential errors : 필요한 작업 또는 절차의 순서 착오로 인한 에러

해설

누락오류, 작위오류
① 생략에러(Omission Errors : 부작위 실수) : 직무 또는 어떤 단계를 수행치 않음(누락오류)
② 실행에러(Commission error : 작위 실수) : 직무의 불확실한 수행 (선택, 순서, 시간, 정성적 착오)

KEY ① 2017년 8월 26일 출제
② 2018년 4월 28일(문제 53번) 출제

---

52 눈과 물체의 거리가 23[cm], 시선과 직각으로 측정한 물체의 크기가 0.03[cm] 일 때 시각(분)은 얼마인가?(단, 시각은 600 이하이며, radian 단위를 분으로 환산하기 위한 상수값은 57.3과 60을 모두 적용하여 계산하도록 한다.)

① 0.001 ② 0.007
③ 4.48   ④ 24.55

해설

시각(분) 계산

$$시각(분) = \frac{57.3 \times 60 \times L}{D} = \frac{57.3 \times 60 \times 0.03}{23} = 4.484 = 4.48$$

① D : 물체와 눈 사이의 거리
② L : 시선과 직각으로 측정한 물체의 크기

---

53 산업안전보건기준에 관한 규칙상 "강렬한 소음작업"에 해당하는 기준은?

① 85데시벨 이상의 소음이 1일 4시간 이상 발생하는 작업
② 85데시벨 이상의 소음이 1일 8시간 이상 발생하는 작업
③ 90데시벨 이상의 소음이 1일 4시간 이상 발생하는 작업
④ 90데시벨 이상의 소음이 1일 8시간 이상 발생하는 작업

해설

음압과 허용노출관계(120[dB] 이상격벽설치)

dB 기준	90	95	100	105	110	115
허용노출시간	8시간	4시간	2시간	1시간	30분	15분

[참고] 강렬한 소음작업의 기준임

KEY 2016년 8월 26일 기사·산업기사 동시출제

정보제공
산업안전보건기준에 관한 규칙 제512조(정의)

[정답] 50 ① 51 ② 52 ③ 53 ④

과년도 출제문제

54 컴퓨터 스크린 상에 있는 버튼을 선택하기 위해 커서를 이동시키는데 걸리는 시간을 예측하는 데 가장 적합한 법칙은?

① Fitts의 법칙 ② Lewin의 법칙
③ Hick의 법칙 ④ Weber의 법칙

해설

Fitt's law의 변수 법칙
인간의 제어 및 조정능력을 나타내는 법칙

$$MT = a + b\log_2 \frac{2D}{W}$$

① MT : 동작시간
② a, b : 작업 난이도에 대한 실험상수
③ D : 동작 시발점에서 표적 중심까지의 거리
④ W : 표적의 폭(너비)
  ② 2015년 3월 8일(문제 60번)

KEY ① 2011년 3월 20일(문제 58번)
② 2016년 3월 6일(문제 54번) 출제

보충학습

Fitts 법칙
① 동작 거리와 동작 대상인 과녁의 크기에 따라 요구되는 정밀도가 동작시간에 영향을 미칠 것임을 직관적으로 알 수 있다.
② 거리가 멀고 과녁이 작을수록 동작에 걸리는 시간이 길어진다.
③ Fitts의 법칙에 따르면 동작 시간은 과녁이 일정할 때 거리의 로그 함수이고, 거리가 일정할 때는 동작거리의 로그 함수이다.

55 직무에 대하여 청각적 자극 제시에 대한 음성 응답을 하도록 할 때 가장 관련 있는 양립성은?

① 공간적 양립성
② 양식 양립성
③ 운동 양립성
④ 개념적 양립성

해설

양립성(compatibility)
정보입력 및 처리와 관련한 양립성은 인간의 기대와 모순되지 않는 자극 반응조합의 관계를 말하는 것

KEY ① 2018년 3월 4일 산업기사 출제
② 2018년 4월 28일 기사·산업기사 동시 출제

보충학습

양립성의 종류

종류	특징
공간(spatial)	표시장치나 조종장치에서 물리적 형태 및 공간적 배치
운동(movement)	표시장치의 움직이는 방향과 조종장치의 방향이 사용자의 기대와 일치
개념(coneptual)	이미 사람들이 학습을 통해 알고있는 개념적 연상
양식(modality)	직무에 맞는 응답양식 존재 **예** 청각적 자극 제시

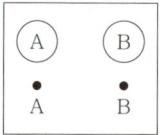 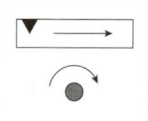 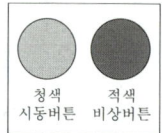

[그림1] 공간 양립성   [그림2] 운동 양립성   [그림3] 개념 양립성

56 NIOSH lifting guideline에서 권장무게한계(RWL) 산출에 사용되는 계수가 아닌 것은?

① 휴식 계수
② 수평 계수
③ 수직 계수
④ 비대칭 계수

해설

권장무게한계(RWL : Recommended Weight Limit)
RWL = LC × HM × VM × DM × AM × FM × CM
- LC = 부하상수 = 23[kg]
- HM = 수평계수 = 25/H
- VM = 수직계수 = 1 − (0.003 × |V − 75|)
- DM = 거리계수 = 0.82 + (4.5/D)
- AM = 비대칭계수 = 1 − (0.0032 × A)
- FM = 빈도계수(표 이용)
- CM = 결합계수(표 이용)

㈜ NIOSH : 미국 국립산업안전보건연구원

[정답] 54 ①   55 ②   56 ①

57 Sanders와 McCormick의 의자 설계의 일반적인 원칙으로 옳지 않은 것은?

① 요부 후만을 유지한다.
② 조정이 용이해야 한다.
③ 등근육의 정적부하를 줄인다.
④ 디스크가 받는 압력을 줄인다.

해설
의자설계의 인간공학적 원리
① 쉽게 조절할 수 있도록 한다.
② 추간판의 압력을 줄일 수 있도록 한다.
③ 등근육의 정적 부하를 줄일 수 있도록 한다.

KEY ① 2013년 6월 2일(문제 25번) 출제
② 2016년 5월 8일 산업기사 출제
③ 2017년 5월 7일(문제 51번) 출제

58 화학설비의 안정성 평가에서 정량적 평가의 항목에 해당되지 않는 것은?

① 훈련   ② 조작
③ 취급물질   ④ 화학설비용량

해설
3단계 : 정량적 평가항목
① 해당 화학설비의 취급물질   ② 해당 화학설비의 용량
③ 온도   ④ 압력
⑤ 조작

KEY ① 2016년 3월 6일 기사 출제
② 2019년 3월 3일 산업기사 출제
③ 2019년 4월 27일 (문제 46번) 출제

59 [그림]과 같이 신뢰도 95[%]인 펌프 A가 각각 신뢰도 90[%]인 밸브 B와 밸브 C의 병렬밸브계와 직렬계를 이룬 시스템의 실패 확률은 약 얼마인가?

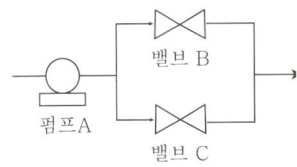

① 0.0091   ② 0.0595
③ 0.9405   ④ 0.9811

해설
실패확률
① 성공확률(R_s) = A × [1 − (1 − B)(1 − C)]
    = 0.95 × [1 − (1 − 0.9)(1 − 0.9)]
    = 0.9405
② 실패확률 = 1 − 성공확률 = 1 − 0.9405 = 0.0595

KEY 2014년 9월 20일(문제 45번) 출제

60 FTA에서 사용되는 최소 컷셋에 관한 설명으로 옳지 않은 것은?

① 일반적으로 Fussell Algorithm을 이용한다.
② 정상사상(Top event)을 일으키는 최소한의 집합이다.
③ 반복되는 사건이 많은 경우 Limnios와 Ziani Algorithm을 이용하는 것이 유리하다.
④ 시스템에 고장이 발생하지 않도록 하는 모든 사상의 집합이다.

해설
최소컷셋(minimal cut set)
① 어떤 고장이나 실수를 일으키면 재해가 일어날까 하는 식으로 결국은 시스템의 위험성(반대로 말하면 안전성)을 표시하는 것
② 컷셋 중 타 컷셋을 배제하고 남은 컷셋

KEY ① 2017년 5월 7일 기사 출제
② 2017년 9월 23일 기사 출제
③ 2018년 3월 4일 산업기사 출제
④ 2018년 4월 28일 산업기사 출제

보충학습
최소패스셋(minimal path set) : 어떤 고장이나 실수를 일으키지 않으면 재해는 일어나지 않는다고 하는 것. 즉 시스템의 신뢰성을 나타낸다.

[정답] 57 ① 58 ① 59 ② 60 ④

4 건설시공학

61 지하연속벽 공법에 관한 설명으로 옳지 않은 것은?

① 흙막이 벽의 강성이 적어 보강재를 필요로 한다.
② 지수벽의 기능도 갖고 있다.
③ 인접건물의 경계선까지 시공이 가능하다.
④ 암반을 포함한 대부분의 지반에 시공이 가능하다.

해설

slurry wall [지하연속벽(체)공법의 특징
① 저소음, 저진동 공법으로 인접건물의 근접시공이 가능하며 안정적 공법이다.
② 차수성이 우수하며 물막이 벽체로도 가능하다.
③ 벽체 강성이 커서 본구조체로 이용이 가능하며, 수평변위에 대해서 안정적이며 영구 지하 벽체나 깊은 기초 적용이 가능하다.
④ 임의형상 치수가 가능하며 지반조건에 좌우되지 않는다.
⑤ 타공법에 비해 시공비가 고가이며, 수평연속성이 부족하고, 장비가 크고 이동이 느리다.

62 벽돌공사 중 벽돌쌓기에 관한 설명으로 옳지 않은 것은?

① 가로 및 세로줄눈의 너비는 도면 또는 공사시방서에 정한 바가 없을 때에는 10[mm]를 표준으로 한다.
② 벽돌쌓기는 도면 또는 공사시방서에서 정한 바가 없을 때에는 불식쌓기 또는 미식쌓기로 한다.
③ 연속되는 벽면의 일부를 트이게 하여 나중쌓기로 할 때에는 그 부분을 층단들여쌓기로 한다.
④ 벽돌은 각 부를 가급적 동일한 높이로 쌓아 올라가고, 벽면의 일부 또는 국부적으로 높게 쌓지 않는다.

해설

도면 및 시방서에 쌓기법이 없을 때 : 영식쌓기 적용

63 프리플레이스트 콘크리트 말뚝으로 구멍을 뚫어 주입관과 굵은 골재를 채워 넣고 관을 통하여 모르타르를 주입하는 공법은?

① MIP 파일(Mixed In Place Pile)
② CIP 파일(Cast In Place Pile)
③ PIP 파일(Packed In Place Pile)
④ NIP 파일(Nail In Place Pile)

해설

프리팩트 파일(Prepacked pile) : 주열공법
1) 정의
   ① 프리팩트말뚝에는 3종류가 있으나 CIP 말뚝이 대표적인 것이다.
   ② 보통 프리팩트 콘크리트말뚝이라 불리고 있는 것은 이것을 말한다.
(2) CIP말뚝(Cast In Place Pile)
   ① 오거로 구멍을 뚫은 후 이에 자갈을 충전시킨다
   ② 모르타르를 주입하는 공법으로 지지말뚝에 적당하다.

KEY ① 2017년 9월 23일 기사 출제
② 2018년 3월 4일 기사 출제
③ 2018년 4월 28일 산업기사 출제

64 철근 이음의 종류 중 기계적 이음의 검사 항목에 해당되지 않는 것은?

① 위치
② 초음파 탐상검사
③ 인장시험
④ 외관 검사

해설

철근 이음 검사 방법

종류	항목	시험검사방법	시기횟수	판정기준
겹침이음	위치	육안 관찰 및 스케일에 의한 측정	가공 및 조립 시	철근 상세도와 일치 할 것
	이음길이			
가스압접 이음	위치	외관 관찰, 필요에 따라 스케일, 버니어켈리퍼스에 의한 측정	전체개소	철근 상세도와 일치 할 것
	외관검사			
	초음파 탐사검사	KS D 0273	1검사 로트마다 30개소 발취	사용목적을 달성하기 위해 정한 별도의 것
	인장시험	KS D 0244	1검사 로트마다 3개	설계기준 항복강도의 125[%]

[정답] 61 ① 62 ② 63 ② 64 ②

기계적 이음	위치	외관관찰, 필요에 따라 스케일, 버니어캘리퍼스 등에 의한 측정(커플러이음의 헐거움 여부를 중심으로 커플러 내외경 길이, 철근 가공치수 등이 이상 없을 것	전체개소	철근 상세도와 일치할 것
	외관검사			제조 회사에서의 시험 성적서에 사용된 시편과 일치할 것
	인장시험	제조사의 시험성적서에 의한 확인 또는 별도 인장시험	설계도서에 의함	설계기준 항복강도의 125[%]
용접이음	외관검사	육안 관찰 및 스케일에 의한 측정	모든 이음부위 마다	철근 상세도와 일치할 것
	용접부의 내부결함	KS B 0845 또는 KS B 0896	500개소 마다	
	인장시험	KS B 0802 KS B 0833		설계기준 항복강도의 125[%]

65 강구조 건축물의 현장조립 시 볼트시공에 관한 설명으로 옳지 않은 것은?

① 마찰내력을 저감 시킬 수 있는 틈이 있는 경우에는 끼움판을 삽입해야 한다.
② 볼트조임 작업 전에 마찰접합면의 흙, 먼지 또는 유해한 도료, 유류, 녹, 밀스케일 등 마찰력을 저감시키는 불순물을 제거해야 한다.
③ 1군의 볼트조임은 가장자리에서 중앙부의 순으로 한다.
④ 현장조임은 1차 조임, 마킹, 2차 조임(본조임), 육안검사의 순으로 한다.

해설

고력 Bolt(High-tention Bolt) 접합 방법

접합방식	마찰력
Bolt 조임	① 임팩트렌치, 토크렌치로 한다. ② 보통 1차 조임 : 80[%] 2차 조임에서 Bolt의 표준장력을 얻는다. ③ 순서는 중앙을 먼저 조인 후 양쪽가장자리를 조인다.
마찰면 처리	표면의 녹, 유류, 칠 등 저해요소 제거, 거친면으로 한다.
특징	① 소음이 적다. ② 재해의 위험이 적다.(화재의 위험이 적다.) ③ 접합부의 강성이 크다. ④ 현장시공 설비가 간단하다. ⑤ 피로강도가 높다. ⑥ 불량개소의 수정이 용이하다. ⑦ 공기가 단축되고 노동력이 절약된다. ⑧ 마찰접합이다.

66 거푸집 설치와 관련하여 다음 설명에 해당하는 것으로 옳은 것은?

> 보, 슬래브 및 트러스 등에서 그의 정상적 위치 또는 형상으로부터 처짐을 고려하여 상향으로 들어올리는 것 또는 들어 올린 크기

① 폼타이
② 캠버
③ 동바리
④ 턴버클

해설

캠버(camber)
① 처짐을 고려하여 보나 슬래브 중앙부를 $1/300 \sim 1/500$ 정도 미리 치켜올림
② 높이 조절용 쐐기

KEY ① 2016년 5월 8일 기사·산업기사 동시출제
② 2019년 4월 27일 산업기사 출제

67 품질관리를 위한 통계 수법으로 이용되는 7가지 도구(Tools)를 특징별로 조합한 것 중 잘못 연결된 것은?

① 히스토그램 – 분포도
② 파레토그램 – 영향도
③ 특성요인도 – 원인결과도
④ 체크시트 – 상관도

해설

체크시트
① 계수치의 데이터가 분류항목의 어디에 집중되어 있는가를 알아보기 쉽게 나타냄
② 집중도

KEY 2019년 9월 21일 출제

[정답] 65 ③ 66 ② 67 ④

68 말뚝지정 중 강재말뚝에 관한 설명으로 옳지 않은 것은?

① 기성콘크리트말뚝에 비해 중량으로 운반이 쉽지 않다.
② 자재의 이음 부위가 안전하여 소요길이의 조정이 자유롭다.
③ 지중에서의 부식 우려가 높다.
④ 상부구조물과의 결합이 용이하다.

해설
강재말뚝 지정의 특징

장점	단점
• 깊은지지층까지 박을 수 있다. • 길이조정이 용이하며 경량이므로 운반취급이 편리하다. • 휨모멘트 저항이 크다. • 말뚝의 절단·가공 및 현장 용접이 가능하다. • 중량이 가볍고, 단면적이 작다. • 강한타격에도 견디며 다져진 중간기층의 관통도 가능하다. • 지지력이 크고 이음이 안전하고 강하여 장척이 가능하다.	• 재료비가 비싸다. • 부식되기 쉽다.

69 지반조사 시 시추주상도 보고서에서 확인사항과 거리가 먼 것은?

① 지층의 확인
② Slime의 두께 확인
③ 지하수위 확인
④ N값의 확인

해설
시추(토질)주상도(試錐柱狀圖)
① 지질단면을 도화화한 지반의 상태, 지하수 유동 등을 조사하여, 토층이나 암층의 상태를 예측하여 흙 파기, 흙막이 등의 공법선정, 기초의 설계, 형식 및 시공에 있어서 안전하고 경제적인 공사를 위한 설계도서
② 시추조사 주상도에 기입되는 사항은 조사명, 조사기간, 조사위치, 조사자, 시행자, 시추번호, 시추장비명, 각 채취시료의 위치 및 심도, 시추 중에 나타난 층의 관찰, 지하수위(시추 완료 후 24시간, 48시간, 72시간 경과 후 각각 측정하여 안정된 수위를 산정), 코아회수율 및 천공속도, 앞층 천공압력 및 비트 회전속도, 기타 시추작업 중 나타나는 관찰사항, 시추 중에 판단하는 토층 및 암층분류, 토층 및 암층의 심볼위치 등

③ 확인사항
  ㉠ 지층 두께 및 구성, 심도에 따른 토질상태
  ㉡ 지하수위 확인
  ㉢ N값의 확인
  ㉣ 지반조사일자, 지반조사지역 및 작성자
  ㉤ 발주기관 및 시공시관
  ㉥ 보링방법 및 샘플링 방법

70 철골부재 절단 방법 중 가장 정밀한 절단방법으로 앵글커터(angle cutter) 등으로 작업하는 것은?

① 가스절단
② 전단절단
③ 톱절단
④ 전기절단

해설
정밀도가 우수한 순서
① 톱절단 > ② 전단절단 > ③ 가스절단 순

KEY ▶ 2017년 3월 5일 출제

71 CM 제도에 관한 설명으로 옳지 않은 것은?

① 대리인형 CM(CM for fee) 방식은 프로젝트 전반에 걸쳐 발주자의 컨설턴트 역할을 수행한다.
② 시공자형 CM(CM at risk) 방식은 공사관리자의 능력에 의해 사업의 성패가 좌우된다.
③ 대리인형 CM(CM for fee) 방식에 있어서 독립된 공종별 수급자는 공사관리자와 공사계약을 한다.
④ 시공자형 CM(CM at risk) 방식에 있어서 CM 조직이 직접 공사를 수행하기도 한다.

해설
사업관리 계약제도(Construction management contract)
① CM for fee방식(대리인형 CM방식)
② CM at risk 방식(시공자형 CM방식)

KEY ▶ 2020년 6월 7일 출제

[정답] 68 ① 69 ② 70 ③ 71 ③

72. 다음 [보기]의 블록쌓기 시공순서로 옳은 것은?

[보 기]
A. 접착면   B. 세로규준틀 설치
C. 규준쌓기   D. 중간부쌓기
E. 줄눈누르기 및 파기   F. 치장줄눈

① A → D → B → C → F → E
② A → B → D → C → F → E
③ A → C → B → D → E → F
④ A → B → C → D → E → F

[해설]

블록쌓기 시공순서 : ④

73. 강구조부재의 내화피복공법이 아닌 것은?

① 조적공법   ② 세라믹울 피복
③ 타설공법   ④ 메탈라스 공법

[해설]

철골의 내화피복공법
① 습식공법 : 타설공법, 조적공법, 미장공법, 뿜칠공법
② 건식공법 : 성형판 붙임공법, 멤브레인공법
③ 합성공법 : 천장판, PC판 등 마감재와 동시에 피복공사를 한다.
④ 복합공법 : 하나의 제품으로 2개의 기능을 충족시키는 내화피복 공법으로 내화피복과 커튼월, 천장판 등의 복합기능을 추구하는 공법

74. 콘크리트 공사 시 콘크리트를 2층 이상으로 나누어 타설할 경우 허용 이어치기 시간간격의 표준으로 옳은 것은?(단, 외기온도가 25[℃] 이하일 경우이며, 허용이어치기 시간간격은 하층 콘크리트 비비기 시작에서부터 콘크리트 타설 완료한 후, 상층 콘크리트가 타설되기까지의 시간을 의미)

① 2.0 [시간]   ② 2.5 [시간]
③ 3.0 [시간]   ④ 3.5 [시간]

[해설]

콘크리트 타설
① 콘크리트를 2층 이상으로 나누어 타설할 경우, 상층의 콘크리트 타설은 원칙적으로 하층의 콘크리트가 굳기 시작하기 전에 해야 하며, 상층과 하층이 일체가 되도록 시공한다.
② 콜드조인트가 발생하지 않도록 하나의 시공구획의 면적, 콘크리트의 공급능력, 이어치기 허용시간간격 등을 정하여야 한다.
③ 이어치기 허용시간 간격은 [표]를 표준으로 한다.

[표] 허용 이어치기 시간간격의 표준

외기온도	허용 이어치기 시간간격
25 [℃] 초과	2.0 [시간]
25 [℃] 이하	2.5 [시간]

㈜ 허용 이어치기 시간간격은 하층 콘크리트 비비기 시작에서부터 콘크리트 타설 완료한 후, 상층 콘크리트가 타설되기 까지의 시간

[정보제공]
콘크리트 표준시방서, 국토해양부

75. 대규모공사에서 지역별로 공사를 분리하여 발주하는 방식이며 공사기일단축, 시공기술향상 및 공사의 높은 성과를 기대할 수 있어 유리한 도급방법은?

① 전문공종별 분할도급
② 공정별 분할도급
③ 공구별 분할도급
④ 직종별 공종별 분할도급

[해설]

공구별 분할도급의 특징
① 대규모 공사에서 지역별로 발주
② 중소업자에게 균등기회 부여 가능
③ 경쟁으로 공기단축, 시공기술향상
④ 등록사무, 감독사무가 복잡

KEY ① 2017년 9월 23일 기사 출제
② 2018년 4월 28일 기사 출제

[정답] 72 ④   73 ④   74 ②   75 ③

76 단순조적 블록공사 시 방수 및 방습처리에 관한 설명으로 옳지 않은 것은?

① 방습층은 도면 또는 공사시방서에서 정한 바가 없을 때에는 마루밑이나 콘크리트 바닥판 밑에 접근되는 세로줄눈의 위치에 둔다.
② 물빼기 구멍은 콘크리트의 윗면에 두거나 물끊기 및 방습층 등의 바로 위에 둔다.
③ 도면 또는 공사시방서에서 정한 바가 없을 때 물빼기 구멍의 직경은 10[mm] 이내, 간격 1.2[m]마다 1개소로 한다.
④ 물빼기 구멍에는 다른 지시가 없는 한 직경은 6[mm], 길이 100[mm]되는 폴리에틸렌 플라스틱 튜브를 만들어 집어 넣는다.

해설
방수 및 방습처리
① 블록 벽면의 방수처리는 도면 또는 공사시방에 따르고, 방수재료·배합 및 공법 등은 본 건축공사표준시방서 방수공사에 준한다.
② 블록 벽체가 지반면에 접촉하는 부분에는 수평 방습층을 두고 그 위치·재료 및 공법은 도면 또는 공사시방에 따르고, 그 정함이 없을 때에는 마루 밑이나 콘크리트 바닥판 밑에 접근되는 가로줄눈의 위치에 두고 액체방수 모르터를 10[mm] 두께로 블록 윗면 전체에 바른다.
③ 물빼기 구멍은 콘크리트 윗면에 두거나 물끊기·방습층 등의 바로 위에 둔다. 그 구멍의 크기·간격·재료 및 구성방법 등은 도면 또는 공사시방에 따른다. 도면 또는 공사시방에서 정한바가 없을 때에는 지름 10[mm] 이내, 간격 120[cm](3켜 정도)마다 1개소로 한다. 또한 블록 빈속의 밑창에 모르터를 바깥쪽으로 약간 경사지게 펴 깔고 블록을 쌓거나 10[mm] 정도의 물흘림 홈을 두어 블록의 빈 속에 고인 물이 물빼기 구멍으로 흘러 내리게 한다.
④ 물빼기 구멍에는 다른 지시가 없는 한 직경 6[mm], 길이 10[cm] 되는 폴리에틸렌 플라스틱 튜브를 만들어 집어 넣는다.

77 기초굴착 방법 중 굴착 공에 철근망을 삽입하고 콘크리트를 타설하여 말뚝을 형성하는 공법이며, 안정액으로 벤토나이트 용액을 사용하고 표층부에서만 케이싱을 사용하는 것은?

① 리버스 서큘레이션 공법
② 베노토 공법
③ 심초 공법
④ 어스드릴공법

해설
어스 드릴 공법(earth drill method)
① 현장치기 콘크리트 말뚝 타설을 위한 굴착 방법의 일종. 끝에 날이 붙은 회전식 버킷을 갖는 어스 드릴로 굴착을 한다.
② 굴착 구경은 최대 1.5m 까지(리머 장치인 경우는 최대 2.0m 까지), 굴착 심도는 30m 정도까지로 되어 있다.
③ 단단한 점성토의 지반에서는 흙탕물(벤토나이트액) 없이 온통 파기를 할 수 있다든지 굴착 속도가 빠르고, 공사비도 싸다는 등의 장점을 갖는다.
④ 미국의 칼웰드(Calwelled)사가 개발하여 칼웰드 공법이라고도 한다

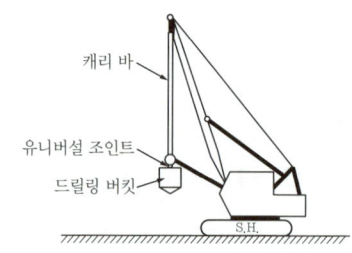

[그림] 어스드릴 공법

78 철근콘크리트의 부재별 철근의 정착위치로 옳지 않은 것은?

① 작은 보의 주근은 기둥에 정착한다.
② 기둥의 주근은 기초에 정착한다.
③ 바닥철근은 보 또는 벽체에 정착한다.
④ 지중보의 주근은 기초 또는 기둥에 정착한다.

해설
철근의 정착위치
① 보의 주근은 기둥에 정착한다.
② 작은보의 주근은 큰 보에 정착한다.
③ 직교하는 단부 보 밑에 기둥이 없을 때는 상호간에 정착한다.

KEY ① 2017년 9월 23일 기사·산업기사 동시 출제
② 2019년 9월 21일 산업기사 출제

[정답] 76 ① 77 ④ 78 ①

79 콘크리트를 타설 시 주의사항으로 옳지 않은 것은?

① 콘크리트는 그 표면이 한 구획 내에서는 거의 수평이 되도록 타설하는 것을 원칙으로 한다.
② 한 구획내의 콘크리트는 타설이 완료될 때까지 연속해서 타설하여야 한다.
③ 타설한 콘크리트를 거푸집 안에서 횡방향으로 이동시켜 밀실하게 채워질 수 있도록 한다.
④ 콘크리트 타설의 1층 높이는 다짐능력을 고려하여 결정하여야 한다.

해설

위치별 치기 주의사항
① 기둥 : 한 번에 부어넣지 말고 여러 번으로 나누어 충분히 다진다.(1시간 : 2[m] 이내)
② 벽체 : 주입구를 많이 두어 수평으로 부어넣는다.(1.5~1.8[m] 내외)
③ 보 : 전체 두께를 동시에 부어넣으면 양단에서 중앙으로, 부어넣는다.
④ 바닥판 : 보 바닥판을 함께 부어 일체가 되도록 한다.
⑤ 방향 : 친 콘크리트를 거푸집 안에서 횡방향으로 이동시켜서는 안된다.

KEY ① 2016년 3월 6일 기사 출제
② 2019년 9월 21일 기사 출제

80 각 거푸집 공법에 관한 설명으로 옳지 않은 것은?

① 플라잉 폼 : 벽체 전용거푸집으로 거푸집과 벽체 마감공사를 위한 비계틀을 일체로 조립한 거푸집을 말한다.
② 갱 폼 : 대형벽체거푸집으로써 인력절감 및 재사용이 가능한 장점이 있다.
③ 터널 폼 : 벽체용, 바닥용 거푸집을 일체로 제작하여 벽과 바닥 콘크리트를 일체로 하는 거푸집공법이다.
④ 트래블링 폼 : 수평으로 연속된 구조물에 적용되며 해체 및 이동에 편리하도록 제작된 이동식 거푸집공법이다.

해설

Flying Form(Table Form)
① 바닥에 콘크리트를 타설하기 위한 거푸집으로서 장선, 멍에, 서포트 등을 일체로 제작하여 부재화한 공법이다.
② Gang Form과 조합사용이 가능하며 시공정밀도, 전용성이 우수하고 처짐, 외력에 대한 안전성이 우수하다.

5 건설재료학

81 통풍이 좋지 않은 지하실에 사용하는데 가장 적합한 미장재료는?

① 시멘트 모르타르
② 회사벽
③ 회반죽
④ 돌로마이트 플라스터

해설

방수 시멘트 모르타르
① 염화칼슘, 물유리, 규산질 광물의 가루, 파라핀, 아스팔트 등의 방수제를 시멘트 모르타르에 섞어 넣은 것이다.
② 용도 : 지하실 등 적합

KEY 2017년 9월 23일 출제

82 점토의 성분 및 성질에 관한 설명으로 옳지 않은 것은?

① Fe_2O_3 등의 부성분이 많으면 제품의 건조 수축이 크다.
② 점토의 주성분은 실리카, 알루미나 이다.
③ 소성 색상은 석회물질이 많을수록 짙은 적색이 된다.
④ 가소성은 점토입자가 미세할수록 좋다.

해설

점토 색상
① 점토의 색상은 철산화물, 석회물질에 의해 나타난다.
② 철산화물이 많으면 적색, 석회물질이 많으면 황색을 띤다.

83 석재를 성인에 의해 분류하면 크게 화성암, 수성암, 변성암으로 대별되는데 다음 중 수성암에 속하는 것은?

① 사문암
② 대리암
③ 현무암
④ 응회암

[정답] 79 ③ 80 ① 81 ① 82 ③ 83 ④

> **해설**

성인에 의한 분류
(1) 수성암의 종류
　① 사암 ② 이판암 ③ 점판암 ④ 응회암 ⑤ 석회암
(2) 화성암의 종류
　① 화강암 ② 안산암 ③ 현무암 ④ 감락석 ⑤ 부석
(3) 변성암의 종류
　① 대리석 ② 사문암 ③ 석면

KEY 2016년 3월 6일 산업기사 출제

84 블리딩현상이 콘크리트에 미치는 가장 큰 영향은?

① 공기량이 증가하여 결과적으로 강도를 저하시킨다.
② 수화열을 발생시켜 콘크리트에 균열을 발생시킨다.
③ 콜드조인트의 발생을 방지한다.
④ 철근과 콘크리트의 부착력 저하, 수밀성 저하의 원인이 된다.

> **해설**

블리딩(Bleeding)
① 아직 굳지 않은 시멘트풀, 모르타르 및 콘크리트에 있어서 윗면으로 물이 스며오르는 현상
② 부착력 및 수밀성 저하의 요인

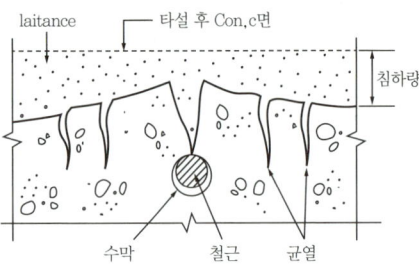

[그림] Bleeding

KEY ① 2017년 3월 5일 산업기사 출제
② 2018년 3월 4일 기사 출제

85 미장공사에서 사용되는 바름재료 중 여물에 관한 설명으로 옳지 않은 것은?

① 바름에 있어서 재료에 끈기를 주어 흘러내림을 방지한다.
② 흙손질을 용이하게 하는 효과가 있다.
③ 바름 중에는 보수성을 향상시키고, 바름 후에는 건조에 따라 생기는 균열을 방지한다.
④ 여물의 섬유는 질기고 굵으며, 색이 짙고 빳빳한 것일수록 양질의 제품이다.

> **해설**

여물(hair)
① 바름에 있어 재료의 끈기를 돋우고 재료가 처져 떨어지는 것을 방지하고 흙손질이 쉽게 퍼져나가는 효과가 있다.
② 바름 중에는 보수성을 향상시킨다.
③ 바름 후에는 건조에 따라 생기는 균열을 방지한다.
④ 여물의 섬유는 질기고 가늘며 부드럽고 흰색일수록 상품으로 친다.

KEY 2018년 9월 15일 산업기사 출제

86 플로트판유리를 연화점 부근까지 가열 후 양 표면에 냉각공기를 흡착시켜 유리의 표면에 20 이상 60 이하 [N/mm^2]의 압축응력층을 갖도록 한 가공유리는?

① 강화유리
② 열선반사유리
③ 로이유리
④ 배강도 유리

> **해설**

배강도 유리와 접합 유리
(1) 배강도(반강화)유리
　① 일반 판유리보다는 강하고 강화유리보다는 약하다.
　② 강화유리는 깨지면 잘게 깨지면서 비산을 하지만 배강도유리는 일반 유리처럼 깨진다.
　③ 잘게 비산하지 않고 유리코킹에 물려 있거나 일부만 비산하게 된다.
(2) 접합유리
　① 유리사이에 필름을 넣어서 압착한 유리이다.
　② 강도도 강하지만 깨져도 유리가 거의 비산하지 않는다.

[정답] 84 ④　85 ④　86 ④

87 고로슬래그 쇄석에 관한 설명으로 옳지 않은 것은?

① 철을 생산하는 과정에서 용광로에서 생기는 광재를 공기중에서 서서히 냉각시켜 경화된 것을 파쇄하여 입도를 고른 것이다.
② 다른 암석을 사용한 콘크리트 보다 고로슬래그 쇄석을 사용한 콘크리트가 건조수축이 매우 큰 편이다.
③ 투수성은 보통골재를 사용한 콘크리트 보다 크다.
④ 다공질이기 때문에 흡수율이 높다.

해설

고로슬래그
① 장기강도 향상   ② 수화열이 적고 수축균열이 적다.
③ 화학저항성 향상   ④ 알카리골재 반응 억제
⑤ 초기강도가 낮다

KEY ① 2018년 4월 28일 기사 출제
② 2020년 8월 22일 기사 출제

보충학습
2020년 8월 22일 (문제 95번)

88 유리공사에 사용되는 자재에 관한 설명으로 옳지 않은 것은?

① 흡습제는 작은 기공을 수억 개 갖고 있는 입자로 기체분자를 흡착하는 성질에 의해 밀폐공간에 건조상태를 유지하는 재료이다.
② 세팅 블록은 새시 하단부의 유리끼움용 부재료로서 유리의 자중을 지지하는 고임재이다.
③ 단열간봉은 복층유리의 간격을 유지하는 재료로 알루미늄간봉을 말한다.
④ 백업제는 실링 시공인 경우에 부재의 측면과 유리면 사이에 연속적으로 충전하여 유리를 고정하는 재료이다.

해설

단열간봉
① 복층유리 또는 삼중유리에서 유리와 유리 사이의 간격을 유지하여 공기층을 만드는데 사용한다.
② 유리 두 장 사이의 공간에 기체나 공기를 채워 단열성을 조절하고 엣지 부분의 단열효과를 극대화하여 이전의 결로 및 열 손실의 문제점을 해결해준다.
③ 단열간봉의 구성 재료에 따라 창호의 단열 성능이 천차만별로 나타나기 때문에 에너지 절감에 최적화된 제품으로선택해야 창호의 성능을 높일 수 있다.

89 목재 또는 기타 식물질을 절삭 또는 파쇄하고 소편으로 하여 충분히 건조시킨 후 합성수지 접착제와 같은 유기질의 접착제를 첨가하여 열압제판한 보드로써 상판, 칸막이벽, 가구 등에 사용되는 것은?

① 파키트리 보드   ② 파티클 보드
③ 플로링 보드   ④ 파키트리 블록

해설

파티클 보드
① 방향성 없이 열압성형제판한 것이므로 강도와 섬유방향에 따른 방향성이 없고 변형도 극히 적고 방부방화제의 첨가에 따라 방부방화성을 높일 수 있다.
② 흡음성과 열의 차단성도 좋다.
③ 강도가 크므로 구조용으로 어느 정도 적당하여 선반, 마룻널, 칸막이, 가구 등에 쓰인다.

KEY ① 2017년 5월 7일 기사 출제
② 2018년 3월 4일 기사 출제

90 금속재료의 일반적인 부식 방지를 위한 대책으로 옳지 않은 것은?

① 가능한 다른 종류의 금속을 인접 또는 접촉시켜 사용한다.
② 가공 중에 생긴 변형은 뜨임질, 풀림 등에 의해서 제거한다.
③ 표면은 깨끗하게 하고, 물기나 습기가 없도록 한다.
④ 부분적으로 녹이 나면 즉시 제거한다.

해설

철의 방식(부식 방지법)
① 서로 다른 금속은 인접 또는 접촉시키지 않는다.
② 균질한 것을 선택하고 사용할 때 큰 변형을 주지 않도록 주의한다.
③ 표면을 평활, 청결하게 하고 건조상태를 유지한다.
④ 부분적인 녹은 빨리 제거한다.

KEY ① 2017년 9월 23일 기사 출제
② 2019년 9월 21일 산업기사 출제
③ 2020년 6월 14일 산업기사 출제

[정답] 87 ② 88 ③ 89 ② 90 ①

과년도 출제문제

91 목재용 유성 방부제의 대표적인 것으로 방부성이 우수하나, 악취가 나고 흑갈색으로 외관이 불미하여 눈에 보이지 않는 토대, 기둥, 도리 등에 이용되는 것은?

① 유성페인트
② 크레오소트 오일
③ 염화아연 4[%] 용액
④ 불화소다 2[%] 용액

[해설]
크레오소트 오일(creosote oil)
① 방부성은 좋으나 목재가 흑갈색으로 착색되고 악취가 있고 흡수성이 있다.
② 외관이 아름답지 않으므로 보이지 않는 곳의 토대, 기둥, 도리 등에 사용한다.

KEY ① 2017년 3월 5일 기사 출제
② 2017년 9월 23일 기사 출제

92 다음 중 알루미늄과 같은 경금속 접착에 가장 적합한 합성수지는?

① 멜라민수지
② 실리콘수지
③ 에폭시수지
④ 푸란수지

[해설]
에폭시수지 접착제
① 내수성, 내습성, 내약품성, 전기절연성이 우수, 접착력이 강하다.
② 피막이 단단하고 유연성 부족, 값이 비싸다.
③ 금속, 항공기 접착에도 쓰인다.

KEY ① 2016년 5월 8일 기사 출제
② 2017년 3월 5일 기사 출제
③ 2018년 3월 4일 기사 출제
④ 2019년 9월 21일 기사 출제

93 리녹신에 수지, 고무물질, 코르크분말 등을 섞어 마포(hemp cloth) 등에 발라 두꺼운 종이모양으로 압연·성형한 제품은?

① 스펀지 시트
② 리놀륨
③ 비닐 시트
④ 아스팔트 타일

[해설]
리놀륨
① 리녹신(아마인유의 산화물)에 수지를 가하여 리놀륨 시멘트를 만들고 여기에 코르크 분말, 톱밥, 안료 등을 섞어 마포에 도포한 후 롤러로 열합하여 성형한 제품이다.
② 내구력이 비교적 크고 탄력성, 내수성 등이 있다.

94 다음 중 단백질계 접착제에 해당하는 것은?

① 카세인 접착제
② 푸란수지 접착제
③ 에폭시수지 접착제
④ 실리콘수지 접착제

[해설]
단백질계 접착제의 종류
① 카세인
② 대두단백
③ 알부민
④ 아교

95 고로시멘트의 특성에 관한 설명으로 옳지 않은 것은?

① 수화열이 낮고 수축률이 적어 댐이나 항만공사 등에 적합하다.
② 보통포틀랜드시멘트에 비하여 비중이 크고 풍화에 대한 저항성이 뛰어나다.
③ 응결시간이 느리기 때문에 특히 겨울철 공사에 주의를 요한다.
④ 다량으로 사용하게 되면 콘크리트의 화학저항성 및 수밀성, 알칼리골재반응 억제 등에 효과적이다.

[해설]
고로시멘트의 특징
① 비중이 낮다(2.9).
② 응결시간이 길며 조기강도가 부족하다.
③ 해수에 대한 화학적 저항이 크다.
④ 수화열이 적으며 수축균열이 적다.
⑤ 큰 단면공사, 해안공사, 하천공사 등에 사용한다.

KEY ① 2016년 3월 6일 출제
② 2017년 3월 5일 기사·산업기사 동시 출제

보충학습
2020년 8월 22일 (문제 87번)

[정답] 91 ② 92 ③ 93 ② 94 ① 95 ②

96 비철금속에 관한 설명으로 옳지 않은 것은?

① 청동은 구리와 아연을 주체로 한 합금으로 건축용 장식철물에 사용된다.
② 순수 알루미늄은 산 및 알칼리에 약하다.
③ 아연은 산 및 알칼리에 약하나 일반대기나 수중에서는 내식성이 크다.
④ 동은 전기 및 열전도율이 매우 크다.

해설

청동(Bronze)의 특징
① 구리 + 주석(5~12[%])의 합금
② 강도, 내식성이 크다.
③ 청담색이고 창호, 장식철물, 미술품으로 사용되고 가공이 쉽다.

KEY ① 2018년 4월 28일 산업기사 출제
② 2020년 8월 22일 출제

97 콘크리트의 압축강도에 영향을 주는 요인에 관한 설명으로 옳지 않은 것은?

① 양생온도가 높을수록 콘크리트의 초기강도는 낮아진다.
② 일반적으로 물-시멘트비가 같으면 시멘트의 강도가 큰 경우 압축강도가 크다.
③ 동일한 재료를 사용하였을 경우에 물-시멘트비가 작을수록 압축강도가 크다.
④ 습윤양생을 실시하게 되면 일반적으로 압축강도는 증진된다.

해설

양생조건
① 양생온도는 30[℃] 이하에서는 비례하고 재령과 비례한다.
② 온도가 낮으면 강도(특히 조기강도)가 저하된다.

98 목재의 강도에 관한 설명으로 옳지 않은 것은?

① 목재의 건조는 중량을 경감시키지만 강도에는 영향을 끼치지 않는다.
② 벌목의 계절은 목재의 강도에 영향을 끼친다.
③ 일반적으로 응력의 방향이 섬유방향에 평행인 경우 압축강도가 인장강도보다 작다.
④ 섬유포화점 이하에서는 함수율 감소에 따라 강도가 증대한다.

해설

목재의 건조목적
① 건조수축이나 건조변형을 방지할 수 있다.
② 건조재는 자체의 무게가 경감되어 운반 시공상 편하다.
③ 건조재는 강도가 크다.

99 목재 제품 중 합판에 관한 설명으로 옳지 않은 것은?

① 방향에 따른 강도차가 작다.
② 곡면가공을 하여도 균열이 생기지 않는다.
③ 여러 가지 아름다운 무늬를 얻을 수 있다.
④ 함수율 변화에 의한 신축변형이 크다.

해설

합판의 특성
① 판재에 비하여 균질이며 우수한 품질좋은 재료를 많이 얻을 수 있다.
② 단판을 서로 직교시켜 붙인 것이므로 잘 갈라지지 않으며 방향에 따른 강도의 차이가 적다.(함수율 변화에 따라 신축변형이 작다.)

KEY 2017년 9월 23일 산업기사 출제

100 어떤 재료의 초기 탄성변형량이 2.0[cm]이고 크리프(creep) 변형량이 4.0[cm] 라면 이 재료의 크리프 계수는 얼마인가?

① 0.5 ② 1.0
③ 2.0 ④ 4.0

해설

$$\text{creep 계수} = \frac{\text{creep 변형량}}{\text{탄성변형량}} = \frac{4.0}{2.0} = 2.0$$

[정답] 96 ① 97 ① 98 ① 99 ④ 100 ③

6 건설안전기술

101 비계의 부재 중 기둥과 기둥을 연결시키는 부재가 아닌 것은?

① 띠장
② 장선
③ 가새
④ 작업발판

해설

비계에서 가둥과 기둥을 연결시키는 부재
① 띠장 ② 장선 ③ 가새

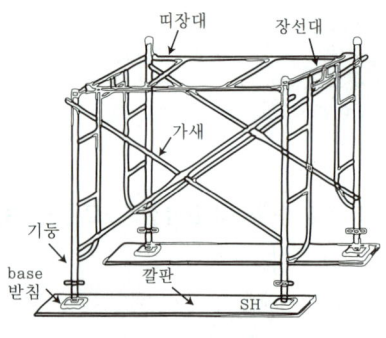

[그림] 강관틀 비계

102 터널작업 시 자동경보장치에 대하여 당일의 작업시 작 전 점검하여야 할 사항이 아닌 것은?

① 검지부의 이상 유무
② 조명시설의 이상 유무
③ 경보장치의 작동 상태
④ 계기의 이상 유무

해설

터널건설작업시 자동경보장치 당일 작업시작전 점검사항 3가지
① 계기의 이상유무
② 검지부의 이상 유무
③ 경보장치의 작동상태

정보제공
산업안전보건기준에 관한 규칙 제350조(인화성가스의 농도측정 등)

103 다음은 말비계를 조립하여 사용하는 경우에 관한 준수사항이다. ( )안에 들어갈 내용으로 옳은 것은?

- 지주부재와 수평면의 기울기를 (A)[°] 이하로 하고 지주부재와 지주부재 사이를 고정시키는 보조부재를 설치할 것
- 말비계의 높이가 2[m]를 초과하는 경우에는 작업발판의 폭을 (B)[cm] 이상으로 할 것

① A : 75, B : 30
② A : 75, B : 40
③ A : 85, B : 30
④ A : 85, B : 40

해설

말비계
① 수평면과의 기울기 : 75[°] 이하
② 작업발판 폭 : 40[cm] 이상

KEY ① 2017년 9월 23일 기사 출제
② 2018년 4월 28일 기사 출제
③ 2019년 3월 3일 산업기사 출제
④ 2019년 4월 27일 산업기사 출제

정보제공
산업안전보건기준에 관한 규칙 제67조(말비계)

104 본 터널(main tunnel)을 시공하기 전에 터널에서 약간 떨어진 곳에 지질조사 환기 배수, 운반 등의 상태를 알아보기 위하여 설치하는 터널은?

① 프리패브(prefab) 터널
② 사이드(side) 터널
③ 쉴드(shield) 터널
④ 파일럿(pilot) 터널

해설

pilot 터널 공법
① 본 터널 굴착전에 여러 가지 다양한 조사를 목적으로 pilot 터널을 선 시공(선진도갱공법)
② 연속적인 지질 및 성상에 관한 조사
③ 지하수 배출을 위한 수로 및 환기구 역할

[정답] 101 ④   102 ②   103 ②   104 ④

105 항만하역작업에서의 선박승강설비 설치기준으로 옳지 않은 것은?

① 200톤급 이상의 선박에서 하역작업을 하는 경우에 근로자들이 안전하게 오르내릴 수 있는 있는 현문(舷門) 사다리를 설치하여야 하며, 이 사다리 밑에 안전망을 설치하여야 한다.
② 현문 사다리는 견고한 재료로 제작된 것으로 너비는 55[cm] 이상이어야 한다.
③ 현문 사다리의 양측에는 82[cm] 이상의 높이로 울타리를 설치하여야 한다.
④ 현문 사다리는 근로자의 통행에만 사용하여야 하며, 화물용 발판 또는 화물용 보관으로 사용하도록 해서는 아니 된다.

해설
현문사다리 설치기준 선박 : 300[t]급 이상

정보제공
산업안전보건기준에 관한 규칙 제397조(선박승강설비의 설치)

106 산업안전보건관리비계상기준에 따른 건축공사, 대상액 「5억원 이상~50억원 미만」의 안전관리비 비율 및 기초액으로 옳은 것은?

① 비율 : 2.28[%], 기초액 : 4,325,000원
② 비율 : 1.99[%], 기초액 : 5,499,000원
③ 비율 : 2.35[%], 기초액 : 5,400,000원
④ 비율 : 1.57[%], 기초액 : 4,411,000원

해설
공사종류 및 규모별 안전관리비 계상기준표

구 분 공사종류	대상액 5억원 미만	대상액 5억원 이상 50억원 미만 비율(X)	대상액 5억원 이상 50억원 미만 기초액(C)	대상액 50억원 이상	영 별표5에 따른 보건관리자 선임 대상 건설공사
건축공사	3.11[%]	2.28[%]	4,325,000원	2.37[%]	2.64[%]
토목공사	3.15[%]	2.53[%]	3,300,000원	2.60[%]	2.73[%]
중건설공사	3.64[%]	3.05[%]	2,975,000원	3.11[%]	3.39[%]
특수건설공사	2.07[%]	1.59[%]	2,450,000원	1.64[%]	1.78[%]

KEY
① 2016년 3월 6일 산업기사 출제
② 2016년 10월 1일 산업기사 출제
③ 2017년 3월 5일 기사 출제
④ 2017년 8월 26일 기사 출제
⑤ 2019년 3월 3일 기사 출제
⑥ 2020년 6월 14일 기사 출제

정보제공
건설업 산업안전보건관리비 계상 및 사용기준 : 고용노동부 고시 제2024-53호(2024. 9. 19. 일부개정)

107 토질시험 중 연약한 점토 지반의 점착력을 판별하기 위하여 실시하는 현장시험은?

① 베인테스트(Vane Test)
② 표준관입시험(SPT)
③ 하중재하시험
④ 삼축압축시험

해설
베인테스트(vane test)
① 보링의 구멍을 이용
② 십자 날개형의 베인 테스터를 지반에 박고 이것을 회전시켜 그 회전력에 의하여 10[m] 이내 점토(진흙)의 점착력을 판별하는 것

KEY 2018년 9월 15일 기사 출제

108 추락방지망 설치 시 그물코의 크기가 10[cm]인 매듭 있는 방망의 신품에 대한 인장강도 기준으로 옳은 것은?

① 100[kgf] 이상
② 200[kgf] 이상
③ 300[kgf] 이상
④ 400[kgf] 이상

해설
방망사의 신품에 대한 인장강도

그물코의 크기 (단위 : [cm])	방망의 종류(단위 : [kg])	
	매듭 없는 방망	매듭 방망
10	240	200
5		110

KEY
① 2016년 5월 8일(문제 110번) 출제
② 2017년 3월 5일(문제 104번) 출제
③ 2017년 8월 26일 기사 출제
④ 2018년 4월 28일 기사 출제
⑤ 2018년 8월 19일 기사 출제
⑥ 2019년 3월 3일(문제 112번) 출제

[정답] 105 ① 106 ① 107 ① 108 ②

과년도 출제문제

109 사다리식 통로의 길이가 10[m] 이상일 때 얼마 이내마다 계단참을 설치하여야 하는가?

① 3[m] 이내마다
② 4[m] 이내마다
③ 5[m] 이내마다
④ 6[m] 이내마다

해설

사다리통로 계단참 설치기준
길이 10[m] 이상시 : 5[m] 이내마다

KEY ① 2018년 9월 15일 기사 출제
② 2019년 3월 3일 기사 출제

정보제공
산업안전보건기준에 관한 규칙 제24조(사다리통로 등의 구조)

110 동바리 등을 조립하는 경우에 준수하여야 할 안전조치기준으로 옳지 않은 것은?

① 동바리로 사용하는 강관은 높이 2[m] 이내마다 수평연결재를 2개 방향으로 만들고 수평연결재의 변위를 방지할 것
② 동바리로 사용하는 파이프 서포트는 3개 이상 이어서 사용하지 않도록 할 것
③ 동바리로 사용하는 파이프 서포트를 이어서 사용하는 경우에는 3개 이상의 볼트 또는 전용철물을 사용하여 이을 것
④ 동바리로 사용하는 강관틀과 강관틀 사이에는 교차가새를 설치할 것

해설

동바리로 사용하는 파이프서포트 안전기준
① 파이프서포트를 3개 이상 이어서 사용하지 아니하도록 할 것
② 파이프서포트를 이어서 사용할 경우에는 4개 이상의 볼트 또는 전용철물을 사용하여 이을 것
③ 높이가 3.5[m]를 초과할 경우에는 높이 2[m]이내마다 수평연결재를 2개 방향으로 만들고 수평연결재의 변위를 방지할 것

KEY ① 2018년 3월 4일 기사·산업기사 동시 출제
② 2018년 8월 19일 기사 출제
③ 2018년 9월 15일 산업기사 출제
④ 2020년 8월 23일 산업기사 출제

정보제공
산업안전보건기준에 관한 규칙 제332조의2(동바리 유형에 따른 동바리 조립 시의 안전조치)

111 다음 중 해체작업용 기계·기구로 가장거리가 먼 것은?

① 압쇄기
② 핸드 브레이커
③ 철제햄머
④ 진동롤러

해설

진동롤러 : 다짐기계

112 지반의 종류가 다음과 같을 때 굴착면의 기울기 기준으로 옳은 것은?

| 모래 |

① 1 : 0.5
② 1 : 1.8
③ 1 : 0.8
④ 1 : 0.5

해설

굴착면의 기울기 기준

지반의 종류	굴착면의 기울기
모래	1 : 1.8
연암 및 풍화암	1 : 1.0
경암	1 : 0.5
그 밖의 흙	1 : 1.2

(2) 예 1 : 1.5

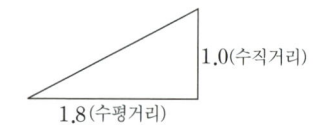

KEY ① 2016년 5월 8일 기사 · 산업기사 동시 출제
② 2020년 6월 7일(문제 111번) 출제

정보제공
산업안전보건기준에 관한 규칙 [별표 11] 굴착면의 기울기 기준

[정답] 109 ③ 110 ③ 111 ④ 112 ②

113 장비 자체보다 높은 장소의 땅을 굴착하는데 적합한 장비는?

① 파워셔블(power shovel)
② 불도저(bulldozer)
③ 드래그라인(Drag line)
④ 클램셸(clamshell)

해설

파워셔블(Power shovel) [dipper shovel : 동력삽]
① 굳은 점토 등 지반면보다 높은 곳의 땅파기에 적합하다.
② 앞으로 흙을 긁어서 굴착하는 방식이다.

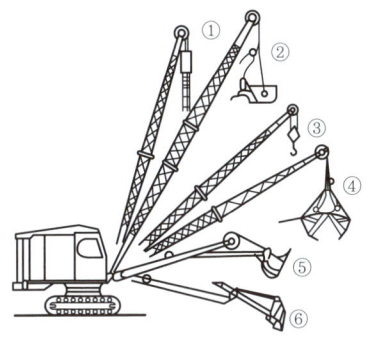

① 파일드라이버
② 드래그라인
③ 크레인
④ 클램셸
⑤ 파워셔블
⑥ 드래그셔블

[그림] 굴착기의 앞부속장치

KEY ① 2016년 5월 8일 기사 출제
② 2018년 9월 15일 산업기사 출제
③ 2019년 9월 21일 산업기사 출제

114 운반작업을 인력운반작업과 기계운반작업으로 분류할 때 기계운반작업으로 실시하기에 부적당한 대상은?

① 단순하고 반복적인 작업
② 표준화되어 있어 지속적이고 운반량이 많은 작업
③ 취급물의 형상, 성질, 크기 등이 다양한 작업
④ 취급물이 중량인 작업

해설

인력과 기계운반작업

인력 운반	기계 운반
• 두뇌적인 판단이 필요한 작업 예 분류, 판독, 검사 • 단독적이고 소량 취급 작업 • 취급물의 형상, 성질, 크기 등이 다양한 작업 • 취급물이 경량물인 작업	• 단순하고 반복적인 작업 • 표준화되어 있어 지속적이고 운반량이 많은 작업 • 취급물의 형상, 성질, 크기 등이 일정한 작업 • 취급물이 중량인 작업

115 타워크레인을 자립고(自立高) 이상의 높이로 설치할 때 지지벽체가 없어 와이어로프로 지지하는 경우의 준수사항으로 옳지 않은 것은?

① 와이어로프를 고정하기 위한 전용 지지프레임을 사용할 것
② 와이어로프 설치각도는 수평면에서 60[°] 이내로 하되, 지지점은 4개소 이상으로 하고, 같은 각도로 설치할 것
③ 와이어로프와 그 고정부위는 충분한 강도와 장력을 갖도록 설치하되, 와이어로프를 클립·샤클(shackle) 등의 기구를 사용하여 고정하지 않도록 유의할 것
④ 와이어로프가 가공전선(架空電線)에 근접하지 않도록 할 것

해설

타워크레인의 지지
와이어로프와 그 고정부위는 충분한 강도와 장력을 갖도록 설치하고, 와이어로프를 클립·샤클(shackle) 등의 고정기구를 사용하여 견고하게 고정시켜 풀리지 아니하도록 하며, 사용 중에는 충분한 강도와 장력을 유지하도록 할 것

KEY 2018년 3월 4일 출제

정보제공
산업안전보건기준에 관한 규칙 제142조(타워크레인의 지지)

116 다음은 강관틀비계를 조립하여 사용하는 경우 준수해야할 기준이다 (   )안에 알맞은 숫자를 나열한 것은?

> 길이가 띠장방향으로 (A)미터 이하이고 높이가 (B)미터를 초과하는 경우 (C)미터 이내 마다 띠장방향으로 버팀기둥을 설치할 것

① A : 4   B : 10   C : 5
② A : 4   B : 10   C : 10
③ A : 5   B : 10   C : 5
④ A : 5   B : 10   C : 10

[정답] 113 ①   114 ③   115 ③   116 ②

해설

강관틀비계 안전기준
① 수직방향으로 6[m], 수평방향으로 8[m] 이내마다 벽이음을 할 것
② 길이가 띠장방향으로 4[m] 이하이고 높이가 10[m]를 초과하는 경우에는 10[m] 이내마다 띠장방향으로 버팀기둥을 설치할 것

KEY ① 2018년 4월 28일(문제 109번) 출제
② 2019년 8월 4일 출제

정보제공
산업안전보건기준에 관한 규칙 제62조(강관틀비계)

---

117 다음 중 유해위험방지계획서 제출 대상공사가 아닌 것은?

① 지상높이가 30[m]인 건축물 건설공사
② 최대지간길이가 50[m]인 다리건설공사
③ 터널건설공사
④ 깊이가 11[m]인 굴착공사

해설

유해위험방지계획서 제출대상 건설공사
(1) 건축물 또는 시설 등의 건설·개조 또는 해체공사
  가. 지상높이가 31미터 이상인 건축물 또는 인공구조물
  나. 연면적 3만제곱미터 이상인 건축물
  다. 연면적 5천제곱미터 이상인 시설
    ① 문화 및 집회시설(전시장 및 동물원·식물원은 제외한다)
    ② 판매시설, 운수시설(고속철도의 역사 및 집배송시설은 제외한다)
    ③ 종교시설
    ④ 의료시설 중 종합병원
    ⑤ 숙박시설 중 관광숙박시설
    ⑥ 지하상가
    ⑦ 냉동·냉장 창고시설
(2) 연면적 5천제곱미터 이상인 냉동·냉장 창고시설의 설비공사 및 단열공사
(3) 최대지간길이가 50[m] 이상인 다리건설 등 공사
(4) 터널건설 등의 공사
(5) 다목적댐, 발전용댐 및 저수용량 2천만톤 이상의 용수전용댐, 지방상수도 전용댐 건설 등의 공사
(6) 깊이 10[m] 이상인 굴착공사

KEY ① 2016년 5월 8일 기사 출제
② 2017년 3월 5일 산업기사 출제
③ 2018년 4월 28일 기사 출제
④ 2018년 8월 19일 기사·산업기사 동시 출제
⑤ 2018년 9월 15일 기사 출제
⑥ 2019년 3월 3일 기사·산업기사 동시 출제
⑦ 2019년 4월 27일 기사·산업기사 동시 출제
⑧ 2019년 8월 4일 산업기사 출제
⑨ 2019년 9월 21일 기사 출제

정보제공
산업안전보건법시행령 제42조(유해위험방지계획서 제출대상)

---

118 동력을 사용하는 항타기 또는 항발기에 대하여 무너짐을 방지하기 위하여 준수하여야 할 기준으로 옳지 않은 것은?

① 연약한 지반에 설치하는 경우에는 각부(脚部)나 가대(架臺)의 침하를 방지하기 위하여 깔판·깔목 등을 사용할 것
② 각부나 가대가 미끄러질 우려가 있는 경우에는 말뚝 또는 쐐기 등을 사용하여 각부나 가대를 고정시킬 것
③ 버팀대만으로 상단부분을 안정시키는 경우에는 버팀대는 3개 이상으로 하고 그 하단 부분은 견고한 버팀·말뚝 또는 철골 등으로 고정시킬 것
④ 버팀줄만으로 상단 부분을 안정시키는 경우에는 버팀줄을 2개 이상으로 하고 같은 간격으로 배치할 것

해설

항타기 및 항발기 버팀줄 안전기준 : 3개 이상

KEY 2018년 9월 15일 기사·산업기사 동시 출제

정보제공
산업안전보건기준에 관한 규칙 제209조(무너짐의 방지)

---

119 터널 등의 건설작업을 하는 경우에 낙반 등에 의하여 근로자가 위험해질 우려가 있는 경우에 필요한 직접적인 조치사항과 거리가 먼 것은?

① 터널지보공 설치 ② 부석의 제거
③ 울 설치 ④ 록볼트 설치

해설

터널건설작업시 낙반 등에 의한 근로자 위험방지
① 터널지보공 설치
② 록볼트 설치
③ 부석의 제거

KEY ① 2016년 5월 8일 산업기사 출제
② 2019년 8월 4일 산업기사 출제

정보제공
산업안전보건기준에 관한 규칙 제351조(낙반등에 의한 위험의 방지)

[정답] 117 ① 118 ④ 119 ③

120 콘크리트 타설을 위한 거푸집동바리의 구조검토 시 가장 선행되어야 할 작업은?

① 각 부재에 생기는 응력에 대하여 안전한 단면을 산정한다.
② 가설물에 작용하는 하중 및 외력의 종류 크기를 산정한다.
③ 하중 및 외력에 의하여 각 부재에 생기는 응력을 구한다.
④ 사용할 거푸집동바리의 설치간격을 결정한다.

해설

콘크리트 타설을 위한 거푸집동바리의 구조검토시 최우선 조치사항
① 가설물에 작용하는 하중
② 외력의 종류
③ 크기 산정

[정답] 120 ②

2020년도 기사 정기검정 제4회 (2020년 9월 27일 시행)

자격종목 및 등급(선택분야): 건설안전기사

종목코드	시험시간	수험번호	성명
1440	3시간	20200927	도서출판세화

1 산업안전관리론

01 위험예지훈련 4라운드의 진행방법을 올바르게 나열한 것은?

① 현상파악→목표설정→대책수립→본질추구
② 현상파악→본질추구→대책수립→목표설정
③ 현상파악→대책수립→본질추구→목표설정
④ 본질추구→현상파악→목표설정→대책수립

해설

문제해결의 4단계(4 Round)
① 1R – 현상파악 ② 2R – 본질추구
③ 3R – 대책수립 ④ 4R – 행동목표설정

KEY
① 2016년 3월 6일 기사 출제
② 2016년 5월 8일 기사 · 산업기사 동시 출제
③ 2017년 3월 5일 기사 · 산업기사 동시 출제
④ 2017년 5월 7일 기사 출제
⑤ 2017년 8월 26일 기사 출제
⑥ 2017년 9월 23일 기사 출제
⑦ 2018년 3월 4일 산업기사 출제
⑧ 2019년 4월 27일 기사 · 산업기사 동시 출제
⑨ 2019년 8월 4일 출제
⑩ 2020년 6월 7일 기사 출제
⑪ 2020년 8월 22일(문제 11번) 출제

합격자의 조언
이번 시험에도 틀림없이 출제될 수 있는 문제입니다.

02 재해예방의 4원칙에 속하지 않는 것은?

① 손실우연의 원칙   ② 예방교육의 원칙
③ 원인계기의 원칙   ④ 예방가능의 원칙

해설

재해예방의 4원칙
① 예방가능의 원칙
② 손실우연의 원칙
③ 원인연계(계기의) 원칙
④ 대책선정의 원칙

KEY
① 2016년 5월 8일(문제 11번) 출제
② 2020년 6월 14일 산업기사 출제
③ 2020년 8월 22일(문제 20번) 출제

03 A사업장의 도수율이 18.9일 때 연천인율은 얼마인가?

① 4.53   ② 9.46
③ 37.86 ④ 45.36

해설

연천인율과 빈도(도수)율 상관 관계
① 연천인율=2.4×빈도율=2.4×18.9=45.36
② 도수율=연천인율÷2.4
③ 2.4적용 : 년근로총시간수 2,400시간 일때만 허용

KEY
① 2016년 5월 8일 기사 출제
② 2019년 4월 27일 기사 출제
③ 2020년 6월 7일 기사 출제

04 산업안전보건법령상 관리감독자가 수행하는 안전 및 보건에 관한 업무에 속하지 않는 것은?

① 해당 작업의 작업장 정리 · 정돈 및 통로 확보에 대한 확인 · 감독
② 해당 작업에서 발생한 산업재해에 관한 보고 및 이에 대한 응급조치
③ 해당 사업장 안전교육계획의 수립 및 안전교육 실시에 관한 보좌 및 지도 · 조언
④ 관리감독자에게 소속된 근로자의 작업복 · 보호구 및 방호장치의 점검과 그 착용 · 사용에 관한 교육 · 지도

[정답] 01 ② 02 ② 03 ④ 04 ③

> 해설

관리감독자 업무 내용
① 사업장내 관리감독자가 지휘·감독하는 작업과 관련되는 기계·기구 또는 설비의 안전보건점검 및 이상유무의 확인
② 관리감독자에게 소속된 근로자의 작업복·보호구 및 방호장치의 점검과 그 착용·사용에 관한 교육·지도
③ 해당 작업에서 발생한 산업재해에 관한 보고 및 이에 대한 응급조치
④ 해당 작업의 작업장의 정리·정돈 및 통로확보의 확인·감독
⑤ 해당 사업장의 다음 각 목의 어느 하나에 해당하는 사람의 지도·조언에 대한 협조
  ㉮ 산업보건의
  ㉯ 안전관리자(안전관리전문기관에 위탁한 사업장의 경우에는 그 전문기관의 해당 사업장 담당자)
  ㉰ 보건관리자(보건관리전문기관에 위탁한 사업장의 경우에는 그 전문기관의 해당 사업장 담당자)
  ㉱ 안전보건관리담당자(안전보건관리담당자의 업무를 안전관리 전문기관 또는 보건관리전문기관에 위탁한 사업장은 그 전문기관의 해당 사업장 담당자)
⑥ 위험성평가를 위한 업무에 기인하는 유해·위험요인의 파악 및 그 결과에 따른 개선조치의 시행
⑦ 그 밖에 해당 작업의 안전보건에 관한 사항으로서 고용노동부령으로 정하는 사항

> 정보제공

산업안전보건법 시행령 제15조(관리감독자 업무 등)

05 산업안전보건법령상 안전 및 보건에 관한 노사협의체의 근로자위원 구성 기준 내용으로 옳지 않은 것은?(단, 명예산업안전감독관이 위촉되어 있는 경우)

① 근로자대표가 지명하는 안전관리자 1명
② 근로자대표가 지명하는 명예산업안전감독관 1명
③ 도급 또는 하도급 사업을 포함한 전체 사업의 근로자 대표
④ 공사금액이 20억원 이상인 공사의 관계수급인의 각 근로자 대표

> 해설

노사협의체 위원
(1) 근로자위원
  ① 도급 또는 하도급 사업을 포함한 전체 사업의 근로자대표
  ② 근로자대표가 지명하는 명예산업안전감독관 1명. 다만, 명예산업안전감독관이 위촉되어 있지 않은 경우에는 근로자대표가 지명하는 해당 사업장 근로자 1명
  ③ 공사금액이 20억원 이상인 공사의 관계수급인의 각 근로자대표
(2) 사용자위원
  ① 도급 또는 하도급 사업을 포함한 전체 사업의 대표자
  ② 안전관리자 1명
  ③ 보건관리자 1명(별표 5 제44호에 따른 보건관리자 선임대상 건설업으로 한정한다)
  ④ 공사금액이 20억원 이상인 공사의 관계수급인의 각 대표자

> 정보제공

산업안전보건법 시행령 제64조(노사협의체의 구성)

06 브레인스토밍(Brain Storming)의 원칙에 관한 설명으로 옳지 않은 것은?

① 최대한 많은 양의 의견을 제시한다.
② 누구나 자유롭게 의견을 제시할 수 있다.
③ 타인의 의견에 대하여 비판하지 않도록 한다.
④ 타인의 의견을 수정하여 본인의 의견으로 제시하지 않도록 한다.

> 해설

BS의 4원칙
① 비판금지(criticism is ruled out) : 좋다, 나쁘다 비판은 하지 않는다.
② 자유분방(free wheeling) : 마음대로 자유로이 발언한다.
③ 대량발언(quantity is wanted) : 무엇이든 좋으니 많이 발언한다.
④ 수정발언(combination and improvement of thought) : 타인의 생각에 동참하거나 보충 발언해도 좋다.

> KEY
① 2017년 8월 28일 기사 출제
② 2017년 9월 23일 산업기사 출제
③ 2018년 8월 19일 기사 출제
④ 2019년 4월 27일 기사 출제
⑤ 2020년 6월 7일 기사 출제
⑥ 2020년 8월 22일(문제 14번) 출제

07 안전관리의 수준을 평가하는데 사고가 일어나는 시점을 전후하여 평가를 한다. 다음 중 사고가 일어나기 전의 수준을 평가하는 사전평가활동에 해당하는 것은?

① 재해율통계
② 안전활동율 관리
③ 재해손실 비용 산정
④ Safe-T-Score 산정

[정답] 05 ① 06 ④ 07 ②

해설

안전활동율(미국 R.P.Blake : 브레이크)
① 100만 시간당 안전활동건수를 말한다.
② 계산 공식

$$\text{안전활동율} = \frac{\text{안전 활동건수}}{\text{평균 근로자수} \times \text{근로시간수}} \times 1,000,000$$

③ 안전활동건수는 일정 기간 내에 행한 안전개선 권고수, 안전조치한 불안전 작업수, 불안전한 행동 적발수, 불안전한 상태 지적수, 안전회의건수 및 안전홍보건수를 합한 수이다.
④ 사고나기 전 사전활동평가

---

08 시설물의 안전 및 유지관리에 관한 특별법상 국토교통부장관은 시설물이 안전하게 유지관리 될 수 있도록 하기 위하여 몇 년마다 시설물의 안전 및 유지관리에 관한 기본계획을 수립·시행하여야 하는가?

① 2년　　　　② 3년
③ 5년　　　　④ 10년

해설

시설물의 안전 및 유지관리 기본계획의 수립
① 국토교통부장관은 시설물이 안전하게 유지관리될 수 있도록 하기 위하여 5년마다 시설물의 안전과 유지관리에 관한 기본계획을 수립·시행하고, 이를 관보에 고시하여야 한다.
② 기본계획을 변경하는 경우에도 또한 같다.

KEY 2018년 3월 4일(문제 12번) 출제

정보제공

시설물 안전 및 유지관리에 관한 특별법 제5조(시설물의 안전 및 유지기본계획의 수립 · 시행)

---

09 산업안전보건법령상 해당 사업장의 연간재해율이 같은 업종의 평균재해율의 2배 이상인 경우 사업주에게 관리자를 정수 이상으로 증원하게 하거나 교체하여 임명할 것을 명할 수 있는 자는?

① 시 · 도지사
② 고용노동부장관
③ 국토교통부장관
④ 지방고용노동관서의 장

해설

안전관리자 등의 증원 · 교체 임명자 : 지방고용노동관서의 장

KEY ① 2017년 3월 5일 출제
② 2018년 3월 4일 출제
③ 2018년 9월 15일(문제 10번) 출제

정보제공

산업안전보건법 시행규칙 제12조(안전관리자 등의 증원 · 교체 임명 명령)

---

10 재해의 간접원인 중 기술적 원인에 속하지 않는 것은?

① 경험 및 훈련의 미숙
② 구조, 재료의 부적합
③ 점검, 정비, 보존 불량
④ 건물, 기계장치의 설계 불량

해설

기술적 원인
① 기계 · 기구 · 설비 등의 보호
② 경계 설비, 보호구 정비 구조재료의 부적당 등

KEY ① 2016년 5월 8일 기사 출제
② 2017년 5월 7일 기사 출제
③ 2018년 3월 4일 기사 출제

---

11 보호구 안전인증 고시에 따른 추락 및 감전 위험방지용 안전모의 성능시험대상에 속하지 않는 것은?

① 내유성　　　② 내수성
③ 내관통성　　④ 턱끈풀림

해설

AE·ABE안전모 시험성능기준 항목
① 내관통성
② 충격흡수성
③ 내전압성
④ 내수성
⑤ 난연성
⑥ 턱끈풀림

KEY ① 2016년 10월 1일 기사 출제
② 2018년 4월 28일 기사 출제
③ 2019년 4월 27일 기사출제
④ 2019년 9월 21일 산업기사 출제

[정답] 08 ③　09 ④　10 ①　11 ①

12 재해의 통계적 원인분석 방법 중 사고의 유형, 기인물 등 분류 항목을 큰 순서대로 도표화한 것은?

① 관리도 ② 파레토도
③ 크로스도 ④ 특성요인도

해설

파레토도(Pareto diagram)
① 관리 대상이 많은 경우 최소의 노력으로 최대의 효과를 얻을 수 있는 방법
② 분류항목을 큰 값에서 작은 값의 순서로 도표화하는 데 편리

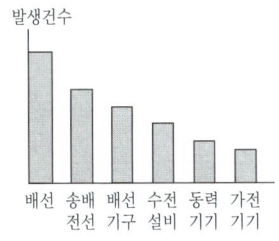

[그림] 전기설비별 감전사고 분포(파레토도)

KEY ① 2017년 8월 26일 산업기사 출제
② 2018년 3월 4일(문제 14번) 출제

14 다음 중 재해조사의 목적 및 방법에 관한 설명으로 적절하지 않은 것은?

① 재해조사는 현장보존에 유의하면서 재해발생 직후에 행한다.
② 피해자 및 목격자 등 많은 사람으로부터 사고시의 상황을 수집한다.
③ 재해조사의 1차적 목표는 재해로 인한 손실 금액을 추정하는데 있다.
④ 재해조사의 목적은 동종재해 및 유사재해의 발생을 방지하기 위함이다.

해설

재해조사 주목적

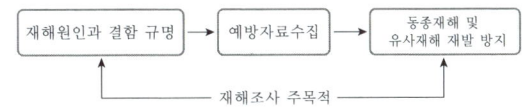

KEY 2020년 6월 7일(문제 12번) 출제

13 시설물의 안전 및 유지관리에 관한 특별법상 다음과 같이 정의되는 용어는?

> 시설물의 물리적·기능적 결함을 발견하고 그에 대한 신속하고 적절한 조치를 하기 위하여 구조적 안전성과 결함의 원인 등을 조사·측정·평가하여 보수·보강 등의 방법을 제시하는 행위

① 성능평가 ② 정밀안전진단
③ 긴급안전점검 ④ 정기안전진단

해설

용어정의
① "성능평가"란 시설물의 기능을 유지하기 위하여 요구되는 시설물의 구조적 안전성, 내구성, 사용성 등의 성능을 종합적으로 평가하는 것을 말한다.
② "하자담보책임기간"이란 「건설산업기본법」과 「공동주택관리법」 등 관계 법령에 따른 하자담보책임기간 또는 하자보수기간 등을 말한다.

KEY 2014년 9월 20일(문제 1번) 출제

정보제공
시설물의 안전 및 유지관리에 관한 특별법(약칭 : 시설물 안전법)제23조(정의)[시행 2021. 4. 21.][법률 제17551호, 2020. 10. 20. 일부개정]

15 사업장의 안전보건관리계획 수립 시 유의사항으로 옳은 것은?

① 사고발생 후의 수습대책에 중점을 둔다.
② 계획의 실시 중에는 변동이 없어야 한다.
③ 계획의 목표는 점진적으로 수준을 높이도록 한다.
④ 대기업의 경우 표준계획서를 작성하여 모든 사업장에 동일하게 적용시킨다.

해설

계획 작성시 고려사항
① 사업장의 실태에 맞도록 독자적으로 작성하되 실현 가능성이 있도록 하여야 한다.
② 계획의 목표는 점진적으로 하여 높은 수준으로 한다.
③ 직장 단위로 구체적으로 작성한다.

[정답] 12 ② 13 ② 14 ③ 15 ③

과년도 출제문제

16 안전보건관리조직의 유형 중 직계(Line)형에 관한 설명으로 옳은 것은?

① 대규모의 사업장에 적합하다.
② 안전지식이나 기술축적이 용이하다.
③ 안전지시나 명령이 신속히 수행된다.
④ 독립된 안전참모 조직을 보유하고 있다.

[해설]

라인형 안전조직의 장·단점

장점	단점
① 안전에 관한 명령과 지시는 생산라인을 통해 신속·정확히 전달 실시된다. ② 중소 규모 기업에 활용된다.	① 안전 전문 입안이 되어 있지 않아 내용이 빈약하다. ② 안전의 정보가 불충분하다.

KEY ① 2016년 3월 6일 기사·산업기사 동시 출제
② 2016년 10월 1일 산업기사 출제
③ 2017년 3월 5일 기사 출제
④ 2017년 5월 7일 기사 출제
⑤ 2017년 8월 26일 기사·산업기사 동시출제
⑥ 2019년 3월 6일 기사 출제
⑦ 2019년 8월 4일 기사·산업기사 동시출제
⑧ 2019년 9월 21일 산업기사 출제
⑨ 2020년 8월 22일(문제 9번) 출제

17 다음 중 웨버(D.A.Weaver)의 사고 발생 도미노 이론에서 "작전적 에러"를 찾아내기 위한 질문의 유형과 가장 거리가 먼 것은?

① what
② why
③ where
④ whether

[해설]

웨버의 작전적 에러 질문유형 3가지
① What : 무엇이 불안전한 상태이며 불안전한 행동인가? 즉 사고의 원인은 무엇인가?
② Why : 왜 불안전한 행동 또는 상태가 용납되는가?
③ Whether : 감독과 경영 중에서 어느 쪽이 사고방지에 대한 안전지식을 갖고 있는가?

18 산업안전보건법령에 따른 안전보건표지의 종류 중 지시표지에 속하는 것은?

① 화기 금지
② 보안경 착용
③ 낙하물 경고
④ 응급구호표지

[해설]

안전보건표지
① 금지표지 : 화기금지
② 경고표지 : 낙하물경고
③ 안내표지 : 응급구호표지

KEY 2020년 8월 22일 기사 등 10번 이상 출제

19 산업안전보건기준에 관한 규칙상 공기압축기를 가동할 때의 작업시작 전 점검사항에 해당하지 않는 것은?

① 윤활유의 상태
② 언로드밸브의 기능
③ 압력방출장치의 기능
④ 비상정지장치 기능의 이상 유무

[해설]

공기압축기를 가동할 때 작업시작전 점검사항
① 공기저장 압력용기의 외관상태
② 드레인밸브의 조작 및 배수
③ 압력방출장치의 기능
④ 언로드밸브의 기능
⑤ 윤활유의 상태
⑥ 회전부의 덮개 또는 울
⑦ 그 밖의 연결부위의 이상유무

KEY ① 2016년 3월 6일 산업기사 출제
② 2016년 10월 1일(문제 14번) 출제

[보충학습]
산업안전보건기준에 관한 규칙 [별표3] 작업시작전 점검사항

[정답] 16 ③ 17 ③ 18 ② 19 ④

20 다음 중 하인리히(H.W.Heinrich)의 재해코스트 산정방법에서 직접손실비와 간접손실비의 비율로 옳은 것은? (단, 비율은 "직접손실비 : 간접손실비"로 표현한다.)

① 1 : 2
② 1 : 4
③ 1 : 8
④ 1 : 10

해설
하인리히(H.W. Heinrich)의 재해코스트 산출방식
① 총재해코스트 = 직접비 + 간접비(직접비의 4배)
② 직접비 : 간접비 = 1 : 4
③ 직접비(재해로 인해 받게 되는 산재보상금)
 = (즉, 법령으로 지급되는 산재보상비)

KEY ① 2017년 8월 26일 산업기사 출제
② 2018년 4월 28일 산업기사 출제

2 산업심리 및 교육

21 안전보건교육을 향상시키기 위한 학습지도의 원리에 해당되지 않는 것은?

① 통합의 원리
② 자기활동의 원리
③ 개별화의 원리
④ 동기유발의 원리

해설
학습경험 선정의 원리
① 동기유발(만족)의 원리
② 기회의 원리
③ 가능성의 원리
④ 다목적 달성의 원리
⑤ 전이가능성의 원리

KEY 2018년 8월 19일 (문제 12번) 출제

22 생체리듬(Biorhythm)에 대한 설명으로 옳은 것은?

① 각각의 리듬이 (−)에서의 최저점에 이르렀을 때를 위험일 이라 한다.
② 감성적 리듬은 영문으로 S라 표시하며, 23일을 주기로 반복된다.
③ 육체적 리듬은 영문으로 P라 표시하며, 28일을 주기로 반복된다.
④ 지성적 리듬은 영문으로 I라 표시하며, 33일을 주기로 반복된다.

해설
PSI학설(생물시계, 체내시계)

리듬 \ 방법	색으로 표시	주기
육체적(P)	청색	23일
감성적(S)	적색	28일
지성적(I)	녹색	33일
위험일(O)	점(·), 하트형, 크로바형 등	

KEY ① 2017년 3월 5일 (문제 33번) 출제
② 2018년 4월 28일 (문제 27번) 출제

23 다음 중 안전교육을 위한 시청각교육법에 대한 설명으로 가장 적절한 것은?

① 지능, 적성, 학습속도 등 개인차를 충분히 고려할 수 있다.
② 학습자들에게 공통의 경험을 형성시켜줄 수 있다.
③ 학습의 다양성과 능률화에 기여할 수 없다.
④ 학습자료를 시간과 장소에 제한없이 제시할 수 있다.

해설
시청각교육의 필요성
① 교수의 효율성을 높여줄 수 있다.
② 지식팽창에 따른 교재의 구조화를 기할 수 있다.
③ 인구증가에 따른 대량 수업체제가 확립될 수 있다.
④ 가장 큰 특징은 모든 학습자들에게 공통의 경험을 형성시켜줄 수 있다.

KEY 2017년 3월 5일 산업기사 출제

[정답] 20 ② 21 ④ 22 ④ 23 ②

과년도 출제문제

24 새로운 기술과 학습에서는 연습이 매우 중요하다. 연습 방법과 관련된 내용으로 틀린 것은?

① 새로운 기술을 학습하는 경우에는 일반적으로 배분연습보다 집중연습이 효과적이다.
② 교육훈련과정에서는 학습자료를 한꺼번에 묶어서 일괄적으로 연습하는 방법을 집중연습이라고 한다.
③ 충분한 연습으로 완전학습한 후에도 일정량 연습을 계속하는 것을 초과학습이라고 한다.
④ 기술을 배울 때는 적극적 연습과 피드백이 있어야 부적절하고 비효과적 반응을 제기할 수 있다.

해설
새로운 기술 학습은 배분연습으로 해야 합니다.

보충학습
[표] 집중연습법과 분산연습법

구분	집중연습법	분산연습법
개념	학습 내용을 쉬지 않고 계속해서 반복하는 학습 방법 : 초보자에게 유리	충분한 휴식시간을 사이에 두어 몇회로 나누어서 학습하는 방법
필요한 경우	① 학습과제가 유의성이 있으며 통찰학습이 가능한 경우 ② 학습하기전에 준비운동 등이 필요한 경우 ③ 학습하는 자료가 의미있고 생산적인 경우 ④ 과거 학습효과로 인해 적극적인 전이가 용이한 경우 ⑤ 잘 알려진 지식과 기능을 숙달하기 위한 필요성이 있을 경우	① 학습하는 내용이 매우 복잡하고 학습자의 수준에 어려운 경우 ② 학습의 초기 단계일 경우 ③ 학습하는 과제가 유의성이 없는 경우 ④ 학습자의 준비가 없고 많은 노력이 필요한 경우 ⑤ 학습해야 할 과제나 작업량이 많을 경우

25 다음 중 교육지도의 원칙과 가장 거리가 먼 것은?

① 반복적인 교육을 실시한다.
② 학습자에게 동기부여를 한다.
③ 쉬운 것부터 어려운 것으로 실시한다.
④ 한 번에 여러 가지의 내용을 실시한다.

해설
쉬운 것에서부터 어려운 것으로 한다.
① 지도교육을 행할 때, 상대방이 이해할 수 있는 것
② 행동화할 수 있는 것부터 나가는 것이 필요하며, 그에 따라서 피교육자는 습득의 기쁨, 달성의 기쁨을 얻어 더욱 공부하려는 의욕을 일으킬 것이다.
③ 성공감의 부여도 되고 자신과 만족을 획득하여 자기개발의 길도 개척해 나간다.
④ 한 번에 한 가지 내용 교육

KEY ① 2016년 5월 8일 기사 출제
② 2018년 9월 15일 (문제 29번) 출제

26 직무수행평가 시 평가자가 특정 피평가자에 대해 구체적으로 잘 모름에도 불구하고 모든 부분에 대해 좋게 평가하는 오류는?

① 후광오류
② 엄격화오류
③ 중앙집중오류
④ 관대화오류

해설
후광효과
① 후광효과(halo effect)는 평가자가 피평가자의 한 가지 두드러지는 속성에 기초해서 개인의 모든 행동 및 특성에 대한 평가를 하는 현상
② 평가자가 피평가자의 수행에 대해 제한된 지식을 가지고 있음에도 불구하고 여러 수행차원 모두에 대해서 획일적으로 좋은 수행을 나타낸다고 평가하는 평가의 오류를 뜻하는 것

보충학습
(1) 관대화오류의 의미
① 관대화오류(leniency error)란 평가자가 피평가자의 진짜 수행의 수준과는 달리 많은 사람들의 수행에 대해 높거나 낮게 극단적인 평가를 하는 평정오류를 말한다.
② 피평가자의 능력과 성과를 실제 정확한 수준보 더 높거나 낮게 평가하는 것
　㉮ 부적 관대화(엄격화) : 점수를 박하게 주는 평가자는 실제 피평가자의 능력 수준보다 더 낮은 평가
　㉯ 정적 관대화 : 점수를 후하게 주는 평가자는 실제 능력 수준보다 더 높은 평가

(2) 행동기준 평정척도
① 행동기준 평정척도(behaviorally anchored rating scale : BARS)는 결정적사건법과 평정척도법을 혼합한 평가법이다.
② 종업원의 수행은 척도 상에 평정되지만 척도점들에 행동적 사건이 제시된 형태로 구성된다.
③ 평가자가 종업원들의 중요한 행동에 대해서 평정을 하도록 하는 수행평정기법이다.

[정답] 24 ① 25 ④ 26 ①

27 다음 중 정상적 상태이지만 생리적 상태가 휴식할 때에 해당하는 의식수준은?

① phase Ⅰ ② phase Ⅱ
③ phase Ⅲ ④ phase Ⅳ

해설

의식 level의 단계별 생리적 상태
① 범주(Phase) 0 : 수면, 뇌발작
② 범주(Phase) Ⅰ : 피로, 단조로움, 졸음, 술취함
③ 범주(Phase) Ⅱ : 안정기거, 휴식시, 정례작업시
④ 범주(Phase) Ⅲ : 적극활동시
⑤ 범주(Phase) Ⅳ : 긴급방위반응, 당황해서 panic

KEY
① 2016년 10월 1일 산업기사 출제
② 2018년 4월 28일 기사 출제
③ 2018년 9월 15일 산업기사 출제
④ 2019년 3월 3일 기사 출제

---

28 다음 중 하버드 학파의 5단계 교수법에 해당되지 않는 것은?

① 추론한다. ② 교시한다.
③ 연합시킨다. ④ 총괄시킨다.

해설

하버드 학파의 5단계 교수법
① 제1단계 : 준비시킨다.
② 제2단계 : 교시시킨다.
③ 제3단계 : 연합한다.
④ 제4단계 : 총괄한다.
⑤ 제5단계 : 응용시킨다.

KEY 2018년 4월 28일 (문제 21번) 출제

---

29 다음 중 리더십과 헤드십에 관한 설명으로 옳은 것은?

① 헤드십은 부하와의 사회적 간격이 좁다.
② 헤드십에서의 책임은 상사에 있지 않고 부하에 있다.
③ 리더십의 지휘형태는 권위주의적인 반면, 헤드십의 지휘형태는 민주적이다.
④ 권한행사 측면에서 보면 헤드십은 임명에 의하여 권한을 행사할 수 있다.

해설

leadership과 headship의 비교

개인과 상황 변수	leadership	headship
권한 행사	선출된 리더	임명적 헤드
권한 부여	밑으로부터 동의	위에서 위임
권한 귀속	집단 목표에 기여한 공로 인정	공식화된 규정에 의함
상사와 부하와의 관계	개인적인 영향	지배적
부하와의 사회적 관계 (간격)	좁음	넓음
지휘 형태	민주주의적	권위주의적
책임 귀속	상사와 부하	상사
권한 근거	개인적	법적 또는 공식적

KEY
① 2016년 3월 6일 기사 출제
② 2016년 8월 21일 기사 출제
③ 2016년 10월 1일 기사 출제
④ 2017년 5월 7일 기사 출제
⑤ 2017년 9월 23일 기사 출제
⑥ 2018년 3월 4일 기사·산업기사 동시 출제
⑦ 2018년 8월 19일 산업기사 출제
⑧ 2019년 9월 21일 산업기사 출제
⑨ 2020년 8월 23일 산업기사 출제

---

30 다음 중 산업안전심리의 5대 요소에 속하지 않는 것은?

① 감정 ② 습관
③ 동기 ④ 시간

해설

산업안전심리 5대요소
① 동기
② 기질
③ 감정
④ 습성
⑤ 습관

KEY
① 2016년 5월 8일 기사 출제
② 2019년 8월 4일 기사 출제
③ 2020년 8월 22일 (문제 23번) 출제

[정답] 27 ② 28 ① 29 ④ 30 ④

31 인간의 착각현상 가운데 암실 내에서 하나의 광점을 보고 있으면 그 광점이 움직이는 것처럼 보이는 것을 자동운동이라 하는데 다음 중 자동운동이 생기기 쉬운 조건이 아닌 것은?

① 광점이 작을 것
② 대상이 단순할 것
③ 광의 강도가 클 것
④ 시야의 다른 부분이 어두울 것

해설

유도운동·자동운동
① 유도운동 : 움직이지 않는 것이 움직이는 것처럼 느껴지는 현상
② 자동운동 : 암실에서 정지된 소광점을 응시하면 광점이 움직이는 것같이 보이는 현상(조건 : 광의 강도가 작을 것)

참고 건설안전기사 필기 p.2-43(4. 인간의 착각현상)

KEY ① 2016년 10월 1일 기사 출제
② 2017년 5월 7일 기사 출제
③ 2018년 9월 15일 기사 출제
④ 2019년 9월 21일 (문제 22번) 출제

32 다음 중 데이비스(K. Davis)의 동기부여이론에서 "능력(ability)"을 올바르게 표현한 것은?

① 기능(skill)×태도(attitude)
② 지식(knowledge)×기능(skill)
③ 상황(situation)×태도(attitude)
④ 지식(knowledge)×상황(situation)

해설

데이비스(K. Davis)의 동기부여 이론 등식
① 경영의 성과 = 인간의 성과×물질의 성과
② 능력(ability) = 지식(knowledge)×기능(skill)
③ 동기유발(motivation) = 상황(situation)×태도(attitude)
④ 인간의 성과(human performance) = 능력×동기유발

KEY ① 2016년 5월 8일 기사 출제
② 2018년 3월 4일 기사 출제

33 인간이 충족시키고자 추구하는 욕구에 있어 가장 강력한 욕구는?

① 생리적 욕구
② 안전의 욕구
③ 자아실현의 욕구
④ 애정 및 귀속의 욕구

해설

Maslow의 욕구
① 제1단계 : 생리적 욕구(기본적 욕구, 종족 보존, 기아, 갈등, 호흡, 배설, 성욕 등) ← 간절하고 절박한 욕구
② 제2단계 : 안전욕구(안전을 구하려는 욕구)
③ 제3단계 : 사회적 욕구(애정, 소속에 대한 욕구, 친화 욕구)
④ 제4단계 : 인정받으려는 욕구(자기존경 욕구, 자존심, 명예, 성취, 자위, 승인의 욕구)
⑤ 제5단계 : 자아실현의 욕구(잠재적 능력실현 욕구, 성취욕구)

합격자의 조언
20번 이상 출제된 문제

34 다음 중 면접 결과에 영향을 미치는 요인들에 관한 설명으로 틀린 것은?

① 한 지원자에 대한 평가는 바로 앞의 지원자에 의해 영향을 받는다.
② 면접자는 면접 초기와 마지막에 제시된 정보에 의해 많은 영향을 받는다.
③ 지원자에 대한 부정적 정보보다 긍정적 정보가 더 중요하게 영향을 미친다.
④ 지원자의 성과 직업에 있어서 전통적 고정관념은 지원자와 면접자간의 성의 일치여부보다 더 많은 영향을 미친다.

해설

면접결과에 영향을 미치는 요인
① 한 지원자에 대한 평가는 바로 앞의 지원자에 의해 영향을 받는다.
② 면접자는 면접 초기와 마지막에 제시된 정보에 의해 많은 영향을 받는다.
③ 지원자의 성과 직업에 있어서 전통적 고정관념은 지원자와 면접자간의 성의 일치여부보다 더 많은 영향을 미친다.

[정답] 31 ③ 32 ② 33 ① 34 ③

35 안전사고와 관련하여 소질적 사고 요인이 아닌 것은?

① 시각기능   ② 지능
③ 작업자세   ④ 성격

해설

소질성 누발자의 공통된 성격
① 주의력 산만, 주의력 지속 불능
② 주의력 범위의 협소 및 편중
③ 저지능 (예 지능, 성격, 시각기능)
④ 불규칙, 흐리멍텅함

KEY 2018년 3월 4일 기사 출제

36 교육 및 훈련방법 중 [다음]의 특징을 갖는 방법은?

[다음]
- 다른 방법에 비해 경제적이다.
- 교육 대상 집단 내 수준차로 인해 교육의 효과가 감소할 가능성이 있다.
- 상대적으로 피드백이 부족하다.

① 강의법   ② 사례연구법
③ 세미나법   ④ 감수성 훈련

해설

강의법 특징
① 다른 방법에 비해 경제적이다.
② 교육 대상 집단 내 수준차로 인해 교육의 효과가 감소할 가능성이 있다.
③ 상대적으로 피드백이 부족하다.

KEY
① 2017년 3월 5일 출제
② 2017년 5월 7일 출제
③ 2018년 4월 28일 (문제 23번) 출제

37 다음 중 관계지향적 리더가 나타내는 대표적인 행동 특징으로 볼 수 없는 것은?

① 우호적이며 가까이 하기 쉽다.
② 집단구성원들을 동등하게 대한다.
③ 집단구성원들의 활동을 조정한다.
④ 어떤 결정에 대해 자세히 설명해 준다.

해설

관계지향적 리더의 행동 특징
① 우호적이며 가까이 하기 쉽다.
② 집단구성원들을 동등하게 대한다.
③ 어떤 결정에 대해 자세히 설명해 준다.

38 다음 중 주의의 특성에 관한 설명으로 틀린 것은?

① 변동성이란 주의집중 시 주기적으로 부주의의 리듬이 존재함을 말한다.
② 방향성이란 주의는 항상 일정한 수준을 유지할 수 있으므로 장시간 고도의 주의집중이 가능함을 말한다.
③ 선택성이란 인간은 한 번에 여러 종류의 자극을 지각수용하지 못함을 말한다.
④ 선택성이란 소수의 특정 자극에 한정해서 선택적으로 주의를 기울이는 기능을 말한다.

해설

주의의 특성 3가지
① 선택성 : 사람은 한 번에 여러 종류의 자극을 자각하거나 수용하지 못하며 소수의 특정한 것으로 한정해서 선택하는 기능을 말한다.
② 방향성 : 공간적으로 보면 시선의 초점에 맞았을 때는 쉽게 인지되지만 시선에서 벗어난 부분은 무시되기 쉽다.
③ 변동(단속)성 : 주의는 리듬이 있어 언제나 일정한 수순을 지키지는 못한다.

KEY
① 2016년 5월 8일 출제
② 2016년 10월 1일 출제
③ 2017년 3월 4일 산업기사 출제
④ 2018년 4월 28일 (문제 22번) 출제

39 다음 중 안전교육의 강의안 작성에 있어서 교육할 내용을 항목별로 구분하여 핵심 요점사항만을 간결하게 정리하여 기술하는 방법은?

① 조목열거식   ② 시나리오식
③ 혼합형 방식   ④ 게임 방식

[정답] 35 ③ 36 ① 37 ③ 38 ② 39 ①

해설

안전교육 강의안 작성방법
① 조목열거식 : 교육할 내용을 항목별로 구분하여 핵심적인 주요사항을 간결하게 요점만을 정리하여 기술하는 방식
② 시나리오식 : 강사가 교육하고자 하는 교육내용을 상세히 이야기하는 방식으로 적거나 구체적인 교육내용을 모두 적어 참고할 수 있도록 하는 방식
③ 혼합형 방식 : 조목열거식 강의안에 익숙한 교수자들이 선호하는 강의안 작성방법으로 때에 따라 내용을 보강하는 방식

KEY ▶ 2011년 10월 2일(문제 29번) 출제

---

40 교육방법 중 O.J.T(On the Job Training)에 속하지 않는 교육방법은?

① 코칭
② 강의법
③ 직무순환
④ 멘토링

해설

OJT(On the Job Traning)교육
① 관리감독자 등 직속상사가 부하직원에 대해서 일상 업무를 통하여 지식, 기능, 문제해결 능력 및 태도 등을 교육훈련하는 방법
② 개별교육 및 추가지도에 적합
  예) 코칭, 직무순환, 멘토링 등

KEY ▶ 2016년 5월 8일 (문제 27번) 출제

---

3 인간공학 및 시스템안전공학

41 결함수분석의 기호 중 입력사상이 어느 하나라도 발생할 경우 출력사상이 발생하는 것은?

① NOR GATE
② AND GATE
③ OR GATE
④ NAND GATE

해설

OR GATE

기호	명칭	입·출력
출력 입력	OR 게이트(논리기호)	입력사상 중 어느 것이나 하나가 존재할 때 출력 사상이 발생

---

42 가스밸브를 잠그는 것을 잊어 사고가 발생했다면 작업자는 어떤 인적오류를 범한 것인가?

① 생략 오류(omission error)
② 시간지연 오류(time error)
③ 순서 오류(sequential error)
④ 작위적 오류(commission error)

해설

생략에러(Omission Errors : 부작위 실수)
① 직무 또는 어떤 단계를 수행치 않음
② 누락인적 오류

KEY ▶ ① 2019년 3월 3일 기사 출제
② 2019년 8월 4일 기사 출제
③ 2020년 6월 14일 산업기사 출제

---

43 어떤 소리가 1,000[Hz], 60[dB]인 음과 같은 높이임에도 4배 더 크게 들린다면, 이 소리의 음압수준은 얼마인가?

① 70[dB]
② 80[dB]
③ 90[dB]
④ 100[dB]

해설

음압수준
① 10[dB] 증가 시 소음은 2배 증가
② 20[dB] 증가 시 소음은 4배 증가

결론
$$4\text{sone} = 2^{\frac{L_1-60}{10}}$$
$$10 \times \log 4 = (L_1 - 60)\log 2$$
$$L_1 = \frac{10 \times \log 4}{\log 2} + 60 = 80$$

KEY ▶ ① 2002년, 2003년 연속 출제
② 2009년 8월 30일(문제 53번) 출제
③ 2018년 4월 28일(문제 35번) 출제

보충학습

[표] phon과 sone의 관계

sone	1	2	4	8	16	32	64	128	256	512	1024
phon	40	50	60	70	80	90	100	110	120	130	140

예) 10[phon]이 증가하면 2배의 소리 크기가 되며, 20[phon]이 증가하면 4배의 소리 크기가 된다.

[정답] 40 ② 41 ③ 42 ① 43 ②

44 시스템 안전분석 방법 중 예비위험분석(PHA) 단계에서 식별하는 4가지 범주에 속하지 않는 것은?

① 위기상태 ② 무시가능상태
③ 파국적상태 ④ 예비조처상태

해설

식별된 사고의 4가지 PHA범주
① 파국적
② 중대(위기적)
③ 한계적
④ 무시

KEY ① 2016년 5월 8일 기사 출제
② 2018년 9월 15일(문제 48번) 출제

---

45 다음은 불꽃놀이용 화학물질취급설비에 대한 정량적 평가이다. 해당 항목에 대한 위험등급이 올바르게 연결된 것은?

항목	A (10점)	B (5점)	C (2점)	D (0점)
취급물질	○	○	○	
조작		○		○
화학설비의 용량	○			
온도	○	○		
압력			○	○

① 취급물질 - Ⅰ등급, 화학설비 용량 - Ⅰ등급
② 온도 - Ⅰ등급, 화학설비 용량 - Ⅱ등급
③ 취급물질 - Ⅰ등급, 조작 - Ⅳ등급
④ 온도 - Ⅱ등급, 압력 - Ⅲ등급

해설

정량적 평가
(1) 정량적 평가 5항목에 의해 A(10점), B(5점), C(2점), D(0점)으로 판정하고 폭발 등급(위험 등급)은 1급이 합산한 점수가 16점 이상, 2급은 11~16점 사이, 3급은 11점 미만(10점 이하)으로서 안전대책을 강구
(2) 점수 및 등급
  ① 취급물질 : 17점, Ⅰ등급
  ② 조작 : 5점, Ⅲ등급
  ③ 화학설비용량 : 12점, Ⅱ등급
  ④ 온도 : 15점, Ⅱ등급
  ⑤ 압력 : 7점, Ⅲ등급

---

46 산업안전보건법령상 유해위험방지계획서의 제출 대상 제조업은 전기 계약 용량이 얼마 이상인 경우에 해당되는가?(단, 기타 예외사항은 제외한다.)

① 50[kW] ② 100[kW]
③ 200[kW] ④ 300[kW]

해설

제조업 유해·위험방지 계획서 제출대상 사업 : 전기계약용량 300[kW] 이상 사업

KEY ① 2012년 8월 26일(문제 27번) 출제
② 2016년 5월 2일(문제 23번) 출제
③ 2017년 3월 5일 출제
④ 2019년 4월 27일(문제 25번) 출제

정보제공
산업안전보건법 시행령 제42조(유해위험방지계획서 제출대상 사업)

---

47 인간-기계 시스템에서 시스템의 설계를 다음과 같이 구분할 때 제3단계인 기본설계에 해당되지 않는 것은?

1단계 : 시스템의 목표와 성능 명세 결정
2단계 : 시스템의 정의
3단계 : 기본설계
4단계 : 인터페이스설계
5단계 : 보조물 설계
6단계 : 시험 및 평가

① 화면 설계 ② 작업 설계
③ 직무 분석 ④ 기능 할당

해설

제3단계 : 기본설계 내용
① 인간 : 하드웨어 · 소프트웨어의 기능 할당
② 인간성능 요건 명세
③ 직무분석
④ 작업설계

KEY ① 2016년 3월 6일 출제
② 2016년 10월 1일(문제 45번) 출제

[정답] 44 ④ 45 ④ 46 ④ 47 ①

과년도 출제문제

48 결함수분석법에서 path set에 관한 설명으로 옳은 것은?

① 시스템의 약점을 표현한 것이다.
② Top사상을 발생시키는 조합이다.
③ 시스템이 고장 나지 않도록 하는 사상의 조합이다.
④ 시스템공장을 유발시키는 필요불가결한 기본사상들의 집합이다.

해설

패스셋(path set)
① 기본사상이 일어나지 않을 때 처음으로 정상사상이 일어나지 않는 기본사상의 집합
② 고장나지 않도록 하는 사상의 조합

KEY 2017년 5월 7일(문제 22번) 출제

보충학습

컷셋(cut set)
① 정상사상을 발생시키는 기본사상의 집합
② 기본사상이 발생할 때 정상사상을 발생시킬 수 있는 기본사상의 집합

---

49 연구 기준의 요건과 내용이 옳은 것은?

① 무오염성 : 실제로 의도하는 바와 부합해야 한다.
② 적절성 : 반복 실험 시 재현성이 있어야 한다.
③ 신뢰성 : 측정하고자 하는 변수 이외의 다른 변수의 영향을 받아서는 안된다.
④ 민감도 : 피실험자 사이에서 볼 수 있는 예상 차이점에 비례하는 단위로 측정해야 한다.

해설

기준의 요건

구분	특징
적절성(relevance)	기준이 의도된 목적에 적합하다고 판단되는 정도
무오염성	측정하고자 하는 변수외의 영향이 없도록
기준척도의 신뢰성 (reliability criterion measure)	척도의 신뢰성 즉 반복성(repeatability)

KEY ① 2017년 8월 26일 출제
② 2019년 8월 4일 산업기사 출제

---

50 FTA결과 다음과 같은 패스셋을 구하였다. 최소 패스셋(minimal path sets)으로 옳은 것은?

> [다음]
> $\{X_2, X_3, X_4\}$
> $\{X_1, X_3, X_4\}$
> $\{X_3, X_4\}$

① $\{X_3, X_4\}$
② $\{X_1, X_3, X_4\}$
③ $\{X_2, X_3, X_4\}$
④ $\{X_2, X_3, X_4\}$와 $\{X_3, X_4\}$

해설

최소 패스셋

① $T=(X_2+X_3+X_4)\cdot(X_1+X_3+X_4)\cdot(X_3+X_4)$

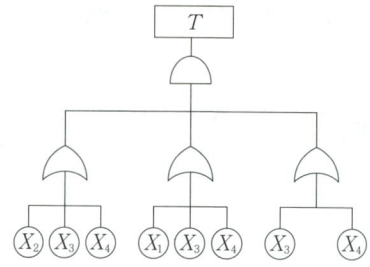

[그림] FT도

② 패스셋을 다음과 같이 표시할 수 있고, 패스셋 중 공통인 (X_3, X_4)를 FT도에 대입한다.

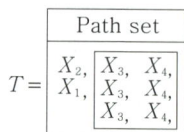

③ FT에도 공통이 되는 (X_3, X_4)를 대입하여 T가 발생하는지 확인

KEY ① 2014년 9월 20일(문제 53번) 출제
② 2017년 8월 26일(문제 27번) 출제

[정답] 48 ③ 49 ④ 50 ①

51 인체측정에 대한 설명으로 옳은 것은?

① 인체측정은 동적측정과 정적측정이 있다.
② 인체측정학은 인체의 생화학적 특징을 다룬다.
③ 자세에 따른 인체치수의 변화는 없다고 가정한다.
④ 측정항목에 무게, 둘레, 두께, 길이는 포함되지 않는다.

해설

인체측정
① 신체 치수를 기본으로 신체 각 부위의 무게, 무게중심, 부피, 운동범위, 관성 등의 물리적 특성을 측정
② 일상생활에 적용하는 분야 측정
③ 인간공학적 설계 위한 자료 목적

KEY 2017년 9월 23일 (문제 46번) 출제

52 실린더 블록에 사용하는 가스켓의 수명 분포는 $X \sim N(10,000, 200^2)$인 정규분포를 따른다. $t=9,600$시간일 경우에 신뢰도($R(t)$)는? (단, $P(Z \leq 1)=0.8413$, $P(Z \leq 1.5)=0.9332$, $P(Z \leq 2)=0.9772$, $P(Z \leq 3)=0.9987$이다.)

① 84.13[%] ② 93.32[%]
③ 97.72[%] ④ 99.87[%]

해설

신뢰도
① 확률변수 X는 정규분포 $N(10,000, 200^2)$을 따른다.
② 9,600시간 = $\frac{9,600-10,000}{200}=-2$
③ 표준정규분포상 $-Z_2$보다 큰 값을 신뢰도로 한다.
④ 전체에서 $-Z_2$보다 작은 값을 빼면 된다.
⑤ 정규분포의 특성상 이는 Z_2보다 큰 값과 동일한 값이다.
⑥ Z_2의 값이 0.9772이므로 $1-0.9772=0.0228$이 된다.
⑦ 신뢰도 = $1-0.0228=0.9772 \times 100=97.72[\%]$

KEY ① 2014년 8월 17일 산업기사 출제
② 2015년 5월 31일(문제35번)산업기사 출제
③ 2019년 3월 3일(문제 30번) 출제

53 다음 중 열 중독증(heat iillness)의 강도를 올바르게 나열한 것은?

ⓐ 열소모(heat exhaustion)
ⓑ 열발진(heat rash)
ⓒ 열경련(heat cramp)
ⓓ 열사병(heat stroke)

① ⓒ<ⓑ<ⓐ<ⓓ   ② ⓒ<ⓑ<ⓓ<ⓐ
③ ⓑ<ⓒ<ⓐ<ⓓ   ④ ⓑ<ⓓ<ⓐ<ⓒ

해설

열에 의한 손상

종류	특징
열경련(Heat Cramp)	고온 환경에서 심한 육체적 노동이나 운동을 함으로써 과다한 땀의 배출로 전해질이 고갈되어 발생하는 근육의 경련현상
열피로(heat Exhaustion)	고온에서 장시간 힘든 일을 하거나, 심한 운동으로 땀을 다량 흘렸을 때 흔히 나타나는 현상으로 땀을 통해 손실하는 염분을 충분히 보충하지 못했을 때 주로 발생
열사병(Heat Stroke)	고온, 다습한 환경에 노출될 때 갑자기 발생해 심각한 체온 조절장애를 일으키며, 땀이 배출되지 않음으로 인해 체온상승(직장온도 40도 이상)등이 나타나 심할 경우 혼수상태에 빠지거나 때로는 생명을 앗아감
열쇠약(Heat Prostration)	이상 고온 환경에서 격심한 육체노동으로 인하여 체온 조절중추의 기능 장애와 만성적인 체력소모가 나타나는 현상

KEY 2015년 3월 8일 산업기사 출제

54 사무실 의자나 책상에 적용할 인체 측정 자료의 설계 원칙으로 가장 적합한 것은?

① 평균치 설계   ② 조절식 설계
③ 최대치 설계   ④ 최소치 설계

해설

인체계측자료의 응용원칙
① 최대치수와 최소치수(극단치설계) : 최대치수 또는 최소치수를 기준으로 하여 설계
② 조절범위(조절식) : 체격이 다른 여러 사람에 맞도록 만든 것
③ 평균치를 기준으로 한 설계 : 최대치수나 최소치수, 조절식으로 하기에 곤란할 때 평균치를 기준으로 하여 설계

KEY ① 2018년 3월 4일 산업기사 출제
② 2018년 9월 15일 산업기사 출제
③ 2020년 6월 7일(문제 23번) 출제

[정답] 51 ①   52 ③   53 ③   54 ②

55 암호체계의 사용 시 고려해야 될 사항과 거리가 먼 것은?

① 정보를 암호화한 자극은 검출이 가능하여야 한다.
② 다 차원의 암호보다 단일 차원화된 암호가 정보 전달이 촉진된다.
③ 암호를 사용할 때는 사용자가 그 뜻을 분명히 알 수 있어야 한다.
④ 모든 암호 표시는 감지장치에 의해 검출될 수 있고, 다른 암호 표시와 구별될 수 있어야 한다.

해설

다차원 시각적 암호
① 색이나 숫자로 된 단일 암호보다 색과 숫자의 중복으로 된 조합암호 차원의 전달된 정보가 촉진된다.
② 양이 많은 것으로 실험결과 확인

보충학습

색의 시각적 암호
① 일반적으로 9가지 면색 구별 가능
② 훈련을 할 경우 20~30개까지 식별 가능
③ 적용 : 탐색, 위치확인, 정밀한 조사 등

56 신호검출이론(SDT)의 판정결과 중 신호가 없었는데도 있었다고 말하는 경우는?

① 긍정(hit)
② 누락(miss)
③ 허위(false alarm)
④ 부정(correct rejection)

해설

신호검출이론
① 신호와 소음을 쉽게 식별할 수 없는 상황에 적용된다.
② 일반적인 상황에서 신호 검출을 간섭하는 소음이 있다.
③ 긍정(hit), 허위(false alarm), 누락(miss), 부정(correct rejection)의 네가지 결과로 나눌 수 있다.

KEY▶ 2017년 5월 7일(문제 29번) 출제

57 촉감의 일반적인 척도의 하나인 2점 문턱값(two-point threshold)이 감소하는 순서대로 나열된 것은?

① 손가락→손바닥→손가락 끝
② 손바닥→손가락→손가락 끝
③ 손가락 끝→손가락→손바닥
④ 손가락 끝→손바닥→손가락

해설

촉각(감)적 표시장치
① 2점 문턱값이란 손으로 두 점을 눌렀을 때 느끼는 감각이 서로 다르게 느끼는 점 사이의 최소거리
② 손바닥 → 손가락 → 손가락 끝
③ 촉각적 암호구성 3가지
 ㉮ 점자 ㉯ 진동 ㉰ 온도

KEY▶ ① 2013년 8월 18일(문제 37번) 출제
② 2016년 5월 8일(문제 33번) 출제

58 시스템 안전분석 방법 중 HAZOP에서 "완전대체"를 의미하는 것은?

① NOT
② REVERSE
③ PART OF
④ OTHER THAN

해설

유인어(guide words)
① NO 또는 NOT : 설계 의도의 완전한 부정을 의미
② AS Well AS : 성질상의 증가를 나타내는 것으로 설계의도와 운전조건 등 부가적인 행위와 함께 일어나는 것을 의미
③ PART OF : 성질상의 감소, 성취나 성취되지 않음을 나타냄
④ MORE LESS : 양의 증가 또는 양의 감소로 양과 성질을 함께 나타냄
⑤ OTHER THAN : 완전한 대체를 의미
⑥ REVERSE : 설계의도와 논리적인 역을 의미

KEY▶ ① 2016년 5월 8일 출제
② 2018년 3월 4일(문제 37번) 출제

[정답] 55 ② 56 ③ 57 ② 58 ④

59 어느 부품 1,000개를 100,000시간 동안 가동하였을 때 5개의 불량품이 발생하였을 경우 평균동작시간(MTTF)은?

① 1×10^6 시간
② 2×10^7 시간
③ 1×10^8 시간
④ 2×10^9 시간

해설

평균동작시간 계산

$$MTTF = \frac{부품수 \times 가동시간}{불량품수(고장수)} = \frac{1000 \times 100000}{5}$$
$$= 20000000 = 2 \times 10^7$$

보충학습

MTTF(Mean Time To Failure)
① 평균작동시간, 고장까지의 평균시간
② 제품 고장시 수명이 다하는 것으로 평균 수명

KEY ① 2008년 제2회 출제
② 2014년 5월 25일(문제 31번) 출제

---

60 신체활동의 생리학적 측정법 중 전신의 육체적인 활동을 측정하는데 가장 적합한 방법은?

① Flicker 측정
② 산소 소비량 측정
③ 근전도(EMG) 측정
④ 피부전기반사(GSR) 측정

해설

신체활동 측정

구분	특징
동적 근력작업	에너지 대사량(R.M.R), 산소섭취량, CO_2 배출량과 호흡량, 심박수, 근전도(E.M.G) 등
정적 근력작업	에너지 대사량과 심박수와의 상관관계 또는 시간적 경과, 근전도 등
신경적 작업	매회 평균 호흡 진폭, 심박수(맥박수), 피부전기반사(G.S.R) 등
심적 작업	플리커 값

---

4 건설시공학

61 철골공사의 내화피복공법에 해당하지 않는 것은?

① 표면탄화법
② 뿜칠공법
③ 타설공법
④ 조적공법

해설

철골의 내화피복공법
① 습식공법 : 타설공법, 조적공법, 미장공법, 뿜칠공법
② 건식공법 : 성형판 붙임공법, 멤브레인공법
③ 합성공법 : 천장판, PC판 등 마감재와 동시에 피복공사를 한다.
④ 복합공법 : 하나의 제품으로 2개의 기능을 충족시키는 내화피복 공법으로 내화피복과 커튼월, 천장판 등의 복합기능을 추구하는 공법

KEY ① 2017년 5월 7일 (문제 72번) 출제
② 2020년 8월 22일 (문제 73번) 출제

---

62 강관틀비계에서 주틀의 기둥관 1개당 수직하중의 한도는 얼마인가? (단, 견고한 기초 위에 설치하게 될 경우)

① 16.5[kN]
② 24.5[kN]
③ 32.5[kN]
④ 38.5[kN]

해설

비계의 구분

구분	강관파이프비계	강관틀비계
비계기둥 간격	· 도리(띠장) 방향 : 1.85 [m] 이하 · 간사이(보) 방향 : 1.5[m] 이하	
기둥1본 분담하중	700[kg]	① 2,500[kg] : 콘크리트 판 등 견고한 기초위 ② 수직하중 : 24,500[N]
기둥과 기둥 사이 하중 (기둥 사이 1.8[m] 경우)	400[kg]	400[kg]

KEY 2015년 5월 31일 (문제 66번) 출제

[정답] 59 ② 60 ② 61 ① 62 ②

63 고압증기양생 경량기포콘크리트(ALC)의 특징으로 거리가 먼 것은?

① 열전도율이 보통 콘크리트의 1/10 정도이다.
② 경량으로 인력에 의한 취급이 가능하다.
③ 흡수율이 매우 낮은 편이다.
④ 현장에서 절단 및 가공이 용이하다.

> **해설**

ALC(경량기포콘크리트)
① 가볍다(경량성).
② 단열성능이 우수하다.
③ 내화성, 흡음, 방음성이 우수하다.
④ 치수 정밀도가 우수하다.
⑤ 가공성이 우수하다.
⑥ 중성화가 빠르다.
⑦ 흡수성이 크다.
⑧ ALC는 중량이 보통 콘크리트의 1/4 정도이며, 보통 콘크리트의 10배 정도의 단열성능을 갖는다.

KEY ▶ 2017년 5월 7일 (문제 62번) 출제

64 콘크리트 타설 시 진동기를 사용하는 가장 큰 목적은?

① 콘크리트 타설시 용이함
② 콘크리트의 응결, 경화 촉진
③ 콘크리트의 밀실화 유지
④ 콘크리트의 재료 분리 촉진

> **해설**

진동기
(1) 진동기의 종류
　① 내부 진동기 : 막대식(꽂이식) 진동기로 가장 많이 사용된다.
　② 거푸집 진동기 : 거푸집의 외부로 진동을 가하는 형틀 진동기
　③ 표면진동기 : 슬래브 콘크리트 표면에 직접 진동시키는 것
　　　(예) 도로공사 등에 사용
(2) 사용목적 : 콘크리트 밀실화 유지

KEY ▶ ① 2017년 3월 5일 산업기사 출제
　　　　② 2018년 4월 28일 출제
　　　　③ 2018년 9월 15일 기사·산업기사 동시출제
　　　　④ 2019년 9월 21일 (문제 79번) 출제

> **보충학습**

진동기의 종류
① 내부 진동기 : 막대식(봉상) 진동기
② 외부 진동기 : 거푸집 진동기, 표면진동기

65 철골용접 부위의 비파괴검사에 관한 설명으로 옳지 않은 것은?

① 방사선검사는 필름의 밀착성이 좋지 않은 건축물에서도 검출이 우수하다.
② 침투탐상검사는 액체의 모세관현상을 이용한다.
③ 초음파탐상검사는 인간의 귀로 들을 수 없는 주파수를 갖는 초음파를 사용하여 결함을 검출하는 방법이다.
④ 외관검사는 용접을 한 용접공이나 용접관리 기술자가 하는 것이 원칙이다.

> **해설**

방사선투과시험
① X선·r선을 용접부에 투과하고 그 상태를 필름에 촬영하여 내부결함 검출
② 필름의 밀착성이 좋지 않은 건축물에서는 검출이 어려움

KEY ▶ ① 2016년 3월 6일 출제
　　　　② 2016년 5월 8일 출제
　　　　③ 2017년 5월 7일 (문제 74번) 출제

66 단순조적 블록쌓기에 관한 설명으로 옳지 않은 것은?

① 단순조적 블록쌓기의 세로줄눈은 도면 또는 공사시방서에 정한 바가 없을 때에는 막힌 줄눈으로 한다.
② 살두께가 작은 편을 위로 하여 쌓는다.
③ 줄눈 모르타르는 쌓은 후 줄눈누르기 및 줄눈파기를 한다.
④ 특별한 지정이 없으면 줄눈은 10[mm]가 되게 한다.

> **해설**

단순조적 블록공사
① 세로줄눈은 특기사항이 없을 때는 막힌 줄눈으로 한다.
② 모서리, 중간요소 기타 기준이 되는 부분을 먼저 쌓고 수평실을 친 후 모서리부에서부터 차례로 쌓아간다.
③ 경사(taper)에 의한 살두께가 큰 편을 위로 하여 쌓는다.
④ 하루 쌓기 높이는 1.5[m](블록 7켜) 정도 이내를 표준으로 한다.
⑤ 모르타르 사춤높이는 3[켜] 이내로서 블록상단에서 약 5[cm] 아래에 둔다.
⑥ 치장줄눈은 2~3[켜]를 쌓은 다음 줄눈파기를 한다.

KEY ▶ 2014년 5월 25일 (문제 66번) 출제

[정답] 63 ③　64 ③　65 ①　66 ②

67 네트워크 공정표의 단점이 아닌 것은?

① 다른 공정표에 비하여 작성시간이 많이 필요하다.
② 작성 및 검사에 특별한 기능이 요구된다.
③ 진척관리에 있어서 특별한 연구가 필요하다.
④ 개개의 관련작업이 도시되어 있지 않아 내용을 알기 어렵다.

해설

네트워크 공정표의 단점
① 다른 공정표에 비하여 초기작성기간이 많이 걸린다.
② 작성 및 검사에 특별한 기능이 요구된다.
③ N/W 표기상 작업의 세분화에는 어느 정도 한계가 있다.
④ 공정표의 표기법과 공기단축시 수정시간이 소요된다.

보충학습

네트워크 공정표의 장점
개개의 관련작업이 도시되어 있어 내용을 파악하기 쉽다.

KEY 2013년 9월 28일 (문제 61번) 출제

68 주문받은 건설업자가 대상 계획의 기업, 금융, 토지조달, 설계, 시공 등을 포괄하는 도급계약방식을 무엇이라 하는가?

① 실비청산 보수가산도급
② 정액도급
③ 공동도급
④ 턴키도급

해설

턴키도급(Turn-key base contract)
① 도급자가 공사의 계획, 금융, 토지확보, 설계, 시공, 기계 가구 설치, 시운전, 조업지도, 유지관리까지 모든 것을 제공한 후 발주자에게 완전한 시설물을 인계하는 방식
② 유래 : 건축주는 열쇠(key)를 돌리기만 하면 된다.

KEY 2017년 5월 7일 (문제 76번) 출제

69 ALC 블록공사 시 내력벽 쌓기에 관한 내용으로 옳지 않은 것은?

① 쌓기 모르타르는 교반기를 사용하여 배합하며, 1시간 이내에 사용해야 한다.
② 가로 및 세로줄눈의 두께는 3~5[mm] 정도로 한다.
③ 하루 쌓기 높이는 1.8[m]를 표준으로 하며, 최대 2.4[m] 이내로 한다.
④ 연속되는 벽면의 일부를 나중쌓기로 할 때에는 그 부분을 층단 떼어쌓기로 한다.

해설

ALC블록공사
① ALC는 석회질, 규산질 원료와 기포제 및 혼화제를 물과 혼합하여 고온고압증기양생하여 만든 경량콘크리트의 일종이다.
② 쌓기 모르타르는 교반기를 사용하여 배합하며 1시간 이내에 사용해야 한다.
③ 줄눈의 두께는 1~3[mm] 정도로 한다.
④ 블록 상하단의 겹침길이는 블록길이의 1/3~1/2을 원칙으로 하고 최소 100[mm] 이상으로 한다.
⑤ 하루 쌓기높이는 1.8[m]를 표준으로 하고 최대 2.4[m] 이내로 한다.
⑥ 연속되는 벽면의 일부를 트이게 하여 나중쌓기로 할 때에는 그 부분을 층단 떼어쌓기로 한다.
⑦ 공간쌓기의 경우 바깥쪽을 주벽체로 하고 내부공간은 50~90[mm] 정도로 하고, 수평거리 900[mm], 수직거리 600[mm]마다 철물연결재로 긴결한다.

KEY 2017년 3월 5일 (문제 72번) 출제

70 시험말뚝에 변형률계(strain gauge)와 가속도계(accelerometer)를 부착하여 말뚝항타에 의한 파형으로부터 지지력을 구하는 시험은?

① 정적재하시험
② 동적재하시험
③ 비비 시험
④ 인발시험

해설

동적재하시험
① 게이지 부착 : 천공한 구멍에 고강도 볼트를 사용하여 변형률계(Strain transducer)와 가속도계(Accelerometer)를 부착
② 측정 : 지지력 확인을 위한 재항타시험의 경우 3~5회 타격하고, 항타 시공관입성분석의 경우 소요지지력이 확보될 때까지 혹은 지지층에 도달할 때까지 계속 타격을 가하면서 가속도계와 변형률계에 의한 힘과 속도를 측정하여 이를 Case방법으로 현장에서 분석하고 CAP-WAP분석을 위해 데이터를 저장한다.

[정답] 67 ④ 68 ④ 69 ② 70 ②

KEY ① 2009년 5월 10일 (문제 77번) 출제
② 2014년 3월 2일 (문제 73번) 출제

71 지하 합판거푸집에서 측압에 대비하여 버팀대를 삼각형으로 일체화한 공법은?

① 1회용 리브라스 거푸집
② 와플 거푸집
③ 무폼타이 거푸집
④ 단열 거푸집

해설

tie-less formwork(무폼타이 거푸집)

(1) 개요
① 벽체 거푸집의 설치 시 벽체 양면에 거푸집의 설치가 곤란한 경우가 발생하는데, 이때 한 면에만 거푸집을 설치하여, 폼타이 없이 거푸집에 작용하는 콘크리트의 측압을 지지하도록 한 거푸집 공법을 무폼타이 거푸집이라 한다.
② 무폼타이 거푸집 공법은 폼타이 설치작업의 번거로움을 없애고, 거푸집을 지지하기 위한 브레이스 프레임(brace frame)을 사용하므로, 브레이스 프레임 공법이라고도 한다.

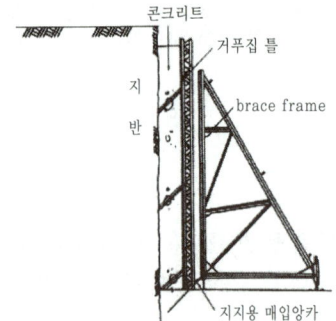

[그림] 무폼타이 거푸집

KEY 2017년 3월 5일 (문제 80번) 출제

72 부재별 철근의 정착위치에 관한 설명으로 옳지 않은 것은?

① 작은보의 주근은 슬래브에 정착한다.
② 기둥의 주근은 기초에 정착한다.
③ 바닥철근은 보 또는 벽체에 정착한다.
④ 벽철근은 기둥, 보 또는 바닥판에 정착한다.

해설

철근의 정착위치
① 보의 주근은 기둥에 정착한다.
② 작은보의 주근은 큰 보에 정착한다.
③ 직교하는 단부 보 밑에 기둥이 없을 때는 상호간에 정착한다.

참고 건설안전기사 필기 p.4-68(2. 철근의 이음 및 정착위치)

KEY ① 2017년 9월 23일 기사·산업기사 동시 출제
② 2019년 9월 21일 산업기사 출제
③ 2020년 8월 22일 (문제 78번) 출제

73 다음은 표준시방서에 따른 기성말뚝 세우기 작업 시 준수사항이다. (　)안에 들어갈 내용으로 옳은 것은?

말뚝의 연직도나 경사도는 (　A　) 이내로 하고, 말뚝박기 후 평면상의 위치가 설계도면의 위치로부터 (　B　)와 100[mm] 중 큰 값 이상으로 벗어나지 않아야 한다.

① A : 1/150, B : D/4
② A : 1/50, B : D/4
③ A : 1/100, B : D/2
④ A : 1/150, B : D/2

해설

말뚝 세우기
① 시공기계는 말뚝이 소정의 위치에 정확하게 설치될 수 있도록 견고한 지반 위의 정확한 위치에 설치하여야 한다.
② 말뚝을 정확하고도 안전하게 세우기 위해서는 정확한 규준틀을 설치하고 중심선 표시를 용이하게 하여야 하며, 말뚝을 세운 후 검측은 직교하는 2방향으로부터 하여야 한다.
③ 말뚝의 연직도나 경사도는 1/50 이내로 하고, 말뚝박기 후 평면상의 위치가 설계도면의 위치로부터 D/4(D는 말뚝의 바깥 지름)와 100[mm] 중 큰 값 이상으로 벗어나지 않아야 한다.

KEY 2021년 9월 5일 산업기사 출제

합격정보 기성말뚝 표준시방서(KCS1150 : 2021. 5. 12. 개정)

[정답] 71 ③　72 ①　73 ②

74 제자리 콘크리트 말뚝지정 중 베노토 파일의 특징에 관한 설명으로 옳지 않은 것은?

① 기계가 저가이고 굴착속도가 비교적 빠르다.
② 케이싱을 지반에 압입해 가면서 관 내부 토사를 특수한 버킷으로 굴착 배토한다.
③ 말뚝구멍의 굴착 후에는 철근콘크리트말뚝을 제자리치기한다.
④ 여러 지질에 안전하고 정확하게 시공할 수 있다.

해설
Benoto공법(올케이싱공법)
① 해머 그래브로 굴착, 적용지반이 다양하다.
② 굴착하는 전체에 외관(Casing)을 박고 공사하여 공벽 붕괴를 방지한다.
③ 기계가 고가 대형이며, 케이싱 인발시 철근피복파괴가 우려된다.

KEY 2013년 9월 28일 (문제 79번) 출제

76 웰포인트(well point)공법에 관한 설명으로 옳지 않은 것은?

① 강제배수공법의 일종이다.
② 투수성이 비교적 낮은 사질실트층까지도 배수가 가능하다.
③ 흙의 안전성을 대폭 향상시킨다.
④ 인근 건축물의 침하에 영향을 주지 않는다.

해설
웰 포인트 공법(Well point method)
① 사질지반에서 1~2[m] 간격으로 파이프를 박아 진공펌프로 지하수를 강제 배수하는 공법
② 사질지반의 대표적 강제 배수공법

KEY 2019년 9월 21일(문제 72번) 출제

75 철골공사 중 현장에서 보수도장이 필요한 부위에 해당되지 않는 것은?

① 현장 용접을 한 부위
② 현장접합 재료의 손상부위
③ 조립상 표면접합이 되는 면
④ 운반 또는 양중시 생긴 손상 부위

해설
일반적으로 보수도장을 하는 부위
① 현장접합에 의한 볼트류의 두부, Nut, Washer
② 현장용접을 한 부분
③ 현장에서 접합한 재료의 손상 부분과 도장을 안한 부분
④ 운반 또는 양중시에 생긴 손상 부분

KEY ① 2006년 3월 5일(문제 79번) 출제
② 2012년 9월 15일(문제 69번) 출제
③ 2013년 6월 2일(문제 62번) 출제
④ 2015년 3월 8일 (문제 76번) 출제

77 갱폼(Gang Form)에 관한 설명으로 옳지 않은 것은?

① 타워크레인, 이동식 크레인 같은 양중장비가 필요하다.
② 벽과 바닥의 콘크리트 타설을 한번에 가능하게 하기 위하여 벽체 및 슬래브거푸집을 일체로 제작한다.
③ 공사초기 제작기간이 길고 투자비가 큰 편이다.
④ 경제적인 전용횟수는 30~40회 정도이다.

해설
갱폼
① 대형벽체거푸집
② 인력절감 및 재사용이 가능한 장점이 있다.

KEY 2020년 8월 22일(문제 80번) 출제

[정답] 74 ① 75 ③ 76 ④ 77 ②

78 철골 기둥의 이음부분 면을 절삭가공기를 사용하여 마감하고 충분히 밀착시킨 이음에 해당하는 용어는?

① 밀 스케일(mill scale)
② 스캘럽(scallop)
③ 스패터(spatter)
④ 메탈 터치(metal touch)

> **해설**
>
> 메탈터치
> ① 기둥의 축력(軸力)이 매우 크고, 인장력이 거의 발생하지 않는 초고층의 하부 기둥 등에 있어서 상하 부재의 접촉면에서 축력을 전달시키는 이음 방법.
> ② 전 축력의 약 반을 이 방법으로 전할 수 있다.

79 공사의 도급계약에 명시하여야 할 사항과 가장 거리가 먼 것은?

① 공사내용
② 구조설계에 따른 설계방법의 종류
③ 공사착수의 시기와 공사완성의 시기
④ 하자담보책임기간 및 담보방법

> **해설**
>
> 계약서 기재내용(건설업법 시행령)
> ① 공사내용(규모, 도급금액)
> ② 공사착수시기, 완공시기(물가변동에 대한 도급액 변경)
> ③ 도급액 지불방법, 지불시기
> ④ 인도, 검사 및 인도시기
> ⑤ 설계변경, 공사중지의 경우 도급액 변경, 손해부담에 대한 사항

80 지하연속벽(slurry wall) 굴착 공사 중 공벽붕괴의 원인으로 보기 어려운 것은?

① 지하수위의 급격한 상승
② 안정액의 급격한 점도 변화
③ 물다짐하여 매립한 지반에서 시공
④ 공사 시 공법의 특성으로 발생하는 심한 진동

> **해설**
>
> slurry wall [지하연속벽(체)]공법의 특징
> ① 저소음, 저진동 공법으로 인접건물의 근접시공이 가능하며 안정적 공법이다.
> ② 차수성이 우수하며 물막이 벽체로도 가능하다.
> ③ 벽체 강성이 커서 본구조체로 이용이 가능하며, 수평변위에 대해서 안정적이며 영구 지하 벽체나 깊은 기초 적용이 가능하다.
> ④ 임의형상 치수가 가능하며 지반조건에 좌우되지 않는다.
> ⑤ 타공법에 비해 시공비가 고가이며, 수평연속성이 부족하고, 장비가 크고 이동이 느리다.
>
> **KEY** 2020년 8월 22일(문제 61번) 출제

5 건설재료학

81 다음 미장재료 중 수경성 재료인 것은?

① 회반죽
② 회사벽
③ 석고 플라스터
④ 돌로마이트 플라스터

> **해설**
>
> 수경성(水硬性) 재료
> ① 시멘트 모르타르
> ② 석고 플라스터 등 물과 화학변화하여 굳어지는 재료
>
> **KEY** ① 2016년 3월 6일 산업기사 출제
> ② 2019년 3월 3일(문제 84번) 출제
>
> **보충학습**
>
> 기경성(氣硬性) 재료
> 소석회, 돌로마이트 플라스터, 진흙, 회반죽 등 공기 중 탄산가스와 반응하여 경화하는 재료

82 부재 두께의 증가에 따른 강도저하, 용접성 확보 등에 대응하기 위해 열간압연 시 냉각조건을 조절하여 냉각속도에 의해 강도를 상승시킨 구조용 특수강재는?

① 일반구조용 압연강재
② 용접구조용 압연강재
③ TMC 강재
④ 내후성 강재

[정답] 78 ④ 79 ② 80 ④ 81 ③ 82 ③

> 해설

TMC(TMCP : Thermo Mechanical Controlled Process)강재
① TMCP강재는 일반 용접구조용 압연강재보다 합금원소를 첨가한 것으로 용접성이 우수하고 강도가 50[kg/mm²]로 높다.
② SM490TMC와 SM520TMC 등 두 종류가 있다.
　예) 포스코가 개발하였으며 인천공항철골역사, 영종대교철제난간 등

83 다음 중 고로시멘트의 특징으로 옳지 않은 것은?

① 고로시멘트는 포틀랜드시멘트 클링커에 급랭한 고로슬래그를 혼합한 것이다.
② 초기강도는 약간 낮으나 장기강도는 보통포틀랜드시멘트와 같거나 그 이상이 된다.
③ 보통포틀랜드시멘트에 비해 화학저항성이 매우 낮다.
④ 수화열이 적어 매스콘크리트에 적합하다.

> 해설

고로시멘트의 특징
① 비중이 낮다(2.9).
② 응결시간이 길며 조기강도가 부족하다.
③ 해수에 대한 화학적 저항이 크다.
④ 수화열이 적으며 수축균열이 적다.
⑤ 큰 단면공사, 해안공사, 하천공사 등에 사용한다.

> KEY
> ① 2016년 3월 6일 출제
> ② 2017년 3월 5일 기사·산업기사 동시 출제
> ③ 2020년 8월 22일(문제 95번) 출제

> 정보제공
> 2020년 8월 22일(문제 87번)

84 목재를 이용한 가공제품에 관한 설명으로 옳은 것은?

① 집성재는 두께 1.5~3[cm]의 널을 접착제로 섬유평행방향으로 겹쳐 붙여서 만든 제품이다.
② 합판은 3매 이상의 얇은 판을 1매마다 접착제로 섬유평행방향으로 겹쳐 붙여서 만든 제품이다.
③ 연질섬유판은 두께 50[mm], 나비 100[mm]의 긴 판에 표면을 리브로 가공하여 만든 제품이다.
④ 파티클보드는 코르크나무의 수피를 분말로 가열, 성형, 접착하여 만든 제품이다.

> 해설

집성 목재의 특징
① 두께 1.5~3[cm]의 단판을 몇 장 또는 몇 겹으로 접착한 것
② 합판과 다른 점은 판의 섬유방향을 평행으로 붙인 점, 흡수가 아니라도 되는 점
③ 합판과 같은 박판이 아니고 보나 기둥에 사용할 수 있는 단면을 가진 점

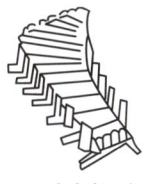

[그림] 곡면집성목재

> KEY
> ① 2018년 9월 15일 산업기사 출제
> ② 2020년 9월 21일(문제 8번) 출제

85 플라스틱 제품 중 비닐 레더(vinyl leather)에 관한 설명으로 옳지 않은 것은?

① 석재, 모양, 무늬 등을 자유롭게 할 수 있다.
② 면포로 된 것은 찢어지지 않고 튼튼하다.
③ 두께는 0.5~1[mm]이고, 길이는 10[m]의 두루마리로 만든다.
④ 커튼, 테이블크로스, 방수막으로 사용된다.

> 해설

비닐 레더
① 색채, 모양, 무늬 등을 자유롭게 할 수 있다.
② 면포로 된 것은 찢어지지 않고 튼튼하다.
③ 두께는 0.5~1[mm]이고, 길이는 10[m] 두루마리로 만든다.

> KEY 2017년 9월 23일(문제 85번) 출제

86 알루미늄의 성질에 관한 설명으로 옳지 않은 것은?

① 비중이 철에 비해 약 1/3 정도이다.
② 황산, 인산 중에서는 침식되지만 염산 중에서는 침식되지 않는다.
③ 열, 전기의 양도체이며 반사율이 크다.
④ 부식률은 대기 중의 습도와 염분함유량, 불순물의 양과 질 등에 관계되며 0.08[mm/년] 정도이다.

[정답] 83 ③　84 ①　85 ④　86 ②

해설

알루미늄의 특성
(1) 알루미늄 장점
 ① 비중이 철의 1/3 정도이고, 역학적 성질이 우수하다.
 ② 열·전기전도성이 크고, 반사율이 높다.
 ③ 내식성이 우수하며 가공이 쉽다.
 ④ 전연성이 좋아 판, 선으로 가공이 쉽고 주조도 가능하다.
(2) 알루미늄 단점
 ① 내화성이 약하다.
 ② 산·알칼리 및 해수에 침식되기 쉽다.
 ③ 콘크리트에 접하거나 흙 중에 매몰된 경우에는 부식된다.
 ④ 상온에서 판, 선으로 압연가공하면 경도와 인장강도가 증가한다.
 ⑤ 연질이고 강도가 낮다.

KEY
 ① 2010년 5월 9일(문제 86번) 출제
 ② 2012년 3월 4일(문제 88번) 출제
 ③ 2015년 9월 19일(문제 85번) 출제

정보제공
2015년 9월 19일 산업기사(문제 66번) 확인

87 목재 건조 시 생재를 수중에 일정기간 침수시키는 주된 이유는?

① 재질을 연하게 만들어 가공하기 쉽게 하기 위하여
② 목재의 내화도를 높이기 위하여
③ 강도를 크게 하기 위하여
④ 건조기간을 단축시키기 위하여

해설

목재 건조 시 생재를 수중에 침수하는 이유
① 침수건조법
② 목재를 물에 침수하여 수액을 뺀 후 대기에서 건조
③ 목적은 건조기간을 단축

KEY 2012년 5월 20일(문제 81번) 출제

88 다음 중 방청도료에 해당되지 않는 것은?

① 광명단조합페인트 ② 클리어 래커
③ 에칭프라이머   ④ 징크로메이트 도료

해설

방청 도료의 종류
① 광명단(연단) 도료   ② 알루미늄 도료
③ 역청질 도료   ④ 징크로메이트 도료
⑤ 워시프라이머   ⑥ 방청산화철 도료
⑦ 규산염 도료

KEY
 ① 2018년 9월 15일 기사 출제
 ② 2019년 9월 21일(문제 89번) 출제

89 보통시멘트콘크리트와 비교한 폴리머 시멘트콘크리트의 특징으로 옳지 않은 것은?

① 유동성이 감소하여 일정 워커빌리티를 얻는데 필요한 물-시멘트비가 증가한다.
② 모르타르, 강재, 목재 등의 각종 재료와 잘 접착한다.
③ 방수성 및 수밀성이 우수하고 동결융해에 대한 저항성이 양호하다.
④ 휨, 인장강도 및 신장능력이 우수하다.

해설

폴리머시멘트(polymer cement)
① 폴리머시멘트 : 포틀랜드시멘트에 폴리머를 혼입한 시멘트
② 폴리머(polymer) : 고분자 재료 중 고무류의 라텍스(latex) 또는 열가소성수지가 주로 사용됨
③ 폴리머시멘트의 목적 : 방수성, 내약품성, 내충격성, 내마모성 및 접착성을 향상시킬 목적으로 만든 것

KEY 2013년 3월 10일(문제 89번) 출제

90 실리콘(silicon)수지에 관한 설명으로 옳지 않은 것은?

① 실리콘수지는 내열성, 내한성이 우수하여 -60~260[℃]의 범위에서 안정하다.
② 탄성을 지니고 있고, 내후성도 우수하다.
③ 발수성이 있기 때문에 건축물, 전기 절연물 등의 방수에 쓰인다.
④ 도료로 사용할 경우 안료로서 알루미늄 분말을 혼합한 것으로 내화성이 부족하다.

해설

실리콘수지의 특징
① 무색, 무취이다.
② 내수성, 내후성, 내화학성, 전기절연성이 우수하다.
③ 내열성, 내한성이 우수하여 -60~260[℃]의 범위에서 안정하고 탄성을 가진다.
④ 발수성이 있어 건축물 등의 방수제로 쓰인다.
⑤ 방수제, 접착제, 도료, 실링재, 가스켓, 패킹재로 사용된다.

[정답] 87 ④ 88 ② 89 ① 90 ④

KEY ① 2016년 3월 6일 산업기사 출제
② 2016년 5월 8일(문제 85번) 출제
③ 2019년 4월 27일(문제 84번) 출제

91 다음 제품 중 점토로 제작된 것이 아닌 것은?

① 경량벽돌
② 테라코타
③ 위생도기
④ 파키트리 패널

해설

파키트리 패널 : 목재 제품(마루판재)

KEY 2018년 4월 28일 (문제 96번) 출제

92 다음 각 도료에 관한 설명으로 옳지 않은 것은?

① 유성페인트 : 건조시간이 길고 피막이 튼튼하고 광택이 있다.
② 수성페인트 : 유성페인트에 비하여 광택이 매우 우수하고 내구성 및 내마모성이 크다.
③ 합성수지 페인트 : 도막이 단단하고 내산성 및 내알칼리성이 우수하다.
④ 에나멜페인트 : 건조가 빠르고, 내수성 및 내약품성이 우수하다.

해설

수성페인트

① 광물성(탄산칼슘, 규산알루미늄) 가루에 티탄백 안료를 첨가하고 수용성 호질물(카세인, 녹말 등)을 혼합한 것
② 내외장 모두에 사용 가능

KEY ① 2016년 3월 6일 출제
② 2019년 9월 21일 (문제 99번) 출제

93 경질우레탄폼 단열재에 관한 옳지 않은 것은?

① 규격은 한국산업표준(KS)에 규정되어 있다.
② 공사현장에서 발포시공이 가능하다.
③ 사용시간이 경과함에 따라 부피가 팽창하는 결점이 있다.
④ 초저온 장치용 보냉재로 사용된다.

해설

경질우레탄폼 단열재는 시간이 경과해도 부피가 변하지 않는다.

94 콘크리트용 골재의 요구성능에 관한 설명으로 옳지 않은 것은?

① 골재의 강도는 경화한 시멘트페이스트 강도보다 클 것
② 골재의 형태가 예각이며, 표면은 매끄러울 것
③ 골재의 입형이 둥글고 입도가 고를 것
④ 먼지 또는 유기불순물을 포함하지 않을 것

해설

골재의 요구 성능

① 골재의 성질은 시멘트 혼합물의 강도보다 굳어야 하므로 석회석, 사암 등의 연질수성암은 부적당하다.
② 골재는 불순물이 포함되지 않아야 한다.
③ 점토분, 유기물질, 염분, 지방질 등 유해량이 3[%] 이상 포함되면 안 된다.
④ 골재의 입형은 구형이 가장 좋으며 약간 거친 것이 좋다.
⑤ 골재의 입도는 조립에서 세립까지 골고루 섞여야 한다.
⑥ 골재의 최대, 최소치수범위 내의 골재를 선택한다.
⑦ 골재는 경석에 속하는 것으로 대략 비중 2.6 이상의 것을 쓴다.

KEY ① 2016년 3월 6일 기사 출제
② 2018년 3월 4일 (문제 88번) 출제

95 양질의 도토 또는 장석분을 원료로 하며, 흡수율이 1[%] 이하로 거의 없고 소성온도가 약 1,230~1,460[℃]인 점토 제품은?

① 토기
② 석기
③ 자기
④ 도기

해설

점토제품의 분류

종류	소성온도[℃]	흡수율[%]
토기	790~1,000	20 이상
도기	1,100~1,230	10
석기	1,160~1,350	3~10
자기	1,230~1,460	0~1

KEY ① 2017년 5월 7일 산업기사 출제
② 2018년 4월 28일 (문제 82번) 출제
③ 2019년 9월 21일 (문제 85번) 출제

[정답] 91 ④ 92 ② 93 ③ 94 ② 95 ③

96 콘크리트의 워커빌리티(workability)에 관한 설명으로 옳지 않은 것은?

① 과도하게 비빔시간이 길면 시멘트의 수화를 촉진하여 워커빌리티가 나빠진다.
② 단위수량을 너무 증가시키면 재료분리가 생기기 쉽기 때문에 워커빌리티가 좋아진다고 볼 수 없다.
③ AE제를 혼입하면 워커빌리티가 좋아진다.
④ 깬자갈이나 깬모래를 사용할 경우, 잔골재율을 작게 하고 단위수량을 감소시켜 워커빌리티가 좋아진다.

해설
워커빌리티
① 쇄석을 사용하면 워커빌리티가 저하한다.
② 빈배합이 워커빌리티가 좋다.

KEY ① 2017년 5월 7일 기사 출제
② 2018년 3월 4일 (문제 98번) 출제

97 건축물에 사용되는 천장마감재의 요구성능으로 옳지 않은 것은?

① 내충격성   ② 내화성
③ 흡음성   ④ 차음성

해설
천정마감재의 요구성능
① 흡음성
② 내화성
③ 차음성

KEY 2016년 3월 6일 출제

98 세라믹재료의 일반적인 특성에 관한 설명으로 옳지 않은 것은?

① 내열성, 화학저항성이 우수하다.
② 전연성이 매우 뛰어나 가공이 용이하다.
③ 단단하고, 압축강도가 높다.
④ 전기절연성이 있다.

해설
세라믹재료의 특성
(1) 강성
 ① 세라믹은 변형하기 어려운 일, 즉 강성이 높다.
 ② 강성은 그 소재로 하중을 걸쳐 소재가 구부러진 양을 측정하는 것으로 알 수 있는데 세라믹의 경우에는 강성이 스텐레스강철의 약 2배 가까이 된다.
(2) 내열성
 ① 구워서 만든 벽돌이나 타일이 열에 강한것과 같이 세라믹은 열에 강한 성질을 가지고 있다.
 ② 일반적으로 알루미늄은 약 660도에서 녹기 시작하는데 반해, 파인 세라믹스의 알루미나는 약 2,000도 이상이 되어야만 녹는다.

99 한중 콘크리트의 배합에 관한 설명으로 옳지 않은 것은?

① 한중 콘크리트에는 일반콘크리트만을 사용하고, AE콘크리트의 사용을 금한다.
② 단위수량은 초기동해를 적게 하기 위하여 소요의 워커빌리티를 유지할 수 있는 범위내에서 되도록 적게 정하여야 한다.
③ 물-결합재비는 원칙적으로 60[%] 이하로 하여야 한다.
④ 배합강도 및 물-결합재비는 적산온도방식에 의해 결정할 수 있다.

해설
한중 콘크리트의 특징
① 일평균기온 : 4[℃] 이하의 동결위험 기간내에 시공하는 콘크리트를 말한다.
② W/C비 : 60[℃] 이하(가급적 작게 한다. 하절기보다 낮춘다.)
③ 재료가열온도 : 60[℃] 이하(시멘트는 절대 가열 안 함)
④ 믹서내 온도 : 40[℃] 이하(시멘트는 맨 나중에 투입)
⑤ 부어넣기 온도 : 10[℃]~20[℃](콘크리트 표준시방서 : 5[℃]~20[℃])
⑥ AE제, AE감수제, 고성능 AE감수제 중 하나는 반드시 사용
⑦ 급열양생, 단열양생, 보온양생, 피복양생 중 한 가지 이상의 방법을 선택
⑧ 초기강도 : 5[MPa]까지는 보양(그 밖에 10~15[MPa]까지)
⑨ 5[℃] 이상 유지하여 초기양생(최소 2일 이상 0[℃] 이상 유지)

KEY 2009년 8월 30일 (문제 90번) 출제

[정답] 96 ④ 97 ① 98 ② 99 ①

100 유리의 주성분 중 가장 많이 함유되어 있는 것은?

① CaO   ② SiO_2
③ Al_2O_3 ④ MgO

해설

규산유리(SiO_2)
① 석영유리 또는 용융수정유리라고 하는 것인데 규산 SiO_2를 99.5[%]를 함유하고 있다.
② 열팽창률이 매우 작고(선팽창계수가 약 0.5×10^{-6}), 내열성도 크다.

6 건설안전기술

101 건설재해대책의 사면보호공법 중 식물을 생육시켜 그 뿌리로 사면의 표층토를 고정하여 빗물에 의한 침식, 동상, 이완 등을 방지하고, 녹화에 의한 경관조성을 목적으로 시공하는 것은?

① 식생공   ② 쉴드공
③ 뿜어 붙이기공   ④ 블럭공

해설

식생공법의 종류

구분	방법
떼붙임공	떼를 일정한 간격으로 심어서 비탈면을 보호하는 공법(평떼, 줄떼)
식생공	법면에 식물을 번식시켜 법면의 침식과 표면활동 방지
식수공	떼붙임공, 식생공으로 부족할 경우 나무를 심어서 사면보호
파종공	종자, 비료, 안정제, 흙 등을 혼합하여 입력으로 비탈면에 뿜어 붙이는 공법

 ① 2016년 3월 6일(문제 114번) 출제
② 2018년 8월 19일(문제 105번) 출제

102 산업안전보건법령에 따른 양중기의 종류에 해당하지 않는 것은?

① 곤돌라   ② 리프트
③ 클램셸   ④ 크레인

해설

클램셸(clam shell)
① 연약지반이나 수중굴착 및 자갈 등을 싣는 데 적합하다.
② 깊은 땅파기 공사와 흙막이 버팀대를 설치하는 데 사용한다.
③ 수중굴착 및 수조물의 기초바닥 등과 같은 협소하고 상당히 깊은 범위의 굴착과 호퍼(hopper)에 적당하다.

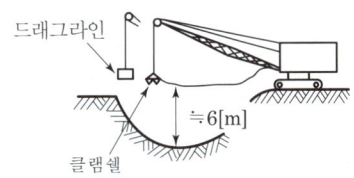

[그림] 드래그라인과 클램쉘의 작업

KEY ① 2016년 5월 8일 산업기사 출제
② 2017년 5월 7일 산업기사 출제
③ 2019년 8월 4일(문제 120번) 출제

보충학습

제132조(양중기)
"양중기"라 함은 다음 각 호의 기계를 말한다.
① 크레인(호이스트를 포함한다.)
② 이동식크레인
③ 리프트(이삿짐운반용 리프트의 경우에는 적재하중이 0.1[t] 이상의 것으로 한정한다.)
④ 곤돌라
⑤ 승강기

103 화물취급작업과 관련한 위험방지를 위해 조치하여야 할 사항으로 옳지 않은 것은?

① 하역작업을 하는 장소에서 작업장 및 통로의 위험한 부분에는 안전하게 작업할 수 있는 조명을 유지할 것
② 하역작업을 하는 장소에서 부두 또는 안벽의 선을 따라 통로를 설치하는 경우에는 폭을 50[cm] 이상으로 할 것
③ 차량 등에서 화물을 내리는 작업을 하는 경우에 해당 작업에 종사하는 근로자에게 쌓여 있는 화물 중간에서 화물을 빼내도록하지 말 것
④ 꼬임이 끊어진 섬유로프 등을 화물운반용 또는 고정용으로 사용하지 말 것

[정답] 100 ② 101 ① 102 ③ 103 ②

해설

부두 또는 안벽의 통로 : 90[cm] 이상

KEY ① 2019년 8월 4일(문제 105번) 출제
② 2019년 8월 4일(문제 109번) 출제

104 표준관입시험에 관한 설명으로 옳지 않은 것은?

① N치(N-value)는 지반을 30[cm] 굴진하는데 필요한 타격횟수를 의미한다.
② N치가 4~10일 경우 모래의 상대밀도는 매우 단단한 편이다.
③ 63.5[kg] 무게의 추를 76[cm] 높이에서 자유낙하하여 타격하는 시험이다.
④ 사질지반에 적용하며, 점토지반에서는 편차가 커서 신뢰성이 떨어진다.

해설

타격횟수에 따른 지반 밀도

N값	모래지반 상대 밀도
0~4	몹시느슨
4~10	느슨
10~30	보통
30~50	조밀
50 이상	대단히 조밀

N값	점토지반 접착력
0~2	몹시느슨
2~4	느슨
4~8	보통
8~15	조밀
15~30	매우 강한 점착력
30 이상	견고(경질)

105 근로자의 추락 등의 위험을 방지하기 위한 안전난간의 설치요건에서 상부난간대를 120[cm]이상 지점에 설치하는 경우 중간난간대를 최소 몇 단 이상 균등하게 설치하여야 하는가?

① 2단　　② 3단
③ 4단　　④ 5단

해설

안전난간의 구성

① 상부난간대 : 120[cm]
② 중간난간대 : 60[cm]
③ 단수 : 2단

정보제공

산업안전보건기준에 관한 규칙 제13조(안전난간의 구조 및 설치요건)

106 건설현장에 설치하는 사다리식 통로의 설치기준으로 옳지 않은 것은?

① 발판과 벽과의 사이는 15[cm] 이상의 간격을 유지할 것
② 발판의 간격은 일정하게 할 것
③ 사다리의 상단은 걸쳐놓은 지점으로부터 60[cm] 이상 올라가도록 할 것
④ 사다리식 통로의 길이가 10[m] 이상인 경우에는 3[m] 이내마다 계단참을 설치할 것

해설

사다리통로 계단참 설치기준

길이 10[m] 이상시 : 5[m] 이내마다

KEY ① 2018년 9월 15일 기사 출제
② 2019년 3월 3일 기사 출제
③ 2020년 8월 22일(문제 19번) 출제

정보제공

산업안전보건기준에 관한 규칙 제24조 사다리통로 등의 구조

107 불도저를 이용한 작업 중 안전조치사항으로 옳지 않은 것은?

① 작업종료와 동시에 삽날을 지면에서 띄우고 주차제동장치를 건다.
② 모든 조종간은 엔진 시동전에 중립 위치에 놓는다.
③ 장비의 승차 및 하차 시 뛰어내리거나 오르지 말고 안전하게 잡고 오르내린다.
④ 야간작업 시 자주 장비에서 내려와 장비 주위를 살피며 점검하여야 한다.

[정답] 104 ②　105 ①　106 ④　107 ①

해설
불도저를 비롯한 모든 굴삭기계는 작업종료시 삽날은 지면에 밀착시켜야 한다.(이유 : 제동장치 역할을 함)

108 건설공사의 산업안전보건관리비 계상 시 대상액이 구분되어 있지 않은 공사는 도급계약 또는 자체사업 계획상의 총 공사금액 중 얼마를 대상액으로 하는가?

① 50[%] ② 60[%]
③ 70[%] ④ 80[%]

해설
공사진척에 따른 안전관리비 사용기준

공정률	50[%] 이상 70[%] 미만	70[%] 이상 90[%] 미만	90[%] 이상
사용 기준	50[%] 이상	70[%] 이상	90[%] 이상

KEY ① 2017년 5월 7일 기사 출제
② 2017년 9월 23일 기사 출제
③ 2019년 8월 4일 산업기사 출제
④ 2020년 6월 7일(문제 103번) 출제

정보제공
건설업 산업안전보건관리비계상기준 고시 2024-53호(2024. 9. 19)

109 도심지 폭파해체공법에 관한 설명으로 옳지 않은 것은?

① 장기간 발생하는 진동, 소음이 적다.
② 해체 속도가 빠르다.
③ 주위의 구조물에 끼치는 영향이 적다.
④ 많은 분진 발생으로 민원을 발생시킬 우려가 있다.

해설
도심지 폭파해체 공법
① 장기간 발생하는 진동, 소음이 적다.
② 해체 속도가 빠르다.
③ 많은 분진 발생으로 민원을 발생시킬 우려가 있다.
④ 주위의 구조물에 끼치는 영향이 매우 크다.

110 NATM공법 터널공사의 경우 록 볼트 작업과 관련된 계측결과에 해당되지 않은 것은?

① 내공변위 측정 결과
② 천단침하 측정 결과
③ 인발시험 결과
④ 진동 측정 결과

해설
계측결과 기록보존 사항
① 터널내 육안조사   ② 내공변위 측정
③ 천단침하 측정   ④ 록 볼트 인발시험
⑤ 지표면 침하측정   ⑥ 지중변위 측정
⑦ 지중침하 측정   ⑧ 지중수평변위 측정
⑨ 지하수위 측정   ⑩ 록 볼트축력 측정
⑪ 뿜어붙이기 콘크리트응력 측정 ⑫ 터널내 탄성과 속도 측정
⑬ 주변 구조물의 변형상태 조사

정보제공
터널공사 표준안전작업지침-NATM공법 제25조(계측의 목적)

111 동바리 등을 조립하는 경우에 준수하여야 할 사항으로 옳지 않은 것은?

① 깔판의 사용, 콘크리트 타설, 말뚝박기 등 동바리의 침하를 방지하기 위한 조치를 할 것
② 개구부 상부에 동바리를 설치하는 경우에는 상부하중을 견딜 수 있는 견고한 받침대를 설치할 것
③ 거푸집이 곡면인 경우에는 버팀대의 부착 등 그 거푸집의 부상(浮上)을 방지하기 위한 조치를 할 것
④ 동바리의 이음은 맞댄이음이나 장부이음을 피할 것

해설
동바리의 이음은 같은 품질의 재료를 사용할 것

KEY ① 2018년 3월 4일 기사 · 산업기사 동시 출제
② 2019년 3월 3일(문제 101번) 출제

정보제공
산업안전보건기준에 관한 규칙 제332조(동바리 조립 시의 안전조치)

[정답] 108 ③ 109 ③ 110 ④ 111 ④

과년도 출제문제

112 비계의 높이가 2[m] 이상인 작업장소에 설치하는 작업발판의 설치기준으로 옳지 않은 것은?(단, 달비계, 달대비계 및 말비계는 제외)

① 작업발판의 폭은 40[cm] 이상으로 한다.
② 작업발판재료는 뒤집히거나 떨어지지 않도록 하나 이상의 지지물에 연결하거나 고정시킨다.
③ 발판재료 간의 틈은 3[cm] 이하로 한다.
④ 작업발판의 지지물은 하중에 의하여 파괴될 우려가 없는 것을 사용한다.

해설
지지물 개수 : 둘 이상

KEY
① 2017년 8월 24일 기사·산업기사 동시 출제
② 2018년 4월 28일 출제
③ 2019년 4월 27일(문제 119번) 출제

정보제공
산업안전보건기준에 관한 규칙 제56조(작업발판의 구조)

113 흙막이 지보공을 설치하였을 경우 정기적으로 점검하고 이상을 발견하면 즉시 보수하여야 하는 사항과 가장 거리가 먼 것은?

① 부재의 접속부·부착부 및 교차부의 상태
② 버팀대의 긴압(緊壓)의 정도
③ 부재의 손상·변형·부식·변위 및 탈락의 유무와 상태
④ 지표수의 흐름 상태

해설
흙막이지보공 정기점검사항
① 부재의 손상·변형·부식·변위 및 탈락의 유무와 상태
② 버팀대의 긴압의 정도
③ 부재의 접속부·부착부 및 교차부의 상태
④ 침하의 정도

KEY
① 2017년 3월 5일 출제
② 2017년 9월 23일 출제
③ 2019년 3월 3일 기사·산업기사 동시 출제
④ 2020년 6월 7일(문제 116번) 출제

정보제공
산업안전보건기준에 관한 규칙 제347조(붕괴등의 위험방지)

114 말비계를 조립하여 사용하는 경우 지주부재와 수평면의 기울기는 얼마 이하로 하여야 하는가?

① 65[°]   ② 70[°]
③ 75[°]   ④ 80[°]

해설
① 말비계 지주부재와 수평면 기울기 : 75[°]이하
② 작업발판 폭 : 40[cm] 이상

KEY
① 2017년 9월 23일(문제 113번) 출제
② 2018년 4월 28일(문제 110번) 출제
③ 2019년 3월 3일 산업기사 출제
④ 2019년 4월 27일 산업기사 출제
⑤ 2020년 8월 22일(문제 103번) 출제

정보제공
산업안전보건기준에 관한 규칙 제67조(말비계)

115 지반 등의 굴착시 위험을 방지하기 위한 연암 지반 굴착면의 기울기 기준으로 옳은 것은?

① 1 : 0.3   ② 1 : 0.4
③ 1 : 1.0   ④ 1 : 0.6

해설
굴착면의 기울기 기준

지반의 종류	굴착면의 기울기
모래	1 : 1.8
연암 및 풍화암	1 : 1.0
경암	1 : 0.5
그 밖의 흙	1 : 1.2

(2) 예 1 : 1.0

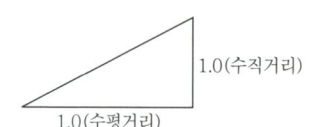

KEY
① 2016년 5월 8일 기사·산업기사 동시 출제
② 2020년 6월 7일(문제 111번) 출제

정보제공
산업안전보건기준에 관한 규칙 제338조(지반 등의 굴착 시 위험방지)

[정답] 112 ② 113 ④ 114 ③ 115 ③

116
작업발판 및 통로의 끝이나 개구부로서 근로자가 추락할 위험이 있는 장소에서 난간등의 설치가 매우 곤란하거나 작업의 필요상 임시로 난간등을 해체하여야 하는 경우에 설치하여야 하는 것은?

① 구명구
② 수직방호망
③ 석면포
④ 추락방호망

[해설]

추락의 방지설비
① 비계
② 추락방망
③ 달비계
④ 수평통로
⑤ 난간
⑥ 울타리
⑦ 구명줄
⑧ 안전대

KEY ① 2017년 3월 5일(문제 116번) 출제
② 2018년 4월 28일 산업기사 출제
③ 2018년 8월 19일 산업기사 출제

[보충학습]
투하설비 : 높이 3[m] 이상 설치

[정보제공]
산업안전보건기준에 관한 규칙 제42조(추락의 방지) : 사업주는 작업장이나 기계·설비의 바닥·작업 발판 및 통로 등의 끝이나 개구부로부터 근로자가 추락하거나 넘어질 위험이 있는 장소에는 안전난간, 울, 손잡이 또는 충분한 강도를 가진 덮개등을 설치하는 등 필요한 조치를 하여야 한다.

117
흙막이 공법을 흙막이 지지방식에 의한 분류와 구조방식에 의한 분류로 나눌 때 다음 중 지지방식에 의한 분류에 해당하는 것은?

① 수평 버팀대식 흙막이 공법
② H-Pile공법
③ 지하연속벽 공법
④ Top down method 공법

[해설]

지지방식에 의한 분류
(1) 자립식 공법
  ① 줄기초흙막이
  ② 어미말뚝식 흙막이
  ③ 연결재당겨매기식 흙막이
(2) 버팀대식 공법
  ① 수평버팀대식
  ② 경사버팀대식
  ③ 어스앵커 공법

KEY 2017년 3월 5일(문제 106번) 출제

118
철골용접부의 내부결함을 검사하는 방법으로 가장 거리가 먼 것은?

① 알칼리 반응 시험
② 방사선 투과시험
③ 자기분말 탐상시험
④ 침투 탐상시험

[해설]

용접결함검사
(1) 용접부내부검사 방법
  ① 방사선 투과시험(RT)
  ② 초음파 탐상시험(UT)
(2) 용접부 표면검사방법
  ① 육안검사
  ② 액체침투탐상시험(PT)
  ③ 자분탐상시험(MT)

[보충학습]
① 알카리 반응시험(KSF2545) : 골재시험
② 약간의 문제가 있는 문제입니다. 그러나 가장 거리가 먼 것입니다.

119
유해위험방지 계획서를 제출하려고 할 때 그 첨부서류와 가장 거리가 먼 것은?

① 공사개요서
② 산업안전보건관리비 작성요령
③ 전체 공정표
④ 재해 발생 위험 시 연락 및 대피방법

[해설]

건설업 유해위험방지계획서 첨부서류
① 공사개요서
② 공사현장의 주변 현황 및 주변과의 관계를 나타내는 도면(매설물 현황을 포함한다)
③ 건설물, 사용 기계설비 등의 배치를 나타내는 도면
④ 전체 공정표
⑤ 산업안전보건관리비 사용계획
⑥ 안전관리 조직표
⑦ 재해 발생 위험 시 연락 및 대피방법

KEY ① 2016년 3월 6일(문제 113번) 출제
② 2017년 3월 5일(문제 105번) 출제

[정보제공]
산업안전보건법 시행규칙 [별표 10] 유해위험방지계획서 첨부서류

[정답] 116 ④　117 ①　118 ①　119 ②

120 콘크리트 타설작업과 관련하여 준수하여야 할 사항으로 가장 거리가 먼 것은?

① 당일의 작업을 시작하기 전에 해당 작업에 관한 거푸집 동바리 등의 변형·변위 및 지반의 침하 유무 등을 점검하고 이상이 있으면 보수할 것
② 콘크리트를 타설하는 경우에는 편심이 발생하지 않도록 골고루 분산하여 타설할 것
③ 진동기의 사용은 많이 할수록 균일한 콘크리트를 얻을 수 있으므로 가급적 많이 사용할 것
④ 설계도서상의 콘크리트 양생기간을 준수하여 거푸집동바리 등을 해체할 것

해설

진동다짐
① 콘크리트를 거푸집 구석구석까지 충전시키고 밀실하게 콘크리트를 넣기 위함이 목적이다.
② 콘크리트 진동다짐기계(Vibrator)의 사용원칙 : Slump 15[cm] 이하의 된비빔 콘크리트에 사용함을 원칙으로 한다.
③ 배합 : 가급적 모래의 양을 적게 한다.
④ 콘크리트 붓기(진동 다짐 1회) 높이는 30~60[cm]를 표준으로 한다.
⑤ 진동기의 수 : 막대진동기는 1일 콘크리트 작업량 20[m^3]마다 1대로 잡는 것을 표준으로 한다.(3대 사용할 때 예비진동기 1대)

정보제공
산업안전보건기준에 관한 규칙 제334조(콘크리트 타설작업)

 ① 2010년 7월 25일(문제 118번) 출제
② 2018년 4월 28일(문제 118번) 출제

녹색직업 녹색자격증코너

누구를 위한 인생인가?
당신은 지금 누구를 위한 인생을 살고 있습니까?
아래 항목으로 자신을 점검해 보십시오.
*타인의 노여움을 사지 않기 위해 말씨를 꾸밉니다.
*타인에게 반박을 당하면 기운이 없어지거나 걱정을 합니다.
*상대방이 말하는 것에 전혀 납득이 가지 않으면서도 필요이상으로 찬성 하거나 긍정합니다.
*타인을 위하여 잡일을 하면서도 그런 일은 할 수 없다고 단호히 말하지 못하는 자신에게 화를 냅니다.
*필요이상으로 "미안합니다"를 연발합니다.
*전혀 알지도 못하면서 알고 있는 척함으로써 타인에게 강한 인상을 주려고 합니다.
*타인에게 항상 자신을 평가받고 싶어합니다.

우리가 우리 열조와 다름이 없이 나그네와 우거한 자라 세상에 있는 날이 그림자 같아서 머무름이 없나이다(역대상 29:15)

[정답] 120 ③

건설안전기사 필기

2021년 03월 07일 시행 **제1회**

2021년 05월 15일 시행 **제2회**

2021년 09월 12일 시행 **제4회**

2021년도 기사 정기검정 제1회 (2021년 3월 7일 시행)

자격종목 및 등급(선택분야)
건설안전기사

종목코드	시험시간	수험번호	성명
1440	3시간	20210307	도서출판세화

1 산업안전관리론

01 안전관리에 있어 5C 운동(안전행동 실천운동)에 속하지 않는 것은?

① 통제관리(Control)
② 청소청결(Cleaning)
③ 정리정돈(Clearance)
④ 전심전력(Concentration)

[해설]

5C(안전행동 실천) 운동
① Correctness(복장단정)
② Cleaning(청소청결)
③ Clearance(정리정돈)
④ Checking(점검확인)
⑤ Concentration(전심전력)

KEY ① 2010년 9월 5일 기사 출제
② 2018년 3월 4일 기사 출제
③ 2018년 9월 15일 기사 출제

합격자의 조언
① 실기 필답형에도 출제된 문제입니다. 실기도 준비하세요.
② 5S : 생산관리 중심
③ 5C : 안전관리 중심

KEY ① 2016년 3월 6일 산업기사 출제
② 2016년 10월 1일 출제
③ 2017년 3월 5일 출제
④ 2017년 8월 26일 산업기사 출제
⑤ 2017년 9월 23일 산업기사 출제
⑥ 2018년 3월 4일 산업기사 출제
⑦ 2018년 4월 28일 출제
⑧ 2019년 3월 3일 출제
⑨ 2019년 4월 27일 출제
⑩ 2019년 8월 4일 출제
⑪ 2019년 9월 21일 산업기사 출제
⑫ 2020년 6월 7일 출제
⑬ 2020년 8월 23일 산업기사 출제

보충학습

그 밖의 근로손실일수 계산
① 병원에 입원가료시는 입원일수 $\times \dfrac{300}{365}$
② 휴업일수(요양일수) $\times \dfrac{300}{365}$

[표] 신체 장해 노동손실일수

신체장해등급	손실일수
4	5,500
5	4,000
6	3,000
7	2,200
8	1,500
9	1,000
10	600
11	400
12	200
13	100
14	50

※사망자 및 장해등급 1, 2, 3급의 노동(근로)손실일수 : 7,500일

합격정보
산업재해통계업무처리규정 제3조(산업재해통계의 산출 방법 및 정의)

02 연평균 200명의 근로자가 작업하는 사업장에서 연간 2건의 재해가 발생하여 사망이 2명, 50일의 휴업일수가 발생했을 때, 이 사업장의 강도율은?(단, 근로자 1명당 연간 근로시간은 2,400시간으로 한다.)

① 약 15.7
② 약 31.3
③ 약 65.5
④ 약 74.3

[해설]

강도율 $= \dfrac{\text{총요양근로 손실일수}}{\text{연근로시간수}} \times 1{,}000$

$= \dfrac{(7{,}500 \times 2) + \left(50 \times \dfrac{300}{365}\right)}{200 \times 2{,}400} \times 1{,}000 = 31.33$

[정답] 01 ① 02 ②

03 산업안전보건법령상 안전보건표지의 색채와 색도기준의 연결이 옳은 것은?(단, 색도기준은 한국산업표준(KS)에 따른 색의 3속성에 의한 표시방법에 따른다.)

① 흰색 : N0.5
② 녹색 : 5G 5.5/6
③ 빨간색 : 5R 4/12
④ 파란색 : 2.5PB 4/10

해설

안전보건표지의 색도기준 및 용도

색채	색도기준	용도	사용 예
빨간색	7.5R 4/14	금지	정지신호, 소화설비 및 그 장소, 유해행위의 금지
		경고	화학물질 취급장소에서의 유해·위험 경고
노란색	5Y 8.5/12	경고	화학물질 취급장소에서의 유해·위험 경고 이외의 위험경고, 주의표지 또는 기계방호물
파란색	2.5PB 4/10	지시	특정 행위의 지시 및 사실의 고지
녹색	2.5G 4/10	안내	비상구 및 피난소, 사람 또는 차량의 통행표지
흰색	N9.5		파란색 또는 녹색에 대한 보조색
검은색	N0.5		문자 및 빨간색 또는 노란색에 대한 보조색

KEY
① 2017년 3월 5일 출제
② 2017년 8월 26일 산업기사 출제
③ 2018년 3월 4일 출제
④ 2019년 9월 21일 산업기사 출제
⑤ 2020년 8월 22일 출제
⑥ 2020년 9월 27일 출제

합격정보
산업안전보건법 시행규칙 [별표 8] 안전보건표지의 색도기준 및 용도

04 위험예지훈련의 문제해결 4단계(4R)에 속하지 않는 것은?

① 현상파악
② 본질추구
③ 대책수립
④ 후속조치

해설

문제해결의 4단계(4 Round)
① 1R - 현상파악
② 2R - 본질추구
③ 3R - 대책수립
④ 4R - 행동목표설정

KEY
① 2016년 3월 6일 출제
② 2016년 5월 8일 산업기사 출제
③ 2017년 3월 5일 산업기사 출제
④ 2017년 5월 7일 출제
⑤ 2017년 8월 26일 출제
⑥ 2017년 9월 23일 출제
⑦ 2018년 3월 4일 산업기사 출제
⑧ 2019년 4월 27일 산업기사 출제
⑨ 2019년 8월 4일 출제
⑩ 2020년 6월 7일 출제
⑪ 2020년 6월 14일 산업기사 출제
⑫ 2020년 9월 27일 출제

05 산업안전보건법령상 건설업의 경우 안전보건관리규정을 작성하여야 하는 상시근로자수 기준으로 옳은 것은?

① 50명 이상
② 100명 이상
③ 200명 이상
④ 300명 이상

해설

안전보건관리규정을 작성하여야 할 사업의 종류 및 상시 근로자수

사업의 종류	상시 근로자수
1. 농업 2. 어업 3. 소프트웨어 개발 및 공급업 4. 컴퓨터 프로그래밍, 시스템 통합 및 관리업 4의2. 영상·오디오물 제공 서비스업 5. 정보서비스업 6. 금융 및 보험업 7. 임대업;부동산 제외 8. 전문, 과학 및 기술 서비스업(연구개발업은 제외한다) 9. 사업지원 서비스업 10. 사회복지 서비스업	상시 근로자 300명 이상을 사용하는 사업장
11. 제1호부터 제4호까지, 제4의 2 및 제5호부터 제10호까지의 사업을 제외한 사업	상시 근로자 100명 이상을 사용하는 사업장

KEY 2020년 6월 7일 기사 출제

합격정보
산업안전보건법 시행규칙 [별표 2]

[정답] 03 ④ 04 ④ 05 ②

과년도 출제문제

06 작업자가 기계 등의 취급을 잘못해도 사고가 발생하지 않도록 방지하는 기능은?

① Back up 기능　② Fail safe 기능
③ 다중계화 기능　④ Fool proof 기능

해설

풀 프루프(fool proof)
① 인간의 실수가 있어도 안전장치가 설치되어 사고나 재해로 연결되지 않는 구조
② 바보가 작동을 시켜도 안전하다는 뜻
③ 「실패가 없다」, 「바보라도 취급한다」라는 뜻으로 정리하면,
　㉮ 정해진 순서대로 조작하지 않으면 기계가 작동하지 않는다.
　㉯ 오조작을 하여도 사고가 나지 않는다.

KEY 2020년 8월 23일 산업기사 출제

07 시설물의 안전 및 유지관리에 관한 특별법상 다음과 같이 정의되는 것은?

> 시설물의 붕괴·전도 등으로 인한 재난 또는 재해가 발생할 우려가 있는 경우에 시설물의 물리적·기능적 결함을 신속하게 발견하기 위하여 실시하는 점검

① 긴급안전점검　② 특별안전점검
③ 정밀안전점검　④ 정기안전점검

해설

긴급안전점검
시설물의 붕괴·전도 등으로 인한 재난 또는 재해가 발생할 우려가 있는 경우에 시설물의 물리적·기능적 결함을 신속하게 발견하기 위하여 실시하는 점검을 말한다.

보충학습

시설물의 안전 및 유지관리에 관한 특별법 제2조(정의 : 7호) 시행 2021. 9. 17

08 재해의 분석에 있어 사고유형, 기인물, 불안전한 상태, 불안전한 행동을 하나의 축으로 하고, 그것을 구성하고 있는 몇개의 분류 항목을 크기가 큰 순서대로 나열하여 비교하기 쉽게 도시한 통계 양식의 도표는?

① 직선도　② 특성요인도
③ 파레토도　④ 체크리스트

해설

파레토도(Pareto diagram)
① 관리 대상이 많은 경우 최소의 노력으로 최대의 효과를 얻을 수 있는 방법
② 사고의 유형, 기인물 등 분류항목을 큰 값에서 작은 값의 순서로 도표화하는 데 편리

KEY ① 2017년 8월 26일 출제
　　② 2018년 3월 4일 출제
　　③ 2018년 9월 15일 산업기사 출제
　　④ 2019년 9월 21일 출제
　　⑤ 2020년 6월 14일 산업기사 출제

09 산업안전보건법령상 안전관리자의 업무에 명시되지 않은 것은?

① 사업장 순회점검, 지도 및 조치 건의
② 물질안전보건자료의 게시 또는 비치에 관한 보좌 및 지도·조언
③ 산업재해에 관한 통계의 유지·관리·분석을 위한 보좌 및 지도·조언
④ 해당 사업장 안전교육계획의 수립 및 안전교육 실시에 관한 보좌 및 지도·조언

해설

안전관리자의 업무
① 산업안전보건위원회 또는 안전보건에 관한 노사협의체에서 심의·의결한 업무와 해당 사업장의 안전보건관리규정 및 취업규칙에서 정한 업무
② 위험성평가에 관한 보좌 및 지도·조언
③ 안전인증대상 기계 등과 자율안전확인대상 기계 등 구입 시 적격품의 선정에 관한 보좌 및 지도·조언
④ 해당 사업장 안전교육계획의 수립 및 안전교육 실시에 관한 보좌 및 지도·조언
⑤ 사업장 순회점검·지도 및 조치의 건의
⑥ 산업재해 발생의 원인 조사·분석 및 재발 방지를 위한 기술적 보좌 및 지도·조언
⑦ 산업재해에 관한 통계의 유지·관리·분석을 위한 보좌 및 지도·조언
⑧ 법 또는 법에 따른 명령으로 정한 안전에 관한 사항의 이행에 관한 보좌 및 지도·조언
⑨ 업무수행 내용의 기록·유지
⑩ 그 밖에 안전에 관한 사항으로서 고용노동부장관이 정하는 사항

KEY ① 2017년 3월 5일, 5월 7일, 9월 23일 출제
　　② 2018년 3월 4일, 4월 28일 출제
　　③ 2018년 8월 19일 산업기사 출제
　　④ 2020년 6월 7일 출제

[정답] 06 ④　07 ①　08 ③　09 ②

> [합격정보]
> 산업안전보건법 시행령 제18조(안전관리자의 업무 등)

10 재해조사 시 유의사항으로 틀린 것은?

① 인적, 물적 양면의 재해요인을 모두 도출한다.
② 책임 추궁보다 재발 방지를 우선하는 기본 태도를 갖는다.
③ 목격자 등이 증언하는 사실 이외의 추측의 말은 참고만 한다.
④ 목격자의 기억보존을 위하여 조사는 담당자 단독으로 신속하게 실시한다.

> [해설]
> **재해(사고)조사시의 유의사항**
> ① 사실 수집에 치중한다.
> ② 목격자의 단정적 표현이나 추측은 사실과 구별하여 참고 자료로 기록해 둘 것이며 진술은 가급적 사고 직후에 기록하는 것이 좋다.
> ③ 책임을 추궁하는 태도를 보이면 사실을 은폐하게 되므로 주의한다.
> ④ 조사는 신속히 행하고 2차 재해의 방지를 도모한다.
> ⑤ 사람, 설비, 환경의 측면에서 재해요인을 도출한다.
> ⑥ 제3자의 입장에서 공정하게 조사하며, 반드시 조사는 2인 이상이 한다.

> [KEY] ① 2016년 3월 6일 출제
> ② 2018년 4월 28일 출제
> ③ 2019년 4월 27일 출제

11 재해발생의 간접원인 중 교육적 원인에 속하지 않는 것은?

① 안전수칙의 오해   ② 경험훈련의 미숙
③ 안전지식의 부족   ④ 작업지시 부적당

> [해설]
> **재해발생의 간접원인**
> ① 기술적 원인 : 기계·기구·설비 등의 방호 설비, 경계 설비, 보호구 정비 구조재료의 부적당 등
> ② 안전 교육적 원인 : 무지, 경시, 불이해, 훈련 미숙, 나쁜 습관 등
> ③ 신체적 원인 : 각종 질병, 스트레스, 피로, 수면 부족 등
> ④ 정신적 원인 : 태만, 반항, 불만, 초조, 긴장, 공포 등
> ⑤ 관리적 원인 : 책임감의 부족, 부적절한 인사 배치, 작업 기준의 불명확, 점검·보건 제도의 결함, 근로 의욕 침체, 작업지시 부적절 등

> [KEY] ① 2016년 5월 8일 기사 출제
> ② 2017년 5월 7일 기사 출제
> ③ 2018년 3월 4일 기사 출제
> ④ 2020년 9월 27일 기사 출제

12 산업안전보건법령상 산업안전보건관리비 사용명세서는 건설공사 종료 후 얼마간 보존해야 하는가?(단, 공사가 1개월 이내에 종료되는 사업은 제외한다.)

① 6개월간   ② 1년간
③ 2년간   ④ 3년간

> [해설]
> **재해예방 전문지도기관의 지도를 받아야 하는 사업**
>
> | 구 분 | 적 용 |
> |---|---|
> | 대상 사업 | 공사 금액 1억원 이상 120억원(토목공사업에 속하는 공사는 150억원) 미만인 공사를 하는 자와 「건축법」에 따른 건축허가의 대상이 되는 공사를 하는 자 |
> | 제외되는 공사 | ① 공사기간이 1개월 미만인 공사
② 육지와 연결되지 아니한 섬지역(제주특별자치도는 제외)에서 이루어지는 공사
③ 사업주가 안전관리자의 자격을 가진 사람을 선임하여 안전관리자의 업무만을 전담하도록 하는 공사
④ 유해·위험방지계획서를 제출하여야 하는 공사 |
> | 사용명세서 작성 및 보존 | 매월작성(공사가 1개월 이내 종료되는 경우 공사종료 시)하고 공사 종료 후 1년간 보존 |

> [합격정보]
> 산업안전보건법 시행령 제59조(건설재해 예방지도 대상 건설공사 도급인)

13 보호구 안전인증 고시상 성능이 다음과 같은 방음용 귀마개(기호)로 옳은 것은?

> 저음부터 고음까지 차음하는 것

① EP-1   ② EP-2
③ EP-3   ④ EP-4

> [해설]
> **방음용 귀마개의 종류 및 등급**
>
> | 종류 | 등급 | 기호 | 성능 |
> |---|---|---|---|
> | 귀마개 | 1종 | EP-1 | 저음부터 고음까지 차음하는 것 |
> | | 2종 | EP-2 | 주로 고음을 차음하여 회화음 영역인 저음은 차음하지 않는 것 |
> | 귀덮개 | - | EM | |

> [KEY] 2019년 8월 4일 출제

[정답] 10 ④   11 ④   12 ②   13 ①

14. 산업안전보건기준에 관한 규칙상 지게차를 사용하는 작업을 하는 때의 작업 시작 전 점검사항에 명시되지 않은 것은?

① 제동장치 및 조종장치 기능의 이상 유무
② 하역장치 및 유압장치 기능의 이상 유무
③ 와이어로프가 통하고 있는 곳 및 작업장소의 지반 상태
④ 전조등·후미등·방향지시기 및 경보장치 기능의 이상 유무

[해설]
지게차를 사용하여 작업을 할때 작업시작전 점검사항
① 제동장치 및 조종장치 기능의 이상유무
② 하역장치 및 유압장치 기능의 이상유무
③ 바퀴의 이상유무
④ 전조등·후미등·방향지시기 및 경보장치 기능의 이상유무

[합격정보]
산업안전보건기준에 관한 규칙 [별표 3] 작업시작전 점검사항

KEY 2018년 3월 4일 출제

15. 산업안전보건법령상 산업안전보건위원회의 심의·의결사항에 명시되지 않은 것은?(단, 그 밖에 해당 사업장 근로자의 안전 및 보건을 유지·증진시키기 위하여 필요한 사항은 제외)

① 사업장의 산업재해 예방계획의 수립에 관한 사항
② 산업재해에 관한 통계의 기록 및 유지에 관한 사항
③ 작업환경측정 등 작업환경의 점검 및 개선에 관한 사항
④ 안전장치 및 보호구 구입 시 적격품 여부 확인에 관한 사항

[해설]
산업안전보건위원회 심의 의결사항
① 제15조제1항제1호부터 제5호까지 및 제7호에 관한 사항
② 제15조제1항제6호에 따른 사항 중 중대재해에 관한 사항
③ 유해하거나 위험한 기계·기구·설비를 도입한 경우 안전 및 보건 관련 조치에 관한 사항
④ 그 밖에 해당 사업장 근로자의 안전 및 보건을 유지·증진시키기 위하여 필요한 사항

[보충학습]
제15조(안전보건관리책임자) ① 사업주는 사업장을 실질적으로 총괄하여 관리하는 사람에게 해당 사업장의 다음 각 호의 업무를 총괄하여 관리하도록 하여야 한다.
1. 사업장의 산업재해 예방계획의 수립에 관한 사항
2. 제25조 및 제26조에 따른 안전보건관리규정의 작성 및 변경에 관한 사항
3. 제29조에 따른 안전보건교육에 관한 사항
4. 작업환경측정 등 작업환경의 점검 및 개선에 관한 사항
5. 제129조부터 제132조까지에 따른 근로자의 건강진단 등 건강관리에 관한 사항
6. 산업재해의 원인 조사 및 재발 방지대책 수립에 관한 사항
7. 산업재해에 관한 통계의 기록 및 유지에 관한 사항
8. 안전장치 및 보호구 구입 시 적격품 여부 확인에 관한 사항
9. 그 밖에 근로자의 유해·위험 방지조치에 관한 사항으로서 고용노동부령으로 정하는 사항
② 제1항 각 호의 업무를 총괄하여 관리하는 사람(이하 "안전보건관리책임자"라 한다)은 제17조에 따른 안전관리자와 제18조에 따른 보건관리자를 지휘·감독한다.
③ 안전보건관리책임자를 두어야 하는 사업의 종류와 사업장의 상시 근로자 수, 그 밖에 필요한 사항은 대통령령으로 정한다.

[합격정보]
산업안전보건법 제15조, 제24조

16. 재해손실비 중 직접비에 속하지 않는 것은?

① 요양급여   ② 장해급여
③ 휴업급여   ④ 영업손실비

[해설]
하인리히(H.W.Heinrich) 방식(1:4 원칙)
① 직접비와 간접비
직접비는 법적으로 지급되는 산재보상이며, 간접비는 그 이외의 비용

구분	종류
직접비	요양급여, 휴업급여, 장해급여, 유족급여, 장의비 등
간접비	인적손실, 물적손실, 생산손실, 임금손실, 시간손실 등

② 직접손실비용 : 간접손실비용 = 1:4(1대 4의 경험법칙)
재해손실비용 = 직접비 + 간접비 = 직접비 × 5

KEY
① 2016년 5월 8일 산업기사 출제
② 2017년 3월 5일 출제
③ 2017년 5월 7일 출제
④ 2017년 9월 23일 출제
⑤ 2018년 8월 19일 산업기사 출제
⑥ 2019년 3월 3일 출제
⑦ 2019년 8월 4일 출제

[정답] 14 ③ 15 ④ 16 ④

17 버드(F. Bird)의 사고 5단계 연쇄성 이론에서 제3단계에 해당하는 것은?

① 상해(손실)
② 사고(접촉)
③ 직접원인(징후)
④ 기본원인(기원)

해설

버드(Frank Bird)의 최신(새로운) 연쇄성(Domino) 이론
① 제1단계 : 전문적 관리 부족(제어 부족 : 관리 경영) : 근원적 원인
② 제2단계 : 기본원인(기원) – 제거시 큰 사고 예방가능
③ 제3단계 : 직접원인(징후) – 인적 원인＋물적 원인
④ 제4단계 : 사고(접촉)
⑤ 제5단계 : 상해(손해, 손실)

KEY
① 2017년 3월 5일 출제
② 2020년 6월 7일 출제

18 브레인스토밍(Brain Storming) 4원칙에 속하지 않는 것은?

① 비판수용
② 대량발언
③ 자유분방
④ 수정발언

해설

브레인스토밍(BS)의 4원칙(4S)
① 비판금지(Support)
② 자유분방(Silly)
③ 대량발언(Speed)
④ 수정발언(Synergy)

KEY
① 2017년 8월 26일 출제
② 2017년 9월 23일 산업기사 출제
③ 2018년 8월 19일 출제
④ 2019년 4월 27일 출제
⑤ 2020년 6월 7일 출제
⑥ 2020년 8월 22일 출제
⑦ 2020년 9월 27일 출제

19 산업안전보건법령상 안전인증대상기계등에 명시되지 않은 것은?

① 곤돌라
② 연삭기
③ 사출성형기
④ 고소 작업대

해설

안전인증 기계 및 설비의 종류
① 프레스
② 전단기 및 절곡기
③ 크레인
④ 리프트
⑤ 압력용기
⑥ 롤러기
⑦ 사출성형기
⑧ 고소 작업대
⑨ 곤돌라

합격정보
산업안전보건법 시행령 제74조(안전인증대상기계 등)

KEY
① 2011년 3월 7일 출제
② 2017년 3월 5일 기사, 산업기사 출제
③ 2017년 5월 7일 출제
④ 2018년 3월 4일 출제
⑤ 2019년 3월 3일 출제
⑥ 2020년 8월 22일 출제

20 안전관리조직의 유형 중 라인형에 관한 설명으로 옳은 것은?

① 대규모 사업장에 적합하다.
② 안전지식과 기술축적이 용이하다.
③ 명령과 보고가 상하관계뿐이므로 간단명료하다.
④ 독립된 안전참모 조직에 대한 의존도가 크다.

해설

안전조직의 특징
① 라인식 – 보기 ③
② 스태프식 – 보기 ②, ④
③ 라인·스태프혼형 보기 – 보기 ①

KEY
① 2016년 3월 6일 기사, 산업기사 출제
② 2016년 10월 1일 산업기사 출제
③ 2017년 3월 5일 출제
④ 2017년 5월 7일 출제
⑤ 2017년 8월 26일 기사, 산업기사 출제
⑥ 2019년 3월 3일 출제
⑦ 2019년 8월 4일 기사, 산업기사 출제
⑧ 2019년 9월 21일 산업기사 출제
⑨ 2020년 8월 22일 출제
⑩ 2020년 8월 23일 산업기사 출제

[정답] 17 ③ 18 ① 19 ② 20 ③

2 산업심리 및 교육

21 정신상태 불량에 의한 사고의 요인 중 정신력과 관계되는 생리적 현상에 해당되지 않는 것은?

① 신경계통의 이상
② 육체적 능력의 초과
③ 시력 및 청각의 이상
④ 과도한 자존심과 자만심

해설

정신력과 관계되는 생리적 현상
① 시력과 청각의 이상
② 신경계통의 이상
③ 육체적 능력의 초과
④ 근육운동의 부적합
⑤ 극도의 피로

보충학습

개성적 결함 요인(요소)
① 과도한 자존심 및 자만심
② 다혈질 및 인내력 부족
③ 약한 마음
④ 감정의 장기 지속성
⑤ 도전적 성격
⑥ 경솔성
⑦ 과도한 집착성
⑧ 배타성
⑨ 게으름

KEY 2017년 5월 7일 출제

22 선발용으로 사용되는 적성검사가 잘 만들어졌는지 알아보기 위한 분석방법과 관련이 없는 것은?

① 구성타당도
② 내용타당도
③ 동등타당도
④ 검사-재검사 신뢰도

해설

타당도가 높은 적성검사
(1) 구성(인) 타당도
  ① 수렴타당도
  ② 변별타당도
(2) 준거관련 타당도
  ① 동시타당도
  ② 예측타당도
(3) 내용타당도
(4) 안면타당도
(5) 검사·재검사 신뢰도

23 상황성 누발자의 재해유발 원인과 가장 거리가 먼 것은?

① 기능 미숙 때문에
② 작업이 어렵기 때문에
③ 기계설비에 결함이 있기 때문에
④ 환경상 주의력의 집중이 혼란되기 때문에

해설

상황성 누발자 재해유발원인
① 작업에 어려움이 많은 자
② 기계 설비의 결함
③ 심신에 근심이 있는 자
④ 환경상 주의력의 집중이 혼란되기 때문에 발생되는 자

KEY
① 2017년 8월 26일 산업기사 출제
② 2017년 9월 23일 출제
③ 2019년 3월 3일 출제
④ 2019년 4월 27일 출제
⑤ 2019년 8월 4일 출제
⑥ 2020년 8월 22일 출제
⑦ 2020년 8월 23일 산업기사 출제

보충학습

기능미숙 : 미숙성 누발자 재해유발원인

24 생산작업의 경제성과 능률을 위한 동작경제의 원칙에 해당하지 않는 것은?

① 신체의 사용에 의한 원칙
② 작업장의 배치에 관한 원칙
③ 작업표준 작업에 관한 원칙
④ 공구 및 설비 디자인에 관한 원칙

해설

동작 경제의 3원칙(Barnes)
① 신체의 사용에 관한 원칙
② 작업장의 배치에 관한 원칙
③ 공구 및 설비 디자인에 관한 원칙

KEY
① 2010년 3월 7일 출제
② 2018년 3월 4일 출제
③ 2019년 3월 3일 출제
④ 2021년 3월 7일 인간공학 및 시스템 안전 출제

[정답] 21 ④ 22 ③ 23 ① 24 ③

25. 매슬로우(Maslow)의 욕구 5단계를 낮은 단계에서 높은 단계의 순서대로 나열한 것은?

① 생리적 욕구 → 안전 욕구 → 사회적 욕구 → 자아실현의 욕구 → 인정의 욕구
② 생리적 욕구 → 안전 욕구 → 사회적 욕구 → 인정의 욕구 → 자아실현의 욕구
③ 안전 욕구 → 생리적 욕구 → 사회적 욕구 → 자아실현의 욕구 → 인정의 욕구
④ 안전 욕구 → 생리적 욕구 → 사회적 욕구 → 인정의 욕구 → 자아실현의 욕구

해설
Maslow의 욕구단계이론
① 1단계 생리적 욕구 : 기아, 갈증, 호흡, 배설, 성욕 등 인간의 가장 기본적인 욕구(종족보존)
② 2단계 안전욕구 : 안전을 구하려는 욕구
③ 3단계 사회적 욕구 : 애정, 소속에 대한 욕구(친화욕구)
④ 4단계 인정을 받으려는 욕구 : 자기 존경의 욕구로 자존심, 명예, 성취, 지위에 대한 욕구(승인의 욕구)
⑤ 5단계 자아실현의 욕구 : 잠재적인 능력을 실현하고자 하는 욕구(성취욕구)

KEY
① 2016년 3월 6일 산업기사 출제
② 2016년 5월 8일 출제
③ 2016년 8월 21일, 10월 1일 기사, 산업기사 출제
④ 2017년 3월 5일, 5월 7일 출제
⑤ 2018년 3월 4일 산업기사 출제
⑥ 2018년 4월 28일 기사, 산업기사 출제
⑦ 2018년 8월 19일, 9월 15일 산업기사 출제
⑧ 2019년 3월 3일 출제
⑨ 2019년 4월 27일 기사, 산업기사 출제
⑩ 2019년 8월 4일 산업기사 출제
⑪ 2020년 6월 14일, 9월 27일 산업기사 출제

26. 강의계획 시 설정하는 학습목적의 3요소에 해당하는 것은?

① 학습방법   ② 학습성과
③ 학습자료   ④ 학습정도

해설
학습의 목적에 포함 사항(학습목적의 3요소)
① 목표(goal)
② 주제(subject)
③ 정도(level of learning)

KEY
① 2016년 3월 6일 출제
② 2017년 5월 7일 산업기사 출제
③ 2018년 3월 4일 출제

27. 집단과 인간관계에서 집단의 효과에 해당하지 않는 것은?

① 동조효과   ② 견물효과
③ 암시효과   ④ 시너지효과

해설
집단효과 3가지
① 동조효과(응집력)
② Synergy 효과(상승효과)
③ 견물(見物)효과 : 자랑스럽게 생각

28. 안전보건교육의 단계별 교육 중 태도교육의 내용과 가장 거리가 먼 것은?

① 작업동작 및 표준작업방법의 습관화
② 안전장치 및 장비 사용 능력의 빠른 습득
③ 공구·보호구 등의 관리 및 취급태도의 확립
④ 작업지시·전달·확인 등의 언어·태도의 정확화 및 습관화

해설
태도 교육의 목표 및 내용

목표	내용
① 작업 동작의 정확화	① 표준작업방법의 습관화
② 공구, 보호구 취급태도의 안전화	② 공구 보호구 취급과 관리 자세의 확립
③ 점검태도의 정확화	③ 작업 전후의 점검·검사요령의 정확한 습관화
④ 언어태도의 안전화	④ 안전작업 지시전달 확인 등 언어 태도의 습관화 및 정확화
[결론] 안전한 마음가짐을 몸에 익히는 심리적 교육방법	

KEY
① 2017년 3월 5일 산업기사 출제
② 2019년 3월 3일 산업기사 출제

29. O.J.T(On the Job Training)의 장점이 아닌 것은?

① 개개인에게 적절한 지도훈련이 가능하다.
② 전문가를 강사로 초빙하는 것이 가능하다.
③ 훈련에 필요한 업무의 계속성이 끊어지지 않는다.
④ 직장의 실정에 맞게 실체적 훈련이 가능하다.

[정답] 25 ②   26 ④   27 ③   28 ②   29 ②

해설

OJT와 OFF JT 특징

OJT의 특징	OFF JT의 특징
① 개개인에게 적절한 지도훈련이 가능하다.	① 다수의 근로자에게 조직적 훈련을 행하는 것이 가능하다.
② 직장의 실정에 맞게 구체적이고 실제적 훈련이 가능하다.	② 훈련에만 전념하게 된다.
③ 즉시 업무에 연결되는 관계로 몸과 관련이 있다.	③ 각자 전문가를 강사로 초청하는 것이 가능하다.
④ 훈련에 필요한 업무의 계속성이 끊어지지 않는다.	④ 특별 설비기구를 이용하는 것이 가능하다.
⑤ 효과가 곧 업무에 나타나며 훈련의 좋고 나쁨에 따라 개선이 쉽다.	⑤ 각 직장의 근로자가 많은 지식이나 경험을 교류할 수 있다.
⑥ 훈련효과를 보고 상호 신뢰, 이해도가 높아지는 것이 가능하다.	⑥ 교육 훈련 목표에 대하여 집단적 노력이 흐트러질 수 있다.

KEY
① 2016년 10월 1일 출제
② 2017년 3월 5일, 5월 7일 출제
③ 2017년 9월 23일 기사, 산업기사 출제
④ 2018년 3월 4일 출제
⑤ 2018년 8월 19일, 9월 15일 기사·산업기사 출제
⑥ 2019년 3월 3일 기사, 산업기사 출제
⑦ 2019년 4월 27일 출제
⑧ 2020년 6월 14일 산업기사 출제
⑨ 2020년 8월 22일 출제

30 인간의 심리 중에는 안전수단이 생략되어 불안전 행위를 나타내는 경우가 있다. 안전수단이 생략되는 경우로 가장 적절하지 않은 것은?

① 의식과잉이 있을 때
② 교육훈련을 실시한 때
③ 피로하거나 과로했을 때
④ 부적합한 업무에 배치될 때

해설

안전수단을 생략(단락)하는 경우
① 의식 과잉
② 피로, 과로
③ 주변 영향

KEY 2017년 9월 23일 출제

31 산업안전심리학에서 산업안전심리의 5대 요소에 해당하지 않는 것은?

① 감정
② 습성
③ 동기
④ 피로

해설

안전심리의 5요소
① 동기
② 기질
③ 감정
④ 습성
⑤ 습관

KEY
① 2016년 5월 8일 출제
② 2018년 3월 4일, 8월 19일, 9월 15일 산업기사 출제
③ 2019년 4월 27일 기사, 산업기사 출제
④ 2019년 8월 4일 출제
⑤ 2020년 8월 22일, 9월 27일 출제

32 구안법(project method)의 단계를 올바르게 나열한 것은?

① 계획 → 목적 → 수행 → 평가
② 계획 → 목적 → 평가 → 수행
③ 수행 → 평가 → 계획 → 목적
④ 목적 → 계획 → 수행 → 평가

해설

구안법의 4단계 : 목적결정 → 계획수립 → 활동(수행) → 평가

KEY 2020년 9월 27일 출제

33 산업안전보건법령상 근로자 안전보건교육에서 채용 시 교육 및 작업내용 변경 시의 교육에 해당하는 것은?

① 사고 발생 시 긴급조치에 관한 사항
② 건강증진 및 질병 예방에 관한 사항
③ 유해·위험 작업환경 관리에 관한 사항
④ 작업공정의 유해·위험과 재해 예방대책에 관한 사항

[정답] 30 ② 31 ④ 32 ④ 33 ①

해설

채용 시 교육 및 작업내용 변경 시 교육 내용
① 산업안전 및 사고 예방에 관한 사항
② 산업보건 및 직업병 예방에 관한 사항
③ 위험성 평가에 관한 사항
④ 산업안전보건법령 및 산업재해보상보험 제도에 관한 사항
⑤ 직무스트레스 예방 및 관리에 관한 사항
⑥ 직장 내 괴롭힘, 고객의 폭언 등으로 인한 건강장해 예방 및 관리에 관한 사항
⑦ 기계·기구의 위험성과 작업의 순서 및 동선에 관한 사항
⑧ 작업 개시 전 점검에 관한 사항
⑨ 정리정돈 및 청소에 관한 사항
⑩ 사고 발생 시 긴급조치에 관한 사항
⑪ 물질안전보건자료에 관한 사항

KEY
① 2016년 3월 6일 기사, 산업기사 출제
② 2017년 3월 5일 출제
③ 2018년 4월 28일 산업기사 출제
④ 2018년 8월 19일 산업기사 출제
⑤ 2020년 6월 14일 산업기사 출제

합격정보
산업안전보건법 시행규칙 [별표 5] 안전보건교육 교육대상별 교육내용

---

34 학습이론 중 S-R 이론에서 조건반사설에 의한 학습이론의 원리에 해당되지 않는 것은?

① 시간의 원리
② 일관성의 원리
③ 기억의 원리
④ 계속성의 원리

해설

Pavlov의 조건반사(반응)설의 학습원리
① 시간의 원리(the time principle)
② 강도의 원리(the intensity principle)
③ 일관성의 원리(the consistency principle)
④ 계속성의 원리(the continuity principle)

KEY
① 2017년 8월 26일 산업기사 출제
② 2019년 9월 21일 산업기사 출제
③ 2020년 8월 22일 출제

---

35 허시(Hersey)와 브랜차드(Blanchard)의 상황적 리더십 이론에서 리더십의 4가지 유형에 해당하지 않는 것은?

① 통제적 리더십
② 지시적 리더십
③ 참여적 리더십
④ 위임적 리더십

해설

허시와 브랜차드의 상황적 리더십
(1) 지시형 리더십(Style 1 : Directing)
    ① 과업지향적 행동이 높고 관계지향적 행동이 낮다.
    ② 지시적 스타일의 리더는 과업 내용을 구체적으로 부하직원에게 알려주고 감시, 감독한다.
(2) 코치형 리더십(Style 2 : Coaching)
    ① 과업지향적/관계지향적 행동 모두 높은 유형이다.
    ② 코치형 스타일의 리더는 과업 내용을 지시하면서 자세한 설명도 함께 제공하며 부하직원을 설득하는 노력을 기울인다.
(3) 지원적 리더십(Style 3 : Supporting)
    ① 과업지향적 행동이 낮고 관계지향적 행동이 높은 경향을 보인다.
    ② 지원적 스타일의 리더는 의사결정 과정에 부하직원들을 참여시켜 아이디어를 공유한다.
(4) 위임적 리더십(Style 4 : Delegating)
    과업지향적/관계지향적 모두 낮은 유형으로서, 위임적 스타일의 리더는 의사결정을 부하직원에게 전적으로 맡긴다.

보충학습
미국의 행동과학 연구자인 폴 허시(Paul Hersey)와 매사추세츠대학교 경영학과 교수인 켄 블랜차드(Kenneth H. Blanchard)가 1977년에 발표한 이론이다. 상황적 리더십 이론이 발표되기 이전에 대부분의 리더십 연구들은 특성론과 행동론에 중점을 두었다. 특성론과 행동론은 리더의 특정한 특성이나 행동패턴에 따라 리더십 효과성이 결정된다고 보며 모든 상황에 적용 가능한 보편적인 리더십 스타일이 존재한다고 믿었다. 그러나 동일한 특성이나 행동이라도 상황에 따라 리더십 효과성이 다르다는 한계가 드러나면서 비로소 상황적 요소에 대한 관심이 대두되었다. 이것은 1960~70년대를 지배한 조직경영의 상황이론적 관점과도 같은 맥락이다.

---

36 안전교육 훈련의 기술교육 4단계에 해당하지 않는 것은?

① 준비단계
② 보습지도의 단계
③ 일을 완성하는 단계
④ 일을 시켜보는 단계

해설

안전교육 훈련의 기술교육(교시법)의 4단계
① 1단계 : 준비단계(도입 : preparation)
② 2단계 : 일을 해 보이는 단계(실연 : presentation)
③ 3단계 : 일을 시켜보는 단계(실습 : performance)
④ 4단계 : 보습 지도의 단계(확인 : follow-up)

[정답] 34 ③ 35 ① 36 ③

37 휴먼에러의 심리적 분류에 해당하지 않는 것은?

① 입력 오류(input error)
② 시간지연 오류(time error)
③ 생략 오류(omission error)
④ 순서 오류(sequential error)

해설

심리적 분류(Swain)의 인적(독립행동)오류(불확정, 시간지연, 순서 착오)
① 생략에러(Omission errors : 부작위 실수) : 직무 또는 어떤 단계를 수행치 않음 (누락오류)
② 실행에러(Commission error : 작위 실수) : 직무의 불확실한 수행 (예) 선택, 순서, 시간, 정성적 착오)
③ 과잉행동에러(Extraneous error : 불필요한 과오) : 수행되지 않아야 할 직무수행
④ 순서에러(Sequential error : 순서적 과오) : 순서에서 벗어난 직무수행
⑤ 시간에러(Timing error : 지연오류) : 계획된 시간 내에 직무수행 실패 너무 늦거나 일찍 수행

② 2021년 3월 7일 인간공학 및 시스템안전에도 출제

KEY ① 2019년 3월 3일 출제
② 2019년 8월 4일 기사, 산업기사 출제
③ 2020년 6월 14일 산업기사 출제

38 다음 설명에 해당하는 안전교육방법은?

[다음]
ATP라고도 하며, 당초 일부 회사의 톱 매니지먼트(top management)에 대하여만 행하여졌으나, 그 후 널리 보급되었으며, 정책의 수립, 조직, 통제 및 운영 등의 교육내용을 다룬다.

① TWI(Training Within Industry)
② CCS(Civil Communication Section)
③ MTP(Management Training Program)
④ ATT(American Telephone & Telegram Co.)

해설

CCS(Civil Communication Section)
① ATP(Administration Training Program)라고도 하며, 당초에는 일부회사의 톱매니지먼트에 대해서만 행하여졌던 것이 널리 보급된 것이라고 한다.
② 교육내용 : 정책의 수립, 조직(경영부문, 조직형태, 구조 등), 통제(조직통제의 적용, 품질관리, 원가통제의 적용 등) 및 운영(운영조직, 협조에 의한 회사 운영)등

KEY 2017년 9월 23일 출제

39 다음은 리더가 가지고 있는 어떤 권력의 예시에 해당하는가?

[다음]
종업원의 바람직하지 않은 행동들에 대해 해고, 임금 삭감, 견책 등을 사용하여 처벌한다.

① 보상권력   ② 강압권력
③ 합법권력   ④ 전문권력

해설

구분	종류	특징
조직이 지도자에게 부여하는 권력	보상 권력 (reward power)	적절한 보상을 통해 효과적인 통제를 유도(임금, 승진 등)
	강압 권력 (coercive power)	적절한 처벌을 통해 효과적인 통제를 유도(승진탈락, 임금삭감, 해고 등)
	합법 권력 (legitimate power)	조직에서 정하고 있는 규정에 의해 주어진 지도자의 권리를 합법화
지도자 자신이 자신에게 부여하는 권력 (부하직원들의 존경심)	준거 권력 (referent power)	지도자가 추구하는 계획과 목표를 부하직원이 자신의 것으로 받아들여 공감하고 자발적으로 참여
	전문 권력 (expert power)	조직의 목표달성에 필요한 전문적인 지식의 정도, 부하직원들이 전문성을 인정하면 지도자에 대한 신뢰감이 향상되고 능동적으로 업무에 스스로 동참

참고 건설안전기사 필기 p.2-40(10. 리더십에 있어서 권한의 역할)

KEY ① 2017년 3월 5일 기사, 산업기사 동시출제
② 2017년 5월 7일 산업기사 출제
③ 2019년 4월 27일 출제
④ 2020년 6월 14일 산업기사 출제

[정답] 37 ① 38 ② 39 ②

40. 몹시 피로하거나 단조로운 작업으로 인하여 의식이 뚜렷하지 않은 상태의 의식 수준으로 옳은 것은?

① Phase I
② Phase II
③ Phase III
④ Phase IV

해설

의식 레벨의 단계적 분류(日本 하시모토 쿠니에 제시)

phase	의식의 상태	주의의 작용
0	무신경, 실신(무의식상태)	0
I	이상, 의식불명(피로)	부주의
II	정상	수동적, 심적내향
III	정상, 명쾌	적극적, 심적외향
IV	과긴장	일점에 고집

KEY
① 2016년 10월 1일 산업기사 출제
② 2017년 5월 7일 출제
③ 2018년 4월 28일 출제
④ 2018년 9월 15일 산업기사 출제
⑤ 2019년 3월 3일 출제
⑥ 2020년 9월 27일 출제

3 인간공학 및 시스템안전공학

41. 자동차를 생산하는 공장의 어떤 근로자가 95[dB](A)의 소음수준에서 하루 8시간 작업하며 매 시간 조용한 휴게실에서 20분씩 휴식을 취한다고 가정하였을 때, 8시간 시간가중평균(TWA)은?(단, 소음은 누적소음노출량측정기로 측정하였으며, OSHA에서 정한 95dB(A)의 허용시간은 4시간이라 가정한다.)

① 약 91[dB](A)
② 약 92[dB](A)
③ 약 93[dB](A)
④ 약 94[dB](A)

해설

시간가중평균

① 소음노출량(D) = $\dfrac{\text{가동시간}}{\text{기준시간(hr)}} = \dfrac{8 \times (60-20)}{60 \times 4} \times 100 = 133[\%]$

② $TWA = 16.61 \times \log \dfrac{133}{100} + 90 = 92.06[dB]$

보충학습

"시간 가중 평균 농도(TWA)"라 함은 1일 8시간 작업을 기준으로 하여 유해요인의 측정 농도에 발생 시간을 곱하여 8시간으로 나눈 농도를 말하며 산출 공식은 다음과 같다.

$$TWA \text{ 농도} = \dfrac{C_1 \cdot T_1 + C_2 \cdot T_2 + \cdots C_n \cdot T_n}{8}$$

 C : 유해 요인의 측정 농도(단위 : ppm 또는 mg/m³)
T : 유해 요인의 발생 시간(단위 : 시간)

합격정보
작업환경 측정 및 정도 관리 등에 관한 고시 제36조(소음수준의 평가)

42. 정신작업 부하를 측정하는 척도를 크게 4가지로 분류할 때 심박수의 변동, 뇌 전위, 동공 반응 등 정보처리에 중추신경계 활동이 관여하고 그 활동이나 징후를 측정하는 것은?

① 주관적(subjective) 척도
② 생리적(physiological) 척도
③ 주 임무(primary task) 척도
④ 부 임무(secondary task) 척도

해설

생리적 척도 : 에너지 소비와 심장 박동수, 동공반응 등 스트레스 분석

KEY 2016년 10월 1일 기사 출제

43. Chapanis가 정의한 위험의 확률수준과 그에 따른 위험발생률로 옳은 것은?

① 전혀 발생하지 않는(impossible) 발생빈도 : 10^{-8}/day
② 극히 발생할 것 같지 않는(extremely unlikely) 발생빈도 : 10^{-7}/day
③ 거의 발생하지 않은(remote) 발생빈도 : 10^{-6}/day
④ 가끔 발생하는(occasional) 발생빈도 : 10^{-5}/day

해설

Chapanis의 위험확률수준
① Impossible 위험발생률 : 10^{-8}/day
② extremely unlikely 위험발생률 : 10^{-6}/day
③ remote 위험발생률 : 10^{-5}/day
④ occasional 위험발생률 : 10^{-4}/day
⑤ reasonably probable 위험발생률 : 10^{-3}/day

KEY
① 2018년 4월 28일 산업기사 출제
② 2009년 8월 30일 (문제 54번) 출제

[정답] 40 ① 41 ② 42 ② 43 ①

44 인간의 위치 동작에 있어 눈으로 보지 않고 손을 수평면상에서 움직이는 경우 짧은 거리는 지나치고, 긴 거리는 못 미치는 경향이 있는데 이를 무엇이라고 하는가?

① 사정효과(range effect)
② 반응효과(reaction effect)
③ 간격효과(distance effect)
④ 손동작효과(hand action effect)

> **해설**
> 사정효과(Range effect)
> ① 짧은 거리는 지나치고 긴거리는 못미치는 영향(거리효과)
> ② 조작자가 작은 오차에는 과잉반응, 큰 오차에는 과소반응을 하는 현상

45 불(Boole) 대수의 정리를 나타낸 관계식으로 틀린 것은?

① $A \cdot A = A$
② $A + \overline{A} = 0$
③ $A + AB = A$
④ $A + A = A$

> **해설**
> $A + \overline{A} = 1$ (예 $1+0=0+1=1$)
>
>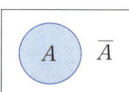
>
> [그림] 명제 (예)

> **KEY** 2018년 9월 15일 출제

46 그림과 같은 FT도에서 정상사상 T의 발생확률은? (단, X_1, X_2, X_3의 발생확률은 각각 0.1, 0.15, 0.1 이다.)

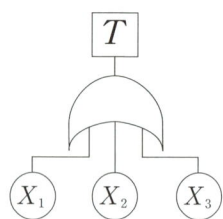

① 0.3115
② 0.35
③ 0.496
④ 0.9985

> **해설**
> T의 발생확률
> $R_s = 1 - [(1-0.1)(1-0.15)(1-0.1)] = 0.3115$

47 서브시스템, 구성요소, 기능 등의 잠재적 고장형태에 따른 시스템의 위험을 파악하는 위험분석 기법으로 옳은 것은?

① ETA(Event Tree Analysis)
② HEA(Human Error Analysis)
③ PHA(Preliminary Hazard Analysis)
④ FMEA(Failure Mode and Effect Analysis)

> **해설**
> **FMEA**
> 기계부품의 고장이 기계시스템 전체에 미치는 영향을 예측하는 해석방법
>
> **KEY** 2018년 8월 19일 산업기사 출제

48 불필요한 작업을 수행함으로써 발생하는 오류로 옳은 것은?

① Command error
② Extraneous error
③ Secondary error
④ Commission error

> **해설**
> 심리적 분류(Swain)의 인적(독립행동)오류(불확정, 시간지연, 순서착오)
> ① 생략에러(Omission errors : 부작위 실수) : 직무 또는 어떤 단계를 수행치 않음(누락오류)
> ② 실행에러(Commission error : 작위 실수) : 직무의 불확실한 수행 (예 선택, 순서, 시간, 정성적 착오)
> ③ 과잉행동에러(Extraneous error : 불필요한 과오) : 수행되지 않아야 할 직무수행
> ④ 순서에러(Sequential error : 순서적 과오) : 순서에서 벗어난 직무수행
> ⑤ 시간에러(Timing error : 지연오류) : 계획된 시간 내에 직무수행 실패. 너무 늦거나 일찍 수행
> ② 2021년 3월 7일 산업심리 및 교육 출제
>
> **KEY** ① 2019년 3월 3일 출제
> ② 2019년 8월 4일 기사, 산업기사 출제
> ③ 2020년 6월 14일 산업기사 출제

[정답] 44 ① 45 ② 46 ① 47 ④ 48 ②

49 작업공간의 배치에 있어 구성요소 배치의 원칙에 해당하지 않는 것은?

① 기능성의 원칙　② 사용빈도의 원칙
③ 사용순서의 원칙　④ 사용방법의 원칙

해설

구성요소 배치의 4원칙
① 중요성의 원칙
② 기능별 배치의 원칙
③ 사용순서의 원칙
④ 사용빈도의 원칙

 KEY
① 2018년 3월 4일 기사, 산업기사 출제
② 2018년 8월 19일 산업기사 출제
③ 2019년 3월 3일 산업기사 출제
④ 2020년 6월 14일 산업기사 출제

50 인간이 기계보다 우수한 기능이라 할 수 있는 것은? (단, 인공지능은 제외한다.)

① 일반화 및 귀납적 추리
② 신뢰성 있는 반복 작업
③ 신속하고 일관성 있는 반응
④ 대량의 암호화된 정보의 신속한 보관

해설

① 인간 : 귀납적
② 기계 : 연역적

 KEY
① 2016년 5월 8일 산업기사 출제
② 2018년 9월 15일 출제
③ 2020년 6월 7일 출제

51 다음 시스템의 신뢰도 값은?

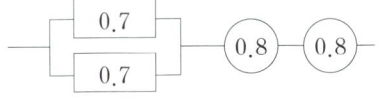

① 0.5824　② 0.6682
③ 0.7855　④ 0.8642

해설

신뢰도 계산
$R_s = 1 - [(1-0.7)(1-0.7)] \times 0.8 \times 0.8 = 0.5824$

KEY
① 2017년 5월 7일 출제
② 2018년 3월 4일 출제
③ 2018년 4월 28일 산업기사 출제
④ 2019년 4월 27일 산업기사 출제
⑤ 2020년 6월 7일 출제

52 인체측정 자료를 장비, 설비 등의 설계에 적용하기 위한 응용원칙에 해당하지 않는 것은?

① 조절식 설계
② 극단치를 이용한 설계
③ 구조적 치수 기준의 설계
④ 평균치를 기준으로 한 설계

해설

인간계측자료의 응용 3원칙
① 최대치수와 최소치수 설계(극단치 설계)
② 조절범위(조절식 설계)
③ 평균치를 기준으로 한 설계

 KEY
① 2017년 3월 5일, 9월 23일산업기사 출제
② 2017년 8월 26일 출제
③ 2018년 3월 4일 산업기사 출제
④ 2019년 8월 4일 출제

53 시각적 표시장치보다 청각적 표시장치를 사용하는 것이 더 유리한 경우는?

① 정보의 내용이 복잡하고 긴 경우
② 정보가 공간적인 위치를 다룬 경우
③ 직무상 수신자가 한 곳에 머무르는 경우
④ 수신 장소가 너무 밝거나 암순응이 요구될 경우

해설

표시장치 선택
(1) 시각적 표시장치 사용 : ①, ②, ③
(2) 청각적 표시장치 사용 : ④

KEY
① 2017년 5월 7일 산업기사 출제
② 2018년 3월 4일, 4월 28일, 8월 19일, 9월 15일 산업기사 출제
③ 2019년 4월 27일, 9월 21일 산업기사 출제
④ 2019년 8월 4일 출제
⑤ 2020년 6월 7일 출제

[정답]　49 ④　50 ①　51 ①　52 ③　53 ④

54 시스템의 수명 및 신뢰성에 관한 설명으로 틀린 것은?

① 병렬설계 및 디레이팅 기술로 시스템의 신뢰성을 증가시킬 수 있다.
② 직렬시스템에서는 부품들 중 최소 수명을 갖는 부품에 의해 시스템 수명이 정해진다.
③ 수리가 가능한 시스템의 평균 수명(MTBF)은 평균 고장률(λ)과 정비례 관계가 성립한다.
④ 수리가 불가능한 구성요소로 병렬구조를 갖는 설비는 중복도가 늘어날수록 시스템 수명이 길어진다.

해설

MTBF(평균고장간격) : 고장율과 반비례 관계

KEY
① 2016년 3월 6일 산업기사 출제
② 2018년 3월 4일, 4월 28일 출제
③ 2019년 3월 3일 출제
④ 2019년 9월 21일 산업기사 출제

55 컷셋(Cut Sets)과 최소 패스셋(Minimal Path Sets)의 정의로 옳은 것은?

① 컷셋은 시스템 고장을 유발시키는 필요 최소한의 고장들의 집합이며, 최소 패스셋은 시스템의 신뢰성을 표시한다.
② 컷셋은 시스템 고장을 유발시키는 기본고장들의 집합이며, 최소 패스셋은 시스템의 불신뢰도를 표시한다.
③ 컷셋은 그 속에 포함되어 있는 모든 기본 사상이 일어났을 때 정상사상을 일으키는 기본사상의 집합이며, 최소 패스셋은 시스템의 신뢰성을 표시한다.
④ 컷셋은 그 속에 포함되어 있는 모든 기본 사상이 일어났을 때 정상사상을 일으키는 기본사상의 집합이며, 최소 패스셋은 시스템의 성공을 유발하는 기본사상의 집합이다.

해설

용어정의
① 컷셋 : 모든 기본사상이 일어났을 때 정상사상을 일으키는 기본사상의 집합이다.
② 미니멀 컷셋 : 정상사상을 일으키기 위한 기본사상의 최소집합으로 시스템의 위험성을 나타낸다.
③ 미니멀 패스셋 : 시스템의 신뢰성을 표시한다.

KEY
① 2017년 5월 7일, 9월 23일출제
② 2018년 3월 4일, 4월 28일 산업기사 출제
③ 2018년 9월 15일 출제

56 동작경제의 원칙에 해당하지 않는 것은?

① 공구의 기능을 각각 분리하여 사용하도록 한다.
② 두 팔의 동작은 동시에 서로 반대방향으로 대칭적으로 움직이도록 한다.
③ 공구나 재료는 작업동작이 원활하게 수행되도록 그 위치를 정해준다.
④ 가능하다면 쉽고도 자연스러운 리듬이 작업동작에 생기도록 작업을 배치한다.

해설

동작경제의 원칙
① 양손의 동작은 동시에 시작하여 동시에 끝나야 한다.
② 양손은 휴식시간을 제외하고는 동시에 쉬어서는 안된다.
③ 팔의 동작은 서로 반대의 대칭적 방향으로 이루어져야 하며 동시에 행해져야 한다.
④ 손과 몸의 동작은 일에 만족스럽게 할 수 있는 가장 단순한 동작에 한정되어야 한다.
⑤ 작업에 도움이 되도록 가급적 물체의 관성(慣性)을 활용하고, 근육운동으로 작업을 수행하는 경우를 최소한으로 줄여야 한다.
⑥ 갑자기 예각방향으로 변화를 하는 직선동작보다는 유연하고 연속적인 곡선동작을 하는 것이 좋다.
⑦ 제한되거나 통제된 동작보다는 탄도적 동작이 보다 빠르고 쉬우며 정확하다.
⑧ 작업을 원활하고 자연스럽게 수행하는 데는 리듬이 중요하다. 가급적 쉽고 자연스러운 리듬이 가능하도록 작업이 배열되어야 한다.
⑨ 눈의 고정은 가급적 줄이고 함께 가까이 있도록 한다.
⑩ 공구의 기능은 결합하여 사용한다.

KEY
① 2010년 3월 7일 출제
② 2018년 3월 4일 출제
③ 2019년 3월 3일 출제
④ 2021년 3월 7일 산업심리 및 교육출제

[정답] 54 ③ 55 ③ 56 ①

57 화학설비에 대한 안전성 평가 중 정성적 평가방법의 주요 진단 항목으로 볼 수 없는 것은?

① 건조물
② 취급물질
③ 입지 조건
④ 공장 내 배치

해설

정량적 평가항목
① 취급물질
② 화학설비의 용량
③ 온도
④ 압력
⑤ 조작

KEY
① 2016년 5월 8일 출제
② 2016년 10월 1일 산업기사 출제
③ 2017년 3월 5일, 8월 26일 출제
④ 2018년 3월 4일 출제
⑤ 2019년 3월 3일 출제

58 산업안전보건법령상 해당 사업주가 유해위험방지계획서를 작성하여 제출해야 하는 대상은?

① 시·도지사
② 관할 구청장
③ 고용노동부장관
④ 행정안전부장관

해설

유해위험방지계획서 제출
사업주가 일정한 공사 또는 작업을 개시하려고 할 때, 유해위험방지계획서를 고용노동부장관(안전보건공단 위탁)에 제출하여 심사를 받아야 한다.

합격정보
산업안전보건법 시행규칙 제42조(제출서류 등)

59 작업면상의 필요한 장소만 높은 조도를 취하는 조명은?

① 완화조명
② 전반조명
③ 투명조명
④ 국소조명

해설

국소조명
작업대의 조명과 같이 필요한 부분만 밝게 하는 조명

60 다음 현상을 설명하는 이론은?

인간이 감지할 수 있는 외부의 물리적 자극 변화의 최소범위는 표준 자극의 크기에 비례한다.

① 피츠(Fitts) 법칙
② 웨버(Weber) 법칙
③ 신호검출이론(SDT)
④ 힉-하이만(Hick-Hyman) 법칙

해설

웨버(Weber) 법칙
같은 종류의 두 자극을 구별할 수 있는 최소 차이는 자극의 강도에 비례한다고 하는 법칙

4 건설시공학

61 시공의 품질관리를 위한 7가지 도구에 해당되지 않는 것은?

① 파레토그램
② LOB기법
③ 특성요인도
④ 체크시트

해설

TQC 7가지 도구
① 히스토그램
② 파레토그램
③ 특성요인도
④ 체크시트
⑤ 산점도
⑥ 층별
⑦ 관리도

KEY
① 2016년 3월 6일 출제
② 2016년 5월 8일 출제
③ 2017년 5월 7일 출제

보충학습

LOB기법 또는 LSM기법
① LSM 기법으로 반복작업에서 각 작업조의 생산성을 유지시키면서, 그 생산성을 기울기로 하는 직선으로 각 반복작업의 진행을 표시하여 전체공사를 도식화하는 기법은 LOB(Linear of Balance)기법이라고도 한다.
② 각 작업간의 상호관계를 명확히 나타낼 수 있으며, 작업의 진도율로 전체 공사를 표현할 수 있다.

[정답] 57 ② 58 ③ 59 ④ 60 ② 61 ②

62. 벽돌공사 시 벽돌쌓기에 관한 설명으로 옳은 것은?

① 연속되는 벽면의 일부를 트이게 하여 나중쌓기로 할 때에는 그 부분을 층단 들여쌓기로 한다.
② 벽돌쌓기는 도면 또는 공사시방서에서 정한바가 없을 때에는 미식쌓기 또는 불식쌓기로 한다.
③ 하루의 쌓기 높이는 1.8[m]를 표준으로 한다.
④ 세로줄눈은 구조적으로 우수한 통줄눈이 되도록 한다.

해설

벽돌쌓기
① 층단 들여쌓기 : 도중에 쌓기를 중단(나중 쌓기)할 때
② 켜걸름 들여쌓기 : 직각으로 교차되는 벽의 물림
③ 세로줄눈은 통줄눈을 피한다.
④ 특별한 조건이 없으며 영국식이나 화란식 쌓기로 한다.

KEY
① 2017년 5월 7일 출제
② 2018년 3월 4일 출제
③ 2018년 4월 28일 출제

63. 다음 설명에 해당하는 공정표의 종류로 옳은 것은?

> 한 공종의 작업이 하나의 숫자로 표기되고 컴퓨터에 적용하기 용이한 이점 때문에 많이 사용되고 있다. 각 작업은 node로 표기하고 더미의 사용이 불필요하며 화살표는 단순히 작업의 선후관계만을 나타낸다.

① 횡선식 공정표 ② CPM
③ PDM ④ LOB

해설

횡선식 공정표(Bar chart)
① 공사 종목별로 각 항을 순서대로 배열
② 시간 경과에 따른 공정을 횡선으로 표시

KEY 2018년 3월 4일 산업기사 출제

보충학습
PDM(Precedence Diagram Method)

64. 콘크리트 구조물의 품질관리에서 활용되는 비파괴시험(검사) 방법으로 경화된 콘크리트 표면의 반발경도를 측정하는 것은?

① 슈미트해머 시험
② 방사선 투과 시험
③ 자기분말 탐상시험
④ 침투 탐상시험

해설

슈미트 해머시험
① 반발경도측정
② 강도법

합격자의 조언
1990년 이전 최초 실기 작업형에 적용된 시험

65. 일명 테이블 폼(table form)으로 불리는 것으로 거푸집널에 장선, 멍에, 서포트 등을 기계적인 요소로 부재화한 대형 바닥판거푸집은?

① 갱 폼(Gang form)
② 플라잉 폼(Flying form)
③ 유로 폼(Euro form)
④ 트래블링 폼(Traveling form)

해설

Flying Form(Table Form)
① 바닥에 콘크리트를 타설하기 위한 거푸집으로서 장선, 멍에, 서포트 등을 일체로 제작하여 부재화한 공법이다.
② Gang Form과 조합사용이 가능하며 시공정밀도, 전용성이 우수하고 처짐, 외력에 대한 안전성이 우수하다.

KEY 2020년 8월 23일 산업기사 출제

66. 시험말뚝에 변형율계(Strain gauge)와 가속도계(Accelerometer)를 부착하여 말뚝항타에 의한 파형으로부터 지지력을 구하는 시험은?

① 정재하 시험 ② 비비 시험
③ 동재하 시험 ④ 인발 시험

[정답] 62 ① 63 ③ 64 ① 65 ② 66 ③

해설
변형률계(strain gauge)의 용도
① 흙막이 버팀대의 변형 정도 파악
② 동재하 시험

KEY
① 2016년 3월 6일, 10월 1일 산업기사 출제
② 2017년 3월 5일 산업기사 출제
③ 2017년 5월 7일 기사, 산업기사 출제
④ 2018년 4월 28일, 9월 15일 출제
⑤ 2019년 3월 3일 산업기사 출제
⑥ 2019년 4월 27일 출제
⑦ 2021년 3월 7일(문제 105번) 출제

67 콘크리트 공사 시 철근의 정착위치에 관한 설명으로 옳지 않은 것은?

① 작은보의 주근은 벽체에 정착한다.
② 큰 보의 주근은 기둥에 정착한다.
③ 기둥의 주근은 기초에 정착한다.
④ 지중보의 주근은 기초 또는 기둥에 정착한다.

해설
작은 보의 주근은 큰보에 정착한다.

KEY
① 2017년 9월 23일 기사, 산업기사 동시출제
② 2020년 6월 7일 출제
③ 2020년 9월 27일 출제

68 지반개량 지정공사 중 응결공법이 아닌 것은?

① 플라스틱 드레인공법
② 시멘트 처리공법
③ 석회 처리공법
④ 심층혼합 처리공법

해설
PBD(Plastic Board Drain) 공법
① 모래 대신 합성수지로 된 카드보드를 박아 압밀배수를 촉진하는 공법
② 샌드 드레인보다 시공속도가 빠르고 배수효과가 양호
③ 타설본수가 2~3배 필요하고 장시간 사용시 배수효과 감소

참고 drain : 물빼기

69 공사계약 중 재계약 조건이 아닌 것은?

① 설계도면 및 시방서(Specification)의 중대결함 및 오류에 기인한 경우
② 계약상 현장조건 및 시공조건이 상이(difference)한 경우
③ 계약사항에 중대한 변경이 있는 경우
④ 정당한 이유 없이 공사를 착수하지 않은 경우

해설
재계약 조건
① 계약사항의 변경
② 설계도면이나 시방서의 하자
③ 상이한 현장조건
④ 보기 ④는 취소조건

KEY 2018년 9월 15일(문제 73번) 출제

보충학습
대표적인 건설공사 Claim 유형
① 공사지연
② 작업범위 클레임
③ 현장조건 변경
④ 계약파기
⑤ 공사비 지불 지연
⑥ 작업기간단축(작업가속)
⑦ 계약조건에 대한 해석차이
⑧ 작업중단(공사중지)
⑨ 도면과 시방서의 하자(불일치)
⑩ 기타 손해배상

70 콘크리트에서 사용하는 호칭강도의 정의로 옳은 것은?

① 레디믹스트 콘크리트 발주 시 구입자가 지정하는 강도
② 구조계산 시 기준으로 하는 콘크리트의 압축강도
③ 재령 7일의 압축강도를 기준으로 하는 강도
④ 콘크리트의 배합을 정할 때 목표로 하는 압축강도로 품질의 표준편차 및 야생온도 등을 고려하여 설계기준강도에 할증한 것

해설
콘크리트 호칭강도 : 레디믹스트 콘크리트 발주시 구입자가 지정하는 강도

[정답] 67 ① 68 ① 69 ④ 70 ①

71. 다음 조건에 빠른 백호의 단위시간당 추정 굴삭량으로 옳은 것은?

> 버켓용량 0.5[m³], 사이클타임 20[초],
> 작업효율 0.9, 굴삭계수 0.7,
> 굴삭토의 용적변화계수 1.25

① 94.5[m³]
② 80.5[m³]
③ 76.3[m³]
④ 70.9[m³]

해설

셔블계 굴삭기계의 단위시간당 시공량[m³/hr]
굴삭토량
$$Q = q \times \frac{3,600}{C_m} E \times K \times f$$
여기서, q : 버킷 용량[m³]
C_m : 사이클 타임[sec]
E : 작업효율
K : 굴삭계수
f : 굴삭토의 용적변화계수
$$Q = \frac{0.5 \times 3,600 \times 0.9 \times 0.7 \times 1.25}{20} = 70.9[m^3]$$

KEY ▶ 2017년 3월 5일 출제

72. 강구조 부재의 용접 시 예열에 관한 설명으로 옳지 않은 것은?

① 모재의 표면온도가 0[℃] 미만인 경우는 적어도 20[℃] 이상 예열한다.
② 이종금속간에 용접을 할 경우는 예열과 층간온도는 하위등급을 기준으로 하여 실시한다.
③ 버너로 예열하는 경우에는 개선면에 직접 가열해서는 안 된다.
④ 온도관리는 용접선에서 75[mm] 떨어진 위치에서 표면온도계 또는 온도쵸크 등에 의하여 온도관리를 한다.

해설

이종금속간의 용접 : 예열과 층간온도는 최고등급을 기준으로 한다.

73. 공동도급방식의 장점에 해당하지 않는 것은?

① 위험의 분산
② 시공의 확실성
③ 이윤 증대
④ 기술 자본의 증대

해설

공동도급의 장·단점
(1) 장점
　① 융자력 증대
　② 기술의 확충
　③ 위험의 분산
　④ 공사시공의 확실성
　⑤ 신용도의 증대
　⑥ 공사도급 경쟁완화
(2) 단점
　한 회사의 도급공사보다 경비 증대

KEY ▶ ① 2017년 3월 5일 산업기사 출제
② 2017년 9월 23일 출제
③ 2018년 4월 28일 출제
④ 2018년 9월 15일 산업기사 출제
⑤ 2020년 6월 7일 출제

74. 지하수가 없는 비교적 경질인 지층에서 어스오거로 구멍을 뚫고 그 내부에 철근과 자갈을 채운 후, 미리 삽입해 둔 파이프를 통해 저면에서부터 모르타르를 채워 올라오게 한 것은?

① 슬러리 월
② 시트 파일
③ CIP 파일
④ 프랭키 파일

해설

CIP말뚝(Cast In Place Pile)
① 오거로 구멍을 뚫은 후 이에 자갈을 충전시킨 다음 모르타르를 주입하는 공법으로 지지말뚝에 적당하다.
② 공법은 오거머신으로 말뚝구멍을 굴착한 후 철근을 조립하고 모르타르 주입관을 삽입한 다음 자갈을 충전한 후 모르타르를 주입하는 공법이다.

KEY ▶ ① 2017년 9월 23일 출제
② 2018년 3월 4일 출제
③ 2018년 4월 28일 산업기사 출제
④ 2020년 8월 22일 출제

[정답] 71 ④　72 ②　73 ③　74 ③

75 기초의 종류 중 지정형식에 따른 분류에 속하지 않는 것은?

① 직접기초 ② 피어기초
③ 복합기초 ④ 잠함기초

해설

기초의 분류(Slab 형식에 의한 분류 : 얕은 기초)

구분	특징
독립기초	(Independent footing) : 단일기둥을 기초판이 받친다.
복합기초	(Combination footing) : 2개 이상 기둥을 한 기초판에 지지
연속기초	(줄기초 : Strip footing) : 연속된 기초판이 벽, 기둥을 지지
온통기초	(Mat foundation) : 건물하부 전체를 기초판으로 한 것

KEY ① 2017년 3월 5일 출제
② 2017년 9월 23일 출제

76 철골공사에서 발생할 수 있는 용접불량에 해당되지 않는 것은?

① 스캘럽(scallop)
② 언더컷(under cut)
③ 오버랩(over lap)
④ 피트(pit)

해설

Scallop(스캘럽)
① 철골부재의 접합 및 이음 중 용접 접합시에 H형강 등의 용접부위가 타부재 용접 접합시 재용접되어서 열영향부의 취약화를 방지하는 목적으로 곡선 모따기를 하는 것을 말한다.
② 가공은 절삭 가공기나 부속장치가 딸린 수동 가스 절단기를 사용한다. (반지름 30[mm] 표준)

77 미장공법, 뿜칠공법을 통한 강구조부재의 내화피복 시공 시 시공면적 얼마 당 1개소 단위로 핀 등을 이용하여 두께를 확인하여야 하는가?

① 2[m²] ② 3[m²]
③ 4[m²] ④ 5[m²]

해설

뿜칠공법 시 시공면적 1개소 단위 두께 : 5[m²]

보충학습

뿜칠공법
① 철골표면에 접착제를 도포한 후 내화재를 도포하는 공법
② 종류 : 뿜칠암면, 습식뿜칠암면, 뿜칠Mortar, 뿜칠Plaster

78 다음은 표준시방서에 따른 철근의 이음에 관한 내용이다. 빈 칸에 공통으로 들어갈 내용으로 옳은 것은?

( )를 초과하는 철근은 겹침이음을 할 수 없다. 다만, 서로 다른 크기의 철근을 압축부에서 겹침이음 하는 경우 ( )이하의 철근과 ( )를 초과하는 철근은 겹침이음을 할 수 있다.

① D29 ② D25
③ D32 ④ D35

해설

겹침이음기준 : D35

KEY 2018년 3월 4일 출제

79 슬라이딩폼(Sliding form)에 관한 설명으로 옳지 않은 것은?

① 1일 5~10[m] 정도 수직시공이 가능하므로 시공속도가 빠르다.
② 타설작업과 마감작업을 병행할 수 없어 공정이 복잡하다.
③ 구조물 형태에 따른 사용 제약이 있다.
④ 형상 및 치수가 정확하며 시공오차가 적다.

해설

슬라이딩폼
① 거푸집 높이는 약 1[m]이고 하부가 약간 벌어진 원형 철판 거푸집을 요크(Yoke)로 서서히 끌어올리는 공법
② Silo 공사 등에 적당

KEY ① 2017년 9월 23일 출제
② 2018년 4월 28일 출제
③ 2019년 9월 21일 출제

[정답] 75 ③ 76 ① 77 ④ 78 ④ 79 ②

80. 속빈 콘크리트블록의 규격 중 기본블록치수가 아닌 것은?(단, 단위 : mm)

① 390 × 190 × 190
② 390 × 190 × 150
③ 390 × 190 × 100
④ 390 × 190 × 80

해설

기본블록의 규격

형상		치수[mm]			허용값[mm]			중량[kg/장]
		길이	높이	두께	길이	높이	두께	
기본블록	B형	390	190	210 190 150 100	+2	+2	+3	17 13 9

5 건설재료학

81. 석재의 종류와 용도가 잘못 연결된 것은?

① 화산암 – 경량골재
② 화강암 – 콘크리트용 골재
③ 대리석 – 조각재
④ 응회암 – 건축용 구조재

해설

응회암(Tuff)
① 화산재, 화산모래 등이 퇴적응고되거나 물에 의하여 운반되어 암석 분쇄물과 혼합되어 침전된 것
② 다공질이며 강도 내구성이 작아 구조재로는 적합하지 않으며 조각하기 쉬워 내화재, 장식재로 사용된다.

KEY ① 2016년 3월 6일 산업기사 출제
② 2020년 8월 22일 출제

82. 표면건조포화상태 질량 500[g]의 잔골재를 건조시켜, 공기 중 건조상태에서 측정한 결과 460[g], 절대건조상태에서 측정한 결과 450[g]이었다. 이 잔골재의 흡수율은?

① 8[%]
② 8.8[%]
③ 10[%]
④ 11.1[%]

해설

흡수율

흡수율$(Q) = \dfrac{\text{표면건조 내부 포수상태 중량}(B) - \text{절건상태중량}(A)}{\text{절건상태중량}(A)} \times 100[\%]$

$= \dfrac{500 - 450}{450} \times 100[\%] = 11.1[\%]$

KEY ① 2012년 3월 4일 (문제 90번) 출제
② 2018년 4월 28일 출제
③ 2020년 8월 23일 산업기사 출제

83. 목재의 압축강도에 영향을 미치는 원인에 관한 설명으로 옳지 않은 것은?

① 기건비중이 클수록 압축강도는 증가한다.
② 가력방향이 섬유방향과 평행일 때의 압축강도가 직각일 때의 압축강도보다 크다.
③ 섬유포화점 이상에서 목재의 함수율이 커질수록 압축강도는 계속 낮아진다.
④ 옹이가 있으면 압축강도는 저하하고 옹이 지름이 클수록 더욱 감소한다.

해설

함수율과 강도
① 섬유포화점 이상의 함수상태에서는 함수율이 변화해도 목재의 강도는 일정하다.
② 섬유포화점 이하에서는 함수율이 작을수록 강도는 커진다.

84. 콘크리트용 혼화제의 사용용도와 혼화제 종류를 연결한 것으로 옳지 않은 것은?

① AE 감수제 : 작업성능이나 동결융해 저항성능의 향상
② 유동화제 : 강력한 감수효과와 강도의 대폭적인 증가
③ 방청제 : 염화물에 의한 강재의 부식억제
④ 증점제 : 점성, 응집작용 등을 향상시켜 재료분리를 억제

해설

유동화제 : 유동성 확보를 위해 사용(예 물, 유기용제 등)

KEY 2017년 3월 5일 (문제 97번) 출제

[정답] 80 ④   81 ④   82 ④   83 ③   84 ②

85 고강도 강선을 사용하여 인장응력을 미리 부여함으로써 큰 응력을 받을 수 있도록 제작된 것은?

① 매스 콘크리트
② 프리플레이스트 콘크리트
③ 프리스트레스트 콘크리트
④ AE 콘크리트

해설

PS콘크리트(Prestressed concrete)
① 고강도 피아노선이나 고강도 강봉에 인장력을 주어 미리 콘크리트 부재에 인장력을 압축력으로 도입하여 하중에 의해 생기는 인장력을 상쇄함으로써 하중에 의한 콘크리트의 균열을 방지하여 큰 하중에 견딜 수 있게 만들어진 것이다.
② 프리텐션(Pre-tension) 공법과 포스트텐션(Post-tension) 공법이 있다.

86 유리의 중앙부와 주변부와의 온도 차이로 인해 응력이 발생하여 파손되는 현상을 유리의 열파손이라 한다. 열파손에 관한 설명으로 옳지 않은 것은?

① 색유리에 많이 발생한다.
② 동절기의 맑은 날 오전에 많이 발생한다.
③ 두께가 얇을수록 강도가 약해 열팽창응력이 크다.
④ 균열은 프레임에 직각으로 시작하여 경사지게 진행된다.

해설

두께가 얇을수록 열팽창응력이 작다.

참고 건설안전기사 필기 p.5-134(합격날개 : 은행문제 3)

KEY ▶ 2017년 5월 7일 산업기사 출제

87 KSL 4201에 따른 1종 점토벽돌의 압축강도 기준으로 옳은 것은?

① 8.78[MPa] 이상 ② 14.70[MPa] 이상
③ 20.59[MPa] 이상 ④ 24.50[MPa] 이상

해설

점토벽돌의 품질(KSL 4201)

품질\종류	1종	2종	3종
흡수율[%]	10 이하	13 이하	15 이하
압축강도[MPa]	24.50 이상	20.59 이상	10.78 이상

KEY ▶ ① 2017년 9월 23일 산업기사 출제
② 2018년 3월 4일 출제
③ 2020년 6월 7일(문제 85번) 출제

88 아스팔트를 천연아스팔트와 석유아스팔트로 구분할 때 천연아스팔트에 해당되지 않는 것은?

① 로크아스팔트
② 레이크아스팔트
③ 아스팔타이트
④ 스트레이트 아스팔트

해설

아스팔트 구분
① 천연아스팔트 : ①, ②, ③
② 석유아스팔트 : ④

KEY ▶ ① 2018년 3월 4일 산업기사 출제
② 2020년 6월 7일 출제

89 점토의 성질에 관한 설명으로 옳지 않은 것은?

① 양질의 점토는 건조상태에서 현저한 가소성을 나타내며, 점토 입자가 미세할수록 가소성은 나빠진다.
② 점토의 주성분은 실리카와 알루미나이다.
③ 인장강도는 점토의 조직에 관계하며 입자의 크기가 큰 영향을 준다.
④ 점토제품의 색상은 철산화물 또는 석회물질에 의해 나타난다.

해설

점토입자가 미세할수록 가소성이 좋다.

KEY ▶ ① 2016년 5월 8일 산업기사 출제
② 2018년 9월 15일 출제
③ 2020년 6월 14일 산업기사 출제

보충학습

가소성 : 외력에 의하여 변형되어 형태를 바꿀 수 있으나, 응력을 제거해도 변형상태 유지

[정답] 85 ③ 86 ③ 87 ④ 88 ④ 89 ①

90 도료의 사용 용도에 관한 설명으로 옳지 않은 것은?

① 유성바니쉬는 투명도료이며, 목재마감에도 사용 가능하다.
② 유성페인트는 모르타르, 콘크리트면에 발라 착색 방수피막을 형성한다.
③ 합성수지 에멀션페인트는 콘크리트면, 석고보드 바탕 등에 사용된다.
④ 클리어래커는 목재면의 투명도장에 사용된다.

해설

수성페인트 : 시멘트 모르타르나 콘크리트 바탕에 도장하기 쉽다.

KEY ① 2016년 3월 6일 출제
　　　② 2019년 9월 21일 출제
　　　③ 2020년 9월 27일 출제

91 습윤상태의 모래 780[g]을 건조로에서 건조시켜 절대건조상태 720[g]으로 되었다. 이 모래의 표면수율은?(단, 이모래의 흡수율은 5[%]이다.)

① 3.08[%]　　② 3.17[%]
③ 3.33[%]　　④ 3.52[%]

해설

$$\text{표면수율} = \frac{\text{습윤중량} - \text{표면건조포화상태의 중량}}{\text{표면건조 포화상태의 중량}} \times 100[\%]$$

$$= \frac{780 - 720 \times 1.05}{720 \times 1.05} \times 100[\%]$$

$$= 3.17[\%] \text{ 표건기준}$$

KEY ① 2013년 9월 28일 (문제 97번) 출제
　　　② 2020년 6월 7일 (문제 86번) 출제

보충학습

① 흡수율 $= \frac{(\text{표건} - \text{절건})}{\text{절건}} = 5[\%]$

② $5[\%] = \frac{\text{표건} - 720}{720} \times 100$

③ 표건 $= \left(\frac{5}{100} \times 720\right) + 720 = 756[g]$

④ 표면수율 $= \frac{780 - 756}{756} \times 100[\%] = 3.17[\%]$

92 미장재료 중 회반죽에 관한 설명으로 옳지 않은 것은?

① 경화속도가 느린 편이다.
② 일반적으로 연약하고, 비내수성이다.
③ 여물은 접착력 증대를, 해초풀은 균열방지를 위해 사용된다.
④ 소석회가 주원료이다.

해설

해초풀과 여물
① 해초풀의 역할 : 점성, 부착성증진, 보수성 유지, 바탕 흡수 방지
② 여물 : 균열방지

KEY 2019년 9월 21일 산업기사 출제

93 다음 합성수지 중 열가소성수지가 아닌 것은?

① 알키드수지
② 염화비닐수지
③ 아크릴수지
④ 폴리프로필렌수지

해설

수지 구분
① 열경화성 수지 : ①
② 열가소성 수지 : ②, ③, ④

KEY 2020년 8월 23일 산업기사 등 10번 이상 출제

합격자의 조언
이번 시험에도 틀림없이 출제됩니다.

94 전기절연성, 내열성이 우수하고 특히 내약품성이 뛰어나며, 유리섬유로 보강하여 강화플라스틱(F.R.P)의 제조에 사용되는 합성수지는?

① 멜라민수지
② 불포화폴리에스테르수지
③ 페놀수지
④ 염화비닐수지

[정답] 90 ②　91 ②　92 ③　93 ①　94 ②

해설

폴리에스테르(polyester)수지
① 포화 폴리에스테르수지와 불포화 폴리에스테르수지(FRP)가 있다.
② 다알코올(글리세린 등)과 다염기산(무수프탈레인 등)의 축합으로 만들어진다.
③ 용도 : 항공기 및 차량구조재, 건축창호재, 칸막이벽 등

KEY ① 2017년 5월 7일 산업기사 출제
② 2018년 9월 15일 출제

---

95 강의 열처리 방법 중 결정을 미립화하고 균일하게 하기 위해 800~1,000[℃]까지 가열하여 소정의 시간까지 유지한 후에 로(爐)의 내부에서 서서히 냉각하는 방법은?

① 풀림
② 불림
③ 담금질
④ 뜨임질

해설

강의 일반 열처리 4가지

종류 \ 구분	열처리 방법
불림(소준)(Normalizing)	강을 800~1,000[℃]로 가열한 후 공기 중에서 천천히 냉각시킨다.
풀림(소둔)(Annealing)	강을 800~1,000[℃]로 가열한 후 노 속에서 천천히 냉각시킨다.
담금질(소입)(Quenching)	강을 800~1,000[℃]로 가열한 후 물 또는 기름 속에서 급히 냉각시킨다.
뜨임질(소려)(Tempering)	담금질한 후 다시 200~600[℃]로 가열한 다음 공기 중에서 천천히 냉각시킨다.

KEY ① 2016년 5월 8일 출제
② 2017년 5월 7일 출제
③ 2019년 9월 21일 출제

---

96 단열재료에 관한 설명으로 옳지 않은 것은?

① 열전도율이 높을수록 단열성능이 좋다.
② 같은 두께인 경우 경량재료인 편이 단열에 더 효과적이다.
③ 일반적으로 다공질의 재료가 많다.
④ 단열재료의 대부분은 흡음성도 우수하므로 흡음재료로서도 이용된다.

해설

단열재의 조건
① 열전도율이 작을 것
② 흡수율이 작을 것

KEY 2020년 8월 23일 산업기사 출제

---

97 목재 건조의 목적에 해당되지 않는 것은?

① 강도의 증진
② 중량의 경감
③ 가공성의 증진
④ 균류 발생의 방지

해설

건조의 목적 : 가공용이

KEY ① 2017년 9월 23일 출제
② 2020년 9월 27일 출제

보충학습
가공성 증진 : 가공성이 떨어짐

---

98 금속부식에 관한 대책으로 옳지 않은 것은?

① 가능한 한 이종 금속은 이를 인접, 접속시켜 사용하지 않을 것
② 균질한 것을 선택하고, 사용할 때 큰 변형을 주지 않도록 할 것
③ 큰 변형을 준 것은 가능한 한 풀림하여 사용할 것
④ 표면을 거칠게 하고 가능한 한 습윤상태로 유지할 것

해설

금속부식방지(방식)
① 표면을 평활하게 한다.
② 건조상태를 유지한다.

KEY ① 2017년 9월 23일 출제
② 2019년 9월 21일 산업기사 출제
③ 2020년 6월 14일 산업기사 출제
④ 2020년 8월 22일 출제

[정답] 95 ① 96 ① 97 ③ 98 ④

99 콘크리트용 골재의 품질요건에 관한 설명으로 옳지 않은 것은?

① 골재는 청정·견경해야 한다.
② 골재는 소요의 내화성과 내구성을 가져야 한다.
③ 골재는 표면이 매끄럽지 않으며, 예각으로 된 것이 좋다.
④ 골재는 밀실한 콘크리트를 만들 수 있는 입형과 입도를 갖는 것이 좋다.

해설

골재의 요구성능
① 표면이 거칠어야 한다.
② 형태는 구형이 좋다.

 ① 2016년 3월 6일 출제
② 2018년 3월 4일 출제
③ 2020년 9월 27일 출제

100 각 미장재료별 경화형태로 옳지 않은 것은?

① 회반죽 : 수경성
② 시멘트 모르타르 : 수경성
③ 돌로마이트플라스터 : 기경성
④ 테라조 현장바름 : 수경성

해설

회반죽
① 주성분 : 소석회+모래+해초풀+여물
② 대표적인 기경성이다.

 2020년 8월 23일 산업기사 출제

6 건설안전기술

101 동바리 등을 조립하는 경우에 준수하여야 하는 기준으로 옳지 않은 것은?

① 동바리로 사용하는 파이프 서포트를 이어서 사용하는 경우에는 3개 이상의 볼트 또는 전용철물을 사용하여 이을 것
② 동바리로 사용하는 강관은 높이 2[m] 이내마다 수평연결재를 2개 방향으로 만들것
③ 깔목의 사용, 콘크리트 타설, 말뚝박기 등 동바리의 침하를 방지하기 위한 조치를 할 것
④ 동바리로 사용하는 파이프 서포트를 3개 이상 이어서 사용하지 않도록 할 것

해설

파이프 서포트 안전기준
① 파이프 서포트를 3개 이상 이어서 사용하지 않도록 할 것
② 파이프 서포트를 이어서 사용하는 경우에는 4개 이상의 볼트 또는 전용철물을 사용하여 이을 것

합격정보

산업안전보건기준에 관한 규칙 제332조의2(동바리 유형에 따른 동바리 조립 시의 안전조치)

102 사면 보호 공법 중 구조물에 의한 보호공법에 해당되지 않는 것은?

① 블럭공
② 식생구멍공
③ 돌쌓기공
④ 현장타설 콘크리트 격자공

해설

식생구멍공
식생(植生)은 구조물이 아닌 나무

 ① 2016년 3월 6일 출제
② 2018년 8월 19일 출제

[정답] 99 ③ 100 ① 101 ① 102 ②

103 산업안전보건법령에서 규정하는 철골작업을 중지하여야 하는 기후조건에 해당하지 않는 것은?

① 풍속이 초당 10[m] 이상인 경우
② 강우량이 시간당 1[mm] 이상인 경우
③ 강설량이 시간당 1[cm] 이상인 경우
④ 기온이 영하 5[℃] 이하인 경우

해설

철골작업을 중지하여야 하는 기후조건
① 풍속이 초당 10[m] 이상인 경우
② 강우량이 시간당 1[mm] 이상인 경우
③ 강설량이 시간당 1[cm] 이상인 경우

KEY 2019년 8월 4일 산업기사 등 20번 이상 출제

합격정보
산업안전보건기준에 관한 규칙 제383조(작업의 제한)

104 강관을 사용하여 비계를 구성하는 경우 준수하여야 할 기준으로 옳지 않은 것은?

① 비계기둥의 간격은 띠장 방향에서는 1.85[m] 이하, 장선(長線) 방향에서는 1.5[m] 이하로 할 것
② 띠장 간격은 2.0[m] 이하로 할 것
③ 비계기둥의 제일 윗부분으로부터 31[m] 되는 지점 밑부분의 비계기둥은 3개의 강관으로 묶어 세울 것
④ 비계기둥 간의 적재하중은 400[kg]을 초과하지 않도록 할 것

해설

강관비계의 구조
① 비계기둥의 간격은 띠장 방향에서는 1.85미터 이하, 장선(長線) 방향에서는 1.5미터 이하로 할 것. 다만, 선박 및 보트 건조작업의 경우 안전성에 대한 구조검토를 실시하고 조립도를 작성하면 띠장 방향 및 장선 방향으로 각각 2.7미터 이하로 할 수 있다.
② 띠장 간격은 2.0미터 이하로 할 것. 다만, 작업의 성질상 이를 준수하기가 곤란하여 쌍기둥틀 등에 의하여 해당 부분을 보강한 경우에는 그러하지 아니하다.
③ 비계기둥의 제일 윗부분으로부터 31미터되는 지점 밑부분의 비계기둥은 2개의 강관으로 묶어 세울 것. 다만, 브라켓(bracket, 까치발) 등으로 보강하여 2개의 강관으로 묶을 경우 이상의 강도가 유지되는 경우에는 그러하지 아니하다.
④ 비계기둥 간의 적재하중은 400킬로그램을 초과하지 않도록 할 것

KEY ① 2020년 8월 23일 산업기사 출제
② 2021년 3월 2일 PBT 출제

합격정보
산업안전보건기준에 관한 규칙 제60조(강관비계의 구조)

105 다음 중 지하수위 측정에 사용되는 계측기는?

① Load Cell
② Inclinometer
③ Extension meter
④ Piezo meter

해설

지하수위 측정에 사용되는 계측기

종류	용도
건물 경사계 (tilt meter)	지상 인접구조물의 기울기를 측정하는 기기
지표면 침하계 (level and staff)	주위 지반에 대한 지표면의 침하량을 측정하는 기기
지중 경사계 (inclinometer)	지중수평변위를 측정하여 흙막이의 기울어진 정도를 파악하는 기기
지중 침하계 (extension meter)	지중수직변위를 측정하여 지반의 침하정도를 파악하는 기기
변형계 (strain gauge)	흙막이 버팀대의 변형 정도를 파악하는 기기
하중계 (load cell)	흙막이 버팀대에 작용하는 토압, 어스 앵커의 인장력 등을 측정하는 기기
토압계 (earth pressure meter)	흙막이에 작용하는 토압의 변화를 파악하는 기기
간극 수압계 (piezo meter)	굴착으로 인한 지하의 간극수압을 측정하는 기기
지하수위계 (water level meter)	지하수의 수위변화를 측정하는 기기

KEY ① 2016년 3월 6일 산업기사 출제
② 2016년 10월 1일 산업기사 출제
③ 2017년 3월 5일 산업기사 출제
④ 2017년 5월 7일 기사, 산업기사 출제
⑤ 2018년 4월 28일 출제
⑥ 2018년 9월 15일 출제
⑦ 2019년 3월 3일 산업기사 출제
⑧ 2019년 4월 27일 출제

[정답] 103 ④ 104 ③ 105 모두 답

106 터널 지보공을 조립하거나 변경하는 경우에 조치하여야 하는 사항으로 옳지 않은 것은?

① 목재의 터널 지보공은 그 터널 지보공의 각 부재에 작용하는 긴압 정도를 체크하여 그 정도가 최대한 차이나도록 할 것
② 강(鋼)아치 지보공의 조립은 연결볼트 및 띠장 등을 사용하여 주재 상호간을 튼튼하게 연결할 것
③ 기둥에는 침하를 방지하기 위하여 받침목을 사용하는 등의 조치를 할 것
④ 주재(主材)를 구성하는 1세트의 부재는 동일 평면 내에 배치할 것

해설

목재의 터널 지보공은 그 터널 지보공의 각 부재에 작용하는 긴압 정도를 체크하여 그 정도 : 균등

합격정보

산업안전보건기준에 관한 규칙 제364조(조립 또는 변경시의 조치)
사업주는 터널 지보공을 조립하거나 변경하는 경우에는 다음 각 호의 사항을 조치하여야 한다.
① 주재(主材)를 구성하는 1세트의 부재는 동일 평면 내에 배치할 것
② 목재의 터널 지보공은 그 터널 지보공의 각 부재의 긴압 정도가 균등하게 되도록 할 것

107 미리 작업장소의 지형 및 지반상태 등에 적합한 제한속도를 정하지 않아도 되는 차량계 건설기계의 속도 기준은?

① 최대 제한 속도가 10[km/h] 이하
② 최대 제한 속도가 20[km/h] 이하
③ 최대 제한 속도가 30[km/h] 이하
④ 최대 제한 속도가 40[km/h] 이하

해설

산업안전보건기준에 관한 규칙 제98조(제한속도의 지정 등)
① 사업주는 차량계 하역운반기계, 차량계 건설기계(최대제한속도가 시속 10킬로미터 이하인 것은 제외한다)를 사용하여 작업을 하는 경우 미리 작업장소의 지형 및 지반 상태 등에 적합한 제한속도를 정하고, 운전자로 하여금 준수하도록 하여야 한다.
② 사업주는 궤도작업차량을 사용하는 작업, 입환기로 입환작업을 하는 경우에 작업에 적합한 제한속도를 정하고, 운전자로 하여금 준수하도록 하여야 한다.
③ 운전자는 제1항과 제2항에 따른 제한속도를 초과하여 운전해서는 아니 된다.

108 차량계 건설기계를 사용하여 작업을 하는 경우 작업계획서 내용에 포함되지 않는 사항은?

① 사용하는 차량계 건설기계의 종류 및 성능
② 차량계 건설기계의 운행경로
③ 차량계 건설기계에 의한 작업방법
④ 차량계 건설기계 사용 시 유도자 배치 위치

해설

차량계 건설기계를 사용하여 작업을 하는 경우 작업계획서 내용
① 사용하는 차량계 건설기계의 종류 및 성능
② 차량계 건설기계의 운행경로
③ 차량계 건설기계에 의한 작업방법

합격정보

산업안전보건기준에 관한 별표 [4] 사전조사 및 작업계획서 내용

109 이동식비계를 조립하여 작업을 하는 경우에 준수하여야 할 기준으로 옳지 않은 것은?

① 승강용사다리는 견고하게 설치할 것
② 비계의 최상부에서 작업을 하는 경우에는 안전난간을 설치할 것
③ 작업발판의 최대적재하중은 400[kg]을 초과하지 않도록 할 것
④ 작업발판은 항상 수평을 유지하고 작업발판 위에서 안전난간을 딛고 작업을 하거나 받침대 또는 사다리를 사용하여 작업하지 않도록 할 것

해설

작업발판의 최대적재하중 : 250[kg]

합격정보

산업안전보건기준에 관한 규칙 제68조(이동식비계)
사업주는 이동식비계를 조립하여 작업을 하는 경우에는 다음 각 호의 사항을 준수하여야 한다.
① 이동식비계의 바퀴에는 뜻밖의 갑작스러운 이동 또는 전도를 방지하기 위하여 브레이크·쐐기 등으로 바퀴를 고정시킨 다음 비계의 일부를 견고한 시설물에 고정하거나 아웃트리거(outrigger, 전도방지용 지지대)를 설치하는 등 필요한 조치를 할 것
② 승강용사다리는 견고하게 설치할 것
③ 비계의 최상부에서 작업을 하는 경우에는 안전난간을 설치할 것
④ 작업발판은 항상 수평을 유지하고 작업발판 위에서 안전난간을 딛고 작업을 하거나 받침대 또는 사다리를 사용하여 작업하지 않도록 할 것
⑤ 작업발판의 최대적재하중은 250킬로그램을 초과하지 않도록 할 것

[정답] 106 ① 107 ① 108 ④ 109 ③

110 화물을 적재하는 경우의 준수사항으로 옳지 않은 것은?

① 침하 우려가 없는 튼튼한 기반 위에 적재할 것
② 건물의 칸막이나 벽 등이 화물의 압력에 견딜 만큼의 강도를 지니지 아니한 경우에는 칸막이나 벽에 기대어 적재하지 않도록 할 것
③ 불안정할 정도로 높이 쌓아 올리지 말 것
④ 하중을 한쪽으로 치우더라도 화물을 최대한 효율적으로 적재할 것

해설
한쪽으로 치우치지 않도록 적재할 것

합격정보
산업안전보건기준에 관한 규칙 제173조(화물적재시의 조치)

111 유해위험방지계획서를 고용노동부장관에게 제출하고 심사를 받아야 하는 대상 건설공사 기준으로 옳지 않은 것은?

① 최대 지간길이가 50[m] 이상인 다리의 건설 등 공사
② 지상높이 25[m] 이상인 건축물 또는 인공구조물의 건설 등 공사
③ 깊이 10[m] 이상인 굴착공사
④ 다목적댐, 발전용댐, 저수용량 2천만톤 이상의 용수 전용 댐 및 지방상수도 전용 댐의 건설 등 공사

해설
지상높이 31[m] 이상인 건축물 또는 인공구조물의 건설 등 공사

합격정보
산업안전보건법 시행령 제42조(유해위험방지계획서 제출 대상)

112 가설통로를 설치하는 경우 준수하여야 할 기준으로 옳지 않은 것은?

① 경사는 30[°]이하로 할 것
② 경사가 15[°]를 초과하는 경우에는 미끄러지지 아니하는 구조로 할 것
③ 추락할 위험이 있는 장소에는 안전난간을 설치할 것
④ 수직갱에 가설된 통로의 길이가 15[m] 이상인 경우에는 7[m] 이내마다 계단참을 설치할 것

해설
수직갱에 가설된 통로의 길이가 15[m] 이상인 경우에는 10[m] 이내마다 계단참을 설치할 것

합격정보
산업안전보건기준에 관한 규칙 제23조(가설통로의 구조)

113 발파구간 인접구조물에 대한 피해 및 손상을 예방하기 위한 건물기초에서의 허용진동치[cm/sec] 기준으로 옳지 않은 것은?(단, 기존 구조물에 금이 가 있거나 노후구조물 대상일 경우 등은 고려하지 않는다)

① 문화재 : 0.2[cm/sec]
② 주택, 아파트 : 0.5[cm/sec]
③ 상가 : 1.0[cm/sec]
④ 철골콘크리트 빌딩 : 0.8~1.0[cm/sec]

해설
발파허용 진동치[cm/sec]

건물분류	문화재	주택 아파트	상가	철골콘크리트 빌딩 및 상가
건물기초에서 허용진동치	0.2	0.5	1.0	1.0~4.0

합격정보
터널공사 표준안전작업지침 – NATM 공법(2020. 1. 7 고용노동부고시 제2020-10호)

[정답] 110 ④ 111 ② 112 ④ 113 ④

114 안전계수가 4이고 2,000[MPa]의 인장강도를 갖는 강선의 최대허용응력은?

① 500[MPa]
② 1,000[MPa]
③ 4,500[MPa]
④ 2,000[MPa]

해설

허용응력 = $\dfrac{\text{인장강도}}{\text{안전계수}} = \dfrac{2,000}{4} = 500[MPa]$

115 지하수위 상승으로 포화된 사질토 지반의 액상화 현상을 방지하기 위한 가장 직접적이고 효과적인 대책은?

① well point 공법 적용
② 동다짐 공법 적용
③ 입도가 불량한 재료를 입도가 양호한 재료로 치환
④ 밀도를 증가시켜 한계간극비 이하로 상대밀도를 유지하는 방법 강구

해설

지반 액상화 방지대책

well point 공법 적용 : 지중에 1~2[m] 간격으로 집수관을 설치하고, 지하수를 흡입펌프를 이용하여 지하수위를 저하시키는 공법

116 공사진척에 따른 공정률이 다음과 같을 때 안전관리비 사용기준으로 옳은 것은?(단, 공정률은 기성공정률을 기준으로 함)

> 공정률 : 70퍼센트 이상, 90퍼센트 미만

① 50퍼센트 이상
② 60퍼센트 이상
③ 70퍼센트 이상
④ 80퍼센트 이상

해설

공사진척에 따른 안전관리비 사용기준

공 정 률	50[%] 이상 70[%] 미만	70[%] 이상 90[%] 미만	90[%] 이상
사용 기준	50[%] 이상	70[%] 이상	90[%] 이상

(주) 공정률은 기성공정률을 기준으로 한다.

KEY
① 2017년 5월 7일 출제
② 2017년 9월 23일 출제
③ 2019년 8월 4일 산업기사 출제
④ 2020년 6월 7일 출제

117 크레인 등 건설장비의 가공전선로 접근시 안전대책으로 옳지 않은 것은?

① 안전 이격거리를 유지하고 작업한다.
② 장비를 가공전선로 밑에 보관한다.
③ 장비의 조립, 준비 시부터 가공전선로에 대한 감전 방지 수단을 강구한다.
④ 장비 사용 현장의 장애물, 위험물 등을 점검후 작업계획을 수립한다.

해설

가공전선로에서 멀리 보관해야 한다.

합격정보

산업안전보건기준에 관한 규칙 제322조(충전전로 인근에서의 차량·기계 장치 작업)

118 거푸집동바리등을 조립 또는 해체하는 작업을 하는 경우의 준수사항으로 옳지 않은 것은?

① 재료, 기구 또는 공구 등을 올리거나 내리는 경우에는 근로자로 하여금 달줄·달포대 등의 사용을 금하도록 할 것
② 낙하·충격에 의한 돌발적 재해를 방지하기 위하여 버팀목을 설치하고 거푸집동바리 등을 인양장비에 매단 후에 작업을 하도록 하는 등 필요한 조치를 할 것
③ 비, 눈, 그 밖의 기상상태의 불안정으로 날씨가 몹시 나쁜 경우에는 그 작업을 중지할 것
④ 해당 작업을 하는 구역에는 관계 근로자가 아닌 사람의 출입을 금지할 것

해설

재료, 기구 또는 공구 등을 올리거나 내리는 경우에는 근로자로 하여금 달줄·달포대를 사용할 것

합격정보

산업안전보건기준에 관한 규칙 제333조(조립·해체 등 작업시의 준수사항)

[정답] 114 ① 115 ① 116 ③ 117 ② 118 ①

119 흙의 투수계수에 영향을 주는 인자에 관한 설명으로 옳지 않은 것은?

① 포화도 : 포화도가 클수록 투수계수도 크다.
② 공극비 : 공극비가 클수록 투수계수는 작다.
③ 유체의 점성계수 : 점성계수가 클수록 투수계수는 작다.
④ 유체의 밀도 : 유체의 밀도가 클수록 투수계수는 크다.

해설
공극비 : 공극비가 클수록 투수계수는 크다.

보충학습
공극비(孔隙比 : void ratio) : 구멍의 비율

120 터널공사의 전기발파작업에 관한 설명으로 옳지 않은 것은?

① 전선은 점화하기 전에 화약류를 충진한 장소로부터 30[m] 이상 떨어진 안전한 장소에서 도통시험 및 저항시험을 하여야 한다.
② 점화는 충분한 허용량을 갖는 발파기를 사용하고 규정된 스위치를 반드시 사용하여야 한다.
③ 발파 후 발파기와 발파모선의 연결을 유지한 채 그 단부를 절연시킨 후 재점화가 되지 않도록 한다.
④ 점화는 선임된 발파책임자가 행하고 발파기의 핸들을 점화할 때 이외는 시건장치를 하거나 모선을 분리하여야 하며 발파책임자의 엄중한 관리하에 두어야 한다.

해설
발파 모선의 연결을 제거(분리)한다.

합격정보
산업안전보건기준에 관한 규칙 제348조(발파의 작업기준)

[정답] 119 ② 120 ③

2021년도 기사 정기검정 제2회 (2021년 5월 15일 시행)

자격종목 및 등급(선택분야)
건설안전기사

종목코드	시험시간	수험번호	성명
1440	3시간	20210515	도서출판세화

1 산업안전관리론

01 하인리히의 1:29:300 법칙에서 "29"가 의미하는 것은?

① 재해
② 중상해
③ 경상해
④ 무상해사고

해설

하인리히(330)건 비율
① 1회 중상 : 0.3[%]
② 29회 경상 : 8.8[%]
③ 300회 아차사고 : 90.9[%]
④ 29÷(1+29+300)×100=약 8.8[%]

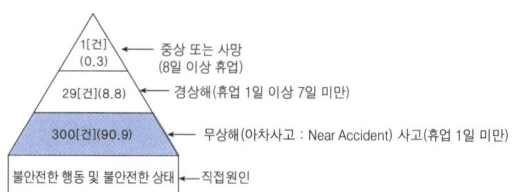

[그림] 하인리히 법칙(단위 : %)

KEY ① 2021년 3월 7일 기사 등 10번 이상 출제
② 2022년 4월 24일(문제 19번) 출제

보충학습

위대한 하인리히

1931년 허버트 윌리엄 하인리히(Herbert William Heinrich)가 펴낸 《산업재해 예방 : 과학적 접근 Industrial Accident Prevention : A Scientific Approach》이라는 책에서 소개된 법칙이다. 이 책이 출간되었을 당시 하인리히는 미국의 트래블러스 보험사(Travelers Insurance Company)라는 회사의 엔지니어링 및 손실통제 부서에 근무하고 있었다. 하인리히 법칙은 현장에서의 재해뿐만 아니라 각종 사고나 재난, 또는 사회적·경제적·개인적 위기나 실패와 관련된 법칙으로 확장되어 해석되고 있다.

이후 산업의 기계화, 시스템화에 따라 1969년, 프랭크 버드와 로버트 로프터스가 하인리히 법칙을 새롭게 해석하였고, 1976년 이를 정리하여 발간한 'Loss Control Management'라는 논문을 통해 '버드의 빙산' 혹은 '버드 & 로프터스의 법칙'을 만들어냈다. 하인리히의 법칙이 "사망자-경상자-무상해사고"로 나누었다면 버드의 법칙에서는 사고가 날 '뻔'한 '아차사고'까지 통계의 범위에 삽입하여 1(사망) : 10(경상) : 30(물적피해) : 600(아차사고)의 비율로 나타내어 진다.

02 하인리히의 사고예방대책 기본원리 5단계에 있어 "시정방법의 선정" 바로 이전 단계에서 행하여지는 사항으로 옳은 것은?

① 분석
② 사실의 발견
③ 안전조직 편성
④ 시정책의 적용

해설

하인리히의 사고예방대책 기본원리 5단계
① 제1단계 : 안전관리조직
② 제2단계 : 사실의 발견(현상파악)
③ 제3단계 : 분석평가
④ 제4단계 : 시정방법의 선정
⑤ 제5단계 : 시정책의 적용

KEY 2020년 6월 7일 기사 등 10번 이상 출제

03 산업안전보건법령상 안전보건표지의 용도가 금지일 경우 사용되는 색채로 옳은 것은?

① 흰색
② 녹색
③ 빨간색
④ 노란색

해설

안전보건표지의 색도기준 및 용도

색채	색도기준	용도	사용 예
빨간색	7.5R 4/14	금지	정지신호, 소화설비 및 그 장소, 유해행위의 금지
		경고	화학물질 취급장소에서의 유해·위험 경고
노란색	5Y 8.5/12	경고	화학물질 취급장소에서의 유해·위험 경고 이외의 위험 경고, 주의표지 또는 기계방호물
파란색	2.5PB 4/10	지시	특정 행위의 지시 및 사실의 고지
녹색	2.5G 4/10	안내	비상구 및 피난소, 사람 또는 차량의 통행표지
흰색	N9.5		파란색 또는 녹색에 대한 보조색
검은색	N0.5		문자 및 빨간색 또는 노란색에 대한 보조색

[정답] 01 ③ 02 ① 03 ③

① 2017년 3월 5일 출제
② 2017년 8월 26일 산업기사 출제
③ 2018년 3월 4일 출제
④ 2019년 9월 21일 기사, 산업기사 출제
⑤ 2020년 8월 22일, 9월 27일 출제
⑥ 2021년 3월 7일(문제 3번) 출제
⑦ 2022년 4월 24일(문제 7번) 출제

[합격정보]
산업안전보건법 시행규칙 [별표 8] 안전보건표지의 색도기준 및 용도

04 산업안전보건법령상 산업안전보건위원회의 심의·의결사항으로 틀린 것은?(단, 그 밖에 해당 사업장 근로자의 안전 및 보건을 유지·증진시키기 위하여 필요한 사항은 제외한다.)

① 사업장 경영체계 구성 및 운영에 관한 사항
② 작업환경측정 등 작업환경의 점검 및 개선에 관한 사항
③ 안전보건관리규정의 작성 및 변경에 관한 사항
④ 유해하거나 위험한 기계·기구 설비를 도입한 경우 안전 및 보건 관련 조치에 관한 사항

[해설]
산업안전보건위원회 심의 의결사항
① 제15조제1항제1호부터 제5호까지 및 제7호에 관한 사항
② 제15조제1항제6호에 따른 사항 중 중대재해에 관한 사항
③ 유해하거나 위험한 기계·기구 설비를 도입한 경우 안전 및 보건 관련 조치에 관한 사항
④ 그 밖에 해당 사업장 근로자의 안전 및 보건을 유지·증진시키기 위하여 필요한 사항

KEY ① 2021년 3월 7일(문제 15번) 출제
② 2022년 4월 24일(문제 6번) 출제

[보충학습]
제15조(안전보건관리책임자) ① 사업주는 사업장을 실질적으로 총괄하여 관리하는 사람에게 해당 사업장의 다음 각 호의 업무를 총괄하여 관리하도록 하여야 한다.
1. 사업장의 산업재해 예방계획의 수립에 관한 사항
2. 제25조 및 제26조에 따른 안전보건관리규정의 작성 및 변경에 관한 사항
3. 제29조에 따른 안전보건교육에 관한 사항
4. 작업환경측정 등 작업환경의 점검 및 개선에 관한 사항
5. 제129조부터 제132조까지에 따른 근로자의 건강진단 등 건강관리에 관한 사항
6. 산업재해의 원인 조사 및 재발 방지대책 수립에 관한 사항
7. 산업재해에 관한 통계의 기록 및 유지에 관한 사항
8. 안전장치 및 보호구 구입 시 적격품 여부 확인에 관한 사항
9. 그밖에 근로자의 유해·위험 방지조치에 관한 사항으로서 고용노동부령으로 정하는 사항

② 제1항 각 호의 업무를 총괄하여 관리하는 사람(이하 "안전보건관리책임자"라 한다)은 제17조에 따른 안전관리자와 제18조에 따른 보건관리자를 지휘·감독한다.
③ 안전보건관리책임자를 두어야 하는 사업의 종류와 사업장의 상시 근로자 수, 그 밖에 필요한 사항은 대통령령으로 정한다.

[합격정보]
산업안전보건법 제15조, 제24조

05 산업재해의 발생형태에 따른 분류 중 단순연쇄형에 속하는 것은?(단, ○는 재해발생의 각종 요소를 나타냄)

① 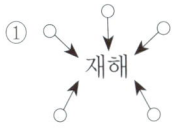   ②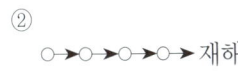
③ 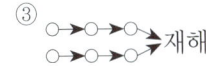   ④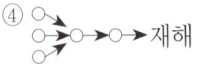

[해설]
재해발생의 메커니즘(3가지의 구조적 요소)
① 단순자극형(집중형) : 상호자극에 의하여 순간(일시)적으로 재해가 발생하는 유형이다.
② 연쇄형 : 하나의 사고요인이 또 다른 요인을 발생시키면서 재해를 발생하는 유형이다.
③ 복합형 : 연쇄형과 단순자극형의 복합적인 발생유형이다.

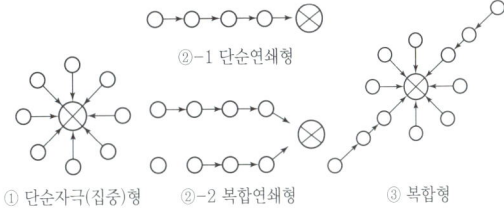

① 단순자극(집중)형   ②-1 단순연쇄형   ②-2 복합연쇄형   ③ 복합형
[그림] 재해(⊗)의 발생 형태 3가지

KEY ① 2017년 3월 5일 출제
② 2018년 4월 28일 출제
③ 2018년 9월 15일 출제
④ 2020년 8월 22일 출제

[정답] 04 ①　05 ②

06 S사업장에서는 산업재해로 인한 인적·물적 손실을 줄이기 위하여 안전행동 실천운동(5C 운동)을 실시하고자 한다. 5C 운동에 해당하지 않는 것은?

① Control
② Correctness
③ Cleaning
④ Checking

해설

5C(안전행동 실천) 운동
① Correctness(복장단정)
② Cleaning(청소청결)
③ Clearance(정리정돈)
④ Checking(점검확인)
⑤ Concentration(전심전력)

KEY
① 2010년 9월 5일 출제
② 2018년 3월 4일 출제
③ 2018년 9월 15일 출제
④ 2021년 3월 7일(문제 1번) 출제

합격자의 조언
① 실기 필답형에도 출제된 문제입니다. 실기도 준비하세요.
② 5S : 생산관리 중심
③ 5C : 안전관리 중심

---

07 산업안전보건법령상 안전인증 대상기계에 해당하지 않는 것은?

① 크레인
② 곤돌라
③ 컨베이어
④ 사출성형기

해설

안전인증 기계 및 설비의 종류
① 프레스
② 전단기 및 절곡기
③ 크레인
④ 리프트
⑤ 압력용기
⑥ 롤러기
⑦ 사출성형기
⑧ 고소 작업대
⑨ 곤돌라

KEY
① 2011년 3월 7일 출제
② 2017년 3월 5일 기사, 산업기사 출제
③ 2017년 5월 7일 출제
④ 2018년 3월 4일 출제
⑤ 2019년 3월 3일 출제
⑥ 2020년 8월 22일 출제
⑦ 2021년 3월 7일(문제 19번) 출제
⑧ 2022년 4월 24일(문제 13번) 안전검사 대상기계13

정보제공
산업안전보건법 시행령 제74조(안전인증대상기계 등)

---

08 시설물의 안전 및 유지관리에 관한 특별법상 제1종 시설물에 명시되지 않은 것은?

① 고속철도 교량
② 25층인 건축물
③ 연장 300[m]인 철도 교량
④ 연면적이 70,000[m²]인 건축물

해설

제1종시설물 및 제2종시설물의 종류(제4조 관련)

구분 : 교량	제1종시설물	제2종시설물
가. 도로교량	① 상부구조형식이 현수교, 사장교, 아치교 및 트러스교인 교량 ② 최대 경간장 50미터 이상의 교량(한 경간 교량은 제외한다) ③ 연장 500미터 이상의 교량 ④ 폭 12미터 이상이고 연장 500미터 이상인 복개구조물	① 경간장 50미터 이상인 한 경간 교량 ② 제1종시설물에 해당하지 않는 교량으로서 연장 100미터 이상의 교량 ③ 제1종 시설물에 해당하지 않는 복개구조물로서 폭 6미터 이상이고 연장 100미터 이상인 복개 구조물
나. 철도교량	① 고속철도 교량 ② 도시철도의 교량 및 고가교 ③ 상부구조형식이 트러스교 및 아치교인 교량 ④ 연장 500미터 이상의 교량	제1종 시설물에 해당하지 않는 교량으로서 연장 100미터 이상의 교량

정보제공
시설물의 안전 및 유지관리에 관한 특별법 시행령 [별표 1]

---

09 연평균 근로자수가 400명인 사업장에서 연간 2건의 재해로 인하여 4명의 사상자가 발생하였다. 근로자가 1일 8시간씩 연간 300일을 근무하였을 때 이 사업장의 연천인율은?

① 1.85
② 4.4
③ 5
④ 10

해설

$$천인율 = \frac{연간재해(사상)자수}{연평균근로자수} \times 1,000 = \frac{4}{400} \times 1,000 = 10$$

KEY
① 2016년 3월 6일 출제
② 2017년 3월 5일 5월 7일 출제
③ 2018년 4월 28일 출제
④ 2019년 8월 4일 산업기사 출제
⑤ 2019년 9월 21일 출제

[정답] 06 ① 07 ③ 08 ③ 09 ④

10 산업안전보건법령상 중대재해가 아닌 것은?

① 사망자가 1명 발생한 재해
② 부상자가 동시에 10명 발생한 재해
③ 직업성 질병자가 동시에 10명 발생한 재해
④ 1개월의 요양이 필요한 부상자가 동시에 2명 발생한 재해

해설

중대재해의 종류 3가지
① 사망자가 1명 이상 발생한 재해
② 3개월 이상의 요양이 필요한 부상자가 동시에 2명 이상 발생한 재해
③ 부상자 또는 직업성 질병자가 동시에 10명 이상 발생한 재해

KEY
① 2016년 3월 8일 기사 및 산업기사 동시출제
② 2016년 5월 8일 출제
③ 2020년 8월 22일 출제
④ 2021년 3월 7일(산업안전기사 문제 1번) 출제

정보제공
산업안전보건법 시행규칙 제3조(중대재해의 범위)

11 작업자가 불안전한 작업대에서 작업 중 추락하여 지면에 머리가 부딪혀 다친 경우의 기인물과 가해물로 옳은 것은?

① 기인물 – 지면, 가해물 – 지면
② 기인물 – 작업대, 가해물 – 지면
③ 기인물 – 지면, 가해물 – 작업대
④ 기인물 – 작업대, 가해물 – 작업대

해설

재해발생의 분석시 3가지
① 기인물 : 불안전한 상태에 있는 물체(환경포함)
② 가해물 : 직접 사람에게 접촉되어 위해를 가한 물체
③ 사고의 형태(재해형태) : 물체(가해물)와 사람과의 접촉현상

KEY
① 2018년 4월 28일 출제
② 2019년 3월 3일 출제
③ 2022년 4월 24일(문제 9번) 출제

12 산업안전보건법령상 다음 (   )에 알맞은 내용은?

안전보건관리규정의 작성 대상 사업의 사업주는 안전보건관리규정을 작성해야 할 사유가 발생한 날부터 (   ) 이내에 안전보건관리규정의 세부 내용을 포함한 안전보건관리규정을 작성하여야 한다.

① 10일   ② 15일
③ 20일   ④ 30일

해설

안전보건관리 규정의 작성 시기
① 사유가 발생한 날 부터 30일 이내
② 변경시도 ①과 동일

KEY 2022년 4월 24일(문제 1번) 출제

합격정보
산업안전보건법 시행규칙 제25조(안전보건관리 규정의 작성)

13 산업안전보건법령상 명예산업안전감독관의 업무에 속하지 않는 것은?(단, 산업안전보건위원회 구성 대상 사업의 근로자 중에서 근로자대표가 사업주의 의견을 들어 추천하여 위촉된 명예산업안전감독관의 경우)

① 사업장에서 하는 자체점검 참여
② 보호구의 구입 시 적격품의 선정
③ 근로자에 대한 안전수칙 준수 지도
④ 사업장 산업재해 예방계획 수립 참여

해설

명예산업안전감독관의 업무
① 사업장에서 하는 자체점검 참여 및 「근로기준법」제101조에 따른 근로감독관(이하 "근로감독관"이라 한다)이 하는 사업장 감독 참여
② 사업장 산업재해 예방계획 수립 참여 및 사업장에서 하는 기계·기구 자체검사 참석
③ 법령을 위반한 사실이 있는 경우 사업주에 대한 개선요청 및 감독기관에의 신고
④ 산업재해 발생의 급박한 위험이 있는 경우 사업주에 대한 작업중지 요청
⑤ 작업환경측정, 근로자 건강진단 시의 참석 및 그 결과에 대한 설명회 참여
⑥ 직업성 질환의 증상이 있거나 질병에 걸린 근로자가 여러 명 발생한 경우 사업주에 대한 임시건강진단 실시 요청
⑦ 근로자에 대한 안전수칙 준수 지도
⑧ 법령 및 산업재해 예방정책 개선 건의(제외)

[정답] 10 ④   11 ②   12 ④   13 ②

⑨ 안전보건 의식을 북돋우기 위한 활동 등에 대한 참여와 지원
⑩ 그 밖에 산업재해 예방에 대한 홍보 등 산업재해 예방 업무와 관련하여 고용노동부장관이 정하는 업무

[합격정보]
산업안전보건법 시행령 제32조(명예산업안전감독관의 위촉 등)

14 산업안전보건법령상 자율안전확인 안전모의 시험성능기준 항목으로 명시되지 않은 것은?

① 난연성 ② 내전압성
③ 내관통성 ④ 턱끈풀림

[해설]
내전압성
① AE, ABE종 안전모는 교류 20[kV]에서 1분간 절연파괴없이 견뎌야 하고, 이때 누설되는 충전전류는 10[mA] 이하이어야 한다.
② 자율안전확인에서는 제외

KEY ① 2016년 10월 1일 출제
② 2018년 4월 28일 출제
③ 2019년 4월 27일 출제
④ 2019년 9월 21일 산업기사 출제
⑤ 2020년 9월 27일 출제

15 기계, 기구, 설비의 신설, 변경 내지 고장 수리 시 실시하는 안전점검의 종류로 옳은 것은?

① 특별점검 ② 수시점검
③ 정기점검 ④ 임시점검

[해설]
특별점검
① 기계·기구 또는 설비의 신설·변경 또는 중대재해 발생 직후 등 고장 수리 등으로 비정기적인 특정 점검
② 기술 책임자가 실시
③ 산업안전보건강조기간에도 실시

KEY ① 2018년 4월 28일 출제
② 2019년 3월 3일 출제
③ 2019년 8월 4일 출제
④ 2020년 6월 14일 산업기사 출제
⑤ 2020년 8월 22일 출제

16 다음에서 설명하는 무재해운동추진기법은?

피부를 맞대고 같이 소리치는 것으로서 팀의 일체감, 연대감을 조성할 수 있고 동시에 대뇌 피질에 좋은 이미지를 불어넣어 안전행동을 하도록 하는 것

① 역할연기(Role Playing)
② TBM(Tool Box Meeting)
③ 터치 앤 콜(Touch and Call)
④ 브레인스토밍(Brain Storming)

[해설]
터치 앤 콜(Touch and Call)
① 왼손을 맞잡고 같이 소리치는 것으로 전원이 스킨십(Skinship)을 느끼도록 하는 것
② 팀의 일체감, 연대감을 조성할 수 있다.
③ 대뇌 구피질에 좋은 이미지를 불어넣어 안전행동을 하도록 하는 것

KEY ① 2016년 5월 8일 출제
② 2019년 8월 4일 출제

[보충학습]
Role Playing
참가자에게 일정한 역할을 주어서 실제적으로 연기를 시켜봄으로써 자기의 역할을 보다 확실히 인식시키는 방법
예 연극하는 것, 체험학습, Role Model 등

17 무재해운동의 이념 3원칙 중 잠재적인 위험요인을 발견·해결하기 위하여 전원이 협력하여 각자의 위치에서 의욕적으로 문제해결을 실천하는 원칙은?

① 무의 원칙 ② 선취의 원칙
③ 관리의 원칙 ④ 참가의 원칙

[해설]
무재해 운동의 3원칙
① 무의 원칙 : 근원적 산업재해 "제거"
② 참가의 원칙 : "전원"이 각각의 입장에서 적극적으로 위험을 해결
③ 선취의 원칙 : "미리"발견, 파악, 해결하여 재해를 예방

KEY ① 2021년 3월 7일 등 20번 이상 출제
② 2021년 5월 15일 출제

[정답] 14 ② 15 ① 16 ③ 17 ④

18 산업안전보건법령상 안전보건개선계획의 제출에 관한 사항 중 ( )에 알맞은 내용은?

> 안전보건개선계획서를 제출해야 하는 사업주는 안전보건개선계획서 수립·시행 명령을 받은 날부터 ( )일 이내에 관할 지방고용노동관서의 장에게 해당 계획서를 제출해야 한다.

① 15　　② 30
③ 60　　④ 90

해설

안전보건개선계획서 제출
① 수립·시행명령을 받은 날부터 60[일] 이내
② 제출처 : 관할 지방노동관서의 장

합격정보
산업안전보건법 시행규칙

---

19 하인리히의 재해 손실비 평가방식에서 간접비에 속하지 않는 것은?

① 요양급여　　② 시설복구비
③ 교육훈련비　　④ 생산손실비

해설

하인리히(H.W.Heinrich)방식(1:4원칙)
① 직접비와 간접비
　직접비는 법적으로 지급되는 산재보상이며, 간접비는 그 이외의 비용

구분	종류
직접비	요양급여, 휴업급여, 장해급여, 유족급여, 장의비 등
간접비	인적손실, 물적손실, 생산손실, 임금손실, 시간손실 등

② 직접손실비용 : 간접손실비용＝1:4(1대 4의 경험법칙)
　재해손실비용＝직접비＋간접비＝직접비×5

KEY ① 2016년 5월 8일 산업기사 출제
② 2017년 3월 5일 출제
③ 2017년 5월 7일 출제
④ 2017년 9월 23일 출제
⑤ 2018년 8월 19일 산업기사 출제
⑥ 2019년 3월 3일 출제
⑦ 2019년 8월 4일 출제
⑧ 2021년 3월 7일 (문제 16번) 출제

---

20 건설기술 진흥법령상 건설사고조사 위원회의 구성 기준 중 다음 ( )에 알맞은 것은?

> 건설사고조사위원회의 위원장 1명을 포함한 ( )명 이내의 위원으로 구성한다.

① 9　　② 10
③ 11　　④ 12

해설

건설사고 조사위원회 위원구성 및 임기
① 위원수 : 12명 이내
② 임기 : 2년

KEY ① 2018년 4월 28일 출제
② 2018년 9월 15일 출제

2　산업심리 및 교육

21 안드라고지(Andragogy) 모델에 기초한 학습자로서의 성인의 특징과 가장 거리가 먼 것은?

① 성인들은 타인 주도적 학습을 선호한다.
② 성인들은 과제 중심적으로 학습하고자 한다.
③ 성인들은 다양한 경험을 가지고 학습에 참여한다.
④ 성인들은 왜 배워야 하는지에 대해 알고자 하는 욕구를 가지고 있다.

해설

Andragogy(안드라고지) 모델의 성인의 특징
① 성인들은 자기 주도적으로 학습하고자 한다.
② 성인들은 많은 다양한 경험을 가지고 학습에 참여한다.
③ 성인들은 왜 배워야 하는지에 대해 알고자 하는 욕구를 가지고 있다.
④ 성인들은 과제 중심적(문제 중심적)으로 학습하고자 한다.
⑤ 성인들은 학습을 하려는 강한 내·외적 동기를 가지고 있다.

KEY ① 2011년 10월 2일(문제 30번) 출제
② 2014년 5월 25일(문제 24번) 출제
③ 2018년 4월 28일(문제 33번) 출제

[정답] 18 ③　19 ①　20 ④　21 ①

| 보충학습 |
Andragogy(안드라고지)의 어원
Andragogy는 그리스어인 paid(아동)와 agogos(지도하다)에서 나온 용어로 '아동을 가르치는 기술과 과학'의 의미를 가지며 Andragogy는 Andros(성인)를 핵심으로 하는 '성인을 돕는 기술과 과학'이라는 의미를 갖고 있다.

22 산업심리에서 활용되고 있는 개인적인 카운슬링 방법에 해당하지 않는 것은?

① 직접 충고   ② 설득적 방법
③ 설명적 방법   ④ 토론적 방법

| 해설 |
개인적인 카운슬링(counseling) 방법
① 직접 충고(수칙 불이행시 적합)
② 설득적 방법
③ 설명적 방법

KEY ▶ 2017년 3월 5일 산업기사 출제

23 안전태도교육 기본과정을 순서대로 나열한 것은?

① 청취 → 모범 → 이해 → 평가 → 장려·처벌
② 청취 → 평가 → 이해 → 모범 → 장려·처벌
③ 청취 → 이해 → 모범 → 평가 → 장려·처벌
④ 청취 → 평가 → 모범 → 이해 → 장려·처벌

| 해설 |
제3단계 : 태도교육의 기본 과정 순서
생활지도, 작업 동작 지도 등을 통한 안전의 습관화
① 청취한다.
② 이해, 납득시킨다.
③ 모범(시범)을 보인다.
④ 권장(평가)한다.
⑤ 칭찬(장려)한다.
⑥ 벌(처벌)을 준다.

KEY ▶ ① 2016년 10월 1일 출제
② 2018년 4월 28일 출제
③ 2019년 4월 27일 산업기사 출제
④ 2019년 9월 21일 출제

24 안전심리의 5대 요소에 관한 설명으로 틀린 것은?

① 기질이란 감정적인 경향이나 반응에 관계되는 성격의 한 측면이다.
② 감정은 생활체가 어떤 행동을 할 때 생기는 객관적인 동요를 뜻한다.
③ 동기는 능동적인 감각에 의한 자극에서 일어난 사고의 결과로서 사람의 마음을 움직이는 원동력이 되는 것이다.
④ 습성은 한 종에 속하는 개체의 대부분에서 볼 수 있는 일정한 생활양식으로 본능, 학습, 조건반사 등에 따라 형성된다.

| 해설 |
감정(emotion)
① 감정이란 지각, 사고 등과 같이 대상의 성질을 아는 작용이 아니고 희로애락 등의 의식을 말한다.
② 사람의 감정은 안전과 밀접한 관계를 가지고 사고를 일으키는 정신적 동기를 만든다.

KEY ▶ ① 2016년 5월 8일 출제
② 2018년 3월 4일, 8월 19일 산업기사 출제
③ 2018년 9월 15일 출제
④ 2019년 4월 27일 기사, 산업기사 출제
⑤ 2019년 8월 4일 출제
⑥ 2020년 8월 22일, 9월 27일 출제
⑦ 2021년 3월 7일 출제

| 보충학습 |
안전심리의 5요소
① 동기   ② 기질   ③ 감정   ④ 습성   ⑤ 습관

25 어느 철강회사의 고로작업라인에 근무하는 S씨의 작업강도가 힘든 중작업으로 평가되었다면 해당되는 에너지대사율(RMR)의 범위로 가장 적절한 것은?

① 0~1   ② 2~4
③ 4~7   ④ 7~10

| 해설 |
RMR범위(작업강도 구분)
① 0~2RMR(가벼운 작업)
② 2~4RMR(보통 작업)
③ 4~7RMR(힘든 작업)
④ 7RMR 이상(굉장히 힘든 작업)

[정답] 22 ④   23 ③   24 ②   25 ③

KEY
① 2016년 10월 1일 산업기사 출제
② 2018년 3월 4일 출제

26 호손(Hawthorne) 실험의 결과 생산성 향상에 영향을 준 가장 큰 요인은?

① 생산 기술
② 임금 및 근로시간
③ 인간 관계
④ 조명 등 작업환경

해설

호손(Hawthorne)공장 실험
① 인간관계 관리의 개선을 위한 연구로 미국의 메이요(E.Mayo, 1880~1949) 교수가 주축이 되어 호손 공장에서 실시되었다.
② 작업능률을 좌우하는 것은 단지 임금, 노동시간 등의 노동조건과 조명, 환기, 그 밖에 작업환경으로서의 물적 조건보다 종업원의 태도, 즉 심리적, 내적 양심과 감정이 중요하다.
③ 물적 조건도 그 개선에 의하여 효과를 가져올 수 있으나 종업원의 심리적 요소가 더욱 중요하다.
④ 결론은 인간관계가 작업 및 작업설계에 영향을 준다.

KEY
① 2018년 3월 4일 출제
② 2018년 9월 15일 출제
③ 2019년 4월 27일 출제
④ 2019년 9월 21일 산업기사 출제
⑤ 2020년 9월 5일 출제

27 의식수준이 정상이지만 생리적 상태가 적극적일 때에 해당하는 것은?

① Phase 0
② Phase I
③ Phase III
④ Phase IV

해설

의식 레벨의 단계적 분류(日本 하시모토 쿠니에 제시)

phase	의식의 상태	주의의 작용
0	무신경, 실신(무의식상태)	0
I	이상, 의식불명(피로)	부주의
II	정상	수동적, 심적내향
III	정상, 명쾌	적극적, 심적외향
IV	과긴장	일점에 고정

KEY
① 2016년 10월 1일 산업기사 출제
② 2017년 5월 7일 출제
③ 2018년 4월 28일 출제
④ 2018년 9월 15일 산업기사 출제
⑤ 2019년 3월 3일 출제
⑥ 2020년 9월 27일 출제
⑦ 2021년 3월 7일(문제 40번) 출제

28 권한의 근거는 공식적이며, 지휘형태가 권위주의적이고 임명되어 권한을 행사하는 지도자로 옳은 것은?

① 헤드십(head ship)
② 리더십(leader ship)
③ 멤버십(member ship)
④ 매니저십(manager ship)

해설

leadership과 headship의 비교

개인과 상황 변수	leadership	headship
권한 행사	선출된 리더	임명적 헤드
권한 부여	밑으로부터 동의	위에서 위임
권한 귀속	집단 목표에 기여한 공로 인정	공식화된 규정에 의함
상사와 부하와의 관계	개인적인 영향	지배적
부하와의 사회적 관계 (간격)	좁음	넓음
지휘 형태	민주주의적	권위주의적
책임 귀속	상사와 부하	상사
권한 근거	개인적	법적 또는 공식적

KEY
① 2016년 3월 6일, 8월 21일, 10월 1일 출제
② 2017년 5월 7일, 9월 23일 출제
③ 2018년 3월 4일 기사, 산업기사 출제
④ 2018년 8월 19일 산업기사 출제
⑤ 2019년 9월 21일 산업기사 출제
⑥ 2020년 8월 23일 산업기사 출제
⑦ 2020년 9월 27일 출제

29 교육법의 4단계 중 일반적으로 적용시간이 가장 긴 것은?

① 도입
② 제시
③ 적용
④ 확인

해설

단계별 교육시간

교육법의 4단계	강의식	토의식
1단계 : 도입	5분	5분
2단계 : 제시	40분	10분
3단계 : 적용	10분	40분
4단계 : 확인	5분	5분

[정답] 26 ③   27 ③   28 ①   29 ②

과년도 출제문제

KEY
① 2016년 5월 8일 산업기사 출제
② 2019년 3월 3일 출제

합격자의 조언
토의식이라는 조건이 없으며 항상 강의식을 말합니다.

보충학습
전이타당도 : 훈련에 참가한 사람들이 직무복귀 후 실제직무 수행에서 훈련효과를 보이는 정도

30 다음의 내용에서 교육지도의 5단계를 순서대로 바르게 나열한 것은?

[다음]
㉠ 가설의 설정   ㉡ 결론
㉢ 원리의 제시   ㉣ 관련된 개념의 분석
㉤ 자료의 평가

① ㉢ → ㉣ → ㉠ → ㉤ → ㉡
② ㉠ → ㉢ → ㉣ → ㉤ → ㉡
③ ㉢ → ㉠ → ㉣ → ㉤ → ㉡
④ ㉠ → ㉢ → ㉤ → ㉣ → ㉡

해설
교육지도의 5단계
① 제1단계 : 원리의 제시
② 제2단계 : 관련된 개념의 분석
③ 제3단계 : 가설의 설정
④ 제4단계 : 자료의 평가
⑤ 제5단계 : 결론

31 훈련에 참가한 사람들이 직무에 복귀한 후에 실제 직무수행에서 훈련효과를 보이는 정도를 나타내는 것은?

① 전이 타당도   ② 교육 타당도
③ 조직간 타당도   ④ 조직내 타당도

해설
타당도가 높은 적성검사
(1) 구성(인) 타당도
  ① 수렴타당도
  ② 변별타당도
(2) 준거관련 타당도
  ① 동시타당도
  ② 예측타당도
(3) 내용타당도
(4) 안면타당도
(5) 검사·재검사 신뢰도

32 인간의 적응기제(Adjustment mechanism) 중 방어적 기제에 해당하는 것은?

① 보상   ② 고립
③ 퇴행   ④ 억압

해설
적응기제의 분류

KEY
① 2021년 3월 7일 등 10회 이상 출제
② 2022년 4월 24일(문제 21번) 출제

33 착각현상 중에서 실제로는 움직이지 않는데 움직이는 것처럼 느껴지는 심리적인 현상은?

① 잔상   ② 원근 착시
③ 가현운동   ④ 기하학적 착시

해설
가현운동
객관적으로 정지하고 있는 대상물이 급속히 나타나든가 소멸하는 것으로 인하여 일어나는 운동으로 마치 대상물이 운동하는 것처럼 인식되는 현상을 말한다.(예) β운동 : 영화 영상의 방법)

KEY
① 2016년 10월 1일 출제
② 2017년 5월 7일 산업기사 출제
③ 2018년 9월 15일 출제
④ 2019년 4월 27일 출제
⑤ 2020년 9월 27일 출제

[정답] 30 ① 31 ① 32 ① 33 ③

34 다음 설명의 리더십 유형은 무엇인가?

과업을 계획하고 수행하는데 있어서 구성원과 함께 책임을 공유하고 인간에 대하여 높은 관심을 갖는 리더십

① 권위적 리더십
② 독재적 리더십
③ 민주적 리더십
④ 자유방임형 리더십

해설

리더십의 3가지 유형
① 권위형 : 지도자가 모든 정책을 단독적으로 결정하기 때문에 부하직원들은 오로지 따르기만 하면 된다.
② 민주형 : 혼자 정책을 결정하려 하지 않고 집단토론이나 집단 결정을 통해서 정책을 결정한다.
③ 자유방임형 : 지도자가 집단구성원에게 완전히 자유를 주는 경우로서 그는 전혀 리더십을 행사하지 않고 단지 명목적인 리더의 자리만 지킨다.

KEY
① 2017년 8월 26일 산업기사 출제
② 2018년 9월 15일 출제

35 교육의 3요소를 바르게 나열한 것은?

① 교사 – 학생 – 교육재료
② 교사 – 학생 – 교육환경
③ 학생 – 교육환경 – 교육재료
④ 학생 – 부모 – 사회 지식인

해설

안전교육의 3요소

분류 \ 요소	교육의 주체	교육의 객체	교육의 매개체
형식적 교육	교도자(강사)	교육생 (수강자 : 대상)	교육자료 (교재 : 내용)
비형식적 교육	부모, 형, 선배, 사회인사	자녀와 미성숙자	교육적 환경, 인간관계

KEY
① 2017년 3월 5일, 5월 7일 출제
② 2017년 8월 26일 산업기사 출제
③ 2018년 8월 19일 산업기사 출제
④ 2019년 8월 4일 출제
⑤ 2020년 6월 7일 출제
⑥ 2020년 6월 14일 산업기사 출제

36 맥그리거(Douglas Mcgregor)의 X, Y이론 중 X이론과 관계 깊은 것은?

① 근면, 성실
② 물질적 욕구 추구
③ 정신적 욕구 추구
④ 자기통제에 의한 자율관리

해설

McGregor의 X, Y이론

X 이론의 특징	Y 이론의 특징
인간 불신감	상호 신뢰감
성악설	성선설
인간은 원래 게으르고 태만하여 남의 지배를 받기를 즐긴다.	인간은 부지런하고 근면 적극적이며 자주적이다.
물질 욕구(저차원 욕구)	정신욕구(고차원 욕구)
명령 통제에 의한 관리	목표 통합과 자기통제에 의한 자율관리
저개발국형	선진국형

KEY
① 2016년 3월 6일, 5월 8일 출제
② 2017년 9월 23일 출제
③ 2018년 3월 4일 출제
④ 2019년 3월 3일 출제
⑤ 2020년 6월 7일 출제

37 Off.J.T의 특징이 아닌 것은?

① 우수한 강사를 확보할 수 있다.
② 교재, 시설 등을 효과적으로 이용할 수 있다.
③ 개개인의 능력 및 적성에 적합한 세부 교육이 가능하다.
④ 다수의 대상자를 일괄적, 체계적으로 교육을 시킬 수 있다.

[정답] 34 ③ 35 ① 36 ② 37 ③

> **해설**
>
> **OJT와 OFF JT 특징**
>
> | OJT의 특징 | OFF JT의 특징 |
> | --- | --- |
> | ① 개개인에게 적절한 지도훈련이 가능하다. | ① 다수의 근로자에게 조직적 훈련을 행하는 것이 가능하다. |
> | ② 직장의 실정에 맞게 구체적이고 실제적 훈련이 가능하다. | ② 훈련에만 전념하게 된다. |
> | ③ 즉시 업무에 연결되는 관계로 몸과 관련이 있다. | ③ 각자 전문가를 강사로 초청하는 것이 가능하다. |
> | ④ 훈련에 필요한 업무의 계속성이 끊어지지 않는다. | ④ 특별 설비기구를 이용하는 것이 가능하다. |
> | ⑤ 효과가 곧 업무에 나타나며 훈련의 좋고 나쁨에 따라 개선이 쉽다. | ⑤ 각 직장의 근로자가 많은 지식이나 경험을 교류할 수 있다. |
> | ⑥ 훈련효과를 보고 상호 신뢰, 이해도가 높아지는 것이 가능하다. | ⑥ 교육 훈련 목표에 대하여 집단적 노력이 흐트러질 수 있다. |
>
> **KEY** ▶ 2021년 3월 7일 (문제 29번) 등 20회 이상 출제

38 직무수행평가에 대해 효과적인 피드백의 원칙에 대한 설명으로 틀린 것은?

① 직무수행 성과에 대한 피드백의 효과가 항상 긍정적이지는 않다.
② 피드백은 개인의 수행 성과뿐만 아니라 집단의 수행 성과에도 영향을 준다.
③ 부정적 피드백을 먼저 제시하고 그 다음에 긍정적 피드백을 제시하는 것이 효과적이다.
④ 직무수행 성과가 낮을 때, 그 원인을 능력 부족의 탓으로 돌리는 것보다 노력 부족탓으로 돌리는 것이 더 효과적이다.

> **해설**
>
> **피드백의 원칙**
> ① 긍정적 피드백을 먼저 제시한다.
> ② 태도 교육의 원칙에서도 상을 먼저 준다.
>
> **KEY** ▶ 2021년 5월 15일(문제 23번) 출제

39 스트레스(stress)에 영향을 주는 요인 중 환경이나 외적 요인에 해당하는 것은?

① 자존심의 손상
② 현실에의 부적응
③ 도전의 좌절과 자만심의 상충
④ 직장에서의 대인관계 갈등과 대립

> **해설**
>
> **스트레스의 자극요인**
> ① 자존심의 손상(내적요인)
> ② 업무상의 죄책감(내적요인)
> ③ 현실에서의 부적응(내적요인)
> ④ 직장에서의 대인 관계상의 갈등과 대립(외적요인)
>
> **KEY** ▶ ① 2018년 4월 28일 출제
> ② 2019년 8월 4일 출제

40 참가자 앞에서 소수의 전문가들이 과제에 관한 견해를 자유롭게 토의한 후 참가자 전원이 참가하여 사회자의 사회에 따라 토의하는 방법은?

① 포럼(forum)
② 심포지엄 (symposium)
③ 버즈 세션(buzz session)
④ 패널 디스커션(panel discussion)

> **해설**
>
> **패널 디스커션(Panel Discussion : Workshop)**
> ① 패널 멤버(교육과제에 정통한 전문가 4~5명)가 피교육자 앞에서 자유로이 토의
> ② 피교육자 전원이 참가하여 사회자의 사회에 따라 토의하는 방법
>
> 한두 명의 발제자가 주제에 대한 발표 → 4~5명의 패널이 참석자 앞에서 자유로운 논의 → 사회자에 의해 참가자의 의견을 들으면서 상호 토의
>
> [그림] 패널 디스커션
>
> **KEY** ▶ ① 2016년 3월 6일 출제
> ② 2017년 5월 7일 산업기사 출제
> ③ 2017년 9월 23일 출제
> ④ 2018년 3월 4일 출제

[정답] 38 ③ 39 ④ 40 ④

3 인간공학 및 시스템안전공학

41 일반적인 화학설비에 대한 안전성 평가(safety assessment) 절차에 있어 안전대책 단계에 해당되지 않는 것은?

① 보전
② 위험도 평가
③ 설비적 대책
④ 관리적 대책

해설

제4단계 : 안전대책 수립
① 설비 등에 관한 대책(위험등급 1·2등급의 물적 안전조치 사항)
② 위험등급 3등급시 설비 등에 관한 대책
③ 관리적 대책(인원 배치, 교육훈련·보전)

KEY 2018년 9월 15일 출제

보충학습

안전성 평가의 6단계
① 1단계 : 관계자료의 정비 검토
② 2단계 : 정성적 평가
③ 3단계 : 정량적 평가
④ 4단계 : 안전대책
⑤ 5단계 : 재해정보에 의한 재평가
⑥ 6단계 : FTA에 의한 재평가

💬 합격자의 조언
함정이 있는 문제입니다.

42 의도는 올바른 것이었지만, 행동이 의도한 것과는 다르게 나타나는 오류는?

① Slip
② Mistake
③ Lapse
④ Violation

해설

인간의 오류 5가지 모형

구분	특징
착각(Illusion)	감각적으로 물리현상을 왜곡하는 지각 오류
착오(Mistake)	상황해석을 잘못하거나 목표를 잘못 이해하고 착각하여 행하는 인간의 실수로 위치, 순서, 패턴, 형상, 기억오류 등 외부적 요인에 의해 나타나는 오류
실수(Slip)	의도는 올바른 것이었지만, 행동이 의도한 것과는 다르게 나타나는 오류
건망증(Lapse)	일련의 과정에서 일부를 빠뜨리거나 기억의 실패에 의해 발생하는 오류
위반(Violation)	정해진 규칙을 알고 있음에도 의도적으로 따르지 않거나 무시한 경우에 발생하는 오류

KEY
① 2009년 5월 10일(문제 35번) 출제
② 2017년 8월 26일 출제
③ 2019년 3월 3일(문제 21번) 출제
④ 2019년 4월 27일(문제 47번) 출제

43 2021년 S작업장의 설비 3대에서 각각 80[dB], 86[dB], 78 [dB]의 소음이 발생되고 있을 때 작업장의 음압수준은?

① 약 81.3[dB]
② 약 85.5[dB]
③ 약 87.5[dB]
④ 약 90.3[dB]

해설

음압수준(PWL)

$$PWL = 10\log(10^{\frac{A_1}{10}} + 10^{\frac{A_2}{10}} + 10^{\frac{A_3}{10}})$$
$$= 10\log(10^{\frac{80}{10}} + 10^{\frac{86}{10}} + 10^{\frac{78}{10}})$$
$$≒ 87.5[dB]$$

44 위험분석기법 중 고장이 시스템의 손실과 인명의 사상에 연결되는 높은 위험도를 가진 요소나 고장의 형태에 따른 분석법은?

① CA
② ETA
③ FHA
④ FTA

해설

위험도평가 용어정의
① FMEA : 가장 일반적이고 전형적인 방법, 정성적, 귀납적 해석방법
② CA : 위험성이 높은 요소, 직접 시스템의 손상이나 인원의 사상에 연결되는 요소에 대해서 특별한 주의와 해석이 필요하며 항공기 안전성 평가에 적용
③ FTA : 결함수 분석법
④ ETA
 ㉮ 귀납적, 정량적 방법이며 작성은 좌에서 우로, 성공사상은 상측에, 실패사상은 하측에 분기된다.
 ㉯ ETA에서 분기된 각 사상의 확률의 합은 항상 10이다.

[정답] 41 ② 42 ① 43 ③ 44 ①

45 설비보전 방법 중 설비의 열화를 방지하고 그 진행을 지연시켜 수명을 연장하기 위한 점검, 청소, 주유 및 교체 등의 활동은?

① 사후 보전
② 개량 보전
③ 일상 보전
④ 보전 예방

해설

보전의 구분
① 사후보전 : 고장이 발생한 이후에 시스템을 원래 상태로 되돌리는 것
② 보전예방 : 유지보수가 필요없는 설비를 만들기 위해 설계단계부터 개선사항 등을 반영하는 관리체계. 즉, 설계부터 근원적으로 고장이 나지 않도록 '보전이 불필요한 설비'를 만드는 것
③ 개량보전 : 설비가 고장난 후에 설계변경, 부품의 개선 등으로 수명을 연장하거나 수리검사가 용이하도록 설비 자체의 체질개선을 꾀하는 보전방식
④ 일상보전 : 설비보전방법 중 설비의 열화를 방지시키고 그 진행을 지연시켜 수명을 연장하기 위한 점검. 청소, 주유 및 교체 등의 활동

46 인간-기계시스템 설계과정 중 직무분석을 하는 단계는?

① 제1단계 : 시스템의 목표와 성능명세 결정
② 제2단계 : 시스템의 정의
③ 제3단계 : 기본 설계
④ 제4단계 : 인터페이스 설계

해설

인간-기계 시스템 설계 3단계 : 기본설계
① 작업설계
② 직무분석
③ 기능할당
④ 인간성능-요건명세

KEY ① 2016년 3월 6일, 10월 1일 출제
② 2019년 9월 21일 산업기사 출제
③ 2020년 9월 27일 출제

47 인간공학 연구방법 중 실제의 제품이나 시스템이 추구하는 특성 및 수준이 달성 되는지를 비교하고 분석하는 연구는?

① 조사연구
② 실험연구
③ 분석연구
④ 평가연구

해설

평가연구
실제의 제품이나 시스템이 추구하는 특성 및 수준이 달성되는지 비교분석 하는 연구

KEY 2016년 10월 1일 출제

48 FT도에서 시스템의 신뢰도는 얼마인가?(단, 모든 부품의 발생확률은 0.1 이다.)

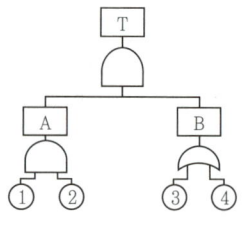

① 0.0033
② 0.0062
③ 0.9981
④ 0.9936

해설

신뢰도 계산
① T = A × B = 0.01 × 0.19 = 0.0019
② A = ① × ② = 0.1 × 0.1 = 0.01
③ B = 1 − (1 − ③)(1 − ④) = 1 − (1 − 0.1)(1 − 0.1) = 0.19
④ 신뢰도 = 1 − 불신뢰도 = 1 − 0.0019 = 0.9981

KEY 2019년 9월 21일 출제

49 두 가지 상태 중 하나가 고장 또는 결함으로 나타나는 비정상적인 사건은?

① 톱사상
② 결함사상
③ 정상적인 사상
④ 기본적인 사상

해설

결함사상
두 가지 상태 중 하나가 고장 또는 결함으로 나타나는 비정상적인 사건(event)

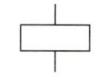

[그림] 결함사상

KEY 2019년 9월 21일 출제

[정답] 45 ③   46 ③   47 ④   48 ③   49 ②

50 음량수준을 평가하는 척도와 관계없는 것은?

① dB
② HSI
③ phon
④ sone

해설

음의 크기의 수준
① Phon : 1,000[Hz] 순음의 음압수준(dB)을 나타낸다.
② sone : 1,000[Hz], 40[dB]의 음압수준을 가진 순음의 크기(40[Phon])를 1[sone]이라 한다.
③ sone과 Phon의 관계식
∴ sone치 = $2^{(phon-40)/10}$
④ 인식소음 수준
 ㉮ PN[dB](perceived noise level)의 척도는 910~1,090[Hz]대의 소음 음압수준
 ㉯ PL[dB](perceived level of noise)의 척도는 3,150 [Hz]에 중심을 둔 1/3 옥타브대 음을 기준으로 사용
⑤ 음압레벨(PWL, Sound Power Lever)

PWL = $10\log\left(\dfrac{P}{P_0}\right)$dB

(P : 음압[Watt], P_0 : 기준의 음압 10~12[Watt])

KEY
① 2015년 8월 16일(문제 22번) 출제
② 2016년 3월 6일 기사, 산업기사 동시 출제
③ 2019년 3월 3일(문제 29번) 출제
④ 2019년 4월 27일(문제 59번) 출제

보충학습
① HSI(human-system interface) : 인간-시스템 인터페이스
② HSI(Heat stress Index) : 열압박지수

51 동작경제의 원칙과 가장 거리가 먼 것은?

① 급작스런 방향의 전환은 피하도록 할 것
② 가능한 관성을 이용하여 작업하도록 할 것
③ 두 손의 동작은 같이 시작하고 같이 끝나도록 할 것
④ 두 팔의 동작은 동시에 같은 방향으로 움직일 것

해설

동작 개선의 원칙
① 두팔의 동작은 동시에 서로 반대 방향으로 합니다.
② 우리의 일상생활(예) 제식훈련)

KEY
① 2006년 8월 6일 출제
② 2010년 3월 7일 출제
③ 2018년 3월 4일 출제
④ 2019년 3월 3일 출제

합격팁
① 건설안전기사 필기 p.3-96(3. 동작경제의 원칙)
② 2021년 3월 7일 산업심리 및 교육출제

52 FTA에서 사용하는 다음 사상기호에 대한 설명으로 맞는 것은?

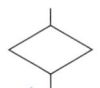

① 시스템 분석에서 좀 더 발전시켜야 하는 사상
② 시스템의 정상적인 가동상태에서 일어날 것이 기대되는 사상
③ 불충분한 자료로 결론을 내릴 수 없어 더 이상 전개 할 수 없는 사상
④ 주어진 시스템의 기본사상으로 고장원인이 분석되었기 때문에 더 이상 분석할 필요가 없는 사상

해설

생략사상
① 정보부족(불충분한 자료), 해석기술의 불충분으로 더 이상 전개할 수 없는 사상
② 작업진행에 따라 해석이 가능할 때는 다시 속행한다.

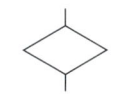

[그림] FTA기호 : 생략사상

KEY
① 2017년 8월 26일 출제
② 2017년 5월 7일 출제

53 욕조곡선에서의 고장 형태에서 일정한 형태의 고장률이 나타나는 구간은?

① 초기 고장구간
② 마모 고장구간
③ 피로 고장구간
④ 우발 고장구간

해설

고장형태 3가지
① 초기고장 : 감소형(DFR : Decreasing Failure Rate) – 디버깅기간, 번인 기간
② 우발고장 : 일정형(CFR : Constant Failure Rate) – 내용 수명
③ 마모고장 : 증가형(IFR : Increasing Failure Rate) – 정기진단(검사)

[정답] 50 ② 51 ④ 52 ③ 53 ④

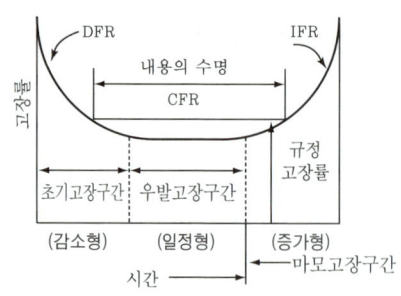

[그림] 기계설비 고장유형

KEY ① 2018년 8월 19일 출제
② 2019년 8월 4일 산업기사 출제

54 감각저장으로부터 정보를 작업기억으로 전달하기 위한 코드화 분류에 해당되지 않는 것은?

① 시각코드 ② 촉각코드
③ 음성코드 ④ 의미코드

해설

코드화 분류
① 시각코드
② 음성코드
③ 의미코드

55 중량물 들기 작업 시 5분간의 산소소비량을 측정한 결과 90[L]의 배기량 중에 산소가 16[%], 이산화탄소가 4[%]로 분석되었다. 해당 작업에 대한 산소소비량[L/min]은 약 얼마인가?(단, 공기 중 질소는 79[vol%], 산소는 21[vol%]이다.)

① 0.948   ② 1.948
③ 4.74   ④ 5.74

해설

산소 소비량 계산
① 분당 배기량 :
$V_2 = \dfrac{총\ 배기량}{시간} = \dfrac{90}{5} = 18[L/min]$
② 분당 흡기량 :
$V_1 = \dfrac{(100-O_2-CO_2)}{79} \times V_2 = \dfrac{(100-16-4)}{79} \times 18 = 18.23[L/min]$
③ 분당 산소소비량 :
$= (V_1 \times 21[\%]) - (V_2 \times 16[\%]) = (18.23 \times 0.21) - (18 \times 0.16)$
$= 0.948[L/min]$

KEY 2017년 3월 5일 산업기사 출제

56 어떤 설비의 시간당 고장률이 일정하다고 할 때 이 설비의 고장간격은 다음 중 어떤 확률분포를 따르는가?

① t분포
② 와이블분포
③ 지수분포
④ 아이링(Eyring)분포

해설

지수분포
설비의 시간당 고장률이 일정하다고 할 때 이 설비 고장간격의 확률분포

57 시스템 수명주기에 있어서 예비 위험분석(PHA)이 이루어지는 단계에 해당하는 것은?

① 구상단계 ② 점검단계
③ 운전단계 ④ 생산단계

해설

PHA의 목적
① 시스템 개발 단계에서 시스템 고유의 위험 영역을 식별
② 예상되는 재해의 위험 수준을 구상단계에서 적용하고 평가

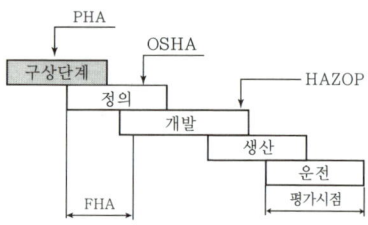

[그림] PHA·OSHA·FHA·HAZOP

KEY ① 2012년 3월 4일 출제
② 2016년 5월 8일 산업기사 출제
③ 2018년 8월 19일 출제
④ 2019년 3월 3일, 9월 21일 출제
⑤ 2020년 6월 7일 출제
⑥ 2020년 6월 14일 산업기사 출제

[정답] 54 ②　55 ①　56 ③　57 ①

58 실효 온도(effective temperature)에 영향을 주는 요인이 아닌 것은?

① 온도　　② 습도
③ 복사열　④ 공기 유동

해설

실효온도에 영향을 주는 요인
① 온도
② 습도
③ 기류(대류 : 공기유동)

KEY ① 2015년 8월 16일 산업기사 출제
② 2018년 8월 19일 산업기사 출제

합격팁

열교환(증발)에 영향을 주는 4요소
① 기온
② 습도
③ 복사온도
④ 대류

59 일반적으로 은행의 접수대 높이나 공원의 벤치를 설계할 때 가장 적합한 인체 측정 자료의 응용 원칙은?

① 조절식 설계
② 평균치를 이용한 설계
③ 최대치수를 이용한 설계
④ 최소치수를 이용한 설계

해설

평균치를 기준으로 한 설계
최대치수나 최소치수 조절식으로 하기가 곤란할 때 평균치를 기준으로 하여 설계(예) ① 은행창구 ② 슈퍼마켓 계산대)

KEY ① 2016년 10월 1일 출제
② 2017년 3월 5일, 9월 23일 산업기사 출제
③ 2017년 8월 26일 출제
④ 2018년 3월 4일 산업기사 출제
⑤ 2019년 8월 4일, 9월 21일 출제

합격팁

인간계측자료의 응용 3원칙
① 최대치수와 최소치수 설계(극단치 설계)
② 조절범위(조절식) 설계
③ 평균치를 기준으로 한 설계

60 정보를 전송하기 위해 청각적 표시장치보다 시각적 표시장치를 사용하는 것이 더 효과적인 경우는?

① 정보의 내용이 간단한 경우
② 정보가 후에 재참조되는 경우
③ 정보가 즉각적인 행동을 요구하는 경우
④ 정보의 내용이 시간적인 사건을 다루는 경우

해설

정보전송방법
① 시각적 표시장치 사용 : ②
② 청각적 표시장치 사용 : ①, ③, ④

KEY ① 2017년 5월 7일 산업기사 출제
② 2018년 3월 4일, 4월 28일, 8월 19일, 9월 15일 산업기사 출제
③ 2019년 4월 27일, 9월 21일 산업기사 출제
④ 2019년 8월 4일 출제
⑤ 2020년 6월 7일 출제
⑥ 2021년 3월 2일 PBT 출제
⑦ 2021년 3월 7일 (문제 53번) 출제

합격자의 조언
최근문제(정보)가 당락을 결정합니다.

4　건설시공학

61 지반개량공법 중 배수공법이 아닌 것은?

① 집수정공법
② 동결공법
③ 웰 포인트 공법
④ 깊은 우물 공법

해설

동결공법
① 지반에 액체질소, 프레온가스를 직접 주입하거나 순환파이프로 동결시켜 지하수의 유입을 방지하는 공법
② 동결지반개량공법

[정답]　58 ③　59 ②　60 ②　61 ②

62 갱 폼(Gang Form)에 관한 설명으로 옳지 않은 것은?

① 대형화 패널 자체에 버팀대와 작업대를 부착하여 유니트화 한다.
② 수직, 수평 분할 타설 공법을 활용하여 전용도를 높인다.
③ 설치와 탈형을 위하여 대형 양중장비가 필요하다.
④ 두꺼운 벽체를 구축하기에는 적합하지 않다.

해설

갱폼
① 대형벽체거푸집과 외벽의 두꺼운 벽체사용
② 인력절감 및 재사용이 가능한 장점

KEY ① 2020년 8월 22일(문제 80번) 출제
② 2020년 9월 23일(문제 77번) 출제

63 말뚝재하시험의 주요목적과 거리가 먼 것은?

① 말뚝길이의 결정
② 말뚝 관입량 결정
③ 지하수위 추정
④ 지지력 추정

해설

말뚝재하시험
① 말뚝의 설계를 하거나 안정성을 확인하기 위해 재하 시험을 하는 경우가 많다.
② 재하 방법에 따라 연직·수평·인발로 분류되며 말뚝의 개수, 하중이 걸리는 법 등에 따라 여러 가지 방법이 있다.
③ 재하시험은 실제의 말뚝에 하중을 가해 지지력을 확인하기 때문에 지지력의 결정법으로서 신뢰성이 높다.
④ 목적은 말뚝길이 결정, 말뚝관입량 결정, 지지력 추정 등

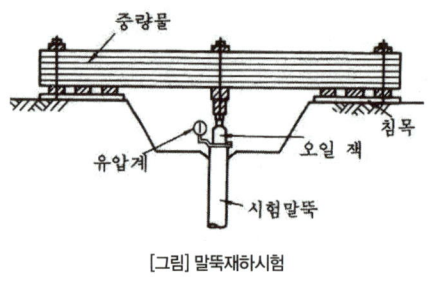
[그림] 말뚝재하시험

64 철근의 피복두께 확보 목적과 가장 거리가 먼 것은?

① 내화성 확보
② 내구성 확보
③ 구조내력의 확보
④ 블리딩 현상 방지

해설

철근 피복두께의 유지목적
① 내화성능 유지
② 내구성능 유지
③ 소요의 구조내력확보. 즉, 콘크리트의 유동성, 부착력, 강도확보 등

KEY 2018년 4월 28일(문제 65번) 출제

보충학습

블리딩(Bleeding)
굳지 않은 시멘트 풀·모르타르 및 콘크리트에 있어서 물이 윗면에 스며 오르는 현상

65 철근콘크리트 구조물(5~6층)을 대상으로 한 벽, 지하외벽의 철근 고임재 및 간격재의 배치표준으로 옳은 것은?

① 상단은 보 밑에서 0.5[m]
② 중단은 상단에서 2.0[m] 이내
③ 횡간격은 0.5[m]
④ 단부는 2.0[m] 이내

해설

배치표준

부위	종류	수량 또는 배치간격
기초	강재, 콘크리트	8[개/4m²] 20[개/16m²]
지중보	강재, 콘크리트	간격은 1.5[m] 단부는 1.5[m] 이내
벽, 지하외벽	강재, 콘크리트	상단 보 밑에서 0.5[m] 중단은 1.5[m] 이내 횡간격은 1.5[m] 단부는 1.5[m] 이내 1.0[m] 이상 3개
기둥	강재, 콘크리트	상단은 보밑 0.5[m] 이내 중단은 주각과 상단의 중간 기둥 폭방향은 1[m]까지 2개 1[m]이상 3개
보	강재, 콘크리트	간격은 1.5[m] 단부는 1.5[m]이내
슬래브	강재, 콘크리트	간격은 상·하부철근 각각 1.3[개/m²] 정도

[정답] 62 ④ 63 ③ 64 ④ 65 ①

66
유동화 콘크리트를 제조할 때 유동화제를 첨가하기 전 기본 배합 콘크리트인 베이스 콘크리트의 슬럼프 기준은?(단, 보통 콘크리트의 경우)

① 150[mm] 이하
② 180[mm] 이하
③ 210[mm] 이하
④ 240[mm] 이하

해설
유동화 콘크리트
① 일반 콘크리트에 시멘트 입자의 분산성이 우수한 고성능 감수제(유동화제)를 첨가하여 유동성을 높인 콘크리트를 말한다.
② 유동화 후에 원하는 품질을 얻을 수 있도록 시공 전에 베이스콘크리트(base concrete)의 재료와 배합, 유동화 방법, 치기, 양생 및 품질관리 등에 대해 세심한 주의가 요구된다.
③ 유동화콘크리트의 슬럼프는 작업에 적절한 범위 내에서 가능한 작아야 한다.
④ 슬럼프가 너무 크면 재료가 분리되거나 블리딩 현상이 나타나므로 21[cm] 이하(단, 보통 콘크리트 150[mm] 이하)로 하는 것이 좋다.
⑤ 베이스콘크리트와 유동화콘크리트의 슬럼프 및 공기량 시험은 50[m³] 마다 한 차례씩 실시하도록 규정되어 있다.

67
조적식 구조에서 조적식 구조인 내력벽으로 둘러쌓인 부분의 최대 바닥면적은 얼마인가?

① 60[m²]   ② 80[m²]
③ 100[m²] ④ 120[m²]

해설
내력벽의 높이 및 길이
① 길이 : 10[m] 이하
② 높이 : 4[m] 이하
③ 바닥면적 : 80[m²] 이하

[법적기준]
제31조(내력벽의 높이 및 길이) ①조적식구조인 건축물중 2층 건축물에 있어서 2층 내력벽의 높이는 4미터를 넘을 수 없다.
② 조적식구조인 내력벽의 길이 [대린벽(對隣壁)의 경우에는 그 접합된 부분의 각 중심을 이은 선의 길이를 말한다. 이하 이 절에서 같다]는 10미터를 넘을 수 없다.
③ 조적식구조인 내력벽으로 둘러쌓인 부분의 바닥면적은 80제곱미터를 넘을 수 없다.

68
공사용 표준시방서에 기재하는 사항으로 거리가 먼 것은?

① 재료의 종류, 품질 및 사용처에 관한 사항
② 검사 및 시험에 관한 사항
③ 공정에 따른 공사비 사용에 관한 사항
④ 보양 및 시공 상 주의사항

해설
시방서 기재내용
① 공사전체의 개요
② 시방서의 적용범위, 공통주의사항
③ 시공방법(준비사항, 공사의 정도, 사용장비, 주의사항 등)
④ 사용재료(종류, 품질, 필요한 시험, 저장방법, 검사방법 등)
⑤ 특기사항

KEY ▶ 2017년 9월 23일 산업기사 출제

69
다음 각 기초에 관한 설명으로 옳은 것은?

① 온통기초 : 기둥 1개에 기초판이 1개인 기초
② 복합기초 : 2개 이상의 기둥을 1개의 기초판으로 받치게 한 기초
③ 독립기초 : 조적조의 벽을 지지하는 하부 기초
④ 연속기초 : 건물 하부 전체 또는 지하실 전체를 기초판으로 구성한 기초

해설
기초의 분류(Slab 형식에 의한 분류 : 얕은 기초)

구분	특징
독립기초	(Independent footing) : 단일기둥을 기초판이 받친다.
복합기초	(Combination footing) : 2개 이상 기둥을 한 기초판에 지지
연속기초	(줄기초 : Strip footing) : 연속된 기초판이 벽, 기둥을 지지
온통기초	(Mat foundation) : 건물하부 전체를 기초판으로 한 것

KEY ▶ ① 2017년 3월 5일 출제
② 2017년 9월 23일 출제
③ 2021년 3월 7일 출제
④ 2021년 3월 2일 PBT 출제

[정답] 66 ① 67 ② 68 ③ 69 ②

70 발주자가 직접 설계와 시공에 참여하고 프로젝트 관련자들이 상호 신뢰를 바탕으로 Team을 구성해서 프로젝트의 성공과 상호이익 확보를 공동 목표로 하여 프로젝트를 추진하는 공사수행 방식은?

① PM 방식(Project Management)
② 파트너링 방식(Partnering)
③ CM 방식(Construction Management)
④ BOT 방식(Build Operate Transfer)

해설
파트너링(Partnering)
발주자가 직접 설계, 시공에 참여하고 프로젝트 관련자들이 상호신뢰를 바탕으로 team을 구성해서 project의 성공과 상호이익확보를 공동목표로 하여 프로젝트를 집행, 관리하는 새로운 공사수행 방식

KEY 2016년 3월 6일 산업기사 출제

71 조적 벽면에서의 백화방지에 대한 조치로서 옳지 않은 것은?

① 소성이 잘 된 벽돌을 사용한다.
② 줄눈으로 비가 새어들지 않도록 방수처리한다.
③ 줄눈 모르타르에 석회를 혼합한다.
④ 벽돌벽의 상부에 비막이를 설치한다.

해설
백화현상의 방지대책
① 잘 구워진 벽돌(소성이 잘 된 벽돌)을 사용한다.
② 줄눈의 방수처리 철저, 예방이 중요하다.
③ 조립률이 큰 모래, 분말도가 큰 시멘트를 사용한다.
④ 차양, 루버, 돌림띠 등 비막이를 설치한다.
⑤ 표면에 파라핀 도료나 실리콘 뿜칠하여 수산화칼슘 유출을 방지한다.
⑥ 우중시공을 철저히 금지시킨다.

참고 건설안전기사 필기 p.4-100(합격날개 : 합격예측)

KEY ① 2017년 3월 5일 출제
② 2019년 9월 21일 출제

72 철근콘크리트 공사 중 거푸집 해체를 위한 검사가 아닌 것은?

① 각종 배관슬리브, 매설물, 인서트, 단열재 등 부착 여부
② 수직, 수평부재의 존치기간 준수 여부
③ 소요의 강도 확보 이전에 지주의 교환 여부
④ 거푸집 해체용 콘크리트 압축강도 확인시험 실시 여부

해설
거푸집 해체를 위한 검사의 종류
① 수직, 수평부재의 존치기간 준수 여부
② 소요의 강도 확보 이전에 지주의 교환 여부
③ 거푸집 해체용 콘크리트 압축강도 확인시험 실시 여부

73 다음 네트워크 공정표에서 주공정선에 의한 총 소요공기(일수)로 옳은 것은?(단, 결합점간 사이의 숫자는 작업일수임)

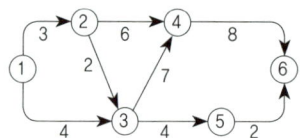

① 17일　② 19일
③ 20일　④ 22일

해설
주공정선(CP : Critical Path)
①+②+③+④+⑥=3+2+7+8=20[일]

KEY 2016년 5월 8일 출제

보충학습
① PERT(Program Evaluation & Review Technique)
PERT는 작업의 소요시간을 산정할 때 정상적인 시간, 비관적인 시간, 낙관적인 시간 등 3가지로 산정하여 이 없는 신규사업, 비반복 사업에 적용한다.
② CPM(Critical Path Method)
작업의 소요시간은 경험에 의해 한번의 시간추정으로 그친다. CPM은 공기설정에 있어서 최소비용 조건으로 MCX이론이 포함되어 있다.

[정답] 70 ②　71 ③　72 ①　73 ③

74 용접작업 시 주의사항으로 옳지 않은 것은?

① 용접할 소재는 수축 변형이 일어나지 않으므로 치수에 여분을 두지 않아야 한다.
② 용접할 모재의 표면에 녹·유분 등이 있으면 접합부에 공기포가 생기고 용접부의 재질을 약화시키므로 와이어 브러시로 청소한다.
③ 강우 및 강설 등으로 모재의 표면이 젖어있을 때나 심한 바람이 불 때는 용접하지 않는다.
④ 용접봉을 교환하거나 다층용접일 때는 슬래그와 스패터를 제거한다.

해설

용접작업시 주의사항
① 용접소재는 열을 가하면 팽창한다.
② 용접소재는 열을 식히면 수축한다.
③ 고로 치수에 여분을 두어야 한다.

KEY 2021년 3월 2일 PBT 출제

75 지하 연속벽 공법(slurry wall)에 관한 설명으로 옳지 않은 것은?

① 저진동, 저소음의 공법이다.
② 강성이 높은 지하구조체를 만든다.
③ 타 공법에 비하여 공기, 공사비 면에서 불리한 편이다.
④ 인접 구조물에 근접하도록 시공이 불가하여 대지 이용의 효율성이 낮다.

해설

slurry wall[지하연속벽(체)]공법의 특징
① 저소음, 저진동 공법으로 인접건물의 근접 시공이 가능하며 안정적 공법이다.
② 차수성이 우수하며 물막이 벽체로도 가능하다.
③ 벽체 강성이 커서 본구조체로 이용이 가능하며, 수평변위에 대해서 안정적이며 영구 지하 벽체나 깊은 기초 적용이 가능하다.
④ 임의형상 치수가 가능하며 지반조건에 좌우되지 않는다.
⑤ 타공법에 비해 시공비가 고가이며, 수평연속성이 부족하고, 장비가 크고 이동이 느리다.

KEY
① 2020년 8월 22일(문제 61번) 출제
② 2020년 9월 27일(문제 80번) 출제
③ 2022년 4월 24일(문제 65번) 출제

76 강재 중 SN 355 B에 관한 설명으로 옳지 않은 것은?

① 건축 구조물에 사용된다.
② 냉간 압연 강재 이다.
③ 강재의 두께가 6[mm] 이상 40[mm] 이하일 때 최소 항복강도가 355[N/mm^2] 이다.
④ 용접성에 있어 중간 정도의 품질을 갖고있다.

해설

SN335B : 내진용 강재

합격정보

KS 내진 철강 규격(2016년 12월 5일)

77 벽식 철근콘크리트 구조를 시공할 경우, 벽과 바닥의 콘크리트 타설을 한번에 가능하게 하기 위하여 벽체용 거푸집과 슬래브 거푸집을 일체로 제작하여 한번에 설치하고 해체할 수 있도록 한 시스템 거푸집은?

① 유로폼   ② 클라이밍폼
③ 슬립폼   ④ 터널폼

해설

터널폼(Tunnel Form)
① 벽과 바닥의 콘크리트 타설을 한 번에 할 수 있게 하기 위하여 벽체용 거푸집과 바닥 거푸집을 일체로 제작하여 한번에 설치하고 해체할 수 있도록 한 시스템거푸집
② 한 구획 전체 벽과 바닥판을 ㄱ자형 ㄷ자형으로 만들어 이동시키는 거푸집
③ 종류
  ㉮ 트윈 쉘(Twin shell)
  ㉯ 모노 쉘(Mono shell)

KEY
① 2016년 5월 8일 출제
② 2017년 3월 5일 산업기사(문제 57번) 출제

78 흙이 소성 상태에서 반고체 상태로 바뀔 때의 함수비를 의미하는 용어는?

① 예민비   ② 액성한계
③ 소성한계   ④ 소성지수

[정답] 74 ① 75 ④ 76 ② 77 ④ 78 ③

해설

소성한계시험
① 흙속에 수분이 거의 없고 바삭바삭한 상태의 정도를 알아보기 위한 시험
② 함수량에 따른 강도의 크기 : 수축한계 > 소성한계 > 액성한계

KEY ① 2010년 3월 7일(문제 43번) 출제
② 2017년 3월 5일 산업기사(문제 50번) 출제

79 분할도급 발주 방식 중 지하철공사, 고속도로공사 및 대규모 아파트단지 등의 공사에 채용하면 가장 효과적인 것은?

① 직종별 공종별 분할도급
② 공정별 분할도급
③ 공구별 분할도급
④ 전문공종별 분할도급

해설

분할 도급의 종류
① 전문공종별 분할도급 : 설비공사를 주체공사에서 분리하여 전문업자와 직접 계약하는 방식
② 공정별 분할도급 : 정지, 기초, 구체, 마무리 공사 등의 과정별로 나누어 도급주는 방식
③ 공구별 분할도급 : 대규모 공사에서 지역별로 공사를 구분하여 발주하는 방식

KEY ① 2017년 9월 23일 출제
② 2018년 4월 28일 출제
③ 2020년 8월 22일 출제

80 철골 세우기용 기계설비가 아닌 것은?

① 가이데릭   ② 스티프레그데릭
③ 진폴   ④ 드래그라인

해설

드래그라인(Drag line : 롤러형)
① 기계가 서 있는 위치보다 낮은 곳의 굴착에 좋다.
② 넓은 면적을 팔 수 있으나 파는 힘은 강력하지 못하다.
③ 굴삭깊이 : 8[m] 정도이다.
④ 선회각 : 110[°]까지 선회할 수 있다.
⑤ 용도 : 골재 채취

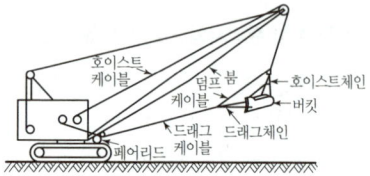

[그림] 드래그 라인

KEY ① 2017년 9월 23일 출제
② 2018년 9월 15일 산업기사 출제
③ 2019년 9월 21일 산업기사 출제
④ 2020년 8월 23일 산업기사 출제

5 건설재료학

81 석고보드에 관한 설명으로 옳지 않은 것은?

① 부식이 잘되고 충해를 받기 쉽다.
② 단열성, 차음성이 우수하다.
③ 시공이 용이하여 천장, 칸막이 등에 주로 사용된다.
④ 내수성, 탄력성이 부족하다.

해설

석고보드
① 개요
  ㉮ 1902년 미국에서 처음 발명된 석고보드는 소석고(두툼한 종이 사이 석고를 넣고 고온에 가열하여 얻은 결정수를 탈수한 것)와 톱밥, 섬유 등을 혼합하여 만든 벽체
  ㉯ 석고보드는 내부 마감을 위한 틀이 되어주는 것 외에도 흡음재, 방화재 등의 역할을 하기 때문에 다양한 건축물의 기초면으로 사용
② 석고보드 특징
  ㉮ 단열성 : 열전도율이 굉장히 낮은 편이라 더운 공기, 그리고 찬 공기를 차단하여 열효율성을 굉장히 높여준다.
  ㉯ 차음성 : 재질이 종이, 그리고 석고로 이루어져 있기 때문에 차음성능이 굉장히 뛰어나며 외부의 소음을 차단가능
  ㉰ 경제성 : 시공이 굉장히 간편하고 공기를 단축할 수 있으며 자재가 가볍기 때문에 건물의 구조 자재비를 낮출수 있다.
  ㉱ 차수 안정성 : 온도, 그리고 습도의 변화에 따라서 수축이나 팽창에 대한 변형이 거의 없어서 시공을 하고 난 후 뒤틀림이 발생하는 경우가 굉장히 적으며 틈이 거의 벌어지지 않는다.
  ㉲ 방수성 : 특수 방수처리가 되어 있기 때문에 습기가 많은 욕실은 물론 주방의 하단부 벽체로도 사용가능

KEY ① 2017년 5월 7일 산업기사 출제
② 2019년 9월 21일 (문제 95번) 출제

[정답] 79 ③ 80 ④ 81 ①

82. 주로 석기질 점토나 상당히 철분이 많은 점토를 원료로 사용하며, 건축물의 패러핏, 주두 등의 장식에 사용되는 공동의 대형 점토제품은?

① 테라죠
② 도관
③ 타일
④ 테라코타

해설

테라코타(Terra-Cotta)
① 이탈리아어로 "구운 흙"이라는 뜻
② 도토나 고급 점토 등을 사용하여 일정한 형태로 제작되는 점토 소성 제품

KEY 2021년 5월 15일(문제 92번)

83. 일종의 못박기총을 사용하여 콘크리트나 강재 등에 박는 특수못을 의미하는 것은?

① 드라이브핀
② 인서트
③ 익스팬션볼트
④ 듀벨

해설

고정 금속철물의 특징

종류		특징
고정철물	인서트 (Insert)	달대를 매달기 위한 수장철물로 콘크리트 바닥판에 미리 묻어 놓는다. (철근, 철물, 핀, 볼트 등도 사용)
	익스팬션 Bolt	삽입된 연결 플러그에 나무못을 채운 것이다. (인발력 : 270~500[kg])
	스크루 앵커	익스팬션 볼트와 같은 원리이다. (인발력 : 50~115[kg])
	Drivit Gun (Drivit Pin)	소량의 화약과 폭발력을 이용하여 Concrete, 벽돌벽, 강재 등에 Drivit Pin(특수가공한 못)을 순간적으로 쳐 박는 기계이다.
	펀칭메탈	판두께 1.2[mm] 이하의 얇은 판에 각종 무늬의 구멍을 천공한 것으로 장식용, 라디에이터 커버 등에 쓰인다.
	메탈실링	박강판의 천장판으로 여러 무늬가 박혀지거나 펀칭된 것이다.
	법랑철판	0.6~2.0[mm] 두께의 저탄소강판에 법랑(유기질 유약)을 소성한 것으로 주방용품, 욕조 등에 쓰인다.
	타일가공철판	타일면의 감각을 나타낸 철판이다.

KEY 2015년 5월 15일(문제 93번) 출제

84. 목재의 함수율과 섬유포화점에 관한 설명으로, 옳지 않은 것은?

① 섬유포화점은 세포 사이의 수분은 건조되고, 섬유에만 수분이 존재하는 상태를 말한다.
② 벌목 직후 함수율이 섬유포화점까지 감소하는 동안 강도 또한 서서히 감소한다.
③ 전건상태에 이르면 강도는 섬유포화점 상태에 비해 3배로 증가한다.
④ 섬유포화점 이하에서는 함수율의 감소에 따라 인성이 감소한다.

해설

함수율과 강도
① 섬유포화점 이상의 함수상태에서는 함수율이 변화해도 목재의 강도는 일정하다.
② 섬유포화점 이하에서는 함수율이 작을수록 강도는 커진다.

KEY 2021년 3월 7일(문제 83번) 출제

85. 콘크리트용 골재 중 깬자갈에 관한 설명으로 옳지 않은 것은?

① 깬자갈의 원석은 안산암·화강암 등이 많이 사용된다.
② 깬자갈을 사용한 콘크리트는 동일한 워커빌리티의 보통자갈을 사용한 콘크리트보다 단위수량이 일반적으로 약 10[%] 정도 많이 요구된다.
③ 깬자갈을 사용한 콘크리트는 강자갈을 사용한 콘크리트 보다 시멘트 페이스트와의 부착성능이 매우 낮다.
④ 콘크리트용 굵은 골재로 깬자갈을 사용할 때는 한국산업표준(KS F 2527)에서 정한 품질에 적합한 것으로 한다.

해설

깬자갈 사용시 시멘트 페이스트와의 부착력이 증가(부착성능이 높다)

KEY 2022년 3월 5일(문제 81번) 출제

[정답] 82 ④ 83 ① 84 ② 85 ③

86. 유리가 불화수소에 부식하는 성질을 이용하여 5[mm] 이상 판유리면에 그림, 문자 등을 새긴 유리는?

① 스테인드유리 ② 망입유리
③ 에칭유리 ④ 내열유리

해설

에칭(조각)유리
① 유리면에 부식액의 방호막을 붙이고 이 막을 모양에 맞게 오려내고 그 부분에 유리부식액을 발라 소요 모양으로 만들어 장식용으로 사용하는 유리
② 반투명 채광효과가 가능하다.

KEY 2020년 6월 14일 산업기사 출제

87. KS L 4201에 따른 1종 점토벽돌의 압축강도는 최소 얼마 이상이어야 하는가?

① 9.80[MPa] 이상 ② 14.70[MPa] 이상
③ 20.59[MPa] 이상 ④ 24.50[MPa] 이상

해설

점토벽돌의 품질(KSL 4201)

품질 \ 종류	1종	2종	3종
흡수율[%]	10 이하	13 이하	15 이하
압축강도[MPa]	24.50 이상	20.59 이상	10.78 이상

KEY
① 2017년 9월 23일 산업기사 출제
② 2018년 3월 4일 출제
③ 2020년 6월 7일(문제 85번) 출제
④ 2021년 3월 7일(문제 87번) 출제

88. 각종 금속에 관한 설명으로 옳지 않은 것은?

① 동은 건조한 공기중에서는 산화하지 않으나, 습기가 있거나 탄산가스가 있으면 녹이 발생한다.
② 납은 비중이 비교적 작고 융점이 높아 가공이 어렵다.
③ 알루미늄은 비중이 철의 1/3 정도로 경량이며 열·전기전도성이 크다.
④ 청동은 구리와 주석을 주체로 한 합금으로 건축장식부품 또는 미술공예 재료로 사용된다.

해설

납(연 : Pb)
① 비중(11.34)이 크고 연하다.
② 융점이 낮아 주조 가공성 및 단조성이 풍부하다.

KEY
① 2017년 3월 5일 출제
② 2017년 5월 7일 산업기사 출제
③ 2018년 4월 28일 출제
④ 2019년 9월 21일 산업기사 출제

89. 실적률이 큰 골재로 이루어진 콘크리트의 특성이 아닌 것은?

① 시멘트 페이스트의 양이 커져 콘크리트 제조 시 경제성이 낮다.
② 내구성이 증대된다.
③ 투수성, 흡습성의 감소를 기대할 수 있다.
④ 건조수축 및 수화열이 감소된다.

해설

실적률(ratio of absolute volume, 實積率)
① 분체(粉體)나 입체(立體)를 넣었을 때의 용기의 용적에 대한 분체나 입체의 체적 비율
② 실적률$(d) = \dfrac{W}{P} \times 100[\%]$
  여기서, P : 골재의 비중
  W : 단위용적당 중량[kg/l]

KEY
① 2019년 9월 21일 출제
② 2022년 3월 5일(문제 97번) 출제

90. 중량 5[kg]인 목재를 건조시켜 전건중량이 4[kg]이 되었다. 건조 전 목재의 함수율은 몇 [%]인가?

① 20[%] ② 25[%]
③ 30[%] ④ 40[%]

해설

함수율 계산
$$\text{함수율} = \dfrac{(W_1 - W_2)}{W_2} \times 100 = \dfrac{5-4}{4} \times 100 = 25[\%]$$
W_1 : 함수율을 구하고자 하는 목재편의 중량
W_2 : 100~105[℃]의 온도에서 일정량이 될 때까지 건조시켰을 때의 전건중량

KEY 2017년 9월 23일 산업기사 출제

[정답] 86 ③ 87 ④ 88 ② 89 ① 90 ②

91 아스팔트 방수시공을 할 때 바탕재와의 밀착용으로 사용하는 것은?

① 아스팔트 컴파운드 ② 아스팔트 모르타르
③ 아스팔트 프라이머 ④ 아스팔트 루핑

해설

아스팔트 프라이머(Asphat primer)
① 아스팔트에 휘발성 용제를 넣어 묽게 하여 방수층의 바탕에 침투시켜 아스팔트가 잘 부착되도록 한 것
② 주용도 : 방수, 밀착용

KEY ▶ 2018년 9월 15일 기사 출제

92 다음 중 건축용 단열재와 거리가 먼 것은?

① 유리면(glass wool) ② 암면(rock wool)
③ 테라코타 ④ 펄라이트판

해설

재질에 따른 단열재 종류
① 무기질 단열재 : 유리면, 암면, 규산칼슘 보온재, 규조토 보온재, 펄라이트 보온재, 질석, 광재면, 다포유리, 세라믹 파이버 등
② 유기질 단열재 : 셀룰로오스 보온재, 코르크판, 발포폴리스티렌 보온재(스티로폼), 발포폴리에틸렌 보온재, 폴리우레탄 폼, 발포페놀 보온재, 우레아 폼 등

KEY ▶ ① 2018년 3월 4일 산업기사 출제
② 2020년 6월 7일 출제
③ 2021년 5월 15일(문제 82번) 출제

93 인조석 갈기 및 테라조 현장갈기 등에 사용되는 구획용 철물의 명칭은?

① 인서트(insert)
② 앵커볼트(anchor bolt)
③ 펀칭메탈(punching metal)
④ 줄눈대(metallic joiner)

해설

벽, 천장, 바닥용 줄눈대(Joiner)
① 아연도금 철판제, 경금속재, 황동제의 얇은 판을 프레스한 길이 1.8[m] 정도의 줄눈가림재
② 이질재와의 접촉부에 사용

KEY ▶ 2020년 6월 7일 출제

94 경량 기포콘크리트(autoclaved lightweight concrete)에 관한 설명으로 옳지 않은 것은?

① 보통콘크리트에 비하여 탄산화의 우려가 낮다.
② 열전도율은 보통콘크리트의 약 1/10 정도로 단열성이 우수하다.
③ 현장에서 취급이 편리하고 절단 및 가공이 용이하다.
④ 다공질이므로 흡수성이 높은 편이다.

해설

ALC(Autoclaved Lightweight Concrete : 경량기포 콘크리트)
① 규사, 생석회, 시멘트 등에 발포제인 알루미늄 분말과 기포안정제 등을 넣어 고온, 고압 증기 양생(Autoclave 양생)을 거쳐 건물의 내외 벽체, 지붕 및 바닥재 등에 사용
② 건축물의 대형화, 고층화, 경량화, 공업화 추세에 따라 그 사용이 늘어나고 있다.
③ 중성화(탄산화)가 빠르다.

KEY ▶ ① 2017년 5월 7일 출제
② 2017년 9월 23일 출제
③ 2020년 9월 27일 출제

합격팁

시멘트의 풍화현상
$Ca(OH)_2 \rightarrow CaCO_3 + H_2O$(중성화, 백화현상)

95 석재의 화학적 성질에 관한 설명으로 옳지 않은 것은?

① 규산분을 많이 함유한 석재는 내산성이 약하므로 산을 접하는 바닥은 피한다.
② 대리석, 사문암 등은 내장재로 사용하는 것이 바람직하다.
③ 조암광물 중 장석, 방해석 등은 산류의 침식을 쉽게 받는다.
④ 산류를 취급하는 곳의 바닥재는 황철광, 갈철광 등을 포함하지 않아야 한다.

해설

석재
① SiO_2(규산분)이 함유한 석재는 내산성이 강함
② 용도는 산을 접하는 바닥에 사용함(이유 : 산에 강하기 때문)

[**정답**] 91 ③ 92 ③ 93 ④ 94 ① 95 ①

96 미장재료에 관한 설명으로 옳은 것은?

① 보강재는 결합재의 고체화에 직접 관계하는 것으로 여물, 풀, 수염 등이 이에 속한다.
② 수경성 미장재료에는 돌로마이트 플라스터, 소석회가 있다.
③ 소석회는 돌로마이트 플라스터에 비해 점성이 높고, 작업성이 좋다.
④ 회반죽에 석고를 약간 혼합하면 수축균열을 방지할 수 있는 효과가 있다.

해설
미장재료의 분류
① 고결재 : 미장 바름의 주체가 되는 재료(소석회, 점토, 돌로마이트 석회, 석고, 마그네시아 시멘트 등)
② 결합재 : 고결재의 결점 보완, 응결경화시간을 조절(여물, 풀 수염 등)
③ 골재 : 증량 또는 치장을 목적으로 사용(모래)

KEY 2017년 3월 5일 출제

97 안료가 들어가지 않는 도료로서 목재면의 투명도장에 쓰이며, 내후성이 좋지 않아 외부에 사용하기에는 적당하지 않고 내부용으로 주로 사용하는 것은?

① 수성페인트
② 클리어 래커
③ 래커에나멜
④ 유성에나멜

해설
투명(clear)래커의 특징
① 내수성이 작다.
② 안료를 섞지 않는 래커이다.
③ 용도는 보통 내부(목재면)에 주로 사용한다.

KEY 2018년 4월 28일 산업기사 출제

합격팁
클리어 래커(clear lacquer)
① 질산셀룰로오스(질화면)를 주성분으로 하는 속건성의 투명 마무리 도료. 용제 증발에 의해 막을 만든다.
② 옥내의 목질계 바탕의 투명 마무리에 적합하다.
　　　　　　　　　　　　　　　[참고] 건축학용어사전, 세화

98 아스팔트 침입도 시험에 있어서 아스팔트의 온도는 몇 [℃]를 기준으로 하는가?

① 15[℃]　　　② 25[℃]
③ 35[℃]　　　④ 45[℃]

해설
침입도 시험
① 아스팔트의 견고성을 판정하는 시험으로 굳기를 표시
② 25[℃] 상온에서 바늘에 100[g]의 무게를 5[초]간 관입되는 수치를 측정
③ 관입깊이 0.1[mm]를 침입도 1이라 함

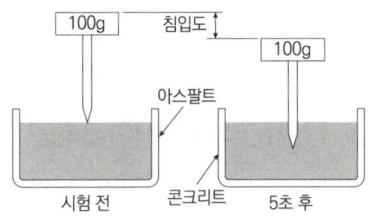

[그림] 침입도 시험

KEY 2018년 4월 28일 출제

99 수화열의 감소와 황산염 저항성을 높이려면 시멘트에 다음 중 어느 화합물을 감소시켜야 하는가?

① 규산 3칼슘
② 알루민산 철4칼슘
③ 규산 2칼슘
④ 알루민산 3칼슘

해설
수화작용에 관계있는 혼합물과 특성
① C_3A(알루민산3석회) : 수화작용이 가장 빠르다.(3~7일 초기강도에 영향) 공기 중 수축이 크고, 수중 팽창도 크다. 수화발열량이 가장 크다.
② C_3S(규산3석회) : 수화작용이 빠르다.(장, 단기강도에 영향) 공기 중 수축이 작고, 수중 팽창도 크다.(수경성이 크다.)
③ C_2S(규산2석회) : 수화작용이 늦다.(장기강도에 공헌) 공기 중 수축이 조금 있다. 수중 팽창이 작은 편이다. 초기강도는 작다.
④ 수화작용이 빠른 순서(발열량이 크다) : $C_3A > C_3S > C_4AF > C_2S$

[정답] 96 ④　97 ②　98 ②　99 ④

100 재료의 단단한 정도를 나타내는 용어는?

① 연성　　② 인성
③ 취성　　④ 경도

해설
경도(hardness)
① 재료의 단단한 정도를 표시
② 재료의 용도에 따라 그 표시 방향이 달라짐

6 건설안전기술

101 다음은 산업안전보건법령에 따른 산업안전보건관리비의 사용에 관한 규정이다. ( )안에 들어갈 내용을 순서대로 옳게 작성한 것은?

> 건설공사도급인은 고용노동부장관이 정하는 바에 따라 해당 건설공사를 위하여 계상된 산업안전보건관리비를 그가 사용하는 근로자와 그의 관계수급인이 사용하는 근로자의 산업재해 및 건강장해 예방에 사용하고, 그 사용명세서를 ( ) 작성하고 건설공사 종료 후 ( )간 보존해야 한다.

① 매월, 6개월　　② 매월, 1년
③ 2개월 마다, 6개월　　④ 2개월 마다, 1년

해설
재해예방 전문지도기관의 지도를 받아야 하는 사업

구분	적용
대상 사업	공사 금액 1억원 이상 120억원(토목공사업에 속하는 공사는 150억원) 미만인 공사를 하는 자와 「건축법」에 따른 건축허가의 대상이 되는 공사를 하는 자
제외되는 공사	① 공사기간이 1개월 미만인 공사 ② 육지와 연결되지 아니한 섬지역(제주특별자치도는 제외)에서 이루어지는 공사 ③ 사업주가 안전관리자의 자격을 가진 사람을 선임하여 안전관리자의 업무만을 전담하도록 하는 공사 ④ 유해·위험방지계획서를 제출하여야 하는 공사
사용명세서 작성 및 보존	매월작성(공사가 1개월 이내 종료되는 경우 공사종료 시)하고 공사 종료 후 1년간 보존

합격정보
산업안전보건법 시행령 제59조(건설재해 예방지도 대상 건설공사 도급인)

KEY 2021년 3월 7일 (문제 12번) 출제

합격자의 조언
① 6과목 문제가 1과목에도 출제됩니다.
② 결론은 문제는 다다익선 즉 10년 과년도를 보시되 반드시 최근문제(역순)부터 보시는 것이 합격의 비결입니다.

102 산업안전보건법령에 따른 건설공사 중 다리 건설공사의 경우 유해위험방지계획서를 제출하여야 하는 기준으로 옳은 것은?

① 최대 지간길이가 40[m] 이상인 다리의 건설 등 공사
② 최대 지간길이가 50[m] 이상인 다리의 건설 등 공사
③ 최대 지간길이가 60[m] 이상인 다리의 건설 등 공사
④ 최대 지간길이가 70[m] 이상인 다리의 건설 등 공사

해설
유해위험방지계획서 제출 대상 교량 : 최대지간 거리 50[m] 이상

KEY 2021년 3월 7일(문제 111번) 등 20번 이상 출제

합격정보
산업안전보건법 시행령 제42조(유해위험방지계획서 제출 대상)

103 건설공사도급인은 건설공사 중에 가설구조물의 붕괴 등 산업재해가 발생할 위험이 있다고 판단되면 건축·토목 분야의 전문가의 의견을 들어 건설공사 발주자에게 해당 건설공사의 설계변경을 요청할 수 있는데, 이러한 가설구조물의 기준으로 옳지 않은 것은?

① 높이 20[m] 이상인 비계
② 작업발판 일체형 거푸집 또는 높이 6[m] 이상인 거푸집 동바리
③ 터널의 지보공 또는 높이 2[m] 이상인 흙막이 지보공
④ 동력을 이용하여 움직이는 가설구조물

[정답] 100 ④　101 ②　102 ②　103 ①

해설

가설구조물의 기준
① 높이가 31미터 이상인 비계
② 브라켓(bracket) 비계
③ 작업발판 일체형 거푸집 또는 높이가 5미터 이상인 거푸집 및 동바리
④ 터널의 지보공(支保工) 또는 높이가 2미터 이상인 흙막이 지보공
⑤ 동력을 이용하여 움직이는 가설구조물
⑥ 높이 10미터 이상에서 외부작업을 하기 위하여 작업발판 및 안전시설물을 일체화하여 설치하는 가설 구조물
⑦ 공사현장에서 제작하여 조립·설치하는 복합형 가설구조물
⑧ 그 밖에 발주자 또는 인·허가기관의 장이 필요하다고 인정하는 가설구조물

합격정보
건설기술 진흥법 시행령
제101조의2(가설구조물의 구조적 안전성 확인)

해설

강관비계 조립 간격

강관비계의 종류	조립 간격(단위 : [m])	
	수직 방향	수평 방향
단관비계	5	5
틀비계(높이 5[m] 미만인 것은 제외)	6	8

KEY
① 2016년 5월 8일 출제
② 2017년 9월 23일 산업기사 출제
③ 2018년 8월 19일 출제
④ 2019년 9월 21일 출제
⑤ 2020년 6월 7일 출제

합격정보
산업안전보건기준에 관한 규칙 [별표 5] 강관비계의 조립간격

---

104 지반의 굴착 작업에 있어서 비가 올 경우를 대비한 직접적인 대책으로 옳은 것은?

① 측구 설치
② 낙하물 방지망 설치
③ 추락 방호망 설치
④ 매설물 등의 유무 또는 상태 확인

해설

굴착작업시 비가 올 경우 직접적인 대책 : 측구(側溝)설치

합격정보
산업안전보건기준에 관한 규칙 제340조(지반의 붕괴 등에 의한 위험방지)

---

106 동바리 등을 조립하는 경우에 준수해야 할 기준으로 옳지 않은 것은?

① 동바리의 상하 고정 및 미끄러짐 방지조치를 하고, 하중의 지지상태를 유지한다.
② 강재와 강재의 접속부 및 교차부는 볼트 클램프 등 전용철물을 사용하여 단단히 연결한다.
③ 파이프서포트를 제외한 동바리로 사용하는 강관은 높이 2[m]마다 수평연결재를 2개 방향으로 만들고 수평연결재의 변위를 방지할 것
④ 동바리로 사용하는 파이프서포트는 4개 이상 이어서 사용하지 않도록 할 것

해설

파이프 서포트 안전기준
① 파이프 서포트를 3개 이상 이어서 사용하지 않도록 할 것
② 파이프 서포트를 이어서 사용하는 경우에는 4개 이상의 볼트 또는 전용철물을 사용하여 이을 것

KEY
① 2018년 3월 4일 기사, 산업기사 출제
② 2018년 9월 15일 출제
③ 2019년 3월 3일 출제
④ 2019년 9월 21일 출제
⑤ 2021년 3월 7일 (문제 101번) 출제

합격정보
산업안전보건기준에 관한 규칙 제332조의2(동바리 유형에 따른 동바리 조립 시의 안전조치)

---

105 강관틀비계(높이 5[m] 이상)의 넘어짐을 방지하기 위하여 사용하는 벽이음 및 버팀의 설치간격 기준으로 옳은 것은?

① 수직방향 5[m], 수평방향 5[m]
② 수직방향 6[m], 수평방향 7[m]
③ 수직방향 6[m], 수평방향 8[m]
④ 수직방향 7[m], 수평방향 8[m]

[정답] 104 ① 105 ③ 106 ④

107 흙막이 가시설 공사 중 발생할 수 있는 보일링(Boiling) 현상에 관한 설명으로 옳지 않은 것은?

① 이 현상이 발생하면 흙막이 벽의 지지력이 상실된다.
② 지하수위가 높은 지반을 굴착할 때 주로 발생한다.
③ 흙막이벽의 근입장 깊이가 부족할 경우 발생한다.
④ 연약한 점토지반에서 굴착면의 융기로 발생한다.

[해설]

보일링(Boiling)현상
① 투수성이 좋은 사질지반의 흙막이 지면에서 수두차로 인한 상향의 침투압이 발생, 유효응력이 감소하여 전단강도가 상실되는 현상
② 지하수가 모래와 같이 솟아오르는 현상
③ 모래의 액상화

KEY
① 2016년 10월 1일 출제
② 2019년 3월 3일 출제
③ 2019년 4월 27일 산업기사 출제
④ 2020년 8월 23일 산업기사 출제

[합격팁]

히빙(Heaving) 현상
연약성 점토지반 굴착시 굴착외측 흙의 중량에 의해 굴착저면의 흙이 활동전단 파괴되어 굴착내측으로 부풀어 오르는 현상

108 산업안전보건법령에 따른 양중기의 종류에 해당하지 않는 것은?

① 고소작업차
② 이동식 크레인
③ 승강기
④ 리프트(Lift)

[해설]

양중기란 동력을 사용하여 화물, 사람 등을 운반하는 기계·설비
① 크레인(호이스트 포함)
② 이동식 크레인
③ 리프트(이삿짐운반용 리프트의 경우에는 적재하중이 0.1[t] 이상인 것)
④ 곤돌라
⑤ 승강기

[합격정보]
산업안전보건기준에 관한 규칙 제132조(양중기)

109 산업안전보건법령에 따른 작업발판 일체형 거푸집에 해당되지 않는 것은?

① 갱 폼(Gang Form)
② 슬립 폼(Slip Form)
③ 유로 폼(Euro Form)
④ 클라이밍 폼(Climbing Form)

[해설]

작업발판 일체형 거푸집의 종류
① 갱폼(gang form)
② 슬립 폼(slip form)
③ 클라이밍 폼(climbing form)
④ 터널 라이닝 폼(tunnel lining form)
⑤ 그 밖에 거푸집과 작업 발판이 일체로 제작된 거푸집 등

KEY 2017년 9월 23일 (문제 106번) 출제

[합격정보]
산업안전보건기준에 관한 규칙 제331조의3(작업발판 일체형 거푸집의 안전조치)

110 굴착과 싣기를 동시에 할 수 있는 토공기계가 아닌 것은?

① 트랙터 셔블(tractor shovel)
② 백호(back hoe)
③ 파워 셔블(power shovel)
④ 모터 그레이더(motor grader)

[해설]

파워셔블(power shovel)[dipper shovel : 동력삽]

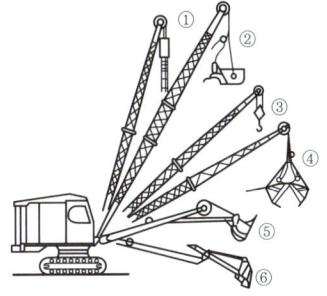

① 파일드라이버
② 드래그라인
③ 크레인
④ 클램셸
⑤ 파워셔블
⑥ 드래그셔블

[그림] 굴착기의 앞부속장치

[정답] 107 ④ 108 ① 109 ③ 110 ④

KEY ① 2016년 5월 8일 (문제 114번) 출제
② 2018년 9월 15일 산업기사 출제
③ 2019년 9월 21일 산업기사 출제
④ 2020년 8월 22일 (문제 113번) 출제

합격팁
모터 그레이더 : 땅고르기에 사용

111 강관틀 비계를 조립하여 사용하는 경우 준수하여야 할 사항으로 옳지 않은 것은?

① 비계기둥의 밑둥에는 밑받침 철물을 사용할 것
② 높이가 20[m]를 초과하거나 중량물의 적재를 수반하는 작업을 할 경우에는 주틀 간의 간격을 1.8[m] 이하로 할 것
③ 주틀 간에 교차 가새를 설치하고 최하층 및 3층 이내마다 수평재를 설치할 것
④ 길이가 띠장 방향으로 4[m] 이하이고 높이가 10[m]를 초과하는 경우에는 10[m] 이내마다 띠장 방향으로 버팀기둥을 설치할 것

해설
강관틀 비계 수평재 설치
주틀간에 교차가새를 설치하고 최상층 및 5층 이내마다 수평재를 설치할 것

KEY ① 2018년 4월 28일 (문제 110번) 출제
② 2019년 3월 3일 산업기사 출제
③ 2019년 8월 4일 출제

합격정보
산업안전보건기준에 관한 규칙 제62조(강관틀비계)

112 장비가 위치한 지면보다 낮은 장소를 굴착하는 데 적합한 장비는?

① 트럭크레인   ② 파워셔블
③ 백호   ④ 진폴

해설
백호(back hoe)[드래그셔블(drag shovel)]
① 토목공사나 수중굴착에 많이 사용된다.
② 지하층이나 기초의 굴착에 사용된다.
③ 기계가 서 있는 지면보다 낮은 장소의 굴착에도 적당하고 수중굴착도 가능하다.
④ 파워셔블과 같이 굳은 지반의 토질에서도 정확한 굴착이 된다.

[그림] 백호

KEY ① 2018년 8월 19일 출제
② 2020년 6월 7일 (문제 107번) 출제

113 다음은 산업안전보건법령에 따른 시스템 비계의 구조에 관한 사항이다. (   )안에 들어갈 내용으로 옳은 것은?

비계 밑단의 수직재와 받침철물은 밀착되도록 설치하고, 수직재와 받침철물의 연결부의 겹침길이는 받침철물 전체길이의 (   )이상이 되도록 할 것

① 2분의 1   ② 3분의 1
③ 4분의 1   ④ 5분의 1

해설
시스템 비계의 구조
비계 밑단의 수직재와 받침철물은 밀착되도록 설치하고, 수직재와 받침철물의 연결부의 겹침길이는 받침철물 전체길이의 3분의 1이상이 되도록 할 것

KEY ① 2016년 5월 8일 (문제 107번) 출제
② 2017년 9월 23일 (문제 115번) 출제
③ 2018년 8월 19일 출제
④ 2019년 4월 27일 산업기사 출제

합격정보
산업안전보건기준에 관한 규칙 제69조(시스템비계의 구조)

114 부두·안벽 등 하역작업을 하는 장소에서 부두 또는 안벽의 선을 따라 통로를 설치하는 경우에는 폭을 최소 얼마 이상으로 하여야 하는가?

① 85[cm]   ② 90[cm]
③ 100[cm]   ④ 120[cm]

해설
부두 및 안벽선의 통로 : 90[cm] 이상

[정답] 111 ③   112 ③   113 ②   114 ②

KEY
① 2017년 5월 7일 기사, 산업기사 출제
② 2017년 9월 23일 출제
③ 2018년 4월 28일 (문제 106번) 출제
④ 2019년 3월 3일 (문제 116번) 출제
⑤ 2020년 6월 14일 산업기사 출제
⑥ 2021년 3월 2일 PBT 출제

합격정보
산업안전보건기준에 관한 규칙 제390조(하역작업장의 조치기준)

KEY
① 2016년 5월 8일 출제
② 2016년 10월 1일 산업기사 출제
③ 2017년 3월 5일 산업기사 출제

정보제공
산업안전보건기준에 관한 규칙 제334조(콘크리트의 타설작업)

115 건설현장에서 작업으로 인하여 물체가 떨어지거나 날아올 위험이 있는 경우에 대한 안전조치에 해당하지 않는 것은?

① 수직보호망 설치
② 방호선반 설치
③ 울타리 설치
④ 낙하물 방지망 설치

해설
낙하, 비래에 의한 위험방지 안전기준
① 낙하물 방지망
② 수직보호망
③ 방호 선반의 설치
④ 출입금지 구역의 설정
⑤ 보호구 착용

KEY
① 2017년 8월 26일 출제
② 2019년 9월 21일 출제
③ 2020년 6월 7일 출제

합격정보
산업안전보건기준에 관한 규칙 제14조(낙하물에 의한 위험의 방지)

117 강관을 사용하여 비계를 구성하는 경우 준수해야 할 사항으로 옳지 않은 것은?

① 비계기둥의 간격은 띠장 방향에서는 1.85[m] 이하, 장선(長線) 방향에서는 1.5[m] 이하로 할 것
② 띠장 간격은 2.0[m] 이하로 할 것
③ 비계기둥의 제일 윗부분으로부터 31[m]되는 지점 밑부분의 비계기둥은 3개의 강관으로 묶어 세울 것
④ 비계기둥 간의 적재하중은 400[kg]을 초과하지 않도록 할 것

해설
강관비계의 구조
① 비계기둥의 간격은 띠장 방향에서는 1.85미터 이하, 장선(線) 방향에서는 1.5미터 이하로 할 것. 다만, 선박 및 보트 건조작업의 경우 안전성에 대한 구조검토를 실시하고 조립도를 작성하면 띠장 방향 및 장선 방향으로 각각 2.7미터 이하로 할 수 있다.
② 띠장 간격은 2.0미터 이하로 할 것. 다만, 작업의 성질상 이를 준수하기가 곤란하여 쌍기둥틀 등에 의하여 해당 부분을 보강한 경우에는 그러하지 아니하다.
③ 비계기둥의 제일 윗부분으로부터 31 미터되는 지점 밑부분의 비계기둥은 2개의 강관으로 묶어 세울 것. 다만, 브라켓(bracket. 까치발) 등으로 보강하여 2개의 강관으로 묶을 경우 이상의 강도가 유지되는 경우에는 그러하지 아니하다.
④ 비계기둥 간의 적재하중은 400킬로그램을 초과하지 않도록 할 것

KEY
① 2017년 3월 5일 출제
② 2017년 8월 26일 기사, 산업기사 출제
③ 2018년 3월 4일 (문제 110번) 출제
④ 2019년 8월 4일 산업기사 출제
⑤ 2020년 8월 23일 산업기사 출제
⑥ 2021년 3월 2일 PBT 출제
⑦ 2021년 3월 7일 (문제 104번) 출제

정보제공
산업안전보건기준에 관한 규칙 제60조(강관비계의 구조)

116 콘크리트 타설 시 안전수칙으로 옳지 않은 것은?

① 타설 순서는 계획에 의하여 실시하여야 한다.
② 진동기는 최대한 많이 사용하여야 한다.
③ 콘크리트를 치는 도중에는 거푸집, 지보공 등의 이상유무를 확인하여야 한다.
④ 손수레로 콘크리트를 운반할 때에는 손수레를 타설하는 위치까지 천천히 운반하여 거푸집에 충격을 주지 아니하도록 타설하여야 한다.

해설
진동기는 적정(안전)하게 사용한다.

[정답] 115 ③ 116 ② 117 ③

과년도 출제문제

118 가설통로 설치에 있어 경사가 최소 얼마를 초과하는 경우에는 미끄러지지 아니하는 구조로 하여야 하는가?

① 15도 ② 20도
③ 30도 ④ 40도

해설
경사가 15[°]를 초과하는 경우에는 미끄러지지 아니하는 구조로 할 것

KEY
① 2017년 3월 5일 산업기사 출제
② 2017년 5월 7일 산업기사 출제
③ 2017년 9월 23일 출제
④ 2018년 4월 28일 기사, 산업기사 출제
⑤ 2018년 8월 19일 산업기사 출제
⑥ 2018년 9월 15일 산업기사 출제
⑦ 2020년 6월 7일 출제
⑧ 2020년 6월 14일 산업기사 출제

합격정보
산업안전보건기준에 관한 규칙 제23조(가설통로의 구조)

119 굴착공사에 있어서 비탈면붕괴를 방지하기 위하여 실시하는 대책으로 옳지 않은 것은?

① 지표수의 침투를 막기 위해 표면 배수공을 한다.
② 지하수위를 내리기 위해 수평배수공을 설치한다.
③ 비탈면 하단을 성토한다.
④ 비탈면 상부에 토사를 적재한다.

해설
붕괴방지공법
① 활동할 가능성이 있는 토사는 제거하여야 한다.
② 비탈면 또는 법면의 하단을 다져서 활동이 안 되도록 저항을 만들어야 한다.
③ 지표수가 침투되지 않도록 배수를 시키고 지하수위를 낮추기 위하여 수평 보링(boring)을 하여 배수시켜야 한다.
④ 말뚝(강관, H형강, 철근 콘크리트)을 박아 지반을 강화시킨다.

KEY 2016년 3월 6일 출제

합격정보
굴착공사 표준안전 작업지침 제31조(예방)

120 터널 지보공을 조립하는 경우에는 미리 그 구조를 검토한 후 조립도를 작성하고, 그 조립도에 따라 조립하도록 하여야 하는데 이 조립도에 명시하여야할 사항과 가장 거리가 먼 것은?

① 이음방법 ② 단면규격
③ 재료의 재질 ④ 재료의 구입처

해설
터널지보공 조립도에 명시사항
① 재료의 재질
② 단면규격
③ 설치간격
④ 이음방법

KEY 2017년 8월 26일 출제

정보제공
산업안전보건기준에 관한 규칙 제363조(조립도)

녹색직업 녹색자격증코너

무시하고 방치하는 것은 최악의 직무유기다.

상사가 직원을 철저히 무시하는 경우
40%의 직원이 일에서 확연히 멀어진다.
반면 상사가 직원을 수시로 야단치는 경우
22%의 직원이 확인이 멀어진다.
상사가 직원의 장점중 한가지만이라도 인정해 주고
잘 한 일에 보상을 해 줄 경우
할 일에서 멀어지는 직원은 1%에 불과하다.

－갤럽

기대만큼 일을 못하거나 자신과 잘 맞지 않는 경우
자칫 방치해 두기가 쉽습니다.
그러나 직원들을 방치해두고 무시하는 것이야말로
절대 있어서는 안될 리더의 직무유기입니다.
애정을 가지고 직원들을 성장시키고 직원들을 통해서
성과를 창출하는 것이야 말로 리더십의 본질이기 때문입니다.

[정답] 118 ① 119 ④ 120 ④

2021년도 기사 정기검정 제4회 (2021년 9월 12일 시행)

자격종목 및 등급(선택분야)
건설안전기사

종목코드	시험시간	수험번호	성명
1440	3시간	20210912	도서출판세화

1 산업안전관리론

01 하인리히의 도미노 이론에서 재해의 직접원인에 해당하는 것은?

① 사회적 환경
② 유전적 요소
③ 개인적인 결함
④ 불안전한 행동 및 불안전한 상태

해설
사고발생 메커니즘(mechanism)

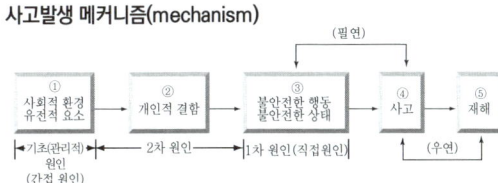

KEY▶ 2018년 9월 15일(문제 7번) 출제

02 안전관리조직의 형태 중 직계식 조직의 특징이 아닌 것은?

① 소규모 사업장에 적합하다.
② 안전에 관한 명령지시가 빠르다.
③ 안전에 대한 정보가 불충분 하다.
④ 별도의 안전관리 전담요원이 직접 통제한다.

해설
라인형(직계식) 안전조직의 장·단점

장 점	단 점
① 안전에 관한 명령과 지시는 생산라인을 통해 신속·정확히 전달 실시된다. ② 중소 규모 기업에 활용된다.	① 안전 전문 입안이 되어 있지 않아 내용이 빈약하다. ② 안전의 정보가 불충분하다.

KEY▶
① 2016년 3월 6일 기사·산업기사 동시출제
② 2016년 10월 1일 산업기사 출제
③ 2017년 3월 5일, 5월 7일 출제
④ 2017년 8월 26일 기사·산업기사 동시출제
⑤ 2019년 3월 3일 출제
⑥ 2019년 8월 4일 기사·산업기사 동시출제
⑦ 2019년 9월 21일 산업기사 출제
⑧ 2020년 9월 27일(문제 16번) 출제
⑨ 2021년 3월 7일(문제 20번) 출제

03 건설기술진흥법령상 안전점검의 시기·방법에 관한 사항으로 ( )에 알맞은 내용은?

> 정기안전점검 결과 건설공사의 물리적·기능적 결함 등이 발견되어 보수·보강 등의 조치를 위하여 필요한 경우에는 ( )을 할 것

① 긴급점검
② 정기점검
③ 특별점검
④ 정밀안전점검

해설
안전점검의 시기·방법 등
건설사업자와 주택건설등록업자는 건설공사의 공사기간 동안 매일 자체 안전점검을 하고, 다음 각 호의 기준에 따라 정기안전점검 및 정밀안전점검 등을 해야 한다.
1. 건설공사의 종류 및 규모 등을 고려하여 국토교통부장관이 정하여 고시하는 시기와 횟수에 따라 정기안전점검을 할 것
2. 정기안전점검 결과 건설공사의 물리적·기능적 결함 등이 발견되어 보수·보강 등의 조치를 위하여 필요한 경우에는 정밀안전점검을 할 것
3. 건설공사에 대해서는 그 건설공사를 준공(임시사용을 포함한다)하기 직전에 제1호에 따른 정기안전점검 수준 이상의 안전점검을 할 것
4. 건설공사가 시행 도중에 중단되어 1년 이상 방치된 시설물이 있는 경우에는 그 공사를 다시 시작하기 전에 그 시설물에 대하여 제1호에 따른 정기안전점검 수준의 안전점검을 할 것

합격정보
건설기술진흥법 시행령 제100조(안전점검의 시기·방법 등)

[정답] 01 ④ 02 ④ 03 ④

과년도 출제문제

04 산업안전보건법령상 타워크레인 지지에 관한 사항으로 ( )에 알맞은 내용은?

> 타워크레인을 와이어로프로 지지하는 경우, 설치각도는 수평면에서 (㉠)도 이내로 하되, 지지점은 (㉡)개소 이상으로 하고, 같은 각도로 설치하여야 한다.

① ㉠ : 45, ㉡ : 3   ② ㉠ : 45, ㉡ : 4
③ ㉠ : 60, ㉡ : 3   ④ ㉠ : 60, ㉡ : 4

해설

타워크레인의 지지
① 와이어로프 설치각도 수평면에서 60도 이내
② 지지점은 4개소 이상

KEY ① 2018년 3월 4일 출제
② 2020년 8월 22일 출제

합격정보
산업안전보건기준에 관한 규칙 제142조(타워크레인의 지지)

---

05 사고예방대책의 기본원리 5단계 중 3단계의 분석평가에 관한 내용으로 옳은 것은?

① 현장 조사
② 교육 및 훈련의 개선
③ 기술의 개선 및 인사조정
④ 사고 및 안전활동 기록 검토

해설

제3단계(분석평가 : Analysis) 내용
① 사고 보고서 및 현장 조사 분석
② 사고 기록 및 관계 자료 분석
③ 인적, 물적 환경 조건 분석
④ 작업 공정 분석
⑤ 교육 및 훈련 분석
⑥ 배치 사항 분석
⑦ 안전수칙 및 작업 표준 분석
⑧ 보호 장비의 적부 등의 분석

KEY ① 2016년 5월 8일 출제
② 2019년 3월 3일(문제 6번) 출제

---

06 산업안전보건법령상 노사협의체에 관한 사항으로 틀린 것은?

① 노사협의체 정기회의는 1개월마다 노사협의체의 위원장이 소집한다.
② 공사금액이 20억원 이상인 공사의 관계수급인의 각 대표자는 사용자 위원에 해당된다.
③ 도급 또는 하도급 사업을 포함한 전체사업의 근로자대표는 근로자 위원에 해당된다.
④ 노사협의체의 근로자위원과 사용자위원은 합의하여 노사협의체에 공사금액이 20억원 미만인 공사의 관계수급인 및 관계수급인 근로자대표를 위원으로 위촉할 수 있다.

해설

노사협의체 회의
① 구분 : 정기회의, 임시회의
② 정기회의 : 2개월마다 노사협의체 위원장이 소집
③ 임시회의 : 위원장이 필요하다고 인정할 때 소집

KEY 2019년 9월 21일(문제 7번) 출제

정보제공
산업안전보건법 시행령 제64조(노사협의체의 구성)

---

07 버드(Bird)의 도미노 이론에서 재해발생과정 중 직접원인은 몇 단계인가?

① 1단계   ② 2단계
③ 3단계   ④ 4단계

해설

버드(Frank Bird)의 최신(새로운) 연쇄성(Domino) 이론
① 제1단계 : 전문적 관리 부족(제어 부족 : 관리 경영) : 근원적 원인
② 제2단계 : 기본원인(기원) – 제거시 큰 사고 예방가능
③ 제3단계 : 직접원인(징후) : 인적 원인 + 물적 원인
④ 제4단계 : 사고(접촉)
⑤ 제5단계 : 상해(손해, 손실)

KEY ① 2017년 3월 5일 출제
② 2018년 4월 28일(문제 20번) 출제
③ 2020년 6월 7일(문제 14번) 출제

[정답] 04 ④   05 ①   06 ①   07 ③

08
산업안전보건법령상 상시근로자 20명 이상 50명 미만인 사업장 중 안전보건관리담당자를 선임하여야 할 업종이 아닌 것은?

① 임업
② 제조업
③ 건설업
④ 하수, 폐수 및 분뇨 처리업

해설

제24조 안전보건관리담당자의 선임 등
다음 각 호의 어느 하나에 해당하는 사업의 사업주는 법 제19조 제1항에 따라 상시근로자 20명 이상 50명 미만인 사업장에 안전보건관리담당자를 1명 이상 선임해야 한다.
① 제조업
② 임업
③ 하수, 폐수 및 분뇨 처리업
④ 폐기물 수집, 운반, 처리 및 원료 재생업
⑤ 환경 정화 및 복원업

합격정보
산업안전보건법 시행령

09
산업안전보건법령상 안전보건표지의 용도 및 색도기준이 바르게 연결된 것은?

① 지시표지 : 5N 9.5
② 금지표지 : 2.5G 4/10
③ 경고표지 : 5Y 8.5/12
④ 안내표지 : 7.5R 4/14

해설

안전보건표지의 색도기준 및 용도

색채	색도기준	용도	사용 예
빨간색	7.5R 4/14	금지	정지신호, 소화설비 및 그 장소, 유해행위의 금지
		경고	화학물질 취급장소에서의 유해·위험 경고
노란색	5Y 8.5/12	경고	화학물질 취급장소에서의 유해·위험 경고 이외의 위험 경고, 주의표지 또는 기계방호물
파란색	2.5PB 4/10	지시	특정 행위의 지시 및 사실의 고지
녹색	2.5G 4/10	안내	비상구 및 피난소, 사람 또는 차량의 통행표지
흰색	N9.5		파란색 또는 녹색에 대한 보조색
검은색	N0.5		문자 및 빨간색 또는 노란색에 대한 보조색

KEY
① 2017년 3월 5일 출제
② 2017년 8월 26일 산업기사 출제
③ 2018년 3월 4일 출제
④ 2019년 9월 21일 기사, 산업기사 출제
⑤ 2020년 8월 22일, 9월 27일 출제
⑥ 2021년 3월 7일(문제 3번), 5월 15일(문제 3번) 출제

합격정보
산업안전보건법 시행규칙 [별표 8] 안전보건표지의 색도기준 및 용도

10
A 사업장에서 중상이 10명 발생하였다면 버드(Bird)의 재해구성비율에 의한 경상해자는 몇 명인가?

① 50명 ② 100명
③ 145명 ④ 300명

해설

버드 이론 1 : 10 : 30 : 600의 법칙
① 1960년대 175,300여 건의 보험사고를 분석하여 하인리히가 처음 주장한 사고 발생 연쇄이론을 수정하고, 641[건]의 사고 중 중상, 경상, 무상해 물적 손실 사고, 무상해 무손실 사고의 비율이 약 1 : 10 : 30 : 600이라고 제시하였다.
② 경상 = 10 × 10 = 100[명]

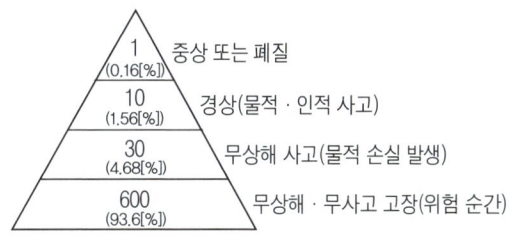

[그림] 버드의 법칙

KEY
① 2016년 5월 8일 출제
② 2017년 5월 7일 출제
③ 2017년 9월 23일 출제
④ 2020년 6월 7일 출제

11
산업재해 발생 시 조치 순서에 있어 긴급처리의 내용으로 볼 수 없는 것은?

① 현장 보존 ② 잠재위험요인 적출
③ 관련 기계의 정지 ④ 재해자의 응급조치

해설

긴급처리 내용
① 피재 기계의 정지
② 피해자 구출
③ 피해자의 응급조치
④ 관계자에게 통보
⑤ 2차 재해방지
⑥ 현장보존

[정답] 08 ③ 09 ③ 10 ② 11 ②

KEY
① 2016년 10월 1일(문제 16번) 출제
② 2017년 8월 26일 출제
③ 2020년 8월 22(문제 8번) 출제

12 산업안전보건법령상 안전보건진단을 받아 안전보건개선계획을 수립하여야 하는 대상을 모두 고른 것은?

> ㄱ. 산업재해율이 같은 업종 평균 산업재해율의 2배 이상인 사업장
> ㄴ. 사업주가 필요한 안전조치 또는 보건조치를 이행하지 아니하여 중대재해가 발생한 사업장
> ㄷ. 상시근로자 1천명 이상 사업장에서 직업성 질병자가 연간 2명 이상 발생한 사업장

① ㄱ, ㄴ ② ㄱ, ㄷ
③ ㄴ, ㄷ ④ ㄱ, ㄴ, ㄷ

해설
제49조(안전보건진단을 받아 안전보건개선계획을 수립할 대상)
법 제49조제1항 각 호 외의 부분 후단에서 "대통령령으로 정하는 사업장"이란 다음 각 호의 사업장을 말한다.
① 산업재해율이 같은 업종 평균 산업재해율의 2배 이상인 사업장
② 법 제49조제1항제2호에 해당하는 사업장(사업주가 필요한 안전조치 또는 보건조치를 이행하지 아니하여 중대 재해가 발생한 사업장)
③ 직업성 질병자가 연간 2명 이상(상시근로자 1천명 이상 사업장의 경우 3명 이상)발생한 사업장
④ 그 밖에 작업환경 불량, 화재·폭발 또는 누출 사고 등으로 사업장 주변까지 피해가 확산된 사업장으로서 고용노동부령으로 정하는 사업장

합격정보
산업안전보건법 시행령

13 산업안전보건법령상 중대재해에 해당하지 않는 것은?
① 사망자 1명이 발생한 재해
② 12명의 부상자가 동시에 발생한 재해
③ 2명의 직업성 질병자가 동시에 발생한 재해
④ 5개월의 요양이 필요한 부상자가 동시에 3명 발생한 재해

해설
중대재해의 종류 3가지
① 사망자가 1명 이상 발생한 재해
② 3개월 이상의 요양이 필요한 부상자가 동시에 2명 이상 발생한 재해
③ 부상자 또는 직업성 질병자가 동시에 10명 이상 발생한 재해

KEY
① 2016년 3월 8일 기사 및 산업기사 동시출제
② 2016년 5월 8일 출제
③ 2020년 8월 22일 출제
④ 2021년 3월 7일 산업안전기사(문제 1번) 출제
⑤ 2021년 5월 15일(문제 10번) 출제

정보제공
산업안전보건법 시행규칙 제3조(중대재해의 범위)

14 TBM 활동의 5단계 추진법의 진행순서로 옳은 것은?
① 도입 → 확인 → 위험예지훈련 → 작업지시 → 정비점검
② 도입 → 정비점검 → 작업지시 → 위험예지훈련 → 확인
③ 도입 → 작업지시 → 위험예지훈련 → 정비점검 → 확인
④ 도입 → 위험예지훈련 → 작업지시 → 정비점검 → 확인

해설
TBM 진행 5단계 추진법

1단계	도입	직장체조, 상호인사, 목표제창
2단계	점검정비	건강, 복장, 공구, 보호구, 안전장치, 사용기기 등 점검정비
3단계	작업지시	당일 작업에 대한 설명 및 지시를 받고 복창하여 확인
4단계	위험예측	당일 작업의 위험을 예측하고 대책 토의, 원포인트 위험예지훈련
5단계	확인	대책을 수립하고 팀의 목표 확인, 원포인트 지적확인, 터치 앤 콜

KEY 2018년 9월 15일(문제 8번) 출제

15 보호구 안전인증 고시상 저음부터 고음까지 차음하는 방음용 귀마개의 기호는?
① EM   ② EP-1
③ EP-2   ④ EP-3

【정답】 12 ① 13 ③ 14 ② 15 ②

해설

방음용 귀마개의 종류 및 등급

종류	등급	기호	성능
귀마개	1종	EP-1	저음부터 고음까지 차음하는 것
	2종	EP-2	주로 고음을 차음하여 회화음 영역인 저음은 차음하지 않는 것
귀덮개	–	EM	

KEY ① 2019년 8월 4일 출제
② 2021년 3월 7일(문제 13번) 출제

---

16 산업재해보상보험법령상 명시된 보험급여의 종류가 아닌 것은?

① 장례비
② 요양급여
③ 휴업급여
④ 생산손실급여

해설

하인리히(H.W.Heinrich) 방식(1:4 원칙)

① 직접비와 간접비
(직접비는 법적으로 지급되는 산재보상이며, 간접비는 그 이외의 비용)

구분	종류
직접비	요양급여, 휴업급여, 장해급여, 유족급여, 장의비 등
간접비	인적손실, 물적손실, 생산손실, 임금손실, 시간손실 등

② 직접손실비용 : 간접손실비용 = 1:4(1대 4의 경험법칙)
재해손실비용 = 직접비 + 간접비 = 직접비 × 5

KEY ① 2016년 5월 8일 산업기사 출제
② 2017년 3월 5일 출제
③ 2017년 5월 7일 출제
④ 2017년 9월 23일 출제
⑤ 2018년 8월 19일 산업기사 출제
⑥ 2019년 3월 3일 출제
⑦ 2019년 8월 4일 출제
⑧ 2021년 3월 7일(문제 16번) 출제
⑨ 2021년 5월 15일(문제 19번) 출제

---

17 맥그리거의 X, Y이론 중 X이론의 관리처방에 해당하는 것은?

① 조직구조의 평면화
② 분권화와 권한의 위임
③ 자체평가제도의 활성화
④ 권위주의적 리더십의 확립

해설

X·Y이론의 관리처방

X이론	Y이론
경제적 보상 체제의 강화	민주적 리더십의 확립
권위주의적 리더십의 확립	분권화의 권한과 위임
면밀한 감독과 엄격한 통제	목표에 의한 관리
상부책임제도의 강화	직무확장
조직구조의 고층성	비공식적 조직의 활용
	자체평가제도의 활성화

KEY ① 2017년 3월 5일 출제
② 2017년 5월 7일 산업기사 출제
③ 2017년 9월 23일 산업기사 출제
④ 2018년 4월 28일(문제 12번) 출제

---

18 산업안전보건법령상 안전보건관리책임자의 업무에 해당하지 않는 것은?(단, 그 밖에 고용노동부령으로 정하는 사항은 제외한다.)

① 근로자의 적정 배치에 관한 사항
② 작업환경의 점검 및 개선에 관한 사항
③ 안전보건관리규정의 작성 및 변경에 관한 사항
④ 안전장치 및 보호구 구입 시 적격품 여부 확인에 관한 사항

해설

제15조(안전보건관리책임자)

① 사업주는 사업장을 실질적으로 총괄하여 관리하는 사람에게 해당 사업장의 다음 각 호의 업무를 총괄하여 관리하도록 하여야 한다.
 ㉠ 사업장의 산업재해 예방계획의 수립에 관한 사항
 ㉡ 제25조 및 제26조에 따른 안전보건관리규정의 작성 및 변경에 관한 사항
 ㉢ 제29조에 따른 안전보건교육에 관한 사항
 ㉣ 작업환경측정 등 작업환경의 점검 및 개선에 관한 사항
 ㉤ 제129조부터 제132조까지에 따른 근로자의 건강진단 등 건강관리에 관한 사항
 ㉥ 산업재해의 원인 조사 및 재발 방지대책 수립에 관한 사항
 ㉦ 산업재해에 관한 통계의 기록 및 유지에 관한 사항
 ㉧ 안전장치 및 보호구 구입 시 적격품 여부 확인에 관한 사항
 ㉨ 그 밖에 근로자의 유해·위험 방지조치에 관한 사항으로서 고용노동부령으로 정하는 사항
② 제1항 각 호의 업무를 총괄하여 관리하는 사람(이하 "안전보건관리책임자"라 한다)은 제17조에 따른 안전관리자와 제18조에 따른 보건관리자를 지휘·감독한다.
③ 안전보건관리책임자를 두어야 하는 사업의 종류와 사업장의 상시근로자 수, 그 밖에 필요한 사항은 대통령령으로 정한다.

[정답] 16 ④ 17 ④ 18 ①

KEY
① 2021년 3월 5일(문제 15번) 출제
② 2021년 5월 15일(문제 4번) 출제

합격정보
산업안전보건법

19 산업안전보건법령상 명시된 안전검사대상 유해하거나 위험한 기계·기구·설비에 해당하지 않는 것은?

① 리프트
② 곤돌라
③ 산업용 원심기
④ 밀폐형 롤러기

해설
안전검사 대상 기계의 종류
① 프레스
② 전단기
③ 크레인(정격 하중이 2톤 미만인 것은 제외한다)
④ 리프트
⑤ 압력용기
⑥ 곤돌라
⑦ 국소 배기장치(이동식은 제외한다)
⑧ 원심기(산업용만 해당한다)
⑨ 롤러기(밀폐형 구조는 제외한다)
⑩ 사출성형기[형 체결력(型 締結力) 294킬로뉴턴(KN) 미만은 제외한다]
⑪ 고소작업대「자동차관리법」제3조제3호 또는 제4호에 따른 화물자동차 또는 특수자동차에 탑재한 고소작업대(高所作業臺)로 한정한다]
⑫ 컨베이어
⑬ 산업용 로봇
⑭ 혼합기
⑮ 파쇄기 또는 분쇄기

KEY
① 2015년 5월 7일 기사·산업기사 동시출제
② 2017년 8월 26일 산업기사 출제
③ 2017년 9월 23일 출제
④ 2018년 4월 28일(문제 10번) 출제

정보제공
산업안전보건법 시행령 78조(안전검사 대상 기계 등)

20 재해사례연구의 진행단계로 옳은 것은?

ㄱ. 대책수립
ㄴ. 사실의 확인
ㄷ. 문제점의 발견
ㄹ. 재해상황의 파악
ㅁ. 근본적 문제점의 결정

① ㄷ→ㄹ→ㄴ→ㅁ→ㄱ
② ㄷ→ㄹ→ㅁ→ㄴ→ㄱ
③ ㄹ→ㄴ→ㄷ→ㅁ→ㄱ
④ ㄹ→ㄷ→ㅁ→ㄴ→ㄱ

해설
재해사례연구의 진행순서
① 전제조건 : 재해 상황의 파악
② 1단계 : 사실의 확인
③ 2단계 : 문제점의 발견
④ 3단계 : 근본적 문제점 결정
⑤ 4단계 : 대책 수립

KEY
① 2016년 10월 1일 출제
② 2017년 9월 23일 출제
③ 2018년 3월 4일 기사·산업기사 동시 출제
④ 2018년 8월 19일 출제
⑤ 2018년 9월 15일(문제 18번) 출제
⑥ 2020년 6월 7일(문제 15번) 출제

2 산업심리 및 교육

21 인간 착오의 메커니즘으로 틀린 것은?

① 위치의 착오
② 패턴의 착오
③ 느낌의 착오
④ 형(形)의 착오

해설
인간착오 또는 오인의 메커니즘
① 위치의 오인
② 순서의 오인
③ 패턴의 오인
④ 형태의 오인
⑤ 기억의 틀림

KEY 2017년 8월 26일 출제

22 산업안전보건법령상 명시된 건설용 리프트·곤돌라를 이용한 작업의 특별교육 내용으로 틀린 것은?(단, 그 밖에 안전보건관리에 필요한 사항은 제외한다.)

① 신호방법 및 공동작업에 관한 사항
② 화물의 취급 및 작업 방법에 관한 사항
③ 방호 장치의 기능 및 사용에 관한 사항
④ 기계·기구에 특성 및 동작원리에 관한 사항

[정답] 19 ④ 20 ③ 21 ③ 22 ②

해설
건설용 리프트·곤돌라를 이용한 작업의 특별교육 내용
① 방호장치의 기능 및 사용에 관한 사항
② 기계, 기구, 달기체인 및 와이어 등의 점검에 관한 사항
③ 화물의 권상·권하 작업방법 및 안전작업지도에 관한 사항
④ 기계·기구에 특성 및 동작원리에 관한 사항
⑤ 신호 방법 및 공동 작업에 관한 사항
⑥ 그 밖에 안전보건관리에 필요한 사항

합격정보
산업안전보건법 시행규칙 [별표 5] 안전보건교육 교육대상별 교육내용

23 타일러(Taylor)의 과학적 관리와 거리가 가장 먼 것은?

① 시간-동작 연구를 적용하였다.
② 생산의 효율성을 상당히 향상시켰다.
③ 인간중심의 관점으로 일을 재설계한다.
④ 인센티브를 도입함으로써 작업자들을 동기화시킬 수 있다.

해설
Frederick W.Taylor 과학적 관리
① 과학적 관리의 원칙(생산성과 종업원의 임금 동시 향상) : 작업환경의 재설계
  ㉠ 과학적 방법
  ㉡ 과학적 선발과 교육
  ㉢ 개인주의가 아닌 협동심 고취
  ㉣ 경영층과 근로자들의 일을 최적화 하기 위한 작업의 균등분배
② 단점
  ㉠ 고임금을 희망하는 근로자들을 비인간적으로 착취
  ㉡ 최소 인원으로 작업이 가능하여 대량의 실업자 유발

KEY 2016년 10월 1일 출제

24 프로그램 학습법(programmed self-instruction method)의 단점은?

① 보충학습이 어렵다.
② 수강생의 시간적 활용이 어렵다.
③ 수강생의 사회성이 결여되기 쉽다.
④ 수강생의 개인적인 차이를 조절할 수 없다.

해설
프로그램 학습법의 단점
① 한 번 개발된 프로그램 자료는 변경이 어렵다.
② 개발비가 많이 들고 제작 과정이 어렵다.
③ 교육 내용이 고정되어 있다.
④ 학습에 많은 시간이 걸린다.
⑤ 집단 사고의 기회가 없다.
⑥ 수강생의 사회성이 결여되기 쉽다.

25 작업의 어려움, 기계설비의 결함 및 환경에 대한 주의력의 집중혼란, 심신의 근심 등으로 인하여 재해를 많이 일으키는 사람을 지칭하는 것은?

① 미숙성 누발자
② 상황성 누발자
③ 습관성 누발자
④ 소질성 누발자

해설
상황성 누발자 재해유발원인
① 작업에 어려움이 많은 자
② 기계 설비의 결함
③ 심신에 근심이 있는 자
④ 환경상 주의력의 집중이 혼란되기 때문에 발생되는 자

KEY ① 2017년 8월 26일 산업기사 출제
② 2017년 9월 23일 출제
③ 2019년 3월 3일 출제
④ 2019년 4월 27일 출제
⑤ 2019년 8월 4일 출제
⑥ 2020년 8월 22일 출제
⑦ 2020년 8월 23일 산업기사 출제
⑧ 2021년 3월 5일(문제 23번) 출제

26 안전사고가 발생하는 요인 중 심리적인 요인에 해당하는 것은?

① 감정의 불안정
② 극도의 피로감
③ 신경계통의 이상
④ 육체적 능력의 초과

[정답] 23 ③ 24 ③ 25 ② 26 ①

> **해설**
>
> **정신력과 관계되는 생리적 현상**
> ① 시력과 청각의 이상
> ② 신경계통의 이상
> ③ 육체적 능력의 초과
> ④ 근육운동의 부적합
> ⑤ 극도의 피로
>
> **KEY** 2021년 3월 7일(문제 21번) 출제

27 허츠버그(Herzberg)의 2요인 이론 중 동기요인(motivator)에 해당하지 않는 것은?

① 성취
② 작업 조건
③ 인정
④ 작업 자체

> **해설**
>
> **위생요인과 동기요인**
>
> | 위생요인(직무환경) | 동기요인(직무내용) |
> |---|---|
> | 회사 정책과 관리, 개인 상호간의 관계, 감독, 임금, 보수, 작업 조건, 지위, 안전 | 성취감, 책임감, 안정감, 성장과 발전, 도전감, 일 그 자체(일의 내용) |
>
> **KEY** ① 2017년 5월 7일 출제
> ② 2017년 8월 26일 출제
> ③ 2017년 9월 23일 출제

28 작업의 강도를 객관적으로 측정하기 위한 지표로 옳은 것은?

① 강도율
② 작업시간
③ 작업속도
④ 에너지 대사율(RMR)

> **해설**
>
> **RMR범위(작업강도 구분)**
> ① 0~2RMR(가벼운 작업)
> ② 2~4RMR(보통 작업)
> ③ 4~7RMR(힘든 작업)
> ④ 7RMR 이상(굉장히 힘든 작업)
>
> **KEY** 2021년 5월 15일(문제 25번) 출제

29 지도자가 부하의 능력에 따라 차별적으로 성과급을 지급하고자 하는 리더십의 권한은?

① 전문성 권한
② 보상적 권한
③ 합법적 권한
④ 위임된 권한

> **해설**
>
> | 구분 | 종류 | 특징 |
> |---|---|---|
> | 조직이 지도자에게 부여하는 권력 | 보상 권력(reward power) | 적절한 보상을 통해 효과적인 통제를 유도 ⑩ 임금, 승진 등 |
> | | 강압 권력(coercive power) | 적절한 처벌을 통해 효과적인 통제를 유도 ⑩ 승진탈락, 임금삭감, 해고 등 |
> | | 합법 권력(legitimate power) | 조직에서 정하고 있는 규정에 의해 주어진 지도자의 권리를 합법화 |
> | 지도자 자신이 자신에게 부여하는 권력 (부하직원들의 존경심) | 준거 권력(referent power) | 지도자가 추구하는 계획과 목표를 부하직원이 자신의 것으로 받아들여 공감하고 자발적으로 참여 |
> | | 전문 권력(expert power) | 조직의 목표달성에 필요한 전문적인 지식의 정도, 부하직원들이 전문성을 인정하면 지도에 대한 신뢰감이 향상되고 능동적으로 업무에 스스로 동참 |
>
> **KEY** ① 2017년 3월 5일 기사, 산업기사 동시출제
> ② 2017년 5월 7일 산업기사 출제
> ③ 2019년 4월 27일 출제
> ④ 2020년 6월 14일 산업기사 출제
> ⑤ 2021년 3월 7일(문제 39번) 출제

30 인간의 욕구에 대한 적응기제(Adjustment Mechanism)를 공격적 기제, 방어적 기제, 도피적 기제로 구분할 때 다음 중 도피적 기제에 해당하는 것은?

① 보상
② 고립
③ 승화
④ 합리화

> **해설**
>
> **적응기제의 분류**
> (1) 방어적 기제
>   ① 보상 ② 합리화 ③ 동일시 ④ 승화
> (2) 도피적 기제
>   ① 고립 ② 퇴행 ③ 억압 ④ 백일몽
> (3) 공격적 기제
>   ① 직접적 ② 간접적
>
> **KEY** ① 2021년 3월 7일 등 10회 이상 출제
> ② 2021년 5월 15일(문제 32번) 출제

[정답] 27 ② 28 ④ 29 ② 30 ②

31 알더퍼(Alderfer)의 ERG 이론에서 인간의 기본적인 3가지 욕구가 아닌 것은?

① 관계욕구   ② 성장욕구
③ 생리욕구   ④ 존재욕구

해설

알더퍼(Alderfer)의 ERG 이론(1969년 발표)
① 생존(existence)
② 관계(relation)
③ 성장(growth)

KEY 2019년 9월 21일 산업기사 출제

32 주의력의 특성과 그에 대한 설명으로 옳은 것은?

① 지속성 : 인간의 주의력은 2시간 이상 지속된다.
② 변동성 : 인간의 주의 집중은 내향과 외향의 변동이 반복된다.
③ 방향성 : 인간이 주의력을 집중하는 방향은 상하좌우에 따라 영향을 받는다.
④ 선택성 : 인간의 주의력은 한계가 있어 여러 작업에 대해 선택적으로 배분된다.

해설

주의의 특성 3가지
① 선택성 : 사람은 한 번에 여러 종류의 자극을 자각하거나 수용하지 못하며 소수의 특정한 것으로 한정해서 선택하는 기능을 말한다.
② 방향성 : 공간적으로 보면 시선의 초점에 맞았을 때는 쉽게 인지되지만 시선에서 벗어난 부분은 무시되기 쉽다.
③ 변동(단속)성 : 주의는 리듬이 있어 언제나 일정한 수순을 지키지는 못한다.

KEY
① 2016년 5월 8일 출제
② 2016년 10월 1일 출제
③ 2017년 3월 4일 산업기사 출제
④ 2018년 4월 28일(문제 22번) 출제
⑤ 2020년 9월 27일(문제 38번) 출제

33 파악하고자 하는 연구과제에 대해 언어를 매개로 구조화된 질의 응답을 통하여 교육하는 기법은?

① 면접(interview)
② 카운슬링(counseling)
③ CCS(Civil Communication Section)
④ ATT(American Telephone & Telegram Co.)

해설

면접법(面接法 : interview method)
연구자와 연구대상자가 직접 만나서 내적인 감정, 사고, 가치관, 심리상태 등을 파악하는 방법

[표] 면접법의 장단점

구분	특징
장점	① 불확실한 응답에 대한 확인이 가능 ② 연구대상자의 심리상태까지 조사가 가능 ③ 문자 해독이 불가능한 대상에게 적용 가능 ④ 질문 항목 이외의 폭넓은 범위까지 조사가능
단점	① 비용과 시간의 소모가 과다 ② 단시간에 많은 정보를 얻기가 곤란 ③ 대상자의 응답에 대한 신뢰성이 저하될 가능성 ④ 상황에 따라 반응의 정도가 달라질 가능성

KEY
① 2011년 10월 2일(문제 35번) 출제
② 2018년 9월 15일(문제 40번) 출제
③ 2019년 4월 27일(문제 22번) 출제

34 안전교육방법 중 새로운 자료나 교재를 제시하고, 거기에서의 문제점을 피교육자로 하여금 제기하게 하거나, 의견을 여러 가지 방법으로 발표하게 하고, 다시 깊게 파고들어서 토의 하는 방법은?

① 포럼(Forum)
② 심포지엄(Symposium)
③ 버즈세션(Buzz Session)
④ 패널 디스커션(Panel Discussion)

해설

포럼(Forum : 공개토론회)
새로운 자료나 교재를 제시하고 거기서의 문제점을 피교육자로 하여금 제기하게 하거나 의견을 여러 가지 방법으로 발표하게 하고 다시 깊이 파고들어 토의를 행하는 방법

[정답] 31 ③ 32 ④ 33 ① 34 ①

KEY ① 2016년 3월 6일 출제
② 2017년 5월 7일 출제
③ 2017년 9월 23일 출제
④ 2018년 9월 15일(문제 30번) 출제

35 산업안전보건법령상 근로자 안전보건교육의 교육과정 중 건설 일용근로자의 건설업 기초 안전보건교육 교육시간 기준으로 옳은 것은?

① 1시간 이상
② 2시간 이상
③ 3시간 이상
④ 4시간 이상

해설

건설업 기초안전보건교육에 대한 내용

교육내용	시간
건설공사의 종류(건축·토목 등) 및 시공 절차	1시간
산업재해 유형별 위험요인 및 안전보건조치	2시간
안전보건관리체제 현황 및 산업안전보건 관련 근로자 권리·의무	1시간

주 교육시간 중 1시간 이상은 시청각 또는 체험·가상실습을 포함한다.

KEY ① 2018년 3월 4일(문제 30번) 출제
② 2018년 9월 15일 기사·산업기사 동시출제

정보제공
산업안전보건법 시행규칙 [별표 4] 산업안전보건관련 교육과정별 교육시간(교육내용 : 2023년 1월 1일 부터 적용)

36 안전교육의 방법을 지식교육, 기능교육 및 태도교육 순서로 구분하여 맞게 나열한 것은?

① 시청각 교육 – 현장실습 교육 – 안전작업 동작 지도
② 시청각 교육 – 안전작업 동작 지도 – 현장실습 교육
③ 현장실습 교육 – 안전작업 동작지도 – 시청각 교육
④ 안전작업 동작 지도 – 시청각 교육 – 현장실습 교육

해설

안전보건교육의 3단계
① 제1단계(지식교육) : 강의, 시청각 교육을 통한 지식의 전달과 이해
② 제2단계(기능교육) : 시범, 견학, 실습, 현장실습 교육을 통한 경험체득과 이해
③ 제3단계(태도교육) : 생활지도, 작업 동작 지도 등을 통한 안전의 습관화

KEY ① 2016년 10월 1일 출제
② 2018년 4월 28일 출제
③ 2019년 4월 27일 산업기사 출제
④ 2019년 9월 21일 출제
⑤ 2021년 5월 15일 출제

37 O.J.T(On the Job Training)의 장점이 아닌 것은?

① 직장의 실정에 맞게 실제적 훈련이 가능하다.
② 교육을 통한 훈련효과에 의해 상호신뢰이해도가 높아진다.
③ 대상자의 개인별 능력에 따라 훈련의 진도를 조정하기가 쉽다.
④ 교육훈련 대상자가 교육훈련에만 몰두할 수 있어 학습효과가 높다.

해설

OJT와 OFF JT 특징

OJT의 특징	OFF JT의 특징
① 개개인에게 적절한 지도훈련이 가능하다.	① 다수의 근로자에게 조직적 훈련을 행하는 것이 가능하다.
② 직장의 실정에 맞게 구체적이고 실제적 훈련이 가능하다.	② 훈련에만 전념하게 된다.
③ 즉시 업무에 연결되는 관계로 몸과 관련이 있다.	③ 각자 전문가를 강사로 초청하는 것이 가능하다.
④ 훈련에 필요한 업무의 계속성이 끊어지지 않는다.	④ 특별 설비기구를 이용하는 것이 가능하다.
⑤ 효과가 곧 업무에 나타나며 훈련의 좋고 나쁨에 따라 개선이 쉽다.	⑤ 각 직장의 근로자가 많은 지식이나 경험을 교류할 수 있다.
⑥ 훈련효과를 보고 상호 신뢰, 이해도가 높아지는 것이 가능하다.	⑥ 교육 훈련 목표에 대하여 집단적 노력이 흐트러질 수 있다.

KEY ① 2021년 3월 7일(문제 29번) 등 20회 이상 출제
② 2021년 5월 15일(문제 37번) 출제

[정답] 35 ④ 36 ① 37 ④

38 학습목적의 3요소가 아닌 것은?

① 목표(goal)
② 주제(subject)
③ 학습정도(level of learning)
④ 학습방법(method of learning)

해설

학습의 목적에 포함 사항(학습목적의 3요소)
① 목표(goal)
② 주제(subject)
③ 정도(level of learning)

 ① 2016년 3월 6일 출제
② 2017년 5월 7일 산업기사 출제
③ 2018년 3월 4일 출제
④ 2021년 3월 7일(문제 26번) 출제

39 학습된 행동이 지속되는 것을 의미하는 용어는?

① 회상(recall)   ② 파지(retention)
③ 재인(recognition) ④ 기명(memorizing)

해설

파지(retention)
① 기명 : 사물의 인상을 마음에 간직하는 것을 말한다.
② 파지 : 간직, 인상이 보존되는 것을 말한다.(현재와 미래에 지속)
③ 재생 : 보존된 인상을 다시 의식으로 떠오르는 것을 말한다.
④ 재인 : 과거에 경험했던 것과 같은 비슷한 상태에 부딪혔을때 떠오르는 것을 말한다.

 ① 2016년 5월 8일 출제
② 2016년 10월 1일 산업기사 출제
③ 2019년 9월 21일 산업기사 출제
④ 2020년 6월 14일 산업기사 출제

40 작업자들에게 적성검사를 실시하는 가장 큰 목적은?

① 작업자의 협조를 얻기 위함
② 작업자의 인간관계 개선을 위함
③ 작업자의 생산능률을 높이기 위함
④ 작업자의 업무량을 최대로 할당하기 위함

해설

작업자 적성검사 목적 : 생산능률 향상

2018년 3월 4일 산업기사 출제

3 인간공학 및 시스템안전공학

41 인간공학적 수공구 설계원칙이 아닌 것은?

① 손목을 곧게 유지할 것
② 반복적인 손가락 동작을 피할 것
③ 손잡이 접촉 면적을 작게 설계할 것
④ 조직(tissue)에 가해지는 압력을 피할 것

해설

수공구 설계원칙
① 손목을 곧게 펼 수 있도록 : 손목이 팔과 일직선일 때 가장 이상적
② 손가락으로 지나친 반복동작을 하지 않도록 : 검지의 지나친 사용은 「방아쇠 손가락」증세 유발
③ 손바닥면에 압력이 가해지지 않도록(접촉면적을 크게) : 신경과 혈관에 장애(무감각증, 떨림현상)
④ 그 밖에 설계원칙
  ㉮ 안전측면을 고려한 디자인
  ㉯ 적절한 장갑의 사용
  ㉰ 왼손잡이 및 장애인을 위한 배려
  ㉱ 공구의 무게를 줄이고 균형유지 등

① 2016년 5월 8일 산업기사 출제
② 2018년 9월 15일 (문제 53번) 출제

42 NIOSH 지침에서 최대허용한계(MPL)는 활동한계(AL)의 몇 배인가?

① 1배   ② 3배
③ 5배   ④ 9배

해설

중량물 취급 기준(NIOSH)
① 중량물 취급 감시기준(AL)
   AL[kg] = 40 × (15/H) × {1−0.004(V−75)} × (0.7+7.5/D) × (1−F/Fmax)
   여기서
   ㉮ H = 대상물체의 수평거리   ㉯ V = 대상물체의 수직거리
   ㉰ D = 대상물체의 이동거리   ㉱ F = 중량물 취급작업의 빈도
② 중량물 취급 최대허용기준(MPL)
   MPL = 3 × AL

[정답] 38 ④ 39 ② 40 ③ 41 ③ 42 ②

43 FMEA의 특징에 대한 설명으로 틀린 것은?

① 서브시스템 분석 시 FTA보다 효과적이다.
② 양식이 비교적 간단하고 적은 노력으로 특별한 훈련 없이 해석이 가능하다.
③ 시스템 해석기법은 정성적·귀납적 분석법 등에 사용된다.
④ 각 요소간 영향 해석이 어려워 2가지 이상 동시 고장은 해석이 곤란하다.

해설
FMEA의 장·단점
① 장점 : 서식이 간단하고 비교적 적은 노력으로 특별한 훈련없이 분석을 할 수 있다.(서브 시스템 분석은 FTA가 효과적이다)
② 단점 : 논리성이 부족하고 특히 각 요소 간의 영향을 분석하기 어렵기 때문에 동시에 두 가지 이상의 요소가 고장날 경우 분석이 곤란하며, 또한 요소가 물체로 한정되어 있기 때문에 인적원인을 분석하는 데는 곤란이 있다.

KEY
① 2015년 9월 19일(문제 46번) 출제
② 2018년 3월 4일(문제 42번) 출제
③ 2019년 3월 3일(문제 55번) 출제

44 인간공학에 대한 설명으로 틀린 것은?

① 제품의 설계 시 사용자를 고려한다.
② 환경과 사람이 격리된 존재가 아님을 인식한다.
③ 인간공학의 목표는 기능적 효과, 효율 및 인간가치를 향상시키는 것이다.
④ 인간의 능력 및 한계에는 개인차가 없다고 인지한다.

해설
인간공학
기계, 기구, 환경 등의 물적 조건을 인간의 특성과 능력에 잘 조화하도록 설계하기 위한 수단을 연구하는 학문이다.

KEY
① 2015년 5월 31일(문제 34번) 출제
② 2015년 8월 16일(문제 38번) 출제
③ 2017년 9월 23일 출제
④ 2019년 4월 27일(문제 56번) 출제

45 인간-기계시스템에서의 여러 가지 인간에러와 그것으로 인해 생길 수 있는 위험성의 예측과 개선을 위한 기법은?

① PHA
② FHA
③ OHA
④ THERP

해설
THERP
① 정량적 평가
② 인간에러 위험성과 예측개선

KEY
① 2017년 3월 5일 산업기사 출제
② 2017년 9월 23일 출제
③ 2020년 8월 22일(문제 48번) 출제

46 개선의 ECRS의 원칙에 해당하지 않는 것은?

① 제거(Eliminate)
② 결합(Combine)
③ 재조정(Rearrange)
④ 안전(Safety)

해설
작업분석(새로운 작업방법의 개발원칙 : ECRS)
① 제거(Eliminate)
② 결합(Combine)
③ 재조정(Rearrange)
④ 단순화(Simplify)

KEY
① 2017년 5월 7일(문제 41번) 출제
② 2019년 8월 4일 산업안전기사 출제

47 표시장치로부터 정보를 얻어 조종장치를 통해 기계를 통제하는 시스템은?

① 수동 시스템
② 무인 시스템
③ 반자동 시스템
④ 자동 시스템

해설
인간-기계 시스템
① 수동체계의 경우 : 장인과 공구, 가수와 앰프
② 기계화(반자동) 체계의 경우 : 운전하는 사람과 자동차 엔진
③ 자동화 체계 : 인간은 주로 감시, 프로그램 입력, 정비유지

KEY
① 2019년 3월 3일 산업기사 출제
② 2019년 9월 21일(문제 46번) 출제

[정답] 43 ① 44 ④ 45 ④ 46 ④ 47 ③

48 Q10 효과에 직접적인 영향을 미치는 인자는?

① 고온 스트레스 ② 한랭한 작업장
③ 중량물의 취급 ④ 분진의 다량발생

해설

Q10
① Q10은 생물의 반응 속도는 온도와 함께 증대하며, 온도 10[℃] 올라감에 따라 반응속도는 2~3의 값을 갖는다.
② Q10효과에 가장 큰 영향을 미치는 것은 "고온"이다.

정보제공

고온
심장에서 흐르는 혈액의 대부분을 냉각시키기 위해 외부 모세혈관으로 순환시키게 되어 뇌중추에 공급되는 혈액을 감소시킴

49 결함수분석(FTA)에 의한 재해사례의 연구 순서로 옳은 것은?

㉠ FT(Fault Tree)도 작성
㉡ 개선안 실시계획
㉢ 톱 사상의 선정
㉣ 사상마다 재해원인 및 요인 규명
㉤ 개선계획 작성

① ㉡ → ㉣ → ㉢ → ㉤ → ㉠
② ㉢ → ㉣ → ㉠ → ㉤ → ㉡
③ ㉣ → ㉤ → ㉢ → ㉠ → ㉡
④ ㉤ → ㉢ → ㉡ → ㉠ → ㉣

해설

D. R. Cheriton의 FTA에 의한 재해사례 연구순서
① 제1단계 : 톱(top)사상의 선정
② 제2단계 : 사상마다 재해원인 및 요인규명
③ 제3단계 : FT(Fault Tree)도의 작성
④ 제4단계 : 개선계획 작성
⑤ 제5단계 : 개선안 실시계획

KEY
① 2016년 10월 1일 출제
② 2017년 3월 5일 출제
③ 2018년 9월 15일 출제
④ 2019년 9월 21일 산업기사 출제
⑤ 2020년 6월 7일(문제 60번) 출제

50 물체의 표면에 도달하는 빛의 밀도를 뜻하는 용어는?

① 광도 ② 광량
③ 대비 ④ 조도

해설

조도
① 단위면적에 비추는 빛의 양(밀도)
② 공식 = $\dfrac{광도[cd]}{(거리)^2}$

KEY
① 2017년 3월 5일 출제
② 2019년 3월 3일 출제

51 시각적 표시장치와 청각적 표시장치 중 시각적 표시장치를 선택해야 하는 경우는?

① 메시지가 긴 경우
② 메시지가 후에 재참조되지 않는 경우
③ 직무상 수신자가 자주 움직이는 경우
④ 메시지가 시간적 사상(event)을 다룬 경우

해설

정보전송방법
① 시각적 표시장치 사용 : ①
② 청각적 표시장치 사용 : ②, ③, ④

KEY
① 2017년 5월 7일 산업기사 출제
② 2018년 3월 4일, 4월 28일, 8월 19일, 9월 15일 산업기사 출제
③ 2019년 4월 27일, 9월 21일 산업기사 출제
④ 2019년 8월 4일 출제
⑤ 2020년 6월 7일 출제
⑥ 2021년 3월 2일 PBT 출제
⑦ 2021년 3월 7일 (문제 53번) 5월 15일(문제 60번) 출제

💬 **합격자의 조언**

최근문제(정보)가 당락을 결정합니다.

[정답] 48 ① 49 ② 50 ④ 51 ①

과년도 출제문제

52 조작과 반응과의 관계, 사용자의 의도와 실제 반응과의 관계, 조종장치와 작동결과에 관한 관계 등 사람들이 기대하는 바와 일치하는 관계가 뜻하는 것은?

① 중복성
② 조직화
③ 양립성
④ 표준화

해설

양립성(compatibility)
정보입력 및 처리와 관련한 양립성은 인간의 기대와 모순되지 않는 자극 반응조합의 관계를 말하는 것

KEY ① 2018년 3월 4일 산업기사 출제
② 2018년 4월 28일 기사·산업기사 동시 출제
③ 2020년 8월 22일(문제 55번) 출제

53 FT도에 사용되는 다음 기호의 명칭은?

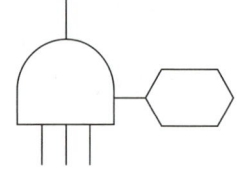

① 억제게이트
② 조합AND게이트
③ 부정게이트
④ 배타적OR게이트

해설

FTA기호

기 호	명 칭	기 호	명 칭
Ai, Aj, Ak 순으로 Ai Aj Ak	우선적 AND 게이트	동시발생 없음	배타적 OR 게이트
2개의 출력 Ai Aj Ak	조합 AND 게이트	위험지속시간	위험 지속 AND 게이트

KEY ① 2017년 3월 5일 산업기사 출제
② 2017년 9월 23일 출제
③ 2019년 3월 3일 산업기사 출제
④ 2019년 4월 27일 산업기사 출제
⑤ 2019년 9월 21일 출제
⑥ 2020년 6월 7일(문제 47번) 출제

54 일정한 고장률을 가진 어떤 기계의 고장률이 시간당 0.008일 때 5시간 이내에 고장을 일으킬 확률은?

① $1 + e^{0.04}$
② $1 - e^{-0.004}$
③ $1 - e^{0.04}$
④ $1 - e^{-0.04}$

해설

고장을 일으킬 확률
① 신뢰도 $= e^{-\lambda t} = e^{-0.008 \times 5} = e^{-0.04}$
② 고장율 $= 1 - $ 신뢰도 $= 1 - e^{-0.04}$

55 HAZOP기법에서 사용하는 가이드워드와 그 의미가 틀린 것은?

① Other than : 기타 환경적인 요인
② No/Not : 디자인 의도의 완전한 부정
③ Reverse : 디자인 의도의 논리적 반대
④ More/Less : 정량적인 증가 또는 감소

해설

유인어(guide words)
① NO 또는 NOT : 설계 의도의 완전한 부정을 의미
② AS Well AS : 성질상의 증가를 나타내는 것으로 설계의도와 운전조건 등 부가적인 행위와 함께 일어나는 것을 의미
③ PART OF : 성질상의 감소, 성취나 성취되지 않음을 나타냄
④ MORE LESS : 양의 증가 또는 양의 감소로 양과 성질을 함께 나타냄
⑤ OTHER THAN : 완전한 대체를 의미
⑥ REVERSE : 설계의도와 논리적인 역을 의미

KEY ① 2016년 5월 8일 출제
② 2018년 3월 4일(문제 37번) 출제
③ 2020년 9월 27일(문제 58번) 출제

[정답] 52 ③ 53 ② 54 ④ 55 ①

56 음압수준이 60[dB]일 때 1,000[Hz]에서 순음의 [phon]의 값은?

① 50[phon]　　② 60[phon]
③ 90[phon]　　④ 100[phon]

해설

phon
① 1,000[Hz]의 순음의 음압수준 [dB]
② 60[dB]=60[phon]

KEY 2019년 3월 3일(문제 51번) 출제

💬 **합격자의 조언**
정독이 필요한 문제입니다.

57 인간의 오류모형에서 상황해석을 잘못하거나 목표를 잘못 이해하고 착각하여 행하는 경우를 뜻하는 용어는?

① 실수(Slip)
② 착오(Mistake)
③ 건망증(Lapse)
④ 위반(Violation)

해설

인간의 오류 5가지 모형

구분	특징
착각(Illusion)	감각적으로 물리현상을 왜곡하는 지각 오류
착오(Mistake)	상황해석을 잘못하거나 목표를 잘못 이해하고 착각하여 행하는 인간의 실수로 위치, 순서, 패턴, 형상, 기억오류 등 외부적 요인에 의해 나타나는 오류
실수(Slip)	의도는 올바른 것이었지만, 행동이 의도한 것과는 다르게 나타나는 오류
건망증(Lapse)	일련의 과정에서 일부를 빠뜨리거나 기억의 실패에 의해 발생하는 오류
위반(Violation)	정해진 규칙을 알고 있음에도 의도적으로 따르지 않거나 무시한 경우에 발생하는 오류

KEY
① 2009년 5월 10일(문제 35번) 출제
② 2017년 8월 26일 출제
③ 2019년 3월 3일(문제 21번) 출제
④ 2019년 4월 27일(문제 47번) 출제
⑤ 2021년 5월 15일(문제 42번) 출제

58 프레스기의 안전장치 수명은 지수분포를 따르며 평균 수명이 1,000시간일 때 ㉠, ㉡에 알맞은 값은 약 얼마인가?

> ㉠ : 새로구입한 안전장치가 향후 500시간 동안 고장 없이 작동할 확률
> ㉡ : 이미 1,000시간을 사용한 안전장치가 향후 500시간 이상 견딜 확률

① ㉠ : 0.606, ㉡ : 0.606
② ㉠ : 0.606, ㉡ : 0.808
③ ㉠ : 0.808, ㉡ : 0.606
④ ㉠ : 0.808, ㉡ : 0.808

해설

확률계산
① $R(t)=e^{-\lambda t}=e^{-\frac{t}{t_0}}=e^{-\frac{500}{1,000}}=e^{-0.5}=0.6065$
② $R(t)=e^{-\lambda t}=e^{-\frac{500}{1,000}}=e^{-0.5}=0.6065$

KEY 2017년 5월 7일 산업기사(문제 30번) 출제

59 FT도에서 신뢰도는?(단, A 발생확률은 0.01, B발생확률은 0.02이다.)

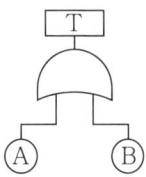

① 96.02[%]　　② 97.02[%]
③ 98.02[%]　　④ 99.02[%]

해설

신뢰도 계산
① T(불신뢰도)=1−(1−A)(1−B)=1−(1−0.01)(1−0.02)=0.0298
② 신뢰도=1−불신뢰도=1−0.029=0.9702×100=97.02[%]

KEY 2020년 6월 7일(문제 50번) 출제

[정답] 56 ②　57 ②　58 ①　59 ②

60. 위험성 평가 시 위험의 크기를 결정하는 방법이 아닌 것은?

① 덧셈법 ② 곱셈법
③ 뺄셈법 ④ 행렬법

해설

위험성 평가 시 위험의 크기 결정 방법
① 덧셈법
② 곱셈법
③ 행렬법

---

4 건설시공학

61. 기존에 구축된 건축물 가까이에서 건축공사를 실시할 경우 기존 건축물의 지반과 기초를 보강하는 공법은?

① 리버스 서큘레이션 공법
② 언더피닝 공법
③ 슬러리 휠 공법
④ 탑다운 공법

해설

언더피닝(Under pinning)공법
(1) 인접한 건물 또는 구조물의 침하방지를 목적으로 하는 지반보강 방법의 총칭
(2) 언더피닝공법 종류
　① 2중 널말뚝 공법 : 흙막이 널말뚝의 외측에 2중으로 말뚝을 박는 공법
　② 현장타설 콘크리트말뚝 공법 : 인접 건물의 기초에 현장타설 콘크리트말뚝 설치
　③ 강제말뚝 공법 : 인접건물의 벽, 기둥에 따라 강제말뚝을 설치
　④ 모르타르 및 약액주입 공법 : 사질지반에서 모르타르 등을 주입해서 지반을 고결시키는 공법

KEY ① 2017년 5월 7일 출제
　　　② 2017년 9월 23일(문제 118번) 출제
　　　③ 2018년 4월 28일(문제 76번) 출제
　　　④ 2019년 4월 27일(문제 77번) 출제

---

62. 다음은 표준시방서에 따른 기성말뚝 세우기 작업시 준수사항이다. ( )안에 들어갈 내용으로 옳은 것은?

말뚝의 연직도나 경사도는 (A)이내로 하고, 말뚝박기 후 평면상의 위치가 설계도면의 위치로부터 (B)와 100[mm] 중 큰 값 이상으로 벗어나지 않아야 한다.

① A : 1/50, B : D/4   ② A : 1/150, B : D/4
③ A : 1/100, B : D/2 ④ A : 1/150, B : D/2

해설

말뚝 세우기
① 시공기계는 말뚝이 소정의 위치에 정확하게 설치될 수 있도록 견고한 지반 위의 정확한 위치에 설치하여야 한다.
② 말뚝을 정확하고도 안전하게 세우기 위해서는 정확한 규준틀을 설치하고 중심선 표시를 용이하게 하여야 하며, 말뚝을 세운 후 검측은 직교하는 2방향으로부터 하여야 한다.
③ 말뚝의 연직도나 경사도는 1/50 이내로 하고, 말뚝박기 후 평면상의 위치가 설계도면의 위치로부터 D/4(D는 말뚝의 바깥 지름)와 100[mm] 중 큰 값 이상으로 벗어나지 않아야 한다.

KEY ① 2020년 9월 27일(문제 73번) 출제
　　　② 2021년 9월 5일 산업기사 출제

합격정보
기성말뚝 표준시방서(KCS : 2021. 5. 12.개정)

---

63. 철골공사에서 발생하는 용접 결함이 아닌 것은?

① 피트(Pit) ② 블로우 홀(Blow hole)
③ 오버 랩(Over lap) ④ 가우징(Gouging)

해설

용접 결함
① 슬래그 감싸돌기 : 용접봉의 피복재 심선과 모재가 변하여 생긴 회분이 용착 금속 내에 혼입되는 현상을 말한다.
② 언더컷(Under-cut) : 모재가 녹아 용착 금속이 채워지지 않고 홈으로 남게 된 부분. 원인은 전류의 과대 또는 용접봉의 부적당에 기인된다.
③ 오버랩(Over-lap) : 용접 금속과 모재가 융합되지 않고 겹쳐지는 것이다.
④ 공기구멍(Blow hole) : 금속이 녹아들 때 생기는 기포나 작은 틈을 말한다.
⑤ 크랙(Crack) : 용접 후 냉각시에 생기는 갈라짐을 말한다.
⑥ 피트(Pit) : 용접부에 생기는 미세한 홈을 말한다.
⑦ 크레이터(Crater) : Arc용접시 끝부분이 항아리모양으로 패인 것을 말한다.

[정답] 60 ③ 61 ② 62 ① 63 ④

KEY
① 2003년 제1회 출제
② 2017년 5월 7일(문제 66번) 출제
③ 2019년 4월 27일(문제 80번) 출제

보충학습
가스가우징(Gouging)
① 홈을 파기 위한 목적
② 산소 아세틸렌 불꽃으로 용접부의 뒷면을 깨끗이 깎는 작업

64 원심력 고강도 프리스트레스트 콘크리트말뚝의 이음방법 중 가장 강성이 우수하고 안전하여 많이 사용하는 이음방법은?

① 충전식이음　② 볼트식이음
③ 용접식이음　④ 강관말뚝이음

해설
강성이 가장 우수한 말뚝이음 : 용접식 이음

KEY 2018년 3월 4일 산업기사(문제 58번) 출제

65 철근이음의 종류 중 나사를 가지는 슬리브 또는 커플러, 에폭시나 모르타르 또는 용융금속 등을 충전한 슬리브, 클립이나 편체 등의 보조장치 등을 이용한 것을 무엇이라 하는가?

① 겹침이음
② 가스압접 이음
③ 기계적 이음
④ 용접이음

해설
기계적 이음의 종류
① Sleev(칼라)압착
② 충진식 이음
③ 나사식 이음
④ Cad welding
⑤ G-loc splic(수직철근전용)

KEY
① 2016년 5월 8일 산업기사 출제
② 2017년 9월 23일 출제
③ 2018년 4월 28일 산업기사(문제 52번) 출제

66 R.C.D(리버스 서큘레이션 드릴)공법의 특징으로 옳지 않은 것은?

① 드릴파이프 직경보다 큰 호박돌이 있는 경우 굴착이 불가하다.
② 깊은 심도까지 굴착이 가능하다.
③ 시공속도가 빠른 장점이 있다.
④ 수상(해상)작업이 불가하다.

해설
리버스 서큘레이션 공법(Reverse circulation drill : 역순환 공법)
① 점토, 실트층에 적용된다.
② 굴착심도 30~70[m], 직경 0.9~3[m] 정도
③ 지하수위보다 2[m] 이상 물을 채워 정수압($2[t/m^2]$)으로 공벽유지

KEY 2017년 5월 7일(문제 78번) 출제

67 보강블록공사 시 벽의 철근 배치에 관한 설명으로 옳지 않은 것은?

① 가로근은 배근 상세도에 따라 가공하되, 그 단부는 180[°]의 갈구리로 구부려 배근한다.
② 블록의 공동에 보강근을 배치하고 콘크리트를 다져 넣기 때문에 세로줄눈은 막힌줄눈으로 하는 것이 좋다.
③ 세로근은 기초 및 테두리보에서 위층의 테두리보까지 잇지 않고 배근하여 그 정착길이는 철근 직경의 40배 이상으로 한다.
④ 벽의 세로근은 구부리지 않고 항상 진동없이 설치한다.

해설
보강 블록조 쌓기
통줄눈 원칙

KEY 2018년 9월 15일(문제 65번) 출제

[정답] 64 ③　65 ③　66 ④　67 ②

과년도 출제문제

68 철근공사 시 철근의 조립과 관련된 설명으로 옳지 않은 것은?

① 철근이 바른 위치를 확보할 수 있도록 결속선으로 결속하여야 한다.
② 철근은 조립한 다음 장기간 경과한 경우에는 콘크리트의 타설 전에 다시 조립검사를 하고 청소하여야 한다.
③ 경미한 황갈색의 녹이 발생한 철근은 콘크리트와의 부착이 매우 불량하므로 사용이 불가하다.
④ 철근의 피복두께를 정확하게 확보하기 위해 적절한 간격으로 고임재 및 간격재를 배치하여야 한다.

해설

철근의 조립
① 철근의 표면에는 부착을 저해하는 흙, 기름 또는 이물질이 없어야 한다.
② 경미한 황갈색의 녹이 발생한 철근은 일반적으로 콘크리트와의 부착을 해치지 않으므로 사용할 수 있다.

합격정보
KCS·42011 : 2021(철근공사 시방서)

---

69 공사계약방식에서 공사실시 방식에 의한 계약제도가 아닌 것은?

① 일식도급
② 분할도급
③ 실비정산 보수가산 도급
④ 공동도급

해설

실비정산 보수가산식 도급
① 특징 : 공사의 실비를 건축주와 도급자가 확인 정산하고 시공주는 미리 정한 보수율에 따라 도급자에게 보수액을 지불하는 방법
② 장점 : 양심적인 공사가능
③ 단점 : 시공업자는 공사비 절감의 노력이 없어지고 공기지연

KEY 2019년 9월 21일(문제 70번) 출제

---

70 알루미늄 거푸집에 관한 설명으로 옳지 않은 것은?

① 경량으로 설치시간이 단축된다.
② 이음매(Joint)감소로 견출작업이 감소된다.
③ 주요 시공 부위는 내부벽체, 슬래브, 계단실 벽체이며, 슬래브 필러 시스템이 있어서 해체가 간편하다.
④ 녹이 슬지 않는 장점이 있으나 전용횟수가 매우 적다.

해설

알루미늄 거푸집의 특징
① 패널과 패널간 연결부위의 품질이 우수하다.
② 기존 재래식 공법과 비교하여 건축폐기물을 억제하는 효과가 있다.
③ 패널의 무게를 경량화하여 안전하게 작업이 가능하다.
④ 1990년부터 우리나라에서 사용

KEY 2020년 8월 23일 산업기사(문제 50번) 출제

---

71 철거작업 시 지중장애물 사전조사항목으로 가장 거리가 먼 것은?

① 주변 공사장에 설치된 모든 계측기 확인
② 기존 건축물의 설계도, 시공기록 확인
③ 가스, 수도, 전기 등 공공매설물 확인
④ 시험굴착, 탐사 확인

해설

철거작업시 지중장애물 사전조사항목
① 시험굴착, 탐사 확인
② 가스, 수도, 전기 등 공공매설물 확인
③ 기존 건축물의 설계도, 시공기록 확인

[정답] 68 ③ 69 ③ 70 ④ 71 ①

72. 벽돌쌓기 시 사전준비에 관한 설명으로 옳지 않은 것은?

① 줄기초, 연결보 및 바닥 콘크리트의 쌓기면은 작업 전에 청소하고, 우묵한 곳은 모르타르로 수평지게 고른다.
② 벽돌에 부착된 흙이나 먼지는 깨끗이 제거한다.
③ 모르타르는 지정한 배합으로 하되 시멘트와 모래는 건비빔으로 하고, 사용할 때에는 쌓기에 지장이 없는 유동성이 확보되도록 물을 가하고 충분히 반죽하여 사용한다.
④ 콘크리트 벽돌을 쌓기 직전에 충분한 물축이기를 한다.

해설
벽돌쌓기 사전준비 사항
① 붉은벽돌은 쌓기 전에 충분한 물축임을 한다.
② 시멘트벽돌은 쌓으면서 뿌리거나 쌓은 벽 옆에서 뿌린다.

KEY ① 2017년 5월 7일 출제
② 2018년 3월 4일 출제
③ 2018년 4월 28일 출제

73. 콘크리트는 신속하게 운반하여 즉시 타설하고 충분히 다져야 하는데 비비기로부터 타설이 끝날 때까지의 시간은 원칙적으로 얼마를 넘어서면 안 되는가?(단, 외기온도가 25[℃] 이상일 경우)

① 1.5시간
② 2시간
③ 2.5시간
④ 3시간

해설
콘크리트 타설시 온도와 시간 간격
(비빔에서 부어넣기 종료까지 : 레미콘 회사에서 비벼서 현장타설 할 때까지 시간)
① 외기온도 25[℃] 미만 : 2시간
② 외기온도 25[℃] 이상 : 1.5시간

KEY 건설안전기사 필기 p.4-62(합격날개 : 은행문제)

보충학습
이어치기 시간간격
① 외기온도 25 이상 : 2시간 이내
② 외기온도 25 미만 : 2.5시간 이내

74. 피어기초공사에 관한 설명으로 옳지 않은 것은?

① 중량구조물을 설치하는데 있어서 지반이 연약하거나 말뚝으로도 수직지지력이 부족하여 그 시공이 불가능한 경우와 기초지반의 교란을 최소화해야 할 경우에 채용한다.
② 굴착된 흙을 직접 탐사할 수 있고 지지층의 상태를 확인할 수 있다.
③ 진동과 소음이 발생하는 공법이긴 하나 여타 기초형식에 비하여 공기 및 비용이 적게 소요된다.
④ 피어기초를 채용한 국내의 초고층 건축물에는 63빌딩이 있다.

해설
피어기초지정
① 지름이 큰 말뚝을 일반적으로 Pier라 하고, 말뚝과 구별하고 있으며, 우물기초나 깊은 기초 공법은 Pier기초에 속한다.
② 주로 기계로 굴착하여 대구경의 Pile을 구축한다.
③ 비용이 많이 든다.

KEY ① 2018년 4월 28일(문제 79번) 출제
② 2018년 9월 15일(문제 67번) 출제

75. 다음 각 거푸집에 관한 설명으로 옳은 것은?

① 트래블링 폼(Travelling Form) : 무량판 시공 시 2방향으로 된 상자형 기성재 거푸집이다.
② 슬라이딩 폼(Sliding Form) : 수평활동 거푸집이며 거푸집 전체를 그대로 떼어 다음 사용 장소로 이동시켜 사용할 수 있도록 한 거푸집이다.
③ 터널폼(Tunnel Form) : 한 구획 전체의 벽판과 바닥판을 ㄱ자형 또는 ㄷ자형으로 짜서 이동시키는 형태의 기성재 거푸집이다.
④ 워플폼(Waffle Form) : 거푸집 높이는 약 1[m]이고 하부가 약간 벌어진 원형 철판 거푸집을 요오크(yoke)로 서서히 끌어 올리는 공법으로 Silo 공사 등에 적당하다.

[정답] 72 ④ 73 ① 74 ③ 75 ③

해설

터널폼(Tunnel Form)
① 벽과 바닥의 콘크리트 타설을 한 번에 할 수 있게 하기 위하여 벽체용 거푸집과 바닥 거푸집을 일체로 제작하여 한번에 설치하고 해체할 수 있도록 한 시스템거푸집
② 한 구획 전체 벽과 바닥판을 ㄱ자형 ㄷ자형으로 만들어 이동시키는 거푸집
③ 종류
  ㉮ 트윈 쉘(Twin shell)
  ㉯ 모노 쉘(Mono shell)

KEY
① 2016년 5월 8일 출제
② 2017년 3월 5일 산업기사(문제 57번) 출제
③ 2021년 5월 15일(문제 77번) 출제

76 강구조물 부재 제작 시 마킹(금긋기)에 관한 설명으로 옳지 않은 것은?

① 주요부재의 강판에 마킹할 때에는 펀치(punch) 등을 사용하여야 한다.
② 강판 위에 주요부재를 마킹할 때에는 주된 응력의 방향과 압연 방향을 일치시켜야 한다.
③ 마킹할 때에는 구조물이 완성된 후에 구조물의 부재로서 남을 곳에는 원칙적으로 강판에 상처를 내어서는 안된다.
④ 마킹 시 용접열에 의한 수축 여유를 고려하여 최종 교정, 다듬질 후 정확한 치수를 확보할 수 있도록 조치해야 한다.

해설

마킹(금긋기)
① 강판 위에 주요 부재를 마킹할 때에는 주된 응력의 방향과 압연 방향을 일치시켜야 한다.
② 마킹을 할 때에는 구조물이 완성된 후에 구조물의 부재로서 남을 곳에는 원칙적으로 강판에 상처를 내어서는 안 된다. 특히, 고강도강 및 휨 가공하는 연강의 표면에는 펀치, 정 등에 의한 흔적을 남겨서는 안된다. 다만 절단, 구멍뚫기, 용접 등으로 제거되는 경우에는 무방하다.
③ 주요 부재의 강판에 마킹할 때에는 펀치(punch) 등을 사용하지 않아야 한다.
④ 마킹 시 용접열에 의한 수축 여유를 고려하여 최종 교정, 다듬질 후 정확한 치수를 확보할 수 있도록 조치해야 한다.
⑤ 마킹검사는 띠철이나 형판 또는 자동가곡기(CNC)를 사용하여 정확히 마킹되었는가를 확인하고 재질, 모양, 치수 등에 대한 검토와 마킹이 현도에 의한 띠철, 형판대로 되어 있는가를 검사해야 한다.

KEY
① 2017년 9월 23일 산업기사(문제 43번) 출제
② 2019년 4월 27일 산업기사(문제 41번) 출제

77 건축공사 시 각종 분할도급의 장점에 관한 설명으로 옳지 않은 것은?

① 전문공종별 분할도급은 설비업자의 자본, 기술이 강화되어 능률이 향상된다.
② 공정별 분할도급은 후속공사를 다른 업자로 바꾸거나 후속공사 금액의 결정이 용이하다.
③ 공구별 분할도급은 중소업자에 균등기회를 주고, 업자 상호간 경쟁으로 공사기일 단축, 시공 기술 향상에 유리하다.
④ 직종별, 공종별 분할도급은 전문직종으로 분할하여 도급을 주는 것으로 건축주의 의도를 철저하게 반영시킬 수 있다.

해설

분할 도급의 종류
① 전문공종별 분할도급 : 설비공사를 주체공사에서 분리하여 전문업자와 직접 계약하는 방식
② 공정별 분할도급 : 정지, 기초, 구체, 마무리 공사 등의 과정별로 나누어 도급주는 방식
③ 공구별 분할도급 : 대규모 공사에서 지역별로 공사를 구분하여 발주하는 방식

KEY
① 2017년 9월 23일 출제
② 2018년 4월 28일 출제
③ 2020년 8월 22일 출제
④ 2021년 5월 15일(문제 79번) 출제

78 두께 110[mm]의 일반구조용 압연강재 SS275의 항복강도(f_y) 기준값은?

① 275[MPa] 이상 ② 265[MPa] 이상
③ 245[MPa] 이상 ④ 235[MPa] 이상

해설

SS275와 SS400의 항복강도

두께	SS275	SS400
t ≤ 16	275	245
16 < t ≤ 40	265	235
40 < t ≤ 100	245	215
100 < t	235	205
인장강도	410 ~ 550	400 ~ 510

[정답] 76 ① 77 ② 78 ④

79 건설사업이 대규모화, 고도화, 다양화, 전문화 되어감에 따라 종래의 단순 기술에 의한 시공만이 아닌 고부가가치를 추구하기 위하여 업무영역의 확대를 의미하는 것은?

① BTL
② EC
③ BOT
④ SOC

해설

EC(Engineering Construction)
종래의 단순시공에서 벗어나 고부가치를 추구하기 위한 사업발굴에서 유지관리에 이르기까지 사업전반에 관한 것을 종합, 계획관리하는 업무영역 확대기법

KEY ① 2016년 5월 8일 출제
② 2017년 9월 23일 산업기사 출제

5 건설재료학

81 건축재료의 성질을 물리적 성질과 역학적 성질로 구분할 때 물체의 운동에 관한 성질인 역학적 성질에 속하지 않는 항목은?

① 비중
② 탄성
③ 강성
④ 소성

해설

건축재료의 성질
① 물리적 성질 : 비중
② 역학적 성질 : 탄성, 소성, 강성

80 콘크리트 공사 시 시공이음에 관한 설명으로 옳지 않은 것은?

① 시공이음은 될 수 있는 대로 전단력이 작은 위치에 설치하고, 부재의 압축력이 작용하는 방향과 직각이 되도록 하는 것이 원칙이다.
② 외부의 염분에 의한 피해를 받을 우려가 있는 해양 및 항만 콘크리트 구조물 등에 있어서는 시공이음부를 최대한 많이 설치하는 것이 좋다.
③ 이음부의 시공에 있어서는 설계에 정해져 있는 이음의 위치와 구조는 지켜져야 한다.
④ 수밀을 요하는 콘크리트에 있어서는 소요의 수밀성이 얻어지도록 적절한 간격으로 시공이음부를 두어야 한다.

해설

시공줄눈 관리사항
① 구조물의 강도, 내구성, 수밀성 및 외관을 해치지 않도록 위치, 방향, 시공방법을 준수한다.
② 부득이 전단력이 큰 위치에 시공이음을 하는 경우 이음 부위에 장부 또는 홈을 둔다.
③ 수화열, 외기 온도에 의한 온도 응력 및 건조수축 균열을 고려하여 위치를 결정한다.
④ 염해 피해를 입을 우려가 있는 해양, 항만 콘크리트 구조물에는 되도록 이음을 두지 않는다.
⑤ 시공 이음을 두는 경우 콘크리트 표면의 레이턴스, 품질이 나쁜 콘크리트, 달라붙지 않은 골재는 제거하여야 한다.
⑥ 시공 이음 부위가 될 콘크리트 면은 경화가 쇠 솔 등으로 면을 거칠게 하여 충분히 습윤상태로 양생한다.

82 강재(鋼材)의 일반적인 성질에 관한 설명으로 옳지 않은 것은?

① 열과 전기의 양도체이다.
② 광택을 가지고 있으며, 빛에 불투명하다.
③ 경도가 높고 내마멸성이 크다.
④ 전성이 일부 있으나 소성변형능력은 없다.

해설

금속재료의 장·단점(특징)
(1) 장점
  ① 열과 전기의 양도체이다.(열전도율이 크다.)
  ② 경도, 강도, 내마멸성이 크다.
  ③ 소성변형을 할 수 있으며 전연성이 풍부하다.
  ④ 금속 특유의 광택을 나타낸다.
(2) 단점
  ① 비중이 크다.(대부분 7.0 이상이며 4.5 이상은 중금속이다.)
  ② 녹슬기 쉽다.(산화가 된다.)
  ③ 색채가 단조롭다.
  ④ 가공시 가공비가 많이 든다.

KEY ① 2011년 10월 2일(문제 97번) 출제
② 2016년 3월 6일(문제 99번) 출제

[정답] 79 ② 80 ② 81 ① 82 ④

과년도 출제문제

83 콘크리트 혼화재 중 하나인 플라이애시가 콘크리트에 미치는 작용에 관한 설명으로 옳지 않은 것은?

① 내황산염에 대한 저항성을 증가시키기 위하여 사용한다.
② 콘크리트 수화초기시의 발열량을 감소시키고 장기적으로 시멘트의 석회와 결합하여 장기강도를 증진시키는 효과가 있다.
③ 입자가 구형이므로 유동성이 증가되어 단위수량을 감소시키므로 콘크리트의 워커빌리티의 개선, 압송성을 향상시킨다.
④ 알칼리골재반응에 의한 팽창을 증가시키고 콘크리트의 수밀성을 악화시킨다.

해설

플라이애쉬(Fly ash)
① 인공제품으로 가장 널리 쓰이는 포졸란의 일종이다.
② 주로 시공연도조절 등으로 사용된다.(주성분 : 석탄재)
③ 블리딩이 적어진다.

KEY ① 2017년 3월 5일 출제
② 2018년 4월 28일 출제
③ 2019년 9월 21일(문제 84번) 출제

84 대리석의 일종으로 다공질이며 황갈색의 반문이 있고 갈면 광택이 나서 우아한 실내장식에 사용되는 것은?

① 테라죠　　② 트래버틴
③ 석면　　　④ 점판암

해설

트래버틴(Travertine)
① 대리석의 한 종류로서 다공질이며 석질이 균일하지 못하다.
② 암갈색의 무늬가 있어 석판으로 만들어 물갈기를 하면 평활하고 광택이 나는 부분과 구멍과 골진 부분이 있다.
③ 특수한 실내장식재로 이용된다.

85 비스페놀과 에피클로로히드린의 반응으로 얻어지며 주제와 경화제로 이루어진 2성분계의 접착제로서 금속, 플라스틱, 도자기, 유리 및 콘크리트 등의 접합에 널리 사용되는 접착제는?

① 실리콘수지 접착제
② 에폭시 접착제
③ 비닐수지 접착제
④ 아크릴수지 접착제

해설

에폭시수지 접착제
① 내수성, 내습성, 내약품성, 전기절연성이 우수, 접착력이 강하다.
② 피막이 단단하고 유연성 부족, 값이 비싸다.
③ 금속, 항공기 접착에도 쓰인다.

KEY ① 2016년 5월 8일 출제
② 2017년 3월 5일 출제
③ 2018년 3월 4일 출제
④ 2019년 9월 21일 출제
⑤ 2020년 8월 22일(문제 92번) 출제

86 외부에 노출되는 마감용 벽돌로써 벽돌면의 색깔, 형태, 표면의 질감 등의 효과를 얻기 위한 것은?

① 광재벽돌　　② 내화벽돌
③ 치장벽돌　　④ 포도벽돌

해설

치장벽돌(face brick : dressed brick : 治裝壁돌)
① 외장에 사용하는 평판형의 벽돌로, 유약을 사용 하지 않고 바탕에 착색을 하거나 불투명, 무광택의 착색제를 입힌 것을 말한다. 구조역할은 하지 않고 입면디자인 효과를 위해 사용한다.
② 벽돌을 쌓을 때 벽면에 벽돌면이 노출되게 쌓는 조적벽돌
③ 색채·형·표면의 질감, 그 밖의 희망하는 효과를 얻기 위해 특별히 만들어지거나 선택된 벽돌

보충학습

포도벽돌(pavement brick : 鋪道壁돌)
① 원료 : 연와토(煙瓦土)·도토(陶土) 등을 쓰고 식염유를 시유(施釉) 소성
② 규격 : 210×90×75[mm]
③ 용도 : 경질이며 흡습성이 적고 두꺼워서 도로·복도·창고·공장 등의 바닥면에 깔아 씀
④ 특징 : 내마모(耐磨耗)·방습·내구성으로 됨.

[정답] 83 ④　84 ②　85 ②　86 ③

87. 콘크리트의 블리딩 현상에 의한 성능저하와 가장 거리가 먼 것은?

① 골재와 페이스트의 부착력 저하
② 철근과 페이스트의 부착력 저하
③ 콘크리트의 수밀성 저하
④ 콘크리트의 응결성 저하

해설

블리딩(Bleeding)
① 아직 굳지 않은 시멘트풀, 모르타르 및 콘크리트에 있어서 윗면으로 물이 스며오르는 현상
② 부착력 및 수밀성 저하의 요인

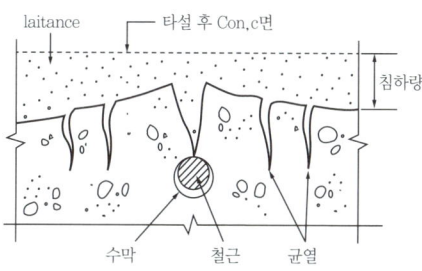

[그림] Bleeding

KEY
① 2017년 3월 5일 산업기사 출제
② 2018년 3월 4일 출제
③ 2020년 8월 22일(문제 84번) 출제

88. 직사각형으로 자른 얇은 나뭇조각을 서로 직각으로 겹쳐지게 배열하고 방수성 수지로 강하게 압축 가공한 보드는?

① O.S.B
② M.D.F
③ 플로어링블록
④ 시멘트 사이딩

해설

O.S.B(Oriented Strand Board)
① 섬유 방향으로 가늘고 긴 절삭편에 액체 접착제를 첨가하여 배향시킨 층을 서로 직교하여 열압 성형한 보드
② 3층 또는 5층으로 구성

참고 건축학용어사전, 세화출판사

89. 발포제로서 보드상으로 성형하여 단열재로 널리 사용되며 천장재, 전기용품, 냉장고 내부상자 등으로 쓰이는 열가소성 수지는?

① 폴리스티렌수지
② 폴리에스테르수지
③ 멜라민수지
④ 메타크릴수지

해설

폴리스티렌수지의 특징
① 무색투명하고, 착색하기 쉽다.
② 내수성, 내약품성, 가공성, 전기절연성, 단열성이 우수하다.
③ 부서지기 쉽고, 충격에 약하고, 내열성이 작다.
④ 발포제를 이용하여 보드형태로 만들어 단열재로 이용된다.
⑤ 블라인드, 전기용품, 냉장고의 내부상자, 절연재, 방음재 등으로 사용된다.

KEY
① 2017년 3월 5일 기사·산업기사 동시 출제
② 2017년 9월 23일(문제 84번) 출제

90. 블로운 아스팔트의 내열성, 내한성 등을 개량하기 위해 동물섬유나 식물섬유를 혼합하여 유동성을 증대시킨 것은?

① 아스팔트 펠트(Asphalt felt)
② 아스팔트 루핑(Asphalt roofing)
③ 아스팔트 프라이머(Asphalt Primer)
④ 아스팔트 콤파운드(Asphalt compound)

해설

아스팔트 콤파운드(Asphalt compound)
① 아스팔트에 동식물성 유지나 광물성 분말을 혼합하여 탄성, 접착성, 내구성, 내열성을 개량한 것
② 신축이 크며 최우량품이다.

[정답] 87 ④ 88 ① 89 ① 90 ④

91. 목모시멘트판을 보다 향상시킨 것으로서 폐기목재의 삭편을 화학처리하여 비교적 두꺼운 판 또는 공동블록 등으로 제작하여 마루, 지붕, 천장, 벽 등의 구조체에 사용되는 것은?

① 펄라이트시멘트판
② 후형슬레이트
③ 석면슬레이트
④ 듀리졸(durisol)

해설

듀리졸(durisol) 용도
① 내화, 단열, 흡음용재료
② 공동블록제작
③ 마루, 지붕, 천장, 벽 등의 구조체

92. 역청재료의 침입도 시험에서 질량 100[g]의 표준침이 5초 동안에 10[mm] 관입했다면 이 재료의 침입도는 얼마인가?

① 1
② 10
③ 100
④ 1,000

해설

침입도 시험
① 아스팔트의 견고성을 판정하는 시험으로 굳기를 표시
② 25[℃] 상온에서 바늘에 100[g]의 무게를 5[초]간 관입되는 수치를 측정
③ 관입깊이 0.1[mm]를 침입도 1이라 함
④ 0.1 : 1 = 10 : X ∴ X = 100[mm]

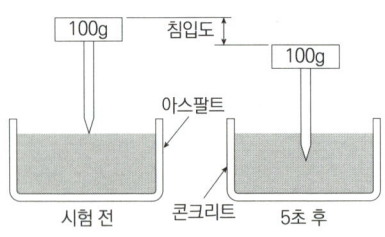

[그림] 침입도 시험

KEY ① 2018년 4월 28일 출제
② 2021년 5월 15일(문제 98번) 출제

93. 지름이 18[mm]인 강봉을 대상으로 인장시험을 행하여 항복하중 27[kN], 최대하중 41[kN]을 얻었다. 이 강봉의 인장강도는?

① 약 106.3[MPa]
② 약 133.9[MPa]
③ 약 161.1[MPa]
④ 약 182.3[MPa]

해설

$$\text{인장강도} = \frac{\text{최대하중}}{\frac{\pi d^2}{4}} = \frac{410}{\frac{\pi \times 18^2}{4}} = 161.1[\text{MPa}]$$

94. 열경화성 수지에 해당하지 않는 것은?

① 염화비닐 수지
② 페놀 수지
③ 멜라민 수지
④ 에폭시 수지

해설

수지구분
① 열경화성 수지 : ②, ③, ④
② 열가소성 수지 : ①

KEY ① 2020년 8월 23일 산업기사 등 10번 이상 출제
② 2021년 3월 7일(문제 93번) 출제

💬 **합격자의 조언**
이번 시험에도 틀림없이 출제됩니다.

95. 자기질 점토제품에 관한 설명으로 옳지 않은 것은?

① 조직이 치밀하지만, 도기나 석기에 비하여 강도 및 경도가 약한 편이다.
② 1,230~1,460[℃] 정도의 고온으로 소성한다.
③ 흡수성이 매우 낮으며, 두드리면 금속성의 맑은 소리가 난다.
④ 제품으로는 타일 및 위생도기 등이 있다.

[정답] 91 ④ 92 ③ 93 ③ 94 ① 95 ①

해설

점토제품의 분류

종류	소성온도[℃]	흡수율[%]
토기	790~1,000	20 이상
도기	1,100~1,230	10
석기	1,160~1,350	3~10
자기	1,230~1,460	0~1

KEY
① 2017년 5월 7일 산업기사 출제
② 2018년 4월 28일(문제 82번) 출제
③ 2019년 9월 21일(문제 85번) 출제
④ 2020년 9월 27일(문제 95번) 출제

---

96 접착제를 동물질 접착제와 식물질 접착제로 분류할 때 동물질 접착제에 해당되지 않는 것은?

① 아교
② 덱스트린 접착제
③ 카세인 접착제
④ 알부민 접착제

해설

덱스트린(dextrin) 접착제
① 녹말을 산·열·효소 등으로 가수분해시킬 때 녹말에서 말토스에 이르는 중간단계에서 생기는 여러 가지 가수분해 산물이다.
② 사무용 풀, 수성도료, 제과의 조합용이나 약품의 부형제 등으로 쓰이고 있다.
③ 결론은 식물성 접착제이다.

---

97 대규모 지하구조물, 댐 등 매스콘크리트의 수화열에 의한 균열발생을 억제하기 위해 벨라이트의 비율을 중용열 포틀랜드 시멘트 이상으로 높인 시멘트는?

① 저열 포틀랜드 시멘트
② 보통 포틀랜드 시멘트
③ 조강 포틀랜드 시멘트
④ 내황산 염포틀랜드 시멘트

해설

중용열(저열) 포틀랜드 시멘트(제2종 포틀랜드 시멘트)
① 시멘트의 성분 중에 CaO, Al_2O_3, MgO 등을 적게 하고 SiO_2, Fe_2O_3 등을 많게 한 것이다.
② 경화시에 발열량이 적고 내식성이 있고 안정도가 높다.
③ 내구성이 크고 수축률이 작아서 대형 단면부재에 쓸 수 있다.
④ 방사선 차단효과가 있다.

KEY
① 2017년 3월 5일 출제
② 2017년 9월 23일 출제
③ 2018년 4월 28일 산업기사 출제
④ 2019년 4월 27일(문제 92번) 출제

---

98 목재의 방부처리법과 가장 거리가 먼 것은?

① 약제도포법
② 표면탄화법
③ 진공탈수법
④ 침지법

해설

목재의 방부처리법

종류	특징
도포법	목재표면에 방부제 칠을 하는 것 (유성페인트, 니스, 아스팔트, 콜타르칠)
침지법	크레오소트 등의 방부액이나 물에 담가 산소공급을 차단
표면탄화법	나무의 표면을 태워서 탄화시키는 법
가압주입법	압력용기 속에 목재를 넣어 압력을 가하여 방부제를 주입하는 것으로 효과가 좋다.

KEY
① 2016년 3월 6일 산업기사 출제
② 2018년 4월 28일(문제 98번) 출제

---

99 2장 이상의 판유리 등을 나란히 넣고, 그 틈새에 대기압에 가까운 압력의 건조한 공기를 채우고 그 주변을 밀봉·봉착한 것은?

① 열선흡수유리
② 배강도 유리
③ 강화유리
④ 복층유리

해설

유리의 종류
① 크라운유리(Crown Glass) : 소다석회유리, 소다유리라고도 하며, 일반 건물의 채광용 창유리이다. 산에 강하나 알칼리에 약하다. 팽창률이 크고 강도도 크다. 투광률이 크다. 내화성은 약하다.
② 강화유리 : 내충격, 하중강도가 보통 판유리의 3~5배 정도이며, 휨강도는 6배 정도이다. 200[℃] 이상 고온에도 견디므로 강철유리라고도 한다. 현장에서 절단이 불가능하다.
③ 복층유리 주용도 : 결로현상방지

KEY
① 2018년 9월 15일 산업기사 출제
② 2019년 9월 21일 산업기사 출제

[정답] 96 ② 97 ① 98 ③ 99 ④

과년도 출제문제

100 미장재료의 구성재료에 관한 설명으로 옳지 않은 것은?

① 부착재료는 마감과 바탕재료를 붙이는 역할을 한다.
② 무기혼화재료는 시공성 향상 등을 위해 첨가된다.
③ 풀재는 강도증진을 위해 첨가된다.
④ 여물재는 균열방지를 위해 첨가된다.

해설

미장재료의 분류
① 고결재 : 미장 바름의 주체가 되는 재료(소석회, 점토, 돌로마이트 석회, 석고, 마그네시아 시멘트 등)
② 결합재 : 고결재의 결점 보완, 응결경화시간을 조절(여물, 풀 수염 등)
③ 골재 : 중량 또는 치장을 목적으로 사용(모래)
④ 풀재 : 접착력 증대

KEY
① 2017년 3월 5일 출제
② 2021년 5월 15일(문제 96번) 출제

6 건설안전기술

101 10[cm] 그물코인 방망을 설치한 경우에 망 밑부분에 충돌위험이 있는 바닥면 또는 기계설비와의 수직거리는 얼마 이상이어야 하는가?(단, L(1개의 방망일 때 단변방향길이)=12[m] A(장변방향 방망의 지지간격)=6[m])

① 10.2[m]   ② 12.2[m]
③ 14.2[m]   ④ 16.2[m]

해설

수직거리계산
① 10[cm]그물코의 경우
  ㉠ L<A일 때 $H_2=\frac{0.85}{4}(L+3A)$
  ㉡ L≥A일 때 $H_2=0.85L=0.85\times 12=10.2[m]$
② 5[cm] 그물코의 경우
  ㉠ L<A일 때 $H_2=\frac{0.95}{4}(L+3A)$
  ㉡ L≥A일 때 $H_2=0.95L$

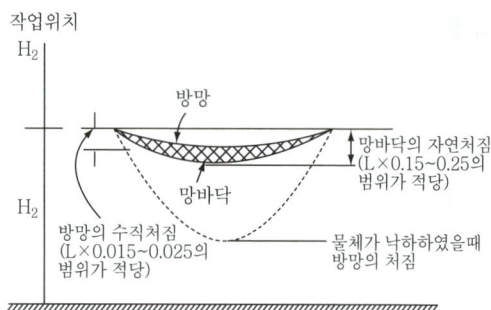

[그림] 방망과 바닥높이

KEY 2016년 3월 6일 산업기사 출제

102 비계의 높이가 2[m] 이상인 작업장소에 작업발판을 설치할 때 그 폭은 최소 얼마이상이어야 하는가?

① 30[cm]   ② 40[cm]
③ 50[cm]   ④ 60[cm]

해설

작업발판 폭 : 40[cm] 이상

KEY
① 2017년 8월 24일 기사·산업기사 동시 출제
② 2018년 4월 28일(문제 101번) 출제
③ 2019년 4월 27일(문제 119번) 출제
④ 2020년 9월 27일(문제 112번) 출제

정보제공

산업안전보건기준에 관한 규칙 제56조(작업발판의 구조)

103 크레인의 와이어로프가 감기면서 붐 상단까지 후크가 따라 올라올 때 더 이상 감기지 않도록 하여 크레인 작동을 자동으로 정지시키는 안전장치로 옳은 것은?

① 권과방지장치
② 후크해지장치
③ 과부하방지장치
④ 속도조절기

[정답] 100 ③   101 ①   102 ②   103 ①

해설

크레인의 방호장치

종류	용도
권과방지 장치	양중기의 권상용 와이어로프 또는 지브등의 붐 권상용 와이어로프의 권과 방지 ㉠ 나사형 제동개폐기 ㉡ 롤러형 제동개폐기 ㉢ 캠형 제동개폐기
과부하 방지 장치	정격하중 이상의 하중 부하시 자동으로 상승정지되면서 경보음이나 경보등 발생
비상 정지장치	돌발사태 발생시 안전유지 위한 전원차단 및 크레인 급정지시키는 장치
제동 장치	운동체와 정지체의 기계적접촉에 의해 운동체를 감속하거나 정지 상태로 유지하는 기능을 하는 장치
기타 방호 장치	① 해지장치 ② 스토퍼(Stopper) ③ 이탈방지장치 ④ 안전밸브 등

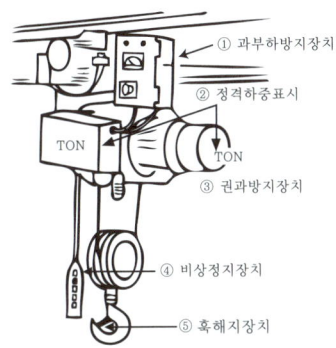

[그림] 크레인의 방호장치

KEY ① 2018년 8월 19일 출제
② 2019년 3월 7일(문제 118번) 출제

---

104 터널공사 시 자동경보장치가 설치된 경우에 이 자동경보장치에 대하여 당일 작업시작 전 점검하고 이상을 발견하면 즉시 보수하여야 하는 사항이 아닌 것은?

① 계기의 이상 유무
② 검지부의 이상 유무
③ 경보장치의 작동 상태
④ 환기 또는 조명시설의 이상 유무

해설

터널건설작업시 자동경보장치 당일 작업시작전 점검사항 3가지
① 계기의 이상유무
② 검지부의 이상 유무
③ 경보장치의 작동상태

KEY ▶ 2020년 8월 22일(문제 102번) 출제

정보제공
산업안전보건기준에 관한 규칙 제350조(인화성가스의 농도측정 등)

---

105 달비계의 구조에서 달비계 작업발판의 폭과 틈새 기준으로 옳은 것은?

① 작업발판의 폭 30[cm] 이상, 틈새 3[cm] 이하
② 작업발판의 폭 40[cm] 이상, 틈새 3[cm] 이하
③ 작업발판의 폭 30[cm] 이상, 틈새 없도록 할 것
④ 작업발판의 폭 40[cm] 이상, 틈새 없도록 할 것

해설

달비계 안전기준
① 작업 발판의 폭 : 40[cm] 이상
② 틈새 : 없도록 할 것

KEY ▶ ① 2017년 3월 5일(문제 108번) 출제
② 2017년 8월 26일 기사·산업기사 동시 출제
③ 2019년 3월 3일 출제

합격정보
산업안전보건기준에 관한 규칙 제63조(달비계의 구조)

보충학습
달비계 중 5[m] 이상 작업 발판 폭 기준
① 폭 : 20[cm] 이상
② 틈 : 틈새가 없도록 할 것

---

106 강관을 사용하여 비계를 구성하는 경우의 준수사항으로 옳지 않은 것은?

① 비계기둥의 간격은 띠장 방향에서는 1.85[m] 이하, 장선(長線) 방향에서는 1.5[m] 이하로 할 것
② 띠장 간격은 2.0[m] 이하로 할 것
③ 비계기둥 간의 적재하중을 400[kg]을 초과하지 않도록 할 것
④ 비계기둥의 제일 윗부분으로 부터 31[m]되는 지점 밑부분의 비계기둥은 3개의 강관으로 묶어 세울 것

[정답] 104 ④   105 ④   106 ④

해설

강관비계의 구조

① 비계기둥의 간격은 띠장 방향에서는 1.85미터 이하, 장선(線) 방향에서는 1.5미터 이하로 할 것. 다만, 선박 및 보트 건조작업의 경우 안전성에 대한 구조검토를 실시하고 조립도를 작성하면 띠장 방향 및 장선 방향으로 각각 2.7미터 이하로 할 수 있다.
② 띠장 간격은 2.0미터 이하로 할 것. 다만, 작업의 성질상 이를 준수하기가 곤란하여 쌍기둥틀 등에 의하여 해당 부분을 보강한 경우에는 그러하지 아니하다.
③ 비계기둥의 제일 윗부분으로부터 31미터되는 지점 밑부분의 비계기둥은 2개의 강관으로 묶어 세울 것. 다만, 브라켓(bracket. 까치발) 등으로 보강하여 2개의 강관으로 묶을 경우 이상의 강도가 유지되는 경우에는 그러하지 아니하다.
④ 비계기둥 간의 적재하중은 400킬로그램을 초과하지 않도록 할 것

KEY
① 2017년 3월 5일(문제 110번) 출제
② 2017년 8월 26일 기사, 산업기사 출제
③ 2018년 3월 4일(문제 110번) 출제
④ 2019년 8월 4일 산업기사 출제
⑤ 2020년 8월 23일 산업기사 출제
⑥ 2021년 3월 2일 PBT 출제
⑦ 2021년 3월 7일(문제 104번) 출제
⑧ 2021년 5월 15일(문제 117번) 출제

정보제공
산업안전보건기준에 관한 규칙 제60조(강관비계의 구조)

107 유해·위험방지 계획서 제출 시 첨부서류에 해당하지 않는 것은?

① 안전관리 조직표
② 전체 공정표
③ 공사현장의 주변현황 및 주변과의 관계를 나타내는 노면
④ 교통처리계획

해설

건설업 유해위험방지계획서 첨부서류

① 공사개요서
② 공사현장의 주변 현황 및 주변과의 관계를 나타내는 도면(매설물 현황을 포함한다)
③ 건설물, 사용 기계설비 등의 배치를 나타내는 도면
④ 전체 공정표
⑤ 산업안전보건관리비 사용계획
⑥ 안전관리 조직표
⑦ 재해 발생 위험 시 연락 및 대피방법

KEY
① 2016년 3월 6일(문제 113번) 출제
② 2017년 3월 5일(문제 105번) 출제
③ 2020년 9월 27일(문제 119번) 출제

정보제공
산업안전보건법 시행규칙 [별표 10] 유해위험방지계획서 첨부서류

108 흙막이 가시설 공사 시 사용되는 각 계측기 설치 목적으로 옳지 않은 것은?

① 지표침하계 – 지표면 침하량 측정
② 수위계 – 지반 내 지하수위의 변화 측정
③ 하중계 – 상부 적재하중 변화 측정
④ 지중경사계 – 인접지반의 수평 변위량 측정

해설

계측기 종류 및 설치 목적

종류	설치 목적
하중계 (load cell)	흙막이 버팀대에 작용하는 토압, 어스 앵커의 인장력 등을 측정하는 계측기
토압계 (earth pressure meter)	흙막이에 작용하는 토압의 변화를 파악하는 계측기
간극 수압계 (piezo meter)	굴착으로 인한 지하의 간극수압을 측정하는 계측기
지하수위계 (water level meter)	지하수의 수위변화를 측정하는 계측기

KEY
① 2016년 3월 6일 산업기사 출제
② 2016년 10월 1일 산업기사 출제
③ 2017년 3월 5일 산업기사 출제
④ 2017년 5월 7일 기사, 산업기사 출제
⑤ 2018년 4월 28일 출제
⑥ 2018년 9월 15일 출제
⑦ 2019년 3월 3일 산업기사 출제
⑧ 2019년 4월 27일 출제
⑨ 2021년 3월 7일(문제 105번) 출제

109 건축공사에서 대상액이 5억원 이상 50억원 미만인 경우에 산업안전보건관리비의 비율(가) 및 기초액(나)으로 옳은 것은?

① (가) 2.28[%], (나) 4,325,000원
② (가) 1.99[%], (나) 5,499,000원
③ (가) 2.35[%], (나) 5,400,000원
④ (가) 1.57[%], (나) 4,411,000원

[정답] 107 ④   108 ③   109 ①

해설

공사종류 및 규모별 안전관리비 계상기준표

공사종류	대상액 5억원 미만	대상액 5억원 이상 50억원 미만		대상액 50억원 이상	영 별표5에 따른 보건관리자 선임 대상 건설공사
		비율(X)	기초액(C)		
건축공사	3.11[%]	2.28[%]	4,325,000원	2.37[%]	2.64[%]
토목공사	3.15[%]	2.53[%]	3,300,000원	2.60[%]	2.73[%]
중건설공사	3.64[%]	3.05[%]	2,975,000원	3.11[%]	3.39[%]
특수건설공사	2.07[%]	1.59[%]	2,450,000원	1.64[%]	1.78[%]

KEY
① 2016년 3월 6일 산업기사 출제
② 2016년 10월 1일 산업기사 출제
③ 2017년 3월 5일 출제
④ 2017년 8월 26일 출제
⑤ 2019년 3월 3일 출제
⑥ 2020년 6월 14일 출제
⑦ 2020년 8월 22일(문제 106번) 출제

합격정보
건설업 산업안전보건관리비 계상 및 사용기준 : 고용노동부 고시 제2024-53호(2024. 9. 19. 일부개정)

---

110 겨울철 공사중인 건축물의 벽체 콘크리트 타설 시 거푸집이 터져서 콘크리트가 쏟아지는 사고가 발생하였다. 이 사고의 발생 원인으로 추정 가능한 사안 중 가장 타당한 것은?

① 진동기를 사용하지 않았다.
② 철근 사용량이 많았다.
③ 콘크리트의 슬럼프가 작았다.
④ 콘크리트의 타설속도가 빨랐다.

해설

거푸집이 터지는 첫번째 요인 : 타설속도가 빨랐다.

① 2016년 5월 8일 산업기사 출제
② 2016년 10월 1일(문제 102번) 출제
③ 2017년 5월 7일 산업기사 출제
④ 2018년 8월 19일 산업기사 출제

---

111 다음은 산업안전보건법령에 따른 투하설비 설치에 관련된 사항이다. ( )안에 들어갈 내용으로 옳은 것은?

사업주는 높이가 ( )미터 이상인 장소로부터 물체를 투하하는 때에는 적당한 투하설비를 설치하거나 감시인을 배치하는 등 위험방지를 위하여 필요한 조치를 하여야 한다.

① 1 ② 2
③ 3 ④ 4

해설

투하설비 설치
① 높이 3[m] 이상인 장소
② 감시인 배치

KEY 2020년 9월 27일(문제 116번) 보충학습

합격정보
산업안전보건기준에 관한 규칙 제15조(투하설비등)

---

112 작업중이던 미장공이 상부에서 떨어지는 공구에 의해 상해를 입었다면 어느 부분에 대한 결함이 있었겠는가?

① 작업대 설치
② 작업방법
③ 낙하물 방지시설 설치
④ 비계설치

해설

낙하, 비래에 의한 위험방지 안전기준
① 낙하물 방지망
② 수직보호망
③ 방호 선반의 설치
④ 출입금지 구역의 설정
⑤ 보호구 착용

KEY
① 2017년 8월 26일 출제
② 2012년 3월 4일(문제 119번) 출제
③ 2019년 9월 21일 출제
④ 2020년 6월 7일 출제
⑤ 2021년 5월 15일(문제 115번) 출제

합격정보
산업안전보건기준에 관한 규칙 제14조(낙하물에 의한 위험의 방지)

[정답] 110 ④ 111 ③ 112 ③

113. 건설현장에서 동력을 사용하는 항타기 또는 항발기에 대하여 무너짐을 방지하기 위하여 준수하여야 할 사항으로 옳지 않은 것은?

① 버팀줄만으로 상단 부분을 안정시키는 경우에는 버팀줄을 4개 이상으로 하고 같은 간격으로 배치할 것
② 버팀대만으로 상단부분을 안정시키는 경우에는 버팀대는 3개 이상으로 하고 그 하단 부분은 견고한 버팀·말뚝 또는 철골 등으로 고정시킬 것
③ 궤도 또는 차로 이동하는 항타기 또는 항발기에 대해서는 불시에 이동하는 것을 방지하기 위하여 레일 클램프(rail clamp) 및 쐐기 등으로 고정시킬 것
④ 연약한 지반에 설치하는 경우에는 각부나 가대의 침하를 방지하기 위하여 깔판·깔목 등을 사용할 것

해설

항타기 및 항발기 버팀줄 개수 : 3개 이상

KEY
① 2018년 9월 15일 기사·산업기사 동시 출제
② 2020년 8월 22일(문제 118번) 출제

정보제공
산업안전보건기준에 관한 규칙 제209조(무너짐의 방지)

114. 토공사에서 성토용 토사의 일반조건으로 옳지 않은 것은?

① 다져진 흙의 전단강도가 크고 압축성이 작을 것
② 함수율이 높은 토사일 것
③ 시공장비의 주행성이 확보될 수 있을 것
④ 필요한 다짐정도를 쉽게 얻을 수 있을 것

해설

함수율(water content)
① 함수율은 재료 중에 포함되어 있는 수분의 중량을 그 재료의 건조시의 중량으로 나눈 값이다.
② 완전히 건조된 재료의 함수율은 0이다.
③ 습윤중량 함수율보다는 건조중량 함수율을 쓰는 경우가 많다.
④ 건조중량 함수율 = $\dfrac{함수량}{건조중량} \times 100[\%]$

115. 지반의 종류가 암반 중 풍화암일 경우 굴착면 기울기 기준으로 옳은 것은?

① 1 : 0.3
② 1 : 0.5
③ 1 : 1.0
④ 1 : 1.5

해설

굴착면의 기울기 기준

지반의 종류	굴착면의 기울기
모래	1 : 1.8
연암 및 풍화암	1 : 1.0
경암	1 : 0.5
그 밖의 흙	1 : 1.2

(2) 예 1 : 1.0

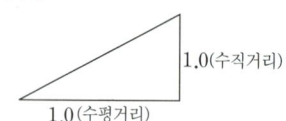

KEY
① 2016년 5월 8일 기사·산업기사 동시 출제
② 2020년 6월 7일(문제 111번) 출제
③ 2020년 9월 27일(문제 115번) 출제

정보제공
① 산업안전보건기준에 관한 규칙 [별표 11] 굴착면의 기울기 기준
② 2021년 11월 19일 법 개정

116. 차량계 건설기계를 사용하는 작업을 할 때에 그 기계가 넘어지거나 굴러떨어짐으로써 근로자가 위험해질 우려가 있는 경우에 필요한 조치로 가장 거리가 먼 것은?

① 지반의 부동침하 방지
② 안전통로 및 조도 확보
③ 유도하는 사람 배치
④ 갓길의 붕괴 방지 및 도로폭의 유지

해설

차량계 건설기계 전도전락방지대책
① 유도하는 사람 배치
② 지반의 부동 침하 방지
③ 갓길의 붕괴방지
④ 도로의 폭의 유지

KEY
① 2011년 3월 20일 출제(문제 110번) 출제
② 2018년 4월 28일(문제 104번) 출제
③ 2019년 9월 21일(문제 113번) 출제
④ 2024년 10월 19일 실기 작업형 출제

[정답] 113 ① 114 ② 115 ③ 116 ②

[정보제공]
산업안전보건기준에 관한 규칙 제199조(전도등의 방지)

117 파쇄하고자 하는 구조물에 구멍을 천공하여 이 구멍에 가력봉을 삽입하고 가력봉에 유압을 가압하여 천공한 구멍을 확대시킴으로써 구조물을 파쇄하는 공법은?

① 핸드 브레이커(Hand Breaker) 공법
② 강구(Steel Ball) 공법
③ 마이크로파(Micreowave) 공법
④ 록잭(Rock Jack) 공법

[해설]
유압력에 의한 공법
① 유압식 확대기(油壓式 擴大機)에 의한 공법은 암석 및 콘크리트 부재의 소정의 위치에 지름 30~40[mm] 정도의 구멍을 미리 뚫은 뒤 이 구멍에 가력봉(加力棒)을 삽입한다.
② 가력봉에 유압을 가하여 구멍을 확대시킬 때 생기는 팽창압에 의해서 파쇄하는 공법이다.
③ 구멍을 확대시키는 기기로는 록잭(rock jack)을 사용하며, 1단식 록잭과 2단식 록잭이 있다.

118 이동식비계 조립 및 사용 시 준수사항으로 옳지 않은 것은?

① 비계의 최상부에서 작업을 하는 경우에는 안전난간을 설치할 것
② 승강용사다리는 견고하게 설치할 것
③ 작업발판은 항상 수평을 유지하고 작업발판 위에서 작업을 위한 거리가 부족할 경우
④ 작업발판의 최대적재하중은 250[kg]을 초과하지 않도록 할 것

[해설]
이동식비계 조립시 준수사항
① 이동식비계의 바퀴에는 뜻밖의 갑작스러운 이동 또는 전도를 방지하기 위하여 브레이크·쐐기 등으로 바퀴를 고정시킨 다음 비계의 일부를 견고한 시설물에 고정하거나 아웃트리거(outrigger, 전도방지용 지지대)를 설치하는 등 필요한 조치를 할 것
② 승강용사다리는 견고하게 설치할 것
③ 비계의 최상부에서 작업을 하는 경우에는 안전난간을 설치할 것
④ 작업발판은 항상 수평을 유지하고 작업발판 위에서 안전난간을 딛고 작업을 하거나 받침대 또는 사다리를 사용하여 작업하지 않도록 할 것
⑤ 작업발판의 최대적재하중은 250킬로그램을 초과하지 않도록 할 것

[KEY] 2021년 3월 7일(문제 109번) 출제
[정보제공]
산업안전보건기준에 관한 규칙 제68조(이동식비계)

119 산업안전보건법령에 따른 중량물 취급작업 시 작업계획서에 포함시켜야 할 사항이 아닌 것은?

① 협착위험을 예방할 수 있는 안전대책
② 감전위험을 예방할 수 있는 안전대책
③ 추락위험을 예방할 수 있는 안전대책
④ 전도위험을 예방할 수 있는 안전대책

[해설]
중량물 취급작업 작업계획서 내용
① 추락위험을 예방할 수 있는 안전대책
② 낙하위험을 예방할 수 있는 안전대책
③ 전도위험을 예방할 수 있는 안전대책
④ 협착위험을 예방할 수 있는 안전대책
⑤ 붕괴위험을 예방할 수 있는 안전대책

[참고] 건설안전기사 필기 p.6-182(11. 중량물 취급작업)
[KEY] ① 2018년 4월 28일 산업기사 출제
② 2019년 3월 3일 산업기사 출제
[정보제공]
산업안전보건기준에 관한 규칙 [별표 4] 사전조사 및 작업계획서 내용

120 흙막이 지보공을 설치하였을 때에 정기적으로 점검하고 이상을 발견하면 즉시 보수하여야 하는 사항과 거리가 먼 것은?

① 부재의 손상·변형·부식·변위 및 탈락의 유무와 상태
② 부재의 접속부·부착부 및 교차부의 상태
③ 침하의 정도
④ 설계상 부재의 경제성 검토

[정답] 117 ④ 118 ③ 119 ② 120 ④

해설

흙막이지보공 정기점검사항
① 부재의 손상·변형·부식·변위 및 탈락의 유무와 상태
② 버팀대의 긴압의 정도
③ 부재의 접속부·부착부 및 교차부의 상태
④ 침하의 정도

KEY ▶ ① 2017년 3월 5일(문제 109번) 출제
② 2017년 9월 23일(문제 109번) 출제
③ 2019년 3월 3일 기사·산업기사 동시 출제
④ 2020년 6월 7일(문제 116번) 출제
⑤ 2020년 9월 27일(문제 113번) 출제

정보제공
산업안전보건기준에 관한 규칙 제347조(붕괴등의 위험방지)

녹색직업 녹색자격증코너

5가지 금기사항

첫째, 목구멍을 보이게 하품하기
하마처럼 입을 벌리고 목구멍이 보이게 하품하는 사람은 상대방의 입맛을 떨어뜨립니다.
둘째, 다른 사람과 비교하기
"아무개 부인은 음식솜씨가 좋은데 왜 당신은..."하고 따지거나
"당신의 입사동기는 부장인데 당신은..."하는 등의 말은 적개심을 만들어 줍니다.
셋째, 비꼬는 듯한 말씨
"당신 주제에 ..." 등의 말은 파탄의 신호탄입니다.
넷째, 내의바람으로 집안 활보하기
누가보지 않아도 이것은 기본 매너에 어긋납니다.
다섯째, 부시시한 외모는 게으름의 극치
아무리 부부사이라도 다듬을 곳은 다듬어야 합니다.

노하기를 더디하는 자는 용사보다 낫고 자기의 마음을 다스리는 자는 성을 빼앗는 자보다 나으니라(잠언 16:32)

저자약력

정재수(靑波:鄭再琇)

인하대학교 공학박사/GTCC 교육학명예박사/한양대학교 공학석사/공학사/문학사/각종국가고시 출제, 검토, 채점, 감독, 면접위원역임/매경TV/EBS/KBS라디오 출연 및 강사/중소기업진흥공단 강사/대한산업안전협회 강사/호원대학교, 신성대학교, 대림대학교, 수원대학교 외래교수/울산대학교, 군산대학교, 한경대학교 등 특강/한국폴리텍Ⅱ대학 산학협력단장, 평생교육원장, 산학기술연구소장, 디자인센터장/한국폴리텍 대학 교수/한국폴리텍대학남인천캠퍼스 학장/대한민국산업현장 교수/(사)대한민국에너지상생포럼 집행위원장/(사)한국안전돌봄서비스협회 회장/(사)대한민국 청렴코리아 공동대표/협성대학교 IPP추진기획단 특별위원/인천광역시 새마을문고 회장/한국요양신문 논설위원/생명살림운동 강사/GTCC 대학교 겸임교수/ISO국제선임심사원/한국열린사이버대학교 특임교수/**한국방송통신대학교 및 한국 폴리텍 대학 공동 선정 동영상 강의**

[저서]
- 산업안전공학(도서출판 세화)
- 기계안전기술사(도서출판 세화)
- 건설안전기술사(도서출판 세화)
- 산업안전기사(필기, 실기 필답형, 작업형)(도서출판 세화)
- 건설안전기사(필기, 실기 필답형, 작업형)(도서출판 세화)
- 산업안전지도사 시리즈(도서출판 세화)
- 산업보건지도사 시리즈(도서출판 세화)
- 산업안전보건(한국산업인력공단)
- 공업고등학교안전교재(서울교과서)
- 산업안전보건동영상(한국산업인력공단) 등 60여권 저술
- 한국방송통신대학과 한국폴리텍대학 선정 동영상 촬영

[상훈]
대한민국 근정 포장(대통령)/국무총리 표창/행정자치부 장관표창/300만 인천광역시민상 수상과 효행표창 등 8회 수상/인천광역시 교육감 상 수상/Vision2010교육혁신대상수상/2018년 대한민국청렴대상수상/30년이상봉사 새마을기념장 수상/몽골 옵스 주지사 표창 수상

[출강기업(무순)]
삼성(전자, 건설, 중공업, 조선, 물산)/현대(건설, 자동차, 중공업, 제철)/대우(건설, 자동차, 조선), SK(정유, 건설)/GS건설/에스원(S1)/두산(건설, 중공업), 동부(반도체), POSCO건설, 멀티캠퍼스, e-mart, CJ, 한국수자원공사 등 100여기업/이상 안전자격증특강

국가기술자격 필기시험 집중 대비서(녹색자격증, 녹색직업)

건설안전기사 필기 [과년도] - 2권 (2019년~2021년)

31판 53쇄 발행	2026. 01. 22. (25. 9. 22.인쇄)	19판 40쇄 발행	2016. 1. 1.	11판 26쇄 발행	2008. 1. 1.	5판 12쇄 발행	2002. 6. 10.
30판 52쇄 발행	2025. 1. 25.	18판 39쇄 발행	2015. 1. 1.	10판 25쇄 발행	2007. 7. 10.	5판 11쇄 발행	2002. 1. 10.
29판 51쇄 발행	2024. 2. 11.	17판 38쇄 발행	2014. 1. 1.	10판 24쇄 발행	2007. 3. 30.	4판 10쇄 발행	2001. 7. 10.
28판 50쇄 발행	2023. 1. 18.	16판 37쇄 발행	2013. 8. 30.	10판 23쇄 발행	2007. 1. 10.	4판 9쇄 발행	2001. 1. 10.
27판 49쇄 발행	2022. 1. 23.	16판 36쇄 발행	2013. 1. 1.	9판 22쇄 발행	2006. 6. 10.	3판 8쇄 발행	2000. 9. 10.
26판 48쇄 발행	2021. 2. 10.	15판 35쇄 발행	2012. 5. 10.	9판 21쇄 발행	2006. 3. 20.	3판 7쇄 발행	2000. 6. 10.
25판 47쇄 발행	2020. 1. 10.	15판 34쇄 발행	2012. 1. 1.	9판 20쇄 발행	2006. 1. 10.	3판 6쇄 발행	2000. 1. 10.
24판 46쇄 발행	2019. 1. 10.	14판 33쇄 발행	2011. 8. 10.	8판 19쇄 발행	2005. 6. 10.	2판 5쇄 발행	1999. 9. 30.
23판 45쇄 발행	2018. 7. 30.	14판 32쇄 발행	2011. 1. 1.	8판 18쇄 발행	2005. 3. 20.	2판 4쇄 발행	1999. 6. 10.
22판 44쇄 발행	2018. 4. 10.	13판 31쇄 발행	2010. 1. 1.	8판 17쇄 발행	2005. 1. 11.	2판 3쇄 발행	1999. 1. 10.
21판 43쇄 발행	2018. 1. 10.	12판 30쇄 발행	2009. 4. 10.	7판 16쇄 발행	2004. 4. 10.	1판 2쇄 발행	1998. 7. 10.
20판 42쇄 발행	2017. 1. 1.	12판 29쇄 발행	2009. 1. 1.	7판 15쇄 발행	2004. 1. 10.	1판 1쇄 발행	1998. 1. 5.
19판 41쇄 발행	2016. 4. 10.	11판 28쇄 발행	2008. 6. 10.	6판 14쇄 발행	2003. 6. 10.		
		11판 27쇄 발행	2008. 3. 20.	6판 13쇄 발행	2003. 1. 10.		

지은이 정재수
펴낸이 박 용
펴낸곳 도서출판 세화   주소 경기도 파주시 회동길 325-22(서패동 469-2)
영업부 (031)955-9331~2   편집부 (031)955-9333   FAX (031)955-9334
등록   1978. 12. 26 (제 1-338호)

정가   43,000원 (1권/2권/3권)
ISBN 978-89-317-1345-9 13530
※ 파손된 책은 교환하여 드립니다.

본 도서의 내용 문의 및 궁금한 점은 더 정확한 정보를 위하여 저자분에게 문의하시고, 저희 홈페이지 수험서 자료실이나 저자 이메일에 문의바랍니다.
저자명 정재수(jjs90681@naver.com) TEL 010-7209-6627

개정때마다 새롭게 태어납니다.

타 교재와 비교하십시오
탁월한 선택의 즐거움이 커집니다.

건설안전기사 필기 과년도 2

- 제1회의 해설에서 이해하지 못했다면 제3, 제4의 문제해설을 통하여 반드시 이해할 수 있도록 하였다.
- 한 문제(1항목)를 이해하면 열 문제(10항목)를 해결할 수 있도록 구성하였다.
- 건설안전기사 자격취득의 결론은 본서의 문제와 해설의 합격작전으로 합격을 보장할 수 있도록 엮었다.
- 최근까지 출제된 과년도 출제 문제를 수록하여 수험준비에 만전을 기하였다.

본서의 구성
- **제 1 권** 2016~2018년 기출문제 수록
- **제 2 권** 2019~2021년 기출문제 수록
- **제 3 권** 2022~2025년 기출문제 수록

특별부록 QR자료 다운로드
- 1주일에 끝나는 계산문제 총정리
- 미공개문제 11개년(92년~02년)
- 공개문제 13개년(03~15년)

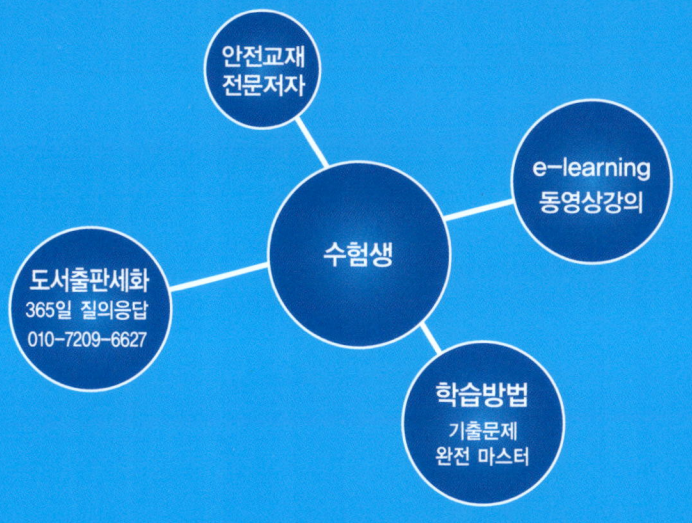

지은이 정재수 **펴낸이** 박용 **펴낸곳** 도서출판 세화
등록번호 1978.12.26 (제1-338호) **주소** 경기도 파주시 회동길 325-22(서패동469-2)
구입문의 (031)955-9331~2 **편집부** (031)955-9333 **fax** (031)955-9334

이 책에 실린 모든 글과 일러스트 및 편집 형태에 대한 저작권은 도서출판 세화에 있으므로 무단 복사, 복제는 법에 저촉받습니다.
잘못 제작된 책은 교환해 드립니다.
Copyright ⓒ Sehwa Publishing Co.,Ltd.

평생 줄지 않는
녹색 저축통장!

보행금지 인화성물질경고 고압전기경고 안전모착용 응급구호표시 녹십자 표시

2026
개정31판 총53쇄

ISO 9001:2015 인증
안전연구소 인정

CBT 백과사전식
NCS적용 문제해설

녹색자격증
녹색직업

CBT 실전 연습
AI 기출문제 학습앱
맞추다 MACHUDA
https://machuda.kr

세계유일무이
365일 저자상담직통전화
010-7209-6627

2025년 전회차 CBT 복기문제 수록

건설안전기사 필기

2022~2025년   과년도 **3**

안전공학박사/명예교육학박사
대한민국산업현장교수/기술지도사

정재수 지음

네이버 검색창에 검색해 보세요.
 "정재수의 안전스쿨" 🔍
http://cafe.naver.com/anjeonschool
카페에 가입하시면
정재수의 안전스쿨 무료 동영상

QR코드를 스캔
하여 특별부록을
다운로드 하세요.
홈페이지에서도
다운 받으실 수
있습니다.

도서출판 세화

📺 **동영상 강의**

에듀피디   정재수의 안전닷컴
에어클래스   온캠퍼스
이패스코리아   한솔아카데미

"산업안전 우수 숙련기술자" 선정

안전분야 베스트셀러
35년 독보적 1위
최신 기출문제 수록

건설안전기사, 산업안전기사·지도사·기능장·기술사 등 관련자격 및 의문사항에 대하여
365일 성심 성의껏 답변해 드리고 있습니다. 저자와 상담 후 교재를 구입하세요.

www.sehwapub.co.kr

PATENT 특허
제10-2687805호

대한민국 최초, 최다, 최고, 최상, 최적 적중률의 안전관리 완벽합격!

● 특허 제 10-2687805 호
● 명칭 : 국가직무능력표준에 따른 자격사 교육 콘텐츠 생성 자동화 방법, 장치 및 시스템

도서출판 세화

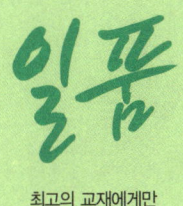

최고의 교재에게만
허락되는 이름

「일품」합격수험서로 녹색자격증 취득한다!
자격증 취득은 원리에 충실해야 합니다. 최적의 길잡이가 되어드리겠습니다.

「일품」합격수험서로 녹색직업 부자된다!
다른 수험서와 차별화된 차이점은 조그마한 부분에서부터 시작됩니다.

365일 저자상담직통전화
010-7209-6627

지난 40여 년 동안 수많은 수험생들이 세화출판사의 안전수험서로 합격의 기쁨을 누렸습니다.

많은 독자들의 추천과 선택으로 대한민국 안전수험서 분야 1위 석권을 꾸준히 지키고 있는 도서출판 세화는 항상 수험생들의 안전한 합격을 위해 최신기출문제를 백과사전식 해설과 함께 빠르게 증보하고 있습니다.
저희 세화는 독자 여러분의 안전한 합격을 응원합니다.

40년의 열정, 40년의 노력, 40년의 경험

정부가 위촉한 대한민국 산업현장 교수!
안전수험서 판매량 1위 교재 집필자인
정재수 안전공학박사가 제안하는
과목별 **321** 공부법!!

[되고 법칙]

돈이 없으면 벌면 되고 잘못이 있으면 고치면 되고 안되는 것은 되게 하면 되고, 모르면 배우면 되고, 부족하면 메우면 되고, 잘 안되면 될때까지 하면 되고, 길이 안보이면 길을 찾을때까지 찾으면 되고, 길이 없으면 길을 만들면 되고, 기술이 없으면 연구하면 되고, 생각이 부족하면 생각을 하면 된다.

*수험정보나 일정에 대하여 궁금하시면 세화홈페이지(www.sehwapub.co.kr)에 접속하여 내려받으시고 게시판에 질문을 남기시거나 궁금한 점이 있으시면 언제든지 아래의 번호로 전화하세요.

| 3단계 대비학습 | 365일 합격상담직통전화 | **010-7209-6627** |

---

1 필기 합격

- **3단계 합격단계** · 합격날개 · 과목별 필수요점 및 문제

- **2단계 기본단계** · 필수문제 · 최근 3개년 3단계 과년도

- **1단계 만점단계** · 알짬QR · 1주일에 끝나는 합격요점

2 필기 과년도 **34년치 3주 합격**

- **3단계 합격단계**
  · 기사-공개문제 23개년도 (2003~2025년)기출문제
  · 산업기사-공개문제 24개년도 (2002~2025년)기출문제

- **2단계 기본단계**
  · 기사-미공개문제 11개년도 (1992~2002년)기출문제
  · 산업기사-미공개문제 10개년도 (1992~2001년)기출문제

- **1단계 만점단계**
  · 알짬QR ·
  · 1주일에 끝나는 계산문제총정리
  · 미공개 문제 및 지난과년도

산업안전 우수 숙련 기술자 (숙련 기술장려법 제10조)

정/직한 수험서!
재/수있는 수험서!
수/석예감 수험서!

아래와 같은 방법으로 공부하시면 반드시 합격합니다.

• 특허 제 10-2687805호 •   "특허받은 교재"

자격증 취득은 기초부터 차근차근 다져나가는 것이 중요합니다. 필기에서는 과목별 요점정리와 출제예상문제를, 과년도에서는 최근 기출문제와 계산문제 총정리를, 실기 필답형에서는 합격예상작전과 과년도 기출문제를, 실기 작업형에서는 최근 기출문제 풀이 중심으로 공부하시면 됩니다.

필기시험 합격자에게는 2년간 실기시험 수험의 응시가 주어지고, 최종 실기시험 합격자는 21C 유망 녹색자격증 취득의 기쁨이 주어지게 됩니다.

일품 필기 일품 필기 과년도 일품 실기 필답형 일품 실기 작업형

---

3 실기 필답형 4주 합격   4 실기 작업형 1주 합격

3단계	합격단계	과목별 필수요점 및 출제예상문제
3단계	합격단계	과년도 출제문제 (2018~2025년)

| 2단계 | 기본단계 | • 기본 : 과년도 출제문제 (2011~2015년)
• 필수 : 과년도 출제문제 (2016~2025년) |
| 2단계 | 기본단계 | 각 과목별 필수 요점 및 문제 |

| 1단계 | 만점단계 | • 알짬QR •
• 실기필답형 1주일 최종정리
• 1991~2010년 기출문제 |
| 1단계 | 만점단계 | • 알짬QR •
• 2000~2017년 기출문제 |

*산재사고로 피해를 입으신 근로자 및 유가족들에게 심심한 조의와 유감을 표합니다.

2026
개정31판 총53쇄

▶ ISO 9001:2015 인증
▶ 안전연구소 인정

CBT 백과사전식
NCS적용 문제해설

녹색자격증 녹색직업

CBT 실전 연습
AI 기출문제 학습앱
맞추다 MACHUDA
https://machuda.kr

세계유일무이
365일 저자상담직통전화
010-7209-6627

2025년 전회차 CBT 복기문제 수록

건설안전기사 필기

2022~2025년 과년도 **3**

안전공학박사/명예교육학박사
대한민국산업현장교수/기술지도사

정재수 지음

"산업안전 우수 숙련기술자" 선정

안전분야 베스트셀러
35년 독보적 1위

최신 기출문제 수록

건설안전, 산업안전 기사 · 지도사 · 기능장 · 기술사 등 관련 자격 및 의문사항에 대하여
365일 성심 성의껏 답변해 드리고 있습니다. 저자와 상담 후 교재를 구입하세요.
www.sehwapub.co.kr

대한민국 최초, 최다, 최고, 최상, 최적 적중률의 안전관리 완벽합격!

● 특허 제10-2687805호 ●

명칭 : 국가직무능력표준에 따른 자격사 교육 콘텐츠 생성 자동화 방법, 장치 및 시스템

도서출판 세화

차례

1992~2002년도 기사 미공개문제 11개년도/QR코드
2003~2015년도 기사 공개문제 13개년도/QR코드
네이버카페 "정재수의 안전스쿨"에서 출력가능

2022 년도 기사 정기검정 과년도 문제해설

2022년도 기사 정기검정 제1회(2022년 03월 05일 시행)	4
2022년도 기사 정기검정 제2회(2022년 04월 24일 시행)	36

2023 년도 기사 정기검정 과년도 문제해설

2023년도 기사 정기검정 제1회(2023년 02월 28일 시행)	70
2023년도 기사 정기검정 제2회(2023년 06월 04일 시행)	102
2023년도 기사 정기검정 제4회(2023년 09월 02일 시행)	133

2024 년도 기사 정기검정 과년도 문제해설

2024년도 기사 정기검정 제1회 (2024년 02월 15일 시행)	166
2024년도 기사 정기검정 제2회 (2024년 05월 09일 시행)	200
2024년도 기사 정기검정 제3회 (2024년 07월 05일 시행)	234

2025 년도 기사 정기검정 과년도 문제해설

2025년도 기사 정기검정 제1회 (2025년 02월 07일 시행)	270
2025년도 기사 정기검정 제2회 (2025년 05월 10일 시행)	304
2025년도 기사 정기검정 제3회 (2025년 08월 09일 시행)	339

과년도 출제문제(기사)

합격의 포인트
- 수험생 여러분! 과년도 문제는 뒷부분부터 보세요.(합격의 기쁨이 빨리 옵니다.)
- 과년도 문제에서 많이 출제됨을 기억하세요.(60%출제+해설40%=100%)
- 상세한 해설이 합격을 보장합니다.
- 건설안전기사의 필기, 실기(필답형+작업형)의 전교재를 갖춘 출판사는 대한민국에 세화뿐입니다.

참고
- 한국산업인력공단이 공개한 문제 PBT와 CBT(2022년 4회 부터)를 출판사와 저자가 재작성 및 재편집·해설하여 이번시험의 100% 적중을 위하여 구성하였습니다.(참고 및 합격키를 확인하는 것이 합격의 비결입니다.)
- 현명한 세화 독자는 뒷부분(최근 기출문제)부터 공부하세요.(최근 문제가 이번 시험에 적중합니다.)
- 본서의 문제 중 오답, 오타가 있을 수 있습니다. 발견되면 저자에게 연락주십시오.
- 저자실명제·공식저자, 안전공학박사(365일 상담 : 010-7209-6627)
- 요점정리 및 별도 계산문제(QR 수록)도 꼭 보셔야 만점 합격할 수 있습니다.
- 2026년 시행법과 NCS 출제기준에 맞추어 해설했습니다.

- NCS기준과 2026년 합격기준을 정확하게 적용하였습니다.
- "특허"받은 책과 "맞추다" CBT기법으로 AI기출을 적용했습니다.

2022년 건설안전기사 필기

2022년 03월 05일 시행 제1회

2022년 04월 24일 시행 제2회

2022년도 기사 정기검정 제1회 (2022년 3월 5일 시행)

자격종목 및 등급(선택분야)
건설안전기사

종목코드	시험시간	수험번호	성명
1440	3시간	20220305	도서출판세화

1 산업안전관리론

01 산업안전보건법령상 안전보건표지의 종류 중 안내표지에 해당 되지 않는 것은?

① 금연
② 들것
③ 세안 장치
④ 비상용기구

[해설]

안내표지

① 403 들것
② 404 세안장치
③ 405 비상용기구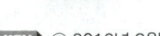

KEY
① 2016년 3월 6일기사 출제
② 2017년 5월7일, 9월 23일기사 출제
③ 2019년 3월 3일 산업기사 출제
④ 2019년 4월 27일 기사 출제
⑤ 2020년 6월 7일, 8월 22일, 9월 27일기사 출제
⑥ 2021년 3월 7일 기사 출제

[보충학습]

금지표지

106 금연

[합격정보]
산업안전보건법 시행규칙[별표 6] 안전보건표지의 종류와 형태

02 산업안전보건법령상 산업안전보건위원회에 관한 사항 중 틀린 것은?

① 근로자위원과 사용자위원은 같은 수로 구성된다.
② 산업안전보건 회의의 정기 회의는 위원장이 필요하다고 인정할 때 소집한다.
③ 안전보건교육에 관한 사항은 산업안전보건 위원회의 심의·의결을 거쳐야 한다.
④ 상시근로자 50인 이상의 자동차 제조업의 경우 산업안전보건위원회를 구성·운영하여야 한다.

[해설]

산업안전보건위원회의 회의 등
① 법 제24조제3항에 따라 산업안전보건위원회의 회의는 정기회의와 임시회의로 구분한다.
② 정기회의는 분기마다 산업안전보건위원회의 위원장이 소집하며, 임시회의는 위원장이 필요하다고 인정할 때에 소집한다.
③ 회의는 근로자위원 및 사용자위원 각 과반수의 출석으로 개의(開議)하고 출석위원 과반수의 찬성으로 의결한다.
④ 근로자대표, 명예산업안전감독관, 해당 사업의 대표자, 안전관리자 또는 보건관리자는 회의에 출석할 수 없는 경우에는 해당 사업에 종사하는 사람 중에서 1명을 지정하여 위원으로서의 직무를 대리하게 할 수 있다.
⑤ 산업안전보건위원회는 다음 각 호의 사항을 기록한 회의록을 작성하여 갖추어 두어야 한다.
  1. 개최 일시 및 장소
  2. 출석위원
  3. 심의 내용 및 의결·결정 사항
  4. 그 밖의 토의사항

[합격정보]
산업안전보건법 시행규칙 제37조(산업안전보건위원회의 등)

03 재해원인 중 간접원인이 아닌 것은?

① 물적 원인
② 관리적 원인
③ 사회적 원인
④ 정신적 원인

[해설]

재해의 간접원인 5가지
① 기술적 원인
② 안전 교육적 원인
③ 신체적 원인
④ 정신적 원인
⑤ 관리적 원인

[참고] 건설안전기사 필기 p.1-42(2. 간접원인)

KEY
① 2016년 5월 8일 기사 출제
② 2017년 5월 7일 기사 출제
③ 2018년 3월 4일 기사 출제
④ 2020년 9월 27일 기사 출제
⑤ 2021년 3월 7일 기사(문제 11번) 출제
⑥ 2022년 4월 24일(문제 20번) 출제

[정답] 01 ① 02 ② 03 ①

보충학습

재해의 직접원인 2가지
① 인적원인(불안전한 행동)
② 물적원인(불안전한 상태)

---

04 산업재해통계업무처리규정상 재해 통계 관련 용어로 ( )에 알맞은 용어는?

( )는 근로복지공단의 유족급여가 지급된 사망자 및 근로복지공단에 최초요양신청서(재진 요양신청이나 전원요양신청서는 제외)를 제출한 재해자 중 요양승인을 받은 자 (지방고용 노동관서의 산재 미보고 적발 사망자 수를 포함한다)를 말함. 다만, 통상의 출퇴근으로 발생한 재해는 제외함.

① 재해자수
② 사망자수
③ 휴업 재해자수
④ 임금근로자수

해설

재해자수란
근로복지공단의 유족급여가 지급된 사망자 및 근로복지공단에 최초요양신청서(재진 요양신청이나 전원요양신청서는 제외한다)를 제출한 재해자 중 요양승인을 받은자(지방고용노동관서의 산재 미보고 적발 사망자 수를 포함한다)를 말함. 다만, 통상의 출퇴근으로 발생한 재해는 제외함.

합격정보
산업재해통계업무처리 규정(시행 2022년 1월 11일 적용)

보충학습
임금근로자수란 통계청의 경제활동인구조사상 임금근로자수를 말한다. 다만, 건설업 근로자수는 통계청 건설업 조사 피고용자수의 경제활동인구조사 건설업 근로자수에 대한 최근 5년 평균 배수를 산출하여 경제활동인구조사 건설업 임금근로자수에 곱하여 산출한다.

---

05 시몬즈(Simonds)의 재해손실비의 평가방식 중 비보험 코스트의 산정 항목에 해당하지 않는 것은?

① 사망 사고 건수
② 통원 상해 건수
③ 응급 조치 건수
④ 무상해 사고 건수

해설

비보험 코스트 재해사고(Category)

분류	내용
휴업상해(A)	영구 부분노동불능, 일시 전노동불능
통원상해(B)	일시 부분노동불능, 의사의 조치를 요하는 통원상해
응급처(조)치(C)	20달러 미만의 손실 또는 8시간 미만의 휴업손실 상해
무상해사고(D)	의료조치를 필요로 하지 않는 경미한 상해, 사고 및 무상해 사고

KEY ① 2019년 4월 27일 기사 출제
② 2019년 9월 21일 기사 출제
③ 2020년 6월 7일(문제 10번) 출제

---

06 산업안전보건법령상 용어와 뜻이 바르게 연결된 것은?

① "사업주 대표"란 근로자의 과반수를 대표하는 자를 말한다.
② "도급인"이란 건설공사 발주자를 포함한 물건의 제조·건설·수리 또는 서비스의 제공, 그 밖의 업무를 도급하는 사업주를 말한다.
③ "안전보건평가"란 산업재해를 예방하기 위하여 잠재적 위험성을 발견하고 그 개선대책을 수립할 목적으로 조사, 평가하는 것을 말한다.
④ "산업재해"란 노무를 제공하는 사람이 업무에 관계되는 건설물·설비·원재료·가스·증기·분진 등에 의하거나 작업 또는 그 밖의 업무로 인하여 사망 또는 부상하거나 질병에 걸리는 것을 말한다.

해설

용어정의
① "도급"이란 명칭에 관계없이 물건의 제조·건설·수리 또는 서비스의 제공, 그 밖의 업무를 타인에게 맡기는 계약을 말한다.
② "도급인"이란 물건의 제조·건설·수리 또는 서비스의 제공, 그밖의 업무를 도급하는 사업주를 말한다. 다만, 건설공사발주자는 제외한다.
③ "수급인"이란 도급인으로부터 물건의 제조·건설·수리 또는 서비스의 제공, 그 밖의 업무를 도급받은 사업주를 말한다.
④ "관계수급인"이란 도급이 여러 단계에 걸쳐 체결된 경우에 각 단계별로 도급받은 사업주 전부를 말한다.

합격정보
산업안전보건법 제2조(정의)

보충학습
① "근로자 대표"란 근로자의 과반수를 대표하는 자를 말한다.
② "위험성 평가"란 산업재해를 예방하기 위하여 잠재적 위험성을 발견하고 그 개선대책을 수립할 목적으로 조사·평가하는 것을 말한다.

[정답] 04 ① 05 ① 06 ④

과년도 출제문제

07 재해조사 시 유의사항으로 틀린 것은?

① 피해자에 대한 구급 조치를 우선으로 한다.
② 재해조사 시 2차 재해 예방을 위해 보호구를 착용한다.
③ 재해조사는 재해자의 치료가 끝난 뒤 실시한다.
④ 책임추궁보다는 재발방지를 우선하는 기본 태도를 가진다.

해설

재해(사고)조사시의 유의사항
① 사실 수집에 치중한다.
② 목격자의 단정적 표현이나 추측은 사실과 구별하여 참고 자료로 기록해 둘 것이며 진술은 가급적 사고 직후에 기록하는 것이 좋다.
③ 책임을 추궁하는 태도를 보이면 사실을 은폐하게 되므로 주의한다.
④ 조사는 신속히 행하고 2차 재해의 방지를 도모한다.
⑤ 사람, 설비, 환경의 측면에서 재해요인을 도출한다.
⑥ 제3자의 입장에서 공정하게 조사하며, 반드시 조사는 2인 이상이 한다.

KEY
① 2016년 3월 6일 기사 출제
② 2018년 4월 28일 기사 출제
③ 2019년 4월 27일 기사 출제
④ 2021년 3월 7일 기사 (문제 10번) 출제
⑤ 2021년 5월 15일 기사 출제

08 산업안전보건법령상 상시근로자 20명 이상 50명 미만인 사업장 중 안전보건관리담당자를 선임하여야 하는 업종이 아닌 것은?(단, 안전관리자 및 보건관리자가 선임되지 않은 사업장으로 한다.)

① 임업
② 제조업
③ 건설업
④ 환경 정화 및 복원업

해설

안전보건관리담당자의 선임 등
다음 각 호의 어느 하나에 해당하는 사업의 사업주는 상시근로자 20명 이상 50명 미만인 사업장에 안전보건관리담당자를 1명 이상 선임해야 한다.
① 제조업
② 임업
③ 하수, 폐수 및 분뇨 처리업
④ 폐기물 수집, 운반, 처리 및 원료 재생업
⑤ 환경 정화 및 복원업

합격정보
산업안전보건법 시행령 제24조(안전보건관리 담당자 선임 등)

09 건설기술 진흥법령상 안전관리계획을 수립해야 하는 건설공사에 해당하지 않는 것은?

① 15층 건축물의 리모델링
② 지하 15m를 굴착하는 건설공사
③ 항타 및 항발기가 사용되는 건설공사
④ 높이가 21 m 인 비계를 사용하는 건설공사

해설

건설기술진흥법상 안전관리계획 수립대상 건설공사
안전관리계획을 수립하여야 하는 건설공사는 다음 각 호와 같다. 다만, 원자력시설공사는 제외한다.
① 「시설물의 안전관리에 관한 특별법」 1종 시설물 및 2종 시설물의 건설공사(유지관리를 위한 건설공사는 제외한다.)
② 지하 10[m] 이상을 굴착하는 건설공사
③ 폭발물을 사용하는 건설공사로서 20[m] 안에 시설물이 있거나 100[m] 안에 사육하는 가축이 있어 해당 건설공사로 인한 영향을 받을 것이 예상되는 건설공사
④ 10층 이상 16층 미만인 건축물의 건설공사
④의2 다음 각 목의 리모델링 또는 해체공사
  ㉠ 10층 이상인 건축물의 리모델링 또는 해체공사
  ㉡ 「주택법」에 따른 수직증축형 리모델링
⑤ 「건설기계관리법」에 건설기계가 사용되는 건설공사
  ㉠ 천공기(높이가 10미터 이상인 것만 해당한다)
  ㉡ 항타 및 항발기
  ㉢ 타워크레인
⑤의2 가설구조물을 사용하는 건설공사
⑥ 제①호부터 제④호까지, 제④호의2, 제⑤호 및 제⑤호의2 건설공사 외의 건설공사로서 다음 각 목의 어느하나에 해당하는 공사
  ㉠ 발주자가 안전관리가 특히 필요하다고 인정하는 건설공사
  ㉡ 해당 지방자치단체의 조례로 정하는 건설공사 중에서 인·허가기관의 장이 안전관리가 특히 필요하다고 인정하는 건설공사

KEY
① 2016년 10월 1일(문제 17번) 출제
② 2019년 3월 3일(문제 1번) 출제

합격정보
건설기술진흥법 시행령 제98조(안전관리계획의 수립) 2021년 12월 30일 적용

보충학습
건진법 시행령 제101조의 2 제1항의 가설구조물을 사용하는 건설공사 높이 31[m] 이상인 비계나 브라켓 비계를 사용하는 건설공사

[정답] 07 ③ 08 ③ 09 ④

10 다음의 재해에서 기인물과 가해물로 옳은 것은?

공구와 자재가 바닥에 어지럽게 널려 있는 작업 통로를 작업자가 보행 중 공구에 걸려 넘어져 통로바닥에 머리를 부딪쳤다.

① 기인물 : 바닥, 가해물 : 공구
② 기인물 : 바닥, 가해물 : 바닥
③ 기인물 : 공구, 가해물 : 바닥
④ 기인물 : 공구, 가해물 : 공구

해설
기인물과 가해물
① 기인물 : 재해발생의 주원인이며 재해를 가져오게 한 근원이 되는 기계, 장치, 물(物) 또는 환경 등(불안전상태)
② 가해물 : 직접 사람에게 접촉하여 피해를 주는 기계, 장치, 물(物) 또는 환경 등

KEY
① 2016년 5월 8일 출제
② 2017년 5월 7일, 9월 23일 출제
③ 2018년 4월 28일 기사 출제
④ 2018년 8월 19일 산업기사 출제
⑤ 2019년 3월 3일(문제 10번), 9월 21일출제
⑥ 2019년 8월 4일 산업기사 출제

11 보호구 안전인증 고시상 안전인증을 받은 보호구의 표시사항이 아닌 것은?

① 제조자명
② 사용 유효기간
③ 안전인증 번호
④ 규격 또는 등급

해설
안전인증 제품 표시방법
① 형식 또는 모델명
② 규격 또는 등급 등
③ 제조자명
④ 제조번호 및 제조연월
⑤ 안전인증 번호

KEY
① 2015년 9월 19일(문제 2번) 출제
② 2020년 6월 7일(문제 19번) 출제

12 위험예지훈련 진행방법 중 대책수립에 해당하는 단계는?

① 제1라운드   ② 제2라운드
③ 제3라운드   ④ 제4라운드

해설
문제해결의 4단계(4 Round)
① 1R – 현상파악
② 2R – 본질추구
③ 3R – 대책수립
④ 4R – 행동목표설정

KEY
① 2016년 3월 6일 출제
② 2016년 5월 8일 기사, 산업기사 출제
③ 2017년 기사, 산업기사 출제
④ 2017년 5월 7일, 8월 26일, 9월 23일 출제
⑤ 2018년 3월 4일 산업기사 출제
⑥ 2019년 4월 27일 기사, 산업기사 출제
⑦ 2019년 8월 4일 출제
⑧ 2020년 6월 7일 출제
⑨ 2020년 6월 14일 산업기사 출제
⑩ 2020년 9월 27일 출제
⑪ 2021년 3월 7일(문제 4번). 8월 14일출제

13 산업안전보건법령상 안전보건관리규정을 작성해야 할 사업의 종류를 모두 고른 것은? (단, ㄱ~ㅁ은 상시근로자 300명 이상의 사업이다.)

ㄱ. 농업
ㄴ. 정보서비스업
ㄷ. 금융 및 보험업
ㄹ. 사회복지 서비스업
ㅁ. 과학 및 기술 연구개발업

① ㄴ, ㄹ, ㅁ
② ㄱ, ㄴ, ㄷ, ㄹ
③ ㄱ, ㄴ, ㄷ, ㅁ
④ ㄱ, ㄷ, ㄹ, ㅁ

[정답] 10 ③ 11 ② 12 ③ 13 ②

> **해설**

안전보건관리규정을 작성하여야 할 사업의 종류 및 상시 근로자수

사업의 종류	상시 근로자수
1. 농업 2. 어업 3. 소프트웨어 개발 및 공급업 4. 컴퓨터 프로그래밍, 시스템 통합 및 관리업 4의2. 영상·오디오물 제공 서비스업 5. 정보서비스업 6. 금융 및 보험업 7. 임대업;부동산 제외 8. 전문, 과학 및 기술 서비스업(연구개발업은 제외한다) 9. 사업지원 서비스업 10. 사회복지 서비스업	상시 근로자 300명 이상을 사용하는 사업장
11. 제1호부터 제4호까지, 제4의 2 및 제5호부터 제10호까지의 사업을 제외한 사업	상시 근로자 100명 이상을 사용하는 사업장

> **KEY** ① 2020년 6월 7일(문제 4번) 출제
> ② 2021년 3월 7일(문제 5번) 출제

> **정보제공**
> 산업안전보건법 시행규칙 [별표 2]

14 산업안전보건법령상 중대재해의 범위에 해당하지 않는 것은?

① 사망자가 1명 발생한 재해
② 부상자가 동시에 10명 이상 발생한 재해
③ 2개월 이상의 요양이 필요한 부상자가 동시에 2명 이상 발생한 재해
④ 직업성 질병자가 동시에 10명 이상 발생한 재해

> **해설**

중대재해 종류 3가지
① 사망자가 1명 이상 발생한 재해
② 3개월 이상의 요양이 필요한 부상자가 동시에 2명 이상 발생한 재해
③ 부상자 또는 직업성 질병자가 동시에 10명 이상 발생한 재해

> **합격정보**
> 산업안전보건법 시행규칙 제3조(중대재해의 범위)

15 1,000명 이상의 대규모 사업장에서 가장 적합한 안전관리조직의 형태는?

① 경영형   ② 라인성
③ 스태프형   ④ 라인 스태프형

> **해설**

안전보건관리조직의 형태 3가지
① Line형(직계식) : 100명 미만의 소규모 사업장
② Staff형(참모식) : 100~1,000명의 중규모 사업장
③ Line-staff형(복합식) : 1,000명 이상의 대규모 사업장

> **KEY** ① 2016년 5월 8일, 10월 1일기사 출제
> ② 2017년 9월 23일 기사 출제
> ③ 2021년 8월 14일 기사 출제

16 A 사업장의 현황이 다음과 같을 때 사업장의 강도율은?

- 상시근로자 : 200명
- 사망 : 1명
- 연근로시간 : 2,400시간
- 요양 재해건수 : 4건
- 휴업 : 1명(500일)

① 8.33   ② 14.53
③ 15.31   ④ 16.48

> **해설**

$$강도율 = \frac{총요양근로손실일수}{연근로시간수} \times 1,000$$

$$= \frac{7,500 + (500 \times \frac{300}{365})}{200 \times 2,400} \times 1,000 = 16.48$$

> **KEY** ① 2016년 3월 6일 기사, 산업기사 출제
> ② 2016년 10월 1일 기사 출제
> ③ 2017년 3월 5일 기사 출제
> ④ 2017년 8월 26일 산업기사 출제
> ⑤ 2017년 9월 23일 기사, 산업기사 출제
> ⑥ 2019년 8월 4일 기사 출제
> ⑦ 2019년 9월 21일 산업기사 출제
> ⑧ 2020년 6월 7일 기사 출제
> ⑨ 2020년 8월 23일 산업기사 출제
> ⑩ 2021년 3월 7일 (문제 2번), 8월 14일 출제

> **합격정보**
> 산업재해 통계업무처리 규정(2022년 5월 2일 적용)

[정답] 14 ③ 15 ④ 16 ④

17 산업안전보건법령상 관계 수급인 근로자가 도급인의 사업장에서 작업을 하는 경우 건설업 도급인의 작업장 순회점검 주기는?

① 1일에 1회 이상
② 2일에 1회 이상
③ 3일에 1회 이상
④ 7일에 1회 이상

해설

도급사업 시의 안전·보건조치 등
도급인은 작업장 순회점검을 다음 각 호의 구분에 따라 실시해야 한다.
(1) 다음 각 목의 사업 : 2일에 1회 이상
　① 건설업
　② 제조업
　③ 토사석 광업
　④ 서적, 잡지 및 기타 인쇄물 출판업
　⑤ 음악 및 기타 오디오물 출판업
　⑥ 금속 및 비금속 원료 재생업
(2) 제1호 각 목의 사업을 제외한 사업 : 1주일에 1회 이상

합격정보

산업안전보건법 시행규칙 제80조(도급사업시의 안전보건 조치 등)

---

18 재해사례연구의 진행단계로 옳은 것은?

　ㄱ. 사실의 확인　　ㄴ. 대책의 수립
　ㄷ. 문제점의 발견　ㄹ. 문제점의 결정
　ㅁ. 재해 상황의 파악

① ㄷ→ㅁ→ㄱ→ㄹ→ㄴ
② ㄷ→ㅁ→ㄹ→ㄱ→ㄴ
③ ㅁ→ㄷ→ㄱ→ㄹ→ㄴ
④ ㅁ→ㄱ→ㄷ→ㄹ→ㄴ

해설

재해사례연구의 진행순서
① 전제조건 : 재해 상황의 파악
② 1단계 : 사실의 확인
③ 2단계 : 문제점의 발견
④ 3단계 : 근본적 문제점 결정
⑤ 4단계 : 대책 수립

KEY　① 2016년 10월 1일 기사 출제
　　　② 2017년 9월 23일 기사 출제
　　　③ 2018년 3월 4일 기사·산업기사 동시 출제
　　　④ 2018년 8월 19일 기사 출제
　　　⑤ 2018년 9월 15일 기사 출제
　　　⑥ 2020년 6월 7일(문제 15번) 출제

---

19 산업안전보건법령상 건설 현장에서 사용하는 크레인의 안전검사의 주기는?(단, 이동식 크레인은 제외한다.)

① 최초로 설치한 날부터 1개월마다 실시
② 최초로 설치한 날부터 3개월마다 실시
③ 최초로 설치한 날부터 6개월마다 실시
④ 최초로 설치한 날부터 1년마다 실시

해설

크레인(이동식크레인은 제외한다), 리프트(이삿짐운반용 리프트는 제외한다) 안전검사 주기
① 사업장에서 설치가 끝난 날부터 3년 이내에 최초 안전검사를 실시
② 그 이후부터 매 2년
③ 건설현장에서 사용하는 것은 최초로 설치한 날부터 매 6개월 마다

KEY　① 2016년 8월 21일 기사 출제
　　　② 2017년 3월 5일 기사 출제
　　　③ 2018년 3월 4일 기사·산업기사 동시 출제
　　　④ 2018년 8월 19일 기사·산업기사 동시 출제
　　　⑤ 2019년 3월 3일(문제 16번) 출제

정보제공

산업안전보건법 시행 규칙 제126조(안전검사의 주기 및 합격표시·표시 방법)

---

20 재해예방의 4원칙에 해당하지 않는 것은?

① 손실 적용의 원칙
② 원인 연계의 원칙
③ 대책 선정의 원칙
④ 예방 가능의 원칙

해설

재해예방의 4원칙
① 예방가능의 원칙
② 손실우연의 원칙
③ 원인연계(계기)의 원칙
④ 대책선정의 원칙

KEY　① 2016년 5월 8일(문제 11번) 출제
　　　② 2020년 6월 14일 산업기사 출제
　　　③ 2020년 8월 22일(문제 20번) 출제
　　　④ 2020년 9월 27일(문제 2번) 출제

[정답]　17 ②　18 ④　19 ③　20 ①

2 산업심리 및 교육

21 인간은 지각과정에서 자극의 정보를 조직화하는 과정을 거치게 된다. 시각 정보의 조직화를 의미하는 용어는?

① 유추(analogy)   ② 게슈탈트(gestalt)
③ 인지(cognition) ④ 근접성(proximity)

해설

군화(게스탈트)의 법칙
① 게스탈트는 '모양, 형태'라는 뜻으로 독일의 심리학자 M. 베르트하이머가 처음으로 제기한 원리
② 사물을 볼 때 무리를 지어서 보려는 시각적 심리를 뜻하며 관련이 있는 요소끼리 통합된 것으로 지각된다는 점에서 '군화의 법칙'이라고도 한다.

KEY 2017년 3월 5일 (문제 36번) 출제

22 다음에서 설명하는 리더십의 유형은?

> 과업 완수와 인간관계 모두에 있어 최대한의 노력을 기울이는 리더십 유형

① 과업형 리더십   ② 이상형 리더십
③ 타협형 리더십   ④ 무관심형 리더십

해설

관리격자 모형이론
① 블레이크(R.R.Blake)와 모튼(J.S.Mouton)은 조직구성원의 기본적인 관심을 업적에 대한 관심과 인간에 대한 관심의 두 가지에 두고서 관리 스타일을 측정하는 그리드(grid) 이론을 전개하였다.
② X축과 Y축을 각각 1에서 9까지의 점으로 구분하여 1을 관심의 최저, 9를 관심도의 최고로 나타내었다. 그리고 각 점을 중심으로 직선을 서로 직교시킴으로써 합계 9×9=81개의 격자도를 만들었다.

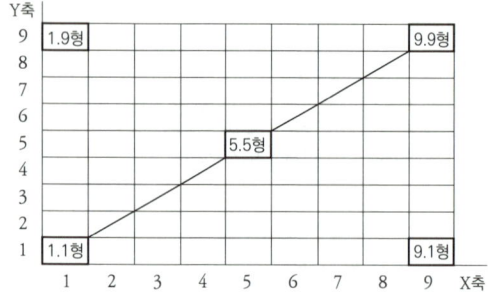

23 집단역학에서 소시오메트리(sociometry)에 관한 설명 중 틀린 것은?

① 소시오메트리 분석을 위해 소시오메트리스와 소시오그램이 작성된다.
② 소시오메트리스에서는 상호작용에 대한 전략적 분석이 가능하다.
③ 소시오메트리는 집단 구성원들 간의 공식적 관계가 아닌 비공식적인 관계를 파악하기 위한 방법이다.
④ 소시오그램은 집단 구성원들 간의 선호 거부 혹은 무관심의 관계를 기호로 표현하지만 이를 통해 다양한 집단 내의 비공식적 관계에 대한 역학 관계는 파악할 수 없다.

해설

소시오메트리(비공식집단 인간관계 양식)
① 집단의 구조를 밝혀내 집단 내에서 개인간의 인기와 정도, 지위, 좋아하고 싫어하는 정도, 하위 집단의 구성 여부와 형태, 집단에의 충성도, 집단의 응집력 등을 연구 조사하여 행동지도의 자료를 삼는 것을 말한다.
② 작업 부서의 교우(인간) 관계를 그림으로 나타낸다.

24 생체리듬(Biorhythm)의 종류에 해당하지 않는 것은?

① Critical rhythm
② Phytical rhythm
③ Intellectual rhythm
④ Sensitivity rhythm

해설

생체리듬(Biorhythm)
① 인간의 생리적 주기 또는 리듬을 나타낸다.
 · 신체(physical)
 · 감성(sensitivity)
 · 지성(intellectual)의 머리글자를 따서 PSI학설이라고도 한다.
② P, S, I 3개의 서로 다른 리듬은 안정기[positive phase(+)]와 불안정기[negative phase(-)]를 교대하면서 반복하여 사인(sine) 곡선을 그려 나가는데 (+) 리듬에서 (-) 리듬으로 또는 (-) 리듬에서 (+) 리듬으로 변화하는 점을 영(zero) 또는 위험일이라 한다.
③ 위험일은 한 달에 6일 정도 일어난다.

KEY 2021년 3월 7일 기사 등 10회 이상 출제

[정답] 21 ② 22 ② 23 ④ 24 ①

25 사회행동의 기본 형태에 해당하지 않는 것은?

① 협력 ② 대립
③ 모방 ④ 도피

해설

인간의 사회적 행동의 기본형태
① 협력(cooperation) : 조력, 분업
② 대립(opposition) : 공격, 경쟁
③ 도피(escape) : 고립, 정신병, 자살
④ 융합(accomodation) : 강제, 타협, 통합

KEY ① 2017년 8월 25일 산업기사 출제
② 2019년 3월 3일(문제 32번) 출제

보충학습

모방(imitation)
남의 행동이나 판단을 표본으로 하여 그것과 같거나 또는 그것에 가까운 행동 또는 판단을 취하려는 것
① 직접모방 ② 간접모방 ③ 부분모방

26 OJT(On the Job Training)의 특징이 아닌 것은?

① 효과가 곧 업무에 나타난다.
② 직장의 실정에 맞는 실체적 훈련이다.
③ 다수의 근로자에게 조직적 훈련이 가능하다.
④ 교육을 통한 훈련 효과에 의해 상호 신뢰이해도가 높아진다.

해설

OJT와 OFF JT 특징

OJT의 특징	OFF JT의 특징
① 개개인에게 적절한 지도훈련이 가능하다.	① 다수의 근로자에게 조직적 훈련을 행하는 것이 가능하다.
② 직장의 실정에 맞게 구체적이고 실제적 훈련이 가능하다.	② 훈련에만 전념하게 된다.
③ 즉시 업무에 연결되는 관계로 몸과 관련이 있다.	③ 각자 전문가를 강사로 초청하는 것이 가능하다.
④ 훈련에 필요한 업무의 계속성이 끊어지지 않는다.	④ 특별 설비기구를 이용하는 것이 가능하다.
⑤ 효과가 곧 업무에 나타나며 훈련의 좋고 나쁨에 따라 개선이 쉽다.	⑤ 각 직장의 근로자가 많은 지식이나 경험을 교류할 수 있다.
⑥ 훈련효과를 보고 상호 신뢰, 이해도가 높아지는 것이 가능하다.	⑥ 교육 훈련 목표에 대하여 집단적 노력이 흐트러질 수 있다.

KEY ① 2021년 3월 7일(문제 29번) 등 20회 이상 출제
② 2021년 5월 15일(문제 37번) 출제

27 어떤 과업을 성취할 수 있는 자신의 능력에 대한 스스로의 믿음을 나타내는 것은?

① 자아존중감(Self-esteem)
② 자기효능감(Self-efficacy)
③ 통제의 착각(Illusion of control)
④ 자기중심적 편견(Egocentric bias)

해설

자기효능감(Self-efficacy)
어떤 과업을 성취할 수 있는 자신의 능력에 대한 스스로의 믿음

KEY 2018년 4월 28일(문제 26번) 출제

보충학습

자기효능감은 캐나다의 심리학자 알버트 반두라(Albert Bandura)에 의해 소개된 개념으로, 그는 행동주의적 관점이 학습의 원리에 대해 잘 설명해주지만 제한적이며 환경과의 상호작용을 간과하고 있다고 보았다. 그리고 이러한 맥락에서 개인의 인지와 사회적 영향의 중요성을 강조한 자기효능감과 사회인지이론 등을 정립하였다.

28 모랄 서베이(Morale Survey)의 주요 방법으로 적절하지 않은 것은?

① 관찰법 ② 면접법
③ 강의법 ④ 질문지법

해설

모랄 서베이(morale survey : 사기 앙양)의 주요 방법
① 통계에 의한 방법
② 사례연구법
③ 관찰법
④ 실험연구법
⑤ 태도조사법(의견조사) : 질문지법, 면접법, 집단토의법, 투사법, 문답법

KEY ① 2016년 5월 8일 산업기사 출제
② 2018년 9월 5일 기사 출제

[정답] 25 ③ 26 ③ 27 ② 28 ③

과년도 출제문제

29 산업안전보건법령상 2미터 이상인 구축물을 콘크리트 파쇄기를 사용하여 파쇄작업을 하는 경우 특별교육의 내용이 아닌 것은?(단, 그 밖에 안전보건관리에 필요한 사항은 제외한다.)

① 작업안전조치 및 안전기준에 관한 사항
② 비계의 조립방법 및 작업 절차에 관한 사항
③ 콘크리트 해체 요령과 방호거리에 관한 사항
④ 파쇄기의 조작 및 공통 작업 신호에 관한 사항

해설

콘크리트 파쇄기를 사용하여 하는 파쇄작업(2미터 이상인 구축물의 파쇄작업만 해당한다)
① 콘크리트 해체 요령과 방호거리에 관한 사항
② 작업안전조치 및 안전기준에 관한 사항
③ 파쇄기의 조작 및 공통작업신호에 관한 사항
④ 보호구 및 방호장비 등에 관한 사항
⑤ 그 밖에 안전보건관리에 필요한 사항

합격정보
산업안전보건법 시행규칙 [별표 5] 안전보건교육 교육대상별 교육내용

30 안전보건교육에 있어 역할 연기법의 장점이 아닌 것은?

① 흥미를 갖고, 문제에 적극적으로 참가한다.
② 자기 태도의 반성과 창조성이 생기고, 발표력이 향상된다.
③ 문제의 배경에 대하여 통찰하는 능력을 높임으로써 감수성이 향상된다.
④ 목적이 명확하고, 다른 방법과 병용하지 않아도 높은 효과를 기대할 수 있다.

해설

역할연기의 장·단점

장점	단점
① 의견발표에 자신이 생긴다. ② 자기반성과 창조성이 개발된다. ③ 하나의 문제에 대해 관찰능력을 높인다. ④ 문제에 적극적으로 참여하며, 타인의 장점과 단점이 잘 나타난다.	① 높은 의지결정의 훈련으로는 기대할 수 없다. ② 목적이 명확하지 않고 다른 방법과 병행하지 않으면 의미가 없다. ③ 훈련장소의 확보가 어렵다.

KEY ▶ 2020년 8월 22(문제 39번) 출제

31 학습 정도(level of learning)의 4단계에 해당하지 않는 것은?

① 회상(to recall)
② 작용(to apply)
③ 인지(to recognize)
④ 이해(to undderstand)

해설

학습의 정도 4단계
① 인지(to acquaint)
② 지각(to know)
③ 이해(to understand)
④ 적용(to apply)

KEY ▶ ① 2016년 5월 8일 기사 출제
② 2017년 5월 7일 산업기사 출제

32 스트레스 반응에 영향을 주는 요인 중 개인적 특성에 관한 요인이 아닌 것은?

① 심리상태
② 개인의 능력
③ 신체적 조건
④ 작업시간의 차이

해설

스트레스의 자극요인
① 자존심의 손상(내적요인)
② 업무상의 죄책감(내적요인)
③ 현실에서의 부적응(내적요인)
④ 직장에서의 대인 관계상의 갈등과 대립(외적요인)

KEY ▶ ① 2018년 4월 28일 출제
② 2019년 8월 4일 출제
③ 2021년 5월 15일(문제 39번) 출제

33 산업안전보건법령상 일용근로자의 작업내용 변경 시 교육 시간의 기준은?

① 1시간 이상
② 2시간 이상
③ 3시간 이상
④ 4시간 이상

[정답] 29 ② 30 ④ 31 ① 32 ④ 33 ①

해설

작업내용 변경시의 교육 시간

구분	시간
일용근로자 및 근로계약기간이 1주일 이하인 기간제근로자	1시간 이상
일용근로자를 제외한 근로자	2시간 이상

KEY ① 2016년 5월 8일 산업기사 출제
② 2017년 3월 5일 기사·산업기사 동시 출제
③ 2017년 5월 7일 기사·산업기사 동시 출제
④ 2018년 3월 4일 산업기사 출제
⑤ 2019년 4월 27일(문제 35번) 출제
⑥ 2019년 9월 21일 산업기사 출제

정보제공
산업안전보건법 시행규칙 [별표 4] 안전보건교육 교육과정별 교육시간

---

34 교육심리학의 연구방법 중 인간의 내면에서 일어나고 있는 심리적 사고에 대하여 사물을 이용하여 인간의 성격을 알아보는 방법은?

① 투사법 ② 면접법
③ 실험법 ④ 질문지법

해설

투사(projection : 투출)형
자기 속의 억압된 것을 다른 사람의 것으로 생각하는 것
예 ① 안되면 조상 탓 ② 서투른 무당이 장구 탓

KEY ① 2016년 3월 6일 출제
② 2016년 10월 1일 산업기사 출제
③ 2019년 4월 27일(문제 27번) 출제

---

35 안전교육의 3단계 중 작업방법, 취급 및 조작 행위를 몸으로 숙달시키는 것을 목적으로 하는 단계는?

① 안전지식교육 ② 안전기능교육
③ 안전태도교육 ④ 안전의식교육

해설

제2단계(기능교육)
① 교육대상자가 그것을 스스로 행함으로 얻어진다.
② 개인의 반복적 시행착오에 의해서만 얻어진다.
③ 시범, 견학, 실습, 현장실습 교육을 통한 경험체득과 이해를 목적으로 한다.

KEY ① 2017년 8월 26일 기사 출제
② 2019년 4월 27일(문제 367번) 출제

---

36 호손(Hawthorne) 연구에 대한 설명으로 옳은 것은?

① 소비자들에게 효과적으로 영향을 미치는 광고 전략을 개발했다.
② 시간 동작 연구를 통해서 작업도구와 기계를 설계했다.
③ 채용과정에서 발생하는 차별요인을 밝히고 이를 시정하는 법적 조치의 기초를 마련했다.
④ 물리적 작업 환경보다 근로자들의 의사소통 등 인간관계가 더 중요하다는 것을 알아냈다.

해설

호손(Hawthorne)공장 실험
① 인간관계 관리의 개선을 위한 연구로 미국의 메이요(E.Mayo, 1880~1949) 교수가 주축이 되어 호손 공장에서 실시되었다.
② 작업능률을 좌우하는 것은 단지 임금, 노동시간 등의 노동조건과 조명, 환기, 그 밖에 작업환경으로서의 물적 조건보다 종업원의 태도, 즉 심리적, 내적 양심과 감정이 중요하다.
③ 물적 조건도 그 개선에 의하여 효과를 가져올 수 있으나 종업원의 심리적 요소가 더욱 중요하다.
④ 결론은 인간관계가 작업 및 작업설계에 영향을 준다.

KEY ① 2018년 3월 4일 출제
② 2018년 9월 15일 출제
③ 2019년 4월 27일 출제
④ 2019년 9월 21일 산업기사 출제
⑤ 2020년 9월 5일 출제
⑥ 2021년 5월 15일(문제 26번) 출제

---

37 지름길을 사용하여 대상물을 판단할 때 발생하는 지각의 오류가 아닌 것은?

① 후광효과
② 최근효과
③ 결론효과
④ 초두효과

[정답] 34 ① 35 ② 36 ④ 37 ③

> **해설**

지각의 오류(Perceptual Error)
① Halo effects(후광효과 : 해석 과정서 발생)
  지각 대상의 어느 한 특성을 중심으로 그 대상 전체를 평가하는 것으로 본질적 측면을 여러 측면에서 파악하지 못하는 것을 말한다.
② Leniency effects(관대화 경향 : 관찰단계서 발생)
  인간의 행복추구 본능 때문에 타인을 다소 긍정적으로 평가하는 경향을 말한다.
③ Central effects = Central tendency(중심화 경향 : 관찰단계서 발생)
  타인을 평가할 때 어느 극단에 치우쳐 오류를 발생시키는 대신 적당히 평가하여 오류를 줄이려는 성향을 말한다.
④ Contrast effects(대조효과 : 관찰단계서 발생)
  각 대상을 독립적으로 자각하지 않고 최근 상호작용한 대상과 비교하여 대조 평가하는 오류를 말한다.
⑤ Recency effects(최근 효과 : 관찰단계서 발생)
  과거의 정보는 쉽게 잊어버리고 기억하기 쉬운 최근의 정보만으로 대상을 지각하는 오류이다.
⑥ Primacy effects(초두 효과 : 첫머리 효과)
  먼저 제시된 정보가 나중에 들어온 정보보다 전반적인 인상 현상에 더욱 강력한 영향을 미치는 것
⑦ Projection(주관적 투사)
  타인에게 자신의 감정이나 경향을 전가하거나 자신의 감정, 성격, 동기가 타인에게도 존재한다고 간주하는 오류이다.
⑧ Perceptual Defense(지각적 방어 : 방어적 지각)
  지각자가 사물을 보는 습성 또는 그의 고정관념에 어긋나는 정보를 회피하거나 그것을 자기의 고정관념에 부합되도록 왜곡시키기 때문에 범하게 되는 지각상의 오류

KEY ▶ 2012년 4월 28일(문제 32번) 출제

38 다음은 무엇에 관한 설명인가?

> 다른 사람으로부터의 판단이나 행동을 무비판적으로 받아들이는 것

① 모방(Imitation)
② 투사(Projection)
③ 암시(Suggestion)
④ 동일화(Identification)

> **해설**

암시(suggestion)
다른 사람으로부터의 판단이나 행동을 무비판적으로 논리적, 사실적 근거 없이 받아들이는 것
① 각성암시
② 최면암시

KEY ▶ 2018년 4월 28일 산업기사 출제

39 산업심리의 5대 요소가 아닌 것은?
① 동기   ② 기질
③ 감정   ④ 지능

> **해설**

산업심리의 5대 요소
① 동기
② 기질
③ 감정
④ 습성
⑤ 습관

KEY ▶ ① 2016년 5월 8일 출제
② 2018년 3월 4일 산업기사 출제
③ 2018년 8월 19일 산업기사 출제
④ 2018년 9월 15일 출제
⑤ 2019년 4월 27일 기사, 산업기사 출제
⑥ 2021년 3월 7일(문제 31번) 출제

40 직무수행에 대한 예측변인 개발 시 작업표본(work sample)에 관한 사항 중 틀린 것은?
① 집단검사로 감독과 통제가 요구된다.
② 훈련생보다 경력자 선발에 적합하다.
③ 실시하는 데 시간과 비용이 많이 든다.
④ 주로 기계를 다루는 직무에 효과적이다.

> **해설**

작업표본(Work Sample)
① 작업표본검사는 실제 업무 상황과 동일한 축소 업무 상황 개발하고 그 상황 속에서 피검사자에게 요구되는 실제 직무 수행 평가
② 기계 다루는 직무, 사물 조작 노동자에 효과적
③ 훈련생보다 경력직 선발에 적합
④ 현재 능력을 평가(미래 잠재 평가 아님)
⑤ 시간 비용 많이 소모

[정답] 38 ③ 39 ④ 40 ①

3 인간공학 및 시스템안전공학

41. 태양광이 내리쬐지 않는 옥내의 습구흑구 온도지수(WBGT) 산출 식은?

① 0.6 × 자연습구온도 + 0.3 × 흑구온도
② 0.7 × 자연습구온도 + 0.3 × 흑구온도
③ 0.6 × 자연습구온도 + 0.4 × 흑구온도
④ 0.7 × 자연습구온도 + 0.4 × 흑구온도

해설

습구 흑구 온도지수(WBGT)
① 옥외(태양광선이 내리 쬐는 장소)
  WBGT = 0.7 × 자연습구온도(NWB) + 0.2 × 흑구온도(GT) + 0.1 × 건구온도(DB)
② 옥내 또는 옥외(태양광선이 내리쬐지 않는 장소)
  WBGT(℃) = 0.7 × 자연습구온도(NWB) + 0.3 × 흑구온도(GT)

KEY
① 2016년 5월 8일(문제 57번) 출제
② 2022년 4월 24일(문제 58번) 출제

42. 부품 배치의 원칙 중 기능적으로 관련된 부품들을 모아서 배치한다는 원칙은?

① 중요성의 원칙
② 사용 빈도의 원칙
③ 사용 순서의 원칙
④ 기능별 배치의 원칙

해설

구성요소 배치의 4원칙
① 중요성의 원칙
② 기능별 배치의 원칙
③ 사용순서의 원칙
④ 사용빈도의 원칙

KEY
① 2018년 3월 4일 기사, 산업기사 출제
② 2018년 8월 19일 산업기사 출제
③ 2019년 3월 3일 산업기사 출제
④ 2020년 6월 14일 산업기사 출제
⑤ 2021년 3월 7일(문제 49번) 출제

43. 인간공학의 목표와 거리가 가장 먼 것은?

① 사고 감소
② 생산성 증대
③ 안전성 향상
④ 근골격계 질환 증가

해설

인간공학의 연구목적(Chapanis, A.)
① 첫째 : 안전성의 향상과 사고방지
② 둘째 : 기계 조작의 능률성과 생산성 향상
③ 셋째 : 쾌적성
④ 3가지의 궁극적인 목적은 안전과 능률(안전성 및 효율성 향상)

KEY
① 2016년 5월 8일 기사 출제
② 2017년 3월 5일 산업기사 출제
③ 2021년 8월 14일 산업안전기사 출제

44. 시각적 식별에 영향을 주는 각 요소에 대한 설명 중 틀린 것은?

① 조도는 광원의 세기를 말한다.
② 휘도는 단위 면적당 표면에 반사 또는 방출되는 광량을 말한다.
③ 반사율은 물체의 표면에 도달하는 조도와 광도의 비를 말한다.
④ 광도 대비란 표적의 광도와 배경의 광도의 차이를 배경 광도로 나눈 값을 말한다.

해설

조도
① 단위면적에 비추는 빛의 양(밀도)
② 공식 = $\dfrac{광도[cd]}{(거리)^2}$

KEY
① 2017년 3월 5일 출제
② 2019년 3월 3일 출제
③ 2021년 9월 12일(문제 50번) 출제

보충학습
광도 : 광원의 세기

[정답] 41 ② 42 ④ 43 ④ 44 ①

과년도 출제문제

45 A사의 안전관리자는 자사 화학 설비의 안전성 평가를 실시하고 있다. 그 중 제2단계인 정성적 평가를 진행하기 위하여 평가항목을 설계관계 대상과 운전관계 대상으로 분류하였을 때 설계관계 항목이 아닌 것은?

① 건조물 ② 공장 내 배치
③ 입지조건 ④ 원재료, 중간제품

해설
정성적 평가(제2단계)
(1) 설계관계항목
  ① 입지조건
  ② 공장내의 배치
  ③ 건조물
  ④ 소방용 설비 등
(2) 운전관계항목
  ① 원재료
  ② 중간제품 등의 위험성
  ③ 프로세스의 운전조건 수송, 저장 등에 대한 안전대책
  ④ 프로세스기기의 선정요건

46 양립성의 종류가 아닌 것은?

① 개념의 양립성 ② 감성의 양립성
③ 운동의 양립성 ④ 공간의 양립성

해설
양립성(compatibility)
정보입력 및 처리와 관련한 양립성은 인간의 기대와 모순되지 않는 자극 반응조합의 관계를 말하는 것

KEY ① 2018년 3월 4일 산업기사 출제
② 2018년 4월 28일 기사·산업기사 동시 출제
③ 2020년 8월 22일(문제 55번) 출제

보충학습
양립성의 종류

종류	특징
공간(spatial)	표시장치나 조종장치에서 물리적 형태 및 공간적 배치
운동(movement)	표시장치의 움직이는 방향과 조종장치의 방향이 사용자의 기대와 일치
개념(coneptual)	이미 사람들이 학습을 통해 알고있는 개념적 연상
양식(modality)	직무에 맞는 응답양식 존재

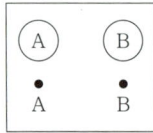
[그림 1] 공간 양립성

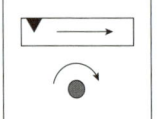
[그림 2] 운동 양립성

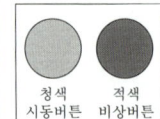
[그림 3] 개념 양립성

47 그림과 같은 시스템에서 부품 A, B, C, D의 신뢰도가 모두 r로 동일할 때 이 시스템의 신뢰도는?

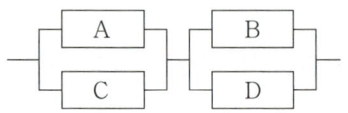

① $r(2-r2^2)$ ② $r^2(2-r)^2$
③ $r^2(2-r^2)$ ④ $r^2(2-r)$

해설
신뢰도 계산
$R = [1-(1-r)(1-r)] \times [1-(1-r)(1-r)] = r^2(2-r)^2$

KEY 건설안전기사 필기 p.3-107 (문제 19번) 적중

보충학습
① 병렬 연결
  (A, C)구간 = $1-(1-A) \times (1-C) = 1-(1-r)^2 = 1-(1-2r+r^2)$
  $= r(2-r)$
  (B, D)구간 = $1-(1-B) \times (1-D) = r(2-r)$
② 직렬 연결
  (AC, BD) = (A, C) × (B, D) = $r(2-r) \times r(2-r) = r^2(2-r)^2$

48 FTA에서 사용되는 논리게이트 중 입력과 반대되는 현상으로 출력되는 것은?

① 부정 게이트 ② 억제 게이트
③ 배타적 OR 게이트 ④ 우선적 AND 게이트

해설
부정 Gate
부정 모디파이어 라고도 하며 입력현상의 반대인 출력이 된다.

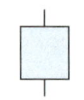
[그림] 부정 Gate

KEY 2018년 8월 19일 산업안전기사 출제

보충학습
① 배타적 OR Gate : OR Gate로 2개 이상의 입력이 동시에 존재할 때에는 출력사상이 생기지 않는다. 예를 들면 '동시에 발생하지 않는다'라고 기입한다. (1개만 되고, 2개 이상은 안된다.)
② OR 게이트 : 입력사상 중 한 가지라도 발생하면 출력사상 발생.(합집합)
③ AND 게이트 : 입력사상이 전부 발생하는 경우에만 출력사상 발생.(교집합)
④ 우선전 AND 게이트 : 입력사상이 특정한 순서대로 발생한 경우 출력사상 발생.
⑤ 조합 AND 게이트 : 3개의 입력사상 중 오직 2개가 일어나면 출력사상 발생.(1개×, 3개× 오직 2개만 ○)

[정답] 45 ④ 46 ② 47 ② 48 ①

49 어떤 결함수를 분석하여 minimal cut set을 구한 결과 다음과 같았다. 각 기본 사상의 발행확률을 q_i=1, 2, 3 이라 할 때, 정상사상의 발생확률함수로 맞는 것은?

[다음]
$k_1 = [1, 2] \quad k_2 = [1, 3] \quad k_2 = [2, 3]$

① $q_1q_2 + q_1q_2 - q_2q_3$
② $q_1q_2 + q_1q_3 - q_2q_3$
③ $q_1q_2 + q_1q_3 + q_2q_3 - q_1q_2q_3$
④ $q_1q_2 + q_1q_3 + q_2q_3 - 2q_1q_2q_3$

해설

정상사상의 발생확률 함수

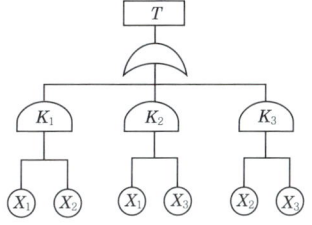

① $T = 1 - (1 - X_1X_2)(1 - X_1X_3)(1 - X_2X_3)$
$= X_1X_2 + X_1X_3 + X_2X_3 - X_1X_2X_3$
② $T_q = q_1q_2 + q_1q_3 + q_2q_3 - 2q_1q_2q_3$

KEY ① 2003년 8월 30일 출제
② 2012년 5월 20일(문제 49번)
③ 2019년 4월 27일(문제 51번) 출제

보충학습
① 1, 2, 3 중에 2개가 동시에 발생하면, 정상사상이 발생하는 것이며, 이중에 3개가 동시에 발생하는 q1, q2, q3는 교집합 개념으로 제외
② q1, q2, q3는 교집합이 2개 적용된다는 것에 유의

50 부품고장이 발생하여도 기계가 추후 보수 될 때까지 안전한 기능을 유지할 수 있도록 하는 기능은?

① fail - soft   ② fail - active
③ fail - operational ④ fail - passive

해설

Fail operational
① 병렬 또는 대기 여분계의 부품을 구성한 경우이며, 부품의 고장이 있어도 다음 정기점검까지 운전이 가능한 구조
② 운전상 제일 선호하는 안전한 운전방법

KEY 2017년 5월 7일(문제 56번) 출제

보충학습
Fail soft
기계설비 또는 장치의 일부가 고장났을 때, 기능의 저하가 되더라도 전체로서는 기능을 정지시키지 않는 기법

51 반사경 없이 모든 방향으로 빛을 발하는 점광원에서 3[m] 떨어진 곳의 조도가 300[lux]라면 2[m] 떨어진 곳에서 조도[lux]는?

① 375   ② 675
③ 875   ④ 975

해설

조도
① 조도 = $\frac{광도}{(거리)^2}$
② 빛이 퍼져가는 면적은 거리에 반비례
③ $300[lux] \times (\frac{3}{2})^2 = 675[lux]$

KEY 2017년 3월 5일(문제 46번) 출제

52 통화이해도 척도로서 통화 이해도에 영향을 주는 잡음의 영향을 추정하는 지수는?

① 명료도 지수   ② 통화 간섭 수준
② 이해도 점수   ④ 통화 공진 수준

해설

통화 간섭 수준(SIL)
① 통화 이해도에 영향을 주는 잡음의 영향 추정 지수
② 통화 이해도 척도

보충학습
통화 이해도 측정 방법
① 송화자료를 수화자에게 전송하는 실험
② 명료도지수의 사용 : 옥타브대의 음성과 잡음의 dB값에 가중치를 곱하여 합계를 구하는 방법
③ 이해도 점수 : 송화 내용 중에서 알아듣고 인식한 비율(%)
④ 통화간섭수준(SIL) : 통화 이해도에 끼치는 잡음의 영향을 추정하는 지수
⑤ 소음기준(NC)곡선 : 사무실, 회의실, 공장 등에서의 통화평가 방법

[정답] 49 ④ 50 ③ 51 ② 52 ②

53 예비위험분석(PHA)에서 식별된 사고의 범주가 아닌 것은?

① 중대(critical)
② 한계적(marginal)
③ 파국적(catastrophic)
④ 수용가능(acceptable)

해설

식별된 사고의 4가지 PHA범주
① 파국적
② 중대(위기적)
③ 한계적
④ 무시

KEY ① 2016년 5월 8일 기사 출제
② 2018년 9월 15일(문제 48번) 출제
③ 2020년 9월 27일(문제 44번) 출제

54 인간공학적 연구에 사용되는 기준 척도의 요건 중 다음 설명에 해당하는 것은?

> 기준 척도는 측정하고자 하는 변수 외의 다른 변수들의 영향을 받아서는 안된다.

① 신뢰성   ② 적절성
③ 검출성   ④ 무오염성

해설

기준의 요건

구분	특징
적절성(relevance)	기준이 의도된 목적에 적합하다고 판단되는 정도
무오염성	측정하고자 하는 변수외의 영향이 없도록
기준척도의 신뢰성 (reliability criterion measure)	척도의 신뢰성 즉 반복성(repeatability)

KEY ① 2017년 8월 26일 출제
② 2019년 8월 4일 산업기사 출제
③ 2020년 9월 27일(문제 49번) 출제

55 James Reason의 원인적 휴먼에러 종류 중 다음 설명의 휴먼에러 종류는?

> 자동차가 우측 운행하는 한국의 도로에 익숙해진 운전자가 좌측 운행을 해야 하는 일본에서 우측 운행을 하다가 교통사고를 냈다.

① 고의 사고(Violation)
② 숙련 기반 에러(Skill based error)
③ 규칙 기반 착오(Rule based mistake)
④ 지식 기반 착오(Knowledge based mistake)

해설

라스무센의 3가지 휴먼에러
① 지식기반착오(Konowledge based Mistake) : 무지로 발생하는 착오
② 규칙기반착오(Rule-base Mistake) : 규칙을 알지 못해 발생하는 착오
③ 숙련기반착오(Skill-base Mistake) : 숙련되지 못해 발생하는 착오 (법규를 몰라서)

KEY 2017년 5월 7일 기사 출제

56 근골격계부담작업의 범위 및 유해요인조사 방법에 관한 고시상 근골격계부담작업에 해당하지 않는 것은?(단, 상시 작업을 기준으로 한다.)

① 하루에 10회 이상 25[kg] 이상의 물체를 드는 작업
② 하루에 총 2시간 이상 쪼그리고 앉거나 무릎을 굽힌 자세에서 이루어지는 작업
③ 하루에 총 2시간 이상 시간당 5회 이상 손 또는 무릎을 사용하여 반복적으로 충격을 가하는 작업
④ 하루에 4시간 이상 집중적으로 자료입력 등을 위해 키보드 또는 마우스를 조작하는 작업

[정답] 53 ④ 54 ④ 55 ③ 56 ③

해설

근골격계 부담작업
① 하루에 4시간 이상 집중적으로 자료입력 등을 위해 키보드 또는 마우스를 조작하는 작업
② 하루에 총 2시간 이상 목, 어깨, 팔꿈치, 손목 또는 손을 사용하여 같은 동작을 반복하는 작업
③ 하루에 총 2시간 이상 머리 위에 손이 있거나, 팔꿈치가 어깨위에 있거나, 팔꿈치를 몸통으로부터 들거나, 팔꿈치를 몸통뒤쪽에 위치하도록 하는 상태에서 이루어지는 작업
④ 지지되지 않은 상태이거나 임의로 자세를 바꿀 수 없는 조건에서, 하루에 총 2시간 이상 목이나 허리를 구부리거나 트는 상태에서 이루어지는 작업
⑤ 하루에 총 2시간 이상 쪼그리고 앉거나 무릎을 굽힌 자세에서 이루어지는 작업
⑥ 하루에 총 2시간 이상 지지되지 않은 상태에서 1[kg] 이상의 물건을 한손의 손가락으로 집어 옮기거나, 2[kg] 이상에 상응하는 힘을 가하여 한손의 손가락으로 물건을 쥐는 작업
⑦ 하루에 총 2시간 이상 지지되지 않은 상태에서 4.5[kg] 이상의 물건을 한 손으로 들거나 동일한 힘으로 쥐는 작업
⑧ 하루에 10회 이상 25[kg] 이상의 물체를 드는 작업
⑨ 하루에 25회 이상 10[kg] 이상의 물체를 무릎 아래에서 들거나, 어깨 위에서 들거나, 팔을 뻗은 상태에서 드는 작업
⑩ 하루에 총 2시간 이상, 분당 2회 이상 4.5[kg] 이상의 물체를 드는 작업
⑪ 하루에 총 2시간 이상 시간당 10회 이상 손 또는 무릎을 사용하여 반복적으로 충격을 가하는 작업

KEY ▶ 2018년 8월 19일 산업안전기사 출제

정보제공
고용노동부 고시 제2020-12호(근골격계 부담작업 범위)

---

57 HAZOP 분석기법의 장점이 아닌 것은?

① 학습 및 적용이 쉽다.
② 기법 적용에 큰 전문성을 요구하지 않는다.
③ 짧은 시간에 저렴한 비용으로 분석이 가능하다.
④ 다양한 관점을 가진 팀 단위 수행이 가능하다.

해설

HAZOP의 개념
① 공장 설비 프로세스에 존재하는 해저드(hazards) 및 운용 상의 문제점(operability problems)을 찾아내는 정성적 분석 기법
② 시스템의 원래 의도한 설계와 차이가 있는 변이(deviations)를 일련의 가이드워드(guidewords)를 활용하여 체계적으로 식별
③ Hazard : 인적, 경제적, 환경적 피해 초래할 수 있는 바람직하지 않는 이벤트
④ 단점 : 장시간 비용이 많이 든다.

KEY ▶ 2020년 6월 14일 산업기사 출제

---

58 서브시스템 분석에 사용되는 분석방법으로 시스템 수명주기에서 ㉠에 들어갈 위험분석기법은?

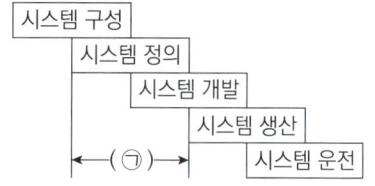

① PHA
② FHA
③ FTA
④ ETA

해설

시스템 분석

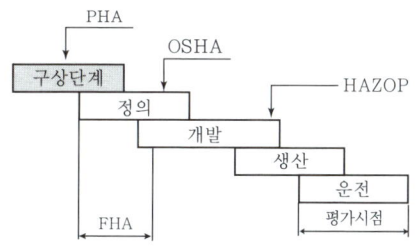

[그림] PHA·OSHA·FHA·HAZOP

KEY ▶ ① 2012년 3월 4일 출제
② 2016년 5월 8일 산업기사 출제
③ 2018년 8월 19일 출제
④ 2019년 3월 3일 출제
⑤ 2019년 9월 21일 출제
⑥ 2020년 6월 7일 출제
⑦ 2020년 6월 14일 산업기사 출제

---

59 불(Boole) 대수의 관계식으로 틀린 것은?

① $A+\overline{A}=1$
② $A+AB=A$
③ $A(A+B)=A+B$
④ $A+A'B=A+B$

해설

$A(A+B)=A+B=A^2+AB=A+AB=A(1+B)=A$

KEY ▶ ① 2018년 9월 15일 출제
② 2020년 3월 7일 출제

[정답] 57 ③ 58 ② 59 ③

보충학습
불 대수의 대수법칙

동정법칙	$A+A=A$, $AA=A$
교환법칙	$AB=BA$, $A+B=B+A$
흡수법칙	$A(AB)=(AA)B=AB$ $A+AB=A\cup(A\cap B)=(A\cup A)\cap(A\cup B)$ $=A\cap(A\cup B)=A$ $A+A'B=A+B$
분배법칙	$A(B+C)=AB+AC$, $A+(BC)=(A+B)\cdot(A+C)$
결합법칙	$A(BC)=(AB)C$, $A+(B+C)=(A+B)+C$

60 정신적 작업 부하에 관한 생리적 척도에 해당하지 않는 것은?

① 근전도
② 뇌파도
③ 부정맥 지수
④ 점멸융합주파수

[해설]
근전도(EMG : electro-myogram : 육체적)
① 근육활동의 전위차를 기록한 것
② 심장근의 근전도를 특히 심전도(ECG : electro-cardiogram)
③ 신경활동 전위차의 기록은 ENG(electroneurogram)

KEY
① 2016년 3월 6일 기사(문제 24번) 출제
② 2016년 10월 1일 기사 출제
③ 2019년 3월 3일(문제 54번) 출제

---

4 건설 시공학

61 석재붙임을 위한 앵커긴결공법에서 일반적으로 사용하지 않는 재료는?

① 앵커
② 볼트
③ 모르타르
④ 연결철물

[해설]
돌붙임시 앵커긴결공법에서 사용하는 철물
① 앵커
② 볼트
③ 촉
④ 연결철물(fastener)

KEY 2018년 3월 4일(문제 80번) 출제

---

62 강제 널말뚝(steel sheet pile)공법에 관한 설명으로 옳지 않은 것은?

① 무소음 설치가 어렵다.
② 타입 시 지반의 체적 변형이 작아 항타가 쉽다.
③ 강제 널말뚝에는 U형, Z형, H형 등이 있다.
④ 관입, 철거 시 주변 지반침하가 일어나지 않는다.

[해설]
강널말뚝(steel sheet pile)
① 토목·건축공사에서 물막이·흙막이 등을 위해 박은 강판으로 된 말뚝으로 시트파일이라 한다.
② 단면의 형태는 여러 가지가 있으나, 양단이 구멍형 또는 요철(凹凸)로 되어 있어 서로 끼워 맞출 수 있게 되어 있다.
③ 구조물의 일부로서 강널말뚝을 사용하는 예 : 강널말뚝식 암벽(岩壁)이 있다.
④ 장점
　㉮ 시공이 빠르고 간단하다.
　㉯ 공사비용도 적게 든다.
　㉰ 약한 지반에도 적용할 수 있다.
　㉱ 내진구조(耐震構造)로 할 수도 있다는 점 등이다.
⑤ 단점
　㉮ 외부로부터의 충격에 약하다.
　㉯ 내수성이 약하므로 방식처리(防蝕處理)를 해야 한다.
　㉰ 관입철거시 주변 침하가 일어나기 쉽다.

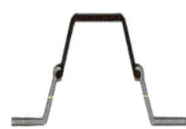

[그림] 강널말뚝

KEY ① 2018년 3월 4일(문제 63번) 출제
② 2018년 9월 15일 산업기사 출제

---

63 철근 조립에 관한 설명으로 옳지 않은 것은?

① 철근의 피복두께를 정확히 확보하기 위해 적절한 간격으로 고임재 및 간격재를 배치한다.
② 거푸집에 접하는 고임재 및 간격재는 콘크리트 제품 또는 모르타르 제품을 사용하여야 한다.
③ 경미한 황갈색의 녹이 발생한 철근은 일반적으로 콘크리트와의 부착을 해치므로 사용해서는 안된다.
④ 철근의 표면에는 흙, 기름 또는 이물질이 없어야 한다.

[정답] 60 ① 61 ③ 62 ④ 63 ③

해설

철근의 조립
① 철근의 표면에는 부착을 저해하는 흙, 기름 또는 이물질이 없어야 한다.
② 경미한 황갈색의 녹이 발생한 철근은 일반적으로 콘크리트와의 부착을 해치지 않으므로 사용할 수 있다.

합격정보
KCS·42011 : 2021(철근공사 시방서)

KEY 2021년 9월 12일(문제 68번) 출제

---

64 소규모 건축들을 조적식 구조로 담을 쌓을 경우 최대 높이 기준으로 옳은 것은?

① 2[m] 이하   ② 2.5[m] 이하
③ 3[m] 이하   ④ 3.5[m] 이하

해설

조적식 담 최대높이 : 3[m] 이하

KEY 건설안전기사 필기 p.4-122(문제 45번) 적중

---

65 필릿용접(Fillet Welding)의 단면상 이론 목두께에 해당하는 것은?

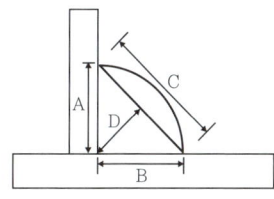

① A   ② B
③ C   ④ D

해설

필릿(모살)용접 단면도

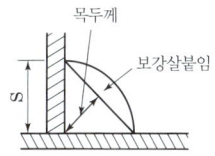

① 목두께 : 0.7S 정도
② 보강살붙임 : 3[mm] 이하 혹은 0.1S+1[mm] 이하

KEY ① 2017년 3월 5일(문제 67번) 출제
② 2017년 9월 23(문제 61번) 출제

---

66 네트워크 공정표에 사용되는 용어에 관한 설명으로 옳지 않은 것은?

① 크리티컬 패스(Critical path) : 개시 결합점에서 종료 결합점에 이르는 가장 긴 경로
② 더미(Dummy) : 결합점이 가지는 여유시간
③ 플로트(Float) : 작업의 여유시간
④ 패스(Path) : 네트워크 중에서 둘 이상의 작업이 이어지는 경로

해설

용어와 기호

용어	기호	내용 및 설명
Event	○	작업의 결합점, 개시점 또는 종료점
Activity	→	프로젝트를 구성하는 작업단위
Dummy	┈┈→	가상적 작업(시간이나 작업량 없음)

KEY 2017년 9월 23일(문제 62번) 출제

보충학습
slack : 결합점이 가지는 여유시간

---

67 콘크리트의 측압에 영향을 주는 요소에 관한 설명으로 옳지 않은 것은?

① 콘크리트 타설속도가 빠를수록 측압은 커진다.
② 콘크리트 온도가 낮으면 경화속도가 느려 측압은 작아진다.
③ 벽 두께가 얇을수록 측압은 작아진다.
④ 콘크리트의 슬럼프값이 클수록 측압은 커진다.

해설

거푸집 측압
① 슬럼프가 클수록, 배합이 좋을수록, 벽두께가 두꺼울수록 측압은 커진다.
② 부어넣기 속도가 빠를수록 커진다.
③ 온도가 낮을수록 측압은 커진다.
④ 다지기가 충분할수록 커진다.(진동기 사용할 때 30[%] 증가)

KEY ① 2016년 5월 8일 기사 출제
② 2017년 5월 7일 산업기사 출제
③ 2017년 9월 23일 산업기사 출제
④ 2019년 3월 3일(문제 74번) 출제

[정답] 64 ③ 65 ④ 66 ② 67 ②

68
석공사에 사용하는 석재 중에서 수성암계에 해당하지 않는 것은?

① 사암 ② 석회암
③ 안산암 ④ 응회암

해설
성인에 의한 분류
(1) 수성암(강이나 바다에서 흙이 퇴적)의 종류
  ① 사암 ② 이판암 ③ 점판암 ④ 응회암 ⑤ 석회암
(2) 화성암(화산이 발생)의 종류
  ① 화강암 ② 안산암 ③ 현무암 ④ 감람석 ⑤ 부석
(3) 변성암(열의 변화)의 종류
  ① 대리석 ② 사문암 ③ 석면

KEY
① 2016년 3월 6일 산업기사 출제
② 2020년 8월 22(문제 83번) 출제

69
매스 콘크리트(Mass concrete) 시공에 관한 설명으로 옳지 않은 것은?

① 매스 콘크리트의 타설온도는 온도균열을 제어하기 위한 관점에서 가능한 한 낮게 한다.
② 매스 콘크리트 타설 시 기온이 높을 경우에는 콜드조인트가 생기기 쉬우므로 응결촉진제를 사용한다.
③ 매스 콘크리트 타설 시 침하 발생으로 인한 침하균열을 예방을 하기 위해 재진동 다짐 등을 실시한다.
④ 매스 콘크리트 타설 후 거푸집 탈형 시 콘크리트 표면의 급랭을 방지하기 위해 콘크리트 표면을 소정의 기간 동안 보온해 주어야 한다.

해설
중용열 포틀랜드시멘트
① 수화열량이 적어 수축·균열 발생이 적다.(균열방지 : 응결촉진제 사용)
② 조기강도는 낮으나 장기강도는 크다.
③ 방사선 차단용이나 댐과 같이 단면이 큰 매스 콘크리트에 사용한다.

KEY
① 2017년 3월 5일 산업기사 출제
② 2017년 5월 7일(문제 88번) 출제

보충학습
Mass 콘크리트
단면이 80[cm] 이상이고 내·외부온도차이가 25[℃] 이상일 때의 콘크리트

70
거푸집 공사(form work)에 관한 설명으로 옳지 않은 것은?

① 거푸집널은 콘크리트의 구조체를 형성하는 역할을 한다.
② 콘크리트 표면에 모르타르, 플라스터 또는 타일 붙임 등의 마감을 할 경우에는 평활하고 광택있는 면이 얻어질 수 있도록 철제 거푸집(metal fom)을 사용하는 것이 좋다.
③ 거푸집공사비는 건축공사비에서의 비중이 높으므로, 설계단계부터 거푸집 공사의 개선과 합리화 방안을 연구하는 것이 바람직하다.
④ 폼타이(form tie)는 콘크리트를 타설할 때 거푸집이 벌어지거나 우그러들지 않게 연결, 고정하는 긴결재이다.

해설
메탈폼(Metal form)
① 조립이 간단하다.
② 콘크리트를 정확히 주입할 수 있다.
③ 콘크리트면이 너무 평활하여 모르타르의 접착이 나쁜 점과 메탈 폼의 녹이 콘크리트 표면과 내부에 묻게 된다.

보충학습
평활, 광택 : 부착성이 떨어진다.

71
철근콘크리트 말뚝머리와 기초와의 접합에 관한 설명으로 옳지 않은 것은?

① 두부를 커팅기계로 정리할 경우 본체에 균열이 생김으로 응력 손실이 발생하여 설계내력을 상실하게 된다.
② 말뚝머리 길이가 짧은 경우는 기초지면까지 보강하여 시공한다.
③ 말뚝머리 철근은 기초에 30[cm] 이상의 길이로 정착한다.
④ 말뚝머리와 기초와의 확실한 정착을 위해 파일앵커링을 시공한다.

해설
말뚝머리 커팅기계로 커팅시 응력이 감소된다.

[정답] 68 ③ 69 ② 70 ② 71 ①

72 철근콘크리트 보에 사용된 굵은 골재의 최대치수가 25[mm]일 때, D22 철근(동일 평면에서 평행한 철근)의 수평 순간격으로 옳은 것은?(단, 콘크리트를 공극 없이 칠 수 있는 다짐 방법을 사용할 경우에는 제외)

① 22.2[mm] ② 25[mm]
③ 31.25[mm] ④ 33.3[mm]

해설

철근의 순간격
① $22 \times 1.5 = 33$[mm]
② $25 \times 1.25 = 31.25$[mm]

KEY ▶ 2017년 3월 5일(문제 63번) 출제

보충학습

철근의 간격 결정 방법
① 철근지름의 1.5배 이상
② 2.5[cm] 이상
③ 굵은 골재지름의 1.25배 이상
④ ①, ②, ③ 중 가장 큰 값 선택

---

73 철근의 피복두께를 유지하는 목적이 아닌 것은?

① 부재의 소요 구조 내력 확보
② 부재의 내화성 유지
③ 콘크리트의 강도 증대
④ 부재의 내구성 유지

해설

철근 피복두께의 유지목적
① 내화성능 유지
② 내구성능 유지
③ 소요의 구조내력확보. 즉, 콘크리트의 유동성, 부착력, 강도확보 등

KEY ▶ ① 2018년 4월 28일 기사 출제
② 2021년 5월 15일(문제 64번) 출제

보충학습

철근 피복 두께 : 철근 표면에서 이를 감싸고 있는 콘크리트 표면까지의 두께

---

74 불량품, 결점, 고장 등의 발생건수를 현상과 원인별로 분류하고, 여러 가지 데이터를 항목별로 분류해서 문제의 크기 순서로 나열하여, 그 크기를 막대그래프로 표기한 품질관리 도구는?

① 파레토그램 ② 특성요인도
③ 히스토그램 ④ 체크시트

해설

전사적 품질관리(TQC)의 7가지 도구

구분	특징
히스토그램	데이터가 어떤 분포를 하고 있는지를 알아보기 위해 작성(분포도)
파레토그램	불량 등의 발생건수를 분류항목별로 나누어 크게 순서대로 나열(영향도, 하자도)
특성요인도	결과에 원인이 어떻게 관계하고 있는가를 한눈에 알 수 있도록 작성(원인결과도)
체크시트	계수치의 데이터가 분류항목의 어디에 집중되어 있는가를 알아보기 쉽게 나타냄(집중도)
산점도	대응되는 두개의 짝으로 된 데이터를 그래프 용지위에 점으로 나타냄(상관도, 산포도)
층 별	집단을 구성하고 있는 데이터를 특징에 따라 몇 개의 부분집단으로 나누는 것(부분집단도)
관리도 (Control Chart)	불량 발생 건수 등의 추이를 파악하여 목표관리를 행하는데 필요한 월별 관리선을 설정하여 관리하는 방법

KEY ▶ ① 2016년 3월 6일 기사 출제
② 2016년 5월 8일 기사 출제
③ 2017년 5월 7일 기사 출제

---

75 강구조 공사 시 앵커링(anchoring)에 관한 설명으로 옳지 않은 것은?

① 필요한 앵커링 저항력을 얻기 위해서는 콘크리트에 피해를 주지 않도록 적절한 대책을 수립해야 한다.
② 앵커볼트 설치 시 베이스플레이트 위치의 콘크리트는 설계도면 레벨보다 −30[mm] −50[mm] 낮게 타설하고, 베이스 플레이트 설치 후 그라우팅 처리한다.
③ 구조용 앵커볼트를 사용하는 경우 앵커볼트 간의 중심선은 기둥중심선으로부터 3[mm] 이상 벗어나지 않아야 한다.
④ 앵커볼트로는 구조용 혹은 세우기용 앵커볼트가 사용되어야 하고, 나중매입 공법을 원칙으로 한다.

[정답] 72 ④ 73 ③ 74 ① 75 ④

해설

앵커 볼트의 매립(입)공법

종류	방법	그림
고정매입공법	기초 철근 조립시 동시에 앵커 볼트를 기초상부에 정확히 묻고 con'c 타설	
가동매입공법	앵커 볼트 상부 부분을 조정할 수 있게 con'c 타설 전 사전조치	
나중매입공법	con'c 타설전 앵커 볼트 묻을 구멍 조치 하거나 타설 후 core 장비로 천공 고정	

KEY ▶ 2016년 3월 6일 산업기사 출제

76. 모래지반 흙막이 공사에서 널말뚝의 틈새로 물과 토사가 유실되어, 지반이 파괴되는 현상은?

① 히빙 현상(Heaving)
② 파이핑 현상(Piping)
③ 액상화 현상(Liquefaction)
④ 보일링 현상(Boiling)

해설

파이핑(Piping) 현상
사질지반의 지하수위 이하 굴착시 수위차로 인해 상향의 침투류가 발생하여 전단강도 상실, 흙이 물과 함께 분출하는 Quick sand의 진전된 현상

77. 공사관리계약(Construction Managemerit Contract) 방식의 장점이 아닌 것은?

① 시공 시 단계별 시공법을 적용할 수 있어 설계 및 시공기간을 단축시킬 수 있다.
② 설계과정에서 설계가 시공에 미치는 영향을 예측할 수 있어 설계도서의 현실성을 향상시킬 수 있다.
③ 기획 및 설계과정에서 발주자와 설계자 간의 의견대립 없이 설계대안 및 특수공법의 적용이 가능하다.
④ 대리인형 CM(CM for fee)방식은 공사비와 품질에 직접적인 책임을 지는 공사관리계약 방식이다.

해설

사업관리 계약제도(Construction management contract)
① CM(건설관리) : 설계, 시공을 통합관리하며 주문자를 위해 서비스하는 전문가 집단의 관리비법
② CM for fee방식(대리인형 CM방식) : 발주자의 컨설턴트 역할
③ CM at risk 방식(시공자형 CM방식)

KEY ▶ ① 2018년 9월 15일(문제 66번) 출제
② 2020년 6월 7일 출제
③ 2020년 8월 22일(문제 71번) 출제

78. 철골구조의 내화피복에 관한 설명으로 옳지 않은 것은?

① 조적공법은 용접철망을 부착하여 경량 모르타르, 펄라이트 모르타르와 플라스터 등을 바름하는 공법이다.
② 뿜칠공법은 철골표면에 접착제를 혼합한 내화피복재를 뿜어서 내화피복을 한다.
③ 성형판 공법은 내화단열성이 우수한 각종 성형판을 철골주위에 접착제와 철물 등을 설치하고 그 위에 붙이는 공법으로 주로 기둥과 보의 내화피복에 사용된다.
④ 타설공법은 아직 굳지 않은 경량콘크리트나 기포 모르타르 등을 강재주위에 거푸집을 설치하여 타설한 후 경화시켜 철골을 내화피복하는 공법이다.

해설

내화 피복공법 및 재료의 종류
① 내화도료공법 : 팽창성 내화도료
② 타설공법 : 콘크리트, 경량콘크리트
③ 조적공법 : 콘크리트 블록, 경량콘크리트 블록, 돌, 벽돌
④ 미장공법 : 철망 모르타르, 철망 펄라이트 모르타르
⑤ 뿜칠공법 : 뿜칠 암면, 습식 뿜칠 암면, 뿜칠 모르타르, 뿜칠 플라스터, 실리카, 알루미나 계열 모르타르
⑥ 성형판 붙임공법 : 무기섬유혼입 규산칼슘판, ALC판, 무기섬유강화 석고보드, 석면 시멘트판, 조립식 패널, 경량콘크리트 패널, 프리캐스트 콘크리트판
⑦ 세라믹울 피복공법 : 세라믹 섬유 블랭킷
⑧ 합성공법 : 프리캐스트 콘크리트판, ALC판

보충학습
조적(調積) : 벽돌이나 콘크리트 블록

[정답] 76 ② 77 ④ 78 ①

79 철근콘크리트에서 염해로 인한 철근의 부식 방지대책으로 옳지 않은 것은?

① 콘크리트 중의 염소 이온량을 적게 한다.
② 에폭시 수지 도장 철근을 사용한다.
③ 방청제 투입을 고려한다.
④ 물-시멘트비를 크게 한다.

해설

염해에 대한 철근 부식 방지 대책
① 콘크리트중의 염소 이온량을 적게 한다.
② 에폭시 수지 도장 철근을 사용한다.
③ 방청제 투입이나 전기제어 방식을 취한다.
④ 철근 피복 두께를 충분히 확보한다.
⑤ 수밀콘크리트를 만들고 콜드조인트가 없게 시공한다.
⑥ 물-시멘트비를 최소로 하고 광물질 혼화재를 사용한다.
⑦ pH11 이상의 강알칼리 환경에서는 철근 표면에 부동태막이 생겨 부식을 방지한다.

KEY ① 2006년 5월 14일(문제 79번) 출제
② 2019년 3월 3일(문제 63번) 출제

80 웰 포인트 공법(well point method)에 관한 설명으로 옳지 않은 것은?

① 사질지반보다 점토질 지반에서 효과가 좋다.
② 지하수위를 낮추는 공법이다.
③ 1~3[m]의 간격으로 파이프를 지중에 박는다.
④ 인접지 침하의 우려에 따른 주의가 필요하다.

해설

웰 포인트 공법(Well point method)
① 사질지반에서 1~2[m] 간격으로 파이프를 박아 진공펌프로 지하수를 강제 배수하는 공법
② 사질지반의 대표적 강제 배수공법

KEY 2019년 9월 21일(문제 72번) 출제

5 건설 재료학

81 깬자갈을 사용한 콘크리트가 동일한 시공연도의 보통 콘크리트 보다 유리한 점은?

① 시멘트 페이스트와의 부착력 증가
② 단위수량 감소
③ 수밀성 증가
④ 내구성 증가

해설

깬자갈 사용목적
시멘트 페이스트와의 부착력 증가

KEY 2021년 5월 15일(문제 85번) 출제

82 목재를 작은 조각으로 하여 충분히 건조시킨 후 합성수지와 같은 유기질의 접착제를 첨가하여 열압 재판한 목재 가공품은?

① 파티클 보드(Particle board)
② 코르크판(Cork board)
③ 섬유판(Fiber board)
④ 집성목재(Ghalam)

해설

파티클(Particle: 조각) 보드
① 방향성 없이 열압성형제판한 것이므로 강도와 섬유방향에 따른 방향성이 없고 변형도 극히 적고 방부방화제의 첨가에 따라 방부방화성을 높일 수 있다.
② 흡음성과 열의 차단성도 좋다.
③ 강도가 크므로 구조용으로 어느 정도 적당하여 선반, 마룻널, 칸막이, 가구 등에 쓰인다.

KEY ① 2017년 5월 7일 기사 출제
② 2018년 3월 4일 기사 출제
③ 2020년 8월 22일(문제 89번) 출제

[정답] 79 ④ 80 ① 81 ① 82 ①

과년도 출제문제

83 도료상태의 방수재를 바탕면에 여러번 칠하지 않은 수지피막을 만들어 방수효과를 얻는 것으로 에멀션형, 용제형, 에폭시계 형태의 방수공법은?

① 시트방수
② 도막방수
③ 침투성 도포방수
④ 시멘트 모르타르 방수

해설

도막방수
(1) 도막방수법 종류
　① 유제형(emulsion) 도막방수
　② 용제형(solvent) 도막방수
　③ 에폭시계 도막방수
(2) 도막방수에 사용되는 제
　① 우레탄 도막제
　② 아크릴고무 도막제
　③ 고무아스팔트 도막제

KEY ① 2018년 3월 4일 산업기사 출제
　　② 2019년 9월 21일 기사 출제
　　③ 2020년 8월 23일(문제 77번) 출제

---

84 합성수지의 종류 중 열가소성수지가 아닌 것은?

① 염화비닐 수지
② 멜라민 수지
③ 폴리프로필렌 수지
④ 폴리에틸렌 수지

해설

열경화성수지의 종류
① 페놀수지
② 요소수지
③ 멜라민수지
④ 알키드수지
⑤ 폴리에스테르수지
⑥ 우레탄수지
⑦ 에폭시수지
⑧ 실리콘수지
⑨ 푸란수지

KEY ① 2018년 4월 28일 산업기사 출제
　　② 2018년 9월 15일 산업기사 출제
　　③ 2019년 9월 21일 기사(문제 83번) 출제

---

85 수성페인트에 대한 설명으로 옳지 않은 것은?

① 수성페인트의 일종인 에멀션 페인트는 수성페인트에 합성수지의 유화제를 섞은 것이다.
② 수성페인트를 칠한 면은 외관은 온화하지만 독성 및 화재발생의 위험이 있다.
③ 수성페인트의 재료로 아교·전분·카세인 등이 활용된다.
④ 광택이 없으며 회반죽면 또는 모르타르면의 칠에 적당하다.

해설

수성페인트
① 광물성(탄산칼슘, 규산알루미늄) 가루에 티탄백 안료를 첨가하고 수용성 호질물(카세인, 녹말 등)을 혼합한 것
② 내외장 모두에 사용 가능

KEY ① 2016년 3월 6일 출제
　　② 2019년 9월 21일(문제 99번) 출제
　　③ 2020년 9월 27일(문제 92번) 출제

보충학습
보기 ②번 : 유성페인트의 특징

---

86 금속판에 관한 설명으로 옳지 않은 것은?

① 알루미늄 판은 경량이고 열반사도 좋으나 알칼리에 약하다.
② 스테인리스 강판은 내식성이 필요한 제품에 사용된다.
③ 함석판은 아연도금철판이라고도 하며 외관미는 좋으나 내식성이 약하다.
④ 연판은 X선 차단효과가 있고 내식성도 크다.

해설

박판류와 그 가공품
① 박강판 : 종류 ─ 흑판 : 압연판
　　　　　　　　　└ 마판 : 냉간압연하여 표면을 평활하게 마무리한 것
② 두께 16[mm] 이하의 판. 바탕에 페인트칠을 하거나 아연도금, 주석도금을 하거나 법랑을 올려 사용한다.
③ 아연철판은 마판에 용융아연도금을 한 판을 말한다.
④ 함석판(철판+주석)은 내식성·외관미 등이 우수하다.

[정답] 83 ② 84 ② 85 ② 86 ③

87 다음 중 열전도율이 가장 낮은 것은?

① 콘크리트
② 코르크판
③ 알루미늄
④ 주철

해설
목재의 열전도율 (단위 : kcal/m·h·℃)

재료	공기	코르크판	소나무	회반죽벽	유리	콘크리트	벽돌
열전도율	0.026	0.04	0.12	0.54	0.70	1.00	1.10

88 콘크리트의 혼화재료 중 혼화제에 속하는 것은?

① 플라이애시
② 실리카흄
③ 고로슬래그 미분말
④ 고성능 감수제

해설
고성능 감수제
감수제의 일종으로 소요의 워커빌리티를 얻기 위해 필요한 단위 수량을 감소시키고 유동성을 증진시킬 목적으로 사용하는 혼화제

보충학습

혼화재의 종류	특징
플라이 애쉬	장기 강도 증진, 수밀성, 내구성, 화학저항성의 향상, 단위수량의 절감, 워커빌리티의 개선효과
팽창재	건조수축 저감, 수밀성 증대, 내구성 향상, chemical prestressed효과
고로슬래그 분말	수화열 속도 감소, 콘크리트 온도상승 억제, 수밀성, 유동성 우수, 염화물 침투에 의한 부식억제 효과
실리카 품	높은 결합성, 고강도 콘크리트 적합, 높은 온도에 취약

용어해설
혼화재와 혼화제
① 혼화재(Additive: 混和材) : 콘크리트의 물성을 개선하기 위하여 다량(시멘트량의 5[%] 이상)으로 사용
　예) 포졸란, 플라이애시, 고로슬래그 등
② 혼화제(Agent: 混和劑) : 콘크리트의 성질을 개선하기 위하여 소량(시멘트량의 5[%] 미만)으로 사용
　예) AE제, 분산제, 경화촉진제, 방동제 등

89 점토의 성질에 관한 설명으로 옳지 않은 것은?

① 사질점토는 적갈색으로 내화성이 좋다.
② 자토는 순백색이며 내화성이 우수하나 가소성은 부족하다.
③ 석기점토는 유색의 견고치밀한 구조로 내화도가 높고 가소성이 있다.
④ 석회질점토는 백색으로 용해되기 쉽다.

해설
점토색상
① 점토의 색상은 철산화물, 석회물질에 의해 나타난다.
② 철산화물이 많으면 적색, 석회물질이 많으면 황색을 띤다.
③ 사질점토는 내화성이 낮다.

참고) 건설안전기사 필기 p.5-57(합격날개 : 합격예측)

KEY ▶ 2020년 8월 22일(문제 82번) 출제

90 콘크리트에 AE제를 첨가 했을 경우 공기량 증감에 큰 영향을 주지 않는 것은?

① 혼합시간
② 시멘트의 사용량
③ 주위온도
④ 양생방법

해설
AE 공기량의 변화
① 기계비빔이 손비빔보다 증가한다.
② 3~5분까지 증가하고 그 이상은 감소한다.
③ 자갈입도에는 거의 영향 없다.
④ 모래일 때 가장 증대한다.

KEY ▶ 2018년 9월 15일 기사, 산업기사 출제

91 슬럼프 시험에 대한 설명으로 옳지 않은 것은?

① 슬럼프 시험 시 각 층을 50회 다진다.
② 콘크리트의 시공연도를 측정하기 위하여 행한다.
③ 슬럼프콘에 콘크리트를 3층으로 분할하여 채운다.
④ 슬럼프 값이 높을 경우 콘크리트는 묽은 비빔이다.

[정답] 87 ② 88 ④ 89 ① 90 ④ 91 ①

과년도 출제문제

> **해설**

슬럼프시험 방법
① 슬럼프몰드의 내부를 젖은 걸레로 닦고, 수밀한 평판 위에 놓은 다음, 움직이지 않도록 한다.
② 시료를 몰드용적의 $\frac{1}{3}$(깊이 약 7[cm])되게 넣고 다짐대로 전면에 걸쳐 25번 균일하게 다진다.(총다짐회수=25번×3=75번)

KEY ▶ 2016년 3월 6일 산업기사 출제

---

92. 목재 섬유포화점의 함수율은 대략 얼마 정도인가?

① 약 10[%]   ② 약 20[%]
③ 약 30[%]   ④ 약 40[%]

> **해설**

섬유포화점
① 세포 내의 빈 부분 또는 세포 사이의 공간 부분이 증발하고 세포막에 흡수되어 있는 수분의 상태
② 생나무를 건조하여 함수율이 30[%]가 된 상태

KEY ▶ ① 2016년 5월 8일 기사 출제
② 2017년 3월 5일 산업기사 출제
③ 2018년 3월 4일(문제 100번) 출제

---

93. 각 창호철물에 관한 설명으로 옳지 않은 것은?

① 피벗힌지(pivot hinge) : 경첩 대신 촉을 사용하여 여닫이문을 회전시킨다.
② 나이트래치(night latch) : 외부에서는 열쇠, 내부에서는 작은 손잡이를 틀어 열 수 있는 실린더 장치로 된 것이다.
③ 크레센트(crescent) : 여닫이문의 상하단에 붙여 경첩과 같은 역할을 한다.
④ 래버터리힌지(lavatory hinge) : 스프링 힌지의 일종으로 공중용 화장실 등에 사용된다.

> **해설**

크레센트(crescent)
① 올리고 내리는 창이나 미서기창의 잠금장치
② 자물쇠

[그림] 크레센트

KEY ▶ ① 2016년 10월 1일(문제 84번) 출제
② 2019년 9월 21일(문제 87번) 출제

---

94. 건축재료 중 마감재료의 요구성능으로 거리가 먼 것은?

① 화학적 성능   ② 역학적 성능
③ 내구성능   ④ 방화·내화 성능

> **해설**

마감재료 구분

난연성능	개념	재료
불연재료 (난연1급)	불에 타지 아니하는 성질을 가진 재료	알루미늄·유지 및 건축공사 표준시방서에서 정한 두께 이상 시멘트모르타르 또는 회등 미장재료 (피난방화규칙 제6조 제1호)
준불연재료 (난연2급)	불연재료에 준하는 성질을 가진 재료로 재료 자체는 간신히 연소되지만 크게 번지지 않는 것	석고보드 등
난연재료 (난연3급)	(목재에 비해)불에 잘 타지 아니하는 성능을 가진 재료	난연합판, 난연플라스틱판 등

> **합격정보**

마감재료의 성능에 따른 위계와 개념정의
*「건축법 시행령」제2조 제9호 내지 11호 등 참조

---

95. PVC바닥재에 대한 일반적인 설명으로 옳지 않은 것은?

① 보통 두께 3[mm] 이상의 것을 사용한다.
② 접착제는 비닐계 바닥재용 접착제를 사용한다.
③ 바닥시트에 이용하는 용접봉, 용접액 혹은 줄눈재는 제조업자가 지정하는 것으로 한다.
④ 재료보관은 통풍이 잘 되고 햇빛이 잘 드는 곳에 보관한다.

> **해설**

PVC
① PVC(Poly Vinyl Chloride)는 가장 널리 사용되고 있는 플라스틱 중 하나로, 1800년대 두명의 화학자가 우연히 발견했다.
② 1926년이 되어서야 비로소 왈도 세몬(1898~1999)이 매우 획기적인 발견을 했다.
③ 유용한 제품을 만들기 위해 가소재라고 알려진 첨가제와 PVC원료를 혼합했으며, 이를 통해 '비닐'이라고 줄여서 부르고 있는 가소화 PVC가 탄생하였다.

[정답] 92 ③ 93 ③ 94 ② 95 ④

96 점토기와 중 훈소와에 해당하는 설명은?

① 소소와에 유약을 발라 재소성한 기와
② 기와 소성이 끝날 무렵에 식염증기를 충만시켜 유약 피막을 형성시킨 기와
③ 저급 점토를 원료로 900~1,000[℃]로 소소하여 만든 것으로 흡수율이 큰 기와
④ 건조제품을 가마에 넣고 연료로 장작이나 솔잎 등을 써서 검은 연기로 그을려 만든 기와

해설

훈소와(燻燒瓦)
① 성형을 가마에 넣고 장작이나 솔가지 등의 연료를 써서 그을린 기와
② 회흑색 표면이며 방수성이 있고 강도가 좋다.

97 골재의 실적에 관한 설명으로 옳지 않은 것은?

① 실적률은 골재 입형의 양부를 평가하는 지표이다.
② 부순 자갈의 실적률은 그 입형 때문에 강자갈의 실적보다 적다.
③ 실적률 산정 시 골재의 밀도는 절대건조 상태의 밀도를 말한다.
④ 골재의 단위용적질량이 동일하면 골재의 비중이 클수록 실적률도 크다.

해설

실적률(ratio of absolute volume, 實積率)
① 분체(粉體)나 입체(立體)를 넣었을 때의 용기의 용적에 대한 분체나 입체의 체적 비율
② 실적률(d) = $\dfrac{W}{P} \times 100[\%]$
  여기서, P : 골재의 비중
       W : 단위용적당 중량[kg/l]

KEY ① 2019년 9월 21일(문제 93번) 출제
     ② 2021년 5월 15일(문제 89번) 출제

98 미장재료 중 돌로마이트 플라스터에 대한 설명으로 옳지 않은 것은?

① 보수성이 크고 응결시간이 길다.
② 소석회에 모래, 해초풀, 여물 등을 혼합하여 바르는 미장재료이다.
③ 회반죽에 비하여 조기강도 및 최종강도가 크고 착색이 쉽다.
④ 여물을 혼입하여도 건조수축이 크기 때문에 수축균열이 발생한다.

해설

돌로마이트 플라스터의 특징
① 경화가 느리다.
② 수축성이 커서 균열발생이 쉽다.
③ 시공이 용이하고 값이 싸다.
④ 알칼리성이다.
⑤ 페인트칠이 불가능하다.
⑥ 기경성이다.
⑦ 물로 연화한다.

KEY ① 2018년 4월 28일 기사 출제
     ② 2018년 9월 15일(문제 92번) 출제

보충학습
회반죽의 주성분=소석회+모래+해초풀+여물

99 파손방지, 도난방지 또는 진동이 심한 장소에 적합한 망입(網入)유리의 제조 시 사용되지 않는 금속선은?

① 철선(철사)
② 황동선
③ 청동선
④ 알루미늄선

해설

망입유리(網入琉璃)
① 두꺼운 판유리에 망 구조물을 넣어 만든 유리
② 철 또는 알루미늄 망, 황동선 등이 사용되며 충격으로 파손될 경우에도 파편이 흩어지지 않는다.

[정답] 96 ④ 97 ④ 98 ② 99 ③

100 목재의 결점 중 벌채시의 충격이나 그 밖의 생리적 원인으로 인하여 세로축에 직각으로 섬유가 절단된 형태를 의미하는 것은?

① 수지낭
② 미숙재
③ 컴프레션페일러
④ 옹이

해설

Compression Failure
① 목재의 결점 중 벌채시의 충격이나 그 밖의 생리적 원인
② 세로축에 직각으로 섬유가 절단된 형태

6 건설안전기술

101 유해·위험방지계획서 제출 시 첨부서류로 옳지 않은 것은?

① 공사현장의 주변 현황 및 주변과의 관계를 나타내는 도면
② 공사개요서
③ 전체공정표
④ 작업인부의 배치를 나타내는 도면 및 서류

해설

건설업 유해위험방지계획서 첨부서류
① 공사개요서
② 공사현장의 주변 현황 및 주변과의 관계를 나타내는 도면(매설물 현황을 포함한다)
③ 건설물, 사용 기계설비 등의 배치를 나타내는 도면
④ 전체 공정표
⑤ 산업안전보건관리비 사용계획
⑥ 안전관리 조직표
⑦ 재해 발생 위험 시 연락 및 대피방법

KEY ① 2016년 3월 6일(문제 113번) 출제
② 2017년 3월 5일(문제 105번) 출제
③ 2020년 9월 27일(문제 119번) 출제
④ 2021년 9월 12일(문제 107번) 출제

정보제공
산업안전보건법 시행규칙 [별표 10] 유해위험방지계획서 첨부서류

102 추락·재해방지 설비 중 근로자의 추락재해를 방지할 수 있는 설비로 작업발판 설치가 곤란한 경우에 필요한 설비는?

① 경사로
② 추락방호망
③ 고정사다리
④ 달비계

해설

작업발판 설치가 곤란한 경우 : 추락방호망 설치

합격정보
산업안전보건기준에 관한 규칙 제42조(추락의 방지)

103 건설업 산업안전보건관리비 계상 및 사용 기준에 따른 안전관리비의 개인보호구 및 안전장구 구입비 항목에서 안전관리비로 사용이 가능한 경우는?

① 안전·보건관리자가 선임되지 않은 현장에서 안전·보건업무를 담당하는 현장관계자용 무전기, 카메라, 컴퓨터, 프린터 등 업무용 기기
② 혹한·혹서에 장기간 노출로 인해 건강장해를 일으킬 우려가 있는 경우 특정 근로자에게 지급되는 기능성 보호 장구
③ 근로자에게 일률적으로 지급하는 보냉·보온장구
④ 감리원이나 외부에서 방문하는 인사에게 지급하는 보호구

해설

보호구 등 안전관리비 사용기준
① 영 제74조제1항제3호에 따른 보호구의 구입·수리·관리 등에 소요되는 비용
② 근로자가 가목에 따른 보호구를 직접 구매·사용하여 합리적인 범위 내에서 보전하는 비용
③ 제1호가목부터 다목까지의 규정에 따른 안전관리자 등의 업무용 피복, 기기 등을 구입하기 위한 비용
④ 제1호가목에 따른 안전관리자 및 보건관리자가 안전보건 점검 등을 목적으로 건설공사 현장에서 사용하는 차량의 유류비·수리비·보험료

합격정보
건설업 산업안전보건관리비 계상 및 사용기준
[시행 2022. 6.2.] [고용노동부고시 제2022-43호, 2022. 6. 2., 일부개정]

[정답] 100 ③ 101 ④ 102 ② 103 ②

104 가설통로의 설치기준으로 옳지 않은 것은?

① 경사가 15[°]를 초과하는 때에는 미끄러지지 않는 구조로 한다.
② 건설공사에 사용하는 높이 8[m] 이상인 비계다리에는 7[m] 이내마다 계단참을 설치한다.
③ 수직갱에 가설된 통로의 길이가 15[m] 이상일 경우에는 15[m] 이내 마다 계단참을 설치한다.
④ 추락의 위험이 있는 장소에는 안전난간을 설치한다.

해설

수직갱에 가설된 통로의 길이가 15[m] 이상인 경우에는 10[m] 이내마다 계단참을 설치할 것

합격정보

산업안전보건기준에 관한 규칙 제23조(가설통로의 구조)

KEY ① 2021년 3월 7일(문제 112번) 출제
② 2021년 5월 15일(문제 118번) 출제

105 비계의 높이가 2[m] 이상인 작업장소에 작업발판을 설치할 경우 준수하여야 할 기준으로 옳지 않은 것은?

① 작업발판의 폭은 30[cm] 이상으로 한다.
② 발판재료간의 틈은 3[cm] 이하로 한다.
③ 추락의 위험성이 있는 장소에는 안전난간을 설치한다.
④ 발판재료는 뒤집히거나 떨어지지 않도록 2개 이상의 지지물에 연결하거나 고정시킨다.

해설

작업발판 폭 : 40[cm]이상

KEY 2021년 9월 12일(문제 102번) 출제

합격정보

산업안전보건기준에 관한 규칙 제56조(작업 발판의 구조)

106 가설구조물의 문제점으로 옳지 않은 것은?

① 도괴재해의 가능성이 크다.
② 추락재해 가능성이 크다.
③ 부재의 결합이 간단하나 연결부가 견고하다.
④ 구조물이라는 통상의 개념이 확고하지 않으며 조립의 정밀도가 낮다.

해설

가설 구조물의 특징
① 연결재가 부족하여 불안정해지기 쉽다.
② 부재 결합이 간략하고 불완전 결합이 많다.
③ 구조물이라는 통상의 개념이 확고하지 않아 조립의 정밀도가 낮다.
④ 부재는 과소 단면이거나 결함이 있는 재료가 사용되기 쉽다.

107 거푸집 해체작업 시 유의사항으로 옳지 않은 것은?

① 일반적으로 수평부재의 거푸집은 연직부재의 거푸집보다 빨리 떼어낸다.
② 해체된 거푸집이나 각목 등에 박혀있는 못 또는 날카로운 돌출물은 즉시 제거하여야 한다.
③ 상하 동시 작업은 원칙적으로 금지 하여 부득이한 경우에는 긴밀히 연락을 위하며 작업을 하여야 한다.
④ 거푸집 해체작업장 주위에는 관계자를 제외하고는 출입을 금지시켜야 한다.

해설

거푸집 해체 순서
① 거푸집은 일반적으로 연직부재를 먼저 떼어낸다.
② 이유 : 하중을 받지 않기 때문

KEY ① 2017년 5월 7일 산업기사 출제
② 2017년 8월 26일 산업기사 출제
③ 2019년 4월 27일(문제 102번) 출제

[정답] 104 ③ 105 ① 106 ③ 107 ①

108 법면 붕괴에 의한 재해 예방조치로서 옳은 것은?

① 지표수와 지하수의 침투를 방지한다.
② 법면의 경사를 증가한다.
③ 절토 및 성토높이를 증가한다.
④ 토질의 상태에 관계없이 구배조건을 일정하게 한다.

해설

붕괴방지공법
① 활동할 가능성이 있는 토사는 제거하여야 한다.
② 비탈면 또는 법면의 하단을 다져서 활동이 안 되도록 저항을 만들어야 한다.
③ 지표수가 침투되지 않도록 배수를 시키고 지하수위를 낮추기 위하여 수평 보링(boring)을 하여 배수시켜야 한다.
④ 말뚝(강관, H형강, 철근 콘크리트)을 박아 지반을 강화시킨다.

KEY ① 2016년 3월 6일 출제
② 2021년 5월 15일(문제 119번) 출제

합격정보
굴착공사 표준안전 작업지침 제31조(예방)

109 취급·운반의 원칙으로 옳지 않은 것은?

① 운반 작업을 집중하여 시킬 것
② 생산을 최고로 하는 운반을 생각할 것
③ 곡선 운반을 할 것
④ 연속 운반을 할 것

해설

취급, 운반의 5원칙
① 직선운반을 할 것
② 연속운반을 할 것
③ 운반작업을 집중화시킬 것
④ 생산을 최고로 하는 운반을 생각할 것
⑤ 최대한 시간과 경비를 절약할 수 있는 운반방법을 고려할 것

KEY ① 2017년 8월 26일 출제
② 2018년 4월 28일 기사 출제
③ 2019년 3월 3일 산업기사 출제

110 철골작업 시 철골부재에서 근로자가 수직 방향으로 이동하는 경우에 설치하여야 하는 고정된 승강로의 최대 답단 간격은 얼마 이내인가?

① 20[cm] ② 25[cm]
③ 30[cm] ④ 40[cm]

해설

승강로 답단간격

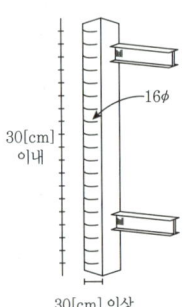

[그림] 고정된 승강로 Trap(답단)

KEY ① 2018년 8월 19일 기사 출제
② 2018년 7월 7일 기사 작업형 출제
③ 2018년 9월 15일(문제 110번) 출제

정보제공

산업안전보건기준에 관한 규칙 제381조(승강로의 설치)
사업주는 근로자가 수직방향으로 이동하는 철골부재(鐵骨部材)에는 답단(踏段) 간격이 30센티미터 이내인 고정된 승강로를 설치하여야 하며, 수평방향 철골과 수직방향 철골이 연결되는 부분에는 연결작업을 위하여 작업발판 등을 설치하여야 한다.

111 재해사고를 방지하기 위하여 크레인에 설치된 방호장치로 옳지 않은 것은?

① 공기정화장치 ② 비상정지장치
③ 제동장치   ④ 권과방지장치

해설

크레인의 방호장치

종류	용도
권과방지 장치	양중기의 권상용 와이어로프 또는 지브등의 붐 권상용 와이어로프의 권과 방지 ㉠ 나사형 제동개폐기 ㉡ 롤러형 제동개폐기 ㉢ 캠형 제동개폐기
과부하 방지 장치	정격하중 이상의 하중 부하시 자동으로 상승정지되면서 경보음이나 경보등 발생
비상 정지장치	돌발사태 발생시 안전유지 위한 전원차단 및 크레인 급정지시키는 장치
제동 장치	운동체와 정지체의 기계적접촉에 의해 운동체를 감속하거나 정지 상태로 유지하는 기능을 하는 장치
기타 방호 장치	① 해지장치 ② 스토퍼(Stopper) ③ 이탈방지장치 ④ 안전밸브 등

[정답] 108 ① 109 ③ 110 ③ 111 ①

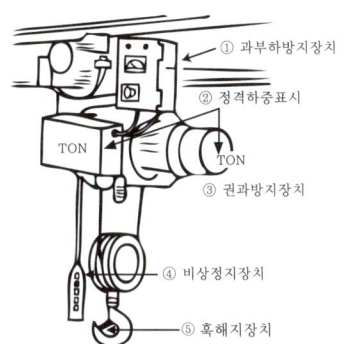

[그림] 크레인의 방호장치

KEY
① 2018년 8월 19일 기사 출제
② 2019년 3월 7일(문제 118번) 출제
③ 2021년 9월 12일(문제 103번) 출제

112 작업장 출입구 설치 시 준수해야 할 사항으로 옳지 않은 것은?

① 출입구의 위치·수 및 크기가 작업장의 용도와 특성에 맞도록 한다.
② 출입구에 문을 설치하는 경우에는 근로자가 쉽게 열고 닫을 수 있도록 한다.
③ 주된 목적이 하역운반기계용인 출입구에는 보행자용 출입구를 따로 설치하지 않는다.
④ 계단이 출입구와 바로 연결된 경우에는 작업자의 안전한 통행을 위하여 그 사이에 1.2[m] 이상 거리를 두거나 안내표지 또는 비상벨 등을 설치한다.

해설

산업안전보건기준에 관한 규칙
제11조(작업장의 출입구) 사업주는 작업장에 출입구(비상구는 제외한다. 이하 같다)를 설치하는 경우 다음 각 호의 사항을 준수하여야 한다.
1. 출입구의 위치, 수 및 크기가 작업장의 용도와 특성에 맞도록 할 것
2. 출입구에 문을 설치하는 경우에는 근로자가 쉽게 열고 닫을 수 있도록 할 것
3. 주된 목적이 하역운반기계용인 출입구에는 인접하여 보행자용 출입구를 따로 설치할 것
4. 하역운반기계의 통로와 인접하여 있는 출입구에서 접촉에 의하여 근로자에게 위험을 미칠 우려가 있는 경우에는 비상등·비상벨 등 경보장치를 할 것
5. 계단이 출입구와 바로 연결된 경우에는 작업자의 안전한 통행을 위하여 그 사이에 1.2미터 이상 거리를 두거나 안내표지 또는 비상벨 등을 설치할 것. 다만, 출입구에 문을 설치하지 아니한 경우에는 그러하지 아니하다.

113 옥외에 설치되어 있는 주행크레인에 대하여 이탈방지장치를 작동시키는 등 그 이탈을 방지하기 위한 조치를 하여야 하는 순간풍속에 대한 기준으로 옳은 것은?

① 순간풍속이 초당 10[m]를 초과하는 바람이 불어올 우려가 있는 경우
② 순간풍속이 초당 20[m]를 초과하는 바람이 불어올 우려가 있는 경우
③ 순간풍속이 초당 30[m]를 초과하는 바람이 불어올 우려가 있는 경우
④ 순간풍속이 초당 40[m]를 초과하는 바람이 불어올 우려가 있는 경우

해설

옥외 주행크레인 이탈방지조치 풍속기준 : 30[m/sec]

정보제공
산업안전보건기준에 관한 규칙 제140조(폭풍에 의한 이탈 방지)

114 지반 등의 굴착작업 시 연암의 굴착면 기울기로 옳은 것은?

① 1 : 0.3   ② 1 : 0.5
③ 1 : 0.8   ④ 1 : 1.0

해설

굴착면의 기울기 기준

지반의 종류	굴착면의 기울기
모래	1 : 1.8
연암 및 풍화암	1 : 1.0
경암	1 : 0.5
그 밖의 흙	1 : 1.2

(2) **예** 1 : 1.0

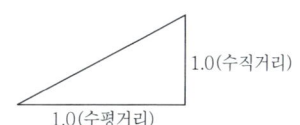

KEY
① 2016년 5월 8일 기사·산업기사 동시 출제
② 2020년 6월 7일(문제 111번) 출제
③ 2020년 9월 27일(문제 115번) 출제
④ 2021년 9월 12(문제 115번) 출제

[정답] 112 ③ 113 ③ 114 ④

[정보제공]
산업안전보건기준에 관한 규칙 제338조([별표 11] 지반 등의 굴착 시 위험방지)

115 사면지반 개량 공법으로 옳지 않은 것은?

① 전기 화학적 공법
② 석회 안정처리 공법
③ 이온 교환 공법
④ 옹벽 공법

[해설]

지반개량공법
① 점토질 지반개량공법 : 탈수공법(샌드드레인, 페이퍼드레인, 프리로딩, 침투압, 생석회 말뚝)과 치환공법
② 사질토 지반개량공법 : 다짐공법(다짐말뚝, 컴포우저, 바이브로플로테이션, 전기충격, 폭파다짐), 배수공법(웰 포인트), 고결공법(약액주입)
③ 일시적 개량공법 : 웰 포인트, 동결, 소결공법이 있다.

[KEY] ① 2013년 6월 2일(문제 116번)
② 2015년 3월 8일(문제 118번)
③ 2016년 3월 6일(문제 106번) 출제

116 흙막이벽의 근입깊이를 깊게하고, 전면의 굴착부분을 남겨두어 흙의 중량으로 대항하게 하거나, 굴착예정부분의 일부를 미리 굴착하여 기초콘크리트를 타설하는 등의 대책과 가장 관계 깊은 것은?

① 파이핑현상이 있을 때
② 히빙현상이 있을 때
③ 지하수위가 높을 때
④ 굴착깊이가 깊을 때

[해설]

히빙
(1) 히빙(Heaving)의 정의
연약성 점토지반 굴착시 굴착외측 흙의 중량에 의해 굴착저면의 흙이 활동전단 파괴되어 굴착내측으로 부풀어 오르는 현상
(2) 방지대책
  ① 흙막이 근입깊이를 깊게
  ② 표토제거 하중감소
  ③ 지반개량
  ④ 굴착면 하중증가
  ⑤ 어스앵커설치 등

[KEY] ① 2014년 5월 25일(문제 110번)
② 2015년 3월 8일(문제 105번)
③ 2016년 3월 6일(문제 112번) 출제

117 사다리식 통로 등을 설치하는 경우 통로 구조로서 옳지 않은 것은?

① 발판의 간격은 일정하게 한다.
② 발판과 벽과의 사이는 15[cm] 이상의 간격을 유지한다.
③ 사다리의 상단은 걸쳐놓은 지점으로부터 60[cm] 이상 올라가도록 한다.
④ 폭은 40[cm] 이상으로 한다.

[해설]

사다리식 통로 폭 : 30[cm]이상

[KEY] ① 2016년 10월 1일 산업기사 출제
② 2017년 5월 7일 기사·산업기사 동시출제
③ 2018년 4월 28일 산업기사 출제

118 콘크리트 타설작업을 하는 경우에 준수해야할 사항으로 옳지 않은 것은?

① 당일의 작업을 시작하기 전에 해당 작업에 관한 거푸집동바리 등의 변형·변위 및 지반의 침하 유무 등을 점검하고 이상이 있으면 보수한다.
② 작업 중에는 거푸집동바리 등의 변형·변위 및 침하 유무 등을 감시할 수 있는 감시자를 배치하여 이상이 있으면 작업을 빠른 시간 내 우선 완료하고 근로자를 대피시킨다.
③ 콘크리트 타설작업 시 거푸집붕괴의 위험이 발생할 우려가 있으면 충분한 보강 조치를 한다.
④ 콘크리트를 타설하는 경우에는 편심이 발생하지 않도록 골고루 분산하여 타설한다.

[정답] 115 ④ 116 ② 117 ④ 118 ②

> **해설**

제334조(콘크리트의 타설작업) 사업주는 콘크리트의 타설작업을 하는 경우에는 다음 각 호의 사항을 준수하여야 한다.
1. 당일의 작업을 시작하기 전에 해당 작업에 관한 거푸집동바리 등의 변형·변위 및 지반의 침하유무 등을 점검하고 이상이 있으면 보수할 것
2. 작업중에는 거푸집동바리 등의 변형·변위 및 침하유무 등을 감시할 수 있는 감시자를 배치하여 이상이 있으면 작업을 중지시키고 근로자를 대피시킬 것
3. 콘크리트의 타설작업시 거푸집붕괴의 위험이 발생할 우려가 있는 경우에는 충분한 보강조치를 할 것
4. 설계도서상의 콘크리트 양생기간을 준수하여 거푸집동바리 등을 해체할 것
5. 콘크리트를 타설하는 경우에는 편심이 발생하지 않도록 골고루 분산하여 타설할 것

> **KEY** ① 2016년 5월 8일 기사 출제
> ② 2016년 10월 1일 산업기사 출제
> ③ 2017년 3월 5일 산업기사 출제
> ④ 2021년 5월 15일 기사 출제
> ⑤ 2021년 8월 14일 기사 출제

119 건설작업장에서 근로자가 상시 작업하는 장소의 작업면 조도기준으로 옳지 않은 것은?(단, 갱내 작업장과 감광재료를 취급하는 작업장의 경우는 제외)

① 초정밀 작업 : 600럭스[lux] 이상
② 정밀 작업 : 300럭스[lux] 이상
③ 보통 작업 : 150럭스[lux] 이상
④ 초정밀, 정밀, 보통작업을 제외한 기타 작업 : 75럭스[lux] 이상

> **해설**

조명(조도)수준
① 초정밀작업 : 750[Lux] 이상
② 정밀작업 : 300[Lux] 이상
③ 보통작업 : 150[Lux] 이상
④ 그 밖의 작업 : 75[Lux] 이상

> **KEY** ① 2017년 3월 5일 기사 출제
> ② 2017년 8월 26일 기사 출제
> ③ 2019년 3월 3일(문제 117번) 출제

> **정보제공**

산업안전보건기준에 관한 규칙 제2조(조도)

120 강관틀비계를 조립하여 사용하는 경우 준수해야 할 기준으로 옳지 않은 것은?

① 수직방향으로 6[m], 수평방향으로 8[m] 이내마다 벽이음을 할 것
② 높이가 20[m]를 초과하거나 중량물의 적재를 수반하는 작업을 할 경우에는 주틀 간의 간격을 2.4[m] 이하로 할 것
③ 길이가 띠장 방향으로 4[m] 이하이고 높이가 10[m]를 초과하는 경우에는 10[m] 이내마다 띠장 방향으로 버팀기둥을 설치할 것
④ 주틀 간에 교차 가새를 설치하고 최상층 및 5층 이내마다 수평재를 설치할 것

> **해설**

높이 20[m]이상 시 주틀간의 간격 : 1.8[m] 이하

> **KEY** ① 2016년 5월 8일(문제 101번) 출제
> ② 2017년 9월 23일 산업기사 출제
> ③ 2018년 8월 19일 기사 출제
> ④ 2019년 9월 21(문제 103번) 출제

> **합격정보**

① 산업안전보건기준에 관한 규칙(별표 5) 강관비계의 조립간격
② 산업안전보건기준에 관한 규칙 제62조(강관틀 비계)

[**정답**] 119 ① 120 ②

2022년도 기사 정기검정 제2회 (2022년 4월 24일 시행)

건설안전기사

종목코드	시험시간	수험번호	성명
1440	3시간	20220424	도서출판세화

1 산업안전관리론

01 산업안전보건법령상 안전보건관리규정 작성에 관한 사항으로 ( )에 알맞은 기준은?

> 안전보건관리규정을 작성하여야 할 사업의 사업주는 안전보건관리규정을 작성해야 할 사유가 발생한 날부터 ( )일 이내에 안전보건관리규정을 작성해야 한다.

① 7 ② 14
③ 30 ④ 60

해설

제25조(안전보건관리규정의 작성)
① 법 제25조제3항에 따라 안전보건관리규정을 작성해야 할 사업의 종류 및 상시근로자 수는 별표 2와 같다.
② 제1항에 따른 사업의 사업주는 안전보건관리규정을 작성해야 할 사유가 발생한 날부터 30일 이내에 별표 3의 내용을 포함한 안전보건관리규정을 작성해야 한다. 이를 변경할 사유가 발생한 경우에도 또한 같다.
③ 사업주가 제2항에 따라 안전보건관리규정을 작성할 때에는 소방·가스·전기·교통 분야 등의 다른 법령에서 정하는 안전관리에 관한 규정과 통합하여 작성할 수 있다.

KEY 2021년 5월 15일(문제 12번) 출제

합격정보
산업안전보건법 시행규칙 제25조(안전보건관리규정의 작성)

02 산업안전보건법령상 안전관리자를 2인 이상 선임하여야 하는 사업이 아닌 것은? (단, 기타 법령에 관한 사항은 제외한다.)

① 상시 근로자가 500명인 통신업
② 상시 근로자가 700명인 발전업
③ 상시 근로자가 600명인 식료품 제조업
④ 공사금액이 1000억이며 공사 진행률(공정률) 20%인 건설업

해설
우편 및 통신업 안전관리지수 : 상시근로자수 1천명 이상-2명

합격정보
산업안전보건법 시행령 [별표 2]

03 산업재해보상법령상 보험급여의 종류를 모두 고른 것은?

> ㄱ. 장례비   ㄴ. 요양급여
> ㄷ. 간병급여 ㄹ. 영업손실비용
> ㅁ. 직업재활급여

① ㄱ, ㄴ, ㄹ ② ㄱ, ㄴ, ㄷ, ㅁ
③ ㄱ, ㄷ, ㄹ, ㅁ ④ ㄴ, ㄷ, ㄹ, ㅁ

해설

보험급여의 종류
① 요양급여
② 휴업급여
③ 장해급여
④ 간병급여
⑤ 유족급여
⑥ 상병(傷病)보상연금
⑦ 장례비
⑧ 직업재활급여

KEY ① 2021년 5월 15일 기사 등 10번 이상 출제
② 2022년 5월 7일 실기 필답형 출제

합격정보
산업재해 보상보험법 제36조(보험급여의 종류와 산정기준 등)

[정답] 01 ③ 02 ① 03 ②

04 안전관리조직의 형태에 관한 설명으로 옳은 것은?

① 라인형 조직은 100명 이상의 중규모 사업장에 적합하다.
② 스태프형 조직은 100명 미만의 소규모 사업장에 적합하다.
③ 라인형 조직은 안전에 대한 정보가 불충분하지만 안전지시나 조치에 대한 실시가 신속하다.
④ 라인·스태프형 조직은 1000명 이상의 대규모 사업장에 적합하나 조직원 전원의 자율적 참여가 불가능하다.

해설

안전관리 조직 형태 3가지
① Line형(직계식) : 100명 미만의 소규모 사업장
② Staff형(참모식) : 100~1,000명의 중규모 사업장
③ Line-staff형(복합식) : 1,000명 이상의 대규모 사업장

KEY
① 2016년 3월 6일 기사, 산업기사 출제
② 2016년 10월 2일 산업기사 출제
③ 2017년 3월 5일 출제
④ 2017년 5월 7일 출제
⑤ 2017년 8월 26일 기사, 산업기사 출제
⑥ 2019년 3월 3일 출제
⑦ 2019년 8월 4일 기사, 산업기사 출제
⑧ 2019년 9월 21일 산업기사 출제
⑨ 2020년 8월 22일 출제
⑩ 2020년 8월 23일 산업기사 출제
⑪ 2021년 3월 7일 기사(문제 20번) 출제
⑫ 2021년 5월 15일 기사(문제 3번) 출제

05 재해 예방을 위한 대책선정에 관한 사항 중 기술적 대책(Engineering)에 해당되지 않는 것은?

① 작업행정의 개선
② 환경설비의 개선
③ 점검 보존의 확립
④ 안전 수칙의 준수

해설
안전수칙의 준수는 관리적 대책이다.

06 산업안전보건법령상 산업안전보건위원회의 심의·의결을 거쳐야 하는 사항이 아닌 것은? (단, 그 밖에 필요한 사항은 제외한다.)

① 작업환경측정 등 작업환경의 점검 및 개선에 관한 사항
② 산업재해에 관한 통계의 기록 및 유지에 관한 사항
③ 안전장치 및 보호구 구입 시 적격품 여부 확인에 관한 사항
④ 사업장의 산업재해 예방계획의 수립에 관한 사항

해설

산업안전보건위원회 심의 의결사항
① 제15조제1항제1호부터 제5호까지 및 제7호에 관한 사항
② 제15조제1항제6호에 따른 사항 중 중대재해에 관한 사항
③ 유해하거나 위험한 기계·기구·설비를 도입한 경우 안전 및 보건 관련 조치에 관한 사항
④ 그 밖에 해당 사업장 근로자의 안전 및 보건을 유지·증진시키기 위하여 필요한 사항

KEY
① 2021년 3월 7일(문제 15번) 출제
② 2021년 5월 15일(문제 4번) 출제

보충학습
제15조(안전보건관리책임자) ① 사업주는 사업장을 실질적으로 총괄하여 관리하는 사람에게 해당 사업장의 다음 각 호의 업무를 총괄하여 관리하도록 하여야 한다.
1. 사업장의 산업재해 예방계획의 수립에 관한 사항
2. 제25조 및 제26조에 따른 안전보건관리규정의 작성 및 변경에 관한 사항
3. 제29조에 따른 안전보건교육에 관한 사항
4. 작업환경측정 등 작업환경의 점검 및 개선에 관한 사항
5. 제129조부터 제132조까지에 따른 근로자의 건강진단 등 건강관리에 관한 사항
6. 산업재해의 원인 조사 및 재발 방지대책 수립에 관한 사항
7. 산업재해에 관한 통계의 기록 및 유지에 관한 사항
8. 안전장치 및 보호구 구입 시 적격품 여부 확인에 관한 사항
9. 그 밖에 근로자의 유해·위험 방지조치에 관한 사항으로서 고용노동부령으로 정하는 사항
② 제1항 각 호의 업무를 총괄하여 관리하는 사람(이하 "안전보건관리책임자"라 한다)은 제17조에 따른 안전관리자와 제18조에 따른 보건관리자를 지휘·감독한다.
③ 안전보건관리책임자를 두어야 하는 사업의 종류와 사업장의 상시 근로자 수, 그 밖에 필요한 사항은 대통령령으로 정한다.

합격정보
산업안전보건법 제15조, 제24조

[정답] 04 ③ 05 ④ 06 ③

07
산업안전보건법령상 안전보건표지의 색채를 파란색으로 사용하여야 하는 경우는?

① 주의표지
② 정지신호
③ 차량 통행표지
④ 특정 행위의 지시

해설

안전보건표지의 색도기준 및 용도

색채	색도기준	용도	사용 예
빨간색	7.5R4/14	금지	정지신호, 소화설비 및 그 장소, 유해행위의 금지
		경고	화학물질 취급장소에서의 유해·위험 경고
노란색	5Y8.5/12	경고	화학물질 취급장소에서의 유해·위험 경고 이외의 위험 경고, 주의표지 또는 기계방호물
파란색	2.5PB4/10	지시	특정 행위의 지시 및 사실의 고지
녹색	2.5G4/10	안내	비상구 및 피난소, 사람 또는 차량의 통행표지
흰색	N9.5		파란색 또는 녹색에 대한 보조색
검은색	N0.5		문자 및 빨간색 또는 노란색에 대한 보조색

KEY
① 2017년 3월 5일 기사 출제
② 2017년 8월 26일 산업기사 출제
③ 2018년 3월 4일 기사 출제
④ 2019년 9월 21일 기사, 산업기사 출제
⑤ 2020년 8월 22일 기사 출제
⑥ 2020년 9월 27일 기사 출제
⑦ 2021년 3월 7일 기사 출제
⑧ 2021년 5월 15일 기사 출제

합격정보
산업안전보건법 시행규칙 [별표 8] 안전보건표지의 색도기준 및 용도

08
시설물의 안전 및 유지관리에 관한 특별법령상 안전등급별 정기안전점검 및 정밀안전진단 실시시기에 관한 사항으로 ( )에 알맞은 기준은?

안전등급	정기안전점검	정밀안전진단
A 등급	(ㄱ)에 1회 이상	(ㄴ)에 1회 이상

① ㄱ : 반기, ㄴ : 4년
② ㄱ : 반기, ㄴ : 6년
③ ㄱ : 1년, ㄴ : 4년
④ ㄱ : 1년, ㄴ : 6년

해설

안전점검, 정밀안전진단 및 성능평가의 실시시기

안전등급	정기안전점검	정밀안전점검		정밀안전진단	성능평가
		건축물	건축물 외 시설물		
A등급	반기에 1회 이상	4년에 1회 이상	3년에 1회 이상	6년에 1회 이상	5년에 1회 이상
B·C등급		3년에 1회 이상	2년에 1회 이상	5년에 1회 이상	
D·E등급	1년에 3회 이상	2년에 1회 이상	1년에 1회 이상	4년에 1회 이상	

합격정보
시설물의 안전 및 유지관리에 관한 특별법 시행령[별표 3]

09
다음의 재해사례에서 기인물과 가해물은?

작업자가 작업장을 걸어가던 중 작업장 바닥에 쌓여 있던 자재에 걸려 넘어지면서 바닥에 머리를 부딪혀 사망하였다.

① 기인물 : 자재, 가해물 : 바닥
② 기인물 : 자재, 가해물 : 자재
③ 기인물 : 바닥, 가해물 : 바닥
④ 기인물 : 바닥, 가해물 : 자재

해설

재해발생의 분석시 3가지
① 기인물 : 불안전한 상태에 있는 물체(환경포함)
② 가해물 : 직접 사람에게 접촉되어 위해를 가한 물체
③ 사고의 형태(재해형태) : 물체(가해물)와 사람과의 접촉현상

KEY
① 2018년 4월 28일 출제
② 2019년 3월 3일 출제
③ 2021년 5월 15일(문제 11번) 출제

[정답] 07 ④ 08 ② 09 ①

10 산업재해통계업무처리규정상 산업재해통계에 관한 설명으로 틀린 것은?

① 총요양근로손실일수는 재해자의 총 요양기간을 합산하여 산출한다.
② 휴업재해자수는 근로복지공단의 휴업급여를 지급받은 재해자수를 의미하여, 체육행사로 인하여 발생한 재해는 제외된다.
③ 사망자수는 통상의 출퇴근에 의한 사망을 포함하여 근로복지공단의 유족급여가 지급된 사망자수를 제외한다.
④ 재해자수는 근로복지공단의 유족급여가 지급된 사망자 및 근로복지공단에 최초요양신청서를 제출한 재해자 중 요양승인을 받은 자를 말한다.

해설

용어정의
"사망자수"는 근로복지공단의 유족급여가 지급된 사망자(지방고용노동관서의 산재미보고 적발 사망자를 포함한다)수를 말함. 다만, 사업장 밖의 교통사고(운수업, 음식숙박업은 사업장 밖의 교통사고도 포함)·체육행사·폭력행위·통상의 출퇴근에 의한 사망, 사고발생일로부터 1년을 경과하여 사망한 경우는 제외함.

합격정보
① 산업재해 통계 업무처리규정 제3조(산업재해 통계의 산출방법 및 정의)
② 2022년 5월 2일 개정 예규적용

11 건설업 산업안전보건관리비 계상 및 사용기준상 건설업 안전보건관리비로 사용할 수 있는 것을 모두 고른 것은?

ㄱ. 안전보건관리자의 인건비 등
ㄴ. 현장 내 안전보건 교육비 등
ㄷ. 전기사업법에 따른 전기안전대행비용
ㄹ. 위험성 평가 등에 소요되는 비용
ㅁ. 건설예방전문지도기관 기술지도비

① ㄴ, ㄷ, ㄹ
② ㄱ, ㄴ, ㄹ, ㅁ
③ ㄱ, ㄷ, ㄹ, ㅁ
④ ㄱ, ㄴ, ㄷ, ㅁ

해설

안전관리비 사용가능 항목
① 안전·보건관리자 임금 등
② 안전시설비 등
③ 보호구 등
④ 안전보건진단비 등
⑤ 안전보건교육비 등
⑥ 근로자 건강장해예방비 등
⑦ 건설재해예방전문지도기관 기술지도비
⑧ 본사 전담조직 근로자 임금 등
⑨ 위험성 평가 등에 따른 소요비용

KEY 2020년 8월 23일 산업기사(문제 100번) 출제

정보제공
건설업산업안전보건관리비 계상 및 사용기준 고시 2025-11호(2025. 1. 12. 기준)

12 다음에서 설명하는 위험예지훈련 단계는?

- 위험요인을 찾아내는 단계
- 가장 위험한 것을 합의하여 결정하는 단계

① 현상파악
② 본질추구
③ 대책수립
④ 목표설정

해설

문제해결의 4단계(4 Round)
① 1R – 현상파악
② 2R – 본질추구
③ 3R – 대책수립
④ 4R – 행동목표설정

KEY ① 2016년 3월 6일 기사 출제
② 2016년 5월 8일 기사, 산업기사 출제
③ 2017년 3월 5일 기사, 산업기사 출제
④ 2017년 5월 7일 기사 출제
⑤ 2017년 8월 26일 기사 출제
⑥ 2017년 9월 23일 기사 출제
⑦ 2018년 3월 4일 산업기사 출제
⑧ 2019년 4월 27일 기사, 산업기사 동시출제
⑨ 2019년 8월 4일 기사 출제
⑩ 2020년 6월 7일 기사 출제
⑪ 2020년 8월 22일(문제 11번) 출제

[정답] 10 ③ 11 ② 12 ②

과년도 출제문제

13 산업안전보건법령상 안전검사 대상 기계가 아닌 것은?

① 리프트 ② 압력용기
③ 컨베이어 ④ 이동식 국소 배기장치

해설

안전검사대상 기계의 종류
① 프레스
② 전단기
③ 크레인(정격하중 2[t] 미만인 것은 제외한다)
④ 리프트
⑤ 압력용기
⑥ 곤돌라
⑦ 국소배기장치(이동식은 제외한다.)
⑧ 원심기(산업용만 해당한다.)
⑨ 롤러기(밀폐형 구조는 제외한다.)
⑩ 사출성형기[형체결력 294[KN](킬로뉴튼) 미만은 제외한다.]
⑪ 고소작업대[「자동차관리법」에 따른 화물자동차 또는 특수자동차에 탑재한 고소작업대(高所作業臺)로 한정한다.]
⑫ 컨베이어
⑬ 산업용 로봇
⑭ 혼합기
⑮ 파쇄기 또는 분쇄기

KEY
① 2017년 5월 7일 기사·산업기사 동시출제
② 2017년 8월 26일 산업기사 출제
③ 2017년 9월 23일 출제
④ 2018년 4월 28일 출제
⑤ 2018년 8월 19일 출제
⑥ 2019년 4월 27일(문제 20번) 출제

정보제공
산업안전보건법 시행령 78조(안전검사대상 기계 등)
2024. 7. 1 개정법 적용

14 산업안전보건법령상 사업장에서 산업재해 발생 시 사업주가 기록·보존하여야 하는 사항이 아닌 것은? (단, 산업재해조사표와 요양신청서의 사본은 보존하지 않았다.)

① 사업장의 개요
② 근로자의 인적사항
③ 재해 재발방지 계획
④ 안전관리자 선임에 관한 사항

해설

산업재해 발생시 기록·보존사항
① 사업장의 개요 및 근로자의 인적사항
② 재해 발생의 일시 및 장소
③ 재해 발생의 원인 및 과정
④ 재해 재발방지 계획

합격정보
산업안전보건법 시행규칙 제72조(산업재해 기록 등)

15 A 사업장의 상시근로자수가 1200명이다. 이 사업장의 도수율이 10.5이고 강도율이 7.5일 때 이 사업장의 총 요양근로손실일수(일)는? (단, 연근로시간수는 2400시간이다.)

① 21.6 ② 216
③ 2160 ④ 21600

해설

총요양근로손실일수

① 강도율 = $\dfrac{\text{총요양근로손실일수}}{\text{연근로시간수}} \times 1{,}000$

② 총요양근로손실일수 = $\dfrac{\text{강도율} \times \text{연근로시간수}}{1{,}000}$

$= \dfrac{7.5 \times (1{,}200 \times 2{,}400)}{1{,}000} = 21{,}600$

KEY 2022년 3월 5일 등 필기, 실기 무조건 출제

합격정보
산업재해 통계 업무 처리규정 제3조(산업재해 통계의 산출방법 및 정의)

16 산업재해의 기본원인으로 볼 수 있는 4M으로 옳은 것은?

① Man, Machine, Maker, Media
② Man, Management, Machine, Media
③ Man, Machine, Maker, Management
④ Man, Management, Machine, Material

해설

인간과오의 배후요인 4요소(안전)
① Man
② Machine
③ Media
④ Management

KEY ① 2020년 6월 7일 (문제 17번) 출제
② 2023년 4월 1일 지도사 출제

[정답] 13 ④ 14 ④ 15 ④ 16 ②

17 보호구 안전인증 고시상 안전대 충격흡수장치의 동하중 시험성능기준에 관한 사항으로 ( )에 알맞은 기준은?

- 최대전달충격력은 (ㄱ) [kN] 이하
- 감속거리는 (ㄴ) [mm] 이하 이어야 함

① ㄱ : 6.0, ㄴ : 1000
② ㄱ : 6.0, ㄴ : 2000
③ ㄱ : 8.0, ㄴ : 1000
④ ㄱ : 8.0, ㄴ : 2000

해설

완성품 및 부품의 동하중 시험성능기준

명칭	시험성능기준
벨트식 - 1개걸이용 - U자걸이용 - 보조죔줄	1) 시험몸통으로부터 빠지지 말 것 2) 최대전달충격력은 6.0[kN] 이하 이어야 함 3) U자걸이용 감속거리는 1,000[mm] 이하 이어야 함
안전그네식 - 1개걸이용 - U자걸이용 - 추락방지대 - 안전블록 - 보조죔줄	1) 시험몸통으로부터 빠지지 말 것 2) 최대전달충격력은 6.0[kN] 이하 이어야 함 3) U자걸이용, 안전블록, 추락방지대의 감속거리는 1,000[mm] 이하 이어야 함 4) 시험후 죔줄과 시험몸통간의 수직각이 50[°] 미만이어야 함
안전블록 (부품)	1) 파손되지 않을 것 2) 최대전달충격력은 6.0[kN] 이하 이어야 함 3) 억제거리는 2,000[mm] 이하 이어야 함
충격흡수장치	1) 최대전달충격력은 6.0[kN] 이하 이어야 함 2) 감속거리는 1,000[mm] 이하 이어야 함

합격정보
보호구안전인증고시 [별표 9] 안전대의 성능기준

18 산업안전보건기준에 관한 규칙상 공기압축기 가동 전 점검사항을 모두 고른 것은? (단, 그 밖에 사항은 제외한다.)

ㄱ. 윤활유의 상태
ㄴ. 압력방출장치의 기능
ㄷ. 회전부의 덮개 또는 울
ㄹ. 언로드밸브 (unloading valve)의 기능

① ㄷ, ㄹ
② ㄱ, ㄴ, ㄹ
③ ㄱ, ㄴ, ㄹ
④ ㄱ, ㄴ, ㄷ, ㄹ

해설

공기압축기를 가동할 때 작업시작전 점검사항
① 공기저장 압력용기의 외관상태
② 드레인밸브의 조작 및 배수
③ 압력방출장치의 기능
④ 언로드밸브의 기능
⑤ 윤활유의 상태
⑥ 회전부의 덮개 또는 울
⑦ 그 밖의 연결부위의 이상유무

KEY ① 2016년 3월 6일 산업기사 출제
② 2016년 10월 1일(문제 14번) 출제
③ 2020년 9월 27일(문제 19번) 출제

보충학습
산업안전보건기준에 관한 규칙 [별표3] 작업시작전 점검사항

19 버드(Bird)의 재해구성비율 이론상 경상이 10건 일 때 중상에 해당하는 사고 건수는?

① 1
② 30
③ 300
④ 600

해설

버드 이론 1 : 10 : 30 : 600의 법칙
① 1960년대 175,300여 건의 보험사고를 분석하여 하인리히가 처음 주장한 사고 발생 연쇄이론을 수정
② 641[건]의 사고 중 중상, 경상, 무상해 물적 손실 사고, 무상해 무손실 사고의 비율이 약 1 : 10 : 30 : 600이라고 제시

[그림] 버드의 법칙

KEY ① 2016년 5월 8일 기사 출제
② 2017년 5월 7일 기사 출제
③ 2017년 9월 23일 기사 출제
④ 2020년 6월 7일 산업안전기사 (문제 18번) 출제

[정답] 17 ① 18 ④ 19 ①

과년도 출제문제

20 재해의 원인 중 불안전한 상태에 속하지 않는 것은?

① 위험장소 접근   ② 작업환경의 결함
③ 방호장치의 결함   ④ 물적 자체의 결함

해설

재해의 인적·물적 원인
① 인적 원인(불안전한 행동) : ①
② 물적 원인(불안전한 상태) : ②, ③, ④

KEY ① 2017년 5월 7일 산업기사 출제
② 2018년 4월 28일 출제
③ 2019년 4월 27일(문제 15번) 출제

---

2 산업심리 및 교육

21 다음 적응기제 중 방어적 기제에 해당하는 것은?

① 고립(isolation)
② 억압(repression)
③ 합리화(rationalization)
④ 백일몽(day-dreaming)

해설

도피기제(Excape Mechanism) : 갈등을 해결하지 않고 도망감

구분	특징
억압	무의식으로 쑤셔 넣기
퇴행	유아 시절로 돌아가 유치해짐
백일몽	공상의 나래를 펼침
고립(거부)	외부와의 접촉을 끊음

KEY ① 2018년 3월 4일 출제
② 2019년 3월 3일(문제 24번) 출제
③ 2021년 5월 15일(문제 32번) 출제

22 알고 있는 지식을 심화시키거나 어떠한 자료에 대해 보다 명료한 생각을 갖도록 하는 경우 실시하는 교육방법으로 가장 적절한 것은?

① 구안법   ② 강의법
③ 토의법   ④ 실연법

해설

토의법의 종류 및 특징
① 포럼(Forum : 많은 인원이 회의)
　새로운 자료나 교재를 제시하고 거기서의 문제점을 피교육자로 하여금 제기하도록 하거나 의견을 여러 가지 방법으로 발표하게 하고 다시 깊이 파고 들어 토의
② 심포지엄(symposium : 전문가와 질문)
　몇 사람의 전문가에 의하여 과제에 관한 견해를 발표한 뒤 참가자로 하여금 의견이나 질문을 하게 하여 토의
③ 패널 디스커션(Panel Discussion : 전문가와 전문가, 교육자와 교육자)
　패널 멤버가 피교육자 앞에서 자유로이 토의를 하고 뒤에 피교육자 전원이 참가하여 사회자의 사회에 따라 토의
④ 버즈 세션(Buzz session : 6-6 회의)
　먼저 사회자와 기록계를 선출한 후 나머지 사람은 6명씩 소집단으로 구분하고, 소집단별로 각각 사회자를 선발하여 6분간씩 토의
　(예) 이라고 벌이 웅웅 대는 Buzz
⑤ 사례연구법(case method)
　먼저 사례를 제시하고 문제적 사실들과 그의 상호관계에 대해서 검토하고 대책을 토의

KEY ① 2018년 3월 4일 기사 출제
② 2018년 9월 15일 산업기사 출제
③ 2020년 6월 7일(문제 8번) 출제
④ 2022년 3월 5일 산업안전기사 출제

23 조직이 리더(leader)에게 부여하는 권한으로 부하직원의 처벌, 임금 삭감을 할 수 있는 권한은?

① 강압적 권한   ② 보상적 권한
③ 합법적 권한   ④ 전문성의 권한

해설

리더의 권한(력)

구분	종류	특징
조직이 지도자에게 부여하는 권력	보상 권력 (reward power)	적절한 보상을 통해 효과적인 통제를 유도(임금, 승진 등)
	강압 권력 (coercive power)	적절한 처벌을 통해 효과적인 통제를 유도(승진탈락, 임금삭감, 해고 등)
	합법 권력 (legitimate power)	조직에서 정하고 있는 규정에 의해 주어진 지도자의 권리를 합법화
지도자 자신이 자신에게 부여하는 권력 (부하직원들의 존경심)	준거 권력 (referent power)	지도자가 추구하는 계획과 목표를 부하직원이 자신의 것으로 받아들여 공감하고 자발적으로 참여
	전문 권력 (expert power)	조직의 목표달성에 필요한 전문적인 지식의 정도, 부하직원들이 전문성을 인정하면 지도자에 대한 신뢰감이 향상되고 능동적으로 업무에 스스로 동참

[정답] 20 ① 21 ③ 22 ③ 23 ①

KEY ① 2017년 3월 5일 기사, 산업기사 동시출제
② 2017년 5월 7일 산업기사 출제
③ 2019년 4월 27일 출제
④ 2020년 6월 14일 산업기사 출제
⑤ 2021년 3월 7일(문제 39번) 출제

24 운동에 대한 착각현상이 아닌 것은?

① 자동운동
② 항상운동
③ 유도운동
④ 가현운동

해설

운동에 대한 착각현상 3가지
① 자동운동
② 가현운동
③ 유도운동

KEY ① 2016년 10월 1일 출제
② 2017년 5월 7일 산업기사 출제
③ 2018년 9월 15일 출제
④ 2019년 4월 27일 출제
⑤ 2020년 9월 27일 출제
⑥ 2021년 3월 5일(문제 35번) 출제

25 자동차 엑셀레이터와 브레이크 간 간격, 브레이크 폭, 소프트웨어 상에서 메뉴나 버튼의 크기 등을 결정하는데 사용할 수 있는 인간공학 법칙은?

① Fitts의 법칙
② Hick의 법칙
③ Weber의 법칙
④ 양립성 법칙

해설

Fitts 피츠의 법칙
① 시작점에서 목표점까지 얼마나 빠르게 닿을 수 있을지를 예측
② 동작시간(MT)=a+blog2(2D/W)
 D : 움직인 거리
 W : 목표물의 너비
③ 목표물의 크기가 작고(정확성이 많이 요구) 움직이는 거리가 증가할수록 운동시간(MT)이 증가 혹은, 더 빨리 수행되는 운동일수록 정확도가 떨어지는 경향

보충학습

웨버(Weber) 법칙
같은 종류의 두 자극을 구별할 수 있는 최소 차이는 자극의 강도에 비례한다고 하는 법칙

KEY 2021년 3월 7일(문제 60번) 출제

26 개인적 카운슬링(Counseling)의 방법이 아닌 것은?

① 설득적 방법
② 설명적 방법
③ 강요적 방법
④ 직접적인 충고

해설

개인적인 카운슬링(counseling) 방법
① 직접적인 충고(수칙 불이행시 적합)
② 설득적 방법
③ 설명적 방법

KEY ① 2017년 3월 5일 산업기사 출제
② 2021년 5월 15일(문제 22번) 출제

27 산업안전보건법령상 근로자 안전보건교육 중 특별교육 대상 작업에 해당하지 않는 것은?

① 굴착면의 높이가 5m되는 지반 굴착작업
② 콘크리트 파쇄기를 사용하여 5m의 구축물을 파쇄하는 작업
③ 흙막이 지보공의 보강 또는 동바리를 설치하거나 해체하는 작업
④ 휴대용 목재가공기계를 3대 보유한 사업장에서 해당 기계로 하는 작업

해설

목재가공용 기계(둥근톱기계, 띠톱기계, 대패기계, 모떼기기계 및 라우터만 해당하며, 휴대용은 제외한다)를 5대 이상 보유한 사업장에서 해당기계로 하는 작업 시 특별안전보건교육내용
① 목재가공용 기계의 특성과 위험성에 관한 사항
② 방호장치의 종류와 구조 및 취급에 관한 사항
③ 안전기준에 관한 사항
④ 안전작업방법 및 목재 취급에 관한 사항
⑤ 그 밖의 안전보건관리에 필요한 사항

KEY 2016년 10월 1일(문제 25번) 출제

보충학습

산업안전보건법 시행규칙 [별표5] 교육대상별 교육내용

[정답] 24 ② 25 ① 26 ③ 27 ④

28. 학습지도의 원리와 거리가 가장 먼 것은?

① 감각의 원리   ② 통합의 원리
③ 자발성의 원리   ④ 사회화의 원리

해설

Tyler(타일러)학습(교육) 지도원리
① 자발성의 원리   ② 개별화의 원리
③ 사회화의 원리   ④ 직관의 원리
⑤ 통합의 원리   ⑥ 목적의 원리
⑦ 생활화의 원리   ⑧ 과학화의 원리
⑨ 자연화의 원리

KEY ① 2017년 9월 23일 출제
② 2018년 4월 28일 산업안전기사 출제

29. 메슬로우(Maslow)의 욕구 5단계 중 안전욕구에 해당하는 단계는?

① 1단계   ② 2단계
③ 3단계   ④ 4단계

해설

매슬로우(Maslow, A. H.)의 욕구단계 이론
① 제1단계(생리적 욕구 : 생명유지의 기본적 욕구) : 기아, 갈증, 호흡, 배설, 성욕 등 인간의 가장 기본적인 욕구(종족보존)
② 제2단계(안전욕구) : 자기보존욕구
③ 제3단계(사회적 욕구) : 소속감과 애정욕구
④ 제4단계(존경욕구) : 인정받으려는 욕구
⑤ 제5단계(자아실현의 욕구) : 잠재적인 능력을 실현하고자 하는 욕구(성취욕구)

KEY 2021년 8월 14일 (문제 14번 등) 30회 이상 출제

30. 생체리듬에 관한 설명 중 틀린 것은?

① 감각의 리듬이 (−)로 최대가 되는 경우에만 위험일이라고 한다.
② 육체적 리듬은 "P"로 나타내며, 23일을 주기로 반복된다.
③ 감성적 리듬은 "S"로 나타내며, 28일을 주기로 반복된다.
④ 지성적 리듬은 "I"로 나타내며, 33일을 주기로 반복된다.

해설

생체리듬(Biorhythm)
① 인간의 생리적 주기 또는 리듬을 나타낸다.
 · 신체(physical)
 · 감성(sensitivity)
 · 지성(intellectual)의 머리글자를 따서 PSI학설이라고도 한다.
② P, S, I 3개의 서로 다른 리듬은 안정기[positive phase(+)]와 불안정기[negative phase(−)]를 교대하면서 반복하여 사인(sine) 곡선을 그려 나가는데 (+) 리듬에서 (−) 리듬으로 또는 (−) 리듬에서 (+) 리듬으로 변화하는 점을 영(zero) 또는 위험일이라 한다.
③ 위험일은 한 달에 6일 정도 일어난다.

KEY ① 2021년 3월 7일 기사 등 10회 이상 출제
② 2022년 3월 5일(문제 24번) 출제

31. 에너지대사율(RMR)의 따른 작업의 분류에 따라 중(보통)작업의 RMR 범위는?

① 0~2   ② 2~4
③ 4~7   ④ 7~9

해설

RMR범위(작업강도 구분)
① 0~2RMR(가벼운 작업)
② 2~4RMR(보통 작업)
③ 4~7RMR(힘든 작업)
④ 7RMR 이상(굉장히 힘든 작업)

KEY 2021년 5월 15일(문제 25번) 출제

32. 조직 구성원의 태도는 조직성과와 밀접한 관계가 있는데 태도(attitude)의 3가지 구성요소에 포함되지 않는 것은?

① 인지적 요소   ② 정서적 요소
③ 성격적 요소   ④ 행동경향 요소

해설

태도의 3가지 구성요소
① 인지적 요소
② 정서적 요소
③ 행동경향 요소

KEY 2019년 4월 27일(문제 38번) 출제

[정답] 28 ① 29 ② 30 ① 31 ② 32 ③

보충학습

태도형성
① 태도의 기능에는 작업적응, 자아방어, 자기표현, 지식기능 등이 있다.
② 한 번 태도가 결정되면 오랫동안 유지되므로 신중한 태도 교육이 진행되어야 한다.
③ 행동결정을 판단하고 지시하는 것은 내적 행동체계에 해당한다.
④ 개인의 심적 태도교정보다 집단의 심적 태도교정이 용이하다.

33 다음에서 설명하는 학습방법은?

> 학생이 생활하고 있는 현실적인 장면에서 당면하는 여러 문제들에 대한 해결해 나가는 과정으로 지식, 기능, 태도, 기술 등을 종합적으로 획득하도록 하는 학습방법

① 롤 플레잉(Role Playing)
② 문제법(Problem Method)
③ 버즈 세션(Buzz Session)
④ 케이스 메소드(Case Method)

해설

문제법(Problem Method : 문제해결법)
① 문제의 인식
② 해결방법의 연구계획
③ 자료의 수집
④ 해결방법의 실시
⑤ 정리와 결과의 검토 단계
   지식, 기능, 태도, 기술 종합교육 등

KEY ① 2012년 5월 20일(문제 30번) 출제
② 2019년 4월 27일(문제 23번) 출제

34 호손(Hawthorne) 실험의 결과 작업자의 작업능률에 영향을 미치는 주요 원인으로 밝혀진 것은?

① 작업조건   ② 인간관계
③ 생산기술   ④ 행동규범의 설정

해설

호손(Hawthorne)공장 실험
① 인간관계 관리의 개선을 위한 연구로 미국의 메이요(E.Mayo, 1880~1949) 교수가 주축이 되어 호손 공장에서 실시되었다.
② 작업능률을 좌우하는 것은 단지 임금, 노동시간 등의 노동조건과 조명, 환기, 그 밖에 작업환경으로서의 물적 조건보다 종업원의 태도, 즉 심리적, 내적 양심과 감정이 중요하다.

③ 물적 조건도 그 개선에 의하여 효과를 가져올 수 있으나 종업원의 심리적 요소가 더욱 중요하다.
④ 결론은 인간관계가 작업 및 작업설계에 영향을 준다.

KEY ① 2018년 3월 4일, 9월 15일 출제
② 2019년 4월 27일 출제
③ 2019년 9월 21일 산업기사 출제
④ 2020년 9월 5일 출제
⑤ 2021년 5월 15일(문제 26번) 출제
⑥ 2022년 3월 5일(문제 36번) 출제

35 심리학에서 사용하는 용어로 측정하고자 하는 것을 실제로 적절히, 정확히 측정하는지의 여부를 판별하는 것은?

① 표준화   ② 신뢰성
③ 객관성   ④ 타당성

해설

학습평가도구의 기본적인 기준 4가지
① 타당도(성) : 측정하고자 하는 본래 목적과 적절히, 정확히 일치하는냐의 정도를 나타내는 기준이다.
② 신뢰도 : 신용도로서 측정의 오차가 얼마나 적으냐를 나타내는 것이다.
③ 객관도 : 측정의 결과에 대해 누가 보아도 일치된 의견이 나올 수 있는 성질이다.
④ 실용도 : 사용에 편리하고 쉽게 적용시킬 수 있는 기준이 실용도가 높은 것이다.

KEY 2017년 3월 5일(문제 22번) 출제

36 Kirkpatrick의 교육훈련 평가 4단계를 바르게 나열한 것은?

① 학습단계→반응단계→행동단계→결과단계
② 학습단계→행동단계→반응단계→결과단계
③ 반응단계→학습단계→행동단계→결과단계
④ 반응단계→학습단계→결과단계→행동단계

해설

교육훈련평가의 4단계
① 1단계 : 반응단계
② 2단계 : 학습단계
③ 3단계 : 행동단계
④ 4단계 : 결과단계

KEY 2018년 3월 4일(문제 22번) 출제

[정답] 33 ② 34 ② 35 ④ 36 ③

37 사고 경향성 이론에 관한 설명 중 틀린 것은?

① 사고를 많이 내는 여러 명의 특성을 측정하여 사고를 예방하는 것이다.
② 개인의 성격보다는 특정 환경에 의해 훨씬 더 사고가 일어나기 쉽다.
③ 어떠한 사람이 다른 사람보다 사고를 더 잘 일으킨다는 이론이다.
④ 사고경향성을 검증하기 위한 효과적인 방법은 다른 두 시기 동안에 같은 사람의 사고기록을 비교하는 것이다.

해설
사고는 환경보다는 소질적(성격) 결함자가 많다.

KEY 2019년 3월 3일(문제 30번) 출제

보충학습
하인리히 재해의 비중[%]
① 불안전한 행동 : 88
② 불안전한 상태 : 10
③ 간접(환경 등) 원인 : 2

38 Off JT(Off the Job Training)의 특징으로 옳은 것은?

① 전문 강사를 초빙하는 것이 가능하다.
② 개개인에게 적절한 지도훈련이 가능하다.
③ 직장의 실정에 맞게 실제적 훈련이 가능하다.
④ 훈련에 필요한 업무의 계속성이 끊어지지 않는다.

해설
OJT와 OFF JT 특징

OJT의 특징	OFF JT의 특징
① 개개인에게 적절한 지도훈련이 가능하다.	① 다수의 근로자에게 조직적 훈련을 행하는 것이 가능하다.
② 직장의 실정에 맞게 구체적이고 실제적 훈련이 가능하다.	② 훈련에만 전념하게 된다.
③ 즉시 업무에 연결되는 관계로 몸과 관련이 있다.	③ 각자 전문가를 강사로 초청하는 것이 가능하다.
④ 훈련에 필요한 업무의 계속성이 끊어지지 않는다.	④ 특별 설비기구를 이용하는 것이 가능하다.
⑤ 효과가 곧 업무에 나타나며 훈련의 좋고 나쁨에 따라 개선이 쉽다.	⑤ 각 직장의 근로자가 많은 지식이나 경험을 교류할 수 있다.
⑥ 훈련효과를 보고 상호 신뢰, 이해도가 높아지는 것이 가능하다.	⑥ 교육 훈련 목표에 대하여 집단적 노력이 흐트러질 수 있다.

KEY
① 2021년 3월 7일(문제 29번) 등 20회 이상 출제
② 2021년 5월 15일(문제 37번) 출제
③ 2022년 3월 5일(문제 26번) 출제

39 직무분석을 위한 정보를 얻는 방법과 거리가 가장 먼 것은?

① 관찰법   ② 직무수행법
③ 설문지법   ④ 서류함기법

해설
직무분석방법 5가지
① 관찰법
② 면접법
③ 설문조사법
④ 작업일지법
⑤ 결정사건법

참고 건설안전기사 필기 p.2-85(합격날개 : 은행문제)

40 산업안전보건법령상 타워크레인 신호작업에 종사하는 일용근로자의 특별교육 교육시간 기준은?

① 1시간 이상   ② 2시간 이상
③ 4시간 이상   ④ 8시간 이상

해설
근로자 안전보건교육

교육과정	교육대상		교육시간
정기교육	사무직 종사 근로자		매반기 6시간 이상
	사무직 종사 근로자 외의 근로자	판매업무에 직접 종사하는 근로자	매반기 6시간 이상
		판매업무에 직접 종사하는 근로자 외의 근로자	매반기 12시간 이상
	관리감독자의 지위에 있는 사람		연간 16시간 이상
채용시의 교육	일용근로자		1시간 이상
	일용근로자를 제외한 근로자		8시간 이상
작업내용 변경시의 교육	일용근로자		1시간 이상
	일용근로자를 제외한 근로자		2시간 이상

[정답] 37 ② 38 ① 39 ④ 40 ④

교육과정	교육대상	교육시간
특별교육	별표 5 제1호라목 각 호의 어느 하나에 해당하는 작업에 종사하는 일용근로자	2시간 이상
	별표 5 제1호라목 제39호의 타워크레인 신호작업에 종사하는 일용근로자	8시간 이상
	별표 5 제1호라목 각 호의 어느 하나에 해당하는 작업에 종사하는 일용근로자를 제외한 근로자	-16시간 이상(최초 작업에 종사하기 전 4시간 이상 실시하고 12시간은 3개월 이내에서 분할하여 실시가능) -단기간 작업 또는 간헐적 작업인 경우에는 2시간 이상
건설업 기초 안전보건교육	건설 일용근로자	4시간 이상

KEY
① 2016년 5월 8일 기사 출제
② 2020년 6월 7일 기사 출제
③ 2020년 8월 23일 산업기사 출제
④ 2022년 3월 5일 산업안전기사 출제

정보제공
산업안전보건법 시행규칙 [별표 4] 안전보건교육 교육과정별 교육시간

3 인간공학 및 시스템안전공학

41 위험분석 기법 중 시스템 수명주기 관점에서 적용 시점이 가장 빠른 것은?

① PHA ② FHA
③ OHA ④ SHA

해설
시스템 분석

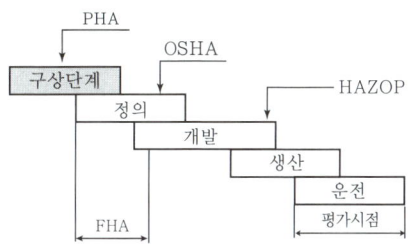

[그림] PHA·OSHA·FHA·HAZOP

KEY
① 2012년 3월 4일 출제
② 2016년 5월 8일 산업기사 출제
③ 2018년 8월 19일 출제
④ 2019년 3월 3일, 9월 21일 출제

⑤ 2020년 6월 7일 출제
⑥ 2020년 6월 14일 산업기사 출제
⑦ 2022년 3월 5일(문제 38번) 출제

42 상황해석을 잘못하거나 목표를 잘못 설정하여 발생하는 인간의 오류 유형은?

① 실수(Slip) ② 착오(Mistake)
③ 위반(Violation) ④ 건망증(Lapse)

해설
인간의 오류 5가지 모형

구분	특징
착각(Illusion)	감각적으로 물리현상을 왜곡하는 지각 오류
착오(Mistake)	상황해석을 잘못하거나 목표를 잘못 이해하고 착각하여 행하는 인간의 실수로 위치, 순서, 패턴, 형상, 기억오류 등 외부적 요인에 의해 나타나는 오류
실수(Slip)	의도는 올바른 것이었지만, 행동이 의도한 것과는 다르게 나타나는 오류
건망증(Lapse)	일련의 과정에서 일부를 빠뜨리거나 기억의 실패에 의해 발생하는 오류
위반(Violation)	정해진 규칙을 알고 있음에도 의도적으로 따르지 않거나 무시한 경우에 발생하는 오류

KEY
① 2009년 5월 10일(문제 35번) 출제
② 2017년 8월 26일 출제
③ 2019년 3월 3일(문제 21번), 4월 27일(문제 47번) 출제
④ 2021년 5월 15일(문제 42번), 9월 12일(문제 59번) 출제

43 A작업의 평균에너지소비량이 다음과 같을 때, 60분간의 총 작업시간 내에 포함되어야 하는 휴식시간(분)은?

- 휴식중 에너지소비량 : 1.5[kcal/min]
- A작업시 평균 에너지소비량 : 6[kcal/min]
- A기초대사를 포함한 작업에 대한 평균 에너지소비량 상한 : 5[kcal/min]

① 10.3 ② 11.3
③ 12.3 ④ 13.3

[정답] 41 ① 42 ② 43 ④

해설

휴식시간 계산

휴식시간$(R) = \dfrac{60(E-5)}{E-1.5} = \dfrac{60(6-5)}{6-1.5} = 13.33$[분]

여기서, R : 휴식시간(분)
E : 작업 시 평균 에너지 소비량[kcal/분]
60분 : 총작업 시간 1.5[kcal/분] : 휴식시간 중 에너지 소비량
5[kcal/분] : 기초대사량을 포함한 보통작업에 대한 평균 에너지(기초대사량을 포함하지 않을 경우 : 4[kcal/분]

KEY ① 2016년 5월 8일 기사 출제
② 2016년 10월 1일 기사 출제
③ 2018년 9월 15일(문제 43번) 출제

44 시스템의 수명곡선(욕조곡선)에 있어서 디버깅(Debugging)에 관한 설명으로 옳은 것은?

① 초기고장의 결함을 찾아 고장률을 안정시키는 과정이다.
② 우발 고장의 결함을 찾아 고장률을 안정시키는 과정이다.
③ 마모 고장의 결함을 찾아 고장률을 안정시키는 과정이다.
④ 기계 결함을 발견나기 위해 동작시험을 하는 기간이다.

해설

초기고장
① 디버깅(Debugging)기간 : 기계의 초기 결함을 찾아내 고장률을 안정시키는 기간
② 번인(Burn-in)기간 : 물품을 실제로 장시간 가동하여 그 동안에 고장난 것을 제거하는 기간
③ 비행기 : 에이징(Aging)이라 하여 3년 이상 시운전
④ 욕조곡선(Bath-tub) : 예방보전을 하지 않을 때의 곡선은 서양식 욕조 모양과 비슷하게 나타나는 현상

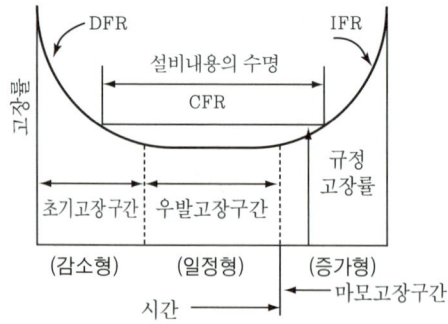

[그림] 기계설비 고장유형

KEY 2018년 3월 4일(문제 44번) 출제

45 밝은 곳에서 어두운 곳으로 갈 때 망막에 조응이 형성되는 생리적 과정인 암조응이 발생하는데 완전 암조응(Dark adaptation)이 발생하는데 소요되는 시간은?

① 약 3~5분
② 약 10~5분
③ 약 30~40분
④ 약 60~90분

해설

암조응
① 밝은 곳에서 어두운 곳으로 갈 때 : 원추세포의 감수성 상실, 간상세포에 의해 물체 식별
② 완전 암조응 : 보통 30~40분 소요(명조응 : 수초 내지 1~2분)

KEY 2019년 4월 27일 산업기사 출제

46 인간공학에 대한 설명으로 틀린 것은?

① 인간-기계 시스템의 안전성, 편리성, 효율성을 높인다.
② 인간을 작업과 기계에 맞추는 설계 철학이 바탕이 된다.
③ 인간이 사용하는 물건, 설비, 환경의 설계에 적용된다.
④ 인간의 생리적, 심리적인 면에서의 특성이나 한계점을 고려한다.

해설

인간공학
기계, 기구, 환경 등의 물적 조건을 인간의 특성과 능력에 잘 조화하도록 설계하기 위한 수단을 연구하는 학문이다.

KEY ① 2015년 5월 31일(문제 34번) 출제
② 2015년 8월 16일(문제 38번) 출제
③ 2017년 9월 23일 출제
④ 2019년 4월 27일 출제

[정답] 44 ① 45 ③ 46 ②

47 HAZOP 기법에서 사용하는 가이드워드와 그 의미가 잘못 연결된 것은?

① Part of : 성질상의 감소
② As well as : 성질상의 증가
③ Other than : 기타 환경적인 요인
④ More/Less : 정량적인 증가 또는 감소

해설

유인어(guide words)
① NO 또는 NOT : 설계 의도의 완전한 부정을 의미
② AS Well AS : 성질상의 증가를 나타내는 것으로 설계의도와 운전조건 등 부가적인 행위와 함께 일어나는 것을 의미
③ PART OF : 성질상의 감소, 성취나 성취되지 않음을 나타냄
④ MORE LESS : 양의 증가 또는 양의 감소로 양과 성질을 함께 나타냄
⑤ OTHER THAN : 완전한 대체를 의미
⑥ REVERSE : 설계의도와 논리적인 역을 의미

KEY
① 2016년 5월 8일 출제
② 2018년 3월 4일(문제 37번) 출제
③ 2020년 9월 27일(문제 58번) 출제
④ 2021년 9월 12일(문제 55번) 출제

48 그림과 같은 FT도에 대한 최소 컷셋(minimal cut sets)으로 옳은 것은?(단, Fussell의 알고리즘을 따른다.)

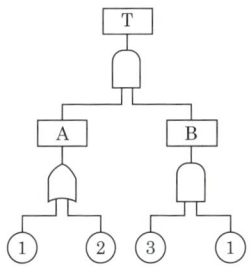

① {1, 2}   ② {1, 3}
③ {2, 3}   ④ {1, 2, 3}

해설

최소컷셋
① $T = A \cdot B$
$= \begin{matrix} X_1 \\ X_2 \end{matrix} \cdot B$
$= X_1 X_1 X_3$
$\quad X_2 X_1 X_3$
② 컷셋 = $(X_1 X_3)(X_1 X_2 X_3)$
③ 미니멀(최소) 컷셋 = $(X_1 X_3)$

KEY
① 2016년 10월 1일 출제
② 2021년 8월 14일(문제 28번) 출제

49 경계 및 경보신호의 설계지침으로 틀린 것은?

① 주의를 환기시키기 위하여 변조된 신호를 사용한다.
② 배경소음의 진동수와 다른 진동수의 신호를 사용한다.
③ 귀는 중음역에 민감하므로 500~3,000[Hz]의 진동수를 사용한다.
④ 300[m] 이상의 장거리용으로는 1,000[Hz]를 초과하는 진동수를 사용한다.

해설

경계 및 경보신호(청각적 표시장치) 선택시 지침
① 귀는 중음역에 가장 민감하므로 500~3,000[Hz]의 진동수 사용
② 고음은 멀리가지 못하므로 300[m] 이상 장거리용으로는 1,000[Hz] 이하의 진동수 사용

KEY
① 2016년 3월 6일 산업기사 출제
② 2017년 3월 5일 산업기사 출제
③ 2017년 9월 23일 산업기사 출제
④ 2018년 3월 4일(문제 38번) 출제

50 FTA(Fault Tree Analysis)에서 사용되는 사상기호 중 통상의 작업이나 기계의 상태에서 재해의 발생 원인이 되는 요소가 있는 것을 나타내는 것은?

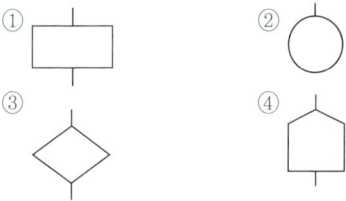

해설

FTA 기호

기호	명칭	기호	명칭
직사각형	결함사상	마름모	생략사상
원	기본사상	집모양	통상사상

[정답] 47 ③ 48 ② 49 ④ 50 ④

KEY
① 2007년 8월 5일(문제 33번) 출제
② 2016년 10월 1일 산업기사 출제
③ 2017년 5월 7일 기사 출제
④ 2017년 8월 19일 산업기사 출제
⑤ 2017년 8월 26일 기사, 산업기사 출제
⑥ 2018년 3월 4일 기사 출제
⑦ 2018년 8월 19일 산업기사 출제
⑧ 2020년 6월 14일 산업기사 출제
⑨ 2021년 5월 15일 기사 출제
⑩ 2021년 8월 14일(문제 33번) 출제

51 불(Bool) 대수의 정리를 나타낸 관계식 중 틀린 것은?

① $A \cdot 0 = 0$
② $A + 1 = 1$
③ $A \cdot \overline{A} = 1$
④ $A(A+B) = A$

해설

멱등법칙
① $A + A = A$
② $A \times A = A$(+합집합, ×는 교집합으로서 A와 A의 교집합과 합집합은 항상 A이다)
③ $A + A' = 1$(A와 non A의 합집합은 1, 즉 신호 있음)
④ $A \times A' = 0$(A와 non A의 교집합은 0, 즉 신호 없음)

KEY
① 2018년 9월 15일 출제
② 2020년 3월 7일 출제
③ 2022년 3월 5일(문제 39번) 출제

52 근골격계질환 작업분석 및 평가 방법인 OWAS의 평가요소를 모두 고른 것은?

| ㄱ. 상지 | ㄴ. 무게(하중) |
| ㄷ. 하지 | ㄹ. 허리 |

① ㄱ, ㄴ
② ㄱ, ㄷ, ㄹ
③ ㄴ, ㄷ, ㄹ
④ ㄱ, ㄴ, ㄷ, ㄹ

해설

OWAS의 평가도구

평가도구명 (Abaktsus Tools)	구분	평가요소
OWAS(와스 : Ovaco Working Posture Anslysing System)	평가되는 위해요인	자세, 힘, 노출시간
	관련된 신체부위	상체, 허리, 하체
	적용대상 작업종류	중량물 취급
	한계점	중량물작업 한정, 반복성 미고려

53 다음 중 좌식작업이 가장 적합한 작업은?

① 정밀 조립 작업
② 4.5[kg] 이상의 중량물을 다루는 작업
③ 작업장이 서로 떨어져 있으며 작업장 간 이동이 잦은 작업
④ 작업자의 정면에서 매우 높거나 낮은 곳으로 손을 자주 뻗어야 하는 작업

해설

좌식작업이 적합한 작업 : 정밀조립 작업

예 수계수리하는 사람

54 n개의 요소를 가진 병렬 시스템에 있어 요소의 수명(MTTF)이 지수분포를 따를 경우 이 시스템의 수명으로 옳은 것은?

① $\text{MTTF} \times n$
② $\text{MTTF} \times \dfrac{1}{n}$
③ $\text{MTTF}\left(1 + \dfrac{1}{2} + \cdots + \dfrac{1}{n}\right)$
④ $\text{MTTF}\left(1 \times \dfrac{1}{2} \times \cdots \times \dfrac{1}{n}\right)$

해설

MTTF(고장까지의 평균시간 : Mean Time To Failure)
① 기계의 평균수명으로 모든 기계가 t_0를 갖지 않기 때문에 확률분포로 파악
② 고장이 발생하면 그것으로 수명이 없어지는 제품
③ 한번 고장이 발생하면 수명이 다하는 것으로 생각하여 수리하지 않고 폐기 또는 교환하는 제품의 고장까지의 평균시간
④ $MTTF(1 + \dfrac{1}{2} + \cdots + \dfrac{1}{n})$

KEY
① 2011년 3월 20일(문제 55번) 출제
② 2013년 6월 2일(문제 52번) 출제
③ 2019년 9월 21일 건설안전기사(문제 50번) 출제

[정답] 51 ③ 52 ④ 53 ① 54 ③

55 인간 – 기계 시스템에 관한 설명으로 틀린 것은?

① 자동 시스템에서는 인간요소를 고려하여야 한다.
② 자동차 운전이나 전기 드릴 작업은 반자동 시스템의 예시이다.
③ 자동 시스템에서 인간은 감시, 정비유지, 프로그램 등의 작업을 담당한다.
④ 수동 시스템에서 기계는 동력원을 제공하고 인간의 통제 하에서 제품을 생산한다.

해설

인간-기계 시스템
① 수동체계의 경우 : 장인과 공구, 가수와 앰프
② 기계화 체계의 경우 : 운전하는 사람과 자동차 엔진
③ 자동화 체계 : 인간은 주로 감시, 프로그램 입력, 정비유지

KEY ① 2019년 3월 3일 산업기사 출제
② 2019년 9월 21일 건설안전기사(문제 46번) 출제

56 양식 양립성의 예시로 가장 적절한 것은?

① 자동차 설계 시 고도계 높낮이 표시
② 방사능 사업장에 방사능 폐기물 표시
③ 청각적 자극 제시와 이에 대한 음성 응답
④ 자동차 설계 시 제어장치와 표시장치의 배열

해설

양립성(compatibility)
정보입력 및 처리와 관련한 양립성은 인간의 기대와 모순되지 않는 자극 반응조합의 관계를 말하는 것

KEY ① 2018년 3월 4일 산업기사 출제
② 2018년 4월 28일 기사·산업기사 동시 출제

보충학습

양립성의 종류

종류	특징
공간(spatial)	표시장치나 조종장치에서 물리적 형태 및 공간적 배치
운동(movement)	표시장치의 움직이는 방향과 조종장치의 방향이 사용자의 기대와 일치
개념(conceptual)	이미 사람들이 학습을 통해 알고있는 개념적 연상
양식(modality)	직무에 맞는 응답양식 존재 예 청각적 자극 제시

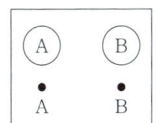 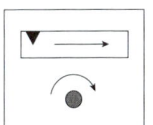 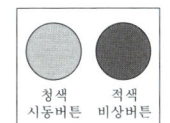

[그림1] 공간 양립성   [그림2] 운동 양립성   [그림3] 개념 양립성

57 다음에서 설명하는 용어는?

유해·위험요인을 파악하고 해당 유해·위험요인에 의한 부상 또는 질병의 발생 가능성(빈도)과 중대성(강도)을 추정·결정하고 감소대책을 수립하여 실행하는 일련의 과정을 말한다.

① 위험성 결정
② 위험성 평가
③ 위험빈도 추정
④ 유해·위험요인 파악

해설

위험성 평가 용어정의
① "위험성평가"란 유해·위험 요인을 파악하고 해당 유해·위험요인에 의한 부상 또는 질병의 발생 가능성(빈도)과 중대성(강도)을 추정·결정하고 감소대책을 수립하여 실행하는 일련의 과정을 말한다.
② "유해 위험요인"이란 유해·위험을 일으킬 잠재적 가능성이 있는 것의 고유한 특징이나 속성을 말한다.
③ "유해·위험요인 파악"이란 유해요인과 위험요인을 찾아내는 과정을 말한다.
④ "위험성"이란 유해·위험요인이 부상 또는 질병으로 이어질 수 있는 가능성(빈도)과 중대성(강도)을 조합한 것을 의미한다.

합격정보
사업장 위험성 평가에 관한 지침 제3조(정의)

58 태양광선이 내리쬐는 옥외장소의 자연습구 온도 20[℃], 흑구온도 18[℃], 건구온도 30[℃] 일 때 습구흑구 온도지수(WBGT)는?

① 20.6[℃]
② 22.5[℃]
③ 25.0[℃]
④ 28.5[℃]

해설

습구 흑구 온도지수(WBGT)
① 옥외(태양광선이 내리 쬐는 장소)
$WBGT = 0.7 \times$ 자연습구온도$(NWB) + 0.2 \times$ 흑구온도(GT)
$+ 0.1 \times$ 건구온도$(DB) = 0.7 \times 20[℃] + 0.2 \times 18[℃]$
$+ 0.1 \times 30[℃] = 20.6[℃]$
② 옥내 또는 옥외(태양광선이 내리쬐지 않는 장소)
$WBGT(℃) = 0.7 \times$ 자연습구온도$(NWB) + 0.3 \times$ 흑구온도(GT)

KEY ① 2016년 5월 8일(문제 57번) 출제
② 2022년 3월 5일(문제 41번) 출제

[정답] 55 ④   56 ③   57 ②   58 ①

과년도 출제문제

59 FTA(Fault Tree Analysis)에 관한 설명으로 옳은 것은?

① 정성적 분석만 가능하다.
② 복잡하고 대형화된 시스템의 신뢰성 분석 및 안정성 분석에 이용되는 기법이다.
③ FT에 동일한 사건이 중복되어 나타나는 경우 상향식(Bottom up)으로 정상 사건 T의 발생 확률을 계산 할 수 있다.
④ 기초사건과 생략사건의 확률값이 주어지게 되더라도 정상 사건의 최종적인 발생확률을 계산할 수 없다.

해설

FTA의 특징
① FTA는 시스템이나 기기의 신뢰성이나 안전성을 그림으로 그려 연역적, 정량적 해석방법
② 대륙간 탄도탄(ICBM : Intercontinental Ballistic Missile)의 고장에 곤욕을 치르고 있는 미 국방성이 BTL에 의뢰하여 W.A.Watson 등에 의해 고안되어 1961년 개발 미사일의 발사 제어 시스템의 안전성 확립에 활용하여 성과를 거둠
③ 1965년 Boeing 항공회사의 D.F.Haasl에 의해 보완됨으로써 실용화되기 시작한 시스템의 고장 해석방법

KEY ① 2015년 8월 16일(문제 22번) 출제
② 2016년 3월 6일 기사, 산업기사 동시 출제
③ 2019년 3월 3일(문제 29번) 출제
④ 2019년 4월 27일(문제 55번) 출제
⑤ 2021년 5월 15일(문제 30번) 출제

4 건설 시공학

61 통상적으로 스팬이 큰 보 및 바닥판의 거푸집을 걸 때에 스팬의 캠버(camber)값으로 옳은 것은?

① $\ell/300 \sim \ell/500$
② $\ell/200 \sim \ell/350$
③ $\ell/150 \sim \ell/250$
④ $\ell/100 \sim \ell/300$

해설

거푸집 시공상 주의점(안전성) 검토
① 조립, 해체 전용 계획에 유의
② 바닥, 보의 중앙부 치켜 올림 고려 : $\ell/300 \sim \ell/500$
③ 갱폼, 터널폼은 이동성, 연속성 고려
④ 재료의 허용응력도는 장기 허용응력도의 1.2배까지 택함
⑤ 비계나 가설물에 연결하지 않는다.

참고 건설안전기사 필기 p.4-73(합격날개 : 합격예측)

보충학습

캠버(Camber)
① 사태 방지재의 부착고정, 흄관의 이동 방지 등에 사용되는 쐐기 모양의 나무 조각
② 차도 또는 보도의 횡단 형상에서 중간이 높게 된 것 또는 횡단 물매

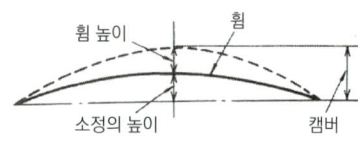

[그림] 캠버

60 1sone에 관한 설명으로 ( )에 알맞은 수치는?

1sone : (ㄱ)[Hz], (ㄴ)[dB]의 음압수준을 가진 순음의 크기

① ㄱ : 1,000, ㄴ : 1
② ㄱ : 4,000, ㄴ : 1
③ ㄱ : 1,000, ㄴ : 40
④ ㄱ : 4,000, ㄴ : 40

해설

음의 크기의 수준
① Phon : 1,000[Hz] 순음의 음압수준(dB)을 나타낸다.
② sone : 1,000[Hz], 40[dB]의 음압수준을 가진 순음의 크기 (=40[Phon])를 1[sone]이라 한다.
③ sone과 Phon의 관계식
∴ sone치 = $2^{(phon-40)/10}$

[정답] 59 ② 60 ③ 61 ①

62. 지반개량 공법 중 동다짐(dynamic compaction)공법의 특징으로 옳지 않은 것은?

① 시공 시 지반진동에 의한 공해문제가 발생하기도 한다.
② 지반 내에 암괴 등의 장애물이 있으면 적용이 불가능하다.
③ 특별한 약품이나 자재를 필요로 하지 않는다.
④ 깊은 심도의 지반개량에 대해서는 초대형 장비가 필요하다.

해설

동다짐 공법
(1) 개요
　① 동다짐은 10~40톤 가량의 무거운 추를 높은 지점에서 떨어뜨리는 과정을 반복해서 지반을 다지는 공법
　② 지반에 충분한 에너지가 전달되면 흙입자들이 재배열되고 간극이 붕괴되어 지층이 조밀하게 되거나 간극수를 배출시켜 유효 응력이 증가하여 강도가 증가하고 압축성이 감소되는 효과를 얻게 됨
(2) 동다짐공법 특징
　① 장비가 간단하다.
　② 공사진행중에 다짐 효과를 확인할 수 있다.
　③ 돌부스러기, 호박돌 분만 아니라 폐기물 매립지에 대한 다짐효과가 우수하다.
　④ 투수성이 지반의 경우 적용성이 뛰어나며 실트 점토와 같은 세립토의 다짐도 가능하다.
　⑤ 다른 개량 공법에 비해 시공비가 저렴하다.

KEY 2018년 9월 15일(문제 76번) 출제

63. 기성콘크리트 말뚝에 표기된 PHC-A · 450-12의 각 기호에 대한 설명으로 옳지 않은 것은?

① PHC-원심력 고강도 프리스트레스트 콘크리트 말뚝
② A-A종
③ 450-말뚝바깥지름
④ 12-말뚝삽입 간격

해설

PHC-A·450-12 규격
① PHC : 원심력 고강도 프리스트레스트 콘크리트말뚝
② A : A종
③ 450 : 말뚝바깥지름
④ 12 : 말뚝의 길이[m]

KEY ① 2013년 6월 2일(문제 67번) 출제
　　　② 2017년 9월 23일(문제 69번) 출제

64. 흙막이 공법과 관련된 내용의 연결이 옳지 않은 것은?

① 버팀대공법-띠장, 지지말뚝
② 지하연속법-안정액, 트레미관
③ 자립식공법-안내벽, 인터록킹 파이프
④ 어스앵커공법-인장재, 그라우팅

해설

자립식 공법

구분	특징
장점	① 지보재(Strut, Raker, Earth Anchor 등)가 필요 없음 ② 강재 사용 절감 굴착 작업공간의 확보가 용이
단점	① 굴착심도의 제한(최대 10[m] 이내) ② 시공사례가 적다.

KEY 2022년 5월 10일 작업형 출제

65. 흙막이 공법 중 지하연속벽(slurry wall)공법에 대한 설명으로 옳지 않은 것은?

① 흙막이벽 자체의 강도, 강성이 우수하기 때문에 연약지반의 변형 및 이면침하를 최소한으로 억제할 수 있다.
② 차수성이 좋아 지하수가 많은 지반에도 사용할 수 있다.
③ 시공 시 소음, 진동이 작다.
④ 다른 흙막이벽에 비해 공사비가 적게 든다.

해설

slurry wall [지하연속벽(체)공법의 특징
① 저소음, 저진동 공법으로 인접건물의 근접시공이 가능하며 안정적 공법이다.
② 차수성이 우수하며 물막이 벽체로도 가능하다.
③ 벽체 강성이 커서 본구조체로 이용이 가능하며, 수평변위에 대해서 안정적이며 영구 지하 벽체나 깊은 기초 적용이 가능하다.
④ 임의형상 치수가 가능하며 지반조건에 좌우되지 않는다.
⑤ 타공법에 비해 시공비가 고가이며, 수평연속성이 부족하고, 장비가 크고 이동이 느리다.

KEY ① 2020년 8월 22일(문제 61번) 출제
　　　② 2020년 9월 27일(문제 80번) 출제
　　　③ 2021년 5월 15일(문제 75번) 출제

[정답] 62 ② 63 ④ 64 ③ 65 ④

66 건축물의 지하공사에서 계측관리에 관한 설명으로 틀린 것은?

① 계측관리의 목적은 위험의 징후를 발견하는 것이다.
② 계측관리의 중점관리사항으로는 흙막이 변위에 따른 배면지반의 침하가 있다.
③ 계측관리는 인적이 뜸하고 위험이 적은 안전한 곳에 설치하여 주기적으로 실시한다.
④ 일일점검항목으로는 흙막이벽체, 주변지반, 지하수위 및 배수량 등이 있다.

해설

계측시 유의사항
① 착공시부터 준공시까지 계속 계측관리
② 계측관리계획에 입각하여 계측부위, 위치 선정
③ 공사 준공후 일정기간 동안 계측 실시할 것
④ 계측자료를 그래픽화하여 관리
⑤ 오차를 적게할 것
⑥ 전담자 운영 배치
⑦ 계측계획은 경험자가 수립
⑧ 관련성 있는 계측기는 집중배치 할 것
⑨ 계측도중 변화치수가 없다고 중단하지 말 것

67 벽길이 10 m, 벽높이 3.6 m인 블록벽체를 기본블록(390mm×190mm×150mm)으로 쌓을 때 소요되는 블록의 수량은? (단, 블록은 온장으로 고려하고, 줄눈 나비는 가로, 세로 10 mm, 할증은 고려하지 않음)

① 412매
② 468매
③ 562매
④ 598매

해설

블록의 수량 계산
① 벽체 전체면적계산=길이×높이
▶10[m]×3.6[m]=36[m²]
② 기본형 블록 1장 면적계산=(가로+줄눈)×(세로+줄눈)
▶(0.39[m]+0.01)×(0.19+0.01)=0.08[m²]
③ 1[m²]당 블록 소요수량 계산=1[m²]÷기본형블록 1장 면적
▶1[m²]÷0.08=12.5장≒13장
(참고 : 1[m²]당 13장은 건설공사 표준품셈 블록쌓기 기준량임)
④ 벽체 전체면적×1[m²]당 기본형블록 소요수량 13장
∴ 36[m²]×13장=468매

68 외관 검사 결과 불합격된 철근 가스압접 이음부의 조치 내용으로 옳지 않은 것은?

① 심하게 구부러졌을 때는 재가열하여 수정한다.
② 압접면의 엇갈림이 규정값을 초과했을 때는 재가열하여 수정한다.
③ 형태가 심하게 불량하거나 또는 압접부에 유해하다고 인정되는 결함이 생긴 경우는 압접부를 잘라내고 재압접한다.
④ 철근중심축의 편심량이 규정값을 초과했을 때는 압접부를 떼어내고 재압접한다.

해설

철근압접 시공시 주의사항
① 철근 압접이음시 인접철근의 이음은 750[mm] 이상 떨어져서 서로 엇갈리게 하여야 한다.
② 초음파탐상검사는 1검사 로트마다 30개소 이상
③ 인장시험은 1검사 로트마다 3개(설계기준항복강도의 125[%])
↳ 1검사 로트는 원칙적으로 동일 작업반이 동일한 날에 시공 압접개소로서 그 크기는 200개소 정도를 표준으로 함.

69 철골부재조립 시 구멍의 위치가 다소 다를 때 구멍을 맞추기 위한 작업은?

① 송곳뚫기(driling)
② 리이밍(reaming)
③ 펀칭(punching)
④ 리벳치기(riveting)

해설

구멍가심(Reaming)
① 조립시 리벳구멍 위치가 다르면 리머(Reamer)로 구멍가시기를 한다.
② 구멍의 최대편심거리는 1.5[mm] 이하로 한다.
③ 3장 이상 겹칠 때는 송곳으로 구멍지름보다 1.5[mm] 작게 뚫고 드릴 또는 리머로 조절한다.(구멍지름 오차 ±2[mm] 이하)

[정답] 66 ③ 67 ② 68 ② 69 ②

70. 철골작업용 장비 중 절단용 장비로 옳은 것은?

① 프릭션 프레스(frixtion press)
② 플레이트 스트레이닝 롤(plate straining roll)
③ 파워 프레스(power press)
④ 핵 소우(hack saw)

해설

hack saw(쇠톱, 활톱)
① 금속의 공작물을 자를 때 사용되며, 일반적으로 손작업용 쇠톱이 쓰인다.
② 톱날을 고정하는 프레임은 톱날 길이에 따라 몇 단계로 조절이 가능하다.
③ 톱날을 수직·수평 어느 방향으로도 끼울 수 있다.

[그림] hack saw

KEY
① 2017년 3월 5일 출제
② 2019년 4월 27일(문제 69번) 출제

71. 시방서 및 설계도면 등이 서로 상이할 때의 우선순위에 대한 설명으로 옳지 않은 것은?

① 설계도면과 공사시방서가 상이할 때는 설계도면을 우선한다.
② 설계도면과 내역서가 상이할 때는 설계도면을 우선한다.
③ 표준시방서와 전문시방서가 상이할 때는 전문시방서를 우선한다.
④ 설계도면과 상세도면이 상이할 때는 상세도면을 우선한다.

해설

시방서의 설계도면의 우선순위
시방서와 설계도면에 표시된 사항이 다를 때 또는 시공상 부적당하다고 인정되는 때 현장책임자는 공사감리자와 협의한다.

KEY 2020년 6월 14일 건설안전산업기사 (문제 56번) 출제

보충학습

시방서와 설계도면의 우선순위
① 특기시방서 ② 표준시방서 ③ 설계도면

72. 예정가격범위 내에서 최저가격으로 입찰한 자를 낙찰자로 선정하는 낙찰자 선정 방식은?

① 최적격 낙찰제
② 제한적 최저가 낙찰제
③ 최저가 낙찰제
④ 적격 심사 낙찰제

해설

낙찰자 선정방식
① 최저가 낙찰제 : 입찰자 중 예정가격 범위 내에서 최저가격으로 입찰한 자 선정(부적격자 낙찰 우려)
② 제한적 최저가 낙찰제 : Dumping에 의한 부실공사의 방지 목적으로 예정가격의 90% 이상자 중 가장 최저가로 입찰한 자 선정
③ 부찰제 : 예정가격 85% 이상 입찰자 중 평균가격을 산정하고 이 평균가격 밑으로 가장 근접한 입찰자를 선정
④ 최적격 낙찰제 : 건설업체의 기술능력, 시공경험, 재정능력, 성실도 등을 종합적으로 평가하여 적격자에게 낙찰시키는 방법

73. 설계도와 시방서가 명확하지 않거나 설계는 명확하지만 공사비 총액을 산출하기 곤란하고 발주자가 양질의 공사를 기대할 때 채택될 수 있는 가장 타당한 도급방식은?

① 실비정산 보수가산식 도급
② 단가 도급
③ 정액 도급
④ 턴키 도급

해설

실비정산 보수가산식 도급
① 특징 : 공사의 실비를 건축주와 도급자가 확인 정산하고 시공주는 미리 정한 보수율에 따라 도급자에게 보수액을 지불하는 방법
② 장점 : 양심적인 공사가능
③ 단점 : 시공업자는 공사비 절감의 노력이 없어지고 공기지연

KEY 2019년 9월 21일(문제 70번) 출제

[정답] 70 ④ 71 ① 72 ③ 73 ①

74 철근공사에 대하여 옳지 않은 것은?

① 조립용 철근은 철근을 구부리기할 때 철근의 위치를 확보하기 위하여 쓰는 보조적인 철근이다.
② 철근의 용접부에 순간최대풍속 2.7m/s 이상의 바람이 불 때는 철근을 용접할 수 없으며, 풍속을 2.7m/s 이하로 저감시킬 수 있는 방풍시설을 설치하는 경우에만 용접할 수 있다.
③ 가스압접이음은 철근의 단면을 산소-아세틸렌 불꽃 등을 사용하여 가열하고 기계적 압력을 가하여 용접한 맞댓이음을 말한다.
④ D35를 초과하는 철근은 겹침이음을 할 수 없다. 다만, 서로 다른 크기의 철근을 압축부에서 겹침이음하는 경우 D35 이하의 철근과 D35를 초과하는 철근은 겹침이음을 할 수 있다.

해설

조립용 철근
주철근을 조립할 때 철근의 위치를 확보하기 위해 넣는 보조 철근

KEY ▶ 2017년 5월 7일 건설안전산업기사(문제 49번) 출제

75 철골공사의 용접접합에서 플럭스(flux)를 옳게 설명한 것은?

① 용접 시 용접봉의 피복제 역할을 하는 분말상의 재료
② 압연강판의 층 사이에 균열이 생기는 현상
③ 용접작업의 종단부에 임시로 붙이는 보조판
④ 용접부에 생기는 미세한 구멍

해설

플럭스(Flux)
① 철골가공 및 용접에 있어 자동용접의 경우 용접봉의 피복재 역할
② 분말상의 재료

KEY ▶ 2018년 9월 15일(문제 63번) 출제

76 착공단계에서의 공사계획을 수립할 때 우선 고려하지 않아도 되는 것은?

① 현장 직원의 조직편성
② 예정 공정표의 작성
③ 유지관리지침서의 변경
④ 실행예산편성

해설

시공계획의 내용 및 순서
① 현장원 편성
② 공정표 작성
③ 실행예산 편성
④ 하도급자의 선정
⑤ 가설준비물 결정
⑥ 재료선정 및 결정
⑦ 재해방지대책 및 의료대책

KEY ▶ ① 2018년 3월 4일 출제
② 2018년 4월 28일(문제 73번) 출제

77 AE콘크리트에 관한 설명으로 옳은 것은?

① 공기량은 기계비빔이 손비빔의 경우보다 적다.
② 공기량은 비벼놓은 시간이 길수록 증가한다.
③ 공기량은 AE제의 양이 증가할수록 감소하나 콘크리트의 강도는 증대한다.
④ 시공연도가 증진되고 재료분리 및 블리딩이 감소한다.

해설

AE콘크리트 특징
① 공기량은 기계비빔이 더 많다.
② 공기량은 비벼놓은 시간이 길수록 감소한다.
③ 공기량은 AE제의 양이 증가할수록 증가하나 콘크리트의 강도는 감소한다.

KEY ▶ 2022년 3월 5일(문제 90번) 출제

[정답] 74 ① 75 ① 76 ③ 77 ④

78 콘크리트의 고강도화와 관계가 적은 것은?

① 물시멘트비를 작게 한다.
② 시멘트의 강도를 크게 한다.
③ 폴리머(polymer)를 함침(含浸)한다.
④ 골재의 입자분포를 가능한 한 균일 입자분포로 한다.

해설

골재 선정시의 유의사항
① 자갈은 둥글고 표면이 약간 거친 것을 선택(길죽하거나 넓적하지 않은 것)한다.
② 비중이 2.60 이상인 것을 사용한다.
③ 입도(粒度)는 조세립(粗細粒)이 연속적으로 혼합된 것을 사용한다.(강도증진)
④ 골재강도는 콘크리트의 시멘트 강도보다 커야 한다.

79 벽돌쌓기법 중에서 마구리를 세워 쌓는 방식으로 옳은 것은?

① 옆세워 쌓기   ② 허튼 쌓기
③ 영롱 쌓기   ④ 길이 쌓기

해설

옆세워쌓기
마구리면이 내보이도록 벽돌 벽면을 수직으로 쌓는 방식

KEY 2018년 9월 15일(문제 79번) 출제

보충학습
마구리쌓기
원형굴뚝, 사일로(Silo) 등 벽두께 1.0B 이상 쌓기에 쓰인다.

80 바닥판 거푸집의 구조계산 시 고려해야 하는 연직하중에 해당하지 않는 것은?

① 작업하중
② 충격하중
③ 고정하중
④ 굳지 않은 콘크리트의 측압

해설

연직방향 하중
① 타설콘크리트 고정하중
② 타설시 충격하중
③ 작업원 등의 작업하중

KEY
① 2016년 5월 8일 산업기사 출제
② 2018년 4월 28일 산업기사 출제
③ 2019년 3월 3일(문제 88번) 출제
④ 2019년 9월 21일 산업기사(문제 98번) 출제

5 건설 재료학

81 플라이애시시멘트에 대한 설명으로 옳은 것은?

① 수화할 때 불용성 규산칼슘 수화물을 생성한다.
② 화력발전소 등에서 완전 연소한 미분탄의 회분과 포틀랜드시멘트를 혼합한 것이다.
③ 재령 1~2시간 안에 콘크리트 압축강도가 20MPa에 도달할 수 있다.
④ 용광로의 선철제작 부산물을 급랭시키고 파쇄하여 시멘트와 혼합한 것이다.

해설

플라이애시(Fly ash)
① 인공제품으로 가장 널리 쓰이는 포졸란의 일종이다.
② 주로 시공연도조절 등으로 사용된다.(주성분 : 석탄재)
③ 블리딩이 적어진다.

KEY
① 2017년 3월 5일기사 출제
② 2018년 4월 28일 기사 출제
③ 2019년 9월 21(문제 84번) 출제
④ 2022년 3월 5일(문제 88번) 출제

82 건축용 접착제로서 요구되는 성능에 해당되지 않는 것은?

① 진동, 충격의 반복에 잘 견딜 것
② 취급이 용이하고 독성이 없을 것
③ 장기부하에 의한 크리프가 클 것
④ 고화 시 체적수축 등에 의한 내부변형을 일으키지 않을 것

해설

장기부하(하중)에 의한 크리프가 작을 것

[정답] 78 ④ 79 ① 80 ④ 81 ② 82 ③

과년도 출제문제

83 골재의 함수상태에서 유효흡수량의 정의로 옳은 것은?

① 습윤상태와 절대건조상태의 수량의 차이
② 표면건조포화상태와 기건상태의 수량의 차이
③ 기건상태와 절대건조상태의 수량의 차이
④ 습윤상태와 표면건조포화상태의 수량의 차이

해설

유효 흡수량(Effective Absorption) = 표면 건조 내부포수수량(W_m) – 기건 상태수량(W_1)

KEY 2018년 3월 4일(문제 91번) 출제

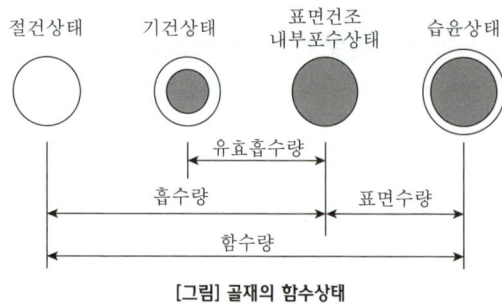

[그림] 골재의 함수상태

84 도장재료 중 물이 증발하여 수지입자가 굳는 융착건조경화를 하는 것은?

① 알키드수지 도료
② 에폭시수지 도료
③ 불소수지 도료
④ 합성수지 에멀션 페인트

해설

도장재료
① 합성수지에멀션페인트의 특징은 물이 증발하여 수지입자가 굳는 융착건조경화
② 초산비닐수지 에멀션 목재 접착제의 특징 : 습도와 물을 고려없는 장소에 적합한 목재창호용

85 목재의 역학적 성질에 대한 설명으로 옳지 않은 것은?

① 목재 섬유 평행방향에 대한 인장강도가 다른 여러 강도 중 가장 크다.
② 목재의 압축강도는 옹이가 있으면 증가한다.
③ 목재를 휨부재로 사용하여 외력에 저항할 때는 압축, 인장, 전단력이 동시에 일어난다.
④ 목재의 전단강도는 섬유간의 부착력, 섬유의 곧음, 수선의 유무 등에 의해 결정된다.

해설

옹이(knot)
① 옹이지름이 크며 압축강도는 감소한다.
② 옹이는 강도에 가장 악영향을 끼친다.

86 합판에 대한 설명으로 옳지 않은 것은?

① 단판을 섬유방향이 서로 평행하도록 홀수로 적층하면서 접착시켜 합친 판을 말한다.
② 함수율 변화에 따라 팽창·수축의 방향성이 없다.
③ 뒤틀림이나 변형이 적은 비교적 큰 면적의 평면 재료를 얻을 수 있다.
④ 균일한 강도의 재료를 얻을 수 있다.

해설

합판의 특성
① 판재에 비하여 균질이며 우수한 품질좋은 재료를 많이 얻을 수 있다.
② 단판을 섬유방향과 서로 직교(수직) 붙인 것이므로 잘 갈라지지 않으며 방향에 따른 강도의 차이가 적다.(함수율 변화에 따라 신축변형이 작다.)

KEY
① 2017년 9월 23일 산업기사 출제
② 2020년 8월 22일(문제 99번) 출제

[정답] 83 ② 84 ④ 85 ② 86 ①

87. 미장바탕의 일반적인 성능조건과 가장 거리가 먼 것은?

① 미장층보다 강도가 클 것
② 미장층과 유효한 접착강도를 얻을 수 있을 것
③ 미장층보다 강성이 작을 것
④ 미장층의 경화, 건조에 지장을 주지 않을 것

해설
미장바탕이 갖추어야 할 조건
① 미장층과 유효한 접착강도를 얻을 수 있을 것
② 미장층의 경화, 건조에 지장을 주지 않을 것
③ 미장층과 유해한 화학반응을 하지 않을 것
④ 미장층 시공에 적합한 평면상태, 흡수성을 가질 것

KEY
① 2017년 3월 5일 출제
② 2018년 4월 28일(문제 81번) 출제

88. 절대건조밀도가 2.6g/cm³이고, 단위용적질량이 1750 kg/m³인 굵은 골재의 공극률은?

① 30.5%   ② 32.7%
③ 34.7%   ④ 36.2%

해설
공극률
① 일정한 크기의 용기 내에서 공극의 비율을 백분율로 나타낸 것
② 공극률이 작으면 시멘트풀의 양이 적게 들고 수밀성, 내구성 및 마모 저항 등이 증가되며 건조수축에 의한 균열발생의 위험이 감소된다.
③ 공극률$(v) = \left(1 - \dfrac{단위용적중량(\omega)}{비중(\rho)}\right) \times 100(\%)$
$= \left(1 - \dfrac{1.75}{2.6}\right) \times 100$
$= 32.69[\%]$

KEY
① 2017년 9월 23일(문제 95번) 출제
② 2018년 9월 15일(문제 94번) 출제

보충학습
[kg/m³]=[1,000g/1,000cm³]=[g/cm³]

89. 목재의 내연성 및 방화에 대한 설명으로 옳지 않은 것은?

① 목재의 방화는 목재 표면에 불연소성 피막을 도포 또는 형성시켜 화염의 접근을 방지하는 조치를 한다.
② 방화재로는 방화페인트, 규산나트륨 등이 있다.
③ 목재가 열에 닿으면 먼저 수분이 증발하고 160℃ 이상이 되면 소량의 가연성가스가 유출된다.
④ 목재는 450℃에서 장시간 가열하면 자연발화 하게 되는데, 이 온도를 화재위험온도라고 한다.

해설
목재의 연소온도
① 목재의 수분증발은 100[℃]에서 발생한다.
② 가소성 가스증발은 180[℃]에서 발생한다.
③ 목재의 착화점은 260~270[℃](화재위험온도) 정도이다.
④ 자연발화점은 400~450[℃]이다.(자연발화온도)
⑤ 발화 후 10~20분의 단시간에 1,000~1,200[℃]의 최고온도를 나타내고 그 후 급격히 온도가 떨어져 500[℃] 정도가 되며 서서히 저하된다.

KEY 2018년 4월 28일(문제 99번) 출제

90. 금속의 부식방지를 위한 관리대책으로 옳지 않은 것은?

① 부분적으로 녹이 발생하면 즉시 제거할 것
② 큰 변형을 준 것은 가능한 한 풀림하여 사용할 것
③ 가능한 한 이종 금속을 인접 또는 접촉시켜 사용할 것
④ 표면을 평활하고 깨끗이 하며, 가능한 한 건조상태로 유지할 것

해설
철의 방식(부식 방지법)
① 서로 다른 금속은 인접 또는 접촉시키지 않는다.
② 균질한 것을 선택하고 사용할 때 큰 변형을 주지 않도록 주의한다.
③ 표면을 평활, 청결하게 하고 건조상태를 유지한다.
④ 부분적인 녹은 빨리 제거한다.

KEY
① 2017년 9월 23일 기사 출제
② 2019년 9월 21일 산업기사 출제
③ 2020년 6월 14일 산업기사 출제
④ 2020년 8월 22일(문제 90번) 출제

[정답] 87 ③ 88 ② 89 ④ 90 ③

91. 다음의 미장재료 중 균열저항성이 가장 큰 것은?

① 회반죽 바름
② 소석고 플라스터
③ 경석고 플라스터
④ 돌로마이트 플라스터

해설

keen's(킨즈)시멘트(경석고 플라스터)
① 무수석고를 화학처리하여 만든 것으로 경화한 후 매우 단단하다.
② 강도가 크다.
③ 경화가 빠르다.
④ 경화 시 팽창한다.
⑤ 산성으로 철류를 녹슬게 한다.
⑥ 수축이 매우 작다.
⑦ 표면강도가 크고 광택이 있다.

KEY
① 2016년 5월 8일 출제
② 2017년 3월 5일 출제
③ 2017년 9월 23일 기사·산업기사 동시 출제
④ 2017년 9월 23일(문제 97번) 출제

92. 점토의 물리적 성질에 관한 설명으로 옳지 않은 것은?

① 점토의 인장강도는 압축강도의 약 5배 정도이다.
② 입자의 크기는 보통 $2\mu m$ 이하의 미립자지만 모래알 정도의 것도 약간 포함되어 있다.
③ 공극률은 점토의 입자 간에 존재하는 모공용적으로 입자의 형상, 크기에 관계한다.
④ 점토입자가 미세하고, 양지의 점토일수록 가소성이 좋으나, 가소성이 너무 클 때는 모래 또는 샤모트를 섞어서 조절한다.

해설

점토의 물리적 성질
① 불순물이 많은 점토일수록 비중이 작고 강도가 떨어진다.
② 순수한 점토일수록 비중이 크고 강도도 크다.
③ 점토의 압축강도는 인장강도의 약 5배이다.
④ 기공률은 전 점토용적의 백분율로 표시되며, 30~90 [%]로 보통상태에서는 50 [%] 내외이다.
⑤ 함수율은 기건상태에서 적은 것은 7~10[%], 많은 것은 40~45[%] 정도이다.
⑥ 알루미나가 많은 점토는 가소성이 우수하며, 가소성이 너무 큰 경우는 모래 또는 구운점토 분말인 Schamo -tte로 조절한다.
⑦ 제품의 성형에 가장 중요한 성질이 가소성이다.

KEY
① 2016년 5월 8일 산업기사 출제
② 2018년 9월 15일 기사 출제
③ 2020년 6월 14일 산업기사 출제

93. 일반 콘크리트 대비 ALC의 우수한 물리적 성질로서 옳지 않은 것은?

① 경량성
② 단열성
③ 흡음·차음성
④ 수밀성, 방수성

해설

ALC(경량기포콘크리트)의 우수한 물리적 성질
① 가볍다(경량성).
② 단열성능이 우수하다.
③ 내화성, 흡음, 방음성이 우수하다.
④ 치수 정밀도가 우수하다.
⑤ 가공성이 우수하다.
⑥ 중성화가 빠르다.
⑦ 흡수성이 크다.
⑧ ALC는 중량이 보통 콘크리트의 1/4 정도이며, 보통 콘크리트의 10배 정도의 단열성능을 갖는다.

KEY
① 2017년 5월 7일 출제
② 2017년 9월 23일 출제
③ 2020년 9월 27일 출제

94. 콘크리트 바탕에 이음매 없는 방수 피막을 형성하는 공법으로, 도료상태의 방수재를 여러번 칠하여 방수막을 형성하는 방수공법은?

① 아스팔트 루핑 방수
② 합성고분자 도막 방수
③ 시멘트 모르타르 방수
④ 규산질 침투성 도포 방수

해설

합성고분자 방수특징
① 이음매가 없고 일체형으로 형성한다.
② 고무에 의한 신축성으로 균열이 적고 상온시공으로 안전하다.
③ 바탕면에 균일한 두께시공이 어렵다.
④ 피막이 얇아 모체균열에 의해 파단과 외부충격에 의한 손상 우려가 존재한다.
⑤ 방수의 신뢰도가 떨어져 옥상층에는 불리하다.
⑥ 핀홀이 생길 수 있다.
⑦ 용제형 도막방수는 인화성으로 화재의 위험 및 중독될 수 있다.

보충학습

종류
① 도막방수   ② 시트방수   ③ 시일재방수

[정답] 91 ③ 92 ① 93 ④ 94 ②

95 열경화성수지가 아닌 것은?

① 페놀수지 ② 요소수지
③ 아크릴수지 ④ 멜라민수지

해설

아크릴수지
① 유기질유리라 하여 일찍이 비행기의 방풍유리로 사용해 왔다.
② 무색투영판은 광선 및 자외선의 투과성이 크고 내약품성, 전기절연성이 크며 내충격강도는 무기재료보다 8~10배 정도이다.
③ 열가소성수지 이다.

KEY ① 2018년 3월 4일 기사 출제
② 2018년 9월 15일(문제 81번) 출제

96 블로운 아스팔트(blown asphalt)를 휘발성 용제에 녹이고 광물분말 등을 가하여 만든 것으로 방수, 접합부 충전 등에 쓰이는 아스팔트 제품은?

① 아스팔트 코팅(asphalt coating)
② 아스팔트 그라우트(asphalt grout)
③ 아스팔트 시멘트(asphalt cement)
④ 아스팔트 콘크리트(asphalt concrete)

해설

아스팔트 코팅의 용도 : 방수, 접합부 충전

KEY 2016년 3월 6일(문제 87번) 출제

97 연강판에 일정한 간격으로 그물눈을 내고 늘여 철망 모양으로 만든 것으로 옳은 것은?

① 메탈라스(metal lath)
② 와이어메시(wire mesh)
③ 인서트(insert)
④ 코너비드(comer bead)

해설

메탈라스(Metal lath)
① 박강판에 일정한 간격으로 자른 자국을 많이 내고 이것을 옆으로 잡아당겨 그물코 모양으로 만든 것이다.
② 바름벽 바탕에 사용한다.

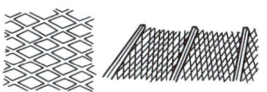

[그림] 메탈라스

KEY 2017년 9월 23일 산업기사 (문제 63번) 출제

98 고로슬래그 쇄석에 대한 설명으로 옳지 않은 것은?

① 철을 생산하는 과정에서 용광로에서 생기는 광재를 공기중에서 서서히 냉각시켜 경화된 것을 파쇄하여 만든다.
② 투수성은 보통골재의 경우보다 작으므로 수밀콘크리트에 적합하다.
③ 고로슬래그 쇄석을 활용한 콘크리트는 다른 암석을 사용한 콘크리트보다 건조수축이 적다.
④ 다공질이기 때문에 흡수율이 크므로 충분히 살수하여 사용하는 것이 좋다.

해설

혼화재의 구분

구분	특징
플라이애시	화력 발전의 연소 과정에서 유래 유동성 증가, 경화 지연, 삼투성 감소, 초반 압축강도가 감소하나 시간이 지나면 증가한다.(내구성 증가)
고로슬래그	철강 광업의 선철 제조 과정에서 유래 유동성 증가, 하지만 미세한 입자일수록 슬럼프(유동성)가 낮다. 경화 지연, 삼투성 감소, 초반 압축강도가 감소하나 시간이 지나면 증가한다.(내구성 증가)
실리카퓸	실리콘 합금 제조 과정에서 유래 유동성 감소, 경화 지연, 삼투성 감소

KEY ① 2006년 9월 10일(문제 88번) 출제
② 2010년 5월 9일(문제 92번)
③ 2011년 10월 2일(문제 100번) 출제
④ 2013년 6월 2일(문제 93번)
⑤ 2020년 9월 27일 출제

보충학습

고로시멘트의 특징
① 시멘트의 클링커와 슬래그의 혼합물인데 단기강도가 부족하다.
② 콘크리트는 발열량이 적고 염분에 대한 저항이 크므로 해안공사나 대형 단면부재공사에 이용한다.
③ 해수에 대한 내식성이 크다.
④ 투수성이 크다.

[정답] 95 ③ 96 ① 97 ① 98 ②

과년도 출제문제

99 점토제품 중 소성온도가 가장 고온이고 흡수성이 매우 작으며 모자이크 타일, 위생도기 등에 주로 쓰이는 것은?

① 토기 ② 도기
③ 석기 ④ 자기

해설

점토제품의 분류

종류	소성온도[℃]	흡수율[%]
토기	790~1,000	20 이상
도기	1,100~1,230	10
석기	1,160~1,350	3~10
자기	1,230~1,460	0~1

KEY
① 2017년 5월 7일 산업기사 출제
② 2018년 4월 28일 (문제 82번) 출제
③ 2019년 9월 21일 (문제 85번) 출제
④ 2020년 9월 27일 (문제 95번) 출제

100 목재에 사용되는 크레오소트 오일에 대한 설명으로 옳지 않은 것은?

① 냄새가 좋아서 실내에서도 사용이 가능하다.
② 방부력이 우수하고 가격이 저렴하다.
③ 독성이 적다.
④ 침투성이 좋아 목재에 깊게 주입된다.

해설

크레오소트 오일(creosote oil)
① 방부성은 좋으나 목재가 흑갈색으로 착색되고 악취가 있고 흡수성이 있다.
② 외관이 아름답지 않으므로 보이지 않는 곳의 토대, 기둥, 도리 등에 사용한다.

KEY
① 2017년 3월 5일 기사 출제
② 2017년 9월 23일 기사 출제
③ 2020년 8월 22일(문제 99번) 출제

6 건설안전기술

101 건설현장에 거푸집동바리 설치 시 준수사항으로 옳지 않은 것은?

① 파이프 서포트 높이가 4.5[m]를 초과하는 경우에는 높이 2[m] 이내마다 2개 방향으로 수평연결재를 설치한다.
② 동바리의 침하 방지를 위해 깔목의 사용, 콘크리트 타설, 말뚝박기 등을 실시한다.
③ 강재와 강재의 접속부는 볼트 또는 클램프 등 전용철물을 사용한다.
④ 강관틀 동바리는 강관틀과 강관틀 사이에 교차가새를 설치한다.

해설

동바리로 사용하는 파이프서포트의 경우
① 파이프서포트를 3개 이상 이어서 사용하지 아니하도록 할 것
② 파이프서포트를 이어서 사용할 경우에는 4개 이상의 볼트 또는 전용철물을 사용하여 이을 것
③ 높이가 3.5[m]를 초과할 경우에는 높이 2[m] 이내마다 수평연결재를 2개 방향으로 만들고 수평연결재의 변위를 방지할 것

KEY
① 2018년 3월 4일 기사·산업기사 동시 출제
② 2018년 8월 19일 출제
③ 2018년 9월 15일 산업기사 출제
④ 2020년 8월 22일 출제
⑤ 2020년 8월 22일 산업기사등 20번 이상 출제

정보제공
산업안전보건기준에 관한 규칙 제332조의2(동바리 유형에 따른 동바리 조립시의 안전조치)

102 고소작업대를 설치 및 이동하는 경우에 준수하여야 할 사항으로 옳지 않은 것은?

① 와이어로프 또는 체인의 안전율은 3 이상일 것
② 붐의 최대 지면경사각을 초과 운전하여 전도되지 않도록 할 것
③ 고소작업대를 이동하는 경우 작업대를 가장 낮게 내릴 것
④ 작업대에 끼임·충돌 등 재해를 예방하기 위한 가드 또는 과상승방지장치를 설치할 것

[정답] 99 ④ 100 ① 101 ① 102 ①

> [해설]

고소작업대의 와이어로프 및 체인의 안전율 : 5 이상

[정보제공]
산업안전보건기준에 관한규칙 제186조(고소작업대 설치 등의 조치)

[KEY] ① 2017년 3월 5일 산업기사 출제
② 2017년 9월 23일 산업기사 출제

103 건설공사의 유해·위험방지계획서 제출 기준일로 옳은 것은?

① 당해공사 착공 1개월 전까지
② 당해공사 착공 15일 전까지
③ 당해공사 착공 전날 까지
④ 당해공사 착공 15일 후까지

> [해설]

유해·위험방지계획서 제출기간
① 건설업 : 공사착공 전날까지
② 제조업 : 해당작업 시작 15일 전까지
③ 제출처 : 한국산업안전보건공단

[KEY] ① 2012년 5월 20일 건설안전기사(문제 57번) 출제
② 2016년 3월 6일 건설안전기사(문제 57번) 출제
③ 2017년 9월 23일 건설안전기사(문제 57번) 출제

[정보제공]
산업안전보건법 시행규칙 제42조(제출서류 등)

104 철골건립준비를 할 때 준수하여야 할 사항으로 옳지 않은 것은?

① 지상 작업장에서 건립준비 및 기계기구를 배치할 경우에는 낙하물의 위험이 없는 평탄한 장소를 선정하여 정비하여야 한다.
② 건립작업에 다소 지장이 있다하더라도 수목은 제거하거나 이설하여서는 안된다.
③ 사용전에 기계기구에 대한 정비 및 보수를 철저히 실시하여야 한다.
④ 기계에 부착된 앵커 등 고정장치와 기초구조 등을 확인하여야 한다.

> [해설]

장해물의 제거
① 수목이나 전주 등은 제거 또는 이설
② 이유 : 작업능률을 저하 방지

[KEY] ① 2015년 3월 8일(문제 116번) 출제
② 2019년 3월 3일(문제 108번) 출제

105 가설공사 표준안전 작업지침에 따른 통로발판을 설치하여 사용함에 있어 준수사항으로 옳지 않은 것은?

① 추락의 위험이 있는 곳에는 안전난간이나 방책을 설치하여야 한다.
② 작업발판의 최대폭은 1.6[m] 이내이어야 한다.
③ 비계발판의 구조에 따라 최대 적재하중을 정하고 이를 초과하지 않도록 하여야 한다.
④ 발판을 겹쳐 이음하는 경우 장선 위에서 이음을 하고 겹침길이는 10[cm] 이상으로 하여야 한다.

> [해설]

안전난간

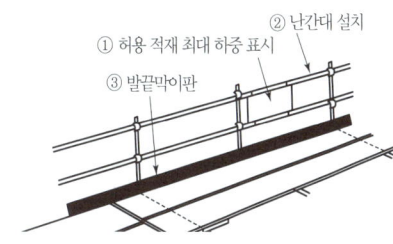

[그림] 안전난간·통로발판

[KEY] ① 2017년 9월 23일 산업기사 출제
② 2018년 3월 4일 산업기사 출제
③ 2018년 8월 19일 산업기사 출제
④ 2021년 8월 14일(문제 105번) 출제

[정보제공]
산업안전보건기준에 관한 규칙 제13조(안전난간의 구조 및 설치요건)

[정답] 103 ③ 104 ② 105 ④

106 항타기 또는 항발기의 사용 시 준수사항으로 옳지 않은 것은?

① 증기나 공기를 차단하는 장치를 작업관리자가 쉽게 조작할 수 있는 위치에 설치한다.
② 해머의 운동에 의하여 증기호스 또는 공기호스와 해머의 접속부가 파손되거나 벗겨지는 것을 방지하기 위하여 그 접속부가 아닌 부위를 선정하여 증기호스 또는 공기호스를 해머에 고정시킨다.
③ 항타기나 항발기의 권상장치의 드럼에 권상용와이어로프가 꼬인 경우에는 와이어로프에 하중을 걸어서는 안된다.
④ 항타기나 항발기의 권상장치에 하중을 건 상태로 정지하여 두는 경우에는 쐐기장치 또는 역회전방지용 브레이크를 사용하여 제동하는 등 확실하게 정지시켜 두어야 한다.

해설

항타기·항발기 안전기준
① 해머의 운동에 의하여 증기호스 또는 공기호스와 해머의 접속부가 파손되거나 벗겨지는 것을 방지하기 위하여 그 접속부가 아닌 부위를 선정하여 증기호스 또는 공기호스를 해머에 고정시킬 것
② 증기나 공기를 차단하는 장치를 해머의 운전자가 쉽게 조작할 수 있는 위치에 설치할 것
③ 사업주는 항타기나 항발기의 권상장치의 드럼에 권상용 와이어로프가 꼬인 경우에는 와이어로프에 하중을 걸어서는 아니 된다.
④ 사업주는 항타기나 항발기의 권상장치에 하중을 건 상태로 정지하여 두는 경우에는 쐐기장치 또는 역회전방지용 브레이크를 사용하여 제동하는 등 확실하게 정지시켜 두어야 한다.

KEY 2016년 10월 1일 건설안전기사(문제 117번) 출제

정보제공
산업안전보건기준에 관한 규칙 제217조(사용시의 조치 등)

107 건설업 중 유해위험방지계획서 제출대상 사업장으로 옳지 않은 것은?

① 지상높이가 31[m] 이상인 건축물 또는 인공구조물, 연면적 30,000[m²] 이상인 건축물 또는 연면적 5,000[m²] 이상의 문화 및 집회시설의 건설공사
② 연면적 3,000[m²] 이상의 냉동·냉장 창고시설의 설비공사 및 단열공사
③ 깊이 10[m] 이상인 굴착공사
④ 최대 지간길이가 50[m] 이상인 다리의 건설공사

해설

유해위험방지계획서 제출대상 건설공사
(1) 건축물 또는 시설 등의 건설·개조 또는 해체공사
　가. 지상높이가 31미터 이상인 건축물 또는 인공구조물
　나. 연면적 3만제곱미터 이상인 건축물
　다. 연면적 5천제곱미터 이상인 시설
　　① 문화 및 집회시설(전시장 및 동물원·식물원은 제외한다)
　　② 판매시설, 운수시설(고속철도의 역사 및 집배송시설은 제외한다)
　　③ 종교시설
　　④ 의료시설 중 종합병원
　　⑤ 숙박시설 중 관광숙박시설
　　⑥ 지하도상가
　　⑦ 냉동·냉장 창고시설
(2) 연면적 5천제곱미터 이상인 냉동·냉장 창고시설의 설비공사 및 단열공사
(3) 최대지간길이가 50[m] 이상인 다리건설 등 공사
(4) 터널건설 등의 공사
(5) 다목적댐, 발전용댐 및 저수용량 2천만톤 이상의 용수전용댐, 지방상수도 전용댐 건설 등의 공사
(6) 깊이 10[m] 이상인 굴착공사

KEY
① 2016년 5월 8일 기사 출제
② 2017년 3월 5일 산업기사 출제
③ 2018년 4월 28일 기사 출제
④ 2018년 8월 19일 기사·산업기사 동시 출제
⑤ 2018년 9월 15일 기사 출제
⑥ 2019년 3월 3일 기사·산업기사 동시 출제
⑦ 2019년 4월 27일 기사·산업기사 동시 출제
⑧ 2019년 8월 4일 산업기사 출제
⑨ 2019년 9월 21일 기사 출제
⑩ 2020년 8월 22일(문제 117번) 출제

정보제공
산업안전보건법시행령 제42조(유해위험방지계획서 제출대상)

[정답] 106 ① 107 ②

108 건설작업용 타워크레인의 안전장치로 옳지 않은 것은?

① 비상정지장치 ② 권과방지장치
③ 해지장치 ④ 자동보수장치

해설

크레인의 방호장치

종류	용도
권과방지 장치	양중기의 권상용 와이어로프 또는 지브등의 붐 권상용 와이어로프의 권과 방지 ㉠ 나사형 제동개폐기 ㉡ 롤러형 제동개폐기 ㉢ 캠형 제동개폐기
과부하 방지 장치	정격하중 이상의 하중 부하시 자동으로 상승정지되면서 경보음이나 경보등 발생
비상 정지장치	돌발사태 발생시 안전유지 위한 전원차단 및 크레인 급정지시키는 장치
제동 장치	운동체와 정지체의 기계적접촉에 의해 운동체를 감속하거나 정지 상태로 유지하는 기능을 하는 장치
기타 방호 장치	① 해지장치 ② 스토퍼(Stopper) ③ 이탈방지장치 ④ 안전밸브 등

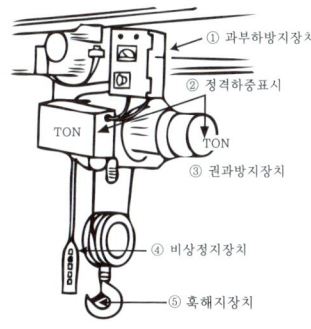

[그림] 크레인의 방호장치

KEY ① 2018년 8월 19일 기사 출제
② 2019년 3월 3일(문제 118번) 출제

109 이동식비계를 조립하여 작업을 하는 경우의 준수 사항으로 옳지 않은 것은?

① 비계의 최상부에서 작업을 할 때에는 안전난간을 설치하여야 한다.
② 작업발판의 최대적재하중은 400[kg]을 초과하지 않도록 한다.
③ 승강용 사다리는 견고하게 설치하여야 한다.
④ 작업발판은 항상 수평을 유지하고 작업발판 위에서 안전난간을 딛고 작업을 하거나 받침대 또는 사다리를 사용하여 작업하지 않도록 한다.

해설

이동식 비계 작업발판 최대적재 하중 : 250[kg] 초과 금지

KEY ① 2017년 8월 26일 출제
② 2017년 3월 5일 산업기사 출제
③ 2018년 3월 4일 출제
④ 2018년 8월 19일(문제 113번) 출제

합격정보
산업안전보건기준에 관한 규칙 제68조 (이동식비계)

110 토사붕괴원인으로 옳지 않은 것은?

① 경사 및 기울기 증가
② 성토 높이의 증가
③ 건설기계 등 하중작용
④ 토사중량의 감소

해설

토석붕괴 재해의 원인
(1) 외적 요인
  ① 사면, 법면의 경사 및 기울기의 증가
  ② 절토 및 성토 높이의 증가
  ③ 공사에 의한 진동 및 반복하중의 증가
  ④ 지표수 및 지하수의 침투에 의한 토사 중량의 증가
  ⑤ 지진, 차량, 구조물의 중량
  ⑥ 토사 및 암석의 혼합층 두께
(2) 내적 요인
  ① 절토 사면의 토질·암질
  ② 성토 사면의 토질
  ③ 토석의 강도 저하

KEY ① 2016년 5월 8일 출제
② 2019년 4월 27일 산업기사 등 10번 이상 출제

[정답] 108 ④ 109 ② 110 ④

111 건설용 리프트의 붕괴 등을 방지하기 위해 받침의 수를 증가시키는 등 안전 조치를 하여야 하는 순간풍속 기준은?

① 초당 풍속 15[m] 초과
② 초당 풍속 25[m] 초과
③ 초당 풍속 35[m] 초과
④ 초당 풍속 45[m] 초과

해설

건설작업용 리프트 붕괴 방지 풍속 : 순간 풍속 35[m/sec] 초과

KEY 2017년 5월 7일 산업기사(문제 90번) 출제

정보제공

산업안전보건기준에 관한 규칙 제154조(붕괴 등의 방지)

112 토사붕괴에 따른 재해를 방지하기 위한 흙막이 지보공 부재로 옳지 않은 것은?

① 흙막이판   ② 말뚝
③ 턴버클   ④ 띠장

해설

흙막이벽 부재(설비)의 종류
① 버팀대(strut)
② 띠장(wale)
③ 버팀대 기둥
④ 모서리 버팀대

보충학습

턴버클(turn buckle)
지지막대나 지지 와이어 로프 등의 길이를 조절하기 위한 기구, 철골 구조나 목조의 현장 조립 등에서 다시 세우거나 철근 가새 등에 사용

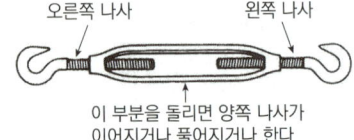

오른쪽 나사   왼쪽 나사
이 부분을 돌리면 양쪽 나사가 이어지거나 풀어지거나 한다

113 가설구조물의 특징으로 옳지 않은 것은?

① 연결재가 적은 구조로 되기 쉽다.
② 부재 결합이 간략하여 불안전 결합이다.
③ 구조물이라는 개념이 확고하여 조립의 정밀도가 높다.
④ 사용부재는 과소단면이거타 결함재가 되기 쉽다.

해설

가설 구조물의 특징
① 연결재가 부족하여 불안정해지기 쉽다.
② 부재 결합이 간략하고 불완전 결합이 많다.
③ 구조물이라는 통상의 개념이 확고하지 않아 조립의 정밀도가 낮다.
④ 부재는 과소 단면이거나 결함이 있는 재료가 사용되기 쉽다.

KEY 2022년 3월 5일(문제 106번) 출제

114 사다리식 통로 등의 구조에 대한 설치기준으로 옳지 않은 것은?

① 발판의 간격은 일정하게 할 것
② 발판과 벽과의 사이는 15[cm] 이상의 간격을 유지할 것
③ 사다리식 통로의 길이가 10[m] 이상인 때에는 7[m] 이내마다 계단참을 설치할 것
④ 사다리의 상단은 걸쳐놓은 지점으로부터 60[cm] 이상 올라가도록 할 것

해설

사다리식 통로의 길이가 10[m] 이상인 경우에는 5[m] 이내마다 계단참을 설치할 것

KEY ① 2016년 10월 1일 산업기사 출제
② 2017년 5월 7일 기사·산업기사 동시출제
③ 2018년 4월 28일 산업기사 출제
④ 2022년 3월 5일(문제 117번) 출제

합격정보

산업안전보건기준에 관한 규칙 제24조 (사다리식 통로등의 구조)

[정답] 111 ③ 112 ③ 113 ③ 114 ③

115 가설통로를 설치하는 경우 준수해야 할 기준으로 옳지 않은 것은?

① 경사는 30[°] 이하로 할 것
② 경사가 25[°]를 초과하는 경우에는 미끄러지지 아니하는 구조로 할 것
③ 건설공사에 사용하는 높이 8[m] 이상인 비계다리에는 7[m] 이내마다 계단참을 설치할 것
④ 수직갱에 가설된 통로의 길이가 15[m] 이상인 때에는 10[m] 이내마다 계단참을 설치할 것

해설
경사가 15[°]를 초과하는 경우 미끄러지지 아니하는 구조로 할 것

KEY
① 2021년 3월 7일(문제 112번) 출제
② 2022년 3월 5일(문제 104번) 출제

합격정보
산업안전보건기준에 관한 규칙 제23조(가설통로의 구조)

116 터널공사에서 발파작업 시 안전대책으로 옳지 않은 것은?

① 발파전 도화선 연결상태, 저항치 조사 등의 목적으로 도통시험 실시 및 발파기의 작동상태에 대한 사전점검 실시
② 모든 동력선은 발원점으로부터 최소한 15[m] 이상 후방으로 옮길 것
③ 지질, 암의 절리 등에 따라 화약량에 대한 검토 및 시방기준과 대비하여 안전조치 실시
④ 발파용 점화회선은 타동력선 및 조명회선과 한곳으로 통합하여 관리

해설
점화회선·타동력선·조명회선은 반드시 분리하여 관리한다.

KEY
① 2017년 9월 23일 기사·산업기사 동시출제
② 2018년 4월 28일 출제

합격정보
산업안전보건기준에 관한 규칙 제348조(발파의 작업 기준)

117 건설업 산업안전보건관리비 계상 및 사용기준은 산업재해보상 보험법의 적용을 받는 공사 중 총 공사금액이 얼마 이상인 공사에 적용하는가?(단, 전기공사업법, 정보통신공사업법에 의한 공사는 제외)

① 4천만원   ② 3천만원
③ 2천만원   ④ 1천만원

해설
제3조(적용범위) 이 고시는 「산업재해보상보험법」 제6조의 규정에 의하여 「산업재해보상보험법」의 적용을 받는 공사중 총공사금액 2천만원 이상인 공사에 적용한다. 다만, 다음 각 호의 어느 하나에 해당되는 공사중 단가계약에 의하여 행하는 공사에 대하여는 총계약금액을 기준으로 이를 적용한다.

KEY
① 2016년 3월 6일 기사 출제
② 2017년 5월 7일 산업기사 출제
③ 2017년 8월 26일 기사·산업기사 동시 출제
④ 2019년 8월 4일(문제 110번) 출제

정보제공
적용범위 : 2020년 7월 1일부터 2천만원 이상(고시2020-63호)

118 건설업의 공사금액이 850억 원일 경우 산업안전보건법령에 따른 안전관리자의 수로 옳은 것은?(단, 전체 공사기간을 100으로 할 때 공사 전·후 15에 해당하는 경우는 고려하지 않는다.)

① 1명 이상   ② 2명 이상
③ 3명 이상   ④ 4명 이상

해설
안전관리자 수
① 공사금액 60억 이상 800억 원 미만 : 1명(2022. 7. 1.기준)
② 공사금액 800억 이상 1,500억 원 미만 : 2명
③ 공사금액 1,500억 이상 2,200억 원 미만 : 3명
④ 공사금액 2,200억 이상 3,000억 원 미만 : 4명

합격정보
산업안전보건법 시행령 [별표 3] 안전관리자의 수 및 선임방법

[정답] 115 ② 116 ④ 117 ③ 118 ②

119 동바리의 침하를 방지하기 위한 직접적인 조치로 옳지 않은 것은

① 수평연결재 사용
② 받침목의 사용
③ 콘크리트의 타설
④ 말뚝박기

해설

동바리의 침하 방지를 위한 직접적인 조치 4가지
① 받침목 사용
② 깔판의 사용
③ 콘크리트 타설
④ 말뚝박기

KEY 2022년 4월 24일 건설안전기사 (문제 101번 : 지문 ②)

정보제공
산업안전보건기준에 관한 규칙 제332조(동바리 조립 시의 안전조치)

---

120 달비계를 사용하는 와이어로프의 사용금지 기준으로 옳지 않은 것은?

① 이음매가 있는 것
② 열과 전기충격에 의해 손상된 것
③ 지름의 감소가 공칭지름의 7[%]를 초과하는 것
④ 와이어로프의 한 꼬임에서 끊어진 소선의 수가 7[%] 이상인 것

해설

달비계에 사용하는 와이어로프 금지기준
① 이음매가 있는 것
② 와이어로프의 한 꼬임[스트랜드(strand)를 말한다. 이하 같다]에서 끊어진 소선(素線)[필러(pillar)선은 제외한다]의 수가 10[%] 이상(비자전로프의 경우에는 끊어진 소선의 수가 와이어로프 호칭지름의 6배 길이 이내에서 4개 이상이거나 호칭지름 30배 길이 이내에서 8개 이상)인 것
③ 지름의 감소가 공칭지름의 7[%]를 초과하는 것
④ 꼬인 것
⑤ 심하게 변형되거나 부식된 것
⑥ 열과 전기충격에 의해 손상된 것

KEY ① 2017년 3월 5일 기사 출제
② 2018년 4월 28일 산업기사 출제
③ 2019년 8월 4일(문제 116번) 출제

정보제공
산업안전보건기준에 관한 규칙 제63조(달비계의 구조)

녹색직업 녹색자격증코너

오늘이 삶의 마지막 날인 것처럼

바둑시합을 할 때 자기에게 주어진 시간을 다 쓰고 나면 초 읽기를 합니다.
이때 바둑을 두지 못하면 시합은 끝나 버리게 되는 것이지요.
삶에 있어서도 마찬가지입니다.
만약 오늘이 나의 마지막 날이라고 생각해 보십시오.
마지막 날이라면 과연 어떻게 보낼 것인가?
권태롭다고 자리에 누워 짜증만 부리지는 않을 것입니다.
때때로 자신의 삶에 대하여 마감정신을 갖는 것이 필요합니다.
그렇게 함으로써 자신을 채찍질하고 분발하는 계기로 삼는 것입니다.
사실 누구나 자기 자신의 삶이 언제 어디서 어떻게 마감될지 모릅니다.
때문에 철저하게 마감정신을 가지고 살아야 합니다.
이렇게 살다 보면 더욱 성실한 태도, 애정 어린 태도가 나타납니다.

두렵건데 마지막에 이르러 네 몸 네 육체가 쇠패할 때에
네가 한탄하여(잠언 5:11)

[정답] 119 ① 120 ④

건설안전기사 필기

2023년 02월 28일 CBT시행 **제1회**

2023년 06월 04일 CBT시행 **제2회**

2023년 09월 02일 CBT시행 **제4회**

2023년도 기사 정기검정 제1회 (2023년 2월 28일 시행)

자격종목 및 등급(선택분야)
건설안전기사

종목코드	시험시간	수험번호	성명
1440	3시간	20230228	도서출판세화

※ 본 문제는 복원문제 및 예적(예상적중) 문제로 실제문제와 동일하지 않을 수 있습니다.

1 산업안전관리론

01 재해예방의 4원칙이 아닌 것은?
① 손실필연의 원칙 ② 원인계기의 원칙
③ 예방가능의 원칙 ④ 대책선정의 원칙

해설

재해예방 4원칙
① 예방가능의 원칙
② 손실우연의 원칙
③ 원인계기(연계)의 원칙
④ 대책선정의 원칙

KEY ① 2016년 5월 8일 산업기사 출제
② 2016년 10월 1일 기사 출제
③ 2017년 3월 5일 기사 출제
④ 2017년 5월 7일 산업기사 출제
⑤ 2017년 9월 23일 기사 출제
⑥ 2018년 1회 출제

02 다음 중 시설물의 안전 및 유지관리에 관한 특별법상 시설물 정기안전점검의 실시 시기로 옳은 것은?
① 반기에 1회 이상 ② 1년에 1회 이상
③ 2년에 1회 이상 ④ 3년에 1회 이상

해설

시설물안전관리 특별법상 안전점검 및 정밀안전단의 실시 시기
① 정기점검 : A, B, C 등급은 반기에 1회 이상
② 긴급점검 : 관리주체가 필요하다고 판단할 때 또는 관계 행정기관의 장이 필요하다고 판단하여 관리주체에게 긴급점검을 요청할 때
③ 정밀점검

KEY ① 2011년 10월 2일 기사 출제
② 2018년 9월 15일 기사 출제
③ 2019년 4월 27일 기사 출제
④ 2020년 1회 출제

03 연평균 200명의 근로자가 작업하는 사업장에서 연간 2건의 재해가 발생하여 사망이 2명, 50일의 휴업일수가 발생했을 때, 이 사업장의 강도율은?(단, 근로자 1명당 연간 근로시간은 2,400시간으로 한다.)
① 약 15.7 ② 약 31.3
③ 약 65.5 ④ 약 74.3

해설

강도율 $= \dfrac{\text{총요양근로 손실일수}}{\text{연근로시간수}} \times 1,000$

$= \dfrac{(7,500 \times 2) + \left(50 \times \dfrac{300}{365}\right)}{200 \times 2,400} \times 1,000 = 31.33$

KEY ① 2016년 3월 6일 산업기사 출제
② 2016년 10월 1일 출제
③ 2017년 3월 5일 출제
④ 2017년 8월 26일, 9월 23일 산업기사 출제
⑤ 2018년 3월 4일 산업기사 출제
⑥ 2018년 4월 28일 출제
⑦ 2019년 3월 3일, 4월 27일, 8월 4일 출제
⑧ 2019년 9월 21일 산업기사 출제
⑨ 2020년 6월 7일 출제
⑩ 2020년 8월 23일 산업기사 출제

보충학습

그 밖의 총요양 근로손실일수 계산
① 병원에 입원가료시는 입원일수 $\times \dfrac{300}{365}$
② 휴업일수(요양일수) $\times \dfrac{300}{365}$

[표] 신체 장해 노동손실일수

신체장해 등급	4	5	6	7	8	9	10	11	12	13	14
손실일수	5,500	4,000	3,000	2,200	1,500	1,000	600	400	200	100	50

※사망자 및 장해등급 1, 2, 3급의 노동(근로)손실일수 : 7,500일

합격정보
산업재해통계업무처리규정 제3조(산업재해통계의 산출 방법 및 정의)

[정답] 01 ① 02 ① 03 ②

04 무재해운동 추진의 3대 기둥으로 볼 수 없는 것은?

① 최고경영자의 경영자세
② 노동조합의 협의체 구성
③ 직장 소집단 자주 활동의 활성화
④ 관리감독자에 의한 안전보건의 추진

해설

무재해운동의 추진 3기둥(요소)
① 최고경영자의 안전경영자세
② 관리감독자에 의한 안전보건의 추진
③ 직장소집단 자주안전 활동의 활성화

KEY
① 2016년 3월 6일 기사 출제
② 2016년 5월 8일 기사 출제
③ 2017년 3월 5일 기사 출제
④ 2017년 5월 7일 기사 출제

05 산업안전보건법령상 중대재해에 해당되지 않는 것은?

① 사망자가 2명 발생한 재해
② 부상자가 동시에 7명 발생한 재해
③ 직업성질병자가 동시에 11명 발생한 재해
④ 3개월 이상의 요양이 필요한 부상자가 동시에 3명 발생한 재해

해설

중대재해의 종류
① 사망자가 1명 이상 발생한 재해
② 3개월 이상의 요양이 필요한 부상자가 동시에 2명 이상 발생한 재해
③ 부상자 또는 직업성질병자가 동시에 10명 이상 발생한 재해

KEY 2016년 1회 기사 출제

[정보제공]
산업안전보건법 시행규칙 제3조(중대재해의 범위)

06 재해의 발생형태 중 재해자 자신의 움직임·동작으로 인하여 기인물에 부딪히거나, 물체가 고정부를 이탈하지 않은 상태로 움직임 등에 의하여 발생한 경우를 무엇이라고 하는가?

① 비래
② 전도
③ 충돌
④ 협착

해설

산업재해용어 정의(KOSHA CODE)

종류	세부내용
추락 (떨어짐)	사람이 인력(중력)에 의하여 건축물, 구조물, 가설물, 수목, 사다리 등의 높은 장소에서 떨어지는 것
전도(넘어짐) ·전복	사람이 거의 평면 또는 경사면, 층계 등에서 구르거나 넘어짐 또는 미끄러진 경우와 물체가 전도·전복된 경우
붕괴·도괴	토사, 적재물, 구조물, 가설물 등이 전체적으로 허물어져 내리거나 또는 주요 부분이 꺾여져 무너지는 경우
충돌 (부딪힘) ·접촉	재해자 자신의 움직임·동작으로 인하여 기인물에 접촉 또는 부딪히거나, 물체가 고정부에서 이탈하지 않은 상태로 움직임(규칙, 불규칙) 등에 의하여 접촉·충돌한 경우
낙하·비래 (맞음)	구조물, 기계 등에 고정되어 있던 물체가 중력, 원심력, 관성력 등에 의하여 고정부에서 이탈하거나 또는 설비 등으로부터 물질이 분출되어 사람을 가해하는 경우
협착(끼임) ·감김	두 물체 사이의 움직임에 의하여 일어난 것으로 직선 운동하는 물체 사이의 협착, 회전부와 고정체 사이의 끼임, 롤러 등 회전체 사이에 물리거나 또는 회전체·돌기부 등에 감긴 경우

KEY 2013년 1회 출제

07 산업안전보건법령상 상시근로자 20명 이상 50명 미만인 사업장 중 안전보건관리담당자를 선임하여야 하는 업종이 아닌 것은?(단, 안전관리자 및 보건관리자가 선임되지 않은 사업장으로 한다.)

① 임업
② 제조업
③ 건설업
④ 환경 정화 및 복원업

해설

안전보건관리담당자의 선임 등
다음 각 호의 어느 하나에 해당하는 사업의 사업주는 상시근로자 20명 이상 50명 미만인 사업장에 안전보건관리담당자를 1명 이상 선임해야 한다.
① 제조업
② 임업
③ 하수, 폐수 및 분뇨 처리업
④ 폐기물 수집, 운반, 처리 및 원료 재생업
⑤ 환경 정화 및 복원업

KEY 2022년 1회 출제

[합격정보]
산업안전보건법 시행령 제24조(안전보건관리 담당자 선임 등)

[정답] 04 ② 05 ② 06 ③ 07 ③

과년도 출제문제

08 다음 중 하인리히의 사고예방대책 기본원리 5단계에 있어 "시정방법의 선정" 바로 이전 단계에서 행하여지는 사항은?

① 분석·평가
② 안전관리 조직
③ 현상파악
④ 시정책의 적용

해설

하인리히의 사고예방대책 기본원리 5단계
① 제1단계 : 안전관리조직
② 제2단계 : 사실의 발견
③ 제3단계 : 분석·평가
④ 제4단계 : 시정방법의 선정
⑤ 제5단계 : 시정책의 적용

KEY 2015년 1회 출제

---

09 산업안전보건법령상 안전보건표지 중 색채와 색도기준의 연결이 옳은 것은?

① 흰색 : N0.5
② 녹색 : 5G 5.5/6
③ 빨간색 : 5R 4/12
④ 파란색 : 2.5PB 4/10

해설

안전보건표지의 색채, 색도기준 및 용도

색채	색도기준	용도	사용(예)
빨간색	7.5R 4/14	금지	정지신호, 소화설비 및 그 장소, 유해행위의 금지
		경고	화학물질 취급장소에서의 유해·위험 경고
노란색	5Y 8.5/12	경고	화학물질 취급장소에서의 유해·위험 경고, 이외 위험 경고, 주의표지 또는 기계방호물
파란색	2.5PB 4/10	지시	특정 행위의 지시 및 사실의 고지
녹색	2.5G 4/10	안내	비상구 및 피난소, 사람 또는 차량의 통행표지
흰색	N9.5		파란색 또는 녹색에 대한 보조색
검은색	N0.5		문자 및 빨간색 또는 노란색에 대한 보조색

KEY ① 2016년 10월 1일 기사, 산업기사 동시 출제
② 2017년 1회 출제

정보제공
산업안전보건법 시행규칙 [별표 8] 안전보건표지의 색채, 색도기준 및 용도

---

10 A사업장에서 무상해·무사고 고장이 300건 발생하였다면 버드(Frank Bird)의 재해구성비율에 따를 경우 경상은 몇 건이 발생하였겠는가?

① 5
② 10
③ 15
④ 20

해설

버드 이론 1 : 10 : 30 : 600의 법칙

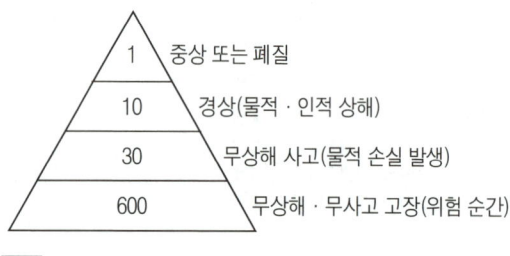

KEY 2011년 1회 출제

---

11 재해의 원인분석방법 중 통계적 원인분석 방법으로 사고의 유형, 기인물 등 분류 항목을 큰 순서대로 도표화하는 것은?

① 특성요인도
② 크로스도
③ 파레토도
④ 관리도

해설

파레토도(Pareto diagram)
① 관리 대상이 많은 경우 최소의 노력으로 최대의 효과를 얻을 수 있는 방법
② 분류항목을 큰 값에서 작은 값의 순서로 도표화하는 데 편리

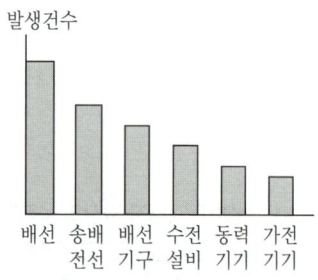

[그림] 전기설비별 감전사고 분포(파레토도)

KEY 2017년 8월 26일 산업기사 출제

[정답] 08 ① 09 ④ 10 ① 11 ③

읽을거리

파레토도

이탈리아 경제학자 파레토의 이름을 따서 만든 것으로 이 분석의 목적은 발생 사례를 중요 정도에 따라 분류해서 가장 중요한 것의 해결에 먼저 중점을 두고 있다. 이 분석은 대부분의 80% 문제는 20% 항목에서 발생한다고 해서 80:20법칙이라고 한다.

---

12 산업안전보건법에 따라 공정안전보고서에 포함되어야 하는 사항 중 공정안전자료의 세부내용에 해당하는 것은?

① 공정위험성평가서
② 안전운전지침서
③ 건물·설비의 배치도
④ 도급업체 안전관리계획

해설

공정안전자료 세부내용
① 취급·저장하고 있거나 취급·저장하고자 하는 유해·위험물질의 종류 및 수량
② 유해·위험물질에 대한 물질안전보건자료
③ 유해·위험설비의 목록 및 사양
④ 유해·위험설비의 운전방법을 알 수 있는 공정도면
⑤ 각종 건물·설비의 배치도
⑥ 폭발위험장소 구분도 및 전기단선도
⑦ 위험설비의 안전설계·제작 및 설치관련 지침서

KEY 2015년 1회 출제

합격정보
산업안전보건법 시행규칙 제50조(공정안전보고서의 세부내용 등)

---

13 상해의 종류 중 압좌, 충돌, 추락 등으로 인하여 외부의 상처 없이 피하조직 또는 근육부 등 내부조직이나 장기가 손상받은 상해를 무엇이라 하는가?

① 부종   ② 자상
③ 창상   ④ 좌상

해설

좌상(타박상, 삠)
① 압좌, 충돌, 추락의 원인
② 피하조직, 근육부, 내부조직 및 장기손상 상해

KEY 2014년 1회 출제

---

14 산업안전보건법령상 안전보건관리규정을 작성해야 할 사업의 종류를 모두 고른 것은? (단, ㄱ~ㅁ은 상시근로자 300명 이상의 사업이다.)

ㄱ. 농업
ㄴ. 정보서비스업
ㄷ. 금융 및 보험업
ㄹ. 사회복지 서비스업
ㅁ. 과학 및 기술 연구개발업

① ㄴ, ㄹ, ㅁ
② ㄱ, ㄴ, ㄷ, ㄹ
③ ㄱ, ㄴ, ㄷ, ㅁ
④ ㄱ, ㄷ, ㄹ, ㅁ

해설

안전보건관리규정을 작성하여야 할 사업의 종류 및 상시 근로자수

사업의 종류	상시 근로자수
1. 농업 2. 어업 3. 소프트웨어 개발 및 공급업 4. 컴퓨터 프로그래밍, 시스템 통합 및 관리업 4의2. 영상·오디오물 제공 서비스업 5. 정보서비스업 6. 금융 및 보험업 7. 임대업;부동산 제외 8. 전문, 과학 및 기술 서비스업(연구개발업은 제외한다) 9. 사업지원 서비스업 10. 사회복지 서비스업	상시 근로자 300명 이상을 사용하는 사업장
11. 제1호부터 제4호까지, 제4의 2 및 제5호부터 제10호까지의 사업을 제외한 사업	상시 근로자 100명 이상을 사용하는 사업장

KEY ① 2020년 6월 7일(문제 4번) 출제
② 2021년 3월 7일(문제 5번) 출제

정보제공
산업안전보건법 시행규칙 [별표 2]

[정답] 12 ③ 13 ④ 14 ②

15 재해사례연구의 진행순서로 옳은 것은?

① 재해 상황의 파악 → 사실의 확인 → 문제점 발견 → 근본적 문제점 결정 → 대책 수립
② 사실의 확인 → 재해 상황의 파악 → 근본적 문제점 결정 → 문제점 발견 → 대책 수립
③ 문제점 발견 → 사실의 확인 → 재해 상황의 파악 → 근본적 문제점 결정 → 대책 수립
④ 재해 상황의 파악 → 문제점 발견 → 근본적 문제점 결정 → 대책 수립 → 사실의 확인

해설

재해사례연구의 진행순서
① 전제조건 : 재해 상황의 파악
② 1단계 : 사실의 확인
③ 2단계 : 문제점의 발견
④ 3단계 : 근본적 문제점 결정
⑤ 4단계 : 대책 수립

KEY
① 2016년 10월 1일 기사 출제
② 2017년 9월 23일 기사 출제
③ 2018년 3월 4일 기사·산업기사 동시 출제
④ 2018년 8월 19일 기사 출제
⑤ 2018년 9월 15일 기사 출제

16 다음 중 안전관리조직에 있어 직계(라인)형의 특징으로 옳은 것은?

① 독립된 안전참모조직을 보유하고 있다.
② 대규모의 사업장에 적합하다.
③ 안전지시나 명령이 신속히 수행된다.
④ 안전지식이나 기술축적이 용이하다.

해설

직계(라인)형의 특징

도해	장점	단점	비고
line형 조직 경영자 생산지시 / 안전지시 작업자	① 안전에 관한 명령과 지시는 생산 라인을 통해 신속·정확히 전달 실시된다. ② 중소규모 기업에 활용된다.	① 안전 전문 입안이 되어 있지 않아 내용이 빈약하다. ② 안전의 정보가 불충분하다.	① 근로자 100명 이하 사업장에 적합하다. ② 생산과 안전을 동시에 지시한다.

KEY 2014년 1회 출제

17 재해손실비 중 직접비가 아닌 것은?

① 휴업 보상비   ② 요양 보상비
③ 장의비   ④ 영업손실비

해설

직접비와 간접비

직접비(법적으로 지급되는 산재보상비)		간접비 (직접비 제외한 모든 비용)
구분	적용	
요양급여	요양비 전액(진찰, 약제, 처치·수술기타치료, 의료시설수용, 간병, 이송 등)	인적손실 물적손실 생산손실 임금손실 시간손실 기타손실 등
휴업급여	1일당 지급액은 평균임금의 100분의 70에 상당하는 금액	
장해급여	장해등급에 따라 장해보상연금 또는 장해보상일시금으로 지급	
간병급여	요양급여 받은 자가 치유후 간병이 필요하여 실제로 간병을 받는 자에게 지급	
유족급여	근로자가 업무상사유로 사망한 경우 유족에게 지급(유족보상연금 또는 유족보상일시금)	
상병보상연금	요양개시후 2년 경과된 날 이후에 다음의 상태가 계속되는 경우 지급 ① 부상 또는 질병이 치유되지 아니한 상태 ② 부상 또는 질병에 의한 폐질의 정도가 폐질등급기준에 해당	
장의비	평균임금의 120일분에 상당하는 금액	
기타 비용	상해특별급여, 유족특별급여(민법에 의한 손해배상 청구)	

KEY
① 2016년 5월 8일 산업기사 출제
② 2017년 1회 출제

18 산업안전보건법령상 안전인증대상기계등이 아닌 것은?

① 곤돌라   ② 연삭기
③ 사출성형기   ④ 고소 작업대

해설

안전인증 기계 및 설비의 종류
① 프레스   ② 전단기 및 절곡기
③ 크레인   ④ 리프트
⑤ 압력용기   ⑥ 롤러기
⑦ 사출성형기   ⑧ 고소 작업대
⑨ 곤돌라

[정답] 15 ① 16 ③ 17 ④ 18 ②

KEY ① 2011년 3월 7일, 5월 7일 출제
② 2017년 3월 5일 기사, 산업기사 출제
③ 2018년 3월 4일 출제
④ 2019년 3월 3일 출제
⑤ 2020년 8월 22일 출제

합격정보
산업안전보건법 시행령 제74조(안전인증대상기계 등)

19 보호구 안전인증 고시에 따른 안전화 종류에 해당하지 않는 것은?

① 경화안전화 ② 발등안전화
③ 정전기안전화 ④ 고무제안전화

해설
안전화의 종류
① 가죽제 안전화 : 낙하·충격, 찔림 방지
② 고무제 안전화 : 낙하·충격, 찔림, 방수
③ 정전기 안전화 : 낙하·충격, 찔림, 정전기 방지
④ 발등 안전화 : 낙하·충격, 찔림으로부터 발 및 발등 보호
⑤ 절연화 : 낙하·충격, 찔림, 저압전기에 의한 감전 방지
⑥ 절연장화 : 고압에 의한 감전 방지 및 방수
⑦ 화학물질용 안전화 : 물체의 낙하, 충격 또는 날카로운 물체에 의한 찔림 위험으로부터 발을 보호하고 화학물질로부터 유해위험을 방지

KEY ① 2015년 9월 19일 문제18번 출제
② 2019년 1회 출제

정보제공
보호구안전인증고시 제2020-35호(2020.1.15)

20 안전관리는 PDCA 사이클의 4단계를 거쳐 지속적인 관리를 수행하여야 하는데 다음 중 PDCA 사이클의 4단계를 잘못 나타낸 것은?

① P : Plan ② D : Do
③ C : Check ④ A : Analysis

해설
PDCA사이클
계획(plan) → 실시(do) → 검토(check) → 조치(action)

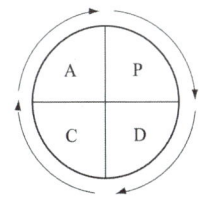

[그림] 안전관리 4-cycle

KEY 2016년 1회 출제

2 산업심리 및 교육

21 O.J.T(On the Job training)의 특징에 관한 설명으로 틀린 것은?

① 다수의 근로자에게 조직적 훈련이 가능하다.
② 상호 신뢰 및 이해도가 높아진다.
③ 개개인에게 적절한 지도훈련이 가능하다.
④ 직장의 실정에 맞게 실제적 훈련이 가능하다.

해설
OJT의 특징
① 개개인에게 적절한 지도훈련이 가능하다.
② 직장의 실정에 맞게 구체적이고 실제적 훈련이 가능하다.
③ 즉시 업무에 연결되는 관계로 몸과 관련이 있다.
④ 훈련에 필요한 업무의 계속성이 끊어지지 않는다.
⑤ 효과가 곧 업무에 나타나며 훈련의 좋고 나쁨에 따라 개선이 쉽다.
⑥ 훈련효과를 보고 상호 신뢰, 이해도가 높아지는 것이 가능하다.

KEY ① 2016년 10월 1일 기사 출제
② 2017년 3월 5일, 5월 7일기사 출제
③ 2017년 9월 23일 기사·산업기사 동시 출제
④ 2018년 3월 4일, 8월 19일 기사·산업기사 동시 출제

22 주의(attention)에 대한 설명으로 틀린 것은?

① 주의력의 특성은 선택성, 변동성, 방향성으로 표현된다.
② 한 자극에 주의를 집중하여도 다른 자극에 대한 주의력은 약해지지 않는다.
③ 여러 종류의 자극을 지각할 때 소수의 특정한 것을 선택하여 집중한다.
④ 의식작용이 있는 일에 집중하거나 행동의 목적에 맞추어 의식수준이 집중되는 심리상태를 말한다.

[정답] 19 ① 20 ④ 21 ① 22 ②

해설

주의의 특성
① 주의력의 단속(변동)성(고도의 주의는 장시간 지속 불능)
② 주의력의 중복집중의 곤란(주의는 동시에 두 개 이상의 방향을 잡지 못함)
③ 주의를 집중한다는 것은 좋은 태도라 할 수 있으나 반드시 최상이라 할 수는 없다.
④ 한 지점에 주의를 집중하면 다른 곳의 주의는 약해진다.

KEY
① 2017년 5월 7일 기사 출제
② 2019년 3월 3일 기사 출제
③ 2020년 1회 출제

---

23 다음에서 설명하는 리더십의 유형은?

> 과업 완수와 인간관계 모두에 있어 최대한의 노력을 기울이는 리더십 유형

① 과업형 리더십
② 이상형 리더십
③ 타협형 리더십
④ 무관심형 리더십

해설

관리격자 모형이론
① 블레이크(R.R.Blake)와 모튼(J.S.Mouton)은 조직구성원의 기본적인 관심을 업적에 대한 관심과 인간에 대한 관심의 두 가지에 두고서 관리 스타일을 측정하는 그리드(grid) 이론을 전개하였다.
② X축과 Y축을 각각 1에서 9까지의 점으로 구분하여 1을 관심의 최저, 9를 관심도의 최고로 나타내었다. 그리고 각 점을 중심으로 직선을 서로 직교시킴으로써 합계 $9 \times 9 = 81$개의 격자도를 만들었다.

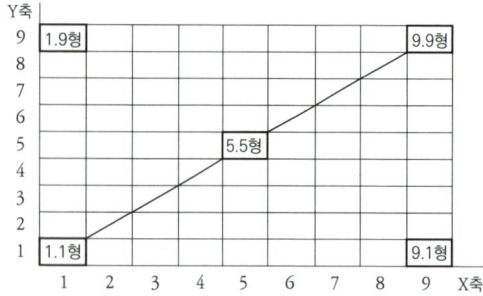

KEY
① 2016년 10월 1일 출제
② 2018년 8월 19일 출제
③ 2022년 3월 5일 출제

---

24 매슬로우(Maslow)의 욕구 5단계를 낮은 단계에서 높은 단계의 순서대로 나열한 것은?

① 생리적 욕구 → 안전 욕구 → 사회적 욕구 → 자아실현의 욕구 → 인정의 욕구
② 생리적 욕구 → 안전 욕구 → 사회적 욕구 → 인정의 욕구 → 자아실현의 욕구
③ 안전 욕구 → 생리적 욕구 → 사회적 욕구 → 자아실현의 욕구 → 인정의 욕구
④ 안전 욕구 → 생리적 욕구 → 사회적 욕구 → 인정의 욕구 → 자아실현의 욕구

해설

Maslow의 욕구단계이론
① 1단계 생리적 욕구 : 기아, 갈증, 호흡, 배설, 성욕 등 인간의 가장 기본적인 욕구(종족보존)
② 2단계 안전욕구 : 안전을 구하려는 욕구
③ 3단계 사회적 욕구 : 애정, 소속에 대한 욕구(친화욕구)
④ 4단계 인정을 받으려는 욕구 : 자기 존경의 욕구로 자존심, 명예, 성취, 지위에 대한 욕구(승인의 욕구)
⑤ 5단계 자아실현의 욕구 : 잠재적인 능력을 실현하고자 하는 욕구(성취욕구)

KEY
① 2016년 3월 6일 산업기사 출제
② 2016년 5월 8일 출제
③ 2016년 8월 21일, 10월 1일 기사·산업기사 출제
④ 2017년 3월 5일, 5월 7일 출제
⑤ 2018년 3월 4일 산업기사 출제
⑥ 2018년 4월 28일 기사·산업기사 출제
⑦ 2018년 8월 19일, 9월 15일 산업기사 출제
⑧ 2019년 3월 3일, 8월 4일 출제
⑨ 2019년 4월 27일 기사·산업기사 출제
⑩ 2020년 6월 14일 산업기사 출제
⑪ 2020년 9월 27일 출제

---

25 산업안전보건법상 사업 내 산업안전보건 관련교육에 있어 건설 일용근로자의 건설업 기초안전보건교육시간으로 맞는 것은?

① 1시간 이상
② 2시간 이상
③ 3시간 이상
④ 4시간 이상

해설

건설업 기초안전보건교육시간 : 4시간 이상

KEY 2018년 1회 출제

[정답] 23 ② 24 ② 25 ④

[정보제공]
산업안전보건법시행규칙 [별표 4] 산업안전보건관련 교육과정별 교육시간

26. 다음 중 심포지엄(symposium)에 관한 설명으로 가장 적절한 것은?

① 먼저 사례를 발표하고 문제적 사실들과 그의 상호 관계에 대하여 검토하고 대책을 토의하는 방법
② 몇 사람의 전문가에 의하여 과제에 관한 견해를 발표하게 한 뒤에 참가자로 하여금 의견이나 질문을 하게 하여 토의하는 방법
③ 새로운 교재를 제시하고 거기에서의 문제점을 피교육자로 하여금 제기하게 하거나, 의견을 여러 가지 방법으로 발표하게 하고 다시 깊이 파고들어서 토의하는 방법
④ 패널 멤버가 피교육자 앞에서 자유로이 토의하고, 뒤에 피교육자 전원이 참가하여 사회자의 사회에 따라 토의하는 방법

[해설]
토의식 교육방법
① 사례 연구법 ② 심포지엄 ③ 포럼 ④ 패널디스커션

[참고] 건설안전기사 필기 p.2-68(1. 토의식 교육방법)

[KEY] 2016년 1회 출제

27. 다음 중 데이비스(K. Davis)의 동기부여이론에서 인간의 "능력(ability)"을 나타내는 것은?

① 지식(knowledge) × 기능(skill)
② 지식(knowledge) × 태도(attitude)
③ 기능(skill) × 상황(situation)
④ 상황(situation) × 태도(attitude)

[해설]
데이비스(K. Davis)의 동기부여이론 등식
① 경영의 성과 = 인간의 성과 × 물질의 성과
② 능력(ability) = 지식(knowledge) × 기능(skill)
③ 동기유발(motivation) = 상황(situation) × 태도(attitude)
④ 인간의 성과(human performance) = 능력 × 동기유발

[KEY] 2015년 1회 출제

28. 집중발상법(brain storming)의 기본 규칙들 중 틀린 것은?

① 아이디어는 많을수록 좋다.
② 떠오르는 아이디어는 어떤 것이든 관계없이 표현토록 한다.
③ 아이디어 산출과정에서, 모든 아이디어는 어떤 방식으로든 평가해야 한다.
④ 구성원들은 가능한 한 다른 사람의 아이디어를 수정하고 확장하려고 노력해야 한다.

[해설]
집중발상법(BS : Brain Storming)의 4원칙
① 비판금지(criticism is ruled out) : 좋다, 나쁘다 비판은 하지 않는다.
② 자유분방(free wheeling) : 마음대로 자유로이 발언한다.
③ 대량발언(quantity is wanted) : 무엇이든 좋으니 많이 발언한다.
④ 수정발언(combination and improvement of thought) : 타인의 생각에 동참하거나 보충 발언해도 좋다.

[KEY] 2017년 1회 출제

29. 인간의 안전심리 5요소 중 습관에 직접 영향을 미치는 요소와 가장 거리가 먼 것은?

① 동기 ② 피로
③ 감정 ④ 습성

[해설]
안전심리의 5요소
① 동기
② 기질
③ 감정
④ 습관
⑤ 습성

[KEY] 2013년 1회 출제

[보충학습]
습관의 4요소
동기, 기질, 감정, 습성

[정답] 26 ② 27 ① 28 ③ 29 ②

과년도 출제문제

30 맥그리거(Douglas McGregor)의 Y이론에 해당되는 것은?

① 인간은 게으르다.
② 인간은 남을 잘 속인다.
③ 인간은 남에게 지배받기를 즐긴다.
④ 인간은 부지런하고 근면하며, 적극적이고 자주적이다.

해설

Y 이론의 특징
① 상호 신뢰감
② 성선설
③ 인간은 부지런하고 근면 적극적이며 자주적이다.
④ 정신욕구(고차원 욕구)
⑤ 목표 통합과 자기통제에 의한 자율관리
⑥ 선진국형

KEY ① 2016년 3월 6일, 5월 8일 출제
② 2017년 9월 23일 기사 출제
③ 2018년 3월 4일 기사 출제

31 인간의 착각 현상 중 영화의 영상방법과 같이 객관적으로 정지되어 있는 대상에 시간적 간격을 두고 연속적으로 보이거나 소멸시킬 경우 운동하는 것처럼 인식되는 것을 무엇이라 하는가?

① 가현운동
② 자동운동
③ 왕복운동
④ 점멸운동

해설

가현운동(β운동)
① 객관적으로 정지하고 있는 대상물이 급속히 나타나든가 소멸하는 것으로 인하여 일어나는 운동으로 마치 대상물이 운동하는 것처럼 인식되는 현상을 말한다.
② 영화의 영상은 가현운동(β운동)을 활용한 것이다.

KEY 2011년 1회 출제

32 다른 사람의 행동 양식이나 태도를 자기에게 투입하거나 그와 반대로 다른 사람 가운데서 자기의 행동 양식이나 태도와 비슷한 것을 발견하는 것을 무엇이라 하는가?

① 모방(Imitation)
② 투사(Projection)
③ 암시(Suggestion)
④ 동일시(Identification)

해설

동일화(동일시 : identification)
① 다른 사람의 행동 양식이나 태도를 투입시키거나 다른 사람 가운데서 자기와 비슷한 점을 발견하는 것
② 부모나 형 등의 중요한 인물들의 태도나 행동을 따라 하는 것

KEY 2018년 1회 출제

33 안전교육방법 중 수업의 도입이나 초기단계에 적용하며, 단시간에 많은 내용을 교육하는 경우에 사용되는 방법으로 가장 적절한 것은?

① 시범
② 강의법
③ 반복법
④ 토의법

해설

안전지도 방법의 최적수업 방법
① 도입 : 강의법(단시간 많은 내용교육), 시범법, 반복법
② 정리 : 자율학습법
③ 전개, 정리 : 반복법, 토의법, 실연법
④ 도입, 전개, 정리 : 프로그램학습법, 모의학습법, 학생상호학습법

KEY 2015년 1회 출제

34 리더십의 권한에 있어 조직이 리더에게 부여하는 권한이 아닌 것은?

① 위임된 권한
② 강압적 권한
③ 보상적 권한
④ 합법적 권한

[정답] 30 ④ 31 ① 32 ④ 33 ② 34 ①

> **해설**

리더십의 권한
(1) 조직이 지도자(리더)에게 부여하는 권한
  ① 보상적 권한
  ② 강압적 권한
  ③ 합법적 권한
(2) 지도자자신이 자신에게 부여하는 권한(부하직원들의 존경심)
  ① 위임된 권한
  ② 전문성의 권한

KEY ▶ 2012년 1회 출제

35 교육심리학의 연구방법 중 인간의 내면에서 일어나고 있는 심리적 사고에 대하여 사물을 이용하여 인간의 성격을 알아보는 방법은?

① 투사법 ② 면접법
③ 실험법 ④ 질문지법

> **해설**

투사(projection : 투출)형
자기 속의 억압된 것을 다른 사람의 것으로 생각하는 것
예 ① 안되면 조상 탓 ② 서투른 무당이 장구 탓

KEY ▶ ① 2016년 3월 6일 출제
② 2016년 10월 1일 산업기사 출제
③ 2019년 4월 27일(문제 27번) 출제

36 사고의 경향에 있어 상황성 누발자와 소질성 누발자로 구분할 때 다음 중 상황성 누발자에 속하는 경우에 해당하는 것은?

① 주의력이 산만한 경우
② 심신에 근심이 있는 경우
③ 도덕성이 결여된 경우
④ 감각운동이 부적합한 경우

> **해설**

상황성 누발자의 재해유발원인
① 작업이 어렵기 때문에
② 기계설비의 결함이 있기 때문에
③ 환경상 주의력 집중이 곤란하기 때문에
④ 심신에 근심이 있기 때문에

KEY ▶ ① 2008년 9월 7일(문제 25번)
② 2011년 6월 12일(문제 35번)

37 교육의 본질적 면에서 본 교육의 기능과 관련이 없는 것은?

① 사회적 기능
② 보수적 기능
③ 개인 완성으로서의 기능
④ 문화전달과 창조적 기능

> **해설**

교육의 본질적 기능 4가지
① 인간형성(개인 완성) 작용으로서의 기능
② 가치형성 작용으로서의 기능
③ 문화전달 및 문화형성 작용으로서의 기능
④ 사회화 과정으로서의 기능

KEY ▶ 2017년 1회 출제

38 에너지소비량(RMR)의 산출방법으로 맞는 것은?

① $\dfrac{\text{작업시의 소비에너지} - \text{기초대사량}}{\text{안정시 소비에너지}}$

② $\dfrac{\text{전체 소비에너지} - \text{작업시의 소비에너지}}{\text{기초대사량}}$

③ $\dfrac{\text{작업시의 소비에너지} - \text{안정시의 소비에너지}}{\text{기초대사량}}$

④ $\dfrac{\text{작업시의 소비에너지} - \text{안정시의 소비에너지}}{\text{안정시의 소비에너지}}$

> **해설**

RMR(Relative Metabolic Rate)

$$\text{RMR} = \dfrac{\text{노동대사량}}{\text{기초대사량}} = \dfrac{\text{작업시의 소비 energy} - \text{안정시 소비 energy}}{\text{기초대사량}}$$

KEY ▶ ① 2016년 3월 6일 산업기사 출제
② 2020년 1회 출제

[정답] 35 ① 36 ② 37 ② 38 ③

39 다음 중 교육지도의 원칙과 가장 거리가 먼 것은?

① 한 번에 한 가지씩 교육을 실시한다.
② 쉬운 것부터 어려운 것으로 실시한다.
③ 과거부터 현재, 미래의 순서로 실시한다.
④ 적게 사용하는 것에서 많이 사용하는 순서로 실시한다.

해설

교육지도 원칙
① 한 번에 한 가지씩 교육을 실시한다.
② 쉬운 것부터 어려운 것으로 실시한다.
③ 과거부터 현재, 미래의 순서로 실시한다.
④ 많이 사용하는 것에서 적게 사용하는 순서로 한다.

KEY ▶ 2016년 1회 출제

40 몹시 피로하거나 단조로운 작업으로 인하여 의식이 뚜렷하지 않은 상태의 의식 수준으로 옳은 것은?

① Phase Ⅰ   ② Phase Ⅱ
③ Phase Ⅲ   ④ Phase Ⅳ

해설

의식 레벨의 단계적 분류(日本 하시모토 쿠니에 제시)

phase	의식의 상태	주의의 작용
0	무신경, 실신(무의식상태)	0
Ⅰ	이상, 의식불명(피로)	부주의
Ⅱ	정상	수동적, 심적내향
Ⅲ	정상, 명쾌	적극적, 심적외향
Ⅳ	과긴장	일점에 고집

KEY ▶ ① 2016년 10월 1일 산업기사 출제
② 2017년 5월 7일 출제
③ 2018년 4월 28일 출제
④ 2018년 9월 15일 산업기사 출제
⑤ 2019년 3월 3일 출제
⑥ 2020년 9월 27일 출제

3 인간공학 및 시스템안전공학

41 의도는 올바른 것이었지만 행동이 의도한 것과는 다르게 나타나는 오류를 무엇이라 하는가?

① Slip   ② Mistake
③ Lapse   ④ Violation

해설

인간의 오류 5가지 모형

구분	특징
착각(Illusion)	감각적으로 물리현상을 왜곡하는 지각 오류
착오(Mistake)	상황해석을 잘못하거나 목표를 잘못 이해하고 착각하여 행하는 인간의 실수로 위치, 순서, 패턴, 형상, 기억오류 등 외부적 요인에 의해 나타나는 오류
실수(Slip)	의도는 올바른 것이었지만, 행동이 의도한 것과는 다르게 나타나는 오류
건망증(Lapse)	일련의 과정에서 일부를 빠뜨리거나 기억의 실패에 의해 발생하는 오류
위반(Violation)	정해진 규칙을 알고 있음에도 의도적으로 따르지 않거나 무시한 경우에 발생하는 오류

KEY ▶ ① 2009년 5월 10일 기사(문제 35번) 출제
② 2017년 8월 26일 기사 출제
③ 2019년 1회 출제
④ 2021년 5월 15일 출제

42 산업안전보건법령상 사업주가 유해위험방지계획서를 제출할 때에는 사업장 별로 관련 서류를 첨부하여 해당 작업 시작 며칠 전까지 해당 기관에 제출하여야 하는가?

① 7일   ② 15일
③ 30일   ④ 60일

해설

유해위험방지 계획서 제출시기 및 부수
① 제조업 : 해당 작업시작 15일 전까지 공단에 2부 제출
② 건설업 : 공사 착공전날까지 공단에 2부 제출

KEY ▶ ① 2016년 3월 6일 기사 출제
② 2017년 9월 23일 기사 출제
③ 2022년 4월 24일 기사 출제

정보제공
① 산업안전보건법 시행규칙 제42조(제출서류등)
② 2022. 8. 18 개정법 적용

[정답] 39 ④ 40 ① 41 ① 42 ②

43 부품 배치의 원칙 중 기능적으로 관련된 부품들을 모아서 배치한다는 원칙은?

① 중요성의 원칙
② 사용 빈도의 원칙
③ 사용 순서의 원칙
④ 기능별 배치의 원칙

해설

구성요소 배치의 4원칙
① 중요성의 원칙
② 기능별 배치의 원칙
③ 사용순서의 원칙
④ 사용빈도의 원칙

KEY
① 2018년 3월 4일 기사, 산업기사 출제
② 2018년 8월 19일 산업기사 출제
③ 2019년 3월 3일 산업기사 출제
④ 2020년 6월 14일 산업기사 출제
⑤ 2021년 3월 7일(문제 49번) 출제

44 다음 중 FT도에서 최소 컷셋을 올바르게 구한 것은?

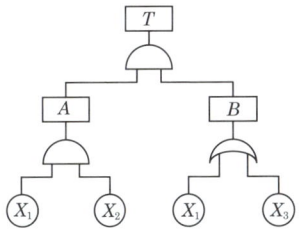

① (X_1, X_2) ② (X_1, X_3)
③ (X_2, X_3) ④ (X_1, X_2, X_3)

해설

$T = A \cdot B = \dfrac{X_1}{X_2} \cdot B = \dfrac{X_1 X_2 X_1}{X_1 X_2 X_3}$

① 컷셋 : $(X_1 X_2)(X_1 X_2 X_3)$
② 미니멀 컷셋 : $(X_1 X_2)$

KEY
① 2016년 10월 1일 산업기사 출제
② 2017년 3월 5일 기사 출제
③ 2021년 8월 14일 기사 출제

45 자동차를 생산하는 공장의 어떤 근로자가 95[dB](A)의 소음수준에서 하루 8시간 작업하며 매 시간 조용한 휴게실에서 20분씩 휴식을 취한다고 가정하였을 때, 8시간 시간가중평균(TWA)은?(단, 소음은 누적소음노출량측정기로 측정하였으며, OSHA에서 정한 95dB(A)의 허용시간은 4시간이라 가정한다.)

① 약 91[dB](A)   ② 약 92[dB](A)
③ 약 93[dB](A)   ④ 약 94[dB](A)

해설

시간가중평균

① 소음노출량$(D) = \dfrac{\text{가동시간}}{\text{기준시간(hr)}} \times 100$

$= \dfrac{8 \times (60-20)}{60 \times 4} \times 100 = 133[\%]$

② $TWA = 16.61 \times \log \dfrac{133}{100} + 90 = 92.06[dB]$

KEY 2021년 1회 출제

보충학습

"시간 가중 평균 농도(TWA)"라 함은 1일 8시간 작업을 기준으로 하여 유해요인의 측정 농도에 발생 시간을 곱하여 8시간으로 나눈 농도를 말하며 산출 공식은 다음과 같다.

TWA 농도$= \dfrac{C_1 \cdot T_1 + C_2 \cdot T_2 + \cdots C_n \cdot T_n}{8}$

⚡ C : 유해 요인의 측정 농도(단위 : ppm 또는 mg/m³)
   T : 유해 요인의 발생 시간(단위 : 시간)

합격정보
작업환경 측정 및 정도 관리 등에 관한 고시 제36조(소음수준의 평가)

46 다음 중 광원의 밝기에 비례하고, 거리의 제곱에 반비례하며, 반사체의 반사율과는 상관없이 일정한 값을 갖는 것은?

① 광도   ② 휘도
③ 조도   ④ 휘광

해설

조도
① 거리가 증가할 때에 조도는 역제곱의 법칙에 따라 감소한다.
② 공식 : 조도$= \dfrac{\text{광도(광원의 밝기)[cd]}}{(\text{거리})^2} = \dfrac{\text{비례}}{\text{반비례}}$

KEY 2015년 1회 출제

합격정보
산업안전보건기준에 관한 규칙 제8조(조도)

[정답] 43 ④ 44 ① 45 ② 46 ③

47 다음 중 반응시간이 가장 느린 감각은?

① 청각 ② 시각
③ 미각 ④ 통각

해설

감각 기능별 반응시간
① 청각 : 0.17[초]
② 촉각 : 0.18[초]
③ 시각 : 0.20[초]
④ 미각 : 0.29[초]
⑤ 통각 : 0.7[초]

KEY ① 2007년 5월 13일(문제 27번) 출제
② 2014년 3월 2일 출제

48 다음 중 욕조곡선에서의 고장 형태에서 일정한 형태의 고장률이 나타나는 구간은?

① 초기고장률 구간 ② 마모고장 구간
③ 피로고장 구간   ④ 우발고장 구간

해설

우발고장의 특징
(1) 정의
 ① 예측할 수 없을 때에 생기는 고장으로 시운전이나 점검작업으로는 방지할 수 없다.
 ② 각 요소의 우발고장에 있어서는 평균고장시간과 비율을 알고 있으면 제어계 전체 고장을 일으키지 않는 신뢰도를 구할 수 있다.(일정형 고장)
(2) 우발고장의 고장발생원인
 ① 안전계수가 낮기 때문에
 ② stress가 strength보다 크기 때문에
 ③ 사용자의 과오 때문에
 ④ 최선의 검사방법으로도 탐지되지 않은 결함 때문에
 ⑤ 디버깅 중에도 발견되지 않는 고장 때문에
 ⑥ 예방보전에 의해서도 예방될 수 없는 고장 때문에
 ⑦ 천재지변에 의한 고장 때문에

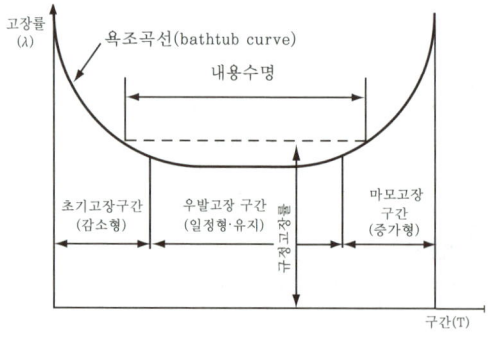

[그림] 욕조곡선

KEY ① 2009년 5월 10일(문제 48번)
② 2016년 3월 6일 기사 출제
③ 2018년 8월 19일 기사 출제
④ 2019년 8월 4일 산업기사 출제
⑤ 2021년 5월 15일 기사 출제

49 동작경제의 원칙에 해당하지 않는 것은?

① 공구의 기능을 각각 분리하여 사용하도록 한다.
② 두 팔의 동작은 동시에 서로 반대방향으로 대칭적으로 움직이도록 한다.
③ 공구나 재료는 작업동작이 원활하게 수행되도록 그 위치를 정해준다.
④ 가능하다면 쉽고도 자연스러운 리듬이 작업동작에 생기도록 작업을 배치한다.

해설

공구 및 설비 디자인에 관한 원칙
(Design of tools and equipment)
① 지구나 발로 작동시키는 기기를 사용할 수 있는 작업에서는 이러한 기기를 활용하여 양손이 다른 일을 할 수 있도록 한다.
② 공구의 기능은 결합하여서 사용하도록 한다.
③ 공구와 자재는 가능한 한 사용하기 쉽도록 미리 위치를 잡아준다.
④ 각 손가락이 서로 다른 작업을 할 때에는 작업량을 각 손가락의 능력에 맞도록 분배해야 한다.
⑤ 레버, 핸들 및 통제기기는 작업자가 몸의 자세를 크게 바꾸지 않더라도 조작하기 쉽도록 배열한다.

KEY 2023년 4월 1일 산업안전(보건)지도사 출제

50 다음 중 청각적 표시장치보다 시각적 표시장치를 이용하는 경우가 더 유리한 경우는?

① 메시지가 간단한 경우
② 메시지가 추후에 재참조되지 않는 경우
③ 직무상 수진자가 자주 움직이는 경우
④ 메시지가 즉각적인 행동을 요구하지 않는 경우

[정답] 47 ④ 48 ④ 49 ① 50 ④

> **해설**
>
> **청각장치와 시각장치의 사용 경위**
>
> | 청각장치 사용(예) | 시각장치 사용(예) |
> |---|---|
> | ① 전언이 간단할 경우 | ① 전언이 복잡할 경우 |
> | ② 전언이 짧을 경우 | ② 전언이 길 경우 |
> | ③ 전언이 후에 재참조되지 않을 경우 | ③ 전언이 후에 재참조될 경우 |
> | ④ 전언이 시간적인 사상(event)을 다룰 경우 | ④ 전언이 공간적인 위치를 다룰 경우 |
> | ⑤ 전언이 즉각적인 행동을 요구할 경우 | ⑤ 전언이 즉각적인 행동을 요구하지 않을 경우 |
> | ⑥ 수신자의 시각 계통이 과부하 상태일 경우 | ⑥ 수신자의 청각 계통이 과부하 상태일 경우 |
> | ⑦ 수신 장소가 너무 밝거나 암조응(暗調應) 유지가 필요할 경우 | ⑦ 수신 장소가 너무 시끄러울 경우 |
> | ⑧ 직무상 수신자가 자주 움직이는 경우 | ⑧ 직무상 수신자가 한 곳에 머무르는 경우 |
>
> **KEY** ① 2012년 9월 15일(문제 48번) 출제
> ② 2015년 3월 8일(문제 46번) 출제
> ③ 2021년 5월 15일 등 15회 이상 출제

51 의자 설계 시 고려해야할 일반적인 원리와 가장 거리가 먼 것은?

① 자세고정을 줄인다.
② 조정이 용이해야 한다.
③ 디스크가 받는 압력을 줄인다.
④ 요추 부위의 후만곡선을 유지한다.

> **해설**
>
> **의자설계시 인간공학적 원칙 4가지**
> ① 등받이의 굴곡은 요추의 굴곡(전만곡)과 일치해야 한다.
> ② 좌면의 높이는 사람의 신장에 따라 조절 가능해야 한다.
> ③ 정적인 부하와 고정된 작업자세를 피해야 한다.
> ④ 의자의 높이는 오금의 높이보다 같거나 낮아야 한다.
>
> **KEY** ① 2017년 3월 5일 기사 출제
> ② 2020년 6월 7일 출제

52 다음 중 근골격계부담작업에 속하지 않는 것은?

① 하루에 10[회] 이상 25[kg] 이상의 물체를 드는 작업
② 하루에 총 2[시간] 이상 목, 어깨, 팔꿈치, 손목 또는 손을 사용하여 같은 동작을 반복하는 작업
③ 하루에 총 2[시간] 이상 쪼그리고 앉거나 무릎을 굽힌 자세에서 이루어지는 작업
④ 하루에 총 2[시간] 이상 시간당 5[회] 이상 손 또는 무릎을 사용하여 반복적으로 충격을 가하는 작업

> **해설**
>
> **근골격계 부담작업**
> ① 하루 4[시간] 이상 집중적으로 자료입력 등을 위해 키보드 또는 마우스를 조작하는 작업
> ② 하루 2[시간] 이상 목, 어깨, 팔꿈치, 손목 또는 손을 사용하여 같은 동작을 반복하는 작업
> ③ 하루에 2[시간] 이상 머리 위에 손이 있거나, 팔꿈치가 어깨 위에 있거나, 팔꿈치를 몸통으로부터 들거나 팔꿈치를 몸통 뒤쪽에 위치하도록 하는 상태에서 이루어지는 작업
> ④ 지지되지 않은 상태이거나 임의로 자세를 바꿀 수 없는 조건에서 하루에 총 2[시간] 이상 목이나 허리를 구부리거나 트는 상태에서 이루어지는 작업
> ⑤ 하루에 2[시간] 이상 쪼그리고 앉거나 무릎을 굽힌 자세에서 이루어지는 작업
> ⑥ 하루에 2[시간] 이상 지지되지 않은 상태에서 1[kg] 이상의 물건을 한 손의 손가락으로 집어 옮기거나, 2[kg] 이상에 상응하는 힘을 가하여 한 손의 손가락으로 물건을 쥐는 작업
> ⑦ 하루에 2[시간] 이상 지지되지 않은 상태에서 4.5[kg] 이상의 물건을 한손으로 들거나 동일한 힘으로 쥐는 작업
> ⑧ 하루에 10[회] 이상 25[kg] 이상의 물체를 드는 작업
> ⑨ 하루에 25[회] 이상 10[kg] 이상의 물체를 무릎 아래에서 들거나 어깨 위에서 들거나 팔을 뻗은 상태에서 드는 작업
> ⑩ 하루에 2[시간] 이상 분당 2[회] 이상 4.5[kg] 이상의 물체를 드는 작업
> ⑪ 하루에 2[시간] 이상 시간당 10[회] 이상 손 또는 무릎을 사용하여 반복적으로 충격을 가하는 작업
>
> **KEY** ① 2018년 8월 17일 출제
> ② 2022년 3월 5일 출제
>
> **합격정보**
> 고용노동부 고시 제2014-27호(근골격 부담작업의 범위)

53 다음 중 일반적인 화학설비에 대한 안전성 평가(safety assessment) 절차에 있어 안전대책 단계에 해당되지 않는 것은?

① 보전
② 설비 대책
③ 위험도 평가
④ 관리적 대책

[정답] 51 ④ 52 ④ 53 ③

해설

화학설비의 안전성 평가 6단계
① 제1단계 : 관계자료의 작성준비
② 제2단계 : 정성적 평가
③ 제3단계 : 정량적 평가(위험도 평가)
④ 제4단계 : 안전대책
  ㉮ 설비대책 : 안전장치 및 방재장치에 관해서 배려한다.
  ㉯ 관리적 대책 : 인원배치, 교육훈련 및 보전에 관해서 배려한다.
⑤ 제5단계 : 재평가
⑥ 제6단계 : FTA에 의한 평가

KEY ① 2015년 1회 출제
② 2023년 4월 1일 산업안전(보건)지도사 출제

보충학습
위험도 평가는 3단계에서 실시한다.

---

54 다음 중 인간의 과오(Human error)를 정량적으로 평가하고 분석하는 데 사용하는 기법으로 가장 적절한 것은?

① THERP
② FMEA
③ CA
④ FMECA

해설

인간실수율 예측기법(THERP)
① 인간신뢰도 분석에서의 HEP에 대한 예측기법
② 정량적 평가기법

KEY ① 2005년 8월 7일(문제 24번) 출제
② 2014년 3월 2일 기사 출제
③ 2017년 3월 5일 산업기사 출제
④ 2020년 8월 22일 기사 출제

보충학습
HEP(Human Error Probability) : 인간신뢰도 기본단위

---

55 FTA(Fault Tree Analysis)에 사용되는 논리기호와 명칭이 올바르게 연결된 것은?

① ◇ : 전이기호
② ▭ : 기본사상
③ ⌂ : 통상사상
④ ○ : 결함사상

해설

FTA의 기호

기호	명칭	입·출력현상
▭	결함사상	개별적인 결함사상(비정상적 사건)
○	기본사상	더 이상 전개되지 않는 기본적인 사상
⌂	통상사상	통상발생이 예상되는 사상(예상되는 원인)
◇	생략사상	정보부족, 해석기술의 불충분으로 더 이상 전개할 수 없는 사상. 작업진행에 따라 해석이 가능할 때는 다시 속행한다.

KEY ① 2016년 10월 1일 산업기사 출제
② 2017년 8월 26일 기사·산업기사 동시 출제
③ 2018년 1회 출제

---

56 일반적으로 보통 작업자의 정상적인 시선으로 가장 적합한 것은?

① 수평선을 기준으로 위쪽 5[℃] 정도
② 수평선을 기준으로 위쪽 15[℃] 정도
③ 수평선을 기준으로 아래쪽 5[℃] 정도
④ 수평선을 기준으로 아래쪽 15[℃] 정도

해설

display가 형성하는 목시각(目視角)

수평작업조건	수직작업조건
① 최적조건 : 15[°] 좌우 및 아래쪽	① 최적조건 : 0~30[°] 하한
② 제한조건 : 95[°] 좌우	② 제한조건 : 75[°] 상한, 85[°] 하한

KEY 2017년 5월 7일 출제

[정답] 54 ① 55 ③ 56 ④

57 서브시스템 분석에 사용되는 분석방법으로 시스템 수명주기에서 ㉠에 들어갈 위험분석기법은?

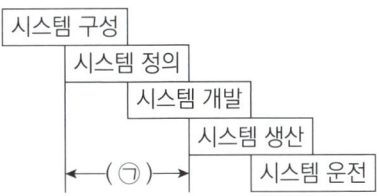

① PHA
② FHA
③ FTA
④ ETA

해설

시스템 분석

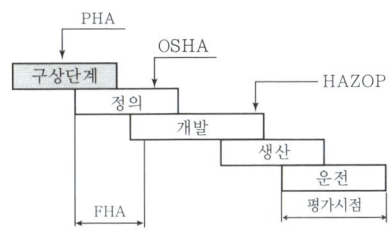

[그림] PHA·OSHA·FHA·HAZOP

KEY ① 2012년 3월 4일 출제
② 2016년 5월 8일 산업기사 출제
③ 2018년 8월 19일 출제
④ 2019년 3월 3일 출제
⑤ 2019년 9월 21일 출제
⑥ 2020년 6월 7일 출제
⑦ 2020년 6월 14일 산업기사 출제

58 다음 현상을 설명하는 이론은?

인간이 감지할 수 있는 외부의 물리적 자극 변화의 최소범위는 표준 자극의 크기에 비례한다.

① 피츠(Fitts) 법칙
② 웨버(Weber) 법칙
③ 신호검출이론(SDT)
④ 힉–하이만(Hick–Hyman) 법칙

해설

웨버(Weber) 법칙

① 같은 종류의 두 자극을 구별할 수 있는 최소 차이는 자극의 강도에 비례한다고 하는 법칙
② Weber비 = $\dfrac{변화감지역}{기준자극의 크기}$
③ Weber비가 작을수록 분별력이 뛰어난 감각이다.

KEY 2021년 3월 7일 기사 출제

59 인간 기계시스템의 연구 목적으로 가장 적절한 것은?

① 정보 저장의 극대화
② 운전시 피로의 평준화
③ 시스템의 신뢰성 극대화
④ 안전의 극대화 및 생산능률의 향상

해설

인간 기계 시스템의 연구목적:
안전의 극대화 및 생산 능률의 향상

KEY ① 2015년 9월 19일 기사(문제 54번) 출제
② 2017년 8월 26일 산업기사 출제

60 어느 부품 1,000개를 100,000시간 동안 가동하였을 때 5개의 불량품이 발생하였을 경우 평균동작시간(MTTF)은?

① 1×10^6 시간
② 2×10^7 시간
③ 1×10^8 시간
④ 2×10^9 시간

해설

평균동작시간 계산

MTTF = $\dfrac{부품수 \times 가동시간}{불량품수(고장수)}$ = $\dfrac{1000 \times 100000}{5}$
= 20000000 = 2×10^7

보충학습

MTTF(Mean Time To Failure)
① 평균작동시간, 고장까지의 평균시간
② 제품 고장시 수명이 다하는 것으로 평균 수명

KEY ① 2008년 제2회 출제
② 2014년 5월 25일(문제 31번) 출제
③ 2020년 9월 27일 출제

[정답] 57 ② 58 ② 59 ④ 60 ②

4 건설시공학

61 건설공사의 시공계획 수립 시 작성할 필요가 없는 것은?

① 현치도
② 공정표
③ 실행예산의 편성 및 조정
④ 재해방지계획

해설

시공계획의 내용 및 순서
① 현장원 편성
② 공정표 작성
③ 실행예산 편성
④ 하도급자의 선정
⑤ 가설준비물 결정
⑥ 재료선정 및 결정
⑦ 재해방지대책 및 의료대책

KEY 2018년 제1회 출제

보충학습
현치도 : 시공도 작성시 필요

62 흙을 이김에 의해서 약해지는 정도를 나타내는 흙의 성질은?

① 간극비
② 함수비
③ 예민비
④ 항복비

해설

예민비
① 흙의 이김에 의해 약해지는 정도

$$예민비 = \frac{흐트러지지 \ 않은 \ 천연(자연)시료의 \ 강도}{흐트러진(이긴) \ 시료의 \ 강도}$$

② 예민비가 모래는 1에 가깝고 점토는 크다.
③ 예민비가 4이상이며 높다고 함

참고 건설안전기사 필기 p.4-29(1. 흙의 성질)

KEY
① 2017년 5월 7일 산업기사 출제
② 2018년 9월 15일 기사 출제
③ 2020년 1회 출제

63 콘크리트 구조물의 품질관리에서 활용되는 비파괴시험(검사) 방법으로 경화된 콘크리트 표면의 반발경도를 측정하는 것은?

① 슈미트해머 시험
② 방사선 투과 시험
③ 자기분말 탐상시험
④ 침투 탐상시험

해설

슈미트 해머시험
① 반발경도측정
② 강도법

[그림] 슈미트 해머

KEY 2021년 제1회 출제

합격자의 조언
1990년 이전 최초 실기 작업형에 적용된 시험

64 분할도급 발주 방식 중 지하철공사, 고속도로공사 및 대규모 아파트단지 등의 공사에 채용하면 가장 효과적인 것은?

① 직종별 공종별 분할도급
② 공정별 분할도급
③ 공구별 분할도급
④ 전문공종별 분할도급

해설

공구별 분할도급의 특징
① 대규모 공사에서 지역별로 발주
② 중소업자에게 균등기회 부여 가능
③ 경쟁으로 공기단축, 시공기술향상
④ 등록사무, 감독사무가 복잡

KEY
① 2012년 3월 4일 기사(문제 67번) 출제
② 2017년 9월 23일 기사 출제
③ 2018년 4월 28일 기사 출제

65 불량품, 결점, 고장 등의 발생건수를 현상과 원인별로 분류하고, 여러 가지 데이터를 항목별로 분류해서 문제의 크기 순서로 나열하여, 그 크기를 막대그래프로 표기한 품질관리 도구는?

① 파레토그램
② 특성요인도
③ 히스토그램
④ 체크시트

[정답] 61 ① 62 ③ 63 ① 64 ③ 65 ①

해설
전사적 품질관리(TQC)의 7가지 도구

구분	특징
히스토그램	데이터가 어떤 분포를 하고 있는지를 알아보기 위해 작성(분포도)
파레토그램	불량 등의 발생건수를 분류항목별로 나누어 크게 순서대로 나열(영향도, 하자도)
특성요인도	결과에 원인이 어떻게 관계하고 있는가를 한눈에 알 수 있도록 작성(원인결과도)
체크시트	계수치의 데이터가 분류항목의 어디에 집중되어 있는가를 알아보기 쉽게 나타냄(집중도)
점도	대응되는 두 개의 짝으로 된 데이터를 그래프 용지위에 점으로 나타냄(상관도, 산포도)
층별	집단을 구성하고 있는 데이터를 특징에 따라 몇 개의 부분집단으로 나누는 것(부분집단도)
그래프	한눈에 파악되도록 막대나 꺾은선그래프를 이용하여 표시

KEY
① 2013년 3월 10일(문제 61번)
② 2014년 9월 20일(문제 63번)
③ 2016년 1회 출제
④ 2023년 4월 1일 산업안전지도사 출제

66 네트워크 공정표에 사용되는 용어에 관한 설명으로 옳지 않은 것은?

① 크리티컬 패스(Critical path) : 개시 결합점에서 종료 결합점에 이르는 가장 긴 경로
② 더미(Dummy) : 결합점이 가지는 여유시간
③ 플로트(Float) : 작업의 여유시간
④ 패스(Path) : 네트워크 중에서 둘 이상의 작업이 이어지는 경로

해설
용어와 기호

용어	기호	내용 및 설명
Event	○	작업의 결합점, 개시점 또는 종료점
Activity	→	프로젝트를 구성하는 작업단위
Dummy	┈┈▶	가상적 작업(시간이나 작업량 없음)

KEY
① 2017년 9월 23일(문제 62번) 출제
② 2018년 1회 출제

보충학습
slack : 결합점이 가지는 여유시간

67 벽돌쌓기 시 일반사항에 관한 설명으로 옳지 않은 것은?

① 가로 및 세로줄눈의 너비는 도면 또는 공사시방서에서 정한 바가 없을 때에는 10[mm]를 표준으로 한다.
② 벽돌쌓기는 도면 또는 공사시방서에서 정한 바가 없을 때에는 영식 쌓기 또는 화란식 쌓기로 한다.
③ 세로줄눈은 통줄눈이 되도록 유도하여, 미관을 향상시키도록 한다.
④ 벽돌벽이 블록벽과 서로 직각으로 만날때에는 연결철물을 만들어 블록 3단마다 보강하여 쌓는다.

해설
세로줄눈
① 통줄눈은 피한다.
② 특별한 때 이외에는 영국식 쌓기 및 화란식 쌓기로 한다.

KEY
① 2017년 5월 7일 기사 출제
② 2018년 1회 출제

보충학습
① 영식쌓기 : 한 켜는 마구리쌓기 다음 켜는 길이쌓기로 하고, 모서리나 벽끝에는 이오토막을 쓴다. 벽돌쌓기 중 가장 튼튼한 방법이다.(도면 및 시방서에 쌓기법 없을 때도 적용)
② 네덜란드식(화란식)쌓기 : 영식쌓기와 같고 모서리 끝에는 칠오토막을 쓴다.

68 흙막이 붕괴원인 중 히빙(heaving)파괴가 일어나는 주원인은?

① 흙막이벽의 재료 차이
② 지하수의 부력 차이
③ 지하수위의 깊이 차이
④ 흙막이벽 내외부 흙의 중량 차이

해설
히빙
(1) Heaving 원인
  ① 흙막이벽 내·외부 흙의 중량 차이
  ② 연약 점토지반에서 굴착면의 융기로 발생
(2) 방지대책
  ① 흙막이 근입깊이를 깊게 한다.
  ② 지반개량
  ③ 소단(비탈면의 중간에 설치하는 작은 계단)을 두면서 굴착
  ④ 굴착면 하중증가
  ⑤ 어스앵커 설치
  ⑥ 표토제거 하중감소

[정답] 66 ② 67 ③ 68 ④

KEY ① 2015년 3월 8일 6과목에서 출제(문제 105번)
② 2023년 1회(문제 108번) 확인

보충학습

(1) 파이핑
  ① 보일링 현상으로 인하여 지반내에서 물의 통로가 생기면서 흙이 세굴되는 현상
  ② 흙막이에 대한 수밀성이 불량하여 널말뚝의 틈새로 물과 토사가 흘러들어, 기초저면의 모래지반을 들어 올리는 현상
(2) 보일링 : 사질토 지반에서 굴착저면과 흙막이 배면과의 수위차이로 인해 굴착저면의 흙과 물이 함께 위로 솟구쳐 오르는 현상

69 일반적인 공사의 시공속도에 관한 설명으로 옳지 않은 것은?

① 시공속도를 느리게 할수록 직접비는 증가된다.
② 급속공사를 강행할수록 품질은 나빠진다.
③ 시공속도는 간접비와 직접비의 합이 최소가 되도록 함이 가장 적절하다.
④ 시공속도를 빠르게 할수록 간접비는 감소된다.

해설

직접공사비의 종류
① 재료비 ② 노무비 ③ 경비 ④ 외주비
⑤ 결론 : 직접비는 시공속도에 거의 영향을 주지 않는다.

KEY 2017년 제1회 출제

70 벽돌벽 두께 1.0[B], 벽높이 2.5[m], 길이 8[m]인 벽면에 소요되는 점토벽돌의 매수는 얼마인가?(단, 규격은 190×90×57[mm], 할증은 3[%]로 하며, 소수점 이하 결과는 올림하여 정수매로 표기)

① 2980매   ② 3070매
③ 3278매   ④ 3542매

해설

점토벽돌 매수 계산
① 2.5×8=20[m²]
② 20×149[매]×1.03=3,069[매]

보충학습

시멘트 벽돌 쌓기 : [m²/수량]
① 0.5[B]=75[매]
② 1.0[B]=149매

KEY ① 2015년 9월 19일(문제 79번) 출제
② 2016년 10월 1일(문제 65번) 출제

71 철골공사에서 발생할 수 있는 용접불량에 해당되지 않는 것은?

① 스캘럽(scallop)
② 언더컷(under cut)
③ 오버랩(over lap)
④ 피트(pit)

해설

Scallop(스캘럽)
① 철골부재의 접합 및 이음 중 용접 접합시에 H형강 등의 용접부위가 타 부재 용접 접합시 재용접되어서 열영향부의 취약화를 방지하는 목적으로 곡선 모따기를 하는 것을 말한다.
② 가공은 절삭 가공기나 부속장치가 딸린 수동 가스 절단기를 사용한다. (반지름 30[mm] 표준)

KEY 2021년 3월 7일 출제

72 벽식 철근콘크리트 구조를 시공할 경우 벽과 바닥의 콘크리트 타설을 한 번에 가능하게 하기 위하여, 벽체용 거푸집과 슬래브 거푸집을 일체로 제작하여 한 번에 설치하고 해체할 수 있도록 한 거푸집은?

① 유로폼(Euro Form)
② 갱폼(Gang Form)
③ 터널폼(Tunnel Form)
④ 워플폼(Waffle Form)

해설

Tunnel Form(Steel Form) : 바닥+벽체용 거푸집
① 대형 형틀로서 슬래브와 벽체의 콘크리트타설을 일체화하기 위한 것으로 한 구획 전체의 벽판과 바닥판을 ㄱ자형 또는 ㄷ자형으로 짜는 거푸집(Twin Shell Form과 Mono Shell Form으로 구성)
② 병실, APT 등 연속, 반복 구조물에 적용된다.
③ 인건비 절약, 공기단축이 가능하다.
④ 전용횟수는 200회 정도로 경제성이 있다.
⑤ 2개의 틀(ㄱ자형)로 하나의 터널화한 이동식 거푸집으로서 연결부 처리가 번거롭다.

KEY ① 2004년 5월 5일(문제 62번)
② 2010년 3월 7일(문제 79번)
③ 2014년 1회 출제

[정답] 69 ① 70 ② 71 ① 72 ③

73 지반조사방법 중 로드에 붙인 저항체를 지중에 넣고, 관입, 회전, 빼올리기 등의 저항력으로 토층의 성상을 탐사, 판별하는 방법이 아닌 것은?

① 표준관입시험
② 화란식 관입시험
③ 지내력시험
④ 베인 테스트

해설

지내력시험의 특징
① 재하판에 하중을 가하여 2[cm] 침하될 때까지의 하중을 구하여 지내력도를 구한다.
② 재하판은 면적 2,000[cm²](45[cm]각)를 표준으로 한다.
③ 매회 재하는 1[ton] 이하 또 예정파괴하중의 1/5 이하로 한다.
④ 침하의 증가가 2시간에 0.1[mm]의 비율 이하가 될 때는 침하가 정지된 것을 확인하고 하중을 가한다.
⑤ 총침하량이 2[cm]에 달했을 때까지의 하중을 그 지반에 대한 단기허용지내력도라 한다. 총침하량이 2[cm] 이하이더라도 지반이 항복상태를 보이면 그때까지의 하중을 그 지반에 대한 단기허용지내력도로 한다.
⑥ 장기하중에 대한 허용내력은 단기하중지내력의 1/2로 본다.

 2013년 제1회 출제

74 철근의 피복두께를 유지하는 목적이 아닌 것은?

① 부재의 소요 구조 내력 확보
② 부재의 내화성 유지
③ 콘크리트의 강도 증대
④ 부재의 내구성 유지

해설

철근 피복두께의 유지목적
① 내화성능 유지
② 내구성능 유지
③ 소요의 구조내력확보. 즉, 콘크리트의 유동성, 부착력, 강도확보 등

KEY ① 2018년 4월 28일 기사 출제
② 2022년 3월 5일(문제 73번) 출제

보충학습
철근 피복 두께 : 철근 표면에서 이를 감싸고 있는 콘크리트 표면까지의 두께

75 폼타이, 컬럼밴드 등을 의미하며, 거푸집을 고정하여 작업 중의 콘크리트 측압을 최종적으로 부담하는 것은?

① 박리재
② 간격재
③ 격리재
④ 긴결재

해설

용어정의
① 긴장(결)재(Form tie) : 콘크리트를 부어 넣을 때 거푸집이 벌어지거나 변형되지 않게 연결 고정하는 것이며, 조임용 철선은 달구어 누그린 철선을 두겹으로 탕개를 틀어 조여맨 것
② 간격재(spacer) : 철근과 거푸집의 간격 유지(피복간격 유지)를 위한 것
③ 박리제(formoil) : 중유, 석유, 동식물유, 아마인유, 파라핀, 합성수지 등을 사용, 콘크리트와 거푸집의 박리를 용이하게 하는 것
④ 격리재(separator) : 거푸집의 상호간 간격을 유지시켜 주는 것
⑤ 캠버(camber) : 처짐을 고려하여 보나 슬래브 중앙부를 l/300~l/500 정도 미리 치켜올림, 높이 조절용 쐐기

KEY ① 2013년 9월 28일(문제 68번) 출제
② 2016년 4회(문제 75번) 출제

76 다음 중 흙막이벽 버팀대의 응력변화를 측정하여 이상변화파악 및 대책을 수립하는 데 사용되는 계측기는?

① 경사계(inclino meter)
② 변형률계(strain gauge)
③ 토압계(soil pressure gauge)
④ 진동측정계(vibro meter)

해설

계측기의 종류 및 사용목적
① 지표침하계 : 흙막이벽 배면에 동결심도보다 깊게 설치하여 지표면 침하량 측정
② 지중경사계 : 흙막이벽 배면에 설치하여 토류벽의 기울어짐 측정
③ 하중계 : Strut, Earth Anchor에 설치하여 축하중 측정으로 부재의 안정성 여부 판단
④ 간극수압계 : 굴착, 성토에 의한 간극수압의 변화 측정
⑤ 균열측정기 : 인접구조물, 지반 등의 균열부위에 설치하여 균열크기와 변화측정
⑥ 변형률계 : Strut, 띠장 등에 부착하여 굴착작업시 구조물의 변형을 측정
⑦ 지하수위계 : 굴착에 따른 지하수위 변동을 측정

KEY 2012년 제1회 출제

[정답] 73 ③ 74 ③ 75 ④ 76 ②

77 공동도급(joint venture)방식의 장점으로 볼 수 없는 것은?

① 기술, 자본, 위험부담의 감소
② 신용도의 증대
③ 현장관리의 용이
④ 시공의 확실성 기대

해설

공동도급의 장점
① 융자력 증대
② 기술의 확충
③ 위험의 분산
④ 공사시공의 확실성
⑤ 신용도의 증대
⑥ 공사도급 경쟁완화

KEY ▶ 2011년 제1회 출제

78 기초의 종류에 관한 설명으로 옳은 것은?

① 온통기초-기둥 하나에 기초판이 하나인 기초
② 복합기초-2개 이상의 기둥을 1개의 기초판으로 받치게 한 기초
③ 독립기초-조적조의 벽기초, 철근콘크리트의 연결기초
④ 연속기초-건물 하부 전체 또는 지하실 전체를 기초판으로 구성한 기초

해설

기초의 분류(Slab 형식에 의한 분류 : 얕은 기초)

구분	특징
독립기초	(Independent footing) : 단일기둥을 기초판이 받친다.
복합기초	(Combination footing) : 2개 이상 기둥을 한 기초판에 지지
연속기초	(줄기초 : Strip footing) : 연속된 기초판이 벽, 기둥을 지지
온통기초	(Mat foundation) : 건물하부 전체를 기초판으로 한 것

KEY ▶ 2017년 제1회 출제

79 철골공사에서 철골 세우기 순서가 옳게 연결된 것은?

A : 기초 볼트위치 재점검
B : 기둥 중심선 먹매김
C : 기둥세우기
D : 주각부 모르타르 채움
E : Base plate의 높이 조정용 plate 고정

① A → B → C → D → E
② B → A → E → C → D
③ B → A → C → D → E
④ E → D → B → A → C

해설

현장철골 기둥세우기 순서

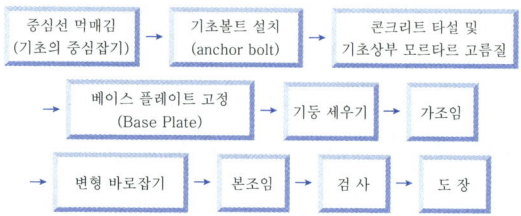

KEY ▶ 2019년 제1회 출제

80 콘크리트의 진동다짐 진동기의 사용에 대한 설명으로 틀린 것은?

① 진동기는 될 수 있는 대로 수직방향으로 사용한다.
② 묽은 반죽에서 진동다짐은 별 효과가 없다.
③ 진동의 효과는 봉의 직경, 진동수, 진폭 등에 따라 다르며, 진동수가 큰 것일수록 다짐효과가 크다.
④ 진동기는 신속하게 꽂아 넣고 신속하게 뽑는다.

해설

진동기는 콘크리트에 구멍이 나지 않도록 서서히 빼낸다.

KEY ▶ 2015년 제1회 출제

[정답] 77 ③ 78 ② 79 ② 80 ④

[그림] 진동기 작업

5 건설 재료학

81 ALC(Autoclaved Lightweight Concrete)에 관한 설명으로 옳지 않은 것은?

① 규산질, 석회질 원료를 주원료로 하여 기포제와 발포제를 첨가하여 만든다.
② 경량이며 내화성이 상대적으로 우수하다.
③ 별도의 마감 없이도 수분이 차단되어 주로 외벽에 사용된다.
④ 동일용도의 건축자재 중 상대적으로 우수한 단열 성능을 가지고 있다.

해설

ALC(Autoclaved Lightweight Concrete) : 경량기포 콘크리트
① 규사, 생석회, 시멘트 등에 발포제인 알루미늄분말과 기포안정제 등을 넣어 고온, 고압증기양생(Autoclave 양생)을 거쳐 건물의 내외벽체, 지붕 및 바닥재 등에 사용된다.
② 건축물의 대형화, 고층화, 경량화, 공업화 추세에 따라 그 사용이 점점 늘어나고 있다.

KEY 2018년 제1회 (문제 84번) 출제

82 도료의 저장 중 또는 용기 내 방치시 도료의 표면에 피막이 형성되는 현상의 발생원인과 가장 관계가 먼 것은?

① 피막방지제의 부족이나 건조제가 과잉일 경우
② 용기 내의 공간이 커서 산소의 양이 많을 경우
③ 부적당한 시너로 희석하였을 경우
④ 사용잔량을 뚜껑을 열어둔 채 방치하였을 경우

해설

피막(skinning)
(1) 현상 : 도료의 저장 중 또는 용기 내에 방치시 도료의 표면에 피막이 형성
(2) 발생원인
  ① 피막방지제의 부족 또는 건조제의 과잉
  ② 용기 내의 공간이 커서 산소의 양이 많을 때
  ③ 사용잔량을 뚜껑을 열어둔 채 방치하였을 경우
(3) 방지대책
  ① 피막방지제와 건조제의 균형을 맞출 것
  ② 양에 알맞은 용기사용, 질소 치환
  ③ 밀봉 또는 새 용기에 보관, 짧은 시간이면 용제를 부어놓을 것
(4) 발생시 조치사항
  • 피막 제거, 피막이 적을 경우 제거하여 사용, 많으면 폐기

KEY 2014년 3월 2일 (문제 87번) 출제

83 KSL 4201에 따른 1종 점토벽돌의 압축강도 기준으로 옳은 것은?

① 8.78[MPa] 이상
② 14.70[MPa] 이상
③ 20.59[MPa] 이상
④ 24.50[MPa] 이상

해설

점토벽돌의 품질(KSL 4201)

품질 \ 종류	1종	2종	3종
흡수율[%]	10 이하	13 이하	15 이하
압축강도[MPa]	24.50 이상	20.59 이상	10.78 이상

참고 건설안전기사 필기 p.5-68(2. 점토벽돌 1종)

KEY ① 2017년 9월 23일 산업기사 출제
② 2018년 3월 4일 출제
③ 2020년 6월 7일(문제 85번) 출제

84 유리가 불화수소에 부식하는 성질을 이용하여 5[mm] 이상 판유리면에 그림, 문자등을 새긴 유리는?

① 스테인드 유리
② 망입유리
③ 에칭유리
④ 내열유리

[정답] 81 ③ 82 ③ 83 ④ 84 ③

> **해설**

에칭유리
① 유리면에 부식액의 방호막을 붙이고 이 막을 모양에 맞게 오려내고 그 부분에 유리부식액을 발라 소요 모양으로 만들어 장식용으로 사용하는 유리
② 5[mm] 이상의 판유리에 그림·문자 등을 새긴다.

> **KEY** 2019년 제1회 (문제 83번) 출제

> **보충학습**

HF(불화수소)
① 플루오린화 수소(hydrogen fluoride)는 불화 수소(弗化水素), 에칭 가스(etching gas) 등으로 불리는 플루오린과 수소의 화합물로, 화학식은 HF이다.
② 예전부터 플루오린화 수소산은 유리 산업에서 알려져 있었으며, 1771년에 스웨덴의 화학자인 칼 빌헬름 셸레는 플루오린화 수소산을 대량으로 제조했다.
③ 현재 반도체 습식 식각을 진행할 때는 산화반응을 하는 과산화수소와 세정력이 높은 인산(H_3PO_4), 불산(불화수소산 : 불화수소 수용액 : HF) 등이 활용되고 있다.

85 목재의 방부제에 대한 설명 중 옳지 않은 것은?

① 유성 및 유용성 방부제는 물에 의해 용출하는 경우가 많으므로 습윤의 장소에는 사용하지 않는다.
② 유성페인트를 목재에 도포하면 방습, 방부효과가 있고 착색이 자유로우므로 외관을 미화하는데 효과적이다.
③ 황산동 1[%] 용액은 방부성은 좋으나 철재를 부식시키며 인체에 유해하다.
④ 크레오소트 오일은 방부성이 우수하나 악취가 있고 흑갈색이므로 외관이 미려하지 않아 토대, 기둥 등에 주로 사용된다.

> **해설**

유용성 방부제 : 석유 등의 용제로 녹여 사용

> **KEY** ① 2007년 9월 2일(문제 91번) 출제
> ② 2014년 1회 (문제 83번) 출제

86 열가소성수지 중 내마모성이 있어 우레탄고무, 도료 및 접착제로 사용되는 수지는?

① 실리콘수지 ② 에폭시수지
③ 멜라민수지 ④ 폴리우레탄수지

> **해설**

폴리우레탄수지의 특징
① 발포시킨 것은 강하고 내노화성(耐老化性), 내약품성이 좋다.
② 내열성, 열전도율이 작다.
③ 탄력성과 내마모성이 우수하다.
④ 용도 : 보온단열재, 방음재, 접착제, 바닥재

> **KEY** 2015년 제1회 (문제 83번) 출제

87 재료의 기계적 성질 중 작은 변형에도 파괴되는 성질을 무엇이라 하는가?

① 강성 ② 소성
③ 탄성 ④ 취성

> **해설**

취성(brittleness)
① 재료가 외력을 받아도 변형되지 않거나 극히 미미한 변형을 수반하고 파괴되는 성질을 취성이라 한다.
② 주철 등 취성을 가진 금속재료는 충격강도와 밀접한 관계가 있어 갑자기 파괴될 위험성이 크다.
③ 유리와 콘크리트 등도 취성이 큰 재료이다.

> **KEY** 2017년 제1회 (문제 86번) 출제

88 고로 시멘트의 특징에 대한 설명으로 옳지 않은 것은?

① 해수에 대한 내식성이 작다.
② 초기강도는 작으나 장기강도는 크다.
③ 잠재수경성의 성질을 가지고 있다.
④ 수화열량이 적어 매스콘크리트용으로 사용이 가능하다.

> **해설**

고로 시멘트의 특징
① 시멘트의 클링커와 슬래그의 혼합물인데 단기강도가 부족하다.
② 콘크리트는 발열량이 적고 염분에 대한 저항이 크므로 해안공사나 대형 단면부재공사에 이용된다.
③ 해수에 대한 내식성이 크다.

> **KEY** ① 2006년 9월 10일(문제 88번)
> ② 2010년 5월 9일(문제 92번)
> ③ 2011년 10월 2일(문제 100번)
> ④ 2013년 6월 2일(문제 93번)

[정답] 85 ① 86 ④ 87 ④ 88 ①

89. 중량 5[kg]인 목재를 건조시켜 전건중량이 4[kg]이 되었다. 건조 전 목재의 함수율은 몇 [%]인가?

① 20[%] ② 25[%]
③ 30[%] ④ 40[%]

해설

함수율 계산

함수율 $= \dfrac{(W_1 - W_2)}{W_2} \times 100 = \dfrac{5-4}{4} \times 100 = 25[\%]$

- W_1 : 함수율을 구하고자 하는 목재편의 중량
- W_2 : 100~105[℃]의 온도에서 일정량이 될 때까지 건조시켰을 때의 전건중량

KEY
① 2017년 9월 23일 산업기사 출제
② 2021년 5월 15일 (문제 90번) 출제
③ 2023년 2월 28일(문제 94번) 확인

90. PVC바닥재에 대한 일반적인 설명으로 옳지 않은 것은?

① 보통 두께 3[mm] 이상의 것을 사용한다.
② 접착제는 비닐계 바닥재용 접착제를 사용한다.
③ 바닥시트에 이용하는 용접봉, 용접액 혹은 줄눈재는 제조업자가 지정하는 것으로 한다.
④ 재료보관은 통풍이 잘 되고 햇빛이 잘 드는 곳에 보관한다.

해설

PVC(염화비닐)

① PVC(Poly Vinyl Chloride)는 가장 널리 사용되고 있는 플라스틱 중 하나로, 1800년대 두명의 화학자가 우연히 발견했다.
② 1926년이 되서야 비로소 왈도 세몬(1898~1999)이 매우 획기적인 발견을 했다.
③ 유용한 제품을 만들기 위해 가소재라고 알려진 첨가제와 PVC원료를 혼합했으며, 이를 통해 '비닐'이라고 줄여서 부르고 있는 가소화 PVC가 탄생하였다.

KEY 2022년 3월 5일 (문제 95번) 출제

91. 다음 중 알루미늄의 특성으로 옳지 않은 것은?

① 순도가 높을수록 내식성이 좋지 않다.
② 알칼리나 해수에 침식되기 쉽다.
③ 콘크리트에 접하거나 흙 중에 매몰된 경우에 부식되기 쉽다.
④ 내화성이 부족하다.

해설

알루미늄의 특성

(1) 알루미늄 장점
① 비중이 철의 1/3 정도이고, 역학적 성질이 우수하다.
② 열·전기전도성이 크고, 반사율이 높다.
③ 내식성이 우수하며 가공이 쉽다.
④ 전연성이 좋아 판, 선으로 가공이 쉽고 주조도 가능하다.

(2) 알루미늄 단점
① 내화성이 약하다.
② 산·알칼리 및 해수에 침식되기 쉽다.
③ 콘크리트에 접하거나 흙 중에 매몰된 경우에는 부식된다.
④ 상온에서 판, 선으로 압연가공하면 경도와 인장강도가 증가한다.
⑤ 연질이고 강도가 낮다.

KEY 2012년 제1회 (문제 88번) 출제

보충학습

비중

① 물과 공기처럼 표준 물질과의 밀도차이를 뜻한다.
② 철은 비중이 7.8, 알루미늄은 2.7, 고무는 0.93인데, 이처럼 비중을 통해 서로 다른 물질의 무겁고 가벼운 정도를 알아낼 수 있다.

92. 미장재료의 경화에 대한 설명 중 옳지 않은 것은?

① 회반죽은 공기 중의 탄산가스와의 화학반응으로 경화한다.
② 이수석고($CaSO_4 \cdot 2H_2O$)는 물을 첨가해도 경과하지 않는다.
③ 돌로마이트 플라스터는 물과의 화학반응으로 경화한다.
④ 시멘트 모르타르는 물과의 화학반응으로 경화한다.

해설

미장재료의 경화

① 회반죽은 공기 중의 탄산가스와의 화학반응으로 경화한다.
② 이수석고($CaSO_4 \cdot 2H_2O$)는 물을 첨가해도 경과하지 않는다.
③ 시멘트 모르타르는 물과의 화학반응으로 경화한다.
④ 돌로마이터 플라스터는 기경성이다.

KEY
① 2006년 3월 5일(문제 100번)
② 2015년 5월 31일(문제 88번) 출제
③ 2016년 제1회 (문제 94번) 출제

[정답] 89 ② 90 ④ 91 ① 92 ③

> [보충학습]
> **경화방식에 따른 미장재료의 분류**
>
> | 구분 | 특징 |
> |---|---|
> | 수경성 | ① 물과 화학반응하여 경화하는 재료
② 시멘트 모르타르, 석고 플라스터, 킨즈시멘트, 마그네시아 시멘트, 인조석 및 테라조 바름재 등 |
> | 기경성 | ① 공기 중의 탄산가스와 결합하여 경화하는 재료
② 돌로마이트 플라스터, 소석회, 회사벽 등 |

93 골재의 입도분포를 측정하기 위한 시험으로 옳은 것은?

① 플로우 시험
② 블레인 시험
③ 체가름 시험
④ 비카트침 시험

해설

체분석(가름)시험 목적
① 골재가 콘크리트 공사용으로 적당한 것인가 아닌가를 입도의 측면에서 검토하기 위한 시험이다.
② 건축공사 표준시방서에 표시된 표준배합표는 골재의 크기별로 건축공사용 콘크리트의 조합을 표시하고 있다.
③ 배합을 구하기 위해서는 체분석시험을 하지 않으면 안 된다.

KEY ▶ 2019년 제1회 (문제 91번) 출제

> [보충학습]
> ① 플로우 시험 : 콘크리트의 반죽질기(Consistency)를 시험하는 방법이다.
> ② 블레인 시험 : 시멘트의 분말도를 측정할 때 사용하는 시험
> ③ 비카트침 시험 : 시멘트의 표준 주도의 결정과 시멘트의 응결시간을 측정하는 시험

94 목재 섬유포화점의 함수율은 대략 얼마 정도인가?

① 약 10[%]
② 약 20[%]
③ 약 30[%]
④ 약 40[%]

해설

섬유포화점(FSP)
① 세포 내의 빈 부분 또는 세포 사이의 공간 부분이 증발하고 세포막에 흡수되어 있는 수분의 상태
② 생나무를 건조하여 함수율이 30[%]가 된 상태

KEY ▶ ① 2016년 5월 8일 기사 출제
② 2017년 3월 5일 산업기사 출제
③ 2018년 3월 4일(문제 100번) 출제
④ 2023년 2월 28일(문제 89번) 확인

> [보충학습]
> **기건상태와 절건상태**
> ① 기건 상태는 함수율이 약 15[%]
> ② 절건 상태는 함수율이 0[%]

95 한중콘크리트에 관한 설명으로 옳지 않은 것은?(단, 콘크리트표준시방서 기준)

① 한중콘크리트에는 공기연행 콘크리트를 사용하는 것을 원칙으로 한다.
② 단위수량은 초기동해를 적게 하기 위하여 소요의 워커빌리티를 유지할 수 있는 범위 내에서 되도록 적게 정하여야 한다.
③ 물-결합재비는 원칙적으로 50[%] 이하로 하여야 한다.
④ 배합강도 및 물-결합재비는 적산온도 방식에 의해 결정할 수 있다.

해설

한중 콘크리트
① 4[℃] 이하의 기온에서는 합당한 시공을 해야 한다.
② 콘크리트를 칠 때의 온도는 10[℃] 이상으로 한다.
③ 시멘트 중량의 1[%] 정도의 염화칼슘을 가하거나 AE제를 사용하는 것이 좋다.
④ 사용 수량은 가능한 한 적게 한다.(물시멘트비 60[%] 이하)
⑤ 물과 골재는 가열하여도 되나 시멘트는 가열하여 사용할 수 없다.
⑥ 동결해가 있거나 빙설이 섞여 있는 골재는 그대로 사용할 수 없다.

KEY ▶ 2017년 제1회 (문제 100번) 출제

96 일반적으로 단열재에 습기나 물기가 침투하면 어떤 현상이 발생하는가?

① 열전도율이 높아져 단열성능이 좋아진다.
② 열전도율이 높아져 단열성능이 나빠진다.
③ 열전도율이 낮아져 단열성능이 좋아진다.
④ 열전도율이 낮아져 단열성능이 나빠진다.

[정답] 93 ③ 94 ③ 95 ③ 96 ②

해설

단열재의 선정조건
① 열전도율, 흡수율이 작을 것
② 비중, 투기성이 작을 것
③ 내화성이 크고 내부식성이 좋을 것
④ 시공성이 좋고 기계적인 강도가 있을 것
⑤ 재질의 변질이 없고 균일한 품질일 것
⑥ 가격이 저렴하고 연소 시 유독가스 발생이 없을 것

KEY
① 2011년 10월 2일 (문제 87번) 출제
② 2013년 6월 2일 (문제 94번) 출제
③ 2015년 9월 19일 (문제 88번) 출제

97. 소석회에 모래, 해초풀, 여물 등을 혼합하여 바르는 미장재료로서 목조바탕, 콘크리트블록 및 벽돌바탕 등에 사용되는 것은?

① 회반죽
② 돌로마이트 플라스터
③ 석고 플라스터
④ 시멘트 모르타르

해설

회반죽(Lime Plaster)의 특징
① 소석회 + 모래 + 여물을 해초풀로 반죽한 것
② 물은 사용안함
③ 해초풀의 역할 : 접착력 증대
④ 여물 : 균열방지
⑤ 여물은 수축을 분산시키고 균열을 예방하기 위해 첨가하며 삼여물, 짚여물, 종이여물, 털여물 등이 사용된다.
⑥ 충분히 건조된 질간삼, 종려털, 마닐라삼 같은 수염을 바탕에(벽에는 70[cm] 정도, 천장용은 55[cm] 정도의 수염을 2등분으로 접어서 못으로 고정) 사용하여 바름벽의 탈락을 방지한다.

KEY 2015년 제1회 (문제 89번) 출제

[보충학습]

돌로마이트 플라스터의 특징
① 돌로마이트를 900~1,200[℃]에서 가열·소성한 후, 소화해서 만들며, 대기 중의 이산화탄소와 화학반응해서 경화한다.
② 소석회보다 점성이 커서 풀이 필요 없어, 변색, 냄새, 곰팡이가 없다.
③ 회반죽에 비해 조기강도 및 최종강도가 크고 착색이 쉽다.
④ 건조, 경화시에 수축률이 가장 커서 균열이 집중적으로 크게 생기게 된다.
⑤ 무수축성의 석고나 플라스터를 혼입하여 사용한다.
⑥ 분말도가 미세한 것이 시공이 용이하다.
⑦ 응결시간이 길다.

98. 건물의 외장용 도료로 가장 적합하지 않은 것은?

① 유성페인트
② 수성페인트
③ 합성수지 에멀션페인트
④ 유성바니시

해설

유성니스(vanish)의 특징
① 수지와 건성유의 양(혼합)의 비율에 따라 단유성니스(골드 사이즈), 중유성니스(코펄니스), 장유성니스(보디니스 또는 스파니스)로 구분한다.
② 건조가 더디고 광택이 있고 투명 단단하나 내화학성이 나쁘고 시간이 지나면 누렇게 변한다.
③ 내구, 내수성이 크다.

KEY 2013년 제1회 (문제 93번) 출제

99. 금속부식에 관한 대책으로 옳지 않은 것은?

① 가능한 한 이종 금속은 이를 인접, 접속시켜 사용하지 않을 것
② 균질한 것을 선택하고, 사용할 때 큰 변형을 주지 않도록 할 것
③ 큰 변형을 준 것은 가능한 한 풀림하여 사용할 것
④ 표면을 거칠게 하고 가능한 한 습윤상태로 유지할 것

해설

금속부식방지(방식)
① 표면을 평활하게 한다.
② 건조상태를 유지한다.

KEY
① 2017년 9월 23일 출제
② 2019년 9월 21일 산업기사 출제
③ 2020년 6월 14일 산업기사 출제
④ 2020년 8월 22일 출제

[정답] 97 ① 98 ④ 99 ④

100 콘크리트의 워커빌리티(workability)에 관한 설명으로 옳지 않은 것은?

① 과도하게 비빔시간이 길면 시멘트의 수화를 촉진하여 워커빌리티가 나빠진다.
② 단위수량을 너무 증가시키면 재료분리가 생기기 쉽기 때문에 워커빌리티가 좋아진다고 볼 수 없다.
③ AE제를 혼입하면 워커빌리티가 좋아진다.
④ 깬자갈이나 깬모래를 사용할 경우, 잔골재율을 작게 하고 단위수량을 감소시키면 워커빌리티가 좋아진다.

해설

워커빌리티
① 쇄석을 사용하면 워커빌리티가 저하한다.
② 빈배합이 워커빌리티가 좋다.

KEY ① 2017년 5월 7일 기사 출제
② 2018년 1회 (문제 98번) 출제

6 건설안전기술

101 그물코의 크기가 10[cm]인 매듭없는 방망사 신품의 인장강도는 최소 얼마 이상이어야 하는가?

① 240kg　② 320kg
③ 400kg　④ 500kg

해설

방망사의 신품에 대한 인장강도

그물코의 크기 (단위 : [cm])	방망의 종류(단위 : [kg])	
	매듭 없는 방망	매듭 방망
10	240	200
5		110

KEY ① 2016년 5월 8일(문제 110번) 출제
② 2016년 10월 1일 산업기사 출제
③ 2021년 8월 14일 등 10회 이상 출제

102 공정율이 65[%]인 건설현장의 경우 공사 진척에 따른 산업안전보건관리비의 최소 사용기준으로 옳은 것은? (단, 공정율은 기성공정율을 기준으로 함)

① 40[%] 이상　② 50[%] 이상
③ 60[%] 이상　④ 70[%] 이상

해설

공사진척에 따른 안전관리비 사용기준

공정률	50[%] 이상 70[%] 미만	70[%] 이상 90[%] 미만	90[%] 이상
사용 기준	50[%] 이상	70[%] 이상	90[%] 이상

KEY ① 2017년 5월 7일 기사 출제
② 2017년 9월 23일 기사 출제
③ 2019년 8월 4일 산업기사 출제

정보제공
건설업 산업안전보건관리비계상기준 고시 2023-49호(2023. 10. 5.)

103 취급·운반의 원칙으로 옳지 않은 것은?

① 운반 작업을 집중하여 시킬 것
② 생산을 최고로 하는 운반을 생각할 것
③ 곡선 운반을 할 것
④ 연속 운반을 할 것

해설

취급, 운반의 5원칙
① 직선운반을 할 것
② 연속운반을 할 것
③ 운반작업을 집중화시킬 것
④ 생산을 최고로 하는 운반을 생각할 것
⑤ 최대한 시간과 경비를 절약할 수 있는 운반방법을 고려할 것

KEY ① 2017년 8월 26일 출제
② 2018년 4월 28일 기사 출제
③ 2019년 3월 3일 산업기사 출제

[정답] 100 ④　101 ①　102 ②　103 ③

104 철골작업을 중지하여야 하는 조건에 해당되지 않는 것은?

① 풍속이 초당 10[m] 이상인 경우
② 지진이 진도 4 이상의 경우
③ 강우량이 시간당 1[mm] 이상의 경우
④ 강설량이 시간당 1[cm] 이상의 경우

해설

철골작업시 작업중지기준
① 풍속이 초당 10[m] 이상인 경우
② 강우량이 시간당 1[mm] 이상인 경우
③ 강설량이 시간당 1[cm] 이상인 경우

KEY ① 2014년 5월 25일(문제 101번)
② 2014년 9월 20일(문제 113번)
③ 2015년 5월 31일(문제 116번)

정보제공
산업안전보건기준에 관한 규칙 제383조(작업의 제한)

105 달비계의 최대 적재하중을 정함에 있어서 활용하는 안전계수의 기준으로 옳은 것은?(단, 곤돌라의 달비계를 제외한다.)

① 달기 와이어로프 : 5 이상
② 달기 강선 : 5 이상
③ 달기 체인 : 3 이상
④ 달기 훅 : 5 이상

해설

달비계의 안전계수
① 달기와이어로프 및 달기 강선의 안전계수는 10 이상
② 달기체인 및 달기훅의 안전계수는 5 이상
③ 달기강대와 달비계의 하부 및 상부지점의 안전계수는 강재의 경우 2.5 이상, 목재의 경우 5 이상

KEY ① 2016년 10월 1일 산업기사 출제
② 2021년 8월 14일 등 5회 이상 출제

정보제공
① 산업안전보건기준에 관한 규칙 제55조(작업발판의 최대적재하중)
② 법 개정으로 본 문제는 출제되지 않습니다.

106 미리 작업장소의 지형 및 지반상태 등에 적합한 제한속도를 정하지 않아도 되는 차량계 건설기계의 속도 기준은?

① 최대 제한 속도가 10[km/h] 이하
② 최대 제한 속도가 20[km/h] 이하
③ 최대 제한 속도가 30[km/h] 이하
④ 최대 제한 속도가 40[km/h] 이하

해설

산업안전보건기준에 관한 규칙 제98조(제한속도의 지정 등)
① 사업주는 차량계 하역운반기계, 차량계 건설기계(최대제한속도가 시속 10킬로미터 이하인 것은 제외한다)를 사용하여 작업을 하는 경우 미리 작업장소의 지형 및 지반 상태 등에 적합한 제한속도를 정하고, 운전자로 하여금 준수하도록 하여야 한다.
② 사업주는 궤도작업차량을 사용하는 작업, 입환기로 입환작업을 하는 경우에 작업에 적합한 제한속도를 정하고, 운전자로 하여금 준수하도록 하여야 한다.
③ 운전자는 제1항과 제2항에 따른 제한속도를 초과하여 운전해서는 아니 된다.

KEY ① 2014년 8월 17일 기사 출제
② 2017년 8월 26일 기사 출제
③ 2018년 3월 4일 기사 출제
④ 2021년 3월 7일 기사 출제

107 부두 · 안벽 등 하역작업을 하는 장소에서는 부두 또는 안벽의 선을 따라 통로를 설치하는 경우에는 폭을 최소 얼마 이상으로 해야 하는가?

① 70[cm]   ② 80[cm]
③ 90[cm]   ④ 100[cm]

해설

부두 · 안벽 등 하역작업을 하는 장소의 안전기준
① 작업장 및 통로의 위험한 부분에는 안전하게 작업할 수 있는 조명을 유지할 것
② 부두 또는 안벽의 선을 따라 통로를 설치하는 경우에는 폭을 90[cm] 이상으로 할 것
③ 육상에서의 통로 및 작업장소로서 다리 또는 선거(船渠) 갑문(閘門)을 넘는 보도(步道) 등의 위험한 부분에는 안전난간 또는 울타리 등을 설치할 것

KEY ① 2005년 5월 29일(문제 103번) 출제
② 2021년 5월 15일 등 5회 이상 출제

정보제공
산업안전보건기준에 관한 규칙 제390조(하역작업장의 조치기준)

[정답] 104 ② 105 ④ 106 ① 107 ③

108. 히빙(Heaving)현상 방지대책으로 틀린 것은?

① 소단굴착을 실시하여 소단부 흙의 중량이 바닥을 누르게 한다.
② 흙막이 벽체 배면의 지반을 개량하여 흙의 전단강도를 높인다.
③ 부풀어 솟아오르는 바닥면의 토사를 제거한다.
④ 흙막이 벽체의 근입깊이를 깊게 한다.

해설

히빙 방지대책
① 흙막이 근입깊이를 깊게
② 표토제거 하중감소
③ 지반개량
④ 굴착면 하중증가
⑤ 어스앵커설치 등

KEY ① 2015년 1회 출제
② 2023년 1회 (문제 68번) 확인

109. 건설현장에서 높이 5[m] 이상인 콘크리트 교량의 설치작업을 하는 경우 재해예방을 위해 준수해야 하는 사항으로 옳지 않은 것은?

① 작업을 하는 구역에는 관계 근로자가 아닌 사람의 출입을 금지할 것
② 재료, 기구 또는 공구 등을 올리거나 내릴 경우에는 근로자로 하여금 크레인을 이용하도록 하고 달줄, 달포대 등의 사용을 금하도록 할 것
③ 중량물 부재를 크레인 등으로 인양하는 경우에는 부재에 인양용 고리를 견고하게 설치하고, 인양용 로프는 부재에 두 군데 이상 결속하여 인양하여야 하며, 중량물이 안전하게 거치되기 전까지는 걸이로프를 해제시키지 아니할 것
④ 자재나 부재의 낙하·전도 또는 붕괴 등에 의하여 근로자에게 위험을 미칠 우려가 있을 경우에는 출입금지구역의 설정, 자재 또는 가설시설의 좌굴(挫屈)또는 변형 방지를 위한 보강재 부착 등의 조치를 할 것

해설

재료·기구 또는 공구 등을 올리거나 내리는 경우 근로자는 달줄 또는 달포대를 사용하게 할 것

KEY ① 2019년 3월 3일 기사 출제
② 2019년 4월 27일 기사 출제

정보제공

산업안전보건기준에 관한 규칙 제57조(비계 등의 조립·해체 및 변경)

110. 산소결핍이라 함은 공기 중 산소농도가 몇 퍼센트[%] 미만일 때를 의미하는가?

① 20[%] ② 18[%]
③ 15[%] ④ 10[%]

해설

산소결핍
① 산소결핍 : 공기중의 산소농도가 18퍼센트 미만인 상태
② 산소결핍증 : 산소가 결핍된 공기를 들이마심으로써 생기는 증상

KEY 2017년 3월 5일 기사 출제

정보제공

산업안전보건기준에 관한 규칙 제618조(정의)

111. 작업장 출입구 설치 시 준수해야 할 사항으로 옳지 않은 것은?

① 출입구의 위치·수 및 크기가 작업장의 용도와 특성에 맞도록 한다.
② 출입구에 문을 설치하는 경우에는 근로자가 쉽게 열고 닫을 수 있도록 한다.
③ 주된 목적이 하역운반기계용인 출입구에는 보행자용 출입구를 따로 설치하지 않는다.
④ 계단이 출입구와 바로 연결된 경우에는 작업자의 안전한 통행을 위하여 그 사이에 1.2[m] 이상 거리를 두거나 안내표지 또는 비상벨 등을 설치한다.

[정답] 108 ③ 109 ② 110 ② 111 ③

해설

산업안전보건기준에 관한 규칙

제11조(작업장의 출입구) 사업주는 작업장에 출입구(비상구는 제외한다. 이하 같다)를 설치하는 경우 다음 각 호의 사항을 준수하여야 한다.
1. 출입구의 위치, 수 및 크기가 작업장의 용도와 특성에 맞도록 할 것
2. 출입구에 문을 설치하는 경우에는 근로자가 쉽게 열고 닫을 수 있도록 할 것
3. 주된 목적이 하역운반기계용인 출입구에는 인접하여 보행자용 출입구를 따로 설치할 것
4. 하역운반기계의 통로와 인접하여 있는 출입구에서 접촉에 의하여 근로자에게 위험을 미칠 우려가 있는 경우에는 비상등·비상벨 등 경보장치를 할 것
5. 계단이 출입구와 바로 연결된 경우에는 작업자의 안전한 통행을 위하여 그 사이에 1.2미터 이상 거리를 두거나 안내표지 또는 비상벨 등을 설치할 것. 다만, 출입구에 문을 설치하지 아니한 경우에는 그러하지 아니하다.

KEY ▶ 2022년 3월 5일 기사 출제

---

112 장비가 위치한 지면보다 낮은 장소를 굴착하는 데 적합한 장비는?

① 백호 ② 파워셔블
③ 트럭크레인 ④ 진폴

해설

백호(back hoe)=[드래그셔블(drag shovel)]
① 토목공사나 수중굴착에 많이 사용된다.
② 지하층이나 기초의 굴착에 사용된다.
③ 기계가 서 있는 지면보다 낮은 장소의 굴착에도 적당하고 수중굴착도 가능하다.
④ 파워셔블과 같이 굳은 지반의 토질에서도 정확한 굴착이 된다.

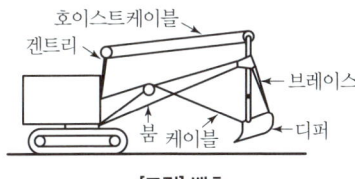

[그림] 백호

KEY ▶ ① 2015년 3월 8일 기사 출제
② 2018년 8월 19일 기사 출제
③ 2020년 6월 7일 기사 출제
④ 2021년 5월 15일 기사 출제

---

113 가설통로의 설치기준으로 옳지 않은 것은?

① 추락할 위험이 있는 장소에는 안전난간을 설치할 것
② 경사가 10[°]를 초과하는 경우에는 미끄러지지 않는 구조로 할 것
③ 경사는 30[°] 이하로 할 것
④ 건설공사에 사용하는 높이 8[m] 이상인 비계다리에는 7[m] 이내마다 계단참을 설치할 것

해설

가설통로 설치기준
① 견고한 구조로 할 것
② 경사는 30[°] 이하로 할 것. 다만, 계단을 설치하거나 높이 2[m] 미만의 가설통로로서 튼튼한 손잡이를 설치한 경우에는 그러하지 아니하다.
③ 경사가 15[°]를 초과하는 경우에는 미끄러지지 아니하는 구조로 할 것
④ 추락할 위험이 있는 장소에는 안전난간을 설치할 것. 다만, 작업상 부득이한 경우에는 필요한 부분만 임시로 해체할 수 있다.
⑤ 수직갱에 가설된 통로의 길이가 15[m] 이상인 경우에는 10[m] 이내마다 계단참을 설치할 것
⑥ 건설공사에 사용하는 높이 8[m] 이상인 비계다리에는 7[m] 이내마다 계단참을 설치할 것

KEY ▶ ① 2017년 5월 7일 기사 출제
② 2018년 4월 28일 기사 출제
③ 2019년 8월 4일 기사 출제
④ 2020년 6월 7일 기사 출제
⑤ 2021년 3월 7일 기사 출제
⑥ 2022년 3월 5일 기사 출제
⑦ 2022년 4월 24일 기사 출제

---

114 산업안전보건법령에 따른 지반의 종류별 굴착면의 기울기 기준으로 옳지 않은 것은?

① 모래 – 1 : 1.8
② 그 밖의 흙 – 1 : 0.3
③ 풍화암 – 1 : 1.0
④ 연암 – 1 : 1.0

[정답] 112 ① 113 ② 114 ②

해설

굴착면의 기울기 기준

지반의 종류	굴착면의 기울기
모래	1 : 1.8
연암 및 풍화암	1 : 1.0
경암	1 : 0.5
그 밖의 흙	1 : 1.2

KEY
① 2016년 5월 8일 기사·산업기사 동시 출제
② 2017년 3월 5일(문제 120번) 출제
③ 2017년 9월 23일(문제 114번) 출제
④ 2018년 8월 19일 산업기사 출제
⑤ 2019년 4월 27일 기사·산업기사 동시 출제

정보제공
산업안전보건기준에 관한 규칙 [별표 11] 굴착면의 기울기 기준

---

115 사다리식 통로의 구조에 대한 아래의 설명 중 ( )에 알맞은 것은?

> 사다리의 상단은 걸쳐놓은 지점으로부터 ( )[cm] 이상 올라가도록 할 것

① 30   ② 40
③ 50   ④ 60

해설

사다리 작업의 안전지침
① 안전하게 수리될 수 없는 사다리는 작업장 외로 반출시켜야 한다.
② 사다리는 작업장에서 최소한 위로 60[cm]는 연장되어 있어야 한다.

KEY 2020년 8월 22일 기사 등 20회 이상 출제

정보제공 산업안전보건기준에 관한 규칙 제24조(사다리식 통로 등의 구조)

---

116 다음 중 건설재해대책의 사면보호공법에 해당하지 않는 것은?

① 쉴드공   ② 식생공
③ 뿜어붙이기공   ④ 블록공

해설

사(비탈)면 보호공법의 구분

분류	구분
식생 공법	떼붙임공
	식생공
	식수공
	파종공
구조물 보호 공법	블록(돌)붙임공
	블록(돌)쌓기공
	콘크리트블록 격자공
	뿜어붙이기공
응급 대책 방법	배수공
	배토공
	압성토공
항구 대책 방법	옹벽공
	soil nailing 공법
	earth anchor 공법

KEY 2013년 9월 28일(문제 120번) 출제

보충학습

실드공법(shield method)
① 연약지반이나 대수지반(帶水地盤)에 터널을 만들 때 작용하는 굴착공법
② 1818년 프랑스에서 개발된 뒤, 1825년 영국 템즈강 하저 횡단 터널공사에 처음 사용하였다.
③ 원래 강이나 바다 등 연약지반이나 대수지반에서 터널을 만들기 위해 고안된 공법이지만, 근래에는 지하철이나 기반시설(상하수도·전기·통신선로 등) 공사를 위한 도시터널 시공에 많이 이용된다.

---

117 흙막이 지보공을 설치하였을 때 정기적으로 점검하여야 할 사항과 거리가 먼 것은?

① 경보장치의 작동상태
② 부재의 손상·변형·부식·변위 및 탈락의 유무와 상태
③ 버팀대의 긴압(緊壓)의 정도
④ 부재의 접속부·부착부 및 교차부의 상태

해설

흙막이 지보공의 정기 점검사항
① 부재의 손상·변형·부식·변위 및 탈락의 유무와 상태
② 버팀대의 긴압의 정도
③ 부재의 접속부·부착부 및 교차부의 상태
④ 침하의 정도

[정답] 115 ④ 116 ① 117 ①

KEY ① 2017년 3월 5일(문제 109번) 출제
② 2017년 9월 23일(문제 109번) 출제

[정보제공]
산업안전보건기준에 관한 규칙 제347조(붕괴등의 위험방지)

118 안전난간의 구조 및 설치요건에 대한 기준으로 옳지 않은 것은?

① 상부난간대는 바닥면·발판 또는 경사로의 표면으로부터 90[cm] 이상 지점에 설치할 것
② 발끝막이판은 바닥면 등으로부터 10[cm] 이상의 높이를 유지할 것
③ 난간대는 지름 1.5[cm] 이상의 금속제파이프나 그 이상의 강도를 가진 재료일 것
④ 안전난간은 구조적으로 가장 취약한 지점에서 가장 취약한 방향으로 작용하는 100[kg] 이상의 하중에 견딜 수 있는 튼튼한 구조일 것

[해설]
난간대 지름 : 2.7[cm] 이상

KEY ① 2016년 3월 6일 기사 출제
② 2019년 8월 4일 기사 출제
③ 2021년 8월 14일 기사 출제

[합격정보]
산업안전보건기준에 관한 규칙 제13조(안전난간의 구조 및 설치요건)

119 터널공사의 전기발파작업에 관한 설명으로 옳지 않은 것은?

① 전선은 점화하기 전에 화약류를 충진한 장소로부터 30[m] 이상 떨어진 안전한 장소에서 도통시험 및 저항시험을 하여야 한다.
② 점화는 충분한 허용량을 갖는 발파기를 사용하고 규정된 스위치를 반드시 사용하여야 한다.
③ 발파 후 발파기와 발파모선의 연결을 유지한 채 그 단부를 절연시킨 후 재점화가 되지 않도록 한다.
④ 점화는 선임된 발파책임자가 행하고 발파기의 핸들을 점화할 때 이외는 시건장치를 하거나 모선을 분리하여야 하며 발파책임자의 엄중한 관리하에 두어야 한다.

[해설]
발파 모선의 연결을 제거(분리)한다.

KEY ① 2017년 3월 7일 기사 출제
② 2021년 3월 7일 기사 출제

[합격정보]
산업안전보건기준에 관한 규칙 제348조(발파의 작업기준)

120 이동식 크레인을 사용하여 작업을 할 때 작업시작 전 점검 사항이 아닌 것은?

① 주행로의 상측 및 트롤리(trolley)가 횡행하는 레일의 상태
② 권과방지장치 그 밖의 경보장치의 기능
③ 브레이크·클러치 및 조정장치의 기능
④ 와이어로프가 통하고 있는 곳 및 작업장소의 지반 상태

[해설]
이동식크레인 작업시작전 점검사항
① 권과방지장치 그 밖의 경보장치의 기능
② 브레이크·클러치 및 조정장치의 기능
③ 와이어로프가 통하고 있는 곳 및 작업장소의 지반상태

KEY ① 2018년 3월 4일 기사 출제
② 2018년 9월 15일 기사 출제

[정보제공]
산업안전보건기준에 관한 규칙 [별표 3]

[정답] 118 ③ 119 ③ 120 ①

2023년도 기사 정기검정 제2회 (2023년 6월 4일 시행)

자격종목 및 등급(선택분야)
건설안전기사

종목코드	시험시간	수험번호	성명
1440	3시간	20230604	도서출판세화

※ 본 문제는 복원문제 및 예적(예상적중) 문제로 실제문제와 동일하지 않을 수 있습니다.

1 산업안전관리론

01 다음 중 재해의 발생 원인을 관리적인 면에서 분류한 것과 가장 관계가 먼 것은?

① 기술적 원인
② 인적 원인
③ 교육적 원인
④ 작업관리상 원인

[해설]

간접원인(관리적인 면)
① 기술적 원인
② 교육적 원인
③ 신체적 원인
④ 정신적 원인
⑤ 관리적 원인

KEY 2015년 5월 31일(문제 16번) 출제

02 산업안전보건법령상 공정안전보고서에 포함되어야 하는 내용 중 공정안전자료의 세부내용에 해당하는 것은?

① 안전운전지침서
② 공정위험성평가서
③ 도급업체 안전관리계획
④ 각종 건물·설비의 배치도

[해설]

공정안전자료 세부내용
① 취급·저장하고 있거나 취급·저장하려는 유해·위험물질의 종류 및 수량
② 유해·위험물질에 대한 물질안전보건자료
③ 유해하거나 위험한 설비의 목록 및 사양
④ 유해하거나 위험한 설비의 운전방법을 알 수 있는 공정도면
⑤ 각종 건물·설비의 배치도
⑥ 폭발위험장소 구분도 및 전기단선도
⑦ 위험설비의 안전설계·제작 및 설치 관련 지침서

KEY 2020년 8월 22일(문제 3번) 출제

[정보제공]
산업안전보건법 시행규칙 제50조 (공정안전보고서의 세부내용등)

03 무재해운동추진기법 중 팀의 일체감, 연대감을 조성할 수 있고 동시에 대뇌 구피질에 좋은 이미지를 불어 넣어 안전행동을 하도록 하는 방법은?

① 역할연기(Role playing)
② 터치 앤 콜(Touch and call)
③ 브레인 스토밍(Brain Storming)
④ TBM(Tool Box Meeting)

[해설]

터치 앤 콜(Touch and Call)
① 필요성
스킨십(Skin ship)을 통한 팀구성원 간의 일체감 및 연대감을 조성하고 위험요소에 대한 강한 인식과 더불어 사고예방에 도움이 되며 서로 피부를 맞대고 구호를 제창함으로써 진한 동료애를 느끼고 안전에 동참하는 참여 정신을 높일 수 있다.

[표] 터치 앤 콜의 형태

형태	특 징
고리형	왼손 엄지를 서로 맞잡고 원을 만들어 목표나 구호를 제창 (5~6명 정도가 적당)
포개기형	왼손 엄지로 원을 만들 수 없는 소수 인원일 경우 왼손을 서로 포개어 구호제창(2~3명 정도가 적당)
어깨동무형	왼손을 상대의 왼쪽어깨에 얹어 감싸고 서로의 발을 맞대어 둥글게 원을 만들어(무재해의 제로(0)를 의미) 오른손으로 지적하며 구호를 제창(5~6명 정도가 적당)

② 기대 효과
특별한 준비 없이 쉽게 실시할 수 있으며, 피부의 접촉을 통하여 기대 이상의 친밀감과 일체감을 통하여 서로 하나됨을 느낄 수 있어 사고예방 및 인간관계 형성에도 큰 도움을 얻을 수 있다.

KEY 2012년 5월 20일(문제 3번) 출제

[정답] 01 ② 02 ④ 03 ②

04 다음 설명에 가장 적합한 조직의 형태는?

- 과제중심의 조직
- 특정과제를 수행하기 위해 필요한 자원과 재능을 여러 부서로부터 임시로 집중시켜 문제를 해결하고, 완료 후 다시 본래의 부서로 복귀하는 형태
- 시간적 유한성을 가진 일시적이고 잠정적인 조직

① 스태프(Staff)형 조직
② 라인(Line)식 조직
③ 기능(Functional)식 조직
④ 프로젝트(Project) 조직

해설
조직의 종류 및 특징

구분	특징
프로젝트 조직	① 특정 프로젝트를 수행하기 위해서 일시적으로 구성되는 조직 ② 목적지향적이고 목적달성을 위해 기존의 조직보다 효율적이고 유연하게 운영가능 ③ 태스크포스(Task forces)라고도 함
사업부제 조직	① 제품이나 시장, 지역을 기초로 만들어진 조직 ② 다국적 기업들이 보편적으로 채택하여 운영하는 조직형태 ③ 사업마다 중복된 부서가 있어 자원의 낭비가 심하고 지나친 경쟁이 유발되어 전체적인 목표달성을 방해할 가능성이 있음
팀 조직	① 의사결정과정을 단순화하여 빠른 대응이 가능하도록 만든 조직 ② 상호보완적인 기술이나 지식을 갖는 구성원이 자율권을 갖고 업무를 수행하도록 한 조직 ③ 신속한 의사결정조직으로 동기부여가 쉬우나 유능한 구성원이 필요
매트릭스형 조직	① 중규모 형태의 기업에서 시장상황에 따라 인적 자원을 효율적으로 활용하는 조직형태 ② 사업부 조직의 단점을 해결하기 위해 기능별, 목적별 부문화를 혼합한 형태 ③ 팀 중심 활동 및 구성원 간의 협동심에 증가하나 역할갈등의 소지를 가지고 있음
위원회 조직	① 집단토의방식을 도입한 조직의 형태 ② 광범위한 정보를 필요로 하거나 참가자의 충분한 사전이해가 있어야 하는 경우에 사용 ③ 시간낭비 및 기동성이 떨어지고 책임소재가 불분명한 단점이 있음

KEY ① 2013년 9월 28일(문제 15번) 출제
② 2019년 3월 3일(문제 26번) 출제
③ 2019년 4월 27일(문제 5번) 출제

05 객관적인 위험을 작업자 나름대로 판정하여 위험을 수용하고 행동에 옮기는 것은?

① Risk Assessment
② Risk taking
③ Risk control
④ Risk playing

해설
리스크 테이킹(risk taking)
① 객관적인 위험을 자기 편리한 대로 판단하여 의사결정을 하고 행동에 옮기는 현상
② 안전태도가 양호한 자는 risk taking 정도가 작다.
③ 안전태도 수준이 같은 경우 작업의 달성 동기, 성격, 일의 능률, 적성배치, 심리상태 등 각종 요인의 영향으로 risk taking의 정도는 변한다.

KEY 2017년 5월 7일(문제 11번) 출제

06 500명의 상시 근로자가 있는 사업장에서 1년간 발생한 근로손실일수가 1,200일이고, 이 사업장의 도수율이 9일 때, 종합재해지수(FSI)는 얼마인가?(단, 근로자는 1일 8시간씩 연간 300일을 근무하였다.)

① 2.0   ② 2.5
③ 2.7   ④ 3.0

해설
종합재해지수$(FSI) = \sqrt{FR \times SR} = \sqrt{9 \times 1} = 3$
① 도수율 : 9
② 강도율 $= \dfrac{\text{총요양근로손실일수}}{\text{연근로시간수}} \times 1,000$
$= \dfrac{1,200}{500 \times 8 \times 300} \times 1,000 = 1$

KEY 2016년 5월 8일(문제 4번) 출제

[정답] 04 ④   05 ②   06 ④

07 산업안전보건법령상 산업안전보건위원회의 심의·의결사항으로 틀린 것은?(단, 그 밖에 해당 사업장 근로자의 안전 및 보건을 유지·증진시키기 위하여 필요한 사항은 제외한다.)

① 사업장 경영체계 구성 및 운영에 관한 사항
② 작업환경측정 등 작업환경의 점검 및 개선에 관한 사항
③ 안전보건관리규정의 작성 및 변경에 관한 사항
④ 유해하거나 위험한 기계·기구 설비를 도입한 경우 안전 및 보건 관련 조치에 관한 사항

해설

산업안전보건위원회 심의 의결사항
① 제15조제1항제1호부터 제5호까지 및 제7호에 관한 사항
② 제15조제1항제6호에 따른 사항 중 중대재해에 관한 사항
③ 유해하거나 위험한 기계·기구 설비를 도입한 경우 안전 및 보건 관련 조치에 관한 사항
④ 그 밖에 해당 사업장 근로자의 안전 및 보건을 유지·증진시키기 위하여 필요한 사항

KEY ① 2021년 3월 7일(문제 15번) 출제
② 2021년 5월 15일(문제 4번) 출제

보충학습

제15조(안전보건관리책임자) ① 사업주는 사업장을 실질적으로 총괄하여 관리하는 사람에게 해당 사업장의 다음 각 호의 업무를 총괄하여 관리하도록 하여야 한다.
1. 사업장의 산업재해 예방계획의 수립에 관한 사항
2. 제25조 및 제26조에 따른 안전보건관리규정의 작성 및 변경에 관한 사항
3. 제29조에 따른 안전보건교육에 관한 사항
4. 작업환경측정 등 작업환경의 점검 및 개선에 관한 사항
5. 제129조부터 제132조까지에 따른 근로자의 건강진단 등 건강관리에 관한 사항
6. 산업재해의 원인 조사 및 재발 방지대책 수립에 관힌 사항
7. 산업재해에 관한 통계의 기록 및 유지에 관한 사항
8. 안전장치 및 보호구 구입 시 적격품 여부 확인에 관한 사항
9. 그밖에 근로자의 유해·위험 방지조치에 관한 사항으로서 고용노동부령으로 정하는 사항
② 제1항 각 호의 업무를 총괄하여 관리하는 사람(이하 "안전보건관리책임자"라 한다)은 제17조에 따른 안전관리자와 제18조에 따른 보건관리자를 지휘·감독한다.
③ 안전보건관리책임자를 두어야 하는 사업의 종류와 사업장의 상시근로자 수, 그 밖에 필요한 사항은 대통령령으로 정한다.

합격정보
산업안전보건법 제15조, 제24조

08 위험예지훈련 4R(라운드) 중 2R(라운드)에 해당하는 것은?

① 목표설정 ② 현상파악
③ 대책수립 ④ 본질추구

해설

문제해결의 4단계(4 Round)
① 1R – 현상파악
② 2R – 본질추구
③ 3R – 대책수립
④ 4R – 행동목표설정

KEY ① 2016년 3월 6일 출제
② 2020년 6월 7일 출제 등 20회 이상 출제

09 산소가 결핍되어 있는 장소에서 사용하는 마스크는?

① 방진 마스크 ② 송기 마스크
③ 방독 마스크 ④ 특급 방진 마스크

해설

방진, 특급방진 마스크 : 분진, 미스트, 흄의 방지

KEY 2014년 5월 25일(문제 6번) 출제

10 다음 중 방음용 귀마개 또는 귀덮개의 종류 및 등급과 기호가 잘못 연결된 것은?

① 귀덮개 : EM
② 귀마개 1종 : EP-1
③ 귀마개 2종 : EP-2
④ 귀마개 3종 : EP-3

해설

귀마개 및 귀덮개 종류 및 등급

종류	등급	기호	성능
귀마개	1종	EP-1	저음부터 고음까지 차음하는 것
	2종	EP-2	주로 고음을 차음하여 회화음 영역인 저음은 차음하지 않는 것
귀덮개	–	EM	

KEY 2014년 5월 25일(문제 6번) 출제

[정답] 07 ① 08 ④ 09 ② 10 ④

11. 산업안전보건법령상 안전보건관리규정 작성에 관한 사항으로 ( )에 알맞은 기준은?

안전보건관리규정을 작성하여야 할 사업의 사업주는 안전보건관리규정을 작성해야 할 사유가 발생한 날부터 ( )일 이내에 안전보건관리규정을 작성해야 한다.

① 7
② 14
③ 30
④ 60

해설

제25조(안전보건관리규정의 작성)
① 법 제25조제3항에 따라 안전보건관리규정을 작성해야 할 사업의 종류 및 상시근로자 수는 별표 2와 같다.
② 제1항에 따른 사업의 사업주는 안전보건관리규정을 작성해야 할 사유가 발생한 날부터 30일 이내에 별표 3의 내용을 포함한 안전보건관리규정을 작성해야 한다. 이를 변경할 사유가 발생한 경우에도 또한 같다.
③ 사업주가 제2항에 따라 안전보건관리규정을 작성할 때에는 소방·가스·전기·교통 분야 등의 다른 법령에서 정하는 안전관리에 관한 규정과 통합하여 작성할 수 있다.

KEY ▶ 2022년 4월 24일(문제 1번) 출제

합격정보
산업안전보건법 시행규칙 제25조(안전보건관리규정의 작성)

12. 재해 손실비의 평가방식 중 시몬즈(Simonds)방식에서 재해의 종류에 관한 설명으로 틀린 것은?

① 무상해사고는 의료조치를 필요로 하지 않은 상해사고를 말한다.
② 휴업상해는 영구 일부노동불능 및 일시 전노동 불능 상해를 말한다.
③ 응급조치상해는 응급조치 또는 8시간 이상의 휴업의료 조치 상해를 말한다.
④ 통원상해는 일시 일부노동불능 및 의사의 통원 조치를 요하는 상해를 말한다.

해설

시몬즈의 재해사고 Category

분류	내용
휴업상해(A)	영구 부분노동불능, 일시 전노동불능
통원상해(B)	일시 부분노동불능, 의사의 조치를 요하는 통원상해
응급처치(C)	20달러 미만의 손실 또는 8시간 미만의 휴업손실 상해
무상해사고(D)	의료조치를 필요로 하지 않는 경미한 상해, 사고 및 무상해 사고(20달러 이상의 재산손실 또는 8시간 이상의 손실사고)

KEY ▶ 2016년 5월 8일(문제 15번) 출제

13. 정해진 기준에 따라 측정·검사를 행하고 정해진 조건하에서 운전시험을 실시하여 그 기계의 전체적인 기능을 판단하고자 하는 점검을 무슨 점검이라 하는가?

① 외관점검
② 작동점검
③ 기능점검
④ 종합점검

해설

종합점검
① 정해진 점검 기준에 의해 측정·검사를 행하고, 또 일정한 조건하에서 운전시험을 행함
② 기계설비의 종합적인 기능을 확인

KEY ▶ 2015년 5월 31일(문제 11번) 출제

14. 산업안전보건법령상 안전보건표지의 종류 중 금지표지에 해당하지 않는 것은?

① 탑승금지
② 금연
③ 사용금지
④ 접촉금지

해설

금지표지의 종류

101 출입금지	102 보행금지	103 차량통행금지	104 사용금지
105 탑승금지	106 금연	107 화기금지	108 물체이동금지

KEY ▶ ① 2016년 3월 6일 출제
② 2016년 5월 8일 출제 등 10회 이상 출제

정보제공
산업안전보건법 시행규칙 [별표 6] 안전보건표지의 종류와 형태

[정답] 11 ③ 12 ③ 13 ④ 14 ④

과년도 출제문제

15 버드(Bird)의 신연쇄성 이론의 재해발생과정 중 직접원인의 징후로 불안전한 행동과 불안전한 상태는 몇 단계인가?

① 1단계 ② 2단계
③ 3단계 ④ 4단계

해설

버드(Frank Bird)의 최신(새로운) 연쇄성(domino) 이론
① 제1단계 : 전문적 관리 부족(제어 부족 : 관리, 경영)
② 제2단계 : 기본원인(기원 : 제거시 큰사고 예방가능)
③ 제3단계 : 직접원인(징후) : 인적 원인+물적 원인
④ 제4단계 : 사고(접촉)
⑤ 제5단계 : 상해(손해, 손실)

참고 건설안전기사 필기 p.1-43(2. 버드의 최신연쇄성이론)

KEY
① 2017년 3월 5일 기사출제
② 2018년 4월 28일(문제 20번) 출제

---

16 다음 중 1,000명 이상의 대기업에서 가장 적합한 안전관리조직은?

① 경영형 안전조직
② 라인형 안전조직
③ 스태프형 안전조직
④ 라인-스태프형 안전조직

해설

안전보건관리조직의 형태 3가지
① Line형(직계식) : 100명 미만의 소규모 사업장
② Staff형(참모식) : 100~1,000명의 중규모 사업장
③ Line-staff형(복합식) : 1,000명 이상의 대규모 사업장

KEY 2013년 6월 2일(문제 3번) 출제

---

17 보호구 안전인증 고시상 안전대 충격흡수장치의 동하중 시험성능기준에 관한 사항으로 ( )에 알맞은 기준은?

- 최대전달충격력은 (ㄱ) kN 이하
- 감속거리는 (ㄴ) mm 이하 이어야 함

① ㄱ : 6.0, ㄴ : 1000
② ㄱ : 6.0, ㄴ : 2000
③ ㄱ : 8.0, ㄴ : 1000
④ ㄱ : 8.0, ㄴ : 2000

해설

완성품 및 부품의 동하중 시험성능기준

명칭	시험성능기준
벨트식 - 1개걸이용 - U자걸이용 - 보조죔줄	① 시험몸통으로부터 빠지지 말 것 ② 최대전달충격력은 6.0[kN] 이하 이어야 함 ③ U자걸이용 감속거리는 1,000[mm] 이하 이어야 함
안전그네식 - 1개걸이용 - U자걸이용 - 추락방지대 - 안전블록 - 보조죔줄	① 시험몸통으로부터 빠지지 말 것 ② 최대전달충격력은 6.0[kN] 이하 이어야 함 ③ U자걸이용, 안전블록, 추락방지대의 감속거리는 1,000[mm] 이하 이어야 함 ④ 시험후 죔줄과 시험몸통간의 수직각이 50[°] 미만이어야 함
안전블록 (부품)	① 파손되지 않을 것 ② 최대전달충격력은 6.0[kN] 이하 이어야 함 ③ 억제거리는 2,000[mm] 이하 이어야 함
충격흡수장치	① 최대전달충격력은 6.0[kN] 이하 이어야 함 ② 감속거리는 1,000[mm] 이하 이어야 함

KEY 2022년 4월 24일(문제 17번) 출제

합격정보
보호구안전인증고시 [별표 9] 안전대의 성능기준

---

18 산업안전보건법에 따라 근로자가 상시 작업하는 장소의 작업면 조도 기준으로 옳은 것은?

① 초정밀작업 : 700[Lux] 이상
② 정밀작업 : 500[Lux] 이상
③ 보통작업 : 150[Lux] 이상
④ 그밖의 작업 : 50[Lux] 이상

해설

조명(조도)수준
① 초정밀작업 : 750[Lux] 이상
② 정밀작업 : 300[Lux] 이상
③ 보통작업 : 150[Lux] 이상
④ 그 밖의 작업 : 75[Lux] 이상

KEY 2011년 6월 12일(문제 11번) 출제

[정답] 15 ③ 16 ④ 17 ① 18 ③

19 산업안전보건법령상 양중기의 종류에 포함되지 않는 것은?

① 곤돌라
② 호이스트
③ 컨베이어
④ 이동식크레인

해설

양중기의 종류
① 크레인(호이스트를 포함한다)
② 이동식크레인
③ 리프트(이삿짐운반용 리프트의 경우에는 적재하중이 0.1[t] 이상인 것으로 한정한다.)
④ 곤돌라
⑤ 승강기

KEY ① 2015년 5월 31일(문제 12번) 출제
② 2019년 4월 27일(문제 16번) 등 20회 이상 출제

정보제공
산업안전보건기준에 관한 규칙 제132조(양중기)

20 시설물의 안전 및 유지관리에 관한 특별법상 제1종시설물에 명시되지 않은 것은?

① 고속철도 교량
② 25층인 건축물
③ 연장 300[m]인 철도 교량
④ 연면적이 70,000[m²]인 건축물

해설

제1종시설물 및 제2종시설물의 종류(제4조 관련)

구분 : 교량	제1종시설물	제2종시설물
가. 도로교량	① 상부구조형식이 현수교, 사장교, 아치교 및 트러스교인 교량 ② 최대 경간장 50미터 이상의 교량(한 경간 교량은 제외한다) ③ 연장 500미터 이상의 교량 ④ 폭 12미터 이상이고 연장 500미터 이상인 복개구조물	① 경간장 50미터 이상인 한 경간 교량 ② 제1종시설물에 해당하지 않는 교량으로서 연장 100미터 이상의 교량 ③ 제1종 시설물에 해당하지 않는 복개구조물로서 폭 6미터 이상이고 연장 100미터 이상인 복개 구조물
나. 철도교량	① 고속철도 교량 ② 도시철도의 교량 및 고가교 ③ 상부구조형식이 트러스교 및 아치교인 교량 ④ 연장 500미터 이상의 교량	제1종 시설물에 해당하지 않는 교량으로서 연장 100미터 이상의 교량

KEY 2021년 5월 15일(문제 8번) 출제

정보제공
시설물의 안전 및 유지관리에 관한 특별법 시행령 [별표 1]

2 산업심리 및 교육

21 하버드 학파의 학습지도법에 해당하지 않는 것은?

① 지시(Order)
② 준비(Preparation)
③ 교시(Presentation)
④ 총괄(Generalization)

해설

하버드 학파의 5단계 교수법
① 제1단계 : 준비시킨다.
② 제2단계 : 교시시킨다.
③ 제3단계 : 연합한다.
④ 제4단계 : 총괄한다.
⑤ 제5단계 : 응용시킨다.

KEY 2018년 4월 28일(문제 21번) 출제

22 참가자 앞에서 소수의 전문가들이 과제에 관한 견해를 자유롭게 토의한 후 참가자 전원이 참가하여 사회자의 사회에 따라 토의하는 방법은?

① 포럼(forum)
② 심포지엄(symposium)
③ 버즈 세션(buzz session)
④ 패널 디스커션(panel discussion)

해설

패널 디스커션(Panel Discussion : Workshop)
① 패널 멤버(교육과제에 정통한 전문가 4~5명)가 피교육자 앞에서 자유로이 토의
② 피교육자 전원이 참가하여 사회자의 사회에 따라 토의하는 방법

한두 명의 발제자가 주제에 대한 발표 → 4~5명의 패널이 참석자 앞에서 자유로운 논의 → 사회자에 의해 참가자의 의견을 들으면서 상호 토의

[그림] 패널 디스커션

KEY ① 2016년 3월 6일 출제
② 2017년 5월 7일 산업기사 출제
③ 2017년 9월 23일 출제
④ 2018년 3월 4일 출제
⑤ 2021년 5월 15일(문제 40번) 출제

[정답] 19 ③ 20 ③ 21 ① 22 ④

과년도 출제문제

23 과거의 학습경험을 통해서 학습된 행동이 현재와 미래에 지속되는 것을 무엇이라 하는가?

① 파지   ② 기명
③ 재생   ④ 재인

해설

용어정의
① 기억 : 과거의 경험이 어떠한 형태로 미래의 행동에 영향을 주는 작용이라 할 수 있다.
② 기명 : 사물의 인상을 마음에 간직하는 것을 말한다.
③ 파지 : 간직, 인상이 보존되는 것을 말한다.
④ 재생 : 보존된 인상이 다시 의식으로 떠오르는 것을 말한다.
⑤ 재인 : 과거에 경험했던 것과 같은 비슷한 상태에 부딪혔을 때 떠오르는 것을 말한다.

KEY 2016년 5월 8일(문제 35번) 출제

24 인간의 동기에 대한 이론 중 자극, 반응, 보상의 3가지 핵심변인을 가지고 있으며, 표출된 행동에 따라 보상을 주는 방식에 기초한 동기이론은?

① 강화이론   ② 형평이론
③ 기대이론   ④ 목표설정이론

해설

강화이론
① 표출된 행동에 따라 보상을 주는 방식에 기초한 이론
② 자극, 반응, 보상의 핵심변인

KEY 2020년 8월 22일(문제 22번) 출제

25 다음 중 생체리듬에 관한 설명으로 틀린 것은?

① 각각의 리듬이 (−)로 최대인 점이 위험일이다.
② 감성적 리듬은 "S"로 나타내며, 28일을 주기로 반복된다.
③ 지성적 리듬은 "I"로 나타내며, 33일을 주기로 반복된다.
④ 육체적 리듬은 "P"로 나타내며, 23일을 주기로 반복된다.

해설

위험일(critical day)
① P, S, I 3개의 서로 다른 리듬은 안정기[positive phase(+)]와 불안정기[negative phase(−)]를 교대하면서 반복하여 사인(sine) 곡선을 그려나가는데 (+) 리듬에서 (−) 리듬으로 또는 (−) 리듬에서 (+) 리듬으로 변화하는 점을 영(zero) 또는 위험일이라 하다.
② 위험일은 한 달에 6일 정도 일어난다.
③ 1년에 1~3회 정도 생기는 육체적, 감성적 또는 지성적 리듬의 위험일이 함께 겹치는 날에는 많은 실수가 생겨 뜻하지 않은 사고가 발생한다.
④ 바이오리듬상 위험일에는 평소보다 뇌줄중의 5.4배, 심장질환의 발작이 5.1배, 자살은 무려 6.8배나 더 많이 발생된다고 한다.

KEY 2013년 6월 2일(문제 35번) 출제

26 교육의 3요소 중에서 "교육의 매개체"에 해당하는 것은?

① 강사   ② 선배
③ 교재   ④ 수강생

해설

안전교육의 3요소

요소 분류	주체	객체	매개체
형식적 교육	교도자(강사)	학생(수강자)	교재(내용)
비형식적 교육	부모, 형, 선배, 사회인사	자녀, 미성숙자	교육적 환경, 인간관계

KEY ① 2017년 3월 5일 출제
② 2017년 5월 7일(문제 24번) 출제

27 자동차 엑셀레이터와 브레이크 간 간격, 브레이크 폭, 소프트웨어 상에서 메뉴나 버튼의 크기 등을 결정하는데 사용할 수 있는 인간공학 법칙은?

① Fitts의 법칙
② Hick의 법칙
③ Weber의 법칙
④ 양립성 법칙

[정답] 23 ① 24 ① 25 ① 26 ③ 27 ①

해설

Fitts 피츠의 법칙
① 시작점에서 목표점까지 얼마나 빠르게 닿을 수 있을지를 예측
② 동작시간(MT)=a+blog2(2D/W)
  D : 움직인 거리
  W : 목표물의 너비
③ 목표물의 크기가 작고(정확성이 많이 요구) 움직이는 거리가 증가할수록 운동시간(MT)이 증가 혹은, 더 빨리 수행되는 운동일수록 정확도가 떨어지는 경향

KEY ① 2021년 3월 7일(문제 60번) 출제
② 2022년 4월 24일(문제 25번) 출제

보충학습
웨버(Weber) 법칙
같은 종류의 두 자극을 구별할 수 있는 최소 차이는 자극의 강도에 비례한다고 하는 법칙

28 인간 부주의의 발생원인 중 외적 조건에 해당하지 않는 것은?

① 작업조건 불량
② 작업순서 부적당
③ 경험 부족 및 미숙련
④ 환경조건 불량

해설

부주의의 원인 및 대책

구 분	발생원인	대 책
외적 원인	① 작업, 환경조건 불량	환경정비
	② 작업순서 부적당	작업순서 조절
	③ 작업 강도	작업량, 시간, 속도 등의 조절
	④ 기상 조건	온도, 습도 등의 조절
내적 원인	① 소질적 요인	적성배치
	② 의식의 우회	상담
	③ 경험 부족 및 미숙련	교육
	④ 피로도	충분한 휴식
	⑤ 정서 불안정 등	심리적 안정 및 치료

KEY ① 2017년 5월 7일 산업기사 출제
② 2018년 4월 28일 산업기사 출제
③ 2019년 4월 27일(문제 26번) 출제

보충학습
① 주의 : 행동하고자 하는 목적에 의식수준이 집중하는 심리상태(안전)
② 부주의 : 목적 수행을 위한 행동전개 과정 중 목적에서 벗어나는 심리적·육체적인 변화의 현상으로 바람직하지 못한 정신상태를 총칭(불안전)

29 다음 중 엔드라고지 모델에 기초한 학습자로서의 성인의 특징과 가장 거리가 먼 것은?

① 성인들은 주체 중심적으로 학습하고자 한다.
② 성인들은 자기 주도적으로 학습하고자 한다.
③ 성인들은 많은 다양한 경험을 가지고 학습에 참여한다.
④ 성인들은 왜 배워야 하는지에 대해 알고자 하는 욕구를 가지고 있다.

해설

엔드라고지 모델의 성인의 특징
① 성인들은 자기 주도적으로 학습하고자 한다.
② 성인들은 많은 다양한 경험을 가지고 학습에 참여한다.
③ 성인들은 왜 배워야 하는지에 대해 알고자 하는 욕구를 가지고 있다.
④ 성인들은 과제 중심적(문제 중심적)으로 학습하고자 한다.
⑤ 성인들은 학습을 하려는 강한 내·외적 동기를 가지고 있다.

KEY ① 2011년 10월 2일(문제 30번) 출제
② 2014년 5월 25일(문제 24번) 출제

30 어느 철강회사의 고로작업라인에 근무하는 S씨의 작업강도가 힘든 중작업으로 평가되었다면 해당되는 에너지 대사율(RMR)의 범위로 가장 적절한 것은?

① 0~1
② 2~4
③ 4~7
④ 7~10

해설

RMR범위(작업강도 구분)
① 0~2RMR(가벼운 작업)
② 2~4RMR(보통 작업)
③ 4~7RMR(힘든 작업)
④ 7RMR 이상(굉장히 힘든 작업)

KEY ① 2016년 10월 1일 산업기사 출제
② 2018년 3월 4일 출제
③ 2021년 5월 15일(문제 25번) 출제

[정답] 28 ③ 29 ① 30 ③

과년도 출제문제

31 아담스(Adams)의 형평이론(공평성)에 대한 설명으로 틀린 것은?

① 성과(outcome)란 급여, 지위, 인정 및 기타 부가 보상 등을 의미한다.
② 투입(input)이란 일반적인 자격, 교육수준, 노력 등을 의미한다.
③ 작업동기는 자신의 투입대비 성과결과만으로 비교한다.
④ 지각에 기초한 이론이므로 자기 자신을 지각하고 있는 사람을 개인(person)이라 한다.

해설

아담스의 공평성 이론
① 직무에 있어서 투입에 대한 산출의 비율이 타 종업원과 일치할 때 공정성이 존재하고 불일치할 때 불공정성이 존재
② 불공정성이 지각될 때 공정성 회복을 위해 긴장이 유발되며 불공정성이 클수록 긴장이 커진다.

KEY ① 2009년 8월 30일(문제 24번) 출제
② 2019년 4월 27일(문제 29번) 출제

32 다음 중 스트레스에 대하여 반응하는 데 있어서 개인차이의 이유로 적합하지 않은 것은?

① 자기 존중감의 차이 ② 성(性)의 차이
③ 작업시간의 차이   ④ 강인성의 차이

해설

스트레스의 자극 요인
① 자존심의 손상(내적 요인)
② 업무상의 죄책감(내적 요인)
③ 현실에서의 부적응(내적 요인)
④ 직장에서의 대인 관계상의 갈등과 대립(외적 요인)

KEY 2015년 5월 31일(문제 27번) 출제

보충학습
작업시간은 공통적인 스트레스 원인이다.

33 산업안전보건법령상 타워크레인 신호작업에 종사하는 일용근로자의 특별교육 교육시간 기준은?

① 1시간 이상   ② 2시간 이상
③ 4시간 이상   ④ 8시간 이상

해설

근로자 안전보건교육

교육과정	교육대상		교육시간
정기교육	사무직 종사 근로자		매반기 6시간 이상
	사무직 종사 근로자 외의 근로자	판매업무에 직접 종사하는 근로자	매반기 6시간 이상
		판매업무에 직접 종사하는 근로자 외의 근로자	매반기 12시간 이상
	관리감독자의 지위에 있는 사람		연간 16시간 이상
채용시의 교육	일용근로자		1시간 이상
	일용근로자를 제외한 근로자		8시간 이상
작업내용 변경시의 교육	일용근로자		1시간 이상
	일용근로자를 제외한 근로자		2시간 이상
특별교육	별표 5 제1호라목 각 호의 어느 하나에 해당하는 작업에 종사하는 일용근로자		2시간 이상
	타워크레인 신호작업에 종사하는 일용근로자		8시간 이상
	별표 5 제1호라목 각 호의 어느 하나에 해당하는 작업에 종사하는 일용근로자를 제외한 근로자		-16시간 이상(최초 작업에 종사하기 전 4시간 이상 실시하고 12시간은 3개월 이내에서 분할하여 실시가능) -단기간 작업 또는 간헐적 작업인 경우에는 2시간 이상
건설업 기초 안전보건교육	건설 일용근로자		4시간 이상

KEY ① 2016년 5월 8일 기사 출제
② 2020년 6월 7일 기사 출제
③ 2020년 8월 23일 산업기사 출제
④ 2022년 3월 5일 산업안전기사 출제
⑤ 2022년 4월 24일(문제 40번) 출제

정보제공
산업안전보건법 시행규칙 [별표 4] 안전보건교육 교육과정별 교육시간

34 대상물에 대해 지름길을 사용하여 판단할 때 발생하는 지각의 오류가 아닌 것은?

① 후광효과   ② 최근효과
③ 결론효과   ④ 초두효과

[정답] 31 ③ 32 ③ 33 ④ 34 ③

> [해설]

지각의 오류(Perceptual Error)

① Halo effects(후광효과 : 해석 과정서 발생)
　지각 대상의 어느 한 특성을 중심으로 그 대상 전체를 평가하는 것으로 본질적 측면을 여러 측면에서 파악하지 못하는 것을 말한다.
② Leniency effects(관대화 경향 : 관찰단계서 발생)
　인간의 행복추구 본능 때문에 타인을 다소 긍정적으로 평가하는 경향을 말한다.
③ Central effects = Central tendency(중심화 경향 : 관찰단계서 발생)
　타인을 평가할 때 어느 극단에 치우쳐 오류를 발생시키는 대신 적당히 평가하여 오류를 줄이려는 성향을 말한다.
④ Contrast effects(대조효과 : 관찰단계서 발생)
　각 대상을 독립적으로 자각하지 않고 최근 상호작용한 대상과 비교하여 대조 평가하는 오류를 말한다.
⑤ Recency effects(최근 효과 : 관찰단계서 발생)
　과거의 정보는 쉽게 잊어버리고 기억하기 쉬운 최근의 정보만으로 대상을 지각하는 오류이다.
⑥ Primacy effects(초두 효과 : 첫머리 효과)
　먼저 제시된 정보가 나중에 들어온 정보보다 전반적인 인상 현상에 더욱 강력한 영향을 미치는 것
⑦ Projection(주관적 투사)
　타인에게 자신의 감정이나 경향을 전가하거나 자신의 감정, 성격, 동기가 타인에게도 존재한다고 간주하는 오류이다.
⑧ Perceptual Defense(지각적 방어 : 방어적 지각)
　지각자가 사물을 보는 습성 또는 그의 고정관념에 어긋나는 정보를 회피하거나 그것을 자기의 고정관념에 부합되도록 왜곡시키기 때문에 범하게 되는 지각상의 오류

> [KEY] 2018년 4월 28일(문제 32번) 출제

---

35 호손(Hawthorne) 실험의 결과 생산성 향상에 영향을 준 가장 큰 요인은?

① 생산 기술
② 임금 및 근로시간
③ 인간 관계
④ 조명 등 작업환경

> [해설]

호손(Hawthorne)공장 실험

① 인간관계 관리의 개선을 위한 연구로 미국의 메이요(E.Mayo, 1880~1949) 교수가 주축이 되어 호손 공장에서 실시되었다.
② 작업능률을 좌우하는 것은 단지 임금, 노동시간 등의 노동조건과 조명, 환기, 그 밖에 작업환경으로서의 물적 조건보다 종업원의 태도, 즉 심리적, 내적 양심과 감정이 중요하다.
③ 물적 조건도 그 개선에 의하여 효과를 가져올 수 있으나 종업원의 심리적 요소가 더욱 중요하다.
④ 결론은 인간관계가 작업 및 작업설계에 영향을 준다.

> [KEY] ① 2018년 3월 4일 출제
> ② 2021년 5월 15일 (문제 26번) 등 10회 이상 출제

---

36 작업자 자신이 자기의 부주의 이외에 제반 오류의 원인을 생각함으로써 개선을 하도록 하는 과오원인 제거 기법은?

① TBM
② STOP
③ BS
④ ECR

> [해설]

ECR(Error Cause Removal) : 과오원인 제거

> [KEY] 2015년 5월 31일(문제 22번) 출제

---

37 조직에 있어 구성원들의 역할에 대한 기대와 행동은 항상 일치하지는 않는다. 역할 기대와 실제 역할 행동 간에 차이가 생기면 역할 갈등이 발생하는데, 역할 갈등의 원인으로 가장 거리가 먼 것은?

① 역할 마찰
② 역할 민첩성
③ 역할 부적합
④ 역할 모호성

> [해설]

역할갈등(role conflict)의 원인

① 역할마찰
② 역할부적합
③ 역할모호성

> [KEY] ① 2017년 9월 23일 기사 출제
> ② 2020년 8월 22일(문제 36번) 출제

---

38 동기이론과 관련 학자의 연결이 잘못된 것은?

① ERG이론 : 알더퍼(Alderfer)
② 욕구위계이론 : 매슬로우(Maslow)
③ 위생-동기이론 : 맥그리거(McGregor)
④ 성취동기이론 : 맥클레랜드(McClelland)

> [해설]

맥그리거 : X·Y이론

> [KEY] 2016년 5월 8일(문제 29번) 출제

[정답] 35 ③　36 ④　37 ②　38 ③

과년도 출제문제

39 심리학에서 사용하는 용어로 측정하고자 하는 것을 실제로 적절히, 정확히 측정하는지의 여부를 판별하는 것은?

① 표준화   ② 신뢰성
③ 객관성   ④ 타당성

해설

학습평가도구의 기본적인 기준 4가지
① 타당도(성) : 측정하고자 하는 본래 목적과 적절히, 정확히 일치하는 냐의 정도를 나타내는 기준이다.
② 신뢰도 : 신용도로서 측정의 오차가 얼마나 적으냐를 나타내는 것이다.
③ 객관도 : 측정의 결과에 대해 누가 보아도 일치된 의견이 나올 수 있는 성질이다.
④ 실용도 : 사용에 편리하고 쉽게 적용시킬 수 있는 기준이 실용도가 높은 것이다.

KEY ① 2017년 3월 5일(문제 22번) 출제
② 2022년 4월 24일(문제 35번) 출제

40 강의법에 대한 장점으로 볼 수 없는 것은?

① 피교육자의 참여도가 높다.
② 전체적인 교육내용을 제시하는 데 적합하다.
③ 짧은 시간 내에 많은 양의 교육이 가능하다.
④ 새로운 과업 및 작업단위의 도입단계에 유효하다.

해설

강의식 교육(강의법)의 특징
① 교육의 주역은 강사이다.
② 수강자가 의타적, 소극적이 되기 쉽다.
③ 일방통행적, 개인개발적이다.
④ 교육내용을 철저하게 주의시키기 어렵다.
⑤ 생각이나 원리, 법규 등을 단시간에 체계적, 이론적으로 다수인에게 전달할 수 있다.
⑥ 참가자 개개인에 동기부여가 어렵다.
⑦ 기능적·태도적인 것의 교육이 어렵다.
⑧ 발언, 질문이 어렵고 참여의식이 낮다.
⑨ 참가자의 납득, 협조를 얻기 어렵고 목표 달성 의욕도 환기시키기 어렵다.
⑩ 강사의 결론, 요청을 타인의 일로 받아들이기 쉽다.
⑪ 수강자 1인당 경비는 적으나 교육효과를 올리기 어려운 경우도 있다.

KEY ① 2014년 3월 2일(문제 32번) 출제
② 2017년 5월 7일(문제 21번) 출제

3 인간공학 및 시스템 안전공학

41 정성적 표시장치의 설명으로 틀린 것은?

① 정성적 표시장치의 근본 자료 자체는 정량적인 것이다.
② 전력계에서와 같이 기계적 혹은 전자적으로 숫자가 표시된다.
③ 색채 부호가 부적합한 경우에는 계기판 표시 구간을 형상 부호화하여 나타낸다.
④ 연속적으로 변하는 변수의 대략적인 값이나 변화 추세, 변화율 등을 알고자 할 때 사용된다.

해설

정량적 표시 장치

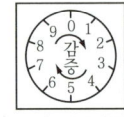    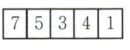

① 정목동침형   ② 정침동목형   ③ 계수형

KEY ① 2015년 3월 8일(문제 34번) 출제
② 2017년 8월 26일 산업기사 출제
③ 2019년 4월 27일(문제 57번) 출제

보충학습

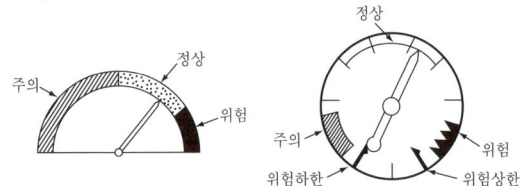

[그림] 정성적 표시장치의 색채 및 형상 암호화

[정답] 39 ④   40 ①   41 ②

42 FTA에서 사용하는 다음 사상기호에 대한 설명으로 맞는 것은?

① 시스템 분석에서 좀 더 발전시켜야 하는 사상
② 시스템의 정상적인 가동상태에서 일어날 것이 기대되는 사상
③ 불충분한 자료로 결론을 내릴 수 없어 더 이상 전개 할 수 없는 사상
④ 주어진 시스템의 기본사상으로 고장원인이 분석되었기 때문에 더 이상 분석할 필요가 없는 사상

해설

생략사상

기호	명칭	현상
	생략사상	① 정보부족, 해석기술의 불충분으로 더 이상 전개할 수 없는 사상 ② 작업진행에 따라 해석이 가능할 때는 다시 속행한다.

KEY 2017년 5월 7일(문제 60번) 출제

43 설비보전 방법 중 설비의 열화를 방지하고 그 진행을 지연시켜 수명을 연장하기 위한 점검, 청소, 주유 및 교체 등의 활동은?

① 사후 보전
② 개량 보전
③ 일상 보전
④ 보전 예방

해설

보전의 구분
① 사후보전 : 고장이 발생한 이후에 시스템을 원래 상태로 되돌리는 것
② 보전예방 : 유지보수가 필요없는 설비를 만들기 위해 설계단계부터 개선사항 등을 반영하는 관리체계. 즉, 설계부터 근원적으로 고장이 나지 않도록 '보전이 불필요한 설비'를 만드는 것
③ 개량보전 : 설비가 고장난 후에 설계변경, 부품의 개선 등으로 수명을 연장하거나 수리검사가 용이하도록 설비 자체의 체질개선을 꾀하는 보전방식
④ 일상보전 : 설비보전방법 중 설비의 열화를 방지시키고 그 진행을 지연시켜 수명을 연장하기 위한 점검. 청소, 주유 및 교체 등의 활동

KEY 2021년 5월 15일(문제 45번) 출제

44 차폐효과에 대한 설명으로 옳지 않은 것은?

① 차폐음과 배음의 주파수가 가까울 때 차폐효과가 크다.
② 헤어드라이어 소음 때문에 전화 음을 듣지 못한 것과 관련이 있다.
③ 유의적 신호와 배경 소음의 차이를 신호/소음(S/N) 비로 나타낸다.
④ 차폐효과는 어느 한 음 때문에 다른 음에 대한 감도가 증가되는 현상이다.

해설

masking(은폐 : 차폐)현상
dB이 높은 음과 낮은 음이 공존할 때 낮은 음이 강한 음에 가로막혀 숨겨져 들리지 않게 되는 현상

KEY ① 2017년 5월 7일 산업기사 출제
② 2019년 9월 21일(문제 58번) 출제
③ 2020년 8월 22일(문제 45번) 출제

45 A회사에서는 새로운 기계를 설계하면서 레버를 위로 올리면 압력이 올라가도록 하고, 오른쪽 스위치를 눌렀을 때 오른쪽 전등이 켜지도록 하였다면, 이것은 각각 어떤 유형의 양립성을 고려한 것인가?

① 레버-공간양립성, 스위치-개념양립성
② 레버-운동양립성, 스위치-개념양립성
③ 레버-개념양립성, 스위치-운동양립성
④ 레버-운동양립성, 스위치-공간양립성

해설

양립성(compatibility)
정보입력 및 처리와 관련한 양립성은 인간의 기대와 모순되지 않는 자극 반응조합의 관계를 말하는 것

KEY ① 2018년 3월 4일 산업기사 출제
② 2018년 4월 28일 기사·산업기사 동시 출제
③ 2018년 4월 28일(문제 57번) 출제

[정답] 42 ③ 43 ③ 44 ④ 45 ④

과년도 출제문제

보충학습

양립성의 종류

종류	특징
공간(spatial)	표시장치나 조종장치에서 물리적 형태 및 공간적 배치
운동(movement)	표시장치의 움직이는 방향과 조종장치의 방향이 사용자의 기대와 일치
개념(coneptual)	이미 사람들이 학습을 통해 알고있는 개념적 연상
양식(modality)	직무에 맞는 응답양식 존재

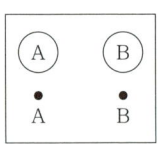
[그림1] 공간 양립성

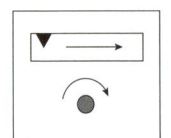
[그림2] 운동 양립성

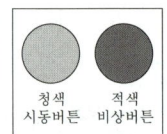
[그림3] 개념 양립성

---

46 Rasmussen은 행동을 세 가지로 분류하였는데, 그 분류에 해당하지 않는 것은?

① 숙련 기반 행동(skill-based behavior)
② 지식 기반 행동(knowledge-based behavior)
③ 경험 기반 행동(experience-based behavior)
④ 규칙 기반 행동(rule-based behavior)

해설

Rasmussen(라스무센)의 행동 세가지 분류
① 숙련 기반 행동(skill-based behavior)
② 지식 기반 행동(knowledge-based behavior)
③ 규칙 기반 행동(rule-based behavior)

KEY 2015년 5월 31일(문제 60번) 출제

---

47 결함수분석법에서 path set에 관한 설명으로 맞는 것은?

① 시스템의 약점을 표현한 것이다.
② Top 사상을 발생시키는 조합이다.
③ 시스템이 고장 나지 않도록 하는 사상의 조합이다.
④ 시스템고장을 유발시키는 필요불가결한 기본사상들의 집합이다.

해설

패스셋(path set)
① 기본사상이 일어나지 않을 때 처음으로 정상사상이 일어나지 않는 기본사상의 집합
② 고장나지 않도록 하는 사상의 조합

KEY 2017년 5월 7일(문제 42번) 출제

보충학습

컷셋(cut set)
① 정상사상을 발생시키는 기본사상의 집합
② 기본사상이 발생할 때 정상사상을 발생시킬 수 있는 기본사상의 집합

---

48 A작업의 평균에너지소비량이 다음과 같을 때, 60분간의 총 작업시간 내에 포함되어야 하는 휴식시간(분)은?

- 휴식중 에너지소비량 : 1.5[kcal/min]
- A작업시 평균 에너지소비량 : 6[kcal/min]
- A기초대사를 포함한 작업에 대한 평균 에너지소비량 상한 : 5[kcal/min]

① 10.3　　② 11.3
③ 12.3　　④ 13.3

해설

휴식시간 계산

휴식시간$(R) = \dfrac{60(E-5)}{E-1.5} = \dfrac{60(6-5)}{6-1.5} = 13.33$[분]

여기서, R : 휴식시간(분)
E : 작업 시 평균 에너지 소비량[kcal/분]
60분 : 총작업 시간 1.5[kcal/분] : 휴식시간 중 에너지 소비량
5[kcal/분] : 기초대사량을 포함한 보통작업에 대한 평균 에너지(기초대사량을 포함하지 않을 경우 : 4[kcal/분])

KEY
① 2016년 5월 8일 기사 출제
② 2016년 10월 1일 기사 출제
③ 2018년 9월 15일(문제 43번) 출제
④ 2022년 4월 24일(문제 43번) 출제

[정답] 46 ③　47 ③　48 ④

49 다음 중 설비의 고장과 같이 특정시간 또는 구간에 어떤 사건의 발생확률이 적은 경우 그 사건의 발생횟수를 측정하는데 가장 적합한 확률분포는?

① 와이블 분포(Weibull distribution)
② 푸아송 분포(Poisson distribution)
③ 지수 분포(exponential distribution)
④ 이항 분포(binomial distuibution)

해설

푸아송 분포(Poisson distribution)
① 단위시간안에 어떤 사건이 몇 번 발생할 것인지를 표현하는 이산 확률 분포이다.
② 푸아송 분포는 19세기의 수학자 시메옹 드니 푸아송의 "민사사건과 형사사건 재판의 확률에 관한 연구(1838년)"라는 논문을 통해 알려졌다.

KEY 2012년 5월 20일(문제 54번) 출제

50 위험 및 운전성 검토(HAZOP)에서 사용되는 가이드 워드 중에서 성질상의 감소를 의미하는 것은?

① Part of   ② More less
③ No/Not   ④ Other than

해설

유인어(guide words)
① NO 또는 NOT : 설계 의도의 완전한 부정을 의미
② AS Well AS : 성질상의 증가를 나타내는 것으로 설계의도와 운전조건 등 부가적인 행위와 함께 일어나는 것을 의미
③ PART OF : 성질상의 감소, 성취나 성취되지 않음을 나타냄
④ MORE LESS : 양의 증가 또는 양의 감소로 양과 성질을 함께 나타냄
⑤ OTHER THAN : 완전한 대체를 의미
⑥ REVERSE : 설계의도와 논리적인 역을 의미

KEY 2016년 5월 8일(문제 60번) 출제

51 다음과 같은 실내 표면에서 일반적으로 추천반사율의 크기를 맞게 나열한 것은?

다음

㉠ 바닥   ㉡ 천장   ㉢ 가구   ㉣ 벽

① ㉠<㉣<㉢<㉡
② ㉣<㉠<㉡<㉢
③ ㉠<㉢<㉣<㉡
④ ㉣<㉡<㉠<㉢

해설

IES추천 조명반사율 권고
① 바닥 : 20~40[%]
② 가구, 사용기기, 책상 : 25~40[%]
③ 창문발(blind), 벽 : 40~60[%]
④ 천장 : 80~90[%]

KEY ① 2016년 3월 6일 산업기사 출제
② 2019년 4월 27일(문제 55번) 등 5회 이상 출제

52 인간 에러(human error)에 관한 설명으로 틀린 것은?

① omission errors : 필요한 작업 또는 절차를 수행하지 않는데 기인한 에러
② commission errors : 필요한 작업 또는 절차의 수행지연으로 인한 에러
③ extrneous errors : 불필요한 작업 또는 절차를 수행함으로써 기인한 에러
④ sequential errors : 필요한 작업 또는 절차의 순서 착오로 인한 에러

해설

누락오류, 작위오류
① 생략에러(Omission Errors : 부작위 실수) : 직무 또는 어떤 단계를 수행치 않음(누락오류)
② 실행에러(Commission error : 작위 실수) : 직무의 불확실한 수행 (선택, 순서, 시간, 정성적 착오)

KEY ① 2017년 8월 26일 출제
② 2018년 4월 28일(문제 53번) 출제
③ 2022년 8월 22일(문제 51번) 출제

53 다음 중 조종-반응비율(C/R비)에 관한 설명으로 틀린 것은?

① C/R비가 클수록 민감한 제어장치이다.
② "X"가 조종장치의 변위량, "Y"가 표시장치의 변위량일 때 $\dfrac{X}{Y}$로 표현된다.
③ Knob의 C/R비는 손잡이 1회전시 움직이는 표시장치 이동거리의 역수로 나타낸다.
④ 최적의 C/R비는 제어장치의 종류나 표시장치의 크기, 허용오차 등에 의해 달라진다.

[정답] 49 ② 50 ① 51 ③ 52 ② 53 ①

해설

최적 C/R비의 특징
① 이동 동작과 조종 동작을 절충하는 동작이 수반된다.
② 최적치는 두 곡선의 교점 부호이다.
③ C/R비가 작을수록 이동시간은 짧고, 조종은 어려워서 민감한 조종장치이다.
④ 최초통제비 : 2.5~3.0

KEY▶ 2013년 6월 2일(문제 59번) 출제

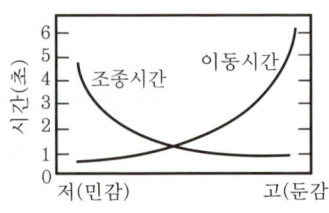

[그림] C/R비

---

54 FT도에 사용하는 기호에서 3개의 입력현상 중 임의의 시간에 2개가 발생하면 출력이 생기는 기호의 명칭은?

① 억제 게이트
② 조합 AND 게이트
③ 배타적 OR 게이트
④ 우선적 AND 게이트

해설

FTA기호

기호	명칭	발생현상
Ai, Aj, Ak 순으로	우선적 AND 게이트	입력사상 중에 어떤 현상이 다른 현상보다 먼저 일어날 때에 출력현상이 생긴다.
2개의 출력	조합 AND 게이트	3개 이상의 입력현상 중에 언젠가 2개가 일어나면 출력이 생긴다.
동시발생	배타적 OR 게이트	OR Gate로 2개 이상의 입력이 동시에 존재할 때에는 출력사상이 생기지 않는다. 예를 들면 '동시에 발생하지 않는다'라고 기입한다.

KEY▶ 2016년 5월 8일(문제 55번) 출제

---

55 실효 온도(effective temperature)에 영향을 주는 요인이 아닌 것은?

① 온도
② 습도
③ 복사열
④ 공기 유동

해설

실효온도에 영향을 주는 요인
① 온도
② 습도
③ 기류(대류 : 공기유동)

KEY▶ ① 2015년 8월 16일 산업기사 출제
② 2018년 8월 19일 산업기사 출제
③ 2021년 5월 15일(문제 58번) 출제

합격팁

열교환(증발)에 영향을 주는 4요소
① 기온
② 습도
③ 복사온도
④ 대류

---

56 다음 중 불(Bool)대수와 정리를 나타낸 관계식으로 틀린 것은?

① $A \cdot 0 = 0$
② $A + 1 = 1$
③ $A \cdot \overline{A} = 1$
④ $A(A+B) = A$

해설

멱등·보수법칙
① 멱등법칙 : $A + A = A$, $A \cdot A = A$
② 보수법칙 : $A + \overline{A} = 1$, $A \cdot \overline{A} = 0$

KEY▶ 2014년 5월 25일(문제 49번) 출제

보충학습

불대수의 기본 정리

① $A+0=A$	⑤ $A+A=A$	⑨ $\overline{\overline{A}}=A$
② $A+1=1$	⑥ $A+\overline{A}=1$	⑩ $A+AB=A$
③ $A \cdot 0=0$	⑦ $A \cdot A=A$	⑪ $A+\overline{A}B=A+B$
④ $A \cdot 1=A$	⑧ $A \cdot \overline{A}=0$	⑫ $(A+B) \cdot (A+C)=A+BC$

[정답] 54 ② 55 ③ 56 ③

57 다음 중 인체에서 뼈의 주요기능이 아닌 것은?

① 인체의 지주
② 장기의 보호
③ 골수의 조혈
④ 근육의 대사

> **해설**
>
> **뼈의 주요기능 및 역할**
> ① 신체 중요부분 보호
> ② 신체의 지지 및 형상 유지
> ③ 신체 활동 수행
>
> **KEY** 2011년 6월 12일(문제 59번) 출제

58 인간이 기계와 비교하여 정보처리 및 결정의 측면에서 상대적으로 우수한 것은?(단, 인공지능은 제외한다.)

① 연역적 추리
② 정량적 정보처리
③ 관찰을 통한 일반화
④ 정보의 신속한 보관

> **해설**
>
> **인간과 기계의 기능 비교**
>
> | 구분 | 인간이 기계보다 우수한 기능 | 기계가 인간보다 우수한 기능 |
> |---|---|---|
> | 감지 기능 | · 저에너지 자극 감지
· 복잡 다양한 자극 형태 식별
· 예기치 못한 사건의 감지 | · 인간의 정상적 감지 범위 밖의 자극 감지
· 인간 및 기계에 대한 모니터 기능 |
> | 정보처리 및 결정 | · 많은 양의 정보를 장시간 보관
· 관찰을 통한 일반화
· 귀납적 추리
· 원칙 적용
· 다양한 문제 해결(정서적) | · 암호화된 정보를 신속하게 대량 보관
· 연역적 추리
· 정량적 정보처리 |
> | 행동 기능 | · 과부하 상태에서는 중요한 일에만 전념 | · 과부하 상태에서도 효율적 작동
· 장시간 중량작업
· 반복작업, 동시에 여러 가지 작업 가능 |
>
> **KEY** ① 2016년 5월 8일 산업기사 출제
> ② 2022년 4월 26일(문제 58번) 출제

59 태양광선이 내리쬐는 옥외장소의 자연습구 온도 20[℃], 흑구온도 18[℃], 건구온도 30[℃] 일 때 습구흑구 온도지수(WBGT)는?

① 20.6[℃] ② 22.5[℃]
③ 25.0[℃] ④ 28.5[℃]

> **해설**
>
> **습구 흑구 온도지수(WBGT)**
> ① 옥외(태양광선이 내리 쬐는 장소)
> WBGT = 0.7 × 자연습구온도(NWB) + 0.2 × 흑구온도(GT)
> + 0.1 × 건구온도(DB) = 0.7 × 20[℃] + 0.2 × 18[℃]
> + 0.1 × 30[℃] = 20.6[℃]
> ② 옥내 또는 옥외(태양광선이 내리쬐지 않는 장소)
> WBGT(℃) = 0.7 × 자연습구온도(NWB) + 0.3 × 흑구온도(GT)
>
> **KEY** ① 2016년 5월 8일(문제 57번) 출제
> ② 2022년 4월 24일(문제 58번) 출제

60 다음 중 감각적으로 물리현상을 왜곡하는 지각현상에 해당되는 것은?

① 주의산만 ② 착각
③ 피로   ④ 무관심

> **해설**
>
> **용어정의**
> ① 착각 : 물리현상을 왜곡하는 감각적 지각 현상
> ② 가현운동 : 물리적으로 일정한 위치에 있는 물체가 착각(착시)에 의해 움직이는 것처럼 보이는 현상으로 영화 영상의 방법으로 마치 대상물이 움직이는 것처럼 인식되는 현상
>
> **KEY** 2015년 5월 31일(문제 56번) 출제

4 건설시공학

61 토공사용 장비에 해당되지 않는 것은?

① 로더(loader)
② 파워셔블(power shovel)
③ 가이데릭(guy derrick)
④ 클램쉘(clamshell)

[정답] 57 ④ 58 ③ 59 ① 60 ② 61 ③

> **해설**

가이데릭(Guy derrick)
① 가장 일반적으로 사용되는 세우기용 기중기이다.
② 붐(Boom)의 회전범위 : 360[°](bull wheel이 있어 회전가능)
③ 붐의 길이는 주축으로 mast보다 3~5[m] 짧게 한다.
④ 당김줄은 지면과 45[°] 이하가 되도록 한다.

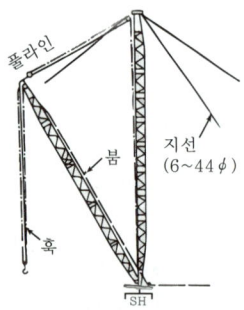

[그림] 가이데릭

KEY 2017년 5월 7일(문제 68번) 출제

62 거푸집 설치와 관련하여 다음 설명에 해당하는 것으로 옳은 것은?

> 보, 슬래브 및 트러스 등에서 그의 정상적 위치 또는 형상으로부터 처짐을 고려하여 상향으로 들어올리는 것 또는 들어 올린 크기

① 폼타이 ② 캠버
③ 동바리 ④ 턴버클

> **해설**

캠버(camber)
① 처짐을 고려하여 보나 슬래브 중앙부를 $l/300~l/500$ 정도 미리 치켜올림
② 높이 조절용 쐐기

KEY ① 2016년 5월 8일 기사·산업기사 동시출제
② 2019년 4월 27일 산업기사 출제
③ 2020년 8월 22일(문제 66번) 출제

63 시공의 품질관리를 위하여 사용하는 통계적 도구가 아닌 것은?

① 작업표준 ② 파레토도
③ 관리도 ④ 산점도

> **해설**

품질관리 도구의 종류
① 파레토도(Pareto Diagram)
② 특성 요인도(Causes Effects Diagram)
③ 관리도(Control Chart)
④ 히스토그램
⑤ 체크시트
⑥ 산점도
⑦ 층별

KEY 2016년 5월 8일(문제 67번) 출제

64 시간이 경과함에 따라 콘크리트에 발생되는 크리프(Creep)의 증가원인으로 옳지 않은 것은?

① 단위 시멘트량이 적을 경우
② 단면의 치수가 작을 경우
③ 재하시기가 빠를 경우
④ 재령이 짧을 경우

> **해설**

Creep가 증가되는 현상
① 초기재령 시
② 하중이 클수록
③ W/C가 클수록
④ 부재의 단면치수가 작을수록
⑤ 부재의 건조정도가 높을수록
⑥ 온도가 높을수록
⑦ 양생, 보양이 나쁠수록
⑧ 단위 시멘트량이 많을수록

KEY 2019년 4월 27일(문제 72번) 출제

65 예정가격범위 내에서 최저가격으로 입찰한 자를 낙찰자로 선정하는 낙찰자 선정 방식은?

① 최적격 낙찰제
② 제한적 최저가 낙찰제
③ 최저가 낙찰제
④ 적격 심사 낙찰제

[정답] 62 ② 63 ① 64 ① 65 ③

해설

낙찰자 선정방식
① 최저가 낙찰제 : 입찰자 중 예정가격 범위 내에서 최저가격으로 입찰한 자 선정(부적격자 낙찰 우려)
② 제한적 최저가 낙찰제 : Dumping에 의한 부실공사의 방지 목적으로 예정가격의 90% 이상 중 가장 최저가로 입찰한 자 선정
③ 부찰제 : 예정가격 85% 이상 입찰자 중 평균가격을 산정하고 이 평균가격 밑으로 가장 근접한 입찰자를 선정
④ 최적격 낙찰제 : 건설업체의 기술능력, 시공경험, 재정능력, 성실도 등을 종합적으로 평가하여 적격자에게 낙찰시키는 방법

KEY 2022년 4월 24일(문제 72번) 출제

---

66 철골구조의 녹막이 칠 작업을 실시하는 곳은?

① 콘크리트에 매입되지 않는 부분
② 고력볼트 마찰 접합부의 마찰면
③ 폐쇄형 단면을 한 부재의 밀폐된 면
④ 조립상 표면접합이 되는 면

해설

녹막이 칠을 하지 않는 부분
① 콘크리트에 매입되는 부분
② 조립에 의하여 맞닿는 면
③ 현장용접을 하는 부위 및 그곳에 인접하는 양측 100[mm] 이내(용접부에서 50[mm] 이내)
④ 고장력 볼트 마찰 접합부의 마찰면
⑤ 폐쇄형 단면을 한 부재의 밀폐된 면
⑥ 기계깎기 마무리면

KEY 2015년 5월 31일(문제 62번) 출제

---

67 수평, 수직적으로 반복된 구조물을 시공 이음없이 균일한 형상으로 시공하기 위하여 요크(yoke), 로드(rod), 유압잭(jack)을 이용하여 거푸집을 연속적으로 이동시키면서 콘크리트를 타설할 수 있는 시스템거푸집은?

① 슬라이딩 폼   ② 갱폼
③ 터널폼   ④ 트레블링 폼

해설

슬라이딩 폼(Sliding form)
① 거푸집 높이는 약 1[m]이고 하부가 약간 벌어진 원형 철판 거푸집을 요크(Yoke)로 서서히 끌어올리는 공법으로 Silo 공사 등에 적당하다.
② 공기가 약 1/3 단축된다.
③ 소요 경비가 절감된다.
④ 연속적으로 부어넣으므로 일체성을 확보할 수 있다.

KEY ① 2017년 9월 23일 출제
       ② 2018년 4월 28일(문제 66번) 출제

---

68 조적 벽면에서의 백화방지에 대한 조치로서 옳지 않은 것은?

① 소성이 잘 된 벽돌을 사용한다.
② 줄눈으로 비가 새어들지 않도록 방수처리한다.
③ 줄눈 모르타르에 석회를 혼합한다.
④ 벽돌벽의 상부에 비막이를 설치한다.

해설

백화현상의 방지대책
① 잘 구워진 벽돌(소성이 잘 된 벽돌)을 사용한다.
② 줄눈의 방수처리 철저, 예방이 중요하다.
③ 조립률이 큰 모래, 분말도가 큰 시멘트를 사용한다.
④ 차양, 루버, 돌림띠 등 비막이를 설치한다.
⑤ 표면에 파라핀 도료나 실리콘 뿜칠하여 수산화칼슘 유출을 방지한다.
⑥ 우중시공을 철저히 금지시킨다.

KEY ① 2017년 3월 5일 출제
       ② 2019년 9월 21일 출제
       ③ 2021년 5월 15일(문제 7번) 출제

---

69 원가절감에 이용되는 기법 중 VE(Value Engineering)에서 가치를 정의하는 공식은?

① 품질/비용   ② 비용/기능
③ 기능/비용   ④ 비용/품질

해설

VE(Value Enginnering)
① 건설현장에서 필요한 기능을 품질저하 없이 유지하며 가장 적은 비용으로 공사를 관리하는 원가절감기법(가치공학)
② 원가절감 가능성이 큰 단계 : 기획설계
③ 가치 = $\dfrac{기능}{비용}$

KEY ① 2016년 5월 8일 출제
       ② 2017년 5월 7일 산업기사 출제
       ③ 2018년 4월 28일 산업기사(문제 45번) 출제
       ④ 2019년 4월 27일(문제 63번) 출제

[정답] 66 ①   67 ①   68 ③   69 ③

70 철근콘크리트 구조의 철근 선 조립 공법 순서로 옳은 것은?

① 시공도 → 공장절단 → 가공 → 이음·조립 → 운반 → 현장부재양중 → 이음·설치
② 공잘절단 → 시공도 → 가공 → 이음·조립 → 이음·설치 → 운반 → 현장부재양중
③ 시공도 → 가공 → 공장절단 → 운반 → 이음·조립 → 현장부재양중 → 이음·설치
④ 공장절단 → 시공도 → 운반 → 가공 → 이음·조립 → 현장부재양중 → 이음·설치

해설

철근 선조립 공법 순서
시공도→공장절단(삭)→가공→이음·조립→운반→현장부재양중→이음·설치

KEY 2016년 5월 8일(문제 67번) 출제

---

71 지반개량 지정공사 중 응결공법이 아닌 것은?

① 플라스틱 드레인공법
② 시멘트처리공법
③ 석회처리공법
④ 심층혼합처리공법

해설

응결공법의 종류
① 시멘트처리공법
② 석회처리공법
③ 심층혼합처리공법

KEY 2014년 5월 25일(문제 67번) 출제

보충학습

지반개량공법 구분
(1) 다짐(다져주는)공법
(2) 강제압밀(물을 빼거나 압력을 가해 변형시킴)공법
  ① 재하방법 : 성토공법, 지하수위저하공법, 대기압공법(진공공법)
  ② 드레인(배수)방법 : 샌드(Sand)드레인공법, 플라스틱(Plastic)드레인공법
(3) 응결공법(같이 뭉쳐서 굳게함) : 시멘트 처리공법, 석회처리공법, 심층 혼합처리공법
(4) 치환(강도약한 흙을 강한 흙으로 바꾸어줌)공법

---

72 흙막이 공법 중 지하연속벽(slurry wall)공법에 대한 설명으로 옳지 않은 것은?

① 흙막이벽 자체의 강도, 강성이 우수하기 때문에 연약지반의 변형 및 이면침하를 최소한으로 억제할 수 있다.
② 차수성이 좋아 지하수가 많은 지반에도 사용할 수 있다.
③ 시공 시 소음, 진동이 작다.
④ 다른 흙막이벽에 비해 공사비가 적게 든다.

해설

slurry wall [지하연속벽(체)공법의 특징
① 저소음, 저진동 공법으로 인접건물의 근접시공이 가능하며 안정적 공법이다.
② 차수성이 우수하며 물막이 벽체로도 가능하다.
③ 벽체 강성이 커서 본구조체로 이용이 가능하며, 수평변위에 대해서 안정적이며 영구 지하 벽체나 깊은 기초 적용이 가능하다.
④ 임의형상 치수가 가능하며 지반조건에 좌우되지 않는다.
⑤ 타공법에 비해 시공비가 고가이며, 수평연속성이 부족하고, 장비가 크고 이동이 느리다.

KEY ① 2020년 8월 22일(문제 61번) 출제
② 2020년 9월 27일(문제 80번) 출제
③ 2022년 4월 24일(문제 65번) 출제

---

73 콘크리트 표준시방서에 따른 거푸집널의 해체시기로 옳은 것은?(단, 콘크리트의 압축강도를 시험하지 않을 경우, 기둥으로서 평균기온이 20[℃] 이상이며 조강 포틀랜드 시멘트를 사용)

① 1일 ② 2일
③ 3일 ④ 4일

해설

압축강도를 시험하지 않을 경우

시멘트의 종류 평균기온	조강 포틀랜드 시멘트	보통포틀랜드시멘트 고로슬래그시멘트(1종) 포틀랜드포졸란시멘트(1종) 플라이애시시멘트(1종)	고로슬래그시멘트(2종) 포틀랜드포졸란시멘트(2종) 플라이애시시멘트(2종)
20[℃] 이상	2일	4일	5일
20[℃] 미만 10[℃] 이상	3일	6일	8일

[정답] 70 ① 71 ① 72 ④ 73 ②

KEY ① 2013년 6월 2일(문제 74번) 출제
② 2019년 9월 21일 등 5회 이상 출제

74 외관 검사 결과 불합격된 철근 가스압접 이음부의 조치 내용으로 옳지 않은 것은?

① 심하게 구부러졌을 때는 재가열하여 수정한다.
② 압점면의 엇갈림이 규정값을 초과했을 때는 재가열하여 수정한다.
③ 형태가 심하게 불량하거나 또는 압접부에 유해하다고 인정되는 결함이 생긴 경우는 압접부를 잘라내고 재압접한다.
④ 철근중심축의 편심량이 규정값을 초과했을 때는 압접부를 떼어내고 재압접한다.

해설

철근압접 시공시 주의사항
① 철근 압접이음시 인접철근의 이음은 750[mm] 이상 떨어져서 서로 엇갈리게 하여야 한다.
② 초음파탐상검사는 1검사 로트마다 30개소 이상
③ 인장시험은 1검사 로트마다 3개(설계기준항복강도의 125[%])
  ✪ 1검사 로트는 원칙적으로 동일 작업반이 동일한 날에 시공 압접개소로서 그 크기는 200개소 정도를 표준으로 함.

KEY 2022년 4월 24일(문제 68번) 출제

75 기존에 구축된 건축물 가까이에서 건축공사를 실시할 경우 기존 건축물의 지반과 기초를 보강하는 공법은?

① 리버스 서큘레이션 공법
② 슬러리 월 공법
③ 언더피닝 공법
④ 탑다운 공법

해설

언더피닝(Underpinning)공법
인접한 건물 또는 구조물의 침하방지를 목적으로 하는 지반보강 방법의 총칭

KEY ① 2017년 5월 7일 출제
② 2017년 9월 23일 (문제 118번) 출제
③ 2018년 4월 24일(문제 76번) 등 5회 이상 출제

💬 **합격자의 조언**
6과목 : 건설안전기술에 출제 됩니다.

76 콘크리트공사에서 현장에 반입된 콘크리트는 일정 간격으로 강도시험을 실시하여야 하는데 KS F 4009에서 규정을 따를 때 콘크리트 체적 얼마 당 강도시험 1회를 실시하는가?

① 100[m³]   ② 150[m³]
③ 200[m³]   ④ 250[m³]

해설

KS F 4009기준
① 콘크리트의 강도시험 횟수는 450[m³]를 1로트로 하여 150[m³]당 1회의 비율로 한다.
② 1회의 시험 결과는 임의의 1개 운반차로부터 채취한 시료로 3개의 공시체를 제작하여 시험한 평균값으로 한다.

KEY 2021년 5월 20일(문제 76번) 출제

77 네모돌을 수평줄눈이 부분적으로만 연속되게 쌓고, 일부 상하 세로줄눈이 통하게 쌓는 돌쌓기 방식을 무엇이라 하는가?

① 완자쌓기   ② 마름돌쌓기
③ 막돌쌓기   ④ 바른층쌓기

해설

완자쌓기 형식
① 네모돌을 수평줄눈이 부분적으로 연속되게 쌓는다.
② 일부 상하 세로줄눈이 통하게 쌓는 방식

KEY 2015년 5월 31일(문제 74번) 출제

보충학습
① 마름돌쌓기 : 돌 면이나 맞댐 면을 일정한 모양으로 가공하여 줄눈을 바르게 쌓는 방식
② 막돌쌓기 : 자연석이나 둥근돌 및 막돌을 사용하여 맞댐 면은 거의 다듬지 않고 쌓는 방식
③ 바른층쌓기 : 1켜마다 수평·수직 줄눈이 일직선으로 형성되도록 쌓는 방식

78 말뚝재하시험의 주요목적과 거리가 먼 것은?

① 말뚝길이의 결정   ② 말뚝 관입량 결정
③ 지하수위 추정   ④ 지지력 추정

[정답] 74 ② 75 ③ 76 ② 77 ① 78 ③

해설

말뚝재하시험
① 말뚝의 설계를 하거나 안정성을 확인하기 위해 재하 시험을 하는 경우가 많다.
② 재하 방법에 따라 연직·수평·인발로 분류되며 말뚝의 개수, 하중이 걸리는 법 등에 따라 여러 가지 방법이 있다.
③ 재하시험은 실제의 말뚝에 하중을 가해 지지력을 확인하기 때문에 지지력의 결정법으로서 신뢰성이 높다.
④ 목적은 말뚝길이 결정, 말뚝관입량 결정, 지지력 추정 등

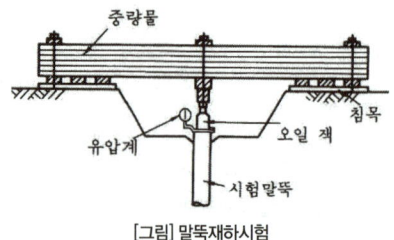

[그림] 말뚝재하시험

KEY ▶ 2021년 5월 15일(문제 63번) 출제

79 기초굴착 방법 중 굴착 공에 철근망을 삽입하고 콘크리트를 타설하여 말뚝을 형성하는 공법이며, 안정액으로 벤토나이트 용액을 사용하고 표층부에서만 케이싱을 사용하는 것은?

① 리버스 서큘레이션 공법
② 베노토 공법
③ 심초 공법
④ 어스드릴공법

해설

어스드릴(칼웰드) 공법(earth drill method)
① 현장치기 콘크리트 말뚝 타설을 위한 굴착 방법의 일종. 끝에 날이 붙은 회전식 버킷을 갖는 어스 드릴로 굴착을 한다.
② 굴착 구경은 최대 1.5m 까지(리머 장치인 경우는 최대 2.0m 까지), 굴착 심도는 30m 정도까지로 되어 있다.
③ 단단한 점성토의 지반에서는 흙탕물(벤토나이트액) 없이 온통 파기를 할 수 있다든지 굴착 속도가 빠르고, 공사비도 싸다는 등의 장점을 갖는다.
④ 미국의 칼웰드(Calwelled)사가 개발하여 칼웰드 공법이라고도 한다.

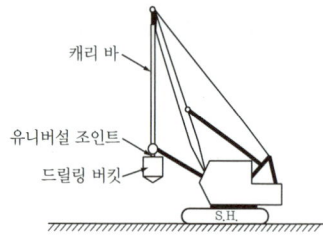

[그림] 어스드릴 공법

KEY ▶ 2020년 8월 22일(문제 77번) 출제

80 주문받은 건설업자가 대상 계획의 기업, 금융, 토지조달, 설계, 시공 등을 포괄하는 도급계약방식을 무엇이라 하는가?

① 실비청산 보수가산도급
② 정액도급
③ 공동도급
④ 턴키도급

해설

턴키도급(Turn-key base contract)
① 도급자가 공사의 계획, 금융, 토지확보, 설계, 시공, 기계 가구 설치, 시운전, 조업지도, 유지관리까지 모든 것을 제공한 후 발주자에게 완전한 시설물을 인계하는 방식
② 유래 : 건축주는 열쇠(key)를 돌리기만 하면 된다.

KEY ▶ 2017년 5월 7일(문제 76번) 등 5회 이상 출제

5 건설 재료학

81 AE콘크리트에 관한 설명으로 옳지 않은 것은?

① 시공연도가 좋고 재료분리가 적다.
② 단위수량을 줄일 수 있다.
③ 제물치장 콘크리트 시공에 적당하다.
④ 철근에 대한 부착강도가 증가한다.

해설

AE콘크리트
(1) 정의
  콘크리트 속에 AE제를 혼합하여 시공연도를 좋게 한 콘크리트이다.
(2) AE콘크리트의 특징
  ① 단위수량이 적게 든다.
  ② 워커빌리티가 향상되고 골재로서 깬자갈의 사용도 유리하게 된다.
  ③ 내구성이 향상된다.
  ④ 콘크리트 경화에 따른 발열이 작아진다.
  ⑤ 동결융해에 대한 저항이 크게 된다.
  ⑥ 블리딩 감소, 재료분리가 감소된다.
  ⑦ 철근과 부착강도는 다소 작아진다.
  ⑧ 적정한 AE(콘크리트 용적의 4~7[%])는 내구성을 증대시키나 지나친 공기량은(6[%] 이상)은 강도와 내구성을 저하시킨다.

[정답] 79 ④ 80 ④ 81 ④

(3) 공기량의 성질
① AE제를 넣을수록 공기량은 증가한다.
② 기계비빔이 손비빔보다 증가한다.
③ 비빔시간은 3~5분까지는 공기량이 증가하고 그 이상은 감소한다.
④ 온도가 높아질수록 감소한다.
⑤ 진동기를 사용하면 감소한다.
⑥ 공기량 1[%] 증가에 대하여 압축강도 4~5[%] 저하한다.

KEY ① 2016년 5월 8일(문제 96번) 출제
② 2019년 4월 27일(문제 82번) 출제

82 아스팔트 접착제에 관한 설명으로 옳지 않은 것은?

① 아스팔트 접착제는 아스팔트를 주체로 하여 이에 용제를 가하고 광물질 분말을 첨가한 풀 모양의 접착제이다.
② 아스팔트 타일, 시트, 루핑 등의 접착용으로 사용한다.
③ 화학약품에 대한 내성이 크다.
④ 접착성은 양호하지만 습기를 방지하지 못한다.

해설

아스팔트 접착제
① 아스팔트(Asphalt)를 용제에 녹여 광물질을 첨가한 것으로서, 아스팔트 시멘트라고도 한다.
② 아스팔트 타일, 시트, 루핑(Roofing), 펠트 등의 접착제로 사용한다.
③ 접착성이 우수하고, 접착면이 부드러우며, 습기를 막고 내화학적이며 값이 싸다.
④ 건조속도에 따라 속경성, 중경성, 지경성으로 분류된다.

KEY 2018년 4월 28일(문제 87번) 출제

83 주로 석기질 점토나 상당히 철분이 많은 점토를 원료로 사용하며, 건축물의 패러핏, 주두 등의 장식에 사용되는 공동의 대형 점토제품은?

① 테라죠
② 도관
③ 타일
④ 테라코타

해설

테라코타(Terra-Cotta)
① 이탈리아어로 "구운 흙"이라는 뜻
② 도토나 고급 점토 등을 사용하여 일정한 형태로 제작되는 점토 소성 제품

KEY 2021년 5월 15일(문제 92번) 출제

84 강의 가공과 처리에 대한 설명 중 옳지 않은 것은?

① 소정의 성질을 얻기 위해 가열과 냉각을 조합반복하여 행한 조작을 열처리라고 한다.
② 열처리에는 단조, 불림, 풀림 등의 처리방식이 있다.
③ 압연은 구조용 강재의 가공에 주로 쓰인다.
④ 압출가공은 재료의 움직이는 방향에 따라 전방압출과 후방압출로 분류할 수 있다.

해설

단조가공(forging)
① 금속재료를 소성 유동하기 쉬운 상태에서 압축력 또는 충격력을 가하여 단련하는 가공
② 일반적으로 결정입자를 미세화하고, 조직을 균등하게 하여 강도나 인성을 좋게 하는 가공

KEY ① 2012년 9월 15일(문제 97번) 출제
② 2013년 6월 2일(문제 84번) 출제
③ 2023년 4월 1일 산업안전지도사 전공 출제

85 목재 제품 중 합판에 관한 설명으로 옳지 않은 것은?

① 방향에 따른 강도차가 작다.
② 곡면가공을 하여도 균열이 생기지 않는다.
③ 여러 가지 아름다운 무늬를 얻을 수 있다.
④ 함수율 변화에 의한 신축변형이 크다.

해설

합판의 특성
① 판재에 비하여 균질이며 우수한 품질좋은 재료를 많이 얻을 수 있다.
② 단판을 서로 직교시켜 붙인 것이므로 잘 갈라지지 않으며 방향에 따른 강도의 차이가 적다.(함수율 변화에 따라 신축변형이 작다.)

KEY ① 2017년 9월 23일 산업기사 출제
② 2020년 8월 22일(문제 99번) 등 5회 이상 출제

[정답] 82 ④ 83 ④ 84 ② 85 ④

과년도 출제문제

86 다음 중 시멘트 풍화의 척도로 사용되는 것은?

① 불용해 잔분 ② 강열감량
③ 수경률 ④ 규산율

해설

풍화
(1) 원인
시멘트가 공기중의 수분과 결합하여 미세한 수화반응으로 생긴 수산화칼슘과 공기중의 탄산가스(이산화탄소)가 결합하여 탄산칼슘이 생기는 것
(2) 풍화시멘트의 특징
① 강도저하 ② 응결지연
③ 비중감소 ④ 내구성 저하
⑤ 강열감량 증가

KEY 2016년 5월 8일(문제 99번) 출제

---

87 다음 열가소성수지 중 열변형 온도가 가장 큰 것은?

① 폴리염화비닐(PVC)
② 폴리스티렌(PS)
③ 폴리카보네이트(PC)
④ 폴리에틸렌(PE)

해설

폴리카보네이트(PC)
① 열가소성 플라스틱의 일종이다.
② 내충격성, 내열성, 내후성, 자기 소화성, 투명성 등의 특징이 있다.
③ 강화유리의 약 150배 이상의 충격도를 지니고 있어 유연성 및 가공성이 우수하다.
④ 잘 깨지고 변형되기 쉬운 아크릴의 대용재이자 일반 판유리의 보완재로 많이 쓰인다.
⑤ 폴리카보네이트(PC)의 열변형 온도(HDT)는 135~140[℃] 정도로 열가소성 수지 중 가장 높다.

KEY 2015년 5월 15일(문제 90번) 출제

---

88 건축재료의 요구성능 중 마감재료에서 필요성이 가장 적은 항목은?

① 화학적 성능 ② 역학적 성능
③ 내구성능 ④ 방화·내화성능

해설

마감재료의 필요성
① 화학적 성능
② 내구성능
③ 방화·내화성능

KEY 2017년 5월 7일(문제 96번) 출제

---

89 절대건조밀도가 2.6[g/cm³]이고, 단위용적질량이 1,750[kg/m³]인 굵은 골재의 공극률은?

① 30.5% ② 32.7%
③ 34.7% ④ 36.2%

해설

공극률
① 일정한 크기의 용기 내에서 공극의 비율을 백분율로 나타낸 것
② 공극률이 작으면 시멘트풀의 양이 적게 들고 수밀성, 내구성 및 마모저항 등이 증가되며 건조수축에 의한 균열발생의 위험이 감소된다.

③ 공극률$(v) = \left(1 - \dfrac{\text{단위용적중량}(\omega)}{\text{비중}(\rho)}\right) \times 100(\%)$

$= \left(1 - \dfrac{1.75}{2.6}\right) \times 100$

$= 32.69[\%]$

KEY ① 2017년 9월 23일(문제 95번) 출제
② 2018년 9월 15일(문제 94번) 출제
③ 2022년 4월 24일(문제 88번) 등 5회 이상 출제

---

90 화강암에 대한 설명 중 옳지 않은 것은?

① 바탕색과 반점이 미려하므로 내·외장재로 쓰인다.
② 결정체의 크고 작음에 따라 외관과 강도가 다르다.
③ 경도가 크기 때문에 세밀한 조각 등에 적당하지 않다.
④ 내화도가 커서 고열을 받는 곳에 적당하다.

해설

화강암의 특징
① 바탕색과 반점이 미려하므로 내·외장재로 쓰인다.
② 결정체의 크고 작음에 따라 외관과 강도가 다르다.
③ 경도가 크기 때문에 세밀한 조각 등에 적당하지 않다.
④ 내화도가 작아서 고열을 받는 곳에는 사용할 수 없다.

KEY 2014년 5월 25일(문제 93번) 출제

[정답] 86 ② 87 ③ 88 ② 89 ② 90 ④

91 목재용 유성 방부제의 대표적인 것으로 방부성이 우수하나, 악취가 나고 흑갈색으로 외관이 불미하여 눈에 보이지 않는 토대, 기둥, 도리 등에 이용되는 것은?

① 유성페인트
② 크레오소트 오일
③ 염화아연 4[%] 용액
④ 불화소다 2[%] 용액

해설
크레오소트 오일(creosote oil)
① 방부성은 좋으나 목재가 흑갈색으로 착색되고 악취가 있고 흡수성이 있다.
② 외관이 아름답지 않으므로 보이지 않는 곳의 토대, 기둥, 도리 등에 사용한다.

KEY ① 2017년 3월 5일 기사 출제
② 2017년 9월 23일 기사 출제
③ 2020년 8월 22일(문제 91번) 등 5회 이상 출제

92 플라스틱 재료의 일반적인 성질에 대한 설명 중 틀린 것은?

① 플라스틱은 일반적으로 투명 또는 백색의 물질이므로 적합한 안료나 염료를 첨가함에 따라 상당히 광범위하게 채색이 가능하다.
② 플라스틱의 내수성 및 내투습성은 극히 양호하며, 가장 좋은 것은 폴리초산비닐이다.
③ 플라스틱은 상호간 계면접착이 잘되며, 금속, 콘크리트, 목재, 유리 등 다른 재료에도 잘 부착된다.
④ 플라스틱은 일반적으로 전기절연성이 상당히 양호하다.

해설
폴리초산비닐(poly vinyl)
① 합성 풀의 재료로 폴리초산비닐의 에멀션(emulsion)으로 사용한다.
② 폴리초산비닐은 물에 녹지 않으므로 30[%]의 농도로서 PVA나 다른 유화제와 함께 유화해 수지 풀로 시판되고 있다.

KEY 2015년 5월 15일(문제 93번) 출제

93 석고보드에 관한 설명으로 옳지 않은 것은?

① 부식이 잘되고 충해를 받기 쉽다.
② 단열성, 차음성이 우수하다.
③ 시공이 용이하여 천장, 칸막이 등에 주로 사용된다.
④ 내수성, 탄력성이 부족하다.

해설
석고보드
① 개요
㉠ 1902년 미국에서 처음 발명된 석고보드는 소석고(두툼한 종이 사이 석고를 넣고 고온에 가열하여 얻은 결정수를 탈수한 것)와 톱밥, 섬유 등을 혼합하여 만든 벽체
㉡ 석고보드는 내부 마감을 위한 틀이 되어주는 것 외에도 흡음재, 방화재 등의 역할을 하기 때문에 다양한 건축물의 기초면으로 사용
② 석고보드 특징
㉠ 단열성 : 열전도율이 굉장히 낮은 편이라 더운 공기, 그리고 찬 공기를 차단하여 열효율성을 굉장히 높여준다.
㉡ 차음성 : 재질이 종이, 그리고 석고로 이루어져 있기 때문에 차음성능이 굉장히 뛰어나며 외부의 소음을 차단가능
㉢ 경제성 : 시공이 굉장히 간편하고 공기를 단축할 수 있으며 자재가 가볍기 때문에 건물의 구조 자재비를 낮출수 있다.
㉣ 차수 안정성 : 온도, 그리고 습도의 변화에 따라서 수축이나 팽창에 대한 변형이 거의 없어서 시공을 하고 난 후 뒤틀림이 발생하는 경우가 굉장히 적으며 틈이 거의 벌어지지 않는다.
㉤ 방수성 : 특수 방수처리가 되어 있기 때문에 습기가 많은 욕실은 물론 주방의 하단부 벽체로도 사용가능

KEY ① 2017년 5월 7일 산업기사 출제
② 2019년 9월 21일(문제 95번) 출제
③ 2021년 5월 15일(문제 81번) 출제

94 플라이애쉬 시멘트에 관한 설명으로 옳은 것은?

① 수화할 때 불용성 규산칼슘 수화물을 생성한다.
② 화력발전소 등에서 완전연소한 미분탄의 회분과 포틀랜드시멘트를 혼합한 것이다.
③ 재령 1~2시간 안에 콘크리트 압축강도가 20[MPa]에 도달할 수 있다.
④ 용광로의 선철제작 부산물을 급랭시키고 파쇄하여 시멘트와 혼합한 것이다.

[정답] 91 ② 92 ② 93 ① 94 ②

해설

플라이애쉬 시멘트 특징
① 포틀랜드 시멘트에 플라이애시를 혼합하여 만든 시멘트
② 초기강도가 작고, 장기 강도 증진이 크다.
③ 화학저항성이 크다.
④ 수밀성이 크다.
⑤ 워커빌리티가 좋아진다.
⑥ 수화열과 건조수축이 적다.
⑦ 매스콘크리트용 등에 사용한다.

KEY ① 2017년 3월 5일 출제
② 2018년 4월 28일(문제 100번) 등 5회 이상 출제

---

95 다음 중 외벽용 타일 붙임재료로 가장 적합한 것은?

① 시멘트 모르타르
② 아크릴 에멀션
③ 합성고무 라텍스
④ 에폭시 합성고무 라텍스

해설

외벽용 타일 붙임재료 : 시멘트 모르타르

KEY 2016년 5월 8일(문제 88번) 출제

---

96 미장바탕의 일반적인 성능조건과 가장 거리가 먼 것은?

① 미장층보다 강도가 클 것
② 미장층과 유효한 접착강도를 얻을 수 있을 것
③ 미장층보다 강성이 작을 것
④ 미장층의 경화, 건조에 지장을 주지 않을 것

해설

미장바탕이 갖추어야 할 조건
① 미장층과 유효한 접착강도를 얻을 수 있을 것
② 미장층의 경화, 건조에 지장을 주지 않을 것
③ 미장층과 유해한 화학반응을 하지 않을 것
④ 미장층 시공에 적합한 평면상태, 흡수성을 가질 것

KEY ① 2017년 3월 5일 출제
② 2018년 4월 28일(문제 81번) 출제
③ 2022년 4월 24일(문제 87번) 등 5회 이상 출제

---

97 유리가 불화수소에 부식하는 성질을 이용하여 5[mm] 이상 판유리면에 그림, 문자 등을 새긴 유리는?

① 스테인드유리   ② 망입유리
③ 에칭유리   ④ 내열유리

해설

에칭(조각)유리
① 유리면에 부식액의 방호막을 붙이고 이 막을 모양에 맞게 오려내고 그 부분에 유리부식액을 발라 소요 모양으로 만들어 장식용으로 사용하는 유리
② 반투명 채광효과가 가능하다.

KEY ① 2020년 6월 14일 산업기사 출제
② 2021년 5월 15일(문제 86번) 출제

---

98 양질의 도토 또는 장석분을 원료로 하며, 흡수율이 1[%] 이하로 거의 없고 소성온도가 약 1,230~1,460[℃]인 점토 제품은?

① 토기   ② 석기
③ 자기   ④ 도기

해설

점토 제품의 분류

종류	소성온도[℃]	흡수율[%]	건축재료	비 고
토기	790~1,000	20 이상	기와, 적벽돌, 토관	저급점토 사용
도기	1,100~1,230	10	내장타일, 테라코타	
석기	1,160~1,350	3~10	마루 타일, 클링커 타일	시유약을 사용하지 않고 식염유를 쓴다.
자기	1,230~1,460	1 이하	내장타일, 외장 타일, 바닥타일, 위생기구, 모자이크 타일	양질의 도토 또는 장석분을 원료로 하며 두드리면 청음이 난다.

KEY ① 2017년 5월 7일 산업기사 출제
② 2018년 3월 4일 산업기사 출제
③ 2018년 4월 28일(문제 82번) 등 5회 이상 출제

[정답] 95 ① 96 ③ 97 ③ 98 ③

99 목재의 심재와 변재를 비교한 설명 중 옳지 않은 것은?

① 심재가 변재보다 다량의 수액을 포함하고 있어 비중이 작다.
② 심재가 변재보다 신축이 적다.
③ 심재가 변재보다 내후성, 내구성이 크다.
④ 일반적으로 심재가 변재보다 강도가 크다.

해설
심재의 특징
① 변재보다 다량의 수액을 포함하고 있으며 비중이 크다.
② 변재보다 신축이 작다.
③ 변재보다 내후성, 내구성이 크다.
④ 일반적으로 변재보다 강도가 크다.

[그림] 수목의 횡단면

KEY 2017년 5월 7일(문제 91번) 출제

100 건축용으로 판재 지붕에 많이 사용되는 금속재는?

① 철　　② 동
③ 주석　④ 니켈

해설
동(Cu)의 용도
① Cu는 암모니아, 알칼리성 용액에 침식이 잘된다.
② 건축재료로서 지붕잇기, 홈통, 철사, 못, 철망, 온돌용 파이프 등의 제조에 사용된다.

KEY ① 2017년 3월 5일 출제
② 2019년 3월 3일 산업기사 출제
③ 2019년 4월 27일(문제 86번) 출제

6 건설안전 기술

101 항타기 또는 항발기의 권상용 와이어로프의 사용금지기준에 해당되지 않는 것은?

① 이음매가 없는 것
② 지름의 감소가 공칭지름의 7[%]를 초과하는 것
③ 꼬인 것
④ 열과 전기충격에 의해 손상된 것

해설
와이어로프의 사용제한 조건
① 이음매가 있는 것
② 와이어로프의 한 꼬임에서 끊어진 소선의 수가 10[%] 이상인 것
③ 지름의 감소가 공칭지름의 7[%]를 초과하는 것
④ 꼬인 것
⑤ 심하게 변형 또는 부식된 것
⑥ 열과 전기 충격에 의해 손상된 것

KEY 2017년 5월 7일 기사, 산업기사 동시 출제

정보제공
산업안전보건기준에 관한 규칙 제63조(달비계의 구조)

102 흙막이 가시설 공사 중 발생할 수 있는 보일링(Boiling) 현상에 관한 설명으로 옳지 않은 것은?

① 이 현상이 발생하면 흙막이 벽의 지지력이 상실된다.
② 지하수위가 높은 지반을 굴착할 때 주로 발생한다.
③ 흙막이벽의 근입장 깊이가 부족할 경우 발생한다.
④ 연약한 점토지반에서 굴착면의 융기로 발생한다.

해설
보일링(Boiling)현상
① 투수성이 좋은 사질지반의 흙막이 지면에서 수두차로 인한 상향의 침투압이 발생, 유효응력이 감소하여 전단강도가 상실되는 현상
② 지하수가 모래와 같이 솟아오르는 현상
③ 모래의 액상화

KEY ① 2016년 10월 1일 출제
② 2019년 3월 3일 출제
③ 2019년 4월 27일 산업기사 출제
④ 2020년 8월 23일 산업기사 출제

[정답] 99 ① 　100 ② 　101 ① 　102 ④

과년도 출제문제

합격팁

히빙(Heaving) 현상
연약성 점토지반 굴착시 굴착외측 흙의 중량에 의해 굴착저면의 흙이 활동전단 파괴되어 굴착내측으로 부풀어 오르는 현상

103 말비계를 조립하여 사용하는 경우에 지주부재와 수평면의 기울기는 최대 몇 도 이하로 하여야 하는가?

① 30[°]   ② 45[°]
③ 60[°]   ④ 75[°]

해설

말비계의 안전기준
① 기울기 : 75[°] 이하
② 작업발판 폭 : 40[cm] 이상

KEY
① 2016년 5월 8일 산업기사 출제
② 2017년 3월 5일 산업기사 출제
③ 2017년 5월 7일 출제
④ 2017년 9월 23일 (문제 113번) 출제

정보제공
산업안전보건기준에 관한 규칙 제67조(말비계)

104 산업안전보건관리비계상기준에 따른 건축공사, 대상액 「5억원 이상~50억원 미만」의 안전관리비 비율 및 기초액으로 옳은 것은?

① 비율 : 2.28[%], 기초액 : 4,325,000원
② 비율 : 1.99[%], 기초액 : 5,499,000원
③ 비율 : 2.35[%], 기초액 : 5,400,000원
④ 비율 : 1.57[%], 기초액 : 4,411,000원

해설

공사종류 및 규모별 안전관리비 계상기준표

구 분 공사종류	대상액 5억원 미만	대상액 5억원 이상 50억원 미만		대상액 50억원 이상	영 별표5에 따른 보건관리자 선임 대상 건설공사
		비율(X)	기초액(C)		
건축공사	3.11[%]	2.28[%]	4,325,000원	2.37[%]	2.64[%]
토목공사	3.15[%]	2.53[%]	3,300,000원	2.60[%]	2.73[%]
중건설공사	3.64[%]	3.05[%]	2,975,000원	3.11[%]	3.39[%]
특수건설공사	2.07[%]	1.59[%]	2,450,000원	1.64[%]	1.78[%]

KEY
① 2016년 3월 6일 산업기사 출제
② 2016년 10월 1일 산업기사 출제
③ 2017년 3월 5일 기사 출제
④ 2017년 8월 26일 기사 출제
⑤ 2019년 3월 3일 기사 출제
⑥ 2020년 6월 14일 기사 출제

합격정보
2025년 2월 12일 개정법 적용(제2025-11호)

105 차량계 하역운반기계 등에 화물을 적재하는 경우에 준수하여야 할 사항으로 옳지 않은 것은?

① 하중이 한쪽으로 치우쳐도 효율적으로 적재되도록 할 것
② 구내운반차 또는 화물자동차의 경우 화물의 붕괴 또는 낙하에 의한 위험을 방지하기 위하여 화물에 로프를 거는 등 필요한 조치를 할 것
③ 운전자의 시야를 가리지 않도록 화물을 적재할 것
④ 최대적재량을 초과하지 않도록 할 것

해설

하중이 한쪽으로 치우치지 않도록 쌓을 것

KEY
① 2017년 8월 26일 산업기사 출제
② 2018년 3월 4일 산업기사 출제
③ 2019년 3월 3일 산업기사 출제

정보제공
산업안전보건기준에 관한 규칙 제173조(화물의 적재시의 조치)

106 안전계수가 4이고 2,000[kg/cm²]의 인장강도를 갖는 강선의 최대허용응력은?

① 500[kg/cm²]   ② 1,000[kg/cm²]
③ 1,500[kg/cm²]   ④ 2,000[kg/cm²]

해설

최대허용응력

$$= \frac{\text{인장강도}}{\text{안전계수}} = \frac{2,000}{4} = 500[kg/cm^2]$$

KEY 2015년 5월 31일(문제 101번) 출제

[정답] 103 ④ 104 ① 105 ① 106 ①

107 거푸집 동바리의 침하를 방지하기 위한 직접적인 조치로 옳지 않은 것은

① 수평연결재 사용 ② 깔목의 사용
③ 콘크리트의 타설 ④ 말뚝박기

해설

거푸집동바리의 침하 방지를 위한 직접적인 조치 3가지
① 깔목의 사용
② 콘크리트 타설
③ 말뚝박기

KEY▶ 2022년 4월 24일 (문제 101번) 지문

정보제공
산업안전보건기준에 관한 규칙 제332조(거푸집동바리 등의 안전조치)

---

108 흙막이 가시설 공사 시 사용되는 각 계측기 설치 목적으로 옳지 않은 것은?

① 지표침하계 – 지표면 침하량 측정
② 수위계 – 지반 내 지하수위의 변화 측정
③ 하중계 – 상부 적재하중 변화 측정
④ 지중경사계 – 지중의 수평 변위량 측정

해설

계측장치의 종류 및 특성

종류	계측기 설치목적
건물 경사계(tilt meter)	지상 인접구조물의 기울기를 측정하는 기기
지표면 침하계(level and staff)	주위 지반에 대한 지표면의 침하량을 측정하는 기기
지중 경사계(inclinometer)	지중수평변위를 측정하여 흙막이의 기울어진 정도를 파악하는 기기
지중 침하계(extensionmeter)	지중수직변위를 측정하여 지반의 침하 정도를 파악하는 기기
변형률계(strain gauge)	흙막이 버팀대의 변형 정도를 파악하는 기기
하중계(load cell)	흙막이 버팀대에 작용하는 토압, 어스앵커의 인장력 등을 측정하는 기기
토압계(earth pressure meter)	흙막이에 작용하는 토압의 변화를 파악하는 기기
간극수압계(piezo meter)	굴착으로 인한 지하의 간극수압을 측정하는 기기
지하수위계(water level meter)	지하수의 수위변화를 측정하는 기기

KEY▶ 2021년 9월 12일 기사 등 10회 이상 출제

---

109 타워크레인을 자립고(自立高) 이상의 높이로 설치할 때 지지벽체가 없어 와이어로프로 지지하는 경우의 준수사항으로 옳지 않은 것은?

① 와이어로프를 고정하기 위한 전용 지지프레임을 사용할 것
② 와이어로프 설치각도는 수평면에서 60[°] 이내로 하되, 지지점은 4개소 이상으로 하고, 같은 각도로 설치할 것
③ 와이어로프와 그 고정부위는 충분한 강도와 장력을 갖도록 설치하되, 와이어로프를 클립·샤클(shackle) 등의 기구를 사용하여 고정하지 않도록 유의할 것
④ 와이어로프가 가공전선(架空電線)에 근접하지 않도록 할 것

해설

타워크레인 강도·장력유지
① 와이어로프와 그 고정부위는 충분한 강도와 장력을 갖도록 설치한다.
② 와이어로프를 클립·샤클(shackle) 등의 고정기구를 사용하여 견고하게 고정시켜 풀리지 아니하도록 하며, 사용 중에는 충분한 강도와 장력을 유지하도록 할 것

KEY▶ ① 2018년 3월 4일 기사 출제
② 2020년 8월 22일 기사 출제

정보제공
산업안전보건기준에 관한 규칙 제142조(타워크레인의 지지)

---

110 [보기]에서 압쇄기를 사용하여 건물해체시 그 순서로 옳은 것은?

[보기]
A : 보   B : 기둥
C : 슬래브 D : 벽체

① A-B-C-D ② A-C-B-D
③ C-A-D-B ④ D-C-B-A

[정답] 107 ① 108 ③ 109 ③ 110 ③

과년도 출제문제

해설

압쇄기의 사용방법 및 해체순서
① 항시 중기의 안전성을 확인하고 중기침하로 인한 위험을 사전 제거토록 조치하여야 하며, 중기작업구조의 지반다짐을 확인하고 편평도는 1/100 이내이어야 한다.
② 중기의 작업가능 높이보다 높은 부분 해체시에는 해체물을 깔고 올라가 작업을 하고, 이때에는 중기전도로 인한 사고가 발생되지 않도록 조치한다.
③ 외벽을 해체할 때에는 비계철거 작업자와 서로 연락하여야 하고 벽과 연결된 비계는 외벽해체직전에 철거한다.
④ 상층 부분의 보와 기둥, 벽체를 해체할 경우에는 해체물이 비산, 낙하할 위험이 있으므로 해체구조 바로 아래층에 수평 낙하물 방호책을 설치해서 해체물이 비산, 낙하되지 않도록 하여야 한다.
⑤ 압쇄기에 의한 건물해체순서는 슬래브, 보, 벽체, 기둥의 순서로 해체한다.

KEY ① 2009년 제3회 출제
② 2014년 5월 25일(문제 103번) 출제

---

111 터널굴착작업을 하는 때 미리 작성하여야 하는 작업계획서에 포함되어야 할 사항이 아닌 것은?

① 굴착의 방법
② 암석의 분할방법
③ 환기 또는 조명시설을 설치할 때에는 그 방법
④ 터널지보공 및 복공의 시공방법과 용수의 처리방법

해설

터널굴착작업 작업계획서의 내용
① 굴착의 방법
② 터널지보공 및 복공(覆工)의 시공방법과 용수(湧水)의 처리방법
③ 환기 또는 조명시설을 설치할 때에는 그 방법

KEY ① 2018년 9월 15일 기사 출제
② 2019년 4월 27일 기사 출제

정보제공
산업안전보건기준에 관한 규칙 [별표4] 사전조사 및 작업계획서 내용

---

112 다음은 시스템 비계 구성에 관한 내용이다. ( )안에 들어갈 말로 옳은 것은?

비계 밑단의 수직재와 받침철물은 밀착되도록 설치하고, 수직재와 받침철물의 연결부의 겹침길이는 받침철물 ( ) 이상이 되도록 할 것

① 전체길이의 4분의 1
② 전체길이의 3분의 1
③ 전체길이의 3분의 2
④ 전체길이의 2분의 1

해설

시스템 비계 구성시 준수사항
① 수직재·수평재·가새재를 견고하게 연결하는 구조가 되도록 할 것
② 비계 밑단의 수직재와 받침철물은 밀착되도록 설치하고, 수직재와 받침철물의 연결부의 겹침길이는 받침철물 전체길이의 3분의 1 이상이 되도록 할 것
③ 수평재는 수직재와 직각으로 설치하여야 하며, 체결 후 흔들림이 없도록 견고하게 설치할 것
④ 수직재와 수직재의 연결철물은 이탈되지 않도록 견고한 구조로 할 것
⑤ 벽 연결재의 설치간격은 제조사가 정한 기준에 따라 설치할 것

KEY 2021년 5월 15일 기사 등 5회 이상 출제

---

113 항만하역작업에서의 선박승강설비 설치기준으로 옳지 않은 것은?

① 200톤급 이상의 선박에서 하역작업을 하는 경우에 근로자들이 안전하게 오르내릴 수 있는 있는 현문(舷門) 사다리를 설치하여야 하며, 이 사다리 밑에 안전망을 설치하여야 한다.
② 현문 사다리는 견고한 재료로 제작된 것으로 너비는 55[cm] 이상이어야 한다.
③ 현문 사다리의 양측에는 82[cm] 이상의 높이로 울타리를 설치하여야 한다.
④ 현문 사다리는 근로자의 통행에만 사용하여야 하며, 화물용 발판 또는 화물용 보관으로 사용하도록 해서는 아니 된다.

해설

현문사다리 설치기준 선박 : 300[t]급 이상

KEY 2020년 8월 22일 기사 등 5회 이상 출제

정보제공
산업안전보건기준에 관한 규칙 제397조(선박승강설비의 설치)

보충학습
현문사다리 : 보통 갱웨이(Gangway)라고 부르며, 선박이 정박 또는 접안하였을 때 통선 또는 육상과의 연결 통로

[정답] 111 ② 112 ② 113 ①

114 다음 중 토사붕괴의 내적 원인인 것은?

① 절토 및 성토 높이 증가
② 사면, 법면의 기울기 증가
③ 토석의 강도저하
④ 공사에 의한 진동 및 반복하중 증가

해설

토사붕괴 외적 요인
① 사면, 법면의 경사 및 기울기의 증가
② 절토 및 성토 높이의 증가
③ 공사에 의한 진동 및 반복하중의 증가
④ 지표수 및 지하수의 침투에 의한 토사 중량의 증가
⑤ 지진, 차량, 구조물의 하중 작용
⑥ 토사 및 암석의 혼합층 두께

KEY ① 2015년 3월 8일 산업기사 출제
② 2022년 4월 24일 기사 등 10회 이상 출제

보충학습

토사붕괴 내적 원인
① 절토 사면의 토질·암질
② 성토 사면의 토질 구성 분포
③ 토석의 강도 저하

115 추락의 위험이 있는 개구부에 대한 방호조치와 거리가 먼 것은?

① 안전난간, 울타리, 수직형 추락방호망 등으로 방호조치를 한다.
② 충분한 강도를 가진 구조의 덮개를 뒤집히거나 떨어지지 않도록 설치한다.
③ 어두운 장소에서도 식별이 가능한 개구부 주의표지를 부착한다.
④ 폭 30[cm] 이상의 발판을 설치한다.

해설

작업발판폭 : 40[cm] 이상

KEY ① 2017년 8월 26일 출제
② 2020년 8월 23일 산업기사 등 10회 이상 출제

정보제공
산업안전보건기준에 관한 규칙 제56조(작업발판의 구조)

116 구조물 해체작업으로 사용되는 공법이 아닌 것은?

① 압쇄공법   ② 잭공법
③ 절단공법   ④ 진공공법

해설

해체 공법의 종류
① 압쇄공법
② 대형 브레이커공법
③ 전도공법
④ 철해머에 의한 공법
⑤ 화약발파공법
⑥ 핸드 브레이커공법
⑦ 팽창압공법
⑧ 절단공법
⑨ 잭공법
⑩ 쐐기타입공법
⑪ 화염공법

KEY 2016년 5월 8일 기사 출제

117 고소작업대를 설치 및 이동하는 경우에 준수하여야 할 사항으로 옳지 않은 것은?

① 와이어로프 또는 체인의 안전율은 3 이상일 것
② 붐의 최대 지면경사각을 초과 운전하여 전도되지 않도록 할 것
③ 고소작업대를 이동하는 경우 작업대를 가장 낮게 내릴 것
④ 작업대에 끼임·충돌 등 재해를 예방하기 위한 가드 또는 과상승방지장치를 설치할 것

해설

고소작업대의 와이어로프 및 체인의 안전율 : 5 이상

KEY ① 2017년 3월 5일 산업기사 출제
② 2017년 9월 23일 산업기사 출제

정보제공
산업안전보건기준에 관한규칙 제186조(고소작업대 설치 등의 조치)

[정답] 114 ③ 115 ④ 116 ④ 117 ①

과년도 출제문제

118 토질시험 중 사질토시험에서 얻을 수 있는 값이 아닌 것은?

① 체적압축계수 ② 내부마찰각
③ 액상화 평가 ④ 탄성계수

해설
체적압축계수
① 점성토지반의 압밀침하량 계산
② 점성토지반의 침하시간 계산

KEY ▶ 2012년 5월 20일(문제 118번) 출제

---

119 단관비계를 조립하는 경우 벽이음 및 버팀을 설치할 때의 수평방향 조립간격 기준으로 옳은 것은?

① 3[m] ② 5[m]
③ 6[m] ④ 8[m]

해설
강관비계의 조립간격

강관비계의 종류	조립 간격(단위 : [m])	
	수직방향	수평방향
단관비계	5	5
틀비계(높이 5[m] 미만인 것은 제외)	6	8

KEY ▶ 2021년 8월 14일 기사 등 10회 이상 출제

정보제공
산업안전보건기준에 관한 규칙 [별표 5] 강관비계의 조립간격

---

120 지반의 굴착 작업에 있어서 비가 올 경우를 대비한 직접적인 대책으로 옳은 것은?

① 측구 설치
② 낙하물 방지망 설치
③ 추락 방호망 설치
④ 매설물 등의 유무 또는 상태 확인

해설
굴착작업시 비가 올 경우 직접적인 대책 : 측구(側溝)설치

KEY ▶ 2021년 5월 15일(문제 104번) 출제

합격정보
산업안전보건기준에 관한 규칙 제340조(지반의 붕괴 등에 의한 위험방지)

보충학습
측구
① 도로의 노면, 도로 비탈면 또는 측도(側道)의 노면이나 비탈면 및 입접지에 내린 우수의 원활한 처리를 위하여 설치하는 시설로서, 도로의 배수시설(排水施設)
② 배수시설 : 도시시설의 보전, 교통안전, 유지보수 등을 위하여 도로에 설치하는 시설로서 측구(側溝), 집수정 및 도수로(導水路)
③ 측구는 일반적으로 L자형과 U자형이 사용되며, 길어깨에 붙여서 측구를 설치하는 경우에는 교통안전을 위하여 윗면이 열린 측구를 설치해서는 안 된다.

관련법령
도로의 구조·시설 기준에 관한 규칙 제30조

[정답] 118 ① 119 ② 120 ①

2023년도 기사 정기검정 제4회 (2023년 9월 2일 시행)

건설안전기사

종목코드	시험시간	수험번호	성명
1440	3시간	20230902	도서출판세화

※ 본 문제는 복원문제 및 예적(예상적중) 문제로 실제문제와 동일하지 않을 수 있습니다.

1 산업안전관리론

01 다음 설명에 해당하는 법칙은?

어떤 공장에서 330회의 전도 사고가 일어났을 때, 그 가운데 300회는 무상해 사고, 29회는 경상, 중상 또는 사망은 1회의 비율로 사고가 발생한다.

① 버드 법칙
② 하인리히 법칙
③ 더글라스 법칙
④ 자베타키스 법칙

해설

하인리히 1:29:300의 법칙
① 재해의 발생 = 물적 불안전 상태 + 인적 불안전 행동 + α = 설비적 결함 + 관리적 결함 + α

$$\alpha = \frac{1}{1+29+300} = \frac{1}{330}$$

② 숨은 위험한 요인(잠재된 위험의 상태)
③ 재해건수 = 1 + 29 + 300 = 330[건]

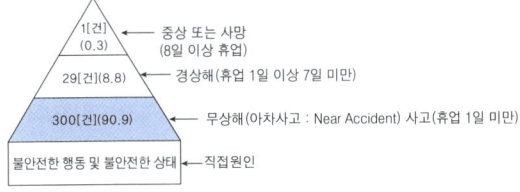

[그림] 하인리히 법칙[단위 : %]

KEY
① 2016년 10월 1일 기사 출제
② 2017년 8월 26일 기사 출제
③ 2017년 9월 23일 산업기사 출제
④ 2018년 3월 4일 기사 출제
⑤ 2019년 9월 21일 기사 출제

정보제공
1931년 "산업재해예방(Industrial Accident Prevention)"에 제시

02 다음 중 산업안전보건법상 지방고용노동관서의 장이 사업주에게 안전관리자를 정수 이상으로 증원하게 하거나 교체하여 임명할 것을 명령할 수 있는 사유에 해당되는 것은?

① 사망재해가 연간 1건 발생하였다.
② 중대재해가 연간 1건 발생하였다.
③ 안전관리자가 질병의 사유로 6개월 동안 해당 직무를 수행할 수 없었다.
④ 해당 사업장의 연간재해율이 같은 업종의 평균재해율보다 1.5배 높게 발생하였다.

해설

안전관리자 정수 이상 증원·교체임명 내용
① 해당 사업장의 연간재해율이 같은 업종의 평균재해율의 2배 이상인 경우
② 중대재해가 연간 2건 이상 발생한 경우
③ 관리자가 질병이나 그 밖의 사유로 3개월 이상 직무를 수행할 수 없게 된 경우
④ 화학적 인자로 인한 직업성질병자가 연간 3명 이상 발생한 경우

KEY 2011년 10월 2일(문제 20번) 출제

정보제공
산업안전보건법 시행규칙 제12조(안전관리자 등의 증원·교체임명 명령)

03 재해사례연구의 진행단계로 옳은 것은?

① 사실의 확인 → 재해 상황의 파악 → 문제점의 발견 → 문제점의 결정 → 대책의 수립
② 문제점의 발견 → 재해 상황의 파악 → 사실의 확인 → 문제점의 결정 → 대책의 수립
③ 재해 상황의 파악 → 사실의 확인 → 문제점의 발견 → 문제점의 결정 → 대책의 수립
④ 문제점의 발견 → 문제점의 결정 → 재해 상황의 파악 → 사실의 확인 → 대책의 수립

[정답] 01 ② 02 ③ 03 ③

해설

재해사례 진행단계

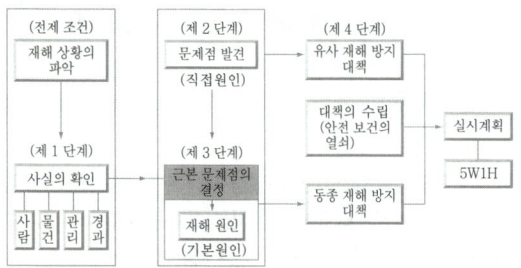

KEY
① 2016년 10월 1일 기사 출제
② 2017년 9월 23일 기사 출제
③ 2018년 3월 4일 기사·산업기사 동시출제
④ 2018년 8월 19일 기사 출제
⑤ 2018년 9월 15일 기사 출제

---

04 산업안전보건법령상 다음 그림에 해당하는 안전보건표지의 명칭으로 옳은 것은?

① 접근금지 ② 이동금지
③ 보행금지 ④ 출입금지

해설

금지표지 8종

① 출입금지	② 보행금지	③ 차량통행금지	④ 사용금지
⑤ 탑승금지	⑥ 금연	⑦ 화기금지	⑧ 물체이동금지

KEY
① 2016년 3월 6일 출제
② 2016년 5월 8일 출제
③ 2017년 5월 7일 출제
④ 2017년 9월 23일 출제

정보제공
산업안전보건법 시행규칙 [별표6] 안전보건표지의 종류와 형태

---

05 다음 중 웨버(D.A.Weaver)의 사고 발생 도미노 이론에서 "작전적 에러"를 찾아내기 위한 질문의 유형과 가장 거리가 먼 것은?

① what   ② why
③ where   ④ whether

해설

웨버의 작전적 에러 질문유형 3가지
① What : 무엇이 불안전한 상태이며 불안전한 행동인가? 즉 사고의 원인은 무엇인가?
② Why : 왜 불안전한 행동 또는 상태가 용납되는가?
③ Whether : 감독과 경영 중에서 어느 쪽이 사고방지에 대한 안전지식을 갖고 있는가?

KEY 2020년 9월 27일(문제 17번) 출제

---

06 산업안전보건법령상 안전보건관리책임자의 업무에 해당하지 않는 것은?(단, 그 밖에 고용노동부령으로 정하는 사항은 제외한다.)

① 근로자의 적정 배치에 관한 사항
② 작업환경의 점검 및 개선에 관한 사항
③ 안전보건관리규정의 작성 및 변경에 관한 사항
④ 안전장치 및 보호구 구입 시 적격품 여부 확인에 관한 사항

해설

안전보건관리책임자
① 사업주는 사업장을 실질적으로 총괄하여 관리하는 사람에게 해당 사업장의 다음 각 호의 업무를 총괄하여 관리하도록 하여야 한다.
　㉠ 사업장의 산업재해 예방계획의 수립에 관한 사항
　㉡ 제25조 및 제26조에 따른 안전보건관리규정의 작성 및 변경에 관한 사항
　㉢ 제29조에 따른 안전보건교육에 관한 사항
　㉣ 작업환경측정 등 작업환경의 점검 및 개선에 관한 사항
　㉤ 제129조부터 제132조까지에 따른 근로자의 건강진단 등 건강관리에 관한 사항
　㉥ 산업재해의 원인 조사 및 재발 방지대책 수립에 관한 사항
　㉦ 산업재해에 관한 통계의 기록 및 유지에 관한 사항
　㉧ 안전장치 및 보호구 구입 시 적격품 여부 확인에 관한 사항
　㉩ 그 밖에 근로자의 유해·위험 방지조치에 관한 사항으로서 고용노동부령으로 정하는 사항

[정답] 04 ③　05 ③　06 ①

② 제1항 각 호의 업무를 총괄하여 관리하는 사람(이하 "안전보건관리책임자"라 한다)은 제17조에 따른 안전관리자와 제18조에 따른 보건관리자를 지휘·감독한다.

③ 안전보건관리책임자를 두어야 하는 사업의 종류와 사업장의 상시근로자 수, 그 밖에 필요한 사항은 대통령령으로 정한다.

KEY ① 2021년 3월 5일(문제 15번) 출제
② 2021년 5월 15일(문제 4번) 출제
③ 2021년 9월 12일(문제 18번) 출제

정보제공
산업안전보건법 제15조(안전보건관리책임자)

07 다음 중 일상점검 내용을 작업 전, 작업 중, 작업종료로 구분할 때 "작업 중 점검 내용"으로 볼 수 없는 것은?

① 품질의 이상유무
② 안전수칙의 준수여부
③ 이상소음의 발생유무
④ 방호장치의 작동여부

해설
방호장치는 작업 전에 점검한다.

KEY ① 2010년 3월 7일(문제 9번) 출제
② 2015년 9월 19일(문제 3번) 출제

08 산업안전보건법령상 AB형 안전모에 관한 설명으로 옳은 것은?

① 물체의 낙하 또는 비래에 의한 위험을 방지 또는 경감하기 위한 것
② 물체의 낙하 또는 비래 및 추락에 의한 위험을 방지 또는 경감시키기 위한 것
③ 물체의 낙하 또는 비래에 의한 위험을 방지 또는 경감하고, 머리부위 감전에 의한 위험을 방지하기 위한 것
④ 물체의 낙하 또는 비래 및 추락에 의한 위험을 방지 또는 경감하고, 머리부위 감전에 의한 위험을 방지하기 위한 것

해설
안전모의 종류 및 용도

종류기호	사용구분	모체의 재질	내전압성
AB	물체낙하, 날아옴, 추락에 의한 위험을 방지, 경감시키는 것	합성수지	비내전압성
AE	물체낙하, 날아옴에 의한 위험을 방지 또는 경감하고 머리부위 감전에 의한 위험을 방지하기 위한 것	합성수지 (FRP)	내전압성 (주)
ABE	물체의 낙하 또는 날아옴 및 추락에 의한 위험을 방지하기 위한 것 및 감전방지용	합성수지 (FRP)	내전압성

(주) • 내전압성이란 7,000[V] 이하의 전압에 견디는 것을 말한다.
 • 내FRP : Fiber Glass Reinforced Plastic(유리섬유 강화 플라스틱)
 • AB : 자율안전확인대상 보호구
 • AE, ABE : 안전인증대상 보호구

KEY ① 2016년 5월 8일 산업기사 출제
② 2017년 9월 23일 출제
③ 2018년 4월 28일 출제
④ 2019년 9월 21일 출제

09 시몬즈(Simonds)의 총재해 코스트 계산방식 중 비보험 코스트 항목에 해당하지 않는 것은?

① 사망재해 건수
② 통원상해 건수
③ 응급조치 건수
④ 무상해 사고 건수

해설
시몬즈의 비보험코스트
① 비보험 코스트=(휴업상해건수)×(A)+(통원상해건수)×(B)+(응급조치건수)×(C)+(무상해 건수)×(D)
② A, B, C, D는 장해 정도에 따른 비보험 코스트의 평균치

KEY ① 2016년 5월 8일 기사 출제
② 2016년 10월 1일 기사 출제

읽을거리
Rollin H, Simonds : 미시간대학 교수이며 재해코스트 산정방식을 고안해 낸 사람

[정답] 07 ④ 08 ② 09 ①

10 TBM 활동의 5단계 추진법의 진행순서로 옳은 것은?

① 도입 → 확인 → 위험예지훈련 → 작업지시 → 정비점검
② 도입 → 정비점검 → 작업지시 → 위험예지훈련 → 확인
③ 도입 → 작업지시 → 위험예지훈련 → 정비점검 → 확인
④ 도입 → 위험예지훈련 → 작업지시 → 정비점검 → 확인

해설

TBM 진행(활동) 5단계 추진법

1단계	도입	직장체조, 상호인사, 목표제창
2단계	점검정비	건강, 복장, 공구, 보호구, 안전장치, 사용기기 등 점검정비
3단계	작업지시	당일 작업에 대한 설명 및 지시를 받고 복창하여 확인
4단계	위험예측	당일 작업의 위험을 예측하고 대책 토의, 원포인트 위험예지훈련
5단계	확인	대책을 수립하고 팀의 목표 확인, 원포인트 지적확인, 터치 앤 콜

KEY
① 2018년 9월 15일(문제 8번) 출제
② 2021년 9월 12일(문제 14번) 출제

읽을거리
Tool Box Meeting : 미국 건설업에서 최초 사용

11 다음 중 안전과 경영에서 나오는 용어인 리스크(risk)에 대하여 가장 옳게 설명한 것은?

① 리스크는 위급을 나타내는 용어로서 잠재적인 위험의 표출을 의미한다.
② 리스크는 위험 발생의 급박한 상태가 어떤 조건이 갖춰졌을 때를 의미한다.
③ 리스크는 위험상황이 재해상황으로 변하는 과정상의 위험분석을 의미한다.
④ 리스크는 재해 발생가능성과 재해 발생시 그 결과의 크기의 조합(combination)으로 위험의 크기나 정도를 의미한다.

해설

위험도(Risk)
① 특정한 위험요인이 위험한 상태로 노출되어 특정한 사건으로 이어질 수 있는 사고의 빈도(가능성)와 사고의 강도(중대성) 조합으로서 위험의 크기 또는 위험의 정도를 말한다.
② 위험도=발생빈도×발생강도

보충학습

위험성 평가(Risk Assessment)
잠재 위험요인이 사고로 발전할 수 있는 빈도와 피해크기를 평가하고 위험도가 허용될 수 있는 범위인지 여부를 평가하는 체계적인 방법을 말한다.

12 A사업장의 도수율이 18.9일 때 연천인율은 얼마인가?

① 4.53
② 9.46
③ 37.86
④ 45.36

해설

연천인율과 빈도(도수)율 상관 관계
① 연천인율=2.4×빈도율=2.4×18.9=45.36
② 도수율=연천인율÷2.4
③ 2.4적용 : 연근로총시간수 2,400시간 일때만 허용

KEY
① 2016년 5월 8일 기사 출제
② 2019년 4월 27일 기사 출제
③ 2020년 6월 7일 기사 출제
④ 2020년 9월 27일 출제

합격정보
산업재해통계 업무처리규정 제3조(산업재해통계의 산출방법 및 정의)

13 사고의 용어 중 Near Accident에 대한 설명으로 옳은 것은?

① 사고가 일어나더라도 손실을 수반하지 않는 경우
② 사고가 일어날 경우 인적 재해가 발생하는 경우
③ 사고가 일어날 경우 물적 재해가 발생하는 경우
④ 사고가 일어나더라도 일정 비용 이하의 손실만 수반하는 경우

해설

용어정의
① 상해 : 인명피해만을 초래하였을 경우
② 사고 또는 손실 : 물적 피해만을 초래하였을 경우
③ Near Accident : 인명이나 물적 등 일체의 피해가 없는 사고

[정답] 10 ② 11 ④ 12 ④ 13 ①

보충학습

OHSAS18001, ISO 45001 정의

① Incident : 부상, 질병 또는 사망을 초래하였거나 초래할 수 있었던 작업 관련 사건
② Accident : 부상, 질병 또는 사망이 실제적으로 발생한 Incident의 특별한 유형
③ Near miss : 부상, 질병 또는 사망이 발생하지 않은 Incident
⇒ Incident는 Accident일 수도 있고 Near miss일 수도 있음

---

14 산업안전보건법령에 따른 건설업 중 유해위험방지계획서를 작성하여 고용노동부장관에게 제출하여야 하는 공사의 기준 중 틀린 것은?

① 연면적 5,000[m²] 이상의 냉동·냉장창고 시설의 설비공사 및 단열공사
② 깊이 10[m] 이상인 굴착공사
③ 저수용량 2,000만[톤] 이상의 용수 전용 댐 공사
④ 최대 지간길이가 31[m] 이상인 다리 건설 공사

해설

유해위험방지계획서 제출대상 공사

(1) 건축물 또는 시설 등의 건설·개조 또는 해체공사
  가. 지상높이가 31미터 이상인 건축물 또는 인공구조물
  나. 연면적 3만제곱미터 이상인 건축물
  다. 연면적 5천제곱미터 이상인 시설
    ① 문화 및 집회시설(전시장 및 동물원·식물원은 제외한다)
    ② 판매시설, 운수시설(고속철도의 역사 및 집배송시설은 제외한다)
    ③ 종교시설
    ④ 의료시설 중 종합병원
    ⑤ 숙박시설 중 관광숙박시설
    ⑥ 지하도상가
    ⑦ 냉동·냉장 창고시설
(2) 연면적 5천제곱미터 이상인 냉동·냉장 창고시설의 설비공사 및 단열공사
(3) 최대지간길이가 50[m] 이상인 다리건설 등 공사
(4) 터널건설 등의 공사
(5) 다목적댐, 발전용댐 및 저수용량 2천만톤 이상의 용수전용댐, 지방 상수도 전용댐 건설 등의 공사
(6) 깊이 10[m] 이상인 굴착공사

KEY
① 2016년 5월 8일 기사 출제
② 2017년 3월 5일 산업기사 출제
③ 2018년 4월 28일 기사 출제
④ 2018년 8월 19일 기사·산업기사 출제
⑤ 2018년 9월 15일 기사 출제

정보제공
산업안전보건법시행령 제42조(유해위험방지 계획서의 제출대상)

---

15 다음 중 산업재해의 기본원인으로 볼 수 있는 4M에 해당되는 것으로만 나열한 것은?

① Man, Management, Machine, Media
② Man, Management, Machine, Material
③ Man, Machine, Maker, Management
④ Man, Machine, Maker, Media

해설

인간과오의 배후요인 4요소(안전)

① Man : 동료, 상사
② Machine : 설비의 고장, 결함
③ Media : 작업정보, 작업환경
④ Management : 법규준수, 단속, 점검

KEY 2014년 9월 20(문제 15번) 출제

보충학습

효율화 대상 4M(생산)

① Machine : 설비의 효율화
② Material : 원재료, 에너지의 효율화
③ Man : 작업의 효율화
④ Method : 관리의 효율화

---

16 다음 설명에 가장 적합한 조직의 형태는?

- 과제별로 조직을 구성
- 플랜트, 도시개발 등 특정한 건설 과제를 처리
- 시간적 유한성을 가진 일시적이고 잠정적인 조직

① 스태프(Staff)형 조직
② 라인(Line)식 조직
③ 기능(Functional)식 조직
④ 프로젝트(Project) 조직

해설

프로젝트(Project) 조직

(1) 프로젝트 조직의 특징
  ① 경영조직 내부에 프로젝트별로 조직화를 꾀한 조직형태이다.
  ② 원칙적으로 일시적이며, 잠정적인 조직이다.
  ③ 프로젝트 매니저는 라인의 장이며, 프로젝트를 기획·실시하는 권한과 책임을 가지고 있다.
  ④ 직능부문 조직이나 사업부제 조직이 조직구조를 중심으로 한 것임에 비하여 프로젝트 조직은 과정을 중심으로 하여 이것과 구조를 통합하는 새로운 조직이다.

[정답] 14 ④ 15 ① 16 ④

⑤ 프로젝트 조직에는 직능분화에 의한 전문화가 이루어지지 못한다는 단점이 있다.
(2) 프로젝트 조직의 책임자 유형
  ① 프로덕트 매니저(product manager)
  ② 프로젝트 매니저(Progect manager)
  ③ 프로그램 매니저(program manager)

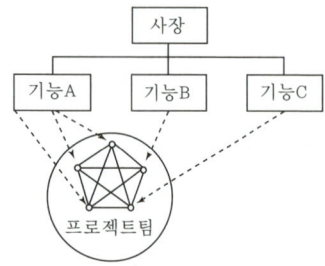

[그림] 프로젝트 조직

KEY 2013년 9월 28일(문제 15번) 출제

17 산업안전보건법령상 안전 및 보건에 관한 노사협의체의 근로자위원 구성 기준 내용으로 옳지 않은 것은?(단, 명예산업안전감독관이 위촉되어 있는 경우)

① 근로자대표가 지명하는 안전관리자 1명
② 근로자대표가 지명하는 명예산업안전감독관 1명
③ 도급 또는 하도급 사업을 포함한 전체 사업의 근로자 대표
④ 공사금액이 20억원 이상인 공사의 관계수급인의 각 근로자 대표

해설

노사협의체 위원
(1) 근로자위원
  ① 도급 또는 하도급 사업을 포함한 전체 사업의 근로자대표
  ② 근로자대표가 지명하는 명예산업안전감독관 1명. 다만, 명예산업안전감독관이 위촉되어 있지 않은 경우에는 근로자대표가 지명하는 해당 사업장 근로자 1명
  ③ 공사금액이 20억원 이상인 공사의 관계수급인의 각 근로자대표
(2) 사용자위원
  ① 도급 또는 하도급 사업을 포함한 전체 사업의 대표자
  ② 안전관리자 1명
  ③ 보건관리자 1명(별표 5 제44호에 따른 보건관리자 선임대상 건설업으로 한정한다)
  ④ 공사금액이 20억원 이상인 공사의 관계수급인의 각 대표자

KEY 2020년 9월 27일(문제 5번) 출제

정보제공
산업안전보건법 시행령 제64조(노사협의체의 구성)

18 각 계층의 관리감독자들이 숙련된 안전관찰을 행할 수 있도록 훈련을 실시함으로써 사고의 발생을 미연에 방지하여 안전을 확보하는 안전관찰훈련기법은?

① THP 기법   ② TBM 기법
③ STOP 기법   ④ TD-BU 기법

해설

안전감독 실시 방법(STOP : Safety Training Observation Program)
① 숙련된 관찰자(안전관리자)는 불안전한 행위를 관찰하기 위하여 관찰 사이클(observation cycle)을 이용한다.(관리감독자 안전관찰 훈련 : 현장에서 실시)
② stop의 목적은 각 계층의 감독자들이 숙련된 안전관찰을 행하여 사고를 미연에 방지하고자 함이다. (미국 Du Pont 회사 개발)

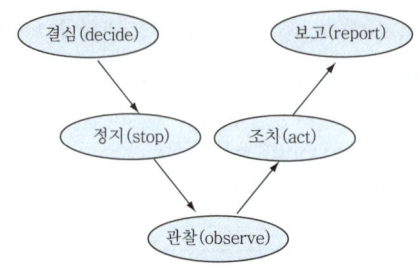

[그림] STOP 훈련 사이클

KEY 2019년 9월 21일(문제 10번) 출제

19 다음과 같은 재해사례의 분석 내용으로 옳은 것은?

작업자가 벽돌을 손으로 운반하던 중 떨어뜨려 벽돌이 발등에 부딪쳐 발을 다쳤다.

① 사고유형:낙하, 기인물:벽돌, 가해물:벽돌
② 사고유형:충돌, 기인물:손, 가해물:벽돌
③ 사고유형:비래, 기인물:사람, 가해물:벽돌
④ 사고유형:추락, 기인물:손, 가해물:벽돌

해설

기인물과 가해물
① 사고유형 : 낙하
② 기인물 : 재해발생의 주원인이며 재해를 가져오게 한 근원이 되는 기계, 장치, 물(物) 또는 환경 등(불안전상태)
③ 가해물 : 직접 사람에게 접촉하여 피해를 주는 기계, 장치, 물(物) 또는 환경 등

[정답] 17 ① 18 ③ 19 ①

KEY ▶ 2016년 10월 1일(문제 12번) 출제

20 건설기술진흥법령상 안전점검의 시기·방법에 관한 사항으로 ( )에 알맞은 내용은?

> 정기안전점검 결과 건설공사의 물리적·기능적 결함 등이 발견되어 보수·보강 등의 조치를 위하여 필요한 경우에는 ( )을 할 것

① 긴급점검　　② 정기점검
③ 특별점검　　④ 정밀안전점검

해설

안전점검의 시기·방법 등
건설사업자와 주택건설등록업자는 건설공사의 공사기간 동안 매일 자체 안전점검을 하고, 다음 각 호의 기준에 따라 정기안전점검 및 정밀안전점검 등을 해야 한다.
1. 건설공사의 종류 및 규모 등을 고려하여 국토교통부장관이 정하여 고시하는 시기와 횟수에 따라 정기안전점검을 할 것
2. 정기안전점검 결과 건설공사의 물리적·기능적 결함 등이 발견되어 보수·보강 등의 조치를 위하여 필요한 경우에는 정밀안전점검을 할 것
3. 건설공사에 대해서는 그 건설공사를 준공(임시사용을 포함한다)하기 직전에 제1호에 따른 정기안전점검 수준 이상의 안전점검을 할 것
4. 건설공사가 시행 도중에 중단되어 1년 이상 방치된 시설물이 있는 경우에는 그 공사를 다시 시작하기 전에 그 시설물에 대하여 제1호에 따른 정기안전점검 수준의 안전점검을 할 것

KEY ▶ 2021년 9월 12일(문제 20번) 출제

합격정보
건설기술진흥법 시행령 제100조(안전점검의 시기·방법 등)

2　산업심리 및 교육

21 상황성 누발자의 재해유발원인으로 가장 적절한 것은?

① 소심한 성격
② 주의력의 산만
③ 기계설비의 결함
④ 침착성 및 도덕성의 결여

해설

상황성 누발자 재해유발원인
① 작업에 어려움이 많은 자
② 기계설비의 결함
③ 심신에 근심이 있는 자
④ 환경상 주의력의 집중이 혼란되기 때문에 발생되는 자

KEY ▶ 2017년 9월 23일(문제 26번) 출제

보충학습

상황성 재해 누발자(multiple injury for condition : 狀況性 災害累發者)
작업에서 특정한 물적, 인적조건하에서 산업재해의 횟수를 거듭하는 사람

22 직무수행평가 시 평가자가 특정 피평가자에 대해 구체적으로 잘 모름에도 불구하고 모든 부분에 대해 좋게 평가하는 오류는?

① 후광오류　　② 엄격화오류
③ 중앙집중오류　④ 관대화오류

해설

후광효과(Halo effect : 後光效果)
① 후광효과(halo effect)는 평가자가 피평가자의 한 가지 두드러지는 속성에 기초해서 개인의 모든 행동 및 특성에 대한 평가를 하는 현상
② 평가자가 피평가자의 수행에 대해 제한된 지식을 가지고 있음에도 불구하고 여러 수행차원 모두에 대해서 획일적으로 좋은 수행을 나타낸다고 평가하는 평가의 오류를 뜻하는 것

KEY ▶ 2020년 9월 27일(문제 26번) 출제

보충학습

(1) 관대화오류의 의미
① 관대화오류(leniency error)란 평가자가 피평가자의 진짜 수행의 수준과는 달리 많은 사람들의 수행에 대해 높거나 낮게 극단적인 평가를 하는 평정오류를 말한다.
② 피평가자의 능력과 성과를 실제 정확한 수준보다 더 높거나 낮게 평가하는 것
　㉮ 부적 관대화(엄격화) : 점수를 박하게 주는 평가자는 실제 피평가자의 능력 수준보다 더 낮은 평가
　㉯ 정적 관대화 : 점수를 후하게 주는 평가자는 실제 능력 수준보다 더 높은 평가

(2) 행동기준 평정척도
① 행동기준 평정척도(behaviorally anchored rating scale : BARS)는 결정적사건법과 평정척도법을 혼합한 평가법이다.
② 종업원의 수행은 척도 상에 평정되지만 척도점들에 행동적 사건들이 제시된 형태로 구성된다.
③ 평가자가 종업원들의 중요한 행동에 대해서 평정을 하도록 하는 수행평정기법이다.

[정답] 20 ④　21 ③　22 ①

과년도 출제문제

23 Maslow의 욕구위계와 Alderfer의 욕구위계에 대한 설명으로 틀린 것은?

① Maslow의 욕구위계 중 가장 상위에 있는 욕구는 자아실현의 욕구이다.
② Maslow는 욕구의 위계성을 강조하여 하위의 욕구가 충족된 후에 상위욕구가 생긴다고 주장하였다.
③ Alderfer는 Maslow와 달리 여러 개의 욕구가 동시에 활성화될 수 있다고 주장하였다.
④ Alderfer의 생존욕구는 Maslow의 생리적 욕구, 물리적 안전, 그리고 대인관계에서의 안전의 개념과 유사하다.

해설

Maslow의 이론과 Alderfer 이론과의 관계

이론 \ 욕구	저차원적 이론 ←	→ 고차원적 이론	
Maslow	생리적 욕구, 물리적 측면의 안전 욕구	대인관계 측면의 안전 욕구, 사회적 욕구, 존경 욕구	자아실현의 욕구
Aldefer (ERG 이론)	존재 욕구(E)	관계 욕구(R)	성장 욕구(G)

KEY 2016년 10월 1일(문제 25번) 출제

24 파악하고자 하는 연구과제에 대해 언어를 매개로 구조화된 질의 응답을 통하여 교육하는 기법은?

① 면접(Interview)
② 카운슬링(Counseling)
③ CCS(Civil Communication Section)
④ ATT(American Telephone & Telegram Co.)

해설

면접법(面接法 : interview method)
연구자와 연구대상자가 직접 만나서 내적인 감정, 사고, 가치관, 심리상태 등을 파악하는 방법

KEY ① 2011년 10월 2일(문제 35번) 출제
② 2018년 9월 15일(문제 40번) 출제
③ 2019년 4월 27일(문제 22번) 출제
④ 2021년 9월 12일(문제 33번) 출제

[표] 면접법의 장단점

구분	특징
장점	① 불확실한 응답에 대한 확인이 가능 ② 연구대상자의 심리상태까지 조사가 가능 ③ 문자 해독이 불가능한 대상자에게 적용 가능 ④ 질문 항목 이외의 폭넓은 범위까지 조사가능
단점	① 비용과 시간의 소모가 과다 ② 단시간에 많은 정보를 얻기가 곤란 ③ 대상자의 응답에 대한 신뢰성이 저하될 가능성 ④ 상황에 따라 반응의 정도가 달라질 가능성

25 학습의 전이란 학습한 결과가 다른 학습이나 반응에 영향을 주는 것을 의미한다. 이 전이의 이론에 해당되지 않는 것은?

① 일반화설
② 동일요소설
③ 형태이조설
④ 태도요인설

해설

전이이론 3가지
① 동일요소설 : 선행학습경험과 새로운 학습경험 사이에 같은 요소가 있을 때에는 서로의 사이에 연합 또는 연결의 현상이 일어난다는 설이다. (E.L.Thorndike)
② 일반화설 : 학습자가 하나의 경험을 하면 그것으로 그치는 것이 아니고 다른 비슷한 상황에서 같은 방법이나 태도로 대하려는 경향이 있어서 이것이 효과를 가져와 전이가 이루어진다는 설이다. (C.H.Judd)
③ 형태이조설(移調說) : 형태심리학자들이 입증한 학설로 이것은 경험할 때의 심리학적 사태가 대체로 비슷한 경우라면 먼저 학습할 때에 머릿속에 형성되었던 구조가 그대로 옮겨가기 때문에 전이가 이루어진다는 설이다.

KEY 2018년 9월 15일(문제 21번) 출제

보충학습

학습전이(學習轉移 :Transfer of Learning)
① 교육을 전달받고, 학습내용을 유지하고, 현업으로 돌아가서 학습한 내용을 실행에 옮기는 일련의 과정을 의미한다.
② 하나의 맥락(context)에서 이루어진 학습이 그 후 다른 맥락에서의 학습 효과에 영향을 미치는 것으로 앞에 실시했던 학습이 뒤에 실시할 학습에 영향을 주는 것을 의미한다.
③ 앞의 학습이 뒤의 학습을 촉진하도록 작용할 경우를 정적전이(적극적 전이, positive transfer)라 하고 방해하도록 작용할 경우를 부적전이(소극적 전이, negative transfer)라고 한다.
④ 일반적으로 '학습전이'라고 말할 때는 정적전이를 가리키는 경우가 많다.

[정답] 23 ④ 24 ① 25 ④

26. 상호신뢰 및 성선설에 기초하여 인간을 긍정적 측면으로 보는 이론에 해당하는 것은?

① T-이론
② X-이론
③ Y-이론
④ Z-이론

[해설]

Y이론의 특징
① 상호신뢰감
② 성선설
③ 인간은 부지런하고 근면 적극적이며 자주적이다.
④ 정신욕구(고차원 욕구)
⑤ 목표 통합과 자기통제에 의한 자율관리
⑥ 선진국형

KEY
① 2016년 3월 6일 기사 출제
② 2016년 5월 8일 기사 출제
③ 2017년 9월 23일 기사 출제
④ 2018년 3월 4일 기사 출제
⑤ 2019년 9월 21일 기사 출제

27. 직무 동기 이론 중 기대이론에서 성과를 나타냈을 때 보상이 있을 것이라는 수단성을 높이려면 유의해야 할 점이 있는데, 이에 해당되지 않는 것은?

① 보상의 약속을 철저히 지킨다.
② 신뢰할만한 성과의 측정방법을 사용한다.
③ 보상에 대한 객관적인 기준을 사전에 명확히 제시한다.
④ 직무수행을 위한 충분한 정보와 자원을 공급받는다.

[해설]

기대이론(expectancy theory : 期待理論) 성과의 특징
① 보상의 약속을 철저히 지킨다.
② 신뢰할만한 성과의 측정방법을 사용한다.
③ 보상에 대한 객관적인 기준을 사전에 명확히 제시한다.

KEY 2023년 4월 1일 지도사 출제

28. 다음 중 면접 결과에 영향을 미치는 요인들에 관한 설명으로 틀린 것은?

① 한 지원자에 대한 평가는 바로 앞의 지원자에 의해 영향을 받는다.
② 면접자는 면접 초기와 마지막에 제시된 정보에 의해 많은 영향을 받는다.
③ 지원자에 대한 부정적 정보보다 긍정적 정보가 더 중요하게 영향을 미친다.
④ 지원자의 성과 직업에 있어서 전통적 고정관념은 지원자와 면접자간의 성의 일치여부보다 더 많은 영향을 미친다.

[해설]

면접결과에 영향을 미치는 요인
① 한 지원자에 대한 평가는 바로 앞의 지원자에 의해 영향을 받는다.
② 면접자는 면접 초기와 마지막에 제시된 정보에 의해 많은 영향을 받는다.
③ 지원자의 성과 직업에 있어서 전통적 고정관념은 지원자와 면접자간의 성의 일치여부보다 더 많은 영향을 미친다.

KEY 2020년 9월 27일(문제 34번) 출제

29. 소시오메트리(Sociometry)에 관한 설명으로 옳은 것은?

① 구성원 상호간의 선호도를 기초로 집단내부의 동태적 상호관계를 분석하는 기법이다.
② 구성원들이 서로에게 매력적으로 끌리어 목표를 효율적으로 달성하는 정도를 도식화한 것이다.
③ 리더십을 인간 중심과 과업 중심으로 나누어 이를 계량화하고, 리더의 행동경향을 표현, 분류하는 기법이다.
④ 리더의 유형을 분류하는 데 있어 리더들이 자기가 싫어하는 동료에 대한 평가를 점수로 환산하여 비교, 분석하는 기법이다.

[해설]

소시오메트리(Sociometry)
① 집단의 구조를 밝혀내어 집단 내에서 개인간의 인기의 정도, 지위, 좋아하고 싫어하는 정도, 하위 집단의 구성 여부와 형태, 집단에의 충성도, 집단의 응집력 등을 연구·조사한다.
② 행동지표의 자료로 삼는 것을 말한다.

KEY
① 2009년 8월 30일(문제 21번) 출제
② 2012년 9월 15일(문제 36번) 출제
③ 2015년 3월 8일(문제 29번) 출제
④ 2015년 9월 19일(문제 34번) 출제

[정답] 26 ③ 27 ④ 28 ③ 29 ①

과년도 출제문제

30 인간의 착각현상 중 실제로 움직이지 않지만 어느 기분의 이동에 의하여 움직이는 것처럼 느껴지는 착각현상의 명칭으로 적합한 것은?

① 자동운동　② 잔상현상
③ 유도운동　④ 착시현상

해설

유도운동·자동운동
① 유도운동 : 움직이지 않는 것이 움직이는 것처럼 느껴지는 현상
② 자동운동 : 암실에서 정지된 소광점을 응시하면 광점이 움직이는 것 같이 보이는 현상

KEY
① 2016년 10월 1일 기사 출제
② 2017년 5월 7일 기사 출제
③ 2018년 9월 15일 기사 출제
④ 2019년 9월 21일 기사 출제

31 기술교육의 진행방법 중 듀이(John Dewey) 5단계 사고 과정에 속하지 않는 것은?

① 응용시킨다.(Application)
② 시사를 받는다.(Suggestion)
③ 가설을 설정한다.(Hypothesis)
④ 머리로 생각한다.(Intellectualization)

해설

듀이의 사고과정의 5단계
① 1단계 : 시사를 받는다. (suggestion)
② 2단계 : 머리로 생각한다. (intellectualization)
③ 3단계 : 가설을 설정한다. (hypothesis)
④ 4단계 : 추론한다. (reasoning)
⑤ 5단계 : 행동에 의하여 가설을 검토한다.

KEY 2018년 9월 15일(문제 35번) 출제

32 다음 중 피로의 분류에 있어 만성피로에 가장 가까운 것은?

① 정상피로　② 건강피로
③ 축적피로　④ 중추신경계피로

해설

급성피로와 만성피로 차이
① 급성피로 : 휴식에 의해서 회복되는 피로(정상피로 또는 건강피로)
② 만성피로 : 오랜기간에 걸쳐 축적되어 일어나는 피로(축적피로)

KEY 2013년 9월 28일(문제 21번) 출제

33 지도자가 부하의 능력에 따라 차별적으로 성과급을 지급하고자 하는 리더십의 권한은?

① 전문성 권한　② 보상적 권한
③ 합법적 권한　④ 위임된 권한

해설

구분	종류	특징
조직이 지도자에게 부여하는 권력	보상 권력 (reward power)	적절한 보상을 통해 효과적인 통제를 유도 예 임금, 승진 등
	강압 권력 (coercive power)	적절한 처벌을 통해 효과적인 통제를 유도 예 승진탈락, 임금삭감, 해고 등
	합법 권력 (legitimate power)	조직에서 정하고 있는 규정에 의해 주어진 지도자의 권리를 합법화
지도자 자신이 자신에게 부여하는 권력 (부하직원들의 존경심)	준거 권력 (referent power)	지도자가 추구하는 계획과 목표를 부하직원이 자신의 것으로 받아들여 공감하고 자발적으로 참여
	전문 권력 (expert power)	조직의 목표달성에 필요한 전문적인 지식의 정도, 부하직원들이 전문성을 인정하면 지도자에 대한 신뢰감이 향상되고 능동적으로 업무에 스스로 동참

KEY
① 2017년 3월 5일 기사, 산업기사 동시출제
② 2017년 5월 7일 산업기사 출제
③ 2019년 4월 27일 출제
④ 2020년 6월 14일 산업기사 출제
⑤ 2021년 3월 7일(문제 39번) 출제
⑥ 2021년 9월 12일(문제 29번) 출제

34 작업장의 정리정돈 태만 등 생략행위를 유발하는 심리적 요인에 해당하는 것은?

① 폐합의 요인
② 간결성의 원리
③ Risk taking의 원리
④ 주의의 일점집중 현상

해설

간결성의 원리
① 물적 세계에 서투름이나 생략행위가 존재하고 있는 것처럼 심리활동에 있어서도 최소 에너지에 의해 어느 목적에 달성하도록 하려는 경향
② 정리정돈 태만 등 생략행위

KEY 2016년 10월 1일(문제 34번) 출제

[정답] 30 ③　31 ①　32 ③　33 ②　34 ②

35. 에빙하우스(Ebbinghaus)의 연구결과에 따른 망각률이 50[%]를 초과하게 되는 최초의 경과시간은 얼마인가?

① 30분 ② 1시간
③ 1일   ④ 2일

해설

에빙하우스(H. Ebbinghaus)의 망각곡선
① 1시간 경과 : 50[%] 이상 망각
② 48시간 경과 : 70[%] 이상 망각
③ 31일 경과 : 80[%] 이상 망각

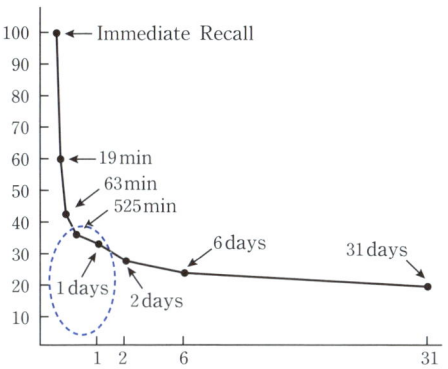

[그림] 에빙하우스 망각곡선(curve of orgetting)

KEY ① 2016년 3월 6일 출제
② 2021년 9월 12일 기사 출제

36. 작업자들에게 적성검사를 실시하는 가장 큰 목적은?

① 작업자의 협조를 얻기 위함
② 작업자의 인간관계 개선을 위함
③ 작업자의 생산능률을 높이기 위함
④ 작업자의 업무량을 최대로 할당하기 위함

해설

작업자 적성검사 목적 : 생산능률 향상

KEY 2018년 3월 4일 산업기사 출제

37. 다음 설명에 해당하는 안전교육방법은?

> ATP라고도 하며, 당초 일부 회사의 톱 매니지먼트(top management)에 대하여만 행하여졌으나, 그 후 널리 보급되었으며, 정책의 수립, 조직, 통제 및 운영 등의 교육내용을 다룬다.

① TWI(Training Within Industry)
② MTP(Management Training Program)
③ CCS(Civil Communication Section)
④ ATT(American Telephone & Telegram Co.)

해설

CCS(Civil Communication Section)=ATP
① 주로 강의법에 토의법이 가미된 것
② 매주 4일, 4시간씩으로 8주간(합계 128시간)에 걸쳐 실시

KEY 2024년 9월 20일(문제 21번) 출제

보충학습
① TWI : 교육대상을 제일선 감독자에 두고 정형시키는 훈련 방법을 말한다.
② MTP : 관리자 훈련, 부장, 과장, 계장 등 중간 관리층을 대상으로 하는 관리자 훈련을 말한다.
③ ATT : 미국 전신 전화 회사가 만든 것으로 직급 상하를 떠나 부하직원이 상사에 지도원이 될 수 있다.

38. 작업시의 정보 회로를 나열한 것으로 맞는 것은?

① 표시 → 감각 → 지각 → 판단 → 응답 → 출력 → 조작
② 응답 → 판단 → 표시 → 감각 → 지각 → 출력 → 조작
③ 감각 → 지각 → 판단 → 응답 → 표시 → 조작 → 출력
④ 지각 → 표시 → 감각 → 판단 → 조작 → 응답 → 출력

해설

작업시 정보 회로 순서

KEY 2018년 9월 15일(문제 36번) 출제

[정답] 35 ② 36 ③ 37 ③ 38 ①

39 안전보건교육을 향상시키기 위한 학습지도의 원리에 해당되지 않는 것은?

① 통합의 원리 ② 자기활동의 원리
③ 개별화의 원리 ④ 동기유발의 원리

해설

학습경험 선정의 원리
① 동기유발(만족)의 원리
② 기회의 원리
③ 가능성의 원리
④ 다목적 달성의 원리
⑤ 전이가능성의 원리

KEY ① 2018년 8월 19일 (문제 12번) 출제
② 2020년 9월 27일(문제 21번) 출제

보충학습

학습지도의 원리
① 개별화의 원리 ② 사회화의 원리
③ 자발성의 원리 ④ 과학성의 원리
⑤ 목적의 원리 ⑥ 직관의 원리
⑦ 통합성의 원리

40 시간 연구를 통해서 근로자들에게 차별성과급제를 적용하면 효율적이라고 주장한 과학적 관리법의 창시자는?

① 게젤(A.I.Gesell)
② 테일러(F.Taylor)
③ 웨슬러(D.Wechsler)
④ 샤인(Edgar H.Schein)

해설

테일러(F. Taylor) 연구성과
① 과학적 관리법 창시자
② 차별성과급제 적용

KEY 2017년 9월 23일 (문제 25번) 출제

보충학습

F.Taylor
미국 경영학의 태조라고 할 수 있는 프레데릭테일러(Frederick Winslow Taylor, 1856~1915)이다. 아버지는 퀘이커 교도인 법률가였고, 어머니는 청교도 이민자의 후손이었다. 테일러에게는 엄격한 개신교 노동윤리가 자연스럽게 몸에 밴 사람이었다. 담배와 술을 입에도 대지 않았고, 커피와 차도 마시지 않았다. 그것이 사람을 괜히 흥분시킨다고 생각했기 때문이다. 그의 생애는 청교도적인 삶의 전형이었다.

3 인간공학 및 시스템안전공학

41 인체측정에 대한 설명으로 옳은 것은?

① 인체측정은 동적측정과 정적측정이 있다.
② 인체측정학은 인체의 생화학적 특징을 다룬다.
③ 자세에 따른 인체치수의 변화는 없다고 가정한다.
④ 측정항목에 무게, 둘레, 두께, 길이는 포함되지 않는다.

해설

인체측정(동적측정, 정적측정)
① 신체 치수를 기본으로 신체 각 부위의 무게, 무게중심, 부피, 운동범위, 관성 등의 물리적 특성을 측정
② 일상생활에 적용하는 분야 측정
③ 인간공학적 설계 위한 자료 목적

KEY ① 2017년 9월 23일 (문제 46번) 출제
② 2020년 9월 27일(문제 51번) 출제

42 그림과 같이 여러 구성요소가 직렬과 병렬로 혼합 연결되어 있을 때, 시스템의 신뢰도는 약 얼마인가?(단, 숫자는 각 구성요소의 신뢰도이다.)

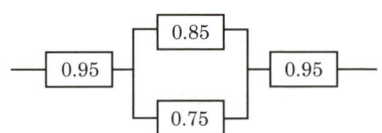

① 0.741 ② 0.812
③ 0.869 ④ 0.904

해설

시스템 신뢰도 계산
$R_s = 0.95 \times [1-(1-0.85)(1-0.75)] \times 0.95 = 0.869$

KEY 2016년 10월 1일 (문제 51번) 출제

[정답] 39 ④ 40 ② 41 ① 42 ③

43 수공구 설계의 기본 원리로 틀린 것은?

① 양손잡이를 모두 고려하여 설계한다.
② 손바닥 부위에 압박을 주는 손잡이 형태로 설계한다.
③ 손잡이의 길이는 95[%] 남성의 손 폭을 기준으로 한다.
④ 동력공구 손잡이는 최소 두 손가락 이상으로 작동하도록 설계한다.

해설

수공구 설계원칙
① 손목을 곧게 펼 수 있도록 : 손목이 팔과 일직선일 때 가장 이상적
② 손가락으로 지나친 반복동작을 하지 않도록 : 검지의 지나친 사용은 「방아쇠 손가락」증세 유발
③ 손바닥면에 압력이 가해지지 않도록(접촉면적을 크게) : 신경과 혈관에 장애(무감각증, 떨림현상)
④ 그 밖의 설계원칙
   ㉮ 안전측면을 고려한 디자인
   ㉯ 적절한 장갑의 사용
   ㉰ 왼손잡이 및 장애인을 위한 배려
   ㉱ 공구의 무게를 줄이고 균형유지 등

KEY ① 2016년 5월 8일 산업기사 출제
② 2018년 9월 15일 기사 출제

44 각 기본사상의 발생확률이 증감하는 경우 정상사상의 발생확률에 어느 정도 영향을 미치는가를 반영하는 지표로서 수리적으로는 편미분수계와 같은 의미를 갖는 FTA의 중요도 지수는?

① 확률 중요도
② 구조 중요도
③ 치명 중요도
④ 비구조 중요도

해설

확률 중요도
① 각 기본사상의 발생확률이 증감하는 경우 정상사상의 발생확률에 어느 정도 영향을 미치는가를 반영하는 지표
② 수리적으로는 편미분수계와 같은 의미

KEY 2019년 9월 21일(문제 47번) 출제

45 "원래의 신호 정보를 새로운 형태로 변화시켜 표시하는 것"은 어떤 것의 정의인가?

① 차원   ② 표시양식
③ 코딩   ④ 묘사정보

해설

신호암호(Coding) 방법
① 형상
② 크기
③ 색채

KEY 2017년 9월 23일(문제 54번) 출제

46 Q10 효과에 직접적인 영향을 미치는 인자는?

① 고온 스트레스
② 한랭한 작업장
③ 중량물의 취급
④ 분진의 다량발생

해설

Q10(Quality factor)
① Q10은 생물의 반응 속도는 온도와 함께 증대하며, 온도10[℃] 올라감에 따라 반응속도는 2~3의 값을 갖는다.
② Q10효과에 가장 큰 영향을 미치는 것은 "고온"이다.

KEY 2021년 9월 12일(문제 48번) 출제

정보제공

고온
심장에서 흐르는 혈액의 대부분을 냉각시키기 위해 외부 모세혈관으로 순환시키게 되어 뇌중추에 공급되는 혈액을 감소시킴

47 다음 중 FMEA의 장점이라 할 수 있는 것은?

① 두 가지 이상의 요소가 동시에 고장나는 경우에 분석이 용이하다.
② 물적, 인적 요소 모두가 분석대상이 된다.
③ 서식이 간단하고 비교적 적은 노력으로 분석이 가능하다.
④ 분석방법에 대한 논리적 배경이 강하다.

[정답] 43 ② 44 ① 45 ③ 46 ① 47 ③

해설

FMEA의 장·단점

① 장점 : 서식이 간단하고 비교적 적은 노력으로 특별한 훈련 없이 분석을 할 수 있다.
② 단점
　㉮ 논리성이 부족하고 특히 각 요소 간의 영향을 분석하기 어렵기 때문에 동시에 두 가지 이상의 요소가 고장날 경우 분석이 곤란하며, 또한 요소가 물체로 한정되어 있기 때문에 인적 원인을 분석하는 데는 곤란하다.
　㉯ 논리적으로 빈약하며 특히 각 요소가 영향의 해석이 불가능하기 때문에 동시에 두 가지 이상의 요소가 고장나는 경우에는 해석이 곤란하다.
　㉰ 해석의 영역이 물체에 한정되기 때문에 인적 원인의 해석이 곤란하다.
　㉱ FMEA를 이용한 서브시스템의 분석의 경우 FTA를 하는 것이 더 실제적인 방법이다.
　㉲ 정성적, 귀납적 분석법 등에 사용된다.

KEY ① 2009년 8월 30일(문제 60번) 출제
　　　② 2015년 9월 19일(문제 46번) 출제

---

48 인간의 눈의 부위 중에서 실제로 빛을 수용하여 두뇌로 전달하는 역할을 하는 부분은?

① 망막　　　　② 각막
③ 눈동자　　　④ 수정체

해설

눈의 구조·기능·모양

구분	기능	구조
각막	최초로 빛이 통과하는 곳, 눈을 보호	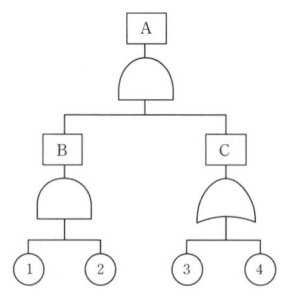
홍채	동공의 크기를 조절해 빛의 양 조절	
모양체	수정체의 두께를 변화시켜 원근 조절	
수정체	렌즈의 역할, 빛을 굴절시킴	
망막	상이 맺히는 곳, 시세포 존재, 두뇌전달	
맥락막	망막을 둘러싼 검은 막, 어둠 상자 역할	

KEY 2016년 10월 1일(문제 44번) 출제

---

49 다음 FT도에서 각 요소의 발생확률이 요소 ①과 요소 ②는 0.2, 요소 ③은 0.25, 요소 ④는 0.3일 때, A사상의 발생확률은?

① 0.007　　② 0.014
③ 0.019　　④ 0.071

해설

발생확률계산

① A＝B×C＝0.04×0.475＝0.019
② B＝①×②＝0.2×0.2＝0.04
③ C＝1－[(1－③)(1－④)]＝1－[(1－0.25)(1－0.3)]＝0.475

KEY ① 2007년 3월 4일(문제 36번) 출제
　　　② 2019년 9월 21일(문제 41번) 출제

---

50 위험관리 단계에서 발생빈도보다는 손실에 중점을 두며, 기업 간 의존도, 한 가지 사고가 여러 가지 손실을 수반하는 것에 대해 유의하여 안전에 미치는 영향의 강도를 평가하는 단계는?

① 위험의 파악 단계
② 위험의 처리 단계
③ 위험의 분석 및 평가 단계
④ 위험의 발견, 확인, 측정방법 단계

해설

위험의 분석 및 평가 단계
① 발생빈도보다 손실에 중점
② 기업 간 의존도가 여러 가지 손실 수반
③ 안전에 미치는 영향의 강도 평가

KEY 2023년 9월 2일(문제 11번)

[정답] 48 ①　49 ③　50 ③

51
조종장치를 촉각적으로 식별하기 위하여 사용되는 촉각적 코드화의 방법으로 가장 적합하지 않은 것은?

① 크기를 이용한 코드화
② 조종장치의 형상 코드화
③ 표면 촉감을 이용한 코드화
④ 피부 자극을 활용한 코드화

해설
촉각적 코드(암호)화의 종류
① 위치코드화
② 라벨코드화
③ 색깔코드화
④ 형상코드화
⑤ 크기코드화
⑥ 촉감코드화
⑦ 조작방법의 코드화

KEY 2014년 9월 20일(문제 46번) 출제

보충학습
표면 촉감을 이용한 조종장치
① 매끄러운면
② 세로홈(flute)
③ 깔쭉면(knurl)

[표] 크기를 이용한 조종장치

구분	사용 (예)
크기의 차이를 쉽게 구별할 수 있도록 설계	① 직경 : 1.3cm(1/2″) 차이 ② 두께 : 0.95cm(3/8″) 차이
촉감으로 식별 가능한 18개의 손잡이 구성요소(조합)	① 세 가지 표면가공 ② 세 가지 직경(1.9, 3.2, 4.5cm) ③ 두 가지 두께(0.95, 1.9cm)

(2) 형상 암호화된 조종장치

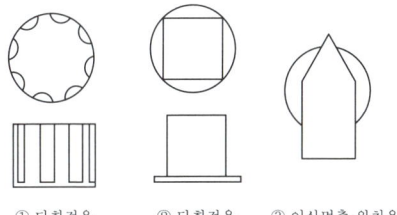

① 다회전용   ② 단회전용   ③ 이산멈춤 위치용

[그림 1] 만져봐서 식별되는 손잡이

① 부익   ② 착륙장치   ③ 회전수   ④ 역출력

[그림 2] 용도와 관련된 형상으로 식별되는 손잡이

52
예비위험분석(PHA)에서 식별된 사고의 범주로 부적절한 것은?

① 중대(critical)
② 한계적(marginal)
③ 파국적(catastrophic)
④ 수용가능(acceptable)

해설
식별된 사고의 4가지 PHA범주
① 파국적
② 중대(위기적)
③ 한계적
④ 무시

KEY ① 2016년 5월 8일 기사 출제
② 2018년 9월 15일 기사 출제

53
NIOSH 지침에서 최대허용한계(MPL)는 활동한계(AL)의 몇 배인가?

① 1배   ② 3배
③ 5배   ④ 9배

해설
중량물 취급 기준(NIOSH)
① 중량물 취급 감시기준(AL)
$AL[kg] = 40 \times (15/H) \times \{1 - 0.004(V-75)\} \times (0.7 + 7.5/D) \times (1 - F/F_{max})$
여기서
㉠ H = 대상물체의 수평거리
㉡ V = 대상물체의 수직거리
㉢ D = 대상물체의 이동거리
㉣ F = 중량물 취급작업의 빈도
② 중량물 취급 최대허용기준(MPL)
$MPL = 3 \times AL$

KEY 2021년 9월 12일(문제 42번) 출제

[정답] 51 ④   52 ④   53 ②

54
화학물 취급회사의 안전관리자 최○○는 화재 발생 시 대피안내방송을 음성 합성기로 전달하고자 한다. 최○○가 활용할 수 있는 음성 합성 체계유형에 대한 설명으로 맞는 것은?

① 최○○는 경고안내문을 낭독하는 본인의 실제 음성 파형을 모형화하는 음성 정수화 방법을 활용할 수 있다.
② 최○○는 경고안내문을 낭독할 때, 본인음성의 질을 가장 우수하게 합성할 수 있는 불규칙에 의한 합성법을 활용할 수 있다.
③ 최○○는 발음모형의 적절한 모수들을 경고안내문을 낭독 시 본인이 실제 발음할 때에 결정하는 분석 합성에 의한 합성법을 적용할 수 있다.
④ 최○○는 규칙에 의한 합성법을 사용하여 경고안내문을 낭독하는 본인의 실제 음성으로부터 발음 모형 모수들의 변화를 암호화할 수 있다.

해설

음성 합성 체계유형
① 본인의 실제 음성 파형을 모형화
② 음성 정수화 방법
③ 음성 합성기 사용

KEY 2017년 9월 23일(문제 60번) 출제

보충학습

음성 합성(音聲合成, speech synthesis)
① 말소리의 음파를 기계가 자동으로 만들어 내는 기술로, 간단히 말하면 모델로 선정된 한 사람의 말소리를 녹음하여 일정한 음성 단위로 분할한 다음, 부호를 붙여 합성기(speech computer, speech synthesizer)에 입력하였다가 지시에 따라 필요한 음성 단위만을 다시 합쳐 말소리를 인위로 만들어내는 기술이다.
② TTS(text-to-speech)라고도 한다.

55
가스밸브를 잠그는 것을 잊어 사고가 발생다면 작업자는 어떤 인적오류를 범한 것인가?

① 생략 오류(omission error)
② 시간지연 오류(time error)
③ 순서 오류(sequential error)
④ 작위적 오류(commission error)

해설

생략오류(Omission Errors : 부작위 실수)
① 직무 또는 어떤 단계를 수행치 않음
② 누락으로 인한 인적 오류

KEY
① 2019년 3월 3일 기사 출제
② 2019년 8월 4일 기사 출제
③ 2020년 6월 14일 산업기사 출제
④ 2020년 9월 27일 기사 출제

56
사용조건을 정상사용조건보다 강화하여 사용함으로써 고장발생시간을 단축하고, 검사비용의 절감효과를 얻고자 하는 수명시험은?

① 중도중단시험   ② 가속수명시험
③ 감속수명시험   ④ 정시중단시험

해설

가속수명시험
① 사용조건을 정상사용조건보다 강화하여 사용함으로써 고장발생시간을 단축
② 검사비용의 절감효과를 얻고자 하는 수명시험

KEY 2019년 9월 21일(문제 52번) 출제

57
운용위험분석(OHA)의 내용으로 틀린 것은?

① 위험 혹은 안전장치의 제공, 안전방호구를 제거하기 위한 설계변경이 준비되어야 한다.
② 운용위험분석(OHA)은 일반적으로 결함위험분석(FHA)이나 예비위험분석(PHA)보다 일반적으로 복잡하다.
③ 운용위험분석(OHA)은 시스템이 저장되고 실행됨에 따라 발생하는 작동시스템의 기능 등의 위험에 초점을 맞춘다.
④ 안전의 기본적 관련사항으로 시스템의 서비스, 훈련, 취급, 저장, 수송하기 위한 특수한 절차가 준비되어야 한다.

[정답] 54 ①   55 ①   56 ②   57 ②

해설
OHA의 특징
① 위험 혹은 안전장치의 제공, 안전방호구를 제거하기 위한 설계변경이 준비되어야 한다.
② 운용위험분석(OHA)은 시스템이 저장되고 실행됨에 따라 발생하는 작동시스템의 기능 등의 위험에 초점을 맞춘다.
③ 안전의 기본적 관련사항으로 시스템의 서비스, 훈련, 취급, 저장, 수송하기 위한 특수한 절차가 준비되어야 한다.

KEY ▶ 2016년 10월 1일(문제 60번) 출제

58 일정한 고장률을 가진 어떤 기계의 고장률이 시간당 0.008일 때 5시간 이내에 고장을 일으킬 확률은?

① $1 + e^{0.04}$
② $1 - e^{-0.004}$
③ $1 - e^{0.04}$
④ $1 - e^{-0.04}$

해설
고장을 일으킬 확률
① 신뢰도 = $e^{-\lambda t} = e^{-0.008 \times 5} = e^{-0.04}$
② 고장율 = 1 - 신뢰도 = $1 - e^{-0.04}$

KEY ▶ 2021년 9월 12일(문제 54번) 출제

59 암호체계의 사용 시 고려해야 될 사항과 거리가 먼 것은?

① 정보를 암호화한 자극은 검출이 가능하여야 한다.
② 다 차원의 암호보다 단일 차원화된 암호가 정보 전달이 촉진된다.
③ 암호를 사용할 때는 사용자가 그 뜻을 분명히 알 수 있어야 한다.
④ 모든 암호 표시는 감지장치에 의해 검출될 수 있고, 다른 암호 표시와 구별될 수 있어야 한다.

해설
다차원 시각적 암호
① 색이나 숫자로 된 단일 암호보다 색과 숫자의 중복으로 된 조합암호 차원의 전달된 정보가 촉진된다.
② 양이 많은 것으로 실험결과 확인

보충학습
색의 시각적 암호
① 일반적으로 9가지 면색 구별 가능
② 훈련을 할 경우 20~30개까지 식별 가능
③ 적용 : 탐색, 위치확인, 정밀한 조사 등

KEY ▶ 2020년 9월 27일(문제 54번) 출제

60 인체의 관절 중 경첩관절에 해당하는 것은?
① 손목관절 ② 엉덩관절
③ 어깨관절 ④ 팔꿈관절

해설
경첩관절(hinge joint)
① 하나의 축을 따라 구부리고 펼 수 있는 관절 **예** 팔꿈치
② 위팔뼈의 둥근 끝부분이 자뼈의 구멍속에서 돈다.

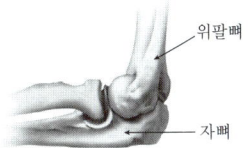

[그림] 경첩관절

KEY ▶ 2018년 9월 15일(문제 41번) 출제

4 건설시공학

61 콘크리트 타설 후 진동다짐에 관한 설명으로 옳지 않은 것은?

① 진동기는 하층 콘크리트에 10[cm]정도 삽입하여 상하층 콘크리트를 일체화 시킨다.
② 진동기는 가능한 연직방향으로 찔러 넣는다.
③ 진동기를 빼낼 때는 서서히 뽑아 구멍이 남지 않도록 한다.
④ 된비빔 콘크리트의 경우 구조체의 철근에 진동을 주어 진동효과를 좋게 한다.

해설
진동기 사용요령
① 된비빔 콘크리트는 상부에 적용한다.
② 철근이나 거푸집에 직접 진동을 주어서는 안된다.

KEY ▶ ① 2017년 3월 5일 산업기사 출제
② 2018년 4월 28일 기사 출제
③ 2018년 9월 15일 기사·산업기사 동시출제

[정답] 58 ④ 59 ② 60 ④ 61 ④

과년도 출제문제

62 공사의 도급계약에 명시하여야 할 사항과 가장 거리가 먼 것은?

① 공사내용
② 구조설계에 따른 설계방법의 종류
③ 공사착수의 시기와 공사완성의 시기
④ 하자담보책임기간 및 담보방법

해설

계약서 기재내용(건설업법 시행령)
① 공사내용(규모, 도급금액)
② 공사착수시기, 완공시기(물가변동에 대한 도급액 변경)
③ 도급액 지불방법, 지불시기
④ 인도, 검사 및 인도시기
⑤ 설계변경, 공사중지의 경우 도급액 변경, 손해부담에 대한 사항

KEY 2020년 9월 27일(문제 79번) 출제

63 토공기계 중 흙의 적재, 운반, 정지의 기능을 가지고 있는 장비로써 일반적으로 중거리 정지공사에 많이 사용되는 장비는?

① 파워셔블
② 캐리올 스크레이퍼
③ 앵글 도저
④ 탬퍼

해설

캐리올 스크레이퍼의 특징
① 흙을 깎으면서 동시에 기체 내에 담아 운반하고 깔기를 겸한다.
② 1.5[km]까지의 작업범위를 가진 중장거리, 운반, 배토용 기계로 능률이 좋다.
③ 작업순서 : 굴착-싣기-운반-사출-고르기-다지기

KEY ① 2008년 5월 11일(문제 78번) 출제
② 2011년 10월 2일(문제 77번) 출제

64 알루미늄 거푸집에 관한 설명으로 옳지 않은 것은?

① 경량으로 설치시간이 단축된다.
② 이음매(Joint)감소로 견출작업이 감소된다.
③ 주요 시공 부위는 내부벽체, 슬래브, 계단실 벽체이며, 슬래브 필러 시스템이 있어서 해체가 간편하다.
④ 녹이 슬지 않는 장점이 있으나 전용횟수가 매우 적다.

해설

알루미늄 거푸집의 특징
① 패널과 패널간 연결부위의 품질이 우수하다.
② 기존 재래식 공법과 비교하여 건축폐기물을 억제하는 효과가 있다.
③ 패널의 무게를 경량화하여 안전하게 작업이 가능하다.
⊙ 1990년부터 우리나라에서 사용

KEY ① 2020년 8월 23일 산업기사(문제 50번) 출제
② 2021년 9월 12일 기사(문제 70번) 출제

65 품질관리(TQC)를 위한 7가지 도구 중에서 불량수, 결점수 등 셀 수 있는 데이타가 분류항목별로 어디에 집중되어 있는가를 알기 쉽도록 나타낸 그림은?

① 히스토그램
② 파레토도
③ 체크 시트
④ 산포도

해설

체크시트
① 계수치의 데이터가 분류항목의 어디에 집중되어 있는가를 알아보기 쉽게 나타냄
② 일명 : 집중도

KEY ① 2016년 3월 6일 기사 출제
② 2016년 5월 8일 기사 출제
③ 2017년 5월 7일 기사 출제
④ 2019년 9월 21일 기사 출제

66 슬래브에서 4변 고정인 경우 철근배근을 가장 많이 하여야 하는 부분은?

① 단변 방향의 주간대
② 단변 방향의 주열대
③ 장변 방향의 주간대
④ 장변 방향의 주열대

해설

슬래브 철근 배근을 많이 하는 순서
단변 주열대 > 단변 주간대 > 장변 주열대 > 장변 주간대

KEY ① 2012년 5월 20일(문제 67번) 출제
② 2016년 10월 1일(문제 61번) 출제

[정답] 62 ② 63 ② 64 ④ 65 ③ 66 ②

67 네트워크 공정표에 사용되는 용어에 관한 설명으로 옳지 않은 것은?

① 크리티컬 패스(critical path) : 개시 결합점에서 종료 결합점에 이르는 가장 긴 경로
② 더미(dummy) : 결합점이 가지는 여유시간
③ 플로트(float) : 작업의 여유시간
④ 디펜던트 플로트(dependent float) : 후속작업의 토탈 프로트에 영향을 주는 플로트

해설

용어와 기호

용어	기호	내용 및 설명
Event	○	작업의 결합점, 개시점 또는 종료점
Activity	→	프로젝트를 구성하는 작업단위
Dummy	┄┄→	가상적 작업(시간이나 작업량 없음)

KEY 2017년 9월 23일(문제 62번) 출제

보충학습
slack : 결합점이 가지는 여유시간

68 콘크리트 부어넣기에서 진동기를 사용하는 가장 큰 목적은?

① 콘크리트 타설의 용이함
② 콘크리트의 응결, 경화 촉진
③ 콘크리트의 밀실화 유지
④ 콘크리트의 재료 분리 촉진

해설

콘크리트 진동다짐의 목적
① 콘크리트를 밀실하게 충진시켜 소요강도, 수밀한 콘크리트를 얻기 위한 것이다.
② 골재분리를 방지할 수 있다.
③ 내구성을 향상시킬 수 있다.

KEY
① 2009년 5월 10일(문제 76번) 출제
② 2015년 9월 19일(문제 78번) 출제

69 기존에 구축된 건축물 가까이에서 건축공사를 실시할 경우 기존 건축물의 지반과 기초를 보강하는 공법은?

① 리버스 서큘레이션 공법
② 언더피닝 공법
③ 슬러리 휠 공법
④ 탑다운 공법

해설

언더피닝(Under pinning)공법
(1) 인접한 건물 또는 구조물의 침하방지를 목적으로 하는 지반보강 방법의 총칭
(2) 언더피닝공법 종류
  ① 2중 널말뚝 공법
    흙막이 널말뚝의 외측에 2중으로 말뚝을 박는 공법
  ② 현장타설 콘크리트말뚝 공법
    인접 건물의 기초에 현장타설 콘크리트말뚝 설치
  ③ 강제말뚝 공법
    인접건물의 벽, 기둥에 따라 강제말뚝을 설치
  ④ 모르타르 및 약액주입 공법
    사질지반에서 모르타르 등을 주입해서 지반을 고결시키는 공법

KEY
① 2017년 5월 7일 출제
② 2017년 9월 23일(문제 118번) 출제
③ 2018년 4월 28일(문제 76번) 출제
④ 2019년 4월 27일(문제 77번) 출제
⑤ 2021년 9월 12일(문제 61번) 출제

70 지반조사 시 시추주상도 보고서에서 확인사항과 거리가 먼 것은?

① 지층의 확인
② Slime의 두께
③ 지하수위 확인
④ N값의 확인

해설

시추주상도(drill log, boring log : 試錐柱狀圖)
① 지반 조사시 보링을 하여 얻은 지층의 순서, 두께 깊이 및 지반의 종류 등과 표준 관입 시험값(N치)을 그린 단면도
② 시추로 판명된 지질주상도에 시추의 데이터를 기입한 것
③ 시추과정에서 얻어진 각종 수직적인 지질정보, 흙 또는 암석시료의 관찰결과, 시추공의 위치, 표고, 지하수위, 시추작업을 한 시간, 조사자의 이름, 시추장비, 시추유형 등을 기입한 도면
④ 확인사항
  ㉠ 지층의 확인 ㉡ 지하수위 확인
  ㉢ N값의 확인 ㉣ 시료채취
  ㉤ 공법 및 장비선정 ㉥ 잔료량 산정
  ㉦ 토공사의 전체 공사비 산정

KEY 2014년 9월 20일(문제 66번) 출제

[정답] 67 ② 68 ③ 69 ② 70 ②

71
거푸집 공사에 적용되는 슬라이딩폼 공법에 관한 설명으로 옳지 않은 것은?

① 형상 및 치수가 정확하며 시공오차가 작다.
② 마감작업이 동시에 진행되므로 공정이 단순화된다.
③ 1일 5~10[m] 수직시공이 가능하다.
④ 일반적으로 돌출물이 있는 건축물에 많이 적용된다.

해설

슬라이딩폼(Sliding form) 공법
거푸집 높이는 약 1[m]이고 하부가 약간 벌어진 원형 철판 거푸집을 요크(Yoke)로 서서히 끌어올리는 공법으로 Silo 공사 등에 적당
① 공기가 약 1/3 단축된다.
② 소요 경비가 절감된다.
③ 연속적으로 부어넣으므로 일체성을 확보할 수 있다.

KEY ① 2017년 9월 23일 기사 출제
② 2018년 4월 28일 기사 출제
③ 2019년 9월 21일 기사 출제

72
다음은 표준시방서에 따른 기성말뚝 세우기 작업 시 준수사항이다. ( )안에 들어갈 내용으로 옳은 것은?

> 말뚝의 연직도나 경사도는 (A) 이내로 하고, 말뚝박기 후 평면상의 위치가 설계도면의 위치로부터 (B)와 100[mm] 중 큰 값 이상으로 벗어나지 않아야 한다.

① A : 1/50, B : D/4
② A : 1/150, B : D/4
③ A : 1/100, B : D/2
④ A : 1/150, B : D/2

해설

말뚝 세우기
① 시공기계는 말뚝이 소정의 위치에 정확하게 설치될 수 있도록 견고한 지반 위의 정확한 위치에 설치하여야 한다.
② 말뚝을 정확하고도 안전하게 세우기 위해서는 정확한 규준틀을 설치하고 중심선 표시를 용이하게 하여야 하며, 말뚝을 세운 후 검측은 직교하는 2방향으로부터 하여야 한다.
③ 말뚝의 연직도나 경사도는 1/50 이내로 하고, 말뚝박기 후 평면상의 위치가 설계도면의 위치로부터 D/4(D는 말뚝의 바깥 지름)와 100[mm] 중 큰 값 이상으로 벗어나지 않아야 한다.

KEY 2020년 9월 27일(문제 73번) 출제

73
철근 용접이음 방식 중 Cad Welding 이음의 장점이 아닌 것은?

① 실시간 육안검사가 가능하다.
② 기후의 영향이 적고 화재위험이 감소된다.
③ 각종 이형철근에 대한 적용범위가 넓다.
④ 예열 및 냉각이 불필요하고 용접시간이 짧다.

해설

Cad Welding 장단점
① 장점
  ㉮ 기후의 영향이 적고, 화재위험 감소
  ㉯ 예열 및 냉각이 필요 없고, 용접시간이 짧음
  ㉰ 인장 및 압축에 대한 전달내력 확보 용이
  ㉱ 각종 이형철근에 적용범위가 넓음
  ㉲ 철근량(이음길이 감소) 감소 및 콘크리트 타설 용이
② 단점
  ㉮ 육안검사가 불가능
  ㉯ 철근의 규격이 다른 경우 사용불가
  ㉰ X-ray·방사선투과법 등의 특수검사 필요

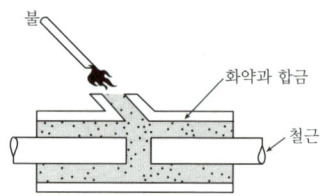

[그림] Cad welding

KEY 2018년 9월 15일(문제 72번) 출제

74
지내력시험을 한 결과 침하곡선이 그림과 같이 항복 상황을 나타내었을 때 이 지반의 단기하중에 대한 허용지내력은 얼마인가?(단, 허용지내력은 m² 당 하중의 단위를 기준으로 함)

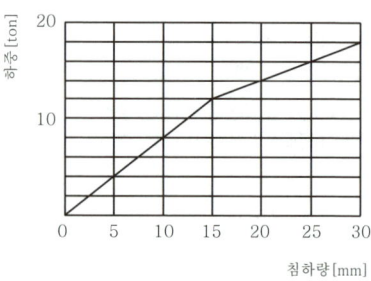

[정답] 71 ④ 72 ① 73 ① 74 ③

① 6[ton/m²]   ② 7[ton/m²]
③ 12[ton/m²] ④ 14[ton/m²]

해설

허용지내력
① 단기하중 : 12[ton/m²]
② 장기하중 : 단기하중 × $\frac{1}{2}$ = 12 × $\frac{1}{2}$ = 6[ton/m²]
③ 허용지내력 : 12[ton/m²]

KEY 2017년 9월 23일(문제 67번) 출제

보충학습

단기 하중에 대한 허용지내력
① 총침하량이 2[cm]에 도달하였을 때
② 침하량이 2[cm] 이하라도 침하목선이 항복상태를 보일 때의 값 중 작은 것을 선택한다.
③ 따라서, 보기의 침하곡선에서는 침하량이 항복상태로 보이는 15[mm]의 값 12[ton/m²]이 단기 하중에 대한 허용지내력이다.

75 석공사 건식공법의 종류가 아닌 것은?

① 앵커긴결공법
② 개량압착공법
③ 강제트러스 지지공법
④ GPC공법

해설

건식돌 붙임공법의 종류 · 특징
① 건식공법의 종류 : 앵글지지공법, 앵글과 Plate 지지공법, Truss System공법 등이 있으며 PC공법으로서 GPC공법 등이 있다.
  ◎ GPC공법 : Granite Veneer Precast Concrete 공법
② 뒷 사춤을 하지 않고 긴결철물을 사용하여 고정하는 방법이다.
③ 앵커철물 혹은 합성수지 접착제(Epoxy 수지)를 이용하여 접착시킨다.
  ◎ 습식공법 접착제는 시멘트, 아교, 고무풀, 합성수지 등을 사용
④ 구조체의 변형이나 균열의 영향을 받지 않는 곳에 사용된다.
⑤ 동시시공이 가능하며, 시공정밀도가 우수하고, 작업능률이 개선되어 공기단축이 가능하다.

보충학습

개량압착붙임 공법
① 바탕면에 모르타르 나무 흙손바름한 후, 타일 이면과 흙손바름면에 붙임 모르타르를 발라, 눌러 붙여 타일 주변에 모르타르가 빠져나오게 하는 공법이다.
② 압착공법과 다른 점은 타일 이면에도 붙임 모르타르를 붙이므로, 접착성이 좋아진다는 것이다.

76 R.C.D(리버스 서큘레이션 드릴)공법의 특징으로 옳지 않은 것은?

① 드릴파이프 직경보다 큰 호박돌이 있는 경우 굴착이 불가하다.
② 깊은 심도까지 굴착이 가능하다.
③ 시공속도가 빠른 장점이 있다.
④ 수상(해상)작업이 불가하다.

해설

리버스 서큘레이션 공법(Reverse circulation drill : 역순환 공법)
① 점토, 실트층에 적용된다.
② 굴착심도 30~70[m], 직경 0.9~3[m] 정도
③ 지하수위보다 2[m] 이상 물을 채워 정수압(2[t/m²])으로 공벽유지

KEY ① 2017년 5월 7일(문제 78번) 출제
② 2021년 9월 12일(문제 66번) 출제

77 다음과 같이 정상 및 특급공기와 공비가 주어질 경우 비용구배(cost slope)는?

정 상		특 급	
공기	공비	공기	공비
20[일]	120,000[원]	15[일]	180,000[원]

① 9,000[원/일]   ② 12,000[원/일]
③ 15,000[원/일] ④ 18,000[원/일]

해설

비용구배(비용경사)
비용구배는 작업을 1일 단축할 때 추가되는 직접비용을 말한다.

비용구배 = $\frac{특급비용-표준비용}{표준시간-특급시간}$ = $\frac{180,000-120,000}{20-15}$
= 12,000[원/일]

① 특급비용 : 공기를 최대한 단축할 때 비용
② 특급시간 : 공기를 최대한 단축할 수 있는 가능한 시간
③ 표준비용 : 정상적인 소요일수에 대한 공비
④ 표준시간 : 정상적인 소요시간

[정답] 75 ② 76 ④ 77 ②

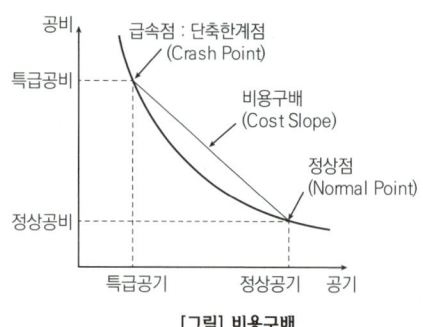

[그림] 비용구배

KEY 2019년 9월 21일 (문제 80번) 출제

78 CIP(Cast In Place Prepacked pile)공법에 관한 설명으로 옳지 않은 것은?

① 주열식 강성체로서 토류벽 역할을 한다.
② 소음 및 진동이 적다.
③ 협소한 장소에는 시공이 불가능하다.
④ 굴착을 깊게 하면 수직도가 떨어진다.

해설

C.I.P(Cast-In-Place Pile)
① 어스오거(Earth auger)로 지중에 구멍을 뚫고, 철근망(H-형강)을 삽입한 다음 모르타르 주입관을 설치하고, 먼저 자갈을 채운 후 주입관을 통하여 모르타르를 주입하여 제자리 말뚝을 형성하는 공법
② 지하수가 없는 곳에 적용
③ 지중에 연속하여 시공하여 주열식 흙막이 벽체를 구성
④ 협소한 장소 시공 가능

KEY 2017년 9월 23일 (문제 68번) 출제

79 제자리 콘크리트 말뚝지정 중 베노토 파일의 특징에 관한 설명으로 옳지 않은 것은?

① 기계가 저가이고 굴착속도가 비교적 빠르다.
② 케이싱을 지반에 압입해 가면서 관 내부 토사를 특수한 버킷으로 굴착 배토한다.
③ 말뚝구멍의 굴착 후에는 철근콘크리트말뚝을 제자리치기한다.
④ 여러 지질에 안전하고 정확하게 시공할 수 있다.

해설

Benoto공법(올케이싱공법)
① 해머 그래브로 굴착, 적용지반이 다양하다.
② 굴착하는 전체에 외관(Casing)을 박고 공사하여 공벽 붕괴를 방지한다.
③ 기계가 고가 대형이며, 케이싱 인발시 철근피복파괴가 우려된다.

KEY ① 2013년 9월 28일 (문제 79번) 출제
② 2020년 9월 27일(문제 74번) 출제

80 철골공사의 용접접합에서 플럭스(flux)를 옳게 설명한 것은?

① 용접 시 용접봉의 피복제 역할을 하는 분말상의 재료
② 압연강판의 층 사이에 균열이 생기는 현상
③ 용접작업의 종단부에 임시로 붙이는 보조판
④ 용접부에 생기는 미세한 구멍

해설

플럭스(Flux)
① 철골가공 및 용접에 있어 자동용접의 경우 용접봉의 피복재 역할
② 분말상의 재료

참고 건설안전기사 필기 p.4-90 (합격날개 : 용어정의)

KEY 2018년 9월 15일 (문제 63번) 출제

5 건설 재료학

81 점토제품 시공 후 발생하는 백화에 관한 설명으로 옳지 않은 것은?

① 타일 등의 시유소성한 제품은 시멘트 중의 경화제가 백화의 주된 요인이 된다.
② 작업성이 나쁠수록 모르타르의 수밀성이 저하되어 투수성이 커지게 되고, 투수성이 커지면 백화 발생이 커지게 된다.
③ 점토제품의 흡수율이 크면 모르타르 중의 함유수를 흡수하여 백화발생을 억제한다.
④ 물시멘트비가 크게 되면 잉여수가 증대되고, 이 잉여수가 증발할 때 가용 성분의 용출을 발생시켜 백화 발생의 원인이 된다.

[정답] 78 ③ 79 ① 80 ① 81 ③

해설

백화현상

(1) 백화발생의 개요
   ① 백화는 시멘트 벽돌, 타일, 석재, 콘크리트 등의 표면에 생기는 흰색 수산화칼슘 결정체를 말한다.
   ② 백화현상은 시멘트 중의 수산화칼슘이 공기 중의 탄산가스와 반응하여 생성되며, 마감면을 훼손하는 하자이다.
   ③ 화학식 : $CaO + H_2O \rightarrow Ca(OH)_2 + CO_2 \rightarrow CaCO_3 + H_2O$

(2) 백화현상의 방지대책
   ① 잘 구워진 벽돌(소성이 잘된 벽돌)을 사용한다.
   ② 줄눈의 방수처리 철저, 예방이 중요하다.
   ③ 조립률이 큰 모래, 분말도가 큰 시멘트를 사용한다.
   ④ 차양, 루버, 돌림띠 등 비막이를 설치한다.
   ⑤ 표면에 파라핀 도료나 실리콘 뿜칠하여 수산화 칼슘 유출을 방지한다.
   ⑥ 우중시공을 철저히 금지시킨다.

KEY 2016년 10월 1일 (문제 81번) 출제

---

82 다음 중 열경화성 수지에 속하지 않는 것은?

① 멜라민 수지 ② 요소 수지
③ 폴리에틸렌 수지 ④ 에폭시 수지

해설

열경화성수지의 종류
① 페놀수지 ② 요소수지
③ 멜라민수지 ④ 알키드수지
⑤ 폴리에스테르수지 ⑥ 우레탄수지
⑦ 에폭시수지 ⑧ 실리콘수지
⑨ 푸란수지

KEY ① 2018년 4월 28일 산업기사 출제
② 2018년 9월 15일 산업기사 출제
③ 2019년 9월 21일 기사 출제

---

83 플라스틱 제품 중 비닐 레더(vinyl leather)에 관한 설명으로 옳지 않은 것은?

① 색채, 모양, 무늬 등을 자유롭게 할 수 있다.
② 면포로 된 것은 찢어지지 않고 튼튼하다.
③ 두께는 0.5~1[mm]이고, 길이는 10[m] 두루마리로 만든다.
④ 커튼, 테이블크로스, 방수막으로 사용된다.

해설

비닐 레더
① 색채, 모양, 무늬 등을 자유롭게 할 수 있다.
② 면포로 된 것은 찢어지지 않고 튼튼하다.
③ 두께는 0.5~1[mm]이고, 길이는 10[m] 두루마리로 만든다.

KEY 2017년 9월 23일 (문제 85번) 출제

보충학습

비닐레더
① 염화비닐 수지를 사용해서 만든 인조 피혁. 면포(綿布), 마포(麻布)를 바탕천으로 하여 염화비닐을 도장한 것
② 바탕천에 프린트하여 무늬를 나타낸 것도 있다.
③ 엠보스기공에 의해 표면에 대소의 요철 무늬를 나타낼 때도 있다.
④ 내열성이 낮고 뜨거워 연화수축(軟化收縮)되는 성질이 있다.

---

84 콘크리트에 사용되는 신축이음(Expansion Joint) 재료에 요구되는 성능 조건이 아닌 것은?

① 콘크리트의 수축에 순응할 수 있는 탄성
② 콘크리트의 팽창에 대한 저항성
③ 우수한 내구성 및 내부식성
④ 콘크리트 이음사이의 충분한 수밀성

해설

신축 이음
기초의 부동침하와 온도, 습도 등의 변화에 따라 신축팽창을 흡수시킬 목적으로 설치하는 줄눈

KEY 2018년 9월 15일 (문제 82번) 출제

---

85 직사각형으로 자른 얇은 나뭇조각을 서로 직각으로 겹쳐지게 배열하고 방수성 수지로 강하게 압축 가공한 보드는?

① O.S.B ② M.D.F
③ 플로어링블록 ④ 시멘트 사이딩

해설

O.S.B(Oriented Strand Board)
① 섬유 방향으로 가늘고 긴 절삭편에 액체 접착제를 첨가하여 배향시킨 층을 서로 직교하여 열압 성형한 보드
② 3층 또는 5층으로 구성

출처 건축학용어사전, 세화출판사

[정답] 82 ③ 83 ④ 84 ② 85 ①

KEY 2021년 9월 12일(문제 88번) 출제

86. 경질우레탄폼 단열재에 관한 설명 중 옳지 않은 것은?

① 규격은 한국산업표준(KS)에 규정되어 있다.
② 공사현장에서 발포시공이 가능하다.
③ 사용시간이 경과함에 따라 부피가 팽창하는 결점이 있다.
④ 초저온 장치용 보냉재로 사용된다.

해설
경질우레탄폼 단열재는 시간이 경과해도 부피가 변하지 않는다.

KEY 2020년 9월 27일(문제 93번) 출제

87. 콘크리트의 탄산화에 관한 설명으로 옳지 않은 것은?

① 탄산가스의 농도, 온도, 습도 등 외부 환경조건도 탄산화 속도에 영향을 준다.
② 물-시멘트비가 클수록 탄산화의 진행속도가 빠르다.
③ 탄산화된 부분은 페놀프탈레인액을 분무해도 착색되지 않는다.
④ 일반적으로 보통 콘크리트가 경량골재 콘크리트보다 탄산화 속도가 빠르다.

해설
중성(탄산)화 방지대책
① 초기에 탄산가스 접촉금지
② 피복두께와 부재단면 증가
③ 습도는 높고, 온도 낮게 유지
④ AE 감수제, 유동화제 사용
⑤ W/C비를 낮출 것, 다짐양생철저
⑥ 경량골재, 혼합시멘트 사용금지

KEY 2019년 9월 21일 기사·산업기사 동시출제

보충학습
경화(硬化)한 콘크리트는 시멘트의 수화생성물로서 수산화칼슘을 함유하여 강알칼리성(pH 12~13)을 나타낸다. 공기 중의 탄산가스(CO_2) 또는 산성비가 콘크리트 중의 수산화칼슘($Ca(OH)_2$)과 화학반응하여 서서히 탄산칼슘($CaCO_3$)이 되면서 콘크리트의 알칼리성을 상실한다. 이와 같은 현상을 '콘크리트 중성화'라고 한다. 탄산화(Carbonation)라고도 한다.
$Ca(OH)_2 + CO_2 \rightarrow CaCO_3 + H_2O [CaCO_3 \uparrow \Rightarrow 중성화 \uparrow]$

88. 돌로마이트에 화강석 부스러기, 색모래, 안료 등을 섞어 정벌바름하고 충분히 굳지 않은 때에 표면에 거친솔, 얼레빗 같은 것으로 긁어 거친 면으로 마무리한 것은?

① 리신바름   ② 라프코트
③ 섬유벽바름   ④ 회반죽바름

해설
바름의 특징
① 리신바름 : 돌로마이트에 화강석 부스러기, 색모래, 안료 등을 섞어 정벌바름하고 충분히 굳지 않은 때에 표면을 긁어 거친 면으로 마무리하는 일종의 인조석 바름
② 라프코트(거친 바름, 거친 면 마무리) : 시멘트, 모래, 잔자갈, 안료 등을 섞어 이긴 것을 바탕바름이 마르기 전에 뿌려 붙이거나 또는 바르는 일종의 인조석 바름
③ 섬유벽바름
　㉮ 각종 섬유상의 재료를 접착제로 접합해서 벽에 바른 것
　㉯ 균열의 염려가 적고, 방음, 단열성이 크고 현장작업이 용이
④ 회반죽바름 : 회반죽은 기경성 재료이며 소석회에 모래, 해초풀, 여물 등을 혼합하여 목조바탕, 콘크리트블록 및 벽돌 바탕 등에 이용

KEY 2014년 9월 20일(문제 95번) 출제

89. 골재의 함수상태에 관한 설명으로 옳지 않은 것은?

① 유효흡수량이란 절건상태와 기건상태의 골재내에 함유된 수량의 차를 말한다.
② 함수량이란 습윤상태의 골재의 내외에 함유하는 전체수량을 말한다.
③ 흡수량이란 표면건조 내부포수상태의 골재중에 포함하는 수량을 말한다.
④ 표면수량이란 함수량과 흡수량의 차를 말한다.

해설
골재의 함수량

구분	특징
흡수량	절건상태에서 표면건조내부포수상태에 포함되는 물의 량
흡수율	절건상태의 골재중량에 대한 흡수량의 백분율
유효 흡수량	표면건조내부포수상태 - 기건상태
함수량	습윤상태의 골재의 내외에 함유하는 전수량
표면수량	함수량과 흡수량과의 차

[정답] 86 ③ 87 ④ 88 ① 89 ①

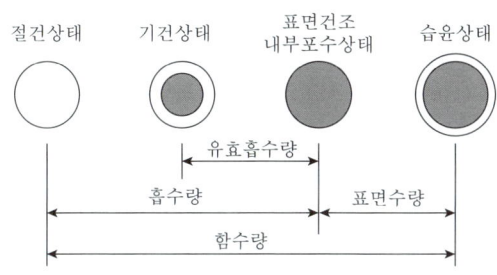

[그림] 골재의 함수상태

KEY ▶ 2016년 10월 1일(문제 86번) 출제

90 금속재료의 녹막이를 위하여 사용하는 바탕칠 도료는?

① 알루미늄페인트 ② 광명단
③ 에나멜페인트   ④ 실리콘페인트

해설

방청도료(녹막이칠)의 종류
① 연단(광명단)칠 : 보일드유를 유성 Paint에 녹인 것. 철재에 사용
② 방청·산화철 도료 : 오일스테인이나 합성수지+산화철, 아연분말 등이 원료이고 널리 사용, 내구성 우수, 정벌칠에도 사용
③ 알루미늄 도료 : 방청 효과, 열반사 효과, 알루미늄 분말이 안료
④ 역청질 도료 : 역청질 원료+건성유, 수지유 첨가, 일시적 방청효과 기대
⑤ 징크로메이트 칠 : 크롬산아연+알키드수지, 알루미늄, 아연철판 녹막이칠
⑥ 규산염 도료 : 규산염+아마인유. 내화도료로 사용
⑦ 연시아나이드 도료 : 녹막이 효과, 주철제품의 녹막이칠에 사용
⑧ 이온교환수지 : 전자제품, 철제면 녹막이 도료
⑨ 그라파이트 칠 : 녹막이칠의 정벌칠에 사용

KEY ▶ 2018년 9월 15(문제 90번) 출제

91 목재 건조 시 생재를 수중에 일정기간 침수시키는 주된 이유는?

① 재질을 연하게 만들어 가공하기 쉽게 하기 위하여
② 목재의 내화도를 높이기 위하여
③ 강도를 크게 하기 위하여
④ 건조기간을 단축시키기 위하여

해설

목재 건조 시 생재를 수중에 침수하는 이유
① 침수건조법
② 목재를 물에 침수하여 수액을 뺀 후 대기에서 건조
③ 목적은 건조기간을 단축

KEY ▶ ① 2012년 5월 20일(문제 81번) 출제
② 2020년 9월 27일(문제 87번) 출제

92 비스페놀과 에피클로로히드린의 반응으로 얻어지며 주제와 경화제로 이루어진 2성분계의 접착제로서 금속, 플라스틱, 도자기, 유리 및 콘크리트 등의 접합에 널리 사용되는 접착제는?

① 실리콘수지 접착제   ② 에폭시 접착제
③ 비닐수지 접착제   ④ 아크릴수지 접착제

해설

에폭시수지 접착제
① 내수성, 내습성, 내약품성, 전기절연성이 우수, 접착력이 강하다.
② 피막이 단단하고 유연성 부족, 값이 비싸다.
③ 금속, 항공기 접착에도 쓰인다.

KEY ▶ ① 2016년 5월 8일 출제
② 2017년 3월 5일 출제
③ 2018년 3월 4일 출제
④ 2019년 9월 21일 출제
⑤ 2020년 8월 22일(문제 92번) 출제
⑥ 2021년 9월 12일(문제 85번) 출제

93 미장재료 중 고온소성의 무수석고를 특별한 화학처리를 한 것으로 킨즈시멘트라고도 불리는 것은?

① 경석고 플라스터
② 혼합석고 플라스터
③ 보드용 플라스터
④ 돌로마이트 플라스터

해설

keen's(킨즈)시멘트
① 무수석고를 화학처리하여 만든 것으로 경화한 후 매우 단단하다.
② 강도가 크다.
③ 경화가 빠르다.
④ 경화 시 팽창한다.
⑤ 산성으로 철류를 녹슬게 한다.
⑥ 수축이 매우 작다.
⑦ 표면강도가 크고 광택이 있다.

KEY ▶ ① 2016년 5월 8일 출제
② 2017년 3월 5일 출제
③ 2017년 9월 23일 기사·산업기사 동시 출제

[정답] 90 ② 91 ④ 92 ② 93 ①

과년도 출제문제

94 바닥용으로 사용되는 모자이크 타일의 재질로서 가장 적당한 것은?

① 도기질　　② 자기질
③ 석기질　　④ 토기질

[해설]

모자이크 타일
① 모자이크 타일은 1.8[cm]각, 4[cm]각이 많은데 바닥용이 주이므로 자기질이고 색은 여러 가지이다.
② 내외벽용으로도 쓰인다.
③ 모자이크 타일 중에서 11[mm]의 정도의 것을 아크모자이크 또는 라스모자이크라고도 한다.
④ 모양이나 그림을 표현할 수도 있다.

KEY ▶ 2018년 9월 15일(문제 87번) 출제

---

95 부재 두께의 증가에 따른 강도저하, 용접성 확보 등에 대응하기 위해 열간압연 시 냉각조건을 조절하여 냉각속도에 의해 강도를 상승시킨 구조용 특수강재는?

① 일반구조용 압연강재　② 용접구조용 압연강재
③ TMC 강재　　　　　　④ 내후성 강재

[해설]

TMC(TMCP : Thermo Mechanical Controlled Process)강재
① TMCP강재는 일반 용접구조용 압연강재보다 합금원소를 첨가한 것으로 용접성이 우수하고 강도가 50[kg/mm²]로 높다.
② SM490TMC와 SM520TMC 등 두 종류가 있다.
　예) 포스코가 개발하였으며 인천공항철골역사, 영종대교철제난간 등

KEY ▶ 2020년 9월 27일(문제 82번) 출제

---

96 중용열 포틀랜드시멘트에 관한 설명으로 옳지 않은 것은?

① C_3S나 C_3A가 적고, 장기강도를 지배하는 C_2S를 많이 함유한 시멘트이다.
② 내황산열성이 적기 때문에 댐공사에는 사용이 불가능하다.
③ 수화속도를 지연시켜 수화열을 작게 한 시멘트이다.
④ 건조수축이 작고 건축용 매스콘크리트에 사용된다.

[해설]

중용열 포틀랜드시멘트(저열시멘트)
① 초기강도 발현은 늦으나 장기강도는 보통시멘트보다 같거나 크다.
② 시멘트의 발열량이 작다.(수화열이 작다.)
③ 건조수축이 작고 화학저항성이 크다.
④ 큰 단면 공사에 유리하다.
⑤ 안정성이 높다.
⑥ 방사선차폐용 콘크리트, 건축용 매스콘크리트, 댐공사, 대형단면 등에 사용된다.

KEY ▶ ① 2017년 3월 5일 산업기사 출제
　　　　② 2017년 9월 23일 기사 출제

---

97 비철금속 중 아연에 대한 설명으로 옳지 않은 것은?

① 건조한 공기 중에서는 거의 산화되지 않는다.
② 묽은 산류에 쉽게 용해된다.
③ 주용도는 철판의 아연도금이다.
④ 불순물인 철(Fe)·카드뮴(Cd)·주석(Sn) 등을 소량 함유하게 되면 광택이 매우 우수해진다.

[해설]

아연(Zn)의 성질
① 연성 및 내식성이 양호하다.
② 공기 중에서 거의 산화되지 않는다.
③ 습기 및 이산화탄소가 있을 때에는 표면에 탄산염이 생긴다.
④ 철강의 방식용 피복재로 사용된다.

KEY ▶ 2013년 9월 28일(문제 86번) 출제

---

98 각 창호철물에 관한 설명으로 옳지 않은 것은?

① 피벗 힌지(pivot hinge) : 경첩대신 축을 사용하여 여닫이문을 회전시킨다.
② 나이트 래치(night latch) : 외부에서는 열쇠, 내부에서는 작은 손잡이를 틀어 열 수 있는 실린더장치로 된 것이다.
③ 크레센트(crescent) : 여닫이문의 상하단에 붙여 경첩과 같은 역할을 한다.
④ 레버터리 힌지(lavatory hinge) : 스프링힌지의 일종으로 공중용 화장실 등에 사용된다.

[정답] 94 ②　95 ③　96 ②　97 ④　98 ③

해설

크레센트(crescent)
① 올리고 내리는 창이나 미서기창의 잠금장치
② 자물쇠

[그림] 크레센트

KEY ① 2016년 10월 1일(문제 84번) 출제
② 2019년 9월 21일(문제 87번) 출제

99
건축재료의 성질을 물리적 성질과 역학적 성질로 구분할 때 물체의 운동에 관한 성질인 역학적 성질에 속하지 않는 항목은?

① 비중
② 탄성
③ 강성
④ 소성

해설

건축재료의 성질
① 물리적 성질 : 비중
② 역학적 성질 : 탄성, 소성, 강성

KEY 2021년 9월 12일(문제 81번) 출제

100
건축용 코킹재의 일반적인 특징에 관한 설명으로 옳지 않은 것은?

① 수축률이 크다.
② 내부의 점성이 지속된다.
③ 내산·내알칼리성이 있다.
④ 각종 재료에 접착이 잘 된다.

해설

건축용 코킹재의 특징
① 수축률이 적다.
② 내부의 점성이 지속된다.
③ 내산·내알칼리성이 있다.
④ 각종 재료에 접착이 잘 된다.

KEY 2015년 9월 19(문제 96번) 출제

6 건설안전기술

101
건설현장에서 사용되는 작업발판 일체형 거푸집의 종류에 해당되지 않는 것은?

① 갱폼(gang form)
② 슬립폼(slip form)
③ 클라이밍폼(climbing form)
④ 테이블폼(table form)

해설

작업발판 일체형 거푸집의 종류
① 갱폼(gang form)
② 슬립폼(slip form)
③ 클라이밍폼(climbing form)
④ 터널라이닝폼(tunnel lining form)
⑤ 그 밖에 거푸집과 작업발판이 일체로 제작된 거푸집 등

KEY 2017년 9월 23일(문제 106번) 출제

정보제공

산업안전보건기준에 관한 규칙 제331조의3(작업발판 일체형 거푸집의 안전조치)

102
물이 결빙되는 위치로 지속적으로 유입되는 조건에서 온도가 하강함에 따라 토중수가 얼어 생성된 결빙크기가 계속 커져 지표면이 부풀어 오르는 현상은?

① 압밀침하(consolidation settlement)
② 연화(frost boil)
③ 동상(frost heave)
④ 지반경화(hardening)

해설

동상현상
① 물이 결빙되는 위치로 지속적으로 유입되는 조건에서 온도가 하강함에 따라 토중수가 얼어 생성
② 결빙크기가 계속 커져 지표면이 부풀어오르는 현상

KEY 2016년 10월 1일(문제 103번) 출제

[정답] 99 ① 100 ① 101 ④ 102 ③

103 공사용 가설도로를 설치하는 경우 준수해야 할 사항으로 옳지 않은 것은?

① 도로는 장비와 차량이 안전하게 운행할 수 있도록 견고하게 설치한다.
② 도로는 배수에 관계없이 평탄하게 설치한다.
③ 도로와 작업장이 접하여 있을 경우에는 방책 등을 설치한다.
④ 차량의 속도제한 표지를 부착한다.

해설

배수시설 설치
① 도로는 배수를 위하여 경사지게 설치
② 배수시설을 설치할 것

KEY ① 2010년 3월 7일(문제103번) 출제
② 2019년 9월 21일(문제 102번) 출제

합격정보
산업안전보건기준에 관한 규칙 제379조(가설도로)

104 비계설치시 벽이음을 하는 가장 중요한 이유는?

① 비계설치의 작업성을 높이기 위하여
② 비계 점검 및 보수의 편의를 위하여
③ 비계의 도괴방지와 좌굴을 방지하기 위하여
④ 비계 작업발판의 설치를 위하여

해설

비계설치시 벽이음역할 기능
① 비계 전체 좌굴을 방지한다.(**KEY** 무너짐방지, 좌굴방지)
② 위험방지판, 네트 프레임(net frame) 등에 의한 편심하중을 지탱하여 도괴를 방지한다.
③ 풍하중에 의한 무너짐을 방지한다.

KEY 2014년 9월 20일(문제 116번) 출제

105 다음은 산업안전보건법령에 따른 투하설비 설치에 관련된 사항이다. (   )안에 들어갈 내용으로 옳은 것은?

> 사업주는 높이가 (   )미터 이상인 장소로부터 물체를 투하하는 때에는 적당한 투하설비를 설치하거나 감시인을 배치하는 등 위험방지를 위하여 필요한 조치를 하여야 한다.

① 1   ② 2
③ 3   ④ 4

해설

투하설비 설치
① 높이 3[m] 이상인 장소
② 감시인 배치

KEY 2021년 9월 12일(문제 111번) 출제

합격정보
산업안전보건기준에 관한 규칙 제15조(투하설비등)

106 콘크리트 타설시 거푸집이 받는 측압에 관한 설명으로 옳지 않은 것은?

① 대기의 온도가 높을수록 크다.
② 슬럼프(slunp)가 클수록 크다.
③ 타설속도가 빠를수록 크다.
④ 거푸집의 강성이 클수록 크다.

해설

측압에 영향을 주는 요인(측압이 큰 경우)
① 거푸집 부재 단면이 클수록
② 거푸집 수밀성이 클수록
③ 거푸집 강성이 클수록
④ 거푸집 표면이 평활할수록
⑤ 시공연도(workability)가 좋을수록
⑥ 철골 또는 철근량이 적을수록
⑦ 외기온도가 낮을수록
⑧ 타설속도가 빠를수록
⑨ 다짐이 좋을수록
⑩ 슬럼프가 클수록
⑪ 콘크리트 비중이 클수록
⑫ 조강시멘트 등 응결시간이 빠른 것을 사용할수록

[정답] 103 ②   104 ③   105 ③   106 ①

KEY ① 2016년 5월 8일(문제 119번) 출제
② 2016년 10월 1일(문제 102번) 출제
③ 2017년 5월 7일 산업기사 출제
④ 2018년 8월 19일 기사·산업기사 동시 출제
⑤ 2018년 9월 15일(문제 115번) 출제

해설

타격횟수에 따른 지반 밀도

N값	모래지반 상대 밀도
0~4	몹시느슨
4~10	느슨
10~30	보통
30~50	조밀
50 이상	대단히 조밀

N값	점토지반 접착력
0~2	몹시느슨
2~4	느슨
4~8	보통
8~15	조밀
15~30	매우 강한 점착력
30 이상	견고(경질)

참고 건설안전기사 필기 p.6-7(합격날개 : 합격예측)

KEY 2020년 9월 27일(문제 104번) 출제

---

107 굴착작업을 하는 경우 근로자의 위험을 방지하기 위하여 작업장의 지형·지반 및 지층상태 등에 대하여 실시하여야 하는 사전조사의 내용으로 옳지 않은 것은?

① 형상·지질 및 지층의 상태
② 균열·함수(含水)·용수 및 동결의 유무 또는 상태
③ 지상의 배수 상태
④ 매설물 등의 유무 또는 상태

해설

굴착작업시 사전조사 내용
① 형상·지질 및 지층의 상태
② 균열·함수(含水)·용수 및 동결의 유무 또는 상태
③ 매설물 등의 유무 또는 상태
④ 지반의 지하수위 상태

KEY ① 2018년 3월 4일 산업기사 출제
② 2019년 9월 21일 기사 출제

합격정보
산업안전보건기준에 관한 규칙 [별표 4] 사전조사 및 작업계획서 내용

---

108 표준관입시험에 관한 설명으로 옳지 않은 것은?

① N치(N-value)는 지반을 30[cm] 굴진하는데 필요한 타격횟수를 의미한다.
② N치가 4~10일 경우 모래의 상대밀도는 매우 단단한 편이다.
③ 63.5[kg] 무게의 추를 76[cm] 높이에서 자유낙하하여 타격하는 시험이다.
④ 사질지반에 적용하며, 점토지반에서는 편차가 커서 신뢰성이 떨어진다.

---

109 중량물 운반시 크레인에 매달아 올릴 수 있는 최대 하중으로부터 달아올리기 기구의 중량에 상당하는 하중을 제외한 하중을 무엇이라 하는가?

① 정격하중
② 적재하중
③ 임계하중
④ 작업하중

해설

정격(규정)하중
중량물 운반시 크레인에 매달아 올릴 수 있는 최대 하중으로부터 달아올리기 기구의 중량에 상당하는 하중을 제외한 하중

KEY 2015년 9월 19일(문제 104번) 출제

보충학습
건설기계안전기준에 관한 규칙 제96조(타워크레인의 정격하중 등)
① "타워크레인의 정격하중"이란 타워크레인이 권상하중에 훅, 그래브 또는 버킷 등 달기기구의 하중을 뺀 하중을 말한다.
② "권상하중"이란 타워크레인이 지브의 길이 및 경사각에 따라 들어 올릴 수 있는 최대의 하중을 말한다.
③ "주행"이란 주행식 타워크레인이 레일을 따라 이동하는 것을 말한다.
④ "횡행"이란 대차(trolley) 및 달기기구가 지브를 따라 이동하는 것을 말한다.
⑤ "자립고"란 보조적인 지지·고정 등의 수단 없이 설치된 타워크레인의 마스트 최하단부에서부터 마스트 최상단부까지의 높이를 말한다.

[정답] 107 ③ 108 ② 109 ①

과년도 출제문제

110 터널공사 시 자동경보장치가 설치된 경우에 이 자동경보장치에 대하여 당일 작업시작 전 점검하고 이상을 발견하면 즉시 보수하여야 하는 사항이 아닌 것은?

① 계기의 이상 유무
② 검지부의 이상 유무
③ 경보장치의 작동 상태
④ 환기 또는 조명시설의 이상 유무

해설

터널건설작업시 자동경보장치 당일 작업시작전 점검사항 3가지
① 계기의 이상유무
② 검지부의 이상 유무
③ 경보장치의 작동상태

KEY 2020년 8월 22일(문제 102번) 출제

정보제공
산업안전보건기준에 관한 규칙 제350조(인화성가스의 농도측정 등)

111 안전대의 종류는 사용구분에 따라 벨트식과 안전그네식으로 구분되는데 이 중 안전그네식에만 적용하는 것은?

① 추락방지대, 안전블록
② 1개 걸이용, U자 걸이용
③ 1개 걸이용, 추락방지대
④ U자 걸이용, 안전블록

해설

안전대의 종류 4가지

종류	사용구분	비고
벨트식 안전그네식	1개 걸이용	공용
	U자 걸이용	
안전그네식	추락방지대	
	안전블록	

KEY 2016년 10월 1일(문제 119번) 출제

112 옥외에 설치되어 있는 주행크레인에 대하여 이탈방지장치를 작동시키는 등 그 이탈을 방지하기 위한 조치를 하여야 하는 순간풍속에 대한 기준으로 옳은 것은?

① 순간풍속이 초당 10[m]를 초과하는 바람이 불어 올 우려가 있는 경우
② 순간풍속이 초당 20[m]를 초과하는 바람이 불어 올 우려가 있는 경우
③ 순간풍속이 초당 30[m]를 초과하는 바람이 불어 올 우려가 있는 경우
④ 순간풍속이 초당 40[m]를 초과하는 바람이 불어 올 우려가 있는 경우

해설

옥외 주행크레인 이탈방지조치 풍속기준 : 30 [m/sec]

KEY 2018년 9월 15일(문제 108번) 출제

정보제공
산업안전보건기준에 관한 규칙 제140조(폭풍에 의한 이탈 방지)

113 건설재해대책의 사면보호공법 중 식물을 생육시켜 그 뿌리로 사면의 표층토를 고정하여 빗물에 의한 침식, 동상, 이완 등을 방지하고, 녹화에 의한 경관조성을 목적으로 시공하는 것은?

① 식생공
② 쉴드공
③ 뿜어 붙이기공
④ 블럭공

해설

식생공법의 종류

구분	방법
떼붙임공	떼를 일정한 간격으로 심어서 비탈면을 보호하는 공법(평떼, 줄떼)
식생공	법면에 식물을 번식시켜 법면의 침식과 표면활동 방지
식수공	떼붙임공, 식생공으로 부족할 경우 나무를 심어서 사면보호
파종공	종자, 비료, 안정제, 흙 등을 혼합하여 입력으로 비탈면에 뿜어 붙이는 공법

KEY ① 2016년 3월 6일(문제 114번) 출제
② 2018년 8월 19일(문제 105번) 출제
③ 2020년 9월 27일(문제 101번) 출제

[정답] 110 ④ 111 ① 112 ③ 113 ①

114 터널지보공을 설치할 때 수시로 점검하고 이상을 발견한 때에는 즉시 보강하거나 보수해야 할 사항이 아닌 것은?

① 부재의 긴압 정도
② 기둥침하의 유무 및 상태
③ 부재의 접속부 및 교차부 상태
④ 부재의 제조사 확인

해설

터널지보공 수시 점검사항
① 부재의 손상·변형·부식·변위 탈락의 유무 및 상태
② 부재의 긴압 정도
③ 부재의 접속부 및 교차부의 상태
④ 기둥침하의 유무 및 상태

KEY 2013년 9월 28일(문제 112번) 출제

합격자의 조언
실기 필답형과 작업형에도 단골 출제되는 문제입니다.

115 근로자의 위험방지를 위해 철골작업을 중지하여야 하는 기준으로 옳은 것은?

① 풍속이 초당 1[m] 이상인 경우
② 강우량이 시간당 0.01[cm] 이상인 경우
③ 강설량이 시간당 1[cm] 이상인 경우
④ 10[분]간 평균풍속이 초당 5[m] 이상인 경우

해설

철골작업 시 기후에 의한 작업중지사항 3가지
① 풍속 : 10[m/sec] 이상
② 강우량 : 1[mm/hr] 이상
③ 강설량 : 1[cm/hr] 이상

KEY ① 2017년 9월 23일 산업기사 출제
② 2018년 9월 15일 기사 출제

정보제공
산업안전보건기준에 관한 규칙 제383조(작업의 제한)

116 구축하고자 하는 지하구조물이 인접구조물보다 깊은 위치에 근접하여 건설할 경우에 주변지반과 인접건축물 기초의 침하에 대한 우려 때문에 실시하는 기초보강공법은?

① H말뚝 토류판공법
② S.C.W공법
③ 지하연속벽공법
④ 언더피닝공법

해설

언더피닝공법
① 인접된 기존 건물의 기초부분을 신설, 개축, 보강하는 공법이다.
② 인접된 구조물의 기초부분을 영구적으로 하며, 기존 구조물은 기능을 유지하는 방법
③ 지지공(shoring) : 일시적 지지이며 언더피닝이 완성되면 제거한다.
④ 언더피닝은 영구 지지이며 실시 이유는 다음과 같다.
 ㉮ 불충분한 기초 침하 방지(기존 기초의 지지력 부족)
 ㉯ 인접건설공사의 지지 설비를 위하여(기존 기초, 기초 저면 이하 굴착)
 ㉰ 기존 구조물 아래 다른 구조물 신설 시
 ㉱ 증가한 하중을 부담할 수 있는 기초를 만들기 위하여(지지력 부족)

KEY ① 2016년 10월 1일 산업기사 출제
② 2017년 9월 23일 기사 출제

117 위험성평가에 활용하는 안전보건정보에 해당되지 않는 것은?

① 사업장 근로자수와 금년 퇴직자수
② 작업표준, 작업절차 등에 관한 정보
③ 기계·기구, 설비 등의 사양서
④ 물질안전보건자료(MSDS)

해설

위험성평가에 활용되는 안전정보
① 작업표준, 작업절차 등에 관한 정보
② 기계·기구, 설비 등의 사양서, 물질안전보건자료(MSDS) 등의 유해·위험요인에 관한 정보
③ 기계·기구, 설비 등의 공정 흐름과 작업 주변의 환경에 관한 정보
④ 같은 장소에서 사업의 일부 또는 전부를 도급을 주어 행하는 작업이 있는 경우 혼재 작업의 위험성 및 작업 상황 등에 관한 정보
⑤ 재해사례, 재해통계 등에 관한 정보
⑥ 작업환경측정결과, 근로자 건강진단결과에 관한 정보
⑦ 그 밖에 위험성평가에 참고가 되는 자료 등

KEY 2016년 10월 1일(문제 113번) 출제

[정답] 114 ④ 115 ③ 116 ④ 117 ①

과년도 출제문제

118 토질시험 중 액체 상태의 흙이 건조되어가면서 액성, 소성, 반고체, 고체 상태의 경계선과 관련된 시험의 명칭은?

① 아터버그 한계시험 ② 압밀시험
③ 삼축압축시험 ④ 투수시험

해설

아터버그한계 (─限界, Atterberg limit)
① 토양의 수분함량이 달라지면 외력에 의한 유동·변형에 대한 저항성 즉 결지성이 달라진다.
② 수분상태에 의한 결지성 형태의 전이점은 수분함량으로 결정한다.
③ 이를 연구한 Albert Atterberg의 이름을 따서 아터버그한계 혹은 결지성한계(consistence limit)라고 한다.

마른 토양 "단단함"	축축한 토양 "부스러짐"	젖은 토양 "소성"	포화 토양 "액성"	과포화 토양 "현탁성"
수축한계	소성한계	액성한계	점진적인 전이	

[그림] 토양의 아터버그 한계

KEY
① 2016년 6월 8일 출제
② 2017년 3월 5일 산업기사 출제
③ 2018년 3월 4일 산업기사 출제
④ 2019년 9월 21일 기사 출제

119 비계의 높이가 2[m] 이상인 작업장소에 설치하는 작업발판의 설치기준으로 옳지 않은 것은?(단, 달비계, 달대비계 및 말비계는 제외)

① 작업발판의 폭은 40[cm] 이상으로 한다.
② 작업발판재료는 뒤집히거나 떨어지지 않도록 하나 이상의 지지물에 연결하거나 고정시킨다.
③ 발판재료 간의 틈은 3[cm] 이하로 한다.
④ 작업발판의 지지물은 하중에 의하여 파괴될 우려가 없는 것을 사용한다.

해설

지지물 개수 : 둘 이상

KEY
① 2017년 8월 24일 기사·산업기사 동시 출제
② 2018년 4월 28일 출제
③ 2019년 4월 27일(문제 119번) 출제
④ 2020년 9월 27일(문제 112번) 출제

정보제공
산업안전보건기준에 관한 규칙 제56조(작업발판의 구조)

120 크레인의 와이어로프가 감기면서 붐 상단까지 후크가 따라 올라올 때 더 이상 감기지 않도록 하여 크레인 작동을 자동으로 정지시키는 안전장치로 옳은 것은?

① 권과방지장치 ② 후크해지장치
③ 과부하방지장치 ④ 속도조절기

해설

크레인의 방호장치

종류	용도
권과방지 장치	양중기의 권상용 와이어로프 또는 지브등의 붐 권상용 와이어로프의 권과 방지 ㉠ 나사형 제동개폐기 ㉡ 롤러형 제동개폐기 ㉢ 캠형 제동개폐기
과부하 방지 장치	정격하중 이상의 하중 부하시 자동으로 상승정지되면서 경보음이나 경보등 발생
비상 정지장치	돌발사태 발생시 안전유지 위한 전원차단 및 크레인 급정지시키는 장치
제동 장치	운동체와 정지체의 기계적접촉에 의해 운동체를 감속하거나 정지 상태로 유지하는 기능을 하는 장치
기타 방호 장치	① 해지장치 ② 스토퍼(Stopper) ③ 이탈방지장치 ④ 안전밸브 등

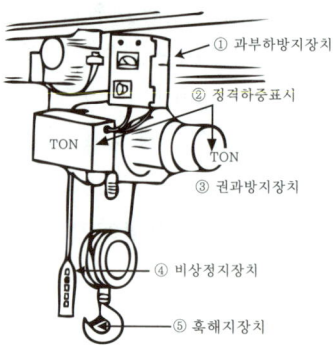

[그림] 크레인의 방호장치

KEY
① 2018년 8월 19일 출제
② 2019년 3월 7일(문제 118번) 출제
③ 2021년 9월 12일(문제 103번) 출제

[정답] 118 ① 119 ② 120 ①

건설안전기사 필기

2024년 02월 15일 CBT시행 **제1회**

2024년 05월 09일 CBT시행 **제2회**

2024년 07월 05일 CBT시행 **제3회**

2024년도 기사 정기검정 제1회 (2024년 2월 15일 시행)

자격종목 및 등급(선택분야)
건설안전기사

종목코드	시험시간	수험번호	성명
1440	3시간	20240215	도서출판세화

※ 본 문제는 복원문제 및 2026 예적(예상적중) 문제로 실제문제와 동일하지 않을 수 있습니다.

1 산업안전관리론

01 안전관리에 있어 5C 운동(안전행동 실천운동)에 속하지 않는 것은?

① 통제관리(Control)
② 청소청결(Cleaning)
③ 정리정돈(Clearance)
④ 전심전력(Concentration)

해설
5C(안전행동 실천) 운동
① Correctness(복장단정)
② Cleaning(청소청결)
③ Clearance(정리정돈)
④ Checking(점검확인)
⑤ Concentration(전심전력)

KEY
① 2010년 9월 5일 기사 출제
② 2018년 3월 4일 기사 출제
③ 2018년 9월 15일 기사 출제
④ 2021년 3월 7일(문제 1번) 출제

합격자의 조언
① 실기 필답형에도 출제된 문제입니다. 실기도 준비하세요.
② 5S : 생산관리 중심
③ 5C : 안전관리 중심

02 다음 설명에 해당하는 법칙은?

어떤 공장에서 330회의 전도 사고가 일어났을 때, 그 가운데 300회는 무상해 사고, 29회는 경상, 중상 또는 사망은 1회의 비율로 사고가 발생한다.

① 버드 법칙
② 하인리히 법칙
③ 더글라스 법칙
④ 자베타키스 법칙

해설
하인리히 1:29:300의 법칙
① 재해의 발생 = 물적 불안전 상태 + 인적 불안전 행동 + α = 설비적 결함 + 관리적 결함 + α
$$\alpha = \frac{1}{1+29+300} = \frac{1}{330}$$
② 숨은 위험한 요인(잠재된 위험의 상태)
③ 재해건수 = 1 + 29 + 300 = 330[건]

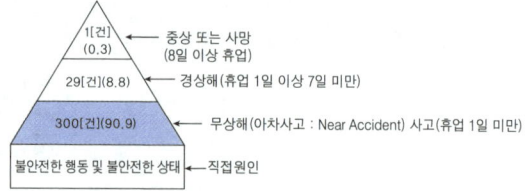

[그림] 하인리히 법칙[단위 : %]

KEY
① 2016년 10월 1일 기사 출제
② 2017년 8월 26일 기사 출제
③ 2017년 9월 23일 산업기사 출제
④ 2018년 3월 4일 기사 출제
⑤ 2019년 9월 21일 기사 출제
⑥ 2023년 9월 2일(문제 1번) 출제

합격정보
1931년 "산업재해예방(Industrial Accident Prevention)"에 제시

03 다음 설명에 가장 적합한 조직의 형태는?

- 과제별로 조직을 구성
- 플랜트, 도시개발 등 특정한 건설 과제를 처리
- 시간적 유한성을 가진 일시적이고 잠정적인 조직

① 스태프(Staff)형 조직
② 라인(Line)식 조직
③ 기능(Functional)식 조직
④ 프로젝트(Project) 조직

[정답] 01 ① 02 ② 03 ④

해설

프로젝트(Project) 조직

(1) 프로젝트 조직의 특징
   ① 경영조직 내부에 프로젝트별로 조직화를 꾀한 조직형태이다.
   ② 원칙적으로 일시적이며, 잠정적인 조직이다.
   ③ 프로젝트 매니저는 라인의 장이며, 프로젝트를 기획·실시하는 권한과 책임을 가지고 있다.
   ④ 직능부문 조직이나 사업부제 조직이 조직구조를 중심으로 한 것임에 비하여 프로젝트 조직은 과정을 중심으로 하여 이것과 구조를 통합하는 새로운 조직이다.
   ⑤ 프로젝트 조직에는 직능분화에 의한 전문화가 이루어지지 못한다는 단점이 있다.

(2) 프로젝트 조직의 책임자 유형
   ① 프로덕트 매니저(product manager)
   ② 프로젝트 매니저(Progect manager)
   ③ 프로그램 매니저(program manager)

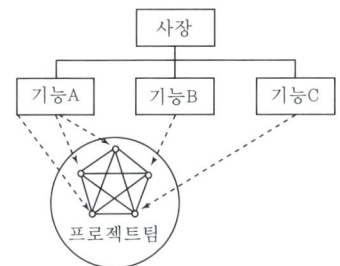

[그림] 프로젝트 조직

KEY ① 2013년 9월 28일(문제 15번) 출제
② 2023년 9월 2일(문제 16번) 출제

---

04 건설기술진흥법령상 안전점검의 시기·방법에 관한 사항으로 ( )에 알맞은 내용은?

> 정기안전점검 결과 건설공사의 물리적·기능적 결함 등이 발견되어 보수·보강 등의 조치를 위하여 필요한 경우에는 ( )을 할 것

① 긴급점검   ② 정기점검
③ 특별점검   ④ 정밀안전점검

해설

안전점검의 시기 · 방법 등

건설사업자와 주택건설등록업자는 건설공사의 공사기간 동안 매일 자체 안전점검을 하고, 다음 각 호의 기준에 따라 정기안전점검 및 정밀안전점검 등을 해야 한다.

1. 건설공사의 종류 및 규모 등을 고려하여 국토교통부장관이 정하여 고시하는 시기와 횟수에 따라 정기안전점검을 할 것
2. 정기안전점검 결과 건설공사의 물리적·기능적 결함 등이 발견되어 보수·보강 등의 조치를 위하여 필요한 경우에는 정밀안전점검을 할 것
3. 건설공사에 대해서는 그 건설공사를 준공(임시사용을 포함한다)하기 직전에 제1호에 따른 정기안전점검 수준 이상의 안전점검을 할 것
4. 건설공사가 시행 도중에 중단되어 1년 이상 방치된 시설물이 있는 경우에는 그 공사를 다시 시작하기 전에 그 시설물에 대하여 제1호에 따른 정기안전점검 수준의 안전점검을 할 것

KEY ① 2021년 9월 12일(문제 20번) 출제
② 2023년 9월 2일(문제 20번) 출제

합격정보
건설기술진흥법 시행령 제100조(안전점검의 시기·방법 등)

---

05 무재해운동추진기법 중 팀의 일체감, 연대감을 조성할 수 있고 동시에 대뇌 구피질에 좋은 이미지를 불어 넣어 안전행동을 하도록 하는 방법은?

① 역할연기(Role playing)
② 터치 앤 콜(Touch and call)
③ 브레인 스토밍(Brain Storming)
④ TBM(Tool Box Meeting)

해설

터치 앤 콜(Touch and Call)

① 필요성 : 스킨십(Skin ship)을 통한 팀구성원 간의 일체감 및 연대감을 조성하고 위험요소에 대한 강한 인식과 더불어 사고예방에 도움이 되며 서로 피부를 맞대고 구호를 제창함으로써 진한 동료애를 느끼고 안전에 동참하는 참여 정신을 높일 수 있다.

[표] 터치 앤 콜의 형태

형태	특징
고리형	왼손 엄지를 서로 맞잡고 원을 만들어 목표나 구호를 제창 (5~6명 정도가 적당)
포개기형	왼손 엄지로 원을 만들 수 없는 소수 인원일 경우 왼손을 서로 포개어 구호제창(2~3명 정도가 적당)
어깨동무형	왼손을 상대의 왼쪽어깨에 얹어 감싸고 서로의 발을 맞대어 둥글게 원을 만들어(무재해의 제로(0)를 의미) 오른손으로 지적하며 구호를 제창(5~6명 정도가 적당)

② 기대 효과 : 특별한 준비 없이 쉽게 실시할 수 있으며, 피부의 접촉을 통하여 기대이상의 친밀감과 일체감을 통하여 서로 하나됨을 느낄 수 있어 사고예방 및 인간관계 형성에도 큰 도움을 얻을 수 있다.

KEY ① 2012년 5월 20일(문제 3번) 출제
② 2023년 6월 4일(문제 3번) 출제

[정답] 04 ④ 05 ②

06 다음 중 재해의 발생 원인을 관리적인 면에서 분류한 것과 가장 관계가 먼 것은?

① 기술적 원인
② 인적 원인
③ 교육적 원인
④ 작업관리상 원인

해설

간접원인(관리적인 면)
① 기술적 원인
② 교육적 원인
③ 신체적 원인
④ 정신적 원인
⑤ 관리적 원인

KEY ① 2015년 5월 31일(문제 16번) 출제
② 2023년 6월 4일(문제 1번) 출제

보충학습
인적원인 : 직접원인

07 500명의 상시 근로자가 있는 사업장에서 1년간 발생한 근로손실일수가 1,200일이고, 이 사업장의 도수율이 9일 때, 종합재해지수(FSI)는 얼마인가?(단, 근로자는 1일 8시간씩 연간 300일을 근무하였다.)

① 2.0
② 2.5
③ 2.7
④ 3.0

해설

종합재해지수(FSI)=$\sqrt{FR \times SR}=\sqrt{9 \times 1}=3$

① 도수율 : 9

② 강도율 = $\dfrac{\text{총요양근로손실일수}}{\text{연근로시간수}} \times 1,000$

$= \dfrac{1,200}{500 \times 8 \times 300} \times 1,000 = 1$

KEY ① 2016년 5월 8일(문제 4번) 출제
② 2023년 6월 4일(문제 6번) 출제

08 다음 중 방음용 귀마개 또는 귀덮개의 종류 및 등급과 기호가 잘못 연결된 것은?

① 귀덮개 : EM
② 귀마개 1종 : EP-1
③ 귀마개 2종 : EP-2
④ 귀마개 3종 : EP-3

해설

귀마개 및 귀덮개 종류 및 등급

종류	등급	기호	성능
귀마개	1종	EP-1	저음부터 고음까지 차음하는 것
	2종	EP-2	주로 고음을 차음하여 회화음 영역인 저음은 차음하지 않는 것
귀덮개	-	EM	

KEY ① 2014년 5월 25일(문제 6번) 출제
② 2023년 6월 4일(문제 10번) 출제

09 산업안전보건법령상 안전보건관리규정 작성에 관한 사항으로 ( )에 알맞은 기준은?

> 안전보건관리규정을 작성하여야 할 사업의 사업주는 안전보건관리규정을 작성해야 할 사유가 발생한 날부터 ( )일 이내에 안전보건관리규정을 작성해야 한다.

① 7
② 14
③ 30
④ 60

해설

제25조(안전보건관리규정의 작성)
① 법 제25조제3항에 따라 안전보건관리규정을 작성해야 할 사업의 종류 및 상시근로자 수는 별표 2와 같다.
② 제1항에 따른 사업의 사업주는 안전보건관리규정을 작성해야 할 사유가 발생한 날부터 30일 이내에 별표 3의 내용을 포함한 안전보건관리규정을 작성해야 한다. 이를 변경할 사유가 발생한 경우에도 또한 같다.
③ 사업주가 제2항에 따라 안전보건관리규정을 작성할 때에는 소방·가스·전기·교통 분야 등의 다른 법령에서 정하는 안전관리에 관한 규정과 통합하여 작성할 수 있다.

KEY ① 2022년 4월 24일(문제 1번) 출제
② 2023년 6월 4일(문제 10번) 출제

합격정보
산업안전보건법 시행규칙 제25조(안전보건관리규정의 작성)

[정답] 06 ② 07 ④ 08 ④ 09 ③

10 산업안전보건법령상 안전보건표지의 종류 중 금지표지에 해당하지 않는 것은?

① 탑승금지 ② 금연
③ 사용금지 ④ 접촉금지

해설

금지표지의 종류

출입금지, 보행금지, 차량통행금지, 사용금지, 탑승금지, 금연, 화기금지, 물체이동금지

KEY
① 2016년 5월 8일 출제 등 10회 이상 출제
② 2023년 6월 4일(문제 14번) 출제

합격정보
산업안전보건법 시행규칙 [별표 6] 안전보건표지의 종류와 형태

---

11 시설물의 안전 및 유지관리에 관한 특별법상 제1종 시설물에 명시되지 않은 것은?

① 고속철도 교량
② 25층인 건축물
③ 연장 300[m]인 철도 교량
④ 연면적이 70,000[m²]인 건축물

해설

제1종시설물 및 제2종시설물의 종류(제4조 관련)

구분 : 교량	제1종시설물	제2종시설물
가. 도로교량	① 상부구조형식이 현수교, 사장교, 아치교 및 트러스교인 교량 ② 최대 경간장 50미터 이상의 교량(한 경간 교량은 제외한다) ③ 연장 500미터 이상의 교량 ④ 폭 12미터 이상이고 연장 500미터 이상인 복개구조물	① 경간장 50미터 이상인 한 경간 교량 ② 제1종시설물에 해당하지 않는 교량으로서 연장 100미터 이상의 교량 ③ 제1종 시설물에 해당하지 않는 복개구조물로서 폭 6미터 이상이고 연장 100미터 이상인 복개 구조물
나. 철도교량	① 고속철도 교량 ② 도시철도의 교량 및 고가교 ③ 상부구조형식이 트러스교 및 아치교인 교량 ④ 연장 500미터 이상의 교량	제1종 시설물에 해당하지 않는 교량으로서 연장 100미터 이상의 교량

KEY
① 2021년 5월 15일(문제 8번) 출제
② 2023년 6월 4일(문제 20번) 출제

합격정보
시설물의 안전 및 유지관리에 관한 특별법 시행령 [별표 1]

---

12 산업안전보건법령상 중대재해에 해당되지 않는 것은?

① 사망자가 2명 발생한 재해
② 부상자가 동시에 7명 발생한 재해
③ 직업성질병자가 동시에 11명 발생한 재해
④ 3개월 이상의 요양이 필요한 부상자가 동시에 3명 발생한 재해

해설

중대재해의 종류
① 사망자가 1명 이상 발생한 재해
② 3개월 이상의 요양이 필요한 부상자가 동시에 2명 이상 발생한 재해
③ 부상자 또는 직업성질병자가 동시에 10명 이상 발생한 재해

KEY
① 2016년 1회 기사 출제
② 2023년 2월 28일(문제 5번) 출제

합격정보
산업안전보건법 시행규칙 제3조(중대재해의 범위)

---

13 산업안전보건법령상 상시근로자 20명 이상 50명 미만인 사업장 중 안전보건관리담당자를 선임하여야 하는 업종이 아닌 것은?(단, 안전관리자 및 보건관리자가 선임되지 않은 사업장으로 한다.)

① 임업 ② 제조업
③ 건설업 ④ 환경 정화 및 복원업

해설

안전보건관리담당자의 선임 등
다음 각 호의 어느 하나에 해당하는 사업의 사업주는 상시근로자 20명 이상 50명 미만인 사업장에 안전보건관리담당자를 1명 이상 선임해야 한다.
① 제조업
② 임업
③ 하수, 폐수 및 분뇨 처리업
④ 폐기물 수집, 운반, 처리 및 원료 재생업
⑤ 환경 정화 및 복원업

KEY
① 2022년 1회 출제
② 2023년 2월 28일(문제 7번) 출제

[정답] 10 ④ 11 ③ 12 ② 13 ③

> **합격정보**
> 산업안전보건법 시행령 제24조(안전보건관리 담당자 선임 등)

14 산업안전보건법령상 안전보건표지 중 색채와 색도 기준의 연결이 옳은 것은?

① 흰색 : N0.5   ② 녹색 : 5G 5.5/6
③ 빨간색 : 5R 4/12   ④ 파란색 : 2.5PB 4/10

> **해설**
> 안전보건표지의 색채, 색도기준 및 용도

색채	색도기준	용도	사용(예)
빨간색	7.5R 4/14	금지	정지신호, 소화설비 및 그 장소, 유해행위의 금지
		경고	화학물질 취급장소에서의 유해·위험 경고
노란색	5Y 8.5/12	경고	화학물질 취급장소에서의 유해·위험 경고, 이외 위험 경고, 주의표지 또는 기계방호물
파란색	2.5PB 4/10	지시	특정 행위의 지시 및 사실의 고지
녹색	2.5G 4/10	안내	비상구 및 피난소, 사람 또는 차량의 통행표지
흰색	N9.5		파란색 또는 녹색에 대한 보조색
검은색	N0.5		문자 및 빨간색 또는 노란색에 대한 보조색

> **KEY**
> ① 2016년 10월 1일 기사, 산업기사 동시 출제
> ② 2017년 1회 출제
> ③ 2023년 2월 28일(문제 9번) 출제

> **합격정보**
> 산업안전보건법 시행규칙 [별표 8] 안전보건표지의 색채, 색도기준 및 용도

15 산업안전보건법령상 안전보건관리규정을 작성해야 할 사업의 종류를 모두 고른 것은? (단, ㄱ~ㅁ은 상시근로자 300명 이상의 사업이다.)

ㄱ. 농업
ㄴ. 정보서비스업
ㄷ. 금융 및 보험업
ㄹ. 사회복지 서비스업
ㅁ. 과학 및 기술 연구개발업

① ㄴ, ㄹ, ㅁ   ② ㄱ, ㄴ, ㄷ, ㄹ
③ ㄱ, ㄴ, ㄷ, ㅁ   ④ ㄱ, ㄷ, ㄹ, ㅁ

> **해설**
> 안전보건관리규정을 작성하여야 할 사업의 종류 및 상시 근로자수

사업의 종류	상시 근로자수
1. 농업 2. 어업 3. 소프트웨어 개발 및 공급업 4. 컴퓨터 프로그래밍, 시스템 통합 및 관리업 4-2. 영상·오디오물 제공 서비스업 5. 정보서비스업 6. 금융 및 보험업 7. 임대업;부동산 제외 8. 전문, 과학 및 기술 서비스업(연구개발업은 제외한다) 9. 사업지원 서비스업 10. 사회복지 서비스업	상시 근로자 300명 이상을 사용하는 사업장
11. 제1호부터 제4호까지, 제4의2호 및 제5호부터 제10호까지의 사업을 제외한 사업	상시 근로자 100명 이상을 사용하는 사업장

> **KEY**
> ① 2020년 6월 7일(문제 4번) 출제
> ② 2021년 3월 7일(문제 5번) 출제
> ③ 2023년 2월 28일(문제 14번) 출제

> **합격정보**
> 산업안전보건법 시행규칙 [별표 2]

16 안전관리는 PDCA 사이클의 4단계를 거쳐 지속적인 관리를 수행하여야 하는데 다음 중 PDCA 사이클의 4단계를 잘못 나타낸 것은?

① P : Plan   ② D : Do
③ C : Check   ④ A : Analysis

> **해설**
> **PDCA사이클**
> 계획(plan) → 실시(do) → 검토(check) → 조치(action)

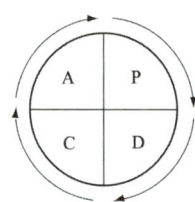

[그림] 안전관리 4-cycle

> **KEY**
> ① 2016년 1회 출제
> ② 2023년 2월 28일(문제 14번) 출제

[정답] 14 ④ 15 ② 16 ④

17 산업재해 발생원인은 여러 가지 요소가 복잡하게 얽혀 발생하는데 다음 중 재해의 발생형태에 있어 연쇄형에 해당하는 것은?(단, ○는 재해발생의 각종 요소를 나타낸 것이다.)

① (집중형 다이어그램)
② ○→○→○→○→재해
③ ○→○→○→재해 (분기형)
④ ○→○→○→재해 (혼합형)

해설

재해발생유형
(1) ① : 단순자극형(집중형)
(2) ③ : 복합연쇄형

KEY 2012년 3월 4일(문제 2번) 출제

💬 **합격자의 조언**
본 문제는 답이 2개가 될 수도 있지만 공식적인 발표답은 ②입니다.

18 다음의 재해사례에서 기인물과 가해물은?

작업자가 작업장을 걸어가던 중 작업장 바닥에 쌓여 있던 자재에 걸려 넘어지면서 바닥에 머리를 부딪혀 사망하였다.

① 기인물 : 자재, 가해물 : 바닥
② 기인물 : 자재, 가해물 : 자재
③ 기인물 : 바닥, 가해물 : 바닥
④ 기인물 : 바닥, 가해물 : 자재

해설

재해발생의 분석시 3가지
① 기인물 : 불안전한 상태에 있는 물체(환경포함)
② 가해물 : 직접 사람에게 접촉되어 위해를 가한 물체
③ 사고의 형태(재해형태) : 물체(가해물)와 사람과의 접촉현상

KEY ① 2018년 4월 28일 출제
② 2019년 3월 3일 출제
③ 2021년 5월 15일(문제 11번) 출제
④ 2022년 4월 24일(문제 1번) 출제

19 산업안전보건기준에 관한 규칙상 공기압축기 가동전 점검사항을 모두 고른 것은? (단, 그 밖에 사항은 제외한다.)

ㄱ. 윤활유의 상태
ㄴ. 압력방출장치의 기능
ㄷ. 회전부의 덮개 또는 울
ㄹ. 언로드밸브 (unloading valve)의 기능

① ㄷ, ㄹ
② ㄱ, ㄴ, ㄹ
③ ㄱ, ㄴ, ㄹ
④ ㄱ, ㄴ, ㄷ, ㄹ

해설

공기압축기를 가동할 때 작업시작전 점검사항
① 공기저장 압력용기의 외관상태
② 드레인밸브의 조작 및 배수
③ 압력방출장치의 기능
④ 언로드밸브의 기능
⑤ 윤활유의 상태
⑥ 회전부의 덮개 또는 울
⑦ 그 밖의 연결부위의 이상유무

KEY ① 2016년 3월 6일 산업기사 출제
② 2016년 10월 1일(문제 14번) 출제
③ 2020년 9월 27일(문제 19번) 출제
④ 2022년 4월 24일(문제 18번) 출제

보충학습
산업안전보건기준에 관한 규칙 [별표3] 작업시작전 점검사항

[정답] 17 ② 18 ① 19 ④

과년도 출제문제

20 산업안전보건법령상 안전보건표지의 종류 중 안내표지에 해당 되지 않는 것은?

① 금연　　　　② 들것
③ 세안 장치　　④ 비상용기구

해설

안내표지

① 403 들것　　② 404 세안장치　　③ 405 비상용기구

KEY
① 2016년 3월 6일 출제
② 2017년 5월7일, 9월 23일 출제
③ 2019년 3월 3일 산업기사 출제
④ 2019년 4월 27일 출제
⑤ 2020년 6월 7일, 8월 22일, 9월 27일 출제
⑥ 2021년 3월 7일 출제
⑦ 2022년 3월 5일(문제 1번) 출제

합격정보
산업안전보건법 시행규칙[별표 6] 안전보건표지의 종류와 형태

보충학습
금지표지
106 금연

2 산업심리 및 교육

21 직무수행평가 시 평가자가 특정 피평가자에 대해 구체적으로 잘 모름에도 불구하고 모든 부분에 대해 좋게 평가하는 오류는?

① 후광오류　　　② 엄격화오류
③ 중앙집중오류　④ 관대화오류

해설

후광효과(Halo effect : 後光效果)
① 후광효과(halo effect)는 평가자가 피평가자의 한 가지 두드러지는 속성에 기초해서 개인의 모든 행동 및 특성에 대한 평가를 하는 현상
② 평가자가 피평가자의 수행에 대해 제한된 지식을 가지고 있음에도 불구하고 여러 수행차원 모두에 대해서 획일적으로 좋은 수행을 나타낸다고 평가하는 평가의 오류를 뜻하는 것

KEY
① 2020년 9월 27일(문제 26번) 출제
② 2023년 9월 2일(문제 22번) 출제

보충학습
(1) 관대화오류의 의미
① 관대화오류(leniency error)란 평가자가 피평가자의 진짜 수행의 수준과는 달리 많은 사람들의 수행에 대해 높거나 낮게 극단적인 평가를 하는 평정오류를 말한다.
② 피평가자의 능력과 성과를 실제 정확한 수준보 더 높거나 낮게 평가하는 것
　㉮ 부적 관대화(엄격화) : 점수를 박하게 주는 평가자는 실제 피평가자의 능력 수준보다 더 낮은 평가
　㉯ 정적 관대화 : 점수를 후하게 주는 평가자는 실제 능력 수준보다 더 높은 평가

(2) 행동기준 평정척도
① 행동기준 평정척도(behaviorally anchored rating scale : BARS)는 결정적사건법과 평정척도법을 혼합한 평가법이다.
② 종업원의 수행은 척도 상에 평정되지만 척도점들에 행동적 사건들이 제시된 형태로 구성된다.
③ 평가자가 종업원들의 중요한 행동에 대해서 평정을 하도록 하는 수행평정기법이다.

22 Maslow의 욕구위계와 Alderfer의 욕구위계에 대한 설명으로 틀린 것은?

① Maslow의 욕구위계 중 가장 상위에 있는 욕구는 자아실현의 욕구이다.
② Maslow는 욕구의 위계성을 강조하여 하위의 욕구가 충족된 후에 상위욕구가 생긴다고 주장하였다.
③ Alderfer는 Maslow와 달리 여러 개의 욕구가 동시에 활성화될 수 있다고 주장하였다.
④ Alderfer의 생존욕구는 Maslow의 생리적 욕구, 물리적 안전, 그리고 대인관계에서의 안전의 개념과 유사하다.

해설

Maslow의 이론과 Alderfer 이론과의 관계

이론＼욕구	저차원적 이론 ──────→ 고차원적 이론		
Maslow	생리적 욕구, 물리적 측면의 안전 욕구	대인관계 측면의 안전 욕구, 사회적 욕구, 존경 욕구	자아실현의 욕구
Aldefer (ERG 이론)	존재(생존) 욕구 (E)	관계 욕구(R)	성장 욕구(G)

KEY
① 2016년 10월 1일(문제 25번) 출제
② 2023년 9월 2일(문제 23번) 출제

[정답] 20 ①　21 ①　22 ④

23 인간의 착각현상 중 실제로 움직이지 않지만 어느 기분의 이동에 의하여 움직이는 것처럼 느껴지는 착각현상의 명칭으로 적합한 것은?

① 자동운동
② 잔상현상
③ 유도운동
④ 착시현상

해설

유도운동과 자동운동
① 유도운동 : 움직이지 않는 것이 움직이는 것처럼 느껴지는 현상
② 자동운동 : 암실에서 정지된 소광점을 응시하면 광점이 움직이는 것 같이 보이는 현상

KEY
① 2016년 10월 1일 기사 출제
② 2017년 5월 7일 기사 출제
③ 2018년 9월 15일 기사 출제
④ 2019년 9월 21일 기사 출제
⑤ 2023년 9월 2일(문제 30번) 출제

24 에빙하우스(Ebbinghaus)의 연구결과에 따른 망각률이 50[%]를 초과하게 되는 최초의 경과시간은 얼마인가?

① 30분
② 1시간
③ 1일
④ 2일

해설

에빙하우스(H. Ebbinghaus)의 망각곡선
① 1시간 경과 : 50[%] 이상 망각
② 48시간 경과 : 70[%] 이상 망각
③ 31일 경과 : 80[%] 이상 망각

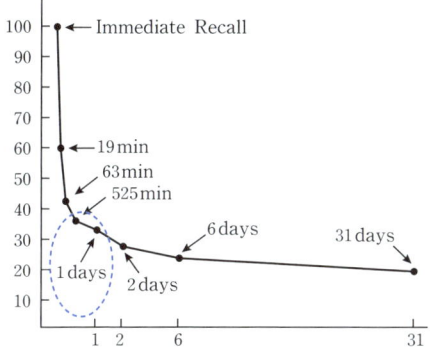

[그림] 에빙하우스 망각곡선(curve of orgetting)

KEY
① 2016년 3월 6일 출제
② 2021년 9월 12일 기사 출제
③ 2023년 9월 2일(문제 35번) 출제

25 참가자 앞에서 소수의 전문가들이 과제에 관한 견해를 자유롭게 토의한 후 참가자 전원이 참가하여 사회자의 사회에 따라 토의하는 방법은?

① 포럼(forum)
② 심포지엄(symposium)
③ 버즈 세션(buzz session)
④ 패널 디스커션(panel discussion)

해설

패널 디스커션(Panel Discussion : Workshop)
① 패널 멤버(교육과제에 정통한 전문가 4~5명)가 피교육자 앞에서 자유로이 토의
② 피교육자 전원이 참가하여 사회자의 사회에 따라 토의하는 방법

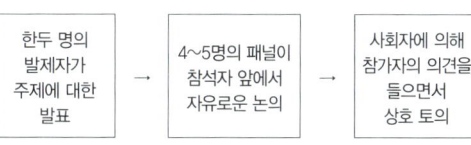

[그림] 패널 디스커션

KEY
① 2016년 3월 6일 출제
② 2017년 5월 7일 산업기사 출제
③ 2017년 9월 23일 출제
④ 2018년 3월 4일 출제
⑤ 2021년 5월 15일(문제 40번) 출제
⑥ 2023년 6월 4일(문제 22번) 출제

26 다음 중 생체리듬에 관한 설명으로 틀린 것은?

① 각각의 리듬이 (−)로 최대인 점이 위험일이다.
② 감성적 리듬은 "S"로 나타내며, 28일을 주기로 반복된다.
③ 지성적 리듬은 "I"로 나타내며, 33일을 주기로 반복된다.
④ 육체적 리듬은 "P"로 나타내며, 23일을 주기로 반복된다.

[정답] 23 ③ 24 ② 25 ④ 26 ①

해설
위험일(critical day)
① P, S, I 3개의 서로 다른 리듬은 안정기[positive phase(+)]와 불안정기[negative phase(−)]를 교대하면서 반복하여 사인(sine) 곡선을 그려나가는데 (+) 리듬에서 (−) 리듬으로 또는 (−) 리듬에서 (+) 리듬으로 변화하는 점을 영(zero) 또는 위험일이라 한다.
② 위험일은 한 달에 6일 정도 일어난다.
③ 1년에 1~3회 정도 생기는 육체적, 감성적 또는 지성적 리듬의 위험일이 함께 겹치는 날에는 많은 실수가 생겨 뜻하지 않은 사고가 발생한다.
④ 바이오리듬상 위험일에는 평소보다 뇌졸중의 5.4배, 심장질환의 발작이 5.1배, 자살은 무려 6.8배나 더 많이 발생된다고 한다.

KEY
① 2013년 6월 2일(문제 35번) 출제
② 2023년 6월 4일(문제 25번) 출제

---

27 어느 철강회사의 고로작업라인에 근무하는 S씨의 작업강도가 힘든 중작업으로 평가되었다면 해당되는 에너지 대사율(RMR)의 범위로 가장 적절한 것은?

① 0~1 ② 2~4
③ 4~7 ④ 7~10

해설
RMR범위(작업강도 구분)
① 0~2RMR(가벼운 작업)
② 2~4RMR(보통 작업)
③ 4~7RMR(힘든 작업)
④ 7RMR 이상(굉장히 힘든 작업)

KEY
① 2016년 10월 1일 산업기사 출제
② 2018년 3월 4일 출제
③ 2021년 5월 15일(문제 25번) 출제
④ 2023년 6월 4일(문제 30번) 출제

---

28 산업안전보건법령상 타워크레인 신호작업에 종사하는 일용근로자의 특별교육 교육시간 기준은?

① 1시간 이상
② 2시간 이상
③ 4시간 이상
④ 8시간 이상

해설
근로자 안전보건교육

교육과정	교육대상		교육시간
정기교육	사무직 종사 근로자		매반기 6시간 이상
	사무직 종사 근로자 외의 근로자	판매업무에 직접 종사하는 근로자	매반기 6시간 이상
		판매업무에 직접 종사하는 근로자 외의 근로자	매반기 12시간 이상
	관리감독자의 지위에 있는 사람		연간 16시간 이상
채용시의 교육	일용근로자		1시간 이상
	일용근로자를 제외한 근로자		8시간 이상
작업내용 변경시의 교육	일용근로자		1시간 이상
	일용근로자를 제외한 근로자		2시간 이상
특별교육	별표 5 제1호라목 각 호의 어느 하나에 해당하는 작업에 종사하는 일용근로자		2시간 이상
	타워크레인 신호작업에 종사하는 일용근로자		8시간 이상
	별표 5 제1호라목 각 호의 어느 하나에 해당하는 작업에 종사하는 일용근로자를 제외한 근로자		−16시간 이상(최초 작업에 종사하기 전 4시간 이상 실시하고 12시간은 3개월 이내에서 분할하여 실시가능) −단기간 작업 또는 간헐적 작업인 경우에는 2시간 이상
건설업 기초 안전보건교육	건설 일용근로자		4시간 이상

KEY
① 2016년 5월 8일 기사 출제
② 2020년 6월 7일 기사 출제
③ 2020년 8월 23일 산업기사 출제
④ 2022년 3월 5일 산업안전기사 출제
⑤ 2022년 4월 24일(문제 40번) 출제
⑥ 2023년 6월 4일(문제 33번) 출제

합격정보
산업안전보건법 시행규칙 [별표 4] 안전보건교육 교육과정별 교육시간

---

29 다음 중 몹시 피로하거나 단조로운 작업으로 인하여 의식이 뚜렷하지 않은 상태의 의식 수준은?

① phase Ⅰ ② phase Ⅱ
③ phase Ⅲ ④ phase Ⅳ

[정답] 27 ③ 28 ④ 29 ①

해설
의식 level의 단계별 생리적 상태
① 범주(Phase) 0 : 수면, 뇌발작
② 범주(Phase) Ⅰ : 피로, 단조로움, 졸음, 술취함
③ 범주(Phase) Ⅱ : 안정기거, 휴식시, 정례작업시
④ 범주(Phase) Ⅲ : 적극활동시
⑤ 범주(Phase) Ⅳ : 긴급방위반응, 당황해서 panic

KEY 2012년 3월 4일(문제 24번) 출제

---

30 동기이론과 관련 학자의 연결이 잘못된 것은?

① ERG이론 : 알더퍼(Alderfer)
② 욕구위계이론 : 매슬로우(Maslow)
③ 위생-동기이론 : 맥그리거(McGregor)
④ 성취동기이론 : 맥클레랜드(McClelland)

해설
맥그리거 : X·Y이론

KEY ① 2016년 5월 8일(문제 29번) 출제
② 2023년 6월 4일(문제 38번) 출제

보충학습
위생-동기이론 : 허즈버그(Herzberg)

---

31 O.J.T(On the Job training)의 특징에 관한 설명으로 틀린 것은?

① 다수의 근로자에게 조직적 훈련이 가능하다.
② 상호 신뢰 및 이해도가 높아진다.
③ 개개인에게 적절한 지도훈련이 가능하다.
④ 직장의 실정에 맞게 실제적 훈련이 가능하다.

해설
OJT의 특징
① 개개인에게 적절한 지도훈련이 가능하다.
② 직장의 실정에 맞게 구체적이고 실제적 훈련이 가능하다.
③ 즉시 업무에 연결되는 관계로 몸과 관련이 있다.
④ 훈련에 필요한 업무의 계속성이 끊어지지 않는다.
⑤ 효과가 곧 업무에 나타나며 훈련의 좋고 나쁨에 따라 개선이 쉽다.
⑥ 훈련효과를 보고 상호 신뢰, 이해도가 높아지는 것이 가능하다.

KEY ① 2016년 10월 1일 기사 출제
② 2017년 3월 5일 5월 7일 기사 출제
③ 2017년 9월 23일 기사·산업기사 동시 출제
④ 2018년 3월 4일 기사·산업기사 동시 출제
⑤ 2018년 8월 19일 기사·산업기사 동시 출제
⑥ 2023년 2월 28일(문제 21번) 출제

---

32 다음에서 설명하는 리더십의 유형은?

과업 완수와 인간관계 모두에 있어 최대한의 노력을 기울이는 리더십 유형

① 과업형 리더십   ② 이상형 리더십
③ 타협형 리더십   ④ 무관심형 리더십

해설
관리격자 모형이론
① 블레이크(R.R.Blake)와 모튼(J.S.Mouton)은 조직구성원의 기본적인 관심을 업적에 대한 관심과 인간에 대한 관심의 두 가지에 두고서 관리 스타일을 측정하는 그리드(grid) 이론을 전개하였다.
② X축과 Y축을 각각 1에서 9까지의 점으로 구분하여 1을 관심의 최저, 9를 관심도의 최고로 나타내었다. 그리고 각 점을 중심으로 직선을 서로 직교시킴으로써 합계 9×9=81개의 격자도를 만들었다.
③ 1.1(자유방임형, 포기형), 1.9(인기형), 9.1(과업형), 5.5(중간형), 9.9(이상형)

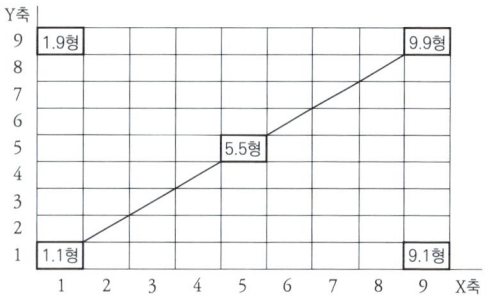

KEY ① 2016년 10월 1일 출제
② 2018년 8월 19일 출제
③ 2022년 3월 5일 출제
④ 2023년 2월 28일(문제 23번) 출제

---

33 다음 중 데이비스(K. Davis)의 동기부여이론에서 인간의 "능력(ability)"을 나타내는 것은?

① 지식(knowledge) × 기능(skill)
② 지식(knowledge) × 태도(attitude)
③ 기능(skill) × 상황(situation)
④ 상황(situation) × 태도(attitude)

[정답] 30 ③ 31 ① 32 ② 33 ①

> **해설**

데이비스(K. Davis)의 동기부여이론 등식
① 경영의 성과＝인간의 성과×물질의 성과
② 능력(ability)＝지식(knowledge)×기능(skill)
③ 동기유발(motivation)＝상황(situation)×태도(attitude)
④ 인간의 성과(human performance)＝능력×동기유발

KEY ① 2015년 1회 출제
② 2023년 2월 28일(문제 27번) 출제

34 집중발상법(brain storming)의 기본 규칙들 중 틀린 것은?

① 아이디어는 많을수록 좋다.
② 떠오르는 아이디어는 어떤 것이든 관계없이 표현토록 한다.
③ 아이디어 산출과정에서, 모든 아이디어는 어떤 방식으로든 평가해야 한다.
④ 구성원들은 가능한 한 다른 사람의 아이디어를 수정하고 확장하려고 노력해야 한다.

> **해설**

집중발상법(BS : Brain Storming)의 4원칙
① 비판금지(criticism is ruled out) : 좋다, 나쁘다 비판은 하지 않는다.
② 자유분방(free wheeling) : 마음대로 자유로이 발언한다.
③ 대량발언(quantity is wanted) : 무엇이든 좋으니 많이 발언한다.
④ 수정발언(combination and improvement of thought) : 타인의 생각에 동참하거나 보충 발언해도 좋다.

KEY ① 2017년 1회 출제
② 2023년 2월 28일(문제 28번) 출제

35 인간의 안전심리 5요소 중 습관에 직접 영향을 미치는 요소와 가장 거리가 먼 것은?

① 동기   ② 피로
③ 감정   ④ 습성

> **해설**

안전심리의 5요소
① 동기 ② 기질 ③ 감정 ④ 습관 ⑤ 습성

KEY ① 2013년 1회 출제
② 2023년 2월 28일(문제 29번) 출제

> **보충학습**

습관의 4요소
동기, 기질, 감정, 습성

36 인간의 착각 현상 중 영화의 영상방법과 같이 객관적으로 정지되어 있는 대상에 시간적 간격을 두고 연속적으로 보이거나 소멸시킬 경우 운동하는 것처럼 인식되는 것을 무엇이라 하는가?

① 가현운동   ② 자동운동
③ 왕복운동   ④ 점멸운동

> **해설**

가현운동(β운동)
① 객관적으로 정지하고 있는 대상물이 급속히 나타나든가 소멸하는 것으로 인하여 일어나는 운동으로 마치 대상물이 운동하는 것처럼 인식되는 현상을 말한다.
② 영화의 영상은 가현운동(β운동)을 활용한 것이다.

KEY ① 2011년 1회 출제
② 2023년 2월 28일(문제 31번) 출제

37 에너지소비량(RMR)의 산출방법으로 맞는 것은?

① $\dfrac{\text{작업시의 소비에너지}-\text{기초대사량}}{\text{안정시 소비에너지}}$

② $\dfrac{\text{전체 소비에너지}-\text{작업시의 소비에너지}}{\text{기초대사량}}$

③ $\dfrac{\text{작업시의 소비에너지}-\text{안정시의 소비에너지}}{\text{기초대사량}}$

④ $\dfrac{\text{작업시의 소비에너지}-\text{안정시의 소비에너지}}{\text{안정시의 소비에너지}}$

> **해설**

RMR(Relative Metabolic Rate)

$$\text{RMR} = \dfrac{\text{노동대사량}}{\text{기초대사량}}$$

$$= \dfrac{\text{작업시의 소비 energy}-\text{안정시 소비 energy}}{\text{기초대사량}}$$

KEY ① 2016년 3월 6일 산업기사 출제
② 2020년 1회 출제
③ 2023년 2월 28일(문제 38번) 출제

[정답] 34 ③ 35 ② 36 ① 37 ③

38 다음 적응기제 중 방어적 기제에 해당하는 것은?

① 고립(isolation)
② 억압(repression)
③ 합리화(rationalization)
④ 백일몽(day-dreaming)

해설

도피기제(Excape Mechanism) : 갈등을 해결하지 않고 도망감

구분	특징
억압	무의식으로 쑤셔 넣기
퇴행	유아 시절로 돌아가 유치해짐
백일몽	공상의 나래를 펼침
고립(거부)	외부와의 접촉을 끊음

KEY
① 2018년 3월 4일 출제
② 2019년 3월 3일(문제 24번) 출제
③ 2021년 5월 15일(문제 32번) 출제
④ 2022년 4월 24일(문제 21번) 출제

39 산업안전보건법령상 근로자 안전보건교육 중 특별교육 대상 작업에 해당하지 않는 것은?

① 굴착면의 높이가 5m되는 지반 굴착작업
② 콘크리트 파쇄기를 사용하여 5m의 구축물을 파쇄하는 작업
③ 흙막이 지보공의 보강 또는 동바리를 설치하거나 해체하는 작업
④ 휴대용 목재가공기계를 3대 보유한 사업장에서 해당 기계로 하는 작업

해설

목재가공용 기계(둥근톱기계, 띠톱기계, 대패기계, 모떼기기계 및 라우터만 해당하며, 휴대용은 제외한다)를 5대 이상 보유한 사업장에서 해당기계로 하는 작업 시 특별안전보건교육내용
① 목재가공용 기계의 특성과 위험성에 관한 사항
② 방호장치의 종류와 구조 및 취급에 관한 사항
③ 안전기준에 관한 사항
④ 안전작업방법 및 목재 취급에 관한 사항
⑤ 그 밖의 안전보건관리에 필요한 사항

KEY
① 2016년 10월 1일(문제 25번) 출제
② 2022년 4월 24일(문제 27번) 출제

보충학습
산업안전보건법 시행규칙 [별표5] 교육대상별 교육내용

40 호손(Hawthorne) 실험의 결과 작업자의 작업능률에 영향을 미치는 주요 원인으로 밝혀진 것은?

① 작업조건 ② 인간관계
③ 생산기술 ④ 행동규범의 설정

해설

호손(Hawthorne)공장 실험
① 인간관계 관리의 개선을 위한 연구로 미국의 메이요(E.Mayo, 1880~1949) 교수가 주축이 되어 호손 공장에서 실시되었다.
② 작업능률을 좌우하는 것은 단지 임금, 노동시간 등의 노동조건과 조명, 환기, 그 밖에 작업환경으로서의 물적 조건보다 종업원의 태도, 즉 심리적, 내적 양심과 감정이 중요하다.
③ 물적 조건도 그 개선에 의하여 효과를 가져올 수 있으나 종업원의 심리적 요소가 더욱 중요하다.
④ 결론은 인간관계가 작업 및 작업설계에 영향을 준다.

KEY
① 2018년 3월 4일 출제
② 2018년 9월 15일 출제
③ 2019년 4월 27일 출제
④ 2019년 9월 21일 산업기사 출제
⑤ 2020년 9월 5일 출제
⑥ 2021년 5월 15일(문제 26번) 출제
⑦ 2022년 3월 5일(문제 36번) 출제
⑧ 2022년 4월 24일(문제 34번) 출제

3 인간공학 및 시스템안전공학

41 [그림]과 같이 신뢰도 95[%]인 펌프 A가 각각 신뢰도 90[%]인 밸브 B와 밸브 C의 병렬밸브계와 직렬계를 이룬 시스템의 실패 확률은 약 얼마인가?

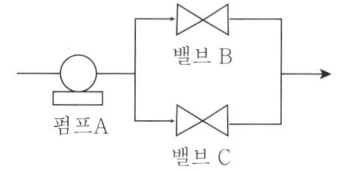

① 0.0091 ② 0.0595
③ 0.9405 ④ 0.9811

[정답] 38 ③ 39 ④ 40 ② 41 ②

해설

실패확률

① 성공확률(R_s) = $A \times [1-(1-B)(1-C)]$
　　　　　　　= $0.95 \times [1-(1-0.9)(1-0.9)]$
　　　　　　　= 0.9405

② 실패확률 = $1 -$ 성공확률 = $1 - 0.9405 = 0.0595$

KEY ① 2014년 9월 20일 출제
　　　② 2020년 8월 22일 출제

---

42 인간의 실수 중 수행해야 할 작업 및 단계를 생략하여 발생하는 오류는?

① omission error　② commission error
③ sequence error　④ timing error

해설

생략에러와 실행에러

① 생략에러(Omission errors : 부작위 실수) : 직무 또는 어떤 단계를 수행치 않음 (누락오류)
② 실행에러(Commission error : 작위 실수) : 직무의 불확실한 수행 (예 선택, 순서, 시간, 정성적 착오)

KEY ① 2013년 6월 2일, 8월 18일 출제
　　　② 2015년 3월 8일 출제
　　　③ 2017년 8월 26일 출제
　　　④ 2018년 4월 28일 출제
　　　⑤ 2019년 3월 3일, 8월 4일 출제
　　　⑥ 2020년 8월 22일, 9월 27일 출제
　　　⑦ 2021년 3월 7일, 8월 14일 출제
　　　⑧ 2023년 7월 8일 출제

---

43 국소진동에 지속적으로 노출된 근로자에게 발생할 수 있으며, 말초혈관 장애로 손가락이 창백해지고 동통을 느끼는 질환의 명칭은?

① 레이노병　　　② 파킨슨 병
③ 규폐증　　　　④ C_5-dip 현상

해설

레이노병(Raynaud's disease)

① 혈관운동신경 장애를 주증(主症)으로 하는 질환
② 프랑스 의사 M.레이노(1834~1881)가 보고한 것으로 피부교원섬유(皮膚膠原纖維)의 이상에서 오는 교원병(膠原病)으로도 볼 수 있다.
③ 사지(四肢)의 동맥에 간헐적 경련이 일어나 혈액결핍 때문에 손발 끝이 창백해지고 빳빳하게 굳어지며, 냉감(冷感)·의주감(蟻走感:개미가 기어가는 듯한 감각)·동통(疼痛) 등을 느낀다.

KEY ① 2019년 8월 4일 기사 출제
　　　② 2023년 7월 8일 출제

보충학습

① 파킨슨병 : 신경세포 소실로 발생되는 대표적 퇴행성 신경질환
② 규폐증 : 유리규산 분진을 흡입함에 따라 발생되는 폐의 섬유화질환
③ C_5- dip : 소음성 난청 초기단계로 4,000[Hz]에서 청력장애가 현저히 커지는 현상

---

44 산업안전보건기준에 관한 규칙상 작업장의 작업면에 따른 적정 조명 수준은 초정밀작업에서 (㉠)[lux] 이상이고, 보통작업에서는 (㉡)[lux] 이상이다. ( )안에 들어갈 내용은?

① ㉠ : 650, ㉡ : 150　② ㉠ : 650, ㉡ : 250
③ ㉠ : 750, ㉡ : 150　④ ㉠ : 750, ㉡ : 250

해설

작업장의 조도기준

① 초정밀작업 : 750[lux] 이상
② 정밀작업 : 300[lux] 이상
③ 보통작업 : 150[lux] 이상
④ 그 밖의 작업 : 75[lux] 이상

KEY ① 2011년 8월 21일 기사 출제
　　　② 2017년 8월 26일 기사 출제
　　　③ 2019년 3월 3일 기사 출제
　　　④ 2022년 3월 5일 기사 출제
　　　⑤ 2023년 7월 8일 출제

합격정보

산업안전보건기준에 관한 규칙 제8조(조도)

---

45 양립성(compatibility)에 대한 설명 중 틀린 것은?

① 개념 양립성, 운동양립성, 공간양립성 등이 있다.
② 인간의 기대에 맞는 자극과 반응의 관계를 의미한다.
③ 양립성의 효과가 크면 클수록, 코딩의 시간이나 반응의 시간은 길어진다.
④ 양립성이란 제어장치와 표시장치의 연관성이 인간의 예상과 어느 정도 일치하는 것을 의미한다.

[정답] 42 ①　43 ①　44 ③　45 ③

해설

양립성[일명 모집단 전형(compatibility, 兩立性)]
① 자극들간의, 반응들간의 혹은 자극-반응들간의 관계가(공간, 운동, 개념적)인간의 기대에 일치되는 정도
② 양립성 정도가 높을수록, 정보처리시 정보변환(암호화, 재암호화)이 줄어들게 되어 학습이 더 빨리 진행되고, 반응시간이 더 짧아지고, 오류가 적어지며, 정신적 부하가 감소하게 된다.

KEY ① 2017년 5월 7일 기사 출제
② 2018년 8월 19일 기사 출제
③ 2023년 7월 8일(문제 23번) 출제

---

46 인간-기계 시스템에서 시스템의 설계를 다음과 같이 구분할 때 제3단계인 기본설계에 해당되지 않는 것은?

> 1단계 : 시스템의 목표와 성능 명세 결정
> 2단계 : 시스템의 정의
> 3단계 : 기본설계
> 4단계 : 인터페이스설계
> 5단계 : 보조물 설계
> 6단계 : 시험 및 평가

① 화면 설계 ② 작업 설계
③ 직무 분석 ④ 기능 할당

해설

인간-기계 시스템 기본 설계 단계(제3단계)
① 작업설계
② 직무분석
③ 기능할당
④ 인간성능-요건명세

KEY ① 2009년 7월 26일 출제
② 2016년 3월 6일, 10월 1일 출제
③ 2018년 9월 15일 산업기사 출제
④ 2019년 3월 3일 출제
⑤ 2019년 4월 27일, 9월 21일 산업기사 출제
⑥ 2020년 9월 27일 출제
⑦ 2021년 5월 15일, 8월 14일 출제

---

47 다음 중 욕조곡선에서의 고장 형태에서 일정한 형태의 고장률이 나타나는 구간은?

① 초기고장률 구간   ② 마모고장 구간
③ 피로고장 구간   ④ 우발고장 구간

해설

우발고장의 특징
(1) 정의
 ① 예측할 수 없을 때에 생기는 고장으로 시운전이나 점검작업으로는 방지할 수 없다.
 ② 요소의 우발고장에 있어서는 평균고장시간과 비율을 알고 있으면 제어계 전체 고장을 일으키지 않는 신뢰도를 구할 수 있다.(일정형 고장)
(2) 우발고장의 고장발생원인
 ① 안전계수가 낮기 때문에
 ② stress가 strength보다 크기 때문에
 ③ 사용자의 과오 때문에
 ④ 최선의 검사방법으로도 탐지되지 않은 결함 때문에
 ⑤ 디버깅 중에도 발견되지 않는 고장 때문에
 ⑥ 예방보전에 의해서도 예방될 수 없는 고장 때문에
 ⑦ 천재지변에 의한 고장 때문에

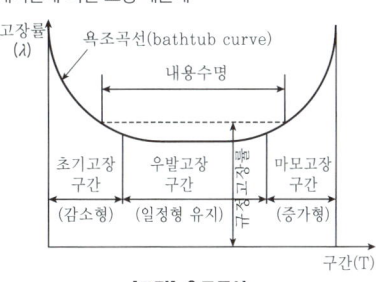

[그림] 욕조곡선

KEY ① 2009년 5월 10일 출제
② 2016년 3월 6일 출제
③ 2018년 8월 19일 출제
④ 2019년 8월 4일 산업기사 출제
⑤ 2021년 5월 15일 출제
⑥ 2023년 2월 28일 출제

---

48 일반적으로 인체측정치의 최대집단치를 기준으로 설계하는 것은?

① 선반의 높이   ② 공구의 크기
③ 출입문의 크기   ④ 안내 데스크의 높이

해설

인체측정

구분	최대 집단치
정의	대상 집단에 대한 인체 측정 변수의 상위 백분위수(percentile)를 기준으로 90, 95, 99[%]치가 사용 **예** 울타리
사용 **예**	① 출입문, 통로, 의자사이의 간격 등의 공간 여유의 결정 ② 줄사다리, 그네 등의 지지물의 최소 지지중량(강도)

[정답] 46 ① 47 ④ 48 ③

과년도 출제문제

KEY
① 2021년 8월 14일 기사 출제
② 2023년 7월 8일 출제

49 다음 중 근골격계부담작업에 속하지 않는 것은?

① 하루에 10[회] 이상 25[kg] 이상의 물체를 드는 작업
② 하루에 총 2[시간] 이상 목, 어깨, 팔꿈치, 손목 또는 손을 사용하여 같은 동작을 반복하는 작업
③ 하루에 총 2[시간] 이상 쪼그리고 앉거나 무릎을 굽힌 자세에서 이루어지는 작업
④ 하루에 총 2[시간] 이상 시간당 5[회] 이상 손 또는 무릎을 사용하여 반복적으로 충격을 가하는 작업

해설

근골격계 부담작업
① 하루 4[시간] 이상 집중적으로 자료입력 등을 위해 키보드 또는 마우스를 조작하는 작업
② 하루 2[시간] 이상 목, 어깨, 팔꿈치, 손목 또는 손을 사용하여 같은 동작을 반복하는 작업
③ 하루에 2[시간] 이상 머리 위에 손이 있거나, 팔꿈치가 어깨 위에 있거나, 팔꿈치를 몸통으로부터 들거나 팔꿈치를 몸통 뒤쪽에 위치하도록 하는 상태에서 이루어지는 작업
④ 지지되지 않은 상태이거나 임의로 자세를 바꿀 수 없는 조건에서 하루에 총 2[시간] 이상 목이나 허리를 구부리거나 트는 상태에서 이루어지는 작업
⑤ 하루에 2[시간] 이상 쪼그리고 앉거나 무릎을 굽힌 자세에서 이루어지는 작업
⑥ 하루에 2[시간] 이상 지지되지 않은 상태에서 1[kg] 이상의 물건을 한 손의 손가락으로 집어 옮기거나, 2[kg] 이상에 상응하는 힘을 가하여 한 손의 손가락으로 물건을 쥐는 작업
⑦ 하루에 2[시간] 이상 지지되지 않은 상태에서 4.5[kg] 이상의 물건을 한손으로 들거나 동일한 힘으로 쥐는 작업
⑧ 하루에 10[회] 이상 25[kg] 이상의 물체를 드는 작업
⑨ 하루에 25[회] 이상 10[kg] 이상의 물체를 무릎 아래에서 들거나 어깨 위에서 들거나 팔을 뻗은 상태에서 드는 작업
⑩ 하루에 2[시간] 이상 분당 2[회] 이상 4.5[kg] 이상의 물체를 드는 작업
⑪ 하루에 2[시간] 이상 시간당 10[회] 이상 손 또는 무릎을 사용하여 반복적으로 충격을 가하는 작업

KEY
① 2018년 8월 19일 기사 출제
② 2022년 3월 5일 기사 출제
③ 2023년 2월 28일 출제

합격정보
근골격계 부담 작업의 범위
고시 제2020-12호(제1조) 근골격계 부담 작업

50 A작업의 평균에너지소비량이 다음과 같을 때, 60분간의 총 작업시간 내에 포함되어야 하는 휴식시간(분)은?

- 휴식중 에너지소비량 : 1.5[kcal/min]
- A작업시 평균 에너지소비량 : 6[kcal/min]
- A기초대사를 포함한 작업에 대한 평균 에너지소비량 상한 : 5[kcal/min]

① 10.3
② 11.3
③ 12.3
④ 13.3

해설

휴식시간 계산

$$휴식시간(R) = \frac{60(E-5)}{E-1.5} = \frac{60(6-5)}{6-1.5} = 13.33[분]$$

여기서, R : 휴식시간(분)
E : 작업 시 평균 에너지 소비량[kcal/분]
60분 : 총작업 시간
1.5[kcal/분] : 휴식시간 중 에너지 소비량
5[kcal/분] : 기초대사량을 포함한 보통작업에 대한 평균 에너지(기초대사량을 포함하지 않을 경우 : 4[kcal/분])

KEY
① 2016년 5월 8일, 10월 1일 기사 출제
② 2018년 9월 15일 출제
③ 2022년 4월 24일 기사 출제
④ 2023년 6월 4일 출제

51 인간공학에 대한 설명으로 틀린 것은?

① 인간-기계 시스템의 안전성, 편리성, 효율성을 높인다.
② 인간을 작업과 기계에 맞추는 설계 철학이 바탕이 된다.
③ 인간이 사용하는 물건, 설비, 환경의 설계에 적용된다.
④ 인간의 생리적, 심리적인 면에서의 특성이나 한계점을 고려한다.

해설

인간공학
기계, 기구, 환경 등의 물적 조건을 인간의 특성과 능력에 잘 조화하도록 설계하기 위한 수단을 연구하는 학문이다.

[정답] 49 ④ 50 ④ 51 ②

KEY
① 2015년 5월 31일, 8월 16일 출제
② 2017년 9월 23일 출제
③ 2019년 4월 27일 출제
④ 2022년 4월 24일 출제

52 인간 기계시스템의 연구 목적으로 가장 적절한 것은?

① 정보 저장의 극대화
② 운전시 피로의 평준화
③ 시스템의 신뢰성 극대화
④ 안전의 극대화 및 생산능률의 향상

해설

인간 기계 시스템의 연구목적
안전의 극대화 및 생산 능률의 향상

KEY
① 2015년 9월 19일 기사 출제
② 2017년 8월 26일 산업기사 출제
③ 2019년 3월 3일 기사 출제
④ 2023년 2월 28일 출제

53 다음 중 동작경제의 원칙에 해당하지 않는 것은?

① 공구의 기능을 각각 분리하여 사용하도록 한다.
② 두 팔의 동작은 동시에 서로 반대방향으로 대칭적으로 움직이도록 한다.
③ 공구나 재료는 작업동작이 원활하게 수행되도록 그 위치를 정해준다.
④ 가능하다면 쉽고도 자연스러운 리듬이 작업동작에 생기도록 작업을 배치한다.

해설

공구 및 설비 디자인에 관한 원칙
(Design of tools and equipment)
① 치구나 발로 작동시키는 기기를 사용할 수 있는 작업에서는 이러한 기기를 활용하여 양손이 다른 일을 할 수 있도록 한다.
② 공구의 기능은 결합하여서 사용하도록 한다.
③ 공구와 재료는 가능한 한 사용하기 쉽도록 미리 위치를 잡아준다.
④ 각 손가락이 서로 다른 작업을 할 때에는 작업량을 각 손가락의 능력에 맞도록 분배해야 한다.
⑤ 레버, 핸들 및 통제기기는 작업자가 몸의 자세를 크게 바꾸지 않더라도 조작하기 쉽도록 배열한다.

KEY
① 2023년 2월 28일 출제
② 2023년 4월 1일 산업안전(보건)지도사 출제

54 Rasmussen은 행동을 세 가지로 분류하였는데, 그 분류에 해당하지 않는 것은?

① 숙련 기반 행동(skill-based behavior)
② 지식 기반 행동(knowledge-based behavior)
③ 경험 기반 행동(experience-based behavior)
④ 규칙 기반 행동(rule-based behavior)

해설

Rasmussen(라스무센)의 행동 세가지 분류
① 숙련 기반 행동(skill-based behavior)
② 지식 기반 행동(knowledge-based behavior)
③ 규칙 기반 행동(rule-based behavior)

KEY
① 2016년 5월 8일 기사 출제
② 2018년 8월 19일 기사 출제
③ 2023년 6월 4일 출제

55 연구 기준의 요건과 내용이 옳은 것은?

① 무오염성 : 실제로 의도하는 바와 부합해야 한다.
② 적절성 : 반복 실험 시 재현성이 있어야 한다.
③ 신뢰성 : 측정하고자 하는 변수 이외의 다른 변수의 영향을 받아서는 안된다.
④ 민감도 : 피실험자 사이에서 볼 수 있는 예상 차이점에 비례하는 단위로 측정해야 한다.

해설

기준의 요건

구분	특징
적절성(relevance)	기준이 의도된 목적에 적합하다고 판단되는 정도
무오염성	측정하고자 하는 변수외의 영향이 없도록
기준척도의 신뢰성 (reliability criterion measure)	척도의 신뢰성 즉 반복성(repeatability)

KEY
① 2011년 3월 20일 기사 출제
② 2013년 6월 2일 기사 출제
③ 2014년 3월 2일 기사 출제
④ 2017년 8월 26일 기사 출제
⑤ 2020년 6월 7일, 9월 27일 기사 출제
⑥ 2022년 3월 5일 기사 출제
⑦ 2023년 7월 8일 출제

[정답] 52 ④ 53 ① 54 ③ 55 ④

56
섬유유연제 생산 공정이 복잡하게 연결되어 있어 작업자의 불안전한 행동을 유발하는 상황이 발생하고 있다. 이것을 해결하기 위한 위험처리 기술에 해당하지 않는 것은?

① Transfer(위험전가)
② Retention(위험보류)
③ Reduction(위험감축)
④ Rearrange(작업순서의 변경 및 재배열)

해설

Risk 처리(위험조정)기술 4가지
① 위험회피(Avoidance)
② 위험제거(경감, 감축 : Reduction)
③ 위험보유(보류 : Retention)
④ 위험전가(Transfer) : 보험으로 위험조정

KEY
① 2014년 3월 2일 기사 출제
② 2018년 8월 19일 기사 출제
② 2023년 7월 8일 출제

57
산업안전보건법령상 유해·위험방지계획서의 심사결과에 따른 구분·판정에 해당하지 않는 것은?

① 적정   ② 일부적정
③ 부적정   ④ 조건부적정

해설

심사결과 구분·판정 3가지
① 적정 : 근로자의 안전과 보건상 필요한 조치가 구체적으로 확보되었다고 인정될 때
② 조건부 적정 : 근로자의 안전과 보건을 확보하기 위하여 일부 개선이 필요하다고 인정될 때
③ 부적정 : 기계·설비 또는 건설물이 심사기준에 위반되어 공사착공시 중대한 위험발생의 우려가 있거나 계획에 근본적 결함이 있다고 인정될 때

KEY
① 2014년 3월 2일 기사 출제
② 2015년 8월 16일 기사 출제
③ 2017년 8월 26일 기사 출제
④ 2018년 8월 19일 기사 출제
⑤ 2023년 7월 8일 출제

합격정보
산업안전보건법 시행규칙 제123조(심사결과의 구분)

58
다음과 같은 실내 표면에서 일반적으로 추천반사율의 크기를 맞게 나열한 것은?

[다음]
㉠ 바닥   ㉡ 천장   ㉢ 가구   ㉣ 벽

① ㉠<㉣<㉢<㉡
② ㉣<㉠<㉡<㉢
③ ㉠<㉢<㉣<㉡
④ ㉣<㉡<㉠<㉢

해설

IES추천 조명반사율 권고
① 바닥 : 20~40[%]
② 가구, 사용기기, 책상 : 25~40[%]
③ 창문발(blind), 벽 : 40~60[%]
④ 천장 : 80~90[%]

KEY
① 2016년 3월 6일 산업기사 출제
② 2016년 10월 1일 기사 출제
③ 2017년 8월 26일, 9월 23일 산업기사 출제
④ 2018년 3월 4일 출제
⑤ 2019년 9월 21일 산업기사 출제
⑥ 2023년 6월 4일 출제

59
의도는 올바른 것이었지만 행동이 의도한 것과는 다르게 나타나는 오류를 무엇이라 하는가?

① Slip   ② Mistake
③ Lapse   ④ Violation

해설

인간의 오류 모형

구분	특징
착각(Illusion)	감각적으로 물리현상을 왜곡하는 지각 오류
착오(Mistake)	상황해석을 잘못하거나 목표를 잘못 이해하고 착각하여 행하는 인간의 실수로 위치, 순서, 패턴, 형상, 기억오류 등 외부적 요인에 의해 나타나는 오류
실수(Slip)	의도는 올바른 것이었지만, 행동이 의도한 것과는 다르게 나타나는 오류
건망증(Lapse)	일련의 과정에서 일부를 빠뜨리거나 기억의 실패에 의해 발생하는 오류
위반(Violation)	정해진 규칙을 알고 있음에도 의도적으로 따르지 않거나 무시한 경우에 발생하는 오류

[정답] 56 ④   57 ②   58 ③   59 ①

KEY ① 2009년 5월 10일 출제
② 2017년 8월 26일 기사 출제
③ 2019년 3월 3일, 4월 27일기사 출제
④ 2021년 5월 15일 기사 출제
⑤ 2023년 2월 28일 출제

60 산업안전보건법령상 사업주가 유해위험방지계획서를 제출할 때에는 사업장 별로 관련 서류를 첨부하여 해당 작업 시작 며칠 전까지 해당 기관에 제출하여야 하는가?

① 7일   ② 15일
③ 30일 ④ 60일

해설

유해위험방지 계획서 제출시기 및 부수
① 제조업 : 해당 작업시작 15일 전까지 공단에 2부 제출
② 건설업 : 공사 착공전날까지 공단에 2부 제출

KEY ① 2016년 3월 6일 기사 출제
② 2017년 9월 23일 기사 출제
③ 2022년 4월 24일 기사 출제
④ 2023년 2월 28일 출제

합격정보
① 산업안전보건법 시행규칙 제42조(제출서류등)
② 2024. 7. 1. 개정「고용노동부령 제419호」적용

4 건설시공학

61 다음은 표준시방서에 따른 기성말뚝 세우기 작업 시 준수사항이다. (   )안에 들어갈 내용으로 옳은 것은?

> 말뚝의 연직도나 경사도는 (A) 이내로 하고, 말뚝박기 후 평면상의 위치가 설계도면의 위치로부터 (B)와 100[mm] 중 큰 값 이상으로 벗어나지 않아야 한다.

① A : 1/50, B : D/4
② A : 1/150, B : D/4
③ A : 1/100, B : D/2
④ A : 1/150, B : D/2

해설

말뚝 세우기
① 시공기계는 말뚝이 소정의 위치에 정확하게 설치될 수 있도록 견고한 지반 위의 정확한 위치에 설치하여야 한다.
② 말뚝을 정확하고도 안전하게 세우기 위해서는 정확한 규준틀을 설치하고 중심선 표시를 용이하게 하여야 하며, 말뚝을 세운 후 검측은 직교하는 2방향으로부터 하여야 한다.
③ 말뚝의 연직도나 경사도는 1/50 이내로 하고, 말뚝박기 후 평면상의 위치가 설계도면의 위치로부터 D/4(D는 말뚝의 바깥 지름)와 100[mm] 중 큰 값 이상으로 벗어나지 않아야 한다.

KEY ① 2020년 9월 27일(문제 73번) 출제
② 2023년 9월 2일(문제 72번) 출제

62 제자리 콘크리트 말뚝지정 중 베노토 파일의 특징에 관한 설명으로 옳지 않은 것은?

① 기계가 저가이고 굴착속도가 비교적 빠르다.
② 케이싱을 지반에 압입해 가면서 관 내부 토사를 특수한 버킷으로 굴착 배토한다.
③ 말뚝구멍의 굴착 후에는 철근콘크리트말뚝을 제자리치기한다.
④ 여러 지질에 안전하고 정확하게 시공할 수 있다.

해설

Benoto공법(올케이싱공법)
① 해머 그래브로 굴착, 적용지반이 다양하다.
② 굴착하는 전체에 외관(Casing)을 박고 공사하여 공벽 붕괴를 방지한다.
③ 기계가 고가 대형이며, 케이싱 인발시 철근피복파괴가 우려된다.

KEY ① 2013년 9월 28일 (문제 79번) 출제
② 2020년 9월 27일(문제 74번) 출제
③ 2023년 9월 2일(문제 79번) 출제

63 토공기계 중 흙의 적재, 운반, 정지의 기능을 가지고 있는 장비로써 일반적으로 중거리 정지공사에 많이 사용되는 장비는?

① 파워셔블   ② 캐리올 스크레이퍼
③ 앵글 도저   ④ 탬퍼

[정답] 60 ② 61 ① 62 ① 63 ②

해설

캐리올 스크레이퍼의 특징
① 흙을 깎으면서 동시에 기체 내에 담아 운반하고 깔기를 겸한다.
② 1.5[km]까지의 작업범위를 가진 중장거리, 운반, 배토용 기계로 능률이 좋다.
③ 작업순서
굴착-싣기-운반-사출-고르기-다지기

KEY ① 2008년 5월 11일(문제 78번) 출제
② 2011년 10월 2일(문제 77번) 출제
③ 2023년 9월 2일(문제 63번) 출제

---

64 알루미늄 거푸집에 관한 설명으로 옳지 않은 것은?

① 경량으로 설치시간이 단축된다.
② 이음매(Joint)감소로 견출작업이 감소된다.
③ 주요 시공 부위는 내부벽체, 슬래브, 계단실 벽체이며, 슬래브 필러 시스템이 있어서 해체가 간편하다.
④ 녹이 슬지 않는 장점이 있으나 전용횟수가 매우 적다.

해설

알루미늄 거푸집의 특징
① 패널과 패널간 연결부위의 품질이 우수하다.
② 기존 재래식 공법과 비교하여 건축폐기물을 억제하는 효과가 있다.
③ 패널의 무게를 경량화하여 안전하게 작업이 가능하다.
❋ 1990년부터 우리나라에서 사용

KEY ① 2020년 8월 23일 산업기사(문제 50번) 출제
② 2021년 9월 12일 기사(문제 70번) 출제
③ 2023년 9월 2일(문제 64번) 출제

---

65 거푸집 공사에 적용되는 슬라이딩폼 공법에 관한 설명으로 옳지 않은 것은?

① 형상 및 치수가 정확하며 시공오차가 작다.
② 마감작업이 동시에 진행되므로 공정이 단순화된다.
③ 1일 5~10[m] 수직시공이 가능하다.
④ 일반적으로 돌출물이 있는 건축물에 많이 적용된다.

해설

슬라이딩폼(Sliding form) 공법
거푸집 높이는 약 1[m]이고 하부가 약간 벌어진 원형 철판 거푸집을 요크(Yoke)로 서서히 끌어올리는 공법으로 Silo 공사 등에 적당
① 공기가 약 1/3 단축된다.
② 소요 경비가 절감된다.
③ 연속적으로 부어넣으므로 일체성을 확보할 수 있다.

KEY ① 2017년 9월 23일 기사 출제
② 2018년 4월 28일 기사 출제
③ 2019년 9월 21일 기사 출제
④ 2023년 9월 2일(문제 71번) 출제
⑤ 2024년 2월 15일(문제 69번) 출제

---

66 거푸집 설치와 관련하여 다음 설명에 해당하는 것으로 옳은 것은?

> 보, 슬래브 및 트러스 등에서 그의 정상적 위치 또는 형상으로부터 처짐을 고려하여 상향으로 들어올리는 것 또는 들어 올린 크기

① 폼타이 ② 캠버
③ 동바리 ④ 턴버클

해설

캠버(camber)
① 처짐을 고려하여 보나 슬래브 중앙부를 $l/300$~$l/500$ 정도 미리 치켜올림
② 높이 조절용 쐐기

KEY ① 2016년 5월 8일 기사·산업기사 동시출제
② 2019년 4월 27일 산업기사 출제
③ 2020년 8월 22일(문제 66번) 출제
④ 2023년 6월 4일(문제 62번) 출제
⑤ 2024년 2월 15일(문제 76번) 출제

---

67 예정가격범위 내에서 최저가격으로 입찰한 자를 낙찰자로 선정하는 낙찰자 선정 방식은?

① 최적격 낙찰제
② 제한적 최저가 낙찰제
③ 최저가 낙찰제
④ 적격 심사 낙찰제

[정답] 64 ④ 65 ④ 66 ② 67 ③

해설

낙찰자 선정방식
① 최저가 낙찰제 : 입찰자 중 예정가격 범위 내에서 최저가격으로 입찰한 자 선정(부적격자 낙찰 우려)
② 제한적 최저가 낙찰제 : Dumping에 의한 부실공사의 방지 목적으로 예정가격의 90% 이상자 중 가장 최저가로 입찰한 자 선정
③ 부찰제 : 예정가격 85% 이상 입찰자 중 평균가격을 산정하고 이 평균가격 밑으로 가장 근접한 입찰자를 선정
④ 적격자 낙찰제 : 건설업체의 기술능력, 시공경험, 재정능력, 성실도 등을 종합적으로 평가하여 적격자에게 낙찰시키는 방법

KEY ① 2022년 4월 24일(문제 72번) 출제
② 2023년 6월 4일(문제 65번) 출제

68 철골구조의 녹막이 칠 작업을 실시하는 곳은?
① 콘크리트에 매입되지 않는 부분
② 고력볼트 마찰 접합부의 마찰면
③ 폐쇄형 단면을 한 부재의 밀폐된 면
④ 조립상 표면접합이 되는 면

해설

녹막이 칠을 하지 않는 부분
① 콘크리트에 매입되는 부분
② 조립에 의하여 맞닿는 면
③ 현장용접을 하는 부위 및 그곳에 인접하는 양측 100[mm] 이내(용접부에서 50[mm] 이내)
④ 고장력 볼트 마찰 접합부의 마찰면
⑤ 폐쇄형 단면을 한 부재의 밀폐면
⑥ 기계깎기 마무리면

KEY ① 2015년 5월 31일(문제 62번) 출제
② 2023년 6월 4일(문제 66번) 출제

69 수평, 수직적으로 반복된 구조물을 시공 이음없이 균일한 형상으로 시공하기 위하여 요크(yoke), 로드(rod), 유압잭(jack)을 이용하여 거푸집을 연속적으로 이동시키면서 콘크리트를 타설할 수 있는 시스템거푸집은?
① 슬라이딩 폼   ② 갱폼
③ 터널폼   ④ 트레블링 폼

해설

슬라이딩 폼(Sliding form)
① 거푸집 높이는 약 1[m]이고 하부가 약간 벌어진 원형 철판 거푸집을 요크(Yoke)로 서서히 끌어올리는 공법으로 Silo 공사 등에 적당하다.
② 공기가 약 1/3 단축된다.
③ 소요 경비가 절감된다.
④ 연속적으로 부어넣으므로 일체성을 확보할 수 있다.

KEY ① 2017년 9월 23일 출제
② 2018년 4월 28일(문제 66번) 출제
③ 2023년 6월 4일(문제 67번) 출제
⑤ 2024년 2월 15일(문제 65번) 출제

70 원가절감에 이용되는 기법 중 VE(Value Engineering)에서 가치를 정의하는 공식은?
① 품질/비용   ② 비용/기능
③ 기능/비용   ④ 비용/품질

해설

VE(Value Enginnering)
① 건설현장에서 필요한 기능을 품질저하 없이 유지하며 가장 적은 비용으로 공사를 관리하는 원가절감기법(가치공학)
② 원가절감 가능성이 큰 단계 : 기획설계
③ 가치 = $\dfrac{기능}{비용}$

KEY ① 2016년 5월 8일 출제
② 2017년 5월 7일 산업기사 출제
③ 2018년 4월 28일 산업기사(문제 45번) 출제
④ 2019년 4월 27일(문제 63번) 출제
⑤ 2023년 6월 4일(문제 69번) 출제

71 콘크리트 표준시방서에 따른 거푸집널의 해체시기로 옳은 것은?(단, 콘크리트의 압축강도를 시험하지 않을 경우, 기둥으로서 평균기온이 20[℃] 이상이며 조강 포틀랜드 시멘트를 사용)
① 1일   ② 2일
③ 3일   ④ 4일

해설

압축강도를 시험하지 않을 경우

시멘트의 종류 평균기온	조강 포틀랜드 시멘트	보통포틀랜드시멘트 고로슬래그시멘트(1종) 포틀랜드포졸란시멘트(1종) 플라이애시시멘트(1종)	고로슬래그시멘트(2종) 포틀랜드포졸란시멘트(2종) 플라이애시시멘트(2종)
20[℃] 이상	2일	4일	5일
20[℃] 미만 10[℃] 이상	3일	6일	8일

[정답] 68 ① 69 ① 70 ③ 71 ②

과년도 출제문제

KEY ① 2013년 6월 2일(문제 74번) 출제
② 2019년 9월 21일 등 5회 이상 출제
③ 2023년 6월 4일(문제 73번) 출제

72 건설공사의 시공계획 수립 시 작성할 필요가 없는 것은?

① 현치도
② 공정표
③ 실행예산의 편성 및 조정
④ 재해방지대책

해설

시공계획의 내용 및 순서
① 현장원 편성
② 공정표 작성
③ 실행예산 편성
④ 하도급자의 선정
⑤ 가설준비물 결정
⑥ 재료선정 및 결정
⑦ 재해방지대책 및 의료대책

KEY ① 2018년 제1회 출제
② 2023년 2월 28일(문제 61번) 출제

보충학습
현치도 : 시공도 작성시 필요

73 건축시공의 현대화 방안 중 3S system과 관계가 먼 사항은?

① 작업의 표준화   ② 작업의 기계화
③ 작업의 단순화   ④ 작업의 전문화

해설

3S system
① 표준화
② 단순화
③ 전문화

74 철골공사에서 발생할 수 있는 용접불량에 해당되지 않는 것은?

① 스캘럽(scallop)   ② 언더컷(under cut)
③ 오버랩(over lap)   ④ 피트(pit)

해설

Scallop(스캘럽)
① 철골부재의 접합 및 이음 중 용접 접합시에 H형강 등의 용접부위가 타 부재 용접 접합시 재용접되어서 열영향부의 취약화를 방지하는 목적으로 곡선 모따기를 하는 것을 말한다.
② 가공은 절삭 가공기나 부속장치가 딸린 수동 가스 절단기를 사용한다. (반지름 30[mm] 표준)

KEY ① 2021년 3월 7일 출제
② 2023년 2월 28일(문제 71번) 출제

75 철근의 피복두께를 유지하는 목적이 아닌 것은?

① 부재의 소요 구조 내력 확보
② 부재의 내화성 유지
③ 콘크리트의 강도 증대
④ 부재의 내구성 유지

해설

철근 피복두께의 유지목적
① 내화성능 유지
② 내구성능 유지
③ 소요 구조내력확보. 즉, 콘크리트의 유동성, 부착력, 강도확보 등

KEY ① 2018년 4월 28일 기사 출제
② 2022년 3월 25일 출제
③ 2023년 2월 28일(문제 74번) 출제

보충학습
철근 피복 두께 : 철근 표면에서 이를 감싸고 있는 콘크리트 표면까지의 두께

76 통상적으로 스팬이 큰 보 및 바닥판의 거푸집을 걸 때에 스팬의 캠버(camber)값으로 옳은 것은?

① $\ell/300 \sim \ell/500$ ② $\ell/200 \sim \ell/350$
③ $\ell/150 \sim \ell/250$ ④ $\ell/100 \sim \ell/300$

[정답] 72 ① 73 ② 74 ① 75 ③ 76 ①

해설

거푸집 시공상 주의점(안전성) 검토
① 조립, 해체 전용 계획에 유의
② 바닥, 보의 중앙부 치켜 올림 고려 : ℓ/300~ ℓ/500
③ 갱폼, 터널폼은 이동성, 연속성 고려
④ 재료의 허용응력도는 장기 허용응력도의 1.2배까지 택함
⑤ 비계나 가설물에 연결하지 않는다.

KEY ① 2022년 4월 24일(문제 61번) 출제
② 2024년 2월 15일(문제 66번) 해설

보충학습

캠버(Camber)
① 사태 방지재의 부착고정, 흄관의 이동 방지 등에 사용되는 쐐기 모양의 나무 조각
② 차도 또는 보도의 횡단 형상에서 중간이 높게 된 것 또는 횡단 물매

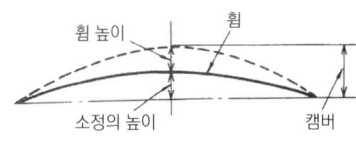

[그림] 캠버

77 철골작업용 장비 중 절단용 장비로 옳은 것은?

① 프릭션 프레스(frixtion press)
② 플레이트 스트레이닝 롤(plate straining roll)
③ 파워 프레스(power press)
④ 핵 소우(hack saw)

해설

hack saw(쇠톱, 활톱)
① 금속의 공작물을 자를 때 사용되며, 일반적으로 손작업용 쇠톱이 쓰인다.
② 톱날을 고정하는 프레임은 톱날 길이에 따라 몇 단계로 조절이 가능하다.
③ 톱날을 수직·수평 어느 방향으로도 끼울 수 있다.

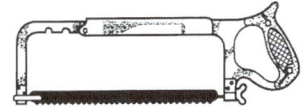

[그림] hack saw

KEY ① 2017년 3월 5일 출제
② 2019년 4월 27일(문제 69번) 출제
③ 2022년 4월 24일(문제 70번) 출제

78 바닥판 거푸집의 구조계산 시 고려해야 하는 연직하중에 해당하지 않는 것은?

① 작업하중
② 충격하중
③ 고정하중
④ 굳지 않은 콘크리트의 측압

해설

연직방향 하중
① 타설콘크리트 고정하중
② 타설시 충격하중
③ 작업원 등의 작업하중

KEY ① 2016년 5월 8일 산업기사 출제
② 2018년 4월 28일 산업기사 출제
③ 2019년 3월 3일(문제 88번) 출제
④ 2019년 9월 21일 산업기사(문제 98번) 출제
⑤ 2022년 4월 24일(문제 80번) 출제

79 강제 널말뚝(steel sheet pile)공법에 관한 설명으로 옳지 않은 것은?

① 무소음 설치가 어렵다.
② 타입 시 지반의 체적 변형이 작아 항타가 쉽다.
③ 강제 널말뚝에는 U형, Z형, H형 등이 있다.
④ 관입, 철거 시 주변 지반침하가 일어나지 않는다.

해설

강널말뚝(steel sheet pile)
① 토목·건축공사에서 물막이·흙막이 등을 위해 박는 강판으로 된 말뚝으로 시트파일이라 한다.
② 단면의 형태는 여러 가지가 있으나, 양단이 구멍형 또는 요철(凹凸)로 되어 있어 서로 끼워 맞출 수 있게 되어 있다.
③ 구조물의 일부로서 강널말뚝을 사용하는 예 : 강널말뚝식 암벽(岩壁)이 있다.
④ 장점
  ㉮ 시공이 빠르고 간단하다.
  ㉯ 공사비용도 적게 든다.
  ㉰ 약한 지반에도 적용할 수 있다.
  ㉱ 내진구조(耐震構造)로 할 수도 있다는 점 등이다.
⑤ 단점
  ㉮ 외부로부터의 충격에 약하다.
  ㉯ 내수성이 약하므로 방식처리(防蝕處理)를 해야 한다.
  ㉰ 관입철거시 주변 침하가 일어나기 쉽다.

[정답] 77 ④ 78 ④ 79 ④

[그림] 강널말뚝

KEY ① 2018년 3월 4일(문제 63번) 출제
② 2018년 9월 15일 산업기사 출제
③ 2022년 3월 5일(문제 62번) 출제

80 네트워크 공정표에 사용되는 용어에 관한 설명으로 옳지 않은 것은?

① 크리티컬 패스(Critical path) : 개시 결합점에서 종료 결합점에 이르는 가장 긴 경로
② 더미(Dummy) : 결합점이 가지는 여유시간
③ 플로트(Float) : 작업의 여유시간
④ 패스(Path) : 네트워크 중에서 둘 이상의 작업이 이어지는 경로

해설

용어와 기호

용어	기호	내용 및 설명
Event	○	작업의 결합점, 개시점 또는 종료점
Activity	→	프로젝트를 구성하는 작업단위
Dummy	┄┄▶	가상적 작업(시간이나 작업량 없음)

KEY ① 2017년 9월 23일(문제 62번) 출제
② 2022년 3월 5일(문제 66번) 출제

보충학습
slack : 결합점이 가지는 여유시간

5 건설 재료학

81 점토제품 시공 후 발생하는 백화에 관한 설명으로 옳지 않은 것은?

① 타일 등의 시유소성한 제품은 시멘트 중의 경화제가 백화의 주된 요인이 된다.
② 작업성이 나쁠수록 모르타르의 수밀성이 저하되어 투수성이 커지게 되고, 투수성이 커지면 백화 발생이 커지게 된다.
③ 점토제품의 흡수율이 크면 모르타르 중의 함유수를 흡수하여 백화발생을 억제한다.
④ 물시멘트비가 크게 되면 잉여수가 증대되고, 이 잉여수가 증발할 때 가용 성분의 용출을 발생시켜 백화 발생의 원인이 된다.

해설

백화현상
(1) 백화발생의 개요
　① 백화는 시멘트 벽돌, 타일, 석재, 콘크리트 등의 표면에 생기는 흰색 수산화칼슘 결정체를 말한다.
　② 백화현상은 시멘트 중의 수산화칼슘이 공기 중의 탄산가스와 반응하여 생성되며, 마감면을 훼손하는 하자이다.
　③ 화학식 : $CaO + H_2O \rightarrow Ca(OH)_2 + CO_2 \rightarrow CaCO_3 + H_2O$
(2) 백화현상의 방지대책
　① 잘 구워진 벽돌(소성이 잘된 벽돌)을 사용한다.
　② 줄눈의 방수처리 철저, 예방이 중요하다.
　③ 조립률이 큰 모래, 분말도가 큰 시멘트를 사용한다.
　④ 차양, 루버, 돌림띠 등 비막이를 설치한다.
　⑤ 표면에 파라핀 도료나 실리콘 뿜칠하여 수산화 칼슘 유출을 방지한다.
　⑥ 우중시공을 철저히 금지시킨다.

KEY ① 2016년 10월 1일 (문제 81번) 출제
② 2023년 9월 2일(문제 81번) 출제

82 경질우레탄폼 단열재에 관한 설명 중 옳지 않은 것은?

① 규격은 한국산업표준(KS)에 규정되어 있다.
② 공사현장에서 발포시공이 가능하다.
③ 사용시간이 경과함에 따라 부피가 팽창하는 결점이 있다.
④ 초저온 장치용 보냉재로 사용된다.

[정답] 80 ② 81 ③ 82 ③

해설

경질 폴리우레탄 폼(rigid polyurethane foam)
① 경질 폴리우레탄 폼은 고분자 단열재의 일종인데, 단열재 중에서 가장 단열성이 높아 로크울의 약 2배의 단열성을 갖고 있다.
② 단열효과는 발포제(發泡劑)로 사용하는 프론가스에서 비롯되는 것으로, 성에너지형 주택의 증가와 함께 근년에 생산량이 늘어나고 있다.
③ 시간이 경과해도 부피는 변화가 없다.

KEY ① 2020년 9월 27일(문제 93번) 출제
② 2023년 9월 2일(문제 86번) 출제

보충학습

폴리우레탄
① 폴리우레탄 결합이라는 구조를 갖고 있기 때문에 이렇게 부르고 있다.
② 매우 강인한 것이 특징이며, 고무 탄성을 가지고 있다.
③ 발포제로 하여 우레탄 폼으로 사용될 뿐만 아니라 합성 섬유와 합성 고무로도 사용되고 있다.

83 골재의 함수상태에 관한 설명으로 옳지 않은 것은?

① 유효흡수량이란 절건상태와 기건상태의 골재내에 함유된 수량의 차를 말한다.
② 함수량이란 습윤상태의 골재의 내외에 함유하는 전체수량을 말한다.
③ 흡수량이란 표면건조 내부포수상태의 골재중에 포함하는 수량을 말한다.
④ 표면수량이란 함수량과 흡수량의 차를 말한다.

해설

골재의 함수량

구분	특징
흡수량	절건상태에서 표면건조내부포수상태에 포함되는 물의 량
흡수율	절건상태의 골재중량에 대한 흡수량의 백분율
유효 흡수량	표면건조내부포수상태 − 기건상태
함수량	습윤상태의 골재의 내외에 함유하는 전수량
표면수량	함수량과 흡수량과의 차

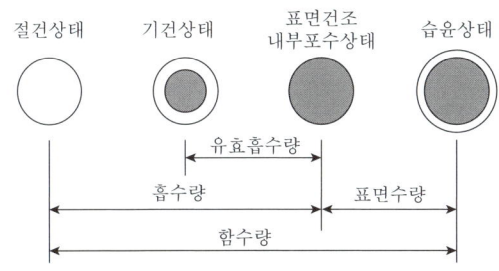

[그림] 골재의 함수상태

KEY ① 2016년 10월 1일(문제 86번) 출제
② 2023년 9월 2일(문제 89번) 출제

84 금속재료의 녹막이를 위하여 사용하는 바탕칠 도료는?

① 알루미늄페인트 ② 광명단
③ 에나멜페인트   ④ 실리콘페인트

해설

방청도료(녹막이칠)의 종류
① 연단(광명단)칠 : 보일드유를 유성 Paint에 녹인 것. 철재에 사용
② 방청·산화철 도료 : 오일스테인이나 합성수지+산화철, 아연분말 등이 원료이고 널리 사용, 내구성 우수, 정벌칠에도 사용
③ 알루미늄 도료 : 방청 효과, 열반사 효과, 알루미늄 분말이 안료
④ 역청질 도료 : 역청질 원료+건성유, 수지유 첨가, 일시적 방청효과 기대
⑤ 징크로메이트 칠 : 크롬산아연+알키드수지, 알루미늄, 아연철판 녹막이칠
⑥ 규산염 도료 : 규산염+아마인유. 내화도료로 사용
⑦ 연시아나이드 도료 : 녹막이 효과, 주철제품의 녹막이칠에 사용
⑧ 이온교환수지 : 전자제품, 철제면 녹막이 도료
⑨ 그라파이트 칠 : 녹막이칠의 정벌칠에 사용

KEY ① 2018년 9월 15일(문제 90번) 출제
② 2023년 9월 2일(문제 90번) 출제

85 비철금속 중 아연에 대한 설명으로 옳지 않은 것은?

① 건조한 공기 중에서는 거의 산화되지 않는다.
② 묽은 산류에 쉽게 용해된다.
③ 주용도는 철판의 아연도금이다.
④ 불순물인 철(Fe)·카드뮴(Cd)·주석(Sn) 등을 소량 함유하게 되면 광택이 매우 우수해진다.

해설

아연(Zn)의 성질
① 연성 및 내식성이 양호하다.
② 공기 중에서 거의 산화되지 않는다.
③ 습기 및 이산화탄소가 있을 때에는 표면에 탄산염이 생긴다.
④ 철강의 방식용 피복재로 사용된다.

KEY ① 2013년 9월 28일(문제 86번) 출제
② 2023년 9월 2일(문제 97번) 출제

[정답] 83 ① 84 ② 85 ④

86 AE콘크리트에 관한 설명으로 옳지 않은 것은?

① 시공연도가 좋고 재료분리가 적다.
② 단위수량을 줄일 수 있다.
③ 제물치장 콘크리트 시공에 적당하다.
④ 철근에 대한 부착강도가 증가한다.

해설
AE콘크리트
(1) 정의
콘크리트 속에 AE제를 혼합하여 시공연도를 좋게 한 콘크리트이다.
(2) AE콘크리트의 특징
　① 단위수량이 적게 든다.
　② 워커빌리티가 향상되고 골재로서 깬자갈의 사용도 유리하게 된다.
　③ 내구성이 향상된다.
　④ 콘크리트 경화에 따른 발열이 작아진다.
　⑤ 동결융해에 대한 저항이 크게 된다.
　⑥ 블리딩 감소, 재료분리가 감소된다.
　⑦ 철근과 부착강도는 다소 작아진다.
　⑧ 적정한 AE(콘크리트 용적의 4~7[%])는 내구성을 증대시키나 지나친 공기량은(6[%] 이상)은 강도와 내구성을 저하시킨다.
(3) 공기량의 성질
　① AE제를 넣을수록 공기량은 증가한다.
　② 기계비빔이 손비빔보다 증가한다.
　③ 비빔시간은 3~5분까지는 공기량이 증가하고 그 이상은 감소한다.
　④ 온도가 높아질수록 감소한다.
　⑤ 진동기를 사용하면 감소한다.
　⑥ 공기량 1[%] 증가에 대하여 압축강도 4~5[%] 저하한다.

KEY ① 2016년 5월 8일(문제 96번) 출제
　　② 2019년 4월 27일(문제 82번) 출제
　　③ 2023년 6월 4일(문제 81번) 출제

87 강의 가공과 처리에 대한 설명 중 옳지 않은 것은?

① 소정의 성질을 얻기 위해 가열과 냉각을 조합반복하여 행한 조작을 열처리라고 한다.
② 열처리에는 단조, 불림, 풀림 등의 처리방식이 있다.
③ 압연은 구조용 강재의 가공에 주로 쓰인다.
④ 압출가공은 재료의 움직이는 방향에 따라 전방압출과 후방압출로 분류할 수 있다.

해설
단조가공(forging)
① 금속재료를 소성 유동하기 쉬운 상태에서 압축력 또는 충격력을 가하여 단련하는 가공
② 일반적으로 결정입자를 미세화하고, 조직을 균등하게 하여 강도나 인성을 좋게 하는 가공

KEY ① 2012년 9월 15일(문제 97번) 출제
　　② 2013년 6월 2일(문제 84번) 출제
　　③ 2023년 4월 1일 산업안전지도사 전공 출제
　　④ 2023년 6월 4일(문제 84번) 출제

88 절대건조밀도가 2.6[g/cm³]이고, 단위용적질량이 1,750[kg/m³]인 굵은 골재의 공극률은?

① 30.5%　　② 32.7%
③ 34.7%　　④ 36.2%

해설
공극률
① 일정한 크기의 용기 내에서 공극의 비율을 백분율로 나타낸 것
② 공극률이 작으면 시멘트풀의 양이 적게 들고 수밀성, 내구성 및 마모저항 등이 증가되며 건조수축에 의한 균열발생의 위험이 감소된다.
③ 공극률(ν) = $(1 - \dfrac{\text{단위용적중량}(\omega)}{\text{비중}(\rho)}) \times 100(\%)$

= $(1 - \dfrac{1.75}{2.6}) \times 100 = 32.69[\%]$

KEY ① 2017년 9월 23일(문제 95번) 출제
　　② 2018년 9월 15일(문제 94번) 출제
　　③ 2022년 4월 24일(문제 88번) 출제
　　④ 2023년 6월 4일(문제 89번) 등 5회 이상 출제

89 석고보드에 관한 설명으로 옳지 않은 것은?

① 부식이 잘되고 충해를 받기 쉽다.
② 단열성, 차음성이 우수하다.
③ 시공이 용이하여 천장, 칸막이 등에 주로 사용된다.
④ 내수성, 탄력성이 부족하다.

해설
석고보드
① 개요
　㉮ 1902년 미국에서 처음 발명된 석고보드는 소석고(두툼한 종이 사이 석고를 넣고 고온에 가열하여 얻은 결정수를 탈수한 것)와 톱밥, 섬유 등을 혼합하여 만든 벽체
　㉯ 석고보드는 내부 마감을 위한 틀이 되어주는 것 외에도 흡음재, 방화재 등의 역할을 하기 때문에 다양한 건축물의 기초면으로 사용
② 석고보드 특징
　㉮ 단열성 : 열전도율이 굉장히 낮은 편이라 더운 공기, 그리고 찬 공기를 차단하여 열효율성을 굉장히 높여준다.
　㉯ 차음성 : 재질이 종이, 그리고 석고로 이루어져 있기 때문에 차음성능이 굉장히 뛰어나며 외부의 소음을 차단가능

[정답] 86 ④　87 ②　88 ②　89 ①

ⓒ 경제성 : 시공이 굉장히 간편하고 공기를 단축할 수 있으며 자재가 가볍기 때문에 건물의 구조 자재비를 낮출수 있다.
ⓓ 차수 안정성 : 온도, 그리고 습도의 변화에 따라서 수축이나 팽창에 대한 변형이 거의 없어서 시공을 하고 난 후 뒤틀림이 발생하는 경우가 굉장히 적으며 틈이 거의 벌어지지 않는다.
ⓔ 방수성 : 특수 방수처리가 되어 있기 때문에 습기가 많은 욕실은 물론 주방의 하단부 벽체로도 사용가능

KEY ① 2017년 5월 7일 산업기사 출제
② 2019년 9월 21일(문제 95번) 출제
③ 2021년 5월 15일(문제 81번) 출제
④ 2023년 6월 4일(문제 93번) 출제

90 양질의 도토 또는 장석분을 원료로 하며, 흡수율이 1[%] 이하로 거의 없고 소성온도가 약 1,230~1,460[℃]인 점토 제품은?

① 토기 ② 석기
③ 자기 ④ 도기

해설

점토 제품의 분류

종류	소성온도[℃]	흡수율[%]	건축재료	비 고
토기	790~1,000	20 이상	기와, 적벽돌, 토관	저급점토 사용
도기	1,100~1,230	10	내장타일, 테라코타	
석기	1,160~1,350	3~10	마루 타일, 클링커 타일	시유약을 사용하지 않고 식염유를 쓴다.
자기	1,230~1,460	1 이하	내장타일, 외장 타일, 바닥타일, 위생도기, 모자이크 타일	양질의 도토 또는 장석분을 원료로 하며 두드리면 청음이 난다.

KEY ① 2017년 5월 7일 산업기사 출제
② 2018년 3월 4일 산업기사 출제
③ 2023년 6월 4일(문제 98번) 등 5회 이상 출제

91 KSL 4201에 따른 1종 점토벽돌의 압축강도 기준으로 옳은 것은?

① 8.78[MPa] 이상 ② 14.70[MPa] 이상
③ 20.59[MPa] 이상 ④ 24.50[MPa] 이상

해설

점토벽돌의 품질(KSL 4201)

품질 \ 종류	1종	2종	3종
흡수율[%]	10 이하	13 이하	15 이하
압축강도[MPa]	24.50 이상	20.59 이상	10.78 이상

KEY ① 2017년 9월 23일 산업기사 출제
② 2018년 3월 4일 출제
③ 2020년 6월 7일(문제 85번) 출제
④ 2023년 2월 28일(문제 83번) 출제

92 중량 5[kg]인 목재를 건조시켜 전건중량이 4[kg]이 되었다. 건조 전 목재의 함수율은 몇 [%]인가?

① 20[%] ② 25[%]
③ 30[%] ④ 40[%]

해설

함수율 계산

$$\text{함수율} = \frac{(W_1 - W_2)}{W_2} \times 100 = \frac{5-4}{4} \times 100 = 25[\%]$$

W_1 : 함수율을 구하고자 하는 목재편의 중량
W_2 : 100~105[℃]의 온도에서 일정량이 될 때까지 건조시켰을 때의 전건중량

KEY ① 2017년 9월 23일 산업기사 출제
② 2021년 5월 15일 (문제 90번) 출제
③ 2023년 2월 28일(문제 89번) 확인

93 일반적으로 단열재에 습기나 물기가 침투하면 어떤 현상이 발생하는가?

① 열전도율이 높아져 단열성능이 좋아진다.
② 열전도율이 높아져 단열성능이 나빠진다.
③ 열전도율이 낮아져 단열성능이 좋아진다.
④ 열전도율이 낮아져 단열성능이 나빠진다.

해설

단열재의 선정조건
① 열전도율, 흡수율이 작을 것
② 비중, 투기성이 작을 것
③ 내화성이 크고 내부식성이 좋을 것
④ 시공성이 좋고 기계적인 강도가 있을 것
⑤ 재질의 변질이 없고 균일한 품질일 것
⑥ 가격이 저렴하고 연소 시 유독가스 발생이 없을 것

KEY ① 2011년 10월 2일 (문제 87번) 출제
② 2013년 6월 2일 (문제 94번) 출제
③ 2015년 9월 19일 (문제 88번) 출제
④ 2023년 2월 28일(문제 96번) 출제

[정답] 90 ③ 91 ④ 92 ② 93 ②

과년도 출제문제

보충학습

각종 단열재의 열전도율(0℃)

단열재의 종류	열전도율(kcal/m·h·℃)
경질 우레탄 폼	0.017
로크울	0.034
유리 섬유	0.038
연질 섬유판	0.038
폴리스티렌 폼(융착 성형)	0.032
폴리스티렌 폼(압출 성형)	0.029

*출처 : 일본 주택설비시스템협회 발행 「주택과 성에너지」

94 합판에 대한 설명으로 옳지 않은 것은?

① 단판을 섬유방향이 서로 평행하도록 홀수로 적층하면서 접착시켜 합친 판을 말한다.
② 함수율 변화에 따라 팽창·수축의 방향성이 없다.
③ 뒤틀림이나 변형이 적은 비교적 큰 면적의 평면 재료를 얻을 수 있다.
④ 균일한 강도의 재료를 얻을 수 있다.

해설

합판의 특성
① 판재에 비하여 균질이며 우수한 품질좋은 재료를 많이 얻을 수 있다.
② 단판을 섬유방향과 서로 직교(수직) 붙인 것이므로 잘 갈라지지 않으며 방향에 따른 강도의 차이가 적다.(함수율 변화에 따라 신축변형이 작다.)

KEY ① 2017년 9월 23일 산업기사 출제
② 2020년 8월 22일(문제 99번) 출제
③ 2022년 4월 24일(문제 86번) 출제

95 다음의 미장재료 중 균열저항성이 가장 큰 것은?

① 회반죽 바름
② 소석고 플라스터
③ 경석고 플라스터
④ 돌로마이트 플라스터

해설

keen's(킨즈)시멘트(경석고 플라스터)
① 무수석고를 화학처리하여 만든 것으로 경화한 후 매우 단단하다.
② 강도가 크다.
③ 경화가 빠르다.
④ 경화 시 팽창한다.
⑤ 산성으로 철류를 녹슬게 한다.
⑥ 수축이 매우 작다.
⑦ 표면강도가 크고 광택이 있다.

KEY ① 2016년 5월 8일 출제
② 2017년 3월 5일 출제
③ 2017년 9월 23일 기사·산업기사 동시 출제
④ 2017년 9월 23일(문제 97번) 출제
⑤ 2022년 4월 24일(문제 91번) 출제

96 연강판에 일정한 간격으로 그물눈을 내고 늘여 철망 모양으로 만든 것으로 옳은 것은?

① 메탈라스(metal lath)
② 와이어메시(wire mesh)
③ 인서트(insert)
④ 코너비드(comer bead)

해설

메탈라스(Metal lath)
① 박강판에 일정한 간격으로 자른 자국을 많이 내고 이것을 옆으로 잡아당겨 그물코 모양으로 만든 것이다.
② 바름벽 바탕에 사용한다.

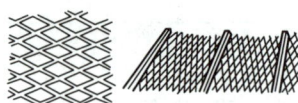

[그림] 메탈라스

KEY ① 2017년 9월 23일 산업기사 (문제 63번) 출제
② 2022년 4월 24일(문제 97번) 출제

97 깬자갈을 사용한 콘크리트가 동일한 시공연도의 보통 콘크리트 보다 유리한 점은?

① 시멘트 페이스트와의 부착력 증가
② 단위수량 감소
③ 수밀성 증가
④ 내구성 증가

해설

깬자갈 사용목적
시멘트 페이스트와의 부착력 증가

KEY ① 2021년 5월 15일(문제 85번) 출제
② 2022년 3월 5일(문제 81번) 출제

[정답] 94 ① 95 ③ 96 ① 97 ①

98 미장재료 중 돌로마이트 플라스터에 대한 설명으로 옳지 않은 것은?

① 보수성이 크고 응결시간이 길다.
② 소석회에 모래, 해초풀, 여물 등을 혼합하여 바르는 미장재료이다.
③ 회반죽에 비하여 조기강도 및 최종강도가 크고 착색이 쉽다.
④ 여물을 혼입하여도 건조수축이 크기 때문에 수축균열이 발생한다.

해설

돌로마이트 플라스터의 특징
① 경화가 느리다. ② 수축성이 커서 균열발생이 쉽다.
③ 시공이 용이하고 값이 싸다. ④ 알칼리성이다.
⑤ 페인트칠이 불가능하다. ⑥ 기경성이다.
⑦ 물로 연화한다.

KEY ① 2018년 4월 28일 기사 출제
② 2018년 9월 15일(문제 92번) 출제
② 2022년 3월 5일(문제 98번) 출제

보충학습
회반죽의 주성분=소석회+모래+해초풀+여물

99 강재(鋼材)의 일반적인 성질에 관한 설명으로 옳지 않은 것은?

① 열과 전기의 양도체이다.
② 광택을 가지고 있으며, 빛에 불투명하다.
③ 경도가 높고 내마멸성이 크다.
④ 전성이 일부 있으나 소성변형능력은 없다.

해설

금속재료의 장·단점(특징)
(1) 장점
  ① 열과 전기의 양도체이다.(열전도율이 크다.)
  ② 경도, 강도, 내마멸성이 크다.
  ③ 소성변형을 할 수 있으며 전연성이 풍부하다.
  ④ 금속 특유의 광택을 나타낸다.
(2) 단점
  ① 비중이 크다.(대부분 7.0 이상이며 4.5 이상은 중금속이다.)
  ② 녹슬기 쉽다.(산화가 된다.)
  ③ 색채가 단조롭다.
  ④ 가공시 가공비가 많이 든다.

KEY ① 2011년 10월 2일(문제 97번) 출제
② 2016년 3월 6일(문제 99번) 출제
③ 2021년 9월 12일(문제 82번) 출제

100 콘크리트의 워커빌리티(workability)에 관한 설명으로 옳지 않은 것은?

① 과도하게 비빔시간이 길면 시멘트의 수화를 촉진하여 워커빌리티가 나빠진다.
② 단위수량을 너무 증가시키면 재료분리가 생기기 쉽기 때문에 워커빌리티가 좋아진다고 볼 수 없다.
③ AE제를 혼입하면 워커빌리티가 좋아진다.
④ 깬자갈이나 깬모래를 사용할 경우, 잔골재율을 작게 하고 단위수량을 감소시키면 워커빌리티가 좋아진다.

해설

워커빌리티
① 쇄석을 사용하면 워커빌리티가 저하한다.
② 빈배합이 워커빌리티가 좋다.

KEY ① 2017년 5월 7일 기사 출제
② 2018년 1회 (문제 98번) 출제
③ 2021년 9월 12일(문제 88번) 출제

6 건설안전기술

101 중량물을 운반할 때의 바른 자세로 옳은 것은?

① 허리를 구부리고 양손으로 들어올린다.
② 중량은 보통 체중의 60%가 적당하다.
③ 물건은 최대한 몸에서 멀리 떼어서 들어올린다.
④ 길이가 긴 물건은 앞쪽을 높게 하여 운반한다.

해설

인력운반 안전기준
① 1인당 무게는 25[kg] 정도가 적절하며, 무리한 운반 금지
② 2인 이상 1조가 되어 어깨메기로 하여 운반하는 등 안전을 도모
③ 긴 철근을 1인이 운반시 앞쪽을 높게하여 어깨에 메고 뒤쪽 끝을 끌면서 운반
④ 운반시 양끝을 묶어 운반
⑤ 내려놓을 때는 던지지 말고 천천히 내려놓을 것
⑥ 공동 작업시 신호에 따라 작업(신호 준수)

KEY ① 2017년 5월 7일 산업기사 출제
② 2019년 3월 3일(문제 111번) 출제

[정답] 98 ② 99 ④ 100 ④ 101 ④

102 산업안전보건법령에 따른 지반의 종류별 굴착면의 기울기 기준으로 옳지 않은 것은?

① 모래 − 1 : 1.8
② 그 밖의 흙 − 1 : 0.3
③ 풍화암 − 1 : 1.0
④ 연암 − 1 : 1.0

해설

굴착면의 기울기 기준

지반의 종류	굴착면의 기울기
모래	1 : 1.8
연암 및 풍화암	1 : 1.0
경암	1 : 0.5
그 밖의 흙	1 : 1.2

KEY
① 2016년 5월 8일 기사·산업기사 동시 출제
② 2017년 3월 5일, 9월 23일 기사 출제
③ 2018년 8월 19일 산업기사 출제
④ 2019년 4월 27일 기사·산업기사 동시 출제
⑤ 2020년 6월 7일, 8월 22일, 9월 27일 기사 출제
⑥ 2022년 3월 5일 기사 출제
⑦ 2023년 2월 28일(문제 114번) 출제

합격정보
산업안전보건기준에 관한 규칙 [별표 11] 굴착면의 기울기 기준

103 다음 중 해체작업용 기계·기구로 가장 거리가 먼 것은?

① 압쇄기
② 핸드 브레이커
③ 철제햄머
④ 진동롤러

해설
진동롤러 : 다짐기계

KEY 2020년 8월 22일(문제 111번) 출제

104 다음은 타워크레인을 와이어로프로 지지하는 경우의 준수해야 할 기준이다. 빈칸에 들어갈 알맞은 내용을 순서대로 옳게 나타낸 것은?

> 와이어로프 설치각도는 수평면에서 (   )도 이내로 하되, 지지점은 (   )개소 이상으로 하고, 같은 각도로 설치할 것

① 45, 4
② 45, 5
③ 60, 4
④ 60, 5

해설

와이어로프로 지지하는 경우 준수사항
① 「산업안전보건법 시행규칙」에 따른 서면심사에 관한 서류(「건설기계관리법」에 따른 형식승인서류를 포함한다) 또는 제조사의 설치작업설명서 등에 따라 설치할 것
② 제①호의 서면심사 서류 등이 없거나 명확하지 아니한 경우에는 「국가기술자격법」에 따른 건축구조·건설기계·기계안전·건설안전기술사 또는 건설안전분야 산업안전지도사의 확인을 받아 설치하거나 기종별·모델별 공인된 표준방법으로 설치할 것
④ 와이어로프를 고정하기 위한 전용 지지프레임을 사용할 것
⑤ 와이어로프 설치각도는 수평면에서 60도 이내로 하고, 지지점은 4개소 이상으로 할 것
⑥ 와이어로프와 그 고정부위는 충분한 강도와 장력을 갖도록 설치하고, 와이어로프를 클립·샤클(shackle) 등의 고정기구를 사용하여 견고하게 고정시켜 풀리지 아니하도록 할 것
⑦ 와이어로프가 가공전선(架空電線)에 근접하지 않도록 할 것

KEY 2015년 5월 31일(문제 114번) 출제

합격정보
산업안전보건기준에 관한 규칙 제142조(타워크레인의 지지)

105 콘크리트 타설작업을 하는 경우에 준수해야할 사항으로 옳지 않은 것은?

① 당일의 작업을 시작하기 전에 해당 작업에 관한 거푸집동바리 등의 변형·변위 및 지반의 침하 유무 등을 점검하고 이상이 있으면 보수한다.
② 작업 중에는 거푸집동바리 등의 변형·변위 및 침하 유무 등을 감시할 수 있는 감시자를 배치하여 이상이 있으면 작업을 빠른 시간 내 우선 완료하고 근로자를 대피시킨다.
③ 콘크리트 타설작업 시 거푸집붕괴의 위험이 발생할 우려가 있으면 충분한 보강 조치를 한다.
④ 콘크리트를 타설하는 경우에는 편심이 발생하지 않도록 골고루 분산하여 타설한다.

[정답] 102 ② 103 ④ 104 ③ 105 ②

해설

제334조(콘크리트의 타설작업) 사업주는 콘크리트의 타설작업을 하는 경우에는 다음 각 호의 사항을 준수하여야 한다.
1. 당일의 작업을 시작하기 전에 해당 작업에 관한 거푸집 및 동바리를 변형·변위 및 지반의 침하유무 등을 점검하고 이상이 있으면 보수할 것
2. 작업중에는 거푸집동바리 등의 변형·변위 및 침하유무 등을 감시할 수 있는 감시자를 배치하여 이상이 있으면 작업을 중지시키고 근로자를 대피시킬 것
3. 콘크리트의 타설작업시 거푸집붕괴의 위험이 발생할 우려가 있는 경우에는 충분한 보강조치를 할 것
4. 설계도서상의 콘크리트 양생기간을 준수하여 거푸집 및 동바리를 해체할 것
5. 콘크리트를 타설하는 경우에는 편심이 발생하지 않도록 골고루 분산하여 타설할 것

KEY
① 2016년 5월 8일 기사 출제
② 2016년 10월 1일 산업기사 출제
③ 2017년 3월 5일 산업기사 출제
④ 2021년 5월 15일, 8월 14일 기사 출제
⑤ 2022년 3월 5일(문제 118번) 출제

106 미리 작업장소의 지형 및 지반상태 등에 적합한 제한속도를 정하지 않아도 되는 차량계 건설기계의 속도 기준은?

① 최대 제한 속도가 10[km/h] 이하
② 최대 제한 속도가 20[km/h] 이하
③ 최대 제한 속도가 30[km/h] 이하
④ 최대 제한 속도가 40[km/h] 이하

해설

산업안전보건기준에 관한 규칙 제98조(제한속도의 지정 등)
① 사업주는 차량계 하역운반기계, 차량계 건설기계(최대제한속도가 시속 10킬로미터 이하인 것은 제외한다)를 사용하여 작업을 하는 경우 미리 작업장소의 지형 및 지반 상태 등에 적합한 제한속도를 정하고, 운전자로 하여금 준수하도록 하여야 한다.
② 사업주는 궤도작업차량을 사용하는 작업, 입환기로 입환작업을 하는 경우에 작업에 적합한 제한속도를 정하고, 운전자로 하여금 준수하도록 하여야 한다.
③ 운전자는 제①항과 제②항에 따른 제한속도를 초과하여 운전해서는 아니 된다.

KEY
① 2014년 8월 17일 기사 출제
② 2017년 8월 26일 기사 출제
③ 2018년 3월 4일 기사 출제
④ 2021년 3월 7일 기사 출제
⑤ 2023년 7월 8일(문제 109번) 출제

107 건설현장에 동바리 조립 시 준수사항으로 옳지 않은 것은?

① 파이프 서포트 높이가 4.5[m]를 초과하는 경우에는 높이 2[m] 이내마다 2개 방향으로 수평연결재를 설치한다.
② 동바리의 침하 방지를 위해 받침목의 사용, 콘크리트 타설, 말뚝박기 등을 실시한다.
③ 강재와 강재의 접속부는 볼트 또는 클램프 등 전용철물을 사용한다.
④ 강관틀 동바리는 강관틀과 강관틀 사이에 교차가새를 설치한다.

해설

동바리로 사용하는 파이프서포트 안전기준
① 파이프서포트를 3개 이상 이어서 사용하지 아니하도록 할 것
② 파이프서포트를 이어서 사용할 경우에는 4개 이상의 볼트 또는 전용철물을 사용하여 이을 것
③ 높이가 3.5[m]를 초과할 경우에는 높이 2[m] 이내마다 수평연결재를 2개 방향으로 만들고 수평연결재의 변위를 방지할 것

KEY
① 2018년 3월 4일 기사·산업기사 동시 출제
② 2018년 8월 19일 출제
③ 2018년 9월 15일 산업기사 출제
④ 2020년 8월 22일 출제
⑤ 2020년 8월 22일 산업기사등 20번 이상 출제
⑥ 2022년 4월 24일(문제 101번) 출제

합격정보
산업안전보건기준에 관한 규칙 제332조의2(동바리 유형에 따른 동바리 조립시의 안전조치)

108 건설공사 유해위험방지계획서를 제출해야 할 대상공사에 해당하지 않는 것은?

① 깊이 10[m]인 굴착공사
② 다목적댐 건설공사
③ 최대 지간길이가 40[m]인 다리건설 공사
④ 연면적 5,000[m²]인 냉동·냉장창고시설의 설비공사

[정답] 106 ① 107 ① 108 ③

과년도 출제문제

> **해설**

유해위험 방지계획서 제출 대상 공사
(1) 건축물 또는 시설 등의 건설·개조 또는 해체공사
　가. 지상높이가 31미터 이상인 건축물 또는 인공구조물
　나. 연면적 3만제곱미터 이상인 건축물
　다. 연면적 5천제곱미터 이상인(에) 해당하는 시설
　　① 문화 및 집회시설(전시장 및 동물원·식물원은 제외한다)
　　② 판매시설, 운수시설(고속철도의 역사 및 집배송시설은 제외한다)
　　③ 종교시설
　④ 의료시설 중 종합병원
　⑤ 숙박시설 중 관광숙박시설
　⑥ 지하도상가
　⑦ 냉동·냉장 창고시설
(2) 연면적 5천제곱미터 이상의 냉동·냉장창고시설의 설비공사 및 단열공사
(3) 최대지간길이가 50[m] 이상인 다리건설 등 공사
(4) 터널건설 등의 공사
(5) 다목적댐, 발전용댐, 저수용량 2천만톤 이상의 용수전용댐 및 지방상수도 전용댐의 건설 등 공사
(6) 깊이 10[m] 이상인 굴착공사

> **KEY** 2022년 4월 24일 기사 등 15회 이상 출제

> **합격정보**
산업안전보건법 시행령 제42조(유해위험방지계획서 제출대상)

> 💬 **합격자의 조언**
제2과목에도 출제가 됩니다.

---

109 달비계를 사용하는 와이어로프의 사용금지 기준으로 옳지 않은 것은?

① 이음매가 있는 것
② 열과 전기충격에 의해 손상된 것
③ 지름의 감소가 공칭지름의 7[%]를 초과하는 것
④ 와이어로프의 한 꼬임에서 끊어진 소선의 수가 7[%] 이상인 것

> **해설**

달비계에 사용하는 와이어로프 금지기준
① 이음매가 있는 것
② 와이어로프의 한 꼬임[스트랜드(strand)를 말한다. 이하 같다]에서 끊어진 소선(素線)[필러(pillar)선은 제외한다]의 수가 10[%] 이상(비자전로프의 경우에는 끊어진 소선의 수가 와이어로프 호칭지름의 6배 길이 이내에서 4개 이상이거나 호칭지름 30배 길이 이내에서 8개 이상)인 것
③ 지름의 감소가 공칭지름의 7[%]를 초과하는 것
④ 꼬인 것
⑤ 심하게 변형되거나 부식된 것
⑥ 열과 전기충격에 의해 손상된 것

> **KEY**
① 2017년 3월 5일 기사 출제
② 2018년 4월 28일 산업기사 출제
③ 2019년 8월 4일(문제 116번) 출제
④ 2022년 4월 24일(문제 120번) 출제
⑤ 2024년 2월 15일(문제 114번) 출제

> **합격정보**
산업안전보건기준에 관한 규칙 제63조(달비계의 구조)

---

110 비계에서 벽 고정을 하고 기둥과 기둥을 수평재나 가새로 연결하는 가장 큰 이유는?

① 작업자의 추락재해를 방지하기 위해
② 인장파괴를 방지하기 위해
③ 좌굴을 방지하기 위해
④ 해체를 용이하게 하기 위해

> **해설**

벽연결 역할 기능
① 비계 전체 좌굴을 방지한다.
② 위험방지판, 네트 프레임(net frame) 등에 의한 편심하중을 지탱하여 도괴를 방지한다.
③ 풍하중에 의한 도괴를 방지한다.

> **KEY** 2011년 3월 20일(문제 104번) 출제

> **용어정의**
① 휨 : 부재가 부재 길이 방향에 수직으로 하중을 받을 때 보가 변형되는 현상
② 좌굴 : 부재 길이 방향의 압축력이 걸릴 때(주로 기둥에 하중이 걸리는 경우) 부재가 변형되는 현상

---

111 건설업 산업안전보건관리비 계상 및 사용 기준에 따른 안전관리비의 근로자 건강장해 예방비 항목에서 안전관리비로 사용이 가능한 경우는?

① 안전보건관리자가 선임되지 않은 현장에서 안전보건업무를 담당하는 현장관계자용 무전기, 카메라, 컴퓨터, 프린터 등 업무용 기기
② 중대재해 목적으로 발생한 정신질환을 치료하기 위해 소요되는 비용
③ 근로자에게 일률적으로 지급하는 보냉·보온장구
④ 감리원이나 외부에서 방문하는 인사에게 지급하는 보호구

[정답] 109 ④　110 ③　111 ②

해설
근로자 건강장해예방비 등
① 법·영·규칙에서 규정하거나 그에 준하여 필요로 하는 각종 근로자의 건강장해 예방에 필요한 비용
② 중대재해 목적으로 발생한 정신질환을 치료하기 위해 소요되는 비용
③ 「감염병의 예방 및 관리에 관한 법률」 제2조제1호에 따른 감염병의 확산 방지를 위한 마스크, 손소독제, 체온계 구입비용 및 감염병병원체 검사를 위해 소요되는 비용
④ 법 제128조의2 등에 따른 휴게시설을 갖춘 경우 온도, 조명 설치·관리기준을 준수하기 위해 소요되는 비용

KEY
① 2017년 6월 7일 산업기사 출제
② 2018년 3월 4일 기사 출제
③ 2019년 3월 3일 산업기사 출제
④ 2020년 6월 14일 산업기사 출제
⑤ 2022년 3월 5일(문제 103번) 출제

합격정보
2023년 10월 5일 개정고시 적용

---

112 가설통로의 설치기준으로 옳지 않은 것은?

① 추락할 위험이 있는 장소에는 안전난간을 설치할 것
② 경사가 10[°]를 초과하는 경우에는 미끄러지지 않는 구조로 할 것
③ 경사는 30[°] 이하로 할 것
④ 건설공사에 사용하는 높이 8[m] 이상인 비계다리에는 7[m] 이내마다 계단참을 설치할 것

해설
가설통로 설치기준
① 견고한 구조로 할 것
② 경사는 30[°] 이하로 할 것. 다만, 계단을 설치하거나 높이 2[m] 미만의 가설통로로서 튼튼한 손잡이를 설치한 경우에는 그러하지 아니하다.
③ 경사가 15[°]를 초과하는 경우에는 미끄러지 아니하는 구조로 할 것
④ 추락할 위험이 있는 장소에는 안전난간을 설치할 것. 다만, 작업상 부득이한 경우에는 필요한 부분만 임시로 해체할 수 있다.
⑤ 수직갱에 가설된 통로의 길이가 15[m] 이상인 경우에는 10[m] 이내마다 계단참을 설치할 것
⑥ 건설공사에 사용하는 높이 8[m] 이상인 비계다리에는 7[m] 이내마다 계단참을 설치할 것

KEY
① 2017년 5월 7일 기사 출제
② 2018년 4월 28일 기사 출제
③ 2019년 8월 4일 기사 출제
④ 2020년 6월 7일 기사 출제
⑤ 2021년 3월 7일 기사 출제
⑥ 2022년 3월 5일, 4월 24일 기사 출제
⑦ 2023년 2월 28일(문제 113번) 출제

합격정보
산업안전보건기준에 관한 규칙 제23조(가설통로의 구조)

113 훅걸이용 와이어로프 등이 훅으로부터 벗겨지는 것을 방지하기 위한 장치는?

① 해지장치 ② 권과방지장치
③ 과부하방지장치 ④ 턴버클

해설
크레인의 방호장치

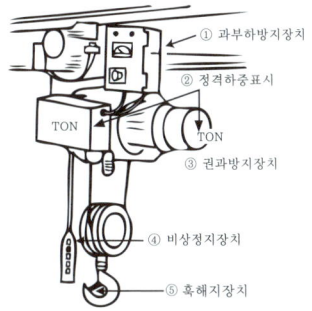

① 과부하방지장치
② 정격하중표시
③ 권과방지장치
④ 비상정지장치
⑤ 훅해지장치

KEY
① 2014년 8월 17일 기사 출제
② 2015년 5월 31일 기사 출제
③ 2018년 8월 19일 기사 출제
④ 2023년 7월 8일(문제 105번) 출제

합격정보
산업안전보건기준에 관한 규칙 제137조(해지장치의 사용)
사업주는 훅걸이용 와이어로프 등이 훅으로부터 벗겨지는 것을 방지하기 위한 장치(이하 "해지장치"라 한다)를 구비한 크레인을 사용하여야 하며, 그 크레인을 사용하여 짐을 운반하는 경우에는 해지장치를 사용하여야 한다.

---

114 다음 와이어로프 중 양중기에 사용가능한 범위안에 있다고 볼 수 있는 것은?

① 와이어로프의 한 꼬임(스트랜드)에서 끊어진 소선의 수가 8[%]인 것
② 지름의 감소가 공칭지름의 8[%]인 것
③ 심하게 부식된 것
④ 이음매가 있는 것

[정답] 112 ② 113 ① 114 ①

> [해설]

와이어로프 사용금지 기준
① 이음매가 있는 것
② 와이어로프의 한 꼬임[(스트랜드(strand)를 말한다. 이하 같다)]에서 끊어진 소선(素線)[필러(pillar)선은 제외한다)]의 수가 10[%] 이상 (비자전로프의 경우에는 끊어진 소선의 수가 와이어로프 호칭지름의 6배 길이 이내에서 4개 이상이거나 호칭지름 30배 길이 이내에서 8개 이상)인 것
③ 지름의 감소가 공칭지름의 7[%]를 초과하는 것
④ 꼬인 것
⑤ 심하게 변형되거나 부식된 것
⑥ 열과 전기충격에 의해 손상된 것

> [합격정보]

산업안전보건기준에 관한 규칙 제63조(달비계의 구조)

KEY
① 2014년 5월 25일, 8월 17일 기사 출제
② 2015년 3월 8일, 5월 31일 기사 출제
③ 2016년 8월 21일 기사 출제
④ 2017년 5월 7일 기사 출제
⑤ 2019년 8월 4일 기사 출제
⑥ 2020년 6월 7일 기사 출제
⑦ 2022년 4월 24일 기사 출제
⑧ 2023년 7월 8일(문제 115번) 출제
⑨ 2024년 2월 15일(문제 109번) 출제

115 산업안전보건관리비계상기준에 따른 건축공사에서 대상액 「5억원 이상~50억원 미만」의 안전관리비 비율 및 기초액으로 옳은 것은?

① 비율 : 2.28[%], 기초액 : 4,325,000원
② 비율 : 1.99[%], 기초액 : 5,499,000원
③ 비율 : 2.35[%], 기초액 : 5,400,000원
④ 비율 : 1.57[%], 기초액 : 4,411,000원

> [해설]

공사종류 및 규모별 안전관리비 계상기준표

구 분 공사종류	대상액 5억원 미만	대상액 5억원 이상 50억원 미만		대상액 50억원 이상	영 별표5에 따른 보건관리자 선임 대상 건설공사
		비율(X)	기초액(C)		
건축공사	3.11[%]	2.28[%]	4,325,000원	2.37[%]	2.64[%]
토목공사	3.15[%]	2.53[%]	3,300,000원	2.60[%]	2.73[%]
중건설공사	3.64[%]	3.05[%]	2,975,000원	3.11[%]	3.39[%]
특수건설공사	2.07[%]	1.59[%]	2,450,000원	1.64[%]	1.78[%]

KEY
① 2016년 3월 6일, 10월 1일 산업기사 출제
② 2017년 3월 5일, 8월 26일 기사 출제
③ 2019년 3월 3일 기사 출제
④ 2020년 6월 14일 기사 등 10회 이상 출제
⑤ 2023년 6월 4일(문제 104번) 출제

> [합격정보]

2025년 2월 12일 개정법 적용

116 흙막이 가시설 공사 중 발생할 수 있는 보일링(Boiling) 현상에 관한 설명으로 옳지 않은 것은?

① 이 현상이 발생하면 흙막이 벽의 지지력이 상실된다.
② 지하수위가 높은 지반을 굴착할 때 주로 발생한다.
③ 흙막이벽의 근입장 깊이가 부족할 경우 발생한다.
④ 연약한 점토지반에서 굴착면의 융기로 발생한다.

> [해설]

보일링(Boiling)현상
① 투수성이 좋은 사질지반의 흙막이 지면에서 수두차로 인한 상향의 침투압이 발생, 유효응력이 감소하여 전단강도가 상실되는 현상
② 지하수가 모래와 같이 솟아오르는 현상
③ 모래의 액상화

KEY
① 2016년 10월 1일 기사 출제
② 2019년 3월 3일 기사 출제
③ 2019년 4월 27일 산업기사 출제
④ 2020년 8월 23일 산업기사 출제
⑤ 2023년 6월 4일(문제 102번) 출제

> [합격팁]

히빙(Heaving) 현상
연약성 점토지반 굴착시 굴착외측 흙의 중량에 의해 굴착저면의 흙이 활동전단 파괴되어 굴착내측으로 부풀어 오르는 현상

117 단관비계를 조립하는 경우 벽이음 및 버팀을 설치할 때의 수평방향 조립간격 기준으로 옳은 것은?

① 3[m] ② 5[m]
③ 6[m] ④ 8[m]

> [해설]

강관비계의 조립간격

강관비계의 종류	조립 간격(단위 : [m])	
	수직방향	수평방향
단관비계	5	5
틀비계(높이 5[m] 미만인 것은 제외)	6	8

KEY 2021년 8월 14일 기사 등 10회 이상 출제

[정답] 115 ① 116 ④ 117 ②

합격정보
산업안전보건기준에 관한 규칙 [별표 5] 강관비계의 조립간격

118. 그물코의 크기가 10[cm]인 매듭없는 방망사 신품의 인장강도는 최소 얼마 이상이어야 하는가?

① 240[kg]
② 320[kg]
③ 400[kg]
④ 500[kg]

해설

방망사의 신품에 대한 인장강도

그물코의 크기 (단위 : [cm])	방망의 종류(단위 : [kg])	
	매듭 없는 방망	매듭 방망
10	240	200
5		110

KEY
① 2016년 5월 8일 기사 출제
② 2017년 3월 5일, 8월 26일 기사 출제
③ 2018년 4월 28일, 8월 19일 기사 출제
④ 2019년 3월 3일, 8월 4일 기사 출제
⑤ 2020년 8월 22일 기사 출제
⑥ 2021년 8월 14일 기사 출제
⑦ 2023년 2월 28일(문제 101번) 출제

119. 부두·안벽 등 하역작업을 하는 장소에서는 부두 또는 안벽의 선을 따라 통로를 설치하는 경우에는 폭을 최소 얼마 이상으로 해야 하는가?

① 70[cm]
② 80[cm]
③ 90[cm]
④ 100[cm]

해설

부두·안벽 등 하역작업을 하는 장소의 안전기준
① 작업장 및 통로의 위험한 부분에는 안전하게 작업할 수 있는 조명을 유지할 것
② 부두 또는 안벽의 선을 따라 통로를 설치하는 경우에는 폭을 90[cm] 이상으로 할 것
③ 육상에서의 통로 및 작업장소로서 다리 또는 선거(船渠) 갑문(閘門)을 넘는 보도(步道) 등의 위험한 부분에는 안전난간 또는 울타리 등을 설치할 것

합격정보
산업안전보건기준에 관한 규칙 제390조(하역작업장의 조치기준)

KEY
① 2018년 4월 28일 기사 출제
② 2019년 3월 3일, 8월 4일 기사 출제
③ 2021년 5월 15일 기사 출제
④ 2023년 2월 28일(문제 107번) 출제

120. 흙막이 지보공을 설치하였을 때 정기적으로 점검하여야 할 사항과 거리가 먼 것은?

① 경보장치의 작동상태
② 부재의 손상·변형·부식·변위 및 탈락의 유무와 상태
③ 버팀대의 긴압(緊壓)의 정도
④ 부재의 접속부·부착부 및 교차부의 상태

해설

흙막이 지보공의 정기 점검사항
① 부재의 손상·변형·부식·변위 및 탈락의 유무와 상태
② 버팀대의 긴압의 정도
③ 부재의 접속부·부착부 및 교차부의 상태
④ 침하의 정도

KEY
① 2015년 8월 16일 기사 출제
② 2017년 3월 5일 기사 출제
③ 2019년 3월 3일 기사 출제
④ 2020년 6월 7일, 9월 27일 기사 출제
⑤ 2023년 2월 28일(문제 117번) 출제

합격정보
산업안전보건기준에 관한 규칙 제347조(붕괴등의 위험방지)

[정답] 118 ① 119 ③ 120 ①

2024년도 기사 정기검정 제2회 (2024년 5월 9일 시행)

자격종목 및 등급(선택분야): 건설안전기사
종목코드: 1440 | 시험시간: 3시간 | 수험번호: 20240509 | 성명: 도서출판세화

※ 본 문제는 복원문제 및 2026 예적(예상적중) 문제로 실제문제와 동일하지 않을 수 있습니다.

1 산업안전관리론

01 다음 중 산업안전보건법상 지방고용노동관서의 장이 사업주에게 안전관리자를 정수 이상으로 증원하게 하거나 교체하여 임명할 것을 명령할 수 있는 사유에 해당되는 것은?

① 사망재해가 연간 1건 발생하였다.
② 중대재해가 연간 1건 발생하였다.
③ 안전관리자가 질병의 사유로 6개월 동안 해당 직무를 수행할 수 없었다.
④ 해당 사업장의 연간재해율이 같은 업종의 평균재해율보다 1.5배 높게 발생하였다.

해설
안전관리자 정수 이상 증원·교체임명 내용
① 해당 사업장의 연간재해율이 같은 업종의 평균재해율의 2배 이상인 경우
② 중대재해가 연간 2건 이상 발생한 경우
③ 관리자가 질병이나 그 밖의 사유로 3개월 이상 직무를 수행할 수 없게 된 경우
④ 화학적 인자로 인한 직업성질병자가 연간 3명 이상 발생한 경우

KEY ① 2011년 10월 2일(문제 20번) 출제
② 2023년 9월 2일(문제 2번) 출제

정보제공
산업안전보건법 시행규칙 제12조(안전관리자 등의 증원·교체임명 명령)

02 산업안전보건법령상 다음 그림에 해당하는 안전보건표지의 명칭으로 옳은 것은?

① 접근금지 ② 이동금지
③ 보행금지 ④ 출입금지

해설
금지표지 8종

① 출입금지	② 보행금지	③ 차량통행금지	④ 사용금지
⑤ 탑승금지	⑥ 금연	⑦ 화기금지	⑧ 물체이동금지

KEY ① 2016년 3월 6일, 5월 8일 출제
② 2017년 5월 7일, 9월 23일 출제
③ 2023년 9월 2일 출제

정보제공
산업안전보건법 시행규칙 [별표6] 안전보건표지의 종류와 형태

03 산업안전보건법령상 AB형 안전모에 관한 설명으로 옳은 것은?

① 물체의 낙하 또는 비래에 의한 위험을 방지 또는 경감하기 위한 것
② 물체의 낙하 또는 비래 및 추락에 의한 위험을 방지 또는 경감시키기 위한 것
③ 물체의 낙하 또는 비래에 의한 위험을 방지 또는 경감하고, 머리부위 감전에 의한 위험을 방지하기 위한 것
④ 물체의 낙하 또는 비래 및 추락에 의한 위험을 방지 또는 경감하고, 머리부위 감전에 의한 위험을 방지하기 위한 것

[정답] 01 ③ 02 ③ 03 ②

해설

안전모의 종류 및 용도

종류 기호	사용구분	모체의 재질	내전압성
AB	물체낙하, 날아옴, 추락에 의한 위험을 방지, 경감시키는 것	합성수지	비내전압성
AE	물체낙하, 날아옴에 의한 위험을 방지 또는 경감하고 머리부위 감전에 의한 위험을 방지하기 위한 것	합성수지 (FRP)	내전압성 (주)
ABE	물체의 낙하 또는 날아옴 및 추락에 의한 위험을 방지하기 위한 것 및 감전 방지용	합성수지 (FRP)	내전압성

주 • 내전압성이란 7,000[V] 이하의 전압에 견디는 것을 말한다.
• FRP : Fiber Glass Reinforced Plastic(유리섬유 강화 플라스틱)
• AB : 자율안전확인대상 보호구
• AE, ABE : 안전인증대상 보호구

KEY ① 2016년 5월 8일 산업기사 출제
② 2017년 9월 23일 출제
③ 2018년 4월 28일 출제
④ 2019년 9월 21일 출제
⑤ 2023년 9월 2일 출제

---

04 다음 중 안전과 경영에서 나오는 용어인 리스크(risk)에 대하여 가장 옳게 설명한 것은?

① 리스크는 위급을 나타내는 용어로서 잠재적인 위험의 표출을 의미한다.
② 리스크는 위험 발생의 급박한 상태가 어떤 조건이 갖춰졌을 때를 의미한다.
③ 리스크는 위험상황이 재해상황으로 변하는 과정상의 위험분석을 의미한다.
④ 리스크는 재해 발생가능성과 재해 발생시 그 결과의 크기의 조합(combination)으로 위험의 크기나 정도를 의미한다.

해설

위험도(Risk)
① 특정한 위험요인이 위험한 상태로 노출되어 특정한 사건으로 이어질 수 있는 사고의 빈도(가능성)와 사고의 강도(중대성) 조합으로서 위험의 크기 또는 위험의 정도를 말한다.
② 위험도=발생빈도×발생강도

보충학습

위험성 평가(Risk Assessment)
잠재 위험요인이 사고로 발전할 수 있는 빈도와 피해크기를 평가하고 위험도가 허용될 수 있는 범위인지 여부를 평가하는 체계적인 방법을 말한다.

---

05 A사업장의 도수율이 18.9일 때 연천인율은 얼마인가?

① 4.53
② 9.46
③ 37.86
④ 45.36

해설

연천인율과 빈도(도수)율 상관 관계
① 연천인율=2.4×빈도율=2.4×18.9=45.36
② 도수율=연천인율÷2.4
③ 2.4적용 : 연근로총시간수 2,400시간 일때만 허용

KEY ① 2016년 5월 8일 기사 출제
② 2019년 4월 27일 기사 출제
③ 2020년 6월 7일 기사 출제
④ 2020년 9월 27일 출제
⑤ 2023년 9월 2일 출제

합격정보
산업재해통계 업무처리규정 제3조(산업재해통계의 산출방법 및 정의)

---

06 다음과 같은 재해사례의 분석 내용으로 옳은 것은?

> 작업자가 벽돌을 손으로 운반하던 중 떨어뜨려 벽돌이 발등에 부딪쳐 발을 다쳤다.

① 사고유형 : 낙하, 기인물 : 벽돌, 가해물 : 벽돌
② 사고유형 : 충돌, 기인물 : 손, 가해물 : 벽돌
③ 사고유형 : 비래, 기인물 : 사람, 가해물 : 벽돌
④ 사고유형 : 추락, 기인물 : 손, 가해물 : 벽돌

해설

기인물과 가해물
① 사고유형 : 낙하
② 기인물 : 재해발생의 주원인이며 재해를 가져오게 한 근원이 되는 기계, 장치, 물(物) 또는 환경 등(불안전상태)
③ 가해물 : 직접 사람에게 접촉하여 피해를 주는 기계, 장치, 물(物) 또는 환경 등

KEY ① 2016년 10월 1일(문제 12번) 출제
② 2023년 9월 2일(문제 19번) 출제

[정답] 04 ④ 05 ④ 06 ①

07 다음 설명에 가장 적합한 조직의 형태는?

- 과제중심의 조직
- 특정과제를 수행하기 위해 필요한 자원과 재능을 여러 부서로부터 임시로 집중시켜 문제를 해결하고, 완료 후 다시 본래의 부서로 복귀하는 형태
- 시간적 유한성을 가진 일시적이고 잠정적인 조직

① 스태프(Staff)형 조직
② 라인(Line)식 조직
③ 기능(Functional)식 조직
④ 프로젝트(Project) 조직

해설

조직의 종류 및 특징

구분	특징
프로젝트 조직	① 특정 프로젝트를 수행하기 위해서 일시적으로 구성되는 조직 ② 목적지향적이고 목적달성을 위해 기존의 조직보다 효율적이고 유연하게 운영가능 ③ 태스크포스(Task forces)라고도 함
사업부제 조직	① 제품이나 시작, 지역을 기초로 만들어진 조직 ② 다국적 기업들이 보편적으로 채택하여 운영하는 조직형태 ③ 사업부마다 중복된 부서가 있어 자원의 낭비가 심하고 지나친 경쟁이 유발되어 전체적인 목표달성을 방해할 가능성이 있음
팀 조직	① 의사결정과정을 단순화하여 빠른 대응이 가능하도록 만든 조직 ② 상호보완적인 기술이나 지식을 갖는 구성원이 자율권을 갖고 업무를 수행하도록 한 조직 ③ 신속한 의사결정조직으로 동기부여가 쉬우나 유능한 구성원이 필요
매트릭스형 조직	① 중규모 형태의 기업에서 시장상황에 따라 인적 자원을 효율적으로 활용하는 조직형태 ② 사업부 조직의 단점을 해결하기 위해 기능별, 목적별 부문화를 혼합한 형태 ③ 팀 중심 활동 및 구성원 간의 협동심에 증가하나 역할갈등의 소지를 가지고 있음
위원회 조직	① 집단토의방식을 도입한 조직의 형태 ② 광범위한 정보를 필요로 하거나 참가자의 충분한 사전이해가 있어야 하는 경우에 사용 ③ 시간낭비 및 기동성이 떨어지고 책임소재가 불분명한 단점이 있음

KEY ① 2013년 9월 28일(문제 15번) 출제
② 2019년 3월 3일(문제 26번) 출제
③ 2019년 4월 27일(문제 5번) 출제
④ 2023년 6월 4일(문제 4번) 출제
⑤ 2024년 2월 15일(문제 3번) 출제

08 객관적인 위험을 작업자 나름대로 판정하여 위험을 수용하고 행동에 옮기는 것은?

① Risk Assessment
② Risk taking
③ Risk control
④ Risk playing

해설

리스크 테이킹(risk taking)
① 객관적인 위험을 자기 편리한 대로 판단하여 의사결정을 하고 행동에 옮기는 현상
② 안전태도가 양호한 자는 risk taking 정도가 작다.
③ 안전태도 수준이 같은 경우 작업의 달성 동기, 성격, 일의 능률, 적성배치, 심리상태 등 각종 요인의 영향으로 risk taking의 정도는 변한다.

KEY ① 2017년 5월 7일(문제 11번) 출제
② 2023년 6월 4일(문제 5번) 출제

09 재해 손실비의 평가방식 중 시몬즈(Simonds)방식에서 재해의 종류에 관한 설명으로 틀린 것은?

① 무상해사고는 의료조치를 필요로 하지 않은 상해사고를 말한다.
② 휴업상해는 영구 일부노동불능 및 일시 전노동 불능 상해를 말한다.
③ 응급조치상해는 응급조치 또는 8시간 이상의 휴업의료 조치 상해를 말한다.
④ 통원상해는 일시 일부노동불능 및 의사의 통원 조치를 요하는 상해를 말한다.

해설

시몬즈의 재해사고 Category

분류	내용
휴업상해(A)	영구 부분노동불능, 일시 전노동불능
통원상해(B)	일시 부분노동불능, 의사의 조치를 요하는 통원상해
응급처치(C)	20달러 미만의 손실 또는 8시간 미만의 휴업손실 상해
무상해사고(D)	의료조치를 필요로 하지 않는 경미한 상해, 사고 및 무상해 사고(20달러 이상의 재산손실 또는 8시간 이상의 손실사고)

KEY ① 2016년 5월 8일(문제 15번) 출제
② 2023년 6월 4일(문제 5번) 출제

[정답] 07 ④ 08 ② 09 ③

10 보호구 안전인증 고시상 안전대 충격흡수장치의 동하중 시험성능기준에 관한 사항으로 ( )에 알맞은 기준은?

- 최대전달충격력은 (ㄱ) kN 이하
- 감속거리는 (ㄴ) mm 이하 이어야 함

① ㄱ : 6.0, ㄴ : 1000   ② ㄱ : 6.0, ㄴ : 2000
③ ㄱ : 8.0, ㄴ : 1000   ④ ㄱ : 8.0, ㄴ : 2000

해설

완성품 및 부품의 동하중 시험성능기준

명칭	시험성능기준
벨트식 - 1개걸이용 - U자걸이용 - 보조죔줄	① 시험몸통으로부터 빠지지 말 것 ② 최대전달충격력은 6.0[kN] 이하 이어야 함 ③ U자걸이용 감속거리는 1,000[mm] 이하 이어야 함
안전그네식 - 1개걸이용 - U자걸이용 - 추락방지대 - 안전블록 - 보조죔줄	① 시험몸통으로부터 빠지지 말 것 ② 최대전달충격력은 6.0[kN] 이하 이어야 함 ③ U자걸이용, 안전블록, 추락방지대의 감속거리는 1,000[mm] 이하 이어야 함 ④ 시험후 죔통과 시험몸통간의 수직각이 50[°] 미만이어야 함
안전블록 (부품)	① 파손되지 않을 것 ② 최대전달충격력은 6.0[kN] 이하 이어야 함 ③ 억제거리는 2,000[mm] 이하 이어야 함
충격흡수장치	① 최대전달충격력은 6.0[kN] 이하 이어야 함 ② 감속거리는 1,000[mm] 이하 이어야 함

KEY 2022년 4월 24일(문제 17번) 출제

합격정보
보호구안전인증고시 [별표 9] 안전대의 성능기준

---

11 재해예방의 4원칙이 아닌 것은?

① 손실필연의 원칙   ② 원인계기의 원칙
③ 예방가능의 원칙   ④ 대책선정의 원칙

해설

재해예방 4원칙
① 예방가능의 원칙   ② 손실우연의 원칙
③ 원인계기(연계)의 원칙   ④ 대책선정의 원칙

KEY
① 2016년 5월 8일 산업기사 출제
② 2016년 10월 1일 기사 출제
③ 2017년 3월 5일, 9월 23일 기사 출제
④ 2017년 5월 7일 산업기사 출제
⑤ 2018년 1회 출제
⑥ 2023년 2월 28일(문제 1번) 출제

---

12 재해의 발생형태 중 재해자 자신의 움직임·동작으로 인하여 기인물에 부딪히거나, 물체가 고정부를 이탈하지 않은 상태로 움직임 등에 의하여 발생한 경우를 무엇이라고 하는가?

① 비래   ② 전도
③ 충돌   ④ 협착

해설

산업재해용어 정의(KOSHA CODE)

종류	세부내용
추락 (떨어짐)	사람이 인력(중력)에 의하여 건축물, 구조물, 가설물, 수목, 사다리 등의 높은 장소에서 떨어지는 것
전도(넘어짐) · 전복	사람이 거의 평면 또는 경사면, 층계 등에서 구르거나 넘어짐 또는 미끄러진 경우와 물체가 전도·전복된 경우
붕괴·도괴	토사, 적재물, 구조물, 가설물 등이 전체적으로 허물어져 내리거나 또는 주요 부분이 꺾어져 무너지는 경우
충돌 (부딪힘) · 접촉	재해자 자신의 움직임·동작으로 인하여 기인물에 접촉 또는 부딪히거나, 물체가 고정부에서 이탈하지 않은 상태로 움직임(규칙, 불규칙) 등에 의하여 접촉·충돌한 경우
낙하·비래 (맞음)	구조물, 기계 등에 고정되어 있던 물체가 중력, 원심력, 관성력 등에 의하여 고정부에서 이탈하거나 또는 설비 등으로부터 물질이 분출되어 사람을 가해하는 경우
협착(끼임) · 감김	두 물체 사이의 움직임에 의하여 일어난 것으로 직선 운동하는 물체 사이의 협착, 회전부와 고정체 사이의 끼임, 롤러 등 회전체 사이에 물리거나 또는 회전체·돌기부 등에 감긴 경우

KEY
① 2013년 1회 출제
② 2023년 2월 28일(문제 6번) 출제

---

13 다음 중 하인리히의 사고예방대책 기본원리 5단계에 있어 "시정방법의 선정" 바로 이전 단계에서 행하여지는 사항은?

① 분석·평가   ② 안전관리 조직
③ 현상파악   ④ 시정책의 적용

해설

하인리히의 사고예방대책 기본원리 5단계
① 제1단계 : 안전관리조직
② 제2단계 : 사실의 발견
③ 제3단계 : 분석·평가
④ 제4단계 : 시정방법의 선정
⑤ 제5단계 : 시정책의 적용

KEY
① 2015년 1회 출제
② 2023년 2월 28일(문제 8번) 출제

[정답] 10 ① 11 ① 12 ③ 13 ①

과년도 출제문제

14 산업안전보건법령상 안전보건표지 중 색채와 색도 기준의 연결이 옳은 것은?

① 흰색 : N0.5
② 녹색 : 5G 5.5/6
③ 빨간색 : 5R 4/12
④ 파란색 : 2.5PB 4/10

해설

안전보건표지의 색채, 색도기준 및 용도

색채	색도기준	용도	사용(예)
빨간색	7.5R 4/14	금지	정지신호, 소화설비 및 그 장소, 유해행위의 금지
		경고	화학물질 취급장소에서의 유해·위험 경고
노란색	5Y 8.5/12	경고	화학물질 취급장소에서의 유해·위험 경고, 이외 위험 경고, 주의표지 또는 기계방호물
파란색	2.5PB 4/10	지시	특정 행위의 지시 및 사실의 고지
녹색	2.5G 4/10	안내	비상구 및 피난소, 사람 또는 차량의 통행표지
흰색	N9.5		파란색 또는 녹색에 대한 보조색
검은색	N0.5		문자 및 빨간색 또는 노란색에 대한 보조색

KEY ① 2016년 10월 1일 기사, 산업기사 동시 출제
② 2017년 1회 출제
③ 2023년 2월 28일(문제 9번) 출제

정보제공
산업안전보건법 시행규칙 [별표 8] 안전보건표지의 색채, 색도기준 및 용도

15 재해의 원인분석방법 중 통계적 원인분석 방법으로 사고의 유형, 기인물 등 분류 항목을 큰 순서대로 도표화하는 것은?

① 특성요인도
② 크로스도
③ 파레토도
④ 관리도

해설

파레토도(Pareto diagram)
① 관리 대상이 많은 경우 최소의 노력으로 최대의 효과를 얻을 수 있는 방법
② 분류항목을 큰 값에서 작은 값의 순서로 도표화하는 데 편리

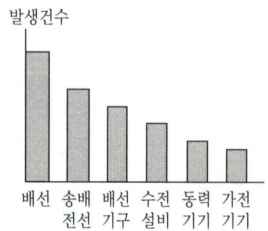

[그림] 전기설비별 감전사고 분포(파레토도)

KEY ① 2017년 8월 26일 산업기사 출제
② 2023년 2월 28일(문제 11번) 출제

읽을거리
이탈리아 경제학자 파레토의 이름을 따서 만든 것으로 이 분석의 목적은 발생 사례를 중요 정도에 따라 분류해서 가장 중요한 것의 해결에 먼저 중점을 두고 있다. 이 분석은 대부분의 80% 문제는 20% 항목에서 발생한다고 해서 80:20법칙이라고 한다.

16 산업안전보건법령상 안전관리자를 2인 이상 선임하여야 하는 사업이 아닌 것은? (단, 기타 법령에 관한 사항은 제외한다.)

① 상시 근로자가 500명인 통신업
② 상시 근로자가 700명인 발전업
③ 상시 근로자가 600명인 식료품 제조업
④ 공사금액이 1000억이며 공사 진행률(공정률) 20%인 건설업

해설

우편 및 통신업 안전관리지수 : 상시근로자수 1천명 이상-2명

KEY 2022년 4월 24일(문제 2번) 출제

합격정보
산업안전보건법 시행령 [별표 2]

17 시설물의 안전 및 유지관리에 관한 특별법령상 안전등급별 정기안전점검 및 정밀안전진단 실시시기에 관한 사항으로 ( )에 알맞은 기준은?

안전등급	정기안전점검	정밀안전진단
A 등급	(ㄱ)에 1회 이상	(ㄴ)에 1회 이상

① ㄱ : 반기, ㄴ : 4년
② ㄱ : 반기, ㄴ : 6년
③ ㄱ : 1년, ㄴ : 4년
④ ㄱ : 1년, ㄴ : 6년

[정답] 14 ④ 15 ③ 16 ① 17 ②

해설

안전점검, 정밀안전진단 및 성능평가의 실시시기

안전등급	정기안전점검	정밀안전점검		정밀안전진단	성능평가
		건축물	건축물 외 시설물		
A등급	반기에 1회 이상	4년에 1회 이상	3년에 1회 이상	6년에 1회 이상	5년에 1회 이상
B·C등급		3년에 1회 이상	2년에 1회 이상	5년에 1회 이상	
D·E등급	1년에 3회 이상	2년에 1회 이상	1년에 1회 이상	4년에 1회 이상	

KEY 2022년 4월 24일(문제 8번) 출제

합격정보
시설물의 안전 및 유지관리에 관한 특별법 시행령[별표 3]

---

18 산업재해의 기본원인으로 볼 수 있는 4M으로 옳은 것은?

① Man, Machine, Maker, Media
② Man, Management, Machine, Media
③ Man, Machine, Maker, Management
④ Man, Management, Machine, Material

해설

인간과오의 배후요인 4요소(안전)

① Man ② Machine ③ Media ④ Management

KEY
① 2020년 6월 7일 (문제 17번) 출제
② 2023년 4월 1일 지도사 출제
③ 2022년 4월 24일(문제 16번) 출제

---

19 하인리히의 도미노 이론에서 재해의 직접원인에 해당하는 것은?

① 사회적 환경
② 유전적 요소
③ 개인적인 결함
④ 불안전한 행동 및 불안전한 상태

해설

사고발생 메커니즘(mechanism)

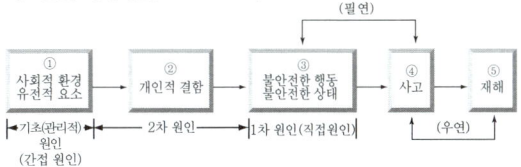

KEY
① 2018년 9월 15일(문제 7번) 출제
② 2021년 9월 12일(문제 1번) 출제

---

20 산업안전보건법령상 안전보건진단을 받아 안전보건개선계획을 수립하여야 하는 대상을 모두 고른 것은?

ㄱ. 산업재해율이 같은 업종 평균 산업재해율의 2배 이상인 사업장
ㄴ. 사업주가 필요한 안전조치 또는 보건조치를 이행하지 아니하여 중대재해가 발생한 사업장
ㄷ. 상시근로자 1천명 이상 사업장에서 직업성 질병자가 연간 2명 이상 발생한 사업장

① ㄱ, ㄴ
② ㄱ, ㄷ
③ ㄴ, ㄷ
④ ㄱ, ㄴ, ㄷ

해설

제49조(안전보건진단을 받아 안전보건개선계획을 수립할 대상)
법 제49조제1항 각 호 외의 부분 후단에서 "대통령령으로 정하는 사업장"이란 다음 각 호의 사업장을 말한다.
① 산업재해율이 같은 업종 평균 산업재해율의 2배 이상인 사업장
② 법 제49조제1항제2호에 해당하는 사업장(사업주가 필요한 안전조치 또는 보건조치를 이행하지 아니하여 중대 재해가 발생한 사업장)
③ 직업성 질병자가 연간 2명 이상(상시근로자 1천명 이상 사업장의 경우 3명 이상)발생한 사업장
④ 그 밖에 작업환경 불량, 화재·폭발 또는 누출 사고 등으로 사업장 주변까지 피해가 확산된 사업장으로서 고용노동부령으로 정하는 사업장

합격정보
산업안전보건법 시행령(시행 24. 7. 1.) 적용

[정답] 18 ② 19 ④ 20 ①

2 산업심리 및 교육

21 상황성 누발자의 재해유발원인으로 가장 적절한 것은?

① 소심한 성격
② 주의력의 산만
③ 기계설비의 결함
④ 침착성 및 도덕성의 결여

[해설]

상황성 누발자 재해유발원인
① 작업에 어려움이 많은 자
② 기계설비의 결함
③ 심신에 근심이 있는 자
④ 환경상 주의력의 집중이 혼란되기 때문에 발생되는 자

 ① 2017년 9월 23일(문제 26번) 출제
② 2023년 9월 2일(문제 21번) 출제

[보충학습]

상황성 재해 누발자(multiple injury for condition : 狀況性 災害累發者)
작업에서 특정한 물적, 인적조건하에서 산업재해의 횟수를 거듭하는 사람

22 상호신뢰 및 성선설에 기초하여 인간을 긍정적 측면으로 보는 이론에 해당하는 것은?

① T-이론　② X-이론
③ Y-이론　④ Z-이론

[해설]

Y이론의 특징
① 상호신뢰감
② 성선설
③ 인간은 부지런하고 근면 적극적이며 자주적이다.
④ 정신욕구(고차원 욕구)
⑤ 목표 통합과 자기통제에 의한 자율관리
⑥ 선진국형

 ① 2016년 3월 6일, 5월 8일기사 출제
② 2017년 9월 23일 기사 출제
③ 2018년 3월 4일 기사 출제
④ 2019년 9월 21일 기사 출제
⑤ 2023년 9월 2일(문제 26번) 출제

23 지도자가 부하의 능력에 따라 차별적으로 성과급을 지급하고자 하는 리더십의 권한은?

① 전문성 권한　② 보상적 권한
③ 합법적 권한　④ 위임된 권한

[해설]

구분	종류	특징
조직이 지도자에게 부여하는 권력	보상 권력 (reward power)	적절한 보상을 통해 효과적인 통제를 유도 <예> 임금, 승진 등
	강압 권력 (coercive power)	적절한 처벌을 통해 효과적인 통제를 유도 <예> 승진탈락, 임금삭감, 해고 등
	합법 권력 (legitimate power)	조직에서 정하고 있는 규정에 의해 주어진 지도자의 권리를 합법화
지도자 자신이 자신에게 부여하는 권력 (부하직원들의 존경심)	준거 권력 (referent power)	지도자가 추구하는 계획과 목표를 부하직원이 자신의 것으로 받아들여 공감하고 자발적으로 참여
	전문 권력 (expert power)	조직의 목표달성에 필요한 전문적인 지식의 정도, 부하직원들이 전문성을 인정하면 지도자에 대한 신뢰감이 향상되고 능동적으로 업무에 스스로 동참

KEY ① 2017년 3월 5일 기사, 산업기사 동시출제
② 2017년 5월 7일 산업기사 출제
③ 2019년 4월 27일 출제
④ 2020년 6월 14일 산업기사 출제
⑤ 2021년 3월 7일(문제 39번), 9월 12일(문제 29번) 출제
⑥ 2023년 9월 2일(문제 33번) 출제

24 시간 연구를 통해서 근로자들에게 차별성과급제를 적용하면 효율적이라고 주장한 과학적 관리법의 창시자는?

① 게젤(A.I.Gesell)
② 테일러(F.Taylor)
③ 웨슬러(D.Wechsler)
④ 샤인(Edgar H.Schein)

[해설]

테일러(F. Taylor) 연구성과
① 과학적 관리법 창시자
② 차별성과급제 적용

KEY ① 2017년 9월 23일 (문제 25번) 출제
② 2023년 9월 2일(문제 40번) 출제

[정답] 21 ③　22 ③　23 ②　24 ②

> [보충학습]
> **F.Taylor**
> 미국 경영학의 태조라고 할 수 있는 프레데릭테일러(Frederick Winslow Taylor, 1856~1915)이다. 아버지는 퀘이커 교도인 법률가였고, 어머니는 청교도 이민자의 후손이었다. 테일러에게는 엄격한 개신교 노동윤리가 자연스럽게 몸에 밴 사람이었다. 담배와 술을 입에도 대지 않았고, 커피와 차도 마시지 않았다. 그것이 사람을 괜히 흥분시킨다고 생각했기 때문이다. 그의 생애는 청교도적인 삶의 전형이었다.

25 하버드 학파의 학습지도법에 해당하지 않는 것은?

① 지시(Order)
② 준비(Preparation)
③ 교시(Presentation)
④ 총괄(Generalization)

해설

하버드 학파의 5단계 교수법
① 제1단계 : 준비시킨다.
② 제2단계 : 교시시킨다.
③ 제3단계 : 연합한다.
④ 제4단계 : 총괄한다.
⑤ 제5단계 : 응용시킨다.

KEY ① 2018년 4월 28일(문제 21번) 출제
② 2023년 6월 4일(문제 21번) 출제

26 교육의 3요소 중에서 "교육의 매개체"에 해당하는 것은?

① 강사   ② 선배
③ 교재   ④ 수강생

해설

안전교육의 3요소

분류 \ 요소	주체	객체	매개체
형식적 교육	교도자(강사)	학생(수강자)	교재(내용)
비형식적 교육	부모, 형, 선배, 사회인사	자녀, 미성숙자	교육적 환경, 인간관계

KEY ① 2017년 3월 5일 출제
② 2017년 5월 7일(문제 24번) 출제
③ 2023년 6월 4일(문제 26번) 출제

27 산업안전보건법령상 타워크레인 신호작업에 종사하는 일용근로자의 특별교육 교육시간 기준은?

① 1시간 이상   ② 2시간 이상
③ 4시간 이상   ④ 8시간 이상

해설

근로자 안전보건교육

교육과정	교육대상		교육시간
정기교육	사무직 종사 근로자		매반기 6시간 이상
	사무직 종사 근로자 외의 근로자	판매업무에 직접 종사하는 근로자	매반기 6시간 이상
		판매업무에 직접 종사하는 근로자 외의 근로자	매반기 12시간 이상
	관리감독자의 지위에 있는 사람		연간 16시간 이상
채용시의 교육	일용근로자		1시간 이상
	일용근로자를 제외한 근로자		8시간 이상
작업내용 변경시의 교육	일용근로자		1시간 이상
	일용근로자를 제외한 근로자		2시간 이상
특별교육	별표 5 제1호라목 각 호의 어느 하나에 해당하는 작업에 종사하는 일용근로자		2시간 이상
	타워크레인 신호작업에 종사하는 일용근로자		8시간 이상
	별표 5 제1호라목 각 호의 어느 하나에 해당하는 작업에 종사하는 일용근로자를 제외한 근로자		-16시간 이상(최초 작업에 종사하기 전 4시간 이상 실시하고 12시간은 3개월 이내에서 분할하여 실시가능) -단기간 작업 또는 간헐적 작업인 경우에는 2시간 이상
건설업 기초 안전보건교육	건설 일용근로자		4시간 이상

KEY ① 2016년 5월 8일 기사 출제
② 2020년 6월 7일 기사 출제
③ 2020년 8월 23일 산업기사 출제
④ 2022년 3월 5일 산업안전기사 출제
⑤ 2022년 4월 24일(문제 40번) 출제
⑥ 2023년 6월 4일(문제 33번) 출제

정보제공
산업안전보건법 시행규칙 [별표 4] 안전보건교육 교육과정별 교육시간

[정답] 25 ① 26 ③ 27 ④

과년도 출제문제

28 조직에 있어 구성원들의 역할에 대한 기대와 행동은 항상 일치하지는 않는다. 역할 기대와 실제 역할 행동 간에 차이가 생기면 역할 갈등이 발생하는데, 역할 갈등의 원인으로 가장 거리가 먼 것은?

① 역할 마찰
② 역할 민첩성
③ 역할 부적합
④ 역할 모호성

해설

역할갈등(role conflict)의 원인
① 역할마찰
② 역할부적합
③ 역할모호성

KEY
① 2017년 9월 23일 기사 출제
② 2020년 8월 22일(문제 36번) 출제
③ 2023년 6월 4일(문제 37번) 출제

29 동기이론과 관련 학자의 연결이 잘못된 것은?

① ERG이론 : 알더퍼(Alderfer)
② 욕구위계이론 : 매슬로우(Maslow)
③ 위생–동기이론 : 맥그리거(McGregor)
④ 성취동기이론 : 맥클레랜드(McClelland)

해설

맥그리거 : X·Y이론

KEY
① 2016년 5월 8일(문제 29번) 출제
② 2023년 6월 4일(문제 38번) 출제
③ 2024년 2월 15일(문제 30번) 출제

보충학습
위생–동기이론 : 허즈버그(Herzberg)

30 O.J.T(On the Job training)의 특징에 관한 설명으로 틀린 것은?

① 다수의 근로자에게 조직적 훈련이 가능하다.
② 상호 신뢰 및 이해도가 높아진다.
③ 개개인에게 적절한 지도훈련이 가능하다.
④ 직장의 실정에 맞게 실제적 훈련이 가능하다.

해설

OJT의 특징
① 개개인에게 적절한 지도훈련이 가능하다.
② 직장의 실정에 맞게 구체적이고 실제적 훈련이 가능하다.
③ 즉시 업무에 연결되는 관계로 몸과 관련이 있다.
④ 훈련에 필요한 업무의 계속성이 끊어지지 않는다.
⑤ 효과가 곧 업무에 나타나며 훈련의 좋고 나쁨에 따라 개선이 쉽다.
⑥ 훈련효과를 보고 상호 신뢰, 이해도가 높아지는 것이 가능하다.

KEY
① 2016년 10월 1일 기사 출제
② 2017년 3월 5일, 5월 7일 기사 출제
③ 2017년 9월 23일 기사·산업기사 동시 출제
④ 2018년 3월 4일, 8월 19일 기사·산업기사 동시 출제
⑤ 2023년 2월 28일(문제 21번) 출제
⑥ 2024년 2월 15일(문제 31번) 출제

31 매슬로우(Maslow)의 욕구 5단계를 낮은 단계에서 높은 단계의 순서대로 나열한 것은?

① 생리적 욕구 → 안전 욕구 → 사회적 욕구 → 자아실현의 욕구 → 인정의 욕구
② 생리적 욕구 → 안전 욕구 → 사회적 욕구 → 인정의 욕구 → 자아실현의 욕구
③ 안전 욕구 → 생리적 욕구 → 사회적 욕구 → 자아실현의 욕구 → 인정의 욕구
④ 안전 욕구 → 생리적 욕구 → 사회적 욕구 → 인정의 욕구 → 자아실현의 욕구

해설

Maslow의 욕구단계이론
① 1단계 생리적 욕구 : 기아, 갈증, 호흡, 배설, 성욕 등 인간의 가장 기본적인 욕구(종족보존)
② 2단계 안전욕구 : 안전을 구하려는 욕구
③ 3단계 사회적 욕구 : 애정, 소속에 대한 욕구(친화욕구)
④ 4단계 인정을 받으려는 욕구 : 자기 존경의 욕구로 자존심, 명예, 성취, 지위에 대한 욕구(승인의 욕구)
⑤ 5단계 자아실현의 욕구 : 잠재적인 능력을 실현하고자 하는 욕구(성취욕구)

KEY
① 2016년 3월 6일, 8월 21일, 10월 1일 산업기사 출제
② 2016년 5월 8일, 8월 21일, 10월 1일 출제
③ 2017년 3월 5일, 5월 7일 출제
④ 2018년 3월 4일, 8월 19일, 9월 15일 산업기사 출제
⑤ 2018년 4월 28일 기사, 산업기사 출제
⑥ 2019년 3월 3일, 4월 27일 출제
⑦ 2019년 4월 27일, 8월 4일 산업기사 출제
⑧ 2020년 6월 14일 산업기사 출제
⑨ 2020년 9월 27일 출제
⑩ 2023년 2월 28일(문제 24번) 출제

[정답] 28 ② 29 ③ 30 ① 31 ②

32 산업안전보건법상 사업 내 산업안전보건 관련교육에 있어 건설 일용근로자의 건설업 기초안전보건교육시간으로 맞는 것은?

① 1시간 이상 ② 2시간 이상
③ 3시간 이상 ④ 4시간 이상

해설
건설업 기초안전보건교육시간 : 4시간 이상

KEY ① 2018년 1회 출제
② 2023년 2월 28일(문제 25번) 출제

정보제공
산업안전보건법시행규칙 [별표 4] 산업안전보건관련 교육과정별 교육시간

33 다음 중 데이비스(K. Davis)의 동기부여이론에서 인간의 "능력(ability)"을 나타내는 것은?

① 지식(knowledge)×기능(skill)
② 지식(knowledge)×태도(attitude)
③ 기능(skill)×상황(situation)
④ 상황(situation)×태도(attitude)

해설
데이비스(K. Davis)의 동기부여이론 등식
① 경영의 성과=인간의 성과×물질의 성과
② 능력(ability)=지식(knowledge)×기능(skill)
③ 동기유발(motivation)=상황(situation)×태도(attitude)
④ 인간의 성과(human performance)=능력×동기유발

KEY ① 2015년 1회 출제
② 2023년 2월 28일(문제 27번) 출제
③ 2024년 2월 15일(문제 33번) 출제

34 집중발상법(brain storming)의 기본 규칙들 중 틀린 것은?

① 아이디어는 많을수록 좋다.
② 떠오르는 아이디어는 어떤 것이든 관계없이 표현토록 한다.
③ 아이디어 산출과정에서, 모든 아이디어는 어떤 방식으로든 평가해야 한다.
④ 구성원들은 가능한 한 다른 사람의 아이디어를 수정하고 확장하려고 노력해야 한다.

해설
집중발상법(BS : Brain Storming)의 4원칙
① 비판금지(criticism is ruled out) : 좋다, 나쁘다 비판은 하지 않는다.
② 자유분방(free wheeling) : 마음대로 자유로이 발언한다.
③ 대량발언(quantity is wanted) : 무엇이든 좋으니 많이 발언한다.
④ 수정발언(combination and improvement of thought) : 타인의 생각에 동참하거나 보충 발언해도 좋다.

KEY ① 2017년 1회 출제
② 2023년 2월 28일(문제 28번) 출제
③ 2024년 2월 15일(문제 34번) 출제

35 맥그리거(Douglas McGregor)의 Y이론에 해당되는 것은?

① 인간은 게으르다.
② 인간은 남을 잘 속인다.
③ 인간은 남에게 지배받기를 즐긴다.
④ 인간은 부지런하고 근면하며, 적극적이고 자주적이다.

해설
Y 이론의 특징
① 상호 신뢰감
② 성선설
③ 인간은 부지런하고 근면 적극적이며 자주적이다.
④ 정신욕구(고차원 욕구)
⑤ 목표 통합과 자기통제에 의한 자율관리
⑥ 선진국형

KEY ① 2016년 3월 6일 기사 출제
② 2016년 5월 8일 기사 출제
③ 2017년 9월 23일 기사 출제
④ 2018년 3월 4일 기사 출제
⑤ 2023년 2월 28일(문제 30번) 출제

[정답] 32 ④ 33 ① 34 ③ 35 ④

과년도 출제문제

36 다른 사람의 행동 양식이나 태도를 자기에게 투입하거나 그와 반대로 다른 사람 가운데서 자기의 행동 양식이나 태도와 비슷한 것을 발견하는 것을 무엇이라 하는가?

① 모방(Imitation)   ② 투사(Projection)
③ 암시(Suggestion) ④ 동일시(Identification)

해설

동일화(동일시 : identification)
① 다른 사람의 행동 양식이나 태도를 투입시키거나 다른 사람 가운데서 자기와 비슷한 점을 발견하는 것
② 부모나 형 등의 중요한 인물들의 태도나 행동을 따라 하는 것

KEY ① 2018년 1회 출제
② 2023년 2월 28일(문제 32번) 출제

37 몹시 피로하거나 단조로운 작업으로 인하여 의식이 뚜렷하지 않은 상태의 의식 수준으로 옳은 것은?

① Phase Ⅰ   ② Phase Ⅱ
③ Phase Ⅲ   ④ Phase Ⅳ

해설

의식 레벨의 단계적 분류(日本 하시모토 쿠니에 제시)

phase	의식의 상태	주의의 작용
0	무신경, 실신(무의식상태)	0
Ⅰ	이상, 의식불명(피로)	부주의
Ⅱ	정상	수동적, 심적내향
Ⅲ	정상, 명쾌	적극적, 심적외향
Ⅳ	과긴장	일점에 고집

KEY ① 2016년 10월 1일 산업기사 출제
② 2017년 5월 7일 출제
③ 2018년 4월 28일 출제
④ 2018년 9월 15일 산업기사 출제
⑤ 2019년 3월 3일 출제
⑥ 2020년 9월 27일 출제
⑦ 2023년 2월 28일(문제 40번) 출제

38 조직이 리더(leader)에게 부여하는 권한으로 부하직원의 처벌, 임금 삭감을 할 수 있는 권한은?

① 강압적 권한   ② 보상적 권한
③ 합법적 권한   ④ 전문성의 권한

해설

리더의 권한(력)

구분	종류	특징
조직이 지도자에게 부여하는 권력	보상 권력 (reward power)	적절한 보상을 통해 효과적인 통제를 유도(임금, 승진 등)
	강압 권력 (coercive ower)	적절한 처벌을 통해 효과적인 통제를 유도(승진탈락, 임금삭감, 해고 등)
	합법 권력 (legitimate power)	조직에서 정하고 있는 규정에 의해 주어진 지도자의 권리를 합법화
지도자 자신이 자신에게 부여하는 권력 (부하직원들의 존경심)	준거 권력 (referent power)	지도자가 추구하는 계획과 목표를 부하직원이 자신의 것으로 받아들여 공감하고 자발적으로 참여
	전문 권력 (expert power)	조직의 목표달성에 필요한 전문적인 지식의 정도, 부하직원들이 전문성을 인정하면 지도자에 대한 신뢰감이 향상되고 능동적으로 업무에 스스로 동참

KEY ① 2017년 3월 5일 기사, 산업기사 동시출제
② 2017년 5월 7일 산업기사 출제
③ 2019년 4월 27일 출제
④ 2020년 6월 14일 산업기사 출제
⑤ 2021년 3월 7일(문제 39번) 출제
⑥ 2022년 4월 24일(문제 23번) 출제

39 생체리듬에 관한 설명 중 틀린 것은?

① 감각의 리듬이 (−)로 최대가 되는 경우에만 위험일이라고 한다.
② 육체적 리듬은 "P"로 나타내며, 23일을 주기로 반복된다.
③ 감성적 리듬은 "S"로 나타내며, 28일을 주기로 반복된다.
④ 지성적 리듬은 "I"로 나타내며, 33일을 주기로 반복된다.

해설

생체리듬(Biorhythm)
① 인간의 생리적 주기 또는 리듬을 나타낸다.
  · 신체(physical)
  · 감성(sensitivity)
  · 지성(intellectual)의 머리글자를 따서 PSI학설이라고도 한다.
② P, S, I 3개의 서로 다른 리듬은 안정기[positive phase(+)]와 불안정기[negative phase(−)]를 교대하면서 반복하여 사인(sine) 곡선을 그려 나가는데 (+) 리듬에서 (−) 리듬으로 또는 (−) 리듬에서 (+) 리듬으로 변화하는 점을 영(zero) 또는 위험일이라 한다.
③ 위험일은 한 달에 6일 정도 일어난다.

[정답] 36 ④ 37 ① 38 ① 39 ①

KEY ① 2021년 3월 7일 기사 등 10회 이상 출제
② 2022년 3월 5일(문제 24번) 출제
③ 2022년 4월 24일(문제 30번) 출제
④ 2024년 2월 15일(문제 26번) 출제

해설

인간공학
기계, 기구, 환경 등의 물적 조건을 인간의 특성과 능력에 잘 조화하도록 설계하기 위한 수단을 연구하는 학문이다.

KEY ① 2015년 5월 31일, 8월 16일 출제
② 2017년 9월 23일 출제
③ 2019년 4월 27일 출제
④ 2022년 4월 24일 출제
⑤ 2024년 2월 15일 출제

40 사고 경향성 이론에 관한 설명 중 틀린 것은?

① 사고를 많이 내는 여러 명의 특성을 측정하여 사고를 예방하는 것이다.
② 개인의 성격보다는 특정 환경에 의해 훨씬 더 사고가 일어나기 쉽다.
③ 어떠한 사람이 다른 사람보다 사고를 더 잘 일으킨다는 이론이다.
④ 사고경향성을 검증하기 위한 효과적인 방법은 다른 두 시기 동안에 같은 사람의 사고기록을 비교하는 것이다.

해설

사고는 환경보다는 소질적(성격) 결함자가 많다.

KEY ① 2019년 3월 3일(문제 30번) 출제
② 2022년 4월 24일(문제 30번) 출제

보충학습

하인리히 재해의 비중[%]
① 불안전한 행동 : 88
② 불안전한 상태 : 10
③ 간접(환경 등) 원인 : 2

42 산업안전보건법령상 사업주가 유해위험방지계획서를 제출할 때에는 사업장 별로 관련 서류를 첨부하여 해당 작업 시작 며칠 전까지 해당 기관에 제출하여야 하는가?

① 7일 ② 15일
③ 30일 ④ 60일

해설

유해위험방지 계획서 제출시기 및 부수
① 제조업 : 해당 작업시작 15일 전까지 공단에 2부 제출
② 건설업 : 공사 착공전날까지 공단에 2부 제출

합격정보
① 산업안전보건법 시행규칙 제42조(제출서류등)
② 2024. 7. 1 개정 「고용노동부령 제419호」 적용

KEY ① 2016년 3월 6일 출제
② 2017년 9월 23일 출제
③ 2022년 4월 24일 출제
④ 2023년 2월 28일 출제
⑤ 2024년 2월 15일 출제

3 인간공학 및 시스템 안전공학

41 인간공학에 대한 설명으로 틀린 것은?

① 인간-기계 시스템의 안전성, 편리성, 효율성을 높인다.
② 인간을 작업과 기계에 맞추는 설계 철학이 바탕이 된다.
③ 인간이 사용하는 물건, 설비, 환경의 설계에 적용된다.
④ 인간의 생리적, 심리적인 면에서의 특성이나 한계점을 고려한다.

43 [그림]과 같은 FT도에서 $a=0.015$, $b=0.02$, $c=0.05$이면, 정상사상 T가 발생할 확률은 약 얼마인가?

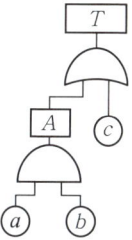

① 0.0002 ② 0.0283
③ 0.0503 ④ 0.950

[정답] 40 ② 41 ② 42 ② 43 ③

해설

정상사상 발생확률

① $T = 1-(1-A)(1-c)$
$= 1-(1-0.0003)(1-0.05) = 0.0503$

② $A = a \times b = 0.015 \times 0.02 = 0.0003$

KEY
① 2013년 8월 18일 기사 출제
② 2015년 8월 16일 기사 출제
③ 2020년 8월 22일 기사 출제
④ 2021년 3월 7일 기사 출제
⑤ 2023년 7월 8일 출제

44 화학설비에 대한 안전성 평가에서 정성적 평가 항목이 아닌 것은?

① 건조물
② 취급물질
③ 공장 내의 배치
④ 입지조건

해설

정성적 평가항목
① 입지조건
② 공장 내의 배치
③ 소방설비
④ 공정기기
⑤ 수송·저장
⑥ 원재료, 중간체, 제품

KEY
① 2012년 3월 4일 기사 출제
② 2013년 6월 2일 기사 출제
③ 2014년 8월 17일 기사 출제
④ 2015년 5월 31일 기사 출제
⑤ 2016년 5월 8일 기사 출제
⑥ 2017년 8월 26일 기사 출제
⑦ 2018년 3월 4일 기사 출제
⑧ 2019년 3월 3일 기사 출제
⑨ 2022년 3월 5일 기사 출제
⑩ 2023년 7월 8일 출제

45 조종-반응비(Control-Response Ratio, C/R비)에 대한 설명중 틀린 것은?

① 조종장치와 표시장치의 이동 거리 비율을 의미한다.
② C/R비가 클수록 조종장치는 민감하다.
③ 최적 C/R비는 조정시간과 이동시간의 교점이다.
④ 이동시간과 조정시간을 감안하여 최적 C/R비를 구할 수 있다.

해설

최적 C/D비(C/R비)
① 이동 동작과 조종 동작을 절충하는 동작이 수반
② 최적치는 두 곡선의 교점 부호
③ C/D비가 작을수록 이동시간은 짧고, 조종은 어려워서 민감한 조종장치이다.

KEY
① 2013년 6월 2일 기사 출제
② 2019년 8월 4일 기사 출제
③ 2023년 7월 8일 출제

46 병렬로 이루어진 두 요소의 신뢰도가 각각 0.7일 경우, 시스템 전체의 신뢰도는?

① 0.30
② 0.49
③ 0.70
④ 0.91

해설

전체신뢰도
$R_s = 1-(1-0.7)(1-0.7) = 0.91$

KEY
① 2016년 8월 21일 출제
② 2018년 8월 19일 출제
③ 2023년 7월 8일 출제

47 차폐효과에 대한 설명으로 옳지 않은 것은?

① 차폐음과 배음의 주파수가 가까울 때 차폐효과가 크다.
② 헤어드라이어 소음 때문에 전화 음을 듣지 못한 것과 관련이 있다.
③ 유의적 신호와 배경 소음의 차이를 신호/소음 (S/N) 비로 나타낸다.
④ 차폐효과는 어느 한 음 때문에 다른 음에 대한 감도가 증가되는 현상이다.

해설

masking(은폐 : 차폐)현상
dB이 높은 음과 낮은 음이 공존할 때 낮은 음이 강한 음에 가로막혀 숨겨져 들리지 않게 되는 현상

KEY
① 2017년 5월 7일 산업기사 출제
② 2019년 9월 21일 출제
③ 2020년 8월 22일 기사 출제
④ 2023년 6월 4일 출제

[정답] 44 ②   45 ②   46 ④   47 ④

48 태양광선이 내리쬐는 옥외장소의 자연습구 온도 20[℃], 흑구온도 18[℃], 건구온도 30[℃] 일 때 습구흑구 온도지수(WBGT)는?

① 20.6[℃]   ② 22.5[℃]
③ 25.0[℃]   ④ 28.5[℃]

해설

습구 흑구 온도지수(WBGT)
① 옥외(태양광선이 내리 쬐는 장소)
  WBGT = 0.7 × 자연습구온도(NWB) + 0.2 × 흑구온도(GT) + 0.1 × 건구온도(DB) = 0.7 × 20[℃] + 0.2 × 18[℃] + 0.1 × 30[℃] = 20.6[℃]
② 옥내 또는 옥외(태양광선이 내리쬐지 않는 장소)
  WBGT(℃) = 0.7 × 자연습구온도(NWB) + 0.3 × 흑구온도(GT)

KEY
① 2016년 5월 8일 출제
② 2022년 4월 24일 기사 출제
③ 2023년 6월 4일 출제

49 다음 중 청각적 표시장치보다 시각적 표시장치를 이용하는 경우가 더 유리한 경우는?

① 메시지가 간단한 경우
② 메시지가 추후에 재참조되지 않는 경우
③ 직무상 수신자가 자주 움직이는 경우
④ 메시지가 즉각적인 행동을 요구하지 않는 경우

해설

청각장치와 시각장치의 사용 경위

청각장치 사용 예	시각장치 사용 예
① 전언이 간단할 경우	① 전언이 복잡할 경우
② 전언이 짧을 경우	② 전언이 길 경우
③ 전언이 후에 재참조되지 않을 경우	③ 전언이 후에 재참조될 경우
④ 전언이 시간적인 사상(event)을 다룰 경우	④ 전언이 공간적인 위치를 다룰 경우
⑤ 전언이 즉각적인 행동을 요구할 경우	⑤ 전언이 즉각적인 행동을 요구하지 않을 경우
⑥ 수신자의 시각 계통이 과부하 상태일 경우	⑥ 수신자의 청각 계통이 과부하 상태일 경우
⑦ 수신 장소가 너무 밝거나 암조응(暗調應) 유지가 필요할 경우	⑦ 수신 장소가 너무 시끄러울 경우
⑧ 직무상 수신자가 자주 움직이는 경우	⑧ 직무상 수신자가 한 곳에 머무르는 경우

KEY
① 2015년 3월 8일 출제
② 2016년 3월 6일 출제
③ 2017년 5월 7일 산업기사 출제
④ 2018년 3월 4일, 4월 28일 산업기사 출제
⑤ 2018년 8월 19일, 9월 15일 산업기사 출제
⑥ 2019년 4월 27일, 9월 21일 산업기사 출제
⑦ 2019년 8월 4일 출제
⑧ 2020년 6월 7일 출제
⑨ 2021년 3월 7일, 5월 15일 출제
⑩ 2023년 2월 28일 출제

50 다음 중 인간의 과오(Human error)를 정량적으로 평가하고 분석하는 데 사용하는 기법으로 가장 적절한 것은?

① THERP   ② FMEA
③ CA   ④ FMECA

해설

인간실수율 예측기법(THERP) : 인간신뢰도 분석에서의 HEP에 대한 예측기법

KEY
① 2005년 8월 7일
② 2014년 3월 2일 기사 출제
③ 2017년 3월 5일 산업기사 출제
④ 2020년 8월 22일 기사 출제
⑤ 2023년 2월 28일 출제

보충학습

HEP : 인간신뢰도 기본단위

51 서브시스템 분석에 사용되는 분석방법으로 시스템 수명주기에서 ㉠에 들어갈 위험분석기법은?

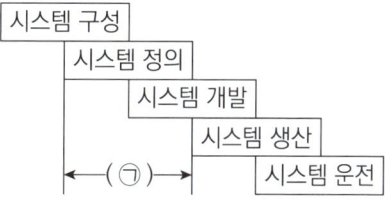

① PHA   ② FHA
③ FTA   ④ ETA

[정답] 48 ①   49 ④   50 ①   51 ②

해설
시스템 분석

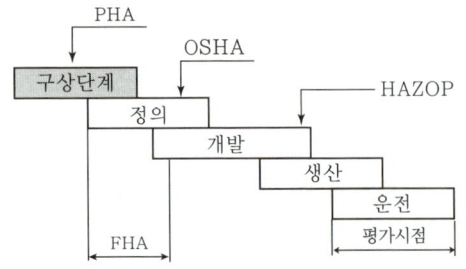

[그림] PHA·OSHA·FHA·HAZOP

KEY
① 2012년 3월 4일 출제
② 2016년 5월 8일 산업기사 출제
③ 2018년 8월 19일 출제
④ 2019년 3월 3일, 9월 21일 출제
⑤ 2020년 6월 7일 출제
⑥ 2020년 6월 14일 산업기사 출제
⑦ 2022년 3월 5일 기사 출제
⑧ 2023년 2월 28일 출제

---

52 어느 부품 1,000개를 100,000시간 동안 가동하였을 때 5개의 불량품이 발생하였을 경우 평균동작시간(MTTF)은?

① 1×10^6 시간
② 2×10^7 시간
③ 1×10^8 시간
④ 2×10^9 시간

해설
평균동작시간 계산

$$MTTF = \frac{부품수 \times 가동시간}{불량품수(고장수)} = \frac{1,000 \times 100,000}{5}$$
$$= 20,000,000 = 2 \times 10^7$$

보충학습
MTTF(Mean Time To Failure)
① 평균작동시간, 고장까지의 평균시간
② 제품 고장시 수명이 다하는 것으로 평균 수명

KEY
① 2008년 제2회 출제
② 2014년 5월 25일 출제
③ 2020년 9월 27일 기사 출제
④ 2023년 2월 28일 출제

---

53 상황해석을 잘못하거나 목표를 잘못 설정하여 발생하는 인간의 오류 유형은?

① 실수(Slip)
② 착오(Mistake)
③ 위반(Violation)
④ 건망증(Lapse)

해설
인간의 오류 5가지 모형

구분	특징
착각(Illusion)	감각적으로 물리현상을 왜곡하는 지각 오류
착오(Mistake)	상황해석을 잘못하거나 목표를 잘못 이해하고 착각하여 행하는 인간의 실수로 위치, 순서, 패턴, 형상, 기억오류 등 외부적 요인에 의해 나타나는 오류
실수(Slip)	의도는 올바른 것이었지만, 행동이 의도한 것과는 다르게 나타나는 오류
건망증(Lapse)	일련의 과정에서 일부를 빠뜨리거나 기억의 실패에 의해 발생하는 오류
위반(Violation)	정해진 규칙을 알고 있음에도 의도적으로 따르지 않거나 무시한 경우에 발생하는 오류

KEY
① 2009년 5월 10일 출제
② 2017년 8월 26일 출제
③ 2019년 3월 3일, 4월 27일 출제
④ 2021년 5월 15일, 9월 12일 출제
⑤ 2022년 4월 24일 출제
⑥ 2024년 2월 15일 출제

---

54 시스템의 수명곡선(욕조곡선)에 있어서 디버깅(Debugging)에 관한 설명으로 옳은 것은?

① 초기고장의 결함을 찾아 고장률을 안정시키는 과정이다.
② 우발 고장의 결함을 찾아 고장률을 안정시키는 과정이다.
③ 마모 고장의 결함을 찾아 고장률을 안정시키는 과정이다.
④ 기계 결함을 발견하기 위해 동작시험을 하는 기간이다.

[정답] 52 ② 53 ② 54 ①

해설

초기고장
① 디버깅(Debugging)기간 : 기계의 초기 결함을 찾아내 고장률을 안정시키는 기간
② 번인(Burn-in)기간 : 물품을 실제로 장시간 가동하여 그 동안에 고장난 것을 제거하는 기간
③ 비행기 : 에이징(Aging)이라 하여 3년 이상 시운전
④ 욕조곡선(Bath-tub) : 예방보전을 하지 않을 때의 곡선은 서양식 욕조 모양과 비슷하게 나타나는 현상

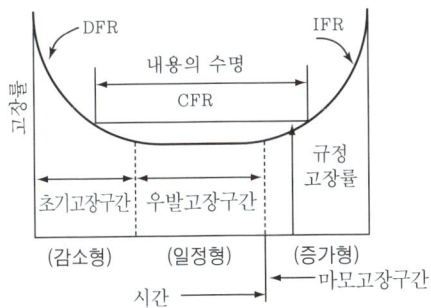

[그림] 기계설비 고장유형

KEY
① 2018년 3월 4일 출제
② 2022년 4월 24일 출제

55 경계 및 경보신호의 설계지침으로 틀린 것은?

① 주의를 환기시키기 위하여 변조된 신호를 사용한다.
② 배경소음의 진동수와 다른 진동수의 신호를 사용한다.
③ 귀는 중음역에 민감하므로 500~3,000[Hz]의 진동수를 사용한다.
④ 300[m] 이상의 장거리용으로는 1,000[Hz]를 초과하는 진동수를 사용한다.

해설

경계 및 경보신호(청각적 표시장치) 선택시 지침
① 귀는 중음역에 가장 민감하므로 500~3,000[Hz]의 진동수를 사용
② 고음은 멀리가지 못하므로 300[m] 이상 장거리용으로는 1,000[Hz] 이하의 진동수 사용

KEY
① 2016년 3월 6일 산업기사 출제
② 2017년 3월 5일, 9월 23일 산업기사 출제
③ 2018년 3월 4일 출제
④ 2022년 4월 24일 출제

56 FTA(Fault Tree Analysis)에서 사용되는 사상기호 중 통상의 작업이나 기계의 상태에서 재해의 발생 원인이 되는 요소가 있는 것을 나타내는 것은?

해설

FTA 기호

기호	명칭	기호	명칭
	결함사상		생략사상
○	기본사상	⬠	통상사상

KEY
① 2007년 8월 5일 출제
② 2016년 10월 1일 산업기사 출제
③ 2017년 5월 7일, 8월 26일 기사 출제
④ 2017년 8월 19일, 8월 26일 산업기사 출제
⑤ 2018년 3월 4일 기사 출제
⑥ 2018년 8월 19일 산업기사 출제
⑦ 2020년 6월 14일 산업기사 출제
⑧ 2021년 5월 15일, 8월 14일 기사 출제
⑨ 2022년 4월 24일 출제

57 n개의 요소를 가진 병렬 시스템에 있어 요소의 수명(MTTF)이 지수분포를 따를 경우 이 시스템의 수명으로 옳은 것은?

① $\text{MTTF} \times n$
② $\text{MTTF} \times \dfrac{1}{n}$
③ $\text{MTTF}\left(1 + \dfrac{1}{2} + \cdots + \dfrac{1}{n}\right)$
④ $\text{MTTF}\left(1 \times \dfrac{1}{2} \times \cdots \times \dfrac{1}{n}\right)$

[정답] 55 ④ 56 ④ 57 ③

해설

MTTF(고장까지의 평균시간 : Mean Time To Failure)
① 기계의 평균수명으로 모든 기계가 t_0를 갖지 않기 때문에 확률분포로 파악
② 고장이 발생하면 그것으로 수명이 없어지는 제품
③ 한번 고장이 발생하면 수명이 다하는 것으로 생각하여 수리하지 않고 폐기 또는 교환하는 제품의 고장까지의 평균시간
④ $MTTF(1+\frac{1}{2}+\cdots+\frac{1}{n})$

KEY
① 2011년 3월 20일 출제
② 2013년 6월 2일 출제
③ 2019년 9월 21일(문제 50번) 출제
④ 2022년 4월 24일 출제

---

58 양립성의 종류가 아닌 것은?

① 개념의 양립성   ② 감성의 양립성
③ 운동의 양립성   ④ 공간의 양립성

해설

양립성(compatibility)
정보입력 및 처리와 관련한 양립성은 인간의 기대와 모순되지 않는 자극 반응조합의 관계를 말하는 것

KEY
① 2018년 3월 4일 산업기사 출제
② 2018년 4월 28일 기사·산업기사 동시 출제
③ 2020년 8월 22일 출제
④ 2022년 3월 5일 출제

보충학습

양립성의 종류

종류	특징
공간(spatial)	표시장치나 조종장치에서 물리적 형태 및 공간적 배치
운동(movement)	표시장치의 움직이는 방향과 조종장치의 방향이 사용자의 기대와 일치
개념(coneptual)	이미 사람들이 학습을 통해 알고있는 개념적 연상
양식(modality)	직무에 맞는 응답양식 존재

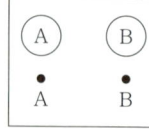
[그림 1] 공간 양립성

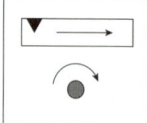
[그림 2] 운동 양립성

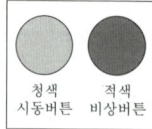
[그림 3] 개념 양립성

---

59 FTA에서 사용되는 논리게이트 중 입력과 반대되는 현상으로 출력되는 것은?

① 부정 게이트   ② 억제 게이트
③ 배타적 OR 게이트   ④ 우선적 AND 게이트

해설

부정 Gate
부정 모디파이어 라고도 하며
입력현상의 반대인 출력이 된다.

[그림] 부정 Gate

KEY
① 2018년 8월 19일 출제
② 2022년 3월 5일 출제

보충학습

① 배타적 OR Gate : OR Gate로 2개 이상의 입력이 동시에 존재할 때에는 출력사상이 생기지 않는다. 예를 들면 '동시에 발생하지 않는다'라고 기입한다. (1개만 되고, 2개 이상은 안된다.)
② OR 게이트 : 입력사상 중 한 가지라도 발생하면 출력사상 발생.(합집합)
③ AND 게이트 : 입력사상이 전부 발생하는 경우에만 출력사상 발생.(교집합)
④ 우선전 AND 게이트 : 입력사상이 특정한 순서대로 발생한 경우 출력사상 발생.
⑤ 조합 AND 게이트 : 3개의 입력사상 중 오직 2개가 일어나면 출력사상 발생.(1개×, 3개× 오직 2개만 ○)

---

60 반사경 없이 모든 방향으로 빛을 발하는 점광원에서 3[m] 떨어진 곳의 조도가 300[lux]라면 2[m] 떨어진 곳에서 조도[lux]는?

① 375   ② 675
③ 875   ④ 975

해설

조도
① 조도 = $\dfrac{광도}{(거리)^2}$
② 빛이 퍼져가는 면적은 거리에 반비례
③ $300[lux] \times (\dfrac{3}{2})^2 = 675[lux]$

KEY
① 2017년 3월 5일 출제
② 2022년 3월 5일 출제

[정답] 58 ②   59 ①   60 ②

4 건설시공학

61 철골공사의 용접접합에서 플럭스(flux)를 옳게 설명한 것은?

① 용접 시 용접봉의 피복제 역할을 하는 분말상의 재료
② 압연강판의 층 사이에 균열이 생기는 현상
③ 용접작업의 종단부에 임시로 붙이는 보조판
④ 용접부에 생기는 미세한 구멍

해설

플럭스(Flux)
① 철골가공 및 용접에 있어 자동용접의 경우 용접봉의 피복재 역할
② 분말상의 재료

KEY ① 2018년 9월 15일 (문제 63번) 출제
② 2023년 9월 2일(문제 80번) 출제

62 다음과 같이 정상 및 특급공기와 공비가 주어질 경우 비용구배(cost slope)는?

정 상		특 급	
공기	공비	공기	공비
20[일]	120,000[원]	15[일]	180,000[원]

① 9,000[원/일] ② 12,000[원/일]
③ 15,000[원/일] ④ 18,000[원/일]

해설

비용구배(비용경사)

비용구배는 작업을 1일 단축할 때 추가되는 직접비용을 말한다.

비용구배 = $\dfrac{\text{특급공비}-\text{표준공비}}{\text{표준공기}-\text{특급공기}} = \dfrac{180,000-120,000}{20-15}$
= 12,000[원/일]

① 특급공비 : 공기를 최대한 단축할 때 비용
② 특급공기 : 공기를 최대한 단축할 수 있는 가능한 시간
③ 표준공비 : 정상적인 소요일수에 대한 공비
④ 표준공기 : 정상적인 소요시간

KEY ① 2019년 9월 21일 (문제 80번) 출제
② 2023년 9월 2일(문제 77번) 출제

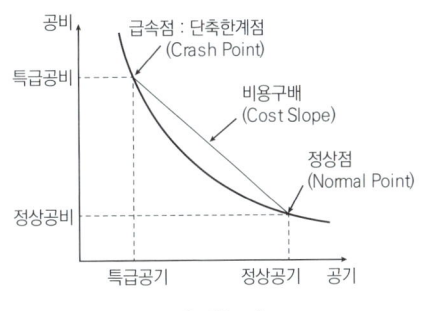

[그림] 비용구배

63 지내력시험을 한 결과 침하곡선이 그림과 같이 항복 상황을 나타내었을 때 이 지반의 단기하중에 대한 허용지내력은 얼마인가?(단, 허용지내력은 m² 당 하중의 단위를 기준으로 함)

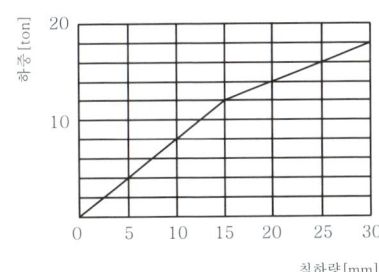

① 6[ton/m^2] ② 7[ton/m^2]
③ 12[ton/m^2] ④ 14[ton/m^2]

해설

허용지내력
① 단기하중 : 12[ton/m^2]
② 장기하중 : 단기하중 × $\dfrac{1}{2}$ = 12 × $\dfrac{1}{2}$ = 6[ton/m^2]
③ 허용지내력 : 12[ton/m^2]

KEY ① 2017년 9월 23일(문제 67번) 출제
② 2023년 9월 2일(문제 74번) 출제

보충학습

단기 하중에 대한 허용지내력
① 총침하량이 2[cm]에 도달하였을 때
② 침하량이 2[cm] 이하라도 침하곡선이 항복상태를 보일 때의 값 중 작은 것을 선택한다.
③ 따라서, 지문의 침하곡선에서는 침하량이 항복상태로 보이는 15[mm]의 값 12[ton/m^2]이 단기 하중에 대한 허용지내력이다.

[정답] 61 ① 62 ② 63 ③

과년도 출제문제

64 콘크리트 타설 후 진동다짐에 관한 설명으로 옳지 않은 것은?

① 진동기는 하층 콘크리트에 10[cm]정도 삽입하여 상하층 콘크리트를 일체화 시킨다.
② 진동기는 가능한 연직방향으로 찔러 넣는다.
③ 진동기를 뺄 때는 서서히 뽑아 구멍이 남지 않도록 한다.
④ 된비빔 콘크리트의 경우 구조체의 철근에 진동을 주어 진동효과를 좋게 한다.

해설

진동기 사용요령
① 된비빔 콘크리트는 상부에 적용한다.
② 철근이나 거푸집에 직접 진동을 주어서는 안된다.

KEY ① 2017년 3월 5일 산업기사 출제
② 2018년 4월 28일 기사 출제
③ 2018년 9월 15일 기사·산업기사 동시출제
④ 2023년 9월 2일(문제 61번) 출제

65 품질관리(TQC)를 위한 7가지 도구 중에서 불량수, 결점수 등 셀 수 있는 데이타가 분류항목별로 어디에 집중되어 있는가를 알기 쉽도록 나타낸 그림은?

① 히스토그램
② 파레토도
③ 체크 시트
④ 산포도

해설

체크시트
① 계수치의 데이터가 분류항목의 어디에 집중되어 있는가를 알아보기 쉽게 나타냄
② 일명 : 집중도

KEY ① 2016년 3월 6일 기사 출제
② 2016년 5월 8일 기사 출제
③ 2017년 5월 7일 기사 출제
④ 2019년 9월 21일 기사 출제
⑤ 2023년 9월 2일(문제 65번) 출제

66 토공사용 장비에 해당되지 않는 것은?

① 로더(loader)
② 파워셔블(power shovel)
③ 가이데릭(guy derrick)
④ 클램쉘(clamshell)

해설

가이데릭(Guy derrick)
① 가장 일반적으로 사용되는 세우기용 기중기이다.
② 붐(Boom)의 회전범위 : 360[°](bull wheel이 있어 회전가능)
③ 붐의 길이는 주축으로 mast보다 3~5[m] 짧게 한다.
④ 당김줄은 지면과 45[°] 이하가 되도록 한다.

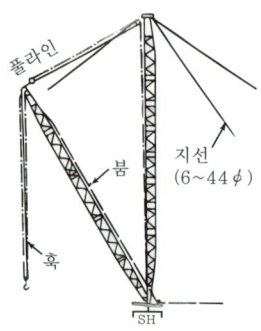

[그림] 가이데릭

KEY ① 2017년 5월 7일(문제 68번) 출제
② 2023년 6월 4일(문제 61번) 출제

67 시간이 경과함에 따라 콘크리트에 발생되는 크리프(Creep)의 증가원인으로 옳지 않은 것은?

① 단위 시멘트량이 적을 경우
② 단면의 치수가 작을 경우
③ 재하시기가 빠를 경우
④ 재령이 짧을 경우

해설

Creep가 증가되는 현상
① 초기재령 시
② 하중이 클수록
③ W/C가 클수록
④ 부재의 단면치수가 작을수록
⑤ 부재의 건조정도가 높을수록
⑥ 온도가 높을수록
⑦ 양생, 보양이 나쁠수록
⑧ 단위 시멘트량이 많을수록

KEY ① 2019년 4월 27일(문제 72번) 출제
② 2023년 6월 4일(문제 64번) 출제

[정답] 64 ④ 65 ③ 66 ③ 67 ①

68 철골구조의 녹막이 칠 작업을 실시하는 곳은?

① 콘크리트에 매입되지 않는 부분
② 고력볼트 마찰 접합부의 마찰면
③ 폐쇄형 단면을 한 부재의 밀폐된 면
④ 조립상 표면접합이 되는 면

해설

녹막이 칠을 하지 않는 부분
① 콘크리트에 매입되는 부분
② 조립에 의하여 맞닿는 면
③ 현장용접을 하는 부위 및 그곳에 인접하는 양측 100[mm] 이내(용접부에서 50[mm] 이내)
④ 고장력 볼트 마찰 접합부의 마찰면
⑤ 폐쇄형 단면을 한 부재의 밀폐된 면
⑥ 기계깎기 마무리면

  ① 2015년 5월 31일(문제 62번) 출제
② 2023년 6월 4일(문제 66번) 출제
③ 2024년 2월 15일(문제 68번) 출제

69 조적 벽면에서의 백화방지에 대한 조치로서 옳지 않은 것은?

① 소성이 잘 된 벽돌을 사용한다.
② 줄눈으로 비가 새어들지 않도록 방수처리한다.
③ 줄눈 모르타르에 석회를 혼합한다.
④ 벽돌벽의 상부에 비막이를 설치한다.

해설

백화현상의 방지대책
① 잘 구워진 벽돌(소성이 잘 된 벽돌)을 사용한다.
② 줄눈의 방수처리 철저, 예방이 중요하다.
③ 조립률이 큰 모래, 분말도가 큰 시멘트를 사용한다.
④ 차양, 루버, 돌림띠 등 비막이를 설치한다.
⑤ 표면에 파라핀 도료나 실리콘 뿜칠하여 수산화칼슘 유출을 방지한다.
⑥ 우중시공을 철저히 금지시킨다.

  ① 2017년 3월 5일 출제
② 2019년 9월 21일 출제
③ 2021년 5월 15일(문제 7번) 출제
④ 2023년 6월 4일(문제 68번) 출제
⑤ 2024년 2월 15일(문제 81번) 해설

70 흙막이 공법 중 지하연속벽(slurry wall)공법에 대한 설명으로 옳지 않은 것은?

① 흙막이벽 자체의 강도, 강성이 우수하기 때문에 연약지반의 변형 및 이면침하를 최소한으로 억제할 수 있다.
② 차수성이 좋아 지하수가 많은 지반에도 사용할 수 있다.
③ 시공 시 소음, 진동이 작다.
④ 다른 흙막이벽에 비해 공사비가 적게 든다.

해설

slurry wall [지하연속벽(체)]공법의 특징
① 저소음, 저진동 공법으로 인접건물의 근접시공이 가능하며 안정적 공법이다.
② 차수성이 우수하며 물막이 벽체로도 가능하다.
③ 벽체 강성이 커서 본구조체로 이용이 가능하며, 수평변위에 대해서 안정적이며 영구 지하 벽체나 깊은 기초 적용이 가능하다.
④ 임의형상 치수가 가능하며 지반조건에 좌우되지 않는다.
⑤ 타공법에 비해 시공비가 고가이며, 수평연속성이 부족하고, 장비가 크고 이동이 느리다.

  ① 2020년 8월 22일(문제 61번) 출제
② 2020년 9월 27일(문제 80번) 출제
③ 2022년 4월 24일(문제 65번) 출제
④ 2023년 6월 4일(문제 72번) 출제

71 주문받은 건설업자가 대상 계획의 기업, 금융, 토지조달, 설계, 시공 등을 포괄하는 도급계약방식을 무엇이라 하는가?

① 실비청산 보수가산도급   ② 정액도급
③ 공동도급   ④ 턴키도급

해설

턴키도급(Turn-key base contract)
① 도급자가 공사의 계획, 금융, 토지확보, 설계, 시공, 기계 기구 설치, 시운전, 조업지도, 유지관리까지 모든 것을 제공한 후 발주자에게 완전한 시설물을 인계하는 방식
② 유래 : 건축주는 열쇠(key)를 돌리기만 하면 된다.

  ① 2017년 5월 7일(문제 76번) 등 5회 이상 출제
② 2023년 6월 4일(문제 80번) 출제

[정답] 68 ① 69 ③ 70 ④ 71 ④

과년도 출제문제

72 불량품, 결점, 고장 등의 발생건수를 현상과 원인별로 분류하고, 여러 가지 데이터를 항목별로 분류해서 문제의 크기 순서로 나열하여, 그 크기를 막대그래프로 표기한 품질관리 도구는?

① 파레토그램
② 특성요인도
③ 히스토그램
④ 체크시트

해설

전사적 품질관리(TQC)의 7가지 도구

구분	특징
히스토그램	데이터가 어떤 분포를 하고 있는지를 알아보기 위해 작성(분포도)
파레토그램	불량 등의 발생건수를 분류항목별로 나누어 크게 순서대로 나열(영향도, 하자도)
특성요인도	결과에 원인이 어떻게 관계하고 있는가를 한눈에 알 수 있도록 작성(원인결과도)
체크시트	계수치의 데이터가 분류항목의 어디에 집중되어 있는가를 알아보기 쉽게 나타냄(집중도)
점 도	대응되는 두 개의 짝으로 된 데이터를 그래프 용지에 점으로 나타냄(상관도, 산포도)
층 별	집단을 구성하고 있는 데이터를 특징에 따라 몇 개의 부분집단으로 나누는 것(부분집단도)
그래프	한눈에 파악되도록 막대나 꺾은선그래프를 이용하여 표시

KEY
① 2013년 3월 10일(문제 61번)
② 2014년 9월 20일(문제 63번)
③ 2016년 1회 출제
④ 2023년 4월 1일 산업안전지도사 출제
⑤ 2023년 2월 28일(문제 65번) 출제

73 흙막이 붕괴원인 중 히빙(heaving)파괴가 일어나는 주원인은?

① 흙막이벽의 재료 차이
② 지하수의 부력 차이
③ 지하수위의 깊이 차이
④ 흙막이벽 내외부 흙의 중량 차이

해설

히빙
(1) Heaving 원인
 ① 흙막이벽 내·외부 흙의 중량 차이
 ② 연약 점토지반에서 굴착면의 융기로 발생

(2) 방지대책
① 흙막이 근입깊이를 깊게 한다.
② 지반개량
③ 소단(비탈면의 중간에 설치하는 작은 계단)을 두면서 굴착
④ 굴착면 하중증가
⑤ 어스앵커 설치
⑥ 표토제거 하중감소

KEY
① 2015년 3월 8일 6과목에서 출제(문제 105번)
② 2023년 1회(문제 108번) 확인
③ 2023년 2월 28일(문제 68번) 출제

보충학습

(1) 파이핑
 ① 보일링 현상으로 인하여 지반내에서 물의 통로가 생기면서 흙이 세굴되는 현상
 ② 흙막이에 대한 수밀성이 불량하여 널말뚝의 틈새로 물과 토사가 흘러들어, 기초저면의 모래지반을 들어 올리는 현상
(2) 보일링 : 사질토 지반에서 굴착저면과 흙막이 배면과의 수위차이로 인해 굴착저면의 흙과 물이 함께 위로 솟구쳐 오르는 현상

74 벽식 철근콘크리트 구조를 시공할 경우 벽과 바닥의 콘크리트 타설을 한 번에 가능하게 하기 위하여, 벽체용 거푸집과 슬래브 거푸집을 일체로 제작하여 한 번에 설치하고 해체할 수 있도록 한 거푸집은?

① 유로폼(Euro Form)
② 갱폼(Gang Form)
③ 터널폼(Tunnel Form)
④ 워플폼(Waffle Form)

해설

Tunnel Form(Steel Form) : 바닥 + 벽체용 거푸집
① 대형 형틀로서 슬래브와 벽체의 콘크리트타설을 일체화하기 위한 것으로 한 구획 전체의 벽판과 바닥판을 ㄱ자형 또는 ㄷ자형으로 짜는 거푸집(Twin Shell Form과 Mono Shell Form으로 구성)
② 병실, APT 등 연속, 반복 구조물에 적용된다.
③ 인건비 절약, 공기단축이 가능하다.
④ 전용횟수는 200회 정도로 경제성이 있다.
⑤ 2개의 틀(ㄱ자형)로 하나의 터널화된 이동식 거푸집으로서 연결부 처리가 번거롭다.

KEY
① 2004년 5월 5일(문제 62번)
② 2010년 3월 7일(문제 79번)
③ 2014년 1회 출제
④ 2023년 2월 28일(문제 72번) 출제

[정답] 72 ① 73 ④ 74 ③

75 콘크리트의 진동다짐 진동기의 사용에 대한 설명으로 틀린 것은?

① 진동기는 될 수 있는 대로 수직방향으로 사용한다.
② 묽은 반죽에서 진동다짐은 별 효과가 없다.
③ 진동의 효과는 봉의 직경, 진동수, 진폭 등에 따라 다르며, 진동수가 큰 것일수록 다짐효과가 크다.
④ 진동기는 신속하게 꽂아 넣고 신속하게 뽑는다.

해설

진동기는 콘크리트에 구멍이 나지 않도록 서서히 빼낸다.

[그림] 진동기 작업

KEY ① 2015년 제1회 출제
② 2023년 2월 28일(문제 80번) 출제

76 기성콘크리트 말뚝에 표기된 PHC-A·450-12의 각 기호에 대한 설명으로 옳지 않은 것은?

① PHC-원심력 고강도 프리스트레스트 콘크리트 말뚝
② A-A종
③ 450-말뚝바깥지름
④ 12-말뚝삽입 간격

해설

PHC-A·450-12 규격
① PHC : 원심력 고강도 프리스트레스트 콘크리트말뚝
② A : A종
③ 450 : 말뚝바깥지름
④ 12 : 말뚝의 길이[m]

KEY ① 2013년 6월 2일(문제 67번) 출제
② 2017년 9월 23일(문제 69번) 출제
③ 2022년 4월 24일(문제 63번) 출제

77 예정가격범위 내에서 최저가격으로 입찰한 자를 낙찰자로 선정하는 낙찰자 선정 방식은?

① 최적격 낙찰제
② 제한적 최저가 낙찰제
③ 최저가 낙찰제
④ 적격 심사 낙찰제

해설

낙찰자 선정방식
① 최저가 낙찰제 : 입찰자 중 예정가격 범위 내에서 최저가격으로 입찰한 자 선정(부적격자 낙찰 우려)
② 제한적 최저가 낙찰제 : Dumping에 의한 부실공사의 방지 목적으로 예정가격의 90% 이상자 중 가장 최저가로 입찰한 자 선정
③ 부찰제 : 예정가격 85% 이상 입찰자 중 평균가격을 산정하고 이 평균가격 밑으로 가장 근접한 입찰자를 선정
④ 최적격 낙찰제 : 건설업체의 기술능력, 시공경험, 재정능력, 성실도 등을 종합적으로 평가하여 적격자에게 낙찰시키는 방법

KEY 2022년 4월 24일(문제 72번) 출제

78 착공단계에서의 공사계획을 수립할 때 우선 고려하지 않아도 되는 것은?

① 현장 직원의 조직편성
② 예정 공정표의 작성
③ 유지관리지침서의 변경
④ 실행예산편성

해설

시공계획의 내용 및 순서
① 현장원 편성
② 공정표 작성
③ 실행예산 편성
④ 하도급자의 선정
⑤ 가설준비물 결정
⑥ 재료선정 및 결정
⑦ 재해방지대책 및 의료대책

KEY ① 2018년 3월 4일 출제
② 2018년 4월 28일(문제 73번) 출제
③ 2022년 4월 24일(문제 76번) 출제

[정답] 75 ④   76 ④   77 ③   78 ③

과년도 출제문제

79 필릿용접(Fillet Welding)의 단면상 이론 목두께에 해당하는 것은?

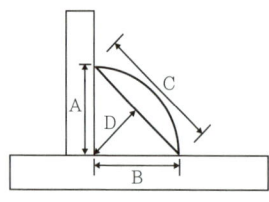

① A
② B
③ C
④ D

해설
필릿(모살)용접 단면도

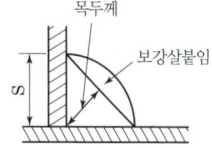

① 목두께 : 0.7S 정도
② 보강살붙임 : 3[mm] 이하 혹은 0.1S+1[mm] 이하

KEY ① 2017년 3월 5일(문제 67번) 출제
② 2017년 9월 23(문제 61번) 출제
③ 2022년 3월 5일(문제 65번) 출제

80 강구조 공사 시 앵커링(anchoring)에 관한 설명으로 옳지 않은 것은?

① 필요한 앵커링 저항력을 얻기 위해서는 콘크리트에 피해를 주지 않도록 적절한 대책을 수립해야 한다.
② 앵커볼트 설치 시 베이스플레이트 위치의 콘크리트는 설계도면 레벨보다 -30[mm] -50[mm] 낮게 타설하고, 베이스 플레이트 설치 후 그라우팅 처리한다.
③ 구조용 앵커볼트를 사용하는 경우 앵커볼트 간의 중심선은 기둥중심선으로부터 3[mm] 이상 벗어나지 않아야 한다.
④ 앵커볼트로는 구조용 혹은 세우기용 앵커볼트가 사용되어야 하고, 나중매입 공법을 원칙으로 한다.

해설
앵커 볼트의 매립(입)공법

종류	방법	그림
고정매입공법	기초 철근 조립시 동시에 앵커 볼트를 기초상부에 정확히 묻고 con'c 타설	
가동매입공법	앵커 볼트 상부 부분을 조정할 수 있게 con'c 타설 전 사전조치	
나중매입공법	con'c 타설전 앵커 볼트 묻을 구멍 조치하거나 타설 후 core 장비로 천공 고정	

KEY ① 2016년 3월 6일 산업기사 출제
② 2022년 3월 5일(문제 75번) 출제

5 건설 재료학

81 다음 중 열경화성 수지에 속하지 않는 것은?

① 멜라민 수지
② 요소 수지
③ 폴리에틸렌 수지
④ 에폭시 수지

해설
열경화성수지의 종류
① 페놀수지
② 요소수지
③ 멜라민수지
④ 알키드수지
⑤ 폴리에스테르수지
⑥ 우레탄수지
⑦ 에폭시수지
⑧ 실리콘수지
⑨ 푸란수지

KEY ① 2018년 4월 28일 산업기사 출제
② 2018년 9월 15일 산업기사 출제
③ 2019년 9월 21일 기사 출제
④ 2023년 9월 2일(문제 82번) 출제

[정답] 79 ④ 80 ④ 81 ③

82 콘크리트에 사용되는 신축이음(Expansion Joint) 재료에 요구되는 성능 조건이 아닌 것은?

① 콘크리트의 수축에 순응할 수 있는 탄성
② 콘크리트의 팽창에 대한 저항성
③ 우수한 내구성 및 내부식성
④ 콘크리트 이음사이의 충분한 수밀성

해설

신축 이음
기초의 부동침하와 온도, 습도 등의 변화에 따라 신축팽창을 흡수시킬 목적으로 설치하는 줄눈

KEY ① 2018년 9월 15일(문제 82번) 출제
② 2023년 9월 2일(문제 84번) 출제

83 콘크리트의 탄산화에 관한 설명으로 옳지 않은 것은?

① 탄산가스의 농도, 온도, 습도 등 외부 환경조건도 탄산화 속도에 영향을 준다.
② 물-시멘트비가 클수록 탄산화의 진행속도가 빠르다.
③ 탄산화된 부분은 페놀프탈레인액을 분무해도 착색되지 않는다.
④ 일반적으로 보통 콘크리트가 경량골재 콘크리트보다 탄산화 속도가 빠르다.

해설

중성(탄산)화 방지대책
① 초기에 탄산가스 접촉금지
② 피복두께와 부재단면 증가
③ 습도는 높고, 온도 낮게 유지
④ AE 감수제, 유동화제 사용
⑤ W/C비를 낮출 것, 다짐양생철저
⑥ 경량골재, 혼합시멘트 사용금지

KEY ① 2019년 9월 21일 기사·산업기사 동시출제
② 2023년 9월 2일(문제 87번) 출제

보충학습

경화(硬化)한 콘크리트는 시멘트의 수화생성물로서 수산화칼슘을 함유하여 강알칼리성(pH 12~13)을 나타낸다. 공기 중의 탄산가스(CO_2) 또는 산성비가 콘크리트 중의 수산화칼슘($Ca(OH)_2$)과 화학반응하여 서서히 탄산칼슘($CaCO_3$)이 되면서 콘크리트의 알칼리성을 상실한다. 이와 같은 현상을 '콘크리트 중성화'라고 한다. 탄산화(Carbonation)라고도 한다.
$Ca(OH)_2 + CO_2 \rightarrow CaCO_3 + H_2O$ [$CaCO_3 \uparrow \Rightarrow$ 중성화↑]

84 건축 구조재료의 요구 성능에는 역학적 성능, 화학적 성능, 내화 성능 등이 있는데 그 중 역학적 성능에 해당되지 않는 것은?

① 내열성   ② 강도
③ 강성   ④ 내피로성

해설

건축구조재료의 성능

재료\성질	역학적 성능	화학적 성능	방화·내화 성능
구조재료	강도, 강성, 내피로성	발청 부식 중성화	불연성 내열성
마감재료			비발연성 비유독가스
차단재료			
내화재료	고온강도 고온변형	화학적 인정	불연성

KEY 2015년 3월 8일(문제 84번) 출제

85 건축재료의 성질을 물리적 성질과 역학적 성질로 구분할 때 물체의 운동에 관한 성질인 역학적 성질에 속하지 않는 항목은?

① 비중   ② 탄성
③ 강성   ④ 소성

해설

건축재료의 성질
① 물리적 성질 : 비중
② 역학적 성질 : 탄성, 소성, 강성

KEY ① 2021년 9월 12일(문제 81번) 출제
② 2023년 9월 2일(문제 99번) 출제

86 주로 석기질 점토나 상당히 철분이 많은 점토를 원료로 사용하며, 건축물의 패러핏, 주두 등의 장식에 사용되는 공동의 대형 점토제품은?

① 테라죠   ② 도관
③ 타일   ④ 테라코타

[정답] 82 ② 83 ④ 84 ① 85 ① 86 ④

> **해설**

테라코타(Terra-Cotta)
① 이탈리아어로 "구운 흙"이라는 뜻
② 도토나 고급 점토 등을 사용하여 일정한 형태로 제작되는 점토 소성 제품

KEY ① 2021년 5월 15일(문제 92번) 출제
② 2023년 6월 4일(문제 83번) 출제

---

87 목재 제품 중 합판에 관한 설명으로 옳지 않은 것은?

① 방향에 따른 강도차가 작다.
② 곡면가공을 하여도 균열이 생기지 않는다.
③ 여러 가지 아름다운 무늬를 얻을 수 있다.
④ 함수율 변화에 의한 신축변형이 크다.

> **해설**

합판의 특성
① 판재에 비하여 균질이며 우수한 품질좋은 재료를 많이 얻을 수 있다.
② 단판을 서로 직교시켜 붙인 것이므로 잘 갈라지지 않으며 방향에 따른 강도의 차이가 적다.(함수율 변화에 따라 신축변형이 작다.)

KEY ① 2017년 9월 23일 산업기사 출제
② 2020년 8월 22일(문제 99번) 등 5회 이상 출제
③ 2023년 6월 4일(문제 85번) 출제
④ 2024년 2월 15일(문제 94번) 출제

---

88 목재용 유성 방부제의 대표적인 것으로 방부성이 우수하나, 악취가 나고 흑갈색으로 외관이 불미하여 눈에 보이지 않는 토대, 기둥, 도리 등에 이용되는 것은?

① 유성페인트   ② 크레오소트 오일
③ 염화아연 4[%] 용액   ④ 불화소다 2[%] 용액

> **해설**

크레오소트 오일(creosote oil)
① 방부성은 좋으나 목재가 흑갈색으로 착색되고 악취가 있고 흡수성이 있다.
② 외관이 아름답지 않으므로 보이지 않는 곳의 토대, 기둥, 도리 등에 사용한다.

KEY ① 2017년 3월 5일 기사 출제
② 2017년 9월 23일 기사 출제
③ 2020년 8월 22일(문제 91번) 출제
④ 2023년 6월 4일(문제 91번) 등 5회 이상 출제

---

89 유리가 불화수소에 부식하는 성질을 이용하여 5[mm] 이상 판유리면에 그림, 문자 등을 새긴 유리는?

① 스테인드유리   ② 망입유리
③ 에칭유리   ④ 내열유리

> **해설**

에칭(조각)유리
① 유리면에 부식액의 방호막을 붙이고 이 막을 모양에 맞게 오려내고 그 부분에 유리부식액을 발라 소요 모양으로 만들어 장식용으로 사용하는 유리
② 반투명 채광효과가 가능하다.

KEY ① 2020년 6월 14일 산업기사 출제
② 2021년 5월 15일(문제 86번) 출제
③ 2023년 6월 4일(문제 97번) 출제

---

90 목재의 심재와 변재를 비교한 설명 중 옳지 않은 것은?

① 심재가 변재보다 다량의 수액을 포함하고 있어 비중이 작다.
② 심재가 변재보다 신축이 적다.
③ 심재가 변재보다 내후성, 내구성이 크다.
④ 일반적으로 심재가 변재보다 강도가 크다.

> **해설**

심재의 특징
① 변재보다 다량의 수액을 포함하고 있으며 비중이 크다.
② 변재보다 신축이 작다.
③ 변재보다 내후성, 내구성이 크다.
④ 일반적으로 변재보다 강도가 크다.

[그림] 수목의 횡단면

KEY ① 2017년 5월 7일(문제 91번) 출제
② 2023년 6월 4일(문제 99번) 출제

[정답] 87 ④　88 ②　89 ③　90 ①

91 ALC(Autoclaved Lightweight Concrete)에 관한 설명으로 옳지 않은 것은?

① 규산질, 석회질 원료를 주원료로 하여 기포제와 발포제를 첨가하여 만든다.
② 경량이며 내화성이 상대적으로 우수하다.
③ 별도의 마감 없이도 수분이 차단되어 주로 외벽에 사용된다.
④ 동일용도의 건축자재 중 상대적으로 우수한 단열 성능을 가지고 있다.

해설
ALC(Autoclaved Lightweight Concrete) : 경량기포 콘크리트
① 규사, 생석회, 시멘트 등에 발포제인 알루미늄분말과 기포안정제 등을 넣어 고온, 고압증기양생(Autoclave : 양생)을 거쳐 건물의 내외벽체, 지붕 및 바닥재 등에 사용된다.
② 건축물의 대형화, 고층화, 경량화, 공업화 추세에 따라 그 사용이 점점 늘어나고 있다.

KEY ① 2018년 제1회 (문제 84번) 출제
② 2023년 6월 4일(문제 81번) 출제

92 다음 중 알루미늄의 특성으로 옳지 않은 것은?

① 순도가 높을수록 내식성이 좋지 않다.
② 알칼리나 해수에 침식되기 쉽다.
③ 콘크리트에 접하거나 흙 중에 매몰된 경우에 부식되기 쉽다.
④ 내화성이 부족하다.

해설
알루미늄의 특성
(1) 알루미늄 장점
　① 비중이 철의 1/3 정도이고, 역학적 성질이 우수하다.
　② 열·전기전도성이 크고, 반사율이 높다.
　③ 내식성이 우수하며 가공이 쉽다.
　④ 전연성이 좋아 판, 선으로 가공이 쉽고 주조도 가능하다.
(2) 알루미늄 단점
　① 내화성이 약하다.
　② 산·알칼리 및 해수에 침식되기 쉽다.
　③ 콘크리트에 접하거나 흙 중에 매몰된 경우에는 부식된다.
　④ 상온에서 판, 선으로 압연가공하면 경도와 인장강도가 증가한다.
　⑤ 연질이고 강도가 낮다.

KEY ① 2012년 제1회 (문제 88번) 출제
② 2023년 6월 4일(문제 91번) 출제

보충학습
비중
① 물과 공기처럼 표준 물질과의 밀도차이를 뜻한다.
② 철은 비중이 7.8, 알루미늄은 2.7, 고무는 0.93인데, 이처럼 비중을 통해 서로 다른 물질의 무겁고 가벼운 정도를 알아낼 수 있다.

93 건물의 외장용 도료로 가장 적합하지 않은 것은?

① 유성페인트　　　　　② 수성페인트
③ 합성수지 에멀션페인트　④ 유성바니시

해설
유성니스(vanish)의 특징
① 수지와 건성유의 양(혼합)의 비율에 따라 단유성니스(골드 사이즈), 중유성니스(코펄니스), 장유성니스(보디니스 또는 스파니스)로 구분한다.
② 건조가 더디고 광택이 있고 투명 단단하나 내화학성이 나쁘고 시간이 지나면 누렇게 변한다.
③ 내구, 내수성이 크다.

KEY ① 2013년 제1회 (문제 93번) 출제
② 2023년 6월 4일(문제 98번) 출제

94 목재의 내연성 및 방화에 대한 설명으로 옳지 않은 것은?

① 목재의 방화는 목재 표면에 불연소성 피막을 도포 또는 형성시켜 화염의 접근을 방지하는 조치를 한다.
② 방화재료는 방화페인트, 규산나트륨 등이 있다.
③ 목재가 열에 닿으면 먼저 수분이 증발하고 160℃ 이상이 되면 소량의 가연성가스가 유출된다.
④ 목재는 450℃에서 장시간 가열하면 자연발화 하게 되는데, 이 온도를 화재위험온도라고 한다.

해설
목재의 연소온도
① 목재의 수분증발은 100[℃]에서 발생한다.
② 가소성 가스증발은 180[℃]에서 발생한다.
③ 목재의 착화점은 260~270[℃](화재위험온도) 정도이다.
④ 자연발화점은 400~450[℃]이다.(자연발화온도)
⑤ 발화 후 10~20분의 단시간에 1,000~1,200[℃]의 최고온도를 나타내고 그 후 급격히 온도가 떨어져 500[℃] 정도가 되며 서서히 저하된다.

[정답] 91 ③ 92 ① 93 ④ 94 ④

KEY ① 2018년 4월 28일(문제 99번) 출제
② 2022년 4월 24일(문제 89번) 출제

95 금속의 부식방지를 위한 관리대책으로 옳지 않은 것은?

① 부분적으로 녹이 발생하면 즉시 제거할 것
② 큰 변형을 준 것은 가능한 한 풀림하여 사용할 것
③ 가능한 한 이종 금속을 인접 또는 접촉시켜 사용할 것
④ 표면을 평활하고 깨끗이 하며, 가능한 한 건조상태로 유지할 것

해설

철의 방식(부식 방지법)
① 서로 다른 금속은 인접 또는 접촉시키지 않는다.
② 균질한 것을 선택하고 사용할 때 큰 변형을 주지 않도록 주의한다.
③ 표면을 평활, 청결하게 하고 건조상태를 유지한다.
④ 부분적인 녹은 빨리 제거한다.

KEY ① 2017년 9월 23일 기사 출제
② 2019년 9월 21일 산업기사 출제
③ 2020년 6월 14일 산업기사 출제
④ 2020년 8월 22일(문제 90번) 출제
⑤ 2022년 4월 24일(문제 90번) 출제

96 고로슬래그 쇄석에 대한 설명으로 옳지 않은 것은?

① 철을 생산하는 과정에서 용광로에서 생기는 광재를 공기중에서 서서히 냉각시켜 경화된 것을 파쇄하여 만든다.
② 투수성은 보통골재의 경우보다 작으므로 수밀콘크리트에 적합하다.
③ 고로슬래그 쇄석을 활용한 콘크리트는 다른 암석을 사용한 콘크리트보다 건조수축이 적다.
④ 다공질이기 때문에 흡수율이 크므로 충분히 살수하여 사용하는 것이 좋다.

해설

혼화재의 구분

구분	특징
플라이애시	화력 발전의 연소 과정에서 유래 유동성 증가, 경화 지연, 삼투성 감소, 초반 압축강도가 감소하나 시간이 지나면 증가한다.(내구성 증가)
고로슬래그	철강 광업의 선철 제조 과정에서 유래 유동성 증가, 하지만 미세한 입자일수록 슬럼프(유동성)가 낮다. 경화 지연, 삼투성 감소, 초반 압축강도가 감소하나 시간이 지나면 증가한다.(내구성 증가)
실리카퓸	실리콘 합금 제조 과정에서 유래 유동성 감소, 경화 지연, 삼투성 감소

KEY ① 2006년 9월 10일(문제 88번) 출제
② 2010년 5월 9일(문제 92번)
③ 2011년 10월 2일(문제 100번) 출제
④ 2013년 6월 2일(문제 93번)
⑤ 2020년 9월 27일 출제
⑥ 2022년 4월 24일(문제 98번) 출제

보충학습

고로시멘트의 특징
① 시멘트의 클링커와 슬래그의 혼합물인데 단기강도가 부족하다.
② 콘크리트는 발열량이 적고 염분에 대한 저항이 크므로 해안공사나 대형 단면부재공사에 이용한다.
③ 해수에 대한 내식성이 크다.
④ 투수성이 크다.

97 다음 중 열전도율이 가장 낮은 것은?

① 콘크리트 ② 코르크판
③ 알루미늄 ④ 주철

해설

목재의 열전도율   (단위 : kcal/m·h·℃)

재료	공기	코르크판	소나무	회반죽벽	유리	콘크리트	벽돌
열전도율	0.026	0.04	0.12	0.54	0.70	1.00	1.10

KEY 2022년 3월 5일(문제 87번) 출제

98 목재 섬유포화점의 함수율은 대략 얼마 정도인가?

① 약 10[%] ② 약 20[%]
③ 약 30[%] ④ 약 40[%]

[정답] 95 ③ 96 ② 97 ② 98 ③

해설

섬유포화점
① 세포 내의 빈 부분 또는 세포 사이의 공간 부분이 증발하고 세포막에 흡수되어 있는 수분의 상태
② 생나무를 건조하여 함수율이 30[%]가 된 상태

KEY ① 2016년 5월 8일 기사 출제
② 2017년 3월 5일 산업기사 출제
③ 2022년 3월 5일(문제 92번) 출제

99 비스페놀과 에피클로로히드린의 반응으로 얻어지며 주제와 경화제로 이루어진 2성분계의 접착제로서 금속, 플라스틱, 도자기, 유리 및 콘크리트 등의 접합에 널리 사용되는 접착제는?

① 실리콘수지 접착제 ② 에폭시 접착제
③ 비닐수지 접착제 ④ 아크릴수지 접착제

해설

에폭시수지 접착제
① 내수성, 내습성, 내약품성, 전기절연성이 우수, 접착력이 강하다.
② 피막이 단단하고 유연성 부족, 값이 비싸다.
③ 금속, 항공기 접착에도 쓰인다.

KEY ① 2016년 5월 8일 출제
② 2017년 3월 5일 출제
③ 2018년 3월 4일 출제
④ 2019년 9월 21일 출제
⑤ 2020년 8월 22일(문제 92번) 출제
⑥ 2021년 9월 12일(문제 85번) 출제

100 지름이 18[mm]인 강봉을 대상으로 인장시험을 행하여 항복하중 27[kN], 최대하중 41[kN]을 얻었다. 이 강봉의 인장강도는?

① 약 106.3[MPa] ② 약 133.9[MPa]
③ 약 161.1[MPa] ④ 약 182.3[MPa]

해설

인장강도 = $\dfrac{최대하중}{\dfrac{\pi d^2}{4}} = \dfrac{410}{\dfrac{\pi \times 18^2}{4}} = 161.1[MPa]$

KEY 2021년 9월 12일(문제 93번) 출제

6 건설안전 기술

101 건설현장에 동바리 조립 시 준수사항으로 옳지 않은 것은?

① 파이프 서포트 높이가 4.5[m]를 초과하는 경우에는 높이 2[m] 이내마다 2개 방향으로 수평연결재를 설치한다.
② 동바리의 침하 방지를 위해 받침목의 사용, 콘크리트 타설, 말뚝박기 등을 실시한다.
③ 강재와 강재의 접속부는 볼트 또는 클램프 등 전용철물을 사용한다.
④ 강관틀 동바리는 강관틀과 강관틀 사이에 교차가새를 설치한다.

해설

동바리로 사용하는 파이프서포트 안전기준
① 파이프서포트를 3개 이상 이어서 사용하지 아니하도록 할 것
② 파이프서포트를 이어서 사용할 경우에는 4개 이상의 볼트 또는 전용철물을 사용하여 이을 것
③ 높이가 3.5[m]를 초과할 경우에는 높이 2[m] 이내마다 수평연결재를 2개 방향으로 만들고 수평연결재의 변위를 방지할 것

KEY ① 2018년 3월 4일 기사·산업기사 동시 출제
② 2018년 8월 19일 출제
③ 2018년 9월 15일 산업기사 출제
④ 2020년 8월 22일 출제
⑤ 2020년 8월 22일 산업기사등 20번 이상 출제
⑥ 2022년 4월 24일 출제
⑥ 2024년 2월 15일(문제 107번) 출제

합격정보
산업안전보건기준에 관한 규칙 제332조의2(동바리 유형에 따른 동바리 조립시의 안전조치)

102 단관비계를 조립하는 경우 벽이음 및 버팀을 설치할 때의 수평방향 조립간격 기준으로 옳은 것은?

① 3[m] ② 5[m]
③ 6[m] ④ 8[m]

[정답] 99 ② 100 ③ 101 ① 102 ②

해설
강관비계의 조립간격

강관비계의 종류	조립 간격(단위 : [m])	
	수직방향	수평방향
단관비계	5	5
틀비계(높이 5[m] 미만인 것은 제외)	6	8

KEY 2024년 2월 15일 등 10회 이상 출제

합격정보
산업안전보건기준에 관한 규칙 [별표 5] 강관비계의 조립간격

---

103 철골구조의 앵커볼트매립과 관련된 준수사항 중 옳지 않은 것은?

① 기둥중심은 기준선 및 인접기둥의 중심에서 3[mm] 이상 벗어나지 않을 것
② 앵커볼트는 매립 후에 수정하지 않도록 설치할 것
③ 베이스플레이트의 하단은 기준 높이 및 인접기둥의 높이에서 3[mm] 이상 벗어나지 않을 것
④ 앵커볼트는 기둥중심에서 2[mm] 이상 벗어나지 않을 것

해설
앵커볼트 매립 정밀도 범위

① 기둥 중심은 기준선 및 인접 기둥의 중심에서 5[mm] 이상 벗어나지 않을 것

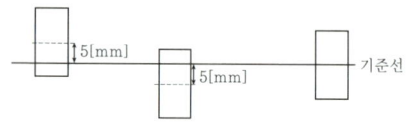

② 인접 기둥 간 중심거리의 오차는 3[mm] 이하일 것

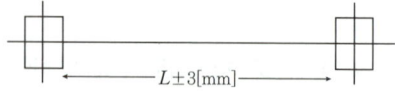

③ 앵커볼트는 기둥 중심에서 2[mm] 이상 벗어나지 않을 것

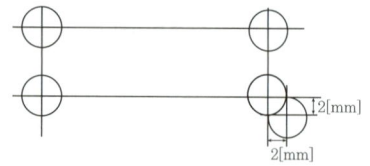

④ Base Plate의 하단은 기준높이 및 인접 기둥 높이에서 3[mm] 이상 벗어나지 않을 것

KEY ① 2014년 3월 2일 출제
② 2017년 8월 26일 출제
③ 2023년 7월 8일 출제

---

104 잠함 또는 우물통의 내부에서 굴착작업을 할 때의 준수사항으로 옳지 않은 것은?

① 굴착 깊이가 10[m]를 초과하는 경우에는 해당 작업장소와 외부와의 연락을 위한 통신설비등을 설치하여야 한다.
② 산소 결핍의 우려가 있는 경우에는 산소의 농도를 측정하는 자를 지명하여 측정하도록 한다.
③ 근로자가 안전하게 승강하기 위한 설비를 설치한다.
④ 측정 결과 산소의 결핍이 인정될 경우에는 송기를 위한 설비를 설치하여 필요한 양의 공기를 공급하여야 한다.

해설
잠함작업시 통신설비 설치기준 : 굴착깊이 20[m]초과

KEY ① 2012년 8월 26일 기사 출제
② 2018년 8월 19일 기사 출제
③ 2023년 7월 8일 출제

합격정보
산업안전보건기준에 관한 규칙 제377조 (잠함 등 내부에서의 작업)

---

105 콘크리트 타설 시 거푸집 측압에 관한 설명으로 옳지 않은 것은?

① 타설속도가 빠를수록 측압이 커진다.
② 거푸집의 투수성이 낮을수록 측압은 커진다.
③ 타설높이가 높을수록 측압이 커진다.
④ 콘크리트의 온도가 높을수록 측압이 커진다.

[정답] 103 ① 104 ① 105 ④

해설

측압
외기 온도가 낮을수록 측압이 크다.

KEY
① 2014년 5월 25일 출제
② 2015년 5월 31일 출제
③ 2016년 5월 8일 출제
④ 2017년 3월 5일 출제
⑤ 2019년 8월 4일 출제
⑥ 2020년 6월 7일 출제
⑦ 2023년 7월 8일(문제 113번) 출제

106 강관비계를 조립할 때 준수하여야 할 사항으로 옳지 않은 것은?

① 띠장간격은 2[m] 이하로 설치하되, 첫번째 띠장은 지상으로부터 3[m] 이하의 위치에 설치할 것
② 비계기둥의 간격은 띠장 방향에서 1.85[m] 이하로 할 것
③ 비계기둥의 제일 윗부분으로부터 31[m] 되는 지점 밑부분의 비계기둥은 2개의 강관으로 묶어 세울 것
④ 비계기둥 간의 적재하중은 400[kg]을 초과하지 않도록 할 것

해설

강관비계
① 띠장간격 : 1.85[m] 이하
② 첫번째 띠장은 지상으로부터 : 2[m] 이하

합격정보
산업안전보건기준에 관한 규칙 제60조(강관비계의 구조)

KEY 2023년 7월 8일 기사 등 20회 이상 출제

107 말비계를 조립하여 사용하는 경우에 지주부재와 수평면의 기울기는 최대 몇 도 이하로 하여야 하는가?

① 30[°]   ② 45[°]
③ 60[°]   ④ 75[°]

해설

말비계의 안전기준
① 기울기 : 75[°] 이하
② 작업발판 폭 : 40[cm] 이상

KEY
① 2016년 5월 8일 산업기사 출제
② 2017년 3월 5일 산업기사 출제
③ 2017년 5월 7일, 9월 23일 (문제 113번) 출제
④ 2023년 6월 4일 (문제 103번) 출제

합격정보
산업안전보건기준에 관한 규칙 제67조(말비계)

108 동바리의 침하를 방지하기 위한 직접적인 조치로 옳지 않은 것은?

① 수평연결재 사용   ② 받침목의 사용
③ 콘크리트의 타설   ④ 말뚝박기

해설

동바리의 침하 방지를 위한 직접적인 조치 4가지
① 받침목의 사용   ② 깔판 사용
③ 콘크리트 타설   ④ 말뚝박기

KEY 2023년 6월 4일(문제 107번) 출제

합격정보
산업안전보건기준에 관한 규칙 제332조(동바리조립시의 안전조치)

109 항만하역작업에서의 선박승강설비 설치기준으로 옳지 않은 것은?

① 200톤급 이상의 선박에서 하역작업을 하는 경우에 근로자들이 안전하게 오르내릴 수 있는 있는 현문(舷門) 사다리를 설치하여야 하며, 이 사다리 밑에 안전망을 설치하여야 한다.
② 현문 사다리는 견고한 재료로 제작된 것으로 너비는 55[cm] 이상이어야 한다.
③ 현문 사다리의 양측에는 82[cm] 이상의 높이로 울타리를 설치하여야 한다.
④ 현문 사다리는 근로자의 통행에만 사용하여야 하며, 화물용 발판 또는 화물용 보판으로 사용하도록 해서는 아니 된다.

해설

현문사다리 설치기준 선박 : 300[t]급 이상

KEY 2023년 6월 4일(문제 113번) 기사 등 5회 이상 출제

[정답] 106 ①   107 ④   108 ①   109 ①

> [합격정보]
> 산업안전보건기준에 관한 규칙 제397조(선박승강설비의 설치)

> [보충학습]
> 현문사다리 : 보통 갱웨이(Gangway)라고 부르며, 선박이 정박 또는 접안하였을 때 통선 또는 육상과의 연결 통로

110 달비계의 최대 적재하중을 정함에 있어서 활용하는 안전계수의 기준으로 옳은 것은?(단, 곤돌라의 달비계를 제외한다.)

① 달기 와이어로프 : 5 이상
② 달기 강선 : 5 이상
③ 달기 체인 : 3 이상
④ 달기 훅 : 5 이상

> [해설]
> **달비계의 안전계수**
> ① 달기와이어로프 및 달기 강선의 안전계수는 10 이상
> ② 달기체인 및 달기훅의 안전계수는 5 이상
> ③ 달기강대와 달비계의 하부 및 상부지점의 안전계수는 강재의 경우 2.5 이상, 목재의 경우 5 이상

> [KEY]
> ① 2016년 3월 6일 출제
> ② 2016년 10월 1일 산업기사 출제
> ③ 2018년 3월 4일 기사, 산업기사 동시 출제
> ④ 2018년 8월 19일 산업기사 출제
> ⑤ 2019년 3월 3일 출제
> ⑥ 2020년 6월 7일 출제
> ⑦ 2021년 8월 14일 출제
> ⑧ 2023년 2월 28일 출제

> [합격정보]
> 법 개정으로 출제되지 않습니다.

111 장비가 위치한 지면보다 낮은 장소를 굴착하는 데 적합한 장비는?

① 백호   ② 파워셔블
③ 트럭크레인   ④ 진폴

> [해설]
> **백호(back hoe)[드래그셔블(drag shovel)]**
> ① 토목공사나 수중굴착에 많이 사용된다.
> ② 지하층이나 기초의 굴착에 사용된다.
> ③ 기계가 서 있는 지면보다 낮은 장소의 굴착에도 적당하고 수중굴착도 가능하다.
> ④ 파워셔블과 같이 굳은 지반의 토질에서도 정확한 굴착이 된다.

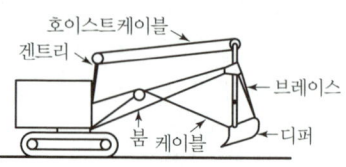

[그림] 백호

> [KEY]
> ① 2015년 3월 8일 기사 출제
> ② 2018년 8월 19일 기사 출제
> ③ 2020년 6월 7일 기사 출제
> ④ 2021년 5월 15일 기사 출제
> ⑤ 2023년 2월 28일 출제

112 산업안전보건법령에 따른 지반의 종류별 굴착면의 기울기 기준으로 옳지 않은 것은?

① 모래 - 1 : 1.8
② 그 밖의 흙 - 1 : 0.3
③ 풍화암 - 1 : 1.0
④ 연암 - 1 : 1.0

> [해설]
> **굴착면의 기울기 기준**
>
> | 지반의 종류 | 굴착면의 기울기 |
> | --- | --- |
> | 모래 | 1 : 1.8 |
> | 연암 및 풍화암 | 1 : 1.0 |
> | 경암 | 1 : 0.5 |
> | 그 밖의 흙 | 1 : 1.2 |

> [KEY]
> ① 2016년 5월 8일 기사·산업기사 동시 출제
> ② 2017년 3월 5일, 9월 23일 출제
> ③ 2018년 8월 19일 산업기사 출제
> ④ 2019년 4월 27일 기사·산업기사 동시 출제
> ⑤ 2020년 6월 7일, 8월 22일, 9월 27일 출제
> ⑥ 2022년 3월 5일 출제
> ⑦ 2023년 2월 28일 출제
> ⑧ 2024년 2월 15일(문제 102번) 출제

> [합격정보]
> 산업안전보건기준에 관한 규칙 [별표 11] 굴착면의 기울기 기준

[정답] 110 ④   111 ①   112 ②

113 안전난간의 구조 및 설치요건에 대한 기준으로 옳지 않은 것은?

① 상부난간대는 바닥면·발판 또는 경사로의 표면으로부터 90[cm] 이상 지점에 설치할 것
② 발끝막이판은 바닥면 등으로부터 10[cm] 이상의 높이를 유지할 것
③ 난간대는 지름 1.5[cm] 이상의 금속제파이프나 그 이상의 강도를 가진 재료일 것
④ 안전난간은 구조적으로 가장 취약한 지점에서 가장 취약한 방향으로 작용하는 100[kg] 이상의 하중에 견딜 수 있는 튼튼한 구조일 것

해설

난간대 지름 : 2.7[cm] 이상

합격정보
산업안전보건기준에 관한 규칙 제13조(안전난간의 구조 및 설치요건)

KEY
① 2016년 3월 6일 출제
② 2019년 8월 4일 출제
③ 2021년 8월 14일 출제
④ 2023년 2월 28일(문제 118번) 출제

114 건설공사의 유해위험방지계획서 제출 기준일로 옳은 것은?

① 당해공사 착공 1개월 전까지
② 당해공사 착공 15일 전까지
③ 당해공사 착공 전날 까지
④ 당해공사 착공 15일 후까지

해설

유해위험방지계획서 제출기간
① 건설업 : 공사착공 전날까지
② 제조업 : 해당작업 시작 15일 전까지
③ 제출처 : 한국산업안전보건공단

KEY
① 2012년 5월 20일 건설안전기사(문제 57번) 출제
② 2016년 3월 6일 건설안전기사(문제 57번) 출제
③ 2017년 9월 23일 건설안전기사(문제 57번) 출제
④ 2022년 4월 24일(문제 114번) 출제

합격정보
산업안전보건법 시행규칙 제42조(제출서류 등)

115 가설공사 표준안전 작업지침에 따른 통로발판을 설치하여 사용함에 있어 준수사항으로 옳지 않은 것은?

① 추락의 위험이 있는 곳에는 안전난간이나 철책을 설치하여야 한다.
② 작업발판의 최대폭은 1.6[m] 이내이어야 한다.
③ 비계발판의 구조에 따라 최대 적재하중을 정하고 이를 초과하지 않도록 하여야 한다.
④ 발판을 겹쳐 이음하는 경우 장선 위에서 이음을 하고 겹침길이는 10[cm] 이상으로 하여야 한다.

해설

안전난간 및 통로발판

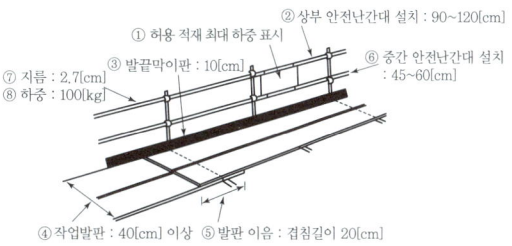

[그림] 안전난간·통로발판

KEY
① 2017년 9월 23일 산업기사 출제
② 2018년 3월 4일 산업기사 출제
③ 2018년 8월 19일 산업기사 출제
④ 2021년 8월 14일 출제
⑤ 2022년 4월 24일 출제

합격정보
산업안전보건기준에 관한 규칙 제13조(안전난간의 구조 및 설치요건)

116 사다리식 통로 등의 구조에 대한 설치기준으로 옳지 않은 것은?

① 발판의 간격은 일정하게 할 것
② 발판과 벽과의 사이는 15[cm] 이상의 간격을 유지 할 것
③ 사다리식 통로의 길이가 10[m] 이상인 때에는 7[m] 이내마다 계단참을 설치할 것
④ 사다리의 상단은 걸쳐놓은 지점으로부터 60[cm] 이상 올라가도록 할 것

[정답] 113 ③ 114 ③ 115 ④ 116 ③

> **해설**

사다리식 통로의 길이가 10[m] 이상인 경우에는 5[m] 이내마다 계단참을 설치할 것

KEY
① 2016년 10월 1일 산업기사 출제
② 2017년 5월 7일 기사·산업기사 동시출제
③ 2018년 4월 28일 산업기사 출제
④ 2022년 3월 5일, 4월 24일 출제

> **합격정보**

산업안전보건기준에 관한 규칙 제24조 (사다리식 통로등의 구조)

117 건설업 산업안전보건관리비 계상 및 사용기준은 산업재해보상 보험법의 적용을 받는 공사 중 총 공사금액이 얼마 이상인 공사에 적용하는가?(단, 전기공사업법, 정보통신공사업법에 의한 공사는 제외)

① 4천만원   ② 3천만원
③ 2천만원   ④ 1천만원

> **해설**

제3조(적용범위)

이 고시는 「산업재해보상보험법」 제6조의 규정에 의하여 「산업재해보상보험법」의 적용을 받는 공사중 총공사금액 2천만원 이상인 공사에 적용한다. 다만, 다음 각 호의 어느 하나에 해당되는 공사중 단가계약에 의하여 행하는 공사에 대하여는 총계약금액을 기준으로 이를 적용한다.

KEY
① 2016년 3월 6일 출제
② 2017년 5월 7일 산업기사 출제
③ 2017년 8월 26일 기사 · 산업기사 동시 출제
④ 2019년 8월 4일 출제
⑤ 2022년 4월 24일 출제

> **합격정보**

적용시기 : 2020년 7월 1일부터 2천만원 이상(고시2023-49호)

118 거푸집 해체작업 시 유의사항으로 옳지 않은 것은?

① 일반적으로 수평부재의 거푸집은 연직부재의 거푸집보다 빨리 떼어낸다.
② 해체된 거푸집이나 각목 등에 박혀있는 못 또는 날카로운 돌출물은 즉시 제거하여야 한다.
③ 상하 동시 작업은 원칙적으로 금지하여 부득이한 경우에는 긴밀히 연락을 취하며 작업을 하여야 한다.
④ 거푸집 해체작업장 주위에는 관계자를 제외하고는 출입을 금지시켜야 한다.

> **해설**

거푸집 해체 순서

거푸집은 보 또는 슬래브를 먼저 떼어낸다. 한쪽을 묶어두고 다른 쪽을 떼어낸다.

KEY
① 2017년 5월 7일, 8월 26일산업기사 출제
② 2019년 4월 27일(문제 102번) 출제
③ 2022년 3월 5일(문제 107번) 출제

119 철골작업 시 철골부재에서 근로자가 수직 방향으로 이동하는 경우에 설치하여야 하는 고정된 승강로의 최대 답단 간격은 얼마 이내인가?

① 20[cm]   ② 25[cm]
③ 30[cm]   ④ 40[cm]

> **해설**

승강로 답단간격

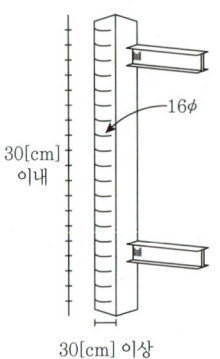

[그림] 고정된 승강로 Trap(답단)

KEY
① 2018년 8월 19일, 9월 15일(문제 11번) 출제
② 2018년 7월 7일 기사 작업형 출제
③ 2022년 3월 5일(문제 110번) 출제

> **합격정보**

산업안전보건기준에 관한 규칙 제381조(승강로의 설치)

사업주는 근로자가 수직방향으로 이동하는 철골부재(鐵骨部材)에는 답단(踏段) 간격이 30센티미터 이내인 고정된 승강로를 설치하여야 하며, 수평방향 철골과 수직방향 철골이 연결되는 부분에는 연결작업을 위하여 작업발판 등을 설치하여야 한다.

[**정답**] 117 ③   118 ①   119 ③

120 다음은 달비계 또는 높이 5[m] 이상의 비계를 조립·해체하거나 변경하는 작업을 하는 경우에 대한 내용이다. ( )에 알맞은 숫자는?

> 비계재료의 연결·해체작업을 하는 경우에는 폭 ( )[cm] 이상의 발판을 설치하고 근로자로 하여금 안전대를 사용하도록 하는 등 추락을 방지하기 위한 조치를 할 것

① 15
② 20
③ 25
④ 30

해설

높이 5[m] 이상의 비계 조립·해체 작업 시 발판폭 : 20[cm] 이상.

합격정보

산업안전보건기준에 관한 규칙 제57조(비계 등의 조립·해체 및 변경)

[정답] 120 ②

2024년도 기사 정기검정 제3회 (2024년 7월 5일 시행)

자격종목 및 등급(선택분야)
건설안전기사

종목코드	시험시간	수험번호	성명
1440	3시간	20240705	도서출판세화

※ 본 문제는 복원문제 및 2026 예적(예상적중) 문제로 실제문제와 동일하지 않을 수 있습니다.

1 산업안전관리론

01 다음 중 산업안전보건법상 지방고용노동관서의 장이 사업주에게 안전관리자를 정수 이상으로 증원하게 하거나 교체하여 임명할 것을 명령할 수 있는 사유에 해당되는 것은?

① 사망재해가 연간 1건 발생하였다.
② 중대재해가 연간 1건 발생하였다.
③ 안전관리자가 질병의 사유로 6개월 동안 해당 직무를 수행할 수 없었다.
④ 해당 사업장의 연간재해율이 같은 업종의 평균재해율보다 1.5배 높게 발생하였다.

해설

안전관리자 정수 이상 증원·교체임명 내용
① 해당 사업장의 연간재해율이 같은 업종의 평균재해율의 2배 이상인 경우
② 중대재해가 연간 2건 이상 발생한 경우
③ 관리자가 질병이나 그 밖의 사유로 3개월 이상 직무를 수행할 수 없게 된 경우
④ 화학적 인자로 인한 직업성질병자가 연간 3명 이상 발생한 경우

KEY ① 2011년 10월 2일(문제 20번) 출제
② 2023년 9월 2일(문제 2번) 출제
③ 2024년 5월 9일(문제 1번) 출제

정보제공
산업안전보건법 시행규칙 제12조(안전관리자 등의 증원·교체임명 명령)

02 산업안전보건법령상 안전보건관리책임자의 업무에 해당하지 않는 것은?(단, 그 밖에 고용노동부령으로 정하는 사항은 제외한다.)

① 근로자의 적정 배치에 관한 사항
② 작업환경의 점검 및 개선에 관한 사항
③ 안전보건관리규정의 작성 및 변경에 관한 사항
④ 안전장치 및 보호구 구입 시 적격품 여부 확인에 관한 사항

해설

안전보건관리책임자
① 사업주는 사업장을 실질적으로 총괄하여 관리하는 사람에게 해당 사업장의 다음 각 호의 업무를 총괄하여 관리하도록 하여야 한다.
  ㉠ 사업장의 산업재해 예방계획의 수립에 관한 사항
  ㉡ 제25조 및 제26조에 따른 안전보건관리규정의 작성 및 변경에 관한 사항
  ㉢ 제29조에 따른 안전보건교육에 관한 사항
  ㉣ 작업환경측정 등 작업환경의 점검 및 개선에 관한 사항
  ㉤ 제129조부터 제132조까지에 따른 근로자의 건강진단 등 건강관리에 관한 사항
  ㉥ 산업재해의 원인 조사 및 재발 방지대책 수립에 관한 사항
  ㉦ 산업재해에 관한 통계의 기록 및 유지에 관한 사항
  ㉧ 안전장치 및 보호구 구입 시 적격품 여부 확인에 관한 사항
  ㉨ 그 밖에 근로자의 유해·위험 방지조치에 관한 사항으로서 고용노동부령으로 정하는 사항
② 제1항 각 호의 업무를 총괄하여 관리하는 사람(이하 "안전보건관리책임자"라 한다)은 제17조에 따른 안전관리자와 제18조에 따른 보건관리자를 지휘·감독한다.
③ 안전보건관리책임자를 두어야 하는 사업의 종류와 사업장의 상시근로자 수, 그 밖에 필요한 사항은 대통령령으로 정한다.

KEY ① 2021년 3월 5일(문제 15번) 출제
② 2021년 5월 15일(문제 4번), 9월 12일(문제 18번) 출제
③ 2023년 9월 2일(문제 6번) 출제

정보제공
산업안전보건법 제15조(안전보건관리책임자)

03 TBM 활동의 5단계 추진법의 진행순서로 옳은 것은?

① 도입 → 확인 → 위험예지훈련 → 작업지시 → 정비점검
② 도입 → 정비점검 → 작업지시 → 위험예지훈련 → 확인
③ 도입 → 작업지시 → 위험예지훈련 → 정비점검 → 확인
④ 도입 → 위험예지훈련 → 작업지시 → 정비점검 → 확인

[정답] 01 ③ 02 ① 03 ②

해설

TBM 진행(활동) 5단계 추진법

1단계	도입	직장체조, 상호인사, 목표제창
2단계	정비점검	건강, 복장, 공구, 보호구, 안전장치, 사용기기 등 점검 정비
3단계	작업지시	당일 작업에 대한 설명 및 지시를 받고 복창하여 확인
4단계	위험예측	당일 작업의 위험을 예측하고 대책 토의, 원포인트 위험예지훈련
5단계	확인	대책을 수립하고 팀의 목표 확인, 원포인트 지적확인, 터치 앤 콜

KEY
① 2018년 9월 15일(문제 8번) 출제
② 2021년 9월 12일(문제 14번) 출제
③ 2023년 9월 2일(문제 10번)

읽을거리
Tool Box Meeting : 미국 건설업에서 최초 사용

---

04 다음 중 안전과 경영에서 나오는 용어인 리스크(risk)에 대하여 가장 옳게 설명한 것은?

① 리스크는 위급을 나타내는 용어로서 잠재적인 위험의 표출을 의미한다.
② 리스크는 위험 발생의 급박한 상태가 어떤 조건이 갖춰졌을 때를 의미한다.
③ 리스크는 위험상황이 재해상황으로 변하는 과정상의 위험분석을 의미한다.
④ 리스크는 재해 발생가능성과 재해 발생시 그 결과의 크기의 조합(combination)으로 위험의 크기나 정도를 의미한다.

해설

위험도(Risk)
① 특정한 위험요인이 위험한 상태로 노출되어 특정한 사건으로 이어질 수 있는 사고의 빈도(가능성)와 사고의 강도(중대성) 조합으로서 위험의 크기 또는 위험의 정도를 말한다.
② 위험도=발생빈도×발생강도

보충학습

위험성 평가(Risk Assessment)
잠재 위험요인이 사고로 발전할 수 있는 빈도와 피해크기를 평가하고 위험도가 허용될 수 있는 범위인지 여부를 평가하는 체계적인 방법을 말한다.

KEY
① 2023년 9월 2일(문제 11번)
② 2024년 5월 9일(문제 4번) 출제

---

05 사고의 용어 중 Near Accident에 대한 설명으로 옳은 것은?

① 사고가 일어나더라도 손실을 수반하지 않는 경우
② 사고가 일어날 경우 인적 재해가 발생하는 경우
③ 사고가 일어날 경우 물적 재해가 발생하는 경우
④ 사고가 일어나더라도 일정 비용 이하의 손실만 수반하는 경우

해설

용어정의
① 상해 : 인명피해만을 초래하였을 경우
② 사고 또는 손실 : 물적 피해만을 초래하였을 경우
③ Near Accident : 인명이나 물적 등 일체의 피해가 없는 사고

KEY 2023년 9월 2일(문제 13번) 출제

보충학습

OHSAS18001, ISO 45001정의
① Incident : 부상, 질병 또는 사망을 초래하였거나 초래할 수 있었던 작업 관련 사건
② Accident : 부상, 질병 또는 사망이 실제적으로 발생한 Incident의 특별한 유형
③ Near miss : 부상, 질병 또는 사망이 발생하지 않은 Incident
⇒ Incident는 Accident일 수도 있고 Near miss일 수도 있음

---

06 산업안전보건법령에 따른 건설업 중 유해위험방지계획서를 작성하여 고용노동부장관에게 제출하여야 하는 공사의 기준 중 틀린 것은?

① 연면적 5,000[m²] 이상의 냉동·냉장창고 시설의 설비공사 및 단열공사
② 깊이 10[m] 이상인 굴착공사
③ 저수용량 2,000만[톤] 이상의 용수 전용 댐 공사
④ 최대 지간길이가 31[m] 이상인 다리 건설 공사

해설

유해위험방지계획서 제출대상 공사
(1) 건축물 또는 시설 등의 건설·개조 또는 해체공사
  가. 지상높이가 31미터 이상인 건축물 또는 인공구조물
  나. 연면적 3만제곱미터 이상인 건축물
  다. 연면적 5천제곱미터 이상인 시설
    ① 문화 및 집회시설(전시장 및 동물원·식물원은 제외한다)
    ② 판매시설, 운수시설(고속철도의 역사 및 집배송시설은 제외한다)
    ③ 종교시설

[정답] 04 ④ 05 ① 06 ④

④ 의료시설 중 종합병원
⑤ 숙박시설 중 관광숙박시설
⑥ 지하도상가
⑦ 냉동·냉장 창고시설
(2) 연면적 5천제곱미터 이상인 냉동·냉장 창고시설의 설비공사 및 단열공사
(3) 최대지간길이가 50[m] 이상인 다리건설 등 공사
(4) 터널건설 등의 공사
(5) 다목적댐, 발전용댐 및 저수용량 2천만톤 이상의 용수전용댐, 지방상수도 전용댐 건설 등의 공사
(6) 깊이 10[m] 이상인 굴착공사

KEY
① 2016년 5월 8일 기사 출제
② 2017년 3월 5일 산업기사 출제
③ 2018년 4월 28일, 8월 19일, 9월 15일 기사 출제
④ 2018년 8월 19일 산업기사 출제
⑤ 2023년 9월 2일(문제 14번) 출제

정보제공
산업안전보건법시행령 제42조(유해위험방지 계획서의 제출대상)

07
산업안전보건법령상 안전 및 보건에 관한 노사협의체의 근로자위원 구성 기준 내용으로 옳지 않은 것은?(단, 명예산업안전감독관이 위촉되어 있는 경우)

① 근로자대표가 지명하는 안전관리자 1명
② 근로자대표가 지명하는 명예산업안전감독관 1명
③ 도급 또는 하도급 사업을 포함한 전체 사업의 근로자 대표
④ 공사금액이 20억원 이상인 공사의 관계수급인의 각 근로자 대표

해설
노사협의체 위원
(1) 근로자위원
 ① 도급 또는 하도급 사업을 포함한 전체 사업의 근로자대표
 ② 근로자대표가 지명하는 명예산업안전감독관 1명. 다만, 명예산업안전감독관이 위촉되어 있지 않은 경우에는 근로자대표가 지명하는 해당 사업장 근로자 1명
 ③ 공사금액이 20억원 이상인 공사의 관계수급인의 각 근로자대표
(2) 사용자위원
 ① 도급 또는 하도급 사업을 포함한 전체 사업의 대표자
 ② 안전관리자 1명
 ③ 보건관리자 1명(별표 5 제44호에 따른 보건관리자 선임대상 건설업으로 한정한다)
 ④ 공사금액이 20억원 이상인 공사의 관계수급인의 각 대표자

KEY
① 2020년 9월 27일(문제 5번) 출제
② 2023년 9월 2일(문제 17번) 출제

정보제공
산업안전보건법 시행령 제64조(노사협의체의 구성)

08
각 계층의 관리감독자들이 숙련된 안전관찰을 행할 수 있도록 훈련을 실시함으로써 사고의 발생을 미연에 방지하여 안전을 확보하는 안전관찰훈련기법은?

① THP 기법   ② TBM 기법
③ STOP 기법 ④ TD-BU 기법

해설
안전감독 실시 방법(STOP : Safety Training Observation Program)
① 숙련된 관찰자(안전관리자)는 불안전한 행위를 관찰하기 위하여 관찰 사이클(observation cycle)을 이용한다.(관리감독자 안전관찰 훈련 : 현장에서 실시)
② stop의 목적은 각 계층의 감독자들이 숙련된 안전관찰을 행하여 사고를 미연에 방지하고자 함이다. (미국 Du Pont 회사 개발)

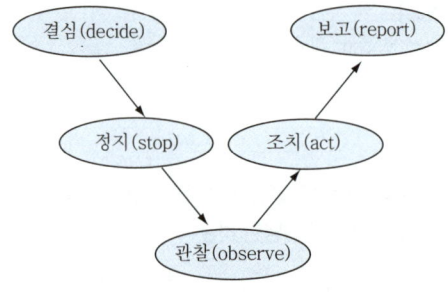

[그림] STOP 훈련 사이클

KEY
① 2019년 9월 21일(문제 10번) 출제
② 2023년 9월 2일(문제 18번) 출제

09
건설기술진흥법령상 안전점검의 시기·방법에 관한 사항으로 ( )에 알맞은 내용은?

> 정기안전점검 결과 건설공사의 물리적·기능적 결함 등이 발견되어 보수·보강 등의 조치를 위하여 필요한 경우에는 (   )을 할 것

① 긴급점검   ② 정기점검
③ 특별점검   ④ 정밀안전점검

해설
안전점검의 시기 · 방법 등
건설사업자와 주택건설등록업자는 건설공사의 공사기간 동안 매일 자체 안전점검을 하고, 다음 각 호의 기준에 따라 정기안전점검 및 정밀안전점검 등을 해야 한다.

[정답] 07 ① 08 ③ 09 ④

1. 건설공사의 종류 및 규모 등을 고려하여 국토교통부장관이 정하여 고시하는 시기와 횟수에 따라 정기안전점검을 할 것
2. 정기안전점검 결과 건설공사의 물리적·기능적 결함 등이 발견되어 보수·보강 등의 조치를 위하여 필요한 경우에는 정밀안전점검을 할 것
3. 건설공사에 대해서는 그 건설공사를 준공(임시사용을 포함한다)하기 직전에 제1호에 따른 정기안전점검 수준 이상의 안전점검을 할 것
4. 건설공사가 시행 도중에 중단되어 1년 이상 방치된 시설물이 있는 경우에는 그 공사를 다시 시작하기 전에 그 시설물에 대하여 제1호에 따른 정기안전점검 수준의 안전점검을 할 것

KEY ① 2021년 9월 12일(문제 20번) 출제
② 2023년 9월 2일(문제 20번) 출제

합격정보
건설기술진흥법 시행령 제100조(안전점검의 시기·방법 등)

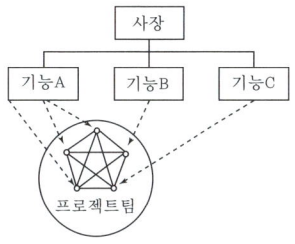

[그림] 프로젝트 조직

KEY ① 2013년 9월 28일(문제 15번) 출제
② 2023년 9월 2일(문제 16번) 출제
③ 2024년 5월 9일(문제 7번) 출제

10 다음 설명에 가장 적합한 조직의 형태는?

- 과제별로 조직을 구성
- 플랜트, 도시개발 등 특정한 건설 과제를 처리
- 시간적 유한성을 가진 일시적이고 잠정적인 조직

① 스태프(Staff)형 조직
② 라인(Line)식 조직
③ 기능(Functional)식 조직
④ 프로젝트(Project) 조직

해설

프로젝트(Project) 조직
(1) 프로젝트 조직의 특징
 ① 경영조직 내부에 프로젝트별로 조직화를 꾀한 조직형태이다.
 ② 원칙적으로 일시적이며, 잠정적인 조직이다.
 ③ 프로젝트 매니저는 라인의 장이며, 프로젝트를 기획·실시하는 권한과 책임을 가지고 있다.
 ④ 직능부문 조직이나 사업부제 조직이 조직구조를 중심으로 한 것임에 비하여 프로젝트 조직은 과정을 중심으로 하여 이것과 구조를 통합하는 새로운 조직이다.
 ⑤ 프로젝트 조직에는 직능분화에 의한 전문화가 이루어지지 못한다는 단점이 있다.

(2) 프로젝트 조직의 책임자 유형
 ① 프로덕트 매니저(product manager)
 ② 프로젝트 매니저(Progect manager)
 ③ 프로그램 매니저(program manager)

11 다음 중 1,000명 이상의 대기업에서 가장 적합한 안전관리조직은?

① 경영형 안전조직
② 라인형 안전조직
③ 스태프형 안전조직
④ 라인-스태프형 안전조직

해설

안전보건관리조직의 형태 3가지
① Line형(직계식) : 100명 미만의 소규모 사업장
② Staff형(참모식) : 100~1,000명의 중규모 사업장
③ Line-staff형(복합식) : 1,000명 이상의 대규모 사업장

KEY ① 2013년 6월 2일(문제 3번) 출제
② 2023년 6월 4일(문제 16번) 출제

12 재해예방의 4원칙이 아닌 것은?

① 손실필연의 원칙
② 원인계기의 원칙
③ 예방가능의 원칙
④ 대책선정의 원칙

해설

재해예방 4원칙
① 예방가능의 원칙
② 손실우연의 원칙
③ 원인계기(연계)의 원칙
④ 대책선정의 원칙

[정답] 10 ④ 11 ④ 12 ①

KEY
① 2016년 5월 8일 산업기사 출제
② 2016년 10월 1일 기사 출제
③ 2017년 3월 5일, 9월 23일 기사 출제
④ 2017년 5월 7일 산업기사 출제
⑤ 2018년 1회 출제
⑥ 2023년 2월 28일(문제 1번) 출제
⑦ 2024년 5월 9일(문제 11번) 출제

13 연평균 200명의 근로자가 작업하는 사업장에서 연간 2건의 재해가 발생하여 사망이 2명, 50일의 휴업일수가 발생했을 때, 이 사업장의 강도율은?(단, 근로자 1명당 연간 근로시간은 2,400시간으로 한다.)

① 약 15.7
② 약 31.3
③ 약 65.5
④ 약 74.3

해설

$$강도율 = \frac{총요양근로 손실일수}{연근로시간수} \times 1,000$$

$$= \frac{(7,500 \times 2) + \left(50 \times \frac{300}{365}\right)}{200 \times 2,400} \times 1,000 = 31.33$$

KEY
① 2016년 3월 6일 산업기사 출제
② 2016년 10월 1일 출제
③ 2017년 3월 5일 출제
④ 2017년 8월 26일, 9월 23일 산업기사 출제
⑤ 2018년 3월 4일 산업기사 출제
⑥ 2018년 4월 28일 출제
⑦ 2019년 3월 3일, 4월 27일, 8월 4일 출제
⑧ 2019년 9월 21일 산업기사 출제
⑨ 2020년 6월 7일 출제
⑩ 2020년 8월 23일 산업기사 출제
⑪ 2023년 2월 28일(문제 3번) 출제

보충학습
그 밖의 총요양 근로손실일수 계산
① 병원에 입원가료시는 입원일수 $\times \frac{300}{365}$
② 휴업일수(요양일수) $\times \frac{300}{365}$

[표] 신체 장해 노동손실일수

신체장해 등급	4	5	6	7	8	9	10	11	12	13	14
손실일수	5,500	4,000	3,000	2,200	1,500	1,000	600	400	200	100	50

※ 사망자 및 장해등급 1, 2, 3급의 노동(근로)손실일수 : 7,500일

합격정보
산업재해통계업무처리규정 제3조(산업재해통계의 산출 방법 및 정의)

14 재해의 발생형태 중 재해자 자신의 움직임·동작으로 인하여 기인물에 부딪히거나, 물체가 고정부를 이탈하지 않은 상태로 움직임 등에 의하여 발생한 경우를 무엇이라고 하는가?

① 비래
② 전도
③ 충돌
④ 협착

해설
산업재해용어 정의(KOSHA CODE)

종류	세부내용
추락 (떨어짐)	사람이 인력(중력)에 의하여 건축물, 구조물, 가설물, 수목, 사다리 등의 높은 장소에서 떨어지는 것
전도(넘어짐) · 전복	사람이 거의 평면 또는 경사면, 층계 등에서 구르거나 넘어짐 또는 미끄러진 경우와 물체가 전도·전복된 경우
붕괴·도괴	토사, 적재물, 구조물, 가설물 등이 전체적으로 허물어져 내리거나 또는 주요 부분이 꺾어져 무너지는 경우
충돌 (부딪힘) · 접촉	재해자 자신의 움직임·동작으로 인하여 기인물에 접촉 또는 부딪히거나, 물체가 고정부에서 이탈하지 않은 상태로 움직임(규칙, 불규칙) 등에 의하여 접촉·충돌한 경우
낙하·비래 (맞음)	구조물, 기계 등에 고정되어 있던 물체가 중력, 원심력, 관성력 등에 의하여 고정부에서 이탈하거나 또는 설비 등으로부터 물질이 분출되어 사람을 가해하는 경우
협착(끼임) · 감김	두 물체 사이의 움직임에 의하여 일어난 것으로 직선 운동하는 물체 사이의 협착, 회전부와 고정체 사이의 끼임, 롤러 등 회전체 사이에 물리거나 또는 회전체·돌기부 등에 감긴 경우

KEY
① 2013년 1회 출제
② 2023년 2월 28일(문제 6번) 출제
③ 2024년 5월 9일(문제 12번) 출제

15 다음 중 하인리히의 사고예방대책 기본원리 5단계에 있어 "시정방법의 선정" 바로 이전 단계에서 행하여지는 사항은?

① 분석·평가
② 안전관리 조직
③ 현상파악
④ 시정책의 적용

해설
하인리히의 사고예방대책 기본원리 5단계
① 제1단계 : 안전관리조직
② 제2단계 : 사실의 발견
③ 제3단계 : 분석·평가
④ 제4단계 : 시정방법의 선정
⑤ 제5단계 : 시정책의 적용

KEY
① 2015년 1회 출제
② 2023년 2월 28일(문제 8번) 출제
③ 2024년 5월 9일(문제 13번) 출제

[정답] 13 ② 14 ③ 15 ①

16 A사업장에서 무상해·무사고 고장이 300건 발생하였다면 버드(Frank Bird)의 재해구성비율에 따를 경우 경상은 몇 건이 발생하였겠는가?

① 5   ② 10
③ 15   ④ 20

해설

버드 이론 1 : 10 : 30 : 600의 법칙

KEY ① 2011년 1회 출제
② 2023년 2월 28일(문제 10번) 출제

17 재해의 원인분석방법 중 통계적 원인분석 방법으로 사고의 유형, 기인물 등 분류 항목을 큰 순서대로 도표화하는 것은?

① 특성요인도   ② 크로스도
③ 파레토도   ④ 관리도

해설

파레토도(Pareto diagram)
① 관리 대상이 많은 경우 최소의 노력으로 최대의 효과를 얻을 수 있는 방법
② 분류항목을 큰 값에서 작은 값의 순서로 도표화하는 데 편리

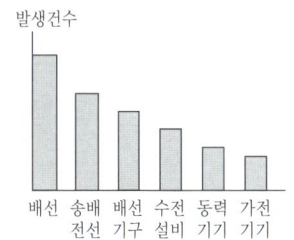

[그림] 전기설비별 감전사고 분포(파레토도)

 ① 2017년 8월 26일 산업기사 출제
② 2023년 2월 28일(문제 11번) 출제
③ 2024년 5월 9일(문제 15번) 출제

18 산업안전보건법령상 안전보건표지의 색채를 파란색으로 사용하여야 하는 경우는?

① 주의표지   ② 정지신호
③ 차량 통행표지   ④ 특정 행위의 지시

해설

안전보건표지의 색도기준 및 용도

색채	색도기준	용도	사용 예
빨간색	7.5R4/14	금지	정지신호, 소화설비 및 그 장소, 유해행위의 금지
		경고	화학물질 취급장소에서의 유해·위험 경고
노란색	5Y8.5/12	경고	화학물질 취급장소에서의 유해·위험 경고 이외의 위험 경고, 주의표지 또는 기계방호물
파란색	2.5PB4/10	지시	특정 행위의 지시 및 사실의 고지
녹색	2.5G4/10	안내	비상구 및 피난소, 사람 또는 차량의 통행표지
흰색	N9.5		파란색 또는 녹색에 대한 보조색
검은색	N0.5		문자 및 빨간색 또는 노란색에 대한 보조색

KEY ① 2017년 3월 5일 기사 출제
② 2017년 8월 26일 산업기사 출제
③ 2018년 3월 4일 기사 출제
④ 2019년 9월 21일 기사, 산업기사 출제
⑤ 2020년 8월 22일, 9월 27일 기사 출제
⑥ 2021년 3월 7일, 5월 15일 기사 출제
⑦ 2022년 4월 24일(문제 7번) 출제

합격정보

산업안전보건법 시행규칙 [별표 8] 안전보건표지의 색도기준 및 용도

19 산업안전보건법령상 안전검사 대상 기계가 아닌 것은?

① 리프트   ② 압력용기
③ 컨베이어   ④ 이동식 국소 배기장치

해설

안전검사대상 기계의 종류
① 프레스
② 전단기
③ 크레인(정격하중 2[t] 미만인 것은 제외한다)
④ 리프트
⑤ 압력용기
⑥ 곤돌라
⑦ 국소배기장치(이동식은 제외한다.)
⑧ 원심기(산업용만 해당한다.)
⑨ 롤러기(밀폐형 구조는 제외한다.)

[정답] 16 ① 17 ③ 18 ④ 19 ④

⑩ 사출성형기[형체결력 294[KN](킬로뉴트) 미만은 제외한다.]
⑪ 고소작업대[「자동차관리법」에 따른 화물자동차 또는 특수자동차에 탑재한 고소작업대(高所作業臺)로 한정한다.]
⑫ 컨베이어
⑬ 산업용 로봇
⑭ 혼합기
⑮ 파쇄기 또는 분쇄기

KEY
① 2017년 5월 7일 기사·산업기사 동시출제
② 2017년 8월 26일 산업기사 출제
③ 2017년 9월 23일 출제
④ 2018년 4월 28일, 8월 19일 출제
⑤ 2019년 4월 27일(문제 20번) 출제
⑥ 2022년 4월 24일(문제 13번) 출제

정보제공
산업안전보건법 시행령 78조(안전검사대상 기계 등)

합격정보
보호구안전인증고시 [별표 9] 안전대의 성능기준

2 산업심리 및 교육

21 선발용으로 사용되는 적성검사가 잘 만들어졌는지 알아보기 위한 분석방법과 관련이 없는 것은?

① 구성타당도   ② 내용타당도
③ 동등타당도   ④ 검사-재검사 신뢰도

해설
타당도가 높은 적성검사
(1) 구성(인) 타당도
  ① 수렴타당도
  ② 변별타당도
(2) 준거관련 타당도
  ① 동시타당도
  ② 예측타당도
(3) 내용타당도
(4) 안면타당도
(5) 검사·재검사 신뢰도

KEY 2021년 3월 7일(문제 22번) 출제

20 보호구 안전인증 고시상 안전대 충격흡수장치의 동하중 시험성능기준에 관한 사항으로 ( )에 알맞은 기준은?

- 최대전달충격력은 (ㄱ) kN 이하
- 감속거리는 (ㄴ) mm 이하 이어야 함

① ㄱ : 6.0, ㄴ : 1000
② ㄱ : 6.0, ㄴ : 2000
③ ㄱ : 8.0, ㄴ : 1000
④ ㄱ : 8.0, ㄴ : 2000

해설
완성품 및 부품의 동하중 시험성능기준

명칭	시험성능기준
벨트식 • 1개걸이용 • U자걸이용 • 보조죔줄	1) 시험몸통으로부터 빠지지 말 것 2) 최대전달충격력은 6.0[kN] 이하 이어야 함 3) U자걸이용 감속거리는 1,000[mm] 이하 이어야 함
안전그네식 • 1개걸이용 • U자걸이용 • 추락방지대 • 안전블록 • 보조죔줄	1) 시험몸통으로부터 빠지지 말 것 2) 최대전달충격력은 6.0[kN] 이하 이어야 함 3) U자걸이용, 안전블록, 추락방지대의 감속거리는 1,000[mm] 이하 이어야 함 4) 시험후 죔줄과 시험몸통간의 수직각이 50[°] 미만이어야 함
안전블록 (부품)	1) 파손되지 않을 것 2) 최대전달충격력은 6.0[kN] 이하 이어야 함 3) 억제거리는 2,000[mm] 이하 이어야 함
충격흡수장치	1) 최대전달충격력은 6.0[kN] 이하 이어야 함 2) 감속거리는 1,000[mm] 이하 이어야 함

KEY
① 2022년 4월 24일(문제 17번) 출제
② 2024년 5월 9일(문제 10번) 출제

22 인간의 심리 중에는 안전수단이 생략되어 불안전 행위를 나타내는 경우가 있다. 안전수단이 생략되는 경우로 가장 적절하지 않은 것은?

① 의식과잉이 있을 때
② 교육훈련을 실시한 때
③ 피로하거나 과로했을 때
④ 부적합한 업무에 배치될 때

해설
안전수단을 생략(단락)하는 경우
① 의식 과잉
② 피로, 과로
③ 주변 영향

KEY
① 2017년 9월 23일 출제
② 2021년 3월 7일(문제 30번) 출제

[정답] 20 ① 21 ③ 22 ②

23 산업안전심리학에서 산업안전심리의 5대 요소에 해당하지 않는 것은?

① 감정 ② 습성
③ 동기 ④ 피로

해설

안전심리의 5요소
① 동기
② 기질
③ 감정
④ 습성
⑤ 습관

KEY
① 2016년 5월 8일 출제
② 2018년 3월 4일, 8월 19일 산업기사 출제
③ 2018년 9월 15일 출제
④ 2019년 4월 27일 기사, 산업기사 출제
⑤ 2019년 8월 4일 출제
⑥ 2020년 8월 22일, 9월 27일 출제
⑦ 2021년 3월 7일(문제 31번) 출제

24 허시(Hersey)와 브랜차드(Blanchard)의 상황적 리더십 이론에서 리더십의 4가지 유형에 해당하지 않는 것은?

① 통제적 리더십
② 지시적 리더십
③ 참여적 리더십
④ 위임적 리더십

해설

허시와 브랜차드의 상황적 리더십
(1) 지시형 리더십(Style 1 : Directing)
  ① 과업지향적 행동이 높고 관계지향적 행동이 낮다.
  ② 지시적 스타일의 리더는 과업 내용을 구체적으로 부하직원에게 알려주고 감시, 감독한다.
(2) 코치형 리더십(Style 2 : Coaching)
  ① 과업지향적/관계지향적 행동 모두 높은 유형이다.
  ② 코치형 스타일의 리더는 과업 내용을 지시하면서 자세한 설명도 함께 제공하며 부하직원을 설득하는 노력을 기울인다.
(3) 지원적 리더십(Style 3 : Supporting)
  ① 과업지향적 행동이 낮고 관계지향적 행동이 높은 경향을 보인다.
  ② 지원적 스타일의 리더는 의사결정 과정에 부하직원들을 참여시켜 아이디어를 공유한다.
(4) 위임적 리더십(Style 4 : Delegating)
  과업지향적/관계지향적 모두 낮은 유형으로서, 위임적 스타일의 리더는 의사결정을 부하직원에게 전적으로 맡긴다.

KEY 2021년 3월 7일(문제 35번) 출제

보충학습

미국의 행동과학 연구자인 폴 허시(Paul Hersey)와 매사추세츠대학교 경영학과 교수인 켄 블랜차드(Kenneth H. Blanchard)가 1977년에 발표한 이론이다. 상황적 리더십 이론이 발표되기 이전에 대부분의 리더십 연구들은 특성론과 행동론에 중점을 두었다. 특성론과 행동론은 리더의 특정한 특성이나 행동패턴에 따라 리더십 효과성이 결정된다고 보며 모든 상황에 적용 가능한 보편적인 리더십 스타일이 존재한다고 믿었다. 그러나 동일한 특성이나 행동이라도 상황에 따라 리더십 효과성이 다르다는 한계가 드러나면서 비로소 상황적 요소에 대한 관심이 대두되었다. 이것은 1960~70년대를 지배한 조직경영의 상황이론적 관점과도 같은 맥락이다.

25 몹시 피로하거나 단조로운 작업으로 인하여 의식이 뚜렷하지 않은 상태의 의식 수준으로 옳은 것은?

① Phase I ② Phase II
③ Phase III ④ Phase IV

해설

의식 레벨의 단계적 분류(日本 하시모토 쿠니에 제시)

phase	의식의 상태	주의의 작용
0	무신경, 실신(무의식상태)	0
I	이상, 의식불명(피로)	부주의
II	정상	수동적, 심적내향
III	정상, 명쾌	적극적, 심적외향
IV	과긴장	일점에 고집

KEY
① 2016년 10월 1일 산업기사 출제
② 2017년 5월 7일 출제
③ 2018년 4월 28일 출제
④ 2018년 9월 15일 산업기사 출제
⑤ 2019년 3월 3일 출제
⑥ 2020년 9월 27일 출제
⑦ 2021년 3월 7일(문제 40번) 출제
⑧ 2024년 2월 15일(문제 29번) 출제

26 안드라고지(Andragogy) 모델에 기초한 학습자로서의 성인의 특징과 가장 거리가 먼 것은?

① 성인들은 타인 주도적 학습을 선호한다.
② 성인들은 과제 중심적으로 학습하고자 한다.
③ 성인들은 다양한 경험을 가지고 학습에 참여한다.
④ 성인들은 왜 배워야 하는지에 대해 알고자 하는 욕구를 가지고 있다.

[정답] 23 ④ 24 ① 25 ① 26 ①

해설

Andragogy(안드라고지) 모델의 성인의 특징
① 성인들은 자기 주도적으로 학습하고자 한다.
② 성인들은 많은 다양한 경험을 가지고 학습에 참여한다.
③ 성인들은 왜 배워야 하는지에 대해 알고자 하는 욕구를 가지고 있다.
④ 성인들은 과제 중심적(문제 중심적)으로 학습하고자 한다.
⑤ 성인들은 학습을 하려는 강한 내·외적 동기를 가지고 있다.

KEY
① 2011년 10월 2일(문제 30번) 출제
② 2014년 5월 25일(문제 24번) 출제
③ 2018년 4월 28일(문제 33번) 출제
④ 2021년 5월 15일(문제 21번) 출제

보충학습

Andragogy(안드라고지)의 어원
Andragogy는 그리스어인 paid(아동)와 agogos(지도하다)에서 나온 용어로 '아동을 가르치는 기술과 과학'의 의미를 가지며 Andragogy는 Andros(성인)를 핵심으로 하는 '성인을 돕는 기술과 과학'이라는 의미를 갖고 있다.

27 어느 철강회사의 고로작업라인에 근무하는 S씨의 작업강도가 힘든 중작업으로 평가되었다면 해당되는 에너지 대사율(RMR)의 범위로 가장 적절한 것은?

① 0~1   ② 2~4
③ 4~7   ④ 7~10

해설

RMR범위(작업강도 구분)
① 0~2RMR(가벼운 작업)
② 2~4RMR(보통 작업)
③ 4~7RMR(힘든 작업)
④ 7RMR 이상(굉장히 힘든 작업)

KEY
① 2016년 10월 1일 산업기사 출제
② 2018년 3월 4일 출제
③ 2021년 5월 15일(문제 21번) 출제

28 호손(Hawthorne) 실험의 결과 생산성 향상에 영향을 준 가장 큰 요인은?

① 생산 기술
② 임금 및 근로시간
③ 인간 관계
④ 조명 등 작업환경

해설

호손(Hawthorne)공장 실험
① 인간관계 관리의 개선을 위한 연구로 미국의 메이요(E.Mayo, 1880~1949) 교수가 주축이 되어 호손 공장에서 실시되었다.
② 작업능률을 좌우하는 것은 단지 임금, 노동시간 등의 노동조건과 조명, 환기, 그 밖에 작업환경으로서의 물적 조건보다 종업원의 태도, 즉 심리적, 내적 양심과 감정이 중요하다.
③ 물적 조건도 그 개선에 의하여 효과를 가져올 수 있으나 종업원의 심리적 요소가 더욱 중요하다.
④ 결론은 인간관계가 작업 및 작업설계에 영향을 준다.

KEY
① 2018년 3월 4일, 9월 15일 출제
② 2019년 4월 27일 출제
③ 2019년 9월 21일 산업기사 출제
④ 2020년 9월 5일 출제
⑤ 2021년 5월 15일(문제 26번) 출제
③ 2024년 2월 15일(문제 40번) 출제

29 인간의 적응기제(Adjustment mechanism) 중 방어적 기제에 해당하는 것은?

① 보상   ② 고립
③ 퇴행   ④ 억압

해설

적응기제의 분류
① 방어적 기제 : 보상, 합리화, 동일시, 승화
② 도피적 기제 : 고립, 퇴행, 억압, 백일몽
③ 공격적 기제 : 직접적, 간접적

KEY
① 2021년 3월 7일 등 10회 이상 출제
② 2022년 4월 24일(문제 21번) 출제
③ 2021년 5월 15일(문제 32번) 출제

30 다음 설명의 리더십 유형은 무엇인가?

> 과업을 계획하고 수행하는데 있어서 구성원과 함께 책임을 공유하고 인간에 대하여 높은 관심을 갖는 리더십

① 권위적 리더십   ② 독재적 리더십
③ 민주적 리더십   ④ 자유방임형 리더십

[정답] 27 ③   28 ③   29 ①   30 ③

해설
리더십의 3가지 유형
① 권위형 : 지도자가 모든 정책을 단독적으로 결정하기 때문에 부하직원들은 오로지 따르기만 하면 된다.
② 민주형 : 혼자 정책을 결정하려 하지 않고 집단토론이나 집단 결정을 통해서 정책을 결정한다.
③ 자유방임형 : 지도자가 집단구성원에게 완전히 자유를 주는 경우로서 그는 전혀 리더십을 행사하지 않고 단지 명목적인 리더의 자리만 지킨다.

KEY ① 2017년 8월 26일 산업기사 출제
② 2018년 9월 15일 출제
③ 2021년 5월 15일(문제 34번) 출제

31 스트레스(stress)에 영향을 주는 요인 중 환경이나 외적 요인에 해당하는 것은?

① 자존심의 손상
② 현실에의 부적응
③ 도전의 좌절과 자만심의 상충
④ 직장에서의 대인관계 갈등과 대립

해설
스트레스의 자극요인
① 자존심의 손상(내적요인)
② 업무상의 죄책감(내적요인)
③ 현실에서의 부적응(내적요인)
④ 직장에서의 대인 관계상의 갈등과 대립(외적요인)

KEY ① 2018년 4월 28일 출제
② 2019년 8월 4일 출제
③ 2021년 5월 15일(문제 39번) 출제

32 산업안전보건법령상 명시된 건설용 리프트·곤돌라를 이용한 작업의 특별교육 내용으로 틀린 것은?(단, 그 밖에 안전보건관리에 필요한 사항은 제외한다.)

① 신호방법 및 공동작업에 관한 사항
② 화물의 취급 및 작업 방법에 관한 사항
③ 방호 장치의 기능 및 사용에 관한 사항
④ 기계·기구에 특성 및 동작원리에 관한 사항

해설
건설용 리프트·곤돌라를 이용한 작업의 특별교육 내용
① 방호장치의 기능 및 사용에 관한 사항
② 기계, 기구, 달기체인 및 와이어 등의 점검에 관한 사항
③ 화물의 권상·권하 작업방법 및 안전작업지도에 관한 사항
④ 기계·기구에 특성 및 동작원리에 관한 사항

⑤ 신호 방법 및 공동 작업에 관한 사항
⑥ 그 밖에 안전보건관리에 필요한 사항

합격정보
산업안전보건법 시행규칙 [별표 5] 안전보건교육 교육대상별 교육내용

KEY 2021년 9월 12일(문제 22번) 출제

33 타일러(Taylor)의 과학적 관리와 거리가 가장 먼 것은?

① 시간-동작 연구를 적용하였다.
② 생산의 효율성을 상당히 향상시켰다.
③ 인간중심의 관점으로 일을 재설계한다.
④ 인센티브를 도입함으로써 작업자들을 동기화시킬 수 있다.

해설
Frederick W.Taylor 과학적 관리
① 과학적 관리의 원칙(생산성과 종업원의 임금 동시 향상) : 작업환경의 재설계)
  ㉠ 과학적 방법
  ㉡ 과학적 선발과 교육
  ㉢ 개인주의가 아닌 협동심 고취
  ㉣ 경영층과 근로자들의 일을 최적화 하기 위한 작업의 균등분배
② 단점
  ㉠ 고임금을 희망하는 근로자들을 비인간적으로 착취
  ㉡ 최소 인원으로 작업이 가능하여 대량의 실업자 유발

KEY ① 2016년 10월 1일 출제
② 2021년 9월 12일(문제 23번) 출제

34 프로그램 학습법(programmed self-instruction method)의 단점은?

① 보충학습이 어렵다.
② 수강생의 시간적 활용이 어렵다.
③ 수강생의 사회성이 결여되기 쉽다.
④ 수강생의 개인적인 차이를 조절할 수 없다.

해설
프로그램 학습법의 단점
① 한 번 개발된 프로그램 자료는 변경이 어렵다.
② 개발비가 많이 들고 제작 과정이 어렵다.
③ 교육 내용이 고정되어 있다.
④ 학습에 많은 시간이 걸린다.
⑤ 집단 사고의 기회가 없다.
⑥ 수강생의 사회성이 결여되기 쉽다.

[정답] 31 ④ 32 ② 33 ③ 34 ③

과년도 출제문제

35 파악하고자 하는 연구과제에 대해 언어를 매개로 구조화된 질의 응답을 통하여 교육하는 기법은?

① 면접(interview)
② 카운슬링(counseling)
③ CCS(Civil Communication Section)
④ ATT(American Telephone & Telegram Co.)

해설

면접법(面接法 : interview method)
연구자와 연구대상자가 직접 만나서 내적인 감정, 사고, 가치관, 심리상태 등을 파악하는 방법

[표] 면접법의 장단점

구분	특징
장점	① 불확실한 응답에 대한 확인이 가능 ② 연구대상자의 심리상태까지 조사가 가능 ③ 문자 해독이 불가능한 대상자에게 적용 가능 ④ 질문 항목 이외의 폭넓은 범위까지 조사가능
단점	① 비용과 시간의 소모가 과다 ② 단시간에 많은 정보를 얻기가 곤란 ③ 대상자의 응답에 대한 신뢰성이 저하될 가능성 ④ 상황에 따라 반응의 정도가 달라질 가능성

KEY
① 2011년 10월 2일(문제 35번) 출제
② 2018년 9월 15일(문제 40번) 출제
③ 2019년 4월 27일(문제 22번) 출제
④ 2021년 9월 12일(문제 33번) 출제

36 산업안전보건법령상 근로자 안전보건교육의 교육과정 중 건설 일용근로자의 건설업 기초 안전보건교육 교육시간 기준으로 옳은 것은?

① 1시간 이상   ② 2시간 이상
③ 3시간 이상   ④ 4시간 이상

해설

건설업 기초안전보건교육에 대한 내용

교육내용	시간
건설공사의 종류(건축·토목 등) 및 시공 절차	1시간
산업재해 유형별 위험요인 및 안전보건조치	2시간
안전보건관리체제 현황 및 산업안전보건 관련 근로자 권리·의무	1시간

주 교육시간 중 1시간 이상은 시청각 또는 체험·가상실습을 포함한다.

KEY
① 2018년 3월 4일(문제 30번) 출제
② 2018년 9월 15일 기사·산업기사 동시출제
③ 2021년 9월 12일(문제 35번) 출제
④ 2024년 5월 9일(문제 32번) 출제

정보제공
산업안전보건법 시행규칙 [별표 4] 산업안전보건관련 교육과정별 교육시간

37 O.J.T(On the Job Training)의 장점이 아닌 것은?

① 직장의 실정에 맞게 실제적 훈련이 가능하다.
② 교육을 통한 훈련효과에 의해 상호신뢰이해도가 높아진다.
③ 대상자의 개인별 능력에 따라 훈련의 진도를 조정하기가 쉽다.
④ 교육훈련 대상자가 교육훈련에만 몰두할 수 있어 학습효과가 높다.

해설

OJT와 OFF JT 특징

OJT의 특징	OFF JT의 특징
① 개개인에게 적절한 지도훈련이 가능하다. ② 직장의 실정에 맞게 구체적이고 실제적 훈련이 가능하다. ③ 즉시 업무에 연결되는 관계로 몸과 관련이 있다. ④ 훈련에 필요한 업무의 계속성이 끊어지지 않는다. ⑤ 효과가 곧 업무에 나타나며 훈련의 좋고 나쁨에 따라 개선이 쉽다. ⑥ 훈련효과를 보고 상호 신뢰, 이해도가 높아지는 것이 가능하다.	① 다수의 근로자에게 조직적 훈련을 행하는 것이 가능하다. ② 훈련에만 전념하게 된다. ③ 각자 전문가를 강사로 초청하는 것이 가능하다. ④ 특별 설비기구를 이용하는 것이 가능하다. ⑤ 각 직장의 근로자가 많은 지식이나 경험을 교류할 수 있다. ⑥ 교육 훈련 목표에 대하여 집단적 노력이 흐트러질 수 있다.

KEY
① 2021년 3월 7일(문제 29번) 등 20회 이상 출제
② 2021년 5월 15일(문제 37번) 출제
③ 2021년 9월 12일(문제 37번) 출제

38 인간은 지각과정에서 자극의 정보를 조직화하는 과정을 거치게 된다. 시각 정보의 조직화를 의미하는 용어는?

① 유추(analogy)
② 게슈탈트(gestalt)
③ 인지(cognition)
④ 근접성(proximity)

[정답] 35 ①   36 ④   37 ④   38 ②

해설

군화(게슈탈트)의 법칙

① 게슈탈트는 '모양, 형태'라는 뜻으로 독일의 심리학자 M. 베르트하이머가 처음으로 제기한 원리
② 사물을 볼 때 무리를 지어서 보려는 시각적 심리를 뜻하며 관련이 있는 요소끼리 통합된 것으로 지각된다는 점에서 '군화의 법칙'이라고도 한다.

KEY ① 2017년 3월 5일 (문제 36번) 출제
② 2022년 3월 5일(문제 21번) 출제

---

39 다음에서 설명하는 리더십의 유형은?

> 과업 완수와 인간관계 모두에 있어 최대한의 노력을 기울이는 리더십 유형

① 과업형 리더십
② 이상형 리더십
③ 타협형 리더십
④ 무관심형 리더십

해설

관리격자 모형이론

① 블레이크(R.R.Blake)와 모튼(J.S.Mouton)은 조직구성원의 기본적인 관심을 업적에 대한 관심과 인간에 대한 관심의 두 가지에 두고서 관리 스타일을 측정하는 그리드(grid) 이론을 전개하였다.
② X축과 Y축을 각각 1에서 9까지의 점으로 구분하여 1을 관심의 최저, 9를 관심도의 최고로 나타내었다. 그리고 각 점을 중심으로 직선을 서로 직교시킴으로써 합계 9×9=81개의 격자도를 만들었다.
③ 1.1(자유방임형, 포기형), 1.9(인기형), 9.1(과업형), 5.5(중간형), 9.9(이상형)

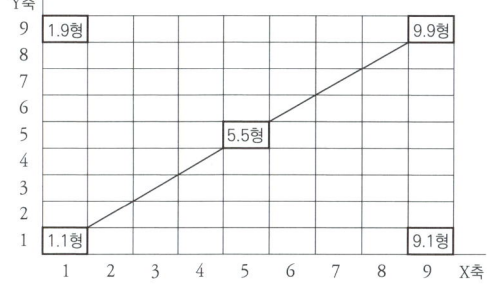

KEY ① 2016년 10월 1일 출제
② 2018년 8월 19일 출제
③ 2022년 3월 5일 출제
④ 2023년 2월 28일(문제 23번) 출제

---

40 생체리듬(Biorhythm)의 종류에 해당하지 않는 것은?

① Critical rhythm
② Phytical rhythm
③ Intellectual rhythm
④ Sensitivity rhythm

해설

생체리듬(Biorhythm)

① 인간의 생리적 주기 또는 리듬을 나타낸다. 신체(Physical), 감성(Sensitivity), 지성(Intellectual)의 머리글자를 따서 PSI학설이라고도 한다.
② P, S, I 3개의 서로 다른 리듬은 안정기[positive phase(+)]와 불안정기[negative phase(−)]를 교대하면서 반복하여 사인(sine) 곡선을 그려 나가는데 (+) 리듬에서 (−) 리듬으로 또는 (−) 리듬에서 (+) 리듬으로 변화하는 점을 영(zero) 또는 위험일이라 한다.
③ 위험일은 한 달에 6일 정도 일어난다.

KEY 2022년 3월 5일 기사 등 10회 이상 출제

---

3 인간공학 및 시스템안전공학

41 화학물 취급회사의 안전관리자 최○○는 화재 발생 시 대피안내방송을 음성 합성기로 전달하고자 한다. 최○○가 활용할 수 있는 음성 합성 체계유형에 대한 설명으로 맞는 것은?

① 최○○는 경고안내문을 낭독하는 본인의 실제 음성 파형을 모형화하는 음성 정수화 방법을 활용할 수 있다.
② 최○○는 경고안내문을 낭독할 때, 본인음성의 질을 가장 우수하게 합성할 수 있는 불규칙에 의한 합성법을 활용할 수 있다.
③ 최○○는 발음모형의 적절한 모수들을 경고안내문을 낭독 시 본인이 실제 발음할 때에 결정하는 분석 합성에 의한 합성법을 적용할 수 있다.
④ 최○○는 규칙에 의한 합성법을 사용하여 경고안내문을 낭독하는 본인의 실제 음성으로부터 발음모형 모수들의 변화를 암호화할 수 있다.

[정답] 39 ② 40 ① 41 ①

> **해설**

음성 합성 체계유형
① 본인의 실제 음성 파형을 모형화
② 음성 정수화 방법
③ 음성 합성기 사용

KEY ① 2017년 9월 23일(문제 60번) 출제
② 2023년 9월 2일(문제 54번) 출제

42 암호체계의 사용 시 고려해야 될 사항과 거리가 먼 것은?

① 정보를 암호화한 자극은 검출이 가능하여야 한다.
② 다 차원의 암호보다 단일 차원화된 암호가 정보 전달이 촉진된다.
③ 암호를 사용할 때는 사용자가 그 뜻을 분명히 알 수 있어야 한다.
④ 모든 암호 표시는 감지장치에 의해 검출될 수 있고, 다른 암호 표시와 구별될 수 있어야 한다.

> **해설**

다차원 시각적 암호
① 색이나 숫자로 된 단일 암호보다 색과 숫자의 중복으로 된 조합암호 차원의 전달된 정보가 촉진된다.
② 양이 많은 것으로 실험결과 확인

KEY ① 2020년 9월 27일(문제 54번) 출제
② 2023년 9월 2일(문제 59번) 출제

> **보충학습**

색의 시각적 암호
① 일반적으로 9가지 면색 구별 가능
② 훈련을 할 경우 20~30개까지 식별 가능
③ 적용 : 탐색, 위치확인, 정밀한 조사 등

43 정성적 표시장치의 설명으로 틀린 것은?

① 정성적 표시장치의 근본 자료 자체는 정량적인 것이다.
② 전력계에서와 같이 기계적 혹은 전자적으로 숫자가 표시된다.
③ 색채 부호가 부적합한 경우에는 계기판 표시 구간을 형상 부호화하여 나타낸다.
④ 연속적으로 변하는 변수의 대략적인 값이나 변화추세, 변화율 등을 알고자 할 때 사용된다.

> **해설**

정량적 표시 장치

① 정목동침형 ② 정침동목형 ③ 계수형

KEY ① 2015년 3월 8일(문제 34번) 출제
② 2017년 8월 26일 산업기사 출제
③ 2019년 4월 27일(문제 57번) 출제
④ 2023년 6월 4일(문제 41번) 출제

> **보충학습**

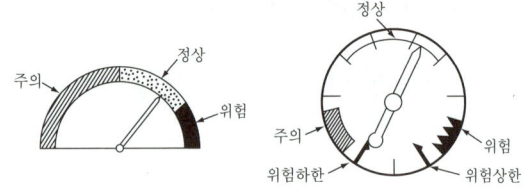

[그림] 정성적 표시장치의 색채 및 형상 암호화

44 인간 에러(human error)에 관한 설명으로 틀린 것은?

① omission errors : 필요한 작업 또는 절차를 수행하지 않는데 기인한 에러
② commission errors : 필요한 작업 또는 절차의 수행지연으로 인한 에러
③ extrneous errors : 불필요한 작업 또는 절차를 수행함으로써 기인한 에러
④ sequential errors : 필요한 작업 또는 절차의 순서 착오로 인한 에러

> **해설**

누락오류, 작위오류
① 생략에러(Omission Errors : 부작위 실수) : 직무 또는 어떤 단계를 수행하지 않음(누락오류)
② 실행에러(Commission error : 작위 실수) : 직무의 불확실한 수행 (선택, 순서, 시간, 정성적 착오)

KEY ① 2017년 8월 26일 출제
② 2018년 4월 28일(문제 53번) 출제
③ 2022년 8월 22일(문제 51번) 출제
④ 2023년 6월 4일(문제 52번) 출제

[정답] 42 ② 43 ② 44 ②

45 다음 중 감각적으로 물리현상을 왜곡하는 지각현상에 해당되는 것은?

① 주의산만 ② 착각
③ 피로 ④ 무관심

해설
용어정의
① 착각 : 물리현상을 왜곡하는 감각적 지각 현상
② 가현운동 : 물리적으로 일정한 위치에 있는 물체가 착각(착시)에 의해 움직이는 것처럼 보이는 현상으로 영화 영상의 방법으로 마치 대상물이 움직이는 것처럼 인식되는 현상

KEY ① 2015년 5월 31일(문제 56번) 출제
② 2023년 6월 4일(문제 60번) 출제

46 부품 배치의 원칙 중 기능적으로 관련된 부품들을 모아서 배치한다는 원칙은?

① 중요성의 원칙 ② 사용 빈도의 원칙
③ 사용 순서의 원칙 ④ 기능별 배치의 원칙

해설
구성요소 배치의 4원칙
① 중요성(도)의 원칙(일반적 위치결정) : 부품을 작동하는 성능이 체계의 목표 달성에 긴요한 정도에 따라 우선순위를 결정한다.
② 사용빈도의 원칙(일반적 위치결정) : 부품을 사용하는 빈도에 따라 우선순위를 결정한다.
③ 기능별 배치의 원칙(배치결정) : 기능적으로 관련된 부품들(표시장치, 조정장치 등)을 모아서 배치한다.
④ 사용순서의 원칙(배치결정) : 사용순서에 따라 장치들을 가까이에 배치한다.

KEY ① 2018년 3월 4일 기사, 산업기사 출제
② 2018년 8월 19일 산업기사 출제
③ 2019년 3월 3일 산업기사 출제
④ 2020년 6월 14일 산업기사 출제
⑤ 2021년 3월 7일(문제 49번) 출제
⑥ 2023년 2월 28일(문제 43번) 출제

47 의자 설계 시 고려해야할 일반적인 원리와 가장 거리가 먼 것은?

① 자세고정을 줄인다.
② 조정이 용이해야 한다.
③ 디스크가 받는 압력을 줄인다.
④ 요추 부위의 후만곡선을 유지한다.

해설
의자설계시 인간공학적 원칙 4가지
① 등받이의 굴곡은 요추의 굴곡(전만곡)과 일치해야 한다.
② 좌면의 높이는 사람의 신장에 따라 조절 가능해야 한다.
③ 정적인 부하와 고정된 작업자세를 피해야 한다.
④ 의자의 높이는 오금의 높이보다 같거나 낮아야 한다.

KEY ① 2017년 3월 5일 기사 출제
② 2020년 6월 7일 출제
③ 2023년 2월 28일(문제 51번) 출제

48 다음 중 근골격계부담작업에 속하지 않는 것은?

① 하루에 10[회] 이상 25[kg] 이상의 물체를 드는 작업
② 하루에 총 2[시간] 이상 목, 어깨, 팔꿈치, 손목 또는 손을 사용하여 같은 동작을 반복하는 작업
③ 하루에 총 2[시간] 이상 쪼그리고 앉거나 무릎을 굽힌 자세에서 이루어지는 작업
④ 하루에 총 2[시간] 이상 시간당 5[회] 이상 손 또는 무릎을 사용하여 반복적으로 충격을 가하는 작업

해설
근골격계 부담작업
① 하루 4[시간] 이상 집중적으로 자료입력 등을 위해 키보드 또는 마우스를 조작하는 작업
② 하루 2[시간] 이상 목, 어깨, 팔꿈치, 손목 또는 손을 사용하여 같은 동작을 반복하는 작업
③ 하루에 2[시간] 이상 머리 위에 손이 있거나, 팔꿈치가 어깨 위에 있거나, 팔꿈치를 몸통으로부터 들거나 팔꿈치를 몸통 뒤쪽에 위치하도록 하는 상태에서 이루어지는 작업
④ 지지되지 않은 상태이거나 임의로 자세를 바꿀 수 없는 조건에서 하루에 총 2[시간] 이상 목이나 허리를 구부리거나 트는 상태에서 이루어지는 작업
⑤ 하루에 2[시간] 이상 쪼그리고 앉거나 무릎을 굽힌 자세에서 이루어지는 작업
⑥ 하루에 2[시간] 이상 지지되지 않은 상태에서 1[kg] 이상의 물건을 한 손의 손가락으로 집어 옮기거나, 2[kg] 이상에 상응하는 힘을 가하여 한 손의 손가락으로 물건을 쥐는 작업
⑦ 하루에 2[시간] 이상 지지되지 않은 상태에서 4.5[kg] 이상의 물건을 한손으로 들거나 동일한 힘으로 쥐는 작업
⑧ 하루에 10[회] 이상 25[kg] 이상의 물체를 드는 작업
⑨ 하루에 25[회] 이상 10[kg] 이상의 물체를 무릎 아래에서 들거나 어깨 위에서 들거나 팔을 뻗은 상태에서 드는 작업
⑩ 하루에 2[시간] 이상 분당 2[회] 이상 4.5[kg] 이상의 물체를 드는 작업
⑪ 하루에 2[시간] 이상 시간당 10[회] 이상 손 또는 무릎을 사용하여 반복적으로 충격을 가하는 작업

[정답] 45 ② 46 ④ 47 ④ 48 ④

KEY
① 2018년 8월 17일 출제
② 2022년 3월 5일 출제
③ 2023년 2월 28일(문제 52번) 출제
④ 2024년 5월 9일(문제 49번) 출제

합격정보
고용노동부 고시 제2014-27호(근골격 부담작업의 범위)

49
A작업의 평균에너지소비량이 다음과 같을 때, 60분 간의 총 작업시간 내에 포함되어야 하는 휴식시간(분)은?

- 휴식중 에너지소비량 : 1.5[kcal/min]
- A작업시 평균 에너지소비량 : 6[kcal/min]
- A기초대사를 포함한 작업에 대한 평균 에너지소비량 상한 : 5[kcal/min]

① 10.3　　② 11.3
③ 12.3　　④ 13.3

해설
휴식시간 계산
휴식시간$(R) = \dfrac{60(E-5)}{E-1.5} = \dfrac{60(6-5)}{6-1.5} = 13.33$[분]
여기서, R : 휴식시간(분)
E : 작업 시 평균 에너지 소비량[kcal/분]
60분 : 총작업 시간 1.5[kcal/분] : 휴식시간 중 에너지 소비량 5[kcal/분] : 기초대사량을 포함한 보통작업에 대한 평균 에너지(기초대사량을 포함하지 않을 경우 : 4[kcal/분]

KEY
① 2016년 5월 8일 기사 출제
② 2016년 10월 1일 기사 출제
③ 2018년 9월 15일(문제 43번) 출제
④ 2022년 4월 24일(문제 43번) 출제
⑤ 2024년 2월 15일(문제 50번) 출제

50
밝은 곳에서 어두운 곳으로 갈 때 망막에 조응이 형성되는 생리적 과정인 암조응이 발생하는데 완전 암조응(Dark adaptation)이 발생하는데 소요되는 시간은?

① 약 3~5분
② 약 10~5분
③ 약 30~40분
④ 약 60~90분

해설
암조응
① 밝은 곳에서 어두운 곳으로 갈 때 : 원추세포의 감수성 상실, 간상세포에 의해 물체 식별
② 완전 암조응 : 보통 30~40분 소요(명조응 : 수초 내지 1~2분)

KEY
① 2019년 4월 27일 산업기사 출제
② 2022년 4월 24일(문제 45번) 출제

51
경계 및 경보신호의 설계지침으로 틀린 것은?

① 주의를 환기시키기 위하여 변조된 신호를 사용한다.
② 배경소음의 진동수와 다른 진동수의 신호를 사용한다.
③ 귀는 중음역에 민감하므로 500~3,000[Hz]의 진동수를 사용한다.
④ 300[m] 이상의 장거리용으로는 1,000[Hz]를 초과하는 진동수를 사용한다.

해설
경계 및 경보신호(청각적 표시장치) 선택시 지침
① 귀는 중음역에 가장 민감하므로 500~3,000[Hz]의 진동수를 사용
② 고음은 멀리가지 못하므로 300[m] 이상 장거리용으로는 1,000[Hz] 이하의 진동수 사용

KEY
① 2016년 3월 6일 산업기사 출제
② 2017년 3월 5일 산업기사 출제
③ 2017년 9월 23일 산업기사 출제
④ 2018년 3월 4일(문제 38번) 출제
⑤ 2022년 4월 24일(문제 49번) 출제
⑥ 2024년 5월 9일(문제 54번) 출제

52
태양광선이 내리쬐는 옥외장소의 자연습구 온도 20[℃], 흑구온도 18[℃], 건구온도 30[℃] 일 때 습구흑구온도지수(WBGT)는?

① 20.6[℃]　　② 22.5[℃]
③ 25.0[℃]　　④ 28.5[℃]

[정답] 49 ④　50 ③　51 ④　52 ①

> [해설]

습구 흑구 온도지수(WBGT)

① 옥외(태양광선이 내리 쬐는 장소)
 WBGT = 0.7 × 자연습구온도(NWB) + 0.2 × 흑구온도(GT)
     + 0.1 × 건구온도(DB)
   = 0.7 × 20[℃] + 0.2 × 18[℃] + 0.1 × 30[℃]
   = 20.6[℃]

② 옥내 또는 옥외(태양광선이 내리쬐지 않는 장소)
 WBGT(℃) = 0.7 × 자연습구온도(NWB) + 0.3 × 흑구온도(GT)

KEY ① 2016년 5월 8일(문제 57번) 출제
 ② 2022년 3월 5일(문제 41번) 출제
 ③ 2022년 4월 24일(문제 58번) 출제
 ④ 2024년 5월 9일(문제 48번) 출제

53 1sone에 관한 설명으로 ( )에 알맞은 수치는?

> 1sone : (ㄱ)[Hz], (ㄴ)[dB]의 음압수준을 가진 순음의 크기

① ㄱ : 1,000, ㄴ : 1   ② ㄱ : 4,000, ㄴ : 1
③ ㄱ : 1,000, ㄴ : 40 ④ ㄱ : 4,000, ㄴ : 40

> [해설]

음의 크기의 수준

① Phon : 1,000[Hz] 순음의 음압수준(dB)을 나타낸다.
② sone : 1,000[Hz], 40[dB]의 음압수준을 가진 순음의 크기
 (= 40[Phon])를 1 [sone]이라 한다.
③ sone과 Phon의 관계식
 ∴ sone치 = $2^{(phon-40)/10}$

KEY ① 2015년 8월 16일(문제 22번) 출제
 ② 2016년 3월 6일 기사, 산업기사 동시 출제
 ③ 2019년 3월 3일(문제 29번) 출제
 ④ 2019년 4월 27일(문제 55번) 출제
 ⑤ 2021년 5월 15일(문제 30번) 출제
 ⑥ 2022년 4월 24일(문제 60번) 출제

54 예비위험분석(PHA)에서 식별된 사고의 범주가 아닌 것은?

① 중대(critical)
② 한계적(marginal)
③ 파국적(catastrophic)
④ 수용가능(acceptable)

> [해설]

식별된 사고의 4가지 PHA범주

① 파국적 ② 중대(위기적) ③ 한계적 ④ 무시

KEY ① 2016년 5월 8일 기사 출제
 ② 2018년 9월 15일(문제 48번) 출제
 ③ 2020년 9월 27일(문제 44번) 출제
 ④ 2022년 3월 5일(문제 53번) 출제

55 HAZOP 분석기법의 장점이 아닌 것은?

① 학습 및 적용이 쉽다.
② 기법 적용에 큰 전문성을 요구하지 않는다.
③ 짧은 시간에 저렴한 비용으로 분석이 가능하다.
④ 다양한 관점을 가진 팀 단위 수행이 가능하다.

> [해설]

HAZOP의 개념

① 공장 설비 프로세스에 존재하는 해저드(hazards) 및 운용 상의 문제점(operability problems)을 찾아내는 정성적 분석 기법
② 시스템의 원래 의도한 설계와 차이가 있는 변이(deviations)를 일련의 가이드워드(guidewords)를 활용하여 체계적으로 식별
③ Hazard : 인적, 경제적, 환경적 피해 초래할 수 있는 바람직하지 않은 이벤트
④ 단점 : 장시간 비용이 많이 든다.

KEY ① 2020년 6월 14일 산업기사 출제
 ② 2022년 3월 5일(문제 57번) 출제

56 서브시스템 분석에 사용되는 분석방법으로 시스템 수명주기에서 ㉠에 들어갈 위험분석기법은?

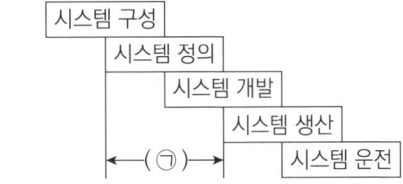

① PHA   ② FHA
③ FTA   ④ ETA

[정답] 53 ③ 54 ④ 55 ③ 56 ②

해설

시스템 분석

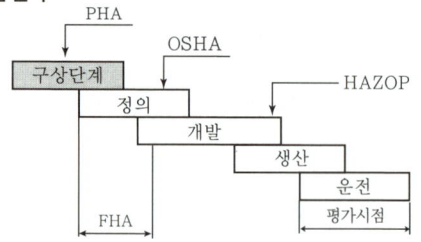

[그림] PHA·OSHA·FHA·HAZOP

KEY
① 2012년 3월 4일 출제
② 2016년 5월 8일 산업기사 출제
③ 2018년 8월 19일 출제
④ 2019년 3월 3일, 9월 21일 출제
⑤ 2020년 6월 7일 출제
⑥ 2020년 6월 14일 산업기사 출제
⑦ 2022년 3월 5일(문제 58번) 출제

57 결함수분석(FTA)에 의한 재해사례의 연구 순서로 옳은 것은?

㉠ FT(Fault Tree)도 작성
㉡ 개선안 실시계획
㉢ 톱 사상의 선정
㉣ 사상마다 재해원인 및 요인 규명
㉤ 개선계획 작성

① ㉡ → ㉣ → ㉢ → ㉤ → ㉠
② ㉢ → ㉣ → ㉠ → ㉤ → ㉡
③ ㉣ → ㉤ → ㉢ → ㉠ → ㉡
④ ㉤ → ㉢ → ㉡ → ㉠ → ㉣

해설

D. R. Cheriton의 FTA에 의한 재해사례 연구순서

① 제1단계 : 톱(top)사상의 선정
② 제2단계 : 사상마다 재해원인 및 요인규명
③ 제3단계 : FT(Fault Tree)도의 작성
④ 제4단계 : 개선계획 작성
⑤ 제5단계 : 개선안 실시계획

KEY
① 2016년 10월 1일 출제
② 2017년 3월 5일 출제
③ 2018년 9월 15일 출제
④ 2019년 9월 21일 산업기사 출제
⑤ 2020년 6월 7일(문제 60번) 출제
⑥ 2021년 9월 12일(문제 49번) 출제

58 FT도에 사용되는 다음 기호의 명칭은?

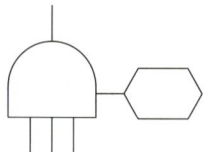

① 억제게이트
② 조합AND게이트
③ 부정게이트
④ 배타적OR게이트

해설

FTA기호

기 호	명 칭	기 호	명 칭
Ai, Aj, Ak 순으로 (Ai Aj Ak)	우선적 AND 게이트	동시발생 없음	배타적 OR 게이트
2개의 출력 (Ai Aj Ak)	조합 AND 게이트	위험지속시간	위험 지속 AND 게이트

KEY
① 2017년 3월 5일 산업기사 출제
② 2017년 9월 23일 출제
③ 2019년 3월 3일, 4월 27일 산업기사 출제
④ 2019년 9월 21일 출제
⑤ 2020년 6월 7일(문제 47번) 출제
⑥ 2021년 9월 12일(문제 53번) 출제

59 FT도에서 신뢰도는?(단, A 발생확률은 0.01, B발생 확률은 0.02이다.)

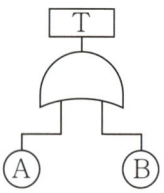

① 96.02[%]
② 97.02[%]
③ 98.02[%]
④ 99.02[%]

[정답] 57 ② 58 ② 59 ②

해설

신뢰도 계산
① T(불신뢰도)=1−(1−A)(1−B)=1−(1−0.01)(1−0.02)=0.0298
② 신뢰도=1−불신뢰도=1−0.029=0.9702×100=97.02[%]

KEY ① 2020년 6월 7일(문제 50번) 출제
② 2021년 9월 12일(문제 59번) 출제

---

60 일반적인 화학설비에 대한 안전성 평가(safety assessment) 절차에 있어 안전대책 단계에 해당되지 않는 것은?

① 보전
② 위험도 평가
③ 설비적 대책
④ 관리적 대책

해설

제4단계 : 안전대책 수립
① 설비 등에 관한 대책(위험등급 1·2등급의 물적 안전조치 사항)
② 위험등급 3등급시 설비 등에 관한 대책
③ 관리적 대책(인원 배치, 교육훈련·보전)

KEY ① 2018년 9월 15일 출제
② 2021년 5월 15일(문제 41번) 출제

보충학습
안전성 평가의 6단계
① 1단계 : 관계자료의 정비 검토
② 2단계 : 정성적 평가
③ 3단계 : 정량적 평가
④ 4단계 : 안전대책
⑤ 5단계 : 재해정보에 의한 재평가
⑥ 6단계 : FTA에 의한 재평가

합격자의 조언
함정이 있는 문제입니다.

---

4 건설시공학

61 시공의 품질관리를 위한 7가지 도구에 해당되지 않는 것은?

① 파레토그램
② LOB기법
③ 특성요인도
④ 체크시트

해설

TQC 7가지 도구
① 히스토그램
② 파레토그램
③ 특성요인도
④ 체크시트
⑤ 산점도
⑥ 층별
⑦ 관리도

KEY ① 2016년 3월 6일 출제
② 2016년 5월 8일 출제
③ 2017년 5월 7일 출제
④ 2021년 3월 7일(문제 61번) 출제

보충학습
LOB기법 또는 LSM기법
① LSM 기법으로 반복작업에서 각 작업조의 생산성을 유지시키면서, 그 생산성을 기울기로 하는 직선으로 각 반복작업의 진행을 표시하여 전체공사를 도식화하는 기법은 LOB(Linear of Balance)기법이라고도 한다.
② 각 작업간의 상호관계를 명확히 나타낼 수 있으며, 작업의 진도율로 전체 공사를 표현할 수 있다.

---

62 다음 설명에 해당하는 공정표의 종류로 옳은 것은?

> 한 공종의 작업이 하나의 숫자로 표기되고 컴퓨터에 적용하기 용이한 이점 때문에 많이 사용되고 있다. 각 작업은 node로 표기하고 더미의 사용이 불필요하며 화살표는 단순히 작업의 선후관계만을 나타낸다.

① 횡선식 공정표
② CPM
③ PDM
④ LOB

해설

PDM 기법
한 공종의 작업이 하나의 숫자로 표기되고 컴퓨터에 적용하기 용이한 이점 때문에 많이 사용되고 있다. 각 작업은 node로 표기하고 더미의 사용이 불필요하며 화살표는 단순히 작업의 선후관계만을 나타낸다.
① 선후행도형법으로 AON(Activity On Node)을 사용한다.
② 연결점에 직접 작업을 표시하는 방법이다.
③ 더미가 필요없다.
④ 작업 간의 관계를 화살표로 표현한다.

KEY ① 2018년 3월 4일 산업기사 출제
② 2021년 3월 7일(문제 63번) 출제

보충학습
PDM(Precedence Diagram Method)

[정답] 60 ② 61 ② 62 ③

과년도 출제문제

63 공사계약 중 재계약 조건이 아닌 것은?

① 설계도면 및 시방서(Specification)의 중대결함 및 오류에 기인한 경우
② 계약상 현장조건 및 시공조건이 상이(difference)한 경우
③ 계약사항에 중대한 변경이 있는 경우
④ 정당한 이유 없이 공사를 착수하지 않은 경우

해설

재계약 조건
① 계약사항의 변경
② 설계도면이나 시방서의 하자
③ 상이한 현장조건
④ 보기 ④는 취소조건

KEY ① 2018년 9월 15일(문제 73번) 출제
② 2021년 3월 7일(문제 69번) 출제

보충학습

대표적인 건설공사 Claim 유형
① 공사지연
② 작업범위 클레임
③ 현장조건 변경
④ 계약파기
⑤ 공사비 지불 지연
⑥ 작업기간단축(작업가속)
⑦ 계약조건에 대한 해석차이
⑧ 작업중단(공사중지)
⑨ 도면과 시방서의 하자(불일치)
⑩ 기타 손해배상

64 공동도급방식의 장점에 해당하지 않는 것은?

① 위험의 분산
② 시공의 확실성
③ 이윤 증대
④ 기술 자본의 증대

해설

공동도급의 장·단점
(1) 장점
　① 융자력 증대
　② 기술의 확충
　③ 위험의 분산
　④ 공사시공의 확실성
　⑤ 신용도의 증대
　⑥ 공사도급 경쟁완화
(2) 단점
　한 회사의 도급공사보다 경비 증대

KEY ① 2017년 3월 5일 산업기사 출제
② 2017년 9월 23일 출제
③ 2018년 4월 28일 출제
④ 2018년 9월 15일 산업기사 출제
⑤ 2020년 6월 7일 출제
⑥ 2021년 3월 7일(문제 73번) 출제

65 말뚝재하시험의 주요목적과 거리가 먼 것은?

① 말뚝길이의 결정
② 말뚝 관입량 결정
③ 지하수위 추정
④ 지지력 추정

해설

말뚝재하시험
① 말뚝의 설계를 하거나 안정성을 확인하기 위해 재하 시험을 하는 경우가 많다.
② 재하 방법에 따라 연직·수평·인발로 분류되며 말뚝의 개수, 하중이 걸리는 법 등에 따라 여러 가지 방법이 있다.
③ 재하시험은 실제의 말뚝에 하중을 가해 지지력을 확인하기 때문에 지지력의 결정법으로서 신뢰성이 높다.
④ 목적은 말뚝길이 결정, 말뚝관입량 결정, 지지력 추정 등

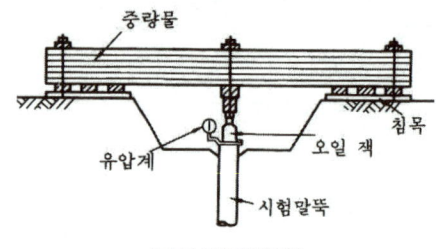

[그림] 말뚝재하시험

KEY 2021년 5월 15일(문제 63번) 출제

66 지하 연속벽 공법(slurry wall)에 관한 설명으로 옳지 않은 것은?

① 저진동, 저소음의 공법이다.
② 강성이 높은 지하구조체를 만든다.
③ 타 공법에 비하여 공기, 공사비 면에서 불리한 편이다.
④ 인접 구조물에 근접하도록 시공이 불가하여 대지 이용의 효율성이 낮다.

[정답] 63 ④　64 ③　65 ③　66 ④

> **해설**

slurry wall[지하연속벽(체)]공법의 특징
① 저소음, 저진동 공법으로 인접건물의 근접 시공이 가능하며 안정적 공법이다.
② 차수성이 우수하며 물막이 벽체로도 가능하다.
③ 벽체 강성이 커서 본구조체로 이용이 가능하며, 수평변위에 대해서 안정적이며 영구 지하 벽체나 깊은 기초 적용이 가능하다.
④ 임의형상 치수가 가능하며 지반조건에 좌우되지 않는다.
⑤ 타공법에 비해 시공비가 고가이며, 수평연속성이 부족하고, 장비가 크고 이동이 느리다.

KEY ① 2020년 8월 22일(문제 61번) 출제
② 2020년 9월 27일(문제 80번) 출제
③ 2022년 4월 24일(문제 65번) 출제
④ 2021년 5월 15일(문제 75번) 출제

67 흙이 소성 상태에서 반고체 상태로 바뀔 때의 함수비를 의미하는 용어는?

① 예민비
② 액성한계
③ 소성한계
④ 소성지수

> **해설**

소성한계시험
① 흙속에 수분이 거의 없고 바삭바삭한 상태의 정도를 알아보기 위한 시험
② 함수량에 따른 강도의 크기 : 수축한계 > 소성한계 > 액성한계

KEY ① 2010년 3월 7일(문제 43번) 출제
② 2017년 3월 5일 산업기사(문제 50번) 출제
③ 2015년 5월 15일(문제 78번) 출제

68 기존에 구축된 건축물 가까이에서 건축공사를 실시할 경우 기존 건축물의 지반과 기초를 보강하는 공법은?

① 리버스 서큘레이션 공법
② 언더피닝 공법
③ 슬러리 휠 공법
④ 탑다운 공법

> **해설**

언더피닝(Under pinning)공법
(1) 인접한 건물 또는 구조물의 침하방지를 목적으로 하는 지반보강 방법의 총칭
(2) 언더피닝공법 종류
① 2중 널말뚝 공법
흙막이 널말뚝의 외측에 2중으로 말뚝을 박는 공법
② 현장타설 콘크리트말뚝 공법
인접 건물의 기초에 현장타설 콘크리트말뚝 설치
③ 강제말뚝 공법
인접건물의 벽, 기둥에 따라 강제말뚝을 설치
④ 모르타르 및 약액주입 공법
사질지반에서 모르타르 등을 주입해서 지반을 고결시키는 공법

KEY ① 2017년 5월 7일 출제
② 2017년 9월 23일(문제 118번) 출제
③ 2018년 4월 28일(문제 76번) 출제
④ 2019년 4월 27일(문제 77번) 출제
⑤ 2021년 9월 12일(문제 61번) 출제

69 콘크리트 공사 시 시공이음에 관한 설명으로 옳지 않은 것은?

① 시공이음은 될 수 있는 대로 전단력이 작은 위치에 설치하고, 부재의 압축력이 작용하는 방향과 직각이 되도록 하는 것이 원칙이다.
② 외부의 염분에 의한 피해를 받을 우려가 있는 해양 및 항만 콘크리트 구조물 등에 있어서는 시공이음부를 최대한 많이 설치하는 것이 좋다.
③ 이음부의 시공에 있어서는 설계에 정해져 있는 이음의 위치와 구조는 지켜져야 한다.
④ 수밀을 요하는 콘크리트에 있어서는 소요의 수밀성이 얻어지도록 적절한 간격으로 시공이음부를 두어야 한다.

> **해설**

시공줄눈 관리사항
① 구조물의 강도, 내구성, 수밀성 및 외관을 해치지 않도록 위치, 방향, 시공방법을 준수한다.
② 부득이 전단력이 큰 위치에 시공이음을 하는 경우 이음 부위에 장부 또는 홈을 둔다.
③ 수화열, 외기 온도에 의한 온도 응력 및 건조수축 균열을 고려하여 위치를 결정한다.
④ 염해 피해를 입을 우려가 있는 해양, 항만 콘크리트 구조물에는 되도록 이음을 두지 않는다.
⑤ 시공 이음을 두는 경우 콘크리트 표면의 레이턴스, 품질이 나쁜 콘크리트, 달라붙지 않은 골재는 제거하여야 한다.
⑥ 시공 이음 부위가 될 콘크리트 면은 경화가 쇠 솔 등으로 면을 거칠게 하여 충분히 습윤상태로 양생한다.

KEY 2021년 9월 12일(문제 80번) 출제

[정답] 67 ③　68 ②　69 ②

70 철거작업 시 지중장애물 사전조사항목으로 가장 거리가 먼 것은?

① 주변 공사장에 설치된 모든 계측기 확인
② 기존 건축물의 설계도, 시공기록 확인
③ 가스, 수도, 전기 등 공공매설물 확인
④ 시험굴착, 탐사 확인

해설
철거작업시 지중장애물 사전조사항목
① 시험굴착, 탐사 확인
② 가스, 수도, 전기 등 공공매설물 확인
③ 기존 건축물의 설계도, 시공기록 확인

KEY ▶ 2021년 9월 12일(문제 71번) 출제

71 피어기초공사에 관한 설명으로 옳지 않은 것은?

① 중량구조물을 설치하는데 있어서 지반이 연약하거나 말뚝으로도 수직지지력이 부족하여 그 시공이 불가능한 경우와 기초지반의 교란을 최소화해야 할 경우에 채용한다.
② 굴착된 흙을 직접 탐사할 수 있고 지지층의 상태를 확인할 수 있다.
③ 진동과 소음이 발생하는 공법이긴 하나 여타 기초형식에 비하여 공기 및 비용이 적게 소요된다.
④ 피어기초를 채용한 국내의 초고층 건축물에는 63빌딩이 있다.

해설
피어기초지정
① 지름이 큰 말뚝을 일반적으로 Pier라 하고, 말뚝과 구별하고 있으며, 우물기초나 깊은 기초 공법은 Pier기초에 속한다.
② 주로 기계로 굴착하여 대구경의 Pile을 구축한다.
③ 비용이 많이 든다.

KEY ▶ ① 2018년 4월 28일(문제 79번), 9월 15일(문제 67번)출제
② 2021년 9월 12일(문제 74번) 출제

72 철근 조립에 관한 설명으로 옳지 않은 것은?

① 철근의 피복두께를 정확히 확보하기 위해 적절한 간격으로 고임제 및 간격재를 배치한다.
② 거푸집에 접하는 고임재 및 간격재는 콘크리트 제품 또는 모르타르 제품을 사용하여야 한다.
③ 경미한 황갈색의 녹이 발생한 철근은 일반적으로 콘크리트와의 부착을 해치므로 사용해서는 안 된다.
④ 철근의 표면에는 흙, 기름 또는 이물질이 없어야 한다.

해설
철근의 조립
① 철근의 표면에는 부착을 저해하는 흙, 기름 또는 이물질이 없어야 한다.
② 경미한 황갈색의 녹이 발생한 철근은 일반적으로 콘크리트와의 부착을 해치지 않으므로 사용할 수 있다.

합격정보
KCS·42011 : 2021(철근공사 시방서)

KEY ▶ ① 2021년 9월 12일(문제 68번) 출제
② 2022년 3월 5일(문제 63번) 출제

73 필릿용접(Fillet Welding)의 단면상 이론 목두께에 해당하는 것은?

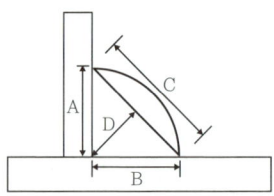

① A　　② B
③ C　　④ D

해설
필릿(모살)용접 단면도

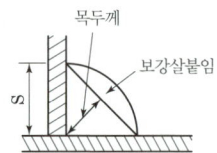

[정답] 70 ①　71 ③　72 ③　73 ④

① 목두께 : 0.7S 정도
② 보강살붙임 : 3[mm] 이하 혹은 0.1S+1[mm] 이하

KEY
① 2017년 3월 5일(문제 67번) 출제
② 2017년 9월 23일(문제 61번) 출제
③ 2022년 3월 5일(문제 65번) 출제

74
철근콘크리트 보에 사용된 굵은 골재의 최대치수가 25[mm]일 때, D22 철근(동일 평면에서 평행한 철근)의 수평 순간격으로 옳은 것은?(단, 콘크리트를 공극 없이 칠 수 있는 다짐 방법을 사용할 경우에는 제외)

① 22.2[mm]　　② 25[mm]
③ 31.25[mm]　　④ 33[mm]

해설

철근의 순간격
① 22 × 1.5 = 33[mm]
② 25 × 1.25 = 31.25[mm]

KEY
① 2017년 3월 5일(문제 63번) 출제
② 2022년 3월 5일(문제 72번) 출제

보충학습

철근의 간격 결정 방법
① 철근지름의 1.5배 이상
② 2.5[cm] 이상
③ 굵은 골재지름의 1.25배 이상
④ ①, ②, ③ 중 가장 큰 값 선택

75
철골구조의 내화피복에 관한 설명으로 옳지 않은 것은?

① 조적공법은 용접철망을 부착하여 경량 모르타르, 펄라이트 모르타르와 플라스터 등을 바름하는 공법이다.
② 뿜칠공법은 철골표면에 접착제를 혼합한 내화피복재를 뿜어서 내화피복을 한다.
③ 성형판 공법은 내화단열성이 우수한 각종 성형판을 철골주위에 접착제와 철물 등을 설치하고 그 위에 붙이는 공법으로 주로 기둥과 보의 내화피복에 사용된다.
④ 타설공법은 아직 굳지 않은 경량콘크리트나 기포 모르타르 등을 강재주위에 거푸집을 설치하여 타설한 후 경화시켜 철골을 내화피복하는 공법이다.

해설

내화 피복공법 및 재료의 종류
① 내화도료공법 : 팽창성 내화도료
② 타설공법 : 콘크리트, 경량콘크리트
③ 조적공법 : 콘크리트 블록, 경량콘크리트 블록, 돌, 벽돌
④ 미장공법 : 철망 모르타르, 철망 펄라이트 모르타르
⑤ 뿜칠공법 : 뿜칠 암면, 습식 뿜칠 암면, 뿜칠 모르타르, 뿜칠 플라스터, 실리카, 알루미나 계열 모르타르
⑥ 성형판 붙임공법 : 무기섬유혼입 규산칼슘판, ALC판, 무기섬유강화 석고보드, 석면 시멘트판, 조립식 패널, 경량콘크리트 패널, 프리캐스트 콘크리트판
⑦ 세라믹울 피복공법 : 세라믹 섬유 블랭킷
⑧ 합성공법 : 프리캐스트 콘크리트판, ALC판

KEY 2022년 3월 5일(문제 78번) 출제

보충학습

조적(調積) : 벽돌이나 콘크리트 블록

76
철근콘크리트에서 염해로 인한 철근의 부식 방지대책으로 옳지 않은 것은?

① 콘크리트 중의 염소 이온량을 적게 한다.
② 에폭시 수지 도장 철근을 사용한다.
③ 방청제 투입을 고려한다.
④ 물-시멘트비를 크게 한다.

해설

염해에 대한 철근 부식 방지 대책
① 콘크리트중의 염소 이온량을 적게 한다.
② 에폭시 수지 도장 철근을 사용한다.
③ 방청제 투입이나 전기제어 방식을 취한다.
④ 철근 피복 두께를 충분히 확보한다.
⑤ 수밀콘크리트를 만들고 콜드조인트가 없게 시공한다.
⑥ 물-시멘트비를 최소로 하고 광물질 혼화재를 사용한다.
⑦ pH11 이상의 강알칼리 환경에서는 철근 표면에 부동태막이 생겨 부식을 방지한다.

KEY
① 2006년 5월 14일(문제 79번) 출제
② 2019년 3월 3일(문제 63번) 출제
③ 2022년 3월 5일(문제 79번) 출제

보충학습

부동태막
① 철근이 부식되기 어려운 상태로 만드는 막으로 철근 표면에 시멘트의 강알칼리성 성분이 화학적으로 흡착되어 형성된다.
② 부동태막은 대기 중 이산화탄소의 영향으로 인한 탄산화로 손상이 진행되므로 이에 대한 메커니즘과 저감대책을 이해하고 관리하는 것이 철근 콘크리트 구조물의 내구수명 확보를 위한 관리의 기본이 된다.

[정답] 74 ④　75 ①　76 ④

77 건축물의 지하공사에서 계측관리에 관한 설명으로 틀린 것은?

① 계측관리의 목적은 위험의 징후를 발견하는 것이다.
② 계측관리의 중점관리사항으로는 흙막이 변위에 따른 배면지반의 침하가 있다.
③ 계측관리는 인적이 뜸하고 위험이 적은 안전한 곳에 설치하여 주기적으로 실시한다.
④ 일일점검항목으로는 흙막이벽체, 주변지반, 지하수위 및 배수량 등이 있다.

해설
계측시 유의사항
① 착공시부터 준공시까지 계속 계측관리
② 계측관리계획에 입각하여 계측부위, 위치 선정
③ 공사 준공후 일정기간 동안 계측 실시할 것
④ 계측자료를 그래픽화하여 관리
⑤ 오차를 적게할 것
⑥ 전담자 운영 배치
⑦ 계측계획은 경험자가 수립
⑧ 관련성 있는 계측기는 집중배치 할 것
⑨ 계측도중 변화치수가 없다고 중단하지 말 것

KEY 2022년 4월 24일(문제 66번) 출제

78 벽길이 10 m, 벽높이 3.6 m인 블록벽체를 기본블록(390mm×190mm×150mm)으로 쌓을 때 소요되는 블록의 수량은?(단, 블록은 온장으로 고려하고, 줄눈 나비는 가로, 세로 10 mm, 할증은 고려하지 않음)

① 412매
② 468매
③ 562매
④ 598매

해설
블록의 수량 계산
① 벽체 전체면적계산 = 길이 × 높이
  ▶ 10[m] × 3.6[m] = 36[m²]
② 기본형 블럭 1장 면적계산 = (가로+줄눈) × (세로+줄눈)
  ▶ (0.39[m]+0.01) × (0.19+0.01) = 0.08[m²]
③ 1[m²]당 블록 소요수량 계산 = 1[m²] ÷ 기본형블럭 1장 면적
  ▶ 1[m²] ÷ 0.08 = 12.5장 ≒ 13장
  (참고 : 1[m²]당 13장은 건설공사 표준품셈 블록쌓기 기준량임)
④ 벽체 전체면적 × 1[m²]당 기본형블럭 소요수량 13장
  ∴ 36[m²] × 13장 = 468매

KEY 2022년 4월 24일(문제 67번) 출제

79 벽돌쌓기법 중에서 마구리를 세워 쌓는 방식으로 옳은 것은?

① 옆세워 쌓기
② 허튼 쌓기
③ 영롱 쌓기
④ 길이 쌓기

해설
옆세워쌓기
마구리면이 내보이도록 벽돌 벽면을 수직으로 쌓는 방식

KEY ① 2018년 9월 15일(문제 79번) 출제
② 2022년 4월 24일(문제 79번) 출제

보충학습
마구리쌓기
원형굴뚝, 사일로(Silo) 등 벽두께 1.0B 이상 쌓기에 쓰인다.

80 바닥판 거푸집의 구조계산 시 고려해야 하는 연직하중에 해당하지 않는 것은?

① 작업하중
② 충격하중
③ 고정하중
④ 굳지 않은 콘크리트의 측압

해설
연직방향 하중
① 타설콘크리트 고정하중
② 타설시 충격하중
③ 작업원 등의 작업하중

KEY ① 2016년 5월 8일 산업기사 출제
② 2018년 4월 28일 산업기사 출제
③ 2019년 3월 3일(문제 88번) 출제
④ 2019년 9월 21일 산업기사(문제 98번) 출제
⑤ 2022년 4월 24일(문제 80번) 출제

[정답] 77 ③ 78 ② 79 ① 80 ④

5 건설 재료학

81. 목재의 역학적 성질에 대한 설명으로 옳지 않은 것은?

① 목재 섬유 평행방향에 대한 인장강도가 다른 여러 강도 중 가장 크다.
② 목재의 압축강도는 옹이가 있으면 증가한다.
③ 목재를 휨부재로 사용하여 외력에 저항할 때는 압축, 인장, 전단력이 동시에 일어난다.
④ 목재의 전단강도는 섬유간의 부착력, 섬유의 곧음, 수선의 유무 등에 의해 결정된다.

해설

옹이(knot)
① 옹이지름이 크며 압축강도는 감소한다.
② 옹이는 강도에 가장 악영향을 끼친다.

KEY ▶ 2022년 4월 24일(문제 85번) 출제

82. 목재의 내연성 및 방화에 대한 설명으로 옳지 않은 것은?

① 목재의 방화는 목재 표면에 불연소성 피막을 도포 또는 형성시켜 화염의 접근을 방지하는 조치를 한다.
② 방화재로는 방화페인트, 규산나트륨 등이 있다.
③ 목재가 열에 닿으면 먼저 수분이 증발하고 160℃ 이상이 되면 소량의 가연성가스가 유출된다.
④ 목재는 450℃에서 장시간 가열하면 자연발화 하게 되는데, 이 온도를 화재위험온도라고 한다.

해설

목재의 연소온도
① 목재의 수분증발은 100[℃]에서 발생한다.
② 가소성 가스증발은 180[℃]에서 발생한다.
③ 목재의 착화점은 260~270[℃](화재위험온도) 정도이다.
④ 자연발화점은 400~450[℃]이다.(자연발화온도)
⑤ 발화 후 10~20분의 단시간에 1,000~1,200[℃]의 최고온도를 나타내고 그 후 급격히 온도가 떨어져 500[℃] 정도가 되며 서서히 저하된다.

KEY ▶ ① 2018년 4월 28일(문제 99번) 출제
② 2022년 4월 24일(문제 89번) 출제
③ 2024년 5월 9일(문제 94번) 출제

83. 유리가 불화수소에 부식하는 성질을 이용하여 5[mm] 이상 판유리면에 그림, 문자등을 새긴 유리는?

① 스테인드 유리   ② 망입유리
③ 에칭유리   ④ 내열유리

해설

에칭유리
① 유리면에 부식액의 방호막을 붙이고 이 막을 모양에 맞게 오려내고 그 부분에 유리부식액을 발라 소요 모양으로 만들어 장식용으로 사용하는 유리
② 5[mm] 이상의 판유리에 그림·문자 등을 새긴다.

KEY ▶ ① 2019년 제1회 (문제 83번) 출제
② 2023년 2월 28일(문제 84번) 출제
③ 2024년 5월 9일(문제 89번) 출제

보충학습

HF(불화수소)
① 플루오린화 수소(hydrogen fluoride)는 불화 수소(弗化水素), 에칭 가스(etching gas) 등으로 불리는 플루오린과 수소의 화합물로, 화학식은 HF이다.
② 예전부터 플루오린화 수소산은 유리 산업에서 알려져 있었으며, 1771년에 스웨덴의 화학자인 칼 빌헬름 셸레는 플루오린화 수소산을 대량으로 제조했다.
③ 현재 반도체 습식 식각을 진행할 때는 산화반응을 하는 과산화수소와 세정력이 높은 인산(H_3PO_4), 불산(불화수소산 : 불화수소 수용액 : HP) 등이 활용되고 있다.

84. 재료의 기계적 성질 중 작은 변형에도 파괴되는 성질을 무엇이라 하는가?

① 강성   ② 소성
③ 탄성   ④ 취성

해설

취성(brittleness)
① 재료가 외력을 받아도 변형되지 않거나 극히 미미한 변형을 수반하고 파괴되는 성질을 취성이라 한다.
② 주철 등 취성을 가진 금속재료는 충격강도와 밀접한 관계가 있어 갑자기 파괴될 위험성이 크다.
③ 유리와 콘크리트 등도 취성이 큰 재료이다.

KEY ▶ ① 2017년 제1회 (문제 86번) 출제
② 2023년 2월 28일(문제 87번) 출제

[정답] 81 ② 82 ④ 83 ③ 84 ④

과년도 출제문제

85 일반적으로 단열재에 습기나 물기가 침투하면 어떤 현상이 발생하는가?

① 열전도율이 높아져 단열성능이 좋아진다.
② 열전도율이 높아져 단열성능이 나빠진다.
③ 열전도율이 낮아져 단열성능이 좋아진다.
④ 열전도율이 낮아져 단열성능이 나빠진다.

해설

단열재의 선정조건
① 열전도율, 흡수율이 작을 것
② 비중, 투기성이 작을 것
③ 내화성이 크고 내부식성이 좋을 것
④ 시공성이 좋고 기계적인 강도가 있을 것
⑤ 재질의 변질이 없고 균일한 품질일 것
⑥ 가격이 저렴하고 연소 시 유독가스 발생이 없을 것

KEY
① 2011년 10월 2일 (문제 87번) 출제
② 2013년 6월 2일 (문제 94번) 출제
③ 2015년 9월 19일 (문제 88번) 출제
④ 2023년 2월 28일(문제 96번) 출제

86 주로 석기질 점토나 상당히 철분이 많은 점토를 원료로 사용하며, 건축물의 패러핏, 주두 등의 장식에 사용되는 공동의 대형 점토제품은?

① 테라죠   ② 도관
③ 타일   ④ 테라코타

해설

테라코타(Terra-Cotta)
① 이탈리아어로 "구운 흙"이라는 뜻
② 도토나 고급 점토 등을 사용하여 일정한 형태로 제작되는 점토 소성 제품

KEY
① 2021년 5월 15일(문제 92번) 출제
② 2023년 6월 4일(문제 83번) 출제
③ 2024년 5월 9일(문제 86번) 출제

87 석고보드에 관한 설명으로 옳지 않은 것은?

① 부식이 잘되고 충해를 받기 쉽다.
② 단열성, 차음성이 우수하다.
③ 시공이 용이하여 천장, 칸막이 등에 주로 사용된다.
④ 내수성, 탄력성이 부족하다.

해설

석고보드
① 개요
 ㉮ 1902년 미국에서 처음 발명된 석고보드는 소석고(두툼한 종이 사이 석고를 넣고 고온에 가열하여 얻은 결정수를 탈수한 것)와 톱밥, 섬유 등을 혼합하여 만든 벽체
 ㉯ 석고보드는 내부 마감을 위한 틀이 되어주는 것 외에도 흡음재, 방화재 등의 역할을 하기 때문에 다양한 건축물의 기초면으로 사용
② 석고보드 특징
 ㉮ 단열성 : 열전도율이 굉장히 낮은 편이라 더운 공기, 그리고 찬 공기를 차단하여 열효율성을 굉장히 높여준다.
 ㉯ 차음성 : 재질이 종이, 그리고 석고로 이루어져 있기 때문에 차음 성능이 굉장히 뛰어나며 외부의 소음을 차단가능
 ㉰ 경제성 : 시공이 굉장히 간편하고 공기를 단축할 수 있으며 자재가 가볍기 때문에 건물의 구조 자재비를 낮출수 있다.
 ㉱ 차수 안정성 : 온도, 그리고 습도의 변화에 따라서 수축이나 팽창에 대한 변형이 거의 없어서 시공을 하고 난 후 뒤틀림이 발생하는 경우가 굉장히 적으며 틈이 거의 벌어지지 않는다.
 ㉲ 방수성 : 특수 방수처리가 되어 있기 때문에 습기가 많은 욕실은 물론 주방의 하단부 벽체로도 사용가능

KEY
① 2017년 5월 7일 산업기사 출제
② 2019년 9월 21일(문제 95번) 출제
③ 2021년 5월 15일(문제 81번) 출제
④ 2023년 6월 4일(문제 93번) 출제
⑤ 2024년 5월 9일(문제 89번) 출제

88 양질의 도토 또는 장석분을 원료로 하며, 흡수율이 1[%] 이하로 거의 없고 소성온도가 약 1,230~1,460[℃]인 점토 제품은?

① 토기   ② 석기
③ 자기   ④ 도기

해설

점토 제품의 분류

종류	소성온도[℃]	흡수율[%]	건축재료	비고
토기	790~1,000	20 이상	기와, 적벽돌, 토관	저급점토 사용
도기	1,100~1,230	10	내장타일, 테라코타	
석기	1,160~1,350	3~10	마루 타일, 클링커 타일	시유약을 사용하지 않고 식염유를 쓴다.
자기	1,230~1,460	1 이하	내장타일, 외장 타일, 바닥타일, 위생도기, 모자이크 타일	양질의 도토 또는 장석분을 원료로 하며 두드리면 청음이 난다.

[정답] 85 ②   86 ④   87 ①   88 ③

① 2017년 5월 7일 산업기사 출제
② 2018년 3월 4일 산업기사 출제
③ 2023년 6월 4일(문제 98번) 등 5회 이상 출제
④ 2024년 2월 15일(문제 90번) 출제

89 콘크리트에 사용되는 신축이음(Expansion Joint) 재료에 요구되는 성능 조건이 아닌 것은?

① 콘크리트의 수축에 순응할 수 있는 탄성
② 콘크리트의 팽창에 대한 저항성
③ 우수한 내구성 및 내부식성
④ 콘크리트 이음사이의 충분한 수밀성

해설
신축 이음
기초의 부동침하와 온도, 습도 등의 변화에 따라 신축팽창을 흡수시킬 목적으로 설치하는 줄눈

① 2018년 9월 15일 (문제 82번) 출제
② 2023년 9월 2일(문제 84번) 출제
③ 2024년 5월 9일(문제 82번) 출제

90 콘크리트의 탄산화에 관한 설명으로 옳지 않은 것은?

① 탄산가스의 농도, 온도, 습도 등 외부 환경조건도 탄산화 속도에 영향을 준다.
② 물-시멘트비가 클수록 탄산화의 진행속도가 빠르다.
③ 탄산화된 부분은 페놀프탈레인액을 분무해도 착색되지 않는다.
④ 일반적으로 보통 콘크리트가 경량골재 콘크리트보다 탄산화 속도가 빠르다.

해설
중성(탄산)화 방지대책
① 초기에 탄산가스 접촉금지
② 피복두께와 부재단면 증가
③ 습도는 높고, 온도 낮게 유지
④ AE 감수제, 유동화제 사용
⑤ W/C비를 낮출 것, 다짐양생철저
⑥ 경량골재, 혼합시멘트 사용금지

① 2019년 9월 21일 기사·산업기사 동시출제
② 2023년 9월 2일(문제 87번) 출제
③ 2024년 5월 9일(문제 83번) 출제

보충학습
경화(硬化)한 콘크리트는 시멘트의 수화생성물로서 수산화칼슘을 함유하여 강알칼리성(pH 12~13)을 나타낸다. 공기 중의 탄산가스(CO_2) 또는 산성비가 콘크리트 중의 수산화칼슘($Ca(OH)_2$)과 화학반응하여 서서히 탄산칼슘($CaCO_3$)이 되면서 콘크리트의 알칼리성을 상실한다. 이와 같은 현상을 '콘크리트 중성화'라고 한다. 탄산화(Carbonation)라고도 한다.
$Ca(OH)_2 + CO_2 \rightarrow CaCO_3 + H_2O$ [$CaCO_3 \uparrow \Rightarrow$ 중성화 $\uparrow$]

91 비스페놀과 에피클로로히드린의 반응으로 얻어지며 주제와 경화제로 이루어진 2성분계의 접착제로서 금속, 플라스틱, 도자기, 유리 및 콘크리트 등의 접합에 널리 사용되는 접착제는?

① 실리콘수지 접착제
② 에폭시 접착제
③ 비닐수지 접착제
④ 아크릴수지 접착제

해설
에폭시수지 접착제
① 내수성, 내습성, 내약품성, 전기절연성이 우수, 접착력이 강하다.
② 피막이 단단하고 유연성 부족, 값이 비싸다.
③ 금속, 항공기 접착에도 쓰인다.

> 참고 건설안전기사 필기 p.5-115(3. 합성수지계 접착제의 종류 및 특성)

① 2016년 5월 8일 출제
② 2017년 3월 5일 출제
③ 2018년 3월 4일 출제
④ 2019년 9월 21일 출제
⑤ 2020년 8월 22일(문제 92번) 출제
⑥ 2021년 9월 12일(문제 85번) 출제
⑦ 2023년 9월 2일(문제 92번) 출제
⑧ 2024년 5월 9일(문제 84번) 출제

92 중용열 포틀랜드시멘트에 관한 설명으로 옳지 않은 것은?

① C_3S나 C_3A가 적고, 장기강도를 지배하는 C_2S를 많이 함유한 시멘트이다.
② 내황산열성이 적기 때문에 댐공사에는 사용이 불가능하다.
③ 수화속도를 지연시켜 수화열을 작게 한 시멘트이다.
④ 건조수축이 작고 건축용 매스콘크리트에 사용된다.

[정답] 89 ② 90 ④ 91 ② 92 ②

해설

중용열 포틀랜드시멘트(저열시멘트)
① 초기강도 발현은 늦으나 장기강도는 보통시멘트보다 같거나 크다.
② 시멘트의 발열량이 작다.(수화열이 작다.)
③ 건조수축이 작고 화학저항성이 크다.
④ 큰 단면 공사에 유리하다.
⑤ 안정성이 높다.
⑥ 방사선차폐용 콘크리트, 건축용 매스콘트리트, 댐공사, 대형단면 등에 사용된다.

KEY
① 2017년 3월 5일 산업기사 출제
② 2017년 9월 23일 기사 출제
③ 2023년 9월 2일(문제 96번) 출제

---

93 건축용 코킹재의 일반적인 특징에 관한 설명으로 옳지 않은 것은?

① 수축률이 크다.
② 내부의 점성이 지속된다.
③ 내산·내알칼리성이 있다.
④ 각종 재료에 접착이 잘 된다.

해설

건축용 코킹재의 특징
① 수축률이 적다.
② 내부의 점성이 지속된다.
③ 내산·내알칼리성이 있다.
④ 각종 재료에 접착이 잘 된다.

KEY
① 2015년 9월 19(문제 96번) 출제
② 2023년 9월 2일(문제 100번) 출제

---

94 강의 열처리 방법 중 결정을 미립화하고 균일하게 하기 위해 800~1,000[℃]까지 가열하여 소정의 시간까지 유지한 후에 로(爐)의 내부에서 서서히 냉각하는 방법은?

① 풀림   ② 불림
③ 담금질   ④ 뜨임질

해설

강의 일반 열처리 4가지

종류 \ 구분	열처리 방법
불림(소준) (Normalizing)	강을 800~1,000[℃]로 가열한 후 공기 중에서 천천히 냉각시킨다.
풀림(소둔) (Annealing)	강을 800~1,000[℃]로 가열한 후 노 속에서 천천히 냉각시킨다.
담금질(소입) (Quenching)	강을 800~1,000[℃]로 가열한 후 물 또는 기름 속에서 급히 냉각시킨다.
뜨임질(소려) (Tempering)	담금질한 후 다시 200~600[℃]로 가열한 다음 공기 중에서 천천히 냉각시킨다.

KEY
① 2016년 5월 8일 출제
② 2017년 5월 7일 출제
③ 2019년 9월 21일 출제
④ 2021년 3월 7일(문제 95번) 출제

---

95 금속부식에 관한 대책으로 옳지 않은 것은?

① 가능한 한 이종 금속은 이를 인접, 접속시켜 사용하지 않을 것
② 균질한 것을 선택하고, 사용할 때 큰 변형을 주지 않도록 할 것
③ 큰 변형을 준 것은 가능한 한 풀림하여 사용할 것
④ 표면을 거칠게 하고 가능한 한 습윤상태로 유지할 것

해설

금속부식방지(방식)
① 표면을 평활하게 한다.
② 건조상태를 유지한다.

KEY
① 2017년 9월 23일 출제
② 2019년 9월 21일 산업기사 출제
③ 2020년 6월 14일 산업기사 출제
④ 2020년 8월 22일 출제
⑤ 2021년 3월 7일(문제 98번) 출제

---

96 아스팔트 방수시공을 할 때 바탕재와의 밀착용으로 사용하는 것은?

① 아스팔트 컴파운드   ② 아스팔트 모르타르
③ 아스팔트 프라이머   ④ 아스팔트 루핑

해설

아스팔트 프라이머(Asphat primer)
① 아스팔트에 휘발성 용제를 넣어 묽게 하여 방수층의 바탕에 침투시켜 아스팔트가 잘 부착되도록 한 것
② 주용도 : 방수, 밀착용

[정답] 93 ① 94 ① 95 ④ 96 ③

KEY ① 2018년 9월 15일 기사 출제
② 2021년 5월 15일(문제 91번) 출제

KEY ① 2017년 3월 5일 출제
② 2018년 4월 28일 출제
③ 2019년 9월 21일(문제 84번) 출제
④ 2021년 9월 12일(문제 83번) 출제

97 안료가 들어가지 않는 도료로서 목재면의 투명도장에 쓰이며, 내후성이 좋지 않아 외부에 사용하기에는 적당하지 않고 내부용으로 주로 사용하는 것은?

① 수성페인트
② 클리어 래커
③ 래커에나멜
④ 유성에나멜

해설
투명(clear)래커의 특징
① 내수성이 작다.
② 안료를 섞지 않는 래커이다.
③ 용도는 보통 내부(목재면)에 주로 사용한다.

KEY ① 2018년 4월 28일 산업기사 출제
② 2021년 5월 15일(문제 97번) 출제

합격팁
클리어 래커(clear lacquer)
① 질산셀룰로오스(질화면)를 주성분으로 하는 속건성의 투명 마무리 도료. 용제 증발에 의해 막을 만든다.
② 옥내의 목질계 바탕의 투명 마무리에 적합하다.
[참고] 건축학용어사전, 세화

99 발포제로서 보드상으로 성형하여 단열재로 널리 사용되며 천장재, 전기용품, 냉장고 내부상자 등으로 쓰이는 열가소성 수지는?

① 폴리스티렌수지
② 폴리에스테르수지
③ 멜라민수지
④ 메타크릴수지

해설
폴리스티렌수지의 특징
① 무색투명하고, 착색하기 쉽다.
② 내수성, 내약품성, 가공성, 전기절연성, 단열성이 우수하다.
③ 부서지기 쉽고, 충격에 약하고, 내열성이 작다.
④ 발포제를 이용하여 보드형태로 만들어 단열재로 이용된다.
⑤ 블라인드, 전기용품, 냉장고의 내부상자, 절연재, 방음재 등으로 사용된다.

KEY ① 2017년 3월 5일 기사·산업기사 동시 출제
② 2017년 9월 23일(문제 84번) 출제
③ 2021년 9월 12일(문제 89번) 출제

98 콘크리트 혼화재 중 하나인 플라이애시가 콘크리트에 미치는 작용에 관한 설명으로 옳지 않은 것은?

① 내황산염에 대한 저항성을 증가시키기 위하여 사용한다.
② 콘크리트 수화초기시의 발열량을 감소시키고 장기적으로 시멘트의 석회와 결합하여 장기강도를 증진시키는 효과가 있다.
③ 입자가 구형이므로 유동성이 증가되어 단위수량을 감소시키므로 콘크리트의 워커빌리티의 개선, 압송성을 향상시킨다.
④ 알칼리골재반응에 의한 팽창을 증가시키고 콘크리트의 수밀성을 악화시킨다.

해설
플라이애쉬(Fly ash)
① 인공제품으로 가장 널리 쓰이는 포졸란의 일종이다.
② 주로 시공연도조절 등으로 사용된다.(주성분 : 석탄재)
③ 블리딩이 적어진다.

100 접착제를 동물질 접착제와 식물질 접착제로 분류할 때 동물질 접착제에 해당되지 않는 것은?

① 아교
② 덱스트린 접착제
③ 카세인 접착제
④ 알부민 접착제

해설
덱스트린(dextrin) 접착제
① 녹말을 산·열·효소 등으로 가수분해시킬 때 녹말에서 말토스에 이르는 중간단계에서 생기는 여러 가지 가수분해 산물이다.
② 사무용 풀, 수성도료, 제과의 조합용이나 약품의 부형제 등으로 쓰이고 있다.
③ 결론은 식물성 접착제이다.

KEY 2021년 9월 12일(문제 96번) 출제

[정답] 97 ② 98 ④ 99 ① 100 ②

6 건설안전기술

101 공정율이 65[%]인 건설현장의 경우 공사 진척에 따른 산업안전보건관리비의 최소 사용기준으로 옳은 것은? (단, 공정율은 기성공정율을 기준으로 함)

① 40[%] 이상
② 50[%] 이상
③ 60[%] 이상
④ 70[%] 이상

해설

공사진척에 따른 안전관리비 사용기준

공 정 률	50[%] 이상 70[%] 미만	70[%] 이상 90[%] 미만	90[%] 이상
사용 기준	50[%] 이상	70[%] 이상	90[%] 이상

KEY
① 2017년 5월 7일 기사 출제
② 2017년 9월 23일 기사 출제
③ 2019년 8월 4일 산업기사 출제
③ 2020년 6월 7일(문제 103번) 출제

정보제공
건설업 산업안전보건관리비계상기준 고시 2025-11호(2025. 2. 12.)

---

102 사업주가 유해위험방지 계획서 제출 후 건설공사 중 6개월 이내마다 안전보건공단의 확인을 받아야 할 내용이 아닌 것은?

① 유해위험방지 계획서의 내용과 실제공사 내용이 부합하는지 여부
② 유해위험방지 계획서 변경 내용의 적정성
③ 자율안전관리 업체 유해위험방지 계획서 제출·심사 면제
④ 추가적인 유해·위험요인의 존재 여부

해설

유해위험방지계획서 공단 확인 내용
① 유해위험방지 계획서의 내용과 실제공사 내용이 부합하는지 여부
② 유해위험방지 계획서 변경 내용의 적정성
③ 추가적인 유해·위험요인의 존재 여부

KEY 2020년 6월 7일(문제 104번) 출제

정보제공
산업안전보건법 시행규칙 제46조(확인)

---

103 구축물에 안전진단 등 안전성 평가를 실시하여 근로자에게 미칠 위험성을 미리 제거하여야 하는 경우가 아닌 것은?

① 구축물 또는 이와 유사한 시설물의 인근에서 굴착·항타작업 등으로 침하·균열 등이 발생하여 붕괴의 위험이 예상될 경우
② 구조물, 건축물, 그 밖의 시설물이 그 자체의 무게·적설·풍압 또는 그 밖에 부가되는 하중 등으로 붕괴 등의 위험이 있을 경우
③ 화재 등으로 구축물 또는 이와 유사한 시설물의 내력(耐力)이 심하게 저하되었을 경우
④ 구축물의 구조체가 안전측으로 과도하게 설계가 되었을 경우

해설

구축물 안전성 평가내용
① 구축물등의 인근에서 굴착·항타작업 등으로 침하·균열 등이 발생하여 붕괴의 위험이 예상될 경우
② 구축물등에 지진, 동해(凍害), 부동침하(不同沈下) 등으로 균열·비틀림 등이 발생했을 경우
③ 구축물등이 그 자체의 무게·적설·풍압 또는 그 밖에 부가되는 하중 등으로 붕괴 등의 위험이 있을 경우
④ 화재 등으로 구축물등의 내력(耐力)이 심하게 저하됐을 경우
⑤ 오랜 기간 사용하지 않던 구축물등을 재사용하게 되어 안전성을 검토해야 하는 경우
⑥ 구축물등의 주요구조부에 대한 설계 및 시공 방법의 전부 또는 일부를 변경하는 경우
⑦ 그 밖의 잠재위험이 예상될 경우

KEY 2020년 6월 7일(문제 110번) 출제

정보제공
산업안전보건기준에 관한 규칙 제52조(구축물등의 안전성 평가)

---

104 장비 자체보다 높은 장소의 땅을 굴착하는데 적합한 장비는?

① 파워셔블(power shovel)
② 불도저(bulldozer)
③ 드래그라인(Drag line)
④ 클램셀(clamshell)

[정답] 101 ② 102 ③ 103 ④ 104 ①

해설

파워셔블(Power shovel) [dipper shovel : 동력삽]
① 굳은 점토 등 지반면보다 높은 곳의 땅파기에 적합하다.
② 앞으로 흙을 긁어서 굴착하는 방식이다.

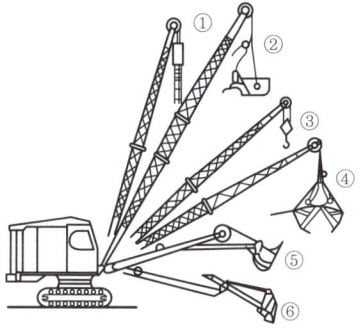

① 파일드라이버
② 드래그라인
③ 크레인
④ 클램셸
⑤ 파워셔블
⑥ 드래그셔블

[그림] 굴착기의 앞부속장치

 ① 2016년 5월 8일 기사 출제
② 2018년 9월 15일 산업기사 출제
③ 2019년 9월 21일 산업기사 출제
④ 2020년 8월 22일(문제 113번) 출제

---

105 산업안전보건법령에 따른 양중기의 종류에 해당하지 않는 것은?

① 곤돌라　　② 리프트
③ 클램셸　　④ 크레인

해설

클램셸(clam shell)
① 연약지반이나 수중굴착 및 자갈 등을 싣는 데 적합하다.
② 깊은 땅파기 공사와 흙막이 버팀대를 설치하는 데 사용한다.
③ 수중굴착 및 수조물의 기초바닥 등과 같은 협소하고 상당히 깊은 범위의 굴착과 호퍼(hopper)에 적당하다.

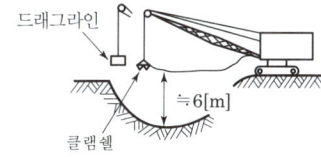

[그림] 드래그라인과 클램셸의 작업

 ① 2016년 5월 8일 산업기사 출제
② 2017년 5월 7일 산업기사 출제
③ 2019년 8월 4일(문제 120번) 출제
④ 2020년 9월 7일(문제 102번) 출제

보충학습

제132조(양중기)
"양중기"라 함은 다음 각 호의 기계를 말한다.
① 크레인(호이스트를 포함한다.)
② 이동식크레인
③ 리프트(이삿짐운반용 리프트의 경우에는 적재하중이 0.1[t] 이상의 것으로 한정한다.)
④ 곤돌라
⑤ 승강기

---

106 건설현장에서 작업으로 인하여 물체가 떨어지거나 날아올 위험이 있는 경우에 대한 안전조치에 해당하지 않는 것은?

① 수직보호망 설치
② 방호선반 설치
③ 울타리 설치
④ 낙하물 방지망 설치

해설

낙하, 비래에 의한 위험방지 안전기준
① 낙하물 방지망
② 수직보호망
③ 방호 선반의 설치
④ 출입금지 구역의 설정
⑤ 보호구 착용

 ① 2017년 8월 26일 출제
② 2019년 9월 21일 출제
③ 2020년 6월 7일 출제
④ 2021년 5월 15일(문제 115번) 출제

합격정보
산업안전보건기준에 관한 규칙 제14조(낙하물에 의한 위험의 방지)

---

107 굴착공사에 있어서 비탈면붕괴를 방지하기 위하여 실시하는 대책으로 옳지 않은 것은?

① 지표수의 침투를 막기 위해 표면 배수공을 한다.
② 지하수위를 내리기 위해 수평배수공을 설치한다.
③ 비탈면 하단을 성토한다.
④ 비탈면 상부에 토사를 적재한다.

[정답] 105 ③　106 ③　107 ④

해설

붕괴방지공법
① 활동할 가능성이 있는 토사는 제거하여야 한다.
② 비탈면 또는 법면의 하단을 다져서 활동이 안 되도록 저항을 만들어야 한다.
③ 지표수가 침투되지 않도록 배수를 시키고 지하수위를 낮추기 위하여 수평 보링(boring)을 하여 배수시켜야 한다.
④ 말뚝(강관, H형강, 철근 콘크리트)을 박아 지반을 강화시킨다.

KEY ① 2016년 3월 6일 출제
② 2021년 5월 15일(문제 119번) 출제

합격정보
굴착공사 표준안전 작업지침 제31조(예방)

---

108 비계의 높이가 2[m] 이상인 작업장소에 작업발판을 설치할 때 그 폭은 최소 얼마이상이어야 하는가?

① 30[cm]   ② 40[cm]
③ 50[cm]   ④ 60[cm]

해설

작업발판 폭 : 40[cm] 이상

KEY ① 2017년 8월 24일 기사·산업기사 동시 출제
② 2018년 4월 28일(문제 101번) 출제
③ 2019년 4월 27일(문제 119번) 출제
④ 2020년 9월 27일(문제 112번) 출제
⑤ 2021년 9월 12일(문제 102번) 출제

정보제공
산업안전보건기준에 관한 규칙 제56조(작업발판의 구조)

---

109 달비계의 구조에서 달비계 작업발판의 폭과 틈새 기준으로 옳은 것은?

① 작업발판의 폭 30[cm] 이상, 틈새 3[cm] 이하
② 작업발판의 폭 40[cm] 이상, 틈새 3[cm] 이하
③ 작업발판의 폭 30[cm] 이상, 틈새 없도록 할 것
④ 작업발판의 폭 40[cm] 이상, 틈새 없도록 할 것

해설

달비계 안전기준
① 작업 발판의 폭 : 40[cm] 이상
② 틈새 : 없도록 할 것

KEY ① 2017년 3월 5일(문제 108번) 출제
② 2017년 8월 26일 기사·산업기사 동시 출제
③ 2019년 3월 3일 출제
④ 2021년 9월 12일(문제 105번) 출제

합격정보
산업안전보건기준에 관한 규칙 제63조(달비계의 구조)

보충학습
달비계 중 5[m] 이상 작업 발판 폭 기준
① 폭 : 20[cm] 이상
② 틈 : 틈새가 없도록 할 것

---

110 강관을 사용하여 비계를 구성하는 경우의 준수사항으로 옳지 않은 것은?

① 비계기둥의 간격은 띠장 방향에서는 1.85[m] 이하, 장선(長線) 방향에서는 1.5[m] 이하로 할 것
② 띠장 간격은 2.0[m] 이하로 할 것
③ 비계기둥 간의 적재하중을 400[kg]을 초과하지 않도록 할 것
④ 비계기둥의 제일 윗부분으로 부터 31[m]되는 지점 밑부분의 비계기둥은 3개의 강관으로 묶어 세울 것

해설

강관비계의 구조
① 비계기둥의 간격은 띠장 방향에서는 1.85미터 이하, 장선(線) 방향에서는 1.5미터 이하로 할 것. 다만, 선박 및 보트 건조작업의 경우 안전성에 대한 구조검토를 실시하고 조립도를 작성하면 띠장 방향 및 장선 방향으로 각각 2.7미터 이하로 할 수 있다.
② 띠장 간격은 2.0미터 이하로 할 것. 다만, 작업의 성질상 이를 준수하기가 곤란하여 쌍기둥틀 등에 의하여 해당 부분을 보강한 경우에는 그러하지 아니하다.
③ 비계기둥의 제일 윗부분으로부터 31미터되는 지점 밑부분의 비계기둥은 2개의 강관으로 묶어 세울 것. 다만, 브라켓(bracket. 까치발) 등으로 보강하여 2개의 강관으로 묶을 경우 이상의 강도가 유지되는 경우에는 그러하지 아니하다.
④ 비계기둥 간의 적재하중은 400킬로그램을 초과하지 않도록 할 것

KEY ① 2017년 3월 5일(문제 110번) 출제
② 2017년 8월 26일 기사, 산업기사 출제
③ 2018년 3월 4일(문제 110번) 출제
④ 2019년 8월 4일 산업기사 출제
⑤ 2020년 8월 23일 산업기사 출제
⑥ 2021년 3월 2일 PBT 출제
⑦ 2021년 3월 7일(문제 104번), 5월 15일(문제 117번) 출제

정보제공
산업안전보건기준에 관한 규칙 제60조(강관비계의 구조)

[정답] 108 ②   109 ④   110 ④

111
흙막이 가시설 공사 시 사용되는 각 계측기 설치 목적으로 옳지 않은 것은?

① 지표침하계 - 지표면 침하량 측정
② 수위계 - 지반 내 지하수위의 변화 측정
③ 하중계 - 상부 적재하중 변화 측정
④ 지중경사계 - 인접지반의 수평 변위량 측정

해설
계측기 종류 및 설치 목적

종류	설치 목적
하중계 (load cell)	흙막이 버팀대에 작용하는 토압, 어스 앵커의 인상력 등을 측정하는 계측기
토압계 (earth pressure meter)	흙막이에 작용하는 토압의 변화를 파악하는 계측기
간극 수압계 (piezo meter)	굴착으로 인한 지하의 간극수압을 측정하는 계측기
지하수위계 (water level meter)	지하수의 수위변화를 측정하는 계측기

KEY
① 2016년 3월 6일, 10월 1일 산업기사 출제
② 2017년 3월 5일, 5월 7일 산업기사 출제
③ 2017년 5월 7일 출제
④ 2018년 4월 28일, 9월 15일 출제
⑤ 2019년 3월 3일 산업기사, 4월 27일 출제
⑥ 2021년 3월 7일(문제 105번), 9월 12일(문제 108번) 출제

112
다음은 산업안전보건법령에 따른 투하설비 설치에 관련된 사항이다. ( )안에 들어갈 내용으로 옳은 것은?

> 사업주는 높이가 ( )미터 이상인 장소로부터 물체를 투하하는 때에는 적당한 투하설비를 설치하거나 감시인을 배치하는 등 위험방지를 위하여 필요한 조치를 하여야 한다.

① 1　　② 2
③ 3　　④ 4

해설
투하설비 설치
① 높이 3[m] 이상인 장소
② 감시인 배치

KEY
① 2020년 9월 27일(문제 116번) 보충학습
② 2021년 5월 15일(문제 111번) 출제

합격정보
산업안전보건기준에 관한 규칙 제15조(투하설비등)

113
작업중이던 미장공이 상부에서 떨어지는 공구에 의해 상해를 입었다면 어느 부분에 대한 결함이 있었겠는가?

① 작업대 설치
② 작업방법
③ 낙하물 방지시설 설치
④ 비계설치

해설
낙하, 비래에 의한 위험방지 안전기준
① 낙하물 방지망
② 수직보호망
③ 방호 선반의 설치
④ 출입금지 구역의 설정
⑤ 보호구 착용

KEY
① 2017년 8월 26일 출제
② 2012년 3월 4일(문제 119번) 출제
③ 2019년 9월 21일 출제
④ 2020년 6월 7일 출제
⑤ 2021년 5월 15일, 9월 12일(문제 112번)

합격정보
산업안전보건기준에 관한 규칙 제14조(낙하물에 의한 위험의 방지)

114
건설현장에서 동력을 사용하는 항타기 또는 항발기에 대하여 무너짐을 방지하기 위하여 준수하여야 할 사항으로 옳지 않은 것은?

① 버팀줄만으로 상단 부분을 안정시키는 경우에는 버팀줄을 4개 이상으로 하고 같은 간격으로 배치할 것
② 버팀대만으로 상단부분을 안정시키는 경우에는 버팀대는 3개 이상으로 하고 그 하단 부분은 견고한 버팀·말뚝 또는 철골 등으로 고정시킬 것
③ 궤도 또는 차로 이동하는 항타기 또는 항발기에 대해서는 불시에 이동하는 것을 방지하기 위하여 레일 클램프(rail clamp) 및 쐐기 등으로 고정시킬 것
④ 연약한 지반에 설치하는 경우에는 각부나 가대의 침하를 방지하기 위하여 깔판·깔목 등을 사용할 것

[정답] 111 ③　112 ③　113 ③　114 ①

> 해설

항타기 및 항발기 버팀줄 개수 : 3개 이상

KEY ① 2018년 9월 15일 기사·산업기사 동시 출제
② 2020년 8월 22일(문제 118번) 출제
② 2021년 9월 12일(문제 113번) 출제

> 정보제공

산업안전보건기준에 관한 규칙 제209조(무너짐의 방지)

115 이동식비계 조립 및 사용 시 준수사항으로 옳지 않은 것은?

① 비계의 최상부에서 작업을 하는 경우에는 안전난간을 설치할 것
② 승강용사다리는 견고하게 설치할 것
③ 작업발판은 항상 수평을 유지하고 작업발판 위에서 작업을 위한 거리가 부족할 경우
④ 작업발판의 최대적재하중은 250[kg]을 초과하지 않도록 할 것

> 해설

이동식비계 조립시 준수사항
① 이동식비계의 바퀴에는 뜻밖의 갑작스러운 이동 또는 전도를 방지하기 위하여 브레이크·쐐기 등으로 바퀴를 고정시킨 다음 비계의 일부를 견고한 시설물에 고정하거나 아웃트리거(outrigger, 전도방지용 지지대)를 설치하는 등 필요한 조치를 할 것
② 승강용사다리는 견고하게 설치할 것
③ 비계의 최상부에서 작업을 하는 경우에는 안전난간을 설치할 것
④ 작업발판은 항상 수평을 유지하고 작업발판 위에서 안전난간을 딛고 작업을 하거나 받침대 또는 사다리를 사용하여 작업하지 않도록 할 것
⑤ 작업발판의 최대적재하중은 250킬로그램을 초과하지 않도록 할 것

KEY 2021년 3월 7일(문제 109번), 9월 12일(문제 118번) 출제

> 정보제공

산업안전보건기준에 관한 규칙 제68조(이동식비계)

116 산업안전보건법령에 따른 중량물 취급작업 시 작업계획서에 포함시켜야 할 사항이 아닌 것은?

① 협착위험을 예방할 수 있는 안전대책
② 감전위험을 예방할 수 있는 안전대책
③ 추락위험을 예방할 수 있는 안전대책
④ 전도위험을 예방할 수 있는 안전대책

> 해설

중량물 취급작업 작업계획서 내용
① 추락위험을 예방할 수 있는 안전대책
② 낙하위험을 예방할 수 있는 안전대책
③ 전도위험을 예방할 수 있는 안전대책
④ 협착위험을 예방할 수 있는 안전대책
⑤ 붕괴위험을 예방할 수 있는 안전대책

KEY ① 2018년 4월 28일 산업기사 출제
② 2019년 3월 3일 산업기사 출제
② 2021년 9월 12일(문제 119번) 출제

> 정보제공

산업안전보건기준에 관한 규칙 [별표 4] 사전조사 및 작업계획서 내용

117 취급·운반의 원칙으로 옳지 않은 것은?

① 운반 작업을 집중하여 시킬 것
② 생산을 최고로 하는 운반을 생각할 것
③ 곡선 운반을 할 것
④ 연속 운반을 할 것

> 해설

취급, 운반의 5원칙
① 직선운반을 할 것
② 연속운반을 할 것
③ 운반작업을 집중화시킬 것
④ 생산을 최고로 하는 운반을 생각할 것
⑤ 최대한 시간과 경비를 절약할 수 있는 운반방법을 고려할 것

KEY ① 2017년 8월 26일 출제
② 2018년 4월 28일 기사 출제
③ 2019년 3월 3일 산업기사 출제
④ 2022년 3월 5일(문제 109번) 출제

118 철골작업 시 철골부재에서 근로자가 수직 방향으로 이동하는 경우에 설치하여야 하는 고정된 승강로의 최대 답단 간격은 얼마 이내인가?

① 20[cm]   ② 25[cm]
③ 30[cm]   ④ 40[cm]

[정답] 115 ③   116 ②   117 ③   118 ③

111. 흙막이 가시설 공사 시 사용되는 각 계측기 설치 목적으로 옳지 않은 것은?

① 지표침하계 – 지표면 침하량 측정
② 수위계 – 지반 내 지하수위의 변화 측정
③ 하중계 – 상부 적재하중 변화 측정
④ 지중경사계 – 인접지반의 수평 변위량 측정

해설

계측기 종류 및 설치 목적

종류	설치 목적
하중계 (load cell)	흙막이 버팀대에 작용하는 토압, 어스 앵커의 인장력 등을 측정하는 계측기
토압계 (earth pressure meter)	흙막이에 작용하는 토압의 변화를 파악하는 계측기
간극 수압계 (piezo meter)	굴착으로 인한 지하의 간극수압을 측정하는 계측기
지하수위계 (water level meter)	지하수의 수위변화를 측정하는 계측기

KEY
① 2016년 3월 6일, 10월 1일 산업기사 출제
② 2017년 3월 5일, 5월 7일 산업기사 출제
③ 2017년 5월 7일 출제
④ 2018년 4월 28일, 9월 15일 출제
⑤ 2019년 3월 3일 산업기사, 4월 27일 출제
⑥ 2021년 3월 7일(문제 105번), 9월 12일(문제 108번) 출제

112. 다음은 산업안전보건법령에 따른 투하설비 설치에 관련된 사항이다. ( )안에 들어갈 내용으로 옳은 것은?

> 사업주는 높이가 ( )미터 이상인 장소로부터 물체를 투하하는 때에는 적당한 투하설비를 설치하거나 감시인을 배치하는 등 위험방지를 위하여 필요한 조치를 하여야 한다.

① 1　　② 2
③ 3　　④ 4

해설

투하설비 설치
① 높이 3[m] 이상인 장소
② 감시인 배치

KEY
① 2020년 9월 27일(문제 116번) 보충학습
② 2021년 5월 15일(문제 111번) 출제

합격정보
산업안전보건기준에 관한 규칙 제15조(투하설비등)

113. 작업중이던 미장공이 상부에서 떨어지는 공구에 의해 상해를 입었다면 어느 부분에 대한 결함이 있었겠는가?

① 작업대 설치
② 작업방법
③ 낙하물 방지시설 설치
④ 비계설치

해설

낙하, 비래에 의한 위험방지 안전기준
① 낙하물 방지망
② 수직보호망
③ 방호 선반의 설치
④ 출입금지 구역의 설정
⑤ 보호구 착용

KEY
① 2017년 8월 26일 출제
② 2012년 3월 4일(문제 119번) 출제
③ 2019년 9월 21일 출제
④ 2020년 6월 7일 출제
⑤ 2021년 5월 15일, 9월 12일(문제 112번)

합격정보
산업안전보건기준에 관한 규칙 제14조(낙하물에 의한 위험의 방지)

114. 건설현장에서 동력을 사용하는 항타기 또는 항발기에 대하여 무너짐을 방지하기 위하여 준수하여야 할 사항으로 옳지 않은 것은?

① 버팀줄만으로 상단 부분을 안정시키는 경우에는 버팀줄을 4개 이상으로 하고 같은 간격으로 배치할 것
② 버팀대만으로 상단부분을 안정시키는 경우에는 버팀대는 3개 이상으로 하고 그 하단 부분은 견고한 버팀·말뚝 또는 철골 등으로 고정시킬 것
③ 궤도 또는 차로 이동하는 항타기 또는 항발기에 대해서는 불시에 이동하는 것을 방지하기 위하여 레일 클램프(rail clamp) 및 쐐기 등으로 고정시킬 것
④ 연약한 지반에 설치하는 경우에는 각부나 가대의 침하를 방지하기 위하여 깔판·깔목 등을 사용할 것

[정답] 111 ③　112 ③　113 ③　114 ①

해설
항타기 및 항발기 버팀줄 개수 : 3개 이상

KEY
① 2018년 9월 15일 기사·산업기사 동시 출제
② 2020년 8월 22일(문제 118번) 출제
② 2021년 9월 12일(문제 113번) 출제

정보제공
산업안전보건기준에 관한 규칙 제209조(무너짐의 방지)

---

115 이동식비계 조립 및 사용 시 준수사항으로 옳지 않은 것은?

① 비계의 최상부에서 작업을 하는 경우에는 안전난간을 설치할 것
② 승강용사다리는 견고하게 설치할 것
③ 작업발판은 항상 수평을 유지하고 작업발판 위에서 작업을 위한 거리가 부족할 경우
④ 작업발판의 최대적재하중은 250[kg]을 초과하지 않도록 할 것

해설
이동식비계 조립시 준수사항
① 이동식비계의 바퀴에는 뜻밖의 갑작스러운 이동 또는 전도를 방지하기 위하여 브레이크·쐐기 등으로 바퀴를 고정시킨 다음 비계의 일부를 견고한 시설물에 고정하거나 아웃트리거(outrigger, 전도방지용 지지대)를 설치하는 등 필요한 조치를 할 것
② 승강용사다리는 견고하게 설치할 것
③ 비계의 최상부에서 작업을 하는 경우에는 안전난간을 설치할 것
④ 작업발판은 항상 수평을 유지하고 작업발판 위에서 안전난간을 딛고 작업을 하거나 받침대 또는 사다리를 사용하여 작업하지 않도록 할 것
⑤ 작업발판의 최대적재하중은 250킬로그램을 초과하지 않도록 할 것

KEY 2021년 3월 7일(문제 109번), 9월 12일(문제 118번) 출제

정보제공
산업안전보건기준에 관한 규칙 제68조(이동식비계)

---

116 산업안전보건법령에 따른 중량물 취급작업 시 작업계획서에 포함시켜야 할 사항이 아닌 것은?

① 협착위험을 예방할 수 있는 안전대책
② 감전위험을 예방할 수 있는 안전대책
③ 추락위험을 예방할 수 있는 안전대책
④ 전도위험을 예방할 수 있는 안전대책

해설
중량물 취급작업 작업계획서 내용
① 추락위험을 예방할 수 있는 안전대책
② 낙하위험을 예방할 수 있는 안전대책
③ 전도위험을 예방할 수 있는 안전대책
④ 협착위험을 예방할 수 있는 안전대책
⑤ 붕괴위험을 예방할 수 있는 안전대책

KEY
① 2018년 4월 28일 산업기사 출제
② 2019년 3월 3일 산업기사 출제
② 2021년 9월 12일(문제 119번) 출제

정보제공
산업안전보건기준에 관한 규칙 [별표 4] 사전조사 및 작업계획서 내용

---

117 취급·운반의 원칙으로 옳지 않은 것은?

① 운반 작업을 집중하여 시킬 것
② 생산을 최고로 하는 운반을 생각할 것
③ 곡선 운반을 할 것
④ 연속 운반을 할 것

해설
취급, 운반의 5원칙
① 직선운반을 할 것
② 연속운반을 할 것
③ 운반작업을 집중화시킬 것
④ 생산을 최고로 하는 운반을 생각할 것
⑤ 최대한 시간과 경비를 절약할 수 있는 운반방법을 고려할 것

KEY
① 2017년 8월 26일 출제
② 2018년 4월 28일 기사 출제
③ 2019년 3월 3일 산업기사 출제
④ 2022년 3월 5일(문제 109번) 출제

---

118 철골작업 시 철골부재에서 근로자가 수직 방향으로 이동하는 경우에 설치하여야 하는 고정된 승강로의 최대 답단 간격은 얼마 이내인가?

① 20[cm]   ② 25[cm]
③ 30[cm]   ④ 40[cm]

[정답] 115 ③   116 ②   117 ③   118 ③

해설

승강로 답단간격

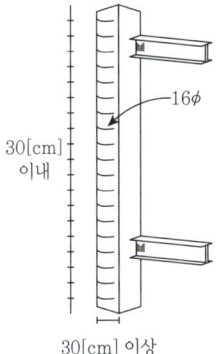

[그림] 고정된 승강로 Trap(답단)

KEY
① 2018년 8월 19일 기사 출제
② 2018년 7월 7일 기사 작업형 출제
③ 2018년 9월 15일(문제 110번) 출제
④ 2022년 3월 5일(문제 110번) 출제

정보제공

산업안전보건기준에 관한 규칙 제381조(승강로의 설치)

사업주는 근로자가 수직방향으로 이동하는 철골부재(鐵骨部材)에는 답단(踏段) 간격이 30센티미터 이내인 고정된 승강로를 설치하여야 하며, 수평방향 철골과 수직방향 철골이 연결되는 부분에는 연결작업을 위하여 작업발판 등을 설치하여야 한다.

119 콘크리트 타설작업을 하는 경우에 준수해야할 사항으로 옳지 않은 것은?

① 당일의 작업을 시작하기 전에 해당 작업에 관한 거푸집동바리 등의 변형·변위 및 지반의 침하 유무 등을 점검하고 이상이 있으면 보수한다.
② 작업 중에는 거푸집동바리 등의 변형·변위 및 침하 유무 등을 감시할 수 있는 감시자를 배치하여 이상이 있으면 작업을 빠른 시간 내 우선 완료하고 근로자를 대피시킨다.
③ 콘크리트 타설작업 시 거푸집붕괴의 위험이 발생할 우려가 있으면 충분한 보강 조치를 한다.
④ 콘크리트를 타설하는 경우에는 편심이 발생하지 않도록 골고루 분산하여 타설한다.

해설

제334조(콘크리트의 타설작업) 사업주는 콘크리트의 타설작업을 하는 경우에는 다음 각 호의 사항을 준수하여야 한다.
1. 당일의 작업을 시작하기 전에 해당 작업에 관한 거푸집동바리 등의 변형·변위 및 지반의 침하유무 등을 점검하고 이상이 있으면 보수할 것
2. 작업중에는 거푸집동바리 등의 변형·변위 및 침하유무 등을 감시할 수 있는 감시자를 배치하여 이상이 있으면 작업을 중지시키고 근로자를 대피시킬 것
3. 콘크리트의 타설작업시 거푸집붕괴의 위험이 발생할 우려가 있는 경우에는 충분한 보강조치를 할 것
4. 설계도서상의 콘크리트 양생기간을 준수하여 거푸집동바리 등을 해체할 것
5. 콘크리트를 타설하는 경우에는 편심이 발생하지 않도록 골고루 분산하여 타설할 것

KEY
① 2016년 5월 8일 기사 출제
② 2016년 10월 1일 산업기사 출제
③ 2017년 3월 5일 산업기사 출제
④ 2021년 5월 15일, 8월 14일기사 출제
⑤ 2022년 3월 5일(문제 110번) 출제

120 철골건립준비를 할 때 준수하여야 할 사항으로 옳지 않은 것은?

① 지상 작업장에서 건립준비 및 기계기구를 배치할 경우에는 낙하물의 위험이 없는 평탄한 장소를 선정하여 정비하여야 한다.
② 건립작업에 다소 지장이 있다하더라도 수목은 제거하거나 이설하여서는 안된다.
③ 사용전에 기계기구에 대한 정비 및 보수를 철저히 실시하여야 한다.
④ 기계에 부착된 앵커 등 고정장치와 기초구조 등을 확인하여야 한다.

해설

장해물의 제거
① 수목이나 전주 등은 제거 또는 이설
② 이유 : 작업능률을 저하 방지

KEY
① 2015년 3월 8일(문제 116번) 출제
② 2019년 3월 3일(문제 108번) 출제
③ 2022년 4월 24일(문제 104번) 출제

[정답] 119 ② 120 ②

건설안전기사 필기

2025년 02월 07일 CBT시행 **제1회**

2025년 05월 10일 CBT시행 **제2회**

2025년 08월 09일 CBT시행 **제3회**

2025년도 기사 정기검정 제1회 (2025년 2월 7일 시행)

자격종목 및 등급(선택분야)
건설안전기사

종목코드	시험시간	수험번호	성명
1440	3시간	20250207	도서출판세화

※ 본 문제는 복원문제 및 2026 예적(예상적중) 문제로 실제문제와 동일하지 않을 수 있습니다.

1 산업안전관리론

01 산업안전보건법령상 안전보건표지의 색채를 파란색으로 사용하여야 하는 경우는?

① 주의표지
② 정지신호
③ 차량 통행표지
④ 특정 행위의 지시

해설

안전보건표지의 색도기준 및 용도

색채	색도기준	용도	사용 예
빨간색	7.5R4/14	금지	정지신호, 소화설비 및 그 장소, 유해행위의 금지
		경고	화학물질 취급장소에서의 유해·위험 경고
노란색	5Y8.5/12	경고	화학물질 취급장소에서의 유해·위험 경고 이외의 위험 경고, 주의표지 또는 기계방호물
파란색	2.5PB4/10	지시	특정 행위의 지시 및 사실의 고지
녹색	2.5G4/10	안내	비상구 및 피난소, 사람 또는 차량의 통행표지
흰색	N9.5		파란색 또는 녹색에 대한 보조색
검은색	N0.5		문자 및 빨간색 또는 노란색에 대한 보조색

KEY
① 2017년 3월 5일 기사 출제
② 2017년 8월 26일 산업기사 출제
③ 2018년 3월 4일 기사 출제
④ 2019년 9월 21일 기사, 산업기사 출제
⑤ 2020년 8월 22일, 9월 27일 기사 출제
⑥ 2021년 3월 7일, 5월 15일 기사 출제
⑦ 2022년 4월 24일(문제 7번) 출제
⑧ 2024년 7월 5일(문제 18번) 출제

합격정보
산업안전보건법 시행규칙 [별표 8] 안전보건표지의 색도기준 및 용도

02 연평균 200명의 근로자가 작업하는 사업장에서 연간 2건의 재해가 발생하여 사망이 2명, 50일의 휴업일수가 발생했을 때, 이 사업장의 강도율은?(단, 근로자 1명당 연간 근로시간은 2,400시간으로 한다.)

① 약 15.7
② 약 31.3
③ 약 65.5
④ 약 74.3

해설

$$강도율 = \frac{총요양근로 손실일수}{연근로시간수} \times 1,000$$

$$= \frac{(7,500 \times 2) + \left(50 \times \frac{300}{365}\right)}{200 \times 2,400} \times 1,000 = 31.33$$

KEY
① 2016년 3월 6일 산업기사 출제
② 2016년 10월 1일 출제
③ 2017년 3월 5일 출제
④ 2017년 8월 26일, 9월 23일 산업기사 출제
⑤ 2018년 3월 4일 산업기사 출제
⑥ 2018년 4월 28일 출제
⑦ 2019년 3월 3일, 4월 27일, 8월 4일 출제
⑧ 2019년 9월 21일 산업기사 출제
⑨ 2020년 6월 7일 출제
⑩ 2020년 8월 23일 산업기사 출제
⑪ 2023년 2월 28일(문제 3번) 출제
⑫ 2024년 7월 5일(문제 13번) 출제

보충학습

그 밖의 총요양 근로손실일수 계산

① 병원에 입원가료시는 입원일수 $\times \frac{300}{365}$

② 휴업일수(요양일수) $\times \frac{300}{365}$

[표] 신체 장해 노동손실일수

신체장해 등급	4	5	6	7	8	9	10	11	12	13	14
손실일수	5,500	4,000	3,000	2,200	1,500	1,000	600	400	200	100	50

※사망자 및 장해등급 1, 2, 3급의 노동(근로)손실일수 : 7,500일

합격정보
산업재해통계업무처리규정 제3조(산업재해통계의 산출 방법 및 정의)

[정답] 01 ④ 02 ②

03
재해의 발생형태 중 재해자 자신의 움직임·동작으로 인하여 기인물에 부딪히거나, 물체가 고정부를 이탈하지 않은 상태로 움직임 등에 의하여 발생한 경우를 무엇이라고 하는가?

① 비래 ② 전도
③ 충돌 ④ 협착

해설
산업재해용어 정의(KOSHA GUIDE)

종류	세부내용
떨어짐 (추락)	• 높이가 있는 곳에서 사람이 떨어짐 • 사람이 인력(중력)에 의하여 건축물, 구조물, 가설물, 수목, 사다리 등의 높은 장소에서 떨어지는 것
넘어짐 (전도)	• 사람이 미끄러지거나 넘어짐 • 사람이 거의 평면 또는 경사면, 층계 등에서 구르거나 넘어지는 경우
깔림·뒤집힘	• 물체의 쓰러짐이나 뒤집힘 • 기대어져 있거나 세워져 있는 물체 등이 쓰러져 깔린 경우 및 지게차 등의 건설기계 등이 운행 또는 작업 중 뒤집어진 경우
부딪힘·접촉 (충돌)	• 물체의 부딪힘, 접촉 • 재해자 자신의 움직임·동작으로 인하여 기인물에 접촉 또는 부딪히거나, 물체가 고정부에서 이탈하지 않은 상태로 움직임(규칙, 불규칙) 등에 의하여 접촉한 경우
맞음 (낙하·비래)	• 날아오거나 떨어진 물체에 맞음 • 구조물, 기계 등에 고정되어 있던 물체가 중력, 원심력, 관성력 등에 의하여 고정부에서 이탈하거나 또는 설비 등으로부터 물질이 분출되어 사람을 가해하는 경우

KEY ① 2013년 1회 출제
② 2023년 2월 28일(문제 6번) 출제
③ 2024년 5월 9일(문제 12번) 출제
④ 2024년 7월 5일(문제 14번) 출제

04
산업안전보건법령상 다음 그림에 해당하는 안전보건표지의 명칭으로 옳은 것은?

① 접근금지 ② 이동금지
③ 보행금지 ④ 출입금지

해설
금지표지 8종

① 출입금지	② 보행금지	③ 차량통행금지	④ 사용금지
⑤ 탑승금지	⑥ 금연	⑦ 화기금지	⑧ 물체이동금지

KEY ① 2016년 3월 6일, 5월 8일 출제
② 2017년 5월 7일, 9월 23일 출제
③ 2023년 9월 2일 출제
④ 2024년 5월 9일(문제 2번) 출제

합격정보
산업안전보건법 시행규칙 [별표6] 안전보건표지의 종류와 형태

05
다음과 같은 재해사례의 분석 내용으로 옳은 것은?

> 작업자가 벽돌을 손으로 운반하던 중 떨어뜨려 벽돌이 발등에 부딪쳐 발을 다쳤다.

① 사고유형 : 낙하, 기인물 : 벽돌, 가해물 : 벽돌
② 사고유형 : 충돌, 기인물 : 손, 가해물 : 벽돌
③ 사고유형 : 비래, 기인물 : 사람, 가해물 : 벽돌
④ 사고유형 : 추락, 기인물 : 손, 가해물 : 벽돌

해설
기인물과 가해물
① 사고유형 : 낙하(맞음)
② 기인물 : 재해발생의 주원인이며 재해를 가져오게 한 근원이 되는 기계, 장치, 물(物) 또는 환경 등(불안전상태)
③ 가해물 : 직접 사람에게 접촉하여 피해를 주는 기계, 장치, 물(物) 또는 환경 등

KEY ① 2016년 10월 1일(문제 12번) 출제
② 2023년 9월 2일(문제 19번) 출제
③ 2024년 5월 9일(문제 6번) 출제

[정답] 03 ③ 04 ③ 05 ①

06 무재해운동추진기법 중 팀의 일체감, 연대감을 조성할 수 있고 동시에 대뇌 구피질에 좋은 이미지를 불어 넣어 안전행동을 하도록 하는 방법은?

① 역할연기(Role playing)
② 터치 앤 콜(Touch and call)
③ 브레인 스토밍(Brain Storming)
④ TBM(Tool Box Meeting)

해설
터치 앤 콜(Touch and Call)
① 필요성 : 스킨십(Skin ship)을 통한 팀구성원 간의 일체감 및 연대감을 조성하고 위험요소에 대한 강한 인식과 더불어 사고예방에 도움이 되며 서로 피부를 맞대고 구호를 제창함으로써 진한 동료애를 느끼고 안전에 동참하는 참여 정신을 높일 수 있다.

[표] 터치 앤 콜의 형태

형태	특 징
고리형	왼손 엄지를 서로 맞잡고 원을 만들어 목표나 구호를 제창 (5~6명 정도가 적당)
포개기형	왼손 엄지로 원을 만들 수 없는 소수 인원일 경우 왼손을 서로 포개어 구호제창(2~3명 정도가 적당)
어깨동무형	왼손을 상대의 왼쪽어깨에 얹어 감싸고 서로의 발을 맞대어 둥글게 원을 만들어(무재해의 제로(0)를 의미) 오른손으로 지적하며 구호를 제창(5~6명 정도가 적당)

② 기대 효과 : 특별한 준비 없이 쉽게 실시할 수 있으며, 피부의 접촉을 통하여 기대이상의 친밀감과 일체감을 통하여 서로 하나됨을 느낄 수 있어 사고예방 및 인간관계 형성에도 큰 도움을 얻을 수 있다.

KEY ① 2012년 5월 20일(문제 3번) 출제
② 2023년 6월 4일(문제 3번) 출제
③ 2024년 2월 14일(문제 5번) 출제

07 산업안전보건법령상 안전보건관리규정을 작성해야 할 사업의 종류를 모두 고른 것은? (단, ㄱ~ㅁ은 상시근로자 300명 이상의 사업이다.)

ㄱ. 농업
ㄴ. 정보서비스업
ㄷ. 금융 및 보험업
ㄹ. 사회복지 서비스업
ㅁ. 과학 및 기술 연구개발업

① ㄴ, ㄹ, ㅁ
② ㄱ, ㄴ, ㄷ, ㄹ
③ ㄱ, ㄴ, ㄷ, ㅁ
④ ㄱ, ㄷ, ㄹ, ㅁ

해설
안전보건관리규정을 작성하여야 할 사업의 종류 및 상시 근로자수

사업의 종류	상시 근로자수
1. 농업 2. 어업 3. 소프트웨어 개발 및 공급업 4. 컴퓨터 프로그래밍, 시스템 통합 및 관리업 4의 2. 영상·오디오물 제공서비스업 5. 정보서비스업 6. 금융 및 보험업 7. 임대업;부동산 제외 8. 전문, 과학 및 기술 서비스업(연구개발업은 제외한다) 9. 사업지원 서비스업 10. 사회복지 서비스업	상시 근로자 300명 이상을 사용하는 사업장
11. 제1호부터 제4호까지, 제4호의2 및 제5호로부터 제10호까지의 사업을 제외한 사업	상시 근로자 100명 이상을 사용하는 사업장

KEY ① 2020년 6월 7일(문제 4번) 출제
② 2021년 3월 7일(문제 5번) 출제
③ 2023년 2월 28일(문제 14번) 출제

합격정보
산업안전보건법 시행규칙 [별표 2]

08 다음 설명에 해당하는 법칙은?

어떤 공장에서 330회의 전도 사고가 일어났을 때, 그 가운데 300회는 무상해 사고, 29회는 경상, 중상 또는 사망은 1회의 비율로 사고가 발생한다.

① 버드 법칙
② 하인리히 법칙
③ 더글라스 법칙
④ 자베타키스 법칙

해설
하인리히 1:29:300의 법칙
① 재해의 발생 = 물적 불안전 상태 + 인적 불안전 행동 + α = 설비적 결함 + 관리적 결함 + α

$$\alpha = \frac{1}{1+29+300} = \frac{1}{330}$$

② 숨은 위험한 요인(잠재된 위험의 상태)
③ 재해건수 = 1 + 29 + 300 = 330[건]

[정답] 06 ② 07 ② 08 ②

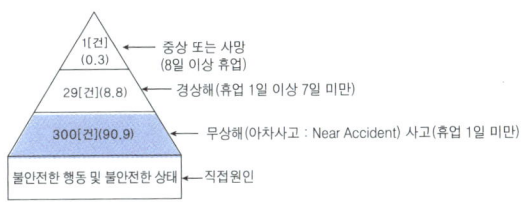

[그림] 하인리히 법칙[단위 : %]

KEY
① 2016년 10월 1일 기사 출제
② 2017년 8월 26일 기사 출제
③ 2017년 9월 23일 산업기사 출제
④ 2018년 3월 4일 기사 출제
⑤ 2019년 9월 21일 기사 출제
⑥ 2023년 9월 2일(문제 1번) 출제

합격정보
1931년 "산업재해예방(Industrial Accident Prevention)"에 제시

09 재해사례연구의 진행단계로 옳은 것은?

① 사실의 확인 → 재해 상황의 파악 → 문제점의 발견 → 문제점의 결정 → 대책의 수립
② 문제점의 발견 → 재해 상황의 파악 → 사실의 확인 → 문제점의 결정 → 대책의 수립
③ 재해 상황의 파악 → 사실의 확인 → 문제점의 발견 → 문제점의 결정 → 대책의 수립
④ 문제점의 발견 → 문제점의 결정 → 재해 상황의 파악 → 사실의 확인 → 대책의 수립

해설

재해사례 진행단계

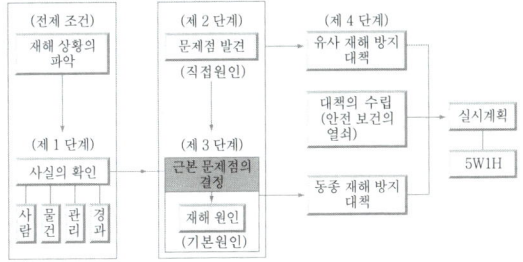

KEY
① 2016년 10월 1일 기사 출제
② 2017년 9월 23일 기사 출제
③ 2018년 3월 4일 기사·산업기사 동시출제
④ 2018년 8월 19일, 9월 15일 기사 출제
⑤ 2023년 9월 2일(문제 3번) 출제
⑥ 2025년 3월 29일 지도사 출제

10 산업안전보건법령상 AB형 안전모에 관한 설명으로 옳은 것은?

① 물체의 낙하 또는 비래에 의한 위험을 방지 또는 경감하기 위한 것
② 물체의 낙하 또는 비래 및 추락에 의한 위험을 방지 또는 경감시키기 위한 것
③ 물체의 낙하 또는 비래에 의한 위험을 방지 또는 경감하고, 머리부위 감전에 의한 위험을 방지하기 위한 것
④ 물체의 낙하 또는 비래 및 추락에 의한 위험을 방지 또는 경감하고, 머리부위 감전에 의한 위험을 방지하기 위한 것

해설

안전모의 종류 및 용도

종류기호	사용구분	모체의 재질	내전압성
AB	물체낙하, 날아옴, 추락에 의한 위험을 방지, 경감시키는 것	합성수지	비내전압성
AE	물체낙하, 날아옴에 의한 위험을 방지 또는 경감하고 머리부위 감전에 의한 위험을 방지하기 위한 것	합성수지 (FRP)	내전압성 (주)
ABE	물체의 낙하 또는 날아옴 및 추락에 의한 위험을 방지하기 위한 것 및 감전 방지용	합성수지 (FRP)	내전압성

(주) • 내전압성이란 7,000[V] 이하의 전압에 견디는 것을 말한다.
• FRP : Fiber Glass Reinforced Plastic(유리섬유 강화 플라스틱)
• AB : 자율안전확인대상 보호구
• AE, ABE : 안전인증대상 보호구

KEY
① 2016년 5월 8일 산업기사 출제
② 2017년 9월 23일 출제
③ 2018년 4월 28일 출제
④ 2019년 9월 21일 출제
⑤ 2023년 9월 2일(문제 8번) 출제

[정답] 09 ③ 10 ②

과년도 출제문제

11 TBM 활동의 5단계 추진법의 진행순서로 옳은 것은?

① 도입 → 확인 → 위험예지훈련 → 작업지시 → 정비점검
② 도입 → 정비점검 → 작업지시 → 위험예지훈련 → 확인
③ 도입 → 작업지시 → 위험예지훈련 → 정비점검 → 확인
④ 도입 → 위험예지훈련 → 작업지시 → 정비점검 → 확인

해설

TBM 진행(활동) 5단계 추진법

1단계	도입	직장체조, 상호인사, 목표제창
2단계	점검정비	건강, 복장, 공구, 보호구, 안전장치, 사용기기 등 점검 정비
3단계	작업지시	당일 작업에 대한 설명 및 지시를 받고 복창하여 확인
4단계	위험예측	당일 작업의 위험을 예측하고 대책 토의, 원포인트 위험예지훈련
5단계	확인	대책을 수립하고 팀의 목표 확인, 원포인트 지적확인, 터치 앤 콜

KEY ① 2018년 9월 15일(문제 8번) 출제
② 2021년 9월 12일(문제 14번) 출제
③ 2023년 9월 2일(문제 10번) 출제

읽을거리
Tool Box Meeting : 미국 건설업에서 최초 사용

12 객관적인 위험을 작업자 나름대로 판정하여 위험을 수용하고 행동에 옮기는 것은?

① Risk Assessment ② Risk taking
③ Risk control ④ Risk playing

해설

리스크 테이킹(risk taking)
① 객관적인 위험을 자기 편리한 대로 판단하여 의사결정을 하고 행동에 옮기는 현상
② 안전태도가 양호한 자는 risk taking 정도가 작다.
③ 안전태도 수준이 같은 경우 작업의 달성 동기, 성격, 일의 능률, 적성배치, 심리상태 등 각종 요인의 영향으로 risk taking의 정도는 변한다.

참고 건설안전기사 필기 p.2-13(합격날개 : 합격예측)

KEY ① 2017년 5월 7일(문제 11번) 출제
② 2023년 6월 4일(문제 5번) 출제

13 다음 중 방음용 귀마개 또는 귀덮개의 종류 및 등급과 기호가 잘못 연결된 것은?

① 귀덮개 : EM
② 귀마개 1종 : EP-1
③ 귀마개 2종 : EP-2
④ 귀마개 3종 : EP-3

해설

귀마개 및 귀덮개 종류 및 등급

종류	등급	기호	성능
귀마개	1종	EP-1	저음부터 고음까지 차음하는 것
	2종	EP-2	주로 고음을 차음하여 회화음 영역인 저음은 차음하지 않는 것
귀덮개	-	EM	

KEY ① 2014년 5월 25일(문제 6번) 출제
② 2023년 6월 4일(문제 10번) 출제

14 산업안전보건법령상 상시근로자 20명 이상 50명 미만인 사업장 중 안전보건관리담당자를 선임하여야 하는 업종이 아닌 것은?(단, 안전관리자 및 보건관리자가 선임되지 않은 사업장으로 한다.)

① 임업 ② 제조업
③ 건설업 ④ 환경 정화 및 복원업

해설

안전보건관리담당자의 선임 등
다음 각 호의 어느 하나에 해당하는 사업의 사업주는 상시근로자 20명 이상 50명 미만인 사업장에 안전보건관리담당자를 1명 이상 선임해야 한다.
① 제조업
② 임업
③ 하수, 폐수 및 분뇨 처리업
④ 폐기물 수집, 운반, 처리 및 원료 재생업
⑤ 환경 정화 및 복원업

KEY ① 2022년 1회 출제
② 2023년 2월 28일(문제 7번) 출제

합격정보
산업안전보건법 시행령 제24조(안전보건관리 담당자 선임 등)

[정답] 11 ② 12 ② 13 ④ 14 ③

15 산업안전보건법령상 안전인증대상기계등이 아닌 것은?

① 곤돌라 ② 연삭기
③ 사출성형기 ④ 고소 작업대

해설

안전인증 기계 및 설비의 종류
① 프레스 ② 전단기 및 절곡기
③ 크레인 ④ 리프트
⑤ 압력용기 ⑥ 롤러기
⑦ 사출성형기 ⑧ 고소 작업대
⑨ 곤돌라

합격정보
산업안전보건법 시행령 제74조(안전인증대상기계 등)

KEY
① 2011년 3월 7일, 5월 7일 출제
② 2017년 3월 5일 기사, 산업기사 출제
③ 2018년 3월 4일 출제
④ 2019년 3월 3일 출제
⑤ 2020년 8월 22일 출제
⑥ 2023년 2월 28일(문제 18번) 출제

16 산업재해보상법령상 보험급여의 종류를 모두 고른 것은?

ㄱ. 장례비	ㄴ. 요양급여
ㄷ. 간병급여	ㄹ. 영업손실비용
ㅁ. 직업재활급여	

① ㄱ, ㄴ, ㄹ
② ㄱ, ㄴ, ㄷ, ㅁ
③ ㄱ, ㄷ, ㄹ, ㅁ
④ ㄴ, ㄷ, ㄹ, ㅁ

해설

보험급여의 종류
① 요양급여
② 휴업급여
③ 장해급여
④ 간병급여
⑤ 유족급여
⑥ 상병(傷病)보상연금
⑦ 장례비
⑧ 직업재활급여

KEY
① 2021년 5월 15일 기사 등 10번 이상 출제
② 2022년 5월 7일 실기 필답형 출제
③ 2022년 4월 24일(문제 3번) 출제

합격정보
산업재해 보상보험법 제36조(보험급여의 종류와 산정기준 등)

17 산업재해통계업무처리규정상 재해 통계 관련 용어로 ( )에 알맞은 용어는?

( )는 근로복지공단의 유족급여가 지급된 사망자 및 근로복지공단에 최초요양신청서(재진 요양신청이나 전원요양신청서는 제외)를 제출한 재해자 중 요양승인을 받은 자 (지방고용 노동관서의산재 미보고 적발 사망자 수를 포함한다)를 말함. 다만, 통상의 출퇴근으로 발생한 재해는 제외함.

① 재해자수 ② 사망자수
③ 휴업 재해자수 ④ 임금근로자수

해설

재해자수란
근로복지공단의 유족급여가 지급된 사망자 및 근로복지공단에 최초요양신청서(재진 요양신청이나 전원요양신청서는 제외한다)를 제출한 재해자 중 요양승인을 받은자(지방고용노동관서의 산재 미보고 적발 사망자 수를 포함한다)를 말한다. 다만, 통상의 출퇴근으로 발생한 재해는 제외함.

KEY 2022년 3월 5일(문제 4번) 출제

합격정보
산업재해통계업무처리 규정(시행 2022년 1월 11일 적용)

보충학습
임금근로자수란 통계청의 경제활동인구조사상 임금근로자수를 말한다. 다만, 건설업 근로자수는 통계청 건설업 조사 피고용자수의 경제활동인구조사 건설업 근로자수에 대한 최근 5년 평균 배수를 산출하여 경제활동인구조사 건설업 임금근로자수에 곱하여 산출한다.

[정답] 15 ② 16 ② 17 ①

과년도 출제문제

18 산업안전보건법령상 용어와 뜻이 바르게 연결된 것은?

① "사업주 대표"란 근로자의 과반수를 대표하는 자를 말한다.
② "도급인"이란 건설공사 발주자를 포함한 물건의 제조·건설·수리 또는 서비스의 제공, 그 밖의 업무를 도급하는 사업주를 말한다.
③ "안전보건평가"란 산업재해를 예방하기 위하여 잠재적 위험성을 발견하고 그 개선대책을 수립할 목적으로 조사, 평가하는 것을 말한다.
④ "산업재해"란 노무를 제공하는 사람이 업무에 관계되는 건설물·설비·원재료·가스·증기·분진 등에 의하거나 작업 또는 그 밖의 업무로 인하여 사망 또는 부상하거나 질병에 걸리는 것을 말한다.

해설

용어정의
① "도급"이란 명칭에 관계없이 물건의 제조·건설·수리 또는 서비스의 제공, 그 밖의 업무를 타인에게 맡기는 계약을 말한다.
② "도급인"이란 물건의 제조·건설·수리 또는 서비스의 제공, 그밖의 업무를 도급하는 사업주를 말한다. 다만, 건설공사발주자는 제외한다.
③ "수급인"이란 도급인으로부터 물건의 제조·건설·수리 또는 서비스의 제공, 그 밖의 업무를 도급받은 사업주를 말한다.
④ "관계수급인"이란 도급이 여러 단계에 걸쳐 체결된 경우에 각 단계별로 도급받은 사업주 전부를 말한다.

합격정보
산업안전보건법 제2조(정의)

보충학습
① "근로자 대표"란 근로자의 과반수를 대표하는 자를 말한다.
② "위험성 평가"란 산업재해를 예방하기 위하여 잠재적 위험성을 발견하고 그 개선대책을 수립할 목적으로 조사·평가하는 것을 말한다.

19 건설기술 진흥법상 안전관리계획을 수립해야 하는 건설공사에 해당하지 않는 것은?

① 15층 건축물의 리모델링
② 지하15[m]를 굴착하는 건설공사
③ 항타 및 항발기가 사용되는 건설공사
④ 높이가 21[m]인 비계를 사용하는 건설공사

해설

건설기술진흥법상 안전관리계획 수립대상 건설공사
안전관리계획을 수립하여야 하는 건설공사는 다음 각 호와 같다. 다만, 원자력시설공사는 제외한다.
① 「시설물의 안전관리에 관한 특별법」 1종 시설물 및 2종 시설물의 건설공사(유지관리를 위한 건설공사는 제외한다.)
② 지하 10[m] 이상을 굴착하는 건설공사
③ 폭발물을 사용하는 건설공사로서 20[m] 안에 시설물이 있거나 100[m] 안에 사육하는 가축이 있어 해당 건설공사로 인한 영향을 받을 것이 예상되는 건설공사
④ 10층 이상 16층 미만인 건축물의 건설공사
④의2 다음 각 목의 리모델링 또는 해체공사
  ㉠ 10층 이상인 건축물의 리모델링 또는 해체공사
  ㉡ 「주택법」에 따른 수직증축형 리모델링
⑤ 「건설기계관리법」에 건설기계가 사용되는 건설공사
  ㉠ 천공기(높이가 10미터 이상인 것만 해당한다)
  ㉡ 항타 및 항발기   ㉢ 타워크레인
⑤의2 가설구조물을 사용하는 건설공사
⑥ 제①호부터 제④호까지, 제④호의2, 제⑤호 및 제⑤호의2 건설공사 외의 건설공사로서 다음 각 목의 어느하나에 해당하는 공사
  ㉠ 발주자가 안전관리가 특히 필요하다고 인정하는 건설공사
  ㉡ 해당 지방자치단체의 조례로 정하는 건설공사 중에서 인·허가기관의 장이 안전관리가 특히 필요하다고 인정하는 건설공사

KEY ① 2016년 10월 1일 문제 17번 출제
② 2019년 3월 3일(문제 1번) 출제

합격정보
건설기술진흥법 시행령 제98조(안전관리계획의 수립) 2021년 9월 14일 적용

20 산업안전보건법령에 따른 산업안전보건위원회의 구성에 있어 사용자 위원에 해당하지 않는 자는?

① 안전관리자
② 명예산업안전감독관
③ 해당 사업의 대표자가 지명한 9인 이내 해당 사업장 부서의 장
④ 보건관리자의 업무를 위탁한 경우 대행기관의 해당 사업장 담당자

해설

명예산업안전감독관 : 근로자위원

KEY ① 2015년 9월 19일(문제 2번) 출제
② 2019년 3월 3일(문제 19번) 출제

합격정보
산업안전보건법 시행령 제35조(산업안전보건위원회의 구성)

[정답] 18 ④ 19 ④ 20 ②

2 산업심리 및 교육

21 인간의 적응기제(Adjustment mechanism) 중 방어적 기제에 해당하는 것은?

① 보상 ② 고립
③ 퇴행 ④ 억압

해설

적응기제의 분류
① 방어적 기제 : 보상, 합리화, 동일시, 승화
② 도피적 기제 : 고립, 퇴행, 억압, 백일몽
③ 공격적 기제 : 직접적, 간접적

KEY
① 2021년 3월 7일 등 10회 이상 출제
② 2022년 4월 24일(문제 21번) 출제
③ 2021년 5월 15일(문제 32번) 출제
④ 2024년 7월 5일(문제 29번) 출제

22 O.J.T(On the Job Training)의 장점이 아닌 것은?

① 직장의 실정에 맞게 실제적 훈련이 가능하다.
② 교육을 통한 훈련효과에 의해 상호신뢰이해도가 높아진다.
③ 대상자의 개인별 능력에 따라 훈련의 진도를 조정하기가 쉽다.
④ 교육훈련 대상자가 교육훈련에만 몰두할 수 있어 학습효과가 높다.

해설

OJT와 OFF JT 특징

OJT의 특징	OFF JT의 특징
① 개개인에게 적절한 지도훈련이 가능하다.	① 다수의 근로자에게 조직적 훈련을 행하는 것이 가능하다.
② 직장의 실정에 맞게 구체적이고 실제적 훈련이 가능하다.	② 훈련에만 전념하게 된다.
③ 즉시 업무에 연결되는 관계로 몸과 관련이 있다.	③ 각자 전문가를 강사로 초청하는 것이 가능하다.
④ 훈련에 필요한 업무의 계속성이 끊어지지 않는다.	④ 특별 설비기구를 이용하는 것이 가능하다.
⑤ 효과가 곧 업무에 나타나며 훈련의 좋고 나쁨에 따라 개선이 쉽다.	⑤ 각 직장의 근로자가 많은 지식이나 경험을 교류할 수 있다.
⑥ 훈련효과를 보고 상호 신뢰, 이해도가 높아지는 것이 가능하다.	⑥ 교육 훈련 목표에 대하여 집단적 노력이 흐트러질 수 있다.

참고 건설안전기사 필기 p.2-69(표 : OJT와 OFF JT특징)

KEY
① 2021년 3월 7일(문제 29번) 등 20회 이상 출제
② 2021년 5월 15일(문제 37번) 출제
③ 2021년 9월 12일(문제 37번) 출제
④ 2024년 7월 5일(문제 37번) 출제

23 다음에서 설명하는 리더십의 유형은?

과업 완수와 인간관계 모두에 있어 최대한의 노력을 기울이는 리더십 유형

① 과업형 리더십
② 이상형 리더십
③ 타협형 리더십
④ 무관심형 리더십

해설

관리격자 모형이론
① 블레이크(R.R.Blake)와 모튼(J.S.Mouton)은 조직구성원의 기본적인 관심을 업적에 대한 관심과 인간에 대한 관심의 두 가지에 두고서 관리 스타일을 측정하는 그리드(grid) 이론을 전개하였다.
② X축과 Y축을 각각 1에서 9까지의 점으로 구분하여 1을 관심의 최저, 9를 관심도의 최고로 나타내었다. 그리고 각 점을 중심으로 직선을 서로 직교시킴으로써 합계 9×9=81개의 격자도를 만들었다.
③ 1.1(자유방임형, 포기형), 1.9(인기형), 9.1(과업형), 5.5(중간형), 9.9(이상형)

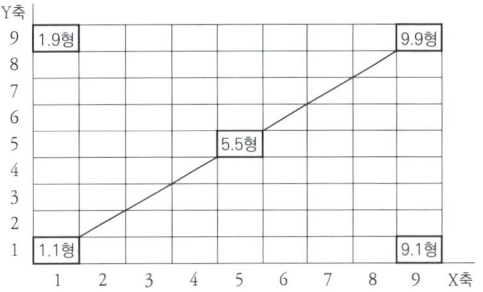

KEY
① 2016년 10월 1일 출제
② 2018년 8월 19일 출제
③ 2022년 3월 5일 출제
④ 2023년 2월 28일(문제 23번) 출제
⑤ 2024년 7월 5일(문제 39번) 출제

[정답] 21 ① 22 ④ 23 ②

과년도 출제문제

24 매슬로우(Maslow)의 욕구 5단계를 낮은 단계에서 높은 단계의 순서대로 나열한 것은?

① 생리적 욕구 → 안전 욕구 → 사회적 욕구 → 자아실현의 욕구 → 인정의 욕구
② 생리적 욕구 → 안전 욕구 → 사회적 욕구 → 인정의 욕구 → 자아실현의 욕구
③ 안전 욕구 → 생리적 욕구 → 사회적 욕구 → 자아실현의 욕구 → 인정의 욕구
④ 안전 욕구 → 생리적 욕구 → 사회적 욕구 → 인정의 욕구 → 자아실현의 욕구

해설

Maslow의 욕구단계이론
① 1단계 생리적 욕구 : 기아, 갈증, 호흡, 배설, 성욕 등 인간의 가장 기본적인 욕구(종족보존)
② 2단계 안전욕구 : 안전을 구하려는 욕구
③ 3단계 사회적 욕구 : 애정, 소속에 대한 욕구(친화욕구)
④ 4단계 인정을 받으려는 욕구 : 자기 존경의 욕구로 자존심, 명예, 성취, 지위에 대한 욕구(승인의 욕구)
⑤ 5단계 자아실현의 욕구 : 잠재적인 능력을 실현하고자 하는 욕구(성취욕구)

KEY
① 2016년 3월 6일, 8월 21일, 10월 1일 산업기사 출제
② 2016년 5월 8일, 8월 21일, 10월 1일 출제
③ 2017년 3월 5일, 5월 7일 출제
④ 2018년 3월 4일, 8월 19일, 9월 15일 산업기사 출제
⑤ 2018년 4월 28일 기사, 산업기사 출제
⑥ 2019년 3월 3일, 4월 27일 출제
⑦ 2019년 4월 27일, 8월 4일 산업기사 출제
⑧ 2020년 6월 14일 산업기사 출제
⑨ 2020년 9월 27일 출제
⑩ 2023년 2월 28일(문제 24번) 출제
⑪ 2024년 7월 5일(문제 31번) 출제

25 다음 중 생체리듬에 관한 설명으로 틀린 것은?

① 각각의 리듬이 (−)로 최대인 점이 위험일이다.
② 감성적 리듬은 "S"로 나타내며, 28일을 주기로 반복된다.
③ 지성적 리듬은 "I"로 나타내며, 33일을 주기로 반복된다.
④ 육체적 리듬은 "P"로 나타내며, 23일을 주기로 반복된다.

해설

위험일(critical day)
① P, S, I 3개의 서로 다른 리듬은 안정기[positive phase(+)]와 불안정기[negative phase(−)]를 교대하면서 반복하여 사인(sine) 곡선을 그려가는데 (+) 리듬에서 (−) 리듬으로 또는 (−) 리듬에서 (+) 리듬으로 변화하는 점을 영(zero) 또는 위험일이라 하다.
② 위험일은 한 달에 6일 정도 일어난다.
③ 1년에 1~3회 정도 생기는 육체적, 감성적 또는 지성적 리듬의 위험일이 함께 겹치는 날에는 많은 실수가 생겨 뜻하지 않은 사고가 발생한다.
④ 바이오리듬상 위험일에는 평소보다 뇌줄중의 5.4배, 심장질환의 발작이 5.1배, 자살은 무려 6.8배나 더 많이 발생된다고 한다.

KEY
① 2013년 6월 2일(문제 35번) 출제
② 2023년 6월 4일(문제 25번) 출제
③ 2024년 2월 15일(문제 26번) 출제

26 다음 중 데이비스(K. Davis)의 동기부여이론에서 인간의 "능력(ability)"을 나타내는 것은?

① 지식(knowledge) × 기능(skill)
② 지식(knowledge) × 태도(attitude)
③ 기능(skill) × 상황(situation)
④ 상황(situation) × 태도(attitude)

해설

데이비스(K. Davis)의 동기부여이론 등식
① 경영의 성과＝인간의 성과×물질의 성과
② 능력(ability)＝지식(knowledge)×기능(skill)
③ 동기유발(motivation)＝상황(situation)×태도(attitude)
④ 인간의 성과(human performance)＝능력×동기유발

KEY
① 2015년 1회 출제
② 2023년 2월 28일(문제 27번) 출제
③ 2024년 2월 15일(문제 33번) 출제

27 주의(attention)에 대한 특성으로 가장 거리가 먼 것은?

① 고도의 주의는 장시간 지속할 수 없다.
② 주의와 반응의 목적은 대부분의 경우 서로 독립적이다.
③ 동시에 두 가지 일에 중복하여 집중하기 어렵다.
④ 여러 종류의 자극을 지각할 때 소수의 특정한 것을 선택하여 집중한다.

[정답] 24 ② 25 ① 26 ① 27 ②

해설

주의의 특성
① 주의력의 단속(변동)성(고도의 주의는 장시간 지속 불능)
② 주의력의 중복집중의 곤란(주의는 동시에 두 개 이상의 방향을 잡지 못함)
③ 주의를 집중한다는 것은 좋은 태도라 할 수 있으나 반드시 최상이라 할 수는 없다.
④ 한 지점에 주의를 집중하면 다른 곳의 주의는 약해진다.

KEY ① 2017년 5월 7일 기사 출제
② 2019년 3월 3일(문제 21번) 출제

28 맥그리거(Douglas McGregor)의 Y이론에 해당되는 것은?

① 인간은 게으르다.
② 인간은 남을 잘 속인다.
③ 인간은 남에게 지배받기를 즐긴다.
④ 인간은 부지런하고 근면하며, 적극적이고 자주적이다.

해설

Y 이론의 특징
① 상호 신뢰감
② 성선설
③ 인간은 부지런하고 근면 적극적이며 자주적이다.
④ 정신욕구(고차원 욕구)
⑤ 목표 통합과 자기통제에 의한 자율관리
⑥ 선진국형

KEY ① 2016년 3월 6일, 5월 8일기사 출제
② 2017년 9월 23일 기사 출제
③ 2018년 3월 4일 기사 출제
④ 2019년 3월 3일(문제 28번) 출제

29 관리감독자 훈련(TWI)에 관한 내용이 아닌 것은?

① Job Relation   ② Job Method
③ Job Synergy   ④ Job Instruction

해설

관리감독자 훈련 4가지
① 작업 방법 훈련(Job Method Training : JMT) : 작업개선
② 작업 지도 훈련(Job Instruction Training : JIT) : 작업지도·지시
③ 인간 관계 훈련(Job Relations Training : JRT) : 부하 통솔
④ 작업 안전 훈련(Job Safety Training : JST) : 작업안전

KEY ① 2016년 3월 6일 기사·산업기사 동시 출제
② 2016년 8월 21일 산업기사 출제
③ 2017년 5월 7일, 8월 26일 산업기사 출제
④ 2018년 3월 4일 기사·산업기사 동시 출제
⑤ 2018년 4월 26일 기사·출제
⑥ 2019년 3월 3일(문제 33번) 출제

30 리더의 기능수행과 리더로서의 지위 획득 및 유지가 리더 개인의 성격이나 자질에 의존한다는 리더십 이론은?

① 행동이론   ② 상황이론
③ 관리이론   ④ 특성이론

해설

특성이론
① 리더의 기능 수행과 리더로서의 지위 획득 및 유지가 리더 개인의 성격이나 자질에 의존한다고 주장
② 리더의 성격 특성을 분석·연구

KEY ① 2016년 5월 8일 출제
② 2019년 9월 19일(문제 33번) 출제
③ 2019년 4월 29일(문제 21번) 출제

31 교재의 선택기준으로 옳지 않은 것은?

① 정적이며 보수적이어야 한다.
② 사회성과 시대성에 걸맞은 것이어야 한다.
③ 설정된 교육목적을 달성할 수 있는 것이어야 한다.
④ 교육대상에 따라 흥미, 필요, 능력 등에 적합해야 한다.

해설

교재의 선택기준
① 사회성과 시대성에 걸맞은 것이어야 한다
② 설정된 교육목적을 달성할 수 있는 것이어야 한다.
③ 교육대상에 따라 흥미, 필요, 능력 등에 적합해야 한다.
④ 동적이면서 새로운 내용이어야 한다.

KEY ① 2014년 3월 2일(문제 39번) 출제
② 2019년 4월 29일(문제 24번) 출제

[정답] 28 ④   29 ③   30 ④   31 ①

과년도 출제문제

32 인간의 경계(vigilance)현상에 영향을 미치는 조건의 설명으로 가장 거리가 먼 것은?

① 작업시간 직후의 검출률이 가장 낮다.
② 오래 지속되는 신호는 검출률이 높다.
③ 발생빈도가 높은 신호는 검출률이 높다
④ 불규칙적인 신호에 대한 검출률이 낮다.

해설

인간의 경계현상
(1) 인간의 vigilance(주의하는 상태, 긴장상태, 경계상태) 현상에 영향을 끼치는 조건
① 검출 능력은 작업 시작 후 빠른 속도로 저하된다.
② 발생빈도가 높은 신호일수록 검출률이 높다.
③ 규칙적인 신호에 대한 검출률이 높다.
④ 신호강도가 높고 오래 지속되는 신호는 검출하기 쉽다.
(2) 검출(detection) : 신호의 존재여부 결정
(3) 신호에 따른 3가지 기능
① 검출 ② 상대식별 ③ 절대식별

KEY ① 2014년 5월 25일(문제 32번) 출제
② 2019년 4월 27일(문제 28번) 출제

---

33 굴착면의 높이가 2[m] 이상인 암석의 굴착작업에 대한 특별안전보건교육 내용에 포함되지 않는 것은?(단, 그 밖에 안전보건관리에 필요한 사항은 제외한다.)

① 지반의 붕괴 재해 예방에 관한 사항
② 보호구 및 신호방법 등에 관한 사항
③ 안전거리 및 안전기준에 관한 사항
④ 폭발물 취급 요령과 대피 요령에 관한 사항

해설

특별안전보건교육내용

작업명	교육내용
굴착면의 높이가 2미터 이상이 되는 지반굴착(터널 및 수직갱 외의 갱굴착은 제외한다)작업	① 지반의 형태·구조 및 굴착 요령에 관한 사항 ② 지반의 붕괴재해예방에 관한 사항 ③ 붕괴 방지용 구조물 설치 및 작업방법에 관한 사항 ④ 보호구의 종류 및 사용에 관한 사항 ⑤ 그 밖에 안전보건관리에 필요한 사항
굴착면의 높이가 2미터 이상이 되는 암석의 굴착 작업	① 폭발물 취급 요령과 대피 요령에 관한 사항 ② 안전거리 및 안전기준에 관한 사항 ③ 방호물의 설치 및 기준에 관한 사항 ④ 보호구 및 작업신호 등에 관한 사항

KEY 2019년 9월 21일(문제 21번) 출제

합격정보
산업안전보건법 시행규칙 [별표 5] 안전보건교육 교육대상별 교육내용

---

34 동일 부서 직원 6명의 선호 관계를 분석한 결과 다음과 같은 소시오그램이 작성되었다. 이 소시오그램에서 실선은 선호관계, 점선은 거부관계를 나타낼 때, 4번 직원의 선호선분 지수는 얼마인가?

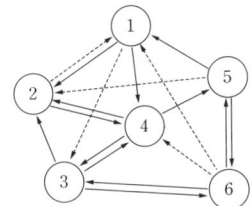

① 0.2
② 0.33
③ 0.4
④ 0.6

해설

선호선분지수
① 선호선분지수 $= \dfrac{\text{선호총계}}{\text{구성원수}-1} = \dfrac{3-1}{6-1} = 0.4$
② 선호(실선) : 1점, 거부(점선) : -1
③ 4번 직원의 선호총계 : 선호(실선) 3점, 거부(점선)-1

KEY ① 2019년 3월 3일(문제 40번) 출제
② 2019년 9월 21일(문제 24번) 출제

---

35 레윈(Lewin)의 행동방정식 B=f(P·E)에서 P의 의미로 맞는 것은?

① 주어진 환경
② 인간의 행동
③ 주어진 직무
④ 개인적 특성

해설

레빈의 인간행동 방정식

$B = f(P \cdot E)$

- B : 인간의 행동 (behavior)
- P : 인간 (person) : 개인특성
- E : 환경 (environment)
- F : 함수 (function)

KEY ① 2016년 10월 1일 기사 출제
② 2017년 5월 7일 기사 출제
③ 2017년 8월 26일 기사 출제
④ 2017년 9월 23일 기사 출제
⑤ 2018년 9월 15일 기사 출제
⑥ 2019년 9월 21일(문제 29번) 출제

[정답] 32 ① 33 ① 34 ③ 35 ④

36. 에빙하우스(Ebbinghaus)의 연구결과에 따른 망각률이 50[%]를 초과하게 되는 최초의 경과시간은 얼마인가?

① 30분　　② 1시간
③ 1일　　　④ 2일

해설

에빙하우스(H. Ebbinghaus)의 망각곡선
① 1시간 경과 : 50[%] 이상 망각
② 48시간 경과 : 70[%] 이상 망각
③ 31일 경과 : 80[%] 이상 망각

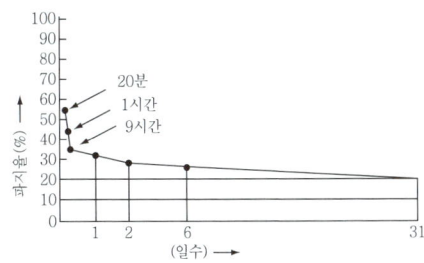

[그림] 에빙하우스 망각곡선(curve of orgetting)

KEY
① 2016년 3월 6일 출제
② 2019년 9월 21일(문제 40번) 출제

37. 의사소통의 심리구조를 4영역으로 나누어 설명한 조하리의 창(Johari's Windows)에서 "나는 모르지만 다른 사람은 알고 있는 영역"을 무엇이라 하는가?

① Blind area　　② Hidden area
③ Open area　　④ Unknown area

해설

조하리의 창(Johari's window)에서 "나는 모르지만 다른 사람은 알고 있는 영역" : Blind area

참고 건설안전기사 필기 p.2-3(합격날개 : 합격예측)

KEY 2020년 6월 7일(문제 22번) 출제

38. 교육의 3요소로만 나열된 것은?

① 강사, 교육생, 사회인사
② 강사, 교육생, 교육자료
③ 교육자료, 지식인, 정보
④ 교육생, 교육자료, 교육장소

해설

안전교육의 3요소

요소 분류	교육의 주체	교육의 객체	교육의 매개체
형식적 교육	교도자 (강사)	교육생 (수강자 : 대상)	교육자료 (교재 및 내용)
비형식적 교육	부모, 형, 선배, 사회인사	자녀와 미성숙자	교육적 환경, 인간관계

KEY
① 2017년 3월 5일 기사 출제
② 2017년 5월 7일 기사 출제
③ 2017년 8월 26일 산업기사 출제
④ 2018년 8월 19일 산업기사 출제
⑤ 2019년 8월 4일 기사 출제
⑥ 2020년 6월 14일 산업기사 출제
⑦ 2020년 6월 7일(문제 31번) 출제

39. 다음 중 학습전이의 조건으로 가장 거리가 먼 것은?

① 학습 정도
② 시간적 간격
③ 학습 분위기
④ 학습자의 지능

해설

전이(transfer)의 조건
① 선행학습의 정도
② 학습자료의 유사성
③ 선행학습과 학습 후의 시간적 간격
④ 학습자의 태도
⑤ 학습자의 지능

KEY 2020년 8월 22일(문제 21번) 출제

40. 다음 중 피들러(Fiedler)의 상황 연계성 리더십 이론에서 중요시 하는 상황적 요인에 해당하지 않는 것은?

① 과제의 구조화
② 부하의 성숙도
③ 리더의 직위상 권한
④ 리더와 부하간의 관계

[정답] 36 ②　37 ①　38 ②　39 ③　40 ②

해설

리더의 상황적 합성이론(F.Fredler)

(1) 리더의 행동 스타일 분류
　① LPC(The Least Pre-ferred Co-woker)점수 사용
　② LPC점수 : 리더에게 "함께 일하기 가장 싫은 동료에 대하여 어떻게 평가하느냐" 질문

(2) 리더십의 상황 분류
　① 과업구조화 : 과업의 복잡성과 단순성
　② 리더와 부하와의 관계 : 친밀감, 신뢰성, 존경 등
　③ 리더의 지휘권력 : 합법적, 공식적, 강압적 등

KEY ▶ 2020년 8월 22일(문제 35번) 출제

3 인간공학 및 시스템안전공학

41 FTA(Fault Tree Analysis)에서 사용되는 사상기호 중 통상의 작업이나 기계의 상태에서 재해의 발생 원인이 되는 요소가 있는 것을 나타내는 것은?

① 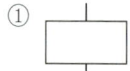　②

③ 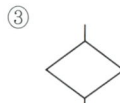　④

해설

FTA 기호

기 호	명 칭	기 호	명 칭
직사각형	결함사상	마름모	생략사상
원	기본사상	집모양	통상사상

KEY ▶ ① 2007년 8월 5일(문제 33번) 출제
　② 2016년 10월 1일 산업기사 출제
　③ 2017년 5월 7일 기사 출제
　④ 2017년 8월 19일 산업기사 출제
　⑤ 2017년 8월 26일 기사, 산업기사 출제
　⑥ 2018년 3월 4일 기사 출제
　⑦ 2018년 8월 19일 산업기사 출제
　⑧ 2020년 6월 14일 산업기사 출제
　⑨ 2021년 5월 15, 8월 14일(문제 33번) 기사 출제
　⑩ 2022년 4월 24일(문제 30번) 출제
　⑪ 2024년 5월 9일(문제 36번) 출제

42 섬유유연제 생산 공정이 복잡하게 연결되어 있어 작업자의 불안전한 행동을 유발하는 상황이 발생하고 있다. 이것을 해결하기 위한 위험처리 기술에 해당하지 않는 것은?

① Transfer(위험전가)
② Retention(위험보류)
③ Reduction(위험감축)
④ Rearrange(작업순서의 변경 및 재배열)

해설

Risk 처리(위험조정)기술 4가지
① 위험회피(Avoidance)
② 위험제거(경감, 감축 : Reduction)
③ 위험보유(보류 : Retention)
④ 위험전가(Transfer) : 보험으로 위험조정

KEY ▶ ① 2014년 3월 2일 출제
　② 2018년 8월 19일 출제
　③ 2023년 7월 8일(문제 31번) 출제
　④ 2024년 2월 15일(문제 36번), 7월 27일(문제 23번) 출제

43 신호검출이론(SDT)의 판정결과 중 신호가 없었는데도 있었다고 말하는 경우는?

① 긍정(hit)
② 누락(miss)
③ 허위(false alarm)
④ 부정(correct rejection)

해설

신호검출이론
① 신호와 소음을 쉽게 식별할 수 없는 상황에 적용된다.
② 일반적인 상황에서 신호 검출을 간섭하는 소음이 있다.

[표] 유무 판정 4가지 구분

구분	판정
신호의 정확한 판정 : HIT	정상을 정상으로 판정
허위 경보(신호) : False Alarm	잡음을 신호로 판정
신호검출실패 : Miss	신호를 잡음으로 판정
잡음을 제대로 판정 : Correct Rejection(Noise)	잡음을 잡음으로 판정

KEY ▶ ① 2017년 5월 7일 출제
　② 2020년 9월 27일 출제
　③ 2023년 7월 8일(문제 24번) 출제
　④ 2024년 7월 27일(문제 25번) 출제

[정답] 41 ④　42 ④　43 ③

44 어떤 소리가 1,000[Hz], 60[dB]인 음과 같은 높이임에도 4배 더 크게 들린다면, 이 소리의 음압수준은 얼마인가?

① 70[dB] ② 80[dB]
③ 90[dB] ④ 100[dB]

해설

음압수준
① 10[dB] 증가 시 소음은 2배 증가
② 20[dB] 증가 시 소음은 4배 증가
③ 60+20=80[dB]

결론
$$4\text{sone} = 2^{\frac{L_1-60}{10}}$$
$$10 \times \log 4 = (L_1 - 60)\log 2$$
$$L_1 = \frac{10 \times \log 4}{\log 2} + 60 = 80$$

KEY
① 2009년 8월 30일(문제 53번) 출제
② 2018년 4월 28일 출제
③ 2020년 9월 27일 출제
④ 2023년 7월 8일(문제 36번) 출제
⑤ 2024년 7월 27일(문제 27번) 출제

보충학습

[표] phon과 sone의 관계

sone	1	2	4	8	16	32	64	128	256	512	1024
phon	40	50	60	70	80	90	100	110	120	130	140

예 10[phon]이 증가하면 2배의 소리 크기가 되며, 20[phon]이 증가하면 4배의 소리 크기가 된다.

45 산업안전보건법령상 사업주가 유해위험방지계획서를 제출할 때에는 사업장 별로 관련 서류를 첨부하여 해당 작업 시작 며칠 전까지 해당 기관에 제출하여야 하는가?

① 7일 ② 15일
③ 30일 ④ 60일

해설

유해위험방지 계획서 제출시기 및 부수
① 제조업 : 해당 작업시작 15일 전까지 공단에 2부 제출
② 건설업 : 공사 착공전날까지 공단에 2부 제출

KEY
① 2016년 3월 6일 출제
② 2017년 9월 23일 출제
③ 2022년 4월 24일 출제
④ 2023년 2월 28일(문제 22번) 출제
⑤ 2024년 2월 15일(문제 40번), 5월 9일(문제 22번) 출제

합격정보
① 산업안전보건법 시행규칙 제42조(제출서류등)
② 2025. 1. 31 개정 「고용노동부령 제419호」 적용

46 화학설비에 대한 안전성 평가에서 정성적 평가 항목이 아닌 것은?

① 건조물 ② 취급물질
③ 공장 내의 배치 ④ 입지조건

해설

정성적 평가항목
① 입지조건
② 공장 내의 배치
③ 소방설비
④ 공정기기
⑤ 수송·저장
⑥ 원재료, 중간체, 제품

KEY
① 2012년 3월 4일 기사 출제
② 2013년 6월 2일 기사 출제
③ 2014년 8월 17일 기사 출제
④ 2015년 5월 31일 기사 출제
⑤ 2016년 5월 8일 기사 출제
⑥ 2017년 8월 26일 기사 출제
⑦ 2018년 3월 4일 기사 출제
⑧ 2019년 3월 3일 기사 출제
⑨ 2022년 3월 5일 기사 출제
⑩ 2023년 7월 8일(문제 27번) 출제
⑪ 2024년 5월 9일(문제 24번) 출제

47 병렬로 이루어진 두 요소의 신뢰도가 각각 0.7일 경우, 시스템 전체의 신뢰도는?

① 0.30 ② 0.49
③ 0.70 ④ 0.91

해설

전체신뢰도
$R_s = 1 - (1-0.7)(1-0.7) = 0.91$

KEY
① 2016년 8월 21일 출제
② 2018년 8월 19일 출제
③ 2023년 7월 8일(문제 37번) 출제
④ 2024년 5월 9일(문제 26번) 출제

[정답] 44 ② 45 ② 46 ② 47 ④

48 경계 및 경보신호의 설계지침으로 틀린 것은?

① 주의를 환기시키기 위하여 변조된 신호를 사용한다.
② 배경소음의 진동수와 다른 진동수의 신호를 사용한다.
③ 귀는 중음역에 민감하므로 500~3,000[Hz]의 진동수를 사용한다.
④ 300[m] 이상의 장거리용으로는 1,000[Hz]를 초과하는 진동수를 사용한다.

해설

경계 및 경보신호(청각적 표시장치) 선택시 지침
① 귀는 중음역에 가장 민감하므로 500~3,000[Hz]의 진동수를 사용
② 고음은 멀리가지 못하므로 300[m] 이상 장거리용으로는 1,000[Hz] 이하의 진동수 사용

KEY
① 2016년 3월 6일 산업기사 출제
② 2017년 3월 5일, 9월 23일 산업기사 출제
③ 2018년 3월 4일(문제 38번) 출제
④ 2022년 4월 24일(문제 38번) 출제
⑤ 2024년 5월 9일(문제 35번) 출제

49 반사경 없이 모든 방향으로 빛을 발하는 점광원에서 3[m] 떨어진 곳의 조도가 300[lux]라면 2[m] 떨어진 곳에서 조도[lux]는?

① 375   ② 675
③ 875   ④ 975

해설

조도

① 조도 = $\dfrac{광도}{(거리)^2}$

② 빛이 퍼져가는 면적은 거리에 반비례

③ $300[lux] \times (\dfrac{3}{2})^2 = 675[lux]$

KEY
① 2017년 3월 5일(문제 46번) 출제
② 2022년 3월 5일(문제 31번) 출제
③ 2024년 5월 9일(문제 40번) 출제

50 다음 중 근골격계부담작업에 속하지 않는 것은?

① 하루에 10[회] 이상 25[kg] 이상의 물체를 드는 작업
② 하루에 총 2[시간] 이상 목, 어깨, 팔꿈치, 손목 또는 손을 사용하여 같은 동작을 반복하는 작업
③ 하루에 총 2[시간] 이상 쪼그리고 앉거나 무릎을 굽힌 자세에서 이루어지는 작업
④ 하루에 총 2[시간] 이상 시간당 5[회] 이상 손 또는 무릎을 사용하여 반복적으로 충격을 가하는 작업

해설

근골격계 부담작업
① 하루 4[시간] 이상 집중적으로 자료입력 등을 위해 키보드 또는 마우스를 조작하는 작업
② 하루 2[시간] 이상 목, 어깨, 팔꿈치, 손목 또는 손을 사용하여 같은 동작을 반복하는 작업
③ 하루에 2[시간] 이상 머리 위에 손이 있거나, 팔꿈치가 어깨 위에 있거나, 팔꿈치를 몸통으로부터 들거나 팔꿈치를 몸통 뒤쪽에 위치하도록 하는 상태에서 이루어지는 작업
④ 지지되지 않은 상태이거나 임의로 자세를 바꿀 수 없는 조건에서 하루에 총 2[시간] 이상 목이나 허리를 구부리거나 트는 상태에서 이루어지는 작업
⑤ 하루에 2[시간] 이상 쪼그리고 앉거나 무릎을 굽힌 자세에서 이루어지는 작업
⑥ 하루에 2[시간] 이상 지지되지 않은 상태에서 1[kg] 이상의 물건을 한 손의 손가락으로 집어 옮기거나, 2[kg] 이상에 상응하는 힘을 가하여 한 손의 손가락으로 물건을 쥐는 작업
⑦ 하루에 2[시간] 이상 지지되지 않은 상태에서 4.5[kg] 이상의 물건을 한손으로 들거나 동일한 힘으로 쥐는 작업
⑧ 하루에 10[회] 이상 25[kg] 이상의 물체를 드는 작업
⑨ 하루에 25[회] 이상 10[kg] 이상의 물체를 무릎 아래에서 들거나 어깨 위에서 들거나 팔을 뻗은 상태에서 드는 작업
⑩ 하루에 2[시간] 이상 분당 2[회] 이상 4.5[kg] 이상의 물체를 드는 작업
⑪ 하루에 2[시간] 이상 시간당 10[회] 이상 손 또는 무릎을 사용하여 반복적으로 충격을 가하는 작업

KEY
① 2018년 8월 19일 기사 출제
② 2022년 3월 5일 기사 출제
③ 2023년 2월 28일(문제 32번) 출제
④ 2024년 2월 15일(문제 29번) 출제

합격정보
근골격계 부담 작업의 범위
고시 제2020-12호(제3조) 근골격계 부담 작업

[정답] 48 ④ 49 ② 50 ④

51 인간 기계시스템의 연구 목적으로 가장 적절한 것은?

① 정보 저장의 극대화
② 운전시 피로의 평준화
③ 시스템의 신뢰성 극대화
④ 안전의 극대화 및 생산능률의 향상

해설

인간 기계 시스템의 연구목적
안전의 극대화 및 생산 능률의 향상

 ① 2015년 9월 19일 기사 출제
② 2017년 8월 26일 산업기사 출제
③ 2019년 3월 3일 기사 출제
④ 2023년 2월 28일(문제 39번) 출제
⑤ 2024년 2월 15일(문제 32번) 출제

52 다음 중 동작경제의 원칙에 해당하지 않는 것은?

① 공구의 기능을 각각 분리하여 사용하도록 한다.
② 두 팔의 동작은 동시에 서로 반대방향으로 대칭적으로 움직이도록 한다.
③ 공구나 재료는 작업동작이 원활하게 수행되도록 그 위치를 정해준다.
④ 가능하다면 쉽고도 자연스러운 리듬이 작업동작에 생기도록 작업을 배치한다.

해설

공구 및 설비 디자인에 관한 원칙
(Design of tools and equipment)
① 치구나 발로 작동시키는 기기를 사용할 수 있는 작업에서는 이러한 기기를 활용하여 양손이 다른 일을 할 수 있도록 한다.
② 공구의 기능은 결합하여서 사용하도록 한다.
③ 공구와 재료는 가능한 한 사용하기 쉽도록 미리 위치를 잡아준다.
④ 각 손가락이 서로 다른 작업을 할 때에는 작업량을 각 손가락의 능력에 맞도록 분배해야 한다.
⑤ 레버, 핸들 및 통제기기는 작업자가 몸의 자세를 크게 바꾸지 않더라도 조작하기 쉽도록 배열한다.

 ① 2023년 2월 28일(문제 29번) 출제
② 2023년 4월 1일 산업안전(보건)지도사 출제
③ 2024년 2월 15일(문제 33번) 출제

53 의도는 올바른 것이었지만 행동이 의도한 것과는 다르게 나타나는 오류를 무엇이라 하는가?

① Slip   ② Mistake
③ Lapse   ④ Violation

해설

인간의 오류 모형

구분	특징
착각(Illusion)	감각적으로 물리현상을 왜곡하는 지각 오류
착오(Mistake)	상황해석을 잘못하거나 목표를 잘못 이해하고 착각하여 행하는 인간의 실수로 위치, 순서, 패턴, 형상, 기억오류 등 외부적 요인에 의해 나타나는 오류
실수(Slip)	의도는 올바른 것이었지만, 행동이 의도한 것과는 다르게 나타나는 오류
건망증(Lapse)	일련의 과정에서 일부를 빠뜨리거나 기억의 실패에 의해 발생하는 오류
위반(Violation)	정해진 규칙을 알고 있음에도 의도적으로 따르지 않거나 무시한 경우에 발생하는 오류

KEY ① 2009년 5월 10일(문제 35번) 출제
② 2017년 8월 26일 기사 출제
③ 2019년 3월 3일, 4월 27일기사 출제
④ 2021년 5월 15일 기사 출제
⑤ 2023년 2월 28일(문제 21번) 출제
⑥ 2024년 2월 15일(문제 39번) 출제

54 시스템의 운용단계에서 이루어져야 할 주요한 시스템안전 부문의 작업이 아닌 것은?

① 생산시스템 분석 및 효율성 검토
② 안전성 손상 없이 사용설명서의 변경과 수정을 평가
③ 운용, 안전성 수준유지를 보증하기 위한 안전성 검사
④ 운용, 보전 및 위급 시 절차를 평가하여 설계 시 고려사항과 같은 타당성 여부 식별

해설

시스템의 운용단계에서 이루어져야 하는 시스템안전 부문의 작업
① 안전성 손상 없이 사용설명서의 변경과 수정을 평가
② 운용, 안전성 수준유지를 보증하기 위한 안전성 검사
③ 운용, 보전 및 위급 시 절차를 평가하여 설계 시 고려사항과 같은 타당성 여부 식별

KEY ① 2017년 8월 26일 기사 출제
② 2023년 7월 8일(문제 35번) 출제

[정답] 51 ④ 52 ① 53 ① 54 ①

과년도 출제문제

55 FTA를 수행함에 있어 기본사상들의 발생이 서로 독립인가 아닌가의 여부를 파악하기 위해서는 어느 값을 계산해 보는 것이 가장 적합한가?

① 공분산　　② 분산
③ 고장률　　④ 발생확률

해설
공분산
① FTA 수행시 기본 사상들의 발생이 서로 독립인가 아닌가 여부 판단
② 두 확률변수 X, Y의 기댓값을 각각 $\mu_x = E(X)$, $\mu_Y = E(Y)$ 라고 하자. 공분산 $Cov(X, Y)$는 다음과 같이 정의한다.
$$Cov(X, Y) = E[(X-\mu_x)(Y-\mu_Y)]$$

KEY ① 2018년 8월 19일 기사 출제
② 2023년 7월 8일(문제 39번) 출제

---

56 설비보전 방법 중 설비의 열화를 방지하고 그 진행을 지연시켜 수명을 연장하기 위한 점검, 청소, 주유 및 교체 등의 활동은?

① 사후 보전　　② 개량 보전
③ 일상 보전　　④ 보전 예방

해설
보전의 구분
① 사후보전 : 고장이 발생한 이후에 시스템을 원래 상태로 되돌리는 것
② 보전예방 : 유지보수가 필요없는 설비를 만들기 위해 설계단계부터 개선사항 등을 반영하는 관리체계. 즉, 설계부터 근원적으로 고장이 나지 않도록 '보전이 불필요한 설비'를 만드는 것
③ 개량보전 : 설비가 고장난 후에 설계변경, 부품의 개선 등으로 수명을 연장하거나 수리검사가 용이하도록 설비 자체의 체질개선을 꾀하는 보전방식
④ 일상보전 : 설비보전방법 중 설비의 열화를 방지시키고 그 진행을 지연시켜 수명을 연장하기 위한 점검. 청소, 주유 및 교체 등의 활동

KEY ① 2021년 5월 15일 출제
② 2023년 6월 4일(문제 23번) 출제

---

57 다음 중 일반적인 화학설비에 대한 안전성 평가(safety assessment) 절차에 있어 안전대책 단계에 해당되지 않는 것은?

① 보전　　② 설비 대책
③ 위험도 평가　　④ 관리적 대책

해설
화학설비의 안전성 평가 6단계
① 제1단계 : 관계자료의 작성준비
② 제2단계 : 정성적 평가
③ 제3단계 : 정량적 평가(위험도 평가)
④ 제4단계 : 안전대책
　㉮ 설비대책 : 안전장치 및 방재장치에 관해서 배려한다.
　㉯ 관리적 대책 : 인원배치, 교육훈련 및 보전에 관해서 배려한다.
⑤ 제5단계 : 재평가
⑥ 제6단계 : FTA에 의한 평가

KEY ① 2023년 2월 28일(문제 33번) 출제
② 2023년 4월 1일 산업안전(보건)지도사 출제

보충학습
위험도 평가는 3단계에서 실시한다.

---

58 다음 현상을 설명하는 이론은?

> 인간이 감지할 수 있는 외부의 물리적 자극 변화의 최소범위는 표준 자극의 크기에 비례한다.

① 피츠(Fitts) 법칙
② 웨버(Weber) 법칙
③ 신호검출이론(SDT)
④ 힉-하이만(Hick-Hyman) 법칙

해설
웨버(Weber) 법칙
① 같은 종류의 두 자극을 구별할 수 있는 최소 차이는 자극의 강도에 비례한다고 하는 법칙
② $Weber비 = \dfrac{변화감지역}{기준자극의 크기}$
③ Weber비가 작을수록 분별력이 뛰어난 감각이다.

KEY ① 2021년 3월 7일 기사 출제
② 2023년 2월 28일(문제 38번) 출제

[정답] 55 ①　56 ③　57 ③　58 ②

59 밝은 곳에서 어두운 곳으로 갈 때 망막에 조응이 형성되는 생리적 과정인 암조응이 발생하는데 완전 암조응(Dark adaptation)이 발생하는데 소요되는 시간은?

① 약 3~5분
② 약 10~5분
③ 약 30~40분
④ 약 60~90분

해설

암조응
① 밝은 곳에서 어두운 곳으로 갈 때 : 원추세포의 감수성 상실, 간상세포에 의해 물체 식별
② 완전 암조응 : 보통 30~40분 소요(명조응 : 수초 내지 1~2분)

KEY
① 2019년 4월 27일 산업기사 출제
② 2022년 4월 24일(문제 25번) 출제

60 1sone에 관한 설명으로 ( )에 알맞은 수치는?

1sone : (ㄱ)[Hz], (ㄴ)[dB]의 음압수준을 가진 순음의 크기

① ㄱ : 1,000, ㄴ : 1
② ㄱ : 4,000, ㄴ : 1
③ ㄱ : 1,000, ㄴ : 40
④ ㄱ : 4,000, ㄴ : 40

해설

음의 크기의 수준
① Phon : 1,000[Hz] 순음의 음압수준(dB)을 나타낸다.
② sone : 1,000[Hz], 40[dB]의 음압수준을 가진 순음의 크기(= 40[Phon])를 1 [sone]이라 한다.
③ sone과 Phon의 관계식
∴ sone치 = $2^{(phon-40)/10}$

KEY
① 2015년 8월 16일(문제 22번) 출제
② 2016년 3월 6일 기사, 산업기사 동시 출제
③ 2019년 3월 3일(문제 29번), 4월 27일(문제 55번) 출제
④ 2021년 5월 15일(문제 30번) 출제
⑤ 2022년 4월 24일(문제 40번) 출제
⑥ 2025년 2월 7일 산업기사 출제

4 건설시공학

61 철골구조의 내화피복에 관한 설명으로 옳지 않은 것은?

① 조적공법은 용접철망을 부착하여 경량 모르타르, 펄라이트 모르타르와 플라스터 등을 바름하는 공법이다.
② 뿜칠공법은 철골표면에 접착제를 혼합한 내화피복재를 뿜어서 내화피복을 한다.
③ 성형판 공법은 내화단열성이 우수한 각종 성형판을 철골주위에 접착제와 철물 등을 설치하고 그 위에 붙이는 공법으로 주로 기둥과 보의 내화피복에 사용된다.
④ 타설공법은 아직 굳지 않은 경량콘크리트나 기포 모르타르 등을 강재주위에 거푸집을 설치하여 타설한 후 경화시켜 철골을 내화피복하는 공법이다.

해설

내화 피복공법 및 재료의 종류
① 내화도료공법 : 팽창성 내화도료
② 타설공법 : 콘크리트, 경량콘크리트
③ 조적공법 : 콘크리트 블록, 경량콘크리트 블록, 돌, 벽돌
④ 미장공법 : 철망 모르타르, 철망 펄라이트 모르타르
⑤ 뿜칠공법 : 뿜칠 암면, 습식 뿜칠 암면, 뿜칠 모르타르, 뿜칠 플라스터, 실리카, 알루미나 계열 모르타르
⑥ 성형판 붙임공법 : 무기섬유혼입 규산칼슘판, ALC판, 무기섬유강화 석고보드, 석면 시멘트판, 조립식 패널, 경량콘크리트 패널, 프리캐스트 콘크리트판
⑦ 세라믹울 피복공법 : 세라믹 섬유 블랭킷
⑧ 합성공법 : 프리캐스트 콘크리트판, ALC판

KEY
① 2022년 3월 5일(문제 78번) 출제
② 2024년 7월 5일(문제 75번) 출제

보충학습

조적(調積) : 벽돌이나 콘크리트 블록

[정답] 59 ③ 60 ③ 61 ①

과년도 출제문제

62 건축물의 지하공사에서 계측관리에 관한 설명으로 틀린 것은?

① 계측관리의 목적은 위험의 징후를 발견하는 것이다.
② 계측관리의 중점관리사항으로는 흙막이 변위에 따른 배면지반의 침하가 있다.
③ 계측관리는 인적이 뜸하고 위험이 적은 안전한 곳에 설치하여 주기적으로 실시한다.
④ 일일점검항목으로는 흙막이벽체, 주변지반, 지하수위 및 배수량 등이 있다.

해설
계측시 유의사항
① 착공시부터 준공시까지 계속 계측관리
② 계측관리계획에 입각하여 계측부위, 위치 선정
③ 공사 준공후 일정기간 동안 계측 실시할 것
④ 계측자료를 그래픽화하여 관리
⑤ 오차를 적게할 것
⑥ 전담자 운영 배치
⑦ 계측계획은 경험자가 수립
⑧ 관련성 있는 계측기는 집중배치 할 것
⑨ 계측도중 변화치수가 없다고 중단하지 말 것

KEY ① 2022년 4월 24일(문제 66번) 출제
② 2024년 7월 5일(문제 77번) 출제

63 흙막이 붕괴원인 중 히빙(heaving)파괴가 일어나는 주원인은?

① 흙막이벽의 재료 차이
② 지하수의 부력 차이
③ 지하수위의 깊이 차이
④ 흙막이벽 내외부 흙의 중량 차이

해설
히빙
(1) Heaving 원인
  ① 흙막이벽 내·외부 흙의 중량 차이
  ② 연약 점토지반에서 굴착면의 융기로 발생
(2) 방지대책
  ① 흙막이 근입깊이를 깊게 한다.
  ② 지반개량
  ③ 소단(비탈면의 중간에 설치하는 작은 계단)을 두면서 굴착
  ④ 굴착면 하중증가
  ⑤ 어스앵커 설치
  ⑥ 표토제거 하중감소

KEY ① 2015년 3월 8일 6과목에서 출제(문제 105번)
② 2023년 1회(문제 108번) 확인
③ 2023년 2월 28일(문제 68번) 출제
④ 2024년 5월 9일(문제 73번) 출제

보충학습
(1) 파이핑
  ① 보일링 현상으로 인하여 지반내에서 물의 통로가 생기면서 흙이 세굴되는 현상
  ② 흙막이에 대한 수밀성이 불량하여 널말뚝의 틈새로 물과 토사가 흘러들어, 기초지면의 모래지반을 들어 올리는 현상
(2) 보일링 : 사질토 지반에서 굴착저면과 흙막이 배면과의 수위차이로 인해 굴착저면의 흙과 물이 함께 위로 솟구쳐 오르는 현상

64 다음은 표준시방서에 따른 기성말뚝 세우기 작업 시 준수사항이다. ( )안에 들어갈 내용으로 옳은 것은?

> 말뚝의 연직도나 경사도는 (A) 이내로 하고, 말뚝박기 후 평면상의 위치가 설계도면의 위치로부터 (B)와 100[mm] 중 큰 값 이상으로 벗어나지 않아야 한다.

① A : 1/50, B : D/4
② A : 1/150, B : D/4
③ A : 1/100, B : D/2
④ A : 1/150, B : D/2

해설
말뚝 세우기
① 시공기계는 말뚝이 소정의 위치에 정확하게 설치될 수 있도록 견고한 지반 위의 정확한 위치에 설치하여야 한다.
② 말뚝을 정확하고도 안전하게 세우기 위해서는 정확한 규준틀을 설치하고 중심선 표시를 용이하게 하여야 하며, 말뚝을 세운 후 검측은 직교하는 2방향으로부터 하여야 한다.
③ 말뚝의 연직도나 경사도는 1/50 이내로 하고, 말뚝박기 후 평면상의 위치가 설계도면의 위치로부터 D/4(D는 말뚝의 바깥 지름)와 100[mm] 중 큰 값 이상으로 벗어나지 않아야 한다.

KEY ① 2020년 9월 27일(문제 73번) 출제
② 2023년 9월 2일(문제 72번) 출제
③ 2024년 2월 15일(문제 61번) 출제

[정답] 62 ③ 63 ④ 64 ①

65 콘크리트 표준시방서에 따른 거푸집널의 해체시기로 옳은 것은?(단, 콘크리트의 압축강도를 시험하지 않을 경우, 기둥으로서 평균기온이 20[℃] 이상이며 조강 포틀랜드 시멘트를 사용)

① 1일
② 2일
③ 3일
④ 4일

해설
압축강도를 시험하지 않을 경우

시멘트의 종류 평균기온	조강 포틀랜드 시멘트	보통포틀랜드시멘트 고로슬래그시멘트(1종) 포틀랜드포졸란시멘트(1종) 플라이애시시멘트(1종)	고로슬래그시멘트(2종) 포틀랜드포졸란시멘트(2종) 플라이애시시멘트(2종)
20[℃] 이상	2일	4일	5일
20[℃] 미만 10[℃] 이상	3일	6일	8일

KEY ① 2013년 6월 2일(문제 74번) 출제
② 2019년 9월 21일 등 5회 이상 출제
③ 2023년 6월 4일(문제 73번) 출제
④ 2024년 2월 15일(문제 71번) 출제

66 강제 널말뚝(steel sheet pile)공법에 관한 설명으로 옳지 않은 것은?

① 무소음 설치가 어렵다.
② 타입 시 지반의 체적 변형이 작아 항타가 쉽다.
③ 강제 널말뚝에는 U형, Z형, H형 등이 있다.
④ 관입, 철거 시 주변 지반침하가 일어나지 않는다.

해설
강널말뚝(steel sheet pile)
① 토목ㆍ건축공사에서 물막이ㆍ흙막이 등을 위해 박는 강판으로 된 말뚝으로 시트파일이라 한다.
② 단면의 형태는 여러 가지가 있으나, 양단이 구멍형 또는 요철(凹凸)로 되어 있어 서로 끼워 맞출 수 있게 되어 있다.
③ 구조물의 일부로서 강널말뚝을 사용하는 예 : 강널말뚝식 암벽(岩壁)이 있다.
④ 장점
  ㉮ 시공이 빠르고 간단하다.
  ㉯ 공사비용도 적게 든다.
  ㉰ 약한 지반에도 적용할 수 있다.
  ㉱ 내진구조(耐震構造)로 할 수도 있다는 점 등이다.
⑤ 단점
  ㉮ 외부로부터의 충격에 약하다.
  ㉯ 내수성이 약하므로 방식처리(防蝕處理)를 해야 한다.
  ㉰ 관입철거시 주변 침하가 일어나기 쉽다.

[그림] 강널말뚝

KEY ① 2018년 3월 4일(문제 63번) 출제
② 2018년 9월 15일 산업기사 출제
③ 2022년 3월 5일(문제 62번) 출제
④ 2024년 2월 15일(문제 79번) 출제

67 건설공사의 시공계획 수립 시 작성할 필요가 없는 것은?

① 현치도
② 공정표
③ 실행예산의 편성 및 조정
④ 재해방지계획

해설
시공계획의 내용 및 순서
① 현장원 편성
② 공정표 작성
③ 실행예산 편성
④ 하도급자의 선정
⑤ 가설준비물 결정
⑥ 재료선정 및 결정
⑦ 재해방지대책 및 의료대책

KEY ① 2018년 제1회 출제
② 2023년 2월 28일(문제 61번) 출제

보충학습
현치도 : 시공도 작성시 필요

68 폼타이, 컬럼밴드 등을 의미하며, 거푸집을 고정하여 작업 중의 콘크리트 측압을 최종적으로 부담하는 것은?

① 박리재
② 간격재
③ 격리재
④ 긴결재

[정답] 65 ② 66 ④ 67 ① 68 ④

해설
용어정의
① 긴장(결)재(Form tie) : 콘크리트를 부어 넣을 때 거푸집이 벌어지거나 변형되지 않게 연결 고정하는 것이며, 조임용 철선은 달구어 누그린 철선을 두겹으로 탕개를 틀어 조여맨 것
② 간격재(spacer) : 철근과 거푸집의 간격 유지(피복간격 유지)를 위한 것
③ 박리제(formoil) : 중유, 석유, 동식물유, 아마인유, 파라핀, 합성수지 등을 사용, 콘크리트와 거푸집의 박리를 용이하게 하는 것
④ 격리재(separator) : 거푸집의 상호간 간격을 유지시켜 주는 것
⑤ 캠버(camber) : 처짐을 고려하여 보나 슬래브 중부를 l/300~l/500 정도 미리 치켜올림, 높이 조절용 쐐기

KEY ① 2013년 9월 28일(문제 68번) 출제
② 2016년 4회(문제 75번) 출제
③ 2023년 2월 28일(문제 75번) 출제

69 다음 중 흙막이벽 버팀대의 응력변화를 측정하여 이상변화파악 및 대책을 수립하는 데 사용되는 계측기는?

① 경사계(inclino meter)
② 변형률계(strain gauge)
③ 토압계(soil pressure gauge)
④ 진동측정계(vibro meter)

해설
계측기의 종류 및 사용목적
① 지표침하계 : 흙막이벽 배면에 동결심도보다 깊게 설치하여 지표면 침하량 측정
② 지중경사계 : 흙막이벽 배면에 설치하여 토류벽의 기울어짐 측정
③ 하중계 : Strut, Earth Anchor에 설치하여 축하중 측정으로 부재의 안정성 여부 판단
④ 간극수압계 : 굴착, 성토에 의한 간극수압의 변화 측정
⑤ 균열측정기 : 인접구조물, 지반 등의 균열부위에 설치하여 균열크기와 변화측정
⑥ 변형률계 : Strut, 띠장 등에 부착하여 굴착작업시 구조물의 변형을 측정
⑦ 지하수위계 : 굴착에 따른 지하수위 변동을 측정

KEY ① 2012년 제1회 출제
② 2023년 2월 28일(문제 76번) 출제

70 통상적으로 스팬이 큰 보 및 바닥판의 거푸집을 걸 때에 스팬의 캠버(camber)값으로 옳은 것은?

① $l/300 \sim l/500$ ② $l/200 \sim l/350$
③ $l/150 \sim l/250$ ④ $l/100 \sim l/300$

해설
거푸집 시공상 주의점(안전성) 검토
① 조립, 해체 전용 계획에 유의
② 바닥, 보의 중앙부 치켜 올림 고려 : $l/300 \sim l/500$
③ 갱폼, 터널폼은 이동성, 연속성 고려
④ 재료의 허용응력도는 장기 허용응력도의 1.2배까지 택함
⑤ 비계나 가설물에 연결하지 않는다.

KEY 2022년 4월 24일(문제 61번) 출제

보충학습
캠버(Camber)
① 사태 방지재의 부착고정, 흄관의 이동 방지 등에 사용되는 쐐기 모양의 나무 조각
② 차도 또는 보도의 횡단 형상에서 중간이 높게 된 것 또는 횡단 물매

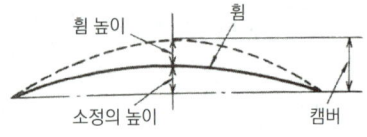

[그림] 캠버

71 철골작업용 장비 중 절단용 장비로 옳은 것은?

① 프릭션 프레스(frixtion press)
② 플레이트 스트레이닝 롤(plate straining roll)
③ 파워 프레스(power press)
④ 핵 소우(hack saw)

해설
hack saw(쇠톱, 활톱)
① 금속의 공작물을 자를 때 사용되며, 일반적으로 손작업용 쇠톱이 쓰인다.
② 톱날을 고정하는 프레임은 톱날 길이에 따라 몇 단계로 조절이 가능하다.
③ 톱날을 수직·수평 어느 방향으로도 끼울 수 있다.

[그림] hack saw

KEY ① 2017년 3월 5일 출제
② 2019년 4월 27일(문제 69번) 출제
③ 2022년 4월 24일(문제 70번) 출제

[정답] 69 ② 70 ① 71 ④

72. 콘크리트의 측압에 영향을 주는 요소에 관한 설명으로 옳지 않은 것은?

① 콘크리트 타설속도가 빠를수록 측압은 커진다.
② 콘크리트 온도가 낮으면 경화속도가 느려 측압은 작아진다.
③ 벽 두께가 얇을수록 측압은 작아진다.
④ 콘크리트의 슬럼프값이 클수록 측압은 커진다.

해설

거푸집 측압
① 슬럼프가 클수록, 배합이 좋을수록, 벽두께가 두꺼울수록 측압은 커진다.
② 부어넣기 속도가 빠를수록 커진다.
③ 온도가 낮을수록 측압은 커진다.
④ 다지기가 충분할수록 커진다.(진동기 사용할 때 30[%] 증가)

KEY
① 2016년 5월 8일 기사 출제
② 2017년 5월 7일, 9월 23일 산업기사 출제
③ 2019년 3월 3일(문제 74번) 출제
④ 2022년 3월 5일(문제 67번) 출제

73. 철근콘크리트 보에 사용된 굵은 골재의 최대치수가 25[mm]일 때, D22 철근(동일 평면에서 평행한 철근)의 수평 순간격으로 옳은 것은?(단, 콘크리트를 공극 없이 칠 수 있는 다짐 방법을 사용할 경우에는 제외)

① 22.2[mm]
② 25[mm]
③ 31.25[mm]
④ 33.3[mm]

해설

철근의 순간격
① 22 × 1.5 = 33[mm]
② 25 × 1.25 = 31.25[mm]

KEY
① 2017년 3월 5일(문제 63번) 출제
② 2022년 3월 5일(문제 72번) 출제

보충학습

철근의 간격 결정 방법
① 철근지름의 1.5배 이상
② 2.5[cm] 이상
③ 굵은 골재지름의 1.25배 이상
④ ①, ②, ③ 중 가장 큰 값 선택

74. 건축시공의 현대화 방안 중 3S system과 거리가 먼 것은?

① 작업의 표준화
② 작업의 단순화
③ 작업의 전문화
④ 작업의 기계화

해설

건축시공의 3S system
① 단순화(simplification)
② 표준화(standardization)
③ 전문화(specification)

KEY
① 2012년 5월 20일(문제 62번) 출제
② 2019년 3월 3일(문제 5번) 해설
③ 2019년 3월 3일(문제 67번) 출제

75. 잡석지정의 다짐량이 5[m³]일 때 틈막이로 넣는 자갈의 양으로 가장 적당한 것은?

① 0.5[m³]
② 1.5[m³]
③ 3.0[m³]
④ 5.0[m³]

해설

사춤자갈량 = 잡석량 × 30[%] = 5 × 0.3 = 1.5[m³]

KEY
① 2012년 5월 20일(문제 62번) 출제
② 2019년 3월 3일(문제 5번) 해설
③ 2019년 3월 3일(문제 70번) 출제

76. 바닥판 거푸집의 구조계산 시 고려해야 하는 연직하중에 해당하지 않는 것은?

① 굳지 않은 콘크리트의 중량
② 작업하중
③ 충격하중
④ 굳지 않은 콘크리트의 측압

[정답] 72 ② 73 ④ 74 ④ 75 ② 76 ④

해설

거푸집 설계 시 고려하중
(1) 바닥판, 보 밑 등 수평부재(연직방향하중)
   ① 작업하중
   ② 충격하중
   ③ 생 콘크리트의 자중(중량)
(2) 벽, 기둥, 보 옆 등 수직부재
   ① 생 콘크리트의 자중
   ② 생 콘크리트의 측압

KEY
① 2017년 5월 7일 출제
② 2017년 9월 23일 출제
③ 2018년 9월 15일 산업기사(문제 52번) 출제
④ 2019년 4월 27일(문제 62번) 출제

---

77 원가절감에 이용되는 기법 중 VE(Value Engineering)에서 가치를 정의하는 공식은?

① 품질/비용
② 비용/기능
③ 기능/비용
④ 비용/품질

해설

VE(Value Enginnering)
① 건설현장에서 필요한 기능을 품질저하 없이 유지하며 가장 적은 비용으로 공사를 관리하는 원가절감기법(가치공학)
② 원가절감 가능성이 큰 단계 : 기획설계
③ 가치 = $\dfrac{\text{기능}}{\text{비용}}$

KEY
① 2016년 5월 8일 출제
② 2017년 5월 7일 산업기사 출제
③ 2018년 4월 28일 산업기사(문제 45번) 출제
④ 2019년 4월 27일(문제 63번) 출제

---

78 조적공사의 백화현상을 방지하기 위한 대책으로 옳지 않은 것은?

① 석회를 혼합한 줄눈 모르타르를 활용하여 바른다.
② 흡수율이 낮은 벽돌을 사용한다.
③ 쌓기용 모르타르에 파라핀 도료와 같은 혼화제를 사용한다.
④ 돌림대, 차양 등을 설치하여 빗물이 벽체에 직접 흘러내리지 않게 한다.

해설

백화현상의 방지대책
① 잘 구워진 벽돌(소성이 잘 된 벽돌)을 사용한다.
② 줄눈의 방수처리 철저, 예방이 중요하다.
③ 조립률이 큰 모래, 분말도가 큰 시멘트를 사용한다.
④ 차양, 루버, 돌림띠 등 비막이를 설치한다.
⑤ 표면에 파라핀 도료나 실리콘 뿜칠하여 수산화칼슘 유출을 방지한다.
⑥ 우중시공을 철저히 금지시킨다.

KEY
① 2017년 3월 5일 출제
② 2019년 9월 21일(문제 62번) 출제

---

79 표준관입시험의 N치에서 추정이 곤란한 사항은?

① 사질토의 상대밀도와 내부 마찰각
② 전단지지층이 사질토지반일 때
③ 점성토의 전단강도
④ 점성토 지반의 투수 계수와 예민비

해설

표준관입시험(Penetration test)
① 주로 사질토지반에서 불교란 시료를 채취하기 곤란하므로 밀실도를 측정하기 위해 사용되는 방법
② 표준샘플러를 관입량 30[cm]에 박는 데 요하는 타격횟수 N을 구한다.
③ 이때 추는 63.5[kg], 낙고는 76[cm]로 한다.

[표] 표준관입시험 N값에 의한 밀도측정

모래질지반	N값	점토지반	N값
밀실한 모래	30~50	매우 단단한 점토	30~50
중정도 모래	10~50	단단한 점토	8~15
느슨한 모래	5~50	중정도 점토	4~9
아주 느슨한 모래	5 이하	무른 점토	2~4
		아주 무른 점토	0~2

---

80 콘크리트 공사 시 콘크리트를 2층 이상으로 나누어 타설할 경우 허용 이어치기 시간간격의 표준으로 옳은 것은?(단, 외기온도가 25[℃] 이하일 경우이며, 허용이어치기 시간간격은 하층 콘크리트 비비기 시작에서부터 콘크리트 타설 완료한 후, 상층 콘크리트가 타설되기까지의 시간을 의미)

① 2.0 [시간]
② 2.5 [시간]
③ 3.0 [시간]
④ 3.5 [시간]

[정답] 77 ③ 78 ① 79 ④ 80 ②

해설

콘크리트 타설

① 콘크리트를 2층 이상으로 나누어 타설할 경우, 상층의 콘크리트 타설은 원칙적으로 하층의 콘크리트가 굳기 시작하기 전에 해야 하며, 상층과 하층이 일체가 되도록 시공한다.
② 콜드조인트가 발생하지 않도록 하나의 시공구획의 면적, 콘크리트의 공급능력, 이어치기 허용시간간격 등을 정하여야 한다.
③ 이어치기 허용시간 간격은 [표]를 표준으로 한다.

[표] 허용 이어치기 시간간격의 표준

외기온도	허용 이어치기 시간간격
25[℃] 초과	2.0 [시간]
25[℃] 이하	2.5 [시간]

㈜ 허용 이어치기 시간간격은 하층 콘크리트 비비기 시작에서부터 콘크리트 타설 완료한 후, 상층 콘크리트가 타설되기 까지의 시간

KEY ▷ 2020년 8월 22일(문제 74번) 출제

합격정보
콘크리트 표준시방서

---

5 건설 재료학

81 목재를 작은 조각으로 하여 충분히 건조시킨 후 합성수지와 같은 유기질의 접착제를 첨가하여 열압 재판한 목재 가공품은?

① 파티클 보드(Particle board)
② 코르크판(Cork board)
③ 섬유판(Fiber board)
④ 집성목재(Ghalam)

해설

파티클(Particle: 조각) 보드

① 방향성 없이 열압성형제판한 것이므로 강도와 섬유방향에 따른 방향성이 없고 변형도 극히 적고 방부방화제의 첨가에 따라 방부방화성을 높일 수 있다.
② 흡음성과 열의 차단성도 좋다.
③ 강도가 크므로 구조용으로 어느 정도 적당하여 선반, 마룻널, 칸막이, 가구 등에 쓰인다.

KEY ▷ ① 2017년 5월 7일 기사 출제
② 2018년 3월 4일 기사 출제
③ 2020년 8월 22일(문제 89번) 출제
④ 2022년 3월 5일(문제 82번) 출제

---

82 유리가 불화수소에 부식하는 성질을 이용하여 5[mm] 이상 판유리면에 그림, 문자등을 새긴 유리는?

① 스테인드 유리
② 망입유리
③ 에칭유리
④ 내열유리

해설

에칭유리

① 유리면에 부식액의 방호막을 붙이고 이 막을 모양에 맞게 오려내고 그 부분에 유리부식액을 발라 소요 모양으로 만들어 장식용으로 사용하는 유리
② 5[mm] 이상의 판유리에 그림·문자 등을 새긴다.

KEY ▷ ① 2019년 제1회 (문제 83번) 출제
② 2023년 2월 28일(문제 84번) 출제
③ 2024년 5월 9일(문제 89번) 출제
④ 2024년 7월 5일(문제 83번) 출제

보충학습

HF(불화수소)

① 플루오린화 수소(hydrogen fluoride)는 불화 수소(弗化水素), 에칭가스(etching gas) 등으로 불리는 플루오린과 수소의 화합물로, 화학식은 HF이다.
② 예전부터 플루오린화 수소산은 유리 산업에서 알려져 있었으며, 1771년에 스웨덴의 화학자인 칼 빌헬름 셸레는 플루오린화 수소산을 대량으로 제조했다.
③ 현재 반도체 습식 식각을 진행할 때는 산화반응을 하는 과산화수소와 세정력이 높은 인산(H_3PO_4), 불산(불화수소산 : 불화수소 수용액 : HP) 등이 활용되고 있다.

---

83 건축재료 중 마감재료의 요구성능으로 거리가 먼 것은?

① 화학적 성능
② 역학적 성능
③ 내구성능
④ 방화·내화 성능

해설

마감재료 구분

난연성능	개념	재료
불연재료 (난연1급)	불에 타지 아니하는 성질을 가진 재료	알루미늄·유지 및 건축공사 표준시방서에서 정한 두께 이상인 시멘트모르타르 또는 회동 미장재료 (피난방화규칙 제6조 제1호)
준불연재료 (난연2급)	불연재료에 준하는 성질을 가진 재료로 재료 자체는 간신히 연소되지만 크게 번지지 않는 것	석고보드 등
난연재료 (난연3급)	(목재에 비해)불에 잘 타지 아니하는 성능을 가진 재료	난연합판, 난연플라스틱판 등

[정답] 81 ① 82 ③ 83 ②

합격정보
마감재료의 성능에 따른 위계와 개념정의
*「건축법 시행령」제2조 제9호 내지 11호 등 참조

84 콘크리트의 탄산화에 관한 설명으로 옳지 않은 것은?

① 탄산가스의 농도, 온도, 습도 등 외부 환경조건도 탄산화 속도에 영향을 준다.
② 물-시멘트비가 클수록 탄산화의 진행속도가 빠르다.
③ 탄산화된 부분은 페놀프탈레인액을 분무해도 착색되지 않는다.
④ 일반적으로 보통 콘크리트가 경량골재 콘크리트보다 탄산화 속도가 빠르다.

해설
중성(탄산)화 방지대책
① 초기에 탄산가스 접촉금지
② 피복두께와 부재단면 증가
③ 습도는 높고, 온도 낮게 유지
④ AE 감수제, 유동화제 사용
⑤ W/C비를 낮출 것, 다짐양생철저
⑥ 경량골재, 혼합시멘트 사용금지

KEY ① 2019년 9월 21일 기사·산업기사 동시출제
② 2023년 9월 2일(문제 87번) 출제
③ 2024년 5월 9일(문제 83번), 7월 5일(문제 90번) 출제

보충학습
경화(硬化)한 콘크리트는 시멘트의 수화생성물로서 수산화칼슘을 함유하여 강알칼리성(pH 12~13)을 나타낸다. 공기 중의 탄산가스(CO_2) 또는 산성비가 콘크리트 중의 수산화칼슘($Ca(OH)_2$)과 화학반응하여 서서히 탄산칼슘($CaCO_3$)이 되면서 콘크리트의 알칼리성을 상실한다. 이와 같은 현상을 '콘크리트 중성화'라고 한다. 탄산화(Carbonation)라고도 한다.
$Ca(OH)_2 + CO_2 \rightarrow CaCO_3 + H_2O [CaCO_3 \uparrow \Rightarrow 중성화\uparrow]$

85 강의 열처리 방법 중 결정을 미립화하고 균일하게 하기 위해 800~1,000[℃]까지 가열하여 소정의 시간까지 유지한 후에 로(爐)의 내부에서 서서히 냉각하는 방법은?

① 풀림 ② 불림
③ 담금질 ④ 뜨임질

해설
강의 일반 열처리 4가지

구분 종류	열처리 방법
불림(소준) (Normalizing)	강을 800~1,000[℃]로 가열한 후 공기 중에서 천천히 냉각시킨다.
풀림(소둔) (Annealing)	강을 800~1,000[℃]로 가열한 후 노 속에서 천천히 냉각시킨다.
담금질(소입) (Quenching)	강을 800~1,000[℃]로 가열한 후 물 또는 기름 속에서 급히 냉각시킨다.
뜨임질(소려) (Tempering)	담금질한 후 다시 200~600[℃]로 가열한 다음 공기 중에서 천천히 냉각시킨다.

KEY ① 2016년 5월 8일 출제
② 2017년 5월 7일 출제
③ 2019년 9월 21일 출제
④ 2021년 3월 7일(문제 95번) 출제
⑤ 2024년 7월 5일(문제 94번) 출제

86 다음 중 열경화성 수지에 속하지 않는 것은?

① 멜라민 수지
② 요소 수지
③ 폴리에틸렌 수지
④ 에폭시 수지

해설
열경화성수지의 종류
① 페놀수지
② 요소수지
③ 멜라민수지
④ 알키드수지
⑤ 폴리에스테르수지
⑥ 우레탄수지
⑦ 에폭시수지
⑧ 실리콘수지
⑨ 푸란수지

KEY ① 2018년 4월 28일 산업기사 출제
② 2018년 9월 15일 산업기사 출제
③ 2019년 9월 21일 기사 출제
④ 2023년 9월 2일(문제 82번) 출제
⑤ 2024년 5월 9일(문제 81번) 출제

[정답] 84 ④ 85 ① 86 ③

87. 다음 중 알루미늄의 특성으로 옳지 않은 것은?

① 순도가 높을수록 내식성이 좋지 않다.
② 알칼리나 해수에 침식되기 쉽다.
③ 콘크리트에 접하거나 흙 중에 매몰된 경우에 부식되기 쉽다.
④ 내화성이 부족하다.

[해설]

알루미늄의 특성
(1) 알루미늄 장점
  ① 비중이 철의 1/3 정도이고, 역학적 성질이 우수하다.
  ② 열·전기전도성이 크고, 반사율이 높다.
  ③ 내식성이 우수하며 가공이 쉽다.
  ④ 전연성이 좋아 판, 선으로 가공이 쉽고 주조도 가능하다.
(2) 알루미늄 단점
  ① 내화성이 약하다.
  ② 산·알칼리 및 해수에 침식되기 쉽다.
  ③ 콘크리트에 접하거나 흙 중에 매몰된 경우에는 부식된다.
  ④ 상온에서 판, 선으로 압연가공하면 경도와 인장강도가 증가한다.
  ⑤ 연질이고 강도가 낮다.

[KEY] ① 2012년 제1회 (문제 88번) 출제
② 2023년 6월 4일(문제 91번) 출제
③ 2024년 5월 9일(문제 92번) 출제

[보충학습]

비중
① 물과 공기처럼 표준 물질과의 밀도차이를 뜻한다.
② 철은 비중이 7.8, 알루미늄은 2.7, 고무는 0.93인데, 이처럼 비중을 통해 서로 다른 물질의 무겁고 가벼운 정도를 알아낼 수 있다.

88. 금속의 부식방지를 위한 관리대책으로 옳지 않은 것은?

① 부분적으로 녹이 발생하면 즉시 제거할 것
② 큰 변형을 준 것은 가능한 한 풀림하여 사용할 것
③ 가능한 한 이종 금속을 인접 또는 접촉시켜 사용할 것
④ 표면을 평활하고 깨끗이 하며, 가능한 한 건조상태로 유지할 것

[해설]

철의 방식(부식 방지법)
① 서로 다른 금속은 인접 또는 접촉시키지 않는다.
② 균질한 것을 선택하고 사용할 때 큰 변형을 주지 않도록 주의한다.
③ 표면을 평활, 청결하게 하고 건조상태를 유지한다.
④ 부분적인 녹은 빨리 제거한다.

[KEY] ① 2017년 9월 23일 기사 출제
② 2019년 9월 21일 산업기사 출제
③ 2020년 6월 14일 산업기사 출제
④ 2020년 8월 22일(문제 90번) 출제
⑤ 2022년 4월 24일(문제 90번) 출제
⑥ 2024년 5월 9일(문제 95번) 출제
⑦ 2025년 2월 7일 산업기사 출제

89. 다음 중 열전도율이 가장 낮은 것은?

① 콘크리트   ② 코르크판
③ 알루미늄   ④ 주철

[해설]

목재의 열전도율 (단위 : kcal/m·h·℃)

재료	공기	코르크판	소나무	회반죽벽	유리	콘크리트	벽돌
열전도율	0.026	0.04	0.12	0.54	0.70	1.00	1.10

[KEY] ① 2022년 3월 5일(문제 87번) 출제
② 2024년 5월 9일(문제 97번) 출제

90. 경질우레탄폼 단열재에 관한 설명 중 옳지 않은 것은?

① 규격은 한국산업표준(KS)에 규정되어 있다.
② 공사현장에서 발포시공이 가능하다.
③ 사용시간이 경과함에 따라 부피가 팽창하는 결점이 있다.
④ 초저온 장치용 보냉재로 사용된다.

[해설]

경질 폴리우레탄 폼(rigid polyurethane foam)
① 경질 폴리우레탄 폼은 고분자 단열재의 일종인데, 단열재 중에서 가장 단열성이 높아 로크울의 약 2배의 단열성을 갖고 있다.
② 단열효과는 발포제(發泡劑)로 사용하는 프론가스에서 비롯되는 것으로, 성에너지형 주택의 증가와 함께 근년에 생산량이 늘어나고 있다.
③ 시간이 경과해도 부피는 변화가 없다.

[KEY] ① 2020년 9월 27일(문제 93번) 출제
② 2023년 9월 2일(문제 86번) 출제
③ 2024년 2월 15일(문제 82번) 출제

[정답] 87 ① 88 ③ 89 ② 90 ③

보충학습

폴리우레탄
① 폴리우레탄 결합이라는 구조를 갖고 있기 때문에 이렇게 부르고 있다.
② 매우 강인한 것이 특징이며, 고무 탄성을 가지고 있다.
③ 발포체로 하여 우레탄 폼으로 사용될 뿐만 아니라 합성 섬유와 합성 고무로도 사용되고 있다.

91 KSL 4201에 따른 1종 점토벽돌의 압축강도 기준으로 옳은 것은?

① 8.78[MPa] 이상
② 14.70[MPa] 이상
③ 20.59[MPa] 이상
④ 24.50[MPa] 이상

해설

점토벽돌의 품질(KSL 4201)

품질 \ 종류	1종	2종	3종
흡수율[%]	10 이하	13 이하	15 이하
압축강도[MPa]	24.50 이상	20.59 이상	10.78 이상

KEY
① 2017년 9월 23일 산업기사 출제
② 2018년 3월 4일 출제
③ 2020년 6월 7일(문제 85번) 출제
④ 2023년 2월 28일(문제 83번) 출제
⑤ 2024년 2월 15일(문제 88번) 출제

92 일반적으로 단열재에 습기나 물기가 침투하면 어떤 현상이 발생하는가?

① 열전도율이 높아져 단열성능이 좋아진다.
② 열전도율이 높아져 단열성능이 나빠진다.
③ 열전도율이 낮아져 단열성능이 좋아진다.
④ 열전도율이 낮아져 단열성능이 나빠진다.

해설

단열재의 선정조건
① 열전도율, 흡수율이 작을 것
② 비중, 투기성이 작을 것
③ 내화성이 크고 내부식성이 좋을 것
④ 시공성이 좋고 기계적인 강도가 있을 것
⑤ 재질의 변질이 없고 균일한 품질일 것
⑥ 가격이 저렴하고 연소 시 유독가스 발생이 없을 것

KEY
① 2011년 10월 2일 (문제 87번) 출제
② 2013년 6월 2일 (문제 94번) 출제
③ 2015년 9월 19일 (문제 88번) 출제
④ 2023년 2월 28일(문제 96번) 출제
⑤ 2024년 2월 15일(문제 93번) 출제

보충학습

각종 단열재의 열전도율(0°C)

단열재의 종류	열전도율(kcal/m·h·°C)
경질 우레탄 폼	0.017
로크올	0.034
유리 섬유	0.038
연질 섬유판	0.038
폴리스티렌 폼(융착 성형)	0.032
폴리스티렌 폼(압출 성형)	0.029

*출처 : 일본 주택설비시스템협회 발행 「주택과 성에너지」

93 플라이애시시멘트에 대한 설명으로 옳은 것은?

① 수화할 때 불용성 규산칼슘 수화물을 생성한다.
② 화력발전소 등에서 완전 연소한 미분탄의 회분과 포틀랜드시멘트를 혼합한 것이다.
③ 재령 1~2시간 안에 콘크리트 압축강도가 20MPa에 도달할 수 있다.
④ 용광로의 선철제작 부산물을 급랭시키고 파쇄하여 시멘트와 혼합한 것이다.

해설

플라이애시(Fly ash)
① 인공제품으로 가장 널리 쓰이는 포졸란의 일종이다.
② 주로 시공연도조절 등으로 사용된다.(주성분 : 석탄재)
③ 블리딩이 적어진다.

KEY
① 2017년 3월 5일기사 출제
② 2018년 4월 28일 기사 출제
③ 2019년 9월 21(문제 84번) 출제
④ 2022년 3월 5일(문제 88번) 출제
⑤ 2022년 4월 24일(문제 81번) 출제

[정답] 91 ④ 92 ② 93 ②

94. 목재의 내연성 및 방화에 대한 설명으로 옳지 않은 것은?

① 목재의 방화는 목재 표면에 불연소성 피막을 도포 또는 형성시켜 화염의 접근을 방지하는 조치를 한다.
② 방화재로는 방화페인트, 규산나트륨 등이 있다.
③ 목재가 열에 닿으면 먼저 수분이 증발하고 160℃ 이상이 되면 소량의 가연성가스가 유출된다.
④ 목재는 450℃에서 장시간 가열하면 자연발화 하게 되는데, 이 온도를 화재위험온도라고 한다.

해설

목재의 연소온도
① 목재의 수분증발은 100[℃]에서 발생한다.
② 가소성 가스증발은 180[℃]에서 발생한다.
③ 목재의 착화점은 260~270[℃](화재위험온도) 정도이다.
④ 자연발화점은 400~450[℃]이다.(자연발화온도)
⑤ 발화 후 10~20분의 단시간에 1,000~1,200[℃]의 최고온도를 나타내고 그 후 급격히 온도가 떨어져 500[℃] 정도가 되며 서서히 저하된다.

KEY ① 2018년 4월 28일(문제 99번) 출제
② 2022년 4월 24일(문제 89번) 출제

95. 점토제품 중 소성온도가 가장 고온이고 흡수성이 매우 작으며 모자이크 타일, 위생도기 등에 주로 쓰이는 것은?

① 토기 ② 도기
③ 석기 ④ 자기

해설

점토제품의 분류

종류	소성온도[℃]	흡수율[%]
토기	790~1,000	20 이상
도기	1,100~1,230	10
석기	1,160~1,350	3~10
자기	1,230~1,460	0~1

KEY ① 2017년 5월 7일 산업기사 출제
② 2018년 4월 28일 (문제 82번) 출제
③ 2019년 9월 21일 (문제 85번) 출제
④ 2020년 9월 27일 (문제 95번) 출제
⑤ 2022년 4월 24일 (문제 99번) 출제

96. 통풍이 좋지 않은 지하실에 사용하는데 가장 적합한 미장재료는?

① 시멘트 모르타르
② 회사벽
③ 회반죽
④ 돌로마이트 플라스터

해설

방수 시멘트 모르타르
① 염화칼슘, 물유리, 규산질 광물의 가루, 파라핀, 아스팔트 등의 방수제를 시멘트 모르타르에 섞어 넣은 것이다.
② 용도 : 지하실 등 적합

KEY ① 2017년 9월 23일 출제
② 2020년 8월 22일(문제 81번) 출제

97. 블리딩현상이 콘크리트에 미치는 가장 큰 영향은?

① 공기량이 증가하여 결과적으로 강도를 저하시킨다.
② 수화열을 발생시켜 콘크리트에 균열을 발생시킨다.
③ 콜드조인트의 발생을 방지한다.
④ 철근과 콘크리트의 부착력 저하, 수밀성 저하의 원인이 된다.

해설

블리딩(Bleeding)
① 아직 굳지 않은 시멘트풀, 모르타르 및 콘크리트에 있어서 윗면으로 물이 스며오르는 현상
② 부착력 및 수밀성 저하의 요인

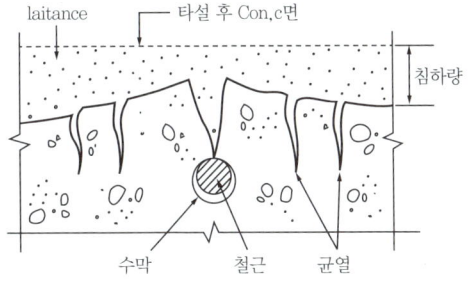

[그림] Bleeding

KEY ① 2017년 3월 5일 산업기사 출제
② 2018년 3월 4일 기사 출제
③ 2020년 8월 22일(문제 84번) 출제

[정답] 94 ④ 95 ④ 96 ① 97 ④

과년도 출제문제

98 콘크리트의 압축강도에 영향을 주는 요인에 관한 설명으로 옳지 않은 것은?

① 양생온도가 높을수록 콘크리트의 초기강도는 낮아진다.
② 일반적으로 물-시멘트비가 같으면 시멘트의 강도가 큰 경우 압축강도가 크다.
③ 동일한 재료를 사용하였을 경우에 물-시멘트비가 작을수록 압축강도가 크다.
④ 습윤양생을 실시하게 되면 일반적으로 압축강도는 증진된다.

해설
양생조건
① 양생온도는 30[℃] 이하에서는 비례하고 재령과 비례한다.
② 온도가 낮으면 강도(특히 조기강도)가 저하된다.

KEY 2020년 8월 22일(문제 97번) 출제

99 금속 중 연(Pb)에 관한 설명으로 옳지 않은 것은?

① X선 차단효과가 큰 금속이다.
② 산, 알칼리에 침식되지 않는다.
③ 공기중에서는 탄산연($PbCO_3$) 등이 표면에 생겨 내부를 보호한다.
④ 인장강도가 극히 작은 금속이다.

해설
납(Pb : 연)
① 비중(11.34)이 크고 연하다.
② 주조 가공성 및 단조성이 풍부하다.
③ 열전도율은 작으나 온도의 변화에 따른 신축이 크다.
④ 알칼리에는 침식된다.
⑤ 송수관, 가스관, X선실, 방사선 차단 안벽붙임 등에 쓰인다.

KEY
① 2017년 3월 5일 출제
② 2017년 5월 7일 산업기사 출제
③ 2018년 3월 4일 (문제85번) 출제
④ 2019년 4월 27일(문제 81번) 출제

100 콘크리트의 강도 및 내구성 증가에 가장 큰 영향을 주는 것은?

① 물과 시멘트의 배합비
② 모래와 자갈의 배합비
③ 시멘트와 자갈의 배합비
④ 시멘트와 모래의 배합비

해설
물시멘트비(W/C)
① 충분히 혼합될 수 있는 범위 내에서 W/C가 작을수록 강도는 크다.
② W/C의 적용범위는 50~70[%]이다.
③ 콘크리트 강도 및 내구성 증가에 가장 큰 영향을 준다.

KEY
① 2013년 6월 2일(문제 81번) 출제
② 2017년 3월 5일 산업기사 출제
③ 2019년 4월 27일 산업기사 출제
④ 2019년 4월 27일(문제 85번) 출제

6 건설안전기술

101 잠함 또는 우물통의 내부에서 굴착작업을 할 때의 준수사항으로 옳지 않은 것은?

① 굴착 깊이가 10[m]를 초과하는 경우에는 해당 작업장소와 외부와의 연락을 위한 통신설비등을 설치하여야 한다.
② 산소 결핍의 우려가 있는 경우에는 산소의 농도를 측정하는 자를 지명하여 측정하도록 한다.
③ 근로자가 안전하게 승강하기 위한 설비를 설치한다.
④ 측정 결과 산소의 결핍이 인정될 경우에는 송기를 위한 설비를 설치하여 필요한 양의 공기를 공급하여야 한다.

해설
잠함작업시 통신설비 설치기준 : 굴착깊이 20[m]초과

KEY
① 2012년 8월 26일 기사 출제
② 2018년 8월 19일 기사 출제
③ 2023년 7월 8일(문제 110번) 출제
④ 2024년 5월 9일(문제 104번) 출제

합격정보
산업안전보건기준에 관한 규칙 제377조 (잠함 등 내부에서의 작업)

[**정답**] 98 ① 99 ② 100 ① 101 ①

102 말비계를 조립하여 사용하는 경우에 지주부재와 수평면의 기울기는 최대 몇 도 이하로 하여야 하는가?

① 30[°]   ② 45[°]
③ 60[°]   ④ 75[°]

해설
말비계의 안전기준
① 기울기 : 75[°] 이하
② 작업발판 폭 : 40[cm] 이상

KEY ① 2016년 5월 8일 산업기사 출제
② 2017년 3월 5일 산업기사 출제
③ 2017년 5월 7일, 9월 23일 (문제 113번) 출제
④ 2023년 6월 4일 (문제 103번) 출제
⑤ 2024년 5월 9일(문제 107번) 출제

합격정보
산업안전보건기준에 관한 규칙 제67조(말비계)

103 장비가 위치한 지면보다 낮은 장소를 굴착하는 데 적합한 장비는?

① 백호   ② 파워셔블
③ 트럭크레인   ④ 진폴

해설
백호(back hoe)[드래그셔블(drag shovel)]
① 토목공사나 수중굴착에 많이 사용된다.
② 지하층이나 기초의 굴착에 사용된다.
③ 기계가 서 있는 지면보다 낮은 장소의 굴착에도 적당하고 수중굴착도 가능하다.
④ 파워셔블과 같이 굳은 지반의 토질에서도 정확한 굴착이 된다.

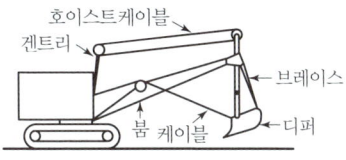

[그림] 백호

KEY ① 2015년 3월 8일 기사 출제
② 2018년 8월 19일 기사 출제
③ 2020년 6월 7일 기사 출제
④ 2021년 5월 15일 기사 출제
⑤ 2023년 2월 28일(문제 112번) 출제
⑥ 2024년 5월 9일(문제 111번) 출제

104 산업안전보건법령에 따른 지반의 종류별 굴착면의 기울기 기준으로 옳지 않은 것은?

① 모래 – 1 : 1.8   ② 그 밖의 흙 – 1 : 0.3
③ 풍화암 – 1:1.0   ④ 연암 – 1:1.0

해설
굴착면의 기울기 기준

지반의 종류	굴착면의 기울기
모래	1 : 1.8
연암 및 풍화암	1 : 1.0
경암	1 : 0.5
그 밖의 흙	1 : 1.2

KEY ① 2016년 5월 8일 기사·산업기사 동시 출제
② 2017년 3월 5일, 9월 23일 출제
③ 2018년 8월 19일 산업기사 출제
④ 2019년 4월 27일 기사·산업기사 동시 출제
⑤ 2020년 6월 7일, 8월 22일, 9월 27일 출제
⑥ 2022년 3월 5일 출제
⑦ 2023년 2월 28일(문제 114번) 출제
⑧ 2024년 5월 9일(문제 112번) 출제

합격정보
산업안전보건기준에 관한 규칙 [별표 11] 굴착면의 기울기 기준

105 건설공사의 유해위험방지계획서 제출 기준일로 옳은 것은?

① 당해공사 착공 1개월 전까지
② 당해공사 착공 15일 전까지
③ 당해공사 착공 전날 까지
④ 당해공사 착공 15일 후까지

해설
유해위험방지계획서 제출기간
① 건설업 : 공사착공 전날까지
② 제조업 : 해당작업 시작 15일 전까지
③ 제출처 : 한국산업안전보건공단

KEY ① 2012년 5월 20일 건설안전기사(문제 57번) 출제
② 2016년 3월 6일 건설안전기사(문제 57번) 출제
③ 2017년 9월 23일 건설안전기사(문제 57번) 출제
④ 2022년 4월 24일(문제 114번) 출제
⑤ 2024년 5월 9일(문제 114번) 출제

[정답] 102 ④   103 ①   104 ②   105 ③

합격정보
산업안전보건법 시행규칙 제42조(제출서류 등)

106 건설업 산업안전보건관리비 계상 및 사용기준은 산업재해보상 보험법의 적용을 받는 공사 중 총 공사금액이 얼마 이상인 공사에 적용하는가?(단, 전기공사업법, 정보통신공사업법에 의한 공사는 제외)

① 4천만원 ② 3천만원
③ 2천만원 ④ 1천만원

해설
제3조(적용범위)
이 고시는 「산업재해보상보험법」 제6조의 규정에 의하여 「산업재해보상보험법」의 적용을 받는 공사중 총공사금액 2천만원 이상인 공사에 적용한다. 다만, 다음 각 호의 어느 하나에 해당되는 공사중 단가계약에 의하여 행하는 공사에 대하여는 총계약금액을 기준으로 이를 적용한다.

KEY
① 2016년 3월 6일 출제
② 2017년 5월 7일 산업기사 출제
③ 2017년 8월 26일 기사·산업기사 동시 출제
④ 2019년 8월 4일(문제 110번) 출제
⑤ 2022년 4월 24일(문제 117번) 출제
⑥ 2024년 5월 9일(문제 117번) 출제

합격정보
적용시기 : 2020년 7월 1일부터 2천만원 이상

107 다음은 타워크레인을 와이어로프로 지지하는 경우 준수해야 할 기준이다. 빈칸에 들어갈 알맞은 내용을 순서대로 옳게 나타낸 것은?

> 와이어로프 설치각도는 수평면에서 (   )도 이내로 하되, 지지점은 (   )개소 이상으로 하고, 같은 각도로 설치할 것

① 45, 4 ② 45, 5
③ 60, 4 ④ 60, 5

해설
와이어로프로 지지하는 경우 준수사항
① 「산업안전보건법 시행규칙」에 따른 서면심사에 관한 서류(「건설기계관리법」에 따른 형식승인서류를 포함한다) 또는 제조사의 설치작업 설명서 등에 따라 설치할 것
② 제①호의 서면심사 서류 등이 없거나 명확하지 아니한 경우에는 「국가기술자격법」에 따른 건축구조·건설기계·기계안전·건설안전기술사 또는 건설안전분야 산업안전지도사의 확인을 받아 설치하거나 기종별·모델별 공인된 표준방법으로 설치할 것
④ 와이어로프를 고정하기 위한 전용 지지프레임을 사용할 것
⑤ 와이어로프 설치각도는 수평면에서 60도 이내로 하고, 지지점은 4개소 이상으로 할 것
⑥ 와이어로프와 그 고정부위는 충분한 강도와 장력을 갖도록 설치하고, 와이어로프를 클립·샤클(shackle) 등의 고정기구를 사용하여 견고하게 고정시켜 풀리지 아니하도록 할 것
⑦ 와이어로프가 가공전선(架空電線)에 근접하지 않도록 할 것

KEY
① 2015년 5월 31일(문제 114번) 출제
② 2024년 2월 15일(문제 104번) 출제

정보제공
산업안전보건기준에 관한 규칙 제142조(타워크레인의 지지)

108 달비계를 사용하는 와이어로프의 사용금지 기준으로 옳지 않은 것은?

① 이음매가 있는 것
② 열과 전기충격에 의해 손상된 것
③ 지름의 감소가 공칭지름의 7[%]를 초과하는 것
④ 와이어로프의 한 꼬임에서 끊어진 소선의 수가 7[%] 이상인 것

해설
달비계에 사용하는 와이어로프 금지기준
① 이음매가 있는 것
② 와이어로프의 한 꼬임[스트랜드(strand)를 말한다. 이하 같다]에서 끊어진 소선[素線][필러(pillar)선은 제외한다]의 수가 10[%] 이상(비자전로프의 경우에는 끊어진 소선의 수가 와이어로프 호칭지름의 6배 길이 이내에서 4개 이상이거나 호칭지름 30배 길이 이내에서 8개 이상)인 것
③ 지름의 감소가 공칭지름의 7[%]를 초과하는 것
④ 꼬인 것
⑤ 심하게 변형되거나 부식된 것
⑥ 열과 전기충격에 의해 손상된 것

KEY
① 2017년 3월 5일 기사 출제
② 2018년 4월 28일 산업기사 출제
③ 2019년 8월 4일(문제 116번) 출제
④ 2022년 4월 24일(문제 120번) 출제
⑤ 2024년 2월 15일(문제 109번) 출제

합격정보
산업안전보건기준에 관한 규칙 제63조(달비계의 구조)

[정답] 106 ③ 107 ③ 108 ④

109 다음 와이어로프 중 양중기에 사용가능한 범위안에 있다고 볼 수 있는 것은?

① 와이어로프의 한 꼬임(스트랜드)에서 끊어진 소선의 수가 8[%]인 것
② 지름의 감소가 공칭지름의 8[%]인 것
③ 심하게 부식된 것
④ 이음매가 있는 것

해설
문제 108번 해설 확인

정보제공
산업안전보건기준에 관한 규칙 제63조(달비계의 구조)

KEY
① 2014년 5월 25일, 8월 17일기사 출제
② 2015년 3월 8일, 5월 31일 기사 출제
③ 2016년 8월 21일 기사 출제
④ 2017년 5월 7일 기사 출제
⑤ 2019년 8월 4일 기사 출제
⑥ 2020년 6월 7일 기사 출제
⑦ 2022년 4월 24일 기사 출제
⑧ 2023년 7월 8일(문제 115번) 출제
⑨ 2024년 2월 15일(문제 114번) 출제

110 그물코의 크기가 10[cm]인 매듭없는 방망사 신품의 인장강도는 최소 얼마 이상이어야 하는가?

① 240[kg]   ② 320[kg]
③ 400[kg]   ④ 500[kg]

해설
방망사의 신품에 대한 인장강도

그물코의 크기 (단위 : [cm])	방망의 종류(단위 : [kg])	
	매듭 없는 방망	매듭 방망
10	240	200
5		110

KEY
① 2016년 5월 8일 기사 출제
② 2017년 3월 5일, 8월 26일 기사 출제
③ 2018년 4월 28일, 8월 19일 기사 출제
④ 2019년 3월 3일, 8월 4일 기사 출제
⑤ 2020년 8월 22일 기사 출제
⑥ 2021년 8월 14일 기사 출제
⑦ 2023년 2월 28일(문제 101번) 출제
⑧ 2024년 2월 15일(문제 118번) 출제

보충학습
방망사의 폐기시 인장강도

그물코의 크기 (단위 : [cm])	방망의 종류(단위 : [kg])	
	매듭 없는 방망	매듭 방망
10	150	135
5		60

111 불도저를 이용한 작업 중 안전조치사항으로 옳지 않은 것은?

① 작업종료와 동시에 삽날을 지면에서 띄우고 주차 제동장치를 건다.
② 모든 조종간은 엔진 시동전에 중립 위치에 놓는다.
③ 장비의 승차 및 하차 시 뛰어내리거나 오르지 말고 안전하게 잡고 오르내린다.
④ 야간작업 시 자주 장비에서 내려와 장비 주위를 살피며 점검하여야 한다.

해설
브레이크
불도저를 비롯한 모든 굴착기계는 작업종료시 삽날은 지면에 밀착시켜야 한다.(이유 : 제동장치 역할을 함)

KEY
① 2020년 9월 27일 기사 출제
② 2023년 7월 8일(문제 103번) 출제

112 거푸집동바리 구조에서 높이가 $l=3.5[m]$ 인 파이프서포트의 좌굴하중은?(단, 상부받이판과 하부받이판은 힌지로 가정하고, 단면2차모멘트 $I=8.31[cm^4]$, 탄성계수 $E=2.1 \times 10^5[MPa]$)

① 14,060[N]
② 15,060[N]
③ 16,060[N]
④ 17,060[N]

[정답] 109 ① 110 ① 111 ① 112 ①

> **해설**

오일러의 좌굴하중(P_{cr})

$$P_{cr}=\frac{n\pi^2 EI}{l^2}=\frac{\pi^2 EI}{(kl)^2}=\frac{\pi^2 \times 2.1 \times 10^5 \times 8.31}{350^2}=14,060[\text{N}]$$

여기서, n : 지지상태에 따른 좌굴계수
E : 탄성계수
I : 단면 2차모멘트
l : 기둥길이
kl : 유효길이
k : 1.0(양단힌지)

> **KEY** ① 2021년 8월 14일 기사 출제
> ② 2023년 7월 8일(문제 111번) 출제

113 항타기 또는 항발기의 권상장치 드럼축과 권상장치로부터 첫 번째 도르래의 축 간의 거리는 권상장치 드럼폭의 몇 배 이상으로 하여야 하는가?

① 5배
② 8배
③ 10배
④ 15배

> **해설**

드럼폭

항타기 또는 항발기의 권상장치의 드럼축과 권상장치로부터 첫 번째 도르래의 축 간의 거리 : 권상장치 드럼폭의 15배 이상

> **KEY** ① 2012년 3월 4일 기사 출제
> ② 2014년 8월 17일 기사 출제
> ③ 2018년 8월 19일 기사 출제
> ④ 2023년 7월 8일(문제 117번) 출제

> **합격정보**

산업안전보건기준에 관한 규칙 제216조 (도르래의 부착 등)

114 선창의 내부에서 화물취급작업을 하는 근로자가 안전하게 통행할 수 있는 설비를 설치하여야 하는 기준은 갑판의 윗면에서 선창(船倉) 밑바닥까지의 깊이가 최소 얼마를 초과할 때인가?

① 1.3[m]
② 1.5[m]
③ 1.8[m]
④ 2.0[m]

> **해설**

선창내부작업

갑판의 윗면에서 선창 밑바닥까지 깊이 : 1.5[m] 초과

> **KEY** ① 2012년 5월 20일 기사 출제
> ② 2014년 3월 2일 기사 출제
> ③ 2019년 8월 4일 기사 출제
> ④ 2023년 7월 8일(문제 120번) 출제

> **합격정보**

산업안전보건기준에 관한 규칙 제394조(통행설비의 설치 등)

115 안전계수가 4이고 2,000[kg/cm²]의 인장강도를 갖는 강선의 최대허용응력은?

① 500[kg/cm²]
② 1,000[kg/cm²]
③ 1,500[kg/cm²]
④ 2,000[kg/cm²]

> **해설**

최대허용응력

$$=\frac{\text{인장강도}}{\text{안전계수}}=\frac{2,000}{4}=500[\text{kg/cm}^2]$$

> **KEY** ① 2015년 5월 31일(문제 101번) 출제
> ② 2023년 6월 4일(문제 106번) 출제

116 다음은 시스템 비계 구성에 관한 내용이다. ( )안에 들어갈 말로 옳은 것은?

> 비계 밑단의 수직재와 받침철물은 밀착되도록 설치하고, 수직재와 받침철물의 연결부의 겹침길이는 받침철물 ( ) 이상이 되도록 할 것

① 전체길이의 4분의 1
② 전체길이의 3분의 1
③ 전체길이의 3분의 2
④ 전체길이의 2분의 1

> **해설**

시스템 비계 구성시 준수사항

① 수직재·수평재·가새재를 견고하게 연결하는 구조가 되도록 할 것
② 비계 밑단의 수직재와 받침철물은 밀착되도록 설치하고, 수직재와 받침철물의 연결부의 겹침길이는 받침철물 전체길이의 3분의 1 이상이 되도록 할 것
③ 수평재는 수직재와 직각으로 설치하여야 하며, 체결 후 흔들림이 없도록 견고하게 설치할 것
④ 수직재와 수직재의 연결철물은 이탈되지 않도록 견고한 구조로 할 것
⑤ 벽 연결재의 설치간격은 제조사가 정한 기준에 따라 설치할 것

[정답] 113 ④ 114 ② 115 ① 116 ②

KEY ① 2021년 5월 15일 기사 등 5회 이상 출제
② 2023년 6월 4일(문제 112번) 출제

합격정보
산업안전보건기준에 관한 규칙 제69조(시스템 비계의 구조)

117 추락의 위험이 있는 개구부에 대한 방호조치와 거리가 먼 것은?

① 안전난간, 울타리, 수직형 추락방망 등으로 방호조치를 한다.
② 충분한 강도를 가진 구조의 덮개를 뒤집히거나 떨어지지 않도록 설치한다.
③ 어두운 장소에서도 식별이 가능한 개구부 주의표지를 부착한다.
④ 폭 30[cm] 이상의 발판을 설치한다.

해설
작업발판폭 : 40[cm] 이상

KEY ① 2017년 8월 26일 출제
② 2020년 8월 23일 산업기사 출제
③ 2023년 6월 4일(문제 115번) 등 10회 이상 출제

합격정보
① 산업안전보건기준에 관한 규칙 제43조(개구부 등의 방호조치)
② 산업안전보건기준에 관한 규칙 제56조(작업발판의 구조)

118 히빙(Heaving)현상 방지대책으로 틀린 것은?

① 소단굴착을 실시하여 소단부 흙의 중량이 바닥을 누르게 한다.
② 흙막이 벽체 배면의 지반을 개량하여 흙의 전단강도를 높인다.
③ 부풀어 솟아오르는 바닥면의 토사를 제거한다.
④ 흙막이 벽체의 근입깊이를 깊게 한다.

해설
히빙 방지대책
① 흙막이 근입깊이를 깊게
② 표토제거 하중감소
③ 지반개량
④ 굴착면 하중증가
⑤ 어스앵커설치 등

KEY 2023년 2월 28일(문제 108번) 출제

합격자의 조언
실기 필답형에도 단골 출제되는 내용입니다.

119 산소결핍이라 함은 공기 중 산소농도가 몇 퍼센트[%] 미만일 때를 의미하는가?

① 20[%]   ② 18[%]
③ 15[%]   ④ 10[%]

해설
산소결핍
① 산소결핍 : 공기중의 산소농도가 18퍼센트 미만인 상태
② 산소결핍증 : 산소가 결핍된 공기를 들이마심으로써 생기는 증상

KEY ① 2017년 3월 5일 기사 출제
② 2023년 2월 28일(문제 110번) 출제

합격정보
산업안전보건기준에 관한 규칙 제618조(정의)

120 가설통로의 설치기준으로 옳지 않은 것은?

① 경사가 15[°]를 초과하는 때에는 미끄러지지 않는 구조로 한다.
② 건설공사에 사용하는 높이 8[m] 이상인 비계다리에는 7[m] 이내마다 계단참을 설치한다.
③ 수직갱에 가설된 통로의 길이가 15[m] 이상일 경우에는 15[m] 이내 마다 계단참을 설치한다.
④ 추락의 위험이 있는 장소에는 안전난간을 설치한다.

해설
계단참기준
수직갱에 가설된 통로의 길이가 15[m] 이상인 경우에는 10[m] 이내마다 계단참을 설치할 것

KEY ① 2021년 3월 7일(문제 112번) 출제
② 2022년 3월 5일(문제 104번) 출제

합격정보
산업안전보건기준에 관한 규칙 제23조(가설통로의 구조)

[정답] 117 ④ 118 ③ 119 ② 120 ③

2025년도 기사 정기검정 제2회 (2025년 5월 10일 시행)

자격종목 및 등급(선택분야): 건설안전기사

종목코드 1440 | 시험시간 3시간 | 수험번호 20250510 | 성명 도서출판세화

※ 본 문제는 복원문제 및 2026 예적(예상적중) 문제로 실제문제와 동일하지 않을 수 있습니다.

1 산업안전관리론

01 산업안전보건법령상 안전보건표지의 색채를 파란색으로 사용하여야 하는 경우는?

① 주의표지
② 정지신호
③ 차량 통행표지
④ 특정 행위의 지시

[해설]

안전보건표지의 색도기준 및 용도

색채	색도기준	용도	사용 예
빨간색	7.5R4/14	금지	정지신호, 소화설비 및 그 장소, 유해행위의 금지
		경고	화학물질 취급장소에서의 유해·위험 경고
노란색	5Y8.5/12	경고	화학물질 취급장소에서의 유해·위험 경고 이외의 위험 경고, 주의표지 또는 기계방호물
파란색	2.5PB4/10	지시	특정 행위의 지시 및 사실의 고지
녹색	2.5G4/10	안내	비상구 및 피난소, 사람 또는 차량의 통행표지
흰색	N9.5		파란색 또는 녹색에 대한 보조색
검은색	N0.5		문자 및 빨간색 또는 노란색에 대한 보조색

KEY
① 2017년 3월 5일 기사 출제
② 2017년 8월 26일 산업기사 출제
③ 2018년 3월 4일 기사 출제
④ 2019년 9월 21일 기사, 산업기사 출제
⑤ 2020년 8월 22일, 9월 27일 기사 출제
⑥ 2021년 3월 7일, 5월 15일 기사 출제
⑦ 2022년 4월 24일(문제 7번) 출제
⑧ 2024년 7월 5일(문제 18번) 출제
⑨ 2025년 2월 7일(문제 1번) 출제

[합격정보]
산업안전보건법 시행규칙 [별표 8] 안전보건표지의 색도기준 및 용도

02 연평균 200명의 근로자가 작업하는 사업장에서 연간 2건의 재해가 발생하여 사망이 2명, 50일의 휴업일수가 발생했을 때, 이 사업장의 강도율은?(단, 근로자 1명당 연간 근로시간은 2,400시간으로 한다.)

① 약 15.7
② 약 31.3
③ 약 65.5
④ 약 74.3

[해설]

$$강도율 = \frac{총요양근로 손실일수}{연근로시간수} \times 1,000$$

$$= \frac{(7,500 \times 2) + \left(50 \times \frac{300}{365}\right)}{200 \times 2,400} \times 1,000 = 31.33$$

KEY
① 2016년 3월 6일 산업기사 출제
② 2016년 10월 1일 출제
③ 2017년 3월 5일 출제
④ 2017년 8월 26일, 9월 23일 산업기사 출제
⑤ 2018년 3월 4일 산업기사, 4월 28일 기사 출제
⑥ 2019년 3월 3일, 4월 27일, 8월 4일 출제
⑦ 2019년 9월 21일 산업기사 출제
⑧ 2020년 6월 7일 기사, 8월 23일 산업기사 출제
⑨ 2023년 2월 28일(문제 3번) 출제
⑩ 2024년 7월 5일(문제 13번) 출제
⑪ 2025년 2월 7일(문제 2번) 출제

[보충학습]

그 밖의 총요양 근로손실일수 계산

① 병원에 입원가료시는 입원일수 $\times \frac{300}{365}$

② 휴업일수(요양일수) $\times \frac{300}{365}$

[표] 신체 장해 노동손실일수

신체장해 등급	4	5	6	7	8	9	10	11	12	13	14
손실일수	5,500	4,000	3,000	2,200	1,500	1,000	600	400	200	100	50

※ 사망자 및 장해등급 1, 2, 3급의 노동(근로)손실일수: 7,500일

[합격정보]
산업재해통계업무처리규정 제3조(산업재해통계의 산출 방법 및 정의)

[정답] 01 ④ 02 ②

03 다음 설명에 해당하는 법칙은?

어떤 공장에서 330회의 전도 사고가 일어났을 때, 그 가운데 300회는 무상해 사고, 29회는 경상, 중상 또는 사망은 1회의 비율로 사고가 발생한다.

① 버드 법칙
② 하인리히 법칙
③ 더글라스 법칙
④ 자베타키스 법칙

해설

하인리히 1:29:300의 법칙

① 재해의 발생 = 물적 불안전 상태 + 인적 불안전 행동 + α
　　　　　　 = 설비적 결함 + 관리적 결함 + α

$$\alpha = \frac{1}{1+29+300} = \frac{1}{330}$$

② 숨은 위험한 요인(잠재된 위험의 상태)
③ 재해건수 = 1 + 29 + 300 = 330[건]

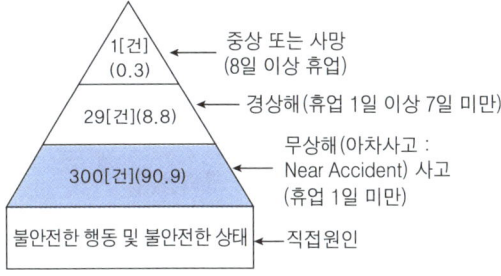

[그림] 하인리히 법칙[단위 : %]

 ① 2016년 10월 1일 기사 출제
　　② 2017년 8월 26일 기사 출제
　　③ 2017년 9월 23일 산업기사 출제
　　④ 2018년 3월 4일 기사 출제
　　⑤ 2019년 9월 21일 기사 출제
　　⑥ 2023년 9월 2일(문제 1번) 출제
　　⑦ 2025년 2월 7일(문제 8번) 출제

합격정보

1931년 "산업재해예방(Industrial Accident Prevention)"에 제시

04 다음 중 안전과 경영에서 나오는 용어인 리스크(risk)에 대하여 가장 옳게 설명한 것은?

① 리스크는 위급을 나타내는 용어로서 잠재적인 위험의 표출을 의미한다.
② 리스크는 위험 발생의 급박한 상태가 어떤 조건이 갖춰졌을 때를 의미한다.
③ 리스크는 위험상황이 재해상황으로 변하는 과정상의 위험분석을 의미한다.
④ 리스크는 재해 발생가능성과 재해 발생시 그 결과의 크기의 조합(combination)으로 위험의 크기나 정도를 의미한다.

해설

위험도(Risk)

① 특정한 위험요인이 위험한 상태로 노출되어 특정한 사건으로 이어질 수 있는 사고의 빈도(가능성)와 사고의 강도(중대성) 조합으로서 위험의 크기 또는 위험의 정도를 말한다.
② 위험도=발생빈도×발생강도

KEY ① 2023년 9월 2일(문제 11번)
　　　② 2024년 5월 9일(문제 4번), 7월 5일(문제 4번) 출제

합격정보

사업장 위험성평가에 관한 지침 제3조(정의)

보충학습

위험성 평가(Risk Assessment)

"위험성평가"란 사업주가 스스로 유해·위험요인을 파악하고 해당 유해·위험요인의 위험성 수준을 결정하여, 위험성을 낮추기 위한 적절한 조치를 마련하고 실행하는 과정을 말한다.

05 산업안전보건법령상 안전 및 보건에 관한 노사협의체의 근로자위원 구성 기준 내용으로 옳지 않은 것은?(단, 명예산업안전감독관이 위촉되어 있는 경우)

① 근로자대표가 지명하는 안전관리자 1명
② 근로자대표가 지명하는 명예산업안전감독관 1명
③ 도급 또는 하도급 사업을 포함한 전체 사업의 근로자 대표
④ 공사금액이 20억원 이상인 공사의 관계수급인의 각 근로자 대표

[정답] 03 ② 04 ④ 05 ①

해설

노사협의체 위원

(1) 근로자위원
① 도급 또는 하도급 사업을 포함한 전체 사업의 근로자대표
② 근로자대표가 지명하는 명예산업안전감독관 1명. 다만, 명예산업안전감독관이 위촉되어 있지 않은 경우에는 근로자대표가 지명하는 해당 사업장 근로자 1명
③ 공사금액이 20억원 이상인 공사의 관계수급인의 각 근로자대표

(2) 사용자위원
① 도급 또는 하도급 사업을 포함한 전체 사업의 대표자
② 안전관리자 1명
③ 보건관리자 1명(별표 5 제44호에 따른 보건관리자 선임대상 건설업으로 한정한다)
④ 공사금액이 20억원 이상인 공사의 관계수급인의 각 대표자

KEY ① 2020년 9월 27일(문제 5번) 출제
② 2023년 9월 2일(문제 17번) 출제
③ 2024년 7월 5일(문제 7번) 출제

합격정보
산업안전보건법 시행령 제64조(노사협의체의 구성)

---

06 다음 중 1,000명 이상의 대기업에서 가장 적합한 안전관리조직은?

① 경영형 안전조직
② 라인형 안전조직
③ 스태프형 안전조직
④ 라인-스태프형 안전조직

해설

안전보건관리조직의 형태 3가지
① Line형(직계식) : 100명 미만의 소규모 사업장
② Staff형(참모식) : 100~1,000명의 중규모 사업장
③ Line-staff형(복합식) : 1,000명 이상의 대규모 사업장

KEY ① 2013년 6월 2일(문제 3번) 출제
② 2023년 6월 4일(문제 16번) 출제
③ 2024년 7월 5일(문제 11번) 출제

---

07 재해의 발생형태 중 재해자 자신의 움직임·동작으로 인하여 기인물에 부딪히거나, 물체가 고정부를 이탈하지 않은 상태로 움직임 등에 의하여 발생한 경우를 무엇이라고 하는가?

① 비래   ② 전도
③ 충돌   ④ 협착

해설

산업재해용어 정의(KOSHA CODE)

종류	세부내용
추락 (떨어짐)	사람이 인력(중력)에 의하여 건축물, 구조물, 가설물, 수목, 사다리 등의 높은 장소에서 떨어지는 것
전도(넘어짐) ·전복	사람이 거의 평면 또는 경사면, 층계 등에서 구르거나 넘어짐 또는 미끄러진 경우와 물체가 전도·전복된 경우
붕괴·도괴	토사, 적재물, 구조물, 가설물 등이 전체적으로 허물어져 내리거나 또는 주요 부분이 꺾어져 무너지는 경우
충돌 (부딪힘) ·접촉	재해자 자신의 움직임·동작으로 인하여 기인물에 접촉 또는 부딪히거나, 물체가 고정부에서 이탈하지 않은 상태로 움직임(규칙, 불규칙) 등에 의하여 접촉·충돌한 경우
낙하·비래 (맞음)	구조물, 기계 등에 고정되어 있던 물체가 중력, 원심력, 관성력 등에 의하여 고정부에서 이탈하거나 또는 설비 등으로부터 물질이 분출되어 사람을 가해하는 경우
협착(끼임) ·감김	두 물체 사이의 움직임에 의하여 일어난 것으로 직선 운동하는 물체 사이의 협착, 회전부와 고정체 사이의 끼임, 롤러 등 회전체 사이에 물리거나 또는 회전체·돌기부 등에 감긴 경우

KEY ① 2013년 1회 출제
② 2023년 2월 28일(문제 6번) 출제
③ 2024년 5월 9일(문제 12번), 7월 5일(문제 14번) 출제

---

08 산업안전보건법령상 안전검사 대상 기계가 아닌 것은?

① 리프트   ② 압력용기
③ 컨베이어   ④ 이동식 국소 배기장치

해설

안전검사대상 기계의 종류
① 프레스
② 전단기
③ 크레인(정격하중 2[t] 미만인 것은 제외한다)
④ 리프트
⑤ 압력용기
⑥ 곤돌라
⑦ 국소배기장치(이동식은 제외한다.)
⑧ 원심기(산업용만 해당한다.)
⑨ 롤러기(밀폐형 구조는 제외한다.)
⑩ 사출성형기[형체결력 294[KN](킬로뉴튼) 미만은 제외한다.]
⑪ 고소작업대[「자동차관리법」에 따른 화물자동차 또는 특수자동차에 탑재한 고소작업대(高所作業臺)로 한정한다.]
⑫ 컨베이어
⑬ 산업용 로봇
⑭ 혼합기
⑮ 파쇄기 또는 분쇄기

[정답] 06 ④ 07 ③ 08 ④

KEY ① 2017년 5월 7일 기사·산업기사 동시출제
② 2017년 8월 26일 산업기사 출제
③ 2017년 9월 23일 출제
④ 2018년 4월 28일, 8월 19일 출제
⑤ 2019년 4월 27일(문제 20번) 출제
⑥ 2022년 4월 24일(문제 13번) 출제
⑦ 2024년 7월 5일(문제 19번) 출제

합격정보
산업안전보건법 시행령 78조(안전검사대상 기계 등)

09 다음 중 하인리히의 사고예방대책 기본원리 5단계에 있어 "시정방법의 선정" 바로 이전 단계에서 행하여지는 사항은?

① 분석·평가
② 안전관리 조직
③ 현상파악
④ 시정책의 적용

해설

하인리히의 사고예방대책 기본원리 5단계
① 제1단계 : 안전관리조직
② 제2단계 : 사실의 발견
③ 제3단계 : 분석·평가
④ 제4단계 : 시정방법의 선정
⑤ 제5단계 : 시정책의 적용

KEY ① 2015년 1회 출제
② 2023년 2월 28일(문제 8번) 출제
③ 2024년 5월 9일(문제 13번) 출제

10 산업안전보건법령상 안전보건진단을 받아 안전보건개선계획을 수립하여야 하는 대상을 모두 고른 것은?

> ㄱ. 산업재해율이 같은 업종 평균 산업재해율의 2배 이상인 사업장
> ㄴ. 사업주가 필요한 안전조치 또는 보건조치를 이행하지 아니하여 중대재해가 발생한 사업장
> ㄷ. 상시근로자 1천명 이상 사업장에서 직업성 질병자가 연간 2명 이상 발생한 사업장

① ㄱ, ㄴ
② ㄱ, ㄷ
③ ㄴ, ㄷ
④ ㄱ, ㄴ, ㄷ

해설

제49조(안전보건진단을 받아 안전보건개선계획을 수립할 대상)
법 제49조제1항 각 호 외의 부분 후단에서 "대통령령으로 정하는 사업장"이란 다음 각 호의 사업장을 말한다.
① 산업재해율이 같은 업종 평균 산업재해율의 2배 이상인 사업장
② 법 제49조제1항제2호에 해당하는 사업장(사업주가 필요한 안전조치 또는 보건조치를 이행하지 아니하여 중대 재해가 발생한 사업장)
③ 직업성 질병자가 연간 2명 이상(상시근로자 1천명 이상 사업장의 경우 3명 이상)발생한 사업장
④ 그 밖에 작업환경 불량, 화재·폭발 또는 누출 사고 등으로 사업장 주변까지 피해가 확산된 사업장으로서 고용노동부령으로 정하는 사업장

KEY 2024년 5월 9일(문제 20번) 출제

합격정보
산업안전보건법 시행령(시행 25. 6. 21.) 적용

11 산업재해 발생원인은 여러 가지 요소가 복잡하게 얽혀 발생하는데 다음 중 재해의 발생형태에 있어 연쇄형에 해당하는 것은?(단, ○는 재해발생의 각종 요소를 나타낸 것이다.)

①, ②, ③, ④ (도형 문제)

해설

재해발생유형
(1) ① : 단순자극형(집중형)
(2) ③ : 복합연쇄형

KEY ① 2012년 3월 4일(문제 2번) 출제
② 2024년 2월 15일(문제 17번) 출제

💬 **합격자의 조언**
본 문제는 답이 2개가 될 수도 있지만 공식적인 발표답은 ②입니다.

[정답] 09 ① 10 ① 11 ②

과년도 출제문제

12 산업안전보건법령상 산업안전보건위원회의 심의·의결을 거쳐야 하는 사항이 아닌 것은? (단, 그 밖에 필요한 사항은 제외한다.)

① 작업환경측정 등 작업환경의 점검 및 개선에 관한 사항
② 산업재해에 관한 통계의 기록 및 유지에 관한 사항
③ 안전장치 및 보호구 구입 시 적격품 여부 확인에 관한 사항
④ 사업장의 산업재해 예방계획의 수립에 관한 사항

[해설]

산업안전보건위원회 심의 의결사항
① 제15조제1항제1호부터 제5호까지 및 제7호에 관한 사항
② 제15조제1항제6호에 따른 사항 중 중대재해에 관한 사항
③ 유해하거나 위험한 기계·기구·설비를 도입한 경우 안전 및 보건 관련 조치에 관한 사항
④ 그 밖에 해당 사업장 근로자의 안전 및 보건을 유지·증진시키기 위하여 필요한 사항

[KEY] ① 2021년 3월 7일(문제 15번) 출제
② 2021년 5월 15일(문제 4번) 출제
③ 2022년 4월 24일(문제 6번) 출제

[합격정보]
산업안전보건법 제15조, 제24조

[보충학습]

제15조(안전보건관리책임자)
① 사업주는 사업장을 실질적으로 총괄하여 관리하는 사람에게 해당 사업장의 다음 각 호의 업무를 총괄하여 관리하도록 하여야 한다.
  1. 사업장의 산업재해 예방계획의 수립에 관한 사항
  2. 제25조 및 제26조에 따른 안전보건관리규정의 작성 및 변경에 관한 사항
  3. 제29조에 따른 안전보건교육에 관한 사항
  4. 작업환경측정 등 작업환경의 점검 및 개선에 관한 사항
  5. 제129조부터 제132조까지에 따른 근로자의 건강진단 등 건강관리에 관한 사항
  6. 산업재해의 원인 조사 및 재발 방지대책 수립에 관한 사항
  7. 산업재해에 관한 통계의 기록 및 유지에 관한 사항
  8. 안전장치 및 보호구 구입 시 적격품 여부 확인에 관한 사항
  9. 그 밖에 근로자의 유해·위험 방지조치에 관한 사항으로서 고용노동부령으로 정하는 사항
② 제1항 각 호의 업무를 총괄하여 관리하는 사람(이하 "안전보건관리책임자"라 한다)은 제17조에 따른 안전관리자와 제18조에 따른 보건관리자를 지휘·감독한다.
③ 안전보건관리책임자를 두어야 하는 사업의 종류와 사업장의 상시근로자 수, 그 밖에 필요한 사항은 대통령령으로 정한다.

13 산업안전보건법령상 안전관리자를 2인 이상 선임하여야 하는 사업이 아닌 것은? (단, 기타 법령에 관한 사항은 제외한다.)

① 상시 근로자가 500명인 통신업
② 상시 근로자가 700명인 발전업
③ 상시 근로자가 600명인 식료품 제조업
④ 공사금액이 1000억이며 공사 진행률(공정률) 20%인 건설업

[해설]
우편 및 통신업 안전관리지수 : 상시근로자수 1천명 이상-2명

[KEY] 2022년 4월 24일(문제 2번) 출제

[합격정보]
산업안전보건법 시행령 [별표 2]

14 건설업 산업안전보건관리비 계상 및 사용기준상 건설업 안전보건관리비로 사용할 수 있는 것을 모두 고른 것은?

> ㄱ. 안전보건관리자의 인건비 등
> ㄴ. 현장 내 안전보건 교육비 등
> ㄷ. 전기사업법에 따른 전기안전대행비용
> ㄹ. 위험성 평가 등에 소요되는 비용
> ㅁ. 건설예방전문지도기관 기술지도비

① ㄴ, ㄷ, ㄹ
② ㄱ, ㄴ, ㄹ, ㅁ
③ ㄱ, ㄷ, ㄹ, ㅁ
④ ㄱ, ㄴ, ㄷ, ㅁ

[해설]

안전관리비 사용가능 항목
① 안전·보건관리자 임금 등
② 안전시설비 등
③ 보호구 등
④ 안전보건진단비 등
⑤ 안전보건교육비 등
⑥ 근로자 건강장해예방비 등
⑦ 건설재해예방전문지도기관 기술지도비
⑧ 본사 전담조직 근로자 임금 등
⑨ 위험성 평가 등에 따른 소요비용

[KEY] ① 2020년 8월 23일 산업기사(문제 100번) 출제
② 2022년 4월 24일(문제 11번) 출제

[정답] 12 ③ 13 ① 14 ②

> **정보제공**
> 건설업산업안전보건관리비 계상 및 사용기준 고시 2025-11호(2025. 2. 12. 기준)

15 다음에서 설명하는 위험예지훈련 단계는?

- 위험요인을 찾아내는 단계
- 가장 위험한 것을 합의하여 결정하는 단계

① 현상파악 ② 본질추구
③ 대책수립 ④ 목표설정

> **해설**
> **문제해결의 4단계(4 Round)**
> ① 1R – 현상파악
> ② 2R – 본질추구
> ③ 3R – 대책수립
> ④ 4R – 행동목표설정
>
> **KEY** ① 2016년 3월 6일 기사 출제
> ② 2016년 5월 8일 기사, 산업기사 출제
> ③ 2017년 3월 5일 기사, 산업기사 출제
> ④ 2017년 5월 7일, 8월 26일, 9월 23일 기사 출제
> ⑤ 2018년 3월 4일 산업기사 출제
> ⑥ 2019년 4월 27일 기사, 산업기사 동시출제
> ⑦ 2019년 8월 4일 기사 출제
> ⑧ 2020년 6월 7일, 8월 22일(문제 11번) 출제
> ⑨ 2022년 4월 24일(문제 12번) 출제

16 산업안전보건법령상 내전압용절연장갑의 성능기준에 있어 절연장갑의 등급과 최대사용전압이 옳게 연결된 것은?(단, 전압은 교류로 실효값을 의미한다.)

① 00등급 : 500[V]
② 0등급 : 1,500[V]
③ 1등급 : 11,250[V]
④ 2등급 : 25,500[V]

> **해설**
> **절연장갑의 등급과 최대사용전압**
>
> | 등급 | 최대사용전압 | | 등급별 색상 |
> |---|---|---|---|
> | | 교류(V, 실효값) | 직류(V) | |
> | 00 | 500 | 750 | 갈색 |
> | 0 | 1,000 | 1,500 | 빨간색 |
> | 1 | 7,500 | 11,250 | 흰색 |
> | 2 | 17,000 | 25,500 | 노란색 |
> | 3 | 26,500 | 39,750 | 녹색 |
> | 4 | 36,000 | 54,000 | 등색 |
>
> ※ 직류값은 교류에 1.5를 곱하면 된다. **예** 500×1.5 = 750[V]
>
> **KEY** ① 2018년 4월 28일 산업기사 출제
> ② 2018년 8월 19일 출제
> ③ 2019년 4월 27일(문제 3번) 출제
>
> **합격정보**
> 보호구 안전인증고시 제2017-64호

17 통계적 재해원인분석방법 중 특성과 요인관계를 도표로 하여 어골상으로 세분화한 것으로 옳은 것은?

① 관리도 ② cross도
③ 특성요인도 ④ 파레토(Pareto)도

> **해설**
> **특성요인도**
> ① 특성과 요인관계를 어골상(魚骨象)으로 세분하여 연쇄관계를 나타내는 방법
> ② 원인요소와의 관계를 상호의 인과관계만으로 결부(재해사례연구시 사실확인에 적합)
>
>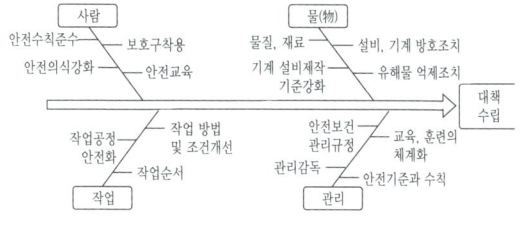
>
> [그림] 특성요인도
>
> **KEY** ① 2016년 5월 8일 출제
> ② 2017년 3월 5일 산업기사 출제
> ③ 2019년 4월 27일(문제 6번) 출제

[정답] 15 ② 16 ① 17 ③

과년도 출제문제

18 기계설비의 안전에 있어서 중요 부분의 피로, 마모, 손상, 부식 등에 대한 장치의 변화 유무 등을 일정 기간마다 점검하는 안전점검의 종류는?

① 일상점검 ② 특별점검
③ 정기점검 ④ 임시점검

해설

정기점검(계획점검)
① 일정 기간마다 정기적으로 실시하는 점검
② 법적 기준 또는 사내 안전 규정에 따라 해당 책임자가 실시하는 점검

KEY
① 2016년 3월 6일, 5월 8일 기사 출제
② 2017년 9월 23일 기사 출제
③ 2018년 4월 28일 기사 출제
④ 2020년 6월 7일(문제 7번) 출제

19 위험예지훈련의 기법으로 활용하는 브레인 스토밍(Brain Storming)에 관한 설명으로 옳지 않은 것은?

① 발언은 누구나 자유분방하게 하도록 한다.
② 가능한 한 무엇이든 많이 발언하도록 한다.
③ 타인의 아이디어를 수정하여 발언할 수 없다.
④ 발표된 의견에 대하여는 서로 비판을 하지 않도록 한다.

해설

BS의 4원칙
① 비판금지(criticism is ruled out) : 좋다, 나쁘다 비판은 하지 않는다.
② 자유분방(free wheeling) : 마음대로 자유로이 발언한다.
③ 대량발언(quantity is wanted) : 무엇이든 좋으니 많이 발언한다.
④ 수정발언(combination and improvement of thought) : 타인의 생각에 동참하거나 보충 발언해도 좋다.

KEY
① 2017년 8월 26일 기사 출제
② 2017년 9월 23일 산업기사 출제
③ 2018년 8월 19일 기사 출제
④ 2019년 4월 27일 기사 출제
⑤ 2020년 6월 7일(문제 13번) 출제

20 산업안전보건법령상 안전보건총괄책임자의 직무에 해당하지 않는 것은?

① 도급 시 산업재해 예방조치
② 위험성평가의 실시에 관한 사항
③ 해당 사업장 안전교육계획의 수립에 관한 보좌 및 지도·조언
④ 산업안전보건관리비의 관계수급인 간의 사용에 관한 협의·조정 및 그 집행의 감독

해설

안전보건총괄책임자의 직무
① 위험성평가의 실시에 관한 사항
② 작업의 중지
③ 도급 시 산업재해 예방조치
④ 산업안전보건관리비의 관계수급인 간의 사용에 관한 협의·조정 및 그 집행의 감독
⑤ 안전인증대상기계등과 자율안전확인대상기계등의 사용 여부 확인

KEY 2020년 6월 7일(문제 18번) 출제

합격정보
산업안전보건법 시행령 제53조 (안전보건총괄책임자의 직무 등)

2 산업심리 및 교육

21 참가자 앞에서 소수의 전문가들이 과제에 관한 견해를 자유롭게 토의한 후 참가자 전원이 참가하여 사회자의 사회에 따라 토의하는 방법은?

① 포럼(forum)
② 심포지엄(symposium)
③ 버즈 세션(buzz session)
④ 패널 디스커션(panel discussion)

해설

패널 디스커션(Panel Discussion : Workshop)
① 패널 멤버(교육과제에 정통한 전문가 4~5명)가 피교육자 앞에서 자유로이 토의
② 피교육자 전원이 참가하여 사회자의 사회에 따라 토의하는 방법

[정답] 18 ③ 19 ③ 20 ③ 21 ④

| 한두 명의 발제자가 주제에 대한 발표 | → | 4~5명의 패널이 참석자 앞에서 자유로운 논의 | → | 사회자에 의해 참가자의 의견을 들으면서 상호 토의 |

[그림] 패널 디스커션

KEY
① 2016년 3월 6일 출제
② 2017년 5월 7일 산업기사, 9월 23일 기사 출제
③ 2018년 3월 4일 출제
④ 2021년 5월 15일(문제 40번) 출제
⑤ 2023년 6월 4일(문제 22번) 출제
⑥ 2024년 2월 15일(문제 25번) 출제

22 다음에서 설명하는 리더십의 유형은?

과업 완수와 인간관계 모두에 있어 최대한의 노력을 기울이는 리더십 유형

① 과업형 리더십
② 이상형 리더십
③ 타협형 리더십
④ 무관심형 리더십

해설

관리격자 모형이론
① 블레이크(R.R.Blake)와 모튼(J.S.Mouton)은 조직구성원의 기본적인 관심을 업적에 대한 관심과 인간에 대한 관심의 두 가지에 두고서 관리 스타일을 측정하는 그리드(grid) 이론을 전개하였다.
② X축과 Y축을 각각 1에서 9까지의 점으로 구분하여 1을 관심의 최저, 9를 관심도의 최고로 나타내었다. 그리고 각 점을 중심으로 직선을 서로 직교시킴으로써 합계 9×9=81개의 격자도를 만들었다.
③ 1.1(자유방임형, 포기형), 1.9(인기형), 9.1(과업형), 5.5(중간형), 9.9(이상형)

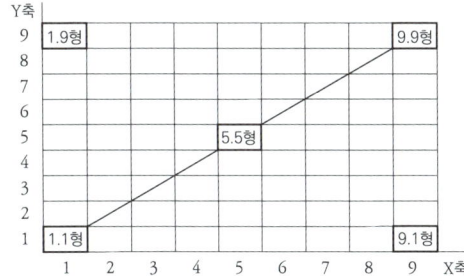

KEY
① 2016년 10월 1일 출제
② 2018년 8월 19일 출제
③ 2022년 3월 5일 출제
④ 2023년 2월 28일(문제 23번) 출제
⑤ 2024년 2월 15일(문제 32번) 출제

23 다음 적응기제 중 방어적 기제에 해당하는 것은?

① 고립(isolation)
② 억압(repression)
③ 합리화(rationalization)
④ 백일몽(day-dreaming)

해설

도피기제(Excape Mechanism) : 갈등을 해결하지 않고 도망감

구분	특징
억압	무의식으로 쑤셔 넣기
퇴행	유아 시절로 돌아가 유치해짐
백일몽	공상의 나라를 펼침
고립(거부)	외부와의 접촉을 끊음

KEY
① 2018년 3월 4일 출제
② 2019년 3월 3일(문제 24번) 출제
③ 2021년 5월 15일(문제 32번) 출제
④ 2022년 4월 24일(문제 21번) 출제
⑤ 2024년 2월 15일(문제 38번) 출제

24 호손(Hawthorne) 실험의 결과 작업자의 작업능률에 영향을 미치는 주요 원인으로 밝혀진 것은?

① 작업조건
② 인간관계
③ 생산기술
④ 행동규범의 설정

해설

호손(Hawthorne)공장 실험
① 인간관계 관리의 개선을 위한 연구로 미국의 메이요(E.Mayo, 1880~1949) 교수가 주축이 되어 호손 공장에서 실시되었다.
② 작업능률을 좌우하는 것은 단지 임금, 노동시간 등의 노동조건과 조명, 환기, 그 밖에 작업환경으로서의 물적 조건보다 종업원의 태도, 즉 심리적, 내적 양심과 감정이 중요하다.
③ 물적 조건도 그 개선에 의하여 효과를 가져올 수 있으나 종업원의 심리적 요소가 더욱 중요하다.
④ 결론은 인간관계가 작업 및 작업설계에 영향을 준다.

KEY
① 2018년 3월 4일, 9월 15일 출제
② 2019년 4월 27일 기사, 9월 21일 산업기사 출제
③ 2020년 9월 5일 출제
④ 2021년 5월 15일(문제 26번) 출제
⑤ 2022년 3월 5일(문제 36번), 4월 24일(문제 34번) 출제
⑥ 2024년 2월 15일(문제 40번) 출제

[정답] 22 ② 23 ③ 24 ②

과년도 출제문제

25 교육의 3요소로만 나열된 것은?

① 강사, 교육생, 사회인사
② 강사, 교육생, 교육자료
③ 교육자료, 지식인, 정보
④ 교육생, 교육자료, 교육장소

해설

안전교육의 3요소

요소 분류	교육의 주체	교육의 객체	교육의 매개체
형식적 교육	교도자 (강사)	교육생 (수강자 : 대상)	교육자료 (교재 및 내용)
비형식적 교육	부모, 형, 선배, 사회인사	자녀와 미성숙자	교육적 환경, 인간관계

KEY ① 2017년 3월 5일, 5월 7일 기사 출제
② 2017년 8월 26일 산업기사 출제
③ 2018년 8월 19일 산업기사 출제
④ 2019년 8월 4일 기사 출제
⑤ 2020년 6월 14일 산업기사 출제
⑥ 2020년 6월 7일(문제 31번) 출제
⑦ 2025년 2월 7일(문제 38번) 출제

26 그림과 같이 수직 평행인 세로의 선들이 평행하지 않은 것으로 보이는 착시현상에 해당하는 것은?

① 죌러(Zöller)의 착시
② 쾰러(Köhler)의 착시
③ 헤링(Hering)의 착시
④ 포겐도르프(Poggendorf)의 착시

해설

착시현상

구분	그림
Hering의 착시	
Köhler의 착시 (윤곽착오)	
Poggendorf의 착시	

KEY ① 2017년 8월 26일 산업기사 출제
② 2019년 9월 21일(문제 31번) 출제

27 비통제의 집단행동에 해당하는 것은?

① 관습   ② 유행
③ 모브   ④ 제도적 행동

해설

비통제의 집단행동
성원의 감정, 정서에 의해 좌우되고 연속성이 희박하다.
① 군중(Crowd) : 공통된 규범이나 조직성 없이 우연히 조직된 인간의 일시적 집합
② 모브(Mob) : 비통제의 집단 행동 중 폭동과 같은 것을 의미하며 군중보다 합의성이 없고 감정에 의해서만 행동하는 특성
③ 패닉(Panic) : 위험을 회피하기 위해서 일어나는 집합적인 도주현상 (방어적 행동)
④ 심리적 전염(Mental Eqidemic)

KEY ① 2016년 5월 8일 출제
② 2017년 5월 7일 출제
③ 2019년 9월 21일(문제 36번) 출제

28 어느 부서의 직원 6명의 선호 관계를 분석한 결과 다음과 같은 소시오그램이 작성되었다. 이 부서의 집단응집성 지수는 얼마인가?(단, 그림에서 실선은 선호관계, 점선은 거부관계를 나타낸다.)

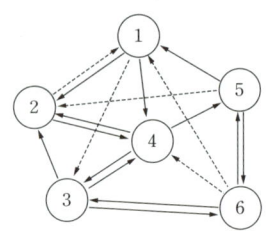

① 0.13   ② 0.27
③ 0.33   ④ 0.47

[정답] 25 ② 26 ① 27 ③ 28 ②

> **해설**

집단응집성지수

① 응집성지수 = $\frac{\text{실제 상호 선호관계의 수}}{\text{가능한 선호관계의 총 수}(n/C_2)}$

$= \frac{4}{6C_2} = \frac{4}{\frac{6 \times 5}{2}} = \frac{4}{15} = 0.27$

② 관계의 수 : 4개 (②-④, ③-④, ③-⑥, ⑤-⑥)
 ※ 실제 상호 선호관계의 수 = 쌍방향 화살표의 수

KEY 2019년 3월 3일(문제 40번) 출제

> **보충학습**

① 소시오메트리 : 사회 측정법으로 집단에 있어 각 구성원 사이의 견인과 배척관계를 조사하여 어떤 개인의 집단 내에서의 관계나 위치를 발견하고 평가하는 방법[집단의 인간관계(선호도)를 조사하는 방법]
② 소시오그램(교우도식) : 소시오메트리를 복잡한 도면(상호간의 관계를 선으로 연결)으로 나타내는 것

---

29 사회행동의 기본형태와 내용이 잘못 연결된 것은?

① 대립 – 공격, 경쟁
② 조직 – 경쟁, 통합
③ 협력 – 조력, 분업
④ 도피 – 정신병, 자살

> **해설**

사회행동의 기본형태

① 협력 – 조력, 분업
② 대립 – 공격, 경쟁
③ 도피 – 정신병, 자살
④ 융합 – 강제, 타협, 통합

KEY ① 2011년 6월 12일(문제 27번) 출제
② 2019년 3월 3일(문제 32번) 출제

---

30 토의식 교육지도에서 시간이 가장 많이 소요되는 단계는?

① 도입
② 제시
③ 적용
④ 확인

> **해설**

단계별 교육시간

교육법의 4단계	강의식	토의식
1단계 : 도입	5분	5분
2단계 : 제시	40분	10분
3단계 : 적용	10분	40분
4단계 : 확인	5분	5분

KEY ① 2016년 5월 8일 산업기사 출제
② 2019년 3월 3일(문제 27번) 출제

---

31 직무분석을 위한 자료수집 방법에 관한 설명으로 맞는 것은?

① 관찰법은 직무의 시작에서 종료까지 많은 시간이 소요되는 직무에 적용하기 쉽다.
② 면접법은 자료의 수집에 많은 시간과 노력이 들고, 수량화된 정보를 얻기가 힘들다.
③ 중요사건법은 일상적인 수행에 관한 정보를 수집하므로 해당 직무에 대한 포괄적인 정보를 얻을 수 있다.
④ 설문지법은 많은 사람들로부터 짧은 시간내에 정보를 얻을 수 있으며, 양적인 자료보다 질적인 자료를 얻을 수 있다.

> **해설**

면접법(面接法, interview method)
연구자와 연구대상자가 직접 만나서 내적인 감정, 사고, 가치관, 심리상태 등을 파악하는 방법

[표] 면접법의 장단점

구분	특징
장점	① 불확실한 응답에 대한 확인이 가능 ② 연구대상자의 심리상태까지 조사가 가능 ③ 문자 해독이 불가능한 대상자에게 적용 가능 ④ 질문 항목 이외의 폭넓은 범위까지 조사가능
단점	① 비용과 시간의 소모가 과다 ② 단시간에 많은 정보를 얻기가 곤란 ③ 대상자의 응답에 대한 신뢰성이 저하될 가능성 ④ 상황에 따라 반응의 정도가 달라질 가능성

KEY ① 2011년 10월 2일(문제 35번) 출제
② 2019년 4월 27일(문제 22번) 출제

> **보충학습**

① 설문지법 : 양적인 정보
② 관찰법 : 짧은 시간 소요 직무 관찰
③ 중요사건법 : 성공자와 실패자 구별

---

32 인간 부주의의 발생원인 중 외적 조건에 해당하지 않는 것은?

① 작업조건 불량
② 작업순서 부적당
③ 경험 부족 및 미숙련
④ 환경조건 불량

[정답] 29 ② 30 ③ 31 ② 32 ③

해설

부주의의 원인 및 대책

구 분	발생원인	대 책
외적 원인	① 작업, 환경조건 불량	환경정비
	② 작업순서 부적당	작업순서 조절
	③ 작업 강도	작업량, 시간, 속도 등의 조절
	④ 기상 조건	온도, 습도 등의 조절
내적 원인	① 소질적 요인	적성배치
	② 의식의 우회	상담
	③ 경험 부족 및 미숙련	교육
	④ 피로도	충분한 휴식
	⑤ 정서 불안정 등	심리적 안정 및 치료

KEY
① 2017년 5월 7일 산업기사 출제
② 2018년 4월 28일 산업기사 출제
③ 2019년 4월 27일(문제 26번) 출제

보충학습
① 주의 : 행동하고자 하는 목적에 의식수준이 집중하는 심리상태(안전)
② 부주의 : 목적 수행을 위한 행동전개 과정 중 목적에서 벗어나는 심리적·육체적인 변화의 현상으로 바람직하지 못한 정신상태를 총칭(불안전)

---

33 아담스(Adams)의 형평이론(공평성)에 대한 설명으로 틀린 것은?

① 성과(outcome)란 급여, 지위, 인정 및 기타 부가 보상 등을 의미한다.
② 투입(input)이란 일반적인 자격, 교육수준, 노력 등을 의미한다.
③ 작업동기는 자신의 투입대비 성과결과만으로 비교한다.
④ 지각에 기초한 이론이므로 자기 자신을 지각하고 있는 사람을 개인(person)이라 한다.

해설

아담스의 공평성 이론
① 직무에 있어서 투입에 대한 산출의 비율이 타 종업원과 일치할 때 공정성이 존재하고 불일치할 때 불공정성이 존재
② 불공정성이 지각될 때 공정성 회복을 위해 긴장이 유발되며 불공정성이 클수록 긴장이 커진다.

KEY
① 2009년 8월 30일(문제 24번) 출제
② 2019년 4월 27일(문제 29번) 출제

---

34 굴착면의 높이가 2[m] 이상인 암석의 굴착작업에 대한 특별안전보건교육 내용에 포함되지 않는 것은?(단, 그 밖에 안전보건관리에 필요한 사항은 제외한다.)

① 지반의 붕괴 재해 예방에 관한 사항
② 보호구 및 신호방법 등에 관한 사항
③ 안전거리 및 안전기준에 관한 사항
④ 폭발물 취급 요령과 대피 요령에 관한 사항

해설

특별안전보건교육내용

작업명	교육내용
굴착면의 높이가 2미터 이상이 되는 지반굴착(터널 및 수직갱 외의 갱굴착은 제외한다)작업	① 지반의 형태·구조 및 굴착 요령에 관한 사항 ② 지반의 붕괴재해예방에 관한 사항 ③ 붕괴 방지용 구조물 설치 및 작업방법에 관한 사항 ④ 보호구의 종류 및 사용에 관한 사항 ⑤ 그 밖에 안전보건관리에 필요한 사항
굴착면의 높이가 2미터 이상이 되는 암석의 굴착작업	① 폭발물 취급 요령과 대피 요령에 관한 사항 ② 안전거리 및 안전기준에 관한 사항 ③ 방호물의 설치 및 기준에 관한 사항 ④ 보호구 및 작업신호 등에 관한 사항

KEY 2019년 9월 21일(문제 21번) 출제

합격정보
산업안전보건법 시행규칙 [별표 5] 안전보건교육 교육대상별 교육내용

---

35 존 듀이(John Dewey)의 5단계 사고 과정을 순서대로 나열한 것은?

㉠ 행동에 의하여 가설을 검토한다.
㉡ 가설을 설정한다.(hypothesis)
㉢ 머리로 생각한다.(intellectualization)
㉣ 시사를 받는다.(suggestion)
㉤ 추론한다.(reasoning)

① ㉤ → ㉡ → ㉣ → ㉠ → ㉢
② ㉣ → ㉢ → ㉡ → ㉤ → ㉠
③ ㉤ → ㉢ → ㉡ → ㉣ → ㉠
④ ㉣ → ㉠ → ㉡ → ㉢ → ㉤

[정답] 33 ③ 34 ① 35 ②

해설

듀이의 사고과정의 5단계
① 1단계 : 시사를 받는다.(suggestion)
② 2단계 : 머리로 생각한다.(intellectualization)
③ 3단계 : 가설을 설정한다.(hypothesis)
④ 4단계 : 추론한다.(reasoning)
⑤ 5단계 : 행동에 의하여 가설을 검토한다.

KEY ① 2018년 9월 15일 기사 출제
② 2019년 4월 27일 기사 출제
③ 2020년 6월 7일(문제 24번) 출제

---

36 다음 중 학습전이의 조건으로 가장 거리가 먼 것은?

① 학습 정도
② 시간적 간격
③ 학습 분위기
④ 학습자의 지능

해설

전이(transfer)의 조건
① 선행학습의 정도
② 학습자료의 유사성
③ 선행학습과 학습 후의 시간적 간격
④ 학습자의 태도
⑤ 학습자의 지능

KEY 2020년 8월 22일(문제 21번) 출제

---

37 다음 중 사고에 관한 표현으로 틀린 것은?

① 사고는 비변형된 사상(unstrained event)이다.
② 사고는 비계획적인 사상(unplaned event)이다.
③ 사고는 원하지 않는 사상(undesired event)이다.
④ 사고는 비효율적인 사상(inefficient event)이다.

해설

사고(事故, accident) : 재해를 야기시키는 원인(행동범위)
① 원하지 않는 사상(Undesired event)
② 비능률적 사상(Uninefficient event) : 뉴욕대학 Cutter박사
③ 변형된 사상(Strained event) : 물체가 변형되는 것처럼 심리적으로 인간이 견딜 수 있는 스트레스의 한계를 넘어선 사상

KEY ① 2014년 3월 2일(문제 39번) 출제
② 2020년 8월 22일(문제 24번) 출제

---

38 미국 국립산업안전보건연구원(NIOSH)이 제시한 직무스트레스 모형에서 직무스트레스 요인을 작업요인, 조직요인, 환경요인으로 구분할 때 조직요인에 해당하는 것은?

① 관리유형
② 작업속도
③ 교대근무
④ 조명 및 소음

해설

직무스트레스 모형

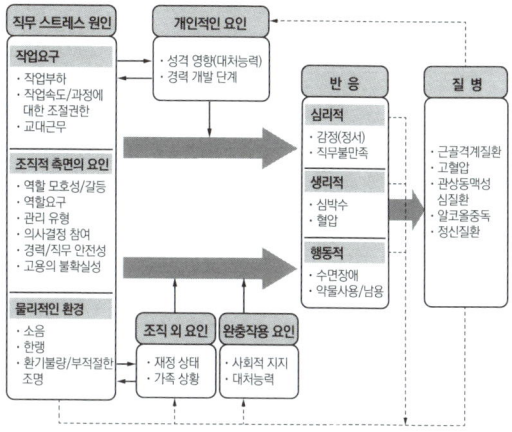

[그림] NIOSH의 직무 스트레스 관리모형(Hurrell)

KEY ① 2014년 9월 20일(문제 27번) 출제
② 2020년 8월 22일(문제 30번) 출제

---

39 생체리듬(Biorhythm)에 대한 설명으로 옳은 것은?

① 각각의 리듬이 (−)에서의 최저점에 이르렀을 때를 위험일이라 한다.
② 감성적 리듬은 영문으로 S라 표시하며, 23일을 주기로 반복된다.
③ 육체적 리듬은 영문으로 P라 표시하며, 28일을 주기로 반복된다.
④ 지성적 리듬은 영문으로 I라 표시하며, 33일을 주기로 반복된다.

[정답] 36 ③ 37 ① 38 ① 39 ④

해설

PSI학설(생물시계, 체내시계)

리듬 방법	색으로 표시	주기
육체적(P)	청색	23일
감성적(S)	적색	28일
지성적(I)	녹색	33일
위험일(O)	점(·), 하트형, 크로바형 등	

KEY ① 2017년 3월 5일(문제 33번) 출제
② 2018년 4월 28일(문제 27번) 출제
③ 2020년 9월 27일(문제 22번) 출제

---

40 다음 중 정상적 상태이지만 생리적 상태가 휴식할 때에 해당하는 의식수준은?

① phase Ⅰ ② phase Ⅱ
③ phase Ⅲ ④ phase Ⅳ

해설

의식 level의 단계별 생리적 상태
① 범주(Phase) 0 : 수면, 뇌발작
② 범주(Phase) Ⅰ : 피로, 단조로움, 졸음, 술취함
③ 범주(Phase) Ⅱ : 안정기거, 휴식시, 정례작업시
④ 범주(Phase) Ⅲ : 적극활동시
⑤ 범주(Phase) Ⅳ : 긴급방위반응, 당황해서 panic

KEY ① 2016년 10월 1일 산업기사 출제
② 2018년 4월 28일 기사 출제
③ 2018년 9월 15일 산업기사 출제
④ 2019년 3월 3일 기사 출제
⑤ 2020년 9월 27일(문제 27번) 출제

---

3 인간공학 및 시스템안전공학

41 A작업의 평균에너지소비량이 다음과 같을 때, 60분간의 총 작업시간 내에 포함되어야 하는 휴식시간(분)은?

- 휴식중 에너지소비량 : 1.5[kcal/min]
- A작업시 평균 에너지소비량 : 6[kcal/min]
- A기초대사를 포함한 작업에 대한 평균 에너지소비량 상한 : 5[kcal/min]

① 10.3 ② 11.3
③ 12.3 ④ 13.3

해설

휴식시간 계산

$$휴식시간(R) = \frac{60(E-5)}{E-1.5} = \frac{60(6-5)}{6-1.5} = 13.33[분]$$

여기서, R : 휴식시간(분)
E : 작업 시 평균 에너지 소비량[kcal/분]
60분 : 총작업 시간
1.5[kcal/분] : 휴식시간 중 에너지 소비량
5[kcal/분] : 기초대사량을 포함한 보통작업에 대한 평균 에너지(기초대사량을 포함하지 않을 경우 : 4[kcal/분])

KEY ① 2016년 5월 8일 출제
② 2016년 10월 1일 출제
③ 2018년 9월 15일(문제 43번) 출제
④ 2022년 4월 24일 출제
⑤ 2023년 6월 4일(문제 28번) 출제
⑥ 2024년 2월 15일(문제 30번), 7월 27일(문제 22번) 출제

---

42 다음과 같은 실내 표면에서 일반적으로 추천반사율의 크기를 맞게 나열한 것은?

[다음]
㉠ 바닥 ㉡ 천장 ㉢ 가구 ㉣ 벽

① ㉠ < ㉣ < ㉢ < ㉡
② ㉣ < ㉠ < ㉡ < ㉢
③ ㉠ < ㉢ < ㉣ < ㉡
④ ㉣ < ㉡ < ㉠ < ㉢

해설

IES추천 조명반사율 권고
① 바닥 : 20~40[%]
② 가구, 사용기기, 책상 : 25~40[%]
③ 창문발(blind), 벽 : 40~60[%]
④ 천장 : 80~90[%]

KEY ① 2016년 3월 6일 산업기사 출제
② 2016년 10월 1일 출제
③ 2017년 8월 26일, 9월 23일 산업기사 출제
④ 2018년 3월 4일 출제
⑤ 2019년 9월 21일 산업기사 출제
⑥ 2023년 6월 4일(문제 31번) 출제
⑦ 2024년 2월 15일(문제 38번), 7월 27일(문제 24번) 출제

[정답] 40 ② 41 ④ 42 ③

43
A회사에서는 새로운 기계를 설계하면서 레버를 위로 올리면 압력이 올라가도록 하고, 오른쪽 스위치를 눌렀을 때 오른쪽 전등이 켜지도록 하였다면, 이것은 각각 어떤 유형의 양립성을 고려한 것인가?

① 레버-공간양립성, 스위치-개념양립성
② 레버-운동양립성, 스위치-개념양립성
③ 레버-개념양립성, 스위치-운동양립성
④ 레버-운동양립성, 스위치-공간양립성

해설

양립성(compatibility)
정보입력 및 처리와 관련한 양립성은 인간의 기대와 모순되지 않는 자극 반응조합의 관계를 말하는 것

KEY
① 2018년 3월 4일 산업기사 출제
② 2018년 4월 28일 기사·산업기사 동시 출제
③ 2022년 4월 24일 출제
④ 2023년 6월 4일(문제 25번) 출제
⑤ 2024년 7월 27일(문제 29번) 출제

보충학습

양립성의 종류

종류	특징
공간(spatial)	표시장치나 조종장치에서 물리적 형태 및 공간적 배치
운동(movement)	표시장치의 움직이는 방향과 조종장치의 방향이 사용자의 기대와 일치
개념(conceptual)	이미 사람들이 학습을 통해 알고있는 개념적 연상
양식(modality)	직무에 맞는 응답양식 존재

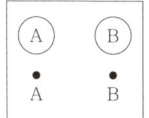
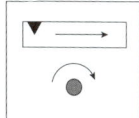

[그림1] 공간 양립성 [그림2] 운동 양립성 [그림3] 개념 양립성

44
어떤 소리가 1,000[Hz], 60[dB]인 음과 같은 높이임에도 4배 더 크게 들린다면, 이 소리의 음압수준은 얼마인가?

① 70[dB] ② 80[dB]
③ 90[dB] ④ 100[dB]

해설

음압수준
① 10[dB] 증가 시 소음은 2배 증가
② 20[dB] 증가 시 소음은 4배 증가
③ 60+20=80[dB]

결론
$4\text{sone} = 2^{\frac{L_1-60}{10}}$

$10 \times \log 4 = (L_1 - 60)\log 2$

$L_1 = \dfrac{10 \times \log 4}{\log 2} + 60 = 80$

KEY
① 2009년 8월 30일(문제 53번) 출제
② 2018년 4월 28일 출제
③ 2020년 9월 27일 출제
④ 2023년 7월 8일(문제 36번) 출제
⑤ 2024년 7월 27일(문제 27번) 출제

보충학습

[표] phon과 sone의 관계

sone	1	2	4	8	16	32	64	128	256	512	1024
phon	40	50	60	70	80	90	100	110	120	130	140

10[phon]이 증가하면 2배의 소리 크기가 되며, 20[phon]이 증가하면 4배의 소리 크기가 된다.

45
인간의 실수 중 수행해야 할 작업 및 단계를 생략하여 발생하는 오류는?

① omission error
② commission error
③ sequence error
④ timing error

해설

생략에러와 실행에러
① 생략에러(Omission errors : 부작위 실수) : 직무 또는 어떤 단계를 수행치 않음 (누락오류)
② 실행에러(Commission error : 작위 실수) : 직무의 불확실한 수행 (선택, 순서, 시간, 정성적 착오)

KEY
① 2013년 6월 2일, 8월 18일 출제
② 2015년 3월 8일 출제
③ 2017년 8월 26일 출제
④ 2018년 4월 28일 출제
⑤ 2019년 3월 3일, 8월 4일 출제
⑥ 2020년 8월 22일, 9월 27일 출제
⑦ 2021년 3월 7일, 8월 14일 출제
⑧ 2023년 7월 8일(문제 22번) 출제
⑨ 2024년 2월 15일(문제 22번) 출제

[정답] 43 ④ 44 ② 45 ①

46. 태양광선이 내리쬐는 옥외장소의 자연습구 온도 20[℃], 흑구온도 18[℃], 건구온도 30[℃] 일 때 습구흑구 온도지수(WBGT)는?

① 20.6[℃]　② 22.5[℃]
③ 25.0[℃]　④ 28.5[℃]

해설

습구 흑구 온도지수(WBGT)
① 옥외(태양광선이 내리 쬐는 장소)
　WBGT = 0.7 × 자연습구온도(NWB) + 0.2 × 흑구온도(GT) + 0.1
　× 건구온도(DB) = 0.7 × 20[℃] + 0.2 × 18[℃] + 0.1
　× 30[℃] = 20.6[℃]
② 옥내 또는 옥외(태양광선이 내리쬐지 않는 장소)
　WBGT(℃) = 0.7 × 자연습구온도(NWB) + 0.3 × 흑구온도(GT)

KEY
① 2016년 5월 8일(문제 57번) 출제
② 2022년 4월 24일 기사 출제
③ 2023년 6월 4일(문제 39번) 출제
④ 2024년 5월 9일(문제 28번) 출제

47. 어느 부품 1,000개를 100,000시간 동안 가동하였을 때 5개의 불량품이 발생하였을 경우 평균동작시간(MTTF)은?

① 1×10^6 시간
② 2×10^7 시간
③ 1×10^8 시간
④ 2×10^9 시간

해설

평균동작시간 계산

$$MTTF = \frac{부품수 \times 가동시간}{불량품수(고장수)} = \frac{1000 \times 100000}{5}$$
$$= 20000000 = 2 \times 10^7$$

KEY
① 2008년 제2회 출제
② 2014년 5월 25일(문제 31번) 출제
③ 2020년 9월 27일 기사 출제
④ 2023년 2월 28일(문제 40번) 출제
⑤ 2024년 5월 9일(문제 32번) 출제

보충학습

MTTF(Mean Time To Failure)
① 평균작동시간, 고장까지의 평균시간
② 제품 고장시 수명이 다하는 것으로 평균 수명

48. 시스템의 수명곡선(욕조곡선)에 있어서 디버깅(Debugging)에 관한 설명으로 옳은 것은?

① 초기고장의 결함을 찾아 고장률을 안정시키는 과정이다.
② 우발 고장의 결함을 찾아 고장률을 안정시키는 과정이다.
③ 마모 고장의 결함을 찾아 고장률을 안정시키는 과정이다.
④ 기계 결함을 발견하기 위해 동작시험을 하는 기간이다.

해설

초기고장
① 디버깅(Debugging)기간 : 기계의 초기 결함을 찾아내 고장률을 안정시키는 기간
② 번인(Burn-in)기간 : 물품을 실제로 장시간 가동하여 그 동안에 고장난 것을 제거하는 기간
③ 비행기 : 에이징(Aging)이라 하여 3년 이상 시운전
④ 욕조곡선(Bath-tub) : 예방보전을 하지 않을 때의 곡선은 서양식 욕조 모양과 비슷하게 나타나는 현상

KEY
① 2018년 3월 4일(문제 44번) 출제
② 2022년 4월 24일(문제 24번) 출제
③ 2024년 5월 9일(문제 34번) 출제

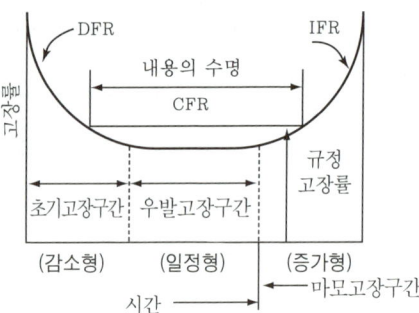

[그림] 기계설비 고장유형

[정답] 46 ①　47 ②　48 ①

49 n개의 요소를 가진 병렬 시스템에 있어 요소의 수명(MTTF)이 지수분포를 따를 경우 이 시스템의 수명으로 옳은 것은?

① $MTTF \times n$
② $MTTF \times \dfrac{1}{n}$
③ $MTTF\left(1+\dfrac{1}{2}+\cdots+\dfrac{1}{n}\right)$
④ $MTTF\left(1 \times \dfrac{1}{2} \times \cdots \times \dfrac{1}{n}\right)$

해설

MTTF(고장까지의 평균시간 : Mean Time To Failure)
① 기계의 평균수명으로 모든 기계가 t_0를 갖지 않기 때문에 확률분포로 파악
② 고장이 발생하면 그것으로 수명이 없어지는 제품
③ 한번 고장이 발생하면 수명이 다하는 것으로 생각하여 수리하지 않고 폐기 또는 교환하는 제품의 고장까지의 평균시간
④ $MTTF\left(1+\dfrac{1}{2}+\cdots+\dfrac{1}{n}\right)$

KEY
① 2011년 3월 20일(문제 55번) 출제
② 2013년 6월 2일(문제 52번) 출제
③ 2019년 9월 21일 건설안전기사(문제 50번) 출제
④ 2022년 4월 24일(문제 34번) 출제
⑤ 2024년 5월 9일(문제 37번) 출제

50 [그림]과 같이 신뢰도 95[%]인 펌프 A가 각각 신뢰도 90[%]인 밸브 B와 밸브 C의 병렬밸브계와 직렬계를 이룬 시스템의 실패 확률은 약 얼마인가?

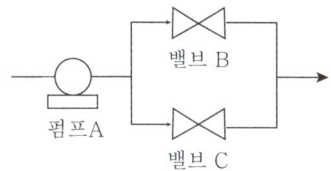

① 0.0091
② 0.0595
③ 0.9405
④ 0.9811

해설

실패확률
① 성공확률(R_s) $= A \times [1-(1-B)(1-C)]$
$= 0.95 \times [1-(1-0.9)(1-0.9)]$
$= 0.9405$
② 실패확률 $= 1 - $ 성공확률 $= 1 - 0.9405 = 0.0595$

KEY
① 2014년 9월 20일(문제 45번) 출제
② 2020년 8월 22일(문제 39번) 출제
③ 2024년 2월 15일(문제 21번) 출제

51 다음 중 욕조곡선에서의 고장 형태에서 일정한 형태의 고장률이 나타나는 구간은?

① 초기고장률 구간
② 마모고장 구간
③ 피로고장 구간
④ 우발고장 구간

해설

우발고장의 특징
(1) 정의
① 예측할 수 없을 때에 생기는 고장으로 시운전이나 점검작업으로는 방지할 수 없다.
② 요소의 우발고장에 있어서는 평균고장시간과 비율을 알고 있으면 제어계 전체 고장을 일으키지 않는 신뢰도를 구할 수 있다.(일정형 고장)
(2) 우발고장의 고장발생원인
① 안전계수가 낮기 때문에
② stress가 strength보다 크기 때문에
③ 사용자의 과오 때문에
④ 최선의 검사방법으로도 탐지되지 않은 결함 때문에
⑤ 디버깅 중에도 발견되지 않는 고장 때문에
⑥ 예방보전에 의해서도 예방될 수 없는 고장 때문에
⑦ 천재지변에 의한 고장 때문에

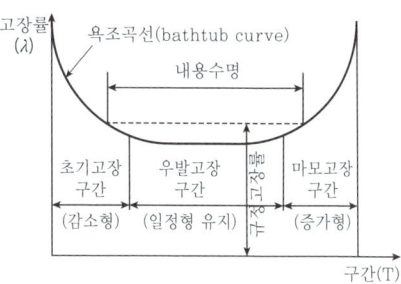

[그림] 욕조곡선

KEY
① 2009년 5월 10일(문제 28번)
② 2016년 3월 6일 출제
③ 2018년 8월 19일 출제
④ 2019년 8월 4일 산업기사 출제
⑤ 2021년 5월 15일 출제
⑥ 2023년 2월 28일(문제 28번) 출제
⑦ 2024년 2월 15일(문제 27번) 출제

[정답] 49 ③ 50 ② 51 ④

52 연구 기준의 요건과 내용이 옳은 것은?

① 무오염성 : 실제로 의도하는 바와 부합해야 한다.
② 적절성 : 반복 실험 시 재현성이 있어야 한다.
③ 신뢰성 : 측정하고자 하는 변수 이외의 다른 변수의 영향을 받아서는 안된다.
④ 민감도 : 피실험자 사이에서 볼 수 있는 예상 차이점에 비례하는 단위로 측정해야 한다.

해설
기준의 요건

구분	특징
적절성(relevance)	기준이 의도된 목적에 적합하다고 판단되는 정도
무오염성	측정하고자 하는 변수외의 영향이 없도록
기준척도의 신뢰성 (reliability criterion measure)	척도의 신뢰성 즉 반복성(repeatability)

KEY
① 2011년 3월 20일 기사 출제
② 2013년 6월 2일 기사 출제
③ 2014년 3월 2일 기사 출제
④ 2017년 8월 26일 기사 출제
⑤ 2020년 6월 7일, 9월 27일 기사 출제
⑥ 2022년 3월 5일 기사 출제
⑦ 2023년 7월 8일(문제 28번) 출제
⑧ 2024년 2월 15일(문제 35번) 출제

53 다음 중 근골격계부담작업에 속하지 않는 것은?

① 하루에 10[회] 이상 25[kg] 이상의 물체를 드는 작업
② 하루에 총 2[시간] 이상 목, 어깨, 팔꿈치, 손목 또는 손을 사용하여 같은 동작을 반복하는 작업
③ 하루에 총 2[시간] 이상 쪼그리고 앉거나 무릎을 굽힌 자세에서 이루어지는 작업
④ 하루에 총 2[시간] 이상 시간당 5[회] 이상 손 또는 무릎을 사용하여 반복적으로 충격을 가하는 작업

해설
근골격계 부담작업
① 하루 4[시간] 이상 집중적으로 자료입력 등을 위해 키보드 또는 마우스를 조작하는 작업
② 하루 2[시간] 이상 목, 어깨, 팔꿈치, 손목 또는 손을 사용하여 같은 동작을 반복하는 작업
③ 하루에 2[시간] 이상 머리 위에 손이 있거나, 팔꿈치가 어깨 위에 있거나, 팔꿈치를 몸통으로부터 들거나 팔꿈치를 몸통 뒤쪽에 위치하도록 하는 상태에서 이루어지는 작업
④ 지지되지 않은 상태이거나 임의로 자세를 바꿀 수 없는 조건에서 하루에 총 2[시간] 이상 목이나 허리를 구부리거나 트는 상태에서 이루어지는 작업
⑤ 하루에 2[시간] 이상 쪼그리고 앉거나 무릎을 굽힌 자세에서 이루어지는 작업
⑥ 하루에 2[시간] 이상 지지되지 않은 상태에서 1[kg] 이상의 물건을 한 손의 손가락으로 집어 옮기거나, 2[kg] 이상에 상응하는 힘을 가하여 한 손의 손가락으로 물건을 쥐는 작업
⑦ 하루에 2[시간] 이상 지지되지 않은 상태에서 4.5[kg] 이상의 물건을 한손으로 들거나 동일한 힘으로 쥐는 작업
⑧ 하루에 10[회] 이상 25[kg] 이상의 물체를 드는 작업
⑨ 하루에 25[회] 이상 10[kg] 이상의 물체를 무릎 아래에서 들거나 어깨 위에서 들거나 팔을 뻗은 상태에서 드는 작업
⑩ 하루에 2[시간] 이상 분당 2[회] 이상 4.5[kg] 이상의 물체를 드는 작업
⑪ 하루에 2[시간] 이상 시간당 10[회] 이상 손 또는 무릎을 사용하여 반복적으로 충격을 가하는 작업

KEY
① 2018년 8월 19일 기사 출제
② 2022년 3월 5일 기사 출제
③ 2023년 2월 28일(문제 32번) 출제
④ 2024년 2월 15일(문제 29번) 출제

합격정보
고용노동부고시 제2020-12호(제3조 근골격계 부담 작업)

54 인간 기계시스템의 연구 목적으로 가장 적절한 것은?

① 정보 저장의 극대화
② 운전시 피로의 평준화
③ 시스템의 신뢰성 극대화
④ 안전의 극대화 및 생산능률의 향상

해설
인간 기계 시스템의 연구목적
안전의 극대화 및 생산 능률의 향상

KEY
① 2015년 9월 19일 기사 출제
② 2017년 8월 26일 산업기사 출제
③ 2019년 3월 3일 기사 출제
④ 2023년 2월 28일(문제 39번) 출제
⑤ 2024년 2월 15일(문제 32번) 출제

[정답] 52 ④ 53 ④ 54 ④

55. HAZOP 기법에서 사용하는 가이드워드와 그 의미가 잘못 연결된 것은?

① Part of : 성질상의 감소
② As well as : 성질상의 증가
③ Other than : 기타 환경적인 요인
④ More/Less : 정량적인 증가 또는 감소

해설

유인어(guide words)
① NO 또는 NOT : 설계 의도의 완전한 부정을 의미
② AS Well AS : 성질상의 증가를 나타내는 것으로 설계의도와 운전조건 등 부가적인 행위와 함께 일어나는 것을 의미
③ PART OF : 성질상의 감소, 성취나 성취되지 않음을 나타냄
④ MORE LESS : 양의 증가 또는 양의 감소로 양과 성질을 함께 나타냄
⑤ OTHER THAN : 완전한 대체를 의미
⑥ REVERSE : 설계의도와 논리적인 역을 의미

KEY
① 2016년 5월 8일 출제
② 2018년 3월 4일(문제 37번) 출제
③ 2020년 9월 27일(문제 58번) 출제
④ 2021년 9월 12일(문제 55번) 출제
⑤ 2024년 4월 24일(문제 27번) 출제

56. 통화이해도 척도로서 통화 이해도에 영향을 주는 잡음의 영향을 추정하는 지수는?

① 명료도 지수
② 통화 간섭 수준
③ 이해도 점수
④ 통화 공진 수준

해설

통화 간섭 수준(SIL)
① 통화 이해도에 영향을 주는 잡음의 영향 추정 지수
② 통화 이해도 척도

KEY 2022년 3월 5일(문제 32번) 출제

보충학습

통화 이해도 측정 방법
① 송화자료를 수화자에게 전송하는 실험
② 명료도지수의 사용 : 옥타브대의 음성과 잡음의 dB값에 가중치를 곱하여 합계를 구하는 방법
③ 이해도 점수 : 송화 내용 중에서 알아듣고 인식한 비율(%)
④ 통화간섭수준(SIL) : 통화 이해도에 끼치는 잡음의 영향을 추정하는 지수
⑤ 소음기준(NC)곡선 : 사무실, 회의실, 공장 등에서의 통화평가 방법

57. 빨강, 노랑, 파랑의 3가지 색으로 구성된 교통 신호등이 있다. 신호등은 항상 3가지 색 중 하나가 켜지도록 되어 있다. 1시간 동안 조사한 결과, 파란등은 총 30분 동안, 빨간등과 노란등은 각각 총 15분 동안 켜진 것으로 나타났다. 이 신호등의 총 정보량은 몇 [bit]인가?

① 0.5
② 0.75
③ 1.0
④ 1.5

해설

정보량

① $A(파란등) 확률 = \dfrac{30분}{60분} = 0.5$

$B(빨간등) 확률 = \dfrac{15분}{60분} = 0.25$

$C(노란등) 확률 = \dfrac{15분}{60분} = 0.25$

② $A = \dfrac{\log\left(\dfrac{1}{0.5}\right)}{\log 2} = 1$ $B = \dfrac{\log\left(\dfrac{1}{0.25}\right)}{\log 2} = 2$

$C = \dfrac{\log\left(\dfrac{1}{0.25}\right)}{\log 2} = 2$

③ 정보량 $= (0.5 \times A) + (0.25 \times B) + (0.25 \times C)$
$= (0.5 \times 1) + (0.25 \times 2) + (0.25 \times 2) = 1.5$

KEY
① 2011년 8월 21일(문제 24번) 출제
② 2017년 5월 7일 기사·산업기사 동시 출제
③ 2017년 9월 23일 산업기사 출제
④ 2018년 4월 28일 기사 출제
⑤ 2019년 3월 3일 산업기사 출제
⑥ 2019년 4월 27일(문제 40번) 출제

58. 결함수분석의 기대효과와 가장 관계가 먼 것은?

① 시스템의 결함 진단
② 시간에 따른 원인 분석
③ 사고원인 규명의 간편화
④ 사고원인 분석의 정량화

해설

FTA의 활용 및 기대 효과
① 사고원인 규명의 간편화
② 사고원인 분석의 일반화
③ 사고원인 분석의 정량화
④ 노력, 시간의 절감
⑤ 시스템의 결함진단
⑥ 안전점검 체크리스트 작성

[정답] 55 ③ 56 ② 57 ④ 58 ②

KEY ① 2018년 3월 4일 산업기사 출제
② 2019년 4월 27일(문제 33번) 출제

59 작업의 강도는 에너지대사율(RMR)에 따라 분류된다. 분류 기준 중, 중(中)작업(보통작업)의 에너지 대사율은?

① 0~1[RMR] ② 2~4[RMR]
③ 4~7[RMR] ④ 7~9[RMR]

해설

작업강도의 구분
① 경작업 : 0~2
② 중(中)작업 : 2~4
③ 중(重)작업 : 4~7
④ 초중작업 : 7 이상

KEY 2019년 8월 4일(문제 21번) 출제

60 국소진동에 지속적으로 노출된 근로자에게 발생할 수 있으며, 말초혈관 장애로 손가락이 창백해지고 동통을 느끼는 질환의 명칭은?

① 레이노병   ② 파킨슨 병
③ 규폐증   ④ C_5-dip 현상

해설

레이노병(Raynaud's disease)
① 혈관운동신경 장애를 주증(主症)으로 하는 질환
② 프랑스 의사 M.레이노(1834~1881)가 보고한 것으로 피부교원섬유(皮膚膠原纖維)의 이상에서 오는 교원병(膠原病)으로도 볼 수 있다.
③ 사지(四肢)의 동맥에 간헐적 경련이 일어나 혈액결핍 때문에 손발 끝이 창백해지고 빳빳하게 굳어지며, 냉감(冷感)·의주감(蟻走感:개미가 기어가는 듯한 감각)·동통(疼痛) 등을 느낀다.

KEY 2019년 8월 4일(문제 39번) 출제

보충학습
① 파킨슨병 : 신경세포 소실로 발생되는 대표적 퇴행성 신경질환
② 규폐증 : 유리규산 분진을 흡입함에 따라 발생되는 폐의 섬유화질환
③ C_5-dip : 소음성 난청 초기단계로 4,000[Hz]에서 청력장애가 현저히 커지는 현상

4 건설시공학

61 보강블록공사 시 벽의 철근 배치에 관한 설명으로 옳지 않은 것은?

① 가로근은 배근 상세도에 따라 가공하되, 그 단부는 180[°]의 갈구리로 구부려 배근한다.
② 블록의 공동에 보강근을 배치하고 콘크리트를 다져 넣기 때문에 세로줄눈은 막힌줄눈으로 하는 것이 좋다.
③ 세로근은 기초 및 테두리보에서 위층의 테두리보까지 잇지 않고 배근하여 그 정착길이는 철근 직경의 40배 이상으로 한다.
④ 벽의 세로근은 구부리지 않고 항상 진동없이 설치한다.

해설

보강 블록조 쌓기 : 통줄눈 원칙

KEY ① 2018년 9월 15일(문제 65번) 출제
② 2021년 9월 12일(문제 67번) 출제

62 건축시공의 현대화 방안 중 3S system과 거리가 먼 것은?

① 작업의 표준화
② 작업의 단순화
③ 작업의 전문화
④ 작업의 기계화

해설

건축시공의 3S system
① 단순화(simplification)
② 표준화(standardization)
③ 전문화(specification)

KEY ① 2012년 5월 20일(문제 62번) 출제
② 2019년 3월 3일(문제 5번), 3월 3일(문제 67번)해설
③ 2025년 2월 7일(문제 74번) 출제

[정답] 59 ② 60 ① 61 ② 62 ④

63 흙막이 붕괴원인 중 히빙(heaving)파괴가 일어나는 주원인은?

① 흙막이벽의 재료 차이
② 지하수의 부력 차이
③ 지하수위의 깊이 차이
④ 흙막이벽 내외부 흙의 중량 차이

해설

히빙
(1) Heaving 원인
  ① 흙막이벽 내·외부 흙의 중량 차이
  ② 연약 점토지반에서 굴착면의 융기로 발생
(2) 방지대책
  ① 흙막이 근입깊이를 깊게 한다.
  ② 지반개량
  ③ 소단(비탈면의 중간에 설치하는 작은 계단)을 두면서 굴착
  ④ 굴착면 하중증가
  ⑤ 어스앵커 설치
  ⑥ 표토제거 하중감소

KEY
① 2015년 3월 8일 6과목에서 출제(문제 105번)
② 2023년 1회(문제 108번) 확인
③ 2023년 2월 28일(문제 68번) 출제
④ 2024년 5월 9일(문제 73번) 출제

보충학습
(1) 파이핑
  ① 보일링 현상으로 인하여 지반내에서 물의 통로가 생기면서 흙이 세굴되는 현상
  ② 흙막이에 대한 수밀성이 불량하여 널말뚝의 틈새로 물과 토사가 흘러들어, 기초저면의 모래지반을 들어 올리는 현상
(2) 보일링 : 사질토 지반에서 굴착저면과 흙막이 배면과의 수위차이로 인해 굴착저면의 흙과 물이 함께 위로 솟구쳐 오르는 현상

64 철골공사의 용접접합에서 플럭스(flux)를 옳게 설명한 것은?

① 용접 시 용접봉의 피복제 역할을 하는 분말상의 재료
② 압연강판의 층 사이에 균열이 생기는 현상
③ 용접작업의 종단부에 임시로 붙이는 보조판
④ 용접부에 생기는 미세한 구멍

해설

플럭스(Flux)
① 철골가공 및 용접에 있어 자동용접의 경우 용접봉의 피복재 역할
② 분말상의 재료

KEY
① 2018년 9월 15일 (문제 63번) 출제
② 2023년 9월 2일(문제 80번) 출제

65 벽돌쌓기 시 일반사항에 관한 설명으로 옳지 않은 것은?

① 가로 및 세로줄눈의 너비는 도면 또는 공사시방서에서 정한 바가 없을 때에는 10[mm]를 표준으로 한다.
② 벽돌쌓기는 도면 또는 공사시방서에서 정한 바가 없을 때에는 영식 쌓기 또는 화란식 쌓기로 한다.
③ 세로줄눈은 통줄눈이 되도록 유도하여, 미관을 향상시키도록 한다.
④ 벽돌벽이 블록벽과 서로 직각으로 만날때에는 연결철물을 만들어 블록 3단마다 보강하여 쌓는다.

해설

세로줄눈
① 통줄눈은 피한다.
② 특별한 때 이외에는 영국식 쌓기 및 화란식 쌓기로 한다.

KEY
① 2017년 5월 7일 기사 출제
② 2018년 1회 출제
③ 2023년 2월 28일(문제 67번) 출제

보충학습
① 영식쌓기 : 한 켜는 마구리쌓기 다음 켜는 길이쌓기로 하고, 모서리나 벽끝에는 이오토막을 쓴다. 벽돌쌓기 중 가장 튼튼한 방법이다.(도면 및 시방서에 쌓기법 없을 때도 적용)
② 네덜란드식(화란식)쌓기 : 영식쌓기와 같고 모서리 끝에는 칠오토막을 쓴다.

66 벽돌쌓기 시 사전준비에 관한 설명으로 옳지 않은 것은?

① 줄기초, 연결보 및 바다 콘크리트의 쌓기면은 작업 전에 청소하고, 우묵한 곳은 모르타르로 수평지게 고른다.
② 벽돌에 부착된 흙이나 먼지는 깨끗히 제거한다.
③ 모르타르는 지정한 배합으로 하되 시멘트와 모래는 건비빔으로 하고, 사용할 때에는 쌓기에 지장이 없는 유동성이 확보되도록 물을 가하고 충분히 반죽하여 사용한다.
④ 콘크리트 벽돌을 쌓기 직전에 충분한 물축이기를 한다.

[정답] 63 ④ 64 ① 65 ③ 66 ④

해설
벽돌쌓기 사전준비 사항
① 붉은벽돌은 쌓기 전에 충분한 물축임을 한다.
② 시멘트벽돌은 쌓으면서 뿌리거나 쌓은 벽 옆에서 뿌린다.

KEY ① 2017년 5월 7일 출제
② 2018년 3월 4일, 4월 28일 출제
③ 2021년 9월 12일(문제 72번) 출제

67. 건설공사의 시공계획 수립 시 작성할 필요가 없는 것은?

① 현치도
② 공정표
③ 실행예산의 편성 및 조정
④ 재해방지계획

해설
시공계획의 내용 및 순서
① 현장원 편성
② 공정표 작성
③ 실행예산 편성
④ 하도급자의 선정
⑤ 가설준비물 결정
⑥ 재료선정 및 결정
⑦ 재해방지대책 및 의료대책

KEY ① 2018년 제1회 출제
② 2023년 2월 28일(문제 61번) 출제
③ 2025년 2월 7일(문제 67번) 출제

보충학습
현치도 : 시공도 작성시 필요

68. 건축물의 지하공사에서 계측관리에 관한 설명으로 틀린 것은?

① 계측관리의 목적은 위험의 징후를 발견하는 것이다.
② 계측관리의 중점관리사항으로는 흙막이 변위에 따른 배면지반의 침하가 있다.
③ 계측관리는 인적이 뜸하고 위험이 적은 안전한 곳에 설치하여 주기적으로 실시한다.
④ 일일점검항목으로는 흙막이벽체, 주변지반, 지하수위 및 배수량 등이 있다.

해설
계측시 유의사항
① 착공시부터 준공시까지 계속 계측관리
② 계측관리계획에 입각하여 계측부위, 위치 선정
③ 공사 준공후 일정기간 동안 계측 실시할 것
④ 계측자료를 그래픽화하여 관리
⑤ 오차를 적게할 것
⑥ 전담자 운영 배치
⑦ 계측계획은 경험자가 수립
⑧ 관련성 있는 계측기는 집중배치 할 것
⑨ 계측도중 변화치수가 없다고 중단하지 말 것

KEY ① 2022년 4월 24일(문제 66번) 출제
② 2024년 7월 5일(문제 77번) 출제

69. 바닥판 거푸집의 구조계산 시 고려해야 하는 연직하중에 해당하지 않는 것은?

① 작업하중
② 충격하중
③ 고정하중
④ 굳지 않은 콘크리트의 측압

해설
연직방향 하중
① 타설콘크리트 고정하중
② 타설시 충격하중
③ 작업원 등의 작업하중

KEY ① 2016년 5월 8일 산업기사 출제
② 2018년 4월 28일 산업기사 출제
③ 2019년 3월 3일(문제 88번) 출제
④ 2019년 9월 21일 산업기사(문제 98번) 출제
⑤ 2022년 4월 24일(문제 80번) 출제
⑥ 2024년 2월 15일(문제 78번) 출제

70. 석재붙임을 위한 앵커긴결공법에서 일반적으로 사용하지 않는 재료는?

① 앵커
② 볼트
③ 모르타르
④ 연결철물

해설
돌붙임시 앵커긴결공법에서 사용하는 철물
① 앵커 ② 볼트
③ 촉   ④ 연결철물(fastener)

[정답] 67 ① 68 ③ 69 ④ 70 ③

KEY ▶ ① 2018년 3월 4일(문제 80번) 출제
② 2022년 3월 5일(문제 61번) 출제

71 벽돌벽 두께 1.0[B], 벽높이 2.5[m], 길이 8[m]인 벽면에 소요되는 점토벽돌의 매수는 얼마인가?(단, 규격은 190×90×57[mm], 할증은 3[%]로 하며, 소수점 이하 결과는 올림하여 정수매로 표기)

① 2980매
② 3070매
③ 3278매
④ 3542매

해설

점토벽돌 매수 계산
① $2.5 \times 8 = 20[m^2]$
② $20 \times 149[매] \times 1.03 = 3,069[매]$

KEY ▶ ① 2015년 9월 19일(문제 79번) 출제
② 2016년 10월 1일(문제 65번) 출제
③ 2023년 2월 28일(문제 70번) 출제

보충학습

시멘트 벽돌 쌓기 : [m^2/수량]
① 0.5[B]=75[매]
② 1.0[B]=149매

72 제자리 콘크리트 말뚝지정 중 베노토 파일의 특징에 관한 설명으로 옳지 않은 것은?

① 기계가 저가이고 굴착속도가 비교적 빠르다.
② 케이싱을 지반에 압입해 가면서 관 내부 토사를 특수한 버킷으로 굴착 배토한다.
③ 말뚝구멍의 굴착 후에는 철근콘크리트말뚝을 제자리치기한다.
④ 여러 지질에 안전하고 정확하게 시공할 수 있다.

해설

Benoto공법(올케이싱공법)
① 해머 그래브로 굴착, 적용지반이 다양하다.
② 굴착하는 전체에 외관(Casing)을 박고 공사하여 공벽 붕괴를 방지한다.
③ 기계가 고가 대형이며, 케이싱 인발시 철근피복파괴가 우려된다.

KEY ▶ ① 2013년 9월 28일 (문제 79번) 출제
② 2020년 9월 27일(문제 74번) 출제
③ 2023년 9월 2일(문제 79번) 출제
④ 2024년 2월 15일(문제 62번) 출제

73 지하 연속벽 공법(slurry wall)에 관한 설명으로 옳지 않은 것은?

① 저진동, 저소음의 공법이다.
② 강성이 높은 지하구조체를 만든다.
③ 타 공법에 비하여 공기, 공사비 면에서 불리한 편이다.
④ 인접 구조물에 근접하도록 시공이 불가하여 대지 이용의 효율성이 낮다.

해설

slurry wall[지하연속벽(체)]공법의 특징
① 저소음, 저진동 공법으로 인접건물의 근접 시공이 가능하며 안정적 공법이다.
② 차수성이 우수하며 물막이 벽체로도 가능하다.
③ 벽체 강성이 커서 본구조체로 이용이 가능하며, 수평변위에 대해서 안정적이며 영구 지하 벽체나 깊은 기초 적용이 가능하다.
④ 임의형상 치수가 가능하며 지반조건에 좌우되지 않는다.
⑤ 타공법에 비해 시공비가 고가이며, 수평연속성이 부족하고, 장비가 크고 이동이 느리다.

KEY ▶ ① 2020년 8월 22일(문제 61번), 9월 27일(문제 80번) 출제
② 2021년 5월 15일(문제 75번) 출제
③ 2022년 4월 24일(문제 65번) 출제
④ 2024년 7월 5일(문제 66번) 출제

74 원가절감에 이용되는 기법 중 VE(Value Engineering)에서 가치를 정의하는 공식은?

① 품질/비용
② 비용/기능
③ 기능/비용
④ 비용/품질

해설

VE(Value Enginnering)
① 건설현장에서 필요한 기능을 품질저하 없이 유지하며 가장 적은 비용으로 공사를 관리하는 원가절감기법(가치공학)
② 원가절감 가능성이 큰 단계 : 기획설계
③ 가치 = $\dfrac{기능}{비용}$

① 2016년 5월 8일 출제
② 2017년 5월 7일 산업기사 출제
③ 2018년 4월 28일 산업기사(문제 45번) 출제
④ 2019년 4월 27일(문제 63번) 출제
⑤ 2025년 2월 7일(문제 77번) 출제

[정답] 71 ② 72 ① 73 ④ 74 ③

과년도 출제문제

75 거푸집 설치와 관련하여 다음 설명에 해당하는 것으로 옳은 것은?

> 보, 슬래브 및 트러스 등에서 그의 정상적 위치 또는 형상으로부터 처짐을 고려하여 상향으로 들어올리는 것 또는 들어 올린 크기

① 폼타이 ② 캠버
③ 동바리 ④ 턴버클

해설

캠버(camber)
① 처짐을 고려하여 보나 슬래브 중앙부를 $l/300 \sim l/500$ 정도 미리 치켜올림
② 높이 조절용 쐐기

KEY
① 2016년 5월 8일 기사·산업기사 동시출제
② 2019년 4월 27일 산업기사 출제
③ 2020년 8월 22일(문제 66번) 출제
④ 2023년 6월 4일(문제 62번) 출제
⑤ 2024년 2월 15일(문제 66번) 출제

76 벽돌쌓기법 중에서 마구리를 세워 쌓는 방식으로 옳은 것은?

① 옆세워 쌓기 ② 허튼 쌓기
③ 영롱 쌓기   ④ 길이 쌓기

해설

옆세워쌓기
마구리면이 내보이도록 벽돌 벽면을 수직으로 쌓는 방식

KEY
① 2018년 9월 15일(문제 79번) 출제
② 2022년 4월 24일(문제 79번) 출제

보충학습

마구리쌓기
원형굴뚝, 사일로(Silo) 등 벽두께 1.0B 이상 쌓기에 쓰인다.

77 철근의 피복두께를 유지하는 목적이 아닌 것은?

① 부재의 소요 구조 내력 확보
② 부재의 내화성 유지
③ 콘크리트의 강도 증대
④ 부재의 내구성 유지

해설

철근 피복두께의 유지목적
① 내화성능 유지
② 내구성능 유지
③ 소요의 구조내력확보. 즉, 콘크리트의 유동성, 부착력, 강도확보 등

KEY
① 2018년 4월 28일 출제
② 2022년 3월 25일 출제
③ 2023년 2월 28일(문제 74번) 출제
④ 2024년 2월 15일(문제 75번) 출제

보충학습

철근 피복 두께 : 철근 표면에서 이를 감싸고 있는 콘크리트 표면까지의 두께

78 흙이 소성 상태에서 반고체 상태로 바뀔 때의 함수비를 의미하는 용어는?

① 예민비   ② 액성한계
③ 소성한계 ④ 소성지수

해설

소성한계시험
① 흙속에 수분이 거의 없고 바삭바삭한 상태의 정도를 알아보기 위한 시험
② 함수량에 따른 강도의 크기 : 수축한계 > 소성한계 > 액성한계

KEY
① 2010년 3월 7일(문제 43번) 출제
② 2017년 3월 5일 산업기사(문제 50번) 출제
③ 2015년 5월 15일(문제 78번) 출제
④ 2024년 7월 5일(문제 67번) 출제

79 콘크리트 표준시방서에 따른 거푸집널의 해체시기로 옳은 것은?(단, 콘크리트의 압축강도를 시험하지 않을 경우, 기둥으로서 평균기온이 20[℃] 이상이며 조강 포틀랜드 시멘트를 사용)

① 1일 ② 2일
③ 3일 ④ 4일

[정답] 75 ② 76 ① 77 ③ 78 ③ 79 ②

해설

압축강도를 시험하지 않을 경우

시멘트의 종류 평균기온	조강 포틀랜드 시멘트	보통포틀랜드시멘트 고로슬래그시멘트(1종) 포틀랜드포졸란시멘트(1종) 플라이애시시멘트(1종)	고로슬래그시멘트(2종) 포틀랜드포졸란시멘트(2종) 플라이애시시멘트(2종)
20[℃] 이상	2일	4일	5일
20[℃] 미만 10[℃] 이상	3일	6일	8일

KEY
① 2013년 6월 2일(문제 74번) 출제
② 2019년 9월 21일 등 5회 이상 출제
③ 2023년 6월 4일(문제 73번) 출제
④ 2024년 2월 15일(문제 71번) 출제

---

80 기존에 구축된 건축물 가까이에서 건축공사를 실시할 경우 기존 건축물의 지반과 기초를 보강하는 공법은?

① 리버스 서큘레이션 공법
② 언더피닝 공법
③ 슬러리 휠 공법
④ 탑다운 공법

해설

언더피닝(Under pinning)공법
(1) 인접한 건물 또는 구조물의 침하방지를 목적으로 하는 지반보강 방법의 총칭
(2) 언더피닝공법 종류
  ① 2중 널말뚝 공법
    흙막이 널말뚝의 외측에 2중으로 말뚝을 박는 공법
  ② 현장타설 콘크리트말뚝 공법
    인접 건물의 기초에 현장타설 콘크리트말뚝 설치
  ③ 강제말뚝 공법
    인접건물의 벽, 기둥에 따라 강제말뚝을 설치
  ④ 모르타르 및 약액주입 공법
    사질지반에서 모르타르 등을 주입해서 지반을 고결시키는 공법

KEY
① 2017년 5월 7일, 9월 23일(문제 118번)출제
② 2018년 4월 28일(문제 76번) 출제
③ 2019년 4월 27일(문제 77번) 출제
④ 2021년 9월 12일(문제 61번) 출제
⑤ 2024년 7월 5일(문제 68번) 출제

---

5 건설 재료학

81 경질우레탄폼 단열재에 관한 설명 중 옳지 않은 것은?

① 규격은 한국산업표준(KS)에 규정되어 있다.
② 공사현장에서 발포시공이 가능하다.
③ 사용시간이 경과함에 따라 부피가 팽창하는 결점이 있다.
④ 초저온 장치용 보냉재로 사용된다.

해설

경질 폴리우레탄 폼(rigid polyurethane foam)
① 경질 폴리우레탄 폼은 고분자 단열재의 일종인데, 단열재 중에서 가장 단열성이 높아 로크울의 약 2배의 단열성을 갖고 있다.
② 단열효과는 발포제(發泡劑)로 사용하는 프론가스에서 비롯되는 것으로, 성에너지형 주택의 증가와 함께 근년에 생산량이 늘어나고 있다.
③ 시간이 경과해도 부피는 변화가 없다.

KEY
① 2020년 9월 27일(문제 93번) 출제
② 2023년 9월 2일(문제 86번) 출제
③ 2024년 2월 15일(문제 82번) 출제
④ 2025년 2월 7일(문제 90번) 출제

보충학습

폴리우레탄
① 폴리우레탄 결합이라는 구조를 갖고 있기 때문에 이렇게 부르고 있다.
② 매우 강인한 것이 특징이며, 고무 탄성을 가지고 있다.
③ 발포체로 하여 우레탄 폼으로 사용될 뿐만 아니라 합성 섬유와 합성 고무로도 사용되고 있다.

---

82 다음 중 건축용 단열재와 거리가 먼 것은?

① 유리면(glass wool) ② 암면(rock wool)
③ 테라코타 ④ 펄라이트판

해설

재질에 따른 단열재 종류
① 무기질 단열재 : 유리면, 암면, 규산칼슘 보온재, 규조토 보온재, 펄라이트 보온재, 질석, 광재면, 다포유리, 세라믹 파이버 등
② 유기질 단열재 : 셀룰로오스 보온재, 코르크판, 발포폴리스티렌 보온재(스티로폼), 발포폴리에틸렌 보온재, 폴리우레탄 폼, 발포페놀 보온재, 우레아 폼 등

KEY
① 2018년 3월 4일 산업기사 출제
② 2020년 6월 7일 출제
③ 2021년 5월 15일(문제 82번, 문제 92번) 출제

[정답] 80 ② 81 ③ 82 ③

83 목재의 역학적 성질에 대한 설명으로 옳지 않은 것은?

① 목재 섬유 평행방향에 대한 인장강도가 다른 여러 강도 중 가장 크다.
② 목재의 압축강도는 옹이가 있으면 증가한다.
③ 목재를 휨부재로 사용하여 외력에 저항할 때는 압축, 인장, 전단력이 동시에 일어난다.
④ 목재의 전단강도는 섬유간의 부착력, 섬유의 곧음, 수선의 유무 등에 의해 결정된다.

해설

옹이(knot)
① 옹이지름이 크며 압축강도는 감소한다.
② 옹이는 강도에 가장 악영향을 끼친다.

KEY ① 2022년 4월 24일(문제 85번) 출제
② 2024년 7월 5일(문제 81번) 출제

84 대리석의 일종으로 다공질이며 황갈색의 반문이 있고 갈면 광택이 나서 우아한 실내장식에 사용되는 것은?

① 테라죠　　② 트래버틴
③ 석면　　　④ 점판암

해설

트래버틴(Travertine)
① 대리석의 한 종류로서 다공질이며 석질이 균일하지 못하다.
② 암갈색의 무늬가 있어 석판으로 만들어 물갈기를 하면 평활하고 광택이 나는 부분과 구멍과 골진 부분이 있다.
③ 특수한 실내장식재로 이용된다.

KEY 2021년 9월 12일(문제 84번) 출제

보충학습

경화(硬化)한 콘크리트는 시멘트의 수화생성물로서 수산화칼슘을 함유하여 강알칼리성(pH 12~13)을 나타낸다. 공기 중의 탄산가스(CO_2) 또는 산성비가 콘크리트 중의 수산화칼슘($Ca(OH)_2$)과 화학반응하여 서서히 탄산칼슘($CaCO_3$)이 되면서 콘크리트의 알칼리성을 상실한다. 이와 같은 현상을 '콘크리트 중성화'라고 한다. 탄산화(Carbonation)라고도 한다.
$Ca(OH)_2 + CO_2 \rightarrow CaCO_3 + H_2O$ [$CaCO_3 \uparrow \Rightarrow$ 중성화↑]

85 목재 섬유포화점의 함수율은 대략 얼마 정도인가?

① 약 10[%]　　② 약 20[%]
③ 약 30[%]　　④ 약 40[%]

해설

섬유포화점(FSP)
① 세포 내의 빈 부분 또는 세포 사이의 공간 부분이 증발하고 세포막에 흡수되어 있는 수분의 상태
② 생나무를 건조하여 함수율이 30[%]가 된 상태

KEY ① 2016년 5월 8일 기사 출제
② 2017년 3월 5일 산업기사 출제
③ 2018년 3월 4일(문제 100번) 출제
④ 2023년 2월 28일(문제 94번) 출제

보충학습

기건상태와 절건상태
① 기건 상태는 함수율이 약 15[%]
② 절건 상태는 함수율이 0[%]

86 건축재료 중 마감재료의 요구성능으로 거리가 먼 것은?

① 화학적 성능　　② 역학적 성능
③ 내구성능　　　④ 방화·내화 성능

해설

마감재료 구분

난연성능	개념	재료
불연재료 (난연1급)	불에 타지 아니하는 성질을 가진 재료	알루미늄·유지 및 건축공사 표준시방서에서 정한 두께 이상인 시멘트모르타르 또는 회등 미장재료 (피난방화규칙 제6조 제1호)
준불연재료 (난연2급)	불연재료에 준하는 성질을 가진 재료로 재료 자체는 간신히 연소되지만 크게 번지지 않는 것	석고보드 등
난연재료 (난연3급)	(목재에 비해)불에 잘 타지 아니하는 성능을 가진 재료	난연합판, 난연플라스틱판 등

KEY 2025년 2월 7일(문제 83번) 출제

합격정보
마감재료의 성능에 따른 위계와 개념정의
*「건축법 시행령」제2조 제9호 내지 11호 등 참조

[정답] 83 ② 84 ② 85 ③ 86 ②

87 석고보드에 관한 설명으로 옳지 않은 것은?

① 부식이 잘되고 충해를 받기 쉽다.
② 단열성, 차음성이 우수하다.
③ 시공이 용이하여 천장, 칸막이 등에 주로 사용된다.
④ 내수성, 탄력성이 부족하다.

해설

석고보드

① 개요
  ㉮ 1902년 미국에서 처음 발명된 석고보드는 소석고(두툼한 종이 사이 석고를 넣고 고온에 가열하여 얻은 결정수를 탈수한 것)와 톱밥, 섬유 등을 혼합하여 만든 벽체
  ㉯ 석고보드는 내부 마감을 위한 틀이 되어주는 것 외에도 흡음재, 방화재 등의 역할을 하기 때문에 다양한 건축물의 기초면으로 사용
② 석고보드 특징
  ㉮ 단열성 : 열전도율이 굉장히 낮은 편이라 더운 공기, 그리고 찬 공기를 차단하여 열효율성을 굉장히 높여준다.
  ㉯ 차음성 : 재질이 종이, 그리고 석고로 이루어져 있기 때문에 차음 성능이 굉장히 뛰어나며 외부의 소음을 차단가능
  ㉰ 경제성 : 시공이 굉장히 간편하고 공기를 단축할 수 있으며 자재가 가볍기 때문에 건물의 구조 자재비를 낮출수 있다.
  ㉱ 차수 안정성 : 온도, 그리고 습도의 변화에 따라서 수축이나 팽창에 대한 변형이 거의 없어서 시공을 하고 난 후 뒤틀림이 발생하는 경우가 굉장히 적으며 틈이 거의 벌어지지 않는다.
  ㉲ 방수성 : 특수 방수처리가 되어 있기 때문에 습기가 많은 욕실은 물론 주방의 하단부 벽체로도 사용가능

KEY ① 2017년 5월 7일 산업기사 출제
      ② 2019년 9월 21일(문제 95번) 출제
      ③ 2021년 5월 15일(문제 81번) 출제

88 도료상태의 방수재를 바탕면에 여러번 칠하지 않은 수지피막을 만들어 방수효과를 얻는 것으로 에멀션형, 용제형, 에폭시계 형태의 방수공법은?

① 시트방수 ② 도막방수
③ 침투성 도포방수 ④ 시멘트 모르타르 방수

해설

도막방수

(1) 도막방수법 종류
  ① 유제형(emulsion) 도막방수
  ② 용제형(solvent) 도막방수
  ③ 에폭시계 도막방수
(2) 도막방수에 사용되는 제
  ① 우레탄 도막제
  ② 아크릴고무 도막제
  ③ 고무아스팔트 도막제

KEY ① 2018년 3월 4일 산업기사 출제
      ② 2019년 9월 21일 기사 출제
      ③ 2020년 8월 23일(문제 77번) 출제
      ④ 2022년 3월 5일(문제 83번) 출제

89 소석회에 모래, 해초풀, 여물 등을 혼합하여 바르는 미장재료로서 목조바탕, 콘크리트블록 및 벽돌바탕 등에 사용되는 것은?

① 회반죽 ② 돌로마이트 플라스터
③ 석고 플라스터 ④ 시멘트 모르타르

해설

회반죽(Lime Plaster)의 특징

① 소석회 + 모래 + 여물을 해초풀로 반죽한 것
② 물은 사용안함
③ 해초풀의 역할 : 접착력 증대
④ 여물 : 균열방지
⑤ 여물은 수축을 분산시키고 균열을 예방하기 위해 첨가하며 삼여물, 짚여물, 종이여물, 털여물 등이 사용된다.
⑥ 충분히 건조된 질긴삼, 종려털, 마닐라삼 같은 수염을 바탕에(벽에는 70[cm] 정도, 천장용은 55[cm] 정도의 수염을 2등분으로 접어서 못으로 고정) 사용하여 바름벽의 탈락을 방지한다.

KEY ① 2015년 제1회 (문제 89번) 출제
      ② 2023년 2월 28일(문제 97번) 출제

보충학습

돌로마이트 플라스터의 특징

① 돌로마이트를 900~1,200[℃]에서 가열·소성한 후, 소화해서 만들며, 대기 중의 이산화탄소와 화학반응해서 경화한다.
② 소석회보다 점성이 커서 풀이 필요 없어, 변색, 냄새, 곰팡이가 없다.
③ 회반죽에 비해 조기강도 및 최종강도가 크고 착색이 쉽다.
④ 건조, 경화시에 수축률이 가장 커서 균열이 집중적으로 크게 생기게 된다.
⑤ 무수축성의 석고나 플라스터를 혼입하여 사용한다.
⑥ 분말도가 미세한 것이 시공이 용이하다.
⑦ 응결시간이 길다.

90 콘크리트에 사용되는 신축이음(Expansion Joint) 재료에 요구되는 성능 조건이 아닌 것은?

① 콘크리트의 수축에 순응할 수 있는 탄성
② 콘크리트의 팽창에 대한 저항성
③ 우수한 내구성 및 내부식성
④ 콘크리트 이음사이의 충분한 수밀성

[정답] 87 ① 88 ② 89 ① 90 ②

해설

신축 이음
기초의 부동침하와 온도, 습도 등의 변화에 따라 신축팽창을 흡수시킬 목적으로 설치하는 줄눈

KEY ① 2018년 9월 15일 (문제 82번) 출제
② 2023년 9월 2일(문제 84번) 출제

91 다음 중 열전도율이 가장 낮은 것은?

① 콘크리트
② 코르크판
③ 알루미늄
④ 주철

해설

목재의 열전도율　　　　　　(단위 : kcal/m·h·℃)

재료	공기	코르크판	소나무	회반죽벽	유리	콘크리트	벽돌
열전도율	0.026	0.04	0.12	0.54	0.70	1.00	1.10

KEY ① 2022년 3월 5일(문제 87번) 출제
② 2024년 5월 9일(문제 97번) 출제
③ 2025년 2월 7일(문제 89번) 출제

92 유리가 불화수소에 부식하는 성질을 이용하여 5[mm] 이상 판유리면에 그림, 문자 등을 새긴 유리는?

① 스테인드유리
② 망입유리
③ 에칭유리
④ 내열유리

해설

에칭(조각)유리
① 유리면에 부식액의 방호막을 붙이고 이 막을 모양에 맞게 오려내고 그 부분에 유리부식액을 발라 소요 모양으로 만들어 장식용으로 사용하는 유리
② 반투명 채광효과가 가능하다.

KEY ① 2020년 6월 14일 산업기사 출제
② 2021년 5월 15일(문제 86번) 출제

93 열경화성수지가 아닌 것은?

① 페놀수지
② 요소수지
③ 아크릴수지
④ 멜라민수지

해설

아크릴수지
① 유기질유리라 하여 일찍이 비행기의 방풍유리로 사용해 왔다.
② 무색투명판은 광선 및 자외선의 투과성이 크고 내약품성, 전기절연성이 크며 내충격강도는 무기재료보다 8~10배 정도이다.
③ 열가소성수지 이다.

KEY ① 2018년 3월 4일 기사 출제
② 2018년 9월 15일(문제 81번) 출제
③ 2022년 4월 24일 (문제 95번) 출제

94 중용열 포틀랜드시멘트에 관한 설명으로 옳지 않은 것은?

① C_3S나 C_3A가 적고, 장기강도를 지배하는 C_2S를 많이 함유한 시멘트이다.
② 내황산열성이 적기 때문에 댐공사에는 사용이 불가능하다.
③ 수화속도를 지연시켜 수화열을 작게 한 시멘트이다.
④ 건조수축이 작고 건축용 매스콘크리트에 사용된다.

해설

중용열 포틀랜드시멘트(저열시멘트)
① 초기강도 발현은 늦으나 장기강도는 보통시멘트보다 같거나 크다.
② 시멘트의 발열량이 작다.(수화열이 작다.)
③ 건조수축이 작고 화학저항성이 크다.
④ 큰 단면 공사에 유리하다.
⑤ 안정성이 높다.
⑥ 방사선차폐용 콘크리트, 건축용 매스콘트리트, 댐공사, 대형단면 등에 사용된다.

KEY ① 2017년 3월 5일 산업기사 출제
② 2017년 9월 23일 기사 출제
③ 2023년 9월 2일 (문제 96번) 출제

[정답] 91 ② 92 ③ 93 ③ 94 ②

95 점토제품 시공 후 발생하는 백화에 관한 설명으로 옳지 않은 것은?

① 타일 등의 시유소성한 제품은 시멘트 중의 경화제가 백화의 주된 요인이 된다.
② 작업성이 나쁠수록 모르타르의 수밀성이 저하되어 투수성이 커지게 되고, 투수성이 커지면 백화발생이 커지게 된다.
③ 점토제품의 흡수율이 크면 모르타르 중의 함유수를 흡수하여 백화발생을 억제한다.
④ 물시멘트비가 크게 되면 잉여수가 증대되고, 이 잉여수가 증발할 때 가용 성분의 용출을 발생시켜 백화 발생의 원인이 된다.

해설

백화현상
(1) 백화발생의 개요
   ① 백화는 시멘트 벽돌, 타일, 석재, 콘크리트 등의 표면에 생기는 흰색 수산화칼슘 결정체를 말한다.
   ② 백화현상은 시멘트 중의 수산화칼슘이 공기 중의 탄산가스와 반응하여 생성되며, 마감면을 훼손하는 하자이다.
   ③ 화학식 : $CaO + H_2O \rightarrow Ca(OH)_2 + CO_2 \rightarrow CaCO_3 + H_2O$
(2) 백화현상의 방지대책
   ① 잘 구워진 벽돌(소성이 잘된 벽돌)을 사용한다.
   ② 줄눈의 방수처리 철저, 예방이 중요하다.
   ③ 조립률이 큰 모래, 분말도가 큰 시멘트를 사용한다.
   ④ 차양, 루버, 돌림띠 등 비막이를 설치한다.
   ⑤ 표면에 파라핀 도료나 실리콘 뿜칠하여 수산화 칼슘 유출을 방지한다.
   ⑥ 우중시공을 철저히 금지시킨다.

KEY ① 2016년 10월 1일 (문제 81번) 출제
② 2023년 9월 2일(문제 81번) 출제
③ 2024년 2월 15일 (문제 81번) 출제

96 건축용으로 판재 지붕에 많이 사용되는 금속재는?

① 철
② 동
③ 주석
④ 니켈

해설

동(Cu)의 용도
① Cu는 암모니아, 알칼리성 용액에 침식이 잘된다.
② 건축재료로서 지붕잇기, 홈통, 철사, 못, 철망, 온돌용 파이프 등의 제조에 사용된다.

KEY ① 2017년 3월 5일 출제
② 2019년 3월 3일 산업기사 출제
③ 2019년 4월 27일(문제 86번) 출제
④ 2023년 6월 4일(문제 100번) 출제

97 목재의 내연성 및 방화에 대한 설명으로 옳지 않은 것은?

① 목재의 방화는 목재 표면에 불연소성 피막을 도포 또는 형성시켜 화염의 접근을 방지하는 조치를 한다.
② 방화재로는 방화페인트, 규산나트륨 등이 있다.
③ 목재가 열에 닿으면 먼저 수분이 증발하고 160℃ 이상이 되면 소량의 가연성가스가 유출된다.
④ 목재는 450℃에서 장시간 가열하면 자연발화 하게 되는데, 이 온도를 화재위험온도라고 한다.

해설

목재의 연소온도
① 목재의 수분증발은 100[℃]에서 발생한다.
② 가소성 가스증발은 180[℃]에서 발생한다.
③ 목재의 착화점은 260~270[℃](화재위험온도) 정도이다.
④ 자연발화점은 400~450[℃]이다.(자연발화온도)
⑤ 발화 후 10~20분의 단시간에 1,000~1,200[℃]의 최고온도를 나타내고 그 후 급격히 온도가 떨어져 500[℃] 정도가 되며 서서히 저하된다.

KEY ① 2018년 4월 28일(문제 99번) 출제
② 2022년 4월 24일(문제 89번) 출제
③ 2024년 5월 9일(문제 94번) 출제
④ 2024년 7월 5일(문제 82번) 출제

98 재료의 기계적 성질 중 작은 변형에도 파괴되는 성질을 무엇이라 하는가?

① 강성
② 소성
③ 탄성
④ 취성

해설

취성(brittleness)
① 재료가 외력을 받아도 변형되지 않거나 극히 미미한 변형을 수반하고 파괴되는 성질을 취성이라 한다.
② 주철 등 취성을 가진 금속재료는 충격강도와 밀접한 관계가 있어 갑자기 파괴될 위험성이 크다.
③ 유리와 콘크리트 등도 취성이 큰 재료이다.

KEY ① 2017년 제1회 (문제 86번) 출제
② 2023년 2월 28일(문제 87번) 출제
③ 2024년 7월 5일(문제 84번) 출제

[정답] 95 ③ 96 ② 97 ④ 98 ④

99 양질의 도토 또는 장석분을 원료로 하며, 흡수율이 1[%] 이하로 거의 없고 소성온도가 약 1,230~1,460[℃]인 점토 제품은?

① 토기
② 석기
③ 자기
④ 도기

해설

점토 제품의 분류

종류	소성온도[℃]	흡수율[%]	건축재료	비 고
토기	790~1,000	20 이상	기와, 적벽돌, 토관	저급점토 사용
도기	1,100~1,230	10	내장타일, 테라코타	
석기	1,160~1,350	3~10	마루 타일, 클링커 타일	시유약을 사용하지 않고 식염유를 쓴다.
자기	1,230~1,460	1 이하	내장타일, 외장 타일, 바닥타일, 위생기기, 모자이크 타일	양질의 도토 또는 장석분을 원료로 하며 두드리면 청음이 난다.

KEY
① 2017년 5월 7일 산업기사 출제
② 2018년 3월 4일 산업기사 출제
③ 2024년 2월 15일(문제 90번) 등 5회 이상 출제

100 KSL 4201에 따른 1종 점토벽돌의 압축강도 기준으로 옳은 것은?

① 8.78[MPa] 이상
② 14.70[MPa] 이상
③ 20.59[MPa] 이상
④ 24.50[MPa] 이상

해설

점토벽돌의 품질(KSL 4201)

품질 \ 종류	1종	2종	3종
흡수율[%]	10 이하	13 이하	15 이하
압축강도[MPa]	24.50 이상	20.59 이상	10.78 이상

KEY
① 2017년 9월 23일 산업기사 출제
② 2018년 3월 4일 출제
③ 2020년 6월 7일(문제 85번) 출제
④ 2023년 2월 28일(문제 83번) 출제
⑤ 2024년 2월 15일(문제 91번) 출제

6 건설안전기술

101 공정율이 65[%]인 건설현장의 경우 공사 진척에 따른 산업안전보건관리비의 최소 사용기준으로 옳은 것은? (단, 공정율은 기성공정율을 기준으로 함)

① 40[%] 이상
② 50[%] 이상
③ 60[%] 이상
④ 70[%] 이상

해설

공사진척에 따른 안전관리비 사용기준

공 정 률	50[%] 이상 70[%] 미만	70[%] 이상 90[%] 미만	90[%] 이상
사용 기준	50[%] 이상	70[%] 이상	90[%] 이상

KEY
① 2017년 5월 7일, 9월 23일 출제
② 2019년 8월 4일 산업기사 출제
③ 2020년 6월 7일(문제 103번) 출제
④ 2024년 7월 27일(문제 101번) 출제

정보제공
건설업 산업안전보건관리비계상기준 고시 2025-12호(2025. 2. 12.)

102 산업안전보건법령에 따른 양중기의 종류에 해당하지 않는 것은?

① 곤돌라
② 리프트
③ 클램셀
④ 크레인

해설

클램셀(clam shell)
① 연약지반이나 수중굴착 및 자갈 등을 싣는 데 적합하다.
② 깊은 땅파기 공사와 흙막이 버팀대를 설치하는 데 사용한다.
③ 수중굴착 및 수조물의 기초바닥 등과 같은 협소하고 상당히 깊은 범위의 굴착과 호퍼(hopper)에 적당하다.

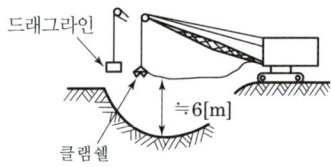

[그림] 드래그라인과 클램쉘의 작업

[정답] 99 ③ 100 ④ 101 ② 102 ③

① 2016년 5월 8일 산업기사 출제
② 2017년 5월 7일 산업기사 출제
③ 2019년 8월 4일(문제 120번) 출제
④ 2020년 9월 7일(문제 102번) 출제
⑤ 2024년 7월 27일(문제 105번) 출제

보충학습

제132조(양중기)
"양중기"라 함은 다음 각 호의 기계를 말한다.
① 크레인(호이스트를 포함한다.)
② 이동식크레인
③ 리프트(이삿짐운반용 리프트의 경우에는 적재하중이 0.1[t] 이상의 것으로 한정한다.)
④ 곤돌라
⑤ 승강기

103 굴착공사에 있어서 비탈면붕괴를 방지하기 위하여 실시하는 대책으로 옳지 않은 것은?

① 지표수의 침투를 막기 위해 표면 배수공을 한다.
② 지하수위를 내리기 위해 수평배수공을 설치한다.
③ 비탈면 하단을 성토한다.
④ 비탈면 상부에 토사를 적재한다.

해설

붕괴방지공법
① 활동할 가능성이 있는 토사는 제거하여야 한다.
② 비탈면 또는 법면의 하단을 다져서 활동이 안 되도록 저항을 만들어야 한다.
③ 지표수가 침투되지 않도록 배수를 시키고 지하수위를 낮추기 위하여 수평 보링(boring)을 하여 배수시켜야 한다.
④ 말뚝(강관, H형강, 철근 콘크리트)을 박아 지반을 강화시킨다.

① 2016년 3월 6일 출제
② 2021년 5월 15일(문제 119번) 출제
③ 2024년 7월 27일(문제 107번) 출제

합격정보
굴착공사 표준안전 작업지침 제31조(예방)

104 안흙막이 가시설 공사 시 사용되는 각 계측기 설치 목적으로 옳지 않은 것은?

① 지표침하계 - 지표면 침하량 측정
② 수위계 - 지반 내 지하수위의 변화 측정
③ 하중계 - 상부 적재하중 변화 측정
④ 지중경사계 - 인접지반의 수평 변위량 측정

해설

계측기 종류 및 설치 목적

종류	설치 목적
하중계 (load cell)	흙막이 버팀대에 작용하는 토압, 어스 앵커의 인장력 등을 측정하는 계측기
토압계 (earth pressure meter)	흙막이에 작용하는 토압의 변화를 파악하는 계측기
간극 수압계 (piezo meter)	굴착으로 인한 지하의 간극수압을 측정하는 계측기
지하수위계 (water level meter)	지하수의 수위변화를 측정하는 계측기

① 2016년 3월 6일, 10월 1일 산업기사 출제
② 2017년 3월 5일, 5월 7일 산업기사 출제
③ 2017년 5월 7일 출제
④ 2018년 4월 28일, 9월 15일 출제
⑤ 2019년 3월 3일 산업기사, 4월 27일 출제
⑥ 2021년 3월 7일(문제 105번), 9월 12일(문제 108번) 출제
⑦ 2024년 7월 27일(문제 111번) 출제

105 철골구조의 앵커볼트매립과 관련된 준수사항 중 옳지 않은 것은?

① 기둥중심은 기준선 및 인접기둥의 중심에서 3[mm] 이상 벗어나지 않을 것
② 앵커볼트는 매립 후에 수정하지 않도록 설치할 것
③ 베이스플레이트의 하단은 기준 높이 및 인접기둥의 높이에서 3[mm] 이상 벗어나지 않을 것
④ 앵커볼트는 기둥중심에서 2[mm] 이상 벗어나지 않을 것

해설

앵커볼트 매립 정밀도 범위
① 기둥 중심은 기준선 및 인접 기둥의 중심에서 5[mm] 이상 벗어나지 않을 것

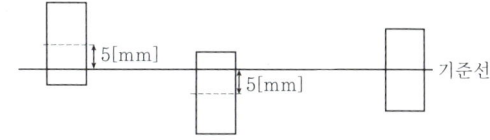

[정답] 103 ④ 104 ③ 105 ①

② 인접 기둥 간 중심거리의 오차는 3[mm] 이하일 것

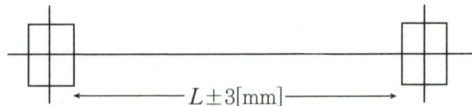

③ 앵커볼트는 기둥 중심에서 2[mm] 이상 벗어나지 않을 것

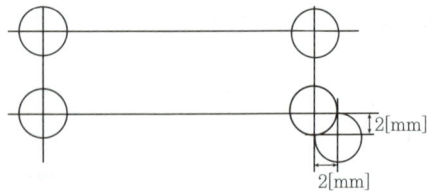

④ Base Plate의 하단은 기준높이 및 인접 기둥 높이에서 3[mm] 이상 벗어나지 않을 것

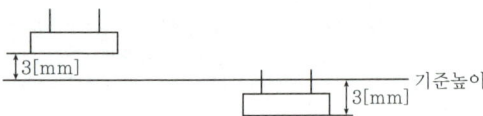

KEY
① 2014년 3월 2일 출제
② 2017년 8월 26일 출제
③ 2023년 7월 8일(문제 107번) 출제
④ 2024년 5월 9일(문제 103번) 출제

106 강관비계를 조립할 때 준수하여야 할 사항으로 옳지 않은 것은?

① 띠장간격은 2[m] 이하로 설치하되, 첫번째 띠장은 지상으로부터 3[m] 이하의 위치에 설치할 것
② 비계기둥의 간격은 띠장 방향에서 1.85[m] 이하로 할 것
③ 비계기둥의 제일 윗부분으로부터 31[m] 되는 지점 밑부분의 비계기둥은 2개의 강관으로 묶어 세울 것
④ 비계기둥 간의 적재하중은 400[kg]을 초과하지 않도록 할 것

해설
강관비계
① 띠장간격 : 1.85[m] 이하
② 첫번째 띠장은 지상으로부터 : 2[m] 이하

합격정보
산업안전보건기준에 관한 규칙 제60조(강관비계의 구조)

KEY 2024년 5월 9일(문제 106번) 등 20회 이상 출제

107 동바리의 침하를 방지하기 위한 직접적인 조치로 옳지 않은 것은?

① 수평연결재 사용   ② 받침목의 사용
③ 콘크리트의 타설   ④ 말뚝박기

해설
동바리의 침하 방지를 위한 직접적인 조치 4가지
① 받침목의 사용
② 깔판의 사용
③ 콘크리트 타설
④ 말뚝박기

KEY
① 2022년 4월 24일(문제 119번) 출제
② 2023년 6월 4일(문제 107번) 출제
③ 2024년 5월 9일(문제 108번) 출제

합격정보
산업안전보건기준에 관한 규칙 제332조(동바리조립시의 안전조치)

108 안전난간의 구조 및 설치요건에 대한 기준으로 옳지 않은 것은?

① 상부난간대는 바닥면·발판 또는 경사로의 표면으로부터 90[cm] 이상 지점에 설치할 것
② 발끝막이판은 바닥면 등으로부터 10[cm] 이상의 높이를 유지할 것
③ 난간대는 지름 1.5[cm] 이상의 금속제파이프나 그 이상의 강도를 가진 재료일 것
④ 안전난간은 구조적으로 가장 취약한 지점에서 가장 취약한 방향으로 작용하는 100[kg] 이상의 하중에 견딜 수 있는 튼튼한 구조일 것

해설
난간대 지름 : 2.7[cm] 이상

합격정보
산업안전보건기준에 관한 규칙 제13조(안전난간의 구조 및 설치요건)

KEY
① 2016년 3월 6일 출제
② 2019년 8월 4일 출제
③ 2021년 8월 14일 출제
④ 2023년 2월 28일(문제 118번) 출제
⑤ 2024년 5월 9일(문제 113번) 출제

[정답] 106 ① 107 ① 108 ③

109 지반 등의 굴착작업 시 경암의 굴착면 기울기로 옳은 것은?

① 1 : 0.3   ② 1 : 0.5
③ 1 : 0.8   ④ 1 : 1.0

해설

굴착면의 기울기 기준

지반의 종류	굴착면의 기울기
모래	1 : 1.8
연암 및 풍화암	1 : 1.0
경암	1 : 0.5
그 밖의 흙	1 : 1.2

KEY
① 2016년 5월 8일 기사 · 산업기사 동시 출제
② 2020년 6월 7일(문제 111번) 9월 27일(문제 115번) 출제
③ 2021년 9월 12(문제 115번) 출제
④ 2022년 3월 5일(문제 114번) 출제
⑤ 2024년 5월 9일(문제 120번) 출제

110 중량물을 운반할 때의 바른 자세로 옳은 것은?

① 허리를 구부리고 양손으로 들어올린다.
② 중량은 보통 체중의 60%가 적당하다.
③ 물건은 최대한 몸에서 멀리 떼어서 들어올린다.
④ 길이가 긴 물건은 앞쪽을 높게 하여 운반한다.

해설

인력운반 안전기준
① 1인당 무게는 25[kg] 정도가 적절하며, 무리한 운반 금지
② 2인 이상 1조가 되어 어깨메기로 하여 운반하는 등 안전을 도모
③ 긴 철근을 1인이 운반시 앞쪽을 높게하여 어깨에 메고 뒤쪽 끝을 끌면서 운반
④ 운반시 양끝을 묶어 운반
⑤ 내려놓을 때는 던지지 말고 천천히 내려놓을 것
⑥ 공동 작업시 신호에 따라 작업(신호 준수)

KEY
① 2017년 5월 7일 산업기사 출제
② 2019년 3월 3일(문제 111번) 출제
③ 2024년 2월 15일(문제 101번) 출제

111 가설통로의 설치기준으로 옳지 않은 것은?

① 추락할 위험이 있는 장소에는 안전난간을 설치할 것
② 경사가 10[°]를 초과하는 경우에는 미끄러지지 않는 구조로 할 것
③ 경사는 30[°] 이하로 할 것
④ 건설공사에 사용하는 높이 8[m] 이상인 비계다리에는 7[m] 이내마다 계단참을 설치할 것

해설

가설통로 설치기준
① 견고한 구조로 할 것
② 경사는 30[°] 이하로 할 것. 다만, 계단을 설치하거나 높이 2[m] 미만의 가설통로로서 튼튼한 손잡이를 설치한 경우에는 그러하지 아니하다.
③ 경사가 15[°]를 초과하는 경우에는 미끄러지지 아니하는 구조로 할 것
④ 추락할 위험이 있는 장소에는 안전난간을 설치할 것. 다만, 작업상 부득이한 경우에는 필요한 부분만 임시로 해체할 수 있다.
⑤ 수직갱에 가설된 통로의 길이가 15[m] 이상인 경우에는 10[m] 이내마다 계단참을 설치할 것
⑥ 건설공사에 사용하는 높이 8[m] 이상인 비계다리에는 7[m] 이내마다 계단참을 설치할 것

KEY
① 2017년 5월 7일 기사 출제
② 2018년 4월 28일 기사 출제
③ 2019년 8월 4일 기사 출제
④ 2020년 6월 7일 기사 출제
⑤ 2021년 3월 7일 기사 출제
⑥ 2022년 3월 5일, 4월 24일 기사 출제
⑦ 2023년 2월 28일(문제 113번) 출제
⑧ 2024년 2월 15일(문제 112번) 출제

합격정보
산업안전보건기준에 관한 규칙 제23조(가설통로의 구조)

112 부두·안벽 등 하역작업을 하는 장소에서는 부두 또는 안벽의 선을 따라 통로를 설치하는 경우에는 폭을 최소 얼마 이상으로 해야 하는가?

① 70[cm]   ② 80[cm]
③ 90[cm]   ④ 100[cm]

[정답] 109 ② 110 ④ 111 ② 112 ③

[해설]

부두·안벽 등 하역작업을 하는 장소의 안전기준
① 작업장 및 통로의 위험한 부분에는 안전하게 작업할 수 있는 조명을 유지할 것
② 부두 또는 안벽의 선을 따라 통로를 설치하는 경우에는 폭을 90[cm] 이상으로 할 것
③ 육상에서의 통로 및 작업장소로서 다리 또는 선거(船渠) 갑문(閘門)을 넘는 보도(步道) 등의 위험한 부분에는 안전난간 또는 울타리 등을 설치할 것

[합격정보]
산업안전보건기준에 관한 규칙 제390조(하역작업장의 조치기준)

KEY
① 2018년 4월 28일 기사 출제
② 2019년 3월 3일, 8월 4일 기사 출제
③ 2021년 5월 15일 기사 출제
④ 2023년 2월 28일(문제 107번) 출제
⑤ 2024년 2월 15일(문제 119번) 출제

---

113 흙 속의 전단응력을 증대시키는 원인에 해당하지 않는 것은?

① 자연 또는 인공에 의한 지하공동의 형성
② 함수비의 감소에 따른 흙의 단위 체적 중량의 감소
③ 지진, 폭파에 의한 진동 발생
④ 균열내에 작용하는 수압증가

[해설]

흙의 전단강도(쿨롱의 법칙)
(1) 개요
　① 전단강도란 흙에 관한 역학적 성질로 기초의 극한 지지력을 알 수 있다.
　② 기초의 하중이 흙의 전단강도 이상이면 흙은 붕괴되고 기초는 침하된다.
(2) 전단강도 공식(coulomb의 법칙)
　　$\tau = c + \sigma \tan\phi$ = 점착력+마찰력
　여기서, τ : 전단강도　　c : 점착력
　　　　　σ : 수직응력　　ϕ : 마찰각
　　　　　$\sigma\tan\phi$: 마찰력
(3) 결론 : 함수비 감소에 따른 흙의 단위체적 중량 증가함

KEY
① 2011년 6월 12일 기사 출제
② 2021년 8월 14일 기사 출제
③ 2023년 7월 8일(문제 114번) 출제

---

114 타워크레인을 자립고(自立高) 이상의 높이로 설치할 때 지지벽체가 없어 와이어로프로 지지하는 경우의 준수사항으로 옳지 않은 것은?

① 와이어로프를 고정하기 위한 전용 지지프레임을 사용할 것
② 와이어로프 설치각도는 수평면에서 60[°] 이내로 하되, 지지점은 4개소 이상으로 하고, 같은 각도로 설치할 것
③ 와이어로프와 그 고정부위는 충분한 강도와 장력을 갖도록 설치하되, 와이어로프를 클립·샤클(shackle) 등의 기구를 사용하여 고정하지 않도록 유의할 것
④ 와이어로프가 가공전선(架空電線)에 근접하지 않도록 할 것

[해설]

타워크레인 강도·장력유지
① 와이어로프와 그 고정부위는 충분한 강도와 장력을 갖도록 설치한다.
② 와이어로프를 클립·샤클(shackle) 등의 고정기구를 사용하여 견고하게 고정시켜 풀리지 아니하도록 하며, 사용 중에는 충분한 강도와 장력을 유지하도록 할 것

KEY
① 2018년 3월 4일 기사 출제
② 2020년 8월 22일 기사 출제
③ 2023년 6월 4일(문제 109번) 출제

[합격정보]
산업안전보건기준에 관한 규칙 제142조(타워크레인의 지지)

---

115 고소작업대를 설치 및 이동하는 경우에 준수하여야 할 사항으로 옳지 않은 것은?

① 와이어로프 또는 체인의 안전율은 3 이상일 것
② 붐의 최대 지면경사각을 초과 운전하여 전도되지 않도록 할 것
③ 고소작업대를 이동하는 경우 작업대를 가장 낮게 내릴 것
④ 작업대에 끼임·충돌 등 재해를 예방하기 위한 가드 또는 과상승방지장치를 설치할 것

[정답] 113 ② 114 ③ 115 ①

해설
고소작업대의 와이어로프 및 체인의 안전율 : 5 이상

KEY ① 2017년 3월 5일 산업기사 출제
② 2017년 9월 23일 산업기사 출제
③ 2023년 6월 4일(문제 117번) 출제

합격정보
산업안전보건기준에 관한규칙 제186조(고소작업대 설치 등의 조치)

116 지반의 굴착 작업에 있어서 비가 올 경우를 대비한 직접적인 대책으로 옳은 것은?

① 측구 설치
② 낙하물 방지망 설치
③ 추락 방호망 설치
④ 매설물 등의 유무 또는 상태 확인

해설
굴칙작업시 비가 올 경우 직접적인 대책 : 측구(側溝)설치

KEY ① 2021년 5월 15일(문제 104번) 출제
③ 2023년 6월 4일(문제 120번) 출제

합격정보
산업안전보건기준에 관한 규칙 제339조(굴착면의 붕괴 등에 의한 위험방지)

보충학습
측구
① 도로의 노면, 도로 비탈면 또는 측도(側道)의 노면이나 비탈면 및 인접지에 내린 우수의 원활한 처리를 위하여 설치하는 시설로서, 도로의 배수시설(排水施設)
② 배수시설 : 도로시설의 보전, 교통안전, 유지보수 등을 위하여 도로에 설치하는 시설로서 측구(側溝), 집수정 및 도수로(導水路)
③ 측구는 일반적으로 L자형과 U자형이 사용되며, 길어깨에 붙여서 측구를 설치하는 경우에는 교통안전을 위하여 윗면이 열린 측구를 설치해서는 안 된다.

관련법령
도로의 구조·시설 기준에 관한 규칙 제30조

117 이동식비계를 조립하여 작업을 하는 경우의 준수 사항으로 옳지 않은 것은?

① 비계의 최상부에서 작업을 할 때에는 안전난간을 설치하여야 한다.
② 작업발판의 최대적재하중은 400[kg]을 초과하지 않도록 한다.
③ 승강용 사다리는 견고하게 설치하여야 한다.
④ 작업발판은 항상 수평을 유지하고 작업발판 위에서 안전난간을 딛고 작업을 하거나 받침대 또는 사다리를 사용하여 작업하지 않도록 한다.

해설
이동식 비계 작업발판 최대적재 하중 : 250[kg] 초과 금지

KEY ① 2017년 8월 26일 출제
② 2017년 3월 5일 산업기사 출제
③ 2018년 3월 4일, 8월 19일(문제 113번) 출제
④ 2022년 4월 24일(문제 109번) 출제

합격정보
산업안전보건기준에 관한 규칙 제68조 (이동식비계)

118 철골 건립기계 선정 시 사전 검토사항과 가장 거리가 먼 것은?

① 건립기계의 소음영향
② 건립기계로 인한 일조권 침해
③ 건물형태
④ 작업반경

해설
타워크레인 선정시 사전 검토사항
① 작업반경
② 입지조건
③ 건립기계의 소음영향
④ 건물형태
⑤ 인양능력

KEY ① 2019년 3월 3일 기사 출제
② 2019년 8월 4일(문제 118번) 출제

[정답] 116 ① 117 ② 118 ②

119 건설공사 유해위험방지계획서를 제출해야 할 대상공사에 해당하지 않는 것은?

① 깊이 10[m]인 굴착공사
② 다목적댐 건설공사
③ 최대 지간길이가 40[m]인 다리건설 공사
④ 연면적 5,000[m²]인 냉동·냉장창고시설의 설비공사

해설

유해위험 방지계획서 제출 대상 공사
(1) 건축물 또는 시설 등의 건설·개조 또는 해체공사
  가. 지상높이가 31미터 이상인 건축물 또는 인공구조물
  나. 연면적 3만제곱미터 이상인 건축물
  다. 연면적 5천제곱미터 이상인(에) 해당하는 시설
    ① 문화 및 집회시설(전시장 및 동물원·식물원은 제외한다)
    ② 판매시설, 운수시설(고속철도의 역사 및 집배송시설은 제외한다)
    ③ 종교시설
    ④ 의료시설 중 종합병원
    ⑤ 숙박시설 중 관광숙박시설
    ⑥ 지하도상가
    ⑦ 냉동·냉장 창고시설
(2) 연면적 5천제곱미터 이상의 냉동·냉장창고시설의 설비공사 및 단열공사
(3) 최대지간길이가 50[m] 이상인 다리건설 등 공사
(4) 터널건설 등의 공사
(5) 다목적댐, 발전용댐, 저수용량 2천만톤 이상의 용수전용댐 및 지방상수도 전용댐의 건설 등 공사
(6) 깊이 10[m] 이상인 굴착공사

KEY ① 2018년 3월 4일 기사 출제
② 2019년 8월 4일(문제 115번) 출제

합격정보
산업안전보건법 시행령 제42조(유해위험방지계획서 제출대상)

120 건설업 산업안전보건관리비 계상 및 사용기준(고용노동부 고시)은 산업재해보상 보험법의 적용을 받는 공사 중 총 공사금액이 얼마 이상인 공사에 적용하는가?

① 4천만원   ② 3천만원
③ 2천만원   ④ 1천만원

해설

제3조(적용범위) 이 고시는 「산업재해보상보험법」 제6조의 규정에 의하여 「산업재해보상보험법」의 적용을 받는 공사중 총공사금액 2천만원 이상인 공사에 적용한다. 다만, 다음 각 호의 어느 하나에 해당되는 공사중 단가계약에 의하여 행하는 공사에 대하여는 총계약금액을 기준으로 이를 적용한다.

KEY ① 2016년 3월 6일 기사 출제
② 2017년 5월 7일 산업기사 출제
③ 2017년 8월 26일 기사·산업기사 동시 출제
④ 2019년 8월 4일(문제 110번) 출제

[정답] 119 ③   120 ③

2025년도 기사 정기검정 제3회 (2025년 8월 9일 시행)

건설안전기사

종목코드	시험시간	수험번호	성명
1440	3시간	20250809	도서출판세화

※ 본 문제는 복원문제 및 2026 예적(예상적중) 문제로 실제문제와 동일하지 않을 수 있습니다.

1 산업안전관리론

01 산업안전보건법령상 안전보건표지의 종류 중 안내표지에 해당 되지 않는 것은?

① 금연　　　　　② 들것
③ 세안 장치　　　④ 비상용기구

해설

안내표지

① 403 들것　　② 404 세안장치　　③ 405 비상용기구

① 2016년 3월 6일기사 출제
② 2017년 5월7일, 9월 23일 기사 출제
③ 2019년 3월 3일 산업기사 출제
④ 2019년 4월 27일 기사 출제
⑤ 2020년 6월 7일, 8월 22일, 9월 27일기사 출제
⑥ 2021년 3월 7일 기사 출제
⑦ 2022년 3월 5일(문제 1번) 출제

보충학습

금지표지

106 금연

합격정보
산업안전보건법 시행규칙[별표 6] 안전보건표지의 종류와 형태

02 보호구 안전인증 고시상 안전인증을 받은 보호구의 표시사항이 아닌 것은?

① 제조자명　　　② 사용 유효기간
③ 안전인증 번호　④ 규격 또는 등급

해설

안전인증 제품 표시방법
① 형식 또는 모델명
② 규격 또는 등급 등
③ 제조자명
④ 제조번호 및 제조연월
⑤ 안전인증 번호

① 2015년 9월 19일(문제 2번) 출제
② 2020년 6월 7일(문제 19번) 출제
③ 2022년 3월 5일(문제 11번) 출제

03 산업재해보상법령상 보험급여의 종류를 모두 고른 것은?

ㄱ. 장례비　　　　ㄴ. 요양급여
ㄷ. 간병급여　　　ㄹ. 영업손실비용
ㅁ. 직업재활급여

① ㄱ, ㄴ, ㄹ　　　② ㄱ, ㄴ, ㄷ, ㅁ
③ ㄱ, ㄷ, ㄹ, ㅁ　　④ ㄴ, ㄷ, ㄹ, ㅁ

해설

보험급여의 종류
① 요양급여　　　② 휴업급여
③ 장해급여　　　④ 간병급여
⑤ 유족급여　　　⑥ 상병(傷病)보상연금
⑦ 장례비　　　　⑧ 직업재활급여

KEY
① 2021년 5월 15일 기사 등 10번 이상 출제
② 2022년 5월 7일 실기 필답형 출제
③ 2022년 4월 24일(문제 3번) 출제

합격정보
산업재해 보상보험법 제36조(보험급여의 종류와 산정기준 등)

[정답] 01 ①　02 ②　03 ②

과년도 출제문제

04 다음의 재해사례에서 기인물과 가해물은?

> 작업자가 작업장을 걸어가던 중 작업장 바닥에 쌓여 있던 자재에 걸려 넘어지면서 바닥에 머리를 부딪혀 사망하였다.

① 기인물 : 자재, 가해물 : 바닥
② 기인물 : 자재, 가해물 : 자재
③ 기인물 : 바닥, 가해물 : 바닥
④ 기인물 : 바닥, 가해물 : 자재

해설

재해발생의 분석시 3가지
① 기인물 : 불안전한 상태에 있는 물체(환경포함)
② 가해물 : 직접 사람에게 접촉되어 위해를 가한 물체
③ 사고의 형태(재해형태) : 물체(가해물)와 사람과의 접촉현상

KEY
① 2018년 4월 28일 출제
② 2019년 3월 3일 출제
③ 2021년 5월 15일(문제 11번) 출제
④ 2022년 4월 24일(문제 9번) 출제

---

05 A 사업장의 상시근로자수가 1200명이다. 이 사업장의 도수율이 10.5이고 강도율이 7.5일 때 이 사업장의 총 요양근로손실일수(일)는? (단, 연근로시간수는 2400시간이다.)

① 21.6
② 216
③ 2160
④ 21600

해설

총요양근로손실일수

① 강도율 = $\dfrac{\text{총요양근로손실일수}}{\text{연근로시간수}} \times 1,000$

② 총요양근로손실일수 = $\dfrac{\text{강도율} \times \text{연근로시간수}}{1,000}$

$= \dfrac{7.5 \times (1,200 \times 2,400)}{1,000} = 21,600$

KEY
① 2022년 3월 5일 등 필기, 실기 무조건 출제
② 2022년 4월 24일(문제 15번) 출제

합격정보
산업재해 통계 업무 처리규정 제3조(산업재해 통계의 산출방법 및 정의)

---

06 다음 중 시설물의 안전 및 유지관리에 관한 특별법상 시설물 정기안전점검의 실시 시기로 옳은 것은?

① 반기에 1회 이상
② 1년에 1회 이상
③ 2년에 1회 이상
④ 3년에 1회 이상

해설

시설물안전관리 특별법상 안전점검 및 정밀안전단의 실시 시기
① 정기점검 : A, B, C 등급은 반기에 1회 이상
② 긴급점검 : 관리주체가 필요하다고 판단할 때 또는 관계 행정기관의 장이 필요하다고 판단하여 관리주체에게 긴급점검을 요청할 때
③ 정밀점검

KEY
① 2011년 10월 2일 기사 출제
② 2018년 9월 15일 기사 출제
③ 2019년 4월 27일 기사 출제
④ 2020년 1회 출제
⑤ 2023년 2월 28일(문제 2번) 출제

---

07 산업안전보건법령상 중대재해에 해당되지 않는 것은?

① 사망자가 2명 발생한 재해
② 부상자가 동시에 7명 발생한 재해
③ 직업성질병자가 동시에 11명 발생한 재해
④ 3개월 이상의 요양이 필요한 부상자가 동시에 3명 발생한 재해

해설

중대재해의 종류
① 사망자가 1명 이상 발생한 재해
② 3개월 이상의 요양이 필요한 부상자가 동시에 2명 이상 발생한 재해
③ 부상자 또는 직업성질병자가 동시에 10명 이상 발생한 재해

KEY
① 2016년 1회 기사 출제
② 2023년 2월 28일(문제 5번) 출제

합격정보
산업안전보건법 시행규칙 제3조(중대재해의 범위)

[정답] 04 ① 05 ④ 06 ① 07 ②

08 산업안전보건법령상 상시근로자 20명 이상 50명 미만인 사업장 중 안전보건관리담당자를 선임하여야 하는 업종이 아닌 것은?(단, 안전관리자 및 보건관리자가 선임되지 않은 사업장으로 한다.)

① 임업
② 제조업
③ 건설업
④ 환경 정화 및 복원업

해설
안전보건관리담당자의 선임 등
다음 각 호의 어느 하나에 해당하는 사업의 사업주는 상시근로자 20명 이상 50명 미만인 사업장에 안전보건관리담당자를 1명 이상 선임해야 한다.
① 제조업
② 임업
③ 하수, 폐수 및 분뇨 처리업
④ 폐기물 수집, 운반, 처리 및 원료 재생업
⑤ 환경 정화 및 복원업

 ① 2022년 1회 출제
② 2023년 2월 28일(문제 7번) 출제

합격정보
산업안전보건법 시행령 제24조(안전보건관리 담당자 선임 등)

---

09 산업안전보건법령상 안전보건관리규정을 작성해야 할 사업의 종류를 모두 고른 것은? (단, ㄱ~ㅁ은 상시근로자 300명 이상의 사업이다.)

```
ㄱ. 농업
ㄴ. 정보서비스업
ㄷ. 금융 및 보험업
ㄹ. 사회복지 서비스업
ㅁ. 과학 및 기술 연구개발업
```

① ㄴ, ㄹ, ㅁ
② ㄱ, ㄴ, ㄷ, ㄹ
③ ㄱ, ㄴ, ㄷ, ㅁ
④ ㄱ, ㄷ, ㄹ, ㅁ

해설
안전보건관리규정을 작성하여야 할 사업의 종류 및 상시 근로자수

사업의 종류	상시 근로자수
1. 농업 2. 어업 3. 소프트웨어 개발 및 공급업 4. 컴퓨터 프로그래밍, 시스템 통합 및 관리업 4의 2. 영상·오디오물 제공서비스업 5. 정보서비스업 6. 금융 및 보험업 7. 임대업;부동산 제외 8. 전문, 과학 및 기술 서비스업(연구개발업은 제외한다) 9. 사업지원 서비스업 10. 사회복지 서비스업	상시 근로자 300명 이상을 사용하는 사업장
11. 제1호부터 제4호까지, 제4호의2 및 제5호로부터 제10호까지의 사업을 제외한 사업	상시 근로자 100명 이상을 사용하는 사업장

 ① 2020년 6월 7일(문제 4번) 출제
② 2021년 3월 7일(문제 5번) 출제
③ 2023년 2월 28일(문제 14번) 출제

합격정보
산업안전보건법 시행규칙 [별표 2]

---

10 산업안전보건법령상 안전인증대상기계등이 아닌 것은?

① 곤돌라   ② 연삭기
③ 사출성형기   ④ 고소 작업대

해설
안전인증 기계 및 설비의 종류
① 프레스   ② 전단기 및 절곡기   ③ 크레인
④ 리프트   ⑤ 압력용기   ⑥ 롤러기
⑦ 사출성형기   ⑧ 고소 작업대   ⑨ 곤돌라

합격정보
산업안전보건법 시행령 제74조(안전인증대상기계 등)

 ① 2011년 3월 7일, 5월 7일 출제
② 2017년 3월 5일 기사, 산업기사 출제
③ 2018년 3월 4일 출제
④ 2019년 3월 3일 출제
⑤ 2020년 8월 22일 출제
⑥ 2023년 2월 28일(문제 18번) 출제

[정답] 08 ③ 09 ② 10 ②

11. 무재해운동추진기법 중 팀의 일체감, 연대감을 조성할 수 있고 동시에 대뇌 구피질에 좋은 이미지를 불어 넣어 안전행동을 하도록 하는 방법은?

① 역할연기(Role playing)
② 터치 앤 콜(Touch and call)
③ 브레인 스토밍(Brain Storming)
④ TBM(Tool Box Meeting)

해설
터치 앤 콜(Touch and Call)
① 필요성 : 스킨십(Skin ship)을 통한 팀구성원 간의 일체감 및 연대감을 조성하고 위험요소에 대한 강한 인식과 더불어 사고예방에 도움이 되며 서로 피부를 맞대고 구호를 제창함으로써 진한 동료애를 느끼고 안전에 동참하는 참여 정신을 높일 수 있다.

[표] 터치 앤 콜의 형태

형태	특징
고리형	왼손 엄지를 서로 맞잡고 원을 만들어 목표나 구호를 제창(5~6명 정도가 적당)
포개기형	왼손 엄지로 원을 만들 수 없는 소수 인원일 경우 왼손을 서로 포개어 구호제창(2~3명 정도가 적당)
어깨동무형	왼손을 상대의 왼쪽어깨에 얹어 감싸고 서로의 발을 맞대어 둥글게 원을 만들어(무재해의 제로(0)를 의미) 오른손으로 지적하며 구호를 제창(5~6명 정도가 적당)

② 기대 효과 : 특별한 준비 없이 쉽게 실시할 수 있으며, 피부의 접촉을 통하여 기대이상의 친밀감과 일체감을 통하여 서로 하나됨을 느낄 수 있어 사고예방 및 인간관계 형성에도 큰 도움을 얻을 수 있다.

KEY
① 2012년 5월 20일(문제 3번) 출제
② 2023년 6월 4일(문제 3번) 출제

12. 다음 설명에 가장 적합한 조직의 형태는?

- 과제중심의 조직
- 특정과제를 수행하기 위해 필요한 자원과 재능을 여러 부서로부터 임시로 집중시켜 문제를 해결하고, 완료 후 다시 본래의 부서로 복귀하는 형태
- 시간적 유한성을 가진 일시적이고 잠정적인 조직

① 스태프(Staff)형 조직
② 라인(Line)식 조직
③ 기능(Functional)식 조직
④ 프로젝트(Project) 조직

해설
조직의 종류 및 특징

구분	특징
프로젝트 조직	① 특정 프로젝트를 수행하기 위해서 일시적으로 구성되는 조직 ② 목적지향적이고 목적달성을 위해 기존의 조직보다 효율적이고 유연하게 운영가능 ③ 태스크포스(Task forces)라고도 함
사업부제 조직	① 제품이나 시작, 지역을 기초로 만들어진 조직 ② 다국적 기업들이 보편적으로 채택하여 운영하는 조직형태 ③ 사업부마다 중복된 부서가 있어 자원의 낭비가 심하고 지나친 경쟁이 유발되어 전체적인 목표달성을 방해할 가능성이 있음
팀 조직	① 의사결정과정을 단순화하여 빠른 대응이 가능하도록 만든 조직 ② 상호보완적인 기술이나 지식을 갖는 구성원이 자율권을 갖고 업무를 수행하도록 한 조직 ③ 신속한 의사결정조직으로 동기부여가 쉬우나 유능한 구성원이 필요
매트릭스형 조직	① 중규모 형태의 기업에서 시장상황에 따라 인적 자원을 효율적으로 활용하는 조직형태 ② 사업부 조직의 단점을 해결하기 위해 기능별, 목적별 부문화를 혼합한 형태 ③ 팀 중심 활동 및 구성원 간의 협동심에 증가하나 역할갈등의 소지를 가지고 있음
위원회 조직	① 집단토의방식을 도입한 조직의 형태 ② 광범위한 정보를 필요로 하거나 참가자의 충분한 사전이해가 있어야 하는 경우에 사용 ③ 시간낭비 및 기동성이 떨어지고 책임소재가 불분명한 단점이 있음

KEY
① 2013년 9월 28일(문제 15번) 출제
② 2019년 3월 3일(문제 26번), 4월 27일(문제 5번) 출제
③ 2023년 6월 4일(문제 4번) 출제

13. 객관적인 위험을 작업자 나름대로 판정하여 위험을 수용하고 행동에 옮기는 것은?

① Risk Assessment ② Risk taking
③ Risk control ④ Risk playing

해설
리스크 테이킹(risk taking)
① 객관적인 위험을 자기 편리한 대로 판단하여 의사결정을 하고 행동에 옮기는 현상
② 안전태도가 양호한 자는 risk taking 정도가 작다.
③ 안전태도 수준이 같은 경우 작업의 달성 동기, 성격, 일의 능률, 적성배치, 심리상태 등 각종 요인의 영향으로 risk taking의 정도는 변한다.

KEY
① 2017년 5월 7일(문제 11번) 출제
② 2023년 6월 4일(문제 5번) 출제

[정답] 11 ② 12 ④ 13 ②

14. 산업안전보건법령상 안전보건표지의 종류 중 금지표지에 해당하지 않는 것은?

① 탑승금지 ② 금연
③ 사용금지 ④ 접촉금지

해설

금지표지의 종류

출입금지	보행금지	차량통행금지	사용금지
탑승금지	금연	화기금지	물체이동금지

KEY
① 2016년 3월 6일 출제
② 2016년 5월 8일 출제 등 10회 이상 출제
③ 2023년 6월 4일(문제 14번) 출제

합격정보
산업안전보건법 시행규칙 [별표 6] 안전보건표지의 종류와 형태

15. 다음 중 방음용 귀마개 또는 귀덮개의 종류 및 등급과 기호가 잘못 연결된 것은?

① 귀덮개 : EM
② 귀마개 1종 : EP-1
③ 귀마개 2종 : EP-2
④ 귀마개 3종 : EP-3

해설

귀마개 및 귀덮개 종류 및 등급

종류	등급	기호	성능
귀마개	1종	EP-1	저음부터 고음까지 차음하는 것
	2종	EP-2	주로 고음을 차음하여 회화음 영역인 저음은 차음하지 않는 것
귀덮개	–	EM	

KEY
① 2014년 5월 25일(문제 6번) 출제
② 2023년 6월 4일(문제 10번) 출제

16. 다음 설명에 해당하는 법칙은?

어떤 공장에서 330회의 전도 사고가 일어났을 때, 그 가운데 300회는 무상해 사고, 29회는 경상, 중상 또는 사망은 1회의 비율로 사고가 발생한다.

① 버드 법칙 ② 하인리히 법칙
③ 더글라스 법칙 ④ 자베타키스 법칙

해설

하인리히 1:29:300의 법칙
① 재해의 발생 = 물적 불안전 상태 + 인적 불안전 행동 + α = 설비적 결함 + 관리적 결함 + α
$$\alpha = \frac{1}{1+29+300} = \frac{1}{330}$$
② 숨은 위험한 요인(잠재된 위험의 상태)
③ 재해건수 = 1 + 29 + 300 = 330[건]

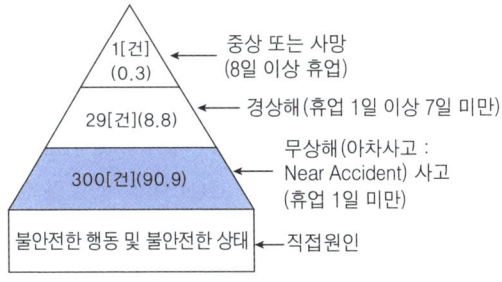

[그림] 하인리히 법칙[단위 : %]

KEY
① 2016년 10월 1일 기사 출제
② 2017년 8월 26일 기사, 9월 23일 산업기사 출제
③ 2018년 3월 4일 기사 출제
④ 2019년 9월 21일 기사 출제
⑤ 2023년 9월 2일(문제 1번) 출제

합격정보
1931년 "산업재해예방(Industrial Accident Prevention)"에 제시

17. 다음 중 웨버(D.A.Weaver)의 사고 발생 도미노 이론에서 "작전적 에러"를 찾아내기 위한 질문의 유형과 가장 거리가 먼 것은?

① what ② why
③ where ④ whether

[정답] 14 ④ 15 ④ 16 ② 17 ③

> **해설**

웨버의 작전적 에러 질문유형 3가지
① What : 무엇이 불안전한 상태이며 불안전한 행동인가? 즉 사고의 원인은 무엇인가?
② Why : 왜 불안전한 행동 또는 상태가 용납되는가?
③ Whether : 감독과 경영 중에서 어느 쪽이 사고방지에 대한 안전지식을 갖고 있는가?

KEY
① 2020년 9월 27일(문제 17번) 출제
② 2023년 9월 2일(문제 5번) 출제

18 다음 중 안전과 경영에서 나오는 용어인 리스크(risk)에 대하여 가장 옳게 설명한 것은?

① 리스크는 위급을 나타내는 용어로서 잠재적인 위험의 표출을 의미한다.
② 리스크는 위험 발생의 급박한 상태가 어떤 조건이 갖춰졌을 때를 의미한다.
③ 리스크는 위험상황이 재해상황으로 변하는 과정상의 위험분석을 의미한다.
④ 리스크는 재해 발생가능성과 재해 발생시 그 결과의 크기의 조합(combination)으로 위험의 크기나 정도를 의미한다.

> **해설**

위험도(Risk)
① 특정한 위험요인이 위험한 상태로 노출되어 특정한 사건으로 이어질 수 있는 사고의 빈도(가능성)와 사고의 강도(중대성) 조합으로서 위험의 크기 또는 위험의 정도를 말한다.
② 위험도=발생빈도×발생강도

> **보충학습**

위험성 평가(Risk Assessment)
잠재 위험요인이 사고로 발전할 수 있는 빈도와 피해크기를 평가하고 위험도가 허용될 수 있는 범위인지 여부를 평가하는 체계적인 방법을 말한다.

19 안전관리에 있어 5C 운동(안전행동 실천운동)에 속하지 않는 것은?

① 통제관리(Control)
② 청소청결(Cleaning)
③ 정리정돈(Clearance)
④ 전심전력(Concentration)

> **해설**

5C(안전행동 실천) 운동
① Correctness(복장단정)
② Cleaning(청소청결)
③ Clearance(정리정돈)
④ Checking(점검확인)
⑤ Concentration(전심전력)

KEY
① 2010년 9월 5일 기사 출제
② 2018년 3월 4일, 9월 15일 기사 출제
③ 2018년 기사 출제
④ 2021년 3월 7일(문제 1번) 출제
⑤ 2024년 2월 15일(문제 1번) 출제

> **합격자의 조언**

① 실기 필답형에도 출제된 문제입니다. 실기도 준비하세요.
② 5S : 생산관리 중심
③ 5C : 안전관리 중심

20 시설물의 안전 및 유지관리에 관한 특별법상 제1종 시설물에 명시되지 않은 것은?

① 고속철도 교량
② 25층인 건축물
③ 연장 300[m]인 철도 교량
④ 연면적이 70,000[m²]인 건축물

> **해설**

제1종시설물 및 제2종시설물의 종류(제4조 관련)

구분 : 교량	제1종시설물	제2종시설물
가. 도로교량	① 상부구조형식이 현수교, 사장교, 아치교 및 트러스교인 교량 ② 최대 경간장 50미터 이상의 교량(한 경간 교량은 제외한다) ③ 연장 500미터 이상의 교량 ④ 폭 12미터 이상이고 연장 500미터 이상인 복개구조물	① 경간장 50미터 이상인 한 경간 교량 ② 제1종시설물에 해당하지 않는 교량으로서 연장 100미터 이상의 교량 ③ 제1종 시설물에 해당하지 않는 복개구조물로서 폭 6미터 이상이고 연장 100미터 이상의 복개 구조물
나. 철도교량	① 고속철도 교량 ② 도시철도의 교량 및 고가교 ③ 상부구조형식이 트러스교 및 아치교인 교량 ④ 연장 500미터 이상의 교량	제1종 시설물에 해당하지 않는 교량으로서 연장 100미터 이상의 교량

KEY
① 2021년 5월 15일(문제 8번) 출제
② 2023년 6월 4일(문제 20번) 출제
③ 2024년 2월 15일(문제 11번) 출제

[정답] 18 ④   19 ①   20 ③

합격정보
시설물의 안전 및 유지관리에 관한 특별법 시행령 [별표 1]

2 산업심리 및 교육

21 직무수행평가 시 평가자가 특정 피평가자에 대해 구체적으로 잘 모름에도 불구하고 모든 부분에 대해 좋게 평가하는 오류는?

① 후광오류
② 엄격화오류
③ 중앙집중오류
④ 관대화오류

해설

후광효과(Halo effect : 後光效果)
① 후광효과(halo effect)는 평가자가 피평가자의 한 가지 두드러지는 속성에 기초해서 개인의 모든 행동 및 특성에 대한 평가를 하는 현상
② 평가자가 피평가자의 수행에 대해 제한된 지식을 가지고 있음에도 불구하고 여러 수행차원 모두에 대해서 획일적으로 좋은 수행을 나타낸다고 평가하는 평가의 오류를 뜻하는 것

KEY ① 2020년 9월 27일(문제 26번) 출제
② 2023년 9월 2일(문제 22번) 출제
③ 2024년 2월 15일(문제 21번) 출제

보충학습

(1) 관대화오류의 의미
① 관대화오류(leniency error)란 평가자가 피평가자의 진짜 수행의 수준과는 달리 많은 사람들의 수행에 대해 높거나 낮게 극단적인 평가를 하는 평정오류를 말한다.
② 피평가자의 능력과 성과를 실제 정확한 수준보 더 높거나 낮게 평가하는 것
  ㉮ 부적 관대화(엄격화) : 점수를 박하게 주는 평가자는 실제 피평가자의 능력 수준보다 더 낮은 평가
  ㉯ 정적 관대화 : 점수를 후하게 주는 평가자는 실제 능력 수준보다 더 높은 평가

(2) 행동기준 평정척도
① 행동기준 평정척도(behaviorally anchored rating scale : BARS)는 결정적사건법과 평정척도법을 혼합한 평가법이다.
② 종업원의 수행은 척도 상에 평정되지만 척도점들에 행동적 사건들이 제시된 형태로 구성된다.
③ 평가자가 종업원들의 중요한 행동에 대해서 평정을 하도록 하는 수행 평정기법이다.

22 다음 중 몹시 피로하거나 단조로운 작업으로 인하여 의식이 뚜렷하지 않은 상태의 의식 수준은?

① phase Ⅰ
② phase Ⅱ
③ phase Ⅲ
④ phase Ⅳ

해설

의식 level의 단계별 생리적 상태
① 범주(Phase) 0 : 수면, 뇌발작
② 범주(Phase) Ⅰ : 피로, 단조로움, 졸음, 술취함
③ 범주(Phase) Ⅱ : 안정기거, 휴식시, 정례작업시
④ 범주(Phase) Ⅲ : 적극활동시
⑤ 범주(Phase) Ⅳ : 긴급방위반응, 당황해서 panic

KEY ① 2012년 3월 4일(문제 24번) 출제
② 2024년 2월 15일(문제 29번) 출제

23 호손(Hawthorne) 실험의 결과 작업자의 작업능률에 영향을 미치는 주요 원인으로 밝혀진 것은?

① 작업조건
② 인간관계
③ 생산기술
④ 행동규범의 설정

해설

호손(Hawthorne)공장 실험
① 인간관계 관리의 개선을 위한 연구로 미국의 메이요(E.Mayo, 1880~1949) 교수가 주축이 되어 호손 공장에서 실시되었다.
② 작업능률을 좌우하는 것은 단지 임금, 노동시간 등의 노동조건과 조명, 환기, 그 밖에 작업환경으로서의 물적 조건보다 종업원의 태도, 즉 심리적, 내적 양심과 감정이 중요하다.
③ 물적 조건도 그 개선에 의하여 효과를 가져올 수 있으나 종업원의 심리적 요소가 더욱 중요하다.
④ 결론은 인간관계가 작업 및 작업설계에 영향을 준다.

KEY ① 2018년 3월 4일, 9월 15일출제
② 2019년 4월 27일 기사, 9월 21일 산업기사 출제
③ 2020년 9월 5일 출제
④ 2021년 5월 15일(문제 26번) 출제
⑤ 2022년 3월 5일(문제 36번), 4월 24일(문제 34번) 출제
⑥ 2024년 2월 15일(문제 40번) 출제

[정답] 21 ① 22 ① 23 ②

24 상황성 누발자의 재해유발원인으로 가장 적절한 것은?

① 소심한 성격
② 주의력의 산만
③ 기계설비의 결함
④ 침착성 및 도덕성의 결여

[해설]

상황성 누발자 재해유발원인
① 작업에 어려움이 많은 자
② 기계설비의 결함
③ 심신에 근심이 있는 자
④ 환경상 주의력의 집중이 혼란되기 때문에 발생되는 자

KEY
① 2017년 9월 23일(문제 26번) 출제
② 2023년 9월 2일(문제 21번) 출제
③ 2024년 5월 9일(문제 21번) 출제

[보충학습]

상황성 재해 누발자(multiple injury for condition : 狀況性 災害累發者)
작업에서 특정한 물적, 인적조건하에서 산업재해의 횟수를 거듭하는 사람

25 시간 연구를 통해서 근로자들에게 차별성과급제를 적용하면 효율적이라고 주장한 과학적 관리법의 창시자는?

① 게젤(A.I.Gesell)
② 테일러(F.Taylor)
③ 웨슬러(D.Wechsler)
④ 샤인(Edgar H.Schein)

[해설]

테일러(F. Taylor) 연구성과
① 과학적 관리법 창시자
② 차별성과급제 적용

KEY
① 2017년 9월 23일 (문제 25번) 출제
② 2023년 9월 2일(문제 40번) 출제
③ 2024년 5월 9일(문제 24번) 출제

[보충학습]

F.Taylor
미국 경영학의 태조라고 할 수 있는 프레데릭테일러(Frederick Winslow Taylor, 1856~1915)이다. 아버지는 퀘이커 교도인 법률가였고, 어머니는 청교도 이민자의 후손이었다. 테일러에게는 엄격한 개신교 노동윤리가 자연스럽게 몸에 밴 사람이었다. 담배와 술을 입에도 대지 않았고, 커피와 차도 마시지 않았다. 그것이 사람을 괜히 흥분시킨다고 생각했기 때문이다. 그의 생애는 청교도적인 삶의 전형이었다.

26 선발용으로 사용되는 적성검사가 잘 만들어졌는지 알아보기 위한 분석방법과 관련이 없는 것은?

① 구성타당도
② 내용타당도
③ 동등타당도
④ 검사-재검사 신뢰도

[해설]

타당도가 높은 적성검사
(1) 구성(인) 타당도
    ① 수렴타당도
    ② 변별타당도
(2) 준거관련 타당도
    ① 동시타당도
    ② 예측타당도
(3) 내용타당도
(4) 안면타당도
(5) 검사·재검사 신뢰도

KEY
① 2021년 3월 7일(문제 22번) 출제
② 2024년 7월 5일(문제 21번) 출제

27 산업안전심리학에서 산업안전심리의 5대 요소에 해당하지 않는 것은?

① 감정   ② 습성
③ 동기   ④ 피로

[해설]

안전심리의 5요소
① 동기
② 기질
③ 감정
④ 습성
⑤ 습관

KEY
① 2016년 5월 8일 출제
② 2018년 3월 4일, 8월 19일 산업기사 출제
③ 2018년 9월 15일 출제
④ 2019년 4월 27일 기사, 산업기사 출제
⑤ 2019년 8월 4일 출제
⑥ 2020년 8월 22일, 9월 27일 출제
⑦ 2021년 3월 7일(문제 31번) 출제
⑧ 2024년 7월 5일(문제 23번) 출제

[정답] 24 ③   25 ②   26 ③   27 ④

28 안드라고지(Andragogy) 모델에 기초한 학습자로서의 성인의 특징과 가장 거리가 먼 것은?

① 성인들은 타인 주도적 학습을 선호한다.
② 성인들은 과제 중심적으로 학습하고자 한다.
③ 성인들은 다양한 경험을 가지고 학습에 참여한다.
④ 성인들은 왜 배워야 하는지에 대해 알고자 하는 욕구를 가지고 있다.

해설
Andragogy(안드라고지) 모델의 성인의 특징
① 성인들은 자기 주도적으로 학습하고자 한다.
② 성인들은 많은 다양한 경험을 가지고 학습에 참여한다.
③ 성인들은 왜 배워야 하는지에 대해 알고자 하는 욕구를 가지고 있다.
④ 성인들은 과제 중심적(문제 중심적)으로 학습하고자 한다.
⑤ 성인들은 학습을 하려는 강한 내·외적 동기를 가지고 있다.

KEY
① 2011년 10월 2일(문제 30번) 출제
② 2014년 5월 25일(문제 24번) 출제
③ 2018년 4월 28일(문제 33번) 출제
④ 2021년 5월 15일(문제 21번) 출제
⑤ 2024년 7월 5일(문제 26번) 출제

보충학습
Andragogy(안드라고지)의 어원
Andragogy는 그리스어인 paid(아동)와 agogos(지도하다)에서 나온 용어로 '아동을 가르치는 기술과 과학'의 의미를 가지며 Andragogy는 Andros(성인)를 핵심으로 하는 '성인을 돕는 기술과 과학'이라는 의미를 갖고 있다.

29 인간의 적응기제(Adjustment mechanism) 중 방어적 기제에 해당하는 것은?

① 보상   ② 고립
③ 퇴행   ④ 억압

해설
적응기제의 분류
① 방어적 기제 : 보상, 합리화, 동일시, 승화
② 도피적 기제 : 고립, 퇴행, 억압, 백일몽
③ 공격적 기제 : 직접적, 간접적

KEY
① 2021년 3월 7일 출제
② 2022년 4월 24일(문제 21번) 출제
③ 2021년 5월 15일(문제 32번) 출제
④ 2024년 7월 5일(문제 29번) 출제
⑤ 2025년 2월 7일(문제 21번) 등 10회 이상 출제

30 다음에서 설명하는 리더십의 유형은?

> 과업 완수와 인간관계 모두에 있어 최대한의 노력을 기울이는 리더십 유형

① 과업형 리더십   ② 이상형 리더십
③ 타협형 리더십   ④ 무관심형 리더십

해설
관리격자 모형이론
① 블레이크(R.R.Blake)와 모튼(J.S.Mouton)은 조직구성원의 기본적인 관심을 업적에 대한 관심과 인간에 대한 관심의 두 가지에 두고서 관리 스타일을 측정하는 그리드(grid) 이론을 전개하였다.
② X축과 Y축을 각각 1에서 9까지의 점으로 구분하여 1을 관심의 최저, 9를 관심도의 최고로 나타내었다. 그리고 각 점을 중심으로 직선을 서로 직교시킴으로써 합계 9×9=81개의 격자도를 만들었다.
③ 1.1(자유방임형, 포기형), 1.9(인기형), 9.1(과업형), 5.5(중간형), 9.9(이상형)

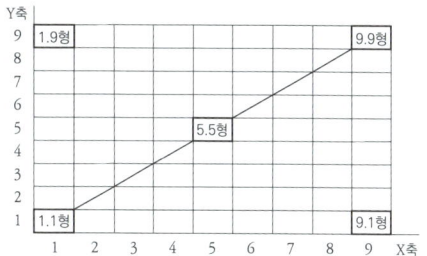

KEY
① 2016년 10월 1일 출제
② 2018년 8월 19일 출제
③ 2022년 3월 5일 출제
④ 2023년 2월 28일(문제 23번) 출제
⑤ 2024년 7월 5일(문제 39번) 출제
⑥ 2025년 2월 7일(문제 23번) 출제

31 O.J.T(On the Job Training)의 장점이 아닌 것은?

① 직장의 실정에 맞게 실제적 훈련이 가능하다.
② 교육을 통한 훈련효과에 의해 상호신뢰이해도가 높아진다.
③ 대상자의 개인별 능력에 따라 훈련의 진도를 조정하기가 쉽다.
④ 교육훈련 대상자가 교육훈련에만 몰두할 수 있어 학습효과가 높다.

[정답] 28 ① 29 ① 30 ② 31 ④

해설
OJT와 OFF JT 특징

OJT의 특징	OFF JT의 특징
① 개개인에게 적절한 지도훈련이 가능하다. ② 직장의 실정에 맞게 구체적이고 실제적 훈련이 가능하다. ③ 즉시 업무에 연결되는 관계로 몸과 관련이 있다. ④ 훈련에 필요한 업무의 계속성이 끊어지지 않는다. ⑤ 효과가 곧 업무에 나타나며 훈련의 좋고 나쁨에 따라 개선이 쉽다. ⑥ 훈련효과를 보고 상호 신뢰, 이해도가 높아지는 것이 가능하다.	① 다수의 근로자에게 조직적 훈련을 행하는 것이 가능하다. ② 훈련에만 전념하게 된다. ③ 각자 전문가를 강사로 초청하는 것이 가능하다. ④ 특별 설비기구를 이용하는 것이 가능하다. ⑤ 각 직장의 근로자가 많은 지식이나 경험을 교류할 수 있다. ⑥ 교육 훈련 목표에 대하여 집단적 노력이 흐트러질 수 있다.

KEY
① 2021년 3월 7일(문제 29번) 등 20회 이상 출제
② 2021년 5월 15일(문제 37번) 출제
③ 2021년 9월 12일(문제 37번) 출제
④ 2024년 7월 5일(문제 37번) 출제
⑤ 2025년 2월 7일(문제 22번) 출제

---

32 다음 중 생체리듬에 관한 설명으로 틀린 것은?

① 각각의 리듬이 (−)로 최대인 점이 위험일이다.
② 감성적 리듬은 "S"로 나타내며, 28일을 주기로 반복된다.
③ 지성적 리듬은 "I"로 나타내며, 33일을 주기로 반복된다.
④ 육체적 리듬은 "P"로 나타내며, 23일을 주기로 반복된다.

해설
위험일(critical day)

① P, S, I 3개의 서로 다른 리듬은 안정기[positive phase(+)]와 불안정기[negative phase(−)]를 교대하면서 반복하여 사인(sine) 곡선을 그려나가는데 (+) 리듬에서 (−) 리듬으로 또는 (−) 리듬에서 (+) 리듬으로 변화하는 점을 영(zero) 또는 위험일이라 하다.
② 위험일은 한 달에 6일 정도 일어난다.
③ 1년에 1~3회 정도 생기는 육체적, 감성적 또는 지성적 리듬의 위험일이 함께 겹치는 날에는 많은 실수가 생겨 뜻하지 않은 사고가 발생한다.
④ 바이오리듬상 위험일에는 평소보다 뇌졸중의 5.4배, 심장질환의 발작이 5.1배, 자살은 무려 6.8배나 더 많이 발생된다고 한다.

KEY
① 2013년 6월 2일(문제 35번) 출제
② 2023년 6월 4일(문제 25번) 출제
③ 2024년 2월 15일(문제 26번) 출제
⑤ 2025년 2월 7일(문제 25번) 출제

---

33 다음 중 데이비스(K. Davis)의 동기부여이론에서 인간의 "능력(ability)"을 나타내는 것은?

① 지식(knowledge) × 기능(skill)
② 지식(knowledge) × 태도(attitude)
③ 기능(skill) × 상황(situation)
④ 상황(situation) × 태도(attitude)

해설
데이비스(K. Davis)의 동기부여이론 등식
① 경영의 성과 = 인간의 성과 × 물질의 성과
② 능력(ability) = 지식(knowledge) × 기능(skill)
③ 동기유발(motivation) = 상황(situation) × 태도(attitude)
④ 인간의 성과(human performance) = 능력 × 동기유발

KEY
① 2015년 1회 출제
② 2023년 2월 28일(문제 27번) 출제
③ 2024년 2월 15일(문제 33번) 출제
④ 2025년 2월 7일(문제 26번) 출제

---

34 교육의 3요소로만 나열된 것은?

① 강사, 교육생, 사회인사
② 강사, 교육생, 교육자료
③ 교육자료, 지식인, 정보
④ 교육생, 교육자료, 교육장소

해설
안전교육의 3요소

요소 분류	교육의 주체	교육의 객체	교육의 매개체
형식적 교육	교도자 (강사)	교육생 (수강자 : 대상)	교육자료 (교재 및 내용)
비형식적 교육	부모, 형, 선배, 사회인사	자녀와 미성숙자	교육적 환경, 인간관계

KEY
① 2017년 3월 5일, 5월 7일 기사 출제
② 2017년 8월 26일 산업기사 출제
③ 2018년 8월 19일 산업기사 출제
④ 2019년 8월 4일 기사 출제
⑤ 2020년 6월 14일 산업기사 출제
⑥ 2020년 6월 7일(문제 31번) 출제
⑦ 2025년 2월 7일(문제 38번) 출제

[정답] 32 ① 33 ① 34 ②

35 스트레스 반응에 영향을 주는 요인 중 개인적 특성에 관한 요인이 아닌 것은?

① 심리상태 ② 개인의 능력
③ 신체적 조건 ④ 작업시간의 차이

해설

스트레스의 자극요인
① 자존심의 손상(내적요인)
② 업무상의 죄책감(내적요인)
③ 현실에서의 부적응(내적요인)
④ 직장에서의 대인 관계상의 갈등과 대립(외적요인)

KEY ① 2018년 4월 28일 출제
② 2019년 8월 4일 출제
③ 2021년 5월 15일(문제 39번) 출제
④ 2022년 3월 5일(문제 32번) 출제

36 참가자 앞에서 소수의 전문가들이 과제에 관한 견해를 자유롭게 토의한 후 참가자 전원이 참가하여 사회자의 사회에 따라 토의하는 방법은?

① 포럼(forum)
② 심포지엄 (symposium)
③ 버즈 세션(buzz session)
④ 패널 디스커션(panel discussion)

해설

패널 디스커션(Panel Discussion : Workshop)
① 패널 멤버(교육과제에 정통한 전문가 4~5명)가 피교육자 앞에서 자유로이 토의
② 피교육자 전원이 참가하여 사회자의 사회에 따라 토의하는 방법

| 한두 명의 발제자가 주제에 대한 발표 | → | 4~5명의 패널이 참석자 앞에서 자유로운 논의 | → | 사회자에 의해 참가자의 의견을 들으면서 상호 토의 |

[그림] 패널 디스커션

KEY ① 2016년 3월 6일 출제
② 2017년 5월 7일 산업기사, 9월 23일 기사 출제
③ 2018년 3월 4일 출제
④ 2021년 5월 15일(문제 40번) 출제
⑤ 2023년 6월 4일(문제 22번) 출제
⑥ 2024년 2월 15일(문제 25번) 출제
⑦ 2025년 5월 10일(문제 21번) 출제

37 직무분석을 위한 자료수집 방법에 관한 설명으로 맞는 것은?

① 관찰법은 직무의 시작에서 종료까지 많은 시간이 소요되는 직무에 적용하기 쉽다.
② 면접법은 자료의 수집에 많은 시간과 노력이 들고, 수량화된 정보를 얻기가 힘들다.
③ 중요사건법은 일상적인 수행에 관한 정보를 수집하므로 해당 직무에 대한 포괄적인 정보를 얻을 수 있다.
④ 설문지법은 많은 사람들로부터 짧은 시간내에 정보를 얻을 수있으며, 양적인 자료보다 질적인 자료를 얻을 수 있다.

해설

면접법(面接法, interview method)
연구자와 연구대상자가 직접 만나서 내적인 감정, 사고, 가치관, 심리상태 등을 파악하는 방법

[표] 면접법의 장단점

구분	특징
장점	① 불확실한 응답에 대한 확인이 가능 ② 연구대상자의 심리상태까지 조사가 가능 ③ 문자 해독이 불가능한 대상자에게 적용 가능 ④ 질문 항목 이외의 폭넓은 범위까지 조사가능
단점	① 비용과 시간의 소모가 과다 ② 단시간에 많은 정보를 얻기가 곤란 ③ 대상자의 응답에 대한 신뢰성이 저하될 가능성 ④ 상황에 따라 반응의 정도가 달라질 가능성

KEY ① 2011년 10월 2일(문제 35번) 출제
② 2019년 4월 27일(문제 22번) 출제
③ 2025년 5월 10일(문제 31번) 출제

보충학습
① 설문지법 : 양적인 정보
② 관찰법 : 짧은 시간 소요 직무 관찰
③ 중요사건법 : 성공자와 실패자 구별

[정답] 35 ④ 36 ④ 37 ②

38 굴착면의 높이가 2[m] 이상인 암석의 굴착작업에 대한 특별안전보건교육 내용에 포함되지 않는 것은?(단, 그 밖에 안전보건관리에 필요한 사항은 제외한다.)

① 지반의 붕괴 재해 예방에 관한 사항
② 보호구 및 신호방법 등에 관한 사항
③ 안전거리 및 안전기준에 관한 사항
④ 폭발물 취급 요령과 대피 요령에 관한 사항

해설

특별안전보건교육내용

작업명	교육내용
굴착면의 높이가 2미터 이상이 되는 지반굴착(터널 및 수직갱 외의 갱굴착은 제외한다) 작업	① 지반의 형태·구조 및 굴착 요령에 관한 사항 ② 지반의 붕괴재해예방에 관한 사항 ③ 붕괴 방지용 구조물 설치 및 작업방법에 관한 사항 ④ 보호구의 종류 및 사용에 관한 사항 ⑤ 그 밖에 안전보건관리에 필요한 사항
굴착면의 높이가 2미터 이상이 되는 암석의 굴착작업	① 폭발물 취급 요령과 대피 요령에 관한 사항 ② 안전거리 및 안전기준에 관한 사항 ③ 방호물의 설치 및 기준에 관한 사항 ④ 보호구 및 작업신호 등에 관한 사항

KEY ① 2019년 9월 21일(문제 21번) 출제
② 2025년 5월 10일(문제 34번) 출제

합격정보
산업안전보건법 시행규칙 [별표 5] 안전보건교육 교육대상별 교육내용

39 조직이 리더(leader)에게 부여하는 권한으로 부하직원의 처벌, 임금 삭감을 할 수 있는 권한은?

① 강압적 권한
② 보상적 권한
③ 합법적 권한
④ 전문성의 권한

해설

리더의 권한(력)

구분	종류	특징
조직이 지도자에게 부여하는 권력	보상 권력 (reward power)	적절한 보상을 통해 효과적인 통제를 유도(임금, 승진 등)
	강압 권력 (coercive power)	적절한 처벌을 통해 효과적인 통제를 유도(승진탈락, 임금삭감, 해고 등)
	합법 권력 (legitimate power)	조직에서 정하고 있는 규정에 의해 주어진 지도자의 권리를 합법화
지도자 자신이 자신에게 부여하는 권력 (부하직원들의 존경심)	준거 권력 (referent power)	지도자가 추구하는 계획과 목표를 부하직원이 자신의 것으로 받아들여 공감하고 자발적으로 참여
	전문 권력 (expert power)	조직의 목표달성에 필요한 전문적인 지식의 정도, 부하직원들이 전문성을 인정하면 지도자에 대한 신뢰감이 향상되고 능동적으로 업무에 스스로 동참

KEY ① 2017년 3월 5일 기사, 산업기사 동시출제
② 2017년 5월 7일 산업기사 출제
③ 2019년 4월 27일 출제
④ 2020년 6월 14일 산업기사 출제
⑤ 2021년 3월 7일(문제 39번) 출제
⑥ 2022년 4월 24일(문제 23번) 출제

40 산업안전보건법령상 타워크레인 신호작업에 종사하는 일용근로자의 특별교육 교육시간 기준은?

① 1시간 이상
② 2시간 이상
③ 4시간 이상
④ 8시간 이상

해설

근로자 안전보건교육

교육과정	교육대상		교육시간
정기교육	사무직 종사 근로자		매반기 6시간 이상
	사무직 종사 근로자 외의 근로자	판매업무에 직접 종사하는 근로자	매반기 6시간 이상
		판매업무에 직접 종사하는 근로자 외의 근로자	매반기 12시간 이상
	관리감독자의 지위에 있는 사람		연간 16시간 이상
채용시의 교육	일용근로자		1시간 이상
	일용근로자를 제외한 근로자		8시간 이상
작업내용 변경시의 교육	일용근로자		1시간 이상
	일용근로자를 제외한 근로자		2시간 이상
특별교육	별표 5 제1호라목 각 호의 어느 하나에 해당하는 작업에 종사하는 일용근로자		2시간 이상
	별표 5 제1호라목 제39호의 타워크레인 신호작업에 종사하는 일용근로자		8시간 이상

[정답] 38 ① 39 ① 40 ④

교육과정	교육대상	교육시간
특별교육	별표 5 제1호라목 각 호의 어느 하나에 해당하는 작업에 종사하는 일용근로자를 제외한 근로자	16시간 이상(최초 작업에 종사하기 전 4시간 이상 실시하고 12시간은 3개월 이내에서 분할하여 실시가능) 단기간 작업 또는 간헐적 작업인 경우에는 2시간 이상
건설업 기초 안전보건교육	건설 일용근로자	4시간 이상

KEY
① 2016년 5월 8일 기사 출제
② 2020년 6월 7일 기사 출제
③ 2020년 8월 23일 산업기사 출제
④ 2022년 3월 5일 산업안전기사 출제
⑤ 2022년 4월 24일(문제 40번) 출제

합격정보
산업안전보건법 시행규칙 [별표 4] 안전보건교육 교육과정별 교육시간

3 인간공학 및 시스템안전공학

41 A사의 안전관리자는 자사 화학 설비의 안전성 평가를 실시하고 있다. 그 중 제2단계인 정성적 평가를 진행하기 위하여 평가항목을 설계관계 대상과 운전관계 대상으로 분류하였을 때 설계관계 항목이 아닌 것은?

① 건조물
② 공장 내 배치
③ 입지조건
④ 원재료, 중간제품

해설
정성적 평가(제2단계)
(1) 설계관계
　① 입지조건
　② 공장내의 배치
　③ 건조물
　④ 소방용 설비 등
(2) 운전관계
　① 원재료
　② 중간제품 등의 위험성
　③ 프로세스의 운전조건 수송, 저장 등에 대한 안전대책
　④ 프로세스기기의 선정요건

KEY 2022년 3월 5일(문제 35번) 출제

42 위험분석 기법 중 시스템 수명주기 관점에서 적용 시점이 가장 빠른 것은?

① PHA
② FHA
③ OHA
④ SHA

해설
시스템 분석

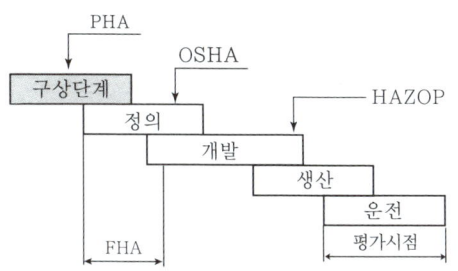

[그림] PHA · OSHA · FHA · HAZOP

KEY
① 2012년 3월 4일 출제
② 2016년 5월 8일 산업기사 출제
③ 2018년 8월 19일 출제
④ 2019년 3월 3일, 9월 21일 출제
⑤ 2020년 6월 7일 기사, 6월 14일 산업기사 출제
⑥ 2022년 3월 5일(문제 58번), 4월 24일(문제 41번) 출제

43 그림과 같은 FT도에 대한 최소 컷셋(minimal cut sets)으로 옳은 것은?(단, Fussell의 알고리즘을 따른다.)

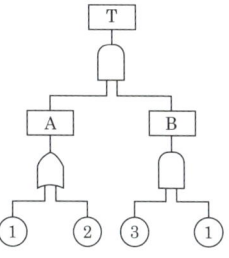

① {1, 2}
② {1, 3}
③ {2, 3}
④ {1, 2, 3}

[정답] 41 ④ 42 ① 43 ②

해설

최소컷셋

① $T = A \cdot B$
$= \dfrac{X_1}{X_2} \cdot B$
$= X_1 X_1 X_3$
$ X_2 X_1 X_3$

② 컷셋 $= (X_1 X_3)(X_1 X_2 X_3)$

③ 미니멀(최소) 컷셋 $= (X_1 X_3)$

KEY
① 2016년 10월 1일 출제
② 2021년 8월 14일(문제 48번) 출제
③ 2022년 4월 24일(문제 48번) 출제

---

44 FTA(Fault Tree Analysis)에서 사용되는 사상기호 중 통상의 작업이나 기계의 상태에서 재해의 발생 원인이 되는 요소가 있는 것을 나타내는 것은?

① 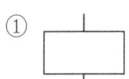   ②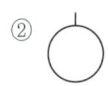

③ 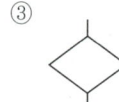   ④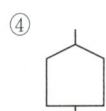

해설

FTA 기호

기호	명칭	기호	명칭
□	결함사상	◇	생략사상
○	기본사상	⌂	통상사상

KEY
① 2007년 8월 5일(문제 33번) 출제
② 2016년 10월 1일 산업기사 출제
③ 2017년 5월 7일, 8월 26일 기사 출제
④ 2017년 8월 19일 산업기사 출제
⑤ 2018년 3월 4일 기사, 8월 19일 산업기사 출제
⑥ 2020년 6월 14일 산업기사 출제
⑦ 2021년 5월 15일, 8월 14일(문제 53번) 출제
⑧ 2022년 4월 24일(문제 50번) 출제

---

45 FTA(Fault Tree Analysis)에 관한 설명으로 옳은 것은?

① 정성적 분석만 가능하다.
② 복잡하고 대형화된 시스템의 신뢰성 분석 및 안정성 분석에 이용되는 기법이다.
③ FT에 동일한 사건이 중복되어 나타나는 경우 상향식(Bottom up)으로 정상사건 T의 발생 확률을 계산할 수 있다.
④ 기초사건과 생략사건의 확률값이 주어지게 되더라도 정상사건의 최종적인 발생확률을 계산할 수 없다.

해설

FTA의 특징

① FTA는 시스템이나 기기의 신뢰성이나 안전성을 그림으로 그려 해석하는 방법
② 대륙간 탄도탄(ICBM : Intercontinental Ballistic Missile)의 고장에 곤욕을 치르고 있는 미 국방성이 BTL에 의뢰하여 W.A.Watson 등에 의해 고안되어 1961년 개발 미사일의 발사 제어 시스템의 안전성 확립에 활용하여 성과를 거둠
③ 1965년 Boeing 항공회사의 D.F.Haasl에 의해 보완됨으로써 실용화되기 시작한 시스템의 고장 해석방법

KEY 2022년 4월 24일(문제 39번) 출제

---

46 다음에서 설명하는 용어는?

> 유해·위험요인을 파악하고 해당 유해·위험요인에 의한 부상 또는 질병의 발생 가능성(빈도)과 중대성(강도)을 추정·결정하고 감소대책을 수립하여 실행하는 일련의 과정을 말한다.

① 위험성 결정
② 위험성 평가
③ 위험빈도 추정
④ 유해·위험요인 파악

[정답] 44 ④ 45 ② 46 ②

해설
위험성 평가 용어정의
① "유해·위험요인"이란 유해·위험을 일으킬 잠재적 가능성이 있는 것의 고유한 특징이나 속성을 말한다.
② "위험성"이란 유해·위험요인이 사망, 부상 또는 질병으로 이어질 수 있는 가능성과 중대성 등을 고려한 위험의 정도를 말한다.
③ "위험성평가"란 사업주가 스스로 유해·위험요인을 파악하고 해당 유해·위험요인의 위험성 수준을 결정하여, 위험성을 낮추기 위한 적절한 조치를 마련하고 실행하는 과정을 말한다.
④ "근로자"란 기간제, 단시간, 파견 등 고용형태 및 국적과 관계없이 「산업안전보건법」 제2조제3호에 따른 근로자를 말한다.

KEY 2022년 4월 24일(문제 57번) 출제

합격정보
사업장 위험성 평가에 관한 지침 제3조(정의)

47 부품 배치의 원칙 중 기능적으로 관련된 부품들을 모아서 배치한다는 원칙은?

① 중요성의 원칙
② 사용 빈도의 원칙
③ 사용 순서의 원칙
④ 기능별 배치의 원칙

해설
부품 배치의 4원칙
① 중요성의 원칙
② 기능별 배치의 원칙
③ 사용순서의 원칙
④ 사용빈도의 원칙

KEY ① 2018년 3월 4일 기사, 산업기사 출제
② 2018년 8월 19일 산업기사 출제
③ 2019년 3월 3일 산업기사 출제
④ 2020년 6월 14일 산업기사 출제
⑤ 2021년 3월 7일(문제 59번) 출제
⑥ 2023년 2월 28일(문제 43번) 출제

보충학습
기능별 배치의 원칙 : 기능적으로 관련된 부품을 모아서 배치
 표시장치, 조정장치

48 다음 중 광원의 밝기에 비례하고, 거리의 제곱에 반비례하며, 반사체의 반사율과는 상관없이 일정한 값을 갖는 것은?

① 광도
② 휘도
③ 조도
④ 휘광

해설
조도
① 거리가 증가할 때에 조도는 역제곱의 법칙에 따라 감소한다.
② 공식 : 조도 = $\dfrac{광도(광원의 밝기)[cd]}{(거리)^2} = \dfrac{비례}{반비례}$

KEY 2023년 2월 28일(문제 46번) 출제

합격정보
산업안전보건기준에 관한 규칙 제8조(조도)

49 A회사에서는 새로운 기계를 설계하면서 레버를 위로 올리면 압력이 올라가도록 하고, 오른쪽 스위치를 눌렀을 때 오른쪽 전등이 켜지도록 하였다면, 이것은 각각 어떤 유형의 양립성을 고려한 것인가?

① 레버-공간양립성, 스위치-개념양립성
② 레버-운동양립성, 스위치-개념양립성
③ 레버-개념양립성, 스위치-운동양립성
④ 레버-운동양립성, 스위치-공간양립성

해설
양립성(compatibility)
정보입력 및 처리와 관련한 양립성은 인간의 기대와 모순되지 않는 자극 반응조합의 관계를 말하는 것

KEY ① 2018년 3월 4일 산업기사 출제
② 2018년 4월 28일 기사·산업기사 동시 출제
③ 2022년 4월 24일 기사 출제
④ 2023년 6월 4일(문제 45번) 출제

보충학습
양립성의 종류

종류	특징
공간(spatial)	표시장치나 조종장치에서 물리적 형태 및 공간적 배치
운동(movement)	표시장치의 움직이는 방향과 조종장치의 방향이 사용자의 기대와 일치
개념(conceptual)	이미 사람들이 학습을 통해 알고있는 개념적 연상
양식(modality)	직무에 맞는 응답양식 존재

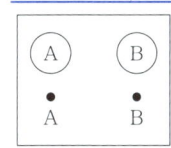 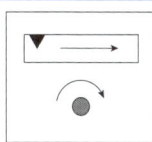 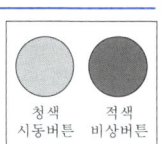

[그림1] 공간 양립성 [그림2] 운동 양립성 [그림3] 개념 양립성

[정답] 47 ④ 48 ③ 49 ④

과년도 출제문제

50 다음 중 인체에서 뼈의 주요기능이 아닌 것은?

① 인체의 지주　② 장기의 보호
③ 골수의 조혈　④ 근육의 대사

해설

뼈의 주요기능 및 역할
① 신체 중요부분 보호
② 신체의 지지 및 형상 유지
③ 신체 활동 수행
④ 피를 만드는 기능

 ① 2018년 4월 28일 산업기사 출제
② 2023년 6월 4일(문제 57번) 출제

보충학습

뼈의 기능
몸을 지탱할 뿐 아니라 신체내의 중요한 장기들을 보호하며 우리가 움직일 때 힘을 쓰는 근육이 붙는 자리를 제공하고 지렛대 역할을 해주며, 피를 만들며, 신체기능에 꼭 필요한 미네랄들을 저장하는 기능

---

51 연구 기준의 요건과 내용이 옳은 것은?

① 무오염성 : 실제로 의도하는 바와 부합해야 한다.
② 적절성 : 반복 실험 시 재현성이 있어야 한다.
③ 신뢰성 : 측정하고자 하는 변수 이외의 다른 변수의 영향을 받아서는 안된다.
④ 민감도 : 피실험자 사이에서 볼 수 있는 예상 차이점에 비례하는 단위로 측정해야 한다.

해설

기준의 요건

구분	특징
적절성(relevance)	기준이 의도된 목적에 적합하다고 판단되는 정도
무오염성	측정하고자 하는 변수외의 영향이 없도록
기준척도의 신뢰성 (reliability criterion measure)	척도의 신뢰성 즉 반복성(repeatability)

① 2011년 3월 20일 기사 출제
② 2013년 6월 2일 기사 출제
③ 2014년 3월 2일 기사 출제
④ 2017년 8월 26일 기사 출제
⑤ 2020년 6월 7일, 9월 27일 기사 출제
⑥ 2022년 3월 5일 기사 출제
⑦ 2023년 7월 8일(문제 48번) 출제

---

52 섬유유연제 생산 공정이 복잡하게 연결되어 있어 작업자의 불안전한 행동을 유발하는 상황이 발생하고 있다. 이것을 해결하기 위한 위험처리 기술에 해당하지 않는 것은?

① Transfer(위험전가)
② Retention(위험보류)
③ Reduction(위험감축)
④ Rearrange(작업순서의 변경 및 재배열)

해설

Risk 처리(위험조정)기술 4가지
① 위험회피(Avoidance)
② 위험제거(경감, 감축 : Reduction)
③ 위험보유(보류 : Retention)
④ 위험전가(Transfer) : 보험으로 위험조정

① 2014년 3월 2일 기사 출제
② 2018년 8월 19일 기사 출제
③ 2023년 7월 8일(문제 51번) 출제

---

53 인간의 실수 중 수행해야 할 작업 및 단계를 생략하여 발생하는 오류는?

① omission error
② commission error
③ sequence error
④ timing error

해설

생략에러와 실행에러
① 생략에러(Omission errors : 부작위 실수) : 직무 또는 어떤 단계를 수행치 않음 (누락오류)
② 실행에러(Commission error : 작위 실수) : 직무의 불확실한 수행
(예) 선택, 순서, 시간, 정성적 착오)

① 2013년 6월 2일, 8월 18일 출제
② 2015년 3월 8일 출제
③ 2017년 8월 26일 출제
④ 2018년 4월 28일 출제
⑤ 2019년 3월 3일, 8월 4일 출제
⑥ 2020년 8월 22일, 9월 27일 출제
⑦ 2021년 3월 7일, 8월 14일 출제
⑧ 2023년 7월 8일(문제 42번) 출제
⑨ 2024년 2월 15일(문제 42번) 출제

[정답] 50 ④　51 ④　52 ④　53 ①

54 다음 중 근골격계부담작업에 속하지 않는 것은?

① 하루에 10[회] 이상 25[kg] 이상의 물체를 드는 작업
② 하루에 총 2[시간] 이상 목, 어깨, 팔꿈치, 손목 또는 손을 사용하여 같은 동작을 반복하는 작업
③ 하루에 총 2[시간] 이상 쪼그리고 앉거나 무릎을 굽힌 자세에서 이루어지는 작업
④ 하루에 총 2[시간] 이상 시간당 5[회] 이상 손 또는 무릎을 사용하여 반복적으로 충격을 가하는 작업

해설

근골격계 부담작업
① 하루 4[시간] 이상 집중적으로 자료입력 등을 위해 키보드 또는 마우스를 조작하는 작업
② 하루 2[시간] 이상 목, 어깨, 팔꿈치, 손목 또는 손을 사용하여 같은 동작을 반복하는 작업
③ 하루에 2[시간] 이상 머리 위에 손이 있거나, 팔꿈치가 어깨 위에 있거나, 팔꿈치를 몸통으로부터 들거나 팔꿈치를 몸통 뒤쪽에 위치하도록 하는 상태에서 이루어지는 작업
④ 지지되지 않은 상태이거나 임의로 자세를 바꿀 수 없는 조건에서 하루에 총 2[시간] 이상 목이나 허리를 구부리거나 트는 상태에서 이루어지는 작업
⑤ 하루에 2[시간] 이상 쪼그리고 앉거나 무릎을 굽힌 자세에서 이루어지는 작업
⑥ 하루에 2[시간] 이상 지지되지 않은 상태에서 1[kg] 이상의 물건을 한 손의 손가락으로 집어 옮기거나, 2[kg] 이상에 상응하는 힘을 가하여 한 손의 손가락으로 물건을 쥐는 작업
⑦ 하루에 2[시간] 이상 지지되지 않은 상태에서 4.5[kg] 이상의 물건을 한손으로 들거나 동일한 힘으로 쥐는 작업
⑧ 하루에 10[회] 이상 25[kg] 이상의 물체를 드는 작업
⑨ 하루에 25[회] 이상 10[kg] 이상의 물체를 무릎 아래에서 들거나 어깨 위에서 들거나 팔을 뻗은 상태에서 드는 작업
⑩ 하루에 2[시간] 이상 분당 2[회] 이상 4.5[kg] 이상의 물체를 드는 작업
⑪ 하루에 2[시간] 이상 시간당 10[회] 이상 손 또는 무릎을 사용하여 반복적으로 충격을 가하는 작업

KEY
① 2018년 8월 19일 기사 출제
② 2022년 3월 5일 기사 출제
③ 2023년 2월 28일(문제 52번) 출제
④ 2024년 2월 15일(문제 49번) 출제

합격정보
고용노동부고시 제2020-12호(제3조 근골격계 부담 작업)

55 인간공학에 대한 설명으로 틀린 것은?

① 인간-기계 시스템의 안전성, 편리성, 효율성을 높인다.
② 인간을 작업과 기계에 맞추는 설계 철학이 바탕이 된다.
③ 인간이 사용하는 물건, 설비, 환경의 설계에 적용된다.
④ 인간의 생리적, 심리적인 면에서의 특성이나 한계점을 고려한다.

해설

인간공학
기계, 기구, 환경 등의 물적 조건을 인간의 특성과 능력에 잘 조화하도록 설계하기 위한 수단을 연구하는 학문이다.

KEY
① 2015년 5월 31일(문제 54번), 8월 16일(문제 58번) 출제
② 2017년 9월 23일 출제
③ 2019년 4월 27일 출제
④ 2022년 4월 24일(문제 46번) 출제
⑤ 2024년 2월 15일(문제 51번) 출제

56 산업안전보건법령상 사업주가 유해위험방지계획서를 제출할 때에는 사업장 별로 관련 서류를 첨부하여 해당 작업 시작 며칠 전까지 해당 기관에 제출하여야 하는가?

① 7일   ② 15일
③ 30일   ④ 60일

해설

유해위험방지 계획서 제출시기 및 부수
① 제조업 : 해당 작업시작 15일 전까지 공단에 2부 제출
② 건설업 : 공사 착공전날까지 공단에 2부 제출

합격정보
① 산업안전보건법 시행규칙 제42조(제출서류등)
② 2026. 6. 26 개정 「고용노동부령 제443호」 적용

KEY
① 2016년 3월 6일 출제
② 2017년 9월 23일 출제
③ 2022년 4월 24일 출제
④ 2023년 2월 28일(문제 42번) 출제
⑤ 2024년 2월 15일(문제 60번), 5월 9일(문제 42번) 출제

[정답] 54 ④   55 ②   56 ②

57 화학설비에 대한 안전성 평가에서 정성적 평가 항목이 아닌 것은?

① 건조물
② 취급물질
③ 공장 내의 배치
④ 입지조건

해설

정성적 평가항목
① 입지조건
② 공장 내의 배치
③ 소방설비
④ 공정기기
⑤ 수송·저장
⑥ 원재료, 중간체, 제품

KEY
① 2012년 3월 4일 기사 출제
② 2013년 6월 2일 기사 출제
③ 2014년 8월 17일 기사 출제
④ 2015년 5월 31일 기사 출제
⑤ 2016년 5월 8일 기사 출제
⑥ 2017년 8월 26일 기사 출제
⑦ 2018년 3월 4일 기사 출제
⑧ 2019년 3월 3일 기사 출제
⑨ 2022년 3월 5일 기사 출제
⑩ 2023년 7월 8일(문제 47번) 출제
⑪ 2024년 5월 9일(문제 44번) 출제

58 위험 및 운전성 검토(HAZOP)에서 사용되는 가이드 워드 중에서 성질상의 감소를 의미하는 것은?

① Part of
② More less
③ No/Not
④ Other than

해설

유인어(guide words)
① NO 또는 NOT : 설계 의도의 완전한 부정을 의미
② AS Well AS : 성질상의 증가를 나타내는 것으로 설계의도와 운전조건 등 부가적인 행위와 함께 일어나는 것을 의미
③ PART OF : 성질상의 감소, 성취나 성취되지 않음을 나타냄
④ MORE LESS : 양의 증가 또는 양의 감소로 양과 성질을 함께 나타냄
⑤ OTHER THAN : 완전한 대체를 의미
⑥ REVERSE : 설계의도와 논리적인 역을 의미

KEY
① 2011년 8월 21일(문제 48번) 출제
② 2020년 9월 27일 출제
④ 2023년 6월 4일(문제 50번) 출제
⑤ 2024년 7월 27일(문제 51번) 출제

59 다음과 같은 실내 표면에서 일반적으로 추천반사율의 크기를 맞게 나열한 것은?

[다음]
㉠ 바닥   ㉡ 천장   ㉢ 가구   ㉣ 벽

① ㉠<㉣<㉢<㉡
② ㉣<㉠<㉡<㉢
③ ㉠<㉢<㉣<㉡
④ ㉣<㉡<㉠<㉢

해설

IES추천 조명반사율 권고
① 바닥 : 20~40[%]
② 가구, 사용기기, 책상 : 25~40[%]
③ 창문발(blind), 벽 : 40~ 60[%]
④ 천장 : 80~90[%]

KEY
① 2016년 3월 6일 산업기사 출제
② 2016년 10월 1일 출제
③ 2017년 8월 26일, 9월 23일 산업기사 출제
④ 2018년 3월 4일 출제
⑤ 2019년 9월 21일 산업기사 출제
⑥ 2023년 6월 4일(문제 31번) 출제
⑦ 2024년 2월 15일(문제 58번), 7월 27일(문제 44번) 출제
⑧ 2025년 5월 10일(문제 42번) 출제

60 의도는 올바른 것이었지만 행동이 의도한 것과는 다르게 나타나는 오류를 무엇이라 하는가?

① Slip
② Mistake
③ Lapse
④ Violation

해설

인간의 오류 모형

구분	특징
착각(Illusion)	감각적으로 물리현상을 왜곡하는 지각 오류
착오(Mistake)	상황해석을 잘못하거나 목표를 잘못 이해하고 착각하여 행하는 인간의 실수로 위치, 순서, 패턴, 형상, 기억오류 등 외부적 요인에 의해 나타나는 오류
실수(Slip)	의도는 올바른 것이었지만, 행동이 의도한 것과는 다르게 나타나는 오류
건망증(Lapse)	일련의 과정에서 일부를 빠뜨리거나 기억의 실패에 의해 발생하는 오류
위반(Violation)	정해진 규칙을 알고 있음에도 의도적으로 따르지 않거나 무시한 경우에 발생하는 오류

[정답] 57 ②   58 ①   59 ③   60 ①

KEY
① 2009년 5월 10일(문제 55번) 출제
② 2017년 8월 26일 기사 출제
③ 2019년 3월 3일, 4월 27일기사 출제
④ 2021년 5월 15일 기사 출제
⑤ 2023년 2월 28일(문제 41번) 출제
⑥ 2024년 2월 15일(문제 59번) 출제
⑦ 2025년 2월 7일(문제 53번) 출제

4 건설시공학

61 불량품, 결점, 고장 등의 발생건수를 현상과 원인별로 분류하고, 여러 가지 데이터를 항목별로 분류해서 문제의 크기 순서로 나열하여, 그 크기를 막대그래프로 표기한 품질관리 도구는?

① 파레토그램
② 특성요인도
③ 히스토그램
④ 체크시트

해설

전사적 품질관리(TQC)의 7가지 도구

구분	특징
히스토그램	데이터가 어떤 분포를 하고 있는지를 알아보기 위해 작성(분포도)
파레토그램	불량 등의 발생건수를 분류항목별로 나누어 크게 순서대로 나열(영향도, 하자도)
특성요인도	결과에 원인이 어떻게 관계하고 있는가를 한눈에 알 수 있도록 작성(원인결과도)
체크시트	계수치의 데이터가 분류항목의 어디에 집중되어 있는가를 알아보기 쉽게 나타냄(집중도)
산점도	대응되는 두개의 짝으로 된 데이터를 그래프 용지위에 점으로 나타냄(상관도, 산포도)
층별	집단을 구성하고 있는 데이터를 특징에 따라 몇 개의 부분집단으로 나누는 것(부분집단도)
관리도 (Control Chart)	불량 발생 건수 등의 추이를 파악하여 목표관리를 행하는데 필요한 월별 관리선을 설정하여 관리하는 방법

KEY
① 2016년 3월 6일 기사 출제
② 2016년 5월 8일 기사 출제
③ 2017년 5월 7일 기사 출제
④ 2022년 3월 5일(문제 74번) 출제

62 공사관리계약(Construction Management Contract) 방식의 장점이 아닌 것은?

① 시공 시 단계별 시공법을 적용할 수 있어 설계 및 시공기간을 단축시킬 수 있다.
② 설계과정에서 설계가 시공에 미치는 영향을 예측할 수 있어 설계도서의 현실성을 향상시킬 수 있다.
③ 기획 및 설계과정에서 발주자와 설계자 간의 의견 대립 없이 설계대안 및 특수공법의 적용이 가능하다.
④ 대리인형 CM(CM for fee)방식은 공사비와 품질에 직접적인 책임을 지는 공사관리계약 방식이다.

해설

사업관리 계약제도(Construction management contract)
① CM(건설관리) : 설계, 시공을 통합관리하며 주문자를 위해 서비스하는 전문가 집단의 관리비법
② CM for fee방식(대리인형 CM방식) : 발주자의 컨설턴트 역할
③ CM at risk 방식(시공자형 CM방식)

KEY
① 2018년 9월 15일(문제 66번) 출제
② 2020년 6월 7일 출제
③ 2020년 8월 22일(문제 71번) 출제
④ 2022년 3월 5일(문제 77번) 출제

63 시방서 및 설계도면 등이 서로 상이할 때의 우선순위에 대한 설명으로 옳지 않은 것은?

① 설계도면과 공사시방서가 상이할 때는 설계도면을 우선한다.
② 설계도면과 내역서가 상이할 때는 설계도면을 우선한다.
③ 표준시방서와 전문시방서가 상이할 때는 전문시방서를 우선한다.
④ 설계도면과 상세도면이 상이할 때는 상세도면을 우선한다.

[정답] 61 ① 62 ④ 63 ①

해설

시방서의 설계도면의 우선순위
시방서와 설계도면에 표시된 사항이 다를 때 또는 시공상 부적당하다고 인정되는 때 현장책임자는 공사감리자와 협의한다.

KEY
① 2020년 6월 14일 건설안전산업기사 (문제 56번) 출제
② 2022년 4월 24일(문제 71번) 출제

보충학습

시방서와 설계도면의 우선순위
① 특기시방서
② 표준시방서
③ 설계도면

64 흙을 이김에 의해서 약해지는 정도를 나타내는 흙의 성질은?

① 간극비
② 함수비
③ 예민비
④ 항복비

해설

예민비
① 흙의 이김에 의해 약해지는 정도

$$예민비 = \frac{흐트러지지\ 않은\ 천연(자연)시료의\ 강도}{흐트러진(이긴)\ 시료의\ 강도}$$

② 예민비가 모래는 1에 가깝고 점토는 크다.
③ 예민비가 4이상이며 높다고 함

KEY
① 2017년 5월 7일 산업기사 출제
② 2018년 9월 15일 기사 출제
③ 2020년 1회 출제
④ 2023년 2월 28일(문제 62번) 출제

65 흙막이 붕괴원인 중 히빙(heaving)파괴가 일어나는 주원인은?

① 흙막이벽의 재료 차이
② 지하수의 부력 차이
③ 지하수위의 깊이 차이
④ 흙막이벽 내외부 흙의 중량 차이

해설

히빙
(1) Heaving 원인
 ① 흙막이벽 내·외부 흙의 중량 차이
 ② 연약 점토지반에서 굴착면의 융기로 발생
(2) 방지대책
 ① 흙막이 근입깊이를 깊게 한다.
 ② 지반개량
 ③ 소단(비탈면의 중간에 설치하는 작은 계단)을 두면서 굴착
 ④ 굴착면 하중증가
 ⑤ 어스앵커 설치
 ⑥ 표토제거 하중감소

KEY
① 2015년 3월 8일 6과목에서 출제(문제 105번)
② 2023년 1회(문제 108번) 확인
③ 2023년 2월 28일(문제 68번) 출제

보충학습
(1) 파이핑
 ① 보일링 현상으로 인하여 지반내에서 물의 통로가 생기면서 흙이 세굴되는 현상
 ② 흙막이에 대한 수밀성이 불량하여 널말뚝의 틈새로 물과 토사가 흘러들어, 기초저면의 모래지반을 들어 올리는 현상
(2) 보일링 : 사질토 지반에서 굴착저면과 흙막이 배면과의 수위차이로 인해 굴착저면의 흙과 물이 함께 위로 솟구쳐 오르는 현상

66 지반조사방법 중 로드에 붙인 저항체를 지중에 넣고, 관입, 회전, 빼올리기 등의 저항력으로 토층의 성상을 탐사, 판별하는 방법이 아닌 것은?

① 표준관입시험
② 화란식 관입시험
③ 지내력시험
④ 베인 테스트

해설

지내력시험의 특징
① 재하판에 하중을 가하여 2[cm] 침하될 때까지의 하중을 구하여 지내력도를 구한다.
② 재하판은 면적 2,000[cm^2](45[cm]각)를 표준으로 한다.
③ 매회 재하는 1[ton] 이하 또 예정파괴하중의 1/5 이하로 한다.
④ 침하의 증가가 2시간에 0.1[mm]의 비율 이하가 될 때는 침하가 정지된 것을 확인하고 하중을 가한다.
⑤ 총침하량이 2[cm]에 달했을 때까지의 하중을 그 지반에 대한 단기허용지내력도라 한다. 총침하량이 2[cm] 이하이더라도 지반이 항복상태를 보이면 그때까지의 하중을 그 지반에 대한 단기허용지내력도로 한다.
⑥ 장기하중에 대한 허용내력은 단기하중지내력의 1/2로 본다.

KEY
① 2013년 제1회 출제
② 2023년 2월 28일(문제 73번) 출제

[정답] 64 ③ 65 ④ 66 ③

67 토공사용 장비에 해당되지 않는 것은?

① 로더(loader)
② 파워셔블(power shovel)
③ 가이데릭(guy derrick)
④ 클램쉘(clamshell)

해설

가이데릭(Guy derrick)
① 가장 일반적으로 사용되는 세우기용 기중기이다.
② 붐(Boom)의 회전범위 : 360[°](bull wheel이 있어 회전가능)
③ 붐의 길이는 주축으로 mast보다 3~5[m] 짧게 한다.
④ 당김줄은 지면과 45[°] 이하가 되도록 한다.

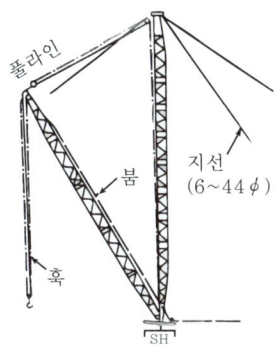

[그림] 가이데릭

KEY ① 2017년 5월 7일(문제 68번) 출제
② 2023년 6월 4일(문제 61번) 출제

68 흙막이 공법 중 지하연속벽(slurry wall)공법에 대한 설명으로 옳지 않은 것은?

① 흙막이벽 자체의 강도, 강성이 우수하기 때문에 연약지반의 변형 및 이면침하를 최소한으로 억제할 수 있다.
② 차수성이 좋아 지하수가 많은 지반에도 사용할 수 있다.
③ 시공 시 소음, 진동이 작다.
④ 다른 흙막이벽에 비해 공사비가 적게 든다.

해설

slurry wall [지하연속벽(체)공법의 특징
① 저소음, 저진동 공법으로 인접건물의 근접시공이 가능하며 안정적 공법이다.
② 차수성이 우수하며 물막이 벽체로도 가능하다.
③ 벽체 강성이 커서 본구조체로 이용이 가능하며, 수평변위에 대해서 안정적이며 영구 지하 벽체나 깊은 기초 적용이 가능하다.
④ 임의형상 치수가 가능하며 지반조건에 좌우되지 않는다.
⑤ 타공법에 비해 시공비가 고가이며, 수평연속성이 부족하고, 장비가 크고 이동이 느리다.

KEY ① 2020년 8월 22일(문제 61번), 9월 27일(문제 80번)출제
② 2022년 4월 24일(문제 65번) 출제
③ 2023년 6월 4일(문제 72번) 출제

69 콘크리트공사에서 현장에 반입된 콘크리트는 일정 간격으로 강도시험을 실시하여야 하는데 KS F 4009에서 규정을 따를 때 콘크리트 체적 얼마 당 강도시험 1회를 실시하는가?

① $100[m^3]$ ② $150[m^3]$
③ $200[m^3]$ ④ $250[m^3]$

해설

KS F 4009기준
① 콘크리트의 강도시험 횟수는 450[m^3]를 1로트로 하여 150[m^3]당 1회의 비율로 한다.
② 1회의 시험 결과는 임의의 1개 운반차로부터 채취한 시료로 3개의 공시체를 제작하여 시험한 평균값으로 한다.

KEY ① 2021년 5월 20일(문제 76번) 출제
② 2023년 6월 4일(문제 76번) 출제

70 기초굴착 방법 중 굴착 공에 철근망을 삽입하고 콘크리트를 타설하여 말뚝을 형성하는 공법이며, 안정액으로 벤토나이트 용액을 사용하고 표층부에서만 케이싱을 사용하는 것은?

① 리버스 서큘레이션 공법
② 베노토 공법
③ 심초 공법
④ 어스드릴공법

[정답] 67 ③   68 ④   69 ②   70 ④

> 해설

어스드릴(칼웰드) 공법(earth drill method)
① 현장치기 콘크리트 말뚝 타설을 위한 굴착 방법의 일종. 끝에 날이 붙은 회전식 버킷을 갖는 어스 드릴로 굴착을 한다.
② 굴착 구경은 최대 1.5m 까지(리머 장치인 경우는 최대 2.0m 까지), 굴착 심도는 30m 정도까지로 되어 있다.
③ 단단한 점성토의 지반에서는 흙탕물(벤토나이트액) 없이 온통 파기를 할 수 있다든지 굴착 속도가 빠르고, 공사비도 싸다는 등의 장점을 갖는다.
④ 미국의 칼웰드(Calwelled)사가 개발하여 칼웰드 공법이라고도 한다.

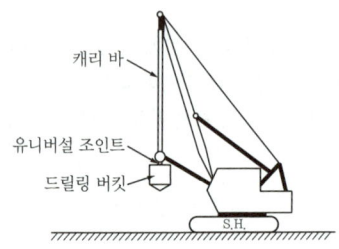

[그림] 어스드릴 공법

> KEY ① 2020년 8월 22일(문제 77번) 출제
> ② 2023년 6월 4일(문제 79번) 출제

71 콘크리트 타설 후 진동다짐에 관한 설명으로 옳지 않은 것은?

① 진동기는 하층 콘크리트에 10[cm]정도 삽입하여 상하층 콘크리트를 일체화 시킨다.
② 진동기는 가능한 연직방향으로 찔러 넣는다.
③ 진동기를 빼낼 때는 서서히 뽑아 구멍이 남지 않도록 한다.
④ 된비빔 콘크리트의 경우 구조체의 철근에 진동을 주어 진동효과를 좋게 한다.

> 해설

진동기 사용요령
① 된비빔 콘크리트는 상부에 적용한다.
② 철근이나 거푸집에 직접 진동을 주어서는 안된다.

> KEY ① 2017년 3월 5일 산업기사 출제
> ② 2018년 4월 28일 기사 출제
> ③ 2018년 9월 15일 기사·산업기사 동시출제
> ④ 2023년 9월 2일(문제 61번) 출제

72 알루미늄 거푸집에 관한 설명으로 옳지 않은 것은?

① 경량으로 설치시간이 단축된다.
② 이음매(Joint)감소로 견출작업이 감소된다.
③ 주요 시공 부위는 내부벽체, 슬래브, 계단실 벽체이며, 슬래브 필러 시스템이 있어서 해체가 간편하다.
④ 녹이 슬지 않는 장점이 있으나 전용횟수가 매우 적다.

> 해설

알루미늄 거푸집의 특징
① 패널과 패널간 연결부위의 품질이 우수하다.
② 기존 재래식 공법과 비교하여 건축폐기물을 억제하는 효과가 있다.
③ 패널의 무게를 경량화하여 안전하게 작업이 가능하다.
※ 1990년부터 우리나라에서 사용

> KEY ① 2020년 8월 23일 산업기사(문제 50번) 출제
> ② 2021년 9월 12일 기사(문제 70번) 출제
> ③ 2023년 9월 2일(문제 64번) 출제

73 거푸집 공사에 적용되는 슬라이딩폼 공법에 관한 설명으로 옳지 않은 것은?

① 형상 및 치수가 정확하며 시공오차가 작다.
② 마감작업이 동시에 진행되므로 공정이 단순화된다.
③ 1일 5~10[m] 수직시공이 가능하다.
④ 일반적으로 돌출물이 있는 건축물에 많이 적용된다.

> 해설

슬라이딩폼(Sliding form) 공법
거푸집 높이는 약 1[m]이고 하부가 약간 벌어진 원형 철판 거푸집을 요크(Yoke)로 서서히 끌어올리는 공법으로 Silo 공사 등에 적당
① 공기가 약 1/3 단축된다.
② 소요 경비가 절감된다.
③ 연속적으로 부어넣으므로 일체성을 확보할 수 있다.

> KEY ① 2017년 9월 23일 기사 출제
> ② 2018년 4월 28일 기사 출제
> ③ 2019년 9월 21일 기사 출제
> ④ 2023년 9월 2일(문제 71번) 출제

[정답] 71 ④ 72 ④ 73 ④

74 제자리 콘크리트 말뚝지정 중 베노토 파일의 특징에 관한 설명으로 옳지 않은 것은?

① 기계가 저가이고 굴착속도가 비교적 빠르다.
② 케이싱을 지반에 압입해 가면서 관 내부 토사를 특수한 버킷으로 굴착 배토한다.
③ 말뚝구멍의 굴착 후에는 철근콘크리트말뚝을 제자리치기한다.
④ 여러 지질에 안전하고 정확하게 시공할 수 있다.

해설

Benoto공법(올케이싱공법)
① 해머 그래브로 굴착, 적용지반이 다양하다.
② 굴착하는 전체에 외관(Casing)을 박고 공사하여 공벽 붕괴를 방지한다.
③ 기계가 고가 대형이며, 케이싱 인발시 철근피복파괴가 우려된다.

 ① 2013년 9월 28일 (문제 79번) 출제
② 2020년 9월 27일(문제 74번) 출제
③ 2023년 9월 2일(문제 79번) 출제

75 철근콘크리트에서 염해로 인한 철근의 부식 방지대책으로 옳지 않은 것은?

① 콘크리트 중의 염소 이온량을 적게 한다.
② 에폭시 수지 도장 철근을 사용한다.
③ 방청제 투입을 고려한다.
④ 물-시멘트비를 크게 한다.

해설

염해에 대한 철근 부식 방지 대책
① 콘크리트중의 염소 이온량을 적게 한다.
② 에폭시 수지 도장 철근을 사용한다.
③ 방청제 투입이나 전기제어 방식을 취한다.
④ 철근 피복 두께를 충분히 확보한다.
⑤ 수밀콘크리트를 만들고 콜드조인트가 없게 시공한다.
⑥ 물-시멘트비를 최소로 하고 광물질 혼화재를 사용한다.
⑦ pH11 이상의 강알칼리 환경에서는 철근 표면에 부동태막이 생겨 부식을 방지한다.

 ① 2006년 5월 14일(문제 79번) 출제
② 2019년 3월 3일(문제 63번) 출제
③ 2022년 3월 5일(문제 79번) 출제

76 철골구조의 녹막이 칠 작업을 실시하는 곳은?

① 콘크리트에 매입되지 않는 부분
② 고력볼트 마찰 접합부의 마찰면
③ 폐쇄형 단면을 한 부재의 밀폐된 면
④ 조립상 표면접합이 되는 면

해설

녹막이 칠을 하지 않는 부분
① 콘크리트에 매입되는 부분
② 조립에 의하여 맞닿는 면
③ 현장용접을 하는 부위 및 그곳에 인접하는 양측 100[mm] 이내(용접부에서 50[mm] 이내)
④ 고장력 볼트 마찰 접합부의 마찰면
⑤ 폐쇄형 단면을 한 부재의 밀폐된 면
⑥ 기계깎기 마무리면

 ① 2015년 5월 31일(문제 62번) 출제
② 2023년 6월 4일(문제 66번) 출제
③ 2024년 2월 15일(문제 68번) 출제

77 철골공사에서 발생할 수 있는 용접불량에 해당되지 않는 것은?

① 스캘럽(scallop)
② 언더컷(under cut)
③ 오버랩(over lap)
④ 피트(pit)

해설

Scallop(스캘럽)
① 철골부재의 접합 및 이음 중 용접 접합시에 H형강 등의 용접부위가 타 부재 용접 접합시 재용접되어서 열영향부의 취약화를 방지하는 목적으로 곡선 모따기를 하는 것을 말한다.
② 가공은 절삭 가공기나 부속장치가 딸린 수동 가스 절단기를 사용한다. (반지름 30[mm] 표준)

 ① 2021년 3월 7일 출제
② 2023년 2월 28일(문제 71번) 출제
③ 2024년 2월 15일(문제 74번) 출제

[정답] 74 ① 75 ④ 76 ① 77 ①

과년도 출제문제

78 벽돌쌓기 시 일반사항에 관한 설명으로 옳지 않은 것은?

① 가로 및 세로줄눈의 너비는 도면 또는 공사시방서에서 정한 바가 없을 때에는 10[mm]를 표준으로 한다.
② 벽돌쌓기는 도면 또는 공사시방서에서 정한 바가 없을 때에는 영식 쌓기 또는 화란식 쌓기로 한다.
③ 세로줄눈은 통줄눈이 되도록 유도하여, 미관을 향상시키도록 한다.
④ 벽돌벽이 블록벽과 서로 직각으로 만날때에는 연결철물을 만들어 블록 3단마다 보강하여 쌓는다.

해설

세로줄눈
① 통줄눈은 피한다.
② 특별한 때 이외에는 영국식 쌓기 및 화란식 쌓기로 한다.

KEY ① 2017년 5월 7일 기사 출제
② 2018년 1회 출제
③ 2023년 2월 28일(문제 67번) 출제
④ 2025년 5월 10일(문제 65번) 출제

보충학습
① 영식쌓기 : 한 켜는 마구리쌓기 다음 켜는 길이쌓기로 하고, 모서리나 벽끝에는 이오토막을 쓴다. 벽돌쌓기 중 가장 튼튼한 방법이다.(도면 및 시방서에 쌓기법 없을 때도 적용)
② 네델란드식(화란식)쌓기 : 영식쌓기와 같고 모서리 끝에는 칠오토막을 쓴다.

79 건축물의 지하공사에서 계측관리에 관한 설명으로 틀린 것은?

① 계측관리의 목적은 위험의 징후를 발견하는 것이다.
② 계측관리의 중점관리사항으로는 흙막이 변위에 따른 배면지반의 침하가 있다.
③ 계측관리는 인적이 뜸하고 위험이 적은 안전한 곳에 설치하여 주기적으로 실시한다.
④ 일일점검항목으로는 흙막이벽체, 주변지반, 지하수위 및 배수량 등이 있다.

해설

계측시 유의사항
① 착공시부터 준공시까지 계속 계측관리
② 계측관리계획에 입각하여 계측부위, 위치 선정
③ 공사 준공후 일정기간 동안 계측 실시할 것
④ 계측자료를 그래픽화하여 관리
⑤ 오차를 적게할 것
⑥ 전담자 운영 배치
⑦ 계측계획은 경험자가 수립
⑧ 관련성 있는 계측기는 집중배치 할 것
⑨ 계측도중 변화치수가 없다고 중단하지 말 것

KEY ① 2022년 4월 24일(문제 66번) 출제
② 2024년 7월 5일(문제 77번) 출제
③ 2025년 5월 10일(문제 68번) 출제

80 벽돌벽 두께 1.0[B], 벽높이 2.5[m], 길이 8[m]인 벽면에 소요되는 점토벽돌의 매수는 얼마인가?(단, 규격은 190×90×57[mm], 할증은 3[%]로 하며, 소수점 이하 결과는 올림하여 정수매로 표기)

① 2980매　② 3070매
③ 3278매　④ 3542매

해설

점토벽돌 매수 계산
① 2.5×8=20[m²]
② 20×149[매]×1.03=3,069[매]

KEY ① 2015년 9월 19일(문제 79번) 출제
② 2016년 10월 1일(문제 65번) 출제
③ 2023년 2월 28일(문제 70번) 출제
④ 2025년 5월 10일(문제 71번) 출제

보충학습

시멘트 벽돌 쌓기 : [m²/수량]
① 0.5[B]=75[매]
② 1.0[B]=149매

[정답] 78 ③　79 ③　80 ②

5 건설 재료학

81 목재의 역학적 성질에 대한 설명으로 옳지 않은 것은?

① 목재 섬유 평행방향에 대한 인장강도가 다른 여러 강도 중 가장 크다.
② 목재의 압축강도는 옹이가 있으면 증가한다.
③ 목재를 휨부재로 사용하여 외력에 저항할 때는 압축, 인장, 전단력이 동시에 일어난다.
④ 목재의 전단강도는 섬유간의 부착력, 섬유의 곧음, 수선의 유무 등에 의해 결정된다.

해설

옹이(knot)
① 옹이지름이 크며 압축강도는 감소한다.
② 옹이는 강도에 가장 악영향을 끼친다.

KEY
① 2022년 4월 24일(문제 85번) 출제
② 2024년 7월 5일(문제 81번) 출제
③ 2025년 5월 10일(문제 83번) 출제

82 목재 섬유포화점의 함수율은 대략 얼마 정도인가?

① 약 10[%]   ② 약 20[%]
③ 약 30[%]   ④ 약 40[%]

해설

섬유포화점(FSP)
① 세포 내의 빈 부분 또는 세포 사이의 공간 부분이 증발하고 세포막에 흡수되어 있는 수분의 상태
② 생나무를 건조하여 함수율이 30[%]가 된 상태

KEY
① 2016년 5월 8일 기사 출제
② 2017년 3월 5일 산업기사 출제
③ 2018년 3월 4일(문제 100번) 출제
④ 2023년 2월 28일(문제 94번) 출제
⑤ 2025년 5월 10일(문제 85번) 출제

보충학습

기건상태와 절건상태
① 기건 상태는 함수율이 약 15[%]
② 절건 상태는 함수율이 0[%]

83 콘크리트의 탄산화에 관한 설명으로 옳지 않은 것은?

① 탄산가스의 농도, 온도, 습도 등 외부 환경조건도 탄산화 속도에 영향을 준다.
② 물-시멘트비가 클수록 탄산화의 진행속도가 빠르다.
③ 탄산화된 부분은 페놀프탈레인액을 분무해도 착색되지 않는다.
④ 일반적으로 보통 콘크리트가 경량골재 콘크리트보다 탄산화 속도가 빠르다.

해설

중성(탄산)화 방지대책
① 초기에 탄산가스 접촉금지
② 피복두께와 부재단면 증가
③ 습도는 높고, 온도 낮게 유지
④ AE 감수제, 유동화제 사용
⑤ W/C비를 낮출 것, 다짐양생철저
⑥ 경량골재, 혼합시멘트 사용금지

KEY
① 2019년 9월 21일 기사·산업기사 동시출제
② 2023년 9월 2일(문제 87번) 출제
③ 2024년 5월 9일(문제 83번), 7월 5일(문제 90번) 출제
④ 2025년 2월 7일(문제 84번) 출제

보충학습

경화(硬化)한 콘크리트는 시멘트의 수화생성물로서 수산화칼슘을 함유하여 강알칼리성(pH 12~13)을 나타낸다. 공기 중의 탄산가스(CO_2) 또는 산성비가 콘크리트 중의 수산화칼슘($Ca(OH)_2$)과 화학반응하여 서서히 탄산칼슘($CaCO_3$)이 되면서 콘크리트의 알칼리성을 상실한다. 이와 같은 현상을 '콘크리트 중성화'라고 한다. 탄산화(Carbonation)라고도 한다.
$Ca(OH)_2 + CO_2 \rightarrow CaCO_3 + H_2O$ [$CaCO_3 \uparrow \Rightarrow$ 중성화 $\uparrow$]

84 통풍이 좋지 않은 지하실에 사용하는데 가장 적합한 미장재료는?

① 시멘트 모르타르
② 회사벽
③ 회반죽
④ 돌로마이트 플라스터

[정답] 81 ② 82 ③ 83 ④ 84 ①

> **해설**
>
> **방수 시멘트 모르타르**
> ① 염화칼슘, 물유리, 규산질 광물의 가루, 파라핀, 아스팔트 등의 방수제를 시멘트 모르타르에 섞어 넣은 것이다.
> ② 용도 : 지하실 등 적합
>
> **KEY** ① 2017년 9월 23일 출제
> ② 2020년 8월 22일(문제 81번) 출제
> ③ 2025년 2월 7일(문제 96번) 출제

85 콘크리트의 압축강도에 영향을 주는 요인에 관한 설명으로 옳지 않은 것은?

① 양생온도가 높을수록 콘크리트의 초기강도는 낮아진다.
② 일반적으로 물-시멘트비가 같으면 시멘트의 강도가 큰 경우 압축강도가 크다.
③ 동일한 재료를 사용하였을 경우에 물-시멘트비가 작을수록 압축강도가 크다.
④ 습윤양생을 실시하게 되면 일반적으로 압축강도는 증진된다.

> **해설**
>
> **양생조건**
> ① 양생온도는 30[℃] 이하에서는 비례하고 재령과 비례한다.
> ② 온도가 낮으면 강도(특히 조기강도)가 저하된다.
>
> **KEY** ① 2020년 8월 22일(문제 97번) 출제
> ② 2025년 2월 7일(문제 98번) 출제

86 콘크리트의 강도 및 내구성 증가에 가장 큰 영향을 주는 것은?

① 물과 시멘트의 배합비
② 모래와 자갈의 배합비
③ 시멘트와 자갈의 배합비
④ 시멘트와 모래의 배합비

> **해설**
>
> **물시멘트비(W/C)**
> ① 충분히 혼합될 수 있는 범위 내에서 W/C가 작을수록 강도는 크다.
> ② W/C의 적용범위는 50~70[%]이다.
> ③ 콘크리트 강도 및 내구성 증가에 가장 큰 영향을 준다.

> **KEY** ① 2013년 6월 2일(문제 81번) 출제
> ② 2017년 3월 5일 산업기사 출제
> ③ 2019년 4월 27일 산업기사 출제
> ④ 2019년 4월 27일(문제 85번) 출제
> ⑤ 2025년 2월 7일(문제 100번) 출제

87 점토의 성질에 관한 설명으로 옳지 않은 것은?

① 사질점토는 적갈색으로 내화성이 좋다.
② 자토는 순백색이며 내화성이 우수하나 가소성은 부족하다.
③ 석기점토는 유색의 견고치밀한 구조로 내화도가 높고 가소성이 있다.
④ 석회질점토는 백색으로 용해되기 쉽다.

> **해설**
>
> **점토색상**
> ① 점토의 색상은 철산화물, 석회물질에 의해 나타난다.
> ② 철산화물이 많으면 적색, 석회물질이 많으면 황색을 띤다.
> ③ 사질점토는 내화성이 낮다.
>
> **KEY** ① 2020년 8월 22일(문제 82번) 출제
> ② 2022년 3월 5일(문제 89번) 출제

88 점토기와 중 훈소와에 해당하는 설명은?

① 소소와에 유약을 발라 재소성한 기와
② 기와 소성이 끝날 무렵에 식염증기를 충만시켜 유약 피막을 형성시킨 기와
③ 저급 점토를 원료로 900~1,000[℃]로 소소하여 만든 것으로 흡수율이 큰 기와
④ 건조제품을 가마에 넣고 연료로 장작이나 솔잎 등을 써서 검은 연기로 그을려 만든 기와

> **해설**
>
> **훈소와(燻燒瓦)**
> ① 성형을 가마에 넣고 장작이나 솔가지 등의 연료를 써서 그을린 기와
> ② 회흑색 표면이며 방수성이 있고 강도가 좋다.
>
> **KEY** 2022년 3월 5일(문제 96번) 출제

[정답] 85 ① 86 ① 87 ① 88 ④

89 점토제품 중 소성온도가 가장 고온이고 흡수성이 매우 작으며 모자이크 타일, 위생도기 등에 주로 쓰이는 것은?

① 토기 ② 도기
③ 석기 ④ 자기

해설

점토제품의 분류

종류	소성온도[°C]	흡수율[%]
토기	790~1,000	20 이상
도기	1,100~1,230	10
석기	1,160~1,350	3~10
자기	1,230~1,460	0~1

KEY
① 2017년 5월 7일 산업기사 출제
② 2018년 4월 28일 (문제 82번) 출제
③ 2019년 9월 21일 (문제 85번) 출제
④ 2020년 9월 27일 (문제 95번) 출제
⑤ 2022년 4월 24일(문제 99번) 출제

90 재료의 기계적 성질 중 작은 변형에도 파괴되는 성질을 무엇이라 하는가?

① 강성 ② 소성
③ 탄성 ④ 취성

해설

취성(brittleness)
① 재료가 외력을 받아도 변형되지 않거나 극히 미미한 변형을 수반하고 파괴되는 성질을 취성이라 한다.
② 주철 등 취성을 가진 금속재료는 충격강도와 밀접한 관계가 있어 갑자기 파괴될 위험성이 크다.
③ 유리와 콘크리트 등도 취성이 큰 재료이다.

KEY
① 2017년 제1회(문제 86번) 출제
② 2023년 2월 28일(문제 87번) 출제

91 다음 중 알루미늄의 특성으로 옳지 않은 것은?

① 순도가 높을수록 내식성이 좋지 않다.
② 알칼리나 해수에 침식되기 쉽다.
③ 콘크리트에 접하거나 흙 중에 매몰된 경우에 부식되기 쉽다.
④ 내화성이 부족하다.

해설

알루미늄의 특성
(1) 알루미늄 장점
 ① 비중이 철의 1/3 정도이고, 역학적 성질이 우수하다.
 ② 열·전기전도성이 크고, 반사율이 높다.
 ③ 내식성이 우수하며 가공이 쉽다.
 ④ 전연성이 좋아 판, 선으로 가공이 쉽고 주조도 가능하다.
(2) 알루미늄 단점
 ① 내화성이 약하다.
 ② 산·알칼리 및 해수에 침식되기 쉽다.
 ③ 콘크리트에 접하거나 흙 중에 매몰된 경우에는 부식된다.
 ④ 상온에서 판, 선으로 압연가공하면 경도와 인장강도가 증가한다.
 ⑤ 연질이고 강도가 낮다.

KEY
① 2012년 제1회 (문제 88번) 출제
② 2023년 2월 28일(문제 91번) 출제

보충학습

비중
① 물과 공기처럼 표준 물질과의 밀도차이를 뜻한다.
② 철은 비중이 7.8, 알루미늄은 2.7, 고무는 0.93인데, 이처럼 비중을 통해 서로 다른 물질의 무겁고 가벼운 정도를 알아낼 수 있다.

92 미장바탕의 일반적인 성능조건과 가장 거리가 먼 것은?

① 미장층보다 강도가 클 것
② 미장층과 유효한 접착강도를 얻을 수 있을 것
③ 미장층보다 강성이 작을 것
④ 미장층의 경화, 건조에 지장을 주지 않을 것

해설

미장바탕이 갖추어야 할 조건
① 미장층과 유효한 접착강도를 얻을 수 있을 것
② 미장층의 경화, 건조에 지장을 주지 않을 것
③ 미장층과 유해한 화학반응을 하지 않을 것
④ 미장층 시공에 적합한 평면상태, 흡수성을 가질 것

KEY
① 2017년 3월 5일 출제
② 2018년 4월 28일(문제 81번) 출제
③ 2022년 4월 24일(문제 87번) 출제
④ 2023년 6월 4일(문제 96번) 등 5회 이상 출제

[정답] 89 ④ 90 ④ 91 ① 92 ③

93 돌로마이트에 화강석 부스러기, 색모래, 안료 등을 섞어 정벌바름하고 충분히 굳지 않은 때에 표면에 거친솔, 얼레빗 같은 것으로 긁어 거친 면으로 마무리한 것은?

① 리신바름
② 라프코트
③ 섬유벽바름
④ 회반죽바름

해설
바름의 특징
① 리신바름 : 돌로마이트에 화강석 부스러기, 색모래, 안료 등을 섞어 정벌바름하고 충분히 굳지 않은 때에 표면을 긁어 거친 면으로 마무리하는 일종의 인조석 바름
② 라프코트(거친 바름, 거친 면 마무리) : 시멘트, 모래, 잔자갈, 안료 등을 섞어 이긴 것을 바탕바름이 마르기 전에 뿌려 붙이거나 또는 바르는 일종의 인조석 바름
③ 섬유벽바름
  ㉮ 각종 섬유상의 재료를 접착제로 접합해서 벽에 바른 것
  ㉯ 균열의 염려가 적고, 방음, 단열성이 크고 현장작업이 용이
④ 회반죽바름 : 회반죽은 기경성 재료이며 소석회에 모래, 해초풀, 여물 등을 혼합하여 목조바탕, 콘크리트블록 및 벽돌 바탕 등에 이용

KEY ① 2014년 9월 20일(문제 95번) 출제
② 2023년 9월 2일 (문제 88번) 출제

94 미장재료 중 고온소성의 무수석고를 특별한 화학처리를 한 것으로 킨즈시멘트라고도 불리는 것은?

① 경석고 플라스터
② 혼합석고 플라스터
③ 보드용 플라스터
④ 돌로마이트 플라스터

해설
keen's(킨즈)시멘트
① 무수석고를 화학처리하여 만든 것으로 경화한 후 매우 단단하다.
② 강도가 크다.
③ 경화가 빠르다.
④ 경화 시 팽창한다.
⑤ 산성으로 철류를 녹슬게 한다.
⑥ 수축이 매우 작다.
⑦ 표면강도가 크고 광택이 있다.

KEY ① 2016년 5월 8일 출제
② 2017년 3월 5일 출제
③ 2017년 9월 23일 기사·산업기사 동시 출제
④ 2023년 9월 2일 (문제 93번) 출제

95 경질우레탄폼 단열재에 관한 설명 중 옳지 않은 것은?

① 규격은 한국산업표준(KS)에 규정되어 있다.
② 공사현장에서 발포시공이 가능하다.
③ 사용시간이 경과함에 따라 부피가 팽창하는 결점이 있다.
④ 초저온 장치용 보냉재로 사용된다.

해설
경질 폴리우레탄 폼(rigid polyurethane foam)
① 경질 폴리우레탄 폼은 고분자 단열재의 일종인데, 단열재 중에서 가장 단열성이 높아 로크울의 약 2배의 단열성을 갖고 있다.
② 단열효과는 발포제(發泡劑)로 사용하는 프론가스에서 비롯되는 것으로, 성에너지형 주택의 증가와 함께 근년에 생산량이 늘어나고 있다.
③ 시간이 경과해도 부피는 변화가 없다.

KEY ① 2020년 9월 27일(문제 93번) 출제
② 2023년 9월 2일(문제 86번) 출제
③ 2024년 2월 15일(문제 82번) 출제

보충학습
폴리우레탄
① 폴리우레탄 결합이라는 구조를 갖고 있기 때문에 이렇게 부르고 있다.
② 매우 강인한 것이 특징이며, 고무 탄성을 가지고 있다.
③ 발포체로 하여 우레탄 폼으로 사용될 뿐만 아니라 합성 섬유와 합성 고무로도 사용되고 있다.

96 다음 중 열경화성 수지에 속하지 않는 것은?

① 멜라민 수지
② 요소 수지
③ 폴리에틸렌 수지
④ 에폭시 수지

해설
열경화성수지의 종류
① 페놀수지
② 요소수지
③ 멜라민수지
④ 알키드수지
⑤ 폴리에스테르수지
⑥ 우레탄수지
⑦ 에폭시수지
⑧ 실리콘수지
⑨ 푸란수지

KEY ① 2018년 4월 28일 산업기사 출제
② 2018년 9월 15일 산업기사 출제
③ 2019년 9월 21일 기사 출제
④ 2023년 9월 2일(문제 82번) 출제
⑤ 2024년 5월 9일 (문제 81번) 출제

[정답] 93 ① 94 ① 95 ③ 96 ③

97 목재용 유성 방부제의 대표적인 것으로 방부성이 우수하나, 악취가 나고 흑갈색으로 외관이 불미하여 눈에 보이지 않는 토대, 기둥, 도리 등에 이용되는 것은?

① 유성페인트 ② 크레오소트 오일
③ 염화아연 4[%] 용액 ④ 불화소다 2[%] 용액

해설

크레오소트 오일(creosote oil)
① 방부성은 좋으나 목재가 흑갈색으로 착색되고 악취가 있고 흡수성이 있다.
② 외관이 아름답지 않으므로 보이지 않는 곳의 토대, 기둥, 도리 등에 사용한다.

KEY
① 2017년 3월 5일 기사 출제
② 2017년 9월 23일 기사 출제
③ 2020년 8월 22일(문제 91번) 출제
④ 2023년 6월 4일(문제 91번) 출제
⑤ 2024년 5월 9일 (문제 88번) 등 5회 이상 출제

98 콘크리트 바탕에 이음매 없는 방수 피막을 형성하는 공법으로, 도료상태의 방수재를 여러번 칠하여 방수막을 형성하는 방수공법은?

① 아스팔트 루핑 방수
② 합성고분자 도막 방수
③ 시멘트 모르타르 방수
④ 규산질 침투성 도포 방수

해설

합성고분자 방수특징
① 이음매가 없고 일체형으로 형성한다.
② 고무에 의한 신축성으로 균열이 적고 상온시공으로 안전하다.
③ 바탕면에 균일한 두께시공이 어렵다.
④ 피막이 얇아 모체균열에 의해 파단과 외부충격에 의한 손상 우려가 존재한다.
⑤ 방수의 신뢰도가 떨어져 옥상층에는 불리하다.
⑥ 핀홀이 생길 수 있다.
⑦ 용제형 도막방수는 인화성으로 화재의 위험 및 중독될 수 있다.

KEY 2022년 4월 24일(문제 94번) 출제

보충학습

종류
① 도막방수
② 시트방수
③ 시일재방수

99 건물의 외장용 도료로 가장 적합하지 않은 것은?

① 유성페인트
② 수성페인트
③ 합성수지 에멀션페인트
④ 유성바니시

해설

유성니스(vanish)의 특징
① 수지와 건성유의 양(혼합)의 비율에 따라 단유니스(골드 사이즈), 중유니스(코펄니스), 장유니스(보디니스 또는 스파니스)로 구분한다.
② 건조가 더디고 광택이 있고 투명 단단하나 내화학성이 나쁘고 시간이 지나면 누렇게 변한다.
③ 내구, 내수성이 크다.

KEY
① 2013년 제1회 (문제 93번) 출제
② 2023년 6월 4일(문제 98번) 출제
③ 2024년 5월 9일 (문제 93번) 출제

100 유리가 불화수소에 부식하는 성질을 이용하여 5[mm]이상 판유리면에 그림, 문자등을 새긴 유리는?

① 스테인드 유리 ② 망입유리
③ 에칭유리 ④ 내열유리

해설

에칭유리
① 유리면에 부식액의 방호막을 붙이고 이 막을 모양에 맞게 오려내고 그 부분에 유리부식액을 발라 소요 모양으로 만들어 장식용으로 사용하는 유리
② 5[mm] 이상의 판유리에 그림·문자 등을 새긴다.

KEY
① 2019년 제1회 (문제 83번) 출제
② 2023년 2월 28일(문제 84번) 출제
③ 2024년 5월 9일(문제 89번), 7월 5일 (문제 83번) 출제

보충학습

HF(불화수소)
① 플루오린화 수소(hydrogen fluoride)는 불화 수소(弗化水素), 에칭 가스(etching gas) 등으로 불리는 플루오린과 수소의 화합물로, 화학식은 HF이다.
② 예전부터 플루오린화 수소산은 유리 산업에서 알려져 있었으며, 1771년에 스웨덴의 화학자인 칼 빌헬름 셸레는 플루오린화 수소산을 대량으로 제조했다.
③ 현재 반도체 습식 식각을 진행할 때는 산화반응을 하는 과산화수소와 세정력이 높은 인산(H_3PO_4), 불산(불화수소산 : 불화수소 수용액 : HP) 등이 활용되고 있다.

[정답] 97 ② 98 ② 99 ④ 100 ③

6 건설안전기술

101 추락·재해방지 설비 중 근로자의 추락재해를 방지할 수 있는 설비로 작업발판 설치가 곤란한 경우에 필요한 설비는?

① 경사로
② 추락방호망
③ 고정사다리
④ 달비계

[해설]
작업발판 설치가 곤란한 경우 : 추락방호망 설치

KEY 2022년 3월 5일(문제 102번) 출제

[합격정보]
산업안전보건기준에 관한 규칙 제42조(추락의 방지)

102 가설구조물의 문제점으로 옳지 않은 것은?

① 도괴(무너짐)재해의 가능성이 크다.
② 추락재해 가능성이 크다.
③ 부재의 결합이 간단하나 연결부가 견고하다.
④ 구조물이라는 통상의 개념이 확고하지 않으며 조립의 정밀도가 낮다.

[해설]
가설 구조물의 특징
① 연결재가 부족하여 불안정해지기 쉽다.
② 부재 결합이 간략하고 불완전 결합이 많다.
③ 구조물이라는 통상의 개념이 확고하지 않아 조립의 정밀도가 낮다.
④ 부재는 과소 단면이거나 결함이 있는 재료가 사용되기 쉽다.

KEY 2022년 3월 5일(문제 106번) 출제

103 사다리식 통로 등을 설치하는 경우 통로 구조로서 옳지 않은 것은?

① 발판의 간격은 일정하게 한다.
② 발판과 벽과의 사이는 15[cm] 이상의 간격을 유지한다.
③ 사다리의 상단은 걸쳐놓은 지점으로부터 60[cm] 이상 올라가도록 한다.
④ 폭은 40[cm] 이상으로 한다.

[해설]
사다리식 통로 폭 : 30[cm]이상

[참고] 건설안전기사 필기 p.6-15(합격날개 : 합격예측 및 관련법규)

KEY
① 2016년 10월 1일 산업기사 출제
② 2017년 5월 7일 기사·산업기사 동시출제
③ 2018년 4월 28일 산업기사 출제
④ 2022년 3월 5일(문제 117번) 출제

[합격정보]
산업안전보건기준에 관한 규칙 제24조(사다리 통로 등의 구조)

104 법면 붕괴에 의한 재해 예방조치로서 옳은 것은?

① 지표수와 지하수의 침투를 방지한다.
② 법면의 경사를 증가한다.
③ 절토 및 성토높이를 증가한다.
④ 토질의 상태에 관계없이 구배조건을 일정하게 한다.

[해설]
붕괴방지공법
① 활동할 가능성이 있는 토사는 제거하여야 한다.
② 비탈면 또는 법면의 하단을 다져서 활동이 안 되도록 저항을 만들어야 한다.
③ 지표수가 침투되지 않도록 배수를 시키고 지하수위를 낮추기 위하여 수평 보링(boring)을 하여 배수시켜야 한다.
④ 말뚝(강관, H형강, 철근 콘크리트)을 박아 지반을 강화시킨다.

KEY
① 2016년 3월 6일 출제
② 2021년 5월 15일(문제 119번) 출제
③ 2022년 3월 5일(문제 108번) 출제

[합격정보]
굴착공사 표준안전 작업지침 제31조(예방)

[정답] 101 ② 102 ③ 103 ④ 104 ①

105 달비계를 사용하는 와이어로프의 사용금지 기준으로 옳지 않은 것은?

① 이음매가 있는 것
② 열과 전기충격에 의해 손상된 것
③ 지름의 감소가 공칭지름의 7[%]를 초과하는 것
④ 와이어로프의 한 꼬임에서 끊어진 소선의 수가 7[%] 이상인 것

해설

달비계에 사용하는 와이어로프 금지기준
① 이음매가 있는 것
② 와이어로프의 한 꼬임[스트랜드(strand)를 말한다. 이하 같다]에서 끊어진 소선(素線)[필러(pillar)선은 제외한다]의 수가 10[%] 이상(비자전로프의 경우에는 끊어진 소선의 수가 와이어로프 호칭지름의 6배 길이 이내에서 4개 이상이거나 호칭지름 30배 길이 이내에서 8개 이상)인 것
③ 지름의 감소가 공칭지름의 7[%]를 초과하는 것
④ 꼬인 것
⑤ 심하게 변형되거나 부식된 것
⑥ 열과 전기충격에 의해 손상된 것

KEY
① 2017년 3월 5일 기사 출제
② 2018년 4월 28일 산업기사 출제
③ 2019년 8월 4일(문제 116번) 출제
④ 2022년 4월 24일(문제 120번) 출제

합격정보
산업안전보건기준에 관한 규칙 제63조(달비계의 구조)

106 그물코의 크기가 10[cm]인 매듭없는 방망사 신품의 인장강도는 최소 얼마 이상이어야 하는가?

① 240[kg]
② 320[kg]
③ 400[kg]
④ 500[kg]

해설

방망사의 신품에 대한 인장강도

그물코의 크기 (단위 : [cm])	방망의 종류(단위 : [kg])	
	매듭 없는 방망	매듭 방망
10	240	200
5		110

KEY
① 2016년 5월 8일 기사 출제
② 2017년 3월 5일, 8월 26일 기사 출제
③ 2018년 4월 28일, 8월 19일 기사 출제
④ 2019년 3월 3일, 8월 4일 기사 출제
⑤ 2020년 8월 22일 기사 출제

⑥ 2021년 8월 14일 기사 출제
⑦ 2023년 2월 28일(문제 101번) 출제

107 철골작업을 중지하여야 하는 조건에 해당되지 않는 것은?

① 풍속이 초당 10[m] 이상인 경우
② 지진이 진도 4 이상인 경우
③ 강우량이 시간당 1[mm] 이상인 경우
④ 강설량이 시간당 1[cm] 이상인 경우

해설

철골작업시 작업중지기준
① 풍속이 초당 10[m] 이상인 경우
② 강우량이 시간당 1[mm] 이상인 경우
③ 강설량이 시간당 1[cm] 이상인 경우

참고 건설안전기사 필기 p.6-138(② 기후에 의한 영향)

KEY
① 2014년 5월 25일(문제 101번) 출제
② 2015년 5월 31일(문제 116번), 8월 16일(문제 120번) 출제
③ 2016년 3월 6일(문제 103번) 출제
④ 2021년 3월 7일(문제 103번) 출제
⑤ 2023년 2월 28일(문제 104번) 출제

합격정보
산업안전보건기준에 관한 규칙 제383조(작업의 제한)

108 가설통로의 설치기준으로 옳지 않은 것은?

① 추락할 위험이 있는 장소에는 안전난간을 설치할 것
② 경사가 10[°]를 초과하는 경우에는 미끄러지지 않는 구조로 할 것
③ 경사는 30[°] 이하로 할 것
④ 건설공사에 사용하는 높이 8[m] 이상인 비계다리에는 7[m] 이내마다 계단참을 설치할 것

[정답] 105 ④   106 ①   107 ②   108 ②

해설

가설통로 설치기준
① 견고한 구조로 할 것
② 경사는 30[°] 이하로 할 것. 다만, 계단을 설치하거나 높이 2[m] 미만의 가설통로로서 튼튼한 손잡이를 설치한 경우에는 그러하지 아니하다.
③ 경사가 15[°]를 초과하는 경우에는 미끄러지지 아니하는 구조로 할 것
④ 추락할 위험이 있는 장소에는 안전난간을 설치할 것. 다만, 작업상 부득이한 경우에는 필요한 부분만 임시로 해체할 수 있다.
⑤ 수직갱에 가설된 통로의 길이가 15[m] 이상인 경우에는 10[m] 이내마다 계단참을 설치할 것
⑥ 건설공사에 사용하는 높이 8[m] 이상인 비계다리에는 7[m] 이내마다 계단참을 설치할 것

KEY
① 2017년 5월 7일 기사 출제
② 2018년 4월 28일 기사 출제
③ 2019년 8월 4일 기사 출제
④ 2020년 6월 7일 기사 출제
⑤ 2021년 3월 7일 기사 출제
⑥ 2022년 3월 5일, 4월 24일 기사 출제
⑤ 2023년 2월 28일(문제 113번) 출제

합격정보
산업안전보건기준에 관한 규칙 제23조(가설통로의 구조)

---

109 흙막이 가시설 공사 중 발생할 수 있는 보일링(Boiling) 현상에 관한 설명으로 옳지 않은 것은?

① 이 현상이 발생하면 흙막이 벽의 지지력이 상실된다.
② 지하수위가 높은 지반을 굴착할 때 주로 발생한다.
③ 흙막이벽의 근입장 깊이가 부족할 경우 발생한다.
④ 연약한 점토지반에서 굴착면의 융기로 발생한다.

해설

보일링(Boiling)현상
① 투수성이 좋은 사질지반의 흙막이 지면에서 수두차로 인한 상향의 침투압이 발생, 유효응력이 감소하여 전단강도가 상실되는 현상
② 지하수가 모래와 같이 솟아오르는 현상
③ 모래의 액상화

KEY
① 2016년 10월 1일 기사 출제
② 2019년 3월 3일 기사, 4월 27일 산업기사 출제
③ 2020년 8월 23일 산업기사 출제
④ 2023년 6월 4일(문제 102번) 출제

합격팁
히빙(Heaving) 현상
연약성 점토지반 굴착시 굴착외측 흙의 중량에 의해 굴착저면의 흙이 활동전단 파괴되어 굴착내측으로 부풀어 오르는 현상

---

110 산업안전보건관리비계상기준에 따른 건축공사, 대상액 「5억원 이상~50억원 미만」의 안전관리비 비율 및 기초액으로 옳은 것은?

① 비율 : 2.28[%], 기초액 : 4,325,000원
② 비율 : 1.99[%], 기초액 : 5,499,000원
③ 비율 : 2.35[%], 기초액 : 5,400,000원
④ 비율 : 1.57[%], 기초액 : 4,411,000원

해설

공사종류 및 규모별 안전관리비 계상기준표

구 분 공사종류	대상액 5억원 미만	대상액 5억원 이상 50억원 미만		대상액 50억원 이상	영 별표5에 따른 보건관리자 선임 대상 건설공사
		비율(X)	기초액(C)		
건축공사	3.11[%]	2.28[%]	4,325,000원	2.37[%]	2.64[%]
토목공사	3.15[%]	2.53[%]	3,300,000원	2.60[%]	2.73[%]
중건설공사	3.64[%]	3.05[%]	2,975,000원	3.11[%]	3.39[%]
특수건설공사	2.07[%]	1.59[%]	2,450,000원	1.64[%]	1.78[%]

KEY
① 2016년 3월 6일, 10월 1일 산업기사 출제
② 2017년 3월 5일, 8월 26일 기사 출제
③ 2019년 3월 3일 기사 출제
④ 2020년 6월 14일 기사 등 10회 이상 출제
⑤ 2023년 6월 4일(문제 102번) 출제

합격정보
2025년 2월 12일 개정법 적용

---

111 다음은 시스템 비계 구성에 관한 내용이다. ( )안에 들어갈 말로 옳은 것은?

> 비계 밑단의 수직재와 받침철물은 밀착되도록 설치하고, 수직재와 받침철물의 연결부의 겹침길이는 받침철물 (   ) 이상이 되도록 할 것

① 전체길이의 4분의 1
② 전체길이의 3분의 1
③ 전체길이의 3분의 2
④ 전체길이의 2분의 1

[정답] 109 ④ 110 ① 111 ②

해설

시스템 비계 구성시 준수사항
① 수직재·수평재·가새재를 견고하게 연결하는 구조가 되도록 할 것
② 비계 밑단의 수직재와 받침철물은 밀착되도록 설치하고, 수직재와 받침철물의 연결부의 겹침길이는 받침철물 전체길이의 3분의 1 이상이 되도록 할 것
③ 수평재는 수직재와 직각으로 설치하여야 하며, 체결 후 흔들림이 없도록 견고하게 설치할 것
④ 수직재와 수직재의 연결철물은 이탈되지 않도록 견고한 구조로 할 것
⑤ 벽 연결재의 설치간격은 제조사가 정한 기준에 따라 설치할 것

KEY ① 2021년 5월 15일 기사 등 5회 이상 출제
② 2023년 6월 4일(문제 112번) 출제

합격정보
산업안전보건기준에 관한 규칙 제69조(시스템 비계의 구조)

---

112 건설공사 유해위험방지계획서를 제출해야 할 대상공사에 해당하지 않는 것은?

① 깊이 10[m]인 굴착공사
② 다목적댐 건설공사
③ 최대 지간길이가 40[m]인 다리건설 공사
④ 연면적 5,000[m²]인 냉동·냉장창고시설의 설비공사

해설

유해위험 방지계획서 제출 대상 공사
(1) 건축물 또는 시설 등의 건설·개조 또는 해체공사
　가. 지상높이가 31미터 이상인 건축물 또는 인공구조물
　나. 연면적 3만제곱미터 이상인 건축물
　다. 연면적 5천제곱미터 이상인(에) 해당하는 시설
　　① 문화 및 집회시설(전시장 및 동물원·식물원은 제외한다)
　　② 판매시설, 운수시설(고속철도의 역사 및 집배송시설은 제외한다)
　　③ 종교시설
　　④ 의료시설 중 종합병원
　　⑤ 숙박시설 중 관광숙박시설
　　⑥ 지하도상가
　　⑦ 냉동·냉장 창고시설
(2) 연면적 5천제곱미터 이상의 냉동·냉장창고시설의 설비공사 및 단열공사
(3) 최대지간길이가 50[m] 이상인 다리건설 등 공사
(4) 터널건설 등의 공사
(5) 다목적댐, 발전용댐, 저수용량 2천만톤 이상의 용수전용댐 및 지방상수도 전용댐의 건설 등 공사
(6) 깊이 10[m] 이상인 굴착공사

KEY ① 2022년 4월 24일 기사 등 15회 이상 출제
② 2023년 7월 8일(문제 101번) 출제

합격정보
산업안전보건법 시행령 제42조(유해위험방지계획서 제출대상)

---

113 유한사면에서 원형 활동면에 의해 발생하는 일반적인 사면 파괴의 종류에 해당하지 않는 것은?

① 사면 내 파괴 (Slope failure)
② 사면 선단 파괴(Toe failure)
③ 사면 인장 파괴(Tension failure)
④ 사면 저부파괴(Base failure)

해설

유한사면의 원호 활동면 붕괴 형태
① 사면 선단 파괴(Toe Failure)
② 사면 내 파괴(Slope Failure)
③ 사면 저부 파괴(Base Failure)

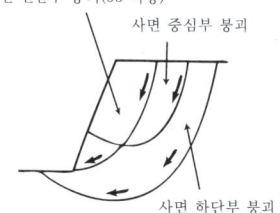

[그림] 사면 붕괴 형태

KEY ① 2021년 8월 14일 기사 출제
② 2023년 7월 8일(문제 106번) 출제

합격정보
굴착공사 표준안전작업 지침 제29조(붕괴의 형태)

---

114 콘크리트 타설작업을 하는 경우에 준수해야할 사항으로 옳지 않은 것은?

① 당일의 작업을 시작하기 전에 해당 작업에 관한 거푸집동바리 등의 변형·변위 및 지반의 침하 유무 등을 점검하고 이상이 있으면 보수한다.
② 작업 중에는 거푸집동바리 등의 변형·변위 및 침하 유무 등을 감시할 수 있는 감시자를 배치하여 이상이 있으면 작업을 빠른 시간 내 우선 완료하고 근로자를 대피시킨다.
③ 콘크리트 타설작업 시 거푸집붕괴의 위험이 발생할 우려가 있으면 충분한 보강 조치를 한다.
④ 콘크리트를 타설하는 경우에는 편심이 발생하지 않도록 골고루 분산하여 타설한다.

[정답] 112 ③　113 ③　114 ②

> 해설

제334조(콘크리트의 타설작업) 사업주는 콘크리트의 타설작업을 하는 경우에는 다음 각 호의 사항을 준수하여야 한다.
1. 당일의 작업을 시작하기 전에 해당 작업에 관한 거푸집 및 동바리를 변형·변위 및 지반의 침하유무 등을 점검하고 이상이 있으면 보수할 것
2. 작업중에는 거푸집동바리 등의 변형·변위 및 침하유무 등을 감시할 수 있는 감시자를 배치하여 이상이 있으면 작업을 중지시키고 근로자를 대피시킬 것
3. 콘크리트의 타설작업시 거푸집붕괴의 위험이 발생할 우려가 있는 경우에는 충분한 보강조치를 할 것
4. 설계도서상의 콘크리트 양생기간을 준수하여 거푸집 및 동바리를 해체할 것
5. 콘크리트를 타설하는 경우에는 편심이 발생하지 않도록 골고루 분산하여 타설할 것

KEY
① 2016년 5월 8일 기사, 10월 1일 산업기사 출제
② 2017년 3월 5일 산업기사 출제
③ 2021년 5월 15일, 8월 14일 기사 출제
④ 2022년 3월 5일(문제 118번) 출제
⑤ 2024년 2월 15일(문제 105번) 출제

115 잠함 또는 우물통의 내부에서 굴착작업을 할 때의 준수사항으로 옳지 않은 것은?

① 굴착 깊이가 10[m]를 초과하는 경우에는 해당 작업장소와 외부와의 연락을 위한 통신설비등을 설치하여야 한다.
② 산소 결핍의 우려가 있는 경우에는 산소의 농도를 측정하는 자를 지명하여 측정하도록 한다.
③ 근로자가 안전하게 승강하기 위한 설비를 설치한다.
④ 측정 결과 산소의 결핍이 인정될 경우에는 송기를 위한 설비를 설치하여 필요한 양의 공기를 공급하여야 한다.

> 해설

잠함작업시 통신설비 설치기준 : 굴착깊이 20[m]초과

KEY
① 2012년 8월 26일 기사 출제
② 2018년 8월 19일 기사 출제
③ 2023년 7월 8일(문제 110번) 출제
④ 2024년 5월 9일(문제 104번) 출제

> 합격정보

산업안전보건기준에 관한 규칙 제377조 (잠함 등 내부에서의 작업)

116 산업안전보건법령에 따른 지반의 종류별 굴착면의 기울기 기준으로 옳지 않은 것은?

① 모래 - 1 : 1.8
② 그 밖의 흙 - 1 : 0.3
③ 풍화암 - 1:1.0
④ 연암 - 1:1.0

> 해설

굴착면의 기울기 기준

지반의 종류	굴착면의 기울기
모래	1 : 1.8
연암 및 풍화암	1 : 1.0
경암	1 : 0.5
그 밖의 흙	1 : 1.2

KEY
① 2016년 5월 8일 기사·산업기사 동시 출제
② 2017년 3월 5일, 9월 23일 출제
③ 2018년 8월 19일 산업기사 출제
④ 2019년 4월 27일 기사·산업기사 동시 출제
⑤ 2020년 6월 7일, 8월 22일, 9월 27일 출제
⑥ 2022년 3월 5일 출제
⑦ 2023년 2월 28일(문제 114번) 출제
⑧ 2024년 5월 9일(문제 112번) 출제

> 합격정보

산업안전보건기준에 관한 규칙 [별표 11] 굴착면의 기울기 기준

117 취급·운반의 원칙으로 옳지 않은 것은?

① 운반 작업을 집중하여 시킬 것
② 생산을 최고로 하는 운반을 생각할 것
③ 곡선 운반을 할 것
④ 연속 운반을 할 것

> 해설

취급, 운반의 5원칙
① 직선운반을 할 것
② 연속운반을 할 것
③ 운반작업을 집중화시킬 것
④ 생산을 최고로 하는 운반을 생각할 것
⑤ 최대한 시간과 경비를 절약할 수 있는 운반방법을 고려할 것

KEY
① 2017년 8월 26일 출제
② 2018년 4월 28일 출제
③ 2019년 3월 3일 산업기사 출제
④ 2022년 3월 5일(문제 109번) 출제
⑤ 2024년 7월 27일(문제 117번) 출제

[정답] 115 ① 116 ② 117 ③

118 말비계를 조립하여 사용하는 경우에 지주부재와 수평면의 기울기는 최대 몇 도 이하로 하여야 하는가?

① 30[°]   ② 45[°]
③ 60[°]   ④ 75[°]

해설

말비계의 안전기준
① 기울기 : 75[°] 이하
② 작업발판 폭 : 40[cm] 이상

KEY
① 2016년 5월 8일 산업기사 출제
② 2017년 3월 5일 산업기사 출제
③ 2017년 5월 7일, 9월 23일 (문제 113번) 출제
④ 2023년 6월 4일 (문제 103번) 출제
⑤ 2024년 5월 9일(문제 107번) 출제
⑥ 2025년 2월 7일(문제 102번) 출제

합격정보
산업안전보건기준에 관한 규칙 제67조(말비계)

---

119 다음은 타워크레인을 와이어로프로 지지하는 경우의 준수해야 할 기준이다. 빈칸에 들어갈 알맞은 내용을 순서대로 옳게 나타낸 것은?

> 와이어로프 설치각도는 수평면에서 (   )도 이내로 하되, 지지점은 (   )개소 이상으로 하고, 같은 각도로 설치할 것

① 45, 4   ② 45, 5
③ 60, 4   ④ 60, 5

해설

와이어로프로 지지하는 경우 준수사항
① 「산업안전보건법 시행규칙」에 따른 서면심사에 관한 서류(「건설기계관리법」에 따른 형식승인서류를 포함한다) 또는 제조사의 설치작업 설명서 등에 따라 설치할 것
② 제①호의 서면심사 서류 등이 없거나 명확하지 아니한 경우에는 「국가기술자격법」에 따른 건축구조·건설기계·기계안전·건설안전기술사 또는 건설안전분야 산업안전지도사의 확인을 받아 설치하거나 기종별·모델별 공인된 표준방법으로 설치할 것
③ 와이어로프를 고정하기 위한 전용 지지프레임을 사용할 것
④ 와이어로프 설치각도는 수평면에서 60도 이내로 하고, 지지점은 4개소 이상으로 할 것
⑤ 와이어로프와 그 고정부위는 충분한 강도와 장력을 갖도록 설치하고, 와이어로프를 클립·샤클(shackle) 등의 고정기구를 사용하여 견고하게 고정시켜 풀리지 아니하도록 할 것
⑥ 와이어로프가 가공전선(架空電線)에 근접하지 않도록 할 것

KEY
① 2015년 5월 31일(문제 114번) 출제
② 2024년 2월 15일(문제 104번) 출제
③ 2025년 2월 7일(문제 107번) 출제

합격정보
산업안전보건기준에 관한 규칙 제142조(타워크레인의 지지)

---

120 동바리의 침하를 방지하기 위한 직접적인 조치로 옳지 않은 것은?

① 수평연결재 사용   ② 받침목의 사용
③ 콘크리트의 타설   ④ 말뚝박기

해설

동바리의 침하 방지를 위한 직접적인 조치 4가지
① 받침목의 사용   ② 깔판의 사용
③ 콘크리트 타설   ④ 말뚝박기

KEY
① 2022년 4월 24일(문제 119번) 출제
② 2023년 6월 4일(문제 107번) 출제
③ 2024년 5월 9일(문제 108번) 출제
④ 2025년 5월 10일(문제 107번) 출제

합격정보
산업안전보건기준에 관한 규칙 제332조(동바리조립시의 안전조치)

[정답] 118 ④   119 ③   120 ①

저자약력

정재수(靑波:鄭再琇)

인하대학교 공학박사/GTCC 교육학명예박사/한양대학교 공학석사/공학사/문학사/각종국가고시 출제, 검토, 채점, 감독, 면접위원역임/매경TV/EBS/KBS라디오 출연 및 강사/중소기업진흥공단 강사/대한산업안전협회 강사/호원대학교, 신성대학교, 대림대학교, 수원대학교 외래교수/울산대학교, 군산대학교, 한경대학교 등 특강/한국폴리텍Ⅱ대학 산학협력단장, 평생교육원장, 산학기술연구소장, 디자인센터장/한국폴리텍 대학 교수/한국폴리텍대학남인천캠퍼스 학장/대한민국산업현장 교수/(사)대한민국에너지상생포럼 집행위원장/(사)한국안전돌봄서비스협회 회장/(사)대한민국 청렴코리아 공동대표/협성대학교 IPP추진기획단 특별위원/인천광역시 새마을문고 회장/한국요양신문 논설위원/생명살림운동 강사/GTCC 대학교 겸임교수/ISO국제선임심사원/한국열린사이버대학교 특임교수/**한국방송통신대학교 및 한국 폴리텍 대학 공동 선정 동영상 강의**

[저서]
- 산업안전공학(도서출판 세화)
- 기계안전기술사(도서출판 세화)
- 건설안전기술사(도서출판 세화)
- 산업안전기사(필기, 실기 필답형, 작업형)(도서출판 세화)
- 건설안전기사(필기, 실기 필답형, 작업형)(도서출판 세화)
- 산업안전지도사 시리즈(도서출판 세화)
- 산업보건지도사 시리즈(도서출판 세화)
- 산업안전보건(한국신입인력공단)
- 공업고등학교안전교재(서울교과서)
- 산업안전보건동영상(한국산업인력공단) 등 60여권 저술
- 한국방송통신대학교와 한국폴리텍대학 선정 동영상 촬영

[상훈]
대한민국 근정 포장(대통령)/국무총리 표창/행정자치부 장관표창/300만 인천광역시민상 수상과 효행표창 등 8회 수상/인천광역시 교육감 상 수상/Vision2010교육혁신대상수상/2018년 대한민국청렴대상수상/30년이상봉사 새마을기념장 수상/몽골 옵스 주지사 표창 수상

[출강기업(무순)]
삼성(전자, 건설, 중공업, 조선, 물산)/현대(건설, 자동차, 중공업, 제철)/대우(건설, 자동차, 조선), SK(정유, 건설)/GS건설/에스원(S1)/두산(건설, 중공업), 동부(반도체), POSCO건설, 멀티캠퍼스, e-mart, CJ, 한국수자원공사 등 100여기업/이상 안전자격증특강

국가기술자격 필기시험 집중 대비서(녹색자격증, 녹색직업)

건설안전기사 필기 [과년도] – 3권 (2022년~2025년)

판쇄	발행일	판쇄	발행일	판쇄	발행일	판쇄	발행일
31판 53쇄 발행	2026. 01. 22. (25. 9. 22.인쇄)	19판 40쇄 발행	2016. 1. 1.	11판 26쇄 발행	2008. 1. 1.	5판 12쇄 발행	2002. 6. 10.
30판 52쇄 발행	2025. 1. 25.	18판 39쇄 발행	2015. 1. 1.	10판 25쇄 발행	2007. 7. 10.	5판 11쇄 발행	2002. 1. 10.
29판 51쇄 발행	2024. 2. 11.	17판 38쇄 발행	2014. 1. 1.	10판 24쇄 발행	2007. 3. 30.	4판 10쇄 발행	2001. 7. 10.
28판 50쇄 발행	2023. 1. 18.	16판 37쇄 발행	2013. 8. 30.	10판 23쇄 발행	2007. 1. 10.	4판 9쇄 발행	2001. 1. 10.
27판 49쇄 발행	2022. 1. 23.	16판 36쇄 발행	2013. 1. 1.	9판 22쇄 발행	2006. 6. 10.	3판 8쇄 발행	2000. 9. 10.
26판 48쇄 발행	2021. 2. 10.	15판 35쇄 발행	2012. 5. 10.	9판 21쇄 발행	2006. 3. 20.	3판 7쇄 발행	2000. 6. 10.
25판 47쇄 발행	2020. 2. 10.	15판 34쇄 발행	2012. 1. 1.	9판 20쇄 발행	2006. 1. 10.	3판 6쇄 발행	2000. 1. 10.
24판 46쇄 발행	2019. 1. 10.	14판 33쇄 발행	2011. 8. 10.	8판 19쇄 발행	2005. 6. 10.	2판 5쇄 발행	1999. 9. 30.
23판 45쇄 발행	2018. 7. 30.	14판 32쇄 발행	2011. 1. 1.	8판 18쇄 발행	2005. 3. 20.	2판 4쇄 발행	1999. 6. 10.
22판 44쇄 발행	2018. 4. 10.	13판 31쇄 발행	2010. 1. 1.	8판 17쇄 발행	2005. 1. 11.	2판 3쇄 발행	1999. 1. 10.
21판 43쇄 발행	2018. 1. 1.	12판 30쇄 발행	2009. 4. 10.	7판 16쇄 발행	2004. 4. 10.	1판 2쇄 발행	1998. 7. 10.
20판 42쇄 발행	2017. 1. 1.	12판 29쇄 발행	2009. 1. 1.	7판 15쇄 발행	2004. 1. 10.	1판 1쇄 발행	1998. 1. 5.
19판 41쇄 발행	2016. 4. 10.	11판 28쇄 발행	2008. 6. 10.	6판 14쇄 발행	2003. 6. 10.		
		11판 27쇄 발행	2008. 3. 20.	6판 13쇄 발행	2003. 1. 10.		

지은이 정재수
펴낸이 박 용
펴낸곳 도서출판 세화 **주소** 경기도 파주시 회동길 325-22(서패동 469-2)
영업부 (031)955-9331~2 **편집부** (031)955-9333 **FAX** (031)955-9334
등록 1978. 12. 26 (제 1-338호)

정가 43,000원 (1권/2권/3권)
ISBN 978-89-317-1345-9 13530
※ 파손된 책은 교환하여 드립니다.

본 도서의 내용 문의 및 궁금한 점은 더 정확한 정보를 위하여 저자분에게 문의하시고, 저희 홈페이지 수험서 자료실이나 저자 이메일에 문의바랍니다.
저자명 정재수(jjs90681@naver.com) TEL 010-7209-6627

산업안전, 건설안전, 기술사, 지도사 등 안전자격증취득 준비는 이렇게 하세요

기초부터 차근차근 다져나가는 것이 중요합니다.
이론 습득을 정확히 한 후 과년도 기출문제 풀이와 출제예상문제로 반복훈련하십시오.

기사 · 산업기사

STEP 1 | 기초이론 | 기사 산업기사 필기 — 과목별 필수요점 및 이론 학습과 출제예상문제 풀이로 개념잡고 최근 과년도 기출문제 풀이로 유형잡는 필기 수험 완벽 대비서

⇩

STEP 2 | 기출문제풀이 | 기사 산업기사 필기과년도 — 과년도 기출문제를 상세한 백과사전식 문제풀이로 필기 수험 출제경향을 미리 알고 대비할 수 있는 최고 · 최상의 수험준비서

⇩

STEP 3 | 실기대비 | 실기 필답형 — 요점 및 예상문제 합격작전과 과년도기출문제 풀이로 준비하는 실기 필답형시험 완벽 대비서

⇩

STEP 4 | 실전테스트 | 실기 작업형 — 요점 및 예상문제 합격작전과 과년도기출문제 풀이로 준비하는 실기 작업형시험 완벽 대비서

지도사 · 기술사

STEP 1 | 공통필수 | 1차 필기 — 과목별 필수요점과 출제예상문제 풀이 및 과년도 기출문제 풀이로 준비하는 1차 필기시험 완벽 대비서

⇩

STEP 2 | 전공필수 | 2차 필기 — 전공별 필수요점과 출제예상문제 풀이 및 과년도 기출문제 풀이로 준비하는 2차 필기시험 완벽 대비서 (기술사 STEP 1, 2 동시)

⇩

STEP 3 | 실기 | 3차 면접 — 각 자격증별 면접의 시작부터 면접 사례까지, 심층면접 대비를 위한 면접합격 가이드

건설안전

「일품」 건설안전기사 필기, 건설안전산업기사 필기

2색 컬러 B5_합격요점 포함 [필기수험 대비 01]
- 본서의 요점정리는 간단하고 명료하게 구체적으로 표현을 했다.
- 본서는 최근 심도있게 거론이 되고 있는 출제예상문제를 빠짐없이 수록하여 타 교재와 차별화가 되도록 구성하였다.
- 건설안전기사(산업기사) 자격 취득의 결론은 본서의 요점과 예상문제 합격작전으로 합격을 보장할 수 있도록 엮었다.
- 최근까지 출제된 과년도 출제 문제를 수록하여 수험준비에 만전을 기하였다.

「일품」 건설안전기사필기 과년도, 건설안전산업기사필기 과년도

2색 컬러 B5_계산문제총정리, 미공개문제 포함 [필기수험 대비 02]
- 제1회의 해설에서 이해하지 못했다면 제2, 제3의 문제해설을 통하여 반드시 이해할 수 있도록 하였다.
- 한 문제(1항목)를 이해하여 열 문제(10항목)를 해결할 수 있게 구성하였다.
- 건설안전기사(산업기사) 자격취득의 결론은 본서의 문제와 해설의 합격작전으로 합격을 보장할 수 있도록 엮었다.
- 최근까지 출제된 과년도 출제 문제를 수록하여 수험준비에 만전을 기하였다.

「일품」 건설안전(산업)기사실기필답형, 건설안전(산업)기사실기작업형

2색 컬러 B5_최종정리 포함 [실기수험 대비 01] | _전면컬러 B5 [실기수험 대비 02]
- 본서의 요점정리는 간단하고 명료하게 구체적으로 표현을 했다.
- 본문의 요점에서 이해하지 못했다면 예상문제 합격작전에서 반드시 이해할 수 있도록 하였다.
- 한 문제(1항목)를 이해하면 열 문제(10항목)를 해결할 수 있도록 구성하였다.
- 참고 및 고시 등을 수록하여 단원마다 중요점을 재강조하였다.
- 본서는 최근 심도있게 거론이 되고 출제가 예상되는 모든 문제를 빠짐없이 수록하여 타 교재와 차별화가 되도록 구성하였다.
- 건설안전 자격취득의 결론은 본서의 요점과 예상문제 합격작전이 합격을 보장한다.

산업안전지도사

「일품」 산업안전지도사 1차 필기

총 3단계로 구성 _1색 B5 [1차 필기수험 대비]
- [Ⅰ] 산업안전보건법령, [Ⅱ] 산업안전 일반, [Ⅲ] 기업진단·지도, 산업안전지도사(과년도)
- 본서의 요점정리는 간단하고 명료하게 구체적으로 표현을 했다.
- 본문의 요점에서 이해하지 못했다면 출제예상문제에서 반드시 이해할 수 있도록 하였다.
- 본서는 최근 심도있게 거론이 되고 있는 출제예상문제를 빠짐없이 수록하여 타 교재와 차별화가 되도록 구성하였다.
- 산업안전지도사 자격 취득의 결론은 본서의 요점과 예상문제 합격작전으로 합격을 보장할 수 있도록 엮었다.

「일품」 산업안전지도사 2차 전공필수 및 3차 면접

총 4과목 중 택1 _1색 B5 [2차 전공필수수험 대비]
- 본서의 요점정리는 간단하고 명료하게 구체적으로 표현을 했다.
- 본문의 요점에서 이해하지 못했다면 출제예상문제에서 반드시 이해할 수 있도록 하였다.
- 산업안전지도사 자격 취득의 결론은 본서의 요점과 예상문제·실전모의시험 합격작전으로 합격을 보장할 수 있도록 엮었다.

산업안전

「일품」 산업안전기사 필기, 산업안전산업기사 필기

2색 컬러 B5_합격요점 포함 [필기수험 대비 01]

- 본서의 요점정리는 간단하고 명료하게 구체적으로 표현을 했다.
- 본서는 최근 심도있게 거론이 되고 있는 출제예상문제를 빠짐없이 수록하여 타 교재와 차별화가 되도록 구성하였다.
- 산업안전기사(산업기사) 자격 취득의 결론은 본서의 요점과 예상문제 합격작전으로 합격을 보장할 수 있도록 엮었다.
- 최근까지 출제된 과년도 출제 문제를 수록하여 수험준비에 만전을 기하였다.

「일품」 산업안전기사필기 과년도, 산업안전산업기사필기 과년도

2색 컬러 B5_계산문제총정리, 미공개문제 포함 [필기수험 대비 02]

- 제1회의 해설에서 이해하지 못했다면 제2, 제3의 문제해설을 통하여 반드시 이해할 수 있도록 하였다.
- 한 문제(1항목)를 이해하여 열 문제(10항목)를 해결할 수 있게 구성하였다.
- 산업안전기사(산업기사) 자격취득의 결론은 본서의 문제와 해설의 합격작전으로 합격을 보장할 수 있도록 엮었다.
- 최근까지 출제된 과년도 출제 문제를 수록하여 수험준비에 만전을 가하였다.

「일품」 산업안전(산업)기사실기필답형, 산업안전(산업)기사실기작업형

2색 컬러 B5_최종정리 포함 [실기수험 대비 01] | _전면컬러 B5 [실기수험 대비 02]

- 본서의 요점정리는 간단하고 명료하게 구체적으로 표현을 했다.
- 본문의 요점에서 이해하지 못했다면 예상문제 합격작전에서 반드시 이해할 수 있도록 하였다.
- 한 문제(1항목)를 이해하면 열 문제(10항목)를 해결할 수 있도록 구성하였다.
- 참고 및 고시 등을 수록하여 단원마다 중요점을 재강조하였다.
- 본서는 최근 심도있게 거론이 되고 출제가 예상되는 모든 문제를 빠짐없이 수록하여 타 교재와 차별화가 되도록 구성하였다.
- 산업안전 자격취득의 결론은 본서의 요점과 예상문제 합격작전이 합격을 보장한다.

기술사

「일품」 기계안전기술사, 건설안전기술사, 화공안전기술사, 전기안전기술사

1색 B5 [기술사 필기수험 대비]

- 본서의 요점정리는 간단하고 명료하게 구체적으로 표현을 했다.
- 본문의 요점에서 이해하지 못했다면 출제예상문제에서 반드시 이해할 수 있도록 하였다.
- 본서는 최근 심도있게 거론이 되고 있는 출제예상문제를 빠짐없이 수록하여 타 교재와 차별화가 되도록 구성하였다.
- 기술사 자격 취득의 결론은 본서의 요점과 예상문제 합격작전으로 합격을 보장할 수 있도록 엮었다.
- 최근까지 출제된 과년도 출제 문제를 수록하여 수험준비에 만전을 기하였다.

기술사 200점

「일품」 기계안전기술사, 건설안전기술사, 화공안전기술사, 전기안전기술사

1색 B5 [기술사 필기수험 대비]

- 본서의 요점정리는 간단하고 명료하게 구체적으로 표현을 했다.
- 본문의 요점에서 이해하지 못했다면 출제예상문제에서 반드시 이해할 수 있도록 하였다.
- 본서는 최근 심도있게 거론이 되고 있는 시사성문제 및 모범답안을 빠짐없이 수록하여 타 교재와 차별화가 되도록 구성하였다.
- 기술사 자격 취득의 결론은 본서의 요점과 예상문제 합격작전으로 합격을 보장할 수 있도록 엮었다.
- 최근까지 출제된 과년도 출제 문제를 수록하여 수험준비에 만전을 기하였다.

안전관리 수험서의 대표기업 — 도서출판 세화

기사 · 산업기사

「일품」 건설안전분야 수험서

> 우리나라 국내 각종 안전관리자격증 수험에 대비하려면 이러한 내용들을 학습해야 합니다. 대부분의 내용이 자격증 취득에 많은 도움을 주도록 알찬 내용들로 꾸며져 있습니다.

건설안전기사 필기 | 건설안전산업기사 필기 | 건설안전기사필기 과년도 | 건설안전산업기사필기 과년도 | 건설안전(산업)기사 실기 필답형 | 건설안전(산업)기사 실기 작업형

「일품」 산업안전분야 수험서

산업안전기사 필기 | 산업안전산업기사 필기 | 산업안전기사필기 과년도 | 산업안전산업기사필기 과년도 | 산업안전(산업)기사 실기 필답형 | 산업안전(산업)기사 실기 작업형

지도사 · 기술사

「일품」 산업안전지도사 수험서

1차 필기   **2차 전공필수**   **3차 면접**

[Ⅰ] 산업안전보건법령 | [Ⅱ] 산업안전 일반 | [Ⅲ] 기업진단 · 지도 | 기계안전공학 | 건설안전공학 | (면접)

안전분야 베스트셀러 35년 독보적 판매 — 최신 기출문제 수록

「일품」 기술사 200(300)점 수험서   「일품」 기술사 수험서

기계안전기술사 300점 | 건설안전기술사 300점 | 화공안전기술사 200점 | 전기안전기술사 200점 | 기계안전기술사 | 건설안전기술사

www.sehwapub.co.kr 에서 주문하세요!!